ROYAL HORTICULTURAL SOCIETY
ENCYCLOPEDIA OF
GARDENING

DK园艺百科全书

经典升级版

英 国 皇 家 园 艺 学 会

[英] 克里斯托夫·布里克尔·主编

王晨 张超 付建新·译

ROYAL
HORTICULTURAL
SOCIETY

电子工业出版社
Publishing House of Electronics Industry
北京·BEIJING

目录

8　引言

营建花园

如何以可持续的方式开展园艺，运用设计原则，选择和栽培各种类型的植物，营造花园景观。

13　面向未来的园艺
33　花园的规划和设计
81　观赏乔木

109　观赏灌木
135　攀缘植物
155　月季、蔷薇类
175　宿根植物
201　一二年生植物
219　球根植物
241　草坪、草地和北美草原式种植
269　岩石、岩缝和沙砾园艺
293　水景园艺
315　盆栽园艺
347　仙人掌和其他多肉植物
357　室内园艺
383　种植香草
397　种植水果
469　种植蔬菜

养护花园

关于工具和装备、温室、建筑材料和技术的实用建议；管理资源、保护植物、耕作土壤、繁殖植物，以及处理植物生长问题的最佳方法。

528　工具和装备
544　温室和冷床
562　结构和表面
584　管理土壤、水资源和天气
600　繁殖方法
643　植物生长问题

679	基础植物学
683	术语词汇表
693	索引
750	照片来源
751	致谢

特别收录

31	吸引授粉昆虫
78	绿色屋顶和绿色墙面
88	耐寒棕榈类及其他异域风情植物
90	低矮松柏类
104	树篱和屏障
116	用于地被的灌木
130	树木造型
132	竹类
151	铁线莲属植物
162	地被月季
183	地被宿根植物
188	菊花
190	康乃馨和石竹
192	玉簪属植物
197	观赏草
198	蕨类
208	香豌豆
220	花园中的球根植物
226	郁金香和水仙
233	百合
234	大丽花
239	鸢尾属植物
289	高山植物温室和冷床
298	睡莲
308	容器中的水景花园
326	阳台和屋顶花园
328	盆栽水果
341	盆栽蔬菜
360	温室园艺
366	凤梨植物
372	兰花
381	摘心整形
474	苗床系统
598	防冻和防风保护

撰稿人

皇家园艺学会《园艺百科全书》（第五版）顾问

盖伊·巴特（Guy Barter）于1984年在巴斯大学学习，开启了他的园艺生涯，随后从事商业田间蔬菜生产、植物育种和耐寒苗木生产工作。他在1990年加入皇家园艺学会（Royal Horticultural Society, RHS），在担任一段时间的试种主管后，他以园艺记者的身份为杂志《园艺指南》（*Gardening Which?*）工作。1998年，他接手了皇家园艺学会园艺咨询服务处（RHS Gardening Advice Service）的运营，为成千上万的园丁提供专家建议和信息。2016年，盖伊·巴特被任命为RHS的首席园丁。他是几本书的作者和合作撰稿人，包括《RHS到底什么能阻止蛞蝓》（*RHS Can Anything Stop Slugs*）、《RHS蚯蚓如何发挥作用？》（*RHS How Do Worms Work?*）和《植物群：花园图画书》（*Flora: The Graphic Book of the Garden*）等。

此前各版主编

克里斯托夫·布里克尔（Christopher Brickell）于1958年在皇家园艺学会开始了他的职业生涯，在1969年担任皇家园艺学会威斯利花园（Wisley Garden）园长。从1985年任职直到1993年退休，他任皇家园艺学会理事长，代表学会在全球的利益。除了在英国国内外讲学，他还参与编著了许多植物学和园艺参考书，并出版了许多著作。克里斯托夫·布里克尔因在园艺方面做出的贡献而于1976年荣获学会颁发的维多利亚奖章，于1991年荣获英帝国二等勋位爵士。他是"国际栽培植物命名法规制定委员会"主席，还是国际园艺科学学会的前主席。他撰写了几本书，并参与编著了许多园艺和植物参考书，并且是DK出版社出版的《世界园林植物与花卉百科全书》（*Encyclopedia of Plants and Flowers*）和《花园植物全书》（*A-Z of Garden Plants*）的主编，这两本书也是与皇家园艺学会合作出版的。

其他撰稿人

Roger Aylett 大丽花
Bill Baker（with **Mike Grant**） 百合
Larry Barlow（with **W. B. Wade**） 菊花
Guy Barter 草坪、草地和北美草原式种植
Caroline Boisset 攀缘植物
Deni Bown 种植香草
Kate Bradbury 面向未来的园艺；自然野生动物池塘和沼泽区域
Alec Bristow（with **Wilma Rittershausen**） 兰花
Roy Cheek（with **Graham Rice** and **Isabelle van Groeningen**） 宿根植物
Trevor Cole（with **Michael Pollock**） 防冻和防风保护
Kath Dryden and **Christopher Grey-Wilson**（with **John Warwick**） 岩石、岩缝和沙砾园艺；高山植物温室和冷床
Jack Elliott（with **Mike Grant**） 鸢尾属植物；球根植物；郁金香和水仙
Colin Ellis（with **Mervyn Feesey**） 竹类
Raymond Evison 铁线莲属植物
John Galbally（with **Eileen Galbally**） 康乃馨和石竹
Jim Gardiner（with **Andrew Mikolajski**） 观赏乔木；低矮松柏类；树木造型；树篱和屏障；观赏灌木
Michael Gibson（with **Peter Harkness** and **Andrew Mikolajski**） 月季、蔷薇类
George Gilbert 种植水果
Rupert Golby（with **Andrew Mikolajski**） 花园的规划和设计

Deenagh Goold-Adams（with **Richard Gilbert**） 室内园艺
Diana Grenfell 玉簪属植物
Andrew Halstead and **Pippa Greenwood**（with **Chris Prior, Lucy Halsall,** and **Beatrice Henricot**） 植物生长问题
Arthur Hellyer（with **Graham Rice**） 一二年生植物
Clive Innes（with **Terry Hewitt**） 仙人掌和其他多肉植物；（with **Richard Gilbert**） 凤梨植物
David Joyce 盆栽园艺；阳台和屋顶花园；容器中的水景花园
Tony Kendle（with **Guy Barter**） 土壤和肥料
Hazel Key（with **Ursula Key-Davis**） 蕨类；天竺葵属植物
Joy Larkcom（with **Michael Pollock** and **Guy Barter**） 种植蔬菜
Keith Loach（with **David Hide**） 繁殖方法；（with **Michael Pollock**） 基础植物学
Bill Maishman（with **Jeff Brande**） 香豌豆
Peter Marston 温室园艺
Peter McHoy（with **Geoff Stebbings** and **Mike Grant**） 工具和装备；温室和冷床；结构和表面
Michael Pollock 气候与花园；苗床系统
David Pycraft 杂草
Peter Robinson（with **Kate Bradbury**） 水景园艺；睡莲；节约用水和循环用水
Don Tindall 不耐寒的蔬菜和水果
Isabelle Van Groeningen 地被宿根植物

引 言

这部百科全书是园艺艺术和实践的完整指南，提供了成功栽培植物和创造繁荣绿地所需的全部信息。本书的第一部分"营建花园"将帮助你了解自己的空间及如何最好地利用它。这一部分还包括关于设计、规划、评估土壤和环境条件的建议，未雨绸缪地提出在气候变化面前如何让花园经得起未来的考验。

从避免使用有害化学物质和一次性塑料到选择滋养野生动物的植物，看重可持续性的园艺可以对环境产生更广泛的积极影响。除了设计和材料方面的考虑，选择适合你花园条件的植物将确保植物能够蓬勃生长，确保你能够创造健康的花园生态系统，从而减少养护所需的时间和资源。本书各章以花园中的主要植物类群和区域为主题——包括观赏乔木、宿根植物、盆栽植物，以及香草和水果园等，提供有关土壤准备、种植、日常养护和修剪的详细建议，并配以演示所有关键技术的分步系列照片和绘画。每一章中的"种植者指南"都推荐了适合不同情况的植物，还提供了它们的耐寒等级（见"气候和植物的耐寒性"，56~57页），这些等级表明了植物可耐受的气温和生长条件。

本书的第二部分"养护花园"涵盖了花园工程所需的所有工具、装备、配件和材料。带注释的图表和照片使得任何任务都易于掌握，从建造你自己的堆肥箱到铺设铺装材料或保存水源。关于繁殖方法的一章提供了如何用种子种植植物的指导及增加你的植株数量的方法。病虫害控制的相关内容通过图册加以简化，该图册清晰地展示了植物遭遇病虫害的症状，以便你快速识别和控制。关于植物生长问题的部分还详细提供了如何控制不同类型杂草的建议。本书最后列出了内容广泛的术语词汇表、对植物名称构成方式的解释，以及包括植物拉丁学名和通用名的索引，它们将帮助你尽快找到你可能需要的任何额外信息。

营建花园

如何以可持续的方式开展园艺,运用设计原则,选择和栽培各种类型的植物,营造花园景观。

面向未来的园艺

营建花园是改善我们当前环境的一种方式，同时也为保护和改善我们未来的环境提供了绝佳的机会。

可持续园艺意味着仔细考虑该如何设计和养护我们的花园，包括我们使用的工具及选择的材料和植物。对于确保我们是在点缀而非伤害我们的周遭世界而言，这一点至关重要。随着地球气候的变化，园艺实践必须调整应对，而花园和园丁在缓解全球变暖过程中将变得越来越重要。减少我们的碳足迹、进行有机园艺以维持健康的生态系统，以及鼓励动植物生命的生物多样性……这些措施都将有助于保护宝贵的资源、管控极端天气条件并确保我们的花园和绿色空间在未来继续造福我们。

花园的环境作用

营建一座花园的动机可能是改善我们的环境、种植食物、表现我们的创造力、提升我们的身心健康,或者沉醉于我们对植物的热爱。无论出于什么原因,花园都是更广泛的自然生态系统的一部分,而园艺活动可以提供环境效益,尤其是在以可持续的方式开展时。

气候危机

我们的气候正在发生变化。据估计,全球气温到21世纪30年代将比工业化前的水平高出1.5℃,到21世纪末将高出2~4℃。人们已经感受到了全球变暖的影响——年平均气温在上升,降水模式在改变,海平面在上升。这些变化会增加洪水、热浪、干旱和火灾发生的风险,反过来又会令用于食物和发展的绿色空间所面临的压力继续增加。

随着全球变暖和气候变化,我们的种植空间——花园、庭院、阳台、窗台、屋顶和份地(allotments)——将在对抗全球变暖和生物多样性丧失的斗争中变得更加重要。每一处潜在的种植空间都可以用来减缓气候进一步变化的影响。每个花盆都可以种满授粉植物,每一道栅栏、每一面墙壁都可以爬满吸收污染物的攀缘植物。我们可以种植树木、挖掘池塘、让草自由生长、堆起原木堆。我们可以连接我们的花园,让野生动物在它们之间穿梭。每片叶子都吸收二氧化碳和其他温室气体,以及威胁我们健康的化学污染物。每条植物的根都保持水土,有益于土壤健康。植物可以降低局部温度,从而减少城市热岛效应,让城市在炎热的夏季更舒适一些。它们可以防止洪水,还可以为野生动物提供家园。

气候变化将如何在一年当中影响园艺

气候变化将令生长季更加不确定,每年都会发生基于天气的不同干扰。夏季可能极为潮湿或者极为干燥,冬季可能温暖或者很冷,而对生长年度后续大部分时间影响极大的春季,则既可能寒冷干燥,也可能温暖湿润。预计降水频率会降低,但强度会增加,而花园可能更容易发生干旱或被水淹。

靠近赤道的地区将变得更加干燥,干旱风险增加,而低海拔地区将由于暴雨和海平面上升而面临更大的洪水风险。在一些地区,例如飓风频发的北美部分地区,这些风暴的数量和强度都将增加;在火灾易发地区,包括澳大利亚和美洲部分地区,森林火灾将更加频繁和猛烈。

总体而言,预计冬季将变得更温暖和潮湿,春季会来得更早,而秋季会推迟,所有这些都将影响植物生长。花园和园艺实践将不得不调整以适应这些新挑战(见"在变化的气候中开展园艺",24~27页),但绿色空间也可以是解决方案的一部分。

应对气候变化

花园和其他种植空间提供了许多机会以抵消全球变暖和导致气候变化的二氧化碳(CO_2)等温室气体浓度上升造成的不利影响。

气候变化如何影响花园

- 生长季将更加难以预测——更短、更长或者受到扰乱。
- 植物生长可能加速(因为降水过多)或延迟(因为干旱)。
- 可能需要选择不同的花园植物以适应不断变化的条件。
- 对水资源管理的需求将会增加。
- 害虫可能增加,可能出现新的入侵物种。
- 真菌病害可能会因更温和、潮湿的环境条件而增加。
- 土壤质量可能下降,强降雨会导致土壤侵蚀和养分枯竭。
- 授粉者数量和活动可能减少。
- 维持草坪等需要大量资源的景致将变得充满挑战。
- 长期种植将是不确定的——寿命可达200年的树木可能无法很好地适应50年后的新条件。
- 无法顺利适应气候变化的景致将会消失,如蕨类丛生处、山毛榉或松柏树篱。

绿化墙
垂直种植是在花园里增加植物种植数量的好方法,在空间有限的城市环境中尤其有用。

碳捕获

植物需要二氧化碳才能生长——它们吸收二氧化碳，并将它转化成光合作用的副产品氧气。因此，我们种的植物越多，被锁定的碳就越多，这样就能降低大气中的二氧化碳水平，减缓全球变暖的速度。乔木在捕获碳方面特别有效——平均而言，一棵成年乔木每年可吸收约22千克的二氧化碳。

在我们的室外空间种下更多乔木——无论大树还是适合盆栽的小型品种——是降低二氧化碳水平的简单方法。用攀缘植物覆盖墙壁和栅栏是在一个空间中增加可种植物数量的另一种方法，尤其是当空间有限时。随着我们继续通过扩大住宅覆盖区和扩张城市来开发更绿色区域，增加可用空间中的植物密度将变得更加重要。

种植更多植物在建成区尤其有价值，人们发现植物会减少这里的热岛效应——城市特有的一种现象，这里的硬质表面会吸收和储存热量，从而提高局部温度。乔木和灌木可以提供亟须的遮阴，而使植物整枝在墙壁和栅栏上生长为建筑物隔热、隔冷，有助于降低供暖或制冷需求，从而减少能源消耗和二氧化碳排放。除了植物，我们的花园土壤如果可以保持和提升其健康状况，就可以促进碳捕获。健康的土壤含有高水平的有机质，它们会捕获植物根系生长和死亡过程中转移的碳，这些碳来自从植物转移到土壤微生物（如细菌和真菌）的化合物。有机质含量很低的不健康土壤会流失养分和碳，不能支持植物健康生长（见"有机园艺"，20~23页）。

污染

所有植物的叶片都积极吸收大气中的污染物。随着呼吸系统疾病（如因污染和高温而加剧的哮喘）患者人数持续增加，植物的这种效果将变得越来越重要。尤其是一些植物已被证明在清除有毒颗粒方面特别有效，如常春藤和枸子。

在城市和其他污染严重地区种植乔木和树篱可以显著改善空气质量。树篱在地面较低处生长，对于捕捉路边的毒素特别有用。

在家中，可以通过增加室内植物的种植数量来改善你呼吸的空气的质量。一些室内植物尤其擅长净化空气，因为它们会吸收有毒颗粒。这些植物包括洋常春藤、虎尾兰（*Sansevieria*）、白鹤芋（*Spathiphyllum*）、心叶蔓绿绒（*Philodendron scandens*）、龙血树（*Dracaena*）和花烛（*Anthurium*）。

添加乔木
乔木在碳捕获方面特别高效，因此值得在花园中加入，哪怕是很小的一棵。

为了未来做规划

要想最大限度地提高我们种植空间的环境效益和减少气候变化的不利影响，我们需要进行仔细的花园规划和设计。例如，增加空间中的植物种植数量可能需要用花境或菜畦取代传统草坪的一部分、建造绿色屋顶，或者将攀缘植物种在墙壁或藤架上。减缓气候影响还可能意味着需要开辟新的栽培区域——绿化屋前花园、在堆肥箱顶部种植蔬菜，或者简单地在窗台上种植盆栽香草。

池塘

池塘以其在支持花园生物多样性方面的作用而闻名，其实它们在封存大气中的碳方面也发挥着重要作用。小型池塘的每平方米碳封存量比林地、草地和其他生境类型高30倍，这使它们成为减缓全球变暖的一种重要但常被忽视的生态系统。

植被茂盛的池塘在碳存储方面是最高效的，因为植物通过光合作用将二氧化碳转化成氧气和生物质。随着时间的推移，碳被储存在池塘底部的沉积物中。将清理池塘的活动——如清除大量植物材料和池塘底部的沉积物——保持在最低限度，可以确保这种生境发挥其全部潜力。临时池塘的效率最低，它们通常在夏季干涸，因此会使二氧化碳返回大气中。池塘植物还可以封存其他温室气体，如一氧化二氮（N_2O），它吸收热量的速度是二氧化碳的300倍（见"自然野生动物池塘和沼泽区域"，306~307页）。

碳汇
二氧化碳和一氧化二氮被植物吸收并被储存在池塘沉积物中。

重新评估花园中的表面

在过去的20年里，一种流行的设计趋势是将花园视为一个"室外房间"，种植规模保持在最低限度，铺装和木板等硬质表面占据中心位置。然而，露台和道路等硬质表面会吸收来自太阳的热量，然后保持这些热量，从而促进局部升温，特别是在城市地区。这些表面不透水，无法像植物根系那样吸水，所以在下大雨时会提高洪水风险。研究还表明，雨滴在撞击硬质表面时速度会变快并获得能量，这会增加径流，再次提高洪水风险。

硬质表面对生物多样性几乎没有贡献，木板、铺装和塑料草皮不为野生动物提供食物来源，只能提供微乎其微的庇护所。它们还会减少下方土壤的微生物活性，阻止落叶降解等自然过程和模仿这种过程的园艺方法（如护根）。这也会导致细菌、真菌和土壤无脊椎动物（如蚯蚓）减少，并最终导致土壤退化及其吸收二氧化碳的能力下降。在未来，我们必须注意我们在花园中的选择对环境的影响。

缓和气候变化

在很多地区，气候变化正在导致更猛烈的风暴，包括极端大风和强降水。我们可以通过细心的设计和植物选择，使用我们的花园来降低这些影响。例如，简单地种植树篱来过滤和减缓强风可以增加花园的宜人性，并为其他植物提供遮挡和保护，帮助授粉动物访花（尤其是如果树篱包括多种本土灌木或乔木的话）和蝙蝠捕食飞虫；树篱的叶片还会吸收污染物。

在精心规划下，过度的雨水和阳光还可以发挥积极效果。例如，池塘和雨水花园可利用多余的水以减少内涝；水景和照明可由太阳能提供能源（见"在变化的气候中开展园艺"，24~27页）。

想要花园在缓和的气候变化中发挥更大作用，就需要认真开展更多可持续（见"可持续园艺"，17~19页）和有机（见"有机园艺"，20~23页）园艺。避免潜在的污染物和合成产品、减少动力工具的使用、节约用水，以及支持自然循环，这些措施都有助于确保园艺实践不会进一步伤害环境和更广泛的全球生态系统。

支持生物多样性

气候变化正在给多种类型的野生动物，尤其是授粉动物造成困难。通过种植数量更多且种类更多样的开花植物、留出让草自由生长的区域，以及栽培占比相当大的本土植物（尤其是某些蝴蝶和飞蛾喜爱的种类），园丁就可以支持授粉昆虫，包括蜂类、蝴蝶、飞蛾、蝇类和甲虫（见"吸引授粉昆虫"，31页）。如果将原木垛、池塘和人造筑巢地等景致融入花园的设计中，花园就可以提供"跳板"栖息地。它们将令野生物种得以在花园中觅食和繁殖，让众多花园集体形成更大的自然保护区（见"野生动物园艺"，28~30页）。

对环境友好的重新设计

- 将露台和道路换成透水表面，如砾石或耐践踏的低矮香草（如百里香）。
- 在铺装材料的缝隙之间使用低矮植物取代传统勾缝法。
- 改造屋前花园以尽量减少硬质表面，同时仍然提供停车空间。
- 在墙壁和栅栏上使用框格棚架，并建造藤架，最大限度地增加种植空间，种植尽可能多的植物。
- 采用更多可持续的园艺实践，如购买来自当地的回收材料（见"可持续园艺"，17~19页）。

透水车道
道路和车道使用砾石或多孔材料取代不透水的硬质表面，可以解决径流和内涝问题。

铺装材料之间的种植
（上）在铺装材料之间使用地被植物（这里是百里香），不仅可实现排水，而且能够防止杂草在裂缝中生长。

遮风挡雨
（右）精心设计有助于减轻极端天气的影响。在这里，带状植物屏障保护着花园，而砾石的使用可以让过多的水渗透到地下。

可持续园艺

可持续园艺意味着在享受爱好的同时尽可能减少对地球的影响。你的日常选择都会产生影响——无论是购买植物和材料、选择播种基质、考虑如何加热（或者不加热）温室，还是考虑是否需要购买那些花坛植物、人造肥料、新工具或加温增殖箱。以合乎环境伦理的方式采购植物和材料、减少碳足迹、保护资源和促进生物多样性——无论是在花园里，还是在世界上的其他地方，这些措施都是可持续园艺的关键。

碳足迹

园丁的碳足迹可能举足轻重。从耗油量大的割草机、吹叶机和其他动力工具，到使用集约化种植的花坛植物和一次性花盆，园艺活动造成的环境代价也许会迅速增加。再加上除草剂和杀虫剂等合成农药的使用、夏季自来水的使用，以及含泥炭基质和在可持续性上有问题的其他材料（如珍珠岩和蛭石）的使用，很显然，园艺并不一定像它看上去那样绿色。

合乎环境伦理的材料

用在花园中的材料可以产生显著的碳足迹。混凝土、砖和铺装石等硬质景观材料的制造会排放大量二氧化碳。这些材料还可能是从地球的另一端进口到你花园里的。

在一切有可能的地方——包括花园家具、棚屋和石板——使用来自当地的循环或回收材料，可以大大提高可持续性。当地废车场可能是寻找回收材料的绝佳场所。

购买经久耐用的材料还意味着它们可以年复一年地被重复使用。

木材可以是碳中和的，但它也可能来自不受管理的森林。只购买森林管理委员会（Forestry Stewardship Council, FSC）或森林认证认可计划体系（Programme for the Endorsement of Forest Certification, PEFC）认证的木材是关键，可以确保材料的采购合乎环境伦理且对环境负责。

塑料的使用需要得到认真考虑。土壤中的塑料垃圾会导致微塑料污染，其影响尚未得到充分认识。尽可能避免使用塑料：将已有塑料作为护根材料进行再利用或者用来保护植物，并再利用植物花盆。

采购新植物时尝试选择种在可生物降解容器中的，或者使用纸板或纸自制种植容器（如使用厕纸内筒制作的种植容器），尤其是在使用播种法种植时。

珍珠岩和蛭石常用在盆栽基质中。珍珠岩是膨胀的火山玻璃，呈白色，看起来像聚苯乙烯颗粒。蛭石是一种天然矿物，呈棕灰色，以薄片的形态出售。

这两种材料都有助于疏松盆栽土壤，帮助幼苗根系发育，并创造出一种排水良好的材料，适合种植仙人掌和其他多肉植物。

然而，非常耗能的开采和加热是加工它们以使它们可用于园艺的生产过程所必需的工序，生产之后它们还会登上轮船或飞机，从澳大利亚、南北美洲和南非等世界各地的矿场运过来，产生大量碳足迹。细的树皮碎片或园艺沙砾是良好的替代品：用一份替代品混合三份堆肥，就能得到排水更顺畅的盆栽混合基质。

低碳工具
尽可能使用手动工具而非动力工具，可以节省能源并避免噪声和空气污染。

生物降解花盆
购买种在可生物降解或可循环利用包装中的植物，而非塑料容器中的植物，或者自制育苗容器，都可以减少对塑料的使用和塑料垃圾的产生。

泥炭问题

由于其保水保肥能力，泥炭一直被用作盆栽基质的基础成分和土壤改良剂。它是从泥炭沼泽中开采的，这种自然湿地的形成需要数千年，被采收后需要几十年才能再生。

泥炭沼泽在发育过程中吸收和储存大量二氧化碳。当泥炭被采收时，二氧化碳会释放到大气中，加剧气候变化。园艺用泥炭的商业开采还会不可挽回地破坏有鸟类等野生动物生活的独特生态系统，大幅降低生物多样性。

总是选择不含泥炭的基质，或者使用自制堆肥、自制腐叶土和尖砂制作自己的混合基质（见"适用于容器的基质"，332~333页）。在购买植物时，从不使用泥炭的苗圃采购。不含泥炭的基质使用一系列不同的材料制造，包括椰壳纤维、欧洲蕨、羊毛，以及经过堆肥的厨余垃圾和花园垃圾。很多此类基质是为特定需求设计的，包括容器种植。

濒危栖息地
一系列独特的植物和野生动物在这样的潮湿、酸性环境中苗壮成长，泥炭沼泽的消失会威胁它们的生存。

采购植物

包括花坛一年生植物在内的很多植物,是在类似于工厂的条件下被种出来的,它们的种植需要消耗能量(提供光照和温度),还要使用肥料和农药(令它们的外表保持最佳状态)。它们还常常被用轮船等交通工具运到海外,产生显著的碳足迹。限制花坛一年生植物的使用,多用更持久的宿根植物,或者自己用种子种植花坛植物。询问园艺中心的植物是从哪里采购的,尽量从当地小型苗圃购买,和大型园艺中心相比,这些地方从国外进口植物的可能性更小。

确保植物的采购合乎环境伦理,即植物不是从野外采集的。在世界上的一些地方,政府会颁发植物护照,以确保苗圃和其他批发商只能买到经过检疫的无病害植物,减少将新病害引入它们尚未存在的国家或地区的风险。

种植自己的植物

用种子种植一些自己的植物——特别是你自己留存的种子(见"采集种子",601页)——是减少你的碳足迹的有效方法。自己栽培一些水果和蔬菜,既可以减少食物运输里程、省钱,还可以磨炼播种技术,后者可造福花园的其他区域。开放授粉的植物可以让你在收获作物时采集种子,留存下来供未来使用。杂交一代的培育常常是为了更好地忍耐干旱等环境条件,但它们结出的种子可能缺少亲本的优良性状(见"选择种子",601页)。

反季节切花与高水平的碳排放密切相关,因为它们的生产需要加温温室和喷洒农药,而且很多切花会经历长途运输。尝试自己种植切花,或者向合乎环境伦理的本地生产商购买。切花可能包括球根植物、野花和开花灌木(如绣球),以及更传统的种类(如大丽花和百合)。种植起绒草、月季和菊花并将它们制成干花,就可以使用一些干花插花来延长其作为室内装饰的使用寿命(见"用作切花和干花的一年生植物",206页)。

保护资源

在园艺实践中减少化石燃料的使用是提高可持续性的关键。使用手动工具或电池驱动的电动工具而非汽油驱动的机械,如割草机和绿篱机,可以减少化石燃料消耗。这样做还能减少空气中污染颗粒的数量。

与其为温室加温,不如使用结实的钟形罩(与园艺织物不同,它的使用寿命很长)在种植前温暖土壤,同样能够延长生长季。在温室里使用钟形罩还可以降低对人工加温的需求(见"冷床和钟形罩",559~560页)。

用水管理

处理自来水并将其输送到人们家中需要使用化石能源,从而导致温室气体排放。自来水通常来自地下蓄水层或水库;在干旱时期,河流中的水可能被转移到水库中储存,而过度抽取地下水可能导致溪流和泉水干涸。

随着气候变化对降水模式和季节气温产生影响,对自来水的需求增加了,以可持续的方式管理水资源变得越来越重要。降水丰富时捕获和控制它们,降水稀少时明智地使用它们,这样的能力将减小自来水供应方面的压力。认真的用水管理还有助于确保植物得到更有效率的灌溉(见"管理极端条件",25~26页)。从棚屋、温室和房顶流下的雨水可以储存在集雨桶中供日后使用(见"收集雨水",596页)。从厨房、浴缸、淋浴或洗脸盆中节约下来的灰水也可以收集起来用于灌溉植物,只要其中不含高浓度的清洁产品——这些产品不适用于可食用作物(见"使用灰水",597页)。与自主运行的软管或喷灌器相比,渗水软管更省水,因为它们会将水引导至植物的根系。

切花花园
通过精心规划,花坛和花境可以种植全年供应切花材料的花卉。

自家种植
种植应季农产品可以有效地减少塑料包装的使用和食物运输里程。

节约用水
与落水管相连的集雨桶可收集雨水以供花园使用,节约自来水用量。

延长生长季
用园艺织物覆盖凸起的苗床可升高土壤温度,实现某些种子的提前播种。

重复使用和循环利用

通过重复使用和循环利用园艺材料减少垃圾,对于保存资源和减少垃圾填埋量而言非常重要。清洁和养护手动工具、播种盘和花盆,将确保它们更经久耐用,并可实现长时间重复使用。按时完成养护工作,例如,每两年做一次棚屋的涂漆和维修,可防止花园中的结构体毁损破败。

草坪修剪产生的草屑、修剪下来的小枝、蔬菜废弃物和树叶等植物性材料,可堆肥或用作护根材料。这样做将减少垃圾收集服务涉及的碳成本,并创造更健康的花园环境。这样做还能减少购买盆栽基质或护根的需要[见"护根和肥料",20页;"堆肥(基质)和腐叶土",593~595页]。

保护自然

如果没有严格的检查,从世界上的其他地方进口树木和其他植物可能导致不可逆转地引入害虫和病害,前者的例子包括光肩星天牛、异色瓢虫和虎头蜂,后者的例子包括白蜡枯梢病、镰刀菌枯萎病,以及苛养木杆菌引起的叶缘焦枯病。这些"不速之客"可能对林地等天然栖息地产生灾难性的影响。

尽可能在本地购买植物,不要从国外将植物带回家,也不要通过在线零售商购买来自国外的植物。选择FSC认证木材,并确保植物是经过认证的种植商种植和收获的,而不是从野外采集的,这些措施都会起到保护自然生境的作用。

保持多样性

花园可以成为保育地。面临气候变化和栖息地丧失,选择种植特定种类的植物——无论是水果蔬菜中较少种植的或者传统的品种,还是在野外面临栖息地破坏的植物——是一种保持植物多样性的方法。一种实践方式是在你的国家或地区参与植物采集,此类活动常常与植物园或国家级植物组织有关,如英国的"植物遗产"(Plant Heritage)。这些组织帮助促进特定植物物种和属的保存。

避免使用化学药品

避免在花园中使用化学药品将有助于防止自然生境遭到破坏。化学农药(包括杀虫剂、除草剂和杀真菌剂等)的使用将损害花园生态系统,如果它们被冲进小溪和河流,还会导致更广泛的生态伤害。良好的园艺实践(包括有机园艺方法)将重点放在对病虫害和杂草的预防性措施上,采用这些措施可以让你不必在花园中使用可能造成污染的产品(见"避免有害化学制品",23页)。

通过设计实现可持续园艺

可持续园艺根植于良好的花园设计(见"设计上的考虑因素",34~35页)。认真考虑花园如何行使功能并利用现有条件,可以让养护更容易,并且帮助你做出更加可持续的选择。

对于现存的天然阴影区域,可以种植喜阴植物——包括蔬菜,而不是想方设法地增加光照。了解如何用乔灌木为较热的地方带来阴凉,让这些地方在夏季变成更舒适的工作或放松场所。考虑盛行风以及如何种植树篱以减弱风力。在棚屋或其他附属建筑物上安装排水设施,并将雨水导入集雨桶或者直接排进池塘,以保存或分流雨水。在容易发生内涝的花园,渗滤坑或浅沼也可以产生同样的效果。

将温室设置在全日照环境下,以便在冬季更充分地利用它而无须依赖人工加温,在夏季需要增加遮阴(见"遮阴",552~553页)。将多个集雨桶放置在花园四处,这样你在哪里都不会离水源太远。还要确保堆肥位置便利,以便将堆肥作为护根转移到花境中,或者挖出来用作盆栽基质。

在菜畦中使用非掘地苗床将帮助减少从土壤释放到大气中的二氧化碳(见"有机园艺",20~23页;"非掘地耕作",587页)。

负责任的植物购买

以前,有大量植物被挖出其天然栖息地,然后被卖给园丁。这种对自然种群的损耗常常发生,很多曾经数量丰富的物种如今濒临灭绝。对于某些球根植物而言,这在过去和现在都是一大问题,某些兰花物种也是如此,经常有人在互联网上非法交易它们。

《濒危野生动植物种国际贸易公约》(CITES)致力于确保野生动植物贸易不会威胁它们的生存。如今,在没有CITES许可的情况下从野外采集某些属并引入栽培的行为是违法的,如仙客来属(*Cyclamen*)、雪花莲属(*Galanthus*)、水仙属(*Narcissus*)和黄韭兰属(*Sternbergia*)。受到同样保护的还有兰花和仙人掌,它们包括很多漂亮的花园植物。

此外,为了帮助解决过度采集的问题,人们正在制定数个长期项目,以种植、扩繁和分发许多有园艺价值的物种。

对于这些受保护的种类,要鼓励苗圃只销售和分发在栽培环境下扩散和种植的植物,并在标签上注明它们来自栽培而非野外。除了兰花,从这些属的栽培植株中选育并得到命名的品种不受CITES或其他法规的限制。

通过从有声誉的种植商那里购买栽培植株,园丁可以在帮助保护濒危物种的同时在自家花园里欣赏它们。

濒危

仙人掌和其他多肉植物是走私情况最严重的植物种类,还有很多物种在其天然栖息地陷入濒危境地。

有机园艺

有机园艺涉及利用自然系统和循环。基本方法包括认识到土壤的重要性、不使用合成化学品，以及促进生物多样性。有机园艺的重点是充分利用花园条件而不是试图改变它们。例如，如果花园中的土壤是酸性的，那就种植喜酸植物。这还意味着要接受害虫造成的损失，但要努力营造更健康的环境，以改善害虫与捕食者之间的关系，从而尽量减少此类损失。目标是创造一个平衡、健康的花园生态系统，令它在干预措施最少的情况下茁壮发展，并且不会损害更广泛的环境。

打造和保持土壤健康

在有机园艺哲学中，健康土壤是健康花园的基础。园丁不是为植物施肥，而是为土壤施肥，以创造健康的种植生态系统，让植物在其中自然地茁壮生长。将疏松的自然材料，如腐叶土、腐熟粪肥和自制堆肥[见"土壤养分和肥料"，590~591页；"堆肥（基质）和腐叶土"，593~595页]用作护根，可以提升土壤营养水平并改善土壤结构。有机护根还为无脊椎动物——如蚯蚓及包括真菌和细菌在内的微生物（一把土壤可能含有数万个不同的微生物物种）——提供庇护和食物。

土壤里的这些动物共同发挥作用，帮助分解和循环有机材料。这会增加土壤的透气性和保水性，促进植物发育出健康的根系，并加快它们的营养吸收和生长。有机质含量越高，微生物活动就越积极，土壤也就越健康。

避免出现裸土，因为它会淋失营养，在极端情况下还可能侵蚀土壤。因此，保持土壤被覆盖是很重要的，无论是通过种植植物（包括宿根植物、地被植物和绿肥），还是用护根覆盖土壤。

绿肥
（左）这些生长迅速的植物将很快覆盖裸土，储存养分并闷杀杂草。当它们以绿色状态被锄进土地里时，它们会使养分返回土壤。

有机质
（下）施加疏松有机质护根（如自制堆肥）将促进土壤健康。

使用植物

植物将根系扎进土壤，以防止侵蚀。拥有纤维根系的植物（如禾草）及地被植物和灌木特别擅长固定土壤。这一点对于沙质土尤其重要，与"更黏"的土壤（如黏土和壤土）相比，沙质土更容易发生侵蚀。包括灌木和乔木在内的多年生植物在同一地点生长多年，可帮助增加土壤肥力，减少挖掘土壤的需求，从而避免扰乱土壤结构和微生物网络。它们还会脱落植物性材料，如秋季的叶片和腐败的植物茎干，从而促进微生物活动并有助于提升土壤肥力。

在观赏花境中，地被植物可用于抑制杂草。在蔬菜园里，绿肥（见"绿肥"，591页）同时起到抑制杂草和增强肥力的作用。很多绿肥是深根植物，可以将养分从土壤深处吸收到叶片中，这些养分被植物储存起来以备过冬——否则它们可能被雨水从土壤中冲走——然后又返回土壤中。当绿肥在开花之前返回土壤中时，它还会为微生物系统提供养料。

护根和肥料

将纸板等无机材料用作护根覆盖土壤，可以防止雨水淋失土壤养分或者将土壤冲走。随着气候变化导致极端冬季降雨频率的增加，这种护根方法可能变得更加必要。每年用有机粪肥覆盖土壤表面可以产生同样的效果，同时还能促进微生物活动和土壤生态系统过程，从而改善土壤结构，提升植物营养水平（见上文以及"表面覆盖和护根"，592页）。

粪肥必须充分腐熟，理想情况下应该来自高动物福利的有机农场和马厩，这些地方不使用农药和抗生素等药物。最好的粪肥可以含有来自自家家禽和其他动物（如果你饲养了的话）的粪便和垫料，以及任何来自当地有机系统的含有秸秆的马、牛、猪、绵羊和山羊粪便。

除了用疏松的有机质为土壤施肥，自制有机肥也可以用来刺激植物生长。这些肥料应该和土壤调节剂一起使用，而不是取代它们。可以将荨麻或聚合草的叶片放入水中浸泡2~3周，得到自制肥料。产生的液体应按1:10的比例稀释后用作植物的补充养料（见"有机液态肥料和自制液态肥料"，342页）。因为是液态的，所以这种肥料可以为植物提供容易获取的养分。与合成化肥不同，这样做也没有破坏土壤的危险。从长远来看，合成化肥可能降低土壤肥力，因为它们含有的合成氮会刺激微生物的生长，随着时间的推移，这些微生物消耗的有机质将多于它们返回土壤的有机质。

堆肥

堆肥对有机花园至关重要——它是回收利用植物和某些厨余垃圾的极好手段，可将这些物质转化成为土壤施肥的疏松材料[见"堆肥（基质）和腐叶土"，593~595页]。这个过程模拟的是野外环境下的自然分解循环，能够杀死一年生杂草的种子和任何有害细菌。不过，某些宿根植物的根和种子，以及真菌病原体可能依然存活。材料的分解可以长达12个月，但在此期间，堆肥堆可以为野生动物提供家园和食物（见"野生动物园艺"，28~30页）。

制作腐叶土在有机园艺中也很重要，它模拟了树叶落下和再生的自然过程。方法很简单，只需要将落叶收集到一个定制的笼子或者循环利用的塑料袋里，如用过的堆肥袋（记得在上面扎眼）。12个月后，这些树叶就会被分解，可作为护根使用，而腐熟三年的腐叶土适合用作盆栽基质。

除了使用落叶制作腐叶土，将树叶留在它们落下的地方可令养分自然返回土壤，增加土壤中的微生物活动，而园丁不必付出任何行动。建议清除草坪和道路上的落叶，因为它们可能抑制草坪草的生长和增加滑倒的风险。不过，可以让落叶留在花境中，以及乔木和树篱下。

减少掘地

当我们挖掘土壤或翻地时，二氧化碳会释放到大气中；土壤细菌和无脊椎动物也会受到扰动，损害土壤结构和支持植物根系的复杂菌根系统。因此，最好将掘地保持在最低限度，或者创造非掘地苗床（见"非掘地系统"，475页；"非掘地耕种"，587页），这样做可以增加土壤有机质，改善有益土壤生物的生存状况，它们的存在对于肥沃、高产的土壤而言至关重要。

天然腐叶土
秋季落叶是花园里很棒的免费资源，可以将它们收集起来自然腐熟。经过一年又一年，它们会变成腐叶土，可作为非常有效的土壤改良剂。

促进生物多样性

生物多样性意味着生命的多样性，也就是一个栖息地中生活着种类更广泛的不同植物、无脊椎动物、哺乳动物、鸟类、两栖动物和爬行动物。被吸引到花园或菜畦中的物种范围越广，生物多样性就越丰富（见"野生动物园艺"，28~30页）。

促进生物多样性令自然生态系统和食物链得以形成。例如，花园中捕食者和猎物的健康比例意味着人为干涉控制害虫的需求将会减少。一种生物只有在数量增长不受控制的情况下才会变成害虫，以这种认识为前提，即使花园里有很多被人们普遍视为害虫的物种，你仍然可以开展园艺活动，因为其他物种会吃掉它们，控制其种群规模。几乎所有野生鸟类、蝙蝠、刺猬、两栖动物和爬行动物都吃昆虫和蜘蛛、蛴螬、毛毛虫及其他无脊椎动物，所以你的种植空间能够吸引的此类捕食者越多，你在自己植物上发现的无脊椎动物害虫就越少。在你的花园中吸引尽可能多的野生捕食者，将减少对有害农药的需求，而有害农药在杀死害虫的同时还会杀死其他昆虫。吸引捕食者还可以让花园成为自我调控的栖息地，园丁在其中只是土地的看守人，而不是控制者。

在花园中促进生物多样性有三种方法：种植多种不同植物，包括蔬菜、开花植物、乔木和灌木；为一系列物种提供池塘（见"自然野生动物池塘和沼泽区域"，306~307页）、原木垛、堆肥堆、鸟箱、独居蜂旅馆等生境，供其安家和繁殖；为土壤施肥，促进细菌、真菌等微生物和土壤无脊椎动物的蓬勃发展。

伴生种植

伴生种植指的是将不同植物物种（通常是蔬菜作物）种在一起，以促进天然害虫防治、增强土壤肥力和增加授粉的做法。可能提供益处的常见措施包括：混种植物以迷惑昆虫类害虫，例如，将气味强烈的洋葱和大蒜种在胡萝卜旁边，可同时迷惑胡萝卜茎蝇和葱蝇；在种植中加入气味芳香的香草，如薰衣草。人们已经发现，在芸薹属作物下面种植三叶草可以限制害虫的危害，因为昆虫不那么容易找到它们的目标植物。此外，还可以通过在作物附近种植害虫更喜

混合植物
将气味强烈的植物，如薰衣草种在容易受害虫危害的作物旁边，可以起到迷惑害虫的作用，同时还可以吸引有益的授粉者。

欢的植物来将它们吸引走，例如，有时旱金莲会被种植在豆科作物附近，来将蚜吸引走。对昆虫有吸引力的植物（如茴香）会吸引有用的害虫捕食者，如以蚜虫为食的食蚜蝇。

种植种类多样的植物

栽培种类繁多的植物——例如在混合种植中种植蔬菜、花卉和水果——对自然生态系统的模仿效果最好，并且能支持种类最广泛的野生动物。不同植物吸引不同物种，例如，蛾类通常在本土灌木和乔木上产卵；其他物种有不一样的宿主偏好。

园丁倾向于将毛毛虫和蚜虫视为害虫，但它们处于食物链的底端，是许多其他物种的重要食物来源，包括鸟类、两栖动物和小型哺乳动物。这意味着容忍甚至吸引它们将为花园带来更多捕食者——捕食者将控制昆虫数量，令昆虫不至于发展到产生危害的程度。

种植尽可能多的植物（包括覆盖栅栏和墙壁的植物）是促进花园生物多样性的关键。将露台和混凝土道路等硬质表面的面积保持在最低限度也是很好的做法，这会增加种植总面积，为野生动物提供更多食物和庇护所。

和剪短所有草坪草相比，让某些草坪草长得更高将促进生物多样性增加。致力于短、中、长三种长度的混合（见"开发自然式草坪"，258页）。

生物多样性丰富的花园也是生物友好型花园——会有更多植物通过其叶片吸收二氧化碳，帮助减少环境变化的影响；而且植物的根系可以吸收更多水分，防止内涝。

种植一系列在春季到秋季不同时间点开花的植物，将吸引多种授粉昆虫，以及瓢虫和草蜻蛉等其他有益昆虫（见"吸引授粉昆虫"，31页）。允许开花植物长出种子穗也有助于吸引鸟类。

对于杂草，应当仅在它们对栽培植物构成威胁时加以控制，并使用非化学手段（如护根、锄地或者手动挖出个别杂草）（见"杂草和草坪杂草"，649~654页）。化学控制手段可能很诱人，因为随着全球变暖带来的更长的生长季，杂草会更不受限制地生长，但杂草可以在促进生物多样性方面发挥重要作用。它们为授粉者提供花朵，为毛毛虫提供叶片，为鸟类提供种子，因此在某些情况下它们应该被容忍，如在花境后部或在棚屋后面。

种植不同高度的植物将吸引更多种鸟类，从住在地上的篱雀到住在树上的山雀。树篱可以为鸟类提供庇护所和筑巢栖息地，以及蔷薇果和种子，可以为蜂类提供花朵，还可以为毛毛虫提供叶片。底部拥有适量落叶的大型树篱可以为刺猬提供冬眠机会。

创造栖息地

栖息地意味着家园。创造一系列栖息地，可以将更多野生物种吸引到你的花园中安家。这意味着它们将随时帮助控制害虫，有助于在花园环境中维持健康的平衡。

开展有机园艺的园丁意识到，不那么整洁也有助于创造栖息地。留下种子穗和失去观赏性的植株、不清扫落叶，以及让草更高的区域中的草茁壮生长，这些措施将创造出可以让昆虫捕食者在其中冬眠的微型栖息地。这将确保更多捕食者在冬季生存下来，以便在生长季刚开始时控制害虫。像这样用自然手段控制害虫可以防止它们变成麻烦，免去日后干预的需要。

池塘可以为有机花园生态系统做出特别重要的贡献。池塘将为昆虫及其捕食者（如两栖动物和水生甲虫）提供繁殖机会，最终减少害虫的数量。蝙蝠也会在夜晚被吸引到池塘，捕食那里的蚊子和蠓虫。

使用旧的婴儿浴盆或陶瓷水槽制造的容器池塘，可以在小型花园中或者阳台和屋顶花园上发挥作用。密封可能存在的任何孔洞或裂缝后再注水，在周围添加植物及砖块

独居蜂旅馆
使用独居蜂旅馆会将独居蜂——重要的授粉者——吸引到花园中。

植物多样化
为菜畦增添一些开花植物将吸引更多有益的昆虫捕食者前来控制害虫。

促进生物多样性的栖息地

- 大型、开放式堆肥堆
- 原木垛、树枝垛和落叶垛
- 巢箱，如独居蜂旅馆、刺猬之家和鸟箱
- 落叶层和有机护根
- 池塘
- 较长的草
- 沼泽花园
- 树篱

或石头，以便两栖动物轻松进出（见"自然野生动物池塘和沼泽区域"，306~307页）。

避免有害化学制品

合成农药（包括除草剂、杀虫剂和杀真菌剂）的效力很强，而且是非选择性的，会将有益昆虫与目标害虫一起杀死。即使是很低的剂量，也会扰乱蜂类和其他昆虫的生命周期。这些化学物质还可能渗入土壤中，最终进入水道，对土壤无脊椎动物和水生生物造成潜在的伤害。

有机园艺推崇使用自然手段代替化学制品。大多数园丁发现，在经过一些年的有机园艺实践后，他们几乎或者完全不再使用化学制品控制杂草和害虫了，因为他们发展出了一套基本上可以自我照料的种植系统。

护根——有机的（如粪肥和绿肥，还有堆肥）和无机的（如控制杂草的薄膜）——是抑制杂草的有效方法。将它们用在裸土上或者植物基部周围，可以起到隔绝光照（有时还能隔绝水分）的作用，从而阻止杂草生长。

尽可能减少裸土面积也可以预防杂草站稳脚跟，因为可供种子萌发的露地土壤较少。在栽培有难度的地方，如山坡上、灌木或其他高大植物的下面，可以通过使用地被植物创造贴近土壤的垫状植物材料来实现这一点。

蔬菜作物的连续种植将确保土地被持续覆盖，而间作和缩小作物间距也可以减少裸土面积。定期锄草将去除一年生杂草幼苗并阻止它们站稳脚跟。

挖掘土壤应保持在最低限度，因为这样做会将杂草种子带到土壤表面，令它们在那里迅速萌发。应该用耙子将多年生杂草逐个刨除，防止它们"站稳脚跟"。要记住，年幼杂草比"站稳脚跟"的年老杂草更容易清除，尤其是拥有长长的主根的物种，如蒲公英和酸模。

在种植菜畦之前，可以使用陈旧育苗床技术促使杂草种子在播种作物之前萌发（见"陈旧育苗床技术"，586页）。这需要准备育苗床，然后将其闲置两周，令杂草种子萌发。锄去杂草幼苗后再播种蔬菜作物，可以减少来自杂草的竞争。在春季，可以使用钟形罩或者可重复使用的聚乙烯薄膜预先加热土壤来加速这个过程。这也有利于将要播种的作物的萌发，因为土壤会变得更温暖，有助于种子萌发。

在菜园中，轮作——每年在不同地点种植蔬菜类植物（见"轮作"，475~476页）——等措施可以防止土壤病害积累，如影响芸薹属植物的根肿病。在一年当中的适当

锄去杂草幼苗
对于杂草的小幼苗或多年生杂草新萌发的枝叶，这是一种有效的清除方法。

控制昆虫类害虫的自然方法

- 市面上销售的肥皂喷雾剂是控制蚜虫的有效方法（但请记住，瓢虫和草蛉等有益昆虫也可能被喷雾剂杀死）。
- 种植伴生植物，例如，用旱金莲将蚜虫从豆科作物上吸引走；种植欧白芷和玄参属植物以吸引捕食毛毛虫的寄生蜂。
- 为刺猬等捕食者创造栖息地，它们会在害虫出现时及时处理它们。
- 可以采用生物防治的手段来解决特定问题。包括使用线虫来控制蛞蝓，以及使用寄生蜂来控制红蜘蛛（见"生物防治"，646页）。
- 了解害虫的生命周期有助于降低它们对作物的影响，有时可以在害虫不那么活跃的时候种植作物。该技术包括：在6月之后播种胡萝卜，此时雌性胡萝卜茎蝇不会飞行，因此不太可能在胡萝卜幼苗中产卵；提早在容器中栽培芸薹属植物，以便在它们强壮到足以抵御蛞蝓和其他伤害时露地移栽（但是要记住，气候变化可能改变害虫的典型繁殖模式）。

时间，还可以使用物理屏障（如织物或网）限制虫害以保护植物。伴生种植（见"伴生种植"，21页）有助于吸引捕食者前来控制害虫，无须使用农药。

花园健康和资源

除了有机园艺的三个主要原则，还有一些重要的次级原则。首先是关注整体花园健康。这意味着要密切关注你的地块以便注意到更多迹象——然后可以在问题失控之前将其解决。

经常检查作物意味着有机园丁可以密切关注害虫数量和突发病害，只有在绝对必要时才采取行动。保持良好的卫生习惯可以防止植物的交叉污染（如经常清洁工具，尤其是在修剪染病部位之后），而作物轮作系统将防止土壤传播病害的积累，并有助于维持土壤的健康和多样性。选择抗病品种，并确保你用种子培育出的植株在露地移栽之前是健康的，这也有助于限制病害传播。避免使用除草剂和其他杀虫剂，以及在清洁温室或露台时不使用清洁剂，也可以保证花园生态系统的健康状况。

尽可能使用可持续资源，以及重复和循环使用资源是有机园艺的关键。这意味着保存（和使用）雨水（见"节约用水和循环用水"，596~597页）、尽可能避免使用塑料、不使用含泥炭的基质或购买种在泥炭中的植物，以及保养和存放工具以延长它们的使用寿命。

在阳台上和小花园中，花盆和容器的使用率通常很高，而且会产生大量用水需求。将花盆放在浅盘中，这样基质变干时就可以吸收浇水时多余的水，从而降低浇水需求。安装集雨桶来收集雨水并尽可能使用灰水，也有助于减少对自来水供应的依赖。为盆栽种植选择耐旱植物（如对浇水要求极少的地中海香草和多肉植物）是另一种减少用水量的方法。

耐旱盆栽植物
在容器中种植时，选择可忍耐极少浇水量的植物（如多肉植物）将减少水源供应。

在变化的气候中开展园艺

要想在变化的气候中成功开展园艺，园丁们需要克服新的困难并充分利用新出现的机会。这意味着需要调整措施——种植更适合新条件的植物，更仔细地规划和设计花园以保护植物、土壤和构造物，并确保资源被更明智地利用。传统做法可能需要改变，而生物多样性、韧性和可持续性更高的花园将会是最终的结果。

挑战与机遇

气候变化对生长季和园艺年度的影响可能难以管控。极端天气事件发生频率正在增加，令环境条件变得不可预测，但也提供了试验的机会。在很多地区，生长季可能变长。较温和的冬季将促使球根植物在春季提早开花，而夏末的花朵可能继续盛开到冬季，创造更长的观赏期和种植更多植物的机会。

在从前气候冷凉的地区，园丁也许能够更成功地种植需要较长生长季的不耐寒植物和作物，如茄子、柠檬、橙子和无花果等地中海果树的栽培区也可能扩大。极端天气事件发生频率的增加已经导致生长季难以预测：突然霜冻、过多降雨或突然干旱可能会导致植物损失。

变化的气候可能意味着害虫更加普遍，入侵昆虫种开始在天气变暖的地区（包括城市）定居。更温暖潮湿的冬季环境可能会导致蛞蝓和蜗牛的数量增加，以及真菌病害增加，如马铃薯疫病、番茄疫病、褐腐病、黑斑病、锈病和霜霉病。在夏季，总降雨量减少而短时间降雨强度升高，并伴随更多高温天气和干旱，可能会导致病害减少但昆虫问题增多。

潮湿的环境可能会导致昆虫授粉者数量减少，它们将在漫长的降雨中苦苦挣扎。授粉者的繁殖能力也可能受到损害：毛毛虫被大雨从其食料植物上冲下，而在地下筑巢的熊蜂则面临被洪水冲走的风险。干旱和强风将使许多物种无法完成其生命周期。

迎接气候变化的种植

气候变化可能带来更多冬季雨水，如果降雨强度大，还会导致洪水，尤其是在土壤黏重的区域。它还会引起夏季降雨减少，而这会在干燥沙质土区域引起干旱。园丁们会发现，与其费尽心力让现有植物在具有挑战性的环境条件下保持活力，不如种植更适合新环境的植物，这似乎做起来更容易。

在容易发生干旱的花园里，种植可以忍耐干旱条件的植物，如大戟属（*Euphorbia*）、矾根属（*Heuchera*）和烟草属（*Nicotiana*）植物，这样有助于减少额外浇水的需要。虽然本土树木如今对促进生物多样性很重要，但对于未来而言，种植来自地中海或北美等总降水量较少地区的灌木和乔木可能更加明智，特别是在环境条件已经变暖的城市地区。

随着西方世界大部分地区预计将有更干燥的夏季，花园草坪的未来也可能岌岌可危。可以使用耐旱的垫状景天等替代品，它需要的浇水量和其他养护措施较少，因此产生的碳排放也更少（见"非禾草草坪"，266~267页）。其他选项包括让草长高，因为这样会让草坪在干旱时期保持更绿的颜色，或者使用耐旱观赏将部分草坪改造成野花草地或采取北美草原式方案（见"草坪、草地和北美草原式种植"，241~267页）。

在极度干旱和炎热的地区，用仙人掌和其他多肉植物取代任何禾草，并设计旱生园艺方案——很少需要浇水的花园（见"旱生园艺"，下）可能更可取。在微气候层面上，花园中最温暖的区域可能会变得更热。在更大的表面积上种植植物并减少硬质景观的面积可以帮助缓解这些变化。

在容易发生内涝的花园中，使用能够保持

变化气候中的树木

气温的逐渐升高、降水模式改变，以及与气候变化相关的极端天气事件发生频率增加，都在给早已站稳脚跟的老树木带来新的压力，这些树木可能面临着与最初种下时截然不同的条件。持续干旱会导致树枝和树干开裂；夏季洪水和冬季涝渍会伤害树根；风暴可能对根系已经因不利条件和新的病虫害而削弱的树木产生更具破坏性的影响。

随着极端天气事件发生频率的增加，园丁们应该注意识别处于弱化状态的现有树木，并采取行动以防止人员和财产遭受损失。种植能够应对特定气候影响而且非常适合其种植地点的新树木，可能是适用于未来种植的最佳方法。例如，白柳（*Salix alba*）及其品种、毛桦（*Betula pubescens*）、红花槭（*Acer rubrum*）和稠李（*Prunus padus*）等树木能够忍耐涝渍土壤。对于炎热干燥的地区，选择能够承受干旱条件的树木，如桉树（*Eucalyptus*）、黄金树（*Catalpa speciosa*）、岩生圆柏（*Juniperus scopulorum*）和一些栎树（*Quercus*）。在炎热地区种植时注意用护根覆盖在树根周围，以防止土壤表面水分流失并确保积水可以从内涝区域的树根区域迅速退散，这样做也有助于确保树木在不断变化的条件下保持健康。

旱生园艺

在干旱气候下开展的旱生园艺（xeriscaping）需要将花园设计得使用最少量的水。随着气候变化给许多地区带来更高的气温，这一概念正在获得更广泛的重视。旱生园艺方案使用特别适应沙漠条件的植物，如仙人掌和其他多肉植物，也可使用耐旱植物，如薰衣草（*Lavandula*）和鼠尾草（*Salvia*），它们几乎或者完全不需要灌溉。无机护根（如砾石）有助于减少土壤的水分蒸发，而草坪等耗水量大的景致被最小化或去省。这些原则可以在任何非常干旱的地方使用，以减少花园维护需要和节约水资源。

旱生园艺
在花园的部分或全部地区使用几乎不需要或者完全不需要灌溉的植物，可以保存宝贵的水资源。

凉爽的角落
用树木和大型观叶植物遮蔽花园的高温区域可以降低环境温度。

水分和忍耐涝渍土壤的植物，如钝裂叶山楂（Crataegus laevigata）、锦带花（Weigela）和鸢尾（Iris），可以防止强降雨后的植物损失。在非常潮湿的花园里，可以考虑建造一个雨水花园（见右侧）。滨海和干旱（沙漠）种植方案可为新近多风或干旱地区的种植提供启发。

在菜园里，在一年当中的不同时间种植数量更少、种类更多的作物，有助于将损失减少到最小。选择抗病虫害品种也可以预防问题，但种植开放授粉的作物将节省种子，而且有可能因此自发适应特定的生长条件（见"选择种子"，601页）。

总体而言，应谨慎选择植物以适应新的条件，不过园丁必须接受的一点是，条件可能会继续发生变化，因此可能需要重新修改种植方案。某一地区的耐寒性和植物适宜性地图可能不如在气候稳定时期那么有参考价值。

管理极端条件

在天气模式变得越来越难以预测的情况下，准备好对不断变化的情况做出快速反应，这样就可以挽救植物和种植方案。在手头准备园艺织物和钟形罩或农作物覆盖物，可以确保幼苗和其他易受伤害的植物迅速得到保护，免遭霜冻。在干旱时期定期检查植物是否有缺水迹象，以及是否有害虫和病害（如疫病）迹象，将使生长问题在造成重大损害之前得到解决。气候变化给许多地区带来了新的害虫，而且将来可能带来更多。这些新来者常常没有天敌，可能会对花园生态系统造成严重破坏。因此，定期检查并采取相应行动可以最大限度地减少植物损失。

风

以树篱、乔木和攀缘植物的形式建立防风林，是抵御强风和暴风雨的有效手段，强风和暴风雨会推翻豆架、刮平花境（见"防冻和防风保护"，598~599页）。除了让人可以在大风天更好地享受花园，树篱还可以遮挡和保护其他植物（见"树篱和屏障"，104~107页）。

新种植的乔木可能需要更长时间或者永久性立桩保护，以防大风造成摇晃，同时还可以使用巨石等永久性结构来创造小规模的背风种植点。这些结构还可以防止风刮走土壤的表层（包括落叶层）——这可能最终导致土壤侵蚀。

雨

过多的降雨会导致涝渍和洪水。径流还会使排水和污水系统超载，侵蚀表层土，冲走宝贵的落叶层和养分。设计将雨水引流、吸收和储存的方法，如植被浅沟或雨水花园（见"应对过多雨水"，下），将确保雨水不会在花园中浪费掉。

热

如果有足够的水，植物会散发水分并冷却空气，所以增加种植面积并尽量减少吸收且散发热量的硬质表面（如道路和露台），有助于缓

应对过多雨水

雨水花园 旨在容纳尽可能多的水以防止洪水。落水管和雨水链可用于将水从屋顶引导至水池、池塘或系列水池，或者种有吸水植物（如蓼和萱草）以及禾草——包括发草属（Deschampsia）或芒属（Miscanthus）物种——的沼泽区域。这些植物确保水缓慢排入地下，降低对当地下水道系统的压力。以这种方式减缓径流和引水，可以防止花园内涝，同时有助于形成有益于两栖动物和鸟类的湿地或沼泽生态系统（见"自然野生动物池塘和沼泽区域"，306~307页）。

植被浅沟 植被浅沟是种植植被的浅沟，侧壁呈斜坡状，可以减缓和储存径流，令其缓慢排入地下，或者将其转移到花园的其他部分（如雨水花园或池塘）。在斜坡上建造植被浅沟时，护堤——植被浅沟坡下一侧的凸起挡水床——会进一步减缓径流。通过捕获富余水分，植被浅沟可以防止洪水，还有助于灌溉植物。涝渍和干旱条件都能忍耐的植物特别适合种在这里，如禾草和三叶草。如果植被浅沟的底部永久浸水，那么耐湿植物是理想的选择，如用于雨水花园的植物（见"雨水花园"，左）。

植被浅沟
为了帮助防止洪水，这条宽阔的植被浅沟包括可以过滤和减缓暴雨径流的植物，以及进一步阻碍雨水流动的挡土墙。

变化的气温
（上）水果和蔬菜作物特别容易遭受变化天气模式的影响。更温暖的春季促使植物提前生长，增加了它们遭遇严重霜冻的风险。

地中海式种植
（左）原产热带沿海气候区的植物可以忍耐与气候变化相关的强降雨和夏季高温，如这里的丝兰属（*Yucca*）和百子莲属（*Agapanthus*）植物。

解气温上升。水景也可以起到同样的冷却效果。乔木和生长在藤架上的攀缘植物可以用来提供宜人的阴凉。在大容器而非小容器中种植植物可以减少频繁浇水的需要，因为和小花盆里的土壤相比，更大体积的土壤在温度和水分含量方面不易发生变化。种植耐旱植物（如地中海香草、仙人掌和其他多肉植物），将进一步减少浇水需求。

冷

不可预测的温度变化——例如，突然出现的霜冻——会导致植物损失。可以通过用园艺织物包裹易受伤害的植物并且（或者）用稻草覆盖根部来预防此类损失。有所帮助的其他方法包括在玻璃温室中种植植物，待温度稳定后再移栽室外，以及原地使用钟形罩或冷床保护幼苗。

改变园艺实践

由于气候变化会影响园丁选择种植的植物种类及它们的种植方式，所以园艺实践必须加以调整。可持续且有机的园艺实践支持健康花园生态系统，并确保土壤和水资源不被耗尽，遵循这样的实践原则将变得至关重要。播种和修剪时间可能需要调整，以适应不断变化的气候。例如，土壤在传统的播种时间可能太冷或太干，或者更温暖的春季可能会让园丁提前播种。然而，适度是关键——在温和的天气条件下尝试早播可能会因为一场晚霜弄巧成拙，所以少量多次播种会增加成功机会。在冬季修剪树木的传统做法可能需要改变，因为此时树木可能不再处于休眠状态；与遵循既定假设相比，修剪之前确保落叶树的所有叶片都已落下，可能是判断休眠与否的更好指标。

降水的增加和生长季的延长意味着一年当中需要更频繁地修剪草坪，而干燥的棕色斑块——炎热夏季的典型现象——可能会在更长的时间里成为问题。让草坪（或部分草坪）草长得更高是一种解决方案，因为这样可以减少割草、除草和施肥的需要，而且会减少难看的干枯斑块。然而，在极端炎热的地区，放弃部分或全部草坪区域可能是更可持续的选择，如在旱生园艺方案中（见"旱生园艺"，24页）。

适应变化的降雨水平将意味着园丁必须基于植物活跃生长时期降雨量的多少，对长到不同高度的植物抱有更放松的态度。杂草的性质及其控制也可能发生变化——更干燥的夏季令杂草控制变得轻松，但更潮湿的冬季则加剧了杂草问题。在潮湿的冬季，与其对杂草和除草采取毫不留情的斗争态度，不如采用更放松的策略。

更多护根

使用护根材料覆盖土壤可以保持土壤：砾石等无机护根提供了阻碍蒸发的物理屏障，而且不会随着时间的推移而降解。在非常干旱的条件下，可以考虑建造砾石园（见"岩石园和气候变化"，272页）。砾石园是为干燥且阳光充足的地点设计的，并将地中海种植与厚厚的砾石护根相结合。低维护版本是在砾石下面铺一层园艺织物，起到抑制杂草和保持更多水分的作用，尽管这样做也会阻止植物自播，令自然主义外观难以形成。

节约用水

园艺实践必须改变的主要领域之一是用水。随着气候发生变化，节约自来水和使用天然水源（如雨水）至关重要。我们给植物浇水的方

砾石园
砾石园可用于打破硬质景观区域，而且作为草皮的替代品，还可以提供种植耐旱植物的机会。

节水蔬菜

（上）与多叶蔬菜和莴苣等沙拉作物相比，甜菜、胡萝卜和欧洲防风草等块根作物需要的水少得多。

大型容器

（右）使用可容纳更多土壤的容器将用水需求相似的植物种在一起，可以减少它们所需的浇水量。

式也会对水资源保护和植物的耐旱性产生影响。次数少且量大的浇水会迫使植物的根长得更深以寻找水——靠近地表的根会更快变干。在清晨或日落之后给植物浇水也可以确保减少水分蒸发。将浇水需求相似的植物种在一起可以令灌溉方法更加有效。降低修剪草坪的频率也可以减少养护所需的水分。更高的草可以遮蔽土壤，减少蒸发，而较低的草需要更多的水来防止干枯。

爱护土壤

经常挖掘土壤会破坏其结构和微生物平衡，加速养分和碳的淋失，有时甚至还会导致严重的土壤侵蚀。土壤常常会在冬季裸露，特别是在菜畦中，这会导致侵蚀和养分流失。使用绿肥或填闲作物可以确保土壤不会裸露，辅以更好的土壤管理措施，便可以防止侵蚀。避免使用旋耕机等重型机械是保持土壤健康的关键，此类机械会破坏土壤结构，杀死蚯蚓和微生物，并向大气中释放二氧化碳。哪怕只是在花园中的部分区域采用非掘地技术，也可以保护土壤结构、滋养微生物并将二氧化碳锁定在土壤中（见"非掘地栽作"，587页）。

花园节水的方法

- 使用洒水壶而非软管——软管会浪费大量的水，而洒水壶可以将水流引导至需要的地方。
- 用5厘米厚的有机质覆盖土壤，或者使用无机护根（如薄膜和砾石），将水分锁定在土壤中。
- 种植更多宿根植物，这些植物一旦"站稳脚跟"，需要的水就比一年生植物少。
- 选择耐旱植物，包括需水较少的蔬菜，如甜菜。
- 在秋季种植，此时地下水位较高，因此只需较少浇水，植物就能"站稳脚跟"。
- 尽可能使用灰水而不是自来水浇灌植物（见"节约用水和循环用水"，596~597页）。

改善土壤健康的方法

- 减少掘地。
- 每年使用有机质（包括自制堆肥）覆盖土壤。
- 种植绿肥或填闲作物，防止土壤裸露。
- 种植固氮豆科植物，包括三叶草、野豌豆和豆类作物。
- 开展有机园艺，不使用农药（见"有机园艺"，20~23页）。避免压实土壤。

绿肥

生长迅速的白芥（*Sinapis alba*）可以改善土壤质量。开花前将这种作物翻进土里，然后任其分解。

野生动物园艺

所有花园都以某种形式向野生动物提供栖息地和食物。草坪、花境、开花植物、灌木和乔木向一系列物种供应食物和提供庇护所,其中包括无脊椎动物、两栖动物、小型哺乳动物(如刺猬),以及鸟类。然而,如果在开展园艺活动时考虑到野生动物,园丁就可以提高自己的土地作为栖息地或者系列栖息地的潜力,让更多物种前来觅食和繁殖。养育更多野生动物可提高生物多样性,带来更广泛的环境益处,还会让花园更有趣,吸引更多捕食者前来,减少蚜虫和毛毛虫等害虫的数量。

自然保护区

花园作为野生动物避难所的角色正变得越来越重要,因为栖息地丧失(城市化水平提高和集约化农业生产的后果)、气候变化和农药使用的综合作用正在使野生物种数量下降。通过成为微型自然保护区,每一座花园——无论大小——都可以为支持野生动物做出贡献。由众多花园构成的网络可以集体创造出一个庞大的自然保护区。

可以用最小的空间(如阳台花园或窗台)满足一些野生动物的需要。例如,授粉者会造访开在小花盆里的适合花朵,觅食花蜜。设计良好的容器池塘可以为两栖动物提供庇护所和补充食物,而鸟池或其他碟碗中的水可以为鸟类提供"跳板",让它们能够在此休憩。

庇护所和桥梁

除了提供野生动物庇护所,花园还起到"走廊"和"桥梁"的作用,使野生动物得以在不同栖息地之间"旅行",包括一些蝴蝶和蜂类在内的很多动物在气温升高时会向北迁徙。野生动物友好型花园可以沿途为这些动物提供食物和筑巢机会,增加它们成功前往更凉爽地区的机会。连接起来的栖息地还令野生动物得以扩张其繁殖范围,起到防止近亲交配、保持种群健康的作用。

剪得很矮的草坪不能为野生动物提供很多机会,虽然鸟类会利用它捕食蚯蚓和蚂蚁等无脊椎动物。不过,如果任由野花开花,草坪就可以为授粉者提供食物。

在花园里的某些区域,让树叶留在它们落下的地方(如树下和花境中)可以为一系列物种提供它们亟须的庇护,包括蛾类毛虫和其他无脊椎动物。如果落叶堆足够大,刺猬甚至都可以在里面安家。只要叶片不是蜡质的,花境中的薄薄一层落叶就会在春季分解,让球根植物可以钻出地面,草本植物的生长会遮盖任何尚未完全分解的落叶。

堆肥堆和原木垛

堆肥堆可以为小型哺乳动物、两栖动物、爬行动物、无脊椎动物(如甲虫、蜈蚣,甚至筑巢熊蜂)提供温暖、干燥的庇护所。侧壁具有一定渗透性的堆肥堆将是野生动物最容易利用的选项——可以让鸟啄食堆肥堆中的食物。封闭的堆肥箱是对野生动物最不友好的,但即使是它们,也可以为蛇蜥等爬行动物提供庇护所。

花园角落里的原木垛看起来很漂亮,能为小型哺乳动物、两栖动物和无脊椎动物提供有用的栖息地。使用来自多种树木的木头能够进一步提高生物多样性,因为很多真菌与特定树种相关。原木垛越大,可以支持的野生物种就越多。

树篱栖息地

园丁与其粉碎或焚烧花园中的废弃树枝,

攀缘植物和树篱
(上)很多铁线莲[这里是'紫星'铁线莲(C. 'Étoile Violette')]、月季和忍冬(Lonicera)非常适合生长在成熟树篱中以滋养野生动物。

原木垛
(左)阴凉处的原木垛复制了林地环境中倒下的树木,为野生动物创造了有用的栖息地和食物来源,并支持真菌、地衣和苔藓。

落叶层
（上）落叶将为花园里的野生动物提供藏身之处和筑巢材料。

北美草原式种植
（右）用在北美草原式种植中的禾草和晚花宿根植物可在较长时期内为野生动物提供花蜜、花粉和庇护所。

不如将它们做成"死树篱"。这种干燥栖息地将提供庇护所和食物，而且很容易在不常用的花园角落里建造起来。可以将废弃树枝放在木杆之间，让它看起来更美观一些。

活的树篱为许多物种提供一系列栖息地和觅食机会。用树篱取代栅栏或墙壁，可以起到"缓冲"风力的作用，创造出一条"背风带"，让蝙蝠等物种在其中捕食昆虫。本土树篱物种的叶片将被本土蝴蝶和蛾类利用，花将被蜂类造访，浆果将被鸟类和小型哺乳动物吃掉。在树篱之间种植忍冬等攀缘植物（以及在墙壁或栅栏上使用它们）将提供筑巢机会，还可以提高生物多样性——增加树叶、花和浆果的种类，令更多物种可以利用它们（见"引入栅篱"，138页）。

花园池塘

花园池塘可以为两栖动物和无脊椎动物提供繁殖生境，还能为鸟类和哺乳动物提供饮水和沐浴机会。它还会吸引捕食者，如吃蠓虫、飞蛾和蚊子的蝙蝠（见"自然野生动物池塘和沼泽区域"，306~307页）。小型容器池塘或鸟池将提供饮用水和沐浴用水，容器池塘还可以吸引无脊椎动物。

人造栖息地

鸟箱、刺猬之家和独居蜂旅馆都可以被补充到野生动物花园中，有潜力取代已经丧失的栖息地（如树洞）。鸟类很容易使用巢箱，尤其是在根据巢箱的目标物种对其进行了相应设计，还考虑到了巢箱的高度和朝向时。独居蜂旅馆将吸引独居物种，如红壁蜂和切叶蜂。刺猬将利用温暖舒适但通风良好、里面衬有干草的盒子。

为野生动物种植

植物种类和种植风格的选择可以影响一座花园吸引和支持野生动物的数量。种植花期长的植物将吸引授粉者和其他无脊椎动物（见"喂养授粉者"，31页），而在较长时期内保留种子的植物可以帮助吃种子的鸟类，特别是在更广阔的乡村缺乏种子来源的冬季。加入一些常绿植物将为所有野生动物提供冬季遮盖。

通过种植种类广泛的乔木、灌木和草本植物——尤其是不同高度的草本植物，园丁可以创造出宝贵的混合枝叶生境，这是在模仿林缘——很多花园居民物种的自然栖息地。

种植密度也很重要：花园种植得越密集，能支持的野生动物就越多。然而，虽然应该用植物填充空间，但应该注意的一点是，蜘蛛更喜欢稀疏的种植。要想吸引它们前来，需要留出一些零散分布的裸土。

自然主义种植

自然主义种植是一种广受欢迎的野生动物友好型技术，它模仿的是草原生境，如草地和北美草原。草坪的某些部分可以当作野花草地进行管理，种植本土禾草和对授粉者友好的宿根野花，如黑矢车菊（*Centaurea nigra*）、红车轴草（*Trifolium pratense*）和滨菊（*Leucanthemum vulgare*）。禾草将为多种无脊椎动物、蛾类、爬行动物和小型哺乳动物提供食物和庇护所（见"营建野花草地"，259~261页）。

更缤纷多彩的"如画"（pictorial）混合种子也可以被用于自然主义种植，其中包括花园一年生植物或本土农田野花（如虞美人和矢车菊）及少量禾草。对于面积较大、需要进出的

食物供应
像起绒草（*Dipsacus fullonum*）这样的植物在开花时支持蜂类和蝴蝶，如果任其发育种子穗，它还能为鸟类提供宝贵的冬季食物。

草坪区域，可以在草地中修剪出通道，产生美丽的效果。北美草原式种植通常被用在大型花境中，并将观赏草与典型北美草原植物结合起来，如金光菊属（*Rudbeckia*）、柳叶马鞭草（*Verbena bonariensis*）和松果菊属（*Echinacea*）（见"北美草原式种植"，264~265页）。

在草地和北美草原式种植无法应用的较小花园里，可以进行更自然的园艺实践，例如在秋季不剪短种子穗和草本植物。这样做是在模仿野外环境下植物生长和分解的自然循环。植物会在冬季迅速分解，尤其是在重度霜冻之后，

这将对园丁人为干预的需求降至最低。而在保持完整状态时,它们将为瓢虫等昆虫提供越冬庇护所,鸟类也可以自然采食种子穗。

种植本土植物

一个普通花园,包括草坪在内,可能包含至少70%的非本土植物。但是,为了吸引有益的野生动物,本土植物或近本土植物(如在英国和北美,这样的植物是指来自北半球其他地区的植物)的比例应不少于30%。

不过,并不需要将来自南半球的异域植物排除在外,如柳叶马鞭草、单瓣大丽花和墨西哥鼠尾草。这些植物将花期延长至秋季,这将支持更多授粉者(见"吸引授粉昆虫",31页)。研究还表明,虽然本土植物占据主导地位可以支持数量最多的无脊椎动物,但基于近本土植物的种植方案可支持的物种数量仍然很多——大概只减少不到10%。与本土植物相比,基于异域植物的种植方案可支持的无脊椎动物减少了大约20%。随着昆虫逐渐适应变化的气候并向北移动,种植一些能够为这些新来者提供食物的非本土植物也可能是有益之举。

支持食物链

鼓励无脊椎动物觅食和繁殖将增加鸟类、蝙蝠、两栖动物和小型哺乳动物(包括刺猬)等食物链高等级物种的食物供应。一座花园提供的天然食物越多,它能够养活的野生物种就越多,所以本土植物可为生物多样性极高的空间奠定基础。

本土乔木的尺寸差异很大,所以可以用在几乎所有大小的野生动物花园中。苹果、欧洲李和樱桃等栽培果树是吸引野生动物的绝妙植物,而且通常适合种在小型至中型花园中。仔细选择你的树木,确保它在将来的50~100年里有足够的生长空间。

本土灌木可以作为混合本土树篱的一部分种植,或者作为灌木层单独种植在花境后部(见"树篱和屏障",104~107页)。本土草本植物为许多物种提供食物和家园——禾草被蝴蝶和蛾类的毛毛虫利用,而本土开花植物支持许多授粉昆虫。

除了提供叶片和花,本土植物还结种子和浆果,这进一步增加了它们对野生动物的用处。在小花园里,这些植物尤其重要,因为它们在相对较小的区域里提供多种食物和生境。

不同的植物高度

裸土在野外很少见,因为植物会尽其所能争夺资源。无论灌木丛、林缘的禾草或地被植物,还是在树冠层争夺阳光的乔木,野生栖息地往往拥有不同高度的植物。在花园中复制这一点将为最广泛的野生物种提供遮盖。例如鸟类、鸫鹩和篱雀等更喜欢栖息在较低的、有遮盖的区域,如灌木和树篱下面及原木堆中。相比之下,山雀更喜欢从落叶乔木的树枝末梢觅食,而欧亚鸲和麻雀则在灌木、树篱和攀缘植物(如忍冬)中寻找庇护所。同时提供地被、中等高度到大型灌木覆盖物、攀缘植物和乔木,将确保花园提供一系列有利于最大化野生物种数量的栖息地。

再野化

根据定义,再野化(rewilding)是指将土地恢复到自然状态。在大范围内,这可能意味着"自由土地"的回归——田野、树篱和树木任其自由发展,而诸如长角牛和鹿等被称为"生态系统工程师"的动物在土地上觅食,阻止它恢复成森林。这会导致多种栖息地和生态系统拼凑在一起,野生动物在其中繁衍生息。灌木从占主导地位,而与灌木丛相关的物种(如夜莺和斑鸠)以及蝴蝶的数量都会增加。

不同的高度和形态
模仿自然并纳入一系列高度、花朵和叶片形态的种植方案将支持种类最广泛的昆虫。

真正意义上的再野化不能在花园中进行,因为花园是受人为管理的栖息地(大部分园丁不想让自己的地块完全抛荒)。然而,野生动物花园可以与再野化土地共用同样的精神——模仿更荒野的栖息地,允许大自然发挥主导作用。

任何花园的一部分都可以闲置一段时间;可以允许植物自播,让某些区域的草长得更高,培育花、叶、种子和浆果等天然食物来源。因此,一座再野化花园可以是园丁想要的任何样子——园丁可以种植本土灌木和乔木,或者在一年当中的很长一段时间内种植高草丛和开花植物;也可以让树叶在落下的地方积聚,让种子穗和花境植物在冬季保留。一座再野化花园只是一座野生动物花园。创造哪些生境以及它们支持哪些野生动物取决于园丁。

支持野生动物的本土植物

本土乔木
单子山楂(*Crataegus monogyna*)H7
夏栎(*Quercus robur*)H7
欧亚花楸(*Sorbus acuparia*)H6

本土灌木
单子山楂 H7 h
欧榛(*Corylus avellana*)H6 h, b
欧洲卫矛(*Euonymus europaeus*)H6 b
欧洲枸骨(*Ilex aquifolium*)H6 h
欧洲李(*Prunus domestica*)H6 h
欧鼠李(*Rhamnus frangula*)H7 h
欧洲荚蒾(*Viburnum opulus*)H6 b

本土草本植物
匍匐筋骨草(*Ajuga reptans*)H7
鸭茅(*Dactylis glomerata*)H7
毛地黄(*Digitalis purpurea*)H7
大麻叶泽兰(*Eupatorium cannabinum*)H7
洋常春藤(*Hedera helix*)H5 c
绒毛草(*Holcus lanatus*)H7
香忍冬(*Lonicera periclymenum*)H6 c
欧洲报春(*Primula vulgaris*)H7

注释
h 适用于树篱
b 适用于花境
c 攀缘植物
H = 耐寒区域,见56页地图

吸引授粉昆虫

尽管像禾草这样的少数植物是风媒授粉的，但我们的大多数花园植物依靠昆虫将花粉从一朵花转移到另一朵，以便进行受精——随后结出种子和果实。由于集约化耕作方法造成乡村草地生境和野花减少，这些昆虫受到了很大影响，因此园丁对昆虫活动的鼓励变得越来越重要。

蜂池
除了花粉和花蜜，蜂类等授粉昆虫还需要终年供应的水。一个小水池或喷泉将会吸引它们前来。

鼓励更多访花昆虫来到花园的最佳方法之一是种植提供花粉和花蜜的植物。花粉富含蛋白质，花蜜含有高热量的糖，它们都是昆虫的食物。除了吸引授粉者，这些植物还将为许多通常被认为是害虫的无脊椎动物提供栖息地，这些物种本身就是捕食者（包括其他无脊椎动物）的食物来源，有助于维持花园中的生态平衡。例如，春季常见于植物上的蚜虫是瓢虫和其他甲虫的食物。同样，毛毛虫会吃植物的嫩叶，但当它们后来变成授粉的蝴蝶和飞蛾时，它们则被鼓励来到花园。

喂养授粉者

要想增加造访花园的授粉者的种类，应该致力于让花园在一年当中的每个季节都有正在开花的植物。很多一年生植物和不耐寒宿根植物的花会开到第一场霜冻降临之前，而早花球根植物和冬花灌木将确保较冷月份的花粉供应。在菜园里，可留出一些叶菜和为了叶片种植的香草，任其生长开花。如果花园包括草坪，还可以减少割草次数，令雏菊和三叶草等草坪杂草能够开花。

在选择开花植物时，要选择多个花朵类型（包括管状、碗状和头状花序），以吸引种类最广泛的物种，因为授粉昆虫拥有形状不一的口器，会在不同的花中觅食。开放式单瓣花（花心可见）为许多授粉者提供最容易获得的花蜜和花粉。加入一些在夜晚散发香气的花（如茉莉），还能确保吸引授粉蛾类。

授粉昆虫还需要水。如果你没有花园水池，那么你可以在浅碟或托盘中注水，制作"蜂池"。将各种大小的鹅卵石放入水中，让昆虫可以在上面攀爬。

选择植物

上一次冰期结束以来，本土植物就与本土昆虫在同一地区共同进化，它们常常为授粉者提供最大的支持。实际上，一些授粉者与特定植物形成了特殊关系，例如，很多蛾类物种只将卵产在特定本土植物上。黄蜂似乎偏好从欧白芷和玄参属（*Scrophularia*）植物中觅食，而一些蜂类偏爱短柄野芝麻（*Lamium album*）。

不过，纳入一些来自世界其他地方的植物，将延长花期，而且一些非本土植物含有特别丰富的花蜜和花粉。因此，长时间提供大量花朵的本土和非本土植物的搭配是吸引和支持授粉者的最佳策略（见"种植本土植物"，30页）。

吸引授粉者的宿根植物

对于吸引授粉者而言，大多数宿根植物是比一年生花坛植物更好的选择。一年生花坛植物的育种常常是为了开花时的外表或者茁壮的长势，不会如宿根植物那样提供那么多花蜜和花粉——授粉者的能量消耗和生长都需要这些物质。宿根香草对蜂类和其他昆虫的吸引力特别大，如牛至属（*Origanum*）和琉璃苣（*Borago officinalis*）。和花坛植物相比，很多宿根植物的花期也较晚，可以在夏末至秋季长时间支持授粉者，此时，很多一年生植物已经开完花了。

授粉者友好型植物
种植多种开花植物，让它们从早春到晚秋都可以提供花蜜和花粉，这是支持花园中授粉者的最佳方式。

吸引授粉者的季节性宿根植物

春季
南庭芥（*Aubrieta deltoidea*）H4，单子山楂 H4，多榔菊属（*Doronicum*）H5，多色大戟（*Euphorbia polychroma*）H6，欧亚香花芥（*Hesperis matronalis*）H6，紫花野芝麻（*Lamium maculatum*）H7，银扇草（*Lunaria annua*）H6，多花海棠（*Malus floribunda*）H6，报春花属（*Primula*）H7-H2，黑刺李（*Prunus spinosa*）H7，肺草属（*Pulmonaria*）H7，绯红茶藨子（*Ribes sanguineum*）H6

夏季
乌头属（*Aconitum*）H7，印度七叶树（*Aesculus indica*）H5，茴藿香（*Agastache foeniculum*）H5，欧白芷（*Angelica archangelica*）H6，普通假升麻（*Aruncus dioicus*）H6，琉璃苣 H5，金盏菊（*Calendula officinalis*）H5，美国梓树（*Catalpa bignonioides*）H6，矢车菊属（*Centaurea*）H7-H3，爪瓣仙女扇（*Clarkia unguiculata*）H6，毛地黄属（*Digitalis*）H7-H2，松果菊属 H7-H5，桂竹香（*Erysimum cheiri*）H5，短筒倒挂金钟（*Fuchsia magellanica*）H4，草原老鹳草（*Geranium pratense*）H7，路边青属（*Geum*）H7-H5，长阶花属（*Hebe*）H6-H3，向日葵属（*Helianthus*）H5-H3，天芥菜属（*Heliotropium*）H3-H1c，素方花（*Jasminum officinale*）H5，奥尔比亚花葵（*Lavatera olbia*）H5，香雪球（*Lobularia maritima*）H3，香忍冬 H6，麝香锦葵（*Malva moschata*）H5，美国薄荷属（*Monarda*）H5-H4，荆芥属（*Nepeta*）H7-H2，牛至属 H7-H3，东方罂粟（*Papaver orientale*）H6，钓钟柳属（*Penstemon*）H7-H3，花荵属（*Polemonium*）H7-H5，火棘属（*Pyracantha*）H6-H3，鼠尾草属（*Salvia*）H7-H1b，稳葵属（*Sidalcea*）H7，大花水苏（*Stachys macrantha*）H7，百里香属（*Thymus*）H7-H5，婆婆纳属（*Veronica*）H7-H4，腹水草属（*Veronicastrum*）H7

秋季
紫菀属（*Aster*）H7-H2，赛菊芋属（*Heliopsis*）H6，金光菊属 H7-H2，鼠尾草属 H7-H1b，一枝黄花属（*Solidago*）H7

冬季
铁筷子属（*Helleborus*）H7-H4

注释
H = 耐寒区域，见 56 页地图

花园的规划和设计

对于一座花园的营建者来说,在一段时期内将它培育出来,看着它随季节变换不断发展成熟,是一种享受回报的美好体验。

然而,要建造成功的花园,需要从一开始就谨慎缜密地思考。带有简单线条和自然曲线的花园,游刃有余地散发着轻松迷人的魅力,这样的花园也许看起来在设计上没花多少心思,但几乎可以断定,它一定经过了聪明的规划。在拥有规则几何布局的花园中,设计过程是显而易见的,但是,对于看起来好像天真朴实的自然式花园,也需要在设计上投入同等的精力,才能得到比例协调且平衡的整体效果,并与周围景致达到和谐。

设计上的考虑因素

无论是露台、阳台、小片土地,还是更大的地块,只要花时间规划和设计,让它匹配你的生活方式、资源和品位,就可以将它改造成宜人的天堂。要想充分实现花园空间的潜力,至关重要的一点是在规划过程的一开始就尊重你的场地并从中获得启发,留意它的气候、土壤和朝向。这些情况可以指导种植风格和设计特点的选择,以确保花园满足你的需求,同时创造出有益于更广阔环境的可持续空间。

园艺机会

花园可以发挥很多作用,所以在最初的规划阶段做出的选择必须反映你的需求和偏好。设计花园还是表达你的个人品位和创造力的好机会,可以让你的个性体现在完成的概念、设计、颜色和植物组合上。

与室内设计或绘画不同,花园是不断变化的有生命的东西,每个季节都会给予新的回报和带来新的挑战。虽然常常涉及辛苦的劳动,但大部分任务的实践性和视觉回报会令园艺活动十分有益身心,对于将大部分时间花在室内工作上的人而言,园艺活动还提供了很好的锻炼机会。

改善我们的环境

不要孤立地看待一座花园,因为它是更广阔的环境的一部分,连接公共和私人空间,并为更广阔的生态系统做出贡献。在大多数情况下,我们的种植空间与我们的住宅相邻,在愿景和想象力的帮助下,花园不仅可以改善房屋外观以供我们欣赏,对于街道或社区形象也大有裨益。从房屋的建筑风格和材料中汲取灵感,使用与其风格相称的种植,可以达到和谐的整体效果。

在精心规划下,花园还可以作为我们室内生活空间的延伸,以铺装台地、覆盖植物的构造物或开放式游廊模糊室内和室外的边界。这些景致可以创造安全的儿童嬉戏区——这在面积有限的房屋中特别受欢迎。与此同时,它还可以提供户外用餐空间。

花园的边界确定并保护我们的私人空间,限制着外部世界对我们称之为家的地方的影响。花园不仅可以屏蔽相邻土地或建筑物上难看的景观,还可以增加私密性。花园树篱和乔木还可以抑制来自繁忙街道或毗邻地块的刺耳噪声。相反,如果花园坐落在田野上,边界可以设计得不遮挡视线,将乡村景色引入花园,同时仍然可以隔开食草动物。

随着气候变化导致更极端的天气事件频繁发生,认真考虑花园的保护作用和种植类型正变得越来越重要。例如,用乔木和灌木种植防风墙将为建筑物和不那么健壮的植物提供遮挡,避免风雪造成的损害。在可能出现高温的地区,乔木和灌木还可以为房屋及其周边带来遮阴和凉爽(见"在变化的气候中开展园艺",24~27页)。

更广阔的环境

将花园视为更广阔的生态系统的一部分有

联结元

道路是一种强大的设计元素,可用于将花园的各种元素结合起来,并将视线引导至目标点。

助于指导基本设计决策,对花园未来的适用性至关重要。例如,规划用于堆肥、循环利用和水资源保存的区域和设施,可让园艺活动在更高的可持续水平上开展;沿着环保路线进一步开发花园的举措,可以涉及营建野生动物友好型花园。这包括种植为鸟类和昆虫提供食物的植物、种植提供筑巢场所的灌木和乔木,以及为水生生物提供水体。避免使用化学制品,可以鼓励更多授粉昆虫造访花园,这通常会改善植物的生长表现和生产力,从而大大丰富花园环境(见"面向未来的园艺",12~31页)。

衬托建筑

花园提供了无须进行昂贵或重大改造便可改变房屋外观的绝佳机会。植物可以被用来柔化僵硬的屋檐线,或者被用来伪装使用不当的、丑陋且不协调的建筑材料。不起眼的结构加上引人注目的攀缘植物或主景植物(architectural plants)也能够强化建筑的外观,并为建筑增加个性。无论是哪种情况,建筑结构和栽种植物的花园都可以互相融合,相得益彰。除了极少数的立面不加装饰更美观的建筑,大多数房屋可以通过在旁边栽种植物或者将攀缘植物引至房子正面的方式来改善外观——看起来就像是将花园带到了房子门前一样。

花园设计的重要性

对于许多人来说,"花园设计"这个词暗含着某种形式感,它暗示着需要应用许多严格的规则和复杂的公式。幸运的是,真实情况并不是这样的,不过,的确存在一个应该时刻保持注意的原则——在任何工程开始之前,必须经过深思熟虑,想出所有供选择的方案。一旦工程开始,再对设计进行改动就可能会花费巨大,而且这样做不利于设计方案的成功。许多美丽的花园并没有按照全面的设计方案来建造,它们是从某个起始点有机地发展起来的,这些起始点可能包括:开阔空间中种下的一棵美丽树木、连接道路和房屋的一条天然小道,或者是前业主留下来的布局等。经过年复一年的发展,一座充满魅力的花园的确可以产生,但也很有可能错过适当的发展机会,使花园明显缺乏一种整体性。

设计意识

我们生活在一个经过设计的社会里,在这个社会中,花园是深受设计师和媒体关注的成熟对象。博客和社交媒体网站、信息量丰富的电视节目、附有精美插图的图书和杂志,以及比以往任何时候都要多的被吸引的受众,让人们对风格、产品和植物产生了越来越浓厚的兴趣。所

有这些都能提供启发，但是，要想充分挖掘一块土地的潜力，职业设计师清晰且富有经验的规划就显得十分有用。一个好的设计师不应只顾着在花园中落实自己的想法，而不首先考虑业主的愿望、要求和生活方式。就算设计师不负责整个项目的实施，只是在规划初期前来提供建议和指导，也是很宝贵的。

风格选择

将花园归入特定的风格——例如，规则式或自然式、以人为本或以植物为本——是一件困难的事，因为许多花园中包含一系列松散地连接在一起的不相干的主题。不过，在开始建造新花园或者改造旧花园时，采用起指导作用的主题或风格，可以成为一个有用的起点。

在任何一个宽泛的花园风格内，你都能将变化融入其中，这些变化可以体现个人兴趣、生活方式，甚至是花园使用者的年龄层。吸引野生动物来到花园或者自己种植水果和蔬菜的愿望将为花园设计增添新的维度。或者你只是想要专注于视觉效果，这可以通过引入和房屋或附近植被颜色融为一体的特定颜色的花或繁茂的枝叶来实现。

个人喜好及你在不同时节使用花园的方式都决定了花园中需要什么。例如，如果花园空间主要用于户外娱乐，那么在仲夏时分特别漂亮的花园也许是最适合的。只需要最少的维护便可在全年都保持吸引力的花园适合用于放松，这可能是个吸引人的想法。或者你可能想把世界关在外面，创造一个隐逸的天堂，让自己可以在里面安静地栽培特别的植物。

花园植物

花园内植物材料的选择会对花园的风格产生重要的影响。例如，叶子较大、质感丰富的植物会带来幽深和繁茂的感觉，而叶子细小、银灰色的植物则会带来比较轻快的感觉。除了审美方面的考虑，选择适宜当地土壤和主导气候的植物（见"气候与花园"，52~55页）将意味着只需要较少干预就能让花园茁壮成长。创造高产花园的愿望也可能影响风格。一座花园不必很大也可以高产——即使是一小块地也能为厨房供应多种蔬菜、水果和香草，还可同时为室内家居提供丰富的鲜花。

花园养护

花园所需的养护水平是重要的考虑因素，并且会对花园的功能和风格产生一定程度的影响。一座拥有精心布局且得到有效养护的花园跟一座设计相似但养护水平很差的花园相比，在外观上会有惊人的差异。

以放松为优先功能的花园应该是低养护水平的，以使你省出尽可能多的时间来享受它。相反，对于喜欢收集某些特定植物的人来说，乐趣来自培育和养护花园所消耗的时光。有趣的是，这两种园艺策略都有社交价值。低养护水平的花园是户外娱乐的理想场所；而对于植物爱好者来说，用来收藏植物的高养护水平的花园提供了与志同道合的园丁分享兴趣的机会。

异域风情混合种植

这处设计将耐寒但有异域风情的结构性种植（其中包括竹子和棕榈）与北美草原式禾草及开花宿根植物结合在了一起。

安全和出入

住宅的安全性可以通过花园的设计和布局得到大大增强。房屋周围的开阔空间可以防止隐秘的闯入，如果你安装了摄像头，这一点就尤其重要，因为摄像头要求建筑四周有开阔的视野。砾石表面上的脚步声特别明显，这对窃贼有震慑作用，特别是当家中有对声音警觉性较高的狗时。由单子山楂、欧洲枸骨和火棘等多刺、扎人的植物构成的树篱也很有效。应避免种植容易让人从底层翻窗进屋的攀缘植物和靠墙灌木。

良好的照明可以提供额外的保护，如自动感应灯。它们还能对偷盗盆栽植物或者雕像等花园设施的人起到震慑作用。在屋前花园中，通常建议使用外表普通但耐用的容器。

为了访客、送货员和自己的便利，可以通过认真规划花园来大大提升房屋的日常可达性。具体措施可能包括避免过多高度变化、设置舒适的道路宽度，以及在房屋的至少一扇外门前提供车辆通道。供行动不便者出入和使用花园的设施也可能是优先考虑的事项。小心选择铺装表面，创造无缝道路，以及抬升苗床之类设施的设计，都应被考虑在内。在必要的地方，还可以增设座位、缓坡和扶手栏杆。

规则式花园的风格

规则式花园拥有均衡的比例，常常是对称的并在布局上呈现出几何式平衡，给人一种有形的约束感。它们拥有以墙壁、道路或台地阶梯为形式的基础骨干，植物被严格限制在这些骨干的框架和线条中，这些线条体现了规则式花园的内在力量。传统上，规则式种植涉及的植物种类很少，但这些植物被大量使用，创造出统一的质感和色彩。规则式花园的全部重点就是强调一种无处不在的控制感。

有序的布局

规则式花园的内在哲学是要清楚地呈现对自然有力、简明的控制。在园艺实践中，以细砾石或者平整的草坪为背景，经过精致修剪、拥有清晰形状的常绿植物构成的花坛是表现这种哲学最好的实例。

在历史上，规则式风格用来传达一种对于更宽广的风景的权力感，大型规则式花园能够产生让人敬畏的感觉，是一种表达财富和地位的方式。即使较小的规模也能得到相似的效果，因为这样的布局常常要求进行费工耗财的维护。

古代灵感

17—18世纪的意大利和法国规则式花园影响了全欧洲的花园风格，而它们自己也受到了古希腊和古罗马花园的启发。在这些花园中，各部分的比例及建筑的尺度都得到了严格的控制，跟周围富有建筑感并且对称的花园设计相得益彰。

这些华丽且被紧紧控制的花园常常呈现出一系列台地的形式，台地之间由一段段宽阔的阶梯连接，并以人工跌水瀑布、沟渠和喷泉为主景，掩映在用树篱围住或两边栽种成行树木的人行道中，装点着古典雕塑或盆栽植物。

古典花园

现代规则式花园中仍然可见希腊和罗马式花园的启发，如经过修剪和裁边的整洁草坪、修剪整齐的树篱和树木造型，以及使用经过修剪的低矮树篱作为边缘的植物花境。终止于视觉焦点的笔直通道和景观网络可以由林荫小径或林荫大道连接而成，道路两侧种植外观相同、间隔规律的树。约束带来了装饰性，如果要用到几个装饰性物品，要么将它们设计成匹配的一套，要么重复使用一个设计，形成一系列重复的细节。

适合规则式花园的植物

无论被修剪成树篱，还是被整形成树木造型，拥有特定形状的植物都是规则式花园中的重要元素。经过整形的常绿树能给二维的花园布局带来高度和形式上的变化及强烈的雕塑感。生产缓慢的常绿树，如欧洲红豆杉 (Taxus baccata)、欧洲枸骨 (Ilex aquifolium) 和冬青栎 (Quercus ilex) 等，都能常年承受必要的定期修剪（见"树木造型"，130～131页；"树篱和屏障"，104～107页）。

树枝编结在一起的乔木 (pleached tree) 和高跷式树篱 (stilt hedge) 会在规则式花园内部建立吸引人的分区。沿着步行道或林荫路两侧栽种时，它们受到严格控制的外形及柱廊般的树干会带来一种韵律感和秩序感。椴树属植物 (Tilia spp.) 和欧洲鹅耳枥 (Carpinus betulus) 是最常用于这种景观的植物。这种种植方式还具有很强的功能性。例如，经过整枝编结在一起的椴树可以用作花园的边界，提供封闭的私密感（见"编结乔木"，102页）。

结节花园和花坛花园

结节花园 (knot garden) 和花坛花园 (parterre) 都是发展程度很高的规则式花园，它们对于植物的种植有着绝对的控制。在结节花园中，错综复杂的植物图案由一圈经过修剪的低矮常绿灌木，如欧洲红豆杉 (Taxus baccata) 或齿叶冬青 (Ilex crenata) 镶边。传统结节花园的发展受到了16世纪的针织工艺及极具装饰性的灰泥吊顶的启发。在花坛花园里，一圈圈低矮镶边的树篱构成的格子中填充着彩色砾石或低矮的植物。结节花园和花坛花园都能提供可全年观赏的景观，这点在冬季尤其重要，特别是在花园距离房屋很近的时候。

充满结构感的布局
小型抬升苗床和装饰性栅栏的使用为本来比较自然和混杂的植物种植带来了秩序感和能够全年维持的结构。

雕塑
斟酌使用比例和谐、位置得当的装饰物，可为花园提供结构感并创造视线焦点。

统一和对比

在规则式花园中，自然主义风格的植物元素能够带来对比，强烈地反衬出内在的规则性。例如，在修剪整齐的薰衣草 (Lavendula)、迷迭香 (Salvia rosmarinus) 或月桂 (Laurus nobilis) 之中，让香草植物自由散漫地生长，就能得到这样的对比。同样，放置在平台上的一组精心修剪的盆栽葡萄牙桂樱 (Prunus lusitanica)，会在房屋附近带来秩序感和统一性，它们会和花园别处种植得比较随意的植物形成对比。

东方式规则性

中国的花园可以追溯到3000年前，它们是用于沉思和冥想的极度宁静之地。中国花园的灵感来源于它们周围引人注目的风景，造园师将这些风景微缩复制在封闭的园墙之中。花园中的植物呈规则式并受到控制，常常经过修剪和整枝，并呈现高度的风格化样式。每棵乔木或灌木都有引人深思的象征意义。

传统日式花园早在1200年前就借鉴了中国人的设计理念。它们和中国花园一样都受到了自然的启发，但使用了更加丰富和多样的种植形式、形状和位置都富于象征性的岩石，以及用耙子耙过的砾石或沙子。这种花园的内在基础是融合了平衡、简洁和象征主义的规则式原则。

经过修剪的造型

（上）成熟的雕塑式修剪造型可以在花园中提供可全年维持的结构和分量感，无论修剪过的造型有多么简单或多么复杂。在这里，被修剪成不同造型的植物成为主角，创造出大胆而充满个性的设计。

规则式静水

（上）如镜的水面映出的倒影会让对称设计的效果更加突出。深色水面上自然分布的漂浮植物为这座幽静的规则式花园增添了几分情趣和动感。

编结椴树

（下）高跷式椴树树篱形成的高大屏障围合了这座花园，但并没有让它显得压抑。在冬季，当椴树叶子落下的时候，编结在一起的树枝将形成一道别样的景致。

花园的规划和设计

自然式花园的风格

从外观来看，处在最佳状态的自然式花园常常是大自然参与设计的。自然式花园的线条显得无规律并且柔软，虽然这些线条通常是人工制造出来的，但也可以自然发展出来。虽然自然式花园看起来有些失去控制，但其实它们的成功取决于良好的设计及园丁的有力手段，如此才能在看似混沌中维持某种程度的秩序感。

拥有自然感的花园能够带来放松的氛围，提供远离现代生活压力的庇护所。和拥有严格几何棱角的规则式花园不同的是，自然式花园是由流动的曲线和柔和的轮廓构成的。硬质表面通过伸展到它们边缘上的植物得到了柔化，花境中充满了高低起伏的植物，它们一簇簇地融合在一起，似乎是随意种植的。攀缘植物自在地爬上墙壁，或者从乔木和灌木中穿过去。虽然灌木也会被修剪以确保健康和生产力，但它们可以生长成自然形状，很少像在规则式花园中那样被修剪成既定的造型。花园中的自然式元素可以在相对较短的时间跨度内产生成熟感，例如，当用植物遮掩不雅观的景色时。如果用柔软的植物把建筑的僵硬边角或者刺眼颜色遮掩起来，即便是最平常的场所也会平添巨大的魅力。即使是最规则的矩形花园，如果在其刻板的轮廓中层层应用自然式种植，也会获得某种神秘感。

自然风格

花园的风格和自然程度部分受到场所性质和业主个人喜好两方面的影响。你可以只是通过种植更多已经生长在那里的自然植被来扩大已经存在的林地或草地，也可以只是对植物种植的边界进行改造，形成曲折蜿蜒的线条。也许应该降低割草的频率并减少对花境的维护，让自播植物能够繁衍。作为另外一种完全不同的策略，你也可以营建一个全新的花园，为它选择各种不同的自然风格。

村舍花园

传统的村舍花园本质上是生产性花园，其中种植着观赏作物和食用作物。将水果、蔬菜、香草及芍药、翠雀和耧斗菜等花卉种在一起。鲜花能够保证有益昆虫的数量，有利于为其他作物授粉，控制有害昆虫的数量，并能吸引鸟类，这些都能促进作物的健康生长。

可以使用手工制作的质朴的花园陈设来创造村舍花园古朴典雅的外观，例如，用树枝修建的拱门或者为攀缘植物设立的柳编支撑结构。使用回收材料（如卵石或瓦片）镶边的砖纹路或卵石路也能强化这种风格。

野生花园和林地花园

自然主义风格更加强烈的自然式花园不只是一种轻松美丽的花园，还可为在其他地方受到威胁的动植物提供生存空间。例如，种植球根花卉以便早春欣赏的草皮可以不经修剪，让其他禾草和草地野花能够生长开花（见"开发自然式草坪"，258页）。无论多小的水体都能吸引许多野生动物到花园里来，特别是当水边种植能够为鸟类和两栖动物提供安全庇护所的植物时（见"自然野生动物池塘和沼泽区域"，306～307页）。

小乔木或是一小片林地能为鸟类提供筑巢场所，为昆虫和小型哺乳动物提供冬眠场所，尤其是当其下层种植灌木和攀缘植物时。即使是在花园更受控制的区域，如果将草本植物的种子穗留到冬季，也能为鸟类提供食物。

管控之下的混沌

植物能够表现出很强的竞争性，最强壮的植物会抑制其他植物的生长，最终杀死最弱小的植物。必须对植物加以管控，防止这种情况出现。比如，必须定期对健壮的草本植物进行分株，削弱或除去过于庞大的灌木，或者清除自播植物的幼苗。这些工作有助于维持野生花园和自然式花园中的平衡，防止它们的自然主义风格退成粗野蓬乱的状态。

荒野角落
隐蔽角落里的一个老树桩为喜欢阴凉和湿气的蕨类植物和玉簪属植物创造了完美的栖息地，这里同时也是昆虫的家园。

水边种植

（左）即便是最小的水池，你也能利用一系列花园植物模糊水和陆地的边界。当地的野生动物将大大受益于凉爽荫庇的条件。

村舍花园风格

（上）一年生植物和二年生植物（如黑种草和毛地黄）被巧妙地种植在一起并与灌木混合，起到柔化花园道路的作用。

自播植物

（上）蜜花（*Melianthus major*）和日光兰（*Asphodeline lutea*）被种植在墙脚下，这是在模仿自播植物的效果。在成熟的花园中，这种组合方式可能会自然形成——而且有很好的效果。

砾石花园

（右）在阳光的照射下，不同高度的禾草和宿根植物的混合种植形成了一片闪闪发光的茎干和种穗。

综合种植

（上）将花卉和蔬菜混合在一起的村舍花园创造出一个既高产又具有观赏性的地块。

花园的规划和设计

以人为本的花园

家庭使用的花园几乎都是一个多功能空间。为了保证花园设计能够照顾到所有潜在使用者的需要,最好花时间确定一下可能的需要都有哪些。这可能包括用于用餐和娱乐的平台,或是供儿童安全玩耍并能够尝试种植自己的植物的区域。花园中或许必须留出小块土地种植供应厨房的香草和蔬菜,或者种植一些花来为家居装饰提供切花。

在满足功能需求的同时,一座以人为本的花园也能极富装饰性。例如,由芳香攀缘植物覆盖的藤架不但可供观赏,而且能够为仲夏时节的户外用餐提供喜人的阴凉。安装户外照明之后,可以让它的用处延伸至晚间娱乐时,或许可以在这里进行一场烧烤宴会。花园中还能展示高度个人化的装饰物,如朋友赠送的礼物或海外度假时购买的纪念品。植物种植风格在很大程度上是个人选择的问题,无论你选择的风格是非常传统的还是更有试验性质的。从社交媒体平台、电视栏目、图书和杂志到向访客开放的大量花园,设计灵感的来源从未像现在这么多种多样。

满足生活需要

正如房屋内部的设计是为了满足在其中生活的人的需要,花园也可以用来满足一家人的需求。这常常意味着将花园作为额外的房间,把室内生活延伸至户外。例如,如果娱乐是花园的首要用途,那么应该在离厨房足够近的位置设立一个平整、洁净并适合在所有天气使用的平台,以便进行户外用餐。为了安全和方便起见,房屋和用餐区之间应避免设立台阶、斜坡或有其他水平面上的变化。在阳光充足的平台上,架设于头顶的落叶攀缘植物(别用常绿植物)能够在盛夏时分提供一片舒适的阴凉,而在温度较低和光照较弱的春季和秋季则会让更多或全部的阳光倾洒下来。

如果花园中不存在得到适当庇护又温暖的户外场所,就可以考虑使用树篱或香叶灌木围合一个区域,创造出这样一个空间。它们会将温暖的空气围起来,并能遮挡晚间的冷风。

为了最大限度地利用这块空间并创造一个舒适的氛围,可以安装晚间照明。要记住,通向用餐区的路线也必须得到良好的照明。

特别的兴趣和需求

认真的规划让你能够开发出专门用于特定兴趣活动的区域。例如,周围种植着健壮且维护需求较低植物的一片简单草坪,可以为儿童提供游戏和宿营场地,或者为成人提供一片平静的绿洲。在草坪周围,用于强度更高的活动的区域可以围绕它发展出来。比如一座小型厨房花园,可以在其中种植不寻常的水果、蔬菜,以及商店里不常见的香草。如果这块区域不大,那么照料它的任务就不会变成苦役,它会给园丁带来很高的满足感。如果儿童参与到维护中来,这还可以成为他们的学习体验。

另一块满足特别兴趣的区域可能是供应切花的花境。其中可能包括早春开花的灌木(如连翘和十大功劳),以及拥有鲜艳枝条的红瑞木(Cornus)。为了夏秋季节有切花可用,可留出一块地种植宿根植物,并补充一二年生花卉以延长鲜花供应的时间。

对于家庭中活动能力较弱或体力有限的人,使用位置较高的抬升容器或者完全升高的抬升苗床可以省去弯腰劳作的辛苦,让他们也能加入园艺活动中来。固定式容器应该被安放在合适的高度,并经常用鲜艳的一年生花草装点。无论是种在花园围墙顶上的盆中,还是种在升高的香草花园里,一行享受充足阳光和排水良好土壤的西红柿都能给你带来快乐,并生产出优质的食物。

为野生动物创造空间

在考虑如何设计你的花园时,近距离欣赏野生动物的地方可能是优先事项。添加一些对野生动物友好的设施,既可以吸引更多野生动物造访,又能为增加和支持当地生物多样性做出宝贵的贡献(见"野生动物园艺",28~30页;"自然野生动物池塘和沼泽区域",306~307页)。

可以安装鸟食架和喂食器,这样在屋子里就能观察鸟儿的活动,尤其是在冬季。浅浅的一碗水能为小型哺乳动物和鸟类提供饮水,而一个水池将吸引丰富多样的野生动物,特别是两栖动物和昆虫(如蜻蜓和甲虫)。

很多服务于园丁的设施也可以为野生动物提供真正的益处。原木垛和堆肥堆提供了隐蔽的角落和缝隙,可供野生动物在其中觅食、筑巢和冬眠,而遮蔽用餐区域的树篱还可以为鸟类提供果实和种子。容器和花境可以种植富含花蜜和花粉的植物(见"吸引授粉昆虫",31页),让你既能欣赏鲜花,又能欣赏前来造访的蜂类、飞蛾和食蚜蝇。

展望未来

在一点预见性的帮助下,花园中的一些区域可以设计得随着家庭不断改变的需要而进化。例如,用木头搭建的儿童游戏室可以在将来变成工具间或苹果储藏室。无论是形状不规则的沙坑,还是规则的矩形沙坑,都可以在儿童长大到足以理解水的危险性之后被改造成小水池。用光滑木材制作的攀登架日后可以成为支撑攀缘植物的藤架,创造出美妙的效果。

设计精巧的平台
全天候表面被用来在审美上连接两个娱乐区,而墙壁和树篱被最大限度地用来提供避风处。

户外用餐

（右）一座花园能够反映出所有者的生活方式，花园布局也取决于他们的兴趣。这里有一个大型烧烤和用餐区，辅以简单的容器种植，为烹饪和娱乐提供了便利。

安全水景

（下）即便是很浅的水池也能对幼童构成危险。不过，这个涓流喷泉提供了在花园里享受水景的安全方式。

家庭畜牧业

（上）如果家庭饲养的农产品是优先事项的话，那么即使是比较小的花园也能容纳鸡笼。

游戏区域

（上中）周围种植无刺植物的草坪是儿童进行球类或其他类型游戏的理想场所。

高层园艺

（左）对于活动能力有限的人，抬升苗床令园艺活动变得更加舒适。这是非常理想的展示台，让人不仅能够近距离观察植物的细节，而且可以轻松地进行种植和养护，而不需要弯下腰。

以植物为本的花园

在以植物为本的花园中，植物占据舞台中心，而不只是简单地作为"柔性"设计材料用于营建花园，此种类型花园的拥有者可以收集并种植一系列特定的或者展览级植物。与其他植物相比，一些植物类群需要更多的维护，因为它们对于生长条件十分挑剔。一座花园的土壤或小气候可能特别适合某种特定的植物类群，不过花园中常常需要进行额外的改造工作以提供最合适的土壤、光照、湿度和遮蔽。

以植物作为首要目标的花园也许是最纯粹的园艺形式。在这种类型的花园中能得到许多不同的乐趣，但引导你获得这些乐趣的是对于植物的热爱。

收集、栽培、授粉和繁殖植物的魅力使园丁开始对园艺产生兴趣。搜寻珍稀或新近发现的植物种类可以变成追随一生的事业。在这样一座纯粹的花园中，专业知识和技能总是最重要的，让园丁能够应对各种不同的任务。

灵感来源

对于以植物为本的花园，它所在的场所也可以成为灵感所在。幽暗潮湿的北向斜坡也许能够激起收集大量蕨类的兴趣。而干燥多石的南向土堤也许能够种植许多地中海植物，如岩蔷薇属植物。

要想办法将劣势转化成优点：一片过度茂盛的林地或许看起来无法进行栽植，但只要精心管理，它就能为植物种植提供不寻常的可能性。在浓郁的树荫下，喜阴的本土林下植物能够繁荣兴盛起来。

在生长条件不达标的地方，植物的生长情况会不理想，难以发挥它们全部的潜力。不过，这种不良条件是可以改善的。土壤可以通过添加有机物质或改善排水得到改良；使用防风林或防风带可以为花园增加遮蔽（见"树篱和屏障"，104~107页；竹类，132~133页）；可以通过让周围树冠变得稀疏或提升周围树冠来提高光照强度。

主题收藏

色彩、质感和形状互相匹配的草本花境是一种展示植物收藏的方式，它完全依赖于良好的设计技巧。除此之外，还有许多其他不同的方式可供选择。例如，你可以使用较为传统的做法，再造一个20世纪早期风格的花境。这种花境中有很高的草本植物，必须使用传统的豌豆支架和榛子树枝才能支撑起来。色彩主题花境是另一种主题收藏的展示方式（见"植物种植的质感、结构和色彩"，72~73页）。

一种更为现代且尤其适合较小花园的方法是收藏高山植物或岩石园植物，如长生草属（*Sempervivum*）物种。或者在背风处种植花境，使用郁郁葱葱的观叶植物搭配色彩鲜艳的不耐寒宿根花卉，带来一种亚热带风情。

有风格的植物收藏

与为了季相观赏或者娱乐设计的花园相比，以植物为本的花园可以采取一种截然不同的风格主义策略。植物收藏的爱好可能让你致力于种出用于参加展览的植物，如大丽花（见"大丽花的收藏"，235页），将完美的生长条件和无瑕的植物置于美学考虑之上。不过，即使是收藏也可以布置得富有吸引力，并发挥更广泛的作用。例如，除了风格化的趣味性，整枝成特定样式的果树收藏可以在花园中提供结构边界和内部分区（见"整枝样式"，399页）。在更小的空间里，将高山植物种在石槽或者一套容器中是在有限区域内展示收藏的好方法，也可以将它与其他种植类型结合起来（见"石槽和其他容器"，274页）。

种植某些特定区域的本土植物，或者种植特定类型的植物，常常需要通过提供遮挡、支持以及管理气温或灌溉等手段来控制生长条件。提前规划和适当设计可以让这些结构性元素（如温室、冷床和盆栽棚屋）及设施（如灌溉和加温系统）与种植形成整体，创造出在审美上更令人愉悦的效果。无论是种在室外苗床上还是在保护设施中，布置植物时模仿它们在自然生境下的生长方式都有助于柔化花园中功能性元素的视觉效果。

分门别类的植物
特定范围的植物收藏不一定全无美学价值。在这里，许多不同类型的盆栽耳状报春一层层摆放，显得很美观。

自然的植物收藏
特定的植物收藏可以很容易地融入花园之中。在这里，一群活泼的番红花属植物开在草坪的一片区域中。

形式和质感

（左）一组种在容器中的玉簪属植物创造了持久且引人入胜的观叶效果，让对比鲜明的叶片形状、质感得到充分欣赏。当空间有限或者植物需要特别的土壤（或生长条件）时，在容器中种植植物是特别有用的方式。

特别照料

（上）有些植物需要专门的设施（如上面的高山植物），这可能需要额外进行规划。由于高山植物需要保护以免遭冬季潮湿和温度波动的影响，因此大量藏品最好安置在高山植物温室中。

背阴花境

（最上）一块凉爽的场地提供了在同一个花境内种植大量蕨类植物的机会。对于本来可能会因为过度干燥、潮湿、背阴或向阳而荒废的区域，专注于种植某类适合特定小气候的植物可以将它的劣势转化成优势。

适合小空间的多肉植物

（上）即便是最小的温室、露台或者阳台，也能容纳植物收藏。在空间非常宝贵的地方，多肉等小型植物可以营造出吸引人的展示效果，而且它们很容易繁殖。

花园的规划和设计

风格化花园

高度风格化的花园可以看作经过精巧设计、拥有纯粹美学价值的艺术品，植物在其中只是为了满足受到严格限定的设计要求。这样的花园可以作为一组现代雕塑的背景，或者构成一座重要建筑周围的场景。这种花园需要高度的协调和提前规划，以提炼出所需要的风格。所有材料的色彩、质地和饰面都非常重要。在这里，植物是一种陈设——评价和使用它们的标准是其功用，而不是它们作为活的植物的个体美感。

主题

如果设计师的目的只是创造一个非常风格化的图景，那么花园设计的方法就跟画家绘画或者设计师布置舞台相似。最终的效果会非常惊艳，因为所有的注意力都集中在最大化地实现视觉效果上，并不会对植物个体加以考虑。选择植物时只考虑它们的色彩、形式和质感，然后尽可能地按照抽象化和形象化的原则摆放它们，保证最终方案令不同材料形成互补和谐的整体。

虽然这种方法常常应用在大规模的风景设计项目中，但它同样能够应用在规模小、更加私人的空间中。它能够避免在有限区域使用太多不同材料从而导致变得凌乱的问题。使用尽可能少的材料（最好使用品质最高的，以免日后显得陈旧）能够带来力量感和整体感。这些精致的设计都具有简单的核心原则，这是它们最生动的要素。

即使是在传统的花园布局中，这种直率也能够发展成整体的概念或主题。例如，一座色彩受到限制的花园，其中只有开黑花和白花的绿叶植物。更为激进的策略是花园中几乎不栽种植物，只根据所需要的质感播种不同方向和不同长度的草丘。

另一种独具风格的做法是大量种植单一的植物，如果这种植物非比寻常，那效果就更加明显了。在一百块或者更多的小块土地上种满植物将带来惊人的效果。大片芍药、裂叶罂粟（Romneya coultier）或许多大戟属植物都能带来壮观的景象。带有实用性质的花园也可以进行风格化的处理。一座厨房花园可以设计成富于装饰性的菜园。除了仍然能够提供食物，在它高度结构化的布局中还需要强调色彩和质感的美观展示。

强烈的对比
简单的构造可以产生引人注目的效果。在这里，座位区域的简洁垂直线条和有限的色彩与花境中柔和的自然主义草地种植形成对比，效果惊人。

协调的设计

风格化私家花园面临的最大挑战之一是让高度风格化的花园能够与房屋或场所的气质相配。解决方法之一是使用当地的植物和材料，但要以完全不同的形式使用。例如，可以使用当地常见的乔木或灌木（如果它们耐修剪的话）建造修剪过的树篱和景观树，然后把这些植物材料以严格分区的形式安排在花园中（见"编结乔木"，102~103页；"树篱和屏障"，104~107页）。当地出产的石材和砾石可以做成铺装和用于植物的护根，创造出对规则式花园的现代诠释。

城镇中的小型花园，特别是有界墙的花园，是营造风格化花园的理想场所。由于大多数情况下只从一个方向——房屋的窗户——得到欣赏，所以它们提供了非凡的可能性。一个真正具有戏剧性的、几乎二维化的花园可以就此创造出来，硬质铺装的棱角及它们在色彩、形状和位置上的选择会造成一种奇怪或虚假的透视感。

种植安排
（右）用一些技巧、知识，再加一点照料，和谐的色彩和对比鲜明的叶形便可以创造出一系列精心布置的"花饰"。

（最右）常见的花园植物也能够以风格化的方式得到应用。在这里，蔓生植物被栽在定制的高低不平的容器中，使它们的效果得到极大改善。

现代景观

（上）可以用风格化的形式反衬野生景观——在这里，雕塑钢"山"、石桥步行道和小溪被自然风格的种植环绕。

日式花园

（左）在这处简单布置的景观中，限制色彩范围和植物种类令人更关注强烈的线条、形态的平衡及对比鲜明的质感。

退隐角落

（上）易于打理的蕨类、玉簪属和落新妇属等植物映衬着带有壁炉的当代风格座位区，营造出一个舒适的户外客厅。

多肉植物

（右）主景植物，如'黄心'龙舌兰（*Agave americana* 'Mediopicta'）和翠绿龙舌兰（*A. attenuata*），在这片温暖、阳光充足且排水良好的基床上沿着夏季开花的宿根花卉创造出令人过目难忘的效果。

评估现有花园

无论你是要改造自己的花园还是要处理从前的业主留下来的花园，最困难的任务之一就是思考如何将你自己的想法和灵感转移到已经存在的东西上。构成现存花园的所有东西都必须得到仔细检视和评价，以便确定出对整体效果最有正面贡献的物件以及那些贡献最少或者和你喜欢的风格相差最远的东西。花园中的任何一部分都不能省去这次评价，因为即使是看起来不可能改变的因素，也可以通过巧妙的设计和种植对其施加影响继而加以改进。比如，花园的形状和大小是无法改变的，但是可以通过许多设计方法让狭窄的花园显得更宽，开阔的区域显得更加隐蔽，笨拙的形状显得更加流畅。

将材料从环境中取出
即使你不喜欢某个景致，或者它的设计和周围的花园很不协调，也可以考虑把它的材料用在别的地方。

你对新设计的愿景可能完全来源于自己的想象，也可能是参观别的花园、浏览社交媒体平台或者网络，阅读图书或杂志时产生的。不过，在开始画粗略草图之前，你应该在花园中待上一段时间，除了琢磨各种改造的可能性，什么也不干，这样做将得到充分的回报。

一座花园最初的设计阶段应该从镇定冷静的观察开始；详细检视现存的东西和需要的东西是非常关键的。如果没有充足的时间去做重要的决定，规划过程会拖得很长，质量也很糟。花园在一段相对较长时间内的发展需要能够从现有景致的混沌中看到将来的长远眼光。这个阶段还应该隔绝预算、劳力和其他现实约束条件的干扰。

为花园确定一个目标，而通往这个目标的方法将助你实现梦想，赋予花园整体的风格和个性——你自己的个性。总体规划需要逐步地实现，时刻将这样一个规划印在脑海中能够让你更好地掌控花园持续的发展过程。

权衡花园中的元素

当评估现存花园的时候，新的设计需要多大程度的改造会在你脑中形成一个大概的想法。在这个阶段需要考虑你是想一次完成新的设计还是准备花好几年慢慢改造。

花时间耐心列出花园包括的所有元素，并将这张清单与你想要的元素进行对比。随着所有的可能性被提炼成一个行之有效的理念，许多想法会得到细化和执行，但这些想法必须适合运用在当时当地，并且符合当地土壤和气候的条件。

对花园的现有结构、铺装表面、景致和种植进行系统的"审计"，以便决定哪些东西需要保留，哪些需要重新设计或者重新安置。

决定先后取舍
一座现存的花园中可能含有符合你自己需求的元素，如座位区或者抬升苗床，即使它们所用的材料或饰面并不太符合你的喜好。就像植物可以被审慎地保留或重新造型以保持花园的种植结构一样，硬质材料也可以这样调整并增加个人风格。

使用照片

困难而复杂的决定常常可以用照片使之简化和明晰。从高处拍摄以捕捉花园全貌的照片能够将它所有的景致放在一起互相比照，使你能够做出谨慎考虑后的决定。照片有一种聚焦和简单化的效果，它能够去除花园现场的其他干扰，突出强调其中的优点和劣势。静止的画面更容易进行分析，并且能够清晰地展示花园的内在构成和机制。这种分离感会为决策带来更大的自由度。尺寸过大的常绿灌木、花境前方笨拙的线条或其他杂乱无章的种植都会在静态图像里得到更生动的呈现，从而在新的设计中得到纠正。

评价自己的花园

在由业主营造已久的花园中，多愁善感的感情因素可能会产生消极的影响。在良好设计和布局中本应没有立足之地的植物会因此得到保留；衰老、带病或者大小不合适的植物也会被留下，特别是那些成为纪念或者曾经是礼物、会令业主想起朋友或亲人的植物。随着一座花园移交给新的业主，这些反常现象会得到更客观的处理。例如，几年前用果实种下的欧洲七叶树如今阻挡了一块台地的所有光线，那么就应该毫不留情地将它除去。

然而，作为有趣花园的精髓，个性常常来源于个人情感的癖好。虽然是非常规的，但这些景致有可能赋予花园独一无二的性格，所以还是那句话，三思而后行。全面清理的方式可能会造成意料不到的负面后果。例如，如果仅仅因为"不时髦"而将一棵松柏移走，也许就意味着失去了和邻居之间的有用屏障或者是一个从室内可见、位置优良的鸟类筑巢场所。考虑之下，也许更好的处理方式是采用不一样的修剪技术赋予这棵松柏更理想的形状（见"树木造型"，130~131页），而不是将它完全除去。

开创一座新花园

新的业主几乎总是希望对现存的花园做些改进。一个狂热的园丁可能会立刻引入自己喜爱的植物，但如果花园或花园的部分和你的个人品位并不合拍，那就需要用更深远的眼光来审视它。从许多方面来说，处理一块处女地——例如新房子的花园建设——或者完全被忽视、毫无景致的小块土地是一项更容易的任务，在空白的画布上总是易于创作新的图景。

完全理解一座别人留下的完好花园的全部复杂性需要时间和耐心。最有价值的建议是不要做出任何匆忙的改变：一座历经岁月的花园会包括许多很有价值的景致，它们都经受了时间的考验。和清空场地并从完全贫瘠的土地上开始建设花园相比，保留一些现有的植物和结构，如果可能的话对它们进行重新理解和诠释，是一个更好的选择。花园中前业主安置的这些现存元素可能会唤起一种特别的氛围，将这种氛围保留下来也是很重要的。对于这种花园过度热情的清理会立刻除去所有魅力或神秘感。这种品质需要好好养护而不能弃置一旁。

经过几代人维护的花园中会存在独一无二的丰富性和多样性，层层叠叠的植物产生了互惠互利的小气候，演化出错综复杂的分层结构。随着时间推移，植物和结构能够获得自己的性格，而不再只是纯粹的装饰。

用发展的眼光观察

应该在尽可能多的季节（理想的情况是一整年）里对花园进行观察，观察时应该留意那些随时间变化的因素，如郁闭度、盛行风、区域温暖程度及种植的季相变化等。通道和台地应该在全年都能使用，起屏蔽作用的灌木所能提供的隐秘程度应在夏冬两季都进行检查，并评价整个花园和种植需要多大程度的维护。

让植物展示它们的价值

种植特定植物的原因也是明确的：一棵带有低矮横生枝条的樱桃树在春季和树下的草花一起绽放，这将立刻说明它存在的价值并奠定其不寻常的地位。

工作做得过于简单，就很容易犯错：为了某些原因，可能会匆匆砍倒靠着房子南墙种植的一棵"月桂树"，之后却发现其实是一棵株龄不小的广玉兰（*Magnolia grandiflora*）。如果你发现某些植物难以鉴定，可以从当地苗圃、园艺俱乐部或植物园寻求建议，以免意外除掉珍贵的植物。

即便鉴定出了所有的重要植物，也不要匆忙去除任何一棵。作为永久或临时性的措施，保留某些成熟的大龄乔木能够防止改造后的花园比例失调，为年幼脆弱的植物提供防风遮蔽，当其他种植在逐渐进行时还能继续提供私密性。

保留个性
这座花园里的这棵老苹果树看起来似乎可以去除，但它的树干为花园提供了部分结构框架，而且可以为漂亮的攀缘植物提供支撑。

表面、道路和水平变化

草坪/植草区域

评估你的花园

- 草坪是否平整，是否由优质草种构成，是否不含杂草？
- 草坪状态是否良好，是否被房屋或乔木遮蔽，并且由于光线不足和排水不畅而生长苔藓？
- 它的面积是否足够大，能否容纳帐篷或用于游戏？
- 草坪上有任何树木吗？
- 在该区域增设道路、铺设砾石或者将其融入种植苗床，效果是否会更好？
- 修剪得很短的草坪是否覆盖很大一块面积？是否可以降低某一片区域的修剪频率，创造出一片野草区域和野生动物的天堂？
- 草坪足够广阔吗？花园如果没有令人镇静的绿色区域，会显得狂乱过头。即使是宽阔的砾石或铺砌也缺乏青草的抚慰作用。

要考虑的

入口 草坪必须为行人、割草机和独轮小推车留出足够的入口；还要考虑建立一条通道用来处理割下的草。当使用草坪代替原来作为花园通道的硬质表面时，建议保留一长条硬质表面，以便在天气恶劣时使用。

核心作用 取决于其风格，草坪可以满足不同的功能；规则式草坪可以起到场景设置的作用，让人们的视线穿过开阔的前景，看到风景如画的背景；自然式草坪或草地区域本身就可以作为视觉焦点，而且和需要割草的草皮相比，需要的养护措施更少。

更多信息见"草坪、草地和北美草原式种植"，242~267页。

露台和台地

评估你的花园

- 露台区域足够大吗？
- 它是阳光明媚的还是冷暗阴沉的？
- 它是否位于不同道路的交点，使得永久性的庭院家具难以安置？
- 它和房子离得近吗？位于花园远端的台地也许能捕捉到落日的最后一抹余晖，但对于户外用餐和娱乐并不实用。
- 表面状况是否良好，是否有背向房屋的轻微斜度以利于排走滞留的水？
- 露台是用什么材料建造的？如果是用砾石建造的，那它会妨碍待客桌椅的使用吗？如果使用的是平整铺装或者浇筑混凝土，那材料是防滑的吗？

要考虑的

硬质表面 花园中一块硬质区域的价值是无法估量的，它既可以作为工作区，又能进行户外娱乐，但砾石和板岩碎片等渗水性材料产生的径流较少。

朝向和位置 在一天的不同时间和不同的季节内，露台和台地被阳光照射和被遮蔽的区域都不同。要同时考虑风景和朝向。

周围材料 当和周围的建筑材料相协调时，铺装常常会呈现最好的效果。需要决定表面是运用一种颜色和统一的质感，还是运用富于装饰性的设计。

入口 在房屋和台地之间设置一条通道，如果可能的话不要台阶。这能够在携带饮料或食品时减少意外的发生。

更多信息见"露台和台地"，563页。

道路

评估你的花园

- 道路是否保养良好，是否足够宽阔可用于步行或独轮小推车通行？
- 路面是否有破损不平现象？这很危险，应该马上修理或更换。
- 道路是否按照自然线条铺设，不会让人产生走捷径的想法？
- 道路是否为花园增添了趣味和结构？它们应该在一个区域和另一个区域之间产生视觉联系。如果有任何一条道路显得没有必要，那就果断移去它。
- 道路使用的频率如何？植草道路很美观，但它是软质通道，过度使用会造成损坏。

要考虑的

路线 应该按照最合理和沿途最美观的原则设定路线。避免太多道路造成杂乱的效果。

材料 和铺砌路相比，砾石、护根（如碎树皮）或踏石道路造价更低，在视觉上也更柔软，特别是当道路需要弯曲时——大块硬质材料难以适应曲线。当所在地块排水不良或者容易发生间歇性洪水时，渗水性材料是更好的选择。

宽度 取决于用法、尺寸和风格，道路宽度应当足够两人并排行行，或者足以承载小型车辆和拖车。

更多信息见"道路和台阶"，571~573页。

台阶和斜坡

评估你的花园

- 如果将某些斜坡改造成由台阶连接的一系列台地或者木制平台区域，是否会有更好的功能性？
- 现存的水平变化是否将花园分隔为理想的区段？
- 在一座小型花园中，水平面上的轻微变化是会增加某块区域的重要性，还是会提供在材料或主题上增添变化的机会？
- 一段台阶是否能在空间上和视觉上将不同的区域聚在一起？
- 挡土墙和种植植物或草坪的堤岸是否能提供水平层面的分隔？它们是否能够风格化并富有细节地标记水平变化？

要考虑的

视觉冲击 无论如何进行精巧的诠释，一座完全平整的花园都不可能拥有依山而建或在波动地形上建造的花园那样的生动活力。

挡土墙 可以使用挡土墙放大土地高度的轻微变化。

强调景致 可以利用高度变化展示植物和水景。位于不同水平面上并由跌水连接的一系列水池会显得十分生动。

花园使用者 台阶对于年幼者和年老者可能并不适合；木制平台或者斜坡更方便出入。

台阶细节 每级台阶的宽度和高度都应该一致。如果台阶两边种植了植物，那么中间必须留下足够宽的整洁区域。

更多信息见"道路和台阶"，571~573页。

边界和结构

墙和栅栏

评估你的花园

- 现有的墙安全吗？如果存疑的话，寻求专家的建议。如果需要维修陈旧的园墙，建议联系熟悉当地的石匠或建筑工人。
- 栅栏的情况是否良好？特别注意检查栅栏杆的基部，查明是否有腐烂现象或真菌生长。栅栏上的嵌板或桩杆常常可以进行独立更换，而不用换掉整个结构。
- 园墙和栅栏是否具有美学价值，还是纯粹为了实用？处理丑陋园墙或栅栏最简单的办法是使用攀缘植物或灌木加以遮掩。
- 在种植之前，墙脚下或栅栏下的土壤是否需要改良？
- 砂浆或水泥是否含有石灰？如果从旧砖墙上掉下含有石灰的灰屑，那么墙脚下的土壤可能会变得不适宜喜酸植物如山茶属植物（Camellia）的生长。

要考虑的

成本 传统砖墙或石墙的建造有难度并且造价较高。更经济的办法是用灰泥修建砌块墙。如果墙有一定的高度，千万不能在工艺上马虎了事。

高度 构成与邻居边界的墙壁或栅栏通常有高度上的限制。

材料 使用坚固的栅栏作为花园的边界。屏风、框格或柳编墙（见"柳编墙"，107页）等较轻的结构能够以更柔和的方式进行花园内部的分区。

更多信息见"墙壁"，574～576页；"栅栏"，578～582页。

树篱

评估你的花园

- 花园中现存的树篱是否位于合适的位置？它们也许能够过滤掉强劲的风并提供遮蔽，但也可能产生过多的树荫并遮挡视线。
- 对于花园来说，现有的树篱是否太宽或太高了？
- 花园中的树篱类型合适吗？常绿树篱有时候会显得很有压迫感，而落叶树篱会在阴冷的冬季透出更多阳光。
- 树篱已经在花园中存在了多长时间？年老的树篱基部会变得稀疏；降低整体高度并减小上部宽度能够促进下半部分再次生长。

要考虑的

形状 树篱并不一定非得像墙壁和栅栏那样有严格的棱角，它可以拥有波浪起伏的曲线，为自然式的植物种植提供背景。

材料 树篱材料可以多种多样，并以不同的方式进行组合，以增加质感和自然感。

美学 拥有鲜艳花朵、果实或浆果的树篱能够增添生趣。

来自乔木的树荫 上方乔木的树荫会阻碍树篱植物的生长。克服这一点的方法可以是种植混合式树篱，在乔木下使用耐阴物种。

规则式树篱 规则式树篱会为花园设计增添结构感。经过修剪的树篱可以充当隔墙，隔开种植风格不同的空间。在树篱上开出窗口或拱门，可以创造出不同空间之间的通道。

更多信息见"树篱和屏障"，104～107页。

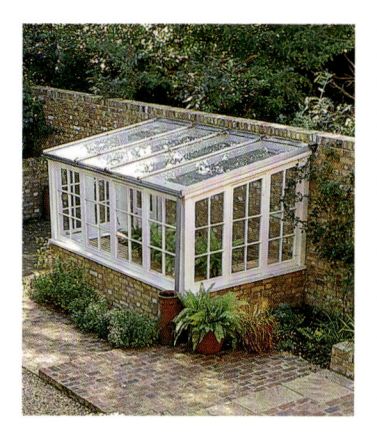

花园建筑

评估你的花园

- 建筑是否得到了足够的维护？
- 它是否位于最合适的位置？无论它的功能是什么，花园建筑都不应该主导花园。如果有必要的话，考虑将建筑结构挪到别的地方。
- 建筑和周围的景致和谐吗？一个办法是用攀缘植物或灌木将它遮掩起来。还可以将它粉刷成不同的颜色或者用周围环境协调的材料重新贴面。
- 如果将建筑改造成另一番用途会不会更加有用？一个小屋或亭子可以用来存放庭院家具或苹果；一个保育温室也可以作为种植植物的暖房。

要考虑的

次要用途 建筑可以成为花园景色的一部分并增加建筑元素，或者可以被攀缘植物和灌木隐藏起来。

位置 在建筑的实际功能和美学价值之间找到平衡。荫棚、保育温室或暖房需要同时满足人类和植物需求的位置。而花园中的小屋或储藏室则可以放在阴凉的角落。所有的建筑都应该能够轻松抵达（最好是从硬质铺装上）。

材料 所有建筑结构都应该用易于保养的坚固材料建造；它们也必须拥有足够牢固的基础。

更多信息见"温室园艺"，360～365页；"温室和冷床"，544～561页；"花园棚屋"，583页。

藤架和拱门

评估你的花园

- 它的结构是否牢靠？它必须能够支撑植物的重量以及加在它上面的任何负载。
- 它能够承受风对植物冠层造成的压力吗？
- 现存的结构有没有弱点？检查木材和金属工艺，如果有必要的话加以修理；应该对表面加以清洁并用防腐剂或油漆处理。对于较大的结构，建议雇用结构工程师或有资质的建筑工人进行检查。
- 有无长势失控的植物？应该及时削弱它们的长势，让阳光和空气能够进入植物冠层。
- 有无已显颓势的植物？对于年老且扭曲多瘤的攀缘植物，可以保留它们的个性，但要进行仔细的修剪。

要考虑的

建筑元素 一座藤架或一系列拱门能够形成花园的主轴线，还能在不同的部分之间形成过渡。

材料和设计 这些可以参考花园或房屋中使用过的材料和设计来选择。

框架 从较细的金属框架到较为厚重的砖木结构，框架有许多形式，可以产生不同的效果。在冬季，落叶植物将不能遮掩它们的支撑结构，所以框架形式一定要美观大方。

更多信息见"藤架和木杆结构"，581页。

花园景致

厨房花园

评估你的花园

- 目前这块区域是否是花园中土壤最好的,是否既温暖又有良好的光照?如果有更适合进行耕作的区域,可以考虑将作物转移到那里去。
- 想要保留现在的厨房花园区域吗?在决定种植任何作物之前,先弄清土壤条件(见"土壤及其结构",58页)。它可能需要改良或进行深耕。
- 现存的果树和灌木还有生产能力吗,还是已经年老不堪了?年老的树可以通过修剪重新增加产量,或者干脆替换掉。还要考虑你的家居需要,以及其他特别的喜好和嫌恶。

要考虑的

主要作物 想好你的主要需求是什么——可能是用于沙拉的作物、超市里不常见的商品或者是能够全年供应的新鲜便宜的水果和蔬菜。

时间和精力 种植蔬菜需要花费大量时间和辛苦劳动——在决定菜地大小时一定要牢记这一点。

可用空间 在空间有限的地方需要种植较小的作物,可以将蔬菜和水果种植于整个花园之中。这不但有利于授粉的昆虫,外观也会很漂亮。

更多信息见"种植水果",397~467页;"种植蔬菜",469~526页。

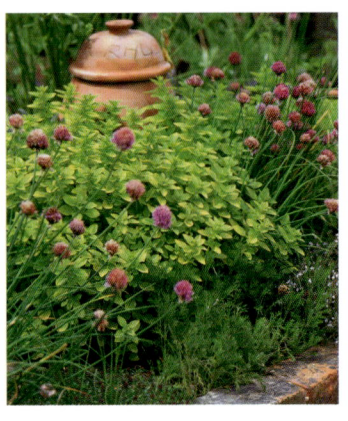

香草花园

评估你的花园

- 遗留下来的香草花园中是否包含对你重要的植物?香草花园中可选择的植物种类很多,种植哪些植物完全是个人选择;某些已有的香草可能有必要除去,并重新种植那些你需要的种类。
- 那些生长迅速的香草(如薄荷等)是不是过于茂盛,并且压抑了其他较柔弱香草的生长?这样的植物必须加以修剪,但这并不是一个一劳永逸的办法;可以在安全的容器中种植较为柔弱的植物,或者将那些容易蔓延的种类限制在花盆中。

要考虑的

地点和土壤 香草需要排水良好的土壤才能茁壮成长,土壤并不用特别肥沃,但需要充足的阳光,得到最多的光照和热量。

位置 香草花园最好距离房屋和厨房较近,便于随时取用。用于烹调或干制混合香料的大批量香草可以种在特定区域,并加以采收和储藏,以便终年使用。

种植组合 并不一定非得将烹调植物、芳香植物和药用植物分门别类地种植。香草花园的风格可以延伸至整个花园的栽培区域。花卉、水果、蔬菜和香草可以搭配在一起,将香味、色彩及鲜花和叶片的形状、质地融合在一起。

更多信息见"种植香草",383~395页。

水景

评估你的花园

- 花园中的水景状况是否良好,还是需要维修?在保留任何现有的池塘、水池或水道之前,必须对它们的整体状况加以评估,寻找任何可能出现的问题。
- 水池上方是否被乔木遮蔽,使水池得不到充足光照并使得水中充满碎屑?
- 水体大小相对于整个花园是否和谐?池塘需要耗费相当多时间和精力才能维持良好的状态。如果不能保证足够的付出,最好还是将这些水体撤去。
- 水景是否得到了适宜的保护?在家庭花园中,安全是第一考虑。即使是最小的池塘也会对儿童造成威胁,特别是那些对于花园不熟悉的儿童。

要考虑的

安全 当儿童年纪尚小时,可以在小水池中铺上圆卵石以减小其深度。水池边上设置的凸出岩脊可以让年龄较大的儿童从水池里爬出来。缓慢倾斜的水池边缘也比较有利于从较深的水中逃脱,宠物和花园中的小型哺乳动物可能会因此得救。

尺寸 无论多小的水体都能为花园带来运动感、声响和活力。平台上可以安置小型喷头和水池;花园中可以设置一个适度大小的池塘,其中种植着本地水生植物;风景中也可以设置一系列互相连接的水池和水道,它们的尺寸都应该和周围的场景达到和谐。

更多信息见"水景园艺",293~313页。

花园装饰和种植钵

评估你的花园

- 在搬到一处新房产之后,是否有机会获取在这里建立已久的花园装饰主题?如果有这样的机会,千万不要放过。然而,一般很难在别人留下的房屋和花园中得到雕像和大型种植钵。这些装饰一般会随着家中的摆设一起被搬走或变卖。
- 现存装饰品摆放的位置怎么样?在装饰品摆放得当的花园中,这些装饰品的移除或更替会影响花园的观赏性。相反,一座过度装饰的花园会让人眼花缭乱,无所适从——削减这些元素将重建平衡并为花园场景带来秩序。

要考虑的

花园设计 摆放得当的种植钵和装饰品能够强化现有的花园风格。装饰品应该和当地的各种因素契合——尺度、风格、材料等。

个人品位 雕像和种植钵能够反映个人品位。它们能为花园带来或传统或当代、或具象主义或抽象主义的艺术。使用某些特别的雕塑或种植容器就能让花园拥有截然不同的个性。

焦点 花园中的装饰品会起到指示牌的作用,鼓励访客从中穿过,或是停下来欣赏一处风景;它们能强化某些焦点,将本来分散的区域联系起来。

更多信息见"盆栽园艺",315~345页。

可持续元素

堆肥

评估你的花园

- 如果花园里有现成的堆肥堆或堆肥箱，它是否位于最适合你的位置？很多园丁喜欢将堆肥设施放在厨房附近，而另一些人可能会发现堆肥堆或堆肥箱靠近菜园更实用。如果你家会产生大量厨余垃圾，在后门附近放一个高温堆肥箱会是一项不错的投资。
- 你有容纳两个或更多堆肥堆或堆肥箱的空间吗？
- 可以安装蚯蚓箱吗？
- 如果空间有限，可以放置一个波卡西堆肥桶（bokashi bin）吗？

要考虑的

位置 如果想让材料均匀分解，最好选择稍有遮阴的地方。堆肥堆可以直接设置在花园土壤上，但如果必须在硬质表面上堆肥，那么塑料堆肥箱可能更方便。

可用空间 三个相连的堆肥箱可以提供最佳的堆肥方法，让材料在分解时可以从一个堆肥堆转移到另一个堆肥堆，最后的堆肥堆总是随时可以使用。不过，在有限的空间内，可以用手转动的滚筒式堆肥箱可能是更好的选择。

更多信息见"堆肥（基质）和腐叶土"，593~595页。

鸟箱和蝙蝠箱、鸟池，以及喂食架

评估你的花园

- 花园是否对鸟类和蝙蝠有吸引力，是否有供它们降落和栖息的乔木和树篱？
- 是否有合适的位置作为浴池或喂食架，便于鸟类轻松着陆和起飞？

要考虑的

可能的捕食者 筑巢的鸟类很脆弱。确保鸟箱可以放置在远离捕食者的位置，例如高大的乔木上或者房屋墙壁高处。固定在入口孔周围的特殊金属板可以防止松鼠和更大的鸟扩大开口，进入鸟箱。鸟池和喂食架应该放在猫够不到的地方。可以将喂食架悬挂在松鼠和更大的鸟进不去的较大铁丝笼中。

照明 为安全灯安装灯罩并用低强度灯更换花园灯，以减少令蝙蝠迷失方向的夜间光污染。

位置 喂食架和鸟池的位置应该方便你从房屋中看到，这样你就可以在不打扰来访鸟儿的情况下观察它们。

更多信息见"野生动物园艺"，28~30页。

集雨桶

评估你的花园

- 花园中是否已经有集雨桶？如果有，是否还有任何其他屋顶（如花园棚屋或车库的屋顶）可以让落在上面的雨水被引导至另一个集雨桶，以减少干燥天气对自来水供应的需求？
- 现有的集雨桶是否保养良好？盖子应当牢固，以防止藻类生长和蚊虫滋生。是否有需要重新固定或维修的落水管？

要考虑的

位置 集雨桶可以安装在雨水沿屋顶排水沟灌入排水管流出的任何地方，例如车库、车棚、附属建筑或温室旁边。两个或多个集雨桶可以连接在一起，以尽可能增加收集的水量。

选址 确保集雨桶安装在稳固且水平的底座上，以免倾倒。

年度维护 确认放置的所有集雨桶是否完全不透水，并确保排水沟和过滤器没有堵塞。每年应清洁过滤器和集雨桶，以减少水中可能对植物有毒性的微生物的繁殖。如果有两个或更多相连的集雨桶，应轮流使用，以保持供水新鲜。

更多信息见"节约用水和循环用水"，596~597页。

野生动物区域

评估你的花园

- 花园是野生动物的天堂吗？如果没有专门的野生动物区域，是否有任何草坪区域可以不修剪或者重新种植成野花草地？
- 花园中的植物种类是否多样到足以吸引野生动物？
- 是否有空间容纳支持蝾螈、蛙类和蜻蜓的野生动物水池？

要考虑的

种植 致力于拓宽植物材料的范围，使得全年都有吸引授粉者的鲜花。本土植物和进口植物之间的平衡可以延长开花季。

野生动物的庇护所 为一系列有益的生物创造庇护所。昆虫旅馆可以支持许多不同类型的物种。一片高高的禾草可以帮助青蛙和蟾蜍在夏季保持凉爽，而许多动物会在一堆原木或石头里找到合适的庇护所。任何野生动物水池的侧壁都应该设计成缓坡形式，以便为各种形态的野生动物提供方便的出入通道。

更多信息见"创造栖息地"，22页；"野生动物园艺"，28~30页。

气候与花园

在设计花园时，气候一定是关键的考虑因素。它对植物生长有重大影响，而园艺活动的很大一部分满足感就在于迎接天气的挑战。选择可以在花园中的主要气候以及任何小气候中茁壮成长的植物是取得成功的基础。尽管很多植物会适应与其自然栖息地不同的气候，但了解它们固有的耐寒性（承受低温的能力）将有助于选择最适合自己花园条件的植物。

气候对植物的影响是复杂的，而且植物对气候的反应受到许多因素的影响，包括植物在花园中的位置、成熟阶段，以及暴露在恶劣气候条件中的时间和程度。通过理解你所在地区的气候和花园中的小气候，你可以更好地设计自己的花园，在其中种植健康、多产且美观的植物。

气候区

世界上的气候区可以分成几种基本且清晰的类型：热带气候区、沙漠气候区、温带气候区和极地气候区。

热带气候的特点是高温和强降雨（有时是季节性的），能够支撑茂盛常绿的植被。沙漠的白昼平均温度可以超过38℃，但夜晚通常很冷，年平均降雨量低于25厘米；只有适应性很强的植物（如仙人掌）可以在这些条件下存活。温带地区的日周期气候容易变化，但降雨量一般均匀分布在全年，并且温度没有热带气候或沙漠气候那么极端。在这种气候区，落叶植物比常绿植物更常见，因为它们能更好地适应这样的条件。极地气候的特点是非常寒冷，风强度大，降雨量低，所以这样的区域很难生长植物。除了这四种主要气候类型，还有许多过渡性气候类型，如亚热带气候区和地中海气候区。

地区气候

气候区内的条件会受到纬度、海拔及距离海洋的远近等地理因素的影响，所有这些因素都会影响降水量和温度。

欧洲大陆

欧洲东北部和中部地区夏季和冬季的极端气温受纬度以及广阔陆地面积的影响。大西洋和地中海距离太远，无法调和冬季低温——在这个季节，亚洲广阔陆地会施加更明显的影响。不过，继续向南，海洋的影响以及相对接近赤道的位置意味着地中海气候区拥有温和的冬季以及降雨较少、炎热且干燥的夏季。

不列颠群岛

不列颠群岛的海洋性气候受温暖气流和周围海洋降雨的影响。特别是西部地区最容易受到伴随墨西哥湾流而来的温暖气流的影响，所以那里的冬季更温和，很少出现长期霜冻。

北美大陆

北美大陆在气候上有许多地区上的变化。例如，在北美大陆北部的萨斯喀彻温省到拉布拉多，平均最低温度为-50~-30℃，而南部亚利桑那州至弗吉尼亚州之间地区的最低温度则为5~10℃。

是友是敌
地面上一层5厘米厚的积雪可以防止土壤温度降到0℃以下，以免冻伤植物根系。不过，木质树枝和枝条会被积雪的重量压伤，所以应当尽量将积雪从植物上扫除。

气候要素

温度、霜冻、降雪、降雨、湿度、阳光和风直接影响植物，从而影响种植它们的技术方法。

温度

关键的植物生理过程如光合作用、蒸腾作用、呼吸作用以及植物的生长都受到温度的很大影响。每种植物都有适宜的最低和最高温度，超出这个温度范围，这些过程都无法进行。大多数植物可以忍耐的最高温度大约为35℃；最低温度则差异很大。在极端低温出现时，植物组织可能会被摧毁（见"冰冻和解冻"，53页）。

空气和土壤温度是影响植物休眠（见"休眠"，56页）的最重要的气候因素，决定了植物生长期的长度以及种植哪种植物的选择。

空气温度

阳光产生的辐射能量会使空气温度升高。在温带和较凉爽的气候区，能够享受充分日照的背风向阳处可以用来种植来自较温暖地区的植物。海拔对空气温度有重要影响：在相同的维度下，高海拔地区比低海拔地区更凉爽——海拔每增加300米，气温就降低0.5℃。高海拔地区的生长期也比较短，和低气温一起影响可以种植的植物种类。

土壤温度

土壤温度对健康的根系生长非常重要，并且影响植物从土壤中吸收水分和营养的速度。种子萌发以及根系发育的成功也依赖合适的土壤温度（见"繁殖方法"，600~642页）。

土壤的升温速度以及它在一年当中维持的温度取决于土壤类型和场地朝向。沙质土壤的回暖速度比黏土快，而与那些压实的或贫瘠的土壤相比，排水良好的肥沃土壤更能保持较长时间的温暖（见"土壤类型"，58页）。

与水平或者朝北倾斜的位置相比，自然朝南倾斜的位置在春季会很快回暖，因为这里能够更充足地接受阳光。它们很适合种植早熟蔬菜作物。朝北斜坡相对比较凉爽，适合种植喜凉爽条件的植物。

霜冻

霜冻在园艺活动中是一个很大的危险，它比某地区的平均最低温度更关键。一场意料不到的严霜会造成严重后果：即使耐寒植物也会受到伤害，特别是如果它们在春季长出新枝叶的话。

霜冻在气温持续低于冰点之下时发生，有好几种形式。黑霜容易在干燥大气中发生，会让植物的茎和叶片变黑。在白霜发生时，潮湿空气中的水分凝结成冰晶。当土壤温度降低至冰点之下时会产生地面霜。霜冻的穿透厚度取决于低温的强度和持续时间。冷空气聚集在地面上的平静晴朗冬夜特别危险。最容易受到伤害的植物是那些在秋季缺少足够光照和温度导致木质组织尚未充分成熟（硬化）的乔木、灌木和攀缘植物。

在任何地区，春霜的风险都能决定可以安全播种或种植不耐寒植物的时间，如红花菜豆、番茄、菊花、大丽花以及半耐寒的苗床植物；秋霜的来临标志着它们生长期的结束。为帮助不耐寒植物越冬，可以将它们转移到室内或提供保护（见"防冻和防风保护"，598~599页）。

霜穴和冻害

在密度较重的冷空气向下流动聚集的地方容易产生霜穴；任何谷地或凹地都是潜在的霜穴。冷空气在洼地中积聚，会扩大容易受到潜在伤害的地区的范围，因为冷空气会沿着谷地的斜坡向上逆流。

沿着斜坡种植的浓密树木或绿篱会阻挡冷空气在斜坡上的流动，在它们前方形成霜穴。将树篱进行清疏或移走，允许冷空气流通。

当土地冰冻时，植物根系会无法吸收水分。深根性乔木不受严重霜冻的影响，因为它们的根系位于冰冻线之下，而浅根植物无法补充不断的蒸腾作用损失的水分。严重的地面霜冻常常导致新种植的年幼植物或浅根植物被冻土抬升或"拔出"；当土壤开始解冻时轻轻紧实土壤。关于预防性措施，见"防冻和防风保护"，598~599页。

冰冻和解冻

霜冻本身并不一定总会对植物造成严重的伤害，而交替的冰冻和解冻会更有破坏性。细胞液在冰冻时会膨胀，摧毁植物的细胞壁，常常会杀死不耐寒的植物。较耐寒植物的花朵、嫩枝、芽以及叶片在解冻过程中也会出现损伤，有时候根系也会受伤。在严重霜冻时，某些木本植物的树皮可能会开裂。

如果重复发生严重霜冻，然后快速解冻并造成土壤涝渍，那么这种情况对根系的伤害最大。晚春霜冻最容易伤害新生枝叶，导致叶片变黑，并对新芽和花朵造成伤害。

霜穴

随着相对温暖空气的升高，寒冷空气会下降到可以抵达的最低点，形成霜穴。谷地和洼地非常容易产生霜穴，任何在凹处生长的植物都会因此受到伤害。在同样的效应下，浓密的树篱或其他坚固结构（如墙壁和栅栏）的后方也会积聚霜冻。

霜冻的持续时间与造成的伤害相关——-3℃持续15分钟可能不会造成伤害，但同样的温度持续3个小时会造成严重的损失。

霜冻和栽培

虽然会对植物造成危险，但霜冻也可以有利于栽培。土壤水分会在冰冻时膨胀，将土块粉碎成较小的土壤颗粒；这在黏土中特别有用，可以让黏土更疏松。较低的土壤温度还能减少某些土壤害虫的数量。

降雪

当空气温度降低至冰点附近（但不低于冰点）时，云中的小水滴会冻结，然后以雪的形式降落。

雪在融化过程中会提供有用的水，并且常常能为植物提供有效的隔离保护：一层较厚的积雪可以防止下面土壤的温度降到0℃以下，即使空气温度已经低于冰点。不过，紧接着大雪的严重霜冻会损伤树枝和分枝。尽可能将厚积雪从易受伤害植物上移去以防损伤。

降雨

水是细胞液的主要组成部分，并且对光合作用非常重要，光合作用是一种非常复杂的过程，可将二氧化碳和水转化为活植物组织。光

园丁和全球变暖

全球变暖正在世界各地改变当地的盛行气候。由此产生的变化正在直接影响园丁，园丁必须提前做出计划，以缓和利用这些变化（见"面向未来的园艺"，13~32页）。园丁可能面临的情况包括：

- 更早的春季和更温暖且更晚的秋季将延长很多植物的生长期。
- 更炎热也更干燥的夏季和秋季；土壤中水分的蒸发速度更快。
- 较高的二氧化碳含量会导致气温升高；二者都会促进植物生长。
- 极端降雨的增加，这会加快氮元素从土壤中淋失的速度，并增加涝渍。
- 蚜虫等害虫会爆发，因为它们可以在一个生长季完成更多次生命周期。
- 病害增加，更温暖且更潮湿的冬季有利于疫霉属（*Phytophthora*）病菌和其他依赖水的病害传播。

雨影区

墙壁或实心栅栏的背风处（见上方阴影处）接受的雨水比向风面更少，因为墙壁或栅栏会创造出一片雨影区。

合作用对蒸腾作用的过程也很重要，有利于保持植物的坚挺，并实现养分在植物中的运输。蒸腾作用、种子的萌发，以及根系、枝条、叶子、花朵和果实的发育都依赖充足的水供应。降雨是露地种植植物的主要水源。大部分降水通过蒸发或地面径流损失了，但浸透土壤的水分会被土壤颗粒吸收或者以薄膜的形式包裹在颗粒周围。然后植物的根毛会吸收水和溶解在水中的养分。

为使生长达到最佳状态，植物需要稳定的水源供应。但在现实世界中，降雨在频率和雨量上都不规律。

涝渍

在排水不良的土壤中，水的积累会导致涝渍。大多数植物在偶尔的暴雨下可以存活。如果涝渍持续，根系就会因为窒息而死亡，除非是某些适应性极强的植物种类，如边缘水生植物、落羽杉（*Taxodium distichum*）和柳属植物（*Salix*）。在经常发生涝渍的地方，大多数植物无法良好生长，除非改善排水（见"涝渍土壤"，588页）。

干旱

阻碍植物生长的水分条件常常是太少而不是太多。夏季阳光和温度处于最高水平时发生的干旱是最常见的问题。萎蔫是干旱的第一个外在表现；植物的生长速度会变缓，直到为植物提供更多水分，蒸腾作用损失的水量会因为植物叶片上部分气孔关闭而减少（见"叶"，679~680页）。

土壤

在降雨量较少的地区，可以使用各种方法增加土壤中植物能利用的水量，如清除杂草（见"杂草和草坪杂草"，649~654页）、覆盖护根，以及通过掘入有机质以增加腐殖质含量（见"护根"，592页；"改善土壤结构"，587页）。如果种植在远离会产生雨影区的建筑、栅栏和乔木的位置，植物便可以更充分地利用雨水。

猛烈的大雨会破坏土壤结构，但如果在排水良好的位置进行园艺栽培的话，就可以避免产生最坏的影响。如果无法做到这一点，可以通过深挖土壤或安装人工排水设施来改良排水（见"挖得更深"和"双层掘地"，586页；"安装排水系统"，589页）。

湿度

湿度由空气中的水蒸气含量和土壤中的水分含量决定。空气在什么程度达到饱和取决于阳光、温度和风。

在降雨量大的地区，空气湿度比较高。某些植物（如蕨类和苔藓）可以在非常潮湿的条件下茂盛生长。可以在植物周围洒水以增加空气湿度（见"加湿器"，554页）。这一点在繁殖植物时有很好处，因为这样可以减少蒸腾作用损失的水分。

较高的空气湿度会产生不良的影响：高空气湿度导致的湿润条件很容易诱发灰霉病（见"灰霉病"，666页）等真菌疾病。

阳光

阳光可以提供升高土壤和空气温度和湿度的能量，并且在刺激植物的生长上发挥重要的作用。

对于大多数植物，阳光以及随之而来的较高温度能够促进枝叶新生、开花及结果。天气晴朗的夏季还可以极大地促进植物中的营养积累，并有助于形成坚固的保护性组织，这意味着可以得到更好的繁殖材料。

白昼长度

24小时内日光照射的长度（白昼长度）取决于纬度和季节，并影响某些植物如伽蓝菜属（*Kalanchoe*）、菊花和草莓的开花和结果。短日照的白昼长度小于12小时；长日照的白昼长度大于12小时。通过使用人工照明或遮蔽自然光照来对日光敏感型植物的花期进行调控。使用同样的方法还可以促进种子的萌发和幼苗的发育（见"补光灯"，555页）。

植物和阳光

植物总是向光生长，例如，靠墙生长的灌木会在离墙最远的一端长出更多枝叶。在光线不良条件下生长的植物会发生徒长和黄化，因为它们会努力朝有更多光线的方向生长。阳光强度可以控制某些植物的开花，比如，伞花虎眼万年青（*Ornithogalum umbellatum*）只在良好光照条件下开花。

大多数多叶植物需要充分光照才能达到最好的生长状态。某些植物可以在强烈的阳光直射下茂盛生长，但其他植物则无法忍耐。半耐寒植物、大多数水果和蔬菜、月季以及来自地中海地区的植物在全日照下生长得最好。另一方面，许多杜鹃类植物喜欢一定程度的阴凉，而常春藤（*Hedera*）和蔓长春花（*Vinca*）在浓荫区域生长得最好。

强烈的阳光会灼伤花朵和叶片，特别是刚刚浇过水的。它还可能导致果实或树皮开裂。在种植时选择合适的位置以免被强光伤害，对于易受伤害的植物，应在夏季提供人工遮阴，特别是在温室和冷床中（见"遮阴"，552页）。

风

风常常会损害植物并对它们的生长环境造成不良影响，但它也有一些好处：风在花粉和种子的传播上起重要作用，并且可以保持植物的凉爽。此外，轻柔的风可以防止形成滞闷的空气，从而阻止植物发展出病害。

不过，风可能会抑制有益的昆虫，让控制病虫害和杂草变得更困难。在多风条件下喷洒农药效果会比较差，而且非目标植物会受农药的影响。风还会造成许多更严重的问题，但有许多保护植物的方法（见"防冻和防风保护"，598~599页）。

风害

如果木本植物持续暴露在强风下，它们的地上部分就会生长得不平衡，容易向一边歪斜。暴露的树枝尖端容易受损或"枯梢"。生长在山坡顶部和多风海边的树木就是例子。

风的速度越大，它引起的损伤就越大。在强风下，植物的枝条和茎容易折断，在大风的压力下，乔木的根系可能会被拔出或严重松动。强风还可能损坏栅栏、温室以及其他花园结构。对于沙质土壤或泥炭含量高的土壤，风还会导致土壤侵蚀。

强风与高温结合，会增加植物损失水分的速度，导致叶片和枝条干燥。即使是中等强度的风也会产生损害效果，阻止植物充分发挥生长潜力。如果温度非常低，也会发生类似的风害，当土壤中的水分被冻结时，植物便无法补充失去的水

阳光和阴凉

建筑、栅栏以及乔木和大灌木投射在花园中的阴影会根据季节引起的阳光照射角度而发生变化。

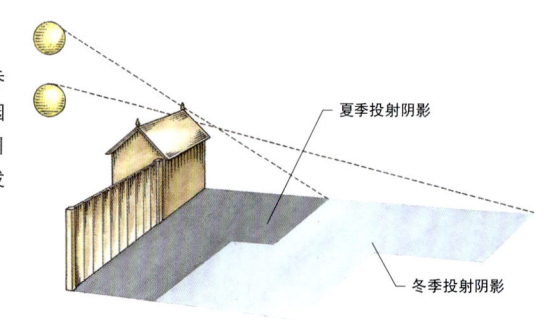

夏季投射阴影

冬季投射阴影

风湍流
抬升地区的暴露位置会遭受严重的风害。被陆地阻碍的气流被引导至山坡周围并沿着山坡向上吹，使风的强度增大。

风漏斗
建筑和乔木之间的风漏斗会对种在其中的植物产生严重的伤害，因为空气会高速通过狭窄的通道。如果无法避免在这样的区域进行园艺活动，可建立风障来保护你的植物。

分（见"冰冻和解冻"，53页）。

地势的影响

风害的严重程度在很大程度上取决于地势。海滨区域常常没有防御咸风的自然保护屏障。山顶区域可能同样暴露，因为风会围绕山坡并朝着山顶使劲刮。在山坡和谷地之间、成年乔木形成的通道之间以及相邻建筑物之间，都有可能形成风漏斗。风漏斗会增加风的强度、加快风的速度，所以要避免在这些区域种植。

莓）时，可以低矮至50厘米。为了在大片地区最有效地提供防风保护，应以风障高度的10倍为间距等距离设置风障。

风障是一种有效抵御风害的方法。它们的形式有栅栏、屏障或树篱（见"树篱和屏障"，104～107页）。

风障的工作原理

无论使用哪种风障，它都应该有50%的渗透性。坚实的风障会使风向上偏转，在它们后方产生低压区，低压区会将空气向下拉拽，从而导致进一步的湍流。

在作为花园边界提供最大的保护时，栅栏或屏障需要高达4米，但用于保护低矮植物（如蔬菜和草

小气候

地形上的变化通常意味着当地小气候与特定气候区的一般气候条件有差异。如果得到防风保护的话，自然下降或凹地中的位置会相对温暖；如果凹地被遮蔽了阳光的话，它就会非常凉爽，并且在冬季可能形成霜穴（见"霜穴"，53页）。在位于高地背面的花园中，降雨会显著减少。

花园以及其中的植物能够进一步改造当地气候，并且能引入强化花园小气候的景致。花园中的小气候和周围区域形成很大差异。在改变花园的小气候时，园丁可以使用一定景致提供特定条件。

朝向

向阳斜坡上的土壤在春季会快速升温，为种植早熟作物或花卉创造良好的条件。如果土壤排水顺畅的话，同样的区域可以种植需要干旱条件的植物。

朝南栅栏和墙壁非常适合种植不耐寒的攀缘植物、贴墙灌木以及整枝果树，因为它们在一天中的大多数时间处于阳光照射下，从而得以改善开花和结果状况。墙壁还能吸收许多热量并在夜晚释放热量，这在冬季可以为植物提供一些额外的防冻保护。

防风

一排树木或一面栅栏能为植物提供背风生长区域。风障两侧的生长条件会有不同；树篱或栅栏背风处接受的雨量较少，并且不受阳光升温效应的影响。

遮阴区域

树冠、树篱或大型灌木投射的阴影区域适合种植喜欢这种环境的植物。如果需要更高程度的遮阴，则可以将植物种植在朝北的墙壁下，不过这样的地方比较冷。

沼泽园

池塘或溪流的边缘以及花园中汇集雨水的低地可以用来创造类似沼泽的条件，喜湿植物可以在其中茂盛地生长。

温室和冷床

使用温室、冷床和钟形罩完全控制气候条件，让园丁可以在小型空间中提供多种多样的小气候（见"温室和冷床"，544～561页）。

风障

一系列风障
以风障高度的10倍为间距等距离设置风障
在大片平整土地上，可以使用数个半通透栅栏或屏障打破风的力量。

降低风速
风障应该是半通透的。气流仍然会穿过，但速度会降低。

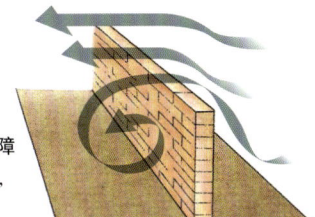

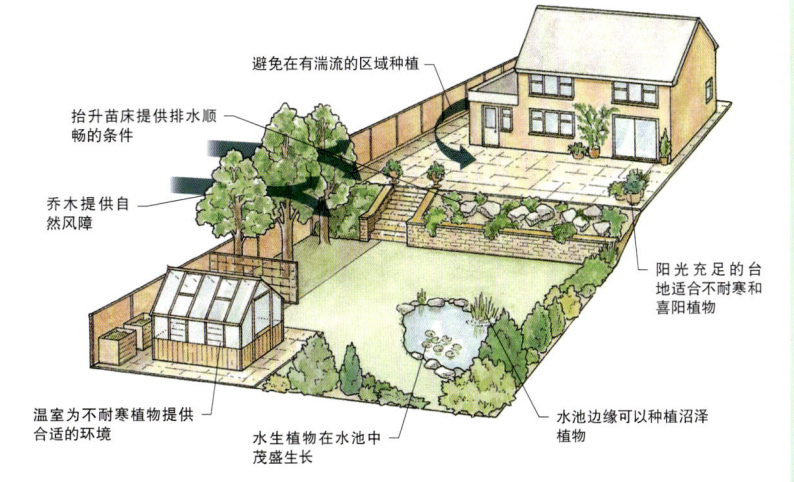

不透风风障
坚实的风障效果不好。空气被引导向上，然后又被向下拖拽，会导致湍流产生。

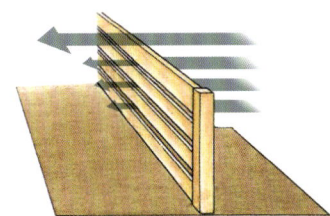

花园的小气候
- 避免在有湍流的区域种植
- 抬升苗床提供排水顺畅的条件
- 乔木提供自然风障
- 温室为不耐寒植物提供合适的环境
- 水生植物在水池中茂盛生长
- 阳光充足的台地适合不耐寒和喜阳植物
- 水池边缘可以种植沼泽植物

即使是最小的花园也能提供几种不同的生长环境。各种自然景致都会创造它们自己的小气候区域，可以利用或操纵花园中的景致提供各种环境条件，来迎合来自不同地区的植物的生长需求。

气候和植物的耐寒性

花园中的植物来自世界各地，其中有些种类忍耐不同气候条件的能力比其他种类好。这种耐寒性上的差异受到植物产地生境（如果它们是野生物种）或者植物亲本（如果它们是栽培杂交种）的强烈影响。

植物如何适应它们的环境

从外观上就可以判断植物的进化环境。例如，拥有带光泽的或银灰色的叶片的植物（如薰衣草）通常来自阳光强烈照射的地区；这些特征可以帮助叶片反射热量，保持叶片的相对凉爽并有助于保持水分。来自降雨量较低地区的植物常常拥有特殊的适应性特征（如叶片多毛、有黏性、有光泽、带刺、肉质或狭窄），这些特征有助于减少蒸腾作用造成的水分损失。仙人掌和其他多肉植物的叶片、茎或根中有储水组织，让它们能够在干旱中存活下来。

大而薄的深绿色叶片非常适合捕捉昏暗的光线；拥有这样特征的植物通常是在阴凉条件下进化出来的。植物的生长模式还会受到环境因素的影响，例如，来自落叶林地的春花球根植物发展出了在一年当中很早的时候就开花的策略，此时树冠层的树叶尚未展开，还没有遮挡光照。

休眠

植物进行休眠的目的是限制自身在极端天气下的暴露。大多数植物至少有一段短暂的休眠期。许多木本植物在秋季落叶以减少蒸腾作用，而草本植物和球根植物的地上部分会在冬季枯死，而地下部分会保持休眠。

土壤和空气温度是休眠启动和打破的最关键因素。可以利用这一点，例如，通过冷藏将植物保持在休眠状态，直到土壤回暖到足以种植。相反，如果将盆栽球根植物及冬花杜鹃类植物等放入温暖的温室中，它们就可以打破休眠状态并提前开花（见"可催花的球根植物"，232页）。

影响耐寒性的因素

虽然从植物的来源及其生理活动可以得到有用的线索，但特定植物在特定花园中的耐寒性还受其他因素的影响：朝向、土壤类型、排水、风向、积雪、冬季降水，以及低温会持续还是会与温暖时期交替。所有这些因素都互相起作用，并且由于季度生长模式的不同，只是靠观察的话，很难预测某种特定植物的耐寒性是否足够，特别是同一物种的来自不同气候区的不同植物个体在耐寒性上会有差异。

你可以种植什么

很多植物在英国足够耐寒，并且由于气候在变化，适合在户外试验性地种植它们，特别是如果你可以利用或创造小气候（见"小气候"，55页），提供遮蔽，并使用保护性护根的话。不过，作为植物的耐寒性指标，每种植物都有相应的评级。

耐寒性等级的理解

用于指示植物耐寒性的系统有好几套。皇家园艺学会开发的"H-评级法"使用从H1a到H7的9个等级描述一种植物能够承受的最低温度。这些评级可以作为种植条件的大致参考。美国农业部（UDSA）开发的温度带系统（zonal system）是研究最透彻、最深入的系统，被全世界的许多国家使用或调整后使用。它将北美大陆分隔成用数字编号的区域，其根据是植物一般可以忍耐的冬季最低温度：区域的编号越小，植物的耐寒性越强。上方的世界地图列出了这些区域在世界上的分布。

这是一个很有用但不是十分简单的方法。包括最低冬季温度在内的多种因素影响植物的耐寒性，在北美的部分编号最大的地区，较高的夏季温度也会造成问题——但在英国不存在这样的问题。

这两套系统不能精确对应，但下面的总结应该对你有所帮助，它对"H"耐寒区和美国农业部的温度带做了解释。

完全耐寒

可以忍耐冬季降温至-5℃至-20℃的植物；在英国，这些植物可以在大多数情况下安全越冬。同等的美国农业部温度带是Z6（及以下）至Z9。皇家园艺学会对该类群进行了进一步划分。

- H7（极耐寒；美国农业部Z6区及以下）可以在气温降低到-20℃的欧洲地区生长的草本和木本植物，通常来自大陆性气候，包括英国暴露多风的高地地区。

- H6（耐寒，非常寒冷的冬季；美国农业部Z6–Z7）可以忍耐气温经常降低至-15～-20℃的气候，来自大陆气候区的草本和木本植物。这些植物在英国和欧洲北部一般都比较耐寒，但种植在容器中的植物可能会受损，除非给予保护。

- H5（耐寒，寒冷的冬季；美国农业部Z7–Z8）包括某些芸薹属植物和韭葱在内的许多植物，可以在英

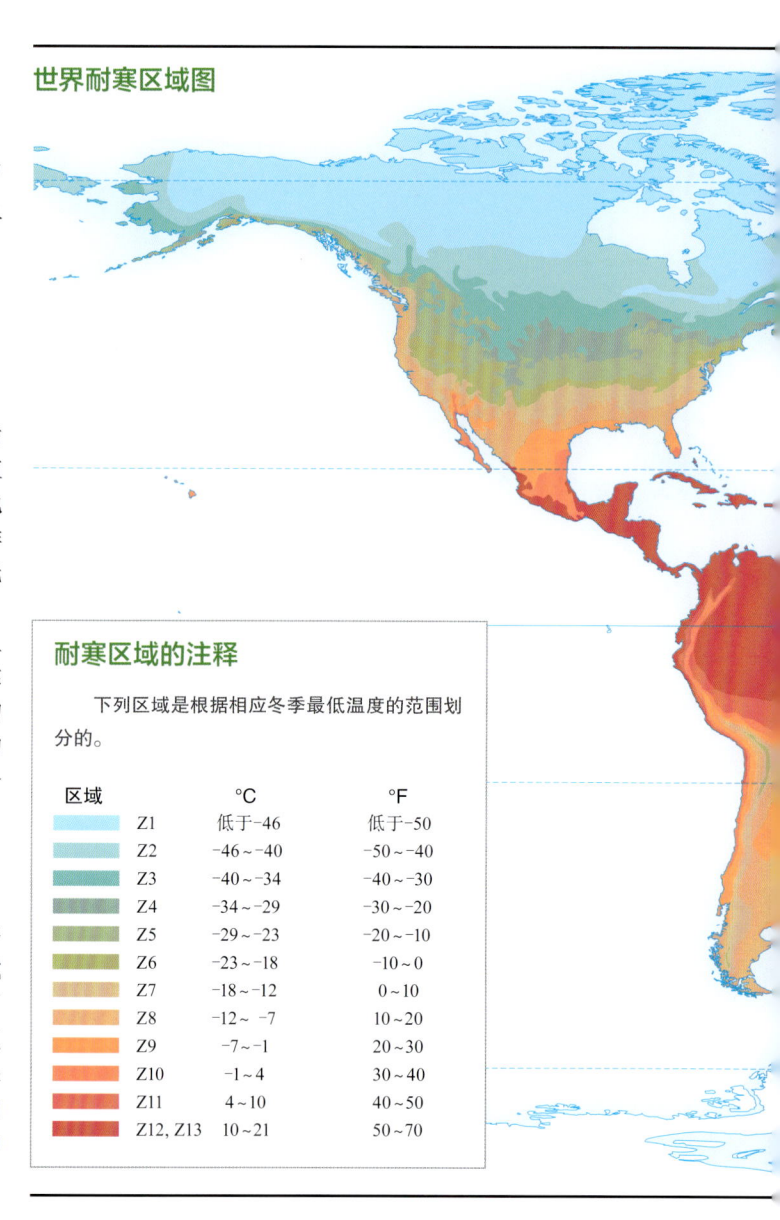

世界耐寒区域图

耐寒区域的注释

下列区域是根据相应冬季最低温度的范围划分的。

区域	°C	°F
Z1	低于-46	低于-50
Z2	-46～-40	-50～-40
Z3	-40～-34	-40～-30
Z4	-34～-29	-30～-20
Z5	-29～-23	-20～-10
Z6	-23～-18	-10～0
Z7	-18～-12	0～10
Z8	-12～-7	10～20
Z9	-7～-1	20～30
Z10	-1～4	30～40
Z11	4～10	40～50
Z12, Z13	10～21	50～70

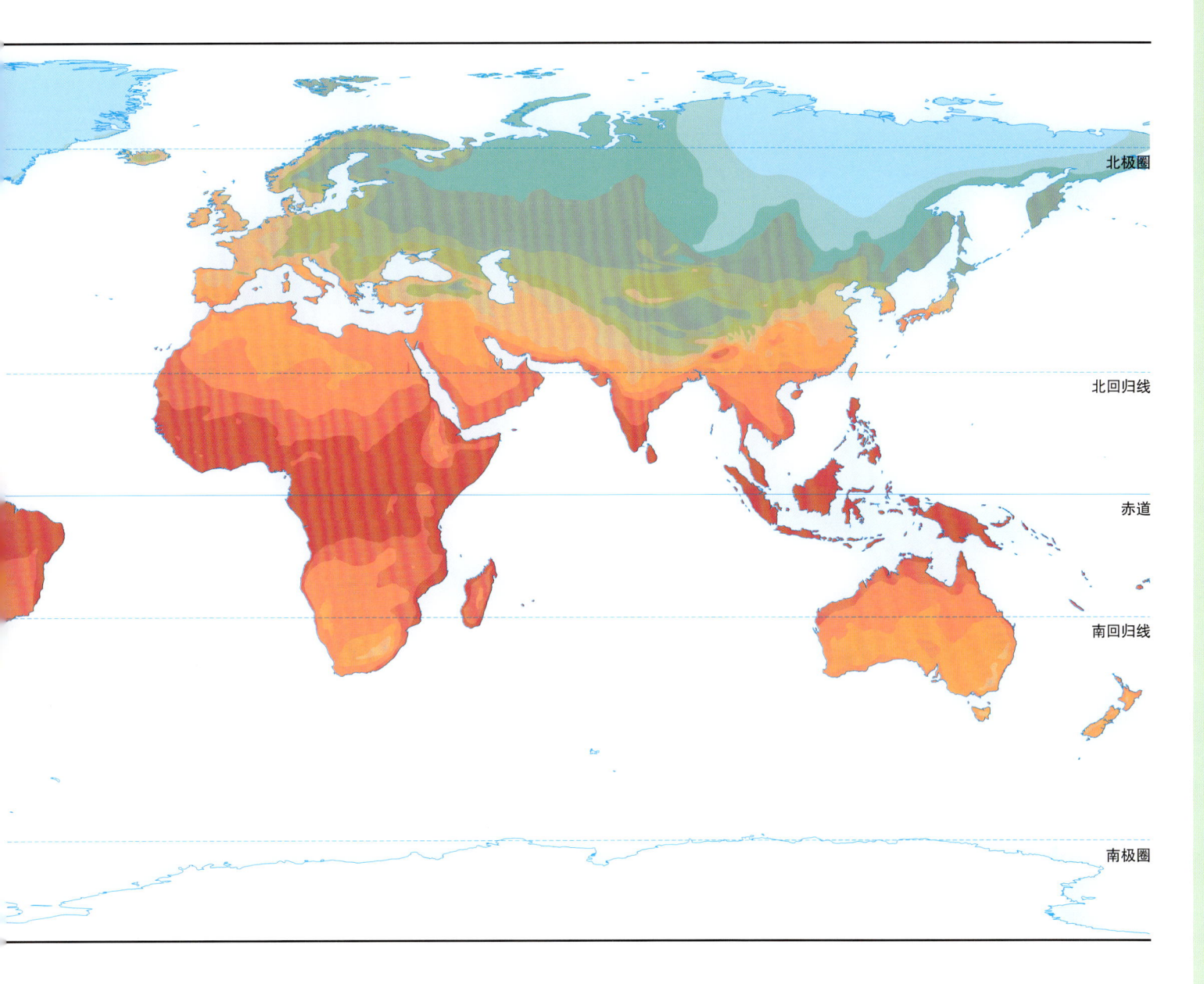

国大部分地区的寒冷冬季存活,即使温度下降至-10~-15℃,除非这些植物位于开阔暴露处或者位于中部或北部。常绿植物在这样的条件下会受损,盆栽植物受损的风险会增加。

- **H4（耐寒，一般寒冷的冬季；美国农业部Z8-Z9）**包括冬季芸薹属植物在内的耐寒植物,可以忍耐-5~-10℃的冬季条件。某些一般耐寒植物在黏重或排水不良的土壤中无法忍耐漫长而潮湿的冬季,植物在寒冷的花园中会导致叶片冻伤和树枝枯梢。盆栽植物容易受到严酷冬季的伤害,特别是常绿植物和许多球根植物。

耐霜寒

这些植物可以忍耐降低至-5℃的低温。它们包括许多来自地中海气候区的植物以及春播蔬菜。在英国,这些植物在海岸和较温和地区都可以耐受寒冷——除非是极为严寒的冬季,在别的地方,如果有墙壁保护或良好的小气候保护的话,它们也可以正常生长。它们有可能遭受突然降临的早霜的伤害,在寒冷的冬季可能会被冻伤或冻死,特别是如果它们没有积雪覆盖或者生长在花盆中的话。它们可以在无霜的不加温温室中茂盛生长,或者使用人工保护。与之对等的美国农业部耐寒区域是Z9-Z10。

半耐寒

它描述的是可以忍耐1~5℃,但不能忍耐冰点之下低温的植物。大多数多肉植物和许多亚热带植物、一年生苗床植物以及许多春播蔬菜都属于这一类型。它们一般需要凉爽无霜温室的保护,但当霜冻危险过去时也可以移栽到室外。与之对等的美国农业部耐寒区域是Z10。

不耐寒H1

这些植物对寒冷更敏感——大多数英国园丁需要将它们种在加温温室中。在美国农业部的定义中,大部分此类植物适合在Z11及之上的区域生长。皇家园艺学会对该类群进行了进一步划分。

- **H1a（美国农业部Z13）**主要是无法在15℃以下存活的热带植物,需要终年生长在加温温室中。

- **H1b（美国农业部Z12）**亚热带植物,一般在温室中生长得更好,最低生长温度为10~15℃。在炎热晴朗背风处（如城市中心）,它们可以在室外种植。

- **H1c（美国农业部Z11）**需要温暖的加温温室（夜间气温不低于5~10℃）的植物,例如大多数花坛植物、番茄和黄瓜。在英国大部分地区的夏季,它们可以生长在室外,这个季节的白天气温足以促进它们生长。

理解你的土壤

在花园设计过程的一开始就理解自家花园中土壤的特性是很重要的，因为这将影响你最终的植物选择。更好的做法永远是选择将在你拥有的土壤中茁壮成长的植物，而不是试图种植不适应现有条件的植物。不过，即使你花园里的土壤一开始并不理想，也有很多解决方案，而且大多数土壤只需要付出一点时间和努力就能得到改善。

土壤及其结构

土壤是非常复杂且富于变化的材料，由风化岩石和有机物质（称为腐殖质）微粒组成，其中还有动植物生命。健康的土壤对成功的种植至关重要，它给植物提供机械支持，并供给水分、空气以及矿物质。理解你拥有的土壤类型将让你更成功地规划自己的花园，并在需要的地方做出改善。在所有花园中，采用良好的园艺实践（包括有机方法）将有助于你改善土壤的结构、肥力和健康状况（见"有机园艺"，20~23页）。

土壤结构

大多数土壤是根据其中黏土、粉砂和沙子的含量来分类的。这些颗粒的尺寸和比例影响着土壤的化学和物理性质。黏土颗粒的直径小于0.002毫米；粉砂颗粒的直径可达最大黏土颗粒的25倍；而沙子颗粒的直径可以大1000倍——至2毫米。几乎或完全不含矿物质的土壤称为有机土，主要由泥炭组成。

土壤类型

壤土拥有最理想的均衡矿物质颗粒大小，含有8%~25%的黏土颗粒，从而具有良好的排水性，其中含有可被植物利用的水分和比较高的肥力。

黏质土黏重，排水缓慢，并且在春季的回暖速度也比较慢，但肥力常常很高。不过它们很容易被压紧，夏季会被阳光烤硬。黏质土中含有的水很大一部分被黏土颗粒过于紧密地束缚，无法被植物获取。不幸的是，因为黏土颗粒非常小，相对表面积很大，所以它们在土壤中占主导地位。通过添加沙子或砾石改良黏土的尝试通常徒劳无功，因为需要的量大得不切实际。同样，将黏土添加到沙子里也行不通，因为难以将黏土颗粒混入沙子中。使用有机质改良土壤更有效。

沙质土和粉砂土中的黏土颗粒含量都很低。沙质土的保水性远远不如黏质土，沙质土质地特别疏松，排水顺畅。它们需要频繁的夏季灌溉和充足的施肥；不过它们在春季的回暖速度更快，可以使用有机质改良。与沙质土相比，粉砂土的保水性和肥力都更好，但在潮湿时更容易被压实。有机土（又称泥炭土）很少见，但可以很好地支持植物生长，除非其是潮湿的且呈酸性。

白垩土或石灰岩土浅薄，排水顺畅，质地像石头一样，呈碱性，肥力一般。

土壤的剖面结构

土壤可以分成三层：表层土、底层土和来自底层岩石的母岩层。表层土包含大部分土壤生物以及许多营养。它的颜色一般较深，因为其中含有人工或落叶自然添加的有机质。底层土的颜色一般较浅；如果

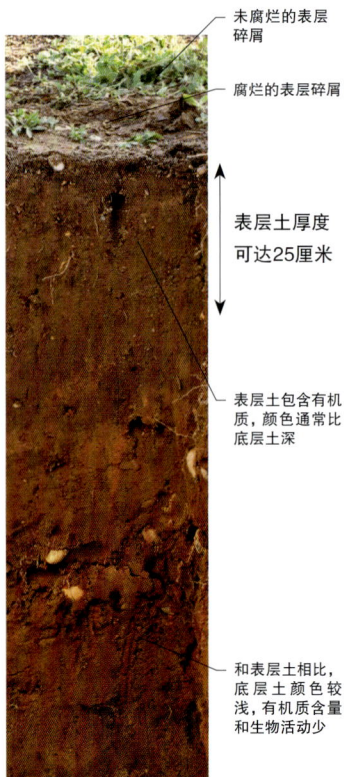

土壤剖面
土壤的剖面结构一般包括表层土、底层土和最低处来自底层岩石的母岩层。每一层的厚度都可能有差异。

- 未腐烂的表层碎屑
- 腐烂的表层碎屑
- 表层土厚度可达25厘米
- 表层土包含有机质，颜色通常比底层土深
- 和表层土相比，底层土颜色较浅，有机质含量和生物活动少

土壤特征

黏质土拥有超过25%的黏土颗粒，特点是潮湿且黏稠。黏土颗粒含量不足8%的土壤属于粉砂土或沙质土，具体是哪种取决于粉砂颗粒和沙质颗粒哪种占多数。在潮湿酸性条件阻止有机质完全降解的地方会形成泥炭土，因此它们位于土壤表面或表面附近。然而，白垩土呈碱性并且排水顺畅，可以让有机质迅速降解。

沙质土
干燥，疏松，排水顺畅，容易耕作，但相对贫瘠。

泥炭土
富含有机质，颜色深，保水性好。

黏质土
排水缓慢的黏重土壤，通常富含养分。

白垩土
颜色淡，浅薄多砾石，排水顺畅，肥力一般。

粉砂土
粉砂土保水性和肥力都相当好，但很容易被压实。

它是白色的，那么母岩很可能是白垩或石灰岩。如果表层土和底层土之间没有颜色差异或差异很小，就说明表层土中的有机质含量可能不足。

花园中的杂草和野生植物有助于指示花园中的土壤类型以及它可能拥有的任何特征。桦木属植物（*Betula*）、石南类植物[帚石南属（*Calluna*）、大宝石南属（*Daboecia*）以及欧石南属（*Erica*）植物]、毛地黄（*Digitalis*）和荆豆（*Ulex europaeus*）以及包括杜鹃花在内的园艺植物都是酸性土壤的标志。山毛榉属（*Fagus*）和白藤铁线莲（*Clematis vitalba*）植物意味着土壤可能是碱性的。野生植物还能揭示土壤的化学特性，例如，荨麻和酸模说明花园土壤肥沃，而三叶草说明土壤比较贫瘠。

鉴定你的土壤

土壤颗粒的两种主要类型是沙子和黏土。沙子颗粒相对较大，水分会通过它们之间的空隙自由流走，而黏土颗粒非常细小，会将水分困在空隙之中。在手指之间搓动少量湿润土壤，沙质土会有明显的沙砾感，不会黏在一起或成团，不过沙质壤土的黏合性会稍好一些。粉砂土的感觉像丝绸或肥皂。用手指按压后，粉砂壤土上可能会留下指印。黏质土的黏合性很好，可以滚成圆柱形。重黏质土可以滚得更细，并且在光滑时有光泽。所有黏质土都感觉黏稠且较重。

沙质土
用手指搓动沙质土时可以感受到明显的沙砾感。沙质土的土壤颗粒很难黏合在一起。

黏质土
潮湿的黏质土很黏稠，可以碾成球状，按压时会改变形状。

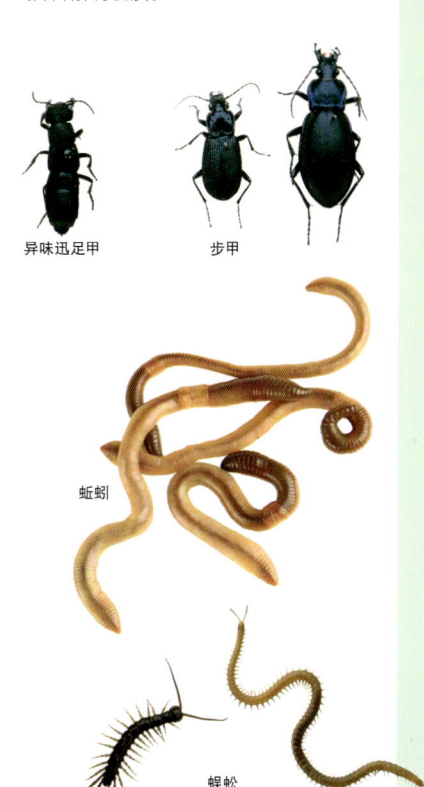

酸碱性

土壤pH值衡量的是土壤的酸碱性——范围是1~14。低于7的pH值说明是酸性土，而大于7的pH值说明土壤呈碱性。中性土壤的pH值为7。

土壤的pH值通常由含钙量决定。钙是一种碱性元素，在几乎所有土壤中都会通过淋洗而流失（意思是它会被水冲走）。位于白垩或石灰岩上富含钙质的土壤不易受影响，而其他土壤特别是沙质土在淋洗作用下会逐渐变得更酸。

如果有必要的话，可以通过施加石灰（见"施加石灰"，591页）或添加富含石灰的材料（如蘑菇基质）来增加碱性。

电子pH计和土壤测试套装可以用来测量土壤pH值。在花园中的不同部位分别测试，因为即使在相对较小的区域，pH值也常常有变化。在为土壤施加石灰之前测试，以免得到误导性的结果。

pH值的影响

最重要的是，pH值影响土壤矿物质的可溶性，从而影响植物对它们的利用效率。酸性土壤容易缺可以利用的磷。种在碱性土壤中的植物容易缺锰、硼和磷。

除了病虫害，土壤pH值还会影响有益土壤生物的数量。例如，蚯蚓不喜酸性土壤，但根肿病在酸性条件下很常见。在碱性土壤中，马铃薯疮痂病会更严重。

最佳pH值

植物良好生长所需的pH值范围是5.5~7.5，最佳pH值通常是6.5（微酸）。菜园最好保持pH值为7或更高，以抑制芸薹属作物的根肿病。不过泥炭土的最佳pH值是5.8，因为它们不含铝，这种元素在酸性矿物土中会达到有毒水平。有些植物拥有不一样的需求：喜碱植物和喜酸植物分别可以适应超过7和低于6的pH值。如果生长在不合适的土壤中，它们就会表现出元素缺乏症或生长不良的迹象。

土壤生物

某些土壤生物对于土壤肥力的维持十分重要。有益的真菌和细菌喜欢通气良好的土壤，并且能够忍耐较宽范围的pH值，不过，大部分真菌喜欢微酸性土壤条件。某些真菌（根瘤菌）与植物的根系共生，并且能够提高植物从土壤中吸收营养的能力。

测量土壤pH值

土壤测试套装使用混合土壤时会变色的化学溶液在一个小测试管中进行测量。然后将溶液颜色与比色卡进行比较，确定土壤样本的pH值。

- 黄色或橙色表示土壤是酸性的
- 亮绿色表示土壤为中性
- 暗绿色表示土壤为碱性

小型土壤动物（如螨类）对有机质的降解发挥着重要作用。显微级别的蠕虫（包括线虫）也有助于控制虫害——不过有些种类本身就是虫害。

较大的土壤动物（特别是蚯蚓）在土壤中挖掘觅食时可以改善土壤结构。蚯蚓的身体在土壤中穿行，将土壤颗粒粉碎，从而增加透气性并改善排水。

有益的土壤生物

健康的土壤包含由蚯蚓和其他生物构成的丰富群落，它们有助于为土壤通气并降解有机质。

异味迅足甲　　步甲

蚯蚓

蜈蚣

规划草图

在对花园进行精确测量和制定任何新设计方案之前，一张或一系列粗略的草图能够帮助你评估现有地块的整体布局。这将为设计详图的制定打下基础，你可以在详图上标出那些需要保留的花园景致和植物，以及其他需要添加的元素（见"绘制测量图"，62~65页）。

这些草图中应该包含粗略的规划，将对花园的最终布局和植物选择产生影响的许多实际因素都表现出来。这些草图中应该用注释的方式详细说明影响场所的实际因素，如气候、土壤类型、视野、郁闭程度、地块和房屋的朝向，以及花园区域的大小和形状——这些都是无法改变的因素。其中还应该包括和房屋以及花园有关的设施，如室外水龙头和花园内的棚屋。这些设施的位置可能不够理想，需要调整。

气候和朝向

花园所处地区的整体气候以及花园内部的特殊小气候是最关键的决定性因素，它们不但影响花园的布局，还决定了植物种类的选择和位置（见"气候和花园"，52~55页）。应该寻找并研究有关当地气候条件的信息，如年降水量、平均温度和光照水平等。这些一般性的气候条件会受到花园内部实际地形的影响。一座地势低洼的花园或许可以免受强风侵袭，但它也会形成易于结霜的霜穴，而山丘顶部则比附近的朝南地点冷一些。海边的花园会受到强劲海风的伤害，海风中还可能含有盐分，不过和内陆地区相比，海滨环境能够防止气温的剧烈变化。

在花园内部存在拥有不同小气候的小块区域——或温暖或冷凉，或潮湿或干燥，适合一系列不同的植物类型（见"小气候"，55页）。花园以及其中房屋的朝向将决定房屋墙壁温暖与否，以及花园中阴影区域的位置。这些因素不但影响你的植物选择，还影响到座位的安放位置。

评价你的土壤类型

花园中的土壤也是一个必须考虑的关键性因素。土壤类型、质地及其酸碱性（pH）都是应该了解的重要性质（见"土壤及其结构"，58页）。不同地区之间的土壤差异很大，既有致密的黏质土，又有疏松的沙质土，既有碱性的白垩土或石灰质土，又有酸性的泥炭土。土壤的每一种差异都会适合不同的植物种类。那些在适宜土壤上生长的植物会兴盛起来，而种在不适宜土壤上的植物只能挣扎求生。不同类型土壤的持水和排水能力不同，栽培的难易程度也会受到土壤类型的影响，那些结构致密、排水不畅的土壤会给栽培带来困难。

糟糕的排水会影响到植物的选择。土壤柔软且过于潮湿的场所不能建设任何较大的建筑，除非通过安设排水沟和渗水坑的方法解决这个问题（见"改善排水"，589页）。如果建筑和土方工程留下大量碎石或底层土，可以对这些材料加以利用——用它们来建造台地区域的地基，或是建造一个砾石园。这种类型的土壤排水极为迅速，适宜相应的植物生长（见"沙砾床和铺装"，272页）。

观察全貌
当要画出花园的边界和花园中任何不规则的形状时，可以从楼上的窗户进行观察。这里还是观测阳光和阴影变化模式的有利地点。

花园地形
水体不但会增加土壤湿度，还会增加附近空气的湿度，这对许多植物是很有利的。然而，水常常占据低洼区域，而低洼处很容易变成霜穴（见"霜穴"，53页）。除了土壤和气候条件，选择植物时还应该考虑它们的抗寒性。

设施

草图中还应该标明花园中的其他固定设施，如服务于房屋的车行道和步行道，以及那些重要但不雅观的设施，如窨井盖等。管道检查点和化粪池等也可能需要标注出来。一个油罐或煤仓常常是花园中不甚美观但十分重要的陈设，特别是在偏远的乡村地区，可以考虑另外寻找地点安置它们，不过用植物或其他东西把它们遮挡起来是一个更容易操作的选择。然而，木垛在花园里会显得美观得多，还能够吸引野生动物。

任何悬在头顶上方的电线或电话线都应该出现在草图上，因为高大的乔木不能种在这些线路旁边。也不建议在这些线路进入房屋的那堵墙上种植扭曲的攀缘植物，因为植物会将这些线路作为攀爬的支点。房屋墙壁接线的地方也很难够到，如果尝试修剪或者拉拽植物部位，就可能造成危险。

其他实用设施

还有一些实用设施也是花园中不可缺少的，你应该列一张清单，检查一下现有的花园是否设施齐全，能否满足你的需要。标出室外水龙头的位置，并考虑是否需要挪动。如果花园中有一个别人留下的堆肥堆，那自然是一件好事，但也可

一张现场规划草图

画出花园的整体布局和房屋的位置。然后加上重要的结构性种植，如乔木和树篱、硬质铺装和草坪的轮廓、道路的路线，以及花园内部的任何分区和建筑（如棚屋、屏障和墙壁）等。接下来，一般性质的植物花境可以用阴影来表示。在这个位于北半球的花园中，对角线方向的投影代表的是太阳在盛夏正午时分投下的阴影。

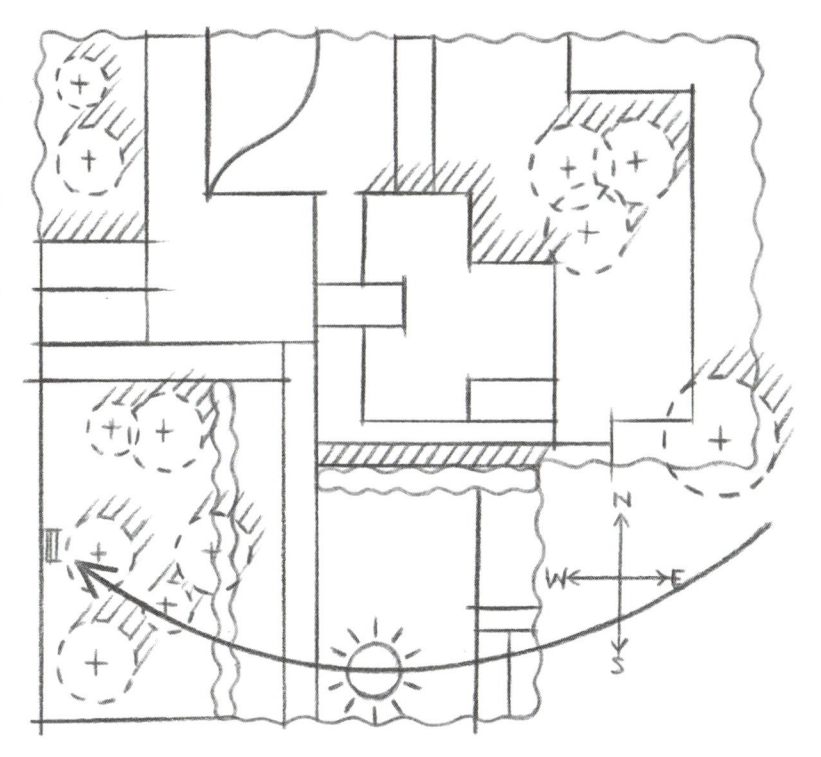

未雨绸缪

虽然你的规划只是位于起步阶段，但是做出重要改变的想法可能已经萌发了，例如砍掉一棵树或者建造一座凉亭等。从一开始就进行调查在法律上是有回报的，不然你很有可能在随后发现一些不愉快的意外会阻止你的计划实施。相关法规包括当地建筑和规划法规、可能存在的树木保护条例、对于相邻物业边界的描述和责任认定，以及你所在区域的任何环保法令。即使你最终并没有按照开始的思路进行改造，也必须尽早办好所有必需的许可，因为协议和清除工作会花相当长的一段时间。

以根据你的需要轻松地将它移到别处，其他可能有用的结构也是如此，如冷床和焚烧炉等。将这些设施现在的位置都画在草图上，花园中的棚屋和储藏箱的位置也要画进去，并考虑花园中的储藏空间是否足够，这些空间不光用于存放园艺工具，还要储存其他家居杂物，如折叠椅、玩具和自行车等。

遮蔽令人不快的景色

（右）远处的停车区闯入了这片花园的视线，令人想起不受欢迎的城市生活。为了重新获得幽静的环境，可以在这里种植一棵狭窄而笔直的乔木，或者用格子砖稍稍加高后墙并让攀缘植物爬在上面。在做出这些遮挡视线的改变之前，要先从邻居的角度考虑一下。

延长远景

（最右）改变这个花境的形状并在前景中带来更多高度，将打开并延长通向那棵松柏的远景，进一步展示出后面的乡村风光。将树篱高度降低也能增加距离感，但树篱和后面的乔木可能已经形成了有用的防风带。应该先调查盛行风，这个地点可能十分暴露。

花园外部

有些超出你控制范围的元素也需要出现在规划草图上。无论花园周围是可以利用的美丽景色，还是必须用乔木精心遮挡的丑陋建筑，一个优秀的园丁都能利用它们将花园本身开发到极致。必须认真检查花园边界的私密性和安全性，记录下现在的状况。如果需要额外增加私密度和遮挡程度，先权衡一下因此损失的风景和阳光，并确保这些改变不会惹恼拥有附近花园的邻居。和增加私密度相比，有时候将花园敞开反而能增加安全性，考虑一下，将车行道和棚屋纳入眼帘是不是有可能显得更加美观？

从房屋前穿过的繁忙车流会对花园造成冲击。如果花园位于路口，在晚上车的灯光甚至会打进花园中，可以通过填满花园边界的缝隙来减轻或消除这些影响。经过修剪的茂密树篱还能起到声障的作用（见"树篱和屏障"，104~107页）。

绘制测量图

绘制测量图需要一个晴朗干爽的天气，没有时间限制，若加一个额外的人手会让这个任务轻松得多。你需要的工具有一个速写本或写字夹板及纸张、两个30米长的卷尺、铅笔、橡皮、圆规、结实的细绳，以及一些将线绳固定在地面上的地钉。小花园只用一张图就能画出全貌，而较大的花园可分成几块不同的区域测绘，然后拼接成一个整体。

开始

先对花园边界进行测量并绘制在测量图上，除了界墙、树篱或栅栏的长度，它们的高度也要注明在图中。然后将房屋和其他建筑的位置标明在花园边界内。可以通过测量房屋的墙角或其他固定点与边界上两个固定点之间的距离来判断建筑的位置，如角落、门柱或树干等固定点等。找到三四个这样的点之后，建筑的精确位置就能确定下来了。房屋周围台地的位置可以通过测量房屋和其边缘的距离来确定，检查它们是否和房屋平行，如果不平行，估测一下偏差有多大。

定位

当对那些难以与邻近边界或房屋墙壁产生联系的景致进行定位时，你必须自己创造一条用于测量的假想线。在房屋中央的门到远端边界的栅栏柱之间拉直一个卷尺，就能形成一条基准线。以这条线作为起点，再用一个卷尺垂直测量，确定其他东西的位置，如树木或窨井盖。记录下测量时第一个卷尺和第二个卷尺相交的读数，以及从交点到其他东西的距离。

建立基准线之后，其他物品都可以在这条线左右得到定位。在较大的花园中，可能需要许多这样的基准线才能将所有景致都定位出来。为精确定位单个独立景物，如草坪中的一棵乔木，可以使用三角测量法（见"三角测量法"，63页）。直线边缘很容易测量和绘制，而车行道或花境边缘的曲线则需要花费更多的时间精确复制（见"画出不规则曲线"，63页）。

增添更多尺寸

所有线性测量完成之后，应该继续收集其他有用的信息。测量并标注所有边界上的门和入口，以及房屋的所有门和窗户。花园内部用于分区的树篱和屏障，应该记录其高度，乔木、藤架或拱门的高度和冠幅也应该记录下来。

水平面的变化也要做记录。不够理想的水平面变化可能需要在将来的花园规划中设置台地、挡土墙、阶梯和斜坡等。简单的斜坡和轻微的水平变化可以相对容易地计算出来，而波状起伏并拥有横向斜度的地形就不是普通园丁能够解决的了。这种地形必须请专业的测量员测量。大尺度的花园比小花园更难测量，也许留给专业人士是更好的选择。

从基准线测量
（上）除非是非常小的花园，否则几乎不可能通过测量与边界距离的方法确定树木和小型建筑等元素的位置。使用一条设在中央的基准线会使这个任务轻松得多。在这里，铺装中一条和房屋平行的直线为基准线提供了理想的起始点，这条基准线通向花园远端边界上一个能够定位的点。

测量现有布局
（左）使用一条或数条基准线，并在这些线的左右两边进行一系列测量，得到花园的位置图。这个方法还能有效地确定现场的大小。

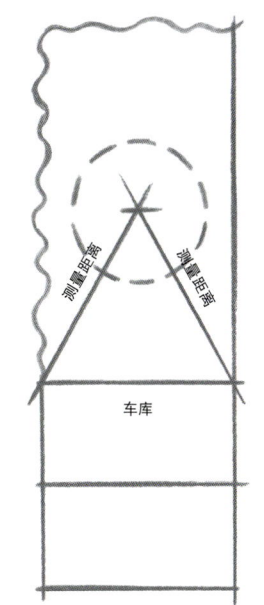

三角测量法

（左）如果某样景物不能直接根据现有的直线测定位置，那么可以测量它和两个固定点之间的距离。在转移到图纸上时，先按照比例缩小实际的距离，然后以两个固定点为圆心，以缩小后的距离为半径画圆。圆弧交点处就是此景物的位置（在这里是一棵树）。

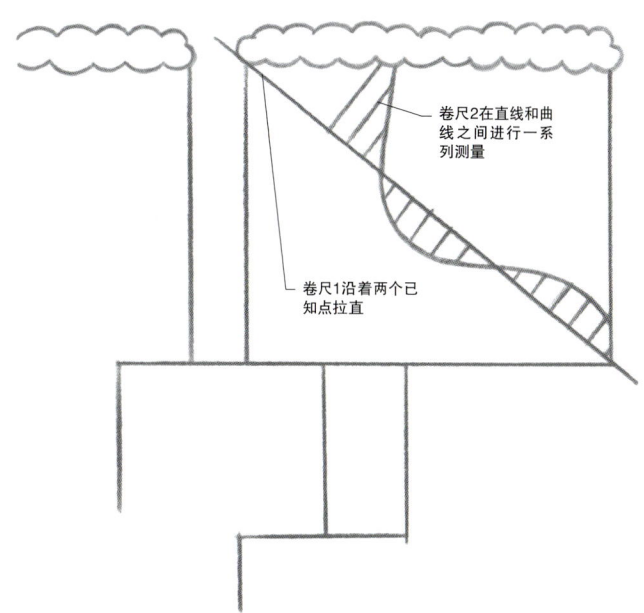

画出不规则曲线

（左）必须使用两个卷尺：一个卷尺从两个已知点之间笔直穿过曲线，每隔一段固定距离用另外一个卷尺测量曲线上的点与第一个卷尺之间的垂直距离。例如，在第一个卷尺上，每隔50厘米，就用另外一个卷尺垂直测量它和曲线的距离，并记录下一系列坐标位置。

转移到图纸上

在"野外工作"完成并得到所有精确的统计数字之后，再进行一系列额外的交叉测量作为整体布局和局部细节的验证，然后就可以把这些信息画到图纸上了（见"将测量草图转移到方格纸上"，右），或者可以转移到虚拟花园设计应用程序或计算机辅助设计软件上。尺寸太小的图纸难以绘制，并且看起来会很别扭。尽可能使用最大的比例，以便在平面图中记录每一个细节。方格纸或坐标纸便于将现场测得的数据转移到平面图上，但使用比例尺在白纸上绘图会更加灵活。一张能够表现所有物品和景致的花园总平面图可以按照1∶100的比例绘制。但是更详细的花境种植图（见"如何画出种植平面图"，69～71页）则需要1∶50或1∶40的比例才能合适地描述种植设计。

当使用坐标纸时，必须先确定好多少格子代表1平方米。应该首先计算出纸张能够容纳的最大比例，将最长的距离画在纸上，如果能够画得下，那么整个平面图都可以画在纸上。艺术设计商店中提供A号大纸，普通的文具店可能找不到这样大的尺寸的纸。

画出测量图

设计新手肯定需要多试几次才能画出测量图来。首先将主要景物画在平面图上，从花园边界以及边

将测量草图转移到方格纸上

使用纸张能够容纳的最大比例画出测量图；如果有必要的话，可以将几张纸粘在一起，绘制一张又大又清晰的图纸。一张花园总平面图（如下）能够以1∶100的比例展示出花园基本轮廓和其中的景致。在平面图上标注出所有的东西，包括那些你不想保留的。这张平面图加上你对各区域现存之物的视觉记忆，能够帮助你决定新的布局及景物的尺寸。

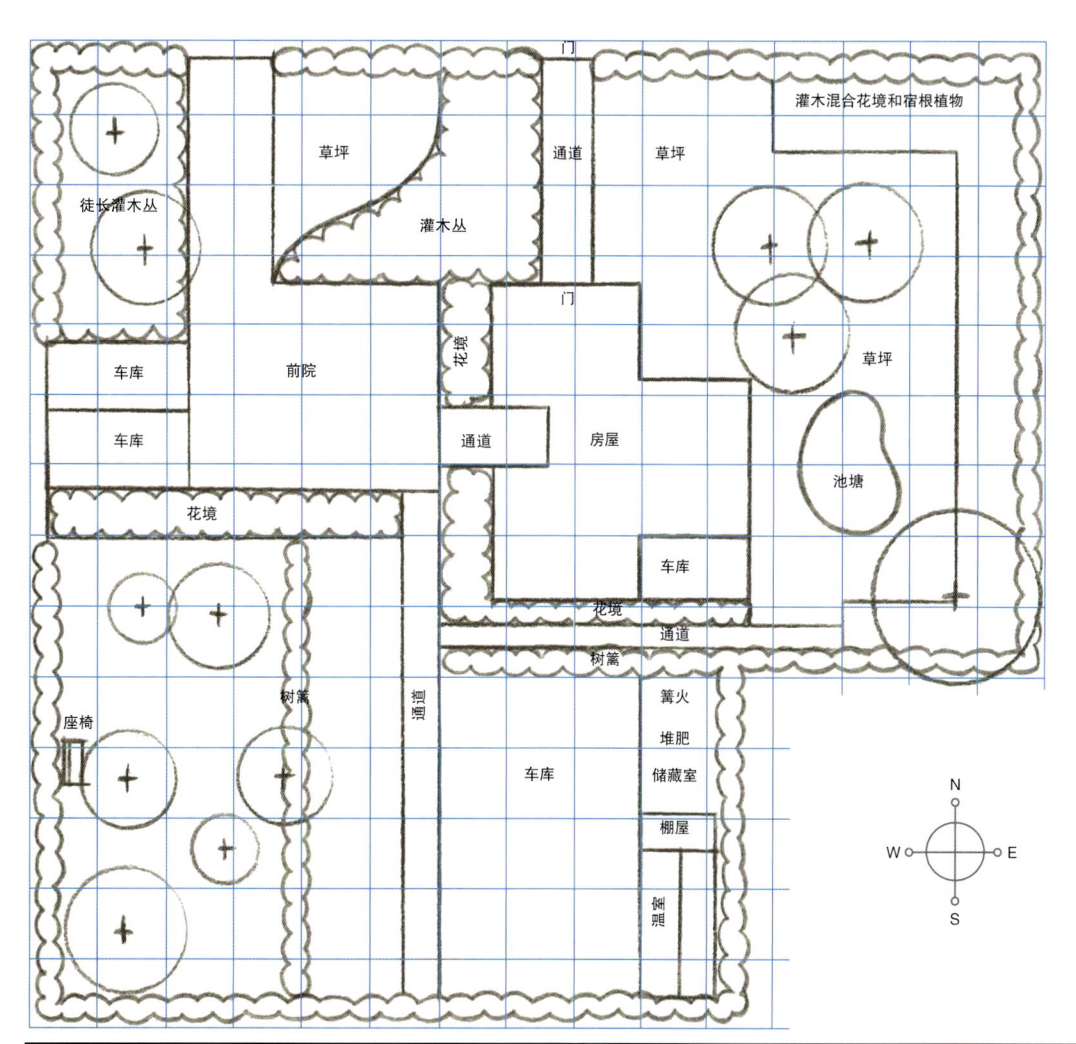

界上的门和通路开始画。然后将房屋及其门口和窗户定位在图纸上。房屋的门口和窗户是很重要的，从这里能看到外面的风景。花园的外部和内部框架建立好之后，就应该完善房屋周围的细节了。你可以先画出步行道和车行道，在它们之间的区域里描绘出草坪、硬质地面和花境。这样做有利于定位更加孤立的景物，如园景树、棚屋和温室等。

除了那些在最后的设计中肯定不会保留的东西，不要遗漏任何景物。在这个阶段，所有别的东西都必须出现在图纸上，即使有的元素可能会在将来被去掉。可以重新描画一遍，制成永久性图纸。应该使用细线描画所有现有的细节，以便添加新想法并将旧景致遮挡起来或是加以强化。这样你就能创造一个新的设计，其中不仅要包括有价值的已有元素，你还要用自己的新想法让这些元素更显魅力。

增加新设计

原版平面图上不能做标注。如果你的平面图画在纸上，就可以使用复印件，或者将描图纸覆盖在原版平面图上使用。在尺寸已知并且绘图精确的情况下，你可以在平面图上尝试各种可能性。你可以考虑设置各种不同大小和位置的台地、车行道、庭院和池塘（见"结构和表面"，562~583页；"水景园艺"，293~313页）。数字应用程序可以让你轻松地做到这一点。如果在纸上进行，可以用纸板剪出不同形状，代表种植、池塘、装饰物或建筑，然后将它们放在平面图上比画移动，这能帮助你想象这些景致在花园中呈现的效果。

这个最初的规划阶段虽然并不涉及造园的具体操作，但它是必不可少的一环，因为关于你个人花园的所有想法、观念和梦想必须被提出、考虑、应用，然后才能被采纳或放弃。应该制作大量草图，展示出设计上所有的可能性。

根据工作思路绘制的任何图纸都应该保留，因为一个先前被丢弃的想法可能会换上一套不同的伪装重新出现。有时候两个想法可以完美结合实施，但单提出一个来可能会被否决，因此必须保留每个想法和每张草图，直到项目完成。

完成全景

当平面图的设计得到严格检查，并在实用性、可达性和适当性满足要求之后，就可以开始用新的方法来表现花园了。不同的区域可以涂上阴影或色彩以代表不同的元素，这有助于对比例和尺度的最终决定。

这时你也可以评估一下设计中硬质景观和软质景观（植物）的比例，如果有必要的话，可以加以调整。这时你可能已经想到了要用什么建筑材料，以及主要种植元素的性质——甚至是独立的结构性植物的种类（见"种植原则"，68~71页）。虚拟或实体剪贴簿、剪报集或者从杂志上剪下来的元素照片能够为你的平面图增添色彩和质地，还能提醒你完成设计所需要预定和购买的物品。

在已有的平面图上增添新设计

绘制出精确的测量图之后（见63页和下图），使用复印件或描图纸开始试验你的新设计。使用描图纸的优势是想要丢弃的景物或轮廓可以简单地空出来，这会让画面显得更加整洁和清晰。在右侧的描图纸上，现有花园被保留的部分——包括大部分成年树篱以及大部分乔木——用灰色笔标注。车行道采用了更加柔软的线条；花境占用了更多空间；一座菜园风格的厨房花园代替了原来破旧的果园。房屋的主客厅现在拥有了由露台和规则式水池构成的风景。

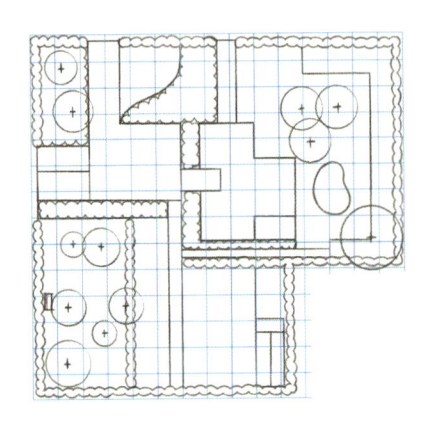

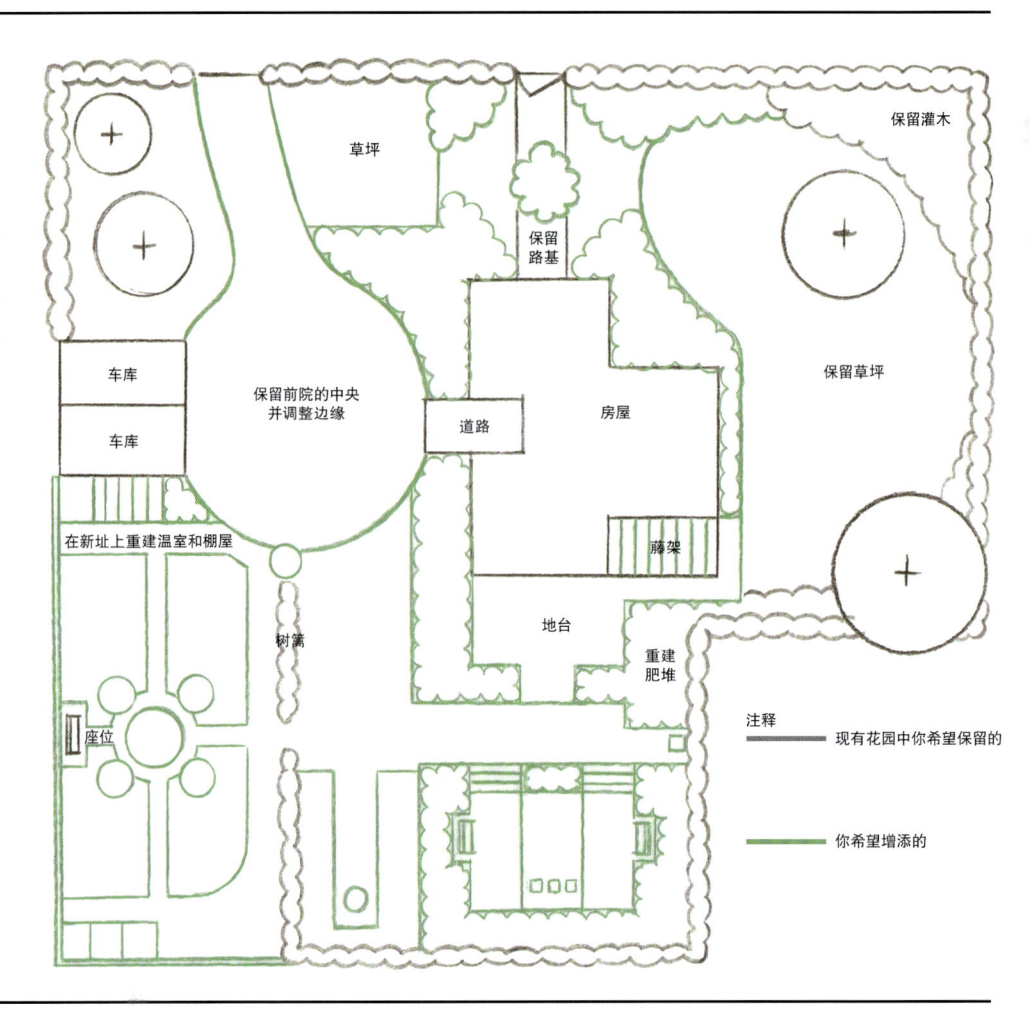

最终的设计

无论是在种植区域还是在硬质景观材料的选择上，这张漂亮的平面图都已经增添了色彩、细节和质地。现有的花园和房屋会提供材料选择的灵感，你可以选择和现有物业已经使用的材料相匹配的材料。在这样的案例中，从房屋到花园的一系列天衣无缝的材料会产生令人满意的设计。即使找不到完全相同的砖块、石料或混凝土，相似颜色、质地和尺寸的材料也能产生令人满意的效果。

一座缺少现有材料的花园提供了使用新材料的机会。当地的色彩和质地仍然应该得到尊重，在设计范围之内可以选择一系列特定的鹅卵石、铺路石、砖块或砌块。尺寸较小且花纹复杂的材料适合用于小而封闭的空间，而在较大的空间中则会显得过于繁复，较大空间使用尺寸较大的铺装单元会显得更安稳。

藤架、门或栅栏所使用的木材以及地台、道路或车行道所使用的砾石必须从它们在现场的适合度、美学价值以及耐久性三个方面加以选择。栅栏的颜色无论是原色的还是刷过油漆的，都能改变整个花园的外貌；形成疏松表面的砾石和碎屑的颜色和尺寸也有同样的功能。

注释

1 常绿树篱
2 高草和球根植物以及林地草本植物
3 木材做边缘的砾石车行道
4 精心修剪的草坪
5 自然式栽植宿根植物的砾石花园
6 混合灌木
7 园景树
8 可全年观赏的种植
9 喜阴植物花境
10 双位车库
11 盆栽棚屋/储藏室
12 温室
13 拥有足够转弯空间的砾石前院
14 铺着石板的房屋主入口
15 带有整枝果树的砖墙
16 铺装道路
17 蔬菜、切花、水果和香草
18 花园长凳
19 中央香草花园
20 混合花境
21 石板铺就的平台
22 带桌椅的藤架
23 遮挡相邻房屋的乔木
24 一年生鲜艳草花花境
25 主轴风景
26 雕塑
27 中央割草过道，两边是草地和球根植物
28 肥堆和篝火区
29 落叶树篱
30 水缸装饰
31 带有踏石的规则式水道
32 带阶梯的下沉花园

付诸实践

就像把现有花园记录下来一样，现在你必须将新设计应用于现场。在这个进行现场测量和标记的阶段，设计中存在的问题往往会浮现出来。例如，你对于可用空间的估计可能过于乐观，或者对于最实用的道路路线的把握有所偏差。只有亲自在现场对建设后的场景加以想象，才能看出设计中存在的毛病和问题。

使用代替物

你可以用手边的任何东西模拟设计中出现的元素，在现场搭建出基本的构架。你必须围绕那些很可能被移除的景物开展工作——无论这有多么不方便——因为布局试验可能最终会让你发现这些元素是有价值的，值得保留。

你可以使用藤条、木桩、软管、细绳、罐子、纸箱和垃圾箱充当道路和花境边缘、阶梯踏板、园景树、池塘，或者是想象中的露台前面成列的灌木。最简单的指示物——打进开阔草坪的沉重木桩——能够确认或否决一棵宽大展开的乔木的合适位置，它附近的种植、建筑和景色都是重要的考虑因素。

如果可能的话，将支撑架多放置几天，感受它们在一天不同时刻带来的视觉冲击。用来指示花境边缘的引导线和木桩可以移走，转而用瓶子里倒出的沙子或喷雾器喷出的颜料作为边缘。

给摆设代替物的花园拍摄照片，这些照片在决定最终的布置或移除某些景物时会很有用。在这个时候，犹豫也是一种力量，因为一味坚持原来的想法而不考虑改动是蛮干行为。机会不会再次出现，而建设问题在绘图板上解决总比在现场找不耐烦的承包商解决容易得多。

工作顺序

为了协调实施一个新设计方案，必须精心安排工作计划。这需要很多不同的元素和技能，而每一个都需要按照逻辑顺序进行，以确保工程顺利实施，并将浪费降到最低程度。

设计的实施
规则式对称设计的实施就像在纸上画出来那样简单，在现场做好标记后就能实施。你可以使用引导线创造一张与平面图尺度相对应的网格，令整个设计转移到现场的过程变得相对容易一些。确保所有长度和角度测量都是正确进行的并得到了认真的检查。

花园的改造要一次完成，还是要在几个星期、几个月或者几年之内分阶段完成？这是一开始就要做出决定的问题。尽量在一个阶段内完成所有的硬质景观工程，因为这会避免建筑工人返工，再一次产生灰尘、噪声和不便（见"结构和表面"，562~583页）。对工程做好时间安排，确保硬质景观工程的工期能够结束于比较好的天气（如夏季和秋季），将秋季、冬季或春季用于种植、播种和铺设草皮。

实施阶段的改动

无论是因为时间或预算的限制，还是只是想单纯地保留一块有用的户外区域，对花园的改造常常只能零零碎碎地实施。必须制定一个进行改动的策略。有一段时间，目标中的花园会和现有的布局重叠起来，这看起来会有些怪异，永久保留的景物、暂时保留的物品以及新的种植和景物都出现在一起。你需要仔细计划才能让原有的花园顺畅地过渡到新的设计。

为了帮助实施一系列变化，第一个实用的办法是为花园中所有的内容做标签，你可以用文字或编码颜色标明要保留、要移动的、暂时保留的以及彻底清除的植物和材料。虽然之前已经做出了决定，此时再进行最后的考虑也是很有必要的，被标记的植物可以重新得到评估，以免日后造成混乱和不可挽回的错误。

寻求专业人士的帮助

一旦确定下来工程的规模，就可以估算出需要多少帮助才能完成计划。也许你可以在很长一段时间

使用替代物
通过摆设从房屋和花园中收集来的物品，你可以模拟设计中出现的关键景物。在这里，三脚支撑架代表的是种植着攀缘植物的方尖碑；它们之间倒扣过来的桶代表的是灌木；而木板条和土工布形成了一块露台区域，两侧种植着大量薰衣草。为了完善视觉效果，草坪上安置了一棵园景树，还增添了一列'垂枝'欧洲红豆杉（*Taxus baccata* 'Rapandens'）作为弯曲的镶边。

内自己完成所有的改造，也许你需要某些额外的帮助来完成建筑工程或砍伐树木。你也可以寻找一家园林公司承包商，由他们来完成整个花园的改造。在寻求帮助的时候，你需要精确地陈述你需要的东西，并获得一张详细的报价单。你还需要关于园林公司的参考资料。

专业意见也可用于评估树木、墙壁和花园建筑的情况。它们或好或坏的情况被验证之后，你就可以采取相应的措施了。即使某些元素并不受现在工程的影响，也要提早检查它们的状况，因为邀请树木修补专家和建筑工人重新回到已经完成的花园中，可能会产生混乱和破坏。

应对有限的入口

对于不能从街道直接进入花园的连栋房屋，其花园改造工程应该和房屋的整修工程一起进行，因为所用的材料必须从房屋中穿过，可能会对房屋内部造成损伤。材料可以从邻近的墙上搬过去，但要付出一些代价。如果翻斗车无法进入花园，你还要办理在路边停靠翻斗车的许可。在禁止点燃篝火的地方不能焚烧垃圾。

硬质景观
在清理改建区域时，保存可在花园其他地方重复使用的材料，如草皮（上）、砖和石头。由于会将土壤压实，所以铺装（右）等建筑景物应始终先于新的种植完成。

挖掘和弃泥

当挖掘工作产生了大量需要从现场清走的泥土之后，记住丢弃底层土，保留表层土。在地平面降低的区域，你需要挖起表层土并储存起来，挖出底层土并清走，然后重新换上表层土，这样就能把最优质的土壤保留在花园里。挖洞的时候，先确定所有设施——水、电或天然气管道——的位置，这些东西都可能埋设在花园里。先谨慎地挖掘，找到它们的精确位置，再进行下一步的工作。

清理工作区

花园改造的第一阶段是清除所有不想要的材料和结构。拿到相应的许可之后，可以砍伐并清走树木。树桩也必须移走，让它们留在土里腐烂会增加滋生蜜环菌的危险（见"蜜环菌"，667页）。状况良好的优质材料（如旧砖块和铺装石等）可以卖掉，这需要你花些精力寻找一位声誉良好的经销商。那些最后需要重新利用的材料应该清洁干净并寻找现场外的安全场所储存起来。

在大型花园中，工作区域应该用栅栏围起来，将可能造成的损伤和散落的材料限制在一个地方。当搬动较重的材料时，应该使用木板对需要保留的铺装和阶梯加以遮盖保护。草皮可以卷起来并短暂储存以便再次使用，或者用新草皮代替。

留在原地的植物

如果墙壁需要维修，可以暂时将周围留在原地的植物用土工布裹起来。对于那些在原地显得过大但又不忍心移走的大型灌木，可以通过疏枝或修剪的方式减小其体量，甚至可以从地面平茬，待其重新萌发枝条（见"复壮"，129页）。在平茬之前，可以对一些植物进行繁殖作为额外的保障：从月季、长阶花或铁线莲上剪下插条，确保其能够存活（见"扦插"，611~620页）。

如果存放在阴凉的角落并且有充足的水分，许多宿根植物就能忍受被挖出、分株和上盆（见"起苗和分株"，196页）。剪下插条或收集种子（见"嫩枝插条"，611页；"采集种子"，601页）是另一个在新花园中保留这些植物的方法。

创造景观

清理完所有不想要的材料之后，将所有有害的杂草清除掉，如宽叶羊角芹和旋花草等（见"控制杂草"，650页）。在这个阶段，任何有关地面高度的调整都可以进行，同时可以进行的还有花园设施（如照明和灌溉设施）所需要的挖掘工作。此时可以挖掘墙基脚或路基，打下坚实的基础（见"道路和台阶"，571~573页；"墙壁"，574~576页）。然后就可以修建墙壁和其他结构（见"结构和表面"，562~

正确的时机
千万不要耽搁新草皮的铺设。对于运输时间的把握很关键，因为只要卷起来（下）一两天，草皮质量就会变差。散布的球根花卉能够赋予草坪成熟气息，如这些番红花（左）。在秋季铺草皮的话，可以同时种植球根花卉，它们会在第二年春季开花。

583页；"建造温室"，548~549页）了。在种植之前，可以对栅栏和木材进行处理或涂漆，并为攀缘植物在墙壁和栅栏上搭起支撑用的绳子。

准备种植

如果需要种植株龄较高、尺寸较大的植物，可能需要在硬质景观施工的时候种植，因为在随后的阶段可能无法将大型植物运进现场。不过，将保存下来的植物材料应用到新设计中以及引入新植物的过程通常开始于硬质景观和设施完成之后。

在种植植物之前，任何被压实的土壤必须得到补救，并用充分腐熟的有机物对土壤进行改良（见"改善土壤结构"，587页）。

给予灌木和硬质表面的保护措施现在可以撤走了，还需要用高压水柱冲洗表面。随着较脏工作的结束，疏松表面现在可以铺设最后一层材料了，将干净的砾石或树皮碎屑铺在最上层。然后，新的种植规划（见"种植原则"，68~71页）开始成形。

种植原则

一旦确定了花园的总平面图，接下来选择植物的过程就将为你带来巨大的乐趣。植物的选择对于花园的影响是巨大的。植物赋予花园风格、魅力、个性、深度和温暖，这还只是它们的部分特性。一棵树枝高悬的乔木可以为邻近的街道增添魅力，能够柔化僵硬的线条，为城市景观带来随季节变化的色彩和质感。周围带有高高围墙的隐蔽庭院可能看起来像是监狱的院子，但攀缘植物（如紫藤）的装饰作用能够把这个空间改造为惬意的栖息之所。

植物不仅能用流动的形体和柔软的色调带来镇静的效果，它们还能像房屋中的家居软装饰一样减弱刺耳的噪声。越来越多的人认识到，尽管存在过敏问题，但植物的存在仍大大改善了我们周围的大气条件，它们能够减少环境污染，并增加空气中氧气和水分的含量。

保证植物种植的成功

成功的植物选择可以塑造一个花园；甚至可以说，直到植物和花卉得到种植之后，花园才真的存在。花园舒缓情绪、减轻压力的功能主要来源于其中的植物，也许还来源于水的存在以及建筑材料的和谐运用。充满魅力和个性的安静种植元素能把一小块种植绿地转变成一处避难胜所。即使是最初级的种植也会给原本粗糙而疏离的场所带来活力、色彩和柔软的质感，例如，在建筑环境中代替硬质表面的一片草坪。

成功选择植物

大量不同的植物可能会让你挑花了眼，但是具体的植物种类选择从来不会像它看起来那样毫无限制。在众多乔木、灌木、宿根植物及其他植物中，许多植物可能因为不适宜的条件而被排除在外，如不匹配的土壤类型、气候、尺寸或生长速度。一旦确定了最合适的植物，个人对于特定色彩或形状的偏好就将进一步缩小选择的范围。

花园的使用方式和频率也能用来帮助确定植物选择的范围。例如，只在夏季使用的花园区域可以种植一些在夏季最美观的植物。紧邻房屋的四周和沿着入口车行道两侧的种植在植物材料的选择上有更高的要求，因为这些地方最好能做到全年有景可赏。这需要对植物材料进行仔细选择和搭配，尽量保证在每个季节都有花朵开放。将植物材料进行丛植，也能带来其他特性——在混合搭配的常绿树中加入一些结实的乔木或灌木，再增添具有观赏性树干或树皮的植物，并栽植球根花卉和一年生草花，在一年中稍显沉闷的时节注入一些欢快的色彩和情趣。

确定种植风格

各个花园的种植都有众多的与众不同之处，可以说每个花园都是独一无二的。因此，谈论特定或者具体的种植风格似乎是在无的放矢。然而，在所有的种植样式中存在着两种极端——规则式风格和自然式风格。确定出你所需要的规则程度或自然程度将会大大有利于选择植物种类以及确定所用植物材料的多样性。例如，和更自然的花园相比，一座形式非常规则的花园在植物种类的运用上可能会受到严格的限制。

规则式种植

使用种类较少但数量众多的植物能给花园带来强烈的力量感和秩序感。然而，植物并不一定需要以生硬、受严格约束的形式出现，也不一定非得在严格限定的区域内种植。单一植物大片均匀种植也能在统一中产生平静的效果，带来某些规则感。即使是某些本身样式比较自然的植物，如果大量种植，也能带来整齐的效果。例如，成片种植的观赏草或竹类能提供坚实的质感，带来秩序和结构。

传统规则式花园充满建筑感的特性传达了一幅有力的画面，画面中是谨慎的对称和平衡、精密和准确。可以将植物理解成强烈的结构元素，与墙壁和其他建筑元素联系得更加紧密。对于修剪得整整齐齐的规则式花园来说，其视觉冲击力在很大程度上来自对合适植物材料的选择，因为后续的植物控制和维护决定了规则式花园的视觉效果。规则式种植对花园的影响是一年四季持续不断的。在看上去光秃秃的冬季，在清澈明亮的阳光下，它们简明的外形能够成为最有吸引力的景致（见"树木造型"，130~131页）。

规则式风格通常需要约束，对于那些想使用最广泛植物材料进行

对比鲜明的种植风格
花园或花园区域内部的种植风格可以宽泛地分为规则式或自然式。有一些植物本身即偏向于其中某一种风格。维护规则式花园（最右）所需要的劳力是很明显的，然而自然式种植如花境（右）所需要的照料也并不一定更少：当不同植物的种植间距很近时，在它们的需求和长势之间取得平衡需要投入大量技巧和精力。

"编辑"自然
此处的植物选择很谨慎,它们不但匹配周围的环境,而且能够与相对不重要的植物成功地展开竞争,创造出迷人的自然林地风景。

设计的人来说,这是一个两难的问题。面对车道两旁的开阔草地,有些园丁会难以抗拒诱惑,想要选出20种不同的树木用在这里。然而,不断重复单一物种会带来更强烈的规则式视觉冲击,你可以用规则式的组块或者连续的双线来形成一条精心设计的林荫道。

柔化视觉效果

花园中强烈的规则式种植可以表现为许多不同的形式,但达到的效果是同等的。树木造型、结节花园和花坛花园等极端形式可以与自然式风格种植结合在一起,产生鲜明的风格对比。这种搭配会有季相变化,并能减弱规则式种植带来的刻板印象。在一座内部分区明显的花园中,也可以将其中一个区域的种植设计成规则式的,相邻区域设计成自然式的。不同风格的共存呈现出一个生动且充满惊喜的花园,在房屋角落、树篱或灌木丛的每一个转角处都能看到意想不到的景致。当规则式植物可以向自然形式过渡和放松时,规则中也同样掺杂了自然。精心修剪的欧洲红豆杉(Taxus baccata)树篱可以种植成曲线,并修剪成云朵的形状,而以固定间隔沿着整个花境的长边种植的美洲茶属植物(Ceanothus)会长成相同的大小和尺寸,它们的形状可以是不规则的。于是某种程度的规则感就融入了自然式种植之中。

自然式种植

显得较为自然的种植设计实际上包含了大量不同的植物——乔木、灌木、宿根草本植物以及一二年生植物从色彩、质感、形状和形式等方面精心组合搭配,这些丰富多样、各不相关的植物可以产生迷人的效果。

与规则式种植风格一样,自然式种植主题下面也有各种不同的变化。

在村舍风格的花园中,花园植物的组合方式看起来像是随机搭配的,这是一片受到控制的混沌,然而它可能很快变成真正的混沌,陷入生长过旺的野生状态,在这个过程中,许多植物会在物种竞争中消失。为了保护和维持这种花园的现状,需要应用专门技术并花费相当的时间控制不同的植物,经常检查它们的生长状态。

这种自然式种植也可以更进一步通过选择适宜的植物组合来实现,这些植物将能够和谐共处地生长,并能适应当地的气候和土壤条件。不需要或几乎不需要支撑的草本植物就是一个好例子。可以融入栽培植物,创造野花草地的意境,或者种植本地植物以创造"自然"草地(见"营建野花草地",259~261页)。实际上,整片生境都可以使用当地自然生长的植物来营造。通过提供食物来源和筑巢场所,本土植物还能吸引野生动物来到你的花园。

对许多人来说,下面的方法可能在自然式园艺的道路上走得太远了,但是通过研究当地环境并记下在其中繁茂生长的植物,你可以对花园的种植设计进行相应改动。种植树冠比较稀疏的乔木可以让充足的阳光穿透下来,令下层的灌木得以生长。在灌木下面,耐阴的草本植物会在春季开花的球根花卉凋谢之后繁茂起来。这个分层次的植物群落也许看起来有些拥挤,但是,如果在整个生长季中每一层被选中的植物都能够得到合适的光照和其他生长条件,它们就都会生长得很好。

如何画出种植平面图

为了精确地绘制出植物群组、种类和数量,首先要画出规定比例的平面图,如果有帮助的话可以使用坐标纸绘图。一个格子代表1平方米的比例可用于被草本植物覆盖的地面,而一个格子代表4平方米的比例则适合被灌木或小乔木覆盖的区域。你所使用的比例大小要足以清晰地表达植物尺寸。这实际上需要两张不同比例的平面图:大比例尺平面图展示花园区域的总体布局(见"绘制测量图",62~65页),而小比例尺平面图详细描述花境的组成。平面图的样式越简单越好,既便于他人阅读,也便于后面的更改。你可以使用数字、象征符号或首字母来指代各种植物,不过在空间允许的地方最好写下植物全名,便于清晰且迅速地辨认。

充分利用植物

花园的大部分魅力来自令人宁静的区域,所以应该抑制用植物填满花园的冲动。另一个常见的设计失误是尽一切可能使用大量不同的植物:太宽泛的植物范围会减弱设计感,而一些关键植物种类的重复

人工环境
选择适合当地生长条件的植物:屋顶也许并不是自然栽植场所,但这些耐旱、喜阳且抗风的植物在这里生长得很好。

能够将整个规划统一起来。

在种植平面图上给种植常绿植物的地方涂上阴影，并计算出花园在冬季的植物覆盖程度。还要标出花园中彩色叶植物以及色彩鲜艳明亮的花卉所在的位置。这有助于评估每种颜色的比例，让你能维持色彩均衡，并计算出用来平衡布局的绿叶植物的数量。

完成平面图

标明哪些植物需要保留之后，将关键的园景树画在平面图上。有些植物能够框住景色、结束景色、带来高度或体量，起到稳定整个种植设计的作用。在早期阶段，这样的植物并不需要提前确定种类，只需确定大致高度和冠幅就可以了。列出适合的植物名单，然后将从书籍、手册和杂志中收集的照片拿出来进行比较——在选择时一定要灵活，不可太过拘泥于特定的植物。过于谨慎的植物规划会导致一个过度设计、老套乏味的花园，高度、色彩和空间的确定都过于精准。应该"计划"一些惊喜以增加花园的自然性和生动性，如近距离内较高的植物或者是用作对比的一道惹眼的色彩。

丛植和种植距离

将奇数数目的植物丛植在一起——通常是三、五或七株——会产生令人满意的群体效果。在丛植树中选择花期不同的植物还能延长花园的观赏时期。另外，以不超过三棵的小型树丛作为一个单元不断重复也是一种处理方法，它会产生更加轻快、像是跳棋棋盘那样的效果。

对比鲜明的花境风格

这是两个大小相似的花境，都主要由高度渐渐降低的草本植物组成，然而它们的外貌差异巨大，这是由植物材料选择的不同导致的。混合花境（左上）面对的是一片修剪过的草坪，花境植物与草坪交界处有一条砖砌小道，便于修剪草坪；观赏草花境（左）那茂密的禾草旁边是一条自然式砾石小路。

和室内设计不同的是，刚开始看起来不甚起眼的种植在短短几年之后就能创造出壮观的效果。在对花园进行设计和规划时，一定要考虑时间尺度。你需要决定是想在短期内还是长期内对种植进行疏苗，以及是否在永久性的种植中填充临时性植物材料以免种植区域显得单薄。

一座为了快速得到丰满效果而种植半成熟植物的花园可能会在几年之后出现问题，这些植物会超出它们各自的位置。如果需要更多空间的话，一些很有价值的植物材料可能就需要被牺牲掉，以拯救那些更珍贵的物种。

一个解决办法是购买一些规格较大但昂贵的树种，它们会赋予花园尺度感，同时再买更多的较小、较便宜的植株。较年轻的植株一般生长速度更快，稍加耐心，它们最终会超过最初种植时更大、更成熟的植株。

为计算合适的种植距离，你需要知道单株植物或植物丛成熟期的冠幅。

查表、阅读参考书或者从苗圃工人那里寻求建议以获取准确信息。最后一个办法也许是最可靠的，因为植物在不同地区的表现并不一致。同样有价值的信息还包括植物达到成熟期所需时间，这能帮助你决定是否加入一年生或多年生"填充"植物。

对于两株极为相似的植物来说，它们之间的距离等于其中一棵植物的冠幅。要想确定两棵不同植物之间需要的距离，只需将它们成熟期的冠幅加在一起，然后除以2。

如果可能的话，在根据平面图进行种植之前，将你所有的植物陈列在现场的地面上。你可能因为植株大小的差异而必须做一些微小的调整，平面图也可能需要修改，比

密集种植

不用根据冠幅计算种植间距的例外情况包括：使用绿篱和镶边植物时，需要浓密效果的地方，以及将寿命短且耐践踏的植物移栽到苗床上时。

如，你碰到了埋设的管道或者有一处必须用常绿树遮盖的窨井盖。植物一旦各就各位，就应该进行小心的移植，并用能够抑制杂草生长且具有保水作用的有机物质覆盖护根（见"有机护根"，592页）。确保植物在最重要的第一年里得到精心的照料，它们会在这一年全面地成长起来。

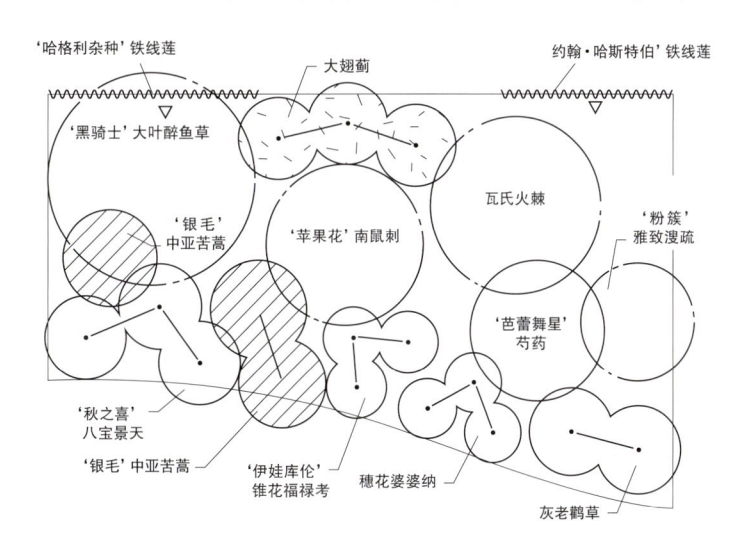

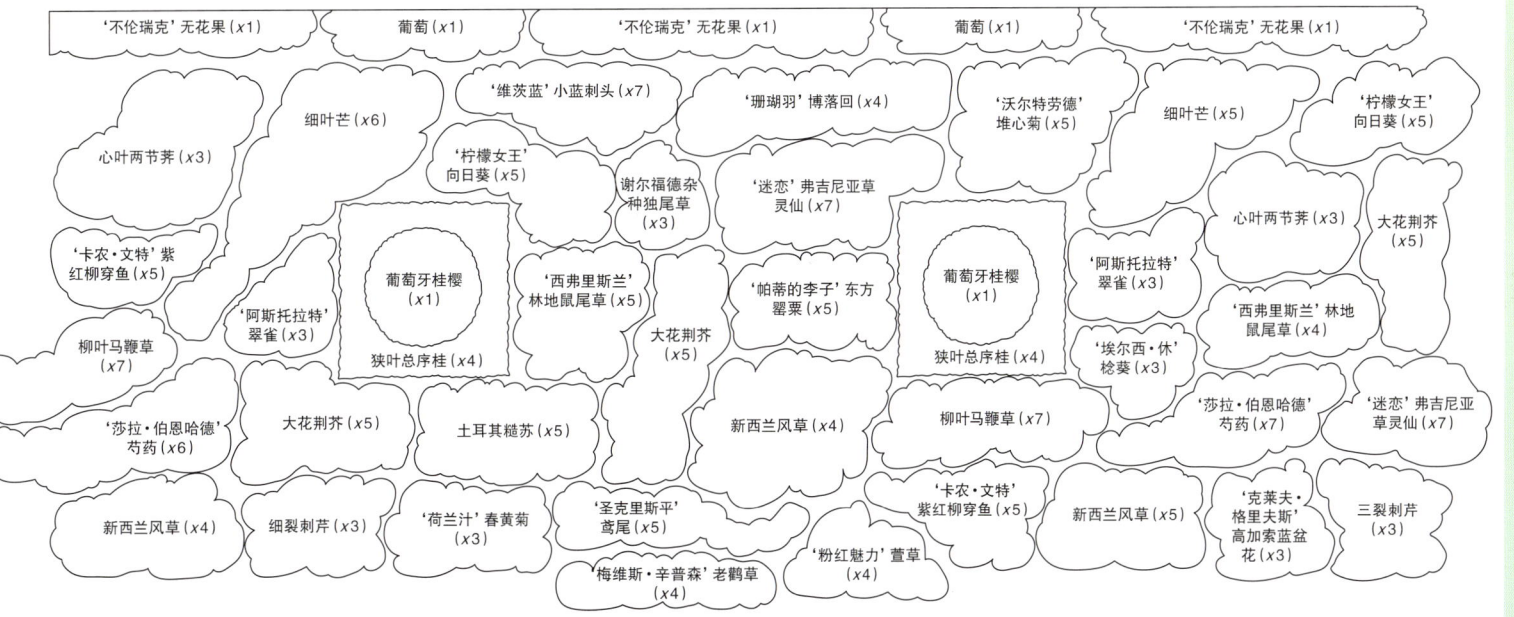

大小和尺度

在较小的区域内（右）要当心，不要过度种植：从较高的物种开始向外扩散，然后在纸上用互相重叠的圆圈填充可用空间，但不要显得拥挤。在经验的帮助下，你可以估测植物在生活力和尺寸方面的表现情况，如果空间允许的话，以群丛的方式画出植物种植图，如同这个典型的英式花境的一部分所呈现的那样（下）。创造一年生花境需要的方法略有不同：划分出的种植区域是用来播种的，这些区域可以直接在土地上划分（见"标记一年生植物花境"，211页），也可以使用初步设计图。

植物种植的质感、结构和色彩

当选择植物的时候，它们的花朵、果实或秋季色调常常是主要的考虑因素，尽管这些特征可能在一年之中只持续几个星期。相比之下，植物的形状和最终大小会全年影响你的花园，因此同样重要，甚至可能更加重要。为了创造一个富有持久性的种植计划，你可以选择少量具有全年观赏价值的植物，并搭配其他在不同时节提供季相色彩的种类。最好能亲眼看到要使用的植物，造访别的花园是欣赏它们更微妙品质的理想方法。

有醒目枝叶或特殊形状的植物被称为主景植物。它们是花园中理想的园景植物，在单独作为视线焦点使用或者与附近其他植物形成对比时，会产生很好的视觉冲击。蜜花（*Melianthus major*）的锯齿形叶子或芒（*Miscanthus sinensis*）羽毛般的花序都是很好的例子；而峭立的灌木如楤木（*Aralia elata*）以及灯台树（*Cornus controversa*）层层叠叠的树枝都拥有优美的形状。

改变外观

植物种植可以用来强调花园景致，或者将那些难看的东西遮掩起来。如果使用紧贴墙面的匍匐植物，如爬山虎（*Parthenocissus*），来装饰一座盒子外形的建筑，它那不美观的轮廓仍然会得到保留，但是如果使用更具个性的攀缘植物（如紫藤），那建筑的轮廓就会隐藏在植物扭曲的枝条和繁茂的花朵下面。

视觉障碍，如形成水平面变化的土堤，也可以使用种植在较低地面上的植物材料来遮掩。雪球荚蒾（*Viburnum plicatum*）或卫矛（*Euonymus alatus*）都适用于这种情况。

草坪区域可以使用单株园景树来添彩。当选择园景树时，草坪的大小及其与房屋的距离，还有土壤类型及当地气候是需要考虑的重要因素。园景树也需要和周围场景相称。有圆形树冠的园景树在草坪上会显得比较稳重，而一棵又高又尖并呈尖塔形的树木看起来会像发射台上的一枚火箭。

自然力量

舒缓人心的绿色以及吸引人的外形有助于创造一个宁静的空间。蕨类植物区就是一个经典的例子，在这里没有鲜艳的色彩转移注意力，人们可以专注地欣赏蕨类美丽的形态（见"蕨类"，198~199页）。

观赏草能够提供优雅而精致的外形，它们的叶子会随风摇摆，簌簌作响，光是这一点就让它们不可或缺。即使是在冬季，它们枯瘦的外形也能起到重要的作用，让风景不至于显得那么荒凉。叶子宽阔的博落回（*Macleaya cordata*）旁边种植的优雅的观赏草大针茅（*Stipa gigantea*）和蓝燕麦草（*Helictotrichon sempervirens*）非常吸引人们的视线。

当所有落叶植物在冬季变得光秃秃的时候，作为背景的大型常绿植物将提供色彩和外形。它们不但能够全年呈现绿叶和形式感强烈的外形，还能在恶劣的天气下保护野生动物，可用于创造永久性屏障和私密空间。

常绿植物可以自然生长形成与人工造型相似的规则形状，在不需要修剪的情况下赋予花园雕塑般的外观。球状的灌丛长阶花（*Hebe topiaria*）或黄杨叶长阶花（*H. buxifolia*）可以设置在花境前方充当主景植物，而墨西哥橘（*Choisya ternata*）和杰美球花荚蒾（*Viburnum × globosum* 'Jermyns Globe'）都能长成紧密的大球形。

修剪成形

植物的自然结构可以通过修剪来增强。当对柳树（*Salix*）和山茱萸（*Cornus*）进行两年一次的平茬后，它们会短时间内产生大量色彩鲜艳且笔直的新枝。椴树（*Tilia*）和悬铃木（*Platanus*）可以进行截顶：若每一年或每两年将树枝截回同一位置，它们会在修剪处形成肿胀的"拳头"。这两种修剪方法都能创造独

营造视线焦点的植物
（右）这株造型奇特、叶色斑驳的丝兰属植物（*Yucca*）种在一个高高的圆形坛子里，显得更加引人注目。

持久的外形
（左）树木会在花园中形成永久性的结构。一些树木拥有有趣的叶形和美丽的冬季轮廓，例如槭树，图中是金叶白泽槭（*Acer shirasawanum* 'Aureum'）。

特的外形，为花园设计增添魅力（见"灌木的平茬与截顶"，126页）。

运用色彩

在花园中运用色彩时，个人品位可以几乎不受拘束地发挥作用。然而，如果色彩的运用完全不受限制，每种颜色都设置在形成对比的色调之中，那么这样的混杂会显得喧闹和杂乱，让任何一种颜色失去在花园设计中的作用。必须加以约束，限制色彩的范围和使用量。例如，以沉静的绿色做背景能够让前景中的混合颜色变得更平静，更凸显各种色调的明亮。

色彩和距离

明亮轻快的颜色（如柠檬黄和白色）能更好地反射阳光，而较深的色调在远处会显得柔和沉寂。用在前景中的这些明亮颜色常常会有从原来的位置向前跳出来的感觉。如果它们出现在稍远的地方，它们会显得更近，在视觉上缩短花园的长度，这种作用常常是不利的。

在传统上，有深度的颜色（如蓝色、淡紫色、紫色和银灰色）常常用在花园的远端，创造一种距离感，而色调较浅的黄色、白色、奶油色和粉红色则占据前景。红色、橙色和深黄色最好种在苗床的中间位置；它们在远处会变得不起眼，而用在近的地方则会支配整个布局。

光照的影响

位置是选择色彩方案时需要考虑的重要因素。在强烈的阳光直射下，黄色、橙色和红色会变得光彩四射，创造出一幅充满动感的画面。不过，如果你想让烈日骄阳下的座位区域变得更凉爽一些，银灰色的叶片和蓝色花朵将能够创造一个更宁静的场所。

在光照一般的条件下，柔和的颜色，如浅蓝、粉红、奶油黄和银灰色等，会形成美丽的搭配。若在夜晚于娱乐的台地或露台周围种上有白色花朵或叶子有白色斑纹的植物，它们就会在灯光映射下增添幽雅的气氛。稍显沉闷的庭院则可以使用明亮色彩来增添活力。

色彩的组合

花园设计最大的挑战之一就是创造卓有成效的色彩组合。蓝色和白色搭配在一起尽显优雅，其凉爽洁净的外观是其他组合难以匹敌的，而绿色和白色搭配在一起会有完全纯净的效果，特别是当一种植物同时出现这两种色彩时，如雪花莲（*Galanthus*）或白花荷包牡丹（*Dicentra spectabilis* 'Alba'）。

如果其他种植区域的搭配更加多样，这些微妙而精致的种植组合就会显得更加突出。橙色和紫色是两种拥有同样力量的主导色彩，在一起使用时会显得更加动人——明亮的橙色金盏菊搭配紫灰色的羽衣甘蓝作为背景是一个很吸引眼球的设计。蓝色和黄色也能产生鲜明的对比，它们的浓烈让花园显得更加生动。当黄色郁金香或'鲁提亚极限'冠花贝母（*Fritillaria imperialis* 'Maxima Lutea'）搭配蓝色的勿忘草属（*Myosotis*）或美洲茶属（*Ceanothus*）植物时，它们之间会产生奇妙的相互作用。

增加质感

许多植物的叶子有丰富的质感，如果大片种植，就能得到很有趣的效果。一大片每年修剪一次的薰衣草（*Lavandula*）或迷迭香（*Salvia rosmarinus*）会长成散发芳香的柔软厚毯，非常美丽。

即使是单株缺乏观赏性的植物，成群使用时也会有很好的效果。灌木状的光亮忍冬（*Lonicera nitida*）或较高的竹类都能带来质感上的变化，还能做成优良的树篱和屏障（见"竹类"，132～133页）。

不同的质感搭配能够产生微妙的趣味，即使是使用同一种植物。例如，一棵底部修剪整齐而顶部自然伸展的红豆杉（*Taxus*）会形成长长的茎干，产生奇妙的质感对比。不同植物的搭配还能形成有层次的观感，例如，荚果蕨（*Matteuccia struthiopteris*）的羽毛状叶子会和长萼大叶草（*Gunnera manicata*）的宽大叶子形成平衡且互相呼应，两者在桦木（*Betula*）白树干的映衬下也会显得更加突出。

树干极富触感的质地不应该被忽视。欧洲栗（*Castanea sativa*）的树皮有深深的皱纹，能和光滑、水平的形状形成很好的对比，而一些灌木，如紫彩绣球（*Hydrangea aspera* subsp. *sargentiana*）和栓翅卫矛（*Euonymus phellomanus*），也会随着时间推移渐渐长出吸引目光的干皮。

聚焦于颜色
（上）血皮槭（*Acer griseum*）的古铜色树皮提供冬季可赏的景观。
（左）深红色的马其顿川续断（*Knautia macedonica*）在毛地黄和茴香浅色调的映衬下显得特别醒目。

凉爽的绿色
花园中的每一抹绿色都起到镇静与和谐整体设计的作用。

植物的季节性和全年性观赏价值

花园种植的艺术是在每个季节都带来丰富的新观赏价值。一座花园从晚春到仲夏一周接一周地抵达高潮，然后迅速黯淡下来，在秋季和冬季变得无花而凋敝，这样的情况太多了。这半年光景还有一些好天气不能辜负，为这些常常被遗忘的月份进行设计也是很重要的。

一座花园应该包括精挑细选的一系列植物，能够在光照和生长速度都减弱的秋季和冬季继续保持观赏价值。由乔木、灌木和树篱等组成的永久性种植框架将构成基本的骨架，在这些骨架上面可以叠加其他层次，如攀缘植物、草本植物、花坛植物和球根植物等，用来在每个季节提供观赏价值。

然而，伴随着气候变化，某些植物可能会在正常花期之外开花，而且没有哪两年会是一样的。例如，一些春花球根植物和宿根植物会在秋季另外开一些花。在气候温和的地区，不耐寒的宿根植物，如骨子菊属植物（Osteospermum），可以在室外成功越冬，而且可能早至晚冬就开始开花。然而，春秋分仍然是年周期中的重要节点，会触发植物的特定生理过程。在春分之后，作为对白昼延长的反应，植物生长加速，而一些植物地上部分的枯死总是发生在秋分之后。

面向所有季节种植

木本植物（乔木和灌木）在任何花园中都提供了支柱，无论它们是否为常绿植物，所以除了花、果实或秋色叶更短暂易逝的漂亮外表，还要考虑木本植物整体形态产生的视觉影响。一些常绿植物全年有美观的叶片，如彩叶植物金心胡颓子（Elaeagnus pungens 'Maculata'），但即使是落叶植物也可以在冬季给人留下深刻印象，让人充分欣赏其烛台般的形态，如二乔玉兰（Magnolia x soulangeana）。松柏类植物在更寒冷的月份是最漂亮的——不只是因为它们坚挺的轮廓。针叶的颜色会在寒潮期间加深，特别是日本柳杉（Cryptomeria japonica），而落叶松（Larix）等落叶松柏类拥有美丽的秋色叶。

彩叶如锦

无论花期长短，某些宿根植物可以在地面或者地面附近连续数月甚至全年提供彩色地毯般的丰富效果。例如，矾根属植物是常绿或半常绿的，拥有广泛的叶色范围，包括深紫色、青铜色、黄色和焦橙色。淫羊藿属植物是优良的常绿地被，它们的叶片在春季和秋季都可能浮现出古铜色调。紫花野芝麻（Lamium maculatum）的叶片也可以形成常绿地毯，一些品种全部是银色的。铁筷子（Helleborus）和岩白菜也有全年可赏的常绿叶片。玉簪类植物的地上部分在冬季枯死，但它们的叶片从春季到夏季再到秋季一直存在，而且叶片会在植株冬季休眠之前变成生动的黄色。芍药（Paeonia）在春季萌发时也有漂亮醒目的叶片，而且在花期结束后叶片还留存很长时间。

季节性的阳光
随着季节发生变化的并不只是种植方案，阳光也会被全年使用，照亮不断演化的植物。在这里，微弱的冬日阳光在多彩的早花仙客来（Cyclamen coum）上投射出长长的影子，在阳光透过枯树照射下来的一整个冬季，早花仙客来都会开放。

持续的观赏价值
'魔鬼'雄黄兰（Crocosmia 'Lucifer'）拥有持久的观赏价值。在春季，它那像剑一样的叶子钻出地面；夏末时，它开出鲜红色的花朵（右）。它的果序也很美观，特别是结了霜的时候（上）。

春季

冬末和早春并不只是花开的时节，还是甜香的时节。灌木令空气中充满芳香，如美丽野扇花（Sarcococca confusa）、金银花（Lonicera x purpusii）、蜡梅（Chimonanthus praecox）以及瑞香属（Daphne）的许多物种。球根花卉提供早春的色彩，冬菟葵（Eranthis hyemalis）和雪花莲争先恐后要"抢"头名，接下

来是番红花、水仙和郁金香。接着开花的球根花卉是早花宿根植物（如铁筷子）。随着球根花卉的凋谢，其他宿根花卉次第开花，弥补这段空隙。如今有各种各样的铁筷子，包括一些从冬末一直开到春季的重瓣品种。除了花期很早的早花仙客来，秋季开花的地中海仙客来（Cyclamen hederifolium）此时会长出银色斑驳的新叶。

夏季

从夏初开始，草本宿根花卉就带来了色彩大爆炸，各种色调、形状和外形交织成一幅灿烂的景色，其他季节都不能与之相比。芍药、翠雀、风铃草和羽扇豆展露出最美的一面，而在灌木花境中沿着溲疏和花葵（Lavatera）种植的月季也开始吐露芬芳。在夏季的高潮，可以让大花铁线莲爬过春季开花的灌木

花坛植物

开花植物在园艺中心几乎全年有售，虽然选择范围在春季和初夏最广，但在所有季节都可以用盆栽点亮露台，在寒冷的月份，园丁们一直依赖大花三色堇（Viola x wittrockiana）和九轮草群报春花（Primula Polyanthus Group）提供鲜艳的色彩。但是，现在可以买到仙客来（Cyclamen persicum）的现代品种，它们足够耐寒，可以在冬季放入窗槛花箱、房屋附近或其他背风区域的任何容器中（下）。可将任何此类开花植物与低矮浆果灌木[如白珠树属（Gaultheria）或茵芋属（Skimmia）]、低矮松柏类或者叶片鲜艳的矾根属植物种在一起。

早春至仲春

（上）球根花卉是早春第一批开花植物之一。在这里，大片水仙被用来点亮这片花境，它们轻轻摇摆的金黄色花朵与剑形的叶子相得益彰。伴随它们的还有大戟属植物（Euphorbia）和正在萌发的宿根植物，它们的叶子正从土壤里钻出来。

晚春

（上）随着春季的时光慢慢溜走，光照日益增强，花境很快充满了茂盛的叶子和早开的花朵，这有助于掩盖早春球根花卉正在凋萎的花朵和叶片。在这里，出现在前景中的是蓝色的天竺葵和拥有波纹状边缘圆叶子的柔软羽衣草（Alchemilla mollis），还有相似颜色的花开在花园远端。

花园的规划和设计

盛夏
（上）这些丰富的花卉中包括仍然在开放的蓝色天竺葵，引领着盛夏的高潮。柔和的蓝色、黄色和奶油白色创造了一个凉爽感觉的花境，仿佛驱走了夏日骄阳。这些色彩还让景色显得更深更远，花境好像变长了，并将视线引导至远端的座椅区。

由夏入秋
（上）柔和的粉彩色让位于炽烈的火红，这种热烈的色彩被用来映衬乔木和灌木即将呈现的秋色。随着时间推进，由夏入秋，景物的生长也逐渐达到顶点。这个花境展示了在花园中如何使用植物改变色彩和情绪，甚至改变透视。

（如连翘等）。随后，像花烟草（*Nicotiana*）和波斯菊（*Cosmos*）这样的一年生植物填满了灌木之间的空隙，然后柔弱的或半耐寒性的宿根植物（如钓钟柳和双距花等）为苗床或花境带来一抹亮色。

夏末

在花园里，白昼缩短的夏季末尾可能是个棘手的时期，此时很多耐寒宿根植物已经耗光生气，而且可能已经准备在秋季临近时枯死。如果想在每年的这个时候让花园焕然一新，可以使用不耐寒的宿根植物，如墨西哥鼠尾草（*Salvia leucantha*）和大丽花，它们会一直开花到几乎初霜降临，而且有多种颜色可供选择。经常摘除枯花，以确保它们直到深秋还能开花。

秋季

在一座维护水平良好的花园中，如果定期摘除枯花并精心进行套种，那么它可能在这个季节迎来又一次高潮。除了在夏季四处盛开，宿根植物也有秋季开放的晚花物种，如日本秋牡丹、香鸢尾和荷兰菊（*Aster novibelgii*）等。随着阳光一天天黯淡下去，臭牡丹（*Clerodendrum bungei*）开出一簇簇深粉色的花朵，凉爽的空气中充满了它浓郁的甜香气味。

叶子的颜色在秋季变得炽烈起来，槭树和波斯铁木（*Parrotia persica*）等乔木的树叶变为各种色调的黄色、橙色、紫色和红色。异叶蛇葡萄（*Vitis coignetiae*）的宽大叶子也会在落叶前产生壮观美丽的色彩。浆果和其他果实丰富了秋季的色调，荚蒾属和卫矛属植物（*Euonymus*）用它们的果实装点着花园。开花的球根植物（如仙客来和秋水仙等）也会加入这场秋季的盛会。

许多其他植物还拥有有趣的种子穗，如长药八宝（*Hylotelephium spectabile*）和向日葵（*Helianthus annuus*）。很多禾草在开花之后也会结出美观的种子穗（见"观赏草"，197页）。通过精心规划，秋季景象可以与春季和夏季的相媲美。

在一年当中的这个时候,北美草原式种植通常处于高峰期,呈现出鲜艳的橙色、红色和棕色,且有米色、银色和褐金色的斑块(见"北美草原式种植",264~265页)。

冬季

在冬季,花园的骨架裸露在外,而低垂的太阳投下的长长的阴影可以带来一点戏剧性的元素。尽管仍然有一些花开放,但绝不可能比春季和夏季多,所以在规划花园时,要确保任何结构性特征(如雕塑和大型永久性容器)都被有策略地摆放,为花园设计做出显著贡献。

在一年当中的这个时候,拥有强烈轮廓的植物凸现出它们的重要性——不只是形状美观的松柏类,还有修剪出来的树木造型。简单的圆锥形、角锥形、球形和穹顶形可以和更复杂的形态一样有效(见"树木造型",130~131页)。

一些落叶灌木和乔木的树干会在冬季凋敝的阳光下熠熠闪光,例如细齿樱桃(*Prunus serrula*)、细柄槭(*Acer capillipes*)和鲜艳的红瑞木。很多桦树属植物(*Betula*)也有引人注目的冬季树干。白糙皮桦(*B. utilis* var. *jacquemontii*)有多种形态,大部分有闪闪发光的白色树皮;红桦(*B. albosinensis*)的某些形态拥有闪闪发光的白色、粉色或红色树皮,而且树皮呈带状剥落。

当别处变得光秃秃的时候,常绿树仍然在用独特的质感和形状装点着冬季的花园。精心修剪的美洲茶或球形的一丛丛轮花大戟(*Euphorbia characias*)使得花境不至于显得"空旷"。而一些常绿灌木,如日本茵芋(*Skimmia japonica*)和月桂荚蒾(*Viburnum tinus*),开始结出鸟喙状的花蕾。伴随它们的还有博得南特荚蒾(*Viburnum* x *bodnantense*)芳香四溢的花,它在第一波回暖的迹象出现后就会立刻开放。

其他表现可靠的冬花灌木包括间型十大功劳(*Mahonia* x *media*)和枝叶繁茂的郁香忍冬(*Lonicera fragrantissima*)。卷须铁线莲(*Clematis cirrhosa*)是少数在冬季开花的攀缘植物之一。作为对寒冷天气的反应,它的叶片会在冬季染上淡淡的青铜色。

要想给冬季花园带来色彩和芳香,种植适当植物的容器可以散落在门窗周围或者聚集在门窗附近,它们在这里可以被充分欣赏。

受北美草原启发的秋季种植
从北美草原式种植中汲取灵感的花境将禾草与夏末和秋季开花的宿根植物相结合,可以在仲夏的花朵开始凋谢和光照水平开始下降时提供新鲜的色彩。在这里,成片的全缘金光菊变种*Rudbeckia fulgida* var. *deamii*和香鸢尾与禾草融合,呈现出明亮鲜艳的秋季景色。

冬季质感和色彩
在一年当中很少有植物开花的时候,拥有美观叶片的植物会为冬季花境增添质感、色彩和结构,例如火焰南天竹(*Nandina domestica* 'Fire Power';前景)、禾草[这里是'北风'柳枝稷(*Panicum virgatum* 'Northwind')和'埃丽'蓝羊茅(*Festuca glauca* 'Elijah Blue')],以及松柏类[这里是'伊迪丝'蓝粉云杉(*Picea pungens* 'Edith')和'紧凑'栓皮冷杉(*Abies lasiocarpa* var. *arizonica* 'Compacta')]。

绿色屋顶和绿色墙面

屋顶花园一直是改善城市环境的一种常用手段,近些年又出现了更多创新性的方法,将绿色结构和表面推广到更大的尺度。将植物直接种植在倾斜屋顶或坚实外墙上的观念变得越来越普及——尤其是在拥挤城市的建筑上种植,这样对环境特别有益。绿色屋顶和绿色墙面能够吸收雨水,为建筑隔热,降低噪声,并提供所有和植物生长有关的益处,例如改善空气质量、通过为野生动物创造生境来增加生物多样性。

增加多样性
垂直种植令更多植物能够种植在小空间里——在这里,种类多样的多肉植物令市中心小花园中一面阳光充足的墙壁充满生机。

什么是绿色屋顶

很简单,绿色屋顶就是生长着植被的屋顶。有时候地衣、苔藓、青草或自播野花会在房屋、车库、棚屋和附属建筑的屋顶上自然生长出来,而近些年人们考虑到美学、生态学和环境上的需要,发展出了人工绿色屋顶,特别是在城市中。

根据基本观念的不同,绿色屋顶可以分为两大类。其中一类是"加强型"绿色屋顶——就是常说的屋顶花园,它们是在对平屋顶进行强化和加固之后再种植传统花园植物而建成的,这些植物包括高山植物到灌木乃至小乔木等种类。植物一般种植在容器中,也可以种植在填充土壤或基质的苗床里(见"阳台和屋顶花园",326~327页)。

另外一类是"简约型"绿色屋顶,这种绿色屋顶需要更少的维护。它们使用泥炭或薄薄的一层土壤或基质作为基础,上面可以种植一些低矮的植物,如景天属植物、百里香、海石竹和其他野花。"简约型"绿色屋顶更适合园丁在家居房屋或附属建筑(如车库和棚屋)的水平或缓坡屋顶上种植,不过它也常常出现在商业建筑以及学校和商店的屋顶上。

收获益处

绿色屋顶对于环境的益处不只表现在一个方面。植物具有抗污染功能:它们能过滤二氧化碳、酸雨和大气中的重金属,改善城市和工业区的空气质量,减弱噪声污染的影响。此外,绿色屋顶上的植被能保留大量雨水,这些雨水本来会流入排水系统白白损失掉。屋顶绿化还有一定的隔绝作用,能够在冬季减少建筑的热量损失,在夏季反射更多的热量,这将降低建筑的供暖和降温成本。此外,有些屋顶的寿命也会得到延长,因为土壤和植被能够保护屋顶免遭紫外辐射以及温度波动的伤害。

绿色屋顶进一步的好处是增加区域的生物多样性,特别是在城镇和城市中。绿色屋顶为许多昆虫提供了繁殖场所,还为鸟类提供了新的筑巢场所和食物来源(见"面向未来的园艺",13~31页。)

建设和维护绿色屋顶

在房屋或其他建筑物上安置绿色屋顶可能需要建筑许可证,这件事最好由有资质的承包商去解决。在开始施工之前,必须确保现有的屋顶和建筑足够坚固,可以支撑建设绿色屋顶所使用材料的重量。对于拥有传统屋顶的棚屋或相似建筑,可能必须提供额外的支撑,因为排水和种植所需要的层层材料会在屋顶上增加附加的重量。

第一层应该是防水毡。然后在防水毡上覆盖植物根系阻拦层,再铺设一层排水膜,之后就可以覆盖上植物生长所需要的足够深度的基质了。

生长基质或基质层的深度取决于所种植的植物类型。绿色屋顶常常使用景天属(Sedum)和长生草属(Sempervivum)物种或草皮和野花,因为它们在仅有4~6厘米深的基质中就能生长得很好,而较大的宿根植物,如庭芥属(Alyssum)、石竹属(Dianthus)和百里香属(Thymus)植物,需要厚达10厘米的基质层。

许多能够在绿色屋顶上成功使用的植物能买到商品化的穴盘苗。除了大规模地种植,也可以将植物种植在"植被垫"上,然后直接铺设

吸引授粉者
这个绿色屋顶上各种不同的景天属植物提供了不同的色彩,它们的花朵将蜜蜂、蝴蝶、食蚜蝇以及其他昆虫吸引进了花园。

气象防护
绿色屋顶有助于保持雨水,并为下面的建筑结构提供一定程度的保护。在这里,野花生长在经过改造的船运集装箱上。

适用于绿色结构和表面的植物

蓝羊茅　　百里香

海石竹　　'蓝雾'囊杯猬莓

云雾露子花 　　'朱赛皮夫人'长生草　　绵毛水苏

'矮生'蕨叶蒿 　　'布朗角'白霜景天 　　西洋石竹

有用的种植区域

（上）像栅栏和墙壁这样的垂直区域可以用来栽培香草或其他植物。在这里，安装在坚固栅栏上的小袋里种植着不同种类的香草。

在生长基质上面。

建设完成之后，绿色屋顶需要一定程度的维护，所以必须保证能够轻松上到屋顶。除草是必不可少的，偶尔可能需要施肥，在干旱时也许需要浇水，尽管绿色屋顶常用的许多植物（如景天属植物等）是耐旱植物。

垂直园艺

垂直园艺又称绿色墙面，这个概念涉及使用房屋、车库和其他建筑的墙壁空间种植观赏植物，以及栽培香草和沙拉作物。作为一种在有限面积中增加种植空间和植物多样性的方法，它对那些花园很小或者没有花园的人而言特别有用，但对所有园丁也有普遍的吸引力。它带来的环境益处与绿色屋顶相似。

在建造绿色墙面之前，必须确保结构表面足够坚固，可以支撑植物生长所需的垂直框架，无论它是砖结构的、混凝土结构的还是木结构的。在有些情况下，可能必须使用防水复合物对结构表面进行保护。

将要形成墙面的植物幼苗会被种植在由毡制品或类似材料制成的小穴或小袋里，这些小穴或小袋被安置在垂直框架结构中。然后这个框架被安装在墙上或栅栏上，也可以使用独立结构在花园别处安放。如果可行的话，最好安装一套滴灌系统或类似的自动灌溉系统，保证所有植物都能得到均匀的灌溉。

如今市面上有许多垂直种植设备，它们所使用的技术方法只有细微的不同，有些还包括自动灌溉系统。在尺寸较大的设备中，植物是用营养液水培的，它们通过稀释的溶液吸收水分和营养，而不需要内设基质。

适合种植于绿色墙面的植物材料包括花坛植物——凤仙属（*Impatiens*）、小花矮牵牛属（*Calibrachoa*）、矮牵牛属和天竺葵属植物——以及各种香草和沙拉作物（如莴苣等）。

适用于绿色屋顶和绿色墙面的植物

4～6厘米厚基质
天蓝猬莓 *Acaena caesiiglauca* H5，
　小叶猬莓 *A. microphylla* H5
对叶景天 *Chiastophyllum oppositifolium* H5
瓦莲属植物 *Rosularia aizoon* H2
硬面虎耳草 *Saxifraga callosa* H5，
　少妇虎耳草 *S. cotyledon* H5，
　长寿虎耳草 *S. paniculata* H5
苔景天 *Sedum acre* H7，
　'黄金'苔景天 *S. acre* 'Aureum' H7，
　白景天 *S. album* H4，
　岩生景天 *S. cauticola* H5，
　'红宝石光辉'景天 *S.* 'Ruby Glow' H5
卷绢 *Sempervivum arachnoideum* H7，
　长生花 *S. tectorum* H7

6～12厘米厚基质
蝶须 *Antennaria dioica* H5（及其品种）
海石竹 *Armeria maritima* H5
南庭芥 *Aubrieta* H6
金庭芥 *Aurinia saxatilis* H5
西洋石竹 *Dianthus deltoides* H6
夏枯草 *Prunella vulgaris* H5

10～15厘米厚基质
金毛蓍草 *Achillea chrysocoma* H3
匍匐筋骨草 *Ajuga reptans* H7
高山羽衣草 *Alchemilla alpina* H7
岩白菜 *Bergenia purpurascens* H5
绵毛水苏 *Stachys byzantina* H7

注释
H = 耐寒区域，见56页地图

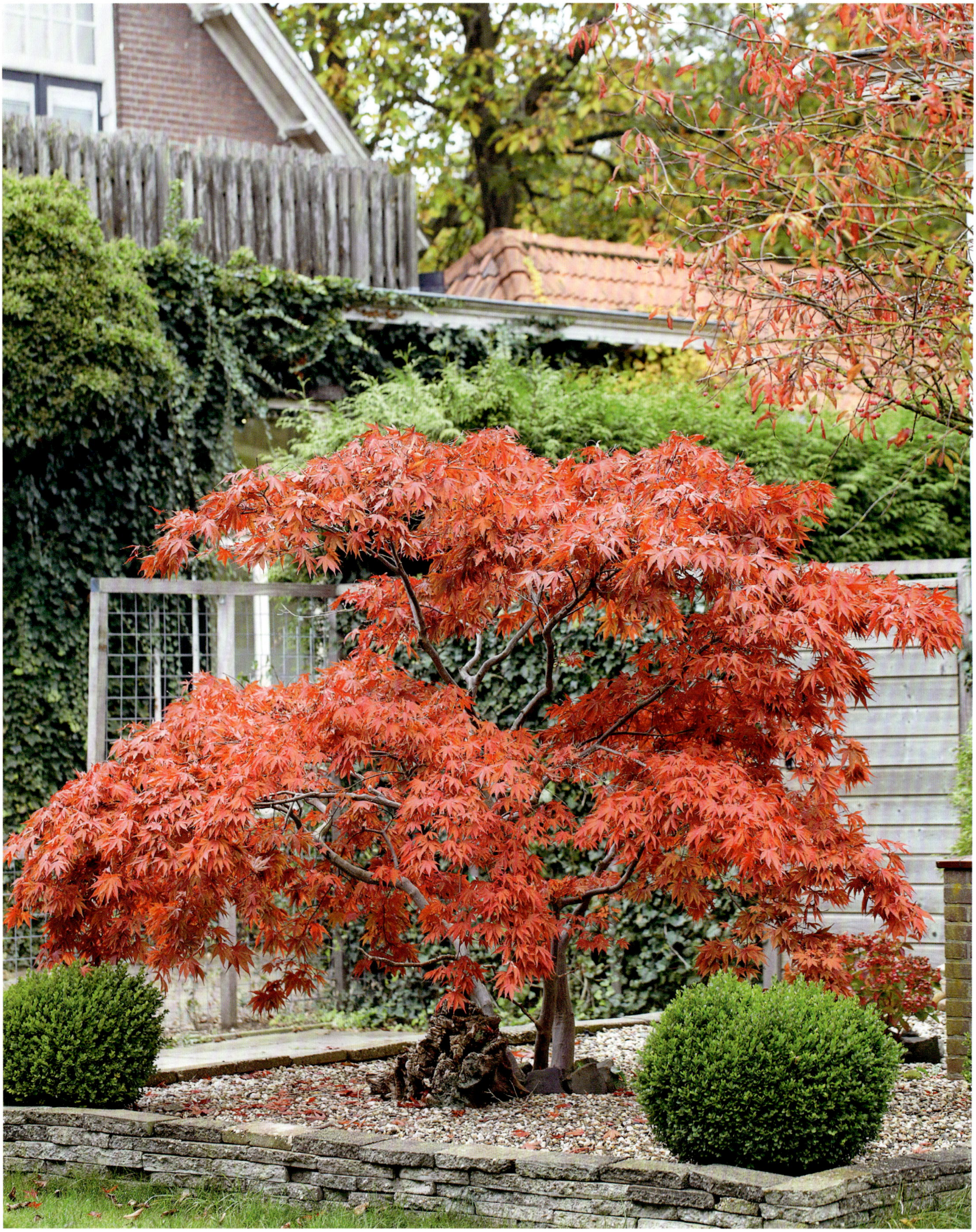

观赏乔木

乔木赋予花园高度和结构,并庇护和支持多种野生动物。

乔木在任何种植方案中都能营造出一种持久和成熟的感觉,这与其他种植的季节性观赏形成鲜明的对比。乔木的种类非常多样,除了形状和式样,它们在树叶、花朵和树干的色彩和质感上都有不同。每一种乔木都有其独特的吸引力,柏木呈尖圆柱形,鸡爪槭的秋色绚烂夺目,桉树(*Eucalyptus*)的树皮带有独特斑纹。乔木的种植方式有许多种:球根花卉拥簇下的榛树和桦木自然式林地拥有自然主义的魅力,而一系列排列在道路两边、经过修剪的欧洲红豆杉可以增添宏伟的规则感。有些乔木单独作为园景树使用效果最佳,例如木兰属植物。

适用于花园的乔木

种植观赏乔木的目的是欣赏它们花朵、树叶、树皮或漂亮果实的美丽，而不是得到食物产出或木材。然而，许多果树也有美丽的花朵，一些观赏乔木，如海棠（Malus）等，能够结出大量可供储藏的果实。乔木和灌木之间的区分常常很模糊，前者常常有一根独立的主干，但也并不是所有乔木都是这样的；后者如丁香（Syringa）等则有许多树干，有时也会长到乔木的高度。

选择乔木

一般来说，乔木是最大、最长寿的花园植物，挑选乔木并为其选址是花园设计中的一个重要方面。花园中可容纳的乔木数量越少，谨慎的挑选和选址就越重要。在只有一棵乔木的花园里，乔木的挑选和选址合适与否决定着设计成功与否。乔木的整体外貌和特色显然是很重要的，不过它对于花园土壤、气候和朝向的适应性以及它本身的最终高度、冠幅和生长速度同样重要。选好乔木后，接下来就要决定将它种在哪里（见"选择种植位置"，91页）。

园艺中心全年提供最流行的观赏乔木，专业苗圃提供更广泛的选择，有些还有邮购服务，但那里的乔木一般只在秋季和冬季裸根出售。乔木的高度相差巨大，低矮的松柏类只有大约1米高，而巨大的红杉（Sequoia）可高达90米。生长速度从低矮松柏类的每年2.5厘米以内到某些杨属植物（Populus）的每年1米以上。而有些物种，特别是松柏类，既有微型品种，也有有潜力长到很高的品种。一定要谨慎选择品种，若你得到的是替代品，应确保它们能够满足你的需要。检查标签，上面可能会提供有关植物最终尺寸和生长速度的信息。规模较大的园艺中心设有可以提供建议的咨询台，你还可在做出选择前查阅参考书或可靠的在线资源。

作为设计元素的乔木

乔木以和硬质景观同样的方式在花园中产生强烈的视觉冲击。它们还有助于形成花园的永久性框架，在周围设置较为临时性的元素。

乔木可被当作活的雕塑使用（见"园景树"，83页），简单且与之形成较大差异的背景更适合映衬以这种方式使用的单株乔木。例如，叶色较浅或斑驳的乔木在深绿色欧洲红豆杉（Taxus baccata）的映衬下显得很醒目，而到了冬季，乔木的枯枝在白墙面前会有脱颖而出的效果。

乔木还可限制和围合空间。成排宏伟乔木或一丛自然式乔木能标记房产边界，将花园不同部分分隔开，还可突出一条道路。对植的两棵树就像青翠的相框将远处的风景框起来，也可在花园入口处形成一座迷人的绿色拱门。

形状和形式

在氛围和风格的设定及对空间的实际考虑上，乔木的形状和形式跟它的大小一样重要。大部分乔木可以种植成规则式的或自然式的，这

取决于场景风格和对乔木的处理方式。鸡爪槭（*Acer palmatum*）拥有引人注目的架构形态，非常适合用于铺装花园。棕榈植物的弯曲复叶能够为庭院或保育温室带来几分苍翠。欧洲花楸（*Sorbus aucuparia*）和冬青属植物（*Ilex*）适用于村舍花园，而本土物种是野生园的理想选择。

窄而峭立的乔木，如野木海棠（*Malus tschonoskii*），适用于较小的花园，它们拥有一种规则到像是人工制造的外表。树冠呈圆形或树形宽展的乔木更加自然，但会投射更大的阴影和雨影区；那些框架形状不规则、树枝打开的乔木呈现出自然主义的吸引力。利落的圆锥形或锥体形乔木拥有强烈的雕塑效果，而垂枝型乔木则拥有更柔和的轮廓。

多干式乔木拥有两根或更多从基部向外张开的粗壮树干。与只有一根树干的乔木相比，这些乔木长得更矮，但占据的水平空间更大。它们的叶片和花通常位置较低。如果空间允许，可将它们丛植，效果很好。拥有漂亮树皮的乔木有时会长出数根树干，以最大限度地提高它们在冬季的观赏性，如青榨槭（*Acer davidii*）和糙皮桦（*Betula utilis*）的部分种类。

要考虑乔木形成自己独特形状所需要的时间——有些物种可能需要数十年。例如，'关山'晚樱（*Prunus* 'Kanzan'）在幼年期的形状十分生硬，其树枝和树干形成难看的锐角；而10年之后，它的树枝开始变成拱形，到第30年的时候，它就能拥有优雅的圆形树冠。在空间允许的地方，可以将对比鲜明的树形搭配在一起，产生活力十足的效果。

园景树

园景树是独自种植的单株乔木，能充分展现自己的自然魅力，不受任何相邻树木的影响。取决于当地气候，四照花（*Cornus kousa* var. *chinensis*）、金垂柳（*Salix* x *sepulcralis* var. *chrysocoma*）、各种观赏李属植物以及棕榈植物如荷威棕属（*Howea*）和刺葵属（*Phoenix*）植物都是流行的园景树树种。园景树可在任何尺度的环境中成为视线焦点，但你应选择一棵大小与背景相衬的树，尺寸过小的园景树在宽阔花园里会有迷失的感觉，而过大的园景树在有限空间里会显得盛气凌人。园景树，特别是在规则式花园中的园景树，通常被安置在草坪中央。若将园景树放置得比较偏向一侧，将会为种植设计带来生动感和自然感。也可将园景树种在花园门或入口旁边，或者种在一段阶梯的低端或顶端，用来标记花园中空间或水平面的过渡和变化。

在一片砾石或地被植物如常春藤属（*Hedera*）和蔓长春花属（*Vinca*）植物中种植的园景树，会得到很好的衬托。在混合花境中，可以使用乔木充当主角，围绕着它搭配周围植物的色彩和样式。园景树可以倒映在花园的池塘中，也可以在树下设立一座雕像或是涂白的长椅，产生相得益彰的效果。

丛植树

如果空间允许，可将三棵或更多相同种类的乔木以自然团簇方式种植，也可将大小相似的不同物种搭配在一起。与孤植相比，丛植乔木能在风景的一侧或两侧产生帷幕似的充实效果。

由槭树（*Acer*）或垂枝桦（*Betula pendula*）等树叶稀疏的落叶乔木组成的小型丛植可以构成微型林地的支柱。树冠下斑驳的树荫和富含落叶的土壤适宜春季开花的植物。自然式丛植乔木可以离得更近，两棵树的种植间距可以小于潜在冠幅之和的一半。这会造成相对高而窄或者不对称的树形，但可以产生令人赏心悦目的自然效果，交错的树枝在冬日天空的映衬下形成的花纹就像精美繁复的花饰窗格。

花园中的乔木
经过仔细挑选的一系列乔木将在花园中提供高度、结构和质感。在这里，红叶鸡爪槭构成强烈的设计表达，在形态和色彩上与其他乔木及花境宿根植物形成鲜明对比。

树形

开展形
东京樱花（*Prunus* x *yedoensis*）

垂枝形
'吉尔马诺克'黄花柳（*Salix* x *caprea* 'Kilmarnock'）

锥体形
'塔形'欧洲鹅耳枥（*Carpinus betulus* 'Fastigiata'）

圆锥形
'强壮'加杨（*Populus* x *canadensis* 'Robusta'）

圆头形
马德格堡海棠（*Malus* x *magdeburgensis*）

拱形
假槟榔（*Archontophoenix alexandrae*）

柱形
'柱形'红花槭（*Acer rubrum* 'Columnare'）

大型乔木如栎属（Quercus）和山毛榉属（Fagus）植物形成的树丛会让视线焦点分布在很大一片区域，这种手法经常被用在大型公园和花园以及18世纪的伟大英国园丁万能布朗（Capability Brown）创造的景观中。

观赏特征

尽管乔木在多数情况下是因其姿态而受到重视的，但它们也能通过特定的特征提供观赏价值，如花朵、树叶、浆果和树皮等。为乔木选好位置，使它能充分展示最迷人的特征（见"季相变化"，85页）。

树叶

无论在体量上还是在持久性上，树叶都是最重要的特征。它们的形状、大小及颜色拥有无穷的变化，从'丽光'无刺美国皂荚（Gleditsia triacanthos f. inermis 'Sunburst'）那精致、金黄且好似蕨类的树叶到棕榈类植物如棕榈属（Trachycarpus）或刺葵属（Phoenix）植物又大又奇特的叶片，纷繁多样。树叶表面的质地会影响光的反射，有光泽的树叶能够增添一抹亮色。树冠密度既有密不透光的，也有稀疏通风的，在进行树下种植时这是一个重要的考虑因素。大多数松柏类是常绿乔木，为任何种植方案增添持久性，且绝大多数健壮且耐寒。常绿阔叶树在寒冷地区的耐寒性不够可靠。

那些拥有彩色或斑驳树叶的乔木，如树叶紫红的紫叶稠李（Prunus virginiana 'Schubert'）或树叶镶有金边的Ligustrum lucidum 'Excelsum Superbum'，能够带来大量鲜艳色彩，可以和绿叶乔木形成鲜明对比。有些乔木（如桉树）的树叶会散发出令人愉悦的香气，有些乔木（如山杨）的树叶会在轻风吹拂下发出悦耳的沙沙声。

花

花朵的存在是短暂的，但它总是令人怀念，乔木的花既有零星点缀在枝叶间的，亦有繁花满树的。在秋季、冬季和早春开放的花朵特别珍贵，它们可以弥补此时花园中其他植物的不足。

花朵的颜色应该与更大的背景相配。颜色浅的花朵能够从颜色深的树叶中脱颖而出，而色彩浓重的花朵在浅色背景中表现最好。让铁线莲或月季等攀缘植物爬到成熟的乔木上，你就可以轻松地将花朵的观赏期延长好几周。

拥有芳香花朵的乔木不多，最好将芳香看作额外的收益。乔木花朵的香气也有所不同，从银荆（Acacia dealbata）淡雅的冬日冷香（在易发生霜冻的地区需种在背风处）到日本厚朴（Magnolia obovata）以及椴树（Tilia）令人兴奋的夏日香气。香气浓郁的鸡蛋花（Plumeria rubra f. acutifolia）是理想树种，但只适合种在温暖气候中。

果实、浆果和荚果

有些乔木果实的美丽和花朵不相上下，甚至有过之而无不及，如荔梅属（Arbutus）颜色亮红如同草莓的果实、'金大黄蜂'海棠（Malus

树叶的颜色和质感
在这里，一株满是秋叶的落叶乔木和一株蓝绿色的松柏植物在色彩、质感和形状上形成了充满戏剧性的对比。树木下方的地被宿根植物的灰绿色叶子提供了进一步的对比，虽然它们会随着进入深秋而逐渐凋萎。

来自花朵的色彩
'丽丝'海棠（Malus 'Liset'）充满活力的粉红色花朵在紫色叶片和深色树枝的映衬下分外惹眼，是春季花园中一道靓丽的景色。

春季的讯息

在叶子长出来之前，拥有美丽白色树皮的美洲桦（*Betula papyrifera*）长出了黄色的雄性葇荑花序。

'Golden Hornet'）的黄色海棠果以及木兰属植物形状奇异的蒴果。在气候温暖的地区，柠檬和无花果等乔木可结出引人注目的可食用水果。某些乔木如冬青属植物（*Ilex*），需要异花授粉才结果；有些乔木只有在进入成熟期或遇到特定的气候条件时才结果。某些观赏浆果如欧洲花楸很受鸟类的欢迎，刚刚成熟就会被吃掉，不过你可以选择其浆果对鸟儿没吸引力的乔木。有些结实乔木的果实成熟得很晚，如'卡里埃'拉氏山楂（*Crataegus* x *lavallei* 'Carrierei'），它们的果实可完好保存到来年春季。

树皮和树枝

树皮能带来颜色和质感，特别是在树叶都落光了的冬季。观赏价值较高的树皮包括细齿樱桃（*Prunus serrula*）的红褐色并具有丝绸光泽的树皮、白糙皮桦（*Betula utilis* var. *jacquemontii*）的雪白树皮，以及充满异域情调的尼非桉（*Eucalyptus paucidlora* subsp. *niphophila*）好似蟒蛇的绿、灰、白三色斑驳树皮。

'布里茨'红枝白柳（*Salix alba* var. *vitellina* 'Britzensis'）的嫩枝呈明亮的橙红色，而红枝白柳（*S. alba* var. *vitellina*）的嫩枝则是深黄色的。这些生长速度很快的乔木最好经常进行修剪，以促进新枝的形成，因为新枝的颜色最浓烈。一些乔木只有到成年期树皮才显示出鲜艳的色彩；而有些乔木在幼年时树皮就很漂亮了。

季相变化

特征和外观随季节改变的植物会赋予花园更生动的节奏。在细心选择和计划下，它们的叶子、花朵、果实、浆果和荚果随着不变的树枝和树干来去去，组成一首完美的"乐章"。通过种植连续开花的不同乔木可一直保持观赏特性，并让视线焦点随着季节而变化，如春季开花的南欧紫荆（*Cercis siliquastrum*）、夏季开花的紫葳楸（*Catalpa bignonioides*）、早秋开花的灰岩蜜藏花（*Eucryphia* x *nymansensis*），以及冬季开花的'十月'日本早樱（*Prunus subhirtella* 'Autumnalis'）。

落叶乔木带来的季相变化最明显，特别是在春秋两季，春季李属的许多观赏植物开满了花，而到了秋季，许多槭树换上了鲜艳的秋色叶。相反，常绿树则提供了延续感而非变化感。挑选并混搭种植落叶乔木和常绿乔木能为花园提供持久的观赏价值，并带来动态效果。

春季和夏季

春季来了，落叶乔木光秃秃的树枝上萌发出了叶芽和花蕾，为花园带来了鲜活的生命。有些乔木的嫩叶非常精致，如'淡黄'白背花楸（*Sorbus aria* 'Lutescens'）。随着复苏的乔木逐渐将树叶展开，它们发展出了各具特色的外形，树冠呈现出大块的色彩和质感，并提供大片树荫。

在晚春和夏季，各种颜色和式样的花朵——从毒豆属植物（*Laburnum*）低垂的黄色花序到七叶树属植物（*Aesculus*）像蜡烛般竖立起来的奶油色或粉红色花序，为浓密的树叶增添了别样的色彩和情趣。

秋季和冬季

秋季，当大多数草本植物逐渐凋萎，落叶灌木的叶子都落了的时候，乔木提供了别样的色彩，它们的树叶从绿色变成了各种色调的黄色、橙色和红色乃至棕色，有些色彩则来自鲜艳的果实或浆果。蔷薇科的观赏植物，尤其是那些来自枸子属（*Cotoneaster*）、山楂属（*Crataegus*）、海棠属（*Malus*）和花楸属（*Sorbus*）的物种、品种和杂交种在秋季热热闹闹地挂满了果实；有时候，枝头上的果实会一直留到冬季。

冬季，花园中一片凋敝，乔木脱颖而出。它们的骨架或轮廓成了最显眼的景致，并产生强烈的雕塑感。可以用松柏类植物与阔叶常绿树的颜色和质感补充并柔化附近落叶乔木的"生硬"外貌，而带有花纹、质感的树皮或卷起的树皮增加了额外的观赏价值。

用于小型花园的乔木

对于小型花园来说，高度不超过6米的乔木

树皮有观赏价值的乔木

细柄槭

白糙皮桦

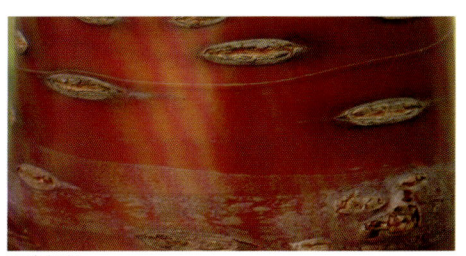

细齿樱桃

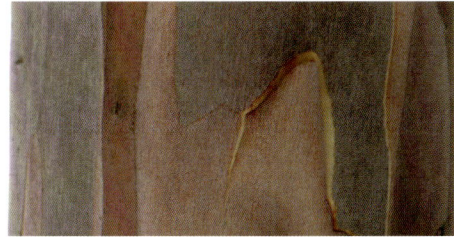

山桉

血皮槭

宾州槭

是最适合的。花园中可能只有一棵乔木的空间（见"园景树"，83页），所以观赏价值能够维持不止一个季节的树种特别有用。例如，多花海棠（*Malus* x *floribunda*）的芽呈猩红色，然后开出粉红或白色花朵，最后在拱形的枝条上挂满小小的红色或黄色果实。

落叶乔木没有树叶时的外表对于小型花园特别重要，因为有些乔木一年会有6个月都是光秃秃的，并且从面对花园的窗户向外都能看到它。理想的选择包括火炬树（*Rhus typhina*）、无花果（*Ficus carica*）及'垂枝'柳叶梨（*Pyrus salicifolia* 'Pendula'）。它们都没有鲜艳的花朵，但都有漂亮的树叶和充满个性的冬季姿态。

刺多的乔木在非常小的花园中不宜使用，如山楂或冬青等，它们会减少花园中的活动区域，而那些会滴下浓稠树液的乔木，如某些椴树，不应栽植在座位区上方。如果要在乔木下进行种植，应选择树冠较稀疏、树根深厚的乔木，如皂荚属（*Gleditsia*）或刺槐属（*Robinia*）植物，因为小型植物很难和那些较浅且四处蔓延的根系竞争，如李属观赏乔木的根系。

城市设计中的乔木

乔木经常被种在郊区街道两旁——通常使用单一物种，如"伦敦梧桐"，即英国悬铃木（*Platanus* x *hispanica*），或者地中海地区的城镇广场经常使用的油橄榄树和柑橘树。如今，很多新的住宅开发项目包括混合种植多个物种的草地区域。旨在绿化环境的社区项目可能包括乔木，但需要满足各项准则。应征得地方议会的批准，他们会提供推荐树木的清单，并且通常需要进行调查以确定任何地下管道和缆线的位置。

行道树应该和路缘保持一定距离。通常推荐种植低维护、抗病、耐寒的乔木，最好是有花有果、能够吸引野生动物的物种。在有空间种植几棵树的地方，不同物种的混合比数棵单一种类对环境更有益处。

请记住，任何树木都会对周围环境造成影响，包括投射阴影、干扰架空电缆，以及可能阻碍路口附近的视线。

用于屏障和防护林带的乔木

大量种植的乔木可以过滤风，与固体障碍物相比，能够更有效地减少潜在的损害，后者经常在背风面形成风涡。防护林带或丛植乔木能够保护脆弱植物免遭霜害，特别是在春季。大范围的乔木种植能够遮蔽建筑和道路，减弱噪声并抵御风霜侵袭。笔直的单排速生钻天杨（*Populus nigra* 'Italica'）常用来遮挡难看的景致，但它们的巨大高度和像手指般峭立的外形常常会吸引人们注意它们本来想隐藏的东西。更宽阔的落叶乔木和常绿乔木搭配起来的效果一般会更自然，也更有效。树篱是屏障中最紧密的形式，而且它们的尺寸可以得到控制（见"树篱和屏障"，104~107页）。

整枝效果

乔木的枝条可以编结起来，创造一种规则感。对两侧的树枝进行整枝，形成平行的水平线条，将其他树枝截断或者编织在水平树枝之间，形成一道垂直的屏障。山毛榉、椴树、鹅耳枥（*Carpinus*）以及悬铃木（*Platanus*）是传统的编结乔木，而果园中的墙式苹果树和梨树为这种技术提供一些变化。园艺中心和苗圃出售已经整枝好的乔木。整枝乔木的维护要求很高，需要定期干预以维持形态。

截顶需要经常砍去乔木的整个树冠，剩余部分会产生大量细枝，形成一个圆球形的浓密树冠。这会产生一种人工的规则感，适用于自然树冠产生太多阴影或阻碍交通的城市区域。对于成年乔木的截顶，最好由符合资质且上了保险的职业树木整形专家使用合适的安全设备进行操作。一些柳属（*Salix*）乔木常常会被截顶或平茬（砍至地面高度），以得到色彩鲜艳的幼嫩枝条。平茬后的乔木在自然式背景中会创造和谐的效果，如林地花园或池塘岸边。

盆栽乔木

将乔木种在大罐或大桶中能够大大提升它们在花园设计中的潜力。在屋顶、露台或庭院中，一系列盆栽乔木是创造成熟风景最快的方法，能为设计带来高度和结构。你可用大罐或大桶中的乔木装点硬质铺装围绕的门廊，或者把它们摆在宽阔阶梯的两侧；这些位置特别适合使用造型树木（见"树木造型"，130~131页）。过于柔软不能在室外越冬的乔木可种在容器中，夏季于室外展示，冬季则搬到没有冰霜的地方，但种在沉重容器中的大型乔木难以搬动。对于耐寒性中等的植物，可使用园艺织物就地保护。

和种植在露天花园中的乔木相比，盆栽乔木的寿命可能较短，但和季节性盆栽种植相比，则是更长期的景致，所以要使用既耐久又美观的容器。如果使用的容器会永久待在花园中经受冬季冰霜的区域，就要确保它们是防冻的。

编结乔木
在这里的规则式种植方案中，树下种有'角斗士'葱（*Allium* 'Gladiator'）的编结椴树创造出一扇漂亮的屏障，将一条小径与花园其他区域分开。

小型花园的乔木
这株山毛榉——这里是紫叶垂枝欧洲山毛榉（*Fagus sylvatica* 'Purpurea Pendula'）——较小的体量使其成为小型花园的合适选择。它投射的阴影面积最小，能够让其他植物在它周围生长。

乔木种植者指南

用于小型花园的乔木
细柄槭 *Acer capillipes* H6,
'银纹' 杂种槭 *A. x conspicuum* 'Silvervein' H5,
血皮槭 *A. griseum* H5,
鸡爪槭 *A. palmatum* H6,
'红皮' 鸡爪槭 *A. palmatum* 'Sango-kaku' H7,
'辉煌' 欧亚槭 *A. pseudoplatanus* 'Brilliantissimum' H7,
加州七叶树 *Aesculus californica* H5,
拉马克唐棣 *Amelanchier lamarckii* H7,
杂交荔梅 *Arbutus x andrachnoides* H4,
牛皮桦 *Betula albosinensis* var. *septentrionalis* H7,
'戴尔卡利' 桦 *B.* 'Dalecarlica' H7,
岳桦 *B. ermanii* H7,
垂枝桦 *B. pendula* H7,
白糙皮桦 *B. utilis* var. *jacquemontii* H7,
'黄叶' 紫葳楸 *Catalpa bignonioides* 'Aurea' H6
连香树 *Cercidiphyllum japonicum* H5,
南欧紫荆 *Cercis siliquastrum* H5
樟树 *Cinnamomum camphora* H1b
日本四照花 *Cornus kousa* H6
'保罗红' 钝裂叶山楂 *Crataegus laevigata* 'Paul's Scarlet' H7,
'卡里埃' 拉氏山楂 *C. x lavallei* 'Carrierei' H7,
深裂叶山楂 *C. orientalis* H6
榅桲 *Cydonia oblonga* H5
雪桉 *Eucalyptus pauciflora* subsp. *niphophila* H5
'道维克金' 欧洲山毛榉 *Fagus sylvatica* 'Dawyck Gold' H6
'丽光' 无刺美国皂荚 *Gleditsia triacanthos* f. *inermis* 'Sunburst' H6
银桦 *Grevillea robusta* H2
利氏授带木 *Hoheria lyallii* H4
瓦氏毒豆 *Laburnum x watereri* 'Vossii' H6
朝鲜槐 *Maackia amurensis* H6
'伊丽莎白' 木兰 *Magnolia* 'Elizabeth' H6,
'银河' 木兰 *M.* 'Galaxy' H6,
'美尼尔' 洛氏木兰 *M. x loebneri* 'Merrill' H6
'达特茅斯' 海棠 *Malus* 'Dartmouth' H6,
'高峰' 海棠 *M.* 'Evereste' H6,
多花海棠 *M. x floribunda* H6,
'金大黄蜂' 海棠 *M.* 'Golden Hornet' H6,
野山海棠 *M. tschonoskii* H6
楝 *Melia azedarach* H6
欧楂 *Mespilus germanica* H6
海枣 *Phoenix dactylifera* H1b
阿勒颇松 *Pinus halepensis* H5
李属众多种类，包括
小绯樱 *P. x incam* 'Okame' H6,
'潘多拉' *P.* 'Pandora' H6,
'螺形' 樱 *P.* 'Spire' H6,
日本早樱 *P. x subhirtella* H6,
东京樱花 *P. x yedoensis* H6
'公鸡' 豆梨 *Pyrus calleryana* 'Chanticleer' H6,
'垂枝' 柳叶梨 *P. salicifolia* 'Pendula' H6
'金叶' 刺槐 *Robinia pseudoacacia* 'Frisia' H6
白背花楸 (部分形态) *Sorbus aria* H6,
欧洲花楸 (部分形态) *S. aucuparia* H6,
克什米尔花楸 *S. cashmiriana* H6,
'红叶' 杂色花楸 *S. commixta* 'Embley' H6,
川滇花楸 *S. vilmorinii* H6
大花紫茎 *Stewartia pseudocamellia* H5
穗花牡荆 *Vitex agnus-castus* H4

冬景

美丽的花朵
银荆 *Acacia dealbata* H3

'查尔斯拉菲尔' 滇藏木兰 *Magnolia campbellii* 'Charles Raffill' H4,
武当玉兰 *M. sprengeri*（及其杂种）H6,
'星球大战' 木兰 *M.* 'Star Wars' H5
豆樱 *Prunus incisa* H6, 梅 *P. mume* H6,
'十月' 日本早樱 *P. x subhirtella* 'Autumnalis' H6,
'十月玫瑰' 日本早樱 *P. x subhirtella* 'Autumnalis Rosea' H6
'灿烂' 瑞香柳 *Salix daphnoides* 'Aglaia' H6

金色树叶
'黄叶' 欧洲桤木 *Alnus glutinosa* 'Aurea' H7
'埃尔伍德金' 美国扁柏 *Chamaecyparis lawsoniana* 'Ellwood's Gold' H6,
'金色奇迹' 美国扁柏 *C. lawsoniana* 'Golden Wonder' H6,
'兰氏金' 美国扁柏 *C. lawsoniana* 'Lanei Aurea' H6
'金字塔' 美洲柏木 *Cupressus arizonica* 'Pyramidalis' H4,
'金叶' 大果柏木 *C. macrocarpa* 'Goldcrest' H4,
'斯旺尼黄金' *C. sempervirens* 'Swane's Gold' H5
'黄绿' 杂扁柏 x *Cuprocyparis leylandii* 'Castlewellan' H6,
'洒金' 杂扁柏 x *C. leylandii* 'Robinson's Gold' H6
'金星桧' 圆柏 *Juniperus chinensis* 'Aurea' H6
金叶欧洲赤松 *Pinus sylvestris* Aurea Group H7
狭蒿柳 *Salix elaeagnos* H6, 黄线柳 *S. exigua* H6
'淡黄' 白背花楸 *Sorbus aria* 'Lutescens' H6
'黄纹' 北美乔柏 *Thuja plicata* 'Zebrina' H6
'金叶' 加拿大铁杉 *Tsuga canadensis* 'Aurea' H7

灰色树叶
窄冠北非雪松 *Cedrus atlantica* f. *glauca* H6
'孔雀' 美国扁柏 *Chamaecyparis lawsoniana* 'Pembury Blue' H6
'金字塔' 亚利桑那柏 *Cupressus glabra* 'Pyramidalis' H5
聚果桉 *Eucalyptus cocciferа* H5,
疏花桉 *E. pauciflora* H5
'粉叶' 山地铁杉 *Tsuga mertensiana* 'Glauca' H7

美丽的树皮
细柄槭 *Acer capillipes* H6,
'银纹' 杂种槭 *A. x conspicuum* 'Silver vein' H5,
青榨槭 *A. davidii* H5,
'蛇纹' 青榨槭 *A. davidii* 'Serpentine' H5,
血皮槭 *A. griseum* H5,
葛罗槭 *A. grosseri* var. *hersii* H5,
'红皮' 鸡爪槭 *A. palmatum* 'Sango-kaku' H6,
宾州槭 *A. pensylvanicum* H6,
杂交荔梅 *Arbutus x andrachnoides* H4,
美国荔梅 *A. menziesii* H4
棘皮桦 *Betula dahurica* H7,
'杰利米' 桦 *B.* 'Jermyns' H7,
垂枝桦 *B. pendula* H7,
红桦 *B. utilis* susp. *albosinensis* H7,
白糙皮桦 *B. utilis* var. *jacquemontii* H7,
山桉 *Eucalyptus dalrympleana* H5,
疏花桉 *E. pauciflora* H5,
雪桉 *E. pauciflora* subsp. *niphophila* H5
尖叶龙袍木 *Luma apiculata* H4
白皮松 *Pinus bungeana* H5
'琥珀美人' 斑糙稠李 *Prunus maackii* 'Amber Beauty' H7, 细齿樱桃 *P. serrula* H6
'蓝纹' 锐叶柳 *Salix acutifolia* 'Blue Streak' H6,
'布里茨' 红枝白柳 *S. alba* var. *vitellina* 'Britzensis' H6,

瑞香柳 *S. daphnoides* H6,
金卷柳 *S.* 'Erythroflexuosa' H5
大花紫茎 *Stewartia pseudocamellia* H5
'冬橙' 欧洲小叶椴 *Tilia cordata* 'Winter Orange' H6

盆栽乔木
灰叶相思树 *Acacia baileyana* H3,
银荆 *A. dealbata* H3
合欢 *Albizia julibrissin* H4
异叶南洋杉 *Araucaria heterophylla* H2
香橼 *Citrus medica* H2
新西兰朱蕉 *Cordyline australis* H3
'金叶' 大果柏木 *Cupressus macrocarpa* 'Goldcrest' H4
意大利柏木 *C. sempervirens* H5
龙血树 *Dracaena draco* H1c
枇杷 *Eriobotrya japonica* H4
垂叶榕 *Ficus benjamina* H1c
银桦 *Grevillea robusta* H2
蓝花楹 *Jacaranda mimosifolia* H1c
'烟柱' 落基山桧 *Juniperus scopulorum* 'Skyrocket' H6
紫薇 *Lagerstroemia indica* H3
月桂 *Laurus nobilis* H4
'加里索内勒' 广玉兰 *Magnolia grandiflora* 'Galissonnière' H5
油橄榄 *Olea europaea* H6
天川樱 *Prunus* 'Amanogawa' H6,
'菊枝垂' 樱 *P.* 'Kiku-shidare-zakura' H6
'吉尔马诺克' 黄花柳 *Salix caprea* 'Kilmarnock' H6
'峭立' 欧洲红豆杉 *Taxus baccata* 'Standishii' H7
棕榈 *Trachycarpus fortunei* H5

两个季节以上的观赏价值

全年
银荆 *Acacia dealbata* H3
细柄槭 *Acer capillipes* H6,
'红皮' 鸡爪槭 *A. palmatum* 'Sango-kaku' H6
杂交荔梅 *Arbutus x andrachnoides* H4,
美国荔梅 *A. menziesii* H4
岳桦 *Betula ermanii* H7,
'杰利米' 桦 *B.* 'Jermyns' H7,
红桦 *B. utilis* subsp. *albosinensis* H7,
白糙皮桦 *B. utilis* var. *jacquemontii* H7
四照花 *Cornus kousa* var. *chinensis* H6
美丽桉 *Eucalyptus ficifolia* H2
'金国王' 阿耳塔拉冬青 *Ilex x altaclerensis* 'Golden King' H6
广玉兰 *Magnolia grandiflora* H5

冬/春
梣叶槭 *Acer negundo* H6
杂交荔梅 *Arbutus x andrachnoides* H4
川梨 *Pyrus pashia* H6

春/秋
拉马克唐棣 *Amelanchier lamarckii* H7
'卡里埃' 拉氏山楂 *Crataegus x lavallei* 'Carrierei' H7
'高峰' 海棠 *Malus* 'Evereste' H6,
'金大黄蜂' 海棠 *M.* 'Golden Hornet' H6
'颂春' 樱 *Prunus* 'Accolade' H6,
小绯樱 *P. x incam* 'Okame' H6,
大山樱 *P. sargentii* H6
克什米尔花楸 *Sorbus cashmiriana* H6,
'红叶' 杂色花楸 *S. commixta* 'Embley' H6

夏/秋
紫葳楸 *Catalpa bignonioides* H6
黄木香槐 *Cladrastis lutea* H6
日本四照花 *Cornus kousa* H6,
四照花 *C. kousa* var. *chinensis* H6
羽叶蜜藏花 *Eucryphia glutinosa* H4
'道维克金' 欧洲山毛榉 *Fagus sylvatica* 'Dawyck Gold' H6
北美鹅掌楸 *Liriodendron tulipifera* H6
大花紫茎 *Stewartia pseudocamellia* H5
垂银椴 *Tilia* 'Petiolaris' H6

秋/冬
细柄槭 *Acer capillipes* H6,
青榨槭 *A. davidii* H5,
血皮槭 *A. griseum* H5,
鸡爪槭 *A. palmatum* 'Sango-kaku' H6,
'红枝' 宾州槭 *A. pensylvanicum* 'Erythrocladum' H6
大花紫茎 *Stewartia pseudocamellia* H5

园景树
紫果冷杉 *Abies magnifica* H6,
壮丽冷杉 *A. procera* H7
宾州槭 *Acer pensylvanicum* H6,
欧亚槭 *A. pseudoplatanus* H7,
红槭 *A. rubrum* H6
欧洲七叶树 *Aesculus hippocastanum* H7
意大利桤木 *Alnus cordata* H6
'戴尔卡利' 桦 *Betula* 'Dalecarlica' H7,
'杰利米' 桦 *B.* 'Jermyns' H7,
雪松属 *Cedrus* H6
聚果桉 *Eucalyptus cocciferа* H5,
山桉 *E. dalrympleana* H5
'雷·伍兹' 窄叶白蜡 *Fraxinus angustifolia* 'Raywood' H6
胶皮枫香树 *Liquidambar styraciflua* H6,
'兰罗伯特' 胶皮枫香树 *L. styraciflua* 'Lane Roberts' H6
北美鹅掌楸 *Liriodendron tulipifera* H6
蒲葵属 *Livistona* H1b-H2
滇藏木兰 *Magnolia campbellii* H4,
'查尔斯拉菲尔' 滇藏木兰 *M. campbellii* 'Charles Raffill' H4
水杉 *Metasequoia glyptostroboides* H7
毛背南水青冈 *Nothofagus alpina* H6
多花蓝果树 *Nyssa sylvatica* H6
刺葵属 *Phoenix* H1b-H2
布鲁氏云杉 *Picea breweriana* H7,
塞尔维亚云杉 *P. omorika* H7
欧洲黑松 *Pinus nigra* H7,
辐射松 *P. radiata* H6,
欧洲赤松 *P. sylvestris* H7,
乔松 *P. wallichiana* H6
英国悬铃木 *Platanus x hispanica* H6
大王椰子属 *Roystonea* H1a-H2
金垂柳 *Salix x sepulcralis* var. *chrysocoma* H5
巨杉 *Sequoiadendron giganteum* H6
垂银椴 *Tilia* 'Petiolaris' H6,
阔叶椴 *T. platyphyllos* H6
异叶铁杉 *Tsuga heterophylla* H6
高加索榉 *Zelkova carpinifolia* H6

注释
↑ 可以长到6米高或以上
H = 耐寒区域，见56页地图

耐寒棕榈类及其他异域风情植物

棕榈类主要是热带和亚热带植物，但也有一些种类的耐寒性令它们可以种植在冬季寒冷的温带地区。可以在其中添加其他耐寒性中等的植物，强调硕大的叶片，这样很容易实现丛林般的外观。这种方法非常适用于封闭的城镇花园，这些花园足够背风，不会发生严重的霜冻，而且密集的种植可以创造自己的小气候。如果花园主要处于背阴环境下，请专注于各种叶片形状和质感，用多种绿色创造出青翠的织锦；任何花朵都将是偶然出现的。

叶片的鲜明对比
蕉类植物的船桨状大叶片和蓖麻（*Ricinus*）的掌状叶形成了鲜明对比，形成引人注目的视觉焦点。

实际方面的考虑

致力于打造主要包括耐寒植物的框架，这样花园在冬季就不会光秃秃的。在寒冷的天气下，任何容易遭受霜冻的植物都可以就地保护起来。有些植物适合盆栽，当气温低于冰点时，可以将其转移到遮蔽之下。添加半耐寒或季节性植物，以增加夏季的观赏性。

要想确保耐寒性中等的植物在冬季存活，需要改善土壤的排水性，尤其是黏重的土壤，以避免根系周围积水并在冬季冰冻。种植时添加砾石或者用耙子混入充分腐熟的堆肥，可以起到疏松土壤的作用。

棕榈和其他架构植物

木本植物是任何花园种植方案的支柱。它们可用作视线焦点，或者为混合种植赋予高度。棕榈（*Trachycarpus fortunei*）是一种健壮、耐寒的棕榈类植物，拥有硕大、坚硬的扇形叶片和纤维状树皮，引人注目的外形使其在任何种植方案中占据支配地位。瓦氏棕榈（*T. wagnerianus*）与之类似，但株型更紧凑，所以适合有限的空间或盆栽种植。矮棕（*Chamaerops humilis*）比较小，但耐寒性较差，所以在寒冷地区种植时应加以保护。意大利棕榈（*Chamaerops humilis* var. *argentea*）和'火山岛'矮棕（*Chamaerops humilis* 'Vulcano'）有银蓝色叶片。

通脱木（*Tetrapanax papyrifer*）是一种树形伸展的萌蘖常绿乔木或大灌木，拥有硕大的爪形叶片，白色圆锥花序出现在秋季。它可能被严重的霜冻冻死，但第二年春季又会从地下长出新的枝条。毛泡桐（*Paulownia tomentosa*）完全耐寒，但因为它在凉的地区开花不稳定，所以常常被平茬或截顶以促进植株产生更大、更有异域风情的叶片（长达30厘米或更长）。

枇杷（*Eriobotrya japonica*）长势苗壮，深绿色叶片有光泽且带褶，但它在凉的地区不太可能结果。同样，鳄梨（*Persea americana*）也不太可能结果，但它是优秀的观赏植物。二者都有潜力长成大型植株。

芭蕉（*Musa basjoo*）是一种宿根植物，但拥有高耸挺拔的乔木状形态。巨大的桨状叶片易遭受强风伤害，且易在雹暴中受损，所以要小心选择它们的种植位置。芭蕉就算能结出果实，味道也会难以下咽。树蕨生长慢，其中最耐寒的是澳大利亚蚌壳蕨（*Dicksonia antarctica*）。如果想立即得到视觉效果，需要使用成年样本。

灌木

丝兰属植物有常绿、坚硬的剑状叶片，令人过目难忘，有时随着年龄增大它们会长得像树一样，奶油白色的花组成硕大的圆锥花序。穗序鹅掌柴（*Schefflera delavayi*）和台湾鹅掌柴（*S. taiwaniana*）也是可以长得像乔木一样的大灌木，深色叶片有光泽，秋季时黄绿色花朵组成伞状花序。

广玉兰（*Magnolia grandiflora*）有一个株型紧凑的品种'维多利亚'（'Victoria'），很适合用在有限的空间内。木曼陀罗（*Brugmansia*）因硕大的喇叭状花朵得到种植，其下垂的花朵呈白色、粉色或黄色，且常常散发甜香气味。它们的耐寒性不可靠，可种植在大型容器中，并在冬季被剪短得只剩木质骨架，被储存在无霜温室中。

耐阴的八角金盘（*Fatsia japonica*）拥有有光泽的绿色掌状叶片，有时会被寒冷的天气击垮，但通常会在气温升高至冰点之上时迅速恢复。多室八角金盘（*F. polycarpa*）的叶片较小，呈黯淡的灰绿色，耐寒性更差，所以可受益于冬季保护措施。杂交而来的熊掌木属（x *Fatshedera*），常作为室内植物种植，也可以在室外种植，并适合用作低矮攀缘植物。某些品种的叶片有彩斑。

攀缘植物

攀缘植物有助于打造茂盛的热带风貌，它们可自然地穿行在其他植物之间，而不必非得按照严格的方式整枝。猕猴桃（*Actinidia deliciosa*）有硕大的叶片和多毛的茎，但在凉爽气候区不结果。在温暖、向阳的位置，常绿物种络石（*Trachelospermum jasminoides*）在夏季开香气浓郁的花。

甘薯（*Ipomoea batatas*）的几个观赏品种拥有形似枫叶的叶片，在容易发生霜冻的地区适合作为一年生观叶植物种植。有些品种株型紧凑，很适合作为蔓生植物种在大型容器或吊篮中。

宿根植物

一些枝叶茂盛的宿根植物可以

一种不同寻常的松柏

瓦勒迈杉（*Wollemia nobilis*）的活体植株直到1994年才在新南威尔士州的温带雨林中被发现，之前只有化石记录。它是一种直立的针叶树，具有独特的茂密外观。它波状起伏的树枝上长着坚韧的叶片，叶片会在成熟过程中从浅苹果绿色变成深蓝绿色。尽管极具热带风情，但它可以在背风花园的寒冷气温中生存。

瓦勒迈杉

室内植物室外种植

很多室内植物起源于热带地区并适应低光照条件。它们可以单独用在季节性容器中,也可以与传统的花坛植物一起使用。紫露草属植物(*Tradescantia*)等蔓生类型可以用在吊篮中,挂在乔木的树枝上。很多兰花是天然树栖植物,可以挂在树上并在室外度过夏季。很多室内植物更喜欢室温条件,所以需要种在避开强烈阳光和大风的位置,最好有轻度遮阴且没有剧烈的温度波动。

帮助打造茂盛的热带风貌。如果空间允许,可以种植叶片较大的长萼大叶草(*Gunnera manicata*),它是令人过目难忘的植物,每年都从地面长出多刺的叶柄,叶柄顶端是阳伞般的宽展叶片。在空间更有限的地方,羽叶鬼灯檠(*Rodgersia pinnata*)和大叶子(*Astilboides tabularis*)是替代选项。玉簪属植物看上去也有异域风情,而且可选择的品种范围很广泛。和叶片较薄的类型相比,叶片肥厚且表面有白霜的类型不易被蛞蝓危害。耐寒性中等的异域风情观叶植物包括常绿且生长缓慢的蜘蛛抱蛋(*Aspidistra elatior*),以及拥有箭形叶片的芋(*Colocasia esculenta*)。

棕榈类和异域风情植物

矮棕

金姜花

翠蓝木

大花曼陀罗

'罗斯蒙德·科尔斯' 美人蕉

瓦氏棕榈

龙舌兰

吊灯芙蓉

一些多叶秋海棠,如峨眉秋海棠(*Begonia emeiensis*),可以在背风花园中生存于室外,只需要在冬季使用干秸秆覆盖它们。所有这些植物都适合盆栽。

球根植物

姜花属(*Hedychium*)和凤梨百合属(*Eucomis*)等球根植物可以地栽或盆栽,只要种植环境在冬季保持干燥无霜。美人蕉最好作为花坛植物,在秋季挖出并在干燥处储存过冬。它们有令人过目难忘的叶片(某些品种的叶片上还有醒目的斑纹),是效果惊人的观叶植物,不过在夏末会开极具热带风情的花朵。有块茎的马蹄莲(*Zantedeschia aethiopica*)的一些类型足够耐寒,可在大部分温带地区成功越冬,但其他类型容易遭受冻害,最好盆栽。

植物的越冬保护

上面提到的很多植物可忍耐冰点温度,不需要保护。将脆弱的盆栽植物转移到无霜地点过冬,但如果它们的耐寒性中等,可以将它们留在原地,并用厚园艺织物或麻布包裹种植容器。

要想确保作为宿根种植方案一部分的较大宿根植物的存活,可用干秸秆或类似材料覆盖休眠中的根颈。对于长萼大叶草,可以将老叶折叠起来,以保护第二年的生长芽。对于脆弱乔木和灌木的末端枝叶,可在严寒时期用园艺织物松散地包裹起来。对于树蕨,用干秸秆松散地包裹根颈以保护第二年的新生蕨叶,然后将当年蕨叶包裹在秸秆周围,用绳线绑扎起来。

充满热带风情的植物

金蝉脱壳 *Acanthus mollis* H6
楤木 *Aralia elata* H6,
　'金边' 楤木 *A. elata* 'Variegata' H5
芦竹 *Arundo donax* H4
银枪草 *Astelia chathamica* H3
丝兰龙舌草 *Beschorneria yuccoides* H3
智利乌毛蕨 *Blechnum chilense* H4
苏铁属 *Cycas* H2-H1b
红大丽花 *Dahlia coccinea* H3,
　树形大丽花 *D. imperialis* H3
光亮蓝蓟 *Echium candicans* H1c,
　牛舌草 *E. pininana* H3
锯叶刺芹 *Eryngium agavifolium* H4
八角金盘 *Fatsia japonica* H5
智利大叶草 *Gunnera tinctoria* H4
染料凤仙花 *Impatiens tinctoria* H3
麻兰属 *Phormium* H4-H3
刚竹属 *Phyllostachys* H5
掌叶大黄 *Rheum palmatum* H6 及其品种
五彩苏属 *Solenostemon* H1c

注释
H = 耐寒区域,见56页地图

异域风情园
来自世界各地的大量亚热带植物可以在温带地区的背风花园中茂盛生长。

低矮松柏类

低矮松柏植物易于维护，可以种在紧凑的苗床或容器中，特别适合用于小型花园。这类植物的色彩多样，从金黄到鲜绿，再到蓝灰和银灰色；树形也很丰富，包括球形、锥体形和细长的尖塔形。它们的生活习性也很多样，从匍匐型、堆积型到直立型和垂枝型，叶子有些是轻柔的羽毛状，有些则浓密扎人。通过细心的规划，这些丰富多样的色彩、形态和质感能够提供全年的观赏价值。关于栽培、日常养护和繁殖的信息，详见"观赏乔木"，91~103页。

加强松柏植物的效果
为了更好地展示松柏植物，在种植中增加石南类植物，为花园带来一抹鲜艳的亮色。

选择植物

当选择用于小型空间的松柏植物时，必须意识到真正的低矮种和品种与生长缓慢的种和品种之间的区别。有时候所谓的低矮松柏其实只是大树生长较为缓慢的变异而已。幼年期的松柏很难鉴定种类，因为它们的叶子和成年期相比常常有很大差别。在购买植物时，要确定每种植物的名称都是正确的，以免有任何植株最后超出其限定的生长空间。如果想要最广泛的选择范围，可以前往松柏专类苗圃，此类苗圃可以就合适的品种提供建议。

使用低矮松柏类做种植设计

低矮松柏类在花园中的用途十分广泛。它们可以单独用来创造一个景致，或一起种植产生和谐的全年色带；它们还可以用来衬托其他植物或是作为地被使用。岩石园（rock garden）、石南花园（heather garden）和美观的园艺容器也是种植各种低矮松柏的绝佳场所。

一些低矮松柏植物

'蓝箭'洛基山桧

'矮生'黑云杉

'蓝球'蓝粉云杉

'俄斐'矮赤松

'矮球'日本柳杉

'鞭绳'北美乔柏

'矮黄'日本扁柏

孤植

一些生长缓慢的松柏植物适合孤植观赏。例如，树冠开展型的松柏可以用来柔化硬质景观的边缘，而柱状孤植松柏会起到创造视觉焦点的作用。

丛植

如果空间允许的话，一系列低矮松柏可以形成非常吸引人的景致。松柏的多样色彩也可以用来在不同季节强调不同区域。例如，蓝色和银色在冬季的冷光下最美，而金色和绿色在春季最为鲜明动人。

陡坡和堤岸常常很难进行有效的种植和绿化，但当它们种上成片的匍匐松柏植物之后，它们也能够成为引人注目的景观。植物一旦站稳脚跟，这些通常很容易产生问题的区域就会变得易于维护，而且不再容易滋生杂草。

植物的关联

低矮松柏植物和其他个性类似的植物种类之间具有良好的联系。它们常常用于石南花园，以延长观赏期，并与帚石南属（*Calluna*）、大宝石南属（*Daboecia*）、欧石南属（*Erica*）品种在色彩和形式上形成对比。其他与低矮松柏类互补的植物包括金雀儿属（*Cytisus*）、小金雀属（*Genista*）、岩蔷薇属（*Cistus*）植物及体量较小的枸子属物种和品种。

岩石园

在岩石园中，低矮松柏植物为其他相互映衬但更不持久的植物提供了框架。你可以使用所有的色彩、质感和形状，但选择植物种类时要保证它们不会长得过大或压制别的植物。体量较小的物种和品种，如'津山桧'欧洲刺柏（*Juniperus communis* 'Compressa'），非常适合用于微缩景观，种在紧凑、隆起的苗床上，也是下沉花园和其他园艺容器中的理想植物。

地被

许多低矮松柏植物是很优秀的地被植物，还可以抑制杂草。它们要么形成浓密的垫子，如平枝圆柏（*Juniperus horizontalis*）及其品种，要么长高并将枝叶展开，隔绝树冠之下的光线。某些鹿角桧（*Juniperus* x *pfitzeriana*）品种，如'洒硫金'（'Sulphur Spray'），特别适用于覆盖窨井盖或混凝土铺装（见"用于地被的灌木"，116页）。

孤植
'金叶'欧洲红豆杉（*Taxus baccata* 'Aurea'）很适合用来创造视觉焦点，它一整年都有颜色鲜艳的树叶。

土壤准备和种植

一旦种下去，一棵乔木就可能在原地待上几十年甚至几百年，因此必须尽可能为它提供最好的生长条件。气候、土壤类型以及光照和背风程度都影响乔木的生长，因此在决定种植位置的时候要考虑所有因素。精心的准备和种植与随后的养护一样，对于乔木的快速恢复和健康生长至关重要。

气候上的考虑

在选择乔木之前，先确保当地的气温范围、降水量和空气湿度水平能够让它正常生长。一些特定因素，如山顶上的强风等，也会影响你的选择。即使是同一个物种的不同品种，对于生长条件的适应性也有差别，所以某些植物会成活，而其他的则不会，例如，广玉兰的不同品种能够承受的低温为-12~6℃不等。

在有春霜侵袭的地区，选择那些展叶较晚的乔木，以防冰霜冻伤幼叶。在寒冷地区，并不完全耐寒的乔木可能种植在户外，但需要冬季防冻措施进行保护（见"防冻和防风保护"，598~599页）且应该种在背风的地方。如果在温带地区种植不耐寒的或热带植物，就需要在冬季进行包扎防寒，或者使用盆栽，以便在冬季移入室内。

乔木很少能在年降水量小于250毫米的地区正常生长，大多数乔木更喜欢1000毫米的降水量。除了降水丰沛的时期和土地冰冻期间，需要在种植乔木后大量浇水，尤其是在长期炎热干旱时。一旦站稳脚跟——通常是在种下两三年后，大部分乔木便不需要额外浇水，因为它们会从降雨中获得足够的水。如果土壤一直很干燥，最好选择可以应对干旱时期的品种。

选择种植位置

当种植乔木时，尽量选择花园中最好的位置，因为即使是同一小块土地上的微环境也可能有相当程度的差异。确保选择的位置既有充足的光照，又有适当的遮蔽：许多叶子宽大的乔木会在背风并有部分阴凉的位置生长得很茂盛，但是在充分暴露的位置可能会生长不好，因为树叶会受到强风和强光侵袭。

在海滨区域，种植位置应该背风，因为海洋飞沫和含盐分的海风（甚至会深入内陆几公里）可能会让树叶枯萎并对嫩芽造成损伤。不过有些乔木树种能够适应海滨环境（见"适合暴露或多风区域的乔木"，95页），并可以作为防风林种植，保护其他更柔弱的植物免遭强风侵袭。同样，如果在山坡上种植乔木，要牢记一点，那就是比较柔弱的乔木在半山坡上比在山顶或山脚都更容易成活（见"霜穴和冻害"，53页）。

最好不要将乔木种得离墙壁或建筑太近，否则幼年期乔木会因为"雨影区"效应（见"雨影区"，54页）而无法得到充足的光照和水分。在理想的情况下，它们和任何建筑结构之间的距离应该保持在成年高度的一半以上。除此之外，一些乔木如杨属（*Populus*）和柳属（*Salix*）物种的强壮根系还可能在生长过程中破坏建筑的排水系统和地基（见"树根和建筑"，96页）。较柔弱的树种应该种植在暖墙附近，它们可以享受墙壁截留下来的热量，从而在本来无法生存的地区存活。

当选择种植位置时，确保乔木不会干扰空中及地下的线路和管道，这些东西可能会阻碍乔木的生长，或者会被乔木破坏。根障（通常由高密度合成纤维制成）可以帮助阻隔根系触及特定区域，还不会阻碍乔木的生长，常用在行道树的种植中。

选择乔木

乔木在买来时可能是盆栽的、裸根的或是坨根的，不过松柏类和棕榈类通常不会裸根出售。乔木苗木的大小和成熟阶段也有不同，从幼苗到半成熟的都有。苗木株龄越小，其种植和恢复速度越快，而大龄苗木能在花园中立即产生强烈的效果，但也更加昂贵。

无论你选择哪种规格的苗木，都要确定其地面以上部分和根系健康有活力，没有害虫、病害或损伤痕迹。树枝和根系都应该发育良好，并围绕树干均匀分布。地面以上

选择乔木

盆栽乔木

裸根乔木

坨根乔木（杂扁柏）

部分相对于根系来说不能过大，否则根系无法吸收足够的养分和水分以用于新的生长，乔木可能会因此而无法恢复。例如，盆栽乔木的冠幅不应该超过其容器直径的3~4倍。

被允许过早开花或结实的乔木会给买家留下较深的印象，然而这种乔木也不应该使用。这种生长很可能是以牺牲根系的发育作为代价的。

盆栽乔木

盆栽乔木来源非常广泛，可以在一年之中任何一段时间购买和种植，除非土壤特别干燥或潮湿；在规格相当的情况下，盆栽乔木通常比裸根和坨根乔木更贵。对于那些移栽后不易恢复的物种（如木兰属和桉属乔木）来说，购买盆栽乔木是最好的方法，这样对根系的干扰最小。这些难以恢复的乔木应该在幼苗时购买和种植。热带乔木和不常见的乔木也通常是盆栽出售的。

在购买树苗之前，如果可能的话，将它从容器中取出，这样就能清晰地观察它的根系：不要购买根系挤成一团或者有粗根从容器排水孔中伸出的树苗。这样的树苗可能很难恢复。同样，如果树苗从容器中取出后，基质没有很好地黏附在根坨上，这样的树苗也不要购买，它的根系还没有发育完。确保容器相对于乔木来说足够大：作为一般性的指导原则，容器的直径不应小于乔木高度的六分之一。种植在小容器里的高大乔木，其根系会被束缚得很厉害。

裸根乔木

裸根出售的几乎都是落叶乔木，它们种在开阔的圃地中，出售时挖起来，根上几乎不留土。然而，一旦根系暴露在空气中，吸收营养的细根就会开始变干。专业苗圃会去除所有的须状根以及不平衡的、过长的或者受损的根。

购买裸根乔木的时间一定要在它们的休眠期，最好是在秋季或早春；如果在有树叶的时候购买并移植，它们很可能无法存活。杨树（*Populus*）、山毛榉（*Fagus*）乔木和许多蔷薇科乔木（如海棠等）常常是从苗圃裸根出售的，而园艺中心只有裸根果树出售。

确保你选购的苗木拥有发育良好的根系，向各个方向均匀生长。直径约2~5毫米厚的细根是一个好现象，这意味着它们每年都进行了底切（undercut），这是一种促进生长和保持根系活力的技术。检查根系，确保它们没有损伤和病虫害，也没有因暴露在风中而引起的干燥痕迹。不要购买所有根系都长到一边的"曲棍"式根苗木，它们很难恢复。

坨根乔木

这些苗木也种植在开阔地中，但挖起来的时候根系周围的土壤会用麻布或网绳包裹起来，让根坨聚在一起并防止根系失水。高度超过4米的落叶乔木、许多常绿乔木（特别是松柏类），以及高度超过1.5米的棕榈类常常以这种方式出售。

在休眠期购买和种植坨根乔木，最好是秋季和早春，其购买标准和裸根乔木及盆栽乔木相同。在购买之前确保根坨紧实，包裹无损：如果有任何干掉或受损的痕迹，苗木就不容易恢复良好，而且由于最终产生的根系不稳定，乔木很可能承受不了强风侵袭，特别是在成年之后。

幼苗、移栽苗和鞭状苗

苗龄为一年的幼苗（seedlings）可以在专门的苗圃买到。移栽苗（transplants）是移栽到苗圃的实生苗和扦插苗，苗龄为4年。它们已经

立桩

由于新移栽乔木的根系需要一个或多个生长季才能稳固地扎在土壤中，所以立桩防风是很重要的。将木桩打入土壤60厘米深，确保其牢固稳定。2~3年后，苗木就会足够牢靠，此时便可以将木桩撤除。支撑的方法取决于苗木本身、种植地点以及个人喜好。

过去常常使用一根高高的竖直木桩，将它钉在苗木的盛行风向一侧，顶端直达树冠下方。如今一般使用低木桩，它能让苗木在风中更自然地活动。

对于茎干比较柔软的乔木（如海棠等），可以在第一年使用高桩，然后在第二年将其截短，第三年撤除。

对于盆栽和坨根乔木，最好使用迎着盛行风向的斜桩，因为这能避免将木桩打入根坨中。或者也可以在根坨周围使用2~3根短桩。

在多风地区或者在种植高于4米的苗木时，在根坨两边打入两根垂直桩以提供支撑。大型乔木常常使用固定在低桩上的拉绳来固定。在拉绳上面套上软管或贴上白胶带，让它们变得更加显眼，以便有人经过时绊倒。

高桩
在种植之前打入一根高桩。使用两个衬垫结或带扣-垫片结将树苗固定在桩上。

低桩
低桩能让树干进行一定程度的活动；将桩打入土壤，只留50厘米在地平面上。

斜桩
种植之后可以增添低矮的斜桩。将它朝向盛行风，以45°的角度钉入地面。

双桩
将两根木桩以相对的方式打入苗木两边，并使用重型橡胶结将它们和苗木固定在一起。

是健壮茂盛的苗木，株高一般为60厘米至1.2米。苗龄和处理方式可作如下简记："1+1"表示将幼苗留在苗床一年，然后移栽进行下一年的生长；"1u1"表示第一年过后进行底切（见"裸根乔木"，左），然后在原地进行下一年的生长。鞭状苗（whips）是只有茎干，形状像鞭子的树苗，按高度出售，它们有1~2米高，至少被移栽过一次。

羽毛状苗木

这些苗木拥有一根主干和一系列直达地平面的水平分枝（所谓的"羽毛"）。它们至少被移栽过一次，株高常达2~2.5米。

标准苗和大树

标准苗（standards）由专门的

树木固定结

固定结必须牢固、持久，能够适应树木的周长，不会勒进树皮里。你可以购买专利固定结，或者用尼龙带子或橡胶管自制。使用垫片以防固定结摩擦树干，或者将衬垫结打成八字结，并将它钉在木桩上。当使用双桩或三桩时，使用重型橡胶带或塑料带固定乔木。如果使用拉绳支撑大型乔木，则使用多线结构的绳子或尼龙绳。

带扣-垫片结
将带子穿过垫片，围绕树干一圈后再次穿回来；用带扣固定，这样固定得既紧又不会损伤树皮。

橡胶结
如果使用没有带扣的橡胶或塑料结，可以把它钉在木桩上，防止摩擦对树皮造成损伤。

乔木苗圃出售，高约3米，并进行过修剪，拥有高地平面2米以上无水平分枝的一根主干。

中央主干标准苗（central-leader standards）拥有一根将继续向上生长的粗壮树干。开心形标准苗（branched-head standards）拥有充分发育的树冠，水平分枝从树干顶端向外伸展。

园艺中心出售的大部分乔木是株高2.1米、拥有1.2~1.5米无分枝树干的苗木，称为半标准苗（half-standards）。株高3.5米的是精选标准苗（selected standards）。专业苗圃中更大规格的苗木包括5米高的特大标准苗（extra-heavy standards）和5~12米高的半成年苗木。

运输冲击

某些乔木（尤其是常绿树、松柏类和所有坨根乔木）很容易被运输过程中的冲击影响，特别是当它们在种植前变干脱水的情况下。如果植物在运输途中被绑在车顶行李架上或者以其他方式暴露在强风环境下，它们就会遭受损伤。大多数苗圃会用合适的车辆将乔木运送到你家门前，它们会在车辆中保持直立姿态，而且有遮风挡雨的措施。

长满树叶的乔木应该在送达后尽快种植，然后保持充分的灌溉。裸根落叶乔木对运输不太敏感。

种植时间

乔木最好在购买之后尽快种植，不过盆栽和坨根乔木可以在湿润无冰霜的条件下保存数个星期。

除了干燥、极度湿润和下霜，盆栽乔木可以在一年之中的任何时间种植；落叶裸根乔木可以在深秋至仲春之间种植（避开霜冻和极度潮湿的天气）。带有新鲜根系的耐寒常绿乔木和耐寒落叶乔木应该在深秋或者仲春至晚春种植，半耐寒乔木应该在仲春种植。坨根乔木应该在早秋至深秋或仲春至晚春种植；落叶乔木应该在冬季温和的天气下种植。

秋季种植能让植物的根系在冬季到来之前恢复。这有助于乔木承受次年夏季的高温和干燥。在寒冷地区，春季种植能让乔木更好地恢复。如果在冬季种植，地面可能会由于随后的霜冻而隆起。如果出现了这样的情况，应该待土壤解冻之后重新压实。

土壤准备

预先准备现场能让土壤状况稳定下来，并最大限度地减少购买和种植乔木之间的延迟。选择一个排水良好的地点，排水不畅的地点需要在种植之前加以改善（见"改善排水"，589页）。将草皮和其他植物材料统统去除，清理出乔木根坨三四倍大小的区域，消除土壤中对养分和水分的竞争，然后开始锄地，将有机物质锄进土壤最上面的部分。

大多数乔木需要深达50厘米至1米的土壤才能生长良好。有些只需在15厘米厚的土壤中就能生长，但它们更加不稳定，也不耐干旱。

假植
如果错过了种植时机，可将苗木在背风处进行假植。先挖出一道沟渠，然后将苗木的根部放进去。让沟渠的侧壁支撑苗木的树干。使用湿润易碎的土壤覆盖苗木根部和树干基部，避免树根干掉。

- 斜放的苗木
- 湿润易碎的土壤
- 沟渠

适合酸性土壤的乔木

冷杉属 Abies H7-H3 Ev, C
美国荔梅 Arbutus menziesii H4 Ev
连香树 Cercidiphyllum japonicum H5
太平洋四照花 Cornus nuttallii H5
柳杉属 Cryptomeria H6 Ev, C
简瓣花 Embothrium coccineum H4 Ev
北美山毛榉 Fagus grandifolia H6
尖叶木兰 Magnolia acuminata H6
滇藏木兰 M. campbellii H4 及其品种
含笑属 Michelia H4-H1c Ev,
酸木 Oxydendrum arboreum H6
云杉属 Picea H7-H4 Ev, C 大部分物种
金钱松 Pseudolarix amabilis H7
黄杉属 Pseudotsuga H6 Ev, C
红苞木 Rhodoleia championii H4 Ev
日本金松 Sciadopitys verticillata H6 Ev, C
紫茎属 Stewartia H5-H3
野茉莉 Styrax japonicus H5
异叶铁杉 Tsuga heterophylla H6 Ev, C

适合碱性土壤的乔木

栓皮槭 Acer campestre H6,
意大利青皮槭 A. cappadocicum subsp. lobelii H6,
榕叶槭 A. negundo H6 及其品种,
挪威槭 A. platanoides H7 及其品种
七叶树属 Aesculus H7-H5
欧洲鹅耳枥 Carpinus betulus H7
黎巴嫩雪松 Cedrus libani H6 Ev, C
南欧紫荆 Cercis siliquastrum H5
美国扁柏 Chamaecyparis lawsoniana H6 Ev, C 及其品种
山楂属 Crataegus H7-H6
光滑柏木 Cupressus arizonica var. glabra H5 Ev, C
杂扁柏 x Cuprocyparis leylandii H6 Ev, C 及其品种
欧洲山毛榉 Fagus sylvatica H6 及其品种
欧洲白蜡 Fraxinus excelsior H6, 花白蜡 F. ornus H5
刺柏属 Juniperus H7-H3 Ev, C
苹果属 Malus H6
黑桑 Morus nigra H6
鹅耳枥铁木 Ostrya carpinifolia H6
总序桂 Phillyrea latifolia H5 Ev
欧洲黑松 Pinus nigra H7 Ev, C
银白杨 Populus alba H6
'重瓣'欧洲甜樱桃 Prunus avium 'Plena' H6,
大山樱 P. sargentii H6
梨属 Pyrus H6 物种和品种
刺槐属 Robinia H6 物种和品种
白背花楸 Sorbus aria H6 及其品种
欧洲红豆杉 Taxus baccata 及其品种
崖柏属 Thuja H7 Ev, C
白背椴 Tilia tomentosa H6

注释
C 松柏类
Ev 常绿植物
H = 耐寒区域，见56页地图

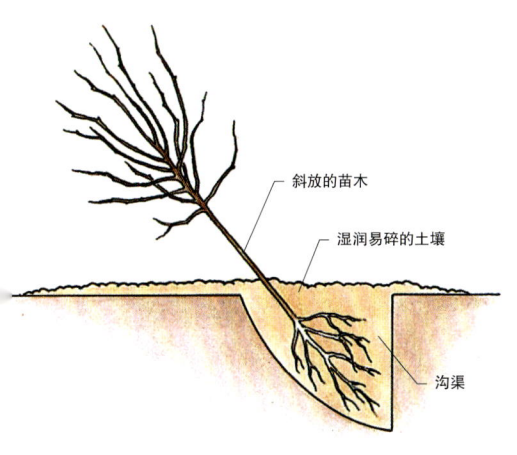

种植乔木

准备好种植地点之后，挖一个种植坑，其宽度应为苗木根坨宽度的2~4倍，具体大小取决于苗木是盆栽的、裸根的还是坨根的。如果预先挖好了树坑，就往坑里松散地回填一些土，直到能够种植苗木，这样做能让土壤保持温暖。用叉子戳种植坑的侧壁和底部，令周围土壤变松，从而让树根更容易扎进土里，这对于质地黏重的土壤尤其重要。如果你只使用一根固定桩的话，应在种植前将它打入树坑中央偏一点的位置，以确保根系不会在后来受到损伤（见"立桩"，92页）。

盆栽乔木

如果基质很干的话，将其完全弄湿：可以将容器放在水中浸泡一两个小时，直到基质湿透。然后将容器去除，必要的话可以将它剪开。轻柔地梳理根系以促进它们长进周围的土壤，这对于受到容器束缚的植物来说至关重要。对于根系发育充分但还没有受到容器束缚的植物，则可以在种植前用园艺刀从下往上在根坨上划出2个或4个垂直的浅切口。用修枝剪将破损的树根清理掉。

必须确保种植深度合适：如果苗木种植得过深，它的根系可能吸收不到足够的氧气，生长速度会减缓甚至死亡；如果种得太浅，根系又可能干掉。将苗木放在树坑中，并找到土壤标记（soil mark）——树干基部附近的一道深色标记，指示苗木在苗圃中生长时的土壤高度。将一根竹竿靠着树干架在种植坑上，如果需要的话，增添或取出根坨下的土壤，使土壤标记与竹竿重合。要注意，盆栽乔木常常是机器上盆的并且在花盆里放得很低。在种植时，确保盆栽基质之下的那段树干位于地面之上。在排水顺畅的土壤中，可将一段直径10厘米的穿孔排水管插入种植坑中——顶端应该刚好露出地平面，底端则埋设在苗木的根系之中。在以后的炎热

适合沙质土壤的乔木

北美冷杉 *Abies grandis* H7 Ev, C
银荆 *Acacia dealbata* H3 Ev
梣叶槭 *Acer negundo* H6 及其品种
柳香桃 *Agonis flexuosa* H2 Ev
锯叶班克木 *Banksia serrata* H2 Ev
垂枝桦 *Betula pendula* H7 及其品种
欧洲栗 *Castanea sativa* H6
欧洲朴 *Celtis australis* H6
南欧紫荆 *Cercis siliquastrum* H5
光滑柏木 *Cupressus arizonica* var. *glabra* H5 Ev, C
美丽桉 *Eucalyptus ficifolia* H2 Ev
美国皂荚 *Gleditsia triacanthos* H6
刺柏属 *Juniperus* H7-H3 Ev, C
欧洲落叶松 *Larix decidua* H7
楝 *Melia azedarach* H1c
斜叶南水青冈 *Nothofagus obliqua* H5
长叶刺葵 *Phoenix canariensis* H2
海岸松 *Pinus pinaster* H5 Ev, C,
　　辐射松 *P. radiata* H6 Ev, C
冬青栎 *Quercus ilex* H4 Ev
柔毛肖乳香 *Schinus molle* H1b Ev
黄花风铃木 *Tabebuia chrysotricha* H3
北美香柏 *Thuja occidentalis* H7 Ev, C 及其品种

适合沙质土壤的乔木

挪威槭 *Acer platanoides* H7 及其品种
栗豆树 *Castanospermum australe* H2
钝裂叶山楂 *Crataegus laevigata* H7 及其品种
白蜡属 *Fraxinus* H6-H3
黑胡桃 *Juglans nigra* H6
苹果属 *Malus* H6
水杉 *Metasequoia glyptostroboides* H7 C
杨属 *Populus* H7-H6
梣叶枫杨 *Pterocarya fraxinifolia* H6
'公鸡'豆梨 *Pyrus calleryana* 'Chanticleer' H6
沼生栎 *Quercus palustris* H6,
　　夏栎 *Q. robur* H6
柳属 *Salix* H7-H5
落羽杉 *Taxodium distichum* H7 C

注释

C　　松柏类
Ev　　常绿植物
H＝耐寒区域，见56页地图

种植乔木

1 种植之前，将裸根苗木放入一桶水中浸泡30~60分钟，为盆栽苗木充分浇水。在种植地点标记出方形种植坑，它的宽度应为苗木根坨直径的3~4倍。

2 铲去任何草皮或杂草，挖掘种植坑，深度与根坨一致（但不要更深）。

3 将苗木放入种植坑，检查大小和深度是否合适。当种植完成时，第一层树根应该位于土壤表面下方一点的位置。

4 轻轻梳理根系，避免弄散根坨，并去除基质中的所有杂草。

5 将一根竹竿横放在种植坑上，再次检查种植深度。通过添加或挖出土壤进行调整。如果使用一根固定桩，将它钉入迎风一侧稍偏离中心的位置。

6 用表层土回填苗木树根周围。用手轻轻按实土壤，然后覆盖一层堆肥护根，以树干基部为圆心，在其周围留下一圈半径10厘米的无护根区域。

7 用合适的立桩支撑苗木（见"立桩"，92页）；在苗木上安装一个固定结，再将树干固定在立桩上。浇透水；可以添加一个树木浇水袋，如上图所示。

土壤标记
在树干上寻找可作为种植深度指标的深色标记——这个标记应该和土壤表面位于同一高度。

定在立桩上（见"树木固定结"，93页）。剪去任何死掉或者受损的树枝。浇透水并铺上一层厚厚的护根（见"护根"，96页）。

种植半成年乔木最好由两个人完成。要想将苗木从花盆中取出，可以牢牢握住树干靠下的地方将苗木斜放。斜着将花盆拽下来，然后按上文所述的方法处理根坨。

裸根乔木

种植位置的准备方法和种植盆栽乔木时一样，确保种植坑的宽度足以让根系在其中完全伸展；剪去受损的根，只留下健康生长的根系。如果只用一根固定桩，将其钉入树坑中稍偏中心的位置，然后将苗木的根系围绕它伸展开。如果需要的话调整种植深度，然后部分回填种植坑，轻轻摇晃树干使土壤下沉。逐步按实回填好的土壤，注意不要弄伤根系。最后，为苗木浇水；在周围覆盖护根。

种植坨根乔木

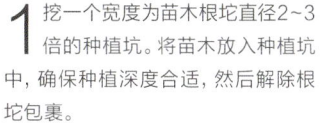

1 挖一个宽度为苗木根坨直径2～3倍的种植坑。将苗木放入种植坑中，确保种植深度合适，然后解除根坨包裹。

2 将苗木放倒至一侧，将包裹材料从根坨上扯下来压在根坨下方，然后将苗木放倒至另一侧，小心地将包裹材料拉出来。回填种植坑，压实，覆盖护根，浇透水。

天气里，可以将水直接灌到这个管子里，使水直达乔木的根系。

回填种植坑，逐步将土壤按实，去除其中的所有气穴；注意不要将黏质土压得过实，这可能会让地表层压缩，不利排水。在沙质土中，乔木周围的一道浅沟有利于将水引到根部。相反，在黏质土中，树干周围的小丘有利于将水排出根坨位置。

用一个或多个固定结将苗木固

坨根乔木

坨根乔木的种植方法和盆栽乔木的非常相似。种植坑的宽度应该是根坨宽度的两倍，若是在厚重的黏质土中则应是三倍。将苗木以合适的种植深度放置在树坑中，然后去除包裹根坨的麻布或棕绳。如果使用斜桩或在根坨两侧各使用一根直桩，这时将它们打入土中：它们应该紧密地依靠着根坨，但不会刺穿它。

在厚重的黏质土中，可以将根坨顶部稍微提升至地平面以上来促进排水，然后使用5～7厘米厚的松散土壤覆盖根坨暴露出来的部分，并围绕树干留出2.5～5厘米宽的空隙。浇透水，围绕树干基部覆盖护根。

养护

在种植后最初的两三年里，经常且大量为乔木浇水非常重要，特别是在干旱时期。如果不能做到这一点，乔木的恢复将会受到阻碍，乔木甚至会因此而死亡。清理周围区域的草皮和杂草，因为它们会阻止雨水穿透至乔木根系。使用通用肥料施肥并定期覆盖护根（见"日常养护"，96～98页），护根既能抑制杂草生长，又能防止过多水分从土壤表面蒸发。有些乔木需要额外的防风和防冻保护，例如，暴露位置上的常绿树最开始应该用风障保护起来，以防止风将其吹干。风障可以用栏架和50%渗透性风障网建

保护树干

在许多地区，必须对幼年乔木的树干加以保护，以免兔子或其他动物啃咬树皮。可以用几根木棍或立桩固定的铁丝网将树干围起来，也可以使用专利的树干保护套栏。园艺商店和苗圃有很多类型的保护套栏，包括用柔软塑料制成的螺旋形包裹套栏，以及用高强度塑料或金属网制成的套栏。可生物降解的塑料网树木套栏也是一个选择，其高度由60厘米至2米不等。任何不能生物降解的材料都需要在一些年后撤除。

在暴露区域（如山坡上），可以使用树木保护套帮助移栽苗和鞭状苗很好地恢复。这些塑料结构长达1.2米，直径为8～15厘米。

造，或者用枝丫材和带结实立柱的铁丝网建造（见"防冻和防风保护"，598～599页）。

适合暴露或多风区域的乔木

标注🍃的不适合用于滨海区域
欧亚槭 *Acer pseudoplatanus* H7
垂枝桦 *Betula pendula* H7 🍃，
　欧洲桦 *B. pubescens* H7 🍃
拉氏山楂 *Crataegus × lavallei* H4，
　单子山楂 *C. monogyna* H7
岗尼桉 *Eucalyptus gunnii* H5, Ev，
　疏花桉 *E. pauciflora* H5 及其亚种
欧洲白蜡 *Fraxinus excelsior* H6
阿耳塔拉冬青 *Ilex altaclerensis* H6, Ev 及其品种
挪威云杉 *Picea abies* H7 🍃, Ev, C
北美云杉 *P. sitchensis* H5 🍃, Ev, C
旋叶松 *Pinus contorta* H6, Ev, C
欧洲黑松 *P. nigra* H7, Ev, C
辐射松 *P. radiata* H6, Ev, C
欧洲赤松 *P. sylvestris* H7, Ev, C
夏栎 *Quercus robur* H6
白柳 *Salix alba* H6
白背花楸 *Sorbus aria* H6，
　欧洲花楸 *S. aucuparia* H6 及其品种

注释
C　松柏类
Ev　常绿植物
H = 耐寒区域，见56页地图

A　B　C　D
保护新栽植树苗免遭动物破坏的措施：用木棍固定在地面上的金属网或塑料网（A）、硬质塑料树木保护套（B）、高强度橡胶或塑料套栏（C）、柔软塑料制成的螺旋形包裹套栏（D）。在可能的情况下最好使用可生物降解的塑料。

日常养护

乔木所需要的养护程度很大程度上取决于物种种类、小气候、土壤类型和种植地点。如果想要恢复良好，大多数乔木在种下的至少头两年里需要浇水和一块没有杂草的生长区域。盆栽乔木也应该经常更换表层基质（top-dressing），并偶尔重新上盆。此外，其他的一些措施（如去除萌蘖条或控制病虫害）都是必要的，而在特定的情况下，比如一棵乔木长势颇弱，最好的解决办法是将它砍掉或者移到别处栽植。

灌溉

大多数乔木需要大量的水才能良好生长，特别是在疏松的沙质土中或者刚刚种植的头两三年。作为一般性的指导，在生长季的干燥天气中，每棵树每周需要50~75升水/平方米。水必须渗透至根系。

树根灌溉沟可以将水引导至根坨。或者将一个浇水袋放置在树干底部旁边，这将确保水分持续释放给乔木，而且可以减小灌溉方面的劳动负担。一旦完全恢复（通常是在种植3~5年后），大部分乔木只需要在春季和夏季的干旱时期人工灌溉。

盆栽乔木

和那些种植在开阔地中的乔木相比，盆栽乔木一般需要更频繁的浇水和施肥，因为它们生长在其中的基质只能储存很有限的水分和养分。在炎热干燥的季节，盆栽乔木可能需要每天浇两次水。每年在基质上面覆盖碎树皮或类似的材料作为护根，以限制杂草、苔藓和地钱的出现。另外，每年春季进入生长季之前更换容器中的表层基质。这需要将旧基质挖出，换上混合了肥料的新鲜基质。与此同时，剪去所有死亡、受损、孱弱或散乱的树枝，使乔木复壮，并保证它健康茁壮生长。

每两三年为乔木重新上盆，可以使用原来的容器，更好的选择是移栽到更大的容器中。首先将乔木小心地从原来的容器中取出，然后梳理根系，将粗大而粗糙的根剪去三分之一长。如果根系有些干的话，将它先浸泡在水中，然后用新鲜基质重新为乔木上盆（见"木本植物的换盆"，343~344页）。如果你要使用原来的容器，一定要在添加新的基质并将乔木重新上盆之前将容器清洗干净。

护根

在乔木周围覆盖护根能够抑制杂草生长，减轻根部周围的极端温度变化，还能减少土壤表面的水分

更换表层基质
盆栽乔木消耗肥料的速度比种在开阔地的乔木更快，因为它们的根系受到束缚。你可以在春季更换基质，为它补充营养。使用泥铲或手清除护根和表层5厘米厚的基质。使用混合了缓释肥的新鲜基质代替旧基质。浇透水后用护根覆盖。

流失。一般来说，树皮屑等有机材料最美观，它们可以用来覆盖可生物降解的护根垫。富含养分的护根有益于果树，可以提高它们的产量。

护根最好在冬末或早春使用，不过只要土壤湿润，它们可以在任何时间使用（霜冻期除外）。护根覆盖范围应比乔木根系宽30~45厘米。年幼的乔木每年增添一次护根。

除草

乔木树冠下方的区域不能生长杂草和其他禾草，避免乔木纤维状的吸收根和其他物种竞争有限的水分和养分。而如果一棵乔木的生长速度过快，则可以保留或者在其周围种植青草，通过引入竞争者的方式减缓其生长势头。

有些除草剂可以在特定乔木周围使用，因为它们并不影响树木的根系。不过护根会让除草工作没有多少用武之地。关于杂草的处理，见"杂草和草坪杂草"，649~654页。

萌蘖条和徒长枝

如果任其自由生长，萌蘖条和徒长枝就会将养分从乔木的主枝上夺走。一旦出现，就应将它们去除（见"去除萌蘖条"和"去除徒长枝"，97页）。

茎生和根生萌蘖条

一棵乔木可能同时产生茎生萌蘖条和根生萌蘖条：茎生萌蘖条出现在嫁接繁殖的乔木上，生长于嫁接结合处正下方，是砧木长出的萌蘖，而根生萌蘖条则是从根部直接生长出来的。嫁接植物的萌蘖条会很快长得比树冠部分还大，甚至几年之后完全代替它，最后砧木物种而不是嫁接品种占据主导地位。

生长力特别旺盛或者根系贴近地表的乔木，如杨属乔木和李属观赏乔木，如果根系受损的话，可能会形成根生萌蘖条。它们可用于繁殖，但是如果从草坪和道路中长出来，就会很麻烦。

尽可能从基部剪去或拔掉萌蘖条，如果有必要的话，一直挖到萌蘖条与根部相连的地方。

徒长枝

徒长枝会从树干上直接长出来，常常长在修剪造成的伤口周围。一旦发现就用手将它们抹去，或者从基部剪掉，如果再生的话，再将其抹去。

霜冻和风

乔木可能会被强风损伤，而剧烈的霜冻会影响年幼的树木，所以应该提供防风和防冻保护（如风障等），特别是在暴露的区域。风障可以是人工的（如篱笆），也可以是自然的，如树篱（见"风障的工作原理"，55页）。

新栽植乔木周围的土壤可能会因为霜冻隆起。如果发生了这种情况，应在土壤解冻之后重新将其压实，以免根系干掉（见"防冻和防风

树根和建筑

如果地基牢固的话，大部分生长在建筑附近的乔木不会造成破坏。然而，地面沉降和结构损坏有时与乔木的树根有关，尤其是当建筑的基础较浅并且建造在黏质土上时。

乔木会在夏季干旱时吸收土壤中的所有可用水分，导致土壤收缩，而这又会导致地面沉降和结构开裂（通常发生在门窗周围）。树根可能进入并堵塞排水管道，但如果排水管道不透水的话，

这不太可能发生。密封不良的陈旧排水管道更容易受损。

对于种在建筑附近的成年乔木，最好每隔几年进行专业的调查，评估其整体健康状况，并确定是否需要修剪或砍伐。特别是桉树、栎树、杨树和柳树，它们常常是此类问题的罪魁祸首。对于容易受损的建筑，乔木和建筑之间的距离应该至少达到它们的最终高度。贴墙灌木（包括攀缘植物）很少造成地面沉降。

去除萌蘖条
使用修枝剪尽可能贴近树干剪去萌蘖条，然后用刀子削平剪过的表面；抹去任何再生的嫩芽。

生长中出现的问题

缺乏活力是乔木出现生长问题的体现。除了检查有无病虫害，还要确认乔木的种植深度会不会太深，根系和茎干有没有受到损伤，这些都可能导致生长不良和枯梢（见"如何令一棵衰败的乔木重焕活力"，98页）。

最常见的害虫是蚜虫和红蜘蛛；蜜环菌是最具破坏力的病害，影响并常常杀死种类广泛的乔木（见"病虫害及生长失调现象一览"，659~678页）。

乔木移植

有时候，你必须移植一棵乔木，要么是因为它在错误的地点，要么是因为你想重新设计花园。年幼乔木是最容易移动的。在理想的情况下，提前一年让待移植乔木做好准备，这会大大增加它在新地点恢复的机会。年老乔木可能难以移植，而且可能不会很好地适应。如果待移植乔木的株高大于3.5米，它在新地点会难以恢复。大型乔木可能需要由专业承包商进行移植。

准备

在移栽预定时间前一年的初秋，当土壤仍然温暖、乔木的根系还活跃的时候，标记出最优的根坨直径——大约是乔木高度的三分之一。沿着标记区域挖一条宽30厘米、深60厘米的环形沟，并将挖出的土壤与大量腐熟有机质混合均匀。

使用尖铁锹从底部尽可能地对根坨进行底切，切断大而粗的根。这能够促进纤维状吸收根的生长，有助于乔木在移植后成功恢复和生长。然后将土壤和有机质的混合物回填至沟中。

挖出乔木

在第二年秋季对乔木进行移植（见"种植时间"，93页），先修剪掉所有细枝，再将乔木修剪成匀称的框架，然后小心地将剩下的树枝绑在中央主干上。这既是对它们的保护，也能增加乔木周围的操作空间。沿着去年挖的沟外侧再挖一个同样大小的环形沟，并逐渐铲掉多余的土壤，直到根坨的大小和重量易于控制；注意不要损伤纤维状根。

在沙质土中，挖掘之前先浇透水，这可以让根坨更加紧实。然后用一把铁锹切断根坨下面的所有根，令根坨彻底脱离周围的土壤。

在将乔木从树坑中取出的时候，为了让根坨保持形状并防止根系变干，应该用麻布将根坨仔细包裹起来。这可能有点棘手，不过最容易的办法是先将树木朝一个方向倾斜，再向另外一边倾斜，在这个过程中可以将麻布塞进根坨下面。

去除徒长枝
使用修枝剪从基部剪去从树皮中长出来的或者从树枝去除后形成的伤口上长出来的徒长枝。

砍掉一棵小型乔木

砍伐乔木可以在一年中的任何时间进行。然而，这是一项需要技术并且有潜在危险的操作；如果要砍伐的树木高度超过5米，这项工作应该交给专业的树木整形专家。

在开始动手之前，确保要砍掉的树不受《树木保护条例》的保护，也不在保护区内。如果这棵树在花园的边界上，确保它在法律上属于你。在某些情况下，还需要一张砍伐许可证。

确保有充足的空间让树安全地倒下，树倒下时也有适合的逃生路线。

乔木的砍伐通常分为不同的阶段，首先去除所有的大树枝（见"截除树枝"，99页），然后是剩余的树干。

最好将树桩清理掉，不过如果难以清理的话也可以使用化学药剂处理；留在原地腐烂的树根可能会滋生蜜环菌（见"蜜环菌"，667页）。用铁锹将树桩和所有大树根挖出来。用斧头劈开坚硬的树根。

较小的树根可以轻易地使用迷你挖掘机清理，这种设备通常可以按天租赁。如果树根比较大，你可以让承包商将它磨碎或者用绞车拔出来。

1 在乔木要倒下的那一侧离地面大约1米的位置，弄出一个深度达树干三分之一的倾斜切口。用锯子水平地锯到切口低端，锯出一个楔子。将楔子取出，以确保树木向正确的方向倒下。在树木的另一侧开始锯，一直锯到楔形切口基部上面一点点的位置。向预定方向轻推树干，直到它开始倒下。

2 如果要放倒大型乔木，可以在树干上绑上绳索，以引导其倒下的方向。在剩下的树桩周围挖一条宽沟，用铁叉或铁锹松动根系，然后把它挖出来或者用绞车拔出来。

使用绳索固定根坨的包裹。然后将乔木弄上一面斜坡，将它运输到新的种植地点。

重新种植

在乔木抵达新地点之前，准备好种植坑（见"坨根乔木"，95页）。当乔木到达之后，将它放到坑里并调整种植深度，直到树干上的深色标记与地面平齐。然后将根坨的麻布包裹解开，小心地倾斜树干，撤去包裹着根坨的麻布。回填种植坑，将根坨周围和上面的土壤压实，直到土壤与树干上的深色标记平齐。

使用固定在地面斜桩上的拉绳支撑乔木，直到它完全恢复（见"立桩"，92页）。为它浇透水，然后在周围的土壤上覆盖约10厘米厚的护根，以保持水分并抑制杂草生长。如果你不能立刻进行种植，可以采用和新购买苗木同样的方法（见"假植"，93页）。

繁殖

乔木可以用扦插、播种、压条或嫁接的方式繁殖。关于这些技术的更多详情，见"繁殖方法"，600～642页。

扦插是最常用的乔木繁殖方法，因为它很简单，而且可以相对迅速地提供新植株。播种或压条繁殖乔木的方法也很简单，但速度很慢。嫁接很少由业余园丁操作，因为用这种方法成功种植新植株需要相当程度的专业技能。

乔木原生物种可以用种子繁殖，但杂交种和栽培品种很少能够真实遗传。扦插、压条和嫁接等营养繁殖方法同时适用于原生物种以及杂交种和栽培品种；不过在植物材料的选择上要加以注意，才能保证成功。

如何令一棵衰败的乔木重焕活力

一棵此前生机勃勃的乔木可能会突然衰败，这通常是由于其生长条件的变化令其处于环境胁迫之下，并使其容易受到病虫害的侵害。

如果乔木周围的土壤变得永久性涝渍，将它转移到更适宜的位置可能是最好的解决方案。如果一棵乔木在长期干旱后未能恢复，可以彻底灌溉土壤并覆盖护根，以减少水分的进一步蒸发。

要想达到最佳生长状态，种植完成后乔木最顶部的根（"喇叭根"）应该与土壤表面平齐。最初种植过深的乔木可以重新种植，但如果土壤在树干周围积聚，令土壤表面升高，较老的样本也会出现问题。如果发生了这种情况，请小心清除乔木基部周围的土壤和任何植被，清理范围的直径为1.2米，注意不要损伤较大的根。用堆过肥的树皮或木头碎屑覆盖该区域，但不要让这些材料接触树干。

乔木基部周围的土壤被压得过实的话，会减少土壤和空气之间的气体交换，导致根部死亡和顶部生长不良。对于树冠下的主要生根区域，应移除所有植被（包括草皮），然后覆盖有机质护根。在潮湿天气下，避免从该区域走过。

如果有一定年头的成年乔木突然开始衰败，请咨询专业人士以评估是否存在任何潜在风险。他们可能会使用消除重度压实并向土壤中增加空气的专业设备。

如何移走年幼的乔木

1 在移栽一年之前做好准备。移走时将树枝绑在主干上，以防它们受到损伤。然后在根坨区域外围挖出一条30厘米宽、60厘米深的沟。

2 小心地将土壤从根坨上铲掉，每次铲掉少量土，避免损伤根系。

3 用铁锹从底部切断根坨，并用修枝剪剪短任何从根坨中戳出的树根。

4 将乔木倾斜，靠在根坨的一端，将麻布塞到根坨下面。

5 小心地将乔木倾斜到另一端，从下面拉拽麻布；使根坨位于麻布中央。

6 将麻布拉起，完全覆盖根坨。使用绳索就地捆绑结实，确保移动乔木时根坨不会受损。

7 在新地点，将乔木放进准备好的种植坑里，放倒乔木以抽走麻布。确保树干上的深色标记与土壤表面平齐，回填土壤并轻轻压实。

修剪和整枝

正确的修剪和整枝有助于维持乔木的健康和活力，调整其形状和尺寸，而且在某些情况下还能改善其观赏品质。对于幼年乔木，正确的修剪是十分重要的，这能让它发育出树枝分布均衡的强壮骨架。

修剪和整枝的程度取决于乔木的类型以及希望的效果：一棵造型普通、树形均衡的乔木需要的相对较少，而使用互相编织的树枝创造一条编结式林荫道则需要更多的劳动和技能。

修剪时间

大多数落叶乔木最好在晚秋或冬季的休眠期修剪；它们也可以在其他时间修剪，但是冬末或初春除外，这时候许多乔木会因为修剪而流出树液。槭树、七叶树、桦树、胡桃以及樱桃等树种流树液的时间很长，甚至会拖到它们休眠期末。这些树种应该在盛夏至夏末新的枝叶已经成熟时再修剪。除了在夏末去除死去或染病的树枝，常绿乔木基本不需要修剪。

修剪原则

在修剪时要戴上防护手套。第一阶段是去除乔木所有死亡、染病或受损的木质部分，然后剪去纤弱或散乱的枝条。接下来对剩下的框架进行评价，确定截短或剪掉哪些树枝，以便乔木均衡生长。注意，不要让修剪损害乔木的自然生长习惯，除非你想要得到特定形态，如墙树（espalier）。程度较重的修剪能够刺激树木有活力地生长（但树木最终将比它未经修剪时小）；程度较轻的修剪只能使其有限地生长。

修剪切口要精确并干净利索，以最大限度地降低对树木造成的伤害。如果要截短树枝，应该在朝向需要的方向生长的单芽、对生芽或侧芽的正上方动剪刀。例如，如果对拥挤的树枝进行疏剪，那么应该将树枝截短至向外生长的芽或侧枝上方，这样它生长的时候就不会与别的树枝发生摩擦。修剪时的切口既不要离芽太远，也不要离芽太近，太远会留下一段残枝，病害会从此处进入树体，太近的话会对芽本身造成损伤。

如果要将树枝完全截掉，应在其基部的树枝领圈（branch collar）——树枝基部与树干接触且微微膨大的部位——外动剪刀。这里是愈伤组织形成的地方，最终愈伤组织会将伤口覆盖起来。千万不要在乔木的主干上进行平齐的修剪，这会损害乔木的自然保护区域，让它更容易受病害侵扰。死亡树枝的基部领圈会沿着树枝延伸一段，但修剪的时候仍然要把伤口留在领圈外面。

截短树枝

互生芽
对于芽互生的乔木，在健康、朝外生长的芽上部剪出一个利落的斜切口。

对生芽
对于芽对生的乔木，在一对健壮的芽上部剪出一个利落的平切口。

整形修剪

幼年乔木经过整形修剪之后，能够发育出树枝分布均衡的强壮骨架。

羽毛状苗木和鞭状苗的整形修剪可以在乔木生长的过程中确定其形状。例如，一棵年幼的羽毛状苗木需要持续几年的修剪才能长成标准苗（无论是中央主干式的还是开心形的），或者靠墙整枝做成墙树。修剪的程度取决于乔木类型以及需要的形状。在园艺中心购买的乔木通常已经修剪好了，任何额外的修剪一般只限于去除死亡、受损或染病木质部分，以及任何纤弱或交叉枝条。和所有类型的修剪一样，应该注意不要破坏乔木本身的自然生长特性。

幼年热带乔木的修剪尤其重要，因为它们的生长速度很快，主干和树枝会很快变粗；如果在种植后的前几年得到了正确修剪，它们就可以在随后进行自然生长。而对于其他常绿植物，大多数能自然成形，而只需要很少或不需要照料；

截除树枝

当截除直径小于2.5厘米的整根树枝时，可用修剪锯或修枝剪直接一次锯下或剪下。对于更粗的树枝，要先将树枝大部分的重量卸除：在距离树干30厘米的树枝下方进行切割，然后在稍远一些的地方从上面往下锯。如果没有下方的切口，树枝会在锯到一半的时候断裂，并将树皮撕裂至树干，使其易遭感染。

为去除剩下的残枝，可先在其基部领圈外进行底切，然后从上面向下锯开。如果你找不到领圈的位置，在距离树干一小段距离的地方锯断残枝，并使切口向树干外倾斜。

如果树枝和树干的角度很小，可能从下方锯掉残枝会更容易。不要使用伤口涂料或敷料：没有明确的证据表明它们能够促进伤口愈合或能防止病害。

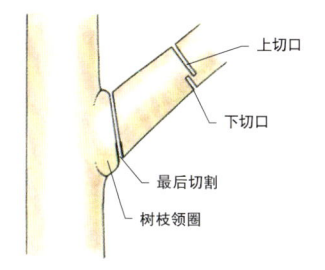

修剪部位
当截除树枝时，注意不要损伤树枝领圈：先用两个切口去除树枝的大部分，然后在领圈外剪去剩下的残枝。

1. 在进行最后切割时，先在树枝下方靠近领圈外（离树约3厘米）的位置做一切口，切到树枝三分之一粗处停止。

2. 从第一个切口正上方或离领圈稍近的地方进行切割（第二个切口）。确保两个切口精确地对接在一起，得到光滑干净的伤口，这样的伤口愈合得更快。

3. 切口表面应该尽可能小，以最大限度地减小病害感染植物的区域。用修枝刀将粗糙的边缘修齐。

幼年乔木的修剪和整枝

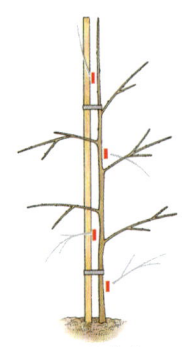

羽毛状苗木
去除拥挤和交叉的枝条，然后去除细弱或位置不良的水平侧枝，得到平衡的树枝框架。

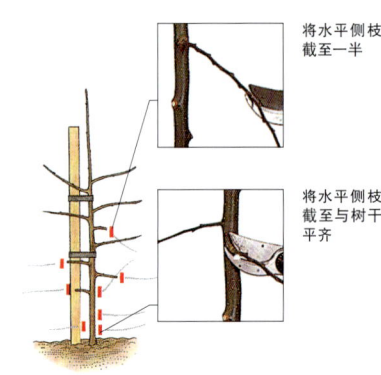

中央主干标准苗
将水平侧枝截至一半
将水平侧枝截至与树干平齐

第一年
将下端三分之一的水平侧枝截至树干；中部三分之一的水平侧枝截至一半长度；去除所有细弱枝和顶端优势竞争枝。

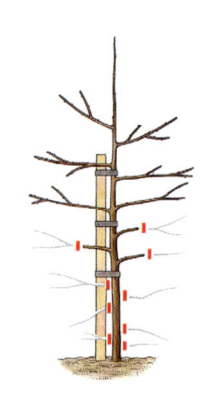

第二和第三年
继续修剪过程，完全去除最低的水平侧枝，将中部三分之一的水平侧枝截至原来长度的一半。

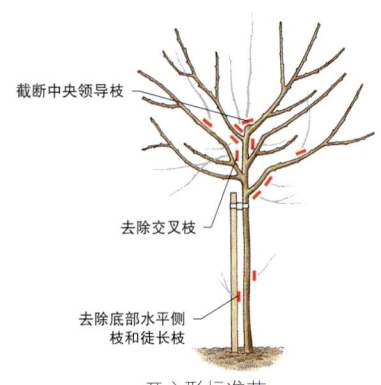

开心形标准苗
截断中央领导枝
去除交叉枝
去除底部水平侧枝和徒长枝

剪去交叉水平侧枝以及树干下部的任何枝条。将中央领导枝截短至健康的芽或者分枝上面。

修剪只局限于去除死亡、受损或交叉的树枝，以及位置不良的侧枝。

羽毛状苗木有一条中央主干，在树干四周分布有侧枝。根据你希望它长成的株型进行修剪。中央主干标准苗的树干在基部的一段没有侧枝，产生一棵挺直的乔木。开心形标准苗也有一段光秃秃的主干，但其中心领导枝被去除。这会刺激健壮横向枝的生长——常见于多种日本樱花，从而创造出更宽展的树型。多干式乔木拥有数根向外张开的树干。

修剪羽毛状苗木

早期的修剪整枝是简单明确的，无论乔木的最终形态如何。首先去除所有竞争枝条，只留下一根中央领导枝。然后去除细弱和位置不当的水平侧枝，使树干四周的树枝框架分布匀称。

之后，羽毛状苗木可以只是简单地修剪以促进其自然成形，也可以将其修剪成标准苗，这样的过程也经常自然发生。虽然大部分羽毛状苗木会保留底部的侧枝，不过在有些品种中，这些底部侧枝会逐渐死亡，幼苗最终会变成中央主干标准苗；还有的乔木会失去中央领导枝的顶端优势，变成开心形标准苗。

打造中央主干标准苗

羽毛状苗木经过两三年的修剪能够形成标准苗。一种叫作去羽的技术常常得到使用，它可以将营养转移到主干上，让树干变粗变结实。首先，对羽毛状苗木进行修剪，去除所有与主干竞争顶端优势的枝条以及羸弱的水平侧枝。然后，将苗木下端三分之一的所有水平侧枝全部截至树干；将三分之一的水平侧枝截至一半长度；上部三分之一不加修剪，但要去除向上生长的健壮枝条，以防止其与中央领导枝竞争。

在秋末或冬初，将得到修剪的水平侧枝截至树干。在接下来的两三年中重复这一过程，直到得到一棵拥有约1.8米无侧枝主干的乔木。

打造开心形标准苗

为了得到一棵开心形标准苗，先要把苗木整形为中央主干标准苗，以得到足够长的、没有侧枝的树干。然后，在仲秋至秋末，将中央领导枝截短至强壮健康的芽或者分枝上面，留下四五根强壮且匀称的水平侧枝。在这个阶段，也要去除所有交叉或拥挤的水平侧枝，以及任何损害分枝结构平衡的树枝。

在随后的几年里，尽可能多地对苗木进行修剪，使树冠保持平衡并且中心开放；去除任何健壮的垂直枝条，以免形成新的领导枝；将主干上萌发的幼嫩水平侧枝尽早去除。打造垂枝形标准苗（weeping standards）所使用的高接法（top-working）也可以用来得到开心形标准苗。

打造多干式乔木

要想用羽毛状苗木制造多干式株型，需要在种植后的第一个春季将主干截短至地面之上约10厘米，以促进下方休眠芽萌发。第二年春季，选择三四根长势健壮、分布匀称的枝条作为树干，并去除所有其他枝条。在接下来的几年里，去除从乔木基部长出的任何额外新枝。

垂枝乔木

一些乔木拥有天然下垂株型，如垂柳（*Salix babylonica*），应该让它们自然发育，基本无须干预措施。另一方面，垂枝形标准苗适用于小花园，而且是用垂枝品种的一个两个接穗人工嫁接在砧木上形成的，砧木约有1.8米长的无侧枝树干。这种嫁接方式称作高接，最常用于果树（见"顶端嫁接"，419页），不过亦可用于许多观赏垂枝乔木。一旦嫁接完成，幼嫩的下垂枝条就开始生长出来。

修剪最好只限于去除交叉枝和直立枝以及其他任何有损乔木结构对称平衡的枝条。虽然一般要去除向上生长的枝条，不过可以留下一些半直立的树枝，让它们自然发育并延伸树冠。在之后的生长过程中，它们将逐渐弯曲，令乔木发育出多个层次的下垂树枝。如果主干上萌生枝条，则将它们抹去或掐掉。

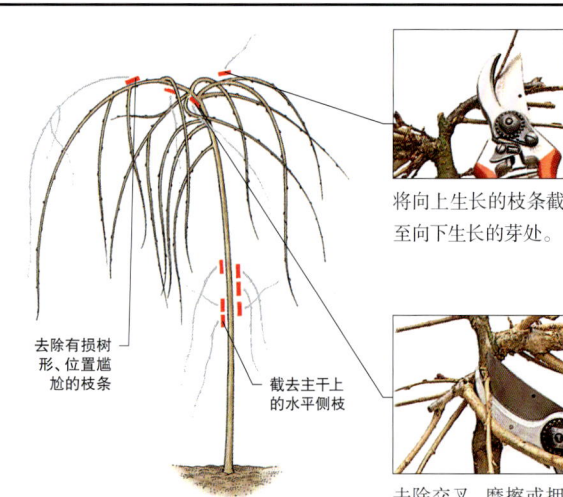

除去交叉枝或破坏树形对称性的竖直枝条。去除在主干上萌发的任何枝条。

去除有损树形、位置尴尬的枝条
截去主干上的水平侧枝

将向上生长的枝条截至向下生长的芽处。

去除交叉、摩擦或拥挤的枝条。

墙式和扇形整枝乔木

墙式和扇形整枝的目的是通过持续数年的修剪和整枝，在一个平面内用树枝形成对称美观的结构。这些技术有时用于生长在栅栏或墙壁旁边的观赏乔木，不过它们最常产生联系的是果树。修剪时机根据所选择的树种不同而不同。例如，对于在仲夏至夏末开花的广玉兰，应该在春季刚进入生长期的时候修剪，而对于春季开花的银荆（Acacia dealbata），则应该在开花之后紧接着进行修剪。关于修剪技术的全面指导，见"墙树式"和"扇形式"，417~418页。

成形落叶乔木的修剪

落叶乔木一旦成形，进一步修剪的必要就变得很小。对成熟乔木进行重大修剪最好由树木整形专家或栽培家进行，因为这项工作既需要技术又很危险，而且如果操作水平不佳，很可能把树毁掉。

许多开心形乔木在成熟时，其中心会变得过于拥挤，限制中央分枝能够得到的空气和阳光。除去向内生长的枝条以及任何破坏树形平衡的树枝。

如果乔木相对于环境生长得过于庞大，不要尝试通过截短每年的新生枝条来限制它的尺寸。这种"理发"式修剪会在每个生长季产生难看而又拥挤的成簇枝条，破坏乔木的自然外观并减少开花量和结实量。正确的处理方式应该和老树复壮（见"乔木复壮"，102页）一样。

在进行重度修剪或去除较大的树枝之后，乔木可能会长出大量徒长枝；一经发现，应立即抹去或剪除（见"徒长枝"，96页）。

如果中央领导枝受损，可以挑选主干顶端的强壮树枝，将其整枝为竖直生长并代替原来的领导枝。将被选择的枝条绑在木棍上，木棍固定在主干高处，并剪去任何潜在的竞争枝。待枝条生长成具有明显顶端优势的强壮枝条后，可将木棍撤去。

如果一棵乔木拥有两根或更多竞争领导枝，那么要将所有其他枝

除去竞争领导枝
使用修枝剪从基部将竞争领导枝干净利落地剪除，当心不要损坏留下的领导枝。

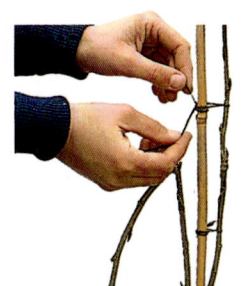

新领导枝的整枝
将强壮枝条整枝为竖直生长，用以代替受损的领导枝。将木棍固定在主干顶端，并将新枝条绑在木棍上。剪去旧的受损领导枝。新的领导枝取得明显顶端优势并健壮生长之后，立即将木棍取下。

条除去，只留下最健壮的一根。彼此竞争的领导枝之间的狭窄角度是乔木结构上的弱点，在强风侵袭下，乔木可能会被从此处撕裂。

幼年开心形乔木可能会长出健壮的竖直枝条。如果置之不理，这些枝条会迅速长成互相竞争的领导枝，所以要尽早将它们清除干净。

成形常绿乔木的修剪

阔叶常绿乔木只需要最低程度的修剪。如果这类乔木在幼年时已经发育出了良好的领导枝并且除去了所有位置不良的水平侧枝，那么成年之后只需要去除死亡、受损或染病树枝即可。

松柏类一旦成形就只需要基本的修剪，用作树篱的除外（见"树篱和屏障"，104~107页）。某些松属（Pinus）、冷杉属（Abies）和云杉属（Picea）乔木领导枝上的顶芽会自然死亡。如果发生了这种情况，使用位置最好的侧枝代替领导枝（参见上文）并剪去所有参与顶端优势竞争的直立枝条。成形的棕榈植物基本不需要修剪，只需将死去的叶片彻底去除即可，去除时应截至主干。

根系修剪

如果一棵已经成形的成熟乔木生长得很茂盛，开花或结实的量却很少，那么可对根系进行修剪，这有助于降低生长速度并提升其整体表现。

在早春时候，沿着乔木树冠投影外沿挖一条环形沟。然后使用修剪锯、修枝剪或长柄修枝剪将所有粗主根截短至沟内壁。保留沟内壁上的纤维状根，回填土壤并压实。更多详细步骤，见"根系修剪"，408页。在有些情况下，如果修剪根系之后看起来不太稳固，可能需要使用木桩和拉绳对乔木进行固定（见"立桩"，92页）。对于盆栽乔木的根系修剪，见"盆栽乔木"，96页。

盆栽乔木的修剪

盆栽乔木应该每年修剪一次，修剪原则和其他乔木类型一样，以达到调控形状和大小的目的，并维持树枝均匀分布的平衡结构。

平茬和截顶

平茬是指定期将树木截短至地面附近，以促进强壮的基生枝条生长。截顶是指将乔木修剪截短至主干或大树枝框架，以促进新枝条的萌发。过去，这两种技术都用来提供稳定供应的木柴或编织篮子、篱笆使用的柔韧枝条。如今人们在花园中使用这些修剪技术，以增强叶色和观赏枝条的大小或颜色，或用来限制乔木的尺寸。

平茬

树木的平茬应该在冬末或早春进行。然而，对于那些观赏彩色或蓝绿色枝条的柳属乔木，可以等到仲春，在芽萌发之前或萌发之后立即修剪。将所有枝条截至基部，只留下膨大的基部木桩，所有新的枝条都会从那里萌发。长势较弱的树木可以分两年进行平茬，第一年剪掉一半枝条，第二年剪去剩余的老枝条。

截顶

要进行截顶修剪，先种植一棵幼年的开心形标准苗（见"打造开心形标准苗"，100页）。当它的树干长到2米或期望高度的时候，在冬末或初春将树枝截短至距离主干2.5~5厘米处。这会促使大量枝条从被修剪的茎干顶端萌发。每年（或每两年）将这些枝条剪掉，进一步促使新生枝条从茎干变大的顶端萌发。如果这些枝条过于密集，可以进行疏枝修剪。对于那些从树干上直接生长出来的枝条，一经发现就要立刻除去。

对于保留大分枝结构的截顶修剪，要先让乔木在期望的高度发育出平衡的树枝框架。在冬末或初春，将大分枝截短到大约2米。每两到五年，将产生的次级枝条修剪

如何平茬
平茬可以用来限制树木尺寸，增加叶片大小或改善树枝颜色。

使用长柄修枝剪将所有茎干剪到7厘米长，不要损伤树木膨大的木质基部。

掉，具体间隔时间取决于乔木种类，直到截顶修剪定形为止。在此之后，每年或每两年进行一次修剪，并按上述要求进行疏枝。如果太多的膨大茎干顶端过于紧凑，可以将其中的部分茎干彻底剪掉。

提升树冠

这种修剪方式会将部分或所有较低的树枝除去，在树下产生更大空间，以得到更美观的树形，让人在树下行走，或打开视线。

老树复壮

那些超出生长范围或者被忽视的乔木应该被移除，或者进行复壮，重新恢复全面的健康和活力。复壮需要相当程度的精力和技能，建议动手之前咨询有经验的树木整形专家。在有些情况下，乔木的年龄可能会很老，复壮之后存在潜在的危险，所以最好用别的树取代它。有些老龄乔木由于银叶病（见"银叶病"，675页）而很难进行成功复壮，如樱花树及其他李属乔木。

除了生长季开始时的春季，复壮可以在一年中的任意时候进行；然而对于大多数乔木，特别是那些产生大量树液的种类，如七叶树和桦树等来说，秋末或冬初是最适宜进行复壮的时间。

修剪已经成形的截顶乔木

每一两年，在冬末或早春将树枝修剪至距离主干被截顶端1~2厘米处。这会促进来年春季新枝条的萌发。许多观枝乔木新生枝条的颜色特别鲜艳，如这棵红枝白柳（*Salix alba* var. *vitellina*）。

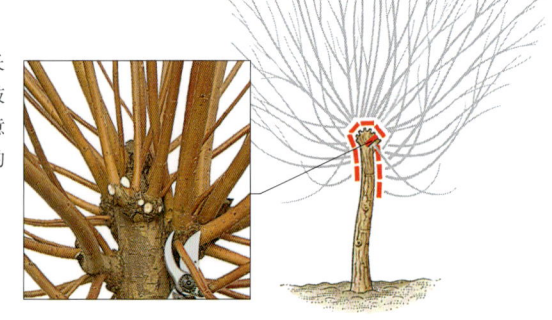

使用修枝剪或长柄修枝剪将老枝修剪至基部，注意不要伤到膨大的末端。

第一个阶段是去除所有死亡、染病和受损的树枝。然后剪去所有交叉枝和过于拥挤的分枝，以及那些破坏整体树形结构的分枝。修剪程度较高的复壮最好分两年或三年进行，让乔木慢慢恢复，因为大量修剪会严重削弱甚至杀死健康状况不良的乔木。如果你需要去除任何较大的分枝，要逐支将其除去（见"截除树枝"，99页）。

复壮修剪完成之后，要为树木施肥。用腐熟的粪肥覆盖护根，并在树冠下的土地中施加化肥。施肥应在每年春季进行，持续2~3年。这种程度较高的修剪会刺激大量侧枝形成；若它们过于拥挤，可以将其中部分枝条疏剪，留下均衡匀称的结构。所有萌蘖条和徒长枝一经发现就要立刻去除干净（见"萌蘖条和徒长枝"，96页）。

遭受"理发"式修剪的乔木的复壮

那些每年被剪掉所有新生枝条的乔木会于每个生长季在疙疙瘩瘩的分枝上长出成簇枝条，但缺少真正截顶之后的匀称结构。这种遭受"理发"式修剪的乔木很不美观，并且在果树中，开花量和结实量都会降低。为了防止这些后果出现，应先清除掉部分大分枝末端的带瘤残桩。然后将剩余残桩上的年幼枝条剪到只留一两枝，并将这些保留的枝条截短至原来长度的三分之一；在接下来的三四个生长季继续重复这一过程，直到得到更加自然且美观的树形。

树木整形专家

关于大型乔木的修剪、复壮或移除，建议咨询有资质的树木整形专家。离你最近的园艺学院或树木协会也许能提供有资质的顾问和承包商名单，你也可以在线搜索。确保你雇用的任何承包商能够符合安全施工操作和技术水平的要求标准，并且拥有必需的保险凭证。

在邀请承包商投标之前，要明确需要工作的范围，包括对所有碎片残骸的处理，这可能是树木整形工作中耗资最多的一部分。报价单一般是无偿提供的，但若涉及咨询工作就可能收取一定的费用。

编结乔木

编结乔木为一行或多行种植，树干底部无侧枝，上部树枝被水平编织在一起，当长出叶片时，它们就会形成一道规则的、升起的"墙"。鹅耳枥属及椴树属乔木，如阔叶椴（*Tilia platyphyllos*）、'冬橙'欧洲小叶椴（*T. cordata* 'Winter Orange'）

适合平茬和截顶的乔木

'扭枝'欧榛 *Corylus avellana* 'Contorta' H6 ↓
山桉 *Eucalyptus dalrympleana* H5,
　蓝桉 *E. globulus* H3 ↓,
　岗尼桉 *E. gunnii* H5 ↓,
　疏花桉 *E. pauciflora* H5
'金叶'加杨 *Populus x canadensis* 'Aurea' H7
'极光'杰氏杨 *P. jackii* 'Aurora' H7
锐叶柳 *Salix acutifolia* 'Blue Strwak' H6,
　绢毛白柳 *S. alba* var. *sericea* H6,
　红枝白柳 *S. alba* var. *vitellina* H6,
　'布里茨'红枝白柳 *S. alba* var. *vitellina*
　　'Britzensis' H6,
　'灿烂'瑞香柳 *S. daphnoides* 'Aglaia' H6,
　金卷柳 *S.* 'Erythroflexuosa' H5,
　露珠柳 *S. irrorata* H5 ↓
阔叶椴 *Tilia platyphyllos* H6 及其品种
'火烈鸟'香椿 *Toona sinensis* 'Flamingo' H4

注释
↓ 只适合平茬
H = 耐寒区域，见56页地图

乔木复壮

缩减树冠
通过将最长的树枝剪短到令乔木保持基本形状的侧枝来缩小乔木的树冠。这个过程在整个树冠上进行，因此可以让乔木保持良好的平衡。

提升树冠
最低的分枝被去除以提高树冠基部的高度。这会减少阴影，并增加地面与乔木最低分枝之间的距离。

疏剪树冠
减少乔木的阴影投射，并且需要小心去除大约30%的树冠——从死亡、染病或受损树枝开始，但同时要保持乔木自然、优雅的形状。

和克里米亚椴（*T. x euchlora*），能形成效果很好的编结林荫大道，因为它们能进行精确的造型修剪并在四五年内形成方块状外观。编结时最好使用枝条柔韧的年幼乔木。

搭建支撑框架

在乔木成形之前，它们应该在支撑框架上进行整枝。首先，为每棵乔木准备一根木桩，在地面上设置一排高2.5~3米的结实等距木桩。在打入地面约60厘米至1米深之后，这些木桩的高度就达到了最低分枝的高度要求——大约2米或更高，以便行人在下面行走。然后用木板条或金属丝在这些木桩上搭建次级框架，得到所需的整体高度。

初步整枝

秋末或初冬，在每根木桩旁种植一棵幼年乔木。选择有足够高度的乔木，其侧枝可以在支撑框架上整枝。种植完成之后，将中央领导枝和水平侧枝绑在支撑框架上，剪去任何位置不良的枝条。

进一步整枝

在整个生长季，剪去所有不能被整枝到两侧的新生枝条。将中央领导枝绑到一侧的顶端木板条上，使其沿着木板条生长。选择一根位置良好的侧枝，将其绑到主干另一侧的顶端木板条上。

在冬季，将所有较长的侧枝截短至一个强壮的侧芽处，然后将次级侧枝修剪至保留两个或三个芽，促使新生枝条覆盖整个框架。在接下来的生长季继续将树枝绑在框架上，截短水平侧枝以促进新生枝条茂盛生长，形成方形外观。

一旦编结乔木充分定形并且树枝已经编结在一起，就可以拆去框架。去除所有死亡、受损或染病的枝条，以及向外生长的侧枝，以保持健康茂密的树形；主干上萌发的新生幼嫩枝条一经发现就要去除干净。

建立框架

第一年

牢固的支撑框架搭建好以后，在每根木桩前种植一棵三四年苗龄的乔木，尽可能多地将侧枝绑在框架的水平结构上。将领导枝绑在木桩上，并随着树木的生长在后续生长季中增加绑结。

去除所有不能牢固地绑在金属丝或木板条上的水平侧枝。将剩余的侧枝沿着最近的金属丝或木板条绑扎好

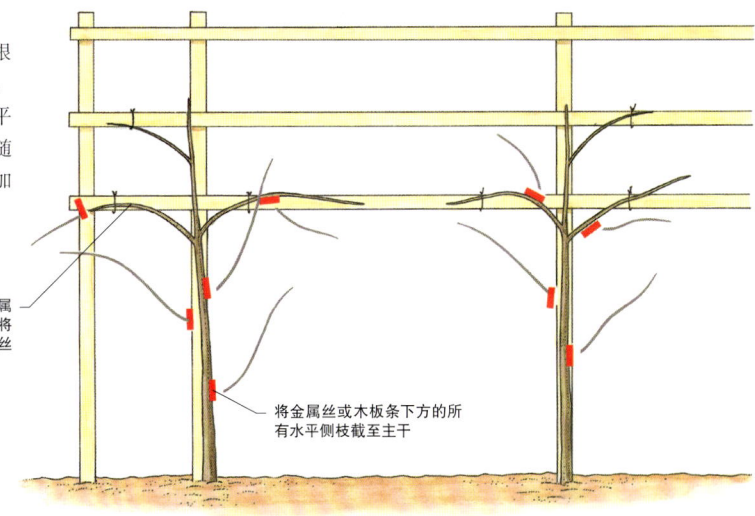

将金属丝或木板条下方的所有水平侧枝截至主干

第二年

将所有未整枝的树枝编结并绑在框架上以填充空间。抹去底部树干上萌发的所有新枝。

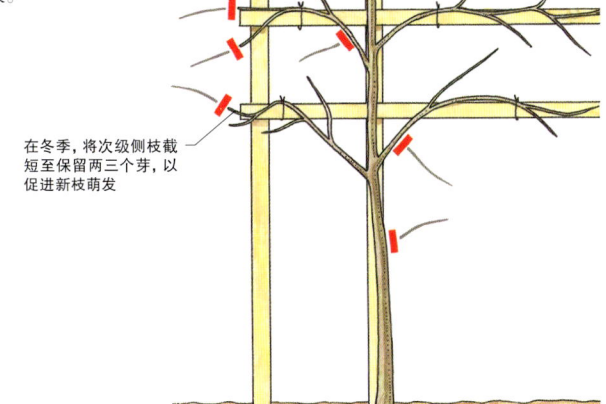

当领导枝长到足够的高度时，将其压弯到框架顶端上并绑好。将位置合适的一根侧枝绑在另一侧的顶端木板条上

在冬季，将次级侧枝截短至保留两三个芽，以促进新枝萌发

每年维护

继续抹去下方树干上长出的新枝，并除去死亡、染病或受损的枝条。检查旧绑结的牢固程度，如有必要加以更换。在春季给乔木施足肥料。

对于超出框架范围的新枝，将其截短至只留一个芽

继续编织并将位置合适的枝条绑在框架上。随着不同层树枝的空隙变窄，上方和下方的树枝可以被牵引并编织在一起

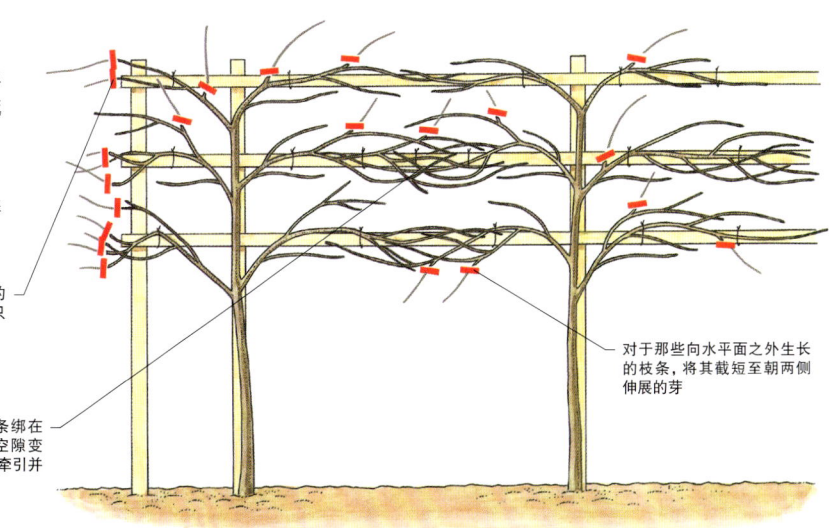

对于那些向水平面之外生长的枝条，将其截短至朝两侧伸展的芽

观赏乔木

树篱和屏障

无论是规则式的还是自然式的,树篱和屏障都在塑造花园的结构和个性中扮演着重要的角色,并拥有许多实际用途。

实际用途

无论是自然式的开放树篱还是规则式的紧密修剪树篱,大多数树篱是出于实用主义的目的种植的:划定边界,提供庇护和阴凉,并为花园提供屏障。不过,美也能融入其中,而且很多树篱可以是野生动物的天堂。

绿色栅栏

作为绿色栅栏,树篱可能需要数年才能建立起来,除非舍得花钱种植大型成年树篱植物。如果维护得当的话,它们常常比一般栅栏更受欢迎,因为它们能够带来质地、色彩和阴凉,而且对环境更友好。大多数用作树篱的植物很长寿,并且如果正确养护,将会在很多年里提供有效的屏障,有时几乎无法穿过。树篱可以做得较矮,也可以任其长高,不过它们的高度可能受到地方规划部门法规和国家法令的限制。

防风

树篱是很好的风障,它能过滤快速流动的空气,减弱风撞击固体(如一面墙或栅栏)后产生的湍流效应。树篱的孔隙度取决于所用树种以及一年当中的时间段。因此,在冬季,一排密集修剪的常绿欧洲红豆杉(Taxus baccata)树篱的孔隙度要比落叶的欧洲山毛榉(Fagus sylvatica)小得多。据测算,在50%孔隙度的理想情况下,一排1.5米高的树篱能使7.5米外的风速降低50%,15米外的风速降低25%,30米外的风速降低10%。树篱提供的防风作用非常重要,特别是对于暴露在风中的花园,在其中即使耐寒植物也会因为大风而无法充分长高或者受损。

噪声屏障

树篱可以屏蔽不受欢迎的声音(如交通噪声),有效降低噪声。降噪效果可以通过密集分层种植灌木(而不是并肩种植)和使用多个物种(如屏蔽不同噪声频率的不同植物)的方式加强。在地面以上拥有茂密、常绿叶片的植物将提供最好的降噪保护,如冬青属和刺柏属物种。

观赏树篱

许多植物可用于树篱,它们有丰富多样的形状、大小、质地和色彩,有落叶树和常绿树,规则式的和自然式的,还有开花的和结果的。将常绿树和有花有果的落叶树搭配使用能够得到一幅"活的拼贴画"。

规则式

假以6~10年的营建,欧洲红豆杉能够形成很棒的树篱,而杂扁柏的生长速度特别快。它们会提供密实的绿色背景。由'红罗宾'红叶石楠(Photinia x fraseri 'Red Robin')构成的树篱会在春季新叶萌发时呈鲜红色。低矮的规则式树篱常见于花坛花园、结节花园以及树木造型中(见"树木造型",130~131页)。各种式样的锦熟黄杨(Buxus sempervirens)特别是'矮灌'锦熟黄杨(B. sempervirens 'Suffruticosa'),被广泛用于规则式树篱中,同样常用的还有圣麻属(Santollina)植物和光亮忍冬(Lonicera nitida)。黄杨易感染疫病和毛毛虫,作为替代,可以使用齿叶冬青和大叶黄杨(Euonymus japonicus)的矮生品种,例如叶窄且有黄边的'金边细叶'('Microphyllus Aureovariegatus')。织锦树篱(或称马赛克树篱)将许多相容的植物搭配在同一座树篱

持久的观赏效果
使用不同火棘品种的树篱提供了漫长的观赏季,它们有常绿叶片和丰富的花,随后在从夏末到次年春季的很长一段时间里挂着大量色彩鲜艳的浆果。

修剪整齐的规则式树篱

树篱植物	种植间距	适宜高度	修剪次数和时间	对复壮的反应
常绿树				
美国扁柏Chamaecyparis lawsoniana,除矮生类型外的大部分品种	60厘米	1.2~2.5米,但可以更大	两次,春季和初秋	无
葡萄牙桂樱Prunus lusitanica	75厘米至6米	2~4米,但可以更大	两三次,生长季修剪	有
南鼠刺属Escallonia	45厘米	1.2~2.5米	花期后立刻修剪	有
欧洲枸骨Ilex aquifolium及品种	45厘米	2~4米	夏末	有
薰衣草属Lavandula	30厘米	45~90厘米	春季和花期后	无
女贞属Ligustrum	30厘米	1.5~3米	两三次,生长季修剪	有
光亮忍冬Lonicera nitida	30厘米	1~1.2米	两三次,生长季修剪	有
欧洲红豆杉Taxus baccata	60厘米	1.2~4米,但可达6米	两次,夏季和秋季	有
'塔形'北美乔柏Thuja plicata 'Fastigitia'	60厘米	1.5~3米	春季和初秋	无
落叶树				
日本小檗Berberis thunbergii	45厘米	60厘米至1.2米	一次,夏季	有
欧洲鹅耳枥Carpinus betulus	45~60厘米	1.5~6米	一次,仲夏至夏末	有
单子山楂Crataegus monogayna	30~45厘米	1.5~3米	两次,夏季和秋季	有
欧洲山毛榉Fagus sylvatica	30~60厘米	1.2~6米	一次,夏末	有

中，提供全年不断变化的视觉效果。使用的植物种类包括欧洲红豆杉、欧洲枸骨、欧洲鹅耳枥以及欧洲山毛榉。将常绿树和落叶树混合在一起能够带来持续全年且有趣多彩的背景。这些所用的物种必须拥有相似的生长速度，避免出现长势过旺的植物占支配地位的情况。

自然式

自然式树篱将实用和观赏价值结合在一起。虽然它们并不适用于创造严格的规则式设计，但它们依然提供有效的屏障和遮挡。许多用在这些自然式边界中的植物有美丽的花或果实，有的二者兼具，带来特有的样式和色彩。

将不同颜色背景小心地融入整体设计中。团花枸子（Cotoneaster lacteus）——据说可有效吸收城市污染物，以及达尔文小檗（Berberis darwinii）或连翘属植物常常使用；杂种灌木月季和蔷薇属物种（最好是抗病品种）也能制造精美的自然式树篱。大多数速生竹类适合种在土壤湿度较高并且需要风障的地方，不过必须限制它们的蔓延（见"限制竹类生长"，132页）。

选择植物

在为树篱选择植物时，要考虑它们的最终高度、冠幅以及生长速度，并确保选择的物种足够耐寒并适应花园的土壤类型。

规则式树篱使用的植物必须生长密集并能承受频繁的修剪。对于观花或观果的自然式树篱，可选择那些一年只需修剪一次的植物。修剪的时机至关重要，不加注意的话，下一生长季的花或果实很可能会被毁掉。

对常绿树还是落叶树的选择部分是个人喜好的问题，但要牢记一点，常绿树和松柏类能够全年提供茂密的防风屏障，增加隐私和遮挡。在非常多风的地方，常绿和落叶植物的混合将在提供保护的同时滤冬季强风。在非常暴露的地方，交替种植的杂扁柏和欧洲落叶松能够创造非常有效的风障。

土壤的准备和种植

树篱是花园的永久性景观。因此必须在种植前彻底对种植区域进行完好的准备，并在每年春季使用配比均衡的肥料和护根施加表肥。

年幼的植物应该单列种植在45～60厘米宽的沟槽中，而更成熟的植物需要60～90厘米宽的整备土地，土地宽度取决于根坨大小。间隔90厘米的双排种植形式很少用到，除非用于防止家畜进入。年幼植物不耐干旱，所以要在植物逐渐成形时定期为其浇水，或者安装滴灌系统。在种植后的头两年，在单株植物周围施肥并除草。成形树篱不需要额外浇水或施肥。通过一段可生物降解的杂草控制织物来种

薰衣草树篱
耐寒的薰衣草可以形成漂亮的矮树篱，除了每年花期过后进行一次修剪，几乎不需要任何维护措施。

杂扁柏

常绿的杂扁柏（x Cuprocyparis leylandii）是一种极具活力的松柏类乔木，如果处理得当，它能够形成理想的高大风障，一个生长季常常能长高45～60厘米。然而，用作花园树篱的杂扁柏却有一个坏名声，这是因为它生长速度很快，常常不能受到及时的管控。如果不定期修剪，杂扁柏的长势会很快恶化，而即使对它进行较高程度的修剪，它也很难复壮，所以只能替换掉。

虽然生长速度很快，但杂扁柏仍然可以成功地保持为高度不超过2～2.5米，厚度不超过60～100厘米的花园树篱。为了做到这一点，在种植后的第一年将侧枝剪短至距主干10～20厘米。在接下来的生长季中将侧枝至少修剪3次，如果长势很旺盛，则可能要至少修剪4次。这种处理会产生非常紧凑的枝叶。

当树篱长到距离预定高度30厘米以内的时候，将领导枝截短。然后，每年应至少对树篱两侧和顶部进行两次修剪——夏初至仲夏修剪一次，夏末至秋初修剪第二次。修剪时使侧面倾斜，让枝叶顺着斜坡向树篱顶部生长。

自然式观花树篱

树篱植物	观赏特性	种植间距	合适高度	修建时间
常绿树				
达尔文小檗	黄色花朵，紫色浆果	45厘米	1.5～2.2米	花期后立刻修剪
团花枸子	白色花朵，红色果实	45～60厘米	1.5～2.2米	果期后修剪
南鼠刺属	白色、红色或粉红色花朵	45厘米	1.2～2.5米	花期后立刻修剪
丝缨花	灰色、绿色、红色或黄色葇荑花序	45厘米	1.5～2.2米	花期后立刻修剪
欧洲枸骨	白色花朵和浆果	45～60厘米	2～4米	夏末
薰衣草属	紫色花朵，灰绿叶子	30厘米	0.6～1米	早春至仲春
火棘属	白色花朵，红色浆果	60厘米	2～3米	修剪见128页
落叶树				
日本小檗	浅黄色花朵，红色果实，红色秋叶	30～38厘米	1～1.2米	花期之后如有需要则进行修剪
欧榛	黄色葇荑花序	45～60厘米	2～5米	花期后修剪
单子山楂	芳香白色花朵，红色浆果	45～60厘米	3米以上	在冬季除去选定的健壮枝条
'亮丽'间型连翘	黄色花朵	45厘米	1.5～2.2米	花期过后除去老枝
短筒倒挂金钟	蓝红双色花朵，黑色浆果	30～45厘米	0.6～1.5米	在春季除去老枝
金露梅	明黄色花朵	30～45厘米	0.6～1.2米	春季修剪
黑刺李品种	浅粉或白色花朵，红色和紫色树叶	45～60厘米	2.5～4米	在冬季除去选定的健壮枝条
'密枝'绯红茶藨子	深粉色花朵	30～45厘米	1.5～2米	花期后除去选定的枝条
'内华达'月季	芳香奶油色花朵	60厘米	1.5～2米	春季剪去细小枝条
'花坛'蔷薇	芳香猩红色花朵	45厘米	1.5米	春季剪去细小枝条

植，可以消除植物成形期间的除草需求。在种植前的一两个月对现场进行准备，以便土壤条件稳定下来。将腐熟粪肥掺入沟槽底部，并在回填沟槽时将通用肥料混入土壤中。

在种植时为成束的裸根树篱植物（如混合本土物种等）挖掘一条沟槽，而不是独立的种植坑。对于所有其他树篱植物，土壤的准备以及种植技术与乔木和灌木的相同（见91~95页及117~119页）。

大多数树篱植物的种植间距为30~60厘米（见104~105页的表）。如果需要厚达90厘米或更厚的树篱，应该错列种植双排树木，每排中树木的间距应为约90厘米，两排之间的距离约为45厘米。低矮树篱、花坛花园和结节花园所用的植物间距应为10~15厘米。

修剪和整枝

规则式树篱最初阶段的修剪是它从底部到顶部形成均匀结构的关键。在种植后的头两三年里，要特别注意进行适当修剪。

早期修剪和造型

大多数落叶树木，尤其是那些茂密的、自然分枝点较低的树木，需要在种植时修剪，将强壮的水平分枝截短三分之一。不要动领导枝，除非它受到了损伤。在第二年冬季，将水平分枝继续截短大约三分之一。

在对那些长势强健的常绿植物（如女贞和葡萄牙桂樱）进行造型时，应该在晚春时将所有茎干截短三分之一，接着在夏末进一步修整。如果生长出的枝叶不如预期茂盛，则在第二个冬季或早春进行程度更高的修剪，去除上一生长季长出的至少一半枝条。

"速成"树篱植物在苗圃中预先修剪过，因此直到种植一年后才需要进一步修剪。即使是在这个比较早期的阶段，树篱两侧也应该开始修剪成或多或少的倾斜角度，让基部成为最宽的部位。平顶A字形树篱或者带有尖顶的弧线型树篱不容易受到雪和强风的伤害。雪会沿着渐尖树篱的侧壁很快滑落；有坡度的树篱边缘会让强风偏转方向，将对植物造成的损害降至最低水平。

树篱的平顶可以借助平尺或者木棍之间拉伸的园艺线来修剪得到。在修剪低矮的树篱时同样要使用辅助工具，因为视线在向下观察时同样会出现水平偏差。一旦得到了合适的大小和坡面，后续生长季的修剪便只需要保持树篱的形状即可。

松柏类和许多常绿树广泛用于树篱。在大多数情况下，只有侧枝在最初的几年中需要修剪，特别是在对成形最重要的第二年，这样做可以让顶端枝条长到预定高度，之后再将其截短。

整形修剪

修剪前
领导枝和侧枝都不受限制地生长。树篱（光亮忍冬）需要进行造型修剪。

修剪后
将水平侧枝截短一半，领导枝截至需要的高度，创造出整齐的树篱。可按照需要修剪再次长出的枝叶。

树篱的修剪

使用园艺大剪刀修剪
为保证树篱顶端的平齐，修剪时，令园艺大剪刀的刀锋始终与树篱边缘线保持平行。

使用电动绿篱修边机修剪
当使用电动绿篱修边机时，令其刀锋与树篱保持平衡，并使用大面积横扫的动作。

鹅耳枥

红豆杉

树篱造型
将树篱顶部处理得稍窄，以使强风和暴雪偏转方向。在降雪量很高的地区，应将树篱顶端处理成尖形，以防积雪对树篱造成损伤。

如何对树篱进行造型

1 在两根直立木桩之间拉起一条紧绷的水平线作为树篱最高点的基准。

2 沿着这条线移动，将树篱顶部剪平。然后修剪侧边。

3 来到树篱的末端后，撤去线和木桩，将树篱末端修剪整齐。

树篱的维护

规则式树篱需要定期修剪以维持形状：在大多数情况下应该一年修剪两次，春季一次，夏末一次（见"修剪整齐的规则式树篱"，104页）。大多数规则式树篱使用园艺大剪刀或电动绿篱修边机修剪。在对树篱进行造型修剪时使用直尺或园艺线作为辅助工具。

自然式树篱也需要定期修剪以维持形状。去除错位的枝条，并将

如何对徒长的树篱进行复壮

将无人照料的落叶树篱一侧剪至主干，另一侧照常修剪（右）。一年之后，如果生长很茂盛的话，将另一侧剪至主干（最右）。

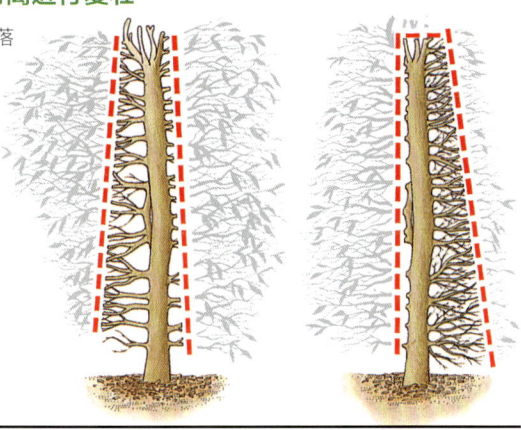

其他树枝截短到需要的形状。观花或观果的树篱只能在适当的季节修剪（见"自然式观花树篱"，105页）。自然式树篱和那些有较大常绿树叶的绿篱在修剪时最好使用修枝剪，以免对叶片造成损伤。

在任何情况下，如果树篱有鸟筑巢，所有修剪都应推迟到仲夏或夏末，或者雏鸟长羽毛之后。

复壮

许多树篱植物，如鹅耳枥属、忍冬属植物和欧洲红豆杉都对复壮措施有很好的反应（即使树篱已经无人照料，徒长得过于茂盛）。为了得到最佳效果，落叶树篱应该在冬季进行复壮，而常绿树篱应该在仲春进行复壮。如果需要进行程度较高的修剪，应该在紧接着的两个生长季中对不同的侧面进行截短。如果进行复壮是为了让生长不良的树篱恢复活力，应在修剪后对植物施肥和护根，以促进健康新枝条的萌发。如果树篱徒长，但在其他方面是健康的，就没有必要额外施肥了。

柳编墙

使用柳属植物枝条进行编织有一段悠久的历史。编织枝条早在史前时期就用作栅栏，上面还可以覆盖厚厚的泥巴、黏土和粪肥，曾是世界许多地方的主要建筑材料之一。有生命的绿色柳枝可以用来编织座位、屏障、凉亭和拱门，甚至还能编织出雕塑。

适合的植物

使用的柳属植物物种或品种必须与目标结构的大小和性质相匹配。活力、强韧程度和美学价值是主要的考虑因素。大多数柳属植物有足够柔韧的枝条可供编织，只有脆枝柳（*Salix fragilis*）除外。白柳（*S. alba*）的品种最为适合，它们鲜艳的枝条在冬季显得特别漂亮。

准备

种植和编织应该在冬季进行，此时的植物正在休眠。可以使用当年生柳条作为硬枝插条扦插，插条长度约为38厘米，插入地下30厘米深，然后留在原地生长，或者用长枝条种植后立即编织在一起。如果土地做好了充足的准备，长枝条可以像插条一样成功地存活生长。另一个选择是使用多干型植物，它们很容易从苗圃种植的植株发育得到，经过重度修剪后刺激两根或更多枝条的生长。

规划好柳编墙的形状和高度；它可以沿着一条笔直或弯曲的基准线生长。在种植之前标记柳编墙的轮廓。需要牢记的是，柳树需要明亮的光线才能繁茂生长。

计算出需要多少、多长的长枝条。长枝条的种植间距应至少为15厘米，较高的柳编墙需要的种植间距更宽，并且需要使用更有活力的品种。以15厘米为种植间距，一段12米长的柳编墙需要80根长枝条。

编织和绑结

间隔均匀的一排长柳枝种下之后，即可进行编织，得到美观的钻石形图案。尽量一次将柳条编织到预定高度，以使柳编墙更容易保持直立。抽出的新枝可以继续向上编织，但不会严格沿着原来的枝条方向生长。编织本身就可以在一定程度上将枝条维系在一起，不过交叉点应该使用涂焦油的麻线绑扎结实。对于形式简单的柳编墙，只需在每三个或每四个交叉点中绑结一个。

麻线会在大约两年之后自然降解，不过柳条的结合速度比这还要快。定期检查绑结好的交叉点——如果柳条已经结合，即将麻线撤去。

在长枝条已经种植的地方，侧枝一出现就要立刻去除，让生长集中于茎尖。这有助于增加高度并促进柳条之间的结合。一旦柳条结合，就可以允许侧枝生长并用它们来填补柳编墙（将侧枝编织在主枝之间）。当结构定型之后，定期剪掉新枝条或者将它们编入柳编墙中。

如何对柳编墙进行造型

1. 均匀种植一排长柳条。然后将它们倾斜45°，并交替编织在一起。

2. 在交叉点使用浸过焦油的麻线绑牢。这会在柳条生长时将它们挤在一起，促进形成层的结合，将整个结构固定起来。

3. 在柳编墙顶部，将最后一排交叉点用园艺橡胶绑结固定。这会允许枝条在风中轻微摇动，防止顶端裂开。

绿色框格
绿色柳条编织的屏障是很漂亮的园艺雕塑品。它们能以很大的尺度呈现，足以将整个花园遮挡起来并隔绝繁忙交通的噪声。

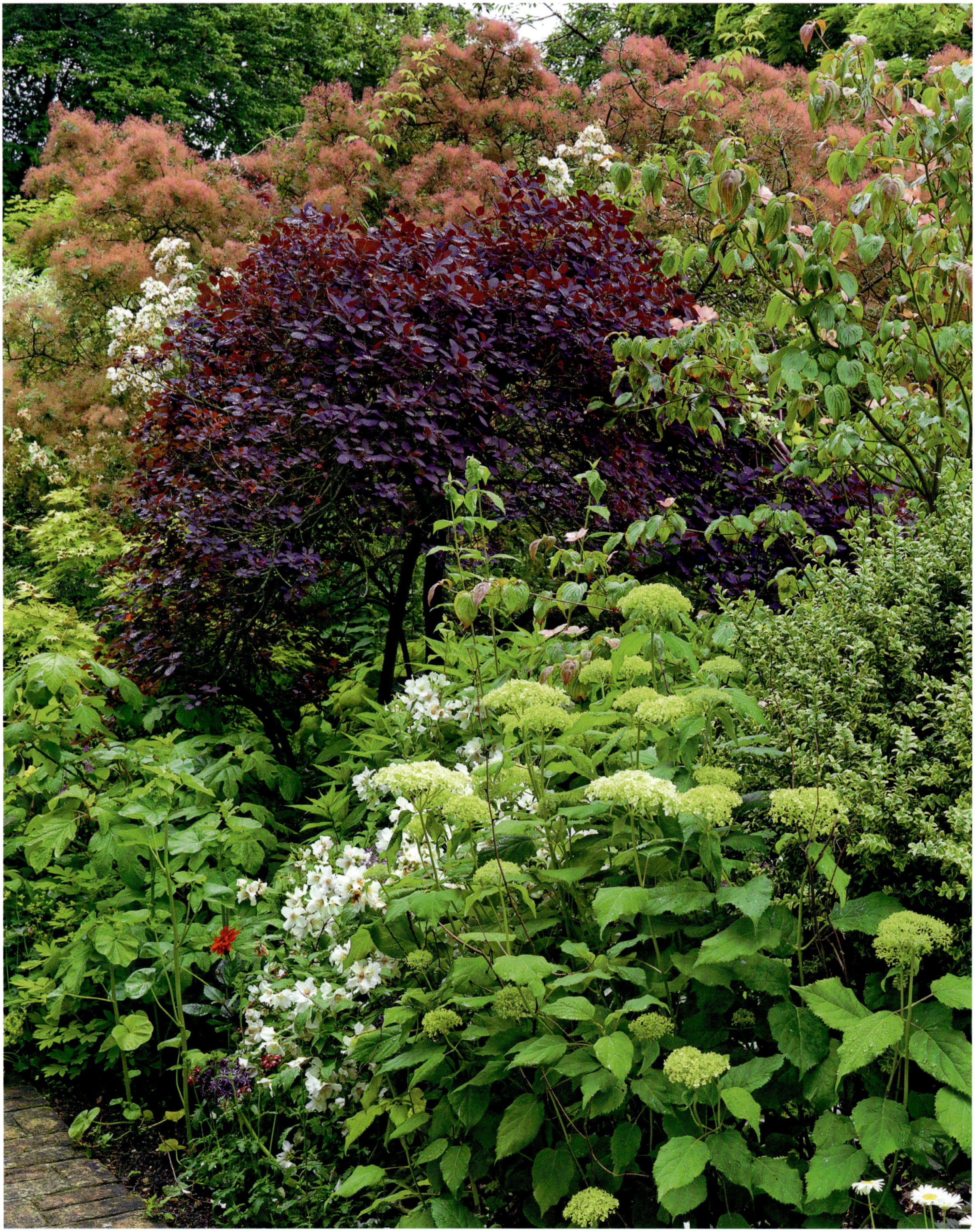

观赏灌木

灌木因其结构特性和长期的观赏价值而备受园丁们的重视，它们在形成种植设计的骨架方面发挥着重要作用。

在混合花境中，灌木可以提供坚实的实体质感，平衡更加柔软、短暂的草本植物，而组团常绿和落叶灌木能让你创造全年观赏的低维护水平景观。除了多样的形状和式样，灌木还能提供大量别具一格的景致：从八角金盘（*Fatsia japonica*）闪闪发亮的掌状叶或丁香散发芳香的花序，到火棘属植物念珠状的浆果或粉枝莓（*Rubus biflorus*）的雪白茎干。无论大小或风格如何，总有一种灌木适合你的花园。

花园中的灌木

灌木通常从基部产生分枝结构，而不是像大多数乔木那样拥有单独的树干。然而，以此来区分灌木和乔木是不正确的，因为某些灌木（如倒挂金钟属植物）也可以整枝成只有一根主干的标准苗，而许多乔木是多干型的。同样地，大小上的差别也不是清晰的区分依据，因为某些灌木长得比某些乔木还大。任何大小或风格的花园中都可种植许多种类的灌木。从世界范围内搜集的众多属内的物种中，人们已经培育出了大量观赏品种。

选择灌木

灌木在花园中的重要性无可估量，这体现在许多方面；也许最重要的是，它们赋予了设计形状、结构和实体，并提供了一个框架。然而，它们远远不是纯粹的功能性元素，因为它们还

种植组合
常绿灌木和落叶灌木的混合种植提供了永久性框架和漫长的观赏期。

具有各种观赏特性，包括芳香和鲜艳的花朵、常绿或带有斑纹的叶片、吸引人的果实，以及彩色或形状美观的枝条。

这些观赏特性对植物选择有着重要影响。不过，在决定花园中种植哪种灌木时，还有其他需要考虑的实际因素。与生长条件的相容性是植物良好生长的基础（见"选择适合种植位置条件的灌木"，111页），而灌木的生长速度、习性、最终高度和冠幅决定着它是否适合一座花园。

形态和尺寸

在尺寸方面，灌木既有极为低矮的矮化植物，如株高仅有20~30厘米的'侏儒'柳叶栒子（*Cotoneaster salicifolius* 'Gnom'），又有5~6米高的体形庞大的种类。这些大灌木包括一些漂亮的常绿杜鹃花属植物（只适用于酸性土壤），它们的尺寸几乎达到了乔木的标准。

灌木有很多不同的形态（包括圆球形、拱形和峭立形）和生长习性。有些灌木可以单独种植欣赏，例如拥有爆炸式剑形叶子和直立圆锥花序的凤尾兰（*Yucca gloriosa*）。还有些灌木，如日本木瓜（*Chaenomeles japonica*）有蔓生习性，如果贴墙整枝的话会更加美观。大部分灌木可用于低维护水平园艺中，特别是那些用作地被、周围覆盖护根的低矮灌木。

作为设计形体的灌木

大多数灌木寿命很长，可为任何设计方案做出永久性贡献。如果要用灌木形成设计框架的一

部分，一般来说最适合的是外形独特、充满雕塑感的常绿灌木，例如像波浪般伸展的'蓝地毯'高山柏(*Juniperus squamata* 'Blue Carpet')、圆丘状的日本茵芋(*Skimmia japonica*)，或醒目而直立的间型十大功劳(*Mahonia* x *media*)。将它们看成抽象的形体，单独或组合使用，以创造充满对比和互补形式的均衡种植方案。对于没多少空闲时间的园丁，多种灌木组成的混合种植可以是有效的低维护解决方案。要想吸引种类尽可能多的野生动物，可选择在一年当中开花时间不一的灌木，并加入结浆果的种类。

基础种植

灌木常常用于基础种植，将房屋和花园联系在一起，形成建筑硬质边缘与植物、草坪较柔软的形状和质感之间的过渡。这种类型的种植可以有效地标记房屋的入口。对称的灌木组团或成排灌木可种植在车行道或门道两侧，自然式栽植的灌木丛也可种在通向门口的曲径旁。

在设计这种类型的种植时，应该注意使其余建筑的风格、颜色和尺寸相配。人们常常选择常绿灌木，因为它们有连续不断的观赏期，但是加入落叶植物能够创造更多样的趣味，还可以同时提供体量和结构感，特别是在自然式背景中。

选择适合种植位置条件的灌木

为保证灌木繁茂生长并带来长期观赏价值，选择适合你的花园特定条件的植物种类特别重要。即使是在同一个小型花园中，不同位置的生长条件也会有相当程度的变化。既然有这么多可供挑选的灌木种类，就没有必要种植与选定地点不相配的植物了。

土壤类型

土壤的性质应该是要考虑的第一因素，而最好的做法永远是选择那些适应你的土壤类型并且可在其中茁壮生长的植物种类。添加有机质的土壤改良措施可令黏重土壤更疏松，排水更顺畅，也可增加疏松土壤的保水能力。然而，成功的种植必须将土壤的固有性质考虑在内。

即使是相对极端的土壤条件，也有许多植物可供选择：红瑞木和柳属植物喜欢潮湿的土壤，而金雀花(金雀儿属和小金雀属植物)以及薰衣草在排水良好的土壤上生长得很茂盛。

朝向和小气候

植物对于阳光或阴凉的偏好也必须铭记在心。喜阳灌木如果没有种植在充足的阳光下，会长得很散乱。不过，许多灌木能忍耐甚至喜欢一定程度的阴凉，它们适合用于城市花园，它们接受的不是从乔木上滤过的斑驳阳光，而是既有充分的阳光直射，又有建筑投影下的深深阴凉。

耐寒性是另一个要考虑的因素。气温范围、海拔、避风程度、朝向，以及与海岸的距离都会影响种植材料的选择。海洋会让气温变得温和，但充满盐分的海风会损伤沿海花园中的许多植物。不过，也存在既能享受温和气候又耐盐水飞沫的灌木，如南鼠刺属和小金雀属植物。

在开阔花园中因为不够耐寒而可能冻死的植物，在更加避风的位置也许可以作为贴墙整枝的标本式灌木茁壮生长。

季相变化

选择灌木时，要考虑它们观赏价值的季相性。大多数耐寒灌木在冬末和春季开花，为更晚开花的植物提供背景。很多夏秋开花的灌木在有些地区不够耐寒，需要遮挡保护。一些耐寒灌木拥有漂亮的秋季浆果，而且这些浆果可以存至冬季。常绿灌木可以全年提供观赏价值。

春季

春季开花的灌木因其带来的色彩和活力而备受珍视。将这些灌木进行组合，提供贯穿整个季节的观赏价值——从最早开花、萌芽状银灰色荑黄花序的'韦氏'戟叶柳(*Salix hastata* 'Wehrhahnii')，到散发芳香气味、开粉红和白色花朵的'萨默塞特'伯氏瑞香(*Daphne* x *burkwoodii* 'Somerset')。

夏季

可供选择的夏季开花灌木种类非常多，最好组合使用它们，以形成连续开花的景象。'伊丽莎白'金露梅(*Potentilla* 'Elizabeth')和'华丽'小叶丁香(*Syringa pubescens* subsp. *microphylla* 'Superba')等种类的花期可以从晚春持续到早秋。

秋季

这是许多落叶灌木走向前台的季节，绚烂的树叶形成引人注目的壮观景色。用于秋季的灌木包括拥有深红树叶的卫矛以及拥有黄色、红色或紫色树叶的各种黄栌。彩色的浆果也很

建议种植在酸性土壤中的灌木

山茶属物种和品种
这些常绿灌木的花期从冬末持续到春季，如上图中的'赠品'威氏山茶(*Camellia* x *williamsii* 'Donation')。大多数种类喜欢背风处，并且在容器中生长良好。

帚石南各品种
作为一种矮生常绿灌木，'威克洛郡'帚石南(*Calluna vulgaris* 'County Wicklow')花期很长，并在向阳处提供优良地被。

杜鹃花属物种和品种
这些林地灌木从春季至初夏开出壮观的鲜花，如上图中的'克里特岛'杜鹃(*R.* 'Crete')。落叶种类还有漂亮的秋叶。

短尖叶白珠树各品种
这些株型紧凑的常绿灌木在阴凉处茁壮生长，开微小的瓮形白花，并在秋季结出大量醒目的果实。

有观赏价值,如'金丘'火棘(*Pyracantha* 'GoldenDome')的成簇黄色浆果或'克鲁比亚'梅子(*Cotoneaster* 'Cornubia')的亮红色浆果。

冬季

灌木是冬季花园中的重要元素,能提供丰富的景致。常绿灌木也许是贡献最大的,提供醒目的大块色彩和质感。不过,花朵也可在冬季出现,外形充满雕塑感的日本十大功劳(*Mahonia japonica*)在这时绽放黄色的花序,'戴安娜'间型金缕梅(*Hamamelis x intermedia*)开出细长的红色花朵,其他芳香的开花灌木(如博得南特芙蓉)也很适用。常用的还有茎干具观赏价值的灌木,如'黄枝'偃伏梾木(*Cornus sericea* 'Flaviramea')。

混合花境

很多园丁选择这样一种自然式方案,它将灌木(包括月季)的框架种植与一系列从春季到秋季开花的草本植物、球根植物和一年生植物相结合,以填补在夏季可能出现的任何空白。灌木提供了长期的(有时是全年的)观赏价值,以及高度和结构,并为不断涌现的色彩提供背景。

可以将混合花境设计得适合不同背景。如果位于一面墙旁边,种植中就可以加入贴墙整枝的灌木和其他灌木作为背景,还可以使用攀缘植物,然后将其他植物引入灌木之间的前景中。在岛式苗床(island bed)上,灌木一般在中央形成形状不规则的核心,四周围绕着形成不规则团块的或以流线型分布的其他植物。

管理混合花境有时候要比照料灌木花境更加复杂,因为不同的植物有着多样的需求。不过,这是将拥有各种特性的不同植物类群整合在一起的最有效的方法之一。

园景灌木

那些特别美观的灌木(也许是因为它们精致的形状或是特殊的个性)最好作为园景灌木,独立种植在让人从不同角度和观察点都能很好地观赏的位置。在较小的花园里,一株引人注目的灌木可以起到一棵乔木的作用,如拥有多层伸展分枝的'马氏'雪球荚蒾(*Viburnum plicatum* f. *tomentosum* 'Mariesii')或色彩鲜艳的某个黄栌属(*Cotinus*)品种。

混合种植

在此处的种植设计中,常绿的杜鹃花属植物和桂樱提供了永久性的结构和质感,而观赏草和宿根植物负责呈现夏日色彩。

合适的灌木

既然以这种方式种植的灌木在花园中出类拔萃,那它的外观一定要配得上它的位置。外形轮廓优美的灌木最为适合,如呈浓密圆锥形的'加里特'海桐(*Pittosporum* 'Garnettii')或细长圆柱形的'爱尔兰'欧洲刺柏(*Juniperus communis* 'Hibernica'),而开花灌木(如'赠品'威氏山茶)也能在春季的盛花期形成引人注目的视觉焦点。

当为园景灌木选择树种时,其长期观赏价值是一个重要的考虑因素。在大的花园中,相对短暂但壮观的景致也许足以满足你的需要,因为还有许多其他灌木在别的时间各显神通。然而占据小型花园重要位置的灌木需要在全年提供色彩和样式才能确立自己的存在感,或者通过拥有不止一个观赏季来做到这一点。

为园景灌木选址

在为园景灌木选址时,首先要保证它的尺寸与其在花园中的位置相配,并且和花园的整体设计之间有良好的联系。最好的位置常常位于房屋主窗户望出去的视线焦点处,或者两处景色的交汇点。背景跟灌木本身同样重要,通常来说,均匀一致的质感和色彩,如茂密的常绿树篱或成片草坪,是最好的衬托。

不过,也可以试着将园景灌木种在别处,特

别是和其他花园景致相搭配,比如种在能够产生美丽倒影的水池边。在种植之前,使用相同高度和宽度的竹竿作为替代品,粗略估计灌木的大小和位置对设计产生的影响。

贴墙灌木

对许多植物来说,温暖避风的墙脚下的花境是理想的种植位置。这里的生长条件适宜各种因太柔弱而无法在花园别处更开阔或暴露的地方生长的灌木。虽然这里的土壤常常有些干燥,但只要充足灌溉,很多植物便能茁壮生长。

规则式或自然式整枝是展示植物观赏特性的有效方法,如火棘属植物的橙色或红色浆果,以及皱叶醉鱼草(*Buddleja crispa*)散发甜香气味的花朵。某些耐寒灌木贴墙整枝后的效果非常壮观,而且株高可以比自由种植时高出很多,例如木瓜属(*Chaenomeles*)灌木。

对于美丽茶藨子(*Ribes speciosum*)和连翘(*Forsythia suspensa*)等外形松散的灌木,贴墙整枝是一种很好的处理方式。一些灌木拥有长而柔韧的拱形枝条,如果将枝条固定在支撑结构上,便可成功地作为攀缘植物使用,如在冬季开花的迎春花(*Jasminum nudiflorum*)。有时根本不需要整枝:银香梅属(*Myrtus*)等灌木只需要种植在墙脚附近享受温暖和庇护即可。

低矮和地被灌木

低矮灌木用在地面需要观赏性的地方。半日花属(*Helianthemum*)各品种以及丰富多彩的石南植物(帚石南属、大宝石南属和欧石南属)可以点亮混合花境的前景,或者柔化道路的硬质边缘。有些低矮灌木蔓延成一片漂亮的地毯,可以很好地衬托其他植物。生长速度较快的低矮灌木可以用作地被。低矮的常绿灌木可以提供低维护且抑制杂草的浓密地被。在较大的尺度下,地被植物形成的垫状植被可以平衡花坛和花境中形成对比的圆形或峭立式样。

地被灌木为难以耕作的陡峭堤岸提供了一种最合适的解决方案:即使是直接位于乔木下方的阴影区域,匍匐十大功劳(*Mahonia repens*)和扶芳藤(*Euonymus fortunei*)等灌木也能生长得很好,与很难在这种环境下良好生长的禾草相比,它们是很好的低维护替代品。

树叶

一座花园的质感和季相的连续性在很大程度上依赖于树叶,特别是常绿灌木的树叶,全年将花园维持为一体。落叶灌木的树叶——从春季的新叶到秋季的秋色叶——也比大多数宿根植物具有持续时间更久的观赏性。

色彩

叶子的色彩能带来很多价值,叶色不只包括各种色调的绿,还有银灰色、红色和紫色,以及黄色、金色和带斑纹的式样。最醒目的叶色效果,如墨西哥橘树叶的黄色或马醉木属(*Pieris*)某些物种新叶的红色,以及'银后'扶芳藤(*Euonymus fortunei* 'Silver Queen')叶带白色斑纹的绿,都可以像鲜艳的花色那样被应用。

形状和质感

灌木的树叶还有许多其他特性值得在园艺

贴墙整枝的灌木
蜜腺大戟(*Euphorbia mellifera*)和茶花常山(*Carpenteria californica*)可以不需要支撑物而种植,不过靠墙种植后也能享受到温暖和保护。

观赏中发掘。尺寸巨大或形状特异的树叶,如八角金盘或通脱木(*Tetrapanax papyrifer*)的叶子特别引人注目,而从平滑、有光泽到粗糙、无光泽的质感变化也会形成令人满意的对比。

花

从许多金雀花植物(金雀属/小金雀属)的豆状小花到丁香属植物的大型厚重圆锥花序,灌木的花呈现出令人印象深刻的多样性。

色彩和式样

灌木拥有各种颜色的花朵,每种颜色都有无穷的变化。例如,粉色就有从'品奇'木兰(*Magnolia* 'Pinkie')的浅粉白色到'伊诺德-吉里'杜鹃(*Rhodofendron* 'Hinode-giri')的猩红色。有时候大片花朵的群体效果最吸引人,如美洲茶属植物成簇的密集蓝色花朵或连翘像五角星般的繁茂黄花,而其他灌木,如精致但花期短暂的牡丹(*Paeonia suffruticosa*),则以单朵花的华美而著称。

在大型花园中,一种植物的盛花期很短暂并不要紧,但在小花园里,这可能是一个严重的缺点。所以,在选择灌木时——尤其是在为小空间选择时——如果某种植物的花期非常短暂,就应考虑用它的形状和树叶来弥补。

香味

虽然某些花的吸引力大部分来自其色彩和式样,但那些有香味的花赋予了花园另一个维度的美。例如,野扇花属(Sarcococca)植物的花在外观上很不起眼,但在仲冬时节,它的香味会弥漫整个花园。

浆果

结浆果的灌木可以将鲜艳的色彩从夏末维持到冬季,还能吸引鸟类。在常绿灌木(如火棘属植物)中,鲜艳的浆果与绿叶形成鲜明的对比,而那些落叶灌木如欧洲荚蒾(Viburnum opulus)的浆果则有颜色不断变化的秋色叶和冬季的秃枝作陪衬。

橙色和红色浆果最常见,不过也有其他颜色——从黄色的'罗斯奇丁'枸子(Cotoneaster 'Rothschidianus')到粉红色的'海贝'短尖叶白珠树(Gaultheria mucronata 'Sea Shell')。

在某些灌木中,雄花和雌花开在不同的植株上。因此,只有将雄株和雌株靠近种植才能得到满意的结果率。例如,茵芋属(Skimmia)的大部分雌性种类需要授粉雄性才能结出浆果。少数种类是雌雄同株的,靠自己便能结果。

枝条

在冬季,落叶灌木的骨架会非常醒目,而且几个物种拥有色彩鲜艳的枝条。红瑞木可以有红色或黄色枝条,而还有些灌木如露珠柳(Salix irrorata)的枝条上则覆盖上了灰绿色的花。

将同一类的几种灌木组合使用,欣赏它们密集的枝条;或者将一棵精致的园景灌木放置于简单的背景映衬之下。想象一下'西伯利亚'红瑞木(Cornus alba 'Sibirica')的红色枝条被一面白墙映衬的效果,或是粉枝莓的雪白枝条衬托在深色墙上的样子。这些灌木种在水边的效果特别好,在下方还可以种植早花球根植物,如雪花莲属和菟葵属(Eranthis)植物,以及早花铁筷子属植物。

细枝构成的精致纹路常常被人忽略,除非它有鲜艳的色彩,不过不寻常的形状及满是刺或扭曲的枝条提供了额外的情趣。'扭枝'欧榛(Corylus avellana 'Contorta')和金卷柳(Salix 'Erythroflexuosa')的扭曲枝条如果以墙面或更普通的植物作为背景,将成为令人惊奇的珍品。

许多观赏枝条的灌木需要定期修剪,因为新枝是最漂亮的(见"灌木的平茬和截顶",126页)。然而,枝条扭曲的灌木不应重度修剪,因为这会刺激笔直枝条的生长。

彩色枝条
'西伯利亚'红瑞木的裸枝在冬季显得特别鲜艳。为了每年得到健壮枝条,应该在早春对枝条进行程度较高的修剪。

盆栽灌木

如果定期浇水和施肥,许多灌木能在容器中良好生长。以这种方式种植,它们将成为多面手:可以作为活的雕塑,提供强烈的外观冲击并作为平衡其他种植的框架。一棵常绿灌木或低矮松柏类会在种植钵中形成全年维持效果的中心景致,可在春季用球根花卉并在夏季用鲜艳多彩的一年生草花对其进行搭配补充。

盆栽灌木在小型铺装花园、露台或阳台中特别有价值。它可作为园景灌木单独使用,亦可与变化的一系列其他盆栽植物组合搭配。在较大的花园中,一棵漂亮的盆栽灌木能比一座园林雕塑形成更引人注目的视觉焦点。盆栽灌木能够引入某种规则感,可以只是简单地将一对盆栽灌木放置在拱门两侧,或者可以在更大的设计中用盆栽灌木来标记林荫道。

选择植物

最适合的盆栽灌木是那些观赏期很长的种类,如常绿的山茶属和杜鹃属植物,它们在花朵凋谢之后仍然很漂亮。为得到良好的观叶效果,可考虑矮棕,它有巨大、光滑的掌状树叶,颜色和质感多样的松柏类也是不错的选择。

落叶灌木的外观从春季到秋季不停改变,如鸡爪槭,当所有叶子全部落光时,精致枝条构成的优美图案会被保留下来。像'金焰'粉花绣线菊(Spiraea japonica 'Goldflame')这样拥有鲜艳叶色和玫瑰粉色花序的灌木种在园艺种植钵中时,通常会显得特别精致。

实用优点

在容器中种植灌木的一个好处是可以将不耐寒的植物如夹竹桃(Nerium oleander)和棕榈类植物引入花园,在夏季赋予花园地中海或亚热带风情。到了冬季,可以将这些植物转移到有设施保护的地方,有香味的灌木在盛花时也可以挪到座位区或窗户附近,之后再移走。这还是一种引入不能忍耐花园土壤灌木的好方法。

盆栽灌木
鸡爪槭在容器中生长得很好,并成为花园中一道雅致的景色(特别是种植在美观的容器中时)。

灌木种植者指南

暴露位置

能够忍受暴露或多风位置的灌木；标注"🌊"的灌木不适合用在海边

熊果 *Arctostaphylos uva-ursi* H7 Ev
灌木柴胡 *Bupleurum fruticosum* H4 Ev
帚石南 *Calluna vulgaris* H7 Ev 及其品种
黄枝滨篱菊 *Cassinia leptophylla* subsp. *fulvida* H5 Ev
岩蔷薇属 *Cistus* H4 Ev
朱蕉属 *Cordyline* H3-H1b Ev
枸子属 *Cotoneaster* H7-H5 矮生物种，
　矮生枸子 *C. dammeri* H6 Ev
　平枝枸子 *C. horizontalis* H7
沙枣 *Elaeagnus angustifolia* H5
春石南 *Erica carnea* H6 Ev 🌊 及其品种
南鼠刺属 *Escallonia* H5-H2 Ev
扶芳藤 *Euonymus fortunei* H5 Ev 及其品种
短筒倒挂金钟 *Fuchsia magellanica* H4 及其品种
柠檬叶白珠树 *Gaultheria shallon* H5 Ev 🌊
小金雀属 *Genista* H6-H1c
覆瓣栎木属 *Griselinia* H5-H2 Ev
铃铛刺 *Halimodendron halodendron* H7
长阶花属 *Hebe* H5 Ev
沙棘 *Hippophäe rhamnoides* H7
欧洲枸骨 *Ilex aquifolium* H6 Ev
花葵属 *Lavatera* H5-H3 Ev（有时）
榄叶菊属 *Olearia* H4-H1c Ev
新蜡菊属 *Ozothamnus* H4-H2 Ev
麻兰属 *Phormium* H4-H3 Ev
黑刺李 *Prunus spinosa* H7
火棘属 *Pyracantha* H6-H3 Ev
意大利鼠李 *Rhamnus alaternus* H5 Ev
柳属 *Salix* H7-H5
千里光属 *Senecio* H7-H1b Ev
鹰爪豆属 *Spartium* H5
绣线菊属 *Spiraea* H6
柽柳属 *Tamarix* H5
荆豆属 *Ulex* H6-H3 Ev
丝兰属 *Yucca* H5-H2

避风位置

喜欢避风位置的灌木

多花六道木 *Abelia floribunda* H4 Ev（部分）
苘麻属 *Abutilon* H4-H1b Ev
鸡爪槭 *Acer palmatum* H6 及其品种
紫金牛 *Ardisia* H3-H1b Ev
班克木属 *Banksia* H2-H1c Ev
龙舌草属 *Beschorneria* H3-H1c Ev
寒丁子属 *Bouvardia* H3-H1c Ev
长春菊属 *Brachyglottis* H4-H2 Ev
木曼陀罗属 *Brugmansia* H3-H1c Ev
柑橘属 *Citrus* H7-H2 Ev
臭茜草属 *Coprosma* H4-H2 Ev
罂栗木属 *Dendromecon rigida* H3 Ev
筐齿常绿千里光 *Euryops pectinatus* H3 Ev
芭蕉 *Musa basjoo* H2 Ev
夹竹桃属 *Nerium* H3-H2 Ev
隐脉杜鹃 *Rhododendron maddenii* H3 Ev,
越橘杜鹃组 *R.* Section *Vireya* H2

贴墙灌木

六道木属 *Abelia* H6-H3 Ev
苘麻属 *Abutilon* H4-H1b Ev

银荆 *Acacia dealbata* H3 Ev
金柞属 *Azara* H4-H3 Ev
皱叶醉鱼草 *Buddleja crispa* H4
红千层属 *Callistemon* H5-H2 Ev
山茶属 *Camellia* H5-H2
美洲茶属 *Ceanothus* H7-H4 Ev
夜香树属 *Cestrum* H3-H1b Ev
木瓜属 *Chaenomeles* H6
火把花属 *Colquhounia* H4
毛花瑞香 *Daphne bholua* H4
法兰绒花属 *Fremontodendron* H4
月月青 *Itea ilicifolia* H5
火棘属 *Pyracantha* H6-H3
'秋花' 智利藤茄 *Solanum crispum* 'Glasnevin' H4,
　素馨茄 *S. laxum* H4

空气污染

能够忍耐污染空气的灌木

桃叶珊瑚属 *Aucuba* H6-H3 Ev
小檗属 *Berberis* H7-H3 Ev（部分）
大叶醉鱼草 *Buddleja davidii* H6
山茶 *Camellia japonica* H5 Ev 及其品种
偃伏梾木 *Cornus sericea* H7
枸子属 *Cotoneaster* H7-H5 Ev（部分）
胡颓子属 *Elaeagnus* H5 Ev（部分）
大叶黄杨 *Euonymus japonicus* H5 Ev
八角金盘 *Fatsia japonica* H5 Ev
短筒倒挂金钟 *Fuchsia magellanica* H4 及其品种
丝缨花属 *Garrya* H4-H2 Ev
阿耳塔拉冬青 *Ilex* x *altaclerensis* H6 Ev,
　欧洲枸骨 *I. aquifolium* H6 Ev
鬼吹箫属 *Leycesteria* H5-H2
女贞属 *Ligustrum* H6-H3 Ev（部分）
蕊帽忍冬 *Lonicera pileata* H6 Ev
广玉兰 *Magnolia grandiflora* H5 Ev
冬青叶十大功劳 *Mahonia aquifolium* H5 Ev
木樨属 *Osmanthus* H5-H2 Ev
山梅花属 *Philadelphus* H6-H3
柳属 *Salix* H7-H5
绣线菊属 *Spiraea* H6
荚蒾属 *Viburnum* H7-H3 Ev（部分）

干燥阴凉

能够忍受干燥阴凉的灌木

桃叶珊瑚属 *Aucuba* H6-H3 Ev
加拿大草茱萸 *Cornus canadensis* H7
桂叶瑞香 *Daphne laureola* H5 Ev
扶芳藤 *Euonymus fortunei* H5 Ev,
　大叶黄杨 *E. japonicus* H5 Ev
八角金盘 *Fatsia japonica* H5 Ev
常春藤属 *Hedera* H5-H2 Ev
欧洲枸骨 *Ilex aquifolium* H6 Ev
板凳果属 *Pachysandra* H6-H5 Ev

潮湿阴凉

能够忍受潮湿阴凉的灌木

桃叶珊瑚属 *Aucuba* H6-H3 Ev
锦熟黄杨 *Buxus sempervirens* H6 Ev
山茶 *Camellia japonica* H5 Ev
加拿大草茱萸 *Cornus canadensis* H7
桂叶瑞香 *Daphne laureola* H5 Ev

扶芳藤 *Euonymus fortunei* H4 Ev,
　大叶黄杨 *E. japonicus* H5 Ev
八角金盘 *Fatsia japonica* H5 Ev
欧洲枸骨 *Ilex aquifolium* H6 Ev
蕊帽忍冬 *Lonicera pileata* H6 Ev
冬青叶十大功劳 *Mahonia aquifolium* H5 Ev
木樨属 *Osmanthus* H5-H2 Ev
三色莓 *Rubus tricolor* H5 Ev
野扇花属 *Sarcococca* H5-H3 Ev
茵芋属 *Skimmia* H5 Ev
蔓长春花属 *Vinca* H6-H3 Ev

两个或更多观赏季

全年

灰叶相思树 *Acacia baileyana* H3 Ev
紫金牛 *Ardisia japonica* H3 Ev
银毛旋花 *Convolvulus cneorum* H4 Ev
'金边' 埃氏胡颓子 *Elaeagnus* x *ebbingei* 'Gilt Edge' H5 Ev
长圆叶常绿千里光 *Euryops acraeus* H4 Ev
西班牙薰衣草 *Lavandula stoechas* H4 Ev
杜香叶新蜡菊 *Ozothamnus ledifolius* H4 Ev

冬季/春季

粉叶小檗 *Berberis temolaica* H5
'扭枝' 欧榛 *Corylus avellana* 'Contorta' H6
露珠柳 *Salix irrorata* H5

春季/夏季

加州夏蜡梅 *Calycanthus occidentalis* H6
'森林之火' 马醉木 *Pieris* 'Forest Flame' H5 Ev

春季/秋季

'埃迪氏' 太平洋四照花 *Cornus nuttallii* 'Eddie's White Wonder' H5

夏季/秋季

'迈耶' 柑橘 *Citrus* 'Meyer' H2 Ev
'银边' 欧茱萸 *Cornus mas* 'Variegata' H6
'火焰' 黄栌 *Cotinus* 'Flame' H5
猩红果枸子 *Cotoneaster conspicuus* H6 Ev
云南双盾木 *Dipelta yunnanensis* H5
'雪花' 浅裂叶绣球 *Hydrangea quercifolia* 'Snowflake' H5
蓝叶忍冬 *Lonicera korolkowii* H7
银香梅 *Myrtus communis* H4 Ev,
　袖珍银香梅 *M. communis* subsp. *tarentina* H4 Ev
西康绣线梅 *Neillia thibetica* H7
黄叶糙苏 *Phlomis chrysophylla* H5 Ev
火棘属 *Pyracantha* H6-3 Ev
'达格玛·哈斯特鲁普夫人' 月季 *Rosa* 'Fru dagmar Hastrup' H7,
　'仙鹤' 华西蔷薇 *R. moyesii* 'Geranium' H6

秋季/冬季

荔梅 *Arbutus unedo* H5
粉叶小檗 *Berberis temolaica* H5
'银边' 欧茱萸 *Cornus mas* 'Variegata' H6

香花灌木

白花连翘 *Abeliophyllum distichum* H6
总序金雀花 *Argyrocytisus battandieri* H5
互叶醉鱼草 *Buddleja alternifolia* H6
茶梅 *Camellia sasanqua* H4 Ev

'金黄' 蜡梅 *Chimonanthus praecox* 'Luteus' H5
'阿兹特克珍珠' 墨西哥橘 *Choisya* 'Aztec Pearl', H4 Ev
　墨西哥橘 *C. ternata* H4 Ev
'圆锥' 桤叶山柳 *Clethra alnifolia* 'Paniculata' H5
'粉花' 智利筒萼木 *Colletia hystrix* 'Rosea' H5
毛花瑞香 *Daphne bholua* H4 Ev（通常），
　巴尔干瑞香 *D. blagayana* H6 Ev,
　欧洲瑞香 *D. cneorum* H5 Ev,
　瑞香 *D. odora* H4 Ev
胡颓子属 *Elaeagnus* H5 Ev（部分）
葡萄牙石南 *Erica lusitanica* H5 Ev
'苍白' 间型金缕梅 *Hamamelis* x *intermedia* 'Pallida' H5
'冬美人' 桂荚忍冬 *Lonicera* x *purpusii* 'Winter Beauty' H6,
　斯坦氏忍冬 *L. standishii* H6
馥郁滇丁香 *Luculia gratissima* H1c Ev
天女花 *Magnolia sieboldii* H6,
　广玉兰 *M. grandiflora* H5 Ev
日本十大功劳 *Mahonia japonica* H5 Ev
山桂花 *Osmanthus delavayi* H5 Ev
山梅花属 *Philadelphus* H6-H3 许多物种
海桐花 *Pittosporum tobira* H3 Ev
耳叶杜鹃 *Rhododendron auriculatum* H4 Ev,
　泡泡叶杜鹃 *R. edgeworthii* H3 Ev,
　'香花' 杜鹃 *R.* 'Fragrantissimum' H3 Ev,
　根特杂种杜鹃 *R.* Ghent hybrids H3,
　芳香型罗德里杜鹃群 *R.* Loderi Group H5 Ev,
　纯黄杜鹃 *R. luteum* H6,
　西洋杜鹃 *R. occidentale* H6 及其杂种,
　'北极熊' 杜鹃 *R.* 'Polar Bear' H4,
　粘杜鹃 *R. viscosum* H6
野扇花属 *Sarcococca* H5-H3 Ev
荚蒾属 *Viburnum* H7-H3 许多物种 Ev（部分）

香叶灌木

莸属 *Caryopteris* H6-H3
木薄荷属 *Prostanthera* H4-H2 Ev
芸香 *Ruta graveolens* H5 Ev
圣麻属 *Santolina* H5 Ev
杂交茵芋 *Skimmia* x *confusa* H5 Ev

外形奇异的灌木

龙舌兰属 *Agave* H2-H1c Ev
'金边' 楤木 *Aralia elata* 'Aureovariegata' H5
矮棕属 *Chamaerops* H4 Ev
椰子属 *Cocos* H1a Ev
朱蕉属 *Cordyline* H3-H1b Ev
苏铁 *Cycas revoluta* H2 Ev
龙血树属 *Dracaena* H1c-H1b Ev
枇杷 *Eriobotrya japonica* H4 Ev
荷威椰子属 *Howea* H1a Ev
智利椰子属 *Jubaea* H3 Ev
露兜树属 *Pandanus* H1b Ev
刺葵属 *Phoenix* H2-H1b Ev
麻兰属 *Phormium* H4-H3 Ev
箬棕属 *Sabal* H2-H1b Ev
丝兰属 *Yucca* H5-H2 Ev

注释

Ev 常绿
H = 耐寒区域, 见 56 页地图

用于地被的灌木

使用浓密的垫状开花或观叶植被覆盖地面是用来抑制杂草生长的种植手段。地被植物在花境前方或较大灌木的基部很有用，在某些情况下还可以作为低维护替代品取代禾草。在如此使用时，低矮的毯状灌木将为洋水仙等球根植物提供良好的背景，而且不像禾草那样在球根植物的叶片凋萎之后还需要割草。

在因遭受风雨侵蚀而难以管理的陡峭堤岸，可以种植地被灌木，如'蓝地毯'高山柏（*Juniperus squamata* 'Blue Carpet'）或矮生栒子（*Cotoneaster dammeri*）。它们低矮蔓延的生长习性、常绿的树叶以及发达的根系共同构成稳定的覆盖层，能够有效防止表层土的侵蚀。

在阳光直射的干燥土壤上，可以使用岩蔷薇、迷迭香和薰衣草等地中海植物。匍匐或矮生类型尤其合适，会在开花时吸引粉蝶昆虫。低矮蔓生的百里香对蜂类极具吸引力，例如早花百里香（*Thymus praecox*）及其品种。

如果在种植前将多年生杂草清除干净，地被植物就会扼杀大多数试图在树冠下生长的新杂草幼苗，夺走杂草的阳光，并与它们竞争水分和养分。在野外环境中，这是一种自然发生的常见过程。在花园中可以模仿这种自然现象，得到只需很少后期管理的美观的整体种植设计。

在开放式花园中，常绿地被灌木能够起到标记低矮边界的作用。它们还能将被风吹动的垃圾挡在树枝下面，方便清除。

选择植物

选择那些能够快速用浓密的枝条覆盖种植空间的美观且健壮的植物。低矮的蔓生灌木是最有用的。常绿灌木能够维持全年观赏价值，也是一个很好的选择，如果像'金斑'扶芳藤（*Euonymus fortunei* 'Sunspot'）那样拥有带金黄斑点的深绿叶片，还能够点亮不起眼的阴暗角落。

选择的植物应该能够适应种植地或干或湿、或阴凉或暴晒的条件。它们应该容易进行养护，平常不需要修剪或者只需每年修剪一次并施一次肥。选择那些能够保持5~10年健康的长期植物。最后，寻找树叶和外形美观的物种、品种和栽培类型，如果有可观赏的花和果实就更好了。

植物的组合

如果密集种植，大规模的单一植物将会呈现统一的"地毯式"效果，但生活力相似的不同植物也可以组合在一起。不同色彩、质感和形式的地被植物可以混合起来成为花园中的别样景致，或者为设计提供具有联系作用的美观要素。

有些灌木特别适合用于中等高度的地被，或者作为乔木下方的林下层使用。拥有色彩鲜艳的果实的猩红果栒子（*Cotoneaster conspicuus*）、拥有发亮深绿树叶的'密枝'桂樱（*Prunus laurocerasus* 'Otto Luyken'），还有叶子深裂且带白边的'白斑叶'八角金盘（*Fatsia japonica* 'Variegata'），都能很好地覆盖地表并提供观赏价值，即使是在冬季。

一般栽培

彻底准备好土地后，有几种种植方法可以保证地被灌木快速覆盖地面：将它们按照相关物种或品种所需的最佳间距进行种植后，在每棵植株之间的土壤上覆盖松散的护根。透过一层防杂草的生物降解纤维护根种植它们；或者将它们按照比一般间距更密的密度种植，以更快地达到覆盖目的。

具体选用哪种方法取决于所用植物的类型和造价、气候和土壤条件，以及你愿意为最终效果等待多久。在适宜条件以合适间距种植的速生植物一般会在两到三年内填满植物之间的空隙。

一旦成形，许多灌木植物便只需要偶尔进行修剪，并去除死亡和受损枝条，就能保持紧凑。一些种类需要每年进行修剪，例如，蔓长春花属（*Vinca*）植物和大萼金丝桃（*Hypericum calycinum*）过几年就会变得相当散乱，而圣麻属（*Santolina*）植物则会向四周开展，露出它们的中心。

富于质感的毯状地被
健壮而低矮的'蓝地毯'高山柏提供了一片宽达3米、充满色彩和质感的地毯。

修剪地被植物

圣麻属
一些丛生植物需要进行重剪。在春季，将地上部分修剪至新枝条从主干抽生出来的位置的正上方。

大萼金丝桃
在春季，将前一个生长季长出的枝条进行重剪。

为地被覆盖护根

当地被植物被以正确的间距种下去之后，它们之间的地面仍然是裸露的。在植物开始长满周围区域之前，建议用护根覆盖它们周围的空隙。这有助于保持土壤中的水分并抑制杂草生长。质地松散的护根（如树皮碎屑）最为理想，覆盖厚度应达约7厘米。

为保持新种植植物（这里是春石南）之间的水分，覆盖一层7厘米厚的松散护根。每年春季，更换一次成形植物周围的护根。

土壤的准备和种植

大多数花园能种植种类众多的灌木，即使土壤状况并没有达到最理想的状态——肥沃、排水良好但又充分保水。改善潮湿土壤的排水性能，以及通过加入腐殖质的方式改善干燥土壤的结构和保水性，都能够大大增加可栽植灌木的种类。土壤的酸碱性也是影响可种植物范围的一个重要因素，它也可以得到改良。虽然这些改良措施很重要，花园中的土壤仍然会偏向本身的潮湿或干燥、黏重或疏松、酸性或碱性。最适合用在你花园的灌木是那些最能适应土壤条件的种类。

选择灌木

灌木可以从园艺中心、苗圃和非专业渠道（如超市）购买。一些苗圃的灌木还可邮购，这些植物通常在休眠季进行配送。它们通常以容器栽植的方式售卖；少数（主要是结果或树篱灌木）以坨根或裸根的形式出售。

出售的灌木应该有精确的标牌、健康、完好无损，没有感染病虫害。当直接购买时，对植株进行全面检查，挑选分枝均匀且分枝点接近地面的苗木。对于标准苗灌木，要挑选有足够高度的无分枝主干。在超市温暖干燥环境中出售的灌木，其储藏寿命很短。可靠的供应商常常会提供五年保质期，如果在此期间发现名不符实或者在给予良好照料的情况下灌木仍死亡，则可以免费更换。

盆栽灌木

大多数种在容器中出售的灌木一直生长在容器中。有些则在大田中生长，然后在出售之前的季节里上盆栽植，以延长它们的货架寿命。这两种类型较难区分，不过在容器中生长的灌木一般有发育更充分的根系（常常能从花盆的排水孔处看到）。

如果可能的话，将灌木从容器中取出，根系应该呈现出健康的白色尖端，而且发育良好的根系应该能够保留容器中全部或大部分基质。拒绝使用根系发育不良及根系生长受到容器束缚（部分根系从容器中伸出来）的灌木，这种类型的苗木很少会生长良好。

盆栽灌木的一个重要优势是它们可以在任何时间购买和栽种（极端温度或干旱时除外）。上盆灌木可以在冬季安全地进行栽种，若在其他时间栽种，恢复可能会很慢，除非它们也拥有发育良好的根系。

裸根灌木

繁殖容易的落叶灌木有时候会在休眠季中被直接从大田挖出，根部裸露出售。购买裸根灌木的季节是从秋季到第二年春季。为防止变干，它们常常会假植在土地中直到出售。在购买之前进行仔细检查，确保裸根灌木拥有发育均衡的健壮根系。

耐旱灌木	适合潮湿黏质土的灌木
岩高兰小檗 *Berberis empetrifolia* H5	唐棣属 *Amelanchier* H7
帚石南 *Calluna vulgaris* H7 及其品种	楤木属 *Aralia* H7-H4
聚花美洲茶 *Ceanothus thyrsiflorus* H4	红涩石楠 *Aronia arbutifolia* H4
艳斑岩蔷薇 *Cistus x cyprius* H4	桃叶珊瑚属 *Aucuba* H6-H3
桤叶山柳 *Clethra alnifolia* H5	小檗属 *Berberis* H7-H3
金雀儿 *Cytisus scoparius* H5	华丽木瓜 *Chaenomeles x superba* H6 及其品种
欧石南 *Erica arborea* H4, 灰色石南 *E. cinerea* H7	'西伯利亚'红瑞木 *Cornus alba* 'Sibirica' H7
短筒倒挂金钟 *Fuchsia magellanica* H4 及其品种	黄栌属 *Cotinus* H5
小金雀 *Genista tinctoria* H6	栒子属 *Cotoneaster* H7-H5
针叶哈克木 *Hakea lissosperma* H4	溲疏属 *Deutzia* H5-H3
铃铛刺 *Halimodendron halodendron* H7	连翘属 *Forsythia* H5
半日花属 *Helianthemum* H5-H3	丝缨花属 *Garrya* H4-H2
蜡菊属 *Helichrysum* H6-H1c	沙棘属 *Hippophäe* H7
沙棘属 *Hippophäe* H7	宽叶山月桂 *Kalmia latifolia* H6
薰衣草属 *Lavandula* H3-H5	忍冬属 *Lonicera* H7-H2
榄叶菊属 *Olearia* H4-H1c	间型十大功劳 *Mahonia x media* H5
新蜡菊属 *Ozothamnus* H4-H2	山梅花属 *Philadelphus* H6-H3
糙苏属 *Phlomis* H6-H3	委陵菜属 *Potentilla* H7-H5
麻兰属 *Phormium* H4-H3	火棘属 *Pyracantha* H6-H3
鹰爪豆 *Spartium junceum* H5	黄花柳 *Salix caprea* H6
柽柳属 *Tamarix* H5	欧洲接骨木 *Sambucus racemosa* H7
荆豆 *Ulex europaeus* H6	绣线菊属 *Spiraea* H6
凤尾兰 *Yucca gloriosa* H5	欧洲荚蒾 *Viburnum opulus* H6
	锦带花属 *Weigela* H6

注释
H = 耐寒区域，见56页地图

选择灌木
盆栽灌木

- 苗壮、均衡的地上部分
- 发育良好的纤维状根系
- 长满细枝的稀疏主干，新生枝条少
- 被容器束缚的根系
- 梳理被容器束缚的根系，并将所有非常长或受损的根截短
- 发育良好且均衡的分枝结构
- 健康、苗壮、无病虫害的枝条
- 包裹完好，没有漏洒或受损
- 确保根坨是紧实的

楔叶木薄荷

好样品

坏样品

坏样品的复壮

香荚蒾

好样品

坨根灌木

坨根灌木

这类灌木通常在秋季或早春出售，之前都在露天的大田生长，然后在出售时连同根坨一起被挖出。根坨用麻布或网布包裹。松柏类常常以这种方式出售。要检查根坨的包裹是否完好，包裹不完好的话，根系会暴露在外被风干，此外还要确保根坨的紧实。

种植时间

秋季到第二天春季是裸根灌木和坨根灌木的种植季节，也是盆栽灌木的最佳种植时间。然而，那些不太耐寒的种类应该在春季种植。秋季种植可以让灌木的根系在土壤还温暖的时候恢复，这样灌木就可以在第二年夏季干燥气候到来之前茁壮地生长。

种植可以在冬季较温和的天气下进行，但是不要在土地冰冻或涝渍时种植。在非常冷的土壤中，根系不会伸展，它们甚至有可能被冻僵并因此死亡。

春季种植的主要缺点是地上部分很可能在根系恢复之前先生长，如果干旱天气提前出现的话，可能需要经常灌溉才能帮助植物成活。

土壤的准备

许多灌木能活很长时间，所以在种植前需要对土地进行充分的准备。整地的目标是耕作一大块区域，而不只是单株灌木的种植点，最好是将整个种植床都进行整地耕作。

整地耕作的最好季节是夏末和秋季。首先清除或杀死所有杂草，注意将多年生杂草彻底清理干净（见"杂草和草坪杂草"，649～654页）。用双层掘地法（见"双层掘地"，586页）将一层8～10厘米厚的腐熟有机质铺在下层土壤中。如果这难以做到，也可将大量有机质混入30～45厘米厚的土壤表层。如果适当的话还可以加入肥料（见"土壤养分和肥料"，590～591页）。

如何种植

灌木的种植穴必须足够宽，能够容纳它的根坨。对于盆栽或坨根灌木，种植穴应该是根坨的两倍宽，如果种植在黏质土中则应该是根坨的三倍宽。对于裸根灌木，种植穴的大小必须足以让其根系充分伸展。种植穴还必须足够深，让灌木的种植深度与其之前在容器中或大田中时保持一致。其树干基部有一个深色标记，可以指示种植深度。在种植穴上横放一根木棍，可辅助种植深度的确定。对于后期上盆灌木的处理，取决于当它从容器中取出时根系的发育程度。如果基质从根系上脱落，那么就像种植裸根灌木一样种植它；如果没有，就像种植盆栽灌木一样对待它。如果根系被容器束缚得太厉害，则要对它进行梳理。在将坨根植物放入种植穴之后，要去除麻布或网布的包裹。在回填种植穴时，轻轻摇晃裸根灌木以利于土壤沉降。逐渐紧实土壤，但对于黏质土不要压得太实。

为了改善种在黏质土中灌木周围的排水，将灌木稍稍提出地面之上，并用土壤埋住根坨暴露在外的部分，顶端埋到土壤标记为止。在沙质土中，将灌木种进稍稍下沉的坑洼中，将水引导到植物的根系周围。为灌木浇水并覆盖护根。

种植贴墙灌木

一些灌木可以在固定于墙壁或栅栏上的金属丝上整枝。在距离墙面至少45厘米的地方种下灌木，并将植株向墙壁一面倾斜。用木棍支

种植盆栽灌木

1 挖出一个灌木根坨（这里是一株荚蒾属植物）两倍宽的种植穴。将表层土与腐熟有机质混合。用叉子在种植穴的四壁和底部叉洞。

2 将一只手放在基质顶部并支撑住灌木，小心地将植物从容器中取出。将灌木放置在准备好的种植穴中。

3 在种植穴上放置一根木棍，确保种植深度与之前一致。如有必要，通过增加或挖取表层土的方式调节种植深度。

4 用挖出的表层土与有机质的混合物回填种植穴，逐步紧实土壤，注意不要产生气穴。

5 种植穴被完全填满之后，用脚或手压实灌木周围的土壤。

6 将染病或受损的枝条剪掉，并将所有向内生长或交叉生长的枝条修剪至向外生长的分枝或芽处。还应该去除所有特别长的、纤弱的或散乱的枝条，以及那些破坏灌木整体平衡结构的枝条。

7 浇透水。铺一层5～7厘米厚的腐熟基质或碎树皮护根，覆盖宽度应为30～45厘米。

种植贴墙灌木

1 在距离墙壁至少45厘米的地方挖一个种植穴。将灌木（这里是一株火棘属植物）种植在里面，并将它绑在支撑木棍上。

2 回填土壤并压实。在中央木棍和金属丝上固定水平竹棍，这样侧枝就能被支撑并绑在上面。

撑灌木的主干和水平分枝，然后将水平分枝绑在金属丝上（见"贴墙灌木"，127~128页）。

立桩

灌木一般不需要立桩支撑，除非是那些根系受到束缚的大型园景灌木或标准苗型灌木。前者最好在一开始就不要选用，如果选用了，它们在种下去的头一两年里几乎肯定需要一定程度的支撑，直到它们的根系伸展开来才会变得稳定。

对于所有从近地面处分枝的灌木，最好的支撑方法是以灌木为圆心、以1米为半径作圆，在圆上取3个等距点立桩，然后在桩上拉出绳索，将灌木支撑在这些绳索上。为防止对树皮造成损伤，建议用橡胶或相似材料覆盖在绳索与树枝接触的地方。对于标准苗型灌木，在种植前将木桩钉入种植穴中，以防对根系造成损伤。木桩的顶端应该正好位于最低分枝的下面。使用专利绑结或者自制的八字结将主干固定在木桩上，以防摩擦（见"立桩"，92页）。

保护新种植灌木

如果不加保护，新种植的灌木就可能因为过于干燥或寒冷而受到伤害。开阔环境中的阔叶常绿灌木和松柏类灌木尤其容易受到伤害。

麻布或网布形成的屏障能够有效减少寒风的干燥效应。在距离灌木需要保护的受风面30厘米处竖起一道坚固的木质框架，将麻布或网布用大头钉钉在框架结构上，整个结构应该超出灌木上方及两侧至少30厘米。也可在植物周围设立一个四面的框架，钉上麻布或网布，给予更加全面的保护。

还有一种既可单独使用，又可以与传统屏障保护法结合使用的方法——在植株上喷洒抗干燥喷剂，减少水分散失。在树叶两面都喷洒一层喷剂，形成薄膜。

在灌木基部铺撒护根有助于保护树根免遭霜冻伤害。最好在温和天气下铺撒护根，这时土地还相当温暖湿润。

在降雪量很大的地区，脆弱的常绿灌木特别需要额外的保护。最好用木材和铁丝网搭建的笼子来提供保护。迅速除去积压在灌木上面的大量积雪。对于半耐寒和不耐寒的灌木，可能需要更极端的保护措施（见"防冻和防风保护"，598~599页）。当在春季移除这些隔离设施的时候，检查是否有因为冬季保护而滋生的病虫害。

在容器中栽植灌木

夏末至秋季是对灌木进行盆栽的主要时期（见"灌木"，325页）。当移栽灌木时，新容器的深度和直径都应该比上一个容器大5厘米。如果使用旧容器，要在填土之前彻底清洁内表面。

笨重的容器应该在种植前就放在预定位置。如果排水口较大，可将碎瓦片放置在排水口上，防止基质被冲刷出来，然后向容器中填入富含营养、以壤土为基础的基质。对于杜鹃属和其他厌钙植物，要使用酸性基质；如果想要绣球花开出蓝色花，也要用酸性基质。将植株放入花盆中后，将其根系均匀伸展，并用基质围绕根系回填。保证土壤标记与基质表面平齐。在基质上铺设一层砾石或碎树皮，避免基质表面形成硬壳。这样的护根还会显得很美观。

使用集水圈 为帮助保持水分，可以在灌木周围用一圈隆起的土壤制造一个浅低洼。在浇过几次水之后，将这圈土壤推入低洼处，然后覆盖护根。

适合酸性土的灌木

倒壶花属 Andromeda H6
荔梅属 Arbutus H5-H2 大多数物种
熊果属 Arctostaphylos H7-H2（部分物种）
帚石南属 Calluna H7
山茶属 Camellia H5-H2
山柳属 Clethra H5-H3
加拿大草茱萸 Cornus canadensis H7
蜡瓣花属 Corylopsis H5 大部分物种
枸骨叶 Desfontainia spinosa H4
吊钟花属 Enkianthus H5
欧石南属 Erica H7-H2 大部分物种
北美瓶刷树属 Fothergilla H5
白珠树属 Gaultheria H6-H2
哈克木属 Hakea H4-H1c
山月桂属 Kalmia H6-H5
木藜芦属 Leucothoë H6-H5
金钟木 Philesia magellanica H4
马醉木属 Pieris H5-H3
杜鹃属 Rhododendron H7-H1c（大部分物种）
药用安息香 Styrax officinalis H4
蒂罗花 Telopea speciosissima H2
越橘属 Vaccinium H7-H3
白铃木 Zenobia pulverulenta H5

适合碱性土的灌木

东瀛珊瑚 Aucuba japonica H5 及其品种
达尔文小檗 Berberis darwinii H5
大叶醉鱼草 Buddleja davidii H6 及其品种
黄杨属 Buxus H6-H3
矮棕属 Chamaerops H4
墨西哥橘 Choisya ternata H4
岩蔷薇属 Cistus H4
栒子属 Cotoneaster H7-H5
金雀儿属 Cytisus H5-H4
溲疏属 Deutzia H5-H3
卫矛属 Euonymus H6-H3
连翘属 Forsythia H5
长阶花属 Hebe H6-H3
木槿属 Hibiscus H5-H1
金丝桃属 Hypericum H6-H2
女贞属 Ligustrum H6-H3
忍冬属 Lonicera H7-H2
夹竹桃 Nerium oleander H3
山梅花属 Philadelphus H6-H3
橙花糙苏 Phlomis fruticosa H5
石楠属 Photinia H6-H3
委陵菜属 Potentilla H7-H5 所有灌木类型物种
玫瑰 Rosa rugosa H7
迷迭香 Salvia rosmarinus H4
千里光属 Senecio H7-H1b
丁香属 Syringa H6-H5
月桂荚蒾 Viburnum tinus H4
穗花牡荆 Vitex agnus-castus H4
锦带花属 Weigela H6
芦荟叶丝兰 Yucca aloifolia H3

注释
H = 耐寒区域，见56页地图

日常养护

下面所给出的养护方针是通用的，虽然并不是所有的灌木都有同样的要求。新种植灌木一般需要灌溉和施肥，而那些盆栽灌木需要周期性地更换表层基质或重新上盆。另外，摘除枯花（deadheading）、去除萌蘖条、除草以及病虫害防治等都可能是必要的养护手段。

施肥

大多数灌木可受益于每年施加通用肥料，尤其是当它们被定期修剪时。最好在冬末至初春之间施肥。标准的施肥量应该是每平方米60克（见"肥料的类型"，590页）。月季和果树灌木可能需要在生长季追加一次施肥。

速效粉状肥有助于灌木在春季开始生长时促进枝叶新生。液态肥料的肥效比粉状肥料发挥得还要快——应该在灌木种植后立刻施加。

颗粒状或粉末状肥料应该混入比灌木地上部分稍宽一些的区域的土壤中。对于根系较浅的灌木，让肥料自然深入土壤或者用浇水的方式将其带入土壤中，避免用叉子混合肥料时将根系弄伤。

肥料的施加可能会影响土壤的pH值。例如，大多数无机氮肥会让土壤变酸（见"土壤养分和肥料"，590~591页）。

灌溉

已成形的灌木只在长期干旱时才需要浇水，但年幼灌木需要经常灌溉。将水浇灌在灌木周围的地面上，将土壤浸透。次数多且程度浅的浇水，会让根系向土壤表层生长，而浅根系会让灌木在干旱时期变得脆弱。最好的灌溉时间是晚上，此时蒸发作用最小。

护根

使用充分腐熟的有机质作为护根，既能保持土壤水分又能改善排水，还可以增加土壤肥力。这样做还能调节根系周围的极端温度。

在新种植灌木周围覆盖护根，覆盖范围应比植物根系宽45厘米。成形灌木四周的护根应该超出地上部分15~30厘米。由碎树皮或木屑组成的5~10厘米厚的护根可以抑制杂草生长，但不要让护根碰到灌木的树干。护根最好在春季或秋季温和、潮湿的天气下覆盖。

除草

多年生杂草会与灌木竞争养分和水分，所以在种植前一定要清理地面上所有的多年生杂草。新种植灌木周围的区域需要经常除草，直到种植灌木的地方形成浓密的枝条，能够抑制杂草的竞争（见"杂草和草坪杂草"，649~654页）。

逆转与突变

大多数彩斑灌木是由绿叶植物产生的突变枝条繁殖得到的。彩斑灌木的树枝时常会恢复母株原始性状或再次突变。由于这类枝条通常更加茁壮，它们会最终压制那些仍然保持彩斑性状的枝条，因此应立刻剪掉。

摘除枯花

对包括丁香属、杜鹃属和山月桂属在内的一些灌木，若在结籽之前将已经凋谢的花朵立刻除去，将会带来很大好处。去除残花能够将能量转移到枝叶上，促进下一生长季的开花，但这对灌木本身的健康并不重要。

为避免对新芽造成损伤，在花朵枯萎后应立刻将其摘除。大多数花朵能干净利落地从树枝上被掐去，如有不整齐的地方，可用修枝剪修理干净。

盆栽灌木

与露天种植的灌木相比，盆栽灌木需要更多照料，因为它们能接触到的水分和养分都很有限。在灌木完全成熟前，每一年或两年的春季对它们进行换盆，然后更换基质。成熟后，只要每年春季更换表层5~10厘米厚的基质即可（见"盆栽灌木和乔木的养护"，343~344页）。

成形灌木的移植

精心选址能够避免之后的移植，不过有时候移植是人们想要达成的或是不可避免的。移植常绿灌木之前，使用抗干燥喷剂喷洒叶片。对于落叶灌木，要修剪掉三分之一枝

如何去除萌蘖条

去除萌蘖条
扯去或剪断基部的萌蘖条[这里是一株金缕梅属植物（Hamamelis）]；如果它是被扯掉的，将伤口修剪整齐，留下干净的切口。

识别萌蘖条
通常可以通过叶片区分萌蘖条和普通枝条：左侧是树冠处的正常枝条，右侧是从根部抽生的萌蘖条。

去除无彩斑和逆转枝条

无彩斑枝条
对于彩斑灌木[这里是'金翡翠'扶芳藤（Euonymus fortunei 'Emerald'n' Gold'）]，将所有浅色枝条修剪至彩斑枝条处。

逆转枝条
将逆转枝条[这里是'丽翡翠'扶芳藤（E. fortunei 'Emerald Gaiety'）]修剪至主干。如果有必要的话，去除整根枝干。

为杜鹃属植物摘花头
在新芽完全发育之前，从花梗基部掐去每朵枯萎的花。注意不要损伤幼嫩枝叶。

条，以平衡对根系造成的扰动。依移植乔木的技术进行操作（见"如何移走年幼的乔木"，98页）。

何时移植

大多数落叶幼年灌木可以在休眠季裸根起苗。拥有大型根系的成形灌木应该在移植前带土坨起苗。秋季是最适合移植的季节。而常绿灌木应该在春季新的枝叶还未萌发时移植，小心地将整个根坨起出。

灌木的断根缩坨

要想最大限度地降低对根系的损伤，最好对灌木进行断根缩坨。在起苗前先准备好新的种植位置。沿着灌木树冠的投影挖出一道环形沟，切断木质根，但不要伤害纤维状根。如果有必要，用叉子将根坨边缘的土壤弄散，并缩小根坨的体积。然后用铁锹从底部切断根系；使用修枝剪将所有木质直根剪断。

根坨完全脱离地面之后，取麻布或相似材料垫在根坨下面。然后将麻布紧实地裹在根坨上，将灌木从洞中起出并移栽。在移栽前将麻布撤除。

移栽后灌木的养护措施同首次种植灌木是一样的，但它们需要更长时间来恢复（见"如何种植"，118页）。

生长中的问题

如果给予很好的生长和养护条件，植物就不容易受到病虫害侵袭。许多问题是由于最初的低水平种植和不顺畅的排水、缺水、种植过深、土壤过于紧实或在不适宜的地点暴露于极端温度下引起的。

机械损伤

笨拙的修剪造成的参差不齐的伤口、位置不佳的切口，或在错误时间进行的修剪都会让致病菌乘虚而入。割草机擦过树干造成的伤口也为病害的侵入提供机会。

病虫害

维持花园良好的卫生状况能最大限度地降低植物感染病虫害的可能。然而，随着灌木年龄的增长，它们会渐渐失去活力并更容易染上病虫害。因年老或染病而完全失去活力的灌木不值得挽救，应该替换掉。

最容易感染灌木的害虫是蚜虫、红蜘蛛和各种毛毛虫。一些害虫具有宿主特异性，如小檗叶蜂。病害包括火疫病、蜜环菌、疫霉茎腐病、腐霉属引起的病害、黄萎病和白粉病（见"病虫害及生长失调现象一览"，659~678页）。对于病虫害的征兆要特别留心，这些征兆包括叶子上突然出现的条纹或变色、发蔫的叶片、叶片减少、枝条扭曲，以及真菌的滋生。有些害虫和病害需要申报。

霜冻和风

选择灌木种类并挑选种植位置时，既要考虑地区的总体气候，也要考虑花园的小气候。然而，几乎不可能预先知道极端温度或罕见大风的出现。

耐寒灌木的种类有很多，许多园丁选择依赖这些灌木而不愿意冒着损失不耐寒植物的风险。如果种植对于你的地区而言耐寒性一般的灌木，那么应采用合适的防冻和防风措施（见"防冻和防风保护"，598~599页）。

与露地栽培的灌木相比，盆栽灌木更容易受到极端天气的伤害。在那些气温偶尔降到冰点以下的地区，大多数盆栽耐寒灌木可以在室外过冬（除了那些根系不耐寒的种类，如山茶属植物）。在更寒冷的区域，需将灌木转移到环境温度大约为7~13℃或更高的室内。

繁殖

繁殖灌木以培育新植物的方法有很多种，包括扦插、播种、压条、分株和嫁接。

扦插

扦插是繁殖多种灌木的简便方法，而且和种子不同的是，它得到的后代没有变异，可以用来繁殖品种、杂种和芽变。很多落叶灌木（甚至还有一些常绿灌木）可以用硬枝插条繁殖（见"硬枝插条"，617页）。有几种（主要是落叶的）灌木最好使用嫩枝插条繁殖（见"嫩枝插条"，612页），例如倒挂金钟属（*Fuchsia*）和分药花属（*Perovskia*）植物。

很多常绿灌木（以及某些落叶灌木）可以用半硬枝插条繁殖（见"半硬枝插条"，615页）。从半成熟枝条上取下的长踵插条常用来繁殖茎有髓或中空的灌木。

带茬插条可以从绿枝、半成熟或硬枝枝条上取下，特别适用于常绿灌木（如马醉木属和一些杜鹃）、茎有髓或中空的落叶灌木（如小檗属和接骨木属），以及拥有绿色枝条的灌木（如金雀花）。山茶属和十大功劳属植物可以用叶芽插条繁殖（见"叶芽插条"，617页）。使用根插条繁殖的灌木包括七叶树属、椋木属和漆树属（*Rhus*）植物（见"根插条"，619页）。

播种

播种既简单又廉价，但要想得到大小足以开花的植株，这种方法相对较慢。在物种间容易杂交的属内，只使用在受控授粉过程中得到的种子。关于萌发、播种和种植方法，见"种子"，600~606页。

压条

很多落叶灌木和常绿灌木可以通过压条技术繁殖（见"压条"，607~610页）。其中包括漆树属植物，它们可以使用茎尖压条法繁殖；还包括低矮灌木，如矮生杜鹃和石南类，它们可以使用直立压条法繁殖（见"压条"，607~610页）。

分株

对于产生萌蘖的灌木，这是一种很简单的扩增方法。假叶树属（*Ruscus*）、棣棠属（*Kerria*）、白珠树属和野扇花属植物都适合用这种方法繁殖。关于这种技术，见"分株"，628~631页。要想用这种方法繁殖，灌木必须生长在自己的根系上，而不能嫁接在别的砧木上。

嫁接

这种方法可以用来繁殖难以生根或种子不能真实遗传亲本性状的灌木。通过使用精心挑选的砧木，园丁可以改善植物的活力、抗病性或对特定生长条件的忍耐能力，有时还能控制其基本生长模式。

三种广泛使用的嫁接方法是鞍接（主要用于常绿的杜鹃属物种和杂种）、镶合腹接（同时适用于常绿和落叶灌木）和劈接（适用于锦鸡儿属、木槿属和丁香属等灌木）。关于这些方法的更多详情，见"嫁接和芽接"，634~639页。

移植灌木

1 围绕灌木挖一条沟，这样做可以让你保留根系周围的土壤根坨（见"如何移走年幼的乔木"，98页）。

2 用麻布包裹根坨并绑扎结实，这样做可以防止根系变干，并有助于将灌木安全地运输到新地点。

修剪和整枝

有些灌木，特别是自然紧凑的常绿灌木（如野扇花属植物），只需要很少甚至不需要修剪或整枝就能长成美观的植株。它们可能只需要去除死亡、受损和染病枝条。如果这些枝条没有得到处理，会显得很难看并威胁灌木的整体健康。许多灌木需要修剪或者修剪和整枝配合才能完全实现观赏价值。

修剪和整枝的目标与效果

最常见的是幼年灌木的整形修剪，目的是得到苗壮且外形均衡美观的灌木。许多灌木还需要定期修剪，以维持花、果、叶或枝条的观赏特性。修建时机很重要，取决于灌木的生长模式以及所需要的效果。

修剪还是一种将徒长植株变回健康可控状态的手段。一株灌木是否值得挽救取决于个人选择。当一株灌木需要大范围且多次截短时，将其替换掉常常是最好的处理方式。

作为特殊造型或树篱种植的灌木，从成形阶段起就需要专门的修剪。更多信息见"树木造型"，130~131页，以及"树篱和屏障"，104~107页。在整枝过程中，园丁指引着植物的生长。大多数露地栽植的灌木不需要任何整枝。然而，依靠支撑种植的灌木一般都需要修剪和整枝互相配合才能形成均衡的分枝结构。

为了野生动物修剪

大多数修剪是为了促进枝条苗壮生长，最大化地增加开花与结实量。但是如果不修剪或只是轻剪的话，许多灌木能为野生动物提供良好的栖息场所。

分枝茂密的灌木如火棘属植物、古老月季及蔷薇属物种、枸子属、卫矛属以及荚蒾属的部分物种都是这种类型的植物：它们为小型鸟类提供食物和庇护所，它们的花能够吸引蝴蝶、蜜蜂和其他昆虫。如果不加修剪（去除死亡、受损或染病枝条除外），这些灌木能够继续自由开花结实，虽然与那些经过更多人工修剪的植株相比有时产量会低一些。

修剪和整枝的原则

修剪一般会刺激生长。枝条顶端的嫩枝或生长芽一般是具有顶端优势的，会通过化学方法抑制下端芽或分枝的生长。将其剪掉能够消除顶端优势机制，让下方的分枝或芽更苗壮地生长。冬季进行的修剪会在春季刺激新的生长。夏季修剪的目的是限制生长。经常修剪还会控制灌木的整体大小，令其保持在受控范围内。

重剪或轻剪

与程度较低的修剪相比，程度高的修剪更能够刺激生长；在修正形状不均衡的灌木时，这点要铭记于心。将有活力的枝条进行重剪往往会刺激更强健的枝条长出。将纤弱的枝条进行重剪，而对强壮的枝条进行轻剪。

如何修剪

和灌木可能遭受的其他损伤一样，修剪造成的伤口也是病害可能乘虚而入的地方。使用锋利的工具在恰当的位置切出干净的切口能够减少灌木染病的风险。

对于带有互生芽的枝条，应该紧挨着生长方向与预期一致的芽上方修剪——例如生长方向朝外的芽，这样它长成枝条之后就不会与另外的枝条交叉。从健康芽的另一边开始剪，在芽稍微靠上一点的地方剪出一个斜切口。如果切口距离芽太近，芽会死掉；如果太远，树枝本身会得枯梢病。

对于带有对生芽的灌木，在一对健康芽正上方修剪。两个芽都会正常生长，形成二叉形分枝结构。

在何处修剪

对生分枝
对于带有对生芽的枝条，在一对强壮的芽或分枝正上方修剪，得到一个干净的直切口。

互生分枝
对于带有互生芽的枝条，在一个单芽或分枝正上方修剪，得到一个干净的斜切口。

斜切口
将切口倾斜，切口基部正对芽基部，顶部与芽形成空隙。

在过去，园丁常常在修剪伤口上涂一种伤口涂料，不过如今的研究表明，这种伤口涂料并不是控制病害的有效方法，有时甚至还会刺激病害发生。

光是修剪还不能刺激新枝条的苗壮生长。复壮修剪或经常截短的灌木还需要施肥和覆盖护根。在生长季开始的春季，土地已经开始变暖的时候施加通用肥料，密度为每平方米120克，并覆盖一层厚5~10厘米含腐熟有机质的护根。

整枝

树枝顶部芽或侧枝的生长也可以通过整枝的方式来修整。当树枝直立生长时，树枝底部的芽通常会长得很弱。

对于被整枝成水平方向的树枝，其底部的分枝和芽会生长得更苗壮。将分枝整枝成近水平方向会大大增加灌木的开花和结实量。贴墙整枝的灌木应该绑扎在支撑物上。随着枝条成熟并逐渐木质化，它们会变得缺乏韧性，难以成功整枝。

整形修剪

整形修剪的目标是确保灌木拥有匀称的分枝结构，以便按照其自然特性生长发育。整形修剪的工作量在很大程度上取决于灌木的类型以及植株的品质。因此，在购买灌木时，你应该寻找不但有健康根系，还具有匀称分枝的苗木。

常绿灌木一般不怎么需要修剪。种植之后，可以在仲春将可能形成偏向一侧不平衡形状的富余枝条剪去。

与常绿灌木相比，落叶灌木更需要整形修剪。这应该在仲秋至仲春之间的修剪期或者在种植之后进行。

下列方针对于大多数落叶灌木都适用。如果一根健壮的枝条扭曲了分枝结构，要对其进行轻剪而不是重剪，以刺激相对较弱的枝条。如果灌木没有匀称的分枝结构，要将其重剪，以促进强壮枝条的萌发。

对于大多数灌木，要彻底剪去所有细长纤弱并交叉或者互相摩擦、让整个分枝结构显得凌乱的枝条。只有一些生长速度较慢的落叶灌木除外，特别是羽扇槭（*Acer japonicum*）和鸡爪槭，它们一般不需要任何修剪。

重剪以刺激枝条苗壮生长
通过重剪促进枝条苗壮生长。使用锋利、干净的长柄修枝剪，将大量主要分枝修剪至灌木基部。

整形修剪

在种下年幼灌木之后（这里是一株山梅花属植物），剪去所有死亡、受损和纤弱的枝条，并除去交叉枝和拥挤枝，形成中心展开的匀称结构。

将交叉枝或拥挤枝修剪至向外生长的芽处，或者直接剪到基部。

剪去纤弱、长而散乱的枝条，直接剪至基部。

除去破坏整体形状、位置尴尬的枝条，留下匀称的结构框架。

有时候与其根系相比，一株看起来很不错的灌木的地上部分会生长得过于庞大。在这种情况下，应将枝条的数目减少三分之一，并截短剩下的所有枝条，截短长度也是三分之一，这有助于打造更稳定的植株。

落叶灌木

落叶灌木可以分为四种修剪类型：修剪程度最低的类型；春季修剪的类型，这类灌木一般在当年生枝条上开花；夏季开花后修剪的类型，这类灌木一般在上一生长季长出的枝条上开花；易生萌蘖的类型。两个重要的因素决定灌木的修剪方式：一是灌木新生枝条的抽生程度，二是开花枝的年龄。

修剪程度最低的灌木

成形之后，那些不经常从基部或底部分枝产生健壮枝条的灌木只需要很少或基本不需要修剪；只要除去死亡、染病和受损部分，并剪去瘦弱或交叉的枝条即可。在花期过后立即进行这些修剪。在春季施肥并覆盖护根。在春季修剪鸡爪槭等灌木，会让它们流出大量树液，应该在仲夏至夏末修剪，这时候它们的树液活动是最弱的。

春季修剪的灌木

如果不加修剪，当季枝条着花的落叶灌木会变得拥挤，花朵的品质也会恶化。当在春季修剪时，这些灌木通常会产生苗壮的枝条，这些枝条会在夏季或早秋开花。在秋季将开花枝截短，最大限度地降低植株被风吹松动的风险。

一些大型灌木，如美洲茶属中的落叶灌木，会长出木质框架结构。在它们的第一个春季，对灌木的主干进行程度较低的修剪，然后在第二个春季，将上一生长季长出的枝条截短一半。在当年冬季或次年早春，对上一生长季长出的枝条进行重剪，只留下1~3个芽。将框架上的主要分枝修剪到稍微不同的高

落叶灌木程度最低的修剪

这种修剪可能不会每年都需要，如果要修剪的话，应该在花期过后立刻修剪，去除所有死亡、纤弱枝条，对拥挤的地方进行疏枝，以维持灌木[这里是金缕梅属植物（Hamamelis）]匀称开展的框架。

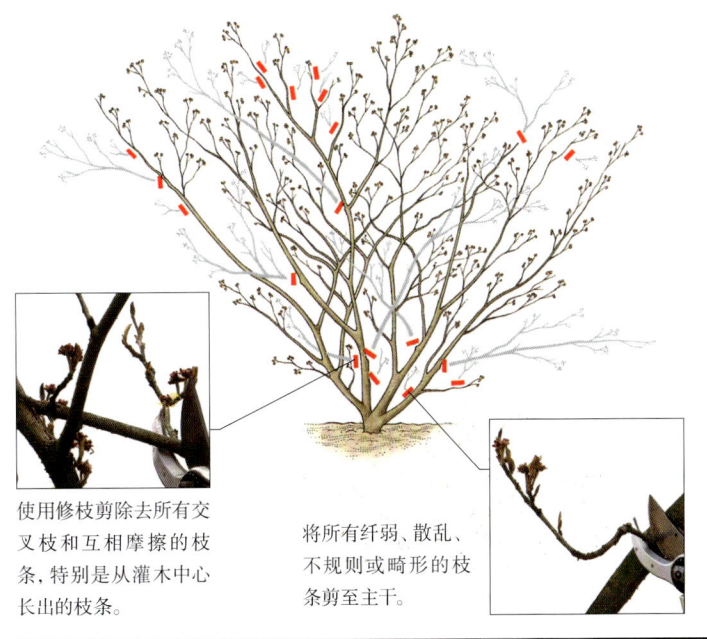

使用修枝剪除去所有交叉枝和互相摩擦的枝条，特别是从灌木中心长出的枝条。

将所有纤弱、散乱、不规则或畸形的枝条剪至主干。

春季修剪的灌木

在当季枝条上着花的灌木[这里是粉花绣线菊（Spiraea japonica）]应该在春季进行修剪，以促进新生开花枝条的萌发。

将上一年长出的枝条修剪至只留2~4个芽。

将死亡或受损枝条剪至健康部位，或直接剪至基部。

除了除去所有纤弱、细长的枝条，还要将部分主干剪至灌木基部。

度，以促进所有层次的开花。在成熟的植株上，每年剪去部分最老的枝条，防止树形变得拥挤。关于如何修剪大叶醉鱼草（Buddleja davidii），见本页下方。

一些亚灌木，如分药花属植物（Perovskia）等，会形成木质基部，可以进行重剪，修剪成15~30厘米高的结构。每年春季将上一生长季长出的枝条剪掉，只留1~2个芽。

有些灌木，如榆叶梅（Prunus triloba），在冬末或早春于上一生长季长出的枝条上开花，因此对这样的灌木最好在春季花期过后进行重剪，然后像对待这个类群其他灌木那样修剪。在种植后的第一个春季，将主枝截短一半，形成基部框架。在次年开花过后，将所有枝条截短至只留2~3个芽。在因夏季凉爽而每年生长有限的地区，只将三分之一的枝条截短至地平面附近，其他枝条截短至15~30厘米。

对于这个类群的所有灌木，都

修剪落叶灌木

最低程度修剪
唐棣属 Amelanchier H7
涩石楠属 Aronia H7
智利醉鱼草 Buddleja globosa H5
锦鸡儿属 Caragana H7-H6
蜡梅属 Chimonanthus H5
山柳属 Clethra H5-H3（落叶物种）
'银斑'互叶梾木 Cornus alternifolia 'Argentea' H6
假绣鱼草属 Corokia H4
蜡瓣花属 Corylopsis H5
瑞香属 Daphne H7-H3（落叶物种）
猫儿屎属 Decaisnea H4
双花木属 Disanthus H5
吊钟花属 Enkianthus H5
蜜藏花属 Eucryphia H4-H3（落叶物种）
北美瓶刷树属 Fothergilla H5
授带木属 Hoheria H4-H3（落叶物种）
山胡椒属 Lindera H6-H2
木兰属 Magnolia H6-H3（落叶物种）
榆橘属 Ptelea H6-H3
白辛树属 Pterostyrax H5
鼠李属 Rhamnus H7-H3（落叶物种）
荚蒾属 Viburnum H7-H3（落叶物种）
白铃木属 Zenobia H5

春季修剪灌木
苘麻属 Abutilon H4-H1b
橙香木属 Aloysia H4-H2
大叶醉鱼草 Buddleja davidii H6
克兰顿莸 Caryopteris x clandonensis H4
美洲茶 Ceanothus x delileanus H4各品种
岷江蓝雪花 Ceratostigma willmottianum H4
火把花属 Colquhounia H4
黄栌属 Cotinus H5
连翘属 Forsythia H5（花期过后修剪）
倒挂金钟属 Fuchsia H6-H1c（耐寒品种）
木槿 Hibiscus syriacus H5
绣球属 Hydrangea H5
金丝桃属 Hypericum H6-H2
木蓝属 Indigofera H5-H3
花葵属 Lavatera H5-H3
鬼吹箫属 Leycesteria H5-H2
分药花属 Perovskia H5
榆叶梅 Prunus triloba H6（花期过后修剪）
珍珠梅属 Sorbaria H5（部分物种）
灰背绣线菊 Spiraea douglasii H6，
　粉花绣线菊 S. japonica H6
多枝柽柳 Tamarix ramosissima H5
朱巧花属 Zauschneria H4-H3

注释
H = 耐寒区域，见56页地图

修剪大叶醉鱼草

由于长势非常旺盛，和大多数其他在新枝上开花的灌木相比，大叶醉鱼草需要更高程度的修剪。如果它位于花境后部需要较高植物的地方，修剪时留下90~120厘米高的木质结构；如果在别的位置，修剪后的木质结构达到60厘米即可。

在种植后的第一个春季，将主枝截短一半至四分之三，修剪至一对健康侧枝或芽上方。剪掉除主枝之外的所有枝条。在次年早春至仲春，从基部剪去上一生长季的枝条，并截短新枝。

为防止灌木变得过于拥挤，在每年修剪时剪去1~2根最老的枝条。

修剪绣球属植物

根据修剪类型，绣球属植物[攀缘类物种如多蕊冠盖绣球（Hydrangea anomala subsp. petiolaris）除外]可以划分为三类。

第一类[如圆锥绣球（H. paniculata）]于仲夏在当季新枝上开花，对其应该采取和其他在春季需要重剪的植物一样的修剪措施（见"春季修剪的灌木"，123页）。

在种植后的第一个早春，剪去所有枝条，只留下2~3根强壮的主干，将这些主干修剪至距地面约45厘米的一对健康芽处。如果植株位于向风处，而且夏季的温度不足以让枝条成熟到可以抵御非常寒冷的冬季，那么就将主干修剪到稍稍伸出地面。在以灌木为圆心、直径60厘米的圆圈内，按每平方米120克的量施加速效肥，并覆盖10厘米厚的护根。在次年早春，将上一季长出的枝条修剪至保留1~2对强壮的芽，施肥，覆盖护根。

第二类包括绣球（H. macrophylla）在内，也是在仲夏开花，但花开在上一个生长季长出的枝条上。在早春对幼年植株进行轻度修剪，剪去所有纤细的繁密小枝以及旧花头。

一旦植株成形，苗龄达到3~4年的时候，在每年春季去除部分最老的枝条。剪去超过3年的老枝，并将上一生长季开花的其他枝条截短至距基部15~30厘米的一对健壮芽处。然后，施肥并覆盖护根。

其他物种[如高山藤绣球（H. aspera）]和相关变型构成第三类，只需要在春季进行最低程度的修剪。

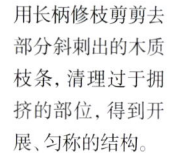

绣球

用长柄修枝剪剪去部分斜刺出的木质枝条，清理过于拥挤的部位，得到开展、匀称的结构。

用修枝剪修剪上一年开过花的所有主枝，保留老枝上1~3个芽。

将所有枯死枝剪至健康处，如有必要，可直接剪至基部。

将所有开过花的枝条剪除，在一对健壮的生长芽上方剪一个直切口。

要在修剪之后立刻施加肥料。在仲春时,于修剪前用护根覆盖灌木树冠的投影区域。

夏季开花后修剪的灌木

对于许多在春季或初夏开花的落叶灌木而言,它们的花都开在上一生长季长出的枝条上。有时候花朵直接形成在去年的树枝上,如木瓜属植物。还有些灌木的花开在上一年长出的水平短枝上,如溲疏属、山梅花属、丁香属和锦带花属灌木。

如果不用修剪刺激接近地面的年幼苗壮枝条抽生,这类灌木会长满密集的小枝,头重脚轻,花的数量和品质都会降低。将开过花的花头除去,能够防止灌木为种子生产输送能量。

当种植此类灌木时,将纤弱或受损枝条剪去,并将主枝截短至健康的单芽或一对芽上端,以促进强壮分枝结构的形成。如果种植后的第一年灌木就开花了,那么在花期过后要立即再修剪一次。将开花枝修剪至强健单芽或一对芽的上端,并除去所有细长枝条。修剪之后,施加少量肥料并围绕灌木覆盖护根。

次年开花后,再重复一遍这样的过程。虽然将开过花的枝条截短至最强壮的芽上端是最理想的状况,但也不要总是固守这个原则,因为保持匀称的形状也是很重要的。在修剪之后,要施肥和覆盖护根。

随着植株逐渐成熟,需要进行程度更高的修剪来刺激生长。在第三年之后,每年可以将五分之一的最老枝条剪至距地面5~8厘米。

在应用这些方针时一定要谨慎判断,如果对这类灌木(如连翘属植物)的幼年植株进行了程度过高的修剪,就可能导致难看和不自然的外形。

这个类型中的其他灌木,特别是那些独立式生长而不是贴墙的灌木,只需要非常少的修剪。例如,木瓜属植物具有生长细枝的自然特性,会长出无数交叉枝条,而成熟的个体几乎不需要修剪。修剪短枝能够促进更多的成花量(见"冬季修剪",414页);在仲冬将短枝和侧枝修剪至3~5片叶子。

在修剪像丁香属植物这样在开花时进入生长季的灌木时要特别注意。在剪去旧花头的时候,花序下面形成的新枝很容易受到损伤,这会减少第二年的成花量。

易生萌蘖的赏花灌木

一些赏花灌木在上一生长季的枝条上开花,但大部分新枝条是从地平面附近长出的。棣棠(Kerria japonica)等灌木利用萌蘖条伸展,其修剪措施和那些拥有固定分枝结构的灌木不同。

在种植之后,剪去易生萌蘖灌木的细弱枝条,但保留健壮枝条及其侧枝。在第二年花期过后立即剪去所有孱弱、死亡或受损的枝条,

夏季修剪的灌木

互叶醉鱼草 Buddleja alternifolia H6
溲疏属 Deutzia H5-H3
双盾木属 Dipelta H5
白鹃梅属 Exochorda H6
全盘花 Holodiscus discolor H5
矮探春 Jasminum humile H5
猬实属 Kolkwitzia H6
绣线梅属 Neillia H7-H6
山梅花属 Philadelphus H6-H3
毛叶石楠 Photinia villosa H5
绯红茶藨子 Ribes sanguineum H6
美味树莓 Rubus deliciosus H4,
 '崔德尔'树莓 R. 'Tridel' H5
'尖齿'绣线菊 Spiraea 'Arguta' H6,
 李叶绣线菊 S. prunifolia H6,
 珍珠绣线菊 S. thunbergii H6
野珠兰属 Stephanandra H5
丁香属 Syringa H6-H5
锦带花属 Weigela H6

注释
H = 耐寒区域,见56页地图

在夏季修剪灌木

对于锦带花属之类的灌木,在开花之后,将开过花的树枝截短,并去除死亡和细长枝条。某些老旧主枝也可剪掉。

使用修枝剪将所有死亡枝条修剪至健康部位。

前 后

将五分之一最老的枝条修剪至距地面5~8厘米。

将所有细弱、散乱的枝条修剪至刚露出地面的基部。

继续剪掉细枝或交叉枝,形成中心开展、匀称的结构。

修剪易生萌蘖的落叶灌木

在花期过后,将易生萌蘖的落叶灌木(这里是唐棣属植物)所有开过花的枝条剪短,大多数剪短一半,剩余的剪至接近地面。将所有孱弱、死亡或受损枝条去除。

将开过花的枝条剪去一半长度,修剪至生长茁壮的新枝分枝处。

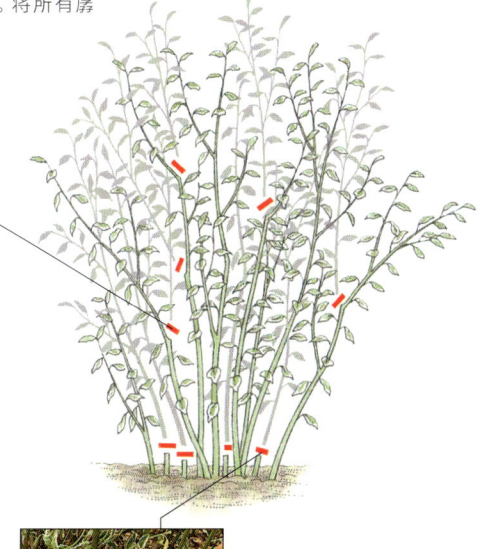

将剩余开过花的枝条修剪至距地面5~8厘米处。还要将所有死亡或受损的枝条剪至地面高度。

然后将开过花的枝条进行重剪，修剪至强壮单芽或一对芽上端。

从第三年开始，每年将四分之一至一半开过花的枝条修剪至距离地面5～8厘米，并将剩余枝条剪短一半，修剪至苗壮的侧枝，然后施肥，覆盖护根。对于生长缓慢的种类，例如常绿的羽脉野扇花（*Sarcococca hookeriana*），修剪可以保持在最低程度。

易生萌蘖灌木可能有入侵性。要想限制它们的扩散，应该在春季挖掉出现在植株基部周围不想要的新萌蘖条。

灌木的平茬与截顶

许多观干或观叶的落叶灌木需要在春季进行大幅度的修剪。大多数这种灌木在上一生长季形成的枝条上开花，但当用来观干或观叶时，它们的花都被牺牲了。对这些灌木所使用的重剪方法来源于以前为得到稳定供应的藤制品、木柴和栅栏而对某些乔木和灌木使用的管理方法。在平茬时，灌木和乔木被定期截短至地面附近。在截顶时，每年将枝条截短至由一根或数根主干组成的永久性框架。

对像红瑞木这样的灌木进行平茬，能够保证幼嫩新枝不断长出，这些新枝的颜色比老枝更鲜艳，在冬季更加显眼。对于观叶的'金羽'欧洲接骨木（*Sambucus racemosa* 'Plumosa Aurea'），重剪会让它们长出更大的叶片。在早春至仲春生长开始之前，对苗壮的灌木，如'布里茨'红枝白柳（*Salix alba* subsp. *vitellina* 'Britzensis'，同 *S. alba* 'Chermesina'）进行平茬，将所有枝条修剪至距地面5～8厘米。每根分枝距地面的高度应有所不同，避免僵硬刻板的效果。长势较弱的灌木如'西伯利亚'红瑞木修剪程度需要低一些，只对三分之一至一半的枝条进行平茬。然后施加速效肥，并在以灌木为圆心、60厘米为半径的范围内覆盖护根。那些经过整枝、具有一根或数根无侧枝主干的灌木，应该在每个生长季被截短——或称截顶——至这个茎干框架。第一年的修剪目标是建立这个框架；种植之后，在春季尚未进入生长期之前，将年幼植株截短，形成单主干长30～90厘米的标准苗。或者留下3、5或7根分枝主干，主干数量取决于目的植株的大小以及可利用的空间。施加速效肥，并像对待平茬后的灌木那样围绕主干覆盖护根。在植株的第一个生长季，将切

截顶一棵桉属灌木

将年幼植株截短至一根或数根主干，形成主干框架（下）。在接下来的每年春季，将上一生长季的枝条重剪至距框架5～8厘米处或剪至基部，因为桉属植物可以从地平面处更新。

口下长出的分枝数目限制在4或5根，将富余的分枝以及在主干下端生长的分枝都剪去。在接下来的一两年里重复这一过程。这样的做法能让主干增粗，以支撑更重的树冠。在次年和后续几年的春季，将上一生长季的枝条截短至距主框架5～8厘米的芽处（见"截顶一棵桉属灌木"，上）。对于较大的植株，只修剪一半或三分之一的枝条。施肥并覆盖护根。

常绿灌木

常绿灌木的合适修剪和整枝方式取决于它们在成熟时被期望达到的尺寸。有些常绿灌木适合营造树篱。

高度不超过90厘米的小型灌木

低矮常绿灌木可分为两类，它们需要不同的修剪方式。对于花量大的短命灌木，如圣麻（*Santolina chamaecyparissus*）、薰衣草属植物以及大多数石南类植物[帚石南属、大宝石南属以及欧石南属植物，但不包括烟斗石南（tree heaths）]，应在种植后剪去弱小的枝条。在春季将所有枝干剪至底部新枝萌发处。摘除枯花，以延长开花时间。大部分种类最好每5～10年更换一次。修剪之后，以每平方米60克的量施加缓释肥，并覆盖一层5厘米厚的护根。

第二类包括生长缓慢的灌木，如低矮的枸子属和长阶花属植物。与第一类灌木相比，它们需要的修剪更少，修剪的主要目的是在仲春除去死亡、染病或受损的枝条。没有必要摘除枯花。

高度可达3米及以上的中型灌木和大灌木

一旦建立了匀称的框架，大多数常绿灌木只需要很少的修剪，如达尔文小檗、山茶属灌木、南鼠刺属灌木、朱槿（*Hibiscus rosa-sinensis*），以及杜鹃属的许多灌木。

适合平茬和截顶的灌木

平茬

'黄金'红瑞木 *Cornus alba* 'Aurea' H7,
'雅致'红瑞木 *C. alba* 'Elegantissima' H7,
'紫枝'红瑞木 *C. alba* 'Kesselringii' H7,
'西伯利亚'红瑞木 *C. alba* 'Sibirica' H7,
'史佩斯'红瑞木 *C. alba* 'Spaethii' H7,
'银边'红瑞木 *C. alba* 'Variegata' H7,
'黄枝'偃伏梾木 *C. sericea* 'Flaviramea' H7
'紫叶'大榛 *Corylus maxima* 'Purpurea' H6
黄栌 *Cotinus coggygria* H5,
'优雅'黄栌 *C.* 'Grace' H5
'多花'圆锥绣球 *Hydrangea paniculata* 'Floribunda' H5,
'大花'圆锥绣球 *H. paniculata* 'Grandiflora' H5,
'无敌'圆锥绣球 *H. paniculata* 'Unique' H5
粉枝莓 *Rubus biflorus* H6,
华中树莓 *R. cockburnianus* H6,
西藏树莓 *R. thibetanus* H6
'布里茨'红枝白柳 *Salix alba* var. *vitellina* 'Britzensis' X,
瑞香柳 *S. daphnoides* H6,
露珠柳 *S. irrorata* H5
'金羽'欧洲接骨木 *Sambucus racemosa* 'Plumosa Aurea' H7

截顶

桉属 *Eucalyptus* H7-H2
锐叶柳 *Salix acutifolia* H6

注释

H = 耐寒区域，见56页地图

冬季观干灌木的平茬

对于拥有鲜艳枝条的灌木（这里是偃伏梾木的某个品种），在春季生长开始之前将其所有枝条重剪至距基部约5～8厘米处（见内嵌插图）。在灌木周围施肥，促进新枝生长，然后覆盖护根。平茬会促进新枝的苗壮生长，其颜色更加鲜艳。

修剪常绿灌木

在开花之后，对常绿植物进行修剪（这里是葡萄牙桂樱）。去除受损或死亡枝条，并将开过花的枝条以及所有难看或散乱的枝条截去。

将开过花的枝条修剪至主枝。剪去拥挤和交叉枝条。

将难看的生长枝条修剪至位置合理、健康、朝外的生长枝条。

将所有死亡或受损枝条剪至健康部位，若有必要，剪至基部。

观赏灌木的扇形整枝

一些灌木可以像果树那样进行扇形整枝，例如观赏桃[如'克拉拉·迈尔'桃（*Prunus persica* 'Klara Meyer'）]。在种植后的第一个春季，将植株修剪至距嫁接结合处38~45厘米，但保留3~4根强壮分枝。将枝条整形到绑在水平金属丝上的木棍上。在生长季即将结束时，如果保留有3根强壮分枝，那么将中央分枝除去；如果保留有4根分枝，就将这些分枝均匀整枝，形成一个扇形。在冬季，将所有枝条截短一半。

在接下来的生长季中，在每根主枝上选择2根或4根分枝；将每根分枝与绑在金属丝上的木棍连在一起。然后在仲夏，除去所有其他分枝。在第三年，花期过后立刻将所有框架上的分枝截短四分之一至三分之一。将2根或3根新枝条绑在每根框架主枝上。在仲夏除去不理想的枝条。如果扇形中有空隙，在花期结束后将邻近枝条截短三分之一，以促进新枝生长。将所有其他长枝截短至5~8厘米，促进当年短枝上的开花。全面细节，见"扇形式桃树"，429页。

在这里，'红千鸟'梅（*Prunus mume* 'Beni-chidori'）经过整枝，形成了匀称的分枝结构，它使用的是和扇形整枝果树同样的整形方法。

对于新种植的灌木，只需在仲春时生长即将开始之前，将任何交叉、孱弱或位置不佳的树枝以及任何影响灌木整体对称的树枝除去。目标是促进形成分枝匀称的开心形灌木，所以如果有必要的话疏剪剩余枝条，保留苗壮、健康的枝条。施肥并覆盖护根。成形灌木的修剪可只限于在春季去除任何死亡、染病和受损树枝。如有必要，可在夏季修剪以限制灌木的大小。

对于冬季或春季开花的灌木（如达尔文小檗和月桂荚蒾），在开花后立即进行修剪。对于从仲夏开始开花的灌木（如南鼠刺属植物），应在仲春生长开始之前将较老的枝条剪掉，然后在仲夏将开过花的枝条去除。朱槿的花期从春季持续至秋季，最好在仲春进行修剪。对于在春季修剪的灌木，修剪后施肥并覆盖护根。

类棕榈灌木

类棕榈灌木（如朱蕉属和丝兰属植物）只在遭受冻伤或者想要形成灌丛式多干植株时才需要修剪。在春季，一旦新的生长出现，便要将受损分枝截短至新枝正上方。施肥并覆盖护根。为得到多干型植株，要在生长开始之前将生长点剪去，然后施肥并覆盖护根。这两个属的植物都对重剪和复壮有很好的反应，可截短至合适的侧枝或基部枝条。

贴墙灌木

将灌木贴墙种植有三个原因。第一，某些灌木的耐寒性较差，无法在寒冷地区花园的开阔处生长，但在避风处能够生长得很好。第二，对灌木（包括耐寒灌木，如火棘属植物）进行贴墙整枝，令花园能够容纳以其他形式无法容纳的植物。第三，一些灌木有天然的攀缘特性，如瓶儿花（*Cestrum elegans*），所以需要支撑。

应该尽早对贴墙灌木进行修剪和整枝，使其保持紧凑和"良好剪裁"，并能定期产生大量开花枝。在对贴墙灌木进行整枝时，建立一个可以绑扎枝条的支撑框架，如框格结构、网架或间隔排列的平行金属丝，就像贴墙整枝的果树一样（见"为整枝水果乔木或灌木准备支撑结构"，403页）。

对于独立式灌木的修剪建议也适用于贴墙整枝的种类，但需要更多精力进行整形修剪和整枝。枝条长出后立即将其绑扎，并截去极度偏离墙面的次级水平侧枝。

整形修剪和整枝

在第一个生长季，将领导枝和主要水平侧枝整形成主框架；剪掉向外生长的水平枝条，促进短侧枝在框架附近生长发育。将所有向墙面或栅栏生长的侧枝，以及向错误方向生长的枝条完全去除。目标是得到一个整洁的垂直"挂毯"，将墙面覆盖。

日常修剪

在第二个以及接下来的生长季，灌木会形成开花的侧枝。开花过后，将开过花的枝条修剪至距主枝7~10厘米。这会促进新开花侧枝的发育，提供下一季的花朵。继续将枝条绑扎在框架上；截短向外生长的侧枝，除去向内生长的枝条和其他错位枝条。不要在仲夏之后修剪贴墙灌木，这会减少第二年的开花枝；这一点对于美洲茶属植物以及许多半耐寒常绿灌木特别重要，否则它们会长出容易被冻伤的柔软枝条。每年春季对贴墙灌木施肥和覆盖护根，使其保持健康生长。

对于那些既观花又观果的灌木（如火棘属植物），只需要程度较低的修剪。开过花的枝条不需要截短，而应保留下来待其结果。当开始挂果的时候，将新生侧枝截短至2~3片叶，让果实能够充分接触阳光。当第二年春季新的枝叶长出的时候，应将宿存的果实剪掉。

对于在夏季和秋季开花的灌木（如美洲茶属部分物种），应该像前文所述那样进行整枝，但其修剪方式根据其在上一生长季的枝条上开花（见"夏季开花后修剪的灌木"，125页），还是在当季新枝上开花（见"春季修剪的灌木"，123页）而有所不同。某些半耐寒或不耐寒灌木——特别是美洲茶属植物——很难从老枝上长出新枝，因此一旦忽视徒长，之后便很难进行复壮。

攀缘灌木

这类灌木也需要细心的整形，以控制它们摇摆不定的枝条。对于某些在夏末于枝条末端或短分枝上开花的种类（如半耐寒的瓶儿花），可在第二年春季完全剪去开过花的枝条或截短至强壮、位置较低的水平枝条。其他种类的灌木主要在夏季于水平侧枝上开花，它们应该在开花之后将侧枝截短至7~10厘米。它们常常会进一步产生在同一个生长季内开花的次级侧枝。在春季，再次将这些侧枝截短至7~10厘米，它们会在夏季开花。

在春季修剪冬季开花的迎春花。将开过花的侧枝截短，并彻底

修剪美洲茶属植物
花期过后，立即将春季开花的美洲茶属植物的新枝修剪至2~3片叶。将新枝绑扎起来，并截短向外生长的枝条，让树形保持紧贴墙面或棚栏。

剪短所有较老的不开花主枝。如有必要，截短其他主枝。对于成形的贴墙整枝植株，完全切断较老主枝，并编入更柔韧的年轻枝条作为替代。

标准苗型灌木的整枝与修剪

某些灌木（如倒挂金钟属植物和互叶醉鱼草）可以种植成标准式灌木。其主干的高度取决于植株的活力以及所需要的效果。关于标准苗型月季的修剪细节，见170页。

为了将互叶醉鱼草这样的灌木整枝成标准苗，要先在第一个生长季将一根强壮枝条绑扎在木棍上。将所有侧枝修剪至2~3片叶，只留下主枝尖端附近的几根侧枝不修剪。随着枝条的生长，继续截短侧枝。当无侧枝的主干达到预定高度之后，将顶芽除去，促进树冠的分枝生长。在第二年早春，将树冠的分枝长度截短至约15厘米。施肥并覆盖护根。接下来就按照花期后夏季修剪灌木的修剪方法进行修剪（见"在夏季修剪灌木"，125页）。

某些垂枝型品种是嫁接在砧木上的。去除其产生的所有萌蘖条（见"修剪易生萌蘖的落叶灌木"，125

修剪并整枝年幼的贴墙灌木

在第一年，对灌木（这里是一株火棘属植物）进行修剪，将主枝绑扎起来，建立匀称的框架。在接下来的年份中，每年春季都要绑扎新枝；在仲夏，截短向内和向外生长的枝条，形成一面垂直的"挂毯"；将死亡、受损或纤弱细长的枝条完全去除。

用修枝剪将所有纤弱细长、死亡或受损枝条剪去。

在仲夏时，将所有向外生长的枝条截短至距离主框架7~10厘米。

检查并替换坏掉的绑结。用园艺绳打八字结，重新将枝条绑在金属丝上。

修剪成形的贴墙灌木

对成年植物（这里是火棘属植物）进行修剪，维持匀称的枝条框架，并充分展示观果灌木的果实。在夏末去除所有向外生长的枝条，并将开过花的枝条截短，以促进其茂密生长，观果灌木除外。还要检查绑结，如有必要则替换之。在春季将新枝绑扎起来。

将年幼枝条剪至基部2~3片叶，露出正在成熟的浆果。

使用修枝剪将所有受损或死亡枝条修剪至健康部位。

根系修剪

根系修剪常被用来控制盆栽灌木的生长,并且最好在冬末或早春换盆的时候进行。将五分之一的木质根截短四分之一的长度,将其他的根截短至适合容纳在容器中的长度。使用新鲜基质和缓释肥重新上盆,然后浇透水。

复壮

年老、散乱或徒长的灌木常常可以利用大规模修剪的方式进行复壮。对这种措施反应良好的灌木通常会从基部长出幼嫩新枝。严重感染病害的灌木并不值得挽救。一些灌木不能忍受剧烈的修剪;如果有任何疑问的话,在两年或三年内逐渐完成重剪。

对落叶灌木(如丁香)进行复壮,应该在花期之后或者冬季休眠时进行;对于常绿灌木(如月桂荚蒾),应该推迟复壮的时间,直到花期之后的仲春再进行。

复壮年老或徒长的灌木

将所有孱弱和交叉的枝条剪掉,并将主枝截短至地面上方30~45厘米,留下匀称的框架。以每平方米120克的用量施加缓释肥,并在灌木周围覆盖一层5厘米厚的护根。保证灌木在整个夏季得到充分灌溉。

在下一个生长季,大量枝条会从切口下方的主枝上长出。每根主枝上保留最强壮的2~4根枝条,提供新的分枝框架。对于落叶灌木,在休眠季将多余的枝条剪去。对于常绿灌木,在仲春剪掉多余枝条。

在接下来的生长季,枝条被剪掉的地方会长出次级枝条。将这些枝条抹去。如果任其生长,它们会和上一年保留的强壮枝条竞争。

逐步复壮

不那么剧烈的方法是在两年或三年内逐渐完成修剪过程。落叶灌木在开花之后修剪,常绿灌木在仲春修剪。对于落叶灌木,将一半的最老枝条修剪至距地面5~8厘米,再将剩余枝条截短一半长度,修剪至新生茁壮枝条,用它们来取代老枝。健康且长势强健的枝条可以不修剪。

对于常绿灌木,将所有枝条剪短三分之一,然后将任何较粗、较老的枝条——尤其是那些基部光秃秃的枝条——剪短至距地面15厘米。施加缓释肥,浇透水,然后覆盖护根。在下一年的同一时间,对剩余的老枝进行同样的操作。此后,依照灌木本身的生长和开花习性对其进行修剪。

逐步复壮

落叶灌木在开花后修剪,常绿灌木在仲春修剪。将三分之一至一半最老的主枝(这里是一棵溲疏属植物)截至将近地面,并去除死亡、纤细的枝条。在接下来的一年或两年内将剩余的老主枝截短。

将老主枝截短一半长度,修剪至较新的健壮枝条,并除去所有细弱或死亡的枝条。

将大约一半枝条截短至距地面5~8厘米。除去最老的和破坏整体树形的枝条。

将交叉、摩擦或拥挤的枝条修剪至不会和其他枝条交叉的芽或枝条处。

一步复壮
从基部产生新枝条的灌木(这里是一株丁香)可以进行复壮。如果是落叶灌木,在休眠期进行;如果是常绿灌木,则在仲春进行复壮。将所有主枝修剪至距地面30~45厘米。去除萌蘖条,将其修剪至基部。

修剪和堆肥

大多数园丁每年至少需要处理木质废料一次,如修剪树篱、乔木和灌木得到的残枝,有时候还会有大型乔木分枝。将它们烧掉会污染环境,最好将它们切碎并进行堆肥腐熟。切碎的植物残渣会在肥堆中降解得更快。

如果可能的话,最好将落叶植物与常绿植物——特别是那些叶片大而硬的物种,如桂樱(*Prunus laurocerasus*)和冬青属植物——的残渣分开堆肥,因为常绿植物的叶片需要更长时间才能降解。

将粉碎的残渣与割下的禾草或聚合草的叶子混合在一起能够加快堆肥过程。最后得到的堆肥需要3~12个月完全腐熟,可用作成形乔木或灌木的护根[见"堆肥(基质)和腐叶土",593~597页]。

树木造型

作为乔木和灌木的一种整枝和修剪方式，树木造型这门园林艺术自古罗马时代以来就一直在花园中流行，创造出了形式各异的迷人人工形状。过去它主要用于规则式花园中，创造出充满强烈建筑感和几何感的形状，如今它已经发展出包括鸟类和动物在内的各种样式，还包括一些不平常的甚至是异想天开的造型，如巨大的国际象棋棋子以及全尺寸火车等。

如何进行简单造型

1. 如果要使用年幼植物形成几何形状，首先要直接将植物修剪成预定形状。
2. 第二年，用木棍和铁丝围绕植物，搭建一个框架，并将植物修剪成形。
3. 当植物形成预定形状之后，使用修枝剪每年对其进行修剪，以保持整齐的轮廓。

在设计中运用树木造型

不同风格的树木造型可以用来创造各种各样的效果。富于创造力的绿色雕塑能够展示个人风格并增添一抹幽默或古怪感。圆锥体、方尖形和圆柱形等几何形状的树木造型能够为设计提供强烈的结构元素。这种类型的树木造型在规则式花园和自然式花园中都有价值，在前者中可以构成一幅远景或一条林荫道，在后者中可以形成良好的背景，衬托结构性较弱的种植。

在某些花园中，可以将树篱的顶端部分做成树木造型的形式，例如，将其修剪成一只或更多只鸟、球体或者方块。盆栽树木造型也很有效果，单株盆栽植物可作为主景，两株盆栽可置于门廊两旁，几株盆栽可沿着通道排列。还可用一根或多根枝条创造吸引眼球的枝条效果，如扭曲形和螺旋形树木造型。

一系列适合进行树木造型的植物

洋常春藤 *Hedera helix* H5（小叶品种）
'金国王' 阿耳塔拉冬青 *Ilex x altaclerensis* 'Gloden King' H6
齿叶冬青 *Ilex crenata* H6
月桂 *Laurus nob ilis* H4
'匹格森黄金' 光亮忍冬 *Lonicera nitida* 'Baggesen's Gold' H5
山桂花 *Osmanthus delvayi* H5
欧洲红豆杉 *Taxus baccata* H7
'斑叶' 月桂荚蒾 *Viburnum tinus* 'Variegatum' H4

注释
H = 耐寒区域，见56页地图

适合树木造型的植物

用于树木造型的植物需要有繁茂、柔韧的枝条以及尺寸较小的树叶，并能快速从修剪中恢复。常绿植物，如卵叶女贞（*Ligustrum ovalifolium*）、欧洲红豆杉、光亮忍冬和山桂花（*Osmanthus delavayi*），是温带地区的理想选择。锦熟黄杨也是很常用的材料，但易感染黄杨疫病和毛虫，所以其他替代品是更好的选择。意大利柏木（*Cupressus sempervirens*）也能进行整枝造型以满足几何式设计的需要，但它在更温暖的区域才能良好生长。月桂（*Laurus nobilis*）、冬青属植物以及许多其他常绿植物都可以使用，但更难以整枝。

常春藤属植物，如'饰边'洋常春藤（*Hedera helix* 'Ivalace'），适应性强，并能轻易整枝在一个框架上生长；或者可从现有植物上取下插条，种植在内垫苔藓基质的结构上。

创造形状

大多数树木造型的设计最好借助成形框架，不过某些简单的形状也可以徒手操作。

简单的设计

使用年幼的植物，选择一根或数根能够形成设计核心的枝条。最简单的形状是圆锥体，只需要一根木棍来辅助造型。对于其他形状，将细铁丝网或平行的铁丝绑在树木四周的数根立桩上，然后在这个框架上进行造型。将枝条绑在铁丝形成的框架上，然后掐去枝条尖端，促进它们分枝，将框架铺满。将新的分枝绑扎进框架结构中，填满所有空隙，直到将框架全部盖住。植物各部位的生长速度会有不同，这取决于朝向。向下整枝的分枝常常生长得很慢。

复杂的设计

复杂设计的造型框架一般可从市面上买到，不过也许你决定要用坚固的材料（如护栏铁丝）制造基础框架。你可以将细铁丝网编入基础框架中，得到更精确的形状。在框架成形过程中，园艺木棍也可以用作临时性的辅助。涂焦油的麻线是将树枝绑在框架上的好工具，因为它最后会自然降解。

枝条整枝

在框架上整枝的年幼枝条生长速度很快，因此需要大量工作才能在整个生长季将新分枝绑扎起来。趁分枝年幼柔韧的时候将其绑扎，并检查之前的绑结有无破损，是否对枝条造成摩擦或者以任何方式限制了枝条的生长。

如果框架中使用了立桩，确保它们是牢固的，不发生破裂、折断或弯曲。如果已经变形，用新的立桩代替之。

修剪

和一般树篱相比，树木造型需要更多、更深入的精确修剪。要花费时间慢慢将小树枝修剪成需要的形状，特别是树木造型刚开始时。别在一个地方修剪太重，这会破坏造型设计在整个生长季中的对称性，直到新的枝叶长出才能得到弥补。

即使你的眼力非常好，在植物造型的时候也最好使用水平仪、铅垂线及其他工具来确保修剪的精确性。总是从植物顶端向下、从中心向四周进行修剪，同时对植物两侧修剪，保持形状的对称和均衡。

和有棱角的几何形状相比，圆

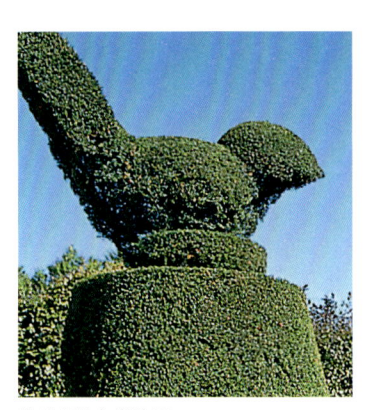

修剪出的鸟类造型
传统的形状仍然是最流行的树木造型。这只欢快的鸟儿站在它的巢上，观察着周围的花园。

富于建筑感的设计

一系列几何形状,加上对比鲜明的叶色,创造出引人注目的规则式树木造型景观。

形的树木造型更易得到,有时候可不借助辅助工具修剪而成。为得到一个球体,首先修剪植物顶端,然后沿着圆周向下剪一个凹进去的环形。再以90°为夹角,剪出另一个环形,留下4个角,进一步修剪即可。

拥有精确平面和棱角边缘的几何式树木造型更难修剪和维护,需要精准老到的修剪。这种几何式的设计最好使用绑在木棍上的准绳辅助修剪,以维持对称性。

何时修剪

树木定型之后,还需要在生长季中经常进行日常修剪。修剪的时间间隔取决于植物的生长速度。黄杨的复杂几何造型可能需要每4~6周修剪一次。当有新枝开始让表面不平整的时候就立即修剪。

如果并不需要全年维持完美的效果,在生长季进行两次修剪通常就足以维持一般效果了,这跟所采用的植物也有关系。例如,红豆杉属植物一年只需修剪一次,黄杨属植物(取决于品种)通常需修剪两次,而光亮忍冬需修剪三次。

在一年中适宜的时间修剪植物。不要在早秋之后修剪灌木,因为第一次修剪后长出的新枝需要足够的时间成熟才能忍受冬季的低温。在温暖地区,生长可能是连续不断的,定期修剪会贯穿全年。

日常养护

除草、灌溉和护根都是重要的基础养护,和其他自由生长的灌木一样(见"日常养护",120页)。不过要在生长季施加两次均衡肥料,用量为每平方米60克。

冬季养护

在降雪量较大的地区,用网状织物遮盖树木造型可防止枝条被雪压断。将所有平面上的积雪除去,防止其破坏树木造型的结构。

修复与复壮

如果树木造型的顶端、部分或一根分枝受损或断裂,使用修枝剪将其干净利落地截去。将附近的枝条绑扎起来,填补空隙。

如果树木造型在一年或两年之内没有被修剪,那么常规修剪就能恢复其原始形状。如果树木造型多年未有人打理,已经失去了原来的形状,就应该在第一个春季进行重剪,以重建其轮廓,然后,在接下来的两个或三个生长季中进行更精细的修剪。

枯萎与枯梢病

某些常绿植物的枝叶在严寒的冬季会枯萎而死。在不美观的地方,将死去的枝叶剪去,注意保持树木造型的形状。如果新发枝叶没能填补空隙,说明根系可能存在问题,需要进行处理。

如何进行复杂造型

1 使用坚固的材料为大型树木造型建造框架,这些材料会在原地保留数年之久。将年幼的植物进行修剪,使其保持在框架之内。

2 随着植株生长并将框架填充起来,每年沿着框架的外轮廓对其修剪一次,并剪去枝条尖端,促进植株呈灌丛式生长。

3 植株形成茂密的灌丛并覆盖整个框架。需要对植株进行定期修剪,以维持形状的精准轮廓。

竹类

这些木质常绿禾本科植物是用途最广泛的植物类群之一。竹类已有数千年的使用历史——特别是在亚洲国家，它们可作为建筑、家具和其他人工制品的材料，一些物种的竹笋还可栽培食用。它们叶形雅致、树形典雅，并且能在一系列不同的生长条件中繁茂地生长，为园丁们提供了许多有用的多年生植物。

选择竹类

许多竹类来自热带，但也有相当数量来自温带地区的耐寒种类，并能生活在较寒冷的地区。它们从地下的根状茎[这些根状茎（又称横走茎）是长而伸展的或紧凑丛生的]上抽生出木质分节的茎干，我们称之为竹竿，竹竿上有时会出现一系列从黑或红到翠绿或鲜黄的斑纹。竹竿通常是中空的，并在一个生长季内长到最大高度，从茎节处长出分枝和叶子。

竹类的高度从50厘米到10米不等，竹竿鲜艳的物种和品种包括朱丝贵竹（*Chusquea culeou*）、人面竹（*Phyllostachys aurea*）、黄金竹（*P. bambusoides* 'Holochrysa'）、紫竹（*P. nigra*）；黄秆乌哺鸡竹（*P. vivax* f. *aureocallis*）和雷竹（*P. violascens*）也很美观。这种巨大的多样性让竹类成为重要的园景植物，它们可以和观赏草混合种植，或用于树篱或屏障，或盆栽种植。

一般栽培

无论是阳光充足的地方还是阴凉的地方，无论是酸性土壤还是碱性土壤，竹类都能很好地生长，不过最适宜它们的是湿润、富含腐殖质且排水良好的土壤。将种植区域深翻，加入骨粉和腐熟有机质或粪肥。大多数竹类是盆栽供应的，所以在种植前要将根坨周围的健壮纤维状根弄松，以促进它们向外生长。

不要让竹子变干，特别是年幼的竹子，也不要让它们的根系被冻僵。耐寒物种有时会遭受冻害，但只要浇足水，就会在春季完全恢复。植株成形之后，每年春季施加一层5厘米厚的堆肥树皮或腐熟腐叶土充当护根，偶尔施加均衡肥料追肥，植株便可以维持苗壮的生长。大多数竹类很少开花，当它们开花时，它们会有死亡的风险。为了帮助它们生存，要剪去偶尔出现的开花枝；如果整棵植株开花，则在第二年春季将它截短至地平面并施加高氮肥料，帮助它再生。

限制竹类生长

拥有"横走茎"的竹类和丛生竹类都可能具有入侵性。为了限制它们的扩展，可以使用物理屏障（如厚实的根障织物），围绕竹丛周围插入土壤约60厘米深，并在接缝处密封。根状茎仍然可以从屏障上方越过，所以看到之后就应该立即将其清理。对于低矮的竹类，有时候可以通过在早春将竹竿截至地面的方法来限制它们的活力。然而，虽然将旧的枝叶去掉能够产生更美观的年幼枝条，但植株的活力常常并不会降低。

病虫害

竹类特别容易遭受竹蜘蛛螨的侵害，这是一种生长在叶子背面并覆盖着一层薄网的昆虫，以树液为食。对于新栽植的植株，应该检查叶片上有无纵向的黄色点线状（像莫尔斯电码）斑纹。为根除竹蜘蛛螨，要将受感染的叶片剪下并烧掉。如果有必要的话，用杀螨剂喷洒就能杀掉这些螨类。粉虱和红蜘蛛会侵害园艺设施中的竹类，对于露地竹类不是问题。蚜虫易于侵害某些物种，而兔子和灰松鼠可能会把新生的竹笋吃掉（见"病虫害及生长失调现象一览"，659~678页）。

修剪和提冠

随着植株的成熟，竹类植物会

成簇的竹竿
拐棍竹（*Fargesia robusta*）和其他丛生竹类是优良的园景植物。它们可以创造很好的屏障、树篱或风障，在混合种植中也很有用。

限制竹类的蔓延

1. 在竹丛周围挖一条比植株根系更深的窄沟。深翻土地，清理外围根系。

2. 插入不透水材料（如板岩或硬塑料）组成的障碍层。回填窄沟。浇透水。

疏剪成形竹竿
从基部将最老的竹竿剪去并将残枝碎叶清理干净，让光线和空气能够进入。

需要一定程度的修剪。修剪应该在春季进行，去除死亡、受损或孱弱纤细的竹竿。从近基部将竹竿剪去，不要截短至一半，这会毁掉它们的外观。

在春季或夏末，将稠密的成簇竹竿进行疏枝，减轻植株中心的拥挤。除去所有细弱、死亡和受损的竹竿，并从基部将最老的竹竿截去。清理残枝落叶，让阳光和空气能够进入，年幼竹竿也能无阻碍地生长。

"提冠"（crownlifting）这个术语有时也用来描述一种对某些竹类物种和品种进行修剪以展示其美观年幼竹竿的更有效的方法，这些竹类包括刚竹属（*Phyllostachys*）的种类和朱丝贵竹（*Chusquea culeou*）等。提冠应该在春季或夏末进行。将细弱竹竿完全剪去，所有位置最低的分枝也都剪去，把鲜艳的年幼竹竿暴露在外。

繁殖

栽培竹类很少产生种子，所以繁殖主要依靠对拥有根状茎的成形竹丛进行分株。最好的分株时间是在早春新竹竿长出之前（这样新竹竿就不会受损），或者凉爽湿润的秋季。

单条根状茎很难恢复——小型分株苗常常长势很弱，因此在对竹类进行分株的时候，要确保将数根根状茎栽植在一起。对于根状茎成簇的物种，使用铁锹或斧子劈透簇团，保证你移下来的部分含有数根根状茎。在繁殖根状茎长而伸展的竹类时，先弄松竹丛边缘的土壤，将根状茎露出来。用修枝剪从数根根状茎上剪下数段，然后将这些茎段放在一起。虽然露地分株有可能成功，但还是最好将它们上盆并放入冷床或冷室中，以保持湿润环境，这样它们会恢复得更快。

盆栽竹类

一些根状茎紧凑的丛生竹类，如白纹阴阳竹（x *Hibanobambusa tranquillans* 'Shiroshima'）、倭竹（*Shibataea kumasaca*）和许多箭竹

竹竿醒目的竹类植物

拐棍竹

紫竹

'全金'刚竹　　青川箭竹　　雷竹

属的植物，能成功地盆栽。它们在台地或类似位置上摆放时效果特别好。

带有底部排水孔的上釉瓷花盆或者坚韧的塑料花盆是最适合的容器。使用包含缓释均衡肥料、排水良好的含土壤基质，并将沙砾或小鹅卵石铺在基质表面，以减缓水分散失。竹类植物需要大量水分才能在容器中生长，千万不能让它干掉。在春季生长开始之前剪掉老竹竿也有助于减少水分流失。在整个生长季保持基质的湿润；冬季需要的水较少。如果竹类在一个容器里生长数年，则应每年施加1~2次液态肥料。几年之后将其移栽到较大的花盆中，到时也许可以将竹丛分株，得到两棵或三棵健壮的新植株。

丛生竹类植物

朱丝贵竹 *Chusquea culeou* H4
'宁芬堡'华西箭竹 *Fargesia nitida* 'Nymphenburg' H5, 拐棍竹 *F. robusta* H5
白纹阴阳竹 x *Hibanobambusa tranquillans* 'Shiroshima' H4
箬竹 *Indocalamus tessellatus* H5
金镶玉竹 *Phyllostachys aureosulcata* f. *spectabilis* H5, 黄金间碧竹 *P. bambusoides* 'Castillonii' H5, 黄金竹 *P. bambusoides* 'Holochrysa' H5, 乌哺鸡竹 *P. vivax* H5, 黄秆乌哺鸡竹 *P. vivax* f. *aureocaulis* H5
曙笹 *Pleioblastus argenteostriatus* 'Akebono' H4, 菲白竹 *P. variegatus* 'Fortunei' H4
牝矢竹 *Pseudosasa japonica* var. *pleioblastoides* H5
业平竹 *Semiarundinaria fastuosa* H6, 翠绿业平竹 *S. fastuosa* var. *viridis* H6
'邱园丽人'粗节筇竹 *Thamnocalamus crassinodus* 'Kew Beauty' H4
斑壳玉山竹 *Yushania maculata* H4

注释
H = 耐寒区域，见56页地图。

盆栽竹类的养护

1 随着根系充满花盆，盆栽竹类会逐渐失去活力，每两三年必须重新上盆。

2 寻找与地上部分相通的自然分界线，根据植株大小用锯子将其分为2~3部分。

3 保证每部分都有合适的根系、一些健壮的竹竿和能够从基质表面观察到的新嫩枝。

4 分过株的竹子可以种在原来的花盆或更大的容器中；其他部分可露地栽植在花园中。

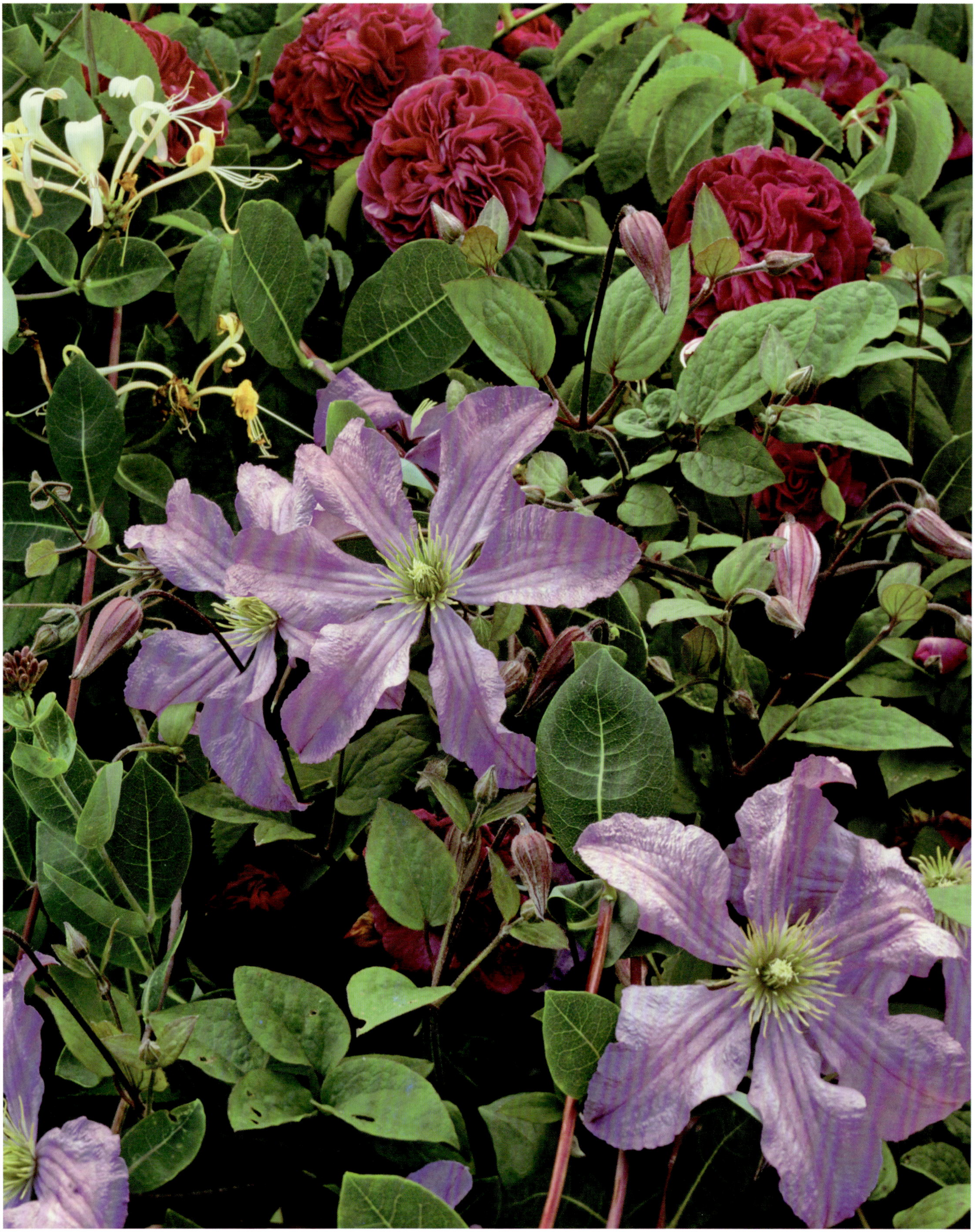

攀缘植物

木本和草本攀缘植物是最常用的植物类群之一，为充满想象力的设计提供了广阔的空间。

无论是在房屋的墙壁上还是在柱子或藤架上，攀缘植物都能为种植设计带来强烈的垂直元素。如果不加支撑，它们的枝条会四处蔓延，增加色彩、质感以及水平线条，而有些攀缘植物还能作为抑制杂草生长的地被使用。当爬上其他较高植物的时候，攀缘植物能够延长观赏时间，还可以和花园中其他鲜艳并充满质感的元素搭配使用。它们最大的用处之一是遮挡花园中不雅观的景致，如栅栏或墙壁、树桩、棚屋和其他花园建筑。许多常用攀缘植物也是芳香植物，它们会开出繁茂的芬芳花朵。

花园中的攀缘植物

各种大小和类型的花园都能从攀缘植物的使用中获益。某些攀缘植物如西番莲属（Passiflora）物种的种植，主要是为了欣赏它们美丽的花，而其他一些种类，如香忍冬（Lonicera periclymenum），因为香味而受到同样的重视。许多攀缘植物是因为漂亮的叶子而被种植的，它们能够全年呈现观赏价值，或者提供浓郁壮观的秋色叶，就像爬山虎属植物（Parthenocissus）和异叶蛇葡萄（Vitis coignetiae）那样。即使在落叶的时候，它们雅致和充满建筑感的外形也会为荒凉的冬季花园增添几分情趣。有些攀缘植物还会结出丰硕的果实或浆果，无论是对园丁还是对野生动物都很有吸引力。

攀缘方法和支撑

在自然生境下，攀缘植物使用各种技术爬上宿主植物，目的是得到更多光线。在花园中，天然或特地建造的支撑物可以用来匹配所用攀缘植物的生长模式。某些攀缘植物是自我固定的，它们有的像常春藤那样用气生根（不定细根）将自己固定在支撑物上，有的用的是带黏性的卷须，如五叶地锦（Parthenocissus quinquefolia）。这些攀缘植物能够抓牢任何提供足够牢靠立足点的表面（如墙壁和树干），而不需要额外的支撑，除非在早期阶段，那时它们需要木棍或绳线的引导，直到它们可以建立稳固的立足点。拥有气生根的攀缘植物在进行整枝之后还特别适合用作地被。

有些攀缘植物的茎会以顺时针或逆时针方向绕着支撑物螺旋上升——具体方向取决于它们的解剖学和形态学特征。例如，香忍冬和双色蔓炎花（Manettia luteorubra）呈顺时针缠绕，而醉龙（Ceropegia sandersonii）和紫藤则呈逆时针缠绕。所有茎干缠绕的物种都需要永久性的支撑结构，例如栅格或金属丝。它们还可以爬上强健宿主植物的主干和分枝（见"在其他植物上攀缘"，139页）。

有些灌木如铁线莲属植物和旱金莲属（Tropaeolum）的某些物种会用卷曲的叶柄将植株固定在支撑物上。许多其他物种属于卷须攀缘植物，它们会用带黏性的卷须缠绕在支撑物上。在地锦属植物中，卷须一旦与支撑物接触，就会在末端发育出具有黏附性的吸盘。

叶子花属（Bougainvillea）植物、使君子（Quisqualis indica）和迎春花（Jasminum nudiflorum）等蔓生攀缘植物会长出长长的拱形枝条，松散地搭在支撑物上。这些植物在生长的时候需要被绑在金属丝框架或栅格结构上。也可以让它们爬过墙面和堤岸，得到自然式的效果。这种类型的植物也可以贴地整枝当地被使用。

包括攀缘月季和某些悬钩子属植物在内的一些物种长有带钩的刺，这些刺能够帮助它们自然地攀爬到宿主植物身上。如果不依靠其他植物生长，这些种类的攀缘植物需要被绑在牢固的支撑物上。

位置和朝向

为了最大限度地发挥潜力，包括大多数铁线莲属品种在内的许多攀缘植物更喜欢阳光充足且令其根系处于阴凉中的位置，虽然某些植物需要更凉爽的地点。其他植物的需求更少，而且尽管更喜欢阳光朝向，但它们也能承受阴凉——地锦属植物和钻地风属（Schizophragma）植物就是两类很好的例子。

柔弱的攀缘植物在寒冷地区生长时需要南向墙壁的保护，许多种类在冬季都需要覆盖。不过，耐寒攀缘植物的种类很多，它们在没有任何保护的情况下也能生长得很好。

阳光充足或背风位置

在温带地区，背风墙壁能为柔弱或充满异域风情的热带开花攀缘植物提供适宜的小气候。智利钟花（Lapageria rosea）和西番莲（Passiflora caerulea）在拥有这种冬季防寒保护的位置能生长得很好。

墙体本身也能为几种程度的霜冻提供防护。如果霜冻可能发生在花期，那么要避免将这样的攀缘植物种植在令花芽暴露在清晨日光下的位置，否则花芽常常会因为快速解冻而受伤。在攀缘植物基部可以种植喜阳草本植物和球根植物，以保持它们根系的凉爽。

凉爽或向风位置

对于阴凉的北向墙壁和经常遭受冷风侵袭的位置，健壮的耐寒攀缘植物，特别是某些忍冬属植物和许多小叶常春藤属植物，是适宜的植物。在阴凉处，要使用绿叶的常春藤；那些拥有彩斑或黄色叶片的常春藤喜欢更多光照，而且更容易受到霜冻的伤害，也更容易逆转。在非常暴露的位置，生命力顽强的贴墙灌木可能是更好的选择。

墙壁、建筑和栅栏上的攀缘植物

无论用来衬托还是遮掩支撑物，贴在墙壁或建筑物上的攀缘植物都能立即带来视觉冲击。许多攀缘植物能提供强烈色彩，而其他种类会为花园整体设计带来更全面、更微妙的背景。大部分建筑、墙壁和栅栏如果有紧贴着其生长的攀缘植物，也会被其柔化效果很好地衬托。

攀缘植物将容纳多种野生动物。花朵将支持蜂类和蝴蝶，而果实和种子穗可以吸引鸟类。尤其是常绿攀缘植物，还可以庇护脊椎动物和无脊椎动物。常春藤属植物花期较晚，是蜂类的宝贵秋季花粉来源，还为许多鸟类提供筑巢地点。攀缘植物的叶片抵御污染，在城镇建成区尤其重要（见"污染"，15页）。

衬托建筑

在种植之前，先评价一座建筑的建筑特征，然后使用植物突出强调其特点。一座设计良好的建筑可以被拥有强烈视觉冲击的攀缘植物很好地衬托，这些视觉上的冲击可能是因为形状独特或色彩鲜艳的叶子，或因为美丽的花朵。狗枣猕猴桃（Actinidia kolomikta）拥有尖端呈粉色或白色的圆形叶片，是一个很

视觉冲击
紫藤（Wisteria sinensis）拥有扭曲的枝干，春末开花，花与豌豆花相似，形成下垂的簇状花序。当被用来遮盖房屋的前立面时，这种植物可以创造令人难忘的景观。

好的选择。

视觉上不太美观的建筑也可以使用攀缘植物变得更加迷人。规则式的面板状攀缘植物可以打破延续不断的单调墙壁,也可以强化或缓和强烈的垂直或水平线条。向上伸展的窄条形攀缘植物会让建筑显得更高。较宽且只在第一层墙壁上生长的攀缘植物会让一座高而窄的建筑显得更宽。如果有必要,可以使用攀缘植物将建筑不美观的地方全部掩盖起来。不错的选择包括常春藤属的大部分物种以及其他拥有自我固定根的攀缘植物,如多蕊冠盖绣球(Hydrangea anomala subsp. petiolaris)和钻地风(Schizophragma integrifolium)。

在更加放松的自然式背景中,常常搭配使用健壮的攀缘植物,提供繁茂的花朵和浓郁的芳香:拥有深色常绿叶片和白色花朵的山木通(Clematis armandii)或香味浓郁且花朵呈红黄两色的美国忍冬(Lonicera x americana)与许多攀缘月季的搭配效果很好,它们中间还可以点缀一些一年生的香豌豆。这种组合能提供一整年的观赏价值,特别是在窗边或门廊边,花朵和香味在那里会得到最充分的欣赏。

用攀缘植物遮蔽

生活力更强的攀缘植物可以非常迅速地遮盖住不美观的附属建筑、墙壁或栅栏。可以使用的植物包括绣球藤(Clematis montana,在晚春会开出相当可观的成簇粉花或白花)或巴尔德楚藤蓼(Fallopia baldschuanica,在夏末迅速形成浓密的覆盖并开出小白花组成的圆锥花序)。后者还被称为"一分钟一英里藤",这是有原因的——它长势极为迅猛,必须严加照料,否则即便是长势相当茁壮的邻居,也会

被植物覆盖的方尖塔
独立式方尖塔特别适合紧凑的攀缘植物,如夏季开花的铁线莲属植物或一年生香豌豆。它可以被设置在花园中任意一个需要的地方,以带来一种高度感。使用它来为两种或三种不同的攀缘植物提供支撑,尽可能得到最长久的观赏效果。

在需要全年覆盖的地方，常春藤属植物也许更加合适。可组合使用常绿攀缘植物和落叶攀缘植物。例如，卷须铁线莲（Clematis cirrhosa）的雅致常绿叶片会在夏季为攀缘型蔷薇'新曙光'（'New Dawn'）的银粉色花朵提供完美的背景。

要想分隔花园中的不同区域，可在框格棚架屏风上覆盖攀缘植物。如果你选择使用落叶攀缘植物，那么冬季的赤裸枝干可让视线穿过屏障，看到相邻区域。栅篱（见"引入栅篱"，右）可提供茂密且不断变化的屏障。

藤架、柱子、方尖塔和拱门上的攀缘植物

藤架和其他结构可让人们从各个角度欣赏攀缘植物，还为花园设计增添了强烈的风格化元素。它们可以用来为本来扁平的花园增添高度上的变化。它们的形状可是规则且雅致的，亦可是自然而古朴的，这取决于使用的材料。如果得到良好的设计，它们在被植物半遮半掩的时候就会呈现出最迷人的面貌。不过，它们必须足够牢固，能够承受非常重的植物茎干和枝叶，耐久性也必须良好，因为植物很多年里都需要它们提供支撑。

藤架

爬满了攀缘植物的藤架或凉亭不仅为花园提供了阴凉的座位区，还给本来暴露的区域带来了隔离和私密感。选择植物时，最合适的是那些藤架在一天或一年最常使用的时间或季节里表现最出色的植物。

如果一座凉亭经常在夏日夜晚使用，合适的植物可能包括素方花（Jasminum officinale）、'托马斯'香忍冬（Lonicera periclymenum 'Graham Thomas'）或攀缘月季'卡里尔'（Rose 'Madame Alfred Carrière'），它们都有美丽的浅色芳香花朵，在昏暗的暮光中表现良好。为得到夏日阴凉，可以使用叶子宽大的攀缘植物，如异叶蛇葡萄（它还有绚烂的秋色叶）或'紫叶'葡萄（Vitis vinifera 'Purpurea'）。亦可用'白花'紫藤（Wisteria sinensis 'Alba'）的繁花作为夏季的遮篷。这种植物的花在走道旁的藤架上会取得非常好的效果。要保证横梁足够高，这样就不必弯腰以免蹭到花朵。

为了得到冬景，可以种植常绿攀缘植物，如常春藤，特别是斑叶品种；在气候比较温和的地区可以使用不耐寒的智利木通（Lardizabala biternata）。也可以使用落叶植物，如南蛇藤属（Celastrus）植物或紫藤，它们扭曲的裸枝在冬季会带来一种美丽的雕塑感。

引入栅篱

"栅篱"（fedge）是某些花园，特别是那些鸟类和野生动物爱好者的花园中使用的一种景致。这是一个合成词，来源于"栅栏"（fence）和"树篱"（hedge），它常常被用来沿着栅栏、板条篱笆、金属丝或金属框架种植攀缘植物，并融入一些灌木以加厚结构。

栅篱常常自然出现在田地边缘，或者以旧农场树篱形成边界的花园中。经常出现在这些自然栅篱中的植物包括冬青属、常春藤属植物、山楂、榆属植物的萌蘖条、欧洲荚蒾、黑刺李和梾木属植物，以及狗蔷薇、黑莓、金银花和柘萝。这些纠缠在一起的植物能够抵御捕食者，它们在基部的枯枝败叶也是鸟类、田鼠、刺猬、野鼠和许多昆虫的理想栖息地。

在花园中很容易创造出类似的栅篱，可以同时使用本地植物以及拥有漂亮花朵和果实、能够吸引野生动物的外来植物。在开始的时候，使用本地物种（如忍冬属植物和月季的栽培类型）。

栅篱很容易维护，不需要进行正式的修剪和施肥；只需要剪去植物蔓延的枝条，将其保持在生长范围之内即可，如果有必要，可将太过强势的植株移走或抑制其长势。不过，基于其自然外形，栅篱最好在自然式花园的设计中使用。

柱子

为了给花境增添垂直元素，可让铁线莲这样的攀缘植物爬在柱子上生长。还可考虑用这些柱子标记出一条轴线或一个视觉焦点，如苗床一角或地平面高度变化的地方。用垂下的绳索将柱子连接在一起，将攀缘植物沿着这些绳索整枝。

对于常绿攀缘植物，或可作为临时性景致，在结实的柱子上包裹网丝就能提供足够的支撑。

植物搭档
（上）某些攀缘植物搭配使用的效果特别好。香忍冬是月季的好搭档——在这里搭配的是攀缘生长的'赛琳·福莱斯蒂耶'月季（Rosa 'Céline Forestier'）。

地被
（右）如果不加支撑种植，许多强健的攀缘植物会形成美观的、抑制杂草生长的地被。在这里，常春藤属植物以创造出倾泻而下的永久性常绿地被，将草坪和座位区域衔接起来。

方尖塔

无论底部截面是方形的还是圆形的,框格棚架或金属方尖塔都可成对使用以框住道路,或为花境增添高度。对于种植每年进行重剪的铁线莲属植物或不会吞没框架的香豌豆(Lathyrus odoratus),它们尤其有用。有些方尖塔即使在没有叶片和花的冬季,也美观得足以成为一道景致。在以色彩为主题的花境中,木质框格方尖塔可被涂成特定颜色,以匹配或衬托选中的种植方案。

拱门

如果花园太小,无法容纳藤架,那么横跨在道路或座位上方的拱门就可为攀缘植物提供用武之地。在座位区附近,忍冬属植物等香味植物的效果尤其好。在受限空间中,选择长势不那么健壮的攀缘或蔓生月季。

在其他植物上攀缘

在野外,许多攀缘植物自然地长在其他植物上,这习性也可复制在花园中。跟宿主植物相比,攀缘植物的长势不应太过旺盛。在种植之前,要仔细考虑色彩上的搭配,将花、叶和果实都考虑在内;当宿主植物表现出最美的一面时,攀缘植物可起到衬托作用或与之形成对比,或用于延长观赏期。

适合在灌木上攀缘的植物种类包括意大利铁线莲(Clematis viticella)的杂种和那些每年修剪至近基部的大花铁线莲种类。用其他植物来支撑大多数一年生攀缘植物和拥有火红花朵和枝条的六裂叶旱金莲(Tropaeolum speciosum),也是一种常用的做法。

长势强健的物种如光叶蛇葡萄(Ampelopsis brevipedunculata var. maximowiczii)或绣球钻地风(Schizophragma hydrangeoides)能够将叶、果实和花美丽地结合在一起。或者试着将'幸运'腺梗月季(Rosa filipes 'Kiftsgate')如瀑布般落下的繁花与绣球藤(Clematis montana)的白色或粉色花枝混合在一起。这两种植物都会产生强壮

季相
许多攀缘植物能提供不止一季的观赏价值,特别适合用于空间有限、需要植物提供最大观赏特性的小型花园。唐古特铁线莲(Clematis tangutica)在夏末开花,而它美观的果实可以保留到冬季。

的缠绕性枝条,很快爬到乔木的树枝上。

用作地被的攀缘植物

某些攀缘植物,特别是那些拥有气生根或蔓生的种类,可以不用支撑种植,产生成片的地被。它们特别适合顺着缓坡生长或越过墙壁,能够在下方的土壤中生根。

爬山虎属植物通过黏性卷须固定自身并能够自我生根,当这样的攀缘植物用作地被时,能够起到很好的抑制杂草生长的作用。在为这些植物确定位置的时候要小心,因为它们可能会将附近的其他任何植物当作支撑,从而将其淹没。为了降低这种风险,选择活力不那么强健的攀缘物种,或者重新安排其他植物的位置,以让攀缘植物充分伸展。

如果枝条均匀地在地面上伸展,缠绕性的攀缘植物就可用作地被。线钩可以用来将枝条固定在原位。花大色深的'埃尔斯特·马克汉姆'铁线莲(Clematis 'Ernest Markham')和'杰克曼尼'铁线莲(C. Jackmanii)在地面上非常美观,六裂叶旱金莲的蓝绿色叶子和鲜红色花朵也同样出色。

多彩的攀缘植物

花园不同部位的光照水平不同,因而色彩效果也存在差异。在阳光充足的地点,明亮或浓重的颜色会吸收光线,看起来比浅颜色更强烈。而浅色可以成功地点亮沉闷的空间,用在晚间经常观赏的地方能够产生很好的效果。

在种植攀缘植物之前,首先考虑花园永久性景致的颜色。如果墙壁或支撑物已经是明亮色调的了,那么就使用色彩微妙、互补的植物,除非你想得到一个特别活力四射或对比强烈的设计。

色彩组合

将不同的攀缘植物种植在一起或者与其他植物进行搭配,可以为花园的色彩设计增添另一个纬度的美。攀缘植物可以用来将种植设计中不同的色彩模块穿插在一起,用互补的颜色得到鲜明的效果,或用紧密相关的色调得到更微妙的平衡。

花朵色彩

攀缘植物的花色多种多样,从'紫星'铁线莲(Clematis 'Etoile Violette')的深紫罗兰色到厚萼凌霄(Campsis radicans)的鲜红色,再到白蛾藤(Araujia sericifera)的奶油白色,应有尽有。许多颜色鲜艳的攀缘植物起源于热带,因此在比较冷的气候区并不耐寒,所以需要一定程度的保护。

有益的植物

许多攀缘植物对野生动物一样有吸引力。芳香的素馨属植物是花园中的美丽点缀，还强烈地吸引着授粉昆虫。

叶子花这样花色浓烈的攀缘植物拥有醒目而繁茂的外形，但需精心挑选位置，不然就会变得压倒一切。那些花朵颜色较浅的种类如'伊丽莎白'红花绣球藤（*Clematis montana* var. *rubens* 'Elizabeth'）更适合用于色调微妙的种植设计中。

枝叶和果实色彩

攀缘植物的叶也可以像花那样使用：有技巧地运用枝叶可以得到美丽的效果，叶子的色调能够提供令人镇静的对比，和生动的花色达到平衡。'黄叶'啤酒花的黄色叶片在深色背景的映衬下几乎像黄金一样夺目。更有视觉冲击力的是狗枣猕猴桃，叶子上布满了奶油白和粉色的色斑。彩斑类常春藤也几乎同样显眼，特别是叶子较大的类型，而且因为它们是常绿的，其观赏期能持续一整年。

有些攀缘植物结出的果实跟它们的花朵一样鲜艳，有时甚至有过之而无不及；其中最出色的包括木通（*Akebia quinata*，紫色）、不太耐霜冻的长花藤海桐（*Billardiera longiflora*，蓝紫色、粉红色或白色），以及南蛇藤（*Celastrus orbiculatus*，先绿后黑，然后裂开露出黄色的内里和红色的种子）。

季相变化

为了得到持续全年的观赏价值，在进行种植设计时应该使用随着季节变化此起彼伏的不同攀缘植物。选择开花期互相连接的植物，或许需要使用一年生攀缘植物补充其中的空隙。这个方法可以用在紧挨着种植或者在花园各部分独立种植的攀缘植物上。

春季和夏季

许多攀缘植物在春季和夏季换上最美丽的衣装。早花的大瓣铁线莲（*Clematis macropetala*）和盛花期在仲夏的'晚花'香忍冬（*Lonicera periclymenum* 'Serotina'）是一对极好的组合。铁线莲的花朵还会留下银灰色的毛茸茸果实，与忍冬带香味的管状花相映成趣，这些吸引眼球的果实会在枝头上度过整个秋季，有时甚至可保留到初冬（见"攀缘与蔓生植物"，205~206页）。

秋季和冬季

有些攀缘植物呈现出光彩夺目的秋色叶：爬山虎（*Parthenocissus tricuspidata*）的深裂并有时呈波状的叶子也许是其中最华美的，它们会在落叶之前变成各种鲜红、猩红和最深的紫红色。在冬季开花的攀缘植物很少，并且一般不耐寒，迎春花是一个少有的例外，它即使在面北的墙下也会开出精致的黄色花朵。稍不耐寒的多花素馨（*Jasminum polyanthum*）在避风的位置能够开出繁茂的花朵，而卷须铁线莲会在所有地区的无霜天气中开花。

拥有不同寻常的叶子的常绿攀缘植物也能在冬季带来观赏价值。常春藤属植物是最常使用的种类，它们大多数很耐寒，有些还带有显眼的彩斑：多彩的'毛茛叶'洋常春藤（*Hedera helix* 'Buttercup'）和'金心'洋常春藤（*H. h.* 'Goldheart'）就是很好的例子。有些拥有奇异的叶形，如叶片形状好似鸟足的'鸟足'洋常春藤（*H. h.* 'Pedata'）和叶片边缘呈波浪状起伏的'皱芹'洋常春藤（*H. h.* 'Parsley Crested'）。

芳香攀缘植物

散发香味的攀缘植物有特别的吸引力。要想充分领略它们的芳香，应该将它们种在门廊或窗户旁边，或用它们来覆盖拱门。如果在花境中种植，将它们安置在外围边缘。长势不那么健壮的类型还可以种在大型容器中，摆放在露台或木板铺面区域。

某些攀缘植物会在一天当中的某个时段释放香味。素馨属（*Jasminum*）植物的香味一般在黄昏时分更加强烈，因此最好种植在晚上使用的凉亭上或区域旁边。这种夜晚芳香的攀缘植物最理想的种植地点是房屋的墙根下，它们的香味会漫过开着的窗户并充满房间。

一年生攀缘植物

一年生攀缘植物（如香豌豆）以及那些在凉爽地区被当作一年生栽培的攀缘植物，如智利悬果藤（*Eccremocarpus scaber*）和葛藤（*Pueraria lobata*），特别适合营造短期效果。一年生攀缘植物可以在种植设计中有效地引入多样性，因为它们每年都可根据需要更换。它们也可相对快速地填补空隙，沿着竹架整枝的一年生植物还能为花境增添垂直元素，直到更长久性的植物完全成形（见"作为填充的一二年生植物"，205页）。大多数一年生攀缘植物很容易用种子繁殖并在数周内开花。

盆栽攀缘植物

盆栽攀缘植物可以按照与露地攀缘植物一样的方式整枝。一些低矮的攀缘植物（如大瓣铁线莲）可以不用支撑种植——将这类攀缘植物种在高容器中，让它们的枝条垂向地面。常春藤属植物也可用这种方法种植。

如果空间有限，可以将长势旺盛的攀缘植物（如紫藤）栽在大型容器中以限制其生长势头，同时还需要修剪、浇水和施肥。盆栽还适合需要冬季保护的不耐寒攀缘植物，让它们能够被放入保护设施内，或者使用园艺织物就地保护。

如果在夏季让基质变干，盆栽攀缘植物就特别容易遭受干旱威胁。要想让它们均衡地生长，在春季和夏季的干旱时期，每天都要大量浇水，并将容器放在阴凉处或在周围摆放其他盆栽植物，以保持其根系凉爽。

一年生色彩

（上）有些作一年生栽培的攀缘植物如翼叶山牵牛（*Thunbergia alata*）其实是不耐寒的多年生植物，需要每年重新种植。

临时陈设

（左）在容器中种植攀缘植物，使它们能在盛花期被搬到显眼的位置，等花期过后再被搬走。

攀缘植物种植者指南

向北墙壁

可以沿着向北墙壁种植的攀缘植物

树萝卜属 *Agapetes* H2-H1c
木通 *Akebia quinata* H6
软枝黄蝉 *Allamanda cathartica* H1b
彩花马兜铃 *Aristolochia littoralis* H1b
智利藤 *Berberidopsis corallina* H4
白粉藤属 *Cissus* H2-H1a
铁线莲属 *Clematis* H7-H3
龙吐珠 *Clerodendrum thomsoniae* H1b
连理藤属 *Clytostoma calystegioides* H1c
鸡蛋参 *Codonopsis convolvulacea* H5
异色薯蓣 *Dioscorea discolor* H1b
麒麟叶属 *Epipremnum* H1b-H1a
紫珊豆属 *Hardenbergia* H3
常春藤属 *Hedera* H5-H2
球兰属 *Hoya* H1c-H1a
啤酒花 *Humulus lupulus* H6
多蕊冠盖绣球 *Hydrangea anomala* subsp. *petiolaris* H5
南五味子 *Kadsura japonica* H3
智利钟花 *Lapageria rosea* H3
宽叶香豌豆 *Lathyrus latifolius* H7
美国忍冬 *Lonicera x americana* H6,
　喇叭忍冬 *L. x brownii* H5,
　异色忍冬 *L. x heckrottii* H5,
　贯叶忍冬 *L. sempervirens* H5,
　台尔曼忍冬 *L. x tellmanniana* H5
吊钟苣苔 *Mitraria coccinea* H3
龟背竹 *Monstera deliciosa* H4
爬山虎属 *Parthenocissus* H6-H4
喜林芋属 *Philodendron* H2-H1a
冠盖藤 *Pileostegia viburnoides* H5
蕊叶藤 *Stigmaphyllon ciliatum* H1c
合果芋 *Syngonium podophyllum* H1a
老挝崖爬藤 *Tetrastigma voinierianum* H1a
六裂叶旱金莲 *Tropaeolum speciosum* H5
异叶蛇葡萄 *Vitis coignetiae* H5

阴凉

能忍受阴凉的攀缘植物

智利苣苔 *Asteranthera ovata* H3
扶芳藤 *Euonymus fortunei* H5 及其变种
何首乌属 *Fallopia* H7
啤酒花 *Humulus lupulus* H6
爬山虎 *Parthenocissus tricuspidata* H5
圆萼藤 *Strongylodon macrobotrys* H1a

芳香的花朵

心叶落葵薯 *Anredera cordifolia* H2
大花清明花 *Beaumontia grandiflora* H2
山木通 *Clematis armandii* H4,
　绣球藤 *C. montana* H5
澳大利亚球兰 *Hoya australis* H1b,
　球兰 *H. carnosa* H2
素方花 *Jasminum officinale* H4,
　多花素馨 *J. polyanthum* H2
香豌豆 *Lathyrus odoratus* H3
忍冬属 *Lonicera* 各种种 H7-H2
　（不包括贯叶忍冬 *L. sempervirens* 或台尔曼
　忍冬 *L. x tellmanniana*）

使君子 *Quisqualis indica* H1b
金盏藤 *Solandra maxima* H1c
多花黑鳗藤 *Stephanotis floribunda* H1b
络石属 *Trachelospermum* H4
紫藤属 *Wisteria* H6-H5

盆栽攀缘植物

在寒冷地区需要冬季保护的盆栽攀缘植物适合作为室内或温室植物

叶子花属 *Bougainvillea* H2-H1c
　（进行非常重的修剪）
白粉藤属 *Cissus* H2-H1a（部分物种）
高山铁线莲 *Clematis alpina* H4,
　大瓣铁线莲 *C. macropetala* H6
异色薯蓣 *Dioscorea discolor* H1b
麒麟叶属 *Epipremnum* H1b-H1a
爪哇三七草 *Gynura aurantiaca* H1b
紫珊豆属 *Hardenbergia* H3
洋常春藤 *Hedera helix* H5
素方花 *Jasminum officinale* H4,
　多花素馨 *J. polyanthum* H2
智利钟花 *Lapageria rosea* H3
冠籽藤 *Lophospermum erubescens* H2
龟背竹 *Monstera deliciosa* H4
喜林芋属 *Philodendron* H2-H1a（部分物种）
'黄斑叶' 大舌千里光 *Senecio macroglossus*
　'Variegatus' H1c
多花黑鳗藤 *Stephanotis floribunda* H1b
扭管花 *Streptosolen jamesonii* H1c
合果芋属 *Syngonium* H3-H1a（部分物种）
老挝崖爬藤 *Tetrastigma voinierianum* H1a
翼叶山牵牛 *Thunbergia alata* H2
紫藤属 *Wisteria* H6-H5（进行非常重的修剪）

常绿攀缘植物

黄蝉属 *Allamanda* H1b
黄葳属 *Anemopaegma* H1b
落葵薯属 *Anredera* H2-H1c
白蛾藤属 *Araujia* H2-H1c
银背藤属 *Argyreia* H1b
智利苣苔属 *Asteranthera* H3
清明花属 *Beaumontia* H2
智利藤属 *Berberidopsis* H3
帕冯蒲包花 *Calceolaria pavonii* H2
白粉藤属 *Cissus* H2-H1a
红龙吐珠 *Clerodendrum splendens* H1b,
　龙吐珠 *C. thomsoniae* H1b
连理藤属 *Clytostoma* H1c-H1b
大花风车藤 *Combretum grandiflorum* H1a
赤壁草 *Decumaria sinensis* H3
肉藤菊 *Delairea odorata* H1c
异色薯蓣 *Dioscorea discolor* H1b
红钟藤属 *Distictis* H3
苦绳 *Dregea sinensis* H3
麒麟叶属 *Epipremnum* H1b-H1a
土三七属 *Gynura* H1b
紫珊豆属 *Hardenbergia* H3
常春藤属 *Hedera* H5-H2
束蕊花 *Hibbertia scandens* H1c
鹰爪枫属 *Holboellia* H5-H3
球兰属 *Hoya* H1c-H1a
小牵牛属 *Jacquemontia* H1b

珊瑚豌豆属 *Kennedia* H2-H1c
智利钟花属 *Lapageria* H3
智利木通属 *Lardizabala* H3
猫爪藤属 *Macfadyena* H3-H1b
飘香藤属 *Mandevilla* H2-H1b
鱼黄草属 *Merremia* H1c
龟背竹属 *Monstera* H1b
玉叶金花属 *Mussaenda* H1a
卷须菊属 *Mutisia* H4-H2
粉红凌霄属 *Pandorea* H2-H1c
冠盖藤属 *Pileostegia* H5
肖粉凌霄属 *Podranea* H1c
蔓黄金菊 *Pseudogynoxys chenopodioides* H1c
炮仗藤属 *Pyrostegia* H1b
菱叶藤属 *Rhoicissus* H1c
仙蔓属 *Semele* H2
大舌千里光 *Senecio macroglossus* H1c,
　假常春藤 *S. tamoides* H1c
金盏藤属 *Solandra* H1c-H1b
野木瓜属 *Stauntonia* H4-H1c
黑鳗藤属 *Stephanotis* H1a
蕊叶藤属 *Stigmaphyllon* H1c
圆萼藤属 *Strongylodon* H1a
合果芋属 *Syngonium* H3-H1a
硬骨凌霄属 *Tecoma* H1c
南洋凌霄属 *Tecomanthe* H1b
崖爬藤属 *Tetrastigma* H1b
络石属 *Trachelospermum* H4

爬在其他植物上的攀缘植物

多花竹叶吊钟 *Bomarea multiflora* H2
叶子花属 *Bougainvillea* H2-H1c
南蛇藤属 *Celastrus* H7-H2
铁线莲属 *Clematis* H7-H3
鸡蛋参 *Codonopsis convolvulacea* H5
啤酒花 *Humulus lupulus* H6
忍冬属 *Lonicera* H7-H2
卷须菊属 *Mutisia* H4-H2
五裂叶旱金莲 *Tropaeolum peregrinum* H3,
　六裂叶旱金莲 *T. speciosum* H5
异叶蛇葡萄 *Vitis coignetiae* H5
紫藤 *Wisteria sinensis* H6

生长速度快的攀缘植物

软枝黄蝉 *Allamanda cathartica* H1b
蛇葡萄属 *Ampelopsis* H6-H3
心叶落葵薯 *Anredera cordifolia* H2
珊瑚藤 *Antigonon leptopus* H3
彩花马兜铃 *Aristolochia littoralis* H1b
铁线莲属 *Clematis* H7-H3
连理藤属 *Clytostoma callistegioides* H3
电灯花 *Cobaea scandens* H3
绿萝 *Epipremnum aureum* H1b
何首乌属 *Fallopia* H7
啤酒花 *Humulus lupulus* H6
珊瑚豌豆 *Kennedia rubicunda* H1c
猫爪藤 *Macfadyena unguis-cati* H3
西番莲 *Passiflora caerulea* H4,
　紫心西番莲 *P. manicata* H2
杠柳属 *Periploca* H3
攀缘喜林芋 *Philodendron hederaceum* H1a
蓝雪花 *Plumbago auriculata* H2

炮仗藤 *Pyrostegia venusta* H1b
使君子 *Quisqualis indica* H1b
蕊叶藤 *Stigmaphyllon ciliatum* H1c
圆萼藤 *Strongylodon macrobotrys* H1a
赤瓟 *Thladiantha dubia* H6
葡萄 *Vitis vinifera* H5

一年生攀缘植物

三色旋花 *Convolvulus tricolor* H3
智利悬果藤 *Eccremocarpus scaber* H3
番薯属 *Ipomoea* H1c-H1b（部分物种）
扁豆 *Lablab purpureus* H1c
香豌豆 *Lathyrus odoratus* H3
冠籽藤 *Lophospermum erubescens* H2
使君子 *Quisqualis indica* H1b
翼叶山牵牛 *Thunbergia alata* H2
五裂叶旱金莲 *Tropaeolum peregrinum* H3

草本攀缘植物

多花竹叶吊钟 *Bomarea multiflora* H2
加那利参 *Canarina canariensis* H2
鸡蛋参 *Codonopsis convolvulacea* H4
啤酒花 *Humulus lupulus* H6
大花山黧豆 *Lathyrus grandiflorus* H6,
　宽叶香豌豆 *L. latifolius* H7
赤瓟 *Thladiantha dubia* H6
六裂叶旱金莲 *Tropaeolum speciosum* H5,
　三色旱金莲 *T. tricolor* H2,
　块茎旱金莲 *T. tuberosum* H3

可用作地被的攀缘植物

智利苣苔属 *Asteranthera* H3
铁线莲属 *Clematis* H7-H3
常春藤属 *Hedera* H5-H2
珊瑚豌豆属 *Kennedia* H2-H1c
爬山虎属 *Parthenocissus* H6-H4
冠盖藤属 *Pileostegia* H5
蓝雪花 *Plumbago auriculata* H2
硬骨凌霄属 *Tecoma* H1c
络石属 *Trachelospermum* H4

注释

H = 耐寒区域, 见 56 页地图
（对于种植在室外的植物，应在种植前检查耐寒性评价。在你所在的地区耐寒性不够可靠的植物可能需要越冬保护。）

土壤准备和种植

在理想的生长条件下，攀缘植物能够带来持久的回报，所以要确保它们适应种植地的土壤类型。攀缘植物很少能在过湿或过干的条件下生长良好。部分种类，如树萝卜属（*Agapetes*）和吊钟苣苔属（*Mitraria*）植物，不能忍受碱性环境；其他一些种类，如铁线莲属植物，能够在包括碱性土壤在内的大部分土壤类型中生长，只有酸性最强的土壤除外。许多攀缘植物很健壮且需要充足的养分，所以在种植前应充分锄地施肥（见"土壤养分和肥料"，590～591页）。在种植攀缘植物时，选择正确的支撑物是很重要的。支撑物要能够适应植物最终的高度、冠幅和活力。

支撑类型

攀缘植物使用的支撑物有三种主要类型：框格棚架、网架，以及固定在防锈钉之间拉伸的金属丝（一般由塑料包裹）。如果支撑结构每年都更换，那么园艺绳或钢丝足以为一年生和草本攀缘植物提供支撑。在种植前确保所有的支撑结构都固定在正确的位置上。不要使用U形钉将任何植物的枝条固定在支撑物上；植物会很快超出这些钉子的大小，枝条会被挤压甚至枯梢。选择与攀缘植物的大小和强度相适应的支撑结构。不够坚固的支撑物用于健壮的攀缘植物，会很快被淹没并最终倒塌。框格棚架是所有缠绕型攀缘植物最可靠的支撑结构，在绑扎的情况下也可用于攀爬型攀缘植物。金属丝或网架是卷须型攀缘植物的理想选择。

如果支撑物不是永久性结构，可使用草本攀缘植物（如大花山鹧豆和宽叶香豌豆）、每年修剪至地平面的攀缘植物（晚花的意大利铁线莲杂种及品种）或者一年生攀缘植物如裂叶牵牛（*Ipomoea hederacea*）。当沿着一面平的独立式框格棚架或柱子种植攀缘植物时，要牢记攀缘植物会向光生长并只在支撑物的一面开花，所以要为植物选好位置，让它们的花朵呈现在最醒目的地方。

框格棚架和网架

为了让空气自由流通，在安装框格棚架或网架时，要使其稍稍离开墙面或栅栏，并保证框架基部位于地平面以上约30厘米。

墙壁有可能在以后某个时间需要维护（重新勾缝、粉刷或抹灰）。在可能的情况下，在框格和网架的顶部用钩子固定，而在基部用铰链固定，或者在顶部和基部都用钩子固定。当墙面需要维护时，枝条柔软的攀缘植物就能够和框架一起放低；如果两端都用了钩子，就能被平放到地面上。或者使用能够承受重剪的攀缘植物。不要试图放低枝条坚硬的攀缘植物，如攀缘月季或火棘属植物。

长势健壮的攀缘植物

猕猴桃 *Actinidia deliciosa* H4
木通 *Akebia quinata* H6
大花清明花 *Beaumontia grandiflora* H3
叶子花属 *Bougainvillea* H2-H1c
白粉藤属 *Cissus* H2-H1a
绣球藤 *Clematis montana* H5
红钟藤 *Distictis buccinatoria* H3
巴尔德楚藤蓼 *Fallopia baldschuanica* H7
鹅掌牵牛 *Ipomoea horsfalliae* H1c
飘香藤属 *Mandevilla* H2-H1b
五叶地锦 *Parthenocissus quinquefolia* H6,
爬山虎 *P. tricuspidata* H5
西番莲属 *Passiflora* H7-H1a
蓝花藤 *Petrea volubilis* H1b
金盏藤 *Solandra maxima* H4
温南茄 *Solanum wendlandii* H2
老挝崖爬藤 *Tetrastigma voinierianum* H1a
异叶崖葡萄 *Vitis coignetiae* H5
紫藤 *Wisteria sinensis* H6

注释
H = 耐寒区域，见56页地图

攀缘方法

攀缘植物通过各种不同的方法将自己固定在支撑物上。许多攀缘植物通过气生根固定在毫无支撑的垂直表面上。其他方法都需要一些支撑物，它们包括缠绕的枝条和叶柄以及卷曲的卷须。叶子花属植物等蔓生攀缘植物产生的长长枝条需要以固定间隔进行绑扎。

叶柄
铁线莲属植物使用叶柄攀缘。

卷曲的卷须
西番莲属植物用卷须将自己固定起来。

缠绕的枝条
木通属植物将自己的枝条螺旋形地盘在支撑物上。

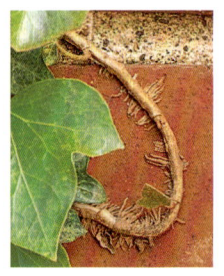

气生根
常春藤属植物能够自我固定。

将框格棚架安装在墙壁上

在安装框格棚架时，首先用至少5厘米厚的木质板条将棚架固定在墙壁上（这会让框格棚架离开墙壁，允许空气自由流通）。然后可以用螺丝将框架永久性地固定在墙壁上（右）；不过这样就限制了以后对墙面的接触和处理。使用钩子和铰链（下）能够在需要的时候允许植物和支撑结构被放低。用钩子将框格棚架固定在顶端和底端的板条上，可以使它能够被整个从墙上取下。

使用木板条
用螺丝将框格棚架固定在厚木板条上。

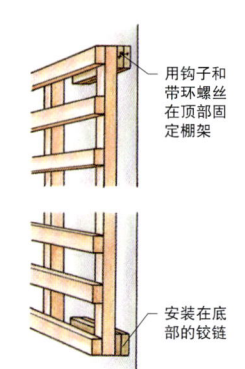

用钩子和带环螺丝在顶部固定棚架

安装在底部的铰链

使用钩子和铰链
为了便于维护墙面，在墙壁和棚架上都安装木板条。沿着框架基部安装铰链，顶部安装钩子以固定其位置。

金属丝

金属丝可以水平或竖直拉伸在防锈钉子之间。和框格棚架一样，金属丝也应该和墙面或栅栏保持5厘米的空隙，并且必须拉直紧绷。可以大约每2米设置一个拉紧装置。金属丝的间隔应保持在30~45厘米，位置最低的水平金属丝（或竖直金属丝的基部）距地面约30厘米。

购买攀缘植物

攀缘植物通常盆栽出售，不过部分种类（包括攀缘月季）可能是裸根出售的。选择拥有健壮根系和匀称框架的健康植株，不要使用有任何病虫害症状的植株。裸根植株应该拥有与地上部分相称的大量健康、发育良好的纤维状根。对于盆栽植物，将容器翻转，检查是否存在刚刚露出根坨的年幼根尖；如果有，说明植株的根系发育良好。不要使用根系受压迫的植株——它们的根系绕着根坨缠成一团；也不要使用根系从排水孔中钻出的植株，它们很少能够生长良好。

户外种植

不完全耐寒的攀缘植物，如智利藤茄（*Solanum crispum*）和素馨茄（*S. laxum*），应该在春季种植，以便在第一个冬季之前完全恢复。常绿和草本攀缘植物在春季种植会更快地恢复，不过它们也可以在秋季天气温和的时候受保护地种植。所有其他在容器中长大的攀缘植物可以在春季、秋季或其他任何时间种植，只要土地没有霜冻或涝害的情况。不推荐在夏季长期干旱的时期种植，但若无法避免，则应在干旱持续时保证每天为植株浇水。

种植位置

墙壁和实心栅栏会产生自己的雨影区，所以贴着它们整枝的植物应该距离支撑物的基部至少45厘米种植。在这种方式下，它们一般能够接收到足够的雨水，一旦恢复便不用再额外浇水。独立式的柱子或框格棚架不会产生密度这么大的雨影区，只需留出20~30厘米的间隔即可。

当攀爬在其他植物上的时候，

如何选择攀缘植物

金银花

好样品 — 标签；健壮、有力的茎；健康的芽；根系可见且健康，但并不盘绕

坏样品 — 细长纤弱的茎以及受损的芽；紧密地围着根坨盘绕的根系

适合沙质土的攀缘植物

北美荷包藤 *Adlumia fungosa* H4
心叶落葵薯 *Anredera cordifolia* H2
彩花竹叶吊钟 *Bomarea andimarcana* H2
吊灯花属 *Ceropegia* H1b-H1c（仅物种）
红耀花豆 *Clianthus puniceus* H3
攀缘商陆 *Ercilla volubilis* H3
嘉兰 *Gloriosa superba* H1c
番薯属 *Ipomoea* H1c-H1b
珊瑚豌豆 *Kennedia rubicunda* H1c
冠籽藤属 *Lophospermum* H3-H1c
蔓桐花属 *Maurandya* H2
木玫瑰 *Merremia tuberosa* H3
绒倍卷须菊 *Mutisia oligodon* H4
爬山虎属 *Parthenocissus* H6-H4
西番莲属 *Passiflora* H7-H1a（部分物种）
希腊杠柳 *Periploca graeca* H3
蓝花藤 *Petrea volubilis* H3
温南茄 *Solanum wendlandii* H2
扭管花 *Streptosolen jamesonii* H1c

适合黏质土的攀缘植物

大叶马兜铃 *Aristolochia macrophylla* H3
凌霄属 *Campsis* H7-H3
美洲南蛇藤 *Celastrus scandens* H7
铁线莲属 *Clematis* H7-H3
红钟藤属 *Distictis* H3

'银后' 扶芳藤 *Euonymus fortunei* 'Silver Queen' H5
常春藤属 *Hedera* H5-H2
'黄叶' 啤酒花 *Humulus lupulus* 'Aureus' H6
多蕊冠盖绣球 *Hydrangea anomala* subsp. *petiolaris* H4
宽叶香豌豆 *Lathyrus latifolius* H7
忍冬属 *Lonicera* H7-H2（部分物种）
爬山虎属 *Parthenocissus* H6-H4
西番莲属 *Passiflora* H7-H1a
异叶蛇葡萄 *Vitis coignetiae* H5
紫藤属 *Wisteria* H6-H5

适合酸性土壤的攀缘植物

树萝卜属 *Agapetes* H2-H1c（数个物种）
智利苣苔 *Asteranthera ovata* H3
大花清明花 *Beaumontia grandiflora* H3
智利藤 *Berberidopsis corallina* H4
藤海桐属 *Billardiera* H4-H2（只有物种）
珊瑚豌豆属 *Kennedia* H2-H1c
智利钟花 *Lapageria rosea* H3
智利木通 *Lardizabala biternata* H3
吊钟苣苔 *Mitraria coccinea* H5
卷须菊属 *Mutisia* H4-H2（部分物种）

注释

H = 耐寒区域，见56页地图

自然的支撑

在这个方尖塔形结构的每条腿处种下一两棵种子或穴盘苗（这里是香豌豆），随着植株生长，幼苗就会方便地顺着支撑结构爬上去。

攀缘植物会和宿主植物争夺养分和水分。为了最大限度地降低这种影响，种植时令攀缘植物的根系尽可能远离宿主植物的根系。如果宿主植物的根系很深，而且表层土深度足够的话，可以将攀缘植物靠近宿主植物的主根种植。如果宿主植物有大量地下根状茎或浅根，则要将攀缘植物的根系保持在宿主植物根系45厘米之外。可以用绑在宿主植物上的倾斜木棍引导攀缘植物攀爬到宿主身上。

准备土壤

清除种植区域的所有杂草（见"杂草和草坪杂草"，649~654页），然后翻土并施入大块有机质。这会增加沙质土的保水性和肥力，让黏质土的质地变得疏松。用叉子小心地将缓释肥施入表层土中，用量为每平方米50~85克。

种植穴的直径至少应为攀缘植物原本生长容器直径的两倍，以便为根系提供充分伸展的空间。然而，如果想要攀缘植物顺着乔木或灌木生长，这一点可能做不到，在这样的情况下，应挖出足够容纳根坨的种植穴并尽可能为根系伸展留出大量空间。

如何种植

在将植株取出花盆之前，确保基质是湿润的——为植株浇透水，使根坨湿透，然后让植株自然排水至少半个小时。清除基质表层，以除去杂草种子，然后将花盆倒转，小心地将植株取出。如果根系已经开始在花盆里卷曲，轻轻地梳理它们。将所有死亡、受损或伸出花盆的根系修剪至根坨范围之内。

安放植物，使根坨顶部与周围的土壤平齐。不过对于铁线莲属植物，建议种植得更深一些（见"土壤准备和种植"，152页）。对于嫁接的攀缘植物（如大多数紫藤属植物），应将嫁接结合处埋在地面下6厘米深。这会促进接穗本身生根，降低砧木长出萌蘖条的概率。关于种植裸根攀缘植物的信息，见"种植灌木月季"，165页。当在容器中种植攀缘植物时，应选择较深的花盆，如果攀缘植物在冬季待在室外的话，花盆还要是防冻的。盆栽基质应该能够充分保水，同时又能良好地排水；使用以壤土为基础的盆栽基质，或者使用2份泥炭替代物或泥炭与1份尖砂组成的混合基质，再添加缓释肥。在种植前将起支撑作用的框格棚架插入基质中（见"在容器中种植攀缘植物"，335页）。

在种植穴中填入土壤，压实并浇透水。将木棍插在植株基部并将它们固定在支撑结构上。将植株的主枝散开并分别绑在木棍和支撑结构上（如果它们够得到的话），以进行整枝。不要拉扯和绑扎得太紧，以免损伤枝条。剪去死亡或受损的枝叶，并将向外生长的枝条截去。

卷须型攀缘植物能够牢牢地固定在支撑结构上，但它们的年幼枝条也需要轻柔的引导和一定程度的绑扎，直到它们完全成形。缠绕型攀缘植物能很快将枝条以自然生长方向（顺时针或逆时针）固定在支撑物上，但最初也需要绑扎。对于不为自己提供支撑的攀缘植物，需要每隔一段距离对枝条进行绑扎。确保使用合适的绑结。更多信息见"成熟攀缘植物的整枝"，149页。

浇水和护根

应该为新种植的攀缘植物浇透水。然后应该用一层5~7厘米厚的护根覆盖在植株周围约60厘米半径内的土壤表面。这对根系有好处，因为它能保持整个区域的水分，给根系充分恢复的机会。此外，护根还能抑制杂草滋生，避免这些杂草和新种下的攀缘植物争夺养分和水分。

适合强碱性土壤的攀缘植物

狗枣猕猴桃 *Actinidia kolomikta* H5
木通 *Akebia quinata* H6
光叶蛇葡萄 *Ampelopsis brevipedunculata* var. *maximowiczii* H6
'盖伦夫人'杂种凌霄 *Campsis* x *tagliabuana* 'Madame Galen' H4
美洲南蛇藤 *Celastrus scandens* H4
铁线莲属 *Clematis* H3-H6（各品种）
智利悬果藤 *Eccremocarpus scaber* H3
巴尔德楚藤蓼 *Fallopia baldschuanica* H7
常春藤属 *Hedera* H5-H2
多蕊冠盖绣球 *Hydrangea anomala* subsp. *petiolaris* H4
素方花 *Jasminum officinale* H5，多花素馨 *J. polyanthum* H2
大花山黧豆 *Lathyrus grandiflorus* H6，宽叶香豌豆 *L. latifolius* H7
忍冬属 *Lonicera* H7-H2（部分物种）
金鱼藤 *Maurandella antirrhiniflora* H3
爬山虎 *Parthenocissus tricuspidata* H5
西番莲 *Passiflora caerulea* H4
钻地风 *Schizophragma integrifolium* H5
智利藤茄 *Solanum crispum* H4
络石 *Trachelospermum jasminoides* H4
葡萄属 *Vitis* H5
紫藤 *Wisteria sinensis* H6

注释

H = 耐寒区域，见56页地图

靠墙种植攀缘植物

1 在土壤表面上方30厘米、距离墙面5厘米处安装好支撑结构。在距墙面45厘米处挖出种植穴。弄松种植穴底部的土壤并加入堆肥。

2 将攀缘植物的根坨浸透水。将其以45°的角度安放在种植穴中，地面横放一根木棍以校正种植深度。将根系向墙壁的反方向伸展。

3 在植株周围回填土壤并压实，确保根系之间不会形成气穴，使植物得到充分支撑。

4 将枝条从中央的木棍上解下，选出4~5根强壮枝条。为每根枝条插入一根木棍，并将木棍固定在最低的金属丝上。将每根枝条绑在对应的木棍上。

5 用修枝剪将所有细弱、受损和向外生长的枝条截至主茎，得到攀缘植物的初始框架。

6 为植株浇透水[这里是云南素馨（*Jasminum mesnyi*）]。用一层厚护根覆盖周围的土壤以保持湿度并抑制杂草。

日常养护

攀缘植物需要每年施肥才能保持健康生长，它们基部的土壤也应该保持湿润。盆栽攀缘植物需要定期更换表层基质和重新上盆，充足的灌溉也是必不可少的。定期摘除枯花有助于延长花期。对于攀缘植物，还需要进行病虫害防护；对于不耐寒的种类，要进行防霜冻保护。

浇水和施肥

在干燥时期，每周为攀缘植物浇一次水。浇透植株根部周围的土壤；在整个根系区域覆盖一层5~7厘米的护根，防止土壤变干。

在头两个生长季的春季为攀缘植物施入50~85克均衡肥料。然后每年按照生产商推荐的施肥量施加一次缓释肥。

摘除枯花和绑扎

如果可能的话，当攀缘植物的花朵开始枯萎后，立即将枯花摘除。这能让植物将能量专注于后来的开花，而不是用于生产果实或种子穗上。

如果需要果实或种子穗用作观赏，那么只摘除四分之一到三分之一开过花的花枝。这样做足以促进持续开花。

绑扎

趁发育中的新枝还柔软时将其绑扎起来。任何超出其既定空间的徒长植物都可以按照需要截短（见"修剪和整枝"，147~150页）。

病虫害

仔细检查有无病虫害症状，受影响植株的处理参照"植物生长问题"，643~678页。

保护不耐寒的攀缘植物

在冬季，特别是在持续寒冷或霜冻时期，用防护性遮盖材料将种在室外的不耐寒攀缘植物的地上部分包裹住（见"防冻和防风保护"，598~599页）。

繁殖

攀缘植物可以用种子、茎插条或根插条繁殖，或者用压条的方式繁殖。紫藤还常常通过嫁接繁殖；关于此技术的更多信息，见"嫁接

修剪攀缘植物
用修枝剪将徒长的攀缘植物[这里是'硫黄心'科西加常春藤（*Hedera colchica* 'Sulphur Heart'）]截短。不规则地截短枝条，得到自然的效果。

盆栽攀缘植物的养护

在干燥的天气中，盆栽攀缘植物需要每天浇1~2次水。当容易发生霜冻时，应该将它们移到室内，或者在花园背风处将它们连花盆一同埋入土地中，花盆边缘与地平面平齐。在一年中，一棵盆栽攀缘植物会消耗盆栽基质的大部分养分。因此应该每年更换一次表层基质和护根。在浇水的时候，新鲜的养分会渐渐渗透并补充到下面的基质中。除了生长速度极慢的种类，所有的攀缘植物都需要每三到四年被转移到更大的容器中，并使用新鲜基质种植。春季开花的植物需要在秋季重新上盆，其他的种类可以在春季和秋季换盆。

为盆栽攀缘植物更换表层基质

1 在春季或初夏，刮走并丢弃容器中表层2.5~5厘米厚的基质。注意不要扰动攀缘植物的表层根系和伴生植物。

2 使用混合了少量缓释肥的新鲜基质代替被丢弃的基质。轻轻压实土壤，挤走气穴。确保基质深度和之前一致。浇透水。

3 为了帮助土壤在夏季的保水，用疏松的装饰性护根（如椰子壳或碎树皮）覆盖基质。

为盆栽攀缘植物重新上盆

1 每三到四年，为盆栽攀缘植物（如这株忍冬属植物）重新上盆，防止它们被花盆束缚长势。将基质浸透水，然后小心地将根坨移出花盆。

2 梳理根系并将粗根截短约三分之一。保持纤维状根的完整，并尽可能保留它们周围的基质。

3 将地上部分截短三分之一，去除死亡和受损的枝条。使用混合了缓释肥的新鲜湿润基质为植株重新上盆。

4 确保最终的种植深度和之前一致。用八字结将枝条稳固地绑扎在支撑物上，但不能绑得太紧。

装饰性的种子穗
对于拥有漂亮种子穗的攀缘植物[这里是'哈格利杂种'铁线莲(*Clematis* 'Hagley Hybrid')],可以暂缓摘除枯花,以创造迷人的秋季景色。

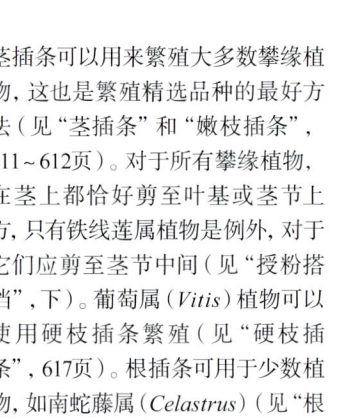

授粉搭档
对于猕猴桃等雌雄异株植物,必须将雄株(上)和雌株(下)种在一起,才能得到种子。

和芽接",634~638页。

播种繁殖

播种繁殖是产生大量植株最经济的做法,也是繁殖一年生攀缘植物唯一可行的方法,还是繁殖草本攀缘植物最简便的方法。关于种子选择、萌发、播种、幼苗照料和移栽的详细建议,见"种子",600~606页。

大多数物种能容易地产生可育种子。然而,对于不太耐寒的植物来说,漫长而炎热的夏季对于种子的充分成熟是必不可少的。为得到雌雄异株植物(如猕猴桃和南蛇藤属植物)的种子,两种性别的植株必须种得足够近,以确保授粉成功。在植株达到开花尺寸之前,幼苗的性别是无法确定的。不过对于有些植物(如猕猴桃)来说,可以买到已经命名的营养繁殖雄性和雌性克隆。

杂种和品种很少能够通过种子真实遗传,因此对于这些类型的攀缘植物,建议使用营养繁殖的方法(如扦插)。另外,木本植物从种子长到能够开花的大小需要好几年的时间。

萌发种子

对于某些攀缘植物,在播种前必须将种子浸泡在水中:紫珊豆属植物的种子应该浸泡24小时,而智利钟花属植物的种子应浸泡48小时(见"浸泡",602页)。拥有坚硬外种皮的种子需要一段时间的冷处理来打破休眠,最好将它们放在冰箱中存放6~8周(见"低温层积",602页)。

当在凉爽气候区种植时,某些攀缘植物如卷须菊属和赤瓟属(*Thladiantha*)植物的种子需要人工加热才能萌发,所以应该放置在13~16℃的增殖箱中(见"萌发",603页)。电灯花属(*Cobaea*)植物如果作一年生栽培,应在冬末加温条件下播种,这样等到需要将幼苗移栽到室外时,它们就已经发育良好了。大多数其他种子应该放置在温暖地方并避免阳光直射。然而,耐寒攀缘植物(如大多数铁线莲类)在寒冷条件下最容易萌发,应将花盆齐边埋在室外的冷床中(见"低温层积",602页)。

扦插

从柔软或半成熟枝条上取下的茎插条可以用来繁殖大多数攀缘植物,这也是繁殖精选品种的最好方法(见"茎插条"和"嫩枝插条",611~612页)。对于所有攀缘植物,在茎上都恰好剪至叶基或茎节上方,只有铁线莲属植物是例外,对于它们应剪至茎节中间(见"授粉搭档",下)。葡萄属(*Vitis*)植物可以使用硬枝插条繁殖(见"硬枝插条",617页)。根插条可用于少数植物,如南蛇藤属(*Celastrus*)(见"根插条",619页)。

压条

有些攀缘植物会通过自我压条的方式自动产生新植株。对于难以成功扦插的攀缘植物,如果只需要少量植株,简易压条和波状压条都是简单明了的繁殖方法(见"压条",607~610页)。

种植

对于生长缓慢的攀缘植物,每当其根系开始从花盆底部出现时,就应当换盆。在第一个生长季,将它们种在背风处或者育苗床中。在任何情况下都提供木棍来支撑植物,并令盆栽植物的基质保持湿润。

授粉搭档
铁线莲属植物[这里是白藤铁线莲(*C. vitalba*)]与其他攀缘植物的不同之处在于,插条可以在叶基(茎节)之间采取。

修剪和整枝

在最初的几年，修剪是为了得到一个强壮的结构框架，以促进健康的、活力高的枝条茁壮生长，并便于在支撑结构上整枝。整枝的目的是趁枝条柔软时引导一系列强壮的主枝，让它们爬上并穿过支撑结构，得到美观的外形。

一些攀缘植物（如巴尔德楚藤蓼）除了主枝，还会长出大量细枝，这些细枝需要在最初的整形中定期绑扎以维持所需要的形状。然而，长势健壮的攀缘植物在第一年后往往很难整枝，最好任其自由生长，只在它们超出花园中的既定空间时才加以限制。

基本原则

日常修剪是几乎所有已成形攀缘植物成功栽培的基础。如果不通过修剪加以控制，这些植物很难开好花。同样重要的是，有些健壮的攀缘植物会淹没附近的植物或损坏屋顶、排水沟和砖石建筑。修剪和整枝可以结合起来，为植物创造最好的结构和外形。

修剪部位

应将枝条修剪至饱满的芽上方2~3厘米处。选择位置合适、面对的方向正好需要新枝的芽。然后，随着新枝的生长，它就可以被绑扎入框架中或者代替一根老枝。

使用锋利的修枝剪保证每个切口干净利落，在离芽稍远的地方做斜切口。这能确保雨水不会聚集在芽周围，从而避免感染病害。切口的位置很重要：距离芽太近的切口会伤到芽，而距离芽太远的切口会留下一段枯梢的残桩，是病害可能的侵入口。

使用正确的工具

一对锋利的修枝剪是大多数类型修剪的最好工具。长柄修枝剪对于较粗的枝条特别有用，而大剪刀适用于除去大量死亡或细弱枝条（见"如何修剪忍冬属攀缘植物"，150页）。

整形修剪和整枝

在种植阶段和植物开始生长时，整枝需要将最强壮的枝条绑扎在支撑结构上以得到匀称的分枝结构——植物自然向上、朝光生长，而不会自动向两侧生长。在生长季，需要进行一些引导和绑扎，让柔软、缠绕的枝条或卷须将自己固定在支撑结构上，这要趁它们柔韧、木质部还未彻底成熟时进行，因为很难在不损伤它们的情况下将硬的枝条弯曲到需要的位置。

如果攀缘植物不是那种需要每年修剪至基部的种类，那么对于所有向不当方向生长的枝条，如交叉在别的枝条上或背离支撑结构生长的枝条，应该重新确定位置。在最初种植之后的冬末或早春，严重霜冻的危险过去之后立即进行重新定位。你也可以趁枝条年幼柔软时进行绑扎。有时，年幼的枝条在整枝时也会断裂，所以在所有选定的枝条绑扎完毕之前不要剪去任何多余的枝条。在生长稀疏或枝条过长的地方可以将枝条截短，促进分枝。随着枝条的生长继续进行引导和绑扎，令攀缘植物得到均衡匀称的分枝结构。

成熟攀缘植物的修剪

对于成熟的攀缘植物，在一年中的什么时候修剪取决于它们的开

整形修剪和整枝

攀缘植物需要在种植之后尽快（第一个冬末或早春）进行修剪和整枝。截短部分枝条，并将枝条扇形伸展以确保均匀覆盖。

将茁壮生长而不产生分枝的领导枝截短，促进枝条下方的分枝。

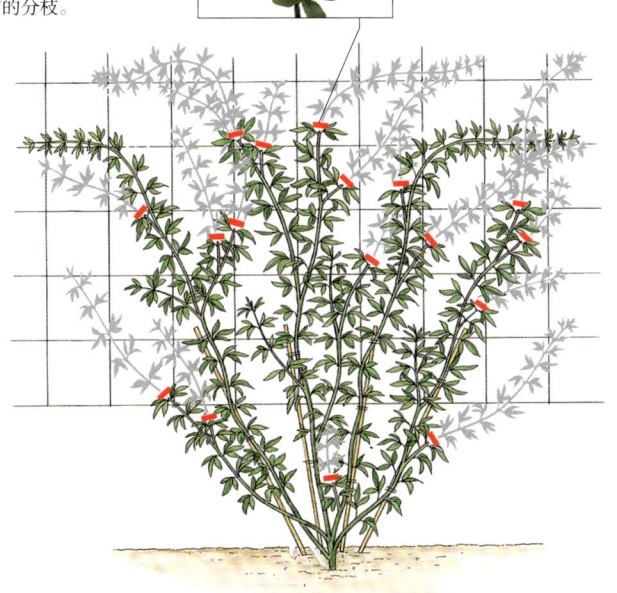

休眠季的养护修剪

对于在当季枝条上开花的攀缘植物（如这里的智利藤茄），应该在冬末或早春进行修剪。

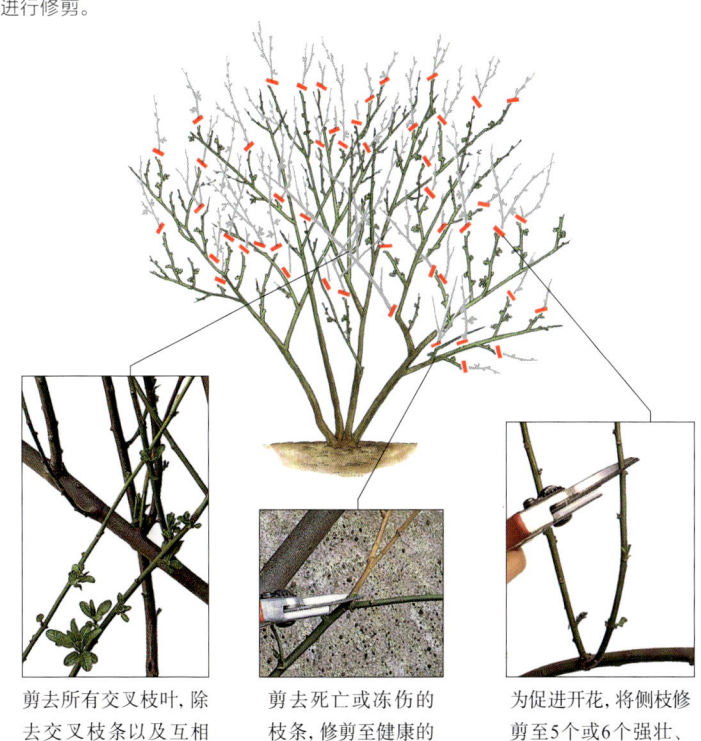

剪去所有交叉枝叶，除去交叉枝条以及互相竞争的枝条中最弱的枝条。

剪去死亡或冻伤的枝条，修剪至健康的部位。

为促进开花，将侧枝修剪至5个或6个强壮、健康的芽，在芽上方做斜切口。

花习性。有些种类在当季长出的枝条或者偶尔在上一年较晚长出的枝条上开花。这些种类一般在休眠季的冬末或早春、新芽还未发育的时候修剪，它们会在当年长出的新枝上开花。

其他攀缘植物在上一年的成熟枝条上开花。这些种类需要在花期过后立即修剪，给新枝充分的时间使其在冬季到来前发育成熟。这些枝条在第二年就是开花枝。如果修剪得足够早的话，某些早花攀缘植物会在生长季末期再次开花。

分辨当年生枝条和两年生枝条并不困难：当年生枝条依然柔韧并且通常是绿色的，而两年生枝条一般是灰色或棕色的。超过两年的枝条拥有明显的深色树皮，并且非常坚固，木质化程度高。

在修剪的时候，除去所有死亡、受损枝条和所有拥挤的细弱枝叶。将超出植物既定空间的枝条截短，这既是为了维持灌木的外形，也是为了防止徒长。

修剪铁线莲属植物的方法，见"修剪和整枝"，152~153页。

常绿攀缘植物

在夏季对常绿攀缘植物进行修剪，这时它们已经长出了新枝，而且修剪痕迹会很快被继续长出的新枝

开花后的养护修剪

对于在上一年的成熟枝条上开花的攀缘植物，如红素馨（*Jasminum beesianum*），应该在花期过后立即修剪，让新枝在冬季到来之前充分成熟。

将已经开过花的枝条截短，修剪至位置较低的健壮侧枝。

剪去所有死亡或受损枝条，干净地修剪至一根健康的枝条或主枝。

在生长拥挤的地方，将细弱的枝条除去。

修剪紫藤

除非将健壮、叶子繁茂的夏季枝条截短，让植株的能量转移到产生花芽上，否则紫藤很难开花。对主枝进行水平整枝而不是垂直整枝，可以改善开花质量。花芽产生在短枝上，而修剪的目的是促进这些短枝在成熟植株框架分枝上生长。最简单的修剪方法是两步修剪法。在夏末，将长的新枝和较短的水平新枝截短。只在需要枝条延伸分枝结构的时候才放任其生长，并将它们整枝。在仲冬，将夏季修剪过的短枝修剪至2~3个芽。同时，将夏季修剪之后长出的长枝条截短至15厘米。

1 在夏末，限制健壮、叶子繁茂枝条的生长，促进第二年更多花芽的生成。

2 将长枝剪至15厘米长，留下4~6片叶。在最末一个芽上端做切口，注意不要伤到芽。

冬季 再次修剪夏季被截短的枝条。将它们截短至8~10厘米，只留2~3个芽。

灌木的开花习性

在当季新枝上开花的攀缘植物
心叶落葵薯 *Anredera cordifolia* H2
珊瑚藤 *Antigonon leptopus* H3
吊钟藤属 *Bignonia* H3-H2
长花藤海桐 *Billardiera longiflora* H3
凌霄属 *Campsis* H7-H3
铁线莲属 *Clematis* H7-H3（大花品种群）
龙吐珠 *Clerodendrum thomsoniae* H1b
耀花豆属 *Clianthus* H3-H2
连理藤属 *Clytostoma* H1c-H1b
红钟藤属 *Distictis* H3
智利悬果藤 *Eccremocarpus scaber* H3
巴尔德楚藤蓼 *Fallopia baldschuanica* H7
番薯属 *Ipomoea* H1c-H1b
智利钟花属 *Lapageria* H3
忍冬属 *Lonicera* H7-H2
飘香藤属 *Mandevilla* H2-H1b
假泽兰属 *Mikania* H3-H1c
双叉卷须菊 *Mutisia decurrens* H4
爬山虎属 *Parthenocissus* H6-H4
冠盖藤属 *Pileostegia viburnoides* H5
白花丹属 *Plumbago* H2-H1c
肖粉凌霄属 *Podranea* H1c
炮仗藤属 *Pyrostegia venusta* H1b
智利番茄 *Solanum crispum* H4，素馨茄 *S. laxum* H4
黑鳗藤属 *Stephanotis* H1a
扭管藤属 *Streptosolen* H1c
赤瓟属 *Thladiantha* H6-H2
白眼花 *Thunbergia gregorii* H1b
蜗牛花 *Vigna caracalla* H1b
葡萄属 *Vitis* H5

在上一季枝条上开花的攀缘植物
猕猴桃属 *Actinidia* H6-H3
软枝黄蝉 *Allamanda cathartica* H1b
马兜铃属 *Aristolochia* H6-H1c
清明花属 *Beaumontia* H2
叶子花属 *Bougainvillea* H2-H1c
绣球藤 *Clematis montana* H5-H4
赤壁草 *Decumaria sinensis* H3
球兰属 *Hoya* H1c-H1a
绣球属 *Hydrangea* H6-H3
素馨属 *Jasminum* H5-H1b
粉花凌霄 *Pandorea jasminoides* H1c
西番莲属 *Passiflora* H7-H1a
冠盖藤属 *Pileostegia* H5
钻地风属 *Schizophragma* H5-H3
金盏藤 *Solandra maxima* H1c
扭管藤属 *Streptosolen jamesonii* H1c
圆萼藤属 *Strongylodon* H1a
紫藤属 *Wisteria* H6-H5

注释
H = 耐寒区域，见56页地图

初冬修剪

在初冬修剪落叶攀缘植物时，很容易看清植物的框架结构并将新枝整枝。这里展示的攀缘植物是金山五味子（Schisandra glaucescens）。

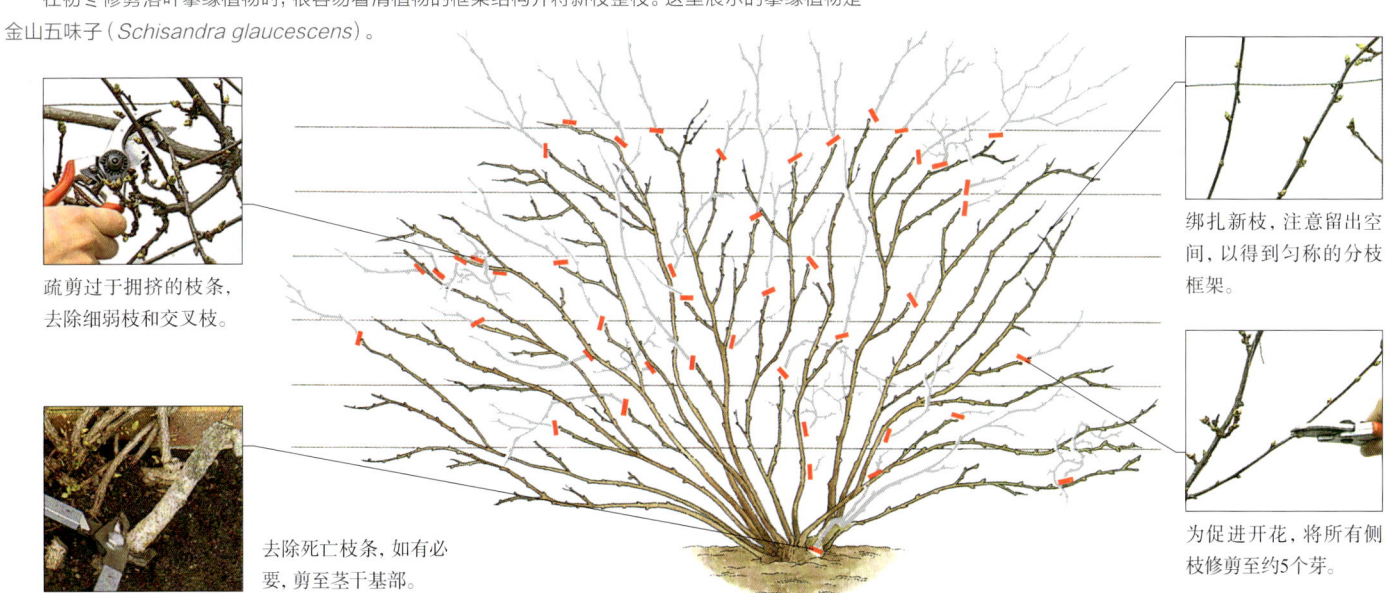

疏剪过于拥挤的枝条，去除细弱枝和交叉枝。

去除死亡枝条，如有必要，剪至茎干基部。

绑扎新枝，注意留出空间，以得到匀称的分枝框架。

为促进开花，将所有侧枝修剪至约5个芽。

掩盖。除了观叶还能赏花的常绿攀缘植物会在上一季的枝条上开花，所以对于这些种类应该推迟修剪，待花期过后再进行。无论何种情况，都要清除死亡或受损枝条，并将生长方向偏离的枝条截去以保持植株外形。

初冬修剪

在上一生长季已经修剪过至少一次的攀缘植物应该在冬季再次修剪，整理好它们的外形（见上方内嵌插图）。这对于落叶植物特别有用，因为在枝干裸露的时候最容易看清分枝结构。不要剪掉成熟枝条，那是下一季的开花枝。如果气候比较温和，冬季修剪的植物会受刺激长出新枝，这些新枝可能会被后来的霜冻伤害。在春季将这些受损的枝条截去。

用于观赏的葡萄属植物应该在初冬修剪，这时植株处于休眠期，修剪伤口不会流出树液。如果在春季修剪枝条，它们会流出很多树液，并且很难止住，会对植物造成伤害。食用葡萄的修剪，见"葡萄"，439~444页。

成熟攀缘植物的整枝

用气生根固定自己的攀缘植物几乎不需要整枝，除了在刚种下的头几年还没有足够气生根的时候。所有其他类型的攀缘植物都需要每年对新枝整枝，以得到理想的形状。

在每年的生长季，在枝条还未变硬和木质化时，选择最强壮的新生主枝，将它们整枝在基本分枝结构上作为延续。整枝时要按照既定空间的形状进行并让领导枝以直线伸展，直到抵达预定的高度。使用塑料扭结或藤结按固定间隔将所有的枝条牢固地绑扎在支撑结构上。确保绑结足够紧，以免枝条在大风天气晃动，与支撑结构摩擦。然而，绑结也不能妨碍植株枝条的生长。随着枝条逐渐长粗，这些绑结需要定期加以松动。

在藤架和柱子上为攀缘植物整枝

为了在藤架或柱子上得到均匀分布的枝叶，要在整个生长季不断绑扎主枝，按需要将它们伸展开，以填补所有空隙。为促进植株下端枝条开花，定期将缠绕性物种的侧枝围绕支撑结构进行整枝，确保枝条按照自然生长方向生长：顺时针或逆时针。

花期过后，除去所有死亡或染病枝条，并截短主枝和任何领导枝。这会促进第二年水平侧枝的生长。

1 将松散的侧枝以自然生长方向引导到支撑结构上并绑扎。

2 在夏末，将所有领导枝截短三分之一，以促进侧枝生长。

可以修剪至基部的攀缘植物

软枝黄蝉 Allamanda cathartica H1b
心叶落葵薯 Anredera cordifolia H2
珊瑚藤 Antigonon leptopus H3
马兜铃属 Aristolochia H6-H1b
杂种凌霄 Campsis x tagliabuana H4
铁线莲属 Clematis H7-H3（大部分物种）
龙吐珠 Clerodendrum thomsoniae H1b
连理藤 Clytostoma calystegioides H1c
使君子 Combretum indicum H1b
红钟藤 Distictis buccinatoria H3
巴尔德楚藤蓼 Fallopia baldschuanica H7
忍冬属 Lonicera H7-H2（大部分物种）
猫爪藤 Macfadyena unguis-cati H3
蔓炎花 Manettia cordifolia H1c,
  双色蔓炎花 M. luteorubra H1c
西番莲属 Passiflora H7-H1a
蓝花藤 Petrea volubilis H1b
炮仗藤 Pyrostegia venusta H1b
金盏藤 Solandra maxima H1c
茄属 Solanum H7-H1a
蕊叶藤 Stigmaphyllon ciliatum H1c
圆萼藤 Strongylodon macrobotrys H1a
山牵牛属 Thunbergia H1c-H1a

注释
H = 耐寒区域，见56页地图

年老或荒弃攀缘植物的复壮

未曾修剪或整枝的攀缘植物常常会产生一团错综复杂的木质茎干，开花质量也很差。这样的植物需要进行重剪以复壮。大部分攀缘植物能承受截至基部或主分枝的修剪，但健康状况不佳的植株很难承受这样的处理。在这样的情况下，最好在2~3年里逐渐减小植株的尺寸，而且每年修剪后应该施肥。

对于修剪至基部的植物，应在早春将所有现存枝条修剪至距地面30~60厘米。为促进新枝的快速生长，以每平方米50~85克的量施加速效均衡肥料。在根系区域浇透水，覆盖护根。然后像对待新种植攀缘植物那样，对所有新生枝条进行整枝。

在2~3年里进行复壮（见"荒弃攀缘植物的复壮"，下）更加困难一些，因为枝条常常会纠结在一起。在冬末或早春，尽可能多地去除拥挤的枝叶，然后将二分之一或三分之一的主枝截至基部。轻柔地将截去的主枝连同其分枝撤走。如果有任何枝条受损，在被截去的主枝及连带分枝撤走之后，立即将其剪去。剪去所有细长纤弱的枝条，因为这些枝条不会很好地开花，还要去除死亡的枝条。然后像对待修剪至基部的攀缘植物那样施肥、浇水、覆盖护根，以促进健康新枝的生长。对新生基部枝条进行整枝以填补空隙，确保它们不会和老枝纠缠。在第二年春季，重复此步骤，并再次为植物施肥、浇水、覆盖护根。

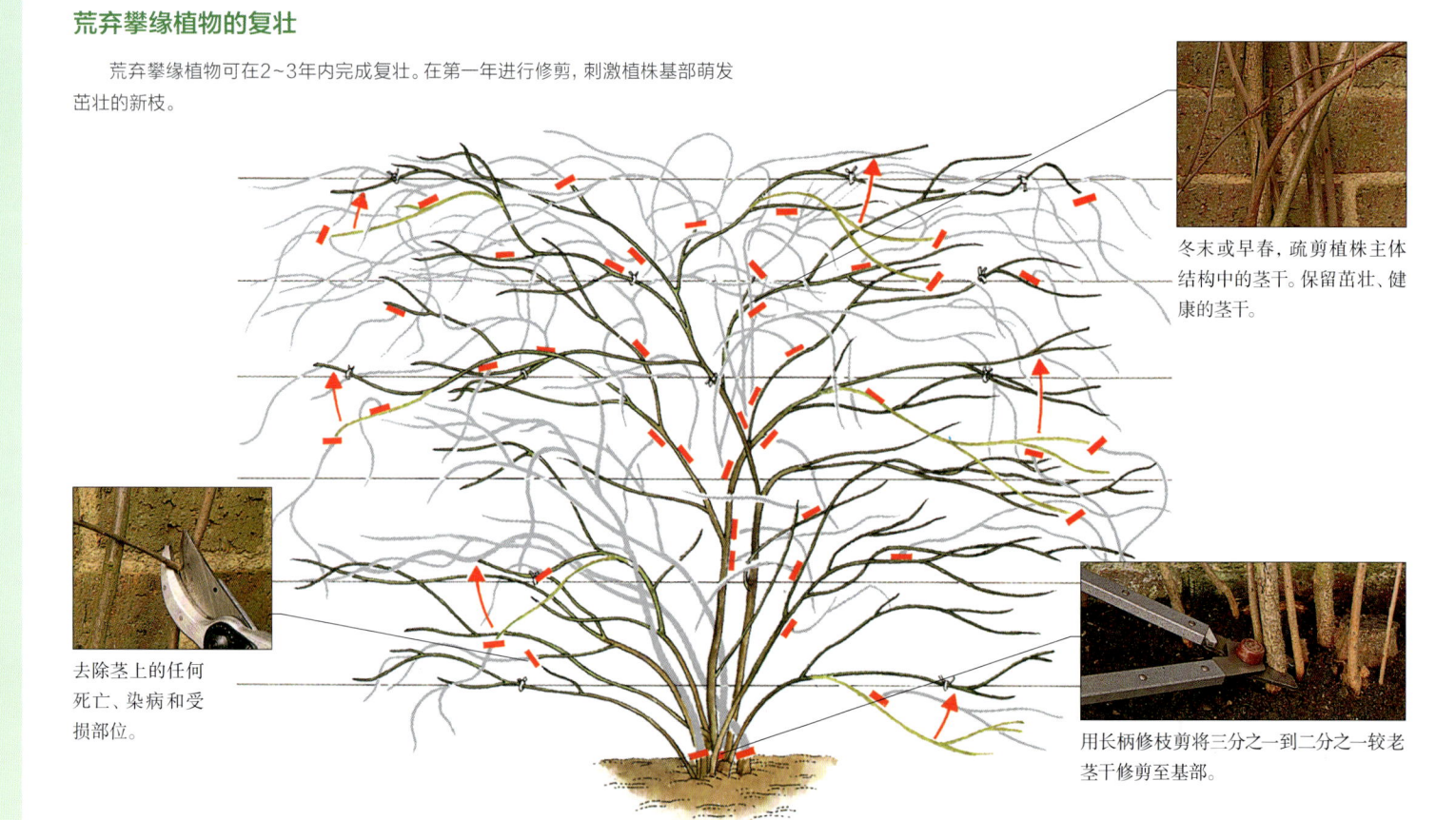

如何修剪忍冬属攀缘植物

忍冬属攀缘植物不用怎么修剪也能大量开花，但是如果置之不理，很容易长成一团细弱纠缠的枝条，并只在枝条顶部长叶开花。在给这种状态下的忍冬属攀缘植物复壮时，要在生长季刚开始的冬末或早春进行重剪。新枝条会很快长出来，应该对这些枝条进行整枝，得到匀称的分枝结构。

如果不需要进行这种程度的重剪，还可以通过剪去年幼新枝下方的死亡或受损枝条进行复壮。使用大剪刀而不要用修枝剪，这样能加快速度。

复壮修剪
如果植株过度生长得太厉害，使用长柄修枝剪将所有茎干修剪至距地面30~60厘米。

替代方法
如果不想或没有必要进行这种程度的重剪，可以将年幼新枝下方的所有死亡枝条剪去。

荒弃攀缘植物的复壮

荒弃攀缘植物可在2~3年内完成复壮。在第一年进行修剪，刺激植株基部萌发茁壮的新枝。

冬末或早春，疏剪植株主体结构中的茎干。保留茁壮、健康的茎干。

去除茎上的任何死亡、染病和受损部位。

用长柄修枝剪将三分之一到二分之一较老茎干修剪至基部。

铁线莲属植物

铁线莲属植物适合种植在任何朝向和气候中。在所有的攀缘植物中，它们能够提供最长的花期，该属各物种和品种几乎在一年中的每个月都有盛开的，许多种类在花期过后还会结出美丽的银色果实。它们的习性非常多样，除了最为人熟知的攀缘种类，还有草本植物如全缘铁线莲（Clematis integrifolia）和丛生的直立威灵仙（C. recta），以及亚灌木如朱恩铁线莲（C. x jouiniana）。

铁线莲属植物的花色和花型很多样，从长花铁线莲（C. rehderiana）精致的乳白色钟形花朵，到唐古特铁线莲（C. tangutica）充满异域风情的金色肉质灯笼形花朵，再到意大利铁线莲及其众多杂种样式简单但色彩丰富的花朵，以及花型更复杂的大花型重瓣品种，如'普罗透斯'铁线莲（C. 'Proteus'）和'维安·佩内尔'铁线莲（C. 'Vyvyan Pennell'）。

种植地点

花园中的任何地方几乎都可以种植铁线莲属植物。健壮的春花类型适合用于掩盖难看的建筑、栅栏和墙壁，或者用来攀爬老树、树桩和凉亭，为本来沉闷的景致增添色彩和质感。

不那么繁茂的铁线莲可以整枝在框格棚架或凉棚上，或者让它们沿着阶梯台地蔓延下来。在地面上，更精致的物种会水平伸展开来，它们的花朵可以得到最好的欣赏角度。

一些铁线莲属植物适合在露台上盆栽，而不耐寒的种类可以盆栽在玻璃温室内。其他种类可以爬上宿主植物，例如乔木、攀缘植物和强健的灌木，以延长观赏期、增添一抹色彩，或者创造植物间十分吸引人的联系。

铁线莲属植物的类群

基于开花期和习性，铁线莲属植物基本可以分为三大类。

类群一包括早花物种和它们的品种，以及高山铁线莲组、大瓣铁线莲组以及绣球藤组，它们直接在上一生长季的成熟枝条上开花。类群二是早花大花品种，在当季的短枝条上开花，这些短枝都是从上一年的老枝上长出来的。类群一和类群二有时被称作"老枝"开花铁线莲。类群三包括晚花物种、晚花大花品种以及草本类型，它们都是在当季枝条上开花的。

早花物种和品种

稍不耐寒的早花常绿物种及其品种原产于气候温暖的地区，在霜冻严重的地区种植时最好加以保护。其中最耐寒的常绿物种是山木通和较小的卷须铁线莲。这两种植物在朝南或朝西南的地点生长最好，攀爬在其他贴墙整枝的植物上时效果极佳。

高山铁线莲组和大瓣铁线莲组能忍受非常低的冬季温度，因此可以攀爬在任何朝向的贴墙整枝乔木或灌木上。不要让它们爬到攀缘月季或者其他需要每年修剪的灌木上，因为这些铁线莲基本不需要修剪。它们适合种在暴露的迎风地点，如建筑的东北角，但也是很好的露台盆栽植物，可以整枝在任何支撑结构上。

绣球藤组的成员非常耐寒且十分健壮，可以攀爬到7~12米高。这些植物能够覆盖墙壁和凉亭，攀爬在松柏植物或生产力下降的年老果树上效果很好，但它们健壮密集的生长可能会损伤松柏植物的枝叶。

早花大花品种

这些品种充分耐寒、抗霜冻，可以长到2.5~4米高。更为紧凑的品种，如'伊迪丝'铁线莲（C. 'Edith'），通常是第一批开花的，非常适合盆栽。重瓣和半重瓣品种以及仲夏开花、花朵极大的类型最好攀爬在其他贴墙整枝的乔木或灌木上生长，在那里它们的花朵可以免遭强风暴雨的侵袭。拥有淡紫色条纹或粉色花朵的花色较浅品种在阳光直射下会变白，因此最好种植在半阴区域，它们的花朵可以用来点亮一面深色的墙壁。深红和深紫色品种更适合用于阳光充足的地点，它们在温暖的条件下更容易产生漂亮的花色。

晚花物种和品种

这个种类的铁线莲属植物包括晚花大花品种如'杰克曼尼'铁线莲（C. 'Jackmanii'）、小花的意大利铁线莲及其杂种，以及其他各物种和它们的品种，包括草本铁线莲属植物在内。'杰克曼尼'铁线莲攀爬在攀缘月季、灌木月季或者其他中等大小的常绿或落叶灌木上时效果极佳。意大利铁线莲的杂种特别适合生长在地被植物之间，特别是夏季或冬季开花的石南类植物（帚石南属、大宝石南属，以及欧石南属植物）。

在这一类群的其他成员中，朱恩铁线莲是理想的地被植物，而微型的、郁金香型花朵的得克萨斯铁线莲（C. texensis）及其杂种在低矮的常绿植物背景下显得非常漂亮。健壮的东方铁线莲（C. orientalis）和唐古特铁线莲需要高大的墙或乔木，以便不受限制地生长，展示自己的繁花和毛茸茸的果实。大卫铁线莲（C. heracleifolia var. davidiana）和其他草本物种不会攀爬，所以应该种植在草本或混合花境内。全缘铁线莲（C. integrifolia）等物种与灌木状丰花月季的搭配效果极好。

铁线莲属植物

类群一

红花绣球藤

'弗朗西斯'铁线莲

'马克汉姆粉'铁线莲

类群二

'总统'铁线莲

'亨利'铁线莲

'内利·莫舍'铁线莲

类群三

'埃尔斯特·马克汉姆'铁线莲

'杰克曼尼'铁线莲

'朱丽亚·科内翁夫人'铁线莲

土壤的准备和种植

当用健壮的铁线莲属植物覆盖框格棚架或藤架时，要在种植前确保支撑结构牢固。同样，当铁线莲属植物攀爬在年老乔木上时，也要保证乔木的树枝足够结实，能承受铁线莲的重量。对于攀爬在其他宿主植物上的铁线莲属植物，铁线莲和宿主的活力必须相适应，以免铁线莲将宿主植物淹没。还要确保宿主植物和铁线莲的修剪要求是可以兼容的。

大多数攀缘物种可以在半阴或阳光直射下生长，只要根部保持凉爽和荫蔽即可。可以将它们种在低矮的灌木下，或者种在宿主乔木或墙壁的阴面。草本物种在阳光直射的条件下生长得很好。为了在露台上种植铁线莲属植物，可以使用直径为45厘米、深45厘米的容器盆栽。

大多数铁线莲属植物在任何肥沃、排水良好的土壤中能长得很好，如果土壤呈中性或微碱性就更利于它们的生长。常绿物种（如东方铁线莲和唐古特铁线莲）不能种植在冬季潮湿的土壤中，否则它们的纤维状根系会很快腐烂。种植细节和其他攀缘植物一样（见"土壤的准备和种植"，142～144页），除了铁线莲属植物的种植深度应该比一般攀缘植物深大约5厘米，以促进基部的芽在地面下发育。如果茎干受损，植株还可以从地面下再长起来。

种植铁线莲属植物
将铁线莲苗木时期的种植深度再加深5厘米，这有助于芽在土壤中发育，并能消除铁线莲枯萎病。

日常养护

为新种植的植株浇足水直到其完全恢复，并在每年春季用园艺堆肥或腐熟粪肥为攀缘和草本物种覆盖护根。

幼嫩的新枝很容易在早春遭到蛞蝓的伤害。铁线莲属植物容易滋生蚜虫，晚花大花品种可能会得白粉病。由真菌引起的铁线莲枯萎病会影响新种植的大花型铁线莲（见"病虫害及生长失调现象一览"，659～678页）。

修剪和整枝

每个类群的修剪要求各不相同，所以在修剪前要先确定。如果修剪的方式不正确，开花枝可能会被剪掉。

适用于所有类群的最初修剪和整枝

大部分铁线莲属植物通过叶柄卷须将自己固定在支撑结构上。需要将它们整枝到支撑物上，在春季和夏季还需要绑扎新枝。在茎节（或叶腋芽）下端进行绑扎，将枝条均匀地分布在支撑结构上，为后续的生长留下足够空间。

色彩的对比
铁线莲属植物是优良的伴生植物，可以攀爬在各种宿主植物上生长并产生非同寻常的效果。在这里，'维尼莎'铁线莲（C. 'Venosa Violacea'）的鲜艳花瓣与叉子圆柏（Juniperus sabina 'Tamariscifolia'）的翠绿枝叶形成了强烈对比。

在为铁线莲属植物进行最初修剪和整枝时需要特别留心。如果不加整枝，植株常常会长出一根或两根15～18厘米长的枝条，这样会留下头重脚轻的杂乱枝叶。为了避免这一现象，所有新种植的铁线莲属植物都应该在种植后的第一个春季进行重剪。

除非植株已经拥有三根或四根从基部长出的枝条，否则将所有枝条修剪至距地面约30厘米的一对强壮的健康叶芽上端。如果这样的重剪没能在早春促生出三根或四根额外的基生枝条，应将所有新枝再次截短至约15厘米，修剪至一对健壮叶芽上端。

类群一

许多这类健壮的铁线莲属植物几乎不需要定期修剪，特别是在种植之后重剪的情况下。如果必须限制植株的大小或者清理纷乱的枝叶，应该在花期后进行修剪。这时也可以除去所有死亡、细弱或受损的枝条。

新生枝条会在夏末和秋季成熟并在第二年春季开花。所有过长的枝条可以在秋季截短并绑扎到支撑结构上，但要记住这会减少开花。

直接从上一季成熟枝条上长出的花枝

类群一：早花物种

高山铁线莲 *C. alpina* H6 及其品种
山木通 *C. armandii* H4 及其品种
卷须铁线莲 *C. cirrhosa* H4
大瓣铁线莲 *C. macropetala* H6 及其品种
绣球藤 *C. montana* H5 及其品种
大花绣球藤 *C. montana* var. *grandiflora* H5
红花绣球藤 *C. montana* var. *rubens* H5

注释
H = 耐寒区域，见56页地图

类群一铁线莲的修剪

类群一铁线莲的成熟枝条在下一季开花，所以只在植株徒长时修剪，时间是花期过后。

疏剪或去除浓密生长的枝条或超出既定空间的枝条，将它们截回基部。

对于所有受损的枝条，将其修剪至一对健康的芽处或剪至主枝。

量。在蔓生枝条上开出大量花朵的山木通应该每年进行疏枝，防止拥挤；在花期过后立即修剪至位置良好的年幼新枝处。

类群二

单朵大花开在从上一季成熟枝条上长出的15~60厘米长的当季枝条上。在早春生长开始之前对这些植物进行修剪。

从顶端往下检查枝条，找到健康的对生芽，并修剪至它们上端。这些枝条将在当年开第一批花。去除所有死亡、细弱或受损枝条，要么修剪至基部，要么修剪至位置较低的对生芽。修剪后从植株底部长出的枝条将在第二年开花。这个类群的植物可能会在夏末的新枝上开第二批花，这批花量较少。要想刺激第一批花凋谢之后的二次开花，可将开过花的枝条剪短至花下健壮的芽或侧枝。

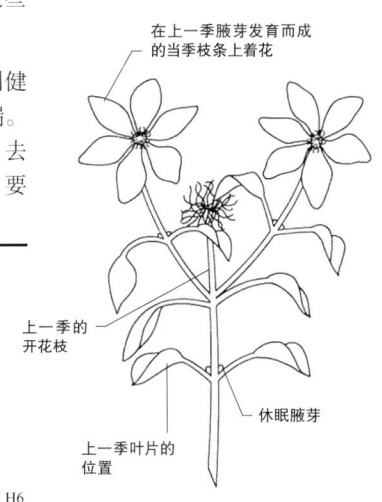

类群二：早花大花品种
- '安娜·路易斯'铁线莲 *C.* ANNA LOUISE ('Evithree') H6
- '北极女王'铁线莲 *C.* ARCTIC QUEEN ('Evitwo') H6
- '丹尼尔'铁线莲 *C.* 'Daniel deronda' H6
- '吉莉安'铁线莲 *C.* 'Gillian Blades' H6
- '肯·唐森'铁线莲 *C.* 'Ken Donson' H6
- '明星'铁线莲 *C.* 'Lasurstern' H6
- '玛丽·布瓦西诺'铁线莲 *C.* 'Marie Boisselot' H6
- '乔蒙德利夫人'铁线莲 *C.* 'Mrs Cholmondeley' H6
- '乔治·杰克曼夫人'铁线莲 *C.* 'Mrs George Jackman' H6
- '理查德·彭内尔'铁线莲 *C.* 'Richard Pennell' H6
- '日落'铁线莲 *C.* 'Sunset' H6
- '总统'铁线莲 *C.* 'The President' H6
- '华沙·耐克'铁线莲 *C.* 'Warszawska Nike' H6
- '威尔·古德温'铁线莲 *C.* 'Will Goodwin' H6

类群三：晚花物种和品种
- '丰饶'铁线莲 *C.* 'Abundance' H6
- '阿斯科特'铁线莲 *C.* 'Ascotiensis' H6
- '比尔·麦肯齐'铁线莲 *C.* 'Bill MacKenzie' H6
- '蓝色天使'铁线莲 *C.* 'Błękitny Anioł' H6
- '德布夏尔伯爵夫人'铁线莲 *C.* 'Comtesse de Bouchaud' H6
- '埃尔斯特·马汉姆'铁线莲 *C.* 'Ernest Markham' H6
- '紫星'铁线莲 *C.* 'Etoile violette' H6
- 佛罗里达铁线莲 *C. florida* 及其品种 H3
- '吉卜赛女王'铁线莲 *C.* 'Gipsy Queen' H6
- '生日快乐'铁线莲 *C.* HAPPY BIRTHDAY ('Zohapbi') H6
- '赫尔汀'铁线莲 *C.* 'Huldine' H6
- '杰克曼尼'铁线莲 *C.* 'Jackmanii' H6
- '胭脂红'铁线莲 *C.* 'Kermesina' H6
- '小步舞曲'铁线莲 *C.* 'Minuet' H6
- '保罗·法吉斯'铁线莲 *C.* 'Paul Farges' H6
- '蓝珍珠'铁线莲 *C.* 'Perle d'Azur' H6
- '波兰斯'铁线莲 *C.* 'Poldice' H6
- '波兰精神'铁线莲 *C.* 'Polish Spirit' H6
- '查尔斯亲王'铁线莲 *C.* 'Prince Charles' H6
- '戴安娜王妃'铁线莲 *C.* 'Princess Diana' H5
- '重瓣紫优雅'铁线莲 *C.* 'Purpurea Plena Elegans' H6
- 长花铁线莲 *C. rehderiana* H5
- '维尼莎'铁线莲 *C.* 'Venosa Violacea' H6

注释
H = 耐寒区域，见56页地图

类群三

这个类群直接在当季新枝上开花。在早春新枝生长之前修剪。将所有上一季枝条截短至基部距地面约15~30厘米的一对健壮芽上端。随着新枝出现，将新枝绑扎在支撑结构或宿主植物上。处理柔软脆弱的新枝时要特别小心。将它们均匀地分开，并以固定间距绑扎。

对于在宿主植物或地被植物（如石南类植物）上攀爬的铁线莲属植物，也应进行修剪。在秋末除去过长的枝叶，以保持植株和宿主的整洁，且使其不易被风伤害。当用铁线莲属植物攀爬在冬季开花的石南植物上时，所有的铁线莲都应在秋末石南植物开花前截短至30厘米长。

繁殖

铁线莲属物种可在秋季用种子繁殖，并在凉爽的温室或冷床中越冬（品种不能通过种子真实遗传）。品种一般用嫩枝插条、半硬枝插条（见"嫩枝插条"，612页；"半硬枝插条"，615页）或压条（见"压条"，607~610页）的方法繁殖；分株（见"分株"，628~630页）或基生茎插条（见"基生茎插条"，613页）适用于草本类型。

嫩枝和半硬枝节间插条比茎节插条更好用，不过二者都能成功地用于扦插（见"茎插条"，611页）。插条一旦生根恢复，就可逐渐炼苗（见"炼苗"，642页），再在第二年春季移栽铁线莲幼苗。

类群二铁线莲的修剪

类群二铁线莲在当季枝条上开花，所以应在早春开始生长之前修剪。

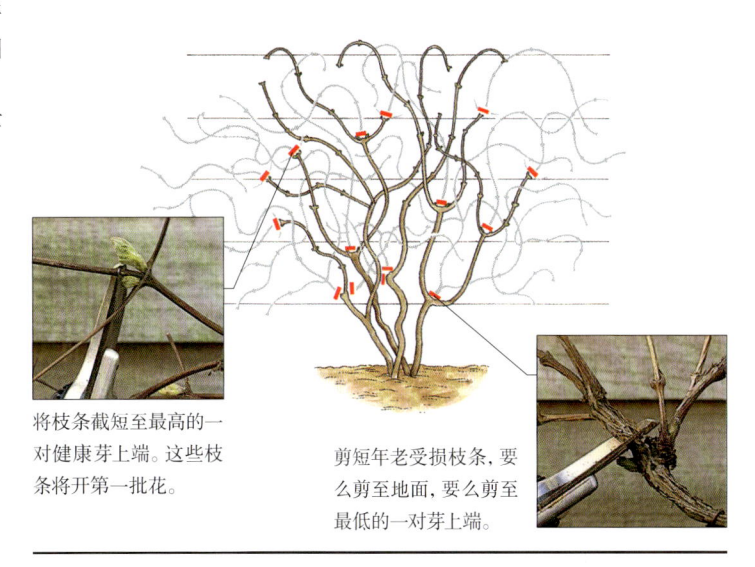

将枝条截短至最高的一对健壮芽上端。这些枝条将开第一批花。

剪短年老受损枝条，要么剪至地面，要么剪至最低的一对芽上端。

类群三铁线莲的修剪

类群三铁线莲在当季枝条上开花，所以应在早春开始生长之前修剪。

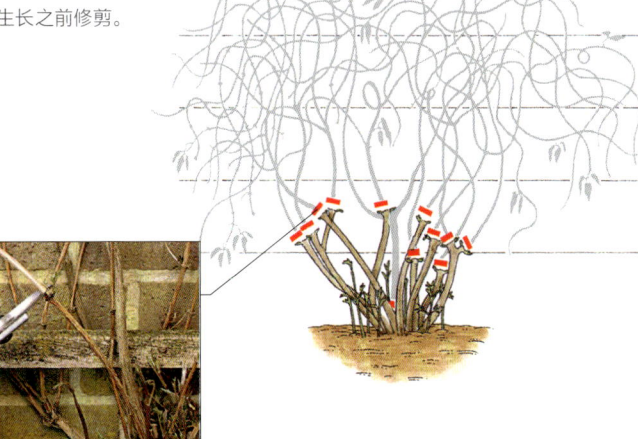

将每根枝条修剪至位置最低的一对强壮芽上端——距地面15~30厘米。用锋利的修枝剪做直切口，不要伤到芽。

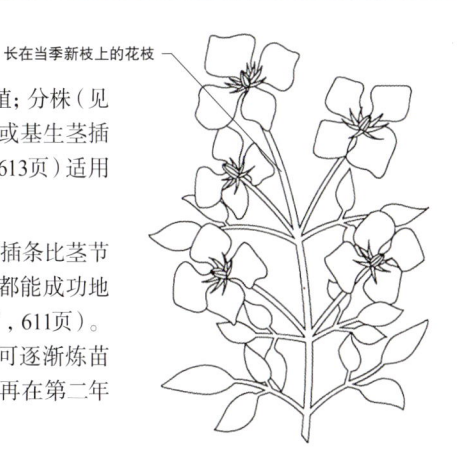

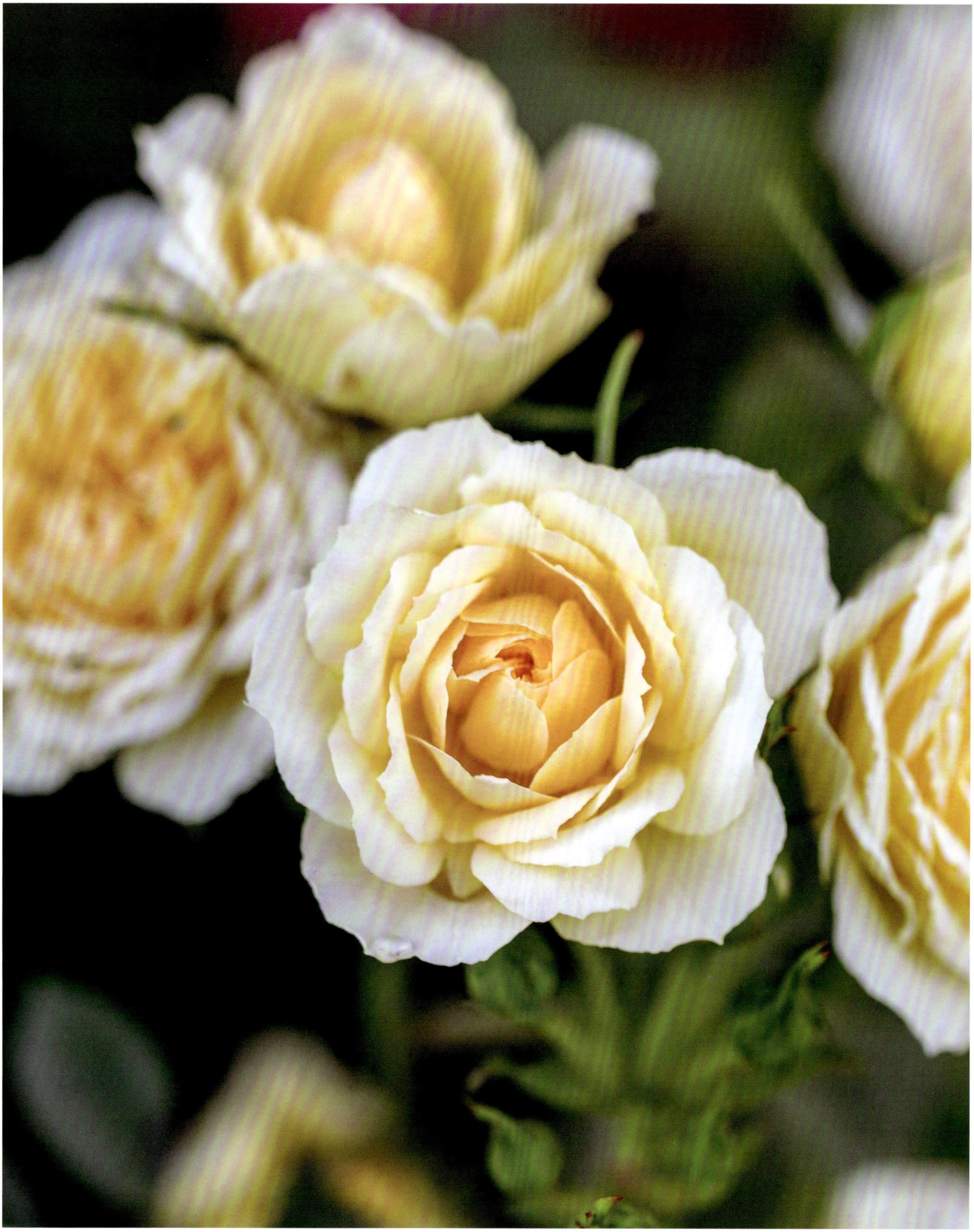

月季、蔷薇类

古罗马时代以来,园丁和诗人们就将月季推崇为花中皇后,它们超凡脱俗的美丽花朵也的确配得上这个称号。

月季、蔷薇类植物拥有纷繁复杂的花色、花型和香味,从简单纯粹的野蔷薇到色调柔和的古老园艺月季,再到散发珠宝般光辉的现代杂种月季。很少有植物像月季这样在生长习性、株高、枝叶和形式上表现出如此多样的形态,从精致的微型盆栽月季到高大茂密的攀缘月季,你可以用月季的繁花来装点整个花园。无论是单独种植在规则式花园的壮美场景中,还是用于点亮一处混合式花境,月季总是代表着夏日的荣光。

花园中的月季

无论你是因为优雅的习性、枝叶和香味选择种植古老园艺月季，还是因为漫长的花期和醒目的花朵而选择现代月季，月季（蔷薇属Rosa）的多样性使它们成为一种在花园中几乎处处可见的植物，用它们可以创造出任何种植风格和情调，无论是克制拘谨的古典主义还是盛装华彩的自然风格，它们都能轻松驾驭。

选择月季

月季是适应性很强的植物，它们能在世界上几乎所有地方很好地生长。它们一般在暖温带地区生长得最为健壮，不过有些种类也能很好地适应亚热带和寒冷气候。在热带气候区，它们可以持续不断地整年开花。

可用月季品种超过15000种，每年都有许多新品种出现。在选择月季品种前，最好造访一些已经建成的花园，尽可能多观察种植在花园中的月季种类。在一段时间内完成观察过程，全面评价月季的习性、最终株高、健康状况、活力、香味、强烈阳光下花色的稳定程度，以及所有其他优良月季应具有的品质。还要记录一株月季是单次开花还是多次开花的。

大多数全国性月季协会会发表产品清单，详细说明在哪里可以购买会员苗圃培育的蔷薇属物种和月季品种。在寻找奇异月季品种的供应商时，这些信息常常很有用。除了商品名，许多月季有了编码的品种名——例如，商品名为"赌城"（CASINO）的月季品种，其编码的品种名为'麦加'（'Macca'）——这样你就能确保自己买到的是正确的植物（见"植物名称"，682页）。

花型

蔷薇属（Rosa）植物的花型非常多样，从蔷薇属野生物种的简单单瓣花到现代月季优雅的反卷收拢花朵，再到许多形状似卷心菜的古老月季。

右图展示的月季主要花型给出了花朵最完美状态（有时候是在完全盛开之前）下的样子。月季花可能是单瓣（4~7片花瓣）、半重瓣（8~14片花瓣）、重瓣（15~20片花瓣）或完全重瓣（超

框景
丰富多样的月季将房屋框在其中，统一了花园的设计风格，创造出柔和、自然的景色。

月季、蔷薇的类群

蔷薇属有100多个野生物种，它们是如今市面上所有15000个栽培品种的祖先。这些品种的种源组成非常混杂，几乎所有月季品种都经过数百年随意而不加区别的育种，那时人们还不了解异花授粉，也没有对父母本做出清晰的记录，所以无法对它们进行精确的分类。例如，微型月季和丰花月季杂交会得到矮生丰花月季（"露台月季"），表现为双亲的中间类型。

月季还在不断地演变，所以月季爱好者们提出的分类类群也在变化，它们应当被视作一般性的指导，而不是毫不变通的定义。下面是世界月季联合会（The World Federation of Rose Societies）和英国皇家月季协会（The Royal National Rose Society；今已不存）推荐的类群划分标准。

野生物种

蔷薇属野生物种及物种间杂种（继承了双亲物种的大部分性状）一般是树枝呈拱形的大型灌木或攀缘植物，在春季或仲夏开一次花，花朵有5片花瓣，秋季结出漂亮的蔷薇果。

古老园艺月季

这一大类基于种源可大体分为两个类群。一些古老园艺月季适合整枝成攀缘植物。

类群A

大多数起源于欧洲，夏季成簇开花，花芳香，叶片无光泽，植株灌木状。白蔷薇、大马士革蔷薇和法国蔷薇最初都是因为其香味而种植的。两种大马士革蔷薇和一种苏格兰蔷薇在秋季开花。

白蔷薇（Alba） 大型灌木，叶密，灰绿色，花为白色、奶油色或红色，芳香。来自古代。

百叶蔷薇（Centifolia） 又称普罗旺斯蔷薇。枝叶茂密，多刺，灌木，枝条松散，花有粉色、白色和紫色，芳香。起源于15世纪50年代。

大马士革蔷薇（Damask） 枝条松散的多叶类群。大多数开粉花（有些开白花），芳香。来自古代。

法国蔷薇（Gallica） 茂密多叶，呈紧凑的灌木状，易生萌蘖。花为粉色、褐红色、紫色以及条纹类型，许多种类有芳香。来自古代。

苔蔷薇（Moss） 这些灌木的茎干和花萼上密被苔状腺毛，其他性状与百叶蔷薇相似。起源于18世纪20年代。

密刺杂种蔷薇（Spinosissima Hybrid） 多刺灌木，通常低矮，花为白色、粉色、紫色、黄色或有条纹。密刺蔷薇[Rosa spinosissima, 同R. pimpinellifolia（茴芹叶蔷薇）]的品系或杂种。起源于18世纪90年代

锈红杂种蔷薇[Rubiginosa Hybrid, 又称杂种香叶蔷薇（Hybrid Sweet Briar）] 锈红蔷薇（R. rubiginosa, 同R. eglanteria）的杂种，以叶子的苹果香气而闻名。大型多细枝灌木，花粉色、浅黄或紫色。起源于

20世纪90年代。

类群B

东方月季和欧洲月季的杂种。除了夏季，几乎所有种类还在秋季开花。

波邦蔷薇（Bourbon） 多叶灌木或攀缘植物，株型松散开展。花常有芳香，包括粉色、白色和紫纹类型。起源于1817年。

波尔索月季（Boursault） 茎干光滑、枝叶深绿的灌木，花期早；需要防病措施保护。起源于19世纪20年代。

中国月季（China） 亲本中包括月季花（R. chinensis）的杂种类群。灌木、灌丛和攀缘月季，叶片小而尖，发亮，有时稀疏。花型花色丰富，有粉色、白色、红色、浅黄色和黄色。香味淡。起源于18世纪50年代。

杂交麝香月季（Hybrid Musk） 健壮的多季开花灌木，枝叶繁密，花芳香，重瓣，成束开放。起源于20世纪10年代。

杂种长春月季（Hybrid perpetual） 健壮灌木、灌丛和攀缘月季，株型直立，多叶，花大，重瓣，常有香味，有红色、粉色、白色或紫色。起源于19世纪30年代。

诺瑟特蔷薇（Noisette，以一位法国育种家的名字命名） 花瓣丝状质感，奶油色、黄色或浅黄色花朵

成簇开放，健壮的灌木或攀缘植物，叶小。微香。由麝香蔷薇（R. moschata）、中国月季和茶香月季杂交育种而来。起源于1805年。

波特兰蔷薇（Portland） 又称为大马士革波特兰蔷薇。多叶，枝干坚硬的灌木，花大，芳香，有白色、粉色、紫色或洋红色，从早先与中国月季杂种得到的月季类群培育而来。秋季开花不稳定。起源于18世纪80年代。

茶香月季（Tea） 名字可能来源于微妙的茶叶香气。灌木和攀缘月季。以其丝状质感花朵的淡雅香气和优雅姿态闻名，花大多数为黄色、淡黄色、粉色、白色或洋红色。起源于19世纪10年代。

现代园艺月季

大多数现代月季在夏季和秋季不断开花，叶子有光泽，这些性状显示了东方月季的影响。

攀缘月季（Climber） 长势健壮、枝条坚硬的攀缘月季，花型花色各异，适合整枝在坚固的支撑结构上。起源于19世纪70年代。"攀缘"一词有时用来搭配有攀缘习性的其他月季类型。

丰花月季（Floribunda） 成簇开花的灌木，花朵持续不断，有些种类有香气，花色多。适合做切花。起源于1909年。

地被月季（Ground cover） 株型匍匐的灌丛状月季，花色多。部分种类有香味。起源于1919年。

杂种香水月季（Hybrid Tea） 灌木月季，花大，突心状，花色多，常完全重瓣，芳香，单生或三朵一簇。起源于19世纪60年代。

微型月季（Miniature） 微型版本的杂种香水月季和丰花月季，很少有香气。起源于20世纪20年代。

矮生丰花月季（Patio） 又称露台月季，形似丰花月季、灌丛月季或地被月季，但更小，外貌更整洁。香气极淡。起源于20世纪80年代。

多花小月季（Polyantha） 灌丛、灌木和攀缘月季，成簇开放，花小而繁多，大多数呈白色、粉色或红色。香气轻微。源自野蔷薇（R. multiflora）。起源于19世纪70年代。

蔓生月季（Rambler） 健壮的攀缘月季，花色多，枝叶松散，枝条长而柔韧，容易整枝在支撑结构上。有些有香气，大多数种类开出大量成簇小花，但只在夏季开花。起源于19世纪90年代。

皱叶月季（Rugosa） 健壮的耐寒灌木，玫瑰（R. rugosa）参与育种，叶皱，蔷薇果鲜艳，花香，大部分呈白色、粉色或紫色。起源于18世纪90年代。

灌丛月季（Shrub） 比灌木月季更繁茂多叶，在习性、花色范围、花期和香气上表现出很大的多样性。起源于19世纪90年。由大卫·奥斯丁（David Austen）杂交培育的月季类群（常被称为英格兰月季）属于这一类。它们的形状和形态像古老园艺月季，但是重复开花，而且常常有芳香。

花型

平展 露心，单瓣或半重瓣，花瓣几乎平展，如上图中的'仙鹤'华西蔷薇。

杯状 露心，单瓣（如图中的粉红单瓣玫瑰）至完全重瓣，花瓣从花心向内反卷。

突心状 半重瓣至完全重瓣的杂种香水月季类型，花心高且紧密，如'银色佳节'月季。

球状 重瓣或完全重瓣，大小均匀的花瓣形成碗状或圆球状轮廓。这里是'高山日落'月季。

绒球状 花小，球状，重瓣或完全重瓣，常簇生，花瓣小而多，如'粉钟'月季。

莲座状 常重瓣或完全重瓣，较扁平，花瓣多且繁杂，大小不等，略重叠。这里是'旋瓣'蔷薇。

坛状 古典、反卷、平顶的杂种香水月季花型，半重瓣到完全重瓣。'金饰'月季是一个极好的例子。

四分莲座状 较平，通常重瓣或完全重瓣（如这里的'亮重台'月季），花瓣繁杂，大小不等，呈四等分状。

过30片花瓣）的。

芳香

月季因为它们的香气而备受赞赏；大多数古老园艺物种和部分现代月季有迷人且多样的香味。很难确定一株月季的确切香型，因为它的香味和浓淡会根据一天中的不同时间、空气湿度、花朵年龄及每一位园丁的嗅觉而产生很大的变化。

对于大多数月季，要离得很近才能闻到香味。最好将它们种在门窗旁边，让香味在夏日晚上飘进室内，或者种在露台周围、道路两侧或花园的背风处。有些月季，特别是蔓生月季，香味非常浓郁，会弥漫整个花园。

花色

现代月季拥有众多花色，从淡雅的粉彩色到醒目、明亮的红色和黄色。蓝色月季是传说中才有的东西，尽管有些品种在名字中用了蓝色这个词，如"蓝色香水"（BLUE PARFUM），但实际上它的花是淡紫色的。大多数月季放在一起时或与其他植物搭配时很好看，但将太多鲜艳的颜色（如亮朱红色搭配樱桃红色）放在一起会产生不和谐的效果。可将白色或淡雅的粉彩色月季种在颜色浓艳的月季之间，起到镇静作用，以防止颜色之间产生冲突。

叶色

除了开出美丽的花朵，有些月季还用叶色来延长观赏期。白蔷薇及许多蔷薇属物种拥有漂亮的叶色，从淡淡的灰绿色到有光泽的深蓝绿色，不开花的时候也很美观。皱叶月季的亮绿色叶片拥有有趣的褶皱纹理，如果将这类月季用作树篱，它们就能够为其他植物提供优良的背景。有些物种的叶子是黯淡的李子紫色，如紫叶蔷薇（Rosa glauca），有些种类的叶片会在秋季变成晚霞般的颜色，如弗州蔷薇（R. virginiana）。

古典月季园

灌丛月季和攀缘月季，包括'雅克·卡地亚'月季（Rosa 'Jacques Cartier'）、'方丹拉图'月季（R. 'Fantin Latour'）和'劳拉·达沃斯特'月季（R. 'Laure Davoust'），为一处露台座位区域带来了色彩和芳香。

美丽的蔷薇果或刺

单瓣或半重瓣的皱叶月季会在花期末尾结出亮红色的蔷薇果。有些蔷薇属物种如华西蔷薇及其杂种会在秋季结出美观、醒目的果实，颜色从黄色或橙色到各种红色，再到黑紫色。

扁刺峨眉蔷薇（R. sericea subsp. omeiensis f. pteracantha）拥有巨大扁平的刺，年幼的时候在阳光映衬下呈现鲜亮的红色。

花园布置

月季园中最好的背景是一片平坦的绿色草坪，不过淡雅的灰色或蜜色岩石铺装也很美观。线条圆润的砖石小道，特别是色调柔和淡雅的小道，可和旁边种植的月季相映成趣。无论使用什么材料，应避免多彩的图案花纹——它们会喧宾夺主。石子铺装的外形和质感都很美观，但难以打理，其中很容易长出野草，还很难清除干净，而且石子会渐渐向周围扩张或者跑到种植区域外。

秋景
这株蔷薇属植物的蔷薇果为绿色背景带来了一抹亮色，并和铁线莲毛茸茸的果实相映成趣。

还可以将镶边植物种在月季苗床边缘。按照传统做法，黄杨树篱会被用作规则式的边界，但随着黄杨疫病和黄杨木蛾的日益猖獗，可以选择不一样的方式，使用叶片呈灰绿色或银灰色的植物打造漂亮的自然式边缘，例如单头尼泊尔香青（*Anaphalis nepalensis* var. *monocephala*）、薰衣草矮生类型或者荆芥（*Nepeta*），尤其是如果有空间让植物爬上路面的话。

耐寒天竺葵类中也有许多同样美观的，特别是那些蓝花种类。花色对比强烈或互补的微型月季也可以种植在苗床的向阳一侧。

规则式月季园

将众多月季一起种植在它们的专属苗床中是展示其优雅和美丽的传统方法。在这种规则式种植中，杂种香水月季或丰花月季的灌木苗或标准苗通常用作永久性花坛材料，以群植方式提供大块色彩。坚硬而直立的枝条有助于营造形式感，但不能和其他植物很好地搭配混植，尽管在月季下种植其他植物会很美观。

月季花坛可设计成任何形状和大小；如果位于步行道或车行道两边，它们可能是狭窄的条状。在建造新的月季花坛前，先在纸上画出设计图，试验不同的花坛形状和布局，以选出对现场而言最好的那个。不要将花坛设计得太宽，否则喷药、护根覆盖和修剪都会很困难。

如果在同一个花坛中使用了不同月季品种，每个品种都应该至少五棵或六棵植株集中种植在一个规则形状中，以得到有分量的色块。色调有差异的花园，如浅粉和深粉加上一抹白色的设计，会产生和谐的效果，比各种明亮色彩混合在一起更加美观。

种植时，要记得不同品种的最终高度有所差异。对于开阔区域的花坛，选择高度基本一致的品种。对于靠着墙壁或树篱的月季花坛，如果前面的品种比后面的品种矮，会显得非常漂亮。标准苗型月季可用来增加高度。在圆形花坛中央种植一株标准苗型月季会产生优雅的对称感，而沿着长条形花坛中央以约1.5米的间隔种植几棵标准苗型月季有助于打破它的规则性。

自然式种植

在自然式花境中将月季与草本宿根植物、一年生植物或其他灌木种在一起，是利用月季之美的最简单方法之一。这种混合种植还是阻止病虫害在月季植株之间扩散的好手段。月季的类型非常多样，在各种形状和株型的灌木、微型、攀缘和地被月季中总能找到适用于花园中任何地方的月季。

月季能很好地和其他植物搭配。例如，在春季开花的岩石园中，微型月季既能增添夏季的花朵，又能增加高度的变化，而地被月季能够用芳香的花朵覆盖堤岸。

月季不能和其他植物混合种植的观念可能来自古代，那时常用的品种大而笨拙，不能很好地适应爱德华时代和维多利亚时代的花坛设计。它们都在单独的围墙花园中种植，为室内提供切花。不过，如今人们早就意识到，月季并不一定非得单独种植。

月季和草本植物搭配

在花坛或花境中用草本植物搭配月季不但能衬托月季开花时的美丽，还能在月季沉寂的时候补充观赏价值。

柔和的枝叶或花朵，例如心叶两节荠（*Crambe cordifolia*）朦胧的白色小花，最能映衬夏日的鲜艳月季。在一年中的其他时间，使用更艳丽的花卉延长观赏季，并遮掩无花的月季枝条。

许多植物能为月季主导的植物设计增添魅力。比如，毛地黄（*Digitalis purpurea*）高高的紫色圆锥状花序、洁白的岷江百合（*Lilium regale*）、其他白色或粉色的百合属植物会和繁茂的古老园艺月季在株型和花型上形成鲜明对比。

充满自然感的丰富
攀缘月季品种'上品深红'（'Cramoisi Supérieur'）层层叠叠的深红色花朵柔化了一面墙壁，为种植宿根植物的花境提供了迷人的背景。

温暖的色彩

"阿曼达"月季（*Rosa* ARMADA）是一种健壮、耐寒的灌丛月季，在开出成簇芳香半重瓣花朵后会结出圆形的橙色蔷薇果。它还是一种优良的树篱植物。

繁茂的花朵

"爱丽丝公主"月季（*Rosa* PRINCESS ALICE）是一种健壮、重复开花的月季，单株可开出多达20朵大花，花期持续至入秋。

月季和其他灌木搭配

灌丛月季和蔷薇属物种都能和其他灌木很好地搭配，它们只要能接受充足阳光的照射，就会开出繁茂、美丽、常常芳香的花朵，在其他春花灌木枝叶的映衬下分外迷人。许多这样的月季有几乎常绿的叶片，在秋季还有鲜艳的果实（见"美丽的蔷薇果或刺"，158页）。较小的灌丛月季及法国蔷薇、大多数大马士革蔷薇、波特兰蔷薇，还有许多外观相似的现代品种都能充当其他灌木的前景。

树枝长而伸展的月季，如拥有繁茂深粉花朵的'鲜红'月季（*R.* 'Scharlachglut'）和'折叠'蔷薇（*R.* 'Complicata'），可以攀爬在沉闷的常绿灌木上，为其增添活力。可以用蔓生月季的花朵装点乔木的枝叶，甚至可以使死掉的乔木变得生机勃勃。

当它们和叶片灰绿、花朵蓝色的灌木如花朵繁茂的克兰顿莸（*Caryopteris* x *clandonensis*）、叶片空灵的滨藜分药花（*Perovskia atriplicifolia*）、某些长阶花属植物和大多数薰衣草属植物种在一起时，古老月季的柔和色调会显得分外迷人。

月季花坛中的下层种植

在月季花坛中，可在月季之间种植低矮的浅根系植物，在月季的花期之外延长花坛的观赏期。众多植物可以覆盖地面并以充满对比的颜色、质感和形式为月季提供背景。堇菜属植物是一个很好的选择：白色、浅蓝色和蓝紫色品种与月季的搭配效果很好。不过，所有这样的地被植物会使护根覆盖变得很困难。在特别宽的花坛中为月季喷药时注意不要踩到地被种植。

在月季之间进行种植时，要考虑各种伴生植物的最终高度，在确定种植位置时要避免它们在成熟后互相遮挡或遮挡月季。

黄绿色的柔软羽衣草（*Alchemilla mollis*）、开粉色和白色花的海石竹（*Armeria maritima*）以及蔓生的耐寒天竺葵在月季下面都显得非常漂亮。春季开花的球根花卉在新年伊始为光秃秃的月季花坛带来一抹亮色：尝试种植开蓝花或白花的雪百合属植物（*Chionodoxa*）、洋水仙、雪滴花和开星状白花的土耳其郁金香（*Tulipa turkestanica*），以创造艳丽的色彩拼贴。它们唯一的缺点是，逐渐凋萎的叶片影响观感，所以应该及时清理。

很多散发芳香的香草也是月季的良好伴生植物，如圣麻（*Santolina chamaecyparissus*）、各种百里香或鼠尾草——烹调用的种类或美观的斑叶品种均可。月季在叶色银灰宿根植物的映衬下看起来很棒，如叶片像蕨类的银叶艾蒿（*Artemsis ludoviciana*）和冷蒿（*A. frigida*），或叶片被毛、植株呈垫状的绵毛水苏（*Stachys byzantina*）。

地台

在陡峭的山坡上，可以用地台将条件恶劣的地点改造成展示月季的舞台。它们能在创造吸引眼球的高度变化和视角的同时，提供可用于种植的平整土地，还能保持月季需要的水分。如果用风化的砖或石头建造地台的墙壁，会显得非常美观。灌木月季可以种在地台的花坛中，而蔓生月季和地被月季可以爬过挡土墙，创造如帘幕般的繁花效果。

较小的地台花坛可用于种植微型月季。从地面升起后，它们小小花朵的美丽和香味更容易得到充分的欣赏。为微型月季准备的每个花坛应该大约45～60厘米宽。将标准苗型微型月季种在地台顶端的花坛上以吸引眼球，并让一些较小而秀丽的地被月季从墙壁顶端垂下。这种类型的台地也特别适合用于下沉式月季园。

孤植

单独种植的大型灌丛月季能够作为漂亮的园景植物使用，如果是本类型月季中出类拔萃的植株，可以把它放在草坪中或用来标记花园的视线焦点。按照这种方式种植，垂枝形标准苗月季尤其令人印象深刻。这种月季是将蔓生月季嫁接在1.5～2米的月季茎干上形成的，这样它们长长的柔韧枝条就能在夏季开着繁花一直到地面。它们的花期一般有限，除非嫁接时选择的是多季开花的地被月季。

用作标准苗式栽培的攀缘月季能在整个夏季提供繁茂的花朵，但它们僵硬的枝条不能像垂枝形类型那样产生夸张的瀑布效果。

在较大的花园中，许多大型灌丛月季是标本植物的良好选择，它们有优雅的拱形枝条、几乎常绿的枝叶和繁茂的花朵。例如，冠幅可达2米×2米或更大的'内华达'月季（*R.* 'Nevada'）在初夏时开满了奶油色的大花，并且在夏末再次开花。其他月季，特别是蔷薇属物种及其杂种如'春之黄金'蔷薇（*R.* 'Frühlingsgold'）不会开第二次花。

对于空间有限的小型花园，可使用多季开花的月季，这类月季的花能持续整个夏季并转入秋季，如香味浓烈的'花坛'蔷薇（*R.* 'Roseraie de l'Haÿ'）、半重瓣的灌木状品种'邦尼卡'蔷薇（'Meidomonac'），或者花完全重瓣、嫩叶呈古铜色的'哈洛卡尔'月季（'Aushouse'）。对于较小的灌丛月季，例如花量大且花的金色中带有一抹淡粉的'中国城'月季和枝叶上端开大朵白色花的'莎莉·福尔摩斯'月季（*R.* 'Sally Holmes'），它们的尺寸不够大，不适合单株种植，但可以三株丛植来充当漂亮的园景植物。

墙壁、凉亭和藤架

大多数蔓生和攀缘月季非常健壮，并在仲夏期间开出茂盛的花朵。可用它们覆盖凉亭、墙壁和栅栏等结构，遮掩不雅观的景致，或为花园中的夏季花朵增添高度上的变化。注意选择最终高度恰好覆盖目标区域的月季种类。

蔓生和攀缘月季可以整枝在一系列木质凉亭、拱道、拱门和三脚支柱上，这些结构如今在市场上都能买到。虽然金属支撑结构看起来不如古朴的柱子美观，但它们的使用寿命更长，并且整枝于其上的月季一旦成熟就会立刻将它们遮掩起来。

铁线莲等其他攀缘植物以及贴墙灌木都可以与月季搭配种植，既能映衬月季的花朵，又可延长总体的花期；开蓝花的攀缘植物效果最好。有些健壮的灌丛月季特别是波邦蔷薇，也能在柱子或短墙上长成很好的小型攀缘月季。

蔓生月季

和攀缘月季相比，蔓生月季的枝条更柔韧，因此更容易沿着复杂的结构（如藤架、拱门和框格棚架）进行整枝。然而，当靠墙种植时，它们茂密的枝条可能因空气流动不畅而发霉。要覆盖一座较长的藤架，可使用健壮、开白色小花的蔓生月季如'博比'（'Bobbie James'），但要记住：它们可长到10米长，会淹没较小的结构。

为得到风景如画的效果，可以尝试将月季沿着悬垂在立柱之间的锁链或绳索整枝，得到松垂摇摆的繁花效果。

攀缘月季

和蔓生月季相比，攀缘月季较坚硬的枝条更容易修剪，用来美化墙壁和栅栏有很好的效果。许多不太强健的现代攀缘月季可以种植在柱子上或者作为独立式灌木，效果很好。粉红的'阿洛哈'月季（'Aloha'）有美妙的芳香，但枝条太僵硬而直立，不易得到拱形枝条，不过它适合用在高藤架的立柱上。'慷慨的园丁'月季（'Ausdrawn'）很适合用在拱门和藤架上，成簇的下垂浅粉色花朵散发美妙的香气。

月季树篱和屏障

如果仔细挑选，月季、蔷薇类是用来创造自然式树篱或屏障的最漂亮的植物。一些种类如玫瑰（*R. rugosa*）及其杂种，通过冬季的修剪可以形成浓密的树篱，同时保持灌木式的自然外形。没有一种蔷薇属植物是真正常绿的，所以它们很少能提供全年保持私密性的屏障，虽然它们的刺会让屏障无法穿过。更多详细信息，见"树篱和屏障"，104~107页。

杂种麝香月季如杏黄色的'丽黄'月季（'Buff Beauty'）可以长成高达2米的浓密多刺屏障，并在整个夏季开满芳香花朵，所以可将它们的枝条水平地整枝到金属线或铁链栅栏上。如果沿着道路种植月季树篱，应使用株型直立的品种，以免横生枝条阻挡通路。

对于小型花园，最好使用高大的丰花月季作为树篱。这类月季株型一般是直立的，冠幅较小，如果以两排交错种植，像杏黄色的'安妮'月季（'Harkaramel'）这样的品种能很快长成1.2米高的可爱树篱（见"月季树篱的种植间距"，165页）。某些较低矮的古老园艺月季如'查尔斯'蔷薇（'Charles de Mills'）有美观的枝叶，能形成类似高度的树篱，但只在仲夏开花。随着种植间距的缩短，它们也越来越容易感染霉病。

将攀缘或蔓生月季整枝在预定高度的木质框架上，形成美观的屏障，这是一种分离花园各区域的令人愉悦的做法。市面上有预制好的木质和镀锌金属框格棚架，但要确保它们足够牢固，因为它们要持续多年承受相当大的重量。

盆栽月季

在表面大部分被铺装、少有或基本没有花坛的露台花园中，盆栽月季能带来宝贵的夏日色彩和芳香。包括吊篮在内的多种容器适合种植月季，只要它们所处的位置至少有半天接受阳光照射即可（见"盆栽园艺"，314~345页）。选择灌木状、株型紧凑的现代品种，因为基部裸露的月季看起来很不美观。如果在一个容器中种植多株月季，则要确保有足够大的空间，以满足其未来生长的需要。注意，不要低估它们所需要的空间。

即使是非常健壮的攀缘月季，只要有墙壁给予支撑，也可以种植在桶中。但由于桶中的养分消耗得极快（而月季又非常难以换盆），因此需要经常施肥。

盆栽月季并不一定非要种植在露台花园中。它们也能为其他铺装区域带来色彩，如香草花园中央、水池边缘或屋顶花园。

传统伴生植物
对于在藤架或拱门上生长的攀缘或蔓生月季，可用铁线莲穿插其中，这能为花园增添一抹浪漫的旧式风格。

地被月季

在地面上铺展的低矮月季会形成一片浓密多花的地毯，在夏季和秋季持续很长时间，是非常漂亮的地被植物。它们可以用来遮掩不美观的景致（如窨井盖），或者沿着难以种植的陡坡铺下来。它们在灌木花坛或花境前种植时效果也很好，能提供持久的色彩。

选择地被月季

月季用于地被的历史很久了。在历史上，由两个蔷薇属欧洲物种——旋花蔷薇（*Rosa arvensis*）和常绿蔷薇（*R. sempervirens*）——培育出的品种都曾用作地被，同样用作地被的还有中国的照叶蔷薇（*R. wichurana*）的衍生种类，其中许多是蔓生月季。然而，虽然它们能够覆盖大片荒芜土地，但这些月季却很少浓密到能够抑制杂草的生长。近年来，人们为培育地被月季花费了许多精力，现在种植的许多品种可以在工业厂矿和市政绿化中非常成功地提供大面积的色彩。抗病品种花毯月季（*R.* FLOWER CARPET 'Heidetraum'）是一种花期长、拥有深粉色大簇半重瓣花的小型蔓生灌木，用于地被非常有效。它有许多不同花色的类型，如金花毯（*R.* FLOWER CARPET GOLD 'Noalesa'）和白花毯（*R.* FLOWER CARPET WHITE 'Noaschnee'）。另外几种以英国郡名命名的月季也被成功地开发出来以应用于地被。它们包括重瓣白花的'肯特'月季（*R.* KENT 'Poulcov'）、浓杏黄色的'苏塞克斯'月季（*R.* SUSSEX 'Poulowe'），以及鲜艳深红色花朵单生的'汉普郡'月季（*R.* HAMPSHIRE 'Korhamp'）。

'山鸡'月季（*R.* PHEASANT 'Kordapt'）和'松鸡'月季（*R.* GROUSE 'Korimro'）都拥有粉色小花和有光泽的叶片，此类蔓生月季也是优良的地被月季，但它们旺盛的生活力使其不适用于小型花园。它们沿着地面自然伸展并在所到之处生根，非常近地覆盖着土地。需要对它们进行严格的控制，以防其伸展得太远。

某些月季如重瓣白花的'雅芳'月季（*R.* AVON 'Poulmulti'）和重瓣红宝石色的'萨玛'月季（*R.* SUMA 'Harsuma'）拥有低矮、伸展的枝条，如果沿着下沉式花园中的矮墙墙顶种植，会产生瀑布般的垂花效果。

翻腾的花朵
除了提供有用的地被，蔓生月季如'山鸡'月季 *Rosa* PHEASANT（'Kordapt'）还可以用来翻过花园的矮墙，效果非常吸引人。

用作地被的月季

'雪地毯'月季

'汉普郡'月季

'肯特'月季

'苏塞克斯'月季

'岩蔷薇'月季

'劳拉·艾希莉'月季

月季的钉枝

对于波邦蔷薇和杂种长春月季这样枝条又长又笨拙且只在顶端开花的月季种类，这种技术是一种可有效增加开花量但十分费时的方法。与一般在夏末或秋季对枝条进行修剪不同的是，这时应将它们轻轻地压弯，千万不要折断。将枝条牢固地钉入地面，或者将枝条顶端绑在地上的钉桩上或由钉桩拉伸起来的金属线上，或者将其绑在植株周围放置的低矮金属线框架上。将被钉枝条的侧枝剪短至10~15厘米。

这样产生的效果和对攀缘月季和蔓生月季进行水平整枝产生的效果大体相同（见"攀缘月季的修剪和整枝"，172页），并且会得到优美的拱形，上面覆盖着大量于下一季开花的侧枝。

选择长的不开花枝条，剪去柔软的茎尖。轻轻将每根枝条压弯，并用坚固的线钩将其固定在土壤中。

栽培

地被月季的基本栽培方法和花园中的其他月季一样。然而，你不能期望地被月季像其他地被植物如大蔓长春花（*Vinca major*）和小蔓长春花（*V. minor*）或观赏常春藤类那样，会自然形成浓密的垫状地被，可以强烈地抑制前进途中的所有杂草。因此，在种植地被月季前需要将种植区域内的所有一年生和多年生杂草清理干净，并在种植后覆盖护根。这会最大限度地减少日后冒着被刺扎的危险对月季进行除草的次数。

如果你在一大块区域使用月季当作地被，当清理掉地面的所有多年生杂草后，可以考虑将月季通过园艺织物种植。这会大大减少将来的养护工作，同时允许雨水渗入土壤。种植后，将腐熟的堆肥或粪肥护根覆盖在园艺织物上。

枝条水平钉在地面上生长的某些健壮攀缘月季也可以成为优良的地被。'阿德莱德·奥尔良'月季（*R.* 'Adelaide d'Orleans'）、'永福'蔷薇（*R.* 'Félicité Perpétue'）、'马克斯·格拉芙'月季（*R.* 'Max Graf'）、'新曙光'蔷薇（*R.* 'New Dawn'）、'包利蔷薇'月季（*R.* 'Paulii Rosea'）和'盗贼骑士'月季（*R.* 'Raubritter'）都适合用这种方式种植。

修剪

大多数地被月季是低矮、枝条伸展的现代灌丛月季，所以就像对待灌丛月季那样进行更新修剪（见"修剪和整枝"，169~173页）。某些种类——大多数与蔓生的照叶蔷薇（*Rosa wichurana*）有关——会在地面上匍匐生长，对它们的修剪只是为了防止它们向有限的空间之外伸展（见下图）。

地被月季的更新修剪
将枝条修剪至预定空间之内，剪至朝上的芽。

月季、蔷薇类种植者指南

香花
'爱利克红'月季 *Rosa* ALEC'S RED（'Cored'）†
'亚瑟钟'月季 *Rosa* 'Arthur Bell' H6 †
百叶蔷薇 *Rosa* x *centifolia* 各品种 H6
'埃托伊莱'攀缘月季 *Rosa* 'Climbing Etoile de Hollande' H5
'同情'月季 *Rosa* 'Compassion' H6 †
'双喜'月季 *Rosa* DOUBLE DELIGHT（'Andeli'）H6
'香云'月季 *Rosa* FRAGRANT CLOUD（'Tanellis'）H6 †
'弗里西亚'月季 *Rosa* 'Friesia' H7 †
'格特鲁德杰基尔'月季 *Rosa* GERTRUDE JEKYLL（'Ausbord'）H6 †
'磁石'月季 *Rosa* L'AIMANT（'Harzola'）H5
'哈蒂'蔷薇 *Rosa* 'Madame Hardy' H7 †
'佩雷尔'月季 *Rosa* 'Madame Isaac Péreire' H7 †
'梅尔尔'月季 *Rosa* MARGARET MERRIL（'Harkuly'）H6 †
'新西兰'月季 *Rosa* NEW ZEALAND（'Macgenev'）H6
'感知'月季 *Rosa* PERCEPTION（'Harzippee'）H6
'芭蕾舞星'月季 *Rosa* 'Prima Ballerina' H6
大马士革四季开花蔷薇 *Rosa* 'Rose de Resht' H7
'哈克里斯'月季 *Rosa* ROSEMARY HARKNESS（'Harrowbond'）H6
'花坛'蔷薇 *Rosa* 'Roseraie de l'Haÿ' H7 †
'权杖之岛'月季 *Rosa* SCEPTER'D ISLE（'Ausland'）H6
'温迪·库森'月季 *Rosa* 'Wendy Cussons' H6

观果
'达格玛'月季 *Rosa* 'Fru dagmar Hastrup' H7
紫叶蔷薇 *Rosa glauca* H7 †
'仙鹤'华西蔷薇 *Rosa moyesii* 'Geranium' H6
'松鸡'月季 *Rosa* PARTRIDGE（'Korweirim'）H6
白花单瓣玫瑰 *Rosa rugosa* 'Alba' H7 †
紫色单瓣玫瑰 *R. rugosa* 'Rubra' H7 †
'斯卡布罗萨'月季 *Rosa* 'Scabrosa' H7

混合花境
花境前景
'雅芳'月季 *Rosa* AVON（'Poulmulti'）H6
'贝贝乐'月季 *Rosa* BABY LOVE（'Scrivluv'）H5
'伯克郡'月季 *Rosa* BERKSHIRE（'Korpinka'）H6
'赫特福德郡'月季 *Rosa* HERTFORDSHIRE（'Kortenay'）H6
'肯特'月季 *Rosa* KENT（'Poulcov'）H6 †
'娜塔莉·耐普斯女士'月季 *Rosa* 'Mevrouw Nathalie Nypels' H6
'威尔士公主'月季 *Rosa* PRINCESS OF WALES（'Hardinkum'）H6
'仙女'月季 *Rosa* 'The Fairy' H6 †
'时代'月季 *Rosa* THE TIMES ROSE（'Korpeahn'）H6 †
'瓦伦丁之心'月季 *Rosa* VALENTINE HEART（'Dicogle'）H6

中部
'安娜·利维亚'月季 *Rosa* ANNA LIVIA（'Kormetter'）H6
'芭蕾舞女'月季 *Rosa* 'Ballerina' H6 †
'贝蒂·哈克尼斯'月季 *Rosa* BETTY HARKNESS（'Harette'）H6
'邦尼卡'蔷薇 *Rosa* BONICA（'Meidomonac'）H6 †
'丽黄'月季 *Rosa* 'Buff Beauty' H6 †
'越轨'月季 *Rosa* ESCAPADE（'Harpade'）H6 †
'挚友'月季 *Rosa* FRIEND FOR LIFE（'Cocnanne'）H6
'变色'药用法国蔷薇 *Rosa gallica* var. *officinalis* 'Versicolor' H7 †
'遗产'月季 *Rosa* HERITAGE（'Ausblush'）H6
'杰奎琳·杜·普'月季 *Rosa* JACQUELINE DU PRE（'Harwanna'）H6
'表演者'月季 *Rosa* MARJORIE FAIR（'Harhero'）H6 †
'佩内洛普'蔷薇 *Rosa* 'Penelope' H5 †
'白雪公主'月季 *Rosa* SCHNEEWITTCHEN（'Korbin'）H6 †

中部至后部
'科妮莉亚'月季 *Rosa* 'Cornelia' H6
'范汀拉托'蔷薇 *Rosa* 'Fantin-Latour' H6 †
'幸福'蔷薇 *Rosa* 'Felicia' H6 †
'格特鲁德杰基尔'月季 *Rosa* GERTRUDE JEKYLL（'Ausbord'）H6 †
'金翼'月季 *Rosa* 'Golden Wings' H6
'托马斯'月季 *Rosa* GRAHAM THOMAS（'Ausmas'）H6 †
'花坛'蔷薇 *Rosa* 'Roseraie de l'Haÿ' H7 †
'莎莉·福尔摩斯'蔷薇 *Rosa* 'Sally Holmes' H6 †
'威斯特兰'月季 *Rosa* WESTERLAND（'Korwest'）H6

朝南或朝西墙壁
'至高无上'月季 *Rosa* ALTISSIMO（'Delmur'）H6
重瓣黄木香 *Rosa banksiae* 'Lutea' H5
'生息'蔷薇 *Rosa* BREATH OF LIFE（'Harquanne'）H6
'克莱尔·马丁'月季 *Rosa* CLAIR MATIN（'Meimont'）H6
'同情'月季 *Rosa* 'Compassion' H6 †
'猩红小瀑布'月季 *Rosa* CRIMSON CASCADE（'Fryclimbdown'）H6
'富丽'月季 *Rosa* 'Danse du Feu' H6 †
'梦想之巅'月季 *Rosa* 'Dreaming Spires' H6
'都柏林'月季 *Rosa* DUBLIN BAY（'Macdub'）H6
'好似金'月季 *Rosa* GOOD AS GOLD（'Chewsunbeam'）H6
'厚望'月季 *Rosa* HIGH HOPES（'Haryup'）H6 †
'莱恩'月季 *Rosa* PENNY LANE（'Hardwell'）H6 †
'夏日美酒'月季 *Rosa* SUMMER WINE（'Korizont'）H6
'白花结'月季 *Rosa* 'White Cockade' H6

朝北或朝东墙壁
'阿尔伯利克·巴比尔'月季 *Rosa* 'Albéric Barbier' H5 †
'阿曼达'月季 *Rosa* ARMADA（'Haruseful'）H6 †
'中国城'月季 *Rosa* 'Chinatown' H6
'科妮莉亚'月季 *Rosa* 'Cornelia' H6
'同情'月季 *Rosa* 'Compassion' H6 †
'多特蒙德'月季 *Rosa* 'Dortmund' H7
'卡尔'月季 *Rosa* 'Madame Alfred Carrière' H5 †
'黎明宝石'月季 *Rosa* 'Morning Jewel' H7
'新曙光'月季 *Rosa* 'New dawn' H6 †
'佩内洛普'月季 *Rosa* 'Penelope' H5 †
'紫气'月季 *Rosa* 'Prosperity' H6

观叶
腺果蔷薇 *Rosa fedtschenkoana* H7
紫叶蔷薇 *Rosa glauca* H7 †
闪蔷薇 *Rosa nitida* H7
报春蔷薇 *Rosa primula* H4 †
扁刺峨眉蔷薇 *Rosa sericea* subsp. *omeiensis* f. *pteracantha* H5
弗州蔷薇 *Rosa virginiana* H7
小叶蔷薇 *Rosa willmottiae* H6

用作园景树的灌木月季
'樱桃红'月季 *Rosa* 'Cerise Bouquet' H6
'折叠'蔷薇 *Rosa* 'Complicata' H6 †
'幸福'蔷薇 *Rosa* 'Felicia' H6 †
'弗里茨诺比斯'月季 *Rosa* 'Fritz Nobis' H7
'雏菊堆'月季 *Rosa* 'Marguerite Hilling' H6 †
'内华达'月季 *Rosa* 'Nevada' H6 †
'斯卡布罗萨'月季 *Rosa* 'Scabrosa' H7
'金丝雀'月季 *Rosa xanthina* 'Canary Bird' H6

拱门、花柱和藤架
'阿尔伯利克·巴比尔'月季 *Rosa* 'Albéric Barbier' H5 †
'阿尔伯丁'月季 *Rosa* 'Albertine' H6 †
'阿里巴巴'月季 *Rosa* ALIBABA（'Chewalibaba'）H6
'金蔓'月季 *Rosa* 'Alister Stella Gray' H5

'阿洛哈'月季 *Rosa* 'Aloha' H6
'班特里湾'月季 *Rosa* 'Bantry Bay' H6
'叹息桥'蔷薇 *Rosa* BRIDGE OF SIGHS（'Harglowing'）H5 †
'塞西尔·布鲁诺尔'攀缘月季 *Rosa* 'Climbing Cécile Brünner' H5
'同情'月季 *Rosa* 'Compassion' H6 †
'多特蒙德'月季 *Rosa* 'Dortmund' H7 †
'梦想之巅'月季 *Rosa* 'Dreaming Spires' H6
'伊斯利金恩'月季 *Rosa* 'Easlea's Golden Rambler' H5
'爱米丽'月季 *Rosa* 'Emily Gray' H6 †
'永福'蔷薇 *Rosa* 'Félicité Perpétue' H7
'瑞郎威尔'月季 *Rosa* 'François Juranville' H7
'金雨'月季 *Rosa* 'Golden Showers' H6 †
'金翅雀'月季 *Rosa* 'Goldfinch' H5
'劳拉·福特'月季 *Rosa* LAURA FORD（'Chewarvel'）H5
'勒沃库森'月季 *Rosa* 'Leverkusen' H6
'斯塔科林'蔷薇 *Rosa* 'Madame Grégoire Staechelin' H6 †
'五月金'月季 *Rosa* 'Maigold' H6 †
'等待的情人'月季 *Rosa* 'Phyllis Bide' H6
'桑德白蔓'月季 *Rosa* 'Sander's White Rambler' H6
'酒宴'月季 *Rosa* 'Sympathie' H6 †
'蓝雾'月季 *Rosa* 'Veilchenblau' H7 †
'热忱'月季 *Rosa* WARM WELCOME（'Chewizz'）H6

攀缘乔木的月季
'博比'月季 *Rosa* 'Bobbie James' H6
'蓝蔓'月季 *Rosa* 'Blush Rambler' H6
'爱米丽'月季 *Rosa* 'Emily Gray' H6 †
'幸运'腺梗月季 *Rosa filipes* 'Kiftsgate' H6
穆利根蔷薇 *Rosa mulliganii* H6
'喜马蔓香'月季 *Rosa* 'Paul's Himalayan Musk' H6
'长蔓'月季 *Rosa* 'Rambling Rector' H6
'海鸥'月季 *Rosa* 'Seagull' H6
川滇蔷薇 *Rosa soulieana* H5
'珍藏'月季 *Rosa* 'Treasure Trove' H6

地被月季
'布伦海姆'月季 *Rosa* BLENHEIM（'Tanmurse'）H6 †
'布罗德兰兹'蔷薇 *Rosa* BROADLANDS（'Tanmirsch'）H6
琥珀色花毯月季 *Rosa* FLOWER CARPET AMBER（'Noa97400a'）H6
红丝绒花毯月季 *Rosa* FLOWER CARPET RED VELVET（'Noare'）H6
阳光花毯月季 *Rosa* FLOWER CARPET SUNSHINE（'Noason'）H6
白花毯月季 *Rosa* FLOWER CARPET WHITE（'Noaschnee'）H6
'松鸡2000'月季 *Rosa* GROUSE2000（'Korteilhab'）H6
'汉普郡'月季 *Rosa* HAMPSHIRE（'Korhamp'）H6 †
'劳拉·艾希莉'月季 *Rosa* LAURA ASHLEY（'Chewharla'）H6 †
'可爱精灵'月季 *Rosa* LOVELY FAIRY（'Spevu'）H6
'魔毯'月季 *Rosa* MAGIC CARPET（'Jaclover'）H6 †
'岩蔷薇'月季 *Rosa* 'Nozomi' H5 †
'牛津郡'月季 *Rosa* OXFORDSHIRE（'Korfullwind'）H6
'松鸡'月季 *Rosa* PARTRIDGE（'Korweirim'）H6 †
'探路者'月季 *Rosa* PATHFINDER（'Chewpobey'）H6 †
'山鸡'月季 *Rosa* PHEASANT（'Kordapt'）H6 †
'红毯'月季 *Rosa* RED BLANKET（'Intercell'）H6 †
'红垫'蔷薇 *Rosa* ROSY CUSHION（'Interall'）H6 †
'斯瓦尼'月季 *Rosa* SWANY（'Meiburenac'）H6

注释
† 抗病性适中或良好
H = 耐寒区域，见56页地图

土壤的准备和种植

如果满足月季的基本需求,在花园中种植它们并不困难。它们是寿命相对较长的植物,因此应该花些时间和精力选择一个合适的种植地点,合理地准备土壤,选择适宜种植地点生长条件的品种,并对它们进行合适的种植。

位置和朝向

所有的月季都需要向阳背风、空气通畅、土壤肥沃的场所。它们在浓荫中、乔木下、与其他植物拥挤在一起时,或在连作土壤或过涝土壤中都无法良好生长。大多数地点可以通过改良来达到所需要求,如使用竖立风障或为黏重的潮湿土壤排水(见"改善排水",589页)的方法。在抬升苗床或容器中的合适基质里种植月季可以解决不合适土壤的问题。

在选择品种之前,对种植场所进行仔细的评价:有各种月季可以种在多种不同条件下。大多数现代月季不能适应白垩土,但几乎所有古老园艺月季只要在种植和覆盖护根时施加大量有机质,就能在碱性条件下生长得很好,玫瑰(Rosa rugosa)和茴芹叶蔷薇(R. pimpinellifolia)类群在沙质土中表现得很好。这些只是普遍结论,因为即使是在现代月季类群中,品种之间也可能存在很大差异,例如,在贫瘠的土壤中,'正义'月季(R. 'Just Joey')会长得很差,而只要施加额外的水肥,'时代'月季('Korpeahn')以及其他种类就能很茂盛地生长。某些砧木可以帮助月季适应某些生长条件,例如,狗蔷薇(R. canina)的抗性很好,它常常生长在黏重、寒冷的土壤中。

土壤质量

月季在大多数类型的土壤中都能生长,但更喜欢偏酸性、pH值约6.5的条件。既能保水又排水良好的土壤是最好的。要将土壤中的杂草清理干净,以免它们和年幼的月季植株争夺阳光、水分和养分。

改良土壤

黏质土的排水性、疏松沙质土的保水性以及碱性土的pH值都可以通过施加大量有机质来改善。如果在表层土壤很浅的白垩土上种植,在种植时应将种植坑挖到约60厘米深,并用有机质代替其中的部分白垩土。更多关于如何影响土壤酸碱度以及一般性土壤准备的信息,见"土壤耕作",585~586页。如有可能,在种植前的三个月准备好土壤,让其充分沉降。

月季的连作问题

如果将新月季种苗种在已经种植了两年或更久月季的苗床中,它们几乎肯定会得"月季病"(见"再植病害/土壤衰竭",673页):与已经在苗床中生长的月季老根相比,新月季的纤维状吸收细根更容易感染连作病害。这个问题是由病原体在土壤中的积累导致的,不利于植物的生长。一些砧木对再植病害有一定抗性。

要想减少潜在问题,可以在准备种植新月季的区域先种上'内马'孔雀草(Tagetes patula 'Nema')。在秋季,将孔雀草掘入土壤中。这种孔雀草可影响土壤中的线虫含量,有助于对抗病原体。第二年春季,挖一个至少30厘米深、45厘米宽的洞,并在里面垫一个大小合适的硬纸箱。使用来自花园其他区域且添加了有机质的新鲜土壤,将月季种进纸箱。等到纸箱分解时,月季的根系便会从中穿过,而且它们此时已经足够成熟,可以抵御土壤中积累的任何病原体。

月季的选择

去哪里购买月季在一定程度上取决于你希望购买什么品种。许多古老月季只能从专门的苗圃中得到,如果当地没有这种苗圃,还可以邮购。要记住,品种目录中的照片不一定准确地反映花色,而且在植株到货之前也不可能评价植株的质量,不过如果是声誉可靠的苗圃,这通常并不是问题。特别要注意出现在广告里的"特价"花坛月季或树篱月季——这些植物的品质常常很差。

英国的苗圃如今一般使用疏花蔷薇(R. 'Laxa')作为砧木,因为它基本不生长萌蘖条,并且在大多数类型的土壤中能生长良好。砧木通常在园艺行业内批发出售,业余种植者通常不容易买到。

裸根月季

邮购供应商、商店和超市都售卖裸根月季。裸根月季处于半休眠或休眠状态,它们的根系基本不带土壤。只要在运输过程中避免脱水并在到货后尽快种植,它们就能很好地恢复。月季茎上的切口常常覆盖石蜡以防水分流失。当月季种植后并暴露在自然环境下时,石蜡会自然脱落。

当在商店购买裸根月季时,要仔细检查。如果月季的储存环境过于温暖,那么它们要么会发生脱

选择健康的月季

裸根灌木月季
- 好样品:强壮的芽接处、发育良好的纤维状根系
- 坏样品:细长、受损的枝条、发育不良的根系

盆栽月季
- 好样品:颜色良好的健壮枝叶、强壮、匀称的地上部分、健康的根系、湿润的基质
- 坏样品:细长的枝条、黑斑、死亡或将死的叶子、杂草

标准苗型月季
- 好样品:分布均匀的强壮、健康枝条、用木桩牢固地固定的主干、笔直的主干
- 坏样品:死亡枝条、不匀称、偏向一侧的树干

水，要么会提前开始生长，长出发白的细弱枝条，这些细枝在种植后一般会死掉。不要购买任何表现出这些症状的月季。

盆栽月季

大部分盆栽月季是出售之前不久才上盆的地栽月季。如果有根从容器的排水孔伸出，应将植株从花盆中取出，检查根系是否围绕根坨紧密缠绕——这是根系在容器中生长时间太久，受到束缚的标志。

选择一株健康的月季

无论是裸根月季还是盆栽月季，植株都应该至少拥有两根或三根强壮结实的枝条，以及与地上部分的尺寸相匹配的良好根系。盆栽月季上的所有枝叶都应该是健壮的。如果要购买攀缘月季，确保枝条健康并至少有30厘米长。选择树冠匀称的标准苗型月季，因为你很可能会从各个侧面欣赏它，而且它最好有笔直的茎干。

准备种植

在种植阶段遵循几个简单的原则，如确保正确的种植间距和深度、小心地处理根系、在必要的时候提供支撑，以避免后来的日常养护中可能出现的问题。如果土地太湿、冰冻或太干，根系不能很好地适应土壤，可将种植时间推迟数天。

何时种植裸根月季

裸根月季最好在秋末或冬初即将进入休眠期或者休眠期刚刚开始时种植，以减轻移植对植株产生的影响。在冬季气候恶劣的地区，初春也许是更好的种植时间。在购买后立刻种植。如果不能立即种植，例如被不合适的天气耽搁，最好将它们假植在空地上，根系埋在浅沟里（见"假植"，93页）。或者将它们储存在凉爽无霜的地点，并保持根系湿润。

何时种植盆栽月季

只要天气合适，这些月季在一年当中的任何时间都可以种植。与裸根月季不同的是，盆栽月季可以在种植前带着容器在室外等待三周或更长时间，只需适当浇水。即使是耐寒种类，也不要让它们长时间暴露于霜冻中，它们的根系在非常冷的气候中会被冻伤。

花坛月季的间距

生长习性决定了花坛月季的种植间距。过密的种植会让护根、喷药和修剪变得更加困难，还会使空气不畅通，让霉病和黑斑病快速传播。与松散扩展的品种相比，窄而直立的品种需要的生长空间更少，因此可以种植得更密一些。将灌木月季的种植间距保持在45~60厘米，距离月季花坛边缘约30厘米。

如果要在现代月季或非常大的蔷薇属物种的下层种植植物，应将月季的种植间距扩大至约75~120厘米，具体数字取决于它们的最终大小和生长习性。根据植株的不同冠幅和最终高度，微型月季的种植间距应该大约30厘米。

月季树篱的种植间距

所选品种的尺寸和生长习性决定了形成树篱时月季的位置。为得到规则的密集枝叶，可单排种植高的树篱月季如'佩内洛普'月季（*R.* 'Penelope'）和'金翼'月季（*R.* 'Golden Wings'），其冠幅可达1.2米；或者双排交错种植现代灌木月季，如'亚历山大'月季 *R.* ALEXANDER（'Harlex'）。

种植灌木月季

种植月季的第一阶段是准备植株。如果裸根月季的根系看起来发干，将植株在水中浸泡1~2个小时，直到完全湿透。将盆栽月季放入一桶水中，直到基质表面有潮湿的迹象。如果根坨包括在塑料或麻布中，将包裹物小心地剪掉。去除所有松散的基质，轻轻地梳理根系，并剪去所有受损或死亡的枝条和根；对于裸根月季，去除所有芽或蔷薇果以及大部分叶片。

挖出一个足以容纳根系或根坨的种植穴，并将种植深度控制在种植后月季的芽接结合处位于地平面下约2.5~5厘米处，对于微型月季，这个数字是1厘米。芽接结合处很好辨认，是树枝基部的膨大处，即品种嫁接在砧木上的地方。

用叉子将少量花园堆肥或其他土壤改良剂混入种植穴底部。可以将菌根真菌加入种植穴底部，或者撒在植株浸湿的根系上。将月季放在种植穴中间，检查种植深度是否合适。如果某裸根月季的根系全部指向一个方向，就将月季贴近种植穴的一侧，并尽可能宽地将根系按照扇形伸展。然后用从种植穴中挖出的土回填，轻轻摇晃月季，让土壤沉降在根系或根坨周围。

用脚将土壤踩实，但不要踩得过紧（用脚尖而不是脚跟来施加压力，特别是在很容易被压缩的黏重土壤上）。注意不要损伤根系。做好标记，浇透水，但要等到接下来

如何种植裸根灌木月季

1 去除染病或受损枝条。剪掉所有交叉枝以及基部的细弱或散乱枝条，得到匀称的株型。将所有粗根剪短约三分之一。

2 在准备好的苗床中挖出种植穴，并用叉子在种植穴基部掺入一桶有机堆肥和少量通用肥料。

3 将月季放入种植穴中央并将根系均匀散开。在种植穴上横放一根木棍，确保芽接结合部位在种植后位于地平面之下约2.5~5厘米处。

4 在种植穴中回填土壤，同时用手逐步将根系紧实地固定在土壤中。轻轻踩踏周围的土壤。用耙子轻轻地耙过土壤，浇透水。

的春季再覆盖护根（见"为月季覆盖护根"，167页）。

种植攀缘月季或蔓生月季

使用间距45厘米的水平金属丝将攀缘月季整枝在墙壁或栅栏上，而这些金属丝应该用带环螺丝或牢固的铁钉固定在墙壁或栅栏表面。如果一面墙的砖或石材很硬，用电钻在墙上为带环螺丝钻出4.7毫米的孔。金属丝应与墙面保持7厘米的间隔，允许空气自由流通，防止病害。

墙壁附近的地面很容易干燥，因为它位于墙壁的雨影区中，而且砖石会从土壤中吸收水分。在距离墙壁约45厘米的地方种植，这里的土壤不那么干燥，而且从任何叶片上落下的水不会滴在花上。准备好土壤和种植穴，然后按照灌木月季的方式修剪。为植株定好位置，使

如何种植攀缘月季

1 将月季放入种植穴中,以45°的角度朝向墙壁倾斜放置,使枝条抵达位置最低的金属丝。将一根木棍横放在种植穴上,以确定种植深度。

2 用木棍将较短的树枝引导至金属丝上。用塑料绑带将所有的枝条绑在木棍或金属丝上。

其向墙壁倾斜45°,并将其根系向湿润的土地展开。如有必要,将树枝沿着插在地面上的木棍整枝,但木棍和根系的距离要足够远,以免对根系造成损伤。像种植灌木月季那样进行回填和紧实之后,用结实的园艺绳将枝条固定在起支撑作用的金属丝上。注意,不要绑得过紧,必须为月季的枝条留下生长空间。

不要在这个阶段修剪攀缘月季的主枝;等到下个生长季开始时再进行轻度修剪。月季可能会在一两年后才开始攀缘。在第一年,保持根系的充分灌溉并避免根系与其他植物根系的拥挤,以帮助它们恢复。

在乔木旁种植蔓生月季

必须保证月季与乔木生活力的匹配,因为某些蔓生月季的重量足以将瘦弱的乔木压垮。

将蔓生月季种植在乔木的向风面,这样月季年幼的柔韧枝条就会被吹向乔木,而不会被吹离乔木。在距离树干至少1米的地方挖出种植穴,以增加月季根系能够得到的雨水。将所有新枝整枝在朝乔木倾斜的木棍上,将木棍的顶端小心且牢固地绑在树干上,另一端正好插在月季后面。如果在花园的边界上用这种方式种植,要记住月季的花朵会朝向阳光最强烈的方向生长。

种植标准苗型月季

大多数苗圃培育标准苗型月季的方法是使用玫瑰(*Rosa rugosa*)作为砧木并在上面芽接,然而玫瑰易生萌蘖条,这是一个问题;不过有些苗圃正在用其他砧木试验。要使萌蘖条数量降低到最少,不要将月季种得比土壤标记更深:较深的种植深度会促进萌蘖条的生长。如果有必要,将上层根系剪去,这样底层根系就不会种得过深。

标准苗型月季需要在盛行风向一侧立桩以提供支撑。在放置月季之前,将木桩牢固地插入种植穴中心附近,以免损伤根系,刺激萌蘖条的生长。将月季放置在木桩旁边,并让木桩顶端正好抵达月季位置最低的分枝。如有必要,调整木桩的高度。使用木棍或耙柄确保植株上的土壤标记与土壤表面平齐。

像种植灌木月季那样回填并紧实土壤。用两个月季专用绑带将茎干固定在木桩上,这样的绑带应含有缓冲,以防止木桩与茎干发生摩擦,但不要完全绑紧,直到月季在土壤中固定好。随着茎干的增粗,这些绑带在一个生长季中至少应该放松一次。

如何种植标准苗型月季

1 用木桩在种植穴中定位,并为月季的茎干留下种植穴中央的位置。将木桩打入土壤中,使其顶端正好位于月季树冠的下方。

2 将木棍横放在种植穴上,确定种植深度。以茎干上留下的旧土壤标记为指标,按照相同的深度进行种植。回填种植穴,紧实土壤。

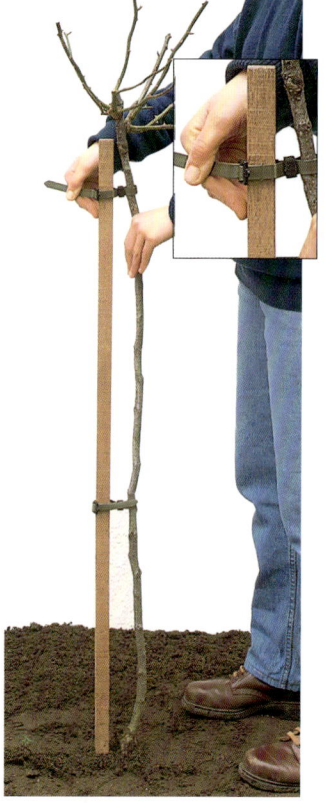

3 在月季树冠下和茎干中间用月季专用绑带将茎干绑在木桩上。剪去细弱和交叉枝条。

在容器中种植月季

矮生丰花月季和微型月季可以在容器中茁壮生长,不过尺寸更大的类型也可以成功盆栽,只要容器足够大。选择至少45厘米深的容器,以便轻松地容纳根系,并且能够让芽接结合部位位于基质表面以下。用瓦片盖住容器底部的排水孔,然后覆盖一层以土壤为基础的基质[约翰英纳斯三号(John Innes No.3)]或者等效物。将月季放置就位,然后继续在根系周围回填土壤。每年使用颗粒月季肥料进行一次或两次表层施肥。在春季和夏季保持盆栽月季的充分灌溉。虽然可以只在容器中央种植一株月季,但是如果你的容器足够大,沿着它边缘均匀种植同一种类的三株或更多月季会产生更好的效果。

微型种植
矮生丰花月季或微型月季可以与喜欢相似生长条件的一年生植物或宿根植物种在一起。

日常养护

月季需要进行日常养护才能长成健康苗壮、对病虫害有抵抗力的植株。在施肥、浇水、护根、除草等养护上花费的精力，会换来贯穿花期的美丽繁花作为奖励。

施肥

月季会消耗大量养分，即使是准备良好的肥沃月季苗床，月季也会很快消耗掉其中的营养。许多重要的矿物质会随着雨水滤出流走，特别是轻质土壤。要想让月季繁茂生长，需要经常施加基本营养元素（氮、磷、钾）和微量元素配比均衡的肥料。市面上有很多专利生产的月季专用复合肥，其中一些是有机肥，或者以有机物质为基础。关于如何处理缺素症的信息，见"植物生长问题"，643~678页。

在春季修剪之后，趁土壤湿润的时候，在每株月季周围撒一把或者25~50克肥料。用锄头或耙子将肥料均匀地弄进土壤中，不要让肥料沾到月季的茎干上。在仲夏过后约一个月，当月季开第二次花的时候，用同样的步骤再施一次肥。这一年之后不要再施加普通肥料，因为这会促进秋季柔软枝条的生长，这样的枝条容易被冻伤。不过可以在秋初以每平方米60克的用量施加一层硫酸钾，帮助抽生较晚枝条的成熟，起到保护作用。

叶面施肥（绕过根系，直接将液态肥料喷洒在叶片上）一般只用于月季展览时，此时需要获得特别大的花和叶。不过，叶面施肥也可用于应对持续干旱和白垩土，在这两种情况下，月季都很难通过根系获得养分。

盆栽月季会很快消耗掉基质中的养分。为补充养分，每年将均衡肥料撒在基质表面并在生长季进行一次或两次叶面施肥，以维持健壮的生长。

浇水

月季的健康生长需要大量的水，特别是在刚种植的时候。太少且太频繁的浇水会起到坏作用，因为这会促使根系向土壤表面生长；相反，应该一次为月季浇满满一桶水，将它们根系周围的土壤浇透。

月季是深根性植物，可以在干燥而漫长的夏季和近干旱的条件下繁茂地生长，特别是在种植后很好地恢复了的情况下。在这样的条件下，花朵会比平常小，并且开放得很快。花瓣也容易被太阳灼伤。在花期中，不要在阳光强烈的时候为月季浇水，否则花朵会萎蔫。对于盆栽月季，每隔一天浇一次水，在特别炎热干燥的天气中每天浇一次水。

为月季覆盖护根

早春修剪施肥后覆盖一层8~10厘米厚的护根，有助于抑制杂草生长，以及维持土壤的高湿度和均匀的温度。完全腐熟的粪肥是理想的护根，能提供月季需要的许多营养。但是粪肥很难弄到，树皮屑或可可壳都是很好的替代物。关于进一步信息，见"表面覆盖和护根"，592页。

摘除枯花

摘除已经枯萎的花朵会促进年幼新枝的发育，使月季在花期开出更多的花。月季花受精之后会迅速枯萎，如果留在枝头不加处理，它们会抑制老花下面新枝的生长。

某些月季会长出蔷薇果，这会分走继续开花所需的能量。定期摘除枯死花朵，除非想要留下蔷薇果作观赏之用。在秋季，即使月季继续开花，也不要再摘除枯花，以免促进柔软新枝的生成，这样的新枝会被初霜冻伤。

月季的移植

月季可以在任何年龄移植，但株龄较大的月季更难适应移栽。大龄月季的根较粗，并且扎得很深，对于移栽恢复至关重要的细吸收根也少。移栽不到三年或四年苗龄的

萌蘖条及其处理

萌蘖条是从芽接结合处下方、直接在品种嫁接的砧木上长出的枝条。它们一般较细，并且呈现比品种枝条更浅的绿色，刺的形状或颜色不同，复叶颜色也较浅，有七片或更多小叶。

萌蘖条出现后就立刻将其去除，防止砧木将能量耗费在萌蘖条的生长上。某些砧木更容易产生萌蘖条，特别是在种植深度过深的情况下。霜冻或者锄头、木桩造成的根系受损都会刺激萌蘖条的产生。

将萌蘖条从砧木上扯掉，能够去除萌蘖条与根系相连处的休眠芽。不要将其剪掉，这相当于修剪，会刺激更多健壮的萌蘖条生长出来。

标准苗型月季茎干上长出的枝条也是萌蘖条，因为茎干是砧木的一部分。它们通常拥有典型的玫瑰深绿色叶片。用手将它们扯下或者用小刀将它们从基部削去。

萌蘖条的生长方式
萌蘖条（上图右侧）直接从砧木上长出来。如果只从地面上剪掉，它会再次抽生出来并分走更多的能量。

去除灌木月季的萌蘖条

1 小心地挖走土壤，露出砧木根系。检查从芽接结合处下方长出的可疑枝条。

2 戴上保护手套，将萌蘖条从砧木上扯下来。回填挖出的洞，并轻轻压实土壤。

在标准苗型月季上，扯掉任何从茎干上长出的萌蘖条，注意不要撕破树皮。

月季并不困难，但不要将它们移栽到种植月季时间较长的苗床中（见"月季的连作问题"，164页）。

最好只在休眠期移栽月季，并且总是移入准备良好的苗床中。首先用铁锹在根坨外至少25厘米周围松动土壤。再用铁叉从外面叉到植株中央底部，将其抬升掘起，得到一大坨土壤，尽可能不要干扰根系。在松散土壤中，使用铁锹将月季掘出，以免土壤从根系脱落。剪去所有粗劣的根，并将根坨包裹在塑料布或麻布中，防止根系脱水；移栽后立即并定期浇水，直到月季完全恢复。

秋季修剪

休眠期的强风会松动根系，令月季易受冻害。在黏重土壤中，被压缩的泥土会在茎干周围形成一圈缝隙，其中会填充水并在后来冻结。水冰冻之后发生膨胀，会损伤芽接结合处——这是月季最脆弱的部位。为了防止这样的情况发生，应该在秋季将高的杂种香水月季或丰花月季截短。

冬季保护

在温带气候区，月季只有在气候极为恶劣的冬季才需要保护。在极端天气中，严酷的冬季会直接冻死没有保护措施的月季。即使存活

盲枝

盲枝是指末在顶部发育出花芽的枝条。它们就像萌蘗条那样分走月季开花所需的能量（见"萌蘗条及其处理"，167页），所以一旦出现，就应立即剪掉。

将盲枝剪短一半，修剪至向外生长的芽，促使其生长、开花。如果没有芽，则将其剪至主干。

如何摘除月季枯花

1 丰花月季 花束中央的花朵最先凋谢，应该将其剪掉，维持整体的效果。

2 当所有花朵凋谢之后，将整个花束剪掉，修剪至萌发的芽或完全成形的枝条处。

杂种香水月季 将带有凋谢花朵的枝条剪至向外生长的芽（见内嵌插图）或完全成形的枝条处。

下来，植株也需要每年长出全新的枝条，并且花期变得极短。

如果在根颈部培土，杂种香水月季和丰花月季能够忍耐-10～-12℃的低温长达一个星期。用稻草或蕨叶包裹标准苗型月季的根颈部。在更寒冷的条件下需要提供更多保护，或者选择能忍耐极端低温的月季种类。能承受-20～-23℃低温的种类包括波邦月季、百叶蔷薇、中国月季、加州蔷薇（*Rosa californica*）和照叶蔷薇。如果温度降到-30℃，可以种植白蔷薇、大马士革蔷薇和法国蔷薇，以及某些蔷薇属物种，如黄蔷薇（*R. foetida*）和洛泽蔷薇（*R. palustris*）。有些蔷薇属物种如弗州蔷薇（*R. virginiana*）、光滑蔷薇（*R. blanda*）、狗蔷薇（*Rosa canina*）、紫叶蔷薇（*R. glauca*）能在-37℃的低温下存活。关于保护月季的全面指导意见，见"防冻和防风保护"，598～599页。

病虫害

蚜虫、白粉病、月季枯梢病、黑斑病以及锈病（见"病虫害及生长失调现象一览"，659～678页）是月季的常见病害，如有必要，应提前喷洒预防药剂。定期检查月季植株，观察到明显症状时立即采取行动。

繁殖

月季主要通过三种方式繁殖：采取插条、将芽嫁接在砧木上、播种。采取插条是最容易的方法，但等待时间最长——新植株需要大约三年（微型月季的时间较短）才能成形。大多数月季可以使用硬枝插条繁殖，特别是一些与野生物种亲缘关系紧密的品种，例如蔓生月季（见"硬枝插条"，617页）。在冬季十分寒冷的地区，使用半硬枝插条可能比使用硬枝插条更成功。

芽接需要已经种好的砧木，但通常会得到更强壮、更有生活力的植株（见"T字形芽接"，634页）。很多蔷薇属物种（如紫叶蔷薇）用种子繁殖也会真实遗传。具体指导见"使用种子种植蔷薇属植物"，605页。

秋季修剪

修剪前

（左）在仲秋至秋末，将高度超过75厘米的杂种香水月季和丰花月季剪短，避免强风摇动月季植株。

修剪后

（下）将灌丛的高度降低三分之一至一半，所有枝条均修剪至一个芽上端。

修剪和整枝

对月季进行修剪的目的，是促进茁壮健康的新枝代替细弱老枝，得到美观的形状和最佳的开花状况。将植株整枝在支撑结构上能促进开花侧枝的生长，并引导新枝生长到预定的空间。修剪的程度取决于月季的类型，不过某些修剪的原则适用于所有类型的月季。

修剪月季的基本原则

一把锋利、高质量的修枝剪是必不可少的月季修剪工具。长柄修枝剪和细齿修剪锯可用于去除粗糙多瘤的残枝和较粗的枝条。在进行所有的修剪时都要戴保护用的手套。

如何修剪

对枝条进行修剪时，在方向合适的芽上端剪一个倾斜的干净切口。这样的芽常常是向外生长的，不过如果松散扩展的灌木月季中央需要填补的话，这样的芽应该是向内生长的。如果看不到休眠芽，就剪到合适的高度，并剪去后来发展出的残桩。

剪去死亡和衰败的枝条，一定要剪到看见健康、白色的髓为止，即使这意味着几乎剪至地面。还要剪去交叉枝条，让空气和阳光自由进入月季中央。

保留繁茂细枝不修剪会带来好处。虽然这些枝条通常不开花，但它们往往很早萌发叶片，因此可以在生长季刚开始时为月季提供宝贵的能量。

何时修剪

在秋季叶落至春季芽萌发之间（月季休眠或半休眠时）进行修剪。在活跃的生长季修剪月季有时也是必要的，但会严重地阻碍生长。不要在霜冻时修剪月季，否则切口下面的生长芽会被冻伤，枝条会发生枯梢。经过严寒的冬季后，在春季将冻伤的枝条修剪至健康的芽。如果冬季的环境总是很恶劣，那么在春季撤去防寒材料之后，立即对月季进行修剪。相反，在月季的花朵几乎连续开放的温暖气候区，应该在较凉爽的月份里对它们进行修剪以诱导休眠，让它们进入一段人为安排的休整阶段。

种植后的月季修剪

几乎所有新种植的月季都应该进行重剪，以促进壮枝条和根系的发育。攀缘月季是个例外——在第一年只进行轻度的美化修剪，将所有细弱、死亡或受损枝条剪掉。将标准苗型月季的所有细弱、死亡或交叉枝条剪掉。对于种植地点的土壤缺乏养分的月季，最好进行程度不太高的修剪并经常施肥。

现代园艺灌木月季

现代月季在当年新枝上开花，所以应该进行程度较高的修剪，以促进健壮新枝的生长，得到更好的开花效果。

杂种香水月季

去除死亡、受损和染病的枝条，修剪至健康的部位。繁茂的细枝可以留在植株上（见"如何修剪杂种香水月季"，左）。用长柄修枝剪剪去之前修剪留下来的残枝，这些残枝虽然还健康，但并未产生任何有价值的新枝条。

从灌木中央疏剪细弱或交叉枝条，得到匀称并允许空气自由流通的分枝框架。对于紧密种植的花坛月季，匀称分枝框架不像对于作为园景植物种植的月季那样重要，后者会被人从各个角度观赏。

在温带地区，为得到良好的整体展示效果，应将主枝修剪至20～25厘米长，但在气候更为温和的地区，应该进行程度更低的修剪，剪至45～60厘米。要想得到展览级的花，应将主枝重剪至只保留两个或三个芽。

丰花月季和多花小月季

在对这些类型的月季进行修剪时，像对待杂种香水月季那样清除所有没有收益的枝条。剪短所有侧枝，尺寸较小的品种剪短约三分之一，对于较高大的品种如'莎莉·福

做出修剪切口

用修枝剪在芽上端做切口。注意不要离芽太远，留下一截残枝，否则枝条会染病并导致枯梢。如果发生了这种情况，就将枝条一直剪到健康的木质部出现的地方。

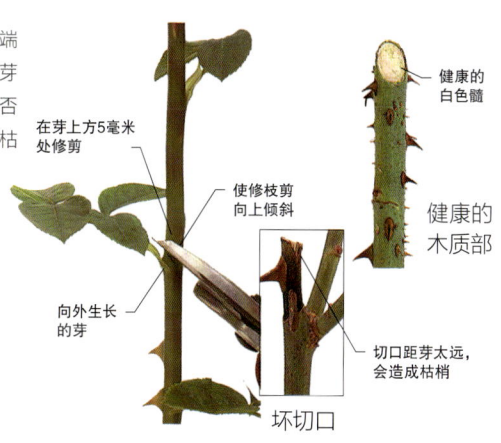

如何修剪杂种香水月季

在秋季或春季进行重剪，剪掉所有没有收益的枝条，并将主枝截短，得到壮、匀称的分枝框架。

剪去交叉和拥挤的枝条，得到中心开展的植株。

去除所有死亡以及有受损或染病迹象的枝条。

将主枝修剪至距地面20～25厘米。

修剪新种植的灌木月季

将新种植的灌木月季修剪至距地面约8厘米。修剪至向外生长的芽，并清除所有被冻伤的枝条。

尔摩斯'月季,应将侧枝剪短三分之二。将主枝截短至30~38厘米,但对于较高品种,截短枝条长度的三分之一即可。不要再提高修剪程度,除非是为了展览而种植月季,因为这样会减少接下来的生长季的开花数量。

矮生丰花月季

这类月季是丰花月季的低矮版本,应该用同样的原则在秋季或春季修剪。

微型月季

修剪微型月季有两种截然不同的方法。简单的一种是只施加最低程度的修剪:剪去枯梢的枝条,偶尔对过于茂密的杂乱细枝进行疏剪,截短所有过于苗壮并有损植株平衡的枝条。

第二种方法是像对待微型杂种香水月季或丰花月季那样进行修剪。除了最强壮的枝条,剪去所有其他枝叶,然后将剩余枝条截短约三分之一。这种方法还可以用来改善难看的株型(见"如何修剪微型月季",下)。

如何修剪丰花月季或多花小月季

在秋季或春季,剪去无收益的枝条并修剪侧枝。按照与品种高度合适的比例将主枝剪短。

将交叉或拥挤枝条剪至主干。

将所有死亡、受损或染病的枝条修剪至健康的芽。

将主枝修剪至距地面30~38厘米。

将侧枝剪短三分之一至三分之二,修剪至芽。

标准苗型月季

大多数标准苗型月季是将杂种香水月季或丰花月季的灌木品种或小型灌丛月季芽接在通常高1米且直立不分枝的茎干上形成的。像对待所有的灌木或灌丛月季那样进行修剪,将枝条剪短约三分之一,使其长度大概相同。对于标准苗型月季,得到四面美观的匀称树冠非常重要。如果树冠不匀称,较浓密一侧枝条的修剪程度应该较低,这样这一侧产生的新枝就没有较稀疏一侧产生的新枝多。

垂枝型标准苗

这类月季常常是将小花型蔓生月季品种嫁接在高约1.5米的茎干上形成的。它们柔韧的枝条是下垂的,只需要有限的修剪;当花朵凋谢后去除开过花的老枝,不要动当季长出的新枝。多季开花的垂枝型标准苗月季只需要在秋季进行轻度修剪,然后在冬季进行重剪。

如何修剪微型月季

修剪前
微型月季经常长出一团杂乱的细枝。这株月季的形状因为基部过于旺盛的枝条而变得不平衡。

修剪后
杂乱的细枝和受损枝条都被清除了,健壮的枝条被截短了一半。

如何修剪标准苗型月季

修剪前
在春季修剪标准苗型月季,防止树冠过重并保持树冠匀称,以便开大量花。

修剪后
所有死亡、受损的部分以及交叉的枝条都已经被修剪至健康的主枝。主枝被修剪至20~25厘米长,侧枝被剪短约三分之一。

修剪重复开花的灌丛月季

在整个花期,对这类月季进行疏剪以保持其健康。每年花期后进行一次修剪,需要剪短侧枝、不开花枝条以及部分老枝,以促进新枝生长。

定期疏剪杂乱细枝,并将开过花的枝条剪至主枝。

将侧枝剪短约三分之二,不要剪主枝。剪去所有死亡、受损或细弱枝条。

每三年至四年,将四分之一数量的主枝从基部剪去。

修剪单次开花的灌丛月季

花期后修剪,剪短主枝和侧枝。如有必要,在夏末再次修剪,以去除发育出的所有过长枝条。

将老而木质化的主枝剪短四分之一至三分之一

夏末
将所有过长枝条剪短约一半。

将侧枝剪短约三分之二。

灌丛月季、蔷薇属物种和古老园艺月季

和灌木月季不同,灌丛月季通常在较老的枝条上开花,有些种类可以基本不修剪,任其自然生长。对于其他种类,修剪是一种定期维护措施,目的是令老枝和在后续年份开花的苗壮新枝达成平衡。灌丛月季的株型差异巨大,枝条天然拱形弯曲的品种可能被过于热情的修剪毁掉。

单次开花的灌丛月季

一年只开一次花的月季可以在花期结束后的仲夏至夏末修剪。这个类群包括许多古老月季,如白蔷薇、百叶蔷薇、大马士革蔷薇、法国蔷薇、杂交麝香月季、苔蔷薇、密刺杂种蔷薇和锈红杂种蔷薇,以及蔷薇属物种,还有一些现代灌丛月季、微型月季和玫瑰。彻底剪去任何死亡、染病或受损枝条,然后去除任何交叉枝和细弱、瘦长枝条。

将主枝剪短三分之一,不修剪茁壮新枝。剪短侧枝以去除枯萎花朵。

对于成形植株,疏剪细弱的拥挤枝条可能是必须做的。完全剪掉植株中央的任何较老、开花较少的枝条。植株边缘裸露且细长的枝条可以在冬末剪短至接近地面高度,以刺激新枝从植株基部萌发。

对于蔷薇属物种和其他为观赏蔷薇果而种植的月季,在夏季留下大部分茁壮的开花枝不修剪,或者只是稍微剪短。

重复开花的灌丛月季

这个类群包括中国月季和波特兰蔷薇,以及许多现代灌丛月季(包括英格兰月季)。修剪方式和丰花月季一样,不过如果想要得到较大的灌丛,修剪程度可以不那么高。

在冬末将主枝截短三分之一,以创造均衡的框架。英格兰月季可以剪得更重,例如剪短一半,除非需要更高的植株。将健壮的侧枝剪短至保留两个或三个芽。对于成形植株,老枝可以剪短至近基部,以刺激茁壮更替枝条的生长,这些枝条将在第二年开花。

重复开花的英格兰月季
对英格兰月季——如上图中的'港口阳光'月季(*Rosa* PORT SUNLIGHT)——摘除枯花,将确保它们连续开放丰富的花朵。

攀缘月季的修剪和整枝

在种植后的头两年,只需要剪去没有收益的枝条。从第三年开始,在秋季花期过后修剪。

将侧枝剪短约三分之二或约15厘米,修剪至某个向外生长的芽。

将所有新枝绑扎到间距15~20厘米的水平金属丝上;枝条不要交叉。

去除所有染病、死亡枝条或杂乱细枝,修剪至健康部位或主枝。

对于重复开花的月季,应在整个夏季持续摘除枯花,以刺激后续开花。对于较大的植株,按需要疏剪枝条,缓解植株内部的拥挤。

攀缘月季和蔓生月季

这些月季很少需要修剪,但需要每年整枝。攀缘月季和蔓生月季都不能自我支撑,如果整枝不当,很难大量开花,并且基部会变得裸露。某些灌木月季,如一些杂种麝香月季,会伸出角度尴尬的长枝条,可以将其整枝在墙壁或其他支撑结构上。

攀缘月季

在种植后的第一年和第二年(除非第二年它们长得异常茂盛),除了去除死亡、染病或受损枝条,不要修剪攀缘月季。对于灌木月季芽变得到的攀缘品种,头两年内一定不要修剪,否则它们可能回到原来的

成熟蔓生月季的修剪和整枝

头两年过后,在夏末花期刚刚结束时修剪,剪去所有死亡、染病或细弱枝条,然后将新枝整枝。

将侧枝剪短至保留2~4个健康芽或枝条。

用长柄修枝剪将所有老迈枝条剪至地面。

将所有枝条尽量水平地绑扎在金属丝上。

对插花和展览所用月季进行摘蕾

人们种植月季常常是为了得到切花,并用于插花或展览。特别建议将有些品种用于此项用途。可以种植同一品种的数棵灌木,以扩大花朵的选择范围。

要想促进优质花朵的形成,对植株进行重度修剪,以产生数量有效的健壮枝条,每根枝条一季只开八朵或九朵花。额外施肥以维持健壮生长。

月季常常需要摘心才能开出展览需要的花朵。对于杂种香水月季,将新形成的侧蕾摘掉,让主蕾充分发育。将丰花月季中央的花蕾摘除,以确保其余花蕾在大致相同的时间开放。在参加展览时,同一品种的花朵应该大小一致。健康美观的叶片也很重要。

杂种香水月季
一旦花蕾长到容易操作的大小,就立即将所有侧蕾掐掉,留下中央的顶蕾继续生长。

- 留下顶蕾继续发育
- 掐去侧蕾

丰花月季
将每个花束中央的花蕾掐去,以得到一致的开花效果。

- 掐去顶蕾
- 留下侧蕾继续发育

气味芬芳的切花
重复开花且香味浓郁的'格特鲁德杰基尔'月季[Rosa 'Gertrude Jekyll' ('Ausbord')]特别适合用作切花。

'梦想时光'月季
- 高耸的圆锥形花心
- 圆形轮廓
- 紧实、无瑕疵的花瓣
- 干净、未损伤的叶片
- 开放四分之三的花朵
- 外层花瓣均匀反卷

'汉娜·戈登'月季
- 紧实、无瑕疵的花瓣
- 美观的轮廓
- 完全盛开的花朵
- 干净、未损伤的叶片
- 雄蕊不褪色
- 优美新鲜的花色

灌木状态。攀缘微型月季和波尔索月季的修剪方式与攀缘月季相同。

在新枝条够着支撑结构时开始整枝。将它们整枝在水平的支撑结构上,可促进开花。在不能这样整枝的地方,如门和窗户之间的狭窄区域,选择高灌木月季和攀缘月季的过渡类型品种。许多这样的品种会从植株基部到顶部开出很好看的花,并不需要专门修剪,如'金雨'月季、'约瑟夫外套'月季('Joseph's Coat')和一些较健壮的波邦蔷薇。

许多攀缘月季能维持多年良好的开花而基本不用修剪,只需除去死亡、染病枝条或杂乱的细枝。在花期过后的秋季修剪。不要修剪强壮主枝,除非它们超出了自己的既定空间。如果发生这样的情况,按照合适的比例将其截短,否则只将侧枝剪短。在枝条还柔韧时,将所有当季新枝整枝在支撑结构上。

如果灌木月季的基部变得十分裸露,偶尔进行更新修剪也是必要的。将一根或两根较老主枝修剪至距地面约30厘米,以促进健壮新枝发育并代替老枝。在接下来的数年重复这一程序。

蔓生月季

与攀缘月季一样,蔓生月季也能在没有任何正式修剪的情况下正常生长很多年。与大多数攀缘月季相比,它们从基部抽生的枝条数量更多,如果不仔细整枝,会长成一团无法梳理的纠缠枝条。这样会造成空气流通不畅,易产生病害,并且很难为植株彻底喷洒药剂。

在夏末修剪蔓生月季。在头两年,只将所有侧枝剪短约7.5厘米,剪至健壮的枝条;同时去除所有死亡或染病枝条。在后来的年份中,对月季进行程度较高的修剪,维持其框架。将所有枝条从支撑结构上解下,如果可能的话,将它们平放在地面上。将四分之一至三分之一的最老枝条修剪至地面,留下新枝和部分较老但仍然健壮的枝条用于绑扎,得到匀称的框架。

将主枝尖端所有未成熟的部分剪去,并剪短所有侧枝。将超出有限空间或破坏整株平衡的枝条剪短。枝条尽量接近水平整枝,促进花朵开在满满地沿着主枝生长的新生短侧枝上。

整枝在拱门、藤架、柱子和乔木上

攀缘月季或蔓生月季可以整枝在柱子、拱门或藤架上。将主枝扭曲在直立结构上,促进开花枝在下方形成。在枝条成熟变硬之前,将它们按照自然生长方向小心地整枝。这对于枝条坚硬的攀缘月季很重要。用麻线或塑料月季绑结将它们绑扎起来;这些绑结要便于在修剪时解开,或者随着月季的生长加以松动。一旦主枝长到支撑结构的高度,就对其进行定期修剪,将月季限制在生长范围内。

过多、过长的侧枝会毁坏柱子上月季的外形,不过少量额外修剪就能很快弥补这一点。在春季将侧枝截短15厘米,保留三个或四个芽。

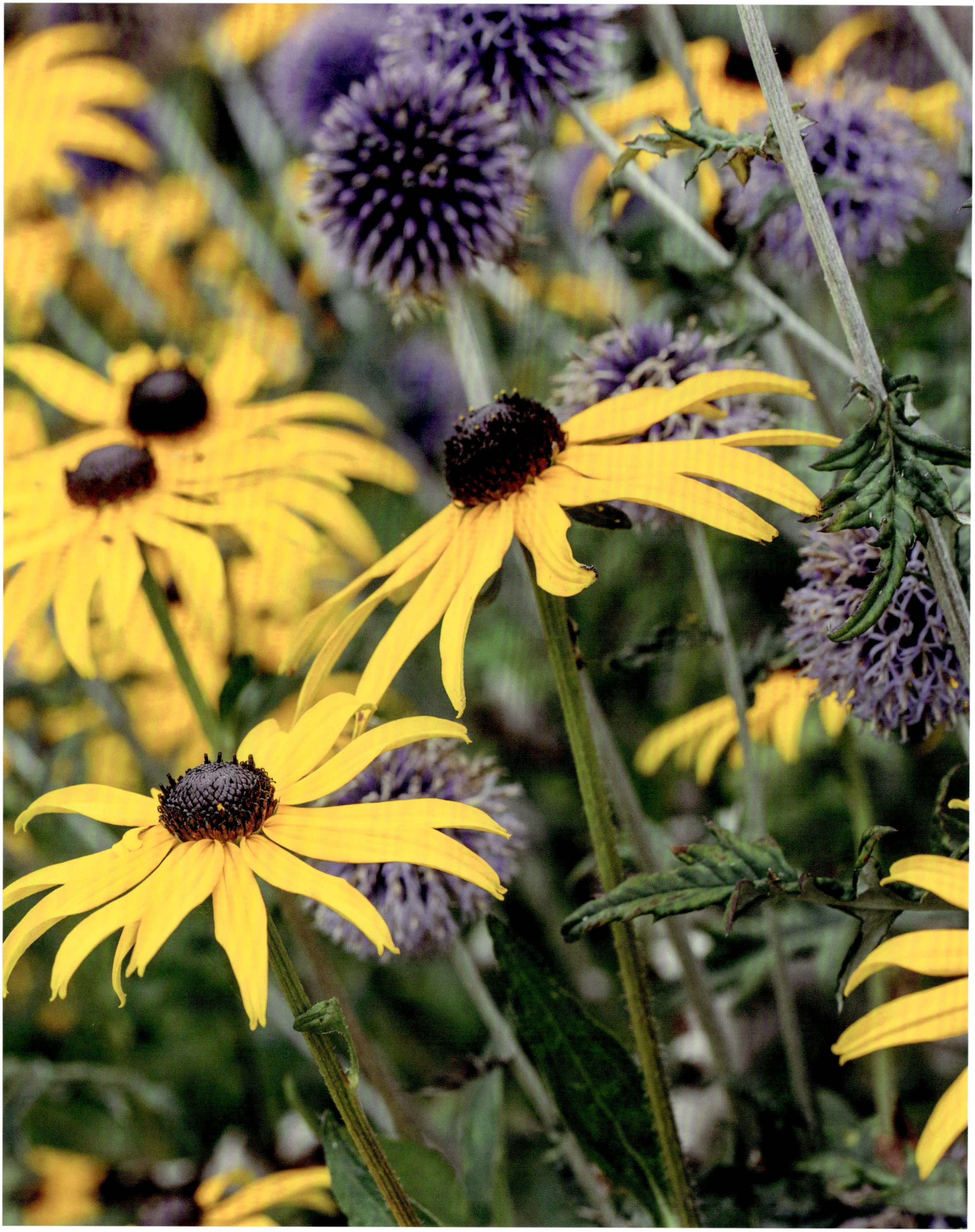

宿根植物

色调丰富多彩的花朵，纷繁复杂的形状和质感，常常带有美妙的香气，正是因为这些特质，宿根植物才会在花园中得到如此广泛的应用。

它们的多样性让它们可以用在大多数花园中，而它们的可靠性又让它们成为持久的快乐源泉。对许多人来说，传统的宿根花境就是园艺之美的缩影，但宿根植物在混合花境中也同样美丽，它们可以混植于灌木、一年生植物、球根花卉和蔬菜中，亦可盆栽或作为地被。既有纤秀的羽状复叶，又有香鸢尾那样的条带状叶子；它们的花也能满足各种需求，从精巧秀丽的丝石竹属（*Gypsophila*）植物到华贵雍容的芍药。部分宿根植物花期过后还有美丽的果，如八宝属（*Hylotelephium*）和金光菊属（*Rudbeckia*）植物。在安静的树木背景下，宿根植物能够提供几乎不受限制且不断变化的种植组合。

花园中的宿根植物

按照严格的植物学定义来讲，这类植物应该称作草本宿根植物，但人们常将其简称为宿根植物。"草本"解释了每年地上部分枯死这一事实，而"宿根"指的是根系能够存活三年或更长时间。少量宿根植物如臭铁筷子（*Helleborus fortidus*）是常绿的，在冬季很有价值。

选择宿根植物

大部分宿根植物会在秋季结束之前完成开花、结果，然后逐渐枯萎到地面，进入冬季的休眠期。有些会保留木质化基部，如黄花蓍草（*Achillea filipendulina*），或肉质枝条，如欧紫八宝（*Hylotelephium telephium*）；而其他种类完全消失在地下。有些宿根植物在炎炎夏日而非寒冷冬季进入完全休眠，如东方多榔菊（*Doronicum orientale*）。大部分宿根植物在夏季开花，不过有些种类，如阔叶山麦冬（*Liriope muscari*）和爪斑鸢尾（*Iris unguicularis*），在秋季和冬季为花园增色；东方铁筷子（*Helleborus orientalis*）和肺草属（*Pulmonaria*）植物在早春开花。

比任何其他类群植物都突出的是，宿根植物拥有极为多样的形状、形式、色彩、质感和香味。大部分用来观花，也有很多种类拥有美观的叶子——从玉簪属植物有棱纹且开展的叶子或鸢尾属的剑形叶子到茴香（*Foeniculum vulgare*）玲珑剔透的纤薄叶片。大多数宿根植物的花期只有数周——叶子持续的时间几乎总是比花长。

宿根植物的株高差异极大，从只有5厘米高的猬莓属（*Acaena*）植物到可达2.5米或更高的柳叶向日葵（*Helianthus salicifolius*）。低矮的宿根植物可用于花境前缘或穿插在灌木中，而高的宿根植物一般用在花境后方，赋予植物设计高度和结构。株型优美的宿根植物[如百子莲属（*Agapanthus*）]或某些观赏草[如新西兰丛生草（*Chionochloa rubra*）和'霜卷'缨穗苔草（*Carex comans* 'Frosted Curls'）]，可在花境或盆栽中用作标本植物。

某些宿根植物单凭其香气就值得种植，如许多康乃馨、石竹（*Dianthus*）以及铃兰（*Convallaria majalis*）。康乃馨和石竹非常适合种在高花坛或窗槛花箱中，而可用作地被的铃兰在阴凉的灌木林中生长得很好。其他宿根植物如长药八宝（*Hylotelephium spectabile*）以及众多菊科和伞形科植物如紫菀属植物和当归属（*Angelica*）植物开出的花朵能吸引有益昆虫，如蜜蜂和蝴蝶。

还可以选择拥有美丽果实或优美冬季形态的宿根植物将观赏期延伸至秋季和冬季。茴香、西伯利亚鸢尾（*Iris sibirica*）以及蓍属（*Achillea*）植物等都会在你最意想不到的时候给你惊喜。鸟类可以从这些果实上得到双重收获：它们喜欢吃其中的种子，还能够以寄居在空心茎干和果实中过冬的昆虫为食。

和所有植物一样，当为种植设计选择宿根

自然式花境
有力的深绿色欧洲红豆杉（*Taxus baccata*）背景衬托出了混合宿根植物的自然感和多样性。

岛式花坛

这个花坛的形状反映了周围的轮廓。最高的植物应该种在中间，最低的种在边缘。在这里，提供高度的是落新妇属（*Astilbe*）、半边莲属（*Lobelia*）和蚊子草属（*Filipendula*）植物。

植物时，要保证它们能够适应种植地的生长条件，如土壤、小气候以及花坛或花境的朝向。对于一些高大的宿根植物（如翠雀），如果不想让它们被强风吹倒，需要对它们立桩支撑。低矮种类株型紧凑，适合用在较小的花坛里，而且常常不需要立桩。在适宜的环境中，宿根植物更容易繁茂地生长，与那些在不良生长条件中挣扎的植物相比，所需要的养护也更少（见"位置和朝向"，185页）。

花境中的宿根植物

宿根植物按照传统种植在长长的矩形苗床中，形成草本花境，最矮的植物种在前面，更高的植物种在后面。它们的观赏期只限于夏季。在一些古老的历史花园中还可以看到这样的例子。在较小的花园中，更实用且观赏期更长的是混合花境，其中含有多种植物，包括花坛植物、灌木、攀缘植物、开花小乔木，以及宿根植物。

成功的花境需要养护。有些植物需要立桩支撑，而在夏季天气干旱期间，补充浇水可能是必需的。很多宿根植物需要每两年进行分株，既是为了让植株重焕活力，也是为了防止它们超出自己的既定空间。

岛式花坛

被草坪或铺装包围的岛式苗床可以从四面观赏和操作，所以种植设计应该保证所有角度的美观。和草本花境一样，草本花坛也在夏季展示出最美的一面。为延长观赏期，可以在宿根植物中混植各种球根花卉以及一两株灌木。

因为较难抵达花坛中央，所以植物应该是健壮、低矮或紧凑的，这样就用不着立桩固定。不过岛式花坛中的植物一般不太需要支撑，因为较高的光照水平和较好的空气流通会让它们比花境中的植物更加健壮。

圆形、方形或长方形岛式花坛适合用于规则式环境中；在自然式花园或地形稍稍波状起伏的地方，更适合使用带自由曲线的岛式苗床。避免使用复杂的形状和紧张的线条，否则很难维护，并且会降低植株本身的观赏性。

在土壤贫瘠或易于过涝的花园中，抬升岛式花坛可以为挑剔的宿根植物、较坚强的高山植物以及地中海植物改善生长条件。花坛高度的增加也最大限度地减少了养护时弯腰的需要——这对于体弱或年老的园丁很重要。

北美草原式种植

北美草原（prairie），具体地说是美国中西部的草原，但这个词已经被用来代指一种园艺风格，这种风格是为了满足对吸引野生动物的低维护种植需求而开发的（见"北美草原式种植"，264~265页）。北美草原式种植通常涉及将富含花粉和花蜜的晚花宿根植物（如紫菀和金光菊）与禾草结合使用。它们在夏末初秋状态最好，但观赏性会一直持续到深秋甚至初冬。紧密的种植消除了立桩需求，因为植物会支撑彼此。植物不需要施肥或浇水，也不摘除枯花：种子穗会在冬季留在植物上，为鸟类和其他野生动物提供食物来源。这些植物往往会长到相似的高度。北美草原植物也可以与灌木（包括松柏类和石南类）相结合，形成低维护混合花境。

虽然北美草原式种植在大尺度上最有效，特别是在坡地上，但它也可以用在更受限的区域。开阔且阳光比较充足的环境是最合适的。

花坛与花境的设计

无论是草本花境还是混合花境，抑或是岛式花坛，设计种植方案时的总原则是大体相似的。植株高度、体量、尺度、质感、顺序、形式、颜色等都是影响设计的变化因素。种植是一个非常个人化的问题。每个人都有最喜欢的植物、色彩以及搭配的既定观念。

想象力和个人品位会不可避免地影响种植方案，不过要得到美观的花境也有一些需要遵循的基本原则。

一般原则

草本花境可以设计并种植成各种风格，奠定或强化花园的个性和基调。以修剪整齐的树篱作为背景且边缘清晰笔直的花境具有很强的结构性，这在冬季很美观，在夏季可以用种植来进行柔化。形状不规则的岛式花坛形式非常随意，但在冬季不能为花园增添魅力。外形高贵大方的植物，如羽扇豆、翠雀和婆婆纳等，如果按照严格的色彩方案以充满韵律感的节奏种植，则会带有某种程度的规则感。更随意的方法是引入株型较松散的植物，如丝石竹（*Gypsophila*）和柔软羽衣草（*Alchemilla mollis*），然后随机加入关键的园景植物，如'秋喜'八宝栽培群（*Hylotelephium* Herbstfreude Group）。

在开始种植设计前，先列一张你想使用植物的清单。其中应该包括你想要保留的任何现有植物，以及经过透彻研究的、将覆盖所有季节的其他植物，这些植物还得适合你的花园。

为植物留出发育成熟需要的空间，要将它们生长速度的差异考虑在内。在等待主要植物长到预定高度和冠幅之前，生长缓慢的植物周围可以种植耐阴地被（见"地被宿根植物"，183页）来填充空地。

首先确定位置的是基调植物，如灌木、月季、任何壮观的宿根植物和观赏草，以及重要的景致植物。最后决定在哪里放置较小的植物。开始种植前，按照种植图将植物摆在种植区域，并在这个阶段完成所有的调整。无论之前的种植方案做得多么仔细，微小的改动都是不可避

体量与色彩

成团种植的宿根植物在这个自然式花境中创造出成片的质感和色彩。蓝色翠雀的高大直立花序提供了高度和对比，而石蚕属（*Stachys*）、福禄考属（*Phlox*）、媚草属（*Knautia*）和鼠尾草属（*Salvia*）提供更柔和的色调，并填补了灌丛月季之间的空隙。

免的，因为没有两座花园是一样的，植物在其中的反应亦有不同，无论你有多了解它们。

种植尺度

虽然花坛和花境的大小通常是由周围空间决定的，但种植的尺度也应该将花园和附近建筑物的尺度考虑在内。

花境或花坛的范围变化很大，但总的原则是，作为背景的花园越大，花境或花坛就可设置得越大。两个大花坛比三个或四个小花坛更好；它们会增强空间感，不让花园看起来过于零碎。

花境的深度应该不小于1.5米，最好是3~5米深，具体取决于道路的长度和宽度。这能保证足够的种植宽度，得到有层次的均衡效果。

对于从远处观赏、一侧是宽阔道路的大型花境，应该种植醒目的成簇植物，产生足够的视觉冲击力。观赏距离越短，种植尺度就应该越小，这样当你沿着花境踱步时，你依然会觉得它很可爱（见"成团种植"，179页）。

植株高度的变化

传统上，高的植物放在花境的后方，然后逐渐降低株高，得到多层的效果，保证每种植物都不会被隐藏起来。

在岛式花坛中，最高的植物位于中央，最低矮的位于四周。这样的种植方法会得到规则式的效果。可以在前景中引入较高但通透的植物，增加神秘感和对比效果，这会给总体的种植方案带来较强的起伏。

许多修长的植物，如柳叶马鞭草（*Verbena bonariensis*）或许多观赏草如大针茅（*Stipa gigantea*），能提供额外的高度，还能让视线穿过它们，看到另一面的景致。将质感丰富的宿根植物如开着柔软圆锥花序的'透明'苇状蓝沼草（*Molinia caerulea* subsp. *arundinacea* 'Transparent'）种在前面，足以从花坛边缘触摸到。

一般来说，花期晚的宿根植物是最高的，因为它们的生长期最长。这可能导致夏末开花的植物高高地耸立在早花植物的枯花上。为了隐藏早花植物如东方罂粟凋谢后的空隙，可以在距离花坛前部较近的地方种植一些较矮的晚花植物，如'卡西诺山'紫菀（*Aster pilosus* var. *pringlei* 'Monte Cassino'）。

一般来说，花坛或花境越宽，植物就越高；非常高的植物在狭窄花境中会显得很尴尬，并且最高植物到最矮植物的角度看起来会过于陡峭。

成团种植

同一品种的数棵植物可以成功地聚集成簇种植。特别是在花境的后部和花坛的中央，一大团同种植物会带来很好的冲击力，而在前景中，较小的团块可以增加多样性和趣味性。取决于种植方案的尺度，团块中植株的数量应保持在三株或以上，最多可达十二株。要想得到流线型自然式风格，应采用奇数种植——偶数会为花坛或花境带来某种规则感。还应引入不同大小的团块。如果有疑虑，可使用竹竿、扫帚或其他更有体量的支柱代表植物的"轮廓",以确定空间中植物的分配。叶子较小的宿根植物在成团种植时更加美观,例如,叶子小巧的阴地虎耳草(*Saxifraga* x *urbium*)最好以七株或更多植株丛植,而叶子宽大的岩白菜属(*Bergenia*)物种和杂种以三株丛植效果最好。至于叶子巨大的长萼大叶草(*Gunnera manicata*),单株种植就足够引人注目了(见"孤植",182页)。

轮廓鲜明的宿根植物如花序直立的具茎火炬花(*Kniphofia caulescens*)在小团块种植时比那些形式一般的植物如花朵松散的暗色老鹳草(*Geranium phaeum*)效果更好。

形态和轮廓

宿根植物的株型多种多样,包括直立形、圆球形或拱形。将形式迥异的成团植物搭配在一个花境或花坛中,得到一系列装饰画般的图案。例如,在圆锥丝石竹(*Gypsophila paniculata*)和心叶两节芥(*Crambe cordifolia*)云雾般的花朵映衬下,翠雀或独尾草属(*Eremurus*)植物的修长花序就像巨大的彩色感叹号。当鸢尾和其他条形叶植物的强烈垂直线条与'月光'蓍草(*Achillea* 'Moonshine')或'马特罗娜'欧紫八宝(*Hylotelephium telephium* 'Matrona')的花序水平出现在一起时,也会形成对比。

有些植物自然分为两层,本身就能带来对比,如'深紫'掌叶大黄(*Rheum palmatum* 'Atrosanguineum'),它在下面长出一层高约1米的红紫色叶片,并在叶片上方长出由小花组成的尖塔形羽状花序。

理解植物的质感

虽然花朵能为种植方案带来整体质感,但叶片提供了最强的视觉冲击,因为它在一年中持续时间最长。即使从远处看,它也能创造醒目的对比和微妙的和谐。轮叶金鸡菊(*Coreopsis verticillata*)的秀丽叶片或茴香的细丝状叶子都非常纤巧,而优美大玉簪(*Hosta sieboldiana* var. *elegans*)等植物的巨大单叶则会产生一种醒目的质感效果。观赏草尤其能够为花园带来各种不同的质感。细细的花梗和条形叶片看起来非常柔顺,但又很强壮,在风中摇摆着,发出沙沙的响声,为花园增添了一抹动态效果。许多种类很强壮,花序能保留整个秋季甚至可保留到冬季,如'马来帕图'芒(*Miscanthus sinensis* 'Malepartus')或'卡尔·弗斯特'尖花拂子茅(*Calamagrostis* x *acutiflora* 'Karl Foerster')。

质感还受叶子表面的影响,无论长药八宝无光泽的蜡质叶片、岩白菜(*Bergenia purpurascens*)的革质叶子,还是毛剪秋罗(*Lychnis coronaria*)毛茸茸的叶子。你需要理解叶子质感如何影响种植方案。例如,有光泽的叶片会反射光线,天气晴朗时会增添闪烁的光芒,而无光泽的叶片会吸收光线,创造更幽静的效果。

至于形式,将质感对比明显的成团植物搭配在一起可增加趣味性。例如,柔软羽衣草那柔软起褶的叶片和刺芹属(*Eryngium*)植物多刺的茎干和锯齿状的叶片能形成很好的对比效果。耐寒的老鹳草属(*Geranium*)物种和品种以及匍匐筋骨草(*Ajuga reptans*)等地被宿根植物特别适合充当其他植物的低矮背景,并填补种植方案中的空隙,增加质感(见"地被宿根植物",183页)。

色彩的融合与对比

色彩的选择是一件非常个人化的事情。每个人都有自己的偏好和嫌恶。重要的是选择让你感到舒服的色调,无论它们的流行情况如何,也不要管别人的意见。像调色板那样严格分区的色块可以很壮观,但难以融入小型花园中。

为得到最广泛的植物种类,应该选择在同一时间或连续季节出现的多种色彩。如果你担心这样的效果太过喧闹,可以尝试剔除一种色彩之后的其他所有颜色。最尴尬的搭配应该是橙色和粉色。用其中之一搭配黄色、紫色、蓝色和红色得到的效果非常美观。你也可以选用互补的颜色,就是在色环上相对的色彩,如橙色和蓝色、黄色和紫色、绿色和红色。另一种选择是相近色,可以将暖色调的黄色、红色和橙色融合在一起,或者将冷色调的粉色、蓝色、紫色和淡紫色搭配使用。这是园艺界老前辈格特鲁德·杰基尔(Gertrude Jekyll)所常用的。

在单色种植设计中,叶子的角色和花一样重要。然而,这样的单色方案不但限制了植物种类,还很容易显得单调乏味,除非设计中有强烈的对比和变化。例如,在创造一个白色花园时,必须融入各种类型的白色,如奶油白、粉白和青白,以及各种色调的绿。引入对比鲜明的叶色、叶形和质感,有助于为种植方案带来张力。因此,在白色花园中,除了浅绿、中绿和深绿的叶,还可以使用银色、灰色或灰绿色的叶子。

一般来说,彩叶植物会强调色彩感,特别是在混合花境中,树叶为金色、银色或红色的灌木

和谐的质感
不同形式和质感可以在花境中创造繁茂而充满异域风情的感觉。洋红色、橙色以及红色等暖色调的使用与绿色和较浅的颜色形成了令人愉悦的对比。

得到全年观赏价值，常绿宿根植物如麻兰（*Phormium tenax*）和常绿大戟（*Euphorbia characias* subsp. *wulfenii*）都是很好的选择。在背风处，可以尝试使用拥有灰绿色整齐锯齿状叶片的蜜花（*Melianthus major*）。许多观赏草可提供很长的观赏期。其中外形最美丽动人的包括'卡尔·福斯特'苇状蓝沼草（*Molinia caerulea* subsp. *arundinaceae* 'Karl Foerster'）——它那修长的穗状花序会在雨中优雅地低垂，花序又高又轻柔的大针茅（*Stipa gigantea*），以及拥有轻快柔和羽状花序的'格罗斯喷泉'芒（*Miscanthus sinensis* 'Grosse Fontäne'），这些花序如果不剪掉，在秋季和冬季尤其引人注目。

其他观赏期稍短的宿根植物也能因其形状、花朵或叶子成为引人注目的植物。从奥林匹克毛蕊花（*Verbascum olympicum*）毛茸茸的高耸茎干，到喜湿的长萼大叶草（*Gunnera manicata*）的庞大叶片或'莎拉·本哈特'芍药（*Paeonia lactiflora* 'Sarah Bernhardt'）的华贵花朵。这些植物在冬季会枯死，因此最好在附近放置其他景致，如一株盆栽植物，以延长它们的观赏期。孤植植物最好用平淡背景衬托，如树篱、墙壁或草坪区域，以免喧宾夺主。

在容器中种植宿根植物

宿根植物可种在露台、庭院、阳台或屋顶花园摆放的容器中。以这种方式种植可引入在冬季需要遮盖保护的植物，以及需要的土壤类型与花园土壤不同的种类，如喜湿的'深紫'掌叶大黄（*Rheum palmatum* 'Atrosanguineum'）。花盆和容器对于那些具有入侵性的植物也很适合，如'花叶'宽叶羊角芹（*Aegopodium podagraria* 'Variegatum'）或'花叶'蕺菜（*Houttuynia cordata* 'Chamelon'）。许多盆栽常绿宿根植物如岩白菜（*Bergenia purpurascens*）和阔叶山麦冬（*Liriope muscari*）可以全年提供观赏价值，而草本宿根植物最好与常绿灌木或冬季开花的球根花卉如冬菟葵（*Eranthis hyemalis*）种在一起，以延长观赏期。

一般来说，容器摆放在一起比在花园中散布的效果更好，植物在一起创造的小气候也对它们的生长有好处（见"盆栽园艺"，315~345页）。

全年观赏价值
这片异常繁茂的草本花境中鲜花很少，但观赏期很长。放置在前景中的是羽毛状的狼尾草（*Pennisetum alopecuroides*）、叶片呈条形的麻兰属（*Phormium*）植物以及'秋之喜'八宝（*Hylotelephium* 'Autumn Joy'），而'普米拉'蒲苇（*Cortaderia selloana* 'Pumilla'）则构成背景的一部分。这样的组合可以使你一直观赏到冬季。

地被宿根植物

地被种植特别适合维护水平很低的区域，如林地和灌木丛地带，或者需要植被固坡的土堤。它对于原本土壤裸露的区域也很重要，因为地被不但能防止表层土侵蚀和养分流失，还能减少水分蒸发和杂草滋生。

许多地被植物能适应荫蔽环境，因为它们的自然生境就是林间下层，所以和较高的宿根植物、灌丛月季和其他灌木一起种植时效果非常理想，特别是当这些植物还年轻、需要数年才能长大的时候。地面可以用耐阴的早花宿根植物如香堇菜（Viola odorata）、'白花'肺草（Pulmonaria 'Sissinghurst White'）或东方多榔菊（Doronicum orientale）。当树荫变得过于浓密影响健康生长时，可以将这些植物移栽到别处。

可以使用的植物

可以用作地被的宿根植物有很多。有些植物从地下块茎中逐渐长出大而浓密的枝叶，如萱草属植物（Hemerocallis）。其中一些种类的地上部分很早就枯死了，所以适合种在生长期较晚、具伸展性的宿根植物或落叶乔灌木下。

毯状植物会产生地面走茎（runner），在与土壤接触的地方生根。野草莓（Fragaria vesca）、紫色叶子的'卡特林斯巨人'筋骨草（Ajuga 'Catlins Giant'）或者'紫银叶'紫花野芝麻（Lamium maculatum 'Beacon Sliver'）都是很好的地被，常常可以在数年之内覆盖大片区域。

最有效的地被植物产生的地下根会长出新萌蘖。比如金蝉脱壳（Acanthus mollis）、珍珠菜（Lysimachia clethroides）或在春季展露出蓝绿色针状叶和深红色芽的'芬斯·露比'柏大戟（Euphorbia cyparissias 'Fens Ruby'）。但这些植物如果变得入侵性太强，则会很麻烦。

有些地被宿根植物比其他种类更能抑制杂草。它们很快进入生长期，拥有浓密的枝叶，能够阻挡光线，从而抑制野草萌发，而且在休眠期仍然保留着叶片。比如在冬季保留红色叶片的心叶岩白菜（Bergenia cordifolia）和'晚辉'岩白菜（B. 'Abendglut'）、淫羊藿属（Epimedium）植物以及某些老鹳草属植物，特别是'小怪兽'老鹳草（Geranium 'Tiny monster'）和叶片散发芳香气味的大根老鹳草（G. macrorrhizum）各品种，它们花期很长，并且可以提供一些秋色。成簇生长、枝条低垂扩展的宿根植物如铁仔大戟（Euphorbia myrsinities）等也能很快覆盖周围的土壤。

植物的混植

为得到更自然的效果并延长观赏期，成片的某种植物中可以点缀其他花期不同的物种。夏季开花的地被植物可以和球根花卉混植，中等高度的宿根地被可以与黄水仙和蓝铃花混合，而低矮的种类与番红花和雪莲花种在一起效果很好。低矮、早花、长势不过于迅猛的物种可以和夏秋开花的健壮宿根植物种在一起，如多态蓼（Persicaria polymorpha）或黄山梅（Kirengeshoma palmata），还有许多蕨类。

一般栽培

在成形乔木和灌木已经造成阳光和水分竞争的地方，应该在树叶掉落之后的早秋立即种植地被植物，在树木长出新枝叶之前留给它们充足的生长时间。将地被宿根植物种在准备良好的土壤中，并充分灌溉，特别是在那些树木根系造成激烈水分竞争的地方。施加护根有助于抑制种植区域的杂草、增加土壤肥力并保持湿度。

枝叶茂盛的地毯

在后面，白边波叶玉簪（Hosta undulata var. albomarginata）为种植设计增添了结构性元素。在前景中，习见蓝堇菜（Viola sororia）簇拥着雪白淫羊藿（Epimedium x youngianum 'Niveum'）。

大部分地被宿根植物只需要很少的养护（见"日常养护"，194~196页）。不过淫羊藿属（Epimedium）植物的叶子应该在冬末剪掉，这样做可以让开花枝在新叶长出之前发育。

观赏地被植物

'夏雪'三脉香青
种植间距50厘米。

'司库伯特'大花费菜
种植间距15厘米。

'花叶'聚合草
种植间距50厘米。

蓝色狭叶肺草
种植间距30厘米。

心叶黄水枝
种植间距30厘米。

'紫银叶'紫花野芝麻
种植间距30厘米。

更多用于地被的宿根植物

匍匐筋骨草 Ajuga reptans H7, 30厘米
欧洲细辛 Asarum europaeum H6, 25厘米
加拿大草茱萸 Cornus canadensis H7, 30厘米
白花柳兰 Chamaenerion angustifolium 'Ablum' H7, 45厘米
淫羊藿属 Epimedium H7-H3, 30～45厘米
柏大戟 Euphorbia cyparissias H7, 30厘米，
　　圆苞大戟 E. griffithii H7, 45厘米
野草莓 Fragaria vesca H6, 25厘米
老鹳草属 Geranium H7-H2, 30～45厘米
矾根属 Heuchera H7-H3, 25～45厘米
岩生八宝 Hylotelephium cauticola H5, 20厘米
森林地杨梅 Luzula sylvatica H7, 30厘米
珍珠菜 Lysimachia clethroides H6, 45厘米
蓼属 Persicaria H7-H2, 45～75厘米
夏枯草属 Prunella H7-H6, 50厘米
白霜景天 Sedum spathulifolium H5, 30厘米
石蚕属 Stachys H7-H5, 20～30厘米
饰缘花 Tellima grandiflora H6, 25厘米
香堇菜 Viola odorata H6, 20厘米，
　　里文堇菜紫叶类群 V. riviniana Purpurea Group H7, 20厘米

注释

20～75厘米 = 种植间距
H = 耐寒区域，见56页地图

宿根植物的种植者指南

暴露区域

耐受暴露多风条件的宿根植物
蓍属 *Achillea* H7-H3
香青属 *Anaphalis* H7
海石竹 *Armeria maritima* H5
中亚苦蒿 *Artemisia absinthium* H6
'卡尔·弗斯特' 尖花拂子茅 *Calamagrostis x acutiflora* 'Karl Foerster' H6
羽裂矢车菊 *Centaurea dealbata* H7
红穿心排草 *Centranthus ruber* H5
海甘蓝 *Crambe maritima* H7
变叶刺芹 *Eryngium variifolium* H4 Ev
轮伞大戟 *Euphorbia characias* H4 Ev
蓝羊茅 *Festuca glauca* H5 Ev
长药八宝 *Hylotelephium spectabile* H6, 欧紫八宝 *H. telephium* H6
沿海花葵 *Lavatera maritima* H3 Ev, 欧亚花葵 *L. thuringiaca* H5
阔叶补血草 *Limonium latifolium* H7 Ev
荆芥属 *Nepeta* H7-H2
土耳其糙苏 *Phlomis russeliana* H6
绵毛水苏 *Stachys byzantina* H7 Ev
丝兰 *Yucca filamentosa* H5 Ev, 软叶丝兰 *Y. flaccida* H4 Ev

喜潮湿阴凉

匍匐筋骨草 *Ajuga reptans* H7 Ev
单叶落新妇 *Astilbe simplicifolia* H5
大星芹 *Astrantia major* H7
大叶蓝珠草 *Brunnera macrophylla* H6
苔草属 *Carex* H7- H3 Ev（棕红苔草 *C. buchananii* 和缨穗苔草 *C. comans* 除外）
铃兰 *Convallaria majalis* H6
雨伞草 *Darmera peltata* H6
森林老鹳草 *Geranium sylvaticum* H7
萱草属 *Hemerocallis* H7-H6 Ev（部分种类）
玉簪属 *Hosta* H7
黄山梅 *Kirengeshoma palmata* H7
掌叶橐吾 *Ligularia przewalskii* H6
'黄叶' 粟草 *Milium effusum* 'Aureum' H7
蓝沼草属 *Molinia* H7
茉莉芹 *Myrrhis odorata* H5
'极品' 拳参 *Persicaria bistorta* 'Superba' H7
橘红灯台报春 *Primula bulleyana* H7, 巨伞钟报春 *P. florindae* H7, 日本报春 *P. japonica* H6, 粉被灯台报春 *P. pulverulenta* H6
七叶鬼灯檠 *Rodgersia aesculifolia* H6, 羽叶鬼灯檠 *R. pinnata* H6
唐松草属 *Thalictrum* H7-H2
大花延龄草 *Trillium grandiflorum* H5, 无柄延龄草 *T. sessile* H3

耐干燥荫蔽

金蝉脱壳 *Acanthus mollis* H6
乌头 *Aconitum carmichaelii* H7, 欧乌头 *A. napellus* H7
掌叶铁线蕨 *Adiantum pedatum* H7
秋牡丹 *Anemone hupehensis* H7, 日本秋牡丹 *A. x hybrida* H7
楼斗菜 *Aquilegia vulgaris* H7
欧洲细辛 *Asarum europaeum* H6 Ev
铁角蕨属 *Asplenium* H6-H1b Ev
宽钟风铃草 *Campanula trachelium* H7
大花毛地黄 *Digitalis grandiflora* H6, 黄花毛地黄 *D. lutea* H6
淫羊藿属 *Epimedium* H7- H3 Ev（部分种类）
老鹳草属 *Geranium* H7- H2 Ev（部分种类）
臭铁筷子 *Helleborus foetidus* H7 Ev, 东方铁筷子 *H. orientalis* H7 Ev
红籽鸢尾 *Iris foetidissima* H6 Ev
荷包牡丹属 *Lamprocapnos* H6
春花香豌豆 *Lathyrus vernus* H6

'花边' 森林地杨梅 *Luzula sylvatica* 'Marginata' H7 Ev
荚果蕨属 *Matteuccia* H7- H4
沿阶草属 *Ophiopogon* H5-H2 Ev
荫地虎耳草 *Saxifraga umbrosa* H5 Ev, 阴地虎耳草 *S. x urbium* H5 Ev
大花聚合草 *Symphytum grandiflorum* H7
红叶群缘缕花 *Tellima grandiflora* Rubra Group H4
小蔓长春花 *Vinca minor* H4 Ev
香堇菜 *Viola odorata* H6, 里文堇菜 *V. riviniana* H7

冬季和早春的观赏价值

装饰性的花
'巴拉伟' 岩白菜 *Bergenia* 'Ballawley' H7 Ev,
心叶岩白菜 *B. cordifolia* H7 Ev
多榔菊属 *Doronicum* H5
淫羊藿属 *Epimedium* H7-H3 Ev（部分种类）
'罗比' 扁桃叶大戟 *Euphorbia amygdaloides* var. *robbiae* H6 Ev, 墨麒麟 *E. characias* H4 Ev
铁筷子属 *Helleborus* H7-H4 Ev
拉齐察鸢尾 *Iris lazica* H5 Ev, 爪斑鸢尾 *I. unguicularis* H5 Ev
春花香豌豆 *Lathyrus vernus* H6
肺草属 *Pulmonaria* H7

装饰性的叶
'云纹' 意大利疆南星 *Arum italicum* marmoratum H6
'青铜' 缨穗苔草 *Carex comans* bronze H4 Ev
蓝羊茅 *Festuca glauca* H5 Ev
'巧克力波浪' 矾根 *Heuchera* 'Chocolate Ruffles' H6 Ev,
'青灰月' 矾根 *H*. 'Pewter Moon' H4 Ev
'花叶' 红籽鸢尾 *Iris foetidissima* 'Variegata' H6 Ev
'紫银叶' 紫花野芝麻 *Lamium maculatum* 'Beacon Silver' H7 Ev, '金色纪念日' 紫花野芝麻 *L. maculatum* GOLDEN ANNIVERSARY ('Dellam') H7 Ev, '白斑' 紫花野芝麻 *L. maculatum* 'White Nancy' H7 Ev
'斑叶' 阔叶山麦冬 *Liriope muscari* 'Variegata' H4 Ev
'紫黑' 扁茎沿阶草 *Ophiopogon planiscapus* 'Nigrescens' H5 Ev
麻兰属 *Phormium*（各品种）H4-H3 Ev
'银毯' 绵毛水苏 *Stachys byzantina* 'Silver Carpet' H7 Ev
多叶黄水枝 *Tiarella polyphylla* H4
蔓长春花属 *Vinca*（斑叶品种）H6-H3 Ev

香花

铃兰 *Convallaria majalis* H7
紫红秋英 *Cosmos atrosanguineus* H7
石竹属 *Dianthus*（许多种类）H7-H2 Ev
白鲜 *Dictamnus albus* H6
旋果蚊子草 *Filipendula ulmaria* H6
香猪殃殃 *Galium odoratum* H7
萱草属 *Hemerocallis* H7-H6 Ev（部分种类）
欧亚香花芥 *Hesperis matronalis* H7
大花玉簪 *Hosta plantaginea* var. *grandiflora* H7
禾叶鸢尾 *Iris graminea* H6
待宵草 *Oenothera odorata* H5
芍药 *Paeonia lactiflora* H7
锥花福禄考 *Phlox paniculata* H6
有距堇菜 *Viola cornuta* H5 Ev, 香堇菜 *V. odorata* H6

切花用花

柔软羽衣草 *Alchemilla mollis* H7
葱属 *Allium* H7-H4
六出花属 *Alstroemeria* H6-H2
楼斗菜属 *Aquilegia* H7-H5
紫菀属 *Aster* H7-H5
星芹属 *Astrantia* H7
矢车菊属 *Centaurea* H7-H3
刺头草属 *Cephalaria* H7-H2
雄黄兰属 *Crocosmia* H5-H3
大丽花属 *Dahlia* H3-H2
翠雀属 *Delphinium* H6-H5
石竹属 *Dianthus* H7-H2 Ev
荷包牡丹属 *Dicentra* H7-H5
多榔菊属 *Doronicum* H5
飞蓬属 *Erigeron* H7-H4
丝石竹属 *Gypsophila* H7-H5
长药八宝 *Hylotelephium spectabile* H6, 欧紫八宝 *H. telephium* H6
火炬花属 *Kniphofia* H6-H2
荷包牡丹属 *Lamprocapnos* H6
美国薄荷属 *Monarda* H5-H4
芍药属 *Paeonia* H7-H3
'亚马逊' 块根糙苏 *Phlomis tuberosa* 'Amazone' H5
福禄考属 *Phlox* H7-H3
金光菊属 *Rudbeckia* H7-H2
蓝盆花属 *Scabiosa* H7-H1b
一枝黄花属 *Solidago* H7
联毛紫菀属 *Symphyotrichum* H7-H5
婆婆纳属 *Veronica* H7-H1b Ev（部分种类）

干花用花

蓍属 *Achillea* H7-H3
柔软羽衣草 *Alchemilla mollis* H7
香青属 *Anaphalis* H7 Ev（部分种类）
普通假升麻 *Aruncus dioicus* H6
落新妇属 *Astilbe* H7-H4
蓝苣属 *Catananche* H5
矢车菊属 *Centaurea* H7-H3
菜蓟属 *Cynara* H5-H3
巴纳特蓝刺头 *Echinops bannaticus* H7, 小蓝刺头 *E. ritro* H7
丝石竹属 *Gypsophila* H7-H5 Ev（部分种类）
长药八宝 *Hylotelephium spectabile* H6, 欧紫八宝 *H. telephium* H6
补血草属 *Limonium* H7-H2 Ev（部分种类）
'火尾' 抱茎蓼 *Persicaria amplexicaulis* 'Firetail' H7
鬼灯檠属 *Rodgersia* H6
一枝黄花属 *Solidago* H7

主景植物

匈牙利老鼠簕 *Acanthus hungaricus* H6, 金蝉脱壳（莨力花） *A. mollis* H6
欧白芷 *Angelica archangelica* H6, 朝鲜当归 *A. gigas* H6
花叶芦竹 *Arundo donax* var. *versicolor* H4 Ev
蒲苇 *Cortaderia selloana* H6 Ev
心叶两节荠 *Crambe cordifolia* H5
菜蓟属 *Cynara* H5-H3
'暗紫' 斑茎泽兰 *Eupatorium maculatum* 'Atropurpureum' H7
茴香 *Foeniculum vulgare* H5
柳叶向日葵 *Helianthus salicifolius* H5
尖叶铁筷子 *Helleborus argutifolius* H5 Ev
优奕大玉簪 *Hosta sieboldiana* var. *elegans* H7
'马特罗娜' 欧紫八宝 *Hylotelephium telephium* 'Matrona' H6
繁茂旋覆花 *Inula magnifica* H6
'奥赛罗' 齿叶橐吾 *Ligularia dentata* 'Othello' H4

博落回属 *Macleaya* H6
蜜花 *Melianthus major* H3
芒 *Miscanthus sinensis* H5
多态蓼 *Persicaria polymorpha* H6
'深紫' 掌叶大黄 *Rheum palmatum* 'Atrosanguineum' H6
鬼灯檠属 *Rodgersia* H6
大针茅 *Stipa gigantea* H4 Ev
奥林匹克毛蕊花 *Verbascum olympicum* H6

装饰性的果

老鼠簕属 *Acanthus* H6-H2
蓍属 *Achillea* H7-H3
刺芹属 *Eryngium* H6-H3 Ev（部分种类）
茴香 *Foeniculum vulgare* H5
玉簪属 *Hosta* H7
八宝属 *Hylotelephium* H6-H4
紫茂旋覆花 *Inula magnifica* H6
鸢尾属 *Iris* H7-H1c Ev（部分种类）
宿根银扇草 *Lunaria rediviva* H7
芒属 *Miscanthus* H7-H6 Ev（部分种类）
蓝沼草属 *Molinia* H7
东方罂粟 *Papaver orientale* H6
酸浆 *Physalis alkekengi* H7

吸引昆虫

毛地黄属 *Digitalis* H7-H2
紫松果菊 *Echinacea purpurea* H5
茴香 *Foeniculum vulgare* H5
堆心菊属 *Helenium* H7-H3
八宝属 *Hylotelephium* H6-H4
旋覆花属 *Inula* H7-H3
荆芥属 *Nepeta* H7-H2
月见草属 *Oenothera* H7-H2
鼠尾草属 *Salvia* H7-H1b Ev（部分种类）
毛蕊花属 *Verbascum* H7-H4

速生宿根植物

'金盘' 黄花蓍草 *Achillea filipendulina* 'Gold Plate' H7, 大叶蓍草 *A. grandifolia* H6
白苞蒿贵州组 *Artemisia lactiflora* Guizhou Group H7
'大叶' 芦竹 *Arundo donax* 'Macrophylla' H4 Ev
大花矢车菊 *Centaurea macrocephala* H7
大刺头草 *Cephalaria gigantea* H7
心叶两节荠 *Crambe cordifolia* H5
'暗紫' 斑茎泽兰 *Eupatorium maculatum* 'Atropurpureum' H7
大阿魏 *Ferula communis* H3
长萼大叶草 *Gunnera manicata* H4
博落回 *Macleaya cordata* H4
狭冠小锦葵 *Malva alcea* var. *fastigiata* H7
多态蓼 *Persicaria polymorpha* H6
麻兰属 *Phormium tenax* H5 Ev
掌叶大黄 *Rheum palmatum* 'Atrosanguineum' H6
裂叶罂粟 *Romneya coulteri* H5
'重瓣' 金光菊 *Rudbeckia laciniata* 'Goldquelle' H6
沼生鼠尾草 *Salvia uliginosa* H4
加拿大一枝黄花 *Solidago canadensis* H6
大针茅 *Stipa gigantea* H4 Ev
紫花唐松草 *Thalictrum rochebruneanum* H7
阿肯色斑鸠菊 *Vernonia arkansana* H7
弗吉尼亚草灵仙 *Veronicastrum virginicum* H7

注释

Ev- 常绿植物
H = 耐寒区域，见56页地图

土壤的准备和种植

草本宿根植物的起源地区很多,这些地方的气候和土壤条件多种多样,所以无论种植区域是背风的还是迎风的,是肥沃的还是多石贫瘠的,总有许多植物能在那里茂盛生长。最好选择能在既定生长条件下生长得很好的植物,不要逆势而为。

位置和朝向

在选择种植哪些植物的时候,要考虑的因素包括气候、朝向、土壤类型,以及种植区域在不同季节、一天内的不同时间接受的阳光、阴凉和遮挡程度。例如,落叶乔木投射的阴影在春末和夏季最浓密。

花园的不同区域会提供不同的生长条件。例如,朝南的花境适合喜阳植物(如景天类),而朝北或者乔木下的地点适合喜阴物种(如玉簪属植物),只是要一直保持土壤湿润。

由于雨影区效应,紧挨着墙壁、篱笆或树篱的土壤一般会比较干燥,但这里也比较温暖和背风,适合种植不太耐寒的植物。

改变生长条件

在小型花园中,可能特别需要使用某些元素来创造适合广泛植物种类的生长条件。对于黏重、湿涝的土壤,可以进行排水,或者将植物种在抬升苗床或容器中,而对于轻质疏松土壤,则可以增添有机物质来改善。乔木的树荫可以通过疏枝来减轻,灌木、树篱或风障可以提供遮挡(见"防冻和防风保护",598~599页;"树篱与屏障",104~107页)。

土壤的准备

对于大多数宿根植物来说,理想的土壤条件是既排水良好又有充足保水能力的肥沃壤土。使用专利土壤测试盒测定土壤的酸碱度,这将决定哪些植物会在其中生长得好。如果土壤的酸性很强,可以通过添加石灰来提高pH值(见"使用石灰",591页)。然而,很难降低碱性土壤的pH值以种植喜酸植物,这些植物在抬升苗床上最容易种植。检查土壤的排水性能也很重要,如果地面在潮湿的天气下总是过涝,那么就需要安装渗滤坑和排水管道(见"改善排水",589页)。

自然主义风格种植

和花境中的宿根植物不同,如果你想要创造自然主义景观或草地花园,你可能需要降低土壤肥力(见"准备场地",260页)。在拥有沙质土或者位于白垩丘陵附近的花园里开发这种景观更容易,这些地方的土壤肥力通常较低。

清理种植区域

在种植前需要将现场的所有杂草清理干净,否则当植物生长成形后,杂草特别是多年生杂草就难以清理了。对于杂草泛滥的土地,需要避光遮盖至少六个月。使用纸板或黑色织物,以木钉或配重固定,可起到抑制杂草的作用。不过如果多年生杂草较少,可以在冬季准备土壤时将它们锄掉。

在第一个生长季,一旦发现任何残余的多年生杂草,就应该用手叉小心地清理掉,或者使用系统除草剂进行定点清理,注意不要伤害到新种植的宿根植物。对于一年生杂草,必须在种植前锄掉。

改良土壤

所有土壤都可以通过添加腐殖质或腐熟有机质的方法来改善,也可加入专利生产的土壤改良剂(见"土壤养分和肥料",590~591页)。这会增加疏松土壤的保水性,增加黏重土壤的孔隙度,还能改善土壤的肥力。在种植前(最好提前数周),施加一层5~10厘米的腐熟有机质,然后用叉子或铁锹将其混入表层土中。让土壤充分沉降。如果土壤已经足够肥沃并且富含腐殖质,可能不必使用肥料,不过在后来的生长季中仍可能需要施肥(见"施肥",194页)。

选择植物

大部分宿根植物是盆栽出售的,不过有时裸根植株在秋季至早春的休眠期也可以买到。在选择盆栽出售的植物时,寻找没有枯梢或异常叶色的健壮植株。如果你在生长期开始时购买草本植物,要确保它们有茁壮的根系:有少量肥壮芽的植物比那些有大量孱弱芽的植物更好。

基质中的一株或两株一年生杂草很容易除去,但不要购买任何带有多年生杂草、苔藓或地钱的盆栽植物。这些现象通常表示植物已经在容器中待了太长时间,非常缺乏营养元素,或者基质的排水性非常差,植物的根系可能已经腐烂或枯死。

选择宿根植物

羽扇豆

强壮、健康的地上枝叶 — 孱弱的木质化地上部分

— 未发育完全的根系

— 干燥的基质

湿润的基质 — 基质上长出的苔藓和杂草

成形的健壮根系 — 受花盆束缚的根系

好样品　　坏样品

可能的话,将植株从容器中取出并检查根系,根系应该足够成形,可以保持大部分基质。如果植株被花盆束缚,无论是表现为根系在花盆中紧密盘绕,还是表现为从底部排水孔中长出,仍可能值得购买,只要可以在种植前轻松分株。一些宿根植物是种在可降解花盆中出售的,其根系可以穿透花盆侧壁,因此可以直接种入土壤。

如果购买裸根植物(通常仅在冬末春初有售),则要保证根系强壮,未脱水,幼嫩的枝条没有枯萎。在购买后立即种植,在种植前用麻布或湿报纸包裹,以防止脱水。

大型植株的分株

在购买纤维状根植物的时候,要选择那些拥有健康枝条、在种植前可以分株的大型植株,而不是选择数棵比较小且便宜的植株。分株时用双手或者两只手叉将植株掰开,注意每棵分株后的植株都应该拥有自己的根系,并在根系周围保留尽可能多的土壤(见"分株",628~633页)。

何时种植

只要土壤可以耕作，盆栽宿根植物可以在一年中的任何时间移栽，但最好的季节是春季和秋季。秋季种植有助于植物在冬季到来之前快速恢复，因为此时土壤还很温暖，会促进根系生长成熟。春季种植适合晚花宿根植物，在寒冷的地区还比较适合不完全耐寒或不喜潮湿条件的宿根植物，如火炬花属（*Kniphofia*）、夜莺尾属（*Hesperantha*）、红花半边莲（*Lobelia cardinalis*）和高加索蓝盆花（*Scabiosa caucasica*）。它们应该在第一个冬季到来之前完全成形。

裸根植物应该在春季或秋季种植，不过少量种类，如玉簪属植物，可以在生长季中成功进行移植。

种植宿根植物

将宿根植物种植在准备好的土地中，注意保持正确的种植深度（见"种植深度"，下）。例如，那些基部易腐烂的植物最好凸出地面种植，以便排走多余的水。

盆栽植物

将植株浇透，最好是在种植的

如何种植盆栽宿根植物

1. 在准备好的苗床上，挖出一个宽度和深度比植物根坨大一半的种植穴。

2. 在将植物从容器中取出之前，浸透花盆中的基质。

3. 轻轻刮去表层3厘米厚的基质，去除杂草和杂草种子。小心地梳理根坨四周和底部的根系。

4. 在种植并围绕根坨回填土壤时，确定植株的正确种植深度。紧实植株周围的土壤，浇透水。

种植深度

虽然大多数宿根植物在移栽时最好按照容器中的深度种植，但也有很多种类种植得更浅或更深的话生长得更好，这取决于它们各自的需要。有些种类喜欢升起的、排水良好的场所，而有些种类在较深、较湿润的条件下生长得很好。

黄精属植物
深埋种植
对于具有地下茎根系的宿根植物，将地上部分埋至土壤表面下10厘米处。

玉簪属植物
浅埋种植
对于需要潮湿环境的宿根植物，可将地上部分埋至2.5厘米深。

紫菀属植物
地平面种植
大部分宿根植物应该这样种植，使植株的地上部分与周围土壤平齐。

'花叶'条纹庭菖蒲
抬升种植
对于基部易生根的植物以及易发生逆转的彩斑植物，地上部分应稍露出地面。

适合沙质土的宿根植物

刺老鼠簕 *Acanthus spinosus* H6
蓍属 *Achillea* H6-H3
羽衣草属 *Alchemilla* H7-H4
海石竹属 *Armeria* H7-H3
日光兰 *Asphodeline lutea* H4
红穿心排草 *Centranthus ruber* H5
石竹属 *Dianthus* H7-H2
蓝刺头属 *Echinops* H7-H3
三裂刺芹 *Eryngium* x *tripartitum* H5
大花天人菊 *Gaillardia* x *grandiflora* H5 （各品种）
地团花属 *Globularia* H5
八宝属 *Hylotelephium* H6-H4
宽叶补血草 *Limonium platyphyllum* H7
法氏荆芥 *Nepeta* x *faassenii* H7
'黄叶'牛至 *Origanum vulgare* 'Aureum' H6
东方罂粟 *Papaver orientale* H6
裂叶罂粟 *Romneya coulteri* H5
长生草属 *Sempervivum* H7-H5
庭菖蒲属 *Sisyrinchium* H7-H2

适合白垩土的宿根植物

普通假升麻 *Aruncus dioicus* H6
落新妇属 *Astilbe* H7-H4
花蔺属 *Butomus* H6-H3 ◊
驴蹄草属 *Caltha* H7-H4 ◊
草甸碎米荠 *Cardamine pratensis* H7
雨伞草 *Darmera peltata* H6
流星花属 *Dodecatheon* H7-H5
血水草属 *Eomecon* H6
'黄叶'旋果蚊子草 *Filipendula ulmaria* 'Aurea' H6
长萼大叶草 *Gunnera manicata* H5 ◊
萱草属 *Hemerocallis* H7-H6
玉簪属 *Hosta* H7
蕺菜属 *Houttuynia* H6
红花半边莲 *Lobelia cardinalis* H3
沼芋属 *Lysichiton* H7-H5 ◊
珍珠菜属 *Lysimachia* H7-H2
千屈菜属 *Lythrum* H7-H6
斑花沟酸浆 *Mimulus guttatus* H5 ◊
勿忘草 *Myosotis scorpioides* H6 ◊
蓼属 *Persicaria* H7-H2
麻兰属 *Phormium* H4-H3
梭鱼草属 *Pontederia* H5-H4 9
橘红灯台报春 *Primula bulleyana* H7,
 巨伞钟报春 *P. florindae* H7,
 玫红报春 *P. rosea* H5
倭毛茛 *Ranunculus ficaria* 各品种 H7,
 剑叶毛茛 *R. flammula* H7 ◊
大黄属 *Rheum* H6-H5
鬼灯檠属 *Rodgersia* H6
慈姑属 *Sagittaria* H6-H1b
水玄参 *Scrophularia auriculata* H4
金莲花属 *Trollius* H7-H6

注释
◊ 忍耐过涝土壤
H = 耐寒区域，见56页地图

前一天晚上浇水。挖出种植穴,然后将植物从容器中移出,注意不要伤害根系。为帮助植物快速恢复,用手指或手叉梳理根系,小心地松动根坨的四壁和底部,特别是受到容器束缚的根坨。以合适的种植深度将植株放入种植穴中,回填并紧实土壤。用叉子刨松周围的土壤,浇透水。

裸根植物

为防止脱水,购买裸根宿根植物后要立即种植。像对盆栽植物那样,挖一个种植穴,将根系均匀伸展,在根系之中填入土壤,然后浇透水。

移栽自播幼苗

包括楼斗菜属（*Aquilegia*）和毛地黄属（*Digitalis*）植物在内的许多宿根植物经常会产生自播幼苗,这些幼苗可以移栽到花园的其他地方或育苗床中。在挖出幼苗之前,先准备好合适的种植穴,留给它们充足的生长空间。然后用小泥铲将每株幼苗轻轻挖出（注意保留根系周围尽可能多的土壤）,立即进行移栽。紧实土壤后浇透水。在晴朗的天气为植株遮阴,并定期浇水,直到完全恢复。

在容器中种植

如果使用厚重的容器（如石瓮、铅制水槽、木桶或大陶土罐）,应该在填土和种植前将其放到既定位置上,因为种植后再移动会很困难。金属或玻璃纤维容器显然轻得多,但它们稳定性较差,还可能会被大风刮翻。

确保容器底部或侧壁近地面处有排水孔,以防涝渍。用5~8厘米大的碎块或碎石覆盖排水孔,并在上面添加一层纤维状材料（如泥炭或椰壳纤维）。这能让水自由地从中过滤出来,同时防止基质被冲刷到容器底部堵住排水孔。

大多数盆栽基质可用于容器种植,不过喜酸植物必须种在喜酸植物基质中。添加缓释肥的通用基质（见"盆栽基质",332~333页）适合大部分植物；对于那些需要额外排水的植物（如蓍属植物）,可在基质中额外添加沙砾或尖砂。

在种植前将植物摆在基质上,确保它们拥有足够的空间自由生长。就像露地种植宿根植物一样种下,并充分浇水,直到其完全恢复。

'波维斯城堡'蒿
'里奇·鲁比'钓钟柳
'华紫'柔毛矾根
浅纹老鹳草

1 当在容器中种植时,将植株和花盆摆在一起,确定间距和安排。然后种植,紧实土壤,浇透水。

2 数月之后,植物便可长成匀称、美丽的样子。

移栽幼苗
将幼苗连带根系周围的土壤挖出,不要破坏根坨。移栽并浇透水。

抬升苗床

这些苗床常用来在碱性土花园中种植喜酸植物,或者在黏重的黏质土上提供排水良好的苗床。只能在酸性土上繁茂生长的植物,最好种在填充着杜鹃花专用基质的抬升苗床中（见"抬升苗床",273~274页；"喜酸植物",273页）。

抬升苗床可以用很多材料建造,包括木材、砖、石材和原木（见"抬升苗床",577页）。用叉子将有机质混入下层土壤,然后用质地疏松的表层土填充苗床（对喜酸植物使用杜鹃花专用基质）,如有必要,加入沙子或沙砾以改善排水。

容器

和种植许多其他植物一样,在容器中种植宿根植物能够引入在花园露地条件下长不好的植物,无论是因为它们耐寒性太差还是因为土壤类型不适合。如果在同一容器中种植不同植物,就要注意选择对生长条件的要求相似的种类。

在选择容器时,要保证它的深度和宽度足够植物的根系伸展。要将选中植物成熟后的外形和容器联系起来,达到平衡的效果。很高的植物在深而窄的容器中或者低矮植物在宽大容器中都会显得比例不协调。

需要酸性土的宿根植物

长药袋鼠爪 *Anigozanthos manglesii* H2
美丽杓兰 *Cypripedium reginae* H5
眼镜蛇瓶子草属 *Darlingtonia* H3
茅膏菜属 *Drosera* H6-H1c
猪笼草属 *Nepenthes* H1a
捕虫堇属 *Pinguicula* H7-H1c
黄花瓶子草 *Sarracenia flava* H3
延龄草属 *Trillium* H5-H4
垂铃儿属 *Uvularia* H7

注释

H = 耐寒区域,见56页地图

菊花

菊花头状花序的丰富花色、华美花型以及持久的花期使它成为一种广受欢迎的花卉，它既可在花园中观赏，又能用于房屋中的切花以及展览。它们喜欢充足的阳光和肥料。

菊花的分类

园艺菊花起源于东亚的一些菊属物种，且起源于复合杂交。育种过程中得到了许多不同的花型——它们的分类是根据花瓣及头状花序内小花的形状和排列方式以及花期来确定的。

菊花通常在一根主茎上自然形成许多花序，称为"多头型"（sprays）。"单头型"（disbudded）菊花是在早期将多头型菊花的侧蕾掐掉形成的，这会留下一个大的顶蕾，产生单个较大的头状花序。

早花菊花从夏末开到初秋，种植在室外。晚花品种夏季盆栽于室外，然后转移到温室中生长，并从秋季开到冬末。矮生早花类型从夏末开到秋季，种植在室外。

早花菊花

早花菊花可以在春季从专门的菊花苗圃邮购。为了保证选到想要的花色，最好在花期观察这些植物，或者从附图目录或网站上选择。它们常常作为穴盘苗出售，用于在容器中种植，直到长得足够大，才可以移栽室外。

土壤的准备和种植

早花菊花在大多数地区是完全耐寒的，它们需要阳光充足的背风区域。土壤应选择排水良好、pH值为6.5的微酸性土。对于大多数土壤，应该在秋末或早春整地，混入大量腐熟有机质。疏松轻质土壤应该在早春整地，在初夏覆盖有机质护根。在晚春露地移栽前，将1.2米高的木棍以45厘米的间距插在土壤中（如果需要的话，将一根斜木棍绑在顶上，支撑较高的品种）。将每株菊花种在木棍旁，使根坨刚刚被土覆盖。将每株植物的茎干稳固地绑在支撑木棍上。

摘心

在种植后（参照网站或种植者目录以确定种植时间）不久，植株需要进行摘心。这需要将正在生长的茎尖掐去，促进开花侧枝的发育。

当侧枝长到8厘米长时，将它们减少到所需要的数量。对于用作一般观赏的多头型品种，每根茎干上留四根开花侧枝即可；单头型植株需要保留4~6根侧枝；用于展览的植株保留2~3根侧枝。

摘心约一个月后，锄地并浇水，以每平方米70克的用量施加均衡肥料。一个月后重复这一施肥过程，以促进植株健壮生长。除去侧枝上长出的所有次级侧枝，将植株的能量全都集中在开花侧枝上。

除蕾

在摘心七八周后，每根侧枝的顶端都会出现一个位于顶端的主蕾，周围拥簇着数个侧蕾。

如果每个茎干上只需一个花序，则将所有侧蕾都掐掉。主蕾就会不受阻碍地发育生长，开出一个大花序（"单头型"）。为得到均匀的多头小花，应该只将主蕾掐去，这会让次级侧枝生长，产生许多花序。

日常养护

经常为植株浇水，当花蕾发育时每周或每10天浇一次液态肥料。施肥必须在花蕾显色之前停止，这

菊花花序的花型

莲座型
花序完全重瓣，花瓣紧密弯曲内卷。这里是'爱丽森·柯克'菊。

完全反卷型
花序完全重瓣，花瓣反卷接触茎干。这里是'西布罗米奇黄'菊。

反卷型
花序完全重瓣，部分花瓣反卷，花序呈尖形。这里是'伊冯·阿劳德'菊。

中间型
花序完全重瓣，花瓣内卷，形状规则。这里是'发现'菊。

蜘蛛型
花序完全重瓣，小花细长下垂，尖部带钩或卷。这里是'穆克斯顿之羽'菊。

管瓣型
花序的管状小花尖端开口，呈匙形。这里是'彭尼内粉红'菊。

托桂型
花序单瓣，中心为圆球形花盘，花瓣扁平，偶匙形。这里是'莎莉球'菊。

蜂窝型
完全重瓣的密集花序，花瓣管状，先端平圆。这里是'橙红仙女'菊。

单瓣型
花瓣约五排，平展，中央花盘明显。这里是'三叶草'菊。

匙瓣型
单瓣花序，管状小花直伸。花瓣尖端开口，呈匙形。这里是'彭尼内铜色'菊。

除蕾
当主蕾周围的侧蕾长出小小的花梗时，将它们全部掐掉，只留中央的主蕾。

样花序才不会因过于柔软而受到伤害。

采取插条

在新枝条长出4~6周后采取插条，并将母株丢弃。选择从主茎基部长出的柔软而坚韧的枝条，用小刀将其采下或用手折断。将它们剪成约4厘米长的插条，剪至节间下

摘心和去除侧枝

摘心
当插条长到15~20厘米时，将1厘米长的茎尖掐掉，促进侧枝生长。

去除多余侧枝
两个月后，选择三四个健康匀称的侧枝，将其余侧枝除去。

端。将每根插条的基部蘸取激素生根粉，然后将它们插入标准扦插基质中，把花盆放入增殖箱中，最好底部稍微加温至10℃。两三周内即生根（见"扦插"，611~620页）。

后期养护

生根后，将插条从增殖箱转移到稍微凉爽一些的地方，放置一周，然后以6~8根插条为一批种在花盆或容器中，填充湿润盆栽基质。如果只有少量插条，将它们单独上盆。定期检查病虫害并进行相应处理（见"植物生长问题"，643~678页）。大约一个月后，将植株转移到冷床中并逐渐炼苗（见"炼苗"，642页）；防止严重冻伤并提供充分通风。

晚花菊花

室内或晚花菊花生长在容器中，并且在房屋内或温暖温室中开花。它们的栽培要求与早花菊花相似。

种植

可以在早春像种植早花菊花那样，使用适合的湿润盆栽基质种植并立桩。用支撑金属丝将木桩连起来，保持植株在大风天气的直立。将容器放在室外阳光充足的背风位置度过整个夏季。在需要时浇水，不要让基质干透。

摘心与除蕾

在仲夏对植株摘心；它们会在10~12周后开花。除蕾及除去次级侧枝的方法与早花菊花相同。

日常养护

在早秋，将花盆转移至气温保持在10℃的凉爽、遮阴温室中。施加均衡液态肥料，直到花朵开始显色，然后将它们转移到更温暖的地方开花。

采取插条

采取插条并在增殖箱中生根，就像对待早花菊花那样。晚花多头型品种的插条直到夏初或仲夏才需

越冬

1 花期过后，将茎干截短，挖出植株（这里用的是一棵年轻植株），清洗根系。减去细长的根，将根坨缩至网球大小。

2 在10厘米深的盒子中垫上报纸，将植株茎干直立放在一层2.5厘米厚的潮湿基质上。回填基质并紧实，将盒子放在凉爽通风处。

要扦插生根。一旦生根，像对待早花菊花那样处理。在早春，当根系填充花盆的时候，将植株转移到最终的容器中。根据根系活力，使用24厘米或25厘米大小的花盆。使用湿润的盆栽基质，其中加入缓释肥。在最终上盆前为所有品种以及那些花序大的种类立桩。

矮生早花类型

这些矮生菊花又称花园菊或地被菊，众多花朵开满圆丘状的植株。当它们在夏季盛开时，通常可以从园艺中心、花艺师和其他渠道买到，用于花坛种植方案和露台容器。还可以买到穴盘苗，用来在早春种植。

当露地栽培时，它们在栽培上的需求与早花菊花相似，当盆栽时与晚花菊花相似，但矮生地被菊不应该除蕾。

在春季种植，将植株以间距30~38厘米种在花园苗床中，或者将三棵植株种在一个花盆中。立即

摘去生长点，等侧枝长到5厘米长时再次摘心。继续为盆栽地被菊摘心，促进形成大而匀称的株型。地被菊能自己支撑，所以不用立桩。定期施加均衡肥料（见"施肥"，194页）。

在温和无霜的地区，它们可以露地全年种植。在较寒冷的地区，应该在仲秋将它们挖出，种在含盆栽基质的箱子中，然后干燥储藏在无霜温室中过冬。与此同时，将盆栽植株转移到温室过冬。

采取插条

对于盆栽地被菊，应该在冬末或早春采取插条并在增殖箱中扦插生根。对于花园苗床露地种植的地被菊，应该在仲春采取插条。一旦生根，对插条进行炼苗，然后上盆或露地移栽。

矮生早花类型
这些低矮的植物很适合种在露台和阳台上的容器中，可以在漫长的花期产生丰富多彩的小型头状花序。

康乃馨和石竹

康乃馨和石竹属于石竹属（*Dianthus*）。它们的花朵美丽，常有香味，叶色呈灰绿色，常绿。它们是根据生长习性、花朵形状和耐寒性进行分类的：直立的灌丛式花境康乃馨以及低矮蔓延的石竹都很耐寒且多花。

现代石竹是多次开花的，并且比古典石竹更茁壮（关于低矮石竹，见"选择植物"，271~272页）。花境康乃馨和石竹能够提供三四年的花。四季康乃馨和多头康乃馨比花境康乃馨高得多，不耐霜冻，可全年开花。传统的法国康乃馨（马尔迈松康乃馨）花朵大而重瓣，非常芳香，应该种植在保育温室或凉爽温室中。它们全年开花，花期零散而不定。一二年生康乃馨和石竹[包括石竹（*Dianthus chinensis*）及其杂种以及须苞石竹（*D. barbatus*）]的处理方法和其他耐寒或半耐寒的一年生植物一样（见"播种和种植"，210~213页）。

康乃馨的花朵可以是单色、双色或多色的，或者有明显的花边。石竹的花朵可以是单色、有第二种颜色的花心、双色或多色的，或者在每片花瓣边缘有不同颜色（通常花心也是这种颜色的）。所有康乃馨和石竹都能提供持久的切花。

一般栽培

花境康乃馨和石竹喜欢阳光充足的开阔地区，以及pH值为6.5~8的排水良好土壤。四季康乃馨应该种植在温室中，开花时的最低温度是10~12℃；在5℃时，只有少量花会开放。

在冬季，清理植株周围的所有死亡叶片和杂物，对于室外种植的所有被霜冻弄松土壤的年轻植株，重新紧实土壤。

花境康乃馨

为得到最好的效果，应该在秋季从专业种植者那里得到花境康乃馨的生根压条，或者在春季得到盆栽植株。

为准备种植苗床，应该在秋季用单层掘地法整地，混入有机质，然后在第二年春季按照生产商建议的量施加均衡肥料。为年幼植株浇透水，然后以38~45厘米的间距将其移栽到潮湿土壤中。紧实土壤，确保最低的叶子不会接触土壤表面。在种植后的第一个月，只在持续干旱时才浇水；一旦成形，植株只在非常干旱的天气才需要浇水。用小树枝或木棍为植株提供支撑。

花境康乃馨是灌丛式的，所以不需要摘心。用于花园观赏时，并不需要对一年龄植株除蕾。要在二年龄植株上得到大花，就需要去除多余的花蕾。每根枝条留两个到三个花蕾。三年或四年龄植株只需要保留顶蕾。

石竹

在秋季购买石竹的生根插条或者在春季购买盆栽植株。种植方法与花境康乃馨类似，但间距应为22~30厘米。当使用插条种植重复开花的现代石竹时，将年幼植株的茎尖掐去，留五六对叶。古典石竹一般不需要掐尖。

四季康乃馨

最好在春末或夏初购买生根插条或盆栽植株。如果种植生根插条，应该在种植一两周后掐去茎尖，以促进叶腋枝条生长。按照这种方法得到的拥有3~5根侧枝的植株可以在春季买到并种植在14厘米大的花盆中。浇透水，用1.2米长的木棍支撑。

重新上盆约一个月后，再次为部分侧枝摘心，以延长花期（不要为多头型康乃馨"二次摘心"）。在数天之内逐渐为植株除蕾，这样花萼就不会裂开。只留一个顶蕾，并将花萼带套在花蕾上。对于多头型康乃馨，只除去顶蕾。

只在基质开始变干的时候浇水，最好是在清晨。施加均衡液态肥料，开始两周施一次，仲夏每周施一次，以得到美丽的开花效果。秋末，改成每月施一次钾肥，以得到能度过整个冬季的强壮枝叶。春季，将一年生植株重新上盆到直径为21厘米的花盆中。然后将一汤匙的石灰岩撒在基质表面，防止基质因为频繁浇水而变酸。一个月后，恢复生长季施肥。在第二年年底将植株丢弃，换上新的植株。

病虫害

康乃馨和石竹可能感染的病虫害有蚜虫、毛虫、蓟马、真菌性叶斑病和锈病。温室种植的康乃馨最容

康乃馨和石竹的类型

四季康乃馨
重复开花，通常无香味，半耐寒。图中是'克莱拉'康乃馨。

花境康乃馨
花朵常有香味，耐霜冻。图中是'粉色的吻'康乃馨。

古典石竹
有香味，耐霜冻。图中是'马斯格拉夫'石竹。

现代石竹
花朵有香味，具有2~3个萌发主花芽；耐霜冻。图中是'海牛'石竹。

多头型
每根茎上开五朵或更多朵花；半耐寒。图中是'花边'石竹。

法国康乃馨（马尔迈松康乃馨）
香花，半耐寒。图中是'马尔迈松纪念'康乃馨。

掐尖
当四季康乃馨的生根插条长出八九对叶时，将顶部的三四对叶连茎尖一起掐掉。大约一个月后，继续掐掉侧枝的茎尖，每个茎尖留五六个节。

除蕾
为在四季康乃馨的每个开花枝上得到一朵大花，用手扶住花枝，并掐去所有蕾，只留下一个顶蕾（最左）。对于多头型品种，在花蕾开始显色时，将每根花枝的顶蕾去除（左）。

易受到红蜘蛛的侵袭（见"病虫害及生长失调现象一览"，659~678页）。在炎热干旱的夏季，经常用干净的水喷洒植株可作为预防措施。在冬季，利用任何晴朗天气充分通风以抑制病害。

繁殖

所有的康乃馨和石竹都可以用插条繁殖，但花境康乃馨要想得到最好的效果，最好采用压条繁殖。所有的石竹属物种都可以用种子繁殖（见"种子"，600~606页）。大多数宿根石竹属植物的实生苗不能真实遗传，而且大部分在第一年不开花。

展览用植株一般一年后就丢弃。在丢弃它们之前，采取插条或压条（选择合适的方法）重新繁殖。

插条

石竹类应该在夏季采取插条。选择拥有四五对叶的健康枝条，并将它们完全折断。在节间下端剪去底部的一对叶。将插条以大约4厘米的间距扦插在种植盘或花盆中，其中装满干净的尖砂或者等比例标本盆栽基质与尖砂的混合物；不要让叶片接触生根基质。使用可重复利用的塑料袋覆盖它们或者放入增殖箱或喷雾单位中，像茎尖插条那样处理（见"茎尖插条"，612页）。插条会在两三周内生根；将它们单独

准备插条
选择不开花、节间极短的枝条。去除底部的一对叶，得到一小段茎，并修剪整齐。

四季康乃馨　　石竹
- 笔直的茎
- 节间很短的叶片
- 节间下端的切口
- 节间下的切口

上盆至直径为7厘米、其中装满标准生根基质的花盆中，然后放入冷床或温室中生长。

四季康乃馨和多头型康乃馨可以在任何季节采取插条扦插，只要底部加温至20℃即可。选择花朵摘下后发育出的强壮腋生枝条，然后按照石竹插条的方式进行准备。将每根插条的基部蘸水，然后蘸取激素生根物质，后面的处理方式与石竹插条一样。

压条

对于花境康乃馨，可以在开花后对一年龄植物进行压条来繁殖。在母株周围的土壤中混入7厘米深等比例的尖砂和潮湿扦插基质，然后紧实土壤。选择若干匀称的不开花侧枝，除了顶部四五对叶，去除所有叶片。在位置最低叶片的节下端，向下切到下一个节，形成一个舌片。将枝条钉在土壤中，使舌片被土壤包裹。当被压枝条生根后，将它们从母株上分离并移栽，以便在第二年开花（见"简易压条"，607页）。

为在容器中繁殖观赏植株，首先移走植株周围表面2.5厘米宽、7厘米深的一圈基质。用等比例的生根基质和尖砂替换，然后将植株围绕花盆边缘压条。6周内，当压条生根后，将它们独立移栽到装满标准盆栽基质的直径为7厘米的花盆中。

当根系长到基质边缘的时候，将它们再次移栽到直径为15厘米的花盆中，根坨顶部与基质表面平齐。将基质紧实至花盆边缘向下2.5厘米处。或者将两棵植株移栽到一个直径为21厘米的花盆里。用1米长的木棍支撑，并浇透水；之后只需在基质快干掉的时候浇水。

展览用花

康乃馨和石竹用于展览已经有数个世纪。石竹和四季康乃馨可按照"一般栽培"（见190页）中的方法种植，但花境康乃馨一般种在光亮通风的温室中，以保护花朵。在夏季，温室必须保持良好的通风、轻度遮阴，并经常喷雾。

色彩缤纷的展示
重复开花的现代石竹种在容器中，可以营造出吸引人的观赏效果。

准备展览

当石竹或康乃馨准备现蕾的时候，每10天施一次均衡液态肥料，直到花蕾开始显色，之后再施一次钾肥。当康乃馨的花蕾长到能用手操作的时候，就对其进行除蕾。这一步骤需要在数天之内逐渐完成。将花萼带套在剩余的花蕾上，防止它们的花萼裂开。石竹从不用除蕾，不过展览者会去除所有开过的花。

应该在清晨或深夜从浇足水的植株上选择用于展览的花，最好是在展览开始前48小时内进行。在节间上端做斜切口，将花枝剪下，并放入水中，转移到凉爽、黑暗且没有气流的地方备用。

花萼带　　**裂开的花蕾**

花萼带
当花蕾显色时，将柔软的金属丝圈或橡胶带套在花蕾上（左），以防其开裂形成不规整的花朵（右）。

展览用花

一朵优质的花能展示品种的所有特性，不能有病虫害的迹象。留在花朵上的花萼带或裂开的花萼都会影响花朵的品质。

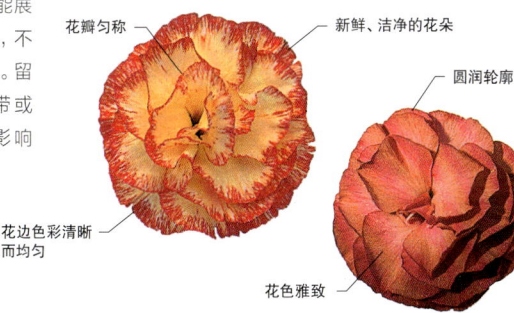

- 花瓣匀称
- 新鲜、洁净的花朵
- 圆润轮廓
- 花边色彩清晰而均匀
- 花色雅致

'汉娜·路易丝'石竹　　'灰鸽子'石竹

玉簪属植物

除了醒目且富有雕塑感的叶片，许多玉簪属物种和品种会开出美丽的白色、淡紫色或紫色的花。易于维护且长寿的玉簪属植物是花园中难得的景致。

虽然已有超过两千个注册品种，但玉簪类植物还没有正式的统一分类系统。不过许多苗圃遵循美国玉簪学会（American Hosta Society）的分类方法，其依据的是植株成熟时叶片的高度：低矮玉簪不足10厘米高，微型玉簪10~15厘米，小型玉簪是15~25厘米，中型玉簪25~45厘米，大型玉簪45~70厘米，特大型玉簪超过70厘米。

在花园中使用玉簪属植物

玉簪主要作为观叶植物应用，可种植在轻度或中度遮阴的区域，盆栽或种在池塘边也很美观。它们叶子的颜色、质感和形状差异极大：现代杂交玉簪的叶子呈现各种绿色、白色和金色，或镶着完全不同颜色的花边。它们有的浓郁而富有光泽，有的柔软犹如丝绒。叶子有的呈狭窄的带状，有的呈心形或几乎为圆形。玉簪属植物适合大部分程度的遮阴，从轻度或斑纹状遮阴，到中度遮阴。一般来说，蓝叶子的玉簪喜欢整日轻度遮阴，而黄叶子的品种喜欢部分阳光。少数种类耐全日照，但所有玉簪都最好种植在有一定遮阴的地方。

用于阴凉区域的玉簪属植物

玉簪是其他喜阴宿根植物的良好伴生植物，能充当其他鲜艳花朵（如落新妇）的背景。它们巨大的叶片与其他植物的细叶能形成有趣的对比，如色叶华东蹄盖蕨（*Athyrium niponicum* var. *pictum*）和苔草属（*Carex*）植物。对于岩石园中的阴凉区域，可以选择微型玉簪，如雅致玉簪（*Hosta venusta*）和'闪亮琼浆'玉簪（*H.* 'Shining Tot'）。

使用玉簪可让荫蔽的入口变得生动起来。为产生视觉冲击力，应使用叶子醒目的品种，如片状的'蓝天使'玉簪（*H.* 'Blue Angel'）或带白边的'爱国者'玉簪（*H.* 'Patriot'），二者都会在仲夏开出美丽的花。可种在房屋附近的香花种类包括'糖和奶油'玉簪（*H.* 'Sugar and Cream'）、'甜蜜蜜'玉簪（*H.* 'So Sweet'）和玉簪（*H. plantaginea*）。

在遮阴的露台上，可在容器中种植玉簪，和那些更喧闹的一二年生植物形成对比。金黄色的'富园黄金'玉簪（*H.* 'Richland Gold'）或带黄心的'六月'玉簪（*H.* 'June'）都很适合种在花盆或其他容器中。

地被

大片种植的玉簪是效果非常好的地被。仔细选择花叶观赏性良好衔接、全年可赏的品种。例如，'绿面团'玉簪（*H.* 'Green Piecrust'）、'克罗莎极品'玉簪（*H.* 'Krossa Regal'）、'蜜钟花'玉簪（*H.* 'Honeybells'）以及玉簪的搭配能够创造出充满异域风格的组合，可以连续开花好几个月。只使用叶色有限的少数玉簪种类，可以得到更微妙的设计效果。为得到快速生长的低矮地被，应选择

混合花境
玉簪属植物和其他喜阴植物搭配得很好，为夏花提供了背景，并在花期过后继续延续观赏性。

用于不同条件的玉簪属植物

'爱抚'玉簪
中型至大型，轻度遮阴。

'晨光'玉簪
中型，轻度至中度遮阴。

'金品'玉簪
中型，轻度遮阴。

'翠鸟'玉簪
中型，轻度遮阴。

巨无霸玉簪
大型，轻度遮阴至全日照。

'金冠'玉簪
中型，轻度遮阴。

'金边'山地玉簪
特大型，轻度至中度遮阴。

披针叶玉簪
小型至中型；耐全日照，但喜轻度遮阴。

'效忠者'玉簪
中型，中度遮阴。

'火与冰'玉簪
中型，轻度至中度遮阴。

'蓝鼠耳'玉簪
微型，轻度遮阴；理想的盆栽植物。

'珍珠湖'玉簪（H. 'Pearl Lake'）和'园主'玉簪（H. 'Ground Master'）这样的品种。

其他位置使用的玉簪

数棵种在一起的玉簪可用作免修剪的低矮夏季绿篱。披针叶玉簪（H. lancifolia）最适合如此使用，且能忍受除热带地区外的全日光照射；它在夏末会开出柔软的紫色钟形花朵。大多数玉簪在水边很好地生长；巨无霸玉簪（H. 'Sum and Substance'）、大波叶玉簪（H. undulata var. erromena）、白边波叶玉簪（H. undulata var. albomarginata）在潮湿土壤中生长得特别好。

栽培

除了未经改善的黏重黏土和纯沙，玉簪属植物能够适应众多类型的土壤。它们在富含有机质、pH值为6.5~7.3的湿润壤土中生长得最好。

种植玉簪属植物

裸根玉簪可在春季或秋季种植。盆栽玉簪可在任何时间种植，但如果在种植时它们还处于活跃生长中，注意不要扰动它们的根系（见"种植宿根植物"，186~187页）。不过，在春季和秋季，除非容器中充满了根系，否则最好摇掉大部分基质，像种植裸根玉簪那样种植。

种植时将根颈与地面平齐（见"种植深度"，186页）。不要让粪肥接触到根系，这会造成第一年的叶子变色。让植株周围稍稍低洼一些，方便浇水时水分直达植株的根系。

日常养护

玉簪属植物需要五年才能成熟，因此可以留在原地任其生长多年。当土壤一直保持湿润时，玉簪属植物会生长得很好。

为得到颜色美观的繁茂叶子，应该用堆肥或腐熟粪肥为玉簪更换表层土；这会增加土壤腐殖质和养分含量。在春季，为在贫瘠土壤中生长的玉簪属植物施加均衡肥料。

护根

土壤湿润时施加春季护根。只能用完全腐熟的有机材料，以免蛞蝓出现。在冬季寒冷的地区，在地面冻结之前在每株玉簪周围铺设一层秸秆或干树叶护根；注意不要盖住地上部分。在新种植的浅根系植株上，护根能防止严重霜冻造成的地面隆起；在成形的植株上，护根能减少冠腐病。如果使用非常粗糙的材料当护根，应在春季将其移除。

病虫害

蛞蝓和蜗牛能把玉簪属植物毁了，有时它们会在生长期结束前将叶片啃成碎片；蠼螋会在叶子上啃出洞。冠腐病也会造成问题，特别是在黏重土壤中或相对潮湿的气候下。详见"病虫害及生长失调现象一览"，659~678页。

繁殖

玉簪属植物很容易通过分株或用锋利铁锹从根蘖上削下一部分的方法繁殖。当蒴果变成棕色时，可以采集种子来繁殖玉簪，但得到的新植株很少能够真实遗传。在秋季或冬季播种（见"在容器中播种"，605页）。

砍伤根蘖分株

繁殖玉簪属植物的一个实用方法是春季在它们的根蘖部做许多小伤口，以促进新芽和根的生成。这对于生长速度缓慢的玉簪很有用。

到秋季，伤口会长出愈伤组织，并发育出新的根系和休眠芽。可在秋季或次年春季挖出整个植株并分成数部分，每个部分都要有自己的芽。移栽后，新植株需要生长至少一年才能再次使用这套流程。

玉簪属植物的分株

根状茎健壮的大型玉簪应该用铁锹来分株。分株后的每一部分应该保留数个芽，并用小刀将受损的部分清理干净。根状茎比较松散且呈肉质的玉簪属植物应该用双手或两把叉子背对背分株；每个部分应该至少有一根嫩枝。

健壮的纤维状根系
用铁锹将根颈分株；每部分应该保留数个发育中的芽。

松散的肉质根系
对于小型植株和根状茎松散的植株，用手将株丛拽开。

地被
在这个半阴的花境中，玉簪属植物成为理想的地被。在这里，'弗朗西斯·威廉姆斯'玉簪（Hosta 'Frances Williams'）伸展着自己带有浅绿色边缘的心形绿色叶片，点亮了这片阴凉区域，它醒目的外形和后面的蕨类也形成了鲜明的对比。

日常养护

虽然大多数宿根植物在极少的养护下也能生长得很好,但一定的日常养护会让它们显得非常美丽而健康。偶尔进行浇水和施肥是必要的,还应该清除周围地面的杂草。此外,如果摘除枯花或整体切短,许多宿根植物会进一步生长并开花;而对植物进行分株会更新其活力。高而脆弱的宿根植物或者那些花序繁重的种类可能需要立桩固定,特别是在暴露的花园中。

浇水

植物所需水量取决于种植场所、气候以及具体物种。如果种在合适的条件下,成形宿根植物常常只需要很少或者不需要额外灌溉。如果在生长季中出现长期干旱,则需要为植物额外浇水。如果植物因为缺水而枯萎或枯梢,它们一般会在大雨过后完全恢复,或者开始休眠,直到下一个生长季来临。耐旱植物,尤其是常被推荐用于北美草原式种植的种类(见"北美草原式种植",264~265页),一旦成形便无须额外浇水。最经济的灌溉方法是滴灌,而不是兜头洒水(见"灌溉工具",538~539页)。

年幼植株需要大量水才能成形,不过一旦开始稳健地生长就不应该再浇水,除非出现非常干旱的天气。如果需要灌溉,最好在晚上进行,这时水分从土壤表面蒸发的速度比较慢。

施肥

在种植前完全做好准备的土壤中,很少有宿根植物需要额外的施肥,只需每年将骨粉或均衡缓释肥混入表层土中即可,最好在每年春季下雨之后进行。

如果天气干旱,应先将土壤浇透,然后用叉子将肥料混入土壤表面。别让肥料接触到叶片,以免引起灼伤。对于主要观叶的植物(如景天类和玉簪类),在生长季中偶尔施加液态肥料很有好处。

如果植物在合适的地点仍然生长不好,应检查它是否被病虫害感染,并进行相应的处理。提前发黄的叶子很可能是因为土壤排水出现问题或缺乏某种营养元素导致的。如果适当的排水或施肥仍然不能改善植物的生长,应取一份土壤样本送到实验室分析,以确定缺少的到底是哪种元素(见"土壤养分和肥料",590~591页)。

护根

每年覆盖一次有机护根,如专利生产的护根或树皮屑等,有助于抑制杂草生长,减少土壤中水分流失并改善土壤结构。在春季或秋季土地湿润的时候,围绕植物根颈铺撒一层5~10厘米厚的护根(见"护根",592页)。

除草

在任何时候都要保持花坛和花境中没有杂草,因为杂草会和观赏植物争夺土壤中的水分和养分。种植合适的地被植物(见"地被宿根植物",183~184页)或者在春季覆盖护根有助于减少一年生杂草。所有被风吹来的种子或在土壤中休眠的种子长成的杂草都应该在成形之前手工清除。

如果在种植过后地面上长出多年生杂草,就小心地用叉子将它们挖出来。这时使用内吸杀虫剂是不合算的,因为它们只有在杂草长到开花时才有效,而且很难保证不会把杀虫剂喷洒在观赏植物上。

如果多年生杂草的根系与某棵花境植物的根系长在了一起,在早春将这棵植株挖出,清洗根系,然后小心地将杂草拔除。重新将花境植物种下,确保原来的地方没有杂草根系残存。不要在宿根植物周围锄地,这会对表面根系和萌发的嫩枝造成伤害。关于杂草防治的进一步信息,见"杂草和草坪杂草",649~654页。

改善开花状况

某些宿根植物可以在生长季中以一种或两种方式修剪,以增加花朵数量或大小,或者延长花期。

疏枝

虽然大部分草本植物会在春季长出大量茁壮的枝条,但其中有些可能会细长瘦弱。如果在生长季早期除去这些细弱枝条,植株将发育出数量较少但更强健的枝条,上面一般会开出更大的花。当植株长到最终高度的四分之一至三分之一时,将最弱的枝条掐去或截掉。这种疏枝法可以应用在翠雀属、福禄考属和紫菀属等植物上。

摘心

对于易产生侧枝的宿根植物,如堆心菊属(Helenium)和金光菊属(Rudbeckia)植物,可以通过摘心的方法增加花朵的数量,这样才能产生更强健的枝条,并防止植株长得过高而松散。摘心一般在植株长到其最终高度的三分之一时进行,用手指或修枝剪将每根枝条末端2.5~5厘米长的部分掐掉或剪掉,截短至某茎节上端。这会促进最上端叶腋中的芽发育成侧枝。

群体内的不同单株可以隔几天摘心,以延长整体花期。关于如何得到较少但更大花朵的信息,见"摘心和除蕾",234页。

还有一种类似的技术叫切尔西削顶(Chelsea Chop),应该在五月底(花朵刚开始出现之后)进行,可以用来延长某些宿根植物的花期,如堆心菊属、福禄考属和紫菀属植物。如果将所有枝条截短三分之一至一半,就能将花期推迟到夏末。或者将植株前半部分的枝条剪短一半,这会延长花期而不是完全推迟花期。如果一种植物有数丛的话,可以只截短其中的几棵,以延长整体花期。

摘除枯花

除非需要具有观赏性的种子穗或者需要采集种子繁殖,否则花朵一旦凋谢就将其清除。这样的话,植株就会进一步长出开花侧枝,从而延长花期。对于许多宿根植物(如翠雀和羽扇豆)来说,当第一批花凋谢后,将老枝修剪至基部会促进新枝发育,这些新枝会在该生

如何为宿根植物疏枝和摘心

疏枝
当年幼枝条(这里是一株福禄考)尚未长到最终高度的三分之一时,对其进行疏枝。从基部剪去或掐掉枝条总数三分之一的细弱枝条。

摘心
当枝条(这里是一株紫菀)长到最终高度的三分之一时,掐掉顶部2.5~5厘米长的部分,促进灌丛式的分枝生长。

通过缩剪延长花期

翠雀
开过花后，当能看到新的基生枝条时，将老枝修剪至地面。

福禄考
当花朵凋谢时，将中央花序剪去，促进侧枝开花。

缩剪

对于钓钟柳类等基部木质化的宿根植物，应该在每年早春进行一次缩剪。用修枝剪将越冬枝条修剪至基部，而幼嫩新枝会继续生长；或者将枝条截短一半至四分之三，除去繁杂、细弱或不开花的枝条。这会促进健壮枝条的发育，产生贯穿夏季和秋季的花朵。

按照传统做法，在秋季剪短宿根植物的所有凋零枝叶，令花坛和花境在冬季保持整洁的外观。然而，将所有地上部分保留过冬可以为多种野生动物提供庇护所。某些宿根植物（如长药八宝和许多观赏草）的叶片和种子穗即使变成棕褐色仍然很美观，它们可以在冬季提供装饰直到早春。此外，对于不完全耐寒的植物，将它们的地上部分留下过冬能够为根颈提供一定的防冻保护。任何在冬季没有自然枯萎的地上部分都应该在第二年春季清理，为新的枝叶让出空间。

移栽成熟宿根植物

如果你想改变花园的种植方案，大部分宿根植物能轻松移栽。如果可能的话，在秋末进入休眠后进行移栽，或者在春季刚刚进入生长期时移栽。对于厌恶寒冷潮湿条件的植物（如羽扇豆属）以及那些不完全耐寒的种类，应该在春季土壤温暖到能促使快速生长时移栽。某些长寿植物特别是芍药和堆心菊，不能很好地适应移栽造成的扰动，移栽后需要两年或更长时间才能恢复。它们只应该在需要繁殖时才被挖出。

准备好移栽的新场所并挖出大小合适的种植穴。挖出植株，保留根坨周围尽可能多的土壤。最好在这时将植株分株（见"起苗和分株"，196页）。用手将植株附带的杂草清除干净，然后像种植盆栽宿根植物那样（见"种植宿根植物"，186~187页），将分株苗重新种下，紧实土壤，浇透水。

生长期中的移栽

有时候必须在植株旺盛生长的长季开第二次花。

秋季修剪
在秋季或冬初，将死亡枝条（这里是一株金光菊属植物）剪至地面或新枝叶的上端。

立桩和支撑物

高而脆的宿根植物和花朵硕大的宿根植物（如芍药）常常需要立桩或其他支撑物，特别是在多风地点。有些支撑物只是连接单个茎干的简单立柱，而另一些支撑物则由许多围绕植物且相互连接的短立柱组成，以防止植物的茎向侧面展开。环形桩（ring stake）使用了一张大孔径的金属丝网，植物的茎可以穿过它生长。支撑物有多种样式，由木头、金属或塑料（包括被塑料包裹的金属）制成，有时外观很有做旧感，或者可以用细长的木棍或竹竿自制，若有必要还可以用绳线或金属丝捆绑。在生长季早期搭好立桩和支撑物，因为它们在生长季后期更难插入而且容易损伤植株。将支撑物深深地插入土壤，随着植株的生长，有些支撑物还可以逐步升起或调整。

对于翠雀属植物和其他高且单干的宿根植物，应使用茎干最终高度三分之二长的坚固木棍；将木棍牢靠地插入每棵植株基部附件的土壤中，注意不要损伤植株的根系。用八字结将茎干绑在木棍上。

在支撑多干型植株时，使用数根木棍以相等间隔围绕植株立桩。在植株高度三分之一和二分之一处各套一个环形线圈。对于灌丛式植株如芍药等，可以使用专利生产的环形桩和连接桩（link stake），或者类似的自制支撑物。对于草本铁线莲和其他茎干松弛的宿根植物，将几根榛树细枝或豌豆扶竿插入年幼枝条附近的土壤中，然后将它们向内弯折成直角，形成一个很快被植株覆盖起来的"笼子"。另一种立桩方法是将一根矮桩插入一小丛植物或茎干中央，然后将每根茎都绑在它上面。

环形桩
它们被用来在生长季早期为低矮的灌丛型植株（这里是芍药）立桩。

连接桩
对于较高的植物（如这株紫菀），连接桩同时提供了垂直和水平支撑，而且形状可以调节。

木棍单桩
当单干型植株（这里是翠雀）长到20~25厘米时为其立桩。松散地将茎干绑在木棍上。

单干支撑
这种支撑物是用来支撑单根茎干的，很适合用于花朵脆弱或硕大的植物。

储藏植物

如果有必要,可以在越冬时将宿根植物挖出并储藏,或者在不能立即移栽的情况下暂时储藏起来——例如在搬家时移栽。

在冬季的休眠期将植株挖出,并放入填充一半潮湿碎树皮或基质的盒子中。用树皮或基质将根系盖住,防止它们脱水。存放在凉爽无霜的地方。

时候移栽。不过,成熟的植株可能无法成功移栽,如果必须在这时移栽,需要小心地处理。

为最大限度地减轻移栽造成的压力,挖出之后将其在一桶水中浸泡数个小时。然后将地上部分修剪至距基部8~12厘米,用优质的盆栽基质上盆。将植株放在凉爽遮阴的位置,根据每天的需要洒少量水。当有健康新枝生长的迹象时,精心准备新的位置并进行移栽,尽可能多地保留根坨周围的土壤。

起苗和分株

如果可以的话,应该每三到五年对花坛或花境中的宿根植物进行起苗、分株和重新种植。对于生长迅速的苗壮物种,特别是那些垫状植物,如筋骨草属(*Ajuga*)和石蚕属(*Stachys*)植物,可能需要每两年分株一次。变得木质化的植株(中央会有枯死的迹象),或者看起来很拥挤并且开花数量没有往年多的植株,都需要进行分株。

将宿根植物挖出后,可以彻底清理种植场所的杂草,并在翻地后按照需要混入腐熟有机质或肥料。分株能够让植株复壮,保持其健康,并防止过于茂盛的生长。

在秋末或早春将植株挖出,注意不要损伤其根系,将它们轻轻地扯成几部分。对于较大的株丛,可以使用铁锹或叉子将其分开。丢弃木质化的中央部分。分株后的每部分都应该保留许多健康的嫩枝和属于自己的根系(见"如何分株繁殖宿根植物",628页)。然后在原来的地点翻地并施肥,重新种植分株苗,注意为植株生长留下足够间距。或者按照需要将分株苗种在准备好的新场所。

盆栽宿根植物

与露地栽培的种类相比,在容器中栽植的宿根植物需要更多的照料,因为它们的养分和水分储备很有限。确保盆栽基质在生长期不会干掉:在炎热干旱的天气可能需要每天都浇水。植株的根系需要保持湿润但不能过于潮湿。护根除了抑制杂草,还有助于减少水分蒸发。如果使用的是有机护根,应定期更换。

每一年或两年的春季或秋季,将盆栽植物分株,并用新鲜基质将最健壮的部分重新栽植,否则它们会很快耗光有限的养分,并且变得过大(相对于花盆)。如果使用同一个容器,应在重新种植前清洗内壁,或者使用较大的新花盆(见"木本植物的换盆",343~344页)。重新栽植前将灌丛式植株的根系剪短四分之一。在寒冷地区,秋季将半耐寒和不耐寒植物转移到室内保护,直到霜冻危险过去(见"防冻和防风保护",598~599页)。

自然主义风格种植方案的养护

宿根植物以高水平养护而著称:生长在花坛和花境中,它们需要起苗、分株、护根、立桩、摘除枯花、缩剪,当然除草是一直进行的工作。在自然主义的种植方案中,春季和秋季的工作量最大。

不需要覆盖护根,因为过于肥沃的土壤容易导致叶片过度生长并减少开花。不用定期摘除枯花,因为要鼓励一定程度的自播。在野趣为美的景致中,立桩也是不必要的。大多数适用于自然主义风格种植的植物足够健壮,可以承受风吹,也不像其他更传统的花境植物那样拥有硕大、沉重的花朵。

此类种植方案中的任何本土植物都可能充满活力并大量自播,有将其他植物挤出的可能性。在春季,手工除草必不可少:除非需要用来填充空间,否则应该彻底清除所有入侵性强的物种的幼苗,包括本土禾草、蒲公英(*Taraxacum officinale*)和匍枝毛茛(*Ranunculus repens*),以防它们喧宾夺主,限制其他植物的生长。剪秋罗和毛地黄等入侵性较弱的本土植物可以被容忍,但是要疏苗或者将它们移栽出去,防止它们一家独大。剩余的植物基本上可以留在原地任其生长,不过每隔几年进行分株会有好处。此类种植方案中的任何一年生植物都可以在夏末或秋季自播后剪短,此时你应该抓住机会重复春季的除草过程(见"野花草地的日常养护",262~263页;"北美草原式种植",264~265页)。

病虫害

如果种植在肥沃的土壤中,宿根植物通常不会感染严重的真菌病害、昆虫或其他害虫。蛞蝓和蜗牛、葡萄黑耳喙象、蚜虫、蓟马的确会造成伤害,对于某些特定的种类(如荷兰菊各品种),还会发生白粉病和霜霉病(见"病虫害及生长失调现象一览",659~678页),但很少造成需要关注的问题。在生长期定期检查病虫害的迹象,并在需要的时候用合适的杀真菌剂和杀虫剂处理。

繁殖

对于许多宿根植物,最简单最常用的繁殖方法是将它们挖出来,然后将株丛分成数棵独立的植株(见"如何分株繁殖宿根植物",628页);其他种类最好通过种子(见"种子",600~606页)或者营养方式繁殖,如扦插(见"扦插",611~620页)或者更少见的嫁接(见"嫁接技术",634页)。几乎所有命名品种都应使用营养繁殖的方法,因为它们的特征无法通过种子真实遗传。

草本宿根植物的分株

1 选择一棵健康植株并充分浇水,确保根系的湿润。剪短老枝,使根颈部清晰可见。在植株周围挖土并将其撬起来。

2 摇晃掉多余的土壤。如果不能用手将株丛掰开,可以用两把叉子背对背将其分开。继续重复这一过程,直到得到足够数量的分株苗。

3 在根系失去水分之前将每棵分株苗种在准备好的土地中。确保植株的种植深度与之前一样,紧实土壤并浇足水。

观赏草

这类丰富多样的花园植物不但包括真正的禾草，还有苔属（*Carex*）、灯芯草属（*Juncus*）植物以及竹类（见"竹类"，132~133页）。它们之所以得到广泛的应用，不光是因为众多物种和品种在形式、色彩和高度上表现出的巨大多样性，也是因为其中大多数种类很容易种植——可以在各种各样的花园生境中生长得很好。

作为花园植物的观赏草

观赏草在花境、花坛以及自然主义风格种植方案中的应用大大丰富了我们美化花园各个区域的手段，也增加了花园中色彩的多样性，它们拥有绿色、灰绿色还有黄色的叶片——有些种类的叶片上带有白色、奶油色或黄色斑纹，还有些种类的叶子和花序在秋季会变成美丽的橘红色或古铜色。它们的株型相差很大，使得它们可以应用在包括岩石园在内的大部分花园场景中。一些种类很适合用于草地和北美草原式种植中，例如发草属（*Deschampsia*）和蓝沼草属（*Molinia*）植物；另一些种类，如蓝绿色的蓝羊茅（*Festuca glauca*），可以在岩石园里与活泼的高山植物形成吸引人的对比。高大的观赏草，如蒲苇属（*Cortaderia*）、针茅属（*Stipa*）和芒属（*Miscanthus*）植物，无论盆栽还是种在花园中都能作为良好的标本植物。

如果通过地下茎或大量自播蔓延得太快，一些观赏草会成为恼人的问题。注意，应选择那些没有入侵性的种类（见"草坪、草地和北美草原式种植"，241~267页）。

栽培

观赏草多为喜阳植物，大部分在排水良好、适当肥沃的土壤中生长良好，除了在非常干旱的时期需要浇水，基本不需要额外关注。

在种植时，应确保根颈部与地面平齐；更深的种植会抑制其生长。很少需要额外施肥，施肥反而会导致枝叶变软，易感染病害。当叶片的观赏性在冬季逐渐减退后，将落叶观赏草剪至地面附近，对常绿观赏草的叶子进行修剪和整理，等待第二年春季长出新的枝叶。

繁殖

大多数宿根观赏草是丛生的或者具有根状茎，因此可以很容易地用分根状茎的方法繁殖。从外围较年轻的部分选择带有强壮纤维状根系或根状茎的强壮健康部分，并将株丛中央年老的木质化部分丢弃。分株后尽快重新种植以免脱水。一些物种如芦竹（*Arundo donax*）及其品种可以从侧枝上采取插条进行扦插繁殖。

根据繁殖时间，可以将观赏草分为冷季型和暖季型。冷季型观赏草如拂子茅属（*Calamagrostis*）、羊茅属（*Festuca*）、针茅属（*Stipa*）植物，在秋末的休眠期或即将进入生长季的早春分株。暖季型观赏草如蒲苇属、芒属以及狼尾草属植物，只能在春末或夏初进入生长季时进行分株。一年生观赏草如大凌风草（*Briza maxima*）可以在春季直接播种在土壤中。

观赏花叶效果的观赏草

'晨光'芒

'哈默尔恩'狼尾草　　细茎针茅 　　塔特拉黄金'曲芒发草'

观赏草

新西兰风草 *Anemanthele lessoniana* H4
大凌风草 *Briza maxima* H6
'卡尔·福斯特'尖花拂子茅 *Calamagrostis* x *acutiflora* 'Karl Foerster' H6,
野青茅 *C. arundinacea* H6
宽叶拂子茅 *C. brachystricha* H6
绒毛蒲苇 *Cortaderia fulvida* Zotov H5,
金黄蒲苇 *C. selloana* 'Aureolineata' H6
'青铜面纱'发草 *Deschampsia cespitosa* 'Bronzeschleier' H6, '塔特拉黄金'曲芒发草 *D. flexuosa* 'Tatra Gold' H6
'青狐'蓝羊茅 *Festuca glauca* 'Blaufuchs' H5
箱根草 *Hakonechloa macra* H7, '金纹'箱根草 *H. m.* 'Alboaurea' H7, '金线'箱根草 *H. m.* 'Aureola' H7
蓝燕麦草 *Helictotrichon sempervirens* H5
'红叶'白茅 *Imperata cylindrica* 'Rubra' H4
尼泊尔芒 *Miscanthus nepalensis* H6, '慢板'芒 *M. sinensis* 'Adagio' H6, '中国'芒 *M. s.* 'China' H6, '火烈鸟'芒 *M. s.* 'Flamingo' H6, '雷云'芒 *M. s.* 'Gewitterwolke' H6, '克莱恩喷泉'芒 *M. s.* 'Kleine Fontäne' H6, '晨光'芒 *M. s.* 'Morning Light' H6, '银羽毛'芒 *M. s.* 'Silberfeder' H6, 斑叶芒 *M. s.* 'Zebrinus' H6
苇状蓝沼草 *Molinia caerulea* subsp. *arundinacea* H7, '卡尔·福斯特'苇状蓝沼草 *M. c.* subsp. *arundinacea* 'Karl Foerster' H7, '风铃'苇状蓝沼草 *M. c.* subsp. *arundinacea* 'Windspiel' H7, '摩尔六角'蓝沼草 *M. c.* subsp. *caerulea* 'Moorhexe' H7
'云九'柳枝稷 *Panicum virgatum* 'Cloud Nine' H5,
'雪仁多'柳枝稷 *P. v.* 'Shenandoah' H5
紫叶狼尾草 *Pennisetum* x *advena* 'Rubrum' H3,
'卡西安的选择'狼尾草 *P. alopecuroides* 'Cassian's Choice' H3, '哈默尔恩'狼尾草 *P. a.* 'Hameln' H3, 绒毛狼尾草 *P. villosum* H3
拂子茅状针茅 *Stipa calamagrostis* H4, 大针茅 *S. gigantea* H4, '金丰泰'大针茅 *S. g.* 'Gold Fontaene' H4, 秘鲁羽毛草 *S. ichu* H4, 细叶针茅 *S. lessingiana* H4, 细茎针茅 *S. tenuissima* H4

注释

H = 耐寒区域，见56页地图

蕨类

蕨类是一类最受欢迎的观叶植物，它们能够为房屋或花园增添独特的质感和氛围，在流水或潮湿荫蔽的角落中效果特别好。

栽培

耐寒蕨类适合种在开阔的花园中，而热带蕨类最好栽培在温室或保育温室内，或作为室内植物观赏。

耐寒蕨类

大多数耐寒蕨类很容易种植，并且适合阴凉潮湿的环境。一旦成形，耐性极强的它们只需要最低程度的养护。除了需要或偏好酸性土壤的蹄盖蕨属（*Athyrium*）、紫萁属（*Osmunda*）、乌毛蕨属（*Blechnum*）和珠蕨属（*Cryptogramma*）的物种，大部分蕨类喜欢中性至碱性条件。均匀添加腐殖质的园土适合大部分蕨类物种。少数蕨类可忍耐阴凉处的干燥土壤，如耳蕨属（*Polystichum*）和鳞毛蕨属（*Dryopteris*）物种。欧紫萁（*Osmunda regalis*）可在全日照条件下茁壮生长，只要土壤保持潮湿。

蕨类是背阴花园的理想植物，和玉簪属植物及其他喜阴植物的搭配效果很好。较大的蕨类用在水边的效果非常出色。在自然带状栽植的春花球根植物中，落叶物种的萌发蕨叶看上去很漂亮。

在第一次霜冻后，许多蕨类植物如蹄盖蕨属、珠蕨属（*Cryptogramma*）和紫萁属植物的地上部分就会枯死，而鳞毛蕨属的某些物种可将羽状叶子保持到冬季。将植株上的老叶留到早春能够保护根颈部，但要在新叶开始舒展时将它们清理掉。铁角蕨属（*Asplenium*）、贯众属（*Cyrtomium*）、耳蕨属、水龙骨属（*Polypodium*）的所有物种和品种都适合种在冷室中，它们在最寒冷的季节无须人为加温也能生长得很好。

如果使用种在容器中的植株，花园种植可以在任何时间进行。在干旱天气下，要经常为它们浇水，直到它们站稳脚跟。

不耐寒的热带蕨类

不耐霜冻的蕨类在温室或保育温室中是很好的观叶植物，且可种植在花盆或吊篮中。有些是优良的室内观赏植物，包括楔叶铁线蕨（*Adiantum raddianum*）、巢蕨（*Asplenium nidus*）和金水龙骨（*Phlebodium aureum*）。

大多数种类需要10~15℃的冬季最低温度，但不喜欢炎热干燥的条件，应该避免阳光直射。

热带蕨类通常种在非常小的花盆中出售。为了增加排水性，可将两份粗砂或中级珍珠岩添加到三份基质中。在得到的每升混合基质中加入一杯木炭颗粒，并遵照包装说明加入适量均衡肥料或粉末肥料。

根坨不能完全干透，将盆栽蕨类花盆的外面再套一个不透水的容器，容器基部添加2.5厘米厚、永远保持湿润的沙子或沙砾。蕨类植物特别是铁线蕨属（*Adiantum*）物种不喜欢喷洒浇水或从上方浇水，而肾蕨属（*Nephrolepis*）物种应该接近变干时再浇水。偶尔用室内植

水边

荚果蕨属（*Matteuccia*）植物在水流边的潮湿环境中生长得很茂盛，与前景中的鬼灯檠属（*Rodgersia*）植物在形状和质感上形成了鲜明的对比。

岩缝

药蕨（*Ceterach officinarum*）的半常绿叶片和背后提供阴凉与遮蔽的岩石形成了有趣的对比。

用珠芽繁殖

1. 选择被珠芽的重量压弯的叶片。珠芽可能已经长出了小小的绿色叶片。从基部将选中的叶片剪下。这里展示的植物是珠芽铁角蕨（*Asplenium bulbiferum*）。

2. 将叶片钉在准备好的基质上。确定叶脉平展。

3. 浇透水，做好标记，将播种盘放入塑料袋中。将塑料袋密封，放到温暖光亮的地方，直到珠芽生根。

4. 除去固定用的金属钉，用小锄子或小刀将生根珠芽挖出；如有必要，将它从母株叶片上剪下。

5. 将每个生根珠芽转移到装满不含土壤湿润基质的7厘米直径的花盆中。在温暖光亮的地方保持湿润，直到植株长到足够大，可以移栽。

物液态肥料为蕨类施肥。

繁殖

蕨类主要通过孢子繁殖，但也可以分株繁殖或用珠芽繁殖。

珠芽

珠芽铁角蕨（*Asplenium bulbiferum*）和耐寒耳蕨属部分物种会沿着叶子长出珠芽或幼小植株。将这部分叶子带珠芽固定在播种盘或扦插基质中进行繁殖。珠芽很快会长成生根小植株，这时可将其分离并上盆。在休眠期，新植株需六个月才能露地移栽或再次上盆。

孢子

蕨类不开花也不产生种子，但拥有一种独特的繁殖方法。它们会在叶片背面长出非常小的孢子囊，从中释放大量粉末状的孢子，这些孢子种在潮湿基质上时，会长出小小的原叶体。每个原叶体中都有雄性和雌性器官，雄性器官（精子囊）产生游动精子，精子会游过原叶体湿润的表面，抵达躺在雌性器官（藏卵器）中的卵细胞，完成受精。受精后形成一个受精卵，受精卵最终发育成新的蕨类植株。

从播种孢子到移栽成熟蕨类植株需要18~24个月。从快要自然散粉的母株叶片上采集孢子。成熟的孢子囊很饱满，不同物种的颜色有所差异。许多是深棕色的，有些是蓝灰色的，还有些是橙色的。如果孢子囊呈深棕色且很粗糙，它们很可能已经散过粉了。将叶片放在一张干净的纸上，留在温暖的室内，一天左右的时间，孢子就会散落在纸上，看起来就像棕色的粉尘。将它们转移到做好标记的种子袋中。

在直径为7厘米的花盆中装满标准播种基质，压紧并使表面平滑。在表面放置一张纸巾，小心地将开水倒在纸巾上，直到水从排水孔流出（为基质消毒）。当基质冷却后，撤掉纸巾并在基质表面上稀疏地播撒孢子。覆盖花盆或将其放入增殖箱中，留在阳光不能直射的温暖光亮处。为保持基质表面湿润，须经常用温开水在上面喷雾。当基质表面覆盖一层绿色苔藓状植被时，将覆盖物移走。如果基质看起来有些干，可将花盆放入一浅碟水中一会儿。

根据物种的不同，原叶体覆盖基质表面需要6~12周。将它们以小块状挖出移栽。将其绿色一面朝上，均匀地放在另一个装满消毒播种基质的花盆里，并向下按压进基质中，用温开水喷洒。用一块玻璃覆盖花盆或再次将花盆放入增殖箱中。每天用温开水喷洒，直到小小的植株出现。当植株长到足够大可以操作时，将它们单独移栽到装满无壤土基质的花盆中，直到它们长到足够大，可以露地移栽或上盆。

孢子繁殖

1 检查叶片背面，找到一片孢子囊成熟准备散发孢子的叶子。用干净锋利的小刀将选中叶片割下，小心地放在干净的白纸上收集孢子。这里展示的植物是'弗莱兹-卢西'楔叶铁线蕨（*Adiantum raddianum* 'Fritz Lüthi'）。

未成熟 　　成熟 　　过老

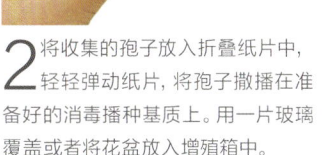

2 将收集的孢子放入折叠纸片中，轻轻弹动纸片，将孢子撒播在准备好的消毒播种基质上。用一片玻璃覆盖或者将花盆放入增殖箱中。

3 每周喷两次水雾，直到基质表面覆盖一层绿色的苔藓状植被。用小锄子或小刀成块挖出。

4 将挖出的块分成更小的部分，轻轻地按压进消过毒的基质中，喷水后放回增殖箱中。

5 当叶状小植株出现后，将它们小心地挖出。栽入装满了湿润基质的种植盘或小花盆中。当它们长出小小的羽状叶片时，再次进行移栽。

背阴花境

蕨类和玉簪喜欢同样的生长条件，在花园凉爽、背阴的角落，它们对比鲜明的叶片可以创造出吸引人的景观。

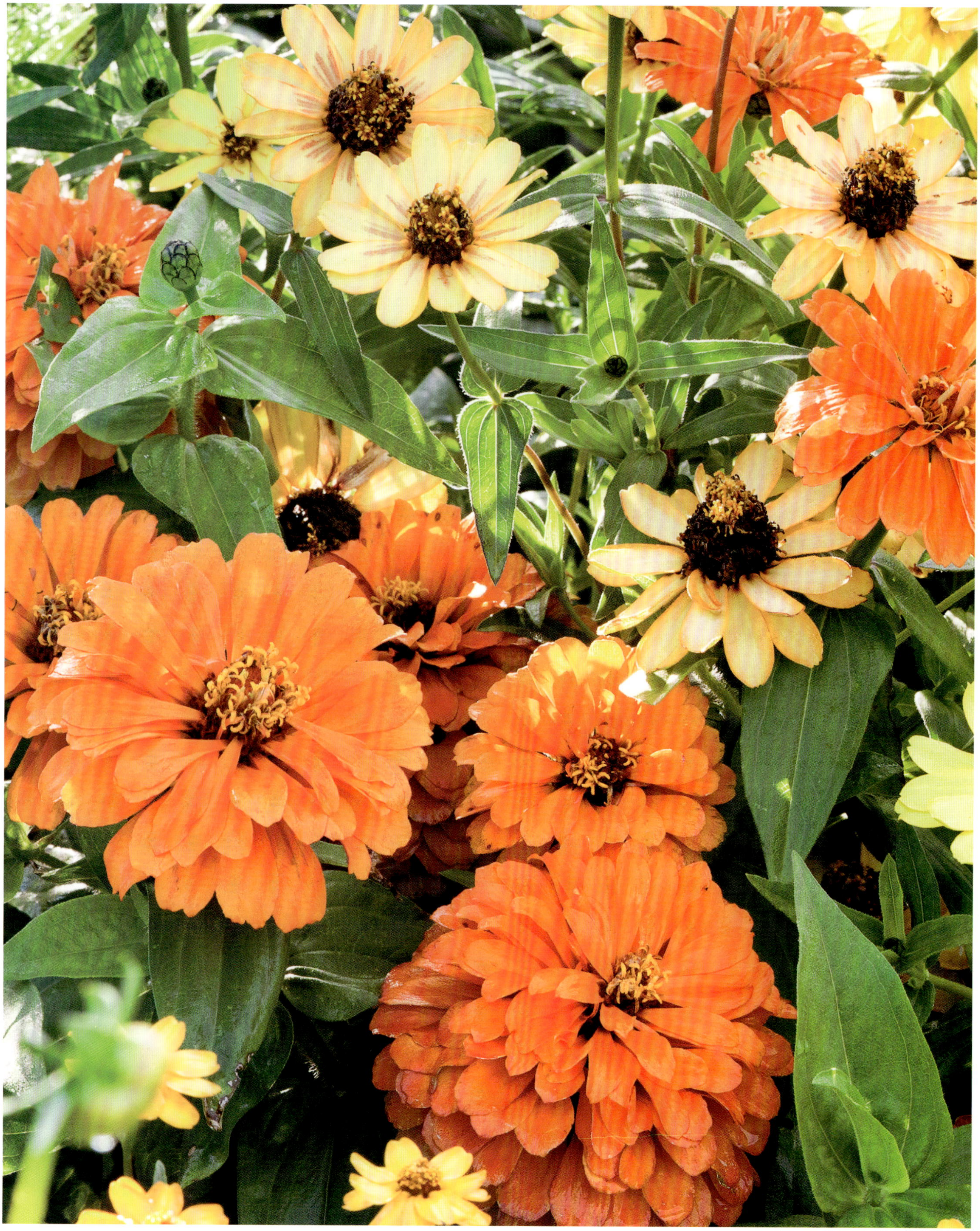

一二年生植物

传统上，一二年生植物被视为在花园中增添色彩的一种快速、经济的方法。

一二年生植物可供应丰富的花粉，并为鸟类和其他野生动物提供赖以生存的种子。特别是本土农田一年生植物，在养活昆虫方面发挥着重要作用。一二年生植物的用途和它们的特质一样多样：它们能在短短几个月内为花园增添活力，或者作为切花或干花，为室内增添一抹色彩。虽然寿命很短，但很多一二年生植物能在数周甚至数个月内持续大量开花。园丁可以利用这些丰富浓郁的色彩创造出无穷无尽的花坛种植方案，得到连续不断的花朵。虽然一二年生植物最常用在花坛和容器中，但是某些具有蔓生或攀缘习性的种类也可依靠在支撑物上生长，或者繁茂地匍匐在堤岸上，非常美观。

花园中的一二年生植物

一年生植物指的是在一年的时间里完成全部生活史的植物。那些耐霜冻的种类是耐寒一年生植物;不耐霜冻的是半耐寒一年生植物,必须在保护设施中育苗,然后在春季所有霜冻风险过去后移栽。二年生植物则需要两个生长季才能完成生活史。它们在第一个生长季长出枝叶和根系,越冬后在第二年开花。在实际中,很多种类是宿根植物,可以生存数年之久,如蜀葵属(Alcea)植物。

很多一二年生植物非常适应气候变化中预期会出现的更炎热、干燥的夏季;有些不需要施肥,而另一些不需要在加温温室中培育。某些来自干旱地区(如南非、加利福尼亚和地中海地区)的一年生植物已经进化得能够抓住降雨过后的短暂机会。另一些一年生植物,如虞美人(Papaver rhoeas)和麦仙翁(Agrostemma githago),则会利用谷物种植周期带来的机会。这些机会主义者很适合用来填补临时空隙(如新种植的草本花境),还可以用来覆盖预期会出现的干燥土壤。它们只需极少的水和养分,实际上,过剩肥力反而会导致生长不良和杂草泛滥。二年生植物没有这么强健,但需要的水和养分通常比半耐寒一年生植物少。这些植物一般与村舍花园风格密切相关,包括毛地黄和风铃草(Campanula medium)等。有些半耐寒一年生植物以耐旱著称,如天竺葵和草海桐属(Scaevola)植物,但多数半耐寒一年生植物(如矮牵牛)在有充足水分和养分的条件下表现得最好。

和谐的种植
一系列不同的花朵高度和形状创造出深度和趣味,而限制色彩范围——这里是粉色、紫色和白色——提供了统一的效果。

一年生植物花境

全部使用一年生植物的花境或花坛能产生缤纷多彩的效果。它们最适合用在新花园中,能快速提供生机勃勃的景色,也可以用在已经成形的花园中。在一个生长季内可能需要更换几次植物,以得到不同的观赏效果。大多数一年生植物喜欢阳光充足的地方,但也有少数半耐寒一年生植物可以在一定程度的遮阴下茁壮生长。

许多用在一年生花境或花坛中的植物在自然生境中其实是不耐寒的灌木状宿根植物,如天竺葵、金鱼草(Antirrhinum majus)或蓖麻(Ricinus communis)。在温带地区,如果用种子播种一年生植物,它们会生长得更健壮并能大量开花。它们一般会在生长季结束时被丢弃,不过许多种类可以转移到温室中越冬,或者采取插条保存。

色彩效果

最美观的一年生花境常使用的是有限的色彩,如炫目的橙色和红色、沉静的粉色和紫色、柔和的蓝色和淡紫色。用一片横扫过去的颜色为种植定下基调,在选择相邻色调时,注意两者要能和谐地融合在一起。灰色、绿色和白色能让更活跃的红色和蓝色安静下来。许多一年生植物如金鱼草、三色堇和大花三色堇(Viola x wittrockiana)以及矮牵牛有非常丰富的花色,这使得无论需要哪种颜色,都可以使用特定的植物。完全使用白色花朵的花境显得新鲜精致,而加上绿色叶子可以防止种植效果冷清。不应用奶油色替代更纯净的白色或者与之混合使用。

形式和质感

除了花色,叶子的质感和植株整体形状也能为花境增添魅力。将叶子或花朵质感差异较大的不同植物成簇贴近种植。它们的不同特性会得到更充分的体现。一年生植物的形式和质感常被忽视,但它们能强化种植风格,无论是叶片纤细的黑种草(Nigella)、拥有醒目穗状花序的一串红(Salvia splendens),还是自然伸展的沼沫花(Limnanthes douglasii),都能提供有趣的

别样植物
一年生观赏草带来微妙的色彩。

对比。可考虑使用叶子美观的一年生蔬菜为一年生花卉种植设计提供体量和厚重感,观赏卷心菜和羽衣甘蓝尤其适合,包括用于烹饪的紫叶类型。

引入各种形状和尺寸能够提升种植方案的观赏性。可供挑选的不同形式多种多样,如天人菊属(Gaillardia)植物像雏菊般的花形、向日葵(Helianthus annuus)的金色花盘、矮牵牛的喇叭状大花、凤尾鸡冠花[Celosia argentea var. cristata Plumosa Group (Prince of Wales Feathers)]的羽毛状花序等。

丛植

对于大多数一年生植物,与其使用常见的混合种子和育苗盘种植,不如将一个品种大量种植在一起,这样效果最好。当只能使用混合种植时,丢弃不想要的颜色是唯一的选择。单棵植株看起来很孤单,并且会弱化种植方案的结构感。按照不规则的片区进行播种,使植株成熟后的效果像传统的草本宿根花境一样,由互相连锁的条带组成。不同片区的形状和大小应有所差异,产生自然流动的效果。

当花境主要从一个方向观赏(可能是道路或草坪)或者背靠栅栏或墙壁时,应按高度依次列植物。将最高的植物如蜀葵(Alcea)种在后面,而使用自然低矮的物种如藿香蓟(Ageratum)、香雪球(Lobularia maritima)以及福禄考(Phlox drummondii)覆盖花境前面部分。对于高度中等的种类,将株高稍稍不同的植物区块并列在一起,可得到一定的变化。这样会产生一种波浪起伏的自然感。需要记住的是,耐寒一年生植物的花期比半耐寒一年生植物短得多,这可能导致空隙出现,除非可以安排再次种植。

将在相似条件下生长良好的植物搭配在一起。例如，烟草属（Nicotiana）物种和品种在高高的茎上开出带香味的疏散管状花，它们能够与低矮紧凑、覆盖着花朵的利兹（Lizzie）系列凤仙产生很好的搭配效果，因为它们都喜欢凉爽荫庇的种植场所。

观叶植物

种植某些一年生植物主要是为了用它们的叶子与明亮的花朵制造和谐或对比效果，同时为花坛或花境增添不一样的质感。

拥有银灰色叶片的银叶菊（Senecio cineraria）很容易用种子繁殖。虽然常常被视作半耐寒一年生植物，但其实它是一种宿根植物，如果加以防冻保护，它可以留在原地生长数年。夏白菊（Tanacetum ptarmiciflorum）与其相似，但株型更加直立，拥有深银灰色的直立平展叶片。蓖麻是一种常绿灌木，在凉爽的气候区可当半耐寒一年生植物处理，它绿色或紫铜色的叶片也能提供一处惹眼的景致。鲜绿色的蓬头草（Bassia scoparia f. trichophylla）呈扁柏状的圆柱形，在多彩的种植方案中能产生很好的对比效果，而五彩苏属（Solenostemon）和苋属的许多品系拥有丰富的叶色：红色和紫色、黄色和绿色，而且一片叶上常常出现两三种颜色。金叶短舌菊蒿（Tanacetum parthenium的多个品种）的叶片在整个夏季保持金黄，而某些有纤维状根的秋海棠属植物拥有漂亮的古铜色叶子，很值得种植。

有些观赏蔬菜也可作为优良的观叶植物与一年生植物搭配使用。甜菜（Beta vulgaris）的各个品种都很有生气，如叶片红色最深的'公牛血'（'Bulls Blood'）、拥有醒目鲜红色直立茎干的'红宝石'（'Ruby Chard'）、拥有鲜艳黄色茎干的'亮黄'（'Bright Yellow'），以及拥有六种不同颜色的'亮光'（'Bright Lights'）。

一年生观赏草

最能给人留下深刻印象的观叶植物类群之一是观赏草——'海葵'玉米（Zea mays 'Quadricolor'）拥有宽大的条形绿色叶片，上面带有白色、奶油色和粉色条纹。为得到更精巧雅致的感觉，可以使用其他一年生观赏草为夏季花境增添几分愉悦。兔尾草（Lagurus ovatus）会在坚硬的直立花梗上长出柔软的灰绿色花序，还可以用来制作优良的干花。大凌风草（Briza maxiam）沙沙作响的心形花在初开时是绿色的，然后变成秸秆一样的颜色，它通常可以自播。这一点很适合干旱土壤上的地中海种植风格。粟（Setaria italica）更高且更挺拔，会长出毛毛虫一样的饱满绿色花序。

季相

为一年生植物进行种植设计时，应尽可能使它们的花期相遇，以免种植方案中出现开花空隙。为提供长期观赏价值，要使用连续开花的一年生植物；在创造特别的色彩组合时，应确保选择的植物同时开花。

为观赏春花，应选择糖芥属（Erysimum）、勿忘草属（Myosotis）、雏菊属（Bellis）、三色堇和大花三色堇（Viola x wittrockia）、欧洲报春（Primula vulgaris）和九轮草报春。至于夏季和初秋，开花植物的范围就广泛得多了，组合方式更是无穷无尽。

矮牵牛具有极高的多样性，即使只使用它们也能得到复杂的色彩方案。从带有条纹且色

混合种植

将多种不同的一年生植物与一些宿根植物种在一起，有助于确保夏季色彩的无缝切换。

彩对比强烈的花朵、明亮的单色花朵或色彩柔和的单色花朵中选择，可以单独或组合使用。在可能的地方，选择不会被雨水毁坏的杂种。万寿菊属（*Tagetes*）植物也能提供广泛的色彩，从奶油色到深橙色和红褐色，花序既有细叶万寿菊（*Tagetes tenuifolia*）的单瓣型，又有非洲系列品种的重瓣球形。容易种植的孔雀草（*Tagetes patula*）既有单瓣花序，又有重瓣花序，花色有从柠檬色过渡到金色和橙色，再到栗色和红褐色的一系列颜色。它们的灌丛式株型令其可以用作鲜艳多彩的地被。

规则式花坛种植

许多一年生植物的现代品种拥有广泛的色彩、形状和尺寸，这使得从春季到秋季的持续观赏成为可能。将一种低矮且多花的品种密集地种在一起，会得到很浓郁的颜色。例如，由天竺葵或一串红组成的一片鲜红色地毯在绿色草坪的映衬下会显得极为夺目。用不同颜色的一年生植物拼出的种植图案会产生类似的醒目效果。

许多一年生植物枝叶密集且连续开花，最适合用于复杂、规则图案。可供使用的低矮和中间型品种有很多。对于用砖块、石子或其他建筑材料勾出轮廓的设计，可用植物来增添色彩。

一年生植物非常适合用在结节花园和花坛花园中，在这样的花园中，小型常绿植物如百里香属（*Thymus*）或薰衣草属（*Lavandula*）植物都被修剪成固定的轮廓。应该随着季节改变色彩方案，例如，从冬季生长到春季的三色堇可以在夏季换成低矮的百日草。

混合花境

包含灌木、宿根植物、球根植物和一年生植物的混合花境是花园中一道美丽的景致。如此多样的植物种类，赋予了花园的色彩、质感、季相和设计最大的多样性和可能性。一二年生植物在所有永久性种植方案中都占有一席之地，可以每年播种或留下来自播。如果留置原地自播，它们会产生随机分布的丰富花朵，效果与传统村舍花园相似。在那里，所有类型的植物，包括蔬菜和沙拉作物，都在同一块自然式种植地上你推我挤地生长。

一二年生植物常用来为宿根植物和灌木增添鲜艳的色彩，能为成形花境带来一抹生机。可将仙女扇属（*Clarkia*）、秋英属（*Cosmos*）、花菱草属（*Eschscholzia*）植物以及虞美人混合在一起，或者小心地协调色彩方案。一年生开花植物如猩红色的尾穗苋（*Amaranthus caudatus*）、红花烟草（*Nicotiana* x *sanderea*）、鲜红色的秋海棠、天竺葵以及美女樱（*Verbena*）品种会为以紫色叶为框架的花境增色不少。

自播一二年生植物会很快成为混合花境中的永久性景致，它们可统一种植风格并引入一种令人愉悦的不确定性。在初夏，黑种草（*Nigella damascena*）变成一张有色的网，填充空隙，并将附近的花朵和晚花植物的年幼叶片编织在一起。某些二年生植物如毛蕊花属（*Verbascum*）和毛地黄属（*Digitalis*）植物的尖形茎干为较低的植物增添了宝贵的垂直元素。

可使用叶片和花具有异域风情的一年生植物——如苘麻属（*Abutilon*）、秋海棠属（*Begonia*）、秋英属、蓖麻属（*Ricinus*）和肿柄菊属（*Tithonia*）植物——以及茂盛的一年生攀缘植物来营造热带效果。与香蕉、美人蕉、棕榈和西番莲等热带植物种在一起时，它们可以创造出引人注目的展示效果。

主景植物

漂亮的叶片、引人注目的花朵形状以及挺拔的株型使某些植株从它们的同伴中脱颖而出。拥有这些要素的一二年生植物可以成为混合花坛或花境中的关键景致，提升整个种植组合的魅力。这类植物在和附近其他植物互补时能够产生最大的视觉冲击。例如，大翅蓟（*Onopordum acanthium*）的巨大多刺灰色叶片以及高大多分枝的花梗，在由其他类型银灰色植物组成的花境中占据着雕像般的中心位置。艾克沙修系列（Excelsior Series）毛地黄以及皇家系列（Imperial Series）和庄园系列（Sublime Series）飞燕草（*Consolida*）的尖塔状花序会在附近植物上方优雅地升起。醉蝶花（*Cleome*）和藿香蓟（*Ageratum*）等形状优美的花朵也将吸引人们的注意。

主要为了叶片种植的植物也可以提供主景。在大型花境中，蓖麻的绿色或紫色叶片增添了强烈的质感，观赏芸薹属植物（甘蓝的各种形态）的醒目叶片也是一样的。

作为填充的一二年生植物

由于一二年生植物生长速度很快且相对便宜，因此可以使用它们来填补种植中出现的空隙，这些空隙可能是因为某一植株死亡造成的，也可能是新花境中年幼的宿根植物或灌木之间

富于建筑感的种植
一二年生植物拥有一系列截然不同的株型，包括能够为你的种植设计带来建筑感的类型。在这个种植方案中，二年生植物毛地黄（*Digitalis purpurea*）为一年生植物罂粟（*Papaver somniferum*）的圆形果实提供了垂直背景。

临时性地被

密集地种植或播种在一起的一年生植物能够形成非常有效的地被，防止杂草幼苗站稳脚跟。

的空隙。在需要开花的地方播种，并选择那些高度和花色与永久性种植方案相配的品种。在生长季结束时，将糖芥属（*Erysimum*）植物种在空隙中，观赏它们的冬季叶片和春季的花朵。冬季开花的三色堇和大花三色堇、欧洲报春或九轮草类报春可以和春花球根植物（如洋水仙、风信子或晚花郁金香）种在一起。

在高山植物成形前，岩石园中的空隙可用喜爱同样生长条件的喜阳一年生植物填补。不过，为防止一年生植物破坏高山植物的精致颜色和较矮的株型，应选择大小与高山植物相似的一年生植物，如三色堇（*Viola tricolor*）、南非半边莲（*Lobelia erinus*）和马齿苋属（*Portulaca*）植物。

用作地被的一二年生植物

某些一二年生植物可以用作临时性的地被，在裸露的地面上产生成片的色彩。一年生植物中既有适合荫蔽条件的，也有适合阳光充足条件的，既有能生活在贫瘠土壤中的，也有能生活在肥沃土壤里的。香雪球（*Lobularia maritima*）或屈曲花属（*Iberis*）植物的单色品种可以用来提供阳光充足场所的地被，而利兹系列凤仙品种可以用在阴凉条件下，它们伸展的枝叶和持续不断的花朵会很快覆盖地面。为得到更多质感和鲜艳的色彩，可以播种虞美人或花菱草，这两种植物都扩散得非常快。为得到快速扩展的地被，还可以使用蓝色、紫色或玫瑰色的三色旋花（*Convolvulus tricolor*）品种，以及呈现出活泼的红色、橙色或黄色的旱金莲属植物，它们的有些种类拥有美丽的彩斑叶片。

攀缘植物和蔓生植物

健壮的攀缘一二年生植物能快速地将墙壁或栅栏转变成一面花叶斑斓的帷幕，编织出一张提供隐私的屏障，或者装饰现存的结构（如拱门）。许多一年生植物拥有美丽的花朵及叶片，有些还有香味，如香豌豆（见"香豌豆"，208~209页）。攀缘一二年生植物在空间有限的地方非常宝贵，如露台和阳台，除了地面，它们还能利用垂直空间。此外，许多一年生攀缘植物还能种植在花盆中，非常适合装饰新花园、软化表面、掩饰不雅观的景致。

除了最常用的种类如香豌豆和牵牛花，如今越来越多的半耐寒或不耐寒攀缘植物有种子供应，更棒的是还可买到幼苗。开紫色或绿白色钟形大花的电灯花（*Cobaea scandens*）或拥有深紫色管状花和栗色花萼的有趣的缠柄花（*Rhodochiton atrosanguineus*）虽然一开始生长得比较慢，但长大之后特别引人注目。

如果让攀缘一年生植物生长在宿主植物（如常春藤或松柏类）上，效果会非常棒。可使用攀缘一年生五裂叶旱金莲（*Tropaeolum peregrinum*），它拥有浅绿色多裂叶片及鲜黄色带流苏的花朵。另一个好选择是半耐寒性攀缘植物智利悬果藤（*Eccremocarpus scaber*），它拥有卷须，花期很长，在小型锯齿状羽状叶之间长出成簇的黄色、橙色和红色管状花朵。为得到茂密多叶的屏障，应种植红花菜豆（Phaseolus coccineus），它会开出大量醒目的白色、红色、粉色或双色花朵，果实还可食用。为得到更具异域风情的景致，可尝试'露比月亮'紫花扁豆（Lablab purpureus 'Ruby Moon'），它拥有紫绿色叶片、亮紫色的花朵及闪闪发亮的紫色荚果。

繁茂的植物，如旱金莲属的攀缘品种及翼叶山牵牛（Thunbergia alata），可用来和更多其他宿根攀缘植物一起提供充沛的夏花，特别是如果想要获得异域风情或热带效果的话。

用作切花和干花的一年生植物

一二年生植物提供很棒的夏季切花，很多种类适合干制后用于冬季装饰（见"干花"，下）——和从热带地区空运而来或者在温室中培育的花卉相比，它们是对环境更友好的替代品。一个切花花园，或者一块份地或菜地中专门用来种植花卉的空间，就可以提供各种切花，从越冬后的飞燕草和初夏时的矢车菊（Centaurea cyanus）、仲夏的香豌豆，再到之后的翠菊（Callistephus chinensis）、波斯菊、向日葵和百日草，直到初冬。

虽然一年生植物提供最好的切花颜色，但也可以干制各种花园植物，包括灌木（如绣球花）、宿根植物（如蓍属植物）和球根植物（尤其是葱属植物）的花序。

容器中栽植的一年生植物

大多数半耐寒一年生植物作为盆栽植物种植，为浴盆、石槽和吊篮提供持续整个夏季的色彩。例如，在夏季尽情展示自己的小花矮牵牛、倒挂金钟、花烟草和天竺葵可在当年晚些时候

被耐寒的冬季花坛一年生植物取代，如三色堇和其他堇菜属植物、报春花、欧洲报春、九轮草群报春花及桂竹香，这些植物可与春花球根植物及耐寒常绿植物混合使用，以延长观赏期。

因为盆栽植物需要大量浇水，所以选择耐旱植物有利于环境。勋章菊、骨子菊和蓝花鼠尾草（Salvia farinacea）是很好的选择，值得选择的还有肉质一年生植物，如彩虹花、松叶菊、大花马齿苋（Portulaca grandiflora）及其红娘花属（Calandrinia）近亲（见"用于盆栽园艺的植物"，323页）。

容器种植
将一年生植物种植在容器中可以试验不同的颜色和植物组合。选择有直立和蔓生习性的不同植物搭配在一起，还可以考虑加入小型宿根植物和灌木，如洋常春藤（Hedera helix）。

吊篮和窗槛花箱

蔓生植物特别适合种在窗槛花箱和吊篮中，低垂的叶子和花朵会创造出迷人的效果。可靠的植物种类包括蔓生小花矮牵牛、矮牵牛、南非半边莲（Lobelia erinus），以及某些美女樱（Verbena x hybrida）品种。用种子繁殖的蔓生堇菜属植物、蔓生倒挂金钟和蔓生F1代天竺葵也有很好的价值（见"天竺葵属植物"，214～215页）。

干花

适合干制的一年生植物包括尾穗苋（Amaranthus caudatus）、矢车菊、千日红属（Gomphrena）、玫红小麦秆菊（Helipterum roseum）、飞燕草、补血草属（Limonium）和麦秆菊属（Xerochrysum）植物。提供漂亮种子穗和果实的其他植物包括观赏葫芦[葫芦属（Lagenaria）、南瓜属（Cucurbita）]、'变形'东方黑种草（Nigella orientalis 'Transformer'），以及罂粟。种子穗干制效果良好的一年生观赏草包括秀丽银须草（Aira elegantissima）、牧地狼尾草（Pennisetum setaceum）各品种，以及大凌风草（Briza maxima）。

选择较高的品种以获得长茎干，并提前播种——尽可能越冬，以充分利用夏季天气干制剪切下来的茎。缩短切花用植株的种植间距也会让茎长得更高。这些茎干可能需要在立桩之间水平拉伸的网状物的支撑。当第一朵花开放时剪下切花，剥去叶片，然后扎成小束倒挂在阴暗、干燥、通风良好的地方。使用松紧带固定这些小束，因为茎干会在干燥过程中收缩。

常春花
深波叶补血草（Limonium sinuatum）和许多其他鲜艳的一年生植物可以很容易地干制，将切下来的花枝倒挂在温暖通风的地方即可。

垂直种植
蔓生植物如常春藤叶天竺葵从吊篮和窗槛花箱上倾泻下来，形成连续不断的彩色花帘。

一二年生植物的种植者指南

暴露区域

耐暴露或多风区域的一二年生植物（可能需要支撑）

琉璃苣 *Borago officinalis* H5
金盏菊属 *Calendula* H6-H2
矢车菊 *Centaurea cyanus* H6（可用的低矮品种）
琉璃苣属 *Cerinthe* H3
蒿属 *Chrysanthemum coronarium* H7，
　南茼蒿 *C. segetum* H7
仙女扇属 *Clarkia* H6
须苞石竹 *Dianthus barbatus* H7（可用的低矮品种），
　石竹 *D. chinensis* H5
蓝蓟 *Echium vulgare* H7
糖芥属 *Erysimum* H7-H3
花菱草属 *Eschscholzia* H4-H3
黄花海罂粟 *Glaucium flavum* H4
茼蒿 *Glebionis coronaria* H7
屈曲花 *Iberis amara* H6,
　伞形屈曲花 *I. umbellata* H4
三月花葵 *Lavatera trimestris* H4
沼沫花属 *Limnanthes* H5
大花亚麻 *Linum grandiflorum* H4
香雪球 *Lobularia maritima* H3
银扇草属 *Lunaria* H7-H6
涩芥属 *Malcolmia* H4-H3
马洛葵 *Malope trifida* H4
月见草 *Oenothera biennis* H7
虞美人 *Papaver rhoeas* H7,
　罂粟 *P. somniferum* H5
矮牵牛属 *Petunia* H2
黑心菊 *Rudbeckia hirta*（各杂种）H3
彩苞花 *Salvia viridis* H5
细叶万寿菊 *Tagetes tenuifolia* H3
麦蓝菜 *Vaccaria hispanica* H4

干燥阴凉区

耐干燥阴凉的一二年生植物

毛地黄 *Digitalis purpurea* H7
长瓣紫罗兰 *Matthiola longipetala* subsp. *bicornis* H5

湿润阴凉区

喜湿润、中度阴凉的一二年生植物

倒挂金钟属 *Fuchsia* H6-H1c
瓦氏凤仙 *Impatiens walleriana* H1c
长瓣紫罗兰 *Matthiola longipetala* subsp. *bicornis* H5
'海中女神'杂种沟酸浆 *Mimulus* x *hybridus* 'Calypso' H4,
　美丽沟酸浆系列 *M.* x *hybridus* Magic Series H4,
　马里布沟酸浆系列 *M.* Malibu Series H4
月见草 *Oenothera biennis* H7
九轮草群 *Primula* Polyanthus Group H7,
　欧洲报春 *P. vulgaris* H6
大花三色堇 *Viola* x *wittrockiana* H6

香花

珀菊 *Amberboa moschata* H4
苋菊 *Calomeria amaranthoides* H2
珀菊 *Centaurea moschata* H7

大沙博系列石竹 *Dianthus* Giant Chabaud Series H4
糖芥属 *Erysimum* H7-H3
紫芳草 *Exacum affine* H1c
天芥菜属 *Heliotropium* H3-H1c
香豌豆 *Lathyrus odoratus* H3
香雪球 *Lobularia maritima* H3
布朗普顿群紫罗兰 *Matthiola* Brompton Series H4,
　东洛锡安群紫罗兰 *M.* East Lothian Series H4,
　十周群紫罗兰 *M. incana* Ten Week Mixed H4
龙面花属 *Nemesia* H2-H3
翼叶烟草 *Nicotiana alata* H3,
　红花烟草 *N.* x *sanderae* H2（部分品种）
报春花属 *Primula* H7-H2
木樨草 *Reseda odorata* H6
大花三色堇 *Viola* x *wittrockiana* H6

盆栽蔓生植物

灰毛菊 *Arctotis venusta* H2
腋花金鱼草属 *Asarina* H4
'全景'系列秋海棠 *Begonia* Panorama Series H1b
阿魏叶鬼针草 *Bidens ferulifolia* H3
鹅河菊 *Brachyscome iberidifolia* H2
百万小铃系列小花矮牵牛 *Calibrachoa* Million Bells Series H2
三色旋花 *Convolvulus tricolor* H3
美女樱 *Glandularia* x *hybrida* H2（蔓生类型）
天芥菜属 *Heliotropium* H3-H1c
瓦氏凤仙 *Impatiens walleriana* H1c
小瀑布系列南非半边莲 *Lobelia erinus* Cascade Series H2,
　喷泉系列南非半边莲 *L. erinus* Fountain Series H2,
　赛艇系列南非半边莲 *L. erinus* Regatta Series H2
蔓生系列香雪球 *Lobularia maritima* Trailing Series H3, '漫游星'香雪球 *L. maritima* 'Wandering Star' H3
繁花系列天竺葵 *Pelargonium* Multibloom Series H1c
　夏季阵雨系列天竺葵 *P.* Summer Showers Series H1c（以及其他合适的F1和F2系列）
矮牵牛属 *Petunia* H2, 尤其是冲浪系列 Surfinia Series
蛇目菊 *Sanvitalia procumbens* H4
草海桐属 *Scaevola* H4
旱金莲 *Tropaeolum majus* H3
半蔓生品种，包括'印度皇后'旱金莲 *T. majus* 'Empress of India' H3,
　闪烁系列旱金莲 *T. majus* Gleam Series H3,
　直升机系列旱金莲 *T. majus* Whirlybird Series H3
灿烂系列大花三色堇 *Viola* x *wittrockiana* Splendid Series H6

干花植物

秀丽银须草 *Aira elegantissima* H7
藿香蓟属 *Ageratum* H2
苋属 *Amaranthus* H2
银苞菊 *Ammobium alatum* H2
野燕麦 *Avena sterilis* H5
大凌风草 *Briza maxima* H6, 银鳞茅 *B. minor* H7

金盏菊属 *Calendula* H6-H2
青葙属 *Celosia* H2
矢车菊 *Centaurea cyanus* H6
仙女扇属 *Clarkia* H6
飞燕草 *Consolida ambigua* H6
千日红 *Gomphrena globosa* H2
玫红小麦秆菊 *Helipterum roseum* H4
芒颖大麦草 *Hordeum jubatum* H6
兔尾草 *Lagurus ovatus* H4
深波叶补血草 *Limonium sinuatum* H4
贝壳花 *Moluccella laevis* H4
黑种草 *Nigella* H5-H3
'堇色'黍 *Panicum miliaceum* 'Violaceum' H4
长毛狼尾草 *Pennisetum villosum* H3
彩苞花 *Salvia viridis* H5
狗尾草 *Setaria glauca* H2
羽毛草 *Stipa pennata* H4
小麦秆菊属 *Syncarpha* H4
麦秆菊属 *Xerochrysum* H4-H2

一年生攀缘植物

见141页名单

盆栽植物

适合作为盆栽温室和室内植物种植的一年生植物

金鱼草属 *Antirrhinum* H4-H2
四季秋海棠 *Begonia semperflorens* H1c
苋菊 *Calomeria amaranthoides* H2
塔钟花 *Campanula pyramidalis* H4
辣椒属 *Capsicum* H1c（观果品种）
珀菊 *Centaurea moschata* H7
火红萼距花 *Cuphea ignea* H2
紫芳草 *Exacum affine* H1c
瓦氏凤仙 *Impatiens walleriana* H1c（高品种）
等节跳属 *Isotoma* H3-H1c
沟酸浆属 *Mimulus* H7-H2
骨子菊属 *Osteospermum* H4-H2
天竺葵属 *Pelargonium* H1c-H1b（F1和F2杂种）
瓜叶菊 *Pericallis* x *hybrida* H1c（各品种）
矮牵牛属 *Petunia* H2
报春花 *Primula malacoides* H2,
　鄂报春 *P. obconica* H2,
　藏报春 *P. sinensis* H2
土耳其长筒补血草 *Psylliostachys suworowii* H2
猴面花属 *Salpiglossis* H3-H2
蛾蝶花属 *Schizanthus* H3-H1b
五彩苏属 *Solenostemon*（Coleus）H1c
翼叶山牵牛 *Thunbergia alata* H2
蓝猪耳 *Torenia fournieri* H3
疗喉草 *Trachelium caeruleum* H2
翠珠花 *Trachymene coerulea* H2

切花植物

'米拉斯'麦仙翁 *Agrostemma githago* 'Milas' H4
大阿米芹 *Ammi majus* H6
金鱼草属 *Antirrhinum* H4-H2（高品种）
金盏菊属 *Calendula* H6-H2
翠菊属 *Callistephus* H2（高品种）
矢车菊 *Centaurea cyanus* H6
紫蜜蜡花 *Cerinthe major* var. *purpurascens* H3
蒿属 *Chrysanthemum coronarium* H7,
　南茼蒿 *C. segetum* H7
醉蝶花属 *Cleome* H2-H1c
飞燕草 *Consolida ambigua* H6
'日出'大花金鸡菊 *Coreopsis grandiflora* 'Early Sunrise' H5
秋英属 *Cosmos* H4-H1c
须苞石竹 *Dianthus barbatus* H7
　大沙博系列石竹 *D.* Giant Chabaud Series H4,
　骑士系列石竹 *D.* Knight Series H6
桂竹香 *Erysimum cheiri* H5
天人菊 *Gaillardia pulchella* H5
头花吉莉草 *Gilia capitata* H4
茼蒿 *Glebionis coronaria* H7
千日红 *Gomphrena globosa* H2
丝石竹 *Gypsophila elegans* H5
向日葵 *Helianthus annuus* H4
香豌豆 *Lathyrus odoratus* H3
深波叶补血草 *Limonium sinuatum* H4
银扇草 *Lunaria annua* H6
布朗普顿群紫罗兰 *Matthiola* Brompton Series H4,
　东洛锡安群紫罗兰 *M.* East Lothian Series H4,
　紫罗兰 *M. incana* H4,
　十周群紫罗兰 *M. incana* Ten Week Mixed H3
贝壳花 *Moluccella laevis* H4
黑种草 *Nigella damascena* H3
橘黄罂粟 *Papaver croceum* H7,
　'夏日微风'橘黄罂粟 *P. croceum* 'Summer Breeze' H7
野罂粟 *P. nudicaule* H7
土耳其长筒补血草 *Psylliostachys suworowii* H2
黑心菊 *Rudbeckia hirta* H3（杂种）
彩苞花 *Salvia viridis* H5
星芒松虫草 *Scabiosa stellata* H4
小麦秆菊属 *Syncarpha* H4
干花菊 *Xeranthemum annuum* H2
百日菊属 *Zinnia* H2-H1c

适合儿童种植的植物

金鱼草属 *Antirrhinum* H4-H2
金盏菊属 *Calendula* H6–H2
矢车菊 *Centaurea cyanus* H6
仙女扇属 *Clarkia* H6
秋英属 *Cosmos* H4-H1c
桂竹香 *Erysimum cheiri* H5
花菱草属 *Eschscholzia* H3
茴香 *Foeniculum vulgare* H5
向日葵属 *Helianthus* H5-H3
屈曲花属 *Iberis* H7-H3
兔尾草 *Lagurus ovatus* H4
香雪球 *Lobularia maritima* H3
勿忘草属 *Myosotis* H6-H5
黑种草 *Nigella* H5-H3
罂粟属 *Papaver* H7-H3
旱金莲属 *Tropaeolum* H3-H1c
堇菜属 *Viola* H7-H2
万寿菊属 *Tagetes* H2
百日菊属 *Zinnia* H2-H1c

注释

H = 耐寒区域，见56页地图

香豌豆

香豌豆（*Lathyrus odoratus*）有"一年生皇后"的称号，它们拥有美丽的花朵、浓郁的香味以及持久的花期。整枝在拱顶、柱子或木桶上之后，它们会提供持久和鲜艳的花朵。将它们种在宿根植物或灌木之间，或者种在菜园中，可增添观赏性。

香豌豆的类型

最常见的是培育自斯潘塞型（Spencer）和大花型（Grandiflora）的较高品种，它们用叶卷须攀爬在支撑框架上。取决于生长条件，花大茎长、略有香味的斯潘塞型可生长到2~3米；现代大花型品种的茎也很长，花朵较小，花型比较"古典"，但香味更加浓郁。无卷须的品种长有额外小叶，而且植株更强壮。

中间型香豌豆，如"问客群"（Knee-hi Group）和"斯努皮群"（Snoopea Group），有支撑时可长到约1米高，而斯努皮系列品种在没有支撑的情况下会变成良好的地被。矮生类型高30~45厘米，包括'粉红丘比特'（'Pink Cupid'）、"珠宝群"（Bijou Group）和"露台混合群"（Patio Mixed），它们适合种在容器中，包括吊篮里。

古典香豌豆
和现代香豌豆品种相比，古典香豌豆更接近原始物种。它们的花色精致，花朵小，香气浓郁。

矮生香豌豆
矮生香豌豆能长到45厘米高，几乎不需要支撑。它们能在木桶、窗槛花箱和吊篮里生长得很好。

用种子种植香豌豆

在气候温和的地区，可以在仲秋播种，而在冬季寒冷的地区，可以在冬末至早春的任何时间播种。播种过程是一样的。应保护幼苗和植株免遭鼠类啃噬。

播种

香豌豆的种子颜色差异很大，从浅黄色到黑色都有。为帮助它们萌发，对于颜色较深的种子，应该用锋利的铅笔刀削去种脐另一面的一小块种皮。也可以浸泡香豌豆种子，促使其快速萌发，不过有时会产生腐烂的问题（见"打破种子休眠"，601~602页）。

在播种盘、花盆（每个花盆一个、两个或三个种子）或者特殊的香豌豆种植管（直径5厘米，深15厘米）中种植。使用添加百分之二十沙砾的无泥炭盆栽基质，或者不含泥炭的标准播种基质。

少量浇水，令基质刚好湿润即可。将播种后的花盆放置在约15℃的加温增殖箱中。当幼苗长出后，将它们转移到冷床里，或者凉爽但有遮挡的类似环境中（见"在容器中播种"，605页）。

上盆

当植株长到3.5厘米高的时候，将幼苗从种植盘中挑出并单独上盆。在直径为6厘米花盆或香豌豆种植管中填充一种与播种基质类似的基质。对于秋播香豌豆，仅在它们在仲冬前还未长出侧枝时才进行摘心。对于春播幼苗，应该掐去茎尖，截短至第二对真叶。

幼苗的越冬

在霜冻较轻的天气里，应尽量保持冷床开放，这有助于对植株炼苗。在低于-2℃的霜冻天气里，将冷床关闭密封。在大雨天气里，将冷床的天窗打开，以利通风。控制蚜虫，并在冬末施加稀释的液态肥料。

春播植株的炼苗

这类植株需更多照料，因为与秋播植株相比，它们更小，枝叶更柔软。保持冷床通风良好，若有霜冻可能，应关闭天窗，在非常严重的霜冻天气里，还应用椰壳纤维垫子或麻布好好保护（见"炼苗"，642页）。

种植

香豌豆在阳光充足的开阔区域以及排水良好、富含腐殖质的土壤（见"土壤结构和水分含量"，587页）中生长得很好。在进行种植的三周前，耙地并以每平方米85克的用量施入均衡肥料。用锄地或栽培其他植物的方式清除杂草，每平方米土地混入一桶腐熟堆肥或粪肥。

秋播香豌豆应该在仲春移栽，而春播香豌豆应该在晚春移栽。植株之间以及与支撑物之间的间距应为23厘米，底部枝条与土壤平齐。在持续干旱期以及花蕾出现的时候浇水。仲夏以后，每两周施加两至三次液态肥料。要想让植株持续开花，摘除枯花是必不可少的。

丛生香豌豆

豌豆支架
豌豆支架是支撑香豌豆的传统手段。在移栽幼苗时，将支架向植株中间倾斜靠拢，可得到额外的稳定性。

线圈
丛生香石竹可以沿着数根竹棍固定的线圈生长。植株会穿过这些线圈，将支撑物隐藏起来。

拱顶
将由木棍搭建起来的拱顶在顶端固定好，能提供坚固的支撑。通常在每根木棍旁种植一株幼苗，就能得到密集开放的花朵。

绶带型香豌豆的初步整枝

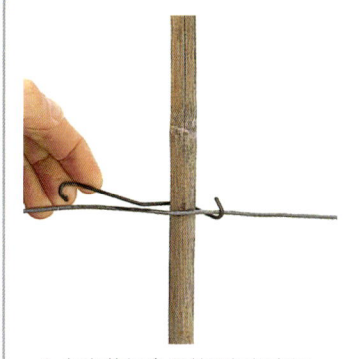

1 在安装好金属丝和标杆之后,将2.5米高的木棍以23厘米的间距、稍稍倾斜的角度靠在金属线上,并用V字形夹子固定。

2 种植香豌豆幼苗两周后,选择每个植株最强壮的枝条,并在某茎节下端用线圈将其松散地绑在木棍上。

3 与此同时,掐去或剪去所有侧枝,将所有能量集中在主枝上。

4 在生长过程中继续掐掉所有侧枝或卷须以及携带花蕾数量少于4个的花枝。

绶带型香豌豆的压条

1 在初夏,当香豌豆长到1.2米高时,就可以进行压条了。这会给它们更多生长和开花的空间。

2 小心地将植株从木棍上解下,并全部平放在地面上,如果植株是双排种植的,那么应每次处理其中一排。

3 将茎尖绑在同一排前方的新木棍上,使其尖端距地面30厘米高。沿着这一排逐个绑扎,直到将所有植株固定在新木棍上。

4 为第二排重复同样的步骤。压条会促进新枝叶的生长并在上面开花。还可以在当季再次对香豌豆压条,只要植物保持健康不染病即可。一旦它们长到顶端金属丝的高度,就将枝干解下并绑在同一排前面的木棍上。

丛生香豌豆

香豌豆经常自然生长成丛状。植株应该用豌豆支架、框格棚架、木棍或硬质铁丝网来支撑。木棍可以设置成圈状、尖顶状或排状。双排豌豆支架或木棍必须得到良好的支撑,最好在两头用标杆和拉紧的线来加固。用园艺线圈将幼苗绑在支撑结构上;之后它们基本不再需要绑扎。将侧枝留下发育生长,使其在短枝上开出更多的花。

绶带型香豌豆

整枝成绶带型的香豌豆会开出最优质的花朵,因此香豌豆常常以这种方式种植,用于参加展览。

提供支撑

在每一排两端打进顶端附近带有45厘米横梁的标杆,标杆露出地面2米。在横梁间拉出两条金属丝。将2.5米高的木棍以23厘米的间距、稍稍倾斜的角度靠在金属线上,并用V字形夹子固定。每一排都应是南北走向的,让植株均匀地接受光照。

初步整枝

植株生长两周后,将较弱的枝条掐掉,只留下最强壮的枝条及茎尖正下端的枝条,以防领导枝被鸟类等破坏。将枝条整枝在木棍上,在每个茎节处用酒椰纤维、带子或线圈绑扎。随着植株生长,去除侧枝和卷须。当花枝形成后,将花蕾数量少于4个的花枝去除。

压条

当植株长到1.2米高时,应将它们解下来并整枝在同一排前方的新木棍上。应该在树液不多的温暖天气下进行压条。它们会继续生长并持续开花数周。

播种和种植

一二年生植物是最容易用种子繁殖的植物类群之一。从邮购供应商那里往往能买到穴盘苗,如果想给花园里的花境或室内外摆放的容器快速增添色彩,还能买到带花盆和托盘的开花植株。

适合沙质土的一二年生植物

好望角牛舌草 *Anchusa capensis* H3
蓟罂粟 *Argemone mexicana* H3
鹅河菊 *Brachyscome iberidifolia* H2
金盏菊 *Calendula officinalis* H5
矢车菊 *Centaurea cyanus* H6
别春花 *Clarkia amoena* H6
蛇目菊 *Coreopsis tinctoria* H6
石竹属 *Dianthus* H7-H2
花菱草 *Eschscholzia californica* H3
黄花海罂粟 *Glaucium flavum* H4
三月花葵 *Lavatera trimestris* H4
沼沫花 *Limnanthes douglasii* H5
深波叶补血草 *Limonium sinuatum* H4
柳穿鱼 *Linaria maroccana* H6
香雪球 *Lobularia maritima* H4
黄花门泽草 *Mentzelia lindleyi* H5
月见草 *Oenothera biennis* H7
虞美人 *Papaver rhoeas* H7,
　　罂粟 *P. somniferum* H5
平蕊罂粟 *Platystemon californicus* H5
大花马齿苋 *Portulaca grandiflora* H2
黑心菊 *Rudbeckia hirta* H3
蝴蝶花属 *Schizanthus* H3-H1b
万寿菊属 *Tagetes* H2
大银毛蕊花 *Verbascum bombyciferum* H6
麦秆菊 *Xerochrysum bracteatum* H2

适合强碱性土的植物

熊耳草 *Ageratum houstonianum* H2
金鱼草 *Antirrhinum majus* H2
金盏菊 *Calendula officinalis* H5
翠菊 *Callistephus chinensis* H2
莶菊 *Calomeria amaranthoides* H2
秋英属 *Cosmos* H4-H1c
石竹属 *Dianthus* H7-H2
桂竹香 *Erysimum cheiri* H5
千日红 *Gomphrena globosa* H2
三月花葵 *Lavatera trimestris* H4
深波叶补血草 *Limonium sinuatum* H4
香雪球 *Lobularia maritima* H3
'布朗普顿'紫罗兰 *Matthiola incana*
　　'Brompton' H4,
　　灰姑娘系列紫罗兰 *M. incana* Cinderella
　　Series H4
报春花属 *Primula* H7-H2
彩苞花 *Salvia viridis* H5
万寿菊属 *Tagetes* H2
旱金莲属 *Tropaeolum* H5-H1c
春黄菊状熊菊 *Ursinia anthemoides* H2
千花菊 *Xeranthemum annuum* H2
百日草属 *Zinnia* H2-H1c

注释
H = 耐寒区域,见56页地图

购买种子

总是购买储藏在凉爽条件中的新鲜种子。不同种子的萌发能力相差很大。虽然某些种类的种子只要储存在凉爽干燥的环境中,即使过几年也能萌发,但大多数种类的种子只过一年就开始退化,特别是如果储存在潮湿温暖条件下的话。储存在密封锡箔包装中的种子可维持数年的萌发力。不过,一旦包装打开,种子的萌发力就开始降低。

许多一二年生植物和部分宿根植物有杂交F1和F2代种子出售。这样的种子长出的植株健壮,生长速度和开花表现均匀一致。追求整齐的园丁最喜欢这样的种子,但对于大多数普通的园艺用途来说,开放授粉的种子同样令人满意,而且采集得到的种子常常可以真实遗传亲本特性,这一点不同于来自杂交植物的种子(见"选择种子",601页)。

包衣种子和待发种子

一些微小的花卉种子会被包衣处理以便于播种,这主要是由商用机械完成的。在家中,包衣种子可以播种在穴盘(一个种植格中放一粒种子)或播种盘中,之后再移栽幼苗。播种后浇透水,令被包裹的种子吸收水分,萌发,冲破柔软的黏土包衣。虽然包衣种子提供不了多少优势,但一些品种买不到不包衣的种子。

待发种子在受控条件下发育到即将萌发,然后被干燥处理,用于出售。所以将它们播种后,它们会均匀并快速萌发。花卉种子很少是待发种子,但某些蔬菜种子有时可以买到待发处理过的。

购买幼苗

在很多地方都能买到在穴盘中培育然后留在穴盘中或者装进气泡袋中出售的穴盘苗,不过和种子相比,穴盘苗的应用范围十分有限。因为植株很小——通常高5厘米,所以穴盘苗的邮费很便宜。植株可以邮购并指定配送日期,收货之后就可以上盆到直径7~9厘米的花盆中并放入室内种植,最好是在温室里,等到霜冻风险过去后再移栽室外。穴盘苗是充分发育的幼苗,有充足的根,因此上盆之后的生长速度很快。还可以买到更大也更贵的穴盘苗,它们无须提前上盆,可以直接种进吊篮和石槽中,甚至可以露地种植。与花盆或托盘中的植株相比,穴盘苗是更经济的选择,而且虽然它们需要上盆、养护和一些空间,但和播种培育植株相比,这些方面的需求仍然较少。

有时可以买到移栽用的盆栽幼苗或直径5~6厘米花盆中的年幼植株,但是和生产更广泛且价格便宜的穴盘苗相比,它们没有什么优势,因为穴盘苗是在完全机械化的温室中生产的。

播种

在何时何处播种一二年生植物取决于所需的开花时间以及它们萌发所需要的温度。

耐寒和半耐寒一二年生植物

一年生植物会在一年之内完成全部生活史,而二年生植物需要两年。在园艺上,一二年生植物被分为耐寒和半耐寒两类。耐寒一年生植物耐霜冻,因此可以很早地露地播种,并会在更不耐霜冻的一年生植物之前生长成形。半耐寒一年生植物只能忍耐有限的低温,在冰点温度下会被冻死或严重冻伤,它们需要在13~21℃的无霜条件下才能萌发和生长成形。耐寒二年生植物应该在仲夏前种植,让植株在冬季到来之前完全成形。半耐寒二年生植物需要在凉爽温室或封闭冷床中越冬。

沼沫花

耐寒一年生植物

在春季将耐寒一年生植物播种在它们将要开花的地方,而特别耐寒的种类(如飞燕草),则要初秋播种(见"室外播种",604页)。在气候变化下,秋播将变得越来越可行。秋播植物常常比春播植物强壮得多,开花时间是初夏。春播植物在仲

最好播种在现场的一年生植物

麦仙翁属 *Agrostemma* H7-H5
珀菊 *Amberboa moschata* H4
好望角牛舌草 *Anchusa capensis* H3
琉璃苣 *Borago officinalis* H5
矢车菊 *Centaurea cyanus* H6
仙女扇属 *Clarkia* H6
飞燕草 *Consolida ambigua* H6
倒提壶 *Cynoglossum amabile* H5
花菱草 *Eschscholzia californica* H3
头花吉莉草 *Gilia capitata* H4
丝石竹 *Gypsophila elegans* H5
沼花 *Limnanthes douglasii* H5
柳穿鱼 *Linaria maroccana* H6
大花亚麻 *Linum grandiflorum* H5
海滨涩芥 *Malcolmia maritima* H3
马洛葵 *Malope trifida* H4
黄花门泽草 *Mentzelia lindleyi* H5-H2
黑种草属物种 *Nigella* spp. H5-H3
虞美人 *Papaver rhoeas* H7,
　　罂粟 *P. somniferum* H5
加州蓝铃花 *Phacelia campanularia* H4
紫盆花 *Scabiosa atropurpurea* H4
樱雪轮 *Silene coeli-rosa* H5

注释
H = 耐寒区域,见56页地图

能自播的一二年生植物

通过自播真实遗传或变异极小的植物 ※

- 麦仙翁 *Agrostemma githago* H5
- 琉璃苣 *Borago officinalis* H5
- 金盏菊 *Calendula officinalis* H5
- 矢车菊 *Centaurea cyanus* H6
- 别春花 *Clarkia amoena* H6
- 毛地黄 *Digitalis purpurea* H7
- 花菱草 *Eschscholzia californica* H3
- 欧亚香花芥 *Hesperis matronalis* H6
- 沼花 *Limnanthes douglasii* H5
- 柳穿鱼 *Linaria maroccana* H6
- 香雪球 *Lobularia maritima* H3
- 银扇草 *Lunaria annua* H6
- 海滨涩芥 *Malcolmia maritima* H3
- 小花勿忘草 *Myosotis sylvatica* H6
- 兰氏烟草 *Nicotiana langsdorffii* H2
- 黑种草 *Nigella damascena* H3
- 月见草 *Oenothera biennis* H7
- 亚麻叶脐果草 *Omphalodes linifolia* H3
- 大翅蓟 *Onopordum acanthium* H5，
  显脉大翅蓟 *O. nervosum* H7
- 虞美人 *Papaver rhoeas* H7，
  罂粟 *P. somniferum* H5
- 平蕊罂粟 *Platystemon californicus* H5
- 高雪轮 *Silene armeria* H6
- 水飞蓟 *Silybum marianum* H4
- 短舌菊蒿 *Tanacetum parthenium* H6
- 旱金莲 *Tropaeolum majus* H3
- 麦蓝菜 *Vaccaria hispanica* H4
- 毛蕊花属 *Verbascum* H7-H4（部分物种）
- 堇菜属 *Viola* H7-H2（许多物种）
- 南茼蒿 *Xanthophthalmum segetum* H7

注释

H = 耐寒区域，见 56 页地图
※ 如果植物不是杂色的，并且与亲缘关系近的植物是分开种植的

标记一年生植物花境

1 在土壤中撒沙砾或沙子，或者用木棍标记出不同的播种区域。

2 幼苗在一开始可能显得很稀疏，但随着它们的生长会逐渐交织在一起。

夏开花，还可以在大约三周后通过后续播种（仲夏之前）延长花期，得到初秋的花朵。耐寒一年生植物的种子也可以播种在穴盘或可生物降解的花盆中，并将得到的幼苗直接移栽到容器中，以最大限度地减少对根系的扰动。在秋末种植这些幼苗，或者将其放入冷床或冷室越冬后在春季种植（见"在容器中播种"，605页）。这对于在春季回暖较慢的黏性土花园是一种很有用的方法。

耐寒二年生植物

大多数耐寒二年生植物可以在晚春至仲夏在室外播种（见"室外播种"，604页）。各种植物的最佳播种时间并不相同：勿忘草属（*Myosotis*）植物生长速度很快，所以应该等到仲夏再播种，而风铃草（*Campanula medium*）需要更长的发育时间，所以应该在晚春或初夏种植。

年幼的植株可以在秋季或者第二年春季移栽到最终种植地。植物不成熟时开花会减少春季的花朵，所以要将第一年长出的花蕾掐掉。

半耐寒一二年生植物

在温暖气候区，当土壤温度达到萌发最适合的条件时，可直接露地播种（见"室外播种"，604页）。在较冷的地区，当春季温度为13~21℃时，将半耐寒一年生植物播种在容器中，具体温度取决于特定的属（见"在容器中播种"，605页）。半耐寒二年生植物可以在仲夏的相同条件下播种。对于不耐霜冻的宿根植物，如利兹系列凤仙、勋章菊属及部分半边莲属物种可用和半耐寒一年生植物同样的方式播种。

许多不耐寒宿根植物（包括木茼蒿属和骨子菊属植物）可以在秋季采取插条扦插繁殖（见"茎尖插条"，612页），并转移到无霜条件下越冬，然后在晚春移栽。

后期养护

室外播种常常依赖运气，萌发之后有的区域会过度拥挤，有的区域会出现空隙。过度拥挤的植物可能变得细长，需要更多支撑以防歪倒。如果可以，用手指或小刀清除多余植株，使植株之间留出约15~30厘米的空间；疏苗后重新紧实土壤。在挖出的幼苗中选择最强壮和最健康的，然后将它们以合适的间距移栽到需要的地方，适度浇水以稳定其根系。在精心照料下，多余的植株可以移栽到有空隙的区域。

一旦植物足够坚固，就可以清除杂草并根据需要插入支撑物。一

有特殊需求的种子

有些种子需要特殊的条件才能成功萌发（见"萌发"，603页）。五彩苏属、秋海棠属，以及利兹系列凤仙的种子需要光照并喜欢21℃的恒温。报春花属植物的种子喜欢光照，但需要的温度不超过20℃。钟穗花属（*Phacelia*）、大花三色堇以及其他堇菜属植物的种子应该在黑暗中萌发。翼叶山牵牛（*Thunbergia alata*）和天竺葵属植物的种子需要划破种皮再播种，并在21~24℃的环境中萌发。贝壳花属（*Moluccella*）植物的种子需要层积——将播种盘放入冰箱中几周，然后转移到18~21℃的环境中两三周。

为幼苗提供保护和支撑

茎干柔软或较高的一年生植物需要支撑。在幼苗周围的土壤中小心地插入支架或细枝；支撑物应该比植株的最终高度稍矮，这样当植株成熟时便可以将支撑物隐藏起来。这些支撑物有助于保护幼苗免遭啮齿类动物和鸟类的伤害。

也可以用网眼不超过2.5厘米的金属网罩在苗床上，在边缘弯曲折叠，使其不会接触幼苗。用条形针或线针将它牢固地固定在土壤中。植物成熟后会从网眼中钻出并完全覆盖金属网。

用细枝支撑
可以在幼苗之间的土壤中插入支架或细枝。随着植株生长，较高的一年生植物（这里是飞燕草）会将支撑物覆盖起来。

金属网保护和支撑
将金属网弯曲成笼子来保护幼苗（这里是花菱草）。金属网会在植株穿过它的时候提供支撑。

年生植物可以长得非常快，而且常常需要早期支撑。二年生植物可以播种在育苗床中供日后移栽，也可以直接播种在它们将要开花的地方。在这两种情况下，都需要进行疏苗以促进植物健壮生长。例如，某些二年生植物如勿忘草属（*Myosotis*）和银扇草属（*Lunaria*）非常容易萌发，如果直接在开花地点播种，应该进行适当的疏苗——勿忘草应疏苗至间距15厘米，银扇草应疏苗至间距30厘米。如果幼苗非常密集，可将它们成块挖出，保留根系周围的大量土壤，尽量不要扰动土地中的其他幼苗。

许多一二年生植物会大量散播自己的种子，常常产生浓密的幼苗丛。对这些成簇的幼苗进行疏苗，以产生合适的间距，使保留下来的年幼植株在没有竞争的情况下生长发育。

露地移栽

当所有霜冻风险过去后，移栽半耐寒幼苗。这对于耐寒性较差的植物（如秋海棠属植物和一串红等）特别重要。不过，对某些半耐寒一年生植物来说，只要经过炼苗（见"炼苗"，642页），它们就能够忍受短期的凉爽无霜条件。

在移栽之前，准备好种植苗床（见"室外播种"，604页），为幼苗浇透水，然后放置一个小时等待排水。为将植株从花盆中取出，将花盆翻转，用手指在一侧支撑幼苗的茎干。然后在硬质表面上叩击花盆边缘，使根坨从花盆中松动脱落。为包装和播种盘浇透水，然后从下方施加压力，逐个将每株幼苗带根坨取出。

如果幼苗种在无分区的播种盘中，应该用双手牢牢地抓住播种盘，用其一侧在地面上叩击以松动基质。然后轻轻地将全部基质带幼苗倒出。仔细地用手指将单株幼苗分离出，尽可能多地保留根系周围的土壤。或者用小锄子或其他工具挖出每株幼苗，注意不要伤害到其幼嫩的根系。

挖出一个大小足够容纳根坨的洞。使植株的间距保持在当它们完全成熟时正好能彼此接触到的间距。根据种植物种或品种的株型，一般来说种植间距应保持在15~45厘米。

确保植株的种植深度和在容器中一致，然后紧实茎干周围的土壤，不要将土壤压得过紧。种植后，用叉子轻轻打散植物之间的土壤表面。为帮助土壤沉降，可使用装细花洒的洒水壶为植物浇透水，细花洒可以防止根系上的土壤被冲走。

摘心

随着一年生植物幼苗的生长，某些种类可能需要摘心，以促进植物产生侧枝并发育成丛状株型。摘心需要将年幼植株生长中的茎尖掐去。即使是自然分枝的一年生植物，摘心也可能是必需的，特别是在少数植株产生比其他植株更健壮的分枝时。如果需要植株达到均匀的生长株型，应该在高植株长到五六个节间时将每个长枝顶端掐掉，缩短至需要的高度。

摘心会推迟开花，因此若希望早日观赏花朵就不要进行摘心。对于顶端枝条强健的植物如金鱼草和紫罗兰（*Matthiola*）等植物也不要

第一年的生长

风铃草等二年生植物在第一年只进行营养生长，在第二年夏季才开花。

露地移栽

1. 将组装式穴盘拆开，小心地将每棵幼苗带根坨移出。

2. 将每棵幼苗放入足以容纳其根坨的洞中，保证植株的种植深度与穴盘中一致。

3. 在植株周围回填土壤并轻轻压实，避免产生气穴。为移栽区域浇水。

盆栽一年生植物

许多一年生植物是优良的盆栽植物。将幼苗移植到可拆式穴盘或单个花盆中，当根系刚刚充满容器时，使用不含泥炭的基质（最好添加壤土）或约翰英纳斯基质将每棵幼苗转移到更大的花盆里。花盆的尺寸取决于物种或品种以及播种的时间。夏末播种的植物应栽入直径为9厘米的花盆中度过生长缓慢的冬季，然后转移到最终的花盆中，可以是直径为13厘米或19厘米的，抑或三五株一起栽到更大的花盆中。对于春播一年生植物，应直接移栽到最终的花盆或容器中。

许多一年生植物（这里是蛾蝶花属植物）可以在春季的凉爽温室中提供鲜艳的早花。

盆栽一年生植物

利兹凤仙 — 丛生健壮枝叶

好样品

发育中的健康花蕾 — 湿润基质

黄化、变色的叶片

坏样品

摘心，因为它们会在主枝上长出大花序，并且会在夏季自然生长侧枝，延续花期。

花坛植物

购买比较成熟且能够直接种在花坛、花境或容器中的植物能够节省时间，如果没有温室可供使用种子或穴盘苗种植半耐寒一年生植物，这也是必须实行的办法。此外，虽然许多一年生植物的种子和穴盘苗是混合出售的，但商业种植能得到单色的种类，这就为园丁们提供了单色种子或植株。

评价花坛植物的品质

分枝匀称、节间短、叶片健康的健壮年幼植株最容易生长成形并呈现出最好的效果。植株应该具有发育良好的根系，但不能被容器束缚。不要购买基质干燥、叶片发黄或染病的植株，它们常常很难恢复。

半耐寒花坛植物在不同的阶段出售，既有幼苗，又有开花植株，它们常常在还不能安全露地移栽时出售。你要确保拥有合适的保护条件让它们留在容器中继续生长。如果要立即移栽，还要确定它们是否经过炼苗（见"炼苗"，642页）。幼苗应该逐渐适应外部环境，直到霜冻风险过去。

一年生攀缘植物

一年生攀缘植物应该种植在它们能够自然攀爬上乔灌木，或者是能整枝在栅栏、墙壁及其他支撑物上的地点。如果要让一棵缠绕型攀缘植物爬过一株灌木，则要将它种植在阳光最充足的一侧。在攀缘植物要沿着墙壁或栅栏生长的地方，应提供适合其生长习性的支撑物（见"支撑类型"，142~143页）；然后将植株种在距离墙壁或栅栏基部30厘米远的地方。

按照设计种植花坛植物

在花坛或花境中种植植物前，将所有要使用的花坛植物放在一起并和设计图案对照。将植物带着容器大致地摆在准备好的土壤上，确保种植后苗床不会显得太拥挤或太稀疏。这是对种植位置做最后调整的机会——等它们种在地里后一切就太晚了。保留一些植株，用于替换种植后可能死亡的植株。

1 在种植前标记出整个苗床的设计图案。从中央向外或者从苗床背部向前种植。使用板子或跪台，以免土壤被自己的体重压得过实，变得难以耕作和排水。

2 小心地种植幼苗，尽可能减少手持幼苗的时间。紧实每棵幼苗周围的土壤。逐块完成种植。

3 当完成每个分区的种植后，剪去所有受损、不均匀或者散乱的枝条，让成簇植株显得更紧凑。随着种植进行，逐块为幼苗浇透水，以免首先种植的幼苗在种植其他幼苗时脱水。

完成的花坛

花坛植物的种植者指南

藿香蓟属 *Ageratum* H2
金鱼草属 *Antirrhinum* H4-H2
木茼蒿属 *Argyranthemum* H3-H2
秋海棠属 *Begonia* H2-H1a
鬼针草属 *Bidens* H7-H2
金盏菊属 *Calendula* H6-H2
小花矮牵牛属 *Calibrachoa* H2
翠菊属 *Callistephus* H2
金鸡菊属 *Coreopsis* H6-H3
秋英属 *Cosmos* H4-H1c
大丽花属 *Dahlia* H3-H2
双距花属 *Diascia* H4-H3
西伯利亚糖芥 *Erysimum* x *marshallii* H5 和其他壁花
花菱草属 *Eschscholzia* H4-H3
倒挂金钟属 *Fuchsia* H6-H1c
勋章菊属 *Gazania* H3-H2
凤仙属 *Impatiens* H6-H1b
龙面花属 *Nemesia* H3-H2
烟草属 *Nicotiana* H4-H2
骨子菊属 *Osteospermum* H4-H2
天竺葵属 *Pelargonium* H1c-H1b
矮牵牛属 *Petunia* H2
马齿苋属 *Portulaca* H2-H1c
蓖麻 *Ricinus communis* H2
黑心菊 *Rudbeckia hirta* H3
蓝花鼠尾草 *Salvia farinacea* H3，
　一串红 *S. splendens* H3
银叶菊 *Senecio cineraria* H4
五彩苏属 *Solenostemon (Coleus)* H1c
万寿菊属 *Tagetes* H2
马鞭草属 *Verbena* H7-H2
堇菜属 *Viola* H7-H2
百日菊属 *Zinnia* H2-H1c

冬季和春季花坛

南庭荠属 *Aubretia* H6
雏菊 *Bellis perennis* H7
芸薹属 *Brassica* H5
仙客来 *Cyclamen persicum* H1c（微型种类）
糖芥属 *Erysimum* H7-H3
勿忘草属 *Myosotis* H6-H5
报春花属 *Primula* H7-H2
大花三色堇 *Viola* x *wittrockiana* H6 和堇菜属（*Viola*）品种

适合秋播的一年生植物

大阿米芹 *Ammi majus* H6
大凌风草 *Briza maxima* H6
金盏菊 *Calendula officinalis* H5
矢车菊 *Centaurea cyanus* H6
飞燕草属 *Consolida* H6
花菱草 *Eschscholzia californica* H3
芒颖大麦草 *Hordeum jubatum* H6
大花亚麻 *Linum grandiflorum* H4
银扇草 *Lunaria annua* H6
黑种草 *Nigella damascena* H3
虞美人 *Papaver rhoeas* H7
彩苞鼠尾草 *Salvia horminum* H5

注释
H = 耐寒区域，见56页地图

天竺葵属植物

天竺葵属植物起源于南非，几乎都是不耐寒的常绿灌木状宿根植物。被引入英国时，它们得到了"geranium"这个通俗的常用名，因为它们和老鹳草属（Geranium）中耐寒的草本物种很相似，后者当时在欧洲栽培广泛。这个常用名到现在还被广泛地使用，虽然几乎所有被称作"geranium"的植物其实都属于天竺葵属（Pelargonium）。

由于容易栽培和繁殖，天竺葵属植物仍然是最受欢迎的多年生植物类群之一。在气候变化下（见"在变化的气候中开展园艺"，24~27页），它们的耐热和耐旱能力尤为重要——尤其是种在容器和吊篮中时，这两种种植方式常常需要频繁浇水。

天竺葵的类型

根据植株的主要特征，天竺葵属植物可以宽泛地分为18个类群。这些类群中的5个受到广泛栽培：带纹型（zonal）、矮生和微型带纹型（dwarf and miniature zonal）、华丽型（regal）、常春藤叶型（ivy-leaved）和香叶型（scented-leaved）。

带纹型

这类天竺葵拥有圆形的叶片，叶片上有明显的深色花纹。花为单瓣、半重瓣或重瓣。不过某些品种的叶片上并没有带纹，还有些品种的叶片上有金色或银色彩斑，或者呈现3种颜色。

在温带地区，带纹型天竺葵在露天花园中生长得很好，并且非常适合用于夏季苗床中，因为它们能持续不断地从初夏开花至秋末。它们也能在窗槛花箱、吊篮和容器中种植。带纹型天竺葵很容易适应暖房或保育温室中的生长条件。

矮生和微型带纹型

矮生带纹型天竺葵从土壤基部到植株顶部（不包括花枝和花朵）的株高为13~20厘米。它们非常适合种在窗槛花箱和花盆里，供室内（包括暖房和保育温室）观赏。微型带纹型天竺葵的株高为7~13厘米（测量方法同上）。这类繁茂多花的植物既有重瓣类又有单瓣类，花色非常丰富，拥有绿色或墨绿色叶片。

如今可买到单瓣F1代和F2代杂种带纹型天竺葵，它们主要使用种子进行商业生产，并作为穴盘苗或盆栽植株出售。业余园丁难以播种生产F1代和F2代杂种，因为它们要生长很多个月才会开花。为了缩短这段时间，商业苗圃在冬季通过加温补光（每天14小时人工光照）种植幼苗，这会产生环境成本。在家庭环境中，可12月播种并将其转移到明亮、温暖的地方生长，最好是加温温室（见"在容器中播种"，605页；"繁殖环境"，641~642页）。穴盘苗通常是比种子更好的选择。

华丽型

这类天竺葵是小型丛生植物，叶片圆，带有深锯齿，花朵宽大，呈喇叭状，花色常常很奇特。它们可以种植在露地花园中，不过在温带地区，它们更广泛地用作室内观赏的植物（包括暖房和保育温室），因为花朵很容易被雨水毁坏。在较温暖的气候区，它们可以永久性地露地栽植，成为绚烂的花灌木，几乎可以全年持续开花。

常春藤叶型

这类天竺葵拥有圆形、浅裂、呈常春藤叶形的叶子，它们的花朵与带纹型常春藤的花相似，拥有丰富的各类花色。它们主要用于吊篮和其他容器，这样蔓生枝条上的花朵就可以得到最充分的欣赏。也可以将它们移栽到室外，披散在抬升苗床或墙壁的边缘。

香叶型

香叶型天竺葵的花朵小巧、精致，拥有5片花瓣，叶片有芳香气味。它们是优良的温室和室内植物，在温带地区可以在夏秋两季以盆栽植物或花坛植物的形式种植室外。

一般栽培

任何排水良好且阳光充足的地方都适合天竺葵。在霜冻风险过去

天竺葵属植物的类型

带纹型
叶片圆，有深色条带，花单瓣至重瓣。例如上图中的'多利·瓦登'天竺葵。

华丽型
深锯齿状叶片，宽大的喇叭状花朵。例如上图中的'紫皇'天竺葵。

常春藤叶型
蔓生植株，叶片浅裂，花单瓣至重瓣。例如上图中的'紫晶'天竺葵。

香叶型
花朵小，常常呈不规则的星星状，主要赏其香叶。例如上图中的'皇栎'天竺葵。

矮生带纹型
丛生，大量开花，与带纹型相似，13~20厘米高。例如上图中的'蒂莫西·克里福德'天竺葵。

盆栽天竺葵属植物
将带纹型和香叶型天竺葵搭配在一起，除了能够提供长时间的花朵，还会呈现出迷人的叶片。

- '多利·瓦登'天竺葵
- '弗兰克·海德里'天竺葵
- '褶裥夫人'天竺葵
- '普利茅斯夫人'天竺葵

对比鲜明的株型
蔓生的常春藤叶型天竺葵沿着容器边缘垂下。它们与中央的直立型植株形成了鲜明的对比。

之后，将天竺葵种进肥力适中的土壤。只有在种植后以及最干旱的时期才需要浇水。将种植间距控制在植物预期高度的大约50%。在夏末采取插条，放入室内越冬。在第一场霜冻降临之前，将盆栽植株转移到无霜处越冬。

所有排水良好的盆栽基质都适用于天竺葵，包括不含泥炭的基质。然而，在浇水时要注意，因为某些基质比其他基质更易排水，而天竺葵植物在彻底恢复之前需要保持一定的干燥。它们直到后续的生长季才需要大量水分。

每周为天竺葵属植物施加一次钾肥，如番茄肥料。从上盆三周后开始施肥，持续整个夏季。这会让植株开出大量优质花朵，同时使枝叶不会过于繁茂。

越冬

天竺葵属植物必须保持在无霜条件下，只有 *Pelargonium endlicherianum* 除外，这是一个来自土耳其的耐寒高山物种，可在露地抬升苗床中生长。在温带地区，可在第一次霜冻来临之前将露地种植的植株转移到保护设施内（如无霜温室或窗台里），留到第二年再栽培。不过，在较温和的冬季，不使用温室也有可能令天竺葵成功越冬。

将植株从地面或容器中挖出，尽可能多地摇晃掉根系周围的土壤。然后将茎干剪短一半并去除所有剩余的叶片。使用新鲜的盆栽基质，将准备好的植株重新栽入盒子或小花盆中，最大限度地利用储藏空间。为基质充分浇水，将盒子或花盆放在通风处两至三天，并将被剪的茎干密封，防止黑腿病（见"插条黑腿病"，660页）的发生，然后储存在良好光照的无霜条件下。

新枝会很快出现。只在晴朗的天气浇水，这时叶片会干得更快些。在整个冬季，每六周施一次均衡肥料。在非常冷的天气，保持植株的干燥并施加额外的保护（如用可透光的园艺织物遮盖）。

到春季，枝条已经长大到足够采取插条。或者将新枝单独上盆，并在初夏转移到露地栽培。

扦插繁殖

天竺葵属植物很容易用插条繁殖，而且所用方法——嫩枝插条（见"采取插穗"，右；"嫩枝插条"，611~612页），可成功用于所有类型的品种。采取插条是生产新植株的一种便宜方法，并且能让花园中露地栽培的母株花期延续到第一次霜冻。最好在夏末采取插条，尽管天竺葵可在任何季节生根。

与其他嫩枝插条的一个重要差异是，天竺葵不喜潮湿的生根环境和空气。因此，在将插条插入湿润盆栽基质后，等待一周再浇水，不要用有盖的增殖箱或塑料袋覆盖插条，因为这会增加空气湿度。

越冬

1. 在第一次霜冻之前将植株挖出，摇晃掉所有的松散土壤。将茎干剪短至10厘米，并去除所有叶片。

2. 在盒子中填充至少15厘米深的新鲜基质。将植株种下，不要让它们互相接触。再次填充基质，浇水并让基质排水。

3. 存放在明亮无霜处。在春季为植株上盆，或者等它们长到足够大时采取插条。

采取插穗

1. 选择一根健康的枝条，并在茎尖下第三个茎节上端将插穗切下。

2. 使用锋利的小刀去除每根插穗上的叶片，只留顶端的两片叶子。掐掉所有花或花蕾。

3. 小心地修剪每根插穗基部，在最低处的茎节下端做直切口。

4. 在花盆中的潮湿基质中戳2.5厘米深的洞，插入插穗并紧实基质。

花园中的球根植物

种植球根植物可以点亮花园，它们拥有富于装饰性且艳丽的花朵，有的种类还带有香味。种植在花园中的球根植物常常是耐寒种类，如番红花属、仙客来属、洋水仙、风信子属和郁金香属植物，它们的物种和品种都很丰富多样。许多不耐寒的球根植物也在花园中拥有一席之地，包括花朵为星星状的小鸢尾属（*Ixia*）、花序松散艳丽的魔杖花属（*Sparaxis*），以及炽烈的虎皮花属（*Tigridia*）植物。同样流行的还有葱属植物，它们能够从春季开到仲夏，提供鲜艳的色彩和充满建筑感的形态。

使用球根植物

球根植物的重要特点是它们只提供一季的视觉享受，在一年中的其他时间保持休眠，不被人留意。在小心的规划下，球根植物会成为花境中不可或缺的一部分。

在许多花园中，球根植物可以留在土地中，一年又一年地自然生长，它们凋萎的叶片会被随后生长的草本植物或灌木遮掩起来。许多宿根植物，包括番红花属、洋水仙和雪花莲属（*Galanthus*）植物在大多数地点繁殖得非常快。每年还可以在开花后将球根植物挖出，待日后重新种植，以为其他季相性植株提供空间。

季相

球根植物的主要观赏季是从早春到初夏，不过许多球根植物也会在一年中的其他时节开花。在花园大部分植物都沉寂着的冬季，可以种植露地栽培的早花球根植物，如粉红色的早花仙客来（*Cyclamen coum*）、'大花'拟伊斯鸢尾（*Iris histrioides* 'Major'）和雪花莲等。和春球根植物相比，夏秋开花的球根植物一般比较大，形状和色调更加新奇。

冰冻的美丽
将种子穗留下用于冬季观赏。

在哪里种植球根植物

如果给予球根植物生长和开花所需的排水通畅的良好土壤，它们就会成为所有花园植物中最容易栽培的类群之一。除了极为浓郁的荫蔽处，花园的各种生境都有与之相适的无数品和物种。

许多栽培球根植物来自地中海气候区，所以需要种在阳光充足的地方，它们喜欢干燥炎热的夏季——不过也有大量球根植物能够在夏季雨量充沛的花园中生长良好。

能够在林地中自然生长的球根植物在湿润和半阴环境中生长得很好。许多其他种类，包括某些被称为"喜阳植物"的球根植物，也喜欢周围灌木、墙壁或框格棚架的轻度遮蔽。大多数耐寒仙客来属植物能忍耐干燥荫蔽的条件。白花或浅色花球根植物在黯淡的夜色中几乎有明亮的效果，所以种植在荫蔽区域时看起来非常动人。

规则式花坛

球根植物是规则式花坛陈列中的重要组成部分。典型的花坛球根植物是风信子和郁金香，因为它们的外形具有强烈的雕塑感。总体而言，花朵大而艳丽的杂种球根植物最好种植在花园中形式较规则的地方。可以全部使用球根植物填充花坛，或者与其他花色互补或对比的伴生植物结合起来，如深蓝色的勿忘草属（*Myosotis*）或炽烈的糖芥属（*Erysimum*）植物。

形状和色彩
包括纸花葱（*Allium cristophii*）和大花葱（*A. giganteum*）在内的葱属植物为初夏花境带来了结构和趣味，与低矮的柔和流线带状一二年生植物形成了良好的对比。

为得到美观的规则式种植，有许多夏秋开花的球根植物可供使用。有优雅白色或绿色花序的夏风信子属（Galtonia）植物或更紧凑的唐菖蒲品种（特别是报春花群唐菖蒲和蝴蝶群唐菖蒲），如果成块大片种植且以蓝紫色堇菜属植物或其他类似的低矮地被镶边，效果会非常醒目。杂种百子莲（Agapanthus Headbourne Hybrids）拥有大而圆润的蓝色或白色花朵，与宝典纳丽花（Nerine bowdenii）的优雅粉色花朵十分般配。

混合草本和灌木花境

填充在永久性花境种植方案中的球根植物能在各个季节开出纷繁多彩的花朵。在总体种植方案中可以融入松散的条带，或者用随意泼洒的色斑来吸引眼球。形状奇特的球根植物，如拥有粉或白色巨大喇叭状花朵的鲍氏文殊兰（Crinum x powellii），能够用引人注目的高度和形状强调花境的线条。在低矮的地被植物之间种植一些球根植物，可以让它们的花朵开得好像飘浮在叶子形成的地毯上一般。至于更加自然的村舍式花境，要选择球根植物的原始物种，因为绚丽的杂种有时候看起来不太协调。

春花的混合种植

将球根植物种在混合花境中能延长花期，提供从冬末至初夏的一系列新鲜明亮的色彩。在花境中的草本宿根植物和落叶灌木开始生长并扩散之前，使用小型洋水仙、浅蓝或深蓝色的网状群鸢尾、雪花莲以及冬菟葵（Eranthis hyemalis）的金色杯状花朵为花境前部带来一抹生机。

在早花灌木（如蜡瓣花、连翘和金缕梅）下方种植星星点点的粉色与蓝色希腊银莲花和双叶绵枣儿（Scilla bifolia），或者用花朵更加繁茂的低矮洋水仙物种和品种创造出浅黄色的条带，映衬灌木的花朵。

在春季较晚的时节，能够开花的球根植物种类范围更广，较大的植物如高洋水仙、贝母属物种[如紫黑色的波斯贝母（Fritillaria persica），以及华丽的冠花贝母（F. imperalis）]或郁金香，可以自然式成簇使用，在灌木和宿根植物中带来一定的高度。

夏秋花的混合种植

许多球根植物能在夏季为花园增添魅力。虽然它们常常被认为重要性仅居次席，但实际上许多夏季和秋季开花的球根植物非常健壮和高大，完全能与周围的宿根花卉争奇斗艳。

夏初，可使用有奶油白色羽状花序的克美莲

球根植物的不同类型

在本书中，"球根"这个术语指的是所有球根植物，包括球茎（corm）、块茎（tuber）、根状茎（rhizomes）以及鳞茎（bulb）植物。对于所有的球根植物，植株的一部分都膨大成为储存食物的器官，使得植株在休眠期或条件不适合生长时能继续存活。

鳞茎（'威尔第'郁金香）

鳞茎植物

真正的鳞茎是肉质叶片或叶基形成的，常常由附生在鳞茎盘上的数圈同心鳞片组成。外部的鳞片常常形成保护性的干燥被膜，如洋水仙、网状群鸢尾及郁金香等。在某些百合属（Lilium）和贝母属（Fritillaria）物种中，鳞片是分离的，不形成被膜。朱诺群鸢尾的特殊之处是它们在鳞茎下方还有储存营养的膨大根系。

球茎（丽花唐菖蒲）

球茎植物

球茎是茎基部膨大形成的，并且每年会被新的球茎代替。它们在鸢尾科（Iridaceae）中很常见，包括番红花属、唐菖蒲属、乐母丽属（Romulea）以及沃森花属（Watsonia）植物；它们通常都拥有上一年的叶基形成的被膜。在百合科（Liliaceae）和相关科中，球茎植物包括花韭属（Brodiaea）以及秋水仙属（Colchicum）等植物。

根状茎（禾叶鸢尾）

根状茎植物

根状茎是膨大的、多少有些水平的地下茎，多见于鸢尾科（特别是鸢尾属）和百合科植物。根状茎会长出成熟植株的新根系和茎干。这个能力能让植物进行营养繁殖，且在地下度过严酷的冬季。在某些植物（如睡莲、蕨类以及部分森林香草）中，根状茎起到的是主茎干的作用，叶和花都从上面生长出来。

块茎（'丰收'大丽花）

块茎植物

块茎指的是许多植物膨大而且形状常常不规则的茎或根，用于贮藏营养。它常常被错误地用来形容别的植物，例如希腊银莲花（Anemone blanda）的块茎状根——实际上是根状茎，林荫银莲花（A. nemorosa）也有细长根状茎（为了方便，这里都称作"球根植物"）。真正的块茎植物种类很多，包括大丽花属（Dahlia）、紫堇属（Corydalis）、某些兰花如掌裂兰属植物（Dactylorhiza）、仙客来属物种（虽然有时被称作"球根植物"），此外还有丛植的花毛茛（Ranunculus asiaticus）。

(Camassia leichtlinii)、活泼的唐菖蒲、有松散蓝紫色成簇花序的疏花美韭(Triteleia laxa, 同 Brodiaea laxa)，以及有醒目的鲜红色高脚杯状花朵的窄尖叶郁金香(Tulipa sprengeri)。

仲夏至夏末，使用拥有巨大紫色球状花序的荷兰韭(Allium hollandicum)、花朵弯曲并呈鲜红色或鲜黄色的雄黄兰属植物(Crocosmia)、喜阳的百合属植物，稍晚些时候还可以使用拥有细长粉色、红色或白色尖顶花序的夜莺尾属(Hesperantha)植物。

在秋季，使用开芳香粉色喇叭状花朵的孤挺花(Amaryllis belladonna)、黄花韭兰(Sternbergia lutea)或开鲜黄色漏斗状花朵的西西里黄韭兰(S. sicula)延续花期。

自然式种植的球根植物

当不被干扰时，许多球根植物会很轻松地自然繁殖，形成成片开放的花朵。让它们以这种方式自然生长，能够为花园中的许多区域增添色彩。

将球根植物种在园景树和灌木周围

对于深根性、树冠较稀疏且落叶的园景树，球根植物是很好的搭配。选择主要在春季或秋季开花的球根植物，在乔木叶子较少时形成漂亮的地被。在春季，乔木下方的土壤较湿润，且有较充足的阳光，非常适合银莲花、番红花、洋水仙或绵枣儿属(Scilla)植物。耐寒的秋花仙客来拥有斑驳的银色叶片及轻柔地折叠在一起的花朵，能够忍耐干旱的夏季且喜欢半阴条件。

球根植物的花朵能够有效地与乔木互相映衬。例如，白花球根植物可搭配观赏樱的白色花朵，番红花干净挺括的形状与玉兰花朵的杯状挺拔外形相呼应。

球根植物还可以种植在灌木周围，增加山茶属和连翘属等春花灌木的视觉冲击力。当希腊银莲花种植在株型紧凑而伸展的星花木兰(Magnolia stellata)下面时，效果非常不错。

对于新种植乔灌木的周围区域，应该使用低矮品种来达到自然的效果，因为生长迅速的宿根植物(如洋水仙)会与乔灌木争夺营养。

林地背景

大片不规则种植的宿根植物能够突出落叶林地和任何青苔状地被的自然美感。许多球根植物喜欢这样的林地条件，并且会和其他的林地植物搭配得很好，如蕨类、铁筷子以及报春花。除了耐阴凉和干旱土壤的地中海仙客来(Cyclamen hederifolium)和早花仙客来(C. coum)，大多数

自然造化

雀斑贝母(Fritillaria meleagris)精致的美丽花朵是春季花园中常见的一道景致。这种球根植物用在观赏草或花境中可以营造出很棒的自然感。

球根植物无法在总是拥有浓郁树冠的常绿乔木(包括松柏类)之间良好生长。

种植球根植物不仅要追求花期的连续，还要追求形式和高度的变化。同一类颜色的轻微差异会反映出林地的宁静氛围。粉色和紫色的雪花莲和仙客来是一对引人注目的搭配，而呈带状分布的绵枣儿属植物增添了蓝色的色调。西班牙蓝铃花(Hyacinthoides x massartiana, 同 H. hispanica)或者许多葡萄风信子属(Muscari)植物提供成片的蓝色、粉色和白色，与它们相伴的是铃兰(Convallaria majalis)小小的白色花朵。蓝铃花(Hyacinthoides non-scripta)只能单独种植，因为它们会快速入侵其他种植区域。

在观赏草中种植球根植物

球根植物能够转化观赏草的风貌，无论是种植在堤岸上，还是种在一块草坪或整片草地上。选用的球根植物必须是能够忍受草类根系竞争的健壮物种。许多较大的宿根植物在观赏草中效果最好，在草类的掩映下，它们花期结束后的凋萎叶片不会那么显眼。

对于春季后需要割草的观赏草，应该搭配花期较早的球根植物，使它们的叶片在割草之前有足够的时间逐渐枯死(通常是在开花后的四至六周)。花期较晚的球根植物(如掌裂兰属植物)，可以在草地中与观赏草或野花种在一起，这样的草地在仲夏或夏末之前是不会割草的。秋季开花的宿根植物一般在割草季结束前开始生长和开花，因此在夏末后应该保留草类，不能修剪。

洋水仙是观赏草的经典搭配。此外，许多番红花属植物也可以在观赏草中长得很好。可以使用钟状花朵下垂的夏雪片莲(Leucojum aestivum)搭配在微风中瑟瑟摇动的雀斑贝母(Fritillaria meleagris)，得到更加精致的效果。在草类不那么健壮的地方，特别是半阴区域，某些低矮的球根植物生长得特别好，如开紫色花的托马西尼番紫花(Crocus tommasinianus)、某些洋水仙[如仙客来水仙(Narcissus cyclamineus)]、绵枣儿等植物。

花园的边缘区域也可用球根植物装饰，在规则式花园的苗床与周围的乡间草地之间创造和谐的过渡。

球根植物与高山植物

将球根植物用于岩石园、石槽和抬升苗床上能够延长观赏期，因为大部分高山植物在晚春才开花。球根植物直立的株型、花朵以及剑形叶片会和大部分低矮丛生或伸展蔓延的高山植物形成鲜明对比。选择花朵秀丽的低矮球根植物以适应高山植物的特点。避免使用垫状高山植物，它们会耗尽球根植物周围土壤中的养分。

岩石园

许多小型球根植物能在岩石园阳光充足或

球根植物作为切花

自己种植切花可以为室内提供连续不断的鲜花，令人充满成就感，而且对环境更友好(见"种植自己的植物"，18页)。很多球根植物的花适合作为切花使用，因为它们的花形状优美，常常单生，并且长在长长的茎干上，尤其适用于插花。包括风信子和一些水仙在内的一些球根植物，其浓郁香味可以充满整个房间，而且如果在花朵成熟前采摘，大多数花的香味可以持续很久。有些种类(如洋水仙)极具活力且多产，即使从花园中直接采摘，仍然可以花开不断。对于其他球根植物，可以设置一个专门用来提供切花的单独区域。

唐菖蒲可以做成优美的切花，而且常常被这样使用，因为较高的品种很难在开放式花境中找到令人满意的位置。散发美妙香味的漂亮的小苍兰是唯一经常种植在保护设施中以提供切花的不耐寒或半耐寒球根植物。它们在冬季有很长的花期，但是作为盆栽植物有些散乱，需要立桩支撑，所以最好切下用于室内观赏，而且它们的瓶插寿命很长。

半阴的环境中生长得很好,特别是那些需要良好排水的物种。当种植在岩穴或映衬在沙砾苗床背景中时,低矮球根植物看起来非常美观,苗床表层的沙砾还能防止潮湿天气让它们的精致花朵沾染泥巴。如果在苗床中种植非常小的高山植物,不要使用较高的球根植物,它们与伴生的高山植物搭配会显得比例失调。

石槽中的球根植物

老旧的石槽可以成为一系列低矮球根植物和小型高山植物的良好背景,它们的魅力可以在石槽中得到近距离的观赏。球根植物会受益于排水良好的沙质土壤,而且容易得到它们所需要的小心灌溉。

为保持植物的比例协调,应该种植最小的物种以及它们较弱的杂种;生长迅速的球根植物会淹没附近的高山植物。应该种植较小的贝母属（*Fritillaria*）物种,欣赏它们有趣的花朵,如紫棕色和黄色相间的米氏贝母（*F. michailovskyi*）和有绿色格子花纹的 *F. whittallii*。

樱茅属（*Rhodohypoxis*）植物非常适合种在石槽中,它们可以在夏季的大部分时间开出星星点点的粉色、红色或白色花朵。在整个生长季,要保持球根植物的湿润,偶尔施加液态肥料。仙客来属中有些物种适合在春季或秋季种在石槽中,它们的花色繁多,可谓应有尽有。

在腐叶土苗床中种植球根植物

填充腐叶土和腐熟园艺堆肥的阴凉抬升苗床能为低矮的林地球根植物提供完美的生长环境,无论是单独种植,还是与杜鹃花科灌木或高山植物种在一起。猪牙花属拥有粉色、白色或黄色的外形秀丽的反卷花朵,可从下方观赏它们,也可在腐叶土苗床中种植延龄草属植物。

水景园中的球根植物

某些球根植物能在潮湿、排水不畅的条件下生长得很好,是可种植在水边的优良花卉。它们强烈的形式感和醒目的花色能产生美丽的倒影,可将它们成簇种植,与平展、开阔的水面形成对比。适合用在池塘边缘的球根植物包括几种漂亮的根状茎类鸢尾,还有马蹄莲（*Zantedeschia aethiopica*）——它可在宽大箭头状叶片的上方开出巨大的白色佛焰苞。雀斑贝母和夏雪片莲（*Leucojum aestivum*）能在水边草地自然生长。

其他能用于水景园的球根植物包括华丽的紫红色玉蝉花（*Iris ensata*,同 *I. kaempferi*）、开白花并带有深粉紫色纹路的'艺妓礼服'鸢尾（*I.* 'Geisha Gown'）,还有花序柔软下垂的俯垂漏斗花（*Dierama pendulum*）。

在容器中种植球根植物

大部分球根植物可以在容器中苗壮生长,而盆栽是将色彩引入花园中露台、木板平台、车行道或其他任何硬质表面的好办法。在观赏花盆、窗槛花箱以及其他容器中种植球根植物能够提供多样的景致,在植物进入开花期时将容器转移到视线之内,可以在整个生长季中延续观赏性（见"焦点的变化",316页）。

将盆栽香花球根植物（如风信子或水仙）放置在房屋入口附近,让它们的特质能够被充分欣赏。用于种植春花球根植物的花盆可以在后来种植夏花植物:当球根植物的地上部分凋零后,将它们挖出并移栽在花园中（或者储藏起来）,然后在花盆里种上一年生植物或不耐寒的宿根植物。

某些较大的球根植物单独种植在容器中就能产生很好的效果。粉花或白花的较高百合属植

石槽种植
将低矮的球根植物种在石槽里,可以将它们精致的外形衬托得非常出色。在这里,种满一个石槽的'萨姆·阿诺特'雪花莲（*Galanthus nivalis* 'Sam Arnott'）和早花仙客来令人想起背阴花园中的林地环境。

物或鲍氏文殊兰（*Crinum x powellii*）特别美丽。

将单一物种或品种种植在一个容器中，可以得到整齐、均匀的效果。数个种植不同球根植物的容器可以放在一起，得到大片色块。球根植物还可以分成两层或更多层种植在同一个容器中，这种方法有时被称为"千层面"种植（见"用球根植物营造连续的观赏性"，下），要么是为了最大限度地提高视觉冲击力，要么是为了在更长的时间里提供观赏趣味。在大容器中，晚花百合可以种植得更靠近花盆底部，供夏季观赏；春末开花的郁金香种在它们上面二层，而早花低矮球根植物则位于它们上面的一层或两层，如'倾诉'水仙（*Narcissus* 'Tête-à-tête'）和网脉鸢尾（*Iris reticulata*）。

窗槛花箱

当在窗槛花箱中种植时，要选择与容器尺寸相匹配的小型球根植物。球根植物会适时冲破表层种植，创造充满对比的高度和形式。可用大花三色堇和常春藤搭配球根植物，然后配以蔓生不耐寒宿根植物和一年生植物，延长窗槛花箱的观赏期。想在春季立即获得色彩，可将已经开花的小型盆栽低矮球根植物直接放入窗槛花箱。在它们之间穿插其他小型盆栽植物，如石南类（欧石南属、帚石南属和大宝石南属的品种）、九轮草群报春花、常春藤或低矮茵芋。可在表面覆盖一层树皮碎屑，以隐藏花盆边缘。

保护设施中的球根植物

在保护设施中栽培球根植物可以纳入许多需要特殊照料的珍稀物种，从而扩大栽培范围。在温带地区或寒带地区，无法露地栽培在花园中的不耐寒球根植物可以种植在保护设施里。在夏季多雨的地方，这是种植许多球根植物物种最实用的方法，因为这些物种需要干旱的夏季休眠期。

盆栽球根植物

在花盆中种植球根植物可以让每种植物都生长在各自最喜欢的条件中，特别是当栽培少量稀有的球根植物时。在有需要的时候，花盆很容易从室外转移到冷床或温室的遮蔽中，在花朵盛开的时候也很容易将它们从暖房或保育温室中搬出来观赏。

在不加温温室中进行盆栽，可以种植许多耐寒性不足以在温带地区露地存活的球根植物物种，如密集花序呈深粉色、白色和红色的沃森花属（*Watsonia*）植物。为观赏不耐寒的球根植物，如嘉兰属（*Gloriosa*）植物和冬季开花的仙火花属（*Veltheimia*）植物，需要一个无霜温室。秋海棠属、美人蕉属（*Canna*）和文殊兰属（*Crinum*）等物种和品种，可在凉爽温室中越冬，然后在盛花期转移到室外，增添花园夏日景致。

球根植物可种植在阴凉处。可对基质进行相应改造，以种植小型林地球根植物，包括花为粉色或白色且花瓣带有细小斑点的溪畔延龄草（*Trillium rivale*），或者不耐寒的陆生兰花，如花朵繁茂的虾脊兰属（*Calanthe*）物种。拥有高山植物温室的园丁们可用盆栽低矮春花球根植物增添一些高度和色彩。高山植物温室适用于栽培珍稀或不耐寒的球根植物，如雪白的坎塔布连水仙（*Narcissus cantabricus*）或亮蓝色的蓝蒂可花（*Tecophilaea cyanocrocus*）。

温室苗床

不耐寒的球根植物可直接移栽到准备好的温室苗床里而不是种在花盆中，这样能得到更加自然和健壮的效果。球根植物可和其他夏季开花的植物一起混合种植在苗床中，这时它们已经进入了休眠期。选择那些能够忍受球根植物所需干旱阶段的伴生植物，或者可以将伴生植物盆栽后齐边埋入苗床，这样为它们浇水时水分不会接触周围的球根植物。蔓延性的喜热植物（如骨子菊属或勋章菊属植物）以及许多银叶植物能以这种方式使用，然后在夏末球根植物开始进入生长期时移除或剪短。晚花的花韭属（*Brodiaea*）、蝴蝶百合属（*Calochortus*）和

用球根植物营造连续的观赏性

为了在更长的时间内打造密集的开花效果，球根植物可以在同一个容器中一层又一层地种植——这通常被称为"千层面"种植。选择两种或多种在不同时间开花的球根植物，并将最迟开花的球根种植在底部，将最早开花的球根种植在顶部。确保每一层中的球根都有良好的间距——相距约2~4厘米。

在容器中分层种植
选择合适的容器（两层球根需要至少15厘米深的容器），并在底部添加一层5厘米厚的基质。将最晚开花的球根放在底部，覆盖一层基质，重复这一过程，再覆盖一层基质。

- 亚美尼亚葡萄风信子
- '阳光王子'郁金香
- '代尔夫特蓝'风信子
- '哈韦拉'水仙

持久的观赏性
当早花的亚美尼亚葡萄风信子（*Muscari armeniacum*）开始在这个花盆中凋谢时，'代尔夫特蓝'风信子（*Hyacinthus orientalis* 'Delft Blue'）和'阳光王子'郁金香（*Tulip* 'Sunny Prince'）接下重任，然后是最晚开花的'哈韦拉'水仙（*Narcissus* 'Hawera'）。

- 在花朵凋谢时摘除枯花
- 将叶片留在原地直到枯萎
- 底层球根抽生的枝叶从上层球根周围钻出

美韭属（Triteleia）植物还能进一步延长花期，将它们成簇种植在一起并单独浇水。夏季生长的球根植物不需要间植，如凤梨百合属（Eucomis）植物、某些唐菖蒲属物种以及不耐寒的纳丽花属（Nerine）物种。

球根植物冷床和抬升苗床

"球根植物冷床"一般指的是专门种植球根植物的抬升苗床。到了球根植物的夏季自然休眠期，在抬升苗床上覆盖冷床或荷兰式温室（Dutch light），这些设施在冬季可以使球根植物避免因淋雨而腐烂。也可以只使用冷床覆盖在齐边埋入沙床中的盆栽球根植物上。这样的冷床可以使用石材镶边，使其变得更加美观。

除了高山植物温室，球根植物温室是种植不耐寒球根植物物种的最好方法，它不像盆栽种植那样会对根系造成束缚，主要由爱好者或收藏家使用。这种方法适合栽培大部分球根植物，除了那些习惯一定程度夏季降雨的种类，如"林地"和高山物种。某些番红花属、水仙属、贝母属和郁金香属物种、朱诺群和网纹群鸢尾，以及更难栽培的花韭属（Brodiaea）和棋盘花属（Zigadenus），在温带地区很难成功地作为园艺植物露地栽培；除非用球根植物温室隔绝休眠期的多余水分，否则它们可能很难存活。

球根植物的促成开花

通过促成盆栽球根植物开花，可以在冬季和早春带来色彩和芳香。在将花盆带入光亮之前，先将它们保存在凉爽黑暗处数月，促进盆栽球根植物在自然花期之前开花。朱顶红属（Hippeastrum）植物、芳香的风信子属植物以及水仙属植物——尤其是纸白水仙（Narcissus papyraceus，同 N. 'Paper White'），在出售时已经是催过花的种球。它们需要进行人工冷处理以模拟冬季环境，加快自然开花周期。早花球根植物（如网脉鸢尾）也可以种植在保护设施中的花盆里，然后在花朵开始显色时将它们转移到室内。这最好在花朵自然开放一两周前进行，以便利用温暖的气温加快开花速度。

球根植物的种植者指南

暴露区域

忍耐暴露或多风区域的球根植物

银莲花属 Anemone H7-H2
秋水仙属 Colchicum H5-H2
番红花属 Crocus H6-H4
仙客来属 Cyclamen H7-H1b
贝母属 Fritillaria H7-H3（低矮物种）
雪花莲属 Galanthus H6-H3
花韭属 Ipheion H5-H2
网脉鸢尾 Iris reticulata H7（各品种）
葡萄风信子属 Muscari H6-H4
水仙属 Narcissus H7-H2（低矮物种和品种）
虎眼万年青属 Ornithogalum H6-H1c
酢浆草属 Oxalis H7-H2
绵枣儿属 Scilla H6-H4
黄花韭属 Sternbergia lutea H4
美韭属 Triteleia H3
郁金香属 Tulipa（低矮物种）H7-H5

墙壁保护

喜欢墙壁保护的球根植物

百子莲属 Agapanthus H6-H2（大部分物种）
六出花属 Alstroemeria H6-H2（白纹类群 Ligtu Group除外）
孤挺花 Amaryllis belladonna H4
红射干 Anomatheca laxa H3
射干 Belamcanda chinensis H7
环丝韭属 Bloomeria crocea H4
凤梨百合属 Eucomis H5-H3
波斯贝母 Fritillaria persica H7
唐菖蒲属 Gladiolus H7-H3（不耐寒的物种）
美花莲属 Habranthus H2（部分物种）
小鸢尾属 Ixia H2
鹿葱 Lycoris squamigera H2
阴阳兰 Moraea sisyrinchium H4
匙苞肖鸢尾 M. spathulata H3
宝典纳丽 Nerine bowdenii H5
小红瓶兰 Rhodophiala advena H2
锥序绵枣儿 Scilla peruviana H4
魔杖花属 Sparaxis H2
黄花韭属 Sternbergia lutea H4,
西西里黄花韭 S. sicula H4

紫瓣花属 Tulbaghia H3-H1c
沃森花属 Watsonia H3-H2
葱莲 Zephyranthes candida H3

干燥阴凉

耐干燥阴凉的球根植物

林荫银莲花 Anemone nemorosa H5
'云纹'意大利疆南星 Arum italicum 'Marmoratum' H6
早花仙客来 Cyclamen coum H5,
地中海仙客来 C. hederifolium H5,
波缘仙客来 C. repandum H4
雪花莲 Galanthus nivalis H5（各变型）
蓝铃花 Hyacinthoides non-scripta H6
倭毛茛 Ranunculus ficaria H6（各品种）

湿润阴凉

喜湿润阴凉的球根植物

亚平宁银莲花 Anemone apennina H6，希腊银莲花 A. blanda H6，毛茛状银莲花 A. ranunculoides H6
天南星属 Arisaema H4-H1c（大部分物种）
意大利疆南星 Arum italicum H6
大百合属 Cardiocrinum H5-H3
紫堇属 Corydalis H6-H2（部分物种）
菟葵属 Eranthis H6-H4
猪牙花属 Erythronium H5-H4
黑贝母 Fritillaria camschatcensis H7,
川贝母 F. cirrhosa H7
雪花莲属 Galanthus H6-H3
花韭 Ipheion uniflorum H5
夏雪片莲 Leucojum aestivum H7,
雪片莲 L. vernum H5
百合属 Lilium H7-H2（部分物种）
仙客来水仙 Narcissus cyclamineus H6,
三蕊水仙 N. triandrus H4
豹子花属 Nomocharis H6
假百合属 Notholirion H3-H2
双叶绵枣儿 Scilla bifolia H6
延龄草属 Trillium H5-H4
林生郁金香 Tulipa sylvestris H6

切花植物

百子莲属 Agapanthus H6-H2
葱属 Allium H7-H4（部分物种）
六出花属 Alstroemeria H6-H2（较高的物种和品种）
孤挺花 Amaryllis belladonna H4
圣布里查德群罂粟秋牡丹 Anemone coronaria St Bridgid Group H5,
德肯群罂粟秋牡丹 A. coronaria De Caen Group H5
克美莲属 Camassia H7-H4
君子兰属 Clivia H1c
文殊兰属 Crinum H6-H1b
雄黄兰属 Crocosmia H5-H3
漏斗花属 Dierama H4-H3
小苍兰属 Freesia H4-H2
夏风信子属 Galtonia H5-H3
唐菖蒲属 Gladiolus H7-H3
宽叶鸢尾 Iris latifolia H7,
剑叶鸢尾 I. xiphium H5（及杂种）
小鸢尾属 Ixia H2
百合属 Lilium H7-H2
水仙属 Narcissus H7-H2
纳丽花属 Nerine H5-H2
虎眼万年青属 Ornithogalum H6-H1c（高物种）
花毛茛 Ranunculus asiaticus H5（变型）
魔杖花属 Sparaxis H2
郁金香属 Tulipa H7-H5
沃森花属 Watsonia H3-H2
马蹄莲属 Zantedeschia H5-H1b

主景植物

纸花葱 Allium cristophii H5,
大花葱 A. giganteum H5
美人蕉属 Canna H3-H2
大百合 Cardiocrinum giganteum H5
鲍氏文殊兰 Crinum x powellii H5
冠花贝母 Fritillaria imperialis H7
百合属 Lilium H7-H2（大部分物种和品种）

用于岩石园和高山植物温室的球根植物

肋瓣花属 Albuca H4-H1c

葱属 Allium H7-H4（矮生物种）
银莲花属 Anemone H7-H2（部分物种）
疆南星属 Arum H7-H2（部分物种）
狒狒草属 Babiana H4-H1c
罗马风信子属 Bellevalia H6-H4
袖珍南星属 Biarum H4-H3
蓬加蒂属 Bongardia chrysogonum H3
春水仙 Bulbocodium vernum H5
蝴蝶百合属 Calochortus H4-H2
秋水仙属 Colchicum H5-H2（小型种）
紫堇属 Corydalis H6-H2（部分物种）
番红花属 Crocus H6-H4
仙客来属 Cyclamen H7-H1b
小苍兰属 Freesia H4-H2
贝母属 Fritillaria H7-H3（大部分物种）
顶冰花属 Gagea H7-H4
雪花莲属 Galanthus H6-H3
美花莲属 Habranthus H2
朱顶红属 Hippeastrum H2-H1a（低矮物种）
鸢尾属 Iris H7-H1c（低矮物种）
囊果草属 Leontice H3
白棒莲属 Leucocoryne H1c
雪片莲属 Leucojum H7-H5（部分物种）
长瓣水仙属 Merendera H6-H4
肖鸢尾属 Moraea H4-H2（部分物种）
葡萄风信子属 Muscari H6-H4（部分物种）
水仙属 Narcissus H7-H2（低矮物种）
虎眼万年青属 Ornithogalum H6-H1c（低矮物种）
酢浆草属 Oxalis H7-H2（部分物种）
全能花属 Pancratium H3-H2
半夏属 Pinellia H3
蚁播花属 Puschkinia H6
樱茅属 Rhodohypoxis H4-H3
乐母丽属 Romulea H3-H2
绵枣儿属 Scilla H6-H4
黄韭兰属 Sternbergia H4
蒂可花属 Tecophilaea H3
郁金香属 Tulipa H7-H5（低矮物种）
葱莲属 Zephyranthes H4-H1c
棋盘花属 Zigadenus H3

注释

H = 耐寒区域，见56页地图

郁金香和水仙

郁金香属（Tulipa）和水仙属（Narcissus）植物会在春季带来醒目的鲜艳色彩。将它们种在一起，可延长混合花境的花期：某些水仙属植物的花期极早，而许多种类的郁金香能够持续开花至晚春。郁金香非常适合用于花坛或花境，而许多水仙属植物在林地中自然种植的效果极棒。矮生类型可以用于岩石园、高山植物温室或栽培在容器中近距离观赏。

郁金香

这个种类繁多的属可以根据花型分为15个园艺类别，但也常根据花期和园艺用途分类。

早花郁金香

单瓣早花郁金香拥有经典的高脚杯形状的花朵，有些种类的花瓣还带有条纹、彩晕或花边。早花重瓣郁金香花期持久，花朵呈开阔的碗形，常常带有彩斑或彩边。早花郁金香传统上用于切花、规则式花坛，或用作花境镶边，许多种类也可在室内盆栽。在自然式种植方案中，它们优雅的外形能与蔓延性或俯卧的植物形成鲜明对比。

中花郁金香

这个类群包括拥有结构简单的圆锥形花朵的特瑞安福群（Triumph Group）郁金香，以及花色浓郁丰富的达尔文杂种（Darwin hybrids）郁金香，后者常常带有光滑柔软的基部花斑以及天鹅绒般丝滑的深色花药。两个类型的郁金香都很强健，对气候的适宜性很强。

晚花郁金香

晚花郁金香中拥有一些色彩最鲜亮、形式最精致的种类，包括优雅的百合花型郁金香、鲜明而奢华的鹦鹉群（Parrot）郁金香、淡绿色的绿花群（Viridifloras）郁金香、条纹状和羽裂状伦勃朗群（Rembrandts）郁金香。芍药花型郁金香适合用于自然式的村舍花园。此类郁金香都可和深绿色或灰绿色地被自然搭配在一起或种植在自然式苗床中。

矮生物种和杂种

花型紧凑的考夫曼杂种群（Kaufmanniana hybrids）郁金香会在春季开出鲜艳的花朵且花期极早。稍高的福斯特杂种群（Fosteriana）和格里克杂种群（Greigii）郁金香开花稍晚。许多种类拥有非常美观且带斑纹的叶片。矮生物种特别适合种植在容器、抬升苗床或岩石园中。窄尖叶郁金香（Tulipa sprengeri）和林生郁金香（T. sylvestris）都能忍耐轻度遮阴，在叶片精细的观赏草中种植效果极佳。

栽培和繁殖

大多数郁金香属植物会在肥

春花花境中的郁金香
在这片自然式的春花花境中，'巴塞罗那'郁金香（Tulipa 'Barcelona'）的强壮直立花茎与整齐杯状花朵不但带来了鲜艳的色彩，还提供了高度和结构感。

在容器中种植郁金香
百合花型郁金香'西点'（'West Point'）在容器中展示着它绚丽的花朵。

郁金香的类型

郁金香的花型非常多，从简单的直立高脚杯状单瓣郁金香到花瓣饰有褶边并扭曲的鹦鹉群郁金香，以及开阔重瓣的芍药花型郁金香，应有尽有。郁金香拥有除蓝色之外的大多数花色，从最纯净的白色到最深的紫色，中间还有许多绚烂的黄色、红色和猩红色。许多矮生郁金香还拥有美观的带有斑纹的叶片。

单瓣郁金香

'泼彩'郁金香
达尔文杂种群

'夜皇后'郁金香
单瓣郁金香，晚花

'春绿'郁金香
绿花群

重瓣和鹦鹉群郁金香

'桃花'郁金香
重瓣郁金香，早花

'埃斯特拉·瑞威尔德'郁金香
鹦鹉群

矮生物种和杂种

晚花郁金香
矮生物种

'梦之舟'郁金香
格里克杂种群

'威尔第'郁金香
考夫曼杂种群

'格鲁兹'郁金香
单瓣郁金香，晚花

自然式种植水仙

在自然式花园或野生花园中，可以将水仙种植在草丛中，为乔木下的荫蔽处带来迷人的色彩。

沃、排水良好、富含腐殖质的土壤中繁茂生长，它们喜欢充足的阳光和背风处，在理想的条件下，一些强健的品种可以年复一年地生长。不过，最好将另外的许多种类视作一年生的花坛植物并在开花后挖出，要么丢弃，要么重新种植直到它们逐渐死去。

矮生郁金香一般喜欢开阔的沙质土以及充足的阳光；仅在过于拥挤时才挖出并重新栽植。郁金香可以用吸芽（见"用吸芽繁殖"，624页）繁殖，而原生物种可以用种子（见"种子繁殖球根植物"，622页）繁殖。郁金香容易感染郁金香疫病（见"郁金香疫病"，677页）以及其他球根植物常见的疾病（见"病虫害"，238页）。

水仙

水仙属植物在春季开出欢快的花朵，是最容易栽培也最容易收到回报的球根植物之一。它们在园艺上可根据花型分为13个类群。

盆栽水仙

大多数水仙属植物可以种植在花盆中，只要被埋到球根自身一倍半的深度即可。水仙（Tazetta）品种可开出多达12朵有香味的花，常常种植在观赏草下，或者作为盆栽植物从秋末开到春季。花香浓郁的丁香水仙杂种群也可以用作盆栽植物，用于房屋室内装饰。小型物种如坎塔布连水仙（N. cantabricus）和北非水仙（N. romieuxii）能在高山植物温室中很早开花；也可以将其转移到室内观赏。

花园中的水仙

洋水仙是用于自然式种植的最可靠球根植物之一，可以在混合花境中提供早花；在花境或观赏草中种植的它们很少需要挖出。即使是微型物种如仙客来水仙（N. cyclamineus）和小水仙（N. minor）也会在细草皮上生长得很好。矮生水仙属植物适合用于岩石园和抬升苗床。

栽培和繁殖

洋水仙会在几乎所有类型的土壤中生长，但最喜欢排水良好、湿润的微碱性条件。它们可在日光充足或轻度遮蔽的条件下生长得很好。在夏末或初秋种植球根，种植深度为12~15厘米。当在观赏草中种植球根时，不要剪去老叶片，直到开花后至少六周。盆栽球根必须种植在凉爽条件下，并保证新鲜空气流通。高于7~10℃的气温常会导致开花失败。种植后将花盆放入冷床中，并在12~16周后转移到凉爽温室中。花芽形成后，可通过缓慢加温来促进开花，但气温不要超过13℃。

可以用吸芽或切段繁殖；新的杂种和物种可以用种子繁殖（见"贮藏器官"，622~627页）。水仙属植物会感染水仙线虫（见"水仙线虫"，669页）和水仙球蝇（见"球蝇"，661页）。

水仙的类型

水仙属植物拥有多种形状和样式，从花瓣后掠的微小精致仙客来水仙杂种系列（Cyclamineus hybrids），到高大的喇叭状洋水仙以及漂亮的重瓣类型。现代水仙品种包括日冕（corona）类型和领巾（collarette）类型。除了标志性的亮黄色花朵，有些品种还有浅黄油色花朵、亮白色花瓣和橙色杯状花盏。

矮生物种和杂种

三蕊水仙
矮生物种

北非水仙
矮生物种

'麦穗'水仙
仙客来水仙杂种

'天竺葵'水仙
多花水仙

单瓣水仙

'热情'水仙
大杯型水仙

'好运'水仙
大杯型水仙

'琥珀门'水仙
大杯型水仙

重瓣水仙

N. 'Irene Copeland'
重瓣水仙

'塔希提'水仙
重瓣类水仙

'德尔纳肖'水仙
重瓣类水仙

土壤的准备和种植

许多球根植物在开花后会进入漫长的休眠期,在一年中的许多时候都不需要什么照料。不过,要想在种植球根植物时取得长期的成功,重要的是选择好的球根、准备土壤和正确种植。

购买球根

市面上出售的球根在质量和尺寸上都有很大的差别,所以在购买任何球根之前都应该仔细检查。要想让球根在种下的第一年开花,它们需要达到的直径分别是:郁金香4厘米,风信子5厘米,水仙4.5~5厘米(取决于花朵大小)。不同类型的球根在一年当中的出售时间也有所不同;要在它们最新鲜的时候购买。选择适合种植场所的球根植物:大多数种类喜阳,某些种类喜阴,还有一些可以种植在草丛中。

资源保护

对野生球根植物的保护有着极高的重要性,它们的进口也有严格的法规管控。无论在什么情况下,都要确保苗圃和园艺中心出售的球根来自栽培球根植物,而非从野外采集的(见"负责任的植物购买",19页)。

干燥球根

大多数球根植物在休眠期的干燥状态下出售。在它们进入生长期之前尽早购买;大多数水仙属植物在夏末开始长出根系,而大多数其他春花球根植物会在早秋之前开始生长。对于秋花番红花属(*Crocus*)以及秋水仙属(*Colchicum*)物种和杂种,提前种植特别有好处。专业苗圃会在仲夏或初秋出售它们。

所有的秋花球根植物都最好在夏末购买和种植。如果保持干燥的时间太长,球根就容易退化:它们的生长期会变短,它们还需要一段时间来恢复良好的开花状态,所以应该在球根上市后尽快购买和种植。某些会在夏季生长的干燥球根,如夏风信子属植物(*Galtonia*)、唐菖蒲和虎皮花属植物(*Tigridia*)在春季就可以购买。

雪花莲属植物的球根最好在开花过后但叶片尚未枯死或者叶片刚刚枯死时购买,因为它们的干燥球根常常不能良好生长(见"绿色球根植物",229页)。在购买球根植物时,确保它们健康结实,拥有强壮的生长点,没有柔软或染病的部位,也没有被害虫损伤的迹象。比本类型平均大小小得多的球根以及吸芽在第一年不会开花。

朱诺群鸢尾在球根下拥有永久性储藏根;如果这些根系是断裂的,则不要购买,它们不会良好生长。郁金香属植物的球根应该拥有完好无损的被膜;如果被膜受损,它们就很容易感染疾病。

湿润球根

虽然大多数球根可以干燥储藏,但有些最好储存在轻微湿润的树皮、泥炭替代物或类似材料中。这特别适合某些喜阴球根物种,如一般生长在潮湿林地中的猪牙花属植物(*Erythronium*)、林荫银莲花(*Anemone nemorosa*)和延龄草属植物(*Trillium*)。

在购买仙客来属(*Cyclamen*)植物的块茎的时候,要寻找那些拥有健壮根系并储藏在湿润树皮中或者种植在花盆中长出根系的种类。虽然比较贵,但与干燥块根相比,拥有健康根系的仙客来能更良好地生长,是最佳的购买选择。

盆栽球根植物

盆栽球根植物处于活跃的生长期,常常带花出售于苗圃和园艺中心。这类球根植物在休眠期一般不出售而会上盆种植。它们的生长状况很好,可以立刻移栽种植,不会对根系造成扰动。或者也可以保留在花盆中直到开花,并在地上部分枯死后将干燥球根种下。不过,它们有时比干燥球根贵。

不同土壤类型的影响

球根植物生长在遍布全球的一系列土壤类型、生境和气候区中。它们的自然生长条件昭示着它们在栽培中的需要。大多数耐寒球根植物来自地中海气候区,在温暖且阳光充足的地方生活得很好,喜欢能在春季迅速回暖并在夏季变干燥的排水良好土壤。某些物种能够忍耐生长期一直湿润的黏重土壤,只要在夏季将它们烘干即可。如果土壤适度肥沃并且富含腐殖质,许多球根植物就可以通过种子或者营养繁殖的方法一年年地稳定增殖。大多数种类喜欢接近中性的或者微碱性的土壤。

良好的排水是至关重要的,因为如果在休眠期土壤潮湿不透气,大多数球根植物很容易腐烂。少数球根植物自然生长于野外的河边或沼泽地生境;这些种类可以在即使是夏季也不变干的湿润(甚至是永久性潮湿)土壤中茁壮生长。

如何挑选鳞茎

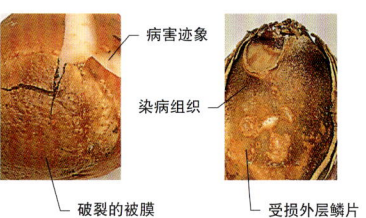

好样品
郁金香　风信子　洋水仙(单箭鳞茎)　洋水仙(双箭鳞茎)

坏样品
- 破裂的被膜 / 病害迹象 / 染病组织
- 受损外层鳞片
- 无被膜 / 球根组织退化
- 柔软的箭 / 吸芽太小,不能开花

选择球茎、块茎以及其他球根植物

- 毛茛状银莲花 — 结实、丰满的块茎
- 俄勒冈猪牙花 — 新鲜、丰满的块茎
- 奥氏鸢尾(朱诺群)— 完好无损的肉质储藏根
- 地中海仙客来 — 良好的根系 / 湿润的泥炭替代物包装
- 多花延胡索 — 球茎上醒目的生长点

露地种植球根

1. 在准备好的土壤中挖一个大种植穴并种下球根（这里是郁金香），生长点朝上，种植深度和间距至少为它们本身的两倍。

2. 为得到自然效果，随机地分配种植位置。就位之后，用手轻轻地将土壤掩盖在它们上面，避免移位和造成损伤。

3. 用耙子背面将种植区域的土壤夯实。不要踩在土壤表面上，以免损伤球根的生长点。

逐个种植球根
以正确的深度逐个种植球根。用小泥铲掩盖土壤并轻轻地压实。

疏松土壤

沙质或疏松土壤通常会在春季迅速回暖，并且能提供大多数球根植物需要的良好排水，但它们常常缺乏腐殖质和营养元素。在种植之前，将大量腐熟园艺堆肥或者粪肥掘入土壤中，并且在早春按照生产商的推荐密度在表层土中施加均衡肥料。要将粪肥混入球根植物的种植深度之下，避免造成病害或化学损伤。如果使用的是新鲜粪肥，应该在种植前至少三个月混入土壤中。更加肥沃的沙质土和壤土可以增添额外有机质，但第一年不必施加表层肥料。在岩石园中，将粗砂按照三分之一的比例混入表层30厘米的土壤中，以提供低矮球根植物需要的良好排水性。

露地种植深度

种球类型	种植深度（从种球顶端算起）
葱属 Allium	5～15厘米
孤挺花属 Amaryllis	生长尖端与地面平齐
克美莲属 Camassia	8～10厘米
文殊兰属 Crinum	根颈在土壤上端
番红花（春花型）	10～15厘米
番红花（秋花型）	8厘米
仙客来 Cyclamen	5～8厘米
贝母属 Fritillaria	8～30厘米
雪花莲属 Galanthus	2.5～5厘米
夏风信子属 Galtonia	15厘米
唐菖蒲属 Gladiolus	10～15厘米
风信子属 Hyacinthus	10厘米
蓝铃花属 Hyacinthoides	8厘米
网脉鸢尾 Iris reticulata	10～15厘米
百合属 Lilium	12～18厘米
葡萄风信子属 Muscari	5厘米
水仙属 Narcissus	10～15厘米
纳丽花属 Nerine	将球根的箭露出地面
郁金香属 Tulipa	8～15厘米

黏重土壤

黏重土壤常常需要大量工作来改善它们的排水性。在排水性很差的土壤中，必先安装排水系统才能成功地种植球根植物。或者建造一个抬升苗床，在其中装满排水顺畅的土壤。通过添加足够的沙子或沙砾明显提高露地园中土壤排水性的方法通常是不切实际的。更好的办法是在土壤中混入大量腐熟有机质以改良土壤结构，从而改善排水。更多信息见"土壤结构和水分含量"，587页。

阴凉区域

喜阴球根植物大多数可以自然生长在林地生境中，只要对土壤进行合适的准备，它们就能在任何阴凉区域生长得很好。种植前在土壤中混入大量腐叶土或者其他有机质，如腐熟的粪肥或园艺堆肥。在至少一半土壤是腐叶土或者土壤中混入腐熟树皮或欧洲蕨的地方，喜酸的林地球根植物（如延龄草属植物）会生长得很好（见"球根植物的种植者指南"，225页）。

种植时间

干燥球根应该在购买后尽快种植。如果球根已经储藏越冬（见"挖出、干燥和储藏"，237页），则在它们开始生长前休眠期即将结束时种植。购买盆栽球根植物之后，可以在整个生长季内的任何时候种植，或者将它们保留在花盆中直到凋萎，然后按照干燥球根处理。将夏花球根植物（包括夏末开花的种类）种植在保护设施中，绿色球根植物在早春至仲春种植。

露地种植

一般用铁锹挖一个大种植穴，将数个球根种在其中，也可以单独种植。不要为种植区域划定轮廓，也不要按照固定间距种植，否则看起来会很不自然，如果一两棵球根植物没能成活，还会留下难看的空隙。

在岩石园中，种植球根植物前要移除所有表层基质，然后在种植后更换之。

种植深度和间距

种植球根时其上部的土壤厚度应该是其本身厚度的两至三倍（疏松土壤中比黏重土壤中深），种植间距为两至三个球根宽。将土壤挖到合适的深度，用叉子将骨粉混入种植穴底部，然后插入球根，顶端朝上。

有时候难以确定球根的"顶端"在哪一头，特别是不生根的仙客来块茎。与下半部分相比，上半部分的表面更加平整，有时会有凹陷。紫堇属（*Corydalis*）植物的块茎几乎是球状的，但顶端常常有枝条生长的痕迹。如果不能确定顶端，可以将球根侧着种植。

回填土壤，将可能存在的土块打散。轻轻地紧实，避免球根周围形成气穴。

绿色球根植物

有些球根植物是"绿色状态下"出售的，如雪花莲，这意味着它们仍然带着叶片。如果它们的花也在的话，你可以确认一下自己是否得到了正确的品种。它们以这种方式移植的效果更好，因为当年更晚时候的松散球根很容易干透。

挖出球根植物
这些球根植物（为了方便种在格子花盆中）开花时被种在这里，用于临时观赏。当叶尖开始变黄时，可以将整个花盆挖出，重新种植在花园中别的地方。

在绿色状态下获得或移植的球根应该尽快种植在它们的新地点。用小泥铲或小锄子挖出随机分布的种植穴，种植穴要足够宽，让根系充分伸展，然后逐个种植，深度与之前一样。地上部分的绿色叶片和位于地下的黄绿色叶基可以指示种植深度。种植后浇透水。

绝不能让雪花莲属植物的球根干掉。如果不能立即种植，先将球根放入轻微湿润的含壤土基质中并保持凉爽直到需要的时候。

盆栽球根植物

作为盆栽植物购买并在其花盆中开花的球根植物，可以在地上部分枯死后种在花园里。在种植时，挖出足以容纳全部花盆内容物的种植穴，以免在种植时将它们弄散。

如果球根植物被花盆束缚得太厉害，应该在种植前轻柔地梳理基部的根系，促进根系伸出并扎入土壤。不要将休眠球根植物留在湿透的花盆基质中，否则它们容易腐烂。

种植生根块茎和球茎

许多林地球根物种（如仙客来等）最好在生根时种植，而不是种植干燥球根，这样它们恢复得更快。在这种状态下种植的话，它们在第一个生长季更容易开花；干燥球茎和块茎在这方面很不可靠。在生根状态下种植还免去了区分块茎或球茎顶端与底端的问题。在种植之前将大量腐叶土或腐熟有机质混入土壤中，创造林地球根植物所需要的湿润、富含腐殖质的生长条件，否则球根植物不会生长得很好。

种植深度和间距

按照种植干燥球根的方法计算球茎和块茎的种植深度和间距（见"露地种植"，229页），但要为根系留出额外的空间。

仙客来属植物在野外生长时块茎距离土表面很近，所以不要将块茎种植得过深，否则它们可能无法开花。确保块茎顶端与周围的土壤表面大约平齐。它们的种植间距可以比其他球根更近，但也至少要与它们本身的宽度一样大。

种植

将球茎或块茎逐个或集体种植。种植穴必须足够深和足够宽，以容纳根系。将根系伸展在种植穴中，这有助于植物更快地恢复。在种植穴中回填土壤，并压实土壤，去除所有气穴。

仙客来块茎的顶端可以稍稍露出地面，或者用松散的护根薄薄地覆盖。可以使用腐叶土，如果在苗床上已经施加了表层肥料，则可用粗沙砾。

草坪中的自然种植

当在草坪中自然种植时，首先将草尽可能地割短。随机确定种植位置，得到更自然的效果。用手将球根撒在选定区域，并将它们种在落下来的地方，确保它们之间的距离至少有一个球根的宽度。用小泥铲或球根种植器挖出种植穴，后者是一种有用的工具，可以整齐地切下深达10~15厘米的整块草皮和土壤，最适合种植尺寸较大的球根。

确保所有的种植穴都有合适的深度，将球根带生长点的一面朝上插入种植穴，然后重新将草皮铺上。

在草坪中种植大量小型球根

种植大量非常小的球根（如番红花等）是一项更容易且不那么耗时的工作，可以挖起一部分草皮，然后在草皮下方的土壤中种植一大批球根，而不是逐个种植。将草皮下方的土壤弄松，因为这样的土壤可能会变得十分紧实；用叉子混入少量均衡肥料或骨粉。将球根随机分布，间距至少为它们自身的宽度。将草皮重新铺在球根上，用手弄实

球根的自然种植

1 使用半月形轧边机（或铁锹）在草皮上切割出一个H形。切割时将半月形的刃全部插入土地中，保证它穿透下面的土壤。

2 底切草皮下部，然后将两块草皮掀起来，露出下面的赤裸土壤。注意不要将草皮撕裂。

3 使用手叉将下方至少7厘米深的土壤弄松，以每平方米15克的用量混入少量骨粉。

4 将球根轻轻地摁进土壤，注意不要损伤它们的生长点。随机分布球根，但间距至少应为2.5厘米。

5 用手叉将草皮下方的土壤弄松，让球根植物能够轻松穿过草皮生长出来。

6 将草皮铺回原位，注意不要挪动球根的位置或损伤草皮。向下压实草皮，特别是周围的接缝。

种植大球根

1 清洁球根（这里是洋水仙），除去所有松动的外层包被和老旧的根系。将它们随机散布在种植区域，保证彼此间距至少为本身的宽度。

2 用球根种植器挖出一块深10~15厘米的草皮。在每个洞中放入少量土壤和肥料，再放入一个生长点朝上的球根。用草皮覆盖。

或者用耙子的背面轻轻地夯实。也可以用宽齿园艺叉或铁锹在草皮上戳出洞，然后在土地中前后晃动工具，轻轻扩大洞的大小，使它们能够轻松地容纳球根。工具上的齿插入土地的深度应该为球根厚度的3倍，例如，番红花属植物球根的深度为7厘米。在整个种植区域随机重复这一过程，得到自然分布的种植穴。在土壤中混入少量骨粉并在每个种植穴中加入一些，再逐个种植球根，然后用更多准备好的土壤覆盖整个种植区域。

保护设施中的球根植物栽培基质

含有充分的腐殖质且具有优良排水性的优质混合基质适用于大部分球根植物，无论是在花盆里种植还是在其他容器中种植。如果使用专利生产的盆栽基质，应混入至少三分之一沙砾或粗砂（按体积计算），因为这些基质的排水能力对球根植物而言不够好。

如果你想自制用在球根植物冷床或抬升苗床中的球根植物基质，可以将2份泥炭替代物或泥炭、3份粗沙砾以及4份壤土混合在一起，然后以每5升25克的用量加入基础肥料，再以每升25克的用量添加园艺石灰（厌钙植物除外）。

制备充足的基质，用来准备种植球根植物的苗床，基质深度至少应为30厘米，下面还要铺设一层5厘米厚的腐熟园艺堆肥。

在保护设施中盆栽球根植物

在保护设施的苗床中栽培的球根植物通常种植在侧壁呈网格状的花盆中，这样不会对它们的根系造成束缚。将球根种在花盆里，做好标记，然后将花盆齐边埋入球根植物苗床中，苗床使用的基质与盆栽基质相同。可以将花盆从苗床中挖出，不会对旁边的球根植物造成干扰。另外的选择是，用岩板插入苗床分区，并在不同区块内种植不同的球根植物，但这不太方便。

葡萄风信子的种植深度为5厘米
郁金香的种植深度为8~15厘米
风信子的种植深度为10厘米
洋水仙的种植深度为10~15厘米

种植在花盆或容器中的林地球根植物需要排水良好且额外添加富含养分的有机物质的基质，如3份腐叶土、2份壤土和2份沙砾组成的混合基质。

在花盆和保护设施中种植

在保护设施中的花盆里种植大多数球根植物很容易，因为生长条件可以得到精确控制，以满足植物的特定需要。不同类型的球根植物可以使用不同的基质，而且植物能得到相应的季节性照料，如夏季干燥期、冬季限制浇水或者将花盆齐边埋入苗床中等。

在苗床温室或球根冷床中直接栽培球根植物时，也可以进行相似的控制。保护设施中的种植方法和露地种植球根植物的方法一样（见"露地种植"，229页）。

选择陶制或塑料花盆

球根植物可以种植在陶制花盆或可回收的塑料花盆中。陶制花盆不太容易买到，但它们更适合无法忍受过多水分的球根植物，因为与塑料花盆相比，浇水后陶制花盆中的基质干得更快。使用用可回收塑料制成的花盆只要填充排水通畅的基质，就非常好用，浇水频率应该比陶制花盆的更低一些。

对于需要湿润条件的植物，如林地球根植物，塑料花盆更好的保水性特别有价值。在排水孔上放置

种植深度

在容器中种植球根植物时，种植深度应与在露地花园中保持一致（见"露地种植深度"，229页）。如果你将球根种得太深，它们可能只生长叶片不开花，或者根本不长出来。如果球根种得不够深，它们就不能发育出生长开花所需的良好根系，而且容易被气温的剧烈变化伤害。

一块带孔的锌片就能够防止蠕虫进入花盆。

在花盆中种植球根植物

盆栽球根植物的种植深度应该和露地栽培的球根植物一样（见"种植深度和间距"，229页）。这对于较大的球根可能难以实现，在这种情况下，要保证每个球根下面有2.5厘米厚的湿润基质在花盆中。对于达到开花尺寸的球根，种植间距应该为球根本身的宽度。如果将大型球根和较小的吸芽混种合种，则应该拉大开花尺寸球根的间距，然后将小吸芽散布在它们之间。

用一些湿润基质覆盖球根，在花盆边缘下留出足够的空间用于表层覆盖和施肥，然后紧实土壤。在花盆表面覆盖厚厚的一层园艺沙砾，这有助于保持水分，并且能改善花盆的外观。用标签记下植物名

齐边埋入苗床中的球根植物
将带有标签的花盆齐边埋入沙床或冷床中。定期检查花盆，确保基质不会干透。

自然式种植的球根植物

荷兰韭 *Allium hollandicum* H6，黄花葱 *A. moly* H7，蜜腺韭 *A. siculum* H5
亚平宁银莲花 *Anemone apennina* H6，
希腊银莲花 *A. blanda* H6，
林荫银莲花 *A. nemorosa* H5，
孔雀银莲花 *A. pavonina* H6
克美莲 *Camassia leichtlinii* H4，
糠百合 *C. quamash* H4
秋水仙 *Colchicum autumnale* H5，
丽花秋水仙 *C. speciosum* H5
番红花属（*Crocus*；春花）
菊黄番红花 *C. chrysanthus* H6，荷兰杂种番红花 *C. Dutch Hybrids* H6，鲜黄番红花 *C. flavus* H6，乳黄番红花 *C. ochroleucus* H6，托马西尼番紫花 *C. tommasinianus* H6
番红花属（秋花）
长管番红花 *C. nudiflorus*，艳丽番红花 *C. pulchellus*，美丽番红花 *C. speciosus*，
早花仙客来 *Cyclamen coum* H5，地中海仙客来 *C. hederifolium* H5
紫斑掌裂兰 *Dactylorhiza fuchsii* H5，
斑点掌裂兰 *D. maculata* H5
冬菟葵 *Eranthis hyemalis* H6
加州猪牙花 *Erythronium californicum* H5，
犬齿猪牙花 *E. dens-canis* H5，
卷瓣猪牙花 *E. revolutum* H5
雀斑贝母 *Fritillaria meleagris* H5，
比利牛斯贝母 *F. pyrenaica* H5
大雪花莲 *Galanthus elwesii* H5，
雪花莲 *G. nivalis* H5，
克里米亚雪花莲 *G. plicatus* H5，
绿雪花莲 *G. woronowii* H5
拜占庭唐菖蒲 *Gladiolus communis* subsp. *byzantinus* H5
蓝铃花 *Hyacinthoides non-scripta* H6
夏雪片莲 *Leucojum aestivum* H7，
雪片莲 *L. vernum* H5
亨利氏百合 *Lilium henryi* H6，
欧洲百合 *L. martagon* H6
豹斑百合 *L. pardalinum* H6，
黄帽百合 *L. pyrenaicum* H6
亚美尼亚葡萄风信子 *Muscari armeniacum* H6，
蓝香蒲壶花 *M. neglectum* H6
围裙水仙 *Narcissus bulbocodium* H4，
仙客来水仙 *N. cyclamineus* H6，
小水仙 *N. minor* H5，宽瓣水仙 *N. obvallaris* H6，
红口水仙 *N. poeticus* H6，喇叭水仙 *N. pseudonarcissus* H6
垂花虎眼万年青 *Ornithogalum nutans* H5，
伞花虎眼万年青 *O. umbellatum* H6
黎巴嫩蚁播花 *Puschkinia scilloides* H5
双叶绵枣儿 *Scilla bifolia* H6，
土耳其雪百合 *S. forbesii* H6，
西伯利亚枣儿 *S. siberica* H6
姬郁金香 *Tulipa clusiana* H6，
红焰郁金香 *T. orphanidea* H6，
窄尖叶郁金香 *T. sprengeri* H6，
林生郁金香 *T. sylvestris* H6

休眠期需要保持干燥的球根植物

双花银莲花 *Anemone biflora* H7
罗马风信子属 *Bellevalia* H7-H6（部分物种）
蓬加蒂属 *Bongardia* H6
蝴蝶百合属 *Calochortus* H5-H3
秋水仙属 *Colchicum* H5-H4（大部分物种）
紫堇属 *Corydalis* H5（部分物种）
番红花属 *Crocus* H6-H4（部分物种）
仙客来 *Cyclamen* H5-H3（部分物种）
唐菖蒲属 *Gladiolus* H5-H3（部分物种）
突环群鸢尾 *Iris Oncocyclus* Group H5
白棒莲属 *Leucocoryne* H3-H2
肖鸢尾属 *Moraea* H3（冬季生长的物种）
坎塔布连水仙 *Narcissus cantabricus* H4，
北非水仙 *N. romieuxii* H4，
岩生水仙 *N. rupicola* H4
全能花属 *Pancratium* H3（部分物种）
毛茛 *Ranunculus asiaticus* H4
乐母丽属 *Romulea* H3（部分物种）
蓝蒂可花 *Tecophilaea cyanocrocus* H3
虎皮花属 *Tigridia* H1c

注释
H = 耐寒区域，见56页地图

将花盆齐边埋入

种植后，将花盆保留在冷床或凉爽温室中。与花园露地栽培的球根植物相比，花盆中的球根更容易被冻伤。在严寒的冬季，不加温温室中的花盆很可能会冻结。热忱的球根植物种植者会将花盆齐边埋入粗砂或沙砾组成的苗床中以保护球根植物；或者在非常冷的时候提供一些最基本的加温措施。对于迅速干燥的陶制花盆中的球根植物，在夏季齐边埋入花盆是很重要的。建议对塑料花盆也采取同样的措施，以防止过热。

在装饰性容器中种植

球根植物可以种植在木桶、石槽、露台花盆或者其他在底部设有足够排水孔以便迅速排水的装饰性容器中。可以用砖块或特制的花盆垫脚将容器从地面上抬起，这能防止雨水积聚在它们底部。

为满足不同类型球根植物的需要，使用不同的基质（从富含壤土和腐叶土的基质到沙砾含量很高的种类）。基质必须拥有良好的排水性，以免过涝，使球根腐烂。在基质中的种植深度和间距与标准花盆中一致（见"在花盆中种植球根植物"，231页）。不要将球根太紧地压入基质中，否则会将球根下方的土壤压得过于紧实，阻碍根系的生长。

可催花的球根植物

某些供室内观赏的球根植物可以种在种植钵里并放置在黑暗中，以促进它们提前开花。对于大多数其他室内观赏球根植物，最好的催花方法是用与盆栽球根植物同样的方法将其种植在装饰性种植钵中，然后在它们即将开花时将其转移到室内。盆栽球根植物最好放置在凉爽的房间中，气温只应该比它们生长的温室或冷床稍高。在较热的生长条件下，花茎会长得非常快，看起来会有些失调，而且花期会变短。当花朵凋谢之后，立即将球根转移回温室或球根植物冷床中。

风信子

在所有可催花的球根植物中，最受欢迎的种类是芳香的风信子。可以购买已经准备好的球根，如果给予适当的处理，它们就可以在仲冬开花。

在早春购买准备好的风信子球根，并将它们种植在填充了事先充分湿润的球根纤维的种植钵中。将球根紧密地种在一起，让它们几乎互相接触并且生长点刚刚伸出基质表面。将新种植的球根放在凉爽黑暗的地方，凉爽房间内的封闭橱柜是一个很好的选择。这会促进花茎在叶片之前长出，并让根系充分发育。

将种植钵放置在黑暗中大约8周，或者等到新枝叶片长到4~5厘米高，黄绿色叶片顶端长出的花蕾开始显色。

当它们长到这个阶段后，将球根植物转移到白昼环境，但不要将其放在明亮的阳光中。不要提前转移，不然叶片会长得非常快并使花色模糊。一旦暴露在光线下，随着植株生长并开始开花，叶片就会恢复它们的自然绿色。

水仙

许多洋水仙，如'纸白'水仙（*Narcissus* 'Paper White'），可以像风信子一样种植在球根纤维中。

如何在花盆中种植球根

生长点朝上

1 球根（这里是洋水仙）的种植深度为本身厚度的两倍，间距为本身宽度。

2 用基质覆盖球根，基质表面距花盆边缘以下1厘米处。表面用沙砾覆盖，插标签。

水培法种植风信子

风信子的球根可以在水中催花。将球根放入特殊设计的玻璃容器中，然后放置在远离阳光直射的凉爽房间，注水并使水平面正好达到球根基部下端。球根会迅速长出根系并伸入水中。

等到花蕾开始显色时，将生根的风信子球根转移到温暖明亮的房间。花梗会发育并产生花朵。花期过后，将开过花的球根丢弃，因为它在第二年不会很好地开花。

在玻璃容器中加水至"颈"处，然后将球根放在上端，正好坐落在水面上。放置于凉爽处。随着根系生长继续加水。

不过它们需要光，应该在枝叶刚刚长出基质后就立刻放置到阳光充足的窗台。如果光线不足，水仙会徒长变得过高，可能需要立桩支撑。

朱顶红属

花朵硕大的杂种朱顶红是非常受欢迎的室内观赏花卉。园艺中心和商店常常供应带合适球根基质的全株，可以将其直接种在花盆中并放在温暖明亮的房间内，直到花期结束。如果种植在温室内并且只在花期转移到房屋中，杂种朱顶红就可以更容易地一年年保存。

盆栽风信子的催花

1 在容器底部放置一些湿润的球根植物纤维。放置好球根并填充更多纤维，将球根顶部露出表面。将它们放到凉爽、黑暗的地方。

2 当花序出现在浅色叶片中时，将容器转移到明亮的非直射光线中。

百合

百合（*Lilium*）是最优雅的夏花植物之一——它们修长的茎干上能够开出花色多样、形状奇异的花朵。可供选择的种类非常多——百合属有超过一百个物种以及成千上万个品种，这些品种很容易适应不同的条件，因此也更容易种植。

百合的分类

基于来源、亲本和花朵，百合可以分成9个类群。使用实验室技术，还可以实现不同类群之间的杂交。第1类，亚洲物种如垂花百合（*L. cernuum*）和川百合（*L. davidii*）的杂种。第2类，欧洲百合（*L. martagon*）和竹叶百合（*L. hansonii*）等物种的杂种。第3类，白花百合（*L. candidum*）和卡尔西登百合（*L. chalcedonicum*）等物种的杂种。第4类，美洲百合物种如柠檬百合（*L. parryi*）、洪堡百合（*L. humboldtii*）和头巾百合（*L. superbum*）的杂种。第5类，麝香百合（*L. longiflorum*）和台湾百合（*L. formosanum*）等物种的杂种。第6类，源自亨利氏百合（*L. henryi*）等物种的喇叭形百合（Trumpet）杂种系和奥列莲百合（Aurelian）杂种系。第7类，东方杂种百合（Oriental hybrids），来自远东物种，如天香百合（*L. auratum*）。第8类，所有其他杂种，包括Orienpet杂种系和LA杂种系。第9类，百合属原生物种及其栽培品种。

现代育种

类群间杂种百科（第8类中的百合）是各杂种类群之间的杂交后代。杂交的成果之一是Orienpet杂种系，它结合了东方杂种百合大而开放的花朵以及喇叭形百合杂种系和奥列莲百合杂种系对石灰的忍耐力。它们在夏末开花，花质地厚实并朝外，适合大部分花园土壤。

LA杂种系尽管主要见于切花，但也是现代杂交育种方法的另一项成果，它结合了麝香百合杂种系的迅速成熟和亚洲百合杂种系的色彩和耐寒性。它们的花常常是朝上的，呈浅碟状，萼片宽阔。

在哪里种植百合

百合需要排水良好的位置，是很棒的林地植物和月季的良好伴生植物。它们通常不能适应草本花境的生存竞争，但可种植在花盆中并在开花时放置在需要的地方。第5类百合不完全耐寒，但在凉爽温室和保育温室中是很好的盆栽植物。

种植和养护

购买新鲜的球根并立即种植。不要购买任何皱缩的球根。大多数百合在各种类型的土壤中能生长得很好，但如果种植在花盆中则需施加缓释肥。第3类百合喜欢碱性土和全日照；第7类百合杂种必须种在不含石灰的土壤中，或者种在填充杜鹃花专用基质的容器中；第4类百合杂种最适合种在潮湿的林地条件下。秋季，在准备充分、排水良好的土壤中以球根本身厚度的2.5倍深度种植；白花百合（*L. candidum*）的球根上面只需要2.5厘米厚的土壤，并且应该在夏末种植。

百合的日常养护与大多数球根植物（见"日常养护"，236~238页）相似。立桩支撑，以免花梗折断。

繁殖

百合可以用茎生珠芽、小鳞茎、种子轻松地繁殖，对于豹斑百合（*L. pardalinum*）和第5类百合，还可以用简单分株的方式繁殖。总是使用健康的母株繁殖。

珠芽和小鳞茎

卷丹（*L.lancifolium*，同*L.tigrinum*）和珠芽百合（*L. bulbiferum*）等物种及其杂种会在叶腋长出茎生珠芽，旧花梗基部还会长出小鳞茎。将这些珠芽和小鳞茎摘除并上盆种植，它们可以继续生长（见"用小鳞茎和珠芽繁殖"，624页）。

种子、分离鳞片和分株

播种能够产生健壮的无病毒球根，但繁殖速度慢，第5类百合很容易用这种方式繁殖（见"用种子培育百合"，623页）。分离鳞片涉及拆解鳞茎并令鳞片生根，是一种更快的繁殖方法（见"分离鳞片"，625页）。有根状茎的百合可以分株繁殖（见"球根植物的分株"，624页）。

百合花

第1类　亚洲物种杂种（适合做切花和盆栽植物）

第2类　欧洲百合杂种（长寿，可用于半阴区域）

第3类　白花百合杂种（喜石灰质土壤）

第4类　美洲物种杂种（健壮；花瓣反卷）

第5类　麝香百合杂种（花很香，适合做切花）

第6类　喇叭形百合杂种和奥列莲百合杂种（可忍耐石灰质土壤）

第7类　东方杂种百合（花常常很香，通常呈白色、粉色或鲜红色）

第8类　其他杂种（部分种类有芳香的花）

第9类　原生物种及其品种（表现不一，花朵常常很精致）

病虫害

百合特别容易感染百合负泥虫。几种病毒由蚜虫传播，包括花叶病毒和郁金香碎色病毒。卷丹及其部分杂种是病毒载体但不会出现症状，要让它们远离其他种类的百合，以减少传染的可能。在潮湿无风的条件下，灰霉病会造成问题，排水不良的条件会促进基腐病的发生。

大丽花

大丽花的花朵可从初夏延续到秋季的第一场初霜，能够为花园提供持续数月的鲜艳色彩。大丽花的所有种类都不耐霜冻，只要土壤肥沃且排水良好，它们就可以生长在各种不同的土壤中。大丽花是优良的花境植物，也是夏季盆栽的理想材料（见"球根植物"，324页）。

如果用于展览或切花，最好将它们成排种植在专门准备的苗床中。矮生花坛用大丽花有两种种植方式：一种是营养繁殖，即使用命名品种块茎的插条或分株繁殖，另外一种是使用种子进行一年生栽培（见"在容器中播种"，605页）。这些矮生大丽花适合种植在容器中。大丽花的花头拥有多样的花瓣形状和丰富的花色范围，从白色到深黄色，再到粉色、红色直至紫色。

大丽花可以分为14个类群：单瓣型（single-flowered）、托桂型（anemone-flowered）、领饰型（collerette）、睡莲型（waterlily）、装饰型（decorative）、球型（ball）、绒球型（pompon）、仙人掌型（cactus）、半仙人掌型（semi-cactus）、混杂型（miscellaneous）、流苏型（fimbriated）、单瓣兰花型（single-orchid）、重瓣兰花型（double orchid）和芍药型（peony-flowered）。

这些类群中有4类可以根据花朵大小继续细分。对于睡莲型大丽花，有微型类（直径一般小于102毫米）、小花类（直径为102～152毫米）和中花类（直径通常为153～203毫米）。装饰型及仙人掌型大丽花有两个额外的次级分类：大花类（直径通常为203～254毫米）和巨花类（直径超过254毫米）。球型大丽花被分为微型球（直径通常为52～102毫米）和小型球（直径通常为103～152毫米）。绒球型大丽花的花朵直径应小于52毫米。

栽培

大丽花在pH值为7、排水良好、肥沃的土壤中生长得最好。应提早准备好土壤。它们会大量消耗养分，所以要在土地中掘入大量粪肥或园艺堆肥，然后以每平方米125克的用量施加骨粉，彻底粗耕苗床，使根系扎透土壤。

种植地点和时间

大丽花可作为盆栽植物种植，也可以种植休眠块茎或从块茎上采取的生根插条。带叶子的植株比块茎更好，因为它们更有活力。不过，休眠块茎可以在最后一场霜冻的6周前直接种植，而带叶植株应该在所有霜冻风险过去之后再种植。

选择不过于荫蔽的开阔背风处。在种植之前，以每平方米125克的用量将骨粉施加在表层土中。将年幼植株绑在支撑用的立桩上。

种植盆栽大丽花

当种植盆栽大丽花时，应先将竹竿以适当间距插在要种植的地方。株高120～150厘米的大丽花，种植间距应为60～90厘米；而75厘米至1米高的大丽花间距应为60厘米。不足60厘米高的花坛用大丽花，种植间距应为45厘米。在花盆中为植株浇水并让其排水。小心地种植，避免扰动根坨，然后轻轻紧实，让植株基部稍稍下陷。浇透水。植株会在晚秋长出块茎；可以挖出块茎并储藏，用于春季的再种植。

种植块茎

土地的准备和盆栽植株一样。挖出约22厘米宽、15厘米深的种植穴，将块茎放入其中并掩埋。将带标记的竹片立在块茎旁边以标明种植位置；在插入支撑立桩时，这能指示出块茎的确切位置。块茎需要用6周长出地面上的枝叶。如果枝叶萌发后依然有霜冻风险，则要为它

摘心

1. 当植株长到约38厘米高时，掐去中央茎尖，促进侧枝发育。

2. 当植株拥有6～8根侧枝时，掐掉顶部的一对芽。将枝条绑在立桩上。

们提供遮盖保护。

种植生根插条

成形的球根可以种在冷床或温室中，以提供插条（见"繁殖"，235页）。当所有霜冻风险过去后，将生根插条种植在室外。随着枝叶的生长，适度为植株浇水；为保持水分，当植株长到30～38厘米高时，用腐熟堆肥或粪肥覆盖护根。不要将护根紧挨植株基部，因为这会导致茎腐病。如果堆肥中使用了割下来的草，确保它们没有被选择性除草剂处理过。

摘心与除蕾

当大丽花长到大约38厘米高的时候进行摘心，除去所有茎尖，以促进侧枝生长。再插入两根竹竿，并将枝条绑在上面。

种植块茎
将1米高的立桩插入种植穴中。在块茎周围放入土壤，使新枝的基部低于土壤表面2.5～5厘米。

除蕾
为得到高品质花朵，掐掉顶蕾下方的侧蕾以及一或二对侧枝。

留下枝条的数目取决于需要的花朵大小。要得到巨型或大型花朵，每棵植株只保留4～6根枝条；要得到中型和小型花朵，可保留7～10根枝条。为得到高品质的花，从每根枝条上除去部分花蕾（见"除蕾"，上）。

夏季施肥

种植4～6周后，用高氮高钾肥料施肥，可用颗粒状肥料，或者每周施加一次液态肥料。随着花蕾的发育，在液态肥料中添加额外的钾肥，会产生强壮的茎干和鲜艳的花色，特别是在粉色花和淡紫色花中；这对于展览用大丽花特别重要。

夏末和早秋的短日照条件会刺激块茎的发育。在这个阶段，按照

生产商的推荐用量施加硫酸钾和过磷酸盐肥料。避免让肥料接触茎干和叶片，以免灼伤。

病虫害

大丽花特别容易受到蚜虫、蓟马、红蜘蛛以及螋蛸的危害。定期喷洒农药可以控制这些虫害。将任何感染病毒的植株挖出并烧毁（见"病虫害及生长失调现象一览"，659～678页）。

挖出并储藏块茎

当叶片被秋季的初霜打黑时，将茎干截短至约15厘米。小心挖出块茎并清理上面的土壤，剪掉所有细根。将它们头朝下放置数周，确保茎干和叶子中没有水分残留。

为块茎做好标记，并将它们放入装有蛭石、椰壳纤维或其他相似基质的木盒中。储存在干燥、凉爽的无霜处。在冬季定期检查块茎，如果出现灰霉病或腐烂，就用干净、锋利的小刀将受损部位切除。

繁殖

在春季分割成熟块茎。将它们转移到冷床或温室中生长。将块茎轻轻按压到种植盘中的基质表面，洒水，保持温暖和潮湿。当枝条长出后，用锋利的小刀将块茎切成数块，保证每一块都至少有一个生长枝条。用通用基质将每块单独上盆（见"如何使用基部插条繁殖"，627页）。

或者在冬末以15～18℃的气温催化块茎。当每根枝条拥有生长点和两三对叶片时，在茎节处采取基部插条，并在带底部加热的增殖箱中生根。在保护设施中继续生长，炼苗后移栽室外（见"繁殖植株的种植"，640页；"炼苗"，642页）。

大丽花的展览

用锋利的小刀在早上或晚上将花朵切下，保证花梗长度与花朵大小比例对称。展览时，花朵应发育良好，没有受损花瓣。确定展览时间表，将正确数目的花枝插入瓶中，花朵朝向前方。

大丽花的类别

大丽花的分类以花头的独特形态为依据。有些类群同时有单瓣和重瓣形态。大丽花的花量很大，从仲夏一直开到秋季，一棵植株在一个生长季可以开出多达一百朵花。

（1）单瓣型
每个花头有8～10个宽花瓣，中心有一个显露的花盘。这里是'黄链球'大丽花。

（2）托桂型
完全重瓣，有一或多轮扁平的舌状花，管状花较短，位于中心。这里是'彗星'大丽花。

（3）领饰型
中心有一个由雄蕊构成的黄色花盘，外层花瓣宽大，花盘和外层花瓣之间有"衣领状"的较小花瓣。这里是'复活节'大丽花。

（4）睡莲型
顾名思义，这类大丽花的花朵像睡莲，花瓣宽大平展。这里是'维姬·克拉奇菲尔德'大丽花。

（5）装饰型
完全重瓣。宽花瓣末端圆钝，常向内侧弯曲，花瓣平，稍稍扭曲。这里是'弗兰克·霍恩西'大丽花。

（6）球型
圆球形花头，花瓣螺旋状排列。花瓣内卷的部分超过长度的一半。这里是'伍顿·丘比特'大丽花。

（7）绒球型
与球型大丽花相似但更小，直径最大不超过52毫米，并且更圆；花瓣整体内卷。这里是'小世界'大丽花。

（8）仙人掌型
完全重瓣。花瓣窄，顶端尖，直伸或内曲。这里是'淡紫阿瑟利'大丽花。

（9）半仙人掌型
完全重瓣。花瓣尖，直伸或内曲，基部宽。这里是'秀丽'大丽花。

（10）混杂型
任何不属于1～9类群，也不属于11～14类群的大丽花，包括大丽花属原生物种。这里是矮生大丽花。

（11）流苏型
所有花瓣（可能是任何类型的）的末端都有分叉或缺刻，创造出流苏般的效果。这里是'我的比弗利'大丽花。

（12）单瓣兰花型
花头有一圈细长的内卷或外卷花瓣，围绕着敞开的中央花盘。这里是'洪卡'大丽花。

（13）重瓣兰花型
花头完全重瓣，由在中央相遇的三角形细长内卷或外卷花瓣组成，没有花盘。这里是'长颈鹿'大丽花。

（14）芍药型
数轮近乎平展的宽阔外层花瓣围绕着一个中央花盘。这里是'兰达夫主教'大丽花。

块茎的挖出和储藏

1 将茎干剪至地平面以上约15厘米处。松动土壤并将块茎挖出。去除多余土壤。

2 将块茎头朝下放置在无霜处三周，让茎干彻底干燥。

3 当茎干干燥后，将块茎种在木盒中，并用椰壳纤维、蛭石或类似基质覆盖。将木盒放在凉爽的无霜处。保持块茎和茎干干燥直到春季。

日常养护

如果提供正确的生长环境，球根植物并不需要大量的养护。如果它们开花不良，最可能的原因是过于拥挤，可以通过分株或移栽到新地点来补救。关于需要加以控制的病虫害问题，见655~678页。

草地中的球根植物

与花园中其他地方的球根植物相比，在草地中自然种植的球根植物无须太多照料，但正确的割草时间很重要。定期摘除枯花并偶尔施肥有助于球根植物保持健康。

施肥

不要经常为草地中的球根植物施肥，特别是氮肥，因为这会以球根植物的生长为代价增强草类的生长。如果需要施肥的话（例如不能大量开花的洋水仙），要使用富钾液态肥料促进开花。

摘除枯花

定期摘除枯萎的花朵和未成熟果实可以阻止球根植物将能量浪费在生产种子上，增加它们的活力。如果需要采收果实或种子，可留下一部分以待成熟，然后在采收种子后将茎干剪至地面。

何时割草

如果种植早花球根（如洋水仙等），要在它们开花后至少六周或叶子变黄后割草。如果种植自播繁殖的球根植物，在果实开裂散播种子之前不要割草——通常是叶子凋萎三周后。

秋花球根植物，如秋水仙（Colchicum），会在割草季结束之前进入生长期。当第一对叶子或者花芽顶端出现后，应将割草机的刃设置得足够高，以免伤到它们。当花芽太高不能躲避割草机时，应停止割草。

对于种有球根花卉（如耐寒兰花）的野花草地，将割草时间推迟到所有的叶子凋萎后的仲夏至夏末。

花境和林地中的球根植物

对于草本、混合花境或林地中的球根植物，需要的维护程度取决于它们是永久性种植还是临时性的"填充植物"。永久性种植需要很少的维护，直到球根变得过于拥挤才需将它们挖出并分株。

如果土地准备充分，则第一年不需要额外施肥，但在一个生长季内可施加一两次低氮高钾肥料，以促进开花而不是枝叶生长（见"肥料的类型"，590页）。

球根植物在生长期需足够的水分，特别是在林地中，如果出现早旱，可能需要浇水。以对待草地球根植物同样的方式定期摘除枯花。

临时性种植的养护和永久性种植第一年的养护相同。在生长期即将结束时将球根挖出储藏（见"挖出、干燥和储藏"，237页）。

去除枯叶

花境中的球根植物开过花后，

留下叶片：球根植物和光合作用

当你的球根植物开过花后，要让它们的叶子充分发育并自然枯萎，就像在野外那样。太早清除叶片会打断光合作用（叶片制作养料的过程），减弱球根的活力，并减少第二年的开花量。

如果在草地中自然种植球根植物，则不要在花朵枯萎后立即割草。在威斯利花园对水仙进行的试验表明，如果在花朵枯萎后不到六周就剪去叶片，球根的活力便会降低，第二年的开花量也会减少。

盆栽球根植物应该在开花后继续浇水。液态肥料有助于维持叶片的良好状态，并且让下一季的花朵开始发育。

要在去除叶子前让它们彻底枯死。不要在叶片仍是绿色的时候"整理"它们并将叶片绑在一起，这会降低它们的光合作用，降低球根储藏第二年生长所需能量的能力，导致球根丧失活力或永久性枯死。

过于拥挤的球根植物

成熟球根植物的开花量比之前减少的原因可能是过于拥挤。这可能不太容易观察到，除非球根在土壤表面可见，如纳丽花属那样。

在根系开始生长之前的休眠期将拥挤的丛生球根植物挖出。将它们分离成单个的球根并以不规则的丛状重新种植。种植深度应为本身厚度的两至三倍，种植间距为两至三个球根的宽度。将小型吸芽或小

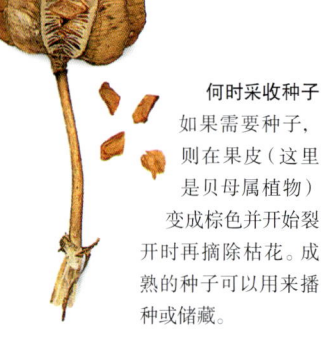

立桩

某些枝干柔弱且比较高的球根植物需要立桩支撑。当这些植物长到足以绑结的高度时，立即为这些植物立桩并进行绑扎；当这些植物接近完全高度并即将开花时再次绑扎。在球根植物丛植的地方，将竹竿在球根植物茎干的内侧，使竹竿被生长的植物遮掩起来。立桩时将竹竿插到远离茎干基部的地方，以免伤害球根。

1. 当高的单棵植株（如唐菖蒲）长到15厘米高的时候，用竹竿为其提供支撑。用麻线或椰纤维将茎干绑扎在竹竿上。

2. 当花蕾形成时，将花蕾下方的茎干绑扎在竹竿上，防止花蕾开放时花枝折断。

为丛植球根植物立桩
对于百合等丛生植物，将一根或数根竹竿插在株丛中间。用八字结将竹竿周围的茎干绑扎在每根竹竿上，确保茎干不会和竹竿摩擦。

摘除枯花
除非要使用种子繁殖，否则用修枝剪将花境中所有球根植物（这里是葱属植物）的死亡花枝剪至地平面。

何时采收种子
如果需要种子，则在果皮（这里是贝母属植物）变成棕色并开始裂开时再摘除枯花。成熟的种子可以用来播种或储藏。

鳞茎种在达到开花尺寸的球根间，或者冷床或花园中的花盆里或育苗床中（见"养护幼苗"，623页）。

如果挖出之后发现球根并不过于拥挤，而是开始变质或失去活力，则应检查有无病虫害迹象（见"病虫害"，238页）。如果仍然找不到确切原因，则将它们重新种植在排水良好、光线和养分充足的新地点；或者将球根种植在冷床或温室的花盆中，直到它们恢复。

挖出、干燥和储藏

对于临时种植在花坛或花境中的球根植物，应将它们留在原地直到叶片开始变黄。然后将它们挖出并清理后摆在种植盘中干燥，再储藏于纸袋（不能用塑料袋）中并转移到干燥处，直到下一个种植季到来。如果有任何真菌疾病的迹象，则将所有被感染的种球丢弃。或者在花期刚结束时将它们带枝叶全部挖出，并转移到花园中的其他地方，让它们的地上部分自然枯死。

抬升苗床或岩石园中的矮生球根植物

花境球根植物的日常养护原则对于抬升苗床或岩石园中的矮生物种同样适用。许多珍稀球根植物繁殖较慢，生长数年也不会变得过于拥挤。在生长期要保持相当程度的湿润，在干旱时更应如此，并施加低氮高钾肥料。如果需要种子的话，应在果实成熟后采收，并清理掉死亡的叶子，以维持苗床的整洁，降低疾病发生的概率。

户外盆栽球根植物

盆栽球根植物在生长期不能干燥，应该施加钾肥以促进花朵产生。春花球根植物的叶片自然凋萎时，应将它们挖出并清洁后储藏在凉爽干燥的地方度过夏季。早秋，将球根重新栽植在装满新鲜基质的容器中，第二年春季它会开花。若在叶片凋萎之前需要使用容器，可将还是绿色状态的球根植物转移到空余的苗床中，让它们自然凋萎，再按正常流程挖出、清洁和储藏。

如何对过于拥挤的丛生球根植物分株

1 当露地种植的球根植物变得过于拥挤时，在叶子凋萎后用园艺叉将整丛植株挖出。注意不要损伤它们。

2 用手将丛状球根植物（这里是纳丽花属植物）分开，先掰成较小的丛块，然后是单个球根。

3 将所有不健康的球根丢掉。小心清洁完好的球根，除去松动的被膜，将它们重新种植在准备好的新鲜基质中。

春花物种（如番红花、水仙和风信子）可以直接移栽到花园中。将夏花球根植物储藏在凉爽干燥的地方越冬并在春季重新种植。

某些球根植物（如百合属植物），如果在开花后完全干燥，之后会生长不良。将它们的花盆齐边埋入阴凉处或冷床中以保持湿润。在每年春季为百合重新上盆。

遮盖冷床和抬升苗床中的球根植物

在冷床或保护设施中种植的球根植物需要的养护和那些种植在花境中的球根植物相似，但在浇水和施肥方面需要特别注意。

在生长期移去抬升苗床或冷床的遮盖，但在过冷或过湿天气中要短暂重新加盖。在干旱期为球根浇水。当大多数球根植物开始凋萎时，重新遮盖，直到下一个生长季开始。

当原始基质中的养分消耗完后，为球根植物施肥以增强它们的活力。随着球根植物进入生长期，将颗粒肥料撒在基质表面，或者每两三周施加一次液态肥料。在生长期后半程，使用低氮高钾肥促进良好开花。

保护设施中的盆栽球根植物

那些需要温暖、干燥的夏季，并且有冬季和春季生长期的球根植物，在不加温或凉爽温室中生长得很好。在这些地方，施肥、浇水和干燥都能得到控制。这些球根植物的叶子枯萎后，让它们保持干燥，直到夏末或初秋自然生长期开始。

在生长季，当花盆基质几乎干

如何挖出、干燥和储藏球根

1 花期过后大约一个月，当叶子开始变黄的时候，轻轻地用叉子将球根（这里是郁金香）挖出。将它们放入带标签的容器中，以免混淆不同的植物。

2 将土壤从球根上清理干净，并除去所有松动的被膜组织。剪掉或小心地拔掉枯死的叶片。丢弃所有出现损伤或病害症状的球根。

3 将球根放在金属网盘上，互相间不要接触，过夜干燥。然后将它们储藏在标记清楚的干净纸袋中。

燥时，将其在水中彻底浸泡，但不要过涝，特别是在冬季。在花期之前的生长期给它们额外浇水，之后逐渐减少浇水量直到叶子枯萎。别让某些耐寒球根植物（如来自山区的番红花以及林地物种）完全干燥；在夏季保持基质轻微湿润。

对于来自夏季降雨明显的地区的球根植物，如夏风信子（Galtonia），必须经常浇水以使其在夏季保持生长，但在冬季的自然休眠期应保持其完全干燥。

更新基质

更换盆栽球根植物的表层基质能为它们补充新的一年所需要的充足养分。在它们开始生长前，轻轻刮走老旧基质，露出球根的上半部分。如果球根健康且不至于太过拥挤，则使用花盆中的同类型新鲜湿润基质覆盖它们。对于太拥挤的球根，要进行分离并重新上盆，如果它们足够耐寒，则可以露地移栽。

重新上盆

在同一个花盆中生长数年的球根植物最终会变得过于拥挤并需要重新上盆——指示迹象通常包括开花不良、叶片过小或不健康等。在休眠期结束时重新上盆，促进球根进入生长期。对于较大的球根，要单独上盆并种在相似的基质中（见"在花盆和保护设施中种植"，231页）。将较小的球根或小鳞茎种植在成年球根间，或者将它们单独上盆（见"养护幼苗"，623页）。在早春，冬季休眠的不耐寒球根植物开始重新生长，这时应重新上盆。

施肥

如果球根植物在同一个花盆中生长数年，则生长季应该经常施加低氮高钾的液态肥料。如果每年对球根进行重新上盆或者更换表层基质，则不用额外施肥。

已催花球根的养护

当已催花球根已经准备好见光时，将它们按照各自的需要放置在阴凉的窗台或凉爽明亮的室内。当花蕾成形时，球根可忍耐稍微温暖的条件。定期转动种植钵以免枝条向光生长，并保持基质的湿润。催过花的球根植物开花后的状况通常很不好。将它们丢弃，或者露地移栽在花园中，经过两年或更长时间，它们会按照正常时节再次开花。

对于已催花的杂种朱顶红，可以在每年花期过后将它们重新种植在同一花盆中富含腐殖质、排水良好的基质里，这样能维持它们良好的状态。从初秋至仲冬，都不要给它们浇水，如果它们变得过于拥挤，就重新上盆。

球根植物的生长问题

开花失败的球根被称为"瞎子"球根。在长期丛生的植株中，这常常是过度拥挤造成的，所以应将球根挖出并分别种植在新鲜土壤中（见"过于拥挤的球根"，236页；"对过于拥挤的球根进行重新上盆"，下）。生长期缺水是另一个导致球根植物开花失败的原因。

新种植球根不能正常开花可能是因为它们没有得到正确的储藏，或者它们还未完全成熟。丹佛鸢尾（*Iris danfordiae*）、贝母属（*Fritillaria*）物种如曲瓣贝母（*F. recurva*）和浙贝母（*F. thunbergii*）以及某些球根植物即使在自然界中也不会规律开花，它们被称为难开花物种。不要将这样的球根挖出来，除非它们看起来不健康或很拥挤，因为如果不干扰它们，它们最终可能会开花。将这些球根以较深的深度种植也许会有所帮助，因为这会抑制它们分裂成小鳞茎。

病虫害

在生长期，仔细留意病虫害，并在任何问题出现时立即加以控制。在种植、重新上盆或繁殖休眠球根时，检查它们并销毁所有严重感染的球根。

球根植物特别容易腐烂或感染真菌病害；这些病害尤其严重侵害网状群鸢尾。郁金香会受到郁金香疫病和线虫的侵害。水仙有可能成为水仙球蝇的猎物。蚜虫有时候会侵害球根植物，而且可以传播病毒。红蜘蛛有时会感染种植在保护设施中的球根植物（见"病虫害及生长失调现象一览"，659~678页）。

繁殖

很多球根植物通过在球根周围形成吸芽或小鳞茎的方式自然增殖，可将吸芽或小鳞茎从母株上分离下来，即可完成繁殖。对于那些不容易分株的种类，可将球根切成段，然后像处理新球根一样处理这些片段。有些种类通过其他营养方式繁殖，如分离鳞片或挖伤鳞茎。用种子繁殖能得到数量更多的后代，但大多数球根植物需要数年才能开花。详细指导，见"贮藏器官"，622~627页。

对过于拥挤的球根进行重新上盆

1 将花盆中的部分基质清走以检查球根（这里是水仙）。如果它们在花盆中变得过于拥挤，则应该将它们重新上盆。

2 小心地倒出花盆中的内容物，将球根从基质中分离出来。丢弃所有死亡部位或者显示出病虫害迹象的球根。

3 将带有大吸芽的成对或成簇球根轻轻地拉开，形成独立的球根。

4 只选择健康的球根并加以清洁，用手指剥掉所有松散的外层被膜。

5 将球根重新上盆在装满新鲜湿润基质的花盆中。种植深度为它们自身厚度的两倍，间距至少为它们自身的宽度。

鸢尾属植物

鸢尾属中包括一些最可爱的开花植物。它们的精巧花朵呈现出丰富多彩的色以及丝绒般的质感。鸢尾属各物种可以用于多种环境，从林地和岩石园、水滨和沼泽，到草本花境。在植物学上，鸢尾属被分为不同的亚属、组和系列；这些分类在它们的栽培需求上表现不同，并形成了便利的园艺分类体系。

日常养护和繁殖

鸢尾属物种可在春秋季通过分吸芽或分根状茎繁殖，或在秋季播种（命名品种只能通过分株繁殖）。

根状茎类鸢尾

拥有根状茎和在基部排列成扇形的剑形叶片。在植物学上，它们被分为几个亚属和系列，但在园艺用途上主要的类群是具髯群（bearded）、冠饰群（crested）和无髯群（beardless）。

具髯群鸢尾

垂瓣中央具大量"髯毛"，包括种植在花园中的常见鸢尾，有大量品种和杂种，大多在初夏开花。适合用于草本或混合花境的它们喜欢生长在日光充足且肥沃、排水良好的碱性土壤中；许多种类还能忍耐较贫瘠的土壤和半阴。

突环群鸢尾在夏季多雨的气候区需要高山植物温室或冷床的保护。它们拥有大而美丽的花朵，但它们的要求很苛刻，并不容易种植。它们需要肥沃、排水通畅的土壤以及全日照，开过花后需要一个干燥的休眠期。

需要的话，在早春生长开始之前重新上盆。当花期过后叶子凋萎时停止浇水，并在根状茎休眠时保持干燥。在春季恢复浇水。

美髯群鸢尾与突环群鸢尾的亲缘关系很近且栽培需求相似。某些物种如胡格氏鸢尾（I. hoogiana）可以露地栽培，只要在夏季给予良好的排水及炎热干燥的条件即可。突环美髯复合群（二者的杂交品种群）更容易露地栽培。

冠饰群鸢尾

有隆起或鸡冠状的冠饰，而没有髯毛。

伊温莎型鸢尾常出现在潮湿的林地中。较大的物种如扁竹兰（I. confusa）或蝴蝶花（I. japonica）不完全耐寒，需富含腐殖质土壤的背风位置，在温暖气候区还需提供一定遮阴。较小的物种如冠饰鸢尾（I. cristata）和姬鸢尾（I. gracilipes）适合种在背阴的岩石园中。

无髯群鸢尾

没有带髯毛的垂瓣，但通常有冠饰。大多数种类的栽培需求和具髯群鸢尾相似，但有些更喜欢黏重的土壤。

太平洋海岸型鸢尾包括未名鸢尾（I. innominata）和坚韧鸢尾（I. tenax）在内的类群，适合用作切花。已经得到许多优良的、开花繁茂的杂种，适合种植在富含腐殖质的酸性土壤中，在较寒冷的气候区喜全日照，在较温暖的气候中喜阴凉。

喜水型鸢尾是一群优雅的喜湿植物，可以在池塘边缘、沼泽花园或肥沃的永久潮湿土壤中旺盛生长。它们包括燕子花（I. laevigata）、黄菖蒲（I. pseudacorus）、玉蝉花（I. ensata，同I. kaempferi）、铜红鸢尾（I. fulva）、变色鸢尾（I. versicolor）和黄褐鸢尾（I. x fulvala）。所有种类都需要相似的潮湿条件，但可能很难成形。

西伯利亚型鸢尾拥有细长的叶片和形状美丽、颜色精致的花朵。这个类群包括金脉鸢尾（I. chrysographes）、西藏鸢尾（I. clarkei）、云南鸢尾（I. forrestii）和西伯利亚鸢尾（I. sibirica）。它们可种植在土壤肥沃且不会干燥的花境中，特别适合生长在非常湿润的水边土壤。

拟鸢尾型鸢尾拥有狭窄的芦苇形叶片和雅致的花朵。拟鸢尾型物种——东方鸢尾（I. orientalis）、禾叶鸢尾（I. graminea）和拟鸢尾（I. spuria）——适用于阳光充足的草本花境；它们比西伯利亚型鸢尾更能适应干燥环境。

鳞茎类鸢尾

这类鸢尾的贮藏器官是鳞茎，包括网状群（Reticulata）、朱诺群（Juno）和剑叶群（Xiphium）鸢尾。

网状群鸢尾

低矮的耐寒球根植物，花期早，喜欢阳光充足、排水良好的酸性或碱性土壤，也可种植在球根植物冷床中的花盆里。

朱诺群鸢尾

需要的生长条件与冠饰群鸢尾相似，栽培也比较困难。健壮的物种如布喀利鸢尾（I. bucharica）以及中亚鸢尾（I. magnifica）在温暖的室外生长得很好。

剑叶群鸢尾

包括花色鲜艳的荷兰型（Dutch）、英国型（English）和西班牙型（Spanish）鸢尾。常用作切花。全日照下的碱性土壤和排水良好的土壤都很适合。

根状茎类和鳞茎类鸢尾

'粗纹'鸢尾（具髯群）

'卡纳比'鸢尾（具髯群）

未名鸢尾（太平洋海岸型）

'蝴蝶'鸢尾（日本型）

布喀利鸢尾（太平洋海岸型）

'乔伊斯'鸢尾（网状群）

自然雅致
西伯利亚型鸢尾（蓝色和白色）以及黄菖蒲（黄色）的鲜艳花朵在花园水塘边形成了视觉焦点。

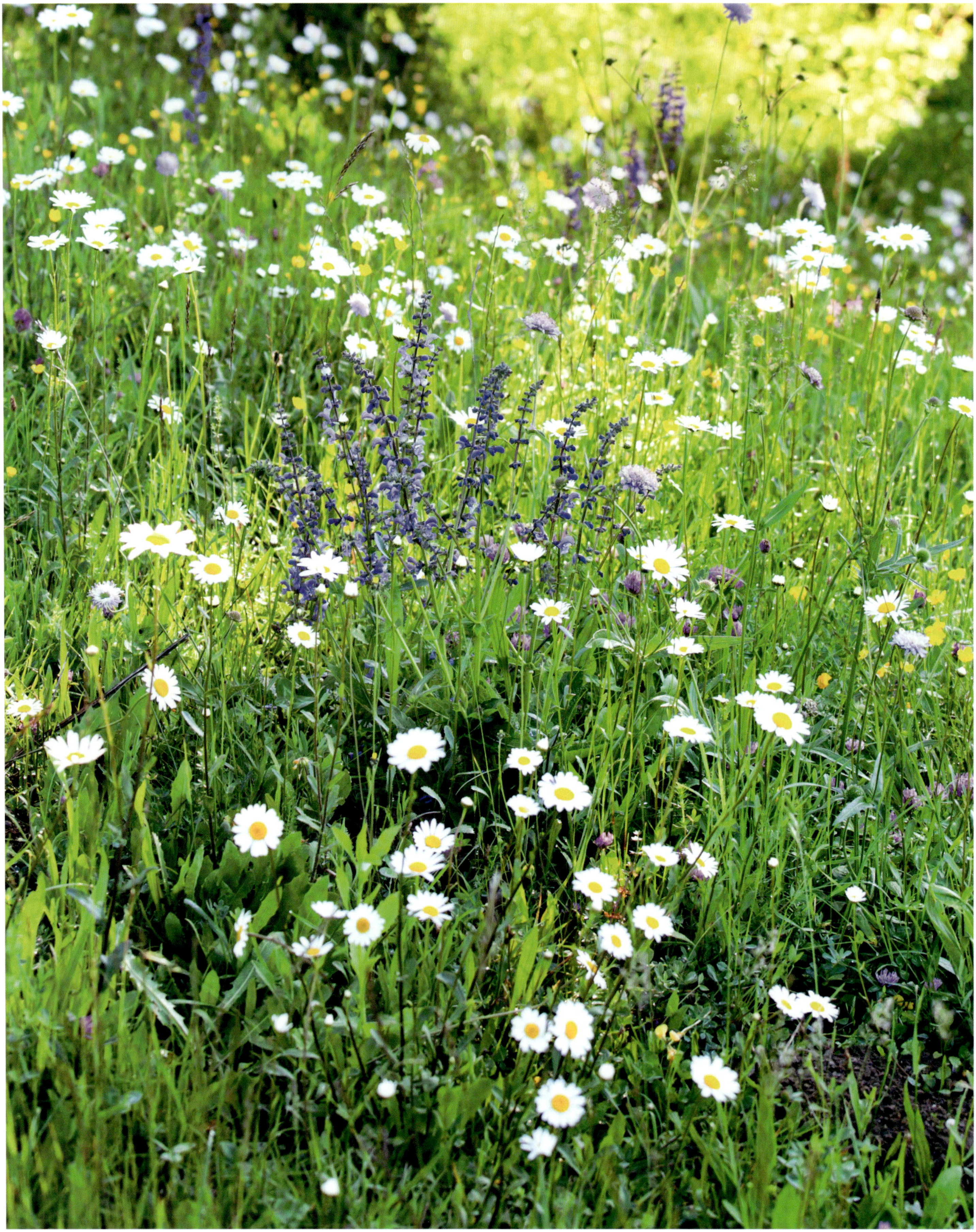

草坪、草地和北美草原式种植

　　禾草的使用非常灵活：从带细条纹的规则式草坪，到适合游乐区的耐践踏表面、支持野生动物的鲜花丰富的草地，再到将花卉与禾草结合的观赏性北美草原，总有一款草皮可用于各种情况。

　　几个世纪以来，禾草因其美丽和韧性或者作为其他花园景致的良好陪衬而备受推崇。然而，经典的精细草皮草坪往往依赖肥料和除草剂的大量使用，以及频繁的灌溉和割草，这些过程可能造成严重的污染。更环保的替代方案包括向草皮中添加固氮的三叶草、将非禾草植物用于草坪、将草坪的某些区域改造成草地，以及种植北美草原式花园。草坪经常被轻视为脚下的平面，但它为花园做出的贡献其实更多，它可以柔化硬质表面，映衬醒目的景致，有助于从花园中的高维护区域过渡到风格更自然的区域，并将花园统一为整体。

创造草坪

草坪最初是通过密集放牧产生的天然草皮（广阔的矮草区域），也可以使用熟练的镰刀割草技术产生，这个过程非常费工，所以草坪在从前不易用于花园。不过，随着割草机的发明，草坪变得很容易创造，而且非常受欢迎。虽然短草皮草坪在花园和许多其他区域（如运动场）仍然发挥着作用，但使用更高的草带来的环境效益意味着，在设计和创造草坪时，拥有丰富鲜花的草地（野花草地）或北美草原式种植也应被视为短草皮的替代方案。

不断发展的科学

随着割草机的发明和规则式草坪的日益普及，一项全球性的产业发展了起来：供应使草坪种植更容易的工具（包括灌溉设备、除草剂、杀虫剂、杀真菌剂和化肥）以及新的禾草品种。草坪的工业化种植仍在继续，特别是在运动草坪领域，有专门从事草坪管理的农学家以科学研究为基础，向体育俱乐部和高尔夫球场提出如何管理草坪的建议。这门草业科学反过来又为花园供应商和园丁提供了有用的信息。然而，随着杀虫剂、化肥和碳密集型割草造成的危害日益显著，精细草皮的使用引起了人们的反思，导致以矮化多年生黑麦草为基础的实用草坪变得更受欢迎。此类草坪不需要巨大的投入也能得到良好的效果。野花草地和北美草原式种植也更受欢迎——它们提供草坪的部分功能，还为土壤和野生动物提供额外的益处。为了环境益处，最好的做法是将精细草皮保持在最低限度，并尽可能充分使用更野性的方案。

禾草

禾草是草坪最常选用的植物，因为它很耐践踏，并能全年保持美观。它可以被不断剪低而不会被伤害，因为生长点位于植株基部。精细草皮维护起来很麻烦，所用时间通常是以黑麦草为基础的通用草坪的两倍，是野花草地、北美草原式种植甚至砾石表面的十倍。草坪养护承包商提供诱人的养护解决方案，但收费很高。他们还经常使用比家庭园丁更多的化学药品来达到"完美"的效果。

人造塑料草皮广泛用于全年运动区域。然而，这种假草在磨损后很难回收，不像真草那样可以自我维持和将碳增添到土壤中。

修剪后的草坪

需要修剪的草坪包括高质量草坪、实用草坪和运动草坪。观赏草坪可以用在花园中需要完美、均匀外观的地方，它能承受一定程度的践踏，但需要相当多的养护。如果草地可能会承受较重的践踏，例如用在儿童玩耍区域，则应该选择实用草坪，它也美观，但可以有小瑕疵，需要的日常养护没有那么频繁。

运动区域（如网球或保龄球草坪）需要可以剪得特别低且很耐践踏的表面。为避免不必要的荷载，最好将它们单独设置在主草坪之外并进行相应的管理维护。

维护修剪后的草坪传统上需要大量投入肥料、除草剂和燃料。低投入的精细草坪不使用除草剂，而是通过限制施肥（只使用有限的有机肥料）和过量播种来抑制杂草（见"草坪杂草"，257页），这种方法有难度但可行。使用电动割草机可以缓解与燃料使用相关的环境问题。

高草和草地

在野生花园或果园中，不加修剪、草长得比较高的草地（有加以修剪的出入通道）很美观，而且需要的维护极少（见"开发自然式草坪"，258页）。自然式风格的草地还适合用在剪草困

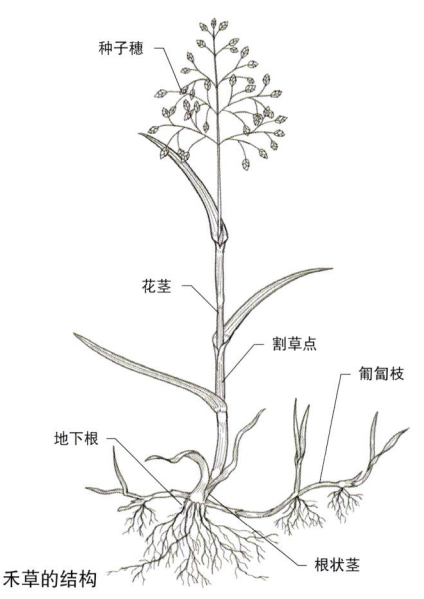

禾草的结构
禾草从根状茎（在土壤中延伸的茎）或匍匐枝（在地面上延伸的茎）中长出。一些物种同时拥有这两种类型的茎。

标注：种子穗；花茎；割草点；匍匐枝；地下根；根状茎

整洁的草坪
对于许多花园而言，郁郁葱葱、修剪整齐的草坪区域是设计的关键，尽管它需要大量维护措施和外部投入。

难或者有危险的区域，如斜坡或溪流的堤岸。繁茂草地在贫瘠的土地上也很繁茂，所以对于花园中无法生长其他植物的区域，它是一种很好的方式（见"营建草地"，259~261页）。以较高禾草为中心的种植方式（如北美草原式种植）不是供人穿行的，但保留了野花草地的其他特性（见"北美草原式种植"，264页）。

非禾草草坪

包括果香菊（*Chamaemelum nobile*）、马蹄金（*Dichondra micrantha*）以及某些苔藓物种在内的茂密的地被植物，可以用于种植草坪。与禾草不同，这些地被植物不能承受较重的持续践踏，但它们对野生动物更友好，而且对于小型花园很有用（尤其是当花园里没有存放割草机的空间时）（见"非禾草草坪"，266~267页）。

混合高草和短草

在花园的不同部位使用不同种类的草，或者改变修剪高度，都有助于定义独立的空间并增加质感的对比。穿过长条形繁花草地的紧密修剪草坪通道能够在高度、色彩和质感上提供引人注目的流动线条，并促使人们只在设计好的通道上行走。混合不同类型的草还提供了灵活性，因为一种草坪可以相当容易地被改造成另一种。还有一种选择是保留一块草坪，但在其种植球根植物（如番红花和洋水仙），或者在轻度遮阴的地方种植雪花莲和林荫银莲花。草坪可以在仲夏进行第一次修剪，当球根植物的叶片枯萎时进行更多修剪，逐渐降低草坪的高度，直到它成为用于夏末嬉戏和野餐的实用草坪。

在大型花园中，可以在房屋附近设置一处

混合高草和短草

改变剪草高度或者在一年中的某些时期不割某些区域的草（如上图所示），可以创造出有趣的景致，同时增加野生动物的栖息地。

低剪草坪，便于欣赏其美丽的外貌；然后用一条通道或一段台阶延伸至远处的实用草坪；而高草、球根植物和野花区域可设置在花园的远端。低维护的野花草地和北美草原式种植区域提供了取代花坛以及高维护草坪区域的另类方案。按照这种方式混合不同高度的草能够提供充满对比又互相映衬的观赏和游戏区域。

位置和形式

草坪可能是花园中最大的单体区域，所以要将它的位置和形状小心地规划在整体设计之中。既要考虑实用性，又要考虑美观，令草坪便于使用、方便维护，并成为花园设计中的内在部分。

为草坪选址

草坪最好设置在开阔向阳处，因为禾草需要良好的光照，富含腐殖质、排水顺畅的土壤，以及稳定的湿度。不过，某些种类的禾草可以忍耐半阴，而另一些种类的禾草能够应对非常潮湿或极为干燥的条件，如果环境条件不理想，它们就能派上用场（见"问题区域"，246页）。

草坪形状

草坪的形状可与花园风格相吻合，或用来影响花园（见"设计上的考虑因素"，34~35页）。在高度风格化的规则式花园中，以道路镶边的对称几何形草坪会很合适。在小型花园中，简单的形状（如圆形）很引人注目，并且可通过引入圆形水池或露台及装满观赏植物的容器来形成呼应。

弯曲的不规则设计会赋予花园流动性，并且

踏脚石

在花园中人流量大的区域，踏脚石或铺装道路可以保护禾草免遭磨损，而且它本身就是一种设计特点。

可以用均匀一致的大片色彩将不同元素联系起来。宽阔的流动曲线可以用来映衬花境中的植物，并将视线引导至视线焦点上。和僵硬的几何形状相比，圆形或曲线形还更易于割草和维护。不要使用杂乱的圆齿状边缘或怪异的角，因为它们会破坏任何种植的视觉效果，并让割草和镶边变得困难。

空间允许的话，设置两个草坪更加有效果；或许可以使用两个或更多相似或互补的形状，在它们之间用道路或拱门连接。较远的草坪可以部分遮挡起来，掩映较近的草坪。

设计功能

除了本身的美观，草坪还可为植物和硬质景观实现不同的设计标准。规则区域的草地能为本来分散的元素创造自然的纽带，将视线从花园中的一部分引导至另一部分。禾草均匀一致的质感和色彩还会提供中性的背景，很好地衬托其他种植。除了混合花境或草本花境中的各种形状、色彩和质感，草坪平整的表面还能为更富有雕塑感的植物（轮廓鲜明的柱形乔木或贴地爬行的匍匐灌木）充当背景。坐落在草坪上的一座雕像或一棵园景树拥有最大的视觉冲击力，因为周围的大片单色调可将它与任何干扰视线的元素区别开。此外，将这些景致设置在草坪中不种植禾草的岛式花坛中，将使你免于围绕每样景致割草。不过应当注意的是，虽然一两个岛式花坛或乔木很有视觉效果，但在草坪中点缀太多景致会使维护变得更加耗时，整体效果

青草小径
草本花境之间修剪过的小径是一种令人愉悦的打断陈列的方式,还会引导视线穿过花园。

也会变得杂乱散漫。

道路和出入

狭窄区域的禾草通常会承受较重的踩踏且很难修剪。因此,宽度小于1米的草坪道路可能很不实用。对于经常使用的穿过草坪的道路,硬质道路和踏石有助于防止不均匀的踩踏程度。在某些情况下,使用可回收塑料、橡胶或混凝土制成的强化网格(禾草在网格中生长)有助于减轻踩踏磨损。可能的话,将草坪的至少一边开放用于出入。如果只有一两个狭窄的开口,那里的草就很容易受损并需要经常修补。

边缘

用铺装石或砖块为草坪镶边不仅有助于限定它的形状和边缘,还有实用方面的优点。有这些边缘之后,就可以更容易地将草坪修剪至边缘而不会损伤其他植物。可以允许蔓生植物越出边缘,柔化边界,但不会剥夺其下方禾草的光线。此外,可将观赏容器放置在硬质边缘作为视线焦点。在草坪边缘建造一条平整的割草带,充当道路,让人能够在各种天气下出入。沙砾区域和草坪之间的割草带还将减少进入草里的砾石,这些砾石会将割草机磕钝。就算只是在草坪边缘留下一条裸土带,也能让人更容易地修剪紧邻墙壁和栅栏的区域。

气候上的考虑

根据对温度的忍耐程度,草坪的草常常可以分成两大类。冷季型草种植在冬季寒冷,气温跌至10℃以下的地区。忍耐夏季高温的暖季型草则被用在冬季无霜的地区。在较热和较冷地区之间的过渡区域,可以在秋季将冷季型草的种子播撒在暖季型草上以得到冬季的绿色,而暖季型草会在春季接力。

暖季型草

这种类型的草源自热带和亚热带地区,适宜在26~35℃的温度中生长。适合精细草坪和其他密集使用区域的暖季型草包括狗牙根类(Cynodon)、钝叶草(Stenotaphrum secundatum)以及结缕草类(Zoysia)。

狗牙根类包括狗牙根(Cynodon dactylon)、非洲狗牙根(C. transvaalensis)、印苟狗牙根(C. incompletus var. hirsutus)和杂交狗牙根(C. x magennisii)。它们的耐践踏程度使它们足以用于大多数实用草坪和运动草坪,但需要频繁修剪。

钝叶草不如狗牙根类精细,但也适合大多数用途,包括在背阴区域。它耐盐,因此对于海滨花园是一种很有用的草。

结缕草类在夏季非常温暖且冬季凉爽的地区生长得特别好。这让它们非常适用于过渡区域,这些地方的气温处于暖季型草和冷季型草偏好范围的边缘。非常适用于草坪的物种包括日本结缕草(Zoysia japonica)、沟叶结缕草(Z. matrella)和细叶结缕草(Z. tenuifolia)

可在热带地区用于低维护草坪的实用草坪草包括百喜草(Paspalum notatum)、地毯草属(Axonopus)或假俭草(Eremochloa ophiuroides)。它们需要的修剪频率比狗牙根类低,但叶片质感粗糙,不能提供细密的饰面。

暖季型草

结缕草有匍匐习性,可创造出一片厚实、致密且耐干旱的地毯,对割草的需求也非常低。

创造暖季型草坪

暖季型草一般以单一物种草皮进行种植,因为它们拥有强壮的匍匐性,不能很好地混合。如果加入了其他物种的草,它们就会形成不同颜色和质感的补丁状草皮块。这些草不能用来创造繁花草地。

在某些情况下,暖季型草可以使用种子种植,但营养繁殖的方法——铺枝法、插枝法或穴盘苗法——更常用,因为这些草会产生强健的匍匐枝和根状茎。使用这些方法来营建草坪的最佳时间是春末或初夏。

铺枝法营建草坪,需要按照供应商推荐的密度将匍匐枝均匀地铺在地面上。然后,以疏松的沙质土覆盖种植场地,碾压,浇水。

插枝法需要将匍匐枝和根状茎种植在深2.5~5厘米,间距8~15厘米的种植穴或沟中。然后应该紧实土壤并浇水。

穴盘苗法使用的是小块草皮(穴盘苗),将它们以25~45厘米的间距进行种植。

冷季型草

15~24℃的气温适宜冷季型草,它们广泛用于英国、北欧、北美以及其他气候相似的地区(见"气候区",56页)的草坪。冷季型草包括剪股颖类(Agrostis)、羊茅类(Festuca)、早熟禾类(Poa),以及多年生黑麦草(Lolium perene)等。

剪股颖类物种是低矮的多年生植物,是最耐密集修剪的,因此它们在用于营建传统精细草坪的混合种子中占据主导地位。它们是英国本土草种,非常适应海洋性气候。与其他剪股颖相比,丝状剪股颖(Agrostis capillaris)经过特别培育的细叶密生栽培品种更容易种植,而且抗性更强。西伯利亚剪股颖(A. stolonifera)也会形成紧密的草皮,但容易出现过多枯草层(见"为草皮通气",255页)。不过,新培育的品种在这一方面比老品种好一些。普通剪股颖(A. canina)生长得非常茂密,耐旱性更强,但需要

冷季型草

冷季型草在气温低的地方茁壮生长，可忍耐冬季霜冻。

肥沃的土壤，并且会产生过多的枯草层。其他剪股颖包括常用于野花草地的高地剪股颖（*A. castellana*）。

羊茅类叶片纤细，可以低矮修剪，它们很耐践踏，某些物种还能忍耐贫瘠的土壤。紫羊茅（*Festuca rubra*）常常用在适用于背阴区域的草坪混合种子中，而且只需要很少的肥料和水就能繁茂生长。细羊茅（*F. rubra commutata*）不形成根状茎，但拥有细叶片和耐旱性，可用在包含野花的种植中。匍匐紫羊茅（*F. rubra rubra*）是垫状耐旱禾草，适用于斜坡上的草坪，因为它能很好地固定土壤，防止侵蚀。它需要一些肥料，而且会产生枯草层。细长匍匐紫羊茅（*F. rubra litoralis*）是垫状禾草，也可阻止斜坡上的土壤侵蚀，并且耐干旱和涝渍。一些羊茅类禾草非常耐旱，特别是苇状羊茅（*F. arundinacea*）和羊茅（*F. ovina*），但是不耐践踏，草地质量不高。

黑麦草一开始被认为质地过于粗糙，只能用来种植实用性最强的草坪。不过，如今植物育种家已经培育出了更精致的品种。低矮的多年生黑麦草如今是使用最广泛的草坪草。它具有出色的耐践踏性，相当细的叶片簇生得很密集。它还具有高度的抗病性，萌发和生长非常迅速，而且几乎不产生枯草层。当给予肥料和良好的关照时，它的表现最好。与其他草坪草相比，黑麦草可以在更长的时间里抵抗野生粗糙禾草的入侵。冬季后，多年生黑麦草的低矮匍匐品种水平蔓延，形成比其他黑麦草更厚实的草地，但仍然保持强大的耐践踏能力和抵御天气或病害损伤的能力。

早熟禾更耐践踏，但不能忍耐较低的割草。普通早熟禾（*Poa trivialis*）相对粗糙，主要用在野花混合种子中。草地早熟禾（*Poa pratensis*）在北美被称为"肯塔基蓝草"，拥有匍匐生长的根状茎和独特的蓝绿色叶片，松散簇生。它被用在草皮生产中，因为它会将草皮结合在一起。这种草的叶片不如羊茅类精细，对养分的需求也很大，但可忍耐天气造成的损伤，耐践踏，并且抗病性强。一年生早熟禾（*Poa annua*）也出现在许多草坪中，但常被认为是一种杂草，因为它会很快结出种子并在草坪中产生成片粗糙区域，这些区域容易受干旱影响，留下裸露的棕色斑块。不幸的是，很难在草坪中杜绝它的存在。

选择合适的草

专业种子公司培育了众多高质量草坪草品种，以提供对于草坪特别重要的特性，例如均匀的颜色、抗病性、耐践踏和耐阴，以及紧凑的生长习性。它们被混入种类非常广泛的混合搭配中，用于特定用途和状况，如精细草皮、运动草皮、适合黏性土的草皮、背阴草坪，以及耐旱草坪。具体成分通常列在产品标签和供应商的网站上。

在选择草种或草皮前，确定草坪外观、耐践踏性以及维护需求等各方面的相对重要性。在众多不同的混合草中，有些特别适合用在频繁使用的区域，而其他可能会呈现美观的颜色和质感。草种还应该能适应生长条件，如土壤类型和排水性以及荫蔽程度等。

随着草坪的年龄增长，在冬季变成棕色的粗糙野生禾草将不可避免地入侵草皮，令草坪质量下降。当出现这种情况时，重新播种或铺设草皮是唯一有效的补救措施，不过使用新种子过量播种是破坏性较小的管理方式。还可以在割草前用耙子耙拉草坪，将粗糙野草拉起来以便将它们剪断。

游戏区域

耐践踏的实用草坪草很适合用在游戏区域。

高质量草坪

要想在完美外观是首要考虑因素并且预计不会被频繁践踏的地方创造规则的高质量草坪，应该选择能够创造均一美观质感和色彩的混合禾草物种。这需要进行大量施肥、灌溉和杂草控制，还需要将割下来的草移走堆肥。在气候变化之下，夏季用水很可能会变得越来越匮乏和昂贵，所以要认真考虑花园中应该使用多少脆弱的精细草坪。

为得到最高质量的草坪，应该将叶子纤细的剪股颖类和羊茅类混合使用。在细弱剪股颖（*Agrostis tenuis*）和高地剪股颖（*A. castellana*）中混入细羊茅以及匍匐紫羊茅。规则式草坪基本不能支持生物多样性，它们本质上为单一栽培：少数禾草物种混合在一起，提供抑制其他植物物种的浓密绿色草地。规则式草坪的面积最好保持在最低限度。

实用草坪

这类草坪主要服务于功能性，也许会为儿童提供嬉戏区域或提供户外娱乐空间，需要相当耐践踏，但它们必须能够提供美观均一的表面。用于这种草坪的草一般不会产生高质量草坪那样的完美质感和色彩，因为观感的重要性只排在第二位。实用草坪在干旱时期不需要灌溉，虽然它们常常变成棕色，但是

草坪草的类型

高质量草坪草

质感精细，不如实用草坪草耐践踏。

实用草坪草

家庭草坪的理想选择，耐践踏，需要的维护较少。

一旦秋雨降临，它们就会恢复活力。

如果减少割草次数并提高割草高度，就可以得到禾草更长的草坪——最好留下8~10厘米的高度。实用草坪可支持生物多样性。如果允许一些低矮"杂草"植物如三叶草、雏菊以及夏枯草（Prunella）生长成形以支持昆虫和其他野生动物，实用草坪的生物多样性就可以更高。如果阔叶物种繁殖得太快，可稍稍增加割草频率并降低割草高度，以将花朵切掉从而减少自播。绝大多数家庭草坪是管理程度较低的草地，有数量较多的杂草，这种草皮的优势是金钱和时间方面的投入较少，而且对环境的危害最小。

割草时将草屑留在实用草坪上，可以使养分返回土壤，增加土壤有机质含量。覆盖式割草机有利于返回草屑。频繁割草——最好使用"机器人"割草机——是将草屑返回土壤的另一种方式，因为草屑会被留在原地。

对于很耐践踏的草坪，最常用的草是多年生黑麦草。它一般和匍匐紫羊茅、草地早熟禾以及细弱剪股颖或高地剪股颖混合使用。

游戏和运动区域

用于球类游戏和运动区域的草需要特别耐践踏。通常选择耐践踏的精选低矮黑麦草品种。此外，某些运动草坪（如网球场草坪）还必须能够承受非常低的修剪，以最大限度地减少草对球类轨迹产生的影响。

用于高质量草坪（见"高质量草坪"，245页）的剪股颖类和羊茅类混合草适合用在槌球场、草地保龄球场及高尔夫球场。不过，程度很高的使用会很快损伤草坪。如果需要更耐践踏的表面（如网球场草坪），最好选择包含低矮多年生黑麦草的混合草（见"实用草坪"，245~246页）。

问题区域

对于位置不佳（如荫蔽、潮湿或干燥区域）的草坪，选择专门为这些条件设计的混合草种。大多数草坪草在仲夏需要大约5小时的日照才能茁壮生长。例如，耐阴混合草可能包括羊茅类和剪股颖类，如细羊茅、草稃羊茅、细弱剪股颖，以及林地早熟禾（Poa nemoralis）。即使在较少的光照下，也可以产生令人满意的草地。

在潮湿、阴凉的区域，草坪草不会很容易地长成茂密茁壮的草地，而且定期割草会压实土壤并降低禾草的生长速度。不过，某些物种的耐性比其他种类更强：林地早熟禾常常可以与粗茎早熟禾（Poa trivialis）混合播种，不过它们都不能承受紧密的修剪或严重的践踏。还可以加入羊茅类；它们在这样的条件下生长得相当不错，并且可以承受的割草高度也比较低。剪股颖类可以用在更湿润的地方。梯牧草（Phleum pratense subsp. bertolonii）可以代替多年生黑麦草用在潮湿但不过于背阴的区域。

树下

在树下生长的草可能得不到充足的光照，还可能必须和树竞争水分和养分。在极端情况下，例如在树冠浓密并将90%以上的光照和大量降水挡住的大树下，更好的选择可能是种植地被灌木或宿根植物而不是禾草。包括禾草在内的大多数植物不能在常绿树下成功生长。

对树木进行一些修剪以减少阴影投射会有所帮助。还可以在种树时选择那些树荫比较稀疏的种类，例如桦树和洋槐。新种植的树木必须有至少1米宽的无草圆形区域，如果树冠下的土壤保持裸露或覆盖护根，它们以后会生长得更好。与全日照下的草坪相比，背阴草坪需要的割草频率更低，割草高度也应该更高——8~9厘米，而且割下的草屑应该移除。如果需要浇水，每次应该大量浇水（以充分湿润土壤），但不能频繁浇水，以帮助禾草生长而不是刺激表层根系。

施加秋季草坪肥料特别有益，而且应在树木落光、叶片越冬时进行。春季草坪肥料可以一半用量施加，因为遮阴下的禾草无法使用完整用量。

苔藓在阴凉潮湿的条件下生长繁茂，但使用一些控制苔藓的措施并刺激禾草生长，这个问题应该是可以控制的。

高温损伤
大多数实用草坪是用韧性强的草坪草种植的，它们在被夏季热浪伤害后，会在雨水增加时重新生长。

干旱区域

以深根性羊茅类为基础的耐旱草坪混合种子是干旱草坪的最佳选择。如果不是绝对需要纯草地，可以在春季或秋季过量播撒小叶片的三叶草（Trifolium）。三叶草在干旱天气下保持绿色的时间比禾草长，而且不需要氮肥。如果不需要在草地上穿行，那么其中穿插小径的耐旱北美草原式种植可能是更好的选择（见"北美草原式种植"，264~265页）。

在非常干旱的地区，使用原产于这些区域的禾草，如在北美大草原上自然生长的史密斯披碱草（Elymus smithii），或原产于俄罗斯和西伯利亚干旱寒冷平原的冰草（Agropyron cristatum）。披碱草一般会产生中低质量的草坪。在允许长到2.5厘米高的草坪中，匍匐披碱草（Elymus repens）可能会成为杂草。

三叶草草坪
在踩踏较少的区域，耐旱的三叶草可以创造出一片低维护草坪。

土壤和现场准备

充分的现场准备是成功地建立新草坪的关键。虽然这可能很消耗时间且昂贵，但从长久看来，在开始时正确地准备现场比后来再试图解决问题更容易，成本也更低。进行准备的一般原则适用于所有场地，但关于排水、土壤改良和灌溉的决定应该取决于各个场地和气候状况。

清理现场

彻底清理现场很重要，清除所有大石块和卵石以及所有植物，包括树桩和树根。如果现场已经部分种植草皮，但生长状况太差难以复壮，则将全部草皮清除（见"荒弃草坪的复壮"，256页）。

清除杂草

要特别注意的是，彻底清除任何拥有地下根状茎或深主根的多年生杂草，如匍匐披碱草（*Elymus repens*）、蒲公英（*Taraxacum officinale*）、酸模（*Rumex*）以及大荨麻（*Urtica dioica*），因为它们能利用一小段根或根状茎进行快速繁殖（见"多年生杂草"，649页）。一旦草坪草长成，就可以使用施肥、耙地、手工除草、割草以及（在极端情况下）草坪除草剂来控制阔叶杂草。此时杂草很难清除干净，你可能不得不容忍它们的存在，或者进行仔细的除草。

一年生杂草如藜（*Chenopodium album*）和荠菜（*Capsella bursa-pastoris*）可以在草坪草萌发后通过割草进行控制。不过最好在播种前将现场的一年生杂草清理干净。

准备土壤

用于草坪的理想表层土是排水良好的沙质壤土，至少20厘米厚，最好深达30厘米，覆盖在一层结构良好、排水顺畅的底层土上。在这样的条件下，草坪草才能形成深根系并从土壤中获得充足的水和养分。如果土壤深度不一，在干燥天气下，土壤浅的地方会很快出现棕色的补丁状草皮。

其他土壤也可能合适，但如果土壤排水不畅，而草坪很可能被频繁使用，特别是在潮湿的条件下，那么就应该改善其排水性能。

如果表层土很薄或很贫瘠，可能必须增添新的表层土；这些新土可以从花园中的其他地方转移过来或者去购买，不过对于大型区域，购买表层土的成本会很高。

如果土壤中的天然沙子含量很高并因此排水太过顺畅的话，可以在每平方米土地中混入大约一桶腐熟有机质，帮助保肥保水（见"土壤结构和水分含量"，587页）。过多有机质会很快降解，这可能导致土壤沉降，使草坪表面不平整。

清理现场后，在干旱条件下耕作整片区域，清除任何被带到表面的大石块，消除任何被压紧的土壤，然后用耙子耙出细密的地面。以这种方式将土壤弄散，有助于后续更容易地平整土地。更多信息见"土壤耕作"，585~586页。

排水

排水顺畅土壤上的草坪和降雨量少的地区的草坪不太需要改善排水。

在黏重的土壤中，最好在准备阶段安装排水系统，以免在草坪建成后需要不断解决冒出的问题。在准备好的土壤表面铺一层8厘米厚的粗砂，再将草皮铺设在粗砂上，足以避免日后出现问题。

在容易出现排水问题的地方，铺设在沟中的排水管可能必不可少，沟里还要回填石子。排水管的深度、斜度和间距应该因地制宜，并取决于土壤类型和降雨量，这需咨询当地专家的意见（见"改善排水"，589页）。

调整土壤pH值

对于新建草坪，pH值不太可能需要调整，除非之前的使用让现场的土壤条件变得非常糟糕。大多数草坪草能在pH值为5.5~7的土壤中令人满意地生长。叶片纤细的羊茅属和剪股颖属草在pH值为5.5~6.5时生长得最好，而多年生黑麦草、早熟禾属以及许多暖季型草在pH值为6~7时生长更好。土壤pH测试工具盒在大多数园艺中心有售。

如果土壤的酸性很强（pH值低于5），则将石灰掘入或耕入土壤中，具体的量取决于土壤的酸性（见"施加石灰"，591页）。因为石灰的起效速度较慢，所以和日后施加在草坪表面相比，一开始就加入石灰以调整pH值是更好的做法。

平整土地

在只有小起伏并拥有深厚表层土的花园中，可以将土壤从高点耙到凹处并将土壤压实，粗略地平整现场。虽然地面并不需要达到精确的水平，但难看的凸块和凹穴会在割草时产生问题。在某些情况下——例如对于放马的小围场或种植粗糙禾草的区域，用肉眼进行平整就足够了。但如果需要得到完美的水平表面（如规则式草坪），则应该使用更精确的方法。

获得精准的水平面

在粗略平整地面后，可以将许多木钉以相同深度敲入地面形成网格，从而得到一个精准的水平面。从笔直的边缘（如道路或露台）开始，或用拉紧的绳线得到一条直线。然后取出许多完全一样的木钉，在每个木钉上距顶端相同距离处做记号。从笔直边缘开始，以固定间距将木钉敲入地面，使标记与草坪的目标高度平齐，如果铺设草皮，则降低大约2厘米。增添第二排以及后面的木钉，使现场布满木钉网格。

使用水平仪，如果需要的话可

如何平整土地

1 使用耙子背面或通过脚踩的方式将现场土壤压实，特别是边缘处。在一些木钉上做标记，标记与其顶端的距离相同。在现场边缘插入一排木钉。如果紧邻铺装，标记应该与铺装表面平齐。

2 插入与第一排平行的第二排木钉，间距为1米。在它们上面放置一把水平仪，确保与之前一排平齐。如有必要可对木钉进行调整。

3 重复这一步骤，得到相同高度的木钉网格。将土壤耙到木钉标记顶端，增加新的表层土来填补空缺。一旦地面平齐就可将木钉撤去。

精确平整

为平整土地，首先用预先标记好的木钉创造一个网格，并将它们以相同深度敲入地面。增添或移走土壤，使其与木钉上的标记平齐。

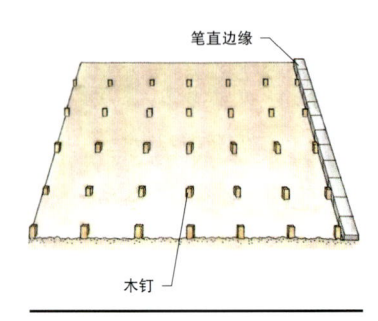

将其放置在一块直木板上以横跨一整排木钉，确保这些木钉处于相同的高度。然后调整土壤高度，使其与每个木钉上的标记平齐。

深入平整

如果现场需要更深入的平整或者表层土非常浅的话，就必须先平整底层土。将表层土移走，旋耕或深翻底层土，然后粗略地耙地，平整并压实，然后均匀地将至少20～30厘米厚的表层土重新铺在上面。为防止铺设区域日后下沉，不时将它们压实，如有必要则增添更多表层土，并让现场充分沉降后再准备种植表面。

创建坡度

让草坪从房屋或露台向外稍稍倾斜，有助于排水，并能确保水不会流进地基中。创建坡度使用的方法与平整土地相似，但每排木钉被标记的高度逐渐增高或降低，以产生有坡度的网格。例如，为得到倾斜度为1:100的缓坡，将每排木钉的标记高度逐排降低2厘米，相邻两排的间距保持为2米。对于向房屋下倾的草坪，必须设置反方向即远离房屋方向下倾的排水沟或渗水坑，以防水渗入建筑。

最终阶段的现场准备

土壤一旦设置好排水措施并加以平整，就可以准备用于种植的最终表面，以营建草坪。

紧实土壤和耙地

均匀地踩在地面上以紧实土壤，并确保没有日后可能会下沉的松软处，否则此处的草皮在日后修剪时可能会被掀开。现场可能需要踩三次才能让土壤充分紧实，但不要太过压缩土壤，也不要紧实潮湿土壤，否则它会被压得过紧。即使经过紧实，土壤也会在一两年后发生沉降，留下小坑穴。可以施加筛过的沙质表层覆盖物来填补它们（见"表层覆盖"，255页）。

在紧实后，用耙子彻底耙过土壤表面以得到细耕土壤和水平表面。如果播种，在耙地时清除任何粒径超过1厘米的石块；如果铺设草皮，只需要将粒径大于3厘米的石头移走即可。

草皮可以在平整土地后立即铺设。如果采用播种的方式，应将准备好的现场保留原样等待三至四周，令任何可能存在的杂草种子萌发；然后可以用锄头小心地清除所有发芽的杂草。

施肥

在营建草坪数天之前且种植表面刚刚准备好之后，为现场施加肥料，最好在对土壤进行实验室分析后使用适当的肥料（见"施肥"，253～254页）。

安装排水

对于设置在缓坡草坪底部的排水沟，其角度必须远离房屋墙壁。在最低点挖出一道沟，底部铺设排水管，然后用碎砖覆盖。添加表层土，然后盖上草皮或播种。

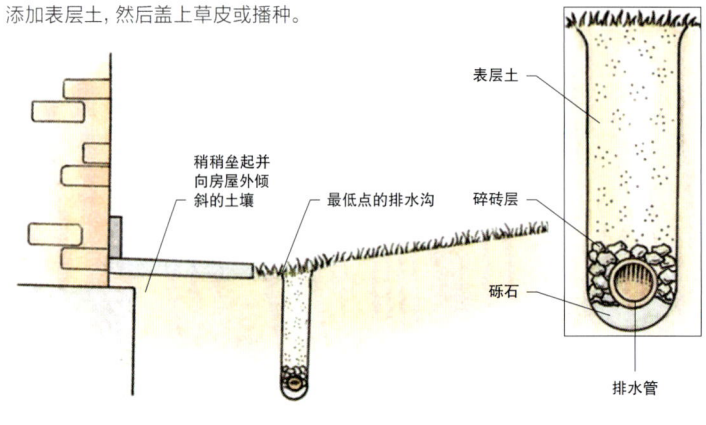

创造坡度

决定要使用多少排木钉，并为每排木钉做不同高度的标记以得到想要的倾斜度（见下）。像平整土地一样使用水平仪得到木钉网格，然后将土壤耙到木钉上的标记高度。

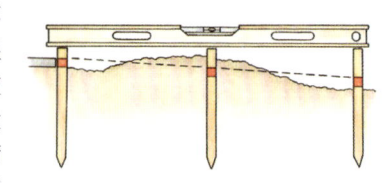

标记木钉

每排木钉都需要依次向下标记然后定位，这样一来，当平整土壤以匹配这些标记时，斜坡的坡度就会将水从房屋或毗邻草坪的任何铺装区域排走。

准备土壤表面

1 均匀地在地面上踩踏以紧实土壤表面，或者用耙子背面将它拍实。如果有必要，重复踩踏，直到整个现场充分紧实。

2 用耙子将土壤耙细，留置所有杂草萌发。当它们出现后，用锄头清除杂草，锄头用得尽量浅一些。

3 使用复合颗粒有机肥料施加基肥，并轻轻将肥料耙入表面。等待几天再铺设草皮或播种。

营建草坪

营建草坪的方法有很多种。播种通常是最便宜的方法，而且和草皮的类型相比，专业混合种子的种类更多，但是以这种方式得到的草坪需要经过一年时间才能承受较重的踩踏。铺设草皮很昂贵，但能立刻得到视觉效果，而且如果在春季铺设，草坪可以在两至三个月内使用。如果你的宠物会扰动新萌发的草坪草幼苗，草皮是更好的选择。

用草皮营建草坪

用于花园的草皮通常以1米见方的尺寸卷起来出售。草皮有很多种类型可选，这在很大程度上取决于对最终用途、现场条件、目标草地质量和开支的考虑。始终从相关贸易组织认可的草皮供应商或信誉良好的园艺中心购买草皮。

不要购买透过不可生物降解的塑料网长出来的草皮，这种塑料网的分解速度很慢，而且它一旦分解，就可能造成微塑料污染。

如果可能的话，在购买草皮前或者收货时进行检查，确保草皮处于良好的生长状态，有良好的品质（见"选择合适的草"，245页）。检查并确保没有杂草、害虫或病害，也没有过多的枯草层（积聚在土壤表面的有机物质，由腐败的草叶、匍匐枝和根状茎组成）。土壤中还应该有充足的有机质将草皮保持在一起。

几乎所有商业销售的草皮都是专门种植的。这些草皮使用最新的草坪草品种在完全机械化的专业农场中种植，并经过处理以消除杂草和病害，通常品质优良而且价格不过于昂贵。草地草皮和海滨沼泽草皮之前可以买到，但现在已被专门种植的人工栽培草皮所取代。

广泛可得的专用草皮包括野花草皮、种在可生物降解的网格中并用于斜坡场地的草坡、用于运动场地的水洗草皮，以及带有野花或耐旱景天类植物的屋顶绿化草皮。

铺设草皮

铺设草皮几乎可以立即形成草坪，几周之后即可使用。然而，在铺设之前确保地面平整且无杂草和石块仍然很重要。

存放草皮

最好在同一天内将草皮挖出并重新铺设在新的位置。如果不可避免地要耽搁较长时间，则将草皮平放在铺装或塑料布上，最好是在轻度遮阴处，然后保持浇水；在炎热天气中，它可能很快就会脱水，所以

如何使用草皮营建草坪

1 铺设第一块或第一卷草皮。如果可行的话，沿着现有的笔直边缘（如露台或道路）铺设，以确保草皮边缘是直的。

2 在第一排草皮上放置一块木板。跪在木板上继续铺设第二排草皮。每一块或每一卷草皮都要和相邻草皮完全平齐。在铺设每一排草皮时，确保草皮接缝是互相交错的，就像砖墙一样。

3 用耙子背向下压实每块草皮，确保没有气穴存在。或者用轻滚筒碾压草坪。

4 草坪铺设完毕后，在表面覆盖少量筛过的沙质壤土。

5 将壤土刷入草坪，填补草皮之间可能存在的缝隙。

6 如果近期无雨，为草皮浇透水。注意让草皮保持湿润直到它们的根系扎入表层土，否则草皮会收缩，露出间隙。

完工的草坪

在大约3周后，草坪草长到5厘米高时，草坪便可以使用和修剪（将割草机的刀片设置得高一些）了。

修剪草坪边缘

弯曲边缘
将软管或绳子摆成所需要的形状（如果有必要的话，可以用线圈固定）。紧贴着软管内侧切割，得到弯曲的边缘。

笔直边缘
沿着所需边缘扯一条拉紧的绳线，并沿着这条绳线放置一块长木板。然后站在木板上沿着它的边缘切割。

挖出重新铺设用的草皮

1 将需要挖出的草皮切割成条状；将两根短竹竿稍微分开，插在距离草皮边缘30厘米处，再将一块长木板贴着它们放在草皮上。站在木板上并沿着它的边缘进行切割。

2 将草皮条切割成45厘米长的块，然后从底部将草皮切成至少2.5厘米厚。堆放它们时，草对草、土对土，放在道路表面或麻布上。

要经常检查。如果草皮被卷起来存放，它就不能接受足够的阳光，那么草的品质会变差并最终死亡。

铺设草皮

除持续不断的极端温度，草皮可在一年中的几乎任何时间铺设，但在秋季和冬季铺设有助于节约水资源，因为这样的草皮需要的灌溉比夏季铺设的草皮少得多。可能的话，选择一两天内有雨的时间铺设草皮。草皮应该铺设在湿润但不潮湿的土壤上，以促进根系快速生长。只要现场准备充分，草皮就能相对容易地铺设。不过，专业承包商可以为你做这份工作。

从边缘开始，以直线铺设第一排草皮。将木板放在这一排草皮上，站在上面用耙子耙将要铺设下一排草皮的土壤。在铺设下一排草皮时，使每块或每卷草皮的末端与邻近草皮块或草皮卷互相交错。

不要在结束一排草皮时将一块草皮的一小部分使用在边缘，因为它会很容易受损并脱水。有必要的话，在边缘铺设一块完整的草皮，然后用剪下的小块草皮填补它后面的空隙。继续成排铺设草皮，直到现场被全部覆盖。

当所有草皮都铺设完成后，切割边缘以成形。对于曲线边缘，将软管或绳子沿着所需要的曲线放置在草皮上，然后使用半月形切边铲沿着它的内侧切割。对于笔直边缘，用拉紧的绳线标记出预定草坪边缘。沿着这条指示线平齐放置一长条木板，然后使用半月形切边铲或电动轧边机沿着它切割。沿着指示线移动木板并重复这一过程，直到切割出全部边缘。

后期养护

用耙子背向下压实草皮或者用轻滚筒碾压，确保没有气穴存在。在潮湿条件下先不要碾压，直到草皮已经生长根系并交织在一起。将疏松的表面覆盖物（见"表层覆盖"，255页）加入草皮之间，以促进根系伸展。

不要在草根扎入表层土之前让草皮干燥。为草皮浇水时必须浇透，使水分抵达下面的土壤，否则草皮会在干旱或炎热的天气中收缩。

移动草皮

有时候可能必须将某区域的草皮挖起并重新铺设。草皮应该以同样大小的块切割和挖起，以便在重新铺设时轻松地拼在一起。

切割

首先，沿着一块木板的边缘，使用半月形切边铲将要挖出的草皮切成宽30厘米的长条。切割完一条后，将木板平移30厘米进行新的切割。然后将每条草皮垂直切成长45厘米的块。或者可以租用机械草皮挖掘机，它能将草皮切割成想要的大小和深度并将其挖出。

挖出

切割后，使用平铁锹或草皮挖铲将草皮挖起来，小心地将它们与下层土壤和根系分开。先在将要挖出的第一块草皮旁边去除一小条草皮，然后将铁锹插入草皮之下，不要损伤边缘。在至少3厘米的深度对草皮进行底切。在堆放挖出的草皮时应该草对草、土对土，放置在硬质表面（如铺装或混凝土）上。

修整

将所有草皮挖出后，将它们修整成同样的厚度，最好使用与草皮块大小相等的特制浅盒。保持较短的一边开放，可使用光滑的金属条覆盖草皮的其余边缘。将每块草皮翻转过来放置在盒子里，然后使用锋利的刀刃沿着盒子顶部将多余的土壤铲去。

存放草皮

草皮在送达时常常是卷起来的，但质量会很快退化。如果铺设工作要在24小时以后进行，则应将它们平展并存放在阴凉处；保持它们的湿润。

播种营建草坪

草种最好在温暖湿润的条件下

播种，以使它们能快速发芽并生长成形。初秋通常是最好的播种时间。春季播种的草坪草也可以长得很好，但土壤比秋季时冷，而且来自杂草的竞争更激烈。为了避免播种后灌溉草坪的需求以及高温和干旱胁迫的风险，草坪不应在夏季播种。使用新鲜种子将得到最好的萌发结果。

播种密度

草种的播种密度不一，具体取决于混合草种或所用物种。虽然播种密度和生长密度会因为某些因素（如鸟类啄食）而有所偏差，但播种时不要与推荐密度相差太大。播种太少会给杂草幼苗更多竞争空间，且草坪需要更长时间才能成形。播种太多会在幼苗之间创造潮湿的环境，从而导致更多问题。这会促进猝倒病（见"猝倒病"，663页）的发生，它能在极短的时间里毁掉新建草坪，特别是在温暖潮湿的天气中。

播种

可以手工播种，也可以使用机械更快、更均匀地播种。首先用播种区域的面积（按平方米计算）乘以推荐播种密度（每平方米的种子量）得出所需要的种子总量。在播种之前，摇晃容器以充分混合种子，避免较小的种子沉在底部造成草坪草的种类分布不均匀。

机器播种

这是大面积播种草种的最佳方法。计算出草坪所需的种子总量，然后将其平均分成两份。为得到均匀的覆盖，将一半种子以同一方向播种，另一半种子以垂直方向再次播种。要想得到清晰的草坪边缘，可以在边缘铺设塑料布或麻布，然后让播种机从上面走过；这还能避免播种机停止在边缘时可能造成的不均匀播种。

手工播种

如果手工播种，首先使用绳线和竹竿（或木钉）将播种区域划分成相同大小的小块，这样能更容易地均匀播种。然后计算出一块所需的种子量，将这批种子平均分成两半。将其中一半转移到量具（如小杯子）中，以更方便快捷地量取每次所需的种子量。每次播种一块，将一半种子从一个方向播种，另一半种子以与此垂直的方向播种，再转移到下一小块区域继续播种。

后期养护

播种之后，轻轻耙过地面。除非近期有雨，否则使用洒水器浇水。草种会在一至两周内发芽，发芽时间取决于草的种类、土壤和空气温度以及水分条件。使用网或草丛覆盖现场，保护种子免遭鸟类啄食，直到幼苗成形。

在干燥天气中经常为现场浇水，因为草坪草幼苗对干旱十分敏感。幼苗一旦出现，就可以使用轻量滚筒（100千克）将地面压实，不过这并不是必不可少的步骤。

割草

当草长到大约5厘米高时，将它们修剪至3厘米。头两次或三次割草应使用旋转式割草机，因为滚筒式割草机可能会撕裂幼嫩的叶片。然后小心地将所有草屑耙起并移走。如果草坪是在夏末或初秋播种的，则继续在必要的时候割草直到秋末以维持大约3厘米的草坪高度。在第二年春季，逐渐降低割草高度直到得到最终的预定高度，该高度取决于所使用的草的类型（见"割草频率和高度"，252页）。草的幼苗特别容易被践踏损伤，所以在草坪的第一个生长季尽量不要使用它。

播种
对于较小的区域，草种可以手工播种，只需要简单地播撒即可。

用播种法营建草坪

1 如果使用机器，应从一个方向播种一半种子，然后将另一半以垂直方向播种。为得到清晰的边缘，播种每排种子时在草坪边缘放置一块塑料布，播种时将播种机推过上面。

或者
如果手工播种，则将现场划分成同样大小的区块。为每一区块称量出足够的种子，然后均匀播撒，一半种子以同一方向播种，另一半以垂直方向播种。

2 播种后，轻轻耙过地面。在干旱条件下，定期为现场浇水以促进种子萌发。

3 草的幼苗会在7~14天内出现。草一旦长到约5厘米高，就使用旋转式割草机将其剪至3厘米。

播种密度

混合草种	克/平方米	盎司/平方码
羊茅类和剪股颖类	25~30	3/4 ~ 7/8
多年生黑麦草和其他物种	35~40	1 ~ 1 1/8
富花混合草种（取决于各混合草种类型）	2.5~5	1/16 ~ 1/8

单一物种		
剪股颖属（*Agrostis*）	8~10	1/4 ~ 5/16
地毯草属（*Axonopus*）	8~12	1/4 ~ 3/8
狗牙根（*Cynodon dactylon*）	5~8	1/8 ~ 1/4
假俭草（*Eremochloa ophiuroides*）	1.5~2.5	1/24 ~ 1/16
匍匐紫羊茅（*Festuca rubra* var. *rubra*）	15~25	1/2 ~ 3/4
多年生黑麦草（*Lolium perenne*）	20~40	5/8 ~ 1 1/8
百喜草（*Paspalum notatum*）	30~40	7/8 ~ 1 1/8
草地早熟禾（*Poa pratensis*）	10~15	5/16 ~ 1/2

草坪的日常养护

草坪一旦营建成形，就需要进行定期养护以维持其健康和美观的外形。除了草坪的位置和气候影响，所需的照料还取决于草坪的大小和类型。低投入的实用草坪和野花草坪需要最少的养护；规则式草坪则需要定期且更细致的照料。

一般而言，次数最多的任务是修边和割草，但一年一度的维护还可能包括施肥、浇水、表层覆盖、通气、过量播种，以及在必要的时候控制苔藓、杂草、害虫和病害。

对于大型草坪，使用机械或电动工具（可租用）常常可以更快更方便地完成维护工作（见"草坪养护工具"，536~537页）。还可以将这项任务交给草坪养护承包商来做，他们有专业的技能、设备和材料，可以轻松地完成任务。

割草

除了让人在踩踏草坪时感觉更舒适，经常割草还有助于得到饰面均一美观的茂密健康草地。在初夏和夏末的温暖潮湿天气下，最需要进行频繁的割草。在干旱的条件下，最好不割草或者提高割草高度。在非常潮湿或霜冻天气下推迟割草：潮湿的草会阻碍割草机或者让割草机打滑；而在霜冻天气割草会对草造成伤害。如果修剪质感细密的草坪，要在割草前使用长扫帚将草扫起来，以得到更好的割草效果。在清晨清扫草坪还有助于除去露珠并使草表面变干，从而更容易进行割草。

割草机

对于大多数草坪，滚筒式或旋转式（包括伞形的）割草机都很适合。带滚筒的割草机能为草坪提供最精细的饰面并制造条纹，不过没有滚筒的割草机（包括机器人割草机）也能制造出实用草坪完全可以接受的表面。遮覆式割草机会将草屑留在草坪上滋养草坪草——有机管理花园中的理想措施。割草机种类的选择应该取决于草坪的大小和所需要的饰面，但最好是电动的；若是面积很小的草坪，可以是手动的（见"割草机"，535页）。

割草频率和高度

割草的频率和高度取决于许多因素，包括种植的草坪草类型、草坪的使用方式以及一年中的时间，但一般原则是程度低而次数多。任何一次割草都不要割掉超过草叶三分之一的长度。如果对草坪草进行次数少而程度高的割草，草坪在每次割草后会很难恢复，从而导致质量明显下降。草坪草在夏季生长得很快，频繁的割草是必需的；在春季和秋季，应该降低割草频率，而到了冬季则只需要偶尔割掉草的尖端。

高质量草坪的割草高度可以低至0.5厘米，但它们需要频繁的割草——夏季每两三天一次——才能维持外观。实用草坪应该生长得更高一些，因为其中的草不能承受如此低的修剪；这还有助于草坪表面承受更重的践踏和撕扯。

没有必要将所有区域都修剪到相同高度。尝试在不同区域用两三种割草高度进行修剪，为花园增添质感和趣味。出于实用性，将用于步行或游戏的主要区域修剪至大约1~3厘米。将草坪草保持在这个长度能够帮助草坪表面更好地承受践踏。乔木下方区域的割草频率应该较低——夏季每一两周一次，割草高度为5~10厘米。

野花草地的高度应保持在10厘米或以上；它们每年需要的割草次数不超过3次，并且一直到仲夏开花物种已经自播后才能割草。由于它们的割草频率很低，因此这些区域会产生更多枝叶和残渣，应该在割草后用耙子清理并移走。这有助于减少土壤养分，提供野花草地最佳种植效果所需的低肥力。

割出条纹

使用安装了滚筒的割草机为草坪营造经典的条纹状饰面。如果草坪是正方形或长方形的，那么首先在草坪两端各割出一宽条，然后以笔直的条纹上下割草并与之前的路稍稍重叠以确保割到所有草。

如果草坪是不规则形状的，那么首先沿着它的边缘割一圈草。然

割出条纹

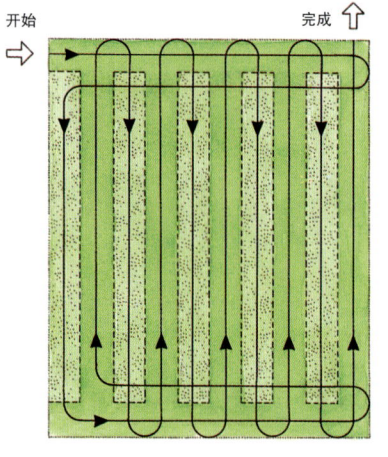

规则形状
首先在草坪两端各修剪出一宽条以提供转弯空间，然后沿稍稍重叠的割草道上下割草。

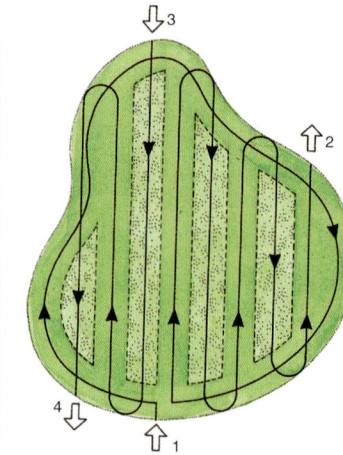

不规则形状
沿着草坪边缘修剪一圈，然后在中间割出一条笔直条纹。上下修剪草坪的一半，然后以同样方式修剪另一半。

草坪条纹
为给草坪增添条纹效果，可使用带滚筒的割草机按照系统的路线进行割草。

割草频率和高度

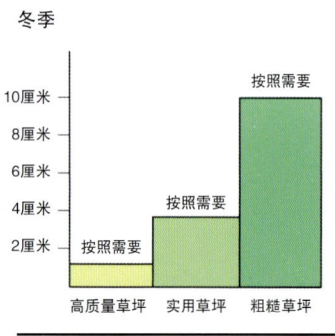

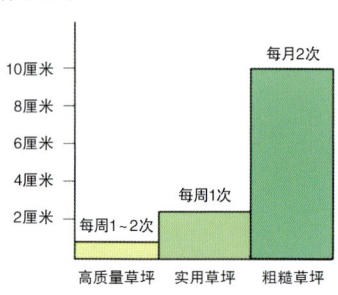

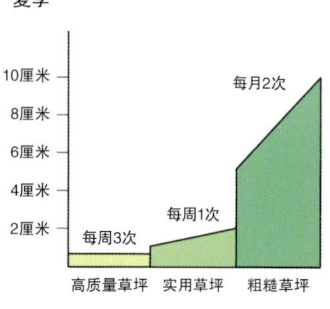

冬季
- 高质量草坪：按照需要
- 实用草坪：按照需要
- 粗糙草坪：按照需要

春季/秋季
- 高质量草坪：每周1~2次
- 实用草坪：每周1次
- 粗糙草坪：每月2次

夏季
- 高质量草坪：每周3次
- 实用草坪：每周1次
- 粗糙草坪：每月2次

耙扫

使用细齿耙迅速地耙过草坪，将落叶扫走。对于大型草坪，使用扫叶机或吹叶机来加快工作速度。

后，从一端的中央开始，用割草机对准另一端的某样物体或树木推出一条直线。以笔直的条纹上下割，割完草坪的一半，然后用类似的方式修剪另一半。

修剪运动草坪

在用于球类游戏（如槌球、保龄球或高尔夫球）的草坪上，每次割草都要改变方向，以防止"颗粒"产生。"颗粒"是由单一方向割草产生的，会影响球类的滚动。

草屑

在需要高品质饰面的精细草坪上，使用能在割草时收集草屑的割草机，或者在割草后将它们耙起来并层积在堆肥堆中。然而，不要将使用除草剂之后数次的割草草屑进行堆肥。将草屑清理掉能抑制蚯蚓并减轻一年生早熟禾以及杂草（如婆婆纳）的蔓延。它还有助于防止枯草层的形成，并为草坪保持更精细的饰面。

对于不那么精细的草坪，应保留草屑以保存植物养分并增加土壤有机质。最好使用遮覆式割草机或机器人割草机进行频繁的割草，将草屑留在原地。

清理落叶

在秋季或冬季，用耙子或扫帚将草坪上的落叶聚拢在一起并移走；留在草坪上的落叶层会闷杀草坪草。

修整边缘

在割草后，可以使用长柄修边大剪刀、机械化修边机或带可调节头部的尼龙线草坪修剪器（见"草坪养护工具"，536~537页）来修剪草坪边缘，得到整洁的饰面。

如果草坪边缘变得不规则，则使用半月形修边铲每年重新切割一两次，沿着长木板进行切割以得到直线。对于非常大的草坪，使用机动修边机来完成这项工作会更快捷省力。

施肥

和所有植物一样，草坪草需要

浇水

草坪草是浅根系植物，在干旱天气下会迅速受到影响，将停止生长，变成棕色，最终看起来像死了一样。运动草坪需要经常灌溉以避免损害。这对大多数园丁而言不是可行的选项：由于气候变化令供水变得匮乏和昂贵，而且干旱和热浪变成了常见情况，园丁们将越来越不愿意奢侈地浇水，而且甚至可能被干旱时期的法规禁止使用浇水软管或洒水装置。

大量浇水没有必要，因为草坪草在干旱条件下常常休眠，与土壤表面平齐的生长芽保持完好，只待雨水回归就迅速重新生长。在阳光充足的干燥地点，行之有效的做法是选择耐旱草类，并在秋季小心养护，确保土壤保持潮气，可被寻找水分的草根利用。在实用草坪中加入耐旱的三叶草也有助于草坪保持绿色，并且还能通过生活在三叶草根系上的细菌向土壤中增添氮肥。不过，在干旱时期必须为新营建的草坪浇透水以

养分才能生长，定期施肥有助于确保草坪的苗壮健康。大多数生长所必需的养分在土壤中的含量很丰富，但4种元素——氮、磷、钾和铁常常需要添加和补充。氮是最常添加的养分，特别是将草屑移走的时候：它对于割草后产生新枝叶必不

保持草的生长和颜色。本地浇水软管法规常常允许在铺设草坪之后浇27天的水。最好的做法是在冬季铺设草皮，在秋季和春季播种，而不是在夏季做这些事。只要你发现踩过草坪后草却没有弹回原位——这种状态被称为"留脚印"，就要立即浇水。

为了尽量减少蒸发，最好的浇水时间是清晨或晚上。给草坪充足的水是至关重要的；土壤应该湿润至10~15厘米深。过浅的浇水会让植物根系保持在土壤表面附近，使草坪更容易受到干旱的伤害。挖一个小洞以确保土壤已经湿润到所需深度，并记下需要多长时间才能灌溉足够的水。

在排水受限的黏重土壤上不要浇太多水，因为这会阻碍根系吸收氧气和矿物质。如果大雨或浇水过后草坪上的积水会停留一段时间，就说明草坪需要额外的排水措施（见"改善排水"，589页）。

可少。缺乏氮素的草坪草一般呈现黄绿色且缺乏活力。

施肥是为草坪补充养分的最简单方法。人工化肥和可持续性更高的含有机质的肥料都可以使用（见"土壤养分和肥料"，590~591页）。

所需肥料的精确数量取决于水从土壤中排走的速度、草坪接受的降水或灌溉、草屑是否被移走，以及所种植草坪草的类型。在富含养分的黏重土壤上以及降雨量或灌溉次数很少的地方，只需进行少量施肥。然而，灌溉充沛的轻质沙质土需要更多肥料，因为它们会在淋洗作用下快速失去养分。

肥料的类型和成分

对于大多数草坪，每年施两次肥就足够了（见"年度养护程序"，254页）。在夏季开始的时候施加春夏肥，然后在早秋完成日常养护后施加秋冬肥。这两种肥料都包含氮、磷、钾，但比例不同，因为如果

切割草坪边缘

机器切割
每隔一段时间重新切割草坪边缘以保持草坪的形状并构建清晰的饰面。对于大型草坪，使用机动修边机；将切割刀片沿着所需的新边缘进行切割。

修剪边缘
割草后，使用长柄修边大剪刀将超出草坪边缘的草叶剪掉；或者使用经过调节的尼龙线草坪修剪器垂直工作。

手工切边
如果手工重新切割边缘，应使用锋利的半月形切边铲沿着木板的边缘切割得到直线。

不均匀的施肥

均匀地施加肥料；不均匀的肥料分布会让草坪呈现秃斑，可能会损伤甚至杀死一定区域内的草。

氮在一年中施加得太晚，会刺激柔软、茂盛的生长，并刺激雪腐镰刀菌病（见"雪腐镰刀菌病"，675页）的产生。选择包含缓释氮和速效氮混合成分的肥料；这有助于草坪在两至三天内"返青"并在数周内保持绿色。

可溶性草坪液态肥料富含速效氮，通过洒水壶或软管浇水的方式施加在草坪上。这样的夏季肥料见效快但肥效很短。可以买到除草、施肥和除苔藓的复合制剂，这样的产品可以节省时间。然而，由于施肥、除草和杀死苔藓的最佳时间不同，所以最好使用单一用途产品。

虽然铁一般不单独使用，但它是用于控制苔藓的草坪养护沙的成分之一，而且有施肥效果，可以令草坪显得更绿。它在秋季尤其有用，这时的草已经失去了部分色泽。

如何施肥

施肥时必须保证均匀，避免出现生长差异或者产生伤害甚至杀死草坪草的危险。施肥密度的任何差异都会在一周内变得非常明显，而过多的肥料会留下难看的秃斑。虽然肥料可以手工播撒，但用机器施肥不但更容易也更精确。

除了最小的草坪，也许最简单的施肥方法是使用撒播机。使用它在草坪上推过去，就像割草时一样，但每一道应该与前一道互相连接而不重叠。为确保施肥均匀，最好将肥料分成两半，其中一半以同一方向施加，另一半则以与之垂直的方向施加。

在施肥之前，校正施肥机以得到正确的施肥用量。在校正施肥机时，首先寻找一块干净平整的混凝土或沥青表面，然后用粉笔画出测量好面积的一块区域，例如4平方米。将施肥机设置为中速并装入四分之一的肥料。使用机器将肥料尽可能均匀地撒在标记区域，就像在草坪上一样，然后将区域内的所有肥料清扫起来并称重。将这个重量除以标记区域的面积，在这里是4平方米，得到了以克/平方米计算的施肥量。对施肥机做出相应的调整，在同一标记区域重新检查施肥用量。继续这一过程，直到得到正确的施肥用量。

年度养护

除了日常工作（如割草和浇水），还需要定期养护才能使草坪保持健康，并减少严重病虫害的风险。年度养护程序应该包括通气（包括清理枯草层或翻松）、施肥以及控制杂草、苔藓、害虫，以及病害（见"草坪杂草"，653页；"病虫害"，257页）。

为使草坪持续保持健康，为草坪草进行表层覆盖，还有定期用耙子或扫帚清扫以清理落叶和其他残屑都很重要。每年至少进行一次的工作包括重新切割任何变得不平整的边缘，以及通过重新铺草皮或重新播种的方式修补任何受损或磨秃的草皮块（见"修补草坪损伤"，256页）。

如何施肥

称量出施肥区域所需的肥料并将其分成两半。将第一半以同一方向施肥，沿着草坪上下施加，施肥道相接但不重叠。其余的肥料按与其垂直的方向施加。在每个施肥道末端转弯的时候将机器关闭。

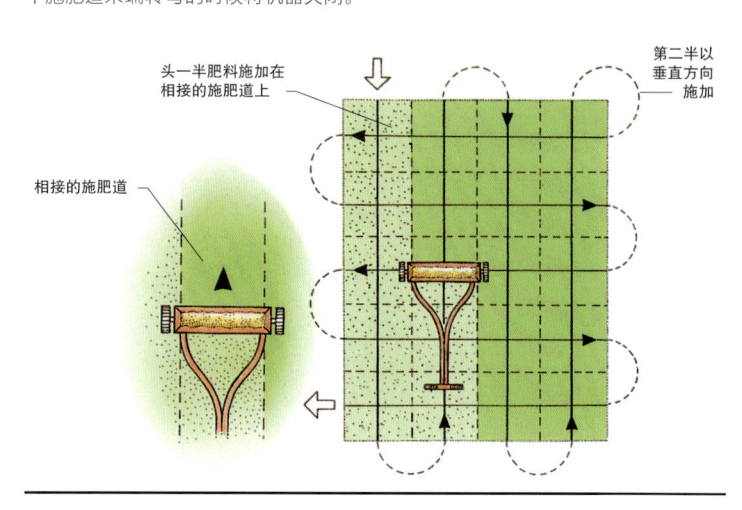

年度养护程序

养护措施	早春至仲春	仲春至春末	初夏至仲夏	仲夏至夏末	初秋至仲秋	秋末至冬季
割草	按照需求割草，除非有霜冻	频繁割草，逐渐将割草机刀片高度降低至夏季高度	频繁割草（精细草坪也许每周3次）	相当频繁地割草，在干旱天气升高割草高度	降低频率，将刀片高度升高至冬季高度	在气候温和的冬季，某些草坪可能需要修剪至冬季高度
浇水			在当地干旱法规允许的范围内为新建草坪浇水	在当地干旱法规允许的范围内为新建草坪浇水	在当地干旱法规允许的范围内为新建草坪浇水	
施肥		施春肥	在贫瘠土壤上，进一步施肥可能是必要的		施秋肥	
通气和翻松		轻度翻松		在承受较重荷载的区域，以通气方式缓解土壤压实	按照需要翻松和通气，然后进行表面覆盖	完成翻松和通气
防控杂草和苔藓	施加硫酸铁苔藓防治产品	施加生物防治苔藓制品。除草；严重时考虑使用除草剂	按照需要除草	按照需要除草	施加苔藓防治产品。除草（只在情况严重时使用除草剂）	
防治病虫害		在情况严重，且施肥、通气和过量播种都没有效果时，可以使用杀真菌剂			使用线虫控制土壤害虫。在其他方法不奏效时使用杀真菌剂	
其他措施	切割边缘。修补破损斑块	割草之前扫走草坪上的所有蚯蚓粪。按需要过量播种			按需要过量播种	清理落叶。检修工具

冬季，草坪需要的定期照料较少，此时可以仔细地检查所有设备。磨尖所有切割刀刃，为有需要的工具上油，将割草机送去检修以确保它在新的生长季进行首次割草时处于良好状态。

为草皮通气

通气至关重要，因为它能让根系深度生长，从而帮助草皮成形并减少土壤的压缩。通气还有助于减少多余的枯草层——聚集在土壤表面，由腐败的草叶、根状茎和匍匐枝构成的有机质。

一定数量（厚至3~5厘米）的枯草层是有益的，因为它能减少蒸发并帮助草坪对抗践踏。但太厚的话，它会阻止水分抵达下面的土壤，而且自身会吸满水分，影响排水。清理枯草层还能促进草坪草的新生长，从而形成健康茁壮的草地。

有几种方法可以为土壤通气并清理枯草层，包括翻松、切缝、扎孔，以及取芯，后者是最好的措施。然而，最好不要在干燥条件下进行这些工作，因为这样会让草坪在短期内更容易受到干旱的伤害。秋季通常是最好的时间，因为温暖湿润的条件能让草坪草迅速从这些修理措施中恢复。无论使用哪种通气方法，首先都要将草坪草修剪到一般夏季高度。养护工作完成后施加低氮肥料，并在一至两周内避免使用草坪以促进其恢复。

翻松

这种方法有助于清理枯草层并允许空气进入草坪表面。这一过程很重要，因为自然降解枯草层的土壤微生物需要空气才能生存。小块区域的翻松可以手工进行，用细齿耙深耙草坪即可。不过这项工作很费力，所以最好租用机械或电动翻松机。

为了最大限度地清理草层，从互相垂直的两个方向翻松草坪。在翻松之前应该将所有存在的苔藓杀死，以免它们蔓延到草坪的其他区域（见"苔藓"，257页）。

通气

切缝
必须使用特制机器进行切缝，让空气进入土壤；将机器在草坪上来回推动。

取芯
使用特制工具在草坪上有规律地取出直径0.5~2厘米的带草土芯。

扎孔
对于小型草坪，使用园艺叉扎孔就足够了；笔直插入叉子，然后向后稍稍倾斜，放入更多空气。

切缝

使用一种特制的机器为草坪切缝，它用扁平的刀刃将土壤穿透至8~10厘米深。刀刃能切出贯穿枯草层的缝，使空气进入土壤，从而得到茂密健康的草地。

取芯

这样的措施能同时清理枯草层，为土壤通气并减轻土壤压缩。机械或手工取芯器能够取出一长条草、枯草层和土壤，在草坪上留下一系列间距约10厘米的孔洞。移走土芯，然后在洞里填充沙质表层覆盖物（见"表层覆盖"，下）以免它们闭合并让空气和水进入草坪。取芯比扎孔和切缝所花的时间更长，因为需要将土壤移走而不是简单地挤压到一旁。

手动翻松
将细齿耙从草坪上用力拉过去，以清除枯草层和死亡的苔藓。确保耙子的齿深入土壤表面。

扎孔

这会让空气进入土壤，从而促进根系生长；它还能减轻土壤的压缩。使用机械或手动扎孔器，对于小型区域可使用园艺叉。稍稍向后倾斜叉子以轻轻地抬升草皮而不致

表层覆盖

- 泥炭替代物
- 中细沙
- 筛过的土

1 将中细沙和表层土以及泥炭替代物、泥炭或腐叶土混合在一起。用5毫米金属网筛将混合物筛一遍。

2 为草坪区域称量出合适重量的表层覆盖物并在干燥天气施加。对于大型草坪最好使用机器。

或者
对于小型区域，可以手工添加表层覆盖；均匀施加。

3 使用耙子的背部将表层覆盖物弄进草坪。保持稳定的压力以均匀散布，然后为草坪浇透水。

草坪、草地和北美草原式种植

表层覆盖

在进行任何秋季养护工作之后,立即进行表层覆盖,如果可能,应在干燥天气中进行。这样能保持草坪开放和通气从而减少枯草层,填充取芯孔,并有助于平整表面。对于大多数草坪,使用6份中至细沙、3份筛过的土以及1份泥炭替代物(例如椰壳纤维、筛过的腐叶土或花园堆肥)配制的沙质混合物就很适合。

翻松后,将该混合物以每平方米1千克的用量施加在草坪上,如果草坪同时进行了翻松和取芯,用量应提高至每平方米3千克。将表层覆盖物封入、耙入或扫入草坪表面和任何取芯孔,以免它们造成草坪草窒息。这样还有利于平整草坪表面的不规则之处。

碾压

频繁碾压草坪的传统做法并无必要,而且可能产生压缩的问题,特别是在黏重的土壤中。

荒弃草坪的复壮

在大多数情况下,被荒弃的补丁状草坪可以进行复壮更新;然而如果其中满是杂草和苔藓,则最好将旧草皮铲走并重新铺上新草皮。进行复壮的最好时间是春季,因为禾草会在春季和夏季生长得很好,因此到生长季末期时可充分恢复。

复壮程序包括一系列重建草坪良好条件的措施。首先,在早春,使用旋转式割草机将草割至大约5厘米高,然后清理所有草屑。一周后,再次割草,最好使用设置在最大高度的滚筒式割草机。在接下来的几周内逐渐降低割草高度直到合适的高度为止。在这个阶段,使用液态或颗粒状肥料为草坪施肥。如果有杂草,则使用除草剂或者用小泥铲清除杂草。如果有任何裸露或不均匀的斑块,可以在一至两周后对其重新播种。在秋季开始时,为草坪通气,进行表层覆盖并施秋肥。然后采用常规养护程序,使草坪保持良好状态(见"年度养护程序",254页)。

修补草坪损伤

如果草坪的某块区域因为浇水不均匀等原因受损或呈现斑块,通常可将受影响的部分移除,再铺草皮或播种来进行修补(见"如何修补受损草坪",上)。要使用与草坪其余部分相同的草皮或种子,使其能很好地融入;如果不能确定草坪草种类,可以使用草坪不显眼部分的草皮来更换受损区域。如果草坪受损问题总是不断出现,就有必要考虑是否引入完全不同且更耐践踏的表面,如沙砾或铺装。

修补受损边缘

可以非常简单地进行修补只有一两处小破损的边缘。使用半月形修边铲和笔直边缘(如一块短木板),切割出一小块包含受损区域的草皮。用铁锹底切这块草皮并将其推离草坪边缘,直到受损区域位于草坪之外。然后切除受损区域,使这块草皮与草坪平齐。这会在草坪中留下一块空隙,应该用叉子轻轻翻动其中的土壤并施加颗粒状或液态肥料。然后重新铺设草皮或添加少量土壤后播种合适的草种。确保

如何修补受损草坪

1 标记出一小块包含受损部位的草皮,然后用铁锹小心地对这块草皮进行底切,移走受损草皮。

2 用叉子轻轻叉一遍土壤,然后向该区域施加颗粒状或液态肥料。

3 耙平土壤,确保表面水平。

4 如果土壤表面需要在添加新草皮之前调整,可以增添或移走土壤,确保新的草皮块与草坪的其余部分平齐。

5 割下一块与得到的空隙相匹配的新草皮,并将其塞入洞中;如果它太大,就剪小,使其正好能塞进去。

6 一旦得到正确的高度,就使用耙子背或中等重量卷筒将草皮结实地压到位。

7 将一些沙质表层覆盖物撒在修补后的区域,特别是接缝处,然后浇透水。

另一种方法

1 切下一块含有受损部位的草皮。将它翻转过来,使受损部位面向草坪,然后压入草坪中。

2 添加少量沙质壤土,使受损部位与草坪其余部分保持平齐,然后将草种播在受损区域,浇足水。

用于修补的草皮和草坪其余部位平齐。或者将草皮挖出然后旋转过来并重新铺设,使受损区域位于草坪之内。用填草皮或播种的方式修补受损处,注意确保所有新草皮都和草坪的其余部分平齐。

修补受损斑块

如果草坪内部有受损斑块,首先小心地切割并挖出一块含有受损区域的草皮。用叉子翻动下面的土壤然后施肥,轻轻压实土壤。将一块新草皮铺设在暴露位置,如果需要的话,降低或抬升土壤高度,使新草皮与草坪其余部分保持平齐。然后用耙子的背或双手将其按压到位。为修补后的草坪表面进行表层覆盖并浇透水。

平整隆起或凹陷

草坪内的小起伏可以很轻松地平整掉。首先在受影响区域的草皮上切割出一个十字,然后将切割后的草皮向后剥离地面。

在平整凹陷时,用叉子翻动下层土壤并补充表层土,然后轻轻压实地面。对于隆起,则逐渐移除多余的土壤直到地面平齐,然后压实。将切割开的草皮重新折回去,用耙子背夯实后进行表层覆盖并浇水。

对于较大的不平区域,可能必须将整块草皮完全移除,平整下面的土壤(见"平整土地",247~248页),然后小心地将草皮重新铺设在刚刚平整后的地面上。

草坪杂草

虽然某些杂草如丝状婆婆纳(*Veronica filiformis*)和雏菊可能在实用草坪中看起来很美观,但在高质量的紧密修剪草坪中,它们一般是不应保留的,因为看起来很扎眼。

许多阔叶杂草可以在草坪中生长,但过多的数量对草坪将不利,所以即使在实用草坪中也需要控制杂草。除非将草屑收集起来,否则割草甚至也能传播那些可以通过茎段繁殖的杂草。

在小型草坪中以及不想使用化学药品的地方,车前(*Plantago*)和雏菊可以手工逐棵割去。选择性除草剂是另一种选项。可以按照生产商提供的指导使用施肥机、喷灌设施或洒水壶施加除草剂,或者手工添加。详见"草坪杂草",652~654页。

过量播种

通过维持浓密且无缝隙的草地来隔绝杂草是避免使用化学品或其他除草技术的最佳方法(不过就算是最好的养护,也会留下杂草生长的空间)。在春季和秋季有利于生长的良好天气下(此时土壤湿润而温暖)为草坪过量播种,这样做可以填充任何空隙。应该使用适合现场环境、土壤和其他条件的种子。将草坪割得很短,然后将种子播撒在问题区域——用量通常是新草坪建议播种量的一半。用耙子耙过表面,令种子接触到土壤。如果后续的割草不过于激烈,种子将萌发、生长并加厚草地。如果需要的话,可以为草坪施肥和浇水。

苔藓

苔藓几乎总是不受欢迎的,它们可能因为各种原因出现在草坪上,包括土壤压缩、排水不畅、肥力低、光照不足、割草过低以及极端土壤pH值。如果草坪偶尔出现苔藓,就使用苔藓防治产品进行处理,然后用翻松法将其除去(见"翻松",255页)。

如果苔藓持续存在,就考虑改善土壤通气、排水、肥力,以及在轻质土壤上进行表层覆盖以保持水分。采用年度养护程序也有助于控制这一问题。

病虫害

包括黄褐斑块(见"干旱",664页)、币斑病(见"币斑病",664页)、仙环病(见"毒蘑菇",676页)、雪腐镰刀菌病(见"雪腐镰刀菌病",675页)以及红线病(见"红线病",673页)的数种草皮病害会侵袭草坪。通过良好的管理加以预防比依赖化学防治手段更可取。对于病虫害的预防和处理,见"病虫害及生长失调现象一览",659~678页。

可以容忍蚯蚓粪,因为这些生物在花园环境中发挥着很好的作用。不过蚯蚓粪为杂草的萌发提供了理想的地点,所以应该定期在干燥的天气用长扫帚或刷子驱散,特别是在为草坪割草之前。

租用工具

良好的通气对于任何草坪的健康都是至关重要的,如果你的草坪被荒弃过,可能你必须租用一台大型电动草坪通气机。这种机器通常可以安装取芯管或实心钉,而且可以高效地完成工作,所用时间只是手工为草坪通气所需时间的极小一部分。

如果草坪草的长度对于小型电动割草机而言太长了,还可以租用大型汽油割草机。

在租用任何设备时,在使用前确认它得到了适当的保养维护。

平整凹陷或隆起

1 使用半月形修边铲在凹陷或隆起的草皮处切割出一个十字;十字应该刚刚超出受影响的区域。

2 将被切割的草皮向后折叠,注意不要拉得太急,以免发生断裂。

3 对于凹陷处,在草皮下的地面上填充良好的沙质表层土;对于隆起处,移走部分土壤,直到整个表面达到水平。

4 重新铺设向后折叠的草皮,并轻轻压实以确保水平。如果需要,可调整下面的土壤高度并紧实,进行表层覆盖,浇足水。

开发自然式草坪

在最简单的情况下,自然式草坪是通过简单地减少割草次数或者提高割草高度而产生的,这样做可以让更多开花植物茁壮成长。阔叶植物不能忍受反复切割,野生禾草将占主导地位,还有雏菊、蒲公英和蓟等草原草本植物。虽然不如使用高度繁育的优质草坪品种营建的规则式草坪那样青翠光滑,也不像它们那样在冬季绿意盎然,但这种轻度管理的草皮不需要肥料、除草剂或灌溉,而且拥有更高的生物多样性。

自然式种植球根植物
在草坪中种植一些球根植物(这里是番红花属植物),可以是在花园里创造花朵繁茂植草区域的简单的第一步。

松弛的割草

自然式草坪或"野草坪"很容易通过不频繁的修剪来实现——从春季到仲夏最多每月修剪一次,或者根本不修剪。这样允许本土禾草和草本杂草生长成形,支持野生动物。昆虫幼虫将以这些植物为食,同时瞅准时机修剪以允许花朵形成,令成年昆虫能够从中收集花蜜和花粉。自然式草坪的外表不一定不整洁;穿过整片区域割草形成的道路将提供出入口、限定边界,并提供生物多样性高的栖息地。这样的割草与野花草地中天然发生的动物食草过程类似。

增加环境益处

自然式草坪的某些区域可以放任不管,令草坪草生长得更高:割草只限于防止木本植物(如桦树、黑刺李或悬钩子)生长成形,但是允许荨麻和酸模在草坪上簇生。这些区域将支持种类更广泛的野生动物。将这些区域设置在靠近菜畦的地方或者果树林内,可以让许多通常由较高禾草支持的食草和寄生性昆虫转移到邻近的作物上,有助于控制害虫数量。

增添一个野生动物池塘将大大增加自然式草坪的环境益处(见"自然野生动物池塘和沼泽区域",306~307页)。如果空间允许的话,还可以将野花草地——有更高的草和更丰富的花(见"营建野花草地",259~261页)——或秣草地加入草坪区域。

花朵繁茂的区域

在割草后清除割下的草会降低土壤肥力,令其他开花物种的引入更加可行。移走的草屑可以堆肥,供花园其他地方使用。

自然式种植球根植物

球根植物很适合在自然式草坪中自然式种植。枯萎的球根植物叶片可能损害精细草坪,但在自然式草坪中可以任其自然凋零,从而将来获得最佳开花效果。在叶片枯死后的仲夏进行首次割草,之后可以进行更多次割草并逐渐降低割草高度,将自然式草坪改造成供夏末游戏和野餐使用的实用草坪。克美莲、番红花、洋水仙和雀斑贝母的效果特别好。其他球根植物(如观赏葱和郁金香)的表现不够稳定,可能需要经常更换。

一年生植物和野花

进一步的干预措施可以是向草坪中引入健壮的花园一年生植物和野花物种。它们可以在秋季或春季作为穴盘苗种植,或者用耙子将种子耙进草皮中(简单的播撒种子有时并不奏效)。为了增加种子的萌发数量,可以用秸秆或园艺织物覆盖播种区域越冬,减少草坪草和它们的竞争。

一年生植物和野花一旦出现,管理方式就与野花草地类似(见"野花草地的日常养护",262~263页),等到开花植物在仲夏结籽后再割草,或者等花期较晚的植物结籽后在初秋割草。

宿根植物

在植草区域加入宿根植物很难行得通,因为来自野生禾草的竞争太激烈了。要想使用宿根植物,必须一开始就清除本土禾草,之后还得压制它们。这可以通过传统耕作方法完成,使用锄地、除草剂或覆盖护根等手段营建草本花境。然而,北美草原式种植(见"北美草原式种植",264~265页)能够以小得多的环境代价实现类似的目标,而且需要次数更少的再次种植和更新复壮。

秣草地

如果种植野花成本太高或者管理起来太麻烦,可以通过引入农业苜蓿类三叶草以及红车轴草和白车轴草种子,将自然式草坪区域改造成秣草地。该区域应在仲夏割草,让割下来的材料干燥并变成干状,然后移走堆肥。这个过程模仿的是传统的农业秣草地,在有些地方,这些草地已持续了几个世纪,并且生活着异常丰富的草地物种,如蚱蜢和蛇蜥。

混合种植

虽然自然式草坪、花朵繁茂区域和秣草地对环境很有价值,但花园的真正价值和美在于它们的多样性。在营建自然式区域时,无须完全消除月季、不耐寒植物或草本花境等深受喜爱的景致。这些种植增加了花园中的生境种类,并且可以在本土植物不开花时提供丰富的夏末花蜜(举个例子)。使用常绿树篱、园景松柏类和修剪过的树木(例如欧洲红豆杉和葡萄牙桂樱)可以增加对比,并在冬季自然式草坪看起来比较凌乱时增添结构和趣味。

割草形成的道路
在种有雀斑贝母和希腊银莲花的自然式草坪中割出的一条通道提供了出入口,并创造出了美观的景致。

营建野花草地

野花草地为种植者提供了一种色彩缤纷、维护成本低、对野生动物友好的替代方案，可以取代规则式草坪、实用草坪和花坛。野花草地比规则式草坪更野，可以为城市或郊区带来一股乡村气息。在花园里，它们提供了一个非常好的机会，可以利用按照传统方式难以耕作的区域——也许是因为这些区域过于干燥、有过于陡峭的坡度或者土壤过于贫瘠。

野花与禾草

长有高草和野花的开花草地一年只需要割草两三次，主要在夏末进行。这种类型的草地有很大的自然优势，可以支持昆虫幼虫，并在某些季节产生丰富的花粉、花蜜和种子。

在降低肥力并清除多年生杂草之后，可以从零开始营建野花草地。或者可以对现有草坪进行改造，先降低来自禾草的竞争，再加入野花种子或穴盘苗，就像对自然式草坪所做的那样（见"开发自然式草坪"，258页）。

一年生野花草地

有些野花是一年生植物。它们自然生长在农田中，那里的年度耕作消除了宿根植物，尤其是会在竞争中胜过它们的禾草。它们的数量在从前很丰富，但农业实践的变化导致很多种类变得非常稀少。农田一年生植物需要被扰动的土壤才能持续生存；在不锄地也不施加内吸性除草剂的情况下，禾草会接管土地，令一年生植物灭绝。

花园一年生植物与农田一年生植物类似，实际上很多种类就是本土农田野花（如虞美人和矢车菊）的栽培形态。另一些种类不是本土植物，但在其原产地常常生长在类似环境中。它们都在土壤肥力适中时生长得最好。需要记住的一点是，花园一年生植物不是野花，对昆虫的支持不如本土植物。不过，它们可以提供良好的花蜜来源，因为和本土花卉相比，它们的花量通常更大，花也开得更久。过于肥沃的土壤会导致杂草、病害和植株倒伏（茎或根失位），所以施肥是不必要的。然而，既然一年生花卉可以忍耐肥力适中的土壤，那么当你刚开始将花境或自然式草坪区域改造成野花草地时，它们可能是不错的选择。

微型野花草地
即便只是将一小块草坪改造成野花草地，也可以提高花园中的生物多样性，并增添一种可以支持野生动物的生境。

减少割草
除了出入通道，每年可以将割草限制在2~3次，以便野花茁壮成长。

宿根野花草地

其他野花是自然生长在野花草地、树篱或林地中的宿根植物。与一年生野花一样，宿根野花从前在农业牧场和秣草地上很常见，但随着草地管理方式的改变，它们变得不那么常见了。农业土壤肥力的增加导致禾草生长得更茂密，而选择性除草剂的使用以及割草方式的改变（例如为了得到青贮饲料而更频繁地割草，而不是为了得到通常只割一次的干草）减少了牧场中野花的数量。

准备场地

降低肥力通常是营建野花草地最重要的步骤之一。对于本身就不肥沃的沙质土，重复割草并将草屑移走可以有效降低土壤肥力。其他土壤储存的养分太多，这种方法很难奏效。对于后者，将需要清除现存草皮，在很多情况下，还需要移走表层土。在较大的地块上，这样做需要使用重型机械。移走的土壤可以用在花园里别的地方，例如可以填充抬升苗床。然后应该耕作剩下的底层土，形成适合播种或种植的细耕面（见"形成细耕面"，587页）。有时候只需移走草皮即可。

对于一些可能迅速扩张的多年生杂草（如蓟），可以看在它们对野生动物的好处上将其留下，但如果不想让它们在种植中占据支配地位，则应当小心谨慎。

野花种子或野花草地植物的穴盘苗很少能够成功种进现有的野生草地中。在现有禾草稀疏的地方，加入小鼻花（*Rhinanthus minor*）的种子或植株，它是半寄生在禾草上的植物，能够有效降低禾草活力，令野花得以乘虚而入。其他半寄生性植物包括小米草属（*Euphrasia*）和马先蒿属（*Pedicularis*）植物。

草坪草的活力远不如野生禾草，通常可以通过停止为草皮施肥和除草将其成功地改造成野花草地。只需在加入野花之前每周割草并清除草屑，坚持一个生长季常常就足够了。一些野花（如雏菊）会很快利用降低下来的竞争，而其他野花可以作为种子或植株引入。

采购种子

种子供应商提供种类繁多的野花种子，这些种子通常不是从野外收集的，而是栽培在合适的田野中的。这些植物中有一些将种植在该国其他地区甚至国外，而且尽管在花园中使用时也算令人满意，但不如本土起源的种子那样适应当地条件。这些引进植物也可能为现有的当地植物杂交授粉，从而稀释赋予当地植物优势的基因。

尽量采购源自本地的种子。当地野生动物组织通常可以提供关于种子采购的指导。不建议从乡村获取种子，以防植物种群严重枯竭，而且这样做在很多情况下是违法的。

一些商业出售的野花种子经过长期栽培，实际上已经成了花园植物。然而，专业的野花种子生产商每隔几年就会更新他们的野生种子库存，因此栽培中的"遗传漂变"是有限的；这些植物的种子将与它们的野生兄弟非常相似。种子既有单一物种的，也有经过搭配的混合种子，可适应多种土壤和现场条件——例如沙质土、黏质土、酸性土、碱性土、阳光充足或背阴。与农田种植或北美草原式种植所用的混合种子不同，竞争性弱的可共存禾草物种通常会用在野花草地混合种子中。

如果使用野花草皮升级改造

1 在任何平坦的表面上（例如这个旧床架），铺上塑料布作为衬垫，并将其刺穿以增加排水孔（或者使用大块粗麻布）。

2 在衬垫上放一层硬纸板和报纸。给报纸和硬纸板浇水，直到它们完全浸透。

3 在湿透的报纸和硬纸板上覆盖一层10~12厘米厚的基质。

4 将草皮铺在基质上——在这里，草皮边缘被掖进下面，得到整洁的丝绒效果。

5 使用播种戳孔器穿透草皮，挖出种植穴。

6 向每个种植穴中加入少许基质。

7 将野花种子播种在种植穴中。

8 浇水以促进种子萌发。随着草皮的生长，边缘可以用大剪刀修剪。

野花景致
升级改造完成的床架野花草地。

播种

种子应该在春季或初秋播种。一旦清理好场地（见"清理现场"，247页），就用叉子松动土壤，然后用耙子耙出细耕面（见"形成细耕面"，587页）。使用绳线和竹竿将地块标记出若干1平方米的方块，然后通过均匀播撒将称过重的种子播种在每个方块中（见"撒播"，604页）。将种子与锯末或干沙混在一起，会更容易均匀分布。农田一年生植物的种子最好用耙子耙进土壤，但草地野花种子应留在土壤表面，然后用耙子的背按入土壤。这可以防止种子被深埋，让光能够照到植株——有些野花需要光照才能萌发。在较小的区域，使用织物或网减少鸟类造成的损失，而在较大的地块上，可以竖起吓鸟设施。如果种植后恰逢干旱时期，那么浇水将是获得良好效果所必需的。

使用穴盘苗

种类繁多的野花作为盆栽植株或模块种植的穴盘苗出售；最好在春季种植这些植物。植株的成本比种子高，但更可靠，为面积较小的野花区域提供了良好的选择。穴盘苗特别有用，很适合插进你想改造成野花草地并且已经削弱的草坪。群植同一种植物将得到更自然的效果。植株在第一个夏季需要小心地浇水。

使用野花草皮

还可以在已经长成的草皮中供应野花；最好不要选择从合成支撑网中长出的草皮，因为这种支撑网会造成长期存在于土壤中的微塑料污染。

野花草皮可以铺在经过耕作的平坦、湿润土壤上，最好是在秋季到春季之间，铺设方法和草坪草皮一样（见"铺设草皮"，250页）。草皮会很快生根并扎进下方土壤，并立即得到观赏效果。它还能闷死杂草，所以对于比较肥沃的地块是很好的选择。因为野花草皮比种子贵，所以它通常只用于规模较小的项目，尤其是土壤中有大量杂草种子或者必须迅速营造出效果的地方。和草坪草皮一样，最好避免在夏季铺设野花草皮。野花草皮的搭配范围不如种子多。

互补的种植
靠近菜畦的野花草地可以将有用的捕食者吸引过来，吃掉昆虫类害虫。

野花草地植物的种植者指南

农田一年生植物
欧侧金盏花 *Adonis annua* H7
麦仙翁 *Agrostemma githago* H5
澳大利亚春黄菊 *Anthemis austriaca* H6
田紫草 *Buglossoides arvensis* H6
矢车菊 *Centaurea cyanus* H7
南茼蒿 *Glebionis segetum* H7
野勿忘草 *Myosotis arvensis* H7
刺芒柄花 *Ononis spinosa* H6
虞美人 *Papaver rhoeas* H7

草地野花
蓍 *Achillea millefolium* H7,
　珠蓍 *A. ptarmica* H7
欧洲龙牙草 *Agrimonia eupatoria* H7
葱芥 *Alliaria petiolata* H6
熊韭 *Allium ursinum* H7 b
药葵 *Althaea officinalis* H6
倒距兰 *Anacamptis pyramidalis* H5
林当归 *Angelica sylvestris* H5
峨参 *Anthriscus sylvestris* H6
岩豆 *Anthyllis vulneraria* H6
欧耧斗菜 *Aquilegia vulgaris* H7
小牛蒡 *Arctium minus* H5
海石竹 *Armeria maritima* H5
斑叶疆南星 *Arum maculatum* H7 b
聚花风铃草 *Campanula glomerata* H7,
　圆叶风铃草 *C. rotundifolia* H7
欧亚刺苞菊 *Carlina vulgaris* H7
黑矢车菊 *Centaurea nigra* H6,
蓝盆丘矢车菊 *C. scabiosa* H6
红色百金花 *Centaurium erythraea* H4
红花琉璃草 *Cynoglossum officinale* H5
紫斑掌裂兰 *Dactylorhiza fuchsii* H5
笔花石竹 *Dianthus armeria* H7
毛地黄 *Digitalis purpurea* H7
起绒草 *Dipsacus fullonum* H7
蓝蓟 *Echium vulgare* H7
滨海刺芹 *Eryngium maritimum* H5
大麻叶泽兰 *Eupatorium cannabinum* H7
小米草 *Euphrasia officinalis* H6
旋果蚊子草 *Filipendula ulmaria* H6,
　长叶蚊子草 *F. vulgaris* H6
蓬子菜 *Galium verum* H7
草原老鹳草 *Geranium pratense* H7
紫萼路边青 *Geum rivale* H7,
　欧亚路边青 *G. urbanum* H7
黄花海罂粟 *Glaucium flavum* H4
多叶马蹄豆 *Hippocrepis comosa* H5
蓝铃花 *Hyacinthoides non-scripta* H6
贯叶连翘 *Hypericum perforatum* H6
屈曲花 *Iberis amara* H6
黄菖蒲 *Iris pseudacorus* H7
田野孀草 *Knautia arvensis* H7
大苞野芝麻 *Lamium purpureum* H7
牧地山黧豆 *Lathyrus pratensis* H6
狮牙苣 *Leontodon hispidus* H5
滨菊 *Leucanthemum vulgare* H7
欧洲柳穿鱼 *Linaria vulgaris* H6
百脉根 *Lotus corniculatus* H7
毛黄连花 *Lysimachia vulgaris* H6
千屈菜 *Lythrum salicaria* H7
茉莉芹 *Myrrhis odorata* H5
牛至 *Origanum vulgare* H6
虎耳草茴芹 *Pimpinella saxifraga* H7
多蕊地榆 *Sanguisorba minor* H6
牛唇报春 *Primula elatior* H6,
　黄花九轮草 *P. veris* H5,
　欧洲报春 *P. vulgaris* H7
夏枯草 *Prunella vulgaris* H5
高毛茛 *Ranunculus acris* H7
黄木樨草 *Reseda lutea* H6
小鼻花 *Rhinanthus minor* H5
酸模 *Rumex acetosa* H7
肥皂草 *Saponaria officinalis* H7
飞鸽蓝盆花 *Scabiosa columbaria* H4
秋鹰齿菊 *Scorzoneroides autumnalis* H7
布谷鸟鹰齿菊 *S. flos-cuculi* H7,
　宽叶鹰齿菊 *S. latifolia* H6,
　普通鹰齿菊 *S. vulgaris* H6
药水苏 *Stachys officinalis* H7,
　林地水苏 *S. sylvatica* H6
硬骨繁缕 *Stellaria holostea* H7
魔噬花 *Succisa pratensis* H7
菊蒿 *Tanacetum vulgare* H7
黄唐松草 *Thalictrum flavum* H7
红车轴草 *Trifolium pratense* H7
毛蕊花 *Verbascum thapsus* H6
马鞭草 *Verbena officinalis* H5
香堇菜 *Viola odorata* H6,
　里文堇菜 *V. riviniana* H7,
　三色堇 *V. tricolor* H7

适用于野花草地的禾草（入侵性较弱）
丝状剪股颖 *Agrostis capillaris* H7
黄花茅 *Anthoxanthum odoratum* H7
凌风草 *Briza media* H7
洋狗尾草 *Cynosurus cristatus* H7
紫羊茅 *Festuca rubra* H5
草地早熟禾 *Poa pratensis* H7
黄穗三毛草 *Trisetum flavescens* H7

注释
b　球根植物
H＝耐寒区域，见56页地图

野花草地的日常养护

野花草地的养护重点是进行足够的割草,以抑制有可能泛滥并且能够迅速复原的禾草,同时还要允许阔叶植物开花结籽。野花草地如果疏于打理,未能进行每年一度的修剪,就会长满粗糙的植物以及木本植物的幼苗;在极端情况下,野花草地会变成灌木丛或林地。相反,当进行太多修剪时(像修剪草坪那样频繁时),只有数量非常有限的开花植物能存活下来。

割草安排

野花草地由生长模式不同的两类植物组成。禾草细长叶片的基部是生长中的茎节,这些茎节在割草时完好无损,所以禾草重新生长的速度很快。然而,用于野花草地种植的阔叶野花在其直立的茎上有数个茎节。这意味着它们重新生长的速度比禾草慢得多,因为割草会除去它们的茎节,令枝叶必须从植株基部重新形成。因此很重要的一点是,要进行足够的割草以抑制禾草的生长,但不要割得太多,以免损害阔叶植物。一些阔叶植物(如雏菊和蒲公英)非常适应割草(以及放牧),丛生的莲座状叶片紧贴土壤,对修剪的忍耐度很高。然而,和所有野花草地植物一样,这些种类也必须享有不割草的时期,以抽生花朵、结籽和散播种子。正确安排割草时间,可以控制茁壮生长的野花的类型和数量。

建议在割草之前徒步从野花草地中穿过,刺激任何现存的野生动物寻找庇护所。如果发现了筑巢鸟类,则推迟割草。

计划割草时间

如果野花草地足够大,在不同时间为不同区域割草将提供一系列不同的草地高度和成熟度。这会令不同种类的植物结籽,不同种类的禾草会受到抑制。连续数年都在同一时间割草会限制野花草地中花卉的多样性。

较早割草消除了禾草储存的养分,会减弱野花后续的生长势头,但野花可能过早结束开花并减少结籽。仲夏割草会让野花实现最好的多样性;更晚的割草可能难以进行,因为茎干变得更坚硬,而且会让禾草与粗糙植物有时间生长得压倒一切。如果分区域为野花草地割草,则应在仲夏为面积最大的区域割草。

新建野花草地

新播种或种植的野花草地只应轻度修剪,这令植株能够保留足够的叶片,以支持良好的根系功能。第一次割草应该在播种或种植大约6周至2个月后进行(但不能晚于初秋),并且修剪高度限制在大约5厘米。经常修剪会限制发育速度更快的禾草,令生长较慢的野花更有可能茁壮成长。有时新建野花草地中会有很多一年生杂草,但在它们结籽之前割草可以有效地控制杂草。第一年对于野花草地的长期成功至关重要,可能有必要除草甚至浇水,也许还可以在第一年秋季补充播种。

一些野花是先锋植物,如滨菊,它们会在野花草地的头几年里占据主导地位。随着它们的衰落,其他生长较慢的物种变得丰富起来,直到稳定的野花种群与禾草成分和谐发展。最终的搭配可能完全不能反映播种所用种子的相对比例。

春季养护

一旦成形并充分生根,野花草地就可以根据其生长活力和其中含有的野花物种进行割草。春季割草将切割茂盛、茁壮的新草(它们会在较低温度下茁壮生长),而且移走草屑将在该生长季的剩余时间削弱禾草。野花的生长速度比禾草慢,因此这样做会赋予它们宝贵的起点。在含有大量春花(例如花枝抽生得很早的黄花九轮草)的野花草地,这个时间窗口可能很窄。将割草高度限制在不低于8厘米将减少对春花的损伤,同时仍然可以削弱禾草。这样做还能免于伤害小鼻花,这种一年生植物在割草后的恢复能力不如宿根植物。

春季割草相当于春季在秣草地上放牧然后将场地关闭以生长干草的农业实践。与农田不同的是,野花草地既不施肥也不施除草剂。肥料有利于禾草的生长,而禾草会挤占野花的生存空间。园丁很少能够买到选择性杀死禾草的除草剂;植物保育人员偶尔会用到它们。令人讨厌的杂草最好在春季连根拔起,此时它们的根系不那么顽固,但蓟最好在夏季通过割草和拔除管理。如果任其自由生长,它们会占据主导地位,尽管适度生长的它们对昆虫非常有益。

夏季养护

下一次割草类似于农业上的制造干草,并在仲夏进行,此时野花草地上有丰富的早花植物,例如草甸碎米芥、夏枯草和匍匐筋骨草。或者在夏季晚些时候割草,此时黑矢车菊、田野婐草和蓬子菜占据主导地位。较晚割草将赋予一

夏季割草
将割草时间留到夏季晚些时候,可以让一年生植物(如小鼻花)有时间成形和结籽,从而确保来年的开花。

促进野花生长

这片夏季野花草地拥有滨菊、草原鼠尾草（*Salvia pratensis*）、胡萝卜（*Daucus carota*）、黑喉毛蕊花（*Verbascum nigrum*）、红车轴草和菊苣（*Cichorium intybus*），小心的修剪让这里的花朵大大增加。

年生植物（如小鼻花）结籽的时间，确保它们来年仍然存在。

和在秣草地中一样，割下的草必须留在原地晒干，令种子得以脱落并自播在草地中。一旦干燥，这些"干草"就可以被移走并堆肥，用于花园的其他区域。最好使用大镰刀而不是电动修剪机。大镰刀割下的植物材料没有那么破碎，所以更容易用耙子聚拢草屑，以确保较少植物材料返回土壤；这样可以保证土壤肥力有效地降低。对于较大的区域，可以租用刀杆式割草机，或者交给承包商。割草高度应该较低——最好是大约5厘米。

如有必要，此时可以采集种子，用于播种新的野花草地，或者在秋季或春季为现有的野花草地补充播种。不必在干旱时期浇水，否则会刺激禾草生长，削弱野花。为了与禾草竞争，野花已经发育出了深深的直根，能够得到禾草不容易获取的水分。因此夏季干旱大体上更有利于野花。

夏季养护

野花草地的最后一次割草应该在秋季进行，模仿在割草后又重新生长的秣草地上再次放牧的农业实践。这次割草对土壤肥沃的地点特别有效，那里的禾草可能在秋季末生长得过于旺盛。秋季割草进一步削弱禾草，阻止丛生粗糙禾草在冬季形成。如有必要，可以割草不止一次，而且割草可以持续到初冬；不过在大多数情况下，一次时机恰当的割草就足够了。秋季割草通常可以用割草机进行，并将草屑移走堆肥。在需要整洁外观的地方，如果禾草持续生长而且土壤不过于潮湿，那么割草可以持续整个冬季。

如果通过添加小鼻花的种子来削弱禾草，就应在秋季割草后播种这些种子。在此时用耙子耙地，复制食草动物用蹄子走动的效果，在土壤中打开缝隙，种子在这些缝隙里萌发成功的概率最大。如果野花草地需要加密或者花卉之间的平衡需要改变，还可以补充播种。留下一部分不割草——或许可以在边缘——将为昆虫和其他野生动物提供额外的冬季庇护。每年可以留下不同区域不割草，以阻止某些区域变得过于茂密且粗糙。

维持植物的平衡

在野花草地中，健壮的禾草会开始在竞争中胜过野花。为了恢复平衡，可以引入降低禾草活力的半寄生植物。它们包括沼生马先蒿（*Pedicularis palustris*）和马先蒿（*P. sylvatica*）、小米草属（*Euphrasia*）物种，以及小鼻花。在夏末或秋季割草之后，应该将这些植物的种子撒播进野花草地。因为小鼻花是一年生植物，所以如果你想在之后的阶段将它从野花草地中清除，应在它结籽之前割草以防止它扩张。

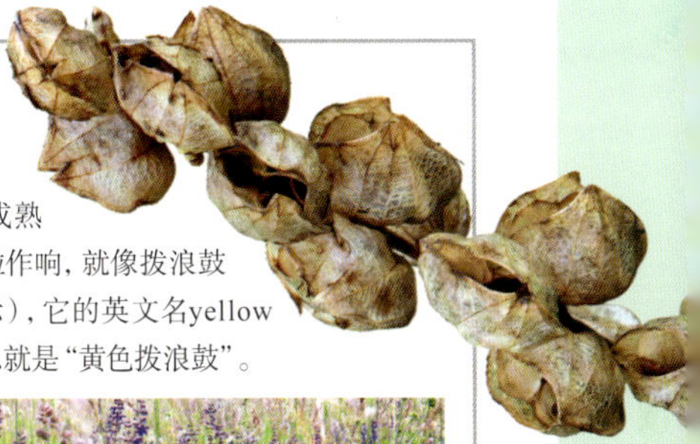

种荚

小鼻花的种子成熟时在花萼中哗啦作响，就像拨浪鼓一样（如图所示），它的英文名yellow rattle的字面意思就是"黄色拨浪鼓"。

1 如果不割草，禾草会形成难以穿透的枯草层，最终会在竞争中胜过野花物种。

2 在夏末播撒半寄生植物（如小鼻花）的种子可以削弱茁壮的禾草，令野花能够在第二年站稳脚跟。

3 禾草被削弱后，更多种类的一年生和宿根野花物种将有空间繁茂生长和再次结籽。

北美草原式种植

开花宿根植物（传统上仅限于花境使用）常常与禾草混合，以创造北美草原式种植。这种种植方式试图模仿北美洲鲜花繁盛的草原，在被改造成农田之前，北美草原分布得非常广泛。在欧亚大陆，这种草原被称为"干草原"（steppe）。

北美草原式种植和其他野花草地生境不同，后者在夏季较早开花然后割草，而北美草原式种植的花期较晚，而且在夏季不割草。它们会被一直留到第二年春季，到时候残留植物将被割草并清除，或者焚烧（这样做在西欧比较容易产生问题）。北美草原式种植也不同于宿根野花草地，因为它们可以营建在相当肥沃的土壤上。许多北美草原风格的植物可以耐受干旱条件，例如那些原产地中海马基群落生境的物种。

北美草原式种植的类型

在花园里，北美草原式种植有两种类型，通常由地块大小决定。和其他草本植物一样种植出来的花境（但常常含有更丰富的禾草）适合较小的花园。在较大的花园中，可种植大片植物，更容易复制天然北美草原的效果。这些自然风格、自我维持的植物种群将需要最少的养护。与较大的成片种植相比，较小的北美草原式花境需要更多的管理，尽管比割草草坪少得多。

虽然北美洲的禾草和开花宿根植物是最常使用的种类，但北美草原式种植也可以使用草本地中海植物或来自南非的植物创造，它们喜欢同样的生长条件。

野生动物福利

北美草原开花宿根植物含有特别丰富的花粉和花蜜，可为授粉动物提供支持。开花后的种子穗将为鸟类提供宝贵的食物，而留在原地直到春季的茎干将为昆虫提供庇护所。因为本土野花草地在夏季较早开花，所以北美草原式种植提供了良好的补充——延长了观赏季，同时支持野生动物过冬。

可使用的植物

禾草构成了大多数野花草地的关键组成部分，但来自北美和炎热大陆性气候区的许多禾草只能在炎热的夏季进行光合作用。这意味着在温带地区，它们在春季生长缓慢，而且可能被适应温和冬季并且从冬末开始生长、生长速度更快的本土宿根植物（和杂草）淹没。因此如果在冬季较温和的地区使用北美和大陆性气候区的禾草，最好将它们单独带状种植，甚至干脆不种植。

应排除或谨慎选择来自冷凉温带地区的禾草，以免它们在北美草原式种植中占据主导地位；只使用形成株丛的物种（如蓝沼草）并避免使用根状茎蔓延的物种。当稀疏地使用花园栽培品种，并由原生物种占主导地位时，北美草原式种植的外表最好。

小空间种植
在精心照料之下，将禾草与开花宿根植物结合起来的北美草原式种植可以适应小花境、大容器或抬升苗床（如上图所示）。

播种

北美草原植物通常很容易用种子培育——在小规模种植情况下，种子可播种在穴盘中，以便之后移栽，从而减轻一开始控制杂草的工作量。种子长成的幼苗一旦站稳脚跟，就会创造出自我维持的"北美草原"，漂亮的植物在其中形成稳定的种群并自然更新，隔绝杂草。

使用植株

和种子相比，植株是营建北美草原式种植的一种相对昂贵的方式，但更可靠。如有必要，可以混合使用种子培育的植株和盆栽植株。克美莲、观赏葱、独尾草和早花水仙等球根植物可为北美草原式区域增添早期色彩和花蜜，还可填补北美草原式种植成形期间的任何空隙。波斯菊、银扇草和仙女扇等花期长的一年生植物也可用于此目的。

设计北美草原式种植

北美草原植物在全日照下生长得最好，因此即使是对于阳光斑驳的树荫，其他种植方案也是更明智的选择。选择适合土壤的植物：苗壮的耐旱物种适合干旱地点；更克制的类型适合肥沃的土壤。

使用5棵或更多植株为一丛，以避免过于零碎的效果，并将多丛植物排列成细长形状或带状，从而获得自然的外观。在整个地块中重

大片种植
在较大地块上重复丛植禾草和草本宿根植物，创造出自然、流动的色彩和纹理，复制出北美草原式景色。

复丛植将赋予设计整体感,创造出令人愉悦的模式。另一种让种植显得自然的方法是广泛使用单一或有限数量的物种,用它们形成宽阔的带状区域,然后将较高的植物(如毛蕊花)间隔种植在带状区域中。融入一系列不同的花朵形状将增添设计的趣味性。选项包括堆心菊属植物、顶部平坦的茴香、丝兰叶刺芹(Eryngium yuccifolium)等多刺植物,以及拥有球形花的植物(如蓝刺头属植物)。

土壤准备

理想情况下,应在夏季之前为北美草原式花园准备土地。应清除多年生杂草并耕作几个陈旧育苗床(见"陈旧育苗床技术",586页)以减少一年生杂草。在其他地方,浅耕(包括使用旋耕机)将实现播种所需的细耕面。更粗糙的表面也可用于种植。

添加有机质(如堆肥或腐熟农家肥)并不是必要的,而且对于使用种子培育的大型北美草原式种植来说往往适得其反,但对于北美草原风格的花境,可按照和草本花境同样的方式添加(见"施肥",194页)。任何排水问题都可以通过安装排水沟或者将种植地面铺在抬升苗床中或隆起地面上来解决。

种植和播种

仲春是营建北美草原式种植的最佳时间;若在秋季种植来自炎热大陆性气候区的禾草,它们到春季才会开始生长,会因此而表现不佳。在冬季温和潮湿的地方,草本植物还容易受到蛞蝓的攻击。在第一个夏季通常有必要仔细除草和浇水,但一旦成形,种植将在很大程度上自我养护,只需在冬季割短即可。种子应在仲春至春末播种(为春季陈旧育苗床留出时间),且最好播种在一层5厘米厚的沙子中。用竹竿和绳线将地块分成若干个1米见方的小块,为种子称重,然后在每一小块土地上撒播大约1~2克种子,用耙子混合并覆盖。在播种区域上铺一张黄麻网,阻止动物扰动种子,并防止坡地发生土壤侵蚀。

北美草原禾草
禾草提供质感和运动感,例如这种蓝沼草属植物。

像种植其他花境宿根植物一样摆放植株,最好用5厘米厚的小砾石覆盖护根。虽然砾石因其贫瘠的本性和更自然的外观而在北美草原式种植中受到青睐,但树皮或木屑护根也可以帮助北美草原植物站稳脚跟并茁壮生长。之后,通常需要在干旱时期浇水,在潮湿时期控制蛞蝓和管理杂草。

年度养护

在冬季保留北美草原式花境;枯死的植被裹上冰霜时看起来很漂亮,而且降解的植物材料会抑制冬季杂草的生长。应该在早春将它们切割到接近地面的高度。

与更艳丽的宿根植物不同,北美草原植物几乎不需要肥料,但它们应被时不时地挖出、分株并重新种植,以防止茁壮的种类压倒较柔弱的种类(见"起苗和分株",196页)。

和用植株营建的北美草原式种植相比,控制杂草在用种子培育的北美草原式种植中更加复杂。由于群丛倾向于通过自播来使自己永存,因此需要一些技巧来识别和清除杂草,以免无意中移除北美草原植物的幼苗。在菜畦或类似地方播种一小排北美草原植物混合种子可帮助园丁了解哪些幼苗是要保留的。

北美草原植物的种植者指南

禾草
拂子茅属 Calamagrostis H6
发草 Deschampsia caespitosa H6
箱根草 Hakonechloa macra H7
芒 Miscanthus sinensis H6
蓝沼草 Molina caerulea H7
柳枝稷 Panicum virgatum H6
狼尾草 Pennisetum aloepecuroides H4
大针茅 Stipa gigantea H5,
　细茎针茅 S. tenuissima H4

开花植物
蓍属 Achillea H7-H3
春黄菊 Anthemis tinctoria H6
空棱芹 Cenolophium denudatum H6
多毛细叶芹 Chaerophyllum hirsutum 'Roseum' H7
紫松果菊 Echinacea purpurea H5
刺芹属 Eryngium H6-H3
堆心菊属 Helenium H7-H3
向日葵属 Helianthus H5-H3
千屈菜 Lythrum salicaria H7
金光菊属 Rudbeckia H7-H2
林生鼠尾草 Salvia x sylvestris H7
'烟花' 皱叶一枝黄花 Solidago rugosa 'Fireworks' H7
'风琴' 平光联毛紫菀 Symphyotrichum laeve 'Calliope' H6
毛蕊花属 Verbascum H7-H4
弗吉尼亚草灵仙 Veronicastrum virginicum H7

播种北美草原最佳植物
岩生藿香 Agastache rupestris H3
帚状须芒草 Andropogon scoparius H6
柳叶马利筋 Asclepias tuberosa H4
小蓝赝靛 Baptisia australis var. minor H7
丹麦石竹 Dianthus carthusianorum H7
毛建草 Dracocephalum rupestre H5
苍白松果菊 Echinacea pallida H5,
黄花松果菊 E. paradoxa var. paradoxa H5
丝兰叶刺芹 Eryngium yuccifolium H4
花冠大戟 Euphorbia corollata H5
糙蛇鞭菊 Liatris aspera H4
灰叶灌木月见草 Oenothera fruticosa subsp. glauca H5,
'银刃' 大果月见草 O. macrocarpa subsp. incana 'Silver Blade' H5
红花钓钟柳 Penstemon barbatus subsp. coccineus H5,
考氏钓钟柳 P. cobaea H4,
'高级胡思科红' 毛地黄钓钟柳 P. digitalis 'Husker Red Superior' H5,
劲直钓钟柳 P. strictus H5
毛福禄考 Phlox pilosa H5
全缘金光菊 Rudbeckia fulgida var. deamii H6,
大金光菊 R. maxima H5,
密苏里金光菊 R. missouriensis H5
细裂松香草 Silphium laciniatum H7,
黄芩 Scutellaria baicalensis H5
松节油黄芩 S. terebinthinaceum H7
长叶联毛紫菀 Symphyotrichum oblongifolium H7

南非野花草地植物
百子莲属 Agapanthus H6-H2
多叶尖刺苞菊 Berkheya multijuga H4,
　紫尖刺苞菊 B. purpurea H4
文殊兰属 Crinum H6-H1b
红橙雄黄兰 Crocosmia masoniorum H4
丽晃 Delosperma cooperi H4
双距花 Diascia rigescens H3
漏斗鸢尾属 Dierama H4-H3
凤梨百合 Eucomis comosa H4
火炬花属 Kniphofia H6-H2(物种与杂种)
勋章菊属 Gazania H3-H2
非洲菊属 Gerbera H2-H1c
唐菖蒲属 Gladiolus H7-H3(物种)
夜鸢尾 Hesperantha coccinea H4,
　大花夜鸢尾 H. grandiflora H4
凤梨百合属 Eucomis H5-H3
宝典纳丽花 Nerine bowdenii H5
避日花属 Phygelius H4
沃森花 Watsonia pillansii H3
白马蹄莲 Zantedeschia albomaculata H1c

地中海风格野花草地植物
蓍属 Achillea H7-H3
百子莲属 Agapanthus H6-H2
藿香属 Agastache H4-H2
春黄菊属 Anthemis H6-H3
海石竹 Armeria maritima H5
葱属 Allium H7-H4
日光兰 Asphodeline lutea H4
蓝花赝靛 Baptisia australis H7
鲍氏文殊兰 Crinum x powellii H5
仙客来属 Cyclamen H7-H1b
刺芹属 Eryngium H6-H3
角大戟 Euphorbia cornigera H5
大阿魏 Ferula communis H3
半日花属 Helianthemum H7-H4
夜鸢尾属 Hesperantha H6-H2
鸢尾属 Iris H7-H1c(根状茎类)
火炬花属 Kniphofia H6-H2
毛剪秋罗 Lychnis coronaria H7
葡萄风信子属 Muscari H6-H4
荆芥属 Nepeta H7-H2
宝典纳丽花 Nerine bowdenii H5
月见草属 Oenothera H7-H2
牛至属 Origanum H7-H3
骨子菊属 Osteospermum H4-H2
东方罂粟 Papaver orientale H6
黄叶糙苏 Phlomis chrysophylla H5,
　土耳其糙苏 P. russeliana H6
鼠尾草属 Salvia H7-H1b(物种和品种)
庭菖蒲属 Sisyrinchium H7-H2
紫瓣花属 Tulbaghia H3-H1c
郁金香属 Tulipa H7-H5
缬草 Valeriana officinalis H7
毛蕊花属 Verbascum H7-H4
柳叶马鞭草 Verbena bonariensis H4
朱巧花 Zauschneria californica H4

注释
H = 耐寒区域,见56页地图

非禾草草坪

草坪通常使用禾草营建，因为它们提供耐践踏且恢复力强的表面，易于维护且寿命长。然而，对肥料、修边、割草、浇水以及除草剂（有时）的需求可能会降低它们的吸引力。在某些情况下，例如对于割草机难以进入的地方，使用香草或低矮母本植物的非禾草草坪是很有吸引力的选择，而且不需要割草来保持整洁。香草草坪是一种地被形式，但是和通常不可穿行的普通灌木状地被不同的是，它允许在有限程度内行走。

与禾草不同，地被植物不能承受较重的持续践踏，所以最好将它们用在主要供观赏的区域而不是主草坪。它们很适合种在露台或庭院花园，以提供一小片迎宾绿地；或者作为绿色背景设置在喷泉、抬升池塘或雕像基部；或者爬上露台或道路的边缘，以减弱硬质表面的坚硬感。它们还能打造漂亮且常常有香味的草皮座位。在创造出大片非禾草草坪的地方，添加若干踏石或一条道路可以减少对植物的踩踏。

果香菊草坪

被踩后，果香菊的叶片会散发出一种类似苹果的甜香气味，但它们不能承受重度践踏。不开花无性系品种'特纳盖'（'Treneague'）生长低矮，特别适合用于草坪。用种子培育的开花株系很少产生最好的效果，但价格便宜得多。

果香菊在阳光充足的开阔地生长得最好；它可忍耐轻度遮阴，但过度遮阴会导致分布不均。排水良好的沙质土或壤土最理想；在冬季过于潮湿且在夏季过于干燥的黏重土壤会导致植株损失。果香菊很少能在贫瘠多岩石且容易干旱的土地上茁壮生长，因为夏季水分必不可少。

种植和维护

若要使用种子培育开花品种，应在初春室内播种以供春末移栽（见"在容器中播种"，605页）。植株将长到大约10厘米高，叶片有香味，并且花期将持续一整个夏季。

移栽前，必须通过掘地和锄地等方式清除多年生杂草（见"多年生杂草"，649页），或者通过在整个夏季覆盖硬纸板和护根覆盖物的方式除草。在耕作以形成平坦细耕面后保留至少一个陈旧育苗床（见"陈旧育苗床技术"，586页）将减少一年生杂草的数量。

'特纳盖'植株在花盆或穴盘中出售，理想的种植时间是仲春。每平方米种植约90棵为宜，更近的间距会更快得到效果，但价格昂贵。种植后浇水并在至少三个月内避免踩踏，最好第一年都不踩踏。通过可生物降解护根垫种植，或者为新植株覆盖一层5厘米沙砾护根，都有助于控制杂草。

有时需要手工除草和修补空缺。应在夏季修剪，将果香菊的株高控制在10厘米以下。在春末施加通用肥料将令植株健康生长。不需要浇水。

其他非禾草草坪

暗色异柱菊（Leptinella squalida）的叶片像蕨类植物并且有匍匐茎，会形成一层厚厚的毯状地被，相当耐践踏。它在湿润条件下生长旺盛，甚至被用于草地保龄球场。种植方式和果香菊一样。作为原生物种的替代品，栽培品种'帕特黑'（'Platt's Black'）拥有整体呈深青铜色而尖端呈绿色的漂亮叶片。

马蹄金（Dichondra micrantha）浓密、柔软的伸展枝叶，在温暖背风处生长得最好，它不能在低于-4℃的温度下存活。它通常种植在地中海国家，并以室外播种的方式繁殖。

可使用匍匐生长的百里香创建草坪，如簇生百里香（Thymus caespititius）、匍匐百里香群（T. Coccineus Group）、'杜妮谷'百里香（T. 'Doone Valley'）及羊毛百里香（T. polytrichus subsp. britannicus）。百里香草坪在全日照下排水良好的疏松沙质土中生长得最好，而且会在仲夏开花。

至于鲜花，球根植物地毯常常可以有效地用在落叶树下。本土蓝铃花和熊韭（Allium ursinum）在这样的条件下茁壮生长，但可能具有入侵性，应谨慎使用；洋水仙、雪花莲和林荫银莲花很漂亮，而且活力没有那么旺盛。

织锦草坪

低矮蔓延的垫状高山植物或者因其相似的生长速度而选择的小型宿根植物，也用于制造美观且低维护的草坪。这类草坪常被称为高山草坪（alpine lawn）或织锦草坪（tapestry lawn）。高山草坪通常由相对耐寒的植物构成，例如景天属和长生草属植物。它们在阳光充足的炎热干旱地区是理想选择。按照种植砾石园的建议种植它们，并在春季除草和添加砾石（见"岩屑床中的种植"，280页）。

织锦草坪更能耐受湿润但不潮湿的土壤，

苔藓草坪

苔藓草坪很脆弱，但是在阴凉处可能是最美观且低维护的景致——尤其是在降雨量大的冷凉气候区。苔藓类物种的根很浅，这使得它们特别适合用在土壤贫瘠、压实或多岩石的地方。如果你的草坪容易长满苔藓斑块，那么苔藓草坪可能是减少养护工作的好方法。苔藓草坪固定的碳比传统草坪多，而且不需要割草，因此更有益于环境。

要创建苔藓草坪，应移除其他植物，压实土壤表面，并在场地散布苔藓，或者任苔藓自然定植和扩散。确保该区域保持湿润，直到苔藓完全长成；然后不需要额外浇水。应小心地扫掉秋季落叶和其他杂物。

适合苔藓草坪的植物

狭叶仙鹤藓 Atrichum angustatum H7,
  仙鹤藓 A. undulatum H7
曲尾藓 Dicranum scoparium H7
灰藓属植物 Hypnum imponens H7
白发藓属植物 Leucobryum albidum H7,
  白发藓 L. glaucum H7
金发藓 Polytrichum commune H7
细枝羽藓 Thuidium delicatulum H7

注释
H = 耐寒区域，见56页地图

背阴处
白发藓在禾草难以茂盛生长的落叶树下形成一片美观的草坪。

而且可以忍耐一定程度的斑驳阴影。可以直接购买植株或者用种子培育（见"在容器中播种"，605页）。和其他香草草坪一样，它们只能忍耐轻度踩踏。需要进行春季除草，还需要时不时加以"修订"，以抑制其中更成功的植物种类或重新引入活力较弱的种类（如果需要的话）。很多织锦草坪植物对割草反应良好，这与建议使用剪刀修剪的其他香草草坪不同。

有一些耐阴植物可选，但它们会提供绿色区域而非鲜花。金钱麻（Soleirolia soleirolii）是一种蔓延生长、叶片微小的苔藓状植物，可在背阴处茁壮生长。在潮湿地区，它可以不受控制地扩张，成为一种极具威胁的草坪杂草。然而，如果谨慎地加以限制，它可以打造出适合背阴处且效果极佳的草坪。

百里香草坪
（上）多种百里香属植物混合种植，这里包括'吹雪'亚洲百里香（*T. serpyllum* 'Snowdrift'）和羊毛百里香，可以创造出美观的浓密地毯。

果香菊草坪
（下）剪短之后，'特纳盖'果香菊（*Chamaemelum nobile* 'Treneague'）可以形成有香味的美观草坪或者供轻度使用通道。

适合织锦草坪的植物

蓍 *Achillea millefolium* H7
匍匐筋骨草 *Ajuga reptans* H7,
　'勃艮第之光'匍匐筋骨草 *A. reptans* 'Burgundy Glow' H7, '巧克力片'匍匐筋骨草 *A. reptan* 'Chocolate Chip' H7
'贝文品种'海石竹 *Armeria* 'Bevan's Variety' H5
雏菊 *Bellis perennis* H7
巴夏风铃草 *Campanula poscharskyana* H5 Sh
白花多变牻牛儿苗 *Erodium x variabile* 'Album' H5
'金亚历山大'野草莓 *Fragaria vesca* 'Golden Alexandria' H6
比利牛斯老鹳草 *Geranium pyrenaicum* H6
欧亚活血丹 *Glechoma hederacea* H6,
　'白斑'欧亚活血丹 *G. hederacea* 'Variegata' H6
美耳草 *Houstonia caerulea* H5, '米勒德品种'美耳草 *H. caerulea* 'Millard's Variety' H5
异株异柱菊 *Leptinella dioica* H5,
　暗色异柱菊 *L. squalida* H5 Sh
铜钱珍珠菜 *Lysimachia nummularia* H6
匐茎通泉草 *Mazus reptans* H4
科西嘉薄荷 *Mentha requienii* H7 Sh
地毯赛亚麻 *Nierembergia repens* H4
腺叶酢浆草 *Oxalis adenophylla* H4,
　酢浆草 *O. corniculata* H5,
　'纳尔逊'麦哲伦酢浆草 *O. magellanica* 'Nelson' H3
紫雀花 *Parochetus communis* H4
橙黄细毛菊 *Pilosella aurantiaca* H5,
　细毛菊 *P. officinarum* H5
匍匐委陵菜 *Potentilla reptans* H7
铜锤玉带草 *Pratia angulata* H4,
　梗铜锤玉带草 *P. pedunculata* H4
报春旺达杂种群 *Primula* Wanda Group hybrids H4
夏枯草 *Prunella vulgaris* H5 Sh
匐枝毛茛 *Ranunculus repens* H7, '黄油爆米花'匍枝毛茛 *R. repens* 'Buttered Popcorn' H7, '格洛丽亚斯帕莱'匐枝毛茛 *R. repens* 'Gloria Spale' H7 Sh
白霜景天 *Sedum spathulifolium* H5
白车轴草 *Trifolium repens* H7, '飞溅巧克力'白车轴草 *T. repens* 'Chocolate Splash' H7, '龙血'白车轴草 *T. repens* 'Dragon's Blood' H7, '石榴石'白车轴草 *T. repens* 'Garnet' H7, '四叶紫'白车轴草 *T. repens* 'Purpurescens Quadrifolium' H7, '威廉之子'白车轴草 *T. repens* 'Son of William' H7
石蚕叶婆婆纳 *Veronica chamaedrys* H7,
　'特雷汉'平卧婆婆纳 *V. prostrata* 'Trehane' H5 Sh
常春藤叶堇菜 *Viola hederacea* H4,
　加拿大堇菜 *V. labradorica* H7,
　香堇菜 *V. odorata* H6,
　习见蓝堇菜 *V. sororia* H6

注释
Sh 耐阴
H = 耐寒区域，见56页地图

营建非禾草草坪

在使用阔叶物种（如果香菊）创造新草坪时，按照建造普通草坪的方式准备现场（见"土壤和现场准备"，247~248页），包括施加基肥。将盆栽植物、生根插条、分株苗或实生幼苗以15~30厘米的间距进行种植（越密的种植能够越快地形成草坪，当然成本也越高）。

在干旱时期保持现场的良好灌溉。植物一旦盖满场地，就可以在必要时加以修剪。如果种植果香菊，则最好使用不开花的天然低矮品种'特纳盖'。开花品种需要更频繁的修剪，而且枯萎的花朵也很不雅观。

1 准备土地，增添沙砾或尖砂，并清除所有杂草。将果香菊植株掰成块，保证每块都有大量根系。

2 果香菊匐匍生长且生长迅速，所以要给植株充足的生长空间。将它们以8~15厘米的间距进行种植并紧实。

3 为植株浇足水，并在整个夏季定期浇水以防它们变干。在三个月内避免踩踏。

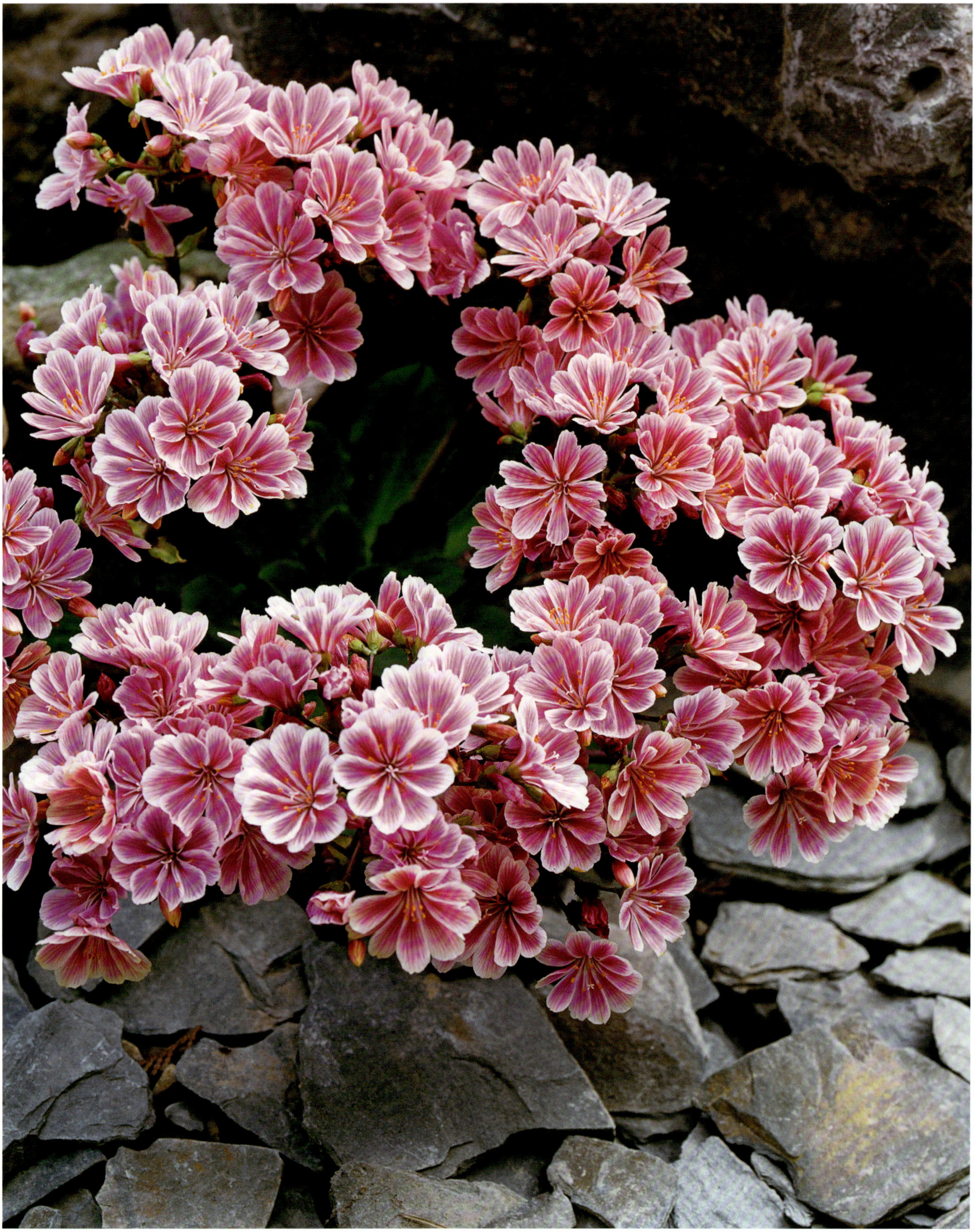

岩石、岩缝和沙砾园艺

高山植物生长在世界上某些最偏远的地区，但大多数种类可以在排水良好、阳光充足的岩石园或沙砾园中生长得很好。

想要在有限空间里种植多样植物，在干旱地区的园丁可以考虑用岩石或石料创造别样的景致。许多这样的花园模仿高山植物的生境，或者是太阳炙烤着砾质土的地中海和沙漠环境，人们对这些极端生长条件的兴趣日益浓厚，因此也更能够领略在这些地区生长的小型植物的美。无论是传统的岩石园、岩缝园，还是简单的沙砾苗床，或是镶嵌着芳香匍匐植物和多肉植物的铺装区域，都能够种植一系列十分迷人的植物。

高山植物和岩石园艺

高山和岩石园植物的小巧体型特别适合用于小型现代花园。很少有其他种类的植物会如此整齐和紧凑，这使得在相对较小空间内种植大量物种和杂种成为可能。高山植物是生长在林木线之上高海拔地区的植物，不过这个术语常常宽泛地涉及众多低矮的岩生植物，包括许多球根植物，它们可以成功地种植在相对较低的海拔。

高山植物和岩生植物

高山植物的小巧形状和优雅姿态使得它们很适合以迷人、鲜艳的组合丛植在一起。岩生植物是生长缓慢、体量较小的植物，在尺度上适合种在岩石园中。

真正的高山植物

高山植物可以是落叶或常绿木本植物，也可以是草本植物，或者是从球根、球茎或块茎生长出来的植物；少数种类是一年生植物。它们特别耐寒，适应极端气候，株型紧凑，株高很少超过15厘米。在它们自然生长的山区，它们低矮或匍匐的习性能够减少风的阻力，还能帮助它们抵御冬季积雪的重压。

高山地区的植物会体验强烈的阳光和新鲜的、经常移动的空气。它们的垫状生长习性以及小、肉质、多毛或羽毛状的叶片能保护它们在强风和烈日下不脱水。例如，高山火绒草（*Leontopodium alpinum*）的表面覆盖着有助于保持水分的绒毛，而长生草属（*Sempervivum*）植物的叶片拥有肉质的保水组织。

高山植物能够适应极端温度，但很少有种类能承受根系经常潮湿的冬季条件，或者温暖、湿润的夏季条件。在它们的自然生境，它们常常生长在薄而贫瘠、缺少养分的土壤中。大多数高山植物会长出巨大的根系，以寻找养分和水分。

容易种植的高山植物

许多高山植物物种及其更漂亮的品种在栽培需求上并不苛刻，很容易在开阔花园中种植。它们呈现出丰富的株型和形式，从微小的垫状植物到伸展的丛状种类；某些容易种植的高山植物可以开花至夏季。南庭芥属（*Aubrieta*）、石竹属（*Dianthus*）、福禄考属（*Phlox*）以及婆婆纳属（*Veronica*）的低矮品种会形成清晰鲜艳的"垫子"，可以用来为花坛镶边，它们的自然式伸展株型可以轻柔地软化直线。

需求严苛的高山植物

其他高山植物种类，如点地梅属（*Androsace*）及呈紧密垫状生长的虎耳草属植物，有特殊的需求，需排水非常通畅的土壤及冬季能排除多余水分的设施。大多数种类还需要大量阳光，但它们的根系必须保持凉爽；较低海拔的林地物种通常喜欢半阴及湿润的酸性土壤。

不过，只要给予它们排水良好的条件与适合的朝向，你仍然可以在花园中欣赏众多需求严苛的高山植物的丰富色彩和多样形式。最好的方法是将这些植物抬升到地面以上，将它们种植在专门建造的环境中，并使用含沙砾、排水良好的土壤或基质。

某些高山植物需要凉爽的根系环境和遮蔽。岩石园以及石墙或砖墙中的种植穴最适合这样的植物。在更自然的环境或者空间有限的情况下，抬升苗床或石槽也是美观的选择，特别是当建造它们的材料与周围环境互补时。独立式石槽还能在不同高度以及硬质平面（如露台和道路）上引入色彩。

岩生植物

岩生植物包括可用于框架（背景）种植的低矮乔灌木和为种植方案带来焦点的主景植物，它们不一定来自高山地区。有些种类（如海竹）出现在海滨生境，而许多微型球根植物的原产地是阳光充足的地中海山坡。和真正的高山植物一样，它们也需要排水良好的土壤，因此适合种在高山植物之中。小型宿根植物和低矮的耐干旱植物可用来在岩石园中设立框架；它们在低维护水平的沙砾园或岩屑园中也有用。由于许多真正的高山植物在春季和初夏开花，所以岩生植物如果花期较晚就更有价值了，因为它们能延长观赏期。

岩石园

良好修建的岩石园和岩缝园模仿自然岩石堆积效果，往往能创造出令人过目难忘的景致。它们尽可能复制高山植物的自然生境，创造出高山植物能够旺盛生长的条件——岩石下方的土壤提供了凉爽、湿润但排水通畅的根系环境，这是它们特别喜欢的。这种构造自然发生在倾斜

垫状莲座
长生草属植物在苔藓上长得很旺盛。

垂直栖息地
在自然界中，高山植物常常镶嵌在岩石之间，这个石槽中的板岩片中长满各种高山植物，复制了自然界中的景象。

地面上，而岩石园或岩缝园通常是处理斜坡场地的绝佳设计解决方案。

在岩石园中，露头岩石是通过将巨石或石头水平或接近对角线方向放入斜坡或土丘中形成的，这样可营造出岩层的感觉。在岩缝花园中，多块岩石被垂直放置在地面上，然后用尖砂填满它们之间的空间，令植物可在其中生根。这提供了对某些高山植物至关重要的良好排水条件。

岩石园的设计

为实现最好的视觉效果，岩石园的尺度应该按照现场能够容纳的最大限度建设。如果可能的话，选择一处排水良好的自然开阔缓坡。一系列带有沟壑的岩层穿插在其中会非常美观，特别是在设计中融入溪流和水池的话。

向阳的朝向适合大部分岩生植物，那些喜欢阴凉的种类可种植在大块岩石北侧的凉爽荫蔽穴坑中。在建设阶段小心地安排岩石的位置（见"放置岩石"，279页），以提供各种种植区域，从而满足多种高山植物的不同需要。

岩缝园的设计

岩缝园可以做成很大的规模，但比岩石园更适合小场地，因为它可容纳更多植物。将岩石垂直而非水平放置，可让植物获得雨水，同时确保良好的排水条件，提供许多高山植物所需的根系周围的凉爽条件。在夜间，大气中的水分在石头侧壁凝结，然后滴落到植物根部，模拟喜马拉雅高山植物在其原产地特别喜欢的条件，这意味着即使在夏季也很少需要补充浇水。

选择植物

在岩石园中，垫状生长的植物如'唐纳德·朗兹'密穗蓼（*Persicaria adffinis* 'Donald Lowndes'）在岩层之间的宽大石阶上生长得很好。数个高山植物种如春龙胆（*Gentiana verna*）喜欢深穴坑中多沙砾且排水良好的土壤，这让它们很适合用于岩缝种植。杂种露薇花（*Lewisia cotyledon*）以及'瀑布'虎耳草（*Saxifraga* 'Tumbling Waters'）都在莲座形叶片上开出瀑布般的白色花朵，它们在竖直岩壁的狭窄缝隙中生长得最好。高山或矮生石竹如高山石竹（*Dianthus alpinus*）和'火星'石竹（*D.* 'Mars'）会用整齐的叶子提供常绿的"垫子"，带有丁香香气、单瓣至重瓣以及呈红色、粉色或白色的花朵在夏季绽放并且持续开放到秋季，它们能

星罗棋布的色彩
以极简主义风格搭配在一起的板岩和踏石被众多绿色、黄色和粉色的高山植物点亮。

适应任何排水良好的区域。

在种植设计中融入尽可能多的季相变化。高山球根植物如平滑番红花（*Crocus laevigatus*）和'大花'拟伊斯鸢尾（*Iris histrioides* 'Major'）可在冬季或早春带来生机，而地中海仙客来和黄花韭兰（*Sternbergia lutea*）会在秋季带来一抹趣味。为得到全年的色彩，可融入一些低矮的常绿植物如'矮锥'日本扁柏（*Chamaecyparis obtusa* 'Nana Pyramidalis'），以及低矮的灌木如'小叶'布氏长阶花（*Hebe buchananii* 'Minor'）。

可以使用拥有不同寻常的叶片或茎干并且在高度和形态上有差异的物种为种植增添质感和结构。对比鲜明的叶片质感特别引人注目，例如，醒目的肉质莲座植物可以搭配白头翁属（*Pulsatilla*）的精致叶片和花朵。

岩屑堆

在山上，自然风化过程会产生大量堆积在一起的碎岩石和石块，形成石坡。这些松散的石坡称为岩屑堆（scree），许多植物会在这种生境中繁衍。在岩屑堆中生长的植物是高山植物中最美丽的种类，完全值得在种植中对它们多加呵护。

岩屑床

种植岩屑床是为了复制岩屑堆的自然生境。岩屑很深，最好是用不同大小的石块堆积而成的缓坡，其中混入合适的基质（见"岩屑植物混合基质"，278页）。可以在平地上堆起岩屑，从地面上抬起以利于排水，实际上成为一种抬升苗床（见"抬升苗床"，273页）。在岩屑堆中生长的植物常常有浓密的叶片，形成低矮的垫状，还有许多开放鲜艳的小花。小碎石形成的中性背景可以完美地衬托这种丰富的质感和色彩。

需求严苛的植物如金地梅（*Vitaliana primuliflora*）、簇生牛舌草（*Anchusa cespitosa*）以及高山勿忘草（*Myosotis alpestris*）都能在岩屑堆中生长得很好。其他容易种植的岩石园植物也喜欢这样的生长条件。某些种类如主要观赏银色叶片的银叶蓍草（*Achillea clavennae*）和蒿属植物（*Artemisia glacialis*）可以为明亮的色彩提供柔和的衬托。包括粉花点地梅（*Androsace*

岩石园和气候变化

岩石园、岩缝园、岩屑园和沙砾园有时被认为是费工的，但在干旱炎热的夏季出现得更频繁的变化气候中，它们的受欢迎程度可能会提高。这些方法可以令人满意地在较小区域内种植多种美观植物，并且在生态上也是合理的。

虽然某些来自最高海拔的高山植物不能忍耐长期高温，但用在这些景观中的许多植物是耐干旱的，常常拥有很长的直根深入土壤中寻找水分。根系在岩石、岩屑和沙砾下能够保持凉爽，雨水能轻松地渗透到下层的土壤中，而从这些材料表面蒸发散失的水分很少。

许多高山植物和小型灌木在这样的条件中能旺盛生长，而引入小型早花和晚花球根植物来补充众多鲜艳的高山植物，能够得到连续的观赏期。

它们是完全低水平维护的园艺方式，并且能创造美观多彩的花园空间，只需定期将风吹来的种子长出的杂草清除即可（见"在变化的气候中开展园艺"，24～27页）。

carnea subsp. *laggeri*）在内的众多物种会自播繁衍。岩芥叶风铃草（*Campanula cochleariifolia*）小小的蓝色钟形花朵会为花园带来春的讯息。

整合岩屑床

如果有足够空间，可以将岩屑床融入岩石园中，形成醒目、统一的设计，并提供广泛类型的生境。岩屑床衬托着大块岩石的效果特别美观。或者在岩石园中加入填充岩屑的坑穴，种植那些根颈周围需要良好排水的种类。例如，簇状生长的红萼石竹（*Dianthus haematocalyx*）就喜欢松散干燥石块形成的土壤表面。

融入几块较大岩石能强化岩屑床的视觉效果。将植物种植在它们基部，可柔化岩石的轮廓。

沙砾床和铺装

沙砾或鹅卵石区域以及铺装还可以取代费工费水的传统景致（如草本花境和草坪）。硬质材料的来源越来越多样化，许多是采石业的副产品，因此减轻了人们在环保方面的担忧。它们在外观上比之前应用的产品更加自然，因此在花园中的效果也更加美观与和谐。

这些硬质园林景观中必须种植植物，以免显得严酷和贫瘠。然而，要想成功地使用与这些材料互补的岩石园和耐旱植物，需保证下层的土壤排水良好。需要在土壤中加入粗砂以改善排水，或者加设碎石基底层来渗走多余的水分（见"如何修建渗滤坑"，589页）。设置缓坡也有利于排水。

在向阳缓坡上，若在排水良好的土壤表面覆盖沙砾或鹅卵石，就是地中海风格混合种植的理想环境。海滨植物如海石竹、补血草及黄花海罂粟（*Glaucium flavum*）也会旺盛地生长。可不用低矮松柏作为基调植物，尝试叶片灰绿色的小型灌木如银毛旋花（*Convolvulus cneorum*）

强烈的对比
（上）'琼之血'高山石竹（*Dianthus alpinus* 'Joan's Blood'）那宝石般的色彩与其生长的岩石形成非常鲜明的对比。

岩屑床
（左）模仿自然岩屑堆是一种展示不同形式植物的有效方法，还是一种低维护水平的园艺方式。

人工建造的环境

铺有沙砾的抬升苗床重现了自然岩屑生境,并为一系列长生草属物种提供了完美的生长条件,增加了花园中适合不同植物的环境范围。

园植物来说肥力过强了。

抬升苗床

在小型花园中,抬升苗床能高度经济地利用有限空间。在较大的花园中,狭窄的抬升苗床能成为美观的边界景致。抬升苗床的规则式外表能很好地融入许多现代花园的设计和布局。在难以获得合适岩石或者岩石过于昂贵的地区,抬升苗床可以代替岩石园。

由于排水不受下层土壤的影响,抬升苗床在土壤排水不良(如潮湿的黏土)的花园中特别有用。另外,抬升苗床的大小应该适合安装冷床天窗,以保护那些冬季不耐过多水分的物种,同时又不会限制植物周围空气的自由流动。各种不同的材料都可以用来建造抬升苗床,包括传统的砖砌或干垒石墙,以及木质铁轨枕木。更多信息见"抬升苗床",577页。

在抬升苗床中种植

大的抬升苗床可分隔成独立的区块,每个区块使用不同基质以满足不同植物类群的特殊需要。可在基质表面放置和插入岩石,以提供质感上的对比,并为需要它们的植物提供垂直生态位和岩缝。

矩形抬升苗床有几个不同的朝向,因此可以将不同需求的植物分别种在阳面和阴面。除了在苗床本身中种植植物,苗床的侧壁也可以用来融入种植空间,和墙壁用于种植蔓生物种的方式一样。

选择那些随季节变化可持续不断观赏的植物。喉凸苣苔(*Haberlea rhodopensis*)浓密的常绿莲座型叶片会在春季抽生出漏斗状花朵,它可以在夏季被洋牡丹(*Aquilegia flabellata*)接续,后者是簇生高山植物,会开出钟形浅蓝色花朵,花瓣凹陷并有短距。这两种植物都喜欢半阴,并且尺寸较小,种在抬升苗床中不显得拥挤。

在向阳处,可选择紧凑的石竹属物种,如高山石竹和'军士'石竹(*D.* 'Bombardier'),而'黑恩莱博士'狐地黄(*Erinus alpinus* 'Dr Hähnle')可以从挡土墙上垂吊下来。

墙壁

花园墙、抬升苗床的侧壁,以及台阶缓坡的挡土墙都可以进行改造,为高山植物和岩石园

及长而尖的宿根植物如麻兰。在阳光充足的露台上,岩缝及铺装块之间的种植空间若填充了排水良好的土壤,就可为低矮喜阳植物提供理想的生长条件。露台还能为盆栽岩生植物提供美丽的背景(见"石槽和其他容器",274页)。

喜酸植物

需要酸性土或林地环境的高山植物并不总能轻松地适应岩石园的环境。喜酸植物如熊果属(*Arctostaphylos*)、岩须属(*Cassiope*)、龙胆属植物以及大多数越橘属(*Vaccinium*)物种只能在低pH值的土壤中茂盛生长,而林地植物喜欢潮湿荫蔽的条件和富含腐殖质的土壤。专门建造的含有喜酸植物基质的苗床会提供湿润的酸性生长环境,将其置于半阴环境中时,可模仿林地的生长条件。

位置和材料

富含腐殖质的酸性苗床可作为单独的花园景致或岩石园的延伸建造。岩石园朝北的阴凉提供了理想的条件。不要直接将富含腐殖质的酸性苗床放到树下,因为雨后从树叶上滴落的水滴可能损伤树下的植物。为得到最好的效果,苗床所处的位置应该在一年中的部分时间被阳光照射。

传统上,这样的高山苗床会填充泥炭藓,它拥有pH值低、透气性和保水性良好的特点。然而,泥炭资源如今受到保护,不应再使用(见"泥炭问题",17页)。基于腐叶土、树皮或椰壳纤维的酸性基质拥有类似泥炭的性质,可取代泥炭制品。不过,树皮和椰壳纤维常常会加入大量氮肥(大部分以尿素的形式);虽然它们适合生长快速的植物,但对喜酸植物和大部分岩石

植物提供种植场所。

如果可能的话，在修建这样的墙壁时，在石头或砖块之间留下空隙、岩缝或裂缝，以便在修建完成后进行种植。

选择植物

垫状植物最适合，包括颖状彩花（*Acantholimon glumaceum*），或者西洋石竹（*Dianthus deltoides*）以及其他高山石竹。根颈易腐烂的植物（如露薇花属和欧洲苣苔属物种）适合生长在墙壁中，因为它们的根系喜欢岩缝提供的凉爽和良好排水条件。蔓生半常绿的腋花金鱼草（*Asarina procumbens*）会开出与金鱼草相似的花，而灌丛状的矮钓钟柳（*Penstemon newberryi* f. *humilior*）会在拱形枝条上开出丰富的花朵，它们都是理想的墙壁植物。

干垒石墙

这些墙壁为许多岩石园植物的根系提供了充足的穿插空间，并且排水非常畅通。独立式单层或双层干垒石墙搭配精心选择的植物会成为非常美观的景致。排水良好的顶部非常适合垫状植物如匍匐丝石竹（*Gypsophila repens*）或岩生肥皂草（*Saponaria ocymoides*）；它们都会沿墙壁边缘漂亮地垂下来。虎耳草属及长生草属植物整洁的莲座可点缀在墙壁的表面，在墙壁两面的垂直侧壁可以同时种植喜阳和喜阴植物。

石槽和其他容器

容器提供了在小型花园中种植高山植物的机会，且可放置在通道或阶梯两边。老旧的石槽是很漂亮的岩生植物容器，但很难弄到，而且很贵。用人造凝灰岩制作的石槽或外层覆盖这种材料的上釉石槽（见"如何制作人造凝灰岩石槽"，282页）比较便宜。石槽可以用来给露台和庭院或者较大花园中的台阶和碎石区增添景致（见"选择容器"，316页）。

在石槽中种植

最小的高山植物通常是最精致的。'迷你'蝶须（*Antennaria dioica* 'Minima'）以及其他紧凑的高山植物和岩生植物应该用于这样的容器中。可以通过仔细的选择，用低矮和蔓生物种的群落形成一个微型岩石园。

试着在高度上引入一些变化。使用小型松柏类如'矮锥'日本扁柏（*Chamaecyparis obtusa* 'Nana Pyramidalis'）或'津山桧'欧洲刺柏（*Juniperus communis* 'Compressa'）以及矮生乔木如'艺伎'榔榆（*Ulmus parvifolia* 'Geisha'）作为框架植物，选择其他植物如瓶花风铃草（*Campanula zoyssi*）、高山石竹或小苞石竹（*D. microlepis*）用于中景和前景。还可以加入微型灌木，全年提供充满对比的形式和色彩。

其他容器

若使用合适基质并采取良好的养护措施，几乎所有容器都能得到很好的种植效果，只要提供充足的排水即可。大型花盆和木桶适合种植少量最精小的高山植物，特别是那些会从容器边缘垂下来的种类，如夏弗塔雪轮（*Silene schafta*）。小型容器适合株型紧凑、生长缓慢的植物，如矮点地梅（*Androsace chamaejasme*）和卷绢（*Sempervivum arachnoideum*）。旧烟囱管帽种上景天属或长生草属物种也是一道迷人的景致。

高山植物温室

在野外，许多高山植物会在厚厚的积雪下过冬，积雪能阻挡多余的水分、寒冷干燥的风及严重的霜冻；积雪下的温度只在冰点浮动。在海拔较低的花园中，生长条件发生了很大变化，需求较严苛的高山植物需要园艺设施的保护。

对某些植物来说，简单的开口钟形罩就能提供足够的保护，但在专门设计的温室或高山植物温室中（见"高山植物温室"，546页），可种植的植物种类会大大增多，并能让园丁们尝试一些需求最严苛的植物。微型物种最适合种植在容器中，并能让金色花瓣紫色花的苏格兰报春（*Primula scotica*）等细小的植物在不被邻近更健壮的植物淹没的情况下得到更好的欣赏。

使用高山植物温室

高山植物温室可在精心控制的条件中容纳多种高山植物。观赏期可以延续到初冬，此时花园中的色彩已经非常稀少了。早春，观赏性会大大提升，大部分真正高山植物会开花。在矮生灌木、球根植物、松柏类以及蕨类融入种植方案的地方，观赏期可以延长至全年（见"高山植物温室和冷床"，289~291页）。

干旱生境
开小粉花的'乔治·亨利'露薇花（*Lewisia* 'George Henley'）快活地生长在干垒石墙上。

水槽花园
填充沙砾生长基质的石头水槽为高山植物提供了排水顺畅的完美条件。在这里，高山植物与刺柏属和扁柏属的低矮种类种在一起。

岩生植物的种植者指南

暴露区域

能忍耐暴露或多风区域的岩生植物

蝶须 Antennaria dioica H5
波旦风铃草 Campanula portenschlagiana H5
无茎刺苞菊 Carlina acaulis H7
对叶景天 Chiastophyllum oppositifolium H5
粉花还阳参 Crepis incana H5
仙女木 Dryas octopetala H7
墨西哥飞蓬 Erigeron karvinskianus H5
刺芹属 Eryngium H6-H3 ⬛
铁仔大戟 Euphorbia myrsinites H5
长阶花属 Hebe H6-H3 ⬛
半日花属 Helianthemum H7-H4
网状补血草 Limonium bellidifolium H5
翼首花 Pterocephalus perennis H4
景天属 Sedum H7-H1b ⬛
长生草属 Sempervivum H7-H5
独叶雪轮 Silene uniflora H7
穗花婆婆纳 Veronica spicata H4

干燥阴凉

耐干燥条件和半阴的岩生植物

塔形筋骨草 Ajuga pyramidalis H7,
　匍匐筋骨草 A. reptans H7
丹麦石竹 Dianthus carthusianorum H7,
　西洋石竹 D. deltoides H6
心叶双距花 Diascia barberae 'Fisher's Flora' H4,
　'宝石'红双距花 D. barberae 'Ruby Field' H4
牻牛儿苗属物种 Erodium guttatum H3
翅茎小金雀 Genista sagittalis H5
匍匐丝石竹 Gypsophila repens H5
铁筷子属 Helleborus H6
紫斑野芝麻 Lamium maculatum H7
岩生肥皂草 Saponaria ocymoides H5
林石草 Waldsteinia ternata H7

湿润阴凉

喜湿润阴凉的岩生植物

林石草 Adonis amurensis H7
岩须属 Cassiope H6
地中海仙客来 Cyclamen hederifolium H5,
　欧洲仙客来 C. purpurascens H5
巴尔干瑞香 Daphne blagayana H6
银河草 Galax urceolata H5
獐耳细辛 Hepatica nobilis H6,
　罗马尼亚獐耳细辛 H. transsilvanica H5
荷青花 Hylomecon japonica H5
冠状鸢尾 Iris cristata H6
西欧绿绒蒿 Meconopsis cambrica H6
报春花属 Primula H7-H2（许多物种和品种）
血根草 Sanguinaria canadensis H5
独花岩扇 Shortia uniflora H6
美国金罂粟 Stylophorum diphyllum H6
延龄草属 Trillium H5-H4

岩屑园

颖状彩花 Acantholimon glumaceum H7
大花岩芥菜 Aethionema grandiflorum H5,
　'沃利粉红'岩芥菜 A. 'Warley Rose' H5
山庭芥 Alyssum montanum H6
绵毛点地梅 Androsace lanuginosa H5,
　喜马拉雅点地梅 A. sarmentosa H5,
　长生点地梅 A. sempervivoides H5
高山石竹 Dianthus alpinus H6,
　安纳托利库斯石竹 D. anatolicus H4,
　刺猬石竹 D. erinaceus H6
狐地黄 Erinus alpinus H6
藓状石头花 Gypsophila aretioides H7
高山柳穿鱼 Linaria alpina H7
伯舍罂粟 Papaver burseri H6,
　日本罂粟 P. fauriei H4,
　雷蒂亚罂粟 P. rhaeticum H7
高山薄果荠 Pritzelago alpina H4
长生草属 Sempervivum H7-H5
无茎蝇子草 Silene acaulis H6
'微型'有距堇菜 Viola cornuta 'Minor' H5,
　堇菜属物种 V. jooi H5

岩缝和铺装

紫芥菜 Aubrieta deltoidea H4（许多品种）
金庭芥 Aurinia saxatilis H5
岩芥叶风铃草 Campanula cochleariifolia H5,
　波旦风铃草 C. portenschlagiana H5
狐地黄 Erinus alpinus H6
斗篷状牻牛儿苗 Erodium reichardii H5
浅纹老鹳草 Geranium sanguineum var. striatum H7
心叶地团花 Globularia cordifolia H5
科西嘉薄荷 Mentha requienii H7
变色滇紫草 Onosma alborosea H5,
　昭苏滇紫草 O. echioides H7
具梗铜锤玉带草 Pratia pedunculata H4
狭叶蓝盆花 Scabiosa graminifolia H4
百里香属 Thymus H7-H5

墙壁岩缝

西班牙金鱼草 Antirrhinum hispanicum H4,
　柔金鱼草 A. molle H3
'柠檬'金庭芥 Aurinia saxatilis 'Citrina' H5
波旦风铃草 Campanula portenschlagiana H5
狐地黄 Erinus alpinus H6
心叶地团花 Globularia cordifolia H5
喉凸苣苔 Haberlea rhodopensis H5
杂种露薇花 Lewisia cotyledon H4（hybrids）
滇紫草属植物 Onosma taurica H5
美丽花荵 Polemonium pulcherrimum H7
欧洲苣苔 Ramonda myconi H5
硬皮虎耳草 Saxifraga callosa H5,
　匙叶虎耳草 S. cochlearis H5,
　长叶虎耳草 S. longifolia H5,
　长寿虎耳草 S. paniculata H5
'罗宾怀特布莱斯特'独叶雪轮 Silene uniflora 'Robin Whitebreast' H7

石槽

簇生牛舌草 Anchusa caespitosa H5
点地梅属 Androsace H5（小型物种和品种）
'迷你'蝶须 Antennaria dioica 'Minima' H4
紫花蚤缀 Arenaria purpurascens H5
粉花车前草 Asperula suberosa H3
瑞香属 Daphne H7-H3
高山石竹 Dianthus alpinus H6,
　石竹属植物 D. freynii H6
'迷你'仙女木 Dryas octopetala 'Minor' H7
小岩风铃 Edraianthus pumilio H5
岩生龙胆 Gentiana saxosa H3,
　早春龙胆 G. verna subsp. angulosa H5
半日花 Helianthemum oelandicum H5
'矮生'猪毛菜状亚麻 Linum suffruticosum subsp. salsoloides 'Nanum' H7
高山勿忘草 Myosotis alpestris H6
双色脐果草 Omphalodes luciliae H4
九叶酢浆草 Oxalis enneaphylla H4
大花拟楼斗菜 Paraquilegia anemonoides H6
三脉岩绣线菊 Petrophytum hendersonii H5
钻叶福禄考 Phlox subulata H6
粉报春 Primula farinosa H7,
　齿缘报春 P. marginata H5
虎耳草属 Saxifraga H7-H2（许多物种和品种）
岩缝景天 Sedum cauticola H5
圆币草 Soldanella alpina H6,
　山圆币草 S. montana H5
'迷你'亚麻百里香 Thymus serpyllum 'Minus' H5
金地梅 Vitaliana primuliflora H6

抬升苗床

'沃利粉红'岩芥菜 Aethionema 'Warley Rose' H5
点地梅属 Androsace H5
柔金鱼草 Antirrhinum molle H3,
　金鱼草属植物 A. sempervirens H3
异色楼斗菜 Aquilegia discolor H7,
　洋牡丹 A. flabellata H5
杜松叶海石竹 Armeria juniperifolia H5
垫芹 Bolax gummifera H6
美花草 Callianthemum anemonoides H6
擎钟花 Campanula raineri H5,
　瓶花风铃草 C. zoysii H7
匈牙利瑞香 Daphne arbuscula H5,
　欧洲瑞香 D. cneorum H5,
　'大花'意大利瑞香 D. petraea 'Grandiflora' H5,
　'切瑞顿'瑞香 D. x susannae 'Cheriton' H5,
　'博沃思'瑞香 D. x whiteorum 'Beauworth' H6
石竹属 Dianthus H7-H2
硬叶葶苈 Draba rigida var. bryoides H5
岩风铃属植物 Edraianthus dinaricus H4,
　草叶岩风铃 E. graminifolius H5
猬豆 Erinacea anthyllis H5
无茎龙胆 Gentiana acaulis H5,
　早春龙胆 G. verna subsp. angulosa H5
平卧地团花 Globularia meridionalis H5,
　匍匐地团花 G. repens H5
喉凸苣苔 Haberlea rhodopensis H5
高山火绒草 Leontopodium alpinum H6,
　白火绒草 L. alpinum subsp. nivale H5
露薇花属 Lewisia H7-H4（部分物种和杂种）
牛至属 Origanum H7-H3（部分物种和杂种）
腺果酢浆草 Oxalis adenophylla H5,
　九叶酢浆草 O. enneaphylla H4,
　'艾奥尼海克'酢浆草 O. 'Ione Hecker' H4
伯舍罂粟 Papaver burseri H6,
　日本罂粟 P. fauriei H4
大花拟楼斗菜 Paraquilegia anemonoides H6
耳叶报春 Primula auricula H5,
　齿缘报春 P. marginata H5
欧洲苣苔 Ramonda myconi H5
少妇虎耳草 Saxifraga cotyledon H7,
　长叶虎耳草 S. longifolia H5,
　'瀑布'虎耳草 S. 'Tumbling Waters' H5
长生草属 Sempervivum H7-H5
无茎蝇子草 Silene acaulis H6
'利蒂希娅'毛蕊花 Verbascum 'Letitia' H4

低矮灌木

'致密珊瑚'狭叶小檗 Berberis x stenophylla 'Corallina Compacta' H5 Ev
矮灌桦 Betula nana H7
'亮绿'日本扁柏 Chamaecyparis obtusa 'Intermedia' H5
'矮球'日本柳杉 Cryptomeria japonica 'Vilmoriniana' H6 C
欧洲瑞香 Daphne cneorum H5 Ev,
　凹叶瑞香 D. retusa H5 Ev,
　绢毛瑞香 D. sericea H5 Ev
猬豆 Erinacea anthyllis H5 Ev
长圆叶常绿千里光 Euryops acraeus H4 Ev
镰叶小金雀 Genista sagittalis subsp. delphinensis H4
'小叶'布氏长阶花 Hebe buchananii 'Minor' H5 Ev
'马氏'齿叶冬青 Ilex crenata 'Mariesii' H6 Ev
'津山桧'欧洲刺柏 Juniperus communis 'Compressa' H7 C
硬毛百脉根 Lotus hirsutus H4
珊瑚新蜡菊 Ozothamnus coralloides H3 Ev
'克兰巴西'挪威云杉 Picea abies 'Clanbrassiliana' H7 C,
　'格雷戈里'挪威云杉 P. abies 'Gregoryana' H4 C,
　'尖塔'白云杉 P. glauca var. albertiana 'Conica' H7 C
'毕斯'金露梅 Potentilla fruticosa 'Beesii' H7
波氏柳 Salix x boydii H7
矮丛花楸 Sorbus reducta H5

注释

⬛　只能用于岩生园的物种
C　松柏类
Ev　常绿植物
H = 耐寒区域，见 56 页地图

建造、土壤准备和种植

可以使用各种方法在花园中种植高山植物。将它们种在岩石园中可能是最为人熟知的方式，但这会占据大量空间。对于规模较小的种植，岩屑堆、抬升苗床和墙壁上的岩缝都可以成为非常吸引人的景致。在空间更加有限的地方，石槽或其他容器也可用来种植高山植物。

购买植物

如果精心选择植物，岩石园应该能够全年提供观赏趣味。在购买任何植物之前，先进行调查研究，找出在气候、土壤以及整体环境方面适合你所在地点的植物范围。造访公园和植物园中建成的岩石园，评价各种植物的相对价值：形状、样式、叶色、果实、茎干及生长习性，它们都和花朵一样重要。

在哪里购买植物

植物的来源很广泛，包括园艺中心、专业苗圃和在线供应商。非专业渠道常常出售种类有限的鲜艳品种和容易栽培的物种；这些种类会形成大而伸展的团簇，很快盖过更精致的植物。

专业苗圃的植物储备最广泛，而且可以对特定条件下最合适的植物选择提出明智的意见。它们常常有展示成熟植株的苗床，让你能够了解不同植物最终的大小、冠幅和株型，这些信息在设计阶段特别重要。这样的专业零售商还可以提供栽培方面的详细建议，以及关于基质和岩石供应商的信息。

当心不正规的在线供应商，他们可能违反保护法规，出售从野外采集的植物（见"负责任的植物购买"，19页）。稀有或不常见的植物最好从专业供应商那里购买，因为它们可能不适用于普通岩石园。这样的植物可能很漂亮，但常常很贵，并且难以栽培。它们是充满诱惑的挑战，但只能在获得栽培建议后再购买。

选择高山植物

选择叶片健康、紧凑，没有病虫害或脱水迹象的植株。不要买枝叶发黄或柔弱的植株，这表示它们之前可能处于不良的光照条件下。植物标签应该记录植物名称、花期以及简明栽培需求。

植株不能被容器束缚，通过容器基部的排水孔不能看到或刚刚看到根系。不要购买任何根系已经深入容器下方土地中的植株，这些植株几乎肯定受到了容器的束缚。在根系受损或者已经死亡后，植株的地上部分还可能保持一段时间的健康，所以要将植株倒出花盆并仔细检查根坨。

有时可以买到较大的植株，但必须对它们进行正确的栽培并精心浇水，否则它们需要花费比那些小而健壮的植株更长的时间恢复。

尽可能选择没有杂草的植株。在种植前，刮走表层沙砾或基质以清除杂草的种子。如果将碎米芥菜（*Cardamine hirsuta*）和仰卧漆姑草（*Sagina procumbens*）等杂草引入，

如何选择高山植物

虎耳草

健康的紧密枝叶

无杂草的基质

好样品

枝叶柔弱，不匀称

基质中有杂草

在花盆中卷曲缠绕的根系

坏样品

为岩石园选址

如果可能的话，将岩石园建造在缓缓倾斜的地面上，以保证排水的顺畅。选择接受全日照的开阔区域，远离乔木和大型灌木的根系和伸出来的树枝。

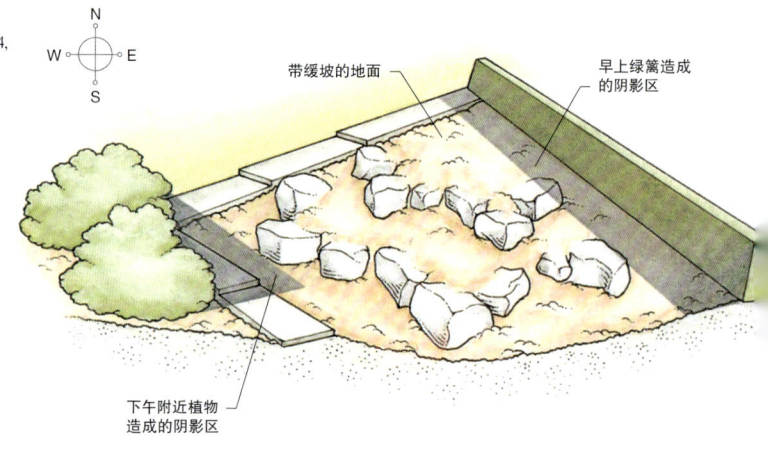

带缓坡的地面

早上绿篱造成的阴影区

下午附近植物造成的阴影区

喜酸性土壤的岩生植物

阿尔卑斯熊果 *Arctostaphylos alpina* H7
岩须属 *Cassiope* H6
克什米尔紫堇 *Corydalis cashmeriana* H5,
　穆坪紫堇 *C. flexuosa* H5
蓝钟花属 *Cyananthus* H5-H4
白珠树状地桂 *Epigaea gaultherioides* H5,
　匍匐地桂 *E. repens* H6
银河草 *Galax urceolata* H5
白珠树属 *Gaultheria* H6-H2
华丽龙胆 *Gentiana sino-ornata* H5
白根葵 *Glaucidium palmatum* H5
喉凸苣苔 *Haberlea rhodopensis* H5
狭叶山月桂 *Kalmia angustifolia* H5,
　小叶山月桂 *K. microphylla* H4
黄杨叶石南 *Leiophyllum buxifolium* H4
须石南 *Leucopogon fraseri* H4
筒花木藜芦 *Leucothöe keiskei* H5
北极花 *Linnaea borealis* H6
匍卧木紫草 *Lithodora diffusa* H5
璎珞杜鹃 *Menziesia ciliicalyx lasiophylla* H6
美国蔓虎剌 *Mitchella repens* H6
簇生匍地梅 *Ourisia caespitosa* H4,
　智利匍地梅 *O. coccinea* H4,
　智利匍地梅 *O.* 'Loch Ewe' H4

七叶一枝花 *Paris polyphylla* H3
松毛翠 *Phyllodoce caerulea* H7,
　母樱 *P. nipponica* H6
矮生马醉木 *Pieris nana* H6
革叶远志 *Polygala chamaebuxus* H7,
　比利牛斯远志 *P. vayredae* H7
'白花'叶苞脆蒴报春 *Primula boothii* 'Alba' H4,
　纤柄脆蒴报春 *P. gracilipes* H7,
　矮报春 *P. nana* H7,
　苣叶报春 *P. sonchifolia* H6
圆叶鹿蹄草 *Pyrola rotundifolia* H7
杜鹃花属 *Rhododendron* H7-H1c（低矮物种）
重瓣血根草 *Sanguinaria canadensis* f. *multiplex* H5
流苏岩扇 *Shortia soldanelloides* H6
密毛圆币草 *Soldanella villosa* H6
日本峨屏草 *Tanakaea radicans* H5
苍山越橘 *Vaccinium delavayi* H4,
　欧洲越橘 *V. myrtillus* H6,
　笃斯越橘 *V. uliginosum* H7

注释

H = 耐寒区域，见56页地图

天然岩层

层积岩（如白垩和石灰岩）拥有天然的层状结构，肉眼清晰可见。这种类型的岩石可以沿着层状结构很容易地劈开，可用于岩石园中。

自然界中形成的层积岩，其层状结构通常是朝着同一个方向的；在岩石园中模仿相同的层积效果，否则人为痕迹会显得太重。

自然分层线

它们一旦成形就很难彻底清除了。

许多作为岩石园植物出售的种类（例如某些观赏葱）会大量结实并自播。小心地选择植物，以免引入这些麻烦的种类。

为岩石园或岩屑床选址

好的位置对岩石园或岩屑床至关重要，因为高山植物需要良好的光照和排水条件才能旺盛生长。岩石园或岩屑床应该和花园的其他部分和谐一致、融为一体。开始建设之前，先在纸上画出草图，展示岩石园或岩屑床与花园中其他景致的关系。可以将岩屑床融入岩石园，亦可单独建设。

选择位置

选择远离乔木树冠的开阔向阳处。乔木会向下方的植物滴水，而且秋季的落叶还会遮盖植物或者产生潮湿的环境，从而导致植物腐烂。乔木的根系会与植物争夺水分和养分。不要将岩石园或岩屑床设置在霜穴中或者暴露在寒冷干燥的通风位置。

缓坡是岩石园的理想位置；它有良好的排水，而且人造岩层看起来更加自然，还能提供不同的穴坑和朝向以满足不同植物的生长需求。对于地势平坦的地点，岩屑床（见"建造岩屑床"，280页）或抬升苗床（见"抬升苗床"，283~285页）是更合适的选择。

岩石园或岩屑床最好设置在能够融入花园中自然种植区域的地方，可以在缓坡上、台地旁，也可以作为自然式岩层从灌木区伸出来。如果有水景（如池塘和溪流），应该在设计早期将它们纳入计划中。如果岩石园或岩屑床要设置在草坪旁，应保证它们不会干扰草坪的割草和修边。它们在草本花境、花坛以及任何其他规则的种植区域（如蔬菜或果园旁边）都不可能显得自然。如果主花园是规则式的，那么最好将高山植物种植在矩形的抬升苗床中，而不是尝试着将自然式岩石园融入设计。

选择岩石

对于建造岩石园，废弃或二手岩石始终是可持续性最强的选择。

如果找不到，可以尝试去当地采石场检查石头，并挑选不太大的合适岩块。选择一系列不同大小的石头，建造外观自然的岩层。园艺中心会提供各种岩石，但有时尺寸和形状都很有限。也可以使用再生岩石产品。

天然岩石

某些类型的岩石，特别是水冲石灰岩，在自然环境中正遭受巨大的威胁，出于保护资源的考虑，它们如今受到保护，不应该使用这些岩石。有时候能够买到已经开采很久的二手水冲石灰岩，但不要购买任何新开采的水冲石灰岩或者任何从其自然环境中采集以及从石墙上扒下来的岩石。

不要使用柔软、快速风化的岩石（如页岩和白垩），也不要使用坚硬、无生气、没有岩层结构的火成岩，如花岗岩和玄武岩。没有清晰岩层的坚硬岩石可能很便宜，但很难使用，需要数年才能得到风化外表，并且很少会显得自然。其他材料（如板岩）也可使用，但很难融入花园的环境。

最适合的材料是各种各样的砂岩，其中的自然岩层清晰可见。使用岩层结构明显的岩石有一个好处：可以轻松劈开。

土壤和土壤混合物

在自然界中，许多高山植物和岩石园植物生长在岩石碎块、沙砾，以及具有保水作用、富含腐殖质、由岩石碎屑构成的"土壤"中。这样的生长介质排水性极好，而在岩石园或岩屑床中使用性质相似的基质非常重要。

在普通园土中加入泥炭替代物或沙砾，在一定程度上可以使它变得适合栽培大多数岩石园植物和高山植物，但对于那些对水分更敏感的物种（如那些生长在岩屑床上的种类），则需要大量沙砾来提供良

喜沙质土的岩生植物

天蓝猬莓 Acaena caesiiglauca H4,
　小叶猬莓 A. microphylla H5
凯氏蓍草 Achillea x kellereri H4
'沃利粉红'岩芥菜 Aethionema
　'Warley Rose' H5
斑叶匍枝南芥 Arabis procurrens 'Variegata' H4
山蚤缀 Arenaria montana H5
杜松叶海石竹 Armeria juniperifolia H5
'矮生'蒿叶蒿 Artemisia schmidtiana
　'Nana' H5
圆叶宽萼苏 Ballota pseudodictamnus H4
长雀花 Cytisus x beanii H5
丹麦石竹 Dianthus carthusianorum H7,
　西洋石竹 D. deltoides H6
牻牛儿苗属物种 Erodium guttatum H3
匍匐丝石竹 Gypsophila repens H5
半日花属 Helianthemum H5
石生屈曲花 Iberis saxatilis H6
杂种露薇花 Lewisia cotyledon hybrids H4
猪毛菜状亚麻 Linum suffruticosum H7
昭苏滇紫草 Onosma echioides H7,
　滇紫草属植物 O. taurica H5
二裂福禄考 Phlox bifida H6
岩生肥皂草 Saponaria ocymoides H5
景天属 Sedum H7-H1b 部分种类 1
长生草属 Sempervivum H7-H5

在大部分土壤中茁壮生长的岩生植物

岩芥菜属 Aethionema H5-H4
庭芥属 Alyssum H7-H5
多裂银莲花 Anemone multifida H4
南庭芥属 Aubrieta H6
风铃草属 Campanula H7-H2
石竹属 Dianthus H7-H2
葶苈属 Draba H7-H5
矮糖芥 Erysimum helveticum H7
圆柱根老鹳草 Geranium farreri H7
匍匐丝石竹 Gypsophila repens H5
半日花属 Helianthemum H7-H4
高山火绒草 Leontopodium alpinum H6
高山柳穿鱼 Linaria alpina H7
牛至属 Origanum H7-H3
伯舍罂粟 Papaver burseri H6,
　日本罂粟 P. fauriei H4
白头翁属 Pulsatilla H5
白舌假匹菊 Rhodanthemum hosmariense H4
岩生肥皂草 Saponaria ocymoides H5
虎耳草属 Saxifraga H7-H2
景天属 Sedum H7-H1b（只有物种）
长生草属 Sempervivum H7-H5（只有物种）
夏弗塔雪轮 Silene schafta H5
簇生百里香 Thymus caespititius H5

注释
H = 耐寒区域，见56页地图

岩石的类型

在选择天然岩石时，要考虑它将如何风化。砂岩和石灰岩都是很好的选择，它们坚硬耐磨，又不过于致密。本土岩石总是与周围环境最协调，而且一系列不同大小的石块将创造出自然感。尽量使用回收的岩石。

砂岩　　　　　石灰岩

好的排水。

标准混合基质

1份消毒园土、1份泥炭替代物和1份尖砂或粗砾的混合物适合种植大多数岩石园植物。富含腐殖质的材料保证了保水性，而沙子或沙砾保证了良好的排水性。

岩屑植物混合基质

岩屑植物需要排水性非常好的基质。使用和上述标准基质相同的成分，但配比不同：使用3份粗砾或石屑（不是沙子），而不是1份。

要想得到排水更通畅的基质，还可以再增加砾石材料的比例。在干旱地区，石屑可能必须降低到2份；或者使用保水性更好的混合基质（由1份壤土、2份腐叶土、1份尖砂以及4份石屑构成）。

专用混合基质

某些挑剔的高山植物，如微型垫状的点地梅属和虎耳草属植物，需要排水性极好的基质。这些植物通常来自土壤养分含量很低的高海拔地区。对于这些植物，使用由2份或3份石屑（或砾石）加1份壤土或腐叶土（或泥炭替代物）混合而成的基质。

对于喜酸植物，使用4份不含灰的腐叶土、泥炭替代物、腐熟树皮与1份粗砂混合而成的基质。然而，在碱性土壤上，将植物种植在装满酸性基质的坑穴中并不是长久之计，因为石灰会不可避免地渗透进来，将喜酸植物杀死。更好的解决方法是将这些植物种植在喜酸植物苗床（见"喜酸植物苗床"，285页）中。

建造岩石园

永远不要尝试在土壤潮湿的时候建造岩石园，因为沉重的岩石会压缩土壤并严重破坏土壤结构。这会影响排水，导致植物的成形和生长出现问题。如果建造场所长满青草，小心地将草皮切下并保存起来，以便在后来建造岩石园时使用。

清理杂草

清理现场的所有多年生杂草，如果在乔木和灌木附近修建岩石园，则应清除它们产生的所有萌蘖条。多年生杂草很难从建设好的岩石园中彻底清除，所以必须在建设岩石园之前将它们挖出并杀死（见"杂草和草坪杂草"，649~654页）。

排水

保证现场排水良好，特别是在平地上，如果有必要的话可以设置渗滤坑或其他排水系统（见"改善排水"，589页）。这在黏重的土壤中特别重要。不要只是挖深坑——它们会形成水坑，水会留在其中，除非连接到排水沟。将岩石园抬升于周围地面是个有助于改善排水的方法。在自然缓坡上，排水通常不是问题，不过在最低点也可能需要一条排水沟。

如果下层土壤的排水性很好，只需要翻耕土壤并清除所有多年生杂草。然后轻轻将土壤踩实，以免后续发生沉陷；用叉子耙土，以维持良好的土壤结构。

建造基础

铺设一层15厘米厚的粗石、碎砖、石块、道砟、角砾或豆砾。再在上面铺一层翻转草皮。这会防止岩石园的基质堵塞基部的排水层，同时又不阻碍正常排水。如果弄不到草皮，可以使用土工布，上面以固定间距打孔，可让水从其中排出。

购买表层土或从花园中其他地方引入，尽可能确保其中不含杂草；将这些土壤铺设于岩石园的表面。在岩石之间种植植物的地方，应该

种植和表面覆盖

1 在开始种植前，先为植物浇水并让它们排掉多余水分。为确定植物的位置，将花盆摆放在种植床表面，要考虑植株的最终高度和冠幅。

2 小心地将每株植物从花盆中移出，并稍稍松动根坨以促进根系伸展。在种植前清除所有苔藓和杂草。

3 用小泥铲挖出足以容纳根坨的种植穴。将植株放入种植穴中，做好标签。

4 将基质填充在植株周围并轻轻压实，保证根坨和基质之间不会形成气穴。

5 用一层沙砾或碎石覆盖基质表面，在植株根部周围留出空隙。

6 继续以同样的方式种植，直到岩石园的种植全部完成。确定整个区域都得到了合适的覆盖，并为植物浇透水。

完成的岩石园
植物会很快长起来，形成一座美观成熟的岩石园。

使用专门配制的排水极好的基质（见"专用混合基质"，278页）。

放置岩石

岩石的触感沉重而粗糙，所以要戴手套并穿安全鞋。使用滚筒搬动大型岩石，并让送货人将岩石运到离岩石园尽可能近的地方。为将大型岩石定位到最终位置，可能要用滑车和撬棍进行最终的调整。先标记出大型岩石的大致位置，以避免徒劳工作。

首先选择被称为"楔石"的大块石头。每个裸露的岩层都是从这样的岩石发展出来的。先定位最大的楔石，再安排其余的石头，使岩石从它们之中自然露出，形成突出岩层。

使用足够的岩石让岩层显得真实可信，同时为植物种植留下充足空间。随着工程进度观察视觉效果。如果使用的岩石有分层线，要保证它们都沿着同一个方向以同样的角度排列。

岩石的放置应该令岩石园可种植范围最广的植物。例如，将岩石垛叠在一起创造狭窄的岩缝，其中可以生长众多不同的植物。在空间允许的地方，精心设计的多层式岩石园会在岩石间创造众多有用的种植位。

将岩石三分之一的体积埋入土壤中，并将露出的部分稍稍向后倾。这会确保岩石的稳定性，并让水顺着岩石流入苗床的土壤中，而不是流到岩石下面的植物上。站在岩石上确保它们完全稳定。

当放置好岩石之后，用准备好的基质填充岩石之间的种植空间。任何不协调的地方都可以通过精心的种植来掩饰。

为了给高山植物和岩石植物提供凉爽、排水良好的凹处，在岩石园修建好之后将它们种植在两层岩石之间。将植物种在紧挨着岩石的土壤中，并在根系周围添加少量基质，然后轻轻地紧实。当第二块石头放置在第一块石头旁边，形成种植穴时，使用小石块保护植物。然后可将小石块去除，再将第二块石头固定就位。在植株周围添加更多基质，并在石头之间填充土壤，再进行表面覆盖。

在水平地面上建造岩石园景观

1 在清理场地的杂草之后，标记出景观范围，然后整地，添加表层土，再铺一层碎石以改善排水。

2 开始建设景观，选择相互支撑并提供结构完整性和植物种植穴的石块。

3 在垒砌石块的同时添加任何将在垂直岩缝中生长的植物，用石块将每棵植物固定就位。

4 岩石就位后，将剩下的植物大致放置在计划位置，以便在种植前确认设计方案。

5 螺旋形设计为植物提供了凉爽且排水顺畅的根系环境，同时确保它们获得最大限度的日照。

岩石园中的种植

高山植物和岩石园植物几乎总是作为盆栽植物出售的，并且可以在一年中的任何时间种植，不过最好不要在土地潮湿或霜冻的时候种植，也不要在非常温暖或干旱的时期种植。

在种植前为所有的植物浇透水，并排走多余的水。将还在花盆中的植物摆放在预定地点，观察最终的种植效果。在这个阶段，可进行任何重新安排并调整种植间距。为某些健壮和快速生长的植物类型留出空间。小心地将每棵植株倒出花盆并清理基质中可能含有的杂草。检查根系和地上部分的病虫害迹象，并在种植前进行相应的处理（见"植物生长问题"，643~678页）。

用小泥铲或手叉挖出种植穴，确保其足以容纳根系。轻轻地松动根坨，将植株放入种植穴中，填充基质并紧实。植物的根颈处应稍稍露出地面，为表层覆盖沙砾或石屑留出空间。

当所有的植物都种下后，为它们浇透水。保持湿润，定期浇水直到它们恢复并开始长出新的枝叶。如果种植后出现干旱期，大约每周为植物浇一次水，直到根系扎入周围的基质，然后就不用再人为浇水了，除非出现干旱。

养护

使用网或其他障碍物保护新种植的高山植物免遭鸟类危害。定期

岩石园中的野生动物

虽然岩石园不是那种能明显吸引大量野生动物的花园景致，但蜜蜂、蝴蝶以及其他有益的昆虫会造访许多岩石园物种和品种以采集花蜜和花粉。

能吸引昆虫的岩石园植物包括南庭芥属（*Aubrieta*）、南芥属（*Arabis*）、屈曲花属（*Iberis*）物种和品种，还有低矮的牛至属植物，如心叶牛至（*Origanum amanum*）和'肯特丽'牛至（*O.* 'Kent Beauty'），以及景天、石竹、风铃草、某些番红花属和葡萄风信子属植物。

同样，低矮灌木——如欧洲瑞香（*Daphne cneorum*）、地中海瑞香（*D. collina*）以及亨氏瑞香（*D. xhendersonii*）各品种，半日花属（*Helianthemum*）物种及品种——和薰衣草可以为众多种类的蝴蝶、蛾子、甲虫、蜜蜂和许多其他昆虫提供食物（见"吸引授粉昆虫"，31页）。

紧实那些可能松动的植物,若有必要,添加一些新的基质。为植株做标签,或者保留种植时的种植图,以记录它们的名称。记得在添加、替换或重置植物时更新它们的名称。

建造岩缝园

首先深翻场地,注意清除所有多年生杂草的痕迹。在黏重或排水不良的土壤上,掘入以沙质土为基础的盆栽基质。在基质表面铺一层园艺尖砂,厚度为15厘米。将石头垂直放在尖砂上,长边着地。将石头排列成平行线,间隔约7~12厘米。用更多尖砂埋住石头高度的一半至三分之二;它们之间的缝隙可以用尖砂填充,并用沙砾覆盖表面(见"表层覆盖、沙砾和卵石",右)。

岩缝园的种植

将植物直接种进岩石之间的尖砂中。植物在尖砂中形成强壮的根系,而且由于没有壤土,真菌病原体在炎热夏季繁殖的风险降低了。在早春种植,这样植物就会在第一个冬季来临之前长好根系。植物之间的空间可以用较小的石块填充,也可以垂直放置并与较大的石头对齐(见"如何在干垒石墙中种植",284页)。

建造岩屑床

以与建造岩石园相似的方式准备现场,有必要的话,设置人工排水系统(见"改善排水",589页)。缓坡地点天然具有良好的排水性,但在平地上,岩屑床最好稍稍高出地面以利于排水,并用矮墙、原木或旧铁轨枕木围起来,就像抬升苗床一样(见"准备抬升苗床",285页)。

岩屑床应该有30~40厘米深;大约一半深度应该填充粗石,而上半部分应该是一层岩屑植物混合基质(见"岩屑植物混合基质",278页)。用绳子或软管标记出现场,在原来种草的区域,将草皮移走。铺设粗石,然后用薄薄的翻转草皮或带均匀孔洞的土工布盖在上面,以利于排水。

再铺设一层15~20厘米厚的岩屑植物混合基质,轻轻踩过整个区域以压实。为岩屑床浇水并让其沉降,然后在沉降的地方补充岩屑植物混合基质,用手叉在基质表面上戳孔。

岩屑床中的种植

岩屑床中的植物可能比在岩石园中更难恢复,因为排水通畅的基质可能会在植株恢复前干掉。种植期间的养护以及精心的浇水是成功的关键。盆栽高山植物已经发育良好的根系不会很容易地穿透沙质的岩屑植物混合基质,所以要轻轻地摇晃掉根系上的大部分基质。保持裸根的湿润。将植株根系伸展,放入种植穴中,并小心地填充岩屑植物混合基质。用岩屑覆盖植株周围,并立即浇透水。

岩屑植物混合基质的排水速度很快,所以要经常为幼苗浇水,直到它们充分恢复。尽量不要弄湿叶片。在它们的自然生境中,在岩屑堆上生长的植物拥有深而广的根系,以便寻找养分和水,所以一旦成形,它们就能在不浇水的情况下长期存活。

表层覆盖、沙砾和卵石

在种植后,岩石园或岩屑床的表面可以覆盖石屑、粗砂或沙砾(见"表面覆盖和护根",592页)。如果可能的话,表层覆盖材料应该和建设阶段所使用的岩石相匹配。

表层覆盖有很多优点:它为植物提供了美观自然的背景,并能更好地与岩石融为一体,在植物根颈周围提供良好的排水,抑制岩石园中的杂草生长,保持水分,并防止土壤被大雨压实。岩石园的表层覆盖厚度至少应为2.5厘米;在岩屑床上可以为2~15厘米,这取决于种植的植物种类。对于大多数岩屑床,2~3厘米厚的表层覆盖就足够了。

在沙床和沙砾园中,设置沙砾下方的薄膜或土工布有助于抑制杂草,而且便于清除自播岩生植物的幼苗。它们还将延长表层覆盖物的使用寿命,阻止它们逐渐沉降到土壤中去。与单层沙砾和豆砾相比,这些织物还有助于在土壤中保持更多水分。在需要低水平维护的景观中,它们是理想的材料——虽然它们会阻止园艺植物的自播,从而阻止植物按自然方式繁衍。

用于表层覆盖的石屑和沙砾在园艺中心和建材商那里都可以买到,并且有各种级别和颜色。如果表面经常用于行走,或者用作露台区域并在上面摆放花园家具和容器,就应该使用常被称作"豆砾"的较细沙砾,它能提供光滑、更容易亲近的表面。可以在沙砾层中不显眼的地方设置小铺装块,以便在追求稳定性的地方提供重要的支撑点——例如桌腿下方。

陡峭的岩缝园
岩缝种植很适合以其他方式难以种植的小而陡的场地。这里不像平坦场地那样垂直放置石头,而是将旧屋顶瓦片设置在斜坡上,创造出一座水平的岩缝花园,在有限空间内增加植物的多样性。

岩缝植物的种植者指南

头状岩芥菜 *Aethionema capitatum* H5
庭芥属植物 *Alyssum stribrnyi* H7
蝶须 *Antennaria dioica* H5(各品种)
景天点地梅 *Androsace bulleyana* H5
　　长生点地梅 *A. sempervivoides* H5
高山楼斗菜 *Aquilegia alpina* H5
紫花蚤缀 *Arenaria purpurascens* H5
卧茄花 *Benthamiella patagonica* H4
岩叶风铃草 *Campanula cochleariifolia* H5,
　　常春藤叶风铃草 *C. garganica* H5,
　　擎钟花 *C. raineri* H5
仙客来属植物 *Cyclamen cilicium* H3
亨氏瑞香 *Daphne x hendersonii* H5(各品种)
高山石竹 *Dianthus alpinus* H6,
　　石竹属植物 *D. x arvernensis* H6
短茎葶苈 *Draba acaulis* H5,
　　高加索葶苈 *D. mollissima* H5
小岩风铃 *Edraianthus pumilio* H5
狐地黄 *Erinus alpinus* H6
喉凸苣苔 *Haberlea rhodopensis* H5
獐耳细辛 *Hepatica nobilis* H6
奥林匹斯金丝桃 *Hypericum olympicum* H4
杂种露薇花 *Lewisia cotyledon hybrids* H4,
　　苦根露薇花 *L. rediviva* H4,
　　特氏露薇花 *L. tweedyi* H4
岩生弯果紫草 *Moltkia petraea* H4
单花报春 *Primula allionii* H5,
　　白斑红报春 *P. clusiana* H5,
　　红花报春 *P. hirsuta* H7和许多其他种类
欧洲苣苔 *Ramonda myconi* H5
匙叶虎耳草 *Saxifraga cochlearis* H5,
　　少妇虎耳草 *S. cotyledon* H7,
　　长叶虎耳草 *S. longifolia* H5,
　　长寿虎耳草 *S. paniculata* H4,
　　'瀑布' 虎耳草 *S.* 'Tumbling Waters' H4,
　　'白山' 虎耳草 *S.* 'Whitehill' H5
所有银色虎耳草H7-H2[以及部分物种如对叶虎耳草(*S. oppositifolia*)H5]
长生草属 *Sempervivum* H7-H5(物种和品种)
亚洲百里香 *Thymus serpyllum* H5(各品种)

注释
H = 耐寒区域,见56页地图

为表层覆盖材料选择与岩石搭配效果自然的颜色。使用对比鲜明的色调可能会产生醒目张扬的现代主义效果——例如，深色板岩岩屑在浅色岩石之间形成一条条"河流"——不过这需要较高的设计技巧才能避免笨拙的感觉。

圆石

不要从沙滩上采集圆石，它们可能是抵御海浪侵蚀的重要屏障。在海洋保护区以及人造海防区，移动圆石可能是违法的。

好的园艺中心应该提供来源负责、水洗过的圆石。你可以在水景部门找到它们，它们如今已经成为小型喷泉的热门装饰物。

石槽和其他容器

高山植物和岩生植物种植在石槽中看起来特别美观，它们也可以种植在大多数排水良好的防冻容器中。选择好放置容器的正确位置，因为一旦填充基质，它们就很难再移动。可以在容器中放置岩石，创造微缩岩石园的效果。放置岩石要在种植之前进行。

容器的类型

喂养牲畜用的老旧石槽在以前就用来种植高山植物，如今它们很稀少并且很贵。如今常常使用的是外层覆盖人造凝灰岩的上釉水槽或者完全用人造凝灰岩或再造石制造的石槽，还有大型陶罐和赤陶瓮。所有这些容器都应该有排水孔，确保水分自由流过基质。如果需要额外的排水孔，它们的直径至少为2.5厘米；如果容器基部不是平的，应该在最低点打排水孔。上釉水槽中的植物需要的水比石槽或凝灰岩水槽中的植物需要的少，所以为了防止过涝，应该在基质下面加设额外的排水层。

覆盖上釉水槽

上釉的平底深水槽可以通过覆盖人造凝灰岩的方法来模仿石头容器。确保水槽的清洁干燥，然后用瓦片或玻璃切割刀在表面刻痕，帮助人造凝灰岩附着在水槽上。为进一步帮助凝灰岩附着，在加入人造凝灰岩之前可在水槽表面涂上黏合剂（如胶水）。

用1~2份筛过的泥炭替代物（或水藓泥炭）、1份粗砂或细沙砾，以及1份水泥来制作人造凝灰岩。加入足够的水形成黏稠糊状物。将糊状物加到水槽的整个外壁，内壁向下加到基质的最终表面。用手（戴手套）将人造凝灰岩贴在表面；它应该有1~2厘米厚。将表面摩擦粗糙，使它看起来像是岩石。当人造凝灰岩完全干燥时（大约1周后），用钢丝球蘸取海藻肥或液体粪肥的稀溶液——大约每升水3茶匙——擦刷

沙砾园的种植

1 将抑制杂草的薄膜剪切到适合苗床的形状。对于较大的区域，剪下数块并重叠着拼在一起，就地固定。

2 将植物放在薄膜上，并四处移动直到你对它们的位置满意。要记得它们的最终高度和冠幅。

3 在每株植物下方剪出十字形，然后将薄膜折起来。保证有充足的空间可以挖出大小合适的种植穴。

4 使用小泥铲挖出比植物根坨稍大的种植穴。将植物从花盆中移出，放入种植穴中。

5 在根坨周围回填土壤并紧实。将薄膜披在植株茎干周围，如果有缝隙，则将薄膜用别针固定。浇透水。

6 用厚厚的一层沙砾或其他材料覆盖薄膜。大量使用表层覆盖材料，不要露出薄膜。用耙子耙平。

完成的沙砾园
经常浇水直到植物恢复，使用带细花洒的水壶，以避免将沙砾冲走。如有必要，定期将沙砾耙平并拔掉任何可能出现的杂草。

表面，以抑制藻类并促进苔藓和地衣的生长。

人造凝灰岩石槽

如果需要的话，石槽可以全部用人造凝灰岩制造。混合物的配方和覆盖水槽时一样，但要将沙子和沙砾增加到3份，制造更坚硬的混合物。

使用两个能套在一起的木盒，套在一起时中间有5~7厘米宽的空隙。将较大的木盒立在砖块上以便石槽制作完成后抬起。将两薄层人造凝灰岩混合物倒入木盒基部，在两层混合物之间以及与侧壁平行的位置放置坚韧的金属网。用厚木钉插透人造凝灰岩，制造排水孔。将较小的木盒放入大木盒中，两个木盒之间设置金属网，然后在空隙中填充混合物，轻轻填塞，去除气穴。

当空隙填满之后，用一块塑料布盖住石槽至少一周，等待混合物凝固，如有必要，还要做防冻处理。当混合物凝固变硬之后，移除木盒和木钉。如果盒子不容易取下，用细凿子和小锤将它们轻轻敲下。使用钢丝刷摩擦石槽表面使其变得粗糙，并涂上一层液体粪肥或海藻肥以促进苔藓和地衣的生长。

容器的选址

一天中至少部分时段有阳光照射的开阔区域是大多数植物的理想位置。不要将容器放在多风的地点，除非种植的植物很坚韧；也不要放在草坪上，否则会使周边的草很难打理。避免不稳定的缓坡，并将容器放置在尽可能靠近水管的地方。将石槽提升到距离地面45厘米高的位置，这样可以从更好的角度观赏植物，水分也能更容易地排走。容器四角下的石头或砖块能够提供稳定可靠的支撑。它们应该能够承受容器的重量，没有倾翻的危险，并且不会堵住排水口。只有单个排水口的水槽应该倾斜放置，以便让多余的水流走。

摆放岩石

基本上任何类型的岩石都可以用在石槽中。岩石能带来高度，并且能让基质有更深的深度。少量大块岩石比众多小块岩石好。岩石中的凹陷和岩缝也可以用来支撑植物。

无论使用什么类型的岩石，将每块石头的三分之一至二分之一埋入基质中，以确保稳固。

覆盖人造凝灰岩的上釉水槽
覆盖人造凝灰岩的上釉水槽是种植高山植物的良好容器。

填充容器

用碎瓦片或金属网盖住排水孔，如果容器很深，则使用粗集料、沙砾或岩屑填充底部四分之一至三分之一的容积，以减少需要使用的基质。

岩石园植物若要能够吸收茁壮生长所需的养分，需要种植在含壤土的盆栽基质中，例如约翰英纳斯二号基质（见"约翰英纳斯基质"，332页），还需要额外添加一些排水材料。通过混合等比例的基质和园

如何制作人造凝灰岩石槽

1 需要两个木盒来制作石槽，其中一个比另一个稍大。在木盒表面涂上油以防人造凝灰岩粘在上面。

2 在较大木盒的基部铺设一层2.5厘米厚的人造凝灰岩混合物，在上面以及侧壁周围放置一张金属网，起到加固的作用，然后添加另一层人造凝灰岩。

3 将数个厚木钉按入金属网和人造凝灰岩的基部，在石槽底部制造排水孔。

4 将较小的木盒放置在底层的人造凝灰岩中央，确保垂直金属网位于两个木盒中间。在空隙中填充人造凝灰岩混合物，在填充时向下按压。

5 用塑料布覆盖人造凝灰岩顶端，直到混合物凝固定型（大约需要一周）。用重物将塑料布压住，并做好防冻措施。

6 当人造凝灰岩硬化凝固之后，将石槽外侧的木板移走。如果人造凝灰岩粘在了木盒上，就用锤子和凿子小心地将木盒拆掉。

7 这时候的人造凝灰岩表面光滑平整；为得到更加自然的外观，使用钢丝刷或粗粒砂纸摩擦石槽的外壁，使其变得粗糙。

8 移走较小的盒子，有必要的话使用锤子和凿子。为促进苔藓和地衣生长，用液体粪肥涂抹石槽的外壁。

艺沙砾（或者将基质与珍珠岩或6~9毫米岩屑混合）来准备种植介质。喜酸植物需要不含石灰的基质，例如约翰英纳斯喜酸植物基质，并在其中加入沙砾、花岗岩或砂岩岩屑。用含沙砾的混合基质将容器填充到距顶端约5厘米的位置，然后轻轻压实。

将数块岩石放置在基质上，并在填充容器时将它们半埋入其中。摆放岩石时在它们之间形成岩缝和凹陷，同时提供阴面和阳面，适应不同植物的生长，并随机布置较小块的石头以模仿小型岩石园。

种植

选择生长缓慢，不会淹没邻近植物并快速消耗有限养分的植物。不要在容器中过度种植；当容器过于拥挤时，对植物进行移栽（见"高山植物石槽的移栽"，287页）。将还在盆中的植物放在基质表面，或者在纸上画出种植设计图。挖出种植穴，小心地将植物倒出花盆并松动根坨。将植物放入种植穴中，填充基质并紧实。种植完成后，在表面覆盖一层石屑或沙砾，以保持水分、减少杂草生长，并防止大雨将土溅到花上。使用配有细花洒的水壶，为容器浇透水。

墙壁

高山植物和岩生植物可以种植在干垒石墙（包括抬升苗床和堤岸的挡土墙）的岩缝中。蔓生植物用这种方式种植效果尤其好。关于建造墙壁的详细信息，见"干垒石墙"，576页。

如有可能，在建造墙壁之前设计好墙壁上的种植方案。最实际的方法是间隔着留出墙壁上的种植位置，当建造工作完成后在上面进行种植。

也可以在建造墙壁的过程中进行种植。这样的效果非常好，因为植物可以种植在需要的高度，并能确保植物根系和墙壁后面土壤的良好接触。在建造过程中种植，还能更容易地清除气穴并在根系周围紧实土壤。

在已有的墙壁上种植是另外一种选择，但需要在种植前用小锄子或茶匙移走部分土壤。使用年幼植株和生根插条，它们能轻松地进入岩缝。

种植

如下混合基质用于墙壁岩缝中的种植：3份壤土（或消毒园土）、2份粗泥炭替代物，以及1~2份尖砂或沙砾。对于种植在墙壁本身的植物，使用额外的沙砾、沙子或石屑，这有助于保证排水良好。选择能在墙壁提供的朝向和条件中生长良好的植物种类。小心地将根系上的旧基质清理掉并用小锄子、小戳孔器或铅笔将根系塞入洞中。不要试着将根系填鸭式地塞入太小的空间里，这会损伤植物。用一只手固定植物的位置，在洞中塞入新鲜湿润的基质，然后用小锄子紧实，除去可能存在的气穴。在植物根颈周围塞入小石块可能有助于固定它们的位置，并防止基质移动。

从墙壁顶端浇透水，并经常为植株洒水。几天过后，用剩余的基质填补沉降的地方。定期检查植物并紧实任何松动之处。

如何种植高山植物石槽

1 用细金属网盖住石槽底部，或者用碎瓦片遮盖排水孔，以防基质被水冲走。

2 如果石槽较深，则在其底部加入一层砾石。将含壤土基质与园艺沙砾等比例混合，制作种植用的混合基质。

3 在石槽中填充一部分含沙砾混合基质，逐步紧实。为表层覆盖和浇水留出大约5厘米高度。

4 在基质上放置岩块，制造出看起来自然的岩层。

5 将植物带花盆摆放在基质上，确定布置和间距是令人满意的。

6 在选中的位置为每棵植物挖一个种植穴，然后将植物放入种植穴中，轻轻压实就位。

7 用一层2.5~5厘米厚的粗沙砾或石屑作为石槽的表层覆盖，并浇透水。

长生草石槽
完成后的种植，其中有卷娟（*Sempervivum arachnoideum*）、蛛丝卷娟（*S. a.* subsp. *tomentosum*）、'北极白'卷娟（*S. a.* ARCTIC WHITE）、紫牡丹长生草（*S. a.* subsp. *tomentosum* 'Stansfieldii'）和南俄长生草（*S. ruthenicum*）。

如何在干垒石墙上种植

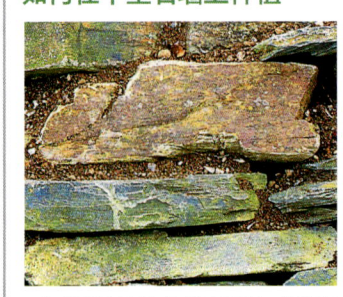

1 如果在已有的墙上种植，应确保岩缝中有足够的基质支持植物。

2 使用实生幼苗或小型生根插条。将它们平放，用小锄子将根系塞入岩缝中。这里展示的是一株长生草属植物。

3 将植株按入基质中，并在岩缝里填入更多基质以固定植株的位置。用手指紧实植株。

4 对于较大的植株，从岩缝中挖出一些基质。将根系塞入洞中，并在保持植株位置的同时加入更多基质。

5 当所有植物就位之后，从墙顶上为它们浇水，或者用喷雾器浇水。保持植物的湿润，直到它们完全恢复，并重新紧实任何松动之处。和长生草属植物种在一起的是两种虎耳草属植物。

在垂直岩缝中种植

1 用沙砾状基质填充岩缝。小心地将植株（这里是一株风铃草属植物）的根系塞入岩缝中。

2 用基质覆盖根系，然后嵌入一块小石头。在岩缝中填入更多基质并紧实。

抬升苗床

许多种类的高山植物可以种植在抬升苗床中（无论是在苗床本身中，还是在支撑墙的岩缝中）。取决于选择植物的需求，抬升苗床应该设置在向阳处或背阴处。在苗床中填充排水良好的基质以适应植物的需求（见"抬升苗床适用的土壤"，284～285页）。如果有必要的话，在冬季可以用钟形罩或者覆盖苗床的方式保护植物。

选址

对于大多数高山植物和岩生植物，抬升苗床应该位于阳光充足的开阔处，远离乔木或附近建筑及栅栏投射的阴影。只有在种植方案需要阴凉条件的林地植物或其他植物时才能将抬升苗床设置在背阴处。

为方便割草，设在草坪上的抬升苗床周围应该设置铺装石板或砖块。为年老或残疾园丁修建的抬升苗床应该有轮椅通道，苗床的高度和宽度能够允许在座位上轻松地料理其中的植物。

在因排水不畅而不能建造地面岩屑床的地方，可以将岩屑设置在抬升苗床的表面（见"建造岩屑床"，280页）。

材料和设计

建造抬升苗床的材料可以是岩石、砖块、旧枕木或其他合适并美观的材料。石材是最贵的；新的或二手砖以及枕木通常更便宜。

苗床可以是任何形状的，但必须和花园的总体设计协调。矩形苗床最常见。最理想的高度是60～75厘米，不过多层式苗床也很美观，并且在空间有限的地方会更合适。苗床的宽度不宜超过1.5米，以便轻松打理——苗床中央应该在胳膊能够到的范围内，以便从各个方向清理杂草。

大型苗床可能需要灌溉系统；一定要在苗床中填充基质之前安装水管和进水口。

建造

抬升苗床的挡土砖墙应该是垂直的，一块砖的厚度通常就足够了。它们和传统砖墙的建造方法一样，并且可以涂抹砂浆，但要在砖块间为植物留出小缝隙。墙体基部应该有用于排水的沟。更多信息见"抬升苗床"，577页。

石墙也可以作为抬升苗床的挡土墙。如果不用砂浆建造，它们需要稍稍向内倾斜，以实现更好的稳定性（见"干垒石墙"，576页）。干

如何建造干垒式挡土石墙

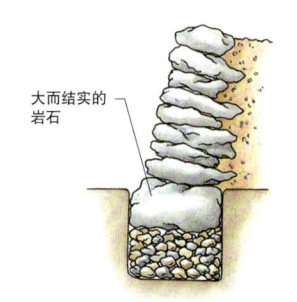

建造基础
（上）挖一条38厘米深的沟；在其中填充25厘米厚的碎石，顶端放置一块大而结实的岩石。

垒加石块
（上）将石块向后、向下倾斜以便保持更加稳定，并让水分更容易进入基质。

石块之间填充基质
（上）在修建墙体时，在岩石之间的岩缝中填充壤土、腐叶土以及沙子或沙砾混合而成的基质。

垒石墙的建造很消耗时间,因为每块岩石都需要精心挑选和放置。如果墙体高度大于50厘米,更要特别小心。岩石之间的大岩缝可以用来种植高山植物。如果使用木质枕木,则不能进行岩缝种植。

抬升苗床适用的土壤

使用3份壤土(或消毒园土)、2份粗糙的纤维状泥炭替代物(如酸性腐叶土或园艺基质)、1~2份沙砾或尖砂混合而成的基质。对于需要酸性条件的植物,使用不含石灰的壤土和沙砾。为了在一个大型苗床中种植需要不同土壤类型的植物,可以用土工布将其分隔成数个部分,并在每个部分中填充合适的基质(见"盆栽基质",332~333页)。

准备抬升苗床

在苗床中填充准备好的基质并填充均匀,一边填充一边紧实。混入缓释肥。总会发生一定程度的沉降,所以要为苗床浇透水并放置两至三周。在种植前用一些富余的基质将任何沉降的部位填平。

增添岩石能得到微型岩石园的效果,并改善抬升苗床的外观。将不同大小的岩石放置到基质中,为不同植物提供合适的生长位置。几块排列在一起的大块岩石比散布的岩石更有效果。

种植和表层覆盖

画出种植图或者在苗床表面摆放植物,观察它们的视觉效果。低矮的松柏类和小型灌木、簇绒状和垫状高山植物、苗床边缘的蔓生高山植物以及小型球根植物都是理想的选择。选择植物时考虑全年观赏性。种植方法和岩石园一样(见"岩石园中的种植",279页);挡土墙中的岩缝可以像干垒石墙的岩缝那样种植(见"如何在干垒石墙上种植",284页)。

种植后,用石屑或粗沙砾覆盖表面,与岩石搭配。这样不仅美观,还可抑制杂草,并且能减少蒸腾。定期浇水,直到植物成形。

冬季防护

许多高山植物厌恶多余的冬季水分,即使是在抬升苗床创造的良好排水条件下也是如此。为避免水分在冬季侵入高山植物苗床,可以用钟形玻璃罩、砖块或线框支撑起的玻璃或塑料板(最好使用改变用途的透明塑胶板或来自旧温室、棚屋的玻璃板)提供保护。一定要将重量轻的覆盖物固定好,以免它们被风吹走。这样的保护应该在秋末放置并在第二年春季移除。如果整个苗床需要保护,就应考虑建造一个木制框架并安装玻璃或塑料顶盖。植物周围必须有允许大量空气流动的空间,令它们尽量保持干燥;为了做到这一点,不要覆盖框架的四壁。

柔化表面
在缝隙和岩缝中插入低矮的蔓生植物,起到柔化台阶、挡土墙和铺装的效果。在植物周围的任何缝隙中填充沙质基质。注意不要让植物的枝叶掩盖台阶,使它们变得危险。

喜酸植物苗床

填充无泥炭酸性基质(或者添加了腐叶土、粉碎欧洲蕨和其他酸性有机质的酸性沙质土)的苗床为一系列喜酸植物和林地植物提供了理想的生活条件。在土壤为碱性的花园中,可以将硫黄撒在这样的苗床上,令石灰无法进入。用原木或旧铁轨枕木围绕每个苗床。

在决定苗床位置时要考虑植物的需要,并在建造时使苗床融入花园的其他部分。不应使用纯泥炭(见"泥炭问题",17页),因为酸性泥炭替代物广泛可得。可以将植物同时种在苗床和墙壁岩缝中,得到美丽的效果。

选址
选择能接受部分日光照射和半阴的区域,最好远离阳光直射。岩石园旁边的缓坡或者建筑物旁边都是合适的地点。阳光直射下的暴露地点会让酸性腐殖质苗床迅速损失其中的水分,并且需要经常浇水。浓密的树荫并不合适,而且附近的树根会很快消耗水分和养分。涝渍处和霜穴也不合适。

完成后的苗床
将喜酸岩石园植物种植在喜酸植物苗床中得到漂亮的效果。经常浇水以保持土壤的湿润,特别是第一年,用树皮碎屑覆盖苗床的表面,以保持水分和抑制杂草。定期用均衡肥料为植物施肥。

岩生植物的日常养护

即使高山植物和岩生植物已经在花园中成形，定期照料它们也是至关重要的。苗床、石槽和水槽必须保持干净并且没有杂草。虽然这些植物一般并不需要富含养分的土壤，但也应该定期施肥，并在土壤变干的时候浇水。表层覆盖能够改善植物根颈周围的排水，抑制杂草生长，并减少从土壤中蒸发的水分，应该不定时地更新表层覆盖物。对于高山植物和岩生植物，应该定期摘除死亡枝叶和枯花，并且随时修剪。应在石槽、水槽和其他容器变得拥挤时立即进行移栽。定期检查病虫害迹象并做出相应处理。在寒冷或潮湿天气中，某些植物可能需要冬季防护。

除草

在种植时使用消毒基质应该能最大限度地减少杂草问题，至少第一年是这样的。在杂草出现时尽快清理掉它们，一定要在它们开花结实前将其清理干净。如果多年生杂草已经成形并且难以清理，则使用转移性除草剂小心地涂抹它们的叶片，除草剂会被运送到根系并将它们杀死。更多信息见"控制杂草"，650~652页。

在除草时，使用三齿手动耕耘机为年幼植株周围的紧实土壤松土并增加其孔隙度，注意不要损伤植株的根系（见"除草"，右上）。

施肥

如果原有基质得到正确的准备并且添加了缓释肥，那么新的种植区域通常在数年内都不需要额外施肥。不过，一段时间过后，植物的生长速度可能会开始变慢，开花变得稀疏。可以通过每年春季在植物周围的表面基质中添加缓释肥来缓解这一现象。

或者，小心地移除所有表面覆盖物以及苗床表面大约1厘米厚的基质，然后用新鲜基质以及用于表面覆盖的沙砾替代。

表面覆盖

表面覆盖物的类型取决于种植的高山植物和岩生植物种类，不过也应该和苗床、岩石园中所使用的岩石、石块达成和谐一致的效果。用于石槽、水槽或抬升苗床中的表面覆盖物应该和容器或挡土墙搭配和谐。

粗砂和石屑适用于大多数情况，但在厌钙植物周围绝对不能使用石灰岩石屑。对于种植在花园苗床中的植物，用树皮屑进行表面覆盖能很好地与植物互补。

更新表面覆盖

表面覆盖物可能需要不时更新，因为沙砾或石屑会逐渐被冲走，特别是在斜坡上，而树皮会开始降解并混在下层基质中。在整个生长季观察有无裸露地块并随时补充覆盖。在秋季密切注意表层覆盖的情况，以保证冬季良好的土壤覆盖，并避免大雨压实土壤。在春季再次检查并在需要的情况下补充覆盖。同时，也可以施加缓释肥。

浇水

在岩石园和岩屑床中生长的植物成形之后会将根系深深地扎入土壤中，除了雨水通常不再需要额外的水分。不过，在干旱时期，应该为整个区域浇透水。不要在霜冻严重的情况下或者一天中最热的时候浇水——清晨或傍晚是最好的时间。一次浇透水而不要频繁少量地浇水。

如果基质的干燥深度已达3~5厘米，则应浇透水，直到水分已经抵达全根系深度。在降水量正常的夏季，只需要两三次这样的浇水，但在非常干旱的夏季，就需要提高浇水的频率。

在容器、抬升苗床和保护设施中浇水

在抬升苗床、水槽和石槽、冷床、高山植物温室中种植的高山植物和岩石园植物需要更频繁的浇水，因为它们中的土壤干燥的速度比岩石园和岩屑床更快。

最好手动为石槽或水槽浇水，为每棵植株提供正确的水量。但这样做比较费时间，特别是要为数个

更新表层覆盖

1. 移走旧的表层覆盖物和部分基质（见内嵌插图）。使用新鲜基质填充植物周围。

2. 使用一层新鲜的粗砂或沙砾覆盖苗床表面，在植物根颈周围和下方也添加一些。

除草
使用三齿手动耕耘机在年幼植株周围除草，这样可同时松动土壤并增加其孔隙度。先移除所有表层覆盖物，然后在除草完成后重新铺设。

容器浇水的时候

应该为在高山植物温室和冷床中的花盆里单种的植物单独浇水。如果花盆齐边埋入沙砾或岩屑中，则要对花盆及周围的材料一起浇水。某些高山植物的叶片对水敏感，因此不喜欢兜头浇水；如果是这样的话，则只需经常浸透齐边埋入的材料即可提供充足的水分。

整枝和修剪

高山植物和岩生植物需要周期性的修剪，以维持自然、紧凑的形状和健康的枝叶，并将它们限制在划定的空间之内。

修剪木质植物

为保持岩石园灌木和木质宿根植物的健康，应该剪去任何死亡、染病或受损的枝条。定期检查植株的状况，并使用修枝剪或锋利的剪刀尽可能将它们修剪干净。

没有必要进行重剪，因为大多数低矮灌木生长缓慢，在许多年都不会超出自己的生长范围。在修剪时，要保留植物的自然形状，特别是在修剪低矮松柏类植物的时候。

去除枯萎的花朵和枝叶

使用锋利的小刀、修枝剪或剪刀定期清理所有死亡花朵和叶片以及任何不想要的果实。用手仔细挑

去除枯死枝叶

在春季,当霜冻风险完全过去后,剪去植株上任何枯死的部分,使用锋利的剪刀或修枝剪小心修剪至健康部位。

物在……
保护……
长,它……
被鸟……

到保护……
风以……
可以……
类,它……
种在……
人注目……

选小型高山植物,有必要的话,可以用镊子去除枯萎的叶片和花朵。小心地将枯死的莲座型叶片剪掉;不要手拔,因为这可能会导致健康的莲座松动。

半日花属物种和品种在每年开花后需要用大剪刀修剪,将茎干剪短至一半长度,可促进枝叶生长和第二年的开花。南芥属、南庭芥属以及金庭芥属(Aurinia)也能从重剪(花期后)中受益,这有助于它们保持紧凑的株型和大量开花。如果在植株结实前修剪,它们还可能开第二次花。

侵入性植物

过于健壮的植物以及老旧散乱的植物会侵入邻近的植物中去,应该在早春对它们进行修剪。垫状植物可以简单地用手拔出来,其他植物可能需要用手叉挖出。支撑邻近的植物,并重新紧实那些无意中被拔出的植株。移走或修剪植株后,所有植株旁都应该留出空地,让它们不受阻碍地生长。对于经过重剪的植物,应该在表层基质中施加缓释肥,以促进新枝叶的生长。

冬季保护

在石槽、水槽或抬升苗床中种植的植物以及部分高山球根植物可能需要保护措施来防御冬季潮湿。使用带支撑的单层玻璃板、开口钟形罩或冷床天窗,都能够提供上方保护,同时不会阻碍空气流通。确保覆盖物安装稳固。可以在植物上覆盖一层常绿树的树枝或者松枝来提供可抵御严重冻害的保护。

控制病虫害

很少有严重的病虫害问题会影响高山植物和岩生植物,但可能需要控制某些更常见的病虫害。基本的花园卫生通常足以控制遇到的大多数问题。如果高山植物种植在太过肥沃的土壤中,那么蚜虫(见"蚜虫类",659页)是最容易产生的问题,它会导致枝叶变得柔软、细长。

植株周围的粗砂表层覆盖能够阻碍蛞蝓和蜗牛,但某种程度的控制还是必需的,特别是某些高山植物,如容易遭受此类害虫侵蚀的瓶花风铃草(Campanula zoysii)。还要控制蚂蚁(见"蚁类",659页)等昆虫,它们会将垫状植物下方的基质挖空。将用木棍或金属网制作的拱顶插入土壤中,覆盖在新种植的植株上,保护它们免遭鸟类的侵袭。

在高山植物温室和冷床中,真菌病害发展的速度会很快。

繁殖高山植物和岩石园植物

许多高山植物和岩生植物可以使用种子繁殖。然而,有些植物是不育的,无法结出种子,而且品种很少能通过种子真实遗传。对于这些植物,可使用其他繁殖方法,包括扦插(使用各种不同类型的插条)和分株。

播种繁殖

通过种子繁殖是生产大量植株的最好方法。由于许多高山植物在早春开花,成熟的种子常常可在仲夏得到,而且可以直接播种。种子的萌发速度通常很快,在冬季之前就能得到强壮的幼苗。秋播种子一般会保持休眠直到春季;如果种子提前萌发,则应将幼苗保存在冷床中过冬。

有时候最好将种子储藏起来过冬,在早春播种,不过短命种子应该在成熟后立即播种。关于萌发、播种和幼苗养护的详细指导,见"种子",600~606页。

扦插

对于无法通过种子真实遗传的种类,从高山植物和岩生植物上采取插条是一种简单的繁殖方法。嫩枝插条可以在春季采取,绿枝插条的采取时间在初夏,而半硬枝插条在仲夏至夏末。具体技术见"扦

清理枯死的莲座叶

1 为清理虎耳草属植物等种类的莲座型叶片,使用锋利的小刀将莲座切下,不要干扰植株的其他部位。

2 覆盖裸露的土壤,抑制杂草在缝隙中生长,直到植物产生新的枝叶。

花期后修剪

1 开花后,将茎干(这里是半日花属植物)剪短至一半长度,以促进健康新枝的生长。

2 植株会维持紧凑的株型,并在第二年大量开花。

高山植物石槽的移栽

当基质中的养分消耗完的时候,容器中的植物需要进行移栽。先浇透水,然后小心地移栽植物。丢弃老旧基质,用包含缓释肥的合适新鲜基质代替之。在将植物重新种植到容器中之前,修剪它们的根系和地上枝叶。为它们的最终冠幅留出生长空间,用沙砾进行表层覆盖。

半日花属物种
冠状鸢尾
欧洲苔藓
半日花属物种

花园中的水景

和花园中的其他景致不同的是，水中的倒影、水的声响和流动性为花园带来了变化莫测的美丽景象。即使冻结成冰，冰面也能在色彩和质感上提供对比。池塘是最受欢迎的水景形式，但也有其他形式，如瀑布、喷泉或水道。即使是小型花园，也能以防水容器或花盆的形式（其中种植一些合适的植物）纳入水景景观。在花园中加入水景既能吸引野生动物，又可为花园增添维度。

水的运用方式

花园水景可以让你种植许多在其他任何条件下无法种植的植物，如地中海水鳖（Hydrocharis morsus-ranae）、凤眼莲（Eichhornia crassipes）和沼泽园中的烛台报春花。

在决定营造何种水景景观时，要牢记花园的大小和风格。如果是大型自然式花园，曲折的水道可能会很有效果，而在封闭的城镇花园中，边缘抬升的规则式水池会比较合适。甚至可以将水以"泡泡喷泉"的形式加入供儿童玩耍的花园中——水溅在岩石上并循环使用，不会形成有深度的水坑。

自然式池塘

在不规则花园中，自然式的下沉池塘看起来最美观。它通常呈现不规则的曲线形，边缘是草皮或岩石等自然材料，将其与花园连接在一起。不过水面只是总体水景的一部分而已：池塘边缘的喜湿植物能够柔化或者完全隐藏它的轮廓，有助于创造繁茂又令人耳目一新的效果。当在水边花境或花坛中种植时，要考虑如何对植物进行组合，在色彩、质感和形式上创造互补又充满对比的联系。

规则式池塘

与不规则池塘的自然式效果不同的是，规则式水池能创造更加醒目的景致。它可以是抬升的，也可以是下沉的，通常呈规则的几何造型。一般来说，它用于种植的空间比自然式池塘少，尽管其中常常使用叶子和花漂浮在水面上的植物（如睡莲）；富有雕塑感的植物如某些蕨类可种植在水池旁，提供美丽的倒影。与池塘风格互补的喷泉或水柱也能大大增加它的观赏性。

池塘边缘不能被掩盖荫蔽，从而可以成为重要的景致，它可能是由美丽的铺装制造的，如果水池抬升起来的话，足够宽的边缘还可形成座位；这种设计特别适合年老和残疾人群。

许多情况下，规则式池塘的位置会在花园中形成醒目的视觉焦点，如在道路的主轴线上或方便从房屋窗户或台阶观赏的地方。

喷泉

喷泉的风格和大小应该和旁边的池塘以及花园的整体设计融为一体。喷泉经常在规则式花园中作为视线焦点使用，能为设计增添高度，带来充满活力的声响和水流以及点点水光，因而备受重视。另外，如果在晚上加以照明，喷泉会显得更加美丽。

在碎石或"泡泡喷泉"中，水溅落在石头上，然后进入地下的储水池，它比标准式喷泉更加自然，并更适合用于儿童花园中。

除了观赏性，喷泉还提供实用功能：水的溅落过程会吸收氧气，对鱼类很有好处。不过大多数水生植物在被扰动的水中生长得不是很好，所以不应该将它们种植在喷泉旁边。

水柱

喷泉或瀑布在普通大小的花园中可能显得过大，而水柱则能为最小的花园甚至是温室提供流水的所有乐趣。水柱有许多风格，从水池上经典的狮头或滴水嘴，到石头上的东方式竹管流水。水柱通常安装在墙壁上，设置有与水道所用的相似水泵和水管；水泵将水从水池或储水容器中运送到水柱后方并从出水口流出。

溪流、瀑布和水道

很少有花园拥有自然溪流或瀑布，但可创造循环水流，让水流入水池或地下储水池中。营建水道（例如一条水沟）或瀑布是一种发掘花园高度变化的美观方法。可用它们来连接花园的不同部位，并在不同高度之间提供兴趣点。在自然式花园中，可在水道边缘使用岩石或石块以及喜湿植物（如蕨类和鸢尾），使其看起来更加自然。对于使用衬垫或预制模块建造的水道，叶片巨大的观赏植物如掌叶大黄（Rheum palmatum）特别适合，因为它们有助于掩饰边缘。

小型花园中的水

在小型花园、露台或其他不能进行大规模工程的地方，仍然有可能拥有水景。最合适的水景可能是用小型水泵不断循环的少量水，可以陈设在水注或其他容器中，或者是遮掩地下储水池的"泡泡喷泉"。这些微型水景在重视安全问题的家庭花园中特别合适。

无论规则式的还是自然式的，壁挂喷泉都有很多风格，所用材料可以是砖石、陶瓷或金属。通过使用合适的观赏容器，如密封并加衬垫的半桶和陶罐，还可引入微缩水池（见"容器中的水景花园"，308页）。在较大的容器中还可加入简单喷泉或日式水景。植物在小型水景中通常是附带出现的，但如果水景中有任何流水，那么附近的植物必须能忍耐水花造成的高空气湿度。

池塘的最爱
'费罗贝'睡莲（Nymphaea 'Froebelii'）像毯子一样覆盖着池塘水面。

规则式水沟
即使是一座小花园，也可以容纳像这条浅沟一样的水道，它穿过青翠的玉簪类种植，创造出一道充满强烈建筑感的线条。

沼泽和野生动物区域

在不规则或自然式的设计中,沼泽园是一道美观脱俗的景致。沼泽园最适合设置于池塘旁边,为水生和喜湿植物创造渐变而自然的过渡,同时为野生动物提供理想的生活条件。

沼泽园

在使用涝渍土地时,创造沼泽园的方式比逆反自然想要排干水的做法好得多。虽然人工水池旁边的土地不太可能足够潮湿,为种植沼泽植物提供合适的条件,但在土壤下使用衬垫有助于保持足够的水分。

夏末,当许多其他植物开始显现出干旱造成的效果时,沼泽园仍然拥有新鲜的枝叶。但大多数沼泽植物会在霜冻过后自然枯萎,因此在冬季不具有观赏性。

野生动物池塘

在花园中简单地增添水景就能增加野生动物的多样性,因为这些水景为水鸟、青蛙、蝾螈以及大量昆虫提供了理想的栖息地。将植物种类限制在本地物种能够吸引更多野生动物,不过许多本地物种具有入侵性;加入某些外来植物能够使池塘成为观赏性更强的景致。底部为泥土、边缘缓缓下沉、散布大而平的石头的自然式池塘能够为两栖动物提供理想的生存环境,因为它们可以轻松地从池塘进出。

为池塘选址

在为池塘选址时,可让其倒映出某一引人

水资源保护与水景景观

由于天气模式的变化愈发频繁,全球变暖的趋势愈加明显,在花园中使用管道水供应时应该考虑它对环境的负面影响。这一点在水景需要不断补充水的时候尤其重要。

在干燥炎热的天气,水的蒸发量很大,需要提高水面以保持池塘的生态平衡。随着水位下降,池塘中水的氧气含量也会下降,水温升高,水质恶化。这对于水生植物、鱼类以及池塘中其他野生动物的健康会产生不良影响。可以通过增加池塘中产氧植物的数量、用水管喷洒水面等方式增加水中氧气的含量来缓解这样的情形,但这些都只是暂时性的措施。

用自来水补充池塘是一个容易的办法,但在严重干旱和水资源短缺时期,这毫无疑问会造成水资源浪费。最好提前规划并在集水桶里收集雨水用于该目的。不要尝试使用池塘里的"灰水"(见"灰水",597页)。

连接不同高度
创造瀑布或一系列石阶是在花园中引入声响和运动的好方法,并且能通过提供潮湿荫蔽的生境吸引多种野生动物。

注目的景致——一株园景植物或一尊雕像等,这有助于为预定地点提供白天和晚上都能看到的倒影(在主要的视角如房屋和露台观察效果)。开阔、阳光充足、远离上方乔木树冠的地点能为种植大多数喜水植物提供最好的条件。

若计划在容易被淹的湿地上营建池塘,应确保附近菜园或农地中的肥料或杀虫剂不会泄漏到水中。这些物质会严重影响池塘生物的健康。将潜在的溢流引至合适的排水系统。潜水位较高的土地可能会产生问题,因为在非常潮湿时,下方水压可能会将池塘的衬垫挤压变形。

不要将池塘设置在霜穴中或者非常暴露多风的区域,因为这会限制可以种植的植物种类,并且必须在冬季提供保护措施。

水景园中的植物

在任何水景园中,植物都是至关重要的。茂盛的叶片和花朵能够提升水池的魅力,并将其与花园的其他部分联系起来;某些植物还有助于净化水质,产氧植物能为鱼类提供良好的生活条件。适用于水景园的植物既有能在深水中茂盛生长的种类,也有只需要根尖附近土壤保持湿润的植物。通常可将它们分为6种类型:产氧植物、深水植物、浮水植物、水边植物、沼泽植物,以及喜湿植物。

产氧植物

大软骨草(*Lagarosiphon major*,同*Elodea crispa*)以及狐尾藻属(*Myriophyllum*)植物是典型的产氧植物:它们是生长迅速的沉水植物,有助于清洁水质并增加水中的氧气。在阳光充足的天气,沉水藻类可以在一或两周内将新池塘完全变成绿色。产氧植物会和藻类争夺水中溶解的矿物盐,让藻类缺乏营养而无法大量繁殖,从而使水重新变得清澈。如果在水池中养鱼,产氧植物是必不可少的。

深水植物

这类植物生活在水深30~90厘米处。它们的种类包括水蕹属(*Aponogeton*)、水金杖属(*Orontium*)以及睡莲属(*Nymphaea*)植物,后者是最大的一个类群(见"睡莲",298~299页)。除了观赏价值,它们漂浮在水上的叶子还会通过遮挡进入水中的阳光来抑制藻类的生长。

浮水植物

漂浮在水面上的植物,如四角菱(*Trapa natans*)以及细叶满江红(*Azolla filiculoides*)等行使着与深水植物相似的功能,特别是在成形阶段。不要让它们覆盖太多水面,因为如果缺乏充足光照,产氧植物会生长不良。

水边植物

水边植物生长在大约7~15厘米深的浅水中。许多此类植物非常美丽,如拥有带奶油色条纹扇形绿色叶片以及淡紫色花的'花叶'燕子花(*Iris laevigata* 'Variegata'),它们在自然式池塘中非常重要,可以柔化池塘的轮廓。在野生动物水池中,水边植物可以为野禽和其他小型动物提供遮蔽。某些物种,如水薄荷(*Mentha aquatica*)以及有柄水苦荬(*Veronica beccabunga*),还有助于增加水中的氧气。

沼泽植物

喜爱沼泽的植物,如沼芋属(*Lysichiton*)以及部分驴蹄草属(*Caltha*)植物,在涝渍土壤中能够繁茂生长,并能承受偶尔的水淹。在苗圃的产品目录里,沼泽植物的标题下可能包括生长在潮湿的土壤中但并不能忍耐涝渍环境的植物。在订购时,要确保选择的任何植物都能忍受根系周围的高湿度。

喜湿植物

这类植物喜水分较多但不涝渍的土壤。喜湿植物包括许多草本宿根植物,如落新妇属、橐吾属植物和巨伞钟报春(*Primula florindae*)等。在不规则的自然式池塘边及生长环境理想的地方,它们能与水边植物形成和谐的联系。

植物之间的联系

在水池周围将不同高度和株型的植物搭配在一起,创造多样而美丽的景观。种植原则与种植花园中其他部分是一样的,都要创造多样化的形状和样式(见"种植原则",68~71页)。例如,

卵石水池

这个通过水泵运作的"泡泡喷泉"在花园中的铺装区域形成了极为简约又美观的景致,它在支持鸢尾和其他植物的同时保持了安全(非常浅)。

长萼大叶草（Gunnera manicata）巨大的唱片状叶片可耸立在菖蒲（Acorus calamus）突出的剑形叶子上。将池塘边缘的植物用作浮水植物或深水水边植物的背景——一丛拥有纯白花朵的白睡莲（Nymphaea alba）在一片荚果蕨（Matteuccia struthiopteris）的映衬下会显得格外美丽。色彩和质感对比强烈的植物也能提供一些美观的组合。例如，红花半边莲（Lobelia cardinalis）的直立鲜红色花序会与大玉簪（Hosta sieboldiana）的心形蓝灰色叶片形成精致的对比。

在进行种植设计时，要考虑提供延续多个季节的观赏性。在水池边缘引入常绿观叶植物（如岩白菜属物种和杂种），提供连续的样式和色彩，而其他类型的植物可以用来创造随季节变换的景观，从春季驴蹄草（Caltha palustris）的深黄色花朵到夏季花期漫长的勿忘草（Myosotis scorpioides）的精致蓝色小花。

鱼类

大部分观赏鱼类能与水生植物和谐共处，它们能在除极小池塘外的其他池塘中生活，不过，加入较大的鱼类时需要在池塘的设计上格外费心，确保水的深度足够它们在池塘中安全越冬。

比如，饲养锦鲤的水池应该很大，水至少有1米深，垂直的边缘高出水面，以防锦鲤跃出水池。金鱼和圆腹雅罗鱼较容易管理，后者是一种理想的观赏鱼类，因为它们喜欢浅水环境并能够以水中的任何昆虫幼虫为食。

水生植物的种植者指南

深水植物

长柄水薤 Aponogeton distachyos H4
芡 Euryale ferox H1c
美国萍蓬草 Nuphar advena H5,
　黄花萍蓬草 N. lutea H7
睡莲属 Nymphaea H7-H1a（大部分物种）
金银莲花 Nymphoides indica H1a,
　荇菜 N. peltata H6
水金杖 Orontium aquaticum H5
王莲 Victoria amazonica H1a

深水水边植物

（30厘米水深）
菖蒲 Acorus calamus H7,
　'银纹' 菖蒲 A. calamus 'Variegatus' H7
膜果泽泻 Alisma lanceolatum H7,
　泽泻 A. plantago-aquatica H7
花蔺 Butomus umbellatus H5
纸莎草 Cyperus papyrus H1c
'花叶' 大甜茅 Glyceria maxima 'Variegata' H6
水堇 Hottonia palustris H5
黄菖蒲 Iris pseudacorus H7
黄莲 Nelumbo lutea H1c,
　'大白' 莲 N. nucifera 'Alba Grandiflora' H1c, '白纹' 莲 N. nucifera 'Alba Striata' H1c, '重瓣粉' 莲 N. nucifera 'Rosea Plena' H1c
芦苇 Phragmites australis H7,
　'斑叶' 芦苇 P. australis 'Variegatus' H7
梭鱼草 Pontederia cordata H5,
　披针叶梭鱼草 P. cordata var. lanciforia H3
'大花' 长叶毛茛 Ranunculus lingua 'Grandiflorus' H7
美国三白草 Saururus cernuus H7
沼生水葱 Schoenoplectus lacustris H7,
　'白瓣' 水葱 S. lacustris subsp. tabernaemontani 'Albescens' H7, '花叶' 水葱 S. lacustris subsp. tabernaemontani 'Zebrinus' H7
黑三棱 Sparganium erectum H7
水竹芋 Thalia dealbata H2,
　节花水竹芋 T. geniculata H9
狭叶香蒲 Typha angustifolia H7, '斑点' 宽叶香蒲 T. latifolia 'Variegata' H7, 无苞香蒲 T. laxmannii H4
'克罗伯勒' 马蹄莲 Zantedeschia aethiopica 'Crowborough' H4

浅水水边植物

（15厘米水深）
石菖蒲 Acorus gramineus H6,
　'花叶' 石菖蒲 A. gramineus 'Variegatus' H6
小花泽泻 Alisma plantago-aquatica var. parviflorum H7
水芋 Calla palustris H7
白花驴蹄草 Caltha leptosepala H7,
　驴蹄草 C. palustris H7,
　白瓣驴蹄草 C. palustris var. alba H7,
　'重瓣' 驴蹄草 C. palustris 'Flore Pleno' H7
'金叶' 丛生苔草 Carex elata 'Aurea' H6,
　垂穗苔草 C. pendula H6,
　河岸苔草 C. riparia H5
芋 Colocasia esculenta H1b
臭荠叶山芫荽 Cotula coronopifolia H4
风车草 Cyperus involucratus H1c,
　高莎草 C. longus H6,
　'矮生' 纸莎草 C. papyrus 'Nanus' H1c
沼泽珍珠菜 Decodon verticillatus H7
东方羊胡子草 Eriophorum angustifolium H7,
　宽叶羊胡子草 E. latifolium H6
蕺菜 Houttuynia cordata H6,
　'花叶' 蕺菜 H. cordata 'Chameleon' H6,
　'重瓣' 蕺菜 H. cordata 'Flore Pleno' H6
水金英 Hydrocleys nymphoides H2
燕子花 Iris laevigata H6,
　变色鸢尾 I. versicolor H7
灯芯草 Juncus effusus H6,
　'螺旋' 灯芯草 J. effusus f. spiralis H7,
　灯芯草属种 J. ensifolius H6
黄苞沼芋 Lysichiton americanus H6,
　沼芋 L. camtschatcensis H7
水薄荷 Mentha aquatica H6
红花沟酸浆 Mimulus cardinalis H4,
　'红帝' 智利猴面花 M. cupreus 'Red Emperor' H4,
　斑花沟酸浆 M. guttatus H5,
　阿勒格尼猴面花 M. ringens H4
勿忘草 Myosotis scorpioides H6,
　'美人鱼' 勿忘草 M. scorpioides 'Mermaid' H6
白箭海芋 Peltandra sagittifolia H6
西栖蓼 Persicaria amphibia H4
宽叶慈姑 Sagittaria latifolia H6,
　欧洲慈姑 S. sagittifolia H6,
　'重瓣' 欧洲慈姑 S. sagittifolia 'Flore Pleno' H6
小黑三棱 Sparganium natans H3
小香蒲 Typha minima H6
水生菰 Zizania aquatica H5

沉水产氧植物

线叶水马齿 Callitriche hermaphroditica H7
金鱼藻 Ceratophyllum demersum H4
水蕨 Ceratopteris thalictroides H1c
水蕴草 Egeria densa H2
水藓 Fontinalis antipyretica H7
哈特普列薄荷 Mentha cervina H7
狐尾藻 Myriophyllum verticillatum H4,
　穗状狐尾藻 M. spicatum H4
菹草 Potamogeton crispus H7
欧洲水毛茛 Ranunculus aquatilis H7
水田芥 Rorippa nasturtium-aquaticum H4

浮水植物

长柄水薤 Aponogeton distachyos H4
粗梗水蕨 Ceratopteris pteridoides H1b
地中海水鳖 Hydrocharis morsus-ranae H5
品藻 Lemna trisulca H7
海绵沼萍 Limnobium spongia H4,
　沼萍 L. stoloniferum H4
睡莲属 Nymphaea H7-H1a
香蕉草 Nymphoides aquatica H4
大藻 Pistia stratiotes H1b
耳状槐叶苹 Salvinia auriculata H1b,
　槐叶苹 S. natans H1b
水剑叶 Stratiotes aloides H6
四角菱 Trapa natans H2
小狸藻 Utricularia minor H3,
　狸藻 U. vulgaris H4
芜萍 Wolffia arrhiza H2

沼泽和喜湿植物

欧洲桤木 Alnus glutinosa H7,
　毛赤杨 A. incana H7
草玉梅 Anemone rivularis H5
'奈夫' 普通假升麻 Aruncus dioicus 'Kneiffii' H6
花叶芦竹 Arundo donax var. versicolor H4
阿兰茨落新妇 Astilbe x arendsii H7,
　落新妇 A. chinensis H7,
　单叶落新妇 A. simplicifolia H5
大叶子 Astilboides tabularis H6
草甸碎米荠 Cardamine pratensis H7
'金叶' 丛生苔草 Carex elata 'Aurea' H6,
　垂穗苔草 C. pendula H6
红瑞木 Cornus alba H7
雨伞草 Darmera peltata H6
紫花泽兰 Eupatorium purpureum H7
沼生大戟 Euphorbia palustris H7
红花蚊子草 Filipendula rubra H5,
　旋果蚊子草 F. ulmaria H6
长萼大叶草 Gunnera manicata H5,
　智利大叶草 G. tinctoria H4
萱草属 Hemerocallis H7-H6（大部分物种）
玉簪属 Hosta H7（大部分物种）
玉蝉花 Iris ensata H6,
　西伯利亚鸢尾 I. sibirica H7
夏雪片莲 Leucojum aestivum H7
齿叶橐吾 Ligularia dentata H6,
　掌叶橐吾 L. przewalskii H6
红花半边莲 Lobelia cardinalis H3
斑点珍珠菜 Lysimachia punctata H6
千屈菜 Lythrum salicaria H6
红花沟酸浆 Mimulus cardinalis H4,
　黄花沟酸浆 M. luteus H4
欧紫萁 Osmunda regalis H6
梅花草 Parnassia palustris H7
抱茎蓼 Persicaria amplexicaulis H7,
　拳参 P. bistorta H7
钟花蓼 P. campanulata H6
藕草 Phalaris arundinacea H7
芦苇 Phragmites australis H7
杂色钟报春 Primula alpicola H6,
　球序报春 P. denticulata H6,
　巨伞钟报春 P. florindae H7,
　日本报春 P. japonica H6,
　灯台报春 P. prolifera H4,
　粉被灯台报春 P. pulverulenta H6,
　玫红报春 P. rosea H5,
　偏花报春 P. secundiflora H6,
　钟花报春 P. sikkimensis H6
苞叶大黄 Rheum alexandrae H6,
　掌叶大黄 R. palmatum H6,
　'深紫' 掌叶大黄 R. palmatum 'Atrosanguineum' H6
七叶鬼灯檠 Rodgersia aesculifolia H6,
　羽叶鬼灯檠 R. pinnata H6,
　鬼灯檠 R. podophylla H6
白柳 Salix alba H6,
　垂柳 S. babylonica H6,
　龙爪柳 S. babylonica var. pekinensis 'Tortuosa' H6,
　瑞香柳 S. daphnoides H6
'黄斑' 水玄参 Scrophularia auriculata 'Variegata' H7
革叶千里光 Senecio smithii H4
落羽杉 Taxodium distichum H7
金莲花 Trollius chinensis H7,
　杂种金莲花 T. x cultorum H7,
　欧洲金莲花 T. europaeus H7

注释

H = 耐寒区域，见56页地图

睡莲

无论位于乡村野趣的风光中，还是位于规则的城市庭院里，睡莲属（Nymphaea）植物漂浮在水面上的雅致杯状花朵以及繁茂的叶子都能够为水景园增添优雅的魅力。睡莲属植物花型繁多，从开放的星状至高脚杯状的芍药型；花色更是纷繁多样，从简单的纯白或奶油色，到醒目的各种红色和黄色。开蓝色花的睡莲只适合种植在热带地区。某些种类的叶片呈现深紫绿色，而另一些种类的叶片则拥有美丽的斑纹。某些物种的花朵芳香浓郁，最好将它们种植在抬升的水池中，以便香味能得到充分欣赏。

耐寒睡莲和热带睡莲

'诱惑'睡莲　'海尔芙拉'睡莲　'火冠'睡莲

'克罗马蒂拉'睡莲　'美洲星'睡莲　'蓝丽'睡莲

'红宝石'睡莲　'弗吉尼亚'睡莲　'卡尔涅亚'睡莲

虽然大多数睡莲在白天开放，但某些热带品种，如'密苏里'睡莲（'Missouri'）和'红焰'睡莲（'Red Flare'），却在黄昏时开放——可以用互补的灯光照明创造美丽醒目的夜景。这些睡莲来自热带和亚热带地区，在温带地区可以种植在保育温室的水池中，在高温的夏日也可以在室外种植。

睡莲每天都需要数个小时的充分日照，否则它们会长出大量叶片但开花极少，所以应该将它们种植在水池中开阔、阳光充足的位置。睡莲喜欢静水；如果水池中有喷泉或瀑布，则要让睡莲远离它们，避免它们被流水扰动。热带物种通常比那些耐寒种类长得更快，并需要强烈的光照、充足的营养，以及最低温度为20℃的水温。

除了具有观赏性，睡莲还有助于保持水质清澈，因为它们宽大伸展的叶片遮住了阳光，从而可以控制藻类的生长。大多数睡莲非常健壮，但也有几个卫星品种适合种进小花园的水池甚至容器中（见"盆栽水生植物"，308页）。'海尔芙拉'睡莲（Nymphaea 'Pygmaea Helvola'）开明亮的黄色花，植株仅能蔓延大约50厘米。替代品包括淡杏黄色的'保尔·哈利特'（'Paul Hariot'）和'婴儿红'（'Perry's Baby Red'）。在另一个极端，王莲（Victoria amazonica）的叶片直径可达2米，而荷花（Nelumbo nucifera）几乎可以无限扩张，而且在植物园之外的地方很少见。

养护和栽培

大多数睡莲有粗厚的块茎，这些块茎近乎垂直生长，下方是纤维状的根系。香睡莲（N. odorata）和块茎睡莲（N. tuberosa）的品种拥有更长的肉质根状茎，水平生长在土壤表面附近。

种植

在春末和夏末之间种植，让株在冬季到来之前完全成形，要在所有霜冻风险都已经过去的时候再种植热带睡莲。

在种植时，使用直径宽30~35厘米、深15~19厘米的容器，具体尺寸取决于品种的大小和苗壮程度。或者在水深30~45厘米、直径45~60厘米的水下苗床中种植。

准备植株，将长根剪短，并剪去老叶、受损的叶片和花蕾。较老的叶片会增加植株的浮力，让其难以在水下固定，而且它们为植物产

种植块茎类睡莲

1 使用修枝剪或锋利的小刀，将任何受损或过长的根修剪至距块茎5厘米之内。

2 剪去所有死亡、受损以及叶柄破裂的叶片。保留年幼的新叶和花蕾。

3 在篮子中添加衬垫，并填充部分潮湿土壤。放入块茎，使植株顶端距篮子边缘的垂直距离不超过4厘米。

4 将土壤紧实地填充在块茎周围，保证植物顶端位于土壤表面上方4厘米处。

生的养分很少。新叶会很快取代它们。当种植热带睡莲时，添加专利缓释肥。如果种植容器不是特别重的话，则在将它放入池塘前浇透水，以防土壤收缩后需要调整。像种植深水植物那样，用绳线将容器放到预定位置（见"深水植物"，311页）。

在新水池中，可在装满水前将容器放置在水池底部。一开始用只有8~15厘米深的水覆盖它们，必要的话可以将容器放置在砌块上，让它们上方的水深正合适。随着植株生长，逐渐降低容器高度，直到它们抵达水池底部。然而，热带睡莲可以直接种植在预定深度，因为和大多数耐寒品种相比，它们生长速度更快，也更喜欢较浅的水。

施肥

睡莲通常比较喜欢额外施肥；在生长季，每六周在土壤或基质中插入一小袋专利生产的缓释肥。这种肥料会逐渐释放出植物需要的少量营养，同时不会使水变色或刺激藻类生长。

其他养护任务

睡莲的花期只持续三到四天，应该在花沉入水中并腐烂前清理，叶子也一样。取决于环境条件，睡莲的叶片会很快变成黄色或棕色；

浮水花园
木质栈道桥的笔直线条映衬着睡莲如盘子一般的叶片和鲜艳的花朵。

定期从水面下将叶柄切断，并将叶片丢弃。

在炎热的天气中，将水用力泼洒在叶片表面，冲走昆虫（如叶蝉和蚜虫）。在冬季霜冻地区，将热带睡莲转移到室内，并将块茎储存在5~7℃的潮湿沙子中，以保护它们免遭啮齿类动物侵害。

分株

为保持健康生长，当叶片在水面显得拥挤或者根系长出容器范围时，要对睡莲进行分株。从母株上切下数段，每一段都有年幼苗壮的枝条和大约15厘米长的附着块茎（见"分株繁殖"，下），将它们重新种植在新鲜的土壤中。母株的剩余部分可以丢弃。

繁殖

大多数块茎类睡莲会产生"芽"或"眼"，可以将它们切下来繁殖新的植株（见"使用嫩枝插条繁殖水生植物"，614页）。根状茎类睡莲则可以通过分株来繁殖（见"水生植物的分株"，631页）。某些睡莲可以用种子或者分离小植株的方法来繁殖。

种子

除了香睡莲和睡莲（N. tetragona），耐寒睡莲不会轻易结实，而不耐寒或热带睡莲能够大量结实。在采集种子之前，用布袋将正在成熟的果实密封，防止它们漂走。对于耐寒睡莲的种子，应该在它们干燥之前立刻种植；对于热带睡莲的种子，应该加以清洗并干燥，然后放入袋子中室温储藏。热带睡莲的种子最好在春季播种。

在装满播种基质的种植盘中均匀地播种种子（种子上附带其果冻状的囊袋）。在种子上撒一些基质，浇水，然后将种植盘放入容器中，并覆盖2.5~5厘米深的水。耐寒睡莲种子需要的最低萌发温度为13℃；热带种子则需要23~27℃的萌发温度。

当幼苗长到能够手持操作的时候，小心地将其挖出，清洗，并种在种植盘中，再放入5~7.5厘米深的水里。随后换盆到直径为6厘米的花盆中，再放入8~10厘米深的水中。越冬后，可以将块茎产生的年幼植株分离并上盆。

小植株

某些白天开花的热带睡莲会产生小植株，这些小植株还连接在母株叶片上时就可以成形开花。可以将它们分离并移栽到水中的浅盘里，让它们在15~18℃的环境中继续生长。逐渐增加水的深度，然后将它们转移到更大的水生植物容器中，供池塘使用。

分株繁殖

1 在春末，当叶子开始出现时，挖出成熟植株。将根状茎浸泡在水中，并清洗掉根系上的土壤。

2 将根状茎切成数段，每段都有两个或三个芽。去除所有受损或过长的根。将每段根状茎上盆并使其保持在浅水中，直到它显示出生长的迹象。

建造池塘

许多年来，人造池塘一般都是用岩石、混凝土或砖块等沉重的材料建造的。然而，随着塑料和玻璃纤维材料的发展，如今建造自己的池塘变得更加容易，需要的话，还能拥有更自然的样式。

池塘的最佳形状、大小和材料在很大程度上取决于花园的大小和风格、建造的方法，以及成本。柔性衬垫在形状和尺寸上可以自由设计，在需要自然外观的地方是最理想的，因为它们的边缘可以很容易地隐藏起来，并且衬垫材料本身并不显眼，是大型池塘的最佳选择。

坚硬的预制池塘更容易安装，但形状和大小有限。虽然对于小型池塘非常合适，但更大的模块较难操作，而且非常大的尺寸难以获得。硬质材料（如混凝土等）能够建造出最坚固、最持久的池塘，但这样的池塘在建造时也是最难和最慢的。

用任何方法建造的池塘都能容纳一个简易喷泉或者用水泵驱动的循环式水景（见"循环带瀑布的溪流"，304页）。水泵可以使用合适的安全外部电源供给能量，亦可使用太阳能水泵。

柔性衬垫

大多数新花园池塘是用合成橡胶或塑料制成的柔性衬垫建造的，这些衬垫能在土壤和水之间形成防水障碍。这些柔性衬垫大小不一，并且能够进行剪裁，适合各种形状的池塘。

在购买衬垫之前，先确定池塘的位置和大小：用沙子或绳线和木钉来标记预定的轮廓，更容易检查效果。

丁基橡胶是最昂贵的池塘衬垫材料之一。它的强度比聚乙烯和PVC高得多，它的使用寿命为40~50年，但它的价格也更高。丁基橡胶柔韧性非常好，并且足够结实，可以忍耐撕扯以及紫外线、细菌滋生和极端温度造成的老化。较大的不规则池塘，特别是部分材料可能被阳光直射时，最好使用7毫米厚的优质丁基橡胶衬垫。

PVC衬垫强度适中，抗撕扯，有些使用寿命可达10年。它们既耐霜冻，又耐真菌侵袭，但经过几年阳光暴晒之后会硬化开裂。

聚乙烯是所有衬垫材料中最便宜的；它很容易被撕裂，而且经常暴露在阳光下时也会裂开。如果能避免阳光照射和偶然损伤，它就是一种可以使用的材料，比较经济。它特别适合用作沼泽园的衬垫，上面会覆盖一层泥土。低密度聚乙烯（LDPE）是一种改良型聚乙烯，更加柔韧，并且可以修补。这种材料的使用寿命与PVC相仿。

为衬垫进行测量

为计算衬垫需要的尺寸，首先需要确定池塘的最大长度、宽度和深度。衬垫的宽度应该是池塘最大宽度加上其两倍深度，长度应该是池塘最大长度加上其两倍深度。长度和宽度还应在两侧各加15厘米，以便在池塘边缘留出富余部分，防止渗漏。例如，长为2.5米、宽为2米、深60厘米的池塘需要长4米、宽

用柔性衬垫建造池塘

1 使用沙子或绳线标记池塘的预定形状，然后将木钉以固定间距钉在其周围，第一个木钉与池塘边缘的理想高度一致。

2 使用直尺和水平仪使其余木钉与第一个木钉保持水平。然后挖出23厘米深的坑。边缘稍稍向外倾斜。

3 将坑底部的土壤耙平。如果需要边缘种植架，就从底部边缘向内23~30厘米处用沙子标记出中心环状区域。

4 在标记的中心区域继续向下挖至50~60厘米深。清理所有根系和尖利的石头，然后耙平底部。

5 将一层2.5厘米厚的沙子或筛过的土按压在坑的底部和四周。如果使用衬底织物，则将其沿坑的轮廓覆盖并按下去。

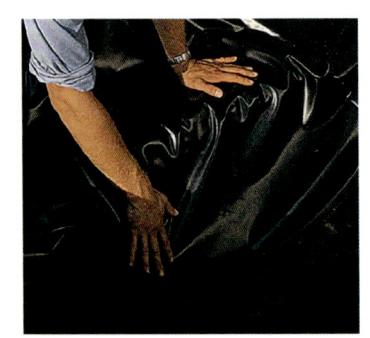

6 小心地在沙子上展开柔性衬垫，或者将它平展着放入整个坑中，并在四周留出足够的富余部分。均匀地将折缝披进去。

7 在池塘中注水，使用砖块固定衬垫的位置。当衬垫沉降后将砖块移走。修剪边缘，留出15厘米宽的富余部分。

3.5米的衬垫。

安装

首先在远离池塘的位置将衬垫伸展开，如有可能，在阳光照射下进行，因为较高的温度会让它变得更加柔软，更容易操作。用沙子或绳线标记出池塘的预定形状，然后用木钉紧挨着轮廓外部做出一系列基准点。使用直尺和水平仪确保池塘边缘水平。这一点非常重要，池塘不平的话，水会从边缘溢出去。

挖至大约23厘米深，使池塘边缘从垂直线向外倾斜20°；这个斜坡能防止侧壁塌陷，更容易安装衬垫，并能确保在池塘冰冻时，冰可以向上扩张，不至于造成破坏。保留挖出的表层土，因为它可以用在花园中别的地方。

如果计划种植水边植物，标记出23~30厘米宽的种植架，以提供充足的种植位置，然后以轻微的角度继续挖掘至目标深度——一般是50~60厘米。如果要在边缘添加石头，则在池塘边30厘米宽的范围内清除5厘米厚的土壤，以便让石头稳固定位。

挖好坑之后，清理所有能够刺穿衬垫的根系和尖利的石头，然后将土壤夯实。为保护衬垫并起到缓冲作用，在坑中铺设一层2.5厘米厚的潮湿沙子。如果土壤中砾石含量相对较少，则可以只使用专利生产的池塘衬底织物（由聚酯纤维制成）。在多砾石的土壤中，在沙子上使用衬底织物，可为柔性衬垫提供额外的保护。

将衬垫覆盖在坑中，使衬垫中间接触坑底，四面留出富余部分。用砖块固定衬垫的位置，然后开始慢慢为池塘注水。在水的重力作用下，衬垫会下沉并逐渐贴合坑的四壁和底部。为防止衬垫拉伸，逐渐移动固定衬垫的砖块，让衬垫自然沉降到坑中，并拖拽边缘，最大限度地减少褶皱。

当池塘注满水之后，移走砖块，并检查边缘是否水平；如有必要，添加或移走土壤直到达到水平。剪去多余衬垫，在边缘留出15厘米的富余；这部分富余的衬垫可以隐藏在土壤、岩石、草皮或者铺设在砂浆上的铺装石下面（见"池塘的边缘"，303页）。注意不要让任何砂浆流到水中；如果真的流进了水里，则应该排空池塘，重新注水。

预制池塘

使用玻璃纤维或塑料预制成形的池塘是最容易安装的。它们有各种不同的形状，并且常常带有可供种植水边植物的壁架。使用玻璃纤维制造的池塘比那些用塑料制造的更贵，不过它们非常结实并耐老化，使用寿命至少为10年。

预制模具
预制成形的玻璃纤维或塑料模具有很多尺寸和形状。大多数包括为水边植物设计的种植架。

安装

尽可能整平现场并清理走所有岩屑。如果模具的形状是对称的，将其反转过来倒扣在地面上，并用木钉和绳线标记出它的轮廓。对于不对称的形状，使用砖块将模具口朝上支撑起来，防止它弯曲开裂，使用钉入土地中的长竹竿标记出模具的轮廓，并用绳索围绕它们的基部。

为挖出与模具外形相匹配的坑，首先将土壤挖至边缘种植架的深度。挖出的表层土可以保存起来，用于花园别处，底层土应该放置一旁，用于之后池塘周围的回填。

将池塘放在准备好的坑中，向下紧紧压实，在泥土上留下底部的清晰印记。将模具拿出来，然后挖掘被池塘底部标记出来的中央区域，深度比模具多出大约5厘米，以便为下垫的缓冲材料留出空间。

清理坑中的所有尖利石头、树根和其他残屑，夯实土壤，然后用池塘衬底织物或一层5厘米厚的湿沙覆盖坑底和四壁。将模具放在坑中并确保其水平，否则在注水时水

安装预制池塘

1. 用砖块牢固地支撑由玻璃纤维或塑料制成的模具，使其口朝上保持水平，然后沿着其边缘将一系列竹竿插入土地中，标记出它的形状。用绳子围绕竹竿基部，标记出需要挖掘的精确轮廓。

2. 挖坑，深度比模具多出大约5厘米，尽可能精确地按照底部和种植架的轮廓挖掘。

3. 使用一块木板横跨池塘，再用卷尺确保坑的深度无误，然后使用水平仪确保底部的水平。

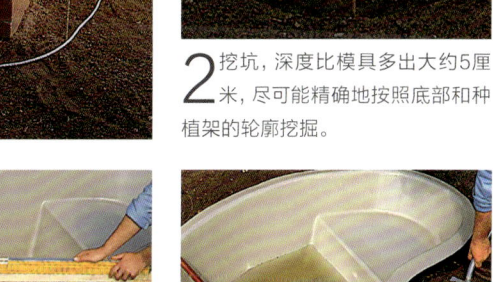

4. 清理所有树根和尖利的石头，然后用一层5厘米厚的沙子覆盖坑的底部和四壁。将模具放入坑中，用水平仪和木板确保模具放置水平。

5. 注水（这里是池塘水）至10厘米深。用筛土或沙子在周围回填至同样深度。夯实。继续加水，回填，夯实。

会流向一侧。

确保模具稳固地坐落在坑里，然后在其中注入大约10厘米深的水。使用沙子或筛过的土壤在四周回填，回填深度与水深一致，夯实种植架下方的土壤；确保不存在空隙，且池塘保持完全水平。继续重复注水、回填、检查水平的程序，直到池塘注满水。最后，紧实池塘周围的泥土，并用草皮或使用砂浆铺砌的铺装石（见"池塘的边缘"，303页）遮盖模具的边缘。

抬升池塘

拥有硬质侧壁的抬升池塘可以购买完全预制好的，也可以定制，甚至可以用其他容器（例如破旧的牲畜饮水槽）改造而成。自制池塘可以使用木板、铁轨枕木、混凝土砌块或砖块建造，并以预制塑料膜、丁基橡胶或玻璃纤维衬垫内壁。你还可以自制池塘衬垫，用在使用混凝土建造的硬质池塘中。

抬升池塘通常是正方形或长方形的，但是如果是自己建造的，你可以考虑用L形池塘贴合墙角或边界。用钢铁制造的预制抬升池塘可以是圆形的。

自制池塘可以进行各种调整以满足你的需求，配备定制种植床，使用一系列饰面和颜色，甚至还可以在池塘边缘设置座位区域，让你能够坐下来欣赏池塘中的植物和野生动物。

如果自己建造池塘，它需要有一定强度以承受水压的衬垫和外墙。独立式预制池塘（其中一些可能在边缘配备了座位区域）不需要在四周额外建造侧壁。

所用材料

多种材料可以用来制造硬质侧壁抬升池塘的衬垫和外层。要记住，无论使用什么材料，制造任何定制池塘都需要一定程度的专业技能。

木材（包括板条、木板或旧铁轨枕木等）可以为抬升苗床的墙壁外侧提供自然的饰面。可以涂绘木材，以匹配任何种植设计方案，而且在更新花园的色彩方案时也很容易进行重新涂绘。然而，木材不如金属或砖块等材料持久耐用，需要经常维护才能保持良好状态。

砖块或**砌墙石**可以用来建造使用寿命极长的池塘。砖砌池塘可以为花园增添规则感，而且砖墙可以通过抹灰和涂绘得到极具风格的饰面。

混凝土衬垫经久耐用，尤其适合垂直墙壁。不过，和安装硬质衬垫或预制池塘相比，它的建造过程对技术和能力的要求更高。而且需要注意的一点是，混凝土是一种多孔材料，它的粗糙表面会导致更多藻类积累。另外，虽然混凝土很坚固，但它通常每10~15年就需要重新铺设。混凝土的碳足迹比其他材料大得多。

硬质衬垫（使用塑料预制而成）可用于抬升池塘。和地面池塘相比，它们更容易安装在抬升池塘中，因为你无须向下挖出与衬垫匹配的形状。硬质衬垫可以使用多年——某些种类终生保修。

玻璃纤维衬垫比其他选项贵，但可以定制，匹配你对尺寸的精确需求。这些衬垫还有一系列不同的颜色，所以你可以进行个性化设计（这一点尤其适用于观赏鱼池）。玻璃纤维的光滑饰面意味着藻类积累较少，整体而言需要较少的维护；它们的使用寿命可长达30年。

丁基橡胶容易安装，用途广泛，而且可以做成任何形状。然而在直角边缘处，它需要进行大量折叠，如果水面大幅下降，露出的褶皱看起来不美观。

独立式硬质池塘

可以购买或制作一些无须衬垫和外墙的独立式池塘。

玻璃纤维独立式池塘可以根据尺寸定制，有多种颜色和饰面可选，而且可以设置座位区域甚至透明观察面板。它们通常终生保修。

考顿钢——又称耐候钢——是一种很美观的钢材（准确地说是一类钢铁合金），可以独立摆放而无须涂漆或其他形式的覆盖。经历露天环境后，它的表面会产生类似铁锈的美观效果。考顿钢一开始是蓝灰色的，6~9个月后表面会形成一层铁锈色物质，阻止金属被进一步锈蚀。花园设计师使用考顿钢制作栅栏或种植方案的其他背景、道路镶边、雕塑、种植容器，甚至鸟浴池。用考顿钢制作的抬升池塘非常美观并可以持续使用多年。预制考顿钢池塘的表面喷涂了一种名为聚脲的合成聚合物，令池塘完全不透水。

镀锌钢比考顿钢便宜，同时看起来很美观。它有多种形状，而且可以将镀锌钢材质的破旧牲畜饮水槽补上孔洞和裂缝后改造成不透水容器。对于较小的抬升池塘，考虑使用旧的婴儿浴盆或桶式大花盆。

建造砖砌池塘

使用砖块或砌墙石建造抬升池塘的最好方式是修建双层墙，就像房屋的空心墙一样。较便宜的砖块或砌墙石可以用来建造内墙，因为它是隐藏起来的。外墙和内墙之间的距离必须足够近，能用专利生产的金

考顿钢水池
耐用的考顿钢是小型花园的理想选择，可用于建造任何形状和大小的池塘。在这里，它用于制作一个浅水池，其工业美学与野生种植的柔软质感和颜色形成了鲜明对比。

池塘边缘的风格

规则式池塘需要清晰的轮廓，所以直线或曲线形的预制混凝土铺装是最理想的。对于圆形池塘，小型模块（如防水砖以及花岗岩或砂岩方砌石）很合适，因为它不需要切割。同样，也可以使用形状不规则的拼贴式铺装，沿池塘边缘铺设，得到曲线。木板可用于规则式和不规则式池塘，因为它可以轻松地切割造型。对于不规则的池塘，石制品（如水洗鹅卵石和圆石）能够作为池塘与周围种植区域的过渡，并且容易铺设。

简易的边缘
用尺寸逐渐减小的岩石和石头将柔性衬垫隐藏起来，创造像海滩一样的效果。

用砂浆固定的不规则边缘
使用形状不规律的石板，使其一侧顺着池塘边缘排列。为安全起见，用水泥固定结实。

几何式的规则感
人工制造的铺装块赋予了池塘边缘规则和整洁感。它们必须用砂浆固定。

属网壁锚连接起来。

整个池塘最终必须添加衬垫。使用绳线和木钉标记出形状，然后为池壁建造10~15厘米深、38厘米宽的混凝土基础。翻耕池底土壤，清理尖利砾石并覆盖一层沙子或聚酯纤维垫（又称池塘衬底）。然后，建造双层墙，使用金属网壁锚将两面墙连接起来。

抬升池塘可以像下沉池塘那样使用纤维加固水泥涂抹，或者使用柔性衬垫垫底，安装柔性衬垫后内墙的水面上可以露出美丽的岩石或砖块表面。这将需要额外衬垫（长宽各为1米）。

在铺设墙壁的最后一层砖或石材之前，在池底铺一层2.5厘米厚的湿沙，然后铺衬底和衬垫，将它们放在内墙上，并塞入双层墙之间的空隙。之后再用砂浆铺设墙壁的顶层，将衬垫固定住；富余的衬垫从顶层砌块后面伸出，并掖回在墙顶下面。这可以防止渗漏，同时保证水边看不到衬垫。剪去多余的衬垫，并用砂浆将墙帽石铺设在墙壁顶端。

设置种植床

在采用规则式设计方案的池塘中，将健壮的水生植物种在永久性的苗床或容器（如半垃圾箱）中也许比种在种植篮中更好。这些较大的种植床能让根系更充分地伸展，使较高的植物不容易被风吹倒。种植床可以设置在边缘架上，深水植物苗床可以设置在池底。

在向池塘中注水之前，可以用砂浆在池塘衬垫上建造砖块或砌块挡土墙，首先用切下的富余衬垫为墙脚下的衬垫提供保护。基质的最小厚度和宽度应为23厘米。种植前在基床上施加池塘密封剂。

池塘的边缘

不规则池塘可以用自然风格的土壤、植物、草皮或岩石和卵石来装饰边缘，而铺装材料可以强化规则式池塘的清晰线条，或者在池塘一侧创造小型观赏区域。

安全是首要考虑因素，如果你的土壤质地较轻或者边缘悬挑在水面上的话，石板就必须用砂浆牢固地固定在坚实的基础上。

材料的选择对于水边的安全也是非常重要的。传统的自然石材表面，尤其是老旧的回收砂岩铺装在潮湿的天气中会变得很滑。而许多预制混凝土铺装板拥有粗糙的表面，这让它们没有那么滑。

添加座位区域

如果需要，可以将座位木板添加到池塘边缘顶部，创造宁静的座位区域，你可以坐在这里近距离观察池塘，欣赏许多使用它的物种。

测量池塘的尺寸，然后切割出匹配池塘四边长度的木板。将木板两端切割成45°的斜角，让它们在拼接时形成90°的直角。将木板放置在每面墙的中央，两边突出同样多的部分。对齐45°切角，以确保所有末端都是平齐的。

一旦对木板的摆放感到满意，就在每块木板的中央两侧各钻一排定位孔，孔距为10厘米。钻透木板，令钻头在木板下面的墙壁顶部留下标记。然后撤去木板，用石工钻头在标记点钻出6厘米深的定位孔。

在每个定位孔中插入一个膨胀栓以固定螺丝，确保木板安装牢固。将木板放回池塘墙壁顶部，对齐所有定位孔。每个孔中插入一枚带垫圈的大螺丝，然后用扳手拧紧螺丝。

铺装石板也可以用来制造座位区域。如有必要，将它们切割成合适的尺寸，然后铺设在一层连续不断的砂浆上，确保它们从墙壁两侧伸出的长度相同。然后在铺装块之间勾缝，不要让砂浆溅在衬垫上，因为砂浆会毒害植物、鱼和野生动物。

抬升池塘
这个现代风格的抬升池塘在顶部使用了宽大的石板，在形成边缘的同时又能作为座位使用。附近的露台使用的是同样的石板，达到了一种和谐的设计效果。

建造流水景观

在所有流水景观中，无论水沿着什么样的路径流动，它们都遵循这样一个原则：水从高处自然流向低处，而在低处设置有水泵，通过管道将水运回水景顶部。坡度即使非常缓，例如规则式水道，也能达到预定的效果。较陡的坡度可以用来创造流速较快的溪流式景观，中间还可以设置水池和瀑布。

循环带瀑布的溪流

从储水池到顶部水池，每个水池应该逐级升高，让水自然流下，但一定要足够深，在水泵关上时里面也能保留部分水。

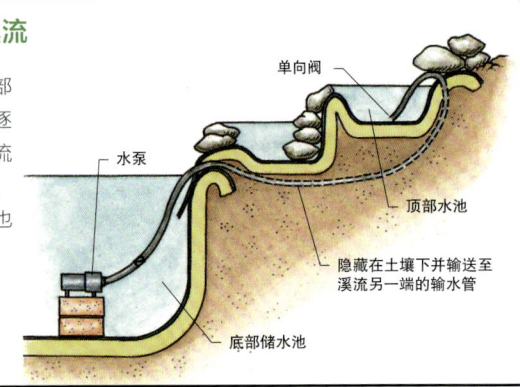

水泵和过滤

可用于花园的水泵有两种类型：地上泵和潜水泵。水泵需要的功率取决于水的体积以及水景的坡度。潜水泵对于大多数小型水景已经足够了。大型水景可能需要安装在独立通风室内的地上泵。

如果使用潜水泵，将它放置在储水池底部，下面垫上砖或砌块，防止残渣被吸入进水滤网。用连在水泵上的柔性管道连接底部储水池和水景的顶部水池。

可将管道推到顶部水池的底部以隐藏起来。在这样的情况下，应该使用单向阀。或者将管道末端保持在水面上方，并在水池边缘用悬挑的石头或石板将其隐藏起来。管道可以沉入水道旁的沟中隐藏。

在接入外部电源时，如有必要，咨询专业电工的意见。只使用安全认证的防水接头连接水泵和其他电力设备。用蛇皮套管保护室外电线，并使用漏电保护器装置。

大多数水泵有过滤网。也可以使用能够安装到水泵入水口上的过滤装置。通常没有必要安装独立的过滤系统。然而，如果水池中有大量鱼类或者难以养护沉水植物的话，可能需要独立的机械或生物过滤系统。

使用柔性衬垫

柔性衬垫（见"柔性衬垫"，300~301页）非常适合用于不规则和曲折式水道。它们会呈现自然的外观，而且能轻松地适应方向和宽度的变化。边缘还能轻松地伪装起来。

如果水流是由水泵驱动的，那么水道的出水口（通常是顶部的水池）必须容纳足够多的水，在水泵开关时才不会出现水平面的剧烈变化。可以用柔性衬垫创造地下式顶部水池，很好地遮掩出水口。用坚固的金属网遮盖水池，并在上面覆盖一层岩石和卵石；水会从岩石之间倾泻到水道上。

除了柔性衬垫，还需要无孔隙岩石遮掩水道边缘并创造瀑布，而小鹅卵石或卵石可以用在水道底部，增加观赏性。

计算衬垫大小

水道的路线、尺寸和高度变化是决定衬垫材料需求量的因素。

如果路线很直，可以使用一块衬垫。衬垫的宽度应该是水道最大宽度加两倍水道深度，长度为水道长度，并为顶部和底部之间的任何高度变化留出空间，还要加上至少30厘米，使其能部分叠进底部水池。曲折的水道最好用一系列衬垫片段拼接在一起，互相之间重叠至少15厘米，以防渗漏并避免笨拙的折叠。在计算需要多少衬垫材料时，要考虑这些重叠部分。

用柔性衬垫建造水道

1 修建一座预定高度的土堤，并标记出水道的位置以及所有高度变化的深度。从底部向上做出阶梯和顶部水池的形状。

2 完成后，用铁锹的背部拍实土壤。清理尖利砾石，用沙子或聚酯纤维垫为水道衬底，将聚酯纤维垫剪成合适的大小和形状。

3 将衬垫铺在上面，确保衬垫底部边缘能够伸入底部水池中。修剪衬垫，四周留出30厘米宽的富余。将衬垫贴合水道轮廓。

4 从底部开始，放置岩石形成阶梯。将衬垫边缘掖到岩石后面。向上逐渐铺设岩石，安排好岩石和卵石的位置，使水按照预定路线流下来（见右图）。

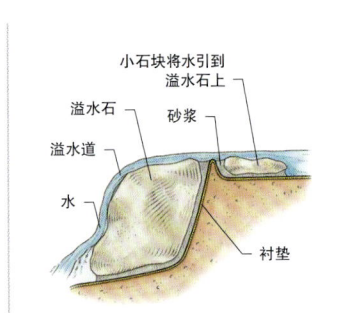

泼溅式跌水

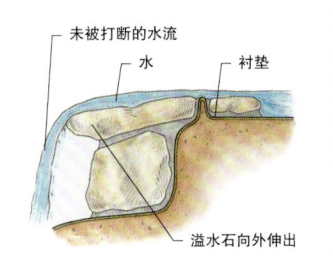

瀑布

建造

在建造水道时，按照下方提供的指导进行施工，确保在切削台地的"踏步"时，它们是略微向后倾斜的，这样当水泵关闭的时候它们还能保留一部分水。放置岩石和鹅卵石后，用水管或洒水壶检查水的流动方式是否与预期一致。

在水道旁边挖一条沟，用于埋设将水从底部循环至顶部水池的管道，然后安装水泵。

使用硬质模块

可以不使用衬垫，而是将预制成形的模块组装起来，形成水道。这样的模块通常呈现为各种大小、材料（如玻璃纤维和PVC）和饰面（如岩纹或沙砾）的浅碟形水池。可以用植物、天然岩石和卵石将这些模块和周围环境融合起来。

用绳线标记水道区域，然后挖一条用来容纳模块的浅沟。为模块下方多留出5厘米的深度，用于铺设一层沙子。从最低点向上铺设，并令位置最低的模块与底部水池的边缘稍微重叠。安装此模块，通过回填或去除多余的沙子来确保其水平。当第一块模块水平之后，可以加少量水，增加其稳定性。

其余的模块以及最终的顶部水池都用同样的方法安装。当确定好每个模块的位置并确保水平后，在其中注水并在边缘周围回填沙子。安装水泵，用岩石和植物隐藏并柔化水道边缘。

水渠和规则式水沟

在规则式花园中，水渠和水沟可以用来连接抬升池塘或喷泉等水景，或者用来强调雕塑或缸瓮等景致。水渠的宽度应与花园大小保持和谐，而且宁愿比较较窄也不要过宽——只有30厘米宽的水渠也能得到很好的效果。由于花园水渠需要清晰的轮廓并且较浅，因此最好使用混凝土来建造它们。沿着边缘使用的砖块或上釉瓦应与周围铺装颜色形成对比，起到强调的作用。

在规划阶段，要记住管道和电线可能需要从周围的任何铺装下面穿过，并安装相应的导管。

在平地上标记出水渠的宽度和长度，然后将标记区域挖至20厘米深，并铺设一层5厘米厚的沙子。确保两边水平，然后将聚乙烯膜覆盖在挖出的坑中，再浇灌混凝土。用平木板将混凝土夯实。

经过48小时，当混凝土已经凝固变硬后，使用砖块修建侧壁。当砂浆变硬后，用抹灰工的抹子在水渠内壁涂抹一层1厘米厚的纤维加固水泥。当水泥干燥后，在水渠内壁粉刷一层专利防水密封剂。

小型水景

对于比较小的花园，也有很多微型水景可选，包括那些对水进行再循环的水景，可以用它们在溢满的花盆、卵石上的"泡泡喷泉"或安装在墙上的壁挂喷泉中提供永不停歇的涓涓细流。这些流水景观能够为小型空间带来活力，引入悦耳的声响和活泼的水流，增加惊喜的元素，并为附近的植物材料选择提供有趣的主题。

与开阔的池塘相比，对于幼童来说，小型水景要安全得多，因为暴露的水很少。小型水景建造的速度很快，难度很低，也不需要处理大量土壤。这些景观中没有水生植物（如右边展示的鹅卵石喷泉），因此可以设置在阴凉处（种有植物的池塘则不能）。维护也简单得多，主要的任务是定期补充水，以弥补蒸发损失的水分。

喷泉

小型城镇花园、庭院、露台以及保育温室中常常没有足够的空间容纳独立式水景，但很适合设置壁挂喷泉。墙壁上的框格棚架可以用来隐藏储水池和喷泉出水口之间的输水管道。储水池必须有足够容量让潜水泵正常运转：即使是小型壁挂喷泉，也最少需要22~27升的容量。储水池可以是开放式的，并种植美丽的植物，也可以隐藏在地下。

另一种流行的小型水景是鹅卵石喷泉。在这种景观中，水被泵上来，穿过被一面镀锌钢金属网支撑着的鹅卵石或卵石，落回地下的储水池中。

鹅卵石喷泉能够以套装的形式购买，并且提供一种在花园中欣赏流水的便宜、简单的方法。

鹅卵石喷泉的出水口可以调节成喷涌模式，也可以缓缓涌动。水柱的来源是水泵的一根硬管——管子越宽，喷泉的水柱就越柔和。随着水柱的高度增加，喷泉的声音也会发生变化。还可以通过调节水面来得到不同的效果：如果储水池是满的，溅水声会是主要的声音；如果它只有一半的水，声音中会有一部分回声，强调了水在卵石下流动的声音。

安装套装式鹅卵石喷泉

1 挖出一个比储水桶稍宽、稍深的坑。将桶放进去，使用水平仪确保其水平。在边缘回填，并用棍子紧实土壤。

2 将聚乙烯膜覆盖在桶上；剪下一个直径比桶的宽度大5厘米的圆。将输水管连接在水泵的出水口，把水泵放在储水桶底部的一块砖上。

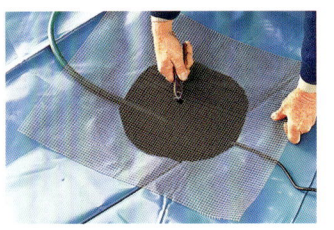

3 将不锈钢金属网放置在聚乙烯膜的洞上。在金属网中间剪一个小洞，并用输水管穿过其中。从上方为储水桶注水至15厘米深。

4 将一些鹅卵石摆放在水管周围，将水管剪至合适的长度。然后打开水泵。试验水泵的水流调节器，直到得到预想的喷泉效果。

5 按照需要增添更多鹅卵石。当水落下的区域成形后，将多余的聚乙烯膜剪去，留出10厘米宽的边缘，并埋在土壤下。或者，为了之后扩大尺寸，将多余的聚乙烯膜折叠或卷起来，然后埋好。

自然野生动物池塘和沼泽区域

大多数花园池塘能吸引一些野生动物，池塘越不规则、越自然，对于各种野生动物的吸引力就越大。如果足够幸运的话，你的花园里可能会有一座天然池塘，但如果没有的话，你可以自己建造一个拥有自然主义外观、强烈吸引野生动物的池塘。野生动物池塘（自然式池塘）的位置应该能从房屋窗户观赏到，但不要离得太近，以免害羞的动物不敢造访。最好在池塘的远端进行一些种植。野生动物池塘应该在一侧边缘有浅沙滩，并在池塘底部铺有一层沙子。沙滩能让饮水的鸟类、两栖动物以及其他动物轻松地进入，而沙层在夏季是无数微生物的家园，在冬季则是一处冬眠地。

快速成形
本地植物会快速覆盖池塘表面，如果你需要一片开阔的水面，你就应小心挑选植物的种类。同样，茁壮的水边植物会快速将池塘围绕起来，可能需要修剪以便出入。

设计自然式池塘

自然野生动物池塘不需要有多大，可以容身于一个规模较小的花园。为了防止池塘干涸，建议直径不小于2米；如果空间非常有限，沼泽园（见"沼泽园"，307页）或容器水景花园（见"容器中的水景花园"，308页）可以提供在较小尺度上支持野生动物的方法。

野生动物池塘不同于养鱼的池塘——后者通常有陡峭的侧壁并且深度约为60厘米，它最重要的部分是浅水区域。鸟类和小型哺乳动物（如刺猬）需要能够轻松地出入池塘，所以逐渐进入较深水域（30厘米就足够了）的大片浅滩区域是关键。浅水在春季的升温速度也更快，会吸引蛙类前来——它们的产卵时间比其他两栖动物早。除了蝌蚪，池塘浅滩还会支持水生无脊椎动物的幼虫，例如仰蝽属（*Notonecta*）和龙虱属（*Dytiscus*）物种。

自然式边缘是野生动物池塘必不可少的特点，因为周围的禾草和低矮植物将为在夏季首次离开池塘的年幼两栖动物提供庇护所。如果使用硬质表面（如铺装）作为池塘边缘，就会对湿漉漉的两栖动物造成危险，它们可能"黏"在上面，常常造成悲剧后果。不过池塘周围可以添加大块岩石、鹅卵石甚至小段乔木分枝——无论是压进淤泥中，还是为了隐藏衬垫而小心地放置在它上面。伸入池塘的卵石"滩涂"区域会被蝌蚪用来觅食和躲避捕食者，鸟儿也会来这里洗澡。夏季，蜻蜓会落在较大的物体上休息。

野生动物池塘应有大约三分之二的表面覆盖植被。植被将庇护蝌蚪等动物，这有助于自然减少藻类的爆发式生长。植物还在池塘水的清洁和增氧方面发挥关键作用，所以无须使用水泵或过滤系统人工清洁野生动物池塘。缺少鱼类（及其排泄物）也有助于维持更健康的自然水体。

为自然式池塘铺设衬垫

传统上，人们使用夯实黏土作为天然池塘的衬垫，以使它们不透水，但运输黏土让这一方法变得特别昂贵，除非是在富含黏土的地区。更经济的方法是使用钠基膨润土。这种粉末状的材料和水混合在一起后体积会膨胀10~15倍，形成一层防水胶状物。还可以将其放入结实的土工织物垫中间（见"土工织物垫"，右），对于大小超过50平方米的池塘，只能用重型设备移动。

对于较小的花园池塘，还可以使用柔性低密度聚乙烯或PVC衬垫。创造自然外观的关键是用一层衬底覆盖衬垫，然后铺一层10厘米厚的低养分底层土（来自你挖出来的土）。用衬底和底层土覆盖整个衬垫，向下压实，形成结实、光滑的底层。然后你可以直接在上面种植——植物根系会交织在一起，将底层土固定住，而缺少种植篮会增强池塘的自然外观。

在池塘中注水后，它在一段时间内会显得很浑浊，直到水中的杂质沉淀下来。这种现象是完全正常的，而且是创造自然式池塘的过程的一部分。

适用于自然式池塘的植物

植物在野生动物池塘中发挥着关键作用，有助于为一系列物种创造多种多样的栖息地。本土植物是最好的选择，因为它们是与利用它们的野生动物协同进化的。加入一系列水边植物、沉水植物和浮水植物将确保不同物种的需求得到满足。例如，浮水植物（如地中海水鳖和睡莲）以及漂流植物（如有柄水苦荬）可以帮助蝌蚪躲避蜻蜓、豆娘和甲虫若虫等捕食者。水边植物有助于在水湿生境和干燥生境之间提供桥梁，还为蝾螈提供产卵机会，它们会将卵逐个产在有柄水苦荬等水边植物的叶片中。

为池塘种植

植物生长在池塘的不同部位，所以你创造的深度范围越广，可以种植的植物种类就越多。种植池塘的方式将决定你创造出什么类型的池塘。如果你向池塘底部添加一层底层土以隐藏衬垫，你就可以直接在上面种植。如果你的池塘在设计风格上更规则，则可以在边架上使用种植篮（见"种植篮"，309页）。植物一旦成形，池塘里的种植篮就应被枝叶隐藏——花点时间确保种植篮位于池塘水面之下。有些池塘植物——特别是产氧植物（如金鱼藻）——可以被简单地丢进水里，它们会自由漂浮或者将根系扎进底层土中。

土工织物垫

在为池塘铺设衬垫时，为了方便，可以使用一种内含膨润土、叫作Bentomat的土工垫，以互相重叠的条状覆盖在为池塘挖出的坑中。垫子的厚度足以使垫子不受挖洞动物或大多数植物根系的破坏。上面应该覆盖大约30厘米厚的土壤，以防止其中的化学物质渗出。

防水
用土工织物垫为挖出的坑铺设衬垫，再用表层土将其隐藏起来。

沼泽园

沼泽园提供了支持野生动物的绝佳机会，而且就像这里展示的一样，它可以与池塘组合，也可以自成一体。

添加沼泽园

经常出现在天然池塘边缘的沼泽条件会吸引蛙类和蜻蜓等喜欢潮湿的野生动物。可以在花园池塘的边缘再造类似生境，或者如果你不想建造池塘的话——例如，你家有幼童或者空间有限——也可以专门建造一个沼泽园。大多数沼泽园的建造方式是先埋设一段打了几个孔洞的池塘衬垫，然后在上面种植植物。衬垫将允许水缓慢排出，同时防止它完全漏到下面的土壤中。这让园丁能够种植许多喜湿植物，例如千屈菜。要记住，沼泽植物与池塘植物不同，它们会在富含大量有机质的养分丰富的土壤中茁壮生长。

建造沼泽园

像规划池塘一样规划沼泽园，选择平坦的地面并避开上方乔木树冠。将绳索或软管摆在地面上，决定其整体尺寸。较大的面积可以融入踏石等景致，设置踏石既有助于在沼泽区域种植植物，也方便你的观赏。

挖一个30厘米深的坑，用丁基橡胶衬垫覆盖底部。用园艺叉子或小刀在衬垫上刺出排水孔，每平方米刺一个孔。在挖出来的土壤中添加一些有机材料以增加肥力，然后回填。为现场浇透水（最好是雨水），然后等待一周再浇水，让土壤自然沉降。矮的和高的植物都要种植，创造出一系列高度和微型生境。如果在花境中建造沼泽园，应将较高的植物种在后面，较矮的植物种在前面。从一系列喜欢沼泽的植物和水边植物中选择，并注意它们的花期，以创造出长期为授粉动物提供花蜜和花粉的美观区域。对于面积较小的区域，不要使用长势过强的植物（如大叶草），它们会挤占其他植物的生存空间。

季节性池塘

在野外，季节性池塘会在浅洼地中形成，并常常在夏季干涸。这个过程对某些野生动物有益。例如，蛙类和蝾螈可能受益于会变干的池塘，因为鱼类（以它们的幼虫为食）无法在其中生存。在花园中，季节性池塘也许是天然存在的，但最好不要有意去建造一个出来，因为它们在干旱的夏季很不美观，你可能会想把它们填平。

如果池塘水面剧烈下降，则最好用雨水补充；仅在不可避免而且天气预报说不会下雨时才使用自来水。池塘水面上下波动是自然的，然而如果水面下降到浅水区域不复存在，你需要在水中设置坡道或者放一块大石头，让刺猬能够爬进水里再出来。

创造多种生境

在水景园中使用柔性衬垫的一大好处是能够提供各种种植机会和高度，增加景观对水生动物和其他花园生物的吸引力。不同的环境能更多地提供遮蔽、觅食和繁殖场所。

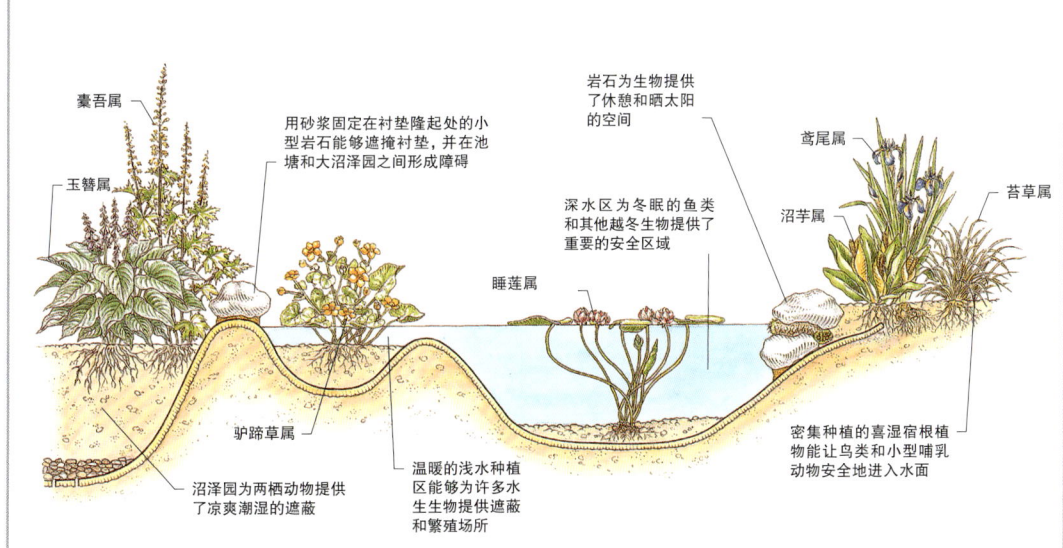

- 橐吾属
- 玉簪属
- 用砂浆固定在衬垫隆起处的小型岩石能够遮掩衬垫，并在池塘和大沼泽园之间形成障碍
- 岩石为生物提供了休憩和晒太阳的空间
- 深水区为冬眠的鱼类和其他越冬生物提供了重要的安全区域
- 鸢尾属
- 沼芋属
- 苔草属
- 睡莲属
- 驴蹄草属
- 沼泽园为两栖动物提供了凉爽潮湿的遮蔽
- 温暖的浅水种植区能够为许多水生生物提供遮蔽和繁殖场所
- 密集种植的喜湿宿根植物能让鸟类和小型哺乳动物安全地进入水面

容器中的水景花园

数个因素决定容器中的水景园能否取得成功。必须精心选择植物并将其放置在合适的光照条件下，它们才能发挥自己的潜力。花盆应该能融入周围环境，并提供足够的深度和水面，以容纳所选择的植物。如果不对生长进行小心的控制，长势健壮的植物很快就会占据主导地位。水面也可以部分覆盖叶片，令水质不至于被大量繁殖的藻类弄浑浊。

选择植物

部分植物，特别是深水的莲属（*Nelumbo*）植物在单独使用时效果非常好。不过，更常见的办法是缩小传统池塘的种植规模，混合使用水边植物、深水植物、沉水产氧植物以及浮水植物（见"种植和养鱼"，309~311页）。

容器中能够容纳的植物数量在很大程度上取决于容器容量以及水面的大小。例如，在容量为50升的容器中，可以种植一种微型睡莲、三四种浅水水边植物、一两种非入侵性产氧植物以及一种浮水植物。

为容器选址

在注水之前将容器放置在正确的位置，因为容器注水并种植后，会变得很重并难以搬运。它必须放在紧实、水平的表面上，并且必须靠近水源以便随时补充水分。理想的场所必须背风，但要远离乔木，处于阳光照射下，但在一天中最热的时间必须得到遮阴。

种植

用水洗过的5厘米厚沙砾覆盖容器的底部，然后注入三分之二的水。使用普通园土或专利生产的水生基质将水生植物单独种植在麻布衬垫的塑料网篮子中。将植物深深地种入篮子中，在根系周围填充土壤并轻轻地压实，使土壤表面位于篮子边缘以下2.5厘米。用水洗沙砾进行表面覆盖，防止土壤被冲出来。将种植水边植物的容器立在砖块上，使植物直达水面（见"种植深度"，310页）。在距离容器边缘5厘米处缓慢停止注水，以免扰动种植篮中的基质。如果种植设计中包括浮水植物，应在容器中注完水之后再添加这些植物。

微型池塘

只需几棵植物就能将一个大花盆改造成迷你池塘：沉水产氧植物'红茎'狐尾藻（*Myriophyllum* 'Red Stem'）和欧洲水毛茛（*Ranunculus aquatilis*）种在底部的沙砾上，而水边植物虎须草（*Scirpus cernuus*）和变色鸢尾（*Iris versicolor*）被放置在砖块上，使它们的叶片能够伸出水面。

盆栽水生植物

浅水水边植物（水深15厘米）
'金叶'石菖蒲 *Acorus gramineus* 'Ogon' H6,
'花叶'石菖蒲 *A. gramineus* 'Variegatus' H6
'螺旋'灯芯草 *Juncus effusus* f. *spiralis* H7
水薄荷 *Mentha aquatica* H6
勿忘草 *Myosotis scorpioides* H6
虎须草 *Scirpus cernuus* H6
小香蒲 *Typha minima* H6

深水水边植物（水深30厘米）
'矮生'纸莎草 *Cyperus papyrus* 'Nanus' H1c
'矮白'荷花 *Nelumbo* 'Pygmaea Alba' H5

深水植物
萍蓬草 *Nuphar pumila* H7
'曙光'睡莲 *Nymphaea* 'Aurora' H5,
雪白睡莲 *N. candida* H4,
'爱丽丝'睡莲 *N.* 'Ellisiana' H5,
'莱德克尔淡紫红'睡莲 *N.* 'Laydekeri Liliacea' H5,
'莱德克尔紫'睡莲 *N.* 'Laydekeri Purpurata' H5,
'莱德克尔玫瑰'睡莲 *N.* 'Laydekeri Rosea Prolifera' H5,
小花香睡莲 *N. odorata* var. *minor* H5,
'海尔芙拉'睡莲 *N.* 'Helvola' H5,
睡莲 *N. tetragona* H4

沉水产氧植物
牛毛毡 *Eleocharis acicularis* H3
水藓 *Fontinalis antipyretica* H7
穗状狐尾藻 *Myriophyllum spicatum* H4
菹草 *Potamogeton crispus* H7

浮水植物
金鱼藻 *Ceratophyllum demersum* H4
地中海水鳖 *Hydrocharis morsus-ranae* H5
芜萍 *Wolffia arrhiza* 1

注释
H = 耐寒区域，见56页地图

布置容器中的水景园

1 选择一个不透水的容器，将它置于背阴处的稳定基座上。确保容器在注水前是水平的。

2 用一层洗过的沙砾覆盖容器底部，然后向容器中注入三分之二的水。

3 用沙砾覆盖盆栽植物的基质表面，开始种植，先放置沉水产氧植物（这里是'红茎'狐尾藻）。

4 将砖块或半砖放入桶底，垒成架子，支撑那些种植水边植物的容器。

5 放置水边植物，确保植物稍微露出水面。如果有需要，可为大容器加水至边缘下端5厘米之内。

种植和养鱼

虽然大多数植物是因其观赏性而被种植的，但有些种类也可以通过抑制藻类生长来改良水质和水体外观（见"水景园中的植物"，296~297页）。种植容器有许多类型，能保证灵活种植，还让日常养护变得简单。

种植篮

种植篮有各种尺寸，适合种植各种不同的植物。除了网眼细密的种植篮，其余的种植篮都应该加衬垫。

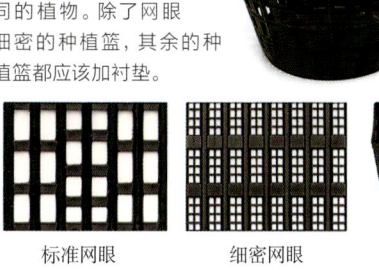

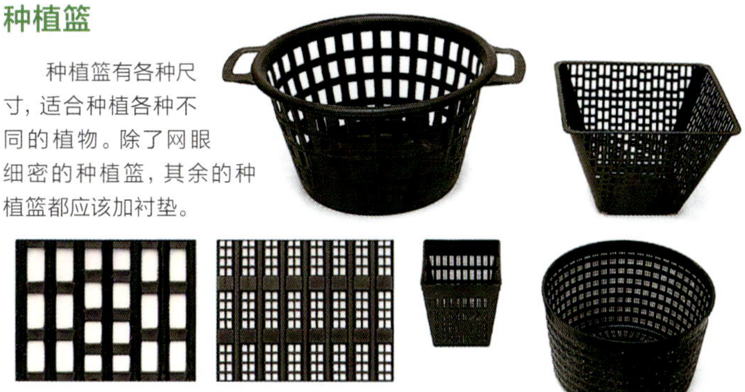

标准网眼　　细密网眼

选择水生植物

在选择植物时，选择那些干净、新鲜、健壮、生长在没有藻类和浮萍属（Lemna）植物的水箱里的植株。确保叶片背部没有蜗牛留下的白色痕迹或蛾螺的卵。真空包装的植物应该外观饱满翠绿，如果看起来瘦弱柔软，则不太可能生长良好。

要想让沉水产氧植物（如金鱼藻）和浮水植物（如睡莲）之间达到理想的平衡，应该每平方米种植两至三棵产氧植物，令它们完全长大时占据池塘大约25%的体积，而浮水植物的数量应该能够覆盖70%的水面（见"水生植物的种植者指南"，297页）。

如果邮购植物，则应选择一家专业供应商并确认植物来源。从某些国家进口活体植物材料可能受法规限制，甚至是被禁止的。多付一点钱是值得的，因为这样的植物一般没有疾病，并且是在苗圃中繁殖的。有声誉的供应商会小心地包装植物，并在挖出的同一天发货。

在为新池塘购买产氧植物时，每平方米水面应该配置5丛产氧植物。它们一般是作为小型加重穴盘苗单独出售的，可以被直接扔到水中，或者成束未生根插条出售（大约23厘米长）。用来捆绑插条的加重绑结会将植物拽到池塘底部，它们会在那里生根。

由于产氧植物对脱水非常敏感，因此应该使它们在塑料袋中保持湿润，或者沉入水中，直到准备好种植在池塘里。

容器和种植床

将水生植物种植在预制种植篮或种植篓中，会让植株在必要时的挖出、分株和替换变得非常简便；这种方式还使种植安排的改变变得相对简单。

专利生产的容器

水生植物容器的底部宽阔平整，能够确保植物在水中的稳定性，这对于狭窄种植架上较高的水边植物很重要。容器拥有通透的格子壁，让水和气体能够穿透土壤自由循环。大多数容器应该使用聚丙烯纤维织物或麻布衬垫，防止土壤露出，不过网格非常细的容器就没有这个必要了。

容器的尺寸不等，既有40厘米×40厘米、容量为30升的方形容器，适合种植中型睡莲；也有直径4厘米、容量为50毫升的小型容器，可以进行水族馆种植。较大的圆环状管子没有格子壁，适合种植长势健壮的睡莲。

直接在土壤苗床中种植

在野生动物池塘中，水生植物可以直接种植在池底的土壤中和边缘种植架上。不过，在大多数池塘中不推荐这种方法，因为健壮物种扩张速度非常快，会淹没它们附近长得比较慢的植物。此外，后续对植物进行清理或疏苗都比较困难。

永久性种植床

一个好的妥协方案是在水池建造过程中，在水池底部和边缘修建永久性种植床，然后在水池注水前轻松地种上植物（见"设置种植床"，303页）。这既可以维持自然外观，又能控制植物的扩张。

种植

在种植前数天对池塘进行注水，让水达到周围空气的温度。在这个阶段，水池会繁殖出众多分散在水中的微生物，并创造出对植物、鱼类以及其他池塘生物有益的环境。

与大多数陆生植物不同的是，水生植物应该在处于活跃生长的时期种植，最好是在春末至仲夏种植。如果在夏末和初秋种植，植物生长很短一段时间之后就会凋萎，难以成形。睡莲在冬季之前需要时间储

为水景园选择植物

驴蹄草

发育完好的植株

健康的叶片

好样品

纤弱的枝叶

杂草，显示植株可能被容器束缚

坏样品

水边植物

蔊草

健康、苗壮的枝叶

好样品

软弱无力的茎干

坏样品

产氧植物

水剑叶

年幼、新鲜的枝叶

好样品

受损的枝叶

老旧、腐烂的叶子

坏样品

浮水植物

种植基质

水生植物在良好的园土中生长得很好，尤其是在质地黏重的壤土中；使用最近未施加过肥料或粪肥，也没有使用过除草剂的土壤。筛去所有疏松的有机物质，因为在沉没种植容器后，这些物质会腐烂或者漂浮起来。完全腐熟降解数个月的旧草皮能够成为理想的水生栽培基质。如果土壤不合适，可使用专利生产的水生基质。这种基质以壤土为基础，添加了粗砂和专门调配的缓释肥。

用于陆生植物的专利基质不应该用于水生植物，因为它们的结构过于疏松，这意味着一些材料会漂浮到水面上。它们其中还添加了肥料，这些肥料会刺激藻类的生长（见"藻类和浮萍"，312页）。

种植深度

理想的种植深度取决于植物类型，甚至在同一类植物中都有差异。种植深度应该从种植篮中的泥土表面测量到水面（见"种植深度"，右上）。种植深度不要太大：如果没有光合作用所需的充足阳光，植物会死亡。在种植年幼植株时，可能在刚开始需要将容器放在砖块或砌块上，使植株不至于被完全淹没。随着植株的生长，逐渐降低容器的位置，直到达到适合的深度。

沼泽和喜湿植物

紧邻天然水池的区域非常适合种植沼泽植物和喜湿植物，也可以通过建造特殊的苗床，在野生动物池塘或者设计风格更不规则的池塘旁边复制类似的生长条件（见"添加沼泽园"，307页）。

沼泽植物包括那些喜欢土壤湿润但水分不饱和的种类，例如玉蝉花、巨伞钟报春，以及包括荚果蕨在内的蕨类。种植最好在春季进行，方法和在普通土壤中一样，不过种植后应浇透水，将整个苗床彻底浸泡。植物在种植穴中的种植深度应该和在容器中一样。喜湿润条件的植物常常生长得很健壮，所以最好将入侵性强的物种限制在沉入水里的容器中，防止它们挤压其他植物的空间。

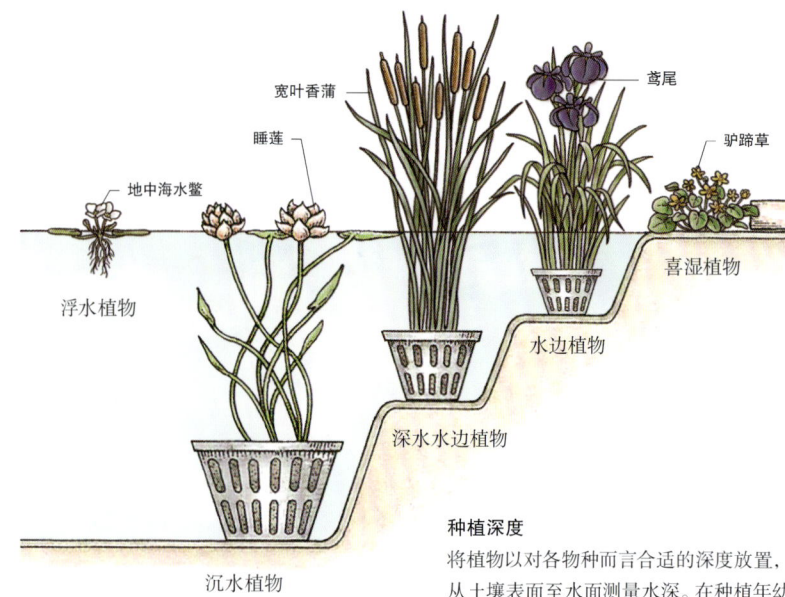

水边植物

水边植物种植在水池边缘，根系生长在浅水中，主要是为了观赏其美丽的花或叶种植的。观赏水池通常包括一个用于容纳水边植物的种植架，这些水边植物可以种在种植篮或者直接在架子上修建的种植穴里（见"设置种植床"，303页）。

大多数水边植物需要8~15厘米深的水；可能需要抬升种植篮的位置，保证植物在成形之前位于正

种植深度

将植物以对各物种而言合适的深度放置，从土壤表面至水面测量水深。在种植年幼睡莲时，用砖块抬升种植篮的高度。随着植株生长，将砖块撤去，放低种植篮。

确的深度。更苗壮的物种称为深水水边植物，应该种植在30厘米或更深的水中，可以种在远离水边的较深种植架上或水池底部。在种植水边植物时，要考虑它们的高度、冠幅和生活力。将生长迅猛的植物单独种植在容器中，防止它们淹没其他生长较慢的植物。如果种植在容器中，要确保有充足的空间让根系生长；对于大多数水边植物，种植时需要直径最小为23厘米的容器。将植物种植在准备好的容器里，或者

小心选择产氧植物

将浮水植物种植在温带地区的池塘中，能够抑制藻类的生长。许多因为这个目的而出售的植物来自热带地区，因此必须小心谨慎地使用，非常小的池塘和水族馆除外。很多水生植物具有潜在的入侵性，下面提到的很多物种如今已经不再销售。不过在限制其使用的法规通过之前，它们可能生长在某些池塘里并被保留至今，而且不应该将它们转移到新的池塘。

应该避免使用的浮水植物物种包括凤眼莲（*Eichhornia crassipes*）、大薸（*Pistia stratiotes*）、田字草（*Marsilea quadrifolia*）、四角菱（*Trapa natans*）、耳状槐叶苹（*Salvinia auriculata*）、长柄水蕹（*Aponogeton distachyos*）、天胡荽（*Hydrocotyle ranunculoides*）和细叶满江红（*Azolla filiculoides*）。虽然这些物种中有许多会在冬季的温带池塘或航道中被冻死，但随着全球变暖，某些物种更有可能存活下来。它们会逐渐堵塞航道——这在比较温暖的地区已经发生了。

注意，不要引入某些特定的物种，它们有时候会被当作产氧植物出售，它们扩张速度很快并且难以清除。其中，最重要的是粉绿狐尾藻（*Myriophyllum aquaticum*，同*M. proserpinacoides*），如今在温带地区被视为有害物种，因为它扩张速度很快，具有入侵性。虽然并不是所有狐尾藻属植物长势都很猖獗，但最好避免种植穗状狐尾藻（*M. spicatum*）、异叶狐尾藻（*M. heterophyllum*）和轮叶狐尾藻（*M. verticillatum*），因为它们会大量迅速地扩张。对于以前园丁很容易得到的大软骨草（*Lagarosiphon major*）和水剑叶（*Stratiotes aloides*），应严格控制。

大软骨草（*Lagarosiphon major*）（上）是一种来自非洲的沉水产氧植物。它入侵性极强，可以形成致密的植被，剥夺其他水生植物的阳光。

欧洲水毛茛（*Ranunculus aquatilis*）（左）来自温带地区，但扩张的速度仍然很快。它的茎沉在水中，但漂浮在水面上的叶子和花会提供一些阴凉。

深水植物和水边植物

1. 选择能够容纳植物根系的种植篮,并用麻布和密织聚丙烯纤维作为衬垫。

2. 在种植篮中填充至少5厘米厚的黏重、潮湿壤土。将植物[这里是长柄水薤(*Aponogeton distachyos*)]固定在种植篮中间。

3. 填充更多基质至种植篮边缘下1厘米内,压紧、固定植物。

4. 用1厘米厚的水洗沙砾或豆砾为容器进行表面覆盖。

5. 用剪刀剪去多余的衬垫,用绳子在种植篮相对的边上系上"把手"。

6. 通过绳线把手手持种植篮,并逐渐放低到砖块或种植架上。松开把手。

种植产氧植物

在新池塘中进行种植时,产氧植物是首选之一。它们能够清洁水质,增加水中的含氧量,这对于鱼类的健康非常重要。

购买植物之后让它们保持潮湿,直到准备好进行种植。即使是在种植过程中,也应该尽可能不让它们过长时间暴露在空气中。

物种为水增添氧气的能力各有不同,并受到一年中不同时间以及水pH值的影响,所以应该选择四五种植物,保证水中全年的含氧量充足。每个容器中只种植一个物种,防止茁壮的植物影响其他较弱的物种。

准备种植篮并在土壤中做出种植穴,然后插入成束插条并紧实土壤。用1~2.5厘米厚的沙砾或豆砾覆盖土壤,浇透水,然后将种植篮放入45~60厘米深的池塘底部。

种在表面覆盖豆砾的壤土种植基床上;如果使用容器,将它们放在边缘种植架或池塘底部,并使植物位于正确的深度。

深水植物

就像水边植物一样,这些植物通常也种植在水下容器或种植床中。它们中的大多数在刚开始最好种植得浅一些,使叶片能够漂浮在水面上,以便进行光合作用。

无论在苗床中种植还是在独立式容器中种植,都要将植株牢固地安置在土壤中,因为它们在水中的浮力很大,很容易移动。在湿润的土壤中种植,并在将容器沉入水池之前用水浸泡彻底。用一层2.5厘米厚的沙砾或豆砾进行表面覆盖,有助于防止土壤漂走,并阻止鱼类扰动植物的根系。

当将容器沉入深水中时,在容器边缘穿上绳线,形成把手;这样更容易定位种植篮,让其逐渐降低到池塘底部。

养鱼

最好在较温暖的月份里往水池中增添鱼类。在较寒冷的温度下,鱼类会进入半休眠状态,转移的时候更容易感受到压力。种植植物至少两周之后再在水池中养鱼,让植物根系充分成形。

除非有相应的过滤系统,否则,养太多的鱼类会刺激藻类的生长,因为藻类会将鱼类的排泄物当作营养。作为一般性的指导,每平方米水面所能容纳的最大鱼体长度(成年鱼)为50厘米,或者是每1000平方厘米能容纳的最大鱼体长度为5厘米。最好分两个阶段养鱼,先加入一半鱼,8~10周后再加入另一半。这会让以鱼类排泄物为食的微生物繁殖到合适的水平。如果一次引入太多鱼类,水会遭到污染而且鱼类会缺乏氧气。打开喷泉或瀑布过夜,扰动的水流可以暂时缓解缺氧状况。

鱼类通常在大型透明塑料袋中出售,袋子里装着少量水并充有氧气。到货之后,不要直接将鱼放入池塘中:它们对于温度的突然变化非常敏感,而池塘中的水一般比塑料袋中的水更凉。将封口的塑料袋漂浮在水面上,直到塑料袋中水的水温与池塘中水的温度趋于一致。在炎热而且阳光充足的天气,用布为塑料袋遮阴。在将鱼放入水池中之前可以在塑料袋中渐渐加入少量池塘的水。不要将塑料袋提起近距离地观察鱼类,因为这会对它们造成极端的压力。

其他水生生物

除了鱼类,还有许多其他水生动物可以作为食腐动物加入水池。扁卷螺就是其中的一种,并且可以买到。普通的池塘蜗牛常常会成为麻烦,因为它们会吃掉睡莲的叶子。

蚌类尤其是河蚌是优良的食腐动物,它们能够清理观赏鱼被过分喂食的区域。蚌类需要深水环境,即使是在盛夏也能保持凉爽。

为池塘增添鱼类
让封口的塑料袋漂浮在水面上,直到塑料袋中的水温与池塘中的水温保持一致。在塑料袋中渐渐加入一些池塘水,然后将鱼类轻轻放入池塘中。

用潮湿的基质填充有衬垫的种植篮。种植成束插条[这里是大软骨草(*Lagarosiphon major*)]。修剪多余衬垫,然后在土壤上进行表面覆盖。

日常养护

如果池塘的建设和选址良好，水、植物和鱼类保持良好的平衡状态，应该能保证池塘相对完好，但可能需要偶尔进行一些结构上的维修（如果池塘发生渗漏或受损的话）。必须检查藻类和杂草的状况，而且许多植物需要进行周期性分株。

结构性维修

水量的突然或持续减少都很有可能是渗漏的迹象，需要排空池塘并检查。不过干旱的天气也可能造成水面下降，所以应该在夜晚将池塘的水加满，第二天早上检查水面高度，以排除这种可能性。还要检查池塘的边缘是否水平；水可能从最低点溢出。如果有水道的话，关闭水泵，并检查底部水池的水平面；如果没有变化，就说明渗漏发生在水道。任何鱼类和植物都可以暂时转移到合适的容器中，比如戏水池。为池塘排水最简单的方法是从机器租赁商店租用一台电泵。

柔性衬垫

如果衬垫水池中的水位发生了下降，或者水道中的水流变弱，就应确保衬垫没有部分滑到水位之下。渗漏还有可能是因为穿刺引起的。逐渐降低水位，移开石头和植物，找出穿刺部位。可能没有必要排空整个池塘的水，但需要排掉足够的水，令穿刺部位在修补之前完全干燥。维修丁基橡胶衬垫最简单的办法是使用来自水景园供应商的双面胶带。可以用它将成片丁基橡胶粘贴在衬垫上。修补完成一小时后再为池塘重新注水。

预制水池和模块

如果水池或水道的模块下方没有得到足够的支撑，或者下方的土壤并不充实，那它很可能会由于水的重力而开裂。使用汽车和船只车身所使用的玻璃纤维维修套装来修补裂缝。将修补用的片材粘贴在模块的下面，这样在清水中不会看到它们。让复合物充分硬化，它们在液态的时候可能有毒。在重新注水之前，确保底部牢固地固定在下面的土壤上，四壁的土壤也要足够紧实以承受水压。

混凝土水池

发生渗漏最常见的原因是冰冻或沉降引起的裂缝。小心地检查水池，因为水甚至能从头发那么细的裂缝中漏出去。如果裂缝非常细，通常需要先将其稍微变宽，并用刷子清理裂缝中的杂质，再用砂浆密封。将砂浆晾干之后粉刷密封剂。对于较大的裂缝，用柔性衬垫覆盖现有的混凝土池塘通常是最好的修补方法。

水质

一旦建立动植物的良好平衡，水就会保持清澈，不用进一步养护。然而，在新种植或者最近清理过的水池中，水可能因为藻类生长而变绿。随着杂质的沉淀，池水通常会自己变清澈。如果没有自动改善，可以按照下面的指导处理藻类（见"处理藻类"，下）。

如果鱼类或植物的数量发生了较大变化，或者突然添加了自来水或溢流，将水的平衡打破，就有可能发生不美观的藻类生长。

如果水持续浑浊，就可能需要使用简易池塘检测套装检查水质。如果检测结果表明水呈强酸或强碱性，就可以使用专利生产的简易pH调节剂，它们呈颗粒状，应按照生产商提供的指导使用。

藻类和浮萍

藻类有许多不同的形态，有的在水中悬浮，有的在水面扩张，例如水绵属（*Spirogyra*）物种。藻类是池塘的天然成员，而且是一些水生生命的食物来源，但大量藻类会隔绝光照，减少水中的含氧量，令其他植物窒息。

藻类的生存依赖阳光、二氧化碳以及可溶性矿物盐。它们常常在池塘中阳光充足的区域大量生长繁殖，尤其是植物种植不够充分，水面不被荫蔽的地方。水中养分过high也会导致藻类积累。这可能是因用自来水补充池塘、肥料渗入池塘或者落叶等碎屑进入池塘导致的。关于如何减少藻类增长的建议，见本页左下方"处理藻类"。

浮萍不是藻类，而是一种漂浮植物，拥有微小的圆形叶片。它的繁殖速度很快，如果不经常清理，它可以迅速覆盖池塘的表面。可以通过种植其他叶片浮在水面上的植物（如睡莲）来限制浮萍的生长。限制水中的养分含量也有同样的效果。改善空气和水的流动（例如通过安装喷泉的方式）也会有帮助。还可以连续多次用网或耙子打捞并移除浮萍：捞出的杂草可以堆肥。

池塘清理

如果水中没有落叶并且经常修剪植物，池塘只需要数年清理一次底部的腐烂有机物（见"杂草丛生的池塘"，654页）。秋末是清理池塘的最佳时间，因为野生动物此时通常较不活跃。清理之后，必须再次建立水中的化学平衡。

植物养护和管控

水生植物不需要太多照料，不过定期分株和换盆有助于它们保持健康和美观。总体而言，它们生活力

处理藻类

如果任其不受限制地扩张，包括水绵在内的藻类会造成严重的问题。下列措施有助于控制它们：

- 用木棍将漂浮藻类卷起，或者用园艺耙将它们从水中拉出来。
- 限制刺激藻类生长的养分，具体措施包括使用雨水（而不是自来水）提高池塘水面，以及避免草坪肥料通过径流进入池塘。
- 将细网包裹的大麦秸秆固定在水中（每平方米水面使用大约50克秸秆），或者使用专利生产的大麦秸秆饼来控制藻类。应该每4~6个月更换这些材料。
- 可以通过种植充足的植物（睡莲、深水植物以及浮水植物）减少藻类接受的光照，这些植物的漂浮叶片应该覆盖水面的50%~70%。
- 通过种植大量沉水产氧植物消耗藻类生长所需的矿物质和二氧化碳。
- 经常清理死亡和腐败的叶子和花朵——它们的降解产物会提高养分水平。
- 如果养鱼，应限制它们的数量，因为没有被吃掉的食物残渣和鱼类的粪便会提高养分水平。
- 在种植篮中使用水生栽培基质而不是富含养分的多用途基质或园土。
- 定制处理措施（园艺中心可提供）也许可以短期控制某些种类的藻类，但需要重复进行处理。改善池塘条件是更有效的长期措施。

清理水绵
将一根木棍插入水绵丛中并卷动木棍。水绵会包裹在木棍上，这样便可以轻松拔除水绵。

对生长过度的产氧植物进行疏苗

1. 在春季或秋季，对生长过度的沉水植物进行疏苗，可以用耙子扫过水面进行疏苗，也可以将种植篮取出，用锋利的刀子将植物切短。

2. 对产氧植物进行疏苗，防止它们变得过于拥挤。不过，不要一次清理太多枝叶，因为这会让池塘表面过于暴露在阳光下，从而刺激藻类生长。最好频繁少量地对产氧植物进行疏苗。

很旺盛，需要限制而不是促进生长，不过某些睡莲品种会需要一定程度的施肥（见"施肥"，299页）。

疏苗和分株

在初秋，为过于拥挤的植物进行疏苗或分株。将盆栽植物从池塘中取出并检查它们是否过于被容器束缚。如果是的话，将它们从容器中取出来，并用背对背的叉子或双手将其掰开。紧密粗厚的根系可能需要用铁锹或刀子才能分开。将分株后的植株单独种植。

第一个生长季过后，沉水产氧植物可能会生长过度并被杂草纠缠。在小型水池中，对产氧植物进行疏苗很容易，只需要用手拔掉几把即可；在较大的池塘中，使用园艺耙来疏理过多的产氧植物。

或者从池塘中取出容器，然后将植物剪短三分之一至一半。任何时候都不要大幅度地对所有植物进行疏苗，这会突然改变水的平衡状况，并刺激藻类的生长。

繁殖

大多数水生植物可以通过分株繁殖，尤其是水边植物。使用的具体技术应取决于植物的根系及其生长模式。更多信息见"水生植物的分株"，631页。

不同类型的植物也会使用其他繁殖方法。很多沉水产氧植物和一些匍匐生长的水边植物可以通过嫩枝插条繁殖（见"使用嫩枝插条繁殖"，612页）。一些浮水植物会自然产生横走茎、小植株或膨胀芽，它们都能长成新植株。最好在春季或初夏采取插条和分株。

生长在水池边缘的喜湿植物以及部分水生植物可以分株繁殖，或者使用在夏季或秋季采集的种子繁殖。在播种前保持种子凉爽湿润。水生植物种子应在与其自然生境相似的淹没或半淹没条件下种植。

秋季池塘养护

秋季最重要的任务是保持水中没有腐烂的植物材料。当水边的植物开始枯萎死亡的时候，定期清理死亡和正在枯死的叶片，并修剪沉水植物的多余枝叶。如果附近有落叶乔木和灌木，要用细网遮盖水池表面以挡住叶子，直到树木叶片落光，再将网撤除。

在寒冷地区，将不耐寒植物从水池中取出，种植在无霜处的一桶水中越冬。剪去入侵性植物的成熟果实，防止它们自播。

如果安装了水泵，则要将其从水池中取出并彻底清洁。替换所有被磨损的部件，并将其存放在干燥处直到来年春季。如果池塘里养了鱼，那么在鱼类冬眠之前，用浮在水面上的小麦胚粉球喂养它们，这样的饲料在秋季凉爽的水中也能被轻松地消化。

冬季池塘养护

冬季，水面会结冰，封住水底有机物质腐烂后产生的沼气，这可能会对鱼类产生致命的伤害。冰还会对混凝土水池的四壁产生压力，因为水结冰后体积会膨胀并可能导致混凝土开裂。确保水池中的一小部分水不结冰，以防止这种情况出现，并让沼气从水下排出。要么在水面上放一个漂浮的球，要么使用漂浮在水面上的电加热器。加热器释放的热量正好能够维持一小块开阔水面。

病虫害

在养有鱼的水池中，害虫并不会造成很大的问题，因为鱼会吃掉昆虫的幼虫。滋生的害虫可以徒手清理或者用软管喷水冲刷；杀虫剂不适用于水景园，并且会对鱼类产生毒害。在夏末，蚜虫（见"蚜虫类"，659页）常常侵袭睡莲和其他水生植物露出水面的部分，导致变色和腐烂。喷水将它们冲刷下来，或者用麻布包裹感染叶片，将其沉入水中24小时。

影响水生植物的病害相对较少，大多数感染睡莲。真菌病害的迹象是叶片提前变黄或出现斑点。如果这样的症状持续不断，应该在单独的水箱中使用含铜的杀真菌剂处理感染植物。

为水边植物换盆

1. 生长在容器中的植物的根系最终会被过于束缚，这样的植物需要疏苗。从容器中伸出的根系表示应该对植物分株并换盆。这里展示的植物是黄菖蒲（*Iris pseudacorus*）。

2. 将植物从其容器中取出并将其分成更小的植株，用手梳理根系。对于非常紧密的根系，可以用手叉背对背撬开。

3. 在填充潮湿土壤的花盆中单独种植分株苗。用剪刀剪去多余的麻布。浇透水并在花盆表面覆盖沙砾或豆砾，然后将花盆放入水池中。

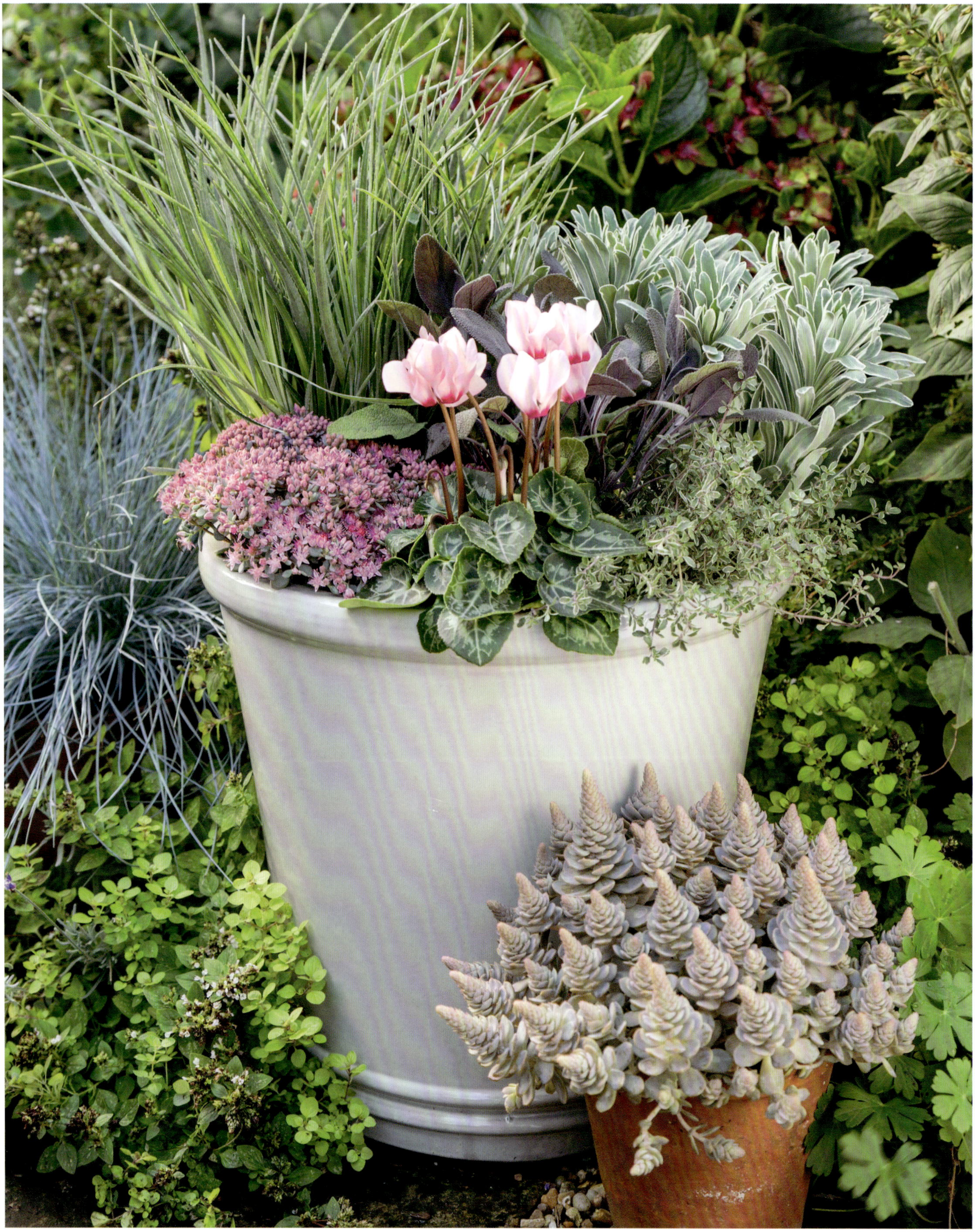

盆栽园艺

在容器中种植植物是一种用途极为广泛的园艺形式，它既能提供结构性要素，又能呈现随季节变化的引人注目的景观。

许多种类的植物能很好地适应这些人为创造的条件，无论它们是短命的花坛植物，还是相对较大的灌木和乔木；前者在花盆、吊篮或窗槛花箱中呈现鲜艳缤纷的夏日色彩，后者可以在大型容器中生长多年。有如此丰富多样的植物材料可供选择，几乎可以在任何地方进行盆栽园艺，从露台、屋顶花园、阳台或窗槛花箱，一直到大型花园中的其他区域。

盆栽园艺

在容器中种植植物是最灵活的园艺方式之一。对于许多想要在有限空间内创造愉悦环境或者想要移动植物的园丁而言，盆栽园艺既实用又美观。千百年来，盆栽植物一直用在没有园土可用的地方。将植物盆栽还能让它们在种植中获得显要的位置——当种在不显眼的花盆中时，它们的独特品质可能会有最好的观赏效果，或者也可以用本身就很美观的容器来增强它们的美。

悬挂容器
悬挂容器增加了可用种植空间，这一点在占地面积有限的阳台或小露台上特别有用。

使用容器

在没有园土的地方，如露台上的铺装庭院（见"阳台和屋顶花园"，326～327页）或房屋（见"在室内展示植物"，358～359页）、暖房或保育温室（见"温室园艺"，360～364页）中，花盆非常有用。在室外，通过使用专门调配的生长基质，在容器中种植植物还可以栽培无法在特定园土中生长的植物种类。这些生长基质包括适合厌钙植物（如杜鹃）使用的不含石灰的混合基质，以及适合高山植物或多肉植物等需要良好排水的植物使用的沙质基质。

焦点的变化

在传统花园中，植物种植在开阔的地面上，景观是相对静态的，因为景观元素不能随意移动。在这样的花园中，容器可以充当视线焦点，用于标本植物的种植或者填补花坛和花境的空隙。在盆栽园中，盆栽植物可以轻松地重新组合；随着它们的增减，种植方案可以快速更新，或者彻底改造。有些富于试验精神的园丁想要创造在最初的景致逊色后能够加以改变的景观，对于他们来说，盆栽园艺是理想的方法。

规则式与自然式风格

在花园设计上，盆栽园艺和露地种植一样，也有规则式和自然式风格之分。规则式风格以几何的秩序感为基础，常常以均衡且对称的单位呈现，其中的元素以固定间隔重复出现。自然式风格没有明显的几何形式，其中的元素也不呈现明显的对称性。自然式风格盆栽园艺的灵感来自自然风景的不规律性，不过这种不规律性通常是经过深思熟虑的，其内在体现了体量、形式和空间上的平衡。

许多批量制造的容器拥有规则的外形，非常适合用于规则式布置。然而，大多数植物会天然地按照不规则的方式生长，所以可以用来模糊容器的线条。在布置盆栽植物时，创造自然式风格也同样容易——要使用灵活的"自由式"种植，而为了确保正式感，可以通过种植来强调并呼应容器形状的规则性。

另外一种得到自然式风格的办法是使用回收的容器，如烟囱帽、旧水槽或饮水石槽，这些容器原来的用途都不是种植植物。

选择容器

容器的选择是个人品位和审美趣味的问题。不过，无论容器是专门生产的还是临时准备的，都必须满足关键的实用需求，适合栽培植物。最重要的影响因素是容器中有充足的生长基质，可支持植物的生长，并能让多余的水流走。

容器的材质也会影响最终的选择。这些材质包括未上釉的和上釉的陶瓷、天然或再造石、混凝土、金属、木材、玻璃纤维和塑料。不上釉陶器的使用历史最长，它那泥土样的温暖色调和无光泽的表面为叶子和花提供了非常和谐的背景。在陶器上可以添加凹刻或浮雕的美丽花纹进行装饰，但不要太过花哨，以免喧宾夺主。

庭院景观
将大小和叶片类型迥异的盆栽植物摆放在一起，可以在花园中重现花境的感觉。

陶制容器与其他大多数建筑景观也配合得很好，无论这些景观是石材的、木材的还是金属的。

还可以使用大理石容器来得到更典雅的效果，或者用其他岩石来获得更简朴的效果。混凝土容器的简洁或者反光镀锌容器的强烈线条非常适合用于超级现代风格的种植，而木质容器可以用来创造更古朴的氛围。最好的玻璃纤维和塑料容器可以成功地模仿更贵的材料，而且这两种材料都很实用，例如在保水性方面。然而，除非塑料容器会被反复利用较长时间，否则应将可持续性和废弃物问题考虑在内。

植物和它们的容器应该互相补充而不能互相竞争，容器的质地、色彩和饰面跟材质本身同等重要。从很大程度上说，这是个人喜好的问题，不过应该牢记在心里的是，色彩鲜明、饰面光泽或者有醒目图案的容器需要同样出彩的种植设计。

尺寸、形状和尺度

除了视觉上的吸引力，容器的尺寸和形状也受到实际因素的制约。容器必须足以容纳所种植的植物。容器的尺寸还应该与植物视觉上的体量匹配。例如，小型石槽最适合种植微型高山植物；阿里巴巴式罐子可以搭配健壮的蔓生植物，而凡尔赛式浴桶在风格和容量上都很适合种植造型树木。对于鲜艳的笔直和蔓生夏季植物，大比例的铜制容器（曾用于煮水或洗涤）可能比较适合。

作为一条普遍性原则，花盆越大越好，而且越大的花盆需要的浇水频率越低。不过，小型花盆的优点是，当植物达到最佳观赏期时，可以方便地将它们插入种植设计中，并在最佳观赏期过后移走。这种方法最适合用于保存区（如冷床）中，在这些区域植物被种植到近乎完美的状态，然后拿出来展示，之后又被移到里面。

容器中的标本植物

在独立容器中种植单株植物是一种非常实用的方法。因为生长基质、浇水和施肥都可按植物的需求进行调整，且不存在对水分和养分的竞争。这样的种植方式还能在设计中发挥重要作用，特别是在植物拥有非常特殊的外形的情况下。尖锐的新西兰朱蕉（*Cordyline australis*）及丝兰属植物都是很好的标本植物，更柔和的

花盆的可移动性
容器中的植物（如这株树干缠绕的月桂树）可以移动到花境中的空隙处，或者简单地用来增加高度和观赏性。

回收罐头盒
（上）随性准备的花盆在组合使用时效果最好，这里使用的植物是蓝羊茅、紫菀和一种禾草。

视线焦点
（左）位于醒目位置、种满植物的大型花盆非常引人注目。在这个陶制花盆中，紫色的'堪堪'矾根（Heuchera 'Can Can'）与鲜绿色的'皱波'蒜味香科科（Teucrium scorodonia 'Crispum'）以及枝条为螺旋形的'螺旋'灯芯草（Juncus effusus f. apiralis）形成了鲜明的对比。

垂枝型植物（如某些鸡爪槭）也很适合。

叶片弯曲的禾草，例如黄绿相间的'金线'箱根草（Hakonechloa macra 'Aureola'），在容器中单独种植的效果很美观，规则式整枝的物种（如洋常春藤）或造型修剪的标本植物效果也很好。

可让铁线莲和其他生活力一般的攀缘植物从高的容器上垂下来，或者沿着简易木架向上整枝。株型松散的灌木（如地被月季）也可单独盆栽，它们的枝条沿着容器边缘垂下的景象非常漂亮，而许多小型植物（如石南、报春花和堇菜等）单独种植在花盆中，会散发独有的魅力。

混合种植

在专属容器中种植的单株植物可以组合起来，创造混合种植的效果。不过更大的挑战是将许多互相搭配的植物组合在一起，并且维持数周甚至数月的观赏性。成功的关键是选择栽培需求相同或相似的植物，并在配置植物时注意花与叶子在色彩上相容，而在样式和质感上形成对比。具有强烈结构感的混合种植最美观，如在中央的竖直或半圆形植物周围种植较小的蔓生植物，后者的枝条沿着容器边缘垂下，形成不规则的饰边。例如，春季观赏的混合种植可包括直立的矮生鸢尾和番红花，搭配垫状的叶子细小的亚洲百里香（Thymus serpyllum）；鲜艳的九轮草群报春花生长在丛生的天蓝色小花勿忘草（Myosotis sylvatica）之中；或者雏菊（Bellisperennis）搭配作为垂直元素的郁金香。在夏季，盆栽植物的选择几乎是无穷无尽的——通过选择花期长的花坛和观叶植物，可创造出持续数月提供色彩的丰富搭配。

色彩主题

当把几种植物一起种植在容器中时，色彩之间的对比和冲撞比在花园露地种植时表现得更加明显。在容器中，色彩的和谐或对比对于植物配置也许更加重要。紧密联系的色彩能够形成安静、微妙的和谐，如基于奶油色、淡黄色和浅杏黄色构成的暖色调搭配，而更加强烈且饱和的色彩，如深紫色搭配紫罗兰色和蓝色，能够产生活泼、跃动的和谐。互补色能够产生对比：红色配绿色，蓝色配橙色，或者黄色配紫色。这些差别很大的颜色搭配起来赏心悦目，效果很好。

还可以尝试更加醒目的组合，例如橙色搭配洋红色。这种色彩之间的冲撞可能会令人欢欣鼓舞，但在小型空间内，最好使用较浅的花色，如奶油或近白色来缓和这种冲突，或者使用叶子作为背景。从这方面上说，叶子呈银灰色的植物，如具柄蜡菊（Helichrysum petiolare），很有使用价值，同样有用的还有叶片带白色或奶油色斑纹的植物，如洋常春藤的小叶品种。

为容器选址

种有植物的容器可以简单地作为单独景致，不过一般在其用作花园整体设计的一部分时效果最好。例如，在规则式花园中，容器可以用来强调几何形式。同样，松散的容器排列能体现自然主义主题中更微妙的韵律。

除了美学上的考虑，容器的位置还要考虑实用性。盆栽植物在夏季需要经常浇水，因此靠近水源是至关重要的，特别是在阳光充足的地方，那里的植物在炎热干燥的天气中每天需要浇至少一次水。

还要牢记的一点是，除了房屋，花园也是窃贼的目标，昂贵的瓮或罐子放置在房屋内能看到的地方更安全，不要放在偏僻处，并且最好用螺栓安装在地面上。

定义重点

通过容器的摆放来创造重点是一种划分花

园区域或标记边界的有效方法。在最简单的形式中，一排容器就可标记边界，这样的标记可与墙壁或栅栏连接使用。可尝试将花盆沿着栅栏基部或墙壁顶部摆放，只要确定它们是稳固的，不会倾倒即可。可用极少的成本得到美观的效果，例如使用粉刷鲜艳的回收罐头盒种植花期长的天竺葵属植物。让容器从墙壁或栅栏上垂吊下来也能得到很棒的效果，有些特殊形态的容器专门用于垂直种植（见"壁挂容器"，323页），令植物能完全覆盖表面。

容器可以用来定义花园中的区隔，例如当单独或成团放置在矩形铺装区域的四角上时。容器还可以增添其他景致的魅力。例如，圆形水池旁的方形容器配置会和圆形成很好的对比；或者可以将花盆放在圆弧上，强调水池边缘的线条。在将矩形水池严整的几何形式融入更大的花园中时，这一点尤其有用。围绕水池放置的容器能够呼应它的形状，然而，如果其中的植物种植比较松散，它们就会弱化这种效果。最好将容器远离水边放置，以免它们掉入水中，并减少枯枝败叶进入水中的机会。

作为视线焦点的容器

规则式小型现代花园的主要线条很少结束于自然风景或建筑地标，但即使是在小型尺度中，结束方式不自然的风景也会让人感到有缺憾。传统上，用于终结风景的景致包括乔木和雕像，但在较小的尺度中，一个瓮或大型花盆甚至是桶都能很好地充当这一角色。这样的视线焦点能立即呈现效果，且与雕像相比它们一般要便宜得多。即使是空的容器也足够引人注目，只要大小合适；不过当种上直立植物或成簇植物，边缘搭配下垂蔓生植物后，整体效果会更漂亮。

在尺寸的大小上并没有简易的规则，常常只能通过肉眼观察来判定。可以先进行预先的试验，将竹竿放在摆放容器的地方，然后从各个角度沿着风景检查它的位置。在某些情况下，可能必须将容器放置在底座上才能得到预想的效果。底座可以是预先制造好的，也可以是临时发现的，例如堆叠起来的砖块或木块，具体使用哪种取决于想要的风格。

在花园的区划中，一个中央视线焦点通常是好主意。与雕塑、日晷或喷泉相比，种有植物的容器通常是更方便也更便宜的选择。例如，四等分的香草园可能包含中央的铺装或碎石区域——这是安置大型花盆的理想场所，其中可种植作为主景的标本植物，如欧白芷（*Angelica archangelica*）。为了尽可能地扩大种植区域，容器还可立在苗床中间的底座上，但要确保留出浇水和养护的出入口，或许可以设置踏石。

容器用作视线焦点时还可引导目光穿过花园，例如在道路拐角处设置大型花盆，或者作为远景，将观察者的视线引导至另一处风景。在植被互相掩映的花园中，出乎意料的景致有着特殊的价值。精心安置的容器能引入惊喜元素，形状特殊的空置容器，无论竖直还是平躺，都能产生与栽满植物的容器同样迷人的效果。

强调作用

容器，特别是成对安置的容器，是标记花园中空间转换的理想方式。这种转换可能只是简单的一级台阶，可以将种在陶土花盆中的球形欧洲红豆杉放置在台阶两边，以强调高度的变化并提醒人们不要绊倒。对于更宽阔的阶梯可以使用更华丽的方式，将成对容器放在顶部和基部，其他容器放置在不同台面上，创造引人注目的景象。不过，在阶梯上用这种方式使用容器时，要小心地放置，以免造成危险。

成对容器还能用来支撑本身视觉冲击力不足的景致，如花园中的长椅。将成对容器放在两边能够强化中间的景致，这样能增加视觉上的体量。对于严格规则式的长期设计，花盆中可以

古老
使用旧的装饰品和景致作为容器，可以获得浪漫主义的效果。在这里，一个风化的石头鸟浴池成为长生草属植物的迷人家园。

现代
朱蕉属植物的深色条形叶片与藿香属植物（*Agastache*）的橙色花朵提供了醒目的样式和色彩，与它们的容器及其背景的形状和颜色搭配得很协调。

古典
这种整洁和传统的外观是通过将一棵月桂树作为标准苗种在方形仿铅容器中实现的，而且基质表面覆盖了一层页岩作为护根。

种植一株造型树木，或者为了呼应季节变化，在春季的郁金香开放之后接上能够持续数月开花的夏季花坛植物。

成对容器排列成行形成"林荫道"时，能起到特别的强调作用。这种规则形式能很好地融入相对较小的尺度——即使在有限的空间内，效果也是非比寻常的，例如将大型陶制花盆或种植瓮中的柑橘属植物沿着宽阔的步行道拐角内侧放置。在更小的尺度内，可以使用盆栽常绿植物或季节性花卉标记微型花园的主轴线。

花境中的容器

盆栽植物被摆在露地种植之上并高于地栽植物时，便可以用来与花坛或花境中的色彩主题形成对比或达到强化效果，例如，蓝紫色的花如南美天芥菜（*Heliotropium arborescens*）或矮牵牛可以用来反衬以橙色、奶油色和黄色为主题的花境；也可以创造微妙的和谐，比如在粉色、黄色和奶油色的美女系列桂竹香（*Erysimum cheiri* Fair Lady Series）花坛旁边使用盆栽浅粉色重瓣'天使'郁金香（*Tulip* 'Angélique'）。

在相对空旷的花园中，盆栽植物特别重要。例如，冬季开花的三色堇类如普世系列大花三色堇（*Viola x wittrockiana* Universal Series）能够点亮冬季和早春的沉闷花园，并且可以逐渐使用一系列球根植物（如洋水仙和郁金香）补充。在秋景园中，盆栽灌丛植物如木茼蒿属、倒挂金钟属以及避日花属（*Phygelius*）植物在初霜来临之前都表现得很好。

另一种方法是将盆栽植物齐边埋入地面，为花坛和花境增色。当夏花宿根植物（如东方罂粟各品种）凋萎之后，这是一种特别实用的填补花境空隙的方法。新种植的宿根植物和灌木尚未长到成年尺寸时，可用此方法来补充观赏性。

铺装花园中的容器

越来越多的人开始认识到园艺的乐趣以及植物改善生活环境的作用。与此同时，花园逐渐被人们当作放松、娱乐、饮食和烹调的户外"房间"。在夏季，户外"房间"可能比室内的起居室人气更高。

对于许多人，尤其是生活在城市的人来说，花园是一小块被墙壁或栅栏围起来的铺装区域：庭院、露台或台地。花园中也有其他硬质景观区域，如道路和前院，虽然这些表面的材质类型多种多样，包括各种各样的岩石、地砖、沙砾或混凝土，甚至是木板，但开阔的土壤很稀少。在空间和土壤如此有限的区域，引入植物的唯一方法是在容器中种植它们。

用于铺装区域的植物

许多植物适合种进摆放在铺装区域（包括露台）的容器中。在封闭花园里，特别是向阳墙面附近，通常有非常适宜植物生长的温暖背风小气候（见"小气候"，55页）。不耐寒的植物如叶子有香气的柠檬马鞭草（*Aloysia citrioodara*）或银香梅（*Myrtus communis*）常常能在这里正常生长，而它们在更开阔的花园中则无法种植。在某些情况下，附近的建筑或墙壁使得铺装花园在白天中的全部或部分时间中只能接受极少阳光照射甚至没有阳光照射。虽然将墙壁涂成白色能够让这些荫蔽区域变得更亮，但能够在这样的条件下真正繁茂生长的植物都是喜阴植物，如玉簪和蕨类。这些植物在阴凉处生长得更加茂盛，并且观赏期更长，可以用它们的叶色和质感提供华丽的景色。

在每天阳光直射数小时的地方，能够繁茂生长的植物种类更多，特别是那些自然生长在半阴林地中的种类，如山茶属和杜鹃属植物。在光照水平低的地方，可以时不时移动植物，让它们更多地暴露在阳光下；这有助于促进均衡生长并刺激它们大量开花。

铺装环境的其他两个因素也影响植物的选择：花盆的重量及浇水的管理方式。实心墙常会让风向偏转，产生空气湍流，而不稳定的花盆会被倒灌风吹翻；生长基质在多风区域也会干燥得更快。立在墙壁附近的容器可能会处于雨影区，自然降水很难落入该区域（见"雨影区"，54页）。即使大雨过后，植物也可能接受不到充足的雨水，所以必须额外提供足够的水。

选择容器

为铺装区域选择容器并没有严格的美学规则。它们可以在质感和材料上与建筑和硬质表面紧密联系，例如，陶制花盆在砖块背景下非常理想。在铺装区域使用脱颖而出的容器效果也同样出色。上釉罐子、粉刷木桶以及镀锌金属柜等容器只是其中的部分选择，它们能够帮助定义与众不同的风格。

安置容器

所有容器的安置都必须将实用性考虑在内。例如，重要的是留出一些用于出入的通透空间，并为园艺家具的使用留下足够空间。但从秋季至春季，许多铺装区域的使用频率较低，这时可以对容器的位置重新安排，让它们可以从室内观赏。将紧密地堆放在一起并种满球根植物、常绿植物或冬季开花的大花三色堇等植物的花盆放置在法式窗户对面，可以让人在温暖舒适的室内观赏这些景观。

在管理变化的植物景观时，最困难的方面是为植物寻找最佳观赏期之前和之后可以安置的地方——只有很有限的种类在最佳观赏期过后可以隐藏在其他盛花期的植物之中。在缺少保存区的地方，一个解决方案是大量依赖观赏期过后即丢弃的一二年生植物，让容器中能够呈现随季节变化连续发展的景致。另外一个选择是使用本身就富有装饰性的容器；如果精心

成对花盆

在一个花盆或容器中使用一种植物（这里是一种浅粉间栗色的鸢尾）可以得到很美观的效果，而在颜色与铺装表面互相呼应的相同容器中重复同样的种植，有助于强调这座现代花园设计中的强烈建筑性元素。

挑选，它们即使在空置状态下也能很美观。如果球根植物、宿根植物和灌木的观赏期过去，可以将它们转移到花园空间更多的朋友那里暂存。

规则式布置

铺装区域最常见的规则式布置是将成对容器放置在门、长椅或其他靠墙家具的两侧。在空间充足的地方，可以扩展这种对称性，将多个容器紧密地堆放在一起，随着季节变化增减相应的容器。在一年中铺装区域使用频率较高的时节，容器的布置（规则式或其他风格）最好限制在边界，但这并不妨碍将它们作为视线焦点使用，或许还可以从室内的门窗向外观赏。

虽然空间可能有限，但并没有必要将容器限制为种有刚露出地面花卉的小型花盆。这样的布置在尺度上会显得非常小气。数量更少但体积更大的植物会产生更强的视觉冲击力。如果没有足够空间容纳松散圆球形植物如八角金盘（*Fatsia japonica*）或大叶绣球（*Hydrangea macrophylla*）的品种，则可考虑使用株型自然峭立的植物，例如生长缓慢的松柏类植物，如'哨兵'欧洲刺柏（*Juniperus communis* 'Sentinel'），或者是欧洲红豆杉等可修剪成狭窄圆锥或圆柱形的植物。

为了给种植方案增添色彩，可以使用开花植物（如铁线莲和微型攀缘月季等），或者使用彩叶植物（如常春藤）的品种，并将它们整枝在狭窄直立的架子上。

许多城市花园在墙壁或栅栏与房屋之间有一条铺装道路。如果没有植物，这些通道会显得非常暗淡，但地面上很少有足够的空间安置花盆或种植钵。一个解决方案是在墙脚下设置深而狭窄的槽沟。其中可以放置独立式容器，甚至可以种植能够覆盖墙面的攀缘植物（只要提供合适的支撑）。另一个选择是将容器牢靠地固定在墙顶。此外，还有许多背部平齐的半圆形容器，专门用来悬挂在墙壁或结实栅栏的垂直表面上。

摆放容器的花架

拥有高低不等台面的花架能够支撑整洁而美观的众多盆栽植物，并且能在相对较小的区域创造丰富多样的景致。最适合且耐久的是那些设计简单、台阶状台面的板条铝制花架。板条可以让多余的水自由排走，同时花架的缝隙意味着上方的植物不会对下方植物造成过分的遮蔽。大多数花架可以靠墙安装，也可以安置在更开阔的位置，不过有些是专门设计用来填充角落的，它们能够很好地利用本来有些尴尬的位置。除了专利制造的花架，也可以自己动手，将堆叠起来的砖块、黏土排水管道或翻转过来的花盆当作支柱，用木板当作支撑表面。这样临时拼凑出来的花架很容易拆卸和重新组装。

花架的位置常常是妥协的结果，特别是在户外区域频繁使用的夏季。俯瞰庭院或露台的门或窗户对面的靠墙处是从室内观赏的好位置。在露台使用频率较低的冬季，可以用花架将容器放置在更靠近中央的位置。无论花架放在何处，开花和观叶植物的和谐搭配常常能收到最好的效果。

自然式团簇

在铺装花园中，除非精心布置，否则位置不集中的容器会显得杂乱并造成危险，不过自然式团簇可以是展示植物和花盆的好地方。不同高度和大小容器中的植物在某种程度上可以模拟开阔花园中的植物配置分层效果。可以将某些容器放置在砖块上，突出其中的植物并带来高度上的变化。

形状不规则的团簇是填充角落的好办法，而沿着露台或阶梯边缘自然式种植的植物及其容器有助于缓和铺装的严肃感。使用材质相同而形状各异的容器能够得到令人愉悦的统一效果，例如可以使用未上釉的陶制花盆，它们有许多形状和尺寸。

保持干净

将容器团簇式摆放在一起的主要缺点是，灰尘、落叶和其他杂质会不可避免地堆积在它们的基部周围，难以清扫。可以考虑为花盆设置带轮子的底座。这样不但能更方便地清扫杂质，而且在植物观赏期即将结束，需要挪动重花盆以重新创造景观时能提供重要的帮助。

悬挂容器

有许多种专门制造或临时拼凑的容器可以悬吊起来或挂在墙壁上，创造地面之上的种植环境。它们在空间有限的地方特别有用，但即使在传统花园中，也有很多机会使用种在半空中的植物。它们可以柔化建筑环境，有助于将视线提升到其他植物上方，并且可以融入高低不等

标记过渡

成对容器是一种标记花园的入口和过渡区域（例如不同高度或区域之间的过渡）的方法。在这里，两盆鲜艳的'艾琳公主'郁金香（*Tulipa* 'Princess Irene'）标记着铺装露台区域与穿过花园的道路之间的交界处。

全方位的展示
夏季花坛植物——矮牵牛、半边莲、天竺葵和美女樱——混合种植在吊篮中，植物将吊篮完全掩盖住了。

苔藓球

苔藓球是一种日本技术，将润湿的基质制成球状，然后包裹在用金属丝、麻线或尼龙钓鱼线固定的苔藓中。这个球可以像吊篮一样悬挂。适用于这种技术的室外植物包括紫罗兰、常春藤和小型球根植物，例如下图中的雪花莲。室内植物也可以用这种方式种植，用于室内装饰。蔓生植物如翡翠珠（Senecio rowleyanus）、文竹（Asparagus setaceus）和一些兰花也是合适的种植对象。

数层的大型种植设计中。

吊篮

传统的吊篮是一种简单的悬挂容器，它是金属丝编织的结构，其衬垫内装有充足的生长基质，可种植一种或几种植物。许多其他悬挂容器，无论是专门制造的还是临时准备的，都有同样的用途，并且种植和展示方式与吊篮相似。

在种植后，最好使吊篮和其他悬挂容器本身被垂下的茂盛枝条遮掩起来。可使用单一的健壮蔓生植物达到这样的效果，如吊竹梅（Tradescantia zebrina），这是一种流行的室内或保育温室植物，也可以在夏季将吊篮转移到室外观赏。

不过，总体而言，使用几种耐寒性更好的不同植物创造飘浮的花叶团簇效果更加容易。目标是使用不同株型的植物得到松散的圆球形，使枝叶能够掩盖容器。一种方法是使用直立或圆球形植株形成顶部，下方使用不规则的蔓生植物并让其从容器边缘垂下。可以使用天竺葵或美女樱的直立品种搭配蔓生的倒挂金钟、半边莲和矮牵牛来得到这样的效果。另外一个选择是使用本身具有装饰性的容器，即使植物达到全盛期，也可以看到部分容器。

吊篮常常作为独立景致使用，可以利用现有的支撑结构。例如，支撑物可能是一道拱门，也可能是藤架的横梁。另外一种方法是安装专门制造的吊篮支撑结构。这种支撑结构既可以非常简单而不显眼，也可以是富于装饰性的，并且风格与周围背景相衬。吊篮可以作为醒目的视线焦点，为空荡荡的墙壁增添生气，特别是如果它能够通过室内的门窗被看到的话。如果从建筑的角上悬挂下来，它们也会很引人注目，不过出于安全考虑，它们的高度必须高过路人的头顶。

可以使用成对吊篮得到更醒目的效果，例如，将它们挂在门的两侧，或者配合其他容器使用。为得到漂亮的设计，可以在靠墙的地面上使用一个大型容器（如种植瓮），然后在其上方的两侧各用一个挂壁吊篮。吊篮中的植物必须与大型容器中的植物相配或者形成对比。为得到更华丽的效果，吊篮可以成排悬挂在一系列门上，或者挂在沿墙壁设置的一系列支架上。将许多较小的吊篮悬挂在大型吊篮两侧，或者在吊篮的悬挂高度上引入一定程度的变化，都可以得到协调或充满对比的空中种植效果。利用藤架的横梁，通道两侧悬挂的双排吊篮能够形成美丽的林荫道，不过要牢记的是，这样的景观在浇水时很费时间。

窗槛花箱

这些容器的材质非常多样，包括木材、陶土、混凝土和塑料等。它们有时候被设计成本身富有装饰性的外观，带有粉刷或浮雕花纹。可以对木质窗槛花箱进行粉刷，以使其与其他建筑细节相匹配，不过为了更突出效果，可以考虑将建筑前方的窗槛花箱涂成醒目的颜色，使它们脱颖而出。窗槛花箱内的种植风格和内容在一定程度上取决于观赏位置。例如，对于宅在公寓中的人来说，他们的整个花园可能只有一个或两个窗槛花箱，于是房间内部的观感比室外观感重要得多，选择精致美丽、带有香味的植物会带来最大的乐趣。如果窗槛花箱构成房屋前庭装饰的一部分，那么外部观感是真正重要的。在这种情况下，最有价值的植物是那些表现稳定且持久的种类，还可以加入常绿植物（如长阶花属植物等）。

如果窗槛花箱设置在多风暴露处，那么它们可能不太适合种植高的植物，否则植物会被风吹坏；它们还可能隔绝光线。不过，为了避免低矮植物产生过于一致的单调感觉，可以将株型紧凑但呈圆形的植物（如天竺葵等）设置在中间，两边种植较低矮的植物，再使用蔓生植物从前方垂下。这种主题能够产生许多变化，可以使用众多种类的植物，包括用作冬季或全年景观的常绿植物。

壁挂容器

将容器挂在墙壁上是垂直园艺的一种形式，它让你可以在封闭区域内种植数量尽可能多的植物。在无法使用攀缘植物的地方，它还是绿化墙壁的好方法（见"绿色屋顶和绿色墙面"，78~79页）。可以挂在墙壁上的容器包括半圆形的金属筐、金属框架食槽，以及塑料或陶制半圆形花盆。可以在墙壁上安装支架，支撑小型或中型的标准花盆，更坚固的支架可以用来支撑石槽，但要确保它们安装得牢固。

无论单独使用还是结合其他种植，种有植物的壁挂容器都可以打破裸露墙壁的空白。在窗户朝外打开或者缺少窗台的地方，它们也很有用。窗槛花箱的最好替代品就是挂在窗户下支架上的石槽。在狭窄的空间、庭院或通道半阴的地方，壁挂容器也许是最有价值的。在升高的位置，植物能接受到更多的光线，常常会比地面上种植生长得更好。

总体而言，石墙或砖墙能够为种植提供美丽的背景，不过为充分发掘它们的优势，应使用与背景色相协调或对比鲜明的容器。充分种植并大量使用蔓生植物通常是最好的选择，不过如果容器本身具有装饰性，也应该使其能够被明显地看到。壁挂容器的位置也很重要。太多随意安放的容器会产生杂乱无章的效果。与多个小型容器相比，较少的数个大型容器会产生更强的视觉冲击，还比较容易养护，特别是在浇水时。然而，在精心的布置下，无论是对称风格还是不对称风格，都可借助种植花卉的单独花盆得到美丽的陈设。为在冬季和春季欣赏色彩，可以尝试重瓣报春花，如浓郁紫罗兰色的'俏靛蓝'欧洲报春（*Primula vulgaris* 'MissIndigo'）或浅黄色的'重硫华'欧洲报春（*P. vulgaris* 'Double Sulpur'），或者雏菊，如绒球系列雏菊（*Bellis perennis* Pomponette Series）。至于夏季，有众多活泼鲜艳的天竺葵属植物可供选择，它们可开花数月，直到秋季。

用于盆栽园艺的植物

所有种类的植物（一年生、二年生、宿根植物、灌木以及乔木）都可以用于盆栽。传统的盆栽园艺主要使用株型紧凑、花期漫长的夏花一年生植物，它们毫无疑问能产生缤纷鲜艳的效果。不过如果对使用的植物种类加以扩展，盆栽园艺会变得更加有趣和更富有挑战性。所有类型的植物都可以在不同尺度内进行配植，而且这样能充分利用各种株型。比如，与花相比，叶子常常被忽略，但它们在盆栽园中有着特殊的重要性。常绿植物能提供全年观赏价值，即使是落叶植物的叶子也比大多数花朵持续得更久。它们能产生丰富但令人镇静的质感，可代替缤纷而令人兴奋的花朵。耐旱植物特别适合盆栽，因为它们不需要经常浇水。地中海香草如薰衣草、迷迭香和药用鼠尾草（都有芳香的叶片）可以在容器中茁壮生长，多肉植物如长生草属和景天属植物也是如此。优良的观叶植物如蕨类和玉簪等，常常是阴暗角落中最好的选择。在为特定位置选择植物时，光照水平通常是决定性因素。其他生长条件如生长基质等可以根据植物的需要进行调整。

一二年生植物

夏季开花的一年生植物，包括许多作为一年生植物栽培的不耐寒宿根植物，是经常用于盆栽园艺的植物。由于进行了育种，许多植物如今拥有更紧凑的株型，更多颜色或色调的单瓣、半重瓣和重瓣花朵，有时候甚至还有奇异的花型或瓣型。如今即使使用数量有限的植物，也能得到非常多样的混合种植。

另外一种重要的类群是将冬季和早春开花的一二年生植物混合种植在一起，尽管可选的植物范围要小得多。冬季开花的大花三色堇能够在球根花卉大量开花前创造鲜艳缤纷的效果并持续数周。其他有助于在春季提供连续观赏价值的花卉包括雏菊、欧洲报春以及九轮草类报春花，还有桂竹香等。

大多数一二年生植物可以相对容易地使用种子繁殖；F1和F2代杂种虽然比较昂贵，但能产

壁挂容器
可以使用种有植物的容器装点空荡荡的墙壁，容器的高度应该方便进行浇水和清理。

醒目的边界
除了窗台，窗槛花箱和石槽也可以点亮栅栏。在这里，'桑塔纳金'马缨丹（*Lantana camara* 'Santana Gold'）、蓝目菊（*Osteospermum ecklonis*）和'朗德洛'具柄蜡菊（*Helichrysum petiolare* 'Rondello'）创造了一处黄色主题的景观。

春花灿烂

种在小容器里的洋水仙、雏菊和三色堇营造出迷人的展示效果。在花朵凋谢后，可以将它们重新安排或移到不太显眼的位置。

生更健壮和整齐一致的植株。如果空间不允许播种繁殖植物，春末和初夏在园艺中心通常有许多年幼的植株幼苗，而且这是获取多种少量植物的便利方法。在一年生植物快要开花的时候，将其种在花盆里，可立即让盆栽园得到鲜艳的效果并保持数月。

宿根植物

传统上用于盆栽园艺的宿根植物是那些每年用种子繁殖的不耐寒种类，或者在保护设施中越冬的植物。天竺葵属植物是不耐寒的灌丛状宿根植物，也是优良的盆栽植物。其中的一些是每年用种子繁殖的F1和F2代杂种，而其他种类可以越冬，它们可以提供第二年用于扦插繁殖的材料。之后可以将母株丢弃。带纹型天竺葵和蔓生常春藤叶天竺葵花量丰富，花期漫长，最常用于户外盆栽园艺——蔓生常春藤叶天竺葵特别适合种在吊篮、窗槛花箱或者阳台上。

香叶型天竺葵是一类有趣而未被充分利用的类群。例如，'普利茅斯夫人'天竺葵（Pelargonium 'Lady Plymouth'）的叶子有银边，很适合用于打断大片鲜艳花朵，它们的叶子在被触摸时还会释放香味。这类天竺葵的花朵通常较小，但有几种也开带斑纹的美丽大花，具有香料气味的'科普索内'天竺葵（P. 'Copthorne'）就是其中一种。

花境宿根植物在盆栽园艺中使用得并不广泛，不过进行尝试也未尝不可。那些拥有常绿叶片的宿根植物有助于填补秋季和春季之间的空档。例如，许多秋海棠属植物拥有大型匙形叶片，在寒冷的天气中会变成古铜色，而在春季开放粉红色、洋红色或白色花朵且花期很长。矾根属（Heuchera）是另外一个有用的属；'华紫'柔毛矾根（Heuchera villosa 'Palace Purple'）拥有有光泽的巨大深古铜色锯齿状叶片，夏季在叶子上方开出白色的小花并结出粉色果实。

花期的长度让一些耐寒草本宿根植物也具有种植在容器中的潜力。虽然单朵花的寿命很短，但矮生萱草属植物却能在仲夏至夏末持续开花很长时间，比如浅橙色的'金娃娃'萱草（Hemerocallis 'Stella de Oro'），而且许多种类的萱草会长出成束的美观叶片。其他叶片美丽的草本宿根植物包括玉簪类，它们在大小、颜色和质感上都存在广泛的变异。优美大玉簪（Hosta sieboldiana var. elegans）光是凭其成簇波状蓝灰色叶片就完全值得单独种植在容器中。

球根植物

在这里的语境下，"球根植物"也包括拥有球茎、块茎和根状茎的植物。这一类群在盆栽园艺中非常重要。它们的价值体现在非常可靠的花朵上，尽管绝大多数球根植物的叶片几乎没有多少观赏价值，并且单株植株的花期很少超过几周。不过，通过种植一系列春植球根，可以从冬末到来年秋季一直欣赏陆续开放的鲜艳花朵。

这段长长的花季从雪花莲、矮生鸢尾以及早花番红花开始——它们的花期与最早的洋水仙重叠，然后是花期较晚的洋水仙种类、风信子和郁金香。还有许多其他小型球根植物，如绵枣儿属、葡萄风信子属和蚁播花属植物，可以加入其中。夏季和秋季最有用的球根植物包括百合属和大丽花属植物，它们在花色、花型以及株高上都有丰富的变异。

球根植物和容器在大小上应互相匹配，并将容器的位置考虑在内。例如，较高的郁金香种植在窗槛花箱中易被风吹坏。对于暴露多风的位置，可使用矮生郁金香和其他低矮的球根植物。

如果容器位于轻度遮阴或半阴处，则球根植物的花一般会持续更长。但某些种类的花，包括番红花类和郁金香，只在阳光下完全开放。对于密集种植的容器，可以在不同深度种植两层甚至三层球根。

对于球根植物，其种植时间和花期之间不可避免地会有空档。为克服这一点，可以将容器放入冷床中，直到球根植物开始开花再拿出来放到观赏位置，花期过后再将其移走。另一个选择是将不同种类的球根植物种在同一个容器内，提供连续的观赏期，或者创造混合种植效果。许多低矮的球根植物能和冬季开花的大花三色堇以及低矮常绿植物如百里香属植物或常春藤的小叶品种等混合种植。球根植物还可用作春花灌木如茵芋属植物（Skimmia）的下层植物。

虽然只要每年更新生长基质，某些盆栽球根植物就可以数年开花良好，但大多数球根植物在第一年开花后表现就会恶化。为了得到高品质的观赏效果，最好每年种植新的球根。或者让球根植物在它们的容器内枯死，然后挖出并储存，用于下一生长季重新种植，或者直接重新种植在花园中，在接下来的几年中得到数量减少的花。

乔木

许多常绿和落叶乔木能够适应容器中的生活，而且如果精心照料，它们能够繁茂地生长多年，不过很少能达到在露地花园中的尺寸。那些花、叶和果实都有较大观赏价值的乔木包括小型花楸如克什米尔花楸（Sorbus cashmiriana），以及观花海棠如'红翡翠'海棠（Malus 'Red Jade'）；这两类植物既有春花，又有果期漫长的累累果实掩映在灿烂的秋色叶中。盆栽乔木如欧洲鹅耳枥（Carpinu betulus）或彩色树皮的桦树如牛皮桦（Betula albosinensis var. septentrionalis）等可以带来高度和建筑感，为景观设计增添强烈的结构性元素。它们也特别适合用作起遮蔽作用的屏障，并有助于创造私密空间和阴凉区域。在为露台、庭院和屋顶花园选择乔木时，尺度是很重要的。株型紧凑的松柏类植物如圆锥形的'埃尔伍德'美国扁柏（Chamaecyparis *lawsoniana* 'Ellwoodii')是最有用的植物种类。落叶小乔木包括枝条下垂并在春季缀满黄色柔荑花序的'吉尔马诺克'黄花柳(*Salix caprea* 'Kilmarnock')。在空间有限的地方，可以选用对修剪反应良好的乔木。最适合用于盆栽园艺的常绿乔木之一是月桂(*Laurus nobilis*)，它可以被修剪成各种形状。

灌木

在盆栽园艺中，灌木的使用频率比乔木要高得多，它们的种类也很广泛，从需要阔底重型容器的大型伸展灌木，到'鲍顿'柏状长阶花(*Hebe cupressoides* 'Boughton Dome')等适合用在窗槛花箱中的矮生灌木。在选择灌木时，要考虑它与背景在尺度上的协调性以及植株的形状，还有花、叶子和果实的品质。

枝叶漂亮、形状美观的紧凑常绿植物包括许多低矮的松柏类。某些耐修剪的阔叶常绿植物如中裂桂花(*Osmanthus* x *burkwoodii*)，可以修剪成规则或更异想天开的形状。

在某些情况下，叶色会赋予植物独特的价值，如花叶的'丽翡翠'扶芳藤(*Euonymus fortunei* 'Emerald Gaiety')。帚石南(*Calluna vulgaris*)的许多低矮品种能够提供彩色的冬叶和花。至于山茶，深绿色且带有光泽的叶片映衬着单瓣至完全重瓣的华美花朵。某些杜鹃属植物同时拥有美观的叶子和精致的花朵；屋久杜鹃(*Rhododendron yakushimanum*)的杂种拥有稠密美观的株型，花朵开放后的新叶背面会长出浓密的毛。

为得到精致的夏季枝叶质感和明亮的秋色叶，鸡爪槭的各品种再合适不过了。其他主要观花的落叶灌木包括大叶绣球各品种，它们的花序能够持续数月开放，并且会随着时间变化而变换美丽的颜色。倒挂金钟属植物能够连续不断地开放新花，贯穿整个夏季，直到初霜降临。蔓生种类可以从吊篮或高容器的边缘垂下，而某些直立类型如'拇指姑娘'倒挂金钟(*Fuchsia* 'Lady Thumb')可以形成紧凑的灌丛，是任何容器中的理想中央种植植物。

月季

盆栽月季需要经常浇水、施肥和摘除枯花才能呈现出最好的效果。最适合用于盆栽园艺的月季种类是微型月季、矮生丰花月季以及某些地被月季。矮生月季如'只为你'月季(POUR TOI 'Para Ti')和'小波比'月季(LITTLE BO-PEEP 'Poullen')是枝叶繁茂的小型灌木，高不超过30厘米，小叶微型繁生；它们非常适合用于窗槛花箱，只需要20~25厘米深的土壤。矮生丰花月季稍大，枝头顶端簇生花序从夏季开到秋季。表现可靠的品种包括亮橙色的'满分'月季(TOP MARKS 'Fryministar')、浅杏黄色的'美梦'月季(SWEET DREAM 'Fryminicot')以及浅粉色的'俏波莉'月季(PRETTY POLLY 'Meitonje')。它们在石槽或者未上釉的陶制花盆中效果尤其好。

地被月季枝叶更加松散，最适合用于吊篮和高花盆中，蜿蜒的枝条可以从吊篮或花盆的边缘垂下。可以尝试开有亮粉色绒球状花朵的'粉钟'月季(PINK BELLS 'Poulbells')或半重瓣洋红色的'魔毯'月季(MAGIC CARPET 'Jaclover')。

攀缘植物

攀缘植物在容器中发挥的作用怎样描述也不为过。它们可以整枝在容器中的支架上，也能以其他方式使用。某些种类可以简单地任其垂下来。一株小花型铁线莲如'弗朗西斯'铁线莲(*Clematis* 'Frances Rivis')从高花盆或罐子中洒下来时看起来特别优雅。某些株型更紧凑的大花型铁线莲如开白花的'贝特曼小姐'铁线莲(*C.* 'Miss Bateman')也可以用这种方式成功地种植。其他更不常见的蔓生植物包括不耐寒的宿根植物缠柄花(*Rhodochiton atrosanguineus*)，它拥有红紫色的下垂管状花朵。

洋常春藤的品种作为蔓生植物和攀缘植物同样出色。小叶中型种类是最适合用于吊篮的蔓生常绿植物，还能柔化窗槛花箱或其他容器的坚硬边缘。还可以对这些柔韧的植物进行复杂的整枝。可以尝试让它们生长在金属丝框上——这会得到和修剪树木造型相似的效果(见"树木造型"，130页)。

长得比较矮的攀缘植物是最容易管理的。苗壮攀缘植物如紫藤或葡萄属植物(*Vitis*)需要严格的修剪，而且作为标准苗种植时可以得到很不错的效果。最容易管理的种类包括一年生攀缘植物，如气味香甜的香豌豆或三色牵牛(*Ipomoea tricolor*)之类的植物，它们的处理方式和一年生植物一样。将它们种植在用竹竿搭建并用绳线束缚的拱顶、枯枝搭建的古朴三脚架，或者框格棚架上。

露台上的芳香
(右)微型月季或矮生丰花月季能够持续数月，并且能很好地适应花盆中的条件，使人在有限的空间内也能从容欣赏它们的美丽和香味。

容器中的支撑
(最右)紧凑的攀缘植物如素方花(*Jasminum officinale*)可以为种植增添高度，但在攀爬的位置需要支撑结构。

阳台和屋顶花园

可以将阳台和平整的屋顶改造成令人愉悦的空间，在其中使用盆栽植物可以得到超凡脱俗的效果，创造一座空中花园。大型屋顶花园可以融入许多地面花园的景致，包括用于放松和娱乐的座椅、烧烤架、观赏水池，以及乔木和支撑架上的攀缘植物。即使是最小的阳台也能变成绿意盎然、鸟语花香的室外空间。

特殊挑战

几乎所有阳台或平整的屋顶都有进行园艺活动的潜力，但这样的空间区域有其特殊挑战性，而安全是一个主要的考虑因素。植物、湿润的生长基质、容器以及其他景观构成了相当大的荷载，它们必须在房屋结构的承载范围之内。

此外，地板必须是防水的并有充足的排水能力。在设计屋顶或阳台花园之前，建议咨询建筑师或结构工程师，并检查当地法规是否允许建造此类结构。专家意见应该包括如何强化结构性支撑，或者如何使用现存墙壁或横梁的承载容量来安置较重的部件。

精心选择材料，可以最大限度地减轻花园部件的总重量。例如，考虑使用木板代替瓷砖作为地板材料。选择塑料或玻璃纤维容器，而不使用那些材质很重的容器，如石材；还可以使用不含壤土的基质进一步减轻荷载。

遮掩之下的庇护所
框格棚架和屏风被用来掩盖不需要的景色，并有助于在这座屋顶花园中营造一种亲密、隐蔽的氛围。

阳台和屋顶花园需要栅栏或围墙保护使用这些空间的人：参阅关于栏杆和墙壁最低标准和高度的相关建筑规章。与地面花园相比，阳台和屋顶花园更容易受到湍流和强风的影响，所以所有容器都必须牢固地安装好。阳台或屋顶花园上的东西不能掉下来，这一点也是非常重要的。

为防止花盆被吹翻，质量较轻的容器可能需要重物将其压住，或者固定在原位。要牢记的一点是，与矮胖底阔的容器相比，高且底部狭窄的容器稳定性要差得多。

阳台和屋顶花园经常出现大风，风可能会损坏鸡爪槭等植物的枝叶并将柔弱的叶片吹干。干燥的风和直射阳光会创造非常苛刻的生长环境。最能适应这种环境的是耐旱性强的种类。不过，只要经常给予充足的灌溉，许多种类的植物能很好地生长。

在大型屋顶花园中，为维持足够的湿度水平，使用自动化灌溉系统是最高效的方式，同时还要为多余的水设计合理的排水方式。必须设置排水沟，以免暴雨过后水在地板上积聚，形成水池。可以铺设木地板来遮掩任何需要设置的排水沟槽。

夏日阴凉
屋顶或阳台花园上的这个轻质竹棚可用于遮蔽头顶烈日，提供宝贵的阴凉。

妥善安置的空间
在这个单层木质台地上，盆栽植物被精心地以团簇方式安置在一起，不会阻碍通向台阶的道路。

在暴露位置种植

（右）耐日晒和风吹的小型灌木和宿根植物在阳台墙的顶部茁壮生长。

户外生活

（最右）通过在休息区域周围种上玉簪、倒挂金钟、常春藤和蕨类，一个小阳台被改造成了户外房间。

在阳台上种植

在阳台上，植物可以种植在阳台地板上的花盆和石槽中、壁挂容器里（见"垂直园艺"，79页），或者那些牢固地安装在栏杆上的容器里。当阳台成为花园向房间的延伸时，容器和植物最常从室内观赏。这时可使用容器种植来框住景色而不是遮掩它，可以在中央的开阔区域两旁使用成团摆放的容器。此外，如果室外风景沉闷无趣，可使用盆栽植物将它遮挡在外面。利用相似的手法，挂在栏杆顶端的花盆中垂下来的蔓生植物也可以遮掩外面的视线，确保私密性。

从建筑外观赏，阳台种植也可以像从室内观赏那样美观。像窗槛花箱一样，阳台的种植可以与建筑互补协调，或许还可以与地面的种植达到和谐一致的效果。良好的蔓生植物可以用于阳光充足的阳台，例如常春藤叶型天竺葵，它们非常耐旱，繁茂的花朵能从夏季一直开到秋季。许多浓密且直立的植物也能很好地适应全日照阳台的条件，例如神香草（*Hyssopus officinalis*）等散发芳香的香草以及花期漫长的一年生植物如伯氏蓝菊（*Felicia bergeriana*）。

虽然荫蔽阳台的植物选择更加有限，不过使用洋常春藤各品种以及能提供全年观赏价值的常绿植物（如低矮松柏等），也能创造出优雅的种植方案。还可以用株型紧凑的耐阴一二年生植物增添色彩，如冬季和夏季开花的大花三色堇以及瓦氏凤仙（*Impatiens walleriana*），后者能够在夏季持续开放数月。

在屋顶花园中种植

大型阳台和屋顶花园常常被用作观赏城市风光的观景平台。如果是这种情况的话，以风景为中心，使用种植设计将其框起来。无论设计是规则式的还是自然式的，均将容器摆放在一起，使得风景被逐渐揭开。或者，为一系列不同的风景打造多个景框，保证其中最宏大的景色不会失去新鲜感。

也许比美丽风景更常见的是沉闷而被忽视的景色。在这种情况下，最好的选择是创造更加内向型的花园。攀缘植物、屏障或框格棚架不但有助于阻挡不雅观的景致，还能建立私密的氛围并减少湍流。还可以考虑将绿色屋顶融入屋顶花园的种植中（见"绿色屋顶和绿色墙面"，78~79页）。

在限定的空间内，你可以采用非常严格的规则式设计，只使用少量修剪成简单几何形状的灌木，也可以将植物组合搭配，模仿传统的村舍花园。为得到鲜艳缤纷又持久的效果，将花坛植物聚集在一起使用是一个好选择，不过也可以尝试蔬菜、香草或亚热带和热带植物。使用屏障甚至藤架创造分区，可以进一步增加多样性和私密性。

无论选择哪种风格，在安置容器时都不要让它们扰乱休憩或娱乐区域。为得到最抗风的效果，选择茂密紧凑的植物；它们不容易被强风损坏或吹散。大多数流行花坛植物有株型紧凑的品种，还有许多茂密的灌木可供选择，它们比那些高且头重脚轻的植物更加适合。

极简主义的规则感

在这座包括种植容器和空置容器的屋顶花园中，条形地板、方块形布局以及圆形的造型树木一起造就了它的规则感。

盆栽水果

许多不同种类的水果作物可以被成功地种植在大型容器中，并摆放在拥有充足生长空间的铺装区域、露台或庭院里。除了提供季节性的美丽花朵和可食用的果实，某些乔木和灌木水果还可以用作特色植物，与草本或花坛植物的花境或苗床形成对比；或者用作视线焦点来结束风景。

选择盆栽作物

许多适合盆栽的乔木果树生长在矮化的砧木上，这样的砧木能抑制它们的自然生长势，但不影响其开花结实的能力。盆栽苹果树最好使用矮化砧木'M27'号或者更健壮一些的'M9'号，产生茂密的金字塔形状。同样，嫁接在半矮化'Quince C'砧木上的梨品种以及在'Pixy'或'St Julien A'砧木上的李子树、桃树和油桃树都能成功地种植在容器中。

如果你种植了数棵苹果树和梨树，要记住必须选择来自同一授粉群内的品种，确保成功授粉（见"授粉"，411页；"授粉"，420页）。无花果以及柑橘属的各种水果属也很适合作为盆栽植物。樱桃树有时候会以灌丛形式嫁接在半矮化砧木'Gisela 5'上；不过它们通常整枝成扇形，比盆栽生长得更好。

包括黑醋栗、红醋栗、树莓和草莓在内的几种无核小水果可以在容器中成功地结实。蓝莓品种主要来自南高丛越橘（*Vaccinium corymbosum*）及相关物种，只要给它们提供酸性生长基质，它们也能作为盆栽植物很好地生长。

容器的准备和位置

选择直径至少为30~45厘米，底部能填充排水材料的稳定黏土容器或牢固的塑料花盆（见"盆栽蔬菜"，341页）。使用比较肥沃的基质，如约翰英纳斯三号基质（见"约翰英纳斯基质"，332页）或添加了缓释肥颗粒的多用途基质。年幼的苗壮植株可能需要在每年叶落之后换盆，防止它们的根系被容器束缚得太厉害，这样会限制它们的生长并减少开花量。

盆栽耐寒果树一般应该放置在阳光充足的地方，并避免强风侵袭。对于早花不耐寒果树，如桃、油桃和柑橘属果树，最好转移到保育温室或暖房内开花，直到霜冻风险完全过去。将容器放在砖块或底座上，让多余的水从排水孔自由流走。

浇水和施肥

与露地种植相比，在容器中种植果树时，通常在施肥和浇水上需要更多照料。容器中的水永远不能完全干掉，因为太干会阻碍年幼乔木和灌木的生长。盆栽水果的确容易缺水，它们需要大量的水才能很好地结实。它们也很消耗肥料：在整个生长季，每两三周应施加一次高钾液态肥料，以促进开花结实，否则花果会很稀疏。

可供盆栽的品种

苹果
甜点：'发现''Discovery' H6，'艾格蒙特赤褐''Egremont Russet' H6，'基德尔的橙红''Kidd's Orange Red' H6，'落日''Sunset' H6
烹饪：'阿瑟特纳''Arthur Turner' H6，'布莱曼利幼苗''Bramley's Seedling' H6，'郝盖特奇迹''Howgate Wonder' H6

杏 '沼泽公园''Moor Park' H4

蓝莓 '齐佩瓦''Chippewa' H7，'日光蓝''Sunshine Blue' H6，'北空''Northsky' H7

樱桃
欧洲甜樱桃：'拉宾斯''Lapins' H6，'商人''Merchant' H6，'斯特拉''Stella' H6
欧洲酸樱桃：'莫雷洛''Morello' H6，'纳贝拉''Nabella' H5

柑橘属水果 加拉蒙地亚橘 H3；
金橘'永见''Nagami' H1c；
柠檬'迈耶''Improved Meyer' H2；
无核小蜜橘'尾张'Satsuma 'Owari' H2，'兴津''Okitsu' H2，'宫川''Miyagawa' H2；
克莱门氏小柑橘'努莱斯''Nules' H2

无花果 '褐色火鸡''Brown Turkey' H4，'不伦瑞克''Brunswick' H4，'白色伊斯基亚''White Ischia' H4

油桃 '早熟里弗斯''Early Rivers' H3，'甜蜜''Nectarella' H3

桃 '繁荣''Bonanza' H4，'约克公爵''Duke of York' H4，'花园夫人''Garden Lady' H4，'游隼''Peregrine' H4

梨 '贝丝''Beth' H6，'哈代''Beurre Hardy' H6，'会议''Conference' H6，'考密斯''Doyenné du Commice' H6

李子 '蓝山雀''Blue Tit' H5，'沙皇''Czar' H6，'猫眼石''Opal' H6，'维多利亚''Victoria' H5

树莓 '秋日祝福''Autumn Bliss' H6，'格伦丰满''Glen Ample' H6，'格伦麦格纳''Glen Magna' H6，'格伦五月''Glen May' H6，'格伦普罗森''Glen Prosen' H6，'茂林上将''Malling Admiral' H6，'茂林珠宝''Malling Jewel' H6，'波尔卡''Polka' H6，'托乐米''Tulameen' H6

红醋栗 '洋奇家族''Jonkheer van Tets' H6，'拉克斯顿一号''Laxton's No.1' H6，'红湖''Red Lake' H6

草莓 '剑桥之娇''Cambridge Favourite' H6，'哈皮尔''Hapil' H6，'哈尼''Honeoye' H6，'珀加索斯''Pegasus' H6，'狂想曲''Rhapsody' H6，'交响乐''Symphony' H6

注释
H = 耐寒区域，见56页地图

容器中可以种植的水果作物

苹果　　　　蓝莓　　　　树莓

樱桃　　　　桃　　　　　梨

无花果　　　红醋栗　　　李子

不耐寒的盆栽水果
柑橘属以及早花果树（如桃树、油桃树和杏树等）需要保育温室或暖房提供的冬季保护。

水果吊篮
只要经常施肥和浇水，草莓一般都能在花盆中很好地结实。它们是吊篮的良好选择。

盆栽植物的种植者指南

乔木和灌木

较大乔木见87页；低矮松柏植物见90页

苘麻属 *Abutilon* H4-H1b
羽扇槭 *Acer japonicum* H6,
　鸡爪槭 *A. palmatum* H6
南非葵 *Anisodontea capensis* H2
木茼蒿属 *Argyranthemum* H3-H2（亚灌木）
木曼陀罗属 *Brugmansia* H3-H1c
西班牙黄杨 *Buxus balearica* H4,
　小叶黄杨 *B. microphylla* H6,
　锦熟黄杨 *B. sempervirens* H6
帚石南 *Calluna vulgaris* H7
山茶属 *Camellia* H5-H2
四季橘 *Citrus x microcarpa* H3
斑纹变叶木 *Codiaeum variegatum* var. *pictum* H1b
萼距花属 *Cuphea* H2-H1c
龙血树属 *Dracaena* H1c-H1b
欧石南属 *Erica* H7-H2
扶芳藤 *Euonymus fortunei* H5
熊掌木 x *Fatshedera lizei* H3
八角金盘 *Fatsia japonica* H3
倒挂金钟属 *Fuchsia* H6-H1c
栀子属 *Gardenia* H3-H1c
长阶花属 *Hebe* H6-H3
朱槿 *Hibiscus rosa-sinensis* H1b
绣球 *Hydrangea macrophylla* H5（及其品种），
　圆锥绣球 *H. paniculata* H5,
　'雪花'浅裂叶绣球 *H. quercifolia* 'Snowflake' H3
马缨丹属 *Lantana* H1c-H1b
薰衣草属 *Lavandula* H5-H3
夹竹桃 *Nerium oleander* H3
桂樱 *Prunus laurocerasus* H5
杜鹃花属 *Rhododendron* H7-H1c
蔷薇属 *Rosa* H7-H4（地被月季，微型月季和矮生丰花月季）
圣麻属 *Santolina* H5
银叶菊 *Senecio cineraria* H4（作一年生栽培）
日本茵芋 *Skimmia japonica* H5
蓝茄 *Solanum rantonnetii* H3
丽蓝木属 *Tibouchina* H2-H1c
川西荚蒾 *Viburnum davidii* H5,
　月桂荚蒾 *V. tinus* H5
丝兰属 *Yucca* H5-H2

棕榈类和苏铁类

袖珍椰子属 *Chamaedorea* H2-H1a
矮棕属 *Chamaerops* H4
椰子属 *Cocos* H1a
苏铁 *Cycas revoluta* H2
荷威椰子属 *Howea* H1a
智利椰子属 *Jubaea* H2
刺葵属 *Phoenix* H2-H1b
棕竹属 *Rhapis* H1b
箬棕属 *Sabal* H2-H1b
棕榈 *Trachycarpus fortunei* H5
丝葵属 *Washingtonia* H1c

竹子、禾草和禾草类植物

苔草属 *Carex* H7-H3
发草 *Deschampsia cespitosa* H6（各品种）
神农箭竹 *Fargesia murielae* H5,
　华西箭竹 *F. nitida* H5
虎杖禾 *Hakonechloa macra* H7（各品种）
喜马拉雅竹 *Himalayacalamus falconeri* H4
'红叶' 白茅 *Imperata cylindrica* 'Rubra' H4

箬竹 *Indocalamus tessellatus* H5
狼尾草 *Pennisetum alopecuroides* H4
彩叶虉草 *Phalaris arundinacea* var. *picta* H7
人面竹 *Phyllostachys aurea* H6,
　曲竿竹 *P. flexuosa* H6,
　紫竹 *P. nigra* H6
菲白竹 *Pleioblastus variegatus* H6,
　花杆苦竹 *P. viridistriatus* H5
倭竹 *Shibataea kumasasa* H5

宿根植物

又见275页

长筒花属 *Achimenes* H1c-H1b
百子莲属 *Agapanthus* H6-H2
羽衣草属 *Alchemilla* H7-H4
落新妇属 *Astilbe* H7-H4
蟆叶组秋海棠 *Begonia* Rex Cultorum Group H1b
岩白菜属 *Bergenia* H7-H3
全缘叶蒲包花 *Calceolaria integrifolia* H2（各品种）
风铃草属 *Campanula* H7-H2（低矮种类）
美人蕉属 *Canna* H3-H2
长春花 *Catharanthus roseus* H1c
菊属 *Chrysanthemum* H5-H1c
北非旋花 *Convolvulus sabatius* H3
石竹属 *Dianthus* H7-H2
双距花属 *Diascia* H4-H3
佛肚蕉 *Ensete ventricosum* H2
网纹草属 *Fittonia* H1a
'白斑' 欧亚活血丹 *Glechoma hederacea* 'Variegata' H6
矾根属 *Heuchera* H7-H2
玉簪属 *Hosta* H7
'花叶' 蕺菜 *Houttuynia cordata* 'Chameleon' H6
紫花野芝麻 *Lamium maculatum* H7
'金色' 铜钱珍珠菜 *Lysimachia nummularia* 'Aurea' H5
芭蕉 *Musa basjoo* H2
荆芥属 *Nepeta* H7-H2
骨子菊属 *Osteospermum* H4-H2
天竺葵属 *Pelargonium* H6-H1c
豆瓣绿属 *Peperomia* H1b
福禄考属 *Phlox* H7-H3（矮生种类）
麻兰属 *Phormium* H4-H3
延命草属 *Plectranthus* H2-H1a
九轮草群报春花 *Primula* Polyanthus Group H7
变色鼠尾草 *Salvia discolor* H2,
　沼生鼠尾草 *S. uliginosa* H4
黄水枝属 *Tiarella* H7-H5
千母草 *Tolmiea menziesii* H5
白花紫露草 *Tradescantia fluminensis* H1c（各品种），
　吊竹梅 *T. zebrina* H1c

攀缘植物

☆一年生植物，或常作一年生栽培的植物

叶子花属 *Bougainvillea* H2-H1c
铁线莲属 *Clematis* H7-H3（许多种类）
龙吐珠 *Clerodendrum thomsoniae* H1b
电灯花 *Cobaea scandens* H2 ☆
智利悬果藤 *Eccremocarpus scaber* H3 ☆
洋常春藤 *Hedera helix* H5
素馨属 *Jasminum* H5-H1b
香豌豆 *Lathyrus odoratus* H3 ☆
西番莲属 *Passiflora* H7-H1a
缠柄花 *Rhodochiton atrosanguineus* H2 ☆
黑鳗藤属 *Stephanotis* H1a

翼叶山牵牛 *Thunbergia alata* H2 ☆
络石属 *Trachelospermum* H4

仙人掌和其他多肉植物

见342页

蕨类

铁线蕨属 *Adiantum* H7-H3
舌状铁角蕨 *Asplenium scolopendrium* H6
蹄盖蕨属 *Athyrium* H7-H4
乌毛蕨属 *Blechnum* H6-H1a
骨碎补属 *Davallia* H3-H1c
澳大利亚蚌壳蕨 *Dicksonia antarctica* H3
肾蕨属 *Nephrolepis* H3-H1b
鹿角蕨属 *Platycerium* H1c-H1a
水龙骨属 *Polypodium* H7-H1b
耳蕨属 *Polystichum* H7-H1b

球根植物

孤挺花 *Amaryllis belladonna* H4
希腊银莲花 *Anemone blanda* H6,
　罂粟秋牡丹 *A. coronaria* H5（各品种），
　红花草玉梅 *A. x fulgens* H5
秋海棠属 *Begonia* H2-H1a（球根种类）
雪百合属 *Chionodoxa* H6-H4
君子兰属 *Clivia* H1c
番红花 *Crocus* H6-H4
仙客来 *Cyclamen* H7-H1b
大丽花属 *Dahlia* H3-H2
小苍兰属 *Freesia* H4-H2
朱顶红属 *Hippeastrum* H2-H1a
风信子属 *Hyacinthus* H6-H4（各品种）
鸢尾属 *Iris* H7-H1c（鳞茎类）
小鸢尾属 *Ixia* H2
纳金花属 *Lachenalia* H2
百合属 *Lilium* H7-H2
葡萄风信子属 *Muscari* H6-H4
水仙属 *Narcissus* H7-H2
纳丽花属 *Nerine* H5-H2
绵枣儿属 *Scilla* H6-H4（部分物种）
郁金香属 *Tulipa* H7-H5

一二年生植物

§ 常作一或二年生栽培的宿根植物或亚灌木

藿香蓟属 *Ageratum* H2
金鱼草属 *Antirrhinum* H4-H2（低矮品种）
雏菊 *Bellis perennis* H7（各品种）
鬼针草属 *Bidens* H7-H2 §
鹅河菊属 *Brachyscome* H4-H1c
甘蓝 *Brassica oleracea* H5（观赏品种）
金盏菊 *Calendula officinalis* H5
青葙属 *Celosia* H2 §
须苞石竹 *Dianthus barbatus* H7,
　石竹 *D. chinensis* H5 §（各品种）
糖芥属 *Erysimum* H7-H3
紫芳草 *Exacum affine* H1 §
勋章菊属 *Gazania* H3-H2 §
美女樱 *Glandularia* x *hybrida* H3 §（各品种）
具柄蜡菊 *Helichrysum petiolare* H3 §
天芥菜属 *Heliotropium* H3-H1c §
凤仙属 *Impatiens* H6-H1b §
血苋属 *Iresine* H3-H1b §
南非半边莲 *Lobelia erinus* H2 §（各品种）
线裂叶百脉根 *Lotus berthelotii* H2 §,
　金斑百脉根 *L. maculatus* H1c §

灰姑娘系列紫罗兰 *Matthiola incana* Cinderella Series H4, '糖与香料' 紫罗兰 *M. incana* Sugar and Spice Mixed H4
杂种沟酸浆 *Mimulus* x *hybrids* H4（各品种）
烟草属 *Nicotiana* H4-H2 §
瓜叶菊属 *Pericallis* H1c §
矮牵牛属 *Petunia* H7 §
九轮草群报春花 *Primula* Polyanthus Group H7-H5 §
蓖麻 *Ricinus communis* H2 §（各品种）
红花鼠尾草 *Salvia coccinea* H3 §,
　蓝花鼠尾草 *S. farinacea* H3 §,
　长蕊鼠尾草 *S. patens* H3 §,
　一串红 *S. splendens* H3 §,
　彩苞花 *S. viridis* H3
草海桐属 *Scaevola* H2 §
蛾蝶花 *Schizanthus pinnatus* H1c（及其品种）
珊瑚豆 *Solanum capsicastrum* H1c §,
　珊瑚樱 *S. pseudocapsicum* H1c §
五彩苏属 *Solenostemon* H1c §
万寿菊属 *Tagetes* H2
旱金莲 *Tropaeolum majus* H3（各物种和杂种）
大花三色堇 *Viola* x *wittrockiana* H6 §
百日菊属 *Zinnia* H2-H1c

水果

苹果 H6（嫁接在低矮的砧木上）
蓝莓 H6
柑橘属 *Citrus* H7-H2（大部分种类）
无花果 H4
葡萄 H5
桃 H4（低矮种类）
草莓 H6

香草

387～391页描述的大部分香草可以盆栽

注释

H = 耐寒区域，见56页地图

香草
香蜂草、美国薄荷、香猪殃殃、'紫叶'茴香、柠檬马鞭草、牛至、薄荷和果香菊可在容器中茁壮生长。

选择容器

适合种植植物的容器必须满足许多条件。它必须能装下足够的基质，为植物根系的发育提供充足空间，并供应植物生长所需的水分和养料。容器必须能让多余的水排走，通常使用底部的一个或多个排水孔排水。稳定性也很重要，如果容器很容易被撞翻或吹倒，它就会在安全上造成危险，而且容器本身和其中的植物也可能受损。许多商业出售的容器能满足这些需求，而且它们是大批量生产的商品，因此相对廉价。其他更昂贵的容器是单个或小批量制造的，但这些容器以及那些临时自制的容器常常更有个性，能引人注目地展示个人的品位。

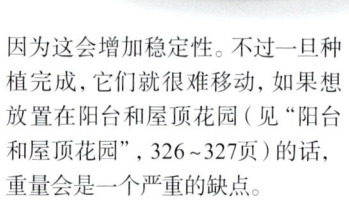

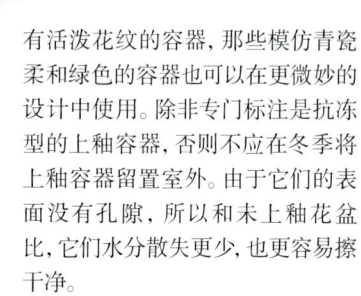

改变用途
镀锌铁桶可以作为引人注目的容器，用于混合种植郁金香和葡萄风信子。这个旧式浴桶有充足的空间填充基质，底部钻孔供排水后，它就变成了一个外形奇特的美观盆栽容器。

材料和饰面

容器的材料和饰面有多种类型，每一种都有实用性和美学上的优点，应该在做出选择之前充分考虑。要牢记摆放容器的位置；它的重量可能是重要的选择因素。提前决定容器的风格是否要进一步补足花园风格，或者对于其中的植物是否要充当功能性但又是从属性的角色。还要考虑配件问题，如托盘或浅碟，使用它们可以方便地从下方浇水并有助于保持花盆站立的表面洁净、无污点（见"花盆、托盘和生长基质"，543页）。

黏土

传统的不上釉煅烧黏土（陶器）花盆因其作为种植容器漂亮雅致而被使用了千百年——即使不进行种植，大型罐子和种植瓮也可以成为花园中非常漂亮的景观。黏土很容易模制成各种大小和形状，其表面可以是光滑的，也可以模印出花纹。小型至中型普通花盆一般很便宜，不过价格随着尺寸的增大而升高。最昂贵的是耐冰冻的花盆，它们暴露在冬季低温下也不会开裂。在冬季低温来临之前，应该使用隔绝性好的材料（如麻布或重复使用的气泡膜塑料）将不耐霜冻的黏土容器保护起来，或者将它们转移到保护设施中。所有的黏土花盆都应该小心拿放；任何类型的震动都可能导致它们破裂或出现裂口。

黏土是一种多孔渗水的材料，所以在填充盆栽基质前，应该将花盆浸泡在洁净的水中。与没有孔隙的容器相比，从黏土花盆中蒸发出去的水分有助于在夏季保持植物根系凉爽，虽然需要更频繁地浇水，但涝渍的危险也大大降低了。这使得黏土花盆非常适合高山植物和其他需要良好排水的植物。黏土花盆的孔隙配合毛细管灌溉系统（见"毛细管灌溉系统"，554页）的效果也很好。

在大多数情况下，装满湿润基质的黏土花盆的重量是一个优势，因为这会增加稳定性。不过一旦种植完成，它们就很难移动，如果想放置在阳台和屋顶花园（见"阳台和屋顶花园"，326~327页）的话，重量会是一个严重的缺点。

黏土花盆呈现温暖的泥土颜色，为橙色或红棕色，初看可能显得相当不协调，不过待风化后长满藻类，它便能毫不起眼地和周围的背景融合在一起，并能映衬许多种类的植物。如果需要的话，可以使用温肥皂水和硬毛刷将藻类从花盆上清理掉。

上釉瓷器

无论是有光泽的还是哑光的，上釉花盆各种颜色、形状和质感的饰面都让它们成为花园中极具特色的装饰性景致。除了色彩明亮和具有活泼花纹的容器，那些模仿青瓷柔和绿色的容器也可以在更微妙的设计中使用。除非专门标注是抗冻型的上釉容器，否则不应在冬季将上釉容器留置室外。由于它们的表面没有孔隙，所以和未上釉花盆比，它们水分散失更少，也更容易擦干净。

塑料和其他合成材料

塑料的多功能性和相对较低的价格使它们的用途非常广泛，尽管它们会影响环境。如果选择塑料容器，请确保它们的材质是本身可以回收的再生塑料，或者是可以重复使用的耐用塑料。

塑料可以模制成许多不同的形状，并被制作成几乎任何颜色，具有各种饰面和图案。它可以用来模仿其他材料，常常能得到很令人信服的效果。塑料的一个显著优势是它的重量很轻，如果要在强度不足以承受较重材料的室内架子、阳台以及屋顶花园上使用容器，这一点就会很有用。

和黏土花盆不同，塑料不是多孔材料，因此水不会从容器侧壁流失。这意味着和黏土花盆相比，塑料花盆所需的浇水较少。塑料花盆配合毛细管灌溉系统使用的效率也比黏土花盆高。一些塑料容器包含自灌溉系统（通常是一个蓄水区），可以缓慢地将水释放给植物，从而免去每天浇水的需要（见"自灌溉系统"，379页）。

种植袋是用柔韧的塑料布专门

各式各样的容器
植物可以种植在形状和尺寸各异的各种容器中，它们可以是专门制造的，也可以是临时拼凑的（只要它们底部有至少一个排水孔）。

容器配件

浅碟能防止容器表面沾染污渍，但不能在其中储存多余水分。将平底花盆放置在花盆垫脚上面，让它们能自由排水。

制造的塑料容器，其中填充不含壤土的轻质基质。基质可以用于种植一拨主要作物（如番茄），通常还能种植第二拨作物，然后可以将基质撒在花园中并将种植袋处理掉。

玻璃纤维是一种轻质材料，它可以被轻松模制成许多不同的形状。它抗冻，强度高，耐久性好；虽然比较脆，但可以进行修补。由于相对便宜且用途广泛，它常常被用来模仿其他材料，包括石材、金属和木材等。很多用合成材料制造的容器在室内和室外都可以使用，但有些是专门为室内使用设计的，如果暴露在直射阳光或室外严寒下，材料会退化。

木材

在制造量身定做的容器（如窗槛花箱）时，木材是特别有用的材料。它还是许多其他传统容器的第一选择，如凡尔赛式浴桶和半桶，这些容器是用金属带将木材箍在一起制成的。硬木的耐久性比软木好，但它也更昂贵。使用防腐剂处理可以延长软木的使用寿命，但在使用前要确保防腐剂不会对植物产生伤害。

石材和混凝土

天然岩石有许多不同的质感和颜色，沉重的岩石是制造容器的名贵材料。大理石经常用于制造古典式的种植瓮，可以在上面进行复杂的雕刻，并将其打磨得非常光滑。而砂岩容器常常呈现粗糙饰面。各种类型的再生石也常常用于容器的

制造。这些材料通常很重且昂贵，但一般比天然岩石便宜。混凝土容器可能会更便宜。

在填充盆栽基质之前，所有重型容器都应该摆放在花园或保育温室中的最终位置上。在这些材料上长出的藻类有助于柔化最初的粗糙外观。混凝土和粗糙的岩石很难清洁干净。

金属

铅是制造水箱、园艺装饰和容器的传统材料，可以强化花园的旧时代风格。然而，铅制容器昂贵且笨重，而且这种金属很软，很容易产生凹痕。铅还是一种有毒物质，所以仿铅容器是更好的选择。

铸铁在19世纪非常受欢迎，在那时流行的众多花瓶和种植瓮如今重新出现了。不过，铸铁价格昂贵，还会生锈，除非覆盖粉末涂层或进行粉刷。

镀锌金属容器不但轻，而且可以有许多美丽的形状和尺寸。它们如今常常被用来引入某种现代感，特别是在规则式或城市花园中，且大多数并不昂贵，在个人品位和时尚变化后丢弃掉也能接受。

许多吊篮和支架是用铁丝制作的，表面常常覆盖一层塑料，这样可以为植物提供合适的背景色并能延长容器的使用寿命。

不寻常的容器材料

许多家用、农用、建筑和工业器具可以转变成高度个性化的盆栽容器（见"改造容器"，右上）。废弃或回收器具（如烟囱帽或旧油漆罐）也可以成为打破常规的盆栽容器。

大多数这样的容器可以用涂料、染色剂或其他材料装饰，这些材料可以用在许多不同类型的表面上。

尺寸和比例

设计盆栽景观时，要在整体审美效果上同时考虑植物的生长习性以及花盆的尺寸和比例。在这里，花盆的有趣形态和植物同样重要。

改造容器

植物可以种植在几乎任何容器中，只要它能填充基质并允许自由排水。在镀锌金属容器、旧水桶和罐子底部钻出排水孔以改造它们。已经穿孔的容器（如厨房的滤器）应该加上衬垫，以防基质漏掉。可使用深色柔性塑料布，例如大小合适的可回收基质包装袋。将衬垫的底部刺穿，使多余的水能够自由排走。

钻出排水孔

（上）在排水孔区域粘上胶带，可以更安全地钻孔。

滤器改造的吊篮

（右）为将滤器改造成吊篮，需安装铁链并用穿孔的塑料布作为衬垫。

适用于容器的基质

用于容器中的生长基质应该能够让植物充分发挥其观赏或生长潜力，通气性和保水性必须良好，拥有能够承受强烈浇水的弹性结构。不应该使用普通的园土；它的结构、化学平衡以及营养水平差异很大，而且其中几乎肯定含有杂草种子、害虫和致病微生物。来自堆肥堆的花园堆肥也是如此，它也不适用于盆栽园艺。要得到最好的效果，应该使用专利盆栽基质，这种基质是商业生产的，不过也可以自己在家中制作或改造。

适合有特殊需要的植物使用的基质
映山红以及其他杜鹃花科植物不能忍受碱性土壤。在容器中，它们最好生长在喜酸植物基质中，这种基质不含石灰，并且应该不含泥炭。

约翰英纳斯基质

这些盆栽混合基质起源于20世纪30年代的约翰英纳斯园艺研究所（John Innes Horticultural Institute）。按照传统做法，它们含有的壤土来自堆放至少六个月的草皮，之后草皮被热处理或化学处理消毒，以杀死害虫、病菌和杂草种子。然后根据三个标准配方之一，向壤土中添加石灰石粉和其他植物肥料。最初的配方使用了泥炭，但如今常常使用对环境更有益的替代物。

约翰英纳斯一号基质（JI No.1）肥料含量相对较少，主要适合种植实生幼苗和播种大型种子。它还可以用于不需要大量养分的生长缓慢的观赏植物，如高山植物等。

约翰英纳斯二号基质（JI No.2）的肥料和石灰石粉含量是约翰英纳斯一号的两倍，因此它适合众多需要中度养分水平的植物。

约翰英纳斯三号基质（JI No.3）的肥料和石灰石粉含量是约翰英纳斯一号的三倍，它适用于长势茁壮的植物以及在容器中保留不止一个生长季的植物（如乔木和灌木）。

约翰英纳斯播种基质（JI seed compost）的养分含量很少，它适合用来萌发种子。

约翰英纳斯基质没有必须遵守的标准，因为生产所用的壤土取决于其来源，拥有含量不一的黏土、粉砂和沙子。在购买基质时寻找包装袋上的行业协会标志，它将保证基质能够支持植物良好生长。

盆栽基质

盆栽基质有多种类型。含壤土基质通常贴有约翰英纳斯基质的标签（见"约翰英纳斯基质"，左），以消过毒的优质土壤或壤土为主要成分。它们特别适合用于长期种植，因为土壤粒级非常稳定。因为壤土供应不足，所以基于有机废弃材料（如堆肥树皮或羊毛）生产的更具可持续性的基质变得流行起来。有时这些基质中也会添加壤土，并被称为"附加约翰英纳斯基质"。壤土含量提高了微量元素水平并增加了重量。有一部分这样的基质是为了专门的用途设计并出售的，例如，用于种植乔木和灌木，或者用于种植球根植物或蔬菜。

多用途或通用基质不含土壤，通常含有泥炭或有机废弃材料（包括绿肥和其他可再生资源）。这些基质常常比其他类型的基质便宜得多，但质量参差不齐，因为无法保证绿肥的确切含量。所有买来的基质都可能在成分和结构上出现合理的差异。除非有"不含泥炭"的标

盆栽基质常用成分

壤土
消过毒的花园土壤，养分供应、排水性、透气性以及保水性都很好。

沙砾
在基质中添加各种颗粒大小的沙砾，提高排水性和透气性。

蛭石
膨胀的充气云母，与珍珠岩作用相似，但保水性更好，通气性稍差。

碎树皮
用作泥炭替代物，特别是在喜欢植物的基质配方中。

珍珠岩
膨胀的火山岩颗粒，保水性好，排水性也不错。

椰壳纤维
这种泥炭替代物的干燥速度没有泥炭那么快，但需要更频繁地浇水。

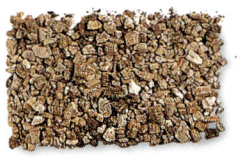

沙子
能帮助结构疏松的基质成形。

腐叶土
作为泥炭替代物和基质添加剂使用，特别是种植林地植物时。

签，否则它们都可能含有一些泥炭，应避免使用这种不可再生资源（见"泥炭问题"，17页）。

在园艺中心，袋装土壤改良剂（通常以动物粪肥为基础）常常与盆栽基质一起销售。虽然消过毒，但它们通常用作护根或者在种植前掘入花园土壤中，并不适合用在容器里。

喜酸植物盆栽基质

很多基质含有白垩粉末，因此是碱性的，不适用于山茶、杜鹃花、蓝莓以及其他在中性至酸性基质中才能繁茂生长的植物。它们需要常常被打上"杜鹃花科"标签的特殊基质（喜酸植物基质），该科植物通常不耐石灰。这些基质有时会添加壤土。

多用途盆栽基质

多用途盆栽基质广泛用于盆栽园艺，而且常常在超市和苗圃销售。它们通常以有机材料为基础，例如堆肥树皮、椰壳纤维、木纤维和绿肥，还可能添加了沙砾、尖砂、石棉和珍珠岩。肥料的含量不一。应避免使用含泥炭的基质。

所有此类盆栽基质在使用时都相对干净，并且质量较轻，一般来说还比其他类型的基质便宜。

多用途盆栽基质需要精心浇水，应在所有时候都保持均匀一致的湿度。否则，基质会收缩并失去结构。一般来说，它们对根系的锚定作用不如更贵且常常含壤土的基质好。此外，从这些基质中移栽到露地花园中的植物常常很难适应园土的环境。

多用途盆栽基质适合短期使用，例如种植实生幼苗和一年生植物，以及播种大型种子。虽然它们能够为容器、吊篮中以及阳台和屋顶花园上的许多植物提供合适的生长基质，但多用途盆栽基质的缺点意味着它们不适合用于长期种植，如种植乔木和灌木，这些植物需要含壤土或土壤、养分充足且保水性好的基质。

定期施加可溶性肥料可以让植物苗壮生长，但它们的肥效并不持久。要维持稳定的养分供应，更有效的方法是种植时在盆栽基质中添加缓释有机肥。缓释有机肥是全配方肥料，有些会缓慢地降解到土壤中，有些则一直吸收水分直到胀开，使肥料扩散到土壤里。许多缓释肥能在几个月内不停地释放养分。缓释肥虽然价格较高，但方便使用，相对于多次使用可溶性肥料，它更节省时间。然而，缓释肥的养分释放模式可能会很难预测，因为它受到基质的pH值、水分含量以及温度等因素的影响。

其他基质

除了喜酸植物基质，商业上还生产其他专用基质，满足特定植物类群的需要。例如，兰花专用基质排水性良好，并且常常含有确保透气性的木炭和碎树皮。仙人掌专用基质排水性更好，含有高比例的沙砾，养分含量一般很低。

水生植物专用基质比较重，这是为了更好地锚定植物，这种基质也有很多变化，因为主要的组成成分——土壤——并没有恒定的标准。

球根植物专用的纤维状基质是用未降解的泥炭藓或粉碎成纤维的椰壳制造的，通常添加有压碎的木炭或牡蛎壳。这种基质结构疏松，因此适合在没有排水孔的容器中种植球根植物。

改良基质
大多数高山植物需要很少的养分和良好的排水性，可将它们种进等比例混合的约翰英纳斯一号基质和沙砾中。碎瓦片可以减少需要的盆栽基质。

基质的改良

商业生产的基质都可以很容易地加以改造，满足特定植物类群的需要。珍珠岩和蛭石可以同时改善排水性和透气性。加入各种粒径的沙砾和尖砂能够使基质更顺畅地排水。例如，沙砾常常以等比例加入约翰英纳斯一号基质中，得到适合高山植物的排水顺畅的基质。腐叶土（见"腐叶土"，595页）是自制基质中优良的泥炭替代物，也可以添加到配制好的基质中，得到保水性良好的生长基质，适用于鸡爪槭等林地植物。富含养分的聚合草腐叶土可以添加到用来种植蔬菜的基质中。蚯蚓基质也富含养分，可用于种植生长迅速的植物。

椰壳纤维

椰子是全世界最重要的经济作物之一。从果实外壳提取的椰壳纤维是一种非常有效的种植基质，并且是专利基质中的常见成分。虽然鼓励使用这种废弃物产品，但也必须考虑到将这种材料从椰子树生长的热带和亚热带地区运输过来所产生的环境影响。

护根

护根是用来覆盖土壤或基质的材料，它可以减缓水分流失，减弱温度波动，并抑制杂草生长。对于大多数盆栽植物，最有用和最整洁的护根是均匀铺设在基质表面、厚约1厘米的沙砾。石灰岩屑护根适合喜碱性土壤的高山植物，而花岗岩屑护根可用于厌钙植物。乔木和灌木表层覆盖所用的粗沙砾可以用来增加容器的稳定性。有机护根一般包括颗粒化的树皮和椰子壳，其中有些容易被吹散（除非保持潮湿）。经过堆肥腐熟的松针可用于喜酸植物或杜鹃花科植物。

防止土壤流失
将陶土花盆碎片或卵石放进容器底部，可以防止基质被冲出底部，尤其是如果排水孔比较大的话。

缓释肥
这些肥料能长期释放养分，不需要频繁地施加液态肥料。

大容器
长期种植的乔木和灌木需要含壤土或土壤、养分丰富的基质，以支持它们的生长。

种植大型长期植物

虽然许多园丁专注于种植一年生植物和其他季节性植物，在冬末和春夏创造鲜艳缤纷的盆栽景观，但是也有很多长寿的植物可以在花盆中表现得很好。它们能带来成熟感，并为盆栽花园提供重要的核心，随着季节变化，当其他植物达到高峰期的时候，它们可以作为补充。不耐霜冻的大型盆栽植物（如木曼陀罗等），可以在夏季室外种植，其他时候转移到保护设施中。

选择灌木

许多灌木是盆栽出售的。选择枝条框架匀称的植株，不要使用任何带有病虫害迹象的植物。

- 健康的叶子和匀称、苗壮的枝条
- 状况良好的标签表示植株是新鲜的
- 干净的容器和不含杂草的基质

好样品

植物和材料

为让植物在容器中很好地生长数年，它们必须有长寿的潜力并得到最佳生长条件。

选择植物

无论是购买植株还是从自己种出来的植株中选择，要想得到最佳效果，都应该使用年幼且发育良好、无病虫害的健壮盆栽植株。叶色应该良好，并且检查叶片背面和正面，确保没有病虫害感染的迹象。不要使用任何有病害或受损迹象的植株。将植株从容器中倾斜着倒出，检查根系是否发育良好。如果根系紧密地挤成一团，说明植株可能在容器中待了太长时间，不会很快或完好地恢复成形。其他反映植株在容器中保留时间太长的迹象包括丢失或字迹模糊的标签、表面覆盖藻类的容器，以及覆盖地衣或苔藓的基质。如果购买裸根乔木，应尽可能检查并确保根系发育良好、拥有大量纤维状根。坨根乔木和灌木应该拥有紧实的土壤根坨，包裹在完好的塑料网或麻布中，并且不能有任何脱水的迹象。在购买之前，从各个角度进行检查，确保枝叶生长均衡。

选择容器

只要排水足够好，许多不同材质的容器都适合种植大型长寿植物。对于地上部分巨大的木本植物，容器必须提供充足的重量和稳定性；最合适的类型包括底部宽阔的容器，如凡尔赛式浴桶和陶制种植瓮（见"选择容器"，330~331页）。选择和植物地上部分及根坨比例相称的容器。容器必须足够大以保证根系的良好发育，并能装载足够的基质以供应足够的水分和养分。新容器应该比植物移栽之前的容器更宽和更深5厘米。乔木需要更大的空间，其容器深度至少应为根坨高度的1.5倍，直径应为树高的六分之一至四分之一。

合适的盆栽基质

对于会在容器中生长数年的植物，如乔木和灌木，它们的生长基质必须能够连续稳定地提供养分。最合适的盆栽基质是含壤土的，或者是添加了约翰英纳斯基质并含堆肥树皮或其他可再生资源的。多用途盆栽基质不适用于长期种植。含壤土基质的重量虽然在阳台和屋顶上种植植物时是一个潜在的劣势，但与不含壤土的基质相比，含壤土的基质能提供稳定的压载，并能更好地锚定植物的根系。大多数长期植物能在标准约翰纳斯三号基质或同类型基质中繁茂地生长。对于厌钙植物（如杜鹃花和山茶），应使用不含石灰的喜酸植物基质。

盆栽植物需要补充肥料，因为生产商添加到基质中的任何肥料都会很快耗尽。建议每年进行一次表面覆盖，以更新基质。基质会随着时间的推移压缩，透气性降低；尽可能每三至五年全面补充一次基质，这个过程还使你能够修剪根系，以缓解花盆中的根系拥挤（见"根系修剪"，129页）。

在容器中种植

在种植前，将容器、基质、任何要用的碎瓦片和支撑物，以及任何放置花盆使用的花盆垫脚、砖块或砌块收集在一起。对于回收再利用

种植灌木

1 将一层干净的瓦片放置在带排水孔的容器底部。在容器中装入一半合适的盆栽基质，将成块的基质打散。

2 将灌木连容器放置在花盆中间，围绕容器填充并紧实基质。将容器拿出并保留完整的种植穴。在移栽前给植物浇水。

3 将灌木从原来的容器中移出并轻柔地梳理根系。把灌木放入种植穴中，沿着根坨周围回填基质，浇透水。用沙砾护根覆盖基质表面。

完成的种植

的容器，需要将内壁和外壁擦洗干净，去除任何可能存在的致病微生物。将新的陶制花盆浸泡在清水中。在种植前将容器放置在观赏位置；一旦填充基质，它就会变得非常沉重并难以移动。

如果排水孔比较大，可以将一层碎瓦片放置在排水孔上，防止生长基质被冲走。如果将花盆直接放置在土壤上，则应将锌制网罩放在排水孔和瓦片之间，以防止蚯蚓或其他生物进入花盆中。添加一层5~10厘米厚的盆栽基质。如果需要支撑结构，就将其安装就位。轻轻拍打选中植物的容器以松动根坨，然后将植物取出。植物在新容器中的种植深度应该和以前保持一致。这个深度可以从土壤标记上看出来，即植株茎干上的一处颜色变化。将植物放入填充了一半基质的容器中，如果需要的话，可以通过添加基质来调整它的高度。不断添加更多基质并轻轻紧实，直到完成后的基质表面位于容器边缘之下5厘米处，为浇水留出空间。在基质表面覆盖一层2.5~4厘米厚的有机护根或沙砾。浇透水，对于厌钙植物可使用雨水灌溉。

立桩和其他支撑结构

许多大型盆栽植物需要某种形式的永久性支撑。最常见的支撑是单根立桩，在添加基质之前将其立在种植位置旁。这能让根系围绕立桩伸展，并避免对根系造成损伤，如果在种植后插入立桩就会造成这种结果。立桩高度应该达到标准苗型乔木或灌木树冠下端那么高。为牢固地固定茎干，使用带垫片的可调节绑结，防止对树皮造成摩擦，并随着茎干增粗定期调节绑结。

其他种类的支撑包括木制、金属和金属丝框架。金属框架有各种形状，包括适合垂枝标准苗（如紫藤）使用的伞形支撑。金属丝框架对于常绿攀缘植物特别有用，例如洋常春藤的短节间品种，它们可以整枝形成树木造型的形状（见"树木造型"，130~131页）。

盆栽攀缘植物可以整枝在扇形框格上（见"在容器中种植攀缘植物"，下）。对于细长的攀缘植物如缠柄花（*Rhodochiton atrosanguineus*），用竹竿绑成的古朴拱顶很有效果。传统上用于支撑石竹属植物的柳编线箍可以用在灌木型宿根植物上，如'红凤梨'凤梨鼠尾草（*Salvia elegans* 'Scarlet Pineapple'）。

修剪和整枝

与对露地花园中的乔木、灌木

立桩固定植物
对于较高的盆栽植物，应该在生长早期立桩，让它们发育出笔直的茎干，保证四面生长均匀。

在容器中种植攀缘植物

框格板常常在底部带有"腿"，这是为容器盆栽特制的，有木质的和塑料包裹铁丝材质的可选。在使用前，木质框格板需要用对植物无害的防腐剂处理。容器和框格板的大小都应该与所选攀缘植物相匹配。混凝土、石材或陶制的沉重花盆能提供最稳定的基础。

在种植前将容器放在预定位置，应该是一面墙或栅栏旁边，以便将框格板安装在上面，得到更好的稳定性——有种植的框格板能为景观元素添加一大片表面区域。在花盆中填充含壤土基质（如约翰英纳斯二号或三号基质）。为避免损伤植物的根系，应将支撑结构沿着花盆一侧埋入基质中并固定好；然后种植攀缘植物。种植后固定框格板的顶端。

1 如果花盆的排水孔比较大，就将碎瓦片放入花盆中。将支撑结构放在花盆一侧，在其周围填充基质。

2 将攀缘植物以原来花盆中的种植深度种下，紧实基质，使基质表面位于花盆边缘之下5厘米处。

3 将主枝绑在支撑结构上，为植株浇水以沉降根系。将框格固定在墙壁或栅栏上，以得到更好的稳定性。

335
盆栽园艺

对土壤有特殊要求的植物

喜酸植物基质
树萝卜属 *Agapetes* H2-H1c
倒壶花属 *Andromeda* H6
熊果属 *Arctostaphylos* H7-H2
智利莒属 *Asterantera ovata* H3
大花清明花 *Beaumontia grandiflora* H2
智利藤 *Berberidopsis corallina* H4
藤海桐属 *Billardiera* H4-H2
帚石南属 *Calluna vulgaris* H7（及其品种）
山茶属 *Camellia* H5-H2
大宝石南属 *Daboecia* H5-H2
欧石南属 *Erica* H7-H2
栀子属 *Gardenia* H3-H1c
白珠树属 *Gaultheria* H6-H2
哈克木属 *Hakea* H4-H1c
珊瑚豌豆属 *Kennedia* H2-H1c
智利钟花 *Lapageria rosea* H3
百合属 *Lilium* H7-H2（部分物种）
木紫草属 *Lithodora* H5-H3
吊钟莒苔 *Mitraria coccinea* H3
卷须菊属 *Mutisia* H4-H2
马醉木属 *Pieris* H5-H3
杜鹃花属 *Rhododendron* H7-H1c
越橘属 *Vaccinium* H7-H3

湿润、腐殖质丰富的基质
槭树属 *Acer* H7-H4
山茶属 *Camellia* H5-H2
铁线莲属 *Clematis* H7-H3
木槿属 *Hibiscus* H5-H1b
玉簪属 *Hosta* H7
杜鹃花属 *Rhododendron* H7-H1c
蔷薇属 *Rosa* H7-H4
堇菜属 *Viola* H7-H2

排水顺畅的基质
龙舌兰属 *Agave* H2-H1c
海石竹属 *Armeria* H7-H3
蒿属 *Artemisia* H7-H3
叶子花属 *Bougainvillea* H2-H1c
金盏菊属 *Calendula* H6-H2
霓花属 *Cleretum* H3
旋花属 *Convolvulus* H7-H3
石竹属 *Dianthus* H7-H2
糖芥属 *Erysimum* H7-H3
花菱草属 *Eschscholzia* H4-H3
半日花属 *Helianthemum* H7-H4
刺柏属 *Juniperus* H7-H3
薰衣草属 *Lavandula* H6-H2
鼠尾草属 *Salvia* H7-H1b
圣麻属 *Santolina* H5
长生草属 *Sempervivum* H7-H5
百里香属 *Thymus* H7-H5
丝兰属 *Yucca* H5-H2

注释
H = 耐寒区域，见56页地图

和攀缘植物进行修剪一样，修剪盆栽植物的目的是维持良好的健康并最大限度地呈现观赏特性。在早期阶段，修剪的目的是让植株发育出匀称的枝条，得到均衡的结构。除此之外，许多落叶和常绿植物不再需要更多的修剪。为保持植物的健康，将所有死亡、受损和染病的枝条剪掉；对于花叶植物，还要将叶片转变回绿色的枝条剪掉。这样的工作可以在一年中的几乎任何时间进行，不过要在春季对所有的植物进行彻底的检查并处理任何存在的问题。

不过，有几类植物的确需要每年进行修剪，如绣球花属植物、月季以及铁线莲等。更多信息，见"修建和整枝"，观赏灌木122~129页，月季169~173页，攀缘植物147~150页，铁线莲152~153页。有树木造型的植株需要严格的成形整枝和随后的定期修剪（见"树木造型"，130~131页）。

标准苗型植株

许多乔木、灌木和亚灌木可以作为标准苗种植。标准苗的重心相对较高，所以要选择沉重、阔底的容器。大多数盆栽乔木最好整枝成标准苗型，简单的轮廓几乎不占据地面空间，可以让光线抵达种植在它们下面的植物。对这种处理反应良好的灌木和亚灌木包括倒挂金钟属以及木茼蒿属植物。在严格的修剪下，即使生长茁壮的攀缘植物（如观赏或果用葡萄以及紫藤等）也能生长成标准苗。

在成形整枝时，必须对树干立桩固定，直到它足够坚固以独自支撑树冠，不过许多标准苗需要永久性立桩支撑。绑结必须结实，应定期调整绑结，以免树干增粗后被箍得过紧。对于乔木，在最初阶段保留较低的分枝以促进枝条变密，然后在两至三年内逐渐将它们修剪干净。

对于灌木，将主干上的水平侧枝截短，其主干也应该用竹竿支撑固定。将侧枝保留一年以增加主干的强度，然后将它们完全剪掉。对于倒挂金钟属植物，应该将侧枝掐掉（见"摘心整形"，381页）。对于所有的灌木，应让主干长到高出预定树冠高度至少20厘米的位置，然

标准苗型灌木

当作为标准苗种植时，这株'帕利宾'蓝丁香（Syringa meyeri 'Palibin'）之类的灌木会长出花束一样的树冠，需要沉重的容器来达到稳定。

后将它截短至单芽或一对芽处，以促进侧枝的生长，形成树冠。然后，剪去侧枝的尖端，促进进一步分枝并形成枝叶浓密的树冠。

作为标准苗种植的植物

灌木和亚灌木
木茼蒿属 Argyranthemum H3-H2
木曼陀罗属 Brugmansia H3-H1c
锦熟黄杨 Buxus sempervirens H6
山茶属 Camellia H5-H2
树锦鸡儿 Caragana arborescens H7
四季橘 Citrus x microcarpa H3
无花果 Ficus carica H4
倒挂金钟属 Fuchsia H6-H1c
栀子 Gardenia jasminoides H1c
天芥菜属 Heliotropium H3-H1c
朱槿 Hibiscus rosa-sinensis H1b
紫薇 Lagerstroemia indica H3
月桂 Laurus nobilis H4
帚状细子木 Leptospermum scoparium H4
女贞属 Ligustrum H6-H3（部分物种）
夹竹桃 Nerium oleander H3
天竺葵属 Pelargonium H1c-H1b
蔷薇属 Rosa H7-H4（许多物种）
'吉尔马诺克'黄花柳 Salix caprea 'Kilmarnock' H6
迷迭香 Salvia rosmarinus H4
五彩苏属 Solenostemon H1c
月桂荚蒾 Viburnum tinus H4

攀缘植物
叶子花属 Bougainvillea H2-H1c
忍冬属 Lonicera H7-H2（部分物种）
蔷薇属 Rosa H7-H4（部分物种）
葡萄属 Vitis H5（部分物种）
紫藤属 Wisteria H6-H5

注释
H = 耐寒区域，见56页地图

标准苗型木质茎干攀缘植物的整枝

发育阶段

在整枝的早期阶段（这里是一株藤本植物），目标是得到一根健壮的垂直主茎。让侧枝在生长季自由生长，为茎干提供养分，然后在休眠期将侧枝剪掉。在合适的高度发展出匀称的侧枝，形成树冠，并通过每年修剪来维持开花短枝的数量。

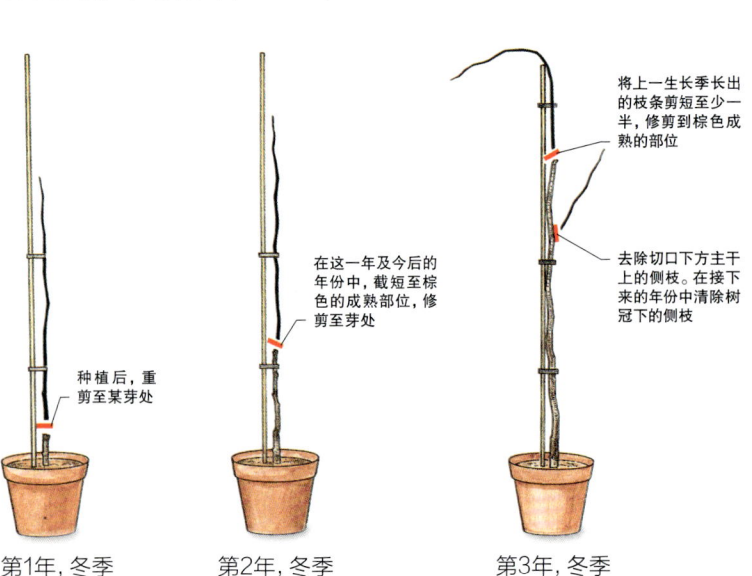

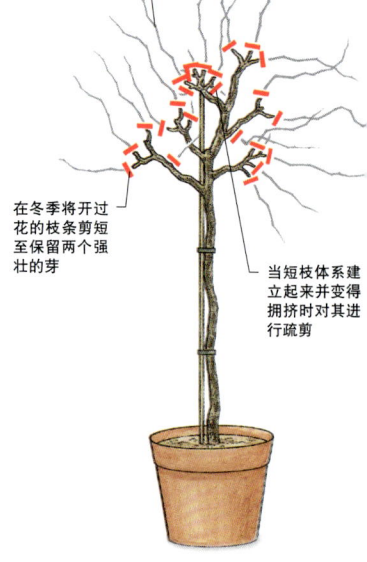

第1年，冬季 — 种植后，重剪至某芽处

第2年，冬季 — 在这一年及今后的年份中，截短至棕色的成熟部位，修剪至芽处

第3年，冬季 — 将上一生长季长出的枝条剪短至少一半，修剪到棕色成熟的部位。去除切口下方主干上的侧枝。在接下来的年份中清除树冠下的侧枝

第4年，冬季 — 将每个匀称的侧枝修剪至保留两个芽

第5年及以后 — 在夏季，当正在结果的枝条长到30~45厘米长时将它们截短。在冬季将开过花的枝条剪短至保留两个强壮的芽。当短枝体系建立起来并变得拥挤时对其进行疏剪

种植季节性植物

对许多园丁来说，盆栽花园中必不可少的种类是在夏季开放且花期漫长、缤纷鲜艳的大量一年生植物。其他需要每年种植的植物包括冬季、春季和夏季观赏的二年生植物，以及春季、夏季和秋季观赏的球根植物。总体而言，与那些连续使用数年的球根相比，每年种植的新鲜球根效果更好。

一二年生植物

仲春就可以从园艺中心买到众多一二年生植物的幼苗了。许多种类还可以在温室或封闭的门廊中很容易地用种子繁殖。如果在保护设施中很早地上盆，则应在白天将容器转移到室外炼苗，但晚上再移到保护设施中，直到霜冻风险过去。

在上盆之前，要为选中的植株浇透水。然后将所需的基本要素放在一起，如干净的容器、含壤土或无壤土基质、缓释肥，以及选中的植株。如果容器的排水孔较大，则可以将碎瓦片放在排水孔上，防止基质透过底孔流失。在容器中填充四分之三的盆栽基质，如果需要的话，基质中可以混入缓释肥。

将植物带花盆进行摆放试验，使它们在蔓生、灌丛和直立株型之间达到平衡。一旦得到满意的设计效果，就可以开始以系统化的方式种植了，从容器中央向外或者从容器一边向另一边种植。

轻轻拍打植物原来的容器以松动根坨，然后将植物取出，放入新花盆中。增添或减少基质，使每株植物的种植深度与之前容器中的一致，基质中不能有气穴，基质表面应位于花盆边缘之下大约5厘米处。浇水让植物沉降。

冬季和早春开花的一二年生植物应该在秋季上盆。然而，园艺中心和苗圃有时候会推迟至售冬季和早春开花的植物。它们也可以在冬季种植，只要基质没有结冰即可。

球根植物

大多数春花球根植物最好在上市之后的秋初尽早种植。不过，郁金香的球根最好在秋末或冬初种植，这时候它们不容易感染郁金香疫病（见"郁金香疫苗"，677页）。虽然球根植物可以令人满意地混合种植在单个容器中，但是一般最好将不同的球根植物分开种植在单独的容器中，因为它们的花朵很难同步开放。

为延长同一类球根植物的开花时间，可以在容器中种植多层球根，只要容器足够深，可以容纳数层球根和每个球根上下方的基质。对于大多数球根来说，最小的种植深度应该等于球根本身厚度的6倍。例如，为种植两层洋水仙或郁金香，应先在容器底部放置排水材料，然后在上面覆盖一层厚度不小于5厘米的含壤土、无壤土或球根专用基质。种植第一层球根，种植间距取决于球根类型，为2.5～10厘米。覆盖基质至刚好能看到球根顶端。在第一层球根的间隙上方种植

混合种植夏花容器

1 为得到美观的设计，将选中的植物带花盆进行摆放，选取最佳的位置。将蔓生植物混合在灌丛型或直立型植物中。

2 先种下中央的主景植物，再向外种植。花盆中植物之间的距离可以比露地花园中的近，但必须保证植物有足够的生长空间。

3 将某些植物倾斜种植，使它们朝向花盆的边缘。某些根坨可以暴露在土壤表面——只要能保证湿润，植物就会茂盛生长。

4 若对总体设置感到满意，就向容器中添加更多基质至容器边缘下约5厘米处。浇透水使植物沉降。

盆栽植物的季相变化

冬季
（上）堇菜、墨西哥橘（Choisya）、常春藤、白珠树（Gaultheria）以及野芝麻（Lamium）和谐地交织在一起，新鲜的绿色、黄色和红色色调交相辉映，呈现出迷人的冬末景致。

春季
（上）陶制花盆中种满了喧闹的春花，包括水仙、九轮草报春以及鸢尾，为早春带来了一抹鲜艳的亮色。

秋季
（右）紫色的叶子、微微闪烁的禾草以及彩叶常春藤放在一起，呈现出迷人的晚秋景象。

种植窗槛花箱

1 如果需要的话,在容器底部钻出排水孔并先后覆盖瓦片和一层基质。添加缓释肥。

2 将植物从花盆中取出,放置在基质表面。确保基质顶端位于容器边缘之下5厘米。

3 在植株周围回填更多基质。将窗槛花箱固定就位,然后浇透水。继续在整个夏季定期浇水,直到植物完全茂盛生长。

4 定期摘除枯花以延长花期,掐掉发黄的叶子以控制病害,并修剪掉多余的枝叶以保持整体效果的匀称。施加液态肥料对花朵有好处,特别是在夏末。

第二层球根。为容器添加基质,直到基质表面位于容器边缘之下5厘米处。

百合是最重要的夏季球根植物之一(见"百合",233页),可以单株种植,也可以3株或更多株一起种植在大型容器中。总体而言,单独种植的百合要比在同一个容器中和其他植物混合种植的效果好。最好的种植时间是在秋季,这时候的球根是新挖出来的。选择有丰满肉质鳞片、无病害的百合球根。

百合在排水顺畅的基质中生长得很好,可用4份含壤土基质(约翰英纳斯二号)或同类基质混合1份沙砾和1份腐叶土以及适量缓释肥。将容器立在垫脚上,然后填入盆栽基质中。种植深度应该使球根顶端位于基质表面以下10~15厘米(大约为球根高度的2~3倍),种植间距为球根直径的3倍。茎上生根的百合可以从球根本身和茎上同时生根,其种植深度应该更深,大约为球根高度的3~4倍。

球根植物搭配花坛植物

春花球根混合一年生或二年生植物,能够在单个花盆中呈现迷人的效果。可以尝试将郁金香和勿忘草(*Myosotis*)或糖芥(*Erysimum*)种在一起,或者将小型球根植物(如绵枣儿属植物)和冬季开花的大花三色堇搭配起来。在秋季种下球根,然后添加一年生植物或二年生植物,并使得浇水之后基质表面位于容器边缘之下5厘米处。

水果、蔬菜和香草

虽然产量比露地种植的作物低,但只要经常浇水和施肥,叶用沙拉蔬菜和其他蔬菜(如小胡瓜和豆类等)都可以成功地在无壤土基质中栽培。草莓一般喜欢含壤土盆栽基质,但也能耐受无壤土基质,而且它们必须时刻保持湿润。使用特制的草莓种植容器,或者对木桶进行改造,在侧壁钻出宽5厘米、间距25厘米的种植孔。高山草莓如'男爵'草莓(*Fragaria* 'Baron Solemacher')是半阴区域的好选择。

香草是最有用的一类盆栽烹调用植物。许多种类可以轻松地生长在添加了沙砾(五分之一体积)的无壤土基质中。大多数种类不需要额外施肥。

固定窗槛花箱

种满植物的窗槛花箱看起来可能很稳定,但挂在墙壁或建筑的高处时,很容易受到湍流的影响。如果发生了位移,这样沉重的容器就会对下面经过的行人造成威胁,并导致相当程度的损伤。因此,所有窗槛花箱都应该使用结实的金属支架或楔子牢固地安装。后者适合用于至少20厘米深的倾斜窗台;还可以使用镜板和挂钩进一步将它们固定。

镜板
将这些板安装到窗槛花箱的背面,然后用挂钩固定在窗框上。

在倾斜窗台上插入楔子

1 将水平仪横放在窗台上,然后测量它和窗台之间的缝隙,以确定所需楔子的高度。将测量得到的尺寸标记在比窗台进深短30毫米的木材边料上。

2 在木材边料的两个相对角之间画出对角线。然后在另一块边料上标记出同样的楔子。将两个楔子切开并用防腐剂处理。用镶板钉将楔子固定在窗台上。

种植吊篮

吊篮可以创造鲜艳缤纷且富于想象力的种植效果。几乎所有这些容器都是由通透的外壳和保持基质以及水分的衬垫组成的，衬垫还能让多余的水排走。悬挂容器必须安装在牢固的高处支撑结构上，或者结实地连接在墙壁上，不过注意不要阻碍通行。

各种风格

标准式吊篮一般质量很轻，是用金属丝编织而成的，金属丝通常外面包裹着塑料，然后用铁链悬吊起来。半篮式吊篮的构造与此相似，是用来挂在墙壁上的。除了这些网框结构，还可以使用拥有实心侧壁的悬挂或挂壁花盆。许多这类花盆的内部采用了能保持基质湿润的储水池，可以进行自我灌溉。

衬垫的类型

可以买到许多不同的衬垫，有些衬垫正好能搭配特定的吊篮尺寸，而其他的类型是裁剪后使用的。衬垫大多数带有花纹或颜色，可以在容器中被掩饰起来。所有的衬垫可以穿孔以便在边缘种植植物，不过在某些材料中穿孔比在其他材料中更加容易（见"种植吊篮"，340页）。天然黄麻、麻布或景观土工布都可以制成用途广泛的吊篮衬垫。它们可以被轻松地裁剪成各种大小并切割出供排水和种植的孔洞。如果你手头有空的基质包装袋，也可以用同样的方式重新利用它们。吊篮还可以用椰壳纤维、再造纸或者毛毡作为衬垫。随着植物在吊篮中生长发育，大多数衬垫会被长出的枝叶覆盖，不过如果需要的话，也可以用一层秸秆遮掩衬垫。

基质和添加剂

对大多数季节性展示吊篮而言，最合适的基质是多用途盆栽基质，因为它们质量轻且易于操作。至于长期种植的植物，例如地被月季，最好使用含壤土基质或同类型盆栽基质（见"适用于容器的基质"，332页）。

肥料可以以缓释无机肥或液态肥料的形式施加。

种植季节性植物

使用多层蔓生植物，用它们的枝叶和花遮盖吊篮的侧壁。将松散的植株种在边缘，茂密或直立型植物种在吊篮中央，形成王冠状。如果吊篮可以保持不冰冻，还可以在仲春种植夏季观赏吊篮。通过在白天将吊篮移到室外的方式逐渐炼苗，当所有霜冻风险过去后，将吊篮转移到最终的观赏位置。

春季、秋季和冬季观赏的吊篮都使用相同的种植技术。耐寒植物不需要炼苗，但应该保存在背风处，直到完全成形。

浇水

要让植物均匀生长，正确的浇水非常关键。每次为基质浇少量的水，但每天都要浇。过度浇水会导致植物品质不佳，基质不应该潮湿到有水从吊篮底部滴落的程度。如果你使用在土壤表面之下运送水分的滴头系统，那么可以允许基质表层变干。只要根系能接触到水分，植物就可以继续茁壮生长。

固定吊篮和食槽

填充基质和植物后，吊篮和其他壁挂容器会变得很重，因此应该将它们牢固地安装在结实的壁挂支架或头顶的支撑结构上，如藤架的横梁。壁挂容器必须安放平直，一般用支架安装；如果要安装到砖石结构上，应先将壁板插入孔中，然后用螺丝将其固定。

干草架固定装置
为挂钩支架的位置标记并钻孔。在安装时使用壁板和镀锌螺丝。

吊篮用支架
将支架平直放置，标记出背板孔的位置。插入壁板，然后用螺丝固定。

适合吊篮的衬垫材料

椰壳纤维
外观自然；但其用于边缘种植时不好裁剪。

再造纸
便宜，有可推式种植孔。

毛毡
很难裁剪，但能很好地对植物根系进行保温。

容器的再利用
滤锅是极好的悬挂容器，图中的滤锅种满了沙拉用植物和香草。就像种植其他篮子一样，在添加堆肥和植物之前，要先插入衬垫。

种植吊篮

1 将吊篮从铁链上取下并放在平整的台面上。调整衬垫（这里使用的是椰壳纤维）在吊篮中的位置。将底部带孔的一圈回收塑料（如旧的基质包装袋）铺在底部，以便水缓慢地排走。

2 按照包装袋上的说明在盆栽基质中添加缓释肥颗粒。在篮子中半填入基质并混合均匀。使用剪刀将超出篮子边缘的衬垫剪掉。

3 将植物在一桶水中彻底浸泡之后，把主景植物（这里是一株大丽花）放置在中间，它拥有最大的花朵，会成为引人注目的中央景致。

4 小心地摆放较小的植物，这里是木荷蒿、矮牵牛和鹅河菊，并将蔓生植物（蜡菊属植物）种植在篮子的边缘。

5 在每株植物的根坨周围回填更多基质，确保没有气穴，直到基质表面位于篮子边缘之下2.5厘米处。

6 为吊篮浇透水。如果需要的话，用观赏沙砾护根覆盖基质表面，最大限度地减少水分散失。

7 小心地将吊篮牢固地挂在铁链上，注意不要扰动植物或基质。

8 让植物在背风处恢复成形，然后将吊篮挂到最终的位置。与此同时，让基质保持均衡的湿度，但不要浇太多水。在易于发生霜冻的地区，将吊篮放入保护设施中，直到所有霜冻风险都过去。然后选择吊篮的观赏面，确定后把它挂在室外。

盆栽蔬菜

株型紧凑的蔬菜品种产量高，栽培容易，随着大量品种的出现，可以成功地在花盆中种植的蔬菜种类越来越多。盆栽蔬菜适合用于窗槛花箱、阳台以及小型空间——包括排水不畅的花园，或者土壤中害虫和病菌猖獗的地方。除了提供食物，将它们放置在道路或铺装区域旁边，也颇具装饰作用。

随割随长型沙拉用蔬菜

| 红叶莴苣 | 日本沙拉菜 | 小生菜叶 |
| 芝麻菜 | 陆生水芹 | 褐芥菜 |

选择蔬菜

最适合容器种植的蔬菜是那些株型紧凑、快速成熟的植物，如莴苣、萝卜、甜菜以及胡萝卜，此外还有健壮且对生长条件要求不高的叶用蔬菜，如莙荙菜。结果蔬菜，如茄子、黄瓜、辣椒和番茄，也能很好地在容器中生长，四季豆和红花菜豆的低矮品种也可以盆栽。为快速得到回报，播种在小型容器内的沙拉用叶菜（某些莴苣品种、亚洲蔬菜以及芝麻菜等植物的混合种子）可以在播种后六至八周采收。也可以在大型容器（如半桶）中尝试种植红花菜豆、豌豆以及深根性慢熟蔬菜，如甘蓝、欧洲防风草以及芹菜等。

选择容器

选择结实稳定的容器，容器要足够大和深，能够为想要种植的作物保持充足的土壤湿度。塑料、陶土、混凝土或镀锌金属花盆都适合使用，此外还有种植袋、木质浴盆、半桶、窗槛花箱、吊篮以及用于墙壁或栅栏的垂直种植容器（见"垂直园艺"，79页）。一般来说，容器越大，其中的基质或土壤能保留的水分就越多，作物生长得也就越好。沙拉用蔬菜和香草可以在15~20厘米深的花盆中很好地生长，而消耗大量肥料且生长茁壮的作物（如番茄和马铃薯）需要25~45厘米深和宽的花盆。

要精心确定容器的位置：避免多风和全日光直射区域，因为花盆会很快干燥，需要频繁地浇水。非常荫蔽的区域也最好避免，以免植物变得憔悴不堪。要记住大型容器在种植后会变得很重；最好在种植前将它们放在选定的位置。

良好的排水是至关重要的：作物在涝渍的基质中不会生长良好。如果雨水会在容器基部积聚成水洼，可以将容器放置在砖块或"花盆垫脚"上。如果容器底部没有孔，要钻出数个孔，每个孔的直径至少1厘米。用小石头或者一层砾石盖住排水孔，防止它们被土壤堵塞。对于底部只有一个中央排水孔的花盆，用更大的石头或卵石盖住排水孔。在大型容器（如半桶）中，可以将上下翻转的草皮放置在排水层上，这有助于保持排水孔的通畅。

在容器中填充质量轻、透气性良好的含土壤基质或无壤土基质，填充至边缘之下2~3厘米。对于较大的容器，可以使用含20%粗砂以及部分完全腐熟堆肥的园土混合基质。种植完成后在基质表面覆盖岩屑或树皮，有助于减少水分散失。

浇水和施肥

确保盆栽蔬菜永远不会脱水。浇水时必须浇透，特别是在多风条件下和炎热干燥的天气中。在许多地区，自然降雨量通常不足以满足户外盆栽植物的需要，所以要经常检查它们是否缺水。由于植物的根系被限制在容器之内，基质中有限的养分会很快用光，因此定期施加均衡固态或液态肥料以提供额外养分非常重要。

盆栽作物的种植者指南

茄子 '紫晶' 'Amethyst' H1c, '邦尼卡' 'Bonica' H1c, '神话故事' 'Fairy Tale' H1c, '克米特' 'Kermit' H1c, '细条纹' 'Pin Stripe' H1c

四季豆 '紫晶' 'Amethyst' H4, '金帐篷' 'Golden Teepee' H4, '紫帐篷' 'Purple Teepee' H2, '游猎' 'Safari' H2

红花菜豆 '赫斯提' 'Hestia' H2

胡萝卜 '阿德莱德' 'Adelaide' H3, '海市蜃楼' 'Flyaway' H3, '巴黎市场5-地图集' 'Paris Market 5-Atlas' H3, '帕姆克斯' 'Parmex' H3, '抗虫' 'Resistafly' H4

唐莴苣 '彩虹' RAINBOW MIXTURE H3

小胡瓜 '白金汉宫' 'Buckingham' F1 H2, '午夜' 'Midnight' H2, '黄条纹' 'Sunstripe' H2

黄瓜 '库奇诺' 'Cucino' H1c, '绿手指' 'Green Fingers' H1c, '迷你星' 'Mini Star' F1 H1c, '露台小吃' 'Patio Snacker' H1b

甜椒 '美食家' 'Gourmet' H1c, '迷你贝尔' 'Minibelle' H1c, '莫霍克' 'Mohawk' H1c, '红皮肤' 'Redskin' H1c

马铃薯 '重点' 'Accent' H2, '首要' 'Foremost' H2, '爵士乐' 'Jazzy' H2, '火箭' 'Rocket' H2, '斯威夫特' 'Swift' H2, '河谷翡翠' 'Vale's Emerald' H2

沙拉用叶菜 '惊奇' 'Amaze' H2, '黑种辛普森改良版' 'Black Seeded Simpson Improved' H2, '洛洛罗萨' 'Lollo Rossa' H2, '沙拉碗' 'Salad Bowl' H3, '大拇指汤姆' 'Tom Thumb' H2

番茄 '马斯科特卡' 'Maskotka' H1c, '红珍珠' 'Red Pearl' H1c, '樱花' 'Sakura' H1c, '不倒翁' 'Tumbler' H1c

注释

H = 耐寒区域，见56页地图

容器中的花盆
如果你决定将花盆隐藏起来，要确定花盆的排水孔不会被堵塞。

火红的辣椒
某些辣椒品种如'暮光'（'Numex Twilight'）和'燎原之火'（'Prairie Fire'）是装点窗台的理想作物。

地中海风味
不耐寒的茄子在温室中栽培长大，可在初夏转移到室外避风处。

日常养护

贯穿整个生长季，种在容器中的植物都需要经常查看。基质必须保持湿润，所以频繁浇水是必需的；在生长季，施肥也同样重要，这样才能维持植物的健康生长并保证花量。摘除枯花有助于延长花期。还需要做好对病虫害的防护工作；如果植物不耐寒，还要防冻。长期植物在进行换盆和表面覆盖时需要特别的关照。

浇水

和露地栽培的植物相比，盆栽植物可以利用的水分储备非常有限，因此在更高程度上依赖园丁提供水分供应，即使在下雨天后，也可能需要额外浇水，因为盆栽植物的叶片可能会将雨水遮挡到容器之外。此外，有些容器，特别是窗槛花箱和那些靠墙安装的容器，常常位于雨影区，这个区域接受的降雨量会大大减少（见"雨影区"，54页）。在炎热、干燥或多风天气中，植物可能需要每天浇水两次甚至三次。判断是否应该给植物浇水的最简单方法是将手指插入基质中，检查表面下是否湿润。手指探查法对于种植在含泥炭替代物基质中的植物特别有用，这类基质常常表面已经显得干燥，但下面还保持充足的湿度。如果基质湿润的话就不要浇水；植物也会因为涝渍而死亡，就像因为缺水而死一样。

浇水方法

最常用的方法是手工浇水，使用浇水壶或软管。总是缓缓浇水，让基质能够浸透，水流应直接对准基质表面而不是叶片。为了节约用水，应在水从排水孔流出之前停止浇水。试验表明，植物可适应轻度缺水状态，持续略微干旱不会严重影响开花效果。如果可能的话，使用集雨桶收集的雨水以节约自来水用量（见"收集雨水"，596~597页）。自来水适用于大多数植物，但如果水质过硬的话，则不适合厌钙植物（如杜鹃花属植物）使用。

自灌溉吊篮已被证明是利用水最有效率的容器。它们有一个位于底部的储水池和一套将水分向上输送给基质的灯芯毛细系统。总是向储水池注水而不是从上方浇水，以免污染灯芯毛细系统和储水池。自动滴灌系统（见"灌溉工具"，538~539页）可用于盆栽植物。这些系统为灌溉包括窗槛花箱和种植袋等容器提供了省力的方法。它们需要定期维护来确保管线和滴头顺畅地流水，而且它们不会因为输送过多水分而浪费水。

对于位于头顶上的容器（如吊篮和窗槛花箱等），难以用传统的水管和水壶对其进行浇水。可以在水管上安装硬质长柄附件来浇水。或者使用带有硬质延长部分和喷嘴的压缩喷雾器。还可以将吊篮悬挂在定滑轮系统上。浇水时先将它们放低，再升到观赏高度。

施肥

生长在添加了缓释肥的含壤土盆栽基质中的植物，可以在多个生长季得到充足的养分，直到重新上盆或进行表层覆盖（见"更换表层基质"，344页）。然而，无壤土基质中的养分水平下降得很快，部分原因是它们很容易被水淋洗滤出，因此需要对它们施加液态肥料。这些肥料见效快，并且包含配比均衡的氮磷钾等植物生长所需的主要元素以及微量元素。从早春生长期开始到仲夏，将液态肥料分两次或三次施加到湿润的基质中，施肥量和施肥频率参照生产商指南。

叶面施肥——将稀释的液态肥料直接喷洒在叶面上，可以作为其他施肥方法的有效补充。虽然效果并不持久，但它是一种对付生长缓慢植物的快速处理方法。应在荫蔽条件下进行叶片施肥，千万不要在阳光照射植物的叶片上时进行。

有机液态肥料和自制液态肥料

有机液态肥料可以作为无机肥料的替代品，用以维持种植在容器和吊篮中的植物。这些商业生产的肥料主要是用牛、家禽和其他动物的粪肥制造的。还可以买到海藻提取物，那些不愿使用动物产品的人会更喜欢使用它们。所有这些肥料都可以伴随定期浇水施加到容器和吊篮中，也可以作为叶面肥料喷洒在成熟植物上。肥料的标签上会注明营养成分，但作为植物性养料出售的产品不会，而且其营养成分更难以预料。有机液态肥料也可以在家中自制，原料可以是来自蚯蚓箱的液体，或者聚合草（*Symphytum officinale*）和大荨麻（*Urtica dioica*）的叶片。将大约1千克切碎或压碎的大荨麻叶片放入一个大容器中，并用砖块压住碎叶。放入10升水；静置约3周；然后按1：10的比例用水稀释，便可使用。将1千克聚合草叶加入15升水，并在密封容器中放置6周，然后不经稀释使用。用水将蚯蚓箱液体稀释成淡茶色，比例通常为1：10。要记住，这些自制肥料的营养成分是未知的。

为吊篮浇水

为位置较高的容器浇水

（上）带触发器的长柄使水管得到了延伸。也可以在水管上绑一根竹竿，达到浇水时必要的硬质程度和高度即可。

可调节的容器高度

（左）定滑轮系统（内嵌插图）可以让吊篮升高、降低，也可以将其固定在锁定的位置。对吊篮中的植物进行浇水和整饬都变得简单起来。

整饬

定期养护会大大改善盆栽花园的外观。平时密切关注植物，常常可以及时发现病虫害的早期感染，并在它们对植物造成严重损害之前进行处理。

春季，经过越冬的植物常常需要清理。将所有被冻伤的枝条剪去，并清除所有死亡和带有斑点的叶片。所有这类枝叶都是真菌病害的潜在侵染源头。将所有细弱或散乱的枝条截短，以蔓生常春藤作为例子，将其修剪至强壮的芽处，促进新枝发育。春季，将过长的枝条掐短也对大多数植物有益，因为这会促进新的枝叶茂密生长。

夏季，长势茁壮的植物可能需要进行约束，以防它们变得过于拥挤。将攀缘植物绑在它们的支撑结构上，并确保绑结不会限制茎干的

修剪枝条

对于长势健壮的植物，如这株具柄蜡菊，应该进行修剪或掐尖，抑制其过快的生长并促进茂密枝叶的生成。

摘除枯花

用拇指和食指掐掉枯死的花朵。这样便能促进开花并清除灰霉病的潜在感染源。

良好的卫生

经常检查植物有无病虫害感染的迹象，并迅速清除难看的黄色或正在腐坏的叶片，防止腐烂。

生长和增粗。当在垂直的支撑结构上生长时，长势健壮的蔓生植物如具柄蜡菊（Helichrysum petiolare）也应该经常进行绑扎。茎尖和侧枝可能也需要掐短，以保证形成浓密的枝叶，将它们的支撑结构遮盖住。

摘除枯花

将死亡和枯萎的花朵摘除，可以避免植物将用于开更多花朵的能量用在形成果实和种子上。摘除枯花是许多园丁喜欢做的一项工作；对于许多夏季观赏的盆栽植物，它也是延长花期最有效的方法。在许多茎干柔软的一年生植物上，可用手指直接掐掉枯花；而对于更结实的花梗（如月季），则可以使用剪刀或修枝剪。

更新植物

季节性种植设计的常见模式是在一年内进行两次或三次主要的展示。但有时候，一部分植物会提前凋萎，留下显眼的空隙。这时候常常不用再次彻底种植，而是清除凋萎的植物并在缝隙中插入代替的植物。这样做并不一定能保证成功，特别是如果病虫害是之前凋萎的原因时。另外，较小的新植株会很难与已经完全成形的植株竞争。

为得到最好的结果，尽可能在不扰动植物根系的前提下取出最多

旧基质。在挖出的洞中填入部分与容器中基质类型相同的新鲜湿润基质。然后，种下替代植物，添加更多基质并围绕根坨紧实基质。最终，将基质添加到原来的水平并浇透水。

病虫害

侵害盆栽植物的病虫害种类和在露地花园中造成危害的种类基本一样（见"植物生长问题"，643～678页）。不过，由于盆栽植物的种植密度较大，因此受损植物会更加显眼。即使它们在得到照料后能够恢复健康，染病和受损的植物也会降低整体效果，并成为邻近植物的感染源。在许多情况下，最好的策略是丢弃染病或严重受损的植物。如果整个容器要全部重新栽植，那

么需要挖出并丢弃旧基质，彻底清洁容器，然后用新基质进行种植。

通过良好的清洁和栽培措施，许多问题可以避免或得到控制。健康的植株抗病性更好，并且从害虫侵害中恢复得更快。总是使用消过毒的盆栽基质，在使用前清洁所有容器，并检查新植株，以确保它们不携带病虫害。

常见害虫

盆栽花园中有几种特别麻烦的害虫。蚜虫（见"蚜虫类"，659页）以及其他吸食植物汁液的害虫会造成枝叶扭曲和生长缓慢，而难看的烟霉真菌会滋生在它们排泄的蜜露上。此外，它们还常常传播病毒病。

葡萄黑耳喙象成虫（见"葡萄黑耳喙象成虫"，677页）会对叶子造成伤害，从春季至秋季在叶片边缘切割出不规则的孔洞，而它们弯曲的奶油白色幼虫会产生更大的损伤（见"葡萄黑耳喙象幼虫"，677页）。它们以植物的根系为食，常常难以被觉察到，直到植株枯萎。在种植前检查所有新植株的根系，观察有无感染迹象。

蛞蝓和蜗牛（见"蛞蝓和蜗牛"，675页）会吃掉幼嫩的枝叶，常常在它们银色的黏液痕迹被发现之前就造成致命的损害。它们可能藏在花盆中或花盆边缘下面，所以要经常检查这些地方并迅速进行处理。

包括灰霉病（见"灰霉病"，666页）在内的各种真菌病害会侵染许多种类的植物，但目前为止盆栽花园中最严重的病害是病毒性的。由吸食植物汁液的害虫所传播的病毒病（见"病毒病"，677页）会严重削弱植物长势，并造成枝叶发育不良、扭曲或带有斑点。目前没有处理它们的有效方法，唯一的实用措施是毁掉受感染的植株。

是否依赖化学手段进行病虫害防治，在很大程度上是个人选择问题。经常检查植物的健康状态，能够在病虫害造成严重问题之前迅速对其进行处理（见"有害生物综合治理"，643页）。最好先采用有机或生物防治策略，如果这些策略失败了，再采用化学方法。

盆栽灌木和乔木的养护

盆栽灌木和乔木比露地栽培的同类植物需要更多的关心和照料，因为它们能够接触到的水分和养分更少。每年重新上盆或更换表层基质能够确保植物正常生长并保持健康。

木本植物的换盆

如果一直在容器中生长，乔木、灌木以及许多长期种植的灌木状宿根植物的根系会被容器限制并耗光盆栽基质中的养分。一株健壮

盆栽植物的更新

1 经常摘除枯花，保持盆栽的美观。当植物花期结束后，将它们取出，注意不要伤害花盆中其余植物的根系。

2 添加新鲜湿润的基质，并用能继续开花的新植物或球根填补空隙。轻轻紧实基质并浇透水，帮助新植物恢复成形。

的幼年乔木或灌木很可能在每一年或每两年内超出其花盆所能容纳的大小。成年乔木和灌木根系的生长速度会自然减慢，经过更长的时间才会变得拥挤。一般来说，成年乔木和灌木每经过三年或四年就需要换盆。在检查根系状态时，将容器放倒并把植物取出。不过，植物本身常常会显示出需要换盆的迹象，如缺乏活力、叶片颜色表现不佳、枝叶不均匀或不匀称等。如果植物显得头重脚轻，进行换盆后几乎一定会有所改善。

换盆最好在新生长季开始前的早春至仲春进行。成年植株可以沿用原来的花盆，但健壮的年幼植株一般需要转移到比原来花盆大一半的新花盆中，将来还可能需要移栽到更大的容器中，直到它们长到成年且生长速度变慢。将乔木或灌木从容器中取出，移走表层基质以及任何杂草和苔藓，并将所有这些材料和任何松散基质丢弃。根系比较脆弱，如无必要不应处理，不过这是一个梳理纠结根系的好机会，并且可以将非纤维状根截短三分之二的长度。为了避免意外的根系暴露以及阳光和风的干燥作用，最好仅在有可能立即换盆的情况下才将植物从其花盆中取出。

使用添加了缓释肥的含壤土基质，并在重新上盆后保证根坨的种植深度和原来保持一致。

为长期种植植物更换表层基质

在不对灌木和乔木进行换盆的年份，应该在春季更新它们的基质。先移除所有护根，然后将表层5~10厘米厚的基质松动并丢弃。注意，不要损伤山茶和杜鹃等植物的较浅根系。更新所用基质，不但要新鲜，而且应该和容器中所保留的基质属于同一类型，其中还应该包含缓释肥。在为厌钙植物更换表层基质时，使用喜酸植物基质，并用软水或雨水浇灌。

对于根系位于表层土壤的植物，可以用不同的方法更换基质，因为在移除表层基质时，它们的纤维状吸收根很容易受损。对于这类植物，将根坨底部的基质丢弃，并用分量更少的强化基质代替。这样一来，灌木的位置会比之前更低，从而为添加表层新基质提供空间。

假日养护

园丁离家后，盆栽植物最重要的需求是定期浇水。自动灌溉系统（见"软管定时器"，539页）是一个理想且平价的解决方法。如果不能安装这一系统，那么最好的选择是请朋友或邻居帮忙浇水。将容器放在一起，可以方便他们完成这项任务。将植物聚集在一起还能够降低水分从每个容器中蒸发的速度；如果只离开数天的话，单是这一措施就足以解决不能浇水的问题了。在出门之前将容器放在阴凉背风处并浇透水。

还可以将许多容器同时放入装满潮湿尖砂、基质或泥炭替代物的板条箱、托盘或带有排水孔的相似容器中，进一步减少水分蒸发。短期离开时，可以将小型盆栽植物密封在膨胀的塑料袋里。如果将用塑料袋包裹的植物放置在阴凉处，那么水分散失的速度几乎可以忽略不计。不过，这只是权宜之计，真菌病害很容易在这样的条件下发展，园丁回家后必须立刻将塑料袋撤掉。

毛细管垫可以用来为容器供应水分（见"离家前对室内植物的养护"，378页）。另一种利用毛细管作用的方式是使用装满水的桶作为储水池，并使用数条毛细管垫作为"灯芯"。水桶的位置必须比容器更高，而"灯芯"必须塞到基质中去。也可以在市面上买到专利"灯芯"系统，它们是为假日养护特别设计的。

急救措施

如果度假归来后发现植物已经

为盆栽灌木换盆

1 小心地将灌木放倒，一只手支撑主干并将其从容器中取出。如果有必要的话，在基质和花盆之间插入一把长刃刀子，以松动根坨。

2 如果根系已经变得拥挤，则要轻轻地进行梳理。清除表面基质和任何苔藓或杂草。将大约四分之一的非纤维状根剪短三分之二的长度，并将大约三分之一的外层基质连同附带的纤维状根一起清除。

3 将网格或一块瓦片放在花盆的排水孔上，然后添加盆栽基质。把植株垂直放在花盆中间，将其根系均匀地散布在容器内。

4 在根系周围增添更多基质并轻轻地紧实，直到植株的种植深度和在之前花盆中的一致。剪掉任何死亡或受损的枝条，然后浇透水。

更换表层基质

1 在为盆栽植物（这里是一株杜鹃）更换表层基质时，先清除基质表面5~10厘米厚的旧基质，注意不要损伤植物的根系。

2 替换上相同类型的新鲜基质，并增添到和之前相同的高度。浇透水。如果需要的话，覆盖碎树皮或沙砾护根。

聚集效果
将种植不同植物的数个容器聚集在一起,提供充满变化又美观的景致。

枯萎了,不要立刻就绝望。即使基质已经干燥缩水得脱离了容器的侧壁,有时候也能通过浸盆的方式挽救其中的植株。在桶中装部分水并放到阴凉位置,然后将植株带容器放入水桶里,使容器顶端正好位于水面之下。基质停止冒气泡后,让植株浸泡30分钟。当基质完全湿透后,将花盆从水桶中取出并让它将多余的水排净。如果是木本植物,在两三小时内还没有复苏的迹象,那就没有必要再保留了。不过,对于宿根植物,可以进行修剪,它们可能从基部长出新的枝叶。

冬季保护

在霜冻流行的地区,需要防冻保护的盆栽植物包括不耐寒的、稍微耐寒的以及许多有一定耐寒能力的植物,如迷迭香(Salvia rosmarinus)各品种和薰衣草(Lavender)各品种,如果基质冰冻的话,这些植物的根系都会受伤。

防止冻伤的最直接办法是在秋季将植物转移到保护设施内。取决于当地气候,即使是不加温温室、保育温室或玻璃封闭门廊都能为大多数植物提供足够的保护,特别是如果它们在最寒冷和最黑暗的月份保持几乎干燥状态的话。

插条的越冬

在某些情况下,越冬植物可以用来提供春季扦插用的插条,然后就可以丢弃了。在空间有限的地方,将越冬植物作为插条储存可以大大节省空间。具柄蜡菊等植物的越冬生根插条生长速度很快,可以在第二年夏季用于观赏。可将留在室外的半耐寒植物的插条储存在保护设施中越冬,以防被冻伤。天竺葵属是盆栽园艺使用的一大类植物,它们需要特别的照料(见"越冬",215页)。

保护大型植物

如果是脆弱的、太大的植物,难以转移到室内,那么保护它们的一个方法是用保暖材料将它们包裹起来。植株本身可以用园艺织物或泡泡塑料保护。同样重要的是为容器保暖。在容器外面紧密地包裹一层稻草或麻布,能够为植物根系提供足够的隔绝,还有助于防止容器被冻坏。在冬季,将植物放置在背风的位置,避免霜穴。积雪的重量能压断植物的枝干,所以要避免降雪积累在植物表面。

春季适应

与冬季相比,春季常常是更加困难的季节。可能会出现无霜期和反常的温暖天气,于是植物开始生长,但霜冻风险并未过去,它能对未加保护的柔软新枝叶造成灾难性的伤害。在寒冷干燥的春季里,大风也会导致同样的恶果。经过几个星期的炼苗,在保护设施中越冬的植物可以逐渐适应室外条件。不过,还是要保持警惕,并在温度极有可能降到冰点之下的晚上提供保护。如果预料到夜晚会很冷,则用准备好的园艺织物覆盖所有脆弱的植物。

作为插条越冬的植物

作为生根插条越冬
南非葵属 Anisodontea H4-H3
金鱼草属 Antirrhinum H4-H2
木茼蒿属 Argyranthemum H2
北非旋花 Convolvulus sabatius H3
萼距花属 Cuphea H2-H1c
双距花属 Diascia H4-H3
蓝菊 Felicia amelloides H3
倒挂金钟属 Fuchsia H6-H1c
洋常春藤 Hedera helix H5(各品种)
蜡菊属 Helichrysum petiolare H3,
　H. serpyllifolium 'Silver Mist' H2
天芥菜属 Heliotropium H3-H1c
马缨丹属 Lantana H1c-H1b
线裂叶百脉根 Lotus berthelotii H2,
　金斑百脉根 L. maculatus H1c
骨籽菊属 Osteospermum H4-H2
天竺葵属 Pelargonium H1c-H1b
矮牵牛属 Petunia H2(部分物种)
延命草属 Plectranthus H2-H1a
鼠尾草属 Salvia H7-H1b
草海桐属 Scaevola H2
银叶菊 Senecio cineraria H7-H1b
旱金莲属 Tropaeolum H5-H1c(部分物种)
马鞭草属 Verbena H7-H2(部分物种)

提供春季插条
倒挂金钟属 Fuchsia H6-H1c
凤仙属 Impatiens H6-H1b(部分物种)
鼠尾草属 Salvia H7-H1b(部分物种)
五彩苏属 Solenostemon H1c

注释
1 不耐寒

防冻保护
使用园艺织物松散但牢固地包裹植株的地上部分。在寒冬腊月里将双层麻布紧密地绑在花盆外面,可以保护植物根系免遭冻伤。

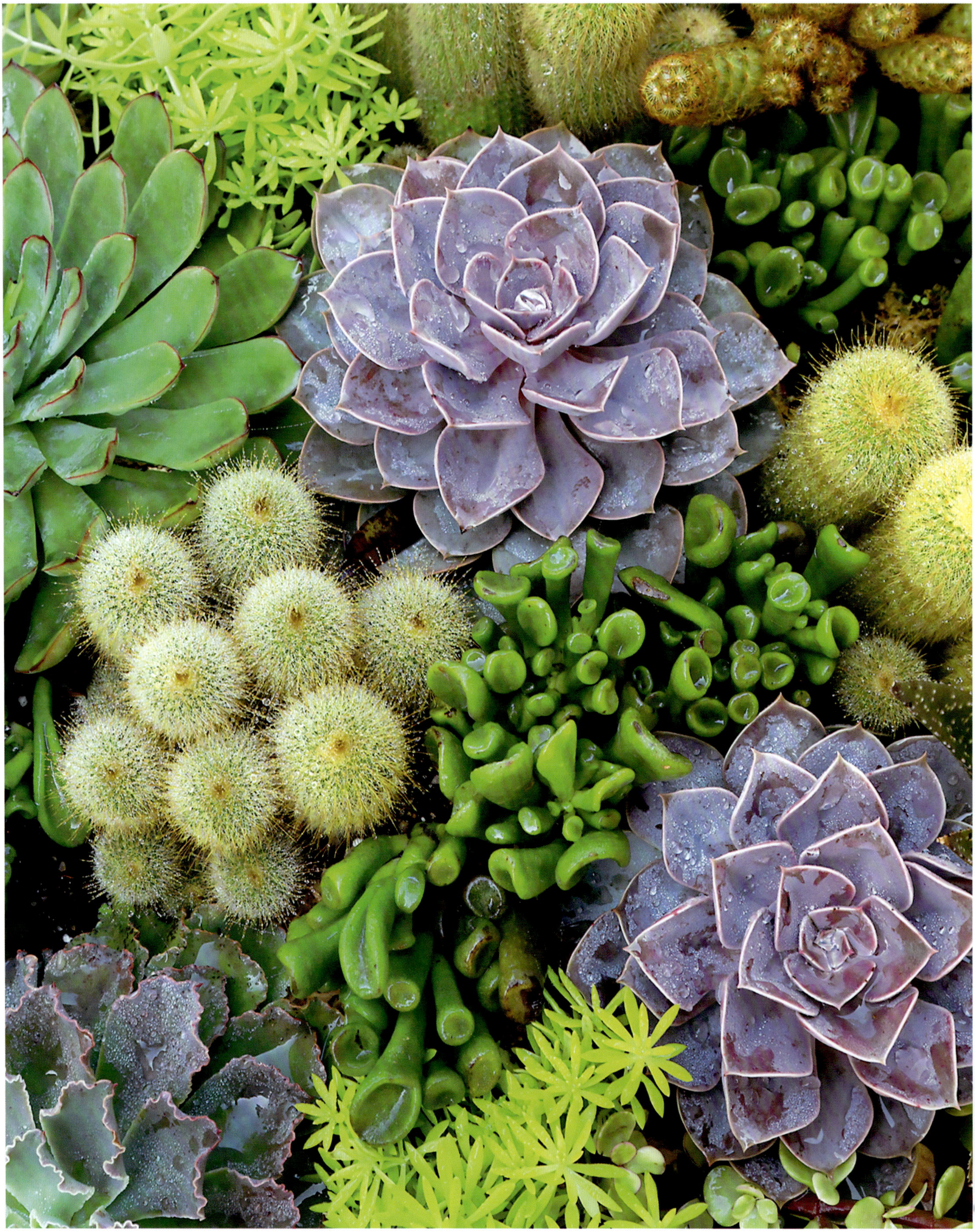

仙人掌和其他多肉植物

仙人掌和其他多肉植物拥有各种独特的尺寸和形状，呈现出繁多的色彩和质感，能够创造出非凡的景致。

它们的形状多种多样，既有拟石莲花属（*Echeveria*）植物的对称莲座，又有金琥属（*Echinocactus*）植物的矮胖圆球，还有某些沙漠仙人掌带凹槽的圆柱和烛台。一些种类花期短暂并开出巨大鲜艳的花朵，而其他种类花期较长，花朵精致而丰富。在气候凉爽的地区，仙人掌和其他多肉植物大多种植在温室内或作为室内植物观赏，较耐寒的物种也能成为美丽的花园植物。在气候较温暖的地区，它们被用来创造户外沙漠花园的景致。无论作为视线焦点，还是群体种植，它们都能提供形式和质感上的对比，因此是室内和室外盆栽的理想选择。

使用仙人掌和其他多肉植物

许多仙人掌植物原产于美国南部、墨西哥以及南美洲的沙漠地区，那里降水很少并且是间歇性的，气温极高。它们之所以能在沙漠地区成功生活，是因为它们有储存水分的能力。与之相反，某些花朵繁茂的仙人掌来自温暖湿润的中美和南美雨林，常常是生长在其他植物上的附生植物，要么缠绕在宿主乔木上，要么寄住在它们的分枝里，靠吸收大气中的水分和养分为生。

与仙人掌相比，其他多肉植物的生长环境更加丰富多样，而且由于它们分布在至少20个不同的植物科之中，因此呈现出非常广泛的多样性。它们的自然生长生境包括中美洲、非洲和澳大利亚的半干旱地区，以及亚洲更加温和和凉爽的地区，还有欧洲和美洲北部。

多肉植物的特征

仙人掌和其他多肉植物具有一些适应性特征，如变小的叶片以及在非常干旱的天气中落叶等，通过减少蒸腾作用来保存水分。不过，所有此类植物都具备的特征是：在茎、叶或根中都存在的肉质储水组织。正是这种组织让多肉植物能够忍耐长期干旱。

我们很容易将仙人掌与其他多肉植物区别开来，它们拥有高度进化的结构——仙人掌纹孔，这是一种茎干上的垫状结构，仙人掌的刺、毛、花朵和枝都从上面长出。

多肉植物可以大致分为三个类群，划分标准是植株的哪个部位包含储水组织。某些属如大戟属（Euphorbia）可能会出现在不止一个类群内。大多数多肉植物是肉茎植物（stem succulents），萝藦科（Asclepiadaceae）以及大戟科（Euphorbiaceae）的部分物种也属于这一类。包括芦荟属（Aloe）、拟石莲花属（Echeveria）、生石花属（Lithops）以及景天属（Sedum）在内的种类属于肉叶植物（leafy succulents）。第三类植物被称为壶形多肉植物（caudiciform succulents），其储水组织位于膨大的茎基处，不过这种膨胀常常会延伸到茎，如天宝花（Adenium obesum）。这一类多肉植物多见于夹竹桃科（Apocynaceae）、葫芦科（Cucurbitaceae）及旋花科（Convolvulaceae）。

醒目的花朵
圆齿昙花（Epiphyllum crenatum）容易栽培，花期长，花朵有香味。

自然多样
仙人掌和其他多肉植物在大小、形状、颜色和株型上表现出巨大的差异，经过进化，它们能够在各种充满挑战的自然条件下生活。

形状和株型

仙人掌和其他多肉植物的丰富形状和株型可以用来创造各种效果。例如，吹雪柱（Cleistocactus strausii）高高的柱子可以形成强烈的垂直线条，与前景中较小的球形植物如金琥（Echinocactus grusonii）或某些仙人掌属（Opuntia）植物的扁平片段形成对比。某些物种拥有匍匐株型，能为花园设计增添水平元素。莫邪菊（Carpobrotus edulis）、松叶菊属

（Lampranthus）以及舟叶花属（Ruschia）植物枝叶浓密如地毯，可作为良好的地被植物使用。

蔓生多肉植物如吊金钱（Ceropegia linearis subsp. woodii）、仙人棒属（Rhipsalis）以及蟹爪兰（Schlumbergera）植物会产生细长的垂吊枝叶，在吊篮中观赏效果最好。还有几种多肉植物是爬行攀缘植物：大轮柱属植物（Selenicereus）以及缘毛芦荟（Aloe ciliaris）能够为混合种植增添高度。在温暖无霜的气候区，通过气生根攀爬的量天尺属（Hylocereus）在墙面上伸展时，其带关节的茎干看起来非常美观。

开花的仙人掌和其他多肉植物

一旦长到成熟期，仙人掌和其他多肉植物便能开出精致的花朵并定期开花，但长到成熟期可能需要1~40年。大多数种类白天开花，且为单朵花，有时持续开放数天。某些附生仙人掌冬季开花，且能持续开放很长时间。其他种类的花期非常短暂，花朵有时候会在日落后不久开放，并随着夜幕降临迅速凋谢。许多大株型仙人掌的花蕾会在夜晚逐渐打开，然后在清晨的几个小时内凋谢。

它们的花朵常常拥有精致的外表和丝绸般的质感，与植株的尺寸相比，通常很大，色彩主要呈现暖色调，多为浓郁的黄色、热烈的鲜红色和活泼的深红色。松叶菊科（Mesembryanthemaceae）的某些属以及某些附生多肉植物会开出甜香的花朵。某些物种特别是龙舌兰科（Agavacaea）物种是一次结实植物，在开花结实后就会死亡。开花莲座丛周围常常形成众多小型不开花吸芽；成熟时，这些吸芽会在接下来的年份里开花。

户外陈设

通过精心选择和专业布置，即使在相对凉爽的条件下也可以在室外种植仙人掌和其他多肉植物，尤其是在城市花园中，因为城市花园周围的基础设施令其整体气温比更开阔的乡村地区高。很少有多肉植物能够忍受多余的水分，即使耐寒物种也需要良好的排水系统——它们在排水顺畅的抬升苗床上生长得很好。最耐寒的种类包括匍地仙人掌（Opuntia humifusa）、景天属（Sedum）以及长生草属（Sempervivum）植物，此外还有部分青锁龙属（Crassula）和脐景天属（Umbilicus）植物。只要有顺畅的排水并在夏季经过阳光充分炙烤，几种沙漠植物，特别是某些仙人掌属（Opuntia）以及鹿角柱属（Echinocereus）植物，能承受令人惊讶的低温——不过低温不能和潮湿同时出现。

在霜冻很少的温和地区，可种植的植物种类有所增加，包括龙舌兰（Agave americana）及

开花仙人掌和其他多肉植物

鸾凤玉 　　　　　般若 　　　　　玉翁

乳突球属植物 　　多刺丸 　　　　绿蟹爪兰

芦荟 　　　　　圣典玉　　　　鸾冠玉

耐寒与半耐寒仙人掌和其他多肉植物

'金边'龙舌兰 　　丝状龙舌兰 　　丝兰龙舌草

笛吹 　　　　　欧紫八宝紫叶群'库赛诺斯'

皇后龙舌兰 　　卷娟（耐寒） 　　'加利瓦尔达'长生草

气候变化中的仙人掌和其他多肉植物

气候变化导致冬季变得更温和，夏季和秋季变得更热，年平均温度也变得更高，许多曾经只能在温室种植或者作为室内植物观赏的仙人掌和其他多肉植物，如今可以在没有或只有少量冬季保护的情况下成功种植在室外（见"在变化的气候中开展园艺"，24页）。

显然，气候变化会有地区性差异。虽然在接下来的50年或更长的时间内降雪和霜冻会变得稀少，但根据预测，今后冬季降水在全年中的比例会比如今更高。这会限制那些需要干燥冬季的仙人掌和其他多肉植物生长，它们需要生长在排水非常通畅的地方。

龙舌兰属（Agave）、芦荟属（Aloe）、拟石莲花属（Echeveria）以及大戟属（Euphorbia）的部分物种以及其他属已经能在锡利群岛的温和气候中不加保护地茂盛生长，并且如今正在英国的其他地区试验室外种植。

其品种、丝状龙舌兰（A. filifera）及丝兰龙舌草（Beschorneria yuccoides）。半耐寒物种需排水顺畅之地，也需温暖向阳墙壁的额外保护。在气温难以降到7~10℃的地方，如美国南部和西南部以及南欧等地，户外种植几乎没有限制。

混合种植

当把非多肉植物和多肉植物种植在一起时，重要的是选择那些在光照、土壤类型以及灌溉上要求相似的种类。在无霜花园中，与多肉植物相容的非多肉植物包括倒挂金钟属（Fuchsia）、夹竹桃属（Nerium）、勋章菊属（Gazania）以及地黄属（Rehmannia）植物，它们能提供额外的色彩和多样性。球根植物如君子兰属（Clivia）、曲管花属（Cyrtanthus）及燕水仙属（Sprekelia）植物也是混合种植的良好选择。

在较凉爽的地区，生长缓慢且株型紧凑的一年生植物以及作为一年生植物栽培的植物，如松叶菊属（Lampranthus）植物和大花马齿苋（Portulaca grandiflora）等，可以与宿根仙人掌和其他多肉植物一起种植在户外。

沙漠花园

在气温很少下降到10℃以下的气候区中，所有种类的仙人掌和其他多肉植物都可种植在沙漠花园中，打造精致的风景。它们是耐旱植物，可在旱生园艺中发挥重要作用（见"旱生园艺"，24页）。在底层土非常黏重的地方，这些植物可种植在抬升苗床中，以保证它们所需的良好排水。

将较小的物种种在苗床前部，以防它们的美丽被较高植物遮掩。为丛生植物如拟石莲花属（Echeveria）、十二卷属（Haworthia）以及乳突球属（Mammillaria）留足生长发育的空间。那些有垫状株型的低矮物种从春至秋在不同时间开花，在较温暖的时节里呈现出缤纷的色彩。

至于背景种植，直立的圆柱形仙人掌和其他多肉植物是理想的选择。可供使用的植物有高而单干的翁柱（Cephalocereus senilis）、有分枝的吹雪柱（Cleistocactus straussii）、高耸如树的灯台大戟（Euphorbia candelabrum）等。

景天属和丽晃（Delosperma cooperi）等蔓生垫状多肉植物可以用来覆盖大面积地表或堤岸，在无法经常浇水的地方取代草坪。

临时陈设
在气温较凉爽的地区，仙人掌和其他多肉植物可以在夏季转移到室外阳光充足的位置，但必须在秋季移回室内。

户外盆栽

仙人掌和其他多肉植物大多根系较浅，能很好地在容器中生长。选择能够映衬植物形状和式样的容器——例如，宽而浅的种植钵是陈列低矮匍匐植物的天然之选，而形式感更强烈的植物如翠绿龙舌兰（Agave attenuata）最适合种植在大型花盆或种植瓮中。

在使用不同形状和株型的植物创造充满想象力的种植组合时，石槽特别有用，而吊篮适合展示蔓生和垂吊物种。

植物的选择和选址

在气温很少降到冰点之下的凉爽地区，许多物种能在室外的石槽和花盆中茂盛生长，只要这些容器被抬升到地面之上以便流畅排水。温暖背风处（如铺装露台或阳台的角落）能提供理想环境，在那里植物更容易躲避降雨。

景天的枝叶形状及长生草属植物的整洁莲座可与露薇花属（*Lewisia*）物种及其品种的茂盛枝叶和鲜艳花朵形成对比，或与开绿色花朵的青花虾（*Echinocereus viridiflorus*）及初夏开鲜红色花的白虾（*Echinopsis chamaecereus*）搭配使用。其他物种，如拥有对称莲座和丰满灰绿色叶片的巴利龙舌兰（*Agave parryi*）或开鲜艳黄花的银毛扇（*Opuntia polyacantha*），若单独种在大型种植钵中，可成为引人注目的视线焦点。

在较温暖的气候中，可在户外容器中种植的仙人掌和其他多肉植物种类要多得多。在大型花盆中，将花期不同、叶片美观的植物丛植在一起：紫色叶片的紫叶莲花掌（*Aeonium* 'Zwartkop'）、开黄花的芦荟（*Aloe vera*）及开红花的神刀（*Crassula perfoliata* var. *minor*）能提供全年的观赏价值，且在较温暖月份里持续不断地开花。

在气温不会持续降低到13℃以下的地方，许多低矮仙人掌，如裸萼属（*Gymnocalycium*）、乳突球属（*Mammillaria*）以及宝山属（*Rebutia*）植物能够在花园中的室外种植钵和石槽中展现迷人的形态和质感。这些低矮的丛生物种也会在夏季开出持续数周的鲜艳花朵。

室内陈设

暖房或保育温室内的受保护环境几乎可以完全对光照、温度、湿度和水进行控制，为仙人掌和其他多肉植物提供了理想的生长条件——大多数可在温暖气候区室外栽培的植物能在较凉爽地区的保护设施中繁茂地生长。这些植物的适应性特征能够帮助它们在野外的严酷干旱环境中生存，也使得它们同样适合中央供暖家庭室内的温暖干燥条件。

维持足够的光照水平很重要。大多数仙人掌需要明亮、均匀的光照，如果有必要的话，可以使用培育幼苗常用的LED生长灯提供这样的条件。蟹爪兰属（*Schlumbergera*）等雨林仙人掌可忍耐较低的光照水平，通常在没有补充光源的情况下也可以成功种植。

具有不同的形状、株型，以及美丽的花朵，使得这些植物能够提供贯穿全年的观赏价值，而且由于众多物种可适应不同的生长条件，因此可以将它们种在家中的不同位置。

提供正确的生长条件

仙人掌和其他多肉植物大多需要强光、温暖和良好的通风才能茂盛生长，不过，某些种类，特别是枝叶繁茂的多肉植物在夏季可能需要防止阳光直射以免灼伤叶片。

有一个重要的类群需要荫蔽条件或至少是过滤后的阳光：附生植物——主要起源于中美和南美的湿润荫蔽雨林。附生植物是仙人掌和其他多肉植物中开花最多的类群之一，可用来给家或花园中的荫蔽角落增添鲜艳显眼的色彩。

这个植物类群中最著名的种类有绿蟹爪兰（*Schlumbergera* x *buckleyi*）、星孔雀（*Hatiora gaertneri*）以及落花之舞（*H. rosea*）。某些最可爱的种类是昙花属（*Epiphyllum*）植物与仙人球属（*Echinopsis*）、姬孔雀属（*Heliocereus*）、量天尺属（*Hylocereus*）及姬孔雀属（*Nopalxochia*）的物种和杂种杂交得到的。它们在春季和夏季开非常美丽且带有香味的花朵，颜色从纯白到奶油、黄色以及橙色、红色，直至最深的紫色。

适合暖房和保育温室种植的植物

在暖房或保育温室内，植物可种植在容器或开放苗床中，苗床可位于地面，也可位于抬升起来的工作台上。开放苗床中可种植较大的物种，甚至可在其中创造一个微型沙漠花园。

如果要充分生长并开花，许多来自温暖栖息地的物种在生长期需要明亮的光线、相当干燥的空气以及18℃的温度。这些条件在玻璃温室中比在家居环境中更容易达到，而且许多仙人掌在温室中的生长和开花情况最好。

某些种类，特别是仙人棒属（*Rhipsalis*）植物，需要相对较高的空气湿度（80%）才能繁茂生长。其他非常适合保育温室和暖房的种类是那些需要空间来良好开花的植物。其中包括攀缘生长的大轮柱属（*Selenicereus*）植物以及量天尺属（*Hylocereus*）的几个物种，它们都喜欢生长在非直射的过滤光线下。

在为暖房或保育温室制定种植计划时，将栽培要求相似的仙人掌和其他多肉植物类群种植在一起，这样养护起来更容易。

室内盆栽

只要提供温暖、明亮和排水通畅的生长条件，许多仙人掌和其他多肉植物便能在室内容器中茂盛生长。使用小花盆来展示单株植物，或者用大型种植钵将不同的相容物种种在一起。

在对多刺植物如龙舌兰属（*Agave*）、芦荟属（*Aloe*）以及仙人掌属（*Opuntia*）植物进行操作时，要佩戴厚的皮革手套，否则它们锐利的刺很容易扎到手指里，不但很痛，而且很难拔出来。

盆钵花园

只要提供栽培需求相似的不同物种，盆钵花园就是一种在室内种植多肉植物特别有效的方法。一两株株型直立的植物，如翁柱属（*Cephalocereus*）、管花柱属（*Cleistocactus*）或其他柱形属的年幼植株，可作为种植钵中的视线焦点。或者使用枝叶繁茂的多肉植物如翡翠木（*Crassula ovata*）作为主景植物。使用较小的植物如拟石莲花属（*Echeveria*）和十二卷属（*Haworthia*）填补种植钵。开花仙人掌如乳突球属（*Mammillaria*）、锦绣玉属（*Parodia*）以及其他球型仙人掌也是室内盆钵种植的好选择。

吊篮

吊篮中种的仙人掌和其他多肉植物能够在家或保育温室内呈现鲜艳的景致。垂吊型仙人掌植物如细柱孔雀（*Disocactus flagelliformis*），蔓生多肉植物如伽蓝菜属（*Kalanchoe*）、星孔雀（*Hatiora gaertneri*）以及蟹爪兰属植物是最合适的选择，因为它们会沿着吊篮边缘美丽地垂下。玉珠帘（*Sedum morganianum*）以及其他半蔓生物种在吊篮中的效果也很出色（见"仙人掌和其他多肉植物的种植者指南"，352页）。

盆栽展示
一小群植物可以种植在同一个容器中，不过必须定期换盆，保证每株植物都有充足的空间。它们迟早需要分开并单独种植，特别是生长迅速或有蔓延性的物种。

仙人掌和其他多肉植物的种植者指南

潮湿条件

忍耐潮湿条件的多肉植物
海茴香 Crithmum maritimum H6
海蓬子 Salicornia europaea H4
海滨碱蓬 Suaeda maritima H3,
  囊果碱蓬 S. vera H3
间型荷叶弁庆 Umbilicus horizontali
  var. intermedius H5, 葡萄脐 U. rupestris H5

荫蔽

忍耐轻度遮阴的多肉植物
长药八宝 Hylotelephium spectabile H7
杂种露薇花 Lewisia cotyledon hybrids H4,
  露薇花属物种 L. leeana H4
塔花瓦松 Orostachys chanetii H4,
  黄花瓦松 O. spinosa H4
粗茎红景天 Rhodiola wallichiana H4
姬星美人 Sedum dasyphyllum H4,
  千佛手 S. sediforme H4,
  姬星月叶 S. ternatum H4
卷娟 Sempervivum arachnoideum H7,
  南俄长生草 S. ruthenicum H5

种植钵和石槽

用于阳光充足环境的仙人掌
弯凤玉 Astrophytum myriostigma H2,
  般若 A. ornatum H2
翁柱 Cephalocereus senilis H1b
仙人柱 Cereus hildmannianus subsp.
  uruguayans H1c, 刚柱 C. validus H1c
吹雪柱 Cleistocactus strausii H4
钟花银波木 Cotyledon campanulata H2,
  银塔之光 C. orbiculata var. orbiculata H1c
金琥 Echinocactus grusonii H2
金龙 Echinocereus berlandieri H2,
  美花角 E. pentalophus H2
黄龙仙人掌 Echinopsis atacamensis subsp.
  pasacana H1, 白虾 E. chamaecereus H3,
  霹雳 E. haemantantha H2,
  红笠 E. marsoneri H2,
  旺盛球 E. oxygona H2,
  青绿柱 E. pachanoi H2,
  青玉 E. pentlandii H2,
  老大文字 E. spachiana H2
老乐柱 Espostoa lanata H2
白鸟球 Ferocactus cylindraceus H2,
  日出球 F. latispinus H2
绯玉 Gymnocalycium baldianum H2,
  九纹龙 G. gibbosum H2,
  绯牡丹 G. mihanovichii H1b
高砂 Mammillaria bocasana H2,
  白龙丸 M. compressa H2,
  玉翁 M. hahniana H2,
  旗舰 M. mystax H2,
  朝日丸 M. rhodantha H2,
  多刺丸 M. spinosissima H2,
  银刺球 M. vetula subsp. gracilis H2,
  月影球 M. zeilmanniana H2,
  黄毛掌 M. microdasys H2
牛角 Orbea variegata H2
金晃球 Parodia leninghausii H2,
  宝玉 P. microsperma H2
砂地球 Rebutia arenacea H2
紫象球 R. einsteinii subsp. aureiflora H2,
  橙宝山 R. heliosa H2,
  金簪球 R. krugerae H2,
  宝碟球 R. pulvinosa subsp. arbiflora H2,
  宝珠丸 R. steinbachii subsp. steinbachii H2

用于阳光充足环境的多肉植物
天宝花（沙漠玫瑰）Adenium obesum H1a
莲花掌 Aeonium arboreum H1c,
  高贵莲花掌 A. nobile H1c
丝状龙舌兰 Agave filifera H2, 吹上 A. stricta H2,
  皇后龙舌兰 A. victoriae-reginae H2
帝王锦 Aloe humilis H2,
  长生锦 A. longistyla H2,
  斑叶锯芦荟 A. rauhii H1b
翡翠木 Crassula ovata H2,
  神刀 C. perfoliata var. minor H2,
  钱串景天 C. rupestris H2,
  莲座青锁龙 C. socialis H2
莲座跗 Echeveria agavoides H2,
  德氏莲座草 E. derenbergii H2,
  红辉寿 E. pilosa H2
孔雀丸 Euphorbia flanaganii H2,
  麒麟花 E. milii H1b, 晃玉 E. obesa H1c
虎颚 Faucaria felina H1c
厚舌草 Gasteria batesiana H2,
  侏儒白星龙 G. bicolor var. liliputana H1c
佛手掌 Glottiphyllum linguiforme H2
玉章 Haworthia cooperi H2,
  琉璃殿 H. limifolia H2,
  鹰爪 H. reinwardtii H2
佛肚树 Jatropha podagrica H1b
长寿花 Kalanchoe blossfeldiana H1b
丽玉 Lithops dorotheae H2,
  黄琥珀 L. karasmontana subsp. bella H2
吉氏瓶干树 Pachypodium geayi H1a,
  长叶瓶干树 P. lameri H1a
'短叶'虎尾兰 Sansevieria trifasciata
  'Hahnii' H1b,
  '金边'虎尾兰 S. trifasciata 'Laurentii' H1b

用于半阴环境的仙人掌
昙花 Epiphyllum oxypetalum H1b
  （及其杂种）
星孔雀 Hatiora gaertneri H1b,
  落花之舞 H. rosea H1b
绿蟹爪兰 Schlumbergera x buckleyi H1b,
  蟹爪兰 S. truncata H1b（及其杂种）

用于半阴环境的多肉植物
澳大利亚球兰 Hoya australis H1b,
  球兰 H. carnosa H2

吊篮

用于吊篮的仙人掌
姬孔雀属 Disocactus H2-H1a
昙花 Epiphyllum oxypetalum H1b（及其杂种）
星孔雀 Hatiora gaertneri H1b,
  落花之舞 H. rosea H1b,
  猿恋苇 H. salicornioides H1b
姬孔雀属 Heliocereus H1b-H1a（大部分物种）
青柳 Rhipsalis cereuscula H1b,
  番杏柳 R. mesembryanthemoides H1c,
  星座之光 R. pachyptera H1b
绿蟹爪兰 Schlumbergera x buckleyi H1b,
  蟹爪兰 S. truncata H1b（及其杂种）
大轮柱属 Selenicereus H1b-H1a

用于吊篮的多肉植物
天邪鬼 Ceropegia haygarthii H1b,
  吊金钱 C. linearis subsp. woodii H1c
尖叶球兰 Hoya lanceolata subsp. bella H1c,
  线叶球兰 H. linearis H1b,
  多脉球兰 H. polynyera H1b
Kalanchoe jongsmanii H1b,
  宫灯长寿花 K. manginii H1b,
  矮落地生根 K. pumila H1b
玉珠帘 Sedum morganianum H1c

较低的温度

可忍耐0°C低温的多肉植物
龙舌兰 Agave americana H2,
  巴利龙舌兰 A. parryi H2,
  大美龙 A. univittata H2,
  犹他龙舌兰 A. utahensis H3
青金虾 Echinocereus viridiflorus H3
白虾 Echinopsis chamaecereus H3
青蓝景天 Hylotelephium cyaneum H7,
  长药八宝 H. spectabile H7
梨果仙人掌 Opuntia ficus-indica H2,
  银毛扇 O. polyacantha H1c
英国景天 Sedum anglicum H5,
  姬星美人 S. dasyphyllum H4,
  薄雪万年草 S. hispanicum H4,
  披针叶景天 S. lanceolatum H3,
  石生景天 S. rupestre H6,
长生草属 Sempervivum H4-H7（大部分物种）
脐景天属 Umbilicus H5（只有物种）

可忍耐7°C低温的多肉植物
翠绿龙舌兰 Agave attenuata H1c,
  小花龙舌兰 A. parviflora H2
小木芦荟 Aloe arborescens H1b,
  绫锦 A. aristata H3,
  短叶芦荟 A. brevifolia H2,
  还成乐芦荟 A. distans H1b,
  斑叶芦荟 A. variegata H1c, 芦荟 A. vera H1c
将军柱 Austrocylindropuntia subulata H2
鳞芹 Bulbine frutescens H3,
  阔叶玉翡翠 B. latifolia H2,
  玉翡翠 B. mesembryanthemoides H2
赤绳龙角 Caralluma europaea H1b
短剑 Carpobrotus acinaciformis H1c,
  莫邪菊 C. edulis H2
绀色柱 Cereus aethiops H1c,
  万重山 C. jamacaru H1c（以及其他圆柱形物种）
肉茎神刀 Crassula sarcocaulis 1,
  沙画神刀 C. sarmentosa 1
露子花属 Delosperma H5-H2（大部分物种）
乙姬花笠 Echeveria coccinea H2,
  黑爪石莲花 E. cuspidata H2,
  优雅莲座草 E. elegans H2,
  霜鹤 E. gibbiflora H2
多刺鹿角柱 Echinocereus enneacanthus H1c,
  美花角 E. pentalophus H2
白虾 Echinopsis chamaecereus H3
大牛舌 Gasteria carinata H1c,
  白星龙 G. carinata var. verrucosa H1c,
  青龙刀 G. disticha H1c
白魔 Gibbaeum album H1c
棒叶落地生根 Kalanchoe delagoensis H1b,
  花鳗鲡长寿木 K. marmorata H1b
松叶菊属植物 Lampranthus falcatus H2,
  粉菊 L. roseus H2
杂种露薇花 Lewisia cotyledon hybrids H4
笛吹 Maihuenia poeppigii H2
朝日 Opuntia fragilis H1c,
  银毛扇 O. polyacantha H1c,
  大王团扇 O. robusta H1c
塔花瓦松 Orostachys chanetii H4,
  黄花瓦松 O. spinosa H4
酸洋葵 Pelargonium acetosum H1c,
  刺天竺葵 P. echinatum H1c,
  棍型天竺葵 P. tetragonum H1c
大银月 Senecio haworthii H1c,
  大舌千里光 S. macroglossus H1c

开花仙人掌

白天开花
弯凤玉 Astrophytum myriostigma H2
碧彩柱 Bergerocactus emoryi H2
吹雪柱 Cleistocactus strausii H2
细柱孔雀 Disocactus flagelliformis H1c,
  比良雪 D. phyllanthoides H1c
司虾 Echinocereus engelmannii H1c,
  篝火 E. triglochidiatus H1c
黄裳绒 Echinopsis aurea H1c,
  阳盛丸 E. famatimensis H2,
  鲜凤丸 E. mamillosa H2,
  旺盛球 E. oxygona H2
角裂昙花 Epiphyllum anguliger H1b,
  圆齿昙花 E. crenatum H1b
罗里球 Gymnocalycium bruchii H2
星孔雀 Hatiora gaertneri H1b,
  落花之舞 H. rosea H1b,
  猿恋苇 H. salicornioides H1b
火凤凰 Heliocereus speciosus H1b
风流球 Mammillaria blossfeldiana H2,
  高砂 M. bocasana H2,
  银刺球 M. grahamii H2,
  玉翁 M. hahniana H2,
  多刺丸 M. spinosissima H2,
  月影球 M. zeilmanniana H2
黄仙玉 Matucana aurantiaca H2
比良雪 Nopalxochia phyllanthoides H1c
梨果仙人掌 Opuntia ficus-indica H2
白魔柱 Parodia alacriportana H2,
  雪光 P. haselbergii H2,
  金晃球 P. leninghausii H2,
  鬼云球 P. mammulosa H2,
  宝王 P. microsperma H2
砂地球 Rebutia arenacea H2,
  紫象球 R. einsteinii subsp. aureiflora H2,
  金簪球 R. krugerae H2,
  花笠球 R. neocumingii H2
绿蟹爪兰 Schlumbergera x buckleyi H1b,
  蟹爪兰 S. truncata H1b
大统领 Thelocactus bicolor H1c

夜晚开花
翁柱 Cephalocereus senilis H1b
龟甲丸 Echinopsis cinnabarina H2,
  旺盛球 E. oxygona H2,
  仁王球 E. rhodotricha H2,
  黄大文字 E. spachiana H2
老乐柱 Espostoa lanata H2,
  幻乐 E. melanostele H2
金煌柱 Haageocereus acranthus H1b,
  东海柱 H. pseudomelanostele H1b,
  彩华阁 H. versicolor H1b
美形柱 Harrisia gracilis H1b,
  卧龙柱 H. pomanensis H1b
明金星 Hylocereus ocamponis H1a
武伦柱 Pachycereus pringlei H1b
鱼骨令箭 Selenicereus anthonyanus H1a,
  大轮柱 S. grandiflorus H1b,
  夜美人柱 S. pteranthus H1a
狭花柱属 Stenocereus H1b（大部分物种）

注释
H = 耐寒区域，见56页地图

土壤准备和种植

许多仙人掌和其他多肉植物只自然生长在沙漠或丛林环境中，不过它们在更凉爽气候区的户外也能营造美观的景致。无论是室内栽培还是室外栽培，特别配制的排水良好的土壤或基质都是必不可少的。对于大多数物种来说，充足的防冻保护和充足的阳光照射也是必需的。

购买仙人掌和其他多肉植物

在购买仙人掌和其他多肉植物时，选择有新枝叶或花蕾形成的健康无瑕疵植株。不要购买受损或稍稍枯萎的植株，或者任何带有萎蔫、干枯或松软部位的植物。也不要购买生长超出花盆范围的植株。

在抬升苗床或沙漠花园中种植

仙人掌和其他多肉植物需要排水良好的条件，所以将它们种植在距离地面至少25厘米的苗床中很有好处。为保证良好的排水，将苗床稍稍倾斜并覆盖一层厚度至少为苗床总高度三分之一的尖砂。如果苗床修建在混凝土或其他不透水的基础上，确保侧壁留有孔洞，以便排水。选择最低气温不低于5℃、阳光充足的地方。在较凉爽的地区，为不耐寒植物提供足够保护（见"防冻和防风保护"，598~599页）。

准备土壤和基质

仙人掌和其他多肉植物通常无法在普通园土中茂盛生长，因为普通园土排水性不够好；必须用精心配制的生长基质加以替换或补充。pH值为4~5.5的优质园土可以用作自制基质的基础成分。不过，必须首先进行消毒，杀死其中可能含有的害虫或杂草，并消灭病害。

在准备基质时，将2份消毒园艺壤土与1份泥炭替代物或粉碎泥炭藓或椰壳纤维、1份尖砂或水洗沙砾以及少量缓释肥混合在一起。

如果园土呈碱性，则使用含壤土的专利基质混合尖砂或沙砾，比例为1份沙子或沙砾混合3份基质。

将植物放入苗床

将植株从花盆中取出。小心地梳理根系，检查有无病虫害感染（见"病虫害"，355页），并在种植前处理植株的任何感染。

挖出合适大小的洞，然后将植株放进去，使其底部深度和在原容器中时保持一致。围绕根系填充更多基质并紧实，确保枝叶都位于土壤表面之上。在基质表面覆盖沙砾，保护植物免受多余水分的伤害，并减少土壤中水分的蒸发。等待植物沉降，然后浇水，刚开始浇少量水，然后逐渐增加水量，直到植物完全恢复并长出新枝叶。

容器中的多肉植物

许多种植在花盆、种植钵或石槽中的植物能够在露台或窗台上提

选择仙人掌和其他多肉植物

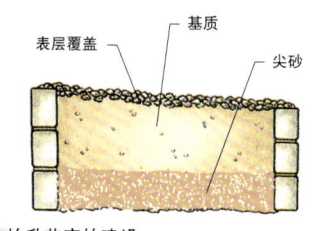

好样品 — 生长健康 — 形成的新花蕾
宝山属
受损的枝叶
坏样品

好样品 — 饱满的肉质叶片 — 健康的新枝叶
翡翠木
萎蔫的叶片
坏样品

抬升苗床的建设
表层覆盖　基质　尖砂

将苗床稍稍倾斜，并填充尖砂和排水通畅的基质。

操作仙人掌

大多数仙人掌有锋利的刺。在移动或种植的时候，需佩戴皮革手套或采取其他保护措施。

在操作多刺仙人掌如这株仙人掌属（Opuntia）植物的时候，可在植株周围包裹一圈折叠起来的纸。

在户外苗床中种植

在移栽之前将室内植物在阴凉处炼苗数天。在准备好的排水顺畅的苗床中选择种植位置，为植株及其周围植物的发育留下充足空间。清理种植区域的表层覆盖物，然后挖出足以容纳根坨的种植穴。

1 将仙人掌从其花盆中取出，如有需要，佩戴皮革手套。轻柔地梳理根系，然后将仙人掌放入种植穴中，种植深度和原来容器中保持一致。

2 伸展根系，然后填充并紧实基质。更换表层覆盖物。3~4天后植株沉降下来再浇水。

供漂亮的视线焦点。

准备盆栽基质

所用基质应该排水良好并最好呈微酸性，pH值为5.5~6.5。使用预混仙人掌和其他多肉植物盆栽基质，或者自制排水顺畅的种植基质，配方是用约翰英纳斯二号基质（见"约翰英纳斯基质"，332页）混合30%体积的园艺沙砾或细砾石。对于附生多肉植物如某些球兰属（Hoya）植物以及原产自森林地区的仙人掌——特别是仙人棒属（Rhipsalis）和蟹爪兰属（Schlumbergera）植物——来说，它们可能需要酸性稍强一些的基质。将1份腐殖质（如泥炭替代物、泥炭藓或腐叶土）与2份标准盆栽基质混合；添加充足的尖砂或园艺沙砾，保证良好的排水。

选择容器

陶制和塑料花盆都适合种植仙人掌和其他多肉植物。与陶制花盆相比，塑料花盆中的盆栽基质能将水分保留得更久，这意味着植物需要的浇水频率更低，但陶制花盆能为根系提供更好的透气性。选择底部有1个或更多排水孔的容器，确保多余的水能够快速流走。花盆或容器的尺寸应该总是和植物的尺寸相匹配，但深度不能小于10厘米；对于块根物种如鹿角柱属（Echinocereus）植物，最好使用至少15厘米深的花盆。

在容器中种植

在使用之前将所有的容器彻底清洗干净，消除可能的传染源。在容器中填充排水顺畅的含沙砾基质（见"在种植钵中种植"，右）至边缘之下1厘米处。小心地将植株从其花盆中取出，丢弃所有表面覆盖物并松动根坨。将植株放入新容器中，并使其种植深度和原来花盆中保持一致。紧实基质，并用粗石子或园艺沙砾进行表层覆盖。

当在一个容器内种植几株仙人掌或其他多肉植物时，要留下足够它们生长发育的种植间距。为得到更加自然的效果，可以在组合种植中加入装饰性岩石或卵石。

在浇水之前让植株沉降数天；在植株完全恢复后再开始定期浇水（见"浇水"，355页）。

吊篮

为创造美观且稍稍与众不同的低维护景致，可在吊篮中种植多肉物种：星乙女（Crassula perforata）、紫弦月（Crassothonna capensis）和玉珠帘等蔓生种类可以打造非常棒的效果。

确保吊篮完全干净。将专利生产的可渗透衬垫（如由椰壳纤维制成的衬垫）或一层泥炭藓垫在金属丝吊篮中。不要在吊篮里垫塑料布，因为这会限制排水。用排水顺畅的盆栽基质填充吊篮，然后以与在其他容器中种植相同的方式插入植物（见"在种植钵中种植"，上）。不要让吊篮过度拥挤，因为大多数合适的物种有自然蔓延或下垂的习性：一株植物通常足以装满一个中等大小的吊篮。在植株周围的基质表面覆盖砾石或沙砾；浇水前先静置几天。一旦植物恢复并长出新枝叶，就可以定期浇水（见"浇水"，355页）。

在种植钵中种植

1 选择一组栽培需求相似的植物。将它们带花盆放入容器中确定位置，较高的植物设置在后面或中间。

2 在容器中填入预混仙人掌和其他多肉植物基质，或者使用混入了30%体积的沙砾或细砾石的约翰英纳斯二号基质。

3 将植株从它们的花盆中取出，放入容器中，并填充基质。

4 在种植后的容器基质表面覆盖一层5毫米厚的3毫米砾石或园艺沙砾。

在吊篮中种植

1 用一层可渗薄膜为线框吊篮做衬垫。衬垫压缩后应该有3厘米厚。

2 用1份尖砂混合3份含壤土盆栽基质的混合基质填充至近吊篮边缘。在吊篮中挖出数个相隔一定距离的小种植穴。

3 将多肉植物插入土壤中，如果需要，在其中穿插碎瓦片或小花盆。用基质填充任何缝隙，确保植物根系周围没有气穴。

4 种植后等待2~3天，再进行浇水。

日常养护

仙人掌和其他多肉植物只需要很少的养护就能茂盛生长，但它们需要良好的光照、温度和通风条件。为特定物种小心施肥和浇水，并定期检查病虫害症状。当植株超出容器的容纳范围时立即换盆，防止植株被容器束缚。

正确的生长环境

将仙人掌和其他多肉植物放在满足其栽培需求的位置。大多数物种需要明亮的地点；不过一些来自雨林的种类更喜欢斑驳的阴影。春季和夏季的白天最高温度应该为27~30℃，夜晚最高温度为13~19℃。在休眠期，将大多数植物保持在至少7~10℃的温度中；来自热带和赤道地区的物种可能需要更温暖的环境，最低温度是13~19℃。

通风

良好的通风是必不可少的，但是仙人掌和其他多肉植物不能暴露在气流下。对于温室植物，如果通风不足以将气温保持在30℃以下（见"遮阴"，552~553页），应该使用遮阴板或者在玻璃外侧粉刷专利遮阴涂料。如果天气极端炎热，在温室地板上洒水有助于降低气温。有时候，种在室外开阔处的植物在极端炎热的天气下也需要一定程度的遮阴。

浇水和施肥

只在植物处于活跃生长期的时候浇水（不要在休眠期浇水）。大多数仙人掌和其他多肉植物的生长期在夏季，但附生植物以及来自森林地区的多肉植物主要在晚秋至早春开花。在休眠期，除非温度很高，否则不要浇水，浇水量控制在防止完全脱水即可。

浇水

在生长期，将土壤或盆栽基质彻底浇湿，再次浇水之前要让它几乎干透。只要植物生长在排水顺畅的基质中，多余的水分就会很快排走。在清晨或傍晚浇水，因为植株在明亮阳光下布满水滴的话，很容易被灼伤。可以将盆栽植物放入装满水的浅盘中，这样的话水会渗入基质，但不会接触枝叶。当基质表面显得湿润后，立即将花盆从水中取出；如果长时间泡在水中，植物会发生腐烂。

附生植物以及那些需要荫蔽条件的植物应该保持湿润，但不能过于潮湿。偶尔进行少量喷雾能够维持合理的湿度水平。

施肥

在生长期，每两周至三周为仙人掌和其他多肉植物施一次肥，有助于维持其健康苗壮的生长，并促进其开花。几种专利肥料都可使用，不过一种含所有大量元素的标准均衡液态肥料最令人满意。不要在植物处于休眠期或土壤干燥的时候施肥，因为这可能会损坏茎干和枝叶。

卫生

可能偶尔需要清洁，因为灰尘有时候会聚集在叶片上或刺之间。在生长期，对于室内植物，可以少量喷水；对于温室或花园中的多肉植物，可以用水管小心地冲洗。

病虫害

定期检查植物有无病虫害迹象。最常见的害虫是粉蚧类、蚧虫类、红蜘蛛、根粉蚧，以及蕈蚊（见"病虫害及生长失调现象一览"，659~678页）。

仙人掌和其他多肉植物的病害很少，不过糟糕的栽培条件或者土壤中的多余氮肥可能会导致黑腐病的出现；这种病害主要影响附生仙人掌和豹皮花属（*Stapelia*）植物。对此没有相应的治疗手段，所以当植株很可能将要因为感染死亡时，应采取健康的枝条或片段作为插条，将插条种下替换染病植株。

换盆

当根系抵达花盆边缘的时候，仙人掌和其他多肉植物应该立即进行换盆——生长较快的物种通常每两三年需要换一次盆。生长缓慢的物种每三四年需要换盆一次，即使它们没有超出容器的容纳范围。

小心地将植株从原来的容器中取出。检查根系，寻找病虫害的迹象并做出相应的处理。将所有脱水或死亡的根剪掉；将抑制病害的材料撒在剩余的根上。选择尺寸比原来容器大一号的新容器，使用新鲜基质重新上盆；保持和之前同样的种植深度。

繁殖

仙人掌和其他多肉植物可以通过播种、扦插（叶插或茎插）、分株、嫁接繁殖。分株和扦插是最容易的方法（见"扦插繁殖仙人掌和其他多肉植物"，621页；"仙人掌和其他多肉植物的分株"，632~633页）。嫁接适用于稀有物种和杂种，以及难以通过其他方式繁殖的生长缓慢的多肉植物（见"仙人掌和其他多肉植物的嫁接"，639页）。用种子培育植物比较慢，而且可能比较困难；有些种子有特殊要求。种子必须播种在保护设施中，并保持在21℃（见"在容器中播种"，605页）。

为多肉植物换盆

1 当多肉植物[这里是一株小木芦荟（*Aloe arborescens*）]超出其容器的容纳范围时，选择一个比目前容器至少大一号的新容器重新上盆。小心地让植物从其花盆中滑出。

2 轻柔地梳理所有缠绕起来或被压缩的根。

3 在新花盆中添加一些排水顺畅的含沙砾盆栽基质，然后将植株放入新容器中，深度和在之前容器中时一样。

4 小心地在根坨周围填充更多基质。随着基质的填入，逐渐紧实基质，以消除根系之间的所有气穴。等植物在新容器内沉降下来再浇水。

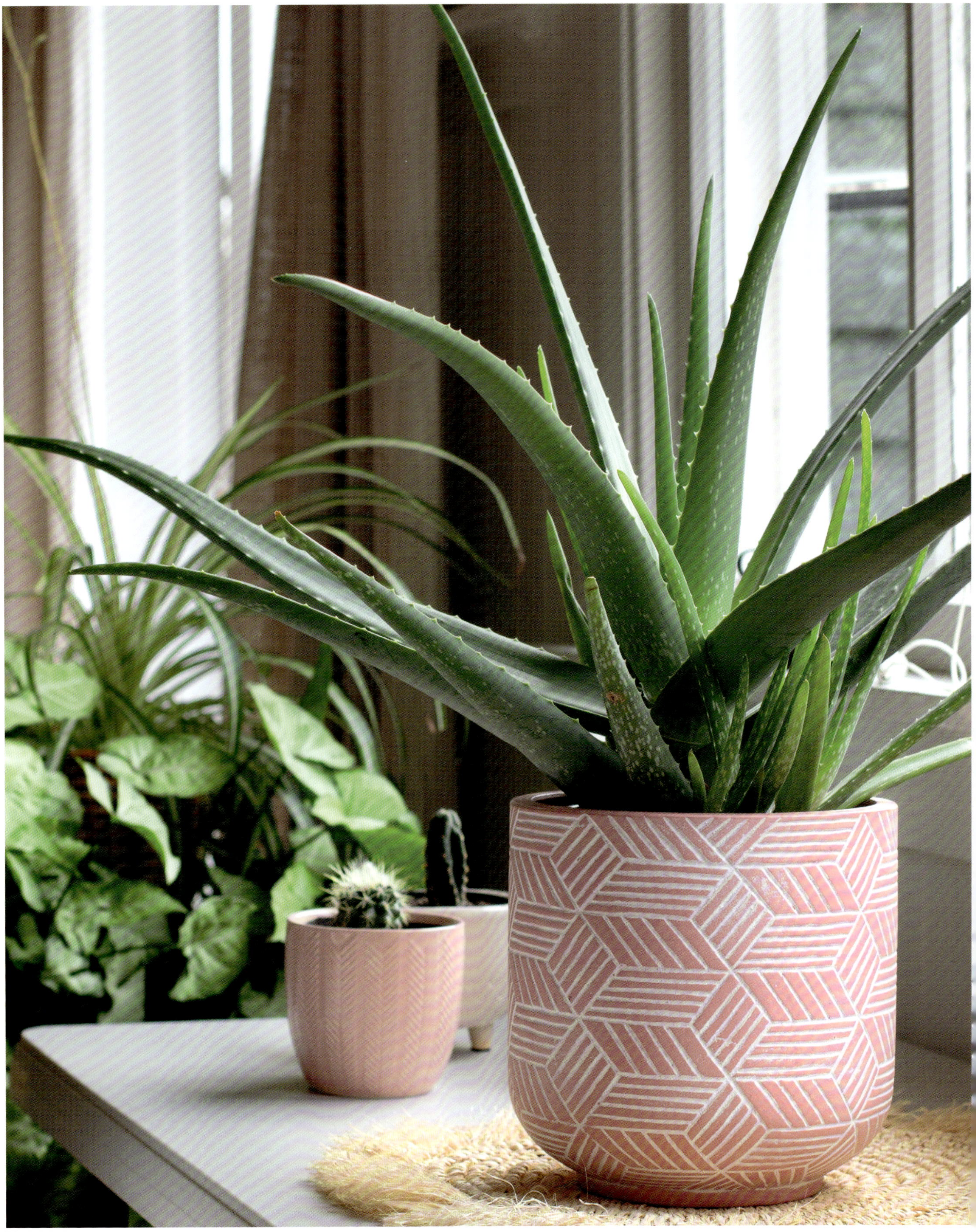

室内园艺

若将花园引入室内，便无论寒暑，都能安然欣赏不耐寒植物叶子和花的百般色彩、形状。与室外植物的姿容相比，室内植物毫不逊色。

室内园艺还提供了创造不同效果的可能性（从盆花装点的桌面，到枝叶茂盛的玻璃容器或瓶子花园）。在霜冻流行的地区，保育温室可以改造成遍布热带植物繁茂枝叶和奇特花朵的小型丛林，保证能够点亮最阴郁的冬日。室内植物的用途很广泛，而且某些植物在展示观赏后即被丢弃，几乎不需要养护。室内园艺爱好者也可以选择种植需要更多定期养护和照料的稀有植物。

在室内展示植物

可以在家中或温室中生长的植物种类能够提供丰富的形式、色彩和质感。选择某种植物可能是因为它们漂亮的叶片或美丽的花朵，既有叶子花那生机勃勃的鲜艳色调，又有马蹄莲（Zantedeschia aethiopica）那样凉爽冷静的优雅。其他植物如珊瑚樱（Solanum pseudocapsicum），则因它们明亮多彩的果实而备受珍视。香气也可以成为选择家居观赏植物的因素。例如，香叶型天竺葵能够和其他植物很好地融为一体，同时为植物景观增添美妙的香味。

形式、结构和色彩
匹配的容器可以强调室内植物的各种形态和颜色。

选择室内植物

植物材料的选择取决于它们是永久性的还是暂时性的：如果是前者，那么外形和枝叶有趣的植物是全年观赏的最佳选择；如果是后者，像仙客来（Cyclamen persicum）这样的季节性观赏植物可以用来增添一抹色彩。

植物可强化室内陈设的风格，或与之形成对比，无论它是传统的村舍厨房还是更现代的城市起居室。植物可主导场景，并赋予房间基本个性，创造兴趣点，或仅仅是增添细节。无论所需效果是什么样的，都要选择那些既能在预定位置茂盛生长，又能和所处环境相得益彰的植物。

叶片和形式

拥有美丽叶片的植物对于长期室内观赏非常有价值。它们可能拥有巨大的叶片，也可能拥有茂密而纤秀的叶子。叶片可能拥有微妙的或醒目的花纹或色彩，如肖竹芋属（Calathea）的物种，或拥有有趣的形状，如龟背竹（Monstera deliciosa）。

叶片拥有不同的质感，从印度橡胶树（Ficus elastica）叶片的高度光泽、毛叶冷水花（Pilea involucrata）叶片布满皱纹的表面，到爪哇三七草（Gynura aurantiaca）叶片的柔软丝绒触感。某些植物被选择是因为它们强烈鲜明的形式，如尖锐的凤梨科植物、优雅的棕榈植物和蕨类，以及卵石一般的生石花属（Lithops）植物。

群植植物

在进行种植设计时，应谨慎选择那些花色鲜艳或叶片图案强烈的植物，避免它们之间产生不协调。先在商店、苗圃或园艺中心将植物放在一起进行对比，再做出购买选择。

主景植物（如棕榈等）是很好的标本植物，可作为群植中醒目的视线焦点。较小的植物一起放置在多层架子上会产生较强的视觉冲击，不过也可作为细巧的笔触单独使用。相同植物紧密种植在一起，会形成强烈而简单的视觉效果。

室内环境

在确定植物的位置时，它们对温度和光照的特定需求是最重要的决定因素（见"室内植物的种植者指南"，365页）。若环境条件与植物的需求冲突，那么它们会很快变得不健康。从受控环境中新购买的植物特别容易受到伤害。

温度

大多数现代房屋尽管在冬季白天能保持温暖，但在夜间气温常常急剧下降——这对于许多原产自热带的室内植物来说是一个问题。将这些植物放置在远离气流且温度不会剧烈波动的地方。夜晚不要将不耐寒植物留在窗台上，也不要将植物直接放到正在工作的暖气片上面。室内植物需要温暖才能开花，但如果温度过高，

叶片景观
将形态上充满对比但对光照和温度要求相似的植物群植在一起——这里是明亮、间接阳光下的温暖场所，创造出有趣的景观。

花朵就会很快枯萎死亡。

光照

大多数植物在明亮的过滤阳光下或者远离阳光直射的明亮位置能茂盛生长。和普通绿叶植物相比，彩叶植物需要更多光照，但过于强烈的阳光会灼伤叶片。开花植物如朱顶红属（Hippeastrum）植物需要良好的光照才能很好地开花，但多余的光照会缩短花期。很少有室内植物能够忍受阳光直射。

光照不足会导致植物长出颜色浅且发育不良的新叶，枝条也会变得长而细弱。某些彩叶植物可能会开始产生绿色的普通叶片。因光照不足而被削弱的植物特别容易受到病虫害的侵害。

房间内的自然光线强度取决于窗户的数量、大小、高度和朝向。光照强度随着离窗户距离的增加而快速降低。在冬季，自然光线比夏季少得多，可能需要将某些植物转移到种植架上，以使其适应光照的季节性变化。

如果植物开始朝向光源倾斜生长，则在浇水时将它们轻轻旋转过来。如果光照水平太低（大多数植物需要每天12~14小时的光照），可以使用补光灯进行补光（见"补光灯"，555页）。补光灯在种植非洲紫罗兰时特别有用，因为非洲紫罗兰需要很长的日照时间才能持续开花。

窗台的危险
过于强烈的阳光、暖气片的多余热量以及从窗户吹来的气流都能对放在窗台上的室内植物造成伤害或令其死亡。

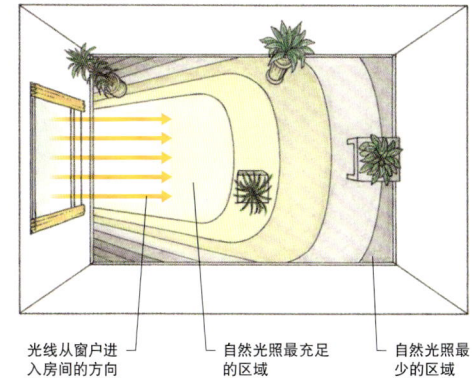

室内的光照水平
植物距离窗户越远，它接受的自然光照就越少。如果植物距窗户2米远，那它接受的光照可能只有窗边的20%。放置在窗户附近但在窗户侧边的植物也不会接收到更多光线，特别是如果窗台很深的话。

光线从窗户进入房间的方向　　自然光照最充足的区域　　自然光照最少的区域

植物的选址

只需要提前考虑和计划，就有可能为室内几乎所有位置找到能茂盛生长的室内植物，无论是明亮的房间还是昏暗的走廊。

室内背景

要考虑清楚植物会对房间产生什么样的影响。它们与房屋的比例恰当吗？微小的盆栽植物在大空间里会有迷失感。背景合适吗？无装饰的浅色墙会衬托开花植物。花朵或叶子的颜色能够与装修融为一体吗？

高处的吊篮和种植架适合蔓生植物，而与视线平齐的位置最好种植花朵或叶片精致秀美的植物。将攀缘植物如攀缘喜林芋（Philodendron hederaceum）、澳大利亚白粉藤（Cissus antarctica）以及常春藤等整枝到框格棚架或其他支撑结构上，形成一面屏障。

使用植物为空荡荡的角落或空间增添活力，后者将为植物景观提供现成的框架。大型植物或群植植物可起到分隔室内空间的作用，或者作为房屋和花园之间的联系纽带。

植物和光照水平

阳光充足的明亮条件适合多肉植物以及多毛、蜡质或灰色叶片的植物。球兰（Hoya carnosa）、天竺葵属植物以及'花叶'凤梨（Ananas comosus 'Variegatus'）也喜欢阳光直射。在没有阳光直射的地方，可种植观叶秋海棠如蟆叶秋海棠（Begonia rex）、附生兰如蝴蝶兰（Phalaenopsis），以及长着醒目白色佛焰苞的白鹤芋（Spathiphyllum）。

对于远离窗户的角落，选择蕨类和叶片坚韧的植物，如袖珍椰子属（Chamaedorea）植物、八角金盘（Fatsia japonica）以及常春藤。不时将植物暴露在更明亮的地方数天。

厨房和浴室

厨房和浴室的温度和湿度会产生很大的波动，所以要选择那些能忍耐极端条件的植物。光滑、坚硬的浴室表面能够与蕨类和观赏禾草以及某些莎草属（Cyperus）物种的柔软羽毛状叶片形成很好的对比。浴室光照水平常常很低，适合喜阴花属（Episcia）、肾蕨属（Nephrolepis）或冷水花属（Pilea）植物。

在浴室的高处种植蔓生植物，如攀缘喜林芋。不要将蔓生植物放在厨房橱柜的顶端，因为它们会阻碍橱柜门的打开；而且，高处的光照水平很低，植物会变得瘦弱细长。在明亮处，使用吊篮种植一系列香草或袖珍番茄品种。香草还可种植在阳光充足的厨房窗台上。

耐性强的植物

能够忍耐各种生长条件并拥有美观叶片的植物包括蜘蛛抱蛋属（Aspidistra）、吊兰属（Chlorophytum）、澳大利亚白粉藤（Cissus antarctica）以及虎尾兰属（Sansevieria）植物。开花植物的要求更严苛，但菊花或催花后的球根植物会短暂地开花。

温室园艺

保育温室经常单独作为额外的室内起居室使用，里面进行舒适的装饰并常常用盆栽植物点缀。不过，植物爱好者们可能会想到将他们的保育温室变成密封式的花园延伸——一处能够满足奇异植物需求的受保护环境。毫无疑问，附属于房屋的保育温室常常比独立的普通玻璃温室更受欢迎，而当修建一座新保育温室的主要目的是作为植物茂盛生长之地时，就值得在设计阶段花些时间，确保最终的结果既实用又成功。

位置和朝向

对于独立式玻璃温室，其朝向和位置应该满足最大限度的光照和最好的生长条件，但对于保育温室，优先考虑的往往是它在哪里连接房屋最美观，同时还能方便地与厨房、走廊以及其他生活区域相连。

全天处于全日照下的保育温室需要充分的通风——大型屋顶换气扇、在夏季能开启的窗户、可以向后折叠的门——和有效的屋顶遮阴。对于其朝向只接受清晨或傍晚阳光，在一天最炎热的时候处于阴凉中的保育温室，其中适合种植能够忍耐多种条件的植物。如果最好的位置相对缺少阳光，也不要自认为是一个缺点。阴凉会促进叶子的生长，并且保育温室会因此而拥有相对稳定的温度，非常适合喜阴植物的生长。

热带或亚热带植物需要保育温室有温暖湿润的环境，这种环境会让软家具、书籍和杂志快速腐烂——而许多热忱的园丁会选择能够更精确地控制环境条件的独立式玻璃温室（见"温室和冷床"，544~561页）。

基础材料

大多数保育温室有砖块或木材修剪的墙基，上面支撑着装有玻璃的木质或金属框架以及坡面屋顶。可能需要架子或工作台将小型植物抬升到光线充足的高度。宽阔的内部窗台可以用来摆放盆栽植物。和大多数普通玻璃温室不同的是，保育温室一般是双层玻璃的，目的是保留房屋内部的热量。由于结构更加坚固，透入保育温室的光线永远不会像玻璃温室那样多。在选择植物时应该牢记这一点，特别是如果保育温室接受的阳光很少的话。例如，番茄在玻璃温室中的结果状况会更好，而夹竹桃更可能在朝南的平台上开花。

最实用的地面材料是浸油硬木板条、瓷砖或石材，后者容易保持清洁，并能忍耐植物以及浇水降暑产生的高湿度。

通风

充足的屋顶通风对于成功的保育温室栽培至关重要。并没有精确的公式来计算所需的通风量，因为这取决于建筑的朝向和设计。屋顶排风扇能够让向上升到屋顶的暖空气排出保育温室，当至少三分之一的玻璃安装区域可以打开时，通风系统才能达到最好的工作效果。用铰链安装在屋脊上的玻璃温室排风扇经过改造后能够承受双层玻璃的重量，并在关闭时不透水，如果它足够大的话，效果会很好。应该使用电动或机械螺旋千斤顶（screw-jack openers）来操作排风扇，除非屋顶异乎寻常得低，这样的话应该使用蜡动温室开窗机（wax-operated greenhouse opener）（见"通风"，551~552页）。

遮阴

除非保育温室不接受阳光直射，否则都需要遮阴，以保护植物免遭灼伤。卷帘是最常见的解决方案，从屋顶进行安装并用拉紧的金属丝支撑，防止松垂。如果种植攀缘植物，室内屋顶卷帘可能会很麻烦；室外卷帘比较实用，但它们的效果可能不太好。安装在门窗上的侧面卷帘更多地用于保护隐私而不是遮阴（见"遮阴"，552~553页）。

加温

由于毗邻房屋，保育温室相对容易保持温暖，并且常常可以和家用中央供暖系统连接。理想的情况下，它应该有独立的管道和控制系统，维持植物夜间所需的最低温度，此温度可能比房屋内所需的夜间温度更高。如果不能连接到房屋内，也可以使用恒温换流加热器。

植物的安乐所
保育温室能够栽培那些在更冷凉的室外条件中无法茂盛生长的植物。在这里，预示着累累果实的桃花可以在室内得到观赏。

优化光照和空气
架子或平台可用于将植物升高到光线充足的区域，并且能改善花盆之间的空气流通；向外打开的门会增加通风，尤其是在气温升高的夏季。

所有类型的加热器以及恒温器都最好放置在室内较冷的角落里。

还可以使用地板下供暖,它有两种类型。第一种类型在地板下使用弯曲蛇形的电缆或细热水管加热。这些电缆或管道会加热地板,提供均匀持续的热量,最适合用于朝北、阳光直射很少的保育温室。第二种类型是暖气管沟加热,它由中央加热管道组成,管道通常加翅以增加输出,埋设在30厘米宽的沟槽中,设置在保育温室内部的边缘,上面覆盖着铸铁铁栅。暖气管沟加热系统比电缆加热系统贵,但更容易进行调整和校正;它还能够很方便地增加空气湿度(只需将水泼洒在铁栅上产生蒸汽即可)。

湿度

保育温室里非常干燥,许多植物不适应这种条件,并且容易滋生病虫害。将植物聚集在一起会有所帮助,因为从它们的叶片中蒸腾出来的水分会产生湿润的微气候。装满水的沙砾托盘或浅碟会增加空气湿度。在炎热的天气里,将水泼在地板上是必须的,特别是在门窗都打开通风的情况下。另一个可靠的湿度来源是壁挂喷泉,如果有足够空间的话,还可以安装一个室内水池(见"湿度",553~554页)。

浇水

灌溉系统虽然有效,但常常很难在保育温室中隐藏起来。大多数园丁依靠手工浇水。灌溉用水的温度应该与植物及其基质的温度保持一致。传统的保育温室内部常常在地板上安装有储水箱。来自水管、户外集雨桶或水箱中的水应该在水壶或水桶中放置数小时再使用。在水质较硬的地区,浇水会使土壤板结并逐渐增加土壤的碱性,这会导致保育温室内的许多植物(如柑橘、山茶和栀子花)患上萎黄病,并且生长不良。可以通过使用去离子水(超市有售,是供蒸汽熨斗使用的)、在自来水中加入螯合微量元素(如果叶片变黄的话)或使用保育温室排水系统在集雨桶内收集雨水(见"收集雨水",596页)来解决这一问题。理想的情况下,应该在集雨桶的底部上端安装一根管道,通向保育温室内部的水龙头,而集雨桶的高度要足够高,凭借重力或者使用电动水泵将水输送到水龙头。

展示植物

某些植物最好种植在土壤苗床上而不是花盆里。地面苗床实用性不好,因为它们会和潮湿的管道互相干扰,难以保持清洁(特别是如果害虫能进入室内的话),并且它们是永久性的,难以改变布局。最好使用砖抬升苗床,年老或残疾园丁操作起来也比较方便。抬升苗床应该足够深,以便让根系充分发育,并且拥有防水衬垫,底层设置沙砾排水层(见"抬升苗床",284页)。

攀缘植物可以种植在挂壁框格棚架或者安装在墙壁和屋顶上的金属丝上。盆栽植物可以整枝在独立式支撑结构(如渐尖的金属线框架)上(见"立桩和其他支撑结构",335页)。在木质屋顶上安装长柄螺丝,使整枝用的金属丝距离玻璃至少15厘米。至于金属或塑料屋顶,一般可以使用自攻螺丝和特制支架。确保攀缘植物不会接触照明灯具。

植物的健康

保育温室的植物病虫害问题和玻璃温室中的(见"病虫害",378~379页)一样,但由于毗邻房屋,而且保育温室主要是供人使用的,因此控制病虫害的方法差异很大。如果在正确的时期使用,生物防治能有效地控制许多害虫(见"生物防治",646~647页)。在大多数情况下不可能进行定期烟熏或经常喷洒杀虫剂。如果需要使用这些手段,最好在温和的天气下将植物转移到室外,在处理前将植株清洁干净。待杀虫剂喷雾干燥后再将植物转移到室内。

容器

选择容器时要注意,其材料、颜色和形状应该和装修融为一体,并且能够衬托出孤植或群植植物的最好一面。在风格和材料上的选择很多,能够得到从古朴到超现代的各种效果。最让人意想不到的家居物件——煤斗、鸟笼、厨具、水壶、瓮缸等,都可以成为非比寻常的醒目种植容器。

屋顶和侧壁卷帘
传统的木条卷帘由薄松木条编织而成,可以提供70%~75%的遮阴效果。令人满意的替代品包括硬化棉布、背面镀膜反射阳光的塑料布,以及使用木条或塑料网的卷帘。

特制苗床
这个抬升苗床坐落在不透水、有边缘的沙砾基层上,其中可以添水,为喜湿的凤梨[这里是彩叶凤梨(*Neoregelia*)]等植物提高空气湿度。

吊篮

吊篮是门廊、阳台、露台和台地上的常用景致，也是室内种植的美观方法。将它们悬吊在楼梯井中、椽子上、窗户边或独立式支撑结构上，对空间进行经济又多彩的运用（见"吊篮"，322页）。

拱形的蕨类叶片植物、有莲座丛的附生植物以及许多垂蔓株型的观叶植物特别适合在吊篮中种植。在一年中使用不同的植物，可以带来季相变化。绿蟹爪兰（*Schlumbergera buckleyi*）在冬季提供繁茂、鲜艳的花朵，就像夏季的倒挂金钟属植物一样。可以在吊篮中种植盆栽植物，得到临时性景致，但需要每年重新种植。长期种植的吊篮更容易管理，特别是只种植一株大型植物的吊篮。

选择悬吊容器

吊篮有各种各样的设计，也有各种各样的材料。在选择吊篮和确定位置时，要记住，大多数植物需要频繁浇水。金属丝制成的吊篮只能在拥有防水地板的房间使用；某些硬质塑料吊篮有内置集水浅碟，解决了漏水问题。还可以使用美观但沉重的陶制悬吊花盆，以及锻铁、木质或柳编吊篮。

种植后的吊篮很重，特别是当刚刚浇完水后，所以必须用结实的绳索或铁链将它悬挂在钩子或支架上，钩子或支架牢固地安装在平顶搁栅或实体墙上。

玻璃容器和瓶子花园

玻璃容器是一种封闭容器，本身就极具装饰性，用于在家中陈设小型植物。作为一种为蕨类植物提供合适微环境的方法，它们在19世纪曾经特别流行，任何需要潮湿环境、生长缓慢的观赏植物都能在这样的玻璃容器中茂盛生长。

叶片的质感和颜色充满对比的植物观赏效果最好——最好不要种植开花植物，因为花朵在容器内的潮湿条件下容易腐烂。玻璃容器可以永久性地结合在窗户里，用于种植一片尺寸较大的植物。还可以用观叶植物在玻璃瓶子内创造微缩景观。只要瓶颈足够宽，能够放入植物并进行日常养护，任何形状或颜色的瓶子都可以使用，但需要记住的是，带颜色的玻璃会阻挡部分光线。

室内光照

泛光灯和聚光灯可以为植物陈设增色不少，向上或向下照射的灯会形成强烈的光影效果。不要将植物摆放得离光源太近，以免热量对植物造成损伤。普通白炽灯不会显著促进生长和养分合成（光合作用）。

办公室植物

在办公室内引入植物不但能点亮室内环境，还能降低噪声，净化空气，创造压力较小的氛围。在现代敞开式布局的全玻璃封闭带空调办公室中，温度是恒定的，空气污染很少，光线充足——这是理想的种植环境。在窗户较小且环境调控不足的旧式建筑中种植会有更大挑战。

使用自饮式花盆，特别是如果它们靠近电动设备的话，或者将几株盆栽植物齐边埋入大型容器中。在办公室里清楚地分配照料植物的责任。

合适的植物

在办公室里种植时，叶片有光泽的常绿植物和在家中一样坚韧、有耐性。流行的榕属（*Ficus*）植物包括各种形状和大小的种类，从叶片巨大有光泽的琴叶榕（*F. lyrata*）（在大空间中单独种植）到叶片细小、有皮革质感的圆叶榕（*F. deltoidea*）。喜林芋属（*Philodendron*）是另一个体型较大、引人注目的属，包括攀缘植物和蔓生植物，叶片很漂亮。坚韧的龟背竹攀爬速度很慢，但最终能达到数米的株高和冠幅。

日光室和保育温室

花园可以被引入室内，无论是在日光室中还是在保育温室中，前者是用盆栽植物装点的居住空间，后者常常是专门供植物使用的。在温带气候区，两者都可以用来为夏季室外观赏的盆栽植物提供冬季的庇护所；保育温室还能够提供热带和亚热带植物所需的温暖潮湿环境（见"温室园艺"，360~364页）。

保育温室中的高光照水平能促进彩叶植物呈现出浓重的色调，还能促进其良好开花。在受限空间里，芳香植物如多花素馨（*Jasminum polyanthum*）很受欢迎，其香味会在空气中弥漫不散。应该选择适应保育温室朝向和温度的植物。要记住，玻璃结构的冬季供暖成本会很高，而在夏季又会很热。

充分利用空间，创造丰沛茂盛的种植效果。将植物种在不同高度上，包括抬升和地面苗床、地板、窗台、架子上的花盆，以及吊篮。大型热带或亚热带植物以及独立式攀缘植物可以整枝在框格棚架或安装在墙壁和屋顶上的金属丝上。使用与露地花园植物互补的植物种类；这会在视觉上

室内植物和空气质量

来自室外的污染物，例如来自街道交通的有害烟雾和微粒、来自室内的污染物，以及家具上的合成涂层、油漆、化学清洁剂和气溶胶，都会在室内积累。在窗户紧闭的冬季，这个问题会特别严重。植物及其生长基质可以通过吸收污染物来净化空气，但要产生显著效果，则需要大量植物。

互补的群体种植
聚集在一起的植物（如这些兰花和铁线蕨）会在叶片周围形成湿润的小气候。每天给植株喷雾，以维持空气的湿润，或者将植物放在装满潮湿沙砾或膨胀黏土颗粒的托盘上。

凉爽保育温室

许多植物能在凉爽但无霜的单坡保育温室中茂盛地生长，创造精致的景观，这里展示的观叶和观花植物只是其中的一小部分。

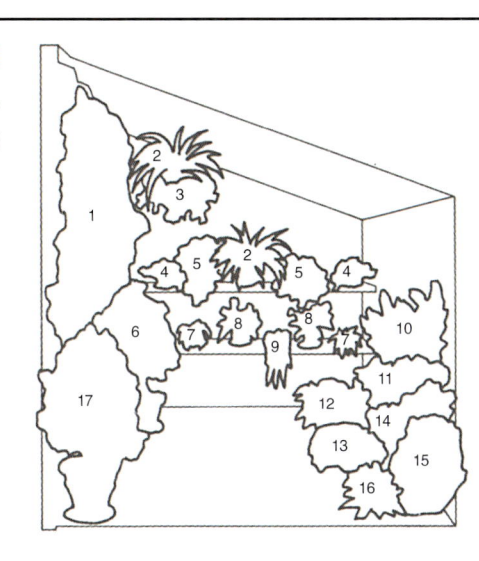

关键植物
1. 蓝雪花 Plumbago auriculata（同 P. capensis）
2. 吊兰 Chlorophytum comosum（同 C. capense of gardens）
3. 同叶风铃草 Campanula isophylla
4. '三色' 虎耳草 Saxifraga stolonifera 'Tricolor'（同 S. stolonifera 'Magic Carpet'）
5. '小瀑布' 天竺葵 Pelargonium 'Mini Cascade'
6. 山茶花 Camellia japonica
7. 玉珠帘 Sedum morganianum
8. '海蒂' 旋果花 Streptocarpus 'Heidi'
9. 吊金钱 Ceropegia linearis subsp. woodii
10. '华美' 红千层 Callistemon citrinus 'Splendens'
11. 光叶澳吊钟 Correa pulchella
12. '阳光' 蒲包花 Calceolaria 'Sunshine'
13. '紫袍' 蓝高花 Nierembergia scoparia 'Purple Robe'
14. 圆叶木薄荷 Prostanthera rotundifolia
15. 玫瑰远志 Polygala x dalmaisiana（同 P. myrtifolia 'Grandiflora'）
16. 高地黄 Rehmannia elata
17. 四季橘 Citrus x microcarpa（同 x Citrofortunella mitis）

将二者连接起来，并产生某种空间感。

室内水景

下沉或抬升水池或半桶可以容纳热带睡莲或其他不耐寒的水生植物和水边植物。一个简单而优雅的出水口将提供柔和的落水声，并有助于保持湿度（见"水景园艺"，292~313页）。

在温室中种植植物

在温室中，能对光照、温度和湿度进行控制，这使得温室中能够种植的植物种类比经受风霜的室外花园广泛得多。使用温室还能将观赏和收获期延长——从早春到秋末，如果需要的话，甚至可以达到一整年。

温室的用途

温室在冷凉气候区很有用，那里有冰霜、强风或过多的雨水。温室可以用于繁殖，种植不耐寒的植物或花朵用于切花，或者种植作物如沙拉菜、早熟蔬菜甚至是水果。和种植在室外相比，许多植物在保护设施下生长得更快，结实或开花更多。半耐寒植物可以在室外容器中生长，并在需要的时候被转移到温室中。

有些园丁使用温室种植特定植物（如耳叶报春或倒挂金钟属植物）；还有些园丁则可能在温室中收集肉食性植物、高山植物（见"高山植物温室和冷床"，289~291页）、兰花（见"兰花"，372~375页）、仙人掌（见"仙人掌和其他多肉植物"，346~355页）或蕨类（见"蕨类"，198~199页）。

温室布局

传统的独立式温室内部由一条中央过道以及两侧和远端的齐腰工作台组成；更宽的温室可能在中间也有工作台。工作台（见"工作台"，557~558页）是至关重要的，即使在夏季为了种植花境作物将工作台移走，它也会在一年中的其他时间被用来培育幼苗、繁殖插条和展示盆栽植物。板条或网状工作台最适合盆栽植物，可以避免花盆立在水中并确保空气自由流通，特别是在冬季。

为得到额外的展示空间，可使用分层工作台、台座苗床或土壤花境。如果玻璃从地面开始升起，则可以在工作台下种植或放置蕨类和其他喜阴植物。抬升苗床可用于展示小型植物，如高山植物和仙人掌，这些植物可以直接种植在苗床中或带花盆齐边埋入沙砾或沙子中。

观赏温室

虽然和保育温室相比，独立温室更多地用于实用用途，但它的一部分或全部也可用于观赏展示。群植常常比分布零散的植物更加美观。可以专注于一个属的植物如旋果花属（Streptocarpus），或者随机地将植物混合在一起，或者营造一个微缩景观。用叶子的形状、尺寸和质感形成对比，并运用花朵和叶片的颜色形成和谐的景观。依靠房屋墙壁修建的单坡温室还同时是保育温室。为利用背面墙壁，可使用攀缘植物，它们需要宽仅30厘米的苗床或花盆。将墙壁涂白以反射阳光，并为植物提供背景。

室内花园
在空间允许的地方,在温室内部也可以创造自然主义的风景。在这里,观叶植物提供了茂盛的框架,映衬着观花植物的鲜艳花朵。

温室环境

要成功进行种植,足够的通风和加热以及夏季遮阴都是至关重要的;水管和电力也十分有用。温室的温度取决于它的用途,有4种基本类型:寒冷温室,或称不加温温室;凉爽温室,或称无霜温室;普通温室;温暖温室。更多信息,见"创造正确的环境",550~555页;"室内植物的种植者指南",365页。

寒冷温室

寒冷温室,即不加温温室,能够抵御极端风雨天气,而且即使是在夏季,气温也比室外高得多。通过人为提前春季和延后秋季,它延长了植物的生长期。

大多数耐寒一年生植物、二年生植物以及灌木可以在不加温温室中越冬,而半耐寒一年生植物、球根植物和灌木留在温室内继续生长,直到夏季园土回暖且霜冻风险过去后被移栽到室外。寒冷温室常常用于繁殖种子,并且能够得到早熟水果或蔬菜。作为高山植物温室,它可以提供盆栽高山植物和岩生植物所需的特殊条件(见"高山植物温室和冷床",289~291页)。

不加温温室在寒冷天气中可能会出现数小时的霜冻,所以不适合不耐寒植物越冬。阳光甚至是明亮的人造光线能提高白天温度,但夜间温度可能降低到几乎与露地花园同样低的水平。在温带地区,大多数依靠向阳墙壁修建的不加温温室能提供与凉爽温室(见"凉爽温室",下)相似的条件,但这也不能阻止数天的严霜将不耐寒植物冻死。

凉爽温室

凉爽温室的无霜条件增加了可以种植的植物种类。凉爽温室还比较容易管理,因为没有必要使用保护措施。5~10℃的日温和2℃的最低夜温可以实现植物的全年观赏。

在凉爽温室中,耐寒球根植物,特别是那些花朵精致到在露地花园中难以觉察的种类,开花会提前,在冬末和早春提供一抹亮色。不耐寒的露台植物也可以在这里培育和越冬;室内植物可以在较温暖的月份复壮和繁殖;冬季开花的植物,如芳香的木薄荷属(*Prostanthera*)植物,可以种植在基座苗床或花盆里。在保护设施中种植的菊花和四季康乃馨能够提供切花,而夏末播种的耐寒一年生植物会很早开花。

凉爽温室应该充分供暖以排除冰霜,并在所有天气中维持最低限度的温度(见"加温",550~551页)。即使不为整个温室加温,一个电动加热增殖箱或工作台也能在春季提早进行培育新植株的工作。

普通温室

普通温室将日温提升至10~13℃,最低夜温保持在7℃,能够进一步增加植物种类。如果保存在普通温室中,来自美国加利福尼亚、地中海地区、南非以及澳大利亚和南美部分地区等基本无霜气候区的植物就能在它们通常不能承受的较严酷气候区生存,这些种类包括鸳鸯茉莉属(*Brunfelsia*)、蓝花楹属(*Jacaranda*)以及鹤望兰属(*Strelitzia*)植物,还有兰属(*Cymbidium*)物种和杂种。如果保持9℃的温度,带纹型天竺葵就能全年开花。

温暖温室

温暖温室的最低温度为13~18℃,可以用来栽培亚热带和热带植物,还可用于全年繁殖和花朵展示。不耐寒植物,如许多凤梨科植物(见"凤梨植物",366~367页)以及众多兰花(见"兰花",372~375页),可以在温暖温室中种植并在最佳观赏期移入室内欣赏。

温暖温室整年都需要可控制的供暖系统,即使是在冷凉气候区的夏季。在温带地区,这意味着高昂的供暖成本。恒温控制器、双层玻璃、风扇以及自动通风系统、自动灌溉和洒水降温系统,还有遮阴等设备,有助于控制生长条件,并方便进行日常养护。凉爽温室中较温暖的部分是比较便宜的选择,温暖的保育温室或种植房也可以考虑。

温室保护
在冬季,温室能为许多植物提供庇护,仙人掌和其他多肉植物就是其中的一类,它们还可以在夏季的温室中得到遮阴,躲避烈日下的高温。

室内植物的种植者指南

温暖温室

（最低温度 13～18℃）

观花植物

口红花属 *Aeschynanthus* H1c-H1a
花烛属 *Anthurium* H1a
单药爵床属 *Aphelandra* H1c
鸳鸯茉莉属 *Brunfelsia* H1c
金鱼花属 *Columnea* H1b-H1a
绯苞 *Euphorbia fulgens* H1b，
　一品红 *E. pulcherrima* H1b
朱槿 *Hibiscus rosa-sinensis* H1b
披针叶球兰 *Hoya lanceolata* H1c
爵床属 *Justicia* H1c
红雾花属 *Kohleria* H1c
酸脚杆属 *Medinilla* H1a
红珊瑚属 *Pachystachys* H1b
芦莉草属 *Ruellia* H4-H1b
非洲堇属 *Saintpaulia* H1a
大岩桐属 *Sinningia* H3-H1a
绒桐草属 *Smithiantha* H1b
白鹤芋属 *Spathiphyllum* H1b-H1a

观叶植物

尖萼凤梨属 *Aechmea* H1b
　（和大部分凤梨植物）
亮丝草属 *Aglaonema* H1b
蟆叶秋海棠 *Begonia rex* H1b
　（及其他秋海棠属物种）
肖竹芋属 *Calathea* H1a
袖珍椰子属 *Chamaedorea* H2-H1a
　（及大多数棕榈类）
变叶木属 *Codiaeum* H1c-H1b
花叶万年青属 *Dieffenbachia* H1a
龙血树属 *Dracaena* H1c-H1b
榕属 *Ficus* H4-H1a
网纹草属 *Fittonia* H1a
竹芋属 *Maranta* H1a
豆瓣绿属 *Peperomia* H1b
喜林芋属 *Philodendron* H2-H1a
紫露草属 *Tradescantia* H7-H1b

普通温室

（日温 10～13℃；最低夜温 7℃）

观花植物

长筒花属 *Achimenes* H1c-H1b
秋海棠属 *Begonia* H2-H1a
长春花属 *Catharanthus* H1c
仙客来属 *Cyclamen* H7-H1b
藻百年属 *Exacum* H1c
雪球花属 *Haemanthus* H2
凤仙属 *Impatiens* H6-H1b
蟹爪兰属 *Schlumbergera* H1b
鹤望兰属 *Strelitzia* H1b
旋果花属 *Streptocarpus* H1c

观叶植物

天门冬属 *Asparagus* H5-H1c
蓝花楹属 *Jacaranda* H1c
五彩苏属 *Solenostemon* H1c

凉爽温室

（日温 5～10℃；最低夜温 2℃）

观花植物

苘麻属 *Abutilon* H4-H1b
叶子花属 *Bougainvillea* H2-H1c
歪头花属 *Browallia* H1b
木曼陀罗属 *Brugmansia* H3-H1c
蒲包花属 *Calceolaria* H6-H2
红千层属 *Callistemon* H5-H2
夜香树属 *Cestrum* H3-H1b
菊属 *Chrysanthemum*
四季橘属 x *Citrofortunella* H5-H1c
萼距花属 *Cuphea* H2-H1c
小苍兰属 *Freesia* H4-H2
倒挂金钟属 *Fuchsia* H6-H1c
非洲菊属 *Gerbera* H2-H1c
朱顶红属 *Hippeastrum* H2-H1a
球兰属 *Hoya* H1c-H1a
素馨属 *Jasminum* H5-H1b
纳金花属 *Lachenalia* H2
马缨丹属 *Lantana* H1c-H1b
智利钟花属 *Lapageria* H3
夹竹桃属 *Nerium* H3-H2
西番莲属 *Passiflora* H7-H1a
天竺葵属 *Pelargonium* H1c-H1b
白花丹属 *Plumbago* H2-H1a
报春花属 *Primula* H7-H2
蛾蝶花属 *Schizanthus* H3-H1b
千里光属 *Senecio* H7-H1b
燕水仙属 *Sprekelia* H2-H1c
扭管花属 *Streptosolen* H1c
丽蓝木属 *Tibouchina* H2-H1c
仙火花属 *Veltheimia* H2-H1c
马蹄莲属 *Zantedeschia* H5-H1b
葱莲属 *Zephyranthes* H4-H1c

观叶植物

蜘蛛抱蛋属 *Aspidistra* H3-H1c
吊兰属 *Chlorophytum* H3-H1c
菱叶白粉藤 *Cissus rhombifolia* H1c
菱叶藤属 *Rhoicissus* H1c
蓖麻 *Ricinus* H2

寒冷温室

观花植物

百子莲属 *Agapanthus* H6-H2（耐寒物种）
银莲花属 *Anemone* H7-H2
金鱼草属 *Antirrhinum* H1a（耐寒物种）
山茶属 *Camellia* H5-H2（耐寒物种）
番红花属 *Crocus* H6-H4
仙客来属 *Cyclamen* H7-H1b（耐寒微型物种）
荷包牡丹属 *Dicentra* H7-H5
欧石南属 *Erica* H7-H2
糖芥属 *Erysimum* H7-H3（耐寒物种）
风信子属 *Hyacinthus* H6-H4
素馨属 *Jasminum* H5-H1b（耐寒物种）
水仙属 *Narcissus* H7-H2
杜鹃花属 *Rhododendron* H7-H1c（耐寒映山红种在阴凉温室中）

观叶植物

铁线蕨属 *Adiantum* H7-H3（耐寒物种）

卫矛属 *Euonymus* H6-H3
八角金盘属 *Fatsia* H5-H2
常春藤属 *Hedera* H5-H2（耐寒物种）
月桂 *Laurus nobilis* H4
麻兰属 *Phormium* H4-H3
千母草属 *Tolmiea* H5

室内直射阳光

需要温暖房间的植物（18℃及以上）

凤梨属 *Ananas* H1a
叶子花属 *Bougainvillea* H2-H1c
一品红 *Euphorbia pulcherrima* H1b
朱槿 *Hibiscus rosa-sinensis* H1b
朱顶红属 *Hippeastrum* H2-H1a
爵床属 *Justicia* H1c
仙人掌属 *Opuntia* H4-H1c
千里光属 *Senecio* H7-H1b
珊瑚豆 *Solanum capsicastrum* H1c

需要凉爽房间的植物（5～18℃）

水塔花属 *Billbergia* H3-H1b
歪头花属 *Browallia* H1b
同叶风铃草 *Campanula isophylla* H2
辣椒属 *Capsicum* H1c
吊兰属 *Chlorophytum* H3-H1c
君子兰属 *Clivia* H1c
青锁龙属 *Crassula* H3-H2
仙客来属 *Cyclamen* H7-H1b
曲管花属 *Cyrtanthus* H4-H2
拟石莲花属 *Echeveria* H4-H2
非洲菊属 *Gerbera* H2-H1c
风信子属 *Hyacinthus* H6-H4
素馨属 *Jasminum* H5-H1b
伽蓝菜属 *Kalanchoe* H1b
纳丽花属 *Nerine* H5-H2
天竺葵属 *Pelargonium* H1c-H1b
五彩苏属 *Solenostemon* H1c
旋果花属 *Streptocarpus* H1c
仙火花属 *Veltheimia* H2-H1c

室内非直射阳光

需要温暖房间的植物——中水平光照（18℃及以上）

铁线蕨属 *Adiantum* H7-H3
尖萼凤梨属 *Aechmea* H1b
　（和所有凤梨植物）
花叶芋属 *Caladium* H1b
变叶木属 *Codiaeum* H1c-H1b
姬凤梨属 *Cryptanthus* H1a
花叶万年青属 *Dieffenbachia* H1a
藻百年属 *Exacum* H1c
荷威椰子属 *Howea* H1a
枪刀药属 *Hypoestes* H1b
红雾花属 *Kohleria* H1c
飘香藤属 *Mandevilla* H2-H1b
竹芋属 *Maranta* H1a
彩叶凤梨属 *Neoregelia* H1b
豆瓣绿属 *Peperomia* H1b
冷水花属 *Pilea* H1c-H1a
非洲堇属 *Saintpaulia* H1a
　（冬季需要直射阳光）
虎尾兰属 *Sansevieria* H1b

鹅掌柴属 *Schefflera* H4-H1b
大岩桐属 *Sinningia* H3-H1a
白鹤芋属 *Spathiphyllum* H1b-H1a
黑鳗藤属 *Stephanotis* H1a
旋果花属 *Streptocarpus* H1c
合果芋属 *Syngonium* H3-H1a
山牵牛属 *Thunbergia* H1c-H1a
紫露草属 *Tradescantia* H7-H1b

需要温暖房间的植物——低水平光照（18℃及以上）

铁角蕨属 *Asplenium* H6-H1b
肖竹芋属 *Calathea* H1a
袖珍椰子属 *Chamaedorea* H2-H1a
白粉藤属 *Cissus* H2-H1a
龙血树属 *Dracaena* H1c-H1b
喜荫花属 *Episcia* H1b-H1a
网纹草属 *Fittonia* H1a
喜林芋属 *Philodendron* H2-H1a

需要凉爽房间的植物——中水平光照（5～18℃）

昙花属 *Epiphyllum* H1c-H1b
麒麟叶属 *Epipremnum* H1b-H1a
八角金盘属 *Fatsia* H5-H2
银桦属 *Grevillea* H4-H2
龟背竹属 *Monstera* H1b
鹿角蕨属 *Platycerium* H1c-H1a
报春花 *Primula malacoides* H2，
　鄂报春 *P. obconica* H2
鹅掌柴属 *Schefflera* H4-H1b
垂蕾树属 *Sparrmannia* H1c

需要凉爽房间的植物——低水平光照（5～18℃）

蜘蛛抱蛋属 *Aspidistra* H3-H1c
熊掌木属 x *Fatshedera* H3-H2
常春藤属 *Hedera* H5-H2
凤尾蕨属 *Pteris* H4-H1c
菱叶藤属 *Rhoicissus* H1c

水培法种植的植物

花烛属 *Anthurium* H1a
袖珍椰子属 *Chamaedorea* H2-H1a
白粉藤属 *Cissus* H2-H1a
变叶木属 *Codiaeum* H1c-H1b
花叶万年青属 *Dieffenbachia* H1a
龙血树属 *Dracaena* H1c-H1b
麒麟花 *Euphorbia milii* H1b
垂叶榕 *Ficus benjamina* H1c
常春藤属 *Hedera* H5-H2
龟背竹属 *Monstera* H1b
肾蕨属 *Nephrolepis* H3-H1b
非洲堇属 *Saintpaulia* H1a
鹅掌柴属 *Schefflera* H4-H1b
白鹤芋属 *Spathiphyllum* H1b-H1a
旋果花属 *Streptocarpus* H1c

注释

☺　需要高湿度
H = 耐寒区域，见 56 页地图

凤梨植物

凤梨科（Bromeliaceae）是最丰富多样和最富于异域特色的植物科之一，拥有大约2000个物种，这类植物能够在家居环境或保育温室中呈现稀奇又美丽的面貌。大多数种类是热带附生植物，自然生长在树枝和岩壁上，用有锚定能力的根进行攀爬。这些植物能够通过它们的叶片直接从空气中吸收水分和营养，常常从雾气和低矮、充满湿气的云中吸收。其他种类是地生凤梨，生长在陆地上。

几乎所有凤梨科植物都会形成莲座丛，叶色常常很醒目或带有彩斑，而且许多种类会开出艳丽的花朵。它们的形状多样，从松萝铁兰（Tillandsia usneoides）修长优雅的银线，到仪表堂堂的亚高山火星草（Puya alpestris），后者在莲座形的拱形尖刺状叶片上方开出圆筒金属蓝色小花，形成浓密的圆锥花序。

展示附生凤梨

当大多数附生凤梨附着在乔木树干片段或树枝上，以模仿它们在自然界的生长方式时，展示效果最好。这种方法还能避免使用基质栽培植物时可能发生的根腐病和基腐病。最好的选择是将旧的带分枝树干片段切割成合适的大小。还可以使用美观的浮木片段。

在将植物附加在树干或树枝上的时候，通常从根坨底部开始最容易。向上移动，逐渐将苔藓紧实在根系周围，并用铁丝、绳线或酒椰纤维固定。

凤梨树

若使用直立的树枝，则应用水泥将它固定在深容器中；若容器较小，可使用强力黏合剂。也可使用金属框架建造人工树并覆盖树皮。适合用这种方式展示的植物种类很多，包括尖萼凤梨属（Aechmea）、姬凤梨属（Cryptanthus）、果子蔓属（Guzmania）、彩叶凤梨属（Neoregelia）、鸟巢凤梨属（Nidularium）、铁兰属（Tillandsia）和丽穗凤梨属（Vriesea）的许多物种。如果有可能，使用年幼植株，因为它们更易攀爬，恢复成形的速度较快。

在准备植物时，将根系周围的所有松散基质清除掉，然后将根系包裹在潮湿的泥炭藓中，并将它们绑在支撑结构上。不久之后，植物的根就会锚定在支撑结构上，然后就可松绑。某些小型植物可以牢固地插入裂缝中，不需要捆绑，如下文中铁兰属植物的展示方式一样。

展示铁兰属植物

铁兰属植物常常被称为"空气凤梨"，因为铁兰属植物几乎所有物种都缺少根系，主要从空气中的湿气里吸收营养。它们自然生长在各种森林、高山和沙漠生境（在北美洲、中美洲和南美洲）中，寄居在树枝和岩层上。在栽培时，铁兰属植物可以单独或成群攀爬在浮木块和软木树皮、岩石甚至是天然水晶上。将植物塞入裂缝或将其按压在支撑物上并用麻线固定（不能用胶水固定）。

使用苔藓包裹
将潮湿的泥炭藓围绕植株[这里是宽叶铁兰（Tillandsia latifolia）]包裹起来，然后用金属丝、麻线或酒椰纤维将根坨绑在支撑物上。苔藓应该时刻保持湿润。

作为盆栽植物的附生凤梨

许多在自然界附生的凤梨，特别是拥有彩色叶片的种类，以及尖萼凤梨属、水塔花属（Billbergia）、彩叶凤梨属、鸟巢凤梨属和丽穗凤梨属等通常是附生的物种和品种，只要使用合适的基质，常可作为盆栽植物种植。所用基质必须疏松、多孔，富含腐殖质且几乎不含石灰。配制这样的基质，可使用一半粗砂或珍珠岩加一半泥炭替代物。为确保多余的水分迅速流走，可在盆栽基质中添加部分降解的成块树皮。

种植地生凤梨

地生凤梨有数百种，分属于凤梨属（Ananas）、德氏凤梨属（Deuterocohnia）、雀舌兰属（Dyckia）、剑山属（Hechtia）、帝王花属（Portea）以及火星草属（Puya），不过其中最为人熟知的是菠萝（Ananas comosus）。在气温从不降低到7℃以下的地区，

适合室内种植的凤梨科植物

'三色'红凤梨 　　刚直铁兰 　　蛇仙铁兰 　　三色彩叶凤梨 　　红心凤梨

蜻蜓凤梨 　　绒叶小凤梨 　　微红鸟巢凤梨 　　小果子蔓　　虎纹凤梨

众多种类的地生凤梨都可露地生长。束花凤梨（*Fascicularia bicolor*）甚至可在0℃以下不加保护地生长。地生凤梨常常拥有坚硬的尖刺状叶片和蔓延性。虽然它们可作为室内植物盆栽，但如果在暖房或保育温室花境中给予更多空间，或者条件允许的话在室外种植，它们表现得会更好。使用吸引眼球的叶子和强烈的轮廓，它们能够为花园增添截然不同的景致，特别是和仙人掌及其他多肉植物或者亚热带植物一起用在种植设计中时。

附生凤梨在夏季喜欢明亮的过滤阳光，而在冬季和春季数小时的阳光直射能够让叶片颜色保持浓郁并促进开花。地生凤梨全年喜明亮光照。低水平光照强度和短日照条件常常会诱导休眠。

日常养护

由于大部分凤梨科植物来自热带雨林，因此它们需要温暖潮湿的条件才能茂盛生长，大多数需要10℃的最低温度。在合适的生长条件下，它们只需要极少的养护，但在室内需要花费精力维持足够的湿度。

浇水

由于附生凤梨从空气中吸收水分，因此应该每天给它们喷雾，而不是传统的浇水。尽可能使用软水或雨水，特别是针对那些不能忍耐石灰的种类，如尖萼凤梨属、彩叶凤

根状茎的分株
轻柔地梳理根状茎，并将吸芽从母株[这里是俯垂水塔花（*Billbergia nutans*）]上切下，不要损伤根系。

梨属、鸟巢凤梨属、铁兰属和丽穗凤梨属植物。在春季和夏季，每4～5周在喷雾中增添稀释的液态兰花肥料，使植株保持健康和健壮（见"施肥"，374页）。只要提供足够的湿度，种植在凉爽气候中的凤梨植物便可在冬季进行休眠（此时要降低浇水频率）。

当植物的根系周围缠绕着泥炭藓时，这些苔藓必须时刻保持湿润，应该定期将微温的水洒在上面，并不时对叶面喷雾。

对于那些莲座丛在中央形成天然凹室的凤梨科植物，其中应该装满水，尤其是在特别炎热干燥的条件下。当中央花序显示出明显的发育迹象后，立即停止为凹室浇水，这将防止凹室内产生残渣，污染正在形成的花序。

繁殖

凤梨科植物可进行营养繁殖或播种繁殖。大多数附生植物会产生吸芽，可将其从母株上分离并单独种植，而具匍匐茎的地生凤梨可在生长期开始的时候进行分株。

附生凤梨的吸芽

许多附生凤梨是一次结实植物，意味着莲座丛只开一次花，然后就会死亡。不过，在开花前，它们会在成熟莲座丛基部周围长出吸芽。吸芽应原地保留，直到长至母株大小的大约三分之一（如果提前从母株上分离，吸芽需要更长的时间独自生长成形）。在许多情况下，可徒手将吸芽掰下来，但针对某些吸芽，必须使用锋利的小刀尽可能贴近母株割下。如果吸芽已经长出了根系，则应该小心地保留它们。将母株重新种回去，它还可产生更多吸芽。

一旦分离下来，就应该立即将吸芽转移到准备好的花盆中，花盆中填充排水顺畅的基质，由等比例的泥炭替代物、腐熟腐叶土以及尖砂组成，让吸芽的基部正好紧实地埋在基质中（见"通过分吸芽繁殖"，左）。将年幼植株放置在21℃的轻度遮阴环境中，每天用微温的水少量喷雾。

非一次结实物种的吸芽可以从母株上分离下来，并按照与成年植株相同的方式附着在支撑物上。吸芽可能还没有长出根系，但只要经常为植株喷雾并在植株基部添加一些泥炭藓来保持湿度，根系会很快发育出来。

地生凤梨的吸芽

某些地生凤梨（如凤梨属和剑山属部分种类）拥有匍匐根状茎，其上也会产生吸芽。在生长期开始时，将母株从土地中挖出或从容器中取出，以便在切下吸芽时不损伤母株。吸芽常会长出一些根系，应尽可能加以保留。将母株重新种下，并将年幼吸芽上盆到由1份切碎泥炭替代物、1份腐叶土以及3份粗砂配制而成的混合基质中。

用种子繁殖凤梨植物

大多数凤梨科植物种子的播种方式与其他植物的种子类似（见"在容器中播种"，605页），不过要在种子新鲜时播种，这一点很重要，因为除了少数例外，它们保持活力的时间并不长。

铁兰属植物种子的播种方法比较特殊，这些种子常常带翅，以便更好地扩散。将这些种子播种在成束的崖柏属（*Thuja*）植物等松柏类的嫩枝上，这些嫩枝是用泥炭藓包裹起来并捆扎成束的。将成束嫩枝悬挂在轻度遮阴的位置，定期喷雾，并确保空气自由流通但没有明显气流。如果保持大约27℃的温度，种子会在3～4周内萌发。然后，可以将年幼的植株转移到树枝或其他类型的支撑物上继续生长。

用种子繁殖铁兰属植物

1 使用麻线、椰椰纤维或金属丝将崖柏属植物的嫩枝夹杂着潮湿泥炭藓捆扎成束。将种子均匀地撒在准备好的成束嫩枝上，种子会很轻松地黏附在苔藓上。

2 用细喷雾为种子浇水，然后将嫩枝束悬挂起来（见内嵌插图）。继续定期喷雾。

通过分吸芽繁殖

1 当吸芽长到母株（这里是一株尖萼凤梨属植物）大小的三分之一时，用小刀将它们割下。保留它们可能已经长出的根系。

2 将每个吸芽上盆到用等比例的切碎泥炭替代物、已降解腐叶土以及尖砂配制而成的混合基质中，让基部正好位于基质表面。

土壤准备和种植

适合室内环境的强壮健康植物是成功种植的关键。由于盆栽植物生长在体积有限的土壤中，因此使用合适的基质并用正确的浇水方式维持基质中的营养水平很重要。

选择植物

许多室内植物是生长在容器中的。如果可能的话，在销售点检查它们的送达日期，并选择那些最近到货的植物，每种植物都应该标记着全名和详细栽培信息。

寻找拥有强壮茎干、健康叶片、茁壮生长点的强健植物；不要使用任何拥有细弱枝条、枯梢，或者叶片发黄、萎蔫或焦边的植物。选择比较年幼的植物，和较老的植株相比，它们能够更容易地适应新的生长条件。不要购买根系被容器束缚的植物或者基质干燥、多杂草或覆盖着苔藓的植物——它们folkscheid缺乏养分，很难完全恢复。确保生长点和叶片没有感染病虫害。

开花植物应该有许多即将显色的花蕾。攀缘植物应该正确地进行修剪和整枝。不要在冬季购买热带植物，因为骤然的温度变化会伤害它们。如果在寒冷的天气中运输植物，要将它们包裹完好以保暖。

为植物选址

将植物放置在能够提供其所需温度、湿度和光照的房间。原产于亚热带或热带地区的开花室内植物如果放置于太凉爽或光线太弱的环境中，会开花不良或根本不开花，而许多观叶植物能忍耐凉爽荫蔽的条件。仙人掌和其他需要干燥空气的植物需要明亮、通风和干燥的条件，而蟆叶秋海棠（*Begonia rex*）之类的植物需要更高的湿度。如果你家中的条件不适合某种特定的植物的生长，选择同一个属的不同品种也许会更好。

盆栽基质

总是为室内植物使用精心准备的优质盆栽基质。含壤土基质一般最合适，因为与含泥炭替代物的基质相比，它们含有并能保持更多养分，干燥的速度较慢，并且更容易重新湿润。它们更重，可以为大型盆栽植物提供稳定性。

含泥炭替代物的基质常常用于短命植物，如报春花（*Primula malacoides*）。与含壤土基质相比，它们本身的肥力很低，在这些基质中生长的植物需要精心定期施肥。这些基质容易随时间流逝而失去它们的结构，降低通气性并造成浇水困难。厌钙植物（如山茶花）需要特别的不含石灰或喜酸植物基质。其他类群的植物如兰花（见"兰花"，372~375页）需要专用基质。更多信息，见"适用于容器的基质"，332~333页。

聚集植物

为便于管理，可以将浇水、湿度、温度和光照需求相似的

选择室内植物

好样品　　　　　　　　坏样品

- 茁壮的健康地上枝叶
- 强壮的茎干
- 良好的叶色
- 潮湿、无杂草的基质

- 细长、不均衡的枝条
- 无生气的叶片
- 干燥或长满杂草的基质

五彩苏属

植物支撑结构

室内植物可以使用各种支撑结构。选择适合植物生长习性的支撑物，将其生长速度和最终大小考虑在内。

拥有气生根的植物在苔藓柱上生长得很好；将枝条绑扎在上面直到根系扎进去。有数根茎的攀缘或蔓生植物可以整枝在金属线圈上。使用单环或数环线圈，具体取决于植株的茁壮程度。8个金属线圈组成的气球形结构很美观，能够为这些植物提供良好的空气循环和充足光照。

许多攀缘植物使用缠绕茎、叶柄或卷须支撑自己，并能够轻松地爬上竹竿三脚架；它们在开始时可能需要绑扎。单干型植物只需要一根竹竿提供支撑；在种植前插入竹竿，防止损伤根系。关于支撑的更多细节，见"绑结和支撑"，542页。

攀缘喜林芋 — **苔藓柱**　将带有气生根的茎缠绕在柱子上，进行绑扎，使它们紧密接触苔藓。
- 潮湿的苔藓
- 自然生长方向
- 钉在苔藓柱上的枝条

素方花 — **金属线圈**　将蔓生植物整枝在插入盆栽基质中的金属线圈上。随着它们的生长进行定期绑扎，必要的话可增加线圈。
- 顶端绑在一起的金属线圈

'白斑'垂叶榕 — **立桩**　在种植前将竹竿插入基质中。把年幼植株的茎绑在上面。
- 塑料纽结
- 竹竿

络石 — **竹竿三脚架**　通过绑扎，促使攀缘植物的茎或卷须缠绕在竹竿上。
- 用麻线将3根竹竿绑成三脚架

植物聚集在一起。如果在同一个容器中种植，要确保盆栽条件适合所有植物。在永久性的植物设计中，使用生长速度相似的植物，否则健壮的种类会淹没比它们更柔弱的毗邻植物。

为在干燥的中央供暖建筑中增加湿度，将盆栽单株植物聚集在一起，摆放在浅钵或托盘中的潮湿沙砾上。或者将花盆倒扣在托盘里的水中，再将植物放在花盆上，根系位于水面之上。

齐边埋入盆栽植物

设置在大型容器中的植物可以带各自的花盆齐边埋入保水性材料（如陶粒）中，以减少水分流失并提高小气候的湿度。陶粒在水中能够吸收本身重量40%的水分，所以要使用不透水的外层容器。任何超过最佳观赏期或太大的植物都可以轻松地移走。也可以分株（见"分株"，628~630页）后重新种植。

椰壳纤维、树皮和泥炭替代物也可作为齐边埋入的材料，但植物可能会将根系插入其中，让它们难以被移走。浇太多水的泥炭替代物可能导致涝渍，会让植物的根系腐烂。湿度计可以用来检测植物何时需要水分。

种植吊篮或盒子

带5厘米网眼的传统铁丝篮能够在阳台、保育温室或暖房内作为用途广泛的悬containers（见"吊篮"，322页）。还可以使用种植兰花时使用的传统板条木盒；它可以购买，也可以很容易地制作（见"如何制作板条木盒"，右）。在滴水可能造成损害的地方，使用不透风或带有衬垫的吊篮或盒子，附带一个滴水托盘或没有排水孔的外层容器。浇水时要当心，避免涝渍。

在悬挂容器中种植植物时，将它放在桶或大花盆上，使其保持稳定并远离地面。使用衬垫减少水分损失，或者使用泥炭藓；在苔藓和基质之间放置浅碟，形成小型储水池。含壤土或泥炭替代物且不含泥炭的室内植物盆栽基质适合使用，不过含壤土基质干燥后更容易重新湿润。

从容器的底部分阶段进行种植。如果有必要的话，在塑料布上

如何制作板条木盒

1 将横截面为20毫米×20毫米的木条切成14根侧板，每根长25厘米。为保证切口笔直，使用镶板锯和锯盒来切削木条。将侧板垫在木材边料上并在锯盒中固定好后进行切割。

2 在侧板的一面钻孔，钻孔位置为距离两端1.5厘米的中央处。使用3毫米的木工钻头钻孔。在侧板对侧的相同位置钻孔，钻孔时要在下面垫上边料。

3 切割下一块25厘米见方的胶合木，使用3毫米钻头在方木板四角、距边缘1.5厘米处钻孔。使用8毫米木工钻头在木板上钻出7~9个均匀分布的排水孔。

4 使用老虎钳剪下两根至少30厘米长、包有塑料的结实电线。从同一侧将两根电线穿进胶合木木板对角线两端的孔中，然后拉平。

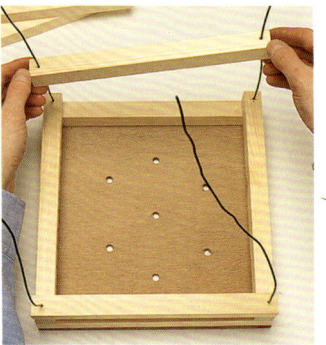

5 确保木板上露出的4段电线长度相等，然后制作木盒的侧壁。穿入最后一根侧板后，将每根电线的末端拧在铅笔上形成牢固的线圈。剪去多余的电线。用无毒涂料粉刷。

聚集植物
这些互相映衬的观叶植物很容易管理，因为它们对光照、温度和水分的需求相似。聚集在一起的植物能够创造竹芋属植物喜欢的稍高湿度。

竹蕉群香龙血树'柠檬来檬'
斑叶竹芋
花纹竹芋
白竹芋
'斑纹'薜荔
乌毛蕨

玻璃容器的推荐种植植物

金线石菖蒲 Acorus gramineus var. pusillus H6
楔叶铁线蕨 Adiantum raddianum H1c
'斯氏'密花天冬 Asparagus densiflorus
　'Sprengeri' H1c
巢蕨 Asplenium nidus H1b
'虎掌'秋海棠 Begonia 'Tiger Paws' H1b
锦竹草属 Callisia H1c-H1b
袖珍椰子 Chamaedorea elegans H1a
青紫葛 Cissus discolor H1c
变叶木属 Codiaeum H1c-H1b
　姬凤梨 Cryptanthus acaulis H1a,
　绒叶小凤梨 C. bivittatus H1a,
　隐花凤梨 C. bromelioides H1a,
　环带姬凤梨 C. zonatus H1a
可爱竹芋 Ctenanthe amabilis H1b
银纹龙血树 Dracaena sanderiana H1c
吐烟花 Elatostema repens H1b
喜荫花属 Episcia H1b-H1a
薜荔 Ficus pumila H2
红网纹草 Fittonia albivenis Verschaffeltii Group H1a
常春藤属 Hedera H5-H2（微型种类）
叶穗枪刀药 Hypoestes phyllostachya H1b
红果薄柱草 Nertera granadensis H2
纽扣蕨 Pellaea rotundifolia H2
皱叶椒草 Peperomia caperata H1b
花叶冷水花 Pilea cadierei H1c
银脉延命草 Plectranthus oertendahlii H1c
欧洲凤尾蕨 Pteris cretica H1c
非洲堇属 Saintpaulia H1a（微型种类）
'短叶'虎尾兰 Sansevieria trifasciata 'Hahnii' H1b
孔雀木 Schefflera elegantissima（实生苗）H1b
卷柏属 Selaginella H2-H1b
金钱麻 Soleirolia soleirolii H4
红背耳叶马蓝 Strobilanthes dyeriana H1b
绿锦草 Tradescantia cerinthoides H1c,
　白花紫露草 T. fluminensis H1c,
　蚌花 T. spathacea H1c

注释

H = 耐寒区域，见56页地图

剪出切口，将植物插入吊篮或盒子的侧壁。

种植后的吊篮和木盒很重，所以要保证铁链的支撑和安装必须结实。通用的铁钩安装能够让容器旋转，均匀接受光线。

在玻璃容器中种植

在种植之前，彻底清洁玻璃容器，避免藻类和真菌病害的污染，它们会在封闭潮湿的环境中滋生。选择高而直立的植物以及较小的匍匐植物，并在开始种植前确定如何安排它们的位置。

由于玻璃容器是自足式的，因此必须拥有一层排水材料，如陶粒、沙砾或卵石以及部分园艺木炭等，后者能够吸收任何气体副产品，并帮助基质保持新鲜。质量较轻、排水顺畅但又能保湿的盆栽基质是最合适的。可以额外添加泥炭替代物，以保持土壤的良好透气性。

使用根系足够小、可以在浅基质中快速恢复的年幼植株。在种植前为它们浇透水，并清除死亡叶片。将植物插入基质中并为它们的扩展留出空间。如果玻璃容器小得难以容纳一只手，可以在小锄子上连接一段劈开的竹竿来辅助种植，并在另一根竹竿上连接软木塞或棉线卷来紧实基质。用苔藓或卵石覆盖裸露区域，防止基质脱水，并在盖上盖子之前浇少量水。

一旦成形，玻璃容器就需要很少甚至不需要浇水（见"玻璃容器和瓶子花园"，378页）。如果玻璃上出现过多冷凝水珠，则为玻璃容器通风直到玻璃只在早晨出现少量雾滴。

在玻璃容器中种植

1. 在安排植物的位置时，将较高的植物放在后面（如这里所示）或中间，这取决于玻璃容器是从前面观赏的还是从各个侧面观赏的。这里所用的植物如图所示：密花天冬斯氏群、可爱竹芋、'斑纹'薜荔、珊瑚卷柏、金钱麻、'金叶'小翠云。

2. 在玻璃容器底部覆盖一层2.5~5厘米厚的卵石和少量园艺木炭。增添2.5厘米厚的潮湿盆栽基质。

3. 将每株植物从花盆中取出并摇晃掉所有松散基质，轻柔地梳理根系，减小根坨的大小，以帮助植物恢复成形。

4. 使用小锄子或其他小型工具为植物挖出种植穴，小心地将它们插入，并在植物之间留出未来生长发育的空间。

5. 在植株周围填充更多潮湿基质并紧实表面。安装在劈开竹竿末端的软木塞能够成为大小合适的捣棒。

6. 使用镊子将一层苔藓（或卵石）放置在植物之间的任何裸露基质上。这会防止基质干燥脱水。

7. 用细雾为植物和苔藓喷少量水，重新盖上盖子。之后，玻璃容器就可用于展示了。

精心组织的环境

将植物安置在架子或工作台上[这里是蕨类和'白蝴蝶'旋果花(*Streptocarpus* 'White Butterfly')]为日常养护提供便利,同时改善保护设施内的空气循环。

保护设施中的土壤准备和种植

温室能够对环境进行控制,并增加在温带或冷凉气候区可以种植的植物种类。

土壤苗床和工作台苗床

虽然温室内的观赏植物可以种植在花盆里,但也有许多种类(特别是攀缘植物和木质灌木)可以种植在土壤花境中。在修建新的保育温室时,在设计阶段就要考虑需不需要设置土壤花境。抬升且排水顺畅的土壤苗床会提供良好的展示方式。充分准备土壤苗床,因为观赏植物会在其中生长一些年份。在种植前4周准备苗床,让土壤充分沉降,苗床至少应该有30~45厘米深,底部设置7~15厘米深的排水材料。

工作台苗床可用于繁殖和培养不同的植物以及特别收集的专类植物。工作台苗床是浅的抬升苗床,通常齐腰高,位于支撑框架或柱子上。它们很适合种植小型植物,可使用土壤加温电缆(见"繁殖设施",555页)和自动灌溉系统(见"灌溉",554页)。在选择工作台位置时,最大限度地利用现有的光源。

工作台苗床通常是用铝或木材修建的,使用金属网或穿孔塑料布作为衬垫。它们应该至少有15~22厘米深,为便于操作,宽度不应超过1米。7厘米厚的排水材料足够使用。

保护设施中的基质

对于土壤苗床,使用添加有机质的排水顺畅的含壤土基质,有机质的添加量为每平方米10升。不要使用未经消毒的园土,因为其中会含有害虫、病菌和杂草种子。对于业余爱好者,并没有容易使用且安全的化学土壤消毒方法,而且热消毒装备尽管很有效,但也很昂贵。

保护设施中一般使用含壤土基质。它们本身就包含养分和微量元素,而且不会像不那么肥沃的含泥炭替代物的基质那样容易被淋洗滤出。含壤土基质在干燥后也更容易重新湿润。

为特定用途以及为特别需要的植物类群选择合适的基质很重要。大多数盆栽植物需要排水顺畅、呈中性的优质含壤土基质。热带植物喜欢含更多腐殖质的土壤,所以要在填充容器或土壤苗床之前增添额外的腐叶土。大多数蕨类、石南植物以及许多百合需要喜酸植物基质,绣球花也需要这样的基质才能开出蓝色花而不是粉红花。

种植在花境中的观赏植物需要每年在表层土中按每平方米50~85克的量施加均衡肥料,并在春季用腐熟堆肥覆盖护根。如果数年后需要更新,则要先经过繁殖,再将植物移走并处理。在种植前,掘入一些腐熟基质或粪肥,再混入缓释肥。

在观赏植物苗床中,病虫害很少会积累到需要更换或消毒土壤的程度。当农作物生长在花境中时,病虫害可能会快速增加,土壤通常需要每年更换或消毒。农作物最好栽培在种植袋或容器中,如果出现问题,则可以对基质进行处理。要确保带排水孔的容器基部不和花境土壤发生接触。这能避免病虫害的交叉污染。

种植瓶子花园

瓶子花园提供了一种在密闭小气候中种植株型很小、生长缓慢植物的美观方法。许多可种植在玻璃容器中的小型植物都可使用(见"玻璃容器的推荐种植植物",370页)。可使用任何干净无色或稍带颜色的玻璃瓶——只要瓶颈足够宽,可以轻松地插入植物即可。如果瓶颈太窄难以容纳一只手,可以使用劈开的竹竿、金属线圈以及普通的家庭用具(如甜点叉和茶匙)制作专门的工具,来辅助种植和日常养护。

在宽漏斗或硬纸管的帮助下,将陶粒倒在瓶子中,提供3厘米深的排水材料层,并添加一把园艺木炭以保持基质的芳香。再覆盖一层5~7厘米厚的、湿润的、含泥炭替代物的盆栽基质。如果要从前方观赏瓶子,则使用小锄子将后部的基质垫高。如果瓶子要从各个方向观赏,则将基质弄平。

从瓶子四周开始向中间种植。将植物从它们的花盆中取出并摇晃掉多余基质。使用镊子、钳子或扭曲成套索的一段金属丝小心地将每棵植物放入种植穴中。植株之间的间距至少为3厘米,留下进一步生长的空间。用基质覆盖根系,然后使用软木塞制作的捣棒将基质压实。

将一杯水沿着玻璃瓶的内壁慢慢倒进去以湿润基质,然后用泥炭藓覆盖裸露区域以保湿。用固定在一段竹竿或坚硬金属线上的海绵清洁玻璃内壁。如果种植后玻璃瓶不加密封,应该时不时地浇水。

'紫叶'叶穗枪刀药 — 巢蕨
银纹龙血树 — 非洲堇属品种
'夏娃'洋常春藤 — 小翠云
'斑纹'叶穗枪刀药 — 泥炭藓

种植

选择能够在提供的温度范围内生长良好的植物(见"室内植物的种植者指南",365页)。确保观赏植物或农作物的种植间距能够允许空气自由流通,从而抑制病虫害的扩散。在确定植物的位置时,要让它们能够得到最符合其生长要求的光照和通风条件。充分利用设备完好温室中提供的温度、光照强度、湿度和空气循环控制系统。

兰花

兰科植物包括大约750个属、将近25000个物种以及超过100000个杂种。奇异的花朵和有趣的株型使兰花成为非常受欢迎的观赏植物，它们主要用于室内观赏，不过也有些地生物种比较耐寒。

地生兰

顾名思义，这些兰花生长在多种栖息地的地面上。生活在温带至寒带地区的大部分种类会在开花后枯死，并在冬季以块茎或类似贮藏器官的形式度过休眠期。这些耐寒或近耐寒地生兰的单朵花虽小，但会形成密集的花序。许多种类可用于岩石园或高山植物温室（见"高山植物温室和冷床"，289~291页）。

某些地生兰一个如兜兰属（*Paphiopedilum*）植物来自较温暖的地区，并生活在那里被庇护的地方（如森林的地面上）。这些植物会终年保持常绿，但由于比较脆弱，需要种植在温室中。

附生兰

在兰花爱好者所种植的兰花中，附生兰占了非常大的比例，它们在结构和生长习性上都非常不同。顾名思义，它们寄居在树木的分枝之间。

它们并不是寄生植物（因为它们不吸收树木的营养），而是"寄宿"植物。它们从雨水溶解的物质以及围绕它们根系积聚的残渣中吸收养分。一些被称为岩生兰的植物以相似的方式生活在岩石上。在温带地区，附生兰需要在玻璃覆盖的保护设施中生长。

合轴和单轴

附生兰有两种生长方式：合轴和单轴。合轴生长的兰花，如卡特兰属（*Cattleya*）和齿舌兰属（*Odontoglossum*）的物种和杂种，拥有匍匐生长的根状茎。每个季节，新的枝从根状茎的生长点上长出来，这些新枝会长成膨大的茎结构，在植物学上称为假鳞茎。不同合轴物种的花差异很大，并且可能从假鳞茎的顶端、基部或侧边长出。

单轴兰花以不确定的方式进行生长。茎无限地延长，随着顶端长出新的叶片而变高。单轴兰花包括许多最壮观的属，如石斛属（*Dendrobium*）和万代兰属（*Vanda*）。这些种类的兰花生长在世界较温暖的地区，穿过浓密的丛林枝叶朝着阳光的方向攀爬。大多数单轴兰花沿着它们的茎在叶腋处伸展出优雅下垂的花朵，它们的茎上还常常长出气生根。

在哪里种植兰花

某些兰花需要相当严格的生长条件，不过人们已经培育出了许多容易栽培的杂种，这些杂种可以成功种植在家中。在从众多类型中做出选择之前，要考虑你所能够提供的条件和养护。许多室内兰花需要稍湿润、没有气流的环境。

耐寒地生兰[尤其是杓兰属（*Cypripedium*）]在岩石园或高山植物温室中表现良好，其他种类的兰花（通常被称为半耐寒兰花）也可以在气候温和地区的不加热条件下生长，包括喜凉爽的独蒜兰属（*Pleione*）和白芨属（*Bletilla*）植物，它们只需要足够的热量保证无霜条件即可。

冬季夜里最低温度为10℃的凉爽温室适合众多不同种类的兰花，包括蜘蛛兰属（*Brassia*）、贝母兰属（*Coelogyne*）、兰属（*Cymbidium*）、石斛属（*Dendrobium*）、蕾丽兰属（*Laelia*）、齿舌兰属（*Odontoglossum*）、文心兰属（*Oncidium*）以及兜兰属（*Paphiopedilum*）的部分物种和杂种。

冬季夜里最低温度为13~15℃的中间型温室能够大大增加种植的种类，包括卡特兰属及其近缘属的物种和杂种，还有齿舌兰属和兜兰属的更多物种和杂种。

冬季夜里最低温度至少为18℃的温暖温室能够为蝴蝶兰属（*Phalaenopsis*）和万代兰属的物种和杂种提供必需的生长条件，此外还有石斛属的喜热物种和杂种，以及来自热带和亚热带地区炎热潮湿低地的许多兰花。

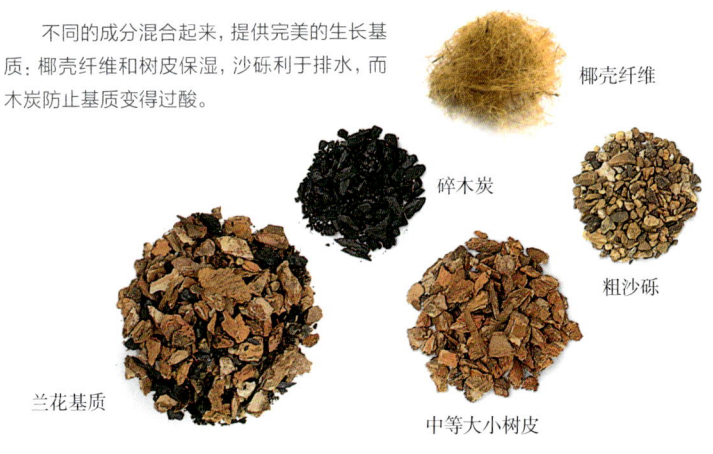

选择植物

最好从专业兰花苗圃获得植物，那里还能根据你家中的生长条件推荐合适的兰花物种。杂种兰花一般是最容易栽培的，培育它们的部分目的就是得到健壮的活力和轻松的养护。兰花物种在和自然生境相似的环境中生长得最好，但这些自然生境通常很难再现。

由于商业大规模生产技术的贡献，兰花的价格不再高昂得令人却步。可以用中等价格在你造访的专业兰花苗圃中买到正在开放的美丽但尚未获奖的兰花。所有兰花中最便宜的是未开花的幼苗，它们可能需要数年才能开花；开花效果也并不确定，不过其中一株幼苗在将来也许会成为获奖兰花。

栽培

附生兰不寻常的结构和生长习

推荐的兰花种类

石斛 | '斯卡奈德'兰 | 罗氏万代兰

硬皮兜兰 | 博氏卡特兰 | 白唇密尔顿兰

适合附生兰使用的基质

不同的成分混合起来，提供完美的生长基质：椰壳纤维和树皮保湿，沙砾利于排水，而木炭防止基质变得过酸。

椰壳纤维

碎木炭

粗沙砾

兰花基质

中等大小树皮

性使它们以纤弱和难以种植而闻名。不过，只需要一点知识，大部分困难可以轻松地克服。

基质

虽然大多数附生兰可以种植在花盆中，但它们的根系更适应树木或岩石（岩生兰）上的开阔条件，因此它们不能忍受适用于大多数植物的致密基质。浇水后，兰花基质必须能够非常顺畅地排水，如果它们保持潮湿太长时间，根系就可能腐烂。松树或冷杉树皮能成为很好的盆栽基质，其中需要一些添加物来保持结构疏松并防止基质变酸。合适的盆栽基质配方如下：3份中等颗粒树皮（无尘）、1份粗砂或珍珠岩、1份碎木炭块，以及1份碎干叶或纤维状泥炭替代物。常用的树皮替代物是石棉，它是用熔化的矿物质岩石纤维制造的。其多孔结构能为兰花的健康生长提供精准的水汽比例。专用基质常常可以从兰花苗圃中获得。

地生兰也需要比其他植物的基质排水更顺畅的盆栽基质。合适的基质可以用3份纤维状泥炭替代物、3份粗砂，再添加1份珍珠岩和1份木炭配制而成。

上盆

当一株兰花已经充盈其容器的时候，就应该将它转移到比原来容器大一或两号的新花盆中，以为其提供进一步生长的空间。选择能容纳植株根系并允许一两年生长（不要更多）的花盆；对于根系而言，太大的花盆很容易导致基质中水汽的污浊停滞。对于重量较轻、容易被碰翻的花盆，可以使用较重的含壤土基质来增加重量。

用一只手抓住植株，使根颈正好处于花盆边缘的下方，然后将基质围绕根系填充，拍打花盆让基质沉降。使用相对比较干的基质，换盆后为基质浇透水。应该尽量减少对植物特别是根系的扰动。

在允许更多空气抵达根系的容器（如金属线框或木板条吊篮）中，某些附生植物生长得很好。这样的容器对于奇唇兰属（Stanhopea）物种必不可少，因为它们的花梗会向下穿透基质，在容器的底部开花。

在为合轴类兰花上盆时，可以移走失去叶片的两季或三季老假鳞茎并用于繁殖（见"分株繁殖"，375页）。将植物的后部抵在容器一侧，在对侧留出新枝的生长空间。

支撑

许多花序本身足够强健，不需要支撑。不过其他种类的花序需要精心立桩支撑才能呈现最好的观赏效果，特别是那些开花枝很长且花朵较重的兰花。使用直立竹竿或结实的金属条，尽量不露痕迹地将开花枝绑在上面。在开花枝正在生长，花蕾还未开放时进行绑扎。避免改变植株的位置，否则观赏效果会被破坏，因为花朵会朝向不同的方向。

在树皮上生长

某些不能在容器中生长的兰花，如果攀爬在成块树皮或树状蕨上并且根部包裹苔藓，就会生长得很茂盛，不过它们还需要恒定湿润的空气。首先必须将它们牢固地绑在平板上，可以使用细铁丝来绑。新的根系会逐渐出现，它们会吸附在平板上，从而将植株固定起来。

日常养护

为确保栽培的成功，为兰花提供它们需要的特殊养护是至关重要的。

浇水和湿度

它们也许是兰花栽培中最重要的因素。浇水的频率以避免基质干燥为宜，但浇水不要过于频繁，否则会造成基质涝渍——在一年中的大多数时间通常每周一次或两次就足够了。在夏季，植物可能需要每天浇一次水，而在较短暂的冬季，可能只需要每两周或三周浇一次水。

通常推荐使用雨水，不过可饮用的自来水也很安全。应在清晨浇水。不要让水在叶面上停留太长时间，否则，如果植株暴露在烈日下，叶片就会被灼伤。必须避免过度浇水，但要浇透，使基质均匀湿润。在下一次浇水之前，让基质几乎变干——但不能干透；若不能确定，

展示附生兰

大多数附生兰可以种植在花盆中，不过它们也可以成功地栽培在吊篮中或树皮上。将植株保持在恒定湿润的空气中直至其成形。

盆栽
选择允许植株继续生长不超过2年的花盆，填入标准兰花基质。将兰花[这里是马氏轭瓣兰（Zygopetalum mackaii）]种下并紧实。

吊篮
在带有泥炭藓衬垫的吊篮中填充标准兰花基质，将兰花种在其中。某些兰花[这里是虎斑奇唇兰（Stanhopea tigrina）]的开花枝会穿过基质，在吊篮基部开放。

在树皮上生长
将潮湿的苔藓绑在一块树皮上，然后用细铁丝将兰花[这里是'幸福'石斛（Dendrobium Happiness）]的根系固定在上面。

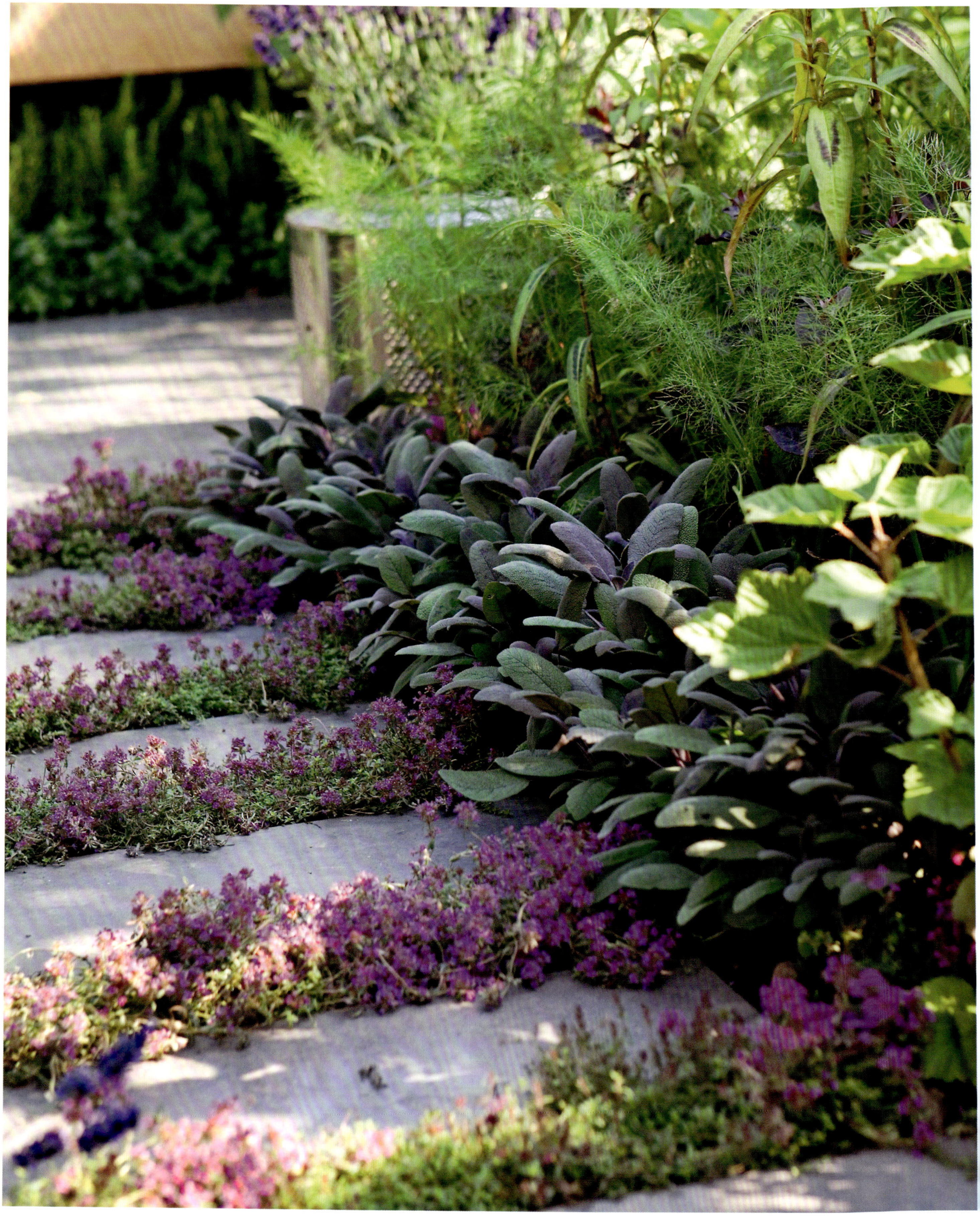

种植香草

无论是作为装饰性的景致单独种植或和其他植物混合种植在花境中，还是种植在秩序井然的菜畦里，香草都能为花园增添独特的魅力。

它们总是因为在烹调、美妆或医疗上的功能而备受重视，但它们也能成为美观的花园植物并大大增加生物多样性。虽然很少有香草能开出绚烂的花朵，但许多种类拥有优雅的美观叶片，并且几乎所有香草都值得仅仅因其香味而种植——从香蜂草的强烈柑橘香气到茴香的茴芹气味，还有果香菊的甜香苹果香味。它们的芳香难以抵抗，而充满蜜露的花朵会吸引蜜蜂和蝴蝶，从而将昆虫的嘤嘤嗡嗡之声引入花园的宁静之中。

使用香草进行设计

种植香草令园丁既能收获花园的愉悦，又可以享受菜畦的产出。香草种植的效果极富装饰性，其气味芬芳，风味独特，而且能够以低成本得到产出。根据定义，香草是指那些具有烹调或医疗功能的所有植物，它们的种类极为广泛，包括一年生植物、二年生植物、灌木和乔木等。历史上，香草曾用于调味和保存食物，还用于制作各种药材和化妆品。它们的美丽外表也一直被人们所关注，而在今天，它们的观赏性和实用性具有同等的价值。

家庭香草

虽然新鲜和干燥的香草在很多商店和超市有售，但它们的香味和味道很少会像你从自家花园中亲自采下的那些香草一样好。在室内享受它们的香味，并将它们融入花园种植以在室外闻其芳香，或者干制后制作混合干花或填充枕头。在全世界范围内，香草都被用来提升和调和其他食物的味道，将最简单的饭菜升级为精致美馔。香草的疗效和美妆功能也很著名：数千年来，它们曾被用在无数种类的草药和化妆品中。

烹调用途

刚刚采收的新鲜香草在许多经典菜肴中是必不可少的，如番茄配罗勒沙拉、土豆蛋黄酱配香葱，以及琉璃苣配餐后甜酒。在某些情况下，花朵可以用作可食用的装饰：琉璃苣、香葱、西洋接骨木和金盏菊都很容易种植并且会开出美丽的花朵。茎干，如用于糖渍的当归、用于烧烤的迷迭香或月桂枝叶，也很容易生长，但其除花园种植外很难获得。芳香的种子或称香料更容易获得，不过它们很便宜，也很容易生产。

某些香草如香蜂草、果香菊以及胡椒薄荷可以煮在热水中制作香草茶，它们比普通的茶和咖啡更健康，因为其中不含单宁或咖啡因。大多数香草茶是使用干制叶片、花或种子制作的，它们也可以使用新鲜叶片制作。

医用香草

草药在世界上的许多地方都很常用，而香草花园能够为家庭提供治疗各种小病患的良方。例如，薄荷是一种温和的麻醉剂、非常有效的防腐剂，并且能缓解许多消化问题。芳香疗法专家还使用许多香草基础油为人体的不同部位按摩。一般而言，不建议在不具备专业知识的情况下将香草用于医疗用途。

化妆和芳香用途

许多香草对皮肤和头发的状况有改善作用，可使用在化妆品中，如迷迭香、香果菊和薄荷使用在香波和护发素中，百里香可用作漱口水中的抗菌成分，金盏菊和接骨木的花用在爽肤水中。

如果将芳香香草制备到家用器具如香盒和亚麻香包中，你就可以全年欣赏它们的香味。

花园中的香草

人们种植的大部分香草仍然是野生物种，但如今也有了许多品种，它们在株型、叶片或花朵颜色上有所不同。这种多样性能让它们更适合用作观赏性花园植物，而它们的香味和其他性质仍然与其物种一样或相似。

香草的吸引力在很大程度上源于它们的香味，而与其他植物不同的是，它们的香味一般来自叶片而不是花朵。当加热或压碎叶片时，它们会释放出基础油，在晴朗的天气中，香草园中的空气中会充满刺激的甜香气味。

某些香草拥有鲜艳的花朵，这可为花园种植增色不少。例如，在'紫叶'茴香（*Foeniculum vulgare* 'Purpureum'）衬托下的金盏菊（*Calendula officinalis*），或与灰绿色的中亚苦蒿（*Artemisia absinthium*）搭配在一起的亮蓝色琉璃苣（*Borago officinalis*）。

混合种植
香草能够很好地与许多其他植物融合在一起。

某些香草以对其他植物有益而著称，如某些辛辣植物如欧亚碱蒿（*Artemisia abrotanum*）在压碎或浸渍后能够驱赶昆虫，在花园中种果香菊能够促进附近其他植物的健康和活力。

在哪里种植香草

和其他植物一样，香草应该种植在模仿其自然生境的条件下，以最大限度地确保健康和茁壮。许多香草来自地中海地区，它们通常比较喜欢大量阳光和排水良好的土壤。不过，某些香草能够忍耐潮湿半阴的场所，只要它们不处于涝渍、浓荫或永久性的阴凉中。大多数彩叶和金

忍耐潮湿阴凉的香草

欧白芷 *Angelica archangelica* H6
雪维菜 *Anthriscus cerefolium* H4
香葱 *Allium schoenoprasum* H6
接骨木西洋接骨木 *Sambucus nigra* H6,
　'黄叶'西洋接骨木 *S. nigra* 'Aurea' H6,
　'金边'西洋接骨木 *S. nigra* 'Marginata' H6
短舌菊蒿 *Tanacetum parthenium* H6
香蜂草香蜂草 *Melissa officinalis* H7,
　'黄金甲'香蜂草 *M. officinalis* 'All Gold' H7,
　'金叶'香蜂草 *M. officinalis* 'Aurea' H7
欧当归 *Levisticum officinale* H6
薄荷 *Mentha* H7-H5
荷兰芹 *Petroselinum crispum* H6
酸模 *Rumex acetosa* H7
茴芹 *Myrrhis odorata* H5
菊蒿 *Tanacetum vulgare* H7
香猪殃殃 *Galium odoratum* H7

注释
H = 耐寒区域，见56页地图

叶品种能够在轻度阴凉中繁茂生长。'花叶'香薄荷（*Mentha suaveolens* 'Variegata'）、香蜂草和短舌菊蒿的金叶品种，在清晨或傍晚接受阳光，而在正午时处于阴凉中时，能够最好地保持它们的色彩。

香草可生长在众多不同的环境中，具体的选择在很大程度上取决于个人偏好和方便性。融于美观设计中的独立香草花园能够提供吸引人的景致，而且不需要占用太多空间，但最好在距离厨房较近处保留一块种植烹调香草的地块，或者将香草盆栽。在空间极为有限的地方，还可以考虑用香草打造"绿色墙面"（见"绿色屋顶和绿色墙面"，78~79页）。某些香草的美观程度使其足以和其他植物一起种植在花坛或花境中，而其他种类的香草最好种植在菜园里。用于烹调或医疗的香草应远离害虫或路边污染。

香草花园

若空间足够大，则值得创造单独的香草花园并将大量不同的香草种植在一起，以得到更强烈的效果，在一个地方欣赏它们混合在一起的香味。以这种方式种植香草可得到互补或对比强烈的色块，从而创造众多有趣图案或设计。

这样种植除了能够让香草更具观赏性，采收它们也更容易。传统上，香草花园会用修剪低矮的锦熟黄杨（*Buxus sempervirens*）树篱镶边。然而，日益流行的黄杨疫病和黄杨绢野螟正在降低这种选择的吸引力；可以使用神香草（*Hyssopus officinalis*）或薰衣草得到不那么规则但同样美观的镶边。

花坛和花境

香草可和其他观赏花园植物一起种植。在没有足够空间种植香草花园的地方或香草本身就是花境植物[如美国薄荷（*Monarda didyma*）和芸香（*Ruta graveolens*）]的情况下，这很有用。叶片灰绿的物种在灰色花境中效果尤其好，也可用来衬托蓝色、紫色或粉色的植物，如'紫芽'药用鼠尾草（*Salvia officinalis* 'Purpurascens'）。

株型庄严耸立的植物可以单独作为视线焦点，或用在花境的后部。使用鲜艳的一年生香草如罂粟属植物、琉璃苣和紫叶罗勒（*Ocimum basilicum* var. *purpurascens*）填补花境中的空隙。

也可在门窗、道路和座椅旁种植芳香香草，这样能更轻松地欣赏它们的香味。低矮蔓延的香草如亚洲百里香（*Thymus serpyllum*）、'特纳盖'果香菊（*Chamaemelum nobile* 'Treneague'）和匍匐风轮草（*Satureja spicigera*）适合用于岩石园；也可以大量使用同一种植物形成芳香的地毯。这些种类以及株型更直立的香草，如香葱（*Allium schoenoprasum*），能够为花境或道路创造漂亮的边缘。

蔬菜花园中的香草

对于大量使用的烹调用香草如荷兰芹（*Petroselinum crispum*），菜畦可能是最好的种植地。这也是种植速生香草最方便的地方，如雪维菜（*Anthriscus cerefolium*）和莳萝（*Anethum graveolens*），它们可连续播种但不能成功地移植。

在容器中种植香草

许多香草能在容器中茂盛生长。从吊篮到烟囱帽，几乎所有容器都适合种植香草，只要它有排水孔且在种植前添加一层多孔材料。在小型花园或阳台上，整个香草花园都可能由容器组成，它们可被充满想象力地摆放在墙壁、台阶、架子、窗台和地面上。如果空间短缺，可使用草莓种植容器（侧壁带有小型种植袋的花盆）

专门留给香草的区域
种植在一起的香草更容易养护和采收，而且能够成为花园中的美丽景致。在这里，一块抬升苗床令多种香草得以种植在距离房子很近的地方。

将不同的植物美观地种植在一起。即便有单独的香草区，将某些常用香草种在门边也很方便。

某些最好的盆栽香草包括雪维菜、欧芹、香葱、'紧致'牛至（*Origanum vulgare* 'Compactum'）、芒尖神香草（*Hyssopus officinalis* subsp. *aristatus*）以及百里香。大型植物如迷迭香（*Salvia rosmarinus*）和月桂（*Laurus nobilis*）在作为标本植物种植在花盆或浴盆中时非常漂亮。将不太耐寒的香草如银香梅（*Myrtus communis*）、柠檬马鞭草（*Aloysia citrodora*）以及'格拉维奥棱斯'天竺葵（*Pelargonium* 'Graveolens'）种在容器中也很方便，因为它们在冬季可以被转移到室内保护；它们还能成为很好的保育温室植物。

铺装和露台

对于喜欢排水顺畅条件的香草如百里香和匍匐风轮草，将它们种在铺装石的岩缝中可得到美观的效果；让植物伸展到铺装石上，不经意的脚步可以将叶片压碎，释放出芳香的基础油。

露台常常是展示众多喜欢温暖和得到庇护的不耐寒香草和地中海香草的理想区域，而在观赏性容器中种植的热带植物如柠檬（*Citrus limon*）、小豆蔻（*Elettaria cardamomum*）或姜（*Zingiber officinale*）能够带来一抹异国风味。

抬升苗床

在抬升苗床中种植香草可以更方便地近距离欣赏它们的香味，对于残疾人和老年人更实用，因为这样更加容易种植、养护和采收。抬升苗床必须拥有坚固的挡土墙，宽度不应超过75厘米，高度应该适合进行工作（见"抬升苗床"，577页）。

露台上的容器
喜排水顺畅土壤的香草能够在容器中生长得很好，但在夏季应该经常浇水以促进新枝叶生长。

在岩缝中种植
许多匍匐生长的香草比较茁壮，足以承受偶尔的踩踏并在这时释放它们的香味。将它们种植在铺装石之间。

在靠墙的铺装区域（但不要在房屋墙壁的防潮层之上）或土壤排水不良处种植香草时，抬升苗床也是一个很好的选择。选择小而紧凑的香草，并通过修剪和分株控制它们的蔓延。

香草花园的设计

无论是自然式的还是规则式的，香草花园的设计都应和花园其余部分以及房屋的风格相协调。在设计时将维护资源考虑在内：一般而言，与规则式香草花园相比，自然式香草花园在一开始所需要的构筑工作更少，日常养护也并不怎么费时。还可以在同一座花园里将规则式和自然式的设计元素结合在一起使用。例如，清晰的对称道路图案可为高度、株型、大小各异且色彩充满对比的自由式香草种植提供框架。

自然式设计

自然式设计的成功取决于不同香草的互补株型和色彩。彩斑和彩叶品种如'黄叶'牛至（*Origanum vulgare* 'Aureum'）和'紫芽'药用鼠尾草在这样的种植方案中非常有视觉效果。尝试将绿叶与金叶植物，或者紫叶与银叶植物种植在一起。

与规则式种植相比，这种设计有更大自由去使用不同高度和株型的植物。可以使用高的植物创造醒目的效果，同时不会打破设计的平衡，而且整体的丰富色彩可以让你大胆尝试更多组合。

规则式设计

这些设计通常以几何图案的方式呈现，并以低矮树篱或道路作为框架。在每个由这些框架围成的小苗床里种植一种香草，得到鲜明的色块和质感。在最简单的情况下，可设计为车轮的形状，在每个分区种植不同的香草。这些设计在俯瞰时会令人印象深刻，所以考虑将香草花园设计在可从窗户或坡上俯瞰的地方。在选择植物时，不要加入高的、具有入侵性的或蔓生香草，它们充分生长起来后会破坏其他设计。

带道路的规则式花园在开始营建时非常费工，但很快就会显得成熟，并且不太需要结构性维护。加入需要经常修剪的低矮树篱则会增加养护上的要求。树篱可以成为设计的轮廓，或者形成更复杂的结节花园（见"规则式花园"，36页）。适合用作低矮树篱的植物包括种植间距为22~30厘米的神香草、薰衣草、杂种香科科（*Teucrium* x *lucidrys*）以及冬风轮草（*Satureja montana*）。

绘制平面图

在绘制平面图时，首先精确地测量现场和周围的景致，将任何高度变化计算在内。还要记录阴影在不同季节以及一天内的不同时间所覆盖的范围。

无论要将花园设计成规则式的还是自然式的，都要记住，香草应该总是在手臂可触及的范围内，以方便采收；对于开阔地中的花坛或花境，修建道路或踏石提供出入途径，避免踩踏造成土壤压缩。

按照比例将测量结果转移到方格纸上；为了更容易地比较许多不同的设计，将每个方案画到盖在平面图上的描图纸上。

最后，决定种植哪些植物，要考虑它们的栽培需求、株型、色彩、株高和冠幅等，然后将它们标记在平面图上。在美观的容器中种植香草以提供视线焦点。

常见香草名录

香葱（*Allium schoenoprasum*）

耐寒（H6）草本簇生宿根植物，需要阳光或半阴条件，以及湿润但排水顺畅的土壤。可作为花境的低矮镶边。可以催花供冬季使用（见"香草在冬季"，392页）。其叶有温和的洋葱味，可在沙拉、沙司、软奶酪和汤羹中用作装饰和调味；花可食用，可装饰沙拉。

收获和储藏 将新鲜的叶和花切下使用。在冷冻和干燥时，应在开花之前将叶切下进行加工。

繁殖 春季播种（见604页）；或者秋季或春季分株（见628页）。

相关物种及变种 存在株高、花色和风味上的不同变异；同属的韭菜（*A. tuberosum*）具有温和的洋葱味道和白色的花。

柠檬马鞭草（*Aloysia citrodora*）

半耐寒（H3）的直立落叶灌木，需要阳光充足、排水顺畅的土壤。植株的地上部分可能会冻死，但一般会再次生长出来。叶子有强烈的柠檬香气，可用于香草茶、甜点，亦可干燥后制作混合干花和茶。

收获和储藏 在生长季将叶子采下，趁新鲜或干燥后使用。

繁殖 使用嫩枝或绿枝插条繁殖（见612页和614页）。

莳萝（*Anethum graveolens*）

耐寒（H4）直立一年生植物，叶蓝绿色，羽毛状。生长在阳光充足、排水良好的肥沃土壤中，但不能靠近茴香种植，否则杂交授粉会导致其丧失独特风味。结籽迅速。叶子或味道更强烈的芳香种子可以使用在汤羹、沙司、土豆沙拉、泡菜和鱼类菜肴中。

收获和储藏 在春夏开花之前采摘叶片。夏季果实成熟后将它们剪下。

繁殖 春季和初夏播种（见604页）；可能无法很好地适应移栽。

欧白芷（*Angelica archangelica*）

耐寒（H6）二年生植物，叶片大而深裂，花序大。将这种醒目的、株型耸立的植物种植在阳光充足或阴凉的湿润肥沃土壤中。除非需要种子，否则应在果实成熟之前将它们除去，以免产生不必要的幼苗。嫩茎可以用糖腌渍；叶片可以用于烹调，在水果甜点和鱼类菜肴中使用得尤其多。

收获和储藏 在春季和夏季采收新鲜叶片。在春季或初夏将幼嫩茎干采下用于糖渍。夏季果实成熟后采下。

繁殖 秋季或春季播种繁殖（见604页）。

雪维菜（*Anthriscus cerefolium*）

耐寒（H4）一年生植物，需要半阴和湿润的肥沃土壤。在炎热干旱的条件下迅速结籽。叶片拥有细腻微妙的欧芹和茴芹余味。蛋类菜肴、沙拉、汤羹和沙司中常使用其叶片调味。

收获和储藏 开花前采下叶片。将它们冰冻或稍稍干燥，保存其精致的风味。

繁殖 从春季至初夏每月播种一次（见604页）；不要移栽。亦可在早秋播种在玻璃温室中的种植盘中，供冬季使用（见605页）。

山葵（*Armoracia rusticana*）

耐寒（H6）宿根植物，有持久生长的白色矮胖肉质根，味道辛辣，可搓碎后用来凉拌卷心菜和沙拉或混入调味沙司中使用，在日式芥末中使用得尤其多。嫩叶可用于沙拉或三明治。需要阳光充足、湿润、排水良好的肥沃土壤。

收获和储藏 在春季采集嫩叶。秋季采收根，此时的味道最好，或按需求采收。

繁殖 在冬季使用15厘米长的根插条繁殖（见619页），或者在春季播种繁殖（604页）。

欧亚碱蒿（*Artemisia abrotanum*）

耐寒（H6）半常绿亚灌木，叶片灰绿色，细裂。可以用来形成低矮绿篱或使用在混合花境中。种植在阳光充足、排水良好的肥沃中性至碱性土中。叶片可以使用在混合干花中，亦可驱虫。

收获和储藏 在夏季采收叶片，新鲜或干制使用。

繁殖 夏末使用带茎半硬枝插条繁殖（见615页）。

中亚苦蒿（*Artemisia absinthium*）

耐寒（H6）落叶亚灌木，叶片灰绿色，深裂，是优良的花境植物或自然式绿篱。需要阳光充足和排水良好的中性至碱性肥沃土壤。在春季将植株剪至距离地面15厘米内。具芳香气味的叶片味道极苦；它们曾用于为酒类饮料调味，但如今被认为有毒。叶片在香草装饰中很美观。

收获和储藏 在夏季采集叶片，趁新鲜使用或干制后用于装饰。

繁殖 夏末使用带茎半硬枝插条繁殖（见615页）。

变种 '银毛'（'Lambrook Silver'）是一个拥有银灰色深裂叶片的品种。

法国龙蒿（*Artemisia dracunculus*）

耐寒（H6）亚灌木宿根植物，茎干直立，叶片窄而有光泽。在寒冷地区可能需要冬季保护，但也可以催生栽培用于冬季。叶片常用于贝尔尼司酱、塔塔酱、香辛料、蛋类和鸡肉菜肴，并为醋调味。

收获和储藏 在整个生长季采下生长叶片的小枝，留下三分之二长度的茎继续生长。叶片最好冰冻，但也可以干燥。

繁殖 秋季或春季使用根状茎进行分株（见629页）。没有种子出售；以龙蒿之名出售的种子是俄罗斯亚种。

相关物种 俄罗斯龙蒿（*Artemisia dracunculus* subsp. *dracunculoides*）更耐寒，但味道较差。

咖喱树（Bergera koenigii）

不耐寒（H2）常绿树，羽状复叶。如果保持灌木大小，那么适合种在加温保育温室或玻璃温室中，而且可以在夏季转移到室外。小叶有强烈的类似柑橘和硫黄的味道，用在印度菜肴中。

收获和储藏 随时采集新鲜小叶使用，也可以干制，但只能保留很少的味道。

繁殖 春季或秋季扦插繁殖（见612页）。

琉璃苣（Borago officinalis）

耐寒（H5）直立一年生植物，需要阳光充足且排水良好的土壤。将黄瓜味的叶片和花添加到冷饮（如Pimm's餐后甜酒）和沙拉中。花朵可以糖渍后用来装饰蛋糕。

收获和储藏 采摘幼嫩的叶片并趁鲜使用。在夏季采集新鲜的花朵（不要附带花萼）使用，冻在冰块中或糖渍。

繁殖 春季播种（见604页）。在疏松土壤中自播。

变种 还有一种白花品种'白花'琉璃苣（B. officinalis 'Alba'）。

金盏菊（Calendula officinalis）

浓密的耐寒（H5）一年生植物，花朵呈鲜橙色。生长在阳光充足、排水顺畅甚至是贫瘠的土壤中。摘除枯花以延长花期。使用花瓣为米、软奶酪和汤羹增添风味和色彩，并装饰沙拉。将嫩叶切到沙拉中。使用干花瓣为混合干花增添色彩。

收获和储藏 在夏季采收开放的花朵并摘除花瓣用于干燥。在年幼时收集叶片。

繁殖 在秋季或春季播种（见604~605页）。大量自播。

变种 拥有许多奶油色、黄色、橙色和青铜色重瓣品种。

葛缕子（Carum carvi）

耐寒（H7）二年生植物，需要阳光充足、排水良好的肥沃土壤。芳香种子可以使用在奶酪、糕点、糖果和肉类炖菜中，例如用来给匈牙利红烩牛肉调味。叶片可添加到汤羹和沙拉中。

收获和储藏 在幼嫩时采集叶片。在夏季采集成熟的果实。

繁殖 在春季、夏末或初秋播种（见604页）。

果香菊（Chamaemelum nobile）

耐寒（H7）茂密匍匐常绿宿根植物，需要阳光充足、疏松、排水良好的沙质土。在道路和花境的边缘或铺装石之间使用时效果很好。可作为观赏草坪种植（见266页）。在混合干花中使用带有苹果香味的叶片；芳香花朵可在混合干花和香草茶中使用。

收获和储藏 在需要时随时采集叶片。夏季花朵完全开放并干燥后采收。

繁殖 春季或秋季进行播种（见604页）或者在春季分株（628页）。

变种 '特纳盖'（'Treneague'）是一个低矮的不开花品种，特别适合用在草坪和铺装缝中。'重瓣'果香菊（C. nobile 'Flore Pleno'）拥有美丽的重瓣花朵。

芫荽（Coriandrum sativum）

耐寒（H5）一年生植物，叶片深裂，花小，白或淡紫色。生长在阳光充足或半阴但排水良好的肥沃土壤中。植株具有令人不悦的气味，不应在室内种植。位置较低的浅裂叶片可用于为咖喱、酸辣酱、沙司和沙拉调味。种子有甜辣味道，可用来为咖喱粉、烘焙、酸辣酱和香肠调味。

收获和储藏 采摘年幼叶片趁鲜使用或冰冻。果实成熟后采摘，整个或碾碎后使用。

繁殖 春季播种（见604页）。

孜然（Cuminum cyminum）

不耐寒（H2）一年生植物，白色或浅粉色花。需要阳光充足、排水良好的肥沃土壤以及种子成熟所需要的热量。将有芳香的种子用在咖喱、泡菜、酸奶和中东菜中。

收获和储藏 果实成熟后采收。

繁殖 早春温暖天气或保护设施中播种（见605页）。

柠檬草（Cymbopogon citratus）

不耐寒（H2）常绿簇生植物，叶片似禾草，形成浓密的株丛。可盆栽于温室中，在夏季转移到室外。叶片和茎有柠檬味道，用于亚洲烹饪。

收获和储藏 随时采集新鲜叶片使用，或将叶片干制，供日后浸泡使用。

繁殖 春季播种在温暖处（见605页），或者在春末分株（见628页）。在商店买到的新鲜茎段可生根。

茴香（Foeniculum vulgare）

耐寒（H5）宿根植物，叶片呈细丝状，黄色花朵成簇开放。生长在阳光充足且排水良好的肥沃土壤中。叶片和叶鞘具茴芹味，可以使用在沙拉以及肉类和鱼类菜肴中。种子可用在烘焙、鱼类菜肴和香草茶中。

收获和储藏 幼嫩时采下叶片和叶鞘。成熟后采收果实。

繁殖 秋季或春季播种（见604~605页）或在春季分株（628页）。

变种 '紫叶'（'Purpureum'）是一种美丽的古铜色品种；意大利茴香（F. vulgare var. dulce）可作一年生蔬菜栽培（见518页）。

香猪殃殃（Galium odoratum）

耐寒（H7）匍匐宿根植物，星状白花开放在轮生细叶顶端，是潮湿阴凉处的绝佳地被植物。干制叶片可用在混合干花和香草茶中。

收获和储藏 春季开花之前采集叶片用于干制。

繁殖 秋季或春季分株繁殖（见628页）或在初秋播种（605页）。

神香草（Hyssopus officinalis）

耐寒（H7）半常绿亚灌木，有蓝紫色小花组成的花序。需要阳光充足、排水顺畅的中性至碱性土壤。芳香叶片可用于为汤羹、豆类菜肴、炖菜、野味和馅饼调味。

收获和储藏 随时采集新鲜叶片使用；在初夏采集叶片并干制。

繁殖 秋季或春季播种（见604~605页），或在夏季用嫩枝插条扦插（612页）。

'白花'德国鸢尾（Iris germanica 'Florentina'）

耐寒（H6）宿根植物，有白色的花和剑形叶片，需阳光充足、排水良好的土壤。种植时应使根状茎半露。肥厚的根状茎在干燥并长期储存后有紫罗兰香味。可将其碾碎后作为香味固定剂加入混合干花和亚麻香包。

收获和储藏 在秋季，将生长至少三年的根状茎挖出。削皮，切片并干燥，两年后再碾碎。

繁殖 夏末用吸芽繁殖（见624页）。

月桂（Laurus nobilis）

耐寒（H4）常绿乔木或灌木，需要阳光充足或半阴以及湿润但排水良好的土壤。在寒冷地区，它可能需要防冻和防风保护。可以修剪成树木造型，或进行重剪以限制其尺寸。叶子可以使用在混合调味香料中，并可为汤料、腌泡汁、沙司、奶制甜点以及肉类和鱼类菜肴增添风味。

收获和储藏 随时采收新鲜叶片使用。在夏季干燥成熟叶片。

繁殖 秋季播种（605页）或使用半硬枝插条繁殖（615页）。

变种 '金叶'（'Aurea'）拥有发红的黄色叶片。

薰衣草（Lavandula angustifolia）

耐寒（H5）常绿茂盛灌木，有直立淡紫色花序，是良好的低矮绿篱材料。花可以使用在混合干花、亚麻香包、香草枕头和茶中。它们也可以糖渍或者用来给油或醋调味。

收获和储藏 在夏季采集花枝，然后晾干。

繁殖 春季播种（见604页）或在夏季使用半硬枝插条繁殖（615页）。

相关物种 几个其他物种和许多品种在株型、叶子、花期和花色上都有不同。它们包括低矮品种如'海德柯特'（'Hidcote'）和白花品种如'内娜'（'Nana Alba'）；西班牙薰衣草（L. stoechas）有一定耐寒性，花深紫色，具醒目的紫色苞片。

圆叶当归（Levisticum officinale）

耐寒（H6）宿根植物，需要阳光充足或半阴且深厚湿润但排水良好的土壤。叶片有强烈的味道，类似芹菜混合酵母的味道，可使用在汤羹、汤料和炖菜中。可将新鲜幼嫩的叶片添加到沙拉中。芳香种子可在烘焙和蔬菜菜肴中使用，幼茎可以糖渍。可在春季将植株保存在花盆下使其变白，作为蔬菜栽培。

收获和储藏 在春季采集嫩叶，然后冷冻或干燥。在春季采集嫩茎用于糖渍。春季遮光种植两至三周后将茎切下，留下中央枝继续生长。

繁殖 夏末或秋季种子成熟后立即播种（见605页）或春季分株（628页）。

香蜂草（Melissa officinalis）

耐寒（H6）簇生宿根植物，需要阳光充足、湿润、排水良好的贫瘠土壤。可将柠檬气味的叶片加入冷饮、酸甜菜肴中调味，或用于煮茶。

收获和储藏 在开花前采收叶片趁鲜使用或干制。

繁殖 春季播种（见604页），或者春季或秋季分株（628页）。自播。

变种 有金叶品种，如'金叶'香蜂草（M. officinalis 'Aurea'）；将它们种植在半阴处以免叶片被灼伤。

留兰香（Mentha spicata）

耐寒（H7）草本宿根植物，可能具有入侵性（见392页）。生长在阳光充足且贫瘠的湿润土壤中。可使用叶片制作薄荷沙司，还可在沙拉、饮料中使用，并配合马铃薯或豌豆食用。

收获和储藏 采下新鲜叶片使用，或者干制或冷冻后备用。

繁殖 春季或夏季使用茎尖插条繁殖（见612页），春季或秋季分株（628页）或在春季播种（604页）。

相关物种 拥有大量物种和品种，叶片和气味稍有不同。某些种类如'花叶'香薄荷（M. suaveolens 'Variegata'）的叶片带有彩斑。辣薄荷（M. x piperita）的紫绿色叶片可以使用在辣薄荷茶以及果汁和甜点中，而橙香辣薄荷（M. x piperita f. citrata）有精致的香味。鲍尔斯薄荷（M. x villosa var. alopecuroides）有带薄荷香气的圆形叶片和粉紫色花。唇萼薄荷（M. pulegium）以驱赶跳蚤和蚊子的功效著称。

美国薄荷（Monarda didyma）

耐寒（H5）草本宿根植物，由红色爪形小花构成的花序在夏季开放。阳光充足湿润肥沃土壤中的绝佳花境植物。将带有香气的叶片煮在茶中，并将它们添加到夏日饮料、沙拉、猪肉菜肴或混合干花中。将鲜艳的小花用在沙拉和混合干花中。

收获和储藏 在春季或夏季开花之前采收叶片，趁鲜使用或干制。在夏季采集花朵干制。

繁殖 秋季或春季播种（见604~605页），春季使用茎尖插条繁殖（612页），或春季分株繁殖（628页）。

相关物种和变种 有开红色、粉色、白色或紫色花的杂种。开紫色花的毛唇美国薄荷（M. fistulosa）能容忍较干燥的土壤。

茉莉芹（Myrrhis odorata）

耐寒（H5）草本宿根植物，需要半阴和湿润肥沃的土壤。叶片似蕨类，味道似茴芹，可以代替糖添加到水果菜肴或沙拉中。粗厚的主根可以生吃或作为蔬菜烹调。较大的种子亦可添加到水果菜肴中。

收获和储藏 在春季或初夏采收叶片用于干制。在夏季采收未成熟的种子晾干或腌制。秋季将根挖出趁鲜使用。

繁殖 秋季室外播种(见604页),或者春季或秋季分株(628页)。容易自播。

荆芥(Nepeta cataria)

耐寒(H5)宿根草本植物,形成松散的株丛。它需要全日照和排水良好的土壤。灰色叶片有类似薄荷的气味,可以用在沙司、汤羹和腌泡汁中。它们对一些猫也有吸引力,所以可以用来填充猫玩具。

收获和储藏 在夏季采集新鲜叶片使用,或干制后使用。

繁殖 春季播种(见604页),或者春季或秋季扦插繁殖(见612页)。

罗勒(Ocimum basilicum)

半耐寒(H1c)一年生植物,叶片有锯齿,带尖椭圆形。在寒冷地区,罗勒必须种在保护设施中或阳光充足避风处疏松、排水良好的肥沃土壤中。在阳光充足的窗台上生长良好。香味强烈的叶片可用在沙拉、醋、意大利青酱和意大利面中。

收获和储藏 夏季叶片幼嫩时采摘并冷冻、干燥;或者为香草油或醋调味;或者堆在油中浸泡。

繁殖 春季播种(见604页)。

相关物种和变种 紫叶罗勒(O. basilicum var. purpurascens)是一种美丽的紫叶变种,开粉花。希腊罗勒(O. minimum)更耐寒,但味道较淡。'绿花边'罗勒(O. basilicum 'Green Ruffles')有带皱纹和锯齿的浅绿色叶片。泰国罗勒(O. basilicum var. thyrsiflora)有一种类似甘草的味道,当它被烹饪并用在东南亚菜肴中时,这种味道会变得更加微妙。

牛至(Origanum vulgare)

耐寒(H6)草本宿根植物,夏季开白色、粉色或淡紫色小花。需要全日照和排水良好的碱性土壤。具芳香气味的叶片广泛用于烹调,特别是比萨和意大利面沙司。

收获和储藏 在生长季采摘叶片;若要干制或冷冻,应在开花之前采摘。

繁殖 春季或秋季播种(见604~605页),春季或秋季分株(628页),或者在春季使用茎尖插条繁殖(612页)。

相关物种和变种 不同物种和杂种在耐寒性、风味以及花色和叶色上有区别。低矮的'紧致'牛至(O. vulgare 'Compactum')适合盆栽和镶边。甘牛至(O. majorana)是半耐寒植物,可用在混合干香草中,还可为汤羹和炖菜调味。

茴茴苏(Perilla frutescens var. crispa)

半耐寒(H3)一年生植物,宽大的紫色叶片有卷曲且带锯齿的边缘。在气候寒冷地区,需在夏季将它种在阳光充足的地方或温室中。叶片有肉桂味道,可用在沙拉、炒菜和泡菜中。

收获和储藏 随时采集新鲜叶片使用。

繁殖 春季播种在温暖的地方(见605页),或者春季或夏季扦插繁殖(612页)。

变种 有叶片不卷曲——紫苏(P. frutescens var. frutescens)——及绿色叶片的种类。

香辣蓼(Persicaria odorata)

不耐寒(H1c)常绿宿根植物,叶片细长、锐尖,表面带有一个棕色V形斑纹。在夏季将其种在阳光充足的地方,在冬季则种在加温玻璃温室中。叶片有类似芫荽的刺激味道,可以用在越南菜肴和炒菜中。

收获和储藏 随时采集新鲜叶片使用,烹饪将要结束时放入。

繁殖 春季和夏季扦插(见612页)。

荷兰芹(Petroselinum crispum)

耐寒(H5)二年生植物,叶片鲜绿皱缩。生长在阳光充足或半阴且排水良好的肥沃土壤中。适合盆栽。使用全叶或切碎后作为配菜,可用于香料包、沙司,以及蛋类和鱼类菜肴中。

收获和储藏 在第一年采集叶片趁鲜使用或冷冻。

繁殖 从早春至秋季间隔播种(见604页)。

变种 意大利欧芹(P. crispum var. neapolitanum)叶片平整,味道更强烈。

茴芹(Pimpinella anisum)

半耐寒(H4)一年生植物,叶片深裂,夏末开白色小花。在寒冷地区,它必须生长在阳光充足避风处的排水良好沙质土中,才能使种子成熟。可将叶片加入水果沙拉中调味。芳香种子可用于烘焙、糕点、糖果以及甜酸菜肴中。

收获和储藏 在春季采集位置较低的叶片立即使用。秋季果实成熟后采收。

繁殖 春季播种在最终生长位置,因为它很难成功地移植(见604页)。

酸模(Rumex acetosa)

耐寒(H7)直立宿根植物,需要阳光充足或半阴的湿润土壤。将花序摘除以延长产叶时间。用钟形玻璃罩保护用于冬季供应。嫩叶有酸味,可用在沙拉、汤羹和沙司中。

收获和储藏 开花前采摘嫩叶,趁鲜使用或冷冻。可以冰冻。

繁殖 春季或秋季分株繁殖(见628页),或者在春季播种(604页)。

相关物种 低矮的法国酸模(R. scutatus)叶片细小,风味细腻。

芸香(Ruta graveolens)

耐寒(H4)常绿亚灌木,叶片灰绿,夏季开黄绿色花朵。能在炎热干燥处茂盛生长,是用于打造花境或低矮绿篱的绝佳植物。在晴天接触芸香可能会引起皮疹。谨慎使用,可将辛辣的叶片用在沙拉、沙司中,还可以为奶油奶酪调味。

收获和储藏 按照需要采摘后立即使用,在晴天戴橡胶手套进行保护。

繁殖 春季播种(见604页),或者在夏季使用半硬枝插条繁殖(615页)。

变种 某些品种拥有奶油色彩斑和蓝色叶

片，如'斑叶'芸香（'Variegata'）和株型紧凑的'蓝粉'芸香（'Jackman's Blue'）。

药用鼠尾草（Salvia officinalis）

耐寒（H5）常绿亚灌木，叶片灰绿。生长在阳光充足、排水良好的肥沃土壤中，是打造灌木花境和月季园的绝佳植物。芳香叶片可用在填料和肉类菜肴中，还可以为奶酪调味以及用来制作香草茶。

收获和储藏 按需要采收叶片并趁鲜使用。在开花前采摘干燥使用的叶片。

繁殖 春季播种（见604页），春季和夏季使用嫩枝插条（612页）或者在初秋使用半硬枝插条繁殖（615页）。

变种 '紫芽'药用鼠尾草（S. officinalis 'Purpurascens'）有味道强烈的紫色叶片，而较不耐寒的'三色'药用鼠尾草（S. officinalis 'Tricolor'）有带白色边缘的泛粉色叶片。

迷迭香（Salvia rosmarinus）

耐寒（H4）至耐霜冻，常绿灌木，叶浓密并呈针状，春夏开浅蓝色花，在气候温和地区可全年开花。生长在阳光充足、排水良好的贫瘠至中度肥力土壤中。可作为自然式绿篱种植。叶片拥有强烈的树脂气味，使用在肉类菜肴特别是羔羊肉中，还可制作混合干花和护发素。花可以添加到沙拉中。

收获和储藏 按需求采摘叶片和花趁鲜使用。在生长季收集小枝干燥。

繁殖 春季播种（见604页），或在夏季使用半硬枝插条繁殖（615页）。

变种 拥有各种蓝色、粉色和白色花的品种。健壮的直立品种'谢索普小姐'（'Miss Jessopp's Upright'）适合用于建造绿篱；'塞汶海'（'Severn Sea'）有亮蓝色的花朵和低矮的拱状株型，适合盆栽。

圣麻（Santolina chamaecyparissus）

耐寒（H5）常绿亚灌木，叶片呈银灰色，夏季开出大量黄色纽扣状花序。生长在阳光充足和排水良好的贫瘠至中度肥力土壤中。作为低矮绿篱，它还可以在结节花园（见"规则式花园的风格"，36~37页）中提供充满对比的颜色。将芳香叶片加入混合干花中，并将花朵干燥后用于装饰。

收获和储藏 在春季和夏季采摘叶片用于干燥。在夏季采集开放的花朵用于干制。

繁殖 夏末使用半硬质插条繁殖（见615页）。

冬风轮草（Satureja montana）

耐寒（H5）常绿亚灌木，夏季开白色至粉色小花。生长在阳光充足、排水顺畅的土壤中。可将芳香叶片用在豆类和奶酪菜肴中。

收获和储藏 随时采摘新鲜的叶片使用。在花蕾形成时采集叶片干燥或冷冻。

繁殖 春季播种（见604页），春季或秋季分株（628页），夏季使用嫩枝插条（612页）或者在春季压条繁殖（609页）。

相关物种 匍匐风轮草（S. spicigera）是一个低矮的物种，可用作容器、镶边和岩石园植物。夏风轮草（S. hortensis）拥有淡紫色花和精致的味道。

艾菊（Tanacetum balsamita）

耐寒（H7）宿根植物，需半阴和排水良好的土壤。叶片的香气介于柑橘和薄荷间；在烹调中应少量使用，可添加到混合干花中。

收获和储藏 在春季和夏季采集新鲜叶片趁鲜使用或干制。

繁殖 在春季分株（见628页）、播种（604页）或使用基部插条繁殖（613页）。

变种 流香艾菊（T. balsamita subsp. balsametoides）有和樟脑相似的气味。

短舌菊蒿（Tanacetum parthenium）

耐寒（H6）半常绿宿根植物，花期长，形似雏菊，夏秋开放。可长在花境和容器中，需阳光充足且排水良好的土壤。有辛辣气味的叶片可用在香囊中驱赶衣蛾。芳香花朵可加到混合干花中。

收获和储藏 夏季采摘叶片和花朵用于干制。

繁殖 春季或秋季播种（见604~605页），春季或秋季分株（628页），或者在春季或初夏使用基生插条或茎尖插条繁殖（612~613页）。大量自播。

变种 有在株高和叶子上表现不同，单瓣或重瓣的品种。重点推荐叶片金黄的'金叶'短舌菊蒿（T. parthenium 'Aureum'）。

百里香（Thymus vulgaris）

耐寒（H5）常绿低矮亚灌木，叶细小，夏季开淡紫色花。长在阳光充足、排水良好的土壤中。可作为花境镶边，种在铺装石之间及容器中。可将芳香叶片加入混合调味香料、填料、沙司、汤羹、汤料和肉类材料中。

收获和储藏 可在任何时间采集叶片趁鲜使用。采集顶部开花枝进行干制，在非常干的时候将叶片和花从茎上捋下。新鲜小枝可以浸泡在油或醋中。

繁殖 春季播种（见604~605页）或分株（628页），春季或秋季压条（609页），或者夏季用嫩枝或半硬枝插条繁殖（612页和615页）。

相关物种和变种 拥有许多物种和变种，在株高、叶片和花色上表现不同。亚洲百里香（T. serpyllum）是一种低矮垫状植物，开淡紫色花；'吹雪'亚洲百里香（T. serpyllum 'Snowdrift'）和匍匐百里香群（T. Coccineus Group）各开白色和洋红色花；而'杜妮谷'百里香（T. 'Doone Valley'）的芳香叶片上有金色斑纹。'美味柠檬'百里香（T. 'Culinary lemon'）有散发柠檬气味的叶片和淡紫色的花；'银光'百里香（T. vulgaris 'Silver Posie'）可以长出带银边的叶子。

姜（Zingiber officinale）

不耐寒（H1a）落叶宿根植物，需要阳光充足或半阴处的排水良好土壤。粗厚的根状茎香味浓郁，可用在烘焙、腌制、糖果糕点、酸辣酱、沙司和许多亚洲菜肴中。

收获和储藏 将幼嫩的根状茎挖出并切片趁鲜使用或腌渍在糖浆中。若要干制，应该在叶子变成黄色以后将根状茎挖出。

繁殖 当根状茎开始发芽时进行分株（见629页）。

土壤准备和种植

香草花园的理想场所是阳光充足的开阔背风处，土壤为中性至碱性，排水良好。这些条件能满足大部分常见香草的需要，如薰衣草（*Lavandula augustifolia*）、冬风轮草（*Satureja montana*）、药用鼠尾草（*Salvia officinalis*）、牛至（*Origanum vulgare*）、迷迭香（*Salvia rosmarinus*）以及百里香（*Thymus vulgaris*）等，它们大多数原产于地中海地区。

准备现场

如果可能，提前准备好土地，最好是在秋季。首先，清理所有杂草，特别注意将所有顽固的多年生杂草如匍匐披碱草清理干净（见"多年生杂草"，649页）。然后深翻土壤，将其留在粗糙的状态，让冰霜将其分解。

在早春，清除任何后续出现的杂草，用叉子混入腐熟有机质（如园艺堆肥或蘑菇培养基质），然后用耙子对土壤进行细耕。目标是提供排水良好且肥力较强的土壤。不推荐使用粪肥或人造化肥，特别是对于来自地中海地区的香草，否则它们会生长出香味很淡的柔软枝叶，或者变得不耐寒。

在黏重土壤中，可能需要改善排水（见"改善排水"，589页）；或者将香草种植在抬升苗床（见"抬升苗床"，577页）或容器中。大多数香草能忍耐微酸性土壤；但如果土壤pH值低于6.5，则需要在准备土壤时施加少量石灰（见"添加石灰"，591页）。

香草在冬季

虽然香草主要在春夏采收，不过许多种类的采收时间可以延长至几乎全年。

在夏末或初秋播种的许多香草，如雪维菜（*Anthriscus cerefolium*）、芫荽（*Coriandrum sativum*）和荷兰芹（*Petroselinum crispum*）等，如果使用冷床或钟形玻璃罩加以保护，它们可以继续生长至持续整个冬季。它们在阳光充足窗台上的花盆里也能生长得很好。

对于在冬季凋萎的草本宿根香草，如香葱（*Allium schoenoprasum*）、法国龙蒿（*Artemisia dracunculus*）和薄荷，可以进行促生栽培以供冬季使用。在初秋将成熟植株挖出，分株，然后重新种植在装有含壤土盆栽基质的容器中。如果保存在远离霜冻和气流的明亮处，它们会在整个冬季长出新鲜的枝叶，可以定期采收。在春季将这些植株丢弃或移栽室外；如果移栽，在一个生长季内不要采摘它们的叶片，使其恢复活力。

常绿香草如冬风轮草、百里香和迷迭香可以终年采摘，但要限制冬季采摘，因为这时没有新枝叶长出。

种植盆栽香草

盆栽香草可以全年露地种植，但最好的时间是春季，它们可以快速恢复成形。如果上一年冬季它们被保存在加温温室中，则应将它们逐渐在冷床中炼苗（见"炼苗"，642页），然后露地移栽。此时还可以延长超市出售的盆栽香草的寿命，先将它们分株（见"如何延长超市香草的寿命"，下），炼苗数天，然后种在花园里。在种植前将盆栽植株彻底浸泡，因为干燥根坨种植到地下后很难重新湿润。为避免在移栽时压缩苗床中的土壤，最好站在一块木板上进行种植。按照你的种植平面图将香草带盆摆放在现场，结合它们的生长速度和冠幅，确定每株植物都有充足的生长空间。

无论天气如何，种植后都要充分浇水，让根系周围的土壤沉降下来并为新根系的生长提供均匀的湿度。种植后，为簇生香草摘心并修剪灌木状香草，促进新侧枝生长形成灌丛状株型。

种植入侵性香草

如果在开阔土地中种植入侵性香草如薄荷属植物（*Mint*）、菊蒿（*Tanacetum vulgare*）或香猪殃殃（*Galium odoratum*，同*Asperula odorata*），应将它们种在沉没式容器中以限制它们的生长。旧水桶、大花盆或者可回收的结实塑料袋都很合适，不过必须在容器底部做排水孔。为得到最好的效果，每年春季将植株挖出并分株，使用新鲜基质将年幼茁壮的分株苗重新种植在容器中。如果不补充基质，养分会被很快消耗光，香草的长势就会恶化，变得容易染病。

1 挖一个足以容纳大花盆或旧水桶的洞。在容器底部做排水孔，然后将其放在洞中，最后填入含壤土基质。

2 种植香草（这里是一株薄荷），紧实；添加足够基质隐藏花盆边缘，然后浇透水。每年春季更换花盆中的基质并再次种植。

如何延长超市香草的寿命

1 为植株浇透水，然后使其从花盆中滑出（这里是香葱）。轻轻将根坨掰开，形成较小的株丛。

2 将分株后的植株种进装有盆栽基质的单独花盆或托盘中；轻轻压实，浇透水。

3 剪去大部分柔软的地上枝叶。将植株放在明亮、温暖的地方。可以收获新长出的枝叶，或者将植株露地移栽。

4 若要将香草移栽到花园中，应炼苗一周，然后移栽室外，轻轻将它们压实并浇透水。

按照设计种植香草花园

无论是错综复杂的规则式设计还是简单的自然式设计，精心计划都是必不可少的。在冬季开始为春季播种做计划，如果你要自己培育植物，则需要在前一年的夏季开始工作。

对于所有种植，都要充分准备土地，清理所有杂草，并用耙子进行细耕（见"准备现场"，392页）。

一旦确定了设计方案，就可以在现场标记出香草花园的轮廓，包括任何道路。任何调整都需要在这个阶段做出，如果需要的话。使用盆栽香草（包括在超市购买的盆栽香草）最方便，因为它们可以很容易地根据种植平面图在种植前摆放，然后可检查其摆放效果。

如果使用草皮或沉重的材料，如铺装、砖块或岩石，应先铺设它们再进行种植，而使用松散材料（如沙砾、砾石、树皮碎屑）的道路，可以在种植之前或之后铺设。在用沙砾或砾石铺设道路时，应提供木板条或镶边瓦，防止这些材料进入苗床上的植物中。香草特别适合种植在砾石花园中。

1 首先准备用于种植的土壤。然后使用绳线或竹竿，或者沙砾，在现场标记出香草花园的设计方案，包括任何道路或铺装区域。

2 将植株带花盆摆放以检查整体效果和间距。如果使用沙砾或石子道路，则在边缘设置木板条，将铺路材料限制在原位。

3 一旦确定好设计方案，种植香草并浇水；你可能会喜欢密集地种在一起，以快速得到需要的效果。

4 铺设道路，在木板条之间均匀地增添沙砾或石子；平整表面。

5 正常给香草花园浇水和除草。掐掉茎尖以促进分枝生长，并在需要时修剪。

香草花园的设计

这个小花园包括众多芳香和烹调用香草；它们群体种植在限定颜色的苗床中，对称的道路将它们分隔开，形成传统的规则效果，又被苗床内的自然式种植所柔化。

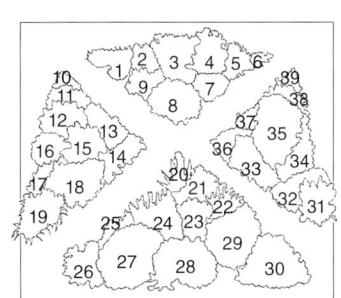

Key
1 香葱（*Allium schoenoprasum*）
2 '紧致'牛至（*Origanum vulgare* 'Compactum'）
3 美国薄荷（*Monarda didyma*）
4 中亚苦蒿（*Artemisia absinthium*）
5 神香草（*Hyssopus officinalis*）
6 亚洲百里香（*Thymus serpyllum*）
7 '银光'百里香（*Thymus vulgaris* 'Silver Posie'）
8 牛至（*Origanum vulgare*）
9 '花叶'香薄荷（*Mentha suaveolens* 'Variegata'）
10 果香菊（*Chamaemelum nobile*）
11 法国酸模（*Rumex scutatus*）
12 法国龙蒿（*Artemisia dracunculus*）
13 '黄斑'药用鼠尾草（*Salvia officinalis* 'Icterina'）
14 荷兰芹（*Petroselinum crispum*）
15 茉莉芹（*Myrrhis odorata*）
16 圣麻（*Santolina chamaecyparissus*）
17 匍匐风轮草（*Satureja spicigera*）
18 '金叶'香蜂草（*Melissa officinalis* 'Aurea'）
19 韭菜（*Allium tuberosum*）
20 '白花'德国鸢尾（*Iris germanica* 'Florentina'）
21 琉璃苣（*Borago officinalis*）
22 玫瑰神香草（*Hyssopus officinalis* f. *roseus*）
23 '紫芽'药用鼠尾草（*Salvia officinalis* 'Purpurascens'）
24 '洛登粉'薰衣草（*Lavandula angustifolia* 'Loddon Pink'）
25 百里香（*Thymus vulgaris*）
26 紫叶罗勒（*Ocimum basilicum* var. *purpurascens*）
27 迷迭香（*Salvia rosmarinu*）
28 夏风轮草（*Satureja hortensis*）
29 欧亚碱蒿（*Artemisia abrotanum*）
30 甘牛至（*Origanum majorana*）
31 艾菊（*Tanacetum balsamita*）
32 '金叶'短舌匊蒿（*Tanacetum parthenium* 'Aureum'）
33 雪维菜（*Anthriscus cerefolium*）
34 金盏菊（*Calendula officinalis*）
35 '紫叶'茴香（*Foeniculum vulgare* 'Purpureum'）
36 香猪殃殃（*Galium odoratum*）
37 '柠檬女王'圣麻（*Santolina chamaecyparissus* 'Lemon Queen'）
38 酸模（*Rumex acetosa*）
39 '美味柠檬'百里香（*Thymus*. 'Culinary Lemon'）

日常养护

大多数香草在成形后只需要很少的照料就能繁茂生长。养护工作主要包括在春夏剪短植物促进枝叶健康生长，并在冬季清洁整理休眠植物。在容器中栽培的香草一般需要在生长季定期浇水和施肥，而周期性的换盆和更换表层基质也是必需的。将香草种植在正确的条件下能够最大限度地减少病虫害问题；在必要时采取措施（见"植物生长问题"，643~678页），但使用化学措施后必须等待一两周才能使用香草。

剪短

因其新鲜幼嫩叶片而受重视的香草可以剪短以稳定地供应叶片。酸模（*Rumex acetosa*）的开花枝出现后立即将其除去；香葱（*Allium schoenoprasum*）和牛至（*Origanum vulgare*）可以留到开花后剪短，因为它们的花可用于调味；对于牛至、薄荷属植物以及香蜂草（*Melissa officinalis*）的彩斑品种，如果在开花前将植株剪短，它们就会长出鲜艳的新叶片。

应该定期检查入侵性香草的生长：即使种植在下沉式容器中，它们也会产生地表横走茎，必须在其伸展得太远之前移除。对于彩叶香草上所有逆转的绿色枝条，一经发现立即除去。

摘除枯花和修剪

除非想要保存种子，否则大多数香草的枯花需要除去，从而使其将能量转移到枝叶生长上。为一年生植物如琉璃苣（*Borago officinalis*）摘除枯花可以延长花期。某些香草如欧白芷（*Angelica archangelica*）会大量自播；如果放任它们结实，最终会成为恼人的问题。

对于灌木状香草（如薰衣草和百里香），摘除枯花和修剪应该在开花后进行，使用大剪刀进行轻度修剪（见"夏季开花后修剪的灌木"，125页）。春季重剪能促进侧枝和基部新枝生长；不过百里香最好进行轻度少量修剪，且应在生长期进行。

护根

只为湿润土壤中繁茂生长的成形香草覆盖护根，如薄荷和美国薄荷（*Monarda didyma*）。在夏季，雨后覆盖护根以保持水分和改良土壤。生长在黏重土壤中的地中海或灰叶香草应该使用非有机护根（如沙砾），以防止腐烂。

秋季清理

香草在秋季的剪短程度部分取决于个人偏好。在寒冷地区，将草本宿根植物的死亡枝叶留至春季有助于防风防冻。将落在百里香和其他低矮香草上的所有叶片清理干净，它们可能会引发真菌病害。

冬季保护

在寒冷天气中，不耐寒香草应转移到室内或用其他方式保护（见"防冻和防风保护"，598~599页）。到春季将它们剪短并再次露地移栽，或者使用插条繁殖新的植株。很多香草的耐寒性取决于具体品种，如药用鼠尾草（*Salvia officinalis*）和薰衣草；在购买时应该搞清楚。

容器中的香草

大多数香草能轻松地生长在容器中，只需要很少的照料（见"盆栽园艺"，316~325页）。在炎热的天气，每天检查土壤湿度并在干燥的时候浇透水。在生长期，每两周使用稀释液态肥料为香草施一次肥。

在寒冷时期，将盆栽香草转移到光照良好的保护设施中。防冻花盆可以留在室外，但要用麻袋布包裹，以保护香草的根系。

种植香草花盆

1 选择侧壁有孔的大花盆。将碎瓦片铺在底部孔上并在花盆中加入含土壤或多用途基质和部分园艺沙砾，刚好至侧壁孔下端即可。

2 在侧壁孔内使用株型紧凑的香草；在将植株插入侧壁孔中时像图中展示的那样对枝叶进行保护。

3 添加基质以覆盖根系并紧实好。平整表面，并在上面摆放带盆香草，尝试不同布局。在种植前需要考虑香草最终的株高和冠幅。

4 带盆浇水，然后将香草种在最终位置。在根坨周围填充基质，不要埋到茎和叶片，然后紧实。为花盆浇透水。

换盆

周期性检查香草是否被容器束缚根系，同时寻找诸如基质迅速变干、叶片颜色变淡以及新枝叶纤弱等迹象。在生长期换盆，可促进新根的生长。

如果无法换盆，则更换表面2.5~5厘米深的基质，加入腐熟有机质或缓释肥。此后的一个月内不必为香草施肥。

繁殖

香草可以采用多种方法繁殖，具体取决于植物类型以及所需新植株的数量。很容易从大多数香草中采集种子，而且播种是培育大量植株简单且廉价的方法（见"种子"，600~606页）。耐寒一年生植物（如琉璃苣）可以在春季播种，也可以在秋季播种，在第二年春末开花。二年生香草（如葛缕子）可以在夏末或初秋进行室外播种。春季温暖天气可播种宿根香草的种子，并将幼苗留在花盆里生长（见"在容器中播种"，605页）。

宿根香草的大多数品种不能通过种子真实遗传，应该通过扦插（见"扦插"，611~621页）或分株（见"分株"，628~633页）繁殖。不开花的种类也必须使用这些方法，如'特纳盖'果香菊。

直立压条特别适合繁殖灌木状香草，例如药用鼠尾草、迷迭香和百里香，这些香草的基部或中央往往会木质化，很少长出新生枝叶（见"灌木状香草的直立压条"，609页）。

收获和储存

香草的味道会随着生长条件、季节和一天中的不同时间而发生变化。由于基础油的含量水平会随着光照和温度波动，因此应该在正确的时间进行采摘，确保芳香油含量处于顶峰。香草有许多不同的储存方法，使得全年都可以享用它们的香味和味道。关于具体种类香草的建议，见"常见香草名录"，387~391页。

收获

应该在晴朗的天气采收香草，等到露水变干但植物暴露在炎热阳光下之前采摘，否则高温会使基础油蒸发。在采摘香草时尽量维持植株的形状和活力：选择散乱或具入侵性的枝条，而对于簇生香草如香草（*Allium schoenoprasum*）和荷兰芹（*Petroselinum crispum*），采摘外层叶片以促进中央生长。只使用没有损伤和虫害的叶。

叶片和枝条可以在生长期的任何时间采摘，但在植株开花之前状态最好。常绿灌木在冬季应该轻度采摘。操作芳香叶片时要轻柔，因为挫伤叶片会释放基础油。采收香草后立即使用或储存。

采集花朵、种子和根

在采收花朵时，选择温暖干燥的天气并在它们完全开放时采摘。在夏季或初秋，当果实变成棕色但尚未完全成熟开裂时将其完全切下以采集种子。可以在一年中的任何时间将根挖出，但味道在秋季最好。

储存

储存香草的方法主要是干燥和冷冻。此外，许多种类适合为醋、油或胶冻物调味。还有一些可以糖渍后用于装饰甜点。将干制后的香草保存在深色玻璃或瓷器容器中，因为暴露在光照下会加速它们香味的流失。

风干

不要清洗香草，否则会刺激霉菌生长。将香草倒挂在温暖干燥处如通风橱中进行干燥。或者将叶片、花朵或花瓣铺成一层，放置在搁物架上，覆盖棉布、网或厨房纸巾。将它们留在温暖、黑暗的良好通风处，直到变脆。

微波干燥

清洗香草并将其甩干，然后将它们铺成一层放置在厨房纸巾上。用微波炉加热两至三分钟，每隔30秒进行一次检查，并在必要的情况下重新摆放，以确保均匀干燥。冷却，然后像对待晾干香草那样压碎并储存。

干燥果实

夏季或初秋果实变成棕色时将它们切下，然后将它们放入纸袋中，或者倒挂起来并用棉布遮盖以便在种子落下时将它们接住。将它们保存在温暖干燥处成熟；干燥后将种子取出并将它们储藏起来。用于播种的种子应该保存在凉爽、干燥的无霜处。

干燥根

大多数根最好新鲜使用，但有些可以干制并碾碎。首先彻底清洗它们，削皮、切碎或切片，然后将它们铺在吸水纸上。将它们放入冷却中的烤炉或50~60℃的温暖通风橱中干燥直到变脆，在储存之前将它们压碎或碾碎。

冷冻干燥

大多数叶片柔软的香草如荷兰芹和罗勒在冷冻后比在干燥后更能保持色彩和味道。冷冻整根小枝；它们一旦冰冻就会很容易变碎。进行长期储存时，先漂白再冷冻，先将它们在沸水中蘸一下，然后浸入冰水中。甩干并冷冻。

冻在冰块中

香草可以冰冻在水中形成冰块；这是一种保存用于装饰饮料的琉璃苣和薄荷叶的好方法，而且冰会在储存过程中保护香草免遭损害。用于烹调的香草应该在冷冻之前切碎，因为解冻后很难做到这一点。将冰块放在筛子上，并在使用前将水排走。

制作香草醋

对于许多香草（如百里香、法国龙蒿、牛至和薰衣草），可以浸泡在醋中保存它们的味道。

为制作香草醋，可轻轻压碎一些新鲜的香草叶，然后在干净玻璃罐中松散地装入压碎的叶片。不要使用有金属盖的容器，因为酸性的醋会腐蚀盖子并污染容器的内容物。温热红酒或苹果醋，将其倒在香草上，然后封上罐子。将罐子保存在阳光充足处两周，每天摇晃或搅拌。过滤并装瓶，加入一小段新鲜香草小枝以便辨认。为得到更强烈的味道，可再次放入香草并将香草醋继续存放两周。

罗勒的叶子可以堆积在装满油的罐子中保存；叶子本身可以使用在意大利面酱汁和其他烹调好的菜肴中。千万不要尝试自己制作香草油，这样做可能有肉毒中毒的风险。

将香草冰冻在冰块中
将琉璃苣花和薄荷叶单独放在制冰盒的格子中，用于加入饮料中。将荷兰芹或香葱等香草的新鲜叶片切碎后放入制冰盒中，每汤匙香草加入大约1汤匙水。

晾干法储存香草

1 在晴天清晨，白天的高温尚未释放香草基础油之前采摘健康无瑕的枝叶。

2 将枝条绑成束，然后将它们倒挂在温暖处；一旦干燥，就将叶片从茎上采下并储存在深色玻璃罐中。

干燥果实
用棉布或纸袋遮盖果实，使用绳线或橡胶带固定，然后将它们倒挂在温暖处直到干燥。

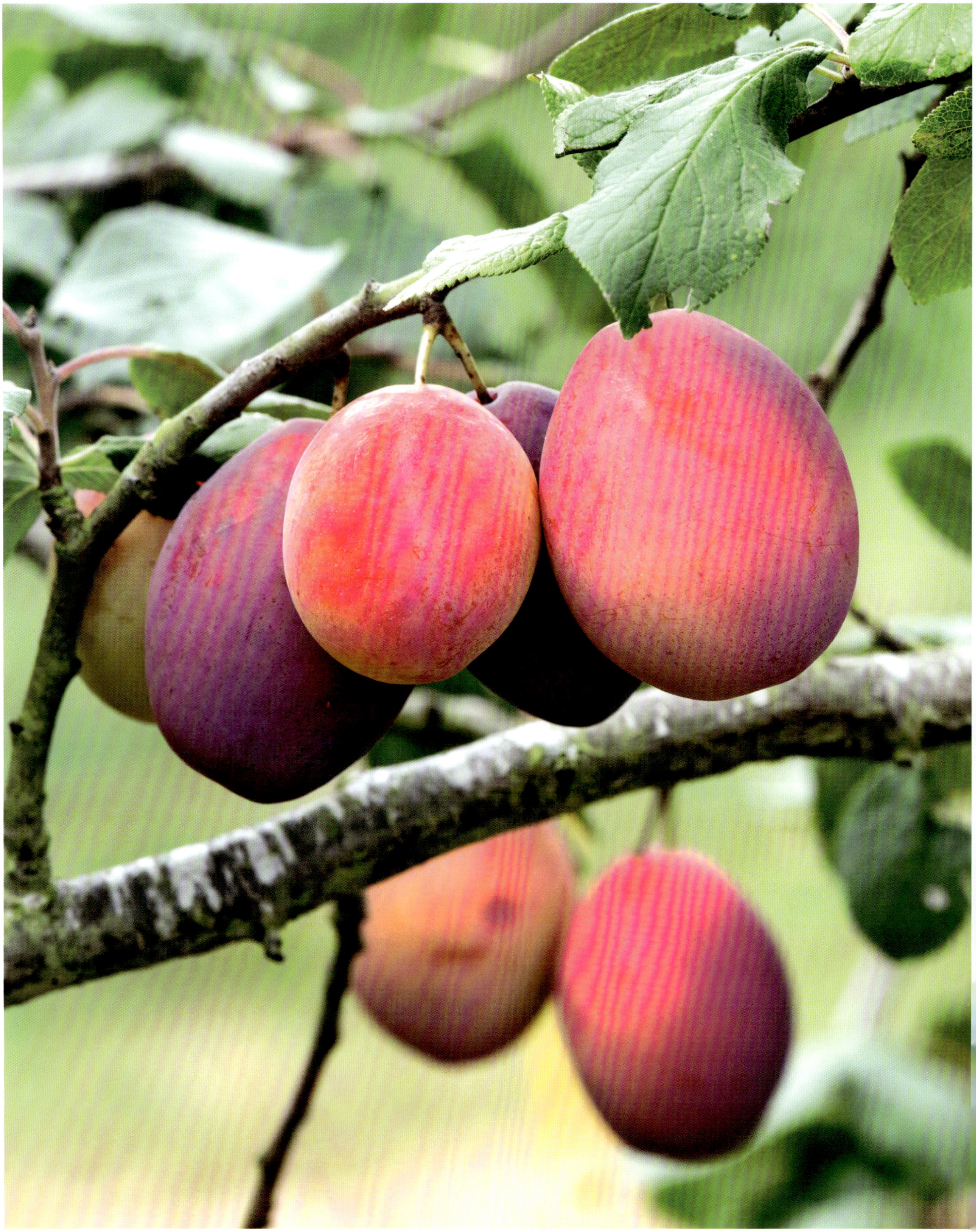

种植水果

种植、收获并品尝亲自种植的水果，这种满足感是园艺活动中最大的乐趣之一。

水果花园兼顾经济和美观双重作用。某些植物拥有美丽芳香的花朵或精致的叶子，而且在很多情况下，水果本身除可食用外也有观赏性。大多数地区可以种植许多种类的水果，而在冷凉气候区，在保护设施中能够栽培更多种类的水果。在大型花园中，可以将部分空间专门用于种植水果——无论是整齐规则地种植成排乔木、灌木和茎生果树并以整枝后的扇形或壁篱果树做边，还是营建自然式果园。如果空间有限，可以将水果融入花园中的其他部分，比如使用野草莓为花坛镶边，或者将葡萄藤种在藤架上。即使是在小型露台花园中，也应该有空间种植一两株盆栽柑橘属植物，或者贴墙整枝苹果树或梨树。

规划水果花园

自古以来，果树就在花园中有着重要的地位，而时至今日，随着大量品种和众多适合较小花园的低矮果树的出现，种植水果变得越来越流行。自家种植农产品的益处是巨大的，而且一些"超级水果"（如蓝莓）可提供极为丰富的维生素和矿物质。从生态角度看，果树在开花时会吸引多种授粉昆虫，而且成年果树可为鸟类和其他野生动物（包括无脊椎动物）提供庇护。如果你能用自己种出的水果取代从商店购买的水果（它们可能是从海外进口的），那么水果花园还能减少你的碳足迹。

选择果树

在只需要少数几株果树的情况下，园丁可能更想将它们种在观赏花园里，而不是专门的果园中；许多果树适合作为园景树种植在草坪上。如果空间非常有限，大多数果树还可以栽培在容器中，无论是独立式的还是依靠支撑物（如花园栅栏）整枝的，或者可以将不同品种嫁接在同一株树上，形成"什锦"树（见"'什锦'树"，400页）。

然而，如果计划使用大量植物，可以将需求相似的果树聚集在一起。如果围绕花园边界种植成墙树、扇形或壁篱，那么果树就既能提供观赏价值，又可以提供新鲜的水果。

另一个考虑可能是你希望果树会开出什么类型的花：某些苹果品种如'阿瑟特纳'（'Arthur Turner'）、'阿什米德之核'（'Ashmead's Kernel'）以及'布莱曼利幼苗'（'Bramley's Seedling'）等能够开出色彩或大小令人印象深刻的美丽花朵。

谨慎的规划加上精心挑选的品种以及各种整枝方法，使得新鲜水果供应可以维持数月，而且如果有一些储藏和冷冻空间的话，你就可以全年享用水果花园的产出。

在冷凉地区，如果提供一些保护的话，可以种植的水果种类还会更多。若将果树种植在花园中阳光充足且背风的墙壁前，温度足以催熟果实的地方，就可以稳定地收获桃、油桃、无花果和葡萄。许多这样的植物是耐寒的，但开花时仍有霜冻风险，所以在花蕾开始绽开时可能需要一些额外保护，例如园艺织物。对于不那么耐寒的水果，比较大的温室可以容纳一棵或更多果树并提供防冻保护。不过在这种情况下，可能必须进行人工授粉，因为昆虫难以接触花朵。

水果的种类

可以根据水果植物的高度、生长和结果习性以及耐寒性将它们分成不同的类群。

乔木水果包括苹果、桃子和无花果等。这个概念既包括梨果（果实核心坚韧致密并包含种子，如苹果、梨和欧楂），也包括核果（包含坚硬果核，如樱桃、桃和李子），还有一些其他水果，如桑葚和柿子等。藤本果树是指木质结果攀缘植物，如猕猴桃和西番莲，最常见的藤本水果是葡萄（*Vitis vinifera*）。

所谓的柔软水果包括灌木水果、茎生水果以及草莓，后者几乎是草本植物。灌木果树呈紧凑的灌丛状，不过它们也可以整枝成其他形状。黑醋栗、红醋栗、白醋栗、鹅莓和蓝莓是最常栽培的灌木水果。被称为茎生水果的植物会长出长长的挂果枝条；树莓、黑莓和杂交浆果（如罗甘莓）都属于这一类。大多数茎生水果会在一个生长季中长出挂果枝条，然后在下一季结果，而当季长出的新挂果枝又会在第二年结果。

某些挂果植物不能承受霜冻，并且需要温暖的亚热带温度才能充分生长和成熟；这一类水果可以称为热带水果。热带水果包括石榴、菠萝、树番茄、仙人掌果以及各种柑橘。其中某些也是乔木水果，但在这里被归为热带水果，因为它们需要持续的温暖。

坚果包括所有果实拥有坚硬外壳和可食用果仁的植物，如欧洲榛、巴旦木和山核桃。

自然样式和整枝样式

许多果树，特别是乔木果树，以及某些藤本和柔软果树，可以整枝成各种形状。在决定选择哪种形状时，要考虑可供成年乔木或灌木使用的空间、收获的容易程度以及获得产量丰富植株所需的修剪和整枝程度。砧木的选择也决定了它们的最终大小（见"砧木和果树尺寸"，402页）。

使用正确的技术，乔木和灌木果树几乎可以随心所欲地进行整枝。总的原则是，趁幼嫩枝条仍然柔韧时将它们整枝成需要的形状；然后树枝会随着定期修剪保持形状。和那些修剪程度较低的植株相比，经过严格修剪以维持样式的植株，其结果量会更少。

无花果
这些果树在干燥且阳光充足的地方生长得很好，而且可以非常成功地种植在大型容器中。

苹果树墙
苹果很适合做树墙，而这一株'卡佳'苹果（*Malus domestica* 'Katja'）被整枝在结实的水平铁丝上，而铁丝又被安装在支撑墙壁上。

乔木样式

在选择乔木样式时，要考虑三个主要因素：生长习性、空间和养护。例如，墙式乔木适合贴墙生长，特别是果实在短枝上自然长出的苹果树。数棵壁篱式乔木占据的空间和一株扇形乔木相同，所以用在小型花园中更好。可以将不止一个品种嫁接得到多重壁篱式乔木，使用其中一条"臂膀"为主要品种授粉。自由生长的样式（如灌木式或纺锤式）只需要每年修剪一次，更复杂的形状（如壁篱式和树墙式）需要更频繁的整枝和修剪。

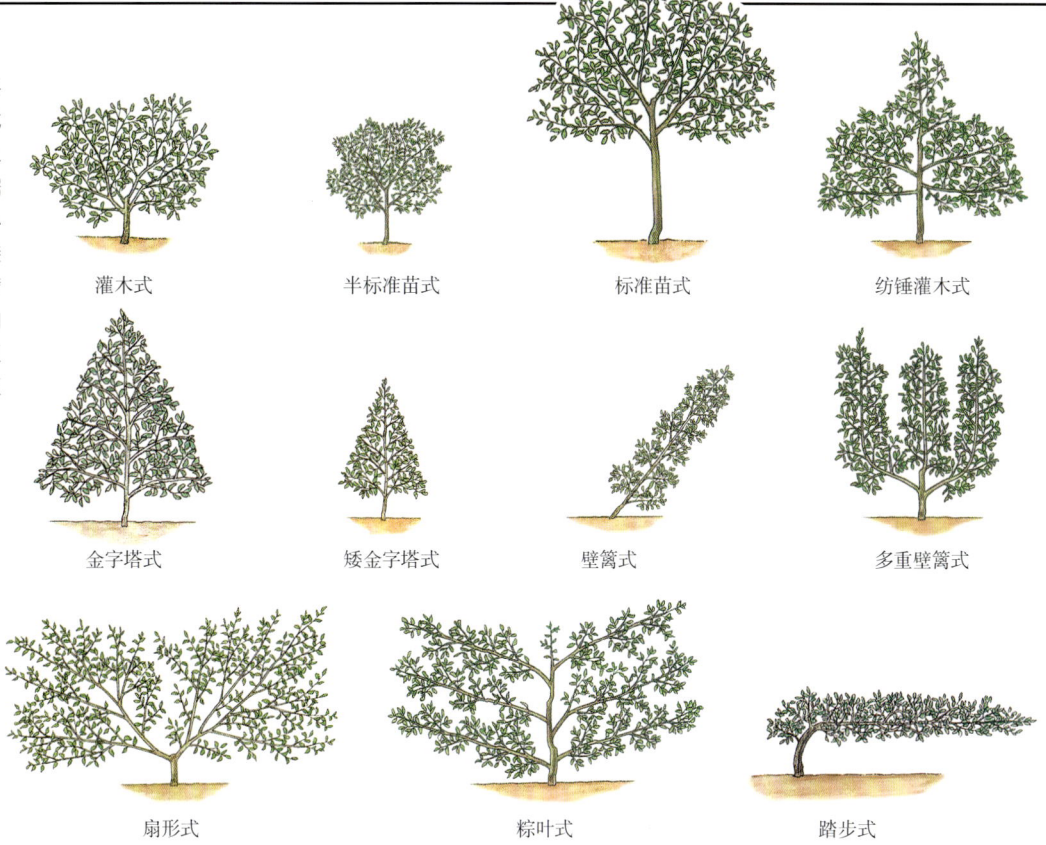

灌木式　　半标准苗式　　标准苗式　　纺锤灌木式

金字塔式　　矮金字塔式　　壁篱式　　多重壁篱式

树墙式　　扇形式　　棕叶式　　踏步式

自然树木样式

这些样式的生长方式和自然树木相差无几，修剪很有限。它们包括灌木式乔木、标准苗式、半标准苗式以及纺锤灌木式。灌木式和纺锤灌木式比标准苗式和半标准苗式更紧凑，适合小型花园。

灌木式乔木的树干可达90厘米高，树枝从位于顶部的树干三分之一处向外辐射。它的中心开展，从而给予树枝最多光照和空间。灌木式乔木为小型至中型尺寸，总高度为1.5~4米。

半标准苗式与灌木式相似，但树干高达1~1.5米，总高度为4~5米。标准苗拥有相同的样式，但树干高达1.5~2.2米，总高度达5米。

纺锤灌木式是高可达2.2米的小型乔木，树枝从中央领导枝以很宽的角度向外辐射。与其他修剪较轻的样式相比，它拥有的树枝较少，但每根树枝都要被修剪以尽可能保证产量。最低分枝通常距离地面大约45厘米。

整枝样式

某些乔木和灌木果树适合以整枝样式生长。这些样式包括壁篱式、扇形式和墙式。它们在开始时需要精心整枝，然后通过夏季定期修剪限制营养生长以维持形状，冬季对其进行最低程度的修剪。大多数需要铁丝提供支撑，这些铁丝要么需要固定在独立式柱子上，要么需要贴墙或栅栏安装。在温带地区，贴墙整枝样式常常适用于桃等水果，因为果树可以接受最大限度的阳光照射，墙壁反射的热量对果树也很有好处。所有整枝乔木样式都适合小型花园，因为可以使用它们在有限空间里栽培多种水果。一般可以通过将一年生树苗嫁接在低矮的砧木上，得到整枝样式。专类苗圃出售已完成整枝的果树。

壁篱式主要被限制在1.5~2米长的单根主干上，上面生长出结果短枝，从而在有限的面积里得到很高的产量。它常常贴墙生长，或者长在柱子和铁丝上，并且倾斜大约45°种植。它也可以垂直或水平种植。这种样式最常用于苹果树和梨树，红醋栗、白醋栗和鹅莓有时也使用这种形式。双重（有时又被称为"U形式"）、三重或多重壁篱式可以通过修剪一年树龄苗得到，使其形成两个或更多平行树干。有不止一个树干的壁篱式乔木通常是垂直整枝的。主干水平整枝的踏步式壁篱一般是独立式的，用结实的铁丝支撑，可以为花坛增添美观的低矮边缘。

在扇形式乔木的整枝中，数根主枝从24厘米高的低矮树干上以扇形向外辐射，这种样式适合贴墙或栅栏生长的果树。

树墙式乔木是在中央主干上以固定间距伸展出成对水平分枝形成的。每个分枝上都长满了挂果短枝。成对分枝的数量取决于空间大小和乔木的长势。这种方法特别适合贴墙生长的苹果和梨，不适用于核果。棕叶式是树墙式不太严格的变形，在其中长满挂果短枝的主分枝角度稍稍朝上，而不是水平生长。

和大多数其他整枝样式不同的是，金字塔式是独立生长的；它的分枝从中央主干向外辐射，整体呈金字塔形，需要夏季定期修剪以维持形状，得到小型至中型乔木。低矮金字塔式生长在更低矮的砧木上。

整枝樱桃
可以对樱桃树进行成功的整枝，尤其是如果它生长在低矮的砧木上时。在种植前将支撑和铁丝安装就位。

群植果树

（左）将果树种植在一起有助于授粉。在低矮的砧木上使用受限样式，以控制植株的大小和分枝习性。

"什锦"树

（最左）在小型花园中，"什锦"树是种植不同种类水果的便捷方法，其中两个或更多品种被嫁接在同一砧木上，于是果树会在不同树枝上结出不同的果实。

苹果树和梨树可以整枝成复杂的形状（如弓形和高脚杯形）。这些形状以及包括树墙式在内的其他样式都来自法国。为得到弓形树木，将领导枝在不同年份左右交替整枝，让树枝呈弓形向下弯曲。对于高脚杯形树木，从其树干既定高度对分枝进行水平整枝。在这些分枝上长出的树枝又会被向上整枝，形成高脚杯的形状。对于所有这样的形状，都使用铁丝和竹竿将枝条整枝成你要的样式。一旦需要的枝条就位，就应该在夏季清除掉所有多余枝条（见"夏季修剪"，414~415页）。

"什锦"树

"什锦"树即在同一棵树上生长同一水果的数个品种——通常是三个。这样的果树能够连续提供水果，它还是一种节省空间的好办法。它们最先被希腊人和罗马人使用，在20世纪50年代被重新引入，时至今日仍然是种植苹果和梨的流行方法。

在果树年幼的时候，在果树上嫁接其他两种长势相似、适合交叉授粉的品种。好的苹果组合包括：'艾格蒙特赤褐'（'Egremont Russet'）搭配'詹姆斯•格里夫'（'James Grieve'）和'落日'（'Sunset'）；'布莱曼利幼苗'（'Bramley's Seedling'）搭配'红苹果（圣日）'['Red Pippin(Fiesta)']和'福斯塔夫'（'Falstaff'）；以及'查尔斯•罗斯'（'Charles Ross'）搭配'发现'（'Discovery'）和'詹姆斯•格里夫'（'James Grieve'）。对于梨，尝试'贝丝'（'Beth'）搭配'协和'（'Concorde'）和'联盟'（'Conference'），以及'威廉姆斯•本•克雷蒂安'（'Williams'Bon Chrétien'）搭配'联盟'（'Conference'）和'元老杜考密斯'

（'Doyenné du Comice'）。

所有这些树都可以在各种砧木上生长，重要的是选择一个适合花园土壤并且能长到所需尺寸的砧木（见"砧木"，411页和420页）。'MM106'用于中型苹果树，而'Quince A'用于嫁接梨。苹果'M9'和梨'Quince C'适用于小型"什锦"树。所有砧木中最小的是'M27'，最适合盆栽苹果"什锦"树。砧木'Quince C'常用来嫁接某些长势最苗壮的品种，如'元老杜考密斯'。

生长在'M9'、'M27'和'Quince A'上的果树必须用永久性立桩支撑，因为它们的根系小而脆弱。

有时候，"什锦"树上的品种会有不同的生长速度，随着时间的推移，其中之一会占据支配地位。这时候就需要精心修剪以维持果树的平衡。

将果树融入花园设计

果树可以种植在独立区域，或者与其他观赏植物融合在一起；具体的选择取决于空间、个人喜好以及水果的种类。无论是哪种情况，都要考虑充分生长的果树会对附近或周围植物产生的影响。计划和选址特别重要，因为大多数果树是长期植物，需要持续的良好条件才能在许多年里繁茂生长并大量结实。此外，除了少数例外（如草莓），种植后基本不可能或不值得将它们移植到别处。

经过规划的水果花园

在需要一系列不同水果的地方，很值得在单独区域将果树种在一起。在种植水果花园时，要考虑到每种植物类型喜欢的生长条件以及种植间距。例如，为高果树选择位置时，要确保它们对附近较小灌木造成的阴影最小。还要确保每株植物得到的空间足以让它们生长到成年尺寸。栽培需求相似的植物可以种植在一起，方便进行施肥等操作。例如，与其他水果相比，红醋栗和鹅莓需要更多钾。将植物种在一起也更容易保护它们免遭鸟类（用水果笼）和大风（用风障）的损伤。

为得到引人注目的边缘，使用一排整枝果树为水果花园作边；壁篱式（特别是踏步壁篱式）或矮金字塔式特别合适，因为它们需要的支撑最少，占据的空间也相对很少。

在为果树（特别是苹果、梨、欧洲甜樱桃和某些李子）选择位置时，要记住，自交不育品种应该被安置在能够与其杂交授粉的品种附近（见"授粉需求"，403页），否则它只会结很少的果甚至不结果。

对于许多水果，有众多成熟时间不同的品种可选；这样的话就能连续不断地收获果实，而

浆果

蓝莓是小型花园中的优良作物，因为它们不需要太多空间。它们在富含腐殖质的酸性土壤中生长得最好，会在上一年长出的侧枝上大量结果。

不是一次收获所有果实。某些水果（如晚熟的苹果和梨）可以储存很长时间，所以如果需要稳定供应，应该预留更多空间用于种植这些品种而不是更早成熟的品种。

小型花园中的果树

有各种不同的方法可以在有限空间内种植水果并取得高产，同时收获美观的景致。在可能的情况下，选择嫁接到低矮砧木（见"砧木和果树尺寸"，402页）上的果树，并使用空间利用率最高的整枝方法，例如，种植"什锦"树（见"'什锦'树"，400页）或者芭蕾舞女品种（见"苹果"，411页）。将乔木果树和红醋栗以及鹅莓等柔软水果紧贴房屋或花园墙整枝成壁篱式而不是灌木式，因为要得到可观的产量，壁篱式所需的空间比扇形式和树墙式都少。将葡萄藤架在结实的藤架或观赏拱门上，作为花园设计的一部分。茎生水果也可以根据可用空间进行各种样式的整枝。草莓可以种植在垂直安装在立桩、栅栏或其他相似结构上的种植袋里，也可以种植在吊篮中。

如果空间只允许种植一棵树，那么一定要选择自交可育品种（见"授粉亲和性"，402页）。除非你有充足的储存和冷藏空间，否则结果期比较长的植物也很有价值。

混合种植

在没有充足空间专门种植水果的小型花园里，可以成功地将结果植物融入观赏植物之中。一棵或更多果树可以成为草坪中美丽的园景树，也可以种在阳光充足的台地或露台上的大型容器中，搭配其他盆栽季节性观赏植物。靠在框格棚架上的壁篱式果树或低矮金字塔式果树用作观赏性分隔物的时候视觉效果很好，能够提供非比寻常且硕果累累的屏障，春季美丽的繁花盛开，从夏末到秋季又有逐渐成熟的果实挂在枝头。灌木或乔木整枝样式的果树可以种植在几乎任何类型的花园结构上，如藤架、栅栏或棚屋上，只要朝向合适即可。

当果树与其他观赏植物一起种植时，确保所有植物的需求是相互匹配的，而且一棵植物不会过多地荫蔽相邻植物。

草莓常常和其他植物种在一起，要么种在蔬菜花园里，要么沿着花坛或抬升苗床的边缘种植，后者是野草莓的常见用法。

选址

阳光充足的背风处最为理想，果树在那里能生产出优质美味的果实。有轻度遮阴的场所也可以接受，但其为果实成熟提供的时间较少，因此最好用于柔软水果，或者苹果、梨和李子的早熟品种。在比较背阴的花园里，植物无法很好地开花或结实，但即使结果不多，也值得为了果树的观赏价值及其对花园生态的贡献而种植它们。在朝南斜坡上种植的水果比别处成熟得更早，但是因为它们开花也更早，因此它们更容易遭受霜冻的损害。

依靠支撑结构种植

墙壁、栅栏、藤架以及拱门都能为整枝成形

小型水果园

这一小片栅栏包围的区域栽培的水果不少于20个品种，从初夏至秋季提供丰富的果实。这一区域大小为4米×9米，周围设置高2米的栅栏；对品种和砧木进行精心选择再加以正确的树木整枝技术，使得大量不同种类的水果可以种植在这里。

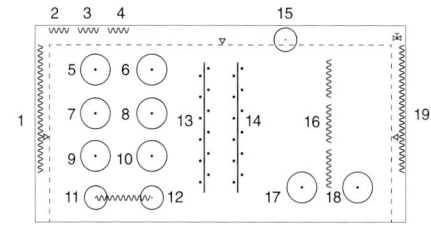

Key
1 '莫雷洛' 欧洲酸樱桃 'Morello'（砧木为 '柯尔特' 'Colt'）
2 '贝丝' 梨 'Beth'（砧木为 'Quince C'）
3 '协和' 梨 'Concorde'（砧木为 'Quince C'）
4 '元老杜卡密斯' 梨 'Doyenné du Comice'（砧木为 'Quince C'）
5 '公爵' 蓝莓 'Duke'
6 '斯巴达人' 蓝莓 'Spartan'
7 '无忧无虑' 鹅莓 'Careless'（秋季结果）
8 '白葡萄' 白醋栗 'White Grape'
9 '平等派' 鹅莓 'Leveller'
10 '红湖' 红醋栗 'Red Lake'
11 '美味' 苹果 'Scrumptious'（砧木为 'M9'）
12 '拉姆伯尼勋爵' 苹果 'Lord Lambourne'（砧木为 'M9'）
13 '莱奥' 树莓 'Leo'（夏季结果）
14 '秋日祝福' 树莓 'Autumn bliss'（秋季结果）
15 '褐色火鸡' 无花果 'Brown Turkey'
16 壁篱式苹果：'美味' 'Scrumptious'，'落日' 'Sunset'，'绿袖子' 'Greensleeves'（砧木为 'M9'）
17 '本康南' 黑醋栗 'Ben Connan'
18 '大本' 黑醋栗 'Big Ben'
19 '斯特拉' 欧洲甜樱桃 'Stella'（砧木为 'Gisela 5'）

的果树提供理想的种植场所，特别是如果它们暴露在充足阳光下的话。这些结构充分利用了花园中的空间，并能让水果充分生长成熟。与种在花园开阔处的果树相比，整枝在支撑结构上的果树更容易得到保护，免遭鸟类伤害。

墙壁或栅栏必须足够高才能容纳选中的果树：1.2米的高度对于柔软水果或者整枝成壁篱式或树墙式的苹果或梨已经足够了，但扇形整枝的苹果、梨、樱桃、李子和桃，则需要2米或以上的高度和宽度。藤架和拱门可以提供足够的高度，但要确保有充足的空间供植物在成熟时伸展。这些结构必须足够结实才能支撑繁重的果实，即使是在强风天气中。

风霜

避免在容易霜冻的位置种植，因为花朵、未打开的花蕾以及小果实都容易受到冰霜损害。最寒冷的空气会在位置最低的地面上聚集，于是会在谷底或缓坡花园的底部，以及墙、栅栏或建筑的背后形成霜穴。

暴露在风中的话，授粉昆虫会被吹走，这会大大降低结果的规律性。强风还会对果实造成相当大的伤害。气流多的地方（例如两栋建筑之间）不推荐进行种植，但可以通过合理设置风障使风偏向来改善这里的条件。乔木或大型灌木

夏末馈赠
和野生黑莓相比，大部分栽培黑莓的果实更大、更甜，植株的刺较少，入侵性较弱。可以对它们进行整枝，令其爬过栅栏、拱门或藤架；株型紧凑的品种适宜盆栽。

比实心风障更好，因为它们可以过滤风，否则风会打转翻过风障，对另一侧的植物造成损伤（见"风障的工作原理"，55页）。

在保护设施中种植水果

在较冷凉的气候区，原产温暖气候区的水果作物（如桃、油桃和葡萄）最好进行温室栽培，但需要相当的技术和无微不至的关注才能维持它们的良好状态，得到令人满意的果实。温室或冷床的保护也可以用来很有效地种植温带水果（如草莓），通过精心选择早熟品种，收获期可以从初夏开始持续数周。在生长期短暂且早秋有霜冻的地区，这还能改善常熟或晚熟品种的结果。

如果将果树与其他植物种在同一个温室中，要确保它们对温度、湿度和通风的要求是相容的。温室必须有最大数量的底部和顶部通风口以提供自由流动的空气。至于开阔露地种植，土壤必须肥沃并排水良好才能让植物茂盛生长。

许多热带植物（如树番茄和石榴甚至橄榄）都可以在保护设施中成功栽培；在温带地区，它们常常只作为观赏植物种植，因为即使在保护设施中，它们也很少能大量结实。

整枝果树

适合整枝的相容乔木和柔软水果也可以种植在温室中。确保有充分空间供选中品种发育并生长到成年尺寸，并在种植前将选中整枝样式所需的结构安装就位。

花盆中的果树

如今越来越多的果树要么在遗传上就是低矮品种，要么是嫁接在矮化砧木上的。它们被笼统地称为"露台"果树，很适合盆栽并摆放在露

防护措施

许多果树的幼嫩枝条是兔子、野兔和鹿的美味佳肴。这三个不速之客都会毁坏树皮，将它们撕扯着咬下来。兔子特别喜欢年幼苹果树基部的树皮；如果一圈的大部分或全部树皮都失去，果树就会死亡。

对环境最友好的解决方式是使用铁丝网栅栏防止它们进入花园。为将兔子隔离在外，栅栏应该有90厘米高并以朝外的角度向地下延续30厘米。防鹿栅栏的最低高度是2米。也可以使用树干保护套和网罩保护单株果树（见"保护树干"，95页；"抵御鸟类和其他动物的保护措施"，406页）。

背风处的梨树
与苹果树相比，梨树需要更多温暖和阳光才能生长结实。它们的花期也更早，因此它们更容易遭受冰霜损害。将梨树种植在温暖背风、远离冰霜处。

台或木平台上。无花果常常种植在大型容器中以限制植株生长，促使其将能量转移到果实生产中。与露地栽培相比，温室或钟形玻璃罩下独立花盆中种植的草莓会更早结出成熟的果实，从而延长结果期。热带水果乔木（如柑橘等）可以种在花盆里，夏季放置在室外并在冬季转移回保护设施中（见"盆栽水果"，328页）。

决定种植哪些植物

无论是计划种植整个水果园还是只选择两三棵果树，选择既能够在既定土壤和气候条件中茂盛生长又不会长得过大的植物都是至关重要的。

选择味美、在商店中少见的、不那么商业化的品种也有好处。大多数不常见的水果（如红醋栗或白醋栗）也值得考虑，因为它们的售价很高。如果需要冷藏柔软水果（如草莓或树莓），则选择适合冷藏的品种。

在决定种植哪些植物时，检查不同品种之间的授粉亲和性（见"授粉需求"，403~404页）。最终的选择取决于所需作物的大小以及收获时间。

砧木和果树尺寸

果树的尺寸在很大程度上取决于嫁接所用的砧木。选择长势和生活力适合可用种植区域或整枝空间的砧木。例如，生长在低矮砧木如'M27'或'M9'上的苹果树适合大多数花园；它们相对较小的尺寸使得采摘、修剪和喷药都比较容易。如果需要一棵大乔木，则需要选择更茁壮的砧木。更多详细信息，见"购买植物"，403页；"砧木"，411页。

授粉亲和性

苹果、梨、欧洲甜樱桃的大部分品种以及部分李子品种的自交育性很差，因此需要紧邻相同水果的一个或更多适合品种种植，要令它们的花期保持一致，使昆虫能够为所有果树杂交授粉。例如，'考克斯的橙色苹果'（'Cox's Orange Pippin'）、'布莱曼利幼苗'（'Bramley's Seedling'）和'拉姆伯尼勋爵'（'Lord Lambourne'）三个苹果品种必须种植在一起才能成功地杂交授粉。在规划水果园时，要考虑授粉所需的最少果树数量以及亲和品种的相对位置，以确保结果效果。

产量和时机

在有限的空间内，所需水果的数量决定了植株的数量，要记住产量水平每年都有所不同。可用的储存或冷藏空间在很大程度上决定了可以接受的产量大小。平衡每种水果早熟、中熟和晚熟品种的数量，以便在很长一段时间内持续产出水果，而不是一次过地收获。

早熟苹果和梨的保存期限不会超过一天或两天，所以种植的数量应该在可以快速消耗的范围之内：一株或两株可产出2~5千克果实的壁篱式果树应该足够。如果你有大量储存空间，可种植高比例的晚熟品种，它们的果实可以储存数月之久。李子容易在短期内成熟大量果实，必须将它们快速消耗掉，除非将它们冷藏或使用其他手段保存。

在决定是否种植早熟或晚熟品种时，记得将气候因素考虑在内。例如，晚熟的苹果或梨对于夏季短暂的地区并不是一个好选择，因为这些地区没有充足的时间或阳光让果实充分成熟。

葡萄天篷
当葡萄种在保护设施中时，注意不要让成熟中的果实被阳光灼伤。

现场、土壤的准备以及种植

所有果树都需要结构良好、排水充分的肥沃土壤才能茂盛生长。大多数挂果乔木和灌木是长期植物，因此在种植之前，应选择并准备合适的种植现场，以提供成功收获必要的生长条件。

准备现场

在种植前至少两周准备现场。在进行任何土壤准备之前清理所有杂草，特别是多年生杂草（见"杂草和草坪杂草"，649~654页）。

土壤类型

壤土是理想的土壤类型，能够产出大量优质水果。如果排水良好的话，黏土也能产出很好的果实，但它们在春季回暖的速度很慢；因此植物的生长和结实可能比较迟。在沙质土中，植物开始生长的速度比较快，因为土壤在春季会很快回暖。然而，热量的流失速度也很快，这使得植物遭受冰霜的危险也更大。与其他类型的土壤相比，沙质土一般比较贫瘠，因此在上面种植的水果的品质和味道都不如在其他更肥沃土壤上种植的种类。

在白垩土中，缺锰和缺铁（见"缺锰症/缺铁症"，669页）引起的萎黄病可能很严重，这会导致植株变成黄色，严重影响果实的品质和产量。在极端情况下，某些果树不能在这种土壤中令人满意地种植；梨树和树莓树特别容易受到伤害。使用螯合铁能缓解问题，但必须定期处理，这样做很昂贵。通过提供某些植物所需的微量元素，每年使用农家粪肥和堆肥覆盖护根也会有所帮助。

改良土壤

对于柔软水果，可在土壤中掘入大量腐熟粪肥或园艺堆肥和化肥，以改善其保水性和肥力。增添有机质可极大地改善土壤肥力和结构，这对于成功的水果种植非常重要。虽然难以量化有机质的养分含量，但除非土壤非常贫瘠，否则不应额外使用肥料，那样植物会长出多余的柔软枝条而不是挂果枝。

排水问题

虽然排水不畅更容易发生在黏重的土壤中，但在其他多种类型的土壤中也会出现这个问题。尽可能改善土壤结构（见"土壤结构和水分含量"，587页），并在必要的情况下安装排水系统（见"安装排水系统"，589页）。在无法安装排水设施的地方，将果树种植在抬升苗床中（见"抬升苗床"，577页）。添加大量有机质常常可以改善排水。

调整pH值

pH值为6~6.5的土壤适合所有水果，蓝莓除外，后者需要pH值为4~5.5的酸性土壤。pH值低于5.8的土壤需要施加石灰（见"施加石灰"，591页）。如果你想种植蓝莓而你的土壤是碱性的，那么你应该将它们种在装有酸性土壤的抬升苗床中，或者将它们种在装有喜酸植物基质的容器里（见"蓝莓"，456页）。

为整枝乔木或灌木果树准备支撑结构

如果乔木或灌木果树要依靠结实的支撑结构（如墙壁或栅栏）整枝种植的话，使用带环螺丝将水平金属线安装在支撑结构上，并随着果树生长用紧丝器保持金属线的紧张。带环螺丝会让金属线远离支撑结构10~15厘米，让空气能够围绕植物枝叶自由流动。金属线的间距各不相同，具体取决于所种植的水果类型。

如果使用独立式桩线支撑结构，则应将金属线牢固地安装在立桩上。在种植前，以合适的角度将竹竿连接在金属线上，并将年幼的植株绑扎在上面开始整枝过程。

购买果树

裸根乔木

盆栽乔木

购买植物

总是选择能够在你的花园环境中茂盛生长的水果。确保植物或果树的最终尺寸适合可用空间，并且有足够空间将它整枝成想要的样式。在决定购买哪些品种时必须考虑授粉需求。

专业水果苗圃常常是最好且最可靠的来源。它们提供一系列古老的和新的品种，并且会就合适的砧木给出建议。尽可能购买通过无病害认证的植物。

最好购买年幼植株，因为它们的恢复速度更快，可以根据你自己的需求进行整枝。植株既有裸根出售的，也有盆栽出售的。盆栽植物全年都可以购买，而裸根植物只能在晚秋和冬季休眠的时候才能安全地挖出并出售。

拒绝使用根系被花盆严重束缚的植物，因为它们很少能够发育良好。在购买裸根植物时确保根系没有脱水，并选择主根和纤维状根比例均衡的植物。

选择健康且枝叶健壮的果树，如果苗龄达到两年或三年，还需要有匀称的侧枝。仔细检查植株，不要购买任何受损或带病虫害迹象，或缺少活力的苗木。

授粉需求

大多数柔软水果和一些乔木水果是自交可育的，不需要附近的授粉品种就能结实，所以可以单株种植。然而，苹果、梨、多种欧洲甜樱桃，以及部分李子都不能可靠地自交结果，而存在授粉者时结果状况会有所改善。为成功结果，需要使用同种水果的不同品种与自交不育品种杂交授粉。一般来说，一个授粉品种就已足够，但某些苹果和梨的品种必须与另外两个品种紧邻着种植才能让所有的果树都良好结实。

为了让杂交发生，不同品种的花期必须重叠。因此可将品种按花期分成从早花到晚花的不同类群，

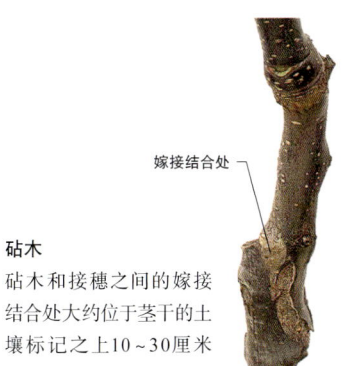

砧木

砧木和接穗之间的嫁接结合处大约位于茎干的土壤标记之上10~30厘米处，那里有一个明显的组结，特别是最近才繁殖的年幼果树。在种植时，确保嫁接结合处位于土壤表面之上。

用数字来表示它们进入花期的顺序。用于交叉授粉的品种应该位于同一个、前一个或后一个类群中。例如，类群3的品种可以与类群2、3和4的品种相配合。

不过，某些水果的特定品种虽然同时开花，但并不会杂交。欧洲甜樱桃和梨被归类为不相配类群并在苗木表中指示出来。如果存疑的话，可向专家寻求建议。少数欧洲甜樱桃品种能为所有其他同时开花的品种授粉；它们被称为通用授粉者。

选择砧木

许多出售的乔木水果品种是已经嫁接在相配合砧木上的，因为品种不能依靠种子真实遗传，而且不能连续依靠扦插繁殖。砧木能够控制生长速度和成年果树的尺寸，而接穗决定了结出的果实。某些砧木具有矮化效应（适用于小型花园）并能促进提前结果。少数砧木对某些病虫害有抗性。

选择果树

年幼果树可以在数个生长阶段购买——选择对果树所要采取样式最适合的阶段。与其他形式的苗木相比，一年龄鞭状苗（无侧枝）需要多花至少一年时间才能整枝和结果。一年龄羽毛状苗很受有经验种植者的欢迎，因为它们的侧枝可以进行最初的整枝。二年龄幼苗结果更快，而且好的苗木很容易整枝。

三年龄已整枝苗木更贵，而且更难重新恢复成形。

露地种植

盆栽植物可在一年中的任何时候种植，除非地面冰冻或涝渍，或处于持续干旱中。裸根植物应该在秋末至早春处于休眠期时种植；在种植前将根系浸透水。在霜冻时期，将它们暂时假植在湿润无霜土壤中，直到生长条件适合再种植。

种植乔木果树

如果要种植许多乔木果树，应首先测量种植现场，并用竹竿标记种植位置。为每棵果树挖一个比其根系至少宽三分之一的种植穴，压实种植穴的基部并稍稍使其隆起（见"种植乔木"，94~95页）。

将木桩插入距离种植穴中心大约7厘米处，为果树的生长增粗留出空间。木桩的高度取决于果树的整枝样式（详细信息见各水果条目下）。嫁接在低矮砧木上的果树需要永久性立桩支撑；嫁接在其他砧木上的果树，三年之后将立桩撤除（见"立桩"，92页）。

将果树放入种植穴中，确保茎上的土壤标记与地面平齐并将根系伸展。不要覆盖砧木和接穗的结合处，因为这会促进接穗生根，失去砧木产生的作用。

分阶段回填土壤，另一个人垂直扶住果树并不时轻轻摇晃，使土壤沉降在根系之间。紧实土壤；当种植穴快满时，打破其边缘的土壤，在更大的面积内紧实土壤，达到相同的土壤紧实度。紧实并平整种植区域，然后使用柔韧的绑结将果树绑在立桩上，并在它们之间使用衬垫防止摩擦。在周围使用金属网保护果树免遭兔子和其他动物的伤害。

— 土壤标记

种植深度

植物茎干上的一个深色标记指示了它在苗圃的栽培深度。当植物最终移植到花园中时，这个标记应该与土壤表面平齐。

种植壁篱式果树

在开阔地
将果树间距设置为75厘米（最上）。将竹竿以45°绑在水平铁丝上（见上左），铁丝连接在坚固的柱子上。将每棵树牢固地绑在一根竹竿上（见上右）。

贴栅栏
将铁丝距离栅栏10~15厘米安装好，以便果树生长并允许空气流通。果树的种植位置应与栅栏保持15~22厘米远。

种植灌木果树

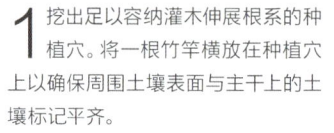

1. 挖出足以容纳灌木伸展根系的种植穴。将一根竹竿横放在种植穴上以确保周围土壤表面与主干上的土壤标记平齐。

2. 用土壤回填种植穴；轻轻踩踏土壤表面，确保根系之间没有气穴存在。轻轻耙过土壤以平整地面。

贴墙或栅栏整枝的果树需要与支撑结构保持15~22厘米远，树枝轻轻向内倾斜。这能保证根系位于良好的土壤中，并为树干继续增粗留下空间。

种植柔软水果和藤本果树

裸根灌木和茎生水果的种植方法和裸根乔木果树一样（见"种植乔木果树"，左上；"种植乔木"，94~95页），但不需要立桩支撑。种植深度只能达到土壤标记：太深会阻碍植物生长。对于藤本果树，先挖出足以让根系充分伸展的种植穴或种植沟，然后将它们依靠支撑结构整枝（见"如何种植"，118页）。

在容器中种植

在种植前为年幼植株浇透水。使用湿润的含壤土盆栽基质或同类基质，在基质表面和花盆边缘之间留出2.5厘米的距离用于浇水。种植后再次浇水并保持基质湿润直到生长开始，然后定期浇水。

日常养护

大多数水果植物需要经常养护才能保证健康并结出高品质的果实。日常养护措施各不相同,具体取决于水果类型、生长条件和季节。

疏果

疏果对于许多乔木果树来说非常必要,特别是苹果树、梨树和李子树,只有这样,它们才能结出大小合适的高品质水果。这样做还能防止树枝断裂,保证果实分布均匀。另外,疏果还有助于防止大小年(某些水果品种很容易发生),即第一年大量结果,第二年结果很少或不结果。

徒手或使用剪刀疏果,给水果留出空间,使它们能充足生长并接受足够的阳光和空气以成熟。疏果方法和时间详见每种水果条目下。

施肥、护根和浇水

在需要时施加粪肥和肥料,观察结果情况,并检查有无叶片变黄等指示养分缺乏的迹象。在炎热干燥的夏季,浇水一般是必需的;渗透软管(见"渗透软管",539页)能够最有效地利用水,而土样钻取器可以用来评价土地深处的土壤湿度水平。

乔木果树的养护

在早春,使用粪肥或堆肥为新种植的以及所有生长不茂盛的果树覆盖护根。与此同时,检查有无病虫害造成的生长问题;若有,按照643～678页"植物生长问题"中的建议进行处理。一旦果树长到开花大小,就在早春以105～140克每平方米的量施加均衡肥料。生长状况不佳有时是土壤缺乏矿物质引起的,如果难以诊断,可能必须进行土壤分析。矿物质缺乏症的处理,见"植物生长问题",643～678页。长期而言,定期施加有机质可解决氮素缺乏,而氮素过多会导致枝叶柔软且易感染病害。

将肥料均匀地施加在稍稍超出树枝覆盖范围的区域里。如果果树种植在草地中,应该定期割草并将草屑留在原地;它们会腐烂并使养分返回土壤,这样做有助于缓解钾缺乏症。

柔软水果的养护

在春季使用腐熟粪肥为柔软水果定期护根。肥料的使用方法和乔木果树一样;氮和钾是最基本的养分。将肥料施加在整个种植区域;对于树莓,表面施肥至少要到每排果树两侧60厘米处。对于草莓,在种植前将粪肥掘入土壤中。

容器中的果树

虽然盆栽基质中包含养分,但在植物的生长季应该施肥以补充被消耗的养分。与露地栽培相比,盆栽果树需要更频繁地浇水。定期检查基质,在炎热干燥的夏季至少一天检查一次,并保持湿润。

每年冬季,盆栽乔木和灌木果树应该更换表层基质或换盆。在更换表层基质时,用新鲜基质替换表面2.5厘米厚的老基质。每隔一年的冬季,尽可能为植株换盆。将植物从花盆中取出,使用手叉或木棍轻轻地将部分旧基质从根系上梳理下来。剪掉任何粗根,注意不要伤害任何纤维状根,然后将植物上盆到更大的干净容器中(见"在容器中种植",404页)。如果植物已经完全长大,应轻度修剪根系,然后重新种回原来的容器中(见"根系修剪",408页)。

立桩和绑结

应该定期查看独立式和整枝果树的立桩和绑结。当衬垫或绑结变得脆弱并磨损的时候,果树会与立桩发生摩擦,从而导致丛赤壳属真菌(Nectria)溃疡病(见"丛赤壳真菌溃疡病",669页)发生在苹果树上,细菌性溃疡病(见"细菌性溃疡病",660页)发生在核果果树上。检查立桩的基部:它可能会腐烂,从而在大风天与果树一起摇晃,特别是在即将取得重大收获时。对于整枝果树,确保树枝与竹竿或铁丝的绑结不会太紧,以免限制生长。在必要时松动任何绑结。

支撑树枝

对于自由生长的果树(尤其是李子树),当树上挂满果实的时候,可能需要对树枝进行支撑,即使已经进行了正确的疏果。如果只有一根或两根树枝受影响,则将它们支撑在分叉立桩上或用绳子绑在更强壮的分枝上。如果数根树枝都负载过大,可将一根木桩结实地固定在主干或主桩上,然后用绳子绑扎每根树枝和木桩顶端,这个技术又被称为"五月节花柱法"。

保护果树

可能需要使用风障或织物保护乔木和灌木果树免遭恶劣天气或冰霜的伤害。可能还需要它们来抵御鸟类和其他动物带来的伤害。

防风保护

正确地设置风障(见"风障",55页),使它们能够发挥作用;乔灌木等自然屏障如果变得稀疏的话,就对它们进行修剪以促进茂盛生长。检查并确保柱子支撑的风障网或栅栏足够坚固,并在需要时修补。

防冻保护

大多数冻害是由春寒引起的,它能在一夜之间冻死或冻伤花蕾、花朵或小果实。严重的冬霜会导致树皮开裂和枯梢,不过在低温比较常见的地区,可以选择耐低温条件的品种。

非常轻度的霜冻不会引起严重伤害:-2℃通常是临界点。霜冻的持续时间通常比单一温度指标更重要:15分钟-3℃的温度不会引起什么伤害,但持续几个小时的话就会引起重大损失。

如果在花期预报有过夜霜冻,可将每平方米30克的园艺织物松散地包裹在脆弱乔木和灌木果树的树枝上。或者用果树防鸟网(见"防鸟保护",下)覆盖它们。可以使用织物、麻布或多层旧报纸覆盖草莓植株。一旦气温上升到冰点之上,就将覆盖物撤除,并在下次冰霜来临之前再次覆盖。在亚热带地区,很少需要防冻措施。关于防冻保护的更多信息,见"防冻和防风保护",598～599页。

防鸟保护

在冬季,小型鸟类会毁坏果树的芽,将其中富含营养的中间部分吃掉,然后将外层的芽鳞丢掉。这种伤害比成熟水果的损失还严重,因为它能让整根树枝变得光秃秃的,必须截掉才能得到新的年幼枝条,后者需要两至三个生长季才能结果。最好的防鸟措施是将网罩在乔木或灌木上。推荐使用细网(1毫米),以免鸟类被网困住。如果预报有雪,则为网提供支撑或暂时将其移除,因为网上积雪的重量可能会毁坏下面的树枝。

成熟中的水果也应该得到防鸟

如何疏果

1 需要对某些水果进行疏果,以得到尺寸和品质优良的果实;如果不进行疏果,果实通常会很小,味道也不好。

2 首先清理不健康或丑陋的果实,然后将剩下的果实减少到每隔5～8厘米一个,具体间距取决于水果种类。

保护；小型区域可以用细网临时覆盖，而对于大型区域最好竖起水果笼。对大型果树进行保护不太现实，不过对于那些依靠支撑结构整枝的果树而言，可以将网罩在支撑结构上提供保护。使用低矮的临时性笼子保护种在地里的一小片草莓。

害虫、病害和杂草的控制

如果想让植物大量开花结果，应该每周检查一次有无病虫害迹象，以便在它们造成大规模伤害之前进行处理（见"植物生长问题"，643~678页）。为避免使用农药，当你知道害虫活跃的时候，就用网罩住植物。如果怀疑植物得了病毒病（见"病毒病"，677页），寻求专业建议以确诊；草莓、树莓、罗甘莓、黑莓和黑醋栗特别容易感染。唯一实用的解决方法是将被感染植株带根系挖出并焚烧，否则病毒会传染给附近的植株。

控制杂草对于得到最高的水果产量也很重要。大多数杂草幼苗容易清除，但多年生杂草应逐棵挖出，或一经发现就当场清理。在植物周围覆盖腐熟有机质护根可抑制

杂草种子萌发（见"杂草和草坪杂草"，649~654页）。

保护设施中的果树

在冷凉气候区，某些果树最好种植在保护设施中。它们包括所有热带水果以及许多其他水果，后者要么花朵易受春霜伤害，要么需要很长的成熟期，如桃和许多晚熟葡萄。不过，随着冬季正在变得更温暖，花期的霜冻风险也在减少，这些果树也许可以成功地种植在室外。一面温暖墙壁提供的保护常常足以在夏季完全催熟果实。在亚热带地区，果树很少种植在保护设施中，因为可能遇到的气候问题只是特别凉爽和下大雨，这些状况大多数果树都能承受。

需要全年室内保护的果树最好种植在温室中；塑料大棚的用处有限，因为它难以保持温度水平和充足的通风（见"温室和冷床"，544~548页）。

需要特别注意维持温室中种植的果树周围空气的自由流通，避免积聚的热量和湿度导致病害。用于支撑整枝果树的铁丝应该和温室

容器中的不耐寒果树
在较凉爽的气候区，柑橘属果树可以成为有趣的盆栽观赏植物[这里是四季橘（*Citrus* x *microcarpa*）]。秋季降温时，应将它们转移到室内。

的玻璃或塑料侧壁保持至少30厘米的距离。按照各水果条目下的建议控制病虫害和施肥，关于温室种植果树的详细修剪信息，见"保护设施中的修剪"，408页。

在容器中种植热带水果（如柑橘、番石榴、番木瓜、石榴和橄榄），就可以在必要时将它们转移到保护设施中。在冷凉地区，在春季将热带水果种植在室外阳光充足处的花盆中，然后到秋季将它们转移回保护设施中。将这些果树保存在温度

至少为10~15℃的温室中越冬。

繁殖果树

乔木果树（无花果除外）通常以嫁接方式繁殖，包括芽接和舌接（见"嫁接和芽接"，634~638页）。

无花果、藤本水果以及许多柔软水果可以使用硬枝插条、嫩枝插条或叶芽插条繁殖（见"扦插"，611~620页）；如果存在根瘤蚜（见"病虫害"，439页）问题，应嫁接繁殖葡萄藤。一些果树会产生走茎、压条或萌蘖，这些部位还连接在母株上时就会在茎节处自然生根，可以用来产生新的植株。几种不耐寒水果和一些坚果可以用种子种植，具体技术见"在容器中播种"，605页，但耐寒水果很少能够真实遗传母株性状。

抵御鸟类和其他动物的保护措施

用网保护果树
用细网（孔径1毫米最佳）覆盖乔木或灌木果树是保护结果的芽免遭鸟类啄食的最佳方法，否则鸟类可以迅速吃光树枝上的芽。

用网保护草莓
竖起1.2米的框架，然后将孔径2厘米的网罩在上面并整理好。固定网的基部，以免鸟类和松鼠从下方进入。

水果笼
对于灌木或小乔木果树，可以使用由金属支架盖上网搭成的笼子来保护。

啄食芽
鸟类会在冬季将树枝上的芽吃光，对果树造成永久性的伤害。

修剪和整枝

乔木和灌木果树需要正确的定期修剪才能有良好的收获，在许多情况下还需要整枝。修剪和整枝的程度以及方法取决于想要的形状、结果时间以及株型，还有水果种类。例如，开心形灌木果树所需要的修剪就相对有限，而扇形式或树墙式果树则需要大量的规则修剪和整枝才能得到均衡的对称框架。

修剪和整枝的目标

在最开始的时候，年幼的乔木和灌木应该接受成形修剪和整枝以得到预想的形状（如灌丛式），之后它们才能发展成壮匀称的分枝框架。对于成形的果树，接下来的修剪目的是维持植株的健康和形状，同时保证果实的产量。

修剪

剪掉不想要的枝条和分枝，它们要么破坏了树形框架，要么生产力低下。正确的修剪可以维持开阔不拥挤的结构，允许最多阳光接触成熟的果实，并方便喷洒农药和采摘。还要去除死亡、带病、受损或老迈不结果的枝条。

对于年幼植株，可以整枝结合修剪塑造特定形状；彻底剪掉不想保留的树枝，而那些被保留的树枝可以截短以促进侧枝生长。对已经成形并结果的乔木、灌木或其他类型植株进行修剪，最大限度地促进生长和结果。

整枝

选择并绑扎枝条以创造特定形状，这一过程称为整枝。与自然形状相近的样式（如灌丛式）所需要的整枝措施较少，而某些样式（如扇形式）需要依靠支撑框架进行整枝，这些样式需要精确地选择并绑扎各根枝条，工作量很大。

过度修剪和修剪不足

注意不要过度修剪或修剪不足，这会限制果实的丰收甚至导致病害。繁重的修剪会导致壮的营养生长增加，结果很少或不结果，因为很少有果芽能生长发育。这对于已经很壮的植物伤害尤其大。修剪不足会导致树枝过度拥挤，使它们接受的阳光减少，而阳光对果实的成熟至关重要；树枝还可能互相摩擦，使果树容易感染丛赤壳属真菌溃疡病（见"丛赤壳属真菌溃疡病"，669页）等疾病。对年幼果树修剪不足，可能会导致其过早大量结果，阻碍果树的生长发育甚至导致树枝断裂。

何时修剪

修剪时间取决于特定处理方式和水果种类。在此处对各种水果修剪措施的描述中，"第一年"指的是种植后紧接着的12个月，"第二年"指的是接下来的12个月，以此类推。

对于所有不整枝的苹果、梨、楤梓和欧楂树，藤本果树，以及黑醋栗、红醋栗、白醋栗、鹅莓和蓝莓树，冬季修剪是标准养护措施。不整枝核果树（李子、樱桃、桃、油桃和杏树）的修剪必须延后，年幼果树的修剪应在春季进行，而成形果树的修剪应在夏季进行，以最大限度地减少银叶病（见"银叶病"，675页）感染的风险。对于拥有整枝样式的乔木果树、葡萄、醋栗和鹅莓，夏季修剪至关重要。这会降低它们的生长势，并将它们限制在有限的空间；这样还将把植物的能量集中在水果生产上。许多热带果树需要在果期结束后立即修剪。

如何修剪

在决定苹果树和梨树的修剪程度时，要同时考虑单根树枝和全株的生长势。对壮生长的果树应该进行轻度修剪；这通常需要将一定比例的树枝完全疏剪掉，剩余树枝不加修剪。对生长较弱的果树应该修剪得更重，但首先要检查并确定不是病害（如溃疡病）导致的生长羸弱。

在何处修剪

总是修剪到健康芽的上端，并做一个干净的切口；在两个芽中间做切口或留下残枝会导致枯梢并使枝条容易染病（见"截短树枝"和"截除树枝"，99页）。如果要将枝条或分枝完全清除，则应将其截短至根部，但保留皮脊和树枝领圈的完整而不能与茎干平齐。

为防止修剪完成前枝条或树皮被撕裂，应先从下端做出切口，然后从上端完成修剪。修剪到树枝根部或者位置良好的健康替代枝处。不要留下残枝，否则修剪末端会死亡而不会愈合。用锋利的小刀修掉粗糙边缘（见"截除树枝"，99页）。

结果习性

植物的修剪方式取决于结果习性。例如，欧洲甜樱桃主要在二年生短枝以及更老的枝条上结果，所以必须保留许多老枝。而欧洲酸樱桃主要在一年生枝条上结果；在修剪时，保留大部分年幼枝条但要移除某些生产力低下的年老枝条。

不正确的修剪

修剪不足
没有定期修剪或修剪程度很低的果树会长出非常拥挤的枝条，使得它们不能接受充足的阳光让果实成熟，并导致果实变得很小。树枝还会互相摩擦，增加感染某些病害的风险。

过度修剪
如果果树被过度修剪，则会促进大量壮营养枝条的产生。这些枝条产生的芽很少能结果，因此产量很低。

为形状和结果而整枝

你所购买的年幼苗木通常是带侧枝的一年龄羽毛状树苗。最初的修剪包括选择要保留的枝条并除掉不想要的树枝（见"修剪羽毛状苗木"，100页）。

如果购买的是一年生鞭状苗（无侧枝），则应该在种植后将其截短至某个芽处，修剪高度取决于树木将来的整枝样式。这会促进侧枝的生长。当这些侧枝长出来后，这时的两年龄树苗就相当于羽毛状树苗。在接下来的两三年中继续进行成形修剪，直到得到预想的形状。

可以通过提高或降低选中侧枝的高度来调整树枝的生活力和果实产量。水平枝条的结果量比垂直枝条更高，所以将侧枝绑扎成接近水平能让它结出更多果实。如果一根侧枝的生长势比另一根侧枝弱，而且需要更多小侧枝的话，可将它提升以促进营养生长。

对于已经成形的结果乔木或灌木，修剪比整枝更加重要；即使是在未整枝的果树上，结果较少或不平衡的树枝也可以在夏季向下绑扎，以提高它们的产量。

抑制过度生长

过于壮的果树会以结果为代价快速进行营养生长，可对其进行

将一年生鞭状苗修剪成羽毛状苗

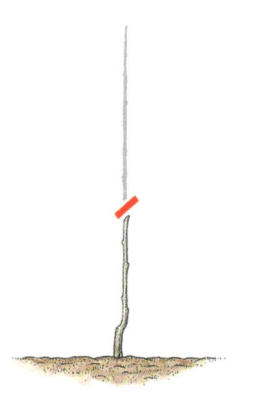

第一年冬季
为了在一年生鞭状苗上产生苗壮的"羽毛"（侧枝），应在合适高度的某芽上端做斜切口将其截断。

第二年冬季
许多新侧枝应该已经在修剪切口下方产生。

修剪根系来加以矫正。这样做能促进结果芽的产生，所以一两年后开花和结果都会增多。

根系修剪

果树可以在任何年龄进行根系修剪，但只能在休眠期进行。在修剪年幼果树的根系时，首先围绕果树将其挖出，然后小心地将土壤从纤维状根上移去，注意不要损伤它们。在修剪过程中将一些粗根截短。然后重新将果树种下并立桩支撑。

大型果树需要现场进行根系修剪，在一个冬季修剪根系一侧，一两年后完成另一侧的修剪。为了有效地进行根部修剪，挖一条45厘米至1.2米宽（宽度取决于果树尺寸）的沟，将主要的根系露出。应该将它们切断并将断根移除。然后回填沟渠，紧实并护根；在某些情况下可能需要立桩支撑直到果树完全稳定。

保护设施中的修剪

对种在温室中的植物的分枝和其他枝条进行修剪，以免它们被阳光灼伤，导致生长受限或受损。定期修剪还可以让更多阳光接触成熟中的果实，有助于它们的成熟。

复壮

如果果树太老、产量不高，并且树干或分枝已经腐烂或严重染病，就应该将它挖出并烧毁。不过，如果树干和主枝的情况良好，而且果树只是过于拥挤，则可以通过合理的复壮修剪和正确的日常养护使它重新焕发活力。

对于核果果树，复壮工作应该在春季或夏季进行；而对于苹果和梨等梨果果树，这项工作应在冬季进行（见"荒弃果树的复壮"，409页）。剪去所有死亡、受损或染病的分枝，以及那些位置较低以至于挂果后容易垂在地上的枝条。还要清理拥挤或交叉枝，因为它们会使发育中的果实处于阴影中，而且如果它们互相摩擦的话，果树还可能容易感染病害（如溃疡病）。

修剪根系以减弱长势和促进结果

1 使用绳线和木钉在果树周围标记出挖沟位置。它应该位于树枝最外围的投影之下，各点与主干的距离保持一致。

2 在沟底部，使用叉子将厚根周围的土壤移走，不要损伤纤维状根。

3 在沟两侧，使用修剪锯将每段木质根切断，并将其丢弃。不要修剪纤维状根。

在竹竿上整枝

对于整枝成壁篱式或扇形式的果树，可以通过升高或降低侧枝的整枝角度来改变其生长势和结果量。和垂直枝条相比，水平生长的枝条会结出更多果实。

调整侧枝的角度也可以纠正同一棵树两侧的不均匀生长。将短的侧枝抬高会刺激营养生长，令其迅速变长。将长的侧枝放低会减慢其生长速度。一旦侧枝达到同样的长度，就可以重新摆放它们的位置（在这里，果树被整枝成了一面树墙）。

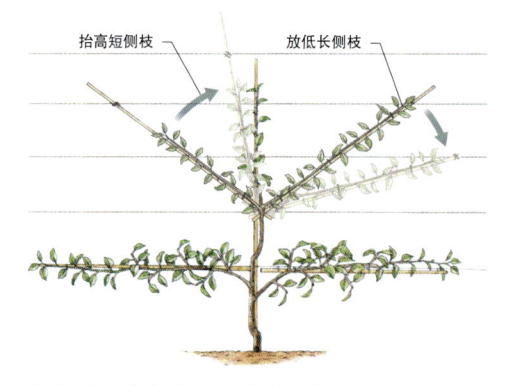

1 在夏初，将年幼短侧枝带竹竿抬高，刺激它更快地生长；将茁壮侧枝放低，减弱其生长势。重新将竹竿绑扎在铁丝上。

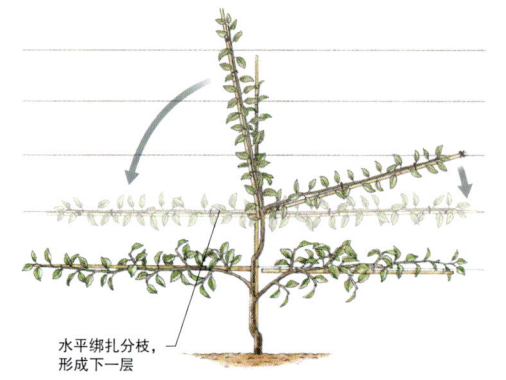

2 到夏末，树枝在长度上应该会更均匀，可以水平绑扎，形成树墙的下一层。

在茁壮的果树上，建议在不止一年内逐步完成复壮；一次修剪过重可能只会导致更加旺盛的营养生长。

当初步疏枝完成后，可以进行更精确的修剪（如每种水果条目下常规修剪所描述的那样），如疏剪短枝。化学抑制剂可以抑制切口周围徒长枝的生长，但不推荐使用切口涂料，因为它们可能会将感染病菌密封起来。

荒弃果树的复壮

1 清除过度拥挤、互相摩擦或交叉的分枝，将它们剪至根部或生长方向合适的健壮次级分枝，引入更多阳光和空气。

2 任何感染溃疡病（如上图所示）等病害的分枝都应该被完全清除，或者被截至某健康枝条。

在两年内复壮荒弃的苹果树

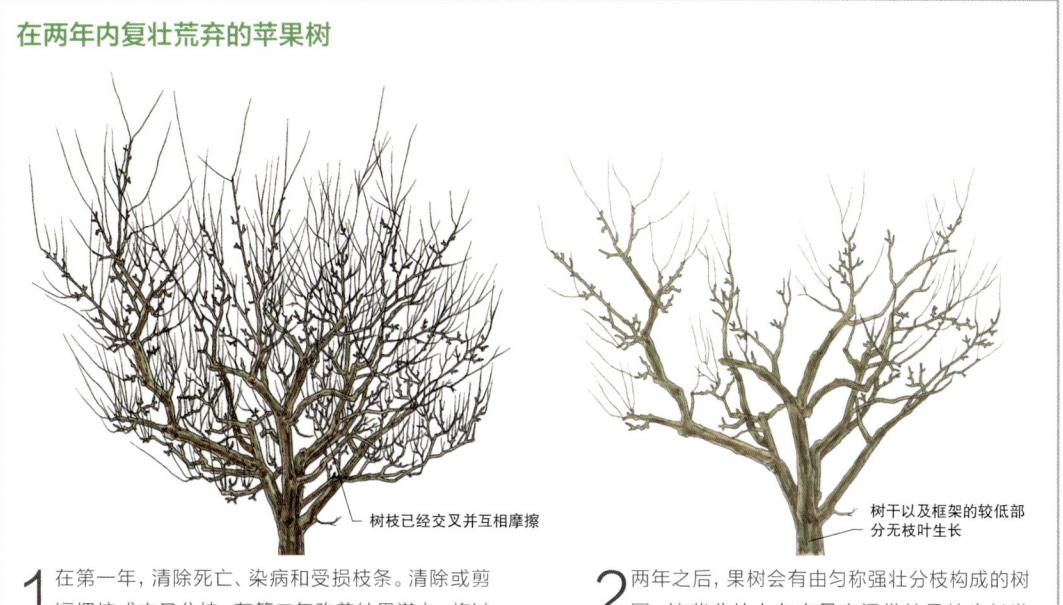

树枝已经交叉并互相摩擦

树干以及框架的较低部分无枝叶生长

1 在第一年，清除死亡、染病和受损枝条。清除或剪短拥挤或交叉分枝。在第二年改善结果潜力；将过长且生产力低下的枝条剪短至某替代枝，然后疏剪以前的切口上重新长出的枝条。对于苹果树和梨树，疏剪拥挤的短枝系统。

2 两年之后，果树会有由匀称强壮分枝构成的树冠，这些分枝上有充足空间供结果枝生长发育。这时开始日常修剪；剪短长而年幼的枝条以促进新鲜短枝系统的形成。为保持新枝叶的均衡，重剪细弱枝条并轻剪茁壮枝条。

在三年内复壮被过度修剪的果树（梨树）

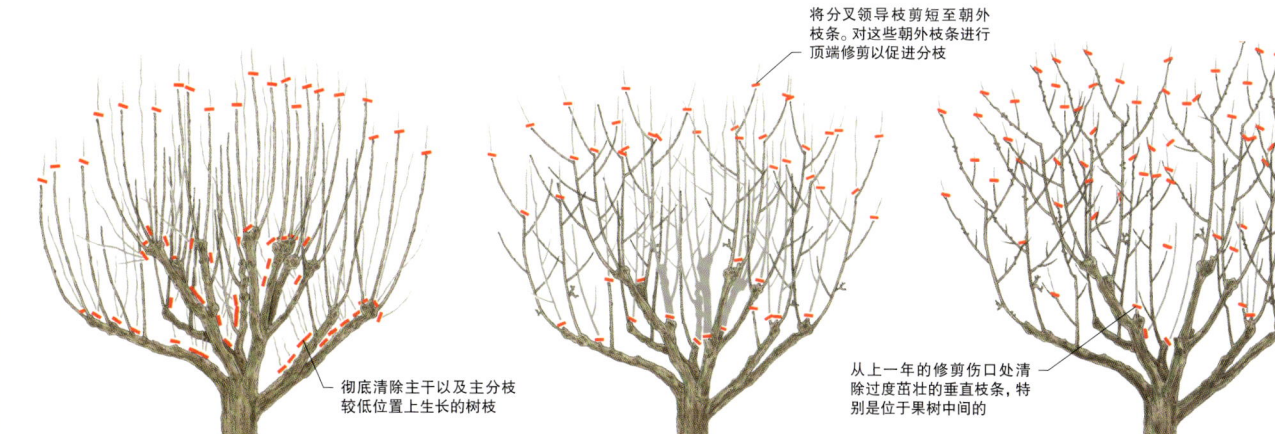

将分叉领导枝剪短至朝外枝条。对这些朝外枝条进行顶端修剪以促进分枝

彻底清除主干以及主分枝较低位置上生长的树枝

从上一年的修剪伤口处清除过度茁壮的垂直枝条，特别是位于果树中间的

1 重剪已经促生了过度茁壮的枝条，在对光线的竞争中，这些不分枝枝条垂直向上生长。在第一年，将大约一半枝条清除掉，剩余枝条均匀分布。对剩余枝条中最长的进行顶端修剪以促进分枝。

2 再次清除一半竖立枝条，就像第一年所做的那样，留下位置良好的匀称年幼分枝。对它们进行修剪，进一步促进其朝外生长。如果看起来还是很拥挤，则将中间的枝条剪去更大的部分，注意不要损伤树枝领圈。

3 在第三年，继续进行合理的修剪并平衡新长出的枝叶。这时应该会形成某些花芽；从这个阶段以后，在合适的季节开始常规修剪以适应具体水果种类的要求。这株梨树经过冬季修剪后已开始形成新鲜短枝。

收获和储藏

如果正确地采收和储藏，许多家庭自产的水果可以在它们的正常结果期过去很久后被品尝。虽然大多数在刚刚采摘后味道最好，不过有些水果即使在长期储藏后也能很好地保持它们的风味。关于特定水果的收获和储藏信息，见各水果条目下。

收获

大多数水果最好在完全熟透时采摘并趁新鲜时食用。而要储藏的水果需要稍微提前采摘，它们在这时已经成熟但还未熟透，果实仍然很结实。由于一棵果树上的果实不会同时成熟，通常需要在一段时期内完成采摘和收获，这样能够连续进行新鲜供应。

对于苹果和梨等乔木水果，在检测成熟度时应用手掌握住果实，然后轻轻向上提并扭动。如果熟透的话，果实会轻松地带柄完全脱落，否则应该再等待一两天。

在采摘时，丢弃所有受损、染病或擦伤的果实，因为它们会很快感染腐烂，然后在储藏时迅速影响邻近的果实。

柔软水果必须在完全干燥的条件下采摘，否则会腐烂，除非立即使用它们。对于草莓、树莓、黑莓和杂交莓，建议至少每隔一天定期采摘。

在采摘时注意不要损伤果树——例如不要猛地将果实拽下来。某些类型的水果（如樱桃、葡萄和杧果）应该从果树上剪下，以免造成意外损伤。

储藏

保存水果以便日后使用的方法有很多，包括冷藏、冷冻和腌渍等；最适合的方法取决于水果的类型。某些水果，特别是酸度和甜度很高的苹果、杏和无花果等，可以在49~60℃下烘干，但很难在家进行这一过程。

在进行储藏准备时，小心操作以免擦伤果实。将不同品种的水果储存在单独容器中，容器中不能存在可能污染水果的残渣和香味。

冷藏

苹果和梨可以保存数周甚至几个月，只要提供合适的条件——持续凉爽、黑暗以及轻度潮湿。其他各种水果（如柠檬）也可以用这种方式储藏，不过它们的储藏期通常没有这么久，而大部分坚果可以储存数月之久。柔软水果不能以这种方式储藏。不同水果所需要的温度和湿度不同，但大多数水果应该储藏在板条托盘和箱子中，以允许空气自由流通。不过，某些苹果和梨的品种容易萎缩，因此最好储藏在透明塑料袋里。定期检查没有包装的水果，清除任何有病害或腐烂迹象的果实。

冰冻

这种方法适合除草莓外的大部分柔软水果，以及许多乔木水果。小型水果（如树莓）一般整个冰冻，而大型水果（如苹果）最好提前切碎或削片，保证冻透冻匀。去掉任何果梗，然后冰冻铺在托盘上的全果。冰冻2~4小时后，将水果转移到塑料盒子或塑料袋中，尽可能多地排出空气，然后继续保持冰冻直到需要时。草莓以及某些果肉柔软的乔木水果（如李子）在冰冻前常常先制成泥。

腌制和瓶装

所有柔软水果以及众多乔木水果（如杏和达姆森李子）可以制成蜜饯或果酱。在大多数情况下使用整个果实，而某些水果（如葡萄和黑莓）最好压碎过滤后，用果汁制作蜜饯果冻。

柑橘类水果、凤梨以及大多数核果（如樱桃）可以瓶装在含酒精（如朗姆酒或白兰地）的糖浆中。柑橘类水果的果皮还可以糖渍或干燥后用于烘焙。

冰冻柔软水果
将柔软水果（如树莓）摊开在托盘上，不让它们互相接触，然后冰冻。一旦冻上，就将它们装进合适的容器中并保存在冰箱里，直到需要时取出。

储藏苹果

1. 将每个果实包裹在防油纸中以防止腐烂并保持其良好状态。

2. 小心地将防油纸围绕果实折叠起来，轻轻手持避免擦伤。

3. 折叠一端朝下，将每个包裹起来的果实放在木质板条箱或其他通风良好的容器中，并存放在凉爽处。

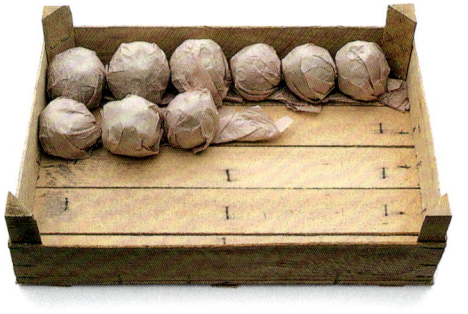

另一种方法
将容易迅速萎缩的水果品种储存在塑料袋中。先在袋子上戳几个孔，然后将不多于3千克的水果放进去。疏松地封口。

良好冰冻的水果

苹果 P
杏 P
黑莓和所有杂交莓 SK
黑醋栗 SK
蓝莓 SK
欧洲酸樱桃 SK
欧洲甜樱桃 SK
达姆森李子 SK（有或无核）
青李 SK
油桃 P
桃 P
李子 SK
树莓 SK
红醋栗 SK
白醋栗 SK

注释
P　去除果核，如果需要的话切成片并削皮
SK　去除果梗（在可操作的情况下去除果核）

乔木水果

这一类群的水果是水果园中最大的一类,主要可以分成两种:果核坚韧致密并包含种子的梨果,如苹果和梨;拥有坚硬如石头般果核的核果,如樱桃和杏。这个类群中还有一些水果并不属于以上两类中的任何一类,如无花果、桑葚和柿子。

栽培乔木水果是一项长期工程,需要仔细规划。果树的大小、形状或样式都是重要的考虑因素。

如果任其自然生长,许多果树会长得非常大,无法生长在一般大小的花园中。不过目前已经发展出了生长在低矮砧木上的较小整枝样式,它们全都适合种植在容器中。乔木水果还可以整枝并修剪成扇形式、树墙式或壁篱式并平整地贴着墙或栅栏生长,这让它们可以种植在最小的空间内。

另一个要考虑的因素是需要的果树数量。许多乔木水果是自交不育的,因此要结果的话需要同种水果的至少一个不同品种来授粉。如果存在别的授粉者的话,即使是自交可育的乔木果树,其产量也会大幅提高。

某些乔木水果(如无花果)喜欢漫长而炎热的生长期,在较冷凉的气候区很难栽培;将它们种植在保护设施中可以提供保护,还能改善结果的大小和风味。

一旦选择并种下果树,重要的就是使用正确的修剪方法。良好的修剪不但可以构建强壮的分枝框架,还能促进并保持多年高产。

苹果(Malus domestica)

苹果是栽培最广泛的耐寒水果,甜点和烹调用品种都提供了丰富多样的味道和口感。果树的大小也有差异——使用低矮砧木和"什锦"树(见"'什锦'树",400页)可以在小型花园内的一棵树上嫁接许多不同的苹果。

苹果树可以轻松地整枝成几乎所有形状。壁篱式、树墙式和扇形式都很适合贴墙和栅栏生长。芭蕾舞女型果树(Ballerina trees)是低矮的单干式苹果树,其株型紧凑,有许多结果短枝。如今有几种品种都可以整枝成这种形式。

在众多可选品种中,果实的成熟期能从仲夏一直延续到冬末,在合适的条件下,果实可以储藏到第二年仲春。苹果拥有能够适应大部分气候的品种和砧木,包括一些能忍耐冬季极端低温的种类。苹果树必须经历7℃以下低温至少900小时后才能开花,即所谓的需冷量。苹果无法在亚热带和热带地区种植。

选址和种植

在种植时,确保每棵树都有充足的生长发育空间。为你的花园选择大小(很大程度上是由砧木决定的)最合适的果树。在大多数情况下,需要不止一棵苹果树来互相授粉。

位置

阳光充足的背风处对于持续高产非常重要。用于整枝果树的墙壁最好在全日照下。对于荫蔽区域以及夏季短暂且气温较低的地区,选择早熟品种。在春霜易发地区,选择晚花品种以免花被冻伤。

如果土地准备充分(见"准备现场",403页),苹果可以在大多数排水良好的土壤中生长。不过,砧木越矮,土壤应该越肥沃。

砧木

砧木的选择取决于所需果树大小以及土壤类型。苹果树的砧木以"M"或"MM"作为前缀,分别代表"Malling"和"Malling Merton",这是两个培育砧木的研究站。砧木的种类极其广泛,从非常低矮的'M27'到极其健壮的'M25'。供一般水果园之用,'M9'推荐用于低矮果树,'M26'用于稍大果树,而'MM106'用于中型果树(见"种植间距",412页)。生长在'M27'砧木上的果树可以在嫁接后三年内结果,但需要良好的生长条件才能维持高产量。在土壤贫瘠的地方,使用更苗壮的品种加以弥补。例如,对于低矮果树,使用'MM106'代替'M9'或'M26'。所选品种的生活力也决定了成年果树的大小。三倍体品种比二倍体品种长得更大;对于三倍体品种,要使用更低矮的砧木才能得到与二倍体品种大小相似的果树。

授粉

自交可育和半自交可育的苹果品种不需要与其他品种进行杂交授粉,但如果附近种植有相配合的授粉品种,产量会更高。许多品种是自交不育的,这意味着它们需要来自不同品种的花粉来使花朵受精并结出果实。二倍体品种必须种在第二种相配合的品种附近;三倍体苹果无法为其他品种授粉,附近需要两个相配合品种才能授粉结实。根据花期可将品种分成不同的开花类群,来自同一类群的品种可以互相交叉授粉,如果花期重叠,前后连续类群的品种也可以(见"推荐种植的甜点用苹果",412页;"推荐种植的烹调用苹果",413页)。某些品种之间是不配合的:在412页和413页上列出的品种中,'考克斯的橙色苹果'('Cox's Orange Pippin')无法为'基德尔的橙红'('Kidd's OrangeRed')或'淡棕'('Suntan')授粉,反之亦然。如果对授粉配合性有疑问,可向果树苗圃寻求建议。

种植

裸根果树最好在休眠期种植,且最好在秋季土壤仍然温暖时种植,也可以在冬末之前种植(除非土壤冰冻),但在春季要保持湿润,使它们能很好地恢复成形。盆栽果树可以在任何时间种植,除非地面冰冻或非常潮湿;在种植前浇水使根系湿润。使用土壤标记作为指示,将每棵树按照原来的种植深度种下(见"种植乔木果树",404页)。

如果果树需要整枝,在种植前安装支撑结构和铁丝(见各类型整枝样式下)。对于未整枝果树,在种植时立桩支撑很重要,而且低矮砧木果树的立桩应该是永久性的。

种植间距(见"种植间距",412页)取决于果树的整枝方式,以及所选砧木和品种的生长势。

日常养护

建立日常养护计划,确保果树保持健康并良好结果。按照需要进行周期性的施肥和护根。

为得到令人满意的结果状况,需要每年进行修剪和疏果。定期检查果树有无病虫害迹象,以及有无立桩和绑结造成的摩擦损伤。

大小年现象和疏花

某些苹果品种,如'拉克斯顿'('Laxton's Superb'),容易在交替年份出现高产量和花果极少或没有的现象。这种现象称为大小年,而

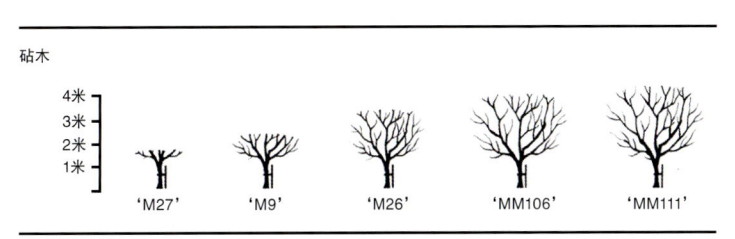

砧木

| 'M27' | 'M9' | 'M26' | 'MM106' | 'MM111' |

推荐种植的甜点用苹果

早熟品种
'发现' 'Discovery' H6 Fg3, Rs, Tb
'拉克斯顿美食家' 'Laxton's Epicure' H6 Bp, Cs, Fg3, Sb
'拉克斯顿的财富' 'Laxton's Fortune' H6 B, Cs, Fg3, Rs, Sb
'乔治凯夫' 'George Cave' H6 Fg2, Sb
'凯蒂' 'Katy' H6 Fg3, Sb
'美味' 'Scrumptious' H6 Fg3, Tb
'泰德曼的早伍斯特' 'Tydeman's Early Worcester' H6 Fg3, Tb

中熟品种
'阿尔墨涅' 'Alkmene' H6 Fg2, Sb
'查尔斯·罗斯' 'Charles Ross' H6 Fg3, Sb
'考克斯的橙色苹果' 'Cox's Orange Pippin' H6 Cs, Fg3, Sb, Ss, ☆
'艾格蒙特赤褐' 'Egremont Russet' H6 Bp, Fg2, Sb, ☆
'埃里森橙色' 'Ellison's Orange' H6 Cs, Fg4, Rs, Sb
'绿袖子' 'Greensleeves' H6 Fg3, Sb
'詹姆斯·格里夫' 'James Grieve' H6 Cs, Fg3, Sb, Ss
'杰斯特' 'Jester' H6 Fg4, Sb
'餐后甜点之王' 'King of the Pippins' H6 Fg5, Sb
'石灰光' 'Limelight' H6 Fg3, Sb
'拉姆伯尼勋爵' 'Lord Lambourne' H6 Fg2, Tb
'母亲' 'Mother' H6 Fg5, Sb, ☆
'里布斯敦点心' 'Ribston Pippin' H6 Fg2, Sb, Ss, T, ☆
'圣埃蒙德甜点' 'Saint Edmund's Pippin' H6 Fg2, Tb, ☆
'桑塔纳' 'Santana' H6 Fg4, Rs, Sb
'斯巴达人' 'Spartan' H5 Cs, Fg3, Sb
'落日' 'Sunset' H6 Fg3, Sb, ☆
'伍斯特红苹果' 'Worcester Pearmain' H6 Fg3, Ss, Tb

晚熟品种
'阿什米德之核' 'Ashmead's Kernel' H6 Bp, Fg4, Sb, ☆
'博斯科普美女' 'Belle de Boskoop' H6 Dp, Fg3, Sb, T, Vg
'圣诞皮平' 'Christmas Pippin' H6 Fg3, Sb, ☆
'康沃尔紫罗兰' 'Cornish Gilliflower' H6 Fg4, Tb, ☆
'达西香料' 'D'Arcy Spice' H6 Fg4, Sb, ☆
'埃尔斯塔' 'Elstar' H6 Fg3, Sb, ☆
'福斯塔夫' 'Falstaff' H6 Fg3, Sb
'嘉年华' 'Fiesta' H6 Fg3, Sb
'乔纳金' 'Jonagold' H6 Fg4, Sb, T, Vg
'朱庇特' 'Jupiter' H6 Fg3, Sb, T, Vg
'肯特' 'Kent' H6 Fg3, Sb,
'基德尔的橙红' 'Kidd's Orange Red' H6 Fg3, Sb, ☆
'奥尔良香蕉苹果' 'Orleans Reinette' H6 Fg4, Sb, Ss, ☆
'小妖精' 'Pixie' H6 Fg4, Sb, ☆
'红福斯塔夫' 'Red Falstaff' H6 Fg3, Sb
'迷迭香粗皮苹果' 'Rosemary Russet' H6 Fg3, Sb
'斯特姆甜点' 'Sturmer Pippin' H6 Fg3, Sb
'淡棕' 'Suntan' H6 Bp, Fg5, Sb, T, Vg, ☆
'黄玉' 'Topaz' H6 Fg3, Sb
'温斯顿' 'Winston' H6 Fg4, Sb
'冬宝石' 'Winter Gem' H6 Fg4, Sb, Vg, ☆

注释
B　　大小年
Bp　易感染苦痘病
Cs　易感染溃疡病
Dp　两种用途
Fg　开花类群（数字代表花期）
Rs　对疮痂病有一定耐性
Sb　短枝挂果品种
Ss　易感染疮痂病
T　　三倍体（不适合作为授粉品种）
Tb　枝条顶端或部分枝条顶端结实
Vg　生长势健壮
☆　　口味优良

大小年

如果果树在某一年结果很少或不结果，它们会在第二年产生大量的花和果实，之后的那一年再次结果很少或不结果。且几乎任何苹果都可能陷入这种结果模式。

如果本来正常结果的果树突然开始出现大小年现象，这可能是因为冻害造成了花朵损失，继而影响了结果，这又会导致果树在第二年过量结果。于是果树在第三年没有充足资源发育出足够的结果芽，大小年模式就这样启动了。病虫害感染在某一年份造成的产量降低也会产生相似的效果。

土壤肥力也可能造成这个问题。没有得到足够水分或养分的果树将无法结出大量果实，而作为补偿，它会在第二天开过量的花。

大小年现象可能难以纠正。疏花可以促使果树获得适中产量，为结果芽（将在第二年开花的饱满圆形芽）在秋季的形成留出足够资源。在产量差的第二年早春，用大拇指和食指搓掉一半至四分之三未开放的花蕾，每根短枝上只留一个或两个花蕾。或者在花开一周或十天后，掐掉树枝上的花，注意不要损伤下面的叶片。第三种方法适用于较大的果树，是在任意一年中选择一半的枝条，给它们做标记，然后去除上面的所有花蕾。第二年，在另一半枝条上重复同样的过程。

疏果

当果树已经大量结实后，为改善果实的大小、品质和风味，进行疏果是非常重要的，并且这能防止树枝断裂。在幼年果树上，过重的结实会分走果树的资源，减缓新芽的生长。在果实幼小时进行一定的疏果是有用的，不过应该在初夏进行主要的工作，这时品质不好的果实已经自然脱落了。疏果还可以用来解决大小年问题，但效果不如疏花。

使用剪刀去掉每个果簇中央的果实（它有时会出现畸形）；然后剪掉任何受损的果实。在大约仲夏时，再次疏减果簇，使每簇只保留一个果实。甜点用品种的果实应该保持10～15厘米的间距，而烹调用品种的果实间距应为15～22厘米；确切的间距取决于具体品种以及需

种植间距

果树样式	砧木	株距	行距
灌木式	'M27'	1.2～2米	2米
	'M9'	2.5～3米	3米
	'M26'	3～4.25米	5米
	'MM106'	3.5～5.5米	5.5米
半标准苗式	'MM111'	7.5～9米	7.5～9米
标准苗式	'MM111'，'M25'（或海棠幼苗）	7.5～10.5米	7.5～10.5米
纺锤灌木式	'M9'或'M26'（三倍体品种使用'M27'）	2～2.2米	2.5～3米
	'MM106'	2～2.2米	4米
壁篱式	与灌木式相同	75厘米	2米
扇形式/树墙式	'M9'	3米	
	'MM106'	4.25米	
	'MM111'	5.5米	
矮金字塔式	'M27'	1.2米	2米
	'M9'或'M26'	1.5米	2～2.2米
	'MM106'	2米	2.2米

疏果

1 如果果树结实太多，疏果是必不可少的。在果树自然掉落品质不佳的果实后，如果挂果量仍然太大，还需要进一步疏减剩余的果实。

2 尽量去除小果实（特别是畸形的和非常小的），使每簇果实只保留一个，相邻果实的间距是10～15厘米。

施肥、浇水和护根

在持续的炎热干燥天气中为果树浇水，每年施肥，并在必要时覆盖护根（见"乔木果树的养护"，405页）。如果生长不良，在春季以每平方米35克的用量施加硫酸铵。也可以使用有机肥代替，以每平方米100克的用量施加颗粒状鸡粪肥。对于烹饪用的苹果，增加50%的用量。

立桩和绑结

定期检查立桩和绑结，确保它们不与树皮发生摩擦并且绑结有效；必要时进行调整。在低矮砧木如'M9'和'M26'上生长的果树很少长出主根，因此需要永久性立桩以提供支撑。

苹果叶蜂造成的破坏
叶蜂幼虫在发育中的苹果皮下挖洞，形成一条长长的疤痕，然后钻进果实中。

黄蜂陷阱
啤酒等含糖物质会吸引黄蜂。如果没有被捉住，黄蜂可能会以已经被鸟类破坏的成熟水果为食。

芽下和芽上切皮

芽下切皮
为减缓芽的生长，切伤芽下端的树皮至形成层。

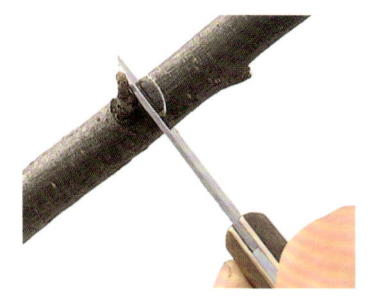

芽上切皮
为促进芽的生长，用小刀穿透芽上方的树皮至形成层。

病虫害

常见虫害包括鸟类、黄蜂、苹果小卷蛾、蚜虫类和苹果叶蜂。能对苹果造成影响的常见病害包括疮痂病、白粉病、褐腐病、苦痘病，以及丛赤壳属真菌溃疡病。详细情况见"病虫害及生长失调现象一览"，659~678页。

修剪和整枝技术

苹果主要在两年及更老枝条以及老枝长出的短枝上开花结果。二年龄枝条既有较大的花果芽，又有较小带尖的生长芽。花果芽会产生成簇花朵然后结果，而生长芽会在第二年形成花果芽，或者发育成侧枝或开花短枝。一年龄枝条也长有花果芽，但它们的开花时间比老枝上的晚。树枝顶端结果品种产生的短枝少得多（见"树枝顶端挂果和短枝挂果品种"，右）。

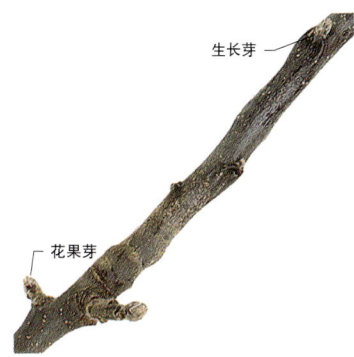

花果芽和生长芽
较大的花果芽生长在二年龄及更老枝条上。较小的芽是生长芽，主要生长在一年龄枝条上。

一旦分枝框架成形，整枝苹果树就需要修剪（主要是在夏季）才能维持预定形状、抑制营养生长并刺激花芽的产生。未整枝果树需要在冬季进行适量修剪，刺激第二年果实的生长并维持开展而匀称的分枝结构，保证产量和果实的优良品质。

树枝顶端挂果和短枝挂果品种

品种的挂果方式有所不同。树枝顶端挂果品种主要在枝条顶端或顶端附近结果；短枝挂果品种则在沿枝条分布的一系列短枝上结果。很多苹果是半顶端挂果品种，在上一年枝条的顶端结果，也在部分短枝上结果。

无法轻松地将顶端挂果品种和半顶端挂果品种（在一定程度上）整枝成壁篱式、树墙式、扇形式或金字塔式，因为它们的每根枝条都有裸露无生产力的部分，制约果树的产量。它们最好种植成标准苗式、半标准苗式或灌木式；它们一旦成形，就只需要进行更新修剪了（见"冬季修剪"，413~414页）。

芽下和芽上切皮

有时必须对整枝果树分枝框架的平衡进行纠正；这可以通过芽下和芽上切皮来实现，前者能减缓某特定芽的生长，而后者会促进其生长。芽上切皮还可以用来促进光滑茎段上产生侧枝。

芽下和芽上切皮在春季树液开始流动时最有效。用锋利的小刀在芽下端切出凹痕以抑制其生长；在芽上端刻痕，以增加其生长势并促进新的生长。

冬季修剪

冬季修剪主要有三种方法，这三种方法都可以刺激新的生长。短

推荐种植的烹调用苹果

早熟品种
'埃姆尼斯早' 'Emneth Early' H6 B, Fg3, Sb
'乔治·尼尔' 'George Neal' H6 Fg2, Sb, ☆
'掷弹兵' 'Grenadier' H6 Fg3, Rs, Sb
'萨菲尔德勋爵' 'Lord Suffield' H6 Fg1, Sb, ☆

中熟品种
'阿瑟特纳' 'Arthur Turner' H6 Fg3, Sb
'布伦海姆之橙' 'Blenheim Orange' H6 Fg3, Sb, T, Vg, ☆
'考克斯的波摩娜' 'Cox's Pomona' H6 Fg4, Sb
'金贵' 'Golden Noble' H6 Fg4, Tb, ☆
'德比勋爵' 'Lord Derby' H6 Fg4, Sb
'诺福克美人' 'Norfolk Beauty' H6 Fg2, Sb
'皮斯古德极品' 'Peasgood Nonsuch' H6 Dp, Fg3, Sb, ☆
'威尔克斯牧师' 'Reverend W. Wilks' H6 Fg2, Sb, ☆
'皇家佳节' 'Royal Jubilee' H6 Fg5, Sb
'华纳之王' 'Warner's King' H6 Cs, Fg2, Sb, Ss, T

晚熟品种
'安妮·伊丽莎白' 'Annie Elizabeth' H6 Fg4, Sb
'慷慨' 'Bountiful' H6 Fg3, Sb, ☆
'布莱曼利幼苗' 'Bramley's Seedling' H6 Fg3, T, Tb, Vg
'克劳利美人' 'Crawley Beauty' H6 Fg7, Sb
'杜梅勒幼苗' 'Dummellor's Seedling' H6 Fg4, Sb, ☆
'爱德华七世' 'Edward VII' H6 Fg6, Rs, Sb
'返场' 'Encore' H6 Fg4, Rs, Sb, ☆
'郝盖特奇迹' 'Howgate Wonder' H6 Fg4, Sb, Ss, Vg
'艾尔伯特王子' 'Lane's Prince Albert' H6 Fg3, Sb
'牛顿奇迹' 'Newton Wonder' H6 B, Fg5, Sb, Vg

注释
B 大小年
Bp 易感染苦痘病
Cs 易感染溃疡病
Dp 两种用途
Fg 开花类群（数字代表花期）
Rs 对疮痂病有一定耐性
Sb 短枝挂果品种
Ss 易感染疮痂病
T 三倍体（不适合作为授粉品种）
Tb 枝条顶端或部分枝条顶端结实
Vg 生长势健壮
☆ 口味优良

枝修剪和疏减只能在产生大量短枝的品种上进行，不能用于树枝顶端结果品种；更新修剪适合纺锤灌木式果树以及所有树枝顶端结果品种，还适合长势苗壮的品种，对这些品种进行重剪会过度刺激它们生长；管控修剪适合自然生长势非常苗壮的品种，特别是三倍体品种，如'布莱曼利幼苗'('Bramley's Seedling')、'布伦海姆之橙'('Blenheim Orange')和'乔纳金'('Jonagold')。

每年的修剪程度和方式都有可能不同，这取决于生长程度、果实数量以及果树的年龄。

短枝修剪需要将分枝领导枝和年幼侧枝剪短，促进次级侧枝和结果短枝的生长。修剪程度取决于果树的生长势——长势越强修剪越轻，因为修剪会刺激生长。

对于苗壮果树的领导枝，剪去数个芽，对于生长较弱的果树则剪短三分之一的长度，以刺激次级侧枝形成。在生长良好的果树上，将年幼侧枝截短到三至六个芽，但在较弱的果树上应该剪至三个或四个芽，使短枝形成。在更健壮的果树上，长达15厘米的枝条可以留下不修剪。

随着果树变老，为防止果实变得过于拥挤，进行短枝疏减非常重要。如果不加疏减，短枝会互相纠缠并结出品质不良的果实。当短枝系统变得拥挤时，去除年老枝条以保留年幼枝条。最终可能必须锯掉整个短枝系统。

更新修剪需要每年将一部分年老结果枝条修剪至基部，以刺激新枝生长。通过剪掉所有交叉或遮挡其他分枝的苗壮枝条，保持灌木式果树中央展开且所有分枝分布均匀。剪去分枝领导枝的尖端，不剪生长苗壮的果树。

管控修剪包括剪去枝条，以及将拥挤或交叉大型分枝剪短（特别是在果树中央），以保持分枝框架的展开。去除老枝，为年幼枝条留出空间。不要修剪分枝领导枝的尖端。

夏季修剪

夏季修剪的目的是将整枝果树限制在既定空间之内。它需要在每年夏季将很大比例的新枝条除去以减缓营养生长。

在夏季凉爽、气候不稳定的温带地区，改良洛雷特系统（The Modified Lorette System）是夏季修剪的标准方法。应当在新枝的基部木质化之后立即进行修剪，这通常是在夏末。这些枝条将在第二年开花结果。任何短于20厘米的枝条都可以放任不剪，因为它们的末端通常是花果芽。将更长的枝条剪短至基部簇生叶之上保留三片叶。将这些修剪过的枝条上的任何侧枝剪短至一片叶。之后从修剪切口长出的任何新枝条可在秋季去除。完全去除任何长势苗壮的直立枝条。

全洛雷特系统（The Full Lorette System）应该在较温暖的气候区使用。将新侧枝修剪至大约5厘米长，

冬季修剪

短枝修剪

1 将年幼侧枝剪至当季生长的三至六个芽，具体数目取决于枝条的生长势。

2 将分枝领导枝的当季生长部分剪短四分之一至三分之一。

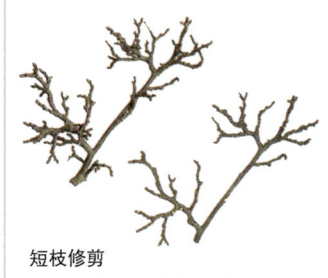

短枝修剪
在年老果树上，短枝系统会变得过于茂密。对它们进行疏减，去除细弱短枝以及位于分枝底侧的短枝。

更新修剪
将已经结过果的老枝剪去一大部分（上左）。这会促进新枝发育（上右）。

管控修剪
这棵果树的枝条非常拥挤；通过去除所有交叉或摩擦的分枝来纠正这一点，然后疏减所有过于拥挤的侧枝。

夏季修剪（改良洛雷特系统）

当所有新枝的基部三分之一变得木质化时修剪果树。

将主干上的侧枝修剪至基部上方的三片叶。——侧枝基部

将所有细侧枝修剪至一片叶。

修剪前

修剪后

在整个夏季定期重复这一过程。侧枝基部木质化后，立即将它们剪短至2厘米。在夏末以相同方式修剪所有次级枝条。

灌木式

开心形或高脚杯形的灌木式苹果树相对容易维护。一棵灌木式苹果是树干长1米的果树，通常生长在矮化或半矮化砧木上。果树的高度通常不超过3米。

整形修剪

一些苗圃出售已经整枝完成的灌木式苹果树，包括一根无分枝的树干和分枝充分发育的树冠。种植后的修剪仅限于去除任何受损枝条。或者自己动手，从长有充足侧枝的羽毛状树苗开始进行整形修剪；这些侧枝会形成最初的分枝。在种植后，趁果树休眠时将领导枝修剪至距地面60～75厘米的强壮侧枝处，在它下面保留两三根匀称侧枝。这些侧枝构成分枝系统的基本框架。将它们剪短三分之二，修剪至某朝上生长的芽处。去除所有其他侧枝。

如果使用的是一年生鞭状苗或没有合适侧枝的羽毛状一年生苗，则应该在冬季将领导枝剪至基部以上60～75厘米的某健壮芽处，然后在最上面的两个芽下方刻痕；这会抑制它们的生长并促使位置低矮的芽以更宽的角度长出枝条。将所有不需要的侧枝彻底去除。

到第二年夏末，果树应该会长出三四根强壮的健康侧枝，从而得到与修剪后的羽毛状幼苗相同的植株。

强壮的枝条应该会在下一个夏季长出。如果一根侧枝的生长速度比其他侧枝都快，就将它向下绑扎到接近水平以减缓其生长。去除细弱、向内和向下生长的枝条。

在第二年冬季，选择从原来的侧枝上长出的数根匀称枝条建立分枝框架，然后将它们截短一半，修剪至向外生长的芽处。如果有任何分枝框架不需要的枝条，就将它们

灌木式苹果树

将领导枝剪短至选中侧枝，下面留两三根强壮侧枝。

将这些侧枝的每一根剪短三分之二，剪至朝上的芽处。除去所有其他侧枝。

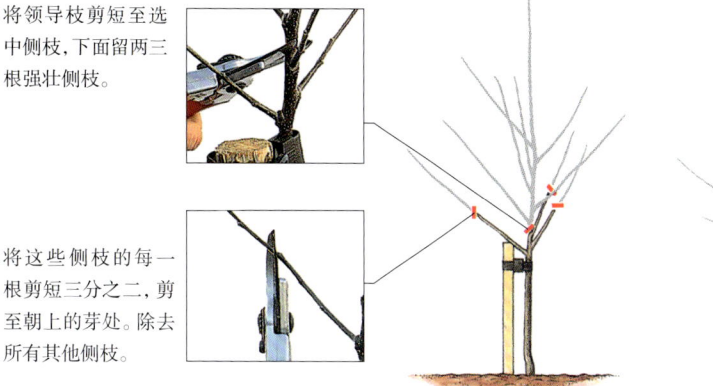

第1年，冬季修剪

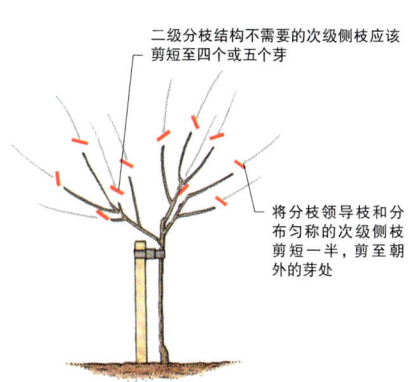

修剪细弱的分枝领导枝，保留上一生长季枝条的一半长度。强壮的分枝领导枝应该剪短四分之一或更少。非常苗壮的领导枝应该不修剪。

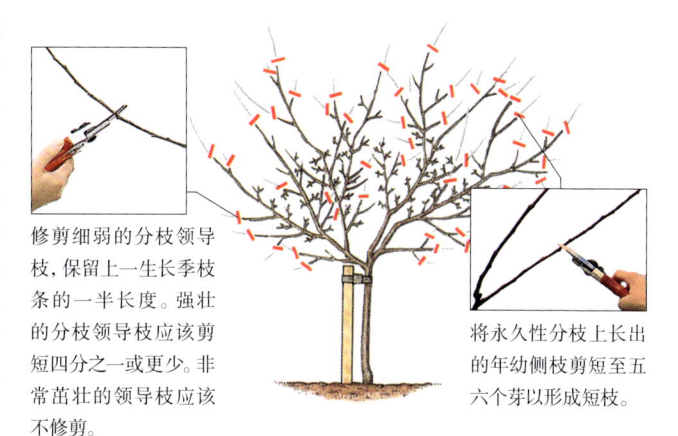

成形灌木式果树，冬季短枝修剪

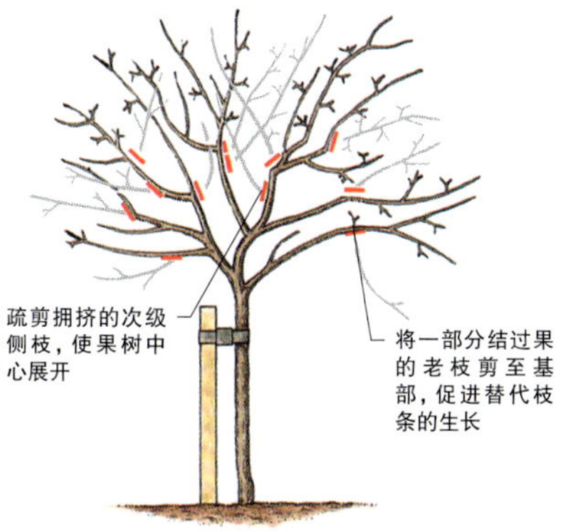

截短至四五个芽，然后将所有在果树中央交叉的枝条去除。随着第二个夏季的继续生长，去除任何破坏树形平衡的健壮直立枝条。到第三个冬季，最终的分枝形状应该已经建立，拥有八至十根主分枝以及一些次级分枝。

日常修剪

灌木式苹果树一旦形成框架，就只需要进行冬季修剪（见"冬季修剪"，413～414页）。所需要的修剪取决于果树的生长量，以及它是树枝顶端挂果品种还是短枝挂果品种。顶端挂果品种需要更新修剪，而短枝挂果品种需要短枝修剪和疏减。

标准苗式和半标准苗式

很少有花园大得足以容纳标准苗式或半标准苗式苹果树，但在有

二级分枝结构不需要的次级侧枝应该剪短至四个或五个芽

将分枝领导枝和分布匀称的次级侧枝剪短一半，剪至朝外的芽处

第2年，冬季修剪

将永久性分枝上长出的年幼侧枝剪短至五六个芽以形成短枝。

疏剪拥挤的次级侧枝，使果树中心展开

将一部分结过果的老枝剪至基部，促进替代枝条的生长

成形灌木式果树，冬季更新修剪

充足空间的地方，它们能成为很棒的园景树。需要两三年的整枝和修剪才能得到半标准苗式苹果树1.2～1.3米高的裸露树干，或者标准苗式苹果树2～2.1米高的树干。种植羽毛状一年生苗或一年生鞭状苗后，将领导枝绑在一根竹竿上，并在冬季将所有侧枝剪短至2.5厘米。在春季和夏季，定期将任何侧枝掐尖或剪短至几片叶；这有助于主干的增粗。在第二年重复这一过程。

在接下来的冬季，去除大部分侧枝并将领导枝剪短至想要的高度，无论是半标准苗式还是标准苗式。如果果树还没有长到预定高度，则让它生长到第三年。切口下应该会长出数根侧枝。选择并保留三四根匀称的侧枝以形成基本分枝框架。然后像对待开心形灌木式果树那样进行整枝（见"灌木式苹果树"，上）。

随后的修剪和对灌木式苹果树一样，但生长会壮得多，因为果树嫁接在粗壮或极粗壮的砧木上。在成形果树上进行管控修剪；只有在果树生长不良的情况下才有必要进行重剪。

纺锤灌木式

纺锤灌木式苹果树被整枝成金字塔形或圆锥形，高度约为2米；一旦成形，就只需要进行更新修剪以保持所需要的形状。

纺锤灌木式已经发展出了许多变形，但基本目标都是通过去除果树中央的枝条，保证三四根最低分枝的优势。允许任何在果树上长得更高的枝条结果，然后对其进行重剪，并用新枝代替它。

整形修剪

种植短枝挂果品种（见"推荐种植的甜点用苹果"，412页）的健壮羽毛状一年生苗，用2米长的木桩支撑。在冬季将领导枝剪至大约1米长，或者剪至最上面的侧枝处。选择三四根距离基部60~90厘米、分布均匀的苗壮侧枝。将每根侧枝剪短一半，剪至向下伸展的健康芽处，并将所有其他侧枝除去。

如果长势强盛的话，在第一个夏末将任何直立侧枝向下绑扎，抑制生长并促进结果。如果长势较弱，应该等到下一个夏季再向下绑扎。

使用结实的绳线向下绑扎侧枝，绳线另一头连接在地面上安装的木质或金属钩钉上。如果使用木钉，将大U字钉钉在每个木钉上，使绳线可以连接在上面。松散地绑扎每根绳线，将每根分枝向下拉至大约30°的斜角。长分枝可能需要两处拉伸。

去除任何从主干或主侧枝上向上生长的过于苗壮的枝条；不要试图向下绑扎它们，因为容易折断它们。将主干绑在立桩上进行垂直整枝。

在种植后的第二个冬季，将中央领导枝新长出来的部分剪短三分之一，剪至去年冬季修剪切口对面的某芽处。这有助于保持茎干直立。确保绳线不会阻碍向下绑扎枝条的生长；一旦枝条变硬并能保持接近水平的状态，就将绳线撤除。在接下来的夏季，将某些垂直枝条向下绑扎，并彻底去除任何极为苗壮或距主干太近的枝条，以及破坏分枝框架平衡的枝条。

到第三个冬季，果树的较高侧枝应该已经发育并向下绑扎以形成进一步分枝。它们应该是接近水平的，这样能促进提早结果，并且在可能的情况下不应该遮挡较低分枝框架。

在第三个夏季，果树应该会第一次结果，在夏末将选中的新侧枝向下绑扎，并去除任何过于强壮的枝条。

日常修剪

从第四年或第五年开始，冬季必须进行更新修剪（见"冬季修剪"，413~414页）：将部分结过果的老枝剪短。某些枝条特别是那些较高的枝条应该重剪至树干附近，以促进替代枝条的生长。

如果中央领导枝过于苗壮，可以将它剪短一些至较弱侧枝处，这根侧枝会成为新的中央领导枝。这样做会集中果树较低分枝的生活力，有助于保持金字塔形，并让最多阳光接触果实。在夏季，继续彻底切除任何过于苗壮的和强烈向上生长的枝条。

壁篱式

短枝挂果的羽毛状一年生苗可以在木桩连接的或者墙壁、栅栏上安装的铁丝上整枝成斜壁篱式。树枝顶端挂果品种不适合整枝成壁篱式（见"树枝顶端挂果和短枝挂果品种"，413页）。将三根水平铁丝以60厘米的间距安装；最低位置的铁丝应距离地面75厘米。铁丝应该远离支撑墙或栅栏大约10~15厘米，以允许空气自由流通，防止病虫害积累。以45°的角度将竹竿绑在铁丝上，然后沿着竹竿种植一棵羽毛状一年生苗（见"种植壁篱式果树"，404页），并用八字结将主干在竹竿上。

整形修剪

在种植后的冬季，将所有超过10厘米长的枝条剪短至三四个芽。对于顶端挂果品种，将领导枝剪短大约三分之一；不要试图进一步修剪壁篱式果树。从第一个夏季开始，一旦新枝基部变得木质化，就在仲夏至夏末修剪它们。所有枝条并不会同时成熟，所以修剪可能会持续

纺锤灌木式苹果树

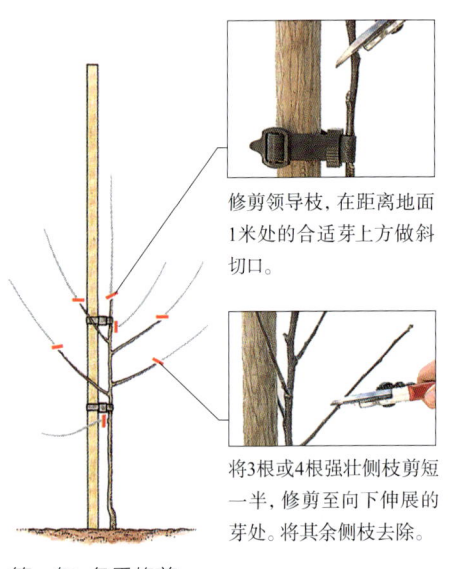

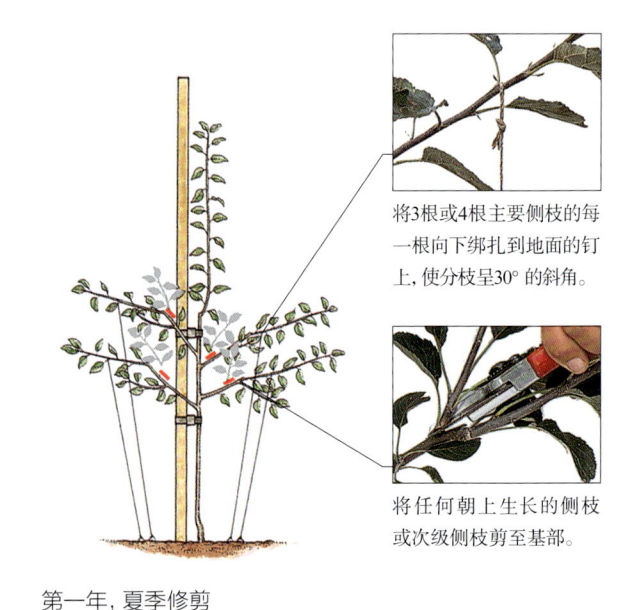

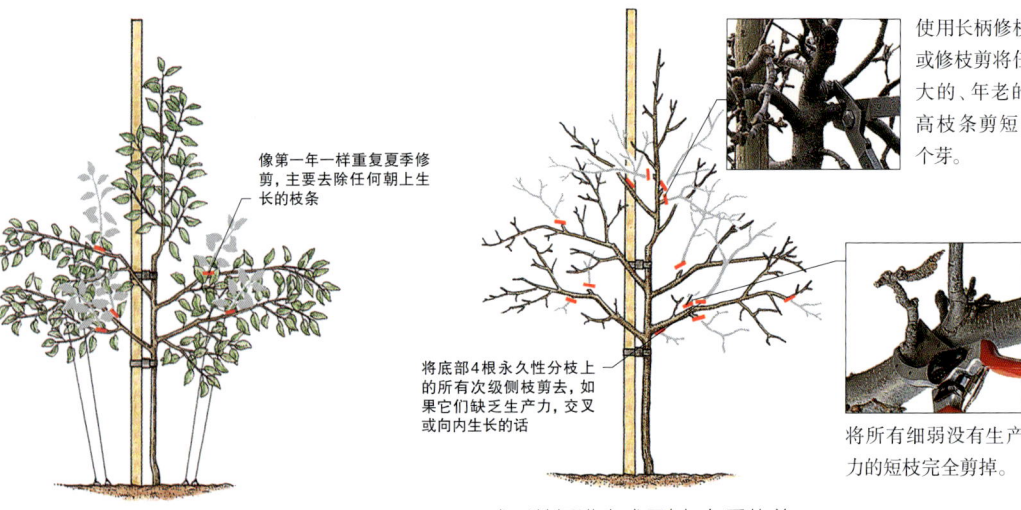

第一年, 冬季修剪
- 修剪领导枝, 在距离地面1米处的合适芽上方做斜切口。
- 将3根或4根强壮侧枝剪短一半, 修剪至向下伸展的芽处。将其余侧枝去除。

第一年, 夏季修剪
- 将3根或4根主要侧枝的每一根向下绑扎到地面的钉上, 使分枝呈30°的斜角。
- 将任何朝上生长的侧枝或次级侧枝剪至基部。

第二年, 夏季修剪
- 像第一年一样重复夏季修剪, 主要去除任何朝上生长的枝条

成形纺锤灌木式果树, 冬季修剪
- 使用长柄修枝剪或修枝锯将任何大的、年老的较高枝条剪短至1个芽。
- 将底部4根永久性分枝上的所有次级侧枝剪去, 如果它们缺乏生产力, 交叉或向内生长的话
- 将所有细弱没有生产力的短枝完全剪掉。

几个星期。使用改良或全洛雷特系统（见"夏季修剪"，414~415页）。

日常修剪

壁篱式果树的冬季修剪对于预防树枝拥挤非常重要。疏减过度生长的短枝系统并彻底去除那些过于拥挤的短枝。如果壁篱式果树不能产生足够的匀称枝条，则将领导枝剪短四分之一以促进其健壮生长。

当壁篱式果树超出顶端铁丝后，降低其生长角度以便为领导枝提供伸展空间。当它长到顶端铁丝上时，在晚春将新生枝叶修剪至一片叶。或者，如果领导枝非常健壮的话，在晚春将其剪短至顶端铁丝附近的一根侧枝。

继续使用改良或全洛雷特系统进行修剪；在成形的壁篱式果树上，这主要需要将侧枝修剪至一片叶。

双重壁篱式

双重壁篱式果树通常是直立生长的。羽毛状一年生苗和一年生鞭状苗都可以整枝成双重壁篱式。每种情况的整枝过程相似，但必须先修剪一年生鞭状苗以刺激侧枝生长，之后才能开始整枝（见"用一年生鞭状苗整枝双重壁篱式"，下）。或者将羽毛状一年生苗修剪至两个合适的相对侧枝处。将它们以大约30°的角度绑扎在支撑竹竿上，并剪短一半。在夏季，一旦两根年幼领导枝之间的距离达到45厘米，就将它们反转并绑扎到直立位置。

扇形式

墙或栅栏是整枝扇形苹果树的良好支撑结构；在低矮砧木上选择短枝挂果品种，使它能舒适地容纳在可用空间内。顶端挂果品种不适合整枝成扇形（见"树枝顶端挂果和短枝挂果品种"，413页）。从土壤表面之上38厘米开始，以15厘米的间距安装水平铁丝。分枝框架的最初发展方法与桃树一样（见"扇形式桃树"，429页）；一旦成形，就可以使用洛雷特系统进行修剪（见"夏季修剪"，414页），每根分枝像单独壁篱一样处理。

树墙式

对于这种树形，需要将一对或更多对分枝以和主干垂直的角度整枝在间隔约38厘米的铁丝上。树墙

壁篱式苹果树

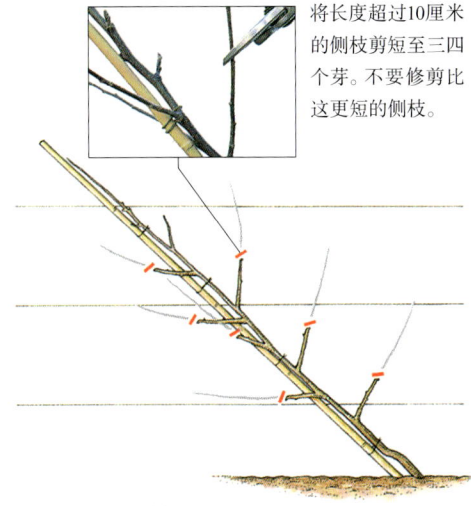

将长度超过10厘米的侧枝剪短至三四个芽。不要修剪比这更短的侧枝。

第一年，冬季修剪

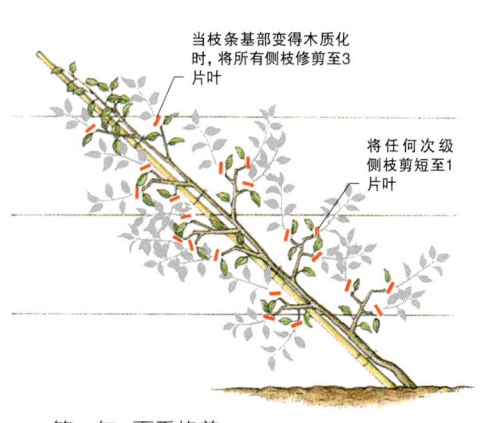

当枝条基部变得木质化时，将所有侧枝修剪至3片叶

将任何次级侧枝剪短至1片叶

第一年，夏季修剪

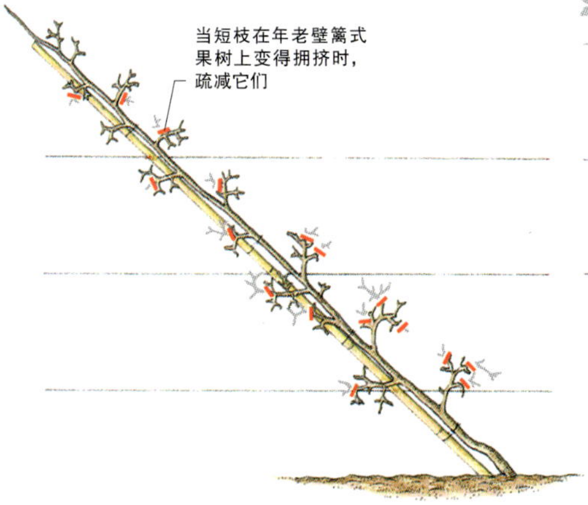

当短枝在年老壁篱式果树上变得拥挤时，疏减它们

将任何一年生侧枝修剪至3片叶

当侧枝基部变得木质化时，将新枝剪至1片叶

成形壁篱式果树，冬季修剪

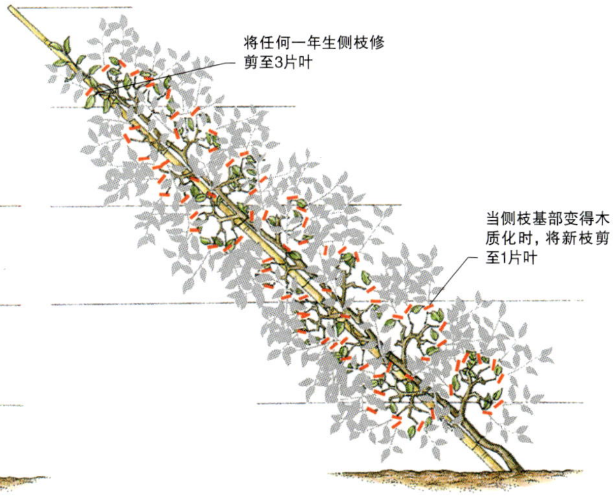

成形壁篱式果树，夏季修剪

用一年生鞭状苗整枝双重壁篱式

为将一年生鞭状苗整枝成双重壁篱式，在第一个冬季将新种植的果树修剪至距地面24厘米处，在切口下的两侧各留一个强壮的芽。在接下来的夏季，当新枝产生后，将两个最上面的枝条绑扎到45°倾斜的竹竿上，在夏末将竹竿降低至30°。当两根分枝尖端相距45厘米时，将它们绑在直立竹竿上垂直整枝。

当双重壁篱式的基本U字形框架形成后，应该对两根垂直分枝进行修剪，修剪方式和单独壁篱式一样。

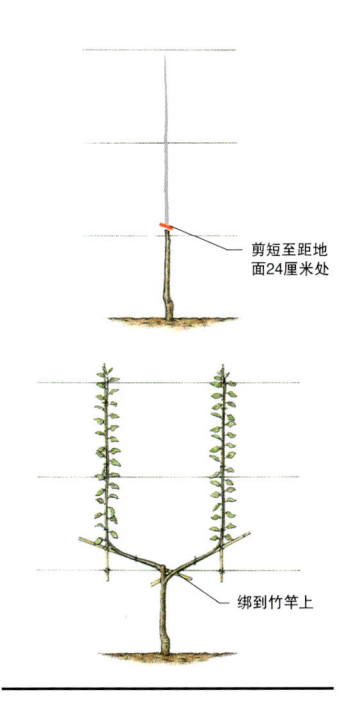

剪短至距地面24厘米处

绑到竹竿上

式果树通常有两层或三层分枝，不过长势旺盛的果树可以有更多层。如果使用一年生鞭状苗，可以更容易地将第一层分枝整枝在需要的高度。只有短枝挂果品种适合整枝成树墙式果树（见"树枝顶端挂果和短枝挂果品种"，413页）。

整形修剪

种植一棵一年生鞭状苗，将领导枝修剪至最低位置铁丝上端的某个芽处。在接下来的夏季，将最上端的枝条垂直整枝，形成新的领导枝；随着它下面两根最强壮侧枝的发育，将每根侧枝绑扎到45°倾斜的竹竿上形成第一层分枝。将所有其他更低枝条剪短或掐短至两片或三片叶。在第一个生长季结束时将第一层侧枝向下绑扎至水平位置。如果两根主侧枝生长不均匀，将较茁壮的侧枝向下拉伸以减缓生长，或者抬高较弱枝条以促进生长。一旦二者恢复平衡，就将它们绑扎回水平位置（见"在竹竿上整枝"，408页）。

在接下来的冬季，将任何不是从主分枝上长出的侧枝彻底剪去。为得到第二层分枝，首先在第一层分枝之上约38厘米处寻找两个强壮的芽，然后将中央领导枝剪短至这两个芽上面的那个芽处。将第一层的每根分枝剪短三分之一，剪至朝下伸展的芽处；在长势非常苗壮的地方不要修剪分枝。

每根分枝被修剪后的末端芽会产生枝条，它们应该在种植后的第二个夏季水平整枝。按照改良洛雷特系统（见"夏季修剪"，414页）修剪其他次级侧枝。第二对分枝会形成，它们应该以与第一对分枝相同的方式整枝。必要的话，重复这一过程以得到需要的分层数量。

日常修剪

一旦最上层分枝成形，在冬季将中央领导枝剪短至这一层上端。此后，可以在夏季用全洛雷特或改良洛雷特系统对树墙式果树进行修剪。

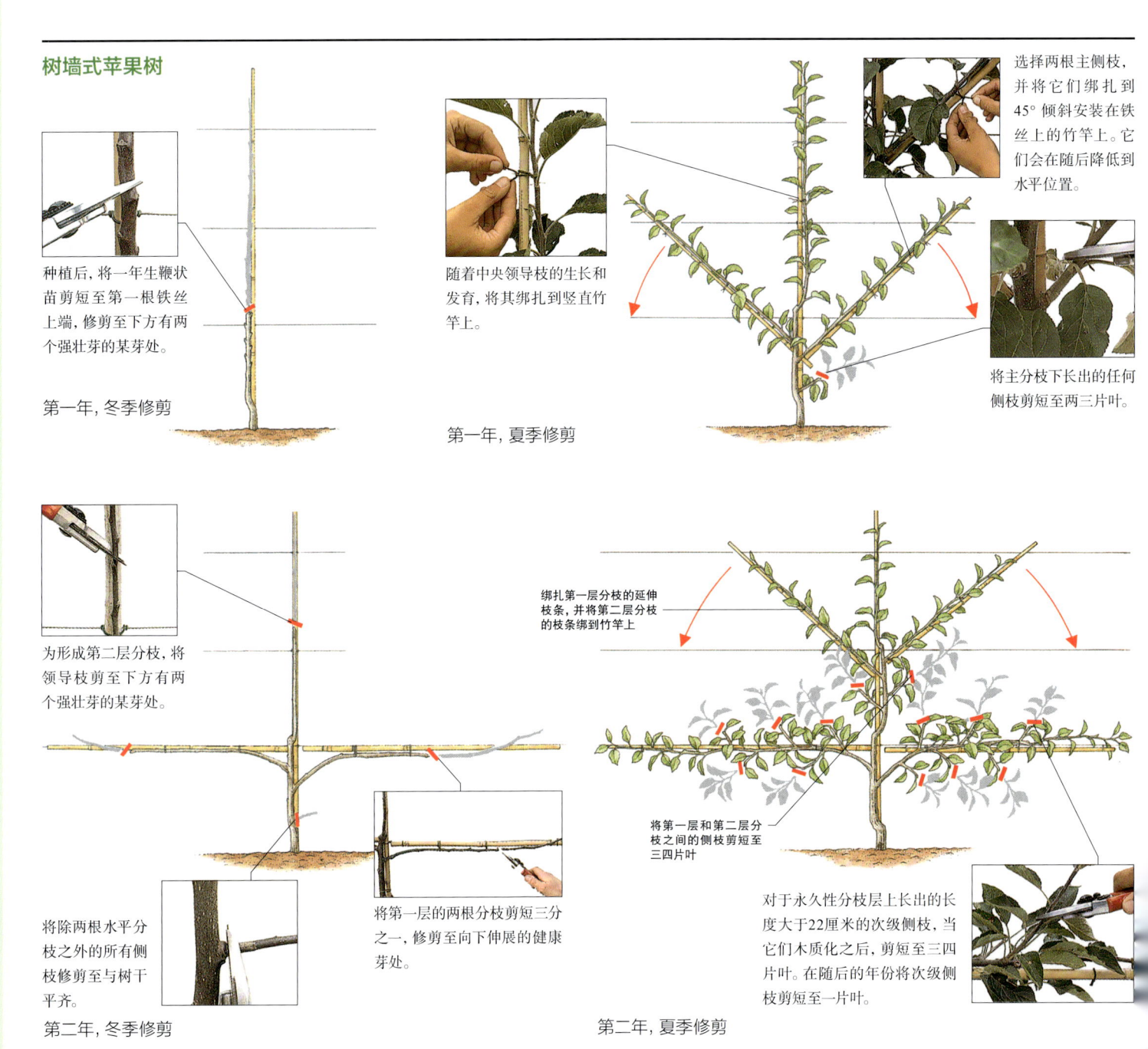

树墙式苹果树

种植后，将一年生鞭状苗剪短至第一根铁丝上端，修剪至下方有两个强壮芽的某芽处。

第一年，冬季修剪

随着中央领导枝的生长和发育，将其绑扎到竖直竹竿上。

第一年，夏季修剪

选择两根主侧枝，并将它们绑扎到45°倾斜安装在铁丝上的竹竿上。它们会在随后降低到水平位置。

将主分枝下长出的任何侧枝剪短至两三片叶。

为形成第二层分枝，将领导枝剪至下方有两个强壮芽的某芽处。

将除两根水平分枝之外的所有侧枝修剪至与树干平齐。

将第一层的两根分枝剪短三分之一，修剪至向下伸展的健康芽处。

第二年，冬季修剪

绑扎第一层分枝的延伸枝条，并将第二层分枝的枝条绑到竹竿上。

将第一层和第二层分枝之间的侧枝剪短至三四片叶。

对于永久性分枝层上长出的长度大于22厘米的次级侧枝，当它们木质化之后，剪短至三四片叶。在随后的年份将次级侧枝剪短至一片叶。

第二年，夏季修剪

采摘

用手掌握住苹果并轻轻旋转它。如果苹果能够轻松地从枝条上脱离，就说明可以采摘了。

低矮金字塔式

低矮金字塔式是一种紧凑的样式，适合小型花园或容器。这种样式适合用于短枝挂果品种（见"树枝顶端挂果和短枝挂果品种"，413页）。如果生长在'M27'或'M9'砧木上，它需要永久性的立桩支撑；在其他砧木上生长的品种需要四五年的立桩支撑（见"低矮金字塔式"，421页）。

二级枝条常常会在夏季修剪后长出。这些不必要的枝条会抑制花果芽的形成，如果造成问题的话，应该比平常延迟两至三周修剪，以帮助它们延迟生长。如果二级枝条继续出现，保留一两根枝条不修剪来吸引树液（见"夏季修剪"，414页）。

收获和储藏

早熟苹果应该在完全成熟前采摘，否则它们的果肉会很快变成粉状。然而，晚熟品种不能太早采摘，否则果实会在储藏过程中萎缩。将果实单个包裹在防油纸中，然后将它们保存在凉爽处的板条箱中。从年幼或过于茁壮果树上采摘下来的果实较不耐储藏，所以应该首先使用它们。关于收获和储藏的更多信息，见"收获和储藏"，410页。

繁殖

苹果可以在夏季用嵌芽接或T字形芽接的方法繁殖（见"嵌芽接"，635页；"T字形芽接"，634页），或者在早春用舌接法繁殖（见"舌接"，638页）。如果可能的话，使用经过认证的接穗和砧木。

嫁接移植

可以将某苹果品种的接穗嫁接到成形苹果树或梨树上，代替原来的品种或得到一棵"什锦"树（见"'什锦'树"，400页）。这样做通常是为了给附近的果树引入新的授粉者，或尝试种植新的品种；由于根系和主分枝系统已经建立，新品种应该会很快结实。

顶端嫁接

开始时，在春季将大多数主分枝截短至距离分叉处60~75厘米。保留一根或两根较小分枝不修剪以吸引树液，减少修剪伤口周围可能形成的新枝数量。修整分枝被锯下时产生的切口。每根分枝使用两个或三个接穗，但只有最强壮的接穗才能被保留并继续生长；起初其余接穗的存在会阻止溃疡病的产生。还可以使用皮下嫁接或劈接的方法（后者很少有业余爱好者使用）。

在进行皮下嫁接时，从目标品种的上一季枝条上采取休眠接穗，然后斜切接穗顶端和基部，基部切口应该细长。将下端切口另一面上的一小块树皮削去，以防接穗插入树皮时造成伤害。当在直径大约2.5厘米的分枝上嫁接时，将两个接穗相对放置。更大的分枝可以承受三个均匀分布的接穗。在准备好的分枝上为每根插条做一垂直切口。小心地剥开树皮并将接穗插入切开的树皮下。将接穗绑好并用嫁接蜡密封切口。接穗生长很迅速，必须松动绑结。

保留最健壮的接穗并去除其他接穗。选中接穗常常会长出不止一根枝条；让最好的枝条不受阻碍地生长，成为新分枝的基础。如果其他枝条比保留枝条更弱，就将它们剪短；但如果它们的活力相同，则将其他枝条彻底去除。三四年后，新品种应该会开始有规律地结实。根据每棵树的形状继续修剪新的分枝。

框架嫁接

在这种方法中，大部分分枝框架得到保留，许多接穗会嫁接到果树的不同部位。框架嫁接颇受商业种植者的青睐，因为它比顶端嫁接的结实速度更快。

如何进行皮下嫁接

1 在早春，将大多数主要分枝剪短至距离树干60~75厘米处。保留一根或两根分枝用来吸收树液。

2 在修剪后的主分枝树皮上做2.5厘米长的垂直切口。如果分枝直径为2.5厘米，则做两个相对切口；如果更粗，可做均匀分布的三个切口。

3 使用小刀的钝面将树皮从形成层上撬开。

4 准备带三个芽的接穗，每个接穗顶端做一斜切口，低端做一渐尖的2.5厘米细长切口。将切口一面朝内插入树皮中。

5 当两根或三根接穗都插入后，使用结实的绳线或嫁接胶带将接穗绑扎结实。

6 在暴露区域使用嫁接蜡。当接穗已经与分枝愈合后，保留最健壮的接穗，将其他的去除。

梨（Pyrus communis）

与苹果树相比，梨树需要更持续的温暖条件才能稳定地结果。晚熟品种在整个夏末和初秋都需要干燥温暖的环境。它们的冬季需冷量为7℃以下600~900小时。

梨树的整枝方式与苹果树相似：灌木式、低矮金字塔式、壁篱式和树墙式是最适合小型花园的。它们一般生长在榅桲树而不是梨树砧木上（见"'什锦'树"，400页）。

选址和种植

梨树的花期比苹果树早，在仲春至春末开花，可能受到霜冻伤害。梨树不能完全自交结实；需要杂交授粉才能得到好的产量。

位置

梨树需要温暖、背风且阳光充足的生长环境。土壤应该能够保持水分——特别是对于那些生长在榅桲砧木上的果树（见"砧木"，下），但同时应该排水良好，梨树比苹果树更能忍耐较潮湿的条件。贫瘠或沙质土中的果树结出的梨味道较差；而那些在白垩土层上的浅土壤中种植的梨树可能感染萎黄病，这是一种因缺乏锰和铁导致的营养问题（见"缺锰症/缺铁症"，669页）。对于这样的场所，可以通过定期施加大量有机质护根并不时施加螯合铁和螯合锰来改善种植条件。

砧木

除了产生相对较小的果树，将梨嫁接在榅桲砧木上还能促进提早结实。'Quince A'相对较低（和苹果的'M26'砧木相似）；'Quince C'更加低矮（与苹果的'M9'砧木相似）。矮化梨树砧木（Pyrodwarf）可以产生更大的果树，而梨树实生苗砧木（Pyrus）非常苗壮，嫁接在上面的果树高度可超过6米。一些品种不能与榅桲砧木很好地结合，可能需要双重嫁接（见"榅桲"，422页）。

授粉

将两个相配合的品种种在一起以便杂交授粉。某些品种是三倍体，还有数量很少的品种是雄性不育的：这些品种需要在附近种植两个授粉品种。不配合的品种可以在右侧的"推荐种植的甜点用梨品种"，及422页的"推荐种植梨品种"中查询。

种植

在秋季土壤依然温暖时种植梨树，或者最晚在仲冬种植。这可以让果树在进入生长期之前成形（可能在温和的春季很早发生）。种植间距（见"种植间距"，下）取决于砧木的选择以及果树的生长样式（见"修剪和整枝"，右）。

日常养护

定期维护性工作包括疏果、施肥和浇水，以及检查病虫害问题，与苹果树相似（见"日常养护"，411~412页）。更多信息见405~406页。

疏果

在仲夏自然落果后，当挂果量大时将果实疏减至每个果簇只剩一个果实，如果挂果量较少则疏减至每个果簇两个果实。

施肥、浇水和护根

按照需要为梨树浇水和施肥（见"日常养护"，405页）。重要的是为梨树提供足够的氮：在春季，以35克每平方米的用量在表层土壤中施加硫酸铵以维持生长期的氮素水平。春季在新种植的果树周围覆盖护根。

病虫害

梨树可能受到鸟类、兔子、黄蜂、蚜虫、冬尺蠖蛾幼虫、火疫病、梨瘿蚊、疮痂病和褐腐病的伤害。梨叶锈壁虱会在叶子上产生小包，而瘿螨会产生棕黑色的叶片斑点和发育不良的叶片。某些梨品种，特别是'联盟'（'Conference'），可能会结出单性果实。这些果实为圆柱形，会在部分受精时产生。通过提供适合的授粉品种处理这种情况，并设置遮风保护以吸引授粉昆虫。更多情况见"病虫害及生长失调现象一览"，659~678页。

修剪和整枝

修剪需求和技术与苹果树相似，但梨树一旦开始结果就能忍耐更重的修剪。果实主要产生在二年龄及更老枝条上。在梨树上，短枝通常比苹果树上更多，在成形果树上应该对短枝进行定期疏减。极少有梨树品种是树枝顶端挂果的。

像对待苹果树那样进行整枝和修剪以得到壁篱式或树墙式果树。在温带地区，这两种样式都可以按照改良洛雷特系统修剪，而在更温

种植间距

果树样式	砧木	株距	行距
灌木式	'Quince C'	3.5米	5.5米
	'Quince A'	4.75米	5.5米
壁篱式	'Quince A'或'C'	75厘米	2米
树墙式	'Quince C'	3.5米	
	'Quince A'	4.75米	
扇形式	与树墙式相同	与树墙式相同	
低矮金字塔式	'Quince C'	1.2米	2米
	'Quince A'	1.5米	2米
半标准苗式	矮化梨树砧木	4.5米	5米
标准苗式	梨树实生苗砧木	6米	7.5米

砧木

'Quince C'　'Quince A'

推荐种植的甜点用梨品种

早熟品种
'贝丝'　'Beth' H6 Fg4, Sb, Sc, ☆
'克拉波珍品'　'Clapp's Favourite' H6 Fg4, Sb
'代尔巴蒂діce'　'Delbardice 'Deleté' H6 Fg3, Sb
'朱尔斯·盖约特博士'　'Docteur Jules Guyot' H6 Fg3, Sb
'元老杜考密斯'　'Doyenné d'Eté' H6 Fg2, Sb
'早熟种黄梨'　'Jargonelle' H6 Fg3, Rs, T, Tb
'威廉姆斯本克雷蒂安'　'Williams' Bon Chrétien' H6 Fg3, Ig1, Sb, Sc, Ss

中熟品种
'盖朗德丽人'　'Belle Guérandaise' H6 Fg2, Sb
'朱莉丽人'　'Belle Julie' H6 Fg3, Sb
'伯雷耐寒'　'Beurré Hardy' H6 Fg3, Sb , Sc
'伯雷精品'　'Beurré Superfin' H6 Fg3, Sb, ☆
'布里斯托尔十字'　'Bristol Cross' H6 Fg4, Sb
'博斯克葫芦'　'Calebasse Bosc' H6 Fg4, Sb
'拉米伯爵'　'Comte de Lamy' H6 Fg4, Sb
'协和'　'Concorde' H6 Fg4, Sb, Sc
'联盟'　'Conference' H6 Fg3, Sb, Sb
'科西加'　'Cosica' H6 Fg3, Tb
戴尔巴德·古尔德'美味' Delbard Gourmande 'Delsavor' H6 Fg3, Sb
'元老杜考密斯'　'Doyenné du Comice' H6 Fg4, Ig2, Sb, Ss, ☆
'丰饶'　'Fertility' H6 Fg3, Sb
'融化的秋季'　'Fondante d'Automne' H6 Fg3, Ig1, Sb, ☆
'所向无敌'　'Invincible' H6 Fg2, Sc
'泽西的路易丝女佣'　'Louise Bonne of Jersey' H6 Fg4, Ig1, Sb
'玛丽·路易丝'　'Marie Louise' H6 Fg4, Sb
'莫顿的骄傲'　'Merton Pride' H6 Fg3, Sb, T
'向前'　'Onward' H6 Fg4, Ig2, Sb, Sc, ☆
'帕卡姆大捷'　'Packham's Triumph' H6 Fg2, Sb
'皮特马斯顿公爵夫人'　'Pitmaston Duchess' H6 Fg4, Sb, Sc, T
'圣克劳斯'　'Santa Claus' H6 Fg4, Sb
'鸟头'　'Seckle' H6 Fg2, Ig1, Sb, ☆
'汤普逊'　'Thompson's' H6 Fg3, Sb

晚熟品种
'贝尔加莫特的希望'　'Bergamotte Esperen' H6 Fg3, Sb
'安茹伯雷'　'Beurré d'Anjou' H6 Fg2, Sb
'复活节伯雷'　'Easter Beurré' H6 Fg2, Sb
'格卢'　'Glou Morceau' H6 Fg4, Sb
'约瑟芬德马林丝'　'Joséphine de Malines' H6 Fg3, Tb
'奥利维尔塞雷斯'　'Olivier de Serres' H6 Fg3, Sb
'帕斯·克拉赛恩'　'Passe Crasanne' H6 Fg2, Sb
'冬日奈利斯'　'Winter Nelis' H6 Fg4, Sb, Sc, ☆

注释

B　大小年
Fg　开花类群（数字代表花期）
Ig　不配合类群（每个类群之内的梨品种无法互相授粉）
Rs　对疮痂病有一定耐性
Sb　短枝挂果品种
Sc　适合冷凉地区
Ss　易感染疮痂病
T　三倍体（不适合作为授粉品种）
Tb　枝条顶端或部分枝条顶端结实
☆　口味优良

暖的区域则使用全洛雷特系统（见"夏季修剪"，414~415页）。扇形式整枝方式和桃（见"扇形式桃树"，429页）一样，但一旦成形就应按照扇形式苹果树的方式进行修剪（见"扇形式"，417页）。梨树的修剪时间应该比苹果树早两周或三周，枝条基部一旦成熟就开始修剪。

当过于旺盛的营养生长限制了结果时，在可能的情况下进行根系修剪（见"根系修剪"，408页）。

灌木式

最初的整枝、修剪和苹果树一样（见"灌木式苹果树"，415页）。数个梨品种[如'元老杜考密斯'（'Doyenné du Comice'）]具有直立生长习性。在修剪这些品种的分枝领导枝时，剪至朝外伸展的芽处。作为最初整枝过程的一部分，应该在直立枝条的基部完全成熟之前将它们向下绑扎，以促进枝条以更宽角度生长。第二年之后，健壮果树的修剪程度应该轻得多。在缺乏生活力的情况下，将新侧枝剪短至五个或六个芽，或者更短。

数量极少的树顶端挂果品种[如'早熟种黄梨'（'Jargonelle'）和'约瑟芬德马林丝'（'Joséphine de Malines'）]必须像顶端挂果苹果品种一样进行更新修剪（见"冬季修剪"，413~414页）。成形的短枝挂果梨树需要在冬季进行相当程度的短枝修剪和疏减，有时还需要疏减分枝。

低矮金字塔式

将羽毛状一年生鞭状苗种下后，将其领导枝剪短至距地面50~75厘米处，然后将任何侧枝剪短至15厘米，并去除细弱或低矮侧枝。

在第一个夏季，将侧枝的延伸部分以及任何新侧枝修剪至五六片叶。这会促进它水平生长并诱导提前结果。将次级侧枝剪至三片叶。

在接下来的冬季，将领导枝的新生部分修剪至25厘米长，剪至上一年修剪切口对面的芽处。

在以后的每一年，将领导枝修剪至交替侧面的芽处。当领导枝长到需要的高度时，在春末修剪它，保留新长出的一个芽。

一旦最初的框架形成，几乎所有修剪就都在仲夏至夏末进行，这取决于季节和位置。重要的是在修剪之前保证它们的基部变得木质

低矮金字塔式梨树

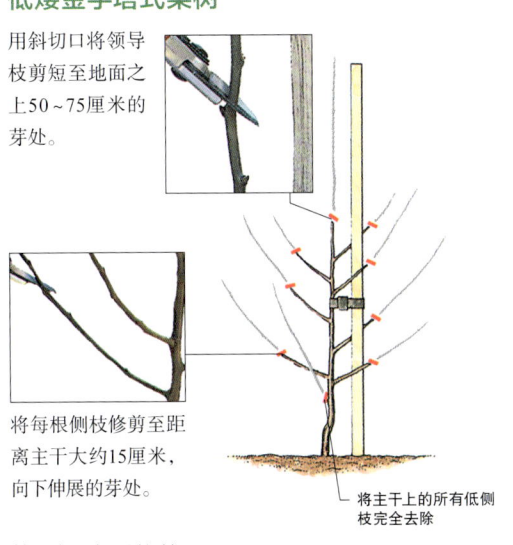

用斜切口将领导枝剪短至地面之上50~75厘米的芽处。

将每根侧枝修剪至距离主干大约15厘米，向下伸展的芽处。

第一年，冬季修剪

将主干上的所有低侧枝完全去除

将主要侧枝尖端的新生部分剪短至五或六片叶。

第一年，夏季修剪

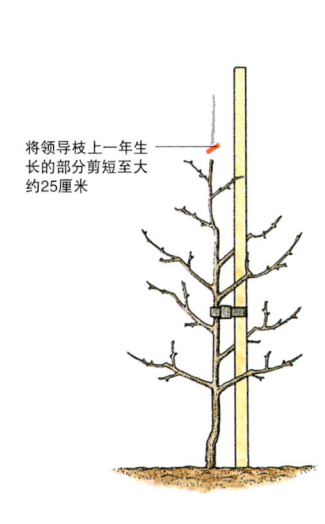

将直接从主干上长出的新侧枝修剪至五或六片叶

将主侧枝上长出的任何次级侧枝修剪至三片叶。它们会在下一个夏季形成短枝

将领导枝上一年生长的部分剪短至大约25厘米

第二年，冬季修剪

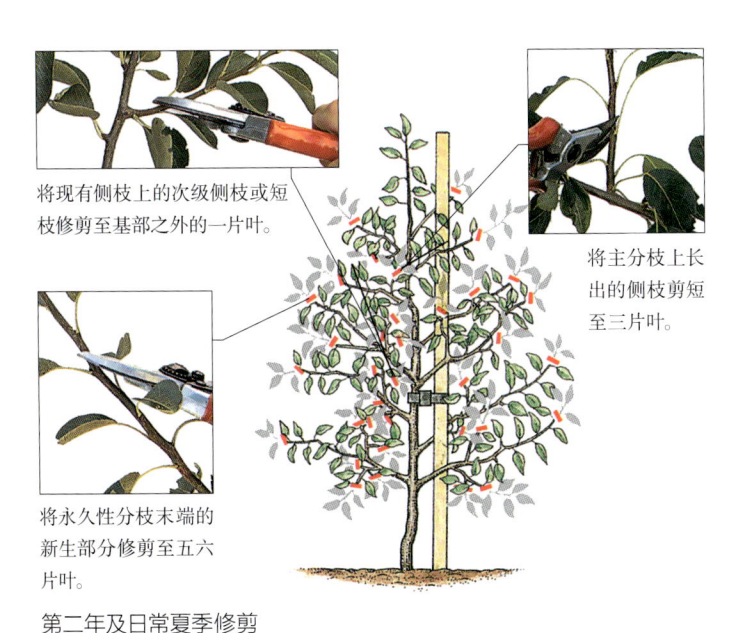

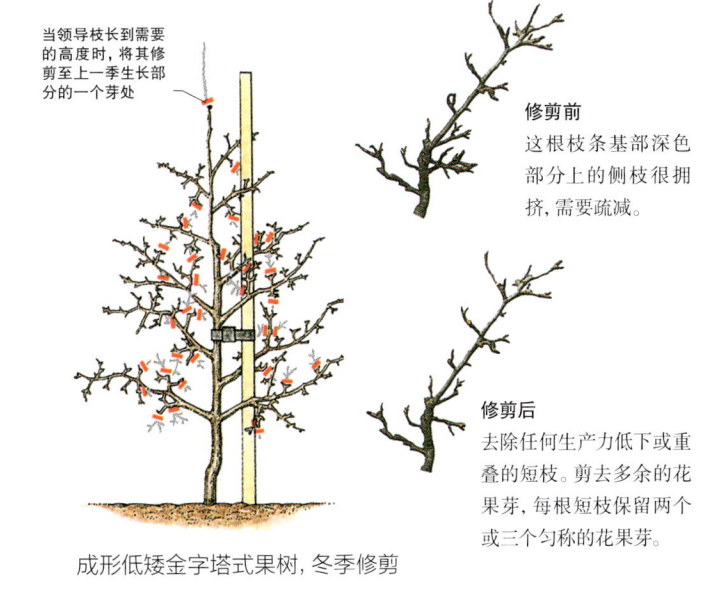

将现有侧枝上的次级侧枝或短枝修剪至基部之外的一片叶。

将主分枝上长出的侧枝剪短至三片叶。

将永久性分枝末端的新生部分修剪至五六片叶。

第二年及日常夏季修剪

当领导枝长到需要的高度时，将其修剪至上一季生长部分的一个芽处

成形低矮金字塔式果树，冬季修剪

修剪前
这根枝条基部深色部分上的侧枝很拥挤，需要疏减。

修剪后
去除任何生产力低下或重叠的短枝。剪去多余的花果芽，每根短枝保留两个或三个匀称的花果芽。

化；因此修剪工作可能持续三四周，某些枝条可能要到初秋才能开始修剪。不要剪15厘米及更短的枝条。将分枝领导枝剪短至新生长部分的六片叶，并将任何次级侧枝剪至基部之上的一片叶。从主分枝上直接长出的任何枝条应该剪短至三片叶。如果长出二级分枝，应该像对待苹果树一样留下少量枝条（见"夏季修剪"，414页）来吸引树液。

冬季修剪的主要任务是截短中央领导枝，在后来的年份中对部分短枝进行疏减和剪短。如果短枝系统变得非常拥挤，果树就会失去活力并结出小而拥挤的果实。

收获和储藏

采摘的时间最重要，特别是对于夏末和初秋成熟的品种。如果在果树上保留太长时间，梨会变糙并从中央开始变成褐色。当果皮底色刚刚从深绿变成稍浅一些的绿色时，立即开始采摘。如果不能确定，轻轻抬起并扭动果实：如果它很容易地从树枝上分离，则说明它几乎熟透了，几天之内就会达到最好的味道。如果果柄折断，则再等待一些时日。需要进行数次采摘，因为所有果实不会同时成熟。对于晚熟品种以及那些生长在冷凉气候区的梨树，它们的果实必须留在果树上，直到完全成熟以达到最好的味道。

将梨储藏在凉爽条件下，把它们铺在板条箱中。不要包裹它们，否则果肉会变色。晚熟品种的果实应该在食用前处理：将它们在室温中保持一两天，当果柄附近的果肉在拇指轻轻按压下凹陷时食用。这时的味道应该已经到了极致。

繁殖

对于大多数梨品种，在'Quince A'或'Quince C'砧木上进行舌接、嵌芽接或T字形芽接（见"嵌芽接"，635页；"T字形芽接"，634页）都可以成功繁殖。可以使用嫁接移植的方法更换果树品种（见"嫁接移植"，419页）。

推荐种植的烹调用梨品种

中熟品种
'伯雷克莱谷''Beurré Clairgeau' H6 Fg2, Sb

晚熟品种
'冬日布莱瑟姆''Bellissime d'Hiver' H6 Fg2, Sb
'黑色伍斯特''Black Worcester' H6 Fg3, Sb
'卡提拉克''Catillac' H6 Fg4, Sb, T
'双倍盖尔''Double de Guerre' H6 Fg4, Sb
'尤维达尔的圣热尔曼''Uvedale's St Germain' H6 Fg2, Sb, T
'威克菲尔德的代牧''Vicar of Winkfield' H6 Fg2, Sb, T

注释
Fg 开花类群（数字代表花期）
Sb 短枝挂果品种
T 三倍体（不适合作为授粉品种）

双重嫁接梨品种

无法与榅桲砧木相容的少数梨品种需要使用双重嫁接法繁殖：将既能配合榅桲砧木又能配合选中接穗品种的梨树品种用作二者之间的"中间砧木"。'耐寒伯雷'('Beurré Hardy')是最常用的中间砧木品种；'威克菲尔德的代牧'('Vicar of Winkfield')、'皮特马斯顿公爵夫人'('Pitmaston Duchess')以及'阿芒利伯雷'('Beurré d'Amanlis')也可以用于所有需要双重嫁接的梨树品种。这些品种包括'朱尔斯·盖约特博士'('Docteur Jules Guyot')、'会议纪念'('Souvenir de Congrès')、'玛格丽特·马里亚特'('Marguérite Marillat')、'威廉姆斯·本·克雷蒂安'('Williams'Bon Chrétien')。

双重嵌芽接

将芽接穗插入第一次嫁接愈合处上方5厘米处的另一侧，使芽发育后产生的枝条长得更直。当接穗枝条长出后，切除新芽上方的中间砧木。去除中间砧木上长出的任何枝条。

'玛丽·路易丝'('Marie Louise')、'帕卡姆大捷'('Packham's Triumph')以及'汤普逊'('Thompson's')。有两种双重嫁接的方法可供使用：双重嵌芽接和双重舌接。

双重嵌芽接需要连续两年进行嵌芽接：在第一年，将中间砧木的接穗芽接到榅桲砧木上；在第二年，将选中品种的接穗芽接到中间砧木的另一侧。芽接方法和嵌芽接方法相同（见"嵌芽接"，

双重舌接

这和双重嵌芽接的方法基本相同：嫁接中间砧木一年后，将中间砧木截短，一旦树液开始流动就在上面嫁接需要的接穗；两个嫁接切口之间留出5厘米的空间；将接穗嫁接在第一个切口的另一侧。

635页）。

双重舌接的原则与双重嵌芽接相同。在早春使用舌接法（见"舌接"，638页）将中间砧木嫁接到榅桲砧木上。在冬末或早春，剪短嫁接后的中间砧木，然后将与榅桲砧木不相配合的品种接穗嫁接在中间砧木上。或者，也可以在春季嫁接中间砧木之后，在夏季将接穗芽接到中间砧木上。去除中间砧木上长出的枝条，保留接穗上长出的枝条。

榅桲（*Cydonia oblonga*）

榅桲是一种主要种植在温带地区的水果。灌木式榅桲可以长到3.4～5米高；它们也可以整枝成扇形。苹果或梨形的果实包裹着灰色软毛。最常种植的品种是'密其'('Meech's Prolific')和'弗拉佳'('Vranja')，还有一些有希望引进的新品种。榅桲需要7℃以下100～450小时的需冷量才能开花。

选址和种植

榅桲需要阳光相当充足的背风处。在寒冷地区，墙壁提供的保护很有好处。保水性好的微酸性土壤最好；较强的碱性通常会导致萎黄病。

'Quince A'通常用作砧木。当果树生长在本身根系上的时候，萌蘖会很难控制。榅桲一般是自交可

育的，但提供授粉品种可以改善结实水平。裸根榅桲应该在秋季或冬季种植，如果是盆栽榅桲树的话，可以全年种植，间距为4～4.5米。

日常养护

栽培需求见405页的"乔木果树的养护"。一旦成形，榅桲树就不需要多少照料了。以标准密度偶尔施肥可能是必要的，特别是在贫瘠的土壤中，还需要浇水和护根。榅桲相对容易种植，但真菌性叶斑病（见"真菌性叶斑病"，665页）可能会造成麻烦。

修剪和整枝

榅桲在短枝及上一个夏季长出的枝条顶端挂果。可让灌木式果树长成多干式，或者像对待灌木式苹果树那样在早期阶段进行修剪（见"灌木式苹果树"，415页），得到开阔的匀称分枝框架。

对成熟果树的修剪很少，仅限于冬季偶尔疏剪老旧、拥挤的树枝。然而，并不是每根侧枝都应该修剪，因为这会去除太多的花果芽。

收获和储藏

当果皮在深秋从绿色变成金色的时候采摘。将它们装进箱子中，储藏在通风良好的黑暗凉爽处。

不要包裹果实：储存在塑料袋中的榅桲会从内部变色。由于榅桲拥有强烈的香味，因而应该单独储藏以防污染其他水果。榅桲常常用在果冻、果酱和其他蜜饯中。

繁殖

夏季可在'Quince A'砧木上进行嵌芽接（见"嵌芽接"，635页），或者在秋季采取硬枝插条繁殖（见"硬枝插条"，617页）。

榅桲树
在年幼榅桲树周围留出一大片不长草的区域，使果树能够吸收所有营养。

欧楂 (Mespilus germanica)

欧楂树是观赏性好、树形展开的乔木，拥有金黄的秋色叶，在仲春至晚春开放粉色或粉白色大花。它们最常生长成灌木式或者半标准苗式。推荐品种有'伊朗人'('Iranian')、'皇家'('Royal')和'韦斯特维尔德'('Westerveld')。

欧楂自交可育，需冷量为7℃以下100~450小时。果实形似苹果，果萼扁平而大。果实用于制作蜜饯。

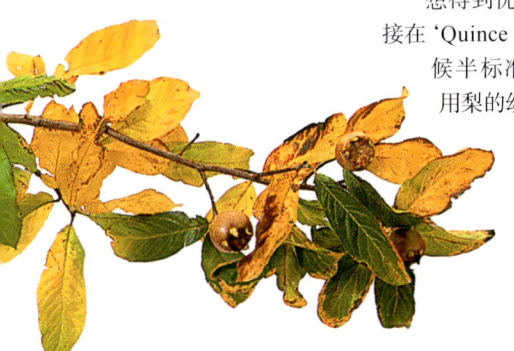

选址和种植

阳光充足的背风处最好，但欧楂树也能忍耐半阴。它们可生长在类型广泛的土壤中，除了白垩土或排水不畅的土壤。充足的水分对于获得强壮枝叶及高产量至关重要。

想得到优质果实，果树通常嫁接在'Quince A'砧木上，不过有时候半标准苗式果树也可以使用梨的幼苗作为砧木。

正在成熟的欧楂
小而棕色的果实在秋季成熟，直径为2.5~5厘米。

欧楂树最好在秋末至冬季种植。半标准苗式的种植间距应为8米，灌木式为4.25米。

日常养护

栽培需求与苹果（见"日常养护"，411~412页）大致相同。欧楂有时会受到啃食叶片的毛虫（见"毛虫"，662页）和真菌性叶斑病（见"真菌性叶斑病"，665页）的影响。

修剪和整枝

像对待苹果树一样整枝灌木式欧楂树（见"灌木式苹果树"，415页）。对于半标准苗式欧楂树，初步的修剪和苹果一样。一旦主框架形成，在冬季偶尔疏减细分枝以维持开阔的框架，去除过于拥挤、染病或死亡枝条。

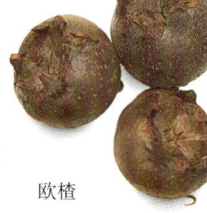

欧楂

收获和储藏

尽可能久地将果实留在树上，使它们达到最佳的味道。在秋末当果柄能轻松地从树上分离时采摘，最好在干燥的天气中进行。这些果实在刚刚采摘下来时味道不佳，储藏后才能使用。将果柄在浓盐溶液中蘸取以防止腐烂，然后果萼朝下将果实储藏在板条托盘中，不要让果实互相接触。果肉变成棕色且柔软时使用。

繁殖

使用嵌芽接或T字形芽接（见"嵌芽接"，635页；"T字形芽接"，634页），或者舌接法（见"舌接"，638页）繁殖。

李子、青李、达姆森李和布拉斯李 (Prunus x domestica)

各种类型的李树都可结出精致的果实。它们包括：欧洲李（Prunus x domestica 的品系）；达姆森李（damsons）、米拉别里李（Mirabelles）和布拉斯李（bullaces）——都属于乌荆子李（P. insititia）这个物种；樱桃李（P. cerasifera）；中国李（P. salicina）。

气候冷凉的地区适合种植欧洲李、达姆森李及布拉斯李；在春季来临较早的温暖地区，更常见的是中国李和米拉别里李。所有种类的李树都喜欢充足的阳光和相对较低的降雨量。樱桃李很少为得到果实而种植，常常用作其他果用李树和观赏李树的健壮砧木。

有许多种类的品种适合种植在不同气候中，而且由于现在有了更多低矮砧木，李树甚至可以用于小型花园。达姆森李树常常比其他李树更小。株型紧凑的金字塔式和低矮灌木式特别适合小型花园；为在冷凉气候中种植出最精良的李树，应在阳光充足的温暖墙壁上种植扇形整枝的果树。欧洲李和达姆森李的需冷量为7℃以下700~1000小时，中国李需要500~900小时。

选址和种植

李树需要温暖背风处才能确保花朵成功授粉。它们对授粉的需求很复杂——某些品种是自交可育的，而其他品种需要在附近种植合适的授粉者。确保种植地有充足空间可以容纳所需要的成年果树数量。

位置

所有李子都是春花植物，中国李的开花时间很早，樱桃李开花更早，所以春季霜冻总是一个威胁。因此最好将它们种植在相对无霜的地点。李树需要背风以防受损并吸引授粉昆虫。

大多数土壤适合种植李树，但要避免那些白垩土和排水不畅的土壤。种在贫瘠沙质土上的李树需要额外的施肥和浇水才能维持良好的生长和产量（见"浇水、施肥和护根"，424页）。

砧木

'小鬼'（'Pixy'，半低矮型）和'圣朱利安A'（'St Julien A'，生活力中等）最适合2.2~4米高的小型至中型李树。对于高达4.25米的李树，选择'檀仁B'（'Myrobalan B'，与某些品种不配合）或'布朗普顿'（'Brompton'，普遍通用）。'玛丽安娜'（'Marianna'）非常适合中国李，但与某些欧洲李不相配合。李树容易长出萌蘖条，但现代砧木上的情况较好。

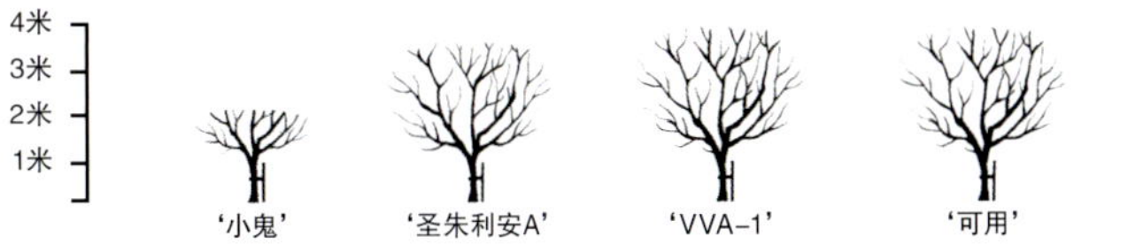

授粉

欧洲李、达姆森李可能是自交可育、半自交可育和自交不育的。幸运的是，某些非常流行的品种，如'维多利亚'（'Victoria'），是自交可育的，不过在附近种植合适的授粉品种可以保证更持续的结果。自交不育品种必须和附近的授粉品种种在一起。樱桃李是自交可育的。某些中国李也是自交可育的，但如果种植在合适的授粉品种附近，就会得到更好的产量。

424页和425页的推荐种植品种名单上列出了不能互相授粉的品种，并给出了具体的开花时间。

砧木

'小鬼'　'圣朱利安A'　'VVA-1'　'可用'

种植间距

果树样式	砧木	株距	行距
灌木式	'圣朱利安A'	4~5米	5.5米
半标准苗式	'布朗普顿'或'檀仁B'	5.5~7米	7米
扇形式	'圣朱利安A'	5~5.5米	
金字塔式	'圣朱利安A'或'小鬼'	2.5~4米	4~6米

推荐种植的甜点用李子和青李

早熟品种
'蓝色岩石' 'Blue Rock' H5 Fg1, I, Psf
'早熟拉克斯顿' 'Early Laxton' H6 Fg3, Psf
'埃达' 'Edda' H6 Cu, Fg3, Ss
'猫眼石' 'Opal' H6 Fg3, Sf
'圣哉胡贝图斯' 'Sanctus Hubertus' H6 Fg3, Sf

中熟品种
'阿瓦隆' 'Avalon' H5 Fg2, Ss
'蓝冠山雀' 'Blue Tit' H5 Fg5, Sf
'剑桥青李' 'Cambridge Gage' H5 Fg4, I, Psf, ☆
'阿尔萨伯爵青李' 'Count Althann's Gage' H6 Fg4, Ss, ☆
'透亮青李' 'Early Transparent Gage' H6 Fg4, Sf, ☆
'亚瑟王神剑' 'Excalibur' H6 Fg3, Ss
'金翅雀' 'Goldfinch' H6 Fg3, Psf
'帝国青李' 'Imperial Gage' H6 Fg2, Sf
'杰斐逊' 'Jefferson' H5 Fg1, I, Ss, ☆
'柯克' 'Kirke's' H5 Fg4, Ss, ☆
'拉克斯顿青李' 'Laxton's Gage' H6 Fg3, Sf
'默顿宝石' 'Merton Gem' H6 Fg3, Psf
'安大略' 'Ontario' H6 Fg4, Sf
'乌兰青李' 'Oullins Gage' H5 Fg4, Sf
'真诚的赖内·克劳德' 'Reine Claude Vraie' H6 Fg5, I, Ss, ☆
'罗亚尔·菲尔福尔德' 'Royale de Vilvoorde' H6 Fg5, Ss, ☆
'万事通' 'Utility' H6 Fg1, Psf
'维多利亚' 'Victoria' H5 Cu, Fg3, Sf, Sls

晚熟品种
'安吉莉娜·伯德特' 'Angelina Burdett' H6 Fg1, Psf, ☆
'安娜·施佩特' 'Anna Späth' H6 Fg3, Psf
'阿里尔' 'Ariel' H6 Fg2, Psf
'布赖恩斯顿青李' 'Bryanston Gage' H6 Fg3, Ss
'科的金色水滴' 'Coe's Golden Drop' H6 Fg2, Ss, ☆
'金透亮' 'Golden Transparent' H6 Fg3, I, Sf, ☆
'晚熟穆斯卡特莱' 'Late Muscatelle' H6 Fg3, Ss, ☆
'晚熟透亮青李' 'Late Transparent Gage' H6 Fg5, Ss, ☆
'拉克斯顿愉悦' 'Laxton's Delight' H6 Fg3, Psf, ☆
'勇气' 'Valor' H6 Fg3, Ss, ☆
'紫色赖内·克劳德' 'Reine Claude Violette',同 'Purple Gage' H6 Fg3, Psf, ☆
'赛文十字' 'Severn Cross' H6 Fg3, Sf
'华盛顿' 'Washington' H6 Fg3, Ss, ☆

注释
Cu 也可用于烹调
Fg 开花类群（数字代表花期）
I 此类群之内的品种授粉不配合
J 中国李
Psf 半自交可育
Sf 自交可育
Sls 易感染银叶病
Ss 自交不育
☆ 口味优良

在购买果树时向供应商寻求关于授粉的建议。

种植

种植应该在秋末或初冬尽早完成，因为它的生长在春季开始得很早。所有果树都最好立桩支撑两年；嫁接在'小鬼'砧木上的需要永久立桩。种植间距（见"种植间距"，423页）取决于树形和砧木的活力。

日常养护

定期为果树施肥和浇水，并检查病虫害迹象。必要时疏果。如果春季容易发生霜冻，则使用覆盖物保护正在开花的贴墙整枝果树（见"防风和防冻保护"，598~599页）。

疏果

疏果可以得到更大且味道更好的果实，并减少树枝因为挂果太多而断裂的危险。如果挂果量很大，小果实可以在很早的时候疏减。当果核形成并且已经自然落果后，疏减剩余果实，果实较小品种的间距应为5~8厘米，果实较大的品种（如'维多利亚'）间距应为8~10厘米。普通的剪刀最适合这项工作，因为它们用起来比修枝剪更方便。

施肥、浇水和护根

李树需要大量的氮，按照405页"乔木果树的养护"下的推荐用量进行春季施肥。每年使用腐熟粪肥或堆肥护根，按照需要浇水，特别是在漫长的炎热天气中。与开阔地种植的李树相比，贴墙或栅栏种植的李树需要更频繁地浇水。

病虫害

李树可能遭到兔子、黄蜂、蚜虫以及冬尺蠖蛾幼虫的侵袭。可能感染的病害包括银叶病、细菌性溃疡病以及褐腐病。任何严重感染银叶病、细菌性溃疡病或（不常见）病毒病的果树都应该挖出来并烧毁。李痘病毒是一种很严重的病毒，会导致减产，果实和叶片上出现斑点、详见"病虫害及生长失调现象一览"，659~678页。

所有核果果树都会出现称为"结胶"的生理失调现象。这样的果树会从树干和分枝上渗出半透明的琥珀色胶状物，而李树还会在果实中的果核周围结胶。果树的胶是因疾病、恶劣的土壤条件，或者强风或大量结果等导致的物理损伤所产生的压力而造成的。如果注意到结胶现象，则试图找出背后的原因，并解决相应问题。鸟类也可能造成麻烦，如果它们啄食花果芽，则必须在冬季使用细眼网罩在树上以防止它们造成损伤。

灌木式李子树

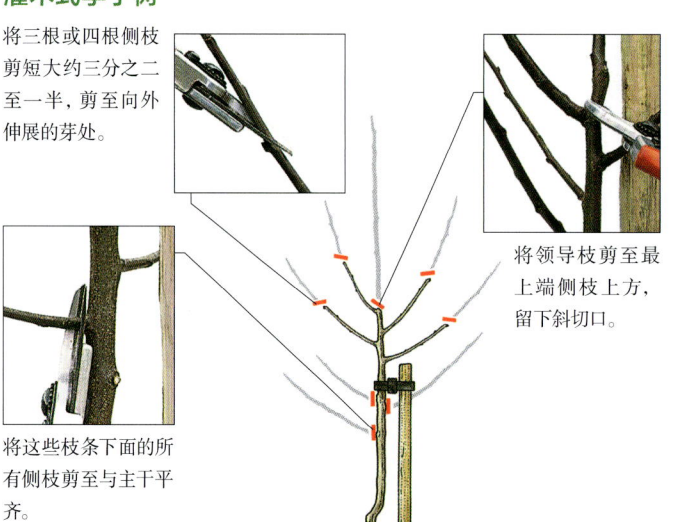

将三根或四根侧枝剪短大约三分之二至一半，剪至向外伸展的芽处。

将这些枝条下面的所有侧枝剪至与主干平齐。

第一年，早春修剪

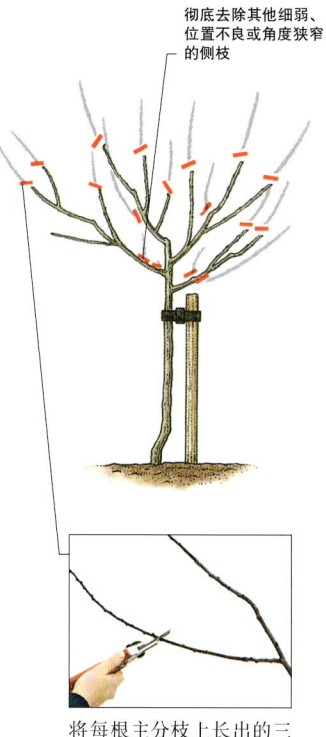

将领导枝剪至最上端侧枝上方，留下斜切口。

结果习性

除了一年龄枝条基部，李树还沿着二年龄枝条和短枝挂果。

彻底去除其他细弱、位置不良或角度狭窄的侧枝

将每根主分枝上长出的三四根最强壮的次级侧枝剪短大约一半。

第二年，早春修剪

修剪和整枝

李树在一年龄枝条的基部、二年龄枝条以及短枝上结果。一旦进行初步整枝，它们在不受限的树形上所需的修剪就会比苹果树或梨树少。在冷凉气候中，必须在夏季修剪以最大限度地减少感染银叶病（见"银叶树"，675页）的可能。整枝后的果树需要日常夏季修剪才能维持它们的形状。立即除去任何受损或染病的分枝，剪至健康部分。

灌木式

在早春，当芽萌动时，开始整枝新种植的羽毛状一年生苗。选择三四根强壮匀称的侧枝，最高的侧枝距地面大约90厘米，然后将它们剪短大约三分之二或一半，剪至健康的向外伸展的芽处。这些侧枝会形成基本的分枝框架。然后剪掉领导枝，在最高侧枝上端做斜切口。将选中侧枝下方的多余侧枝剪至主干。

第二年早春，从去年修剪过的侧枝上寻找三四根最强壮的次级侧枝，然后将它们剪短一半。为得到平衡的框架，剪去细弱或位置不良的侧枝，并掐掉任何从主干上生长出来的枝条。

接下来，对于年幼果树，只需要在夏季剪去过于苗壮或位置尴尬的枝条。

对于较老的李树，在夏季疏剪部分分枝以避免过于拥挤，然后用沥青涂料密封伤口。如果使用一年生鞭状苗，则将其剪至大约90厘米高。第二年春季，侧枝应该会长出，可以像对待羽毛状一年生苗一样对果树进行整枝。

半标准苗式

在羽毛状一年生苗上选择三四

推荐种植的烹调用李子品种

早熟品种
'沙皇' 'Czar' H6 Fg3, Sf, Sls
'早熟丰产里弗斯' 'Rivers's Early Prolific' H5 Fg3, I, Psf
'珀肖尔' 'Pershore' H6 Fg3, Sf
'圣哉胡贝图斯' 'Sanctus Hubertus' H5 Fg3, Psf

中熟品种
'鲁汶佳人' 'Belle de Louvain' H5 Fg5, Sf
'考克斯之王' 'Cox's Emperor' H5 Fg3, Psf
'紫珀肖尔' 'Purple Pershore' H5 Fg3, Sf

晚熟品种
'大深紫' 'Giant Prune' H5 Fg4, Sf
'马杰里的幼苗' 'Marjorie's Seedling' H5 Fg5, Sf
'沃里克郡垂枝' 'Warwickshire Drooper' H5 Fg2, Sf

推荐种植的达姆森李子

早熟品种
'梅里韦瑟' 'Merryweather' H6 Fg3, Sf

中熟品种
'布兰得利之王' 'Bradley's King' H6 Fg4, Sf
'法利达姆森' 'Farleigh Damson' H6 Fg4, Psf

晚熟品种
'兰利布拉斯' 'Langley Bullace' H6, Fg3, Sf
'深紫达姆森' 'Prune Damson' H6 Fg5, Sf, ☆
'牧羊人布拉斯' 'Shepherd's Bullace' H6 Fg3, Sf

注释

Fg 开花类群（数字代表花期）
I 此类群之内的品种授粉不配合
Psf 半自交可育
Sls 易感染银叶病
Sf 自交可育
☆ 口味优良

成形扇形式李树

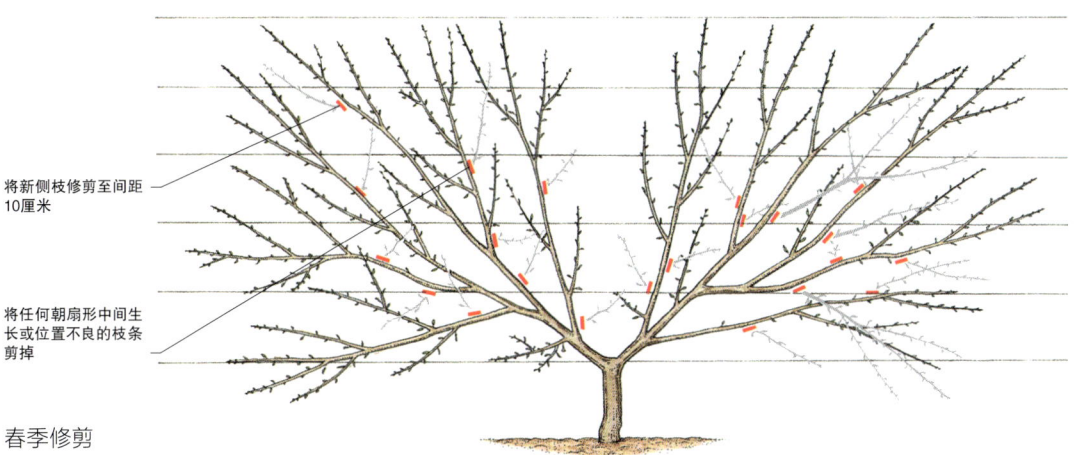

将新侧枝修剪至间距10厘米

将任何朝扇形中间生长或位置不良的枝条剪掉

春季修剪

将所有需要的肋枝绑扎起来以延伸框架或代替老枝。

将永久性扇形结构不需要的侧枝剪短至五片或六片叶。

将生长方向尴尬的枝条剪至方向适合的芽处，或与肋枝平齐。

夏季修剪

修剪后
在秋季，采摘果实后，将所有夏季剪短至五片或六片叶的侧枝再次剪短至三片叶。

根匀称侧枝；将中央领导枝剪至1.3米高处最高侧枝的上端，然后将每根选中侧枝剪短三分之一至一半。去除任何较低的侧枝。接下来对次级侧枝进行修剪和整枝，形成和灌木式相同的开阔树冠。与金字塔式或灌木式李树相比，半标准苗式成年后没有那么容易管理，因为它们的尺寸更大。

扇形式

按照对待扇形式桃树（见"扇形式桃树"，429页）的方式对扇形式李树进行初步整枝，得到可以紧贴水平支撑铁丝整枝的主分枝或肋枝。在整枝年幼扇形式果树时，保留部分侧枝以填补空隙，然后将其他侧枝剪至一个芽。将任何极为茁壮或生长角度不佳的侧枝去除。对于已经成形的扇形式果树，在春季或者侧枝出现后，立即除去朝墙壁（或栅栏）或者朝扇形中央生长的侧枝。疏减剩余侧枝，使其相距10厘米，然后在夏季将它们截短至6片叶，如果需要它们补充扇形框架里的空间则可以不剪。果实采摘完成后，将这些枝条剪短至3片叶。

金字塔式

种植羽毛状一年生苗并用强壮的立桩提供支撑，然后在早春将中央领导枝修剪至大约1.5米高的某健康芽处。去除任何距离地面不足45厘米的侧枝。将剩余侧枝中超过22厘米的剪短一半。当幼嫩枝条的基部在夏季变得木质化时，将主分枝的延伸部分以及新（一年生）侧枝剪短至大约20厘米。与此同时，将次级侧枝剪短至大约15厘米。为了开始形成金字塔形，将主分枝和次级侧枝剪短至向下伸展的芽处，使枝条保持大致水平。将任何过于茁壮或向上伸展的侧枝去除。将中央领导枝绑扎在立桩上，但应该等到第二年春季再修剪它，到时将新长出的部分剪短三分之二。一旦果树在'小鬼'砧木上长到2米高或者在'圣朱利安A'上长到2.5米高，就将领导枝剪短。然而这一步骤应该推迟到春季进行，因为这样会减少随后的生长；将其剪短至距离老干2.5厘米的芽处。像之前描述的那样继续进行夏季修剪，将分枝领导枝修剪至向下伸展的芽处，并去除任何过于茁壮的直立枝条，特别是那些位于果树上端部分的枝条，以维持金字塔的形状。成年金字塔式果树上会发生过于拥挤的情况，在夏季，剪去任何位置不佳的老枝。通过抑制任何粗壮的上端分枝来维持金字塔式的形状。

收获和储藏

为了得到最好的味道，要让果实充分成熟；若冷冻或制作蜜饯和果酱，则应该在它们成熟但依然紧实时采摘。潮湿天气中，在褐腐病或黄蜂毁掉果实之前采摘。在湿润的条件下某些品种的果皮会分离。将新鲜的果实保存在凉爽黑暗处，并在数天之内使用。

繁殖

嵌芽接或T字形芽接（见"嵌芽接"，635页；"T字形芽接"，634页）是最常使用的方法。与苹果和梨树相比，舌接（见"舌接"，638页）对于李子的繁殖没有那么可靠。

金字塔式李树

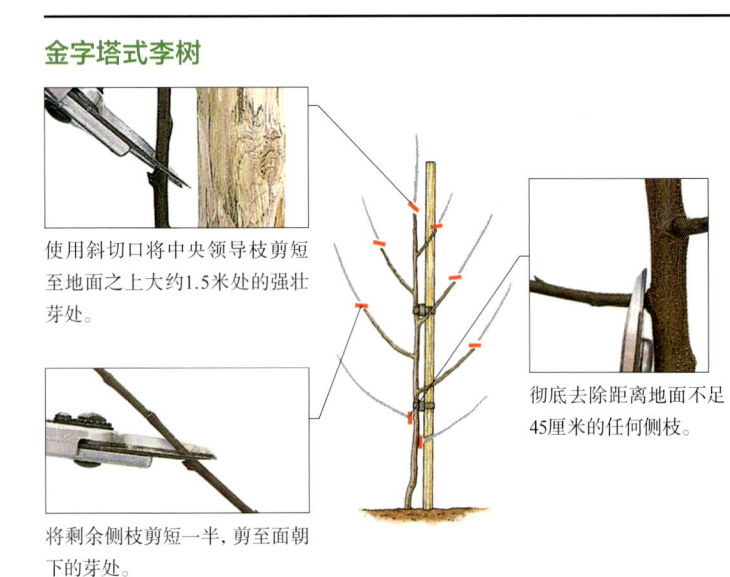

使用斜切口将中央领导枝剪短至地面之上大约1.5米处的强壮芽处。

将剩余侧枝剪短一半，剪至面朝下的芽处。

第一年，早春修剪

彻底去除距离地面不足45厘米的任何侧枝。

任何与主干角度过于尖锐的新侧枝都应该除去。不要修剪中央领导枝

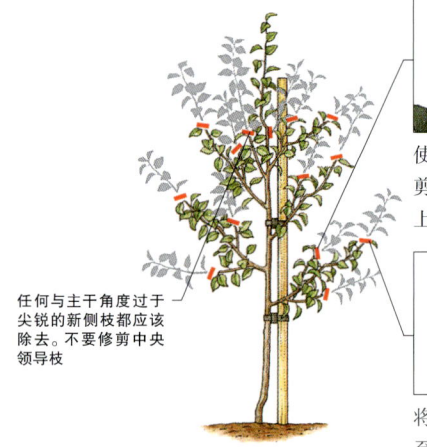

使用斜切口将所有次级侧枝剪短至15厘米，剪至某叶片上端。

将主分枝顶端的新生长部分剪短至大约20厘米，剪至面朝下的芽子处。

第一年，夏季修剪

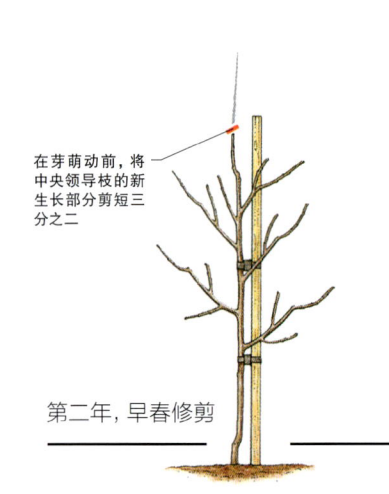

在芽萌动前，将中央领导枝的新生长部分剪短三分之二。

第二年，早春修剪

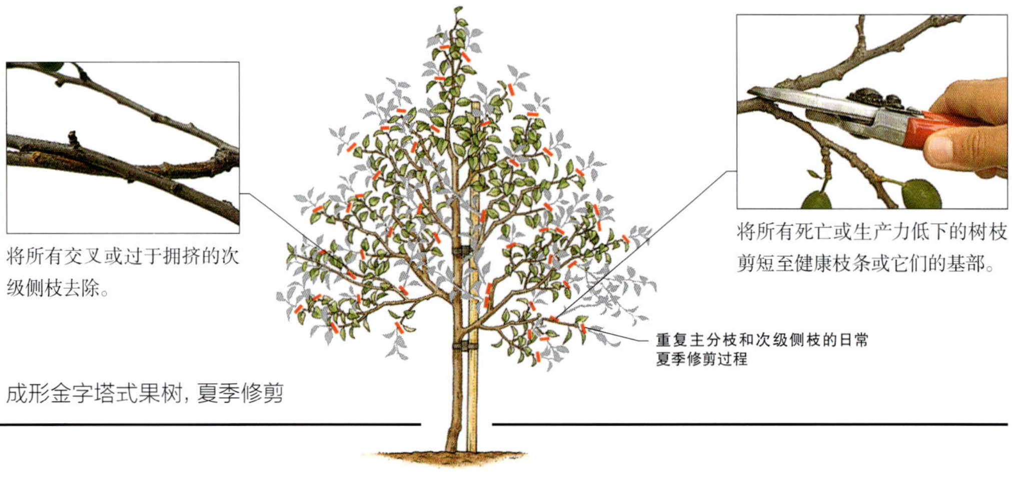

将所有交叉或过于拥挤的次级侧枝去除。

成形金字塔式果树，夏季修剪

将所有死亡或生产力低下的树枝剪短至健康枝条或它们的基部。

重复主分枝和次级侧枝的日常夏季修剪过程

桃（*Prunus persica*）和油桃（*P. persica* var. *nectarina*）

桃树和油桃树广泛种植在许多温带地区。它们的需冷量为7℃以下600~900小时。为得到好的产量，阳光充足并且相当干燥的夏季至关重要。在较冷凉的气候区，桃树可以在保护设施中种植。一系列品种适合种植在不同气候区中。它们的果肉为黄色、粉色或白色。粘核桃品种，其果肉会附着在坚硬的果核上；其他桃称为离核桃。油桃是一类果皮光滑的桃，需要类似的栽培措施，不过它喜欢稍温暖的生长条件。

桃树和油桃树通常以灌木样式生长，不过在温带地区，扇形式也很流行，因为这样可以让果树接受最大限度的阳光，帮助果实成熟。某些株型自然紧凑（遗传性低矮）的品种适合盆栽。

选址和种植

桃树开花很早，故应做防冻保护，朝南墙壁是理想的种植位置。

位置

最大限度的阳光是必不可少的，而且应该种植在不受春霜影响的背风处。在较冷凉的气候区，需要一面阳光充足的墙壁或一座温室。降雨量较高地区的桃树可能会严重感染桃缩叶病（见"桃缩叶病"，671页），除非给予某些保护措施（见"日常养护"，427~428页）。

深厚、肥沃的微酸性（pH值为6.5~7）土壤最理想。若生长在沙质土中，桃树需额外浇水和施肥；浅的白垩土常会导致萎黄病。

砧木

李树砧木'圣朱利安A'可以用来生长中等强壮的果树，如果需要更大的活力，可以使用'布朗普顿'。'VVA-1'有矮化作用，适用于空间有限的地方。

授粉

所有推荐品种都是自交可育的，因此一棵也能结果。在气候湿润或不确定的地区，授粉情况可能会不稳定，但可以使用软毛刷手工授粉。

手工授粉
桃花一旦盛开就能进行手工授粉。在温暖干燥的天气中，使用小而柔软的毛刷将一朵花花药上的花粉转移到另一朵花的柱头上。

保护扇形式桃树
秋季叶落后，使用两端通风的聚乙烯膜盖在果树上。这能保持叶芽干燥，防止桃缩叶病菌的孢子萌发。

种植

尽可能在仲冬前种植桃树，因为桃树生长开始得非常早。灌木式果树在头两年需要立桩支撑。种植间距取决于果树样式和砧木（见"种植间距"，左下）。

日常养护

关于栽培细节，见"乔木果树的养护"，405页。石灰导致的萎黄病可能会诱发缺锰症/缺铁症（见"缺锰症/缺铁症"，669页），必须尽快处理。在冬季和早春使用单面聚乙烯膜保护扇形整枝桃树的叶片免遭桃缩叶病（见"桃缩叶病"，671页）的感染，这样做在一定程度上还能防寒。

疏果

为得到大的果实，疏果是必需的。当小果子长到榛子大时，将它们疏减至每簇一个（见"疏果"，下）。当它们长到核桃大并且部分小果子已经自然脱落后，将它们疏减至每15~22厘米一个；在温暖气候区，果实的间距可以更小。

施肥、浇水和护根

在干旱地区，需要浇水以支持

推荐种植的桃品种

早熟品种
'阿姆斯登六月' 'Amsden June' H4 Wh
'阿瓦隆之光' 'Avalon Pride' H4 Y
'约克公爵' 'Duke of York' H4 Wh, ☆
'黑尔斯早熟' 'Hales Early' H4 Y
'萨杜恩' 'Saturne' H4 Pi

中熟品种
'繁荣' 'Bonanza' H4 Gd, Y
'花园小姐' 'Garden Lady' H4 Gd, Y
'茶隼' 'Kestrel' H4 Wh
'游隼' 'Peregrine' H4 Wh, ☆
'红港' 'Redhaven' H4 Y
'罗切斯特' 'Rochester' H4 Y
'台地琥珀' 'Terrace Amber' H4 Gd, Y

晚熟品种
'贝勒加德' 'Bellegarde' H4 Y, ☆
'查尔斯因戈尔夫' 'Charles Ingouf' H4 Y
'德蒙' 'Dymond' H4 Y, ☆
'皇家乔治' 'Royal George' H4 Y, ☆

注释
Gd　遗传性低矮（适合盆栽）
Pi　粉色果肉
Wh　白色果肉
Y　黄色果肉
☆　口味优良

砧木

'圣朱利安A'　'VVA-1'
（4米 / 3米 / 2米 / 1米）

种植间距

果树样式	砧木	株距	行距
灌木式	'布朗普顿'	6米	7.5米
	'适应' 'Adaptabil'	3.6米	4.5米
	'圣朱利安A'	3.6米	4.5米
	'VVA-1'	2.5米	3.6米
扇形式	'适应'	3.6米	
	'圣朱利安A'	3.6米	
	'VVA-1'	2.5米	

疏果

1 桃树结果后，将果实疏减至每簇一个，首先去除所有面朝墙壁或栅栏的果实。

2 剩下的果实需要再次疏果，为每个果实留下15~22厘米的空间。

生长和结果。在春季，土壤一旦回暖就覆盖护根，这有助于土壤保持水分。充足的氮至关重要，可以促进新的生长以供结果。还需要钾来改善耐寒性和果实品质。

病虫害

桃树可能受到蚜虫、鸟类、红蜘蛛、蠼螋和根结线虫的影响。常见病害包括桃缩叶病、细菌性溃疡病、灰霉病以及结胶（见"病虫害"，424页）。详见"病虫害及生长失调现象一览"，659~678页。

在保护设施中种植

保护设施中的桃树最好整枝成扇形，使果实能接受最大面积的阳光照射。温室必须能够容纳最小2.75米的冠幅。肥沃且保水性良好的土壤至关重要。

进行整枝的果树应该依靠合适的支撑铁丝生长，铁丝的间距为15厘米，最低位置的铁丝距地面38厘米。安装铁丝时使它们与玻璃相距大约22厘米远。在冬季，必须完全通风以得到足够的需冷量。

在早春（但如果没有加热系统的话不要太早），通过减少通风令果树开始生长。将温度保持在8~10℃两周，然后升温至20℃。

保护设施中的果树生长得很迅速，应为它们充分施肥和浇水。少数而大量的浇水比频繁而少量的浇水更好。使用微温的水雾冲洗叶片，并在晴天将水泼在温室地板上降温。

当果树开花后（见"手工授粉"，427页）进行手工授粉。在花期不要清洗叶片或泼水降温，因为这会阻碍授粉，但花期结束后应该立即恢复，这样做有助于控制红蜘蛛和灰霉病。当果实开始成熟后停止清洗叶片和泼水降温。

疏果非常重要，可以确保果实长到最大尺寸（见"疏果"，427页）。

修剪和整枝

桃树和油桃树只在上一年长出的枝条上结果。第一批果实通常在种植后的第三年长出。修剪是为了促进新枝和代替枝生长，以保持匀称开阔的分枝框架。果树共有三种不同的芽：饱满的花果芽、小而带尖的生长芽，以及由中间饱满的花果芽和两侧各一个生长芽组成的三芽合生芽。对于需要延伸生长的分枝，将其剪短至生长芽处，如果不能则剪至三芽合生芽处。

灌木式

在秋末至冬末种植羽毛状一年生苗。在早春选择三四根匀称侧枝，最顶端的侧枝距离地面大约75~90厘米，将领导枝剪短至顶端侧枝上方。将每根选中侧枝剪短三分之二，并移除所有其他不需要的侧枝。在夏季，去除长出的所有位置不佳或低矮的枝条。

第二年早春，在芽展叶之前，选择强壮的侧枝和次级侧枝以形成基本框架。将它们剪短大约一半，剪至某芽处；将所有其他次级侧枝剪短至约10厘米。

一旦果树完全成形，就在每年夏季去除一些结过果的老枝以保持树冠中央展开；有时候生产力低下的分枝也需要去除。

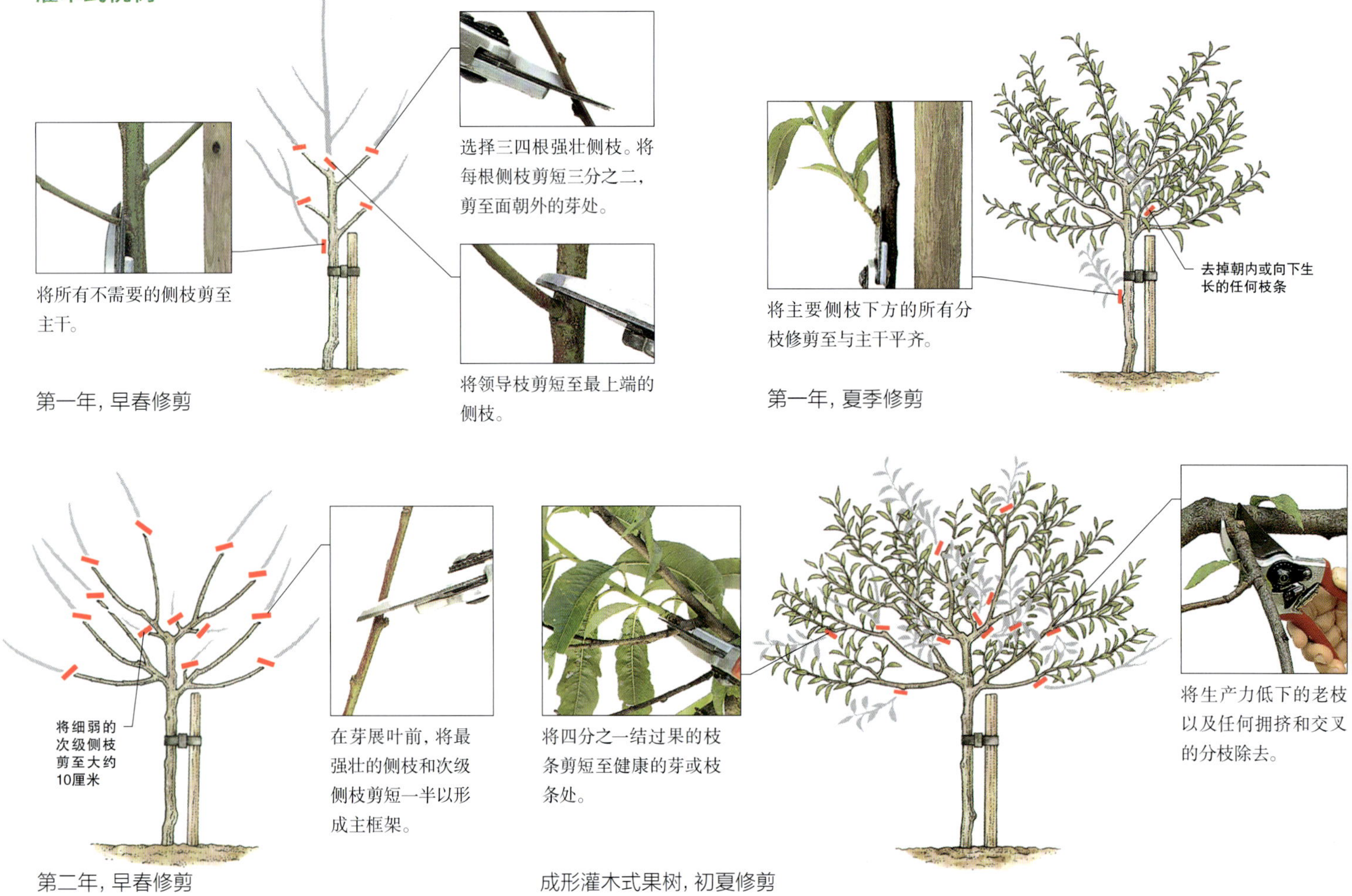

灌木式桃树

将所有不需要的侧枝剪至主干。

选择三四根强壮侧枝。将每根侧枝剪短三分之二，剪至面朝外的芽处。

将领导枝剪短至最上端的侧枝。

第一年，早春修剪

将主要侧枝下方的所有分枝修剪至与主干平齐。

第一年，夏季修剪

去掉朝内或向下生长的任何枝条

将细弱的次级侧枝剪至大约10厘米

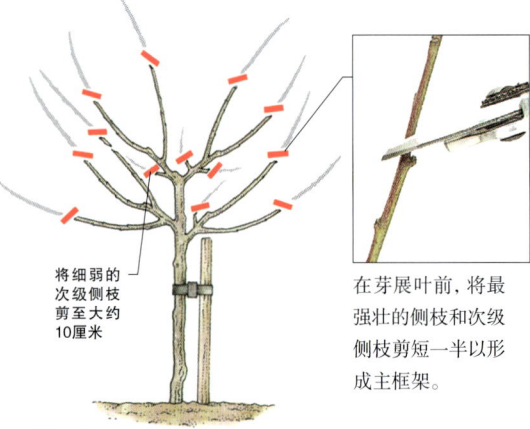

第二年，早春修剪

在芽展叶前，将最强壮的侧枝和次级侧枝剪短一半以形成主框架。

将四分之一结过果的枝条剪短至健康的芽或枝条处。

成形灌木式果树，初夏修剪

将生产力低下的老枝以及任何拥挤和交叉的分枝除去。

扇形式桃树

选择距离地面30厘米的两根对侧侧枝形成主臂枝。将最高侧枝上方的领导枝剪掉。

将每根臂枝剪短至大约38厘米，剪至某个强壮的芽处，以促进肋枝形成。

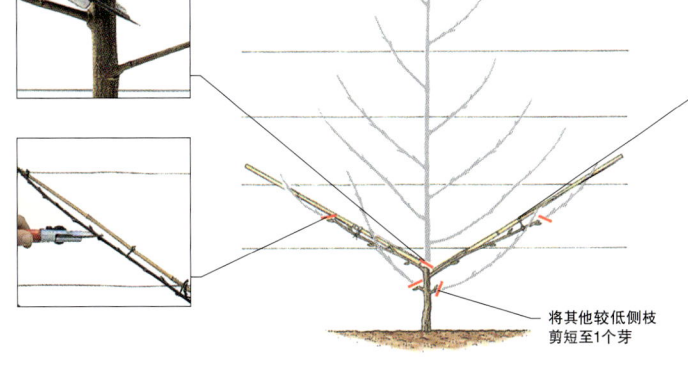

第一年，早春修剪

将其他较低侧枝剪短至1个芽

将每根主臂枝绑扎至以40°的角度安装在铁丝上的竹竿上。

在每根臂枝上方选择两根肋枝，下方选择一根，并将它们绑扎到连接在铁丝上的竹竿上。将其他枝条剪至1片叶。

第一年，夏季修剪

在早春，将肋枝的延伸部分剪短三分之一，剪至朝向所需方向的强壮健康芽处。

第二年，早春修剪

第二年，初夏修剪

整枝生长中的肋枝，将它们绑扎在竹竿上以延伸永久性分枝框架。

将任何生长方向不佳的侧枝剪至基部，并去除所有从主臂枝下方长出的枝条。

将每根主肋枝剪短四分之一以促进进一步生长并延伸框架。

第三年，早春修剪

将任何与肋枝重叠的枝条掐短至4~6片叶。

随着剩余枝条的生长，将它们绑扎到竹竿上以填入框架。这些枝条会在下一年结果。

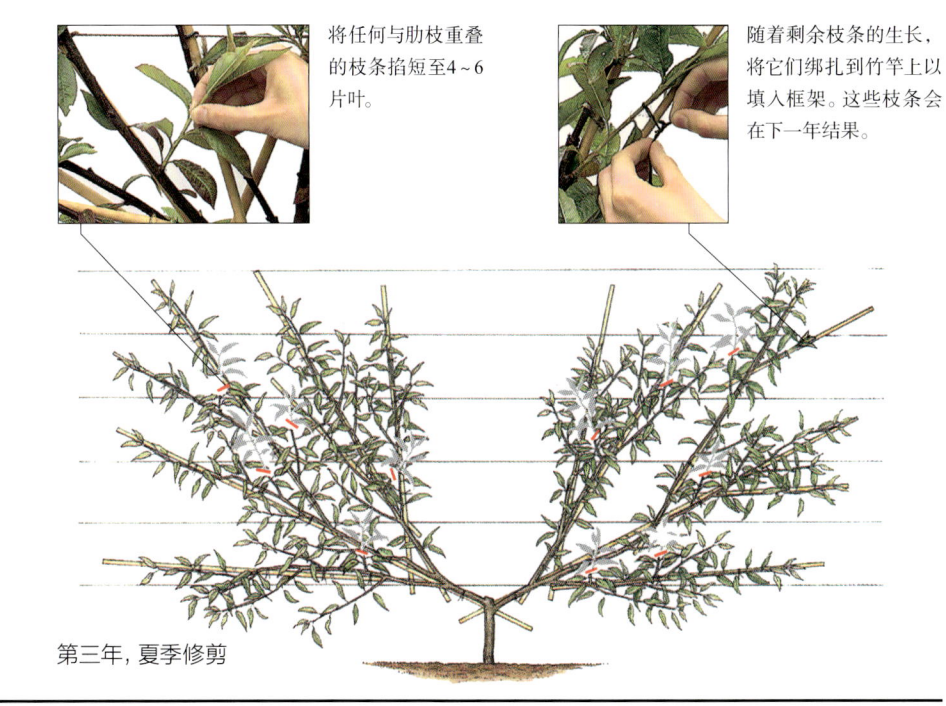

剪去不想要的枝条，将年幼侧枝疏减至间距10~15厘米。掐掉任何朝墙壁（或栅栏）生长或生长方向不对的枝条。

第三年，初夏修剪

第三年，夏季修剪

扇形式

有时候可以买到经过部分整枝的扇形式果树；如果购买这样的果树，应确保它们经过了正确的整枝。扇形应该从地面之上大约30厘米处以40°的角度伸展的两根侧枝上形成。应该去除这两根侧枝上方的中央领导枝，将生活力平均地输送到果树的两侧。

如果保留长长的中央领导枝和上面长出的倾斜侧枝，扇形式果树就会在顶端长出过多枝叶，使基部变得裸露。

整形修剪

像对待扇形式苹果树那样安装支撑铁丝（见"扇形式"，417页）。种植羽毛状一年生苗后，选择两根距地面大约30厘米的侧枝并将它们上端的领导枝去除。将选中侧枝剪短至大约38厘米以形成果树最初的两根臂枝，然后以40°的角度将它们绑扎在竹竿上。将所有其他侧枝剪至1个芽作为储备，直到选中侧枝发育成形。

在夏季，随着领导枝和"臂枝"的生长，将它们绑扎，它们开始形成肋枝框架。在每根臂枝上方选择匀称的两根枝条，下方选择一根枝条，然后进行整枝。将茎干上的所有其他枝条剪短至一片叶，并去除肋枝上任何位置不良的枝条。第二年春季芽展叶之前，将肋枝的延伸部分剪短三分之一至强壮健康的芽处，以促进生长和扇形的发展。

在初夏，继续绑扎选中的正在发育的肋枝。剪短柔弱枝条，并去除所有极为健壮或朝错误方向伸展的枝条。

下一年早春，将肋枝上一年的生长部分剪短四分之一。

在第三个夏季，进一步选择枝条以完成扇形的主要肋枝框架。果树中间的任何空隙都会很快被侧枝填满。初夏时，将肋枝上长出的侧枝疏减至间距10~15厘米；保留那些沿着扇形面自然生长的枝条，去除任何位置尴尬以及朝墙壁（或栅栏）外或向内生长的枝条。绑扎保留的枝条；它们应该会在接下来的一年结果。将任何重叠的枝条掐短至四片或六片叶。

日常修剪

春季修剪的目标是确保每年连续不断地提供幼嫩枝条。对于在即将到来的夏季结果的开过花的枝条，其基部通常会有两个芽或两根幼嫩枝条；将其中之一去除以防止枝叶变得拥挤。剩下的那个会在接下来的一年结果。还可以保留枝条中央的第二个芽作为储备，以防第一个芽受损。

采摘后，剪下结过果的枝条，并将位于剪下枝条基部的代替枝绑扎起来。

每年重复这一过程；如果框架中有充足空间的话，保留两个代替枝。如果没有严格的修剪，桃树会很快长满不能结果的老枝。

收获和储藏

当果实完全成熟时进行采摘。将它们平放在手掌上，用手指轻轻按压果柄附近的部分。如果果肉轻轻向下凹陷，说明果实已经可以采摘了。为得到最精致的味道，桃和油桃最好在采摘后立即食用。如有必要，可在容器中衬垫一些柔软材料，将果实放入其中并存放在凉爽处，这样可将它们储藏一些时日。

繁殖

桃树和油桃树通常在夏季使用嵌芽接或T字形芽接的方法繁殖（见"嵌芽接"，635页；"T字形芽接"，634页）。桃树的幼苗品质不一，但它们通常很健壮，可以得到很好的产量。

成形扇形式桃树，结果后修剪

将每根结过果的枝条修剪至其基部附近的合适代替枝。

将代替枝绑扎起来以填补空隙。这些枝条应该会均匀分布在整个扇形上。

推荐种植的油桃品种

早熟品种
'早熟里弗斯' 'Early Rivers' H4 ☆
'约翰里弗斯' 'John Rivers' H4 ☆

中熟品种
'艾尔鲁格' 'Elruge' H4 ☆
'洪堡' 'Humboldt' H4 ☆
'纳皮尔勋爵' 'Lord Napier' H4 ☆

晚熟品种
'甜蜜' 'Nectarella' H4 C
'菠萝' 'Pineapple' H4 ☆

注释
C　枝叶紧凑
☆　口味优良

杏（*Prunus armeniaca*）

杏树的种植比许多其他水果更难。不是所有品种都能在特定地区苗壮生长，所以在选择果树时总是寻求专业建议。杏树的需冷量是7℃以下350~900小时；大多数品种取这个区间的较低值。杏树的花期非常早。尽管充足的产量需要干燥而阳光充足的夏季，但干旱条件也会引起严重的果芽掉落。在冷凉气候区中，杏可以种植在保护设施中，或者贴着温暖的墙壁进行扇形整枝。在温暖地区，灌木样式很流行。

选址和种植

杏树应该种植在阳光充足、背风和无霜处。在冷凉地区，将它们紧靠阳光充足的墙壁或者种在温室中，以保护花朵免遭霜冻和低温的伤害。

深厚的弱碱性壤土是最合适的土壤。杏树最不容易在沙质土和白垩土中良好生长。避免将它们种植在黏重土壤中，特别是在冬季冷凉潮湿的地区，因为这会让它们容易患枯梢病。

至于砧木，可以广泛使用杏树和桃树的幼苗。与杏树幼苗相比，桃树幼苗能忍耐更湿润的条件并产生较小的果树，李树砧木'圣朱利安A'也常常使用。还可以使用半矮化砧木，如'托里奈尔'（'Torinel'）。杏树自交可育，然而在冷凉地区应该进行人工授粉。

在芽萌动之前的秋末或极早的

种植间距

果树样式	砧木	株距	行距
标准苗式	'布朗普顿'	6米	7.5米
灌木式	'阿普里科尔' 'Apricor'	3米	4.5米
	'圣朱利安A'	3.6米	4.5米
	'托里奈尔'	3.6米	4.5米
	'WA-VIT'	3米	4.5米
扇形式	'阿普里科尔'	3米	
	'圣朱利安A'	3.6米	
	'托里奈尔'	3.6米	
	'WA-VIT'	3米	

冬季种植。在头两年为灌木式果树提供牢固的立桩支撑。

日常养护

养护和栽培需求总体上与其他乔木水果相同（见"乔木果树的养护"，405页）。

在结实量大的温带地区，可能需要疏花以克服大小年现象（见"大小年"，412页）。移去位置不佳的小果实，在自然落果发生且果核开始形成后进行主要的疏果工作。疏果后，每簇中只留一个，果实之间的间距大约为7厘米。

在冷凉地区，枯梢病常常发生；尽快将受影响的分枝剪短至健康部分。鸟类、蠼螋、细菌性溃疡病、褐腐病以及结胶（见"病虫害"，424页）都可能造成麻烦。详见"病虫害及生长失调现象一览"，659~678页。

修剪和整枝

杏在一年龄枝条和较老的短枝上结果。修剪的目的是维持果树的形状，并去除年老且生产力低下的树枝。如果年幼果树过于茁壮，可以对它们进行根系修剪（见"根系修剪"，408页）。灌木式杏树的修剪和整枝与李树一样（见"修剪和整枝"，425页）。

扇形式杏树的最初整枝措施和桃树一样（见"扇形式桃树"，429页）。对于成形的扇形式果树，将春季长出的年幼枝条疏减至间距10~15厘米，并去除任何朝下、朝扇形中心或朝墙壁伸展的枝条。保留用来填补框架的枝条。将不需要用来填补空隙的次级侧枝掐至六片叶，并在当季晚些时候将所有旁侧枝掐至一片叶。采摘果实后，将次级侧枝剪至三片叶。

收获

当果实完全成熟且容易从果柄上脱落的时候进行采摘。立即使用，因为新鲜的杏不能很好地储存；它们也可以冷冻、用于蜜饯或干制（见"收获和储藏"，410页）。

繁殖

杏树可通过嵌芽接或T字形芽接（见"嵌芽接"，635页；"T字形芽接"，634页）的方法繁殖，使用桃幼苗或'圣朱利安A'作为砧木。

推荐种植的杏品种

早熟品种
'早熟莫帕克' 'Early Moorpark' H4
'汉姆斯科克' 'Hemskirk' H4 ☆
'新大早熟' 'New Large Early' H4
'汤姆考特' 'Tomcot' H4

中熟品种
'阿尔弗雷德' 'Alfred' H4
'法名戴尔' 'Farmingdale' H4
'弗拉佛考特' FLAVERCOT H4
'高得考特' 'Goldcot' H4
'小麝香' 'Petit Muscat' H4

晚熟品种
'莫帕克' 'Moorpark' H3
'金辉' 'Golden Glow' H3

注释
☆ 口味优良

成形扇形式杏树，初夏修剪

为填补框架中的空隙，一旦年幼侧枝基部变硬，就将它们绑扎起来。

将所有朝下或者朝墙壁（或栅栏）伸展的枝条剪去或掐去。

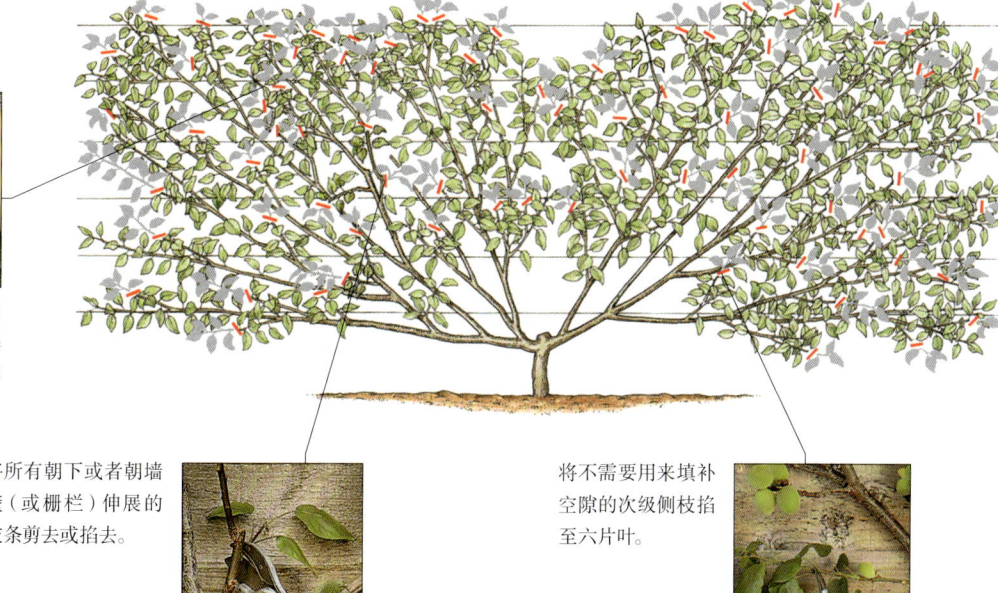

将不需要用来填补空隙的次级侧枝掐至六片叶。

疏果
将年幼枝条疏减至间距10~15厘米。随着它们的生长将其绑扎到铁丝上。

结果后
使用修枝剪将夏季被剪至六片叶的枝条再次剪至三片叶。

欧洲甜樱桃（*Prunus avium*）

欧洲甜樱桃树的株高和冠幅可达7.5米，而且由于许多品种是自交不育的，因此常常需要两棵果树才能结果。

新的低矮砧木（见"砧木"，右下）使得欧洲甜樱桃树能够以灌木样式种植在一般大小的花园中。将欧洲甜樱桃树贴墙壁或栅栏整枝也能限制它们的生长，而且能更容易地保护果树免遭鸟类和采摘前降雨的伤害，后者会导致果实开裂。欧洲甜樱桃的需冷量为7℃以下800~1200小时。

公爵樱桃树被认为是欧洲甜樱桃树和欧洲酸樱桃树的杂交种。它们种植得不是很广泛，但需要的栽培措施和间距与欧洲甜樱桃树相似。某些公爵樱桃树品种是自交可育的，而且欧洲酸樱桃树和公爵樱桃树可以配合授粉。

砧木

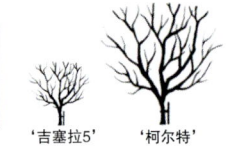

选址和种植

欧洲甜樱桃树需要温暖背风处才能得到良好的产量。仔细挑选品种，保证它们能互相授粉；应该在购买果树之前检查（见"授粉需求"，403~404页）。

位置

选择开阔、阳光充足且背风的位置。如果樱桃树要种植成扇形式，对于'柯尔特'（'Colt'）砧木，支撑结构必须至少有2.5米高和5米宽；对于'吉塞拉5'（'Gisela 5'）砧木，支撑结构则至少应有1.8米高和4米宽，并且处于朝阳的位置。靠着寒冷墙壁生长的果树会结出品质和味道很差的果实。排水良好的深厚土壤是至关重要的，生长在浅薄贫瘠土壤中的果树结出的果实很小，并且很难活很长时间。

砧木

'吉塞拉5'是可用于扇形式和灌木式的低矮砧木，并且在果树种下后能较快地得到相当高的产量。'柯尔特'是半低矮砧木，适合小型花园中的灌木式或扇形式整枝果树。在空间充足的地方可以使用非常健壮的'茂林F12/1'（'Malling F12/1'）砧木。

授粉

欧洲甜樱桃的授粉需求非常复杂。大部分自交不育，一些明确的类群中的所有品种都是授粉不配合的。除非获得自交可育品种，否则必须使用来自不同类群且开花时间相同的品种。少数欧洲甜樱桃品种是通用授粉者，即它们能为所有同时开花的樱桃品种授粉（见"推荐种植的欧洲甜樱桃品种"，右下）。

种植

在秋末或冬季种植裸根欧洲甜樱桃树，如果是容器栽培出来的，可以在一年中的任何时间种植。在种植扇形式整枝果树之前构建必要的支撑结构和铁丝。即将要整枝成扇形式或半标准苗式的果树应该保持5~5.5米的间距。

日常养护

没有必要疏果。基本不需要施肥，只需要按照第405页"乔木果树的养护"条目下描述的覆盖护根。如果生长状况较差，就以每平方米35克的用量施加硫酸铵，如果你不想使用肥料，也可以使用蹄角粉。欧洲甜樱桃在干旱的条件下需要浇透水，但在干燥的土壤中突然浇水会导致果实开裂。

随着果实开始显色，用网帘覆盖扇形整枝的果树以防御鸟类。灌木式和半标准苗式果树很难用网保护，应在果实成熟后立即采摘。

最有可能对欧洲甜樱桃造成伤害的病虫害包括鸟类、樱桃蚜、冬尺蠖蛾幼虫、褐腐病、银叶病和细菌性溃疡病。一旦发现有感染银叶

结果后

果实采摘后，将所有在初夏剪短至六片叶的枝条再次修剪至三片叶。

成形扇形式欧洲甜樱桃，夏季修剪

将需要用来代替老肋枝或填补空隙的枝条绑扎。

将所有扇形框架的延伸不需要的新枝剪短至五六片叶。

推荐种植的欧洲甜樱桃品种

早熟品种
'早熟里弗斯' 'Early Rivers' H6 Fg1, Ig1, Sst, ☆
'商人' 'Merchant' H6 Fg3, Up, Sst

中熟品种
'赫特福德郡' 'Hertford' H4 Fg4, Ss
'莫顿荣光' 'Merton Glory' H4 Fg2, Sst, Up, ☆
'丽光' 'Sunburst' H6 Fg4, Sf
'夏日骄阳' 'Summer Sun' H6 Fg3, Sst

晚熟品种
'考迪亚' 'Kordia' H5 Fg6, Ig6
'拉宾斯' 'Lapins' H6 Fg4, Sf
'拿破仑欧洲甜樱桃' 'Napoleon Bigarreau' H4 Fg4, Ig3
'小银币' 'Penny' H5 Fg4, Sst
'里贾纳' 'Regina' H4 Fg4, Sst
'斯特拉' 'Stella' H6 Fg4, Sf, ☆
'甜心' 'Sweetheart' H5 Fg5, Sf

注释
Fg 开花类群（数字代表花期）
Up 通用授粉者
Ig 授粉不配合类群（每个类群之内的品种无法互相授粉）
Sf 自交可育
Sst 自交不育
☆ 口味优良

病或细菌性溃疡病迹象的分枝，就立即将其清除。详见"病虫害及生长失调现象一览"，659~678页。

修剪和整枝

欧洲甜樱桃树在二年龄和更老枝条上的短枝上结果。成年果树应该在夏季修剪以限制营养生长并促进花芽的形成。像对待李树一样整枝和修剪半标准苗式和灌木式果树（见"修剪和整枝"，424页）。

扇形式欧洲甜樱桃树的整枝和修剪方法和桃树一样（见"扇形式桃树"，429页）。然而，如果在羽毛状一年生苗上有位置合适的足够侧枝，可以选择四根臂枝而不是两根，以加快扇形的发育。将这些臂枝绑扎到竹竿（竹竿连接在铁丝上）上，与主干成35°~45°的角度。在种植后接下来的春季，将臂枝剪短至45~60厘米，并去除长出的所有其他侧枝。

在夏季，从每根臂枝上选择两三根位置合适的细侧枝或称"肋枝"，将它们绑扎起来以填补空隙；去除其他的细侧枝。年幼果树上的所有肋枝都可以在芽展叶时（但千万不要更早）剪去茎尖，以减少感染银叶病和细菌性溃疡病的危险。

在较老的扇形式果树上，应在春季将短枝疏减或剪短（见"冬季修剪"，413~414页），并将肋枝剪短至较短的代替枝以降低株高。在夏季，将扇形框架不需要的所有枝条掐短至六片叶，结果后剪至三片叶。直立或非常苗壮的树枝应去除或进行水平绑扎，防止扇形变得不平衡。

收获和储藏

果实完全成熟时带果柄采摘，并立即食用或烹调。若要冷冻果实（见"储藏"，410页），应该在果实紧绷时采摘。

繁殖

嵌芽接和T字形芽接是常用的繁殖方法（见"嵌芽接"，635；"T字形芽接"，634页）。'柯尔特'砧木与所有品种相容，更健壮的'马林F12/1'也一样。

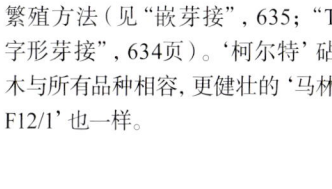

保护樱桃树
（左）鸟类可以迅速吃光樱桃树的芽，除非用网或园艺织物保护果树。

圆柱形果树
如果嫁接在低矮砧木上并种植成单一壁篱式，就能在哪怕最小的花园里栽培樱桃。

展开株型
（下）一些品种会长成株型展开的大树；重要的是选择与花园大小相匹配的砧木。

欧洲酸樱桃（Prunus cerasus）

欧洲酸樱桃树比欧洲甜樱桃树小得多，并且大多数品种是自交可育的，所以它们更适合较小的花园。它们主要在上一个夏季长出的一年龄枝条上结果。果实通常不生食，但可用于制作蜜饯果酱和其他烹调用途。欧洲酸樱桃树的需冷量为7℃以下800～1200小时。

选址和种植

位置和土壤要求与欧洲甜樱桃（见"位置"，432页）基本相似，不过欧洲酸樱桃也可以紧靠朝北或朝东的墙壁（或栅栏）成功地生长。

推荐使用的砧木与欧洲甜樱桃和公爵樱桃一样，是'柯尔特'和'吉塞拉5'。最好从专业果树供应商那里获得'莫雷洛'（'Morello'，最流行的品种），以避免较劣质的品系。准备整枝成灌木式或扇形式的果树应该保持4～5米的间距，而且应该为扇形式果树提供高度最低为2.1米的支撑。

日常养护

欧洲酸樱桃的栽培需求和欧洲甜樱桃相同（见"日常养护"，432页）。为促进年幼替代枝的生长，额外施肥特别是氮肥可能是必要的，但不要过度。在干旱地区灌溉很重要。网罩可以保护果实免遭鸟类侵害（见"防鸟保护"，405页）。由于欧洲酸樱桃可以整枝成较小的果树样式（如灌木式或低矮金字塔式），所以它们可以生长在水果笼中。影响欧洲酸樱桃树的病虫害和欧洲甜樱桃树的一样（见"日常养护"，432页）。

修剪和整枝

对欧洲酸樱桃进行更新修剪，以连续不断地提供结实的一年生枝条。每年去除一定比例的老枝。在春季和夏季修剪，这样可以降低感染银叶病的风险（见"银叶病"，675页）。

扇形整枝的欧洲酸樱桃树
欧洲酸樱桃树[这里是'莫雷洛'欧洲酸樱桃（Prunus cerasus 'Morello'）]比欧洲甜樱桃树小，因此很适合在空间有限的地方整枝成小型扇形式或灌木式果树。

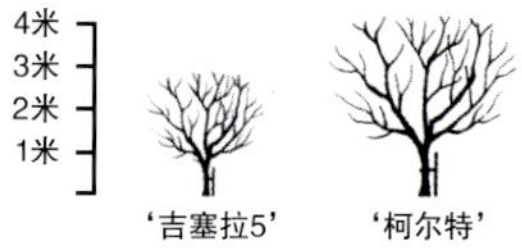

成形扇形式欧洲酸樱桃

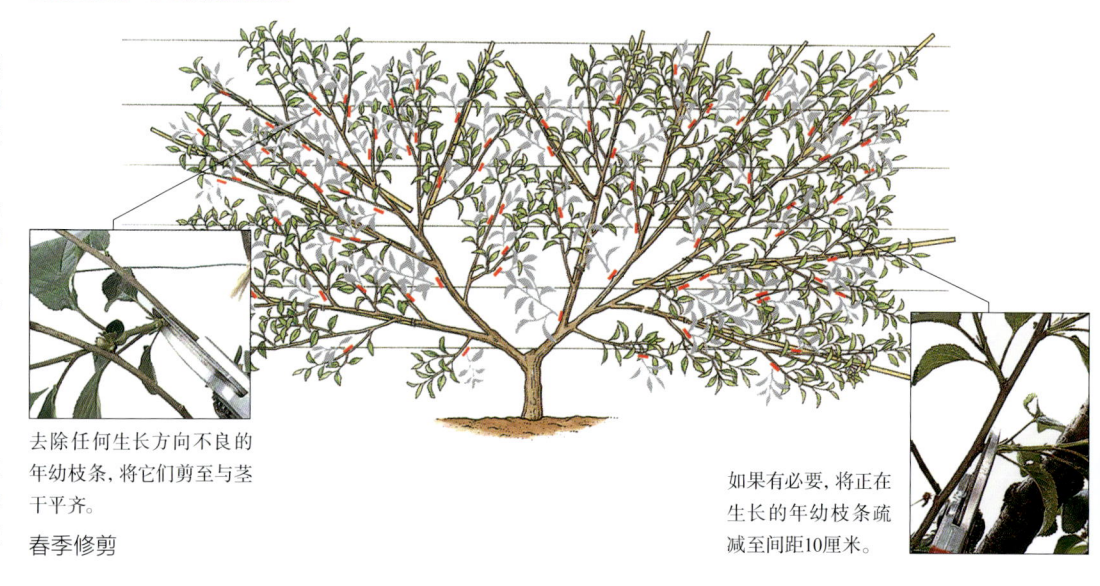

去除任何生长方向不良的年幼枝条，将它们剪至与茎干平齐。
春季修剪

如果有必要，将正在生长的年幼枝条疏减至间距10厘米。

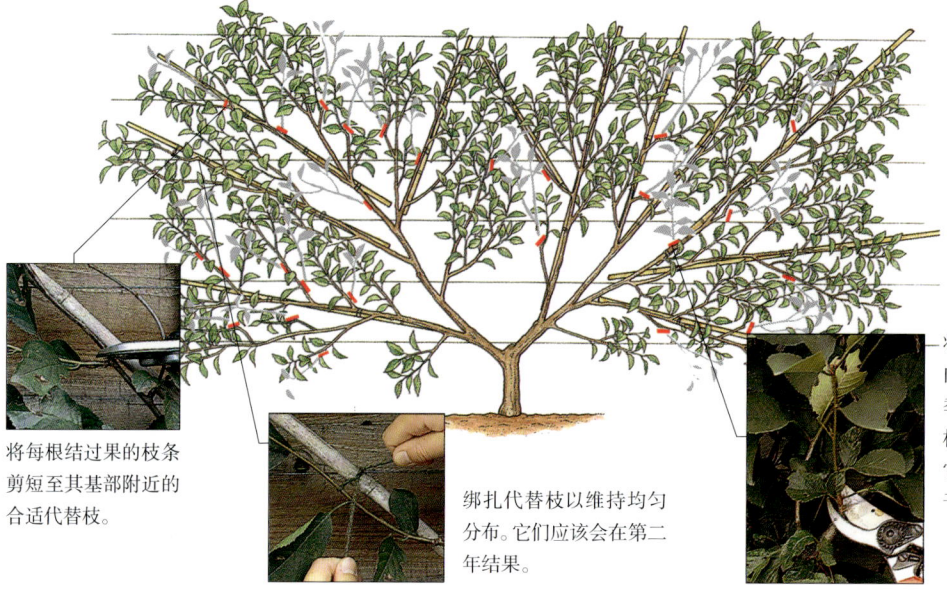

将每根结过果的枝条剪短至其基部附近的合适代替枝。

绑扎代替枝以维持均匀分布。它们应该会在第二年结果。

将任何生长方向不良且在春季未被去除的枝条剪去，将它们剪至与茎干平齐。

夏季修剪，收获后

砧木

4米 / 3米 / 2米 / 1米
'吉塞拉5'　'柯尔特'

扇形式

整枝方法和扇形式桃树（见"扇形式桃树"，429页）一样。一旦开始结果就进行更新修剪以促进年幼枝条生长，这对于受限的空间很重要。在春季，对于成形的扇形式果树，将位置不良或过于拥挤的新枝掐去，然后将剩下的新枝疏减至10厘米的间距。随着这些枝条的生长，将它们绑扎到支撑铁丝上。保留每根结果枝下方一两根正在生长的枝条。将其中一根绑扎起来，以代替采摘后剪去的每根结果枝。第二根枝条可作为储备，以防第一根受损或用来填补扇形框架中的缝隙。为复壮较老的扇形式果树，在春季和秋季将年老树枝修剪至幼嫩枝条。

灌木式

灌木式欧洲酸樱桃的营建方式和桃树（见"灌木式"，428页）一样。在第三或第四年灌木式成形后，更新修剪是必不可少的。在初秋果实采摘后，将四分之一结过果的枝条剪去，最好剪至替代枝以维持匀称的间距，并为将在下一年结果的年幼枝条留下生长空间。同时剪去老旧或生产力低下的枝条。如果忽视了修剪，结果量会降低并仅限于果树的外周。

采摘

使用剪刀剪断果柄，因为手工采摘可能会损伤枝条并诱发感染。采摘后立即烹调、冰冻或制作果酱（见"收获和储藏"，410页）。

繁殖

常用的繁殖方法是嵌芽接和T字形芽接（见"嵌芽接"，635页；"T字形芽接"，634页）。'柯尔特'砧木与所有品种都相容；'吉塞拉5'的相容性也很广泛。

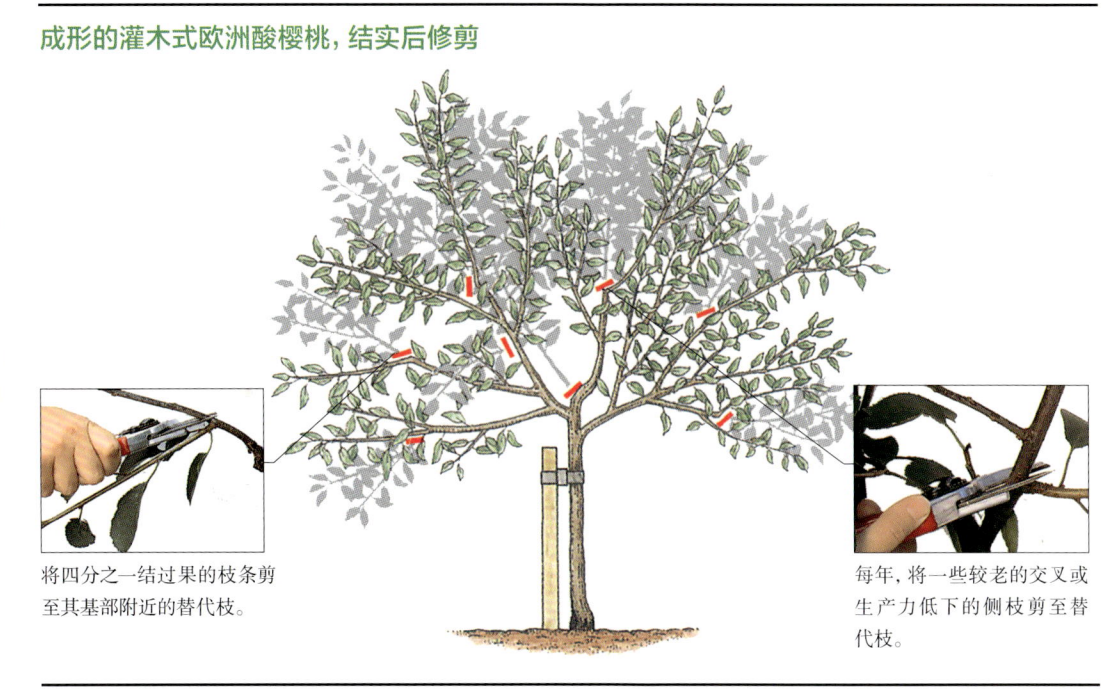

推荐种植的欧洲酸樱桃品种

晚熟品种
'蒙特默伦西' 'Montmorency' H4 Fg5, Sf
'莫雷洛' 'Morello' H6 Fg6, Sf
'那贝拉' 'Nabella' H5 Fg4, Sf

注释
Fg 开花类群（数字代表花期）
Sf 自交可育

收获欧洲酸樱桃

（左）在春季或仲夏修剪欧洲酸樱桃树，以减少银叶病的患病风险——这种真菌病害会扩散到整个树冠，导致枯梢。（下）确保果实在收获前完全成熟，因为它们离开果树之后不会继续成熟。（下内嵌插图）在接近侧枝处将果柄剪断，不要用手拉拽，那样会损伤树皮，从而增加感染细菌性溃疡病的危险。

成形的灌木式欧洲酸樱桃，结实后修剪

将四分之一结过果的枝条剪至其基部附近的替代枝。

每年，将一些较老的交叉或生产力低下的侧枝剪至替代枝。

柿子（Diospyros kaki）

柿子树是生长缓慢的落叶乔木，最终高度可达10~15米，冠幅为大约10米。果实通常为球状，完全成熟时可能为黄色、橙色或红色；某些品种的果实是无籽的。

可以在最低气温为10℃的亚热带地区室外栽培，不过在秋季气温最好保持在16~22℃。大多数品种的需冷量为7℃以下100~200小时；此外，在活跃的生长期，它们需要至少1400小时的光照才能成功结果。

选址和种植

背风且阳光充足的场所最好；如有必要，可使用风障提供保护。pH值为6~7、排水良好且肥沃的土壤至关重要。成年果树相对耐干旱，但如果生长期降雨不足则需要灌溉。健壮的柿子树（Diospyros kaki）幼苗适合作为砧木，但最常用作砧木的是君迁子（D. virginiana）。

虽然某些柿子品种会在一棵树上同时开雄花和雌花，但许多其他品种在一棵树上只开同一种性别的花。种植最广泛的品种只开雌花，它们可以不经授粉而结果，但果实小而涩。必须在附近种植开雄花授粉的授粉品种。每8或10株雌花果树搭配1株授粉果树。

在充分施加粪肥的土地中挖出种植穴；施加有机质和通用肥料。果树的种植间距应为5米。

日常养护

每三四个月，使用氮肥水平中等的通用混合肥料在果树周围施肥。使用有机质护根以保持水分，并在干燥季节中经常浇水。清除果树周围地面的杂草。

影响露地栽培柿子树的主要虫害包括蓟马、粉蚧、蚧虫以及果蝇。可能会造成问题的常见病害包括冠瘿病、炭疽病以及其他真菌性叶斑病。

在保护设施中种植

如果在温室中种植柿子树，应将它们种在准备好的苗床或直径至少为35厘米的大容器中。使用非常肥沃的基质，其中混入氮素水平中等的通用肥料。将气温维持在至少16℃，湿度保持在60%~70%。在生长季经常浇水，每三四周施一次通用肥料。

为取得良好产量，有必要进行手工授粉（见"手工授粉"，427页）。在夏季，将盆栽柿子树转移到室外，一直等到秋季达到需冷量的要求。

修剪和整枝

品种的活力相差很大。低矮和半低矮品种一般以和纺锤灌木式苹果树（见"纺锤式苹果树"，416页）

柿子果
一些品种可自交结果。那些只开雌花的品种需要在附近种植开雄花的授粉植株才能成功结果。

如果在保护设施中种植柿树，则红蜘蛛和粉虱类也可能造成麻烦。详见"病虫害及生长失调现象一览"，659~678页。

柿子树
柿子树最好种植在阳光充足的地方，而且需要防风遮挡，因为它的树枝较脆，容易被吹断。

相似的方式整枝。在种植后头三年的休眠期进行修剪，以形成分枝框架。接下来的修剪相对较轻：只需要去除拥挤、交叉或生产力低下的分枝，并且每年将分枝领导枝的新生部分剪短大约三分之一。

收获和储藏

果实完全成熟时采摘。将果实从树上剪下，附着果萼和一小段果柄。将果实密封在透明塑料袋中并储存在0℃环境中；它们可以保持良好状态长达两个月。

繁殖

柿子树可以使用种子、嫁接、插条或生根萌蘖条繁殖。

将从成熟果实中获得的种子立即播种在容器中；温度保持在28℃，种子通常会在两三周内萌发。在12个月内，实生苗就能长成适合嫁接的砧木。在移栽幼苗时要小心操作。

柿子品种可以通过嵌芽接或T字形芽接（见"嵌芽接"，635页；"T字形芽接"，634页）或舌接（见"舌接"，638页）的方法繁殖。在夏季采取嫩枝插条（见"嫩枝插条"，611~612页）并用激素生根材料处理，然后在带有底部加热的喷雾单元中扦插生根。

生根萌蘖条可以从母株（如果它未被芽接或嫁接的话）基部分离。先将它们种在容器中，成形后移栽到固定位置。

推荐种植的柿子品种

'冬' H4 'Fuyu'
'盖利'（授粉品种）H4 'Gailey' (pollinator)
'八弥' H4 'Hachiya'
'冬之华' H4 'Hana Fuyu'
'早久米' H4 'Hiyakume'
'次郎' H4 'Jiro'
'田森' H4 'Tamopan'
'禅寺丸'（授粉品种）H4 'Zenjimaru' (pollinator)

无花果（*Ficus carica*）

无花果树是栽培历史最悠久的果树之一，属于桑科（Moraceae）。它们的需冷量较低，为7℃以下100~300小时，在生长期漫长炎热的地区生长茂盛。

选址和种植

无花果喜阳光充足，在气候冷凉的地区需要墙壁或栅栏提供更多温暖并抵御冰霜；墙壁或栅栏应该至少有3~3.5米宽，2.2米高。

无花果喜欢保水性良好的深厚肥沃弱碱性土壤。较凉爽和潮湿的条件会导致枝叶生长过于茂盛，产量降低。当pH值低于6时，为土壤施加石灰（见"施加石灰"，591页）。

在空间有限的地方，可通过在土壤表面下埋设混凝土或砖砌深坑来限制根系生长，得到较小的果树。深坑应该60厘米见方，基部填充碎砖块或石块至25~30厘米深；这能促进排水，并限制根系向下生长。

在冷凉气候区中，无花果也可以盆栽，放置在阳光充足的背风处，并在冬季转移到寒冷但不结冰的条件下。使用直径为30~38厘米的容器，容器底部应该有几个大排水孔，里面填充壤土盆栽基质。

无花果树都生长在自己的根系上，尚未引入砧木。现代品种是单性结实的，可结出无籽果实。

选择二年龄盆栽果树，并在冬季种植它们，在种植前梳理从土坨中轻轻弄散的根系。不受限制的果树需保持6~8米的间距；那些种植在深坑中的果树只需一半间距。

日常养护

为保护携带胚胎无花果的分枝免遭冰霜，将一层厚厚的欧洲蕨或秸秆覆盖在它们周围（见"防冻和防风保护"，598~599页）。与此同时，去除所有上一个夏季未成熟的无花果。可能还要为成熟中的果实提供保护，以抵御鸟类和黄蜂的侵袭。

水果的位置
胚胎果实
成熟中的果实

施肥、浇水和护根

通常只需要在春季使用腐熟粪肥护根，但根系受限的果树需要额外的养分。可以每平方米70克的标准施加均衡肥料，并在夏季偶尔施加液态肥料。不要为无花果树过度施肥。

浇水在炎热干旱的天气中至关重要，特别是那些根系受限的果树。盆栽无花果在整个生长季都需要定期浇水。每两年换一次盆并修剪根系。

病虫害

露地栽培的无花果树一般不会遇到什么问题，但黄蜂和鸟类会破坏果实。在保护设施中，红蜘蛛、粉蚧类、粉虱类、黄蜂、老鼠（啮齿类）以及细菌性溃疡病可能会造成麻烦。详见"病虫害及生长失调现象一览"，659~678页。

在保护设施中种植

在冷凉地区，扇形整枝无花果树可以生长在温室中，并且比露地栽培时结果更规律。根系可以盆栽以限制枝叶生长。一旦生长开始，就要定期浇水，但随着果实成熟应减少浇水以防果皮开裂。像对待露地栽培无花果一样修剪，但要留下更开阔的树冠，让树叶和果实接受尽可能多的光线。

修剪和整枝

在温暖气候区，无花果只需要轻度修剪，并常常以灌木样式生长。每个生长季一般结果两次，第一次来自上一生长季形成的胚胎无花果（大约为小豌豆大小），然后是在同一个夏季形成并成熟的一批主要的果实。与此同时，更多胚胎果实会形成以重复这一过程。

在冷凉气候区，无花果树被整枝成开展灌木式或扇形式。只有来源于胚胎无花果的第一批果实有充分时间成熟。将那些不能成熟的果实去除，使果树的能量集中在产生新的胚胎无花果上。

灌木式

购买带有三四根分枝且分枝距离地面60厘米的果树。在第一个冬季将这些分枝剪短一半以促进分枝进一步形成，构成基本框架。盆栽果树应该在距基部38厘米处分枝，使它们保持紧凑且不至于头重脚轻。

成形果树的修剪方式取决于气候。在温暖气候区，在春季将伸展的分枝剪短至更垂直的枝条，并在果树中央留下一些枝叶以保护树皮免遭日光灼伤。在较冷凉的气候区，去除拥挤、交叉或冻伤的分枝；保持树冠中央开展，去除所有直立枝条，并修剪至侧枝下端的芽。

应该将长的裸露枝条剪至一个芽以促进新的生长。在夏季，将新枝或细侧枝掐至五六片叶，以促进果实形成。

成形灌木式无花果

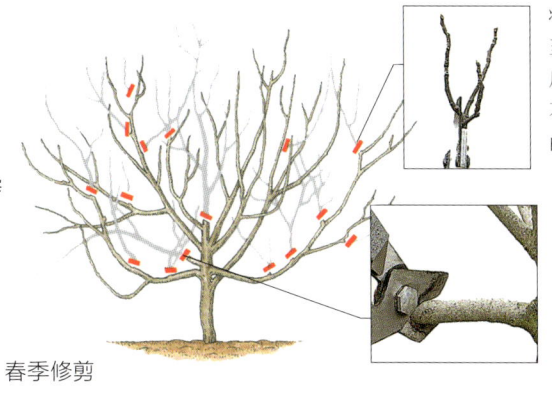

春季修剪

将冻伤枝条剪短至健康部分，然后疏减伸展方向不良和过于拥挤的枝条。

剪去一定比例的剩余枝条，或者在年老的果树上将分枝剪至一个芽以促进新枝生长。

夏季修剪

当每根新枝长出五六片叶时将其茎尖掐去。

扇形式

种植一棵带有两三根强壮分枝的果树。像对待扇形式桃树那样（见"扇形式桃树"，429页）将其中

推荐种植的无花果品种

'黑色伊斯基亚' 'Black Ischia' H4
'褐色火鸡' 'Brown Turkey' H4
'不伦瑞克' 'Brunswick' H4
'无花果小姐'（露台品种）'Little Miss Figgy' (patio variety) H4
'玛德琳两季' 'Madeleine des Deux Saisons' H4
'波尔多红' 'Rouge de Bordeaux' H4
'紫太子妃' 'Violette Dauphine' H4
'白马赛' 'White Marseilles' H4

两个位置最好的分枝向下绑扎并进行轻度茎尖修剪。将没有合适侧枝的果树剪短至大约40厘米以促进分枝生长。然后按照桃树的方式发展扇形式果树，但分枝之间的空间应该更大，以容纳无花果的较大叶片。

在早春修剪成形的灌木式果树，应去除结过果的老枝及任何被冻伤或位置不良的枝条，保留较年幼的枝条。还要将一定比例的年幼枝条剪短至一个芽，诱导主分枝附近的新枝生长。在可能的情况下，将未经修剪的枝条绑扎起来以填补任何空隙，并去除所有其他枝条。在仲夏掐去新枝顶端至五片叶。修剪后的新枝会长出越冬的胚胎无花果。

收获和储藏

果实完全成熟时采摘。成熟果实会低垂下来，触摸起来很柔软，果皮可能会轻微开裂。无花果最好新鲜食用，但也可以干制。

繁殖

对于种子繁殖的果树，果实的品质相差很大。应该使用选中品种的一年龄硬枝插条进行繁殖。采取30厘米长的插条（见"硬枝插条"，617页）并将它们扦插在准备好的排水顺畅土壤中。使用钟形玻璃罩保护它们免遭霜冻。无花果还可以使用生根萌蘖条繁殖，将它们从母株上分离并移栽。

成形扇形式无花果树

霜冻风险一过去，就将所有冻伤枝条剪短至它们的基部。

将一定比例的年幼枝条剪短至一个芽，以促进产生胚胎果实的代替枝生长。

绑扎枝条，使它们均匀分布在扇形上。

将伸展方向不良的枝条剪至基部或剪至位置良好的次级侧枝。

将一部分年老的裸露枝条剪至一个芽或茎节处，以促进新枝生长。

夏季修剪
将新枝剪至五片叶，以促进胚胎果实在叶腋处形成。

桑葚（*Morus nigra*）

桑树属于桑科植物。黑桑（*Morus nigra*）的高度达6~10米，主要作为果树种植。桑（*M. alba*）可以长到6米高，通常不作为果树种植。低矮品种'魔力浆果'桑（*M. 'Mojo Berry'*）很适合种在花盆和小花园中。桑树需冷量很高，生长期开始得较晚。

选址和种植

桑树喜湿润的微酸性土壤，通常生长在自己的根系上，并且自交可育。在秋末至冬季种植，间距8~10米。在寒冷地区应该在春季种植。

日常养护

桑树的栽培需求和苹果树相似（见"日常养护"，412~413页）。在干旱天气中按需要进行护根和浇水。桑树一般不会受到病虫害的影响。

修剪和整枝

桑树一般种植成半标准苗式或标准苗式。对它们进行修剪只是为了建立由四五根分枝形成的强壮框架，此后只需去除位置不良或拥挤的分枝即可。桑树应该在冬季完全休眠时修剪，因为树枝和根系如果在早春至秋季被切割或受损的话会大量流出树液。

收获和储藏

夏末果实完全成熟后采摘，或者让果实掉落到合适的表面上（如麻布或旧床单）以保持洁净。趁新鲜食用桑葚，或者冰冻它们（见"储藏"，410页）。

繁殖

可以使用简易压条或空中压条（见"压条"，607~610页）的方法繁殖桑树。或者采下18厘米长的带茬硬枝插条（见"带茬插条"，611页；"硬枝插条"，617页）。

黑桑

藤本水果

藤本果树需要温暖背风位置才能成功授粉，果实才能成熟。葡萄、猕猴桃以及西番莲都属于这一类群。在冷凉地区，它们应该处于背风环境中，或者种植在温室中。葡萄树在长而柔韧的一年龄枝条上结果，并且需要每年采摘果实后修剪，以促进新枝的产生；这些枝条生长得很快，需要仔细地绑扎在它们的支撑结构上，以接受最大限度的阳光和空气流通。

葡萄（*Vitis vinifera*）

长久以来，葡萄都是最精美的食用和酿酒水果。欧洲葡萄（*Vitis vinifera*）及其品种一般被认为是品质最优良的。美洲葡萄（*V. labrusca*）的耐寒性更好，因此它被用来与欧洲葡萄杂交，以扩大较冷凉地区甜点和酿酒用葡萄品种的范围。许多品种既可直接食用，也可用于酿酒。

葡萄的果实需要炎热干旱的夏季才能成熟。温带地区适合一系列广泛的品种；许多品种也可成功地种植在较冷凉的气候中，但要生长在受保护的位置或温室中。富于装饰性的藤架、拱门或其他合适结构都可支撑葡萄。修剪方式有差异：甜点用葡萄的修剪是为了生产相比之下数量较少的高品质果实；酿酒用葡萄的修剪是为了获得最高产量。

甜点用葡萄

在温暖地区生产高品质的甜点用葡萄相对容易。在较冷凉的地区，它们可以贴着阳光充足的温暖墙壁生长，或者种植在温室中。甜点用葡萄常常分为甜葡萄（sweetwater）、麝香葡萄（muscat）和酒香葡萄（vinous）三种类型。甜葡萄味道很甜，成熟最早；麝香葡萄味道最精致，第二批成熟；酒香葡萄味道较淡，但生长健壮，结实较晚。葡萄常常是自交可育的并且它的花是风媒花，但将其种植在温室中时建议进行手工授粉。

位置

温暖背风、阳光充足，在花期时远离冰霜的位置最理想。葡萄需要相对肥沃、排水良好的土壤，pH值应为6~7.5。不要将它们种在非常肥沃的土壤中，那样会促使枝叶过度生长，并以减少结果为代价。

顺畅的排水至关重要，因为葡萄树不能忍耐潮湿的土壤；必要的话，可改良土壤或安装排水系统（见"改善排水"，589页）。

在冷凉气候区中，在温暖而阳光充足的墙壁上生长的葡萄树会得到比较好的果实，但其无法与温室中种植的葡萄树品质相比。早熟品种应该贴墙种植，在夏末可得到甜点用果实。使用水平铁丝支撑葡萄，铁丝用带环螺丝安装，与墙壁保持2.5~5厘米远。

葡萄一般生长在自己的根系上，葡萄根瘤蚜肆虐的地区除外（见"病虫害"，右）。在这种情况下，应寻求使用何种当地砧木的建议。使用砧木还有其他好处，如可以忍耐较高的pH值或潮湿的土壤条件，并能控制过于茁壮的生长。

种植

在种植前充分耕作土壤。对于贫瘠或沙质土，在种植沟底部铺设翻转过来的草皮，加入大量腐熟粪肥或堆肥，然后紧实种植区域并浇透水。在冬季种植裸根葡萄树，而盆栽化的果树可以在任何季节种植。单干壁篱式果树的种植间距至少为1.2米，双重或U字形壁篱式果树的间距应该翻倍；多重壁篱式果树的臂枝之间应相隔60厘米。

日常养护

在生长期，无论何时，一旦土壤变干，就立即浇透水，随着果实成熟，应减少浇水。生长在墙上的葡萄需要特别照料，因为它们可能位于雨影区。覆盖护根以保持水分。一旦健壮的年幼枝条长出，就每两三周施一次含钾量高的肥料。如果生长状况不佳，则使用高氮肥料。当果实开始成熟时停止施肥。

如果使用壁篱式系统，要得到最高品质的葡萄，应该将垂直枝条上的果实保留到每30厘米不超过一簇；在结实早期将其他果簇去除。疏果的目的是得到形状良好的果簇和大而均匀的单粒葡萄（并抑制霉病）。不要触碰果实，否则有碍它们茂盛生长。某些品种需要二次疏果，因为它们会继续结果。

病虫害

影响葡萄的问题包括蚧虫类、葡萄黑耳喙象、黄蜂、霜霉病和灰霉病。在保护设施中，红蜘蛛、粉虱类、粉蚧类和白粉病也可能造成麻烦。葡萄瘿螨会导致叶片上出现水泡，但不会严重影响植株的健康或产量。种植在玻璃温室中的植株，春末夏初其叶片下方的树液液滴有时会被误认为虫害迹象，但其实那只是植株旺盛生长的标识。详见"病虫害及生长失调现象一览"，659~678页。

葡萄根瘤蚜是较温暖气候区的一种严重虫害，这种类似蚜虫的昆虫会侵袭欧洲葡萄的根系；叶子上可能会形成虫瘿。它会导致植株严重萎缩，常常是致命的。可以采取的措施很少，不过使用美洲葡萄的抗性砧木和品种能大大降低它的发生概率。使用网罩保护葡萄免遭鸟类破坏（见"防鸟保护"，405页）。

在保护设施中种植

在冷凉气候区，将葡萄树种植在温室中，温室最好加温。其他对温度和湿度要求相似的作物也可以一起种植在温室中。在单坡面温室中，背面墙提供的温暖特别有用，特别是如果温室中没有直接加热的话。顶部和侧面都有通风的温室效果最好。

土壤必须相当肥沃，无杂草并且排水良好，pH值为6~7.5。任何排水设施都必须深达75厘米，因为葡萄树是深根性植物。种植方法和露地栽培一样。

要么将葡萄树直接整枝到背面墙上，要么将它们种植在玻璃侧壁的脚下并整枝在距离玻璃22厘米

为葡萄疏果

1 一旦果簇已经被疏减至间距30厘米，随着果实的膨大，果实就需要疏减以增加单粒葡萄的大小并允许空气在它们之间自由流通。

2 使用分叉竹竿和葡萄剪将不想要的葡萄剪去。疏果后的果簇应该顶部宽阔并向下渐尖。

或更远的支撑铁丝上。在独立式房屋中，将葡萄树种在一端，然后将它们向上并沿着屋顶整枝。关于栽培的详细信息，见"日常养护"，439页。可以使用土壤钻取器测量土壤含水量；生长期的第一次灌溉使用微温的水。

小心地控制通风；在冬季保持最大限度的通风，确保葡萄得到充足的冬季低温。

在冬末，将通风量降低到最小以促进生长。根据天气改变通风量，以维持气温的均匀。花期时需要轻度通风和足够的温暖以帮助授粉。玻璃温室中的授粉需要额外关注。对于许多品种，在中午摇晃主干或者使用木棍轻轻拍打足以保证授粉。麝香葡萄树需要更积极的措施。这需要将手掌弯成杯状并在花序上上下移动，使花粉均匀分布。结果后，需要良好的空气流通以控制灰霉病和霉病。

洒水降温和喷雾有助于控制红蜘蛛，但是不要在阴天、开花期或果实成熟期洒水。在冬末用叉子小心地翻动苗床，避免接触根系区域；去除表面1厘米厚的土壤，并使用含壤土基质代替。第一次浇水

推荐种植的甜点用葡萄品种

早熟品种
'黑汉堡' 'Black Hamburgh'（黑）H5
'加加林蓝' 'Gagarin Blue'（黑）H5
'希姆罗德无核' 'Himrod Seedless'（金黄）H5
'因特拉肯' 'Interlaken'（白）H5
'莱克蒙特' 'Lakemont'（白）H5
'马德斯菲尔德庭院' 'Madresfield Court'
　（黑）H5
'信赖' 'Reliance'（红）H5
'伦勃朗' 'Rembrandt'（黑）H5
'君主加冕' 'Sovereign Coronation'（黑）H5
'桑顿' 'Thornton'（白）H5

中熟品种
'布兰特' 'Brant'（黑）H5
'格莱诺拉' 'Glenora'（黑）H5
'火星' 'Mars'（黑）H5
'蓝麝香' 'Muscat Bleu'（黑）H5
'汉堡麝香' 'Muscat Hamburgh'（黑）H5

晚熟品种
（晚熟品种只能在夏季温暖的地区户外成熟。）
'平斯夫人黑麝香' 'Mrs Pince's Black
　Muscat'（黑）H5
'亚历山大麝香' 'Muscat of Alexandria'（白）H5

后，使用腐熟粪肥或基质在葡萄树基部护根。

果实成熟后，需要一个"结束阶段"，应将它们继续保留在葡萄树上一段时间，使颜色和味道发挥到极致：早熟品种需要大约两三周，晚熟品种需要的时间更长。提供良好的通风，在通风口安装网罩以隔绝鸟类。

修剪和整枝

甜点用葡萄常常以单干或双重（U字形）壁篱式生长，主干或臂枝上会形成永久性挂果短枝。它们能生产出高品质的果实。葡萄树在当年枝条上结果，因此在春季和夏季进行修剪，目的是限制侧枝的新生长，使每根短枝结一个果序。这样还能限制葡萄的叶片生长，将发育中的果实暴露在阳光下，特别是在冷凉的气候区。在炎热气候中，特别注意防止阳光灼伤葡萄树。在仲冬之前进行冬季修剪以限制树液流出。在容易发生霜冻的地区，将冬季修剪推迟至冬末进行，这样做会推迟芽的萌发，因此新生叶片不容易被冻伤。任何从茎中流出的树液都表明植物的维管系统正在正常运转。

单干壁篱式（Single cordon）
种植后，在葡萄树处于休眠期时，将主干剪短至距离地面不远的某强壮芽处。在夏季将领导枝整枝到垂直竹竿上，并将任何侧枝掐短或剪短至五六片叶。将所有次级侧枝（从侧枝上长出的枝条）剪短至一片叶。去除所有从基部长出的枝条。在第二个冬季，将领导枝的新生部分剪短三分之二至充分成熟的位置，然后将侧枝剪短至一个芽。在第二个夏季，随着领导枝的生长，将其绑扎起来。掐短或剪短侧枝和次级侧枝，前者至五六片叶，后者至一片叶，和第一个夏季一样。去除任何花序，不要让葡萄在第三年之前结果。在第三个冬季，将领

葡萄，单干壁篱式

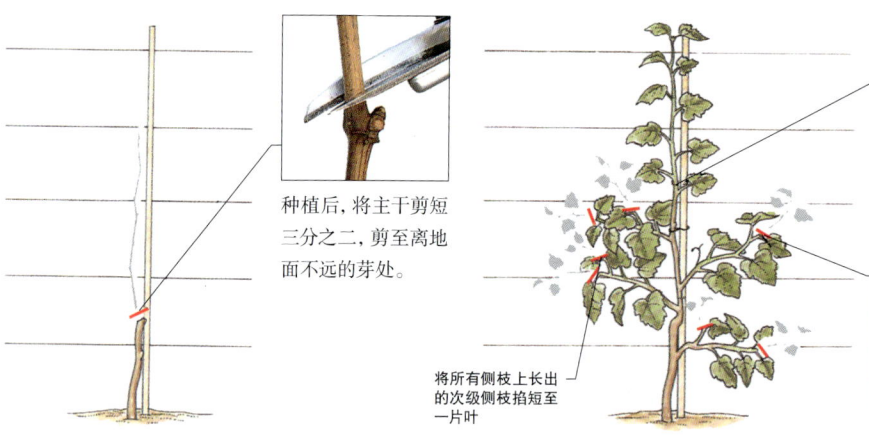

种植后，将主干剪短三分之二，剪至离地面不远的芽处。

第一年，冬季修剪

将所有侧枝上长出的次级侧枝掐短至一片叶。

第一年，夏季修剪

随着主领导枝的生长，将它绑扎在垂直竹竿上。

将每根主侧枝剪至五六片叶。

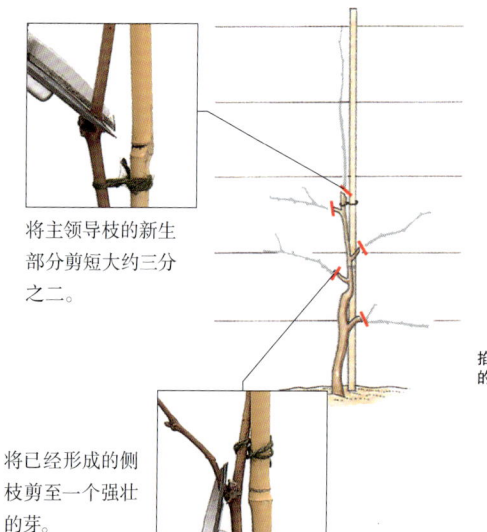

将主领导枝的新生部分剪短大约三分之二。

掐去侧枝上形成的任何花序

将已经形成的侧枝剪至一个强壮的芽。

第二年，冬季修剪

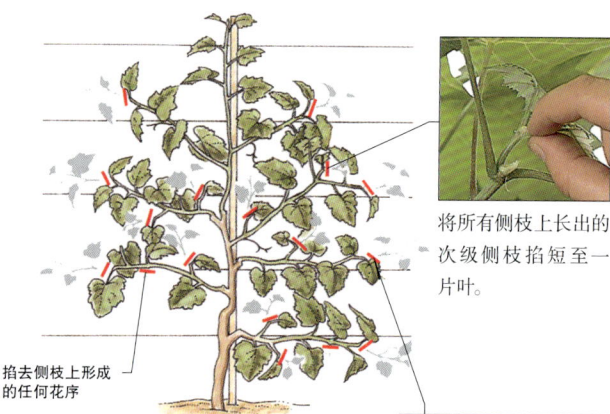

将所有侧枝上长出的次级侧枝掐短至一片叶。

当每根侧枝长出五六片叶时将其剪短。

第二年，夏季修剪

枝的新生部分剪短三分之二并将所有侧枝剪短至一个强壮的芽以得到将来长出结果枝条的短枝。

日常修剪（Routine pruning）从第三年起进行日常修剪。在春季，将每根短枝上长出的枝条保留两根让其继续生长，其余掐去。保留两根枝条中最强壮的用于结果，将较弱的一根剪短至两片叶作为储备，以防结果枝断裂。在夏季，随着花序形成，保留其中最好的，将其余花序疏减至每根侧枝一个。将枝条剪短至选中花序之外的两片叶。将不带花序的侧枝掐短至大约五片叶，所有次级侧枝掐短至一片叶。

每年冬季，继续将领导枝新生部分剪短三分之二，但当它长到最顶端的支撑铁丝上时，每年将新生部分剪至两个芽。将侧枝剪短至一个强壮的芽。

如果短枝系统在后来的年份变得拥挤，可以使用修剪锯清除部分系统，或者如果主干上有太多短枝的话，将部分短枝完全清除。短枝之间应保持22~30厘米的间距。应该将主干从铁丝上松绑至一半长度，然后向下弯曲直到接近水平并在冬季保持数周，以促进来年春季枝条的均衡发育；然后重新将主干垂直绑扎。

双重壁篱式（Double cordon）在第一个夏季水平整枝两根枝条。在接下来的冬季将每根枝条剪短至60厘米。下一年，将枝条的延伸部分垂直整枝。这样它们会形成两根臂枝，将每根臂枝按照单干壁篱式的方法进行修剪。

多重壁篱式（Multiple cordon）在第一个夏季整枝两根枝条，然后在冬季将每根枝条剪短至60厘米。将枝条的延伸生长部分水平整枝，并每隔60厘米选择一根强壮枝条垂直整枝以得到所需的臂枝数目。一旦成形，就将每根臂枝按照单干壁篱式的方法进行修剪。

采摘甜点用葡萄
不要触摸果实以免对其造成损坏。果序两头需保留5厘米长的木质枝条。

将领导枝剪短，去除新生部分的大约三分之二长度。

将侧枝剪短至一个强壮芽。

第三年，冬季修剪

当领导枝长到顶端支撑铁丝处时，将新生部分剪短至两个芽

将主干的上半部分卸下并绑扎在近水平位置

如果短枝变得拥挤，使用修剪锯将任何多余的树枝除去。

将所有侧枝剪短至一个强壮的芽。

成形单干壁篱式果树，冬季修剪

将所有结果侧枝剪短至花序之外的两片叶。

春季修剪
当枝条在每根短枝上形成后，疏减至两根枝条，一根形成主侧枝，另一根作为储备。

如果有任何未结果的侧枝，将其尖端剪去，保留五六片叶。

掐去任何较弱花序，每根侧枝只留下一个。

将侧枝上长出的所有次级侧枝掐短至一片叶。

成形单干壁篱式果树，夏季修剪

其他修剪方法

某些品种无法从短枝修剪留下的基部芽中生长出足够的结果枝。在这样的情况下，冬季修剪时需要保留较长的成熟枝条，或称"母蔓"（canes），它们上面的芽会长成结果枝。将其他母蔓剪短至三四个芽，产生强壮新枝以便在接下来的冬季代替旧的结果母蔓。每年重复这一过程。许多其他更新系统也可以用来整枝甜点用葡萄树，关于双重居由式系统的细节，见"居由式系统"，443～444页。

收获和储藏

绑扎或去除部分叶片，让更多阳光照射到正在成熟的果实上。将成熟果序带一小段木质枝条（"把手"）剪下，然后放置在有柔软衬垫的容器中，以防果实受损造成浪费。

剪下较长的把手并将其放入装满水的细颈容器中，果实悬垂在容器外，这样可以在室温条件下储存果序一两周。

繁殖

葡萄树可以使用硬枝插条或嫁接的方法来繁殖（见"繁殖"，444页；"嫁接和芽接"，634～638页）。

酿酒用葡萄树

酿酒用葡萄树可以种植在夏季漫长干旱且阳光充足的地区，并且土壤要有充足水分。在较凉爽的气候区，可以在温暖的墙壁或温室中种植早熟和中熟品种。在容易出现春季霜冻的地区室外种植酿酒用葡萄树时，选择晚花品种。酿酒用葡萄树在早春开始时气温约为16℃的地方生长得最好。

选址和种植

大多数pH值为6～7.5的排水良好的土壤都很合适。在种植前清除杂草。砧木和甜点用葡萄树所用的一样（见"位置"，439页）。花一般是自交可育的，并依赖风媒授粉。在种植前，竖立一排支撑柱子。在距地面38厘米处安装单股铁丝，在75厘米和1.2米高处安装双股铁丝。双股铁丝的每一根都在柱子上形成牢固的八字结。在冬季种植一年龄或二年龄葡萄树，株距为1.5～2米，行距为2米。

日常养护

清除所有杂草，并在干旱时为年幼葡萄树浇水以帮助其成形。只在干旱时为正在结果的葡萄树浇水，因为太多水会降低葡萄的品质。每年早春为葡萄树施加少量均衡肥料，并在交替年份施加硫酸钾。叶面喷施硫酸镁溶液以纠正缺镁症（见"缺镁症"，669页）。

每隔一年使用大量腐熟有机质护根，如果土壤品质不佳的话则要每年护根。果实大小对于酒的品质并不重要，所以疏果只在寒冷地区有必要，目的是提高糖分含量。

为得到最高的葡萄产量，可以在花期掐掉不想要的果序，减少至每根母蔓上两个果序。如果夏季气候冷凉，将无法充分成熟的果序切除还可以将风味集中在剩余的果序中。

推荐种植的酿酒用葡萄品种

早熟品种
- '赤霞珠' 'Cabernet Cortis'（黑）H5
- '霞飞元帅' 'Maréchal Joffre'（黑）H5
- '隆多' 'Rondo'（黑）H5
- '斯格瑞博' 'Siegerrebe'（金黄）H5 Du
- '索莱莉' 'Solaris'（白）H5 Du

中熟品种
- '巴克斯' 'Bacchus'（白）H5
- '约翰尼特' 'Johanniter'（白）H5 Du
- '里昂米洛特' 'Léon Millot'（黑）H5 Du
- '俄里翁' 'Orion'（白）H5
- '凤凰' 'Phoenix'（白）H5 Du
- '黑比诺' 'Pinot Noir'（黑）H5
- '雷根特' 'Regent'（黑）H5
- '赛必尔13053' 'Seibel 13053'（黑）H5
- '白谢瓦尔' 'Seyval Blanc'（白）H5
- '阿尔萨斯凯旋' 'Triomphe D'Alsace'（黑）H5 Du

晚熟品种
（晚熟品种只能在夏季温暖的地区户外成熟）
- '白诗南' 'Chenin Blanc'（白）H5
- '格乌兹莱妮' 'Gewürztraminer'（白）H5
- '灰比诺' 'Pinot Gris'（白）H5
- '白索维浓' 'Sauvignon Blanc'（白）H5
- '施埃博' 'Scheurebe'（白）H5
- '斯凯勒' 'Schuyler'（黑）H5 Du

注释
Du 也适合用作甜点

葡萄树，双重居由式

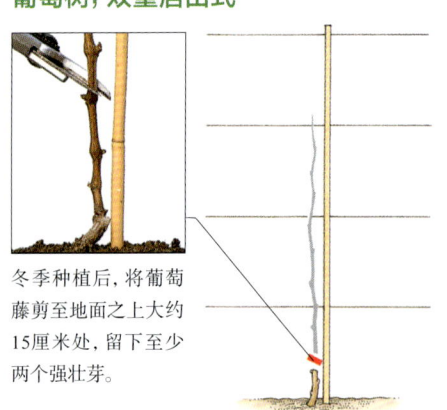

冬季种植后，将葡萄藤剪至地面之上大约15厘米处，留下至少两个强壮芽。

第一年，冬季修剪

随着领导枝的生长，用松散的八字结将它绑扎到垂直立桩上。

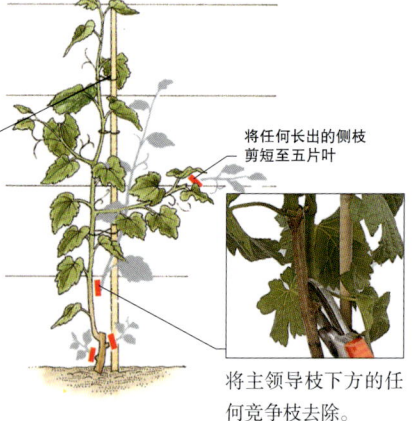

将任何长出的侧枝剪短至五片叶

将主领导枝下方的任何竞争枝去除。

第一年，夏季修剪

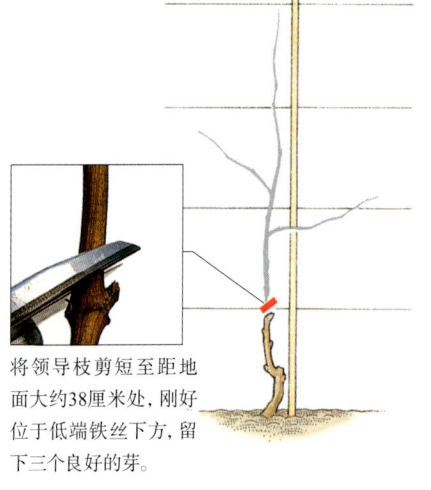

将领导枝剪短至距地面大约38厘米处，刚好位于低端铁丝下方，留下三个良好的芽。

第二年，冬季修剪

将任何其他枝条剪至与主干平齐。

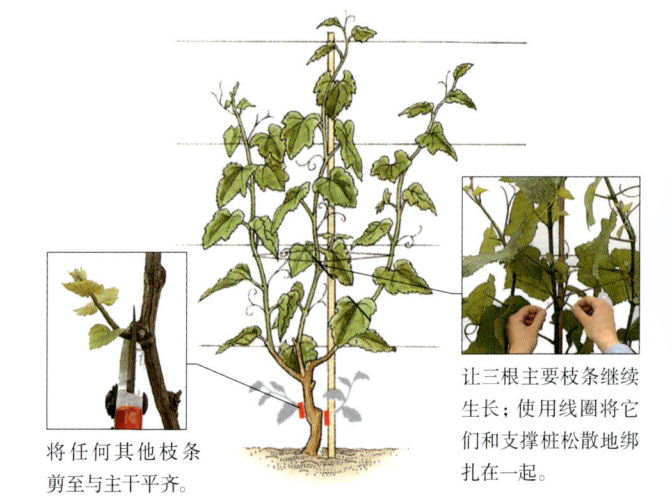

让三根主要枝条继续生长；使用线圈将它们和支撑桩松散地绑扎在一起。

第二年，夏季修剪

修剪和整枝

某些品种需要修剪短枝（见"修剪和整枝"，440页）；然而，许多品种需要每年替换掉老的母蔓才能规律地结实。

居由式系统（Guyot system）这种技术广泛用于酿酒用葡萄，因为它能在有限空间内得到很高产量。需要每年整枝水平侧枝，而这些水平侧枝上长出垂直整枝的结果枝条。在双重居由式系统中，每棵葡萄树有两根侧枝以这种方式整枝，而在单干居由式果树中则只有一根。

在使用双重居由式系统为葡萄树整枝时，在第一个冬季将其剪短至地面上的两个健壮芽。在第一个夏季，让一根枝条生长，并将其绑扎到垂直竹竿或铁丝上。去除其他较低的枝条并将所有侧枝剪至五片叶。在第二个冬季，将葡萄树剪短至最低铁丝的下方，保留至少三个强壮芽。

接下来的夏季，让三个强壮的

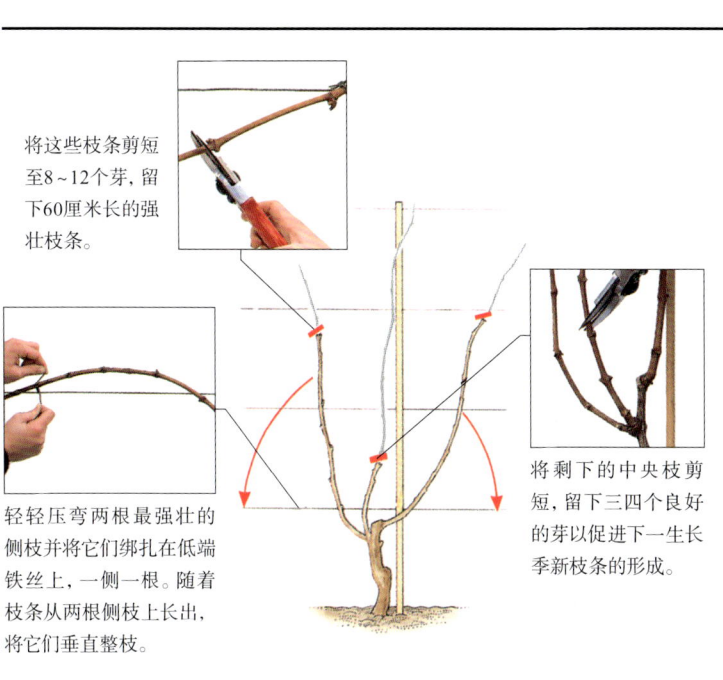

将这些枝条剪短至8~12个芽，留下60厘米长的强壮枝条。

轻轻压弯两根最强壮的侧枝并将它们绑扎在低端铁丝上，一侧一根。随着枝条从两根侧枝上长出，将它们垂直整枝。

第三年，冬季修剪

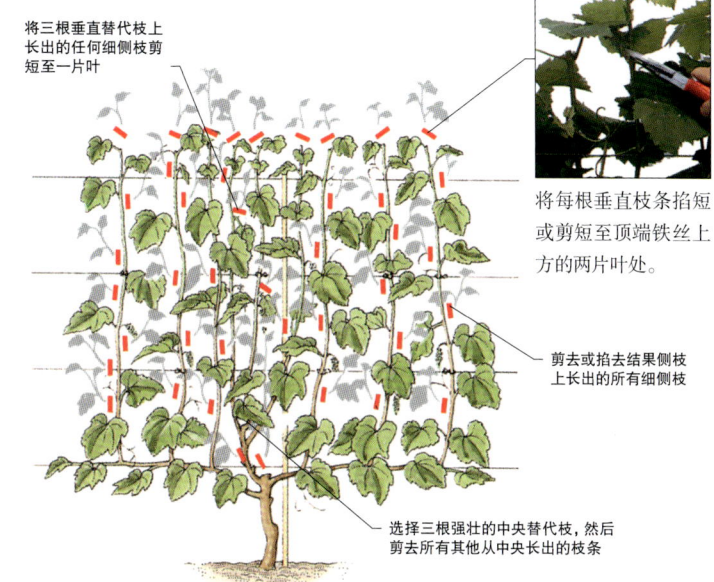

将剩下的中央枝剪短，留下三四个良好的芽以促进下一生长季新枝条的形成。

将三根垂直替代枝上长出的任何细侧枝剪短至一片叶

将每根垂直枝条掐短或剪短至顶端铁丝上方的两片叶处。

剪去或掐去结果侧枝上长出的所有细侧枝

选择三根强壮的中央替代枝，然后剪去所有其他从中央长出的枝条

第三年，夏季修剪

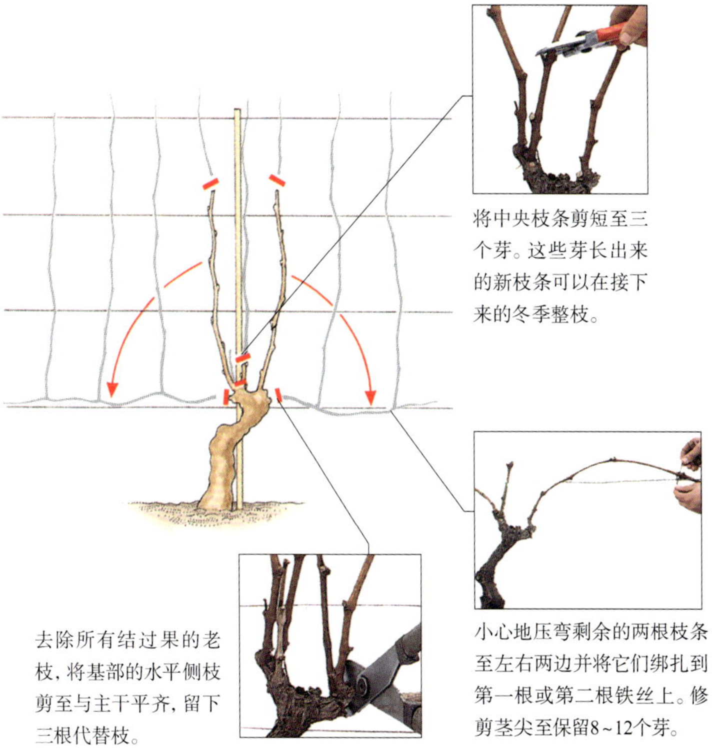

去除所有结过果的老枝，将基部的水平侧枝剪至与主干齐，留下三根代替枝。

将中央枝条剪短至三个芽。这些芽长出来的新枝条可以在接下来的冬季整枝。

小心地压弯剩余的两根枝条至左右两边并将它们绑扎到第一根或第二根铁丝上。修剪茎尖至保留8~12个芽。

成形居由式果树，冬季修剪

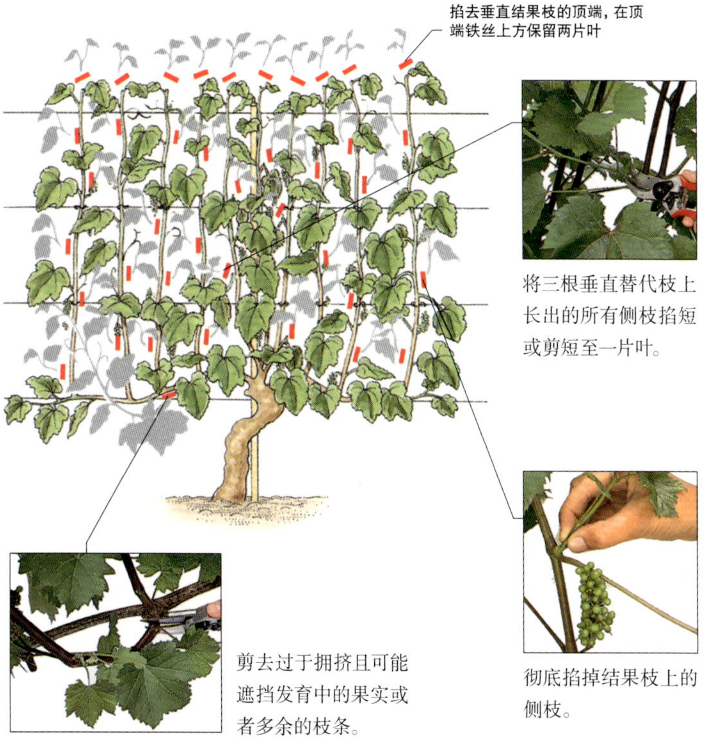

掐去垂直结果枝的顶端，在顶端铁丝上方保留两片叶

将三根垂直替代枝上长出的所有侧枝掐短或剪短至一片叶。

剪去过于拥挤且可能遮挡发育中的果实或者多余的枝条。

彻底掐掉结果枝上的侧枝

成形居由式果树，夏季修剪

芽生长成枝条并将它们垂直绑扎。去除位置低的枝条。在第三个冬季，将其中两根枝条向下绑扎在低端铁丝上，一侧一根。将这两根枝条剪短至8~12个芽；它们将在第二年夏季长出结果枝。将第三根枝条剪短至三四个芽，刺激它们长出替代枝，以便重复整个过程（对于单干居由式系统，让两根枝条发育，将其中一根向下绑扎并剪短另外一根）。茎的水平整枝可以推迟到最后一场霜冻过去。树液涌入茎中意味着它们更柔韧，不容易折断。

在第三个夏季，选择三根最好的中央枝并将它们松散地绑扎在中央立柱或竹竿上；剪去其他较弱的中央枝。将三根代替枝上长出的任何细侧枝掐短至一片叶。将两根臂枝上长出的枝条垂直整枝在平行的水平铁丝上。如果生长健壮的话，可以让数个果序在它们上面生长。

掐去或剪去枝条的尖端，保留顶部铁丝之上的两片叶；去除结果枝上的所有细侧枝。

日常修剪（Routine pruning）对于冬季修剪，将所有结过果的老枝剪去，只留下三根替代枝。将其中的两根向下绑扎，一侧一根，然后像第三个冬季所做的那样修剪茎尖。将第三根枝条剪短至三个健壮芽。夏季的日常修剪和整枝与第三个夏季一样。剪去任何过度拥挤、遮挡果实的枝条。在果实成熟六周前将任何遮挡阳光的叶片去除。

收获

用修枝剪将果序从葡萄藤上剪下；果实应该充分成熟并干燥。

繁殖

使用冬季修剪时采取的硬枝插条繁殖，使用一年龄枝条已经变硬的基部作为插条。为了露地种植，采取20厘米长的茎段，在一个芽的上方和下方做切口并将其剪下，然后以15厘米的深度将插条插入沙质土（见"硬枝插条"，617页）中。在保护设施中，使用只有一个或两个芽的较短插条。将它们单独种植在直径为9厘米的花盆中，或将5根插条扦插在直径为21厘米的花盆里。底部加温将提高成功率。

去除叶片
当葡萄长出后，将任何遮住正在成熟果实的叶片直接去除。不要去除太多，否则会导致过多阳光造成灼伤。

采摘酿酒用葡萄
用修枝剪剪断果柄，采收酿酒用葡萄的果序。

双芽插条

1. 在落叶修剪时，从当年生枝条上剪下一长段成熟枝条。然后去除上面保留的所有叶片或卷须。

2. 将枝条剪成带两个芽的插条，顶端芽上方做斜切口，下端芽下方的节间中央做直切口。在下端切口上方剥去1厘米长的树皮。

3. 在花盆中装满由2份泥炭或泥炭替代物、1份壤土和1份沙子配制的扦插基质，然后将插条插入基质中，使下端芽刚好位于基质表面下。做好标签，浇水，放入温室。

4. 当插条生根后，应该将它们单独盆栽到直径为10厘米的花盆中使其继续生长。

猕猴桃（*Actinidia deliciosa*）

猕猴桃树是一种攀缘蔓生藤本植物，最初被称为"中国鹅莓"。猕猴桃藤可生长至9米长。浆果果皮棕色带毛，果肉为绿色，种子小而黑。软枣猕猴桃（*Actinidia arguta*）结葡萄大小的果实，果皮很薄，表面无毛，可以整个食用。

生长期喜温暖湿润的条件，最佳温度范围为5~25℃。而休眠中的植株非常耐霜冻，为保证良好开花，需冷量为7℃以下至少400小时。

选址和种植

露地栽培的猕猴桃树只能种植在阳光充足的背风处，因为生长期的植株对恶劣天气很敏感。土壤应深厚且通气性良好，富含有机质，pH值为6~7。以每棵植株50~110克的用量在种植区域施加通用肥料。猕猴桃树是雌雄异株的，单棵果树只开雄花或雌花。每8株或9株雌树需1株雄树以保证充分授粉。

安装立柱和铁丝支撑结构，每根铁丝相隔30厘米。种植生根插条或嫁接植株，株距为4~5米，行距为4~6米，为果树立桩支撑，直到它们长到支撑铁丝那么高。

日常养护

为果树护根并施加富含磷酸盐和钾的通用肥料。定期浇水，特别是在漫长的干旱时期。清除杂草。一般不需要疏果。

露地种植的植株易感染根腐病。在保护设施中它们易感染蓟马、蚧虫类以及根结线虫（见"病虫害及生长失调现象一览"，659~678页）。如果花瓣受到感染，会发生果实腐烂。若感染扩散到果实上，果实就会很早掉落。高湿度会加快病害的扩散。为尽量减少感染，应利用修剪维持开阔的树冠以保证良好的空气流通，还要剪去并销毁感染部位。

在保护设施中种植

这种做法的操作性很差，因为

如何支撑猕猴桃

常用方法是在水平铁丝上将果树整枝成树墙式，每棵果树的主干上长出两根主侧枝，并以50厘米的间距分布结果侧枝（见内嵌插图）。

果树的枝条很长且蔓延；不过在露地条件下，可以使用轻质网或织物帮助果树抵御过多的风和冰雹。

如果能够提供合适的环境条件，猕猴桃树可以种植在聚乙烯通道温室中。土壤准备和栽培细节与露地栽培的果树相同。

修剪和整枝

商用果树常生长在T字形杆子或藤架结构上。另一种常用方法是以树墙形式将果树整枝在水平铁丝上：每棵果树都有两根从主干上长出的主侧枝及间距50厘米的结果分枝。更多细节见"树墙式"，417~418页。

猕猴桃树只在一年龄枝条上结果，所以应该在休眠期将所有结过果的侧枝剪短至两个或四个芽。

收获和储藏

猕猴桃在种植三四年后开始结果。当果实变软后采摘。附带果萼，将果实从分枝上折下或剪下，保持凉爽。如果储存在气密容器中，果实可以在0℃中储藏数月。

繁殖

嫩枝插条和硬枝插条都可以成功生根。嫩枝插条应该在春季采取，修剪至10~15厘米，然后插入扦插基质中（见"嫩枝插条"，611~613页）。硬枝插条在夏末采取；它们应该有20~30厘米长，扦插到沙质基质中（见"硬枝插条"，617页）。

也可以将选中品种嫁接到生长健壮的实生苗砧木上；最常用的嫁接方法是T字形芽接和舌接（见"T字形芽接"，634页；"舌接"，638页）。

推荐种植的猕猴桃品种

'阿博特' 'Abbot' H4 Fm
'阿里森' 'Allison' H4 Fm
'布鲁诺' 'Bruno' H4 Fm
'海沃德' 'Hayward' H4 Fm
'以赛' 'Issai' H5 Sf
'詹妮' 'Jenny' H4 Sf
'蒙哥马利' 'Montgomery' H4 Fm
'陶木里' 'Tomuri' H4 Ml

注释
Fm 雌性
Ml 雄性
Sf 自交可育

西番莲（*Passiflora* spp.）

西番莲是攀缘植物，球形果实在成熟时呈紫色或黄色，直径可达7厘米。最常种植的两个果用物种是果实为黄色的黄果西番莲（*Passiflora edulis* f. *flavicarpa*）和果实为紫色的紫果西番莲（*P. edulis*）。原产北美洲的肉色西番莲（*P. incarnata*）比其他果用西番莲更耐寒，但如果种植在容易发生霜冻的地区，则需要冬季保护。

紫果西番莲喜欢的生长温度为20~28℃；黄果西番莲喜欢超过24℃的气温，并且不耐霜冻；紫果类型可以忍耐短暂霜冻，需要中至高水平湿度。

选址和种植

选择阳光充足处，有必要的话使用风障保护。土壤必须排水良好，pH值大约为6。

以昆虫（通常是蜜蜂）为媒介的杂交授粉很常见，但在潮湿条件下必须进行人工授粉。

西番莲需要铁丝框格棚架提供的支撑。在种植前，以4米间距竖立起3米长的立柱。使用一两股铁丝将立柱连接成排。充分准备种植穴，在其中加入有机质以及中至高度氮素水平的通用肥料。果树的种植株距和行距都为3~4米。黄果类型的种植间距通常是3米。

日常养护

以每株果树每年0.5~1千克的用量施加中至高氮含量水平的通用肥料，最好是每三四个月等量施加在表层土壤上。在春季施加有机护根，除草，并在干旱时期定期浇水。

感染露地和保护设施中果树的害虫包括果蝇、蚜虫、红蜘蛛以及各种蚧虫。在某些亚热带地区，根结线虫和镰刀菌萎蔫病也可能造成严重的问题（见"病虫害及生长失调现象一览"，659~678页）。

"木质化"是由黄瓜花叶病毒引起的。西番莲易感染线虫和萎蔫病，故应每五六年使用健康实生苗、生根插条或嫁接植株更换老果树。

在保护设施中种植

在温带地区有可能实现，但除非提供最佳温度和条件，否则不会结果；通常必须进行手工授粉。像对待室外植物那样提供铁丝支撑。将植株种植在准备好的苗床中，或直径至少为35厘米的大容器中。使用富含有机质的排水良好肥沃基质，并在种植前将通用肥料混入基质中。维持20℃的最低温度和60%~70%的湿度。每月施加一次液态肥料或通用肥料；定期浇水。

修剪和整枝

将两根主要生长枝沿着铁丝整枝，以形成框架。如果它们大约60~90厘米长时还未长出侧枝，就将尖端掐掉。当结果的侧枝在每年春季生长出来时，让它们悬挂下来。修剪这些侧枝，使其与地面的距离不少于15厘米。植株一旦成形，每年冬季就将当季结过果的枝条剪去，因为它们不会再次结果。

收获和储藏

当果实开始从绿色变成紫色或黄色时采摘。果实应该在坐果8~12周后成熟，具体时间取决于品种。如果保存在6~7℃的恒定温度和85%~90%的稳定湿度中，果实可以储藏21天。

繁殖

通常播种或扦插繁殖；也可以芽接繁殖。

从完全成熟的果实中取出种子，应该发酵三四天，然后清洗并干燥。在保护设施中将种子播种在装有播种基质的托盘或花盆里，并保持20℃的最低温度。当幼苗长到20~35厘米高时，将它们移栽到开阔地炼苗，或者在保护设施中继续生长（见"种子"，600~606页）。

可以准备15~20厘米长的插条，并将其插入装满扦插基质的托盘或花盆中。使用底部加热和喷雾来促进生根。

芽接的详细方法见634~635页。当健康的芽接植株长到大约15厘米高时，应将其移栽到最终种植位置。若线虫或萎蔫病造成问题，应将紫果品种嫁接到具抗性的砧木上。

西番莲

柔软水果

所有常见柔软水果都是灌木或茎生水果，草莓除外，它是宿根草本植物。灌木水果包括蓝莓、鹅莓、黑醋栗、红醋栗、白醋栗、杂交莓，以及树莓。它们的肉质果实既可生食，又可制作蜜饯果酱，可装瓶或冰冻。大多数柔软水果在凉爽气候区生长得最好。它们喜欢排水和保水性都良好的肥沃土壤。阳光充足的位置最好，能让植株结出品质优良的果实，不过它们在大多数情况下可以忍耐少量荫蔽。几乎所有品种都自交可育。修剪方式取决于果实的生长位置，是在一年龄枝条上，还是在更老的枝条和短枝上，或二者兼有。

防护措施

在水果园中鸟类是一件让人头疼的事：它们不但会被正在成熟的果实吸引，在食物贫乏的冬季，山雀和红腹灰雀等鸟类还会将树枝上营养丰富的芽扯下来吃掉，对植株造成永久性的伤害，极大地影响产量。

如果可能的话，最好的防护措施是网罩等物理屏障，基部安装牢靠以防鸟类从地面进入（见"防鸟保护"，405~406页）。

临时准备的惊鸟器也值得一试，如可以反光的CD或风车。围绕花园移动它们的位置，强化对鸟类造成的"威胁"效果。

草莓（*Fragaria x ananassa*）

草莓是低矮的草本植物，可以生长在大多数花园中，露地或盆栽皆可。草莓有三种截然不同的类型：夏果草莓、多季草莓和野草莓。

夏果草莓在仲夏的两三周内几乎结出它们所有的果实。某些品种在秋季也会少量结实。

多季草莓在夏季短暂结果，之后停止大约两个月，秋季时又会连续不断地结果。它们在秋季温和无霜的地区生长得最好。

野草莓用种子繁殖，果实小而味道精美。

白昼长度的差异（见"白昼长度"，472页）会影响某些品种的成花。因此必须选择适合特定花园纬度的品种。比如，在热带地区附近，对于生长结实至关重要的凉爽温度可能只有在高海拔才能实现。

选址和种植

在栽培草莓时最好将新植株定期种在新鲜土地中，因为对于相同土地上连续种植三年的草莓，其产量、果实大小以及植株健康都会恶化。如果你有充足空间的话，尝试连续种植一年、二年和三年龄的植株，每年丢弃最老的植株并在新鲜土地中种植新的草莓走茎。

选址

阳光充足的温暖场所能结出味道最好的果实。沙质土可以结出最早的果实，壤土和排水良好的黏土能得到最高的产量，味道也最好；白垩土的结果效果较差。pH值为6~6.5的微酸性条件最理想。良好的排水至关重要，可以避免土生病害。在马铃薯后种植草莓有较大风险，因为土壤中可能富含黄萎病菌（见"黄萎病"，677页）。

为延长果期，可将种植分开——选择温暖背风处种植最早的一批果实，阳光充足的开阔地种植中间一批，阳光较少的位置种植晚熟草莓。

授粉

大多数品种自交可育。不过，'潘多拉'（'Pandora'）是一个自交不育的品种，为保证它的结实，需要在附近种植几棵花期相同的不同品种植株。

种植

草莓的种植时间取决于地理位置。如果有疑问的话，请寻求专业意见。在气候冷凉地区，最好在夏末至初秋种植，以确保来年夏季有最大产量。如果种植得较晚，则应该在第二年春季将花除去，让植株充分成形后再结实。

如果可能的话，使用经过认证的植株，并将它们种在至少三年没有种过草莓的新鲜土地中。每两三年更换草莓植株，挖出并焚烧附近的任何年老植株以防止病毒病传播。

清除所有杂草，在种植区域施加大量腐熟农家肥，除非土壤中还保留着上一季作物留下的大量相同肥料。在较贫瘠的沙质土或白垩土

在护根下种植草莓

1. 清除任何杂草，添加大量腐熟农家肥，然后挖出大小足以容纳根系的种植穴。将植株插入种植穴中，种植间距约为35厘米。

2. 紧实每棵植株，确保其根颈基部就像在花盆里一样轻轻靠在土壤表面。种植得太浅，植株会脱水变干；种植太深，植株会腐烂。

3. 浇透水，然后小心地将护根——例如松针、秸秆或者这里使用的用小麦秸秆制成的护根材料——塞在每株植物的根颈周围。

4. 种植完成的成排草莓应该稍稍隆起地面，使雨水从植株上流走。护根将减少杂草生长和雨水溅起，后者会导致病害传播。

中，还要用耙子在表层土中混入均衡肥料，密度为105克每平方米，种植前施加。成排种植的草莓应稍稍隆起，株距为35~40厘米，行距为75厘米，使雨水能够流走。种植时中央根颈的基部应与土壤表面平齐，紧实后浇透水。在潮湿场所，将植株种在抬升苗床中（见"抬升苗床"，577页）。

草莓还可以透过护根（见"在护根下种植草莓"，446页）或可生物降解薄膜种植——这些材料可以抑制杂草，保持土壤湿度，并通过温暖土壤促进提早结果。如果透过薄膜种植，应在种植前将薄膜固定牢靠，然后按照需要的间距切割薄膜，做出种植孔。

日常养护

草莓需要经常浇水。应该使用网罩保护成熟中的果实抵御害虫并远离土壤以保持干净。清除多余的走茎、杂草并定期检查病虫害。春花可能需要防冻保护；园艺织物或双层报纸都很有效。

在果实完全发育前，将洁净干燥的秸秆或专用垫子放置在它们下方，以防被土壤弄脏；透过护根或可生物降解薄膜种植的草莓则不需要。在果实变红之前，使用水果笼帮助它们抵御鸟类（见"抵御鸟类和其他动物的保护措施"，406页）。走茎出现后将它们掐掉，除非需要它们形成垫状种植（见"在保护设施中种植"，右）。

如何保持草莓的洁净

当草莓正在开花或果实正在形成时，在植株下面铺一层厚秸秆，防止正在成熟的果实接触土壤。

另一种方法
可以将专用草莓垫小心地放置在根颈周围，以保护发育中的果实。

去除走茎
当多余的走茎长出来时，将它们去除。从靠近母株处将它们掐掉，注意不要伤害其他叶片。

浇水和除草

新种植后要浇水，然后在生长期定期浇水，特别是在开花后浇水以促进果实发育。只在非常干燥的天气为使用薄膜种植的植株浇水，透过种植孔浇水。保持苗床无杂草。

病虫害

草莓会被鸟类、灰松鼠以及蛞蝓吃掉，还容易感染蚜虫、葡萄黑耳喙象、灰霉病、真菌性叶斑病和红蜘蛛。将受感染或发育不良的植株挖出并焚毁。红心根腐病和草莓板步甲并不常见，但发生时非常严重。红心根腐病是一种土传病害，在黏重土壤中更为流行，会导致叶片衰败并死亡。唯一的措施是更换种植地。草莓板步甲会将种子从果实表面取下，诱发腐烂。它们以杂草的种子为食，所以要将苗床的杂草清除干净。详见"病虫害及生长失调现象一览"，659~678页。

采摘果实
将果柄掐断以免擦伤果实。用于制作果酱的草莓可以不带果柄采摘。

在保护设施中种植

和室外栽培相比，加温温室中种植的草莓可以提前一个月结实，但味道较淡。尽早在装满播种基质的直径6厘米的花盆中种植走茎（见"如何使用走茎繁殖"，448页）。在根系充满花盆之前，将其移栽到装满盆栽基质的15厘米花盆中；将植株留在室外直到仲冬，防护大雨，然后放到温室光照条件最好的位置。当新叶形成后，维持7℃的夜间最低温度和10℃的白天最低温度。

调整通风以维持这些温度指标。经常浇水并在地板上洒水，保持空气湿润并较少感染红蜘蛛的风险。当花朵开始发育后，将温度增加大约3℃；在花期，再次升高同样的温度，并停止洒水。用柔软的毛刷为花朵手工授粉；在晴天中午前后进行。去除较晚开放的花，以增大正在成熟果实的大小。为增强果实的味道，随着它们开始成熟降低温度。

对于露地栽培的植株，冬末放置在植株上的钟形玻璃罩可以将果实成熟期提前大约三周（见"钟形罩"，560页），聚乙烯通道棚可以提前一至两周。二者都可以在温暖天气充分通风。在钟形玻璃罩或塑料棚中，草莓的间距可以减半形成垫状种植，以得到最大的产量。可以保留走茎以增加种植密度。第一年后恢复正常间距，间隔去除一半植株，否则果实品质会退化，日常养护也会变得困难。

收获和储藏

果实完全成熟时采收甜点用草莓，附带果柄，立即使用味道最好。果酱用草莓应该在成熟但仍然紧实时采摘。每隔一天采一次果，去除并烧毁染病或受损果实。草莓也可以瓶装或制作蜜饯。如果冷冻的话，果实会失去其紧致感。

采摘后，清理掉多余的走茎、杂草和秸秆。将旧叶片从植株上切下，注意不要损伤幼嫩的新叶。施加均衡肥料，如果土壤干燥的话，应浇水。在植株透过护根种植的地方进行新的种植，除非它们的长势仍然很健壮。

推荐种植的草莓品种

新品种层出不穷；下列品种在大多数条件下都能稳定结果。

夏果草莓
早熟品种
'克里斯汀' 'Christine' H6
'加里盖特' 'Gariguette' H6
'哈尼奥伊' 'Honeoye' H6 ☆
'科罗纳' 'Korona' PBR H6

中熟品种
'剑桥之娇' 'Cambridge Favourite' H6
'艾尔桑塔' 'Elsanta' H6
'哈皮尔' 'Hapil' H6 ☆
'珀伽索斯' 'Pegasus' H6 ☆
'皇冠' 'Royal Sovereign' H6 ☆
'索纳塔' 'Sonata' H6
'交响曲' 'Symphony' H6 ☆

晚熟品种
'爱丽丝' 'Alice' H6 ☆
'费内拉' 'Fenella' H6
'佛罗伦萨' 'Florence' H6
'狂想曲' 'Rhapsody' H6

多季草莓 Perpetual-fruiting
'伙伴' 'Buddy' H6
'精美' 'Finesse' H6
'马拉博伊斯' 'Mara des Bois' H6 ☆

野草莓 Alpine
'亚历山德里亚' 'Alexandria' H6

注释
☆ 味道优良

繁殖

每年在成形苗床之外种植一两株认证过的无病毒幼苗。随着它们的生长，控制蚜虫并摘除花朵。植株会连续两年长出可供移栽的健康走茎；然后使用新的认证植株重新开始种植。某些多季草莓品种几乎不产生走茎。

如何使用走茎繁殖

1. 种植经过认证的无病毒植株以生产走茎。随着走茎形成，将它们均匀地分布在母株周围。 
2. 一旦走茎生根并长出茁壮的新叶，使用手叉小心地将其挖出，不要损伤根系。 
3. 将生根走茎从母株上分离。将其移栽到准备好的土壤中，或单独上盆以便之后移植。

收获后清理叶片

果实采摘后，立即将老叶去除，在新叶和根颈上方留下10厘米长的叶柄。清理并烧掉秸秆、叶片以及植株周围的其他杂物，最大限度地降低病虫害传播风险。

野草莓

野草莓（*Fragaria vesca* 'Semperflorens'）的果实小而芳香，味道甜，可以作为花境或菜畦的镶边。与其他大多数草莓相比，它们能忍耐更凉爽的条件，在温暖地区的夏季喜欢半阴。它们的果期从仲夏延续至秋末。

植株在种植两年后开始退化，所以应该定期使用走茎或种子繁殖。为将种子从果实中分离，可将草莓晾干，然后用手指捏碎。将果实播种在装满标准播种基质的花盆中并维持温度在18~24℃。当幼苗长出两片真叶后移栽。在初夏移植年幼草莓幼苗。

如何使用种子繁殖

1. 用手指捏碎干燥的果实，使种子掉落下来。下面放置干净的容器以收集种子。 
2. 在直径为6厘米的花盆中装满播种基质。将种子稀疏地撒在基质表面，然后在种子上覆盖薄薄的一层基质和一层细沙。

野草莓

黑莓和杂种莓（*Rubus fruticosus*和*Rubus hybirds*）

栽培黑莓以及罗甘莓和博伊增莓等杂种的果实在夏末着生于茎干上。这些杂种是悬钩子属（*Rubus*）的不同物种或品种杂交培育的。大多数种类在两年龄的茎上结出浆果，不过也有一些种类在一年龄的新枝上结果。

位置

种植前，像种植树莓一样准备土地并施肥（见"选址和种植"，450页）。从专业苗圃那里购买黑莓和杂种莓，如果可能的话，选择经过认证的健康无病毒植株。无刺品种的长势通常不如有刺品种。黑莓和杂种莓都是自交可育的，因此可以单株种植。黑莓和杂交莓需要阳光充足或半阴位置。不要将它们种植在暴露区域。

使用间距30厘米的水平铁丝将茎支撑在墙壁和栅栏上。3米长并插入地面60厘米的柱子也可以提供支撑。对于苗壮的品种，应该竖起由立柱和铁丝构成的栅栏。立柱之间的间距为4~5米，之间连接4根水平铁丝，最低铁丝距地面90厘米，最高铁丝距地面2米。在疏松的沙质土中，使用斜木杆在末端柱子处提供额外支撑。这有助于防止铁丝在茎干的重量作用下松动。

种植

在冬季种植；如果天气恶劣，可推迟到冬末或早春。某些品种在很冷的地区可能会被冻死，所以应向当地专业人士寻求建议。浅植，

强壮的健康茎

发育良好的纤维状根系

购买健康的黑莓植株

整枝方法

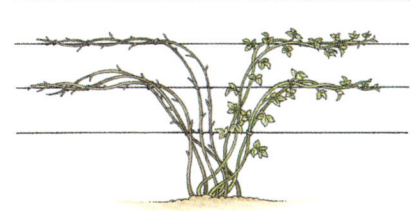

隔仓法
将新枝整枝到植株的一侧，而较老的枝条在另一侧结果。

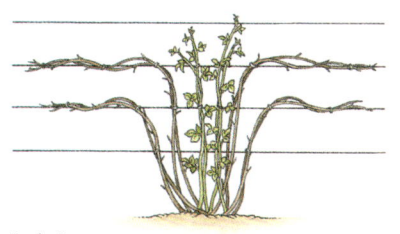

绳索式
将结果枝条数根为一组地沿着铁丝绑扎，留下新枝在中央生长。

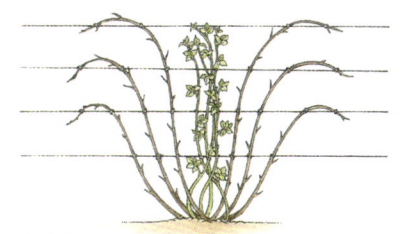

扇形式
将结果枝条呈扇形单根整枝在左右两侧，并垂直整枝中央新枝条。

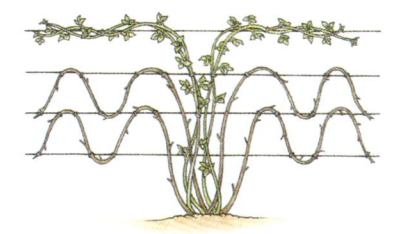

编织法
将结果枝编织在下面的两根铁丝上。将新枝垂直并沿着顶端铁丝整枝。

推荐种植的黑莓品种

早熟品种
'海伦' 'Helen' H7
'黑卡拉卡' 'Karaka Black' H6
'泰湖' 'Loch Tay' PBR H6
'沃尔多' 'Waldo' H4

晚熟品种
'契斯特' 'Chester' H5
'马里湖' 'Loch Maree' PBR H7
'尼斯湖' 'Loch Ness' H6
'俄勒冈无刺' 'Oregon Thornless' H5
'无刺' 'Thornfree' H7
'三重冠' 'Triple Crown' H5

推荐种植的杂种莓

博伊增莓 *Boysenberry* H6
罗甘莓 *Loganberry* H5
泰莓 *Tayberry* H5
无刺罗甘莓 *Thornless Loganberry* H7

伸展根系并紧实植株基部的土壤。较茁壮的品种种植间距为4~5米，长势较弱的品种种植间距应为2.5~3米。种植后，将茎剪短至22厘米。

日常养护

养护需求和树莓一样（见"日常养护"，450~451页）。

病虫害

树莓甲虫、鸟类、灰霉病以及病毒都会造成问题，不过不同杂种的抗性不同（见"病虫害及生长失调现象一览"，659~678页）。

修剪和整枝

植株在生长了一年的木质化枝条上结果，所以整枝需将正在结果的枝条和新长出的枝条分开。对于小型花园，最好使用绳索式和扇形式方法（见"整枝方法"，上）。隔仓和编织系统占用空间更多，但编织法也是最适合茁壮植物的整枝方法。

采摘后，从地面剪掉结过果的枝条。保留并绑扎当季长出的枝条，去除其中细弱或受损的枝条。在早春，若枝条尖端出现冻伤导致的枯梢，将每根枝条的尖端剪去。

收获和储藏

定期采摘果实；和悬钩子不同的是，中央的果柄保留在果实上。它们可以装瓶、腌渍或冷冻储藏。

繁殖

为提供一些新植株，使用茎尖压条法（见"茎尖压条"，609页）繁殖。在夏季将枝条压弯至地面，然后将茎尖放入地面挖出的洞中。用泥土覆盖并紧实。茎尖生根后，将其从母株上分离下来。在春季，将年幼植株转移到最终种植位置。

为得到大量新植株，在夏末剪下30厘米长的当季枝条；从上面采取叶芽插条，每根插条带一片叶和一段茎（见"扦插插条"，617页）。将数根插条插入一个直径为14厘米的花盆中，然后放入冷床或潮湿空气中；它们应该会在6~8周内生根。炼苗（见"炼苗"，642页），然后在秋末移栽室外，如果冬季太严寒，则推迟到早春移栽。一年之后，将幼苗移植到最终位置。

成形黑莓和杂种莓

将所有结过果的枝条剪至地面。

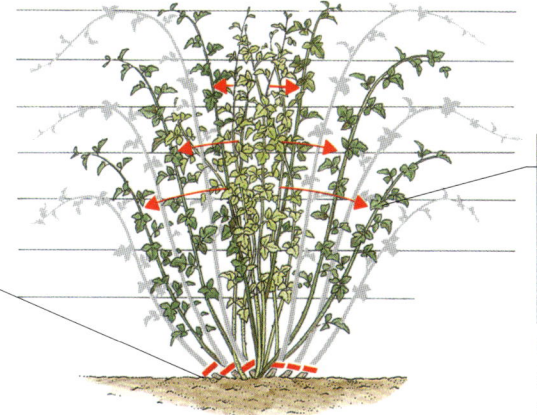

按照所使用的整枝系统将新枝牢固地绑扎在铁丝上。

采摘后修剪

冻伤枝条的顶端修剪

在早春检查枝条有无冻伤迹象，如果有的话，将枝条剪至健康部分。

树莓（*Rubus idaeus*）

通过将欧洲野红树莓（*Rubus idaeus*）与美国树莓（*R. idaeus* var. *strigosus*）以及北美黑树莓（*R. occidentalis*）杂交，我们已经获得了许多树莓品种。

树莓是冷季型作物，在湿度大的条件下生长得最好。果实颜色不一，从深红色到黄色。树莓主要有两种类型：两年龄枝条结果型和一年龄枝条结果型。前者在初夏至仲夏结果，后者从夏末到秋季结果，果期从夏末一直延续到第一场冬霜到来时。

一些现代品种的枝条上没有刺，且对病虫害的抗性更强。夏季结果的品种在开花后的第一个生长季不开花也不结果。然而，"长枝"（long-cane）树莓有预先形成的花芽，会在第一年结果。它们比传统品种贵。盆栽树莓可以种在容器中，或者作为结果绿篱种植。

选址和种植

种植前需要对土地进行充分的准备，因为树莓无法在贫瘠的土壤中良好结实，特别是如果与杂草竞争时。树莓自交可育。

位置

树莓应该种植在阳光充足的背风处。它们能忍耐半阴，在较炎热的地区，一定程度的阴凉会带来好处。

土壤应该富含腐殖质且保水性好，但排水也应该顺畅，因为树莓不能忍受排水不畅的条件。沙质土、白垩土以及贫瘠的多石土壤需要每年使用大量富含腐殖质的材料混入表面，并定期浇水。另外，如果树莓生长在富含石灰的土壤中，它们会患上萎黄病（见"缺锰症/缺铁症"，669页）。

准备

在种植前清除所有多年生杂草，否则它们之后会变得很难对付。准备至少宽90厘米的种植区域，掘入大量腐熟粪肥。建立永久性支撑结构。对于立柱和铁丝支撑，以3米为间距设立单排柱子。在柱子之间拉伸三根铁丝或尼龙绳，距地面高度分别为75厘米、1.1米和1.5米。保持铁丝或尼龙绳的拉紧状态，并用麻线将枝条绑扎在铁丝上，防止枝条被风吹动。

平行铁丝法需要两排柱子，每排柱子的间距与上述相同，行距为75厘米。沿着柱子拉伸两对平行铁丝，距地面高度分别为75厘米和1.5米。然后将铁丝或结实的绳线十字形交叉在它们之间。枝条由交叉的铁丝支撑，不需要绑扎。

对于斯堪的纳维亚式系统，如上所述立起两排柱子，但行距为90厘米，然后以90厘米的高度在每柱子上拉一根铁丝。将结果枝沿着铁丝缠绕，使新枝可以在中间的开阔空间生长。

支撑和整枝方法

在空间有限的地方，立柱和铁丝法很有用。平行铁丝法会给枝条更多生长空间，但在多风条件下不适用。斯堪的纳维亚式系统需要将年幼枝条缠绕在铁丝上，不对枝条进行绑扎或茎尖修剪，因此需要的空间比其他方法都多。

斯堪的纳维亚式系统

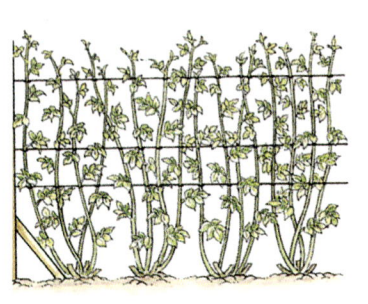

立柱和铁丝法 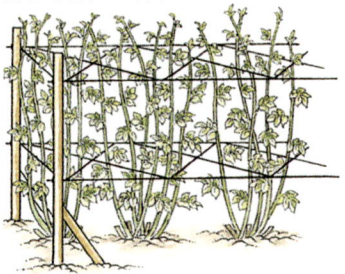   平行铁丝法

获得经过认证的无病毒枝条；否则使用采自健康和结果状况良好的成形植株的萌蘖条。

种植

将休眠枝条种植在充分上肥的土地中，株距为38~45厘米，行距为2米。在秋季或初冬种植，这样能促进植株快速成形。在5~8厘米的深度均匀伸展根系，然后轻轻紧实它们。将传统品种的枝条修剪至距地面25厘米。对于长枝树莓，除非植株受损，否则不应修剪。

日常养护

在春季使用腐熟粪肥护根。在每排果树两侧覆盖，注意不要将枝条埋住。

如果没有粪肥，可定期施加均衡肥料（见"柔软水果的养护"，405

推荐种植的夏果树莓

早熟品种
'格伦丰产''Glen Ample' H6
'格伦克洛瓦''Glen Clova' H6 Pv
'格伦莱昂''Glen Lyon' H6
'格伦莫伊''Glen Moy' H6 ☆
'绍斯兰''Southland' H6
'萨姆纳''Sumner' H6
'瓦伦丁娜''Valentina'（黄色）H6 ☆

中熟品种
'格伦普罗森''Glen Prosen' H6 ☆
'茂林钻石''Malling Jewel' H6 ☆
'塔拉明''Tulameen' H6

晚熟品种
'格伦马格纳''Glen Magna' H6
'莱奥''Leo' H6
'茂林上将''Malling Admiral' H6
'奥克塔维亚''Octavia' H6

推荐种植的秋果树莓

'全金''All Gold'（黄色）H6
'秋日祝福''Autumn Bliss' H6
'琼J''Joan J' H6 ☆
'波尔卡''Polka' H6 ☆

注释
Pv 易感染病毒（不能与'茂林钻石'种在一起）
☆ 口味优良

如何种植树莓

1. 在充分施加粪肥的土地中准备一条深5~8厘米的沟。以38~45厘米的间距种植枝条。小心地伸展根系并用土壤回填种植沟。

2. 紧实枝条基部的土壤，确保它们保持垂直。

3. 将枝条剪短至距离地面约25厘米的芽处。用叉子轻轻翻松土壤。

第一个生长季即将结束时的修剪

1 在仲夏左右，将种植时剪短的较老枝条再次剪短至地面。

2 当当季的最强壮枝条长到大约90厘米时，将它们绑扎到支撑铁丝上（见内嵌插图）。去除细弱枝条和距离中央超过22厘米的枝条。

如何去除不需要的萌蘖条
如果萌蘖条变得过于拥挤或者距离成排植株太远，如上图所示，就将它们挖出并从母株上分离。

春季修剪
在生长季开始之前，将所有枝条剪短至某个健康芽处。可能的话，切口应该位于顶端支撑铁丝之上大约15厘米。

成形树莓，采摘后修剪

1 当采下所有水果后，将所有结过果的枝条剪至地面。

2 当季最强壮的枝条长到大约90厘米高时，将它们绑扎到铁丝上，保持10厘米的间距，这里使用连续绑扎法。

3 在生长季即将结束时，将高枝条的尖端向下弯曲成半圈并绑扎在铁丝上。

页），并用堆肥或腐叶土覆盖护根以保持水分。

树莓花期较晚，所以用不着防冻保护。定期彻底清除杂草并为植株浇水。清除任何距离中央超过22厘米的萌蘖条。

病虫害

树莓甲虫以及鸟类是主要虫害。灰霉病、茎疫病以及病毒也会成为问题（见"病虫害及生长失调现象一览"，659~678页）。

修剪和整枝

一旦新枝条在仲夏左右生长成形，就将所有在种植时剪短的枝条剪去。

采摘夏果树莓后，应该将所有结过果的枝条从地面处剪去。绑扎新枝（见"支撑和整枝方法"，450页），保持8~10厘米的均匀间距。剪去受损和细弱枝条，使剩余枝条接受尽可能多的阳光和空气。将高枝条的尖端向下弯曲成半圈并绑扎在铁丝上，以防风造成损坏。在接下来的春季，将枝条剪短至最上端铁丝之上15厘米，剪去被冻伤的所有茎尖。去除死亡、染病或拥挤枝条，或任何距离中央超过22厘米的枝条。应该在冬末将秋果树莓（见"秋果树莓"，右下）的所有枝条剪至地面。新的枝条会长出，然后在秋季结果。

收获和储藏

在果实紧实至成熟时采摘用于制作蜜饯和冰冻，生食需要果实完全成熟时采摘，每隔一天采摘一次。将果实与中央果柄分离。不过用于展示的果实需要保留完整的果柄。迅速摘除并烧毁染病或受损果实，以防传染给健康果实。

繁殖

在秋末，选择远离成排果树生长的强壮萌蘖条，将它们挖出并在休眠期重新种植。确保它们来自健康和大量结实的植株。如果存疑，使用来自专业苗圃并且经过认证的无病毒枝条。更多详情，见"萌蘖果树"，628页。

秋果树莓

它们应该种植在阳光充足的背风处，在那里植株能够快速成形，果实也会尽可能快地成熟。当季枝条的上半部分会大量结实。种植和栽培需求和夏果树莓一样。

秋果树莓应该在生长开始之前的冬末进行修剪；将所有结过果的枝条剪至地面，以促进新枝生长，新枝会在秋季结果。

冬末修剪
在新的生长开始前，将所有枝条剪至地面。秋季，新生长季的枝条上会结果。

黑醋栗（Ribes nigrum）

黑醋栗只有在冷凉气候区才能良好生长。这种灌木开花很早，所以在暴露区域容易被冻伤。它们在仲夏结果。北美某些地区禁止栽培黑醋栗，因为它们是美国五针松的一种锈病的宿主。杂交醋栗是黑醋栗和鹅莓的杂种，栽培方式相同。

选址和种植

在种植前应充分准备土地，为新结果枝的连续不断生长提供最好的条件。在种植前清理种植区域的所有多年生杂草，然后掘入大量粪肥。

位置

选择阳光充足的背风处，黑醋栗可以忍耐一定程度的阴凉。如果有必要的话，提供抵御春霜的防冻保护（见"防冻和防风保护"，598~599页）。黑醋栗能在一系列类型的土壤中生长，但保水性好的深厚土壤最合适；避免潮湿且排水不畅的土地；喜pH值为6.5~7的土壤。可为酸性很强的土壤施加石灰（见"施加石灰"，591页）。黑醋栗自交可育。

种植

使用认证过的苗木，种植无病害的灌木。认证体系下出售的灌木常常拥有两年的苗龄，不过无病害一年龄苗木也很适合。

最好在秋末种植，不过黑醋栗在整个冬季都可以种植。小心操作植株以免损坏基部芽。灌木的株距为1.2~1.5米，行距也一样。种植后，将所有枝条剪至一个芽，以促进强壮新枝的生长。

日常养护

在冬季，以每平方米35克的用量施加硫酸钾，并在春季以同样用量施加氮肥。春季，使用腐熟粪肥、堆肥或腐叶土在灌木周围大量护根，以保存土壤水分。在干旱天气中浇水，但不要在果实正在成熟时浇水，否则会导致果皮开裂。用网罩帮助成熟中的果实抵御鸟类。

颜色浅的新枝
颜色深的结过果的枝条

新枝和结过果的枝条

病虫害

蚜虫、鸟类、冬尺蠖蛾幼虫、灰霉病、白粉病以及真菌性叶斑病都可能影响黑醋栗。大芽螨会毁坏芽并携带隔代遗传的病毒。需要将受感染的植株清除。详见"病虫害及生长失调现象一览"，659~678页。

修剪和整枝

种植黑醋栗时，要使植株从地面长出尽可能多的枝条。大部分果实着生在上一季长出的枝条上，定期修剪对于保持高产量非常重要。精心修剪并充分施肥会促进强壮新枝的生长。

种植后立即将所有枝条剪至地面上一个芽。第二年，去除任何非常细弱的、朝下伸展的或水平的枝条。然后，对于成形灌木，应该在晚冬之前芽开始萌动时修剪，将四分之一至三分之一的二年龄枝条剪至

黑醋栗灌木

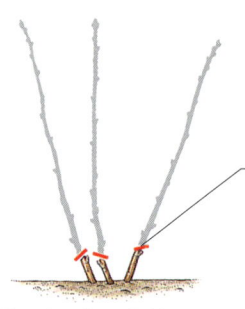

种植后立即将所有茎干剪短至地面之上一个芽。

第一年，冬季修剪

灌木应该会长出七八根强壮新枝。将任何细弱或低矮生长的枝条剪短至地面上大约2.5厘米处，以促进新枝从地面长出

第二年，冬季修剪

成形灌木，采摘后修剪

将老枝以及四分之一至三分之一的二年龄枝条剪去，以促进新的生长。

去除任何屠弱、受损或生长低矮的枝条，修剪至主干。

推荐种植的黑醋栗品种

早熟品种
'本贾恩''Ben Gairn' H6 Rr
'大本''Big Ben' H6
'博斯科普巨人''Boskoop Giant' H6

中熟品种
'本康南''Ben Connan' H6
'本霍普''Ben Hope' H6 Rb
'本洛蒙德''Ben Lomond' H6
'本内维斯''Ben Nevis' H6
'本绍赖克''Ben Sarek' H6
'惠灵顿XXX''Wellington XXX' H6

晚熟品种
'鲍德温''Baldwin' H6
'奥尔德''Ben Alder' H6
'本莫尔''Ben More' H6
'本蒂朗''Ben Tirran' H6

注释
Rb　对大芽螨有抗性
Rr　对隔代遗传的病毒有抗性

基部，并剪掉任何更老的弱枝。不需要修剪茎尖。新枝条呈淡茶色，二年龄枝条是灰色的，更老的枝条呈黑色。

如果灌木需要复壮，就将比例更多的旧枝剪掉，只保留那些已经长出强壮嫩枝的分枝。如果只长出少量枝条而灌木还是健康的，则在冬季将整棵植株剪至地面。如果施加肥料并护根，大多数灌木会成功复壮，但需要以一年的结果为代价。长出的新枝可能需要疏减，保留其中最强壮的。大约10年之后，最好更换新的灌木而不是试图进行复壮。

收获和储藏

黑醋栗的果实成串生长在果梗上。当果实干燥成熟但仍然紧实时采摘。将成串果实采下而不是单个果采摘，否则可能对果实造成伤害。早熟品种的果实会很快脱落，但晚熟品种的果实能在果树上保留更长时间。这种水果可以生食，也可以瓶装、制作蜜饯果酱或冰冻储藏。

繁殖

黑醋栗使用秋季从健康灌木上采取的硬枝插条繁殖（见"硬枝插条"，617页）。保留插条上的所有芽，促进底部枝条的生长。硬枝插条是得到更多砧木的好方法，因为它们可以很快且容易地采下，繁殖成功率很高。而且插条不需要任何保护或加温。

硬枝插条

将20～25厘米长的插条插入沟中，地面以上露出两个芽。

红醋栗和白醋栗（*Ribes rubrum*）

红醋栗和白醋栗需要冷凉气候。白醋栗只是红醋栗的一个白果变种；两种果树都在仲夏结果，并且需要相同的生长条件。

选址和种植

红醋栗和白醋栗需要阳光充足的环境，但也能忍耐一定程度的阴凉；在炎热气候中需要一定遮阴。为果树提供防风保护，防止枝条断裂，并防止高温灼伤。

像黑醋栗一样在种植前充分准备土壤（见"选址和种植"，452页）。最理想的是质地较重、保水性好且排水顺畅的土壤。种在沙质土中可能会发生钾缺乏症。所有品种都自交可育。

在购买年幼灌木时，确保幼苗来自结果状况良好的健康植株。在秋季或冬季种植；灌木式的种植间距为1.2～1.5米，壁篱式间距为30厘米，扇形式的间距为1.8米。

日常养护

养护细节同黑醋栗（见"日常养护"，452页）。必要的话施加硫酸钾以维持高钾水平（氯化钾会灼伤叶片）。

病虫害

在冬季用网覆盖植物以防止鸟类破坏芽。如果芽被破坏，就将冬季修剪推迟至芽萌动之前，并将枝条修剪至健康的芽处。蚜虫、叶蜂幼虫、灰霉病以及珊瑚斑病都会对果树造成影响（见"病虫害及生长失调现象一览"，659～678页）。

修剪和整枝

红醋栗和白醋栗一般生长成中心开阔的灌木式，但也可以在支撑铁丝上整枝成壁篱式、双重壁篱式或扇形式。在修剪侧枝形成的短枝上结果。

灌木式

一年龄灌木应该有两三根年幼树枝；在冬季将这些枝条剪短一半。去除距离地面不到10厘米的枝条，形成短的主干。

第二年冬季，将新生长的部分剪短一半以形成主分枝，修剪至某朝外伸展的芽处。将朝内或朝下生长的侧枝修剪至一个芽。对于成形灌木，将侧枝剪短至一个芽并剪去主分枝的尖端。

壁篱式

单干壁篱式常常是垂直整枝的。首先安装距地面60厘米和1.2米的铁丝。在一年生果树上选择一根主枝，将其整枝在一根竹竿上；将该枝条剪短一半，然后将其余枝条剪至一个芽。

红醋栗灌木

去除任何距离地面不到10厘米的侧枝，剪至与主干平齐。这会在基部形成短主干。

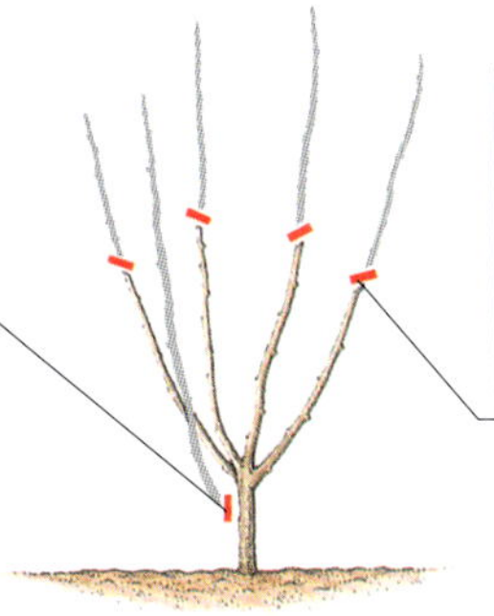

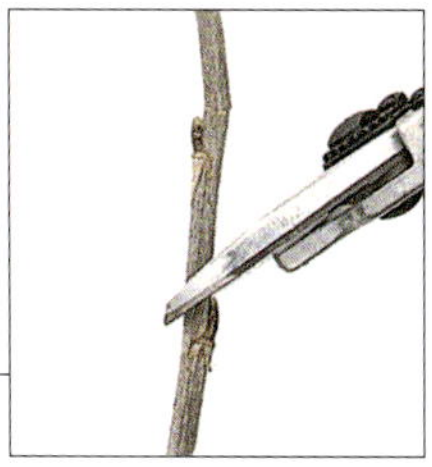

第一年，冬季修剪

将每根侧枝剪短大约一半，修剪至某朝外伸展的芽（或直立枝条）处。

为形成永久性分枝，将领导枝和侧枝新生长的部分剪短一半，剪至朝外伸展的芽处。

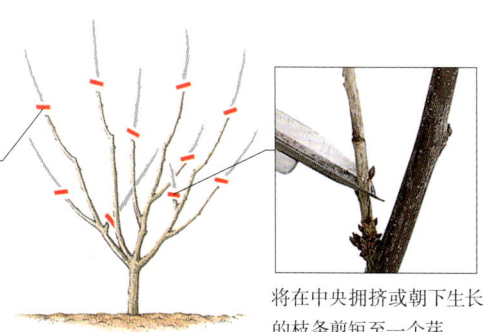

将在中央拥挤或朝下生长的枝条剪至一个芽。

第二年，冬季修剪

成形灌木，冬季修剪

将侧枝剪至一个芽。

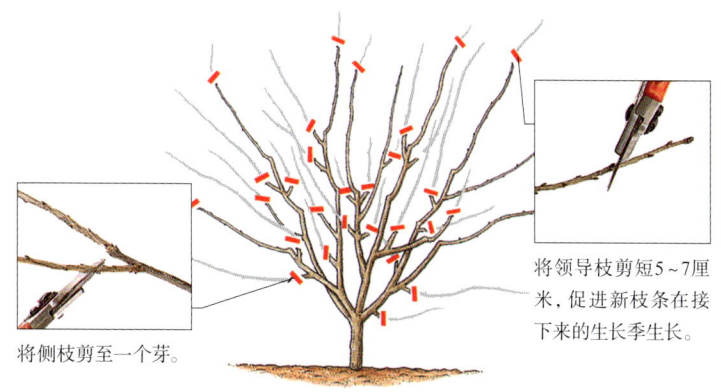

将领导枝剪短5～7厘米，促进新枝条在接下来的生长季生长。

在夏季，将新生侧枝修剪至五片叶。在冬季将这些侧枝剪至一个或两个芽，然后将领导枝的新生部分剪短四分之一。当领导枝长到支撑铁丝的最高处后，将其修剪至某个芽处。双重壁篱式果树需要将两根分枝与地面成30°的角度整枝，方法与苹果树一样（见"用一年生鞭状苗整枝双重壁篱式"，417页）；每根分枝都按照单干壁篱式的方法进行修剪。

扇形式

扇形式的整枝方式与扇形式桃树一样（见"扇形式桃树"，429页）。然后每根分枝都按照壁篱式方法进行修剪。

收获和储藏

红醋栗和白醋栗的采摘方法与黑醋栗一样。与大多数黑醋栗相比，其成熟的果实可以在树枝上保留更长时间。果实可以瓶装、制成蜜饯果酱或冰冻储藏。

繁殖

在初秋采取硬枝插条。使用30~38厘米长的枝条，除顶部三四个芽外，将其他所有芽除去，得到拥有短茎干的植株。

将插条插入湿润肥沃的土壤中，埋入一半长度，然后紧实好。一旦生根，就将它们移栽到最终位置（见"硬枝插条"，617页）。

硬枝插条可能需要几个月才能生根，最好趁土壤温暖时在初秋扦插。

推荐种植的红醋栗和白醋栗品种

早熟品种
'洋奇家族''Jonkheer van Tets'（红）H6
'拉克斯顿一号''Laxton's Number One'（红）H6

中熟品种
'红湖''Red Lake'（红）H6
'斯坦萨''Stanza'（红）H6
'白荷兰人''White Dutch'（白）H6
'白葡萄''White Grape'（白）H6

晚熟品种
'布兰卡''Blanka'（白）H6
'金翅雀''Redpoll'（红）H6
'红尾鸟''Redstart'（红）H6
'朗登''Rondom'（红）H6

壁篱式红醋栗

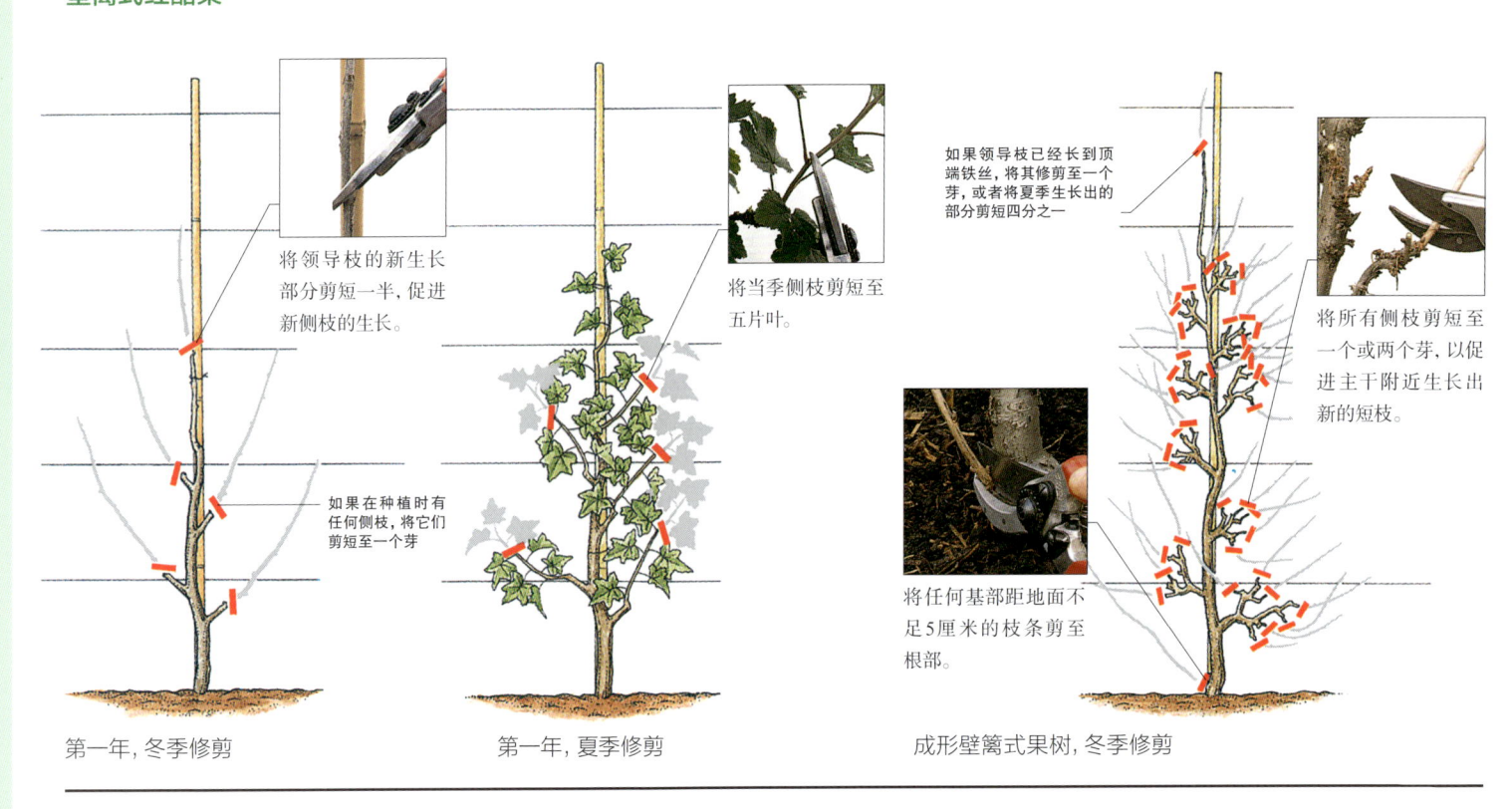

将领导枝的新生长部分剪短一半，促进新侧枝的生长。

如果在种植时有任何侧枝，将它们剪短至一个芽

第一年，冬季修剪

将当季侧枝剪至五片叶。

第一年，夏季修剪

如果领导枝已经长到顶端铁丝，将其修剪至一个芽，或者将夏季生长出的部分剪短四分之一

将所有侧枝剪短至一个或两个芽，以促进主干附近生长出新的短枝。

将任何基部距地面不足5厘米的枝条剪至根部。

成形壁篱式果树，冬季修剪

枸杞（*Lycium barbarum*和*L. chinensis*）

枸杞属（*Lycium*）是枝条呈拱形的落叶灌木，该属的几个中国物种已经在许多国家得到了驯化。它们如今的栽培主要是为了得到丰富的鲜红色或橙色肉质果实，果实常常呈卵形，营养丰富。它们从春季到秋季开放喇叭形的紫色和白色花朵，一般在种植后2~3年就能良好结果。

选址和种植

枸杞非常耐寒，喜阳光充足处的肥沃排水良好土壤。种植时应该将腐熟有机质混入土壤中，在第一年需要充分浇水，之后它们会很耐旱。

日常养护

定期施加护根材料对枸杞有好处，可以使用腐叶土或腐熟粪肥。为得到更好的产量，推荐进行轻度修剪，在春季使用特别配制的果树灌木肥料施肥，有助于增加产量。

病虫害

灌木如果健康的话，一般不会受到昆虫的侵扰。在某些地区，你可能需要提供防鸟措施，并保护叶片免遭兔子和鹿的啃食。

枸杞果

鹅莓（Ribes uva-crispa）

鹅莓的成熟果实为黄色、红色、白色或绿色。伍斯特莓（Ribes divaricatum）的外形像过于苗壮且非常多刺的灌木鹅莓，紫红色果实小，适合做果酱，栽培需求与鹅莓相似。

选址和种植

鹅莓的种植非常容易。它们需要冷凉的条件，如果夏季温度较高，它们还需足够的遮阴。种植条件和间距与红醋栗（见"选址和种植"，453页）相同。所有鹅莓品种都自交可育。

日常养护

基本养护措施与黑醋栗相同（见"日常养护"，452页）。鹅莓需要定期使用腐熟粪肥护根。年幼植株上的新枝容易断裂，需要防止大风伤害。

病虫害

鸟类会造成芽严重损失，所以要用网罩覆盖植株。如果芽受到了鸟类伤害，则将冬季修剪推迟到芽萌动时，并修剪至存活的芽处。鹅莓果树可能会受到白粉病、叶蜂幼虫以及细菌和真菌叶斑病的影响（见"病虫害及生长失调现象一览"，659~678页）。

鹅莓灌木

将所有枝条剪短一半至四分之三，剪至朝外伸展的芽。

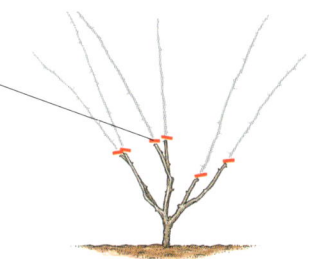

第一年，冬季修剪

成形灌木，管控修剪，冬季

将较老的分枝剪去以防止过于拥挤，并维持树冠中心的开阔。

灌木应该主要是年幼的枝条，且均匀分布，朝上或朝外伸展。

将所有侧枝剪短至距其基部大约8厘米的芽处。

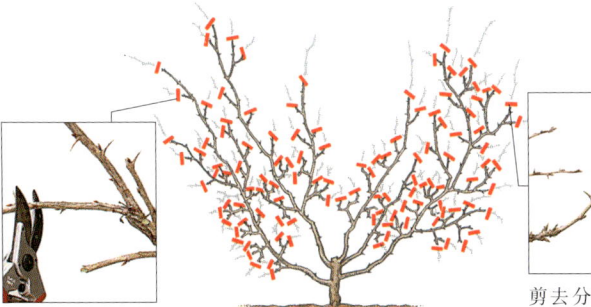

成形灌木，短枝修剪，冬季

剪去分枝领导枝的顶端，保留新生长部分的三四个芽。这会促进短枝的形成。

修剪和整枝

像整枝红醋栗那样将年幼果树整枝成灌木式、壁篱式或扇形式。不过许多鹅莓品种拥有自然下垂的株型，为防止枝条垂到地面上，修剪至朝上伸展的芽处，特别是在整枝年幼灌木时。

灌木式

初始修剪见红醋栗（见"修剪和整枝"，453页），目的是在10~15厘米长的茎干上方得到开阔的灌木树冠。成形灌木只需在冬季进行管控修剪或短枝修剪，以得到较大的果实。管控修剪比较简单：去除低矮、拥挤和交叉的枝条，在灌木中央维持枝条的匀称。短枝修剪比较费工：将所有侧枝剪短至距主分枝8厘米处的合适芽，并将分枝领导枝的尖端剪去。

标准苗式

整枝成标准苗式的品种需嫁接在香茶藨子（Ribes odoratum）和伍斯特莓（R. divaricatum）砧木上。当茎干变粗并长到约1.2米时，将侧枝剪去并使用舌接法嫁接上选中的品种（见"舌接"，638页）。使用结实的木桩支撑茎干。下一个冬季，按照灌木式方法营建分枝框架，之后按照同样的方法修剪和整枝。

壁篱式和扇形式

它们的整枝方式和红醋栗一样。一旦成形，在夏季修剪，将新侧枝剪短至5片叶。在冬季将枝条剪短至8厘米并剪去领导枝的尖端。

收获和储藏

果实会在仲夏时成熟。用于烹调的鹅莓可在仍是绿色时采摘，但用于甜点的品种应留在灌木上待其完全成熟时采摘。对于果实为黄色、白色和红色的鹅莓，应该等到它们完全显色后再采摘。鹅莓可以很好地冰冻。

繁殖

在初秋采取硬枝插条（见"硬枝插条"，617页）；保留所有的芽以改善生根状况。在下一个秋季挖出生根插条移栽时，除去所有距地面不足10厘米的基部芽和侧枝，以防植株长出麻烦的萌蘖条。

硬枝插条

1. 在初秋，将年幼枝条修剪至30~38厘米长，在某芽上端做斜切口，基部做直切口。蘸取生根激素，并将其一半长度插入沟中。

2. 到了下一个秋季，小心地挖出生根插条。除去距地面不足10厘米的基部芽或枝条（见内嵌插图），然后移栽年幼植株。

推荐种植的鹅莓品种

早熟品种
'金色水滴' 'Golden Drop'（黄色）H6
'五月公爵' 'May Duke'（红色）H6
'罗库拉' 'Rokula'（红色）H6 Rm

中熟品种
'无忧无虑' 'Careless'（白色）H6
'绿雀' 'Greenfinch'（绿色）H6 Rm
'因维卡' 'Invicta'（绿色）H6 Rm
'纪念品' 'Keepsake'（绿色）H6
'兰开夏郡小伙' 'Lancashire Lad'（红色）H6
'兰利青李' 'Langley Gage'（白色）H6
'平等派' 'Leveller'（黄色）H6
'和平女神' 'Pax'（红色）H6 ThL, Rm
'惠纳姆的产业' 'Whinham's Industry'（红色）H6
'怀特斯米丝' 'Whitesmith'（白色）H6

晚熟品种
'吸引' 'Captivator'（红色）H6 ThL
'西诺玛克' 'Hinonmäki Röd'（红色）H6 Rm
'蓝瑟' 'Lancer'（绿色）H6
'伦敦' 'London'（红色）H6
'白狮' 'White Lion'（白色）H6

注释
Rm 对霉病有一定抗性
ThL 接近无刺

蓝莓（Vaccinium corymbosum）

高丛蓝莓来源于美国野蓝莓，会结出蓝紫色的成簇果实，有灰色光泽。果实的味道在烹调或腌渍下会更加浓郁。它们需要冷凉的湿润气候，需冷量为7℃以下700~1200小时，宜生长在酸性强（pH值为4~4.5）的土壤中。高丛蓝莓可达1.3~2米，是落叶植物，在春季开白花，秋色叶呈醒目的黄色和鲜红色。

兔眼蓝莓（Vaccinium ashei）能忍耐酸性较弱的土壤和较干旱的条件；它们主要种植在澳大利亚和美国。与高丛蓝莓相比，它们的果实更小，也更坚韧。

很多品种适合盆栽：在土壤呈碱性的花园中，装有喜酸植物基质的花盆是种植蓝莓的最佳方法。

蓝莓在仲夏至夏末结实，结实量开始比较少，但经过五六年后，每棵灌木可以得到2.25千克果实，更老的果树产量会高得多。蓝莓自交可育，不过两个或更多品种种植在一起时结实状况会更好。

选址和种植

蓝莓需要阳光充足的位置，但也能忍耐一定程度的阴凉。土壤必须排水良好。在种植前将现场的所有多年生杂草清理干净，如果土壤呈碱性，需将一层15厘米厚的堆肥铺在至少60厘米深的土壤中。或者以每平方米50~120克的用量施加硫华（见"酸碱性"，59页）。

也可使用喜酸植物基质将蓝莓种在直径30~38厘米的大花盆或木桶中（见"在容器中种植蓝莓"，下）。

在秋末至冬末种植，灌木间距保持1.5厘米。使用2.5~5厘米厚的土壤覆盖根系，然后用酸性基质或腐叶土护根。种植不同品种可以保证良好授粉和更高产量。

高丛蓝莓灌木

日常养护

为促进生长结实并保持土壤的酸性，每年春季以每平方米35克的用量施加硫酸铵，并以同样用量施加硫酸钾。用酸性基质为植株护根，并按照需要使用雨水灌溉。在除草时避免扰动根系。

病虫害

果实可能被鸟类吃掉，所以用网覆盖灌木以提供保护（见"防鸟保护"，405页）。其他病虫害很少引起任何问题。

修剪和整枝

蓝莓在二年或三年龄枝条上结果。新种植的灌木在两三年内基本不需要修剪，只需将细弱枝条剪去，以得到强壮的基本分枝框架。之后的修剪是为了确保基部定期长出新枝，每年将一部分最老的枝条剪去。

收获和储藏

果实会在数周内成熟。小心地在灌木上采摘，只采下成熟果实，它们应该能够很容易地从果簇上分离。可将蓝莓制成蜜饯、装瓶或冷冻，储藏起来供日后使用。

繁殖

可使用嫩枝插条繁殖蓝莓。采取至少10厘米长的嫩枝插条，在某叶片基部上端一点的位置做切口。将插条蘸取激素生根粉，插入泥炭替代物和沙子混合而成的酸性基质中。将插条放入增殖箱中，生根后移栽到更大的花盆中。使用温室、冷床或钟形玻璃罩充分炼苗，之后再将它们移栽室外（见"嫩枝插条"，612页）。

推荐种植的高丛蓝莓品种

早熟品种
'蓝色果实' 'Bluecrop' H6
'蓝塔' 'Bluetta' H6

中熟品种
'伯克利' 'Berkeley' H6
'钱德勒' 'Chandler' H6
'赫伯特' 'Herbert' H6
'艾凡赫' 'Ivanhoe' H6

晚熟品种
'科维尔' 'Coville' H6
'格罗弗' 'Grover' H6
'泽西' 'Jersey' H6

成形蓝莓灌木，冬季修剪

将屠弱或生产力低下的枝条剪短至强壮新枝可取而代之的位置。

将较老的不结果分枝剪至地面，以促进基部新枝生长。

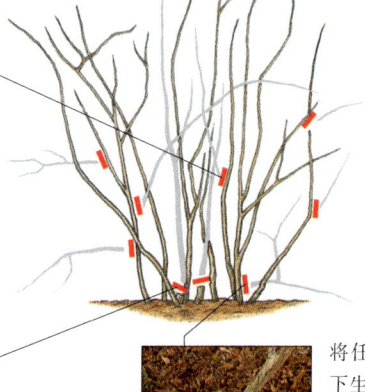

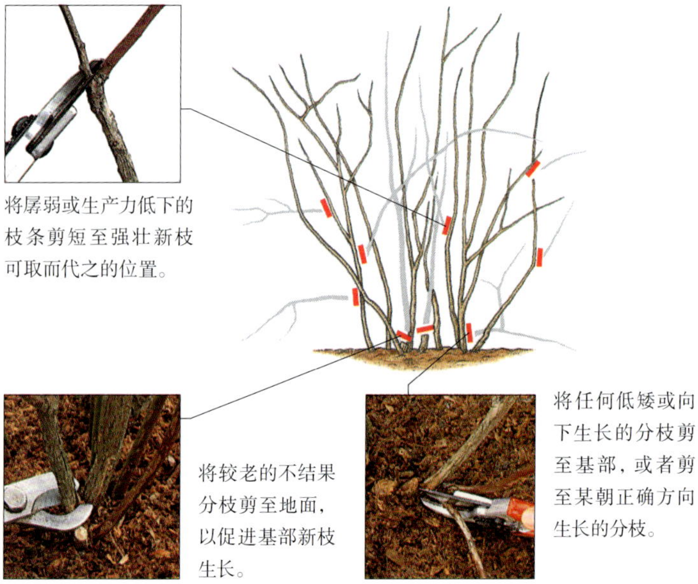

将任何低矮或向下生长的分枝剪至基部，或者剪至某朝正确方向生长的分枝。

在容器中种植蓝莓

蓝莓很容易在容器中种植，这使它们成为小花园和露台的理想选择，它们也很适合用在土壤呈碱性的花园中。有些品种，如'蓝色果实'（'Bluecrop'），是自交可育的，因此只需一株就能结果；大多数品种需要在旁边的花盆里种植另一棵相配的蓝莓以便杂交授粉。

使用直径至少30厘米的大容器。填入一半喜酸植物基质。将蓝莓从原来的花盆中取出，转移到新容器中。确保蓝莓的种植深度和在之前的花盆中一样。在根坨周围填入更多基质，压实，充分浇水。继续定期浇水，以保持根系湿润。

收获蓝莓

热带水果

大多数热带水果起源于热带和亚热带地区，在那里它们生活在温暖干燥的条件下。除了橄榄，许多种类可直接从树上采摘食用，或者在合适的条件下储存一小段时间后再食用。由于热带植物常常种植在土壤可能缺乏营养的热带地区，因此在种植时充分地准备土地是很重要的：用叉子将110~180克缓释肥混入种植穴基部可以帮助植株快速恢复成形。在较凉爽的气候区，仍然可以在容器或园艺设施中种植某些热带水果，只要提供正确的温度和湿度水平。虽然许多种类的果实在园艺设施中不能完全成熟，但植株本身可以成为美丽的观赏植物。

菠萝（凤梨，*Ananas comosus*）

菠萝是热带宿根植物，在顶端结出果序，每个果序由多达200个无籽小果组成。为得到最好的生长效果，它们需要充足日照以及18~30℃的气温，70%~80%的空气湿度。菠萝包括卡因品种群（Cayenne Group）、皇后品种群（Queen Group）和西班牙品种群（Spanish Group）3个品种群，其中西班牙品种群最甜。

选址和种植

选择遮挡强风、阳光充足的地方。菠萝植株能忍耐众多类型的土壤，但它们更喜欢pH值为4.5~5.5的沙质壤土。将"接枝"或萌蘖以大约30厘米的间距种植，行距为60厘米，或者株距与行距都为50厘米。

日常养护

使用钾含量中等、氮含量高的通用肥料施肥，每两三个月施一次肥，施肥量为每棵植株50克。如果出现铁和锌缺乏症，可喷洒2%硫酸铁或硫酸锌溶液。在干旱的天气要经常为菠萝浇水，并施加有机护根以保持土壤水分。

病虫害

影响菠萝的害虫包括粉介壳虫、根结线虫、介壳虫、红蜘蛛以及蓟马。

露地栽培菠萝最严重的病害是心腐病，是由疫霉属真菌樟疫霉菌和*P. parasitica*引起的，这些真菌常常感染在潮湿条件下生长的菠萝。由于这种病难以处理，建议尽可能使用抗性较强的品种来抵御感染。栽培时提供良好的卫生条件，使用枝条或萌蘖繁殖时将切口晾干，因为真菌会从伤口进入。

更多情况见"病虫害及生长失调现象一览"，659~678页。

在保护设施中种植

将生根菠萝"接枝"或插条种植在排水良好的苗床中，或者使用直径至少30厘米的花盆。使用富含有机质的花盆，并每两三周施加一次液态肥料。将温度维持在至少20℃，空气湿度大约为70%。经常浇水并且要浇透，特别是在年幼植株成形的时候。

采收和储藏

当菠萝果实变黄的时候采收，在每个果实下方2.5~5厘米处将茎切断。在8℃的温度和90%的湿度中，菠萝可储存3周的时间。

繁殖

果实顶端的中央枝条可以作为插条使用：将其切下并附带1厘米的果实。还可以使用果实下方长出的萌蘖或"接枝"，或者叶腋处长出的萌蘖来繁殖；用锋利的刀子将它们割下。将它们晾干数天。除去较低位置的叶片，将插条插入装有沙质扦插基质的花盆中。

用萌蘖繁殖菠萝
分离基部萌蘖，晾干后插入沙质扦插基质中（见内嵌插图）。

推荐种植的菠萝品种

卡因品种群
'罗斯柴尔德男爵夫人'菠萝 'Baronne de Rothschild' H1a
'卡因·丽萨'菠萝 'Cayenne Lissa' H1a
'无刺卡因'菠萝 'Smooth Cayenne' H1a

皇后品种群
'纳塔尔皇后'菠萝 'Natal Queen' H1a
'里普利皇后'菠萝 'Ripley Queen' H1a

西班牙品种群
'红色西班牙'菠萝 'Red Spanish' H1a
'新加坡西班牙'菠萝 'Singapore Spanish' H1a

菠萝

用顶枝繁殖菠萝

1 用锋利的刀子挖下成熟菠萝的顶枝，不要切断枝条的基部。将伤口浸入杀真菌剂中。取出静置一两天，晾干。

2 将准备好的插条插入装满沙质扦插基质的花盆中，并维持至少18℃的温度。插条应该会在数周之内生根并稳健地生长。

番木瓜（Carica papaya）

番木瓜是树形细长、通常为单干的热带乔木，高可达4~5米，冠幅为1~2米。成熟果实可达20厘米长。通常需要22~28℃的温度和60%~70%的空气湿度，某些品种可忍耐15℃的低温，不过开花和结果情况可能会不良。

选址和种植

选择远离强风、阳光充足的地方。番木瓜需要排水良好的肥沃土壤，pH值为6~7；良好的排水至关重要，因为果树不喜涝渍。

许多番木瓜品种是雌雄异株的，在不同植株上开雄性和雌性花，但有时也可以买到雌雄同株品种。一棵雄树可以为五六棵雌树授粉。通常为虫媒或风媒授粉。种植间距为2.5~3米。

日常养护

以每年每株1~1.5千克的用量施加通用均衡肥料，在生长期分两次或三次分别施加于土壤表层。在干旱条件中定期浇水，并使用有机护根保持水分（见"有机护根"，592页）。三四年后，番木瓜可能受到病毒和线虫的影响。如果发生了这种情况，应该使用相同品种的年幼苗木或实生苗替换。

病虫害

露地栽培时，常见虫害为根结线虫；病害包括炭疽病、白粉病和幼苗猝倒病。在保护设施中种植的番木瓜可能还会受到蚜虫、蓟马、粉虱以及粉蚧类的侵扰。详见"病虫害及生长失调现象一览"，659~678页。

在保护设施中种植

在温带地区，如果提供充足的光线和温度水平，番木瓜可以在保护设施中成功种植。像本页下文"繁殖"条目中描述的那样培育实生苗或扦插苗。当它们长到20~25厘米时，将它们移栽到准备好的苗床中，或者直径至少为35厘米的花盆里。使用增添了缓释肥的肥沃基质。将温度保持在最低22℃，空气湿度保持在60%~70%。每三四周施加一次含氮量中等至高水平的液态肥料或表面肥料。应该定期为植物浇水。

修剪和整枝

去除任何侧枝，因为它们不能结果。结果后，将果树剪至距地面30厘米。在长出来的新枝条中，选择最强壮的作为新的领导枝，并将其余枝条剪去。

收获和储藏

当果实呈橙色至红色时采摘。在10~13℃的温度以及70%的湿度中，它们可以储藏长达14天。

繁殖

播种是常用的繁殖方法。将种子播种在保护设施中的托盘里，或者播种在直径6~9厘米的无底花盆中（见"在容器中播种"，605页）。小心操作实生幼苗，因为番木瓜对根系扰动很敏感。炼苗（见"炼苗"，642页），然后在它们长到30~45厘米高时移栽出去。

在使用雌雄异株品种时，为得到大量雌树，将幼苗以三四株一簇种植，开花后将它们疏减至一株。雌雄同株幼苗应该单株种植。

将成年果树剪至距地面30~40厘米，然后将萌发的新枝用作插条。将插条基部蘸取激素生根材料，然后种植在保护设施中。

推荐种植的番木瓜品种

'格雷姆' 'Graeme' 5 H1a Dc
'基尼金' 'Guinea Gold' H1a Hp
'希金斯' 'Higgins' H1a Hp
'蜜金' 'Honey Gold' H1a Dc
'霍图斯金' 'Hortus Gold' H1a Dc
'改良彼得森' 'Improved Petersen' H1a Dc
'梭罗河' 'Solo' H1a Hp
'森尼班克' 'Sunnybank' H1a Dc
'日出' 'Sunrise' H1a Hp

注释
Dc 雌雄异株
Hp 雌雄同株

柑橘属（Citrus spp.）

柑橘属（Citrus）植物包括柑橘、柠檬以及许多其他可食用物种（见"柑橘类物种"，659页）。柑橘属植物会形成分枝广泛的小乔木，树干周长可达50~60厘米。果树高度可达3~10米，冠幅为5~8米。来檬树是株型最紧凑的，葡萄柚树是最大、最健壮的。柠檬树的树形比其他物种更加直立。金橘树之前被归为金橘属（Fortunella），但现在被划分到了柑橘属中，它的栽培需求与其他柑橘属植物类似。

柑橘属植物都是亚热带植物。所有物种和杂种都是常绿树并拥有芳香叶片。最佳生长温度为15~30℃，不过大多数物种能忍耐短暂的0℃低温。它们能在海拔100米及以上，湿度为60%~70%的条件下茂盛生长。开花不呈季节性，而是发生在经常降雨的温暖时期；花果可能同时出现。许多柑橘属物种非常适合在温带地区的保护设施中盆栽。

选址和种植

柑橘属果树喜向阳朝向，在暴露区域应使用风障保护。它们可忍耐众多类型的土壤，但在排水良好的微酸性肥沃土壤中生长得最好。年幼柑橘属果树对高土壤肥力的反应良好。

砧木

可以使用甜橙树作为砧木，因为它能与柑橘属的众多物种和品种相容。粗柠檬树砧木能够长出结实早、对果树根枯病毒有抗性的健壮果树，但它们的果实可能会有较厚的果皮，酸度和含糖量较低。酸橙树也是一种使用广泛的砧木，但容易感染橘树根枯病毒。

枳是一种低矮砧木，适用于较冷凉的地区。它对线虫有一定抗性，但与柠檬的一些品种不相容。印度酸橘和特洛亚枳橙也可以用作砧木。还可以培育实生苗砧木，详见"繁殖"，459页。

授粉

包括甜橙在内的大部分柑橘属果树是自交可育的，因此一般不需要提供授粉品种；许多品种，如'华盛顿'（'Washington'）甜橙还会结出无籽果实。

推荐种植的柠檬、来檬和葡萄柚品种

柠檬
'加里的尤里卡' 'Garey's Eureka' H2
'热那亚' 'Genova' H2
'里斯本' 'Lisbon' H2
'迈耶柠檬' 'Meyer's Lemon' H2
'维拉费兰卡' 'Villa Franca' H2

来檬
'波斯人' 'Persian' (甜) H2
'西印度' 'West Indian' (酸) H2

葡萄柚
'福斯特' 'Foster' (粉色果肉) H2
'马什无籽' 'Marsh' (白色果肉) H2
'红晕' 'Red Blush' (粉色果肉) H2
'星光红宝石' 'Star Ruby' (红色果肉) H2

种植

种植间距为5~10米，株距和行距相同，取决于选中物种或品种的苗壮程度。柑橘属果树对涝渍敏感，所以在土壤排水不顺畅的地方，应将果树种在抬升5~7厘米高的小土丘上。关于盆栽柑橘属果树，见"种植大型长期植物"，334页。

日常养护

在种植后的头几年，使用含氮量高和含钾量中等的均衡肥料施肥，每棵树每年施肥1千克。肥料应该按照固定间隔分两次或三次在果树的活跃生长期施加于每棵树的基部周围。五年后将肥料使用量加倍。护根有助于保持水分。

清理果树基部周围的所有杂草，并在干旱天气浇透水，特别是在花和果实发育时。由于结果不呈季节性，因此没有必要疏果。去除所有萌蘖条。

病虫害

各种粉蚧、蚧虫、蓟马、红蜘蛛、蚜虫、根腐病和冠腐病、炭疽病以及疮痂病都会影响露地和室内栽培的柑橘属果树。根结线虫在某些土壤中会成为严重的虫害；在热带和亚热带地区，果蝇可能成为问题。

许多柑橘属物种和品种会感染由蚜虫传播的橘树根枯病毒，这种病毒会导致葡萄柚、来檬和香橼出现茎陷点病。被感染的果树会失去活力并结出很小的果实。该病毒最容易感染嫁接在酸橙树上的品种。喷洒针对蚜虫的农药，或者使用别的砧木。详见"病虫害及生长失调现象一览"，659~678页。

在保护设施中种植

在温带地区，甜橙树、橘子树、柠檬树和来檬树的几个品种以及酸橙树和金橘树都可以室内种植，不过难以指望它们良好结果。充分准备苗床或使用直径至少60厘米的大型容器，在其中填充富含营养的基质。将气温维持在最低20℃，空气湿度最低为75%，定期为植株浇水。一旦年幼植株完全成形，就每月施一次液态肥料。

修剪和整枝

在第一年，将新种植果树的主分枝剪短三分之一。这会促进侧枝生长，得到整体呈圆形的树形。果实采摘后，对柑橘属果树的修剪只限于去除死亡、染病或交叉分枝，或者剪去地面的枝条。柑橘属果树还可整枝成标准苗式或半标准苗式（见"标准苗式和半标准苗式"，415页），特别是如果它们供观赏之用的话。

收获和储藏

柑橘属果实从坐果到成熟可能需要6~8个月甚至更长时间，这取决于气候（温度越低，所花时间越长）。在光照水平较弱的地区，成熟的柑橘类果实可能仍是绿色的。

在果实成熟时采摘，用修枝剪或锋利的小刀割断果柄，或者用手将果柄轻轻扭断。完好的果实可以在4~6℃的条件下储藏数周。

繁殖

某些柑橘属植物可以播种繁殖。大多数柑橘属植物的种子是多胚性的，因此子代的性状与母株相同。非多胚性品种的果实品质不一。对于有命名的品种，常用的繁殖方式是芽接。

在使用种子繁殖柑橘属果树时，将新鲜种子播种在装满播种基质的托盘或花盆中，播种深度为3~5厘米（见"播种"，605页）。经常为种子浇水，并将温度维持在25~32℃。当幼苗长到可手持时，将它们移栽到10~12厘米花盆中。当它们长到20~30厘米高时，将其移栽到21~30厘米花盆或炼苗（见"炼苗"，642页）后移栽到室外。或者使用直径为25~38厘米的花盆为它们换盆，然后等到它们长到60~90厘米时再移栽室外。

T字形芽接（见"T字形芽接"，634页）是繁殖柑橘属果树的常见营养繁殖方法。使用直径1厘米的柑橘实生苗作为砧木。三四周后，撤去芽接胶带，并将砧木剪短至芽接区域上方一半高度。当芽长出2.5厘米长的枝条后，将芽接区域上方的砧木全部截去。

柑橘类物种

来檬

来檬主要有两类。一种味道很酸，另一种味道相当甜并常用作砧木。种植最广泛的味酸品种之一是'西印度'（'West Indian'）。它的果实圆而小，皮薄，籽少；果皮和果肉是绿色的。

大多数来檬作为实生苗种植，但也可嫁接到粗柠檬砧木上繁殖。

酸橙

酸橙树是树形直立的乔木，相对耐寒。果实常用于制作橘子酱，直径大约7厘米，圆形，果皮厚。它们相当酸，不过某些品种的酸度较低。

柠檬

大多数柠檬品种会结出在完全成熟时仍是绿色而不变黄的带籽果实。露地成功种植需要300~500米的海拔，需要温度差异小，最低温度为20℃。和其他柑橘属水果一样，果实可能需要9~11个月才能成熟，而且果实常与花同时在树上出现。

香橼

香橼的果实呈卵形，黄色，果皮厚且表面粗糙，可长达15厘米；果肉含水量低。

香橼品种主要有两类：一类是酸性品种如'迪亚曼特'（'Diamante'）和'枸橼果'（'Ethrog'），另一类是非酸性品种如'科西嘉'（'Corsican'）。香橼主要为了果皮而种植，可糖渍后制成蜜饯。不过它们也是很漂亮的观赏植物；在温带地区可种植在室内。

葡萄柚（葡萄柚类群）

葡萄柚的果实大而圆，直径可达10~15厘米，黄色。大多数品种可种植在海平面或稍稍高一些的海拔，只要温度超过25℃。栽培葡萄柚主要有两个类群，一个类群的果肉为白色，另一个的果肉为粉色；两个类群都有带籽和无籽品种。

橘子

橘子通常需要超过18℃的温度，但非常高的温度会导致果实品质下降。不同果树之间常常发生杂交授

推荐种植的柑橘品种

酸橙
'弗勒尔的花束' 'Bouquet de Fleurs' H3
'奇多' 'Chinotto' H3

橘子
'克莱门氏小柑橘' 'Clementine' H2
'返场' 'Encore' H2
'国王' 'King' H2
'宫五和' 'Miyagowa' H2

橘柚
'明尼奥拉' 'Minneola' H2
'丑橘' 'Ugli' H2

甜橙
'佳发' 'Jaffa' (普通甜橙) H2
'马耳他血橙' 'Malta Blood' (血橙) H2
'莫罗血橙' 'Moro Blood' (血橙) H2
'红宝石' 'Ruby' (血橙) H2
'桑贵纳力' 'Sanguinelli' (血橙) H2
'沙莫蒂' 'Shamouti' (普通甜橙) H2
'特洛维他' 'Trovita' (普通甜橙) H2
'巴伦西亚' 'Valencia' (普通甜橙) H2
'华盛顿' 'Washington' (脐橙) H2

粉，这会导致多籽果实的增加。

萨摩蜜橘（Satsuma Group）是最常栽培的类群之一，这个类群的果实大部分稍稍扁平并无籽，呈饱满的橙色，味甜。某些品种有"脐"，即果实末端发育出的微型果实。另外三个类群是印度酸橘（Cleopatra Group）——这一类群常常用作砧木但本身果实不堪食用，以及国王橘子类群（King Group）和普通橘子类群[Common Mandarin Group，包括品种'克莱门氏小柑橘'（'Clementine'）]。

橘柚

它是葡萄柚和橘子的杂交种，遗传了每个亲本的一些特性。橙色的果实比橘子更大，但果皮相对较薄，容易剥下。它们在温带地区可以室内种植，偶尔会结果。

甜橙（甜橙类群）

甜橙品种通常可以分为三个类群：巴伦西亚橙（Valencia）、脐橙（navel）以及血橙（blood）。大多数甜橙，包括广泛种植的'佳发'（'Jaffa'）在内，都属于巴伦西亚类群（普通甜橙类群），果实中型至大型，球形至卵形，籽少或无。这个类群的果实味道可能微酸，不过整体口味优良。脐橙在主果末端长有一个小的次生果实，通常是无籽的。它们在较凉爽的气候下生长良好，容易剥皮和分瓣，而且味道极佳。血橙与之相似，但它们的果肉、果汁和果皮是红色的（除非在较高的气温下生长）。

甜橙通常使用种子种植；少数特定品种通过芽接繁殖（见"嫁接和芽接"，634~635页）。实生苗也用作其他物种的嫁接砧木。两批处于不同发育阶段的甜橙可同时生长在一棵树上。

金橘类

金橘起源于中国，比上述所有柑橘属果树都更耐寒，可以忍耐-5℃的短暂低温。果实小，呈黄色，可不剥皮生食。金柑（*Citrus japonica*）的果实形状是圆的，而长实金柑（*C. japonica* x *margarita*）的果实是卵形的。

成熟的甜橙

四季橘（*Citrus* x *microcarpa*）是橘子与金橘的杂交种；在温带地区作为观赏植物种植，并且很适合用在温暖的庭院花园中。

树番茄（*Solanum betaceum*）

树番茄是亚热带乔木，高可达3~5米，冠幅1.5~2.5米。它们在20~28℃以及70%的空气湿度中结果情况最好。果实为红色、橙色或黄色，卵圆形，可达7.5厘米长。

选址和种植

树番茄需要阳光充足的位置，在暴露区域需要防风保护，因为其树干相当脆。肥沃的壤土最好。株距与行距保持3米。

日常养护

应该每两三个月施加一次含氮量中等至高水平的通用肥料，施肥量为每棵果树110克。在持续干旱天气中浇透水，并在植株基部周围覆盖有机护根，防止水分从土壤散失。

病虫害

露地栽培的树番茄可能会受蚜虫影响。它们容易感染黄瓜花叶病毒和马铃薯"Y"型病毒。棕榈疫霉（*Phytophthora palmivora*）和致病疫霉（*P. infestans*）也可能导致问题。在室内环境中，植株有时会被蓟马、粉虱、红蜘蛛和白粉病侵扰。

树番茄

详见"病虫害及生长失调现象一览"，659~678页。

在保护设施中种植

树番茄可以种植在直径至少35厘米的花盆或准备充分的苗床里。使用混合了通用肥料的基质。保持正确的温度和空气湿度，定期浇水，每三四周施一次液态肥料。

整枝和修剪

当植株长到1米高后，去除生长点以促进分枝。除了剪去拥挤和交叉分枝以及染病或死亡枝条，很少需要修剪。

收获和储藏

树番茄树通常在种植后一至两年内结果。当果实开始变色后，使用锋利小刀将它们从果树上切下。果实在4~6℃的环境下可储藏两周。

繁殖

播种前将经过清洗和干燥的果实放入冰箱中冷藏24小时，以加速种子萌发。种子应当在保护设施中播种（见"在容器中播种"，605页）。当幼苗长到3~5厘米高时，将它们单独上盆到直径10厘米的花盆中。当它们长到15~25厘米时，小心地进行炼苗（见"炼苗"，642页），然后露地移栽。

使用无病毒嫩枝插条繁殖也很容易：选择10~15厘米长的枝条使用沙质（但不能是酸性的）基质。按照蓝莓的繁殖方法进行处理（见"嫩枝插条"，612页）。

成熟的树番茄

枇杷（*Eriobotrya japonica*）

枇杷属蔷薇科，常绿灌木，高可达7米以上，冠幅约5米。枇杷最适应亚热带气候，需要15℃的最低温度才能正常开花结实，广泛栽培于地中海地区。在较冷凉的气候区，枇杷树可以在保护设施中良好生长，因为它们可以短暂忍耐相对较低的温度。某些品种还有较低的需冷量。

枇杷树开成簇奶油色芳香花朵，然后结出成串黄色圆果，果实长3~8厘米，果皮粗糙。果肉柔软，甜。

适用于枇杷树的砧木有榅桲树（*Cydonia oblonga*）和欧楂树（*Mespilus* spp.），以及长势苗壮的枇杷树实生苗。大多数枇杷树品种是自交授粉的，不过也会发生虫媒杂交授粉。

选址和种植

选择温暖且阳光充足的位置，并设立风障以减少风造成的损伤和水分蒸发。枇杷树喜排水良好的微酸性肥沃壤土。果树的行距和株距都应保持在4~5米。

日常养护

以每棵树每三四个月大约450克的用量施加通用肥料。在干旱时期必须对枇杷定期浇水，保证根系的湿润；定期施加有机护根有助于减少水分流失。保持果树周围区域无杂草。

为确保得到较大果实，在果实发育早期疏减果簇。去除所有孱弱或受损果实，留下分布匀称的健康小果。

病虫害

露地栽培的果树很少出现问题。而在室内栽培的枇杷可能会感染蓟马、粉蚧、红蜘蛛、粉虱以及白粉病。详见"病虫害及生长失调现象一览"，659~678页。

在保护设施中种植

当年幼实生苗长到大约45厘米高时，可以将其种植在容器中或移栽到准备充分的苗床里。使用添加了缓释肥的含壤土基质，并在夏季维持18℃的最低温度。定期浇水，每个月都施加液态肥料。

修剪和整枝

只需要对过于茁壮的枝条进行顶端修剪，并去除生长方向不良的枝条；任何交叉、受损、死亡或染病的分枝都应该除去。

收获和储藏

果实变软并开始变成深黄色或橙色时采摘。在5~10℃可以进行短期储藏。

繁殖

枇杷树可以播种繁殖，将种子播种在装满沙质播种基质的花盆中，种植深度为2~3厘米，并保持不低于18℃的温度（见"在容器中播种"，605页）。当幼苗长到7~10厘米高时，将它们移栽到最终位置。其他可用于繁殖枇杷品种的技术包括T字形芽接（见"T字形芽接"，634页）、空中压条（见"空中压条"，610页），以及切接（见"切接"，636页）。

成熟的枇杷

杧果（*Mangifera indica*）

杧果树是热带常绿乔木，使用苗壮的实生苗种植时常常可高达30米。如果使用低矮砧木和株型紧凑的无性系，可将果树高度限制在7~10米。低矮类型杧果树的冠幅大约为8米。

杧果果实长度为5~30厘米，重量为100克至2千克不等。果皮革质，根据品种可能呈橙色、黄色、绿色或红色。单粒种子约占果实总体积的25%。有能够适应亚热带地区21~25℃的温度、60%以上空气湿度生长条件的品种，但对于大多数品种，更高温度是最佳生长条件。杧果树需要强光照和一段干旱期才能成功开花结果。

选址和种植

选择温暖向阳处。必要的话，应提供防风保护，因为剧烈的水分损失会严重影响果树的生长；极低的空气湿度会使情况进一步恶化，并导致叶片枯萎、种子败育和花朵掉落。

沙质壤土和中度黏土都适合杧果树，只要它们排水良好。杧果需要5.5~7.5的pH值。

低矮砧木正日益涌现，它们比没有经过选择的当地品种更适用，特别是用于小型花园时。如果没有低矮砧木，可以使用来自高产优质母株的多胚性种子培育实生苗。

授粉在相对干燥的天气中才会成功，因为高湿度和强降雨会限制受精（开花常常在一段凉爽或干旱天气后）。喷洒硝酸钾溶液可以促进开花。杧果树主要靠昆虫授粉，不过某些品种是自交可育的。

紧凑和低矮品种的种植株距和行距是8米；更苗壮的品种需要10~12米的间距。

日常养护

以每棵树每年1~1.5千克的用量施加含钾量中等且富含氮素的通用肥料。这些肥料应该在生长期分三四次施加；第四个生长季过后加倍施加。

在干旱时期为杧果树浇足水，特别是在头三年的生长期，因为根系发育需要大量水分。有机护根材料可以保持水分并抑制杂草（见"有机护根"，592页）。很少需要疏果。

病虫害

在热带地区，杧果树容易遭受果蝇和粉蚧的危害；各种类型的蚧虫也可能成为问题。可能影响露地栽培果树的病害包括炭疽病和白粉病。

在保护设施中种植的杧果树还可能遭受蚜虫、粉虱类、蓟马、红蜘蛛以及某些种类的白粉病和霜霉病的侵害。详见"病虫害及生长失调现象一览"，659~678页。

在保护设施中种植

用种子培育的杧果树容易长得太过苗壮，很难生长在室内，除非将它们嫁接在低矮砧木上，这样才能形成美观的观赏树木。它们可以种在大型容器或准备良好的苗床中，在温带地区，一般只在生长季即将结束时才会开花，而且需要提供最佳生长条件。然而，这样做不能保证结果，而且结果依赖成功的授粉。

当幼苗长到1米高时进行移栽。它们需要添加了含钾量中等、含氮量高的缓释肥的基质。提供21~25℃的最低温度以及大约75%的空气湿度。在保护设施中种植的杧果应该定期浇水并每月施加一次液态肥料。如果叶片由于缺氮而变黄的话，应该喷施氮肥作为补充。

推荐种植的杧果品种

'阿方索' 'Alphonso' H1a
'哈登' 'Haden' H1a
'凯特' 'Keitt' H1a
'青辛顿' 'Kensington' H1a
'青特' 'Kent' H1a
'帕尔默' 'Palmer' H1a
'汤米阿特金斯' 'Tommy Atkins' H1a
'齐尔' 'Zill' H1a

杧果

杧果树

修剪和整枝

当领导枝长到大约1米时,将其尖端剪去以促进分枝。在刚开始的几年将过于拥挤的或非常茁壮的枝条去除,确保得到匀称的圆形树冠。果树一旦成形,修剪工作就只需要去除染病、死亡或交叉分枝,或者那些过于拥挤的枝条。

收获和储藏

杧果树在种植后三四年结果。应该在果实开始变色时采摘。小心操作以避免果实擦伤。

不太成熟的杧果可以在10℃中储藏二至四周,维持90%~95%的空气湿度;它们会在这段时间成熟。

繁殖

多胚性品种可以使用种子繁殖,但是果树需要生长多年才能结果。在使用种子繁殖时,要将成熟果实的果肉去除,再将种子放在水中浸泡48小时以加速萌发,然后小心地除去种皮(见"划破种皮",602页)。立即使用准备充分的基质将种子播种在苗床或容器中,并使种子的凸面向上;使用少许基质覆盖种子,然后浇水(见"播种",604~605页)。

也可以使用嫁接和压条的方法繁殖杧果,包括镶合腹接(见"切接和镶合腹接",636~637页)、T字形芽接(见"T字形芽接",634页)和空中压条(见"空中压条",610页)。和用种子繁殖杧果相比,这些方法通常能够更可靠、更快地得到结果果树。

油橄榄 (Olea europaea)

油橄榄树是常绿乔木,高达9~12米,冠幅7~9米。果实可以在仍呈绿色时采摘,也可在完全成熟并变成黑色后采摘。果实的长度可达4厘米。

油橄榄树在亚热带地区生长良好,最佳生长温度是5~25℃。它们需要漫长而炎热的夏季才能使果实完全成熟,冬季温度又要能够满足特定品种的需冷量,所以想了解你所在的地区最适合的品种,应该寻求专业建议。很低的温度会导致冻伤。在花期中,炎热干燥的风以及凉爽湿润的天气都会减少坐果量。在温带地区,油橄榄树可以作为观赏树木栽培(但很少能够开花结果)或盆栽。只要提供合适的生长条件,油橄榄树可以很长寿。

选址和种植

油橄榄树可以栽培在多种类型的土壤中,不过最好是低至中等肥力的土壤,因为非常肥沃的土壤可能导致营养生长过度。种植位置必须排水良好。油橄榄树在碱性土壤中生长得很好,包括那些盐分含量很高的土壤,只要pH值不超过8.5。在暴露区域,靠墙种植油橄榄树或使用风障提供保护。

大多数品种是自交可育的,但在气候冷凉的地区,授粉品种有助于增加果实产量。油橄榄主要由风媒授粉,但也由昆虫授粉;高湿度抑制授粉。

常用的种植间距是5~7米,株距与行距相同,具体取决于品种的株型;所有油橄榄树都应该立桩支撑以免被风吹坏。对于密集种植的油橄榄树,当树冠开始重叠时,将果树间隔疏苗。

日常养护

以每棵树每年大约0.5~1千克的密度施加含氮量中等至高水平的通用肥料,在果树的活跃生长期分两三次施加。在某些土壤中必须施加钾肥并补充硼元素。在干旱时期为油橄榄定期浇水,特别是种植后的头两三年里。使用有机材料进行护根也有益处。保持种植区域无杂草。

如果出现大小年现象,可能必须进行疏果(见"大小年现象和疏花",412页)。

病虫害

露地栽培的油橄榄树会受各种类型蚧虫和根结线虫的影响。油橄榄的病害包括黄萎病。在保护设施中种植的果树可能会受到粉虱类、蓟马以及红蜘蛛的影响。详见"病虫害及生长失调现象一览",659~678页。

在保护设施中种植

应将生根插条或芽接植株种植在准备好的苗床或者直径不小于30~35厘米的容器中。使用添加了含中等水平钾元素和氮元素缓释肥的肥沃基质。每三四周施一次液态肥料,并经常为果树浇水。

在夏季维持高温——至少21℃,在冬季尽可能降低温度。在容器中生长的油橄榄树应该在夏季转移到室外。

油橄榄

修剪和整枝

当新种植的油橄榄树长到1.5米高时,去除其领导枝;选择三四根强壮侧枝,提供果树的基本分枝框架。后续的修剪包括去除较老分枝以促进新枝生长,因为果实着生于主要分布在树冠边缘的一年生枝条上。

收获和储藏

露地栽培的油橄榄树一般在种植后三至四年内开花结果;产量通常会逐年增长,直到果树达到15年苗龄,之后会保持稳定。

油橄榄可在卤水(5%~6%氯化钠溶液)中浸泡处理以去除苦味。用这种方式处理的果实应该在完全成熟但还呈绿色时采摘。食用油橄榄可在黑色并紧实时采摘,然后埋入干燥的盐中。充分脱水后,将油橄榄储藏在油里。用于榨油的果实应留在果树上直到完全成熟。在收获时,应该摇晃果树,使果实掉落在放置于树冠下的布或细网上。

繁殖

油橄榄树通常使用茎插条繁殖,但某些品系也可以使用芽接繁殖。插条可以是硬枝插条(从一年龄或两年龄枝条上采取)、从当季枝条上采取的半硬枝插条或嫩枝插条。

硬枝插条在冬季采取,应该有大约30厘米长。将每根插条下半部分的叶片去除,并将基部在生根激素材料中浸泡24小时。将插条的一半长度浸泡在扦插基质中,保持13~21℃的温度大约30天,等待插条生根。将生根插条单独移栽到花盆中,在温室条件下培育(见"硬枝插条",617页)。

或者采取10~15厘米长的半硬枝插条或嫩枝插条(见"半硬枝插条",615页)。有命名的油橄榄品种可以使用T字形芽接法繁殖(见"T字形芽接",634页),总是将它们嫁接在苗壮的油橄榄实生苗砧木上。

推荐种植的油橄榄品种

'阿尔贝吉纳' 'Arbequina' H4
'赛普拉斯诺' 'Cipressino' H4
'艾尔格雷科' 'El Greco' H4
'弗兰托约' 'Frantoio' H4
'霍吉布兰卡' 'Hojiblanca' H4
'莱奇诺' 'Leccino' H4
'曼萨尼约' 'Manzanillo' H4
'潘多利诺' 'Pendolino' H4
'皮夸尔' 'Picual' H4

梨果仙人掌（*Opuntia ficus-indica*）

这种仙人掌科植物主要在亚热带地区栽培。虽然它有许多低矮和株型扩展的类型，但某些种类的株高最终可达2米。

大多数梨果仙人掌能够忍耐半干旱条件，最佳生长温度为18～25℃。不过，它们可以忍耐最低10℃的较低温度。充分的日照对于良好生长至关重要。

梨果仙人掌的茎由30～50厘米长的扁平椭圆茎段组成，许多栽培类型几乎无刺，而野生和驯化类型则多刺。

梨果仙人掌在茎的上半部分结果，果实成熟时是紫色或红色的，大约为5～10厘米长。果实中包含柔软多汁的果肉和许多种子。梨果仙人掌由昆虫授粉。

选址和种植

梨果仙人掌在亚热带地区生长得很茂盛，它们能够适应长期干旱的条件。不过，它们对于糟糕的排水和盐渍条件非常敏感，喜沙质、通气良好、pH值为5.5～7的土壤。

生根茎段的种植间距应为2～2.4米，行距为2～3米。

日常养护

通常不需要肥料，除非土壤非常贫瘠。保持种植区域无杂草。很少发生严重虫害。不过，某些腐霉属病菌（*Pythium.* spp.）（见"猝倒病"，663页）可能会在潮湿条件下感染梨果仙人掌。

在保护设施中种植

使用增添了缓释肥的沙质基质。将温度保持在18～25℃，空气湿度保持在60%及以下。植株一旦成形就很少需要浇水。

收获和储藏

梨果仙人掌在种植后三四年内结果。使用锋利的小刀小心地将果实从茎上切下。最好在采摘后数天内食用，但如果有必要的话，也可以在冷凉条件下储藏短暂的时间。

繁殖

将整个茎段从母株上切下；如果茎段很大的话，将它们水平切成两块或三块。将它们放在阳光充足的避风处数天以形成愈伤组织，然后将它们插入沙质基质中。茎段应该会在两三个月后生根；然后可以上盆到15～20厘米花盆中，或者移栽到固定种植位置。定期为新植株浇水，直到它们生长成形。

使用茎段繁殖梨果仙人掌

1 使用锋利的小刀将整个茎段从母株上切下。建议戴手套，因为刺对皮肤有刺激性。

2 将茎段晾数天后，将其放入沙质基质中并压实好。茎段应该会在两三个月内生根。

梨果仙人掌

鳄梨（*Persea americana*）

这种亚热带常绿乔木的株高与冠幅都可以达到10～15米。果实呈梨形，中央有一较大的圆形种子。果实大小和果皮质感因品种各异，颜色为绿色至黄褐色。鳄梨有三种主要类型，分别是危地马拉鳄梨（Guatemalan）、墨西哥鳄梨（Mexican）和西印度鳄梨（West Indian）。

植株生长和果实发育的最佳温度为20～28℃，湿度应超过60%。某些墨西哥鳄梨和危地马拉鳄梨的品种和杂种可以忍耐10～15℃的低温，但在这样的低温下通常不开花。

选址和种植

鳄梨树可以在亚热带地区露地栽培，只要温度在上述范围之内。它们的分枝较脆，所以在暴露区域应该提供风障保护，以防止它们被风严重损伤。

选择尽可能接受最多阳光的地方。鳄梨树需要排水良好的土壤，因为它们的根系对涝渍极为敏感。它们喜pH值为5.5～6.5的中壤土，不过如果排水良好或者已经过改良的话（见"准备现场"，403页），沙质或黏质壤土也可以使用。

如果要使用嫁接植株，最好使用那些嫁接在既茁壮又对樟疫霉菌（*Phytophthora cinnamoni*）导致的鳄梨根腐病有抗性的砧木上的植株。

鳄梨可以自交授粉，但如果将至少两个品种靠近种植，会得到最好的产量。选择花期相同或者重叠的品种。种植的株距和行距都保持6米。

日常养护

在果树的活跃生长期施加含钾和含氮量中等的通用肥料。推荐施肥用量为每棵树每年1.5～2千克，最好分两次或三次施加。在每棵果树基部周围覆盖有机护根，护根距离树干大约25厘米。

在干旱期为鳄梨树浇水，特别是种植后的头三年里。保持果树基部周围无任何杂草。通常不需要为鳄梨树疏果。

病虫害

鳄梨树可能会受鳄梨根腐病（见"疫霉根腐病"，671页）、炭疽病以及尾孢属（*Cercospora*）叶斑病（见"真菌性叶斑病"，665页）的影响；还可能感染粉虱、蓟马、红蜘蛛和粉蚧等虫害。详见"病虫害及生长失调现象一览"，659～678页。

成熟鳄梨

在保护设施中种植

将年幼植株种植在准备充分的苗床或直径至少为21厘米的容器中。保持20~28℃的温度以及70%的空气湿度。对于盆栽植株，换盆到直径至少30厘米的花盆中，注意不要扰动植株的根系。

定期为盆栽鳄梨浇水，并每隔两周或三周施加一次含钾和含氮量中等的通用肥料或液态肥料。在温带地区，由于无法达到果树对日长和光照强度的需求，保护设施中种植的鳄梨很少开花结果。

修剪和整枝

除了在生长早期塑造树形以确保发育出分布匀称的圆形树冠，鳄梨树不需要什么修剪。一旦果树成形，就可在果实采摘后去除任何染病、受损或交叉的分枝。

收获和储藏

种子培育的果树会在五年至七年苗龄时开始结果；芽接或嫁接植株在种植后三至五年内开始结果。鳄梨树的果实可能挂在树上长达18个月而不成熟，但它们在采摘后通常会很快成熟。

使用修枝剪将果实从树上剪下。小心操作以免擦伤。将它们储藏在10℃以上的温度和60%的空气湿度中。任何受损的果实都应该丢弃。

鳄梨树

繁殖

鳄梨树可以轻松地使用种子繁殖，并且能够真实遗传亲本的性状。选择健康完好的种子，并将种子放在40~52℃的热水中浸泡30分钟。这样做有助于抑制鳄梨根腐病的感染。从带尖末端切下一小片，然后将种子播种在沙质基质中，被切的末端稍稍露出土壤表面；种子的萌发通常发生在四周后。实生苗可以在容器中继续生长到大约30~40厘米高，然后移植到最终位置。

为将命名品种繁殖在抗病砧木上，可使用嵌接（见"嵌接"，637页）或鞍接（见"鞍接"，637页）技术。嫁接繁殖有助于保证果实的品质和产量。

推荐种植的鳄梨品种

'埃廷格' 'Ettinger'（Mexican x Guat.）H1c
'富埃特' 'Fuerte'（Mexican x Guat.）H1c
'哈斯' 'Hass'（Guatemalan）H1c
'卢拉' 'Lula'（Guatemalan）H1c
'纳巴尔' 'Nabal'（Guatemalan）H1c
'波洛克' 'Pollock'（West Indian）H1c
'祖塔诺' 'Zutano'（Mexican x Guat.）H1c

使用种子种植鳄梨

1 将种子浸泡在热水中，然后使用锋利的小刀将尖末端切掉大约1厘米。伤口蘸取杀真菌剂。

2 将种子放在装满湿润播种基质的直径15厘米的花盆中，使切面刚刚露出土壤表面。

3 数周后，种子会萌发并长出枝条和根系。

番石榴（*Psidium guajava*）

番石榴树株高可达大约8米，冠幅可达7米。它们广泛种植在热带和亚热带地区，最适宜的生长温度范围是22~28℃。喜70%及更低的空气湿度；更高的空气湿度会影响果实品质。

番石榴果实的直径为2.5~10厘米，果肉为粉色或白色。花朵一般由昆虫特别是蜜蜂授粉。

选址和种植

喜背风处，必要的话使用风障系统提供保护。番石榴树可以忍耐众多类型的土壤，但排水良好的壤土最理想。土壤的pH可以是5~7，不过最适宜的土壤pH值应当是6左右。

种植的株距和行距都保持为5米。在多强风地区，应使用立桩支撑幼年植株。

日常养护

使用含钾和含氮量中等的通用肥料施肥。施肥量为每棵树每年1~2千克，在生长期分两次或三次施加。

清除果树基部周围的杂草，保持良好灌溉，并施加有机质护根以保持水分。

病虫害

害虫很少造成严重问题，但在露地栽培中，蚜虫、果蝇以及根结线虫可能需要控制。炭疽病会在很多地方发生。保护设施中栽培的果树还可能受到粉虱和蓟马的影响。番石榴幼苗容易感染猝倒病。详见"病虫害及生长失调现象一览"，659~678页。

推荐种植的番石榴品种

'苹果' 'Apple'（白色果肉）H1a
'博蒙特' 'Beaumont'（粉色果肉）H1a
'戈拉' 'Gola'（白色果肉）H1a
'马勒布' 'Malherbe'（粉色果肉）H1a
'迈阿密白' 'Miami White'（白色果肉）H1a
'帕克白' 'Parker's White'（白色果肉）H1a
'帕蒂略' 'Patillo'（粉色果肉）H1a
'粉酸' 'Pink Acid'（白色果肉）H1a
'红印第安' 'Red Indian'（粉色果肉）H1a
'至高红宝石' 'Ruby Supreme'（粉色果肉）H1a
'至高白' 'White Supreme'（白色果肉）H1a

在保护设施中种植

可以将番石榴种植在准备充分的苗床里，或种植在直径至少为30~35厘米的容器中并使用混合缓释肥的肥沃盆栽基质。保持22℃的最低温度和70%的空气湿度。定期浇水，每三四周施一次液态肥料。为提高坐果率，可能需要进行手工授粉。花期需要维持相对干燥的条件。

修剪和整枝

当幼年番石榴树长到大约1米高时，将领导枝剪短三分之二以促进分枝。后续的修剪只限于去除任何死亡、交叉或染病分枝，以及任何低垂并接触土壤的分枝。

收获和储藏

取决于品种和环境条件，露地栽培的番石榴树通常在种植后一至三年内结果。果实在受精后大约五个月成熟，可以在开始变黄时采摘。小心地操作，因为果实很容易被擦伤。

果实可以在温度为7~10℃、空气湿度为75%的条件下储藏三四周。

繁殖

番石榴树通常用种子繁殖；繁殖特定品种可以使用空中压条、扦插或嫁接技术。

在托盘或直径7厘米的容器中的肥沃无菌基质中播种（见"在容器中播种"，605页）；种子一般会在两三周内萌发。实生苗的质量可能会有差异：当最强壮的幼苗长到20厘米高时，将它们换盆到直径为15厘米的花盆中。当幼苗长到30厘米高时，炼苗（见"炼苗"，642页）然后移栽。

选中的番石榴树品种可以嵌接（见"嵌接"，637页）在苗壮的番石榴树实生苗砧木上，砧木茎干的直径应至少为5毫米。没有特定的砧木种类可以推荐；最好选择自交授粉的强壮健康植株，作为砧木实生苗的母株。

还可以使用嫩枝插条繁殖番石榴；选择12~16厘米长的茎段（见"嫩枝插条"，612页）。当使用嫁接或扦插技术繁殖的植株长到大约30厘米高时，可以将它们移栽室外。

在露地条件下，可以使用简易压条（见"简易压条"，607页）或空中压条（见"空中压条"，610页）的方法繁殖番石榴树。对于后者，在环剥处施加激素生根材料有助于提高成功率。

番石榴树

番石榴

石榴（*Punica granatum*）

石榴树可以形成小型观赏乔木或灌木，高达2~3米，冠幅1~1.5米。它们在亚热带地区是常绿植物，在较冷凉的地区则是落叶植物。果实球形，直径可达10厘米，果皮革质，黄或红色。最佳生长温度为18~25℃，但可忍耐短暂的0℃以下低温。结果时需要干燥的天气和高温，35℃最佳。因此，在温带地区，石榴树的种植常是为了观赏橙红色的夏花和秋色叶；石榴的一个低矮变种矮石榴（*P. granatum* var. *nana*）可以在温带地区的保护设施中大量结果。

选址和种植

选择向阳处，在暴露区域使用风障提供保护。pH值大约为7的重壤土一般比较适合，如果它们排水良好的话。将实生苗、生根插条或萌蘖条以4~6米的株距和行距种植。

日常养护

植株一旦成形，以每棵树每年110克的用量施加通用肥料，每两个月施加一次。为种植区域覆盖护根并保持无杂草；在干旱天气为果树定期浇水。剪去所有萌蘖条。

病虫害

露地栽培的石榴通常不会产生问题。在保护设施中，它们会受到粉虱、蚜虫、红蜘蛛以及蓟马的影响。详见"病虫害及生长失调现象一览"，659~678页。

在保护设施中种植

将石榴树种植在准备充分的苗床中，或种植在直径至少35厘米的容器里，并使用添加了缓释肥的盆栽基质。保持18~25℃的温度和60%~70%的空气湿度。每三四周施一次液态肥料，并定期为植株浇水。盆栽果树可以在夏季转移到室外。

修剪和整枝

选三四根主枝形成分枝框架，并去除任何拥挤、交叉或染病分枝。将不用于繁殖的萌蘖条剪掉。

收获和储藏

种植后大约2~3年开始结实。当果实变成黄色或红色时采摘；果实可以在4~6℃储藏数周。

繁殖

石榴树通常可以使用插条或生根萌蘖条繁殖。将硬枝插条（见"硬枝插条"，617页）插入沙质基质中，并提供底部加热直到它们生根。嫩枝插条（见"嫩枝繁殖"，611~612页）需要底部加热和喷雾（使用中性的基质）。在插条生根后，将它们上盆到10~15厘米花盆中。可以将生根萌蘖条小心地从母株上分离并重新栽植。或者将种子晾干后种在装满播种基质的花盆或托盘中，保持22℃的温度（见"在容器中播种"，605页）。

石榴的花和果

石榴树

推荐种植的石榴品种

'阿科' 'Acco' H3
'美须' 'Fina Tendral' H3
'勒格雷亚科' 'Legrelleae' H3
'摩尔拉德埃尔切' 'Mollar de Elche' H3

坚果

有几种结坚果的乔木和灌木适合种植在花园里；它们喜阳光充足的开阔环境。某些种类（如欧洲栗、核桃、美洲山核桃）可以长成大型乔木，成为很好的园景树。在小型花园中，巴旦木可以形成良好的景致，但它只有在温暖气候区才能结果。欧榛和大榛可以修剪成株型紧凑的灌木，或者在野趣园中自然式群组种植。大多数坚果（但不包括巴旦木）是雌雄同株的，在同一株植株上开雄花和雌花。

美洲山核桃（Carya illinoinensis）

美洲山核桃树是落叶乔木，高可达30米，冠幅15~20米，所以适用于大型花园。它们在温暖气候区生长得最好：低于1℃的气温会损伤花朵；超过38℃的气温会导致树皮受损，果实品质下降。美洲山核桃需要7℃以下150~250小时的需冷量才能开花。

美洲山核桃树是雌雄同株的，但同一棵树上的雄花常常在雌花之前开放，所以将两个或更多品种种在一起可以确保授粉。由于美洲山核桃树的花是风媒花，所以花期时的降雨可能会影响授粉，使产量严重降低。果实呈卵圆形，2~2.5厘米长，壳薄。

选址和种植

选择已经嫁接到美洲山核桃树实生苗砧木上的品系，因为用种子培育得到的果树可能无法结出优质果实。美洲山核桃会很快长出长直主根，所以应该种植年幼果树；根系拥挤的较老盆栽果树很少能成功存活。美洲山核桃树需要远离强风的种植位置，在pH值为6~6.5的深厚肥沃土壤中苗壮生长。在休眠期种植果树，种植间距大约为8米。

美洲山核桃

日常养护

以每平方米每年70~140克的用量在表层土壤施加均衡肥料。保持种植区域无杂草，并在干旱时期为果树浇水，直到它们成形。美洲山核桃树对干旱有一定耐性，但在夏季需要大量的水。美洲山核桃树很少受病虫害影响；疫霉根腐病（见"疫霉根腐病"，671页）和蚜虫（见"蚜虫类"，659页）有时候会成为问题。

修剪和整枝

先整枝具中央领导枝的美洲山核桃树（见"打造中央主干标准苗"，100页）。一旦果树成形，修剪就只限于去除交叉和拥挤分枝以及任何死亡枝条。

收获和储藏

种植后5年可以得到第一批坚果；15~20年后达到最大结果量。通常手工采摘坚果。它们可以在凉爽干燥的通风条件下储藏数月。

繁殖

常用的繁殖方法是将选中品种舌接在苗壮的美洲山核桃实生苗砧木上（见"舌接"，638页）。用作砧木的实生苗应该在深花盆或塑料套管中培育，因为它们的长直根系在移栽过程中容易损伤。

推荐种植的美洲山核桃品种

'卡尔森3号苗' 'Carlson No 3 Seedling' H4
'科尔比幼苗' 'Colby Seedling' H4
'麦田' 'Cornfield' H4
'理想' 'Desirable'
'莫霍克' 'Mohawk'
'莫尔兰' 'Moreland'

核桃（Juglans regia）

核桃树是落叶乔木，株高与冠幅可达18米；它们只适合用于大型花园。命名品种的实生苗可能会产生品质不佳的果实。核桃树雌雄同株且风媒授粉。大多数自交可育，但某些品种会在雌花可受精之前形成雄性柔荑花序以及花粉。为克服这一问题，在附近种植可靠的授粉品种，如'福兰克蒂'（'Franquette'）。核桃的需冷量为7℃以下500~1000小时。壳带坑，果仁扭曲。

位置、种植和日常养护

排水通畅且保水性好的土壤最合适。核桃树喜6.5~7的pH值，但能忍耐一定程度的碱性。由于花和嫩枝易受冻伤，因此应避免寒冷的位置。核桃树有长直主根，所以选择年幼植株而不是根系拥挤的较老盆栽植株。在秋末或冬季种植，种植间距为12~18米。

核桃树的成形速度可能很慢，但两三年后长势就会增强。细菌性叶斑病和叶枯病可能会成为问题（见"细菌性叶斑和斑点"，660页）。

修剪和整枝

核桃树应该整枝成中央主干标准苗式（见"打造中央主干标准苗"，100页）。在仲冬修剪，去除任何与主干形成狭窄镜角的枝条，得到分枝匀称的均衡框架。此后只需要很少的修剪，只限于冬季去除过于拥挤或交叉的分枝，以及按照需要剪掉死亡的部分。

收获和储藏

核桃树可能持续多年不结果。用于腌渍的核桃应在夏季果实外皮和核桃壳变硬前采摘。在初秋，果实外皮会开裂，释放出坚果。在果壳变色之前采摘。洗干净后晾干，储藏在凉爽、通风、稍微湿润的条件下。

繁殖

常用的繁殖方法是将品种舌接（见"舌接"，638页）或嵌芽接（见"嵌芽接"，635页）在黑胡桃（Juglans nigra）的实生苗上。在冷凉气候区，将嫁接后的果树放置在温室中，直到嫁接完成，然后将花盆转移到室外背风处。在秋季或冬季将年幼果树种植在最终位置。

核桃

推荐种植的核桃品种

这里列出的所有品种都是自交可育的
'布罗德维尤' 'Broadview' H6
'冒险家' 'Buccaneer' H6
'福兰克蒂' 'Franquette' H6
'朱庇特' 'Jupiter' H6
'拉拉' 'Lara' H6
'火星' 'Mars' H6
'马耶特' 'Mayette' H6
'巴黎女子' 'Parisienne' H6

欧榛（Corylus avellana）和大榛（C. maxima）

欧榛树和大榛树的冬季柔荑花序可赏，坚果可食用。不修剪的话，它们的株高和冠幅可达4~5米。它们是落叶植物，雌雄同株，在凉爽湿润的夏季结果状况最好，需冷量为7℃以下800~1200小时。低于10℃的冬季低温可能会损伤雄花（柔荑花序）。欧榛的果萼不会将坚果完全包裹住。大榛的果萼通常比坚果长，并会将其完全裹住。

欧榛树和大榛树都是风媒授粉的；许多品种自交可育。对于欧榛树，推荐种植的自交可育品种包括科斯福德（'Cosford'）和'诺丁汉'（'Nottingham'）；推荐种植的大榛品种有'肯特州榛'（'Kentish Cob'）、'巴特勒'（'Butler'）、'恩尼斯'（'Ennis'）和'甘斯勒伯特'（'Gunslebert'）。

欧榛

大榛

选址和种植

喜半阴背风处。土壤pH值最好为6；非常肥沃的土壤可能会导致柔软枝叶过度生长，影响结果。充足的水分且排水顺畅非常重要。在秋季或初冬种植，种植间距为5米。

日常养护

定期清除杂草并覆盖护根；在持续干旱时浇水。在贫瘠的土壤上，以每平方米100克的用量在春季施加均衡肥料。果实可能会遭受榛子实甲的侵扰。松鼠可能会将树上的坚果吃光。

修剪和整枝

欧榛和大榛可以种植成茎干粗45厘米并拥有8~12根主分枝的开心形灌木。在冬季将年幼植株的领导枝剪短至55厘米；然后它应该会长出良好的侧枝。去除主干上位置很低的枝条，但保留分枝框架所需的位置良好的最强壮树枝。在冬季将这些分枝剪短三分之一。在接下来的冬季，去除任何非常健壮的直立枝条，并剪去侧枝的尖端以形成良好框架。如果在夏末使用折枝法，较老灌木能结更多果实。

收获和储藏

种植后三年或四年结果。当果萼变成黄色时采摘。干燥后储藏。

繁殖

使用萌蘖条繁殖。在冬季将带根坨的萌蘖条从母株上分离下来，重新种植并继续生长。或者在秋季进行压条繁殖。

巴旦木（Prunus dulcis）

不经修剪的巴旦木可以长到5~6米高，冠幅等大。它们在夏季温暖干燥、冬季无霜的地区才能有规律地结果。需冷量为7℃以下300~500小时。在冷凉气候区，它们常作为观赏植物种植。巴旦木需要昆虫授粉。大部分品种是半自交可育的，不过如果在附近种植授粉品种，结果量会更高。坚果扁平带尖，果壳表面布满小坑。

位置、种植和日常养护

巴旦木需要背风无霜位置以及排水良好的土壤，pH值最好是6.5。种植间距为6~7米。巴旦木的栽培方法和桃树一样（见427~428页）。桃缩叶病（见"桃缩叶病"，671页）和细菌性溃疡病（见"细菌性溃疡病"，660页）可能影响巴旦木。

修剪和整枝

巴旦木常常和桃树一样修剪成灌木式（见"灌木式桃树"，428页）。果实生长在一年龄枝条上。对于较老的果树，在夏季将四分之一老枝剪去，促进新枝生长发育。

收获和储藏

种植后三四年结果。果实外皮开始开裂时采摘。清洁并干燥后储藏。

繁殖

巴旦木通常使用嵌芽接繁殖（见"嵌芽接"，635页）。砧木种类取决于土壤类型：干旱地区常使用巴旦木实生苗；桃树实生苗更适用于较黏重的土壤。

推荐种植的巴旦木品种

'鲍洛托尼''Balatoni' H6
'弗拉格纳斯''Ferragnes' H6
'英格丽德''Ingrid' H5
'大果''Macrocarpa' H6
'曼德琳''Mandaline' H6

巴旦木

欧洲栗（Castanea sativa）

欧洲栗树是夏季开花的落叶乔木，株高可达30米，冠幅可达15米。雌雄同株，风媒授粉。

这种有光泽的深棕色坚果在冬季寒冷、夏季温暖的地区生长得最好。果实中通常有两枚或三枚果仁，不过某些品种的果实中只有一枚果仁。

位置、种植和日常养护

最好种植在pH值为6、保水性良好的肥沃土壤中；种植间距为10~12米（见"种植乔木果树"，404页）。为年幼果树浇水，并保持种植区域无杂草。在准备充分的种植场所，没有必要施肥。

修剪和整枝

整枝成中央主干标准苗（见"打造中央主干标准苗"，100页）。去除老树上的死亡、拥挤或交叉分枝。

收获和储藏

种植大约四年后结果。秋季采收。除去果实外壳，浸泡48小时，丢弃任何颜色变深的，晾干后储藏在凉爽通风处。

繁殖

将选中的欧洲栗品种芽接或舌接（见"嫁接和芽接"，634~638页）到欧洲栗的实生苗砧木上。

欧洲栗

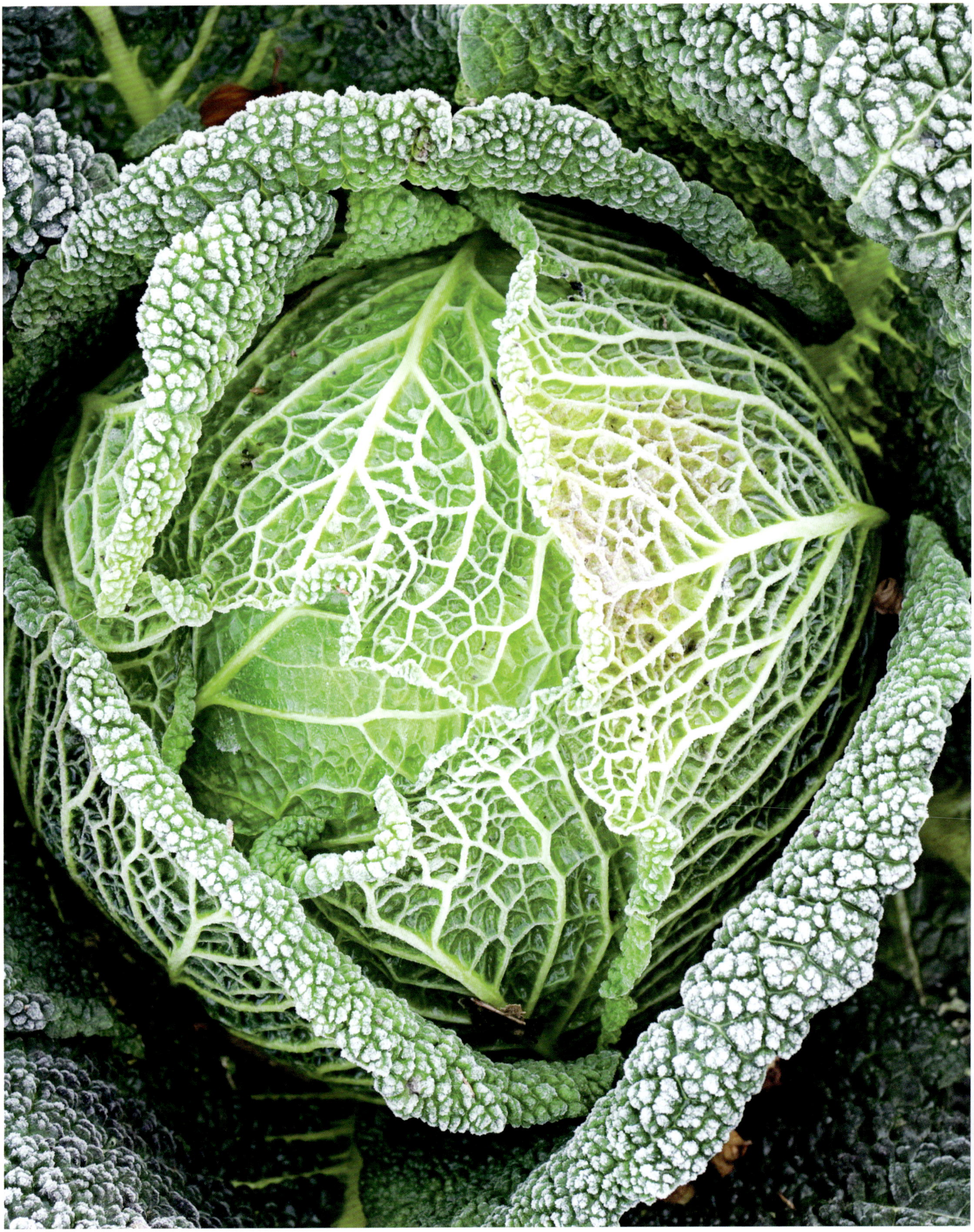

种植蔬菜

越来越多的园丁正从种植自己的蔬菜中得到极大的满足感。

他们这样做有许多原因：对于大多数人来说，追求商店产品中缺乏的新鲜和风味是最大的乐趣，而某些人很期待种植与众不同的作物和品种。很多园丁想要收获按照可持续方式生产的蔬菜作物——这常常是通过有机方法实现的。在一些人的眼中，精心打理的菜畦就像草本花境一样美丽。借助现代科学和栽培方法，再加上如今的许多长势茁壮且抗病性强的蔬菜品种，即便是种植蔬菜的新手也能在自己的花园中亲自播种、照料和采收蔬菜，并获得在餐桌上品尝它们时的极大满足感。

设计蔬菜园

在花园中总是能打造一块健康生长的蔬菜生产区域，无论是阳光充足的大块土地还是露台上的几个花盆。蔬菜可以种植在单独开辟的菜畦中，或者融入花坛中。如果想得到高品质的蔬菜，良好的生长条件至关重要。不过，几乎任何地方都适合种植蔬菜，在暴露区域可以竖起风障，或者采取必要措施改善土壤肥力和排水性能。这些不可能在一夜之间完成，但在一两年内可以获得很令人满意的结果。

选择位置

大多数蔬菜的寿命很短暂，但它们对生长条件的要求很高，蔬菜园的理想条件应该能够提供温暖、阳光、防风保护、排水良好的肥沃壤土以及充足的水分供应。选中的种植场所应该是开阔的，通风良好但不能过于暴露，而且最好不要过于荫蔽：附近的乔木会遮挡阳光并将雨水滴在蔬菜上，它们还会将大量养分和水分从土壤中吸走，而建筑物可能会在菜畦上产生大块阴凉以及能够造成损伤的漏斗风。

庇护和风障

提供防风庇护是蔬菜种植中最重要的保护手段。尽可能避免在多风处种植；即便是微风也能使蔬菜产量降低20%～30%，而强风往往是灾难性的。在海滨花园中种植的蔬菜可能会被海风带来的咸水沫损坏或杀死。

在暴露于风中的花园里，应该设立风障；它们应该有50%的渗透性，使风能够滤过，而不是像实心结构一样使风偏转后在另一面产生湍流（见"防冻和防风保护"，598～599页；

规划保护设施
温室将为不耐寒的作物提供庇护所。

"风"，54页）。

有效的风障可以是绿色屏障，如一面树篱，也可以是一面板条栅栏或风障网等结构。树篱比较美观，但需要较长时间成形，它们需要维护，占据空间，并且会和蔬菜竞争土壤、水分和营养，因此它们只适合用于大型花园。关于树篱的更多信息，见"树篱和屏障"，104～107页。在非常大的花园边界，可以使用乔木作为风障。在较小的种植场所，更实用的是栅栏、围栏或用板条固定在立柱或立桩上的风障网。

一面风障可以在等于其高度大约10倍的距离内提供最大限度的挡风庇护。对于非常暴露的花园，你可能需要至少高2米的风障。在这样的情况下，风障网和立柱都必须足够结实，因为它们在强风下会承受很大的张力。或者在成排的植株或苗床之间竖立较低的临时性风障，连接在竹竿上的高度不超过45厘米且间距为3～4米的风障网非常适合用于这个用途。

如果建筑或乔木之间的空隙在花园中产生了漏斗风，则需在空隙两端竖立1米宽的障碍物。在空隙中种植落叶灌木或树篱，使用人工风障提供保护直到它们成形。

为菜畦选址

倾斜地块比平整土地更难打理，而且在倾斜陡坡中，强降雨带来的土壤侵蚀会很严重。在斜坡上横向设立苗床可能对此有所帮助。朝南斜坡上的位置有优势，因为它在春季会很快升

设计苗床
设计苗床系统会让栽培蔬菜作物更容易，可以避免踩踏和压紧土壤。苗床可以是临时性或永久性结构。

抬升种植区域

在抬升苗床中，土壤排水顺畅，非常适合种植根状茎类作物。它在春季的回暖速度也更快，让你可以更早地播种和种植。使用木板将提供整洁的边缘和牢固的结构，需要时还可以在上面安装保护性网罩或浮面覆盖物。

温。在炎热气候区，将苗床设置在朝北斜坡上，以躲避猛烈的阳光。

对于露地栽培的蔬菜作物，蔬菜苗床的朝向影响不大，但对于温室和冷床，它们的斜坡屋顶应该朝向阳光以最大限度地增加效果。小心地选择高蔬菜作物（如攀缘豆类）的位置：在温带气候区，将它们种植在不会遮挡较低矮植物阳光的地方，但对于更炎热的气候区，则要使用它们来提供这种阴凉。

在温带和北方气候区，南墙脚下的温暖背风处可用于种植早春和晚秋作物，在夏季则可以种植不耐寒的喜阳作物（如马铃薯和辣椒）。充分为苗床浇水以免土壤干燥。朝北墙壁可以为夏季莴苣和菠菜等植物提供一定程度的遮阴，这会让它们更鲜美多汁。

维持土壤肥力

能在手中轻松破碎的松散壤土最适合种植蔬菜：它富含植物所需要的营养，并能支持蚯蚓以及其他能够分解有机质的微生物生存。它拥有良好的结构，即使在不利条件下也可耕作：在潮湿天气中不会变黏，在干旱时期也不会变成粉状，而总是保持着松散质地，所以土壤的通气性很好。这对于土壤中的微生物以及你想种植的蔬菜的根系都很重要。既能促进大部分蔬菜茂盛生长又不怎么需要额外施肥的理想土壤应该是排水通畅且保水性好的，pH值最好为6.5。

维持排水顺畅且富含腐殖质的肥沃土壤，既可以促进植物的健康生长，又能减少植物对肥料的需求。这一点在进行有机种植时特别重要，这种种植方法的理念是为土壤施肥而不是为植物施肥（见"有机园艺"，20～23页）。

土壤类型

蔬菜可以成功地种植在众多不同类型的土壤中。其中一个极端是多孔的沙质土，它在春季能很快回暖，适合种植早收作物。在这样的土壤上很容易进行全年栽培，但此类土壤会在淋洗作用下迅速流失养分，所以蔬菜的施肥和灌溉是非常重要的。另一个极端是重黏土，这类土壤保肥性很好，但回暖的速度较慢，质地黏重，易于发生涝渍；最好在春季之前使用非掘地法耕作它们（见"非掘地耕作"，587页）。在实践中，许多土壤是过渡类型，介于这两种极端情况之间。

栽培成功的关键是时机恰好的耕作或者精心挑选的非掘地流程，并且最重要的是混入腐熟有机质以改善营养条件和保水性。足够的石灰含量对于土壤肥力很重要，种植场所应该经常测试pH值（见"土壤及其结构"，58页）。

蔬菜作物会不断地从土壤中吸收养分。在几乎所有类型的土壤中，都必须定期添加有机质以维持土壤肥力。园丁可使用的有机质包括动物粪肥（最好富含秸秆但不含锯末或木屑）、堆肥土壤改良剂、海藻或花园堆肥。在使用有机栽培方法时，选择有机土壤改良剂和护根。

每年在土地上使用一层8～10厘米厚且充分腐熟的有机质能够保持土壤的结构和肥力。它可以铺在非掘地花园的土地表面，或者掘入土壤中。如果在秋季将有机质铺在土壤表面，蚯蚓会将它混入土壤中。这对于疏松的轻质土壤特别有好处，不然大雨会造成养分淋失。除非是在非掘地土壤中，否则应该在秋季将有机质掘入黏重土壤，使其尽可能深地均匀分布在土壤中；从仲冬开始为轻质土壤掘土，以避免杂草生长和土壤压实。腐熟有机质是一种很有用的护根，可以在整个生长季使用（见"护根"，480页）。

使用绿肥或覆盖作物

可以种植专门用来掘入土壤改善肥力的作物。在蔬菜园中，可以种植绿肥作物并将其掘入土壤中，或者任其过冬以增加土壤肥力并避免裸露土壤（见"绿肥"，591页）。避免使用芸薹属植物，因为它们容易感染根肿病（见"根肿病"，663页）。

排水

良好的排水至关重要；在排水问题严重的地方，可能必须建造抬升苗床或设置土地排水系统（见"改善排水"，589页）。

在大多数情况下，在土壤中混入大量有机质可以显著改善排水性能，因为这样能促进蚯蚓活动，它们通过创造庞大的排水通道网络来大大改善土壤结构。

保护土壤结构

物理损伤很容易摧毁良好的土壤结构，这些物理损伤可能来自在非常潮湿时进行的踩踏或耕作，也可能是大雨击打土地表面造成的。将花园布置成狭窄的——也许还是抬升的——苗床（见"苗床系统"，474～477页），最大限度地减少对土壤的踩踏，在土壤表面覆盖护根（见"护根"，480页）也有助于维持土壤结构。

规划蔬菜园

菜畦的布局取决于花园的大小、形状以及属性，还有家庭的需求。蔬菜作物的轮作规划很重要（见"轮作"，476～476页），使四种主要蔬菜类群（豆类、芸薹属植物、根状茎类以及葱蒜类）可以在不同区域连续种植，以推迟和减少

盆栽作物
大型容器非常适合种植蔬菜，包括灌丛或攀缘作物（如番茄）。保持良好施肥并定期浇水，夏季需要每天浇水。

轮作

连续多年将相关蔬菜类型种植在蔬菜花园中的不同区域，有助于避免病虫害在土壤中积累，尽管有证据表明在使用非掘地方法（见"非掘地耕作"，587页）时，系统性的轮作并无必要。芸薹属蔬菜容易患根肿病（见"根肿病"，663页），如果年复一年地种在同一地点，植株会受到严重的影响，令产量大大下降。在大多数花园，三年或四年的轮作——同一种作物三年或四年中在同一地点的种植次数不超过一次——通常是切实可行的最长轮作周期（见"蔬菜作物的轮作"，476页）。

病虫害积累。拥有充足空间营造厨房花园的园丁要么选择传统式的分类成排菜畦，要么选择每年种植不同作物的永久性苗床（见"苗床系统"，474～477页），不过对于有限空间也有别的方法。

宿根蔬菜区域

大部分蔬菜是每年在不同地块上作一年生栽培的。少量宿根蔬菜，如洋蓟、大黄以及芦笋，应该一起种植在某块永久性苗床上，与一年生蔬菜分开。定期为宿根蔬菜作物护根以保持水分，防止土壤压紧并控制杂草。

盆栽蔬菜

只能在露台、屋顶或阳台上种植蔬菜的园丁常常将蔬菜盆栽，这样做既多产又非常美观（见"盆栽蔬菜"，341页）。虽然与花卉相比，蔬菜更难在容器中良好生长，但它们值得投入精力。合适的容器很多，包括传统的花盆和浴桶，也有专利生产并预装盆栽基质的种植袋。在容器中种植低矮且颇具观赏性的品种，并尽可能使用穴盘苗进行全年生产，以节省时间和增加产量，特别是如果作物很难用种子培育的话。

空间的最大化利用

为最大限度地提高有限区域的产量，可以在单个苗床中种植不同作物。速生蔬菜（如萝卜）的种子可以和成排种植的间距更大（如甜玉米）或生长较慢（如欧洲防风草）的蔬菜的种子间隔播种。同样，快速成熟的"填闲作物"（如莴苣等）可以种植在成熟缓慢的芸薹属蔬菜之间。棋盘式苗床能够使效率最大化，不过错行苗床也很适用。

或者也可以将"填闲作物"提前于当季种植较晚的作物（如南瓜）播种，或者在早熟作物（如早熟豌豆）之后播种。速生蔬菜可以迅速利用有限的空间，并在缓慢生长的作物需要空

间之前成熟。确保短期作物不会妨碍后者的生长。精心控制时间至关重要，而且在干旱的夏季，缺水会成为问题。

花坛中的蔬菜

由于许多花园太小，难以开辟专门的蔬菜种植区，所以近些年越来越流行将蔬菜融入花坛中，或者成群种植在苗床中以得到美观的图案。尽可能选择观赏性好的品种，并进行群体种植以得到最佳效果。这种方法在欧洲被称为"蔬菜园艺"（potager gardening），在美国被称为"可食地景"（edible landscaping）。在花坛中种植蔬菜的唯一需求是将土壤肥力维持在选中蔬菜必需的水平上。

气候因素

大多数蔬菜只在春秋之间白昼平均温度大于6℃时才生长。春秋之间温度适宜的"生长天数"取决于纬度、海拔以及暴露程度等因素，并在很大程度上决定了播种日期以及可以在当地室外栽培的作物类型。

温度需求

蔬菜有时会被划分成暖季型或冷季型作物，这取决于它们的生理学需求，特别是那些与温度相关的需求。大多数芸薹属蔬菜和几种根状茎类蔬菜会被高温损伤，而较不耐寒的蔬菜（如番茄）会被冰点之下的低温冻伤或杀死。很多蔬菜可以通过转移到室内的方式延长生长期（见"在保护设施中种植"，483页）。关于各种蔬菜温度需求的详细信息，见485～526页。

白昼长度

每天的日照时长或称白昼长度取决于纬度和季节，而蔬菜品种在不同生长阶段对白昼长度有不同的反应。短日植物只有在白昼长度小于12小时时才会结种子；而长日植物只有在更长的白昼长度中才能结种子。

这会影响播种时间，特别是那些食用种子的蔬菜（如大豆）。其他类型的蔬菜必须在开花之前收获。比如，洋葱是长日植物，当白昼长度达到16小时或更长时，洋葱会停止叶片生长并形成鳞茎。此刻已经形成的叶片越多，长成的鳞茎就越大，因此应该在较早的时间播种洋葱的种子，使植株在白昼长度增长至临界点前长出尽可能多的叶片。

目前已经有专门培育的以适应长日或短日条件的品种（如意大利茴香），又称日中性品种。整个章节都有这样的例子。最保险的办法是

较小的地块
将蔬菜种植在观赏植物中可以最大限度地利用有限空间，还能吸引有助于控制蔬菜害虫（如菊红斑卡蚜）的益虫。

检查种子包装袋上的播种和收获指南。

降水

地区年平均降水量对于蔬菜作物有重要影响。在降水少的地区，在蔬菜的重要生长发育阶段很容易发生干旱，如豌豆和豆类的开花与果实膨大期，或者是莴苣的叶片生长期。对于降雨少的地区，至关重要的措施是在这些重要阶段提供灌溉以及在土壤表面覆盖护根以防止杂草。

在降水量高的地区，必须保持或创造土壤的良好排水性，避免出现涝渍，而且需要花费更多精力处理蛞蝓、蜗牛和真菌性叶片病害，它们都在潮湿的条件下繁殖。在高降水量下，土壤中的养分容易淋失，特别是在土壤松散沙质的花园中，补充施肥可能是必要的。

朝向

虽然无法改变既定地区的气候因素，但可以通过土壤管理和采取措施改善小气候（花园内部的环境条件）来降低它们的不良影响。因此，利用菜畦的物理朝向很重要。使用栅栏、屏障或绿篱提供风障可以减少蔬菜和土壤的水分流失，并能促进土壤温度升高，从而利于生长。向阳墙壁或栅栏可以形成温暖的生态位，对番茄、辣椒和甜玉米等在高温下表现最好的作物很有好处。向阳缓坡在春季回暖最快，因此很适合种植早熟作物。相反，高墙有时也会遮蔽阳光和雨水，对此要特别当心，并避免在霜穴中种植。

苗床系统

水果和蔬菜最好种植在开阔地上的平整或抬升苗床中。在这样的情况下，土壤可以充分利用降水和风化作用，植物也可以充分伸展根系。在传统花园中，通常会为水果和蔬菜开辟专门种植区域。这样的区域可以是宽阔的地块，不过另一种很好的解决方案，尤其是在小型花园中，是使用通道将蔬菜园分隔成一系列狭窄的苗床。

菜地

在传统厨房花园中，蔬菜在菜畦中是一排排种植的。这是一种很好的作物栽培方式，可以使大面积的土地得到耕作，使用也很灵活。

然而，种植蔬菜作物需要不断出入进行播种、疏苗、移栽、浇水、表层施肥、防控病虫害、除草、采摘以及清理。每项工作都需要踩踏土地，这会压紧土壤。这样的话，土壤中的空气会减少，阻碍排水并导致生长不良。注意不要踩踏潮湿土壤，可以踩在木板上以分散重量，减少对土壤的压紧。然而，狭窄苗床能够完全避免踩踏耕作区域。

使用苗床

在苗床系统中，耕作区域分为半永久性苗床和固定苗床。苗床的宽度应该足够窄，可以伸手够到中央区域，这样就可以在起分隔作用的通道上完成栽培措施，不用踩踏土壤。这样还可以有效避免压紧土壤，并且可以在下雨后很快进行收获或其他工作，而不会破坏土壤结构。

苗床较小的耕作面积意味着需要的挖掘工作大大减少；苗床还很适合使用非掘地系统（见"非掘地系统"，475页）。在这样的系统中，苗床一旦成形且肥沃，就不需要进行锄地。由于大块有机粪肥施加在较小的区域，因此更容易积累高水平的肥力、改善土壤通气性和排水性，反过来又能促进根系更强壮地生长。

耕作区域被集中在相对局限的空间里，这使得苗床系统成为小型花园中种植并收获蔬菜的良好解决方案。土壤肥力得到了提高，不种植作物的通道带来了更多光照，不需要进入成排种植的植物之间进行打理，这使得蔬菜可以更密集地种植。例如，卷心莴苣能够以20厘米的间距种植成互相交错的排，而在更传统的布局中，种植间距是30厘米。每棵植株都充分利用有限的土壤和空间并提高产量。

植株的密集种植还有进一步的间接好处。渗透软管（见"渗透软管"，539页）等低水平灌溉系统会变得更容易管理，费用也更低。使用更传统的灌溉技术（如喷灌器）也不会那么浪费水，因为不种植作物的区域不会得到灌溉。密集的间距还能有效抑制一年生杂草的生长，因此除草工作也会变少。

使用苗床系统会让轮作变得更容易（见"轮作"，475~476页），因

建造抬升苗床

1 清理准备建造抬升苗床的区域，挖出任何草皮并清除任何多年生杂草。

2 用耙子平整目标区域，清除任何石头。

3 测量并标记苗床位置，按照需要切割出合适尺寸的木板。

4 将木板连接在四角立柱上，建造苗床的框架。确保所有边都是水平的。

5 在每个角挖一个洞以容纳立柱，然后放置苗床。在苗床中填入已经混入有机质的优质表层土。

6 将土壤均匀铺开，注意不要在边缘或角落产生气穴。

7 一旦得到光滑的土壤表面，就可以按照每种作物的建议间距进行种植。

8 充分浇水，确保土壤湿透。

9 使用耙子和装饰性护根（如树皮屑），沿着苗床的外部边缘建造一条简易道路。

完成的抬升苗床
在接下来的几周，填充好的苗床可能会发生沉降，令土壤表面随之下降，这时需要填土。

密集种植
这个抬升苗床中的高土壤肥力使得蔬菜能够以交错行密集等距种植。在使用标准宽度的园艺织物保护作物时,操作这样的狭窄苗床也特别方便。

为每种作物类群都可以分配到一个苗床中,并在下一年根据轮作规划转移到别的苗床里。

规划苗床的布局

苗床的形状可以是长方形、正方形,甚至是曲线形。首要的考虑因素是必须能够在通道上对整个苗床进行栽培活动,以避免压紧土壤。理想的宽度是1.2米;如果能更有效地利用有限空间的话,可以增加至1.5米,对于被玻璃或塑料钟形罩保护的区域,宽度可以减小至1米。窄条状苗床特别适合种植草莓,因为铺设护根和采摘都很方便。

苗床的长度可以进行调整以适应现场情况,但应该避免从一端到另一端步行太长距离。虽然苗床的走向并不是十分重要的,但南北走向通常能够确保阳光分布最均匀。苗床之间通道的宽度应至少为45厘米,以便步行以及独轮手推车出入。

苗床类型

描述苗床的术语有很多:平齐(flat)苗床、半平齐(semi-flat)苗床、深厚(deep)苗床以及抬升(raised)苗床。平齐苗床以及半平苗床是直接从花园土地中简单地标记出来并进行栽培的苗床。随着每年添加大块有机质,苗床表面会逐渐高于通道,土壤深度也会得到增加。

深厚苗床

非掘地种植者常常想要最大限度地减少土壤耕作,以保存其自然结构和肥力,并减少杂草生长。深厚苗床是达到这一目的的理想方法。在深厚苗床中,通过一次彻底的耕作将大量有机质混入土地中(见"双层掘地",586页),将土壤改良至所需要的深度。在此之后,避免进一步掘地,使有机质和微生物活动促进土壤自然结构的发育。更多有机质只能作为护根和表层覆盖添加。对土壤表面的唯一扰动只在种植时发生,所以位于萌发深度之下的杂草种子会一直休眠,只有被风吹过来的杂草种子长成的幼苗需要清理。

抬升苗床

抬升苗床的建设需要标记出苗床位置,然后使用木材、砖块或水泥砌块将边缘修建至30厘米高。也可以不修建侧壁,但如果不设置侧壁的话,为确保稳定性,苗床的基部需要比完成后的顶部宽大约30厘米。

抬升苗床拥有平齐苗床的所有优点,而且排水更顺畅,在春季回暖更快。如果让抬升苗床的一侧稍稍高出另一侧,使斜面朝向太阳,苗床会更有效率地回暖,从而促进植物提前生长。

使用抬升苗床可以在最不具希望的地面上成功进行园艺栽培,例如自然排水性非常糟糕的地方或者是用混凝土修筑过的土地。

较高的苗床也有助于让行动不

在苗床中种植
苗床不应超过1.5米宽,确保在两边都能轻松地用胳膊够到中央。然后所有工作都可以在周围的道路上进行,不用踩踏苗床的土壤,从而避免破坏土壤结构。

便的人享受园艺的乐趣。侧壁可以修建至60~90厘米高,并在底部填充碎石(为了良好排水)。然后在上面铺设30~45厘米厚的肥沃土壤。

制作通道

苗床之间的通道可以保持成土壤区域,并定期清除其中的杂草。有护根覆盖的通道在开始时需要多花一些精力,但从长远来看,能够减少养护工作,特别是如果护根铺在抑制杂草的园艺织物上的话。如果在表层覆盖树皮或沙砾,这样就能创造结实的耐践踏表面。

当使用硬质塑料或混凝土砌块等材料在苗床周围安装耐久镶边时,草坪通道是一个很好的解决方案;草地表面必须远离边缘以便割草。

轮作

在轮作时,在连续年份中将蔬菜种植在菜畦中的不同区域。

轮作的优点

轮作的主要目的是防止针对某一蔬菜类群的土生病虫害积累。如果每年都在相同土壤中种植同一种宿主蔬菜,病虫害就会迅速增加并成为严重的问题,而缺少宿主时,病虫害会逐渐消退。各种类型的马铃

非掘地系统

掘地可以是一种有效的杂草控制手段(尤其是对于多年生杂草而言)。但从长远来看,被深埋的杂草种子会在后续几年的掘地过程中被带上地表,它们会暴露在光照之下,然后萌发。

在非掘地系统中,任何杂草种子都留在土壤表面,在这里它们可能被野生动物吃掉。它们不会占据支配地位,而且护根可以阻止很多杂草种子萌发。掘地还可能导致土壤自然结构退化,使土壤有机质迅速降解,并破坏维持土壤肥力的那些自然过程。定期在土壤表面施加有机质(在种植前充分施加,让蚯蚓能够将其混入土壤中)有助于抑制杂草、保存水分,并维持土壤结构和肥力。

非掘地方法的成功需要在刚开始时彻底清除杂草,特别是多年生杂草,可以使用织物覆盖(非有机园丁可以使用除草剂)。这种技术特别适合苗床系统,尤其是在难以挖掘且排水缓慢但拥有良好自然结构的黏土上(见"非掘地土壤管理",584页;"非掘地耕作",587页)。

非掘地马铃薯
种植马铃薯时,将块茎放在土壤表面,然后覆盖一层15~20厘米厚的护根,做成土丘状。使用黑色塑料布覆盖土丘护根,安装牢固。在黑色塑料布上做出切口以便马铃薯枝条长出。

薯和番茄线虫、侵染大多数芸薹属（十字花科）蔬菜的根肿病以及洋葱白腐病等常见病虫害都可以通过轮作减轻。

轮作蔬菜还能带来其他好处。某些作物（如马铃薯）能够完全覆盖土壤，这样能将大部分杂草闷死，所以可以在种植这些作物之后紧接着种植难以除草的蔬菜（如洋葱）。此外，大部分根状茎类蔬菜特别是马铃薯有助于打碎土壤，保持土壤结构松散并通气良好。

豆科的大部分蔬菜（如豌豆和其他豆类）可以将氮元素固定在土壤中，供下一茬作物生长使用。因此，需氮量大的芸薹属蔬菜和马铃薯应该紧接豆科蔬菜种植。相反，需氮量较低的根状茎类蔬菜可以在芸薹属蔬菜之后种植。

包括宿根蔬菜和沙拉用蔬菜在内的几种蔬菜不能进入主轮作系统。沙拉用蔬菜的生长时间很短，因此可用于填补作物之间的时间和空间缝隙。宿根蔬菜最好种植在专门的固定苗床中，不用轮作。

轮作的缺点

轮作的一个缺陷是，要想使轮作完全有效，轮作周期应该比常用的三年或四年长得多：根肿病和白腐病菌可以在土壤中潜伏长达20年。这种规模的轮作在大多数花园中是不现实的。另一个问题是，苗床之间的距离很短，这意味着土生病虫害仍然能轻松传播。不同作物需要生长在不同大小的苗床中，并且采收时间也往往不一致，这些情况会让轮作变得更加复杂。

某些种植区域较小的园丁更喜欢在相同区域连续种植同一种作物，在病虫害发生时再选择性地避免这样做。然而，最好将轮作视为管控病虫害的辅助手段，而不是全能的预防和解决措施。总体而言，最好的建议是在蔬菜园中移动作物的种植位置，努力在上面列出的轮作作物类群之间找到间隙。

轮作的计划

尽管在有效的作物轮作方面存在一些困难，但轮作仍然是明智之举，园丁应该尽量采用。最关键的方面是在某指定区域至少有一个（最好是两个）完整的耕作期，且不重复种植同一蔬菜类群中的植物。

列出你想要种植的主要蔬菜种类以及大概数量。不要种植不适宜当地气候和土壤的作物，特别是在小型花园中，并将精力集中在价格较贵以及非常新鲜时味道最好的蔬菜上。

列出蔬菜园中的各个苗床。将选中蔬菜按照轮作类群（如所有豆类和荚果类蔬菜，或者

蔬菜作物的轮作

豆科和荚果作物	葱类
蚕豆、扁豆、四季豆、棉豆、秋葵、豌豆、红花菜豆	洋葱、葱、大蒜、韭葱、东方叶葱、腌制用洋葱、青葱、小葱
芸薹属蔬菜	茄果类和根状茎类蔬菜
西蓝花、球芽甘蓝、卷心菜、花茎甘蓝、花椰菜、芥蓝菜、大白菜、羽衣甘蓝、苤蓝、小松菜、日本芜菁、芥菜、小白菜、紫西蓝花、萝卜、瑞典甘蓝、芜菁	茄子、甜菜、胡萝卜、块根芹、芹菜、芋头、欧洲防风草、马铃薯、婆罗门参、黑婆罗门参、甜椒、甘薯、番茄、龙葵

所有芸薹属蔬菜）分类，此外还有不在主要类群中的杂项蔬菜（见"蔬菜作物的轮作"，上）。可以根据空间的使用情况和所需蔬菜的数量，将杂项类群中的蔬菜种类分配在某些主要类群中。

逐月计划

做一张表格并在表中列出一年中的所有月份，然后将名单中所有蔬菜在土地中栽培的时间列在表中。要记住，通过在容器中培育后来用于移栽的幼苗（见"在容器中播种"，605页）可以缩短这段时间；在生长季早期和末期使用某种形式的覆盖则可以延长之（见"在保护设施中种植"，483页）。某些作物一年播种一次（如欧洲防风草和大白菜），但对于其他作物，如莴苣和萝卜，在一年中重复播种可以保证全年连续供应。

规划布局

为每个（或数个）苗床分配不同的蔬菜轮作类群，并将每个苗床将要种植的最重要的作物写下来。参考你的逐月表格，并为其指定适合紧接或前续的蔬菜种类。例如，如果仲冬采收并清理了球芽甘蓝，则接下来可以种植胡萝卜、莴苣或豌豆。大多数地块一年只能种植两茬作物。在后续年份中使用这个基本计划，并将作物转移到别的苗床中。

最好只将整体计划作为大概指导。许多因素——不只是天气和季节的不可确定性——会影响作物栽培的成败。成功更多依赖计划的灵活性，而不能生搬硬套，不知变通。

做记录

记录自己在蔬菜园中的活动很有必要，特别是种植日记，有助于设计轮作计划。记录天气条件，特别是第一场和最后一场霜冻的时间，这对于增加未来的产量是非常重要的信息。所种植品种的播种和种植日期、收获产量的记录对于未来的参考也很有用。它们还有助于辨认产出过多和不足的情况，以便在将来避免。记录生长中出现的问题（病虫害或生长失调）以及处理措施也很有用。

空间的规划
确定各种作物的期望产量，然后分配相应的空间。某些速生作物可以在一个生长季收获多次。

蔬菜种植计划表

使用蔬菜种植计划表可以帮助你选择要种植的蔬菜、了解需要做什么样的养护工作以及养护时间。为避免供过于求和工作量高峰，应谨慎选择作物，错开播种、种植、疏苗、除草和收获时间。谨慎的计划还将确保你全年（包括冬季）都能享用连续产出的农作物。

蔬菜	1月	2月	3月	4月	5月	6月	7月	8月	9月	10月	11月	12月
洋蓟												
菊芋												
茄子												
蚕豆												
四季豆												
红花菜豆												
甜菜												
西蓝花												
球芽甘蓝												
大白菜												
卷心菜, 春季												
卷心菜, 夏季												
卷心菜, 冬季												
胡萝卜												
花椰菜												
块根芹												
芹菜												
菊苣												
黄瓜												
羽衣甘蓝												
苤蓝												
韭葱												
莴苣												
西葫芦												
洋葱												
欧洲防风草												
豌豆												
甜椒												
马铃薯												
萝卜												
菠菜												
瑞典甘蓝												
甜玉米												
马铃薯, 室内												
马铃薯, 室外												
芜菁												

注释

- 室内或保护设施中播种
- 室外播种
- 种植块茎、小鳞茎或吸芽
- 移栽幼苗
- 收获

番茄幼苗
番茄种子可以提前在室内萌发，仲冬以后的任何时间都可以。

播种和种植

播种是培育蔬菜最常用的方法。室外或室内的播种方法有好几种（见"播种"，604页）；使用最适合选中品种以及有限空间的方法。植物生长早期的照料能够保证得到更健康、更多产的作物。在幼苗变得过于拥挤之前进行疏苗，或者将它们移栽到苗床、温室或容器中的固定种植位置。

选择种子

在过去，只能买到普通的裸种，但如今已经有了众多预先处理过的种子，这使播种和发芽都变得更容易。还可以买到预先发芽的种子。

购买种子

总是购买优质种子，最好是真空包装的，以保持其活性，如有信誉的邮购公司所提供的。许多最好的品种是F1代杂种，由两个选定亲本杂交育种得到（见"商业生产的种子"，601页）。虽然比较贵，但它们非常健壮且多产。种子的活性差异很大；为安全起见，使用不超过三年的种子，或者在播种前进行萌发试验。将种子储藏在凉爽干燥条件下：莴苣的种子最好存放在冰箱里。

预制种子

包衣种子的外层包裹黏土形成小球，比裸露种子更容易播种。这对于细小种子（如胡萝卜种子）特别有用。应该小心地将包衣种子逐个放入播种沟中，这可以省去后期移栽的麻烦。以正常方式播种，但要保证黏土外层保持湿润直到萌发。

还可以将种子均匀地镶嵌在纸条或种子带上，后者会在土壤中自然降解。将种子带放入播种沟中，然后覆盖土壤。种子的衬垫会在萌发早期提供保护并减少后期的疏苗工作。

预先发芽种子

带芽种子（chitted seed）或称预先发芽种子（pre-germinated seed）是在刚萌发后出售并播种的。带芽种子包装在小型塑料容器中，之后被逐粒地播种到花盆或播种盘中。

有些种子的萌发需要一定温度，如果缺少电动增殖箱，就很难达到这样的温度要求。还有些种子的萌发很不稳定，它们都适合使用这种方法。

为了让普通种子提前生长，可以在家中让它们预先发芽。这对于在寒冷土壤中萌发缓慢且可能在萌发前腐烂的种子很有用。将种子铺在潮湿纸巾上，然后将它们放入温暖处。保持湿润直到萌发，然后将它们小心地播种在容器中或室外。也可以使用这种方法在播种前测试老种子的活性。

室外播种

对于蔬菜，可以现场播种并让其长到成熟，或者先播种在育苗床中，再将其转移到固定位置。现场播种多用于年幼时采摘的作物（如小葱和萝卜），或者不能很好移栽的蔬菜（如胡萝卜和欧洲防风草）。芸薹属蔬菜可以与其他众多类型的作物一起播种在育苗床或穴盘中。

室外播种的成功需要温暖和准备充分的土壤。对于大多数蔬菜，一旦温度超过7℃，就会开始萌发，所以不要在寒冷土壤中播种。某些蔬菜（如莴苣等）在高温下的萌发情况很差。各种蔬菜的条目下给出了特定的种子萌发温度需求。可以使用土壤温度计测量土壤的温度，不过大多数园丁凭借自己的经验评价土壤是否温暖到足以支持种子萌发。

条播

和观赏植物一样，播种在一条窄沟中是蔬菜播种最常用的方法。关于如何准备土地以及播种方法的细节，见"室外播种"，604页。不过，在宽而平的播种沟中播种的方法（见"在宽播种沟中播种"，下）可用于密集种植的蔬菜植株（如豌豆和早熟胡萝卜）以及在幼苗阶段收获的作物（见"连续作物"，下）。

播种深度

种子的播种深度取决于它们的大小。除非另做说明，否则洋葱等细小种子的播种深度应为大约1厘米，芸薹属蔬菜为2厘米，豌豆和甜玉米大约2.5厘米，其他豆类可达5厘米。无论使用什么播种方法，关键是稀疏地播种，使幼苗在早期阶段不会过于拥挤。另一个重点是保持土壤表面湿润。在寒冷天气中，播种后应该用园艺织物覆盖土壤。幼苗出现后去除任何覆盖物。

连续作物

对于生长迅速但最佳状态很快就过去或者很快就开始结实的蔬菜（如莴苣等），应该少量多次播种。

在宽播种沟中播种

1 使用薅锄做出15~23厘米宽、底部平整的平行播种沟。

2 在播种沟中按照所需间距播种。

3 使用薅锄覆土，注意不要移动种子的位置。

4 将金属网钉在播种沟上，抵御鸟类和其他动物。

幼苗作物

宽播种沟可用于作为"小叶菜"采收的叶用和沙拉蔬菜。可以将大量种子播种在每条播种沟中，令种子覆盖播种沟的全部宽度，因为植株会在长到成年尺寸之前采收。

为避免产出过多或断档，应等到一批种子萌发后再播种下一批种子。许多叶用或沙拉蔬菜可以在幼苗阶段收获，并且在割下后常常能再次长出连续不断的枝叶，它们又被称作随切随长型蔬菜。这是一种利用小块区域非常有效率的方法，并且这样的作物非常适合播种在其他生长缓慢蔬菜的下方或中间。对于幼苗作物，将种子播种在宽播种沟中（见"在宽播种沟中播种"，478页），然后用织物覆盖。幼苗不需要疏苗，在数周之内就可以进行第一次收割。

种植

尽可能在蔬菜年幼时将它们种植或移植到最终生长位置，让它们能够不受阻碍地继续生长，容器或穴盘中培育的蔬菜（见"在容器中播种"，605页）除外。当根类蔬菜的主根开始形成后，就不要进行移栽了，否则会导致主根变形。

在将植物从育苗床中移出之前，先在它们的根系周围浇水；如果将要种植它们的土地很干的话，需为种植沟浇水。手持植株时捏住叶片而不是茎干或根系，后两者很容易受损。挖出一个比根系稍大的洞，然后将植物放入洞中，回填土壤并使底部叶片正好位于土壤表面之上。在茎干周围紧实土壤以锚定植株。在炎热天气中，为幼苗浇水，然后使用园艺织物遮阴直到幼苗成形。种植后的数天保持土壤湿润（见"关键浇水时期"，480页）。

种植深度
种植蔬菜幼苗时使最底部的叶片正好位于土壤表面之上。种植得过高会将茎干保留在外，它可能无法支撑成熟蔬菜的重量。

间距

不同蔬菜对种植间距有不同的需求，有时候种植间距能够决定它们的最终大小。传统上，蔬菜是按照推荐株距和行距成排种植的。或者也可以等距离种植——种植间距约为推荐株距和行距的平均值；所以株距15厘米、行距30厘米的种植可以改成间距23厘米的种植。这种方法的效果很好：植株可以享受均匀的阳光、空气、水分和养分，而且它们在成熟后地上部分可以盖住地面，能有效抑制杂草（见"苗床系统"，474～475页）。蔬菜也可以在间距很宽的行中以很短的株距密集种植。

室内播种

蔬菜的种子可以在室内播种，如凉爽温室中或窗台上。这对于那些在气候冷凉且夏季短暂的地区栽培的不耐寒蔬菜，以及那些需要漫长生长期的蔬菜很有帮助。这还有助于生产出健康幼苗并克服萌发问题，因为这样可以更容易地控制温度。萌发后，将大部分幼苗保持在较低温度，放入宽敞明亮且受保护的环境中，直到准备移栽。在无法实现这一点的地方，可能需要购买更多成熟植株。

在容器中播种

蔬菜的种子可以播种在装有标准盆栽基质的穴盘（由多个独立的种植单元格组成）、小花盆或播种盘中，具体指导见"在容器中播种"，605页。

在每个种植单元格播种两三粒种子。幼苗长出后疏苗，只保留最强壮的。对于某些蔬菜（如韭葱、洋葱、芜菁以及甜菜），需要将数粒种子种在一个单元格或花盆里，等到幼苗长出后按照比平常更宽的间距一起移栽，之后让其继续生长至成熟。

幼苗通常需要保持稍微温暖的温度。将它们放到明亮无气流的地方，以便其强壮均匀地生长。在露地移栽前将植株转移到独立花盆中。

移栽

在室内穴盘中培育的幼苗应该在玻璃温室或冷床中炼苗（见"炼苗"，642页），然后可以移栽到花园里的最终位置。作为穴盘苗购买的植株可以在霜冻风险完全过去之后立即移栽。

将每棵植株从穴盘中取出。挖出能够容纳其根坨的洞。将植株放入洞中，最底部的叶片正好位于土壤表面之上；紧实并浇水。

炼苗

室内培育的植株在露地移栽前需要逐渐适应较低的温度和风。将它们在双层织物下、钟形罩或冷床中炼苗10～14天。先在白天进行，然后在夜间逐渐增加通风，直到幼苗可以完全留在室外；移栽后用织物进行部分覆盖（见"炼苗"，642页）。

营养繁殖

一些蔬菜使用吸芽、块茎、球茎、鳞茎或插条进行营养繁殖。这可能是因为它们很少结实，或者用种子繁殖得到的后代性状不稳定，或者是因为营养繁殖的速度更快。各个蔬菜种类下有相关细节（见485～526页）。繁殖方法的详细指导见"繁殖方法"，600～642页。

嫁接蔬菜

作为一种繁殖木本植物（如月季和杜鹃花）的技术，嫁接有着悠久的历史，但这种方法直到最近一些年才用于蔬菜的商业生产。所用砧木通常是同一物种的变型，选择它们是因为它们的活力以及对病害的抗性强，还有能够传递给接穗品种的优良性状。商业嫁接蔬菜包括茄子、南瓜、黄瓜、甜瓜、番茄，以及甜椒和辣椒。

数家园艺公司还为家庭园丁提供某些嫁接蔬菜。虽然比种子培育的品种更昂贵，但它们通常更健壮，结果也更早。

种植在至少30厘米深的花盆中，确保嫁接结合处位于土壤表面之上大约5厘米，以抑制接穗生根。坐果后每周施加一次或两次高钾肥料。无论是盆栽还是露地种植，大多数嫁接蔬菜需要使用强壮的竹竿立桩支撑（见"嫁接番茄"，506页）。蔓生蔬菜（如南瓜）也能从强壮的支撑中得到好处。

在容器中种植蔬菜

容器适用于在空间有限的地方种植蔬菜，或者将蔬菜园延伸到铺装区域。它们也可以用于温室中，特别是如果土壤感染了病害并且难以消毒或更换的时候。与花卉相比，蔬菜需要更肥沃的生长基质以及更持续和透彻的灌溉，所以必须精心维护（见"盆栽蔬菜"，341页）。

在窗台上培育幼苗
阳光充足的窗台可以行使温室的功能，支持不耐寒幼苗的生长。

日常栽培

植株只有在生长条件最佳时才能生产出最优质的蔬菜。按照需要清除杂草并充分浇水。可以使用护根来保持水分并抑制杂草。随着作物的生长，必须维持土壤的养分水平。

浇水

大部分作物需要相当湿润的土壤，但在需水量以及何时最需要水等方面并不相同（见"关键浇水时期"，下）。过度灌溉可能导致番茄和胡萝卜的味道变淡，对于根类蔬菜则会导致叶片过度发育，影响根的生长。

如何浇水

多量少次浇水（干旱时期每10~14天浇一次水）比少量频繁浇水更有效率。不过，幼苗和非常年幼的移栽植株应该少量频繁浇水，随时保持湿润。少量频繁地浇水时，水分会在抵达植物根系之间快速蒸发，并促进根系在表层生长而不往土壤深处扎根，而深根系能够帮助植物抵御干旱。将水直接灌溉到每株植物的基部。在蒸发量小的傍晚浇水，并留出时间让植物表面在夜晚之前干燥。

灌溉设备

使用安装细花洒的水壶为年幼植株浇水。对于小型花园中的总体灌溉，一把水壶足够令人满意，它可以将水输送到需要的地方。在更大的花园中，使用带定时器的低位灌溉系统，以输送恰好能够湿润根系区域的水量，并将浇水时间设定在清晨，此时通过蒸发损失的水量较少。水从低位滴灌系统的孔中渗出，灌溉大约30厘米宽的条形区域或者单棵植株，这取决于滴头的间距。低位滴灌系统可以轻松地在作物之间移动，还可以浅埋在土壤中（见"灌溉工具"，538~539页；"节约用水和循环用水"，596~597页）。

关键浇水时期

在蔬菜的成长过程中，浇水在某些时期特别有好处；这些时期取决于具体的蔬菜种类。在持续干旱天气中，只在这些时期浇水。

萌发中的种子、幼苗以及刚移栽的植株绝不能干掉；对它们应少量频繁浇水，并确保水分抵达植物的根系。

叶用和沙拉用蔬菜（如菠菜、食用甜菜、大多数芸薹属蔬菜以及莴苣）需要每周浇透一次，帮助它们得到高产。最关键的浇水时期是成熟之前的10天至3周。在这一时期，如果出现非常干燥的条件，以每平方米22升的量浇一次水。在这一时期之外，在干旱天气中以一半的量每周浇一次水。

对于果用蔬菜（如番茄、辣椒、小胡瓜、豆类、黄瓜以及豌豆等），最关键的时期是花形成以及果实或荚果发育时。如果这个时期比较干燥，需要每周以叶用蔬菜的浇水量（上）进行灌溉。不要在关键时期之前大量浇水，那样会造成枝叶徒长，并不会增加结果。

根用蔬菜（如胡萝卜、欧洲防风草、甜菜和洋葱等）在非常干旱的时期需要适度浇水。在生长早期阶段，如果土壤干燥的话，以每平方米5升的量浇水。当根开始膨胀时，将浇水量增加4倍，如果干旱条件持续的话，则每两周浇一次水。

减少浇水需求

为保存土壤水分，特别是在干旱地区，可挖掘土壤并混入大量有机质以改善土壤结构和保水性，以利于根系深度生长。土壤表面保持护根（见"护根"，右上），并抑制杂草生长。不要在干旱的天气中锄地，否则会加快水分从土壤中蒸发。竖立风障抵御干燥的风（见"庇护和风障"，470页）。

使用渗透软管为蔬菜灌溉
在成排蔬菜之间铺设的渗透软管可以保水分抵达植物根系并深达土壤底部，而不是从土壤表面流走。

在容易发生干旱的地区将种植间距加大30%，使根系能从更大的区域吸收水分。

控制杂草

蔬菜园中应该无杂草。杂草会争夺水分、养分和光线，压制蔬菜作物，还可能携带病虫害（见"杂草和草坪杂草"，649~654页）。

减少杂草生长

在生长期，可以通过覆盖护根或者透过控制杂草的薄膜（最好是可生物降解或可重复利用的薄膜）种植来抑制杂草。控制作物的间距，令它们长到一半大小时，叶片可在相邻两行的中间相遇，遮挡杂草并抑制其生长。

陈旧育苗床

如果土壤最近没有得到耕作并充满杂草种子的话（或者在春季的话），可先准备育苗床，然后等待任何杂草萌发并将它们锄掉，接下来再播种或种植蔬菜（见"陈旧育苗床技术"，586页）。

护根

护根是铺在植物周围土壤上的一层有机或非有机材料。在土壤表面覆盖护根的地方，耕作需求会大大减少乃至消除。

有机护根

大块有机护根能够为土壤增添营养并改善土壤结构。它们可以是腐熟的动物粪肥、园艺堆肥、使用过的蘑菇栽培基质、干燥的草坪修剪草屑、海藻或经过堆肥的秸秆。不要使用任何来自木材的材料，如锯末和碎树皮，除非它们至少堆放了两年，否则它们会在降解过程中将土壤中的养分消耗光。最好在春季以及初夏土壤湿润时为生长中的蔬菜作物添加有机护根。护根可以有效保持土壤的温度和湿度水平，所以如果可能的话，在春季土壤回暖后但还未干燥前添加有机护根。千万不要在寒冷、潮湿或非常干燥的土壤上覆盖护根。不过，在降雨量大的地方和黏重的土壤上，最好在秋季将有机护根撒在地面上以防止土壤损伤。

在实践中，最容易添加护根的时间是种植时，如果有必要的话给植物浇水。或者为已经种植且生长健壮、株高至少为5厘米的幼苗护根。护根为2.5~7厘米或者更厚；如果想要抑制杂草的话，应该使用厚的护根。

保持土壤水分
对于红花菜豆等蔬菜，如果根系周围的土壤变干燥，它们的花朵就会凋谢。为作物浇足水，然后将护根添加到它们周围的土壤上。护根可以防止土壤水分蒸发，还能够为土壤保温、抑制杂草、保护土壤表面抵御大雨和侵蚀、减少踩踏时对土壤造成的损伤。

塑料薄膜和护根垫

塑料薄膜护根是黑色、白色或透明塑料布，最好可重复利用或者可生物降解。取决于所使用的种类，塑料薄膜可升高土壤温度以促进蔬菜提早生长，抑制杂草，将热量反射到正在成熟中的果实上，保持果用蔬菜的干净，使其远离土壤沾染。

黑色薄膜（包括经久耐用的多孔塑料编织黑色薄膜）主要用于抑制杂草，不过它们也能升高土壤温度。还可以使用由纸或黄麻制成的护根垫或护根布控制杂草。

白色薄膜主要用于将热量反射到正在成熟的果实（如番茄和甜瓜）上。某些薄膜的下面为黑色以抑制杂草，上面为白色以反射光线。透明薄膜主要用于在春季播种或种植前回暖土壤。

在播种或种植作物前铺设薄膜或护根垫比较容易。如果需要的话，先将低位灌溉管道铺设就位，然后将护根薄膜盖在将要覆盖的地面或苗床上。在苗床周围的土壤上做出7～10厘米深的缝，然后使用铁锹将护根薄膜的边缘披入土壤中并拉紧（见"固定塑料布"，592页）。这在稍微隆起的苗床上比较容易。种植前使用刀子在护根薄膜上做出十字形切口，在其下方的土壤上做一种植穴，然后小心地将植株放入种植穴中，浇水，紧实土壤。在播种甜玉米等大粒种子时，在护根薄膜或护根垫上戳孔，然后将种子按入其中。当幼苗出现后，如有必要，将它们从孔中引导出来生长以免被困住。

必要时小心地透过种植孔浇水。塑料薄膜可能会吸引蛞蝓：用含抗蛞蝓线虫的水浇水，或者使用其他控制蛞蝓的措施（见"控制蛞蝓和蜗牛"，646页）。

透过可生物降解薄膜护根种植

1 在种植区域周围挖一条沟，放下薄膜护根，用木钉或U形铁丝钉将其边缘紧实地固定在土壤中。

2 按照需要的间距在塑料布上做十字形切口，并在土壤中挖出足以容纳植物根坨的种植穴。

3 将植株（这里是番茄）从其花盆中取出并放入种植穴中。紧实根坨周围的土壤并浇水。如果需要的话立桩支撑。

土壤养分

在定期施加大量有机质的肥沃园土中，蔬菜作物不需要肥料也会令人满意地生长。不过，贫瘠的土地和特别渴望养分的作物（如甜菜和红花菜豆）在得到额外的肥料之后会更加高产——这些肥料最好是使用废品或可再生材料制造的，如干燥禽粪和海藻（见"肥料的类型"，590页）。

植物需要众多营养元素：对蔬菜最重要且蔬菜最常短缺的三种是氮（N）、磷（P）和钾（K）（关于更多信息，见"土壤养分和肥料"，590～591页）。每年以每平方米2～5千克的用量施加园艺堆肥，或者以每平方米5.5千克的用量施加粪肥，以维持足够的磷和钾含量水平。当无法获得这些材料或者它们数量不足时，使用以废品为原材料制造的肥料，并以生产商建议的用量施加。在买不到基于可再生原料的合适肥料（特别是钾肥）的地方，按照生产商的说明使用含氮、磷和钾的肥料。

除了在沙质土中，钾只会很缓慢地从土壤中淋失，因此可以在土壤中保存到下一生长季。磷不会通过淋洗流失，但可能会以不溶性物质的形式被"锁"起来，不能被植物利用。如果土壤分析表明它们的含量低的话，就需要进行补充。氮经常会淋失，所以可以通过添加有机质（在降解时释放氮元素）或人造化肥持续补充。

蔬菜对氮元素的需求有差异，进一步信息，见"氮素需求"，482页，其中列出了不同蔬菜类群对含氮量21%肥料的大概需求。因此施肥密度与所使用的肥料有关；氮肥包括蹄角粉、硝酸铵和硝酸钾。

施加肥料

肥料以干型（粉末、颗粒和丸状）和浓缩液型出售（见"肥料的类型"，590页）。在播种或种植前作为基肥施加，或者在生长期进行表面施肥促进生长（见"施加肥料"，591页）。

尽可能在临近播种前施加氮肥以免淋失；额外施肥可以在生长季的晚些时候进行。千万不要在秋季施加氮肥，否则它会在大部分蔬菜种植之前被淋洗出土壤，而且秋季种植的作物会过于柔软，难以撑过冬季。磷肥和钾肥可以在任何时间施加，最好是在冬末；与氮以复合肥的形式施加时应该在春季施肥。

有机系统中的施肥

如果需要额外施肥，则使用肥效较慢的有机肥料。这些肥料包括干燥禽粪肥颗粒或鱼血骨粉（作为基肥和表层肥料的通用肥料），以及肥效较慢且提供氮元素的蹄角粉。

市面上有各种专利和通用液态肥料，某些含动物粪肥，某些含海藻提取物。后者富含微量元素和植物激素，对于生长很有益处，尽管它们的养分水平并不是很高。它们可以在灌溉时施加或者作为叶面肥料施加。

盆栽蔬菜

容器中的基质在炎热天气中会很快干燥。准备好每天为容器浇两次水（浇透），并且在炎热的天气一天为种植袋浇两次水。考虑使用带定时器的滴灌系统，以便为花盆浇水时最大限度地减少径流损失，而且可以设定为清晨浇水，如有必要也可推迟。和较小的容器相比，较大容器需要的浇水频率较低。

可能必须每周定期施肥。按照生产商的建议将有机肥料或人造肥料稀释后用于盆栽植物。在春季更新容器中的表层基质，每两三年当蔬菜变得拥挤并且产量下降时更换全部基质——小型容器会让根系过于束缚，只能种植一季作物。

病虫害

健康植株可以抵御大多数病虫害的侵袭。因此对植物的良好养护会将病虫害问题降到最低。学会辨认花园中的常见病虫害，并尽可能采取合适的预防性措施，要记住及早处理常常可以减少或消除对农药的需求。尽量避免在蔬菜园中使用化学农药，因为它们会杀死许多病虫害在自然界的天敌。尽量使用经过有机认证的产品。在某些情况下，可以使用生物防控——引入某种害虫的天敌。总是按照标签上的说明使用，避免农药残留和环境危害。关于特定病虫害的总体信息和细节，见"植物生长问题"，643～678页。

常见虫害

可能侵袭蔬菜的动物和鸟类包括鹿、兔子、老鼠、鼹鼠和鸽子。如果出现持续破坏，在花园周围或蔬菜作物上方竖立铁丝网，使用非伤害性动物陷阱，使用嗡嗡响的胶带吓走大型鸟类，用织物或防虫网对付小型鸟类，它们都不会将鸟缠住。蛞蝓和蜗牛常常是危害最严重的害虫。可以使用栽培措施加以控制，例如通过耕作将它们暴露在干燥环境下或者保持良好的作物卫生条件。当这些措施无效时，经过有机认证的丸剂和线虫可提供有效的手段。

土生害虫（如蛞蝓和地老虎）通常侵袭年幼植物，有时候它们会将植株地面附近的茎咬断。它们在刚耕作的土地中更加猖獗。通过锄地将它们暴露给鸟类。许多土生害虫是夜间觅食的，可以使用手电筒轻松捕捉。

土壤微生物害虫（如线虫）会侵袭包括马铃薯在内的特定植物类群。轮作以防止害虫积累，并尽可能种植抗性品种。

刺吸式昆虫包括各种蚜虫、胡萝卜茎蝇、甘蓝根花蝇以及蓟马或缨翅目昆虫，它们会吮吸多种植物的汁液，并可能在此过程中传播病毒病。对害虫习性的了解有助于防止侵

健康的措施

为减少病虫害，应保持土壤肥沃和良好排水，混入有机质并进行轮作（见"轮作"，475~476页）。种植适应当地气候的作物，如果可能，选择抗病虫害品种。在穴盘中将植株培育到一定大小，以减少室外移栽时蜗牛和蛞蝓造成的损失。对室内培育的植株进行炼苗（见"炼苗"，642页）。对于保护设施中生长的植物，确保播种盘和花盆是干净的。为避免霉病等问题，应为植物提供充足空间以确保良好的空气流通。

袭——例如通过提前或推迟播种。

使用黏性颈圈（见"为幼苗套颈圈"，485页）抑制甘蓝根花蝇，并用防虫网抵御胡萝卜茎蝇（见"胡萝卜茎蝇"，662页）。在害虫数量尚未大量增多的情况下，有机和其他非化学喷雾常常可以控制它们的侵袭，特别是蚜虫。

各种毛虫会侵袭多种植物。用手将它们摘下或者喷洒经过认证的杀虫剂。将防虫网放置在蔬菜上方，防止蝴蝶或蛾子成虫在植株上产卵。小型甲虫（如跳甲）会啃食芸薹属蔬菜的叶片。使用网眼非常细的防虫网或织物保护这些蔬菜。

害虫在温室高温中会迅速增长。最严重的是温室中的粉虱和红蜘蛛；二者都侵染种类广泛的植物，但可以使用有机和其他非化学喷雾加以控制，而且害虫数量一旦下降，接下来便可以采用生物防控手段（见"生物防控"，646~647页）。

创造健康的生长条件

保持蔬菜苗床（这里种植的是观赏卷心菜和胡萝卜）和通道无杂草及残渣；清理并烧毁染病植物材料。小心浇水和施肥——过度会造成与缺乏相同的伤害。在早期疏苗以避免过度拥挤，并将疏下来的苗移走。如果室外条件恶劣的话，可以在室内播种，促进家庭种植作物快速萌发。

常见病害

病害是由真菌、细菌和病毒导致的。受感染的植株会表现出一系列症状，在某些情况下，植株的外形会遭到损坏，有时植株会被杀死。例如，猝倒病会感染并杀死幼苗。将受影响的植株挖出并烧毁。

病害在有利于它们发展的条件下传播得很快，一旦成形就很难控制。预防性措施和良好的花园卫生对于防止病害扩散和成形至关重要，因为杀真菌剂很难买到。尽可能选择抗病品种。

土生病害根肿病严重影响芸薹属植物。通过施加石灰提高土壤pH值（见"施加石灰"，591页），并将移栽苗种在10厘米花盆中，尽可能使用抗病品种。石灰氮是一种富氮肥料，将其施加于土壤表层有助于减少感染，因为它能让土壤呈很强的碱性，而且有抗真菌作用。在使用它时，必须佩戴手套并避免吸入粉尘。

生理失调

蔬菜的某些问题是由不正确的栽培条件引起的。最常见的问题是过早抽薹（开花结实），它可能是由突然的低温或高温、干燥或播种时机不良导致的。结实失败可能是由于缺乏授粉、灌溉不稳定、干旱、高夜间温度以及多风寒冷条件导致的。关于更多细节以及如何创造健康生长条件的建议，见485~526页的各种蔬菜作物条目。

氮素需求（使用含氮量21%的肥料）

非常低 （12克/平方米）	低 （25~35克/平方米）	中等 （45~55克/平方米）	高 （70~100克/平方米）	非常高 （110克/平方米）
胡萝卜	芦笋	苋	甜菜	卷心菜（春、夏、冬）
大蒜	豆类（所有种类）	茄子	球芽甘蓝	芥蓝菜
萝卜	块根芹	油菜	芹菜	大白菜
	菊苣（所有种类）	卷心菜（用于储藏）	落葵	小松菜
	小胡瓜	花茎甘蓝	韭葱	芥菜
	黄瓜	花椰菜	马铃薯（主要作物）	日本芜菁
	苦苣	芋头	红花菜豆	小白菜
	意大利茴香	四季豆	西葫菜	大黄（收割年份）
	小黄瓜	辣椒	甜瓜	
	洋蓟	菊芋	瑞士甜菜	
	苤蓝	羽衣甘蓝		
	西葫芦	莴苣		
	新西兰菠菜	马铃薯（早熟品种）		
	秋葵	南瓜		
	葱类（所有种类）	大黄（年幼时）		
	欧洲防风草	菠菜		
	花生	青花椰菜		
	婆罗门参	甜玉米		
	黑婆罗门参	甜椒/辣椒		
	瑞典甘蓝	甘薯		
（蚕豆和豌豆不需要任何氮肥补充）	番茄	西瓜		
	芜菁（以及叶用芜菁）	龙葵		

在保护设施中种植

在生长期短暂的气候中，通过将植物种植在覆盖下的受保护环境中（例如在钟形罩或塑料大棚中），可以大大提高蔬菜园的产量。生长期越短，覆盖保护的作用就越明显。

在遮盖物之下，空气和土壤温度都会得到提高，而且作物不会受到风的胁迫。这可以将生长期延长两个月之多。许多作物的品质和产量会因为较高的温度和防风保护而得到提高，尤其是不耐寒的作物，如黄瓜和甜瓜。

可以使用覆盖物让作物在春季回暖时提前移栽生长。无法在生长期成熟的露地栽培半耐寒夏季蔬菜在遮盖保护下可以成熟，例如，在冷凉气候中，秋葵和茄子在遮盖保护下才能完全成熟。许多蔬菜的生长期还可以延伸至冬季，例如，露地栽培的莴苣、东方芸薹属蔬菜以及菠菜在初秋都会停止生长，但在覆盖下能够继续生长。

为充分利用覆盖物，要确保它下面的土地肥沃且无杂草。遮盖下的蔬菜需要额外浇水——在可能的地方使用护根以减少灌溉需求。如果突然暴露在自然环境中，在覆盖下培育的植物会生长受挫。要在合适的时机逐渐炼苗。

温室和冷床

保护设施覆盖有多种形式，从温室到冷床再到塑料小棚，更多信息见"温室和冷床"，544~561页。

温室

永久性玻璃温室可以提供良好的生长条件。它可以实现良好通风，并且夜间保持温度的能力比塑料膜好。如果连续数年种植番茄等作物，病害可能会在土壤中积累，所以必须更换或消毒土壤，或者将作物种植在容器中。对于柔软攀缘的蔬菜，需要提供支撑。

通道塑料大棚

它是由耐用透明塑料布覆盖在金属支撑框架上搭建而成的。与温室相比，它比较便宜且容易修建，如果需要的话还可以移动到不同位置。然而，它难以控制通风，如果温度迅速上升的话，就很容易滋生病虫害。提供充足的通风口和侧壁卷帘。每三至五年需要更换一次塑料布。

花园冷床

冷床相对较小，在花园里缺乏温室或塑料大棚所需空间时最有用。某些类型是便携式的。它可以轻松地进行通风，还可以用土壤加温电缆进行加热。它对于幼苗的培育和炼苗都很有用；较低的高度限制了可以种植的作物种类，不过可以去除盖子让半耐寒作物成熟。可以为花园冷床遮光，促进比利时菊苣和苦苣等作物的生长。

钟形罩

虽然某些独立式钟形罩只能覆盖一小块土地，但另一些类型可以首尾相连，覆盖一整排蔬菜。支撑在低矮拱形圈上的塑料布或织物——"小棚"——比其他钟形罩便宜，但可持续性较低。最好使用表面覆盖玻璃或持久耐用塑料（而不是较薄的单次或有限次数使用的塑料）的钟形罩和冷床，因为前者可以实现较高的可持续性。为最大限度地利用钟形罩，在一个生长季将它们从一种作物转移到另一种作物上，例如保护越冬沙拉蔬菜幼苗，在春季开始保护不耐寒早熟马铃薯和低矮豆类的生长，然后在仲夏催熟甜瓜。

钟形罩保护
可按照需求从一种作物转移到另一种作物上的小型钟形罩很适合用来在生长季保护植物，抵御低温和害虫。

回收塑料瓶钟形罩
使用回收塑料瓶制作的简易钟形罩可以保护单株年幼植物。在暴露条件下，传统的钟形玻璃罩可以提供更好的防冻和防风保护。

漂浮护根

有各种类型的薄膜，包括细网薄膜、编织聚乙烯和无纺布薄膜。它们都可以在播种或种植后直接覆盖在作物上，更好的做法是覆盖在低矮的拱形圈上，并浅浅地锚定在土壤中或用重物固定。随着作物的生长，这些护根会被植物抬起，而且因为它们是多孔的，所以雨水可以穿透，多余的热量也能散发掉。

漂浮护根可以升高温度和提供防风保护，在某些情况下还能抵御害虫，因此能够促进作物早熟并提高产量。

在铺设漂浮护根之前精心为苗床除草，因为日后很难再移除护根进行除草。遗憾的是，漂浮护根是使用不可回收塑料制成的，所以应考虑其他更耐用的选择，例如玻璃，或者年复一年地使用它们。

细网薄膜

细网薄膜很结实，可以支撑数个生长季。它们的通透性很好，所以一般覆盖在作物上直到植株成熟。它们对温度的影响不大，但可以提供很好的防风保护，因此在一定程度上可以加快成熟并提升作物品质。只要边缘锚定牢固，它们也能抵御许多昆虫类害虫。

无纺布或纤维薄膜

这些轻而柔软的无纺布薄膜有不同的重量规格：一些较轻的规格只能使用一个生长季；较重的规格可以使用数个生长季。取决于薄膜的重量，它可以提供防冻保护并抵御飞行昆虫类害虫。不过，对于葫芦科植物则要小心处理，因为它们需要不加遮盖以便蜜蜂授粉。许多蔬菜可以在无纺布薄膜下生长直到成熟，特别是如果使用质地较薄的薄膜的话。

使用漂浮护根

将漂浮护根铺在育苗床上，边缘固定在土壤中，保持松散以便植株生长。细网薄膜能保护植物抵御昆虫类害虫和风造成的损伤，而无纺布薄膜可以有效防冻并防御昆虫类害虫。

细网薄膜

无纺布薄膜

收获和储藏

蔬菜的收获方式和时间以及它们宜新鲜食用还是储藏后食用或是二者皆可，这些都取决于蔬菜的种类和气候。生长期越短冬季越寒冷，储藏蔬菜的动力就越大，无论是自然储藏还是冷冻储藏。详细信息见各蔬菜条目（485~526页）以及本页下方的"对冷冻反应良好的蔬菜"。

收获

按照每种蔬菜条目下的指导进行收获。大多数蔬菜在成熟时收获，但某些种类特别是叶用蔬菜和芸薹属蔬菜可以在不同阶段收割，并且常常会重新长出第二茬和第三茬作物。

随割随长式收割

这种收割方法适合首次切割后可以再次生长的蔬菜，它们能够在相当长的时期内新鲜食用。此类作物可以在幼苗阶段收割，也可以在半成熟或成熟时收割。

当作物幼苗长到5~10厘米高时，切割至地面之上大约2厘米。某些种类（如芝麻菜、欧洲油菜和水芹）可以连续收割并重新生长数次（见"连续作物"，478~479页。）

某些半熟或成熟作物如果切割至地面之上2.5~5厘米的话，会再次生长并在数周之后长出更多叶片，某些种类还会长出可食用的花枝（见"栽培东方芸薹属蔬菜"，491页）。

这种方法适用于特定类型的莴苣、苦苣、糖块菊苣、东方绿叶菜以及瑞士甜菜。该方法在冷凉气候区的秋季和初冬很有用，因为经过这种处理的植物可忍耐更低的温度且产量很高，尤其是在保护设施中。

储藏

蔬菜的储藏时间取决于储藏条件以及蔬菜种类或品种。具体信息见各蔬菜条目。收获后衰败的主要原因是水分流失，所以尽量将水分损失降到最低。不要储存受损或染病的植株，它们可能会腐烂。

蔬菜常常可以很好地冷冻；几乎所有种类都需要用蒸汽或开水处理后迅速冷却，之后再冷冻。唯一的例外是甜椒，可以不经任何处理直接冷冻。

叶菜和芸薹属蔬菜

叶菜和各种类型的芸薹属蔬菜（如花茎甘蓝和花椰菜）水分含量很高，这使得它们很少能良好储藏。冬储卷心菜是一个例外，它在悬挂起来的网中、秸秆床中、无霜棚屋或冷床中储藏。几种芸薹属蔬菜可以良好地冷冻储藏；某些品种是专门为此育种的。只冷冻那些最优质的产品。

果用蔬菜

茄子、番茄以及黄瓜等蔬菜通常有最佳收获时间，不过也可以在果实不成熟时采摘。如果想要储藏用于冬季食用，最好将它们进行腌制或放入冷库。

如果将甜椒全株拔出并悬挂在干燥无霜处，果实可以在数月之内保持良好状况。某些西葫芦和南瓜可以储存数月。让果实在植株上成熟，采摘下来后放在阳光下，使果皮变硬形成一道防止水分流失的屏障，然后将其储藏在干燥无霜环境中（见"南瓜和冬倭瓜"，503页）。

鳞茎

洋葱、青葱和大蒜的特定品种可以储藏数月。成熟或接近成熟时将作物挖出，然后在阳光下晒干（潮湿气候中在室内晾干），直到鳞茎外表皮呈纸状。小心操作鳞茎以免

储藏成串洋葱
将干洋葱叶编织在一起形成成串鳞茎。可以在温暖天气将它们悬挂在室外进一步干燥，然后移入室内无霜处储藏。

擦伤。将它们编成辫状或放入网中悬挂起来，或者平放在通风良好且无霜条件下的托盘中（见"在箱子中储藏洋葱"，513页）。

根类蔬菜

某些根类蔬菜（如胡萝卜和马铃薯等）可以在年幼未成熟时采收食用，也可以在生长季末期待其成熟后挖出储藏。少数种类（如欧洲防风草）的耐寒性极强，除了极为严寒的冬季，其他时候它们都可以留在土中直到需要收获。

仔细准备用于储藏的蔬菜，将所有叶片去除，因为它们可能会腐烂。只储藏健康无擦伤的植株。马铃薯容易被擦伤；将它们装入不透光的麻布袋中，放到无霜处储藏。

甜菜和胡萝卜等根用蔬菜很容易损失水分，所以要将它们分层储藏在装有潮湿沙子和泥炭替代物的盒子中，再放到凉爽的棚屋（见"储藏胡萝卜"，下）。也可以户外堆放：将它们堆在秸秆上并用更多秸秆覆盖，在寒冷地区需要再覆盖一层土壤提供防冻保护（见"堆放储藏瑞典甘蓝"，521页）。

储藏胡萝卜
为了防止胡萝卜在储存时失去水分，将它们放进盒子里，用潮湿的沙子覆盖，然后将它们储存在凉爽、通风良好、无冻冻的地方。

对冷冻反应良好的蔬菜

芦笋 1
茄子 1,2
甜菜 1,3
蚕豆 1
油菜 1
球芽甘蓝 1
卷心菜 1,2
花茎甘蓝 1
胡萝卜 1,3
花椰菜 1,2
芹菜 2
大白菜 1,2
小胡瓜 1
紫花扁豆 1
四季豆 1
辣椒 1,2
羽衣甘蓝 1
茎蓝 1,2
棉豆 1
西葫芦 1
新西兰菠菜 1
秋葵 1
欧洲防风草 1,3
豌豆 1
马铃薯（只有小且新的马铃薯） 1
南瓜 2
大黄 2
红花菜豆 1
菠菜 1
蘑菇菜 1
小葱 2
青花椰菜 1
瑞典甘蓝 1,2
甜玉米 1
甜椒
唐莴苣 1
番茄 1
芜菁 1,2,3
龙葵 1

注释
1 蒸汽或开水处理
2 切片或捣碎
3 只在幼嫩时冷冻

西方芸薹属蔬菜

西方芸薹属蔬菜包括花茎甘蓝、花椰菜、卷心菜、球芽甘蓝、西蓝花、羽衣甘蓝、茎蓝、青花椰菜、瑞典甘蓝、芜菁嫩叶和芜菁。这些芸薹属蔬菜在自然环境中是二年生植物，但使用其叶片、花和根时作一年生栽培，使用花序或枝条时作二年生栽培。它们常常在烹调后使用，不过有些可以生吃。西方芸薹属蔬菜是冷季作物，对寒冷的耐受能力不同；大多数种类在高温下表现很差，所以在地中海气候区（很多种类的起源地），人们在冬季种植它们。在拥有温和冬季的地区，它们可以全年提供产出，但在冬季寒冷的地方，它们是夏季和秋季作物。

为西方芸薹属蔬菜选址

需开阔的种植位置以及排水通畅且保水性好的肥沃土壤。对芸薹属蔬菜进行轮作（见"蔬菜作物的轮作"，476页）以免根肿病积累。在有根肿病问题的地方，为土壤施加石灰（见"施加石灰"，591页），将pH值提升至6.5～7以抑制这种病害。大多数西方芸薹属蔬菜需要高水平的氮元素（见"氮素需求"，482页），施加氮肥时应将一部分作为基肥施加，然后随着作物的生长发育将另一部分施加在土壤表面（见"施加肥料"，591页）。氮肥过多会导致枝叶生长过于旺盛，令植物易感染病虫害。

播种和种植

西方芸薹属蔬菜喜欢紧实的土壤；它们可以在上一茬作物采收后直接种植，不用翻动土地。根状茎类芸薹属植物通常直接播种在生长地点，或者像移栽时表现不佳的瑞典甘蓝和花茎甘蓝一样种在穴盘中，以减少移栽时对根系的扰动。包括球芽甘蓝和紫色的青花椰菜在内的其他芸薹属植物最好以穴盘苗的方式移栽或者从育苗床中移栽，而且最好用无纺布覆盖以隔绝甘蓝根花蝇（见"甘蓝根花蝇"，662页）和其他害虫。育苗床培育的植株常常发育出直根，在移栽时能得到更好的固定。如果在室内播种，可播种在浅盘中并移栽到穴盘里，最好用无纺布覆盖以隔绝害虫。如果土壤有根肿病问题，可在直径为9～10厘米的花盆里培育植株，令其在开始生长时保持健康并限制病害的影响。

对于高大且顶部较重的芸薹属蔬菜如青花椰菜或球芽甘蓝，种植深度应该达到10厘米。随着茎干生长，将一小堆土培在其基部至大约10厘米厚；在多风场所，用1米高的立桩支撑茎干。牢固地种植芸薹属蔬菜，使最底部叶片正好位于土壤表面之上，然后浇透水。调整种植间距，以获得更小或更大的地上部分或根。可在间距较宽的作物间种植沙拉蔬菜的幼苗或小萝卜（见"空间的最大化利用"，472页）。

栽培

使用防虫网或无纺布保护播种得到的幼苗，直到植株成形。在干旱天气中，像对待叶用蔬菜一样浇水（见"关键浇水时期"，480页）。

病虫害

跳甲、蛞蝓和蜗牛、猝倒病、甘蓝根花蝇、白锈病、尾鞭病以及地老虎都会影响年幼植株。毛虫、卷心菜粉虱、粉蚜（见"蚜虫类"，659页）、根肿病和鸟类侵袭所有阶段的植株。详见"病虫害及生长失调现象一览"，659～678页。

为幼苗套颈圈
在甘蓝根花蝇成为问题的地方，围绕每株幼苗的基部放置颈圈。确保它在地面上放平，防止成虫产卵在茎的基部。

羽衣甘蓝（*Brassica oleracea* Acephala Group）

羽衣甘蓝取决于类型作一年生还是二年生栽培，低矮类型高30～40厘米，冠幅30厘米；较高的类型可生长至90厘米高，冠幅达60厘米。大多数羽衣甘蓝从中央的茎上长出叶子，叶子可能是平展的，也可能是皱缩的，此外还有卷缩宽叶杂种。优良品种包括'黑托斯卡纳'（'Black Tuscany'）、'里德伯'（'Redbor'）、'红色俄罗斯人'（'Red Russian'）以及'反射'（'Reflex'）等。羽衣球芽甘蓝——羽衣甘蓝和球芽甘蓝（见"球芽甘蓝"，487页）的杂交品种——产生多叶球芽。羽衣甘蓝的叶片及宽叶类型的春季花枝和幼嫩叶片都可烹调或生食。羽衣甘蓝幼苗是出色的随割随长型作物。羽衣甘蓝是最耐寒的芸薹属蔬菜，某些种类可忍耐-15℃的低温；许多种类还耐高温。所有种类都喜欢不会涝渍的排水通畅肥沃土壤，并需要中等氮素水平（见"氮素需求"，482页）。

播种、种植和日常栽培

夏季采收的作物在早春播种，秋季和冬季收获的作物在春末播种。可以现场播种（见"室外播种"，604页），也可以播种在育苗床或穴盘中供日后移栽（见"在容器中播种"，605页）。低矮类型的种植间距为30～45厘米，较高类型的间距为75厘米。在春季为越冬类型施加富含氮元素的表层肥料以促进生长。羽衣甘蓝一般不受病虫害影响。

在保护设施中种植

对于种植很早、不太耐寒的羽衣甘蓝，在早春以行距15厘米成排播种，或者播种在宽播种沟里。可以在长成较大幼苗时收获，也可以疏苗至株距7厘米，当它们长成15厘米高的植株时再收获，留下残桩进行第二茬生长。

收获和储藏

某些品种播种后7周即可成熟，但植株可在土地中保留很长时间。在秋季或冬季按需求将叶子掐断，促进新叶生长。当花枝在春季长到大约10厘米长且尚未开花时采摘。羽衣甘蓝可以良好冷冻。

羽衣球芽甘蓝

托斯卡纳羽衣甘蓝
托斯卡纳羽衣甘蓝（Tuscan kale）常被称为"cavolo nero"（意大利语，意为"黑甘蓝"），它的叶片比皱叶羽衣甘蓝更嫩，味道也更温和。它将在整个冬季供应随割随长的叶片。

卷心菜（*Brassica oleracea* Capitata Group）

大多数卷心菜作一年生栽培。植株一般高20~25厘米，冠幅达70厘米。叶球直径大约为15厘米。

可根据成熟时的季节对它们进行分类，不过类群之间有一些重叠。叶片一般为深绿或浅绿、蓝绿、白色或红色，质地光滑或皱缩（后者称为皱叶卷心菜）。卷心菜的叶球为尖形或圆形，且密度不同。春季绿叶卷心菜是叶片松散的品种或叶球形成之前收获的标准春卷心菜。卷心菜的叶可以烹调后使用，或者切片后拌沙拉生食，还可以腌制。如果足够柔软的话，茎和叶柄也可以切成细丝烹调后食用。某些类型的冬卷心菜可以储藏。

卷心菜在15~20℃下生长得最好。不要在超过25℃的条件下种植，否则它们很容易开花结实。最耐寒的品种可以在-10℃的低温中短暂存活。卷心菜通常不在保护设施中种植。

要想生长良好，卷心菜需要保水性好、富含腐殖质、pH值大于6的肥沃土壤。春卷心菜、夏卷心菜以及新鲜食用的冬卷心菜需要很高的氮素水平，冬储卷心菜需要中等氮素水平（见"氮素需求"，482页）。不要在种植春卷心菜时施加富含氮的基肥，因为在越冬过程中氮素很容易在土壤中被淋洗掉，或者产生容易被冻伤的柔软枝叶；应该在春季进行表层施肥。

播种和种植

在正确时间播种选中品种（见"卷心菜类型"，下）。将种子播在育苗床或穴盘中，大约5周后移栽到固定位置（见"在容器中播种"，605页）。具体间距取决于类型（见"卷心菜类型"，下），而且可以通过调整种植间距来控制叶球大小；较近的间距会得到较小叶球，较宽间距会得到较大叶球。移栽时可在每株幼苗基部放置颈圈以抑制甘蓝根花蝇（见"为幼苗套颈圈"，485页）。确保幼苗得到充分成形所需的足够水分。

为得到春季绿叶卷心菜，要么种植不结球的绿叶品种，植株间距大

推荐种植的卷心菜品种

春季
'优点''Advantage' F1 H4
'邓肯''Duncan' F1 H4
'达勒姆早熟''Durham Early' H4
'绿袖子''Greensleeves'（仅绿叶）H4
'米亚特的紧密奥芬汉姆''Myatt's Offenham Compacta' H4
'金字塔''Pyramid' F1 H4
'冬绿''Wintergreen'（仅绿叶）H4

初夏
'卡拉弗莱克斯''Calaflex' F1 H4
'卡里姆巴''Caramba' F1 H4
'荷兰人''Dutchman' F1 H4

夏季
'卡比斯''Cabbice' F1 H2
'德比日''Derby Day' H4
'灰狗''Greyhound' H4
'小科尔''Minicole' F1 H3
'摄政''Regency' F1 H2
'石头脑袋''Stonehead' F1 H2

秋季
'科尔德萨''Cordesa' F1（皱叶）H4 Cr
'德东''Deadon' F1（1月国王型）H4
'普罗维登斯''Providence' F1 H4
'舍伍德''Sherwood' F1 H4
'斯坦顿''Stanton' F1 H4

冬季（用于储藏）
'奇拉顿''Kilaton' F1 H4, Cr
'奇拉克西''Kilaxy' F1 H4 Cr
'洛德罗''Lodero' F1（红叶）H4 Cr

冬季（新鲜使用）
'凯尔特人''Celtic' F1 H5
'科尔多瓦''Cordoba' F1（皱叶）H5 Cr
'奋力''Endeavour' F1（皱叶）H5
'玛拉贝尔''Marabel' F1（1月国王型）H5
'苔原''Tundra' F1（皱叶）H5
'塔罗伊''Tarvoy' F1（皱叶）H5

红叶卷心菜
'克里马罗''Klimaro'（秋季）H4
'红焰''Red Flare'（秋季）H4
'红宝石''Red Jewel'（秋季）H4
'竞技者''Rodeo'（夏季和秋季）H4
'菜鸟''Rookie'（夏季）H4

注释
Cr　抗根肿病

成熟的春卷心菜

秋卷心菜 　　红叶夏卷心菜 　　皱叶卷心菜

卷心菜类型

类群（成熟时间）	描述	主要播种时期	株距/行距
春季	小，带尖或圆	夏末	25厘米/45厘米
	叶子松散的绿叶类	夏末	20厘米/45厘米
初夏	较小的带尖叶球	很早的春季（保护设施中播种）	30厘米/45厘米
夏季	大，圆形叶球/较小的带尖叶球	早春	30厘米/45厘米
秋季	大，圆形叶球	春末	60厘米/60厘米
冬季（用于储藏）	光滑，叶片为红色或白色，储藏品种	早春	60厘米/60厘米
冬季（新鲜使用）	有蓝色、绿色以及皱叶类型	春末	60厘米/60厘米

约为25厘米，要么使用结球的春卷心菜品种，种植间距为10~15厘米。

在年幼时收获松散的绿叶；如果是结球品种，可以在每两株或三株植物中保留一株结球。

日常栽培

为增加冬卷心菜的稳定性，应随着它们的生长而培土。在钟形罩或无纺布下保护春卷心菜，并在春季施加液态肥料或在土壤表层施加氮肥；其他卷心菜应该在生长期施肥。在整个生长期保持卷心菜的湿润（见"关键浇水时期"，480页）。

病虫害

关于可能影响卷心菜的病虫害，见"病虫害"，485页。还可能会发生立枯病（见"立枯病"，674页）。

收获和储藏

春卷心菜和夏卷心菜品种在叶球成熟后原地保持良好状况的能力不一。与传统品种相比，现代品种常常能够在地上保留更长时间。一般来说，切割下叶子和叶球后应将植株挖出，但如果将春季和初夏品种切至10厘米长的茎，还能长出第二茬作物。使用锋利的小刀在茎顶端做出浅十字形切口以促进新的生长。只要土壤肥沃湿润，茎上就会长出三四个微型叶球。

储藏用卷心菜（冬季白叶品种以及合适的红叶卷心菜）应该在严霜来临之前挖出。将它们挖出，小心地去除所有松散的外层叶片，并将根系切除。将它们放在板条支撑结构或者棚屋地板上的秸秆上，或者悬挂在绳子上或网中。将叶球储存在温度刚刚超出冰点、空气湿度相对较高的环境中。它们也可以储存在冷床中，只要在温暖天气提供足够通风以防止腐烂就可以了。卷心菜可以储存四五个月。

如何获得第二茬作物

1 为生产出第二茬作物，采收卷心菜的叶球后在茎的顶端做十字形切口。

2 数周之后就会长出几个小型叶球，可以进行第二次收割。

准备用于储藏的卷心菜
在储存卷心菜之前，小心地去除任何松散或变色的外层叶片，不要损伤叶球（见内嵌插图）。储藏后定期检查卷心菜，并去除腐烂的个体。

采收春季绿叶卷心菜
以15厘米的间距种植春卷心菜。当它们已经生长但还未形成密集的叶球时，每隔一棵植株进行采摘，从基部将它们切下。

球芽甘蓝（*Brassica oleracea* Gemmifera Group）

球芽甘蓝是作一年生栽培的二年生植物，可以长到75~90厘米高，冠幅可达50厘米。可根据成熟时间将球芽甘蓝粗略地分成早熟、中熟和晚熟类群。早熟类群往往较不耐寒。现代F1代品种是较古老的开放授粉品种的改良品种；它们在肥沃的土壤上表现更好，不容易倾斜（因为它们拥有更强壮的根系），球芽更紧凑整齐。茎上着生的紧密球芽可以烹调食用，也可以切碎后拌入沙拉生食。植株顶端的成熟叶片也可以食用。有一些红色品种，味道很好但产量很低。

球芽甘蓝是典型的冷季型芸薹属蔬菜，最耐寒的品种可忍耐-10℃的低温。如果连续播种，球芽甘蓝可以从初秋至春末实现不间断供应。种植前不久可能需要施加通用基肥；需要高氮素水平（见"氮素需求"，482页），氮肥应在仲夏至夏末作为土壤表层肥料施加。不要使用刚刚施加粪肥的土地，否则会产生松散而不紧实的球芽。关于土壤和位置需求，见"为西方芸薹属蔬菜选址"，485页。

播种和种植

以早熟品种开始，从早春至仲春连续播种。要想得到极早的产出，应在冬季保护设施中的轻度加温下播种。以5厘米的间距在穴盘或育苗床中播种，生产出用于移栽的健壮植株（见"在容器中播种"，605页）。紧实地种植在优良土壤中。在第一个月使用颈圈抵御甘蓝根花蝇或者用防虫网覆盖。

在初夏疏苗或移栽，疏减至所需的间距，这通常在播种四五周后进行。种植时的株距大约为60厘米，行距则为90厘米。使用较小间距生产出大小更整齐一致的较小珠

低矮球芽甘蓝植株

推荐种植的球芽甘蓝品种

早熟品种
'算盘' 'Abacus' F1 H5
'皱叶' 'Crispus' F1 H5 Cr
'马克西穆斯' 'Maximus' H5

中熟品种
'博斯沃思' 'Bosworth' F1 H5
'布罗迪' 'Brodie' F1 H5
'克洛诺斯' 'Cronus' F1 H5 Cr
'马特' 'Marte' F1 H5
'水手' 'Nautic' F1 H5

晚熟品种
'布伦丹' 'Brendan' F1 H5
'蒙哥马利' 'Montgomery' F1 H5
'特拉法加' 'Trafalgar' F1 H5

注释
Cr 抗根肿病

芽，使用较大间距得到连续成熟、采摘期更长的大珠芽。宽种植间距还能促进良好的空气流通，使植株保持健康无病害。应该较深地种植，并随着它们的生长为茎培土以提供额外的稳定性。保持年幼植株湿润直到其良好成形。球芽甘蓝的生长速度较慢，在头几个月可以和快速成熟的蔬菜种类一起间作。

日常栽培

保持苗床无杂草。由于植物的间距较宽，因此只有在非常干燥的条件下才需要额外浇水，灌溉所用水量与叶用蔬菜一样（见"关键浇水时期"，480页）。如果植株生长不茁壮的话，可以在夏末施加一两次氮肥，如干燥禽粪肥颗粒，要施加在土壤表层。

如果想将球芽冷冻储藏的话，应该种植在秋季成熟的早熟品种，并在夏末最底部球芽长到直径大约1厘米时将茎尖掐去。然后所有的球芽都可以同时成熟以供采摘，而不是连续成熟。

病虫害

粉蚜会侵染整个珠芽；使用经过认证的杀虫剂处理。选择对真菌性叶斑病有抗性的品种。霜霉病也是一个问题。关于其他可能危害球芽甘蓝的病害，见"病虫害"，485页。

去除叶片
将所有发黄和染病的叶片去除，因为它们可能携带能扩散至全株的真菌病害。这样做还有利于空气流通。

F1代以及开放授粉的球芽甘蓝

现代F1代杂种可以产生紧凑均匀、大小一致的球芽。传统的开放授粉品种更容易产生松散且大小不一的球芽。

F1代杂种　　传统品种

收获和储藏

球芽甘蓝在播种约20周后就可采收。经过霜冻之后，它们的味道会变得更好。先采摘位置最低的球芽，从基部将它们掐断，上部的球芽会继续生长发育。如果想将球芽冷冻储藏的话，应该在外层叶片被冬季低温冻坏之前采摘它们；只冷冻品质最优良的球芽。球芽的顶端可以在生长期结束时用刀切下收割。

收获后，将植株挖出并用锤子将茎干敲碎。这会抑制芸薹属蔬菜病害的积累和蔓延，并且让茎干在堆肥时更快地降解。

当冬季非常严寒时，在土地冰冻之前将整棵植株连根拔起并悬挂在凉爽无霜处，这样球芽可以保持新鲜数周。

花椰菜（*Brassica oleracea* Botrytis Group）

花椰菜作一年生或二年生栽培，会形成直径大约20厘米的花球；植株高度为45～60厘米，冠幅达90厘米。按照主要收获季节对它们进行分类，通常分成冬花椰菜（霜冻地区和无霜冻地区有所差异）、夏花椰菜和秋花椰菜，不过这些类群也有所重叠（见"花椰菜类型"，489页）。大多数花椰菜的花球是奶油色或白色的，不过也有一些外观美丽、味道独特的类型拥有绿色或紫色花球；绿色品种有时被称为"西蓝花"，如'罗马花椰菜'（'Romanesco'）。花球（有时候连带周围的幼嫩绿色叶片）烹调后使用或用于沙拉生食。较小的花球或称迷你花椰菜直径大约5厘米，可以专门使用初夏品种生产。

花椰菜是冷季作物，在高温地区一般无法良好生长。有几个耐霜冻的品种，但花椰菜只能在冬季无霜的地区全年生产。关于土壤和位置的详细信息，见"为西方芸薹属蔬菜选址"，485页。越冬花椰菜在室外需要背风条件，在保护设施下通常不能长到成熟。所有花椰菜都需要保水性好、氮素含量水平中等且最好为碱性的土壤（见"氮素需求"，482页）。

播种和种植

成功种植花椰菜需在合适的时间播种正确的品种，并在植株发育的过程中尽量减少对生长造成的阻碍（如移栽或干燥的土壤）。在夏季可能发生干旱的地区，种植快速成熟的迷你花椰菜并提供充分灌溉。

主要播种时间和间距列在489页"花椰菜类型"的表格中。花椰菜播种在播种盘、穴盘或育苗床中供日后移栽（见"在容器中播种"，605页）。一般来说，种植得越晚，花椰菜植株就长得越大，所需间距也就越宽。种子在10～21℃的温度下萌发情况最好。

要想在非常早的夏初供应，应该秋季播种在穴盘或播种盘中，然后将幼苗上盆。将花盆放入通风良好的冷床或钟形罩中越冬。或者在冷床或钟形罩中现场播种，疏苗至间距5厘米。春季露地移栽之前先炼苗。对于收获较晚的作物，在早春室内轻度加温条件下播种，然后移栽到小花盆或穴盘中。对于夏秋花椰菜，将第一批种子室内播种在播种盘或穴盘中，或者现场播种在冷床中或钟形罩下。接续的下一批播种可以在室外育苗床上或穴盘中进行，用于日后移栽。在冬季温和的地区，春末至初夏播种冬花椰菜供冬季采收，在其他地区，要等到

保护花椰菜的花球

1 在冬季和早春，保护越冬类型花椰菜的花球免遭冻害。

2 将叶片围绕中央花球包裹起来，用软绳固定。

第二年春季才能收获。

若要收获迷你花椰菜，应选择春季或初夏播种的初夏品种；每个播种点播数粒种子，播种点之间相隔15厘米，种子萌发后将幼苗疏减至每个播种点一株。或者在穴盘中培育植株，并以15厘米的间距移栽。为得到连续供应，应该连续播种，每三周播种一批，直到仲夏。

日常栽培

花椰菜在生长期需要定期浇水。在干旱条件下，以每平方米22升的量每两周浇一次水。越冬类型在种植时需要较低的氮素水平，否则它们会生长得过于柔软，不能忍受较冷的环境，所以不要施加太多基肥。不过在春季，收获之前的6~8周，必须使用氮肥（如干燥的禽粪肥颗粒），否则会得到尺寸很小的花椰菜。

为避免白色花球在阳光下变色，将叶片聚拢并绑在花球上方。这也可在冬季进行，保护越冬类型的花球抵御环境影响。不过，大多数现代品种的叶片会自然遮盖花球。

病虫害

关于花椰菜的病虫害，见"病虫害"，485页。花椰菜还会受到油菜花露尾甲（见"油菜花露尾甲"，672页）的侵袭。

收获和储藏

播种至成熟的时间：夏秋花椰菜将近16周，冬花椰菜大约40周。在花球仍然紧实时切下，特别是当其在霜冻天气中成熟时。迷你花椰菜在播种后大约15周成熟，应该立即采摘，因为它们会很快变质。所有类型的花椰菜特别是迷你花椰菜都能良好地冷冻。

'罗马花椰菜'

推荐种植的花椰菜品种

冬花椰菜
'阿尔斯梅尔' 'Aalsmeer' H4
'令人敬畏' 'Redoubtable' H4
'雪地行军' 'Snow March' F1 H4
'凯旋' 'Triomphant' F1 H4
'四月瓦尔赫伦之冬3号舰队' 'Walcheren Winter 3-Armado April' H4

夏花椰菜
'鲍里斯' 'Boris' F1 H4
'直率的魅力' 'Candid Charm' F1 H4
'克莱普顿' 'Clapton' F1 H4 Cr
'鹦鹉螺' 'Nautilus' F1 H4

秋花椰菜
'秋之王' 'Autumn King' H4
'毕罗特' 'Belot' F1 H4
'森迪斯' 'Cendis' F1 H4

绿色品种
'绿色特莱维' 'Green Trevi' F1 H4
'宣礼塔' 'Minaret' H4
'罗马花椰菜' 'Romanesco' H4
'维拉妮卡' 'Veronica' H4

紫色品种
'紫' 'De purple' F1 H4
'涂鸦' 'Graffiti' H4
'紫罗兰女王' 'Violet Queen' H4

注释
Cr　抗根肿病

花椰菜类型

类群	播种时间	种植时间	株距/行距	收获时间
冬花椰菜（无霜地区）	春末（初夏）	夏季	60厘米/60厘米	冬季/极早的早春
冬花椰菜	春末	夏季	60厘米/60厘米	春季
夏花椰菜	秋季/早春（温室中播种）	春季	45厘米/60厘米	初夏至仲夏
秋花椰菜	仲春至春末	初夏	60厘米/60厘米	夏末至秋末

紫球花椰菜

青花椰菜（*Brassica oleracea* Italica Group）

这些大型二年生植物株高可达60~90厘米，冠幅达60厘米。有紫色和白色类型。紫色类型产量更高，也更耐寒。春季长出的花枝可烹调后食用。青花椰菜主要在英伦群岛种植，是那里最耐寒的蔬菜之一，可忍耐-12℃的低温。还有一些夏季和秋季结球品种。由于它是一种生长缓慢、能够占据土地长达一年的蔬菜，因此青花椰菜需要肥沃土壤以及中等水平氮素（见"氮素需求"，482页）。避免浅薄沙质土以及暴露在冬季强风中的位置。

推荐种植的青花椰菜品种

'伯班克' 'Burbank' F1（白色；春季）H4
'红衣主教' 'Cardinal'（仲春）H5
'紫红' 'Claret' F1（春季）H5
'紫雨' 'Purple Rain' F1（秋季）H4
'红箭' 'Red Arrow'（冬末/早春）H5
'鲁道夫' 'Rudolph'（秋季/冬季）H5
'夏紫' 'Summer Purple'（夏季）H4

播种、种植和日常栽培

从春末至仲夏播种在育苗床或穴盘中（见"在容器中播种"，605页）。从初夏至仲夏移栽，种植间距至少为60厘米，较深地种植以增加稳定性。

植株在秋季可能需要立桩支撑。如果林鸽啄食叶片的话（见"鸟类"，660页），在冬季用网罩覆盖植株。更多栽培需求，见"栽培"，485页。

病虫害

青花椰菜容易感染常见的芸薹属蔬菜虫害（见"病虫害"，485页）。在温和的年份，它会成为粉虱的宿主。在冬季，它可能会吸引鸽子。

收获和储藏

从早春至夏末采摘花枝，具体时间取决于品种，当花枝长到大约15厘米长且花仍然是蓓蕾时采摘。定期采摘，刺激更多花枝生长；植株的收获期可以长达两个月。青花椰菜对冷冻的反应良好。

紫色青花椰菜

花茎甘蓝（*Brassica oleracea* Italica Group）

花茎甘蓝作一年生或二年生栽培，株型紧凑，株高约45~60厘米，冠幅很少超过38厘米。品种可分为早熟类、中熟类和晚熟类，最早成熟的品种成熟速度最快。F1代杂种拥有硕大的顶端花球和数量较少的侧枝，产量比植株硕大的灌丛状原始品种高，后者缺少中央顶端花球。不过，花茎甘蓝与芥蓝菜（见"芥蓝菜"，492页）杂交培育出的杂种拥有许多非常肥厚的侧枝，没有顶端花球。这些杂种有时被称为"brokali"或"Tenderstem®"。紧凑的顶端花球和幼嫩侧枝可以轻度烹调后食用。

年幼植株可忍耐一定程度的霜冻，而且一些健壮的品种可在重度霜冻降临之前的秋季收获。花茎甘蓝需要开阔的种植场所以及保水性好、氮素水平中等的肥沃土壤（见"氮素需求"，482页）。

推荐种植的花茎甘蓝品种

早熟品种
'铁人' 'Ironman' F1 H3
'马拉松' 'Marathon' F1 H3
'帕台农神殿' 'Parthenon' F1 H3

中熟品种
'阿波罗' 'Apollo' F1（和芥蓝菜的杂种）H3
'圣日' 'Fiesta' F1 H3
'绿奇迹' 'Green Magic' F1 H3
'歌舞伎' 'Kabuki' F1（紧凑型）H3
'蒙克拉诺' 'Monclano' F1 H3 Cr
'斯特米亚' 'Stemia' F1（和芥蓝菜的杂种）H3

晚熟品种
'科维纳' 'Covina' F1 H3
'伊欧斯' 'Eos' F1 H3

注释
Cr　抗根肿病

播种和种植

从春季至初夏连续种植，在夏季和秋季收获。花茎甘蓝的幼苗不能很好地移栽，所以需要现场播种并在每个播种点播两粒或三粒种子（见"室外播种"，604页），或者播种在穴盘中然后将幼苗移栽到湿润土地中（见"在容器中播种"，605页），尽可能不要扰动根系。要想提前收获，可使用推荐的早熟作物品种在室内播种第一批种子。

花茎甘蓝能够以各种间距健康生长。要想得到最高的总产量，株距和行距应设置为22厘米，或者以30厘米为株距、45厘米为行距种植。较近的间距会产生较小的顶端花枝，它们会一起成熟，这适合冷冻储藏。

日常栽培

保持苗床无杂草。需要为花茎甘蓝提供大量水分才能得到良好的产量——每两周以每平方米11升的量浇一次水。在非常干旱的条件下，像对叶用蔬菜一样浇水（见"关键浇水时期"，480页）。当顶端花球发育时，可将氮肥（如干燥禽粪肥颗粒）施加在土壤表层以促进侧枝发育。

收割花茎甘蓝

1　花蕾即将开放前，将茎切断以采收第一个中央花球。

2　这会促进侧枝发育，将它们采收后还会长出更多侧枝。

病虫害

关于可能影响花茎甘蓝的病虫害，见"病虫害"，485页。油菜花露尾甲、细菌性腐烂和霜霉病也可能引起问题。

收获和储藏

花茎甘蓝是一种快速成熟的芸薹属蔬菜，播种后11~14周就可以收获。植株的主花球应该在直径为7~10厘米、仍然紧实并且花蕾尚未打开时收割。随后植株会长出侧枝花球；当它们长到大约10厘米长时采收。花茎甘蓝可以很好地冷冻。

芜菁嫩叶和油菜（*Brassica rapa*）

千百年来，许多芸薹属蔬菜在未成熟阶段收割，用作快速成熟的绿叶菜。如今两种常用作这个用途的芸薹属蔬菜是芜菁嫩叶（*Brassica rapa* Rapifera Group）和油菜（*Brassica rapa* Utilis Group）。

它们作一年生或二年生栽培，通常有一根主干，高度最高可达约30厘米。叶片、嫩茎和带甜味的花序可烹调后作为春季绿叶菜食用，或拌入沙拉中生食。

从春季到夏末播种油菜——较晚播种的油菜常常是豌豆或其他夏季作物之后的填闲作物。叶用芜菁通常从初秋播种到冬季，然后在其他绿叶菜稀少的春季供应绿叶，但也可以在春季或夏季播种。所有芜菁品种都适合种植；油菜没有命名品种。两者都在保水性好的肥沃土壤中生长得最好，并需要低至中等氮素水平（见"氮素需求"，482页）。

油菜

播种、种植和日常栽培

稀疏地撒播，或者以10厘米行距条播（见"室外播种"，604页）。为得到较大植株，疏苗至株距15厘米。为在寒冷地区得到早熟作物，早春在室内播种第一批种子（见"在容器中播种"，605页）。随后植株只需要很少的照料。

收获和储藏

播种后7~8周采收。当它们长出许多叶片且高达10厘米时进行第一次收割，或者等到未成熟的花枝出现并且植株长到20~25厘米时收割。只要茎干柔软就可以切割。趁鲜使用芜菁嫩叶和油菜，它们的储藏效果很差。

芜菁嫩叶

东方芸薹属蔬菜

得益于亚洲菜肴的流行，以及东方芸薹属蔬菜有益于健康、高产量和易于栽培的特性，许多此类蔬菜已经在西方站稳脚跟，成为常见花园作物——尤其是作为生长季末期的填闲作物，或者因其耐寒性而在冬季种植在不加温的温室中。它们与西方芸薹属蔬菜有许多相同之处，但生长速度更快并且用途更广。它们作一年生或二年生栽培。

东方芸薹属蔬菜的栽培主要是为得到叶片和多叶的茎，但有的种类也会生产幼嫩的带甜味花枝。叶形和颜色不一，从某些小白菜品种的有光泽白脉叶片以及日本芜菁的革质绿色叶片，到芥菜的紫绿色叶片。东方芸薹属蔬菜营养丰富，多汁且脆，味道从温和至辛辣浓淡不一。烹调时最好炒或蒸，或者在沙拉中使用生的幼嫩叶片和枝条。

东方芸薹属蔬菜最适合夏季凉爽、冬季温和的气候，但也有许多能够适应较热气候的品种。大多数种类能够忍耐轻度霜冻，尤其是如果在半成熟时作为随割随长型作物收割的话。它们中的一些种类（如小松菜和某些芥菜）非常耐寒。在温带地区，东方芸薹属蔬菜在夏末和秋季生长得最好。在冬季气温降低到冰点之下数摄氏度的地方，它们可以作为冬季作物生长在不加温保护设施中；如果在夏末种植的话，可以从秋季至春季收获，但它们在低温下会停止生长。

东方芸薹属蔬菜需要与西方芸薹属蔬菜相似的栽培条件（见"为西方芸薹属蔬菜选址"，485页），但它们生长速度较快，消耗肥料很多，因此土壤必须富含有机质，保水性好且肥沃。它们在贫瘠干旱的土壤中无法良好生长。大多数种类的氮素需求水平非常高（见"氮素需求"，482页）。

播种和种植东方芸薹属蔬菜

所有标准播种方法都可使用；在有可能过早结实（抽薹）的地方，在穴盘中播种或现场播种（见"播种"，604~605页）。白昼变长后，许多种类有抽薹的倾向，特别是当春季气温又比较低时。在这样的情况下，在北方应该推迟播种直到仲夏，除非在开始时加温种植或者使用抗抽薹的品种。如果抽薹总是成为问题的话，将东方芸薹属蔬菜作为幼苗作物种植，并在植株开始抽薹前采收叶片。

东方芸薹属蔬菜的生长速度很快，因此它们很适合与慢熟蔬菜间作，特别是作为随割随长型幼苗作物种植时，味道很好。

栽培东方芸薹属蔬菜

东方芸薹属蔬菜的根系一般较浅，因此需要经常浇水。在非常干旱的条件下，按照叶用蔬菜的灌溉量浇水（见"关键浇水时期"，480页）。还应该为它们覆盖根部。东方芸薹属蔬菜容易感染的病虫害与西方芸薹属蔬菜一样（见"病虫害"，485页）。叶片柔软的种类非常容易受到蛞蝓和蜗牛、毛虫和跳甲的危害（见"病虫害及生长失调现象一览"，659~678页）。可以在细防虫网下种植以提供一定程度的保护。

收获和储藏东方芸薹属蔬菜

大多数东方芸薹属蔬菜会在播种后两至三个月成熟。它们可以在从幼苗到成熟植株的四个不同阶段采收。

在幼苗阶段，采用随割随长式收割（见"随割随长式收割"，484页），或者任其生长数周后作为半成熟植株收割。当植株完全成熟后，可以将它们完全采收，或者切割至距地面约2.5厘米处，让它们生长出第二茬作物。成熟植株长出的花枝可以在花朵开放前收获。

芥菜（*Brassica juncea*）

芥菜是一类多种多样的一年生和二年生植物，植株大且叶片多粗糙。叶子的质感可能是光滑的、起泡的或深深卷曲的[如'艺术绿'（'Art Green'）]。某些品种拥有紫色叶片。芥菜生活力强壮，比大多数东方芸薹属蔬菜都更不容易感染病虫害。包括紫绿色的'红巨人'（'Giant Red'）以及'大阪紫'（'Osaka Purple'）在内的许多品种可以忍耐-10℃的低温。某些特定品种有特殊的辛辣味，随着它们结实，辛辣味会变得更强烈。叶片可烹调后食用，不过在幼嫩时或切丝后也可拌入沙拉中生食。

在温带地区从仲夏至夏末播种，温暖气候区可播种至早春，在秋季至春季收获。种子细小，应现场播种在浅土中或者播种在穴盘中（见"播种"，604~605页）。疏苗或将幼苗移植至间距15厘米以收获年幼植株，间距设置为35厘米以收获较大植株。如果在秋季将它们种植在保护设施中的话，芥菜植株会更柔软，但在第二年春季会更早结实。

芥菜在播种后6~13周成熟，具体时间取决于品种。按照需求切下单片叶子。

紫叶芥菜

小松菜（*Brassica rapa* var. *perviridis*）

小松菜的种类极为多样，这些植物会形成大而高产的健壮植株，有光泽的叶片长达30厘米，宽可达18厘米。叶片的味道像卷心菜，还有一股菠菜的风味，既可烹调后食用，也可切成细丝后拌入沙拉中生食。

小松菜的植株能忍耐较宽的温度范围，并可在-12℃的低温中存活。某些品种适合种植在热带气候区。

与大多数东方芸薹属蔬菜相比，小松菜早春播种苗不容易抽薹，并且更耐旱。播种和间距信息见"日本芜菁"，492页。小松菜可在保护设施中作为冬季蔬菜种植。

叶片可在任何阶段采收（见"收获和储藏东方芸薹属蔬菜"，上）。通常在播种8周后可收获成熟植株。

小松菜

芥蓝菜（Brassica rapa var. alboglabra）

芥蓝以及它们与花茎甘蓝的杂种会形成叶片肥厚且呈蓝绿色的矮胖植株，株高达45厘米。粗厚的肉质花茎直径可达2厘米，味道鲜美，常烹调后食用。

与许多其他芸薹属蔬菜相比，芥蓝可以忍耐更高的夏季温度，并且能忍受轻度霜冻。在温暖和温带地区，从春末至夏末播种。要想得到很早熟的作物，应该在秋季将其种植在保护设施中。在冷凉气候区，将播种推迟到仲夏，因为在这之前播种可能会过早抽薹。现场播种或播种在穴盘中（见"播种"，604~605页）。对于花枝出现后立即整株收割的小型植物，株距应为12厘米，行距为10厘米。对于在较长一段时期内收获的大型植株，株距和行距都应设置为30厘米。像对待花茎甘蓝那样先切下中央的主花枝（见"花茎甘蓝"，490页）；更多侧花枝会继续长出供日后收获。大型植株需要9~10周才成熟。

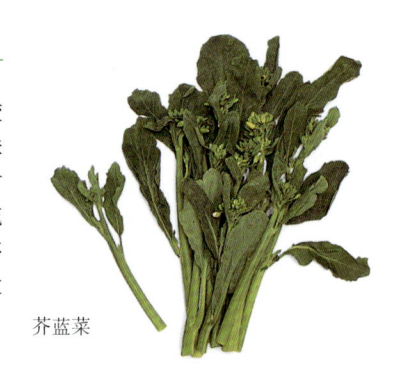

芥蓝菜

小白菜（Brassica rapa var. alboglabra）

小白菜是一种常作一年生栽培的二年生植物，其叶球松散，叶片较硬，叶中脉宽且明显，并在基部重叠。小白菜有许多类型，最常见的是白脉型或绿脉型，有F1代品种'Joi Choi'或'象牙'（白）和'广东矮白菜'以及'Choko'（绿）。它们的大小差异很大，株高从10厘米至45厘米不等。小白菜味美多汁，可以烹调后食用或生食。

小白菜在15~20℃中的凉爽温度中生长得最好。大多数品种可以忍耐露地条件下一定程度的霜冻，在温度更低时可作为冬季随割随长型作物生长在保护设施中。有些品种能适应更热的气候。

贯穿整个生长期播种。春季播种苗有过早抽薹的风险，所以它们只能作为随割随长型作物。现场播种或播种在穴盘中（见"播种"，604~605页）。种植间距取决于品种以及所需植株的大小，从小型品种的10厘米到最大型品种的45厘米不等。在夏末，将小白菜移栽到保护设施中供秋季收获。

在幼苗期至成熟植株长出幼嫩花枝时的任何阶段收获。幼苗叶片在播种3周后即可采收。可以将其切割至距地面2.5厘米，它们会再次萌发生长。成年植株可以切割得更高，之后也会长出第二茬作物。

收获幼苗

小白菜可以在幼苗阶段收割。如果切割至距地面大约2.5厘米，它们还会萌发出新的叶片。

大白菜（Brassica rapa var. pekinensis）

它们是通常作一年生栽培的一年生或二年生植物。大白菜拥有浓密直立的叶球。叶片有显眼的白色宽阔主脉，与小白菜一样在基部重叠。桶形白菜形成大约25厘米高的矮胖叶球，圆柱形白菜会形成更长的较松散的叶球，株高达45厘米。叶片颜色为深绿色至几乎奶油白色，尤其是菜心附近的叶片。还有一些非常漂亮的散叶类型。味道温和，口感脆爽，非常适合用于沙拉和轻度烹调。

大白菜喜欢的气候条件见"小白菜"，上。大多数结球类型如果在春季播种的话容易提前抽薹，除非在生长的前3周维持20~25℃的温度。将播种推迟到初夏较为保险。某些散叶类型可在春季播种。如果它们开始抽薹，则将其作为随割随长型作物处理，不过某些品种的叶片在年幼时可能质地粗糙且多毛。播种在穴盘中或现场播种；疏苗或将幼苗移栽至间距30厘米（见"播种"，604~605页）。在整个生长期，需要大量水分。大白菜的柔软叶片容易招惹虫害（见"栽培东方芸薹属蔬菜"，491页）。

大白菜在播种8~10周后成熟，可以在任何阶段收割，它们在形成主叶球后和作为半成熟植株时的生长期都对随割随长式处理反应良好。

推荐种植的大白菜品种

'维蒂莫''Vitimo'（桶形）H3
'娃娃菜''Wa Wa Sai'（微型，桶形）H3
'雪''Yuki'（桶形）H3

日本芜菁（Brassica rapa var. nipposinica）

取决于气候条件，日本芜菁可作一年生或二年生栽培，它们拥有深绿色有光泽的深锯齿状叶片以及柔软白色多汁的茎，形成直径达45厘米、高大约为23厘米的植株。它们极富观赏性，特别是当它们作为镶边或成块种植时。

日本芜菁可烹调后食用，或者在叶片幼嫩时收割生食。它们的适应性很强，既能忍耐夏季高温（只要种植在保水性良好的土壤中），又可忍耐-10℃的冬季低温。

日本芜菁可以在整个生长季播种。抗抽薹性优良，因此种子可以播种在播种盘、穴盘或者是育苗床中供移栽，也可以现场播种（见"播种"，604~605页）。为得到额外的柔软冬季作物，在夏末播种并日后将其移栽到保护设施中。年幼时收割的小型植株种植间距应为10厘米，大型植株的种植间距可达45厘米。如果在幼苗期收割，日本芜菁适合与其他蔬菜间作。

日本芜菁在播种后8~10周成熟，可以在所有阶段收割；幼苗叶片在播种后2~3周就可收割（见"收获和储藏东方芸薹属蔬菜"，491页）。植株健壮，初次收割后可以再萌发数次。

日本芜菁

叶菜和沙拉用蔬菜

栽培这类蔬菜是为了获得它们产出的大量叶片，这些叶片可以拌在沙拉中生食（常常用作"小苗菜"）或烹调后食用。这些新鲜采摘的叶片美味且极具营养。各种叶色也赋予了它们观赏价值。认真选择栽培品种和提供正确的生长环境能够确保全年供给。连续播种，以避免大量作物同时成熟。由于叶片内含有大量的水分，许多蔬菜只能储藏两到三天；不过一些种类可以冷冻。

苋属蔬菜（Amaranthus spp.）

这些生长迅速的一年生植物能够达到大约60厘米的株高和30~38厘米的冠幅，它们在国外又被称为"非洲菠菜"（African spinach）或"印度菠菜"（Indian pinach），并且常常顶着"菠菜"的名字销售。然而，它们最常见的用法是作为"小苗菜"拌在沙拉里。数个品种得到种植：红苋（Amaranthus cruentus）具有椭圆形、淡绿色的叶片；雁来红（A. tricolor）——"中国菠菜"——具有红、黄或绿色叶片和绿白色花序；尾穗苋（A. caudatus）常因其红色穗状花序作为观赏植物种植。

苋属蔬菜是夏季植物，在深度适中、排水顺畅的肥沃土壤中和温暖条件下生长得最好，产量最高；这种温暖条件要么来自室外的向阳背风处，要么来自温室。

播种和种植

在春季温度回升到足够高时即可进行室外播种，播种行距应控制在20~30厘米（见"室外播种"，604页）。当植株长到5~7厘米高时疏苗至株距10~15厘米。用无纺布或钟形罩提供保护，直到移植的植株成活。

在寒冷地区或种植早熟作物时，要在温室内进行穴盘播种，再将幼苗挑选出来并栽种在直径6或9厘米的花盆中。当幼苗高达7~9厘米时，将它们移植到室外，株距为10~15厘米。或者，对于温室作物，将它们移栽到直径21厘米的花盆、种植袋或苗床中，株距和行距都保持在38~50厘米。定期浇水，并在炎热的天气下洒水降温。在种植小苗菜时，每两周在浅托盘中播种一次。

日常栽培

保持苋属蔬菜的苗床无杂草并定期浇水。每两到三周施用海藻液态有机肥。每三周在贫瘠的土壤中额外施用氮肥和钾肥。在植物的基部覆盖有机护根以保持水分和保温。当这些植物达到20厘米高时，掐去茎尖以促使侧枝生长，从而得到更高的产量。

病虫害

苋属蔬菜基本上不易感染病虫害，但霜霉病、白粉病、毛虫、蚜虫、蓟马和猝倒病偶尔会造成麻烦（见"病虫害及生长失调现象一览"，659~678页）。

收获和储藏

播种8~10周后苋属蔬菜就可进行采收。当植株高度大约为25厘米时，将茎割短至10厘米；它们会在几个月里持续产生更多枝条。对于"小苗菜"作物，当幼苗长到5~10厘米时切割收获。

雁来红

落葵（Basella alba）

落葵又被称为"藤本菠菜"或"锡兰菠菜"，是寿命短暂的缠绕宿根植物，如果有支撑可以长到4米高。白落葵（Basella alba var. alba）有深绿色叶片；红落葵（Basella alba var. rubra）有红色的叶片和茎。卵圆形或者圆形叶片可烹调后食用，紫色浆果一般不食用。

落葵是热带和亚热带植物，最好种植在温室中或非常温暖的室外地点。更低的温度会降低生长速度，导致其生长出小叶片。在轻微的遮阴下能生长出较大叶片。适宜的深度、良好的排水、肥沃的土壤和6~7.5的pH值以及较高的氮素水平（见"氮素需求"，482页）可使植物生长良好。

支撑落葵
可以使用距离地面30厘米并与地面平行的框架棚架支撑落葵。将茎干均匀分布在框架棚架中以免过度拥挤。

播种和种植

将种子播种在穴盘中或直径6或9厘米的花盆中，维持所需的温度范围（见"在容器中播种"，605页）。当幼苗生长到10~15厘米高时，将它们移栽到已经准备好的苗床中，行距和株距都为40~50厘米，或者移栽到种植袋或更大的花盆中。当幼苗长到约30厘米高时，摘除生长点以促进分枝，并经常洒水以保持高湿度。绑扎长出的枝条。

日常栽培

立桩支撑或将茎绑在框格棚架上支撑植株。保持植株无杂草且水分充足。用有机护根覆盖。在生长期，每两三周施用均衡肥料或液态有机肥。当幼苗生长到约45厘米高时，除去茎尖生长点以促进分枝。去除开花枝以促进叶片生长。

采取10~15厘米长的枝条繁殖植物；将这些插条插入小花盆中直到生根，然后像对待实生幼苗那样露地移栽。

病虫害

落葵一般不易感染病虫害，不过可能被蚜虫、粉虱和温室红蜘蛛侵袭（见"病虫害及生长失调现象一览"，659~678页）。

收获和储藏

移栽10~12周后收获，割下15~20厘米长的幼嫩顶端枝条。这会促进枝条在接下来的数月中进一步生长。在采摘后两日食用，或者冷藏数天。

瑞士甜菜和莙荙菜（*Beta vulgaris* subsp. *cicla* var. *flavescens*）

这些长得像菠菜的二年生植物属于甜菜属蔬菜，非常健壮和高产。瑞士甜菜会形成叶片有光泽的大型植株。单片叶可达45厘米长，宽可达15厘米。叶脉汇入宽可达5厘米的叶柄，叶柄呈白色、红色、奶油黄色或粉色。叶色取决于品种，从深绿['福特胡克巨人'（'Fordhook Giant'）]至黄绿['卢卡拉斯'（'Lucullus'）]再至发红的绿色['大黄甜菜'（'Rhubarb Chard'）]。'灿烂灯光'（'Bright Lights'）是一个非常鲜艳的品种。瑞士甜菜的叶片和中脉通常烹调后食用；后者需较长的烹调时间，通常单独处理。莙荙菜的叶片较小，叶柄窄并呈绿色。它可轻度烹调后食用或生食。

与菠菜（见"菠菜"，497页）相比，瑞士甜菜和莙荙菜能够忍耐更高的夏季温度而不会抽薹，还能在-14℃的冬季低温中存活。除了酸性土壤，它们可生长在众多类型的土壤中，只要土壤保水性好且肥沃，含有大量有机质即可。植株可能在土地中生长长达12个月，所以需要高氮素水平（见"氮素需求"，482页）。

白柄瑞士甜菜

播种和种植

要得到连续供应，春季播种（植株可收获至第二年晚春），然后在仲夏至夏末再次播种（植株可收获至第二年夏季）。莙荙菜在现场播种时应该保持38厘米的行距，而瑞士甜菜的播种行距应为45厘米（见"室外播种"，604页）；及早将幼苗疏苗至株距30厘米。在行距更宽时植株可以更密集地种植，但要避免过于拥挤。

也可以播种在穴盘中以供日后移栽（见"在容器中播种"，605页）。萌发速度通常很快。莙荙菜还可以作为随割随长型作物密集种植（见"连续作物"，478~479页）。

红柄瑞士甜菜

日常栽培

瑞士甜菜和莙荙菜通常不怎么需要照料，不过在非常干旱的时期浇水可以带来好处。覆盖有机护根以抑制杂草并保持水分。如果植株在生长期发育不良的话，应施加氮肥（如干燥禽粪肥颗粒）。

病虫害

鸟类会袭击幼苗。真菌性叶斑病和霜霉病也可能成为问题（见"病虫害及生长失调现象一览"，659~678页）。

在保护设施中种植

在凉爽气候区，瑞士甜菜和莙荙菜是保护设施中的优良冬季作物。夏末播种在穴盘中，然后在初秋移栽到保护设施中，或者撒播莙荙菜作为随割随长型幼苗作物。它们通常可以在整个冬季和早春播种。

收获和储藏

播种8~12周后采收叶片。首先切割外层叶片，然后按照需要继续采摘。或者采收全株，将叶切割至距地面大约2.5厘米。植株基部在接下来的数月内还会进一步生产叶片。瑞士甜菜和莙荙菜都可以冷冻储藏。

苦苣（*Cichorium endivia*）

苦苣是一年生或二年生植物，会形成平卧或半直立的莲座型植株，直径可为20~38厘米。苦苣的两个最明显的类型是锯齿叶苦苣（又称卷叶苦苣）和宽叶苦苣，不过也有中间过渡类型。外层叶片呈深绿至浅绿色并且更柔软，内层叶片呈奶油黄色。苦苣味稍苦，可遮光生长变白且使味道变甜一点；主要用于沙拉，切碎可减少苦味，也可烹煮食用。

苦苣是冷季型作物，在10~20℃下生长得最好；较耐寒的品种可忍耐-9℃的低温。高温会导致苦味增加。某些卷叶类型相当耐高温，而宽叶类型的耐寒性较好。如果气温降低至5℃以下一段时间，春季播种苗就有提前抽薹的风险。与莴苣相比，苦苣在北方冬季的低光照条件下表现得好得多，是一种有用的冬季温室作物。

关于土壤和位置需求，见"莴苣"，496页。夏季作物可以种植在轻度遮阴位置，秋季作物必须种植在排水良好的土壤中以免腐烂。苦苣的氮素需求水平较低（见"氮素需求"，482页）。

播种和种植

为每个季节选择合适的品种。在春末播种供夏季采收，或者在夏季播种供秋季采收，可现场播种（见"室外播种"，604页）或播种在穴盘或播种盘中（见"在容器中播种"，605页）。将幼苗疏苗或以间距25~38厘米移栽，为株型扩展的品种提供较宽间距。卷叶类型可作为随割随长型作物播种（见"连续作物"，478~479页）。在春末和夏末收获。

日常栽培

在为叶片遮光时，选择将近成熟且叶片干燥的植株（湿叶片会腐烂）。可以将外层叶片聚拢在一起用绳线固定，以剥夺内层叶片的光照。也可以用花盆或桶罩住植株。植株将在两三周内变成白色。用绳线将叶片绑起来，可保护植株抵御蛞蝓，直到准备收割。若要连续收获作物，则应每次只为一两棵植株遮

推荐种植的苦苣品种

卷叶类型（早播和夏播）
'狂乱' 'Frenzy' H3
'潘卡列里' 'Pancalieri' H3
'瓦隆' 'Wallone' H3

宽叶类型（所有播种）
'布比科普夫' 'Bubikopf' H3
'娜塔莎' 'Natacha' H3

为苦苣遮光

1 确保苦苣植株在进行遮光之前是干燥的，否则叶片会腐烂。

2 剥夺光照2~3周，叶片会变成白色，此时就可以采收了。

光，因为叶片变白后品质会很快变差。在秋季，对于要进行遮光处理的植株，应在严寒天气破坏它们之前将它们从土壤中挖出；将它们移栽到黑暗苗床或温室中的黑暗区域，然后像对待比利时菊苣那样遮光处理（见"菊苣的促成栽培和遮光"，下）。

病虫害

蛞蝓和蚜虫是最常影响苦苣的问题。影响这种植物的其他病虫害，见"莴苣"，496页。

在保护设施中种植

在保护设施中种植可以保证全年供应。为了在冬季和早春收获，应该在初秋将幼苗从穴盘或播种盘中移栽到保护设施中。春季在保护设施中播种并作为随割随长型幼苗作物生长，得到较早的产出，在初秋播种得到较晚的产出。

收获和储藏

取决于品种和季节，在播种7~13周后采收。按照需要采摘单片叶，或者切断整棵植株，让残余部分继续萌发生长。对于成熟植株，采用随割随长式处理方法（见"随割随长式收割"，484页）。苦苣叶片不耐储藏，因此应趁鲜食用。

菊苣（*Cichorium intybus*）

菊苣有许多种类型，全都带有独特的淡淡苦味。几乎所有种类都耐寒并可在冬季食用。它们的色彩很丰富，用在沙拉中很美观，某些种类还可以烹调食用。所有类型的氮素需求水平都较低（见"氮素需求"，482页）。

比利时菊苣

外表与蒲公英相似，这些二年生植物拥有约20厘米长的尖锐叶片，冠幅约15厘米。它们的芽球（将根挖出促成栽培并遮光后生长出的白化紧凑带叶短缩茎）可生食或烹调后食用。也可食用其绿色的叶，但味道较苦。

比利时莴苣在15~19℃下生长得最好。它一般促成栽培供冬季食用。将植株种植在开阔处相当肥沃（但不要刚施加粪肥）的土壤中。

这种植物需要相当长的生长期。在春季或初夏室外现场播种，行距为30厘米（见"室外播种"，604页）。将幼苗疏苗至株距20厘米。保持种植区域无杂草。需要时浇水，以免土壤干燥。在冬季温和的地区，可以对轻质土壤中的比利时菊苣进行现场促成栽培。在初冬，将绿色叶片切短至距地面大约2.5厘米。用土壤将剩余的植株埋住，做出一条15厘米高的小丘；芽球会从小丘中钻出来。

如果园土很黏重或者冬季非常寒冷，或者需要更早的产出，就在室内进行促成栽培。在秋末或初冬将植株挖出。将叶片剪短至2.5厘米，根切短至大约20厘米；丢弃非常细的根。可以立即对根进行促成栽培，或者储藏起来分批进行以保证冬季和早春的连续供应。在储藏根系时，将它们分层平放在箱子中，每一层之间都有潮湿的沙子，然后保存在无霜的棚屋或地窖中直到需要使用时取出。

在室内促成栽培时，将数个准备好的根放入装满基质或园土的大花盆或盒子中，然后将相同大小的花盆或盒子倒扣在上面。将所有排水孔堵住以遮蔽光线。保持土壤湿润并维持10~18℃的温度。

植株的根还可种植在温室的操作台下或冷床中。将黑塑料布覆盖在金属线圈上或安装在木质框架上作为遮光区域。在春季若温度急剧升高，不要使用黑色塑料布，那样可能会发生蚜虫病害和腐烂。比利时菊苣一般不会感染病虫害。

8~12周后采收室外促成栽培的芽球，这时芽球高度大约为10厘米，将土壤拨开并从距根颈2.5厘米处将芽球切下。室内促成栽培的植株在三四周后就可以收获。收割后的植株会再次萌发出第二茬较小的芽球。收割后将芽球包裹起来或放入冷库中，因为它们暴露在光下后会变绿并变苦。

红菊苣

这是一类常作一年生栽培的宿根植物。典型的红菊苣是一种株型低矮的植物，外层叶片味苦，呈发红的绿色，中央有紧凑的叶球。可拌入沙拉生食，切碎以减少苦味，或者烹调后食用。

红菊苣可以忍耐宽泛的温度和土壤条件，但主要生长于冷凉月份。

品种的耐寒性不一。'特雷维索'（'Treviso'）的耐寒性特别强；它可以和比利时菊苣一样促成栽培（见"比利时菊苣"，左）。有时可以买到F1代杂种，它们能生产出比传统品种更紧实的叶球。在初夏或仲夏现场播种，或者播种在托盘中供日后移栽。种植间距取决于品种，为24~35厘米。在秋季将夏季播种的作物移栽到保护设施中。播种

推荐种植的菊苣品种

比利时菊苣
'放大' 'Zoom' F1 H5

红菊苣
'靛蓝' 'Indigo' F1 H5
'特雷维索红' 'Rossa di Treviso' H5
'维罗纳红' 'Rossa di Verona' H5
'卡斯泰尔弗兰科斑驳' 'Variagata di Castelfranco' H5

糖面包菊苣
'面包房' 'Pain de Sucre' H5

菊苣的促成栽培和遮光

1 在秋末或初冬，小心地将成年植株挖出。中央的叶片可能足够软嫩，可堪食用。

2 使用锋利的小刀将叶片切至距根颈处2.5厘米，削去主根的基部和所有侧根，留下20厘米的长度。

3 将一层湿润的盆栽基质或园土放入直径为24厘米的花盆中。将三根修剪后的主根放入基质中并紧实，使它们保持直立，然后回填花盆至基质表面距花盆边缘2.5厘米，然后紧实，根颈暴露在外。

4 在另一个花盆中垫上炊箔或黑塑料布以遮盖排水孔，然后盖在植株上以隔绝光线。保持10~18℃的温度。3~4周后收割，正好割至基质表面之上。

后8~10周，收割每个叶片或整个叶球。菊苣成熟后还可以在土地中保留很长时间；在寒冷地区，使用低矮的拱形塑料膜提供保护，使植株长出更多紧实的叶片。

糖面包菊苣

糖面包菊苣的叶片为绿色，可形成圆锥形的叶球，在形状与大小上与直立莴苣有几分相似。它的内层叶片被天然遮光而黄化，稍甜。关于糖面包菊苣的用途，以及对气候、土壤和栽培的需求，见"红菊苣"，495页。

糖面包菊苣可在春季作为随割随长型幼苗作物播种；在温度升高导致叶片变粗之前收割。仲夏至夏末播种，可供秋季和冬季收获叶球。将幼苗疏苗至间距25厘米。植株可忍耐轻度霜冻，如果种植在保护设施中，可提供冬季产出。

按需求采收叶片，或者在叶球成熟时将其采下。叶球在凉爽干燥的无霜条件下可储存数周。还可以将它们头朝内堆放起来，盖上秸秆储藏（见"堆放储藏瑞典甘蓝"，521页）。

糖面包菊苣

莴苣（*Lactuca sativa*）

莴苣是低矮的一年生植物；它们一般拥有绿色叶片，不过某些品种的叶片为红色或发红的绿色。

莴苣有几个截然不同的类型。直立莴苣拥有的叶片长而大，味道好，叶球相当松散；半直立莴苣更短，叶片很甜且脆。软叶莴苣的叶片柔软光滑，形成紧密的叶球；皱叶莴苣（去除外层叶片销售时被称为冰山莴苣）的叶片脆，结球。

散叶莴苣形状像沙拉碗，不结球，所以抽薹很慢，可在很长的一段时期收割；它们的叶常呈锯齿状并极具装饰性。它们是所有莴苣中营养最丰富的一类，尤其适合作为随割随长型幼苗作物种植（见"随割随长式收割"，484页）。

莴苣的冠幅从10厘米至30厘米不等。直立类型高约25厘米，其他类型高约15厘米。莴苣主要用作沙拉蔬菜，不过外层较老叶片也可以烹调食用或者用在汤羹中。

莴苣是夏季作物，但一些特殊品种可以在温室中实现冬季收获。温度超过25℃时种子萌发率常常很差，在这样的温度条件下植株容易快速抽薹并变苦，不过散叶莴苣的抽薹速度比其他类型慢。

种植在开阔处，在炎热的地区应提供轻度遮阴。莴苣需要肥沃保水的土壤，并且不能在同一块土地上连作两年，以免真菌病害积累。氮素需求水平为中等（见"氮素需求"，482页）。

播种和种植

必须播种适合当季的品种。在冷凉气候区全年生产时，应该从早春至夏末每隔两三周播种一次。在夏末或初秋可播种室外越冬的耐寒品种或者在保护设施中播种，供来年春季收获。

现场播种在育苗床中（见"室外播种"，604页），或者播种在托盘或穴盘中供日后移栽（见"在容器中播种"，605页）。夏季最好现场播种，因为幼苗会在移栽时枯萎，除非是在穴盘中培育的。种子在高温下可能休眠；这最可能在播种后数小时发生，要克服这一点，可在播种后浇水冷却、将播种盘或穴盘放入凉爽处萌发；或者在下午播种，使关键的萌发在晚上气温较低时发生。

当莴苣拥有五六片叶子时，在潮湿的条件下进行移栽，使叶片基部正好位于土壤表面之上。在炎热的天气下，为年幼植株提供遮阴直到它们生长成形。小型品种的种植间距为15厘米，较大品种的株距应为23厘米，并留出30厘米的行距。

用于室外越冬的耐寒品种可现场播种，或播种于钟形罩下或冷床中。在秋季疏苗至间距7厘米，然后在春季再次疏苗至最终间距。在春季覆盖在植物上的钟形罩能够提高它们的品质，并帮助它们更早地成熟。

所有菊苣都可以作为随割随长型幼苗作物种植，特别是散叶莴苣（见"连续作物"，479页）。

散叶莴苣

收获散叶莴苣
收割散叶莴苣时，将叶片切割至距地面2.5厘米高。留下残株使其再次萌发生长。

推荐种植的莴苣品种

直立莴苣
'克莱蒙特' 'Claremont' H2
'洛布乔伊特绿直立莴苣' 'Lobjoit's Green Cos' H3
'尼曼斯' 'Nymans' H2
'帕里斯岛直立莴苣' 'Parris Island Cos' H2
'冬季密度' 'Winter Density' H3 Ow

半直立莴苣
'雀斑' 'Freckles'（有斑点）H2
'小宝石' 'Little Gem' H2
'月红' 'Moonred'（红色）H2
'坦坦' 'TanTan' H2

软叶莴苣
'北极之王' 'Arctic King' H3 Ow
'布莱恩' 'Brian'（短日照温室型）H2
'卡珊德拉' 'Cassandra' H2
'克拉利昂' 'Clarion' H2
'四季奇迹' 'Marvel of Four Seasons' H2
'罗克西' 'Roxy' H2
'冬日帝国' 'Winter Imperial' H3 Ow

散叶莴苣
'莱尼' 'Leny' H2
'洛洛·罗萨' 'Lollo Rossa' H2
'纳瓦拉' 'Navara' H2
'红沙拉碗' 'Red Salad Bowl' H2

皱叶莴苣
'巴塞罗那' 'Barcelona' H2
'雷克兰' 'Lakeland' H2
'迷你绿改良' 'Minigreen Improved' H2
'萨拉丁' 'Saladin' H2

注释
Ow 在保护设施中越冬

日常栽培

保持莴苣苗床无杂草。如果植株生长缓慢,可施加氮肥(如干燥禽粪肥颗粒)。在干燥条件下,以每周每平方米22升的量浇水。最关键的浇水时期是成熟前大约7~10天(见"关键浇水时期",480页)。在秋末或冬初,使用钟形罩保护莴苣以改善作物品质。

病虫害

病虫害问题包括蚜虫和根蚜、地老虎、大蚊幼虫、蛞蝓、花叶病毒、霜霉病、缺硼症以及灰霉病;鸟类也可能损坏幼苗。详见"病虫害及生长失调现象一览",659~678页。某些品种对蚜虫有抗性,还有些品种抗花叶病毒和霜霉病。

在保护设施中种植

在冷凉气候区,在早春播种或种植在不加热温室中、钟形罩中、穿孔无纺布下或冷床中,以收获早熟莴苣。某些在冬季短日照下形成叶球的品种也可以在冬季种植在保护设施中以供春季收获。仲冬收获的莴苣以及几乎所有软叶莴苣,通常都需要加温。

收获和储藏

散叶莴苣在播种后大约7周即可收获,软叶莴苣需要10周或11周,直立莴苣和皱叶莴苣需要11周或12周。在成熟后迅速收割直立、软叶和皱叶类型,以防止它们抽薹。它们可以在冰箱中储存数天。按照需要每次采收散叶莴苣的部分叶片,因为它们不耐储藏,或者将整棵植株切至距地面2.5厘米,留下残桩,植株在数周之内会再次萌发。

保护幼苗
使用无纺布保护幼苗能够帮助它们快速成熟。

菠菜 (*Spinacia oleracea*)

菠菜是一种生长迅速的一年生植物,株高可达15~20厘米,冠幅约15厘米。叶片富含营养,光滑或皱缩,圆或尖,具体取决于品种。菠菜可轻度烹调后食用,或者在幼嫩时拌入沙拉中生食。

菠菜在16~18℃下生长得最好,不过在更低的温度下也能良好生长。小型植株和幼苗可忍耐-9℃的低温。种植适合本地区的推荐菠菜品种。例如,许多品种在长日照下容易抽薹(见"白昼长度",472页),特别是经过一段寒冷时期或是在炎热干燥的条件中。推荐品种包括'布卢姆斯代尔'('Bloomsdale')、'埃米莉亚'('Emilia')、'拉齐奥'('Lazio')和'美达尼亚'('Medania')。菠菜植株在夏季可忍耐轻度遮阴,并需要中等氮素水平的土壤(见"氮素需求",482页)。关于其他土壤需求,见"瑞士甜菜和莙荙菜",494页。

播种和种植

在凉爽的季节播种,因为菠菜的种子在温度超过30℃时不会萌发。现场播种,将每粒种子以2.5厘米的间距成排播种,行距为30厘米(见"室外播种",604页)。为得到不间断的产出,应该在上一批种子的幼苗萌发后连续播种。像对待瑞士甜菜一样及早疏苗,为年幼植株疏苗至株距约7厘米,或者为大型植株疏苗至株距15厘米。

菠菜也可以作为随割随长型幼苗作物种植并使用在沙拉中。为此,可以于早春和初秋在保护设施中播种,也可于夏末露地播种用于越冬收获。关于日常栽培、病虫害以及保护设施中的种植,见"瑞士甜菜和莙荙菜",494页。

收获和储藏

播种5~10周后收割叶片。切割单片叶,或者将植株切短至距地面大约2.5厘米,让剩余部分再次萌发生长;或者将整株植物拔出。在温暖地区,在菠菜开始抽薹结实前收获幼嫩植株。采摘后趁鲜使用或冷冻储藏。

菠菜

新西兰菠菜 (*Tetragonia tetragonioides*,同 *T. expansa*)

新西兰菠菜是半耐寒匍匐宿根植物,也可作一年生栽培。植株拥有长约5厘米的三角形肥厚叶片,冠幅为90~120厘米。叶片的使用方法和菠菜一样(见"菠菜",上)。

新西兰菠菜可忍耐高温和干旱,但不耐霜冻。它在开阔位置的肥沃保水土壤中生长得最好,需要较低的氮素水平(见"氮素需求",482页)。它一般没有菠菜那样容易抽薹。

种子的萌发速度可能很慢,所以为促进萌发,应该在播种前将种子浸泡在水中24小时(见"打破种子休眠",602页)。在冷凉气候区室内播种,然后在所有霜冻风险过去后将幼苗以45厘米的株距和行距移栽。或者在最后一场霜冻过去后,将种子现场播种在室外,然后逐步疏苗至最终间距。保持幼苗无杂草(对于成熟植株,可以覆盖土壤从而抑制杂草)。很少产生病虫害问题。

播种6~8周后开始摘掉嫩叶和茎尖。经常采摘,促进三四个月内嫩叶的进一步生长。新西兰菠菜应该采摘后立即使用,或者冷冻储藏。

采摘新西兰菠菜
在果实开始形成前采摘新西兰菠菜的嫩叶和茎尖。植株会继续生长出新的枝叶,可采摘至第一场霜冻降临。

小型沙拉蔬菜

有许多不太为人熟知的蔬菜也值得栽培,它们可以单独或与其他蔬菜一起拌入沙拉中生食。它们适合种植在小型花园和容器中。叶片,特别是嫩叶拥有独特的滋味且营养丰富。除了马齿苋和冰叶日中花,所有种类都能忍耐一定程度的冰霜,在得到防风保护的排水良好的土壤中还能承受更低的温度。在冷凉气候区,大多数种类可以在冬季种植在保护设施中以提高产量。大多数沙拉蔬菜是速生植物,并且在富含氮的土壤中生长得更加旺盛。许多种类最好作为随割随长型作物播种(见"连续作物",478~479页)。它们通常没有病虫害问题。

高地水芹(Barbarea verna)

这种低矮二年生植物的冠幅为15~20厘米。叶片深绿有光泽,强烈的味道与水芹相似,但是更辣,可生食或烹调后食用,常用来代替水田芥。高地水芹非常耐寒,在冬季仍保持绿色。它在阴凉中生长得最好。在高温下,它会快速抽薹结实,变得粗糙且味道很辣。它可以间作在较高的蔬菜之中,也可以用来为花坛镶边。

将高地水芹种植在肥沃保水的土壤中。春季播种初夏采收,或者夏末播种秋季或越冬后采收。在冬季还可以种植在不加温温室中。现场播种,日后疏苗至间距15厘米(见"室外播种",604页),或者播种在播种盘中以供日后移栽(见"播种在容器中",605页)。播种7周后,当叶片长到7~10厘米时采摘。如果将部分植株保留下来,高地水芹会在春季大量结实自播,幼苗可以在需要时移栽。跳甲(见"跳甲",665页)可能影响年幼植株。

高地水芹

白芥(Sinapis alba)

白芥的生活习性与水芹相似,它常常与水芹伴生。幼苗的叶有强烈味道,可拌入沙拉中生食。它是冷季型作物,在炎热的天气中会很快抽薹结实;如果生长在降雨量大的

白芥

地方,它的叶片容易变粗糙。

在温带气候区户外播种,在春季和秋季进行现场播种最容易,使用任何播种随割随长型幼苗作物的方法播种。

白芥像水芹一样,可以在保护设施中从秋季种植到春季。可以播种在浅碟中叠放的湿报纸上,然后将浅碟放到窗台上,或者播种在发芽装置中;也可以播种在装满盆栽基质或土壤的播种盘中(见"在容器中播种",605页)。这些方法可以全年使用。白芥的萌发速度比水芹快,所以如果同时需要两种蔬菜的话,应该在播种水芹两三天后播种白芥。每7~8天播种一次可保证连续收获。

当幼苗长到大约3.5~5厘米高的时候进行收割。它的结实速度比水芹快得多,一般只能收获2~3次。

欧洲油菜(Brassica napus)

这种一年生植物拥有淡绿色叶片,味道温和,而且通常是预包装"白芥水芹混合沙拉叶"中的"白芥"。它的生长速度较快,但抽薹结实比白芥或水芹慢。欧洲油菜的叶片在幼嫩时可生食,而较大叶片可以烹调后食用。

欧洲油菜可在-10℃的低温下存活,并能忍耐中等程度的高温。植株可在众多类型的土壤中生长。在温带气候区,于早春和秋末在保护设施中播种(见"在容器中播种",605页);室外可连续播种至初秋(见"室外播种",604页)。在室内,它可以像白芥(见"白芥",左)一样在窗台上种植生长。在室外撒播或条播,或者播种在宽播种沟中。10天后进行第一次收割;当植株长到60厘米高后,可在数月内收获小叶片。

收获欧洲油菜
从幼苗阶段起,将欧洲油菜的叶片剪至7厘米长。在良好的条件下可以进行3次收割。

水芹(Lepidium sativum)

对这种速生植物,主要使用其可生食的幼苗叶片。水芹有细叶和宽叶类型。它是一种比较耐寒的冷季型作物,在炎热天气下会快速抽薹结实,除非播种在轻度阴凉下。在冷凉气候区,水芹可以在冬季良好地区生长在保护设施中。它在非常低的温度下可能会停止生长,但温度升高后会开始继续生长。

除了非常冷凉的地区,水芹最

宽叶水芹

好在春季和夏末或者初秋播种;避免在炎热天气中播种。可以播种在浅碟中叠放的湿报纸上,然后将浅碟放到窗台上,或者播种在发芽装置中;这样可以进行一次收割。为得到数次连续收获,可播种在装满轻质土壤的播种盘或室外土壤中,也可撒播、条播或播种在宽播种沟中。播种后10天当幼苗长到5厘米高时收割。如果露地播种,可以连续收获4次。

冰叶日中花(Mesembryanthemum crystallinum)

冰叶日中花在温暖气候区作为宿根植物栽培,在其他地区作为不耐寒一年生植物栽培,其拥有匍匐的株型、肉质茎和肥厚的肉质叶,茎叶上覆盖着有光泽的囊泡。叶片和嫩茎味道清爽并稍带咸味。它们可以像菠菜一样用于沙拉生食,或烹调后食用。

冰叶日中花需要阳光充足的环境及轻质排水良好的土壤。在温暖气候下,室外现场播种(见"室外播种",604页);在冷凉气候区,春季室内播种,待所有霜冻风险过去后以间距30厘米移栽(见"在容

冰叶日中花

蒲公英（Taraxacum officinale）

作为一种耐寒多年生杂草，蒲公英的冠幅可达30厘米。野生和栽培类型的年幼叶片可生食。栽培类型的植株较大，抽薹结实的速度较慢。蒲公英的叶片稍苦，但可以让其遮光生长从而变甜。花和根亦可食用。蒲公英可忍耐众多类型的土壤，只要排水良好。

为蒲公英遮光

当植株拥有数片叶片时，使用30厘米高的桶将其盖住。数周后采收奶油黄色的伸长叶片。

春季播种，播种在播种盘中供日后移栽（见"在容器中播种"，605页），或者以35厘米为间距现场播种（见"室外播种"，604页）。从夏末起连续分批遮光，使用避光的大桶盖住表面干燥的植株。当叶片伸长并呈奶油黄色时采收。蒲公英的地上部分在冬季会枯死，但其会在春季再次萌发；植株可继续生长数年。

播种"，605页）。蛞蝓（见"蛞蝓和蜗牛"，675页）可能会侵扰幼苗。可通过扦插方法繁殖（见"茎尖插条"，612页）。种植后4周可采收第一批幼叶和嫩茎。定期采收以促进其进一步的生长，并去除所有出现的花。茎叶可保持新鲜数天。

芝麻菜（Eruca vesicaria subsp. sativa）

这种耐寒地中海植物叶片辛辣，可用于沙拉；较老的植株可烹调食用。芝麻菜在冷凉天气下的保水土壤中生长得最好；冬季种植在保护设施中时表现出色，还可作为随割随长型作物栽培。撒播或条播并作为幼苗采收，或者长得稍大后疏苗至间距15厘米。幼苗可在播种3周后采收。跳甲（见"跳甲"，665页）可能会侵袭沙拉菜。得到栽培的其他物种包括薄叶二行芥（Diplotaxis tenuifolia）。

芝麻菜

水马齿苋（Claytonia perfoliata）

耐寒一年生植物，叶片为心形，花枝秀丽。茎叶和花枝味道温和，稍呈肉质，可拌入沙拉中生食。在冷凉天气中生长得很好。它喜欢排水良好的条件，即使在贫瘠的轻质土壤中也能生长良好。一旦成形，它会大量结实自播；幼苗具入侵性，根系浅，可轻松拔出。

夏末在室外播种，秋季至初冬采收（见"室外播种"，604页）。亦可春季播种夏季采收。可作为随割随长型幼苗作物撒播，或者条播，或者播种在10厘米宽播种沟中，亦可现场播种或播种在播种盘中。移

栽或疏苗至间距15~23厘米。播种12周后开始收割，留下植株让其再次萌发。

水田芥（Rorippa nasturtium-aquaticum）

作为一种耐寒水生宿根植物，水田芥（又名Nasturtium aquaticum）长有营养丰富、味道强烈的叶片，可用于沙拉或汤羹中。进行商业栽培的菜苗使用泉水灌溉，水质微碱，温度为大约10℃。

将茎插入水中，使插条生根——其生根速度很快；或者用种子培育。水田芥可种植在潮湿园土中，不过也能够轻松地种植在直径15~21厘米的花盆中。在每个花盆中铺一层沙砾或苔藓，填入肥沃的土壤，然后将花盆立入装有凉爽干净的水的浅盘中。每个花盆中种植三四根生根插条，之后将花盆放入良好光照条件下的背风处。在炎热气候中每天至少更换一次水。按照需要收割叶片。

种在花盆里的水田芥

荬苣缬草（Valerianella locusta）

这些耐寒一年生植物在温和气候区种植，长成味道精致的小型植株，供秋季和冬季用于沙拉。荬苣缬草有两种类型：一种是松软的大叶类型，另一种是较小的直立类型，其叶片颜色更深，也更耐寒。它们可以忍耐众多类型的土壤。在寒冷气候区的冬季将它们种植在保护设施中，得到更茂盛和更幼嫩的植株。荬苣缬草可与其他蔬菜（如冬季芸薹属蔬菜）间作或下层种植。

荬苣缬草可作为随割随长型幼苗作物或者单株植株种植。从仲夏

开始现场播种，撒播、条播或宽播种沟中播种均可（见"室外播种"，604页）。保持种子湿润直到萌发。将幼苗疏苗至间距10厘米。荬苣缬草生长缓慢，可能需要12周才能成熟。采收单片叶或者收割整棵植株，保留残株让其再次萌发以供再次收割。

大叶荬苣缬草

马齿苋（Portulaca oleracea）

这种半耐寒低矮植物拥有稍呈肉质的叶片和茎，可生食或烹调后食用。有绿叶和黄叶类型；绿叶类型的叶片较薄，植株较健壮，味道也较好；但黄叶或金叶类型在沙拉中很美观。植株需要生长在温暖背风的位置和排水良好的轻质土壤中。

可将马齿苋作为随割随长型幼苗作物或单株作物种植。在冷凉气候区，春末播种在播种盘中，待所有霜冻风险过去后，将幼苗以间距15厘米移栽。

初夏和夏末在保护设施中作为随割随长型幼苗作物播种。在温暖气候区，可于整个夏季在室外现场播种。

播种4~8周后，收割幼苗或单棵植株的嫩茎。定期收割，每次留下两片基部叶，去除任何长出的花朵。蛞蝓（见"蛞蝓和蜗牛"，675页）可能会侵袭植株。

金叶马齿苋

果用蔬菜

某些最奇特且呈肉质的蔬菜种类是果用蔬菜。许多种类（例如番茄、辣椒、茄子和甜瓜）都起源于热带和亚热带地区；在较冷凉的地区，它们可能需要种植在保护设施中或温暖处。在温带气候区，像西葫芦、甜玉米和南瓜等其他作物需要在室内萌发，但随后可以移栽到室外生长至成熟。在花园空间有限的地方，许多此类植物还可以成功地种植在露台或铺装区域的花盆或其他容器中。使用株型紧凑的速成品种可得到最好的效果（见"盆栽蔬菜"，341页）。所有种类都需要温暖背风环境，以便成功授粉和催熟果实。

甜椒 (*Capsicum annuum* Grossum Group)

又称柿子椒或灯笼椒，这些一年生植物呈灌木状株型，株高达75厘米，冠幅为45~60厘米。果实通常呈长方形，长度为3~15厘米，直径为3~7厘米，呈绿色、奶油色、黄色、橙色、红色或深紫色。可将果实整个或切碎后烹调食用或生食。

甜椒是热带和亚热带植物，最低生长温度为21℃。超过30℃的气温会减少坐果量并导致果蕾和花朵凋落。甜椒最好在保护设施中种植，或者室外种植在阳光充足的背风处（但效果较差）。需要深厚、排水良好、氮素含量水平中等（见"氮素需求"，482页）的肥沃土壤。

播种和种植

早春在温室里的浅盘或播种盘中播种（见"在容器中播种"，605页）。将萌发后的幼苗移栽入直径为8~9厘米的花盆中，而在温室苗床、大花盆或种植袋中播种10~12周后将幼苗移栽至室外。株距设置

推荐种植的甜椒品种

'阿丽亚娜' 'Ariane' F1（橙色）H1c
'阿斯特' 'Astor' F1（黄色）H1c
'贝尔男孩' 'Bell Boy' F1（红色）H2
'加利福尼亚奇迹' 'California Wonder'（红色）H1c
'达斯蒂giallo' 'D'Asti Giallo' F1（黄色）H1c
'暗黑破坏神' 'Diablo' F1（红色）H1c
'吉卜普赛人' 'Gypsy' F1（红色）H2
'长红马可尼' 'Long Red Marconi'（红色）H1c
'玛沃瑞斯' 'Mavras' F1（黑色）H1c
'新埃斯' 'New Ace' F1（红色）H1c

低矮品种

'莫霍克' 'Mohawk' F1（红色）H1c
'红皮肤' 'Redskin' F1（红色）H1c

甜椒

为50厘米，并为较高的品种立桩支撑。如果在室外种植，将幼苗上盆，并等到所有霜冻风险都过去后再露地移栽，将株距和行距都设置为45~50厘米。还可以买到有更强活力和抗病性的嫁接植株。虽然价格更高，但它们很适合种在温室苗床中。

日常栽培

将成形植株的茎尖生长点掐掉以促进灌木式株型的形成，并为超过60厘米高的品种提供立桩支撑。定期浇水以防止叶片和花蕾掉落，用有机物质覆盖护根。在生长期每两周施加一次均衡液态肥料（如海藻肥），然后停止施肥以促进果实成熟。必要的话，使用高大的钟形罩（最好是玻璃材质的）为室外栽培植株提供保护。

病虫害

植株可能遭受蚜虫侵扰；在保护设施中，它们还可能受温室红蜘蛛、粉虱、蓟马以及脐腐病（见"缺钙症"，662页）的影响。详见"病虫害及生长失调现象一览"，659~678页。

收获和储藏

移栽14~16周后采摘甜椒，如果栽培在室外的话，应该在第一场霜冻前采摘。某些品种最好在果实呈绿色时食用，不过其他品种可以在植株上保留两三周直到它们变成红色、褐红色、黑色或奶油黄色。如果让成熟中的果实留在植株上发育出最终的颜色，它们会抑制更多果实的形成，和在果实呈绿色时采收相比，这样做会导致产量下降、收获时间推迟。不过，在植株上成熟的果实味道更浓郁、更甜。切下单个果实；它们可以在凉爽潮湿、12~15℃的条件下储藏长达14天。还可以储藏整棵植株（见"果用蔬菜"，484页）。

采收甜椒
某些甜椒最好在绿色时采摘；其他品种可以任其变成红色或黄色。从距离果实2.5厘米处将果柄剪断。

辣椒

这种类型的辣椒带尖，长达9厘米。常见的辣椒品种包括'阿帕切'（'Apache'）、'嘉年华'（'Fiesta'）、'墨西哥辣椒'（'Jalapeno'）以及'泰龙'（'Thai Dragon'）。现在逐渐流行将它们作为观赏植物种植。

按照与甜椒相同的方式栽培，它们稍耐高温。当果实从绿色变成红色时，可在任何阶段采摘。如果在室外栽培的话，应在第一场霜冻来临之前采摘。随着辣椒的成熟，辣味会逐渐增加，辣味来自白色的髓和种子。如果觉得太辣，可将髓和种子丢弃。

成熟中的辣椒

红辣椒

小米椒 (Capsicum frutescens)

这些植株是分枝性较强的宿根植物，株高达1.5米，果实小而窄，呈橙色、黄色或红色，取决于品种，果实悬挂在分枝上或直立。它们非常辣，常用于沙拉和一般的调味。

小米椒是热带和亚热带植物，因此不耐霜冻。植株的株距与行距皆为60厘米，栽培方式与甜椒一样（见"甜椒"，500页），不过它们一般需要更多的水。它们一般不需要立桩支撑。

它们需要很长的生长期，通常在种植15~18周后结出第一批果实。待果实充分成熟后再采收。果实冷冻或干燥后可以储藏数月。

小米椒

推荐种植的小米椒品种

'阿帕切' 'Apache' H1c
'魔鬼红' 'Demon Red' H1c
'菲柳斯蓝' 'Filius Blue' H1c
'浮果' 'Fuego' H1c
'热泰' 'Hot Thai' H1c
'匈牙利热蜡' 'Hungarian Hot Wax' H1c
'草原之火' 'Prairie Fire' H1c
'苏格兰红帽子' 'Scotch Bonnet Red' H1c
'超辣' 'Super Chilli' H1c
'塔巴斯科' 'Tabasco' H1c

西瓜 (Citrullus lanatus)

西瓜是热带或亚热带一年生植物，匍匐茎长度可达3~4米。果实为圆形或椭圆形，绿色或奶油色，有条纹或斑点，长度可达60厘米；生食。植株需要25~30℃的生长温度，最好种植在保护设施中，不过在阳光充足的背风处也能露地种植。需要排水良好、氮素水平中等（见"氮素需求"，482页）的肥沃土。种植前在土壤中混入腐熟粪肥和通用肥料。可以买到活力更强、对根系病害有抗性的嫁接植株，虽然价格更高，但在种植条件不佳的地方值得考虑使用它们。

播种和种植

早春在温度达到22~25℃的保护设施中播种在播种盘或直径8~9厘米的花盆中（见"在容器中播种"，605页）。当幼苗长到10~15厘米高时炼苗。待所有霜冻风险过去之后，将它们以1米的间距移栽。使用钟形罩保护室外植物抵御风霜。

日常栽培

覆盖护根以保持水分，然后每两周施加一次海藻液态肥料直到果实开始发育。当主枝长到两米长时将茎尖生长点掐去，并将侧枝整枝在成排的其他蔬菜之间。为帮助果实形成，为花朵手工授粉（见"手工授粉"，504页）。当果实开始发育后，将侧枝上长出的次级侧枝剪短至两三片叶，然后在每个果实下方垫上一块干草或木板，抵御土生病虫害。

病虫害

西瓜通常不会感染病虫害，但偶尔会出现白粉病和花叶病毒。其他偶发虫害包括蚜虫、根结线虫和果蝇。详见"病虫害及生长失调现象一览"，659~678页。

在保护设施中种植

除了灌木型品种，西瓜的长势非常健壮，一般不生长在温室中。它们可以种植在钟形罩或其他遮盖物下，间距保持1米；在开花期撤去遮盖以降低湿度并促进昆虫授粉。

收获和储藏

播种11~14周后收获；成熟果实在被拍打时会发出空洞的声音。它们可以在10~12℃的条件下储藏14~20天。

西瓜

推荐种植的西瓜品种

'黑尾山' 'Blacktail Mountain' H1c
'查尔斯顿灰' 'Charleston Grey' H1c
'红甜' 'Crimson Sweet' H1c
'迷你爱' 'Mini Love'（紧凑型）H1c
'星月' 'Moon and Stars' H1c
'糖宝宝' 'Sugar Baby' H1c

甜瓜 (Cucumis melo)

这些攀缘一年生植物可以长到2米高，侧枝可伸展60厘米长。有3种主要类型：罗马甜瓜（cantaloupe）、冬甜瓜或称卡萨巴甜瓜（casaba），以及包括蜜瓜在内的网纹甜瓜（musk）。罗马甜瓜拥有厚而粗糙的灰绿色外皮和深凹槽，单果重达750克。冬甜瓜拥有光滑的黄色或黄色带绿色条纹的果皮，单果重达1千克。网纹甜瓜大小不一，但一般比罗马甜瓜和冬甜瓜更小，光滑果皮上有网状纹路。冬甜瓜以及部分罗马甜瓜品种适合种植在温室中。

甜瓜是热带植物，种子萌发所需的最低温度为18℃，生长期所需的最低温度为25℃。甜瓜最好种植在玻璃温室或冷床中，但夏季种植在阳光非常充足的背风处也可获得相当不错的产量。甜瓜需要排水良好、富含腐殖土、氮素水平高（见"氮素需求"，482页）的肥沃土壤。在种植前施加通用肥料和腐熟堆肥或粪肥。

室外播种和种植

早春在保护设施中播种，播在穴盘或直径为6~9厘米的花盆中（每个花盆播种两粒种子），如果两粒种子都萌发了，就去除生长较弱的幼苗（见"在容器中播种"，605页）。大约6周后，当所有霜冻风险已经过去时，炼苗并移栽幼苗，株距为1米，行距为1~1.5米。将每株幼苗种在小丘上。在室外用钟形罩或拱形塑料膜保护年幼植株抵御风霜，直到植株长成。

网纹甜瓜

推荐种植的甜瓜品种

'阿尔瓦罗' 'Alvaro' F1 H1c
'布伦海姆橙色' 'Blenheim Orange' H1c
'查伦泰' 'Charentais' H1c
'埃米尔' 'Emir' F1 H1c
'加利亚' 'Galia' F1 H1c
'奥亨' 'Ogen' H1c
'珀蒂·格里斯·雷恩' 'Petit Gris de Rennes' H1c
'甜心' 'Sweetheart' H1c

日常栽培

当长出5片叶子后,将每个生长点掐掉,促进枝条进一步生长。当它们充分发育后,将它们疏减至大约4根最茁壮的枝条。将两根枝条整枝在两侧,同一排相邻植物之间。当植株开始开花后,将所有保护性遮盖撤除,促进昆虫授粉。只在绝对必要时进行手工授粉,因为小小的花很容易受损(见"手工授粉",504页)。

当果实直径长到2.5厘米时,疏果至每根枝条一个果实,并剪去所有次级侧枝,剪短至果实另一端的2~3片叶。当主枝长到1~1.2米长时掐去茎尖,并除去所有后来形成的次级侧枝。在每个发育中的果实下方放置一块干草、瓦片或木板,保护其抵御土生病害。

定期浇水并在果实开始发育后每10~14天施加一次海藻液态肥料;随着果实的成熟,减少浇水和施肥。

病虫害

蚜虫和白粉病可能会很麻烦。在保护设施中,植株可能会受到温室红蜘蛛、真菌性白粉病、粉虱以及黄萎病的影响。详见"病虫害及生长失调现象一览",659~678页。

在保护设施中种植

在冷床中栽培甜瓜时,应将幼苗单株种在冷床中央。将4根侧枝向4个角落的方向整枝生长。随着植株发育,逐渐增加通风以降低湿度。一旦开始形成果实,就撤去天窗,只在寒冷天气的夜晚重新关闭天窗。在炎热天气中轻度遮阴。

甜瓜可以种植在玻璃温室或塑料大棚中。将幼苗种植在小土丘上(见"黄瓜和小黄瓜",下)。做单壁篱或双重壁篱式生长,整枝在绑扎于水平铁丝上的竹竿上。单壁篱式植株的种植间距为38厘米,双重壁篱式植株的间距为60厘米。也可以将它们种在种植袋或温室操作台上直径为24~25厘米的花盆中。

对于单壁篱式植株,当主枝长到两米长时掐掉茎尖生长点以促进侧枝生长。将花朵之外的侧枝剪短至5片叶,次级侧枝剪短至2片叶。对于双重壁篱式植株,掐去主枝尖端,并让两根枝条垂直生长;按照上述方法整枝。用安装在屋顶上的5厘米网支撑发育中的果实。在花期不要洒水降温,以利于授粉。维持24℃的夜温和30℃的日温。

收获和储藏

播种12~20周后采摘。罗马甜瓜和网纹甜瓜在成熟时气味香甜,而且果柄会破裂。轻轻地将果实从果柄上分离下来。果实在凉爽处(10~15℃)可储存14~50天,具体时间取决于品种。

为甜瓜摘心
让每根侧枝结一个果,然后掐去或剪去每根侧枝的尖端,在发育中的果实之外留2~3片叶。

黄瓜和小黄瓜(*Cucumis sativus*)

这些一年生植物通常长成蔓生藤本,可生长至1~3米;有部分株型紧凑的灌木型品种。未成熟的果实可生食、腌制或烹调在汤中。

露地黄瓜的果皮较粗,多刺,长10~15厘米。现代品种多源自日本,比较光滑,长达30厘米,耐寒和抗病性更好。它们主要种植在室外或冷床中,由昆虫授粉。小黄瓜的果实短粗,长达7厘米,幼嫩时采收,主要用于腌制。苹果黄瓜和柠檬黄瓜的果实圆,果皮黄色,直径可达6厘米。欧洲黄瓜或称温室黄瓜的果实光滑,长度超过30厘米。它们不需要授粉就能结实,如果授粉会生产出味苦的果实。使用现代全雌品种避免意外授粉。

黄瓜是暖季型蔬菜,在18~30℃的平均温度中生长得最好。它们不耐寒,大多数种类在低于10℃时就会被冻伤。在北方地区,露地栽培类型可能会很早开花并只开雄花;雌花和果实会较晚出现。将黄瓜种植在背风处富含腐殖质、排水良好但保水的肥沃土壤中;千万不能让根系脱水。为酸性很强的土壤施加石灰。年幼植株需要低氮素水平(见"氮素需求",482页),但种植后可能需要更高的氮素水平。轮作室内栽培的黄瓜。

温室栽培类型必须在夜温最低20℃以及高湿度条件下种植。为玻璃或聚碳酸酯温室中的植物提供遮阴,以免灼伤。不要将露地栽培类型种在同一温室中,以免全雌品种授粉。

播种和种植

黄瓜不耐移栽,因此户外类型的种子应该在所有霜冻风险过去后现场播种(见"室外播种",604页),或者从仲春起播种在保护设施中的小花盆或穴盘里(见"在容器中播种",605页)。如果露地播种的话,应使用肥沃的土地,或者挖出一个宽度和深度各30厘米的坑,回填大量腐熟有机堆肥。覆盖大约15厘米厚的粪肥土并堆成小丘状以利于排水。将种子侧放,以2厘米的深度种植,每个花盆或每个小土丘播种两三粒种子。

种子萌发所需的最低土壤温度为12℃。萌发后疏苗至一株。播种在花盆中的种子需要16℃的最低夜温,直到播种4周后移栽幼苗。攀缘类型的种植间距应为45厘米,而灌木类型以及在地面上蔓生的攀缘型,种植间距为约75厘米。在冷凉气候区,种植后使用钟形罩或无纺布保护植株。

露地移栽
准备一个宽度和深度各为30厘米的坑,填入腐熟堆肥。在顶端做出高15厘米的小土丘。将黄瓜幼苗放在土丘顶端。紧实并浇水。

推荐种植的黄瓜和小黄瓜品种

露地栽培黄瓜
'博普利斯美味绿' 'Burpless Tasty Green' F1 H2
'灌丛之冠' 'Bush Champion' F1 H2
'灌丛之冠' '天后' F1 H2
'玛吉墨' 'Marketmore' H2

光滑黄瓜
'卡门' 'Carmen' F1 H1c
'厨房' 'Cucina' F1(迷你黄瓜)H1c
'艾米丽' 'Emilie' F1 H1c
'苏格拉底' 'Socrates' F1 H1c

日本黄瓜
'谭雅' 'Tanja' H2

小黄瓜
'金刚石' 'Diamant' F1 H2
'芬洛' 'Venlo' H2

日常栽培

将蔓生类型支撑在栅栏、网罩或竹竿上生长，或者让它们沿着绳索缠绕。当出现五六片叶后，掐去生长点，然后将得到的较强壮枝叶整枝在支撑结构上，如果有必要的话可进行绑扎。当这些枝条长到支撑结构的顶端时，将它们掐短至花朵之外的两片叶；这样会让植株长出结更多果实的侧枝。随着果实形成，每两周为植株施加一次有机海藻液态肥料或其他均衡肥料。定期浇水在生长期是必不可少的，特别是移栽后以及花期和果期（见"关键浇水时期"，480页）。

病虫害

可能影响黄瓜的病虫害包括蜗牛、蚜虫、白粉病、地老虎、温室红蜘蛛、粉虱、黄瓜花叶病毒以及根腐病等，详见"病虫害及生长失调现象一览"，659~678页。

灌木型黄瓜

在保护设施中种植

使用合适的品种种植在室外；推荐使用全雌品种。在作为壁篱式生长时，去除支撑结构顶端的所有侧枝以避免负担过重。将主枝绑扎在顶端铁丝上并允许侧枝发育，掐短至两片叶，并让后续的枝条悬挂下来结果实。为温室洒水降温以控制虫害。

收获和储藏

播种12周后当果实长至15~20厘米长时定期采摘黄瓜。当小黄瓜长到2.5~7厘米或者达到腌制尺寸时采摘。

攀缘型黄瓜

南瓜和冬倭瓜（*Cucurbita maxima, C. moschata, C. pepo*）

这是一类丰富多样的一年生植物，果实重量为450克至超过30千克。果皮可能光滑、带瘤或有脊，呈绿色、奶油色、蓝绿色、黄色、橙色、红色或带有条纹——颜色常常会随果实成熟而变化。它们的形状相差很大，可能是圆形、长形、矮胖形、洋葱形或两层"头巾"形。大多数种类会形成叶片巨大的大型蔓生植物；某些种类株型紧凑并呈灌木状。年幼和成熟果实都可以烹调后食用，可采摘后趁新鲜食用或储藏后食用。枝条和幼叶可烹调后食用，花朵可生食或烹调后食用。某些品种的种子可食用。关于气候、位置和土壤准备方面的需求，见"黄瓜和小黄瓜"，50页。南瓜需要中等氮素水平（见"氮素需求"，482页）。

播种和种植

可以在播种前将种子浸泡过夜以加快萌发（见"打破种子休眠"，601~602页）。按照黄瓜的播种方法播种（见"黄瓜和小黄瓜"，502页）。取决于品种，种植间距保持在2~3米。对于较大品种，准备45厘米深、60厘米宽的洞。种植时插入标记竹竿，方便浇水时找到植株。种植后保护植株并覆盖护根。

日常栽培

种植后可以迅速向表层土壤施加通用肥料。使用弯曲的铁丝将枝条整枝成环形，或者整枝在坚固的支撑结构（如三脚架）上。只需要少量大果实时，在幼嫩时保留两三个果实，去除所有其他果实。

如果有必要的话，像对待西葫芦那样（见"西葫芦和小胡瓜"，504页）进行手工授粉。南瓜是深根性植物，所以只需要在非常干燥的天气下浇水。

病虫害

最严重的病虫害是白粉病、黄瓜花叶病毒和生长早期阶段的蛞蝓，详见"病虫害及生长失调现象一览"，659~678页。

收获和储藏

种植12~20周后采收南瓜。用于储藏的果实应在植株上保留尽量长的时间：当果实成熟时，果柄开始断裂，果皮变硬。在第一场霜冻前采摘，每个果实带一个长果柄。不要拿着果柄将果实提起来，因为果柄很容易断开，令果实摔坏。

三脚架上的南瓜

硬化南瓜果皮
成熟后使用修枝剪或长柄修枝剪将南瓜从植株上剪下，保留尽可能长的果柄；注意不要拉拽，以免造成损伤导致腐烂。在阳光下晒10小时使果皮变硬。'橡实'（'Acorn'）品种可以不经硬化直接储藏。

采摘后，必须将大部分储藏类型暴露在阳光下10天，使果皮变硬形成一道防止水分流失的屏障。如果有霜冻风险的话，在夜间覆盖果实，或者在室内27~32℃的环境中存放4天以硬化果皮。

将南瓜储藏在通风良好处，温度大约为10℃，湿度保持在95%。它们可以保存4~6个月甚至更长时间，具体取决于储藏条件和所种植的品种。将白色品种如'恶灵骑士'（'Ghost Rider'F1）储存在黑暗中，以保持它们的白色。

推荐种植的品种

'熊宝宝' 'Baby Bear' H2 Pk
'白胡桃' 'Butternut' H2 Sq
'王储' 'Crown Prince' F1 H2 Sq
'大西洋巨人' 'Dills Atlantic Giant' H2 Pk
'恶灵骑士' 'Ghost Rider' F1 H2 Pk
'哈乐根' 'Harlequin' H2 Sq
'猎兔狗' 'Harrier' F1 H2 Sq
'蜜熊' 'Honey Bear' H2 Sq
'杰克灯笼' 'Jack o'Lantern' H2 Pk
'昆士兰蓝' 'Queensland Blue' H2 Sq
'佼佼者' 'Racer' H2 Pk
'鲜红' 'Rouge Vif D'Etamp' H2 Pk
'小糖块' 'Small Sugar' H2 Pk
'土耳其头巾' 'Turk's Turban' H2 Sq
'内纪久利' 'Uchiki Kuri' Sq H2 (洋葱型)

注释
Pk 南瓜
Sq 倭瓜

西葫芦和小胡瓜（Cucurbita pepo）

又称为夏倭瓜，西葫芦是可蔓延数米的一年生蔓生植物或冠幅达90厘米的紧凑植株。它们的果实常为圆柱形，长约30厘米，直径13厘米。小胡瓜是幼嫩时采收的西葫芦；只有果皮柔嫩的品种才适合。西葫芦一般是蔓生的，而小胡瓜通常是灌木式的。西葫芦的果皮可能是绿色、黄色、白色或带条纹。弯头西葫芦的果实稍平而带凹槽；弯颈倭瓜的果实膨大，有弯曲的颈。还有圆果品种。意大利面西葫芦的形状与西葫芦相似，但果皮较硬，它们的果肉烹调后像意大利面条。所有果实都应该烹调后食用。幼叶和嫩茎也可以烹调食用，花朵可生食或烹调后食用。

推荐种植的品种

西葫芦
'獾十字' 'Badger Cross' F1（灌木式）H2
'灌木宝贝' 'Bush Baby'（灌木式）H2
'美馔' 'Table Dainty'（蔓生）H2 Ex
'虎十字' 'Tiger Cross' F1（灌木式）H2

意大利面西葫芦
'哈斯特拉意面' 'Hasta la Pasta'（蔓生）H2
'谁一捆' 'Pyjamas'（蔓生）H2
'蒂沃利' 'Tivoli'（灌木式）H2
'蔬菜意面' 'Vegetable Spaghetti'（蔓生）H2

小胡瓜/夏倭瓜
'班比诺' 'Bambino' F1（绿色）H2
'黑森林' 'Black Forest' F1（绿色，攀缘品种）H2
'守卫者' 'Defender' F1（绿色）H2
'八号球' 'Eight Ball' F1（绿色，圆形）H2
'埃尔格列柯' 'El Greco' F1（有光泽的绿色）H2
'帕拉多' 'Parador' F1（黄色）H2
'流星' 'Shooting Star' F1（黄色，攀缘品种）
'意大利斑纹' 'Striato d'Italia'（淡绿和深绿条纹）F1 H2
'夏日舞会' 'Summer Ball' F1（黄色，圆形）H2
'旭日' 'Sunburst' F1（黄色，圆形）H2
'维纳斯' 'Venus' F1（绿色）H2

注释
Ex 用于展览

西葫芦和小胡瓜是暖季型作物，需要18～27℃的生长温度。其耐寒性、土壤以及土壤的准备与黄瓜（见"黄瓜和小黄瓜"，502页）一样。它们需要中等氮素水平（见"氮素需求"，482页）。

播种和种植

当土壤至少为15℃时像播种黄瓜那样进行室外播种。播种深度为2.5厘米，在轻质土壤中应该稍深。当所有霜冻风险过去后露地播种，或者在室内穴盘或花盆中播种（见"在容器中播种"，605页）。灌木类型的种植间距为90厘米，蔓生型的种植间距为1.2～2米。在冷凉地区，用钟形罩或无纺布保护年幼植株。钟形罩和无纺布可保护植株抵御昆虫和风。种植后覆盖护根。

日常栽培

蔓生类型可以生长在强壮的支撑结构上。还可以使用钉在土壤中的环形金属丝将枝条整枝成圆形。在生长季末期掐去枝条的尖端。像养护黄瓜那样进行施肥和浇水。

病虫害

蚜虫会在生长早期侵扰植株；白粉病和黄瓜花叶病毒也可能造成问题，详见"病虫害及生长失调现象一览"，659～678页。

在保护设施中种植

只有在冷凉地区需要很早产出时才适合在保护设施中种植。使用灌木式品种。

收获和储藏

种植7～8周后采摘西葫芦。如果在通风良好、温度为10℃、湿度为95%的环境中，某些类型可储藏数周。小胡瓜长到约10厘米时采摘，最好在花还连接在果实上时采摘。采集枝条顶端15厘米长的嫩枝；植株很快会长出新的枝叶。如果采摘花朵的话，应在雌花坐果后采摘雄花。

手工授粉

西葫芦和小胡瓜一般是昆虫授粉的，但在寒冷地区，如果不能良好坐果的话，需要手工授粉。雌花的花瓣后部有一小肿块（胚胎期果实），雄花则没有（见下图）；这一点有助于区分它们。

在手工授粉时，采下一朵雄花，去除所有花瓣并将其按压在雌花上。或者使用细毛刷将雄花的花粉转移到雌花的柱头上。

雄花 / 雌花 / 胚胎期果实

灌木式西葫芦

采摘小胡瓜
当小胡瓜长到10厘米长时将它们带短柄切下。小心拿放果实以免擦伤。定期采摘可以促进更多果实长出。

洋蓟（Cynara scolymus）

这些宿根植物拥有灰蓝色叶片和蓟形花朵。洋蓟的株高可达1.2～1.5米，冠幅90厘米。采收绿色和紫色的花蕾，花蕾外层鳞片基部和花梗顶端拥有可食用的肉质部分；可烹调食用或腌制。'拉昂绿'（'Vert de Laon'）是一个通过分株稳定繁殖的品种。使用种子种植的品种变异性较强，但通常能得到至少一部分优良植株。

洋蓟在凉爽、温和的冬季气候下生长得最好，但只能忍受轻度至中度霜冻。它们需要开阔但不能过于暴露的种植地，并需在排水良好的肥沃土壤中掘入大量堆肥和腐熟粪肥，需要的氮素水平较低（见"氮素需求"，482页）。

播种和种植

洋蓟一般分株繁殖。在春季使用一把锋利的刀子、两把手叉或者一把铁锹将健康的成形植株分株；每个分株苗应该至少有两根枝条、一簇叶片和发育良好的根系（见"洋蓟的分株"，505页）。将这些分株苗以60～75厘米的间距种植，并将叶片尖端剪短至13厘米。洋蓟还可以在春季室内或露地播种繁殖，但幼苗存在较大差异，很多植株只会长出非常多刺的细小花蕾；按照正确的间距疏苗或移栽幼苗。在将来的年份，对产量最高的植株进行分株，以建立良好的株系。命名品种只能用分下来的吸芽繁殖。

洋蓟的分株
在春季，将成形植株挖出，使用两把手叉、一把铁锹或一把小刀将其割开。每个分株苗都应该拥有至少两根枝条和强壮的根系。

每三年应该更换一次植株，以维持生长活力和产量水平。

日常栽培

保持种植区域无杂草，并充分覆盖护根以保存土壤水分。在夏季不要让洋蓟的根系脱水，也不要在冬季涝渍。如果可能发生严重霜冻的话，在每棵植株基部培土，覆盖一层厚稻草；在春季移去覆盖物。

病虫害

根蚜和蚜虫（见"蚜虫类"，659页）可能会造成问题。

收获和储藏

在适宜的生长条件下，第一个生长季的夏末就能收割部分花蕾。在第二个生长季，植株会长出更多开花枝。在花蕾饱满、鳞片打开之前采摘。去除多毛的鳞片和花梗，然后冷冻储藏；食用部分可腌制。

洋蓟

番茄（*Solanum lycopersicum*）

番茄在温带地区是一年生植物，在热带地区是短命宿根植物。非灌木类型的蔓生主茎在温暖气候下可生长至超过2.5米，侧枝苗壮。较矮的半灌木类型和灌木类型停止生长的时间比较早，茎的顶端着生果序。紧凑低矮类型的株高和冠幅都仅有23厘米。

成熟的果实呈红色、黄色、粉色或白色，形状有圆形、扁平形、李子形或梨形。微型的醋栗番茄（*Solanum pimpinellifolium*）果实直径只有1厘米，樱桃番茄为2.5厘米，大型的牛排番茄直径达10厘米。所有种类都可生食或烹调后食用。

番茄在21～24℃的温度下生长得最好，在16℃以下或27℃以上会生长不良，并且不耐霜冻。它们需要高光照强度。在冷凉气候区，将它们种植在室外背风处或保护设施中；它们还可种植在容器中。番茄可忍耐众多类型的排水良好肥沃土壤。为酸性强的土壤施加石灰（见"施加石灰"，591页）。需要轮作（见"轮作"，475～476页）。

在土地中混入至少30厘米深的腐熟粪肥或堆肥，因为番茄是深根性作物并且会消耗大量肥料。在种植前施加通用基肥（如血鱼骨粉）；番茄在成熟阶段需要高水平的钾素，在夏季额外施加高钾肥料通常很有好处（见"土壤养分"，481页）。番茄需要中等氮素水平（见"氮素需求"，482页）。

灌木型番茄

播种和种植

早春，在最后一场霜冻来临之前6～8周气温约为15℃时，以2厘米的深度播种在播种盘或穴盘中（见"在容器中播种"，605页）。幼苗长出两片或三片叶时将其移栽到直径为8～9厘米的花盆中；为幼苗提供充分的通风、空间和光照。它们可以忍耐短暂低温（但不能低到冰点以下），只要日温升高补偿就可。炼苗（见"炼苗"，642页），然后当夜温超过7℃或土壤温度至少为10℃且所有霜冻风险都已经过去时露地移栽。在位置较低的花朵形成后再种植。

虽然播种种植可以选择种类最广泛的品种，但也可以买到穴盘苗或种在花盆里的年幼植株。还有嫁接植物可供选择（见"嫁接番茄"，506页）。可以买到砧木和接穗品种的种子。

壁篱式 将非灌木类型和灌木类型整枝成壁篱式植株，株距为45厘米，单排种植时行距为75厘米，双排种植时双排内部行距为45厘米，相邻双排之间的距离为90厘米。

推荐种植的番茄品种

篮子/盆栽
'巴尔科尼红' 'Balconi Red' H1c
'巴尔科尼黄' 'Balconi Yellow' H1c
'不倒翁' 'Tumbler' H1c

灌木型
'洛塞托' 'Losetto' F1（樱桃番茄）H1c Br 部分
'红色警报' 'Red Alert'（在枯萎病之前很早成熟）H1c
'罗梅洛' 'Romello' F1（樱桃番茄）H1c Br 部分

壁篱式，标准
'阿克伦' 'Akron' F1 H1c Gh
'阿里坎特' 'Alicante' H1c Gh, Od
'绯红迷恋' 'Crimson Crush' F1 H1c Br, Gh, Od
'水晶' 'Cristal' F1 H1c Gh
'金色日出' 'Golden Sunrise'（黄色）H1c Gh, Od
'雪莉' 'Shirley' F1 H1c Gh
'蒂格瑞拉' 'Tigerella' H1c Gh, Od

樱桃番茄，壁篱式（全部 Gh, Od）
'深红樱桃' 'Crimson Cherry' F1 H1c Br
'园丁之喜' 'Gardener's Delight' H1c
'太阳宝贝' 'Sun Baby' F1（黄色）H1c
'金色阳光' 'Sungold' F1 H1c
'甜蜜百万' 'Sweet Million' F1 H1c

牛排番茄，壁篱式
'深红色' 'Crimson Blush' F1 H1c Br, Od
'马芒德' 'Marmande' H1c Od
'山地功勋' 'Mountain Merit' F1 H1c Br, Gh, Od

李子形番茄，壁篱式
'深红李子' 'Crimson Plum' F1 H1c Br, Od
'艾尔迪' 'Ildi'（黄色）H1c
'奥莉薇德' 'Olivade' F1 H1c
'罗马' 'Roma' VF H1c

注释
Br　抗疫病
Gh　温室
Od　室外

整枝壁篱式番茄

1. 在壁篱式番茄上，定期掐去侧枝，将植物的能量集中到正在膨大的果实上。

2. 当壁篱式植株在夏末长到需要的高度时，将主枝尖端掐短至顶端花序之上的两片叶。

靠接番茄品种

1 在接穗播种4~5天前播种砧木。当砧木长到15厘米高时，将其从花盆中取出。在距离茎基部8厘米处做一个长2厘米的向下切口。在接穗上做一相同长度的向上切口（见内嵌插图）。

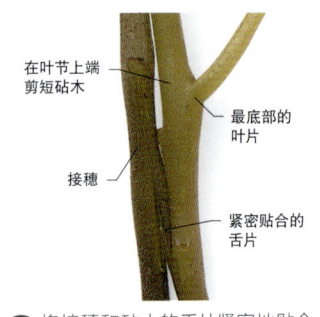

2 将接穗和砧木的舌片紧密地贴合在一起。用嫁接胶带或透明黏性胶带将嫁接结合处牢固地绑在一起，使切口被完全遮盖。将砧木剪短，在最低叶片上方做一斜切口。

3 将嫁接后的植株上盆到装满无土基质的10厘米花盆中。在15~18℃、高湿度中继续生长。两三周后，嫁接结合处会愈合。小心地撤去胶带。

4 将植株从花盆中取出。将接穗基部切断，在嫁接结合处下端做一斜切口。将分离后的根系拽掉；将嫁接植株移栽到最终种植位置。

灌木和低矮类型 灌木类型在地上匍匐生长；根据品种的最终大小保持30~90厘米的株距，对低矮类型使用30厘米的株距。用短立桩支撑中央茎干，令灌木类型的番茄更容易管理。在生长早期阶段使用钟形罩或无纺布覆盖。灌木类型在使用秸秆或塑料膜（最好是可生物降解的）护根覆盖时生长得很好（见"护根"，480页）。钟形罩或冷床为灌木类型的番茄遮挡雨水，大大降低番茄感染疫病的风险。

日常栽培

土壤一旦回暖，所有番茄种类都应该得到大量浇水和护根覆盖（使用园艺基质或其他有机材料）。在干旱条件下，每周浇两次水，每株植物至少浇11升水。植株如果脱水，会发生脐腐病（见"缺钙症"，662页）。容器中栽培的植株需要更频繁地浇水，并且需要使用番茄肥料额外施肥。注意不要过度浇水和过量施肥，否则会减弱果实的风味。

壁篱式 随着壁篱式植株的生长，将它们绑扎在支撑竹竿或铁丝上，并在它们长到2.5米的时候去除所有侧枝。夏末，在不超过4个花序已经结实之后，剪去每个花序上方的生长点，使剩余的果实在第一场霜冻来临之前充分发育成熟。牛排番茄非常消耗植株的资源，以至于较早长出的花序会抑制后续花序上的果实形成和果实大小。为了减弱这种影响，应修剪每个花序，只保留前3个果实，去除其他花朵。在生长季末尾撤除支撑结构，将植株现场压弯在秸秆上，用钟形罩盖住植株以促进果实成熟。

病虫害

露地栽培的番茄可能会受幼苗猝倒病、叶蝉、马铃薯囊肿线虫和番茄疫病的影响。保护设施中的番茄会受粉虱、马铃薯花叶病毒、番茄叶霉病、灰霉病、缺镁症、缺硼症、幼苗疫病，以及根腐病和脐腐病的影响。详见"病虫害及生长失调现象一览"，659~678页。尽可能使用抗病品种。

在保护设施中种植

在冷凉气候区，将番茄种植在温室或塑料大棚中。塑料大棚可更换位置，比温室好，后者容易积累土生病害，除非每3年更换一次土壤。或者将番茄种植在容器中（包括种植袋），或者种在装有基质的无底花盆中然后放在沙砾上生长。这样可以防止土生病害。当第一个花序坐果后，每周施加一次高钾有机液态肥料或番茄肥料。

收获和储藏

随着果实的成熟进行采摘。最早的灌木类型可在种植7~8周后采摘；在第一场霜冻之前，可以将它们全株拔出并在室内倒挂催熟。壁篱式植株应该在种植后10~12周采摘。番茄耐冷冻储藏。

嫁接番茄

番茄的嫁接已经在商业上实施了许多年，挑选抗土生病害但果实品质不佳的实生植株作为砧木，在上面嫁接果实品质优良且产量大的品种。嫁接在抗病砧木上的番茄幼苗通常比那些生长在自己根系上的植株更苗壮，结实更早也更大。这使得园丁可以成功地种植某些较古老的如今抗病性很低的著名品种。如今更容易买到已经嫁接好的植株，虽然它们比直接用种子种植更昂贵，不过它们不但抗病害，而且比生长在自己根系上的相同品种更强壮。下列方法可用于种植嫁接植株。

对于初学者，靠接是最简单的方法，但劈接是商业种植最常用的方法。如今可以买到的番茄嫁接砧木种子有'潜水艇'（'Submarine'）和'小酒吧'（'Estamino'）等。在插条品种播种4~5天前播种砧木。当砧木长到大约15厘米高后，在距离基部7厘米的茎上向下做出一个2.5厘米长的斜切口。然后在砧木上做出相同长度的向上切口。将二者的切口舌片贴合在一起，并用嫁接带或透明黏性胶带绑扎。然后将砧木切短至最低叶片的叶节上端。上盆、立桩，保持二者的根系完好生长。一旦嫁接结合处愈合，就从嫁接结合处下方将接穗根系切下，然后按照需要上盆或露地移栽。

茄子（*Solanum melongena*）

茄子是短命宿根植物，常作一年生栽培，常形成株高约60~70厘米、冠幅约60厘米的小型灌木。品种在果实形状、大小和颜色上有差异，果实呈卵圆形、长条形、梨形或圆形，颜色为深紫色、黄绿色或白色，单果重200~500克，不过有很多小果品种。果实常切片烹调食用。

茄子是热带和亚热带植物，需要25~30℃的生长温度。温度低于20℃时生长会被抑制，不过一些健壮品种可以种植在钟形罩、拱形塑料膜、冷床或玻璃温室中，在温暖气候区还可以露地种植在阳光充足的背风处。

茄子需要深厚且排水良好的深厚土壤或盆栽基质以及中等氮素水平（见"氮素需求"，482页）。

播种和种植

早春，在保护设施中使用播种

基质将种子播种在花盆或播种盘中，并放入20~25℃的加温增殖箱中（见"在容器中播种"，605页）。将幼苗移栽到直径8~9厘米的花盆中。等到所有霜冻风险过去后移栽至室外。若可以将气温维持在12℃以上，便可种植在温室中。

如果无法使用加温繁殖方法，可以在仲春购买种在小花盆里的植株。嫁接植株需要多付一些钱，但也有额外的活力和结实潜力，而且重要的是，它们对茄子容易感染的枯萎病有抗性。

日常栽培

为超过60厘米高的品种立桩支撑。为植株充分浇水，否则叶片和花蕾容易凋落；覆盖护根以保持水分。在生长期每两周施加一次海藻液态肥料或其他均衡肥料。修剪成熟植株以刺激生长。为得到较大的果实，将每棵植株上的果实限制在五六个。为植株提供保护，抵御大雨、强风和低温。

病虫害

茄子会受蚜虫的侵扰。在保护设施中，红蜘蛛、粉蚧、毛虫、蓟马、轮枝菌黄萎病以及白粉病和霜霉病都可能造成麻烦。详见"病虫害及生长失调现象一览"，659~678页。

在保护设施中种植

当幼苗长到8~10厘米高时，将它们移栽到温室苗床、直径20厘米花盆或种植袋中，并掐去茎尖。保持18~30℃的温暖温度。为温室洒水降温有助于抑制红蜘蛛。

收获和储藏

播种16~24周后，当果实完全显色且尚未皱缩时采摘。在靠近茎干处将果柄剪下。茄子在冰箱的沙拉区可储藏长达两周。

推荐种植的茄子品种

- '黑美人' 'Black Beauty' F1 H1c
- '博尼卡' 'Bonica' F1 H1c
- '加林' 'Galine' F1 H1c
- '卡贝里' 'Kaberi' （小，低矮） H1c
- '莫尼梅克' 'Moneymaker' F1 H1c
- '奥菲莉娅' 'Ophelia' （小，紫） H1c
- '细条纹' 'Pinstripe' F1 （小，带条纹，低矮） H1c
- '雪白' 'Snowy' （小，白） H1c

茄子

甜玉米（Zea mays）

一年生植物，株高75厘米至1.7米，冠幅约45厘米。雄花和雌花着生在同一棵植株上。玉米穗呈黄色、白色或黄白相间，可烹调食用或在年幼时生食。

甜玉米在种植后需要70~110天的无霜生长期，需要16~35℃的生长温度和阳光充足的背风处。甜玉米生长在多种排水良好的肥沃土壤中，氮素需求水平较高（见"氮素需求"，482页）。

播种和种植

种子在土壤温度低于10℃时不会萌发。分三次播种，第一次于仲春时室内播种在穴盘中（见"在容器中播种"，605页）并在所有霜冻风险过后移栽至室外；第二次从春末上一批植物开始生长时直接播种在室外；最后一次于初夏播种供秋季收获。用无纺布覆盖以保持温暖，并帮助植株抵御鸟类和瑞典麦秆蝇。现场播种时，将两三粒种子以2.5厘米深度和7厘米间距种在一个"站点"中，相邻"站点"的间距和行距均为40厘米。萌发后清除多余幼苗。可以透过塑料护根（最好是可生物降解的）播种。在潮湿土壤中，使用耐性极强的品种的种子，这些种子即使在不那么理想的条件下也可萌发。

为保证良好的授粉和果穗充分结籽，将甜玉米分块种植，每块至少种4棵植株。在冷凉气候区，播种或种植后用无纺布或钟形罩覆盖，当植株长到5片叶时撤去它们。

超甜类型需更高温度才能萌发和生长，不要将它们与其他类型种植在一起，因为杂交授粉会导致甜味丧失。将早熟品种以15厘米的间距种植，并在玉米穗长到大约7厘米长时采摘，就可得到迷你玉米。迷你玉米不需要授粉。

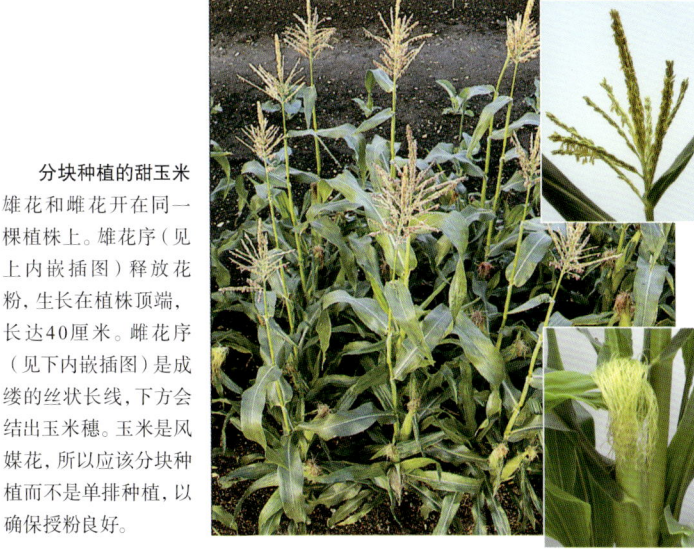

日常栽培

除草时要浅锄，以免伤害玉米的根系。在暴露多风地区，为植株培土至13厘米高以增加稳定性。不要浇水直到花期开始，种子膨胀后也不要浇水，除非在非常干旱的条件下。浇水量为每平方米22升。

病虫害

老鼠、蛞蝓和鸟类是影响甜玉米的最严重的虫害。瑞典麦秆蝇幼虫会侵扰幼苗基部，导致茎尖枯萎死亡。在花盆中或细网下培育幼苗，直到植株长出五六片叶。黑穗病是偶尔会出现的问题，不过这种真菌的子实体可以食用，而且在一些地区被认为是美食珍馐。详见"病虫害及生长失调现象一览"，659~678页。

收获和储藏

植株一般会产生一两个玉米穗。在需要前立即采摘，因为甜味会很快消退；超甜品种可保持甜味大约一周。甜玉米耐冷冻储藏。

推荐种植的甜玉米品种

- '迷你玉米' 'Minipop' （玉米穗微小） H2
- '圣丹斯' 'Sundance' F1 H2

超甜品种
- '早起小鸟' 'Earlybird' F1 H2
- '金鹰' 'Golden Eagle' F1 H2
- '未来黄金' 'Mirai Gold' （超甜，种皮非常嫩） H2
- '北超甜' 'Northern Extra Sweet' H2
- '喝彩' 'Ovation' F1 H2
- '塞维利亚' 'Seville' F1 H2
- '夏日之光' 'Summer Glow' F1 H2
- '超级种子' 'SuperSeedWare' （耐受寒冷，潮湿的土壤） H2

超嫩甜玉米
- '云雀' 'Lark' F1 H2
- '雨燕' 'Swift' F1 H2

分块种植的甜玉米
雄花和雌花开在同一棵植株上。雄花序（见上内嵌插图）释放花粉，生长在植株顶端，长达40厘米。雌花序（见下内嵌插图）是成缕的丝状长线，下方会结出玉米穗。玉米是风媒花，所以应该分块种植而不是单排种植，以确保授粉良好。

荚果蔬菜

这一类蔬菜会长出荚果。某些种类的荚果可以整个烹调后食用，而另外一些是为了采收种子，将种子从荚果中取出烹调食用或生食。某些种类的种子可以干燥储藏；大部分可以冷冻。某些种类既有实用性，又具装饰性，可用作绿色屏障或整枝在拱门上。荚果蔬菜常常需要特定温度下的背风条件才能良好授粉；种植前，通常需要在肥沃土壤中混入大量有机质。

秋葵（*Abelmoschus esculentus*）

秋葵是不耐寒的一年生植物。快速成熟的品种株高可达1米，冠幅达30~40厘米；成熟较慢的品种（主要在热带地区种植）株高可达2米。荚果10~25厘米长，呈白色、绿色或红色。推荐品种包括'克莱姆森无刺'（'Clemson Spineless'）和'好运气'（'Pure Luck'）。未成熟的荚果烹调后食用；成熟荚果可干制磨粉后用于调味。

除了在炎热的国家，植株只能在阳光充足的适宜条件下种植在室外。在其他地区，加温玻璃温室必不可少。土壤温度至少为16℃时种子才会萌发；萌发后20~30℃的稳定温度最适合其生长。大多数现代品种是日中性的（见"白昼长度"，472页）。在排水顺畅的土壤中种植，添加大量有机质。秋葵氮素需求水平为低至中等（见"氮素需求"，482页）。

播种和种植

播种前将种子浸泡24小时以帮助萌发（见"打破种子休眠"，602页）。春季，将种子播种在温度为20℃或以上的保护设施中。将种子萌发出的幼苗移栽到准备充分的温室苗床或容器（包括种植袋）中，并令植株保持45~60厘米的间距（见"在容器中播种"，605页）。

或者当土壤温度达到16~18℃时，进行现场播种（见"室外播种"，604页）。

日常栽培

如有必要，为高植株立桩支撑。清除所有杂草，为植株定期浇水，并覆盖有机护根以保持水分。

当幼苗长到大约60厘米高时，掐去茎尖以促进分枝。

每两周施加一次通用肥料或液态肥料，促进快速生长。不要为植株施加过量氮肥，因为这样做会推迟开花。

病虫害

植株偶尔受到蚜虫、毛虫以及白粉病的侵扰；在保护设施中，粉虱、温室红蜘蛛、蓟马和真菌性叶斑病也可能造成麻烦。详见"病虫害及生长失调现象一览"，659~678页。

在保护设施中种植

维持超过20℃的温度和超过70%的空气湿度。必要时为植株喷洒农药控制病虫害，并施加海藻或其他液态肥料。

收获和储藏

每棵植株生产4~6个荚果。它们可以在播种8~11周后收获，具体时间取决于品种。趁荚果为鲜绿色时使用锋利的小刀将其从植株上割下；熟过头的荚果会变得纤维化。荚果可储藏在穿孔袋子中，在7~10℃的条件下可储藏10天。

秋葵

花生（*Arachis hypogaea*）

这些不耐寒的一年生植物原产于南美洲。植株可长到60厘米高，冠幅可达30厘米。它们偶尔被作为新奇蔬菜种植，很受儿童喜爱。

受精花朵会形成穿透土壤的针状结构，并在土壤中发育出成熟果实。从荚果中取出后，果仁可生食或烤熟，亦可用于烹饪。

花生是热带植物，需要20~30℃的平均生长温度，空气相对湿度为80%，不过某些类型在比较温暖的亚热带地区也生长得很好。无霜冻的种植地至关重要。花期的降雨会对授粉造成严重不良影响。

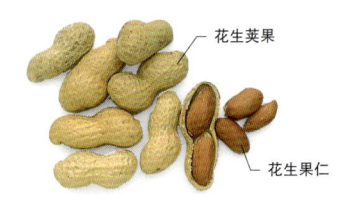

播种和种植

现场播种，将种子从壳中剥出，于春季播种（见"室外播种"，604页）。在保护设施内，将种子播种在托盘或直径9厘米的花盆中，并将温度保持在20℃以上（见"在容器中播种"，605页）。当幼苗长到10~15厘米高时进行炼苗（见"炼苗"，642页），然后将幼苗移栽到准备充分的温室苗床、花盆或种植袋中，并令植株保持30~45厘米的间距。除非种植在温室中，否则应使用钟形罩或拱形塑料膜提供保护。

日常栽培

清除所有杂草，并在干旱时期充分浇水。然而，不要在花期为植株浇水，否则会导致授粉状况不佳。保持土壤疏松，以帮助受精花穿透土壤。

病虫害

花生通常不易感染病虫害，但可能出现温室害虫，包括温室红蜘蛛和粉虱。详见"病虫害及生长失调现象一览"，659~678页。

花生荚果

花生果仁

西班牙-巴伦西亚类型花生植株

收获和储藏

大约5~6个月后收获荚果。将一两个荚果挖出判断是否成熟；成熟的荚果可以储存数月。将荚果在阳光下晒干，然后将果仁取出储藏在凉爽干燥的条件下。

紫花扁豆（*Lablab purpureus*）

紫花扁豆为低矮或攀缘的短命不耐寒宿根植物，有长荚果和短荚果品种。攀缘类型可长到4~6米高，而低矮类型株高仅为1米，冠幅约60厘米。荚果呈绿色至紫色。幼嫩荚果和成熟种子可烹调后食用，后者应该煮透。黑暗中培育的幼苗可用作豆芽菜。

紫花扁豆在温暖背风的花园中或者在温室中生长良好。大多数土壤适合紫花扁豆生长，特别是那些富含有机质的土壤；良好的排水至关重要。

播种和种植

可以在春季或一年当中土壤温度足够高的其他时间现场播种（见"室外播种"，604页）。不过，最好将它们播种在保护设施里的穴盘或直径8~9厘米的花盆中，播种深度为2.5厘米（见"在容器中播种"，605页）。当幼苗长到10~15厘米时进行炼苗（见"炼苗"，642页），然后将其移栽到准备充分的苗床或浴盆中。攀缘品种的株距保持在30~45厘米，行距为75~100厘米；低矮品种株距为30~40厘米，行距为45~60厘米。

日常栽培

攀缘品种可由至少2米高的立桩支撑。定期浇水并覆盖护根以保持水分。必要时使用塑料屏障或覆盖提供保护，并清除所有杂草。每10~14天施加一次通用肥料或液态肥料，直到开花。掐去低矮品种的茎尖生长点以促进它们发育成茂盛的灌木株型；攀缘品种的枝条应该整枝或绑扎在支撑结构上。

病虫害

蚜虫、蓟马、毛虫、根结线虫、白粉病、真菌性叶斑病以及某些病毒可能会造成麻烦；在保护设施中，粉虱和温室红蜘蛛也可能会影响植株。详见"病虫害及生长失调现象一览"，659~678页。

在保护设施中种植

维持至少20℃的温度，在花期通过充足的通风降低空气湿度以帮助授粉。

收获和储藏

播种6~9周后收获幼嫩荚果，这时的荚果已经长大，但种子尚未发育。包含种子的成熟荚果应该在播种10~14周并且尚未纤维化时收获。如果植株在第一批产出后仍然保持健康，就将主枝剪短大约一半，促进第二批果实的形成。紫花扁豆耐冷冻储藏。

紫花扁豆

红花菜豆（*Phaseolus coccineus*）

这些宿根攀缘植物作一年生栽培。植株可高达3米以上，冠幅约30厘米；某些天然低矮品种会形成约38厘米高的灌丛。花呈粉色、红色、白色或双色。植株持续开花结实，直到秋季天气变冷。扁平的荚果长度超过25厘米，宽达2厘米，烹调后使用；未成熟的种子和成熟的干燥种子也可以烹煮食用。某些品种可能需要除去荚果两侧的"筋"。

红花菜豆是不耐寒的温带作物。植株需要100天的无霜生长期，并且在14~29℃的条件下生长得最好。选择背风处以鼓励授粉昆虫前来。红花菜豆是深根性植物，需要保水性好的肥沃土壤。按照传统做法，种植时应准备一条"豆沟"（并不是非做不可）：深25厘米，宽60厘米，填充厨房垃圾、花园碎屑以及堆肥或粪肥越冬。红花菜豆应该轮作（见"轮作"，476~477页），氮素需求水平高（见"氮素需求"，482页）。

播种和种植

在种植攀缘类型前，用约2.5米长的竹竿立起支撑结构，绑扎在一根水平杆子上，或者互相搭成"拱顶"。可买到商业生产的专用支撑架。还可让植株沿着网或绳线向上攀爬，最好使用天然纤维而不是塑料材质。不需要支撑的低矮品种。

当所有霜冻风险过去后现场播种，种植深度为5厘米，要记住，种子萌发所需的最低土壤温度为12℃（见"室外播种"，604页）。在凉爽气候区或者种植早熟作物时，应室内播种在小花盆中（在"在容器中播种"，605页），将长出的幼苗炼苗后露地移栽（见"炼苗"，642页）。在气候比较温暖的地区，常常值得在仲夏进行最后一次播种，以供初秋收获。攀缘品种以间距60厘米的双排种植，或者生长在环形"拱顶"上，株距为15厘米。灌木类型可按照同样的间距丛状生长。种子萌发或幼苗移栽后充分护根以保持水分。

日常栽培

为将攀缘类型转变成灌木类型，当植株长到23厘米高时掐去茎尖生长点。这样的植株结实较早，但产量较低，而且荚果常常是弯曲的。

浇水在花蕾出现以及荚果坐果时特别重要（见"关键浇水时期"，480页）。在这些时期，每周以每平方米至少5~11升的量浇两次水。缺水会导致荚果因缺少授粉而发育失败，尤其是在夜晚温暖的情况下。当夜晚变得更凉爽并为植物提供充足的灌溉时，结实会重启。在持续高温天气下，傍晚在叶片上洒水可以部分克服对结实的抑制。一些品种是通过传统方法培育的，基本自交可育，而且能够忍耐炎热、干旱的天气（见"推荐种植的红花菜

推荐种植的红花菜豆品种

标准型
'登陆指挥官' 'Benchmaster' H2 Ex
'祝贺' 'Celebration' H2
'火光' 'Firelight' H2 St, HT
'火风暴' 'Firestorm' H2 St, HT
'自由' 'Liberty' H2 Ex
'月光' 'Moonlight' H2 St, HT
'星尘' 'Stardust' H2 St, HT
'白夫人' 'White Lady' H2 St

低矮型
'赫斯提' 'Hestia' H2
'匹克威克' 'Pickwick' H2

注释
Ex 用于展览
HT 耐炎热和干燥土壤
St 无筋

红花菜豆

豆品种",509页)。

病虫害

蛞蝓(在早期阶段)、灰地种蝇、根腐病、光轮疫病(见"细菌性叶斑病和斑点",660页)和豆类锈病都会造成麻烦。详见"病虫害及生长失调现象一览",659~678页。

收获和储藏

13~17周后收获。当荚果至少17厘米长且柔软时采摘;以频繁间隔持续采摘,延长收获期。红花菜豆耐冷冻储藏。

豆类的支撑结构

取决于可用空间,支撑攀缘豆类的方法有许多种。成熟植株会将下方的支撑结构隐藏起来。

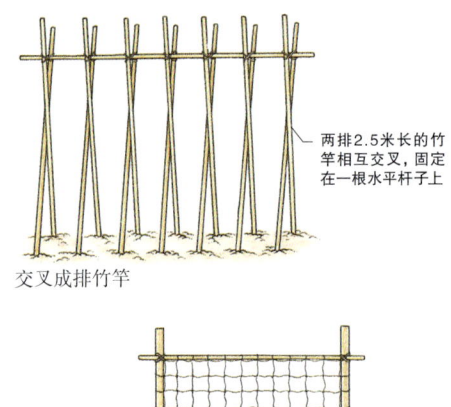

两排2.5米长的竹竿相互交叉,固定在一根水平杆子上

交叉成排竹竿

顶端绑扎固定的2.5米长竹竿

安装在框架上的正方形孔网

拱顶

支撑网

拱顶上的红花菜豆

棉豆(*Phaseolus lunatus*)

棉豆是不耐寒一年生植物和短命宿根植物。一些种类形成攀缘植物,而另一些种类则是低矮分枝类型。攀缘类型可高达3~4米,低矮分枝类型株高90厘米,冠幅40~50厘米。幼嫩荚果和成熟种子可烹调后食用。种子还可干燥,或在黑暗处萌发作为豆芽菜食用。

棉豆是热带植物,萌发所需最低温度为18℃。荚果还需要60~90天21℃以上的气温才能成熟。然而,超过30℃的气温不利于花粉形成。

播种、种植、日常栽培以及在保护设施中种植的方法与紫花扁豆一样(见"紫花扁豆",509页)。

病虫害

蚜虫、蓟马、毛虫、粉虱以及温室红蜘蛛可能造成麻烦。病害包括白粉病、真菌性叶斑病以及某些病毒病。详见"病虫害及生长失调现象一览",659~678页。

低矮型棉豆

收获和储藏

播种后12~16周收获整个幼嫩荚果和成熟种子。二者可在4℃以上的温度和90%的湿度中储藏两周。棉豆可以冷冻储藏。很少能买到棉豆种子,但烹饪用的棉豆可以萌发。

四季豆(*Phaseolus vulgaris*)

这些不耐寒一年生植物有攀缘和低矮类型。株高和冠幅与红花菜豆一样(见"红花菜豆",509页)。荚果长7~20厘米。它们的形状可能为圆形、扁平状或曲线形;直径从铅笔粗细(菲力类型)至大约2厘米;颜色可能是绿色、黄色、紫色、红色,或者绿色带有紫色斑点。黄荚类型拥有柔软的口感和很棒的味道。

使用未成熟荚果、半成熟的去壳种子,或者干燥的成熟种子。一些品种是专门为收获干燥种子选育的——这些品种的绿色荚果不是无筋的。

四季豆的生长条件与红花菜豆相似(见"红花菜豆",509页),但种子在12℃以上才能萌发。最佳生长温度是16~30℃;幼苗不能忍耐10℃以下的低温。植株自花授粉,在肥沃且排水良好的土壤中生长得最好。良好的排水对于预防根腐病至关重要。在种植前将大量腐熟堆肥或粪肥混入土壤,必须轮作(见"轮作",476~477页)。种子对寒冷、潮湿的土壤非常敏感,过早播种非常冒险;初夏至仲夏的土壤条件比较适宜。它们通常需要中等氮素水平(见"氮素需求",482页)。

四季豆的预萌发

1 将潮湿的纸巾铺在无排水孔的托盘上,在上面铺撒种子。保持潮湿和12℃的最低温度。

2 嫩枝开始出现、尚未变绿时,小心地将种子上盆或直接播种在户外的最终种植位置。

播种和种植

在保护设施中，从仲春至初夏，种子可提前萌发或播种在穴盘或育苗盘中（见"在容器中播种"，605页），并在根系扎入生长基质后立即移栽。从晚春到夏末，直接在室外播种（见"室外播种"，604页）。在整个夏季连续播种，每三周播种一批低矮型四季豆，在仲夏播种一次攀缘型四季豆。如有必要，提前使用钟形罩为土壤加温。攀缘类型的种植间距与红花菜豆一样。低矮类型以22厘米的同等间距错行种植，可得到最大的产量。在寒冷气候区，种植后使用钟形罩或无纺布保护幼苗。在灰地种蝇滋生的地方，避免扰动土壤六周，然后播种并用无纺布覆盖，直到植株苗壮生长。

培土
以15厘米的间距移栽幼苗，它们一旦长出数片叶子就进行培土以提供支撑。

日常栽培

攀缘类型的支撑方法和红花菜豆一样。覆盖护根，不要让植株完全脱水；在花期的干旱条件下，需要以每平方米22升的量额外浇水。

病虫害

蛞蝓、灰地种蝇、根蚜和黑色豆蚜、炭疽病、根腐病、光轮疫病（见"细菌性叶斑病和斑点"，660页）以及豆类锈病都可能影响四季豆。详见"病虫害及生长失调现象一览"，659~678页。

在保护设施中种植

在寒冷的北方地区，低矮四季豆可以在温室或塑料大棚中或者在钟形罩下生长至成熟，这些保护设施可以提供令作物蓬勃生长的额外热量。攀缘类型在塑料大棚里生长得很好。种植间距与露地栽培一致。

收获和储藏

种植7~13周后，当豆荚充分发育但还没有粗糙和纸质化时收获。定期采摘幼嫩荚果新鲜使用或冷冻储藏。对于未成熟去壳豆粒，应在种子刚发育时采摘。对于去壳成熟豆粒，应该让豆荚在植株上成熟，并在豆荚变得纸质化时采摘，但不要拖延到秋雨降临，否则豆荚会发霉。将完全干燥且无任何变色或发霉的豆粒储藏在密封罐子中。发霉的豆子可能含有毒素。

四季豆的干燥
在潮湿气候中，将植株拔出并倒挂在干燥无霜处。干燥后将豆粒从豆荚中剥出。

推荐种植的四季豆品种

低矮品种
'安娜贝尔' 'Annabel' H2
'印第安帐篷' 'Cropper Teepee'（绿色圆荚果） H2
'迪奥' 'Dior' H2
'马克西' 'Maxi' H2
'诺蒂卡' 'Nautica' H2
'紫女王' 'Purple Queen'（紫色荚果） H2
'紫帐篷' 'Purple Teepee'（紫色荚果） H2
'游猎' 'Safari' H2
'索内斯特' 'Sonesta'（蜡质荚果） H2
'精灵' 'Sprite' H2
'斯坦利' 'Stanley' H2

用于干燥的品种
'巴勒塔' 'Barletta Lingua-di-Fuoco' H2
'加拿大奇迹' 'Canadian Wonder' H2
'阴阳' 'Yin Yang' H2

攀缘品种
'科斯·维奥莱塔' 'A Cosse Violetta' H2
'眼镜蛇' 'Cobra'（圆形） H2
'伊娃' 'Eva'（圆形） H2
'猎人' 'Hunter'（扁平） H2
'利姆卡' 'Limka'（扁平） H2
'苏丹娜' 'Sultana' H2

豌豆（*Pisum sativum*）

一年生植物，株高45厘米至超过2米，平均冠幅23厘米。植株使用卷须攀缘在支撑结构上；现代半无叶类型几乎可以自我支撑。豌豆根据成熟所需时间进行分类。早熟类型比晚熟类型所需时间短，产量较低。荚果一般为绿色，不过亦有紫色品种。

去壳豌豆类型使用的是荚果中的新鲜豌豆；某些种类可以干燥储存。小豌豆（petit pois）是个头较小、滋味细腻的豌豆，去壳更费工。种皮皱缩的品种常常更甜，但耐寒性不如种皮光滑的品种。荚果食用类型（嫩豌豆和糖豌豆）在种子成熟前食用。嫩豌豆荚果扁平，幼嫩时食用，而荚果圆形的糖豌豆应该在荚果膨胀并变成圆柱形且种子尚未充分发育时食用。种子和荚果一般烹调后食用，不过也可以生食。

半无叶型豌豆

豌豆的花和荚果不耐霜冻。将豌豆种植在开阔处排水良好且能保水的肥沃土壤中；它们不能忍耐寒冷、潮湿的土壤或者干旱。豌豆应该轮作（见"轮作"，476~477页）。植株的根系上有固氮根瘤，生长期不需要额外施加氮肥。

播种和种植

土壤温度达到大约10℃时立即进行第一批室外播种（见"室外播种"，604页）。较低温度下的萌发速度会非常慢。第一批播种可以使用低矮且迅速成熟的早收品种，在钟形罩下播种。为得到连续的收获，当上一批幼苗长到大约5厘米高时继续播种——这样可以保证它们连续成熟。从早春播种至初夏。仲春之后播种，得到的产量比更早的播种低得多。初夏至仲夏最后一次播种抗白粉病品种，可以在初秋得到有用的收获。如果想较晚地播种早熟类型，应该在第一场霜冻之前留出大约10周的生长时间使荚果成熟。在冬季温和的地方，在秋末播种耐寒早熟品种过冬。老鼠可能会造成很大损失，但幸存的植株会很早结果。

将种子以3厘米的深度播种成行距15厘米的两排或三排，单粒种子的间距为5~7厘米。或者做出一条宽23厘米的平底播种沟，以5厘米的株距和行距播种（见"在宽播种沟中播种"，478页）。

日常栽培

使用水平护栏网保护幼苗免遭鸟类危害。植株一旦长出卷须，就撤去护栏网并竖起支撑结构。在播种沟的一侧设立铁丝网、豌豆网或灌丛。半无叶和低矮类型需要的支撑较少。

植株一旦开花并形成荚果，就

不必浇水了，除非在极为干旱的条件下。花朵刚开始形成时彻底浇水，湿润根系区域。14天后重复此操作。在其他时间浇水会诱导叶片形成而不会增加产量。

病虫害

松鸦、林鸽、豌豆蛀荚蛾和豌豆蓟马是最常见的虫害；老鼠也可能造成麻烦，因为它们会吃掉种子。病害主要有偶发猝倒病、根腐病、立枯病以及镰刀菌萎蔫病。详见"病虫害及生长失调现象一览"，659~678页。

在保护设施中种植

可于早春和秋末在保护设施中播种；在钟形罩下种植低矮的豌豆用于提早收获或越冬。

收获和储藏

播种11~12周后收获早熟类型，13~14周后收获主要作物类型。当未成熟的豌豆刚开始在荚果内形成时，采摘荚果食用类型；荚果已经膨胀时，采摘去壳豌豆和糖豌豆。荚果食用类型可以留至成熟并正常去壳。所有类型都可冷冻储藏。关于在植株上储藏荚果，见"四季豆的干燥"，511页。

支撑豌豆

当幼苗长出卷须后，将豌豆支架尽量垂直地插入土壤中（下）。随着豌豆的生长，卷须会缠绕在豌豆支架上，使豌豆生长在它们上面（右）。

推荐种植的豌豆品种

早熟品种
'阿沃拉' 'Avola' H2
'杜丝普罗旺斯' 'Douce Provence' H2
'早熟向前' 'Early Onward' H2
'凯尔维登奇迹' 'Kelvedon Wonder' H2
'流星' 'Meteor' H2

主要作物品种
'市议员' 'Alderman'（高）H2
'大使' 'Ambassador' H2
'赫斯特绿轴' 'Hurst Green Shaft' H2
'向前' 'Onward' H2
'完美' 'Show Perfection' H2
'地形' 'Terrain' H2
'韦弗莱克斯' 'Waverex'（小豌豆）H2

糖豌豆和嫩豌豆
'卡斯卡迪亚' 'Cascadia' H2 Su
'内罗毕' 'Nairobi' H2 Su
'俄勒冈糖豆荚' 'Oregon Sugar Pod' H2 Ma
'设拉子' 'Shiraz'（紫色）H2 Ma
'糖安' 'Sugar Ann' H2 Su
'糖果' 'Sugar Bon' H2 Su
'甜蜜撒哈拉' 'Sweet Sahara' H2 Ma

注释
Ma 嫩豌豆
Su 糖豌豆

蚕豆（Vicia faba）

一年生植物，株高从低矮品种的45厘米到最高的大约1.5米，冠幅平均45厘米。荚果宽达2.5厘米，长7~15厘米，种子呈绿色、白色或粉红色，长2~2.5厘米。未成熟的种子以及幼嫩的荚果和多叶的茎尖可以烹调食用。去壳的蚕豆耐冷冻储藏。

某些品种非常耐寒，-10℃的气温下，未成熟的植株可以在排水良好的土壤中生存。于春季和初夏露地播种，或者于秋季在背风处播种越冬，播种在相当肥沃、混有粪肥的土壤中。蚕豆需要轮作（见"轮作"，476~477页）。植株对土壤氮素水平没有需求（见"氮素需求"，482页），因为它们的根瘤可以固定大气中的氮。

播种和种植

一旦土地可以耕作，就在春季和初夏现场播种（见"室外播种"，604页）。种子会在比较低的温度下萌发。对于早春收获的作物，应该在上一年的秋末至初冬播种——植株在冬季前只需要长到2.5厘米高。

低矮的蚕豆

仲春之后播种的产量很低。在非常寒冷的地区，冬季可以在室内播种，并在所有风险过去后于春季移栽（见"在容器中播种"，605页）。

播种深度为4厘米，株距与行距为大约23厘米。可以双排种植，双排之间的距离为90厘米，或者在苗床中均匀种植。较高品种可以用安装在竹竿上的天然纤维绳线固定。如果有必要的话，可以使用小树枝支撑低矮品种，使荚果远离地面。对于那些越冬作物以及在早春播种的作物，使用钟形罩在生长早期提供保护。

日常栽培

只在持续干旱时期浇水，除非花朵形成，但在花期，应该每10天充分浇一次水。一旦花期开始，就将茎尖生长点掐去以促进荚果形成并抑制豆蚜。

病虫害

老鼠、松鸦、林鸽、豆蚜、巧克力斑病以及根腐病可能会影响蚕豆。详见"病虫害及生长失调现象一览"，659~678页。

收获和储藏

春季播种的蚕豆应该在播种约16周后收获，秋季播种的蚕豆应该在播种28~35周后收获。当荚果饱满带有膨胀的豆粒，且尚未革质化时采摘。豆粒可以冷冻储藏，或者像四季豆那样在生长期结束时干燥供冬季使用（见"四季豆的干燥"，511页）。

推荐种植的蚕豆品种

低矮品种
'罗宾汉' 'Robin Hood' H3
'萨顿' 'The Sutton' H4

高大品种
'克劳迪娅' 'Aquadulce Claudia'（秋季播种）H5
'帝国绿长荚' 'Imperial Green Longpod' H4
'佳节2' 'Jubilee Hysor' H3
'杰作绿长荚' 'Masterpiece Green Longpod' H3
'斯塔蒂萨' 'Statissa' H3
'马尼塔' 'Witkiem Manita' H4

摘心
当蚕豆处于盛花期时，将每棵植株的茎尖生长点掐掉。这样可除去可能存在的豆蚜，并将植株的能量集中在结实上。

鳞茎和茎干类蔬菜

使用鳞茎和茎干的蔬菜包括葱类以及众多其他蔬菜，除了意大利茴香，大部分耐寒且成熟缓慢。块根芹、茎蓝以及意大利茴香都会形成地面之上膨大的茎，而不是真正的鳞茎。葱类应该作为一个类群进行轮作；关于其他蔬菜的轮作类群，见"蔬菜作物的轮作"，476页。芦笋和大黄都是宿根蔬菜，应该种植在为它们专门准备的永久苗床上。

洋葱（*Allium cepa*）

这些耐寒的二年生植物作一年生栽培。鳞茎可能呈球形、稍扁，或者呈长鱼雷形。它们通常拥有红色、白色、棕色或黄色的外皮和白色的肉质鳞片，不过外皮呈红色的种类拥有粉白色的肉质鳞片；叶片长达15～45厘米。未成熟和成熟的鳞茎都可食或烹煮后食用。某些品种耐储藏。疏苗下来的绿叶洋葱可当作小葱使用（见"小葱"，514页）。

洋葱在生长早期需要较冷凉的温度。不同品种鳞茎膨胀所需的白昼时长不同；北方应该选择长日类型，南方应该选择短日类型（见"白昼长度"，472页）。

将它们种植在开阔处排水良好的肥沃、中度至轻质土壤中。种植前在土壤中掘入大量腐熟粪肥，最好在秋季进行。不要在刚刚施加粪肥的土地中种植；种植前可以施加通用肥料。氮素需求水平中等（见"氮素需求"482页）。

播种和种植

洋葱可以用种子或小鳞茎繁殖。种子较便宜，但生长发育较慢；小鳞茎方便种植，但通常只有某些特定品种才有。洋葱需要很长的生长期，因为只有当植株拥有6～8枚叶片并且白昼开始变长时，鳞茎才会开始发育。除非年幼植株的叶片特别茂盛，否则鳞茎会很小。

春季土壤可耕作时播种，播种在紧实的苗床上，以1厘米深度非常稀疏地播种，行距23～30厘米（见"室外播种"，604页）。逐步疏苗。为得到最高产量和中等大小的鳞茎，株距设为4厘米；要想得到更大鳞茎，疏苗至株距5～10厘米。如果种植用于腌制的洋葱，播种密度可以更高。

为延长北方地区的生长期，从冬末至早春，在保护设施中10～15℃的环境中使用育苗盘或穴盘开始种植（见"在容器中播种"，605页）。长出两片真叶时炼苗（见"炼苗"，642页），然后当根系与盆栽基质结合时以合适的间距移栽。还可在穴盘的每个孔中播种5粒种子，然后进行整体移栽，每组之间的间距为25厘米（见"韭葱"，515页）。

某些为越冬培育的品种（包括一些日本类型）可以在夏末播种，越冬后在第二年提早收获。在冬季非常严寒或者非常潮湿的地方，年幼植株可能无法存活。越冬洋葱将在初夏成熟，但只能储存到初秋。

这些品种在初秋有小鳞茎可供种植，这种种植方法非常容易且可靠。

大多数小鳞茎在春季种植。一些小鳞茎容易抽薹（见"生理失调"，482页），除非经过热处理并推迟到仲春再种植。其他小鳞茎不容易抽薹，从冬末至仲春都可以种植。按照上文间距种植在浅沟中，使尖端正好露出土壤表面。

日常栽培

保持种植区域无杂草，特别是在洋葱年幼且对杂草竞争敏感的时期。洋葱的根系很浅，在干旱时期需要每10天充分浇一次水。在春季为越冬洋葱施加氮肥或有机液态肥料，以促进生长和抑制抽薹。

病虫害

葱属潜叶虫、葱谷蛾、葱地种蝇、灰地种蝇、洋葱白腐病、霜霉病以及储藏时的洋葱颈腐病都是影响洋葱的常见病害。详见"病虫害及生长失调现象一览"，659～678页。

收获和储藏

春季播种的洋葱将在夏末初秋成熟；按照需要将它们拔出或挖出供新鲜使用。

如果用于储藏，要等到所有叶片倒下（不要用手将叶片拽倒）并开始枯萎，然后小心地将全部鳞茎挖出。在阳光充足的条件下，将它们在太阳下晒大约10天，可悬挂在网中，或者放在翻转过来的育苗盘上，保证最大限度的通风。轻轻拿放鳞茎，因为任何擦伤都会让鳞茎容易在储藏中腐烂。在潮湿条件下，将它们悬挂在温室中或者前部敞开的棚屋中，或者用钟形罩覆盖。确保鳞茎外皮和叶片彻底干燥，再将鳞茎储存在网或箱子中，或者用绳子编成串。不要储藏根颈粗大的洋葱；这些洋葱应该首先使用。在通风良好的棚屋中，洋葱的平均储藏寿命为3～8个月，具体时间取决于品种。

在箱子中储藏洋葱
小心地准备用于储藏的洋葱。根颈粗壮的洋葱（见上图右侧）应该弃之不用。小心不要损坏任何用于储藏的洋葱，否则会导致储藏中发生腐烂。将它们分层放入箱子中，然后储藏在通风良好无霜处。

推荐种植的洋葱品种

秋季收获的洋葱品种
'法斯托' 'Fasto' F1 H3
'混合' 'Hybound' F1 H3
'海兰德' 'Hylander' F1 H3 DM

红洋葱
'红佛罗伦萨' 'Long Red Florence' H3
'红猛犸' 'Mammoth Red' H3
'红男爵' 'Red Baron' H3
'红土地' 'Redlander' F1 H3 DM

腌制用洋葱
'棕色腌洋葱' 'Brown Pickling' SY300 H3

越冬洋葱
'保重' 'Keepwell' F1 H4
'硬汉' 'Toughball' H4

秋植小鳞茎
'电' 'Electric' H4
'半球黄' 'Senshyu Semi-Globe Yellow' H4
'莎士比亚' 'Shakespeare' H4

春植小鳞茎
'伦巴' 'Rumba' H3
'桑坦洛' 'Santero' H3 DM
'鲟鱼' 'Sturon' H3

展览用品种
'凯尔塞' 'Kelsae' H3

注释
DM 抗霜霉病

小葱

小葱的种植是为了采摘绿色细长的全株；它们可以用在沙拉中或者用于烹饪。小葱可以是适合幼嫩时使用的洋葱（Allium cepa）品种，使用时叶片高15厘米，有发白的茎干和很小的鳞茎。其他小葱可能是由葱（Allium fistulosum）培育而来的——将该物种与传统欧洲小葱杂交，以增加活力并得到更深的颜色和更细且不长鳞茎的茎干。某些品种在生长期可数次培土，得到长而白的茎干，如'石仓'（'Ishikura'）。播种4周后可采摘幼嫩的叶。关于气候、土壤需求以及病虫害，见"洋葱"，513页。为酸性土壤施加石灰（见"施加石灰"，591页）。

从早春起，以10厘米的行距现场成排播种，或者以7厘米宽、间距15厘米的条带种植（见"室外播种"，604页）。为得到连续的产出，在夏季每3周播一批种子。越冬品种可在夏末播种，早春收获，如'推弹杆'（'Ramrod'）和'耐寒白色里斯本'（'White Lisbon Winter Hardy'）；在冬季使用钟形罩保护。在干旱条件下每10天为春收小葱浇一次水，每次浇透。

腌制用洋葱

这些洋葱品种在北方会产生小而白的鳞茎（又称迷你洋葱），在南方会产生较大的鳞茎。它们可以在长到指甲盖大小时使用，可趁鲜使用或腌制。品种包括'巴勒塔'（'Barletta'）和'巴黎银皮'（'Paris Silverskin'）。它们喜欢肥沃土壤，但也能忍耐相当贫瘠的土壤。关于气候、栽培和病虫害，见"洋葱"，513页。在春季现场播种，要么撒播，要么播种在宽10厘米的条带中，种植间距为1厘米（见"室外播种"，604页）。只在需要较大洋葱时疏苗。大约8周后，叶片已经枯萎，此时收获它们；可新鲜使用或者干燥后按照储藏洋葱的方法储藏（见"在箱子中储藏洋葱"，513页），直到需要时进行腌制。

推荐种植的小葱品种

亚洲类型
'卫士''Guardsman' H4
'石仓''Ishikura' H3
'武士刀''Katana' H3
'矩阵''Matrix' H3
'光子''Photon' H3
'夏日之岛''Summer Isle' H3

欧洲类型
'阿帕奇''Apache' (red) H4
'白色里斯本''White Lisbon' H4
'冬日白束''Winter White Bunching' H4

为小葱疏苗
如果最初密集播种的话，采收小葱幼苗，使剩余小葱间距2.5厘米。剩余的小葱会继续生长，可以在需要时收获。

洋葱

青葱（Allium cepa Aggregatum Group）

这些味道特殊、形状似洋葱的球根植物会形成十来个成簇鳞茎。有黄皮和红皮类型；所有种类都可以生食或烹调后食用。以"小鳞茎"的形式出售的合适品种包括'金色美食家'（'Golden Gourmet'）、'杰莫'（'Jermor'）、'辛辣'（'Pikant'）和'桑特'（'Sante'）。

气候和土壤需求以及病虫害与洋葱（见"洋葱"，513页）一样。购买无病毒小鳞茎，直径最好为2厘米。早春种植，气候温和地区可冬季种植。株距和行距都设置为18厘米。每个小鳞茎都会发育成一丛，在初夏成熟。要想较早收获绿色叶片，可在秋季种植小鳞茎，以2.5厘米的间距露地种植或者种植在育苗盘中。

还可以买到播种培育的青葱品种，例如'斗牛士'（'Matador'）。种植方法和洋葱一样，株距设置为2.5~10厘米，行距为40厘米。和播种的青葱相比，小鳞茎成熟得更早，而且不容易感染病虫害。

按照需要收获绿色叶片。要想得到较大的鳞茎，不要采摘叶片；叶片枯萎死亡后挖出鳞茎。在储藏它们时，按照洋葱的方法进行干燥（见"在箱子中储藏洋葱"，513页）；质量好的鳞茎可储藏长达一年。

种植青葱
做出一条1厘米深的沟。以大约18厘米的间距将小鳞茎插入沟中，使尖端刚好露出土壤。

青葱

葱（Allium fistulosum）

葱是非常耐寒的宿根植物。叶片中空，高达45厘米，直径1厘米，成簇生长，每丛的平均直径为23厘米。基部和地面之下的叶粗厚。叶全年保持绿色，即使是在-10℃的低温下，所以是一种有用的冬季蔬菜。叶和微小的鳞茎可生食或烹调食用。

葱对气候和土壤的需求、栽培方法以及病虫害与洋葱一样（见"洋葱"513页）。春季或夏季以大约30厘米的行距现场播种。逐步疏苗至间距约23厘米，或者通过分株的方法将成簇葱中外层幼嫩的分株苗按照上述间距移栽。播种24周后可收获叶；按照需要收割单独叶片，或者将部分或全部株丛挖出。成形株丛会变得非常茂密，应该每两年或三年分株一次。葱不耐储藏。

葱

韭葱（*Allium porrum*）

作一年生栽培的二年生植物，株高达45厘米，冠幅15厘米。可食用的部分是蓝绿色长叶片下方的白色粗厚茎干，味甜。可以培土或深植为其遮光，使其变白。有茎干短粗的类型。所有种类都调食用，用作蔬菜或汤羹中。

韭葱是冷季型作物。早熟品种耐寒性一般，晚熟品种非常耐寒。种植在开阔处的保水良好肥沃土壤中，如果土壤含氮量较低的话（见"氮素需求"，482页），可以混入大量粪肥或堆肥以及含氮肥料。不要在压紧的土壤中种植。韭葱必须轮作（见"轮作"，476~477页）。

播种和种植

韭葱需要较长的生长期；在早春开始种植生长。它们很适合从冬末起播种在温室里的穴盘中，每个穴盘可播种多达4粒种子（见"在容器中播种"，605页）。在春末，一旦根系与盆栽基质紧密结合，就将丛生幼苗以23厘米的均匀间距移栽室外。这样做可以充分利用昂贵的杂交种子。在室外培育移栽苗时，应在早春以1厘米的深度播种在室外育苗床中，当幼苗长到20厘米高时移栽。或者以30厘米的行距和较稀疏的密度直接现场播种（见"室外播种"，604页）。当幼苗长出3片叶时，疏苗或移栽至株距15厘米。如果喜欢较小的韭葱，则使用更近的间距。为得到遮光生长的白色茎干，用戳孔器做出15~20厘米深的孔，在每个洞中放入一株幼苗，确保根系接触洞的底部。轻轻浇水，土壤会随着韭葱的生长落入植株周围。也可以将韭葱种在平地上，随着它们的生长为茎干培土，每次培高5厘米。

日常栽培

充分浇水直到韭葱植株成形，之后只需要在干旱时期每10天浇一次水，每次浇透。保持苗床无杂草。仲夏至夏末施加高氮表层肥料。

病虫害

葱属潜叶虫、葱谷蛾、葱地种蝇、锈病以及洋葱白腐病可能造成麻烦。鳞球茎茎线虫（见"线虫"，664页）偶尔出现。详见"病虫害及生长失调现象一览"，659~678页。

收获和储藏

从夏季开始按照需求将它们挖出；耐寒品种可在冬季至春季收获，除非天气非常恶劣。韭葱离开土地后不耐储藏。如果它们占据的土地需要另作他用，可将它们挖出并假植在别处。

假植韭葱
在室外储藏时，可将韭葱挖出并斜靠在V字形沟的一侧。用土壤覆盖根系和白色的茎干，轻轻压实。需要时挖出使用。

韭葱植株

推荐种植的韭葱品种

- '土匪' 'Bandit' H5 L
- '卡尔顿' 'Carlton' F1 H4 Ex
- '白猛犸' 'Mammoth Blanch' H5 E, M
- '海王星' 'Neptune' H5 M, L
- '划桨手' 'Oarsman' F1 H5 L
- '潘乔' 'Pancho' H5 E
- '波贝拉' 'Porbella' H5 E
- '龙卷风' 'Tornado' H5 L
- '威尔士幼苗' 'Welsh Seedling' H4 Ex

注释

- Ex 用于展览
- E 早熟品种
- M 中熟品种
- L 晚熟品种

在穴盘中播种
在穴盘中填入播种基质至顶端之下1厘米。在每个孔的基质表面播种4粒种子。覆盖一层薄薄的基质，浇水。

移植韭葱

穴盘中每个孔都应该整体移栽；每丛间距23厘米。

单株幼苗
露地播种的韭葱可以移栽到15~20厘米深、间距10~15厘米的洞中。

大蒜（*Allium sativum*）

这种二年生植物一般作一年生栽培，大蒜植株可长到60厘米高，冠幅15厘米。每棵植株都会长出直径5厘米的地下鳞茎。大蒜有粉色和白色外皮的类型，目前培育出了许多能适应不同气候区的品系。合适的大蒜品种包括非常可靠的"软颈"大蒜'戈米多'（'Germidour'）、'紫怀特'（'Purple Wight'）、'索伦特怀特'（'Solent Wight'）和'怀特克里斯多'（'Wight Cristo'），以及味道更浓且更难以种植的"硬颈"大蒜'考克怀特'（'Caulk Wight'）、'金斯兰怀特'（'Kingsland Wight'）和'大象'（'Elephant'，其实是韭葱的一种鳞茎形态）。味道强烈的蒜瓣用于调味、烹煮或生食，可收获后立即使用或储藏起来供全年使用。

大蒜可忍耐众多类型的气候，但在冬季需要一两个月0~10℃的时期。使用你的地区推荐种植的品种。大蒜在阳光充足且开阔处的适度肥沃、排水良好的土壤中生长得最好。大蒜需要中等氮素水平（见"氮素需求"，482页）。

播种和种植

在种植时，将直径至少1厘米的单个蒜瓣从成熟鳞茎上剥下来。总是使用健康无病毒的材料。为得到大的鳞茎，大蒜需要很长的生长期，所以尽可能在秋季种植蒜瓣。在非常寒冷的地区以及黏重的土壤中，将种植推迟到早春进行，或者冬季将蒜瓣种在穴盘中，每个孔中种一个，然后将穴盘放入室外背风处，提供必要的冷处理。当它们在春季开始萌发后将其露地移栽。

种植时蒜瓣直立，扁平的基盘朝下，种植深度为它们自身高度的两倍。株距和行距都为18厘米，或者株距10厘米、行距30厘米。随着它们的生长，鳞茎会将自身向上推动。对于俗称"野蒜"的熊韭（*Allium ursinum*），以5厘米的间距将小鳞茎或年幼植株种在它的入侵习性可以被限制的地方。

日常栽培

除了在生长期保持苗床无杂草，大蒜几乎不需要什么照料。关于可能影响大蒜的病虫害，见"洋葱"，513页。

收获和储藏

大蒜生长至成熟的时间为16~36周，具体取决于品种以及种植时间。叶片开始凋萎后立即将植株挖出，以免鳞茎再次萌发。如果它们再次萌发，储藏时就容易腐烂。

挖出后按照洋葱的方法（见"在箱子中储藏洋葱"，513页）彻底干燥。小心拿放鳞茎以免擦伤。用干叶片将鳞茎编成串挂起来储藏，或者将它们松散地放置在托盘上并保存在5~10℃的干燥条件下。大蒜的储藏寿命长达10个月，具体取决于品种和储藏条件。

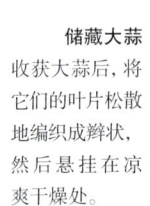

种植蒜瓣
在秋季至春季之间，将蒜瓣尖端朝上直接种植在土地中。

储藏大蒜
收获大蒜后，将它们的叶片松散地编织成辫状，然后悬挂在凉爽干燥处。

芹菜（Apium graveolens）

二年生植物，株高30~60厘米，冠幅30厘米。传统的种植沟芹菜拥有大的白色、粉色或黄色茎干，在使用前遮光生长。自黄化类型拥有奶油黄色的茎干。还有绿干类型和过渡类型。芹菜茎干可生食或烹调食用，叶片可以调味或用作装饰。

芹菜可忍耐轻度或中度霜冻；红色茎干的传统品种最耐寒。某些品种可预防过早抽薹。将芹菜种植在开阔场所排水良好且保水的肥沃土壤中；为酸性土壤施加石灰（见"施加石灰"，591页）。芹菜需要轮作（见"轮作"，476~477页），但不要紧挨欧洲防风草种植，否则会感染胡萝卜茎蝇和芹菜潜叶蝇。种植前在土壤中混入大量腐熟有机质。对于传统品种，在秋季种植前挖出一条38厘米宽、30厘米深的沟，底部混入粪肥或堆肥。芹菜的氮素需求水平很高（见"氮素需求"，482页）。

播种和种植

春季，在距离最后一场霜冻降临预计不超过10周时于室内15℃的气温下播种在育苗盘或穴盘中（见"在容器中播种"，605页）。使用杀真菌剂处理过的种子，以免感染芹菜叶斑病。将种子撒在基质上或者很浅地覆盖，因为种子的萌发需要光。不要太早播种；如果温度低于10℃，植株可能会提前抽薹。

成块种植的芹菜幼苗

幼苗长出4~6片真叶时疏苗；所有霜冻风险过去后将室内播种的幼苗露地移栽。丢弃叶片感染疱病的任何植株。将自黄化类型以23厘米的间距成块种植以增加自然遮光。可为年幼植株覆盖钟形罩或无纺布提供保护，一个月后撤去。以38厘米的株距将种植沟芹菜的幼苗单排种植。它们可种植在沟中或平地上。

日常栽培

芹菜需要稳定的生长，缺水和温度突然下降会阻碍其生长过程。种植后大约每月施加一次氮肥或有机液态肥料。植株成形后，每周以每平方米22升的量浇一次水。

为了让自黄化类型变得更甜，当它们长到20厘米高时，在植株周围卷起一层厚厚的松散秸秆。在为种植沟芹菜遮光时，用柔软的绳线将茎干松散地绑在一起，然后逐渐回填种植沟，随着它们的生长逐渐为茎干培土。如果种植在平地上，当植株长到30厘米高时，将特制的领圈或23厘米宽的长条遮光纸绕在植株周围。为扩大遮光部位，三周后加上第二个领圈。在冬季用秸秆覆盖种植沟芹菜御寒。

病虫害

蛞蝓、芹菜潜叶蝇、胡萝卜茎蝇、缺硼症、真菌性叶斑病以及缺钙症是最常见的病虫害。详见"病虫害及生长失调现象一览"，659~678页。

推荐种植的芹菜品种

自黄化品种
'格拉纳达' 'Granada' F1 H2
'洛雷塔' 'Loretta' F1 H2
'奥克塔维厄斯' 'Octavius' F1 H2

种植沟品种
'粉巨人' 'Giant Pink' H4
'霍普金斯芬兰德' 'Hopkins Fenlander'（种植沟）H4
'晨星' 'Morning Star' F1 H4 Ex

绿秆品种
'维多利亚' 'Victoria' F1 H2

注释
Ex 用于展览

收获和储藏

种植11~16周后收获自黄化芹菜和绿干芹菜，种植沟芹菜应在秋末收获。在茎干变老之前收割。在霜冻威胁来临之前，将剩余植株挖出并储藏在凉爽无霜的高湿度条件下。它们可以保存数周之久。

为芹菜遮光

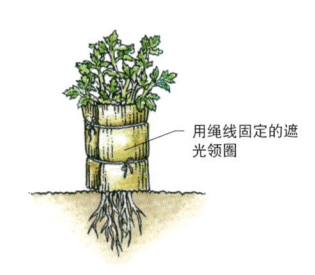

1. 当芹菜长到大约30厘米高时，用遮光纸松散地包裹茎干，使叶片仍暴露在光下。
   — 用绳线固定的遮光领圈

2. 随着茎干继续生长，可以添加第二层领圈，遮挡新的部分。
   — 随着茎干生长加上的第二层领圈

挖出芹菜
在第一场霜冻来临之前将自黄化芹菜挖出。清理茎干周围的秸秆，用叉子将整棵植株撬出。

块根芹（*Apium graveolens* var. *rapaceum*）

二年生植物，株高可达30厘米，冠幅38厘米。茎基部膨大的"块根"可烹调食用或搓碎后拌入沙拉中生食。叶片用于调味和装饰。

如果根颈有秸秆覆盖保护，块状芹可忍耐-10℃的低温。关于土壤需求，见"芹菜"，516页；块根芹的氮素需求水平中等（见"氮素需求"，482页）。

从穴盘中移栽块根芹
当块根芹长到8~10厘米高，拥有六七片叶时，将其从穴盘中移栽出来。以30~38厘米的间距种植年幼植株；注意不要埋住根颈。

播种和种植

块根芹需要6个月的生长期才能让块根充分发育。种子的萌发情况可能很不稳定。早春室内播种，最好在穴盘中。如果使用育苗盘，将幼苗以5~7厘米的间距移栽，或者将它们单独上盆到小花盆或穴盘中。年幼植株长到7厘米高时炼苗，然后移栽。移栽间距为30~38厘米，根颈与土壤表面平齐，不要埋起来。

日常栽培

种植后覆盖护根并充分浇水，特别是在干旱条件下。可在生长期施肥（见"芹菜"，516页）。在夏季结束时去掉耷拉下来的粗糙外层叶片，将根颈露出；这可以促进球根发育。为保护植株免遭霜冻伤害，围绕根颈铺一层10~15厘米厚的松散秸秆。

病虫害

块根芹可能感染的病虫害与芹菜（见"芹菜"，516页）一样。

收获和储藏

块根芹可从夏末采收至第二年春季。块根直径7~13厘米时即可使用。

如果将根系留在土中越冬，味道会更好，而且块根会保存得更久。在冬季非常寒冷的地方，可在初冬将植株挖出，不要损伤块根；除去外层叶，留下中央簇生嫩叶，然后将植株放入装满潮湿土壤的箱子里，在凉爽无霜处储藏。

推荐种植的块根芹品种

'阿斯特里克斯' 'Asterix' F1 H4
'布里连特' 'Brilliant' H4
'伊比斯' 'Ibis' H4
'君主' 'Monarch' H4
'普林茨' 'Prinz' H4

栽培和保护块根芹

1 在夏末，随着茎基的膨大，去除一部分外层叶片使根颈露出。

2 在第一场霜冻来临之前，使用一层15厘米厚的秸秆覆盖植株基部，以保护根颈。

芦笋（*Asparagus officinalis*）

芦笋是宿根植物，收获期可长达20年。叶片似蕨类，高达150厘米，冠幅达60厘米。美味的嫩枝会在春季从土地中钻出来。有雄株和雌株；雌株会结浆果，雄株产量较高，选择全雄的F1代杂种品种，可得到最高的产量和效果。芦笋一般烹调食用。

选择开阔处，避免暴露多风处和霜穴。芦笋可以忍耐众多类型的中等肥沃土壤，不过酸性土壤应该施加石灰（见"施加石灰"，591页）。良好的排水至关重要。不要在曾经种植芦笋的地方做新的芦笋苗床，因为土生病害可能会延续下来。清除所有多年生杂草，然后翻地并混入粪肥和堆肥。也可以将芦笋种植在抬升苗床上以改善排水。氮素需求水平中等（见"氮素需求"，482页）。

播种和种植

过去，种植芦笋时，一般在春季种下购买的一年龄植株或根颈。根颈呈肉质，种植前千万不能脱水。

将它们以38厘米的株距单排或双排种植，行距30厘米。根颈的种植深度为10厘米，先挖一条小沟，底部中央隆起。将根系均匀地铺在隆起的底部，然后用土壤覆盖至与根颈平齐。随着茎的生长，逐渐回填种植沟，总是使8~10厘米长的茎段暴露在外。

更便宜的芦笋种植方法是使用种子。在早春将种子播种在室内13~16℃气温下的穴盘中（见"在容器中播种"，605页）。幼苗的生长速度很快，可以在初夏将其移栽至永久苗床中。对于室外播种，应在春季以2.5厘米的深度现场播种，然后疏苗至间距约7厘米（见"室外播种"，604页）。第二年春季将最大的植株移栽。它们再生长一年就可以收获了。

日常栽培

除了保持苗床无杂草，芦笋基本不需要其他照料。浅浅地锄草以免损伤根系。在冬季使用腐熟有机质覆盖护根。当叶片在秋季变黄时，将茎剪短至距地面大约2.5厘米。

推荐种植的芦笋品种

传统品种
'柯诺巨人' 'Connover's Colossal' F1 H5

全雄品种
'阿丽亚娜' 'Ariane' F1 H5
'百克立姆' 'Backlim' F1 H5
'杰立姆' 'Gijnlim' F1 H5
'格罗立姆' 'Grolim' F1 H5
'威尔夫千年' 'Guelph Millennium' F1 H5
'泽西骑士' 'Jersey Knight'（改良）F1 H5
'蒙迪欧' 'Mondeo' F1 H5
'太平洋紫' 'Pacific Purple' F1 H5
'谢立姆' 'Thielim' F1 H5

种植芦笋根颈
挖一条宽30厘米、深20厘米的沟，底部中央隆起10厘米高。以38厘米的间距将芦笋的根颈放在隆起的底部。均匀地铺展根系，并覆盖大约5厘米厚的土壤至与根颈平齐。

剪短芦笋的茎
在秋季使用修枝剪将茎干剪短至距地面2.5厘米。

病虫害

植株生长早期时的蛞蝓以及更加成熟的植株上的天门冬甲是最严重的虫害。土生真菌病害紫纹羽病能够摧毁长期苗床中的植物。详见"病虫害及生长失调现象一览"，659～678页。

收获和储藏

在仲春收获之前，要让芦笋长成强壮的植株。优质的现代品种可以在第二个生长季轻度收割，不过在大多数情况下，最好在第三个生长季开始收割。第二年，将收割限制在一段六周的时期内；第三年，如果植株生长良好的话，收割期可持续至超过八周。当嫩枝长到大约15厘米高且相当粗时收割。以一定角度斜着将每根嫩枝切下，在土壤表面之下切断，以保留嫩枝的所有柔嫩部位。注意不要损伤邻近的枝条。剩余的嫩枝会继续生长。芦笋耐冷冻储藏。

收获芦笋
当嫩枝长到12～15厘米高时，将每根茎干切割至土壤表面之下2.5～5厘米。

苤蓝（*Brassica oleracea* Gongylodes Group）

芸薹属一年生植物，在地面上形成像芜菁的白色肉质膨大茎或"球根"。苤蓝株高30厘米，平均冠幅30厘米。外皮呈绿色（有时称为"白色"）或紫色。球根营养丰富且味美，烹调食用或生食。

苤蓝的年幼植株在气温低于10℃时容易过早抽薹。关于土壤需求，见"为西方芸薹属蔬菜选址"，485页。苤蓝可在任何肥沃的土壤中良好生长，而且耐旱能力稍好于大多数芸薹属蔬菜。氮素需求水平中等（见"氮素需求"，482页）。

播种和种植

在气候温和的地区，从春季至夏末连续露地播种，较晚的播种使用更耐寒的紫色类型。在气候炎热的地区，春季和秋季播种。以30厘米的行距现场播种，疏苗至株距约18厘米（见"室外播种"，604页）。使用钟形罩或无纺布保护早春户外播种的作物。对于早熟作物，应播种在保护设施中有轻度加温的穴盘中（见"在容器中播种"，605页）。当幼苗不超过5厘米高时将它们露地移栽。

日常栽培

苤蓝的成熟速度很快；除了保持苗床无杂草，并在炎热干旱时期每10天浇一次水，基本不需要其他照料。

病虫害

跳甲、甘蓝根花蝇以及根肿病都会影响苤蓝。详见"病虫害及生长失调现象一览"，659～678页；"病虫害"，485页。

收获和储藏

取决于品种和季节，苤蓝可在播种后5～9周收获，此时球根应为高尔夫球至网球大小。

将较晚收获的作物留在土中，直到严霜即将来临，因为一旦挖出味道就会退化。在寒冷地区，秋季挖出球根。在每个球根顶端留下中央的一簇叶片，这有助于它们保鲜；它们可在装满湿润沙子的箱子中储藏两个月。

绿苤蓝

推荐种植的苤蓝品种

'阿祖尔之星' 'Azur Star'（紫色）H3
'绿色维也纳' 'Green Vienna' H3
'考里布里' 'Kolibri' F1（紫色）H3
'科夫' 'Korfu' F1（绿色）H3
'考瑞斯特' 'Korist' F1（绿色）H3
'兰洛' 'Lanro' F1（绿色）H3

意大利茴香（*Foeniculum vulgare* var. *dulce*）

作一年生栽培的意大利茴香和宿根香草茴香有很大区别。植株可生长至大约60厘米高，冠幅约45厘米。叶柄基部的重叠鳞片形成扁平"球茎"，味道像茴芹，烹调食用或生食。叶片似蕨类，可用于调味或装饰。

意大利茴香可忍耐从温带至亚热带的众多气候类型。它在温暖均匀的气候中生长得很好，不过成熟植株也能忍受轻度的霜冻。种植在位于开阔处的非常肥沃、保水良好但排水通畅的土壤中，并在土壤中混入大量腐殖质。意大利茴香在轻质土壤中生长得很好，但不能脱水。氮素需求水平低（见"氮素需求"，482页）。

播种和种植

在冷凉的北方地区，从初夏至仲夏播种（见"室外播种"，604页）；如果在春季播种传统品种，它们容易过早抽薹，所以较早的播种应该使用现代抗抽薹品种。在较温暖的气候区，春季播种用于夏季收获，然后在夏末播种用于秋季收获。意大利茴香不耐移植，如果生长受阻的话就容易提前抽薹，所以要么现场播种，要么播种在穴盘中，当幼苗长出不超过4片叶时进行移栽。为幼苗设置30厘米的株距和行距。可以覆盖钟形罩或无纺布保护早熟和晚熟作物。

日常栽培

意大利茴香需要很少的照料；保持苗床无杂草即可。意大利茴香需要保持湿润，所以需充分浇水并覆盖护根。当球茎开始膨大时，培

意大利茴香

收获意大利茴香

1. 将意大利茴香切割至距地面大约2.5厘米。将基部留在原地。
2. 一般会在数周之内从基部再次萌发羽状叶片。 

土至它们的一半高度，使它们变得更白且更甜。

病虫害

意大利茴香很少感染病虫害。大多数问题源自缺水、温度波动或移栽，这些情况都可能导致过早抽薹。

收获和储藏

播种大约15周后或者培土两三周后，块茎圆润时收获。将它们整棵拔出，或者将块茎切割至距地面大约2.5厘米。残株一般会再次萌发长出小簇羽状叶片，可用于调味或装饰。意大利茴香不耐储藏，尽可能新鲜食用。

推荐种植的意大利茴香

'阿米戈' 'Amigo' H2
'罗马花椰菜' 'Romanesco' H2 BoR
'鲁迪' 'Rudy' F1 H2
'塞尔玛' 'Selma' H2
'西里奥' 'Sirio' H2
'维多利亚' 'Victorio' F1 H2 BoR
'菲诺' 'Zefa Fino' H2 BoR

注释
BoR　抗抽薹

大黄（Rheum x hybridum）

这种宿根植物在良好的条件下可生长超过20年。大黄可生长至60厘米或更高，冠幅达2米。叶片宽达45厘米。淡绿或粉红色的叶柄长达60厘米，幼嫩时收获，烹调食用。

大黄是温带气候作物，在高温下不能良好生长；根系可在-15℃的低温下存活。推荐品种包括'早维多利亚'（'Early Victoria'）、'德国葡萄酒'（'German Wine'）、'爷爷乐'（'Grandad's Favourite'）、'斯坦因香槟'（'Stein's Champagne'）、'草莓惊喜'（'Strawberry Surprise'）、'廷珀利早熟'（'Timperley Early'）和'维多利亚'（'Victoria'）。它能生长在肥沃且排水良好的众多土壤中。种植前在土壤中混入大量粪肥和堆肥。大黄幼年时氮素需求水平中等，成熟后需求水平高（见"氮素需求"，482页）。

播种和种植

繁殖大黄一般使用秧苗，每个秧苗都包含至少有一个芽的肉质根状茎。购买无病毒秧苗或选择一棵健康植株，待叶片凋萎后将植株或植株的一部分挖出，劈开株丛分离下秧苗；然后重新栽植母株。在轻质土壤中，种植后使2.5厘米厚的土壤覆盖在芽上；在黏重或潮湿土壤中，使芽刚好露出地面。

还可用种子培育大黄，但结果不太稳定。春季播种在室外苗床中，播种深度2.5厘米，行距30厘米（见"室外播种"，604页）。疏苗至株距15厘米，并在秋季或第二年春季将最强壮的植株移至最终生长位置。

日常栽培

为植株充分覆盖护根，并在干旱的天气下浇水。每年秋季或春季在土壤表层施加大量粪肥或堆肥，并在春季施加氮肥或有机液态肥料。

大黄可在黑暗中促成栽培，获得非常柔软的叶柄。在冬末使用一层10厘米厚的秸秆或树叶覆盖休眠的根冠，然后用至少45厘米高的促成栽培陶罐或大桶覆盖，覆盖四周直到叶柄长到足够大。

病虫害

蜜环菌、冠腐病、霜霉病和病毒都会侵扰成形植株。蚜虫也会造成问题。详见"病虫害及生长失调现象一览"，659~678页。

收获和储藏

春季和初夏收获。从种植后的那一年开始，秧苗培育的植株可拔下少量茎干；种子培育的植株再等一年进行。在后续几年，较多地拔下茎干直到品质开始下降，然后让植株自然恢复，之后继续在夏季收获少量茎干。经过促成栽培的茎干可比未促成栽培的茎干早收获约三周。

大黄的促成栽培
为得到较早的柔嫩的产出，冬季在促成栽培陶罐或其他隔绝光线的大容器中使用秸秆或树叶覆盖休眠芽（见上内嵌图）。植株在数周后会产生柔嫩的粉色茎干（见下内嵌图）。

大黄的分株

1. 挖出或暴露根冠。使用铁锹小心地将其切开，确保每部分都有一个主芽。在土壤中混入粪肥。
2. 以75~90厘米的间距重新栽植分株苗。使芽正好露出土壤表面。紧实土壤并在芽周围耙土。

收获大黄
当大黄的茎干可以收获时，抓住每根茎干的基部，将其扭断。

根类和块茎类蔬菜

根状茎类蔬菜是厨房花园中的主角。顾名思义，大部分种类的种植是为了收获它们膨大的根或块茎。一些种类（如芜菁、根用甜菜和芋头）的幼嫩枝叶也可以食用；某些萝卜品种还会长出可食用的荚果。许多根状茎类蔬菜可以连续种植和收获，得到稳定的产出；许多种类容易储藏，有时候可以保留在土地中供整个冬季使用。婆罗门参和黑婆罗门参都可以越冬生产第二年春季的开花枝。

根用甜菜（*Beta vulgaris*）

根用甜菜是作一年生栽培的二年生植物。它能长到15厘米高，冠幅12厘米。在地面形成膨大的根，严格地说是下胚轴，呈圆形、圆柱形或长条形。根的平均直径为5厘米，长约10厘米，较长类型更深。肉质部分一般呈红色，但也可能呈黄色或白色。外皮呈相似的红色、黄色或泛白色。

根的味道甜，主要供烹调后食用，可趁鲜或储藏后使用，可腌制。幼嫩的新鲜叶片可用作绿叶蔬菜。

将根用甜菜种植在开阔处的肥沃轻质土壤中，它的氮素需求水平高（见"氮素需求"，482页）。播种前施加一半氮肥。为酸性很强的土壤施加石灰（见"施加石灰"，591页）。

疏苗
当根用甜菜的幼苗长出三四片叶子时，将密集成簇的幼苗疏苗至需要的间距，将不需要的幼苗的顶端绿色叶片掐断至与地面平齐，不要扰动其他幼苗。

播种和种植

根用甜菜的一颗"种子"中包括两三粒种子，必须及早疏苗。已经培育出某些品种如'切尔滕纳姆单胚'（'Cheltenham Mono'）和'独苗'（'Solo'）的种子只含有一个胚，基本不需要疏苗。

若过早或在不良条件下播种，某些品种会过早抽薹，所以较早播种应选抗抽薹品种。早春，在钟形罩、无纺布下或冷床中播种这些品种（见"室外播种"，604页）。或在穴盘的每个孔中播种3粒单胚或普通种子（见"在容器中播种"，605页），然后疏苗至三四棵植株。

早熟根用甜菜需要大量生长空间，所以当室内播种的幼苗长到5厘米高时，将它们以23厘米的行距移栽，并为相邻穴盘苗留出20厘米的间距。将钟形罩、冷床或无纺布中的幼苗疏苗至间距9厘米。

春季当土壤可耕作并回暖至至少7℃时，现场播种抗抽薹品种。播种深度1~2厘米，间距取决于根用甜菜类型与所需植株大小。从春末起，将主作物和其他容易抽薹的作物以30厘米行距种植，疏苗至株距7~10厘米。用于储藏的品种应在第一场严霜来临之前至少10周的夏末播种。对于腌制根用甜菜，应将行距设置为7厘米，并疏苗至株距6厘米。

采收根用甜菜
抓住叶子的茎干，然后将甜菜根从土壤中拔出；它是浅根性的，应该很容易拔出来。避免损伤根系，如果它们被切伤，就会流出汁液。

要得到连续产出的幼嫩根用甜菜，应该在整个夏季每隔两三周播种一批种子。

日常栽培

浇水至防止土壤脱水即可，浇水量为每平方米每两周11升。在活跃生长期施加剩余的氮肥。

病虫害

根用甜菜可能受麻雀（见"鸟类"，660页）、地老虎、蚜虫、猝倒病、真菌性叶斑病、缺硼症和病毒类的影响。详见"病虫害及生长失调现象一览"，659~678页。

推荐种植的甜菜品种

'行动''Action' F1 H3 BoR
'阿宾娜''Albina Vereduna'（白色）H3
'阿尔托''Alto' F1（圆柱形）H3
'博尔德尔''Boldor'（金黄色）H3 BoR
'波尔塔第''Boltardy' H3 BoR
'公牛之血''Bull's Blood' H3
'伯比之金''Burpee's Golden'（耐储藏）H3
'切尔滕纳姆绿脑袋''Cheltenham Green Top'（长）H3
'契欧加''Chioggia'（粉色和白色环形条纹）H3
'弗洛诺''Forono'（圆柱形）H3
'莫内塔''Moneta'（单胚）H3
'巴勃罗''Pablo' F1 H3 BoR
'红埃斯''Red Ace' F1 H3
'独苗''Solo'（monogerm）F1 H3
'沃丹''Wodan' F1 H3

注释
Bor 抗抽薹

收获和储藏

从直径2.5厘米的未成熟小根至完全成熟，根用甜菜可在任一阶段收获；在播种后7~13周收获，具体取决于品种、季节及所需甜菜根的大小。

在气候温和的地区，如果用一层15厘米厚的秸秆覆盖保护，根用甜菜在冬季可留在排水良好的土壤中，但它们最终会变得相当木质化。

可在严霜来临前将它们挖出。将叶片拧断（切割会导致"流血"）并将根放在潮湿沙子中，储藏于无霜处。根用甜菜一般能储藏至仲春。

瑞典甘蓝（*Brassica napus* Napobrassica Group）

芸薹属二年生植物，作一年生栽培，株高达25厘米，冠幅38厘米。肉质根通常呈黄色，有时呈白色，外皮一般为紫色、浅黄色，或二者兼有。地下根硕大且形状不规则，直径和长度都可达10厘米，味甜，烹调食用。这种耐寒冷季型作物喜欢肥沃、保水性好且氮素含量水平中等（见"氮素需求"，482页）的土壤。关于气候和土壤需求，见"为西方芸薹属蔬菜选址"，485页。

播种和种植

瑞典甘蓝需要长达26周的生长期才能完全成熟。从仲春至初夏现场播种，播种深度为2厘米，行距38厘米，及早开始疏苗并逐步疏苗至株距约23厘米（见"室外播种"，604页）。

推荐种植的瑞典甘蓝品种

'布朗拉' 'Brora' H4
'马格瑞斯' 'Magres' H4
'玛丽安' 'Marian' H4 Cr
'红宝石' 'Ruby' H4
'粗花呢' 'Tweed' F1 H4

注释
Cr 抗根肿病

日常栽培

保持苗床无杂草；如果气候很干旱，那么以每平方米11升的量浇水。

病虫害

瑞典甘蓝会受到霜霉病、白粉病、缺硼症以及甘蓝根花蝇——除非将它们种植在防虫网下——的影响。某些瑞典甘蓝品种对霉病有抗性。关于其他病虫害，见"病虫害"，485页。详细信息可见"病虫害及生长失调现象一览"，659~678页。

收获和储藏

瑞典甘蓝一般在秋季成熟，且可留在土壤中直到年底，到时再小心地挖出以防变得木质化。一层厚秸秆就能提供挖出之前的足够保护，除非在非常寒冷的气候中。将瑞

堆放储藏瑞典甘蓝

选择排水良好的背风处，将膨大的根在20厘米厚的秸秆上堆放成金字塔形，根颈朝外。覆盖一层较长的秸秆。在非常寒冷的气候中，再使用一层10厘米厚的土壤提供额外的保护。

典甘蓝堆放在室外储藏或储藏在室内的木箱中（见"储藏胡萝卜"，522页），可储藏长达4个月。

芜菁（*Brassica rapa* Rapifera Group）

芸薹属二年生植物，作一年生栽培。株高约23厘米，冠幅约25厘米。根（严格地说是膨大的下胚轴）在土壤表面膨大至直径2.5~7厘米，呈圆形、扁圆形或长条形。肉质根白色或黄色，外皮呈白色、粉色、红色或黄色。幼嫩叶片可作绿叶蔬菜食用（见"芜菁嫩叶和油菜"，490页）。芜菁根可新鲜使用或储藏后使用，一般烹调食用。

芜菁相当耐寒，可忍耐轻度霜冻。关于整体气候和土壤需求，见"为西方芸薹属蔬菜选址"，485页。将芜菁种植在湿润土壤中，因为在干旱条件下，它们的风味和口感会变粗糙，而且容易提前抽薹。早熟类型（许多种类小而白）生长迅速，非常适合早春和夏季收获；较耐寒类型在夏季新鲜使用，或者

储藏供冬季使用。氮素需求水平中等（见"氮素需求"，482页）。

播种和种植

春季土地可耕作时立即播种早熟芜菁品种（见"室外播种"，604页），或者在室内播种。间隔3周连

采收芜菁
抓住叶片将芜菁从土壤中拔出来。不要让它们在土地中生长太久，不然肉质会变老。

续播种至初夏。主要作物类型从仲夏至夏末现场播种，深度为2厘米。早熟品种行距23厘米，疏苗至株距10厘米；主要作物品种行距30厘米，疏苗至株距15厘米。

日常栽培

保持苗床无杂草。在干旱条件下，每10天浇一次水，每次每平方米浇水11升。

病虫害

跳甲会影响幼苗；其他问题包括甘蓝根花蝇——除非在防虫网下种植——和缺硼症。芜菁瘿象甲会使根上形成中空肿块，可能会被误认为根肿病，但很少引起严重的问题，详见"病虫害及生长失调现象一览"，659~678页。丢弃所有被感染

的植株。关于其他病虫害，见"病虫害"，485页。

收获和储藏

早熟芜菁播种5周后收获，主要作物类型播种6~10周后收获。在它们变得木质化之前拔出。在第一场霜冻来临之前将储藏用的芜菁挖出，然后在室外堆放并用秸秆覆盖，可储藏三四个月。

推荐种植的芜菁品种

'大西洋' 'Atlantic' H4
'金球' 'Golden Ball' H4
'市场快车' 'Market Express' F1 H4
'绿洲' 'Oasis' H3
'第一' 'Primera' F1 H3
'紫顶米兰' 'Purple Top Milan' H4
'东京十字' 'Tokyo Cross' F1 H3

芋头（*Colocasia esculenta*）

这种不耐霜冻的草本宿根植物可生长至大约1米高，冠幅60~70厘米。叶片大，具长叶柄，呈绿或紫绿色。芋头的膨大块茎可烹煮食用。嫩叶和嫩茎也可作为绿叶蔬菜烹调食用。

芋头是热带和亚热带植物，需要21~27℃的生长温度，空气湿度需要超过75%。在温带地区，它们需要阳光充足的背风位置，或者在保护设施中种植。芋头适应大约12小时的短日照（见"白昼长度"，472页）。

它们很少开花。某些类型耐轻度遮阴。保水性好的土壤至关重要，因为许多类型的芋头对干旱条件非常敏感。

推荐有机质含量高且呈微酸性（pH值为5.5~6.5）的土壤。氮素需求水平中至高等（见"氮素需求"，482页）。

播种和种植

很难得到种子，因此繁殖通常使

用现有的块茎。将带有休眠芽的整个或部分成熟块茎种在准备好的苗床中。株距45厘米，行距90厘米。

芋头还可以扦插繁殖。水平地将块茎顶端切下；每个插条应该有数枚10~12厘米长的叶、一个中央生长点以及一小部分块茎。按照上述间距将插条种植在最终位置上。如果温度低于最适宜的21℃，将它们种植在保护设施中装满标准基质的直径21~25厘米的花盆中，直到温度升高到可露地移栽。

日常栽培

芋头需要稳定供水才能得到最高的产量，所以应该经常浇水。覆

芋头块茎

盖有机护根以保持水分，并且每隔两三周施加一次通用肥料。保持苗床无杂草。一旦植株成形，就围绕其基部培土以促进块茎发育。

病虫害

露地栽培的芋头很少感染严重病虫害，但蚜虫、蓟马、红蜘蛛以及真菌性叶斑病会降低块茎的产量。在保护设施中，芋头容易感染的病虫害与露地条件下相同；粉虱也可能造成麻烦。详见"病虫害及生长失调现象一览"，659~678页。

在保护设施中种植

用块茎繁殖芋头。当块茎生根后，将它们移栽到准备充分的温室苗床、直径21~30厘米的花盆或种植袋中，尽量减少对根系的扰动。

定期浇水并施肥。一定要通过洒水降温维持21~27℃的温度和75%以上的空气湿度。保护设施中栽培的块茎比露地栽培的小。

收获和储藏

芋头的生长和成熟速度较慢。种植16~24周后，当叶片开始变黄并且植株枯死的时候收获块茎。用叉子小心地将露地栽培的块茎挖出；将保护设施中的植株轻柔地从花盆或种植袋中取出。尽量不要损伤块茎，否则块茎容易腐烂。

健康的块茎在11~13℃以及85%~90%的空气湿度下可以储藏8~12周。

胡萝卜（Daucus carota）

作一年生栽培的二年生植物。膨大的橙色主根在根颈处直径可达5厘米，长度达20厘米，但用于展览的胡萝卜要长得多。绿色羽状叶片可长至约50厘米高，冠幅25厘米。胡萝卜有多种得到普遍认可的形态，如阿姆斯特丹型（Amsterdam，指状）、秋日之王型（Autumn King，长，圆锥形）、贝利克姆型（Berlicum，圆柱形）、尚特奈型（Chantenay，短圆锥形）、帝王型（Imperator，非常长且细）、南特型（Nantes，小而尖）和巴黎市场型（Paris market，圆）。胡萝卜有许多类型，其中早熟类型（包括阿姆斯特丹型和南特型）通常小而柔软，幼嫩时使用。主要作物（如秋日之王型和贝利克姆型）较大，可趁新鲜或储藏后使用。所有类型都可烹调食用或生食。

将胡萝卜种植在开阔处轻质肥沃土壤中。深根类型需相当深厚的无石块土壤。抬升苗床中的肥沃疏松土壤最适合种胡萝卜。播种前细耕土壤。胡萝卜应轮作（见"轮作"，476~477页），氮素需求水平很低（见"氮素需求"，482页）。

播种和种植

春季土壤变得可耕作且回暖至7℃之后立即现场播种早熟类型（见"室外播种"，604页）。

更早的播种可在钟形罩下、冷床中或无纺布下进行。数周后，用防虫网替换这些保护设施，以抵御胡萝卜茎蝇。主要作物类型从晚春播种至初夏，最好播种在防虫网下。可在夏末第二次播种早熟类型，并用钟形罩保护。

以1~2厘米的深度稀疏地播种，撒播或以15厘米的行距条播。

稀疏播种
以大约2.5厘米的间距播种胡萝卜的种子，以减少后续的疏苗工作。播种深度应为1~2厘米。

推荐种植的胡萝卜品种

早熟品种
'阿德莱德' 'Adelaide' F1 H3
'阿姆斯特丹早熟3' 'Amsterdam Forcing 3' H4
'内罗比' 'Nairobi' F1 H4
'南多' 'Nandor' F1 H4
'帕默克斯' 'Parmex' （圆根）H3
'浪漫' 'Romance' F1 H4

主要作物品种
'秋日之王2' 'Autumn King 2' H3
'秋日之王2维塔·隆加' 'Autumn King 2 Vita Longa' H3
'贝利克姆2' 'Berlicum 2' H4
'尚特奈红心2' 'Chantenay Red Cored 2' H4
'爱斯基摩人' 'Eskimo' F1 H4
'海市蜃楼' 'Flyaway' F1 H3
'金斯顿' 'Kingston' F1 H4
'马埃斯特罗' 'Maestro' F1 H4
'马里昂' 'Marion' F1 H3
'新红间型' 'New Red Intermediate' （展览品种）H3
'紫雾' 'Purple Haze' F1 H4
'糖纳克斯' 'Sugarsnax 54' F1 H4
'黄石' 'Yellowstone' H4

将早熟胡萝卜疏苗至株距7厘米；对于主要作物胡萝卜，想得到中等大小的胡萝卜，应疏苗至间距4厘米；若想得到更大的胡萝卜，则疏苗至更宽的间距。胡萝卜不耐移植，但圆根品种是例外。深根品种需要单粒播种，圆根品种则数粒种子播种在一起。播种在穴盘中的圆根胡萝卜不用疏苗，每个穴孔中的幼苗应作为整体一起移栽，间距比主要作物类型稍宽一些。

日常栽培

种子一旦萌发，就定期清除杂草，因为它们对杂草的竞争非常敏感。干旱时期每2~3周以每平方米16~22升的量浇水。

病虫害

胡萝卜茎蝇可能会成为严重的问题；使用防虫网覆盖植株。产卵的成虫会被胡萝卜叶片的气味吸引；根蚜和叶蚜、胡萝卜杂色矮化病毒、紫纹羽病以及菌核病都会造成麻烦（见"病虫害及生长失调现象一览"，659~678页）。

收获幼嫩胡萝卜
早熟品种应该在非常幼嫩时收获。当它们长到8~10厘米时，成束拔出。

抵御胡萝卜茎蝇
将年幼胡萝卜种植在防虫网下，保护它们免遭胡萝卜茎蝇和其他害虫的侵扰。最好将边缘埋在5厘米厚的土壤下。不要将网拉得过紧，否则网缝会变宽，害虫会进入。

收获和储藏

早熟品种在播种7~9周后收获，主要作物品种在10~11周后收获。用手拔出或用叉子挖出。在冬季温和地区排水良好土壤中，胡萝卜可留在土壤中（见"保护欧洲防风草"，524页）。否则应在严霜来临前将它们挖出，剪去或扭断叶片，并将健康的根储藏在箱子中，它们在凉爽干燥处可储藏长达5个月。

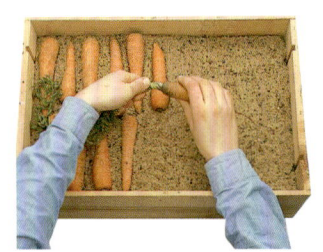

储藏胡萝卜
将叶片从胡萝卜上拧下来；然后将它们放到箱子中的一层沙子上。覆盖更多沙子并继续分层堆放。

菊芋（*Helianthus tuberosus*）

宿根植物。块茎味道独特，长5~10厘米，直径约4厘米，大部分品种的块茎呈瘤状，不过品种'纺锤'（'Fuseau'）的块茎光滑。株高可达3米。块茎一般烹调食用，不过也可生食。菊芋在温带地区生长得最好，并且非常耐寒。它们可以忍耐众多类型的土壤，氮素需求水平中等（见"氮素需求"，482页）。它们可作为风障种植，但需要立桩支撑。

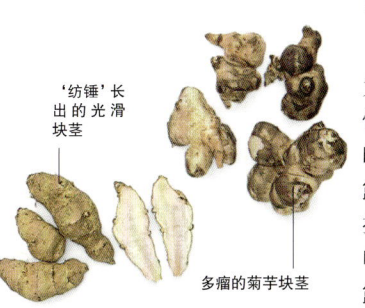

播种和种植

土地在春季变得可耕作时立即种植块茎。鸡蛋大小的块茎可以整个种植。将较大的块茎切成块，每块带有数个芽。做种植沟，种植深度为12.5厘米，间距30厘米。覆土。

日常栽培

当植株长到大约30厘米高时，为茎干培土至一半高度以增加稳定性。在夏末将茎干剪短至1.5米，同时去除任何存在的花序。在非常暴露多风处，为茎干提供立桩或支撑。在非常干燥的条件下浇水。当叶子开始变黄时，将茎干截短至刚露出地面。

'纺锤'长出的光滑块茎

多瘤的菊芋块茎

种植
（最左）做一条10~15厘米深的种植沟。以30厘米的间距将块茎放入沟中，主芽朝上。小心覆土，以免移动块茎的位置。

剪短
（左）在夏末将茎干剪短至大约1.5米，以免植株被风刮伤。块茎的发育不会受到阻碍。

收获和储藏

种植16~20周后收获块茎。只在需要时挖出，因为它们在土地中保存得最好，注意不要损伤根系。保留一些块茎用于再次种植，或者将它们留在土壤中到第二年生长。或者将所有的块茎（即使是很小的）挖出，因为它们会很快具有入侵性。在气候严寒的地区或黏重土壤中，应该在初冬将块茎挖出并储藏在地窖或堆放在室外储藏（见"堆放储藏瑞典甘蓝"，521页），它们可储存长达5个月。

甘薯（*Ipomoea batatas*）

不耐寒宿根植物，作一年生栽培。有蔓生茎，不加修剪可生长至3米长。品种在叶形、块茎大小、形状和颜色上有相当大的差异。块茎烹调后食用；叶片可像菠菜一样使用（见"菠菜"，497页）。

甘薯是热带和亚热带作物，需要24~26℃的生长温度。在温暖气候区，它们需要向阳朝向；在温带地区，它们可在保护设施中种植，但块茎产量会下降。大多数品种是短日植物（见"白昼长度"，472页）。

需pH值为5.5~6.5、排水良好的肥沃沙质壤土，氮素需求水平中至高等（见"氮素需求"，482页）。

播种和种植

购买未生根的插条或年幼植株，并在所有霜冻风险过去后，在室内将它们种在填充不含泥炭的盆栽基质的小花盆中，然后移栽至阳光充足、土壤肥沃处。在后续几年，冬季将"母株"作为室内植物种植，并在春季采取插条（见"用于室内种植的茎插条"，右）。或者将刚种进花盆的块茎放在非常温暖的地方（如

甘薯植株

烘衣柜），当生长开始后，将块茎转移到更明亮的环境中。它们会很快发芽并产生插条。保持75厘米的行距和45~60厘米的株距。使用钟形罩或无纺布覆盖植株将大大提高产量。

温室栽培在比较寒冷的地区是必需的。对于容器栽培，将每棵植株种在直径45~60厘米的大桶或种植袋中。维持25℃的最低温度，并通过经常洒水维持70%以上的空气湿度。当根系长出时，将植株移栽到温室苗床、大桶或种植袋中。定期浇水，并去除60厘米以上枝条的茎尖生长点，以促进侧枝发育。将气温保持在28℃以下，并保持种植区域的良好通风。

日常栽培

定期浇水和除草，并护根以保持水分。整枝，使枝条在植株周围伸展。每隔两三周施加通用肥料，直到块茎形成。做好防风保护。块茎只在秋季白昼变短时才开始发育，所以要想获得好的收成，关键是在霜冻降临前保持植株生长且不受损伤。

病虫害

在室外，蚜虫和各种病毒会影响甘薯。在保护设施中，温室红蜘蛛、粉虱和蓟马会引起麻烦（见"病虫害及生长失调现象一览"，659~678页）。

收获和储藏

种植12~16周后当茎干和叶片变黄时或叶片被霜冻损伤后收获。用叉子将块茎挖出，不要造成损伤，然后将块茎放在太阳下晒干。要想储藏甘薯并强化它们的味道，应将它们放在28~30℃的气温和85%~90%的空气湿度中处理4~7天（见"南瓜和冬倭瓜"，503页）。在干燥、无霜、在10~15℃的环境下，它们可在浅托盘中储藏数月。

推荐种植的甘薯品种

'博勒加德' 'Beauregard'（橙瓤）H1c ☆
'埃拉托橙' 'Erato Orange'（橙瓤）H1c
'埃拉托紫' 'Erato Violet'（紫瓤）H1c
'村崎' 'Murasaki'（白瓤）H1c

注释

☆ 抗根结线虫

用于室内种植的茎插条

1 选择健康茁壮的枝条，并将它们从母株上剪下。

2 去除底部叶片，并将枝条剪短至20~25厘米，剪至某叶节下端。插入花盆中并在室内继续生长。

欧洲防风草（Parstinaca sativa）

作一年生栽培的二年生植物。主根在根颈处直径可达5厘米，短根类型的根长10厘米，长根类型的根长达23厘米。叶片长约38厘米，宽约30厘米。根烹调食用。

欧洲防风草是耐寒的冷季型作物，喜深耕无石块的轻质土壤。在浅薄的土壤中种植短根类型。为酸性很强的土壤施加石灰（见"施加石灰"，591页），轮作（见"轮作"，476~477页）。氮素需求水平中等（见"氮素需求"，482页）。

播种和种植

播种新鲜的种子。欧洲防风草需很长的生长期，所以应在春季土壤变得可耕作时立即播种。对于潮湿寒冷的黏土或当土壤回暖速度慢时，常需要在仲春播种。现场播种的深度为2厘米，行距30厘米（见"室外播种"，604页）。将种子萌发出的幼苗疏苗至株距10厘米以得到较大的根，疏苗至株距7厘米以得到较小的根。或者在间距10厘米的"站点"中播种4~5粒欧洲防风草种子，日后保留其中生长最好的一棵幼苗。可在欧洲防风草种子中稀疏地间播萌发迅速的作物（如萝卜）。快速出现的萝卜幼苗将指示较慢萌发的欧洲防风草在哪里出现，以便除草。在萝卜开始和欧洲防风草激烈竞争前收获它们。

日常栽培

保持苗床无杂草。非常干旱时，按照对待胡萝卜的方式浇水（见"日常栽培"，522页）。最好在无纺布或防虫网下种植它们，以抵御胡萝卜茎蝇和其他害虫。

病虫害

欧洲防风草会受芹菜潜叶蝇、根蚜及胡萝卜茎蝇的侵袭。尽可能使用抗欧洲防风草溃疡的品种。偶发缺硼症和紫纹羽病。详见"病虫害及生长失调现象一览"，659~678页。

收获和储藏

从夏末开始成熟。霜冻可使味道变得更好。可在冬季将其留在土中，需要时挖出（除非气候非常严寒）。叶片会在冬季枯死，所以要用竹竿标记种植垄的两端，便于收获。幼嫩的欧洲防风草可挖出并冷冻储藏。

推荐种植的欧洲防风草品种

'阿尔比恩' 'Albion' F1（倒卵形或略呈球根状）H4
'角斗士' 'Gladiator' F1（倒卵形或略呈球根状）H4
'宫殿' 'Palace' F1（长根）H4
'皮卡多' 'Picador' F1（长根）H4
'真情实意' 'Tender and True'（长根）H4

保护欧洲防风草
在严寒的气候中，使用一层厚达15厘米的秸秆、欧洲蕨、纸板或落叶覆盖植株。用金属线圈固定就位。

萝卜（Raphanus sativus 和 Raphanus sativus Longipinnatus Group）

萝卜有数种类型，某些是二年生植物，另一些是一年生植物。所有类型的种植都是为了收获其膨大的根。根小而圆的类型直径2.5厘米，整个用在沙拉中；根小而长的类型长达7厘米。这两种类型的叶片都可以长到13厘米高。较大的类型包括东方萝卜（Longipinnatus Group）或称白萝卜，以及越冬生长的冬萝卜。大而圆品种的根直径可超过23厘米；大且长品种的根长达60厘米，植株株高60厘米，冠幅45厘米。

萝卜的外皮呈红色、粉色、白色、紫色、黑色、黄色或绿色；肉质一般为白色。较小的根新鲜时生食，较大的根可生食或烹调，趁鲜使用或储藏后使用。'慕尼黑啤酒'（'Münchner Bier'）等品种的未成熟豆荚以及大多数品种的幼嫩叶片都可以生食。

沙拉用萝卜在夏季种植。部分白萝卜及全部越冬萝卜耐霜冻。将萝卜种植在开阔处，不过仲夏收获的作物可忍耐轻度遮阴。萝卜喜排水良好的轻质肥沃土壤，氮素需求水平低（见"氮素需求"，482页）。萝卜应该轮作（见"轮作"，476~477页）。

播种和种植

一旦土壤变得可耕作，就在整个生长季露地播种沙拉类型。间隔15天播种以得到连续产出。以短排播种，因为它们会很快变得过于成熟，不再可口。非常早和非常晚的播种可以在保护设施中进行，使用专为保护设施中栽培培育的小叶品种。为了防止过早抽薹，大部分东方白萝卜的播种时间需要推迟到仲夏。某些抗抽薹品种可以较早播种。越冬萝卜应在仲夏播种。

萝卜一般现场播种。某些类型生长速度很快，可和其他作物间作（见"欧洲防风草"，上）。非常稀疏地撒播，或者以1厘米的深度播种在行距15厘米的播种沟里（见"室外播种"，604页）。将幼苗疏苗至株距至少2.5厘米，不要让它们变得过于拥挤。或者以2.5厘米的间距播种，省去疏苗的工作。大根类型的播种深度约为2厘米，行距约23厘米，疏苗至间距15~23厘米。小根类型可用作随割随长型幼苗作物（见"连续作物"，478~479页）。

日常栽培

不能让萝卜脱水。在持续干旱天气中，以每平方米每周22升的用量浇水。然而，过度浇水会刺激叶片而不是根的生长。

病虫害

萝卜可能会受跳甲和蛞蝓的影响，但甘蓝根花蝇尤为常见；建议在无纺布或防虫网下栽培。详见"病虫害及生长失调现象一览"，659~678页。

推荐种植的萝卜品种

小根品种
'樱桃美女' 'Cherry Belle' H3
'法式早餐' 'French Breakfast 4' H2
'粉美人' 'Pink Beauty' H4
'鲁道夫' 'Rudolf' H4
'红球' 'Scarlet Globe' H2
'烟火' 'Sparkler' H2

护设施或露地播种品种
'火红3' 'Flamboyant 3' H3
'米拉博' 'Mirabeau' H3
'红岩' 'Saxa' H2
'短叶' 'Short Top Forcing' H4

白萝卜
'四月十字' 'April Cross' F1（抽薹慢）H2
'夏日十字' 'Minowase Summer Cross' F1 H2

越冬萝卜
'黑西班牙圆萝卜' 'Black Spanish Round' H2

间隔播种
萝卜在播种3~4周后可以收获。如果萝卜是与其他作物间隔播种的，那么收获时应小心地将它们拔出，避免扰动同一排中其他作物的根系。

收获和储藏

小根类型播种3~4周后即可成熟，大部分大根类型需要8~10周的生长期。对于小根类型，应该在成熟后尽快将其拔出，因为如果在土地中保留时间过久，大部分种类会变老。不过，大根类型可以在土地中保留数周而品质不会下降。越冬萝卜可留在土壤中，需要时再挖出，除非冬季非常寒冷或者种植在黏重土壤中。在这些情况下，将根挖出并在无霜处装有潮湿沙子的箱子中储藏，或者堆放在室外储藏，可储藏三四个月（见"堆放储藏瑞典甘蓝"，521页）。在需要萝卜种子用于繁殖的地方，保留少量植株结实。在荚果幼嫩绿色时采收，晾干后采集种子。

黑婆罗门参（Scorzonera hispanica）

耐寒宿根植物，常作一年生栽培。株高约90厘米，黄色花序。根外皮黑色，肉质白色，长20厘米或更长，根颈处直径约4厘米。它们味道独特，烹调食用。越冬植物的幼嫩叶片和枝条可食用，幼嫩的花蕾和花枝烹调后也很美味。关于土壤、气候和成熟需求，见"胡萝卜"，522页。深厚肥沃的轻质土壤对根的良好发育至关重要。氮素需求水平低（见"氮素需求"，482页）。

播种和种植

在仲春现场播种新鲜种子，播种深度为1厘米，行距约20厘米，疏苗至株距10厘米（见"室外播种"，604页）。在持续干旱时期，以每平方米16~22升的量浇水。关于日常栽培，见"胡萝卜"，522页。很少感染病虫害。

收获和储藏

根需要至少4个月的发育时间。它们可以在土壤中度过整个冬季（见"保护欧洲防风草"，524页），或者挖出并储藏在凉爽条件下的箱子中。在秋季开始挖出根使用，持续至春季。如果它们只有铅笔粗细，将剩余植株的根系留在土壤中继续生长，第二年秋季再挖出使用。

为在春季收获枝叶，应该在早春使用13厘米厚的秸秆覆盖植株。幼嫩的黄化叶片从保护层中钻出。当它们长到10厘米高时收割。

要收获花蕾，应该将部分根系留在土壤中，并且不要遮盖。这些植株会在第二年春季或初夏开花。采摘未开苞的花蕾，带大约8厘米长的茎段（见"婆罗门参"，下）。

黑婆罗门参的根

黑婆罗门参植株

婆罗门参

耐寒二年生植物，开紫色花，味道像牡蛎。在外形和使用方式上与黑婆罗门参相似，在气候、土壤、栽培、收获以及储藏方面的需求亦相同。婆罗门参的根需要在第一年冬季食用。

婆罗门参的根

如果让根系越冬的话，可在第二年春季收获花蕾食用。采摘花梗短的花蕾，最好在早晨未开时采摘。

马铃薯（Solanum tuberosum）

马铃薯是不耐寒的宿根植物，平均株高与冠幅达60厘米。马铃薯有许多品种，它们的地下块茎在大小和颜色上有很大差异。

大多数马铃薯块茎的外皮呈白色或粉红色，肉质呈白色，不过也有黄色和蓝色肉质的品种，常用于沙拉中。马铃薯在刚挖出时或储藏后烹饪食用。如果想烤熟收获的土豆，可选择以大块茎比例闻名的品种。

马铃薯植株和块茎都不耐霜冻。取决于具体品种，马铃薯需90~140天的无霜生长期。根据成熟所需天数，它们可分为早熟、次早熟和主要作物类群。最早熟的作物生长速度很快，但一般产量较低。

将马铃薯种植在开阔无霜处；它们需要富含有机质的排水良好肥沃土壤。虽然它们可忍耐众多类型的土壤，但喜微酸性土壤（pH值5~6）。

马铃薯会感染数种土生病虫害，所以必须轮作（见"轮作"，476~477页）。充分整地，掺入大量有机质，并在种植前用耙子向土壤中混入通用肥料。早熟马铃薯的氮素需求水平中等；主要作物类型的氮素需求水平高（见"氮素需求"，482页）。

种植

种植各地区推荐的品种。种植专门培育并通过无病毒认证的小块茎（称为马铃薯籽球）。在生长期短的北方地区，马铃薯（特别是早熟类型）在室内发芽，使它们在种植前大约6周开始生长。将块茎芽朝上种在浅托盘中，放置在凉爽无霜室内的均匀光照下。当萌发的枝条长到大约2厘米长时进行种植最容易，但它们可在萌发枝条长到任何长度时种植。要得到个头较大的早熟马铃薯，则每个植株只保留3根萌发枝条，将其余的抹去。或者每个块茎保留尽可能多的萌发枝条以得到最高的产量。在没有严重霜冻风险的早春且土壤回暖至7℃时露地移栽。做出7~15厘米深的种植沟或挖单独种植穴，将块茎的芽或萌发短枝朝上放入其中，覆盖一层至厚2.5厘米的土壤。早熟类型的行距为43厘米，株距35厘米，次早熟和主要作物

马铃薯籽球的预萌发

将马铃薯籽球单层放入箱子或托盘中，带芽数量最多的一面朝上。储藏在明亮、无霜但通风良好处，直到萌发出的短枝长到2厘米长。

物类型株距为38厘米,行距分别为68厘米和75厘米。

在气候冷凉地区,使用钟形罩或无纺布覆盖早熟马铃薯。马铃薯有时可以用幼苗、小植株或芽眼种植。这些材料可种植在小花盆中,并在所有霜冻风险过去后进行炼苗,然后露地移栽。

若要在容器中种植,应将每个籽球种在一个直径45厘米的花盆中,或者将三个籽球种在直径60厘米的大桶中,并在这些容器中填充不含泥炭的肥沃生长基质。在花盆中留出三分之一的空间,并随着植株的生长填充更多盆栽基质。定期浇水,并每周施加液态肥料。

日常栽培

如果在叶片出现后有霜冻威胁,则在夜间使用一层秸秆或报纸覆盖,或用锄头将土壤拉到嫩叶上。植株一般会从轻度冻伤中恢复。需要为马铃薯培土,防止地表附近的块茎变绿而难以食用(有时还会有毒)。当植株长到大约23厘米高时,将茎基部的土壤培土至至少13厘米厚。这可逐步进行,直到相邻两排植株的叶片相遇。也可使用15厘米厚的有机质护根覆盖块茎,或者透过可循环利用的黑色聚乙烯薄膜种植。

在干旱条件下,每12天为早熟类型浇一次水,浇水量为每平方米22升。为限制疮痂病并增加块茎数量,对于主要作物类型,应在块茎长到弹珠大小时再开始浇水(将一棵植株下方的土壤刮去,检查块茎大小),每次的浇水量至少为每平方米22升。

病虫害

地老虎、蛞蝓、马铃薯囊肿线虫、多足类、马铃薯黑腿病及紫纹羽病都会造成麻烦。关于马铃薯疫病(包括抗性品种)以及其他影响马铃薯的病虫害,见"植物生长问题",643~678页。

收获和储藏

早熟马铃薯应在开花前后收获,此时块茎约鸡蛋大小。黑色塑料膜下种植的马铃薯收获时需要揭开塑料膜——它们的块茎应该生长在土壤表面。尽可能地将健康的次早熟和主要作物马铃薯留在土壤中;在秋季,将每棵植株的茎剪短至地面之上大约5厘米,将马铃薯继续留在土壤中,挖出前让外皮变硬。在夏季温暖潮湿、流行马铃薯疫病的地方,夏末(此时存在这种病害)修剪茎干并将枝叶焚烧;两周后挖出马铃薯块茎,用拇指按压表皮,感受到温和的阻力。

推荐种植的马铃薯品种

早熟品种
'口音' 'Accent' H2
'协和' 'Concorde' H2
'首要' 'Foremost' H2
'玛丽斯·巴德' 'Maris Bard' H2
'彭特兰标枪' 'Pentland Javelin' H2
'约克红公爵' 'Red Duke of York' H2
'维瓦尔第' 'Vivaldi' H2
'温斯顿' 'Winston' H2

次早熟品种
'大霸王' 'Estima' H2
'茶隼' 'Kestrel' H3
'孔多尔' 'Kondor' H2
'克里斯托夫人' 'Lady Christl' H3
'纳丁' 'Nadine' H2
'毕加索' 'Picasso' H2
'罗瑟瓦' 'Roseval' H2
'维尔加' 'Wilja' H2

主要作物品种
'卡拉' 'Cara' H2
'卡罗勒斯' 'Carolus' H2
'马里斯派' 'Maris Piper' H2
'马克斯' 'Markies' H2
'玛克辛' 'Maxine' H2
'纳万' 'Navan' H2
'罗马诺' 'Romano' H2
'公鸡' 'Rooster' H2
'沙伯米拉' 'Sarpo Mira' H2 Br

沙拉用品种
'安雅' 'Anya' H3
'夏洛特' 'Charlotte' H3
'米米' 'Mimi' H2
'粉ફ果' 'Pink Fir Apple' H2
'拉特' 'Ratte' H2

注释
Br 抗疫病

在干燥晴朗的天气挖出储藏用的马铃薯,在太阳下晒两个小时,然后将它们隔光放入纸袋,储藏在凉爽无霜处。如果有霜冻威胁,则提供额外保护。马铃薯也可堆放在室外(见"堆放储藏瑞典甘蓝",521页)或在地窖中储藏。幼嫩或新马铃薯可冷冻储藏。要想在冬季收获新马铃薯,应在仲夏种植一些块茎,在秋季使用钟形罩覆盖。

种植马铃薯

1 使用耨锄挖一条7~15厘米深的沟。如果种植的是主要作物类型,则将它们萌发的短枝朝上,以38厘米的间距放置在种植沟中。种下后小心地覆土。

2 当枝叶长到23厘米高时将土培到茎基部周围。培土可以预防土壤表面形成的块茎变绿而不堪食用。

另一种方法

1 在袋子中种植马铃薯时,首先保证袋子有足够的排水孔。填入20厘米厚的基质,然后放入一两个带芽的马铃薯籽球。覆盖一层10厘米厚的基质,充分浇水。

2 随着马铃薯的生长为它们培土,确保没有块茎暴露在光照下。保持良好灌溉。一旦叶片开始凋萎,就检查块茎是否可以收获,若可以收获,便将它们挖出并储存。

收获马铃薯
在秋季,用小刀将茎切断至刚刚露出地面。马铃薯可留在土地中两周后再挖出。

婆罗门参 (*Tragopogon porrifolius*) 见"黑婆罗门参",525页

养护花园

关于工具和装备、温室、建筑材料和技术的实用建议；管理资源、保护植物、耕作土壤、繁殖植物，以及处理植物生长问题的最佳方法。

工具和装备

让花园在全年保持最佳状态需要一定程度的维护，这些维护工作包括日常养护任务，如除草以及偶尔进行的深耕土壤等。虽然并没有必要在所有的花园装备上投资，而且这样做也很昂贵，但拥有正确的工具会让养护更容易，得到的效果更专业。除了常用的基本工具（如铁锹、叉子或修枝剪），还有些东西不可或缺，例如，运送花园垃圾的独轮手推车，或者是保存雨水供干旱时期使用的集雨桶。事先估计你在花园中的工作类型可以更容易地决定你需要哪种工具；精心选择工具，确保使用舒适，并且耐久和实用。

购买和使用工具

大多数现代园艺工具基于传统设计制造，虽然某些产品可能在旧的理念上做了一些改良或改动。一些全新的工具（如粉碎机）已经拥有牢固的地位，因为它们可以满足传统工具无法满足的需求。充电式电动工具如今广泛可得，与汽油提供动力的工具相比，对环境更友好。

在购买工具之前，最重要的一点是确认它的功能——它必须能够正确地行使功能。要考虑好你需要某件特定工具做什么以及你使用它的频率。例如，如果只是每年修剪一些灌木月季，那么一把普通的便宜修枝剪就足够了；但是如果使用频率很高的话，最好购买一把高质量的修枝剪。在购买新工具之前，尽可能确定下列事项：

- 完成任务最适合的工具类型；
- 满足你的需求的合适尺寸和形状；
- 使用舒适。

在大型花园中或者对于费工或费时的工作，你也许会考虑使用机械动力工具。然而，它们比较昂贵，而且需要小心操作，所以要特别注意使用安全，还要进行日常养护。正因如此，你必须确定真的需要它们。

为了让工具能够良好地使用并保证使用寿命，必须进行正确的保养。使用后立即清理任何残存的土壤、草屑或其他植物材料，并用油布擦拭金属部件，所有修剪工具都应该定期磨刃。冬季不使用的工具应该清洁上油后储藏在干燥处。

另外，必须将价格及储藏空间等因素考虑在内：如果某件工具的使用频率较低的话，租用也许是比购买更明智的选择，特别是对于那些相对昂贵、笨重的工具。

租用工具

如果你决定租用工具，提前预订是明智之举，特别是有季节性需求的装备（如动力草坪耙和耕耘机），并确定租借公司是否运货和组装。

取决于供应商，租用工具的状况差异很大。某些工具，特别是动力工具在操作时可能造成危险。出于这个原因，你应该总是：

- 检查有无缺失或松动部件。这些可能不明显，但如果存疑的话，就不要接受这样的工具。
- 在机动耕耘机等承受一定震动的工具上寻找有无松动的螺栓和连接件。
- 要求启动电动工具，仔细检查有无过多震动和噪声。
- 在电动工具上确定电压大小正确，如果要使用变压器或充电器的话，确定对方提供了合适的款式。
- 对于带电线的电动工具，检查有无磨损、切断或暴露的电线。不要仅仅因为工具可以工作就断定线路完好。
- 在四冲程发动机上，检查发动机和传动装置的润滑油。
- 如果你之前从未使用过该工具，可要求对方进行演示或指导。这对于机动工具（如电锯）尤其重要，在没有经验的情况下使用这些工具会很危险。
- 购买或租用任何推荐护具（如护目镜、手套和护耳罩）。
- 在送货单上签名之前，如果发现了任何错误，要在合同或送货单上做出相应说明。

工具的安全使用

如果你不确定如何使用某种工具的话，要在购买或租用时寻求建议，或者联系生产商。正确的使用方法能确保得到良好的效果，并有助于预防事故。确保工具的重量和长度适合：太重的工具难以操作；太短的工具会导致背痛。所有机动工具都需要良好的维护并按照安全规程操作。为最大限度地降低危险，确保大型电动工具安装了漏电保护断路器，如果发生漏电，该装置可以在百万分之一秒内断开电源（见"用电安全"，534页）。

正确地掘地
在掘地、锄草或耙地时，保持后背挺直不要弯曲，这样能防止背痛。

使用机动工具
在使用机动工具时要特别注意，并时刻佩戴合适的护具。

栽培工具

所需栽培工具的类型取决于你的花园的性质。如果你主要种植蔬菜或者正在营建一个新花园，挖掘工具就是首选。然而，如果花园已经成形，并且拥有草坪和宿根花境的话，锄子等表面栽培工具就会更重要。

铁锹

铁锹是基本的工具，适用于一般栽培、挖土和挖掘种植穴。有两种主要类型：标准的挖掘铁锹和更小、更轻的花境锹（又称为女士锹）。某些生产商还制造适合一般挖掘但比标准的挖掘铁锹更轻的中型铁锹。

某些铁锹拥有踏面，可以更容易地将铁锹插入土中并且不容易损伤鞋子。不过，这样的铁锹较重也较贵。对于工作量较大的挖掘，可使用较大的铁锹（又称为重铁锹，铲刀大小为30厘米×20厘米），得到更高的效率。

如果你觉得较大的地块难以挖掘，也许可以考虑购买一台自动铁锹，以减轻工作负担。

叉

园艺叉用作普通栽培、挖出根类作物（使用铁锹的话很容易损伤作物），以及移动大块材料（如粪肥和园艺堆肥）。它们可以减轻对土壤的压缩，还可以在表层土壤中混入有机质。使用两把背靠背的叉子可以轻松地分株紧密生长的宿根植物。

大多数园艺叉有四根方形金属齿，通常有两种尺寸：标准叉和花境叉（女士叉）。不太常见的有中型叉，是标准叉和花境叉的中间类型。有时也会见到其他类型。例如，马铃薯叉拥有宽而平的齿，并且头部一般比标准叉大；在挖掘黏重土地的时候，使用铁锹可能会更方便。

叉子的头和颈应该一体化铸造，手柄杆插入颈部长槽中固定。

标准挖掘铁锹
它对于移动大量土壤很有用，但比较重，因此不适合某些园丁使用或用起来不舒适。铲刀呈长方形，大小约28厘米×19厘米。

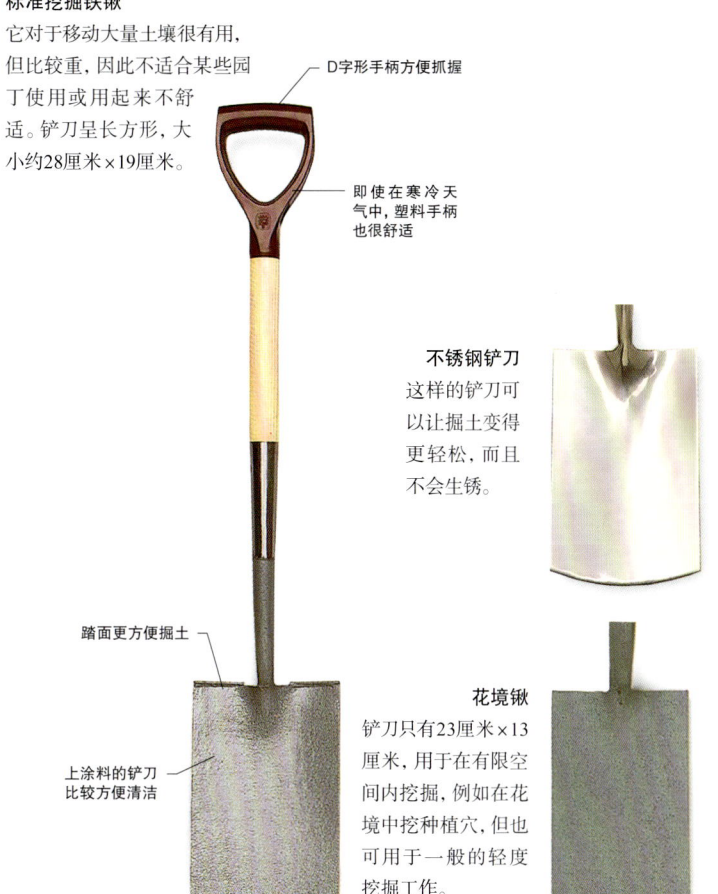

- D字形手柄方便抓握
- 即使在寒冷天气中，塑料手柄也很舒适
- 踏面更方便掘土
- 上涂料的铲刀比较方便清洁

不锈钢铲刀
这样的铲刀可以让掘土变得更轻松，而且不会生锈。

花境锹
铲刀只有23厘米×13厘米，用于在有限空间内挖掘，例如在花境中挖种植穴，但也可用于一般的轻度挖掘工作。

标准叉
这种叉子可用于耕作黏重土壤、挖出蔬菜以及移动沉重的材料，但某些人可能会觉得它比较沉重。头部大小约为30厘米×20厘米。

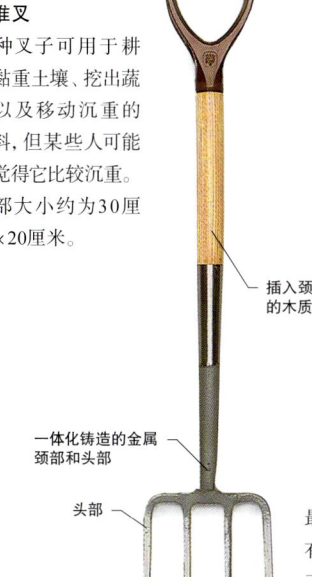

- 插入颈部长槽中的木质杆
- 一体化铸造的金属颈部和头部
- 头部

马铃薯叉
主要用于挖掘马铃薯，这种平齿叉也可以用于掘土以及移动基质或园艺垃圾。

花境叉
最适合在花境等面积有限的地块进行轻度工作。头部大小为23厘米×14厘米，适合任何需要小而轻叉子的人。

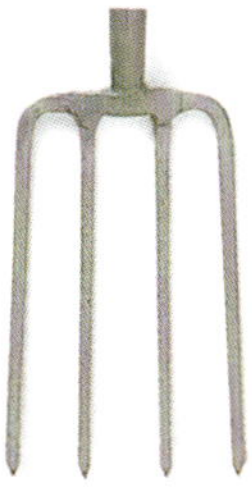

哪种金属

大多数园艺工具由碳素钢制成。如果在使用后清洁并上油，它应该不会生锈，而且可以磨得更锋利。虽然不锈钢更贵但不能磨锋利，但它能让挖掘变得更轻松，因为土壤可以更容易地从锹面上脱落下来。带有不粘涂料的工具可以让耕作和清洁更容易，但涂料会随着长期使用而脱落。

把手和手柄

铁锹或叉杆的长度应该与使用者的身高相配合，这样可以最大限度地减轻背痛。标准杆的长度是70~73厘米；对于身高超过1.7米的人来说，更长的杆（可长达98厘米）使用起来一定会更舒适。

杆是用木材或金属制造的，后者有时也会覆盖塑料或尼龙。两者一般都很结实，但在太大的压力下，即使是金属杆，也有可能断裂，而且与木质杆不同的是，它们无法更换。金属杆即使覆盖塑料，在冬季也比木质杆更冷。按照使用时的样子拿起工具，考虑一下哪种类型最合适。

D字形手柄
最常见的类型，但手大的人可能使用起来不舒服，特别是戴手套的时候。

Y字形手柄
与D字形手柄相似，但它们可能会比较脆弱，因为杆是劈开的。

T字形手柄
在杆的末端连接有横木。有些园丁觉得它们使用起来很舒适，但它们一般很难买到，可能必须订购。

锄子

锄子用于除草和疏松土壤；某些类型可以用来挖出播种沟。荷兰锄也许是用途最广泛的锄子，最适合用来在成排种植的植物之间锄草和挖出播种沟。除了耨锄、掘地锄和洋葱锄，还有为各种用途专门生产的锄子。

使用荷兰锄
拿着锄子，使铲刀与地面平行。

荷兰锄
这种传统的锄子非常适合在植物周围除草。它可以铲除表面杂草，而不会损伤植物的根系。

摆动锄
又称推拉锄或搅拌锄，它的末端连接着两面带刃的活动铲刀，使用推拉的简单动作就能将杂草从地表下面一点的地方割断。

组合锄
适合除草、挖沟和培土。使用尖齿打碎土壤和挖播种沟。

三角锄
使用尖端挖出V字形沟；平的一侧用于在植物之间的狭窄空间除草。

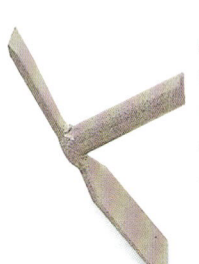

掘地锄
有一两个凿子样的铲刀。用于松动小块区域的坚硬土地。

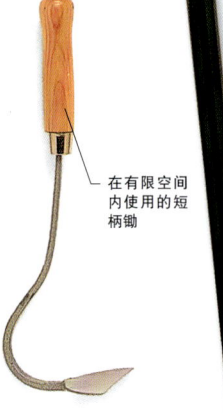

模制把手确保抓握牢固

耨锄
这种锄子（左）适合除草、培土、挖平底播种沟，使用铲刀的角还可以挖V字形沟。

在有限空间内使用的短柄锄

洋葱锄
这种小锄（上）又称为手锄或岩石园锄，用于洋葱和其他密集种植植物之间空隙的除草，用普通的锄子在这样狭窄的地方除草可能会对植物造成损伤。它像一个短柄版的耨锄，需要蹲下或跪着使用。

弯曲的颈部使得锄子更容易在植物之间使用，而不会损伤它们。

耙子

耙子非常适合在种植前平整土地并打碎土壤表面，还可以用来收集花园垃圾废料。主要有两种类型：普通花园耙和草坪耙（见"耙子和通气机"，537页）。

一体化耙子头比铆钉加固连接的耙子更结实，头部越宽，工作的效率越高；一般12个齿就足够了，较大区域需要16个或更多的齿。在大型花园中，1米宽的木质耙子很有用。

花园耙
它拥有短而宽的圆形齿，适用于平整土壤、清理场地和花园的一般清洁工作。

小泥铲和手叉

小泥铲适合挖掘小型植物和球根的种植穴，还能胜任容器和抬升苗床中的工作。手叉（又称除草叉）可用于除草、挖出小型植物以及种植。

大多数小泥铲的铲刀和手叉的齿是用不锈钢、涂层钢（如镀铬钢）或普通的碳素钢制造的。与碳素钢相比，不锈钢不会生锈且容易保持清洁，但比较贵。涂层会随着时间逐渐剥落。某些小泥铲的手柄很长——长达30厘米，这样是为了更好地利用杠杆原理。

手柄长达1.2米的手叉省去了为花境除草时弯腰的需要。木质或塑

手叉
常用于挖出小型植株或在除草时松动土壤。和小泥铲不同的是，它不会将土壤压紧，所以其在黏重土壤种植中更受青睐。

头和杆

大多数耙子和锄子的头部是使用实心碳素钢制造的；不锈钢更贵但工作效果并不会更高，不过它们比较容易清洁而且不会生锈。某些耙子涂有不粘涂料。

杆可以由木材、铝或覆盖塑料的金属制成。杆的长度很重要：在使用锄子或耙子时你应该能够直立，以减少背痛的发生。大多数人能接受1.5米长的杆，不过有些人会喜欢更长的。

使用花园耙
使用耙子细耕土壤，用作播种。

料包裹的手柄抓握起来一般都比较舒适；金属手柄会很凉。

挖挖小泥铲
可作为窄刀小泥铲使用，但还有一条锋利的刃和一条带锯齿的刃，可以割断杂草和根，分株宿根植物，甚至锯断细树枝。

宽刀小泥铲
用于种植球根和花坛植物或其他小型植物，特别是在空间受限的地方，如容器和窗槛花箱。

窄刀小泥铲
有时称为岩石园或移栽小泥铲，非常适合在空间狭小的地方活动，如岩石园。

手动耕耘机

手动耕耘机用于打碎土地表面的紧实土壤或松动杂草。它有一个连接在长杆上的三齿或五齿金属头，一般站姿使用，将齿插入土壤中拉动。某些可调节型号拥有可拆卸的中央金属齿。

某些常规工作可以使用专门设计的手动耕耘机。例如，星轮耕耘机在土壤中前后推拉时会形成细耕地面，很适合用来准备育苗床。

可调节型号
带有可拆卸中央齿的耕耘机适合在一排幼苗的两侧同时耕作。某些型号拥有可拆卸手柄，可以安装其他类型工具的头部，如耙子或锄子。

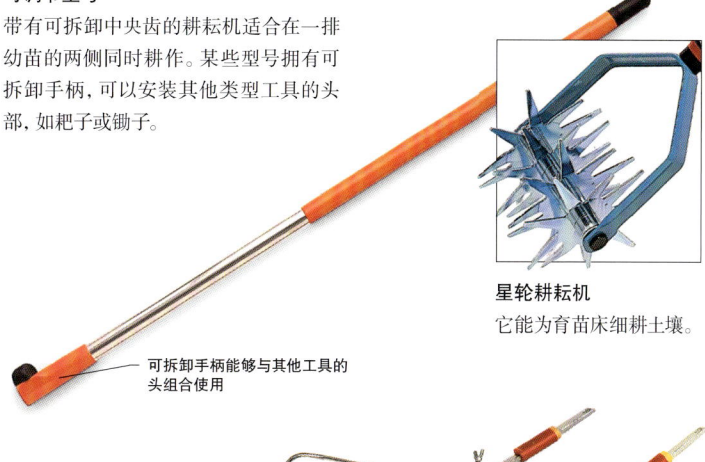

星轮耕耘机
它能为育苗床细耕土壤。

可拆卸手柄能够与其他工具的头组合使用

可拆卸齿
在非常受限的区域工作时，可以将某些齿拆下来，让头部变得更小。

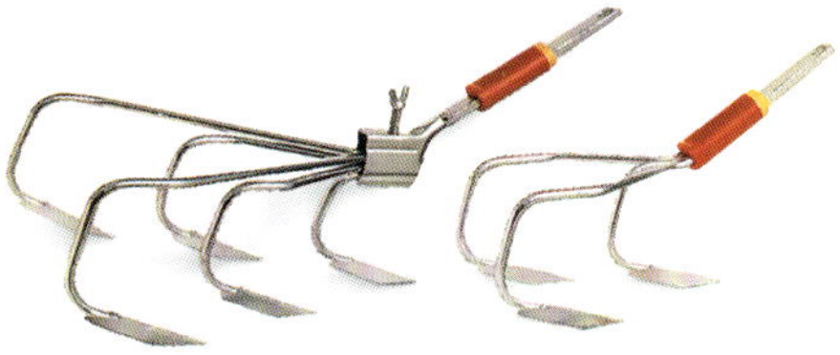

手动除草工具

在清除铺装、砖块或岩缝之间生长的杂草时，适合使用刀刃窄而带钩的露台除草器（patio weeder）。掘根器（daisy grubber）拥有分叉的刀刃，适合挖出草坪杂草。

专用除草工具
露台或铺装石除草器（右）可以在狭窄的缝隙中使用。掘根器（右中）可以用来挖出草坪杂草而不会损坏草皮。单手除草器（最右）适合挖出短根杂草。

机动耕耘机

机动耕耘机将压实的土壤打碎，得到细耕面，用于处理工作量大的任务，例如在荒弃地块翻土。然而，它们在密集种植的地方无法使用，不能消除对手动掘地的需求。

汽油动力耕耘机功率强大，一般有各种连接件，但需要的养护比电动耕耘机多。电动耕耘机非常适合工作量小的任务。和汽油动力耕耘机相比，它们比较容易操作，噪声较小，并且更便宜，但拖在后面的电线可能会成为问题。大多数耕耘机的把手高度是可调节的。某些型号的把手还可以朝两边旋转并锁定，让你可以沿着机器一侧前进，而不会踩踏刚刚耕耘过的土壤。

前置发动机型耕耘机的桨片位于驱动轮之后。它们容易转弯，但重量分布方式意味着它们最适合用于浅耕。

中置发动机型耕耘机是由桨片而不是轮子推动的。这让操控变得比较困难，但由于发动机的重量施加在桨片上，用它进行深耕比前置发动机型更容易。

后置发动机型耕耘机最适合在难以耕作的地块和挖掘深洞时使用。桨片位于前方的吊杆上，随着耕耘机向前推进，桨片从一边到另一边扫动。这种机器操纵起来会比较累人。

迷你旋耕机（mini tillers）轻便，更容易操作，虽然它们的挖掘深度不及前几个。它们可以带轮子也可以不带轮子，并且配备一系列翻耕土壤的星形刀片。它们更常使用不带电线的电机。

通用旋耕机
作为较小花园使用的一款基础型发动机前置旋耕机，这台机器通过快速旋转的齿彻底打碎土壤，手柄可以调节以方便操控。

五齿耕耘机连接件
它用于在成排植物间除草和一般栽培。齿可调节深度和宽度。

机动耕耘机
这台前置发动机型耕耘机操控起来稳定且轻松。它比较昂贵，不过很适合在一大片区域直行耕作。

- 安全手柄（松动时切断电源）
- 刀片接触
- 加速器
- 离合器
- 水平把手调节器
- 垂直手部高度调节器
- 阻气门
- 调节耕作深度的杠杆
- 可折叠撑脚，在机器不使用时可确保稳定性
- 桨片应该远离操作者的脚
- 运输轮有助于拐弯
- 后部桨片为育苗床产生细耕土壤

修剪和切割工具

在修剪时必须使用合适的工具，并且保证工具的锋利，以便干净、轻松、安全地修剪。钝的刀锋会让伤口参差不齐，使植物容易感染或出现枯梢。使用机动工具时要特别当心，如绿篱机、电锯或机动修剪工具（见"用电安全"，534页）。

修枝剪和小剪

修枝剪可用于修剪粗达1厘米的木质枝条以及任何粗细的柔软枝条；还可以使用它们来剪下繁殖用的插条。它们可以单手使用，并且比刀子更容易操控也更安全。

修枝剪主要有三种类型：弯口修枝剪、鹦鹉嘴修枝剪和铁砧修枝剪。弯口修枝剪和鹦鹉嘴修枝剪的作用与剪刀一样，铁砧修枝剪拥有锋利且笔直的上刀锋，下方是方形的铁砧。在某些设计中，刀锋在剪下时依然与铁砧保持平行，将枝条切断而不是压断。

在修剪枝条柔软的植物时，比较便宜的修枝剪就足够了。在修剪木质枝条粗达1厘米的果树和灌木时，值得多花一点钱购买耐用修枝剪，因为后者的机械结构不易变形；还有电动修枝剪可选（见"机动修剪工具和长柄修枝剪"，534页）。

如果可能的话，试一试修枝剪使用起来是否舒适方便；把手的材料和形状、它们的张开宽度、让它们保持张开的弹簧强度等都存在差异。金属把手握起来可能很凉，如今大多数手柄是塑料的或者塑料包裹金属的。所有修枝剪都有保险栓，可以将刀锋保持关闭。确保单手操作轻松并且不会意外滑开。

修枝剪的刀锋可能是用不锈钢、碳素钢或涂层钢制造的。涂层钢很容易擦干净，但没有高质量不锈钢或碳素钢的使用寿命长，用后两者制造的刀锋能够保持锋利，轻松地做出干净整齐的切口。在购买高品质修枝剪时，确保可以不用特殊工具就能拆卸，以便于磨锐，并且确保可以买到新的刀锋。某些型号拥有棘齿系统，可以逐步剪穿枝条。这样比较省力，适合那些觉得传统工具比较费力的人。

小剪是剪刀和修枝剪的"杂交"类型。它们拥有长而窄的刀片，很适合轻度修剪或摘除枯花，一些采棉小剪还有一对额外的不开刃平行刀片，可以在剪切后夹住花枝。如果经常采取切花的话，它们很实用。

弯口修枝剪
它们和剪刀的作用一样。拥有锋利的、凸圆的钢制上刀锋，正对凹面或方形的下刀锋，可以做出干净整齐的切口。

颜色鲜艳的手柄很容易被发现

模制旋转把手抓握舒适

锋利的钢制上刀锋能做出干净整洁的切口

保险栓可以用大拇指调节

小剪
它们很适合用来摘除枯花和收获切花。

保险栓
保险栓将把手套在一起。

棘齿系统
这可以使剪穿枝条变得更容易。

铁砧修枝剪
它们必须保持锋利，否则会将铁砧上的枝条压断而不是切断。

鹦鹉嘴修枝剪
它们能够得到整洁的切口，但是如果用来切断直径1厘米以上的木质枝条，它们可能会被损坏。

保养

每次用完后，使用油布或钢丝绒清洁，去除已经变干的植物汁液；然后少量上油。定期拧紧园艺剪刀的刀锋；这会让修剪更有效率并得到更整齐的切口。

大多数修剪工具很容易磨锐。将严重钝化或受损的刀片取下，然后磨锐或替换。

长柄修枝剪

长柄修枝剪主要用于修剪直径为1~2.5厘米的树枝，或者用来修剪普通修枝剪够不到的较细枝条。

长柄的杠杆作用更大，可以更轻松地来剪短粗枝条。它们一般是由塑料覆盖的钢管、铝管或木质管。和修枝剪一样，刀锋是不锈钢、碳素钢或涂层钢材质的。长柄修枝剪的重量和平衡很重要，因为你可能必须全力抓住它们或者将它们举过头顶。确保你使用它们时不觉得有太大负担。一些款式可有伸缩把手，如果你有很多高位修剪要做的话，它们是不错的选择。

大多数长柄修枝剪拥有弯口刀锋，其他类型则是铁砧刀锋；使用哪种是个人喜好的选择。有时候可以买到带棘齿系统的型号，这种特别适合剪断较粗或较硬的树枝，用起来比较省力。

所有的长柄修枝剪都需要经常保养，以维持最佳工作状态。

长柄弯口修枝剪
使用长柄修枝剪可以剪断位置很高或者对于普通修枝剪太硬或太粗的枝条。

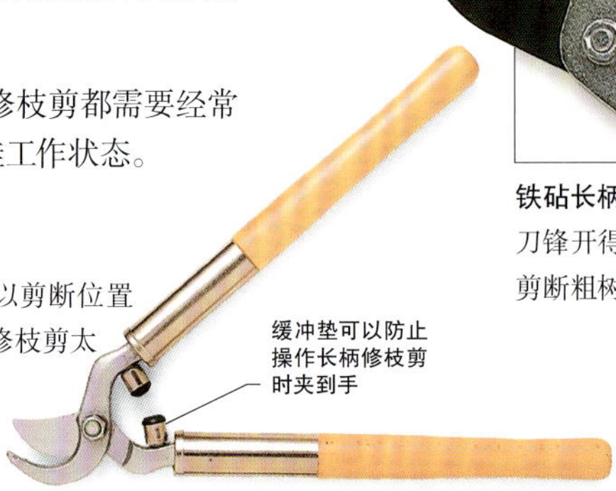

铁砧长柄修枝剪
刀锋开得很深，用于剪断粗树枝。

缓冲垫可以防止操作长柄修枝剪时夹到手

园艺刀

园艺刀可以代替修枝剪进行轻度修剪工作，并且用途更加广泛。用它来采取插条、收获某些蔬菜、准备用于嫁接的材料以及切割绳线等都很方便。

园艺刀的种类有很多，包括通用刀、嫁接刀、芽接刀以及修剪刀等。大部分刀有用碳素钢制造的刀刃，刀刃固定在或者折入手柄中。如果选择折叠刀，应确保其容易打开，而且将刀刃固定就位的弹簧应该松紧合适。

使用后必须将刀刃干燥，并用油布擦拭以防止锈蚀。定期按照新买时的角度磨尖刀刃；使用钝刀会带来危险。

刀刃可更换的斯坦利刀可以代替园艺刀，还可以使用工艺刀或解剖刀来采取插条。

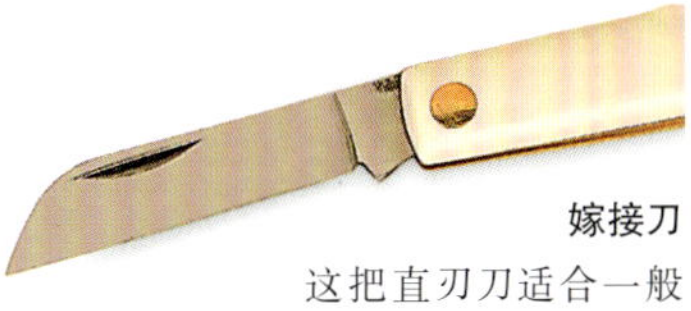

嫁接刀 这把直刃刀适合一般性任务以及需要在嫁接时做出精确的切口时。

芽接刀 刀锋的凸出是为了在芽接时撬开砧木的切口。

修剪刀 向下弯曲的刀锋可以在修剪时做出控制程度更高的切口。

通用园艺刀 可用于除重度修剪之外的所有切割工作。

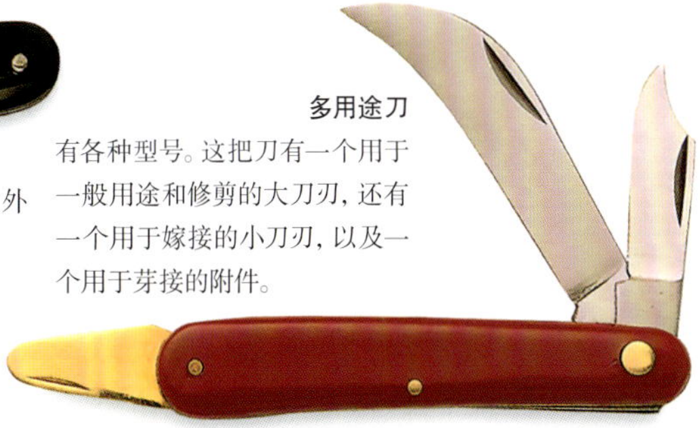

多用途刀 有各种型号。这把刀有一个用于一般用途和修剪的大刀刃，还有一个用于嫁接的小刀刃，以及一个用于芽接的附件。

修剪锯

使用修剪锯切断直径大于2.5厘米的树枝。由于需要在有其他树枝阻碍的有限空间内动锯，并且角度常常很尴尬，于是人们发明出了各种类型的修剪锯。最常见的有：通用修剪锯、希腊式锯、双刃锯、折叠锯和弓锯。如果花园中要经常使用锯子的话，可能必须拥有不止一把锯子，以适合不同类型的工作。希腊式锯子是对业余园丁最有用的修剪锯之一。

所有修剪锯都应该有坚硬且经过热处理的锯齿，这样的锯齿比普通锯齿更坚硬，长久使用后也更容易保持锋利。它们必须进行专业磨锐。锯子把手是塑料或木质的；选择感觉舒适并且可以牢固抓握的。在要锯掉的树枝上做出一道槽，然后将锯子的刀锋插入其中，以免在使用过程中滑出。

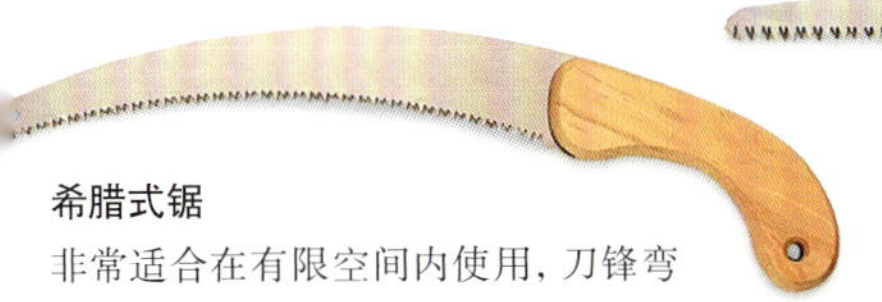

希腊式锯 非常适合在有限空间内使用，刀锋弯曲，只在拉动时切割。在有限空间内，拉比推更容易使上劲。

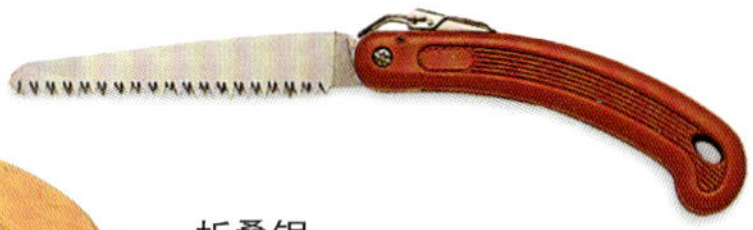

折叠锯 像折叠刀一样能将锯面收入手柄中。只适合修剪小树枝，它可以装进口袋里，强度不是很大。

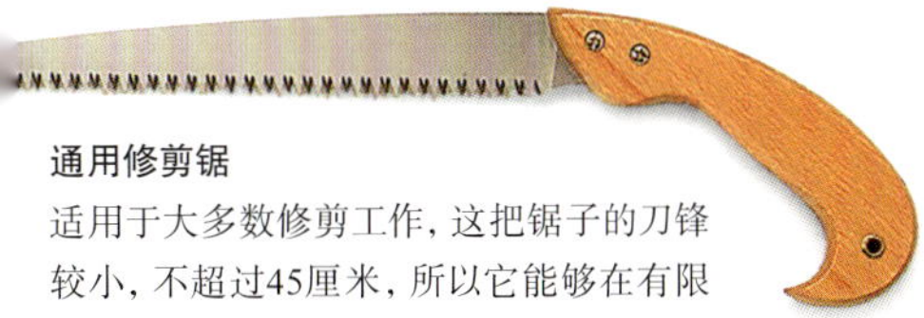

通用修剪锯 适用于大多数修剪工作，这把锯子的刀锋较小，不超过45厘米，所以它能够在有限的空间中和尴尬的角度下轻松使用。

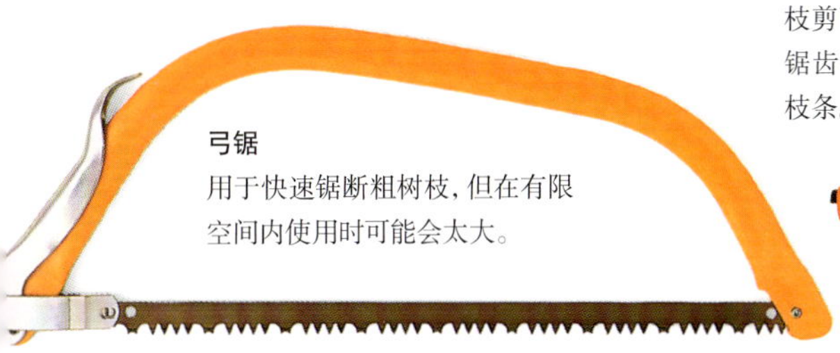

大小不一的锯齿

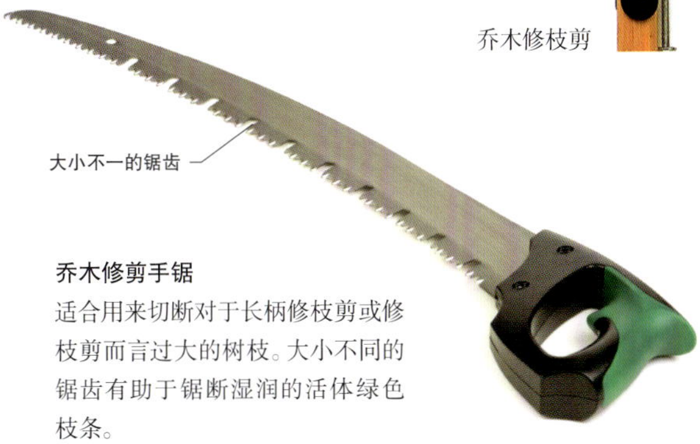

乔木修剪手锯 适合用来切断对于长柄修枝剪或修枝剪而言过大的树枝。大小不同的锯齿有助于锯断湿润的活体绿色枝条。

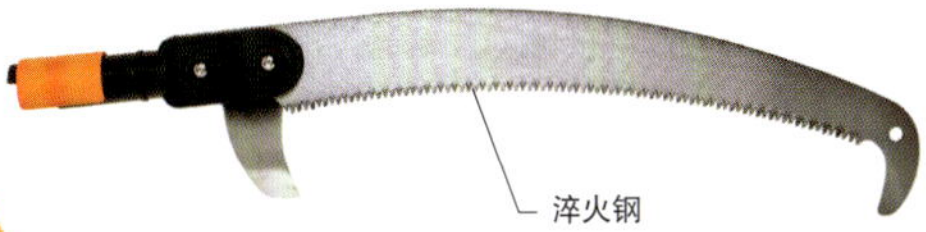

淬火钢

弓锯 用于快速锯断粗树枝，但在有限空间内使用时可能会太大。

乔木修枝剪

乔木修枝剪适合修剪位置很高、直径达2.5厘米及以上的树枝。切割装置位于2~3米长的杆末端，不过有些杆可长达5米。碳素钢刀锋由杠杆系统或绳索操作；二者都很有效，不过杠杆系统更流行。某些使用绳索的型号拥有可伸缩杆，可以调节长度，存放也更方便。乔木修枝剪上可以安装锯子或果实采摘接头。

带钩末端可以钩在需要修剪的树枝上。

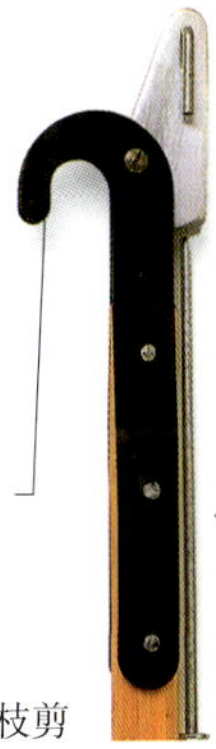

乔木修枝剪

园艺大剪刀

大剪刀主要用于修剪绿篱，不过也适用于修剪小块长得很高的观赏草（见"草坪养护工具"，536~537页）、修剪造型树木以及剪短草本植物。

对于枝条柔软的绿篱，轻质大剪刀就足够了，但对于枝条坚硬木质的大型绿篱，结实耐用的重型大剪刀更好。

重量和平衡都很重要；在购买前，确保剪刀是中央平衡的，并且刀刃不会太重，否则用起来会比较累。

大多数大剪刀拥有直刀刃，不过有些大剪刀的刀刃边缘是弯曲的：这样可以轻松地剪穿成熟的木质部，并有助于固定枝条，不会因为剪刀的挤压将其推开。它们比较难进行磨锐（见"保养"，532页）。

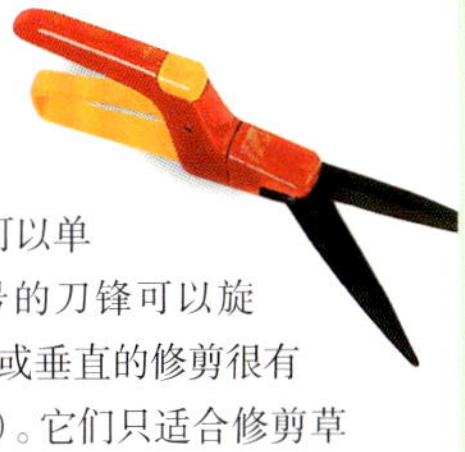

单手大剪刀 它们拥有和修枝剪类似的弹簧装置，可以单手操作。某些型号的刀锋可以旋转——这对于倾斜或垂直的修剪很有用（如为草坪修边）。它们只适合修剪草和非常柔软的枝条。

标准大剪刀 大剪刀一般有一个带凹口的刀锋，可以在剪切时将粗树枝固定住。

机动修剪工具和长柄修枝剪

电动无绳修剪工具和长柄修枝剪可以轻松地切割中小型树枝。对于较细的树枝，可以使用多种不同设计的电动修枝剪，从手电筒大小到无绳电钻大小，甚至还可以配备用于修建乔木的长杆。对于较粗的树枝，可以使用带微型电锯的修建工具，微型电锯有时是部分封闭的，有时设计成夹爪的一部分。

电动树木修剪机

充电式修剪机
充电式修剪机可用于对灌木和绿篱进行轻度修剪。有些款式配备额外的附件，可以改变头部以适应任务。

绿篱机

需要修剪大型绿篱的园丁可使用机动绿篱机，它用起来比手工操作的大剪刀更快也更省力。

刀锋越长，绿篱的修剪速度就越快，也越容易够着高绿篱或者打理宽绿篱的顶部。不过，刀锋很长的绿篱机很重而且平衡性不好。40厘米长的刀锋足够一般园艺活动使用，不过如果修剪大片绿篱，60厘米长的刀锋可以节省不少时间。刀锋可以是单刃或双刃的；后者可以加快修剪速度，但不如单刃刀锋好控制，所以用它进行树篱造型会更难。

操控的难易程度还受刀锋活动方式的影响。拥有往复式刀锋（两片刀锋相对运行）的型号受到绝大多数园丁的欢迎。单动式型号则只有一个运动的刀锋在静止不动的刀锋上运行，它会产生震动，因此在操控时会比较累。

修剪后的表面效果通常是由刀锋上齿的间距控制的。较窄的齿间距能够在定期修剪的绿篱上产生光滑均匀的饰面，而分布较宽的齿通常适合处理较粗的小枝，不过留下的饰面比较粗糙。

用汽油还是用电

绿篱机可以用汽油或电发动，电可以通过电路或电池提供。汽油绿篱机可以在任何地方使用，并且一般功率强大，震动较小。不过，它们的噪声更大、重量更重，并且比电动绿篱机更贵，一般也需要更多养护。

电动绿篱机对于业余园丁更常用，而且更适合工作量较小的任务。由于较轻，它们使用起来比汽油绿篱机更轻松，而且更干净，也比较便宜。

电线款绿篱机最适合修剪距离电源30米内的绿篱，但电源导线可能会很不方便甚至会造成危险，而且机器一定不能在潮湿条件下使用。在操作有潜在危险的工具时，安全措施是非常重要的，例如使用它们时一定要设置漏电保护断路器（见"用电安全"，右）。

由可充电电池提供动力的绿篱机不用电线，容易操作，而且相对便宜。它们非常适合需要经常修剪的小型树篱，但它们的动力不足以令人满意地修剪较粗枝条和长绿篱。由于不使用电线，可充电型号比其他

电锯

电锯适合锯下原木或大树枝，以及进行大型乔木外科手术和伐木。由于它们使用高速运转的带齿锯条进行切割，因此会非常危险，必须经过培训才能使用，并且使用时千万不要独自一人。和所有其他电动工具一样，你必须佩戴合适的护具，并严格按照用电安全（见"用电安全"，下）使用规范进行操作。

电动电锯适用于小型工作，且比使用汽油的款式便宜，后者的动力、噪声和重量都更大，常常很难启动，并且会产生烟雾。

充电款
电池包

电动电锯
装有润滑油的储油室，用于润滑链条
切割木头的旋转带齿链条
帮助平衡电锯的侧面手柄
链闸
开关
电线款
电导线

电动电锯有电线款或充电款，与汽油驱动的款式相比，它比较轻，也容易操作，所需要的维护通常也比较少。

电动绿篱机更安全。它们可以用特制的供电整流器充电。

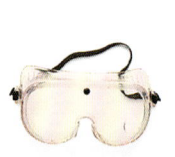

用电安全

- 只将导线保持在必要的长度。拖尾的导线非常不方便并且是潜在的危险，因为它们可能被移动中的刀锋切断。
- 让有资格认证的电工将户外插座安装在花园中的合适地点，确保导线短又安全。
- 如果需要延伸的导线，确保它们的电线数量与工具一致；如果工具有接地保护，延伸的导线也必须有接地保护。
- 如果线路没有得到保护，在工具上连接安装了漏电保护装置的插头，或者购买一个漏电保护适配器插在插头和插座之间。
- 不要在雨中或刚刚下过雨后使用电动工具，否则会造成短路。
- 在调整、检查和清洁工具前一定要断开电源。
- 在将断掉或受损的电线从主电路分开前，千万不能接触它。

护具
在操作机动工具时，佩戴护目镜、耳罩和厚园艺手套（见"园艺手套"，541页）等护具。

机动绿篱机
用起来比园艺大剪刀更快、更轻松。电动绿篱机操作轻便，还有不带电线的充电款；汽油绿篱机功率大，也没有碍事的电线。

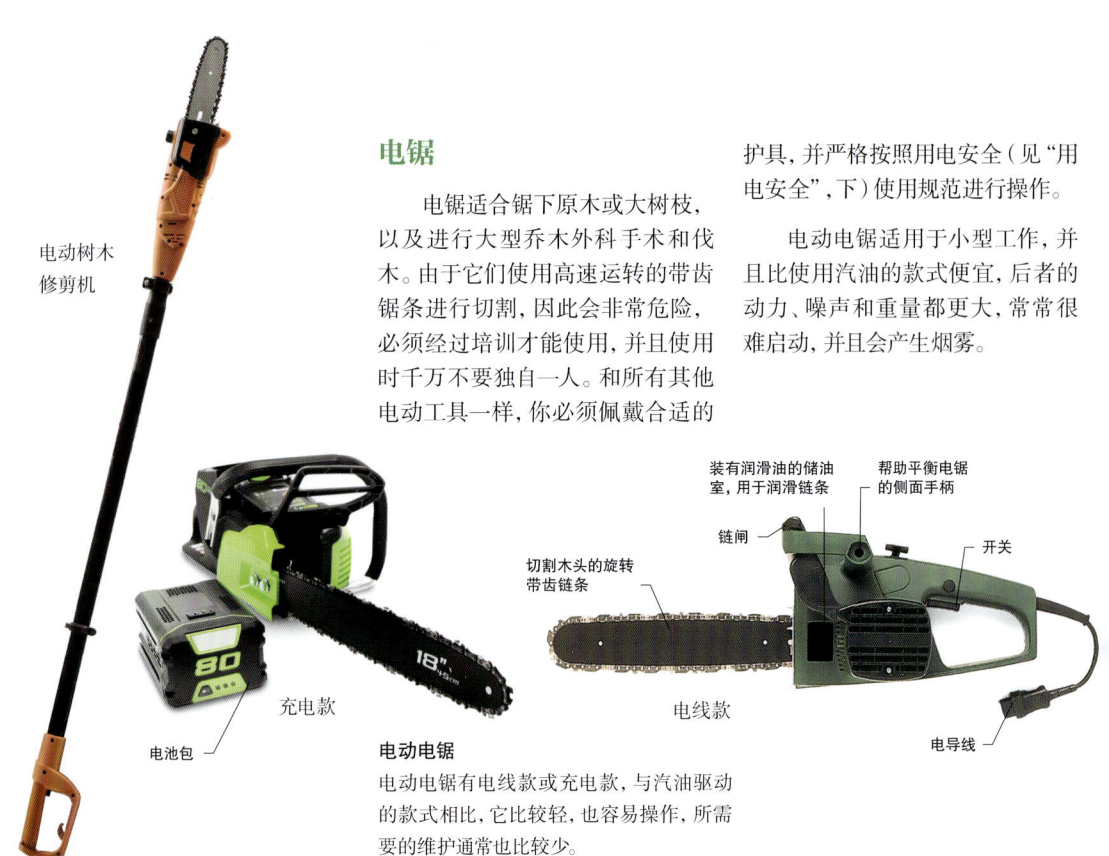

割草机

在选择割草机时,需要考虑的因素有草坪的大小以及修剪类型。如果只有小块区域需要割草,手动割草机可能就足够了;较大的草坪会需要一台机动割草机。滚筒式割草机通常可以提供最细腻的饰面;旋转式割草机最好用于很高的茂盛的草;悬浮式割草机最适合不规则的草坪。

夏季的割草高度应该比冬季低,所以要确定修剪高度可以轻松调节。护根割草机会将割下的草切碎,然后将草屑覆盖在土壤表面,这样有助于草屑快速分解以滋养土壤。

使用哪种动力

电池和电源驱动的割草机使用起来比汽油驱动的更加方便和清洁,但无法使用动力强劲的发动机。无绳割草机需要方便的电源插座进行充电。对于接电源的割草机,合适的电源通常至关重要,但拖尾的电线可能会造成危险。汽油割草机不受电线的阻碍,但购买和养护的成本都更高,而且会产生碳排放。

手动割草机

手动割草机相对便宜、安静,没有恼人的电线,并且需要的养护很少。侧轮式割草机容易推动,但在草坪边缘比较尴尬。

机动割草机

机动割草机主要有两种基本类型:滚筒式,以及旋转式或悬浮式(旋转式割草机的工作原理和悬浮式相同)。大多数依靠汽油、电路或可充电电池驱动。机动割草机在陡峭斜坡上使用时具有潜在的危险。骑乘式或牵引式对于大片草坪的修剪很方便。

滚筒式割草机是自我驱动的或者拥有机动刀锋,后者操控起来可能很沉重、费力。大多数类型在后面设有一个滚筒——如果你想得到带条纹图案的草坪,它必不可少。汽油滚筒式割草机的割草宽度比电动的宽。这样可以缩短割草时间,不过也会让割草机变得更难操控。

旋转式和悬浮式割草机有可更换的金属或塑料刀锋,水平旋转时像剪刀一样将草割断。旋转式割草机有轮子,而悬浮式割草机悬浮在一层气垫上前进。某些旋转式割草机装有滚筒,最适合细密的草坪。对于地面稍有不平或草长得很高的地方,二者都比滚筒式割草机的效果好,但不能将草割得很低。

骑乘式旋转割草机很适合修剪较大草坪。家用型号都拥有水平的旋转刀锋,取决于具体型号,刀锋的宽度存在差异。在后置发动机的型号中,切割板位于机器前部或前部附近(有时称为前置式割草机或零转式割草机)。在前置发动机的型号中,切割板悬挂在前轮和后轮之间(有时称为园艺拖拉机)。前置式割草机操控性更好,而且可以修剪灌木下方和草坪边缘。园艺拖拉机用途更广泛,可以应对更崎岖的地形,而且有更多型号可选。大多数骑乘式旋转割草机有护根刀锋,会将割下的草返回草坪;有些型号的园艺拖拉机可以将草屑收集到一个大料斗里,或者将草屑抛到一边。

机器人割草机小巧紧凑且自动运行,这意味着在它们工作时你可以不在一旁照看。它们有护根刀锋,所以不会收集草屑。这种割草机需电源为充电底座供电。所有家用型号都需要使用木钉在草坪边缘拉起边界铁丝线。很多型号有障碍和降雨传感器、PIN识别码和安全警报,以及供远程遥控的无线网络和蓝牙。它们的工作强度和斜度处理能力不一——一些家用型号可修剪5000平方米的草坪。

安全

- 刀锋必须进行完好的保护,以免它们接触操作者的脚,特别是在斜坡上使用的时候。操作者应该穿坚硬的鞋子。
- 刀锋开关关闭之后五秒内,刀锋应停止旋转。
- 割草机应该有一个锁定开关,需要两次操作才能打开发动机。这样可以减少儿童无意中将其启动的风险。
- 应该安装安全手柄:当挤压安全手柄时,发动机运行;松开后,发动机停止。

选择割草机

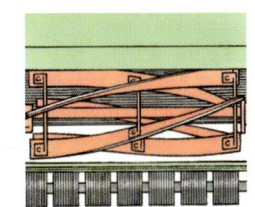

滚筒式刀锋
刀锋设置在一个向前滚动的圆筒上,与一个固定刀锋相对切割。

机动滚筒式割草机
这种类型的割草机提供细腻紧致的修剪饰面,是整饰高品质草坪的最好选择。它可能拥有可互换的草坪耙刀锋。刀锋圆筒由后部滚筒驱动。某些类型可以留下条纹图案。

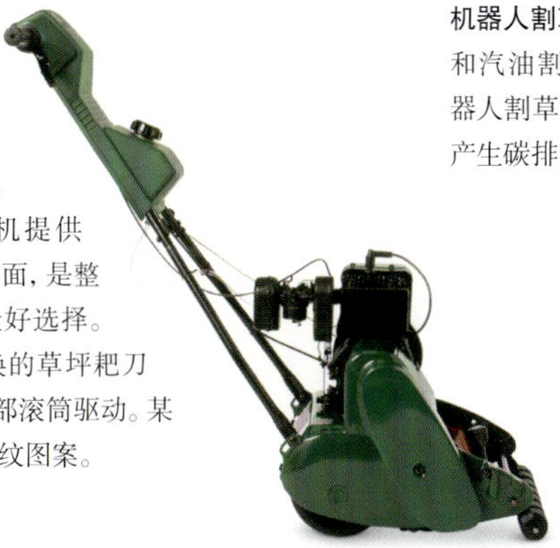

机器人割草机
和汽油割草机相比,自动运行的机器人割草机更加省力、安静,而且不产生碳排放。

机器人割草机

电动悬浮式割草机
悬浮式割草机非常适合在小型草坪、位置尴尬的地方(如低矮垂悬植物的下方)以及铺装旁边割草。它在平地和缓坡上都很容易操作。

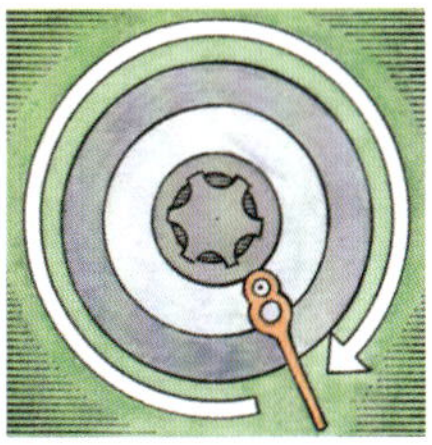

旋转刀锋
这些刀锋运动速度很快,就像大镰刀一样围绕着垂直轴旋转。

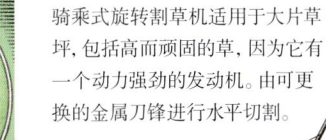

旋转式割草机
骑乘式旋转割草机适用于大片草坪,包括高而顽固的草,因为它有一个动力强劲的发动机。由可更换的金属刀锋进行水平切割。

高度可调节的把手

旋转式割草机

四轮方向盘

骑乘式旋转割草机

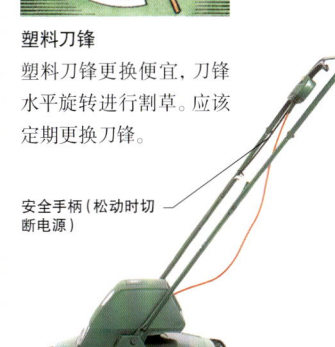

塑料刀锋
塑料刀锋更换便宜,刀锋水平旋转进行割草。应该定期更换刀锋。

安全手柄(松动时切断电源)

草坪修剪器和灌木切割机

灌木切割机和草坪修剪器适用于割草机无法到达或不适合的区域。灌木切割机非常适合砍掉坚硬的杂草、林下植被和很长的草。尼龙线草坪修剪器可用于在割草机难以到达的尴尬区域割草。它们还可以用来大片切削地被植物或茎干柔软的杂草,不过功率更大的灌木切割机更适合切割坚硬的林下植被。在乔木和灌木基部要非常小心,因为尼龙线草坪修剪器很容易损伤树皮。

尼龙线草坪修剪器

它们拥有柔韧且很容易更换的尼龙切割线。你在使用时可以直接接触墙壁或铺装,而不会对这种工具造成损坏。如果出现意外,它也比固定刀锋更安全。一定要佩戴护目镜,因为飞溅出的石子会很危险。

尼龙线草坪修剪器可以由电路、可充电电池或汽油提供动力。电路供电的型号比较轻,操作方便,但它们的使用区域受到电线长度的限制。至于安全性,它们必须设置安全手柄,并且连接在漏电保护器上。

不用电线的充电式尼龙线草坪修剪器适用于小型和中型区域以及没有户外电源的地方。它们重量比较轻、安静且容易使用。千万不要在潮湿草地上使用电动尼龙线草坪修剪器(见"用电安全",534页)。

汽油驱动的草坪修剪器适合较大花园,但质量更重,价格更高,并且所需要的养护也比其他类型多。至于安全性,它们应该有快速关闭发动机的简易方法。

尼龙线草坪修剪器
使用高速旋转的尼龙切割线来割断草或其他枝条柔软的植物或杂草。某些型号的头部可调节成直立的,用于修整草坪边缘。

灌木切割机

这些切割机的旋转头部有一个金属切削片或细齿刀锋。这让它们更适用于尼龙线草坪修剪器所不能处理的更繁重的工作。某些型号拥有塑料刀锋,但没有金属刀锋耐用。除了它们的切割刀锋,某些型号上还可以安装尼龙线用于割草。由于它们需要强劲的发动机才能工作,所以很多灌木切割机是用汽油驱动的。电动型号较轻、声音较小,需要的养护也较少,但不太适合较繁重的工作。

刀锋
灌木切割机
杆上手柄让机器更好操纵
保护罩防止切割线擦伤使用者

切割导轨
它可以保持尼龙线离开地面,以免切割位置过低,并确保得到均匀的表面。

草坪养护工具

除了割草机,维护草坪还需要许多其他工具。对于大多数草坪,手动工具通常就足够了,但对于大块草坪,机动工具工作速度更快,使用起来也更省力。

修边工具

半月形修边铲和长柄大剪刀能够为经过修剪的草坪提供整齐的边缘,不过也可以使用机动修边机和尼龙线草坪修剪器。修边大剪刀的杆有钢的、塑料包钢的和木质的,选择哪种是个人喜好的问题。

长柄修边大剪刀
它们非常适合修剪在草坪边缘向四周垂下的草叶。手柄应该足够长,省去弯腰的必要。如果太短或太重,大剪刀操作起来会很费力。

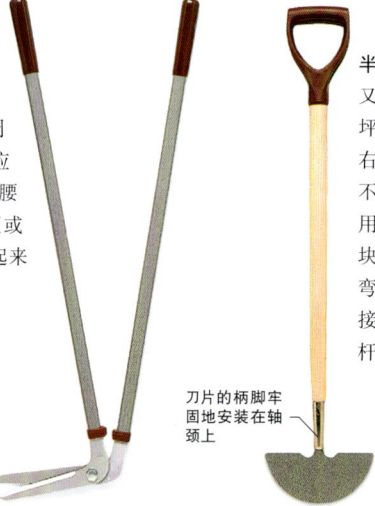

半月形修边铲
又称为修边铁铲或坪修边铲。使用时左右摇摆着切掉破损或不平的草坪边缘,还用于在修补时切除小块草皮。它拥有锋利弯曲的金属刀片,连接在长的木质或金属杆上。

刀片的柄脚牢固地安装在轴颈上

园艺滚筒

园艺滚筒可以用金属制造,或者是将中空塑料注满水后使用,它用于在播种草种或铺设草皮前的整地阶段平整土地。它还可以沉降草幼苗周围的土壤。不过已经建成的草坪不需要经常用滚筒碾压,尤其是在黏重的土壤上,因为它会压缩草皮,阻碍排水,而这会产生苔藓滋生、青草生长不良等问题。

草坪修边材料

为防止草坪因为被半月形修边铲等工具去除草皮而逐渐变小,可以使用砖块、铺装石板、赤陶镶边瓦、某些金属或塑料镶边条来为草坪轮廓镶边。这有助于草坪得到均匀的边缘,并能防止草向道路和花境蔓延。砖块或铺装石边缘还可以让悬浮式或侧轮式割草机正好沿着草坪边缘工作。与金属镶边条相比,塑料镶边条(一般是绿色的)不容易损坏割草机的刀锋,而且更便宜。

长柄草坪大剪刀

它们适合在位置尴尬的地方剪草,比如悬凸的植物下方,以及树木、铺装或墙壁周围,并且能够清洁割草过程中遗漏的所有草茎。在工作时,与手柄垂直的刀片与地面平行,而不是像修边大剪刀那样与地面垂直。虽然草坪大剪刀适用于非常狭小的区域,但它们如今仍然基本上被机动尼龙线草坪修剪器所取代,后者速度更快,用途也更广。

耙子和通气机

这些工具可以清理落叶和花园杂物，减少枯草层（一层腐败有机质）和土壤压缩，帮助草坪维持良好状态。

草坪耙主要用于收集落叶。某些型号的耙子有助于清理枯草层和死去的苔藓。园艺耙主要有三种类型：弹性齿、平齿和翻松耙，或称通气耙（见"耙子"，530页）。还有适合大型草坪的机动草坪耙。

通气机有助于减少枯草层并让空气进入土壤，从而促进根系的良好生长。在小块区域，通气工作可以用园艺叉完成，但对于大多数草坪来说，空心齿通气机或切缝机这样的专用工具会更好。

弹性齿草坪耙
用于清理出死亡的草和苔藓，清除小石块和杂物，并为草坪稍微通气。它的头部很轻，拥有长而柔韧的灵活圆形金属齿。

平齿草坪耙
非常适合收集树叶和松散的材料，它拥有长而柔韧的塑料或金属齿，头部很轻，能最大限度地减少对草的新生枝叶造成的损害。

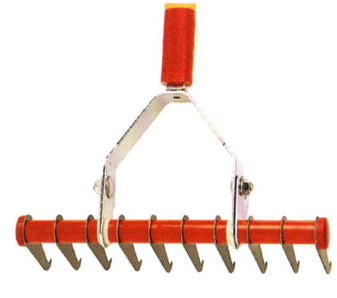

翻松耙
它会深深地插入枯草层甚至进入草皮本身。它坚硬的金属齿通常是扁平的并带尖钩。它可能很重，用起来比较费力，因而耙子头部两侧带轮子的型号可能更受欢迎。

机动草坪耙
比普通耙子更容易使用，它的塑料或金属齿可以有效翻松草皮，而它的收集箱可以清理杂屑。

草坪通气机
这个滚筒式草坪通气机拥有可以轻松穿透土壤的长钉。它可以让空气、水和养分抵达草的根部。它还有一个金属保护罩。

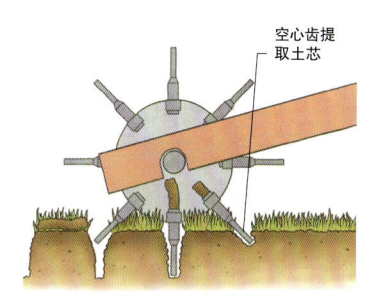

空心齿提取土芯

空心齿通气机
这个机动空心齿通气机可以深深穿透草皮进入土壤。齿会带走土芯，打开紧实的草皮。

扫叶机和吹叶机

最简单的扫叶机可能只是一把普通的用于清扫杂物的长柄扫帚。这种基础扫叶工具对于清理步道和花园中的小块区域很理想。

不过，对于大型草坪，使用专门设计的扫叶机既省力又节省时间。旋转的刷子将叶片从地面上扫起来，然后抛进一个大收集袋中，其可以轻松地倒空并堆肥。

电力或汽油驱动的真空扫叶机和吹叶机在非常大的花园中很有用，但它们很昂贵，而且操作起来噪声很大。

某些机动扫叶机和吹叶机型号拥有柔性连接附件，可以在花坛和花园中难以触及的区域使用。

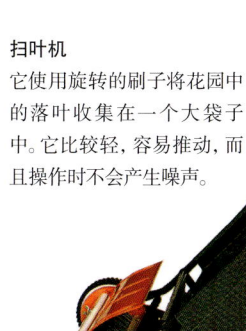

扫叶机
它使用旋转的刷子将花园中的落叶收集在一个大袋子中。它比较轻，容易推动，而且操作时不会产生噪声。

园艺真空吹叶机
这种型号的吹叶机有一个把手，可以按照需要在吹气和吸气之间转换。它可以将叶片撕碎（以便于处理、护根或制造腐叶土），然后将它们收集在附带的袋子中。

撒肥机

撒肥机适用于精确播撒肥料、草种和颗粒状除草剂。它由一个装在轮子上的料斗和一个长手柄组成。检查并确认播撒速度是可以调整的，而且在草坪边缘转弯时可以关闭出料口。设定好播撒速度后，先在一小片测试区域施肥以检查数量是否正确（见"施加肥料"，591页）。为草坪施加带水肥料时，软管连接件很有用（见"喷雾器"，538页）。

撒肥机
撒肥机可以均匀地施加肥料，避免灼伤草坪。

灌溉工具

在人工灌溉的帮助下才能种植那些需水量比自然降水更多的植物，以及那些室内和温室植物。软管和洒水器等工具可以让浇水更轻松、更快捷。

洒水壶

洒水壶在室内、温室或户外的小型区域很实用。选择装满水时不会太重的轻质水壶。洒水壶的开口应该足够宽，方便注水，洒水壶本身应该让人感觉舒适且平衡。在喷口有过滤装置的洒水壶能够防止花洒被水中的杂质堵塞。

集雨桶

集雨桶收集从屋顶或温室屋顶流下的雨水，这些雨水在干旱的季节以及对喜酸植物都十分宝贵。集雨桶应该有一个水龙头，一个防止杂物进入的盖子，杂物可能会污染水质并阻塞水龙头。有必要的话，可将集雨桶放置在砖块上，让洒水壶可以在水龙头下接水。某些集雨桶满了之后会将水转移到排水系统中。见"节约用水和循环用水"，见596~597页。

软管

软管对于花园较远部分以及需要大量浇水区域的灌溉非常重要。大多数软管是用PVC制造的；它们的饰面和加固方式有所不同，这会影响它们的耐久性、柔韧性和抗扭结的能力。任何扭结都会削弱水流并最终让软管壁变弱。双层加固软管可以有效防止扭结，但相对较贵。某些软管可以用可伸缩卷的形式挂在墙上，这样可以很干净地储藏起来，而其他软管可以缠绕在轮子上或者收进带把手的塑料盒中。这样软管在局部破损时仍然可以让水流过，所以软管可以总是保持清洁并随时准备使用。

所有类型的软管都有不同的既定长度，有作为附件预装的连接头和喷嘴。某些软管可以加长一次或数次。在将户外凉水水源连接到花园软管上的时候，建议在水龙头或出水口上安装一个单向阀，防止受污染的水回流至供水系统的其他部分。和当地水务部门确认你所处地区是否有法定要求。

园艺洒水壶
它们应该拥有较大的容量，以减少重新注水的需要。对于普通情况，9升水壶就足够了。

塑料的还是金属的
大多数洒水壶是用塑料制造的，但较重、较昂贵的传统镀锌金属水壶仍然可以买到。二者都很结实耐用。

温室洒水壶
它的喷口很长，可以够到工作台后部的植物，并且拥有可反转的细口和粗口双面花洒，可以为幼苗和成熟植物浇水。

室内洒水壶
它应该拥有长喷嘴，可以伸进种有植物的花盆和窗槛花箱，并能控制水流。

当心除草剂

在为花园浇水和施加液态除草剂时，不要使用相同的洒水壶。施加化学药剂应该使用专门的洒水壶并标记清楚。

软管卷
有把手或轮子的软管卷可以轻松地在花园中挪动。某些卷可以在软管部分破损的情况下依然让水从管子中流过。

哪种花洒

粗花洒
黄铜细花洒
黄铜面塑料细花洒

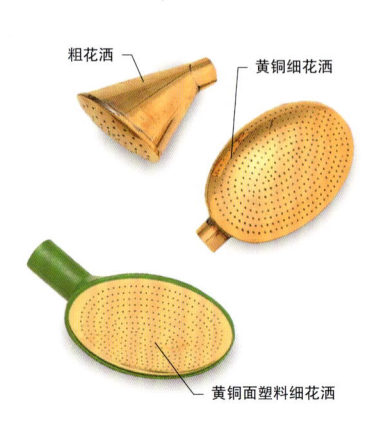

细花洒最适合种子和幼苗，因为它产生的水流不会损坏它们，也不会将基质或土壤冲走。对于更加成熟的植物，浇水速度更快的粗花洒更合适。

花洒的材料也有所不同：黄铜、黄铜面塑料以及全塑料。塑料耐久性较差，比黄铜便宜，能满足大多数用途。总体而言，金属花洒的水流较细。

在施加除草剂时，在洒水壶上连接滴流管，它比花洒更精确，还能减少花洒容易产生的喷水偏差。

喷雾器

使用喷雾器为植物浇水和喷雾，还可以施加肥料、除草剂和杀虫剂（要遵守可能存在的任何法规）。压缩式喷雾器适合一般用途；小扳机泵式喷雾器适合为家居植物喷雾，或者为少数植物喷洒杀虫剂。

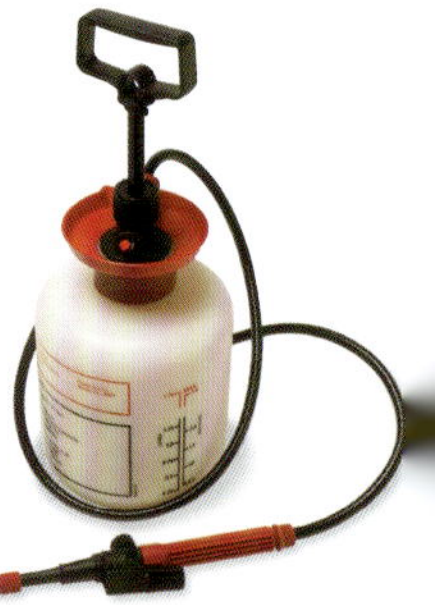

扳机软管连接件
喷嘴可以将水流调节为喷水或喷雾 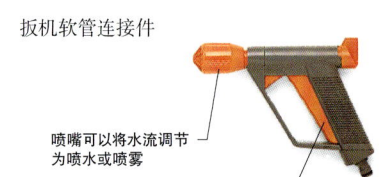
扳机

肥料脉冲软管接头
装肥料的中央小室

压缩式喷雾器
这种喷雾器需要用手柄加气，适合用于大片区域。

软管末端连接件
大多数连接件只能简单地允许调节水流的速度和喷洒范围。某些连接件拥有用扳机控制的喷嘴。

负责任地浇水

如今有许多浇水工具和设施，但是在用水受到严重限制的长期干旱条件下不能使用它们。使用软管或喷灌器浇水可能被法律禁止，而且虽然可以使用洒水壶，但在许多花园中并不现实，短期浇水除外。因此，选择耐旱品种是最佳解决方案。

对于短期使用和数量有限的植物，值得在有盖的集雨桶或者其他设计在落水管下方的结实塑料容器中收集尽可能多的雨水。容器中的水泵可以连接水管，从而按照需要运输雨水。最好使用滴灌系统或渗透软管，以最大限度地减少蒸发损失的水量。

确保所有灌溉和喷灌装备——包括连接头——状况良好，以免渗漏和蒸发损失水分。

渗透软管

渗透软管适用于草坪或成排种植的植物。它们是塑料或橡胶管，上面带有细微的穿孔。让小孔朝上，它能够在一长条矩形区域内制造细喷雾。让小孔朝下或将小孔埋入土壤中，它能够直接将水导向植物基部——非常适合蔬菜和其他成排种植的植物。

多孔渗水软管（porous hoses）与之相似，特别适合刚种植的花坛、花境和蔬菜园。它可以让水缓慢渗入土壤，并且可以连接到软管定时器上。它可以埋到土壤表面30厘米以下作为永久性灌溉系统，不过浅埋通常就足够了。多孔渗水软管也可以铺在土壤表面，但需要用护根覆盖。水直接释放到植物的根系区域，没有溢流，蒸发损失也很小。较低的空气湿度可以减少真菌病害，同时避免了许多病虫害通过溅水诱发传播。干燥的土壤表面还能抑制杂草种子的萌发。

多孔渗水软管可以轻松地切成柔韧的段，并以任何形状或图案摆设，只要软管不扭结。它们在斜坡上也很有效，应该横着坡面摆设而不是顺着坡面。软管可以整年留在室外，即使是铺设在土壤表面上的，不过供水情况可以改变，而且灌溉系统可以按照需要移动位置。

滴灌系统

它们适合用于需要单独灌溉的植物，比如比周围植物需要更多水的植株。水滴均匀而轻柔地喷洒在植物旁边——有各种不同的喷嘴可以使用。滴灌系统在灌木花境、绿篱或成排种植的蔬菜中都很适用；它还很适合灌溉在容器、种植袋和窗槛花箱中种植的植物。除非装上定时器，否则滴灌系统可能会浪费水，而且它需要经常清洁，防止管道和滴灌头被藻类和杂质堵塞。

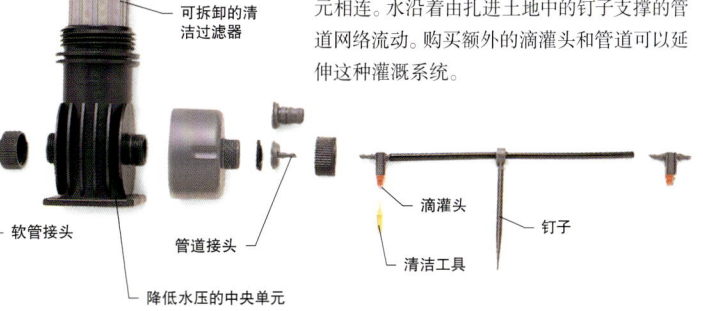

园艺喷灌器

园艺喷灌器可以为特定区域喷洒细水流。它工作时不用看着，从而可以节省时间和精力。然而，在炎热晴朗的天气中，通过蒸发会损失许多水，因此喷灌器没有渗透软管或多孔渗水软管节水。

喷灌器一般连接在花园软管或固定输水管上。根据不同需要，喷灌器有各种类型：某些最适合草坪，而其他最适合灌溉花坛或蔬菜菜畦。最简单的型号是静态喷灌器。其他类型（如旋转式、脉冲喷射式和振荡式喷灌器）都运用水压来让喷灌器的头部旋转，以得到更好的覆盖效果。

自走式喷灌器对于大片区域的灌溉很有用；它使用起来很方便，但比较贵。它会在水的作用力下沿着一条轨道（通常是一条软管）向前推进，在一个长条矩形区域内进行灌溉。

地下喷灌器

它们是永久性灌溉系统，非常适合草坪和岩石园。它们不会造成妨碍，容易操作，最好在灌溉区域刚开始建设时安装。将PVC管和接头铺设在网格中，以便它们可以提供不同的灌溉头，在上面可以连接软管或喷灌器。每个灌溉头上连接的喷灌器都可以为一个圆形区域提供均匀的灌溉。继续浇水直到地面完全湿透，使重叠区域的水分渗透均匀。这种类型的灌溉设施需要单向阀以符合当地政府的标准，或许还需要一个水表。

软管定时器

软管定时器可以用在普通花园喷灌器或更复杂的灌溉系统上。它们安装在水龙头和软管或灌溉管道之间。大多数这样的定时器会在既定时间过去后关闭水流。更复杂的定时器可以在一天之内自动开关数次，并且可以提前编好程序，或者连接在湿度探测器上，如果地面足够潮湿的话，它们就可以自动关闭水流。

喷灌器的类型

静态喷灌器
主要用于草坪。大多数拥有一个可以插入地面的长钉。它们通常呈圆形喷灌，不过也有一些类型以半圆形、扇形或矩形喷灌。容易形成水洼，所以应该不时移动，得到均匀的灌溉效果。

旋转式喷灌器
适用于花坛、花境和草坪。覆盖较大的圆形区域并且浇水均匀。带喷嘴的臂连接在旋转枢轴上，枢轴在水的压力下运动。长杆类型最适合用于花坛或花境。

脉冲喷射式喷灌器
对于大面积的草坪、花坛或花境非常有用。中央枢轴上的单个喷头以一系列脉冲动作旋转，喷出一股股水流。除了在草坪上，喷水头还可以架在高杆上，以增加覆盖面积。

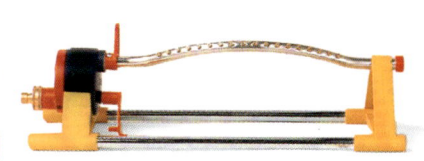

振荡式喷灌器
最适合在地面高度浇水。它不适合用于周围植物叶片会阻挡喷水射程的区域。在振荡臂上的一系列黄铜喷嘴会喷出水柱。这种喷灌器可以在相当大的矩形区域均匀喷水，喷水区域的大小可以调整。

滴灌系统
输水软管与一个起过滤作用且降低水压的单元相连。水沿着由扎进土地中的钉子支撑的管道网络流动。购买额外的滴灌头和管道可以延伸这种灌溉系统。

- 可拆卸的清洁过滤器
- 软管接头
- 管道接头
- 降低水压的中央单元
- 滴灌头
- 清洁工具
- 钉子

智能定时器
可以让你提前输入浇水的开始时间和持续时长，在你很忙或度假时会自动浇水。

浇水定时器
可以设定浇水持续一段时间后关闭，从5分钟至2小时不等。

常用园艺装备

除栽培和维护花园的工具，根据你自己的需要，许多其他零散工具（如运输装备和种植辅助器具）也可能很有用。

手推车

手推车可用于运输植物、土壤，以及基质和花园杂屑等材料。它们可以是用金属或塑料制造的，前者更加耐用。如果涂料剥落，涂料下面的金属会很快生锈；即使是镀锌金属箱最后也会生锈。塑料箱虽然较轻，但会开裂。

球轮手推车比标准手推车的稳定性更好，它更容易在刚刚挖掘过的土地上使用。最适合繁重工作的是建筑用独轮手推车，它拥有缓冲性更好的可充气轮胎。有婴儿手推车一样手柄的双轮手推车（有时称为园艺手推车）比较稳定，容易装货和卸载，但在不平的地面上没有标准的独轮手推车容易操纵。

席子和袋子

便携席子和袋子适合运输质量轻但体积大的花园垃圾，如修剪绿篱得到的残枝。当不使用的时候，它们占据的空间非常小。它们应该质量轻，拥有结实的把手，并由防撕裂的材料（如编织塑料）制造而成。便携袋的容量比席子更大。浅底篮和篮子适合较轻的工作任务，如运送鲜花或水果。

塑料袋

透明塑料袋适合多种用途，例如，防止采下的扦插材料脱水，以及覆盖花盆中的插条以提高它们周围的空气湿度。重复利用的食品袋和冰箱冷藏袋都可以使用，只要它们是用聚乙烯制造的并且不会太薄——其他材料的保湿性能没有聚乙烯好。

跪垫和护膝

覆盖着防水材料的跪垫是在进行除草等工作时为了舒适将膝盖跪在上面使用的，而护膝是绑在膝盖上的，并且常常只有一个型号，所以在购买前应该检查它们的大小是否合适。跪凳在其稍微升起的平台上支撑膝盖，并且有在跪着或站着时提供支撑的扶手。在抬升苗床或温室工作台旁使用时，它们还可以头朝下翻转过来，作为小凳子使用。

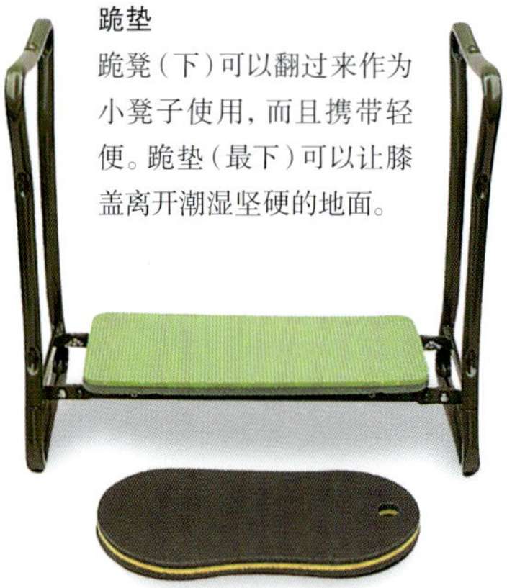

堆肥箱和高温堆肥箱

要想最快地分解材料，堆肥箱应该有一个保持温度的盖子，设置方便存取其中堆肥的板条或面板，还得有至少1立方米的容积以产生足够热量来加速腐败过程。可以买到传统的木质堆肥箱零件，很容易组装。塑料堆肥箱通常比金属的或木质的更有效，因为它们能够保湿，减少对浇水的需求。可以旋转翻动堆肥的堆肥箱并不会比设计良好的传统堆肥箱更快地制作出优质堆肥。高温堆肥箱包括一个隔热箱，可以将堆肥的温度保持在60℃，三个月就能制造出堆肥。基础材料（如木屑和碎纸）需要和日常产生的厨房垃圾一起投入其中。

焚化炉

与篝火相比，焚化炉可以更迅速、更干净地焚烧垃圾，不过如今许多园丁将园艺垃圾粉碎或堆肥后循环利用。开网型焚化炉适合焚烧干燥材料（如小树枝和树叶），某些型号使用后可以折叠起来保存；镀锌钢箱形焚烧炉适合缓慢地焚烧潮湿的木质材料。两者都必须有良好的通风。

粉碎机

堆肥粉碎机可以将木质或坚硬的园艺垃圾切碎，如球芽甘蓝的老旧茎干，直到它碎到足以在堆肥堆中快速降解。粉碎机通常是电动的，闲置时不能留在室外。大多数机器由快速旋转的刀锋操作，但某些类型主要利用碾压和切割来切碎，它们使用起来更加安静和方便。

小型粉碎机只能接受细的木质枝条，并且需要不断填料，耗时较长。偶尔租用一台可以处理较粗树枝的大型机器也许会更好。

手推车的类型

传统的独轮手推车
大多数独轮手推车拥有一个实心轮子和一个浅箱，不过某些型号可能会安装延伸的部分，以增加其容量。

双轮手推车
拥有两个轮子的手推车可以用于运输很重的东西，或者在不平的路面上使用，两个轮子可以提供额外的稳定性。

便携袋

便携席子

浅底篮

跪垫
跪凳（下）可以翻过来作为小凳子使用，而且携带轻便。跪垫（最下）可以让膝盖离开潮湿坚硬的地面。

带活塞的可拆除料斗

粉碎材料的收集盒

使用粉碎机
料斗不能直接接触刀锋。佩戴护目镜和手套，以防止飞溅的残渣和多刺的茎干造成危险。

种植和播种辅助工具

普通园艺工具或家居用具常常用来种植和播种,例如,木棍和铅笔可以代替戳孔器做出种植穴。不过,专用工具的确可以让一些累人的工作变得更简单和快捷。

播种工具

这些工具可以加快播种速度并保证播种均匀。主要有四种类型:振动器、注入器、轮式播种器和盘式播种板。

振动器是手持设备,用于在准备好的播种沟中播种。需要一定技巧来保证种子分布均匀。

注入器将每粒种子单独塞入既定深度。

轮式播种器很适合均匀分布种子。其具有长手柄,可以站姿使用。

盘式播种板是薄的塑料板或木板,其中一侧有模制的突出点。当将其按压在播种基质上后,它们会压实基质表面并形成间隔均匀的播种穴。

球根种植器

球根种植器适用于逐个种植大量球根。如果种植成群小球根,小泥铲或手叉会更好。通常用脚将球根种植器踩进土壤。它会带走一块土或草皮,在种植后重新将土壤或草皮盖到球根顶部;某些型号可以通过挤压把手将土块推出。

戳孔器和小锄子

戳孔器是铅笔形状的工具,用来做出种植穴。使用小型戳孔器可以移栽幼苗或扦插插条,使用大型戳孔器可以移栽韭葱等需要较大种植穴的蔬菜,还可以用它穿过塑料护根种植。小锄子的形状像小型抹刀,适合挖出幼苗和生根扦插苗,并最大限度地减少工具对根系的扰动。

园艺手套

园艺手套有各种用途:有些是为了在操作土壤或基质时保持双手干净,有些是为了防止刺扎伤双手。

皮革和织物手套可以抵御刺扎,适合修剪月季等工作。在购买皮革手套时,确保皮革延伸得足够长,可以保护整个手掌。全皮革或山羊皮手套能够提供非常好的保护,但在温暖天气下佩戴会比较闷热。长手套可以覆盖手腕和小臂前端。

许多手套是用织物和乙烯基材质制造的。某些手套全部包裹着乙烯基材质,而另外一些只在手掌部分覆盖了乙烯基。它们适用于大多数工作,并且比单纯的织物手套更能保持双手的清洁。覆盖乙烯基材质的手套适合用于干一些脏活累活,比如搅拌混凝土,但对于需要敏感触觉的工作来说,它太厚了。

带乙烯基材质的织物手套

山羊皮长手套

山羊皮和织物手套

棉织物手套

园艺线

园艺线主要在菜畦中用于形成笔直的垄,不过对于其他工作也一样有用,比如在规划或设计时划定各区域,或者在种植树篱、修建墙或露台时形成直边。

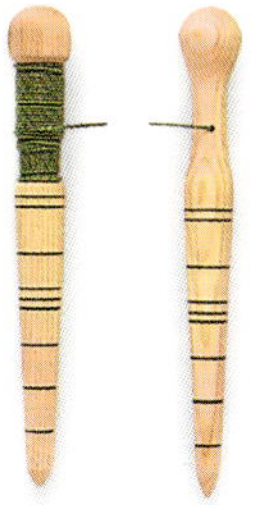

园艺线
大多数园艺线在一头有可以插入地面的尖桩。凹槽可以让你在木桩之间拉出水平的线。

筛子

园艺筛的网眼通常为3~12毫米,用于将粗材料从土壤或盆栽基质中分离出来。在播种或种植前,使用大网眼的筛子将土壤中的石块和小树枝筛除;播种后使用细网眼筛子为种子覆土。金属网筛子比塑料网筛子更好用,也更耐久。

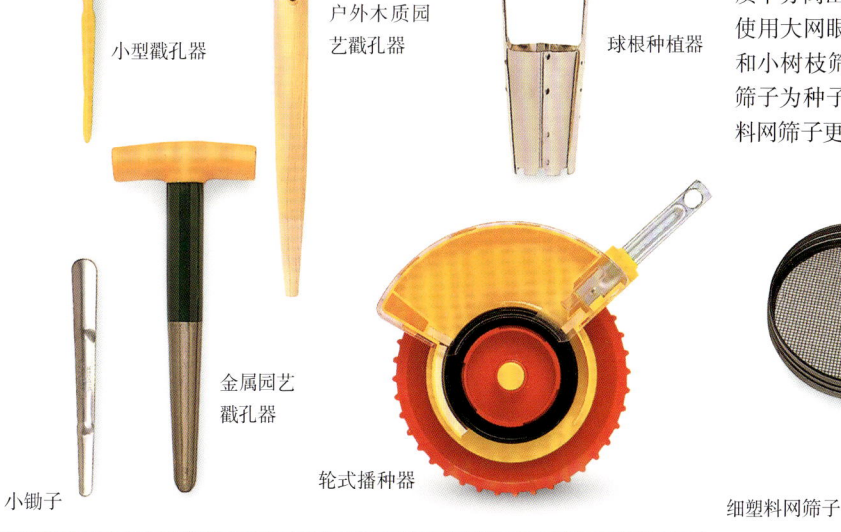

温度计

最适合花园和温室使用的温度计是高低温度计,因为它能够记录环境的最低和最高温度。带玻璃管的传统温度计很可靠,但电子温度计可以附带其他功能,如湿度传感器或者让你能够在室内看到读数的远程传感器。土壤温度计可以帮助判断何时播种。

高低温度计  电子温度计

雨量计和气象站

雨量计用于测量降雨或灌溉量,它有助于确定花园中被雨影区影响的区域。电子气象站有一个室内单元,可以显示室外传感器的读数。气象站可以监测气压、湿度、降雨量、风速和温度。

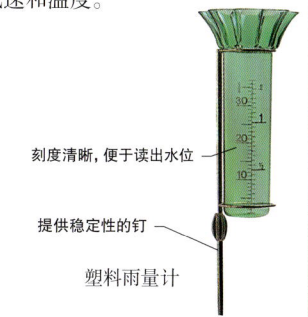

种植和播种工具

小型戳孔器
户外木质园艺戳孔器
球根种植器
金属园艺戳孔器
小锄子
轮式播种器
金属网筛子
细塑料网筛子

刻度清晰,便于读出水位
提供稳定性的钉
塑料雨量计

绑结和支撑

绑结有许多用途，但主要用于固定攀缘、蔓生或柔弱植物；有时候某些植物需要支撑以抵御风雨。绑结必须牢固，同时不能限制茎的生长，而且每年必须检查一次。枝条柔软的植物应该使用麻线或酒椰纤维等较轻的材料。

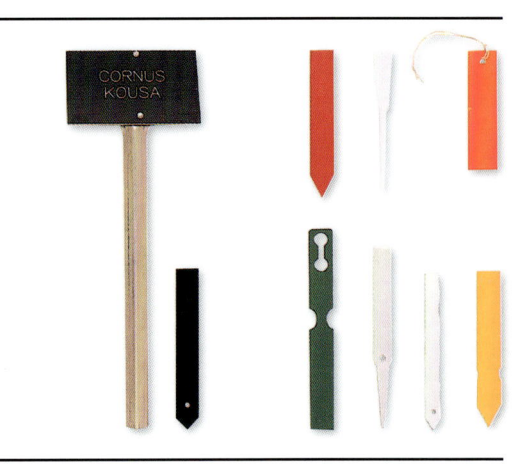

通用绑结

将园艺绳线或麻线缠绕三圈，适用于大多数绑扎任务。酒椰纤维适合在嫁接后绑扎接口，是一种较轻的绑结，而黄麻线等柔软的绳线会在一年左右降解。透明的塑料带很适合用于嫁接；还可以买到专用的橡胶带。浸透柏油的绳线或聚丙烯线都是可靠的耐风化绑绳。

用塑料覆盖的绑绳很结实，可以使用数年之久。从安装标签到整枝金属丝或框格棚架以及连接竹竿，这种绑绳都很实用。它们还可以卷在内置刀具的容器内。

种植环

它们是劈开的金属线环；也有塑料覆盖的线环。种植环可以围绕植物的茎及其支撑轻松地打开和合拢。它们适合负载较轻的工作，例如将室内植物连接在竹竿上。

树木固定结

橡胶材质的树木固定结结实、耐用，非常适合将年幼乔木固定在立桩上。它们应该容易调节，以免限制树干的增粗。选择带缓冲垫的固定结，以免擦伤树干，或者用衬垫结打成8字结形状（见"树木固定结"，93页）。将绑结钉在立桩上。

墙面固定

特制的尖刺可以将攀缘植物的主干固定在墙壁或其他支撑结构上。铅头钉子更结实，带有柔软的刺，可以弯曲起来将茎干和小树枝固定在墙壁上。拉扯金属线的带环螺丝可以用来固定贴墙生长的植物。在砖石墙上可以使用扁平带环钉；对于木质墙板或埋有膨胀螺栓的墙壁，将带环螺丝旋入墙面。

竹竿和立桩

竹竿适合支撑单干植物，但随着时间流逝会裂开并腐烂。耐久性更好且更昂贵的是PVC材质的立桩和覆盖塑料的钢条。簇生的边境植物需用金属连接桩或环形桩支撑（见"立桩和支撑物"，195页）。乔木和标准苗型月季需用结实的木桩支撑。

网

有各种材料的网，网眼也有大小。网的用途很广泛，如支撑植物、保护水果抵御鸟类以及为温室植物遮阴（见"遮阴"，552页）。编织塑料网比挤压塑料网更经久耐用。在支撑植物时，应选择网眼大小至少为5厘米宽的网；更小的网眼会缠住植物。对于香豌豆等植物，稀疏而柔软的塑料网就足够了；较重植物需半硬质塑料网。在保护水果时，应使用专门设计的塑料网，网眼大小为1~2厘米。使用网眼2.5厘米的网保护幼苗和冬季蔬菜抵御鸟类。确保网被拉紧，最大限度地降低鸟类和其他动物被缠住的可能性。用木钉将网固定在地面上，不要留出间断和空隙，这样动物就不会被困在里面。当不需要塑料网提供的保护时，就将它们撤去；塑料网上的积雪会将它们毁掉。铁丝网可用来帮助植物抵御兔子等动物侵犯，还可在修建池塘或石槽时用来加固混凝土。对于一般防虫和天气保护，使用可再利用的细网覆盖植物。使用风障网保护暴露地点的脆弱植物（见"风障"，55页）。

标签和标记

花园标签应该持久、耐风化且足够大，可以包含所有你想标记的信息。木质标签是最合适的选项，并且适合短期使用。塑料标签很便宜，且可以重新使用；如果用铅笔写的话，字迹可以保留一个生长季。大部分塑料在老化后会逐渐变色、变脆，但它们非常适合为育苗托盘标记。带环标签可以固定在植株茎干上，很适合用在需要在视线高度设置标签的地方。对于耐久性更好的防水标签，使用那些覆盖黑色涂料的；写字时划去黑色覆盖材料，露出下面的白色塑料板，但只能写一次。铝标签和铜标签更贵，几乎能永远使用下去，但书写内容可能每隔几年就需要更新。

植物的支撑和绑结

立桩和支撑
- 竹竿
- 月季立桩
- 绿竹竿
- 苔藓柱
- 劈开的竹竿
- 树木立桩
- 树木固定结
- 月季固定结
- 塑料绑结
- 种植环
- 花园绳线
- 扭结
- 环形桩
- 连接桩

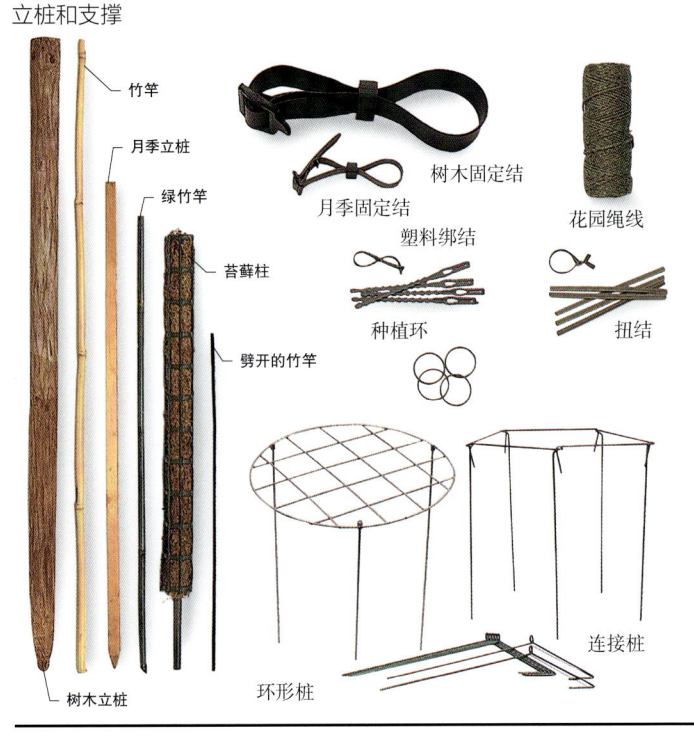

墙面固定
- 扁平带环钉
- 带环螺丝
- 带刺的铅头钉

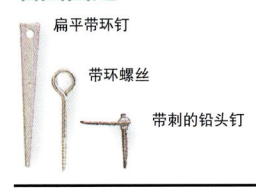

网
- 遮阴网
- 植物支撑网
- 塑料网 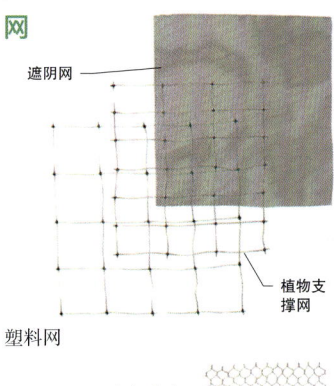 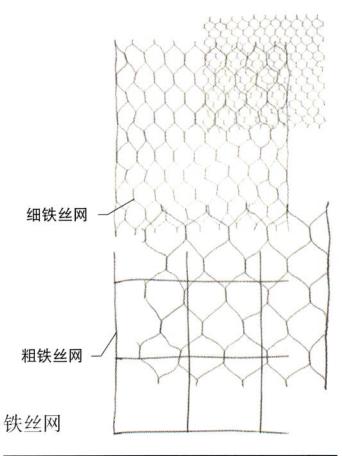
- 细铁丝网
- 粗铁丝网
- 铁丝网

花盆、托盘和生长基质

花盆有许多尺寸，不过只有两种基本形状：圆形和方形。虽然圆形花盆比较传统，但相同尺寸下，方形花盆能更装更多基质。为节省空间，可使用方形花盆，它们可紧凑地挨在一起。圆形花盆根据花盆边缘的内径分类；方形花盆根据一侧边缘的长度分类。大多数花盆有稍倾斜的侧壁，在重新上盆或移栽植物时可轻松地将根坨完整取出。

标准花盆的深度和宽度一样。浅盘或播种盘的深度是相同直径标准花盆深度的三分之一，适合用来萌发种子。半花盆的深度是相同直径标准花盆深度的一半至三分之二，常用于根坨较小植物的商业生产。长汤姆（long Toms）花盆是窄而深的花盆，是同样直径的标准花盆深度的两倍或以上，适合种植深根性植物。对于根系很深的幼苗，香豌豆管（sweet pea tubes）或向上开口的根系整形管（root-trainers）是理想容器。拥有网状侧壁的格子花盆可种植水生植物。无底花盆（常由沥青纸制成）用于在温室中栽培番茄（见"在保护设施中种植"，506页）。

花盆材料

黏土花盆是传统款式，常常更加美观，而且如果齐边埋入沙床中种植高山植物的话，必须使用黏土花盆。然而，塑料花盆是最易得和用途最广泛的类型。尽量不购买新的塑料花盆，而是重复使用和回收旧塑料花盆（见"选择容器"，330~331页）。有些园艺中心和园艺慈善组织接受所有类型的塑料花盆，用于回收或重复使用。

还有可生物降解和可堆肥花盆，它们是用椰壳纤维或麻类纤维制造的。有些可以重复使用数次，然后拿去堆肥；有些可以和年幼植株一起种在室外，植株的根系将从正在降解的花盆中长出来。

花盆和浅盘

花盆和浅盘用于室内和户外栽培植物。较小的花盆、浅盘和半花盆适合繁殖和种植年幼植株。

- 观赏赤陶花盆
- 标准大花盆
- 标准花盆
- 半花盆
- 播种盘
- 播种、育苗和扦插花盆
- 浅盘

可降解花盆和小筒

它们很适合不喜根系扰动的植物，因为它们可以连带植物直接种植在苗床中。植物的根可以穿透花盆的侧壁和底部进入土地。它们一般是用压缩泥炭替代物或者各种其他纤维制造的，而且制造时可以混入植物养料。可生物降解小筒适合幼苗和生根插条，在使用前必须用水泡开。许多园丁用卷筒厕纸内壳或双层报纸自己制作可降解花盆。

播种盘

塑料播种盘可以用非常薄的塑料制造，但这样的话它们很难撑过一个生长季；也可以使用更经久耐用的硬质塑料制造。将播种盘存放在避光处可以延长其使用寿命。除了营造复古环境的地方，传统木质播种盘非常少见。

穴盘

拥有多个穴孔的穴盘特别适合播种豌豆或蚕豆这样不耐移植的幼苗。每个穴孔的侧壁都向内倾斜，这样移栽幼苗时对它们脆弱的根系造成的影响很小，幼苗能快速适应周围的新环境。穴盘的材质有塑料、发泡聚苯乙烯和可生物降解纸等，穴孔大小和数量也有一系列差异，从四个到数百个不等。

生长基质

在播种和插条生根时，使用合适的基质可以得到更高的成功率。对于成年植物，见"适用于容器的基质"，332~333页。

标准播种基质

细小种子需要和萌发基质良好接触，所以应该播种在特制的播种基质上，这种基质应该质地细腻，保湿性好，养分含量低，因为盐分可能损伤幼苗（见"约翰英纳斯基质"，332页）。

标准扦插基质

用于插条生根的基质需要排水顺畅，并在高湿度环境下能良好地使用。可能含有树皮、珍珠岩或二者的混合物，粗砂比例很高（见"盆栽基质"，332页）。扦插基质的养分含量较低，所以一旦插条生根就需要施肥。

惰性生长基质

无菌惰性生长基质不会产生含土壤或无土盆栽基质常见的病虫害问题。某些最常用的类型包括岩棉、珍珠岩、蛭石以及陶粒（见"水培系统"，379页）。

播种托盘和穴盘

它们用于播种、扦插和种植幼苗。使用坚硬的外层托盘装纳含有塑料穴孔的轻薄一次性穴盘。穴孔很适合移栽幼苗和单独播种。

长汤姆花盆 这种花盆适合种植在标准花盆中生长受限的深根性植物。

无底花盆 这种无底花盆用于番茄的温室栽培，在石子上装载盆栽基质。

香豌豆管 它们适合种植快速长出长根系的幼苗。

球根篮 这样的篮子可以帮助球根抵御动物，并且植物开花后容易带篮提起。

可生物降解花盆 用于繁殖不耐移栽的植物。

格子花盆 这种花盆适合沉入水中的植物，但应该衬垫麻布以保存土壤。

温室和冷床

许多人抗拒安装温室的想法,因为他们错误地认为温室很昂贵,并且认为需要有丰富的园艺知识才能合理地使用和维护温室。然而事实并不是这样的。在保护设施中进行园艺活动,不但会补偿最初的花费和努力,还能为园艺之趣开拓一个全新的世界。作为一个全年都可进行园艺活动的全天候空间,温室是一项很划算的投资,它能够让你以很小的成本为花园繁殖植物。即使只有一小块地,你也可以找到与其适应的紧凑的温室型号。或者你可以考虑安装一个冷床——尺寸较小但对于园艺实践好处多多。

保护设施中的园艺

温室、冷床和钟形罩对于任何花园都是有用的附加结构,并且有各种尺寸,可以用在任何能够使用的空间中。每种类型的结构都有独特的功能,不过它们常常彼此搭配使用。生产力最强的花园同时使用这三种结构。

不加温结构

不加温温室主要用于提前或延长耐寒和半耐寒植物的生长期。冷床的作用与之相似,不过它们常常用于温室繁殖植物的炼苗以及储藏休眠植物。钟形罩用于就地保护花园中种植的植物。

加温结构

加温温室的用途比不加温温室或冷床的用途广泛得多,能够在其中种植的植物种类也丰富得多,包括许多在温带或寒带气候区无法露天生长的不耐寒物种。此外,加温温室还能提供适合植物繁殖的环境。

为温室选址

温室的位置最好能与整体花园设计互相融合。它应该位于背风处,但需要足够光照让植物茂盛生长:太多阴凉会限制可以轻松种植的植物种类,而暴露的地点会让温室的加温成本陡升,植物在寒冷的夜晚可能得不到足够的保护。

提前规划

在购买温室前,在选址上花些时间是值得的。如果可能的话,详细记录冬季或春季花园中房屋以及所有邻近车库、乔木或其他大型结构产生的阴影,以免将温室设置在一天的很多时间处于阴影中的位置。温室的长轴应该是南北方向的,使其在夏季能最好地利用阳光。如果在春季培育植物,或者为了不耐寒植物的越冬,东西方向的温室能够在一天当中的大多数时间里提供良好的光照条件。

如果你将来有可能延伸温室,或者建造第二座较小的温室,则应在现场留出足够空间。

独立式温室

设置独立式温室的最佳位置是在远离建筑和乔木的背风明亮区域。如果位置较高或暴露多风,则应选择有绿篱遮挡作为风障的区域,或者建立一道栅栏或其他屏障。风障本身不应该投射太多阴影在温室上;不过,它们不需要很

温室、排水槽和储藏水

节约用水在温室和冷床中和在露天花园中一样重要,而且需要将水储存起来,在非常干旱的时期用于养护温室植物和繁殖材料。毛细系统、渗透软管和滴灌系统可以将水运输给有需要的植物,不过如果安装排水槽、落水管、储水箱或集雨桶的话,温室本身就能提供宝贵的雨水。不是所有温室都有排水槽,所以在购买前应该确认清楚。

通过在温室工作台下设置下沉式水箱,可以储藏更多的水。将屋顶的雨水通过温室内部的落水管引到容器上方,就能将雨水收集起来。

定期检查水龙头、连接处和容器,确保水分不会渗漏流失。

温室风格
这栋传统式温室是花园的内在组成部分。绿篱和乔木提供了屏障,但距离没有近到显著减少光照。所需的养护很少:定期用防腐剂处理木材。

高——2.5米高的绿篱能够为12米或者更远的距离提供保护。

不要将独立式温室设置在建筑附近或建筑之间，因为这会产生风漏斗效应，有可能损坏温室和其中的植物。斜坡底部以及斜坡旁边的墙壁、绿篱或栅栏附近不应该用来建造温室，因为冷空气会聚在这些地方（见"霜穴和冻害"，53页）。

单坡面温室

在一面能够接受阳光和阴凉的墙壁处放置单坡面温室。不要将它设置在一天当中大部分时间被阳光照射的地方，否则温室在夏季会过热，即使有遮阴和良好的通风系统。

出入

要牢记出入方便的需要。离房屋较近的位置比较远的位置好。还要保证温室门前有开阔空间，便于装载和卸载。任何通向温室的通道都应该是水平的。通道最好拥有坚硬且有弹性的表面，还要足够宽以通行手推车。

水电管道

选择方便水电管道连接的地方，如果需要这些设施的话。虽然电力对于加温并不是必不可少的，但电力对于照明、温度调节和时间控制装置很有用。水管连接会让灌溉植物变得更方便，特别是如果使用自动灌溉系统的话，这省去了在花园里拖拽软管的需要。

选择地点

开阔且背风的地点对于温室是最好的——不应该在风漏斗的路径上。如果没有自然风障，就人工建造一道屏障。

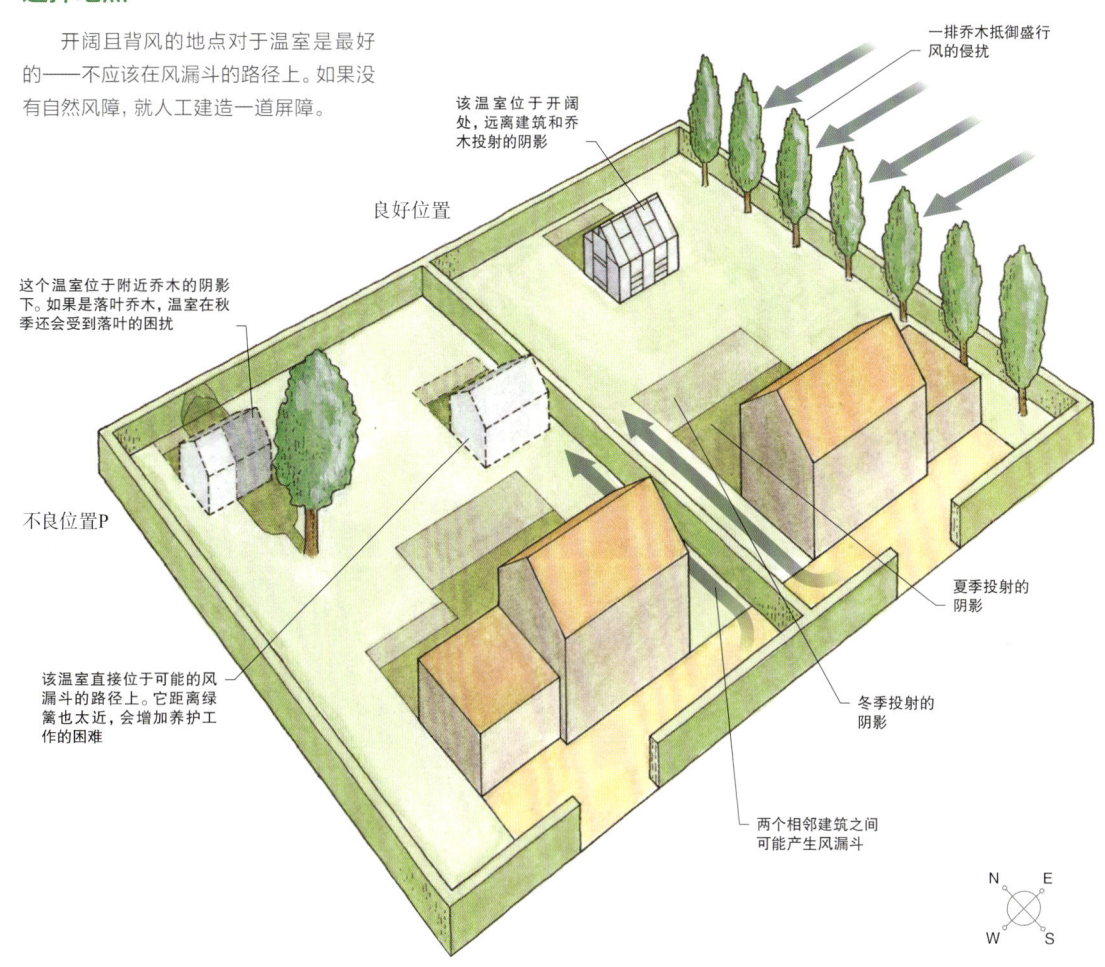

一排乔木抵御盛行风的侵扰

该温室位于开阔处，远离建筑和乔木投射的阴影

良好位置

这个温室位于附近乔木的阴影下。如果是落叶乔木，温室在秋季还会受到落叶的困扰

不良位置P

该温室直接位于可能的风漏斗的路径上。它距离绿篱也太近，会增加养护工作的困难

夏季投射的阴影

冬季投射的阴影

两个相邻建筑之间可能产生风漏斗

选择地点
远离高大建筑的避风场地，并且前面有一片方便进出的无遮挡区域，是独立式温室的理想位置。

温室的朝向

如果温室主要在夏季使用，它的长轴应该是南北方向的。如果需要在春季拥有良好的光照——这时候太阳在天空中的位置较低，则应该让温室呈东西走向，以最大限度地利用阳光。

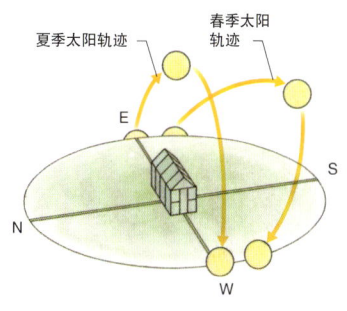

夏季太阳轨迹　春季太阳轨迹

选择温室

在购买温室之前，仔细考虑它的使用方式，以便选择最合适的风格、尺寸和材料。比如，用于花园房的温室与纯粹功能性的温室就存在很大差异。如果种植热带和亚热带植物，形状美观、中央空间可以摆设台子的温室就可以增加植物展示的效果。

温室有许多不同的风格。某些温室最大限度地利用空间，或者提供最佳的通风；有些温室保温性很好或者可以让更多光线透入。在决定了优先考虑的因素后，风格的最终选择取决于个人喜好。

传统温室

较传统的类型适合种类众多的植物，包括传统跨度温室（traditional span）、荷兰光温室（Dutch light）、四分之三跨度温室（three-quarter span）、单坡面温室（lean-to）以及曲面温室（Mansard或curvilinear）。它们都有铝或木质框架，以及全玻璃或部分玻璃的侧壁（荷兰光温室除外）。传统温室还有种类广泛的配件，包括工作台和架子等。

专用温室

专用温室有许多类型，包括穹顶形温室（dome-shpaed）、多边形温室（polygonal）、高山植物温室（apline house）、保育温室（conservation）、迷你温室（mini）和塑料大棚温室（polytunnel），它们在外观上和传统温室有很大的差异。某些类型本身就是花园中漂亮的景致，而其他类型特别物有所值或者用于种植特定类型的植物。

高山植物温室

这种类型的温室传统上是木结构的，在两侧有百叶窗式通风口，利于通风。高山植物温室一般是不加温的，并且只在最寒冷的冬季天气中关闭，所以不需要隔离保暖。这种温室不适合柔弱的不耐寒植物，适合种植那些能在光线充足、通风良好状况下茂盛生长的但不喜潮湿和雨水的植物。形状和传统跨度温室相似。

单坡面温室

在没有充足空间的地方，单坡面温室是一个很好的选择，而且特别适合作为主要用于观赏的展示性温室使用。

许多单坡面温室在外观上与保育温室相似，可以用作花园房。在和房屋墙壁相邻的单坡面温室中安装燃气和水电管道更便宜，并且比在离房屋较远的温室中铺设管道更省工。此外，使用房屋墙壁意味着可以降低加温需求；砖墙可以储藏阳光（尤其是南向墙）和房屋供暖系统的热量，然后将热量释放到温室中。

砖墙的隔热性良好，所以单坡面温室的热量散失比其他类型的温室都低。

迷你温室

这种有用的低成本温室非常适合狭小的空间，因为它可以有各种高度、宽度和深度。还有独立式和车轮式型号。如果只种植少量植物的话，迷你温室是最好的选择。迷你温室最好朝向西南或东南，从而让最多的光线射入。工作台有各种深度，并且高度可以调节。出入可能是个问题——所有工作都必须从外面进行。温度常常快速变化，所以如果可能的话安装上通风口。不想灼伤植物的话，夏季进行遮阴也是必要的。

塑料大棚温室

在外观不是很重要，而且需要提供低成本保护的地方（如菜畦），塑料大棚温室具有许多优势。它由巨大的管道形框架组成，上面覆盖着结实的透明塑料布，广泛用于种植需要一定保护但不是传统温室温暖条件的植物。塑料大棚将冬季的严霜阻挡在外，并常年为植物挡风。由于它们较轻且相对容易移动，所以它们常常在轮作的菜地中使用。塑料大棚使用的高强度聚乙烯每过几年就需要更换一次，因为它会逐渐变得模糊，限制光线进入。若要实现最高的可持续性，应尽量减少塑料的损坏，并在需要更换时负责任地回收塑料。

对于非常大的种植区域，商用塑料大棚是一项划算的投资，但对于小花园，家用塑料大棚会是更好的选择。某些塑料大棚内包括一些工作台，不过大部分塑料大棚主要用于种植地面上生长的作物，这些作物直接种植在土壤、花盆或种植袋中。

通风可能是一个问题：门提供了一个很有效的通风口——特别是在两端开口的大型塑料大棚中，有些类型的侧壁还可以卷起。

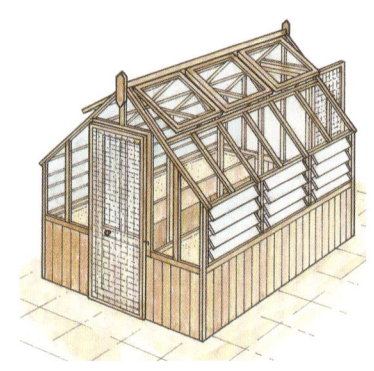

高山植物温室

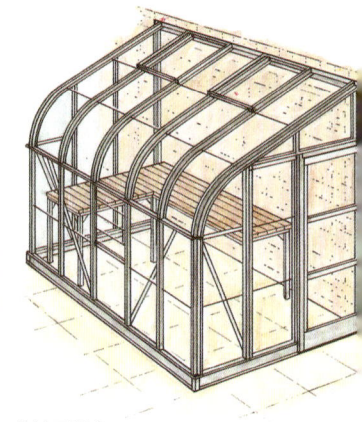

单坡面温室

选择尺寸

温室摆满植物后，总会让人觉得它很小，所以可能的话，购买一个可以延长的温室。虽然大温室的加温成本比小温室高，但在冬季可以将一部分单独划出来，其余部分不加温（见"热屏障"，551页）。

空间上的考虑

主要用于观赏植物的温室应该拥有大量内部空间用于摆设工作台，工作台可以分层，设置在中央或后方。为提供植物繁殖和继续生长的空间，可能必须在温室中单独划出一块区域（也可以使用冷床来繁殖）。

长度、宽度和高度

2.5米的长度和2米的宽度是一般用途传统温室的最小实用尺寸。

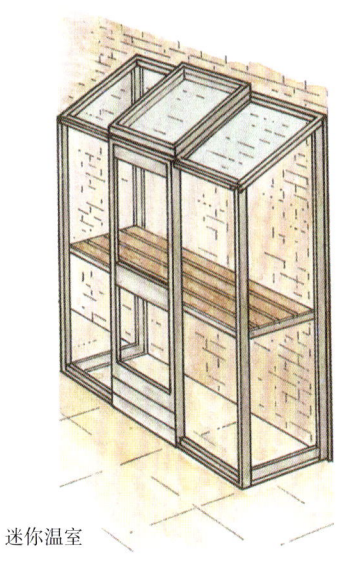

迷你温室

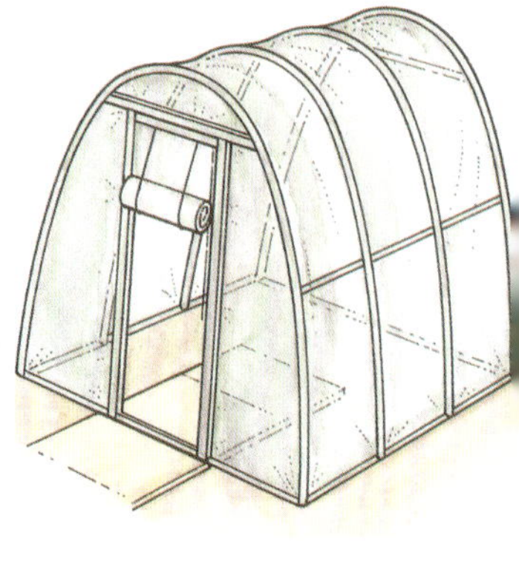

塑料大棚温室

比这更小的温室会限制可以种植的植物种类,并让环境的控制变得困难——夏季的气流和快速热积累在小温室中更容易成为问题,并可能导致温度突然波动。在超过2米宽的温室中,可能难以够到工作台后面的花盆和通风装置。两侧60厘米宽的工作台可以在中间留下同样宽度的通道。

如果要在温室苗床中种植,应选择2.5米宽的温室,两边的苗床宽度为1米。如果需要较宽的通道方便手推车出入,那么2.5米的宽度也很合适。

许多小型温室的屋檐和屋顶较矮,使得在苗床或工作台上工作时间较久的话会比较累。为得到更高的高度,可以将温室建设在矮砖墙上或者在温室里挖下沉通道。

材料

温室的建造材料有很多。在选择框架和透光材料时,最重要的考虑因素是实用性、成本以及所需的维护量。材料的外观也可能会比较重要;金属很结实,但人们常常更喜欢传统的木材。

框架

传统的选择是木框架,并且一般认为它们是最美观的。不过它们会比较贵,建造起来也比较费力。尽可能选择耐久性好的木材。应该寻找有可持续来源的硬木框架。优质温室应该耐腐蚀,不会弯曲,如果每一两年进行专门处理的话还能不褪色。

用红杉类(redwood)木材建造的温室比用雪松木(cedar)建造的便宜。在组装之前,应该使用防腐剂对木材进行高压处理,还需要经常粉刷以防止腐烂(见"结构框架",561页)。

使用铝合金框架的温室几乎不需要养护。它们的保温性不如木框架的温室,不过二者差别很小。

购买温室

在购买温室之前,按照下列各点逐一核实,以免日后后悔。

- 屋脊高度应至少为2.1米;记得为屋顶通风口留出伸展空间
- 生产商提供的屋顶通风口一般不足——总通风面积应该等于屋顶面积的六分之一。可能需要额外的通风口
- 玻璃应该容易更换;使用标准尺寸的玻璃板——60厘米见方或60厘米×45厘米。荷兰温室的大玻璃板更换起来很昂贵。如果需要保持高温,可以考虑使用双层玻璃,不过这会大幅增加成本
- 屋檐高度影响头部空间——它应该至少1.3米高,便于工作
- 温室门可以是铰链式或滑动式的。必须足够宽:60厘米是实用最小宽度。如果有轮椅或手推车进出,它们应该更宽并且不能有门槛。滑动门可以用来调节通风,而且与铰链式门相比不容易被风关上。确保门关闭时紧密牢固,否则它们会放入气流
- 侧壁通风口能够允许空气自然流通。百叶窗在寒冷天气中必须紧闭以最大限度地减少热量损失
- 在冬季使用盖板减少热量损失,除非种植温室苗床植物
- 如果温室没有砖砌地基加固的话,应使用地锚
- 门底部的踢板最大限度地减少了玻璃破碎的可能
- 排水槽和落水管减少了雨水从屋顶泼下从而损坏附近植物的危险
- 基础可能是可以选择的额外结构——在对比价格时记住这一点,因为大多数木质框架温室需要基础。某些基础可能有台阶,难以进出轮椅和手推车

建筑材料

实用性方面的考虑因素(如牢固程度和日常维护)应与美观程度一并考虑。

木材
木质框架是花园温室的传统选择。硬木所需的维护水平很低。

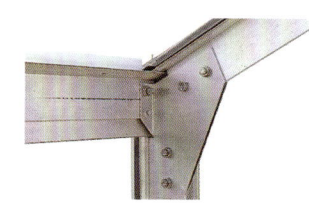

铝
铝合金框架质量很轻,且极为坚固,所需的维护极少。

粉末涂层铝
极其耐用的粉末涂层铝有多种颜色可供选择,以适配不同的花园风格。

镀锌钢也常用于建造温室框架。钢框架轻且容易建造，还非常结实。它们比木质框架和铝框架都便宜，但必须经常粉刷（见"结构框架"，561页）。

铝框架和钢框架比木质框架窄，因此可以使用更大的玻璃板，透光性更好。

玻璃板

园艺玻璃是最令人满意的温室镶嵌材料：它的透光性极好，而且比普通玻璃更薄、更便宜。它容易清洁，不会变色，并且比塑料材料能保持更多热量。不过，玻璃没有塑料坚固，所以破损会成为问题，因为玻璃板必须马上更换。

塑料板

塑料一般比玻璃贵，而且耐久性较差；它们更容易变色，随着时间还会产生划痕，不仅难看，而且如果变色严重的话，还会减少透过的光量。

聚丙烯薄板用于镶嵌许多温室的弯曲屋檐，因为聚丙烯可以轻松地塑形，使结构呈现优美的轮廓。和传统玻璃板相比，它的表面更容易产生冷凝水珠。

硬质聚碳酸酯薄板也常用于镶嵌温室。它们容易操作，质量轻，几乎不会破裂，隔热性也很好，有利于节约能源和降低冬季加温成本。

双层聚碳酸酯的隔热性非常好，但其透光性比较低，在温室中会是一个大问题。

尺寸

大多数当地玻璃商可以将玻璃切割至你需要的尺寸，费用很低。重要的是确保你给出的任何数字都是精确的。仔细计算它们，确保玻璃有足够的空隙参与日后要使用的支架系统。如果使用塑料镶嵌材料，它通常是板子状供应的，一般在家使用工艺刀和直尺就可以切割成形。

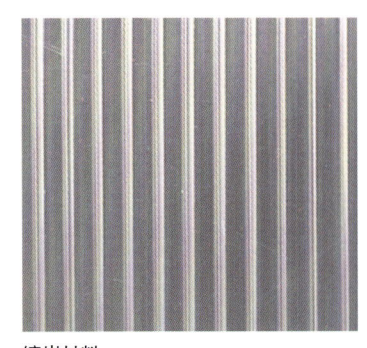

镶嵌材料
硬质塑料板材轻便且容易安装。这是双层聚碳酸酯板，隔热性很好。

建造温室

如果温室在一开始建造得法，那么它所需要的维护就会少得多，而且使用寿命也会长得多。下面列出的信息适用于许多不同的温室类型和设计：一定要按照生产商的建议建造。如果在任何问题上存疑，就要和供应商或温室制造商沟通细节。

如果需要的话，某些通过邮购提供温室的制造商还可以提供建造服务，但一般会要求提前平整地面并准备好砖砌基础（见"建造砖砌基础"，右）。

准备现场

将温室建造在紧实平整的土地上，否则框架会歪斜扭曲，从而导致玻璃碎裂。选定地点必须彻底清除杂草，因为温室建立起来后杂草很难清理干净。如果选中建造温室的地点刚刚被挖掘过，让土壤沉降数周，然后使用重滚筒碾压地面。

地基

小于2米宽、2.5米长的铝框架温室一般不需要厚重的混凝土地基。只需在四角各挖一个25~45厘米深的坑，然后用碎石埋入地锚（见"地锚"，549页），再倒入混凝土进行固定。

如果需要更坚实的地基，则挖一条大约25厘米深的沟，在其中填入15厘米厚的碎砖垫层。将锚定螺栓固定就位，然后倒入混凝土或使用铺装石板，确保与地面平齐。

砖砌基础

砖砌基础必须严格按照温室生产商提供的精确测量数字建造在大约13厘米深的混凝土地基上（见"如何修建混凝土基础"，574页）。混凝土基础的表面必须平齐或低于地面。

木结构温室

木结构温室的组件通常是完整供应的，只需要用螺栓组装在一起然后安装到基础上。

基础

互相咬合的混凝土砌块可用于建造基础，或者建造坚实的混凝土地基或砖砌基础（见"地基"，左；"建造砖砌基础"，右上）。

建造砖砌基础
如果为温室使用砖砌基础，应该提前修建，并且首先铺设合适的地基。在修建基础前与温室生产商沟通，确保尺寸正确。

侧壁、山墙端和屋顶

在温室运来之前，确定需要哪种类型的螺栓或固定件，以及它们是否会一块送过来。首先用螺栓将侧壁和山墙端固定在一起，形成主框架。按照生产商的建议安装方式将主框架固定在基础或地基上。框架脚应该有一体锚定点，可以用螺栓向下牢固地固定。将所有内部件安装在框架上，然后增加屋顶的组件并用螺栓固定就位。

某些木质框架温室只供应没有镶嵌的框架，玻璃或塑料板单独配送。其他类型拥有预先镶嵌好的框架，但移动起来很沉重——两个或更多人才能支撑。

混凝土地基

要想得到坚实的温室地基，需挖一条与温室大小匹配的沟，在其中填入碎砖和一层混凝土。

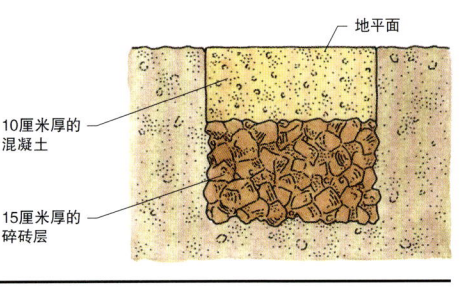

- 地平面
- 10厘米厚的混凝土
- 15厘米厚的碎砖层

金属框架温室的玻璃格条和夹子

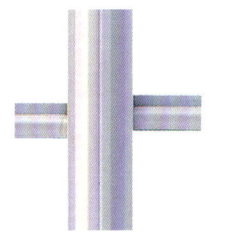

玻璃格条
它们形成了温室的框架。

W形金属夹
用这种类型的夹子将玻璃和塑料板牢牢地固定就位。

弹性带夹
另外一种夹子，它们可以安装到框架上。

如果木材未经处理并且不防腐的话，应该在温室镶嵌板材之前在木结构上涂抹防腐剂。

镶嵌

如果镶嵌时使用油灰，它通常会和温室一起运送过来。将其涂抹在玻璃格条上，然后小心地将玻璃放入。玻璃板通常用镀锌钢或黄铜钉子固定；如果温室生产商没有提供钉子，可以在任何一家五金商店买到它们。

如果不使用油灰，则只需按照供应商的指导步骤镶嵌玻璃。

无论使用哪种方法，都要先给侧壁和山墙端镶嵌玻璃，玻璃板之间重叠1厘米。使用柔软的金属重叠夹子将玻璃板牢牢地固定在一起。

通风口和门

通风口是预装的，所以你预定的温室都已经装好了通风口。将铰链式门用螺丝固定，滑动式门只需插在滑槽中即可。

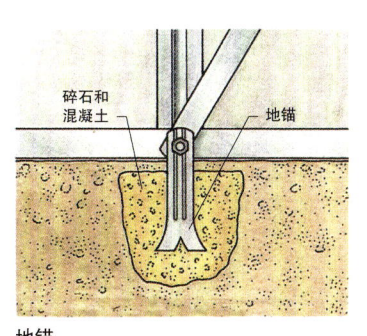

地锚
小型温室可以使用地锚固定。先使用碎石将它们埋到既定位置，然后灌入混凝土。

金属框架温室

金属框架温室是以家庭组装工具箱的形式配送的，而且框架分成几部分——基部、侧壁、山墙端以及屋顶。各部分有独立的组件，需要用螺栓固定在一起。

基部

首先组装基部，保证它绝对水平并且方正，以免框架日后扭曲歪斜；测量两个对角线——长度必须相同。基部必须牢固地锚定在地面上，这在多风或暴露地区特别重要。

如果要将地锚安装在混凝土地基中，需使用生产商提供的螺栓，否则只需将地锚设置在基部四角的碎石或混凝土中。

侧壁、山墙端和屋顶

按照说明书中推荐的次序组装侧壁、山墙端和屋顶。通常先组装侧壁。

首先确定工具箱目录中的所有东西都在，然后在组装前，将每部分的所有零件按照正确的相对位置摆放在地面上。将每部分（侧壁和山墙端）的零件用螺栓固定在一起。决定通风口的位置，并为它们留出合适的空隙。在所有部分组装完成并松散地装配在一起之前，不要将螺母完全拧紧。

将各个部分用螺栓连接在一起，然后连接到基部，最后用螺栓固定屋顶和屋脊的横杆。

通风口

通风口框架是单独组装的，然后在镶嵌板材之前用螺栓固定在屋顶和侧壁上。这样，在选择通风口的数量和位置时，比木质框架温室更灵活。屋顶通风口的铰链通常滑入模制的沟槽中。

镶嵌

镶嵌条对于金属框架温室很有用。将镶嵌条切成相应的长度，然后将它们压入玻璃格条的沟槽中，玻璃格条是成形金属件，用于形成固定玻璃的框架。

首先镶嵌温室的侧壁，将玻璃板放入玻璃格条之间，两侧各留出3毫米宽的空隙用于安装夹子。上方的玻璃板应该与下方玻璃板重叠大约1厘米。用重叠玻璃夹固定它们，这是一种S形的金属件，可以将上下端玻璃板牢固地钩在一起。

当所有玻璃板就位后，将玻璃夹垂压在玻璃板和玻璃格条之间以固定玻璃。可能需要一些力气来克服金属的自然弹力。

使用同样的方法镶嵌温室两端和屋顶的玻璃。

安装门

金属框架温室一般有滑动式门。它们应该用螺栓组装，滑入框架末端提供的滑槽中。然后在末端用螺栓阻止门从滑槽中脱落。门应该在安装就位后再镶嵌玻璃。

安装水电气

安装户外电源不是业余园丁的工作。在温室中安装电路应该由有资质的电工进行，不过如果你自己挖出埋电缆的沟，并在电缆铺设完成后埋填，就可以节省相当多的费用。如果你的温室距离房屋很近，还可以将电缆架设在头顶，这样不会很难看；你的电工可以判断这是否是一个实用的选择。为了安全，应该使用铠装电缆和防水装置。

电在温室中拥有实用的用途：它能够为加温系统、增殖箱、照明、定时器、土壤加温电缆以及各种类型的电动园艺工具提供能量。

天然气管道对于温室的加温很有用，虽然管道天然气加热器没有瓶装天然气加热器常用。咨询经过认证的装配工，讨论铺设天然气管道的可行性和成本。你仍然可以自己承包动锹的工作部分，省下一部分钱。

如果你已经拥有户外水龙头，就可以充分利用它，将其铺设到温室中。管道应该埋到冻土层之下——至少30厘米深，而且地上部分应该充分包裹。在英国，必须使用防虹吸装置，以满足法律要求。

安装工作台

制造商提供的工作台可以用螺栓或螺丝固定在框架上。最好在温室竖立起来以后再安装工作台，尤其是八边形温室和穹顶形温室，它们的工作台都是特制的。如果使用实心工作台，则应该在温室内壁和工作台之间留出几厘米的宽度，以便空气自由流通。

为金属框架温室安装板材
将重叠玻璃夹安装在基部格条上。佩戴手套，将板材放置就位，轻轻按压顶部边缘到固定位置上，然后将底部边缘钩在位置较低的板材上。用玻璃夹（见内嵌插图）固定板材，轻轻按压它们直到插入就位。

创造合适的环境

在温室中创造适合其中植物生长的环境，这是成功的温室园艺的基础。对于不耐寒的植物，温室保持的温度至关重要。有效的加温、密封和遮阴都可以发挥作用。

高效的加温系统将确保植物得到保护，与此同时，还能将能耗降至最低限度。保持热量并隔绝气流的良好密封必须与充分通风的需求达成平衡。在夏季，遮阴对于大多数温室很重要，有助于防止植物过热，详见"为温室遮阴（温带地区）"，642页。空气湿度应该维持在适合温室中植物生长的水平。自动灌溉装置会增加湿度，因此对于大多数植物而言，不需要使用专用加湿器。特制光源常常用来增加植物的生长潜力。

温室温度

温室中植物种类的选择在很大程度上取决于温室保持的温度（见"温室布局"，363页）。温室有四种类型：寒冷温室、凉爽温室、普通温室和温暖温室。每种类型的温室环境都受到不同的控制。

寒冷温室

寒冷温室完全不加温。需要密封（见"密封"，551页）以隔绝冬季严霜，在夏季需要一定程度的阴凉（见"遮阴"，522页）。良好的通风（见"通风"，551页）在全年都很重要。

寒冷温室可以用来种植夏季作物、越冬稍不耐寒的植物或者繁殖插条（不过增殖箱可以提高扦插成功率，见"繁殖设施"，555页）。寒冷温室还可以让你栽培许多花期很早的耐寒植物和春季球根植物。

寒冷温室适合种植高山植物——某些类型专门设计用来为这类植物提供最大限度的通风（见"高山植物温室"，546页），不过任何侧壁有百叶窗式通风口的温室都足以达到通风要求。

凉爽/无霜温室

凉爽温室是加温程度正好能保证没有霜冻的温室。这意味着温室的白天最低温度为5~10℃，夜晚最低温度一般不低于2℃。

为保证达到这样的温度，能够大幅提升温度的加热器在冬季是必备的，以应对室外温度降低到冰点之下的情况。带恒温器的电加热器（见"电加热器"，551页）最有效。与寒冷温室一样，良好的密封性、通风条件以及遮阴控制都是必不可少的。

无霜温室可以种植寒冷温室中能够种植的所有植物。此外，不耐寒植物可以越冬；还可以种植夏季作物或开花盆栽植物。萌发种子会用到增殖箱。补光灯（见"补光灯"，555页）提供的额外光线对于幼苗很有益处。

普通温室

稍温暖的温室，白天最低温度为10~13℃，夜间最低温度为7℃，适合种植许多耐寒、半耐寒和不耐寒的盆栽植物，以及蔬菜。

春季繁殖需额外加温，可用增殖箱提供，或者提高加温幅度。补光灯进行补光很有用。需要遮阴和良好的通风，特别是在夏季。

温暖温室

温暖温室的白天最低温度为13~18℃，夜间最低温度为13℃。这样的温度可以让业余园丁种植种类广泛的植物，包括热带和亚热带观赏植物、果树和蔬菜等。温暖温室还可以在没有繁殖工具帮助的情况下繁殖植物和培育幼苗，不过补光灯也可以派上用场。

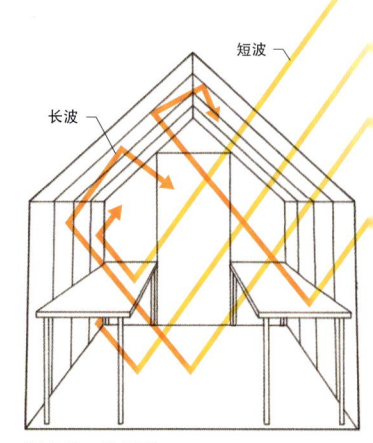

在炎热天气中，非常好的通风状况、最好自动化的高效遮阴方式以及高湿度（见"湿度"，553页）是温暖温室环境必不可少的。

加温

在温室中维持所选择种植植物的最佳生长温度范围很重要。加热系统必须强大到足以有效维持所需

温室的工作原理
光作为短波辐射穿透玻璃，加热了地板、工作台、土壤和植物等所有东西。热量又以长波的方式从这些东西上辐射出去，而长波不能穿透玻璃，就会导致温室内部的热量积累。

如何平衡温室的环境

	加温（见550页）	密封（见551页）	通风（见551页）	遮阴（见552页）	湿度（见553页）	灌溉（见554页）	照明（见555页）
寒冷温室 无最低温度	无	在冬季隔离寒冷的气流和潮湿多雾的天气	在冬季，良好的通风可以防止潮湿滞闷的条件	在夏季用遮阴涂层、卷帘、遮阴网或织物、硬质板材为贵重植物遮阴	在夏季不会成为问题。在冬季通过通风保持空气的干燥	冬季手工浇水。夏季使用毛细管系统、渗透软管或滴灌系统	因为种植的植物种类，不太可能需要补光灯
凉爽温室 最低温度2℃	最好使用由恒温器控制的电加热器，不过也可以使用天然气或石蜡加热器。如果种植不耐寒植物的话，安装霜冻警报很有用	在冬季和寒冷温室相同。在春季，如果种植不耐霜冻植物的话，良好的密封极其重要	大量通风，特别是如果使用天然气或石蜡加热器的话，可以分散水汽和有毒的烟雾	在夏季用遮阴控制温度。遮阴涂层或卷帘最有效。如果可能的话，安装自动卷帘	在夏季通过洒水来提高湿度	和寒冷温室一样，夏季还可以使用悬吊喷灌系统	补光灯可能会有用，特别是在春季光照水平较差时，对于发育早期阶段的植物而言
普通温室 最低温度7℃	需要带恒温器的加热器（最好是用电的）。霜冻警报也很重要	和寒冷温室、凉爽温室一样。春季繁殖时热屏障很有用	和凉爽温室一样。自动通风口在夏季特别有用	和凉爽温室相同	在春季和夏季维持高空气湿度，特别是在插条和幼苗周围	自动灌溉系统在全年都很有用	补光灯在冬季和春季很有用，可以延长白昼时间
温暖温室 最低温度13℃	和普通温室一样	良好的密封在全年都很重要，可以降低加温成本	自动通风口可以大大简化温度控制	在夏季需要自动卷帘	全年都需要高空气湿度	和普通温室一样	和普通温室一样

的最低温度，但也应考虑能源消耗、安装成本和环境因素。在可能的情况下，应尽量减少使用化石燃料加温，并优先考虑使用良好的密封材料以保持热量。

电加热器

电加热器高效且方便使用，而且不同于天然气和石蜡加热器的是，它们不燃烧化石燃料，也不释放有害烟雾或水汽。然而，它们需要电力供应才能工作（见"安装水电气"，549页）。它们一般是用恒温器控制的，这意味着不会浪费热量，而且它们不需要经常填充燃料或维护。尽量选择使用可再生资源发电的电力供应商。

电加热器有多种不同的类型，包括扇形加热器、红外加热器和水密管形加热器。有时可以使用对流加热器，但它们的散热效率没有那么高。管形加热器需要安装在温室的侧壁，高出地板一点。其他加热器可以按照需要四处变换位置。

扇形电加热器促进空气良好循环，这有助于维持气温均匀并最大限度地减少病害扩散。如果关闭加温部件，它们在炎热天气中还能让温室凉爽下来。

天然气加热器

天然气加热系统可以使用管道天然气（见"安装水电气"，549页）或瓶装天然气。它们使用起来没有电加热器方便：尽管它们可以安装恒温器，但这些恒温器一般不用温度度数进行校准，所以你需要试验以确定合适的设置。

如果使用瓶装天然气，天然气瓶需要经常更换。总是使用两个用自动阀门连接的瓶子，以防其中一个中的天然气用完。丙烷气体在燃烧时会释放烟雾和水汽，所以良好的通风很重要。在较大的温室或者需要较高温度时，通风会加大成本。将天然气瓶放在安全的地方，并让有资质的经销商定期检查。

石蜡加热器

它们的燃料使用效率不如电加热器或天然气加热器，因为它们不受恒温器的控制。因此，如果要维持较高的温度，使用石蜡加热器的成本会很高，因为部分热量会被浪费。

在使用石蜡加热器时需要良好的通风，因为燃烧时会产生有毒的烟雾和水汽——如果通风不良的话，潮湿、滞闷的空气会导致病害。其他缺点包括需要运输并储藏燃料，以及每天都要检查燃料和灯芯位置，以确保清洁燃烧。

温度计和霜冻警报

如果温室中的加热器没有恒温器控制，那么应使用高低温度计来维持对温室中的植物而言合适的过夜温度。

在经受极端低温的地区，如果温室中有不耐寒植物的话，霜冻警报是很好的安全预防工具。如果空气温度突然降低至接近冰点，比如因为停电或加热器损坏，警报（一般是在房屋中的某处）会在遥远的地方响起，让你可以及时保护植物。

密封

温室的良好密封可以大幅降低加温成本。例如，如果需要7℃的最低温度，密封的成本在几个生长季就能通过降低加温费用收回——在特别冷的地区只需要一个冬季。需要维持的温度越高，地区越冷，良好的密封就越能节约成本。不过，选择正确的材料很重要，因为某些

霜冻警报
如果种植了会被低温冻伤或冻死的不耐寒植物，就应安装霜冻警报。

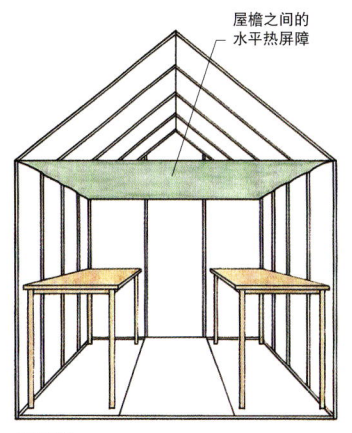

密封材料可能会减少照射在植物上的光。

双层板材

密封整个温室最高效的方法是安装双层板材。这样做将降低加温成本，但代价是降低光照水平，所以采用这种材料的温室不适合种植光照需求高的植物。如果可能的话，双层板材的安装最好在建造温室时进行。

柔性塑料密封

虽然应该避免使用一次性塑料，但某些形式的塑料密封有助于减少能耗和降低加温成本。

园艺气泡膜塑料包装是非常有效的密封手段。和普通气泡膜塑料包装相比，它强度更大，且有更大的气泡，能提供更好的保温效果，并且经过特殊处理，可耐受紫外线长期照射，这让它可以在多个生长季重复使用。这种包装可以方便地固定在温室框架上，而且使用的是特制的夹子，令其不接触玻璃。它可以在初冬安装，然后在仲春撤去并储藏起来，供日后使用。

热屏障

它们由数层透明塑料布或半透明材料组成，连接在屋檐之间的金属丝上，并在晚上沿着温室较窄的方向水平伸展。它们在夜晚保持温

热屏障
热屏障可以水平拉伸在屋檐之间。它们也可以垂直拉伸，将需要加热至较高温度的部分单独从温室中隔离出来。

室热量，因为它们可以限制热量上升至屋檐上方，将其保留在下方的植物周围。

垂直的塑料布屏障也可用于在温室的一端隔离出的单独加温区域，其余区域不加温。植物可以在加温区域越冬，提前萌发的幼苗也可以种在这个区域。

有制造热屏障的专用套装，或者分别购买塑料布和必要的安装零件。

基础覆盖

对于玻璃直接接地的温室，地板上的基础覆盖可以显著减少热量损失。在冬季，将木板或聚苯乙烯板沿着玻璃板底部铺设以提供额外的密封，种植夏季苗床植物前移走。

通风

良好的通风在温室中至关重要，即使是在冬季，它也可以避免空气变得潮湿滞闷，并且可以控制温度。空气循环还可以补充二氧化碳，帮助植物生长，并有助于防止病害在潮湿环境中滋生、发展和扩散。通风口覆盖的面积应至少等于地板面积的六分之一。

通风可以被动实现——打开通风口促使空气从温室中自然流过，也可以使用机械装置（如风扇）主动通风。

额外通风装置

很少有温室在供应时就有足够的通风装置，所以在购买温室时应该订购额外的通风口、铰链式和百叶窗式通风窗或者排风扇。这一点对于木质框架温室非常重要，因为日后很难再安装这些通风装置。

如果使用石蜡或瓶装天然气加热的话，额外的通风装置特别重要，可以防止水汽和烟雾积累形成对植物不利的环境。

通风口

被动通风利用的是热空气的自然对流，热空气会上升并从屋顶通风口离开，而温室侧壁位置较低的通风口会将较凉的空气吸入。和侧壁通风口相比，屋顶通风口可以提供更有效的空气交换，不过在温室的侧壁和屋顶上都设置通风口是最有效的。

从屋顶通风口吹过的风还可以强化这种烟囱效应，将热空气拉到高处，并将冷空气吸入温室。精心选择屋顶通风口的位置以利用盛行风，可以提高自然通风的效率。

在夏季，还可以将门打开以增加通风，不过值得在门口安装帘子以阻挡鸟类和害虫。

铰链式通风口（hinged ventilators） 可以安装在温室的侧壁或屋顶上，并且应该以大约45°的角度张开。这会允许最大限度的空气流动，同时阻止风直接灌入温室，对植物甚至温室本身造成损害。

温室通风的原理

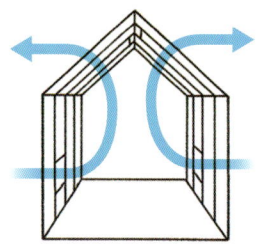

被动通风
温暖空气上升并从屋顶通风口流出，将新鲜凉爽空气从下方吸入。

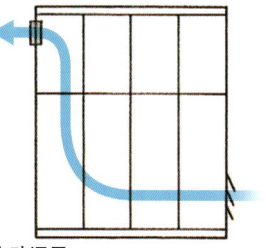

主动通风
温室顶部的风扇将空气抽出，并从位置较低的通风口吸进新鲜空气。

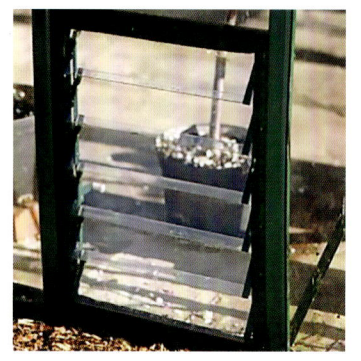

百叶窗式通风口
它们安装在温室侧壁的地面之上，用于改善温室内部的空气流动。开关系统有一个杠杆，容易操作。

自动通风口
随着温室温度的升高或降低，圆筒内的蜡会膨胀或收缩，以控制通风口的开合。

百叶窗式通风口（louvre ventilators） 安装在温室侧壁较低的位置，有时安装在温室两端。它们适合在冬季控制整个温室的空气流动，这时候屋顶排风口会导致太多热量损失。要确保百叶窗式通风口能够紧密关闭，隔绝所有气流。

自动通风口（automatic vent openers） 大大简化了温室中的温度控制，因为只要温室中的温度超出既定水平，它们就会自动打开。如果温室中的加热系统没有安装恒温器，这样的装置就是必不可少的。

在任何类型的温室中，都应该将至少一部分铰链式通风口或百叶窗式通风口安装成自动式的。它们可以设定在一定温度范围内开启，但要确保你选择的自动系统与温室中种植的植物所需温度范围相匹配。最好设置为植物最佳生长温度稍低一点的温度。这样的话，通气口可以及时开启，使温室得到较好的通风，以防内部温度升高至对植物不利的水平。

风扇通风系统

主动通风——通过机械驱动将空气吸入或排出温室——可以使用风扇实现。令新鲜空气进入并贯穿整个温室的最有效方法是在温室两端各设置一个风扇，其中一个位置较高（头顶高度），另一个位置较低。风扇还可以用来在炎热的条件下或者通风口较少的情况下增强自然通风温室中的空气循环。使用太阳能风扇有助于减少能耗。

排风扇（extractor fans） 主要是为厨房和浴室使用设计的，但用于温室也很合适。一项额外的好处是，大多数排风扇有恒温控制，这对于温室非常重要。

风扇的功率应该能够满足温室尺寸的需要——排风速度通常以每小时排出空气的立方米数计算。作为一般原则，2米×2.5米的温室需要每小时排出300立方米空气的风扇，不过如果还使用了其他类型的通气设备，那么更小的风扇也足够使用。

设置位于排风扇对侧位置较低的百叶窗，可以提供新鲜空气来代替风扇排出的滞闷空气。

购买装有百叶的排风扇，百叶在风扇不工作时关闭，杜绝气流窜入。为延长风扇的使用寿命，不要将发动机设置到最大功率；最好选择功率稍稍超出温室需求的型号。

遮阴

如果通风系统的效率不足，遮阴就有助于控制温室的温度。遮阴还能保护脆弱的植物免遭阳光直射的伤害，降低叶片灼伤的风险，并避免花朵在强烈阳光下变色。主要用于控制热量的遮阴应该在温室外部设置，设置在温室内的遮阴不太可能大幅降低温度。

温室所需的遮阴量取决于季节以及所种植的植物。在阳光最强烈的月份，能够减少40%~50%阳光的遮阴适合典型的混合温室。蕨类通常喜欢过滤掉大约75%的阳光；大多数仙人掌和其他多肉植物只需要很少或根本不需要遮阴。

遮阴涂料

粉刷涂料常常是减少阳光热量最有效也是最便宜的方法，同时又能允许足够的光穿透温室，让植物良好生长。炎热季节开始时，将涂料粉刷或喷涂在玻璃外壁，并在夏末将它们擦去或冲刷掉，如果有必要的话，可以使用清洁溶液。

遮阴涂料并不贵，但使用和去除都比较麻烦，而且它们的外观有时会很难看。某些涂料在潮湿时会

变得更透明,所以在雨天和天气阴沉的时候,它们能够透入更多光线。

卷帘

卷帘主要用于温室外侧,能有效控制温度。由于它们可以根据所需的光照强度卷起和放下,因而比遮阴涂料使用得更广泛。它们可以用在温室中只有一部分需要遮阴的情况下。不过,手动操作的卷帘需要经常关注。自动卷帘会在温度达到一定水平后自动操作,使用起来更加方便,但价格昂贵。

遮阴网和织物

柔软的遮阴网材料在外部和内部都很适合。它们的灵活性不如卷帘,因为它们一般在整个生长季都固定在同一个位置,而且它们控制植物生长的能力也不如遮阴涂料。

纺织和编织织物也适合用于温室内外进行遮阴。减少的光照水平相差很大,这取决于安装的织物类型,不过穿透的光线一般正好能够满足植物的生长,而且温度不会明显降低。

交层织物和某些塑料网最好只用于内部遮阴。

染色气泡膜塑料也可以用来遮阴。它几乎能隔绝50%的光线,但只能稍稍降低一点温度。

硬质板材

硬质聚碳酸酯板(常常是染色的)有时候可以在温室中用于遮阴。这种板材可以按照生产商的推荐安装在温室内部或外部。它们可以有效阻隔光线,但除非它们是白色的,否则穿透的光线可能无法满足植物良好生长的需求。

为温室遮阴
将遮阴涂料涂到温室外侧,可防止温室温度过高,同时不会大幅减少光线。涂料可以保留整个生长季。

柔性网
(左)可以将塑料网切割成合适的大小,并在温室的内部或外部使用,为植物遮阴。

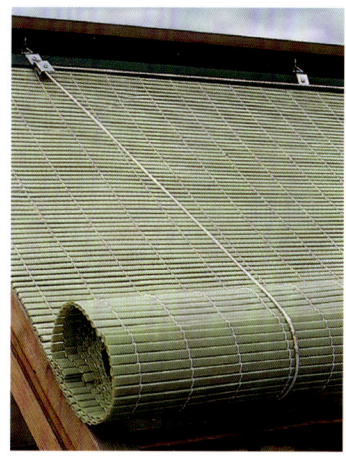

卷帘
卷帘(上)是一种灵活的温室遮阴方法。它们应该耐用,因为它们会长期挂起来以供使用。

湿度

湿度衡量的是空气中的水蒸气含量。空气湿度影响植物蒸腾作用的速度。在蒸腾作用中,水分从根系被拉升到叶片,然后从叶片上的气孔蒸发到空气中。通过水分的蒸发,植物可以降温。

在温室中建立你的温室植物喜欢的空气湿度水平,然后控制空气中的水分含量以满足植物的生长。可以使用各种方法(见"灌溉",554页)来增加空气湿度,降低空气湿度的方法是通风(见"通风",551页)。

植物需求

非常潮湿的空气会将植物的呼吸作用和蒸腾作用降低到对植物有害的水平,植物可能会因过热而损伤,除非通过通风引入较凉爽且干燥的空气。不过,许多来自潮湿气候区的热带植物需要高水平的湿度才能健康生长,并且在干燥空气中无法存活。

如果空气干燥,湿度水平低,植物会更快地进行蒸腾作用,常常会损失大量水分。因此,无法适应低湿度水平的植物会发生萎蔫,除非在根系补充额外的水分。干燥气候区的植物常常拥有特殊的解剖学特征,可以在干旱条件下降低蒸腾速度。

测量湿度

温室中的空气湿度部分取决于空气温度——和寒冷空气相比,温暖空气在饱和之前可以容纳更多水分。相对湿度是衡量空气中水汽含量的一种方法,用同样气温下饱和水汽含量的百分比表示。潮湿空气的定义是空气相对湿度达到约75%;干燥空气的相对湿度大约为35%。

与湿度查算表配合使用的干湿温度计可以用来测量空气的相对湿度。还有可以同时给出湿度和温度读数的电子湿度计。作为一般原则,低于75%但高于40%的空气湿度可以保证大多数温室植物在生长期的良好生长——高于80%的空气湿度常常导致灰霉病等病害的发生。

在冬季,空气湿度应该维持在较低的水平,不过确切的湿度水平取决于植物的类型以及温室的温度。

加湿器

在夏季,可以用洒水壶或软管将水洒在地板或任何台面上,起到降温并短暂增加空气湿度的作用。

增加湿度
通过在温室的地板或工作台上洒水来降温——最简单的方式是使用喷壶,这是提高温室湿度水平的一种简单方法。

自动洒水系统可以简化湿度的控制，特别是对于那些需要很高空气湿度的植物。在小型温室中，手工喷雾或者用装满水的托盘进行缓慢蒸发通常就足够了。

灌溉

在小型花园中，传统的洒水壶是为众多不同植物浇水的最佳选择，虽然会有些费时。你可以轻松控制水流，它能确保所有植物根据各自的需求得到灌溉。

不过在夏季，自动灌溉系统在温室中是很有用的设备。如果温室在较长一段时间里无人照料的话，自动灌溉系统就非常重要，因为在炎热的天气里，某些盆栽植物需要一天浇几次水。

毛细管灌溉系统

依靠毛细管作用将水吸上来的系统，可以确保容器中的土壤不会干掉。

毛细管垫（capillary matting）成卷供应，可以被切割成需要的尺寸。它可以用来确保土壤在两次浇水之间保持湿润，尤其是如果温室有一段时间无人照料的话。为保持毛细管垫的持续湿润，将其边缘放入水槽或其他储水容器中。这些容器中的水可以手动添加，也可以通过其上方与水管线路相连的水箱自动供应。在第二种情况下，这套系统应该由一个浮球阀控制。一些自灌溉育苗托盘也有内置毛细管垫，可以吸收水分并将水分缓慢释放给幼苗。

埋盆苗床（plunge beds）可以通过在工作台或托盘上铺一层2~5厘米厚的干净沙子来制造，用来将花盆埋入其中。沙子可以通过手工浇水保持永久湿润，或者使用储水池或自动灌溉系统（就像使用毛细管垫一样）。湿沙子很重，所以需要确保工作台足够坚固，可以承受额外荷载。为防止木质工作台腐烂，应用厚塑料布垫在台子上。

为了让毛细管灌溉系统发挥作用，花盆基质和水分来源必须充分接触，使水不断供应到植物的根系。塑料花盆通常能够让基质和毛细管垫或潮湿沙子良好接触。而每个黏土花盆都需要一根绒条引导；可以将富余的毛细管垫切割成条状并放入排水孔中，连接基质和垫子之间的空隙。

在冬季，不要在温室中使用毛细管灌溉系统，因为大多数植物处于休眠期或生长缓慢期，需要的水量会降低。总是保持潮湿的垫子和沙子会将温室中的湿度增加到对植物不利的水平（见"湿度"，553页）。

使用垫子的毛细管灌溉系统

毛细管垫与储水池相结合，可以提供一种令育苗花盆或托盘中的基质保持湿润的简单方法。

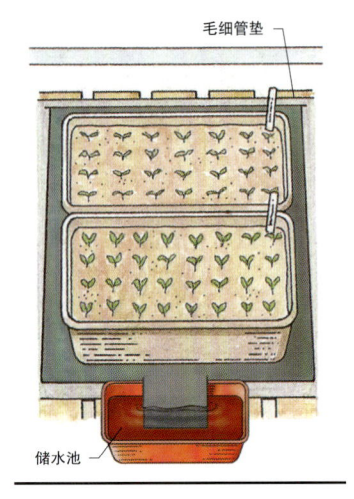

毛细管垫

储水池

手动浇水
对于较小的温室或者对浇水有特别需求的植物，使用洒水壶手动浇水比自动灌溉系统更可取。

喷洒系统
高架喷洒系统可以有效地灌溉大量植物，只要它们能够忍耐叶片被打湿并且需要相似的水量。

渗透软管
渗透软管与滴灌系统类似，持续不断地将少量的水输送到种有植物的土壤表面。它们很适合用于较大区域，如温室苗床。

渗透软管

它们广泛用于花园中，也可用于温室内部，灌溉温室边缘苗床或者保持毛细管垫的湿润。不过，在炎热的天气中，渗透软管可能无法为植物提供充足的水流（见"渗透软管"，539页）。

滴灌系统

此类系统使用一系列带小孔的输水管，每个管子上都安装可调节的喷嘴。管子放置在单独的花盆或种植袋中，或者贯穿温室边缘苗床放置。

大多数滴灌系统使用的水来自一个储水池，而这个储水池通过一根软管与用水管网相连。不过也可以直接使用来自用水管网的水。

输水速度必须小心地控制，并且根据植物的需要进行调节。这些需要会根据一年中的时节以及天气情况发生变化（见"滴灌系统"，539页）。

高架喷洒系统

带喷嘴的悬挂输水管道可以将水喷洒在下方的植物上，这是商业生产温室常用的灌溉系统。它是灌溉大量处于相似生长阶段植物的好方法。不过，它不适合包含多种不同植物的普通花园温室。高架喷洒系统的安装成本也很高，而且在冬季使用的话会让空气湿度变得太大。

水培系统

在此类系统中，植物的种植不需要土壤，并使用营养丰富的溶液灌溉，常以滴灌的形式输送。水培法被沙拉作物的生产商广泛使用，但也可以小规模应用于家庭植物（见"水培系统"，379页）。

照明

如果温室中已经安装了电源（见"安装水电气"，549页），那么照明工具很容易在任意时间添加。LED灯（发光二极管）或荧光灯能够以低廉的成本提供园艺所需照明。补光灯的光照可以模拟自然光或者提供适合你植物种类的光谱，从而刺激植物生长。它们很有用，尤其是当自然光照水平较低、为了延长收获期或者在一年之初提前育苗时。

大多数适合温室使用的补光灯需要特殊配件，因为温室环境很潮湿。如果有任何疑虑，请向有资质的电工寻求建议。

加温增殖箱
带可调节恒温器的增殖箱可以让你根据要萌发的种子或者要生根的插条来调节温度。

补光灯

这些灯产生的光照比家用灯泡强，而且波长最适合植物生长（植物主要吸收蓝光和红光）。

T5高输出荧光灯管 节能耐用，并且能提供广泛的光谱。它们产生的热量不多，所以可以安装在距离植物很近的地方。为得到最好的效果，灯管应该位于植物叶片上方25~30厘米。

LED灯 比荧光灯更节能耐用，但成本更高。它们产生的热量最少，并且提供全光谱范围（一些LED灯有特定波长可选）。

HID氙气灯 包括金属卤灯和高压钠灯。它们发出与自然光光谱接近的光线，而且照明区域很大。它们会释放大量热量，可额外进行温室加温。

照度计

在照明是非常重要的因素的地方，温室中的植物生长照度计会很有用，它们可以比肉眼更精确地测量光照水平。

照度计通常会附带关于多种常见栽培植物最佳光照水平的信息，按照相应的光照水平为特定植物控制光照。

繁殖设施

许多植物的繁殖需要较高的温度，而温室维持这么高的温度并不现实。因此人们常常使用繁殖设施来提供所需的额外热量。它们还可以提高播种或带叶插条生根的成功率。如果要在温室中使用加温增殖箱，电源就是必不可少的。

不加温增殖箱在温室中的用途有限，但在夏季可以为茎尖插条、嫩枝插条或半硬质插条的生根提供足够的湿度。在较小的规模上，用透明塑料袋密封插有插条的花盆可以创造相似的效果。在大规模扦插时，苗圃常常使用"喷雾单元"持续提供热量和高湿度，不过较小的增殖箱对于家用温室而言足够了（见"繁殖环境"，641~642页）。

LED灯光
LED灯耐用、节能、可回收，能提供更有利于环境的补光选择。

加温增殖箱

加温增殖箱应该能够在冬季和早春室外温度降至冰点之下时为基质提供15℃的最低温度。如果要繁殖热带植物，增殖箱必须可以保持24℃的温度。配备可调节恒温器的增殖箱可以更灵活地控制温度。有些款式还包括自动灌溉系统和刺激植物生长的光源。

窗台增殖箱 某些小型加温增殖箱可以在窗台上使用。它们一般只能容纳两个播种盘，在温室中没有多少实用价值，而且常常没有恒温器。它们在寒冷或凉爽温室中不能产生足够的热量，因为加温装置是设计在室内使用的。

加温垫 用于无加温增殖箱或普通播种托盘，二者都可以放在加温垫上。必须将一个塑料罩放在播种托盘上以保持温暖和湿度。加温垫的升温效率不如加温增殖托盘（见"加温增殖托盘"，下），但是有多种尺寸，必要时可以加热整个工作台或桌子，可用于不耐寒植物在温室中的越冬。

加温增殖托盘 其基部自带加温装置，配合可调节恒温器使用最佳。最好使用带硬质塑料盖的，因为它们的保温能力比薄塑料盖好。有的盖子上有可调节通风口，让湿气能够散发出去，防止增殖托盘中的空气变得过于潮湿。

土壤加温电缆 可以用来直接加热温室工作台和边缘苗床中的土壤。最安全的系统是带固定恒温器的电缆，连接在装有保险丝的插座上。购买有保护套的电缆，可以大大降低不小心割破带来的风险。电缆应该呈一系列S形（确保线圈不会彼此接触）铺设在潮湿的沙床中，深度为5~8厘米。

土壤加温电缆
这些电缆可以在自制增殖箱中为种子或插条提供底部加温，或者为苗床中的土壤加温以培育早收作物。

窗台增殖箱
便携式窗台增殖箱应在室内使用，它们可以维持种子萌发和插条生根所需的高湿度。

使用空间

为了最大限度地利用温室内的有限空间，应仔细规划温室的布局。可以在抬升苗床、边缘苗床和种植袋中栽培植物，也可以在放置于地面、工作台或（固定在墙壁上的）架子上的容器中进行栽培，组合使用这些方法通常能得到最好的效果。

抬升苗床

主要用于需要排水通畅的高山植物温室。使用新砖块建造抬升苗床会比较贵，不过也可以使用旧砖块建造。在抬升苗床和温室侧壁之间留出较大空隙，保证空气可以循环流动，并且基质中的水分不会穿透墙壁。更多详细信息，见"抬升苗床"，577页。

抬升到普通工作台高度的苗床只适用于单坡面温室或者那些拥有较高砖砌基质的温室。对于不需要深厚土壤的小型植物，可以使用放置在砖砌支柱上的石槽。或者在砖砌支柱上建造一个抬升容器：先在砖砌支柱顶端安装硬质金属板或铺装石板，在边缘砌几层砖来充当侧壁，然后使用一张池塘衬垫材料作为衬垫。衬垫材料上应该穿几个孔用于排水。

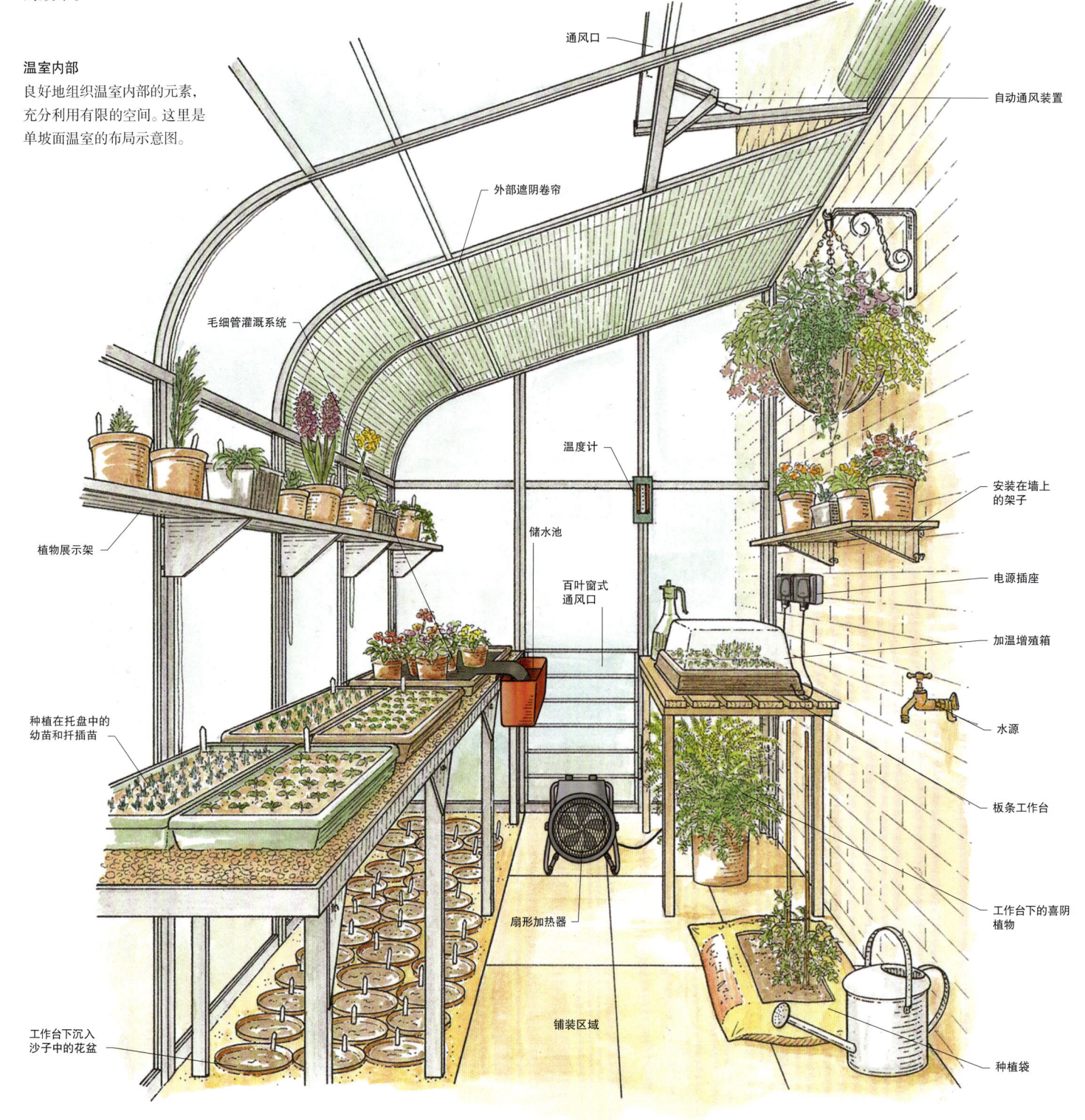

温室内部
良好地组织温室内部的元素，充分利用有限的空间。这里是单坡面温室的布局示意图。

- 通风口
- 自动通风装置
- 外部遮阴卷帘
- 毛细管灌溉系统
- 温度计
- 安装在墙上的架子
- 植物展示架
- 储水池
- 电源插座
- 百叶窗式通风口
- 加温增殖箱
- 种植在托盘中的幼苗和扦插苗
- 水源
- 板条工作台
- 扇形加热器
- 工作台下的喜阴植物
- 工作台下沉入沙子中的花盆
- 铺装区域
- 种植袋

种植较高植物的抬升苗床不需要那么高,因此不需要立在砖砌支柱上。它们一般是从地平面开始修建的,并且设置有渗水孔,只需简单地填充基质即可使用。

边缘苗床和种植袋

如果在温室边缘直接种植植物,那么需要玻璃直接接地的温室,以确保植物接受足够光照。对于宽2.5米的温室,边缘苗床的宽度应为1米,不过如果边缘苗床上方有工作台的话,应该将苗床设置得更宽,使工作台不会阻碍你轻松地够到苗床远端。如果需要的话,盆栽植物也可以放置在苗床上而不是工作台上。

如果连续多年种植同一种植物的话,温室边缘苗床中的土壤可能会感染病害。如果发生了这种情况或者温室地板全都进行了混凝土硬化,就可以使用种植袋。种植袋是一种方便的栽培方式,能够很好地保持水分,并省去了在种植前掘土和施肥的需要。种植袋中基质的所有养分会在一个生长季内全部消耗掉,所以每年应使用新的种植袋。

工作台

工作台对于任何观赏或混合温室都很重要——将植物提升到腰部高度,浇水和养护都会变得更轻松。即使为了夏季作物而撤除,工作台对于繁殖植物和培育幼苗也是必不可少的。

工作台的位置

对于小型或混合温室,最令人满意的安排方式是在中央设置一条通道,两侧设置工作台,而在温室的其中一端,可以撤去一半工作台便于种植边缘苗床植物,保留剩下的固定工作台陈列观赏植物。固定工作台的位置应该保证它投射在苗床作物上的阴影最少。

中央工作台

主要用于展览的较大观赏温室可以将工作台设置在中央,围绕通道。可以背靠背设置两个工作台,台面最好垂直分层,以增加展示效果。

合适的尺寸和高度

大多数工作台宽45~60厘米。更宽的工作台可以用在大型温室中,但它们可能难以从一侧伸到另一侧。所有工作台都需要建造得坚固以支撑植物、容器和基质相当大的重量。在任何工作台的背部和温室侧壁之间都要留出比较大的缝隙,让空气自由循环。

大多数业余温室中需要保存许多盆栽植物。方便作为工作台面的合适高度为75~90厘米;如果需要坐着工作的话,它应该更低一些。

独立式工作台

有时候温室中需要可以拆卸并储藏起来的工作台,在需要时放入温室中使用,比如在春季培育幼苗时。与嵌入式工作台相比,独立式工作台也许与温室整体风格不是很匹配,看起来也没有那么美观,但它使用起来灵活得多。独立式工作

温室架子

架子可以是增加种植空间的有用手段。创新型设计(例如上图中的这一款)可以减少投射在下方植物上的阴影。

台必须容易组装并且坚固,因为要多年使用。如果一年中的大部分时间需要种植边缘苗床作物,那么可以向后折叠到温室侧壁上的开网式工作台使用起来会很方便。

可以分层建造独立式模块工作台,从而提供一种美观的植物展示方式。还有板条式、网式或实心模块系统。

固定工作台

内嵌式工作台和架子会增加温室框架的负荷,特别是轻质的铝合金框架。如果使用沙砾或沙子的话,它们会给工作台增加额外重量,尤其是潮湿时。尽可能购买专门建造的工作台。如果存疑,在安装任何固定工作台前先与温室制造商沟通确认。

板条和网面工作台

如果你在花盆中种植高山植物或仙人掌和其他多肉植物,最好使

种植袋
使用每年更换的种植袋,可以避免边缘苗床土壤肥力下降和病虫害积累。使用后,养分耗尽的种植袋土可以作为花园苗床的护根回收利用。

展示植物
（上）使用架子和工作台，可以分层展示不同高度的植物。如果温室有加温的话，全年可以种植众多种类的植物，陈设美丽的花叶。将休眠植物放置在工作台下方，为其他应季植物留出展示空间。

用板条和网面工作台，与无缝台面工作台相比，它们可以允许空气更自由地流动。然而，板条和网面工作台不适合使用毛细管灌溉系统。

木质框架温室使用木板条工作台，铝合金或镀锌钢框架温室使用金属或塑料网面工作台会更合适。

无缝台面工作台
与板条工作台相比，无缝台面工作台可以容纳更多花盆（板条之间较难保持花盆直立），但需要更多的通风。

如果使用毛细管灌溉系统，则应选择表面水平无缝的铝工作台，以便铺设垫子或沙子。某些类型的工作台表面可以翻转，一面是可以铺垫子的平整表面，另一面是可以装沙子或沙砾的盘形部分。

架子
温室中的架子可以用于储藏（种子、工具和容器）和展示。固定架子会将阴影投射在下方的植物上，所以考虑安装可以折叠的架子，在春季空间短缺的时候使用，然后在一年中的其他时间收起。如果在小温室里安装固定架子，那么需要同时考虑架子的位置和深度，以免它们阻碍光照和你在温室中的移动。

在没有足够高度容纳吊篮的小型温室中，架子特别有用，不但可以增加种植空间，还可以用来展示蔓生植物。

独立式工作台
（右）可移动的工作台有很大的灵活性，因为它们可以根据植物的需求四处移动，或者全部撤除。

固定工作台
（右）大多数温室制造商提供与温室建造材料相同的永久性特制工作台。最好在建造温室的同时将它们安装好。

板条工作台
（上）木质板条工作台是一个美观的选择。与无缝台面工作台相比，板条可以让空气在植物周围更好地流通，但板条上无法使用毛细管灌溉系统，除非在工作台上放置托盘。

冷床和钟形罩

冷床和钟形罩可以减少温室空间的压力，它们本身也非常有用。它们最经常在春季用于温室中培育植物的炼苗，也可以在全年用来种植多种作物。在较寒冷的月份，它们可以用于保护冬季花卉、帮助秋季播种的耐寒一年生植物越冬，还可以为高山植物抵御恶劣的潮湿天气。

冷床

最流行的冷床类型拥有玻璃（或透明塑料）侧壁以及玻璃天窗（包含玻璃板的冷床顶盖），有时候冷床的建造会使用木材和砖块。玻璃接地类型冷床通常具有金属框架。

冷床天窗

冷床可能有铰链式或滑动式天窗。铰链式天窗有可以向上掀开的盖子，在温暖天气可以支起来，防止植物过热；它们抵御大雨侵袭的能力最强。打开的轻质铝框架天窗容易被大风刮坏，所以要选择窗框可调节并固定的天窗。

一些冷床有可拆除的滑动式天窗，便于取放植物；某些冷床还有滑动前板，可用于额外通风。滑动式天窗在打开时不容易被大风吹坏，但植物容易受到大雨的伤害。

木质冷床

传统的木质冷床如今很难获得并且较贵，但可以在家使用二手木材和来自窗户的旧玻璃自己制造。木质侧壁可以很好地保持热量。粉刷或透染木材以防腐。

铝合金冷床

铝合金冷床比较常见并且相对便宜。它们设计上的差异相当大，不过为了便于运输，都是扁平打包出售然后在现场组装的。铝合金冷床的透光性比木质或砖砌冷床好，但密封性不如后两者，而且没有那么结实。轻质冷床可能需要使用地锚固定。

砖砌冷床

如今已经很少使用了，不过如果可以得到便宜的旧砖块并且能够制作天窗的话，可以自己在家建造。砖砌冷床一般比较温暖并且能防止气流进入。

合适的大小

冷床的最小实用尺寸是1.2米×60厘米。不过，冷床常常必须能够纳入可用的有限空间内（尽可能靠近温室），所以应该选择与可用空间匹配的最大尺寸的冷床。如果冷床中要种植盆栽植物或较高的作物，那么它的高度就很重要。为了暂时增加冷床的高度，可以用松散的砖块将其抬高。

密封

如果温室得到良好的密封，在其中可以越冬的植物种类就会大大增加。冷床应该能防止气流进入；玻璃和框架周围不能有缝隙，冷床顶部和滑动前板必须安装好。还可以将恒温控制的土壤加温电缆（见"土壤加温电缆"，555页）添加到绝缘良好的冷床中，为植物繁殖和早期作物提供额外温暖。

玻璃接地或塑料侧壁冷床在寒冷的天气中可能需要膨胀聚苯乙烯或气泡膜塑料提供密封（见"柔性塑料密封"，551页）。将这些材料切割成合适的尺寸，紧贴温室的内壁放置。

在寒冷的夜晚，特别是可能发生严重霜冻时，冷床需要额外的外层保护：使用麻布或旧毯子覆盖顶部，向下结实地绑扎，或者用重的木板压实。这种保护性覆盖可以在白天移除，否则植物会缺少光照。或者使用数层厚实透明的塑料布或

如何使用冷床

在冷床中种植
（左）若要在花盆或播种盘中种植植物，应将冷床放置在防草膜、石板或混凝土底座上。也可以在冷床内创造一块种植苗床，用于种植沙拉作物等植物。具体方法是添加一层25厘米厚的优质园土，然后直接种植在苗床上。

保护作物
（上）冷床可以直接放置在菜畦的土壤上以保护作物，然后根据需要四处移动。这里的冷床是用回收的窗框建造的。

暖花棚

暖花棚是用木材、铝材或钢管建造并用玻璃或塑料覆盖的垂直结构。它们占地面积很小，适用于紧凑的花园，但是需要固定在墙壁上。它们只适用于盆栽植物，因为它们有垂直于墙壁的架子。

气泡膜塑料提供额外保护——它们在白天可以保留，因为它们不会大幅减少光线。

通风

良好的通风在温暖天气至关重要。大多数冷床具有可以打开、让新鲜空气进入的天窗；天窗还可以向一侧滑动，进行更透彻的通风，或者在炼苗时完全撤去（见"炼苗"，642页）。

光照

铝框架冷床（砖砌或木质冷床不行）可以在花园中四处移动，利用一年不同时间的最好光照。如果冷床的位置是固定的，那它应该设置在冬季和春季能接受最多阳光的地方，只要该位置不过于暴露。

冷床在夏季需要遮阴，不过为了全年生产的需要，能尽可能多地透入光线的冷床是最好的。

透光材料

园艺玻璃是最好的冷床透光材料，可以让冷床迅速升温，保温性也比大多数塑料材料好。破碎或裂开

的玻璃板应该迅速更换，所以应该选择能够更换单独玻璃板的冷床。某些冷床使用玻璃夹子镶嵌玻璃板，或者将玻璃板滑入框架中，这样就很方便更换玻璃了。

在玻璃可能对儿童或动物造成危险或者冷床成本是限制因素的地方，使用塑料透光材料。

钟形罩

钟形罩的外形和材料多种多样——选择适合需要种植的植物类型的钟形罩。钟形罩主要用于蔬菜园中，不过它们同样可以用于保护在冬季和生长早期需要一些额外温度的观赏植物和幼苗（见"防冻保护"，599页）。

材料

如果需要频繁使用钟形罩并在不同作物之间转移使用的话，玻璃材质的钟形罩是最好的选择。它有良好的透光性，并能让内部环境在阳光下迅速升温。为安全起见，选择加固的4毫米浮法玻璃，它在破碎时会形成小块而不是尖利的大块玻璃。还可以使用透明塑料材料（厚度不一）；塑料钟形罩通常比玻璃的便宜，但透光性不如后者，它们的保温性也不如玻璃的。

薄塑料保温性最差，但很便宜，如果高温不是必要条件，就可以使用它。

使用双层聚碳酸酯制造的钟形罩可以提供良好的密封性，并可使用10年甚至更久。某些注射模制的钟形罩和波状板中使用了聚丙烯；它的保温性比塑料的好，但不如玻璃和双层聚碳酸酯的。可以使用5年或更久。

尾端件

它们是大部分钟形罩的重要组成部分——没有它们的话，钟形罩可能会变成通风隧道，损害其中种植的植物。尾端件应该安装牢固以隔绝气流，同时它们也应该可以轻松地移除，以便在需要时提供通风。

帐篷式钟形罩

帐篷式钟形罩很便宜，建造也很简单：用金属或塑料夹子将两块玻璃板固定在一起形成帐篷的形状。它适合萌发种子，在春季保护幼苗，以及种植低矮的植物。

隧道式钟形罩

隧道式钟形罩可以使用硬质或柔性塑料制造。一般来说，柔性塑料搭建的钟形罩用于栽培草莓和胡萝卜等作物。塑料必须由金属线圈（放置在成排蔬菜上方）支撑，并被金属线拉紧。

与柔性塑料搭建的钟形罩相比，硬质塑料钟形罩通常更美观，但也更贵。它们也更容易移动。

谷仓式钟形罩

它有着几乎垂直的侧壁，支撑着帐篷形状的顶部。它的额外高度允许在其中种植相对较高的植物，但额外的材料和复杂的组装使其比隧道式钟形罩更贵。

某些玻璃或硬质塑料钟形罩拥有可抬升或可撤去的盖子，便于在温暖天气提供通风，同时还能防风。这让除草、浇水和采收都变得更容易。

柔性PVC有时用于谷仓式钟形罩，但这样的类型一般比较矮，所以用途没有用其他材料制造的谷仓式钟形罩广泛。

漂浮钟形罩

漂浮钟形罩（又称为漂浮护根）由多孔聚乙烯膜或聚乙烯纤维织物组成，放置在已经播种的地面上。漂浮钟形罩是可渗的，可以让雨水穿透下方的土壤。这是一个很大的优点，因为它能减少浇水的需要。

漂浮钟形罩通常轻到足以被生长的作物顶起来。多孔聚乙烯膜和聚乙烯纤维漂浮钟形罩都既允许空气自由流通，又有令人满意的保温性；纤维织物还能帮助植物抵御轻度霜冻。塑料膜或织物应该在苗床边缘使用土壤、石头或木钉固定。如果需要的话，可以在整个苗床上覆盖漂浮钟形罩，或者将可渗聚乙烯膜或织物剪切成合适的大小覆盖较小区域甚至是单株植物。更多信息，见"在保护设施中种植"，483页。

单株钟形罩

它们一般用于在生长早期保护单株植物，不过也可以在严重霜冻、大雪、大雨和强风时放置在任何易受伤害的小型植物上。

自制单株钟形罩（如蜡纸保护器和剪下的塑料瓶）很容易制作，而且比特制的类型便宜得多，但可能没有特制的硬质塑料或玻璃材质的钟形罩或半球形钟形罩美观。它们拥有弯曲的侧壁，冷凝水珠会沿着侧壁流到土壤中而不是滴在植物上，因此可以避免病害或灼伤。

用作钟形罩的循环利用塑料瓶

谷仓式钟形罩

帐篷式钟形罩

隧道式钟形罩

塑料钟形罩

日常维护

日常维护对于温室的保护以及冷床和钟形罩的清洁很重要。秋季一般是方便进行维护的时间；在这段时间清洁并消毒温室和工具设施可以最大限度地减少越冬病虫害。

在非常冷的天气开始之前，选择一个温和的日子进行这项工作。不耐寒的植物可以先放置到外面。

外部维护

选择干燥无风的天气保养温室的外部。在开始工作之前，将清洁、修理和重新粉刷必须使用的全部材料收集好。

清洁透光板材

玻璃可以只用水清洁，使用软管或长柄刷，但如果非常脏的话，使用酸性清洁剂配合刷子的效果会更好。佩戴手套和护目镜以保护皮肤和眼睛，然后用流水冲洗清洁剂。

可以使用专利生产的窗户清洁剂，但它无法去除顽固尘垢。遮阴涂料最好用布擦干净。

修补玻璃

轻微破损的玻璃和塑料板可以使用透明胶带进行暂时性的修补。破碎和严重裂开的板材则需要迅速更换，以免对植物造成损害。

在铝合金框架温室更换板材时，先拆除弹簧玻璃夹子和相邻的板材，然后用旧夹子重新安装板材（见"为金属框架温室安装板材"，549页）。

如果玻璃是用蓖麻子油灰镶嵌的，那么移去大头钉和玻璃板；用凿子凿去油灰，留下光滑的表面。在重新安装玻璃之前，用砂纸清洁玻璃格条。

将底漆粉刷在玻璃格条上未经粉刷或处理的木材上。处理木材上可能会进入湿气的节疤。当油漆干燥后，将玻璃板放置在油灰或玻璃粘胶剂上，用玻璃大头钉固定。

玻璃板之间的清洁
在清理温室重叠玻璃板之间的尘垢或藻类时，使用硬质塑料薄片从缝隙中的污垢刮走，然后喷水或用水管冲洗干净。

排水槽和落水管

好好维修排水槽和落水管。疏通软管内的堵塞。使用粘胶剂或其他密封剂修补排水槽上的小裂缝，但严重开裂的排水槽则需要彻底更换。

结构框架

铝框架温室的结构只需要极少的照料。虽然它们会失去明亮的光泽，但表面形成的灰色锈迹可以保护内部的金属免遭风化。

检查钢制框架和连接件有无生锈，必要的话使用除锈剂处理。每隔几年重新粉刷一次。

更换腐烂的木材；施加木蛀虫杀虫剂，更换生锈的铰链。软木框架温室需要定期粉刷。硬木框架温室防腐性更好，只需要每一两年刷一层木材防腐剂即可，这样做还有助于保持木材的颜色。

通风口

检查窗户和排风扇是否容易工作，为活动件上油并清洁玻璃或塑料。

内部维护

在对温室内部进行清洁和消毒之前，关闭电源，用塑料覆盖插座，搬走植物。

清洁和消毒

玻璃和塑料板材应该按照上述方法清洁。可以使用消过毒的钢丝绒擦洗玻璃格条（但不要在阳极化处理的彩色铝上使用）。

用园艺消毒剂擦洗砖墙和通道并用干净的水冲洗。根据生产商的说明将消毒剂稀释，用于消毒工作台面。用油漆刷施加或用喷雾器喷洒，佩戴防护手套、面罩和护目镜。

尽管杀虫和杀菌烟雾不再用于温室，但还可用含硫蜡烛为空温室消毒，之后再放入植物。休眠落叶植物（如桃）不受含硫烟雾的影响。

维持无害虫环境

许多常见害虫（如蚜虫、红蜘蛛、粉蚧、介壳虫、粉虱和葡萄黑耳喙象）会感染温室中种植的植物，因为它们喜欢温室潮湿温暖的条件。害虫种群会很快建立起来；虽然可以进行化学控制，但最好在它们造成严重伤害之前用它们的天敌迅速减少它们的数量和种类。

为成功进行生物防治，应该等到害虫数量开始增长时，引入它们的天敌——这样可以让天敌在初期找到食物并建立自己的种群（见"生物防治"，646～647页）。透光板材干净、无越冬病虫害、维护良好的温室不仅对植物有好处，还有助于控制生物制剂的用量。

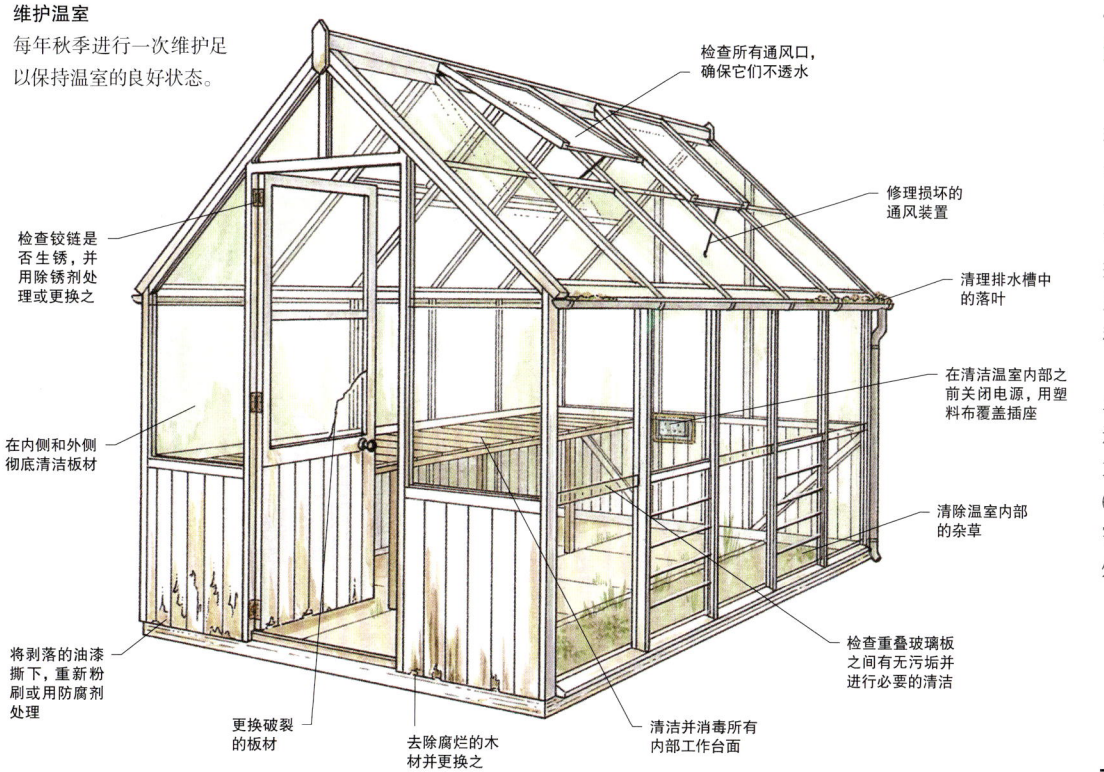

维护温室
每年秋季进行一次维护足以保持温室的良好状态。

- 检查铰链是否生锈，并用除锈剂处理或更换之
- 在内侧和外侧彻底清洁板材
- 将剥落的油漆撕下，重新粉刷或用防腐剂处理
- 更换破裂的板材
- 去除腐烂的木材并更换之
- 清洁并消毒所有内部工作台面
- 清除温室内部的杂草
- 检查重叠玻璃板之间有无污垢并进行必要的清洁
- 在清洁温室内部之前关闭电源，用塑料布覆盖插座
- 清理排水槽中的落叶
- 修理损坏的通风装置
- 检查所有通风口，确保它们不透水

结构和表面

构筑物和硬质表面是花园的框架，植物围绕着它们生长并成熟。藤架、栅栏或框格棚架既能增加高度，又能提供私密性和遮蔽，而通道则引导游览者欣赏花园的美丽。取决于朝向，与房屋相邻的台地可以作为吃早餐或欣赏夕阳的绝佳场所。除了实用性，构筑物和表面还可以是经过精心设计的美观景致，提供全年的观赏价值。它们还可以用作种植背景：圆形露台能够与扩展的植物形成强烈对比，而古朴的大型拱门则与蔓生月季相得益彰。

结构和表面的设计

硬质景观元素可以形成花园设计的框架，并且能够兼顾实用性和观赏性。在新建设的花园中，台地或藤架这样的景观可以在植物开始生长并逐渐成熟的过程中提供观赏价值。在更成熟的花园中，精心设计的结构元素可以衬托软质景观（如草坪或花境中的种植），并且在一整年中赋予花园实体感。

在规划和设计构筑物时，应考虑它们与环境以及彼此之间的关系。材料、风格以及形状都应该与房屋以及花园的整体设计相匹配。如果使用和房屋相同的材料建造，毗邻房屋的台地或墙壁就会看起来最美观，还能在房屋和花园之间形成内在的联系。最好使用当地出产的材料，因为它们能很好地搭配周围环境。规则程度是另一个重要的考虑因素，例如，在规则式花园中，圆润的砖墙边界会是个理想的选择，而在不规则的村舍花园中，木栅栏或板条篱笆会更合适。

构筑物可以用来连接、限定或隔离花园中的不同元素或部分。稍稍弯曲的通道可以引导花园中的视线，提供起联系、统一作用的线条，而宽阔笔直的通道则会将两侧的景致区分开。台阶可以创造有趣的高度变化，在花园中划分出独立区域，同时在视觉上将它们联系在一起，并在相邻部分之间提供沟通渠道。如果台阶毗邻台地的话，它们使用同一种材料并以相似风格建造效果最好。例如，曲线形台阶连接在圆形露台上会很美观。

修建工作的顺序在很大程度上取决于你个人的偏好以及现场的需求。比如，有可能必须先建造一面挡土墙，因为需要它来容纳抬升苗床中的土壤；在另一座花园中，铺设一条道路可能是最优先的，因为随着工程开展，需要通道来让手推车进入花园后面辅助施工。

本章涵盖了业余园丁可以修建的大部分构筑物，从铺设硬质表面（如露台和台地），到建造道路、边界和分界物（如墙壁和篱笆）以及其他结构（如抬升苗床和藤架）。某些硬质景观元素在其他章节有详细介绍：关于如何修建规则式和自然式野生动物池塘、沼泽园和水道的详细信息，见"水景园艺"，292~313页；关于如何建造岩石园、岩屑园、岩缝园和砾石园及高山植物石槽的详细信息，见"岩石、岩缝和沙砾园艺"，268~291页。

硬质景观的设计
在这里，硬质材料用于创造有趣的花园景观，并为柔软的植物外形提供背景。曲线形的设计和水的使用增添了运动感，而多种材料的创意使用提供了令人满意的质感对比。

露台和台地

露台（patios）是兼顾实用性和观赏性的景致，可提供用餐和放松娱乐的区域，上面的苗床或容器中可种植植物或摆放一个抬高的水池。带护墙或矮墙的开阔铺装区域又被称为台地（terraces）。露台和台地通常是石材或砖块铺装的，不过木板铺装（见"木板"，569~570页）也是一个很受欢迎的选择。

选址

露台和台地一般挨着房屋，常有落地窗方便直接出入。这样的位置能为照明和其他设备提供方便的电源，但如果此地不够温暖且暴露在风中的话，则最好寻找别的位置。露台可以和房屋成45°，或许还可以设置在房屋的角落，以保证它在一天当中的大部分时间接受阳光照射。露台也可以修剪在远离房屋、可以欣赏花园美景的地方。

两个或更多小露台可能比一个大露台更有用。一个可设置在开阔且阳光充足的地点，另外一个可设置在较凉爽的地点以便在夏季提供阴凉。

遮蔽和隐私

与承受强风的露台相比，温暖的背风露台在一年当中的使用时间更长。如果位置比较暴露，使用屏障或生长攀缘植物的框格棚架提供遮蔽。顶部有框格的藤架（见"藤架和木杆结构"，581~582页）可以从上方遮蔽露台并提供阴凉。避免将露台设置在大型树木周围：它们会投射太多阴影并且在雨停后很久还会滴水，它们的根会让铺装移位，昆虫会造成麻烦，落叶和鸟粪也会让人烦心。

合适的大小

与作为"户外房间"的露台相比，尺寸对于连接房屋和花园的台地没有那么重要。它应该与花园成比例：太小会让它显得零碎；太大会让它显得过于突出。作为一般原则，人均使用面积应控制在3.3平方米左右。对于四口之家，大约13平方米的露台是一个实用的尺寸。

选择表面

简约是良好设计的关键。如果露台上有家具、攀缘植物和容器，铺装应该不引人注目。要记住，彩色铺装看起来可能会很杂乱，并且常常会褪色成难看的色调。最好用混合质感来实现多样性：铺装石板中使用小块面积的砖或沙砾，砖块或黏土铺装块之间穿插枕木，或者将卵石混合在石板中。对于所有表面——尤其是天然石材，都要考虑有没有可能使用回收材料，甚至再次利用你手头上有的东西。

还要考虑你是否需要耐磨表面以及潮湿条件下的防滑表面：可供选择的材料有混凝土、铺装石、天然石材、瓦、砖和铺装块，以及花岗岩铺路石和圆石，详见564~569页。

地基

露台、通道和车行道（见"车行道"，571页）都需坚固的地基，保证铺装表面在使用时保持稳定。负荷需求也必须考虑：露台一般很少承担很重的荷载，但车行道需更充实的地基，因为它们会被汽车使用。气候是另一个因素：在干旱时间较长的地区，不够深厚的混凝土地基可能会开裂；如有必要，寻求专业建议。

在进行任何挖掘工作前，与当地部门或供应商确认所有管道和电缆的位置，以免损坏它们。

排水

为便于排水，露台表面应该稍微倾斜；每2米长度有2.5厘米的高

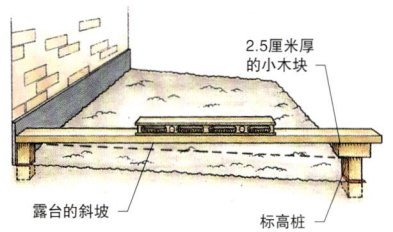

排水坡

从其顶端开始，在许多标高桩上标记出相同的距离，然后以2米的行距将它们钉入土壤中——第一排位于排水坡的顶端。在第二排标高桩上放置一个2.5厘米厚的小木块。使两排标高桩实现水平，移去小木块，按照同样的步骤依次进行。

度差通常就足够了。计算底基层和表面材料的总厚度，然后在一系列标高桩上画线，将此厚度标记出来。在斜坡最顶端插入一排标高桩，使标记位于土壤表面，指示铺装完成后的高度。在距离第一排2米远处插入第二排标高桩。在这排标高桩的顶部放置一块2.5厘米厚的小木块，然后在这两排标高桩之间放置一条木板，并在木板上放置水平仪。调整位置较低的标高桩的高度，直到顶端标高桩与下端小木块的顶端平齐。移去小木块并以同样的步骤向下标记高度。然后用耙子平整土壤，使土壤表面与每根标高桩上的标记平齐。完工后的基础层和表面应该平行。

为充分利用从露台上流走的雨水，可以在最低边缘处安装一条混凝土或塑料排水沟。这条沟的落差应与露台本身的落差接近，可以用来将雨水引导至花坛、草坪、甚至池塘或水景。如果你拥有为花园灌溉供水的地下储水箱，你甚至可以将水引到那里去。

基本程序

清理现场的所有植物材料，包括树根，然后挖出松散的表层土直到抵达底层土。使用平板夯实机将底层土压实。对于所有露台和道路（但不包括荷载较重的道路），结实的底层土或10厘米厚的碎砖层上再覆盖5厘米厚的沙子，就足以充当地基了。使用更多碎砖将底基层抬高

为露台和道路准备底基层

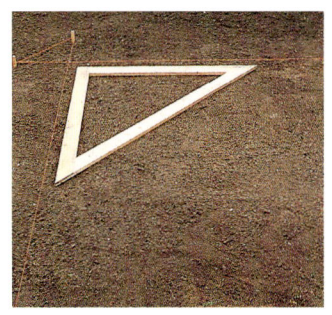

1 用木钉和绳线划出工作区域，将绳线高度设定为与道路或露台最终高度平齐。使用三角尺确保四个角是直角。

2 向下挖掘至紧实的底层土，用平板夯实机向下夯实，使其可以容纳10厘米厚的碎砖层、5厘米厚的沙子（如果需要的话），以及铺装表面的厚度。

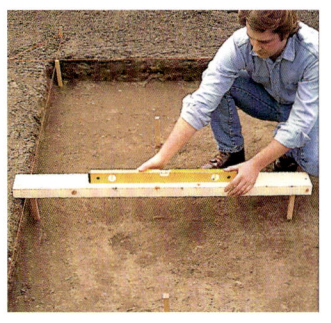

3 每隔2米敲入标高桩。露台应使用缓坡以便排水。用水平仪和木板确保木钉与绳线平行。

4 在整个工作区域铺一层10厘米厚的碎砖层，然后压平。如果需要的话，添加沙子，之后再次夯实。

如何铺设混凝土

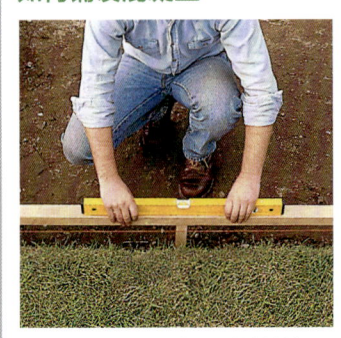

1. 标记出工作现场后,将其挖掘至深20厘米。沿着拉紧的绳线将标高桩以1米的间距钉入土地中。用木板和水平仪保证标高桩的水平。

2. 去除拉紧的绳线,将宽木板钉在标桩的内壁,角落的两块木板要对齐。形成保持凝固混凝土的框架。

3. 使用框架将大块区域划分成不超过4米长的小块区域。铺一层10厘米厚的碎砖层,用滚筒将其压实。

4. 从第一部分开始,灌入混凝土并铺展开,使其刚好露出框架顶端。在边缘整好混凝土。

5. 使用横跨框架的木梁向下敲打以紧实混凝土。然后将木梁在框架两侧滑动,平整表面。

6. 平整后,使用新鲜混凝土填补出现的空洞,再次平整。

7. 在混凝土上铺一层保护性的防水覆盖物(如塑料布),直到混凝土干燥。当混凝土硬化后将框架除去。

至所需高度。在不稳定的土壤如黏重的黏土(在干旱天气下可能收缩并损害铺装)上,铺设15厘米厚的压缩碎砖层作为底基层。在碎砖层上添加沙子或道渣,得到平整的表面。

承重表面

承受较重荷载的表面需要铺设一层至少10厘米的碎砖或粗石作为底基层,上面再铺设10厘米厚的混凝土。这层混凝土可以作为顶端表面,或者作为基础再铺设一层沥青或砂浆铺砌的铺装块。在黏土或不稳定的土壤上,或者表面会被重型车辆使用的地方,需要在碎砖层上铺设15厘米厚的混凝土。如何为地基搅拌混凝土,见"混凝土",下。在铺设较大区域时,必须留下伸缩缝(见"伸缩缝",572页)。

混凝土

铺设混凝土方便快捷,用混凝土铺设出的表面经久耐磨,但传统生产配方会产生大量碳足迹。如果使用混凝土,请尽量采购可持续性最高的产品(例如,使用回收材料和少量水泥的混凝土),并考虑其他选项,如自结合石子。

如果你想要铺设大面积的混凝土,而且大型车辆可以出入施工现场的话,那么将已经搅拌好的混凝土运送到现场会让工作变得更轻松也更快。为供应商提供现场的测量长宽并告知混凝土表面的用途,确保对方送来的混凝土量和配方合适,或者使用可以在现场搅拌混凝土的供应商。这样能节省时间和精力,但需要做准备,而且需要一些帮手,因为你必须直接工作。

混凝土和砂浆配方

下列混凝土和砂浆配方适合大多数工程。关于名词解释,见"名词解释",569页。

墙基脚、车行道地基以及预制铺装的基础
1份水泥
2.5份尖砂
3.5份20毫米集料
(或5份混合集料配1份水泥,省去沙子)

现场浇灌混凝土铺装
1份水泥
1.5份尖砂
2.5份20毫米集料
(或3.5份混合集料配1份水泥,省去沙子)

垫层砂浆(用于垫层铺装以及连接铺装砖块)
1份水泥
5份尖砂

砖艺砂浆
1份砖艺水泥
3份软砂

这些比例都是体积比而不是重量比。不同工作所需要的配方不同。在混合混凝土或砂浆时,首先在一份混凝土中添加半份水。这样会得到非常黏稠的混合物。继续逐渐加水,直到它们达到合适的稠度。

在炎热的气候下,可能必须在混凝土和砂浆混合物中添加阻凝剂,而在寒冷气候下应该添加防冻剂:寻求当地人的建议。在理想情况下,当温度接近冰点或超过32℃时,应避免铺设混凝土和砂浆。

铺设混凝土

使用绳线和木钉划出工作区域,向下挖掘至大约20厘米,露出坚实的底层土。以1米的间距在土地边缘钉入标高木桩,使用绳线作为指导。在标高桩的内侧钉上木板,形成至少深20厘米的框架,用于限定混凝土的范围。

检查盖

用于检查管道的检查盖不能被堵塞:不要用铺装物盖住它们。有一种专利生产的金属盘,上面可以承载铺装石、黏土铺装块或其他材料。这样能最大限度地减少检查盖在铺装区域造成的不美观外形,并且保证它仍然可以按照需要被抬起来。金属盘中还可以填充草皮或用于种植。

使用更多木板将面积较大的区域分隔成不超过4米长的小块区域。在底层土上铺设一层10厘米厚的碎砖层。使用刚刚搅拌的新鲜混凝土浇灌，每次浇灌一块小区域，厚度为10厘米。使用横跨框架的木梁压实混合物；然后用木梁在框架顶端前后拉动，平整混凝土的表面。

铺装石

混凝土铺装板经常用于露台、道路和车行道。它们有许多尺寸、质感和颜色，一旦准备好底基层，就很容易铺设。许多园艺中心和建材商有许多预制混凝土板。某些设计可能只在一个地区有。大供应商常常提供产品目录，并能直接送货。

尺寸和形状

大多数石板是45厘米×45厘米或45厘米×60厘米的，更小的石板被用来配合这些大石板使用。不是所有石板都有能够对接的边缘形状；半石板可能比全石板的一半更小，以便为接缝中的砂浆留出空间。

圆形石板很适合用作踏石以及小型区域的铺装，其中填补松散材料（如沙砾）。如果你喜欢没有平行线条的图案，那么六边形铺装板很合适，半板适用于笔直边缘。某些铺装板的一角是缺失的，这样四块铺装板拼在一起会形成一个种植孔。

数量

如果要使用不同尺寸和颜色的铺装石铺设图案，可以使用计算机辅助设计程序或铺装计划软件，或者只是简单地在坐标纸上画出草图，计算每种铺装板的所需数量，并留出5%的破损率（特别是如果要切割出很多大小合适的铺装石的话，见"切割铺装石"，566页）。

铺设铺装石

如果铺设露台，建立一条可以作为笔直边缘的线，并保证露台表面有便于排水的缓坡；露台的倾斜角度应该是远离建筑的。可以利用房屋的墙壁作为基准线开始工作，不过你可能会想在墙壁和铺装之间留出空隙用于种植。铺装顶端和墙壁防潮层的最短距离为15厘米。铺装石尺寸的设置应该让切割次数越少越好。如果石板不是直接对接的，需要留出0.5~1厘米的砂浆接缝；公制石板的接缝常常比英制石板的接缝窄；如果存疑，请咨询供应商。

准备现场

清理现场并准备用碎砖铺设的底基层（见"为露台和道路准备底基层"，563页）。需要厚约1厘米的木垫片放置在铺装石板间，为砂浆留出空间。

放置铺装石板

从一个角开始，向两个方向各放置一排铺装石板，并用木垫片间隔，确保尺寸正确。使用泥瓦刀沿着每条边缘在即将放置铺装石板的地

铺装石的风格

质感
表面质感有光滑、点刻、刻痕或砾石等。

六边形铺装块
它们是矩形或方形铺装块之外的别样选择。半块用于得到笔直边缘。

风化铺装石
如果想要自然的表面，可以使用一系列风化铺装石。

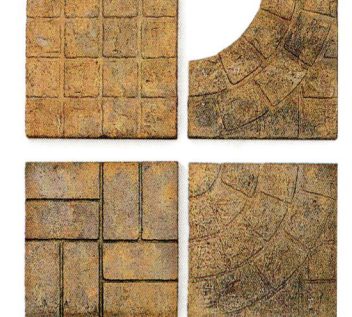

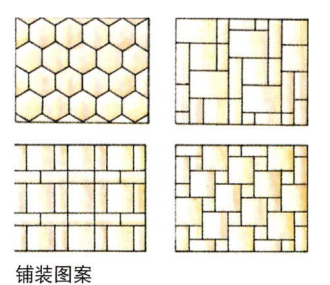

铺装图案
使用不同形状和大小的铺装石，可以创造美观的图案。

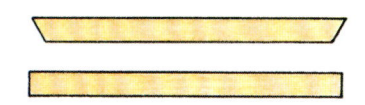

刻痕铺装石
某些铺装石上有刻痕，可以呈现特定图案或效果。缺角的铺装石拼起来后可以形成种植孔。

预制和压缩板
预制板（边缘倾斜）用于轻度和中度荷载。压缩板（笔直边缘）较轻，但更结实。

如何铺设铺装石

1 标记工作区域并准备底基层（见"为露台和道路准备底基层"，563页）。铺设条状砂浆形成一个比铺装石稍小的方框。对于大型石板使用田字形砂浆床。

2 放置铺装板并向下夯实。使用水平仪保证水平。以相同步骤重复，在铺装石板之间使用1厘米厚的垫片间隔。

3 在砂浆凝固之前去除垫片。两天后，用黏稠砂浆填补缝隙。刮缝，使砂浆大约有2毫米的凹陷。用刷子清洁石板。

使用填缝器
这个设备的中央有一条缝。将这条缝和铺装石板的接缝相对，可以在其中填充砂浆而不会溅落到石板上。

方抹一条垫层砂浆，形成比石板面积稍小的区域。如果石板为45厘米见方或者更大，则将砂浆抹出可容纳四块石板的田字形。这种方法效果好，且便于控制。将石板铺设就位，然后使用石工锤的手柄或木槌向下夯实。用水平仪确保它是笔直的。

按照同样的步骤继续铺装相邻的石板，并放置垫片。每铺装三块或四块石板，就检查一下两个方向上的水平性。当你可以不用走过去就能直接够到垫片，并且砂浆还未凝固时，将垫片取出。如果你不得不在砂浆干燥之前走在铺装石上，你应站在木板上行走，以分散你的重量。

收尾

两三天后，用非常黏稠的砂浆填补铺装石之间的缝隙。用木钉或圆棍状木头勾缝，使砂浆位于铺装表面之下大约2毫米。或者将用1份水泥、3份沙子混合而成的干砂浆扫入接缝中。将铺装表面多余的砂浆扫走。用喷雾器或装有细花洒的洒水壶在接缝处洒水。在表面多余的砂浆污染铺装石之前，迅速用海绵将它擦干净。

切割铺装石

如果需要切割很多铺装石，最好租用一台切块机或角磨机。如果只切割一些，则使用一把冷凿和一把石匠锤即可。在切割铺装块时一定要佩戴护目镜。用冷凿的角在石板上想要切割的地方刻一条线，然后沿着这条线凿出一条深约3毫米的沟槽；你可能必须在石板上来回工作几次，用冷凿不断加深这条沟槽。如果石板要嵌入较紧的空间，则应将其切割至比实际所需小6毫米，以便为石板裂开时可能产生的粗糙边缘留出空间。

将石板放置在坚实的表面上，然后将较小的一部分垫在一块木板下。用石匠锤的柄清脆地叩击，直到石板沿着刻出的沟槽裂开。用冷凿仔细处理任何粗糙的边缘。

不规则铺装

不规则铺装拥有自然式的外形。它可以铺装在沙子上，让植物在缝隙之间生长；也可以铺装在砂浆上，让地面更结实。如果是后者，要在接缝中填补垫层砂浆。

确定边缘

用拉紧的绳线标记出需要铺装的区域，并为铺装准备好底基层（见"为露台和道路准备底基层"，563页）。如果有必要，设置缓坡以便排水（见"排水"，563页）。先铺设数米长的边缘铺装材料以确定边缘：如果是露台，从一个角开始；如果是道路，从两侧边缘开始。它可以是至少有一个直边的较大自然式石板，形成露台或道路的边缘，也可以是木材、砖块或混凝土。如果使用铺装石板，那么这些边缘铺装块需要用砂浆铺设，即使其余铺装块铺在沙子上。

不规则铺装的铺设

松散地铺设大约1平方米的区域，不要用砂浆，像拼图一样将铺装块拼在一起。缝隙要小。某些铺装块可能需要修整才能让尺寸匹配。偶尔引入大铺装块，在它们之间填充小铺装块。

将铺装块铺在沙床或砂浆床上，在笔直木板上使用水平仪保证它们的平整。用木槌或木块和锤子将铺装块夯实。必要时将铺筑块挖出，添加或移除沙子或砂浆，直到平整为止。

填缝

如果在沙子上铺设不规则铺装，最后应将干沙扫入接缝中。如果使用砂浆，应搅拌出非常黏稠、几乎干燥的砂浆，然后使用勾缝刀填补缝隙（见"收尾"，左）。如果使用的是深色岩石（如板岩），可使用混凝土染色剂（一种粉末，与水泥和沙子一起搅拌使用）使接缝的颜色与石材的相似。砂浆干燥时颜色会改变，所以先在小块区域试验染色剂的效果，任其干燥，再确定添加剂量。

天然石材

天然石材很美观，但价格会比较昂贵，铺设难度也较大。值得调查一下能否从值得信任的供应商那里买到回收的天然石材。某些类型（如砂岩）可以切割成均匀的大小并且拥有整齐边缘。毛边石材的效果更自然，它拥有规则形状和美观的凹凸饰面。

粗锯或毛边石材的铺设方法和铺装石板一样，增添或移去砂浆以得到平整的表面。

如何切割铺装石

1 将铺装石放在结实平整的表面上。使用冷凿的角和一边木头在铺装石表面标记出切割线。

2 使用冷凿和石匠锤，小心地沿着标记出来的切割线加深铺装石上的沟槽。

3 将石板垫在一长条木材上。沟槽与木材边缘对齐，用锤子的手柄清脆地叩击石板，使其断裂。

如何进行不规则铺装

1 使用拉紧的绳线和木钉标记出边缘高度，准备底基层（见"为露台和道路准备底基层"，563页）。首先铺设边缘的铺装块，直边摆在最外面。

2 在中央填补大铺装石，在它们之间填补小铺装石。确保内部铺装板与边缘铺装板平齐，然后将它们铺设在沙床或砂浆床上。在施工过程中使用一块木板和一个木匠锤。

3 在接缝中填充几乎干燥的砂浆，或者刷入沙子。对于砂浆缝，使用泥铲勾出斜砂浆缝，以便表面积水从铺装石板上流走。

乱形石的轮廓和厚度不规则，并且没有直边。这种石材适合作为不规则铺装，并且效果比破碎的混凝土铺装石更美观。

瓦片表面

缸砖是黏土煅烧至极高温度制造的，可用于连接室内和室外区域，例如，铺设保育温室的内部和外部。釉面瓷砖更具观赏性，但大多不耐冻。在选择瓦片时，要确认它们是否适用于户外。瓦片很难切割，特别是当它们的形状不是方形时，所以在设计时尽可能采用只需要完整瓦片的形状。

瓦的铺装

由于瓦片较薄而且有时候比较脆，因此它们需要铺设在混凝土底基层上（见"承重表面"，564页）。缸砖可铺设在垫层砂浆床上。在使用瓦片前将它们浸泡两三个小时，以免它们从砂浆中吸收太多水分。

最好用户外砖瓦黏合剂（从建材商那里获得）将釉面瓷砖粘在平整的混凝土基础上。按照生产商的指南将这种黏合剂涂在瓷砖背面，然后按压在准备好的混凝土基础上。

使用薄泥浆（建材商有售）为瓷砖铺装区域填缝，薄泥浆可带有与瓷砖颜色相配或形成对比的颜色。

如何用砖块铺装

1. 首先准备底基层（见"为露台和道路准备底基层"，563页），为边缘砖留下空间。使用拉紧的绳线和木钉为边缘砖定下高度。

2. 用砂浆固定边缘砖，然后按照需要的图案铺设其他砖块，夯平。不时检查各个方向上的水平性。

3. 在砖块表面施加一层干砂浆，然后用刷子将它们扫到接缝中。浇水以凝固砂浆，然后清洁表面。

砖和铺装块

在铺设小型区域时，砖和铺装块是最有效的；大片区域最好用其他材料（如砾石），否则整体会有压迫感。

对于毗邻砖砌房屋的露台，使用砖块或铺装块可以在视觉上将房屋和花园联系起来。与较大的石板或混凝土板相比，砖和铺装块能在设计上提供更大的灵活性，因为它们可以铺设成各种图案（见"砖砌图案"，右），而且如果待铺设的空间有位置尴尬的角落或区域，它们需要的切割工作就比铺装石少。可渗铺装块会让雨水渗入土地中。作为一种环境敏感型材料，它们会减少进入公共排水系统的径流，从而降低洪水风险。

选择砖

砖的种类非常丰富，你总能够找到一款适合任何风格设计和建造的露台或台地。如果要使用非常多的砖，与制砖公司联系确认他们是否可以送货上门。建材商可以供应任意数量的砖。一定要选择适合户外铺装、耐潮湿和冰冻的砖。

选择铺装块

黏土铺装块和砖一样美观，并且通常被制造成红色。它们比混凝土铺装块或砖块更薄。混凝土铺装块（尤其是可渗类型）能制造出非常实用的表面。与传统混凝土产品相比，可持续性最高的选择在制造中使用较少的水泥。混凝土铺装块通常是灰色、蓝灰色或浅黄色的，并且有各种形状。

铺设砖块

首先做出合适的底基层（见"为露台和道路准备底基层"，563

砖砌图案

砖可以用几种不同的方式铺设以创造美观的图案；下方列出了最常用的三种图案。

编篮形

联锁箱形

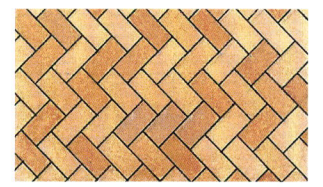

人字形

砖块类型

砖块有各种风格、质感和颜色，是一种美观又实用的建筑材料。注意选择最合适的类型，使它们适合特定用途，并与房屋、露台或其他硬质景观的风格相匹配。

半釉砖
半釉砖非常耐磨。如果用于铺装的话，确保它们可以良好地适应潮湿天气。半釉砖比普通砖贵。

带孔砖
带孔砖有孔，它们可用于较薄铺装材料的镶边，但对于大片区域来说并不经济。

面砖或普通砖
它们用于为建筑"贴面"，提供美观的表面效果。它们有众多颜色，质感也有粗糙的和细腻的。它们可能不适合作为铺装，因为它们不能经受严酷的天气条件。

压面砖
压面砖的一侧带有压痕。如果作为镶边或者压痕一面朝上的话，压面砖可用于铺装。

页）。砖块最好铺设在砂浆上。先用混凝土垫层铺设边缘铺装条（或边缘砖块），然后用砂浆填缝。准备砂浆垫层，厚度为2.5厘米。将砖块铺在上面，均匀地留出砂浆缝；如果需要，可使用硬纸板或木条作为砖块之间的垫片。

铺设完一片区域后，将干砂浆刷在砖块上。用窄木条将干砂浆压入砖缝以排除气穴。在潮湿天气下，土地和空气中的湿气会让砂浆凝固；在干燥天气下，喷水以加速凝固过程。

切割砖和铺装块

砖和铺装块的切割比较困难。如果必须切割的话，最容易的方法是使用液压切块机。工具租用店中一般有这种工具，它通过杠杆操作。使用这种方法可以快速整洁地切割砖和铺装块。还可以使用冷凿和石匠锤（见"切割铺装石"，566页）来切割砖和铺装块。

铺设铺装块

使用平板夯实机将铺装块铺设在沙床上；它们会以很窄的缝紧贴在一起。由于铺装块可以挖出并重新铺设，所以这种铺装方式又称为柔性铺装。60～65毫米厚的铺装块足以应用在园艺施工上。

铺装块、瓦、铺路石，以及圆石

铺装块在尺寸、颜色和厚度上有很大差别。也可以用许多不同的方式为它们制造饰面，所以它们的质感和最终形状，无论是规则几何的，还是更加不规则和自然的，都能极大地增强花园的风格。使用赤陶砖、花岗岩铺路石、"比利时"小方石或圆石还能得到更特殊的效果。

联锁铺装块
这些黏土或混凝土铺装块可以用来创造特异的图案。压制铺装块（下）有多种色彩。

花岗岩铺路石
这种铺装材料是从硬花岗岩上切割下来的。和圆石一样，铺路石的粗糙表面可以提供自然效果。

仿花岗岩铺路石
这些再生石铺路材料比花岗岩更轻也更便宜。"比利时"小方石拥有更陈旧、更自然的外观。

比利时小方石

黏土铺装块
这些红色铺装块在铺装时可以"顺铺"，也可以"横铺"（顶端朝上）。

线切黏土铺装块
线切黏土铺装块的各个侧面都比较粗糙，可以在完工后的铺装中提供额外的牢靠性。

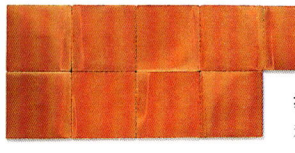

赤陶瓦
和砖一样，陶瓦也是用黏土制造的，但它们是在太阳下晒干的。它们有许多孔隙，如果在易于遭受霜冻的地区使用，可能会开裂。

圆石
圆石（上）是在海洋或冰川作用下形成的大圆石头。为保护环境，购买商业开采的冰川运动形成的圆石，不要购买从海滩捡来的圆石。圆石可以单独镶嵌在地面，或者用垫层砂浆镶边，形成有趣的饰面效果。

如何进行柔性铺装

1 准备好底基层后（见"为露台和道路准备底基层"，563页），围绕现场边缘设置混凝土或木质镶边条。用水平仪和石工锤保证边缘的水平。

2 用木板将较大区域分隔成1米宽的凹槽。添加5厘米厚的沙子。用一根长木条将沙子平整至木板顶端。移去木板，在空出的地方填充沙子。

3 从角落开始，按照需要的图案铺设铺装块。在这个阶段只铺设全块，最后留出需要切割块的缝隙。

4 用夯实机将铺装块夯入沙子中，或者使用石工锤和一段木板向下夯实。将干沙扫在表面上，然后用平板夯实机夯两三遍。

准备现场并控制边缘

首先在坚实的土壤上准备一层8厘米厚的碎砖层充当底基层（见"为露台和道路准备底基层"，563页）。在没有现存可靠边缘（如墙壁）的地方，铺设永久性镶边条。最简单的方法是使用特制的镶边件，铺装生产商可以提供。它们必须用混凝土现场浇灌。或者使用经木榴油处理过的规格为100毫米×35毫米的木材，并用至少50毫米见方的木钉固定就位。

大片区域应该使用临时性的木板分隔成可以控制的大小，如1平方米。均匀地铺一层厚5厘米的尖砂。当使用60毫米厚的铺装块时，沙子表面应该位于完工后铺装表面之下4.5厘米，当使用65毫米厚的铺装块时，沙子表面应该位于铺装表面之下5厘米。

铺装块的放置和着床

放置铺装块时不要踩在沙子上，并保持沙子的干燥。从现场的某个角落开始铺设铺装块。铺设了一些铺装块后，在铺装块上放置一块跪垫以继续工作。尽可能多地铺设完整的铺装块，然后在障碍物如检查盖（见"检查盖"，564页）周围铺设切割铺装块。

当铺设了大约5平方米后，将铺装块嵌入沙床中。最简单的方法是使用平板夯实机，但不要距离未完成的边界太近。如果只铺设了一小块区域，可以使用一把重石工锤和一块可以压在好几块铺装块上的木板将铺装块夯实。按照相同的步骤，继续铺设铺装块然后将它们夯实在沙床中。

当全部区域都完成铺设后，将干沙扫入接缝中，之后再次用平板夯实机将沙子沉降到位。在草坪边缘难以割草的地方使用砖块、铺装块或混凝土板进行边缘铺装。将这些材料铺设在垫层砂浆上，顶端位于割草高度以下，以免损伤割草机。

不同铺装效果的组合
包括方石板、不规则石板以及镶边砖块的不同铺装材料混合在一起，与自然式种植很好地融合起来。

铺路石和圆石

将花岗岩铺路石或仿花岗岩铺路石铺设在5厘米厚的垫层砂浆上，然后将坚硬的砂浆扫入接缝中（见"收尾"，566页）。在表面喷水进行清洁，并帮助砂浆凝固。

圆石也可以铺设在砂浆中。它们走上去不是很舒适，所以用于小块区域或配合其他铺装材料使用。在铺设时使用砖块或长条混凝土来镶边。在8厘米的压缩碎砖层上铺设3.5厘米厚的垫层砂浆。

名词解释

集料（Aggregate）是碾碎的石头或沙砾，用于制造混凝土。粒径20毫米的集料适用于大多数混凝土工程。混合集料中既有碎石又有沙子。

道砟（Ballast）就是混合集料。

垫层砂浆（Bedding mortar）用于铺设铺装石块。含有尖砂。

水泥（Cement）是一种灰色粉末，是混凝土和砂浆的凝固剂。

混凝土（Concrete）是由水泥、集料、沙子和水混合而成的坚硬建筑材料。

干砂浆（Dry mortar）是沙子和水泥的黏稠混合物，用于铺装填缝。

碎砖层（Hardcore）是用于混凝土基础下，由碎砖或其他碎石组成的垫层。

砖艺水泥（Masonry cement）中含有的添加剂使其不适合用于混凝土。它只用于砂浆。

砂浆（Mortar）是水泥、沙子和水混合而成的，主要用于铺砌砖块。

波特兰水泥（Portland cement）不是商标名称，而是一种水泥类型。波特兰水泥可用于大多数混凝土工程。还可用于砂浆。

沙子（Sand）根据颗粒大小进行分级。尖砂（混凝土砂）比较粗，软砂（建筑砂）颗粒均匀，用于砖艺砂浆。

木板

在温暖干燥的气候区，木板铺装是一种很受欢迎的硬质表面。木材可以在任何地方使用，只要对它进行压力和防腐处理即可。

最好将木板铺设在平整的土地或缓坡上。如果想要在陡坡或水面上修建木板平台，建议寻求专业人员的帮助，因为这需要良好的设计和施工。

在某些国家，建筑法规中规定所有户外木板平台必须能够支撑规定的最小重量。还有可能必须获得建筑许可才能施工。如果存疑，与当地城建部门确认。铺设在沙砾和沙子上的简单镶木铺装（见"镶木铺装"，570页）应该不需要许可。

木质铺装
俯瞰花园的木质露台是特别突出的景致，尤其是加有夏日遮阴藤架的话。不过木板铺装对施工的要求很高，最好交给专业人士完成。扶手、台阶和支撑结构都需要经常维护。

混凝土

现浇混凝土是一种耐磨且经济的材料，适用于宽阔的道路和车行道。然而，它对环境不友好，所以也可以考虑使用较新的产品（使用回收基质），或者考虑使用替代品（如自结合石子）。

增添质感可改善混凝土的外观（见"增添质感"，下）。通过添加特殊染色剂，还可为混凝土上色。先用一小块混凝土试验，等待它变干——干燥混凝土的颜色常与潮湿混凝土的大不相同。

准备基础

准备合适的基础（见"基本程序"，563页）。然后制作框架，以保持混凝土的位置，直到其凝固。用厚2.5厘米、高度至少与混凝土深度相同的木板。用5厘米×5厘米的木钉，以不超过1米的间距将框架固定就位。木板的连接处可钉上钉子。

制造曲线

为得到柔和曲线，首先标记出你想创造的形状，然后用锤子将紧密排列的木钉打入土地中。在水中浸泡软木木板，使它们变得柔韧，然后将它们弯曲并钉在木钉上。尖锐曲线可以用相似的方法得到，并且需要在曲线内侧做一系列锯痕。锯痕应该穿透木板厚度的大约一半，以增加木板的柔韧性。或者使用容易弯曲造型的几层薄硬纸板。

伸缩缝

混凝土在铺设时必须有间断，为膨胀和一定程度的位移留出空间，否则混凝土会发生开裂。使用木垫板作为临时的界线，将混凝土铺装区域分隔成不超过4米长的段。如果使用的是已经搅拌好、必须一次用完的混凝土，则可以使用切成片的硬纸板，将它们留在伸缩缝中直到混凝土完全凝固。

铺设混凝土

制造并搅拌混凝土（见"混凝土和砂浆配方"，564页），然后将其倒入框架中。如果小批量搅拌混凝土，可用木板隔出分区，在分区中倒入混凝土，混凝土凝固后，将木板撤去，剩下分区再次倒入混凝土。使用长条木板，从中间到伸缩缝，将混凝土表面夯平。如果道路或车行道较宽，那么和帮手一起使用夯板会让这项工作更容易。夯的动作会留下带纹棱的表面。如果你想得到光滑的饰面，使用木抹子以轻柔的扫动动作将混凝土表面抹平。钢抹子得到的表面会更光滑。

混凝土铺装板

铺装板可代替现浇混凝土，但和砖块及铺装块相比更难铺设成曲线。它们能很容易地与其他材料结合，如在边缘设置圆石，或者在每块铺装板间穿插小沙砾条。这是创造弯曲道路的有用方法，可以让不均匀的接缝看起来不那么突兀（见"如何铺设铺装石"，565页）。

增添质感

通过增添质感，可以让现浇混凝土道路变得更美观。只在一些部位使用这些技术，或者交替使用不同的图案，创造有趣的整体效果。

暴露的沙砾可以呈现美观的防滑饰面。在混凝土凝固前，将沙砾或石屑均匀地铺在其表面，然后轻轻地将它们夯入混凝土中。当混凝土几乎凝固时，用刷子清扫表面以露出更多沙砾，再用水冲洗掉细颗粒。

拉绒饰面非常容易获得。轻柔地夯实混凝土后，用软扫帚的毛在表面扫动，得到相当光滑的饰面；要得到棱纹效果，可在混凝土开始凝固后使用硬扫帚处理。你还可以刷出一系列旋涡、直线或波浪线。

使用特殊工具可以得到印花混凝土，不过也可以运用想象力，充分利用家居和花园中的普通物件，例如糕点切刀和贝壳等。这项技术最好局限在很小的区域使用。为得到美观的叶面印记，可以使用大型树叶（如美国悬铃木或七叶树的叶片）。用泥瓦刀将叶片按入混凝土中，当混凝土凝固后将它们刷出来。

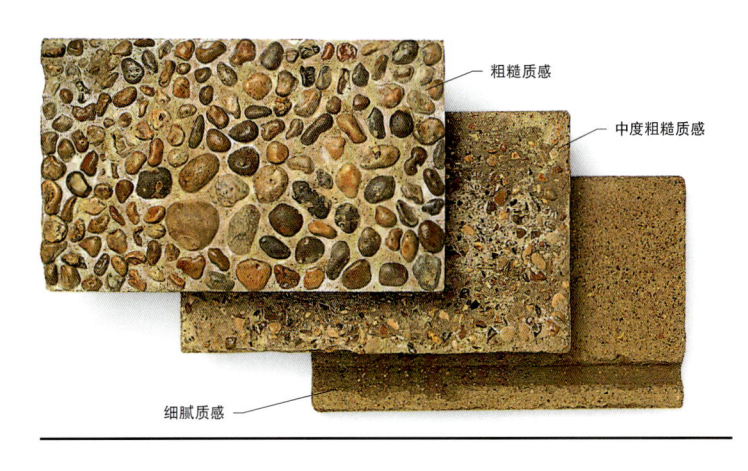

粗糙质感
中度粗糙质感
细腻质感

草

青草道路可以连接一系列草坪，或者用作苗床之间的宽阔步行道。它们必须尽可能宽以分散压力，否则会在频繁踩踏下变秃。建造青草道路时，先铺设一层回收塑料或橡胶强化网再播种草籽可以大大减轻踩踏。青草道路的播种或草皮铺设方法和草坪一样（见"营建草坪"，249～251页）。

砾石

砾石容易铺设，在创造曲线时不存在任何问题，也不贵。但是，除非有良好的基床且进行边缘控制，否则松散的砾石会跑到附近的表面上，人走在上面会不太舒适并且有噪声。

挖掘土地得到坚实的基础，然后在其中填充约10厘米厚的紧密碎砖层、5厘米厚的沙子和粗砾混合物，以及2.5厘米厚的砾石。为得到细腻表面，选择豆砾。砾石也可铺设在土工布（见"土工织物垫"，306页）上，或铺设在回收塑料或橡胶网格垫上，后者会更牢固地将砾石留在原位。因为能将砾石固定在原位，所以网格尤其适用于宽阔道路或车行道这些需要大量砾石的地方。分数次添加砾石，用耙子和滚筒创造中央稍稍隆起的表面以便更好地排水，然后浇透水让表面紧实。

在拥有大量笔直边缘的规则式背景中，可以使用混凝土镶边条；在其他背景中，砖块或经过处理的木板更加适合。如果使用木板的话，用间距大约1米的木钉固定它们。

如何铺设砾石道路

1 将道路基础挖掘至18厘米深，并使用经过高压处理的木板控制边缘。压实基础，并使用间隔1米的木钉将控制边缘的木板固定就位。

2 如果道路位于草坪边缘，再额外挖掘2.5厘米，使道路位于草皮下方（见内嵌插图）以便割草。连续铺设碎砖层、沙子和粗砾，以及豆砾。耙平。

道路的边缘控制

金属或塑料边缘可以切割成合适的尺寸,并且能够非常隐蔽地将砖块或铺装块道路固定就位。也可以使用经过处理的木板,用木钉将它们固定住。还可以在建造道路时先用木板控制边缘,然后将它们移去并在空隙中填充混凝土。在使用砖块镶边时,将砖块侧放或者以45°斜放,用少量砂浆固定。

修建台阶

计算你要修建的台阶数量:用斜坡高度除以一个台阶的立面高度(包括铺装石和砂浆的厚度)。你可能需要调整台阶的高度以适应斜坡。用木钉标记台阶立面的位置,然后挖掘土壤形成一系列泥土台阶。

为底部台阶设置混凝土基础(见"如何修建混凝土基础",574页),待其凝固。然后使用砖或砌块修建台阶立面,用砖艺砂浆填缝垒砌。用直尺和水平仪确保它们的水平,然后在立面后方回填沙子和砾石或者压实的碎砖。

在立面顶端铺设一层砂浆,然后铺砌第一个踏面;它应该稍向前倾斜以利于排水,并且超出立面前端2.5~5厘米。标出下一个立面在踏面上的位置,然后用砂浆继续垒砌。

踏面与立面的比率

为便于使用,踏面宽度与立面高度的比例应该控制恰当。作为一般原则,踏面宽度以及立面高度的两倍相加应大约为65厘米。首先,选择立面的高度,然后用65厘米减去立面高度乘以2的结果,得到踏面高度。还需要增加2.5~5厘米以突出立面。

为保证台阶能安全使用,踏面从前到后的宽度应至少为30厘米。立面高度通常为10~18厘米。

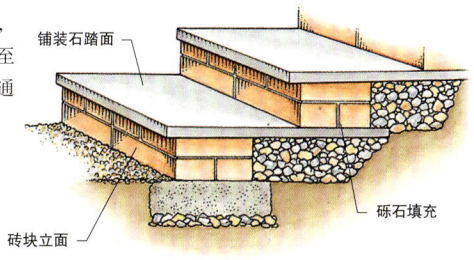

铺装石踏面
砾石填充
砖块立面

木材和砾石台阶
在这里,回收利用的铁轨枕木中填充上砾石,创造了一个缓缓上升的曲线阶梯,两侧种植的植物柔化了台阶的边缘。

如何在土堤上修建台阶

1 测量土堤的高度以便计算需要多少台阶(左)。在斜坡顶端钉入一根木钉,底部钉入一根木桩。在两者之间拉一条绳线,用水平仪确保它是水平的,然后测量地面到绳线的距离。

2 使用绳线和木钉标记边缘,然后水平拉伸绳线以标记踏面前端。挖掘出泥土台阶,并在每个踏面的位置紧实土壤。

3 为立面修建15厘米深的基础,宽度为砖块的两倍。在基础底部填充7厘米厚的碎砖层,在上面添加一层混凝土至与地面平齐。

4 当混凝土充分凝固后,将第一个台阶立面垒砌在基础上。使用木钉之间拉伸的水平绳线确保砖块笔直水平。

5 在立面后方回填碎砖层至砖块的高度并向下夯实。将铺装石板铺设在厚1厘米的一层砂浆上,石板之间留一条小缝。

6 石板应该突出立面2.5~5厘米,并稍稍向下倾斜以利于排水。标记出第二层台阶的立面在石板上的位置,继续用砂浆垒砌砖块。按照同样的步骤回填、铺设踏面。剩余的台阶都按照同样的步骤修建。作为收尾,用砂浆填补石板之间的缝隙。

墙壁

从很早开始，界墙就是花园中的一道景致。19世纪，带围墙的花园在大宗地产中还是常见的景象，其能提供安全、隐私和观赏趣味。然而，如今大型界墙已经不常见了，取而代之的是更便宜的栅栏或绿篱。

园墙往往兼有实用性和观赏性。矮墙非常适合为花园分区，因为它们不需要多深厚的基础，也不需要墙墩支撑，矮墙修剪起来也很容易，并且成本不高（见"如何修建简易矮墙"，575页）。如果为种植留下空腔的话，矮墙的视觉效果会特别好。

材料

界墙可以使用包括砖块在内的各种材料修建，而修建矮墙可以使用专为户外用途生产的混凝土砌墙块。在购买砖块时，与供应商确认它们可以用于修建园墙：它们应该防冻并且能够经受从各个方向侵袭的湿气。

墙壁也可以使用不同材料搭配修建，例如砖块搭配当地石材（如燧石）制造的面板。对于大而平的墙壁，可以在花园内侧粉刷砖艺涂料（浅色或明亮的颜色）。它能反射光线，并与靠墙生长的灌木和其他前景植物形成鲜明的对比。

修建高度

当地政府或道路部门可能对墙的高度有限制。低矮的装饰性墙可以自己动手建造，但高于1米的砖墙和混凝土砌块墙需要建筑工人或结构工程师的建议。任何高于1米的墙都应该使用间隔2.5米的墙墩加固。

墙壁的混凝土基础

无论是用砖块、混凝土块建造的，还是用石材建造的，所有墙壁基础的宽度都应该是墙体本身宽度的2~3倍。低于1米的墙不必修建深厚的基础。

对于半砖墙（厚度与一块砖相当），挖一条长度与墙壁相等、深38厘米的沟。在沟的底部铺设13厘米厚的碎砖层，向下夯实。再倒入10厘米厚的混凝土。等待数天，让混凝土完全硬化，然后铺设砖或混凝土块。对于两块砖厚度的全砖墙或者有种植空间的双层墙，沟的深度和混凝土的厚度还要再增加5厘米。对于砖墙和混凝土砌块墙，混凝土基础的顶端只需位于地面下15厘米。

对于屏障砌块墙体，如果使用加固杆的话，混凝土基础的顶端只需刚好位于地面之下即可。在黏土中或寒冷地区，要增加基础深度，使其位于冰冻线之下。若修建更高的墙，应该寻求专业意见。

矮墙
除了分隔花园区域，矮墙还可以用来建造抬升苗床。在墙顶使用对比鲜明的材料（如上图）可以为植物提供美观的背景，还可以提供让人坐下来欣赏种植的地方。

筑墙材料

砖是最常用的筑墙材料，不过也可以使用模仿天然黏土砖的混凝土块。如果你想修建一面与现有建筑相匹配的墙壁，专业供应商那里有许多不同色彩和风格的回收砖可供选择。

质地光滑的砖
它们是最适合朝向墙壁前方的砖。有一系列色彩。

色彩斑驳的半釉砖
它们有被粗削般的外观，也是所有砖中最坚硬的。

预制混凝土块
其中含有中度粒径的砾石。

岩面混凝土块
砖红色模仿的是黏土砖的样子。它们还可以被制造成砂岩的颜色。

光滑砌块
适用于现代设计的混凝土块。

如何修建混凝土基础

1 首先在工作区域清除所有植物材料、大石块和其他障碍物。用木钉之间拉紧的绳线标记出混凝土基础的范围。

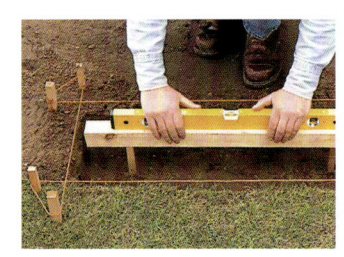

2 按照需要的深度挖一条沟。确保底部水平，侧壁垂直。将两根木钉钉至混凝土的预定高度。用水平仪和横跨两根木钉的笔直木板确认是否水平。

3 在沟中灌水并让其自然排干。然后增添13厘米厚的碎砖层并向下夯实。倒入混凝土，用铁锹在其中切动，使其进入碎砖层并移除气泡。

4 用一段木板向下夯实混凝土，并将表面平整至木钉顶端。混凝土表面可以稍微粗糙，便于铺设第一层砖块的砂浆黏合。

如何修建简易矮墙

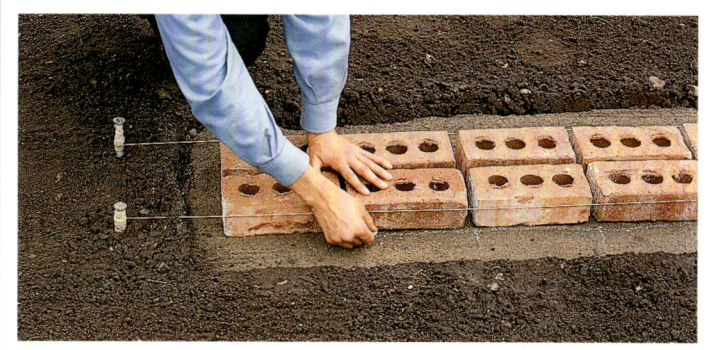

1 一旦混凝土基础完全干燥——至少需要两天，就用两根准绳标记出墙体的位置，准绳之间的距离为墙体宽度再加10毫米。将砖块直接放在混凝土上确定位置，砖与砖之间相隔10毫米。

2 用粉笔将砖块的位置画在混凝土基础上。沿着第一层砖的位置铺设一层10毫米厚的砂浆。随着你将每块砖铺在上面，用水平仪确认它在各个方向上都是水平的。

3 铺设前，在每块砖的末端抹一层10毫米厚的砂浆。最后填补中央的砖缝。

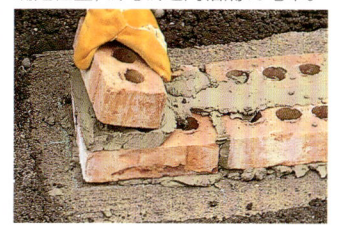

4 在第一层顺砌砖块上铺一层砂浆，然后以之垂直的角度横砌第二层砖。不时检查水平与否并做出必要的调整。

5 向上垒砌到第四层砖的开端，交替顺砌和横砌。铺设每块砖时都刮掉多余的砂浆。用勾缝工具处理砖缝。然后完成每一层砖的垒砌。

6 在垒砌第四层砖时，在第一块横砌砖后插入一块半砖以保持砖缝的交错。继续垒砌，像之前一样检查每块砖是否水平。

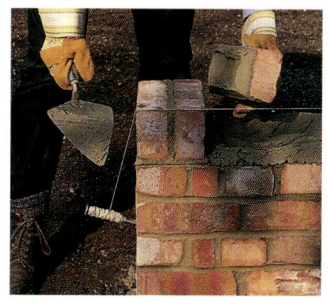

7 将砖块侧立垒砌，完成最后一道砖的铺设。为帮助雨水从墙面流下，用勾缝工具先为垂直砖缝勾缝，再为水平砖缝勾缝。

砖的垒砌

为确保第一层砖是笔直的，沿着混凝土基础拉伸两条平行绳线，它们之间的间距等于墙体宽度再加10毫米。沿着混凝土基础铺设一层10毫米厚的砖艺砂浆。一层砖中的第一块是不抹砂浆直接放置的，然后在第二块砖的一端抹上砂浆，靠在第一块上。在垒砌时，不时用水平仪检查砖块是否平齐且水平。如果太高，用小泥铲的手柄轻轻向下叩击。对于太低的砖，在下面补充更多砂浆。还要确定所有的砂浆缝都有10毫米厚。

在垒砌后续砖层时重复同样的步骤，并重新设置绳线的位置作为准绳。对于带种植凹槽的墙，在第一层砖中留出"泄湿孔"（砖块之间无砂浆的空洞）以便排水，泄湿孔要全部位于地面上。

在砂浆干燥前，使用勾缝刀在砂浆中做出外观整洁的斜缝。垂直砖缝应该向同一个方向倾斜，水平砖缝应该稍稍向下倾斜以利于排水。

组合砖

看起来好像数块独立砖的"组合块"，近看可能会比较粗糙，但在花园环境中，特别是在风化以后，它们就没有那么显眼了，而且可以让简易园墙的修建更快捷、更简单。某些类型是常规形状的，其他类型则像拼图一样相互联锁，可以提供更大的强度和更高的稳定性。

组合墙顶块

砌砖样式

可以使用的砌砖图案有很多（见"流行砌砖样式"，右）。如果你是新手，最好选择容易垒砌且不需要切割砖块的简单样式。最简单的是顺砌砖墙，所有砖都沿着长边垒砌；它需要的切割砖块很少。

屏障砌块墙

在花园中的某些部分，用砖墙作为屏障会显得太过生硬，而用特制穿孔混凝土块修建的屏障墙更合适。这样的墙是由中空的壁柱块支撑的，它们常常被固定在混凝土基础中的钢杆加固，并被填充砂浆或混凝土。这些墙的强度很小。

墙顶

墙顶构成墙壁的顶层，通过倾泻雨水来避免其渗入砖缝，可以起到防止墙壁被冻坏的作用。它还能赋予墙壁一种"成形感"。

流行砌砖样式

顺砌式常用于垒砌只有一块砖厚的砖墙；荷兰式和英式砌法结合了顺面砖和横面砖，适用于全砖墙。

顺砌式

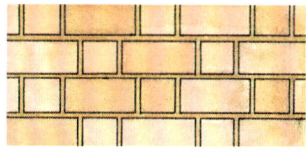

荷兰式砌法

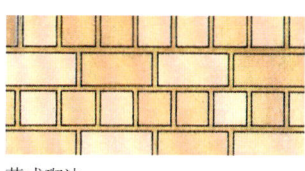

英式砌法

有专门制造的曲线形墙顶砖，但它们的宽度与墙体宽度一样，严格地说是墙帽而不是墙顶，因为它们不能将水滴从墙面上抛开。更宽的混凝土板可以用作砖墙或混凝土砌块墙的墙顶。如果需要普通砖面，可以在最后一层砖之前铺设双层平屋顶瓦以提供"滴水层"。墙顶对于屏障砌块墙尤其重要，因为它有助于将砌块固定在一起。

干垒石墙

干垒石墙可以修建在混凝土基础（见"墙壁的混凝土基础"，574页）或碎石基础上。它们的石缝之间可以种植高山植物（见"岩生植物的日常养护"，286~287页），如果墙顶留出种植蔓生植物的凹槽，会显得尤其美观。

挖一条沟并用碎砖或碎石制造坚实的基础。墙基部的一层或两层石块应该位于地面之下。使用拉紧的绳线保证水平建造。墙体基部应该比顶部宽。为得到连续一致的坡度，制作一块定斜板，它是一个形状与墙体横截面一样的木质框架。每60厘米向内倾斜2.5厘米的坡度通常够用。使用水平仪确保定斜板垂直。最后使用大而平的石块或者一排直立的石块（如有必要可用砂浆填缝）作为具有装饰性的墙顶。

挡土墙

挡土墙可用于在花园中营造台地或者保持抬升苗床（见"抬升苗床"，577页）中的土壤。可以使用干垒石、混凝土砌墙块或砖块修建。如果想修建任何高度超过75厘米的挡土墙或者在陡坡上修建，必须寻求专业意见，因为必须对其进行加固以承担土壤和水造成的压力。与修建一面大挡土墙相比，以一系列浅台阶在花园中营造台地可能会更容易。在某些国家，修建高挡土墙需要规划许可，而且建筑法规可能会要求承包商使用现浇混凝土来修建它。

沿着挡土墙背后插入一条水平走向的排水管道（见"改善排水"，589页），然后使用砾石或碎石回填墙体后部。如果使用砖块或混凝土块，将墙修建在土壤表面下的混凝土基础（见"墙壁的混凝土基础"，574页）上，并在墙体较低砖层中每隔两块或三块砖留出一个供排水的泄湿孔。

干垒石墙很适合用作低矮的挡土墙，因为高山植物可以生长在它暴露的表面上。将大石块放置在坚实的混凝土或碎砖层基础上，然后以每30厘米高度向内倾斜2.5~5厘米的角度继续铺设后续石材。墙体的挡土一侧应该保持垂直（见"如何建造干垒式挡土墙"，284页）。如果不种植岩缝植物，可以使用砂浆填缝让墙体更加坚固（见"砖的垒砌"，575页）；或者可以将园土堆积在石块之间以增加稳定性。

柔化墙壁

墙壁边缘的坚硬线条被鲜艳的垂蔓植物柔化，看上去有帘幕般的效果。石块之间的岩缝为浅根岩石园植物提供了理想的生长空间。

墙顶的类型

装饰性饰面
用砂浆将直立石块固定在一面石灰岩干垒石墙的顶端。

全砖砖墙
这面用荷兰式砌法修建的砖墙使用了一层横砌砖作为墙顶。

岩石墙顶
大块石板为这面用砂浆堆砌的燧石墙壁提供了坚实的墙顶。

建造挡土墙

任何用于在斜坡上挡土的墙壁都必须非常坚固。要牢记一点，墙壁越高，它的强度就需要越大。还要记住，潮湿的泥土比干燥的泥土更重，必须让水分从墙基部设置的泄湿孔中排出。如果使用的建筑单元较大，如混凝土块，那么挡土墙的强度会比使用较小单元建造的更大。

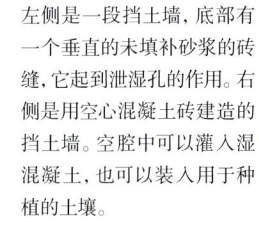

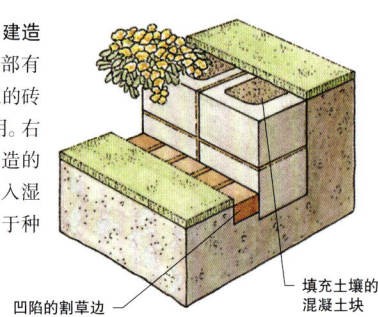

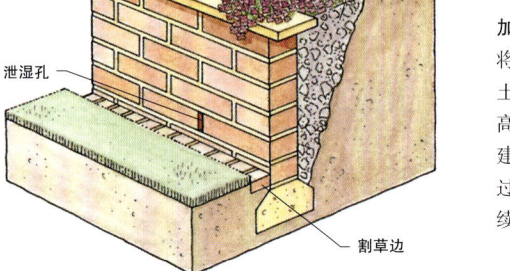

建造
左侧是一段挡土墙，底部有一个垂直的未填补砂浆的砖缝，它起到泄湿孔的作用。右侧是用空心混凝土砖建造的挡土墙。空腔中可以灌入湿混凝土，也可以装入用于种植的土壤。

加固杆
将带钩杆埋设在混凝土基础中，可以大大提高使用空心混凝土块建造的墙壁的强度。穿过混凝土块还可以继续增添加固杆。

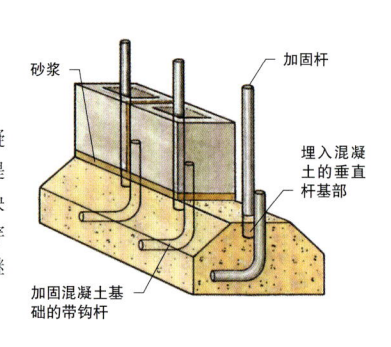

抬升苗床

抬升苗床可以在花园中提供强烈的设计元素,其可以围绕下沉式花园设置,或者提供高度上的变化。在铺装区域可以放置一小群抬升苗床或者一系列相连的苗床,而单独醒目的抬升苗床中可以种植美丽的标本植物。

如果花园中的土壤很贫瘠或者不适合种植某种类型的植物,那么抬升苗床会非常有用,例如,它们可以在拥有碱性土的花园中创造酸性种植环境。另外,与种植在浴盆或其他容器中的植物相比,抬升苗床中的植物有更多生长空间,并且需要更少的照料,因为其中的土壤干燥速度更慢。

抬升苗床的另一个优点是不用弯腰就能够到其中的植物。一系列良好规划的抬升苗床可以让年老、残障或虚弱的园丁得以参与园艺活动。苗床的高度可以根据个人需要进行调整,而且宽窄足以让人轻松地够到整个苗床。苗床之间应该用便于通行的宽阔园艺道路连为一体(见"道路和台阶",571~572页)。

材料

建造抬升苗床可以使用众多不同的材料:抹砂浆的砖(见"砖块类型",567页)、混凝土砌墙块(见"筑墙材料",574页)、不抹砂浆的岩石(见"干垒石墙",576页)、铁轨枕木或粗锯原木。如果使用砖或混凝土,你可能会想用宽到可以坐下的材料当作苗床的墙顶(见"墙顶的类型",576页)。

砖砌苗床

一个大的砖砌矩形苗床很容易建造,但会显得相当缺乏想象力。众多较小且互相连接的不同高度的苗床会创造视觉上更吸引人的景致,圆形抬升苗床也能起到同样的效果。选择防冻砖。一般来说,半砖墙就足够坚固了。

矩形苗床

准备一道混凝土基础(见"如何修建混凝土基础",574页),可以将第一层砖铺设在地面之下。当混凝土基础凝固后,使用砖艺砂浆铺设砖层(见"砖的垒砌",575页)。以垂直角度铺砖形成四角。

圆形苗床

在建造圆形苗床时,最理想的状况是对砖块进行切割以得到光滑的曲线,不过使用完整的砖块也可以。先松散地铺设砖块,圆周的大小必须足够大,以边缘没有宽缝为宜。准备混凝土基础并等待其凝固,然后铺设砖块,使它们在墙体内侧几乎紧挨。用砂浆填补外侧墙面的缝隙。使用传统砌砖样式,让砖层的砖缝彼此错开,顶层使用半砖得到更圆润的曲线。

喜酸植物

如果想在苗床中种植需要酸性土壤的植物,就在墙体完工后使用丁基橡胶衬垫或几层防水沥青漆在墙体内侧打底。这可以阻止砂浆中的石灰渗入土壤中导致土壤pH值升高。

混凝土块苗床

如果匹配的材料都用在了其他结构和表面的话,那么混凝土砌墙块也是建造抬升苗床的良好选择。混凝土块对于圆形苗床可能太大,但很适合方形苗床。混凝土块苗床的建造方法和砖砌苗床一样。

天然岩石

抬升苗床也可以使用干垒天然岩石建造。使用干垒石墙式挡土墙的建造技术(见"干垒石墙"和"挡土墙",576页),不过要保持苗床的矮小。高度超过60厘米的苗床最好用砂浆将岩石固定就位。即使是低矮苗床,也有必要在四角用砂浆固定。

枕木

枕木很适合用来建造大而低矮的抬升苗床,并且能够毫不突兀地与大多数植物和花园表面融合在一起。使用经过处理的针叶树木材或耐用的桦树、栎树木材制造的新砧木比旧铁轨枕木好,后者常常在对植物有害的沥青或木材防腐剂中浸泡过。因此,使用旧砧木建造的苗床内侧必须使用不透水的衬垫,如PVC或丁基橡胶。

枕木沉重且难以操作:墙体高度不要超过三根枕木。使用电锯切割枕木,但在建造墙壁时只使用完整或一般长度的枕木。这样能减少锯断枕木的工作量。

不必提供混凝土基础,因为枕木的长度和重量会让它们非常稳定。用夯实的沙砾创造铺设它们的平整表面,然后像垒砌砖块一样堆放枕木。如果超过两层高,就使用钉入地面的金属杆将它们固定就位:要么在枕木中钻孔以插入金属杆,要么将金属杆设置在枕木外部作为支架

粗锯原木

原木可以为林地风格苗床以及自然式背景中的低矮不规则苗床提供漂亮的镶边。对于较高的抬升苗床,应该使用尺寸和厚度一致的原木。不过这样的材料并不好找,而且四角的连接也不好处理。如果要建造这种类型的抬升苗床,最好购买容易组装的套装。

抬升苗床的建造材料

砖砌苗床

砖砌苗床应该使用防冻砖建造。准备好混凝土基础(见"如何修建混凝土基础",574页)后,铺设位于土壤表面下的第一层砖。交错铺设砖层以增加墙体强度。

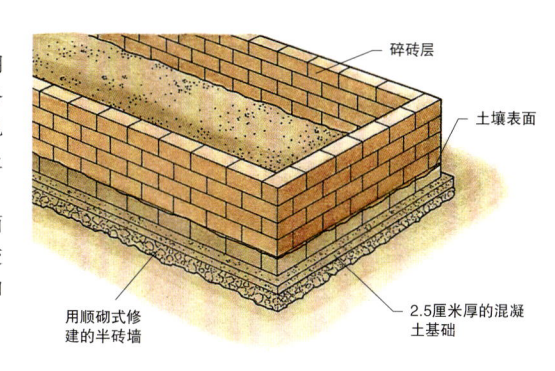

用顺砌式修建的半砖墙 / 碎砖层 / 土壤表面 / 2.5厘米厚的混凝土基础

枕木

枕木特别适合建造低矮的抬升苗床,但如果枕木曾经使用有毒的防腐剂处理过,则必须对苗床使用衬垫。因为苗床本身已经足够稳定了,所以它不需要混凝土基础。接缝需要交错。

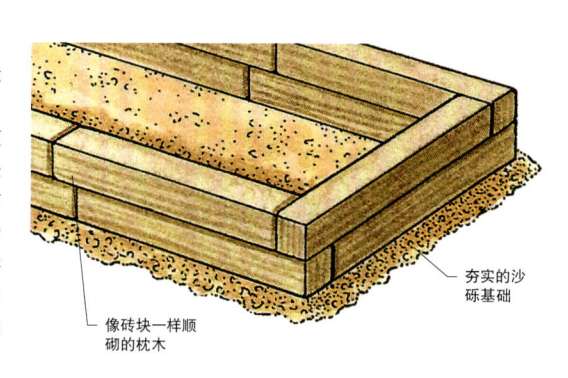

像砖块一样顺砌的枕木 / 夯实的沙砾基础

抬升苗床和灌溉需求

与普通花园花境中的土壤相比,抬升苗床中的生长基质的排水速度更快,因此需要更频繁地为植物浇水。与挡土墙直接接触的土壤尤其容易干燥并收缩。在极端情况下,它甚至会将苗床边缘植物的纤维状吸收根暴露在外,让它们非常容易受到严霜、高温或干旱的伤害。取决于所种植的植物,也许有必要在土壤中增添更多有机质以帮助保持水分(见"土壤结构和水分含量",587页)。

栅栏

栅栏常常用来标记边界，不过它们也可以作为风障或者花园中富有装饰性的景致。它们的建造比墙壁更快也更便宜，可以几乎立即提供私密性。为了将篱笆转变成富有装饰性的元素，可以用木板覆盖它，或者将框格棚架镶板安装在顶端或侧壁上。

竖立栅栏的第一个步骤是用绳线标记出栅栏的位置。如果栅栏是两块地产之间的边界，那么所有的栅栏柱和栅栏板都必须位于你这一侧的边界上。其他和栅栏有关的法律规定，见"关于栅栏的法规"，580页。

嵌板栅栏

嵌板栅栏是最简单的栅栏形式，可以使用混凝土、木质或回收塑料支柱支撑安装。塑料支柱可以模仿混凝土或木质支柱的形状。如果使用混凝土支柱（或模仿它们的塑料支柱），只需将嵌板滑入柱子两侧的沟槽中。此类支柱的另一个优点是不会生锈。更多详细信息，见"如何安装嵌板栅栏"，579页。

如果你更喜欢木质支柱（或者模仿它们的回收塑料支柱），则必须使用螺丝或钉子将嵌板固定在支柱上。此类支柱可以用碎砖和混凝土混合物支撑，或者固定在金属柱架或混凝土支墩上。后者是一根镶嵌在混凝土基础中的短柱。它们上面有预制的孔，可以用螺栓将木柱固定在支墩上，让木柱刚刚超过土壤表面即可。

在使用木质支柱或塑料支柱建造栅栏时，先给第一根柱子挖出一个洞，然后沿着栅栏的方向拉一条

打孔机

如果安装栅栏桩需要很多孔洞来埋设木桩，那么可以购买或租用一台"螺丝"打孔机。这台设备相当容易操作——只需转动手柄施加一点压力，就能做出整齐且很深的洞。不过，取决于现场和土壤的类型，使用手动打孔机可能会比较费力。

机动打孔机可以节省时间和精力，但它们很重并且初次使用比较困难。在购买或租用液压或汽油驱动装备之前，可以咨询专家。

栅栏类型

编篮栅栏（Basket-weave），通常作为预先编造的栅栏嵌板出售，一般有各种高度。轻质软木框架中安装有互相交织的松木或落叶松木板条。它能提供很好的私密性，但强度不是很高。

密板栅栏（Closeboard），由互相重叠的垂直薄边木板组成，木板通常是软木的，用钉子钉在一对水平三角栏杆上。木板的厚边固定在旁边木板的薄边上。它可以在现场建造，也有各种预先建造的面板（如左图所示）。密板栅栏是最结实的栅栏类型之一，能提供良好的安全性和隐秘性。

缺边栅栏（Waney-edged），由重叠的水平木板组成，是最常用的嵌板栅栏类型之一。它能提供很好的安全性。

木瓦栅栏（Shingle），由重叠的雪松木瓦组成，将它们用钉子钉在木框架上可得到强壮结实的栅栏。取决于它们的高度，这种类型的栅栏能提供良好的安全性和私密性。

编条篱笆（Wattle hurdles），由互相交织的木条组成的板状结构，有一种古朴感。这里给出了两种类型。可以现场编造，也可以购买已经编造成形的板面。需要使用矮胖的木桩固定它，在花园中营建新的绿篱时特别有用，除了能提供临时的隐秘性，还可以抵御小型和较大的动物。不过，在相对较短的时间内，它们就会看起来参差不齐并且很不美观，维护和修补起来也很麻烦。

格架栅栏（Lattice），是用粗锯木材或外形古朴的木条制造的。它们的外形像大型号的菱形框格棚架。它们可以用作自然式边界，但缺乏私密性。

尖桩栅栏（Picket），拥有间距5厘米的垂直木质尖桩，安装在水平围栏上，观赏性比实用性更好。还有塑料尖桩栅栏，与传统木质尖桩栅栏相比，它们所需的维护要少得多。两种材质都不能提供太多安全性或隐私性。

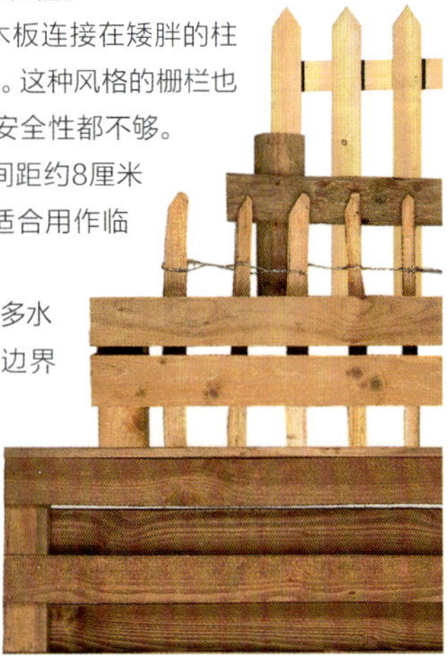

农场风格栅栏（Ranch-style），用薄的水平木板连接在矮胖的柱子上。木材经过油漆或简单地使用防腐剂处理。这种风格的栅栏也有塑料材质的，其需要的维护更少，但二者的安全性都不够。

简易铁丝木栅栏（Cleft chestnut paling），由间距约8厘米的垂直劈开木桩组成，用镀锌铁丝连接。只适合用作临时性栅栏。

立柱围栏栅栏（Post and rail），拥有两根或更多水平木杆或粗锯木栏杆。它们可以形成便宜的边界标记。

横档栅栏（Interference），可将水平木板安装在木质支柱两侧，一面的木板遮挡另一面的缝隙。与实心栅栏相比，它能充当更好的风障。如果木板垂直安装，就无法攀爬。

铁丝网围栏（Chain link），由铁丝网组成，通常连接在混凝土、木材或铁柱上。镀锌铁丝网可以使用长达10年，塑料覆盖的铁丝网使用寿命更长。在需要抵御动物的边界时，它是很好的选择。

焊接铁丝栅栏（Weld wire），由开口宽阔的铁丝网组成，用钉子固定在木桩和围栏上。主要用作屏障，在外观不重要的地方可用来抵御大型动物。

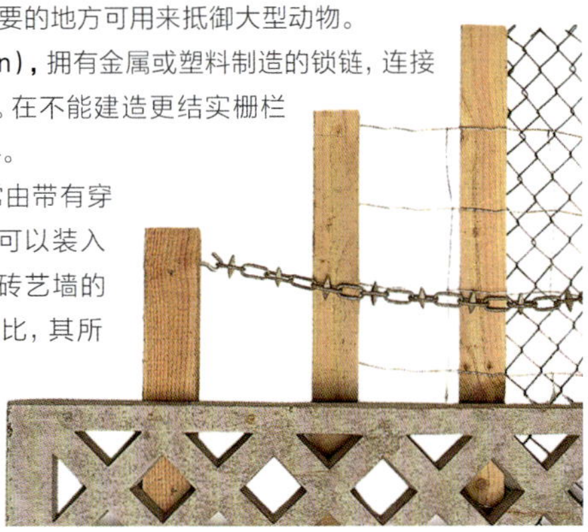

立柱链式栅栏（Post-and-chain），拥有金属或塑料制造的锁链，连接在木质、混凝土或塑料立柱上。在不能建造更结实栅栏的地方，可以使用它来建造边界。

混凝土栅栏（Concrete），通常由带有穿孔的混凝土板组成，混凝土板可以装入混凝土立柱中。它们可以提供砖艺墙的安全性和稳定性。与木栅栏相比，其所需要的维护比较少。

绳线以确保栅栏的笔直。对于2米高的嵌板栅栏，你会需要2.75米长的木材作为木柱，所以挖出的洞应该至少有75厘米深。在洞底填入15厘米厚的碎砖层，然后将柱子立在洞中，将更多碎砖填入洞中，将木柱固定就位。用水平仪确保立柱的垂直。以栅栏嵌板的宽度作为间距，为第二根柱子挖洞，确保它与准绳平齐。平整柱子和洞之间的土地，然后在两根柱子之间的地平面上放一根木质或混凝土砾石板，以防止嵌板接触土壤并腐烂。可以使用镀锌钉将木质砾石板固定在第一根柱子上。将75毫米镀锌钉钉入预先穿透的钉孔，将栅栏嵌板连接在立柱上，或者用金属支架将它们固定在一起。

将第二根柱子放入洞中，确保柱子垂直并使其紧密地靠在栅栏嵌板上；像之前那样安装砾石板和栅栏嵌板。对于剩余的柱子、砾石板和嵌板，使用相同的步骤安装。使用木碎片和碎砖将木桩紧实地固定就位，使用水平仪保证它们的垂直。围绕每根柱子的基部堆积黏稠的湿混凝土，用小泥铲在各个角度创造斜坡以利于排水。

如果有需要，将柱子锯至嵌板之上，锯到相同的高度。使用木材防腐剂处理任何锯木表面，然后在每根柱子上添加突出的顶部，以便将雨水抛下。

金属柱架

除了挖洞以埋设栅栏柱子之外，还可以使用钉入土地中的金属柱架提供支撑，然后将木柱插在柱架上。这样可以降低用作立柱的木桩长度，并让它们远离土壤，从而延长木材的使用寿命。对于高达1.2米的栅栏，使用60厘米高的柱架；对于高达2米的栅栏，可以使用75厘米高的柱架。

在将柱架钉入土地中之前，将一块从木桩上切削下来的边料填入柱架的插座中。这样可以保持柱架免遭损坏。许多生产商还提供特殊的零件，在将柱架钉入土地中时将其安装在木质边料上。不时检查柱架是否垂直进入土地中。用水平仪紧贴插座的四个边缘进行测量。在固定柱子时，拧紧插座中的紧固螺栓，如果没提供紧固螺栓的话，可使用螺丝或钉子穿透侧面穿孔进行安装。为了在暴露区域增加强度，

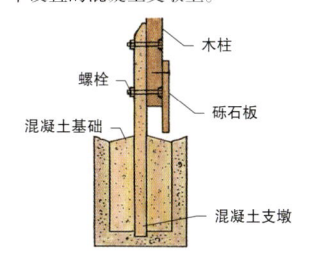

使用金属柱架搭建栅栏

1. 用卷尺和准绳确定栅栏线和第一根支柱的位置。

2. 一旦确定了第一根支柱的位置，就使用长柄大锤逐步将柱架钉入土地中。

3. 每敲几次大锤，就要检查一下，以确保柱架是被垂直打入土地中的。用水平仪依次紧贴所有四个侧面，并进行任何必要的调整。

4. 将栅栏的柱子插入柱架顶端的插座中，然后用钉子穿透侧面的孔眼进行固定。某些插座上安装了紧固螺栓。

5. 利用准绳继续夯入其他支柱。用螺丝或钉子将栅栏板固定在柱子上。重复相同的步骤，直到完成栅栏的搭建。

如何安装嵌板栅栏

1. 挖一个75厘米深的洞。在洞中填入一层15厘米厚的碎砖，然后插入第一根混凝土柱。检查柱子和嵌板的高度是否匹配；利用嵌板的宽度定位第二个洞。

2. 围绕柱子填充碎砖块并灌入速凝混凝土，向下夯实。在两个立柱洞之间放置一块砾石板。平整土地，令砾石板达到水平。

混凝土支墩

为避免接触潮湿土壤引起的损害，可用螺栓将栅栏木柱固定在混凝土基础中设置的混凝土支墩上。

木柱
螺栓
砾石板
混凝土基础
混凝土支墩

3. 将嵌板装入第一根混凝土桩的凹槽中。插入第二根柱子，然后用碎砖固定就位。在嵌板顶端安装木栅栏顶。

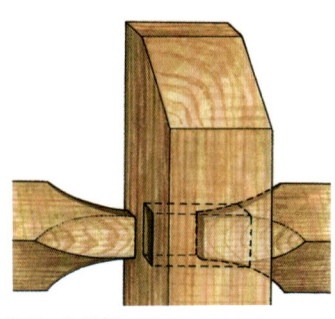

使用三角栏杆

将栏杆的末端凿成可以插入支撑柱中榫眼的形状。将垂直的薄边板钉入三角栏杆背部。

还可以将金属柱架安装在碎砖层或混凝土基础上。

密板栅栏

传统密板栅栏的重叠木板钉在两根水平栏杆上，它们的截面呈三角形，因此它们被称为三角栏杆。栅栏立柱上有可以插入水平栏杆的榫眼，不过你也可以自己将榫眼凿出来。栏杆通常设置在栅栏顶端之下30厘米和地面之上30厘米。改变三角栏杆末端的形状，使它们能够嵌入榫眼，并用防腐剂处理切削后的表面。

按照搭建嵌板栅栏（见"嵌板栅栏"，578页）的方式竖立栅栏立柱。使用碎砖紧实地固定第一根柱子，然后将第二根柱子松散地立在预定位置上。将第一对三角栏杆插入榫眼中，从而将第二根柱子拉到正确的位置上。安装三角栏杆时要注意使其平整的背面朝向嵌板合适的一侧。用水平仪检查并保证第二根柱子的垂直和栏杆的水平。如有需要，调整立柱的位置，然后围绕基础夯实碎砖以保持立柱的坚固。

按照相同的方式安装剩余的柱子和栏杆，并将它们钉在一起以增加强度。在柱子底部周围灌入水泥，以提供坚固的基础。作为基础支撑，沿栅栏底部铺设砾石板（见"嵌板栅栏"，578页）。将小木块钉在柱子底部，作为木板的支架，或将木板钉在打入地下的木钉上。

在安装第一块薄边木板时，将它放置在砾石板上并将它连接在三角栏杆的背部，用钉子穿透较厚的边缘固定。然后将下一块木板的较厚边缘放置在第一块木板的薄边上，重叠大约1厘米，并用钉子将其钉入三角栏杆中。使用垫片确保每块木板之间都均匀重叠。

斜坡

在斜坡上搭建栅栏有两种方法：可以用一系列分段的水平栅栏搭建，也可以让栅栏板沿着斜坡逐步搭建。你应该使用的方法在很大程度上取决于你想要使用的栅栏类型。

台阶式栅栏

嵌板栅栏不能进行令人满意的切割，应该建造成台阶式的。直立栅栏立柱应该比在平地上搭建的更长，额外的高度取决于栅栏嵌板的宽度以及坡面的斜度。每块嵌板下方的三角形空隙可以用于修建矮墙来形成台阶，将嵌板放置在上面。或者切割出斜面砾石板，将它们安装在空隙中。

斜面栅栏

在修建沿着坡面倾斜的栅栏时，在斜坡顶端设立一根临时性立桩，然后拉一根绳线至底端立桩。使用钉在栏杆上、由独立木板组成的栅栏系统（如密板栅栏或尖桩栅栏）。围栏不是水平设置在柱子之间的，而是与斜坡平行的。将垂直的木板钉在栏杆上，并靠在砾石板上。

木材防腐剂

如果可能的话，选择天然防腐的木材（如栎木或雪松木），以避免使用防腐剂。在使用经过处理的木材时，确保它们是在工厂用真空压缩的方法浸透防腐剂的，因为如果自己处理的话（通常使用刷子），对木材的浸透效果差得多。在使用预先处理过的木材时，任何切割出来的末端都应该于使用前在防腐剂中浸泡24小时。保持所有防腐剂远离植物，总是佩戴手套并穿戴旧衣服。

对于使用软木（无论是否预先处理过）建造的栅栏，每两三年使用木材防腐剂进行一次处理，以延长其使用寿命。标签上写着防腐剂的产品通常比写着护理品的产品更有效。木材防腐剂只能施加在干燥的木材上。如果使用的是护理品，可以选择的颜色通常更多。木材还可以染色或粉刷。染色剂可以加深或改变木材的颜色，并且是半透明的，可以展示木纹的自然美丽，而涂料是不透明的，并且可能需要涂抹数层——底漆、头道漆和表面涂层——以提供对木材的完好保护。

维护

破损的木材支撑柱是最常见的问题之一。如果破损位于土壤表面，最有效的维修方法是使用混凝土支墩（见"如何安装嵌板栅栏"，579页）。它是一根沿着已有柱子埋设在土地中的短桩，并用螺栓加固以提供支撑。

在受损柱子周围挖一个深45~60厘米的洞，然后锯掉受损的部分。用木材防腐剂处理切割过的木材末端。将混凝土支墩插入洞中，让支墩紧挨着柱子，然后围绕基础周围填入碎砖来提供支撑。将螺栓插入支墩上的孔中，然后用锤子使劲敲击螺栓，在木质支柱上留下印记。取下螺栓和支墩，然后在木柱上钻出螺栓眼。用螺栓将混凝土支墩固定在柱子上，在支墩一侧紧闭螺母，从而避免损伤木质柱子。

确保柱子和支墩的垂直，如果有必要，使用钉入地中的临时立桩为它们提供支撑。然后在洞中填充非常黏稠的湿润混凝土（见"混凝土和砂浆配方"，564页），向下夯实以去除任何气穴。大约一周，当混凝土凝固后，移除临时支撑桩并锯掉螺栓上任何突出的部分。

使用特制金属脚架可以很容易地修补破损的三角栏杆。这些脚架有的是用来支撑中间破裂的栏杆的，有的是用来支撑在连接柱子的末端腐烂的栏杆的。两种类型都可以轻松地用螺丝固定就位。

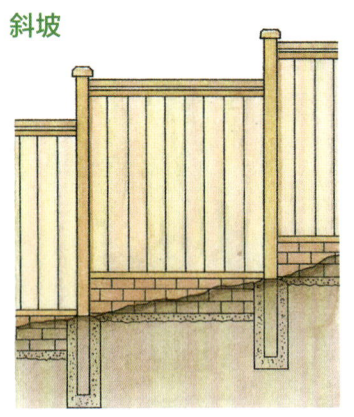

台阶式栅栏

按照在平地上的方式安装嵌板栅栏，不过栅栏柱子需要比在平地上的更长，因为要添加支撑砖墙。

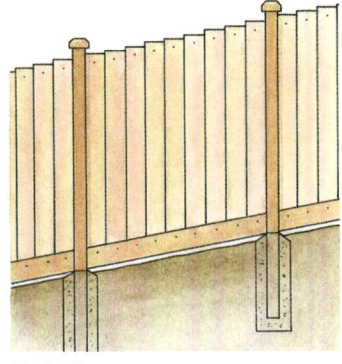

斜面栅栏

栅栏的线条与斜坡平行，而立柱和嵌板的高度与平地上一样。

关于栅栏的法规

在搭建任何栅栏之前，征询邻居的意见都是明智的。在某些地区，你还需要咨询当地的建筑管理部门，了解相关法规要求。这些法规规定了工程的大小和外观，以及它们对相邻花园和连接道路等的影响。

在道路上作为边界的结构必须符合建筑法规的要求，特别是关于安全方面的。需要按规划许可要求行事。记住下列关于大门、墙壁和栅栏的要点：它们不应超过2米高，如果与公共道路相邻，则不应超过1米高。

框格棚架

框格棚架一般是木质的,在花园中兼具实用性和观赏性。它们可以固定在栅栏或墙壁顶端,或紧贴它们安装。或者也可以将它们作为分界或屏障单独使用。弯曲或形状精巧复杂的框格板可以用来制作花园藤架。框格板有众多形状和图案,大多数由标准的菱形或方形组成;人字形框格棚架特别适合用作屏障。

框格棚架最常用于支撑攀缘植物。对于独立式屏障,必须使用足够坚固的框格棚架,特别是如果要用它支撑茁壮的攀缘植物的话。木框架的横截面厚度应至少为2.5厘米。如果要使用框格棚架来为墙壁或栅栏增加高度的话,可以使用重量较轻的类型。在购买框格棚架时,确保它经过压力处理,并用木材防腐剂(见"木材防腐剂",580页)处理所有末端锯面。主要用于支撑攀缘植物的轻质框格棚架还可以用铁丝和塑料制造。

竖立框格棚架

对于独立式框格棚架,可以按照普通栅栏嵌板(见"嵌板栅栏",578页)的方式将框格板安装在立柱上。在将框格板连接到带木柱的栅栏上时,使用金属材质的立柱延长器。移去柱帽,然后将金属延长器套在立柱顶端。插入所需长度的延长立柱,并在延长立柱的顶端放置原来的柱帽。在将轻质框格棚架安装在砖艺墙的顶端时,在框格棚架的侧面连接尺寸为5厘米×2厘米的木质长板条,然后将它们钉入墙中。如果将框格棚架挨着墙壁安装的话,它和墙面之间应保持2.5厘米的空隙以允许空气自由流通。铰链式安装可以让维护更方便(见"将框格棚架安装在墙壁上",142页)。

框格棚架

框格棚架可以为安装它们的结构提供建筑细节,还可以为攀缘植物提供支撑。有用刨平硬木制作的框格棚架,也有用便宜的粗锯软木制作的框格棚架。和用小大头钉固定的伸缩铁丝网风格框格棚架相比,用舌榫接合在一起的框格棚架更结实。

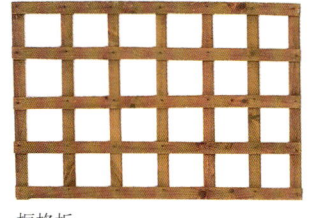

框格板

菱形框格板

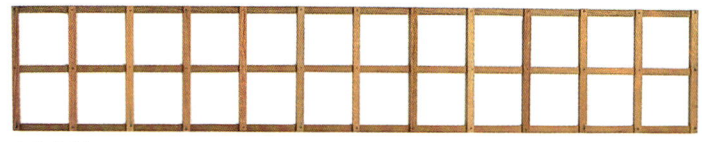

大方格板

藤架和木杆结构

"藤架"(pergola)这个词的意思原来是指沿着框格棚架生长的植物形成的有顶步行通道。如今它可以用来描述任何由直立桩支撑水平梁、上面可以种植攀缘植物的结构。

传统上,藤架是使用原始的圆木杆建造的,但锯木常常是更好的选择,特别是如果藤架结合木地板铺装或者房屋作为一个支撑面的话。粗锯木板可以和作为直立桩的砖砌立柱和粉刷油漆的金属杆结合使用。橡木等硬木常常用作藤架的锯木,不过只要用防腐剂进行高压处理,软木也可以使用。

藤架的建造

在坐标纸上画出你的设计,计算所需材料的数量,但要稍稍买得多一些,因为在建造过程中你可能会想要稍稍调整一下设计。如果要在上面架设植物的话,藤架需要至少高2.5米,为下方的行走留出空间。如果藤架横跨一条道路的话,直立桩之间应该足够宽,以便为两侧种植攀缘植物留出空间。

支撑

将木桩立在碎砖层和混凝土中(见"嵌板栅栏",578页),或者使用金属支撑柱(见"金属柱架",579页)。如果要在露台上修建藤架,可以在混凝土基础上安装特制的金属套。为避免打破混凝土或铺装表面,修建砖砌套,然后将立桩牢固地插入其中(见"接缝和支撑",582页)。

锯木支撑桩的横截面应为100毫米×100毫米。如果荷载很重的话,可以在坚实的基础上修建砖砌立柱或混凝土砌块立柱(见"砖的垒砌",575页)。

横梁

对于横梁,可以使用与立桩相同的锯木或者横截面为50毫米×150毫米的木板。它们有时会预制成形并且有凹口以便安装在立桩顶端。较轻的木材可以作为木椽铺设在横梁之间。

横梁和立柱的接合

所有头顶的木工都可以使用镀锌金属支架和螺丝安装,这些零件一般都有为藤架特制的,不过如果你使用传统木工接榫(见"木杆结构",582页)的话,结构会更加坚固和美观。在将横梁安装到立桩上时,使用简单的槽口接缝。若横梁本身需要突出立桩挑出(如用来支撑悬挂容器),尤其适合使用这种接缝。

用木材防腐剂(见"木材防腐

修建在砖砌露台上的木藤架
修建这座藤架所用的材料很少也很简单,但设计非常美观。支撑横梁的方形砖柱后面安装了一个大的方形框格棚架。

接缝和支撑

木藤架
大部分藤架的基本建造单元是一个简易的拱门。

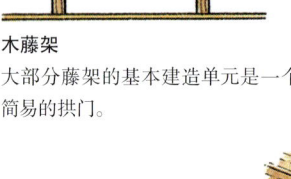

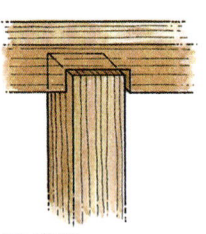

砖砌套
在坚实平面（如混凝土）上，使用有金属衬垫的砖砌柱脚套。

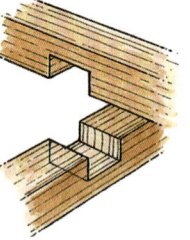

砖木结构藤架
砖砌立柱支撑木横梁。

暗榫接缝
使用砂浆固定的木质暗榫锚定木质横梁。

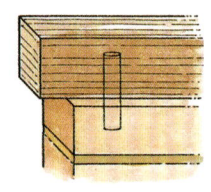

单侧藤架
木横梁的一侧连接在立柱上，另外一侧安装在墙壁上。

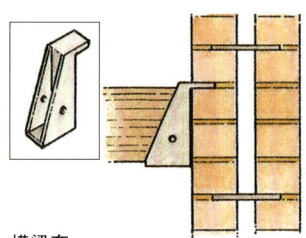

槽口接缝
木横梁整齐地架在垂直立柱上。

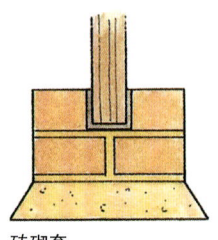

半重叠接缝
十字交叉的水平横梁非常隐蔽地连接在一起。

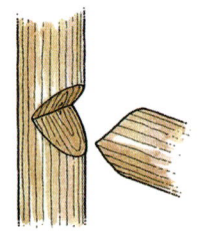

鸟嘴接缝
这种接缝可以将水平和垂直圆木杆连接在一起。

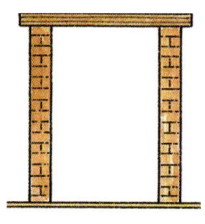

混凝土包裹
如果使用金属立柱，将它们沉入混凝土中固定。

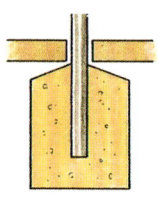

横梁套
横梁套可以为轻质横梁提供足够的支撑。重横梁可能需要木质墙面板来安装。

剂"，580页）处理接缝的切割表面，然后将它们钉在一起。不要以垂直角度钉入钉子；当结构在风中摇晃时，螺丝的固定效果更好。如果需要额外加大强度，可以在立桩与水平横梁相交处用螺丝入T字形金属架。

如果使用金属杆来支撑木横梁，就可以在横梁上钻出与金属杆直径相等的孔来进行有效结合。孔的深度应该为木横梁厚度的一半。

木藤架的一侧常常由房屋墙壁支撑。为将木横梁连接到墙壁上，需要使用固定在砂浆缝中的横梁套。在使用砖砌柱作为支撑时，使用暗榫来安装水平木横梁（见"接缝和支撑"，上）。

你可能想在藤架顶端设置几根相互交叉的木椽。在两根相同厚度的木椽相交的地方，可以使用半叠接缝得到坚固且不显眼的饰面。

许多设计还可以在立桩和横梁之间使用角撑支架，让藤架更加结实。装入支架的木材大小应该大约为50毫米×50毫米，并且能够紧密地套入木梁上切割出的凹口。

将支架切割成需要的长度，然后将它们抬升到框架处并标记凹口的位置和形状。使用钻子和凿子切割出凹口。当所有的调整都已经完成后，用木材防腐剂处理所有切割面，然后用钉子将支架钉入凹口。

木杆结构

木杆结构包括花园中所有用圆木杆（一般是落叶松木或冷杉木）而不是锯木建造的结构。除了藤架，木杆也是拱门和屏障的常用材料，它可以剥去树皮或保留树皮作为漂亮的饰面。如果你想要使用带树皮的木杆，要记住树皮可能会成为花园害虫等野生动物的庇护所。

起支撑作用的垂直木杆直径应该为大约10厘米。它们可以设置在混凝土基床上（见"嵌枝栅栏"，578页）或者开阔土地中。如果是后者，将木杆45~60厘米的长度埋在土地中以增加稳定性。如果需要保留树皮的话，将树皮从下往上剥至埋下后地面之上2.5厘米处。无论是将树皮留在木杆上还是将其剥去，都需要将木杆的末端浸泡在防腐剂中过夜。将立桩木杆固定就位。如果混凝土基础（如果使用的话）已经完全凝固，就可以安装用于完成结构的横梁和角撑支架。

用作主横梁或角撑支架的木杆应该拥有至少8厘米的直径，但更具装饰性的格架结构可以使用较细的木杆。

可以根据设计将部分结构件预先在地面上组装好，然后将部分木杆切割成需要的长度，并做必要的接缝。只在需要时锯任何横梁，以确保它们严丝合缝。

木杆藤架或拱门的修建可以使用许多类型的接缝。半重叠接缝（见"接缝和支撑"，上）和锯木使用的相似，可以使用在木杆交接处。在将水平横梁连接在立杆上时，使用鸟嘴接缝（见"接缝和支撑"，上）。在组装前使用防腐剂处理所有木杆的末端。

和锯木一样，最好用钉子以一定角度斜着将接缝钉在一起，让它们更加结实。

其他种植支撑

不用竖立框格棚架或藤架也可以为攀缘植物提供足够的支撑。使用相互交织的柳条和其他相对简单的结构也可以得到引人注目的效果（见"柳编墙"，107页；"攀缘方法和支撑"，136页）。

三脚架

木杆三脚架是一种将攀缘植物融入混合或草本花境的良好方式。对于这种用途，剥去树皮的木杆比带树皮的木杆更好，因为它们不太可能吸引害虫。对于大型植物，使用直径大约15厘米的木杆。如果三脚架位于苗床中，应该将木杆填入装有沙砾的洞里。

花柱

如果想沿着花境背部或者道路创造更规则的效果，可以竖立一排用砖或再造石修建的花柱。花柱的基部应该坚实地设置在混凝土基础上。为帮助攀缘植物沿着花柱向上生长，使用覆盖塑料的大型金属网。将金属网安装在花柱上，并随着攀缘植物的生长将植物整枝在网上。

花园棚屋

棚屋是很有用的户外建筑，可以用来储藏花园工具和装备。它们可以容纳从小摆设到自行车的许多家居物件，有时候还可以作为车间使用。简单的工具间可以保持手动工具的干燥和清洁，但拥有充足空间，可以沿着一面墙设置工作台的较大棚屋是一项更好的投资。

设计

棚屋有各种不同的设计。某些棚屋有尖屋顶（像倒扣的V字），而其他棚屋有单坡斜屋顶或平屋顶。

与单坡斜屋顶棚屋相比，尖屋顶棚屋中央的净空高度更大，便于沿着一侧设置工作台。

单坡斜屋顶棚屋通常在较高的一侧设置门窗。比较明智的安排是在窗户下安排工作台，在较低一侧储藏工具。

作为一般原则，平屋顶一般只用在使用混凝土修建的坚固棚屋上。

材料

花园棚屋可以使用各种材料建造——木材、混凝土、钢铁、铝或玻璃纤维。材料的选择取决于棚屋的预期使用寿命和用途，以及成本和维护需求。

木材

花园棚屋最常用的材料是木材；这样的棚屋能够很容易地与植物搭配，特别是木材风化变色后。最好使用经久耐用的木材（如雪松木），因为它们天然防腐。然而，大多数棚屋是用比雪松木更便宜的软木制造的。尽量寻找用经过高压处理的木材制造的棚屋，而不是用简单粉刷木材建造的。木棚屋应该使用建筑防潮纸（建材商提供）衬垫以减少湿气渗透的风险，并防止工具生锈。

混凝土

用混凝土建造的棚屋坚固耐久，但不是很美观，所以最好设置在房屋旁边而不是花园中显眼的位置。屋顶用预制混凝土板建造，一般是平的；屋顶可能有塑料部分以透入光线。混凝土棚屋必须建立在坚实的混凝土基础上（见"混凝土"，564页）。

混凝土墙壁可以使用暴露砾石或仿砖饰面。粉刷后，它们能为攀缘植物和贴墙灌木提供良好的背景。

金属

如果在生产时进行防锈处理，铁皮棚屋会很耐久。它们通常是绿色的，但可以重新粉刷，一般不含窗户。

还有用联锁铝板制造的棚屋。大多数有侧滑门，某些还有丙烯酸树脂窗户。这些棚屋常常很小，主要用于储藏工具，基本上不需要维护。

玻璃纤维

小型玻璃纤维棚屋容易组装，不需要维护。它们只适合用来储藏工具。

选择木棚屋

木棚屋的使用寿命取决于建造和木材的质量。可能的话，充分比较建造好的棚屋——大部分较大的供应商有许多样品可供选择。仔细考虑下方列出的要点。

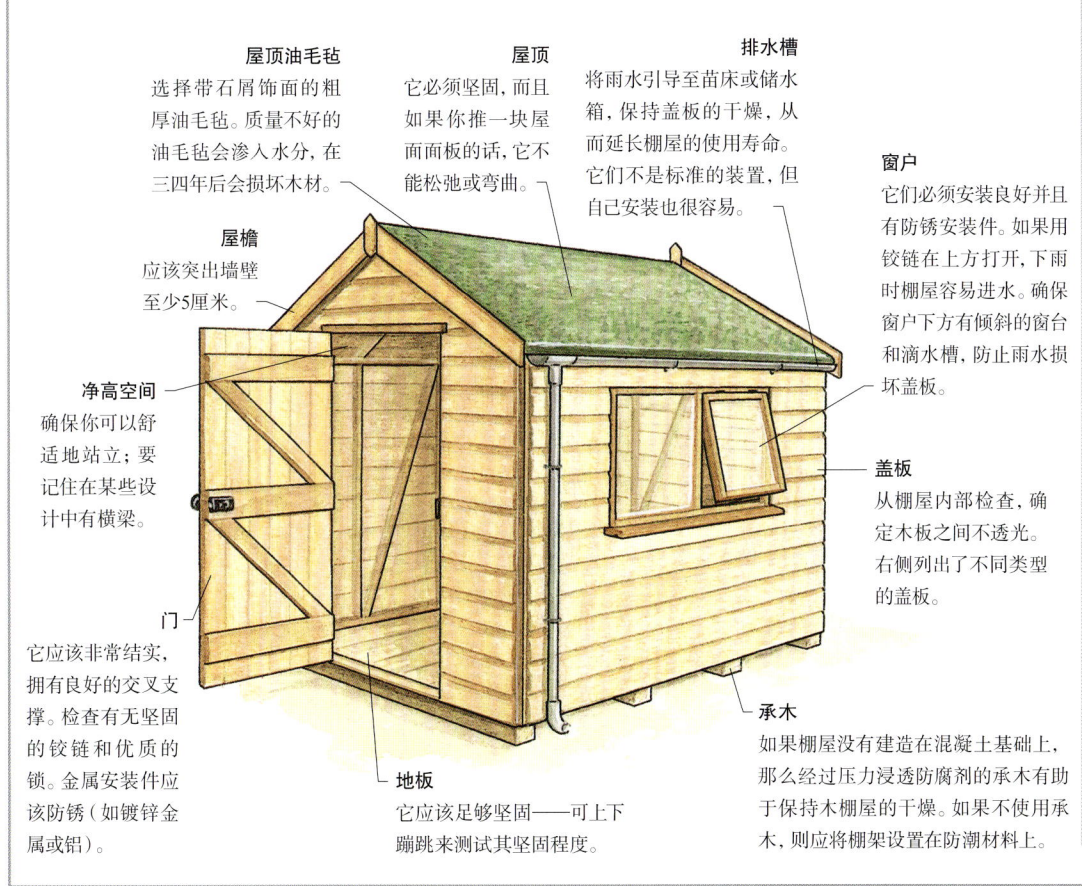

屋顶油毛毡
选择带石屑饰面的粗厚油毛毡。质量不好的油毛毡会渗入水分，在三四年后会损坏木材。

屋顶
它必须坚固，而且如果你推一块屋面面板的话，它不能松弛或弯曲。

排水槽
将雨水引导至苗床或储水箱，保持盖板的干燥，从而延长棚屋的使用寿命。它们不是标准的装置，但自己安装也很容易。

屋檐
应该突出墙壁至少5厘米。

净高空间
确保你可以舒适地站立；要记住在某些设计中有横梁。

门
它应该非常结实，拥有良好的交叉支撑。检查有无坚固的铰链和优质的锁。金属安装件应该防锈（如镀锌金属或铝）。

地板
它应该足够坚固——可上下蹦跳来测试其坚固程度。

窗户
它们必须安装良好并且有防锈安装件。如果用铰链在上方打开，下雨时棚屋容易进水。确保窗户下方有倾斜的窗台和滴水槽，防止雨水损坏盖板。

盖板
从棚屋内部检查，确定木板之间不透光。右侧列出了不同类型的盖板。

承木
如果棚屋没有建造在混凝土基础上，那么经过压力浸透防腐剂的承木有助于保持木棚屋的干燥。如果不使用承木，则应将棚架设置在防潮材料上。

盖板的类型

舌榫盖板
这种盖板通常能够很好地预防恶劣的天气。

薄边重叠挡雨盖板
它们可能会歪曲或弯曲，除非很厚。

缩缘挡雨盖板
它比薄边挡雨盖板贴合得更紧实。

合槽板
耐久，饰面美观。

缺边挡雨盖板
抵御恶劣天气的能力不太好。

管理土壤、水资源和天气

了解如何成功耕作土壤、如何有效利用和节约水资源，以及如何保护植物免受霜冻和风的影响，将有助于确保你的花园植物茁壮成长。采用良好的土壤、水和天气管理实践对于使花园更能适应气候变化的持续影响也至关重要。例如，设置集雨桶和堆肥堆等设施将帮助你更高效地完成浇水和护根等日常维护任务，并通过节约资源让你更可持续、更经济地开展园艺活动。

土壤管理

土壤管理方法包括除草、掘地、护根和增添土壤改良剂等，目的是控制杂草和改良生长条件。

杂草与栽培植物竞争所有生存必需品：生长空间、光线、养分以及水分。有些杂草还可能藏匿病虫害。因此控制杂草是一项重要的任务。

土壤条件和植物种类将决定具体采用哪种土壤耕作方法。例如，如果要种植蔬菜，土壤就需要肥沃且有良好的结构。可以通过表面覆盖有机质的方式改良贫瘠土壤。这可以作为非掘地土壤耕作方法的一部分应用于整个花园，或者只用于选定的区域（见"非掘地土壤管理"，下；"非掘地系统"，475页）。

清理过度生长的花园

对于严重荒弃、过于茂盛的地方，可以使用工具进行清理；还可以将化学药剂作为最后的手段（见"控制杂草"，650~654页）。

机械清理

使用尼龙线割草机、灌木铲除机或长柄大镰刀砍倒尽可能多的地上枝叶，将它们从现场挪走堆肥。然后使用旋转式割草机尽可能低地修剪剩余部分，并将所有剩余的植被挖出、移走。

或者使用旋耕机打碎土壤并将杂草切碎。让旋耕机在地面往返数次以撕碎垫状植被，然后用耙子将植被耙出用于堆肥。不过，旋耕机的齿会将多年生杂草和根系或根状茎切割成碎片，这些碎片会迅速繁殖。因此，旋耕后必须用耙子仔细清理现场，手工清理所有残留的杂草碎片和之后再次萌生的杂草。

其他有机环保的清理方法包括覆盖护根（见"护根"，592页）和深厚苗床系统（见"苗床系统"，474~476页）。

用一块可重复利用的黑塑料布覆盖花园中的指定区域至少一个生长季，这也是一种清理土地的有效方法。旧地毯可能会令化学物质和微粒渗入土壤，因此最好避免使用。

化学清理

在其他方法不现实的情况下，严格按照生产商的说明使用内吸性除草剂将杂草杀死，便于之后的植物栽培。乔木、灌木以及苗壮的观赏植物可以直接种在死亡植被中挖出的种植穴里。不过，化学清理不符合有机园艺的理念。

控制杂草

几乎所有土壤都含有杂草种子以及多年生杂草根系的碎片。杂草的种子是被风从附近土地上吹过来的，也可能是购买的植物附带的土壤或基质中包含的。耕作本身会扰动土壤，并常常将杂草种子带到地面，让它们得以萌发（见"陈旧育苗床技术"，586页）。土壤耕作还会让多年生杂草根系的碎片重新开始发芽生长，进入新的生命周期。

非掘地土壤管理

在非掘地园艺方法中，薄片护根和添加有机质的结合提供了有效的土壤管理和栽培方式，尤其是对于菜畦。薄片护根（如纸板）可以直接铺在土壤上并用堆肥覆盖，也可以采取可生物降解塑料膜的形式并以一层有机护根固定。在杂草问题不严重的地方，使用一层堆肥就足够了（见"非掘地系统"，475页）。

非掘地护根
将纸板铺在土壤表面以抑制杂草。一层铺在纸板上的堆肥起到滋养土壤的作用，并加速纸板的降解，进一步改善土壤质量。

铲除杂草
用叉子将大型杂草的根系挖出并拔掉，抓住土壤附近的主茎，将整个根系清理掉。

彻底清除杂草基本上是不可能的，不过经常加以控制可以限制杂草的影响。零星的控制加上后续较长时间的疏于管理，效果不会很好。虽然比较劳累，但使用手叉进行人工除草尤为有效，因为你可以确保将整棵植株移出苗床。它对现有植物产生的扰动也最小。

锄地

浅锄可以有效地清理一年生杂草幼苗，削弱较老的杂草和多年生杂草，特别是如果在干燥天气下定期重复进行的话。更深的锄地可能会伤害附近植物的根系，并将被深埋的休眠杂草种子翻上来，这些种子见到光之后就会萌发。成形的多年生杂草需要用花境叉或小泥铲清除。

土壤消毒

某些土生病虫害（如线虫和黄萎病）在土壤中非常顽固，对土壤进行消毒是唯一有效的处理手段。

化学土壤消毒剂如今已经买不到了，但可以进行生物土壤消毒。这需要用到一些芸薹属植物，它们被切碎并混入土壤中时，会释放出微弱毒性的含硫化合物。"土壤重启"也是有效的手段：这需要让富含氮元素的有机肥料或粪肥在塑料布下腐烂，从而创造无氧环境。

土壤耕作

掘地、叉子掘地、犁地和旋耕土壤的主要价值是控制杂草，但这些耕作方法还可以用来平整土地、打碎土壤以帮助播种和种植，缓解阻碍排水和根系生长的土壤压缩。在耕作大片荒弃土地时，掘地也是非常有价值的手段——特别是用来将石灰、肥料和有机质混入土壤中时，此后就可以使用减量掘地或非掘地方案（见"非掘地耕作"，587页）。

限制耕作

遗憾的是，耕作会损害土壤，因为它破坏土壤的自然结构，加快土壤有机质的损失，并扰动土壤生物，尤其是真菌，而真菌的活动可以提高土壤支持植物生长的能力（见"打造和保持土壤健康"，20页）。由于没有证据表明更多掘地或叉子掘地可以促进植物生长，而且这些方法非常费时费力，所以最好将耕作限制在最低水平，甚至通过采用非掘地方法消除对耕作的需求。

初级耕作和次级耕作

掘地（通常使用铁锹进行）被称为初级耕作，它是切入土壤并将其翻转，创造粗糙表面的过程。挖掘深度超过铁锹锹面（大约25厘米）的掘地被称为双层掘地（见"双层掘地"，586页），如果挖掘得更深的话，则称为沟掘（trenching）。除非土壤深处被严重压实，否则不值得采用这两种掘地方式。用叉子和鹤嘴锄掘地是初级耕作不太费工的其他形式。

次级耕作指的是通过耙地和踩踏平整并紧实土壤，令土壤为播种和种植做好准备的过程。耙子、耕耘机、机动旋耕机和锄头是这个过程会用到的工具。初级耕作和次级耕作都可能用到旋耕机。

掘地时间

初级耕作通常在秋季进行，但只有在土壤排水足够顺畅时才会奏效。次级耕作可以在春末、夏季或秋季进行。耕作冰冻或潮湿的土壤（如在冬季）会减少微型气穴的数量，从而破坏土壤结构并导致土壤过于压实。只有沙质土才能在冬季进行耕作。

使用叉子掘地
在土壤湿润但不涝渍时用叉子翻动。系统性地进行工作，插入叉子，然后将其翻转（见内嵌插图）以打碎土壤并提高透气性。

简单掘地

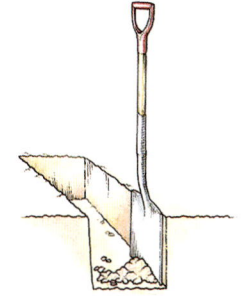

大多数铁锹有25厘米长的锹面。这是在掘地时所需要的深度。

1 将铁锹全部插入土壤中，保持锹面的直立。用前脚掌紧紧地踩实。

2 拉回铁锹杆，将土壤铲起。弯曲膝盖和肘部以抬起铁锹；不要试图挖出太多，尤其是在土壤黏重的地方。

3 翻转铁锹，将土壤扣在原地。这样可以将空气引入土壤，并促进有机物质的分解。

单层掘地

标记出苗床区域，然后挖一系列沟，向后挖掘以免将土壤踩实。将每条沟中的土壤填入挖出来的前一条沟中，使用第一条沟挖出的土壤填补最后一条沟。

1 挖一条深一锹、宽大约30厘米的沟。垂直插入铁锹并将土壤转移到前方的地面上。

2 挖第二条沟，将挖出的土壤填入前一条沟中。翻转土壤以掩埋一年生杂草和杂草种子。

使用叉子和鹤嘴锄

和铁锹相比，叉子可以更省力地穿透土壤，而且在黏土中可以很好地翻转土壤并埋住杂草和碎屑，同时对蚯蚓造成的伤害也较小。它们还能在一定程度上将土壤打散，便于后续的次级耕作。叉子很适合用来从土壤中清理出细长的根，如匍匐披碱草（*Elymus repens*）的根。

鹤嘴锄是用来切断和扰动土壤的重型锄头，基本不翻转土壤。在打碎土壤这方面，它们比铁锹更快且更省力。

掘地

用铁锹或叉子挖起一锹土壤，深度与工具头部长度相同（称为一铲），翻转后扣在原来的位置上，将杂草和碎屑埋起来，然后将其铲碎。这是最简单的掘地方法（见"使用叉子掘地"，585页）。

单层掘地

在挖掘面积更大的地块时，最好使用一种名为单层掘地的方法（见"单层掘地"，585页）。这需要用绳线标记出需要掘地的矩形地块，然后将它分成两个面积相等的条形区域。在第一个条形区域的其中一端挖出一条宽度30厘米、深度与铁锹锹面长度相同的沟。将这条沟空置，挖出的土堆放到一边。在第一条沟的后面挖出同样多的土壤，并将土壤翻转后填入第一条沟中。翻转土壤与未扰动土壤之间留出一小段空隙，以免在挖掘下一条沟时挖出的土壤阻碍你的铁锹。沿着第一个条形区域系统性地挖掘，然后回过头来挖第二个条形区域。最后，用来自第一条沟的土壤填满你挖出的最后一条沟，保持苗床的水平。如果你想要施加任何肥料、石灰或粪肥等，可以在你标记矩形区域时将其撒在土壤表面，当你将土壤翻进每条沟里时，这些物质就会混入土壤中。

在形状规则的地块中以及对土壤一致性要求较高的地方使用这种方法，例如，在蔬菜园以及份地中。杂草（特别是深根性多年生杂草）会在掘地过程中被清除。

双层掘地

标准双层掘地
挖出两锹深的沟，将每条沟中的土壤填入前一条沟中；不要将上层土和下层土弄混。

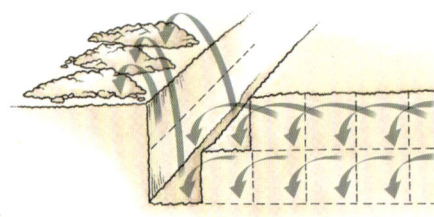

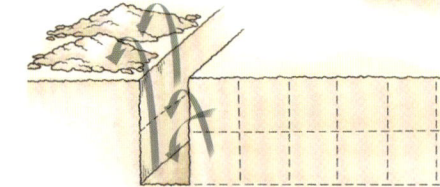

深厚表层土的双层掘地
在表层土至少有两锹深的地方，可以使用另一种方法：将上层土和下层土混合或调换位置（不过很少有必要这样做）。挖出第一条沟中的上层土和下层土，将土壤堆放到一旁用于埋填最后一条沟，然后将第二条沟的上层土转移到第一条沟的底部。第二条沟的下层土转移到第一条沟的顶部，以此类推。

挖得更深

深度掘地或双层掘地很少有必要，但涉及耕作更深层的土壤。在最简单的形式中，可以先像单层掘地中那样挖沟，只是宽度更大，达到60~75厘米，然后用叉子挖掘这条沟的底部，深度为一铲。如有必要，可以在这个阶段添加肥料或石灰；添加有机质（如粪肥）将稳定并滋养被深深打散的土壤。然后用从第二条沟挖出的土壤填埋第一条沟。更费工的双层掘地方法需要翻转第二层更深的土壤（见"双层掘地"，上）。

沟掘会产生深达1米的沟；顶层和底层的土壤被翻转，用叉子挖掘

细耕面
颗粒细小的质地均匀碎屑状土壤很适合用来萌发种子。它的保肥性和保水性都很好，同时能提供良好生长必需的顺畅排水。

改善结构
为改善土壤结构，根据土壤需求掘入有机物质（如腐熟的粪肥或堆肥）。

陈旧育苗床技术

这种耕作和杂草管理方法需要事先充分准备一块育苗床或种植区域。首先，清除所有现存的杂草，允许杂草种子萌发生长，然后使用接触型除草剂或通过浅锄清除杂草幼苗——这一次尽可能减少对土壤造成的扰动。之后就可以按照需要在无杂草的土地播种了。后续还会不可避免地萌发杂草种子，但由于主要的一批杂草已经被摧毁，所以后续的杂草控制应该会相对简单。

1 作为试验，这块土地的右半部分被挖掘，而左半部分则没有动。

2 数周后，杂草在耕作过的部分萌发。未被扰动的土地上长出的杂草相对较少。

最底层的土壤。

形成细耕面

细耕面是一种质地细腻的表层土壤，可以将种子以均匀的深度播种在其中。它主要由细小、均匀的碎屑状土壤颗粒组成。细耕面可以保证种子和土壤之间良好接触，便于种子轻松地吸收水分。在播种之前较短的时间内准备育苗床，因为它们会被大雨压实。

土壤结构和水分含量

黏土、粉砂和沙子的相对比例决定了土壤的质地，但土壤的结构受到天然土壤形成过程的影响（还受耕作的影响，相对较小），在这个过程中，土壤矿物质在有机质和土壤微生物（特别是真菌）的作用下，与碎屑状颗粒结合。

要想让植物繁茂生长，土壤需要拥有良好的内在结构；对于生长在中度和重度黏重土壤中的植物，这一点特别重要。

在结构良好的土壤中，土壤颗粒形成相互连通的孔隙网络，起到排水、保肥和透气的作用。因此，土壤结构会影响其保持水分和肥力的能力、排水的速度，以及空气含量。结构不良的土壤可能会排水太顺畅或易产生涝渍，养分会通过淋洗作用流失。

非掘地菜园
在这个非掘地菜园中，堆肥作为护根铺在土壤表面，而自然过程会对土壤产生和耕作一样的效果。

结构不良的土壤

在土壤潮湿时耕作或者行走在土壤表面，会令土壤结构遭到破坏，因为土壤颗粒会被压实，导致排水缓慢。这意味着水经常会从土壤表面流走，而不是渗透到土壤深处。因为土壤中还缺乏空隙，植物根系将难以穿透土壤，会导致植物生长缓慢且容易受干旱和涝渍影响。这种土壤难以耕作，而且在夏季会变得十分坚硬，像混凝土一样。

改善土壤结构

为改善不良的土壤结构，可混入有机质，或者在用叉子松动土壤后覆盖一层护根，以帮助土壤颗粒胶合成碎屑。这样做将大大改善土壤的通气性和保水性。在严重涝渍的地方，可能需要安装合适的排水系统（见"安装排水系统"，589页）或建造抬升苗床。

非掘地耕作

如果土壤没有被过于压实并且拥有良好的排水性，而且如果杂草可以不用掘地也能控制住，那么非掘地方案就可以为土壤提供不错的效果，优点是费工少并且对环境的损害小。在这些方案中创造的有机质可以增进土壤健康，并大大减少土壤病害问题。在使用此类方法时，轮作也不再那么必要。非掘地技术对于黏土尤其宝贵，这种土壤的挖掘和耕作很有挑战性，而在非掘地方案中，黏土可以发育出良好的质地（见"非掘地系统"，475页）。

处理杂草

掘地会翻转土壤，将休眠的杂草种子带上地表，令其在阳光下萌发；掘地还会埋住杂草种子，令其休眠，再次开始这个过程。非掘地方案会阻止这一过程，因为任何在土壤表面萌发的杂草都可以很轻松地锄掉或者用小泥铲手工除草，还可能被野生动物吃掉。多年生杂草常常很容易拔除，因为它们在松散的护根覆盖物中生根。掘地常常会产生土块，这些土块会被蛞蝓用作藏身之所，因此非掘地方法还可以减少蛞蝓造成的损害。

方法

对于由道路分隔的狭窄苗床（包括抬升苗床），一种常见且非常成功的非掘地方法是每年使用堆过肥的粪肥或彻底分解的堆肥覆盖表面。为获得最佳效果，一开始应在土壤上覆盖10~15厘米厚的堆肥，随后几年再覆盖5厘米。堆肥可以铺在现有的耕地上，也可以铺在未开垦的土地上，只要那里的杂草已经被砍掉并用纸板覆盖。纸板会腐烂降解，同时会抑制杂草。

堆肥过程会使养分不溶于水，因此污染和淋失都会降至最低，而杂草种子会被堆肥过程产生的热量杀死。覆盖在纸板上的堆肥护根通过蚯蚓和其他土壤生物融入土壤，形成非常适合播种和种植的稳定疏松耕面。

护根在分解时会释放出充足的养分，因此只需要很少的肥料，它还能滋养支持土壤健康的微生物（见"打造和保持土壤健康"，20页）。有机质的增加和质地的改善使土壤能够保持水分，减少对浇水的需求，同时也使土壤不容易被压得过实。使用道路出入苗床也可以防止压实，从而消除对掘地的需求。

较大地块可能需要大量堆肥，因此与尝试覆盖较大区域相比，更集中地处理较小区域可能是更好的选择。非掘地的好处可能需要几年时间才能积累，但此后就会稳定下来。

比较土壤

良好土壤
结构良好的土壤拥有碎屑状的湿润质感，孔隙网络的透气性和保水性都很好。土壤碎屑胶结在一起，但不会形成一层壳。

不良土壤
表层土坚硬紧实，几乎不可耕作。排水不良。土壤干燥的地方会出现裂缝。

土壤问题

压紧
在被压紧的土壤中，土壤颗粒之间的孔隙被严重压缩。这会导致土壤排水缓慢，通气不畅。

蓝斑
土壤表面的蓝绿色斑表明土壤发生了严重涝渍，需要排水。土壤的气味也会很难闻。

硬质地层
它是被严重压紧，几乎不透水的一层土壤。除非将硬质层打破并安装排水设置，否则水无法透过。

结壳
当表层土壤碎屑被大雨或猛烈灌溉摧毁时，或者在土壤潮湿时在上面行走的话，土壤会形成"硬壳"。

灌溉和排水

充足的水分对于植物的良好生长至关重要；可以利用的水在一定程度上取决于植物本身，但也依赖土壤类型和结构，以及灌溉方法。水常常出现短缺，不应该被浪费，所以应使用好的灌溉和节水技术（见"节约用水和循环用水"，596~597页）。知道哪些植物（以及在哪些时间）对干旱敏感，和哪些植物对干旱有耐性也十分重要。

土壤中水分过多（涝渍）会对植物产生同等程度的伤害。耕作土壤并添加有机质可以大大改善水分饱和土壤的排水性，但在严重涝渍的土壤中应该安装排水系统。

土壤水分

在结构良好的土壤中，水保持在毛细孔隙中。这些孔隙直径一般不超过0.1毫米，空气留存在较大的孔隙中，因此土壤才可以是"湿润且排水良好的"。

植物最容易吸收的水来自直径最大的孔隙。随着孔隙变小，植物吸收水分就会越来越难，所以土壤中的某些水分是永远无法被植物利用的。在大多数花园中，潜水位（饱和地下水的上表面）太深，不会对园土的水分含量产生任何影响。

黏土

黏土的持水性最好，但它们拥有很高比例的毛细孔隙。这意味着植物并非总能从土壤中得到它们需要的足够水分。

错误的浇水方式
浇水的速度以不在土壤表面形成水洼为宜，否则会导致径流并侵蚀土壤。

沙质土

沙质土的孔隙粗大；与黏土相比，其中含有的水更容易被植物吸收。不过，沙质土的排水速度很快，而且很少有向两侧和向上的毛细运动。

壤土

壤土一般含有比例均衡的粗孔隙和细孔隙——粗孔隙可以保证快速排水，而更细的孔隙则保持水分，这些水分的很大一部分可以在干旱时被植物吸收利用。

灌溉技术

灌溉的目的是为土壤补充水分，使土壤储水量可以使用到下一次灌溉或降雨。总是浇透水，使土壤深处有足够的水。频繁而少量地浇水没有多大作用，因为大部分水分会在抵达植物根系之前从土壤表层蒸发掉。

土壤对水分的吸收

某植物的水分供应受其根系规模的限制。当种植在改善了排水性（见"改善排水"，589页）并经过双层掘地法（见"双层掘地"，586页）纠正了土壤压紧的地方时，植物可以长出更深的根系。

然而，在浇水时主要的限制因素是土壤吸收水分的速度。一般而言，土壤每小时可以吸收8毫米深的水分。浇水速度比土壤吸收的速度（如使用手持软管或安装细花洒的洒水壶）更快，土壤表面会形成水洼，然后其中的水被逐渐吸收。在干旱条件下浇水后，可以使用钻子取土样测量——你可能会惊讶于水分渗透得多么少。如果植物根系周围的土壤仍然干燥，那么在第一次浇的水完全渗透后在该区域多浇几次水。

为减少地面径流（见"错误的浇水方式"，左），可以对地面进行改造，在每株植物周围形成浅槽，保证水分抵达根系。花盆法灌溉、树木浇水袋（见"灌溉方法"，上），以及喷灌或滴灌系统（见"滴灌系统"，539页）都是有效的灌溉方法，因为水分会在数个小时内逐渐供给根系。

节水技术

用护根覆盖土壤表面（见"护根"，592页）可以促进雨水渗透，并最大限度地减少水分蒸发。通过有效地控制杂草（见"控制杂草"，584页），确保水分不会浪费在不想要的植物上。详情可见"节约用水和循环用水"，596~597页。

如果选择的是适合花园条件的植物，那么只有新种植的植物、新播种的种子和尚未发育出完整根系的幼苗才必须浇水。已经成形的花园植物很少需要浇水。对于蔬菜和水果，你可能需要在关键的发育时期为某些种类浇水（见水果和蔬菜各条目下的浇水需求；"浇水"，480页）。

干旱条件

即使是已经成形的花园植物，在长期干旱中也会受到伤害，尽管在一段时间内可能看不到伤害的迹象。不过，适度干旱可以改善某些蔬菜和水果的味道，特别是番茄。

随着气候变化日益影响降水模式，某些地区的年降水量下降，需水量低的植物种类正变得越来越受欢迎：薰衣草属和糙苏属植物以及许多灰色或银色叶片的植物都是很好的例子。管理干旱条件的另一种方法是减少需水景观（如规则式草坪）的面积并用耐旱景观（如砾石园）取而代之（见"变化的气候中的开展园艺"，24~27页）。

涝渍土壤

当进入土壤的水分超过排出土壤的水分的时候，就会发生涝渍。潜水位高的地方和土壤压紧且结构不良的地方特别容易受害。

根系（除了沼泽植物的根系）在涝渍土壤中无法正常运作，如果排水不加改善的话，植物最终可能会死亡。潮湿的土壤常常缺少特定的养分（特别是氮素），因此矿质元素的缺乏也会成为问题。由于潮湿土壤的温度较低，植物在春季的生长速度会变慢。根肿病（见"根肿病"，663页）等病害在涝渍条件下也容易滋生。地面上生长的莎草和苔藓说明土壤可能有涝渍，而泥炭表层土和底层土之间鲜明的界限也说明排水很差。在涝渍黏土中，土壤会有滞闷的气味，颜色呈黄色或蓝灰色，这种现象称为潜育化。

在判断排水是否不良时，可以将水倒入一个深30~60厘米的洞中。如果洞中的水保持数个小时甚至数天也不消退，说明土壤需要排水。如果挖掘得更深或者用金属

灌溉方法

盆地式灌溉
挖出植物基部周围的土壤，然后在形成的盆地低洼中注水。

树木浇水袋
这些袋子适用于新种植的树木，并且种植地点无法进行定期浇水以帮助树木站稳脚跟。

杆向土壤深处插时遇到了阻力，说明可能存在硬质地层（见"土壤问题"，587页）。

改善排水

在涝渍并不严重，只是在地表有多余水分的地方，可以通过塑造花园地形，将现场的水引导至排水沟中。在为潜水位高的地点改善排水时需要安装地下排水系统，最好让专业承包商来安装。如果已经有排水系统，则要检查排水沟中是否有堵塞，或者管道有无破损。如果上方有排水阻碍（如有硬质地层），地下排水系统就不会起作用。

安装排水系统

呈鱼骨形铺设的地下穿孔塑料管是一种有效的排水方法，可以将水引导至填充碎石的排水沟或渗滤坑中（见"如何修建渗滤坑"，下）。将管道铺设在地面之下，使后来的耕作不会影响它们。来自附近土地中多余的水可以渗入管道，管道必须倾斜，以便它们将水运输到渗滤坑中。与老式的排水瓦管相比，塑料管道柔软，容易切割，并且可以容忍土壤的自然运动。在连接两个管道时，在其中一个管道上切割出直径可以容纳另一个管道的洞；然后将其插入。尽量在种植植物之前安装排水系统，因为工程会对现场产生很大影响。

排水沟、植被浅沟和盲沟

在大花园中，明渠系统是带走地面多余水分的另一种方法。它们应该深达1~1.2米，有倾斜的侧壁。在空间允许的地方，排水沟还可以建造成植被浅沟。这是一种很浅的沟渠，带有缓坡侧壁，可以让某个地方多余的水聚集并带走（也许可以用在花园里的其他地方），甚至可以在下面铺设穿孔塑料管道。它们通常铺有草皮，有时形状是弯曲的以融入设计（见"应对过多雨水"，25页）。对于较小的区域，盲沟更加隐蔽。它们是填充砾石的排水沟，顶部覆盖翻转的草皮和表层土。

排水系统和渗滤坑

渗滤坑是填充碎石的深坑，多余的水分会通过地下排水或排水沟渠流到这里（见"如何修建渗滤坑"，下）。在土壤表层被压紧的地方，这种排水方法非常有效，因为它可以穿透任何硬质地层。

在修建渗滤坑时，挖出一个宽约1米、深至少2米的坑。在其中填充碎砖或碎石，周围环绕土工布。在地面下至少60厘米处安装穿孔塑料管道或排水瓦管（见"安装鱼骨形排水系统"，下），将水分从附近土地引导至渗滤坑。

植被浅沟
这条浅沟将水引走，防止花园被洪水淹没。

储水区域

或者创造储水区域，让水汇入池塘或大型容器中，或者慢慢渗走。池塘对野生动物有益，但它的成功与否取决于排出水分中的沉积物的含量——太多会导致池塘富含养分，因此变得易于淤塞并过度生长藻类。容器中收集的水分可以再次用于花园中（见"在变化的气候中的开展园艺"，24~27页）。

如何修建渗滤坑

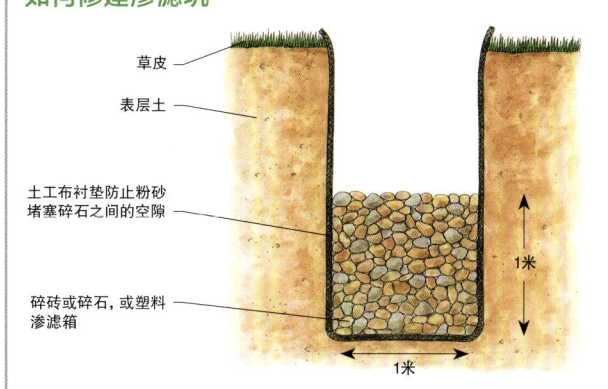

- 草皮
- 表层土
- 土工布衬垫防止粉砂堵塞碎石之间的空隙
- 碎砖或碎石，或塑料渗滤箱

1米 / 1米

1 在花园中排水管道结束的地方挖一个洞，令管道排泄口下方可容纳1米×1米×1米的空间。使用土工织物在底部和边缘衬垫。然后填充碎砖或碎石至1米深。

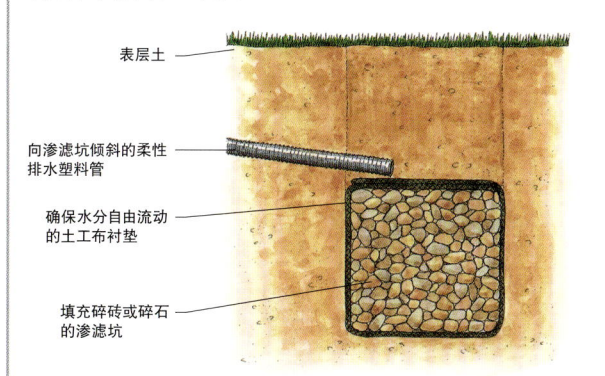

- 表层土
- 向渗滤坑倾斜的柔性排水塑料管
- 确保水分自由流动的土工布衬垫
- 填充碎砖或碎石的渗滤坑

2 将衬垫折叠在碎石上。然后将穿孔塑料管的末端放置在衬垫上方，使其位于地面之下大约60厘米处。在洞中填充表层土，铺上草皮。

安装鱼骨形排水系统

在涝渍严重的地方，例如被水淹没的草坪上，可以建造管道排水系统。它使用按照鱼骨形图案连接的穿孔塑料管，将水引导至充满碎石的排水沟或渗滤坑中。排水沟必须建在斜坡上，以便水从花园的最高处排到最低处。管道应铺设在45~60厘米的沟槽中，然后覆盖10厘米厚的沙砾，再覆盖表层土。两侧的排水管应与主排水管成45°角，并保持3~6米的间距。

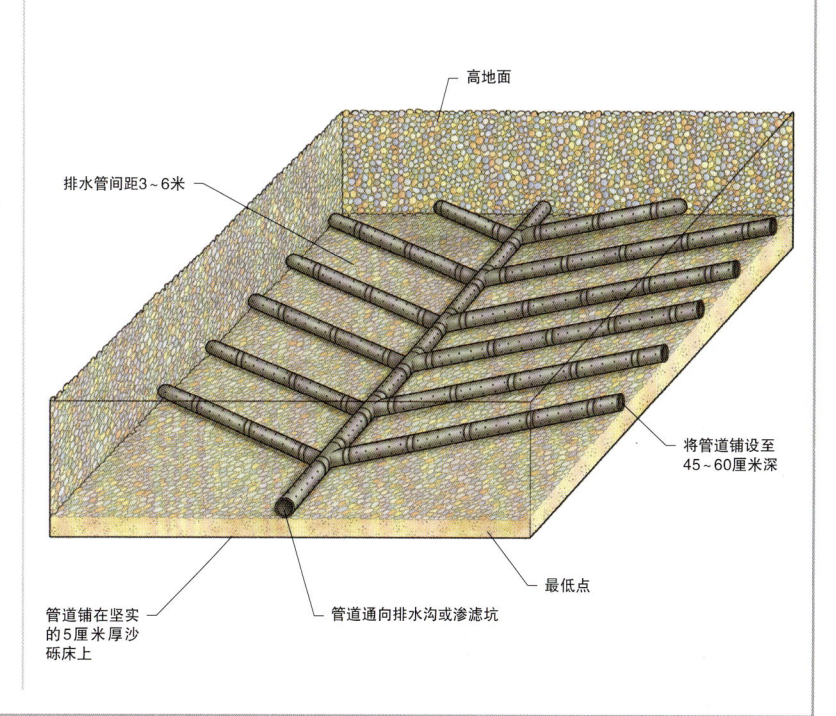

- 高地面
- 排水管间距3~6米
- 将管道铺设至45~60厘米深
- 最低点
- 管道铺在坚实的5厘米厚沙砾床上
- 管道通向排水沟或渗滤坑

土壤养分和肥料

植物可以利用的养分由矿物质离子组成,植物通过根系将它们从土壤中以溶液的方式吸收,并将它们与二氧化碳和水一起制造成有机养料。大量元素的需求量相对较大,包括氮(N)、磷(P)、钾(K)、镁(Mg)、钙(Ca)和硫(S)。微量元素同样重要,但需要的量很少;它们包括铁(Fe)、锰(Mn)、铜(Cu)、锌(Zn)、硼(B)和钼(Mb)。

为保证植物健康生长,可以在土壤中添加含有养分的肥料,但只有在土壤不能提供所需元素的情况下才需要这么做。在大多数土壤中,只有促进苗壮生长的氮、有助于根系强健的磷以及促进开花结实的钾需要经常补充。缺氮症(见"缺氮症",670页)会导致生长低矮,而缺钾症(见"缺钾症",672页)会导致叶片变色。缺硫症不常见,但容易发生在根系发育不良的年幼植株上。缺锰症和缺铁症(见"缺锰症/缺铁症",669页)会导致叶片变成褐色,如果喜酸植物种植在碱性土壤或者用硬水灌溉的话容易发生。

肥料的类型

肥料的用量以及使用哪种类型的肥料都是复杂的问题。理解每种肥料的工作原理会让园艺活动更加多产,也许还会更环保。注意这里的"有机"指的是"来自生物体",而"非有机"指的是人造的化学物质。出于环保意识坚守有机原则的园丁,应该仔细检查每种肥料的标签和出处,确保它们满足自己的要求。

大块有机肥料

在同样的重量下,大块有机肥料提供的养分比非有机肥料少。每吨粪肥一般包含6千克氮、1千克硫和4千克钾;同样多的元素以化肥的形式提供,只需要30千克的非有机肥料。

不过,粪肥对于有机种植非常重要,如此大块的有机物质可以提供许多益处,不是一次简单的元素分析就能说明的。粪肥富含微量元素,并且是氮素的长期来源。它们还可以提供非常适宜蚯蚓活动的条件。添加粪肥可以改善大部分土壤的结构和保水性;这会促进根系生长,从而增加植物对养分的吸收。

浓缩有机肥料

传统的浓缩有机肥料包括血粉、骨粉以及蹄角粉。海藻粉和颗粒状鸡粪肥是有机园丁们常用的肥料。与大块有机肥料相比,它们容易操作,并且包含比例相当稳定的元素,但每单位元素的价格相对较贵。它们释放养分的速度很慢,部分依赖土壤生物的降解作用,所以在土壤生物不活跃的时候(如寒冷天气中)可能会无效。

尽管存在一些担心,但没有记录证明制造含动物蛋白肥料的过程有任何健康风险,如用于本地花园的骨粉等;而且有些人认为它们是一种很环保的处理垃圾的方式。不过,在使用这些产品时佩戴手套和面罩会让你更放心,在栽培食用作物时可以使用花园堆肥代替。如果你不愿意使用动物来源的产品,海藻粉常常也能提供足够的植物营养。

可溶性非有机肥料

按重量计算,浓缩非有机肥料包含高比例的特定元素,而且大部分种类容易运输、操作和使用,不过少数种类在操作时有刺激性;佩戴手套和防尘面罩总是好的。按照每单元元素计算,它们通常是最便宜的养分来源。它们能迅速纠正缺素症,并能够精确控制释放养分的时间。然而,在沙质土中,很大比例的可溶性肥料会因为淋洗作用而损失。

在使用可溶性非有机肥料时,要谨慎选择向土壤中施加的矿物质离子,因为某些离子会对特定植物造成损伤。例如,红醋栗对于氯化物(如氯化钾)非常敏感;应该使用硫酸盐代替。大量使用某些无机盐会让土壤盐分更大,可能会伤害某些有益的土壤生物。应该少量多次地均匀施加可溶性非有机肥料,而不能一次大剂量使用。

缓释肥

这些肥料配方比较复杂,可以缓慢地逐渐释放养分,有时候可以持续释放数月甚至数年。有些种类会缓慢地在土壤中分解,而有些会逐渐吸收水分,直到膨胀并裂开。许多种类的缓释肥颗粒有各种厚度的膜,养分透过这些膜从里面释放出来。这些肥料比较贵,在较大花园中使用并不经济,但它们对于照料盆栽植物非常有用。

各种肥料的大致元素含量(%)

	氮(N)	磷(P_2O_5)	钾(K_2O)
有机肥料			
动物粪肥	0.6	0.1	0.5
血鱼骨粉	5	7	5
骨粉	3.5	20	—
花园堆肥	0.5	0.3	0.8
蹄角粉	13	—	—
蘑菇培养基质	0.7	0.3	0.3
颗粒状鸡粪肥	4	2	1
磷钙土	—	26	12
海藻粉	2.8	0.2	2.5
木灰	0.1	0.3	1
非有机肥料			
硫酸铵	21	—	—
果茂(Growmore)	7	7	7
硫酸钾	—	—	49
过磷酸钙	—	18	—
缓释肥	14	13	13

比较肥料
这些对比展示了在补充相等分量的养分时,不同类型的肥料所需要的量。

花园堆肥　　蘑菇栽培基　　血鱼骨粉　　可溶性非有机肥料

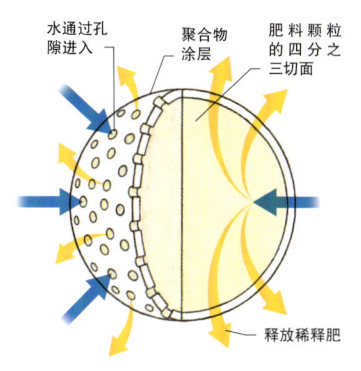

施加肥料

浓缩肥料可以撒在土壤表面，或放置在单株植物旁边。某些肥料还能以液体形式施加在地表，或者作为叶面肥料直接施加在叶片上。所有产品，无论是有机的还是非有机的，都必须小心操作。总是佩戴防护装备。不要在大风天气下施肥，将颗粒状或粉状肥料小心地施加在土地表面——千万不要接触植物茎干。只使用推荐剂量；太多会损伤植物。

撒肥

将肥料均匀撒在整片土壤表面可以为最大面积的土壤施肥，并最大限度地减少植物因为过度施肥而受到的伤害。在干燥天气下，某些元素（特别是稳定的磷酸盐）的吸收会很差；在可能的情况下，将磷酸盐掘入土壤中。

肥料的放置

围绕植物基部施肥是一种经济有效的施肥方式，因为植物的根系会快速伸展到施肥区域。

液态肥料

施加养分的一种有效方法——特别是在土壤干燥的时期——是在使用前将肥料溶解在水中。在即将下雨时不要施肥，因为肥料可能会被冲走而白白浪费掉。施加在叶面上的液态肥料可以纠正某些因为特定土壤条件（如高pH值）引起的矿物质缺乏症。对于深根性植物（如果树），叶面施肥可以纠正某些相对难溶元素的缺素症。

施加石灰

施加石灰或富含石灰的材料（如蘑菇培养基质）可以增加土壤的碱性。可以用它来增加菜畦的产量，但很少值得用于观赏植物——最好选择适应现有条件的植物。普通石灰（碳酸钙）虽容易结块，但容易操作，使用起来也很安全。生石灰（氧化钙）可以更有效地升高pH值，但具有腐蚀性，可能灼伤植物；还有过量使用的可能。生石灰加水制造的熟石灰（氢氧化钙）不如生石灰有效，但腐蚀性较弱。

使用石灰

石灰可以在任何时间铺撒在土壤表面，但应该尽可能提前于种植施加，并将石灰完全掘入土壤中。选择平静的天气并佩戴护目镜。不要每年都施加石灰——过量施加石灰会导致缺素症。在不同地块测量土壤pH值，因为不均匀的分解速度会导致问题斑点化地出现。右表展示了各种土壤达到6.5的pH值（见"最佳pH值"，59页）需要多少石灰石粉。为升高pH值，在掘地过程中施加石灰。对于已经成形的植物，将石灰作为表层覆盖施加，然后浇水使其进入土壤。不要将石灰与新鲜粪肥或铵态氮肥同时加；它们

自制液态肥料

浸泡聚合草、荨麻或其他绿色材料可以制造出免费的优质有机肥料。在容器中装入绿叶，向下压碎，然后任其分解。盖上盖子以保持气味。几周后，可以收集气味刺激的液体并将其稀释成秸秆的颜色（通常按照1:10的比例稀释）供植物使用。应频繁使用，因为它的肥力比较弱。

要想得到养分更多的传统液态肥料，可以将羊粪装进麻布袋，放入密封容器中浸泡。在接触粪肥和液体时采取合适的卫生措施——佩戴手套、事后洗手，而且不要在同一时间饮食和抽烟。3周后，将肥料稀释至淡茶的颜色，供植物使用（见"有机液态肥料和自制液态肥料"，342页）。

会发生反应并以氨气的形式释放氮。这样会损害植物并浪费氮素；在交替年份分别施加石灰和粪肥。

起始pH值	砂土（克每平方米）	壤土（克每平方米）	黏土（克每平方米）
4.5	1.3	1.5	1.8
5.0	1.0	1.2	1.4
5.5	0.7	0.8	1
6.0	0.4	0.5	0.6

如何施加肥料

撒肥
在花盆或碗中装好推荐剂量的肥料，然后将其均匀地撒在地块中。对于大面积的精确施肥，应在撒肥之前先用绳线或竹竿将地块标记为若干个1平方米的方格。

放置
将肥料撒在植物基部周围，不要让任何肥料颗粒接触枝叶，因为肥料会灼伤它们。

缓释肥
水会从聚合物涂层中的孔进入肥料颗粒。颗粒内部积聚足够的压力后，颗粒就会胀开。

绿肥

种植这些植物纯粹是为了将它们掘入土壤中以增加土壤肥力和有机质含量。它们用于闲置土壤，可以防止养分被冲走，因为闲置土壤更容易受淋洗作用的影响。注意不要使用入侵性物种当作绿肥。

琉璃苣（*Borago officinalis*）、多年生黑麦草（*Lolium perenne*）以及聚合草（*Symphytum officinale*）都是优良的宿根绿肥。还可以使用混合的速生一年生植物。一年生羽扇豆等豆科植物拥有根瘤固氮菌，可以让它们从土壤的空气中获得氮元素。这些植物可以向土壤中补充大量氮，就像标准施肥程序一样。绿肥的碳氮比很低，所以降解速度很快，可以提供许多可供植物使用的氮素。

使用绿肥
在闲置土地播种绿肥的种子。当它们长到20厘米高时将它们割至地面，一两天后将它们掘入土壤中。

表面覆盖和护根

表面覆盖和护根是施加在土壤表面的材料。它们可以通过一定方式改善植物的生长,比如增加土壤中的养分和有机质含量,或减少土壤的水分损失等。或者它们只是起装饰作用。

表面覆盖

"表面覆盖"有两个意思,一是指将可溶性肥料施加在植物周围的土壤表面,二是指施加在土壤或草坪表面的添加物质。例如,可以使用沙子或较细的有机物质对草坪进行表面覆盖,这些材料最终会被雨水冲进草坪里。

砾石或沙砾有时会用作苗床或盆栽植物的表面覆盖,为敏感的植物基部提供快速排水。它们还起到护根的作用,抑制土壤表面的苔藓或地衣生长。

还可以只是单纯地为了装饰效果而使用砾石或石屑对植物进行表层覆盖。

松散护根

施加护根
松散护根可以调控土壤温度、保持湿度并抑制杂草。它最好有10~15厘米深。

护根区域
对于小型至中型植物,将护根铺设至树冠下覆盖的全部区域。

用作表面覆盖的材料

作为添加剂的表面覆盖
某些表面覆盖材料(如腐熟粪肥和堆肥)添加到植物周围的土壤上,可以提供腐殖质以及稳定的氮源。混合了壤土和腐叶土或椰壳纤维的沙子用作草坪的表面覆盖,目的是增加透气性。

沙子　　　堆肥　　　腐叶土

装饰性表面覆盖
砾石和沙质等材料可以添加至盆栽植物的基质表面以及边境或花坛土壤表面,特别是低矮的植物(如高山植物)周围。这些材料可以改善表面排水,同时起到衬托植物的作用。

砾石　　　粗砾　　　细砾

护根

护根以有机形式和非有机形式呈现,并通过数种方式促进植物生长:它们调控土壤温度,在冬季保持根系温暖,夏季保持根系凉爽;它们减少土壤表面的空气损失,还通过隔绝光线来阻止杂草种子萌发。

在施加护根之前,必须清除多年生杂草,否则杂草会因为护根而受益,这有害于你的植物。不应在土壤寒冷或冰冻时施加护根,这样的隔离会起到反作用,土壤依然会保持寒冷——应该等到土壤在春季回暖后覆盖护根。

有机护根

为确保有效,有机护根应该持久并且不会轻易被雨水冲走。它应该拥有疏松的结构,让水可以快速地渗透它。

粗树皮是最有用的有机护根之一,因为它能阻碍土壤中杂草种子的萌发,而且出现的杂草也很容易清除。花园堆肥、腐叶土以及泥炭替代物(如椰壳纤维等)不那么有效,因为它们能为杂草种子的萌发提供理想的基质,并且会很快混入土壤中,不过这样的确能改善土壤结构。

非有机护根

由纸张、纸板或透水园艺织物(土工布)制造的非有机护根很常见,而且铺设和固定都很容易。它们能够很好地抑制杂草,同时又能让水渗透土壤进入根系。薄膜护根的一个缺点是,一旦铺设就位,有机物质就不能再融入土壤中。

使用不透水塑料布制造的护根特别适合在早播作物播种前临时铺在地面上用以升高土壤温度,或者再使用一段时间抑制杂草(见"塑料薄膜和护根垫",481页)。不过,一旦铺设就位,就几乎没有水分能从土壤表面蒸发出去,所以不要将它们使用在涝渍土壤上。塑料布护根也有缺点,虽然它们有时可以重新使用,但它们终究是不可回收利用的,最终只能出现在垃圾填埋场里。

漂浮护根是轻质多孔塑料或纤维织物。随着作物的生长,漂浮护根会被植物抬起。它们的主要用途是升高温度,以及作为一道屏障抵御害虫侵袭。

固定塑料布

塑料布护根可以有效控制大块区域的杂草,并稍稍升高土壤温度。使用铁锹将塑料布的边缘塞入土壤中5厘米深的裂缝中。

土工布能够控制大块区域的杂草,并能数年维持良好状态。用大头钉固定织物,然后用土壤或护根覆盖边缘。

堆肥（基质）和腐叶土

"Compost"有两个完全不同的含义：花园堆肥是腐败有机质，并且是一种土壤添加剂；盆栽繁殖基质则是用有机材料（主要）按照精确比例配制的混合物，用于在花盆中种植植物（见"盆栽基质"，332~333页）和繁殖（见"萌发"，603页）。

花园堆肥

花园堆肥对花园生产力的贡献是巨大的。除了直接供应养分，其中含有的大量腐殖质还可以增加土壤的保肥性，有助于土壤的排水和透气性。它还有助于维持健康的土壤有益微生物种群（见"有机园艺"，20~23页）。花园堆肥应该在有机质降解速度达到稳定状态时添加到土壤中；它应该是深色、松散的，闻起来有泥土的甜香气。

制造花园堆肥

在制造堆肥时，将富含氮的材料（如草屑）和富含碳的材料（如树皮或揉成团的报纸）按照1:2的比例混合在一起。几乎任何植物材料（包括海藻）都可以堆肥，但不要使用蛋白质和煮过的植物，否则会招来寄生虫。

使用除草剂后割草得到的前几次草屑不能使用，也不要添加太厚的草屑层，因为它们会阻止空气流动。不要使用之前用除草剂处理过的植被，因为其中会残留化学物质，让堆肥不适合用于食用作物；使用受污染堆肥作为护根对植物也会造成伤害。如果堆肥中含有猫或狗的粪便，也会造成健康风险，特别是对儿童，因为其中可能有弓蛔虫（*Toxocara*）的卵。

修剪得到的枝叶可以添加到堆肥中，不过应该首先将木质茎干挑出。避免使用任何感染病虫害的材料，因为它们可以在堆肥中存活，藏匿在完成的堆肥中传播到整个花园。只使用年幼杂草，那些已经结出种子或马上结种子的杂草都应该被丢进垃圾箱，所有顽固的多年生杂草也一样。特别重要的是，要避免使用那些根系匍匐的植物，如匍匐披碱草（*Elymus repens*）和宽叶羊角芹（*Aegopodium podagraria*）。

堆肥添加剂

许多材料可以令人满意地堆肥，但添加氮源可以有效地加速这一过程。氮可以人工肥料或粪肥的形式添加，前者的氮素含量高，后者含有大量有益的微生物。按照需要将其增添到堆肥中，使有机材料和粪肥分层依次堆放。

如果堆肥中的材料酸性太强，微生物就无法有效地工作——增添石灰可以使分解中的物质呈更强的碱性。

堆肥过程

有机物质在堆肥中降解的过程依赖许多有益需氧细菌和真菌的活动。这些微生物的繁殖和有效工作需要空气、氮、湿度和温度。

为确保充分的空气流动，首先用厚而开阔的小枝材料制造出堆肥的基部。为维持良好的透气性，堆肥材料千万不能过于潮湿，也不能压得过实。在堆肥时将细质感和粗质感的材料混合在一起，如果有必要的话，将细材料码放至一侧，直到有机会将它们和粗材料混合。经

双堆肥箱系统
在第一个箱子（最右）中装入交替堆积的有机材料。当它装满后，将内容物转移到第二个箱子（右）中继续腐烂，并再次装填第一个箱子。两个箱子在任何时候都要完好覆盖。

回收材料
（上）使用更新用途的材料（如旧砖块）可以将堆肥箱变成花园景观。

天然材料
（上）在这里，编织柳条被用来创造堆肥箱，它们在小型花园里可以更自然地与周围的种植融为一体。

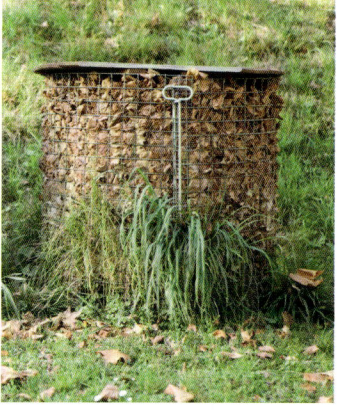

开放的侧壁
（上）覆盖堆肥箱的顶部可以防止堆肥积水涝渍，但开放的侧壁可以让野生动物寻找庇护和觅食。

自制有机液态肥料
（上）在一些款式中，从堆肥箱中的分解材料中渗出的液体可以排出，并按照1:10的比例用水稀释，用作液态肥料。

通气烟囱
（左）将一根穿孔的管子插进一个大堆肥堆中，有助于氧气进入中心，帮助材料分解。

常翻动堆肥,以避免其被过度压紧并加速堆肥过程。

在堆肥过程中,堆肥应该保持湿润,但不能过于潮湿,所以在干燥天气下应该进行必要的浇水。在天气非常潮湿的时期,可以用麻袋布或塑料布覆盖堆肥,抵御雨水。

降解过程本身会产生较高的温度,这会加速有机质的自然分解并有助于杀死杂草的种子以及某些病虫害。为有效地积累热量,堆肥箱的体积至少应为1立方米,不过最好达到2立方米。堆肥在2~3周内达到最高温度,在大约3~12周内腐熟。氨气的气味说明堆肥含有太多氮,需要添加更多富含碳的材料,如硬纸板或厨房卷纸芯。臭鸡蛋味说明堆肥缺少空气,需要翻动并加入粗糙的大块材料。

缓慢的堆肥

堆肥过程可以一种非故意的方式发生。例如,堆放的修剪枝叶最终会腐烂,即使它们没有被放入堆肥箱中。不需要增添材料,也不需要翻动。不过,有些材料不会完全分解——它们还需要再次堆肥。

市政堆肥

许多政府部门运营社区回收中心,使用绿色垃圾制造花园堆肥。这些垃圾的来源是市政公园和花园,以及市政垃圾管理部门收集的生活分类垃圾。

这些产品常常提供或出售给家庭园丁,并且是良好的护根材料。

蚯蚓堆肥

使用蚯蚓分解的堆肥非常

使用货运托盘制造堆肥系统

1 要创造一个三箱堆肥系统,先集齐7块货运木托板、3根坚固的木桩、结实的铁丝、1把锯子和1个竖杆机。

2 使用3块木托板形成结构的背板,然后将4块木托板与背板构成直角对齐,创造出3个大小相同的空间。

3 使用铁丝将这些木托板固定在一起。

4 将木桩插入木托板的末端之间。

5 使用竖杆机或锤子将木桩牢固地钉进土地中。

6 小心地锯掉木桩的突出部分,并创造安全整齐的表面。

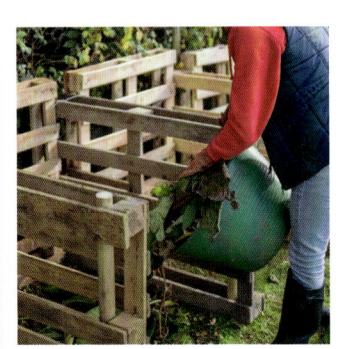

7 将花园和厨房垃圾添加到第一部分中,并确保材料保持湿润但不涝渍。

使用堆肥箱
一旦垃圾开始形成可辨认的堆肥,就将其转移到第二部分;将彻底腐熟的堆肥存放在第三部分。

半腐熟的材料　　充分腐熟的材料

不能用于堆肥的材料

在堆肥中使用厨余和花园垃圾可以提供优良的腐殖质来源,有助于改良土壤结构,并可以为花境和花坛护根。不过,应该注意不要加入某些不能分解和腐败的垃圾材料,如锡罐、玻璃、塑料、合成纤维以及煤灰(可以加入木灰,因为它是很好的钾素来源)。

由于家用堆肥箱很少可以产生足够杀死害虫、病害和杂草种子的高温,因此最好使用篝火加温、深埋或通过市政绿色垃圾服务进行大规模堆肥(温度高)。不应该加入堆肥中的有机材料包括:

- 乳制品、油、脂肪、鱼类和肉类垃圾,它们会吸引老鼠。
- 用过的猫砂、狗的粪便或丢弃的尿布,因为它们有健康隐患。
- 层压硬纸盒,如牛奶和果汁纸盒,其中可能含有塑料。
- 纸张有光泽的杂志,或者非常厚重的纸张(如电话簿),它们的降解速度非常慢。不过,少量硬纸板和成团报纸适合加入堆肥中,特别是与快速腐烂的植物材料混合在一起时。

落叶的转化

落叶(左)转化为腐叶土(右)需要耗费两年时间,但是当这些宝贵的物质添加到土壤中时,它们将增加菌根真菌的含量,而后者会帮助植物吸收水分和营养。

沃,是蚯蚓在其中消化并分解物质然后排出蚯蚓粪形成的。到目前为止,最有效的是红纹蚯蚓和虎纹蚯蚓。蚯蚓非常适合分解厨余垃圾,并且可以套装的形式购买,用在自制的蚯蚓堆肥箱中。

为得到良好的开始,将蚯蚓放入粉碎报纸或潮湿秸秆上的一层5厘米厚花园堆肥或粪肥中。堆积厨余垃圾——最厚达15厘米——让蚯蚓分解大部分垃圾,之后再加入更多。

蚯蚓只能在15℃以上的温度下有效活动,所以在冬季应该将蚯蚓堆肥箱放置在保护设施中。不要让堆肥箱中积累过多液体。当堆肥箱装满之后,用筛子将蚯蚓从堆肥中筛出,用于下一次堆肥。

腐叶土

虽然叶片也可以增添至堆肥中,但它们最好单独堆肥,因为它们的分解速度很慢。它们更多地依赖微型真菌而不是细菌,所需要的空气较少,温度较低。在秋季将叶片堆积在金属网笼或堆肥箱中,每次都向下踩实。除了在干燥天气中浇水,它们在降解过程中基本不需要照料。

在制作腐叶土时,两个箱子会很有用,因为叶片需要很长时间才能降解。或者也可以使用黑色塑料袋;向下按实叶片,浇少量水以加快降解过程,然后等待其降解即可。

自己制作腐叶土

在花园里种植落叶乔木和灌木可以带来一个额外好处,那就是它们每年秋季脱落的叶片会为腐殖质(腐叶土)提供优秀的有机来源。腐叶土具有良好的稳定性和保水性,含有某些抗疾病的生物体,使它成为一种优秀的土壤改良剂,也是播种及上盆基质的重要成分之一。你所需要做的就是收集树叶,并等待两三年,让其自然腐烂降解。

只能使用落叶乔木和灌木的树叶,如山毛榉、栎树或鹅耳枥等的树叶;最好不要用那些叶脉突出坚硬的树叶,如欧亚槭(*Acer pseudoplatanus*)的树叶,这种树叶的腐烂速度很慢。常绿树和大部分松柏植物的树叶分解所需的时间更长,不适合用来制作腐叶土。

蚯蚓堆肥箱

红纹蚯蚓

- 安装紧密的盖子保持温度和湿度
- 报纸层有助于保持湿度和温度
- 切碎的厨余垃圾
- 堆肥材料中正在"工作"的红纹蚯蚓
- 潮湿的秸秆或撕碎的报纸
- 用于排出过多水分的水龙头
- 纸板或可渗薄膜,下面是砾石或碎瓦片

使用堆肥箱

腐叶土是优良的土壤调节剂和护根材料。它可以用作盆栽植物的基质添加剂。在完全降解(可能需要花费一年或更长时间)之前,不应将其从堆肥箱中取出。当其中一个堆肥箱正在腐熟时,使用另外一个。

节约用水和循环用水

在花园中节约用水应该从选择适合土壤和气候条件的植物开始。在最需要节约用水的干旱地区，选择叶片灰色、多毛或肉质的物种，与来自地中海气候区的植物一样，它们能够很好地适应干旱。需要牢记的一点是，和种在地里的植物相比，容器中的植物需要更多灌溉，因为它们不能发育出深厚的根系，并且可以利用的自然降水很有限。它们在多风条件下也更容易发生脱水。

改良土壤

必须将耐旱植物种植在准备充分的土壤中（见"土壤耕作"，585页）。通过混入有机质（见"土壤结构和水分含量"，587页）和使用护根（见"表面覆盖和护根"，592页）来改良土壤，可以大大减少后续浇水的需要。在需要额外灌溉的地方（见"降低对水的高度依赖"，下），按照下列原则尽可能充足地补充水分。

如何浇水

为减少土壤表面的蒸发，在清晨和晚上浇水，并避免在阳光直射下浇水。在需要浇水时浇透，确保水分抵达植物根系。不要只是将土壤表面弄湿或者频繁少量浇水（见"灌溉方法"，588页）。水量不足会导致根系向表面生长，长此以往会让植物更容易受到伤害。当缺水胁迫刚刚出现时，施加每平方米不少于24升的水；如果有必要的话，每7~10天浇一次水以维持植物生长。避免使用喷雾器，它会将许多水浪费在较宽阔的区域。

收集雨水

在许多温带地区，降落在屋顶上的雨水可以而且应该用来补充自来水，可以充分利用。作为一般性的方法，在计算屋顶上可以收集的雨水量时，应该用屋顶的面积乘以附近地区的年降雨量（都用米表示）。转换成升时应该乘以1000。例如，在年降雨量为0.6米的地方，2.5米×3.5米的花园棚屋屋顶上可以收集多于5000升的雨水。面积为17米×7米的房屋屋顶可以流下将近72000升的水。

通过将集雨桶或水箱连接在落水管上，雨水可以很容易地收集起来。如果集雨桶或水箱有盖子并且没有藻类的话，水中会保有氧气大约6个月（无氧死水不能用在植物上）。这样的储水容器应该站立在坚实的基础上，以便从底部的水龙头向洒水壶中注水；应该使用砖块或砌墙块建造的立柱来抬升它们。

由于降雨的发生不规律并且常常单次降雨量很大，所以一个集雨桶常常会发生溢流。将数个集雨桶用短管连在一起，增加它们的储水能力。还可以使用大型水箱。如果之前储藏过液体，需要对容器内壁进行彻底清洁。

通过调整集雨槽的落水管，可以将集雨桶贴墙放置，并且集水桶不应该被日光暴晒。如果贴墙放置太显眼的话，可以用一个小装置通过管道将落水管收集的雨水引导至远处，例如花园棚屋或框格棚架背后的位置。如果坡度不足以让水自发流入这些容器，则应该在集雨桶中或落水管底部安装水泵。

对于非常大的储水箱，即使它们的位置足够低，可以依靠重力从房屋屋顶收集雨水，也仍然需要一个水泵将水输送到花园各处。输水系统的修建应该可以让水泵通过一系列细管将水输送到花园中需要灌溉的地区。如果你有空间和资源的

改善土壤的保水性
在结构不良或荒弃的土壤中，水的吸收会比较困难。可以通过添加大块有机质（如腐熟农场类肥或花园堆肥）来改善这样的土壤。

降低对水的高度依赖

虽然某些园艺景致和作物的确需要补充灌溉，但它们的需求可以通过下列方法减少。

新的种植
- 在每棵植株周围创造浅碟形的洼地，帮助保持水分并防止溢流。
- 安装可以将水引导至每株植物根系的滴灌系统（见"滴灌系统"，539页）。
- 在种植前，将容器培育植物浸泡在水桶中，让生长基质湿透；这样能将空气彻底赶走。种植后立即再次浇透水。
- 浅浅地锄地，将杂草彻底清除。

容器和吊篮
- 在两次浇水的间隔允许容器中的生长基质变干，并且浇水的量可令多余的水渗入浅碟或托盘中。
- 将生长基质平整至花盆边缘之下2.5~5厘米处，留出的空间可以让每次浇水时恰好有足够的水浸透生长基质。

- 将植物种植在一天中部分时间遮阴的背风处。远离干燥风。
- 将容器挨着放在一起，不要单独摆放。
- 有储水池的自灌溉容器可以降低用水需求，并防止径流损失。
- 使用更多土壤将多棵植物一起种植在更大的容器中，而不是使用很多小花盆。

食用作物
- 使用渗透软管或滴灌软管灌溉，令额外水分补充到最需要它的地方。
- 仔细选择植物，特别是在干旱地区。如果在关键发育时期缺水，一些蔬菜便无法成功生长发育。这样的例子包括马铃薯，它在块茎成熟期需要大量水分，还有开花结实期的番茄、小胡瓜和红花菜豆。

草坪
- 减少草坪大小，并增加沙砾床或表面。
- 选择相对耐干旱的混合草坪草种。
- 提高割草高度，例如从1厘米提高至2.5厘米。
- 在秋季施加合适的肥料以增加草皮的耐旱性。

露台
- 使用木结构创造半阴条件，减少阳光在露台表面的照射。反射的阳光可能会影响附近的植物，增加它们的水分损失。虽然乔木也可以提供遮阴，但它们的根系附近会形成干燥区，抵消阴凉带来的好处。
- 让露台表面稍稍倾斜，使径流流到花园中而不是沿着附近的排水管道流失。

- 使用木板铺装而不用混凝土或石板，让水可以透过缝隙进入土壤。

水景
- 将流动的水转移到平静的水体中。前者的蒸发速度不可避免地比较高，特别是设置在阳光充足的暴露位置时。
- 种植睡莲，减少池塘以及其他未覆盖水面的蒸发。
- 用集雨桶中储藏的雨水补充损失的水量，尽量不使用自来水。

渗透软管
整段都带有小穿孔的软管非常适合灌溉成排种植的植物（这里是草莓）。

靶向灌溉
滴灌系统可以通过永久地安置在每株植物附近的滴头运送水分。

灰水的再利用
淋浴或沐浴后的水可以从落水管中引导至附近的集雨桶中，然后在花园里重新使用。集雨桶必须用盖子覆盖，这不光是为了安全，同时也为了防止杂质和藻类的积累。

话，带水泵的地下储水箱可以储存大量雨水。

　　安装在落水管或集雨桶溢流口上的雨水分流器还可以将多余的水转移到池塘中。用于该用途的池塘底部不能覆盖杂草，而且应该包含产氧植物。在大的自然式花园中，可以使用卵石边缘创造拥有河滩效果的浅碟形密集种植池塘（见"池塘边缘的风格"，303页）。这样可以隐藏冬季和夏季之间任何剧烈的水位变化。和其他储水容器一样，池塘中也需要设置沉水式水泵，以便将水输送至花园中别的地方。

灰水

　　灰水指的是家用废水，而不是污水（又称作黑水）。家庭产生的灰水很多——一次普通的沐浴就可使用120升的水，因此在极端干旱条件下，灰水能够成为有用的水源，只要其中没有太多肥皂、清洁剂、脂肪或油脂。可以用水桶直接将浴室或水槽中的灰水运送到花园各处，或者利用虹吸作用将浴室中的水引导至花园。好的五金店提供优质的虹吸设备。

　　某些类型的家用废水比其他类型的更好。按照可使用程度排序，依次是淋浴用水、沐浴用水、浴室水槽以及多用途水槽，只要没有使用漂白剂和强力清洁剂。洗碗机和洗衣机排出的水一般不适合用在花园中，因为其中含有太多清洁剂。

　　千万不要将灰水用于灌溉新繁殖的植物或盆栽植物，以及那些种植在保育温室和温室中的植物。

透过薄膜护根种植
在薄膜护根（如土工布中）切开裂口，并透过该裂口种植。护根可以减少蒸发并抑制杂草。

集雨桶
在排水槽和集雨桶之间连接管道，收集温室、棚屋以及房屋屋顶上流下的雨水。买尽可能大的集雨桶，垫在足够高的位置，使底部的水龙头下可以容纳一个洒水壶。

使用灰水

- 储藏在专用容器中，不要和其他水混合。
- 灰水冷却下来后立即使用，保留时间不要超过数个小时。在夏季储藏的灰水会很快成为细菌繁殖的温床，气味难闻并滋生病原体。
- 将灰水施加在植物附近的土壤或基质中，不要直接浇在枝叶上。
- 千万不要将灰水使用在果树、蔬菜或香草上，喜酸植物也不要使用灰水，因为灰水中的清洁剂可能是碱性的。
- 千万不要使用喷灌将灰水灌溉在草坪以及其他任何会形成水洼的地方，因为这样的水很不卫生。害虫（如蚊子）会在水中繁殖；儿童可能会被吸引到水洼中玩耍，动物也可能饮用其中的水。
- 避免将灰水用于滴灌或拥有细喷头的灌溉系统，否则它们会很快堵塞。
- 尽量在花园中交替使用不同类型的水，避免在某一区域持续使用灰水。如果过度使用灰水，土壤中会积累过高浓度的钠。可以对土壤进行测试。如果pH值超过7.5，植物的生长就会受到不良影响。过度使用可以通过施加石膏来补救；以每10平方米1千克的量施加，直到pH值降到7或更低。

防冻和防风保护

在改变生长条件之前，选择可以在特定气候区茂盛生长的植物。试图在寒冷气候区种植非常不耐寒的植物几乎总是带来失望。对于在某个地方通常可以良好生长但在严寒的冬季会受伤害的物种，提供防冻和防风保护是明智的预防选择。

充足的防风保护可以让园丁种植种类广泛的植物，并且对于露地栽培、无法轻易转移到温室内的大型植物，以及比晚花植物更容易冻伤的早花植物和乔木非常有用。还需要提供抵御强风的保护，因为强风会导致树枝断裂和树叶变黄。在经常经历极端低温的地区，月季等植物在冬季需要挖沟假植以提供保护。

预防措施

园丁可以采取措施以防霜冻产生最坏的效果：不要在霜穴中种植，并为易受冻害的植物选择背风处（如暖墙或阳光充足的堤岸前）。例如，不耐寒攀缘植物可以依靠房屋墙壁（它可能比花园墙壁更温暖）种植，或者种植在可以轻松转移到背风处的容器中。幼苗、夏花

保护小乔木和灌木

欧洲蕨或秸秆保温
将树枝绑扎在一起，然后在距离树木30厘米处竖立半圆形的3根竹竿，在竹竿上固定环状金属网。将欧洲蕨塞入空隙中，然后用第4根立桩固定金属网。在顶端覆盖更多稻草。金属网顶端再覆盖一张塑料布。

秸秆防冻障
在两层金属网之间塞入一层厚厚的秸秆。围绕植物包裹，在任何空隙中填充额外的秸秆，然后绑扎就位。

保护贴墙整枝植物的秸秆和网
对于贴栅栏或墙生长的乔木或灌木，在保护它们时可以将秸秆或欧洲蕨塞入树枝后面。将网安装在栅栏的顶部和底部。在网和植物之间塞入更多秸秆，直到植物被覆盖。

培土
围绕根冠周围堆土至12厘米高，帮助灌木月季抵御极端低温。

麻布带
将树冠和树枝或树叶绑扎起来，然后使用麻布带缠绕包裹树木，并用绳线或麻线隔一定距离进行绑扎。用稻草或欧洲蕨保护树干的基部。

麻布和秸秆覆盖
从底部向上，将秸秆塞入灌木分枝周围。用麻布松散地包裹，然后用绳线绑扎好。

用网保护框架结构
当贴墙整枝的果树开花时，使用编织尼龙网保护它们抵御夜间霜冻，向下卷以盖住果树，使用竹竿撑起网，让其远离花朵。

月季的挖沟假植（只用于冬季极度严寒的地区）

1 松动根坨，然后挖出一条长度足以容纳侧放月季高度的沟，深度比灌木宽度大30厘米。

2 在沟中衬垫一层10厘米厚的秸秆，然后将灌木放倒。将秸秆塞在枝条周围和上方。

3 插入数根立桩并在它们之间绑扎绳线，以保持灌木的位置。回填土壤，培土至30厘米深。

球根植物以及块茎都只能在所有春霜风险过去后移栽，而月季和其他灌木不能在生长期较晚时施肥，因为这样会促进新生柔软枝叶的生长，使得枝叶容易被秋霜损坏。让草本植物自然枯死，死亡枝叶会在冬季保护根冠，而缓慢降解的有机质深厚护根可以为所有植物的根系提供保护。在冬季经常检查植物，紧实所有被抬高的土壤。

防冻保护

防冻保护的目的是通过保持恒定的温度，使植物隔离极端的冰冻条件。

隔离

使用麻布、毯子或双层报纸包裹植物，这样可以有效地保护地上部分，防止冻害。从土壤中逃出的温暖空气会被困在覆盖物下，形成隔离层。麻布有助于减缓回暖速度，可以帮助植物在冬季的反常温和时期保持休眠。在麻布下方的植物周围塞入的欧洲蕨或秸秆提供额外隔离，适合贴墙整枝的乔木和灌木、攀缘植物、马铃薯、草莓，以及小型乔木和灌木果树。一旦温度升高到冰点之上，就可以撤除覆盖物。如果可能的话，在包裹之前需要将贴墙整枝的植物从支撑物上解下来，并将枝条捆在一起。

对于生长在比自然越冬地更冷地区的小型灌木、乔木或树蕨，可以围绕它们搭建一个松散的金属网笼，然后在笼子中填充干树叶或秸秆。绑在或钉在笼子顶端的塑料布可以保持隔离层的干燥。或者将秸秆塞进树枝之间和后面，然后覆盖保护。

堆积护根或土壤

对于枯死至休眠根冠的宿根植物，将护根或一些树叶覆盖在根冠上，然后用欧洲蕨或常绿剪枝叶将它们固定就位。对于月季和其他木本植物，可以围绕其根部培土，或者侧放在挖出的沟中保存。在土壤寒冷的地区，土丘上应该覆盖一层秸秆。可以使用相同的方法保护根用蔬菜，即使是霜冻时期也可以收获。

钟形罩

如果只有少数植物需要保护，最好的方法是使用钟形罩，它就像微型温室一样，可以温暖土壤并维持稳定的温度。对霜冻敏感的植物（如芦笋等）萌发出的嫩枝几乎可以用任何家居容器提供保护：旧水桶、大花盆或粗纸板箱都能很好地提供保护。还有商业生产并出售的特制透明塑料钟形罩。更耐久的钟形罩保护可以通过玻璃钟形罩、聚乙烯板、塑料通道棚或冷床来提供（见"温室和冷床"，544~561页）。

风障

双层网
使用竹竿支撑的柔软双层网保护茎干脆弱的植物。

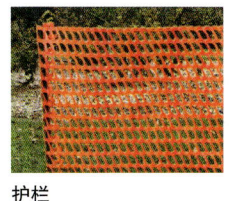

护栏
连接在立桩上的塑料护栏可以保护植物免遭雪和风的伤害。

特制风障
使用安装在矮胖立桩上的特制风障保护植物。

编条篱笆
将编条篱笆间隔放置在植物之间，与盛行风呈斜角，以便将强风偏转出去。

防风保护

防风保护的目的是在风影响任何植物之前降低它的速度，从而减少风对枝干造成的机械损伤，并防止进一步的水分流失。如果种植在良好树篱的背风处，许多不耐寒植物的生存概率就会大大提高。1.5米高的树篱可以在7.5米范围内有效降低50%的风速（见"树篱和屏障"，104~107页）。

乔木和灌木物种承受风的能力有很大差异。耐性最强的是那些叶片小、厚、刺状或蜡质的植物，如北美乔柏（*Thuja plicata*）、鼠刺属植物和冬青属植物。在落叶乔木中，桤木属植物（*Alnus*）、欧洲花楸（*Sorbus aucuparia*）、柳属植物（*Salix*）、西洋接骨木（*Sambucus nigra*）以及单子山楂（*Crataegus monogyna*）都特别耐风。使用竹竿和网制造的风障或者特制产品可以在树篱成形过程中帮助挡风。

防冻和防雪覆盖

塑料瓶钟形罩
可以使用切割成两半的回收透明塑料瓶自制钟形罩，它们可以放置在植物上，用于在寒冷霜冻的天气保护植物。

隧道式钟形罩
使用隧道式钟形罩（在金属线圈上拉伸塑料形成的钟形罩）保护低矮的植物（如草莓）。在白天可以打开两端以便通风。

报纸
通过覆盖报纸并在两侧覆土固定，为马铃薯和其他不耐寒植物的新生枝叶提供保护。

园艺织物
这种轻质织物可以温暖土壤并提供防冻保护，同时可以让光线和水透过，接触下面的植物。

繁殖方法

只要了解了基本的原理,植物的繁殖就并不困难,这是增加植物数量最好、最便宜的方法。此外,它为园丁们提供了许多交换植物的机会,从而增加了栽培类型的多样性。从生长过于茂盛的宿根植物的简单分株到更加复杂的方法,繁殖技术有很多,比如通过杂交创造拥有新特征(如新花色)的植物杂种。对于许多人来说,从一粒种子长成一棵健康植株或者从一根插条长成一棵新的乔木或灌木,这样的过程叫人着迷。只要掌握了本章列出的方法,任何园丁都可以成功地繁殖植物。

种子

种子是开花植物在自然界最常见的繁殖方式。它一般是一种有性繁殖方法,因此常常会产生各种基因组合,所以得到的幼苗是不同的。这样的变异提供了植物适应环境的基础,而且可以对品种进行育种和选择,得到特定目标性状的新组合。种子也许在某种程度上可以真实遗传,但常常在物种内的亲本和子代之间产生很大差异。在园艺栽培中,如果培育的植物想保持特定的性状,变异会成为劣势,但如果找到了新的改良性状,它又会成为优势。播种繁殖是为花园生产大量植株的最有效和最经济的方法之一。

种子是如何形成的

大部分植物是雌雄同体植物——就是说,每朵花都有雄性生殖器官和雌性生殖器官。随着花朵的成熟,花粉会在昆虫、鸟类、水或风的帮助下,转移到相同植株(自交)或同一物种不同植株(杂交)的柱头上。这些天然授粉形式被称为开放授粉。然后花粉粒萌发花粉管,花粉管沿着花柱朝子房中的胚珠伸展,于是雄配子和雌配子融合受精。受精卵发育成胚胎,胚胎由种子中贮藏养分的组织供给营养,拥有发育成全新植株的能力。

种子在开花大约两个月后成熟,所以春季开花的植物在仲夏时已经可以散落种子了。然而,对于不完全耐寒的植物,种子必须经历漫长而炎热的夏季才能完全成熟。对于雌雄异株植物,如猕猴桃(*Actinidia deliciosa*)和南蛇藤属植物(*Celastrus*),要想获得种子,必须将两种性别的植株靠近种植,以确保雄株为雌株授粉。

在花园中培育杂种

通过开放授粉在花园中培育的杂种,可以产生有趣的新植物,但是阻止自交和杂交授粉将得到更受控的结果。在受控的杂交授粉中,应该将母本植物花朵的花瓣、花萼和雄蕊摘除,然后用塑料袋或纸袋将处理过的花套住以隔绝昆虫,直到母本花朵的柱头变得黏稠。

然后,将已经从父本雄蕊上收集的花粉转移到母本的柱头上进行授粉。杂交种子会在子房中发育,并且应该按照需求在成熟时采集(见"采集种子"601页)。

转基因植物

自然、随机的突变一直被植物育种者用来培育新植物。然而,现代遗传学技术提供了更快、更有针对性但也更具争议的方法来产生具有宝贵新特性的植物。

CRISPR/Cas等基因组编辑技术让科研人员可以在细胞(基因组)DNA序列的特定位置添加、删除或修改遗传物质,在这个过程中,它们利用细胞自身的DNA修复机制进行更改。这些变化与自然发生的变化相似。

转基因生物(Genetically Modified Organisms, GMO)是通过一种名为转基因的方法产生的,这种方法将新的DNA直接转移到植物细胞中。这种通过来自其他生物体的DNA转移得到的植物不同于任何使用传统育种技术得到或者在自然界中出现的植物。对转基因生物的担忧导致它们受到政府的严格监管,甚至被一些国家禁止。

虽然基因编辑可以被认为与更传统的植物育种方法相同,因为在大多数情况下它并不涉及引入外来DNA,但这一看法并未被完全接受。相关担忧包括它可能导致生物多样性降低、基因的专利申请、与修改DNA相关的不可预见的后果,以及经过改造的基因可能扩散到杂草和有机作物中。因此,在很多司法管辖区,基因编辑植物和转基因生物受到同样严格的监管。

月季花朵中的繁殖器官

花朵中用于繁殖的部分是雄蕊(产生花粉的雄性器官)和雌蕊(雌性器官,由1个或多个柱头、花柱和子房组成)。花瓣可以吸引授粉昆虫。

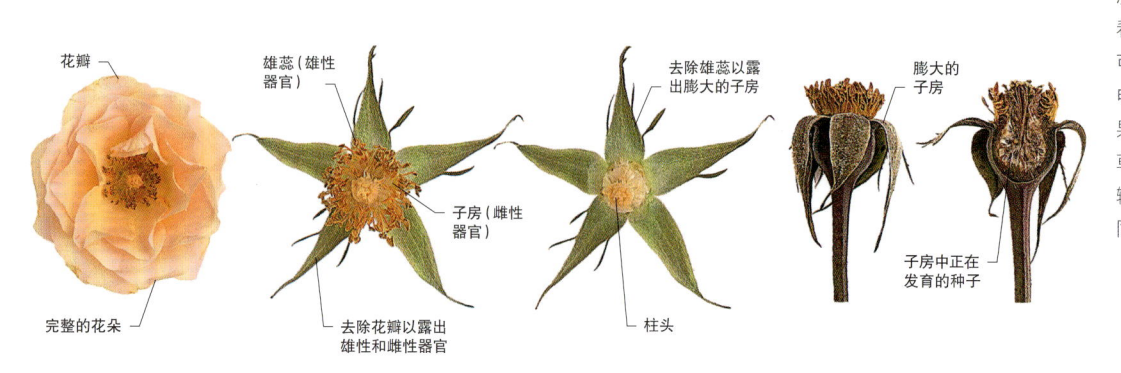

- 花瓣
- 完整的花朵
- 雄蕊(雄性器官)
- 子房(雌性器官)
- 去除花瓣以露出雄性和雌性器官
- 去除雄蕊以露出膨大的子房
- 柱头
- 膨大的子房
- 子房中正在发育的种子

商业生产的杂种

追求一致性和完美的园丁可以选择F1和F2代杂种种子。这些类型的种子在某些植物中才有，大部分是一年生植物。这样的种子需要复杂的植物育种技术，因此更加昂贵（见"选择种子"，下）。

由属于同一物种的两个精心维持的自交系杂交得到的第一代杂种就是F1代杂种。F1代杂种通常比它们的亲本苗壮，并且在花朵性状（如花色）上有很强的一致性，这种一致性很少在开放授粉的种子中出现。还可以买到F2代杂种，它们是F1代杂种产生的种子，价格比F1代杂种低得多。它们保持了F1代亲本的一部分活力和一致性，还有其他在F1代中不明显的优良性状。

采集种子

采集成熟的蒴果或果实。在成熟时，风媒种子会开始传播，所以要用细纱布或纸袋迅速包裹结果枝条；或者剪下一两枝结果枝条，将它们放在室内并插入水中，待其成熟。

在播种或储藏之前，必须对种子进行提取、清洁和干燥。将种子从其保护性覆盖结构中提取出来的方法取决于种皮的类型。收集细小的种子时，应采集整个蒴果，最好是在当它们已经变成棕色时采集。将蒴果放入纸袋中并在室外保存，直到蒴果开裂，令其中的种子能够被提取出来。

对于大多数高山植物的蒴果，可以用手指将其中的种子搓出来。这种方法还可以用在乔木产生的带翅种子上，用于去除种子的翅。

一些乔木会结出自然解体的球果，而果鳞也会就此剥落下来。将松树和云杉的球果放入纸袋中，并将其放置在温暖干燥的地方，直到果鳞打开，然后摇动纸袋，将种子摇进纸袋中；对于雪松的球果，则需要将其放入热水中浸泡，直到鳞片打开。从水果或浆果中提取种子的方法取决于种子的大小和果肉的类型。对于那些较大的水果，如海棠，应该将果实切开，取出里面的种子。对于较小的水果，如花楸属果实，应将它们在温水中浸泡数天。有活力的种子会沉在水底；丢弃所有漂浮在水面上的种子。将肉质果肉压扁并留在纸上干燥，可以更容易地挑出里面的种子。

新鲜时播种的种子

高山植物和岩生植物
银莲花属 *Anemone* H7-H2
党参属 *Codonopsis* H5-H3
紫堇属 *Corydalis* H6-H2
仙客来 *Cyclamen* H7-H1b（高山物种）
獐耳细辛属 *Hepatica* H6-H4
报春花属 *Primula* H7-H2
白头翁属 *Pulsatilla* H5

宿根植物
蓍属 *Achillea* H7-H3
乌头属 *Aconitum* H7
星芹属 *Astrantia* H7
刺芹属 *Eryngium* H6-H3
铁筷子属 *Helleborus* H7-H4

绿绒蒿属 *Meconopsis* H5
花荵属 *Polemonium* H7-H5
毛茛属 *Ranunculus* H7-H3
金莲花属 *Trollius* H7-H6
毛蕊花属 *Verbascum* H7-H4

一年生植物和二年生植物
勿忘草属 *Myosotis* H6-H5
黑种草属 *Nigella* H5-H3
罂粟属 *Papaver* H7-H3
钟穗花属 *Phacelia* H7-H3

注释
H = 耐寒区域，见56页地图

将采集到的种子放入密封、带标记的信封中（不要使用塑料袋，因为它们会锁住湿气，种子容易腐烂），再将信封放入凉爽处的密闭容器里。

储藏种子

种子活力的持续时间取决于物种和储藏条件。有些物种最好趁新鲜播种，而不是干燥并储藏后播种，如星芹、仙客来、铁筷子、瑞香、山月桂和杜鹃花的种子。其他一些植物的种子可以在低温下储藏很长一段时间而不会失去活力，也不需要采用特殊措施打破休眠。含油量高的种子不耐储藏，应在收集后迅速播种，例如山毛榉属植物的种子。如果储存在3～5℃的温度中，种子的活力通常可以延长。

打破种子休眠

某些植物种子拥有可以帮助控制萌发时间的内在机制。例如，许多种子在秋末不会萌发，这时的环境条件不适合幼苗的生长，它们会保持休眠，直到温度和其他因素变得更加适宜。这种休眠是通过各种不同的方式实现的，包括种子中化学抑制剂的存在、种子萌发前必须腐烂的坚硬种皮，有些种子还必须

选择种子

园丁可以在市面上买到开放授粉种子和杂交种子（F1代或F2代）。开放授粉种子（见"种子是如何形成的"，600页）是从精心挑选的"真实遗传"亲本植物种群中采集的。由此得到的种子略有差异——变异程度取决于亲本的变异情况。

亲本植物的近交可以提高开放授粉种子的一致性，但这会导致产量下降，而且并非所有植物都耐受近交繁殖。然而，将精心选择的近交系进行杂交，会产生活力高且一致性强的F1代杂种（见"商业生产的杂种"，上）。

只要有可能，种子公司更愿意培育F1代杂种——虽然生产成本高，但它们为种植者和种子公司提供了许多优势，对于前者，优势可能体现在植物的抗病性和耐寒性等方面，而对于后者，优势就在于无法获得亲本近交系的竞争对手再也不能盗用自己培育的品种了。

哪种更好？

开放授粉品种（有时称为传统或古老品种）在可以使用F1代杂种的地方通常不太受到关注，因为如果没有熟练且昂贵的去除"异型"（表现出"异型"特征或不良性状的植物）的工作，所得植物的品质会下降。某些植物类群尤其如此，如球芽甘蓝、西蓝花和矮牵牛，在这些植物中，开放授粉品种与杂交品种相比效果很差。生长条件也可能影响选择。例如，如果花园环境冷凉，培育出的耐寒或快速成熟的杂种可能会大受欢迎；如果条件温暖，抗病杂种可能会提供优势。

在有些情况下，杂交品种和开放授粉品种相比优势较少。胡萝卜、韭葱和许多莴苣及豆类蔬菜的开放授粉品种虽然变异程度较大，但能提供足够可靠的收获。如果园丁想要在一定范围内变化的大小和成熟时间，那么一定程度的变异也可以是优势。开放授粉种子价格低廉，而且如果种子的可持续供应很重要，那么自由授粉的植物还能产生可以保存并在下个生长季重新种植的种子（来自F1代杂种的种子不一定能在第二年真实遗传亲本性状）。人们还担心在培育杂交品种时风味没有被优先考虑，以及现代品种需要更多的肥料和农药，虽然这些担忧值得商榷，但也会影响选择。

从荚果中采集种子

种子成熟后立即采集：将它们从荚果中摇晃出来，或者将果实绑成串并密封在纸袋中，头朝下悬挂起来，让种子落入纸袋中。确保种子完全干燥后，将它们储藏在干净的纸袋或信封里，标记上植物名称和采集时间。

当果实变成棕色的时候将它们采下来[这里是绿绒蒿属植物（*Meconopsis*）的果]。摇晃果实，将其中的种子撒在纸上，然后储藏于凉爽干燥的地点，直到准备播种。

清洁黏附果肉的种子

1 用手指将黏附果肉的种子取下。将这些种子放入温水中浸泡1~2天。一旦外层果肉开始软化并分离,就将水倒掉。

2 拨去残存的果肉,并将种子擦干。可播种新鲜种子,或者将其储存在蛭石混合物中,装进塑料袋并放入冰箱储存;在冬末播种。

3 用纸巾吸干种子表面的水,然后将它们与一点粗砂或潮湿的蛭石混合,放入一个透明塑料袋中;冷藏储存,直到准备播种。

从浆果中分离种子
用手指将浆果(这里是火棘属植物的浆果)搓碎,除去外面的大部分果肉。在温水中搓洗种子。

经历交替冷暖刺激才能萌发。园艺上已经发展出了几种克服自然休眠的方法,让种子可以更快地萌发,以增加成功概率。

划破种皮

目的是刻伤坚硬的种皮,让水分得以进入,从而加速种子萌发。对于较大的坚硬种皮种子(如豆科植物、山茶和芍药的种子),可以使用小刀刻伤,或者将一部分种皮刮去,以便水分进入。对于更小的种子(如松树的种子),可以将它们装入衬垫砂纸或装有尖砾的瓶子中摇晃,或者用小锉刀逐个磨破。

浸泡

将一些种子放入冷水(如海桐花属植物)或热水(但不能是开水,如金雀儿属植物)中浸泡几小时,可以帮助它们萌发。这会让坚硬的种皮变软,从而允许水分进入,开启萌发过程。浸泡之后的种子应该立即种植。

温暖层积

这种方法用于许多木本植物拥有坚硬种皮的种子,包括大部分核果树种和一些浆果灌木(如小檗属和枸子属植物),这些种子必须在采集之后成熟。将种子放入装有湿润(但不要太潮湿)标准播种基质的塑料袋中,然后在20~30℃的环境下储藏4~12周。通常在播种前还要经过一段低温层积处理(见"低温层积",下)。

低温层积

来自温带地区的乔木、灌木和宿根植物(包括苹果、李子和马鞭草)的种子需要低温潮湿环境的处理才能成功萌发。种子可以播种在户外,经受冬季的自然低温处理,或者更可靠的是,在冰箱中采用人工层积的方法进行冷藏。如果要人工层积,应先将种子浸泡24小时,然后将它们放入装有湿润(但不潮湿)蛭石的塑料袋中,或者将它们放到培养皿中的湿润滤纸上。将种子在1~5℃的低温中保存4~12周。每个物种所需要的冷藏时间不相同,而且最好在种子于仲冬至冬末在冰箱中开始萌发之前播种。为保险起见,在冰箱中保留一些额外的种子,每周进行检查直到萌发开始,然后取出播种。

不过,一些种子只有在冷处理结束并播种之后才会萌发。在这种情况下,间隔一段时间分批播种,如在冷处理4周、8周和12周之后各播种一批,保证至少部分种子能够萌发。

若要在室外冷处理种子(这种方法尤其适合较大的种子,如唐棣属、枸子属和荚蒾属植物的种子),将它们与湿沙和泥炭替代物一起按照1:3的比例放入花盆中。在播种后的种子上覆盖一层沙砾。这样做可以防止它们被大雨冲出容器,并在一定程度上抑制苔藓和地衣在基质表面生长。如果啮齿类动物和鸟类容易带来麻烦,就用细金属网盖住容器以保护种子。将容器齐边埋入露天花园的沙床中,或者在秋季放

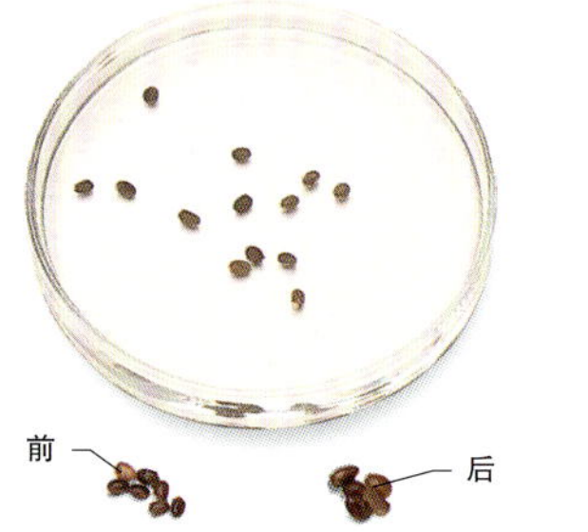

划破种皮
在种植前,使用干净锋利的小刀刻伤黄牡丹(*Paeonia delavayi* var. *delavayi* f. *lutea*)等种子的坚硬种皮,让种子可以吸收水分。

刻伤后的浸泡
划破种皮后,将羽扇豆等植物的种子浸泡在水中24小时,让它们稍微膨胀,然后播种。

前　　后

需要浸泡的种子

在冷水中
箭芋属 *Arum* H7-H2
赝靛属 *Baptisia* H7-H3
大戟属 *Euphorbia* H7-H1a
海桐花属 *Pittosporum* H4-H2

在热水中
荔梅属 *Arbutus* H5-H2
锦鸡儿属 *Caragana* H7-H6
小冠花属 *Coronilla* H5-H3
金雀儿属 *Cytisus* H5-H4

需要划破种皮的种子

乔木和灌木
相思树属 *Acacia* H3-H1c
紫荆属 *Cercis* H5
皂荚属 *Gleditsia* H6-H5
刺槐属 *Robinia* H6
紫藤属 *Wisteria* H6-H5

宿根植物
岩豆属 *Anthyllis* H7-H3
赝靛属 *Baptisia* H7-H3
山羊豆属 *Galega* H7
香豌豆属 *Lathyrus* H7-H2
羽扇豆属 *Lupinus* H7-H2

需要层积的种子

乔木
槭树属 *Acer* H7-H4
七叶树属 *Aesculus* H7-H5
紫荆属 *Cercis* H5
榛属 *Corylus* H6-H5
山楂属 *Crataegus* H7-H6
珙桐属 *Davidia* H5
冬青属 *Ilex* H7-H2
枫香树属 *Liquidambar* H6-H4
海棠属 *Malus* H6
李属 *Prunus* H6-H3
梨属 *Pyrus* H6
红豆杉属 *Taxus* H7

灌木
小檗属 *Berberis* H7-H3
枸子属 *Cotoneaster* H7-H5
瑞香属 *Daphne* H7-H3
金缕梅属 *Hamamelis* H6-H5
蔷薇属 *Rosa* H7-H4

宿根植物
耧斗菜属 *Aquilegia* H7-H5
星芹属 *Astrantia* H7
鳖头花属 *Chelone* H5
荷包牡丹属 *Dicentra* H7-H5

注释
H = 耐寒区域,见56页地图。

入冷床中（见"繁殖植株的种植"，640页）一两天直到萌发。一旦种子萌发，且可以看到幼苗，就将容器放入冷床或类似环境中，按照保护设施中培育幼苗的方式进行养护（见"在容器中播种"，605页）。

双重休眠

芍药和延龄草属（*Trillium*）植物的种子通常需要两段冷处理才能促使根和茎萌发。根系会在种子萌发的第一个生长季发育出来，但茎一般只有在种子接受了下一个冬季的第二次冷处理后才会出现。秋季，将种子按照正常方法播种在容器中（见"播种"，604页）。

萌发

种子的萌发需要水、空气、温度，某些物种还需要光线。应该将种子播种在质地较细的基质中，这种基质可以通过毛细作用将水提升至基质表面的种子。为辅助毛细作用，基质应该轻轻压实。如果不进行这样的压实，就会出现气穴，对于毛细作用非常重要的通路就会断开。然而，基质不能压得太紧或者过于潮湿，以免破坏透气性；种子在不透气的基质中肯定无法成功萌发生长，因为它们不能得到至关重要的氧气。对于大部分种子来说，萌发率最高的适宜温度为15～25℃；加温增殖箱对于维持稳定的温度非常有用（见"加温增殖箱"，555页）。

播种需要冷处理的种子

1 在秋季，将种子稀疏地种在盆栽基质中，并覆盖薄薄的一层细基质，再铺一层细沙砾。

2 在花盆中标记种子名称和播种日期，浇透水，然后将花盆齐边埋入室外的开阔沙床中，促进种子的萌发。

萌发的第一个迹象是胚根或称初生根的出现，然后是子叶的萌发，它们提供了最初的营养储备。真叶后来才会出现，形状一般和子叶不同。

光照

商用种子因其易于萌发的特性而被选择、繁育和种植，尽管如此，有些种子只有在光照下才会萌发（如庭芥属和秋海棠属植物的种子），而另一些种子只在黑暗中萌发（如翠雀属植物的种子）。包装上的说明会指出种子需要的条件。

对于园丁自己采集的种子，可在繁殖手册中查询种子偏好的条件。如果存疑，可将小种子播在播种基质表面，用细蛭石覆盖。更大的种子很少有光照需求，所以播种时应该覆盖质地细腻的播种基质。

萌发速度

萌发速度取决于种子的种类和年龄，以及播种时间。一些种子来自野生植物或者尚未被培育得容易萌发的植物（如高山植物），它们可能需要数月甚至数年才能萌发。必须保持耐心。

对于需要花一些时间才能萌发的种子，室外的凉爽背风处是理想选择。将花盆齐边埋入湿润沙子中，以维持均匀的温度并减少对浇水的需求。当幼苗出现时，将花盆转移到冷床中。在早春将花盆放置在适度加温处可以加快萌发，但不要将种子暴露在高温下。如果没有萌发，将花盆留在原地3年，当表面长出苔藓时更换覆盖的沙砾。

如果已知种子的萌发速度很快，如蔬菜和一年生植物的种子，那就没有必要等待；如果幼苗没有在4周之内出现，就应该重新播种。

需要光照才能萌发的种子

蓍属 *Achillea* H7-H3
庭芥属 *Alyssum* H7-H5
金鱼草属 *Antirrhinum* H4-H2
秋海棠属 *Begonia* H2-H1a
蒲包花属 *Calceolaria* H6-H2
藻百年属 *Exacum* H1c
榕属 *Ficus* H4-H1a
天人菊属 *Gaillardia* H7-H4
小金雀属 *Genista* H6-H1c
扶郎花属 *Gerbera* H2-H1c
小岩桐属 *Gloxinia* H1b
伽蓝菜属 *Kalanchoe* H1b
烟草属 *Nicotiana* H4-H2
矮牵牛属 *Petunia* H1c
欧洲报春和其他报春花属（*Primula*）植物H7-H2
非洲堇属 *Saintpaulia* H1a
五彩苏属 *Solenostemon* H1c
旋果花属 *Streptocarpus* H1c
麦秆菊属 *Xerochrysum* H4-H2

需要黑暗才能萌发的种子

金盏菊属 *Calendula* H6-H2
矢车菊属 *Centaurea* H7-H3
仙客来属 *Cyclamen* H7-H1b
翠雀属 *Delphinium* H6-H5
勋章菊属 *Gazania* H3-H2
龙面花属 *Nemesia* H3-H2
藏报春 *Primula sinensis* H3
蝴蝶花属 *Schizanthus* H3-H1b

注释

H = 耐寒区域，见56页地图。

种子如何萌发

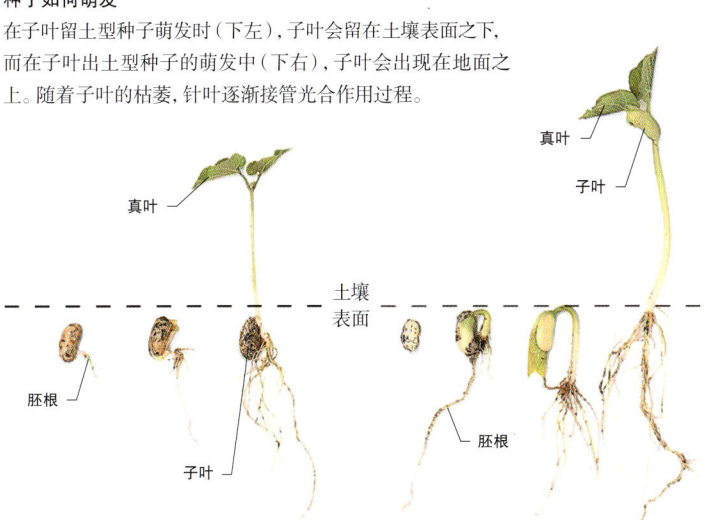

在子叶留土型种子萌发时（下左），子叶会留在土壤表面之下，而在子叶出土型种子的萌发中（下右），子叶会出现在地面之上。随着子叶的枯萎，针叶逐渐接管光合作用过程。

真叶 / 子叶 / 土壤表面 / 胚根

幼苗的生长

健康幼苗
在温室中茂盛生长的健壮匀称旱金莲（*Tropaeolum*）幼苗，已经可以移栽了。
颜色均匀的深绿色叶片

不健康的幼苗
如果不能及早移栽，幼苗会变得苍白、拥挤并黄化——甚至可能死亡。
长而细的茎

播种

播种的时间和地点取决于它们萌发所需的温度、植株的栽培数量，以及幼苗能否轻易移栽。

开阔地或露天苗床适合播种不需要日常照料的大批种子。在种植不耐寒植物，或者在夏季凉爽或短暂的气候下种植需要漫长生长季的植物时，在室内容器或凉爽温室中播种是非常有用的手段。

无论是容器中播种还是露地播种，都不要让基质干掉或过于涝渍。

室外播种

在需要大量植株、蔬菜、野花、供移栽的二年生植物以及耐寒一年生植物时，室外露地播种通常是最好的。种子可以条播或撒播，条播种子得到的幼苗以固定的间距成排生长，所以很容易将它们和杂草幼苗区分开。

无论用哪种播种方式，都要事先在阳光充足、土壤肥沃、排水良好的地点准备好播种区域，先清理所有杂草，然后挖掘土壤，接下来用耙子整理土壤表面，直到形成细腻的质地或细耕面（见"形成细耕面"，587页）。去除石头和任何大土块。如果在潮湿的土壤中播种，站立在板子上可以避免压邻近土壤。

条播

如果要使用条播的方法，应使用绳线或直边纸板作为引导，将扫帚柄压入土壤中，拉出一条浅槽，即播种沟——播种沟的底部被压实，令种子能够充分接触土壤。或者可以使用薅锄、洋葱锄或大标签的末端在土壤中做出播种沟。

播种沟的深度取决于种子的大小：大约0.5厘米的深度对于小种子就足够了，而大种子需要至少1厘米深的播种沟。小种子可能对过深的播种极为敏感，但较大的种子有一定的回旋余地。

如果种子萌发出的幼苗要在年幼时移栽的话，相邻种植沟的间距应设置为10~15厘米。不过，如果它们要继续成排生长的话，种植沟的间距应为大约15~22厘米。稀疏地播种小种子，使它们之间相距约0.5厘米；以2.5厘米或更大的间隔播种芍药等植物的大种子。对于蔬菜，准确的间距对于得到最佳效果至关重要，请参考种子包装上的间距说明以及468~526页"种植蔬菜"章节中各条目下的内容。

播种后，在播种沟上轻轻耙土以将其覆盖，然后为每条播种沟插上标签，注明种子名称和日期。小心地为播种沟浇水，尽量不要冲走土壤。

撒播

另一种室外播种方法是撒播。对于一年生植物、绿肥、草坪种子和野花的播种，它有时是更受青睐的方法。撒播种子从一开始就很容易受到杂草竞争的影响，但通过使用陈旧育苗床技术（见"陈旧育苗床技术"，586页），可以获得可接受的结果。和条播相比，撒播需要多出50%的种子才能获得可接受的结果。对于一年生植物，最好播种在许多短行中，以便及早除草（见"播种和种植"，210~212页）。

在准备好土壤后，用手或者从口袋中将种子尽可能均匀地撒在表面。用耙子轻轻耙过土壤，将种子盖住，做好标记，然后轻轻浇水。

后期养护

使用园艺无纺布保护幼苗抵御风和霜冻的伤害。要将它固定牢固。如果种子之间保持足够的间距，它们就不太会染病，但绿蚜虫、红蜘蛛和啮齿类动物可能会成为问题（见"病虫害及生长失调现象一览"，659~678页）。

撒播

1 用耙子小心地按照一个方向准备播种区域，形成细耕面。将种子稀疏且均匀地撒在土壤表面。

2 按照与原来角度垂直的方向轻轻耙过土壤，盖住种子，然后用安装细花洒的水壶浇透水。

条播

1 扯一条线作为引导，用锄头划出一条深约2.5厘米的沟。

2 用手将种子均匀地撒在播种沟中。

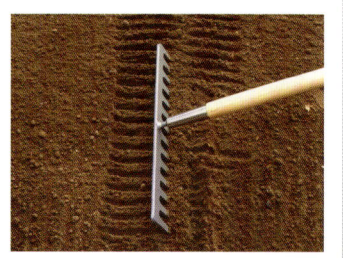

3 用耙子将土壤带回沟中，不要移动种子。为播种沟做好标签，用细花洒浇水。

别的方法
如果是包衣种子，将它们逐个播种在沟的底部。

潮湿条件
如果土壤的排水速度很慢或者非常黏重的话，在播种沟底部撒一层沙子，然后播种、盖土。

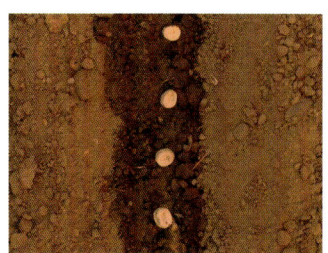

干燥条件
当土壤非常干燥时，在播种沟底部浇水，然后播种并将它们轻轻按入湿土，再用干土覆盖。

疏苗

必须对幼苗进行疏减以防止过度拥挤。逐步疏减到最终间距，为病虫害损失留出余量；每次疏苗的目标是使幼苗不接触相邻幼苗。在土壤湿润、天气温和时进行疏苗，注意尽量保留更健壮的幼苗。为了最大限度地减少对保留幼苗的扰动，应在拔除多余幼苗时用手指按住前者周围的土壤。

如果种子是现场播种的，应继续疏苗直到间距达到成熟植株的需求。疏下来的苗可以用来填补不均匀播种或萌发异常造成的稀疏区域，也可以移栽到花园里别的地方使用。

在移栽时，从疏下来的苗中选择最强壮、最健康的，然后以合适的间距将它们移栽到需要的地方。移栽后，轻轻浇水以便根系沉降。

在容器中播种

除非需要大量植株，否则在容器中播种通常是最简单的。普通的塑料播种盘能容纳两三百粒种子，即使是较大的方形花盆也能播种50粒种子（取决于种子大小）。方形花盆能够紧密地排列成行，并且能够比同样宽度的圆花盆容纳更多基质。

种子还可以播种在穴盘中，它们是由若干独立单元（穴孔）组成的，种子在穴孔中萌发长成的幼苗可以直接移栽到室外（见"穴盘"，543页）。这样会得到生长良好的高品质植物：幼苗之间没有竞争，而且可以发育出健康的根坨，移栽到最终位置时根坨也基本不会受影响。不过，它们在早期阶段确实需要比播种盘占用稍多的空间。

准备

用合适的播种基质填充花盆、播种盘或穴盘，如有必要，可将基质筛过再使用（见"标准播种基质"，543页）。沿着容器边缘轻轻地将基质压紧，然后用压板或另一个花盆的底部将基质表面大致压平，使基质表面位于容器边缘之下1厘米。

播种

播种应该稀疏地进行——种子之间保持大约0.5厘米的间距；太密集的播种会得到细弱瘦长的植株，植株易得猝倒病（见"猝倒病"，664页）。对于细小的种子以及需要光照才能萌发的种子，如某些龙胆属（*Gentiana*）植物的种子，播种时可以不盖土，或者撒一层薄薄的细筛基质、珍珠岩或蛭石，然后用压板轻轻地压实。对于芍药等植物较

播种大种子

1 将大种子和主根长而直的乔木种子按压进单个花盆中未压实的基质中。用基质覆盖。

2 在长汤姆花盆（深花盆）中播种，每棵幼苗（这里是栎属植物）的主根可以不受任何限制地发育。

使用种子种植蔷薇属植物

与栽培品种不同的是，蔷薇属物种（如玫瑰）是自交可育的，能像其他灌木那样用种子繁殖。虽然很难在市场上买到种子，但可以很容易地将它们从成熟的蔷薇果中提取出来。杂交月季的实生苗不能真实遗传，所以一般用芽接（见"嫁接和芽接"，634~635页）的方法来繁殖。

在秋季蔷薇果膨胀成熟的时候，将种子取出。干燥后，种子需要划破种皮（见"划破种皮"，602页）以促进萌发，然后将其放入冰箱层积处理后才能播种（见"低温层积"，602页）。

1 用干净锋利的小刀剖开从母株上采下的成熟蔷薇果（见内嵌插图）。用刀背将种子逐个挑出。

2 将种子放入满装潮湿泥炭替代物或泥炭的塑料袋中，室温下放置两三天。然后放入冰箱保存三四周。

3 将种子点播在沙质基质（1份沙子加1份泥炭替代物）表面。用沙砾覆盖，做好标签，放入冷床中。

4 当实生幼苗长出第一片真叶后，将其单独移栽到填充含壤土基质的直径5厘米的花盆中。

疏苗

单株幼苗
在拔出不想要的幼苗时，用手按压保留幼苗[这里是飞燕草（*Consolida ambigua*）]一侧的土壤。重新紧实并浇水。

成簇幼苗
将成簇幼苗[这里是须苞石竹（*Dianthus barbatus*）]带着根系周围的大量土壤挖出。重新紧实剩余的幼苗并浇水。

大的种子，应该覆盖一层0.5厘米厚的基质。对于穴盘，每个穴孔播种两三粒种子。

将容器放在适宜环境中（见"繁殖环境"，641~642页）。

后期养护

为容器标明种子名称和种植日期，然后用细喷头的水壶浇水，注意不要将种子冲走。如果播种的种子很细小，可以将容器立在装满水的盆或托盘中浸泡一段时间，直到其中的基质吸足水；这个方法能防止种子被冲走。

为了最大限度地减少蒸发，可以将容器放入增殖箱中（最好是加温的），或者用玻璃板或塑料袋盖住容器，并将它们放在加温垫（见"繁殖设施"，555页）、温室工作台、窗台或者冷床中，具体取决于它们的萌发需求（见"萌发"，603页）。在晴朗的天气里，用报纸或遮阴网提供一定程度的遮阴。一旦种子开始萌发，就将覆盖物撤去并减少遮阴。保持幼苗的良好光照和基质的湿润，直到幼苗可以移栽。

移栽

对于在托盘或浅盘中播种培育的幼苗，应该在它们变得过于拥挤前将它们转移到更大的容器中，否则被剥夺充足的空间或光照后，幼苗会很快变得细弱瘦长。移栽使幼苗可以长得更大、更健壮，从而能够露地移植到花园中去。

单独播种的幼苗不需要移栽，可以炼苗后直接露地移植（见"炼苗"，642页）。对于播种在一个穴孔中的两三粒种子，先进行疏苗，留下最强壮的幼苗，然后炼苗。

在新容器中填入盆栽基质并轻轻压实。直径不超过7厘米的小花盆或者穴盘适合单株幼苗，尤其是那些不耐过多根系扰动的幼苗；较大的花盆或者种植盘可种植数株幼苗。

在移栽过程中，首先将种植幼苗的容器在台面上轻轻叩击以松动基质，并将幼苗完好地从容器中取出。然后，一只手抓住幼苗的小小子叶以免擦伤茎干或生长点，另一只手用小锄子或其他工具将幼苗刨松动。小心地将每株幼苗从土壤中挖出，保留根系周围的部分播种基质，以确保幼苗重新种植后尽快恢复。

用戳孔器在基质中戳洞并在每个洞中插入一株幼苗。将所有的根都覆盖上基质，然后用手指或戳孔器轻轻地紧实每一株幼苗，再将基质压平。种满每个容器后，用带细花洒的水壶浇水，让根系周围的基质沉降。最好能用透明的塑料覆盖容器数天，让幼苗逐渐恢复，但要保证塑料不会接触幼苗的叶片，因为这会造成腐烂。然后将幼苗放回之前的生长环境中继续发育，之后再进行炼苗（见"炼苗"，642页）。

如果幼苗已经可以疏苗移植，但由于晚霜不得不推迟的话，先将它们暂时上盆在更大的容器中并施加液态肥料，确保生长过程不被打断。

在种植盘中播种

1 在播种盘中填充标准播种基质，然后用压板将基质压平至容器边沿下1厘米处。

2 用V字形纸片将种子稀疏地撒在基质表面，得到均匀覆盖的效果。

3 用一层筛过的湿润基质、珍珠岩或蛭石将种子覆盖住，覆盖厚度与它们自身厚度一致。轻柔地为种子浇水。

4 将一块玻璃或透明塑料板放在播种盘上，保证湿度的均匀。

5 如果播种盘受到阳光直射，就用网罩提供遮阴。萌发开始后立即撤去玻璃和网罩。

移栽至穴盘

1 当幼苗（这里是万寿菊属植物）长大到可以操作的时候，将种植盘在硬质表面上叩击以松动其中的基质。

2 用手拿着幼苗的子叶，小心地将它们分离开。在根系周围保留大量基质。

3 将每株幼苗移栽到穴盘单独的穴孔中。用手指或戳孔器紧实每株幼苗周围的土壤，然后浇水。

压条

压条是一种自然的繁殖方式：通过用土壤覆盖连在母株上的茎段来诱导根系产生。然后将生根茎段从母株上分离并使其继续生长。进行压条的茎段常常被切割、环刻或扭曲。这会阻止植物激素和碳水化合物的流动，可以让它们在茎段中积累从而促进根系萌发。损伤处远端的植物组织缺水，这也有利于根系形成。另一个重要刺激是隔绝茎段的光线照射：缺少光线的细胞壁会变薄，根系更容易产生。为进一步刺激根系产生，在压条处使用激素生根。

压条方法可以分为三类：一类是枝条被向下压至土壤中（简易压条、波状压条、自然压条和茎尖压条）；一类是将土壤堆积在枝条上（培土压条、开沟压条和法式压条）；还有一种则是将"土壤"带到枝条上（空中压条）。这里的"土壤"可以指任何生长基质，如泥炭替代物、沙子、锯末或泥炭藓。

简易压条

攀缘植物和一些灌木产生的长而蔓生的枝条如果不能自然生根，常常可以使用简易压条的方法繁殖它们。将枝条切伤后钉入附近的土壤中；这会促使枝条在茎节处生根，提供年幼植株。

许多在秋季至早春压条的攀缘植物在下一个秋季会长出强壮的根系，这时就可以将压条从母株上分离出去。木通属、凌霄属和葡萄属植物应该在冬末压条，因为如果它们的枝条在春季受了伤，压条就会流出树液并难以生根。

土壤的准备

如果附近的土壤比较贫瘠，在进行压条前至少一个月用叉子掺入一些有机堆肥。或者在花盆中填满盆栽基质，之后将花盆齐边埋入将要钉入压条的地方。

压条

选择长度足以在地面上伸展的健壮不开花枝条。保留选中枝条末端的叶片，清除其他叶片和所有侧枝，在茎尖后约30厘米长的部位产生一段干净的枝条。将枝条拉到地平面上，在其茎尖后22～30厘米处的土地上做标记。在标记点为枝条挖出一个浅洞或浅沟。在枝条会被钉入洞中的地方（茎尖后约30厘米处）做伤口，可以斜刻或剥去一小圈树皮。在伤口处撒上生根激素（健壮的攀缘植物不需要这样做，如紫藤），然后用U形金属丝将枝条钉入洞中，枝条尖端向上拉直生长，并固定在竖直的木棍上。回填挖出的沟并紧实土壤，将枝条尖端暴露在外。

在整个生长季保持压条周围区域的湿润。

分离生根压条

压条在秋季应该已经生根。第二年春季，确认存在发育良好的根之后，将压条从母株上分离，然后上盆或移栽在露天花园中。如果没有生根或者只有很少的根，则将压条留在原处继续生长一个生长季。在露地移栽前截短老枝，并为新植株立桩固定。如果将压条种在容器中，应将其放入冷床中越冬。在春季和夏季每隔一段时间施加叶面肥料或液态肥料。如有必要，可先上盆种植，再进行炼苗（见"炼苗"，642页）。

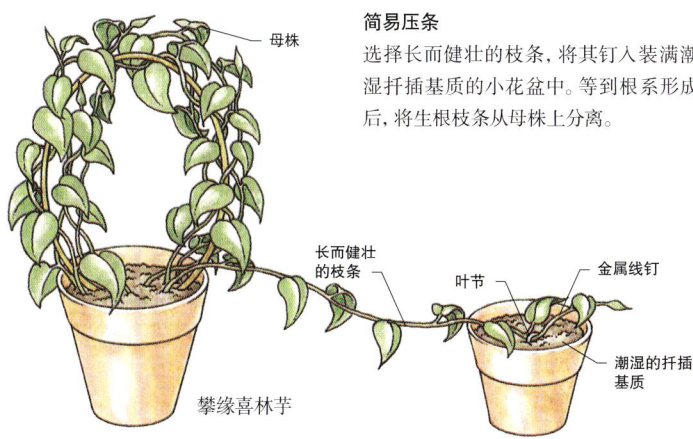

简易压条
选择长而健壮的枝条，将其钉入装满潮湿扦插基质的小花盆中。等到根系形成后，将生根枝条从母株上分离。

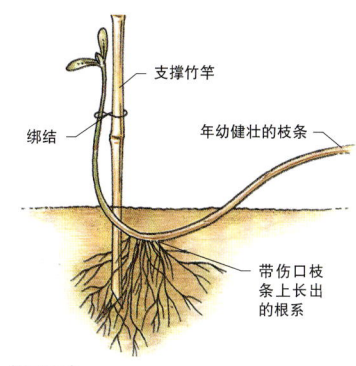

简易压条

用简易插条法繁殖

1 选择年幼的低矮枝条（这里是木通）。将叶片除去，在茎尖后得到一段光滑茎段。

2 在光滑茎段中间靠近地面一侧斜切，形成"舌片"。

3 用干净的毛刷将一些生根粉或生根液涂在切口中（见内嵌插图）；轻轻地抖掉多余的部分。

4 用金属丝将枝条牢固地钉在准备好的区域。覆盖不超过8厘米厚的土壤。

5 在接下来的秋季，从母株附近将压条分离出去。用手叉将压条挖出并截短老枝。

6 将压条种植在盛满标准盆栽基质的直径13厘米的花盆中，或者直接种植在固定地点。浇水，标记。

并在接下来的秋季露地移栽到其固定位置。

自压条攀缘植物

许多攀缘植物有能够自动生根的蔓生枝条。可以在秋季将自动生根后的枝条挖出并从母株上截去，不过若是秋季时根系不够强健，则应等到春季再动手。选择健康、根系发育良好、带有新枝的生根枝条。小心地将它挖出并截断。将生根枝条截短，只留下产生新枝和形成新芽的茎段。去掉根系附近的所有叶片。将生根茎段单独上盆，使用一半泥炭（或泥炭替代物）和一半沙子混合而成的标准扦插基质，浇透水。如果在秋季分离生根枝条并上盆，则将它们（特别是常绿种类）放在冷床中，在第二年春季露地移栽。对于其他的生根枝条，一旦长出强壮的根系和新枝即可露地移栽。

自然压条

某些植物（如草莓）会自然生长出走茎。这些走茎会在茎节处生根，形成新植株。新植株一旦完全成形，就可以将其从母株上分离并使其继续生长（见"草莓"，448页）。

波状压条

这种方法是简易压条的改进版，用于枝条柔软的植物（如铁线莲）。如果附近的土壤比较贫瘠，在进行压条前至少一个月用叉子掺入一些有机堆肥。或者在一个花盆中填满盆栽基质，齐边埋入将要钉入压条的地方。小心地将幼嫩蔓生枝条向下压弯到准备好的土壤上并剪去叶片和侧枝。在各茎节附近做出伤口，每个伤口之间至少留一个芽。施加激素生根粉，然后就像简易压条法那样将受伤部位钉在土壤中。在秋季将小植株分离，这时每个伤

适合简易压条的植物

乔木
连香树属 *Cercidiphyllum* H5
流苏树 *Chionanthus retusus* H5
榛属 *Corylus* H6-H5
珙桐属 *Davidia* H5
金钱槭属 *Dipteronia* H5
蜜藏花属 *Eucryphia* H4-H3
银钟花属 *Halesia* H6
利氏绶带木 *Hoheria lyallii* H4-H3
月桂属 *Laurus* H4-H3
滇藏木兰 *Magnolia campbellii* H4,
广玉兰 *M. grandiflora* H5, 日本厚朴 *M. obovata* H6

灌木
倒壶花属 *Andromeda* H6
桃叶珊瑚属 *Aucuba* H6-H3
茶花常山属 *Carpenteria* H4
岩须属 *Cassiope* H6
木瓜属 *Chaenomeles* H6
流苏树属 *Chionanthus* H5-H2
蜡瓣花属 *Corylopsis* H5
巴尔干瑞香 *Daphne blagayana* H6
双花木属 *Disanthus* H5
银叶胡颓子 *Elaeagnus commutata* H5
地桂属 *Epigaea* H7-H4
欧石南属 *Erica* H7-H2
北美瓶刷树属 *Fothergilla* H5
白珠树属 *Gaultheria* H6-H2
八角属 *Illicium* H5-H2
山月桂属 *Kalmia* H6-H5
月桂属 *Laurus* H4-H2
木兰属 *Magnolia* H6-H3
木樨属 *Osmanthus* H5-H2
杜鹃花属 *Rhododendron* H7-H1c
茵芋属 *Skimmia* H5
旌节花属 *Stachyurus* H5-H3
丁香属 *Syringa* H6-H5
南高丛越橘 *Vaccinium corymbosum* H6

攀缘植物
猕猴桃属 *Actinidia* H6-H3, 部分种类
木通属 *Akebia* H6-H4
清明花属 *Beaumontia* H2
白粉藤属 *Cissus* H2-H1a
攀缘商陆属 *Ercilla* H3
葎草属 *Humulus* H6-H2
智利钟花属 *Lapageria* H3
忍冬属 *Lonicera* H7-H2
飘香藤属 *Mandevilla* H2-H1b

龟背竹属 *Monstera* H1b
油麻藤属 *Mucuna* H1c-H1b
卷须菊属 *Mutisia* H4-H2
西番莲属 *Passiflora* H7-H1a
冠盖藤属 *Pileostegia* H5
肖粉凌霄属 *Podranea* H1c
钻地风属 *Schizophragma* H5-H3
茄属 *Solanum* H7-H1a
圆萼藤属 *Strongylodon* H1a
南洋凌霄属 *Tecomanthe* H1b
山牵牛属 *Thunbergia* H1c-H1a
山葡萄 *Vitis amurensis* H5, 紫葛葡萄 *V. coignetiae* H5
紫藤属 *Wisteria* H6-H5

自压条攀缘植物

智利苣苔属 *Asteranthera* H3
南蛇藤属 *Celastrus* H7-H2
薜荔 *Ficus pumila* H2
常春藤属 *Hedera* H5-H2
球兰属 *Hoya* H1c-H1a
绣球属 *Hydrangea* H6-H3
吊钟苣苔属 *Mitraria* H1
龟背竹 *Monstera deliciosa* H1b
爬山虎属 *Parthenocissus* H6-H4
杠柳属 *Periploca* H3
喜林芋属 *Philodendron* H2-H1a
藤芋属 *Scindapsus* H1a
硬骨凌霄属 *Tecoma* H1c
络石属 *Trachelospermum* H4
雷公藤属 *Tripterygium* H5
豇豆属 *Vigna* H1b

波状压条的攀缘植物

蛇葡萄属 *Ampelopsis* H6-H3
凌霄属 *Campsis* H7-H3
南蛇藤属 *Celastrus* H7-H2
铁线莲属 *Clematis* H7-H3
何首乌属 *Fallopia* H7
鹰爪枫属 *Holboellia* H5-H3
珊瑚豌豆属 *Kennedia* H2-H1c
爬山虎属 *Parthenocissus* H6-H4
吊钟苣苔属 *Sarmienta* H1c
五味子属 *Schisandra* H5-H4

注释
H = 耐寒区域，见56页地图

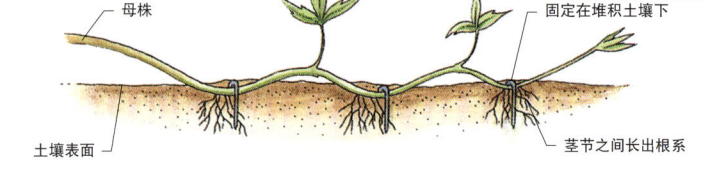

波状压条

（图示：用弯钉将铁线莲的枝条固定在堆积土壤下；母株；土壤表面；茎节之间长出根系）

自压条植物的繁殖

1. 选择已经在土地中生根的低矮枝条，用手叉将生根的部分挖出。

2. 小心地将枝条从母株（这里是一株常春藤属植物）上截去，用锋利的修枝剪在节间做出切口。

3. 将枝条剪成数段，每一段都带有健康的根系和茁壮的新枝。去除位置较低的叶片。

4. 将每段生根枝条种植在装有扦插基质的花盆中，或者直接种在其固定位置。

口处应该已经长出了根系。在重新种植和立桩前将新植株上的老枝截短。

茎尖压条

一些容易从茎尖生根的灌木，主要是悬钩子属（*Rubus*）的物种和杂种，可以用这种方法繁殖。在春季，选择健壮的一年龄枝条，掐去其生长点以促进侧枝生长。在春末，耕作枝条周围的土壤。如果土壤质地过于黏重，则混入有机质和沙砾。在仲夏，当茎尖稍微变硬之后，将枝条拉到地平面，并在地面上标记茎尖的位置。在此位置挖一条深7~10厘米的沟槽，一面侧壁垂直，另一面侧壁斜伸向母株。使用倒扣U形金属钉将正在生长的茎尖钉在靠近垂直侧壁的沟槽底部。回填沟槽，轻轻压实，浇水。到秋末时，根系发育良好的植株就会形成。将它们从母株上分离出去。将生根的压条起出后上盆或露天移栽。

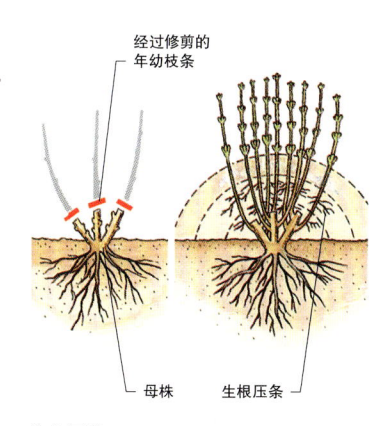

培土压条

培土压条法常用于繁殖果树砧木，但这种方法也可以用来从未嫁接植株上繁殖落叶观赏灌木，如山茱萸和丁香等。将母株修剪至地面会促进幼嫩新枝的生长。当新长出的枝条达到15厘米长时，使用富含有机质的松散土壤将这些枝条埋住，刺激它们生根。随着枝条的生长，继续添加土壤，直到每根枝条被埋约22厘米长。在干燥的天气要保持土壤湿润。在秋季，用叉子轻轻地将土堆叉走直到与地面平齐，露出已经生根的枝条，将它们剪下来并上盆或露地移栽。

直立压条

这种方法特别适合繁殖基部或中央容易木质化的灌木，如百里香属植物。在春季将排水良好的土壤堆积在植株基部，植株顶部暴露在外。这会刺激新枝发育。将土壤留在原地，直到新的根系在夏末或秋季长出。然后将生根枝条从母株上切下，按照生根插条的方式进行处理。

灌木类香草的直立压条

1 为促进生根，将7~12厘米厚的沙质壤土堆积在植物（这里是一株百里香）的根颈处，只露出植物枝条的顶部。

2 一旦被压枝条长出新的根系，就使用小刀或修枝剪将它们切下。将生根压条单独上盆或移栽室外。

坑埋压条

使用这种方法繁殖，母株几乎会被埋起来。这种方法用来繁殖低矮的灌木，如低矮的杜鹃属和石南类植物（欧石南属、大宝石南属、帚石南属），所使用的母株长势已经变得散乱。在休眠季，将拥有大量拥挤枝条的植物进行疏枝，让剩下的枝条在被埋之后能够充分接触土壤，利于生根。在生长开始前且霜冻风险结束之后，挖一个足够将植株埋起来并只露出枝条尖端的坑。如果土壤黏重，则加入沙砾和有机质。

将母株带根坨起出，尽量保持根坨的完整，并将其"丢入"准备好的坑中。整理好每根枝条旁边的土壤，使其露出地面2.5~5厘米。紧实土壤并为植物做好标记。在夏季要保持土壤的湿润，在秋季小心地清理植株周围的土壤，观察是否生根。将生根枝条从母株上分离出去，上盆或露地移栽，做好清晰的标记。如果未生根，则回填土壤并继续保持12个月。

开沟压条

开沟压条法主要用于果树砧木，尤其是那些不容易生根并且在培土时不会长出大量枝条的种类。使用这种方法，可以刺激水平茎干长出大量侧枝，而这些侧枝的基部有黑暗、潮湿的土壤，会诱导它们生根。将母株以一定角度倾斜种植，以便将枝条钉入沟中并覆盖土壤。生根枝条可以从母株上分离并形成新植株。

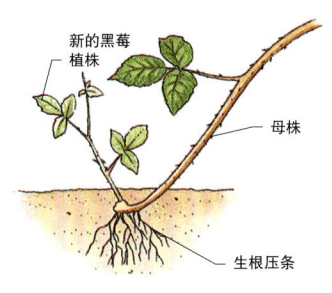

适合直立压条或培土压条的植物

灌木
- 唐棣属 *Amelanchier* H7
- 木瓜属 *Chaenomeles* H6
- 黄栌 *Cotinus coggygria* H5（及其品种）
- 亚木绣球 *Hydrangea arborescens* H6，圆锥绣球 *H. paniculata* H5
- 麦李 *Prunus glandulosa* H6
- 茶藨子属 *Ribes* H7-H3
- 柳属 *Salix* H7-H1
- 小米空木属 *Stephanandra* H5
- 丁香属 *Syringa* H6-H5

香草
- 欧亚碱蒿 *Artemisia abrotanum* H6，中亚苦蒿 *A. absinthium* H6
- 神香草 *Hyssopus officinalis* H7
- 薰衣草 *Lavandula angustifolia* H5，西班牙薰衣草 *L. stoechas* H4
- 西班牙鼠尾草 *Salvia lavandulifolia* H5，药用鼠尾草 *S. officinalis* H5，卧地迷迭香 *S. rosmarinus* Prostratus Group H4
- 圣麻 *Santolina chamaecyparissus* H5，羽裂圣麻 *S. pinnata* H5，迷迭香叶圣麻 *S. rosmarinifolia* H5
- 冬风轮草 *Satureja montana* H5
- 簇生百里香 *Thymus caespititius* H5，柠檬百里香 *T. citriodorus* H5（及其品种），百里香 *T. vulgaris* H5（及其木质化品种）

注释
H = 耐寒区域，见56页地图

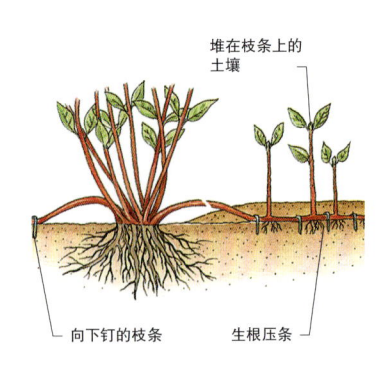

法式压条

法式压条

法式压条又称连续压条，是培土压条法的一种变型，用来繁殖落叶灌木，如梾木属植物（红瑞木、偃伏梾木）和黄栌等。在春季种植生根的压条或年幼植株，做好标记并任其生长一年。然后在休眠季将母株修剪至距地面8厘米。在第二年春季，以每平方米60~120克的用量施加均衡肥料。

在接下来的秋季，留下10根最好的枝条，剪去剩余的所有枝条；修剪剩余枝条的顶端，使它们长度一致。用金属U形钉将所有枝条围绕母株均匀散开钉在地面上。这样枝条上排列的所有芽在第二年春季就会同时萌动。当被钉在地上的枝条上抽生的新枝长到约5~8厘米长的时候，将U形钉取下，并耕作母株周围的土地，以每平方米60~120克的用量施加均衡肥料。再次将主枝均匀放倒，填入5厘米深的沟槽中。将每根枝条钉入沟槽底部并覆盖土壤，露出新枝的尖端。随着新枝的生长逐渐加高土壤，令新枝只露出5~8厘米长，直到土丘高度达到15厘米。在干旱天气对压条区域浇水。

叶落之后，小心地将新枝周围的土壤叉走，露出水平放置的枝条。将这些水平枝条从中央的母株上平齐切下。然后将枝条切成成段的生根新枝。将这些新枝上盆或露地移栽在花园中，并做好标记。同一个母株还可以再次使用。

空中压条

空中压条，又称中国式压条，可以使用在乔木、灌木、攀缘植物和室内观赏植物（如杜鹃类、玉兰类和印度橡胶树等）上。空中压条的原理与简易压条相同，但被压枝条是在地面上方而不是在土地中生根的。

在春季，选择一根去年已经成熟的强壮枝条，并除去茎尖下方30~45厘米的所有叶片。在枝条顶端向下22~30厘米处切出一小段5厘米长的舌片，或者在此处环剥6~8毫米宽的树皮；无论采用哪种方法，都在伤口上涂抹生根激素。在被割伤的枝条上包裹潮湿的生根基质并密封。为做到这一点，首先将一个塑料袋的底部切下，将其套在纸条上并包住伤口，然后用绳子将底端系上。将透气性良好的生根基质（如泥炭藓或者泥炭替代物与珍珠岩的等比例混合物）弄湿，将基质塞在舌片下面；加入更多基质包裹住枝条茎干，然后将顶端系上密封。

如果压条在第二年春季生根，将枝条从母株上分离，去除包裹物，上盆移栽；如果仍未生根，应该再保留一年。

适合空中压条的植物

乔木
榕属 Ficus H4-H1a
广玉兰 Magnolia grandiflora H5,
'星球大战' 木兰 M. 'Star Wars' H5

灌木
柑橘属 Citrus H7-H2
金缕梅属 Hamamelis H6-H5
宽叶山月桂 Kalmia latifolia H6
杜鹃花属 Rhododendron H7-H1c
丁香属 Syringa H6-H5

注释
H = 耐寒区域，见56页地图

空中压条法繁殖灌木

1 选择上一生长季长出的健康、水平枝条。剪去所有叶片和侧枝，得到一段长22~30厘米的光滑茎段。

2 用两端开口的塑料袋套住枝条；然后用胶带将其底部一端密封在茎段上。

3 向后折叠塑料袋。在枝条上顺着生长方向超植株外侧做一个4厘米长的斜切口，切入茎段约5毫米厚。涂抹生根激素。

4 将两把泥炭藓浸入水中，然后轻轻将水挤出。用刀背将浸湿的泥炭藓塞入枝条的切口中。

5 将塑料袋拉回来，盖住伤口。小心地在塑料袋中塞满潮湿的泥炭藓，将茎段全部包裹住。

6 继续塞入泥炭藓，直到泥炭藓距塑料袋开口5厘米。用胶带将开口密封起来。

7 密封的塑料袋能保持水分，促进生根。将其保留至少一个生长季，让新生根系充分发育。

8 压条生根之后，将塑料袋除去，并从根系底端将压条切下。上盆或将新灌木（这里是一株杜鹃花属植物）移栽室外。

扦插

扦插繁殖是最常用的营养繁殖手段。插条主要有三种类型：茎插条、叶插条和根插条。茎插条直接从茎上或者从茎基部形成的薄壁愈伤组织上生根。这些根被称作不定根，意味着它们是后天人为产生的。某些较大的叶片也可以作为扦插材料，并从叶脉附近生根。健壮的年幼根也可以用来扦插——使用根插条繁殖是一种简便经济的方法，但它常常被大多数园艺师忽视。适宜物种会在根插条上同时长出不定芽和不定根。

根系如何形成

不定根一般从形成层的年幼细胞发育而来，形成层是一层参与茎增粗的细胞。它们一般位于运输养分和水的组织附近，便于在发育时得到滋养。

名为生长素的植物天然激素有助于不定根的生长，它通常会在插条基部积累。可以用人工合成生长素来补充天然生长素，这些人工激素既有粉剂也有溶液形式的。当施加在插条基部时，它们可以促进生根，推荐用于非常容易生根的植物之外的所有其他植物种类。不过，激素的用量应该很小，因为过多使用会导致幼嫩组织受损。

茎插条

茎插条常常根据组织的成熟程度分为嫩枝插条、绿枝插条、半硬枝插条和硬枝插条（或称熟枝插条）。虽然这样的区分很有用，但并不精确，因为植物组织在整个生长季是连续发育的。

对于某特定物种，并没有在生长季中的什么时候采取插条的硬性规则，所以如果春季采收的插条未能生根，可在该生长季继续采取插条，并根据枝条的相对成熟程度进行相应的处理。

生根有困难的植物最好较早繁殖，让新植株在冬季来临之前充分成熟。由于生根激素的作用会被启动开花的激素抵消，所以尽可能使用没有花芽的枝条；如果不得不使用带花芽的枝条，应将花芽去掉。

准备茎插条

在将茎插条从母株上采下后，茎插条通常被修剪至某茎节（叶与茎的连接处）下端——茎节插条（nodal cuttings），此处的形成层（使枝条增粗的细胞层）最活跃。许多容易生根的插条（如柳属植物的），在茎节处有已经形成的根，当枝条从母株上分离下来后，这些根就会开始发育。不过，对于叶片在枝条上生长浓密的植物，以及缠绕植物、蔓生植物和匍匐植物（如常春藤和铁线莲），最好在茎节中间修剪，形成节间插条（internodal cuttings）。

插条长度取决于物种，但一般为5~12厘米，或拥有5~6个节。将位置较低的叶片去除，得到一段便于插入生长基质的光滑茎干。

为帮助插条生根，半硬枝插条和硬枝插条常常进行"割伤"处理，在距插条基部2.5厘米的部位去除一小片树皮。这会暴露更多形成层，刺激根系形成。某些插条特别是半硬枝插条，在采收时可以将侧枝从主枝上拽下来，得到基部连接一段树皮的带茬插条（见"带茬插条"，右）。"茬"能够为插条提供额外的保护直到生根，虽然这种现象尚未有科学的解释。

除了包含上一生长季积累养料的无叶片硬枝插条，所有插条都需要叶片的光合作用来提供养分，才能长出根系和新的枝叶。不过，活跃的叶片会通过气孔损失水分，而水分不能很轻松地补充，过多的水分损失会导致扦插失败。为在光合作用和减少水分损失之间达成平衡，只保留4片成熟叶片和所有未成熟的幼嫩叶片。如果留下的叶片较大的话，可将每片叶子剪短一半，以最大限度地减少水分损失。

嫩枝插条

它们在春季采收，一般使用母株枝条的尖端（茎尖插条），不过草

未准备的插条

为扦插做好准备的插条

准备插条
为减少水分损失对带叶插条（这里是杜鹃花属植物）造成的胁迫，应去除部分叶片，将剩余叶片剪短。

树皮

绿色的髓质中心

刻伤茎基部暴露出的形成层

刻伤
使用非常锋利、干净的小刀在葡萄等植物的半硬枝或硬枝插条基部做一个向上倾斜的浅伤口。

锋利干净的刀锋有助于降低插条感染病害的概率

茎节

茎节插条
大多数插条（这里是圆锥绣球）在茎节处生根情况最好，所以应该剪至某茎节下端。

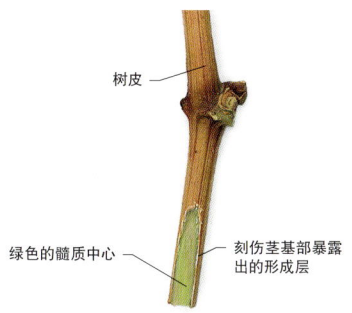

节间插条
节间插条（这里是绣球藤）能够经济地得到最多的繁殖材料。

带茬插条

带茬插条可以从绿枝、半硬枝或硬枝枝条上采取，是茁壮的当季生枝条。每根带茬插条的基部带有木质的"茬"，这个部位集中了有助生根的植物激素。

带茬插条特别适合一系列常绿灌木（如马醉木属和部分杜鹃花属植物）、茎具髓或中空的落叶灌木（如小檗属和接骨木属植物），以及拥有绿枝枝条的灌木（如金雀花类植物）。

选取和母株性状一致的健康侧枝用作插条。将侧枝从主枝上扯下来，这会带下来一小段主枝上的树皮。不要从主枝上撕下太多树皮，这会造成感染。用利刃将"茬"修齐，然后根据枝条的成熟程度，按照绿枝插条、半硬枝插条或硬枝插条（见614~617页）的扦插方法进行处理。

1 将当季的健康侧枝[这里是'展枝'桂樱（Prunus laurocerasus 'Schipkaensis'）]从主枝上带茬扯下。

2 使用锋利的刀子将"茬"基部的"尾巴"切去，然后插入扦插基质中。

本植物也可以使用年幼的基部枝条（基部插条）。由于年幼材料最容易生根，因此对于难以繁殖的物种，使用嫩枝插条扦插的成功概率最大，尤其是落叶灌木（如倒挂金钟属和分药花属植物）、难以成功分株的草本植物，以及一些乔木和攀缘植物。嫩枝插条需要适宜的生长环境，因为它们损失水分的速度很快，很容易萎蔫（见"繁殖环境"，641~642页）。

茎尖插条

在春季从快速生长的茎尖上采取约6~8厘米长的茎尖插条。在早晨采取插条，选择生长健壮、没有花芽的茎尖，不要选择细弱、瘦长或受损的茎尖。对于大多数植物，使用修枝剪或锋利的小刀采取插条，并在茎节上端将茎尖切下。将插条底部三分之一的叶片剪去，然后将插条修剪至某茎节下端或剪至5厘米长。柔软的尖端通常被掐掉，因为它容易腐烂；除去这样的尖端还能促进插条在生根后长成茂盛的植株。

如果采下插条后需要等待一段时间才能扦插，则应将它们放进密封塑料袋中以防止脱水。将所有插条的基部蘸取生根激素，然后将插条插入装满了合适扦插基质（等比例的泥炭混合物与蛭石或尖砂的混合物）的花盆或种植盘中，并用手指压紧。为插条之间留下足够空间，使它们的叶子不会互相接触，空气能够自由流通。这样做能阻止病害传播。

后期养护

用带细花洒的洒水壶为插条浇水，并用杀真菌剂处理防止感染和腐烂。插条必须维持在高湿度水平，否则它们会发生枯萎，所以如果可能的话，将它们放置在喷雾单元或增殖箱中（见"繁殖设施"，555页）。或者用塑料袋将插条罩住；这需要用棍子或线圈支撑，防止塑料接触叶片造成水滴凝结从而引起真菌感染。

当天气炎热时，用报纸、遮阴网或其他半透明材料为插条提供遮阴，防止叶片被日光灼伤。遮阴应尽快撤除，以保证插条得到充足光照。

每天检查扦插苗，清理所有落叶和死亡叶片，以及所有感染的枝叶。必要时为基质浇水，保持湿润但不能过于潮湿。在两三周后，插条应该已经生根，可以独自种植在花盆中。在这个阶段仍未长出根系的健康插条应该重新扦插并养护，直到它们生根。

基生茎插条

这种类型的扦插方法适用于在春季从基部长出成簇新枝的高山植

嫩枝插条
嫩枝插条的柔软绿色茎干（这里是大叶绣球）通常会随着成熟并长出根系而变成棕色。

使用茎尖插条繁殖的宿根植物

灰毛菊属 *Arctotis* H2-H1c
木茼蒿属 *Argyranthemum* H3-H2
全缘叶蒲包花 *Calceolaria integrifolia* H2
萼距花属 *Cuphea* H2-H1c
石竹属 *Dianthus* H7-H2
双距花属 *Diascia* H4-H3
糖芥属 *Erysimum* H7-H3
蓝菊属 *Felicia* H4-H2
红花半边莲 *Lobelia cardinalis* H3
线裂叶百脉根 *Lotus berthelotii* H2
大果月见草 *Oenothera macrocarpa* H5
骨籽菊属 *Osteospermum* H4-H2
纽西兰灵仙属 *Parahebe* H4-H3
钓钟柳属 *Penstemon* H7-H3
鼠尾草属 *Salvia* H7-H1b
水玄参 *Scrophularia auriculata* H5
球葵属 *Sphaeralcea* H5-H3
紫露草属 *Tradescantia* H7-H1b
红车轴草 *Trifolium pratense* H7
马鞭草属 *Verbena* H7-H2
堇菜属 *Viola* H7-H2
灰叶朱巧花 *Zauschneria californica* H4

使用基部插条繁殖的宿根植物

春黄菊 *Anthemis tinctoria* H6
紫菀属 *Aster* H7-H2
菊属 *Chrysanthemum* H5-H1c
翠雀属 *Delphinium* H6-H5
八宝属 *Hylotelephium* H7-H1b
羽扇豆属 *Lupinus* H7-H2
美国薄荷属 *Monarda* H5-H4
锥花福禄考 *Phlox paniculata* H7（仅斑叶品种）
假龙头花属 *Physostegia* H7-H3
联毛紫菀属 *Symphyotrichum* H7-H2

注释
H = 耐寒区域，见56页地图

使用嫩枝插条繁殖

1 在春季，将年幼的不开花枝条（这里是一株绣球属植物）带3~5对叶片切下。将它们密封在不透明的塑料袋中并保持阴凉，直到可以进行处理。

2 将每根插条截短至8~10厘米长，在茎节正下端做一直切口（见内嵌插图）。剪去下端的叶片，掐掉生长的茎尖。

3 将插条插入准备好扦插基质的花盆中，保证叶片不会互相接触。

4 为插条浇水，然后做好标签并放入增殖箱中。将温度保持在18~21℃。

5 插条生根之后，进行炼苗，然后将它们从花盆中起出并小心地分开。

6 将分开的插条移栽进独立的花盆。浇水，标记，将插条放置在阴凉区域，直到其完全恢复。

保护性的环境

带叶插条在潮湿环境中生长得最好，如用塑料袋密封的容器中；不要让塑料袋接触叶片。

物和草本宿根植物，如羽扇豆、翠雀、福禄考和鼠尾草。如果需要的话，可将待繁殖的植株挖出并种在温暖温室中的花盆或种植盘中，促进基部枝条提前生长。插条就可以早一些扦插生根，扦插苗也能提前生长成形。插条长成的植株就可以替代花园中被挖走的母株。

选择第一次展叶的强健枝条并用锋利的小刀将它们尽可能靠近基部切下；插条基部可以包括部分木质化组织。不要使用中空或受损的枝条。将插条底部的叶片去除，然后像对待茎尖插条一样处理（见"茎尖插条"，612页）。插条一般会在一个月内生根，然后可以单独上盆到装满等比例壤土、沙子及泥炭替代物的花盆中。

预生根插条

这些插条是已经生根的侧枝。百里香和其他匍匐岩生植物会产生这种类型的插条。这种繁殖技术对于根株木质化、难以分株的植物，或者那些自然产生吸芽或走茎的植物特别有用。

在采取插条之前，将母株基部的表层土清理干净。使用锋利的小刀将生根插条从植株上切下，并使用等比例混合的多用途无泥炭盆栽基质和沙砾上盆，然后按照后期养护的建议照料（见"后期养护"，612页）。或者将它们露地种植在花园中的凉爽背风处直到成形。

嫩枝插条的水中生根

嫩枝插条最简单的生根方法是将它们插在明亮温暖处玻璃杯或玻璃罐中的水里。按照普通嫩枝插条的方式准备每根插条，一定要将位置较低的叶片除干净。用放置在玻璃容器瓶口上的网来支撑插条，使茎悬浮在水中。当插条的根系长出，并且出现新枝叶生长的迹象时，为插条上盆。用排水材料和2.5厘米厚的基质准备花盆。将每根插条放入花盆中并伸展根系，然后填充基质直到根系被覆盖。最后紧实基质并为插条浇透水。

绿枝插条

几乎所有能用嫩枝插条繁殖的

用基生茎插条繁殖宿根植物

1. 当枝条长到7~10厘米（这里是一株菊花）高时采取插条，在枝条与木质化部分相连接的地方将其切下。

2. 去除插条基部的叶片。在某茎节下端做一个直切口，将插条截短至5厘米长。

3. 将插条基部蘸取生根激素，然后插入装满湿润盆栽基质的花盆中。将花盆放入增殖箱或塑料袋中。

4. 当插条生根后，将它们分离，尽可能多地保留根系周围的基质。单独上盆。

采取预生根插条

1. 将靠近植株（这里是婆婆纳属植物）基部的生根枝条挖出，并用锋利的小刀将它们切断。剪去侧枝和散乱的根（见内嵌插图）。

2. 单独为插条上盆。在花盆中放入少量沙质基质，插入插条，然后加入更多基质。轻轻压实，浇水，进行表层覆盖。

在水中用嫩枝插条繁殖

1. 使用锋利干净的小刀，从健康茁壮的植物（这里是一株五彩苏属植物）上切下10~15厘米长的健康短节间插条。从茎节上端小心地将每根插条切下。

2. 将每根插条修剪至茎节下端并去除底部叶片，在基部得到一段干净的茎（见内嵌插图）。

3. 将插条插入放置在玻璃瓶口处的金属网中，玻璃瓶内装水。确保茎进入水中。

4. 经常加水，使每根插条的基部一直处于水面之下。插条应该会发育出根系。

5. 当插条长出足够的根时，小心地将每根插条种在装满沙质盆栽基质的直径7厘米的花盆中。

使用嫩枝插条繁殖水生植物

大部分沉水产氧植物可以使用春季或夏季采取的嫩枝插条轻松地繁殖；采取插条也有助于控制植物的长势。生长迅速的产氧植物，如伊乐藻（*Elodea canadensis*）和菹草（*Potamogeton crispus*），应该定期使用年幼扦插苗更换。

将健康幼嫩的枝条掐下或剪下作为插条使用，将它们插入装有壤土的花盆或种植盘中，然后沉入水中。插条应该单独扦插，或者6个一束捆成小捆。对于某些匍匐水边植物的插条，如水薄荷（*Mentha aquatica*）和勿忘草（*Myosotis scorpioides*）的插条，应该单独扦插而不能成束扦插。插条成形的速度很快，可以在两三周后上盆并种植在预定位置。

某些块茎类睡莲会在根部产生侧枝——又称芽（buds）或眼（eyes），可以切下来并用其繁殖出新的植株（根状茎类睡莲最好用分株的方法繁殖，见"水生植物的分株"，631页）。将这些芽从根上切下，并撒上木炭或硫黄粉。将每根插条按压入准备好的基质中，用沙砾进行表面覆盖并沉入水中；将花盆放入15～18℃的温室或冷床中。随着植株的生长，为它们换盆并逐渐增加水深，直到它们准备好在第二年春季被种植到水池中。

扦插繁殖的水生植物

假马齿苋 *Bacopa monnieri* H3-H1c
线叶水马齿 *Callitriche hermaphroditica* H7
金鱼藻 *Ceratophyllum demersum* H4
沼泽珍珠菜 *Decodon verticillatus* H3
水蕴草 *Egeria densa* H2
小花水金英 *Hydrocleys parviflora* H3
多籽水蓑衣 *Hygrophila polysperma* H1a
异叶石龙尾 *Limnophila heterophylla* H1a
小红莓 *Ludwigia arcuata* H1a
菹草 *Potamogeton crispus* H7
四角菱 *Trapa natans* H2

注释
H = 耐寒区域，见56页地图

灌木也能用绿枝插条繁殖。在初夏至仲夏生长速度开始变慢时，从更成熟一些的枝条上采取绿枝插条。它们的生根容易程度稍逊，但比嫩枝插条更容易存活，不过它们仍然需要提供适宜的生长条件才能良好发育。

在春末或夏初枝条结实且基部稍微木质化的时候从健壮的枝条上采取绿枝插条，可以是茎节插条，也可以是带茬插条（见"准备茎插条"，611页）。

如果插条长度超过8~10厘米，则将其柔软的末梢掐去，并剪掉基部的树叶。对于茎节插条，在茎节正下方用利刃做出直切口。对于带

使用嫩枝插条繁殖的植物

乔木
青皮槭 *Acer cappadocicum* H6
桦木属 *Betula* H7-H6
梓属 *Catalpa* H6-H5
北美朴 *Celtis occidentalis* H6
黄栌 *Cotinus coggygria* H5
光亮蜜藏花 *Eucryphia lucida* H4
银杏 *Ginkgo biloba* H6
银钟花属 *Halesia* H6
栾树属 *Koelreuteria paniculata* H5
紫薇属 *Lagerstroemia* H3-H2
胶皮枫香树 *Liquidambar styraciflua* H6
水杉 *Metasequoia glyptostroboides* H7
黄连木属 *Pistacia* H3-H2
李属 *Prunus* H6-H3
榆属 *Ulmus* H7-H3

灌木
六道木属 *Abelia* H6-H3 Gw
苘麻属 *Abutilon* H4-H1b Gw
橙香木属 *Aloysia* H4-H2
帚石南属 *Calluna* H7 Gw
莸属 *Caryopteris* H6-H3 Gw
美洲茶属 *Ceanothus* H7-H4（落叶种）
蓝雪花属 *Ceratostigma* H4-H2
夜香树属 *Cestrum* H3-H1b
栒子属 *Cotoneaster* H7-H5 Gw（落叶种）
金雀儿属 *Cytisus* H5-H4 Gw
大宝石南属 *Daboecia* H5-H2 Gw
伯氏瑞香 *Daphne x burkwoodii* H4 Gw
溲疏属 *Deutzia* H5-H3 Gw（部分物种）
吊钟花属 *Enkianthus* H5 Gw
欧石南属 *Erica* H7-H2 Gw
连翘属 *Forsythia* H5 Gw
倒挂金钟属 *Fuchsia* H5-H1c Gw
小金雀属 *Genista* H6-H1c Gw
银钟花属 *Halesia* H6 Gw
绣球属 *Hydrangea* H6-H3
猬实属 *Kolkwitzia* H6 Gw
紫薇属 *Lagerstroemia* H3-H2
马缨丹属 *Lantana* H1c-H1b
花葵属 *Lavatera* H5-H3
分药花属 *Perovskia* H5 Gw

山梅花属 *Philadelphus* H6-H3 Gw
委陵菜属 *Potentilla* H7-H5 Gw
荚蒾属 *Viburnum* H7-H3 ☺（落叶物种）
锦带花属 *Weigela* H6 Gw（部分物种）

攀缘植物
黄蝉属 *Allamanda* H1b
黄葳属 *Anemopaegma* H1b
心叶落葵薯 *Anredera cordifolia* H2
腋花金鱼草属 *Asarina* H4
吊钟藤属 *Bignonia* H3-H2
吊灯花属 *Ceropegia* H1c-H1b
铁线莲属 *Clematis* H7-H3
大青属 *Clerodendrum* H5-H3
蝶豆属 *Clitoria* H1a
党参属 *Codonopsis* H5-H3
旋花属 *Convolvulus* H7-H3
红钟藤属 *Distictis* H3
常春藤属 *Hedera* H5-H2
束蕊花属 *Hibbertia* H2-H1a
绣球属 *Hydrangea* H6-H3
番薯属 *Ipomoea* H1c-H1b
忍冬属 *Lonicera* H7-H2
蔓炎花属 *Manettia* H1c
假泽兰属 *Mikania* H3-H1c
爬山虎属 *Parthenocissus* H6-H4
杠柳属 *Periploca* H3
五味子属 *Schisandra* H5-H4
钻地风属 *Schizophragma* H5-H3
千里光属 *Senecio* H7-H1b
茄属 *Solanum* H7-H1a
蓝钟藤属 *Sollya* H7-H1a
扭管花属 *Streptosolen* H1c
赤瓟属 *Thladiantha* H6-H2
山牵牛属 *Thunbergia* H1c-H1a
旱金莲属 *Tropaeolum* H5-H1c
紫藤属 *Wisteria* H6-H5

岩生植物
沙参属 *Adenophora* H5-H3
春黄菊属 *Anthemis* H6-H3
牧根草属 *Asyneuma* H5
南庭芥属 *Aubrieta* H6（物种和品种）

风铃草属 *Campanula* H7-H2（物种和品种）
岩须属 *Cassiope* H6
希腊瑞香 *Daphne jasminea* H4
石竹属 *Dianthus* H7-H2
垫报春属 *Dionysia* H4-H3
葶苈属 *Draba* H7-H5
匙叶埃毛蓼 *Eriogonum ovalifolium* H5
绵叶菊 *Eriophyllum lanatum* H4
藓状石头花 *Gypsophila aretioides* H7,
    匍匐丝石竹 *G. repens* H5
钓钟柳属 *Penstemon* H7-H3
福禄考属 *Phlox* H7-H3（物种和品种）
远志属 *Polygala* H7-H1b
报春花属 *Primula* H7-H2（高山物种）
无茎蝇子草 *Silene acaulis* H6
堇菜属 *Viola* H7-H2（物种和品种）

室内植物
苘麻属 *Abutilon* H4-H1b
铁苋菜属 *Acalypha* H1c-H1b
口红花属 *Aeschynanthus* H1c-H1a
叶子花属 *Bougainvillea* H2-H1c
疏花鸳鸯茉莉 *Brunfelsia pauciflora* H1c ☺
锦竹草属 *Callisia* H1c-H1b
长春花属 *Catharanthus* H1c
白粉藤属 *Cissus* H2-H1a
变叶木属 *Codiaeum* H1c-H1b ☺
金鱼花属 *Columnea* H1b-H1a ☺
青锁龙属 *Crassula* H3-H2 ☺
十字爵床属 *Crossandra* H1a
楼梯草属 *Elatostema* H1b
昙花属 *Epiphyllum* H1c-H1b
麒麟叶属 *Epipremnum* H1b-H1a
一品红 *Euphorbia pulcherrima* H1b
垂叶榕 *Ficus benjamina* H1c
网纹草属 *Fittonia* H1a
栀子花属 *Gardenia* H3-H1c ☺
土三七属 *Gynura* H1b ☺
星孔雀 *Hatiora gaertneri* H1b,
    落花之舞 *H. rosea* H1b
木槿属 *Hibiscus* H5-H1b
球兰属 *Hoya* H1c-H1a
匍匐凤仙 *Impatiens repens* H1b

血苋属 *Iresine* H3-H1b ☺
红龙船花 *Ixora coccinea* H1a ☺
云南素馨 *Jasminum mesnyi* H3
爵床属 *Justicia* H1c
伽蓝菜属 *Kalanchoe* H1b
艳花飘香藤 *Mandevilla splendens* H1c ☺
红珊瑚属 *Pachystachys* H1b
西番莲属 *Passiflora* H7-H1a
天竺葵属 *Pelargonium* H1c-H1b
五星花 *Pentas lanceolata* H1c
豆瓣绿属 *Peperomia* H1b ☺
冷水花属 *Pilea* H1c-H1a ☺
蓝雪花 *Plumbago auriculata* H2
福禄桐属 *Polyscias* H1a ☺
仙人棒属 *Rhipsalis* H1b
好望角叶藤 *Rhoicissus tomentosa* H1c
芦莉草属 *Ruellia* H4-H1b
蟹爪兰属 *Schlumbergera* H1b
五彩苏属 *Solenostemon* H1c ☺
蜂斗草属 *Sonerila* H1a ☺
垂蕾树属 *Sparrmannia* H1c
黑鳗藤属 *Stephanotis* H1a ☺
扭管花属 *Streptosolen* H1c
合果芋属 *Syngonium* H3-H1a ☺
丽蓝木属 *Tibouchina* H2-H1c ☺
紫露草属 *Tradescantia* H7-H1b

使用绿枝插条繁殖的岩生植物

簇生牛舌草 *Anchusa cespitosa* H4
南庭芥属 *Aubrieta* H6（物种和品种）
金庭芥属 *Aurinia* H5
岩须属 *Cassiope* H6
牻牛儿苗属 *Erodium* H5-H2
老鹳草属 *Geranium* H7-H2

注释
Gw　还适合用绿枝插条繁殖
☺　需要高湿度
H = 耐寒区域，见56页地图

茬插条,将其基部修剪整齐。将插条蘸取生根激素,并插入基质中。为插条浇水,然后将它们放置在喷雾单元或增殖箱中(见"繁殖设施",555页)。每天清理落叶,每周喷洒一次杀真菌剂。

生根之后,对插条进行炼苗并移栽,或者将它们保留在原来的容器中生长(见"繁殖植株的种植",640;"繁殖环境",641~642页)。如果保留在原来的容器中,应该在生长季定期施肥,并在第二年春季移栽。

半硬枝插条

夏末至秋季,从将近成熟的枝条上采取半硬枝插条,它们不容易萎蔫,因为茎组织更结实且已经木质化。许多松柏类乔木,以及常绿灌木、树篱植物、地中海亚灌木(如薰衣草和迷迭香),还有某些阔叶常绿乔木[如广玉兰和葡萄牙桂樱(*Prunus lusitanica*)等]很容易用半硬枝插条进行繁殖。长踵插条(见"长踵插条",616页)和叶芽插条(见"叶芽插条",617页)是半硬枝插条技术的变种,用于繁殖某些灌木(如十大功劳)。

采取绿枝插条
在晚春生长速度慢下来而且新枝更强韧的时候选取并处理绿枝插条(这里是山梅花属植物)。

准备基本插条

在从母株上采取扦插材料之前,在大小合适的容器或增殖箱(见"繁殖设施",555页)中填入适宜的生根基质;可使用碎松树皮,或者是泥炭替代物与沙砾或珍珠岩的等比例混合物。

选取基部已经木质化但尖端仍然柔软的当季坚韧枝条。和嫩枝插条不同的是,它们在被弯曲的时候会有一定阻力。半硬枝插条可以是带茬插条,也可以是茎节插条(见"准备茎插条",611页)。带茬插条应该有5~7厘米长,从茬部采取;茎节插条应该为10~15厘米长,来自领导枝或侧枝,并用锋利的刀刃或修枝剪从茎节下端切取。将柔软的茎尖末梢从带茬插条和茎节插条上除去。无论是哪种插条,都要将其下端的树叶除去,对于树叶较大的植物,还要将剩余树叶的大小缩减一半,以最大限度地减少水分损失。

可以在插条基部的一侧划出一道浅伤口;对于难以生根的植物,如绢毛瑞香(*Daphne sericea*),这个切口应该更深一些,并将一小片树皮剥去(见"刻伤",611页。)。

上盆

将包括整个伤口的插条基部蘸取生根激素,然后使用戳孔器将它们插入增殖箱或容器内准备好的基质中。

令插条之间的间隔保持在8~10厘米,并确保它们的叶子不会互相重叠,这会让水分聚集,真菌容易在此繁殖。将插条周围的基质弄紧实。给每个容器做好标记,然后浇水。将扦插在容器中的插条放置在冷床或温室中越冬。直接在增殖箱中扦插的插条应该用底部加温以

使用半硬枝插条繁殖

1 在仲夏至夏末,为插条选取当季的健康枝条。从茎节上端将它们从母株上分离下来(这里是'金国王'阿耳塔拉冬青)。它们应该是半成熟的:茎尖仍然柔软,但基部已经很坚韧了。

2 将侧枝从主枝上切下来。每根侧枝的切取长度为10~15厘米,从茎节下端切取。

3 将每根插条的柔软茎尖掐掉,然后除去最底部的一对叶,切口与枝条平齐。

4 在插条上做出伤口,促进生根:从插条基部一侧小心地切掉一块长约2.5~4厘米的树皮。

5 将每根插条的基部蘸取生根激素,然后将插条插入位于增殖箱或冷床中花盆内的扦插基质中。

6 生根之后,小心地将插条起出,并单独种植。在将它们移栽到花盆中或室外时,要先逐渐进行炼苗。

好样品
忍冬属攀缘植物
- 被剪短的"茬"
- 半成熟枝条
- 剪至茎节下端

坏样品
有些插条在采下时基部有一小茬树皮(见内嵌图),使用前应截短这个"茬"。
- 太成熟的枝条
- 柔软细弱的枝条

保持在21℃的温度。

后期养护

在冬季定期检查插条，迅速清理出现的落叶。一旦基质出现干燥的迹象就要浇水。如果插条在冷床中越冬，它们可能需要某种形式的隔离，如在冷床上覆盖麻布或一张旧毯子，保护插条免遭霜冻侵害。

在冷床或不加温温室中越冬的插条几乎肯定需要在容器中再生长一段时间才能发育出完好的根系。保持冷床的封闭，除非在天气非常温和的时候。冷床和温室的玻璃应该保持干净并且不能有水汽凝结，因为其内部的高湿度会为真菌感染提供适宜的条件。在晚春或初夏，逐渐延长打开遮盖的时间，对插条进行炼苗。有必要的话，使用适宜的遮阴材料覆盖在玻璃上，抵御强烈的阳光直射。

在整个生长季，每两周对所有半硬枝插条施加一次液态肥料，并清理掉所有孱弱或有病害迹象的插条。

移栽

在增殖箱中越冬的插条应该在早春就已经生根，因为其底部的加热能够促进根系的发育。在对插条进行移栽之前检查根系是否足够强壮。将它们从容器中起出，小心地分开每一株插条，然后植入独立花盆，或者露地种植并做好标记。如果有些插条没有生根，但是形成了愈伤组织，可将部分愈伤组织刮去以刺激生根，并将插条重新插入生根基质中。

在冷床中生长的插条如果发育良好的话，可以在秋季移栽到外面，或者种在避风位置或仍留在冷床中直到下一年春季。到时候再将它们独立上盆或者移栽到室外。

长踵插条

长踵插条是从半成熟枝条上取下的，是由当季的枝条连接在一小段上一生长季的老枝上形成的，其基部呈木槌形的栓状结构。长踵插条常常用来繁殖茎有髓或中空的灌木，因为导致腐烂的真菌不容易感染老枝。它特别适合用于许多绣线菊属和落叶小檗属物种，这些物种会在主枝两侧长出许多短分枝。

在夏末，将上一生长季长出的枝条从母株上取下，并截成数段，每一

使用半硬枝插条繁殖的植物

乔木
智利雪松属 Austrocedrus H6, Cwh
肖楠属 Calocedrus H7-H4 Cwh
扁柏属 Chamaecyparis H7-H6 Cwh
樟属 Cinnamomum H1b Cwh
柏木属 Cupressus H6-H2 Cwh
杂扁柏属 x Cuprocyparis H6 Cwh
林仙 Drimys winteri H4
蜜藏花属 Eucryphia H4-H3
银桦属 Grevillea H4-H2
授带木属 Hoheria H4-H3
冬青属 Ilex H7-H2
刺柏属 Juniperus H7-H3 Cwh
女贞 Ligustrum lucidum H5
广玉兰 Magnolia grandiflora H5 Cwh
毛背铁心木 Metrosideros excelsa H3,
　铁心木 M. robusta H3,
　卡拉塔树 M. umbellata H4
含笑属 Michelia H4-H1c Cwh
榆叶南水青冈 Nothofagus dombeyi H5
罗汉松属 Podocarpus H6-H4 Cwh
葡萄牙桂樱 Prunus lusitanica H5
冬青栎 Quercus ilex H4 Cwh,
　小叶青冈 Q. myrsinifoliae H5
鹅掌柴属 Schefflera H4-H1b
红豆杉属 Taxus H7
崖柏属 Thuja H7-H6 Cwh
罗汉柏属 Thujopsis H6 Cwh
昆栏树 Trochodendron aralioides H3 Cwh
铁杉属 Tsuga H7-H6 Cwh

灌木
倒壶花属 Andromeda H6
熊果属 Arctostaphylos H7-H2
桃叶珊瑚属 Aucuba H6-H3 Cwh
金柞属 Azara H4-H3 Cwh
小檗属 Berberis H7-H3 Cwh
香波龙属 Boronia H3-H2 Cwh
长春菊属 Brachyglottis H4-H2
柴胡属 Bupleurum H4-H1c Cwh
黄杨属 Buxus H6-H3
红千层属 Callistemon H5-H2 Cwh
山茶属 Camellia H5-H2
魔力花属 Cantua H3-H2 Cwh
扁枝豆属 Carmichaelia H4-H2 Cwh
茶花岩山属 Carpenteria H4 Cwh
滨篱菊属 Cassinia H5-H3 Cwh
岩须属 Cassiope H6 Cwh
美洲茶属 Ceanothus H7-H4 Cwh
墨西哥橘属 Choisya H5-H3
简萼木属 Colletia H5-H4 Cwh
臭茜草属 Coprosma H4-H2 Cwh
假醉鱼草属 Corokia H4 Cwh
枸子属 Cotoneaster H7-H5 Cwh
金雀儿属 Cytisus H5-H4 Cwh
瑞香属 Daphne H7-H3
溲疏属 Deutzia H5-H3（部分物种）
林仙属 Drimys H4
胡颓子属 Elaeagnus H5 Cwh
欧石南属 Erica H7-H2
南美鼠刺属 Escallonia H5-H2 Cwh
丝缨花属 Garrya H4-H2 Cwh
大头茶属 Gordonia H3-H1c Cwh
银桦属 Grevillea H4-H2 Cwh
覆瓣栎木属 Griselinia H5-H2 Cwh
朱槿 Hibiscus rosa-sinensis H1b
冬青属 Ilex H7-H2
月月青 Itea ilicifolia H5 Cwh
薰衣草属 Lavandula H5-H3
细子木属 Leptospermum H4-H2 Cwh
木藜芦属 Leucothöe H6-H5 Cwh
广玉兰 Magnolia grandiflora H5 Cwh
十大功劳属 Mahonia H5-H2
夹竹桃属 Nerium H4-H2 Cwh
橄榄菊属 Olearia H4-H1c Cwh
山梅花属 Philadelphus H6-H3
石楠属 Photinia H6-H3 Cwh
马醉木属 Pieris H5-H3 Cwh
海桐花属 Pittosporum H4-H2
李属 Prunus H6-H3 Cwh（常绿种）
火棘属 Pyracantha H6-H3
杜鹃花属 Rhododendron H7-H1c Cwh
茵芋属 Skimmia H5 Cwh
荚蒾属 Viburnum H7-H3
锦带花属 Weigela H6

攀缘植物
猕猴桃属 Actinidia H6-H3
树萝卜属 Agapetes H2-H1c
木通属 Akebia H6-H4
蛇葡萄属 Ampelopsis H6-H3
黄葳属 Anemopaegma H1b
白蛾藤属 Araujia H2-H1c
马兜铃属 Aristolochia H6-H1b
智利芭苔属 Asteranthera H3
清明花属 Beaumontia H2
智利藤属 Berberidopsis H3
勾儿茶属 Berchemia H7-H2
藤海桐属 Billardiera H4-H2
叶子花属 Bougainvillea H2-H1c
凌霄属 Campsis H7-H3
南蛇藤属 Celastrus H7-H2
白粉藤属 Cissus H2-H1a
铁线莲属 Clematis H7-H3
耀花豆属 Clianthus H3-H2
连理藤属 Clytostoma H1c-H1b
风车藤属 Combretum H1b-H1a
赤壁草属 Decumaria H4
薯蓣属 Dioscorea H4-H1b
红钟属 Disticitis H3
南山藤属 Dregea H3
攀缘商陆属 Ercilla H3
卫矛属 Euonymus H6-H3
何首乌属 Fallopia H7
紫珊属 Hardenbergia H3
常春藤属 Hedera H3-H1c
球兰属 Hoya H1c-H1a
小牵牛属 Jacquemontia H1b
素馨属 Jasminum H5-H1b
珊瑚豌豆属 Kennedia H2-H1c
忍冬属 Lonicera H7-H2
猫爪藤属 Macfadyena H3-H1b
飘香藤属 Mandevilla H2-H1b
蔓炎花属 Manettia H1c
吊钟芭苔属 Mitraria H3
卷须菊属 Mutisia H4-H2
粉花凌霄属 Pandorea H2-H1c
西番莲属 Passiflora H7-H1a
蓝花藤属 Petrea H1b
冠盖藤属 Pileostegia H5
白花丹属 Plumbago H2-H1c
肖粉凌霄属 Podranea H1c
炮仗藤属 Pyrostegia H1b
吊钟芭苔属 Sarmienta H1c
五味子属 Schisandra H5-H4
钻地风属 Schizophragma H5-H3
千里光属 Senecio H7-H1b
金盏藤属 Solandra H1c-H1b
茄属 Solanum H7-H1a
野木瓜属 Stauntonia H4-H1c
黑鳗藤属 Stephanotis H1a
蕊叶藤属 Stigmaphyllon H1c
圆萼藤属 Strongylodon H1a
硬骨凌霄属 Tecoma H1c
南洋凌霄属 Tecomanthe H1b
山牵牛属 Thunbergia H1c-H1a
络石属 Trachelospermum H4
雷公藤属 Tripterygium H5

岩生植物
岩须属 Cassiope H6
春美草属 Claytonia H7-H6
高山铁线莲 Clematis alpina H6,
　'乔'铁线莲 C. x cartmanii 'Joe' H4
旋花属植物 Convolvulus boissieri H4,
　北非旋花 C. sabatius H3
瑞香属 Daphne H7-H3
双距花属 Diascia H4-H3
欧石南属 Erica H7-H2
狼豆 Erinacea anthyllis H5
长阶花属 Hebe H6-H3（各物种和品种）
半日花属 Helianthemum H7-H4
繁瓣花属 Lewisia H7-H4
木本亚麻 Linum arboreum H4
匍卧木紫草 Lithodora diffusa H5
心叶牛至 Origanum amanum H4,
　圆叶牛至 O. rotundifolium H4
纽西兰威灵仙 Parahebe catarractae H4
钻叶福禄考 Phlox subulata H6（及各品种）
远志属 Polygala H7-H1b
杜鹃花属 Rhododendron H7-H1c（各物种和品种）
婆婆纳属 Veronica H7-H4

注释
Cwh　采取带茬插条
H = 耐寒区域，见56页地图

段都包括一根苗壮的侧生新枝。如果基部的主枝部分直径超过5毫米，则将其纵向撕裂。然后，按照半硬枝插条的扦插方法处理（见"半硬枝插条"，615页）。

叶芽插条

叶芽插条也是从半硬枝枝条上取下的，由一小段带叶和叶芽的枝条组成。和茎插条相比，叶芽插条对于母株扦插材料的使用更经济。这种繁殖方法最常用于山茶属和十大功劳属植物，也用于榕属植物、球兰属植物以及黑莓。

长踵插条
将上一年生长出的枝条从母株取下，在每根分枝的上端和下方约2.5厘米处剪切得到插条。将插条截短至10~13厘米，然后除去基部的叶子。

在夏末或初秋，选择带有健康叶片和饱满芽的当季苗壮枝条。用锋利的刀子或修枝剪从每片叶子正上方将枝条切下，然后在叶柄下方约2厘米处将插条截短。

叶芽插条在上盆前不需要用生根激素处理，不过可以在基部划出伤口来促进生根。将它们插入含扦插基质的容器中，并按照半硬枝插条扦插的方法处理（见"半硬枝插条"，615页）。

为了节省冷床或增殖箱中的空间，将所有较大叶片卷起并用塑料带固定；从卷起叶片中间穿过并插在基质中的木棍能起到稳固的作用。将灌木的复叶（如十大功劳属植物）修剪掉一半（见"准备茎插条"，611页）。

硬枝插条

很多乔木、灌木、攀缘植物和其他木本植物（尤其是柔软水果）可以在秋季至春季的生长期末尾采取成熟的硬枝插条繁殖，这时的组织已经充分成熟。它们最容易保持健康的状态，但生根速度通常很慢。

硬枝插条可以分成两类：没有叶片的落叶植物插条和来自阔叶常绿植物的插条。对于许多叶片有光泽的常绿植物（如冬青和杜鹃花），它们的幼嫩插条很容易枯萎，因为叶面表面的保护性蜡质发育得很慢，因此最好用半硬枝插条繁殖它们（见"半硬枝插条"，615页）。

准备插条

在叶落之后挑选插条：选择当季苗壮枝条，并从当季和上一季枝条的结合处将插条剪下，在单芽或对芽上端做切口。将落叶植物的插条修剪至15~22厘米长，插条顶端切口位于单芽或对芽正上方，插条低端切口位于单芽或对芽下方；常绿插条长度应为15厘米，在叶片的上端和下方剪切。对于有髓的枝条，要采取带茬插条（见"带茬插条"，611页）。将常绿灌木插条下端三分之二的叶片除去，并将剩余叶片剪去一半大小（见"准备插条"，611页）。使用生根激素处理基部切口。将基部附近的一小段树皮撕去可以促进难以生根的插条生根（见"刻伤"，611页）。

扦插插条

插条可以在准备好的苗床或容器中生根，或者在初秋直接种进露天地面上。露地扦插适合容易生根的乔木和灌木，例如柳属植物。对于那些难以生根的植物如水杉，可以将不多于10根插条绑成一束，插入冷床内的沙床中（见"冷床"，641页），它们应该会在第二年早春移栽到沟槽中之前生根。

如果直接种植在露天地面或沙床中，应该先挖一条沟槽。保证沟槽狭窄，并且一面垂直，使插条生根时保持直立。沟槽的深度取决于所需的植物类型。例如，对于多干型乔木，它应该比插条长度浅2.5厘米；对于单干型乔木，它的深度应该与插条长度一样，这样顶芽只是刚刚被土覆盖，而光照的缺乏将会阻碍所有其他芽的生长。

为了达到最好的效果，在结构松散、排水良好的土壤中挖这条沟槽；如果土壤质地黏重，在沟槽底部添加一些粗砂。如果要准备不止一条沟槽，在开阔地中应为相邻的两条沟槽之间留下30~38厘米的间隔，若是在冷床中，沟槽间隔控制在约10厘米即可。

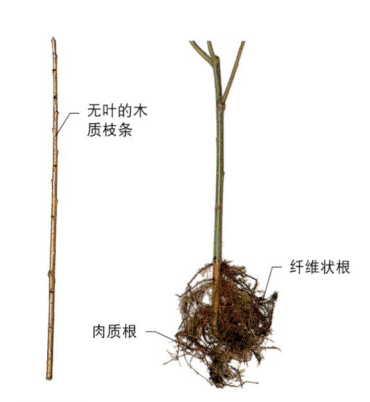

硬枝插条
硬枝插条（这里是白柳）是最长的茎插条，因为它们需要大量养分储备供根系缓慢发育。

叶芽插条

1 选择半硬枝枝条（这里是山茶的）。在每片叶下方约2厘米处和上端各做一直切口。

2 在每根插条的基部除去长5毫米的一小段树皮（见内嵌插图）。将插条插入基质中，叶腋刚好露出基质表面。

硬枝插条

1 选择强壮健康的当季成熟枝条（见内嵌插图中的左图）；避免细弱枝（见内嵌插图中的中图）和老枝（见内嵌插图中的右图）。

2 除去落叶灌木的所有叶片并去尖。将插条剪至15~20厘米长，基部蘸取生根激素。

3 将插条插入装好基质的容器中，露出基质表面2.5~5厘米。为花盆做好标记并将其放入冷床中。

硬枝插条快速生根扦插

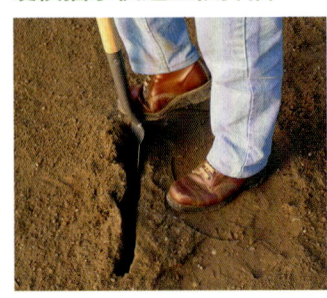

1. 将铁锹垂直插入土壤中，然后轻轻向前推，形成一条大约19厘米深的沟槽。

2. 挑选强壮、竖直的枝条（上图右）；避免采用柔软、纤弱、老旧或受损的枝条（上图左）。从枝条上剪下约30厘米的长度，从紧挨着芽的上面剪。

3. 清除所有叶片。将插条剪短至约20厘米；在顶芽上方剪出斜切口，在底芽下方剪出平切口。

4. 将插条插入沟槽中，彼此间隔10~15厘米，并根据所需乔木属于多干型还是单干型选择合适的扦插深度。

5. 踩实插条周围的土壤，用耙子耙平地面，并插上标签。将其余的沟槽保持30~38厘米的间距。

6. 在第二年秋季将生根的插条挖出，然后单个上盆或露地移栽。

种植深度

多干型乔木
为得到多干型乔木，应将插条插入土中，外露2.5~3厘米在地面上。

单干型乔木
每根插条的顶芽应该刚好被土覆盖。

后期养护

为插条做好标签并任其生长到第二年秋季。在冬季，地面可能会由于冰冻而隆起；如果发生了这种情况，应该将插条周围的土壤重新压实。到秋季时，插条应该发育出了良好的根系，可以按要求将其独立移栽至开阔地或容器中。如果插条之前种植在冷床中，应该在第一个春季进行炼苗，然后移栽到室外；在接下来的春季将它们进行上盆或移栽到开阔地中的最终位置上。

叶插条

某些植物可以用全叶或叶片片段轻松地繁殖。对于某些植物，可以直接将叶片插入基质（或水）中；而对于其他植物，则要将叶片刻伤或切成碎片，然后插入或平放在基质上。每个叶片在叶被切割的地方都会长出许多小植株。

全叶

某些植物——常常是以莲座丛形式生长并拥有肉质叶片的植物，如非洲紫罗兰和大岩桐（*Sinningia speciosa*）以及蟆叶秋海棠和根状茎类秋海棠，还有某些多肉植物，可以用叶片扦插的方式繁殖（见"使用切伤叶片繁殖"，619页）。

对于插条，应该选择健康未受损、充分生长的叶片，并从靠近叶柄处将它们剪下。将每根叶柄修剪至叶片下3厘米处；将插条单独扦插到准备好的装有扦插基质（1份沙子和1份泥炭替代物）的花盆中，做标签并浇水。将花盆放入增殖箱或用透明塑料袋或临时制备的钟形罩（见"用叶插条繁殖室内植物"，619页）中并覆盖。待每根插条长出小植株，就立即撤去覆盖物。

让插条继续生长，直到小植株大到足以梳理并单独换盆。还可以将拥有长叶柄的叶片（特别是非洲紫罗兰的叶片）放入水中生根（见"在水中用嫩枝插条繁殖"，613页），不过生根时间一般比在基质中长。

刻伤或切碎的叶片

对于叶脉明显的植物（如蟆叶秋海棠）和牦牛儿苗科（*Gesneriaceae*）植物[如旋果花属（*Streptocarpus*）植物]，如果将它们的叶片刻伤或切成碎片，并且令被切伤的叶脉接触到湿润基质的话，其叶片就会产生小植株。叶片可以切成两半或小块，或者在叶脉处刻伤。

无论使用哪种方法，都要将容器存放在明亮处的增殖箱或透明塑料袋中，但要避免阳光直射。在塑料袋中充满空气，使其不会接触叶

适合用硬质插条繁殖的植物

乔木
朱蕉属 *Cordyline* H3-H1b
榕属 *Ficus* H4-H1a
水杉 *Metasequoia glyptostroboides* H7
桑属 *Morus* H6-H1c
悬铃木属 *Platanus* H6-H4
杨属 *Populus* H7-H6
柳属 *Salix* H7-H5

灌木
地中海滨藜 *Atriplex halimus* H4
桃叶珊瑚属 *Aucuba* H6-H3（部分物种）
醉鱼草属 *Buddleja* H7-H2
黄杨属 *Buxus* H6-H3（部分物种）
红瑞木 *Cornus alba* H7, 偃伏梾木 *C. sericea* H7
瓦氏栒子 *Cotoneaster* x *watereri* H6
'粉簇'雅致溲疏 *Deutzia* x *elegantissima* 'Rosealind' H5
  长叶溲疏 *D. longifolia* H5,
  粉花溲疏 *D.* x *rosea* H5,
  溲疏 *D. scabra* H5
连翘属 *Forsythia* H5

莫氏金丝桃 *Hypericum* x *moserianum* H5
卵叶女贞 *Ligustrum ovalifolium* H5
山梅花属 *Philadelphus* H6-H3
悬钩子属 *Rubus* H6-H3
芸香 *Ruta graveolens* H5
柳属 *Salix* H7-H5
接骨木属 *Sambucus* H7-H6
绣线菊属 *Spiraea* H6
毛核木属 *Symphoricarpos* H6
柽柳属 *Tamarix* H5
荚蒾属 *Viburnum* H7-H3（落叶种）
锦带花属 *Weigela* H6

攀缘植物
狗枣猕猴桃 *Actinidia kolomikta* H5
叶子花属 *Bougainvillea* H2-H1c
忍冬属 *Lonicera* H7-H2
爬山虎属 *Parthenocissus* H6-H4
葡萄属 *Vitis* H5

注释
H = 耐寒区域，见56页地图

片片段，然后将其密封。被繁殖的叶片应该保存在18~24℃的温度中。

当成簇小植株从叶脉处长出时，小心地将它们挖出并分离，每个小植株的根系周围保留少量基质，然后将它们单独上盆于装有扦插基质的直径为7厘米的花盆中。

某些多肉植物，包括虎尾兰属（*Sansevieria*）和那些拥有扁平叶状茎的植物如昙花属（*Epiphyllum*）植物，也可以用叶段繁殖，不过它们的处理方式稍有不同。更多细节，见"仙人掌和其他多肉植物"，348~355页。

用叶插条繁殖室内植物

1 从母株上切下健康叶片（这里是非洲紫罗兰）。将每根叶柄插入一小盆扦插基质中，使叶片正好不接触到基质。

2 浇水，做标签，并覆盖花盆。可以用由塑料饮料瓶底部制作而成的小型钟形罩来覆盖。将它们留在温暖明亮处，避免阳光直射。

3 每个叶片都会长出数个小植株。当这些小植株长出后，移除覆盖物并让它们继续生长，直到它们长大到可以单独上盆。

大叶片
某些植物（如秋海棠）的大型叶片可以切割成小块，每一块的叶脉刻伤处都会形成愈伤组织，然后长出不定根。

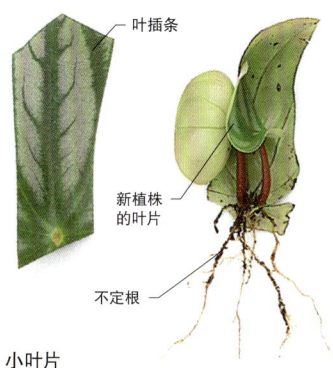

经过修剪的叶插条
在叶脉刻伤处形成的新小植株

小叶片
为促进愈伤组织形成和生根，豆瓣绿属植物等的较小叶片可以在边缘修剪。

叶插条
新植株的叶片
不定根

根插条

对于拥有粗厚肉质根的宿根植物、高山植物、灌木、攀缘植物以及少数乔木，如毛蕊花属植物和东方罂粟各品种、南蛇藤属、茄属、楤木属以及丁香属植物，这是一种行之有效的繁殖方法。要想用感染了线虫的花境福禄考品种繁殖得到健康的新植株，这也是唯一的方法。因为线虫只侵害福禄考的地上部分而不危害根系，所以采取根插条可以得到无线虫感染的健康植株。然而，这种繁殖方法不能用于花叶类型的福禄考品种，因为得到的植株只会产生绿色叶片。

根插条应该在休眠期（冬末至春季）从年幼茁壮的根上采取，大部分乔木和灌木的根插条应有铅笔粗细，但对于某些草本植物（如福禄考），根插条会更细一些。在切取根插条时，注意最大限度地降低对母株造成的伤害，并且立即将挖出的插条种植下去。在休眠期采取的插条最容易种植成功，一般是在冬季。

准备插条

若要从较大植株上现场采取插

使用切伤叶片繁殖

1 选择年幼的健康叶片（这里是蟆叶秋海棠属的叶片），并用锋利的小刀在叶背面做1厘米长的切口，将最强壮的叶脉切断（见内嵌插图）。

2 将叶片切伤面朝下放置在装满扦插基质的种植盘中。将叶脉钉在基质中。做标签，然后将种植盘放入增殖箱或塑料袋中。

3 将种植盘留在没有阳光直射的温暖处。当小植株形成后，小心地将它们从叶子上分离（见内嵌插图）并单独上盆。

叶片小方块

1 从健康叶片上切下四五枚邮票大小的方块。每一个方块上都应该有强壮的叶脉。

2 叶脉朝下，将叶子小方块放在潮湿基质上，用线圈将其钉入基质中，然后按照叶片插条的方式进行处理。

半叶插条

1 将叶片中脉切除，并露出叶脉（这里是旋果花属植物）。

2 将半叶切面朝下插入浅槽中。轻轻紧实基质。

条，首先应在与植株基部有一定距离的地方挖一个洞，使一些根露出来。如果要将植株挖出来采取插条，应选择强壮、健康的植株，小心地将它们挖出，并清洗掉附带的土壤，露出根系。无论是现场采取还是挖出采取，都要选择年幼、苗壮、粗厚的根，因为与细弱或年老多瘤的木质化根相比，它们更有可能成功长成新植株。在靠近根颈处将幼根切下，重新种植母株，对于现场取根的植株重新覆盖其暴露的根系。

当繁殖根系粗壮的植物，如老鼠簕属（*Acanthus*）、牛舌草属（*Anchusa*）、裂叶罂粟属（*Romneya*）、毛蕊花属（*Verbascum*）植物时，选取铅笔粗细的根并将它们剪成5~10厘米长的根段。对于细根宿根植物，将根剪成7~13厘米的根段以保证插条的发育有足够的营养储备。在切根段时保证上端（距离茎最近的一端）直切，下端（距离根尖最近）斜切，这便于以正确的方向扦插插条。枝条会从插条上端长出，根系从下端长出。在扦插前剪去所有纤维状根。

插条的扦插

使插条的平端向上，将插条垂直插入准备好的花盆或种植盘中，容器中的盆栽基质深度应为它们长度的一倍半；插条顶端应和基质表面平齐。用薄薄的一层细砂或沙砾覆盖花盆，做好标记并将容器放入增殖箱或冷床中。在插条生根之前不要为它们浇水。一旦长出嫩枝，就使用合适的基质将它们单独上盆。

对于根较细的植物，如秋牡丹（*Anemone hupehensis*）、日本秋牡丹（*A. x hybrida*）、风铃草属（*Campanula*）植物、福禄考和球序报春（*Primula denticulata*）等，处理方式略有不同，因为它们的根太细，很难垂直扦插。将它们的根插条平放在装满紧实基质的花盆或种植盘中，然后用更多基质覆盖。接下来像对待标准根插条那样处理它们。还可以使用塑封袋。

根插条
为区分两端，在采取插条（这里是金蝉脱壳）时，做出不同角度的切口。

- 根系上端长出的枝条
- 末端长出的根系
- 距离植物根冠最近的一端切平
- 末端斜切

挖去莲座丛

对于生长迅速或者形成莲座丛的植物（如球序报春），可以在仲冬用根插条现场繁殖，用锋利的小刀将莲座丛挖去，露出根株的顶端。选择生长健壮的莲座丛；用薄薄的一层园艺尖砂覆盖花盆。新枝会很快出现在每条根的顶端。当新枝长到大约2.5~5厘米时就可以挖出了。将株丛分离成数个拥有外观健康、苗壮枝条和根系的独立小植株，可以徒手或者用锋利的小刀将它们分离。

将年幼的植株上盆，使其继续生长，使用等比例混合的盆栽基质和园艺砂。浇透水，并将植株放到室外阴凉处。保持湿润，并在年幼植株的根系填满花盆时将它们移栽到室外。

如何用根插条繁殖宿根植物

1 在休眠期将植株（这里是一株老鼠簕属植物）挖出并清洗根系。选择铅笔粗细的根并用小刀从根颈附近将它们切下。

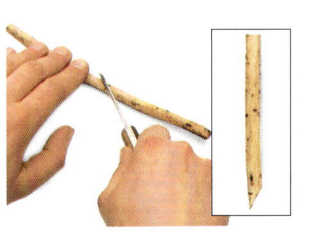

2 将每条根切成5~10厘米的根段。在根段上端直切，下端斜切（见内嵌插图）。

3 将插条插入湿润扦插基质的洞中，紧实基质。插条的顶端应与基质表面平齐。

4 用粗沙砾覆盖花盆，做好标记，并将花盆放入冷床中，直到插条生根。

5 当插条长出嫩枝后，用含壤土盆栽基质将它们单独上盆到花盆中。浇水并做好标记（见内嵌插图）。

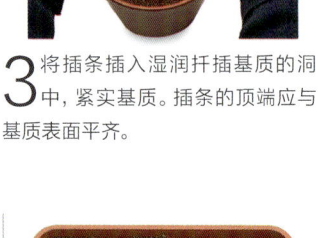

细根插条的繁殖方法
将修剪过的插条水平放置在湿润的紧实基质上。用基质覆盖并轻轻压实。

用根插条繁殖的植物

宿根植物
老鼠簕属 *Acanthus* H6-H2
牛舌草 *Anchusa azurea* H5
秋牡丹 *Anemone hupehensis* H7，
　日本秋牡丹 *A. x hybrida* H7
软紫草属 *Arnebia* H5-H4
风铃草属 *Campanula* H7-H2
蓝菊 *Catananche caerulea* H5
蓝刺头属 *Echinops* H7-H3
牻牛儿苗属 *Erodium* H5-H2
刺芹属 *Eryngium* H6-H3
天人菊属 *Gaillardia* H7-H4
老鹳草属 *Geranium* H7-H2
丝石竹属 *Gypsophila* H7-H5
宽叶补血草 *Limonium platyphyllum* H7
滨紫草属 *Mertensia* H5-H4
矮黄芥属 *Morisia* H4
东方罂粟 *Papaver orientale* H6
锥花福禄考 *Phlox paniculata* H7，
　钻叶福禄考 *P. subulata* H6
球序报春 *Primula denticulata* H6
白头翁属 *Pulsatilla vulgaris* H5
裂叶罂粟属 *Romneya* H5
金莲花属 *Trollius* H7-H6
毛蕊花属 *Verbascum* H7-H4

岩生植物
白舌辐枝菊 *Anacyclus pyrethrum* var. *depressus* H4
小飞廉属物种 *Carduncellus rhaponticoides* H5
矢车菊属物种 *Centaurea pindicola* H6
欧龙胆 *Gentiana lutea* H5
长果绿绒蒿 *Meconopsis delavayi* H7
矮黄芥 *Morisia monanthos* H4
砖红罂粟 *Papaver lateritium* H5
线叶福禄考 *Phlox nana* subsp. *ensifolia* H6
球序报春 *Primula denticulata* H6
白头翁属 *Pulsatilla* H5
早花象牙参 *Roscoea cautleyoides* H5
银瓣花 *Weldenia candida* H3

注释
H = 耐寒区域，见56页地图

扦插繁殖仙人掌和其他多肉植物

采取插条是繁殖仙人掌和其他多肉植物的最简单的方法之一。包括青锁龙属和拟石莲花属物种在内的许多多肉植物可以使用叶插条繁殖。茎插条可以用来繁殖大戟属和豹皮花属等多肉植物,以及大多数柱状仙人掌。

叶插条

这些插条可以在春季或初夏新枝叶繁茂时从母株上采取。选择紧实的肉质叶片,并小心地将它们从母株上分离下来。用锋利的小刀将它们切下,或者轻柔地将它们向下拽,确保叶基带有一小块茎。将分离下的插条放在一张干净的纸上,然后把它们放入最低温度为10℃的半阴处。等待一两天,直到每根插条都形成明显的愈伤组织。

填充等比例的泥炭替代物与尖砂或沙子的混合基质至花盆边缘。每根插条都应该直立插入花盆中,并使叶柄正好稳定在基质表面。用手指紧实插条周围的基质。

用少量砾石或沙砾进行表层覆盖,帮助固定插条的位置。为花盆做标签,并将其置于斑驳的阴凉处,确保温度保持在21℃上下。每天用微温的水浇水,保持年幼插条的湿润。使用细喷雾器,最大限度地减少浇水对插条造成的扰动。

生根不需要很长时间,一般会在几天之内发生。开始新的生长大约两周后,将生根插条上盆到大小合适的花盆中,在其中填充标准含壤土盆栽基质。

茎插条和茎段

在早春至仲春采取茎插条或茎段。采下的扦插材料的数量以及类型取决于植物种类。某些仙人掌植物(如仙人掌属物种)由一系列圆形的片段组成,可以使用锋利的小刀在连接处或基部切下用于繁殖。

对于拥有扁平叶状茎的植物,如昙花属(*Epiphyllum*)物种,横切茎并得到15~22厘米长的茎段。为避免破坏植物的形象,将完整的叶片从它和主干的连接处切下,然后将其当作插条处理或者切成数段(见"使用叶片扦插繁殖",下)。大部分柱形仙人掌以及某些大戟属物种可以将茎段切下充当插条(见"用茎插条繁殖",右)。

所有大戟科物种以及某些萝摩科植物会在切割时产生乳液,为阻止乳液流动,将插条蘸入微温的水中数秒。用一块潮湿的布堵在母株的伤口上,将切口密封。避免将乳液粘在自己的皮肤上,这会引起刺激和不适感。

将茎插条留在温暖干燥处两天至两个月,让愈伤组织形成,然后将它们上盆到适合的基质中。

插条的扦插

将单根茎插条插入准备好的花盆中央,或者将数根较小的插条插在花盆边缘。插条的扦插深度应该正好能使自身保持直立,但不要太深,否则插条基部会在生根之前腐烂。

带有真正叶片的多肉植物,如木麒麟属(*Pereskia*)植物的插条需要在扦插之前去除底部的叶片,使用和对待非肉质植物相同的方式。不时喷洒微温的水,但不要过多浇水,否则可能导致插条腐烂。生根一般会在两周后发生,不过来自某些属[如大轮柱属(*Selenicereus*)]植物的插条可能需要一个月或更长的时间才能生根。

用茎插条或茎段繁殖的仙人掌和其他多肉植物

天章属 *Adromischus* H2
莲花掌属 *Aeonium* H1c
碧彩柱属 *Bergerocactus* H3-H1c
龙角属 *Caralluma* H1b
翁柱属 *Cephalocereus* H1b
仙人柱属 *Cereus* H1c
吊灯花属 *Ceropegia* H1c-H1b
管花柱属 *Cleistocactus* H3-H1c
圣塔属 *Cotyledon* H2
青锁龙属 *Crassula* H3-H2
姬孔雀属 *Disocactus* H2-H1a
拟石莲花属 *Echeveria* H4-H2
昙花属 *Epiphyllum* H1c-H1b
大戟属 *Euphorbia* H7-H1a
山地玫瑰属 *Greenovia* H1a
星钟花属 *Huernia* H1b
伽蓝菜属 *Kalanchoe* H1b
日中花属 *Lampranthus* H2-H1c
仙人掌属 *Opuntia* H4-H1c
刺翁柱属 *Oreocereus* H1c
覆盆花属 *Oscularia* H3-H1c(部分物种)
摩天柱属 *Pachycereus* H1b
厚叶属 *Pachyphytum* H2-H1c
红雀珊瑚属 *Pedilanthus* H3-H1c
天竺葵属 *Pelargonium* H1c-H1b(部分物种)
分药花属 *Pereskia* H1a
仙人棒属 *Rhipsalis* H1b
舟叶属 *Ruschia* H2-H1c
龙骨葵属 *Sarcocaulon* H3-H1c
蟹爪兰属 *Schlumbergera* H1b
景天属 *Sedum* H2-H1b(部分物种)
大轮柱属 *Selenicereus* H1b-H1a
千里光属 *Senecio* H7-H1b
豹皮花属 *Stapelia* H1b

注释
H = 耐寒区域,见56页地图

使用叶片扦插繁殖

1. 小心地从母株上拔下一片健康的叶子。它应该在叶基断裂,并带有一小块茎。

2. 等待24~48个小时,让伤口形成愈伤组织(见内嵌插图)。在花盆中填充等比例混合的泥炭替代物和沙子。插入插条,使其基部刚好稳定在基质中。

3. 在表面覆盖砾石或沙砾,然后标记。当新枝叶发育大约两周后(见内嵌插图),生根插条就可以上盆到含壤土盆栽基质中去了。

用茎插条繁殖

1. 选择健康苗壮的枝条[这里是一株'温迪'落地生根(*Kalanchoe* 'Wendy')]。在尽可能靠近枝条基部的地方做一个直切口。

2. 在某茎节下端(见内嵌插图)剪断枝条。如有必要,移除下端的叶片。

3. 将每根插条插入等比例的细泥炭替代物与尖沙砾或沙子的混合基质中。叶片不能接触基质表面。

贮藏器官

贮藏器官有各种各样的结构,包括鳞茎、球茎、根状茎、块根和块茎以及膨胀芽——所有这些在园艺中都被统称为"球根"。这些球根通过种子或分株自然繁殖,形成新的"姊妹球根"。然而,这个过程相对缓慢,而将球根分成或切成数块提供了更快速的繁殖方法。这些技术包括切段,吸芽、珠芽或小鳞茎的分株,分离鳞片和分离双层鳞片,以及挖伤法和刻痕法。

用种子繁殖球根植物

这种繁殖方法开始见效所需的时间较长,但它最终能产生大量无病毒(除了那些专门靠种子传播的病毒)的球根植株,而分株的方法会将母株体内含有的病毒传递给年幼植株。这种方法特别适合不喜根系扰动的球根"林地"物种,如猪牙花等。

大多数球根植物从种子长到成熟的开花年龄需要三到五年。在大百合属(*Cardiocrinum*)植物中,开过花的球根会死去,留下较小球根形成的株丛,可对其进行分株(见"球根植物的分株",624页),或者每年定期采取种子并播种,以保证

鳞茎

真正的鳞茎是由连接在基部圆盘上、互相重叠的肉质变态叶(鳞片叶)组成的。它们的繁殖方法包括切段,吸芽、珠芽或小鳞茎的分株,分离鳞片或分离双层鳞片,以及挖伤法和刻痕法(见624~627页)。

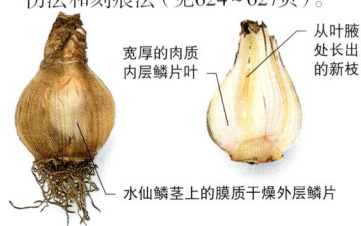

被膜鳞茎

无膜鳞茎

块茎

某些植物(如马铃薯)的茎会变成块茎,起到贮藏养分的作用。例如,球根秋海棠会在它们的茎基部形成多年生块茎。在春季,迅速移除任何腐烂或发霉的材料以防病害。每一块都会长出基部枝条,可用作基部插条扦插繁殖(见"基生茎插条",613页),或者继续生长形成新的块茎。

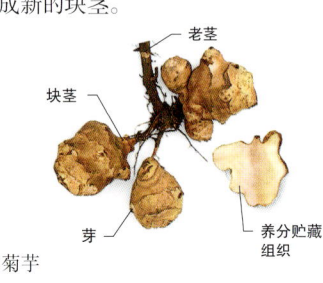

菊芋

球茎

球茎是短缩紧凑的地下茎,内部结构充实。大多数球茎会在顶端附近长出数个芽,每个芽都会自然形成新的球茎。尺寸微小的小球茎(cormels)会在生长季以吸芽的方式长在老球茎和新球茎之间。为得到更大的球茎,可以在生长期开始之前将它们切成块,每块含有一个生长芽(见"切割有生长点的球根",626页)。迅速去除腐烂或发霉部分以防止病害。当新球茎出现时,将其放入花盆中或露地种植,覆盖少量土壤。

唐菖蒲球茎

培育小球茎
在休眠期将新球茎和小鳞茎从老球茎上分离下来并让其继续生长。

小球茎的生长发育
小球茎需要一段时间才能长到开花尺寸。下面展示了它们在第一年的发育过程。

根状茎

它们是一段水平生长的枝条,通常位于地面下,不过有时也会长在土壤表面上。通过将根状茎切成年幼健康的片段进行繁殖,每一段都有一个或多个生长芽,然后将它们单独种植(见"根状茎植物的分株",629页;"挖伤法和刻痕法",627页)。

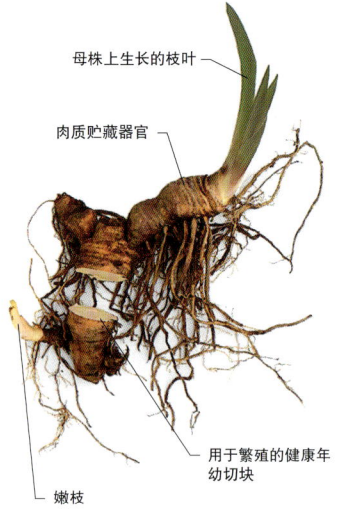

鸢尾的根状茎

其他类型的贮藏器官

某些植物如颗粒虎耳草(*Saxifraga granulata*)会在分枝处长出圆形鳞茎状芽。可按照小鳞茎(见"如何用小鳞茎繁殖球根植物",624页)或小球茎(见"球茎",左)的方式分离下来单独种植。

某些水生植物如水鳖属(*Hydrocharis*)相对较大的芽状结构被称为膨胀芽。成熟时,它们会从母株上脱落,沉入水底,然后成为新的植株,可采集它们并重新种植(见"水生植物的分株",631页)。

块根

块根是茎基部的一部分根,在夏季膨大变成贮藏器官,如大丽花的块根。在春季繁殖这类植物,将成簇块根分成健康片段,每一段都包含一根枝条(见"球根的切段繁殖",626页)。球根还可以在春季使用萌发新枝作为基部插条繁殖(见"基部插条",627页)。

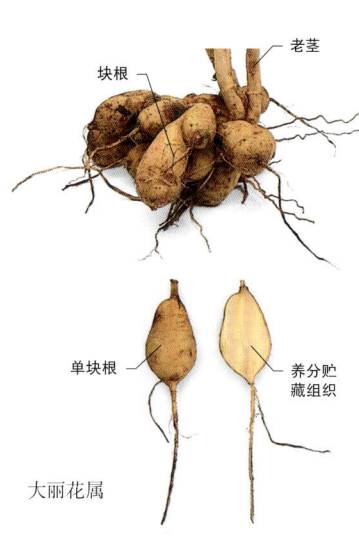

大丽花属

地中海水鳖

健康植株连续不断地生长，在每年都能开花。

大多数球根植物的果实在旧花枝上，但某些植物——主要是番红花和网状群鸢尾——的果实会生长在地平面或紧挨着地平面的上方，较难发现。

仔细观察正在成熟的果实，寻找开裂的迹象，因为种子可能很快会被散播掉。当果实开始变成棕色并要开裂时将它们取下。尽快提取、干燥和储藏种子（见"采集种子"，601页）。一些球根植物，如紫堇属（Corydalis）植物，在果实仍然是绿色的时候就开始散播种子，而且这些种子应立即播种。将果实剪下并储藏在纸袋中，直到种子散播出来。

播种和萌发

大多数春花耐寒球根植物最好在初秋播种，如贝母属植物、水仙和郁金香，但如果在之前有合适的种子，亦可立即播种。种子应该会在早春萌发。将种子播种在容器中（见"在容器中播种"，605页），放置在露天花园中的阴凉处，或者齐边埋入沙质冷床中并保持湿润。

当幼苗已经萌发后，将花盆转移到冷床或温室中的全日光条件下。保持幼苗的湿润，直到它们显现出凋萎的迹象，然后停止浇水。对于即使在夏季休眠期也不自然干燥的球根幼苗，如来自山区的番红花属物种，应该一直保持湿润。在初秋或者长出新的枝叶时开始浇水，并保持浇水直到枝叶凋萎。

球根植物幼苗的上盆

1 小心地将花盆中的全部内容物倒出；部分球根[这里是展瓣贝母（Fritillaria raddeana）]会显现在基质中。小心地取出所有球根。

2 将年幼球根重新种植在装满新鲜沙砾状基质的花盆中，种植深度为它们自身高度的两倍，间距为它们自身的宽度。

移栽"林地"球根植物

1 露地移栽"林地"物种时不要将年幼的球根分开。翻转长有两年龄球根（这里是猪牙花属植物）的花盆。倾斜着倒出成团的球根和基质。

2 将基质和球根一起完整地种植，使它们的顶端至少在地面2.5厘米以下。紧实基质，做标记并少量浇水。

大多数球根植物需要两个生长季才能重新上盆，除非它们生长得非常苗壮。在第一个生长季施肥并不重要，但如果在第二年经常施肥，它们就会形成大的球根。使用供番茄使用的专利液态肥料，但是要将生产商的推荐用量减半使用。

养护幼苗

当球根植物幼苗完成两年的生长，或者非常苗壮地生长了一年后，将它们上盆到适合成年球根植物的基质上（见"保护设施中的球根植物栽培基质"，231页）。在休眠期即将结束，叶子已经枯死的时候，将花盆中的内容物清空。分离出年幼的球根，清洁后重新上盆到新鲜湿润的基质中，让它们再次进入生长期（见"球根植物幼苗的上盆"，左）。最好让它们在花盆中继续生长两三年，直到它们长到足够大可以在室外成形。

球根植物幼苗可以在花盆中生长，或是与基质一起移栽以免扰动根系。将一年龄幼苗带基质移栽到稍大的花盆中，并在第二年的生长期定期施肥。

如果它们在生长期结束时长到足够大，则在休眠期或者将要进入

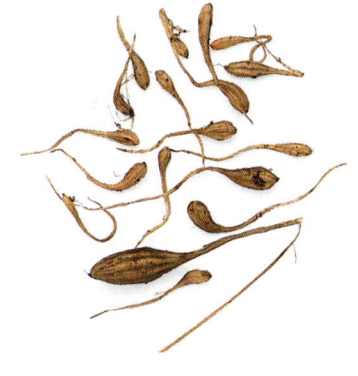

两年龄球根植物幼苗
两年之后，幼苗球根[这里是托米尔蝴蝶百合（Calochortus tolmiei）]会在尺寸上出现相当大的差异，但所有的幼苗都会令人满意地发育。

生长期时将年幼球根植物带基质整盆移栽到开阔的花园中。种植后立即施肥以免延误开花。

如果年幼球根植物长得太小而不能露地移栽，就将它们在容器中再保留一年并定期施肥。

"林地"物种

许多喜阴球根植物在含腐叶土的基质中生长得最好。应用1份消毒腐叶土、1份泥炭替代物及1份消毒壤土加1.5份粗园艺砂或珍珠岩混

仙客来

耐寒仙客来的种子如果在成熟后（通常是仲夏）立即播种最容易萌发。如果使用干燥后的种子，则在播种前浸泡24小时以促进萌发。将种子播在播种托盘或花盆中（见"在容器中播种"，605页）；黑暗环境中的种子最容易萌发。幼苗通常在第一年就会生长得很健壮，然后可以将年幼的块茎重新上盆到育苗基质中，最好是在它处于生长期时。在3份基质中加入1份腐叶土以促使它们健壮生长。将数个块茎一起种在种植盘中，比单独种植更容易发育良好。将它们的根系展开插入基质中，并用表面沙砾覆盖顶端。

将种植盘放入遮阴冷床中生长一年。在第三年的春季，用同样的基质混合物将块茎单独上盆并让它们生长到开花大小。在夏末将它们露地移栽到花园中。

用种子繁殖百合

在深约10厘米的花盆中填充不含泥炭的盆栽或播种基质，最好将成熟后的种子（在夏末或秋初）立即播种在花盆里。稀疏地播种，等待数月种子即可萌发。不同的百合种子的萌发方式不同。对于子叶留土型百合，根系最先萌发；然后需要一段寒冷时期促使叶子的生长。子叶出土型百合的种子通常——但不总是——是根系和枝叶几乎一起快速萌发（见"种子如何萌发"，603页）。将幼苗放入保护设施中越冬（见"在容器中播种"，605页），然后移栽。

合成播种基质。

许多这类球根植物（如猪牙花和延龄草）的生长速度很慢。将生长了两三年的幼苗带整盆基质种植在准备充分的阴凉苗床中，这比数年之中经常换盆要好，后者会不断扰动根系（见"移栽'林地'球根植物"，623页）。

不耐寒球根植物

不耐寒球根植物的播种方法和百合一样（见"用种子繁殖百合"，623页），但在冬季要让花盆温度保持在冰点以上，齐边埋入保护设施内的球根植物冷床或苗床中（见"在容器中播种"，605页）。

对于许多不耐寒物种（如朱顶红）的种子，如果使用底部加温（见"底部加温"，641页）并将温度维持在21℃的话，萌发会更快。如果某种植物的萌发特性不清楚，并且有大量可用的种子，可将一半播种于底部加温的环境中，一半播种于一般温室环境中。如果底部加温的种子在6~8周内还不萌发，则将花盆转移到更凉爽的地方。

某些属特别是六出花属（Alstroemeria）的种子如果在温暖时期后紧跟一个凉爽时期，会快速萌发。对于孤挺花属（Amaryllis）等球根植物的肉质种子，应该从还是绿色的果实中采取新鲜种子并立即种植。如果留在果实中，种子可能会在果实里萌发，此时可以将它们取出并按照正常方式播种。让幼苗继续生长（见"养护幼苗"，623页）。

某些种类（如朱顶红属部分物种）的幼苗会在多个生长季中保持活跃生长。如果是这样的话，应保持它们的湿润，而它们可能继续生长直到不经休眠期而开花。

朱顶红等不耐寒球根植物的种子大而平，可以让这样的种子漂浮在容器中的水面上并将其放入温暖（21℃）温室中或窗台上萌发。萌发需要3~6周，之后可将幼苗上盆到直径7厘米花盆中的播种基质里。

发芽不稳定的种子

某些球根植物（如朱诺群鸢尾）的种子发芽极不稳定，有时候需要数年。如果经过两个生长季后只有少数幼苗出现，就应将整个花盆中的种子带基质重新上盆；晚发芽的种子通常在一年左右就会萌发。

在塑料袋中萌发

某些种类的种子可以在塑料袋中而不是花盆中萌发。这种方法常常用于百合，但也适用于大多数种子较大的球根植物，如贝母、郁金香和不耐寒的种类（如朱顶红）。

将种子和其体积三四倍的湿润泥炭替代物、蛭石或珍珠岩混合在一起。所使用的萌发介质应该以在挤压时不流出水为宜。将混合物放入塑料袋中，然后密封并标记。

对于较小的朱顶红属物种等，萌发时需要温暖的种子，应将塑料袋放置在约21℃的地方。当种子萌发后，将幼苗移栽到填满排水良好扦插基质的花盆或种植盘中，并保存在凉爽的地方。如果在6~8周后还未萌发，则将塑料袋转移到冷床或凉爽温室中，直到种子萌发。

球根植物的分株

在生长季，许多球根植物会从母球上长出吸芽（通常位于球根被膜内部）。每一两年将它们分离并露地移栽或者单独上盆。如果留在原地，它们会变得过于拥挤，并且需要更长的时间才能达到开花尺寸。吸芽可能小而多，如在某些葱属物种中；也可能大而少，如在水仙和郁金香中。

其他球根植物可能会在叶腋处长出珠芽，如百合和某些蝴蝶百合属物种，或者在球根基部长出小鳞茎；它们都可以用来繁殖。某些百合（如美洲物种以及杂种百合）是根状茎类物种，会产生吸芽状的根状茎。将它们水平放置上盆，生长一两年后再露地移栽。

用吸芽繁殖

球根植物拥有宽大的肉质鳞片状叶，起到养料贮藏器官的作用。它们的基部长有腋芽，可膨大并形成吸芽。某些球根植物（如文殊兰）可以通过挖出并分离株丛来繁殖。将吸芽轻轻地从母株上扯下来，或者用刀子将它们从基盘上它们与母球相连的地方割下。小心地清理掉土壤以及所有松散或受损的组织。

将较大的吸芽以适合的间距重新丛植在花园中。将较小的吸芽单独上盆，或者将数个吸芽插入一个大花盆或深种植盘中。将它们放入凉爽温室中，并使其继续生长一两年，然后露地移栽到花园里。

用小鳞茎和珠芽繁殖

珠芽生长在花序或茎上；小鳞茎生长在鳞茎本身以及茎生根上。二者都可以从母株上分离并发育成新的鳞茎（见"用小鳞茎繁殖百合"，右）。某些百合属（Liulium）植物，如卷丹（L. lancifolium），会在地上茎上长出小的像鳞茎似的结构，称为珠芽；而有些物种，如麝香百合（L. longiflorum），会在土壤中的鳞茎或茎生根上长出与之相似的小鳞茎。

用小鳞茎繁殖百合

1 开花后，将球根和死亡的茎干挖出，摘下小鳞茎，并重新种植主鳞茎。或者将鳞茎留在土地中，将鳞茎上方的茎干剪下以摘除小鳞茎。

2 将小鳞茎种植在填充湿润、含壤土盆栽基质的13厘米花盆中，种植深度应该是它们厚度的两倍。覆盖一层沙砾并做标签，放入冷床之中直到春季来临。

如何用小鳞茎繁殖球根植物

1 在春季活跃的生长期开始之前，用园艺叉将丛生的球根植物（这里是文殊兰）挖出。将根系上多余的土壤晃掉并将株丛扯开。

2 选择带有数个发育良好吸芽的大型球根。将土壤从吸芽上清理干净并将它们从母球上扯下，注意要保留根系。

3 在直径为15厘米的花盆中准备湿润的沙质基质。在每个花盆中插入一个吸芽，并用2.5厘米厚的基质覆盖。做标记，浇水。

和用种子繁殖的植株相比,用小鳞茎繁殖的球根植物通常会提前一两年开花。当为球根植物重新上盆时,去除母球基部周围的小鳞茎,将它们成排插入种植盘中。使用排水良好的扦插基质,加入少量缓释肥。小鳞茎的种植间距应该和播种的间距(见"在容器中播种",605页)一样,并覆盖一层2.5厘米厚的基质。做好标记,并将它们转移到阴凉区域继续生长。保持基质湿润;如果使用的是陶制花盆,应将它们齐边埋入苗床中以保持潮湿。然后按照与播种相同的流程进行养护(见"播种和萌发",623页)。

分离鳞片

分离鳞片是繁殖百合的重要方法,不过也可以用于其他由鳞片组成的球根,如贝母属的部分物种。大多数百合的球根是由着生在基盘上的同心鳞片排列组成的。如果从基部分离这些鳞片并让它们保留少部分基底组织,它们就会在基部附近长出小鳞茎。

在夏末或初秋根系开始生长之前分离用于繁殖的鳞片。将休眠的球根挖出,然后剥离部分鳞片。通常只需要不多的几片,然后可将母球重新种植,它会在下一个生长季开花。如果需要大量新植株,则将整个球根的鳞片剥落。或者也可以不将母球挖出,清走它们周围的土壤并折下部分鳞片。

只选择无病害、丰满、无斑点的鳞片,然后将它们和潮湿泥炭替代物以及珍珠岩或蛭石一起混合在塑料袋中。

密封袋子,并在温暖黑暗的地方放置3个月,温度保持在21℃。然

可分株繁殖的球根植物

吸芽
葱属 *Allium* H7-H4(部分物种)
六出花属 *Alstroemeria* H6-H2(健壮的杂种)
箭芋属 *Arum* H7-H2
大百合属 *Cardiocrinum* H5-H3
文殊兰属 *Crinum* H6-H1b
番红花属 *Crocus* H6-H4
雪花莲属 *Galanthus* H6-H3
朱诺群鸢尾 *Iris* Juno Group H7-H1c
雪片莲属 *Leucojum* H7-H5
百合属 *Lilium* H7-H2
水仙属 *Narcissus* H7-H2
纳丽花属 *Nerine* H5-H2
海葱属 *Ornithogalum* H6-H1c
酢浆草属 *Oxalis* H7-H2
黄韭兰属 *Sternbergia* H4
郁金香属 *Tulipa* H7-H5

小鳞茎 Bulblets
葱属 *Allium* H7-H4(部分物种)
弯尖贝母 *Fritillaria acmopetala* H4,
 洁贝母 *F. pudica* H7, 浙贝母 *F. thunbergii* H4
网状群鸢尾 *Iris* Reticulata Group H7(部分物种)
葡萄风信子属 *Muscari* H6-H4(部分物种)

小球茎 Cormels
唐菖蒲属 *Gladiolus* H7-H3(物种和杂种)

注释
H = 耐寒区域,见56页地图

用茎生珠芽繁殖

1. 在整个夏末,当珠芽松动成熟的时候,将它们从百合茎干的叶腋处小心地采下来。

2. 将珠芽插入装满湿润的含壤土盆栽基质中,轻轻地按入基质表面。用沙砾覆盖并用标签做记号(见内嵌插图)。将它们放入冷床中,直到长出年幼球根。

如何用分离鳞片的方法繁殖百合

1. 清洁百合鳞茎;去除并丢弃所有受损的外层鳞片。轻轻地折下大约6枚完好的鳞片,尽可能接近鳞茎的基部。

2. 在塑料袋中装入泥炭替代物与珍珠岩的等比例混合物,然后将鳞片放入塑料袋中。

3. 为塑料袋充气,然后密封并标记。在温暖黑暗的地方放置3个月,温度保持在21℃。然后转移到冰箱中6~8周。

4. 当小鳞茎已经在鳞片上形成时,如果鳞片变软则将它们去除。如果它们呈肉质且紧实,则将它们留在小鳞茎上。

5. 将成簇小鳞茎单独种在小花盆中或数簇一起种在种植盘里。用沙砾覆盖容器表面,标记,然后将它们放置在温暖明亮处。

6. 在第二年春季,将花盆放置在冷床中炼苗。

7. 在秋季,当鳞茎已经生长之后,将它们从花盆中取出并分离。将它们单独上盆或种植在固定位置。

后将塑料袋放到寒冷的地方（如冰箱中，但不能是冷冻区）6~8周，以促进小鳞茎发育。当小鳞茎形成后，在花盆中填充排水良好的盆栽基质。插入1片或更多带有小鳞茎的鳞片，使鳞片顶端正好位于基质表面之下。

在炎热的天气里，将花盆放置在遮阴冷床或凉爽温室中。在夏季，将耐寒球根的花盆齐边埋入冷床或开阔花园中的背风位置。

在第一个生长季结束的时候，将小鳞茎分离并单独上盆在适合成熟球根的排水良好基质中（见"保护设施中的球根植物栽培基质"，231页）。让它们在冷床或凉爽温室中继续生长到第二年春季，然后重新上盆到容器中或者种在花园中开花的位置。

或者，在种植盘中填充2份潮湿蛭石、珍珠岩或泥炭替代物与1份粗砂的混合物，然后将鳞片扦插在里面。保持湿润和阴凉两个月，最好是在大约21℃的温暖温室中。在春季，将它们转移到凉爽的地方促进叶片良好生长；之后小鳞茎可以单独重新上盆并继续生长一年，然后移栽。

分离双层鳞片

这种方法可用于建立水仙、风信子以及雪花莲等植物的株系。保证双手、小刀以及切割表面的完全洁净。从健康的休眠鳞茎上除去所有老旧的外层鳞片。将每个鳞茎切成数段，然后切成对鳞片，每对鳞片都保留一小部分鳞茎的基盘（见"如何分离双层鳞片繁殖鳞茎"，上）。将成对鳞片放入透明塑料袋中，袋中有等比例珍珠岩和湿润泥炭替代物的混合物。使塑料袋膨大，然后密封并做标记。将塑料袋放到21℃的黑暗环境中。当小鳞茎形成后（一般是在春季），将成对鳞片从袋子中取出，然后按照与单个鳞片同样的方法上盆（见"如何用分离鳞片的方法繁殖百合"，625页）。

球根的切段繁殖

将球根切成段不是业余种植者常用的方法，但对于不能大量分株或结实的植物很有用。可以在休眠期将要结束时将球根切成数段；可将部分基盘切下，或者将整个球根切段。

切段

许多球根可以在休眠期即将结束时（如早秋）繁殖，将它们切成数段。这能让那些无法用吸芽快速繁殖的球根植物实现快速繁殖。大型球根（如水仙和朱顶红的球根）可以切成16段之多；较小的水仙和其他球根（如雪莲花的球根），通常切成4段或8段。

良好的卫生对于避免病害感染是非常重要的。如果你对球根切割时渗出的汁液过敏的话，就要戴上手套。用甲基化酒精清洁并为球根消毒。使用已在甲基化酒精中消毒的小刀或解剖刀在干净的台面上切割。重复切割直到球根被切成所需的数目，然后将它们放在铁架上晾干。

将球根的片段储藏在装有蛭石和大量空气的塑料袋中，并放置在黑暗条件下12周。20~25℃的气温对于大多数种类很合适。将成段球根上长出的小鳞茎分离下来，然后上盆到装有排水良好盆栽基质的种植盘中。它们会在两三年内达到开花大小。

切割有生长点的球根

某些仙客来属物种——特别是地中海仙客来（*C. hederifolium*）和天竺葵叶仙客来（*C. rohlfsianum*）——以及块茎类海棠在块茎表面形成多个生长点。雄黄兰属（*Crocosmia*）和唐菖蒲属（*Gladiolus*）等数个属的球茎也一样。这些块茎和球茎可以通过切成块的方式繁殖，只要每块都保留一个生长点。

准备底部有数个排水孔的直径5~6厘米的花盆，并在其中填充排水良好的盆栽基质。然后将成块球根单独插入基质中，生长点朝上。用更多基质覆盖球根。

用沙砾覆盖花盆表面，标记后放入寒冷温室中直到它们开始生

如何分离双层鳞片繁殖鳞茎

1 将鳞茎（这里是水仙）的棕色外层鳞片除去。用锋利的小刀切除根系，不要伤及基盘，然后将鳞茎尖部切除。

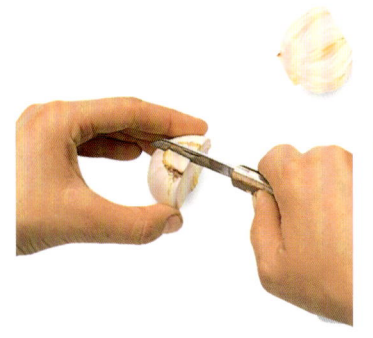

2 将鳞茎头朝下放置。用小刀向下切过基盘，将鳞茎切成数段，每段都有一部分基盘。

3 将每段鳞茎剥成对鳞片。使用解剖刀将每对鳞片切下，底部连接一小段基盘（见内嵌插图）。

用切段方法繁殖的球根植物

猪牙花属 *Erythronium* H5-H4
贝母属 *Fritillaria* H7-H3
雪花莲属 *Galanthus* H6-H3
朱顶红属 *Hippeastrum* H2-H1a（物种和杂种）
风信子属 *Hyacinthus* H6-H4
鸢尾属 *Iris* H7-H1c
水仙属 *Narcissus* H7-H2
纳丽花属 *Nerine* H5-H2
绵枣儿属 *Scilla* H6-H4
黄韭兰属 *Sternbergia* H4

注释
H = 耐寒区域，见56页地图

球根的切块繁殖

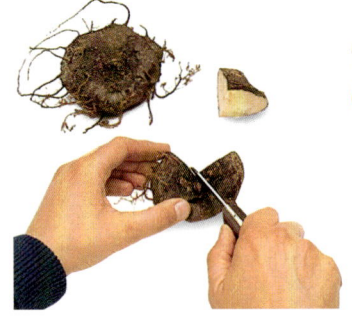

1 拿出一个大的健康球根（这里是地中海仙客来），用干净的小刀将它切成两三块。每块必须保留至少一个生长点。

2 将成块球根放置在温暖干燥处的铁架上48小时，直到切割表面形成愈伤组织（见内嵌插图）。然后，将它们单独上盆至装有排水良好基质的花盆中。

如何用切段的方式繁殖球根

1. 当叶片凋萎后,将休眠球根挖出并选择健康完好的球根(这里是朱顶红)。切除尖端和根系,不要损伤基盘。

2. 将球根基盘朝上放在干净的切割台上。用干净锋利的小刀小心地向下切割,将其切成两半。

3. 用同样的方式切割每一半球根,保证基盘平均分配在每段中。

4. 重复切割过程直到球根被切割成16段,然后将它们放在铁架上晾干数小时。

5. 在塑料袋中装入一半容积的11份蛭石与1份水混合物。往每个塑料袋中放数段球根。用橡胶带或塑料绑结密封袋子,将袋子储藏在温暖黑暗的通风处。

6. 当小鳞茎出现在基盘周围时,将每段球根单独种植在直径为6厘米的花盆中,花盆里装满排水良好的盆栽基质。将花盆放在背风处,让球根继续生长。

如何通过基部插条繁殖

1. 冬末,在温室中催化块茎(这里是大丽花)。当幼嫩枝条长到7.5厘米长时采取插条。

2. 从块茎上切下带生长点和两三对叶片的插条。在茎节处修剪。除去底部的一对叶片。

3. 将插条插入花盆中的湿润基质中,并将花盆转移到增殖箱或塑料袋中让插条生根。然后将插条单独上盆,以使其继续生长。

长。保持基质足够的湿润以维持成块球根,直到生长开始。

让它们在冷床中光照良好的条件下继续生长,并为炎热的夏季阳光遮阴。小心地浇水,不要在生长季让年幼的植株脱水。在第二年秋季露地移栽。

简单切割

用锋利的小刀将球根的基盘切割至0.5厘米深;切口数量取决于球根的大小。把球根放入装有潮湿珍珠岩或蛭石的塑料袋中,在温暖处保存。

对基盘造成的伤害会诱使小鳞茎沿着伤口长出来。当小鳞茎形成之后,将球根头朝下插入1份泥炭替代物和1份珍珠岩或粗砂的混合物中。小鳞茎会在老球根上生长。一年后,小心地将小鳞茎分离,并将它们种植在凉爽温室中的种植盘中,使其继续生长。

基部插条

某些球根植物的发芽块茎可以在冬末用于生产基部插条——在老块茎上保留的幼嫩枝条会长出新的根系。将插条放入湿润基质中直到它们生根,然后上盆。将生根后的插条放到温暖温室中继续生长直到所有霜冻危险过去。在冷床中炼苗并在初夏露地移栽。在春季可以用这种方法繁殖球根秋海棠和大岩桐(*Sinningia speciosa*)。

挖伤法和刻痕法

一些根状茎类植物(如延龄草)可以用挖伤法或刻痕法繁殖。挖伤需要清理足够多的土壤并露出根状茎顶部,然后在每个根状茎的生长点周围轻轻地做一浅切口。用泥炭替代物和粗砂的等比例混合物覆盖根状茎,或者用疏松、排水良好的土壤覆盖。小根状茎会沿着切口形成,并及时长到能用来繁殖的大小。或者将根状茎挖出,并除去它们的生长点。做凹面切口,不要从生长点基部直切,否则会留下易腐烂的软组织。然后重新种植根状茎。小根状茎会在切口周围形成。一年后,挖掘并暴露根状茎,取下年幼根状茎,并按照幼苗的种植方式上盆(见"球根植物幼苗的上盆",623页)。

挖伤风信子鳞茎

挖伤法是商业生产风信子所使用的繁殖方法。将鳞茎基盘的中央部分挖去并丢弃,然后将鳞茎头朝下保存在温暖黑暗的条件中。

大量小鳞茎会在伤口表面和周围形成。可以将它们从母球上分离下来,并在单独的花盆中按照小鳞茎的方式种植(见"用小鳞茎和珠芽繁殖",624页)。

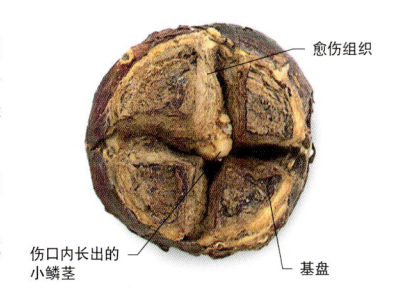

较浅地割伤某些鳞茎(这里是风信子)的基盘可以促进小鳞茎的形成。

— 愈伤组织
— 伤口内长出的小鳞茎
— 基盘

分株

从根状茎抽生出多根枝条的植物可以劈开或分开，通常是通过从株丛边缘周围健康苗壮的年幼部分中选择芽体。易产生萌蘖条的灌木和乔木也可以通过在冬季挖出萌蘖条并重新种植来实现分株。在另一个极端，可以将有根的单根茎剪下；这些预生根分株苗通常被视为插条（见"预生根插条"，613页）。

与使用插条或种子相比，分株是更简单、更快速的繁殖方法，但只能从母株成功分离出数量相对较少的植株，而且和种子不同的是，分株苗可能携带病害。

生根萌蘖条

对于从根部抽生新枝或萌蘖条的灌木和乔木，这是一种简便的增殖方法，因为萌蘖条很容易分离下来并继续生长。这种方法适合丁香、樱、假叶树属、棣棠属、白珠树属、涩石楠属和野扇花属等植物，尤其是大量萌蘖的蔷薇属物种，包括茴芹叶蔷薇和玫瑰的品种，以及一些法国蔷薇。植株必须生长在自己的根系上而非嫁接在砧木上，因为萌蘖条会在嫁接结合处之下的根状茎处产生，而不是由嫁接品种产生。

春季是使用萌蘖条繁殖的最佳时间，因为此时植物生长活跃，分离下来的萌蘖条会迅速恢复成形。只需用叉子挖掘一条带萌蘖的根，然后小心地将萌蘖条和附带的根暴露出来并挖出，注意不要扰动母株。用锋利的修枝剪或剪刀分离萌蘖条，确保分离出来的部分带有纤维状根。更换并紧实母株周围的土壤。修剪萌蘖条，将主根或匍匐枝（地下匍匐茎）剪至有纤维状根的部分。将长且多叶的枝条剪短大约一半，减少移栽后的水分散失并促进萌蘖条呈灌丛状分枝。

对于包括盐肤木属灌木在内的某些灌木，在夏季或秋季对母株周围的土地进行深挖会促进萌蘖条的生长。这会对根系造成损伤，刺激不定芽在春季抽生萌蘖条。然后，可以将这些生根萌蘖条挖出上盆或露地移栽。

移栽生根萌蘖条
分离出的萌蘖条可以种进准备好的露天种植穴中。紧实萌蘖条周围的土壤并浇水（这里所用的植物是柠檬叶白珠树）。

萌蘖果树

成形的茎生水果（如树莓）会产生萌蘖条，它们一般会被锄掉。如果保留的话，可以在秋季植物处于休眠期但土壤仍然温暖时将生根萌蘖条挖出并分离。将生根萌蘖条直接移栽到其永久种植位置上（见"繁殖"，451页）。无花果、欧洲榛和大榛也会长出萌蘖条；如果它们拥有良好的根系，可使用铁锹将它们分离下来并以同样的方式重新种植。

适合分株繁殖的萌蘖灌木

加拿大唐棣 *Amelanchier canadensis* H7
倒壶花属 *Andromeda* H6
涩石楠属 *Aronia* H7
小舌紫菀 *Aster albescens* H7
黄杨叶小檗 *Berberis buxifolia* H7
锦熟黄杨 *Buxus sempervirens* H6
蓝雪花 *Ceratostigma plumbaginoides* H5
臭牡丹 *Clerodendrum bungei* H4
红瑞木 *Cornus alba* H7,
　加拿大草茱萸 *C. canadensis* H7,
　偃伏梾木 *C. sericea* H7
大王桂 *Danäe racemosa* H5
矮状忍冬 *Diervilla lonicera* H5

欧石南属 *Erica* H7-H2
扶芳藤 *Euonymus fortunei* H5
白珠树属 *Gaultheria* H6-H2
弗吉尼亚鼠刺 *Itea virginica* H6
棣棠属 *Kerria* H5
匍匐十大功劳 *Mahonia repens* H5
崖翠木属 *Paxistima* H7
远志属 *Polygala* H7-H1b
盐肤木属 *Rhus* H6-H2
假叶树 *Ruscus aculeatus* H5
野扇花属 *Sarcococca* H5-H3
粉花绣线菊 *Spiraea japonica* H6（各品种）

注释
H = 耐寒区域，见56页地图

如何分株繁殖宿根植物

1 将待分株植株挖出，注意叉子插入土壤中的位置应远离植物，以免损伤根系。摇晃掉多余的土壤。这里展示的是一株向日葵属植物。

2 用铁锹将一部分植株从木质化的中央劈下来。

3 用手将劈下的植株掰成更小的部分，每部分都保留数根新枝。

4 将旧枝叶剪去，并将分株苗以之前同样的深度种植。紧实土壤，浇透水。

另一种方法
对于纤维状根的草本植物（这里是一株萱草），用两把背对背的手叉将其分开。

分株繁殖的宿根植物

蓍属 Achillea H7-H3
乌头属 Aconitum H7
沙参属 Adenophora H5-H3
秋牡丹 Anemone hupehensis H7
箭芋属 Arum H7-H2
紫菀属 Aster H7-H2
落新妇属 Astilbe H7-H4
星芹属 Astrantia H7
岩白菜属 Bergenia H7-H3
牛眼菊属 Buphthalmum H5-H1c
风铃草属 Campanula H7-H2
苔草属 Carex H7-H3
羽裂矢车菊 Centaurea dealbata H7
铁线莲属 Clematis H7-H3（草本种类）
轮叶金鸡菊 Coreopsis verticillata H5
心叶两节芥 Crambe cordifolia H5
多榔菊属 Doronicum H5
柳叶菜属 Epilobium H5
山羊豆属 Galega H7
老鹳草属 Geranium H7-H2
堆心菊属 Helenium H7-H3
向日葵属 Helianthus H5-H3
东方铁筷子 Helleborus orientalis H6
萱草属 Hemerocallis H7-H6
矾根属 Heuchera H7-H3
玉簪属 Hosta H7
鸢尾属 Iris H7-H1c（根状茎类）
火炬花属 Kniphofia H6-H2
蛇鞭菊属 Liatris H7
红花半边莲 Lobelia cardinalis H3
剪秋罗属 Lychnis H7-H5
排草属 Lysimachia H7-H2
千屈菜属 Lythrum H7-H6
舞鹤草属 Maianthemum H7-H1c
芒属 Miscanthus H7-H6
荆芥属 Nepeta H7-H2
红茎月见草 Oenothera fruticosa H5
沿阶草属 Ophiopogon H5-H2
芍药属 Paeonia H7-H3
麻兰属 Phormium H4-H3
假龙头属 Physostegia H7-H3
花荵属 Polemonium H7-H5
肺草属 Pulmonaria H7
大黄属 Rheum H6-H5
金光菊属 Rudbeckia H7-H2
森林鼠尾草 Salvia nemorosa H7，
　草原鼠尾草 S. pratensis H7
肥皂草属 Saponaria H7-H5
高加索蓝盆花 Scabiosa caucasica H4
八宝景天 Sedum spectabile H6
穆葵属 Sidalcea H7
一枝黄花属 Solidago H7
毛草石蚕 Stachys byzantina H7
聚合草属 Symphytum H7
红花除虫菊 Tanacetum coccineum H6
唐松草属 Thalictrum H7
无毛紫露草群 Tradescantia Andersoniana Group H6
金莲花属 Trollius H7-H6
婆婆纳属 Veronica H7-H4

对植株进行分株

很多草本宿根植物、高山植物、岩生植物、香草和一些灌木可以通过分株繁殖。特别适合分株的植物包括产生大量须根的垫状植物，以及产生容易分离的枝条簇的丛状植物。许多丛状植物有中心枯死的倾向。可以将它们分株并且只重新种植最年轻、最茁壮的部分，令它们实现复壮。

何时分株

大部分植物应该在秋末至早春的休眠期分株，但要避开过冷、过湿或过于干旱的天气，因为这样的条件会让分株苗难以恢复。

肉质根宿根植物通常在春季休眠期将要结束时挖出分株。在这时，它们的芽正要开始长出嫩茎，那里是生长最活跃的区域，也是分株苗需要保留的部分。某些植物（如报春花和绿绒蒿）应该在花期后立即分株，此时它们处于旺盛的营养生长阶段。

准备

首先松动待分株植株周围的土壤，注意不要损伤根系，然后用叉子将植株撬起来。晃掉根系上尽可能多的松散土壤，并清理掉死亡枝叶，以便看清从何处进行分株。这还能让你看到植株哪些部分是健康的、应该保留的，哪些部分是老旧衰弱的、应该丢弃的。

将肉质根植物根系和根颈部的大部分土壤清洗掉，使所有芽清晰可见，以防在分株时不慎将芽弄伤。

纤维状根植物

将两把手叉背对背插入植株中央附近，使叉子的齿紧密相靠，把手分开；然后将把手向两侧轻轻推开，叉子尖端会将植株逐渐分离，使其变成两个较小的部分。在每一部分上重复这一步骤，得到更多分株苗，每棵分株苗上都要保留一些嫩茎和发育完好的根系。

对于形成木质化根丛或根系粗壮结实的植物，应该用铁锹或刀子分株；确保每棵分株苗上至少有两个芽或嫩茎。丢弃植株中央老弱木质化的部分；拥有健壮嫩枝和健康根系的部分通常生长在植株的边缘。对于拥有松散、伸展根颈部和大量茎干的宿根植物，如紫菀，很容易用手或两把手叉分株。只需将生长在根颈部边缘并拥有根系的单根茎分离下来即可。

肉质根植物

对于拥有大块肉质根的宿根植物，如大黄属植物，可能需要用铁锹来分株，因为背对背的叉子难以分开它们的根茎。在清理完植株，露出发育中的芽后，用铁锹将它们从中间劈开，注意每部分保留至少两个芽。然后用小刀将每部分修剪整齐，丢弃所有年老的木质化部分以及受损或腐烂的根系。

根状茎植物的分株

拥有粗厚根状茎的植物，如岩白菜属（Bergenia）和根状茎类鸢尾，在分株时，应该用手将植株掰成数部分，然后将根状茎切成数段，每段上保留一个或多个芽。

竹类要么用短的根状茎形成浓密的根丛，要么拥有长而伸展的根状茎。对于前者，用铁锹或两把背对背的叉子分开；对于后者，用修枝剪将其剪成数段，每段应保留3个茎节（见"竹类"，132~133页）。

1 将待分株植株（这里是一丛鸢尾）挖出，叉子应远离根状茎，避免伤害它们。

2 摇晃根丛，去除多余土壤。用手或手叉将根丛分成数段。

3 丢弃老的根状茎，然后将新的年幼根状茎从根丛上分离，将它们的末端修剪整齐。

4 将长根剪短三分之一。对于鸢尾类植物，将叶子剪短至15厘米长，以防大风将根系摇散。

5 以12厘米的间距将根状茎种下。根状茎应该半埋在土中，叶子和芽直立。紧实并浇水。

芍药的分株

在对芍药分株时应该特别细心，因为它们不喜移植，并且恢复得很慢。为得到最好的效果，应该在早春休眠期即将结束时挖出并分株，这时芍药膨胀的红色嫩芽清晰可见。将根丛切成数段，每段保留数个芽，注意不要伤到肥厚的肉质根。

1 在早春嫩芽清晰可见的时候将植株挖出。将根丛切成数段，每段保留数个芽。

2 将分株后的部分以大约20厘米的间距重新种植。芽应该刚好露出地面。紧实土壤。

月季的分株

如果月季长在自己的根系上，那么采取生根萌蘖条就是一种简便的繁殖方法。不过，大多数来自苗圃的月季是嫁接在砧木上的，所以萌蘖条从砧木上长出，这样的月季不能用分株的方法繁殖。

某些由实生苗长成的蔷薇属物种和由扦插苗长成的月季会自然抽生萌蘖条。在休眠期，将生根萌蘖条或枝条从母株上分离，并移至苗床或固定位置。对有芽的灌丛月季品种深植，有时会促进枝条生根。可以像使用生根萌蘖条那样用它们繁殖。

大量抽生萌蘖条的种类（如茴芹叶蔷薇、玫瑰的品种以及某些法国蔷薇）都可以用这种方法轻松繁殖。

1 在秋末或早春，选择一根发育良好的萌蘖条。将土壤挖走，露出它的基部。将其从母株上分离，尽量多带根。

2 准备好宽度和深度能容纳根系的种植穴。立即将萌蘖条种在里面，浇水并紧实土壤。将枝条截短至23~30厘米。

对于根颈错综复杂交织在一起的植物，如龙舌百合属（*Arthropodium*）植物，以及丛生观赏草，也可以用两把手叉分株。

重新栽植和养护

在对植物分株后，修剪任何受损的根（见"根系如何形成"，611页）。尽快种植分株苗。分株苗不能脱水，所以如果必须延迟几个小时才能种植的话，应将植株蘸水后放入密封塑料袋中，并在阴凉处保存，直到你准备好种植它们。

大型分株苗如果立刻种植的话，仍然能在当季开出效果很好的花朵，不过茎干常常会变短。而非常小的分株苗一般会在苗床或花盆中生长一年才能成形。在容器中种植时，使用由1份不含泥炭的多用途盆栽基质和1份沙砾混合而成的基质，对于喜酸植物，应将沙砾和不含泥炭的喜酸植物基质混合使用。

一般来说，分株苗的种植深度应当和原来的植株相同，但那些基部易腐烂的种类最好稍稍突出地面种植，使根颈部不受多余水分的浸泡（见"种植深度"，186页）。

在重新种植时，保证根系在种植穴中充分伸展，然后将植株紧实在土壤中。为新种植的分株苗浇透水；注意不要将土壤冲走，暴露出根系。

微体繁殖

微体繁殖需要使用外植体，即幼嫩植物材料的微小片段。每个外植体都生长在包含有机养分、矿物盐、植物激素以及其他植物生长必需元素的基质中，并保持在受控制的环境中。外植体扩繁形成枝条或完整的小植株，它们可以作为"微型插条"生根培养，如果已经生根，则让它们逐渐适应温室条件。无菌条件至关重要，而将植物材料从培养容器转移到温室中也比较困难。微体繁殖主要用于商业园艺和高价值植物的繁育，比如，快速引入新品种时；希望大规模生产原始植株的复制品，令一流品种（如兰花品种）能够以合理的价格买到时；其他方法难以繁殖时；想获得无病毒植株时；想保存稀有植物时。

在无菌条件下，将极细小的组织从植株上取下。这部分组织又称外植体，将其分离并使其在试管条件下生长（见下图）。一旦长到足够大，这些胚胎植株就可以进一步分株或继续生长形成小植株。

胚胎植株

无菌试管条件

分株繁殖的岩生植物

银毛蓍草 *Achillea ageratifolia* H5
高山羽衣草 *Alchemilla alpina* H7，
　艾氏羽衣草 *A. ellenbeckii* H4
高山韭 *Allium sikkimense* H6
蝶须 *Antennaria dioica* H5
山蚤缀 *Arenaria montana* H5
'矮生' 蕨叶蒿 *Artemisia schmidtiana* 'Nana' H5
广口风铃草 *Campanula carpatica* H5,
　岩荠叶风铃草 *C. cochleariifolia* H5
对叶景天 *Chiastophyllum oppositifolium* H5
无茎龙胆 *Gentiana acaulis* H5,
　华丽龙胆 *G. sino-ornata* H5
单花报春 *Primula allionii* H5
'金叶' 珍珠草 *Sagina subulata* 'Aurea' H6
有距堇菜 *Viola cornuta* H5

注释

H = 耐寒区域，见56页地图

水生植物的分株

许多水边植物可以很容易地用分株的方法繁殖。应该使用的具体分株技术取决于植物的根系及其生长模式。不过，睡莲作为块茎植物，最好使用芽插而非分株的方法繁殖（见"睡莲"，298~299页）。

拥有纤维或匍匐状根的植物

对于拥有大量纤维或匍匐状根的植物，如宽叶香蒲（*Typha latifolia*），可以通过分开根系的方式进行分株繁殖。可以简单地用手将根系掰开。如果根系紧密地包裹在一起，则使用两把背对背的园艺叉将根撬开，就像对拥有纤维状根的草本宿根植物所做的那样。

分株后的每个部分都应该包括一个生长点（水平的顶端枝条）。剪掉棕色的老旧根系并清理所有死亡叶片。修剪新根系，然后将分株苗重新种植在独立的容器里。土壤表面应该与茎的基部平齐。紧实土壤，然后用一层沙砾进行轻度的表层覆盖。用大约5~8厘米深的水覆盖种植容器。

花蔺（*Butomus umbellatus*）可以分株繁殖，但也可以通过叶腋处的珠芽繁殖。将它们从母株上分离下来并单独种植（见"用小鳞茎和珠芽繁殖"，624页）。

根状茎植物

对于拥有强壮根状茎的水生植物，如鸢尾，使用小刀将根丛分成数块，每块都包含至少一个芽和一些年幼的根系。剪去长的根，需要的话还可修剪枝叶。不要将枝叶修剪至水面以下，因为在水下的话，新形成的切面会开始腐烂。

将分株苗种植在合适的容器中，紧实根系周围的土壤，但让根状茎本身保持几乎暴露。使用一层沙砾覆盖土壤，并将种植篓浸入水池中，让根系被5~8厘米深的水覆盖。拥有匍匐地面茎的根状茎植物，如水芋（*Calla palustris*）等，可以挖出并分成数段，每段都包含一个芽。按照对待其他根状茎植物的方式将各段单独种植。

走茎和小植株

许多在热带湖泊或河流中具有侵略性的浮水植物会通过长长的不定枝上长出的走茎或小植株繁殖。凤眼莲（*Eichhornia crassipes*）以及大漂（*Pistia stratiodes*）能够在温暖的水中用这种方式迅速占据大片水面。在浅水中，年幼的小植株会很快将根扎入水底的肥沃泥土中，吸收新鲜的养分，并生长出更多的走茎。可以将小植株掐下来，重新放置在别处的水面上单独种植。

'矮生'纸莎草（*Cyperus papyrus* 'Nanus'，同 *C. papyrus* 'Viviparus'）在花序长出年幼的小植株。如果将花序弯曲并浸入装有土壤和水的容器中，小植株就会生根发育。可以将它们分离下来并单独种植。

膨胀芽

某些水生植物，如地中海水鳖（*Hydrocharis morsus-ranae*），会长出膨胀的多年生芽，称为膨胀芽（见"贮藏器官"，622页），可以从母株上分离并在水池底部越冬。在春季，这些多年生芽会再次升到水面上并发育成新的植株。

水堇（*Hottonia palustris*）的膨胀芽在春季从泥中直接生长出来，不漂浮在水面上。由于难以对这些膨胀芽进行采集，所以应该等到它们发育成年幼植株后再挖出并重新种植到新的位置。

也可以在秋季采集膨胀芽，然后将它们储藏在装有壤土的播种盘中，再沉入15厘米深的水中越冬保存。在春季，当长出的芽漂浮到水面上的时候，可以将它们采集并上盆到准备好的装有基质的容器里。

根状茎水生植物的分株

1 将植株（这里是菖蒲）挖出。用双手将根丛分成数段。每一段都应该包括良好的根系和几根健康枝条。

2 使用锋利的小刀将较长根系和枝叶剪短大约三分之一至二分之一。

3 用麻布为容器衬垫，并在其中填充部分潮湿土壤。种植分株苗，使根状茎被一薄层土壤覆盖。

菖蒲
拥有根状茎的植物（如菖蒲）很容易分株，在生长期开始时将根丛分成几部分即可。

分株繁殖的水生植物

根状茎
菖蒲 *Acorus calamus* H7
花蔺 *Butomus umbellatus* H5
水芋 *Calla palustris* H7
驴蹄草 *Caltha palustris* H7
三角椒草 *Cryptocoryne beckettii* var. *ciliata* H1a
星果泽 *Damasonium alisma* H3
雨伞草 *Darmera peltata* H6
沼泽珍珠草 *Decodon verticillatus* H4
东方羊胡子草 *Eriophorum angustifolium* H7
沼芋属 *Lysichiton* H7-H5
水薄荷 *Mentha aquatica* H6
睡菜 *Menyanthes trifoliata* H7
勿忘草 *Myosotis scorpioides* H6
黄花萍蓬草 *Nuphar lutea* H7
梭鱼草 *Pontederia cordata* H5
长叶毛茛 *Ranunculus lingua* H7
欧洲慈姑 *Sagittaria sagittifolia* H5
美国三白草 *Saururus cernuus* H7
水竹芋 *Thalia dealbata* H3
宽叶香蒲 *Typha latifolia* H7

吸芽
地中海水鳖 *Hydrocharis morsus-ranae* H5
水鬼花 *Limnobium laevigatum* H1b

田字草 *Marsilea quadrifolia* H5
香蕉草 *Nymphoides aquatica* H1b
大漂 *Pistia stratiotes* H1b
中水兰类禾慈姑 *Sagittaria graminea* H3,
'重瓣'野慈姑 *S. sagittifolia* var. *leucopetala* 'Flore Pleno' H5
耳状槐叶苹 *Salvinia auriculata* H1b,
槐叶苹 *S. natans* H1b
水剑叶 *Stratiotes aloides* H6

小植株
海带草 *Aponogeton undulatus* H1b
假泽泻 *Baldellia ranunculoides* H5
大叶水芹 *Ceratopteris cornuta* H1a
水堇 *Hottonia palustris* H5
美国萍蓬草 *Nuphar advena* H5
睡莲属 *Nymphaea* H7-H1a
少花狸藻 *Utricularia gibba* H1c

块茎
长柄水蕹 *Aponogeton distachyos* H4
芋 *Colocasia esculenta* H1b
莲 *Nelumbo nucifera* H1c
马蹄莲属 *Zantedeschia* H5- H1b

注释
H = 耐寒区域，见56页地图

仙人掌和其他多肉植物的分株

仙人掌和其他多肉植物可以在生长季早期通过分株的方法繁殖，有分吸芽或分根状茎两种方式，具体采用哪种取决于物种。对于簇生仙人掌和其他多肉植物，如肉锥花属（*Conophytum*）、乳突球属（*Mammillaria*）以及景天属（*Sedum*）植物，使用吸芽繁殖。

番杏科（*Aizoaceae*）的许多物种，如露子花属（*Delosperma*）和晃玉属（*Frithia*）植物、某些簇生仙人掌，以及芦荟属植物等，可以很容易地通过根状茎的分株进行繁殖。

对于虎尾兰属（*Sansevieria*）的部分品种，分株是繁殖彩叶品种的最可靠方法，因为叶片扦插可能会得到逆转成绿色的植株。

簇生吸芽

将母株周围的表层土刮走，露出吸芽的基部，然后使用锋利的小刀按照需求小心地将一个或多个吸芽从母株上分离下来。将吸芽上的伤口晾干以形成愈伤组织。

未受损的吸芽可立即上盆到大小合适的容器中。没有生根的吸芽应该插入等比例混合的泥炭替代物和粗砂中。如果吸芽已经发育出了根系，则使用标准盆栽基质。使用大小合适的花盆，底部铺设一层瓦片。将吸芽单独上盆并浇适量水。将上盆后的吸芽放置在最低温度为15℃的半阴处大约两周，并在第一周过后再浇一次水。一旦新的枝叶

轻松繁殖
分离形成于茎基部的吸芽块茎并将其重新上盆，是繁殖吊灯花属植物最简单、最快速的方法之一。

长出，就应该将这些植株换盆到标准盆栽基质中，并进行正常的浇水（见"浇水"，355页）。

吸芽块茎

某些块茎上生根的多肉植物，如吊灯花属（*Ceropegia*）植物，会在母株的大块茎周围长出小型吸芽块茎。对这些小块茎可以进行分株并种植，令其长出新的植株。

在休眠期，清理走部分基质，使吸芽露出，然后将干净、锋利的小刀将它们从母株上分离下来（最好带一段茎）。将切口表面晾干两天，促进表面形成愈伤组织。将每个吸芽块茎插入含有等比例泥炭替代物和粗砂的干净花盆中。

如果吸芽已经长出根系，则将它们直接种在标准盆栽基质中。基质表层覆盖薄薄的一层水洗尖砂，然后标记。将花盆放入半阴处并将温度维持在18℃。让块茎沉降3~4天，然后用细喷雾器定期浇水。只要开始生长并出现一些年幼的枝条，就开始正常浇水（见"浇水"，355页）。当植株长出数根枝条并完全成形后，立即将它们上盆到标准盆栽基质中。

根状茎的分株

分根状茎是繁殖虎尾兰属（*Sansevieria*）和芦荟属植物最快速的方法（见"根状茎的分株"，下）。将整株植物从花盆中挖出，然后小心地将根状茎掰开或切成许多较小的部分，每部分都带有一个健康的芽或枝条，以及发育完好的根系。将每一部分单独上盆到装有标准盆栽基质的容器中。为每个容器

簇生吸芽的分株

1 轻轻地刮走吸芽周围的表层基质。在吸芽与母株的连接处横切，并让伤口形成愈伤组织（见内嵌插图）。

2 使用由粗砂和泥炭替代物等比例混合而成的基质，将吸芽插入基质表面下。

3 表面覆盖5毫米厚的沙砾，做标记并将花盆放到半阴处。3~4天后再浇水。

4 当新枝叶出现后，将吸芽上盆到标准盆栽基质中，像之前那样进行表面覆盖。

根状茎的分株

1 将植株[这里是虎尾兰（*Sansevieria trifasciata*）]挖出。直切根状茎，将其分成独立的数个部分。

2 丢弃老旧的木质材料以及任何柔软或受损根系，然后将每段根状茎重新种植。

做标记，浇水，并将其放到半阴凉处，直到植株完全恢复。

或者不用挖出整株植物，将一块根状茎切下来，同时用手叉将其从土壤中挖出。在切面涂抹杀真菌剂粉末，并像对待吸芽块茎一样上盆（见"吸芽块茎"，632页；"吸芽块茎的分株"，下）。用标准盆栽基质填补母株周围留下的缝隙，并少量浇水。

通过分根状茎进行繁殖的仙人掌和其他多肉植物

月宫殿　　　宝槌石　　　阿拉伯剑角龙　　　绯宝丸

绿纱宝山　　　'金边短叶'虎尾兰　　　大豹皮花　　　银皮玉

通过分吸芽进行繁殖的仙人掌和其他多肉植物

黄大文字　　　荒戎团扇　　　玉树　　　'莱因哈特'长生草

吸芽块茎的分株

1 刮走大块茎周围的部分基质，并小心地将吸芽块茎取下。将它们挖出，不要损伤可能存在的根系（见内嵌插图）。

2 让伤口产生愈伤组织。如果已经长出根，则将吸芽插入标准盆栽基质中，或者使用等比例混合的泥炭替代物与沙子。

3 表面覆盖一层5毫米厚的3毫米尖砂。为花盆做标签，但等几天之后再浇水。

分株繁殖的仙人掌和其他多肉植物

分吸芽
龙舌兰属 Agave H2-H1c
芦荟属 Aloe H2-H1b
芦荟番杏属 Aloinopsis H2-H1c
开普敦秋海棠 Begonia natalensis H1b
菊波花属 Carruanthus H2
肉锥花属 Conophytum H2-H1b
龙爪玉属 Copiapoa H2-H1b
顶花球属 Coryphantha H2-H1b
青锁龙属 Crassula H3-H2, 许多种类, 包括:
　穿叶青锁龙 C. perfoliata H2
　莲座青锁龙 C. socialis H2
手指玉属 Dactylopsis H2
露子花属 Delosperma H5-H2
春桃玉属 Dinteranthus H1b
龙幻属 Dracophilus H2
小花犀角属 Duvalia H1b
青须玉属 Ebracteola H1c
拟石莲花属 Echeveria H4-H2, 许多种类, 包括:
　莲座草 E. agavoides H2,
　德氏莲座草 E. derenbergii H2
　优雅莲座草 E. elegans H2
　白毛莲座草 E. setosa H2
苦瓜掌属 Echidnopsis H1a
鹿角柱属 Echinocereus H2-H1c

仙人球属 Echinopsis H3-H1c
月世界属 Epithelantha H1b
蝴蝶玉属 Erepsia H1a
松笠属 Escobaria H4-H1c
虎颚属 Faucaria H2-H1c
白星龙属 Gasteria H1c（大部分物种）
舌叶花属 Glottiphyllum H2-H1c
山地玫瑰属 Greenovia H2
裸萼属 Gymnocalycium H2-H1b
十二卷属 Haworthia H1b（大部分物种）
星钟花属 Huernia H1b
生石花属 Lithops H1b
乳突球属 Mammillaria H2
丝毛玉属 Meyerophytum H2
仙人掌属 Opuntia H4-H1c
瓦松属 Orostachys H5-H1c
锦绣玉属 Parodia H1b
凤卵属 Pleiospilos H1c
翅子掌属 Pterocactus H2
宝山属 Rebutia H2-H1b
菱叶草属 Rhombophyllum H2-H1c
景天属 Sedum H7-H1b
长生草属 Sempervivum H7-H5
豹皮花属 Stapelia H1b
齿舌叶属 Stomatium H1c

瘤玉属 Thelocactus H1c（少数物种）

分根状茎
龙舌兰属 Agave H2-H1c
芦荟属 Aloe H2-H1b
银石属 Argyroderma H1c
龙角属 Caralluma H1b
剑叶花属 Carpobrotus H2
露子花属 Delosperma H5-H2
小花犀角属 Duvalia H1b
虎颚属 Faucaria H2-H1c
窗玉属 Fenestraria H2
晃玉属 Frithia H2
舌叶花属 Glottiphyllum H2-H1c
裸萼属 Gymnocalycium H2-H1b
星钟花属 Huernia H1b
乳突球属 Mammillaria H2
宝山属 Rebutia H2-H1b
舟叶花属 Ruschia H2-H1c
虎尾兰属 Sansevieria H1b
豹皮花属 Stapelia H1b
宝玉草属 Titanopsis H1c

注释
H = 耐寒区域, 见56页地图

嫁接和芽接

对于许多木本植物和一些草本植物，可以从待繁殖的植株上采下带芽茎段（接穗）并将其嫁接在其他物种或品种的砧木上，得到拥有更多目标性状的复合植株。接穗可以只有极短茎干上的一个芽（又称为芽接），也可以是带多个芽的一长段茎。大部分苹果、梨和核果果树是用这种方法繁殖的。

与插条不同，嫁接植物拥有现成的发达根系，所以它们的成形速度相对较快。砧木对根系病害的抗性比接穗好，或者更适应某种特定的环境。常常要对砧木加以选择，因为它控制着接穗的生长，决定接穗会长成低矮植株还是会长成非常健壮的植株。

有时候会将难以扦插繁殖的接穗品种嫁接在容易生根的砧木上。砧木还会影响果树结果时的年龄以及果实的大小和果皮品质——低矮的砧木常常会让果树较早结果。

相反，砧木的生长周期会受接穗品种的影响，从而影响砧木的耐寒性。对土壤酸性的反应也会受到砧木和接穗品种相互作用的影响。

嫁接方法包括切接、嵌芽接、劈接、镶接和舌接等。双重嫁接指的是在接穗和砧木之间嫁接中间砧木，以赋予植物不同的特性，更常见的目的是克服接穗和砧木之间的不相容性。

嫁接时间

室外嫁接一般在冬末至早春进行，这时的形成层非常活跃，温和的天气条件也有利于愈伤组织细胞的生长。随后的炎热天气可能会将薄壁形成层细胞烤干。床接一般在温室或盆栽棚屋中进行，时间是冬季和夏季。

T字形芽接则常常在仲夏至夏末进行，这时接穗的芽已经发育充分，年幼的砧木材料也长到了合适粗细。为确保成功，砧木植物必须生长活跃，让树皮可以从木质部上分离，以便塞入要嫁接的芽。嵌芽接可以在很长的一段时间内进行，因为带芽接穗放置在砧木一侧，而非塞入其树皮下。

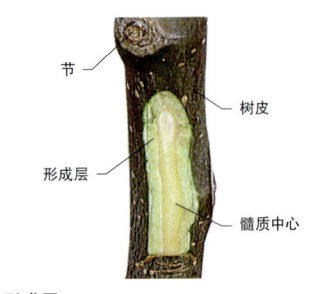

形成层
为确保嫁接的成功，接穗的形成层必须尽可能紧密地与砧木的形成层贴合。

嫁接技术

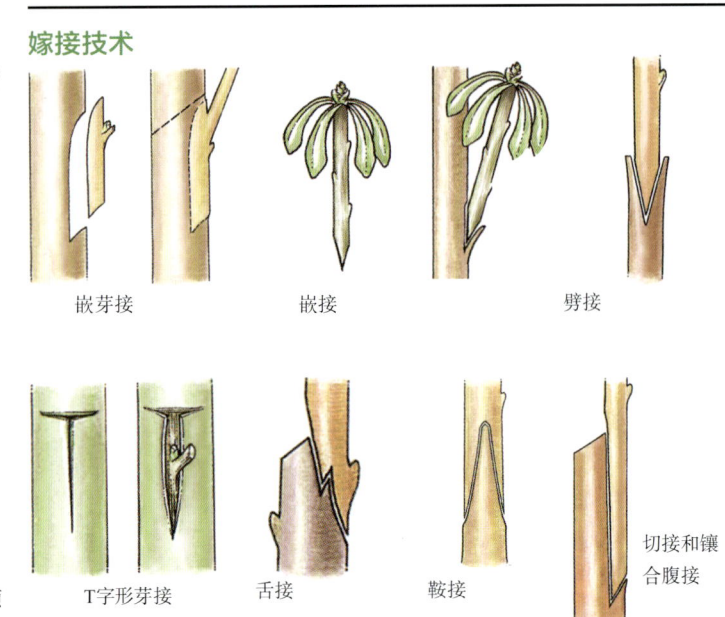

嵌芽接　　嵌接　　劈接

T字形芽接　　舌接　　鞍接　　切接和镶合腹接

T字形芽接

T字形芽接最常用于繁殖不能用种子真实遗传或者如果用扦插或压条法繁殖就无法在自身根系上生长良好的月季。使用这种方法时，砧木和接穗芽的准备方式与嵌接法相似，除了需要在砧木上做出两个切口形成一个T字。这会让砧木的树皮轻轻翘起，使接穗芽可以被塞入树皮后面。切下接穗芽时带叶柄可以使操作更容易；在将芽绑到砧木上之前将叶柄切除。砧木应该在下一个冬季截短。

要想成功地使用这种方法，必须能够轻轻地撬起砧木的树皮：在干旱气候中，需要给砧木浇水两周才能进行T字形芽接。

有许多月季砧木可以用来适应不同的生长条件：耐寒而健壮的野蔷薇（*Rosa multiflora*）被广泛地用作砧木，特别是在冬季寒冷的地方；它也可以用在贫瘠的土地上，不过，芽接在这种砧木上的植株寿命不会很长。狗蔷薇（*R. canina*）会产生耐寒的植株，在冬季严寒或者土壤黏重的地方很受欢迎，但它会大量生长萌蘖条。在休眠期较短的地方，更常使用的是花色深红的攀缘种类'休伊博士'蔷薇（*R.* 'Dr Huey'，用作砧木时曾被称为'Shafter'）。疏花蔷薇（*R.* 'Laxa'）的优选无性系已经大范围取代了其他大多数商用砧木，因为它在大多数土壤和气候条件下都表现得非常稳定，并且几乎无刺，便于芽接操作，还很少产生萌蘖条。

任何砧木供应商和当地苗圃都应该能够提供最能适应当地生长条件的砧木信息。可以从野生绿篱月季中获得砧木，但它们的品质不稳定，最好还是使用生长性状更一致的砧木。

1 选择上一季长出的成熟枝条作为接穗，并去除上面的叶子。从下面切割将芽削下。

2 在距地面大约22厘米处的砧木茎干上做T字形切口，然后将树皮撬开。

3 将芽放置在两块树皮后面，在砧木上平切，截去上端部分。像嵌芽接法一样绑扎。

如何嫁接

由于嫁接切口不可避免地会损伤植物细胞，而嫁接结合处的薄壁细胞非常容易受真菌和细菌感染，所以使用的刀必须经过消毒且锋利，只做一次切割即可。繁殖环境、所用的植物材料以及绑结也必须非常干净。

一旦选择好砧木和接穗材料并根据嫁接类型切割成相应的形状，就可以将两种材料仔细对接，使形成层最大限度地接触。在切割完成后应立即对接砧木和接穗。如果它们稍微脱水，就很可能阻碍成功的结合。如果嫁接材料的宽度不同，则应保证至少一侧的形成层是互相接触的。嫁接过程的核心是形成层的活力，它是树皮和形成层之间的一层薄壁细胞，不断产生新的细胞，使茎得以增粗。在嫁接后数天，砧木和接穗之间的区域应该会填满薄壁愈伤组织细胞。然后砧木和接穗中紧挨年幼愈伤组织的形成层细胞会和邻近的细胞连接起来，于是在两部分之间形成完整的形成层桥接。这个新的形成层会分化形成运输水和养分的组织，从而在功能上将接穗和砧木连接起来。

嫁接时应该使用透明塑料绑带将结合处密封。在不能或者不方便使用塑料绑带的情况下，如使用热空气嫁接时（见"热空气嫁接"，641页），可以用蜡代替。一旦嫁接，盆栽砧木就应该保存在适宜的保护性环境中（见"温室"和"冷床"，641页）。经常检查嫁接结合处，嫁接结合处愈合后，立即将绑带撤去。在接下来的生长季，将砧木植物剪短至从嫁接结合处长出的新枝条上端。

嵌芽接

这种嫁接方法主要用于果树，也是一种很适合繁殖木兰属和蔷薇科植物（如海棠等）的方法。在这种方法中，接穗包含一个单芽，新的生长都从这里开始，而嫁接接穗的砧木种在室外而不是花盆中。

在冬季，将一年或两年苗龄的实生苗或硬枝扦插苗种在开阔地

嵌芽接

1 选择并采取芽条（这里是一株海棠），注意要选择长而健壮的当季成熟枝条。它应该拥有发育完好的芽，大约有铅笔粗细。

2 将柔软的部分切去，并去除枝条顶端的所有叶片。

3 用一把锋利的刀子在健康的芽下面2厘米处做第一个切口，将刀刃以45°角插入枝条约5毫米深。

4 在第一个切口上方约4厘米处做第二个切口，并从木质部往下切与第一个切口会合，注意不要伤到芽。

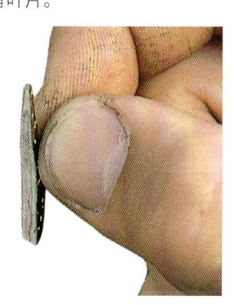

5 用拇指和食指捏住芽，将带芽接穗取下，保持形成层的干净。将带芽接穗放入塑料袋中，防止它在准备砧木的时候脱水。

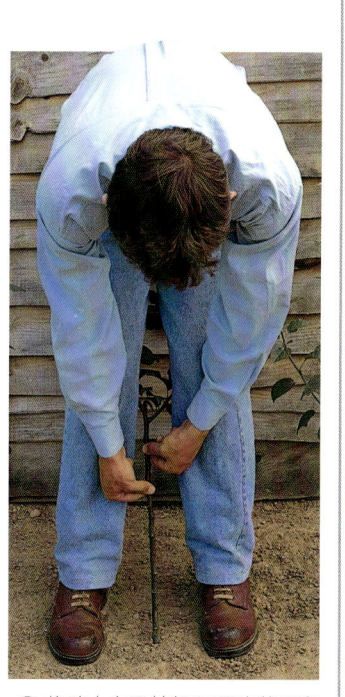

6 将砧木主干基部30厘米的所有枝条和树叶清理干净；两腿分立站在砧木上方最容易操作。

7 在砧木上做两个切口以迎合带芽插条的形状，使芽可以与砧木接合。去除切出的小片木头，注意不要碰到主干切口的表面（见内嵌插图）。

8 将带芽接穗插入砧木的切口中，使接穗和砧木的形成层尽可能紧密接合（见内嵌插图）。用嫁接绑带将结合处绑紧。如果嫁接成功，芽会膨胀萌发；绑带即可撤去。

9 在接下来的春季，将砧木剪短至紧挨结合处上方；芽会发育成领导枝。

中。这些苗将用作砧木。

在仲夏时节,去除主干基部45厘米的所有侧枝。从完全成熟、直径与砧木相似的当季枝条中选择营养(不开花)枝作为接穗。小心地切下一个芽(芽条),注意不要损伤形成层。从砧木上削掉一小块树皮,然后将芽放在砧木暴露的木质部上,使二者的形成层紧密接触。将芽条结实地捆绑在砧木上以固定位置。当芽和砧木结合后,芽会开始膨胀,此时可将捆绑撤除。第二年冬季,将砧木截短至嫁接后的芽上端,促进芽在春季长成健壮的枝条。

切接和镶合腹接

切接(spliced side grafting)是观赏乔木最常用的嫁接技术,而镶合腹接(side-veneer grafting)常用来繁殖一系列常绿和落叶灌木,它们都需要切割接穗底部形成斜角,并将这个斜角固定在砧木上的倾斜切口上。这种嫁接方式通常在叶片萌发之前的仲冬至冬末进行,不过对于槭树属乔木以及某些落叶灌木,如伯氏荚蒾(Viburnum x burkwoodii),夏季进行嫁接有时更容易成功。

提前一年开始砧木的准备工作,将一年或两年苗龄的实生苗在秋季上盆,并将其培养为开放式树形。在计划嫁接3周之前,把砧木放入凉爽温室中,迫使它们慢慢进入生长期。

保持砧木干爽,特别是那些容易流树液的种类,如桦木属和松柏类乔木,因为大量树液可能会阻止接穗与砧木的成功结合。

对于接穗,从要繁殖的乔木或灌木上收集最强壮的一年生枝条;如果可能的话,它们的直径应该与砧木茎干相似。将它们修剪至15~25厘米长,切口应紧挨单芽或一对芽

适合嵌芽接的乔木
山楂属 *Crataegus* H7-H6
毒豆属 *Laburnum* H6
木兰属 *Magnolia* H6-H3
苹果属 *Malus* H6
李属 *Prunus* H6-H3
梨属 *Pyrus* H6
花楸属 *Sorbus* H6-H3

适合切接的植物

乔木
冷杉属 *Abies* H7-H3
槭树属 *Acer* H7-H4
桦木属 *Betula* H7-H6
鹅耳枥属 *Carpinus* H7-H4
雪松属 *Cedrus* H6
柏木属 *Cupressus* H6-H2
山毛榉属 *Fagus* H6
白蜡属 *Fraxinus* H6-H3
银杏属 *Ginkgo* H6
皂荚属 *Gleditsia* H6-H5
落叶松属 *Larix* H7
木兰属 *Magnolia* H6-H3
云杉属 *Picea* H7-H4
松属 *Pinus* H7-H3
李属 *Prunus* H6-H3
刺槐属 *Robinia* H6
花楸属 *Sorbus* H6-H3

灌木
鸡爪槭 *Acer palmatum*(品种) H6
'金边'楤木 *Aralia elata* 'Aureovariegata' H5
荔梅 *Arbutus unedo*(品种) H5
滇山茶 *Camellia reticulata* H4-H3,
  茶梅群 *C. sasanqua* Group H4
树锦鸡儿 *Caragana arborescens* H7
'杂交垂枝'枸子 *Cotoneaster* 'Hybridus Pendulus' H6
毛花瑞香 *Daphne bholua* H4,
  意大利瑞香 *D. petraea* H5
金缕梅属 *Hamamelis* H6-H5
木兰属 *Magnolia* H6-H3
'黄斑'番樱桃状海桐 *Pittosporum eugenioides* 'Variegatum' H3
麦李 *Prunus glandulosa* H6
石斑木属 *Rhaphiolepis* H4-H2

注释
H = 耐寒区域,见56页地图

切接

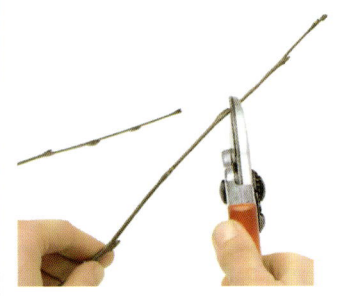

1 将接穗剪至15~25厘米长,切口应紧挨单芽或一对芽上方。将接穗放入塑料袋中,然后放入冰箱中储存,直到准备嫁接。

2 使用锋利的刀子在砧木顶端下方约2.5厘米处向下做出一个短小向内的切口。

3 从砧木顶端附近向下切出一个向内倾斜的切口,切口底端与之前第一个切口的底端重合。去除切出的一小片木头。

4 在砧木上做出最后一个切口,从第一个切口下端开始向上切。在砧木一侧留下一个平整的切面(见内嵌插图)。

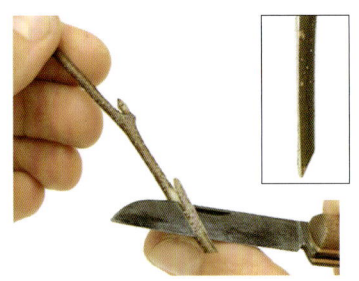

5 现在准备接穗:在基部切出一个浅而倾斜的约2.5厘米长的切口;然后在基部另一侧切出一个短的斜切口(见内嵌插图)。

6 将接穗基部插入砧木切口中(见内嵌插图)。从顶端开始,用嫁接固定条将嫁接结合处包裹结实。

7 将嫁接蜡涂抹在砧木和接穗的外露切口上。如果接穗曾被截短过,那么其顶端也应涂蜡。

8 数周之后,如果嫁接成功,接穗上的芽会出现生长迹象。清除砧木上可能长出的萌蘖条,它们会夺走接穗的营养。

芽的生长迹象

上方，并将它们放入塑料袋中，然后放入冰箱中储存，直到准备嫁接。将砧木的地上部分切短至约5~7厘米，或者在嫁接口上方留下部分砧木，到后面的养护阶段再截去（见"后期养护"，638页）。

在砧木和接穗上切出相匹配的切口，一次切出一对（见"切接"，636页）。如果接穗比砧木细，则在砧木边缘对齐，以保证至少一边形成层的结合。使用透明塑料嫁接带将接穗绑在砧木上，然后在所有暴露在外的切口上涂蜡，以减少水分散失。按照638页"后期养护"列出的指导进行后期养护。

劈接

这种嫁接方法和切接法相似，只是接穗是直接接在砧木顶端的。它适用于多种灌木的繁殖，包括锦鸡儿属、木槿属和丁香属植物。在仲冬时节，从待繁殖的植物上收集上一个生长季长出的枝条，然后将它们假植在土地中（见"假植"，93页）。在冬末或早春时，将用作砧木的一年苗龄实生苗或健壮植株挖出并清洗干净，然后截短至根部往上5厘米处。在每个砧木顶端中央做一个深2.5~3厘米的切口。将接穗的底部削成楔形，然后插入砧木顶端；将接穗顶部的切口暴露在外。捆绑嫁接后的植物并上盆，然后按照638页"后期养护"列出的指导进行后期养护。

嵌接

在使用这种方法时，先按照切接的方法选择砧木和接穗（见"切接"，638页），然后在砧木一侧做一个稍稍朝内的向下切口。在接穗基部再做两个斜切口进行准备。将接穗的楔形基部插入砧木的切口中，使形成层对齐结合。将嫁接后的植株上盆，然后按照638页"后期养护"列出的指导进行后期养护。

鞍接

在这种嫁接方法中，砧木顶端用两个向上的斜切口削成马鞍形；然后将接穗切成相匹配的形状，使其紧密地贴合在砧木顶端。这种方法主要用于繁殖常绿杜鹃花属物种和杂种，一般使用彭土杜鹃或'坎宁安白'杜鹃作为砧木。源自'坎宁安白'杜鹃的砧木还能忍耐碱性条件，令嫁接在这些砧木上的杜鹃品种得以生长在高pH值的土壤中。

在冬末或非常早的初春，选择适合嫁接的接穗材料。选择的接穗应有5~13厘米长，从待繁殖植物的健壮一年龄不开花枝条上取下。如果只能从带花芽的枝条上采取接穗，则将这些花芽掐去。接穗应做好标记，放入冰箱中的塑料袋中储存。

选择茎干直立且有铅笔粗细的砧木，并用修枝剪在茎干上做一直切口，将其截短至距基部5厘米。然后用小刀在砧木顶端做两个斜切面，形成一个倒V字形伤口。在接穗上做出两个与之对应的斜切口，使其基部——所谓的鞍——能够紧密地安在砧木的顶端。

确保砧木与接穗紧密地贴合在一起，然后用透明的嫁接胶带将二者绑在一起。将所有大的叶片剪短一半，以减少水分散失。做好标记，然后将嫁接植物放入增殖箱中并避免阳光直射，按照638页"后期养护"列出的指导进行后期养护。

舌接和镶接

镶接（whip grafting）用于繁殖某些蔬菜和特定灌木，例如杜鹃类植物。以斜切口将砧木截短至5~8厘米，然后处理接穗以匹配砧木。如果接穗比砧木细，则先平切砧木，再斜切以匹配接穗。

舌接（whip-and-tongue grafting）需要先在砧木和接穗上做出斜切口，就像在镶接中一样，然后在斜切面上做出浅舌片，让接穗

适合劈接的植物

乔木
七叶树属 *Aesculus* H7-H5
梓属 *Catalpa* H6-H5
紫荆属 *Cercis* H5
山毛榉属 *Fagus* H6

灌木
'步行者'树锦鸡儿 *Caragana arborescens* 'Walker' H7-H6
匈牙利瑞香 *Daphne arbuscula* H5
木槿属 *Hibiscus* H5-H1b
丁香属 *Syringa* H6-H5

适合舌接的乔木

白蜡属 *Fraxinu* H6-H3
皂荚属 *Gleditsia* H6-H5
刺槐属 *Robinia* H6

注释
H = 耐寒区域，见56页地图

鞍接

1 选择上一年长出的健壮不开花枝条（这里是某杜鹃花属植物）作为接穗。

2 对选好的茎干直径与接穗相同的砧木进行处理，将其截短至距基部5厘米。

3 使用锋利的小刀在砧木顶端做两个斜向上的切口，使其尖端呈倒V形（见内嵌插图）。

4 在接穗基部做出相匹配的切口（见内嵌插图），并将其长度截短至5~13厘米。

5 将切割后的接穗（见内嵌插图）放在砧木顶端，使二者结合在一起。如果砧木太窄，那么至少应保证其一侧形成层与接穗形成层紧贴。

6 用塑料嫁接带或酒椰纤维将嫁接结合处绑扎结实。将较大的树叶剪短一半。将嫁接植物放入增殖箱中，直到切口结合。

与砧木牢固地锁在一起。这是乔木果树的常用嫁接方法。它可以作为芽接的替代方法，但用在梨果果树上通常比用在核果果树上更成功。

使用完全成形的砧木，砧木应该是嫁接前的上一年冬季或最好是头两个冬季种植的。接穗材料应该有至少3个芽并且在仲冬从上一季的健康枝条上采取。将其假植（见"假植"，93页），直到准备好进行嫁接。在冬末或早春，将砧木顶端剪掉并去除所有侧枝。用斜切口从剩余茎干的顶端削去一小块树皮；在暴露的形成层中继续做一浅切口，形成舌片。

将接穗修剪成拥有三四个芽的茎段，然后用斜切口削去一个芽附近的对侧树皮。继续做一浅切口以匹配砧木上的切口，然后小心地将得到的舌片搭在砧木的舌片上。确保砧木和接穗的形成层紧密接触，然后将嫁接处绑好。按照下文列出的指导进行后期养护，当嫁接结合处周围形成愈伤组织以后，将绑带撤除。到春季时，接穗上的芽就会开始生长。选择发育最好的枝条（将其他枝条剪短），形成一年生鞭状苗（见"选择果树"，404页）。

后期养护

落叶乔木和灌木应该保存在10℃的温室中，而松柏类、阔叶常绿乔木以及夏季嫁接乔木和灌木应该保存在潮湿的封闭箱中，温度应维持在15℃。接口会在数周之内愈合，接穗上能够观察到新的生长迹象；一旦接穗开始迅速生长，就撤去嫁接绑带。为了得到更快的效果，可以将嫁接后的植物放置在热管中（见"热空气嫁接"，641页）。掐掉结合处下方长出的所有萌蘖条，因为它们都是从砧木上长出的。

6~10周后，逐渐对嫁接植物进行炼苗。如果在嫁接时砧木没有被截短，那么这时应将砧木顶部截短至接口10厘米之内。将生长中的芽绑到剩余的砧木顶端，确保新枝条直立生长。在盛夏时分，将砧木剪到接口上端，并将新枝条绑到支撑木棍上。或者也可以在春末时再将砧木剪到接口上端。一旦嫁接植物开始旺盛生长，就将嫁接后的乔木上盆或移栽到开阔地中。如果要将嫁接植物留在原来的花盆中一个生长季，应每月施加一次液态肥料。

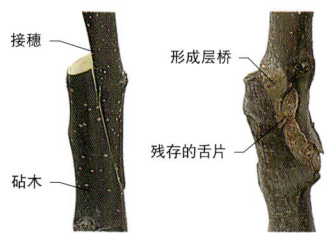

舌接

砧木和接穗的形成层细胞逐渐连接，形成一座桥梁，令两部分融合成一株植物。

舌接

1. 在仲冬，从接穗树木上剪下健康的茁壮硬木枝条。在芽上端斜切，将其切成大约22厘米长的茎段。

2. 将五六枝接穗作为一束。选择排水良好的背风处并将它们假植以保持休眠期的湿润，在土壤表面露出5~8厘米。

3. 在冬末或早春芽即将萌动时准备砧木。从地面向上大约20~25厘米处将每棵砧木的顶端剪去。

4. 用锋利的小刀切掉砧木的所有侧枝，然后在砧木一侧向上斜切出3.5厘米长的切口以接纳接穗。

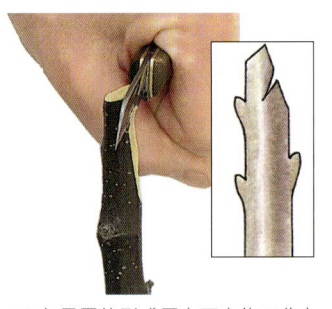

5. 在暴露的形成层向下大约三分之一处做1厘米深的切口，形成一个可以插入接穗的舌片（见内嵌插图）。

6. 挖出接穗，切除茎尖的柔软部分，然后修剪至三四个芽。对于每根接穗，切掉距离基部约5厘米处芽背后的一块树皮。

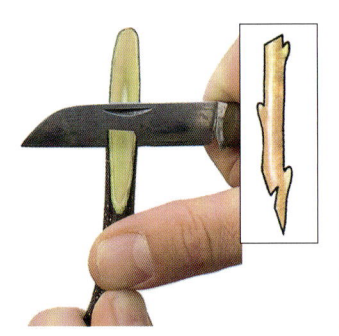

7. 不要用手接触切面，对形成层进行切割（见内嵌插图）以匹配砧木的舌片。

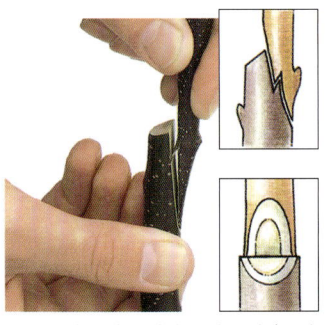

8. 将接穗放入砧木上的舌片（见内嵌插图中的上图）。使用拱形形成层作为标记（见内嵌插图中的下图）来确保暴露的表面互相紧贴。

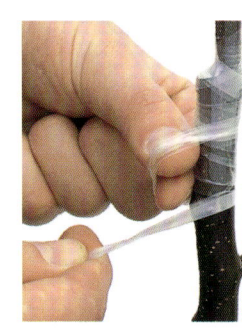

9. 用透明塑料带将砧木和接穗绑在一起。当切面开始愈合时，小心地从下面切割塑料带，并将其撤除。

仙人掌和其他多肉植物的嫁接

某些仙人掌和其他多肉植物生长在自身根系上时，成熟开花的速度很慢，特别是萝藦科（Asclepiadaceae）的特定物种，如巨龙角属（Edithcolea）和凝蹄玉属（Pseudolithos）植物。将它们嫁接到成熟速度较快的近缘物种上，可以诱导它们更快开花。在接穗植物的生长期，将接穗嫁接到长势更茁壮的砧木物种上。可使用的嫁接方法有三种：劈接、平接和侧接。

劈接

附生仙人掌常常通过劈接的方式繁殖，得到垂直的标准苗型或乔木状植株。使用茎干强健而细长的麒麟掌属（Pereskiopsis）或大轮柱属（Selenicereus）作为砧木。

为得到砧木，从选定植物上采取茎插条（见"茎插条和茎段"，621页）。插条生根并开始新的生长时，就可以用于嫁接了。将砧木顶端削平，并向下做两次斜切，形成一个狭窄、垂直、大约2厘米长的V形切口。从接穗植物上选择一根健康枝条，并将下端修剪成楔形，与砧木上的裂缝相匹配。将准备好的接穗"楔子"插入砧木的切口中，使切面紧密地贴合在一起。将仙人掌的刺水平插入嫁接区域，或者用酒椰纤维或小衣夹将砧木和接穗结实地固定在一起。

将嫁接后的植株放入21℃的半阴环境下。砧木和接穗应该在数天之内愈合；一旦愈合发生，立即将刺或酒椰纤维撤除。当新枝叶长出后，像对待成形植物那样进行浇水和施肥（见"日常养护"，355页）。

平接

这种方法常常用于繁殖茎叶扭曲不规则的多肉植物、带有簇生毛发的其他多肉植物，以及绯牡丹（Gymnocalycium mihanovichii）和白虾（Echinopsis chamaecereus），因为它们的幼苗会缺少叶绿素。可用作砧木的属包括仙人球属（Echinopsis）、卧龙柱属（Harrisia）和量天尺属（Hylocereus）。

在需要的高度对砧木的茎水平横切。然后，用锋利的小刀在横切面边缘斜切肋状棱，去除切口附近的任何刺。

对接穗进行类似的处理，然后将其基部放置在砧木植物的切面上。将橡胶带绑在接穗上端和花盆底端进行固定；确保橡胶带不会太紧。

将嫁接后的植物放在明亮的地方，但不要在全阳光直射下。保持基质刚好湿润，直到接穗和砧木愈合（通常需要一两周），这时可撤去橡胶带。然后像对待成形植物那样进行浇水和施肥。

在嫁接萝藦科植物时，吊灯花属（Ceropegia）的肉质块茎或豹皮花属（Stapelia）的健壮茎干可以用作砧木。尤其是前者，特别适合用于嫁接某些原产自马达加斯加或阿拉伯地区的萝藦科植物，这些物种使用其他砧木都很难繁殖成功。

侧接

这种方法适用于接穗太细、难以直接嫁接在砧木顶端的情况。它和木本植物的切接法很相似。在砧木顶端切一斜角，然后修剪接穗基部，使其尽可能紧密地贴合砧木。用仙人掌刺或酒椰纤维将它们固定在一起，并按照与平接同样的方式进行处理。

嫁接繁殖的仙人掌和其他多肉植物

平接
亚龙木属 Alluaudia H1a
星冠属 Astrophytum H2-H1b
狼爪玉属 Austrocactus H7
皱棱球属 Aztekium H3
松露玉属 Blossfeldia H1a
银装龙属 Coleocephalocereus H2
姬孔雀属 Disocactus H1a
小花犀角属 Duvalia H1b
仙人球属 Echinopsis H3-H1c
巨龙角属 Edithcolea H2
月世界属 Epithelantha H3
初姬球属 Frailea H1c
绯牡丹 Gymnocalycium mihanovichii H1b
（及其品种）
丽杯花属 Hoodia H1b
鸟羽玉属 Lophophora H2-H1c
狼牙棒属 Maihuenia H1
乳突球属 Mammillaria H2
怪巢玉 Mila caespitosa H3
圆锥棱属 Neolloydia H1a
牛角属 Orbea H2-H1b
锦绣玉属 Parodia H2-H1b
月华玉属 Pediocactus H2
斧突球属 Pelecyphora H3
凝蹄玉属 Pseudolithos H1c
巧柱属 Pygmaeocereus H2
宝山属 Rebutia H2-H1b
丽钟角属 Tavaresia H1c
尤伯球属 Uebelmannia H1a

侧接
姬孔雀属 Disocactus H1a,
  细柱孔雀 D flagelliformis H1c
鹿角柱属 Echinocereus H2-H1c
金煌柱属 Haageocereus H2-H1c
苇仙人棒属 Hatiora H1b
鳞苇属 Lepismium H1b（茎扁平的物种）
仙人棒属 Rhipsalis H1b（茎圆形或棱柱形的物种）
大轮柱属 Selenicereus H1b-H1a
短轮孔虎属 Weberocereus H1a
（茎圆形的物种）

劈接
姬孔雀属 Disocactus H1a
苇仙人棒属 Hatiora H1b
蟹爪兰属 Schlumbergera H1b
大轮柱属 Selenicereus H1b-H1a

注释
H = 耐寒区域，见56页地图

平接

1 用锋利的小刀将砧木顶端削去，得到平整的切面。

2 修剪切面，使其边缘稍稍倾斜；扶稳茎干，不要接触伤口区域。

3 从基部将接穗材料切下。对接穗切口边缘也进行斜切（见内嵌插图），使其能紧密地贴合在砧木上。

4 将接穗放置在砧木上，并用橡胶带固定结实，但不要太紧。将接穗植物的名称标记下来。

5 将花盆放到最低温度为16℃的良好光照条件下。新枝叶出现后将橡胶带去除。

侧接

如果接穗植物过于细长，则可以将其嫁接在砧木的一侧。在砧木和接穗上各做一斜切口，将切面系在一起，然后用仙人掌的刺和酒椰纤维将它们固定在一起。将其留在16℃的良好光照条件下，直到新枝叶长出。

繁殖植株的种植

为有效地繁殖植物，园丁不但需要适当地准备繁殖材料，还需要在合适的环境中养护并继续种植新得到的植株，直到它们发育到足以在花园中茂盛生长。在繁殖的关键阶段，缺乏实践经验或粗心大意都会杀死已经完好生根的植株。

植株的养护

由于大多数繁殖方法需要切割被繁殖植物的不同部位，因此植物的组织常常暴露在可能的感染之下。正因如此，维持繁殖区域的卫生条件很重要。工具和工作台应该定期全面清洁（如果有必要的话使用温和的消毒剂），并将死亡和受损的植物材料移除。盆栽基质必须总是保持新鲜和消毒。还可以使用含铜杀菌剂或生物防治的方法保护幼苗和带叶插条（如克菌丹），使用时要遵循生产商的说明。

当在花盆或托盘中准备播种基质时，用按压板轻轻压实基质，特别是容器边缘。水分在基质中是通过毛细作用向上吸收的，如果不压实，基质中出现的气穴会打破毛细管上升产生的水柱。不过，不要压实含壤土的基质：填充根系的生长基质必须透气性良好，拥有开阔的结构，让植物呈现最好的生长状态。

用于繁殖植株生长的基质应该时刻保持湿润，但不要过于潮湿。太潮湿的基质会减少可用氧气，根系可能死亡或染病。维持正确的环境也很重要，直到年幼植株可以进行炼苗（见"繁殖环境"，641~642页）。对幼苗进行移栽以免过于拥挤，因为除非空气可以在植株间自由流动，否则会产生滞闷的条件，诱发猝倒病（见"猝倒病"，664页）。立即去除落叶和死亡植物材料。

室外育苗床

一旦完成炼苗，容器中的大量新植株和幼苗就可以转移到室外育苗床中。最简单的形式就是一片清理且平整过的土地，上面覆盖着透水织物、土工布或抑制杂草的杂草垫，育苗床能提供一片干净的生长环境，有助于防止植物感染土生病害。植物被置于织物上，通过毛细作用吸收土壤水分。可以在边缘设置木板（见"边缘升高的育苗床"，右）阻挡干燥的风，让灌溉更加有效。织物应该经常清扫冲洗，以维持洁净的生长环境。

育苗床的大小可以是任意的，但它必须位于排水顺畅的土壤上。如果你的土壤是重黏土，应该将育苗床抬升，首先铺设塑料布，然后在上面添加一层不含石灰的8厘米厚粗砂。整个沙床需要被边板固定包围（见"沙床"，右下）。边板和塑料布会保持湿度，而由沙子承担的排水会防止涝渍发生。沙子上可以覆盖一层透水织物，以防风将沙子吹走并抵御当地动物的干扰，保持沙子的清洁和卫生。

与普通的育苗床相比，沙床的优点是可以减少浇水量，最大限度地降低盆栽基质脱水的风险。更复杂的沙床中还有排水管道和自动灌溉系统。

猝倒病
过于拥挤的幼苗容易发生猝倒病，特别是如果种植在潮湿、通风不畅的条件下或遭受冻害时。

紧实基质

确保种子在均匀压实的平整基质中萌发，令毛细作用和幼苗的生长不受基质中气穴的阻碍。

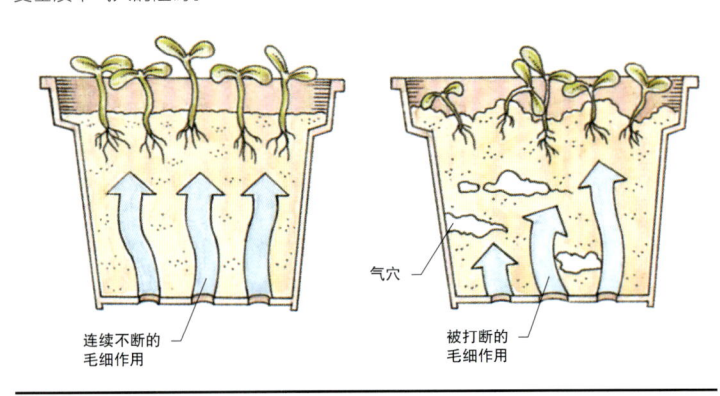

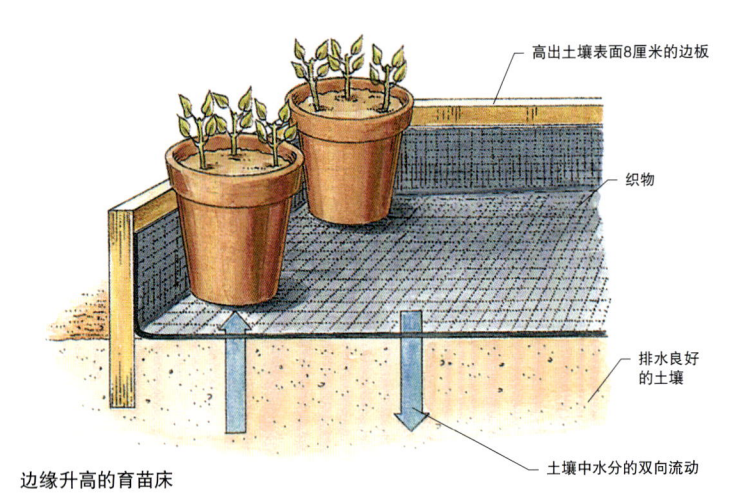

连续不断的毛细作用　　被打断的毛细作用　　气穴

边缘升高的育苗床
可以用边板围合育苗床。将织物直接铺在排水良好的土壤上。

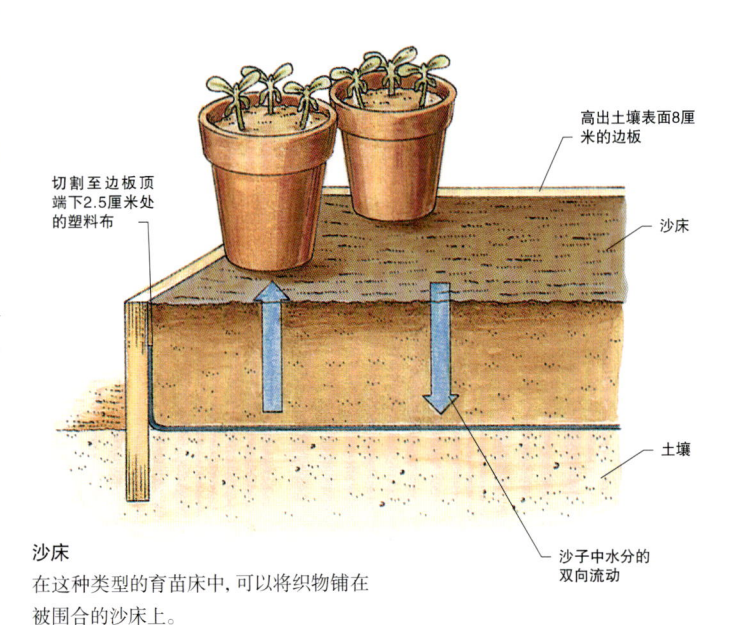

高出土壤表面8厘米的边板　　织物　　排水良好的土壤　　土壤中水分的双向流动

沙床
在这种类型的育苗床中，可以将织物铺在被围合的沙床上。

高出土壤表面8厘米的边板　　切割至边板顶端下2.5厘米处的塑料布　　沙床　　土壤　　沙子中水分的双向流动

繁殖环境

植物在繁殖时最容易受到伤害，所以它们所处的环境非常重要。环境的选择取决于选择用哪种繁殖方法以及植物材料本身的成熟程度。例如，与无叶插条相比，带叶插条需要更受控制的环境。

温室

温室必须有足够的通风，在生长季还要有适当的遮阴（见"创造合适的环境"，550页）。在春季至初秋，在玻璃外壁粉刷一层遮阴涂料，帮助植物抵御极端天气条件（见"遮阴涂料"，552页）。额外遮阴可以通过钢丝吊索牵引的遮阴布提供。在阴天可以打开窗帘。聚乙烯塑料大棚是可接受的温室替代品，但遮阴涂料会损伤聚乙烯，所以要使用遮阴网。

保护带叶插条

由于带叶插条一开始没有根系，无法轻松吸收水分，补充叶片水分的损失，所以它们在温室中必须得到进一步的保护。

如果已经提供了适当的遮阴，就在扦插托盘上放置一张透明塑料布或塑料袋，并将边缘塞到托盘下，这样就能得到令人满意的效果。冷凝在塑料布内壁的水蒸气有助于防止插条脱水。如果塑料接触到嫩枝插条，插条就可能会染病；在基质中插入劈开的竹竿或金属杆，将塑料布撑起。不过，在这样封闭的系统中有可能积累过高的气温，因此扦插容器应该放置在不受阳光直射、有遮阴但明亮的地方。

硬质塑料增殖箱需要相似的遮阴。先开始保持通风口的封闭以维持空气湿润。一旦生根并且插条准备炼苗，就将通风口打开。

苗圃使用的喷雾单元（mist unit）在夏季是最好的繁殖体系。苗圃还会使用一种更先进的喷雾形式，名为雾繁（fog propagation）。这两种方法都能在保持叶片表面极高湿度的同时降低叶片腐烂风险。然而，喷雾单元和雾繁都不是普通园丁容易采用的设施，而塑料布或增殖箱能够产生足够好的效果。对于冬季以及生长期开始和结束时的繁殖，这些方法应该结合底部加温进行。

还可以通过使用加温增殖箱来延长繁殖期（见"加温增殖箱"，555页）。它们还可以用来繁殖不耐寒或热带植物，或者促进带叶插条生根。

底部加温

温度升高时大部分生化过程会加快，所以提高基质温度有助于种子的快速萌发和插条的快速生根。在小型温室中，加温电缆和加热垫是最方便使用的（见"繁殖设施"，555页）。温度由杆状自动调温器或电子调温器控制。如果使用在密闭喷雾系统中，晴朗条件下可能会积累过高的空气温度，在此时必须将加热系统关闭。

热空气嫁接

在热空气嫁接中，将调温器控制的热空气施加到嫁接植株上，以促进愈伤组织的形成，而愈伤组织的形成是成功嫁接的第一个征兆。在直径8厘米的塑料排水管中穿入两次土壤加温电缆，然后在管子上切割出洞——用于裸根砧木的为2.5厘米宽；用于盆栽砧木的为8厘米宽。然后将管子放置在地面上。每根接穗和嫁接处都用熔化的蜡密封，所以不容易发生脱水，然后绑扎并放入塑料管的洞中。任何裸露根系都覆盖土壤以保持凉爽而湿润，然后用密封材料包裹整个管子。如果管子内的温度设定为20~25℃，那么数周内就会长出愈伤组织。

冷床

冷床可以提供较高的空气和土壤温度，同时可以保持高空气湿度，并为年幼植株提供充足光线。它们可以用来在早春培育幼苗，保护嫁接，繁殖无叶和带叶插条。如果需要的话，还可以安装底部加温（见"繁殖设施"，555页）。由于这些低矮结构体积不大，所以它们在阳光充足的条件下很容易过热，除非进行良好的通风和遮阴（见"冷床"，559页）。

相反，当气温降低到-5℃以下时，应该使用厚实的麻布、椰壳纤维垫或秸秆为冷床保温。

硬盖增殖箱
当通气口关闭时，水分被保持在增殖箱内。插条得以保持坚挺，更容易快速、健康地生根。

底部加温的效果

加温生长的插条　　不加温生长的插条

长而强壮的健康根系　　少而短的根系

钟形罩和塑料大棚

用玻璃和透明塑料制造的钟形罩和大棚是蔬菜园中最常用于让幼苗提前生长的设施。许多容易生根的插条也能在这样的环境中很好地生长（见"钟形罩"，560页）。在晴朗天气需要额外遮阴（如使用遮阴网）。

为温室遮阴（温带地区）

为防止温室在繁殖时过热，可根据天气条件和季节施加一层或多层遮阴。开阔且阳光充足位置的温室特别容易产生过热的问题。

		春季	夏季	秋季	冬季
阴天	石灰水				
晴天	遮阴网				
	额外遮阴网				
	遮阴涂料				

使用钟形罩提供保护
在生长的早期阶段，年幼植株受益于钟形罩提供的额外保护，可抵御寒冷和害虫。

炼苗

所有在温室或其他保护设施中培育的半耐寒一年生植物在露地移栽前，都需要逐渐适应室外自然生长条件。炼苗的目的是减少幼苗对人工加热和保护的依赖，同时不能突然将它们暴露在剧烈的环境变化中，以免造成伤害。炼苗过程可能要花两三周。这一过程不能操之过急，因为覆盖在叶片上的天然蜡质需要在一段时日内经历外形和厚度上的变化，以减少水分损失。叶片上的气孔也需要慢慢适应室外环境。炼苗在温室或冷床中最容易进行。

首先，关闭增殖箱的热源。然后，在白天逐渐增加揭开盖子、打开通风口或松动塑料岛的时间。最后，在白天和夜晚都撤去遮盖。如果植株在温室中的保护性环境中培育，并最终需要移栽户外，那么先将它转移到冷床或类似设施中。冷床也应该先关闭，然后逐渐打开，最后几天完全打开天窗，除非霜冻将要降临。

密切注意植物的生长迹象，以防温度变化过于强烈或迅速，比如生长可能会停滞或者叶片会变黄。

其他适合用于炼苗的设备还包括玻璃冷床，当环境适宜的时候可以将它的盖子完全撤去，以及钟形罩，它可以按照需要随时拿起或盖上（见"温室和冷床"，544~561页）。或者可以将年幼植株种在室外背风处并用覆盖在临时性木框架或竹框架上的双层无纺布保护一周，再用单层无纺布保护一周，然后完全撤去覆盖并露地移栽。除非天气非常恶劣，否则应该在白天将遮盖物撤除，保证植物接触充足的光照和通风。

根据需要为植物浇水，从仲春到夏末每两周施一次液态肥料，直到它们成形。随着植物的生长，增加花盆之间的空间，以免植物因分枝不足变得细长。当这些植物长到足够大时，就可以将它们单独上盆或种植在开阔地上的固定位置。

年幼植株非常容易受到蚜虫及其携带的病毒病的侵害（见"蚜虫类"，659页）。用无纺布或网覆盖植物并进行适当的处理可以保护它们免遭损害。

炼苗设备

拱形塑料棚
将半耐寒一年生植物（这里是万寿菊属植物）的幼苗放入拱形塑料棚中。两边开，利于通风。

冷床
幼苗也可放在冷床中，每天逐渐增加冷床打开的时间。

植物生长问题

即使是最有经验的园丁,也会面临植物病害和生长失调、害虫肆虐以及杂草等问题。不过,采用良好的栽培技术和花园管理方式,可以将这些问题控制在最低程度。当问题出现时,最重要的是首先正确地诊断它们,再采取适合的处理方式进行补救。通常一开始应先使用一系列栽培控制措施,化学干预只作为最后的手段。

害虫、病害和生长失调

许多植物生长问题是显而易见的。乔木、灌木或其他植物会枯萎或变色,或者根本不生长叶片或开花。害虫可能是植物健康状况不良的原因,可以在植株部分或全株上看到。有时根系感染的一些病害会首先在叶片上表现出症状。对于导致这些问题出现的害虫、病害和生长失调现象,本章提供了防治它们的方法。

什么是害虫

害虫是会对栽培植物造成损害的动物。某些害虫很容易被观察到,如蛞蝓、蜗牛和兔子;而大多数害虫是微小的无脊椎动物,如螨类、线虫、木虱和多足类,它们都是不容易被发现的植物害虫。害虫中的最大类群是昆虫。害虫可以损伤或摧毁植株的一部分,有些情况下甚至可以摧毁全株。它们通过各种方式进食——刺吸植物汁液、在叶片中潜行、使植物落叶,或者在茎、根或果实中挖洞。它们常常造成被称为虫瘿的畸形生长。某些害虫通过传播病毒或真菌病害间接危害植株,还有些种类会用蜜露覆盖植物,促进煤污病菌的生长。

什么是病害

植物病害是其他生物体(如细菌、真菌或病毒)引起的病理性现象。真菌病害最常见;细菌病害相对少见。这些生物体产生的症状在外观和严重程度上差异很大,但几乎总会影响植物的生长或健康,在严重的情况下甚至会杀死植株。感染速度受诸多因素(如天气和生长条件)的影响。在某些情况下,致病生物体(病原体)会被携带者(如蚜虫)传播。病原体有时会表现出变色,如锈病。变色、扭曲或萎蔫是病害感染的典型症状。

什么是生长失调

植物生长失调通常是由于缺乏营养,或者是生长或储藏条件不良引起的。不合适的温度范围、不充足或不稳定的水分或养分供应、较弱的光照水平或不良的空气环境都会导致生长失调。如果缺乏某些对植物健康生长很重要的矿物质盐,植物的生长也会产生问题。

气候、栽培或土壤条件会影响众多植物。随着叶片和茎变色等症状的出现,问题变得明显起来。缺少水、养料和适宜生长条件的植物不但会显得不健康,而且更容易遭受昆虫的侵袭以及感染病害。如果不及时诊断并处理问题,植株可能会死亡。

有害生物综合治理

"有害生物综合治理"(integrated

病害
(上)苹果和梨特别容易感染褐腐病。

生长失调
(左)缺钾症常常导致植物叶片出现褐色斑点。

害虫
(最左)蚜虫可以很快侵害洋蓟和其他易受伤害的植物。

如何使用本章

本章先简要介绍了植物的生长问题以及可以用来控制它们的方法。然后给出了植物生长问题的图示,后面紧接着是更加全面的植物生长问题一览,描述了各种植物生长问题,包括它的症状、原因和控制方法。在图示中,植物生长问题按照侵害部位进行组织,如叶部问题、花部问题等。你可以使用图示鉴定问题名称,在一览表中查找。如果你已经做出了诊断,那么你也可以直接在一览表中查询。

保护植物抵御生长问题

一系列防护措施保护着这些草莓。网罩抵御鸟类的侵袭,而一层秸秆有助于保持果实干燥,抑制霉变和腐烂。

pest managementi, IPM)是限制和管控病虫害问题公认的最好方法。它的目标是采取一切措施防止问题的发生,而且要在诉诸化学药剂之前考虑可以采取的所有选择,例如,使用消毒盆栽基质和不含杂草的粪肥。采取有害生物综合治理的园丁会利用一系列栽培控制措施,尽量避免使用农药。他们选择有抗性的植物并维持高水平的花园卫生,保证植物的健康,从而更好地抵御病虫害侵袭。他们使用诱捕器、障碍物和驱虫剂防止害虫接近植物。他们还会经常检查植物以提早发现问题,并谨慎地做出精确的诊断。他们正确地使用化学药剂,并且只在其他控制手段无效时才使用。

预防问题发生

总是购买外观健康的强健、苗壮植物。不要购买有枯梢或变色枝条、叶片呈现不正常颜色或者出现萎蔫或扭曲的植物。不要购买有明显病虫害感染迹象的植物。检查容器培育的乔木和灌木根坨,如果它们过于被容器束缚或者根系发育不良,就不要购买。对赠送的植物也要当心。

确保植物适合在预留位置生长,需要考虑的因素包括土壤的类型、质地和pH值,位置的朝向,以及植物对霜冻的抵抗力。精心种植,确保土地准备充分,根系适当伸展。按照每种植物的特定需求进行浇水、施肥并在合适的部位进行修剪。

花园卫生

保持花园的整洁和良好管理是减少病虫害发生的最重要方法之一。经常检查植物,尽早鉴定可能出现的新问题,因为和及早鉴定并处理的病虫害相比,完全站稳脚跟的病虫害更加难以处理。

定期去除并处理植物的染病部分以及某些害虫(如菜青虫),这可能很费精力,但肯定有助于控制问题发展。感染病虫害植株的残余碎片应该深埋或焚烧,否则害虫或病原体会存活下来并越冬,在第二年春季重新感染植株。

如果植株被病虫害严重感染或重复感染,将它替换掉常常是最好的选择——在病虫害传播给邻近植物之前做这件事。

轮作和连作问题

轮作蔬菜作物(通常以三四年为周期)有助于减少或推迟土生病虫害的积累,尤其是如果同时销毁所有被感染的植物材料并使用抗病品种的话。关于规划轮作系统的更多详细信息,见"轮作",475~477页。

虽然轮作计划常用于蔬菜,但在可行的地方也值得对一年生植物和球根植物进行轮作,因为这会减少根腐病和郁金香疫病等病害的积累。在同一块土地上连续多年种植特定种类的植物可能会导致问题产生(见"月季的连作问题",164页)。如果根腐病变得很明显,就应清理所有植物,并在现场种植其他不易染病并且在植物学上无关的植物。

有抗性的植物

某些植物对病虫害的侵袭有抗性。植物育种者们已经充分利用这一点,并得到了对某些害虫或病害(后者更常见)有着宝贵且重要的抗性的品种。对虫害有抗性的栽培植物包括一些莴苣,它们不容易受到根蚜的影响。对病害有抗性的植物包括某些番茄品种,它们能抵抗番茄叶霉病和马铃薯疫病,以及攀缘月季'五月金'('Maigold'),它对白粉病、锈病和黑斑病有一定抗性。

在某些情况下,抗性可能是完全的,但是如果生长条件不良或者其他因素(如天气)削弱了植物的生活力,那么即使是抗性植物也会感染某种特定疾病。在购买植物前,检查是否有容易买到的抗虫或抗病品种。抗性植物的种类每年都不一样,所以每年检查产品目录以寻找此类信息。

纠正栽培失调和缺乏症

不适宜的生长条件不但会导致整体生长不良,还会产生某些特定的症状,这些症状与某些病虫害的症状非常相似。当问题出现,但显而易见的原因(如害虫的侵染)并没有同时出现时,就需要整体考虑植物的生长环境。例如,最近的天气条件或者土壤的健康状况是否发生了变化,或者是否植物在某一方面的需求没有得到满足。在最好的情况下,只需采取一些简单的措施就能完全恢复植株的健康——例如,施加某种矿物质或者降低浇水频率。在最坏的情况下,你只能接受极端天气带来的植物损失,或者终于明白某些植物就是不适合种植在你所能提供的环境中。

改变生长条件可以最大限度地降低特定病虫害的感染风险。在蔬菜园中施加石灰(见"施加石灰",591页)是一个经典的例子。通过提高土壤碱性来减少芸薹属作物感染根肿病的危险。

栽培防治

无农药病虫害防治使用自然方法帮助植物抵抗感染并恢复健康。这些方法在园艺实践中的历史很长,不过近年来,随着园丁们致力

防止病害积累

良好的卫生管理可以防止病害积累。经常清除变黄的叶片和落叶。

栽培失调的症状

苹果的苦痘病是由缺钙引起的,可能是由含有充足钙的干旱土壤诱发的。

有益生物

熊蜂 专业授粉工

花园蜘蛛 捕捉无数害虫

草蜻蛉 幼虫捕食蚜虫和其他微小的植物害虫

瓢虫 以多种蚜虫为食

青蛙和蟾蜍 减少蛞蝓和蜗牛的数量

蜈蚣 捕食土生害虫

鸟类 控制昆虫类害虫

鼩鼱 蛞蝓和蜗牛是其食谱中的一部分

于减少农药对环境造成的损害,人们对它们的兴趣日益增加。如今准许用于花园的农药种类很少,而且产生耐药性的病虫害越来越多,因此非化学或栽培防治手段再次变得重要,尤其是因为它们不会杀死园丁的天然同盟——植物害虫的捕食者或寄生者。

吸引害虫的捕食者

在花园中的昆虫和其他生物中,只有很少一部分是有害的。许多种类对植物很有用,甚至对它们的生存是至关重要的。例如,许多种类的水果、蔬菜和花朵依赖授粉昆虫(如蜜蜂)在花朵之间传递花粉才能完成受精(见"吸引授粉昆虫",31页)。

在其他情况下,一些天然捕食者物种有助于控制某些特定类型的害虫,因此应该把它们吸引到花园里来。害虫和捕食者之间的自然平衡需要花几年时间才能形成,不过一旦在花园中建立起这样的平衡,花园就基本不需要干预措施来管控虫害问题了(见"有机园艺",20~23页)。

未被扰动的区域会吸引有益的动物,特别是如果种植许多本地物种的话。花坛或花境中放置的平整石块会被画眉用作砧板,在上面将蜗牛的壳砸碎。对于食蚜蝇和瓢虫这样的捕食者,可以引入颜色鲜艳的花朵吸引它们,特别是平展或开心型的花,让它们帮助控制害虫(见"野生动物园艺",28~31页)。

认识有益的花园动物

刺猬、鼩鼱、青蛙以及蟾蜍以许多居住在土地中的植物害虫(如蛞蝓和蜗牛)为食。鸟类可能会对花园造成一定程度的损害,但它们会捕食大量昆虫害虫,好处远远大于害处。某些无脊椎动物(如蜈蚣)会捕食土生害虫。蜈蚣和与其相似的多足类(偶尔会引起轻微的损害)可以比较容易地从每节身体的足数来分辨:蜈蚣每节身体只有一对足,而多足类每节身体有两对足。

蜘蛛也是有用的帮手,它们的网可以捕捉大量昆虫。不过,某些昆虫可能是在花园中比较重要的种类。瓢虫是一种在很多国家都很常见的益虫,它的成虫和幼虫都以蚜虫等害虫为食。草蜻蛉的幼虫也喜欢吃蚜虫,可以通过种植花卉(如金盏菊)来吸引它们,并提供越冬用的巢箱。黄蜂会通过捕食其他昆虫类害虫来帮助园丁。步甲会吃掉很多种害虫。

伴生种植

将某些伴生植物与作物种植在一起有助于减少虫害。例如,某些气味强烈的香草(如薄荷和大蒜)可以驱赶那些被植物气味吸引过来

蠼螋诱捕器
在花盆中填充干草,并将花盆倒扣在易受侵害植物之间的竹竿上。每天检查花盆并将其中的蠼螋除掉。

驱鸟装置
发挥一点想象力就能轻松地制作稻草人,用它抵御鸟类对作物的伤害。

常见一二年生杂草

欧洲千里光
（Senecio vulgaris）

欧荨麻
（Urtica urens）

芥菜
（Capsella bursa-pastoris）

猪殃殃
（Galium aparine）

碎米芥菜
（Cardamine hirsuta）

一年生早熟禾
（Poa annua）

新疆千里光
（Senecio jacobaea）

繁缕
（Stellaria media）

植物的成功率（见"除草剂"，650页）。在已经成形的栽培植物之间，杂草常常很难清除，可能需要将所有植物挖出并清洗根系，再将杂草从中分离。

用石灰中和酸性强的土壤可以抑制某些只能在酸性土壤中滋生的草坪杂草，如地杨梅（Luzula campestris）。

栽培健康的植物

苗壮的健康植株可以更有效地和杂草竞争。叶片蔓延的植物能够浓密地遮盖土壤，抑制下方杂草生长。

某些蔬菜作物（如马铃薯）能够很好地和一年生杂草竞争，可用于为后续作物清理土地（见"轮作"，475～477页）。

护根材料

在早春，施加5～8厘米厚的无杂草有机护根材料（如腐叶土、泥炭替代物或经过处理的树皮），帮助阻止杂草种子萌发并闷死杂草幼苗。不要使用花园堆肥或未充分腐熟的粪肥，因为它们常常含有杂草种子。

种植后使用塑料布护根（最好使用可生物降解或可重复使用的塑料布）覆盖土壤可以抑制杂草，如果持续一个生长季（最理想的状况是两个）不加扰动，也可以抑制多年生杂草。在塑料布上覆盖树皮以改善外观。黑色塑料布（最好是可生物降解的）在果树园和蔬菜园中特别有用；在其中做出切口，让作物可以透过它们生长。

地被植物以及在花境中将杂草割短

某些植物呈浓密的垫状生长，可以抑制杂草种子萌发。不过要谨慎选择地被植物，因为有些种类具有入侵性（见"地被宿根植物"，183页）。

某些顽固的多年生杂草，如问荆（Equisetum arvense）、红花酢浆草（Oxalis corymbosa）和阔叶酢浆草（O. latifolia）等，能够忍耐多次重复使用杀虫剂或挖掘。对于严重滋生杂草的花境，可以将杂草剪短，并持续数年保持低矮草皮的形式。假以时日，这种处理会逐渐消除大部分顽固的多年生杂草。

控制杂草

杂草一旦出现，就可以通过三种方法将它们清除：徒手除草、机械控制以及化学控制。徒手除草、使用叉子或者使用锄子，常常是非常有效的杂草清除方法，特别是在花坛和蔬菜园中。

在干燥的天气锄草，以便让杂草迅速枯萎死亡。在潮湿天气徒手除草，并确保将任何没有被锄子连根拔起的杂草从现场彻底清除，防止它们再次在土壤中生根。在栽培植物附近只能浅锄，以免损伤植物的表层根系，并避免将休眠种子带到土壤表面令其萌发。

手动除草
一年生杂草可以通过徒手除草或锄草有效去除，例如繁缕（Stellaria media）。最好在它们成形之前的幼苗阶段将它们去除。

除草剂

作用于叶片的除草剂通过叶片或绿色茎进入杂草体内，使用喷雾器或带有细花洒的喷水壶施加。除草剂有两种类型：内吸型和接触型。第一种通过转运作用从杂草的

常见多年生杂草

篱打碗花
（*Calystygia sepium*）

丝路蓟
（*Cirsium arvense*）

酢浆草
（酢浆草 *Oxalis corniculata*, 红花酢浆草 *O. corymbosa*, 以及阔叶酢浆草 *O. latifolia*）

大荨麻
（*Urtica dioica*）

蒲公英
（*Taraxacum officinale*）

宽叶羊角芹
（*Aegopodium podagraria*）

酸模
（*Rumex* spp.）

匍枝毛茛
（*Ranunculus repens*）

欧洲黑莓
（*Rubus fruticosus*）

倭毛茛
（*Ranunculus ficaria*）

虎杖
（*Fallopia japonica*）

田旋花
（*Convulvulus arvensis*）

问荆
（*Equisetum arvense*）

匍匐披碱草
（*Elymus repens*）

柳叶菜属物种
（*Epilobium* spp.）

其他多年生杂草

鸦蒜 *Allium vineale* H5
斑叶疆南星 *Arum maculatum* H7
匍匐风铃草 *Campanula rapunculoides* H7
野芝麻 *Lamium purpureum* H7
匍匐委陵菜 *Potentilla reptans* H7
欧洲蕨 *Pteridium aquilinum* H7
新疆千里光 *Senecio jacobaea* H7
金钱麻 *Soleirolia soleirolii* H7
款冬花 *Tussilago farfara* H7

叶片转移到根部，从而摧毁一年生和多年生杂草。为达到最好的效果，应该在杂草茁壮生长时使用。第二种通过直接接触杀死杂草。它们能杀死多年生杂草的绿色叶片和茎以及一年生杂草，但不能杀死多年生杂草的根，它们一般会再次生长。某些除草剂可以通过叶片和根系同时起作用。

通过土壤起作用的产品施加于土壤中，并被生长的杂草吸收。它们被转移到地面之上的部分，通过干涉杂草的新陈代谢将杂草杀死。它们会在土壤中保持活性，有时候可以保持数月之久，随着杂草种子的萌发将其杀死。它们可以杀死成形的一年生杂草，还可以杀死或抑制许多成形的多年生杂草。

当计划在使用过土壤作用型杀虫剂的土地上种植时，要小心检查生产商提供的关于残留活性的说明，在建议时段过去之前不要播种或种植任何植物。选择性除草剂会杀死叶片宽阔的双子叶杂草，但不会杀死单子叶杂草。园丁们买不到只针对单子叶杂草的除草剂。

化学除草剂的类型

随着时间的变化，园丁们可用的除草剂类型也在改变——新的产品被发明出来或者已经有的产品退出市场。在购买除草剂时，寻找可以在杂草造成问题的地方安全使用的产品种类。除草剂可能包含下列化学物质之一：

乙酸和壬酸的作用都很快，可以杀死一年生杂草，但最多只能阻碍多年生杂草的生长。在春季播种或种植前，可以使用它们杀死越冬一年生杂草，而且它们在土壤中没有活性，因为它们是来源于植物的天然产品。因为这些物质来自天然材料，所以和人造化学品相比，某些园丁更能接受它们。它们通过接触起作用，但一些配方含有马来酰肼，它增添了一些内吸活性。有机园丁不能接受马来酰肼。

草甘膦（转运型，作用于叶片）是控制多年生杂草最有用的除草剂之一。它是一种作用于叶片的除草剂，可以向下转移到根，杀死或强烈阻碍最顽固杂草的生长。它不具选择性，应该远离所有花园植物，包括树莓、月季以及其他萌蘖木本植物。由于它不会在土壤中保持活性，所以杂草死亡后就可以立即耕作。

残留除草剂，预防裸露地面以及硬质表面缝隙中生长杂草，一般和草甘膦配合使用。活性成分可能包括氟噻草胺或吡氟酰草胺。某些配方可以用来防止特定乔木和灌木周围生长杂草，但必须仔细检查说明书，防止植物受损。

草坪杂草

多种多年生杂草在规则式草坪中是不可接受的。它们的共同特征是能够在经常修剪的低矮草坪中生长繁衍。它们通常是由风或鸟携带的种子萌发生长出来的。一旦草坪杂草萌发，大部分种类会通过割草的作用迅速传播，如果想清除它们，就必须及早处理。

最麻烦的草坪杂草包括：丝状婆婆纳（Veronica filiformis）、地杨梅（Luzula campestris）、一年生早熟禾（Poa annua）和金钱麻（Soleirolia soleirolii，同Helxine soleirolii）。这些顽固杂草很少对草坪除草剂产生反应，需要其他形式的处理。

在草皮过于稀疏，无法进行充分竞争的地方，苔藓也会成为问题。

预防杂草和苔藓

良好的草坪养护是有效的预防措施。规则式草坪中大量杂草的存在往往表示观赏草长得不够茁壮，无法防止杂草生长成形。施肥不足以及干旱是生长不良最常见的原因。土壤过度压实和割草高度过低也会引起苔藓的扩张。

关于草坪养护的更多信息，见"日常养护"，252~257页。更粗糙的杂草，如绒毛草（Holcus lanatus）可能依然会成为问题，受影响的成簇

茂密的杂草地毯
形成垫状植被的婆婆纳属植物，如石蚕叶婆婆纳，在高品质草坪上可能是特别麻烦的问题。

款冬花
款冬花长得像小蒲公英，通过根状茎和绒球状种子穗迅速扩散。

金钱麻
金钱麻很快就会在铺装裂缝和草坪中生长成形。

锄草
在干燥天气定期浅锄可有效去除菜畦和花坛中的杂草，还不会将新的杂草带到地表。

用耙子清除匍匐杂草和苔藓
弹性齿耙可用于清除草坪上的任何匍匐杂草茎和枯死苔藓。

草坪杂草的非化学清除方法

在诉诸化学药剂之前,尝试使用下列栽培控制方法处理草坪杂草:
- 限制低矮割草,因为这会削弱草坪草,令更有韧性的杂草生长成形。
- 割草之前用耙子耙地,以清除和抑制匍匐杂草,如酸模、婆婆纳属植物和白三叶。
- 用干叉清除形成莲座状叶片的杂草,如蒲公英和雏菊。
- 定期为草坪通气、翻松和施肥,促进草坪草健康生长,令杂草难以和草坪草竞争。
- 在冬季,用石灰覆盖酸性土草坪的土壤表面,以抑制杂草。
- 在秋季手工去除对除草剂有耐受性的杂草。

草皮可能需要清除,并在清理后的区域重新铺设草皮或重新播种草种。

在割草前用耙子耙地并挖出匍匐茎,这样有助于抑制蔓生杂草的蔓延,如车轴草(*Trifolium* spp.)、丝状婆婆纳(*Veronica filiformis*)和酸模(*Rumex* spp.)等,如果之后立即割草,应使用能收集草屑的割草机。

对于苔藓,可以使用控制苔藓的药剂将其杀死。不过这只是短期解决方式。除非促进苔藓生长的环境得到纠正,否则苔藓问题还会再次出现。

清除杂草

取决于它们的严重程度和想要达到的杂草清除程度,处理草坪杂草主要有两种方式。

使用雏菊掘根器或类似工具的手工除草是清除草坪杂草的有效方法。在注重生态的草皮管理中,手工除草常常足以维持观赏草和杂草的平衡。对于高品质规则式草坪,过量播种(见"过量播种",257页)、施加氮肥以及其他栽培控制手段应该是首选措施,只在这些方法无效时才使用除草剂。

使用化学药剂清除杂草

专门用于草坪的除草剂通过转运作用(在植物体内从叶片转移到根系)起效,然后杂草在使用数天内开始扭曲枯死。这种化学药剂是有选择性的,按照生产商提供的说明使用时不会伤害草坪草。

在新播种或最近铺设的草皮上使用之前要特别当心;草皮通常会抑制杂草。

化学药剂的范围

为控制更多种类的杂草,专利生产的草坪除草剂通常结合了两种或更多活性成分。这些成分包括:

2,4-D,一种选择性除草剂,对阔叶莲座型杂草特别有效,如酸模和雏菊。常和氯丙酸配合使用。

二氯吡啶酸,一种持久性很强的选择性除草剂,效果良好,但需要谨慎地处理割草得到的草屑(参考标签)。

氯丙酸,能够杀死各种顽固的小叶蔓生杂草,如车轴草(*Trifolium* spp.)和百脉根(*Lotus corniculatus*)。常与2,4-D配合使用。

草坪杂草

丝状婆婆纳 (*Veronica filiformis*)

白车轴草 (*Trifolium repens*)

钝叶车轴草 (*Trifolium dubium*)

仰卧漆姑草 (*Sagina procumbens*)

小酸模 (*Rumex acetosella*)

匍枝毛茛 (*Ranunculus repens*)

大车前 (*Plantago major*)

夏枯草 (*Prunella vulgaris*)

蓍 (*Achillea millefolium*)

喜泉卷耳 (*Cerastium fontanum*)

绿毛山柳菊 (*Pilosella officinarum*)

其他草坪杂草

雏菊 *Bellis perennis* H7
绒毛草 *Holcus lanatus* H7
毛茅草 *Holcus mollis* H7
猫耳菊 *Hypochaeris radicata* H4
灯芯草 *Juncus effusus* H4
地杨梅 *Luzula campestris* H7
长叶车前 *Plantago lanceolata* H7
车前草 *Plantago media* H6
一年生早熟禾 *Poa annua* H7
蒲公英 *Taraxacum officinale* H7

硫酸亚铁，用于清除苔藓，存在于许多草坪产品中。

氯氟吡氧乙酸，选择性除草剂，对车轴草特别有效，对婆婆纳也有一定效果。

2-甲-4-苯氧基乙酸，一种选择性除草剂，用于控制那些对其他化学药剂有抗性的杂草。

麦草畏，常与2,4-D或2-甲-4-苯氧基乙酸配合使用，增加控制杂草的种类。

石灰，可以在冬季以磨碎的白垩或石灰岩的形式施加在酸性土壤中，施加密度为每平方米50克，抑制车轴草和地杨梅的生长。重复施加2,4-D制备药剂可以让酸模得到部分控制；地杨梅对草坪除草剂有较强耐受性。

购买和使用除草剂

草坪除草剂以浓缩液、可溶性粉末、即用型喷剂和气雾剂等形式出售，有些种类和液态或颗粒状草坪肥料结合使用。在生长季开始时为草坪施肥，当草坪草和杂草都生长得很健壮时施加除草剂。在春季，随着杂草的枯萎和死亡，蔓生草坪草会很快覆盖它们留下的任何裸露土地。使用除草剂时要非常小心。

割草后等待两三天再使用除草剂，让杂草有时间长出新的叶片来吸收化学成分。使用除草剂后两三天内不要割草，为除草剂转移到根系留出时间。另外，使用除草剂后的头几次割草得到的草屑不要放入堆肥箱中堆肥（查看标签上的详细信息）。

某些草坪杂草（如雏菊和车前草）只需施加一两次除草剂就会被杀死；其他杂草（如车轴草）可能需要施加两三次才行，每次间隔四至六周。

在杂草对各种除草剂均无反应的地方，将它们手工清除。这通常意味着将长有杂草的草皮区域清除并更换，或者对草皮进行施肥、松土和通气，加强草皮的生长并削弱杂草。

荒弃位置

根据区域荒弃的时间以及杂草站稳脚跟的程度，需要使用不同的处理方式。荒弃时间较长的位置可能需要一年甚至更长时间才能将杂草清除干净以便进行种植。

短期荒弃

在荒弃时间最长只有一年的地方，大部分杂草是一年生杂草。可以通过掘地、旋耕、铺设有机材料或可重复使用的不透明塑料布护根等方式将它们摧毁。有机护根（如经过堆肥的土壤改良剂）如果厚厚地铺在抑制杂草的纸板上，效果最好。如果可以用适宜的基质或无杂草土壤覆盖纸板——最好是在抬升苗床中，就可以立即进行种植。

另外，种植叶片繁茂的马铃薯或南瓜也可以抑制杂草并清理土地。除草剂非用不可的情况很少。

冬季清理

如果要在冬季清理现场，可以使用旋转式割草机、草坪修剪器或鹤嘴锄清除一年生杂草的越冬地上部分。用铁锹（对压得过实的土壤最好用叉子）挖掘目标区域，清除或深埋杂草。或者使用上文提到的有机护根。在清理荒弃的菜畦时，从较温暖阳光充足的一端开始，那里的作物播种时间是最早的。

长期荒弃

在长期荒弃后，杂草种群通常基本上或者完全是长势健壮的多年生杂草。将场地分块处理，先用护根（如可重复使用的黑色塑料布）覆盖那些不能立即处理的区域。接下来准备将要栽培的第一个地块，清除并销毁其他地表植被；然后深挖土壤，清除顽固杂草的根系。接下来，覆盖护根的区域可以进行栽培：在被覆盖了一个生长季后，杂草已经被削弱；两个生长季后，它们就会被消灭。

想要更快见效的话，可在夏季用大功率旋耕机使土壤变得可以耕作。后续的锄草、浅耕或铺设护根会将杂草减少到可管理的范围内。

在特别有害的杂草根深蒂固的地方，内吸性除草剂可以在可接受的时间范围内取得良好的效果。

深挖是清理荒弃土地的传统方法，但很费工，而且几乎没有证据表明这样做是值得的

剪短杂草

如果在春季开始清理，将拥有木质茎的杂草（如欧洲黑莓或接骨木）剪短至距地面30～45厘米，然后用掘根器和破根器将它们的根挖出来。对于较大的区域，可能需要配备小型挖掘机。

使用不透光的塑料布覆盖场地或一部分场地（见"长期荒弃"，左），等待一年，最好是两年。经过这样的处理后，就不必剪短杂草了，但仍然需要挖出木质残茬。

闲置土地

当曾经耕作过的土地需要闲置并且其中没有多年生杂草时，将观赏草和三叶草用作覆盖作物，并在修剪时将草屑留在地表。这样做会提高土壤肥力，改善土壤生物状况（见"绿肥"，591页）。或者借此机会播种其他覆盖作物，如野花、花园一年生植物、农田一年生植物或者其他对野生动物友好的植物，例如钟穗花属植物、荞麦（*Fagopyrum esculentum*）和百脉根。

如果多年生杂草在场地大量滋生，则在夏季的休耕期将它们挖出，然后在多雨的初秋季气营建覆盖作物。

缝隙中的杂草

道路和砖艺缝隙中的杂草很难手工清除，所以一般需要使用其他控制手段。反复使用有机乙酸和壬酸除草剂、火焰除草剂或热水是有效的手段。在更大的规模上，作为最后的手段，可以买到批准用于铺装区域的除草剂产品，应按照生产商提供的说明使用。

杂草丛生的池塘
不使用除草剂，通过拖拽、用耙子拉或撒网等方式清理满江红和浮萍等杂草。使用装满大麦或薰衣草秸秆的包裹来处理藻类。

植物生长问题图示

使用下面的内容鉴定导致花园中植物损伤的原因

叶片部分

葡萄黑耳喙象造成的叶面损伤，见677页	 叶片背部的蛞蝓，见675页	 蛞蝓造成的损伤，见675页
 木虱，见678页	 切叶蜂造成的伤害，见668页	 跳甲，见665页
 葡萄黑耳喙象，见677页	 榆蓝叶甲幼虫，见677页	 百合负泥虫，见673页
 蠼螋，见664页	 叶蜂幼虫，见674页	 菜青虫，见661页
 茎上的蚜虫，见659页，蚜虫类	天门冬甲，见659页	 粉虱，见678页
 白锈病，见678页	 锈病，见674页	 白粉病，见672页
 多足类，见669页	 叶蝉，见668页	 梨叶蜂的幼虫，见671页
 刺吸式性害虫(木虱类)，见676页	 潜叶类害虫造成的伤害，见668页	 病毒病(环斑)，见677页
 银叶病，见675页	 细菌性叶斑和斑点，见660页	 叶芽线虫造成的伤害，见668页
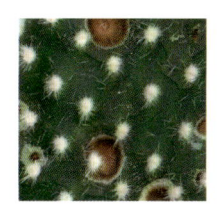 木栓质疮痂病，见663页	 蛀洞，见675页	 真菌性叶斑病，见665页
蚧虫类，见674页	 疮痂病，见674页	 百合病，见668页
 盲蝽造成的伤害，见662页	 郁金香疫病，见677页	 火疫病，见665页
粉蚧类，见669页	 杀虫剂/杀菌剂损伤，见667页	 接触型除草剂造成的伤害，见663页
 红蜘蛛造成的伤害，见673页		

655

植物生长问题

高温和灼伤，见666页	 干旱，见664页	 瘿蚊，见666页	 缺钾症，见672页	 缺锰症，见669页	**花** 盲蝽，见662页	萱草瘿蚊，见666页
缺磷症，见671页	 瘿螨造成的伤害，见666页	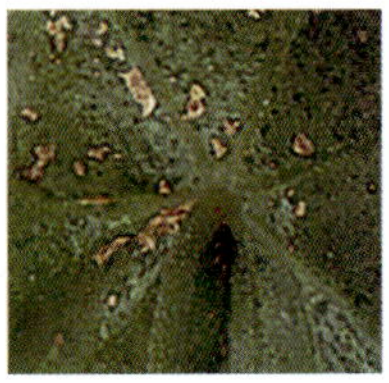 瘤腺体，见670页	 桃缩叶病，见671页	  铁筷子叶斑病，见666页	蠼螋，见664页	杜鹃芽枯病，见673页
缺氮症，见670页	瘿蜂，见666页	煤污病，见675页	 铁筷子黑死病，见666页	 杜鹃花瘿，见660页	蓟马，见676页	菊花花瓣枯萎病，见662页
梨锈病，见"乔木锈病"，677页	山茶瘿，见662页	葱谷蛾幼虫，见668页	 福禄考线虫造成的伤害，见664页	 低温，见668页	干旱，见664页	病毒病，见677页
番茄/马铃薯疫病，见676页	番茄叶霉病，见676页	卷叶蛾幼虫，见676页	 供水不规律，见667页	 月季卷叶叶蜂造成的伤害，见673页	油菜花露尾甲，见672页	郁金香疫病，见677页
樟冠网蝽造成的伤害，见671页		根肿病，见663页	 激素型除草剂造成的伤害，见667页	 冬尺蠖蛾幼虫，见678页	增生，见672页	灰霉病，见666页
		 黄杨疫病，见661页		 天幕毛虫，见676页	花枯萎病，见660页	植原体，见671页

植物生长问题

果实、浆果和种子

疮痂病，
见674页

苹果叶蜂，
见659页

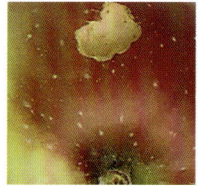

鸟类造成的伤害，
见660页

灰霉病，
见666页

树莓小花甲幼虫，
见672页

缺钙症（苦痘病），
见662页

褐腐病，
见661页

李小食心虫，
见672页

苹果小卷蛾幼虫，
见663页

病毒病，
见677页

脐腐病，
见662页，缺钙症

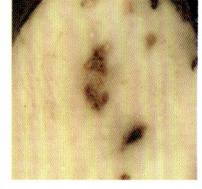

葡萄枯萎病，
见674页

供水不规律，
见667页

豌豆蓟马，
见670页

豌豆小卷蛾幼虫，
见670页

白粉病，
见672页

高温和灼伤，
见666页

番茄疫病，
见676页

根、块茎、鳞茎、球茎和根状茎

猝倒病，
见663页

涝渍，
见678页

根腐病，
见665页

根肿病，
见663页

蛴螬，
见662页

储藏中的腐烂，
见676页

大蚊幼虫，
见668页

欧洲防风草溃疡，
见670页

金针虫，
见678页

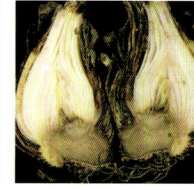

水仙基腐病，
见669页

报春花腐锈病，
见672页

鸢尾根腐病，
见667页

内部锈斑病，
见667页

洋葱颈腐病，
见670页

冠瘿病，
见663页

蝼蛄造成的伤害，
见675页

胡萝卜茎蝇的幼虫，
见662页

细菌性腐烂，
见660页

洋葱白腐病，
见670页

马铃薯疮痂病，
见663页

马铃薯疫病，
见676页

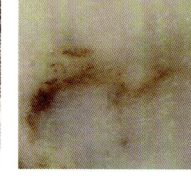

马铃薯块茎坏死，
见672页

水仙线虫造成的伤害，
见669页

葡萄黑耳喙象幼虫，
见677页

紫纹羽病，
见677页

啮齿动物造成的伤害，
见673页

葱蝇幼虫，
见670页

茎、分枝和叶芽

荷兰榆树病（扭曲的小枝），见664页

荷兰榆树病（茎上的条纹），见664页

黄萎病，见677页

细菌性溃疡病，见660页

蚧虫类，见674页

菌核病，见674页

低温，见668页

连翘瘿，见665页

球蚜类，见659页

灰霉病，见666页

黏液流/湿木，见675页

茎疫病，见675页

棉蚜，见678页

供水不规律，见667页

地老虎，见663页

缺硼症，见661页

沫蝉，见665页

真菌子实体，见665页

根腐病，见665页

全株

五隔盘单毛孢属溃疡，见674页

干旱，见664页

涝渍，见678页

马铃薯黑腿病，见660页

修剪不当，见660页

丛赤壳属真菌溃疡病，见669页

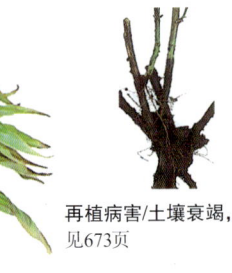

再植病害/土壤衰竭，见673页

月季枯梢病，见673页

芍药枯萎病，见671页

蕈蚊幼虫，见665页

葡萄黑耳喙象幼虫，见677页

冠腐病，见663页

铁线莲枯萎病，见662页

蜜环菌，见667页

兔子造成的伤害，见672页

猝倒病，见663页

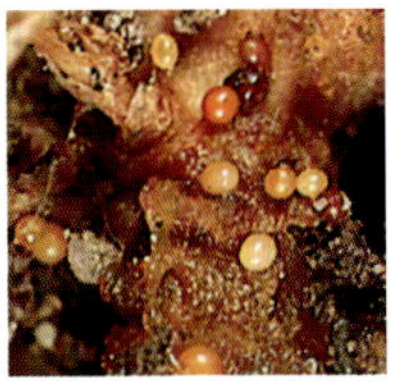

马铃薯囊肿线虫（在根系），见672页

珊瑚斑病，见663页

草坪

雪腐镰刀菌病，见675页

凝胶状斑块，见659页，藻类及凝胶状地衣类

猫和狗造成的损伤，见662页

黏菌霉病，见675页

绿色黏液，见659页，藻类和地衣

币斑病，见664页

红线病，见673页

毒菇，见676页

病虫害及生长失调现象一览

球蚜类

受害植物：松柏类植物，尤其是冷杉属（Abies）、松属（Pinus）、云杉属（Picea）、花旗松（Pseudotsugamenziesii）以及落叶松属（Larix）。

主要症状：茎干和叶上出现带有绒毛的白色霉斑，冷杉属出现凹凸不平的肿胀，云杉属表现出茎尖肿大（虫瘿）的现象。

病原：球蚜或松柏类绒毛蚜虫[如球蚜属（Adelges spp）]是一种体形微小的灰黑色似蚜虫昆虫，从树皮和叶子中吮吸树汁，并分泌白色蜡线。

防治方法：成形乔木能够承受伤害，但对于小型乔木应在仲冬至冬末或初夏温和干燥的白天，喷施准许使用的接触型产品，如脂肪酸或油。

藻类及凝胶状地衣类

受害植物：草坪及其他植草区域。

主要症状：植株表面出现绿色或青黑色光滑斑点。

病原：凝胶状地衣及藻类，极易出现在排水不良、通气不畅或土壤压缩的区域。

防治方法：改善草坪的排水，并使其通气顺畅。对草坪上影响光照而导致草坪潮湿的树或灌木进行修剪和移除，并施用一些含有硫酸亚铁的专业草坪护理产品。

葱属潜叶虫

受害植物：韭葱、洋葱、青葱、蒜、香葱等。

主要症状：以植物汁液为食的成虫在叶子上留下成排的白色斑点，幼虫危害叶子、茎干和鳞茎，植物组织镶嵌内有棕色圆柱形的蛹。

病原：葱属潜叶虫（Phytomyza gymnostoma）的幼虫。幼虫是发白的无头蛆虫，长约4毫米。蛹长2~3毫米。每年经历两个世代，幼虫生长在春末和晚秋。

防治方法：没有有效的农药控制手段。主要的措施是在春季用带筛孔的防虫网覆盖植物，并在秋季防止害虫产卵。

炭疽病类

受害植物：柳属（Salix）的主要植物，如金垂柳（S. x sepulcralis var. chrysocoma）；山茱萸属（Cornus）的植物，如大花四照花（C. florida）、四照花（C. kousa）、山茱萸（C. nuttallii）；金鱼草（Antirrhinum）。

主要症状：茎干上出现深色、椭圆平滑的坏死斑，长约6毫米，叶片上出现深褐色小斑点，叶子变黄、卷曲、提前凋落。这种病害一般不致死。

病原：主要为真菌，包括侵染柳属的杨柳炭疽菌（Marssonina salicicola），侵染山茱萸属的毁灭性座盘孢（Discula destructiva），以及侵染羽扇豆的炭疽菌属（Colletotrichum）的多个种类。通常发生在温和、潮湿的天气。飞溅的雨水有利于病株坏死斑及叶子损伤处的子实体的传播。

防治方法：尽可能剪除已经染病腐烂的芽，并去除受到影响的叶子。

蚁类

受害植物：许多一年生植物、低矮的多年生植物以及草坪草。

主要症状：植物生长缓慢并且易枯萎。成堆的土壤出现并掩埋掉生长低矮的植物。在草坪上会有小堆细土堆积在地表，主要发生在夏季。

病原：在植物上有许多种类的黑色、黄色或红褐色蚂蚁，例如毛蚁属（Lasius）和蚁属（Formica），它们会在地下建造巢穴并影响植物根系生长，它们通常不以植物为食，但同样会对植物造成不小的危害。在草坪上，蚂蚁——通常是黄棕色的，如黄毛蚁（Lasius flavus）——在建造地下巢穴的时候会把土壤带到地表。

防治方法：蚂蚁通常是难以消除的，应当在保留其存在的同时采取措施。在草坪上，当土壤干燥的时候，用刷子清理蚂蚁导致的土堆。情况严重时，用含有夜蛾斯氏线虫（Steinernema feltiae）的水浇灌草坪。

蚜虫类

受害植物：绝大多数植物。

主要症状：叶片通常粘着蜜露（蚜虫的分泌物），起水泡，并感染煤污病而变黑；在茎和芽上同样可能出现上述症状。叶片可能同时出现发育不良和卷曲的现象。

病原：蚜虫通常聚集在茎和叶背吮吸植物汁液，一些种类还危害植物根系。蚜虫长约5毫米，呈绿色、黄色、褐色、粉色、灰色或黑色。其中一些种类（如山毛榉蚜虫）的体表被白色绒蜡覆盖。除此之外，蚜虫还能够传播病毒。

防治方法：在冬季用植物油喷洒落叶果树和灌木上的虫卵，引进瓢虫或草蛉以控制蚜虫。在温室中引入食蚜瘿蚊（Aphidoletes aphidimyza）和蚜茧蜂（Aphidius spp.）进行生物防治。在严重感染之前使用准许使用的杀虫剂喷施植物。

苹果叶蜂

受害植物：苹果。

主要症状：果实被蛀孔并在仲夏未熟时脱落。受损的果实有时会保留在树上直到成熟，但果实畸形并且其表面会有长带状疤痕。

病原：苹果叶蜂（Hoplocampa testudinea）的幼虫，一种白色毛虫状的昆虫，长约1厘米，头部褐色。其分布不如苹果小卷蛾（见663页）常见。

防治方法：如果叶蜂形成了多年危害，在花瓣掉落7天之内喷施准许使用的杀虫剂；注意在黄昏时喷施以避免伤害蜜蜂。

苹木虱

受害植物：苹果。

主要症状：花朵变为褐色，呈冻害状，在花梗上出现小型绿色昆虫。

病原：苹木虱（Psylla mali）的幼虫，一种扁平的淡绿色昆虫，体长约2毫米。严重时会导致花朵凋亡或不育。

防治方法：在冬季用植物油喷洒受害植株。并在花瓣显色前的绿色花蕾聚集阶段用准许使用的杀虫剂喷施害虫聚集的部位。

白蜡枯梢病

受害植物：白蜡属（Fraxinus）植物，尤其是欧洲白蜡（Fraxinus excelsior）和窄叶白蜡（F. angustifolia）。

主要症状：树皮溃疡，树冠枯梢，落叶，树木死亡。

病原：白蜡膜盘菌（Hymenoscyphus fraxineus），一种在夏季活跃的致病真菌，通过空气中的孢子传播。树木会变得不稳定，最终会死亡。

防治方法：寻找关于报告白蜡枯梢病新病例的最新建议。没有任何控制手段，但构成危险的死去大树应该由合格的树木整形专家移除。死掉的其他树可以留下，为野生动物提供好处。留下不受影响或轻微受损的树木，它们也许有一定的抵抗力。如果制作腐叶土，应将采集的树叶放置一年，上面覆盖一层厚厚的其他植物材料。

天门冬甲

受害植物：天门冬。

主要症状：叶片被啃食，表皮从茎干脱离导致其干枯、变为褐色。损害发生在春末至初秋之间。

病原：成年及幼年的天门冬甲（Crioceris asparagi）都会对植物造成危害。成年甲虫体长约7毫米，翅为黄黑相间鞘翅，胸略带红色。

杜鹃花瘿

受害植物：杜鹃类，特别是作为室内植物的印度杜鹃（Rhododendron simsii）。

主要症状：树叶和花朵上出现肉质、淡绿色的肿胀（虫瘿），后期变为白色。

病原：外担子菌属的杜鹃外担菌（Exobasidium azaleae），通常在高湿下引发，孢子通过昆虫或空气传播。

防治方法：看到虫瘿尽快除去，防止真菌产生孢子。

细菌性溃疡病

受害植物：李属，特别是樱桃和李子。

主要症状：在茎干上出现平整或凹陷的细长溃疡斑；并有金色或琥珀色胶状液体从受害区域滴下。茎开始恶化，伴随着树叶和花朵枯死或芽无法萌发。同时叶面可能出现溃烂破损的症状。

病原：丁香假单胞菌丁香致病变种（Pseudomonas syringae pv. syringae）和丁香假单胞菌李致病变种（P. syringae pv. morsprunorum）。

防治方法：去除溃疡枝条，截至健康部位。

细菌性叶斑和斑点

受害植物：乔木、灌木、玫瑰、多年生植物、一年生植物、球根植物、蔬菜、水果以及室内植物。

主要症状：各种斑点或斑块产生，呈水渍状，通常有黄色的边缘或斑晕（光轮疫病）。飞燕草的叶子会出现黑色斑点。

病原：假单胞菌的细菌，其通常是通过昆虫、雨水飞溅或风传播的种子传播的。

防治方法：使树叶保持干燥，去除被黑色斑点侵染的叶子。

细菌性腐烂

受害植物：马铃薯。

主要症状：块茎在生长或储存时很快地变为黏滑的块状，并散发出强烈的气味。

病原：细菌通过伤口或感染造成的损伤进入块茎。

防治方法：保持良好的生长条件，小心地收获马铃薯以避免损伤。立即去除受到侵染的块茎。

修剪不当

受害植物：木质化的多年生植物、灌木和乔木。

主要症状：植物的造型丑陋、不自然或不匀称。植物缺失活力且花量不多。修剪过的树枝甚至整个树体可能会枯萎死亡。

病原：修剪的部位离主干太近或太远。一个直切口留下了较大的伤口，是因为没有保留残枝，或更为严重的情况，修剪时没有保留分枝环（该区域能够最快速地形成愈伤组织来愈合伤口）。如果残留枝过长，同样会导致枯萎。修剪时的不小心会伤害相邻的树皮。

防治方法：在修剪乔木或灌木时，选择每年正常的时间，并遵循正确的方法，切记要确认修剪的程度。使用锋利的修剪工具并保证切口平滑完整。必要的时候，雇用一位有资质的树木整形专家。

灰地种蝇

受害植物：四季豆和红花菜豆、小胡瓜。

主要症状：种子无法发芽或无法生长。幼苗被吃掉。

病原：灰地种蝇（Delia platura）的幼虫，其为白色的无腿蛆虫，长约9毫米。啃食芽、种子和幼苗。

防治方法：避免在新扰动的土壤或土壤冷湿时播种（以促进种子快速发芽），用无纺布或防虫网覆盖苗床，或者在播种之前催芽。如果问题经常发生，可在温室的穴盘里播种，待种苗长出时移苗。

小檗叶蜂

受害植物：一些落叶的小檗属植物（Berberis spp.），以及十大功劳属植物。

主要症状：植物，尤其是小檗属植物，会在夏季的早期和晚期，由于毛虫类的幼虫侵袭而出现快速落叶。

病原：小檗叶蜂（Arge berberidis）的毛虫类幼虫，长约18毫米，体为奶油白色并带有褐色和黄色的斑点。每年有两个世代，分别在早夏和夏末。其成虫体长8~10毫米，体为黑色，有带黑色斑纹的翅膀和向上弯曲的触角。

防治方法：定期检查是否存在幼虫，如果需要的话将它们摘除。必要时喷施准许使用的杀虫剂。

大芽螨

受害植物：一般为榛子属植物（Corylus）、欧洲红豆杉（Taxus baccata）、金雀花属植物（Cytisus）和黑醋栗（Ribes nigrum）。

主要症状：芽异常变大或无法萌发。

病原：微小的瘿螨在芽的内部摄取养分。榛子属植物会被榛地瘿螨（Phytoptus avellanae）侵染，金雀花属植物被瘿螨（Aceria genistae）侵染，红豆杉属植物会被欧洲红豆杉拟生瘿螨（Cecidophyopsis psilaspis）侵染，黑醋栗的病原是茶藨子拟生瘿螨（C. ribis）。黑醋栗的大芽螨会传播病毒类疾病，即所谓的退化。

防治方法：在冬季去除受到影响的芽。欧洲红豆杉和榛子的耐受能力是很强的。但是，受影响严重的黑醋栗和金雀花一旦发现症状，就应当被及时挖出和销毁。黑醋栗的一个品种'本霍普'（'Ben Hope'）能够抵抗大芽螨。

鸟类

受害植物：乔木（观赏树木和果树）、大多数水果、灌木，特别是连翘、醋栗、樱桃（李属）、梨、杏、唐棣、番红花、欧洲报春（Primula vulgaris）以及黄花九轮草（报春花属）和豌豆、大豆等其他蔬菜作物的种子。

主要症状：乔木和灌木的花芽被啄食，外部的芽鳞剥落在地面上。番红花和报春花的花朵变成碎片。蔬菜，特别是豌豆和黄豆的果实、种子和幼苗会被啄食或吃掉。

病原：鸟类，包括红腹灰雀（危害乔木、灌木和水果）、麻雀（危害番红花和报春花）和林鸽（危害芸薹属植物和灌木的果实）。蔬菜、水果和幼苗可能被鸟类（包括鸽子、黑鸟、椋鸟和松鸡）啄食或吃掉。

防治方法：网、细孔筛网或永久性的防鸟笼是目前仅有的确定的预防鸟害的方法。惊鸟的设备（如哼歌的磁带、稻草人或铝箔条）只在最开始时会有效；鸟很快就会适应，不再害怕。

插条黑腿病

受害植物：扦插用插条，尤其是天竺葵属（pelargoniums）植物。

主要症状：基部的茎变黑、萎缩、软化并且腐烂；植物褪色，最终死亡。

病原：各种微生物，如腐霉属（Pythium）和丝核菌（Rhizoctonia），它们通常在卫生状况不良的条件下传播。未杀菌的堆肥、脏花盆、浅盘、工具以及使用非自来水通常会导致该病。这种疾病同样可以通过土壤水分传播。

防治方法：使用干净的设备，给堆肥消毒并使用自来水。立即去除受到侵染的插条。

马铃薯黑腿病

受害植物：马铃薯。

主要症状：茎崩坏、变黑并在基部腐烂，同时叶子褪色。这种疾病通常发生在生长季开始的时候，之后形成的每一个块茎都可能会腐烂。大多数的作物仍然是健康的，只有若干植物表现出症状。

病原：黑胫病菌（Pectobacterium atrosepticum）通常是通过受到轻度感染的种子块茎引入种植环境的，这些块茎在种下时不显示任何症状。

防治方法：及时去除受影响的植株。在运输的时候检查块茎，并且不储存任何不确定的块茎。这种细菌不太可能在土壤里积累到危险的水平，可以用轮作的方法种植马铃薯。

花枯萎病

受害植物：观赏植物及果树，如苹果、梨和李属的植物等。

防治方法：侵染程度较轻时手工捉除害虫。危害严重时喷施准许使用的杀虫剂；如果植物处于花期，应在黄昏时喷施以保护蜜蜂。

主要症状：花朵变为褐色或白色，但不脱落。相邻的叶子变为褐色并且死亡。严重情况下，这种现象会造成很大的破坏。许多微小的浅黄色孢子聚集在受害部位，冬季在树皮上形成脓疱。

病原：链核盘菌属（*Monilinia* spp.）的病菌，其在潮湿的条件下发展很快，还会导致水果的褐腐病。其孢子通过气流传播，通过鲜花感染植物。

防治方法：去除所有受到感染的部位。不要让感染褐腐病的果实留在树上。

缺硼症

受害植物：胡萝卜、欧洲防风草、瑞典甘蓝、芜菁和甜菜的根系。康乃馨（石竹类植物）、莴苣、芹菜、番茄；所有的水果（最常见的是梨、李子、草莓）。这种情况是相当罕见的。

主要症状：植物根系形状和质地不佳，颜色发灰。树体纵向开裂，有时会形成树洞。同时会出现变褐现象，即所谓的褐色髓，可能发生在树干最低的部分，通常在年轮的同心圆内；这种现象主要发生在芜菁和瑞典甘蓝上，会使它们纤维化并且口感变差。甜菜表现为内部变色且可能产生溃疡。在其他植物上会出现生长点死亡，进而导致发育停滞并呈丛生状。芹菜的茎干会产生横向裂缝，暴露出来的植物组织变为褐色；莴苣无法抽薹。梨变得扭曲并带有褐色斑点，有斑点的果肉非常类似一种叫作石痘病（stoney pit）的病毒病的症状。李子产生畸形并分泌胶质。草莓变小且色泽不良。

病原：土壤缺硼，或者植物因为生长条件不良而无法吸收微量元素。最常见的是充满白垩和石灰的土壤，这些土壤非常干燥，硼会流失掉。这种病症一般很少会影响温室植物。

防治方法：保持适宜的土壤水分含量并避免过多的石灰。在存在问题的生境中引入一个易感病的植物之前，按照生产商提供的说明施加富硼肥料。在盆栽基质中使用加工处理过的微量元素。

黄杨疫病

受害植物：黄杨属植物（*Buxus* spp.）。

主要症状：与真菌病症状相似。叶片出现褐色斑点，并在秋季完全变为褐色。寻梗柱孢属真菌（*Cylindrocladium*）会形成褐色条纹沿着茎干向下蔓延，细小的茎可能会死亡。

病原：两种不同的真菌：黄杨刺座霉菌（*Volutella buxi*）和黄杨柱枝双胞霉菌（*Cylindrocladium buxicola*）。这两种病原体经常一起出现，但都可独立引起疾病。黄杨刺座霉菌的感染条件为伤口或受到胁迫的植物。

防治方法：业余园丁用来对观赏植物使用的杀菌剂，对两种病原体都只能取得很有限的效果。发病后销毁受害植物和落下的叶子并更换表层的土壤（不要将植物材料拿去堆肥）。对修剪工具进行消毒。为了防治柱枝双胞霉菌的感染，将新植物与现有植物分开种植一个月，以确保它们是干净的。选择可替代的树篱和树木造型植物。

黄杨绢野螟

受害植物：黄杨属植物（*Buxus* spp.）。

主要症状：树叶被这种蛾的幼虫啃食，幼虫生活在丝质囊中。受到严重影响的植物会出现落叶现象。

病原：黄杨绢野螟（*Cydalima perspectalis*）的幼虫。其体长约40毫米，微黄发绿且有黑色斑纹。幼年毛虫啃食叶子下表面，导致受损的叶子干枯。年长的幼虫吃掉中脉的整个叶片。每年有两个世代，分别在夏初和夏末。

防治方法：一旦发现幼虫，立即喷施准许使用的杀虫剂。

茶翅蝽

受害植物：多种植物和作物，尤其是苹果和芸薹属蔬菜。

主要症状：植物组织（包括叶片、花和果实）因为这种昆虫吸食汁液的行为而出现疤痕和坑洼，叶片通常会出现斑点。

病原：茶翅蝽（*Halyomorpha halys*）是一种大型盾蝽，分布范围遍及全球。它的大小与英国的几个本土物种相似，但它通常有棕色大理石斑纹。成虫和英国本土盾蝽的不同之处是，它们的头部是长方形的，而且头部后面的身体上有成排浅色斑点。亚成年阶段（若虫）更容易区分，因为和本土盾蝽不同，身体两侧有刺。这种昆虫在受惊时会散发独特的气味，因此其英文名"brown marmorated stink bug"的字面意思是"棕色大理石纹臭虫"。

防治方法：一经发现，立即上报植物健康管理部门，并咨询可采用的防治措施。

褐腐病

受害植物：栽培水果，尤其是苹果、李、桃、油桃和梨等。

主要症状：水果表面出现变软、褐化的区域，并渗透到果肉中。随后表面开始出现同心圆状的乳脂色脓疱。受影响的水果会掉落，或者保留在树上但变得干燥和干瘪。

病原：链核盘菌属（*Monilinia*）真菌，美澳型核果褐腐病菌（*M. fructigena*）和核果链核盘菌（*M. laxa*）。脓疱产生孢子，随后孢子被风或昆虫传播至其他水果，通过水果表皮的伤口或受损处入侵感染。

防治方法：防止果实受到损伤（如虫害造成的损伤），摘除并焚烧受到影响的果实。

马铃薯褐腐病和环腐病

受害植物：马铃薯和一些茄属（Solanaceous）植物（感染褐腐病）；马铃薯（感染环腐病）。

主要症状：相似的两种病害——植物可能会枯萎，但症状主要出现在块茎上。如果一开始将马铃薯切开，能看见其表皮下有一个褐色环。之后马铃薯开始腐烂。

病原：青枯雷尔氏菌（*Ralstonia solanacearum*）（褐腐病）和马铃薯环腐病菌（*Clavibacter michiganensis* subsp. *sepedonicus*）（环腐病）。

防治方法：使用经过认证的无病原种子。这种病害在英国需要申报，然后会接受清除处理。

球蝇

受害植物：水仙属（*Narcissus*）、朱顶红属（*Hippeastrum*）、雪花莲属（*Galanthus*）、蓝铃花（*Hyacinthoides non-scripta*）、漏斗曲管花（*Cyrtanthus purpureus*）和燕水仙属（*Sprekelia*）。

主要症状：种球生长受阻或只产生数量很少的像草一样的叶子，种球内部能够发现蛆虫。

病原：水仙球蝇（*Merodon equestris*）体形与一只小型的大黄蜂相似，其幼虫在健康的种球内部单独生活。雌性成虫于初夏在土壤表层的种球上产卵。幼虫体形饱满，棕白色，体长约18毫米，它们在春夏之间会用黏着的排泄物占据种球的中心。食蚜蝇属（*Eumerus* spp.）球蝇，体黑色，腹部有白色月牙形斑纹，长约8毫米，寄生在已经被其他害虫、疾病或物理损伤损害的种球中。一个种球中通常生活着若干个小球蝇。

防治方法：避免在温暖、不通风的场地进行种植，这种场地会吸引成年球蝇。通过在球根植物地上部分死亡时紧实根颈周围的土地、叶片衰老后耙地或者在初夏时覆盖细网幕布或园艺无纺布来防止成虫产卵。

球茎狭跗线螨

受害植物：水仙花、朱顶红属，特别是室内植物。

主要症状：发育不良，树叶蜷曲，叶缘和花茎同时出现锯齿状瘢痕。

病原：寄生在鳞茎根颈部的微小、白色的球茎狭跗线螨（*Steneotarsonemus laticeps*）。

防治方法：去除受到感染的鳞茎。从信誉良好的供应商处购买优质鳞茎。目前没有能够控制这种虫害的化学手段。

菜青虫

受害植物：主要是芸薹属蔬菜，包括卷心菜、花椰菜和球芽甘蓝；一些多年生和一年生观赏植物，如旱金莲属（*Tropaeolum*）。

主要症状：晚春和初秋之间叶片上出现穿孔，在芸薹属蔬菜的中心和叶子上能发现青虫。

病原：欧洲粉蝶（*Pieris brassicae*）的幼虫，其体表有黄色和黑色的毛；菜粉蝶（*P. rapae*）的幼虫，其体浅绿色有柔软的毛；甘蓝夜蛾（*Mamestra brassicae*）的幼虫，其体黄绿色或褐色，有很少的毛。

防治方法：用手去除年幼的青虫。覆盖防虫网或"蝴蝶网"，令成虫无法透过网将卵产在接触网的叶片上。对于严重的感染，使用准许使用的杀虫剂喷洒叶片。

甘蓝根花蝇

受害植物：芸薹属蔬菜（包括卷心菜、花椰菜、球芽甘蓝、芜菁、瑞典甘蓝）、萝卜等。

主要症状：植物生长缓慢并且枯萎；幼苗和移植苗死亡；块根上出现蛀孔。

病原：甘蓝根花蝇（*Delia radicum*）以根为食的幼虫，其外形为白色的无腿蛆虫，长约9毫米。其在春季中期和秋季中期能经历数个世代，主要对植物的幼虫造成危害。

防治方法：放置专用的根颈环，或是用地毯自制的环，直径最好达到12厘米，放在移植芸薹属植物的地上，用来防止雌蝇在土壤中产卵。或在整个种植区域放置园艺织物，在织物洞中插入芸薹属植物的幼苗。另外，也可以在园艺无纺布或除虫网下种植作物。目前没有针对这种虫害的允许在花园中使用的农药。

缺钙症

受害植物：苹果（这种情况又称苦痘病）、盆栽番茄，以及甜辣椒（脐腐病）等。

主要症状：苹果的果肉产生褐色斑点，有苦味；果皮有时会出现凹痕。苦痘病可能会影响树上或储藏中的果实。番茄和胡椒的水果会产生凹痕，花的末端变为黑褐色。

病原：缺钙，可能伴随着其他营养的失衡，是由无规律或不良的水分供应导致钙吸收受阻造成的。缺钙的细胞群组会崩溃和褪色。

防治方法：避免过酸的生长介质。有规律地进行灌溉，可能的话对植物的根部进行保护。对苹果可以在初夏到收获时节之间，每10天喷施一次硝酸钙。

山茶瘿

受害植物：山茶花。

主要症状：叶子上在夏季出现乳脂色的凸起（虫瘿）。通常只会发现少量的虫瘿，其余的叶子表现正常。虫瘿顶端的叶片有时会萎缩。这些虫瘿可能约20厘米长，圆形或分叉，它们会产生一个白色的"花"，即孢子囊。植物的活力不会受到影响。潮湿的天气下容易出现这种症状。

病原：一种叫作山茶外担菌（*Exobasidium camelliae*）的真菌。

防治方法：发现虫瘿要及时清理掉。如果能在虫瘿产生花状孢子囊之前清理，一般不会发生次生感染。

盲蝽

受害植物：灌木和多年生植物，尤其是菊花、倒挂金钟、绣球花、莸属（*Caryopteris*）、大丽花、一年生植物、一些蔬菜（很少）以及水果。

主要症状：芽尖的叶子扭曲且有多个较小的穿孔。花发育不均衡，辐射状的花瓣较小。倒挂金钟的花瓣完全无法开放。损伤主要发生在夏季。

病原：盲蝽，如长毛草盲蝽（*Lygus rugulipennis*）和原丽盲蝽（*Lygocoris pabulinus*），外形为绿色或褐色的昆虫，长约6毫米，吸食茎尖的汁液。它们用有毒的唾液杀死植物组织，并将叶子撕碎。

防治方法：在冬季清除植物碎片。在刚刚发现受损迹象时，用准许使用的杀虫剂喷施植物。

胡萝卜茎蝇

受害植物：主要是胡萝卜、欧洲防风草、荷兰芹（*Petroselinum crispum*）等。

主要症状：成熟的根部外层皮肤下出现锈褐色蛀孔，小型植物出现变色的叶子并且可能会导致死亡。

病原：乳脂黄色蛆虫，即胡萝卜茎蝇（*Psila rosae*）的幼虫，在较大的根的表皮组织内取食；它们在秋季会钻得更深。幼虫体形瘦无足，长达1厘米。

防治方法：在防虫网的下面种植，隔绝低空飞行的雌蝇。有些品种不容易受到侵染，比如'避蝇'（'Flyaway'）和'抗蝇'（'Resistafly'）。在秋季将胡萝卜取出进行储存以避免损害。

毛虫

受害植物：许多花园植物。

主要症状：叶子或者花被吃掉。

病原：各个种类的蝴蝶和蛾子的幼虫，它们以植物材料为食。园林中最常见的是冬蛾和菜青虫、网蛾毛虫以及卷叶虫。韭葱蛾毛虫也可能造成严重的伤害。

防治方法：如果可以的话，用手摘除毛虫，并用园艺无纺布覆盖作物。对于严重危害，可以像对待菜青虫那样用杀虫剂喷施叶片。

猫和狗

受害植物：草坪草、种苗、花园植物等。

主要症状：花园，尤其是草坪和其他长草地区，被粪便污染；草和叶子因尿液造成"烧苗"现象；新播种区域被刨开。

病原：猫和狗。猫喜欢干燥和新耕种的土壤。

防治方法：当看到猫和狗在植物上排尿时，要立即用水冲洗植物，以避免"烧苗"。超声波设备可以将猫和狗赶走。用冬青或其他多刺小枝驱赶猫。

蛴螬

受害植物：幼苗期的一年生植物、球根花卉、草坪草以及蔬菜等。

主要症状：蔬菜类的根部出现孔洞。茎的基部被吃掉，小型植物会枯萎甚至最终死亡。草坪草的根部被摧毁，导致草皮变得稀疏。在秋季到来年春季之间，狐狸、獾和乌鸦在捕食害虫的同时会毁坏受害虫侵害的草坪。

病原：以一年生植物、球根花卉和蔬菜的根部为食的乳脂白色的幼虫，其成虫为如鳃金龟（*Melolontha melolontha*）和庭园丽金龟（*Phyllopertha horticola*）等甲虫。幼虫体态臃肿，呈C字形，长达5厘米，有褐色的头，三对足。在草坪上产生危害的主要是以根为食的庭园丽金龟和威尔士金龟（*Hoplia philanthus*）的幼虫。

防治方法：对于一年生植物、球根花卉和蔬菜而言，寻找并且清除蛴螬的幼虫，或是在仲夏的时候，当土壤湿润且温暖（至少12℃）时，用含有大异小杆线虫（*Heterorhabditis megidis*）的水浇灌植物。对草坪而言，需要给草坪施肥和灌溉以促进其良好地生长；如果危害严重，则在春季用播种或铺草皮的方法修补草坪；在仲夏用含有生物防治物种大异小杆线虫的水浇灌植物。

巧克力斑病

受害植物：蚕豆。

主要症状：巧克力色的斑点或条纹同时出现在叶子和茎上，有时会覆盖整个叶片。在极端的情况下植物会死亡。

病原：蚕豆葡萄孢菌（*Botrytis fabae*），一种喜欢在潮湿的春季滋生的真菌。生长在强酸性土壤中的植物容易受到感染，因为在这种环境下会滋生出柔软、茂盛的菌落。冬季播种的作物在这种环境下受灾最严重。

防治方法：稀疏地播下种子，在此之前先以每平方米20克的用量将含硫酸盐的钾肥混入土壤中，并避免施加氮肥。在收获的最后清除受到影响的植株。

菊花花瓣枯萎病

受害植物：菊花和菊科的其他植物以及银莲花属的植物。这种疾病很罕见。

主要症状：外部的舌状花产生褐色、水渍状的椭圆形斑点。如果整个花序都受到影响，它就会凋谢死亡。葡萄孢菌（*Botrytis cinerea*）可能会在受影响的花朵上滋生，并掩盖最初的症状。

病原：花枯锁霉菌（*Itersonilia perplexans*），这种真菌侵染易感病的植物，通常是温室中种植的种类。

防治方法：去除并销毁受到影响的花朵。

铁线莲枯萎病

受害植物：铁线莲，主要是大花的品种，如'杰克曼尼'铁线莲。

主要症状：嫩枝末端从新生树叶开始枯萎，并且连接叶子的叶柄也会变黑。在最低处一对枯萎的叶子的下表皮可能会出现一个变色的小点。植物整体也会开始萎缩。

病原：茎点霉菌（Phoma clematidina），能够在老茎上产生释放孢子的子实体。另外，非致病原因（如干旱、排水不畅、移植不当）导致的枯萎也常被误认为是由这种病害引起的。

防治方法：切除任何受到影响的茎以避免对健康组织造成影响，有必要的话甚至包括地下的部分。铁线莲属物种（Clematis spp.）只能靠自身抵抗铁线莲枯萎病，目前没有有效的防治方法。

根肿病

受害植物：十字花科植物，特别是某些芸薹属蔬菜（如卷心菜、球芽甘蓝和甘蓝芜菁等），以及一些观赏植物，包括屈曲花属（Iberis）、糖芥属（Erysimum）和紫罗兰属（Matthiola）等。

主要症状：根部肿胀并扭曲；发育不良并且通常会导致植物变色；在炎热的天气下植物会枯萎。

病原：根肿病菌（Plasmodiophora brassicae），一种黏菌，喜排水不良的酸性土壤，也常出现在肥料和植物体的残骸中。这种病菌容易通过鞋子和工具传播，其孢子即便在一个缺乏寄主植物的环境中，也能存活20年甚至更久。杂草易感染这种病害，如荠菜和田芥菜，它们可能成为感染源。在干燥的夏季，根肿病一般不会发生，因为孢子发芽需要潮湿的条件。

防治方法：在轻微的症状开始出现时，及时清除受到影响的植物。清理杂草，改善排水并在土壤中撒石灰（见"施加石灰"，591页）。选择抗性强的品种："千吨"卷心菜（'Kiloton'），"克里普图斯"球芽甘蓝（'Cryptus'）和"克里斯普斯"球芽甘蓝（'Crispus'），"蒙克拉诺"花受甘蓝（'Monclano'），"克拉普顿"花椰菜（'Clapton'），"洛德罗"红叶卷心菜（'Lodero'），"科德萨"皱叶卷心菜（'Cordesa'），"高里"（'Gowrie'）瑞典甘蓝和"马里昂"瑞典甘蓝（'Marion'）。使用不含泥炭的通用盆栽基质和直径9~12厘米的花盆进行种植。

苹果小卷蛾

受害植物：苹果和梨。

主要症状：成熟的果实上出现蛀孔。

病原：苹果小卷蛾（Cydia pomonella）的幼虫，在水果的中心取食；当它们成年后，每个毛虫都会在水果内部制造一个被蛀屑填满、通往外部的隧道。

防治方法：在春末到仲夏之间，在树上悬挂激素诱导的陷阱，以抓住雄蛾，减少卵的受精。当雌蛾飞行时，陷阱的使用同样会有效，因此喷剂可以更准确地用来定时控制幼虫的孵化。如果需要的话，在早夏喷施准许使用的杀虫剂，并在3周后再喷施一次。

马铃薯叶甲

受害植物：马铃薯、番茄、茄子、辣椒和花烟草（Nicotiana）等。

主要症状：叶子被吃掉，只留下主脉。作物的产量大大降低。

病原：马铃薯叶甲（Leptinotarsa decemlineata）的成虫和幼虫。成虫是呈明黄色、有黑色条纹的甲虫；幼虫呈橘红色，长达1厘米。在欧洲（除了英国和爱尔兰）广泛传播。

防治方法：马铃薯叶甲在英国是一种重要害虫。疑似的感染源必须上报政府（见"需申报的病虫害"，647页）（不上报或者不按照PHSI的指导进行控制是违法行为）。

马铃薯疮痂病

受害植物：马铃薯。

主要症状：块茎表皮产生凸起的结痂斑块，有时会破裂。伤口可能是浅的，但是在某些情况下块茎上出现大裂口和变形的现象。果肉通常没有损伤。

病原：马铃薯疮痂病菌（Streptomyces scabies），一种类似细菌但能产生菌丝体的生物，常见于沙质、疏松且富含石灰的土壤以及最近耕作过的土壤中。这种病害在干燥、炎热的夏季，土壤中的水分较低的时候比较常见。

防治方法：改善土壤质地并且避免石灰，定期浇水。不在刚种过芸薹属植物的土地上种马铃薯。种植抗性强的品种如"爱德华国王"（'King Edward'）；非常敏感的品种包括"玛丽斯派珀"（'Maris Piper'）和"达希瑞"（'Desiree'）。

接触型除草剂造成的伤害

受害植物：所有的植物。

主要症状：叶子上出现褪色、漂白的点，有时会变为褐色，并有小疙瘩出现在茎上。鳞茎在直接接触除草剂后的第二年，会出现树叶褪为近白色并且凋亡的现象。严重时会导致植物活力降低甚至死亡。随着植物的生长，这些症状通常会消失。

病原：刮风或者粗心的使用导致的喷雾偏差。清洗不彻底的喷雾器和灌溉工具也可能导致污染。

防治方法：遵循制造商的使用说明。使用滴棒涂药器或者喷壶取代喷雾剂，除草剂所用设备只用于除草。

珊瑚斑病

受害植物：阔叶乔木和灌木，尤其是胡颓子属（Elaeagnus）、榆属（Ulmus）、山毛榉属（Fagus）、槭树属（Acer）、木兰属（magnolia）和醋栗等。

主要症状：受影响的嫩枝萎缩，之后被直径约1毫米的橘粉色脓疱覆盖。一直到近几年，这种病害在枯枝和木质残体上都是最常见的，但是它逐渐变得具有攻击性，现在能同时影响活体枝条和死亡植物。

病原：一种叫作米红丛赤壳菌（Nectria cinnabarina）的真菌。从橘粉色脓疱中释放的孢子，通过飞溅的雨水和修剪工具传播。它们通过树木受损或死亡的区域和伤口进入并感染植物。

防治方法：清理所有的木质化残渣。从明显低于被感染区域的部位剪去受到影响的枝条。

木栓质疮痂病

受害植物：仙人掌和其他多浆植物，尤其是仙人掌属植物和昙花。

主要症状：出现木质或褐色的形状不规则斑点。这些区域之后会凹陷下去。

病原：过高的湿度或过度的光照。

防治方法：采取措施来改善植物的生长条件。然而，在极端的条件下，一旦植物成为病害的传播者，就必须将其丢弃。

冠瘿病

受害植物：乔木；灌木（尤其是藤本果实和月季）；木质化及部分草本多年生植物。

主要症状：根部产生不规则的近圆形突起；整个根系偶尔扭曲成一个单一的、巨大的凸起。这些凸起也可能在茎干上产生或破裂，但是植物的活力不会受到严重影响。

病原：一种在潮湿土壤中常见的、叫作根癌农杆菌（Agrobacterium tumefaciens）的细菌。通过表皮的伤口进入植物内部并且导致细胞增生。

防治方法：避免植物受伤，改善土壤排水。剪除并销毁受到影响的茎来防止继发感染。

冠腐病

受害植物：主要是多年生植物和室内植物；还有乔木、灌木、一年生植物、球根花卉、蔬菜和水果等。

主要症状：植物的基部腐烂并可能产生难闻的气味。植物枯萎、衰弱然后死去。

病原：细菌和真菌生物通过表皮的伤口进入植物茎干；深植的植物同样会受到感染。

防治方法：避免茎基部受到损伤，保持树冠部位没有受损植物残体；不要让护根材料接触植物。确保植物的种植深度合理。完整地切除受到影响的区域可以预防病害扩散，但是植物频繁死亡时应该挖出并销毁。

地老虎

受害植物：低矮的多年生植物、一年生植物、块根蔬菜以及莴苣等。

主要症状：块根作物出现蛀孔，直根可能被切断，并会导致植物枯萎死亡。低矮植物的茎基部和叶子有明显的刻痕，会导致植物生长缓慢、枯萎并死亡。

病原：多种蛾类的幼虫（如夜蛾类和地老虎类物种），通常为奶油褐色，长约4.5厘米。它们吃植物根部和茎基的外部组织，同时在晚上危害地上部分。

防治方法：当看到危害发生时，搜寻并消灭地老虎。当叶子上发生损伤时，在黄昏时对易感病的植物喷施准许使用的杀虫剂。在炎热干燥的夏季经常为蔬菜浇水。

猝倒病

受害植物：所有植物的幼苗。

主要症状：受害的根部变黑、腐烂，幼苗倒伏并死亡。病害通常从播种盘的一端开始并迅速传播到其他植株上。土壤和死亡幼苗上可能会出现毛茸茸的真菌菌落。

病原：各种真菌（特别是腐霉菌和一些疫霉菌），其利用土壤或水传播并通过根部或茎基部侵害幼苗。它们在潮湿、不卫生的环境中繁殖。

防治方法：目前没有针对这种病害感染有效的控制方法。为了预防该病，可以稀疏地播种，改善通风，保持严格的卫生，避免浇水过多。只使用消毒堆肥、自来水、干净的托盘和花盆。

鹿

受害植物：大多数植物，特别是乔木、灌木（包括月季）以及草本植物等。

主要症状：树枝和叶子被吃掉；树皮被擦伤磨损。在冬季，树皮也有可能被吃掉。

病原：主要是獐和鹿，它们以枝、叶和树皮为食。当雄性用气味腺标记树木或摩擦新生鹿角上的绒毛时，树皮也会受到磨损。

防治方法：用至少2米高的铁丝网栅栏保护花园，或者在茎干的周围设置铁丝网。驱赶喷雾或惊吓设备（如悬挂起来的锡罐）只能提供短期的防护。

地卷属

受害植物：草坪和其他植草区，尤其是那些土地贫瘠的区域。

主要症状：团状青黑色、卷曲或多叶植株，伴随着暗淡乳白色的较低表面出现在草坪上。

病原：犬地卷（Peltigera canina），它在排水、通风不良，种植过密，光照不好的草坪上最麻烦。

防治方法：耙出地衣并使用包含硫酸亚铁的苔藓清除剂，这种药剂有控制效果。提高草坪通气和排水条件，定期施肥并进行表面覆盖。

币斑病

受害植物：草坪和其他植草区，尤其是那些含有细叶剪股颖和匍匐羊茅的草坪。

主要症状：初秋时出现小型、稻草色的斑点。起初它们的直径为2.5~7厘米，但它们会汇集成较大的区域，并随时间推移变成黑色。

病原：一种叫作核盘菌（Sclerotinia homoeocarpa）的真菌，喜黏重土壤或压实土壤和碱性环境。碱性土或用石灰处理过的土壤可能会使植物产生上述症状。它经常出现在温暖、潮湿的天气。

防治方法：提高土壤的通气条件、用弹性齿草坪耙除去草坪上的杂草。

霜霉病

受害植物：一年生草本、宿根花卉、蔬菜、球根花卉和一些水果，包括芸薹属、紫罗兰属（Matthiola）、莴苣和烟草等。

主要症状：叶子的下表面出现一个毛茸茸的白色菌落，同时上表面有黄色或褐色的污点；老叶通常会受到更严重的影响。植物生长受阻并且容易受到继发感染。

病原：大多数种类的霜霉属（Peronospora）、单轴霉属（Plasmopara）和盘梗霉属（Bremia）真菌，它们喜欢潮湿的环境。这些真菌可以在土壤中存活下来。

防治方法：稀疏地播种，不使植物过度拥挤。改善通风和排水状况；避免过度灌溉。清除受到影响的叶子或植物。在一个新的地方重新种植，不将感染的植物材料用于堆肥。

干旱

受害植物：所有的植物，尤其是那些新种植的、容器种植的或在轻质砂土中种植的植物；草坪。

主要症状：芽发育不完全，花朵小而稀疏。秋季过早变色和落叶，接着可能会萎缩。植物枯萎并且生长受阻。开花和结果的数量明显减少。果实也可能变小、扭曲并且质地粗糙。在草坪上，有各种大小的黄褐色、稻草色斑点出现，在极端情况下，整个地区的草坪都可能会变色。损伤通常发生在春末或初夏。

病原：土壤水分的不充足或不可利用导致的慢性（长期）或反复的干旱；植物的叶子在无遮蔽处过多的水分损失；土壤过度压实。在炎热的天气下，小容器中的植物非常脆弱，过分干燥的盆栽基质也非常难以重新湿润。某些植物上会出现干枯、褐色的芽，如山茶花（Camellias）和杜鹃（Rhododendrons），这是由上一年芽分化期间缺水导致的。在草坪上，排水顺畅的沙质土是最危险的。

防治方法：定期给植物浇水，并且经常检查在炎热或太阳直射的位置上的植物。实生苗植物比扦插苗具有更好的抵抗干旱的能力；给土壤松土，减少种植的紧实度。在适当的地方，使用覆盖物以提高保水性。在草坪上，为了提高抗旱性，在晚上浇水，定期施肥，如果预测天气会干旱则将剪除的草放在草坪上，并在秋季松土施肥。割草之前让草充分生长并避免修剪得太矮。草坪将在降雨时恢复，所以在水资源短缺时可以省去浇水。

荷兰榆树病

受害植物：榆属（Ulmus）和榉属（Zelkova）。

主要症状：小枝的枝丫处出现凹痕，新生的小枝可能是形状弯曲的。树皮下面出现纵向的、深褐色的条纹。树冠中的叶子可能会干枯、变黄和死亡。这样的树可能在两年内死亡。

病原：榆枯萎病菌（Ophiostoma novo-ulmi），一种在榆小蠹啃食树皮时传播的真菌。受到感染的属会通过地下共同的根系传播给健康的树。

防治方法：这种病害无法预防或根除。清除掉死亡的树，因为它是安全隐患，并且避免种植本土榆树。

蚯蚓

受害植物：草坪。

主要症状：泥泞的小型沉积物或蚯蚓粪便在春季和秋季出现在草坪的表面。

病原：蚯蚓，尤其是异唇蚓属（Allolobophora spp.）。

防治方法：对于高品质规则式草坪，用刷子分散干燥的粪便；在实用草坪上，可以容忍它们。对于业余的园丁来说，目前没有有效的杀虫剂可以使用。酸化处理并不能总是让土壤有足够的酸性阻止蚯蚓，而且蚯蚓在花园生态中很重要。

蠼螋

受害植物：灌木、宿根花卉和一年生植物，通常如大丽花、铁线莲和菊花等。杏和桃也会受影响。

主要症状：嫩叶和花瓣在夏季被吃掉。

病原：蠼螋（Forficula auricularia）——黄褐色、长约18毫米、有一对弯钳的昆虫。其白天藏匿，晚上出来觅食。

防治方法：设置倒扣的、松散地塞满干草或稻草的花盆，将花盆架在易感植物之间的竹竿上；蠼螋在白天会用这些花盆来藏匿，可以利用这一点来将它们清除和消灭。另外可以在黄昏喷施准许使用的杀虫剂。在可能的情况下容忍损失，因为蠼螋是花园害虫的重要捕食者。

线虫

受害植物：福禄考和洋葱。

主要症状：福禄考发育不良，出现狭窄的茎尖叶片和膨大的茎；洋葱叶片和茎膨大软化。严重时导致植物死亡。

病原：鳞球茎茎线虫（Ditylenchus dipsaci），其在植物组织内取食。

防治方法：烧毁受到影响的植物。在受感染洋葱生长过的地方，接下来两年内种植无感染性的蔬菜（莴苣和芸薹属）。使用根插条种植的福禄考能够够避免线虫。目前没有化学药剂能够进行有效的控制。

黄化

受害植物：所有园林植物的幼苗和软茎植物。

主要症状：茎细长并且经常是苍白的，植物可能朝着可用光源的方向生长，发展成一种显著不平衡的株型。叶有萎黄病并且花量在一定程度上减少。

病原：光线不足，经常是由于植物选址不佳或者是相邻植物、建筑和类似的构筑物的阴影造成的。过度拥挤的植物容易受到这种条件的影响。

防治方法：仔细地选择和安置植物。当开始发芽时确保足够的光照能够提供给新生的幼苗。植物受到的影响较为轻微时，可以通过改善条件使其恢复。

扁化

受害植物：所有植物，最常见的是飞燕草、连翘属、瑞香和'十月'日本早樱（*Prunus subhirtella* 'Autumnalis'）等。

主要症状：产生宽阔扁平的异常花茎。主干也会变宽、变平。

病原：在许多情况下，病原是早期由于昆虫、蛞蝓、霜冻或人为触摸而破坏的生长点；也可能是由于微生物感染或基因病引起的。

防治方法：扁化不会造成伤害；受影响的地方可以保留也可以修剪掉。

火疫病

受害植物：蔷薇科家族成员中的梨果类，如梨、苹果、一些花楸属、枸子属和山楂属植物等。

主要症状：叶子一般变为黑褐色、起皱并死亡，并且它们会留在茎上。一些花楸属和山楂的叶子可能会变黄并脱落。渗液溃疡出现在树枝上甚至可能是整棵树上，导致植株最终死亡。

病原：一种叫梨火疫病菌（*Erwinia amylovora*）的细菌，会从溃疡中产生，通过花朵进行入侵。它是通过风、飞溅的雨水、昆虫和花粉在不同植物间传播的。

防治方法：及时清除受到影响的植株，或者在距离患处至少60厘米的部位修

剪掉受影响区域；切记在花园里使用锯子时，对每棵树用完后要蘸取消毒剂以避免传播疾病。火疫病已经不再是需要申报的病害。

跳甲

受害植物：芸薹属、芜菁、瑞典甘蓝、萝卜、桂竹香和紫罗兰的幼苗等。

主要症状：叶片上表面有扇形小洞和凹坑；幼苗可能会死亡。

病原：小型、黑色或金属蓝色的甲虫[如条跳甲属各物种（*Phyllotreta* spp.）]，有时沿着每个鞘翅有黄色条纹。通常约2毫米长，后腿较大以使它们能够在受到惊扰时跳下植物表面。它们在植物碎屑中越冬。

防治方法：清除植物碎屑，尤其是在秋季。在无纺布或细网下播种并定期浇水，以帮助植物在脆弱的阶段快速生长。当受损严重时，用准许使用的杀虫剂喷施幼苗。

根腐病

受害植物：范围广泛，特别是牵牛花、堇菜属（*Viola* spp.）和其他花坛植物、番茄、黄瓜、豌豆、大豆，以及初期阶段的盆栽植物等。

主要症状：茎基部褪色、腐烂或向内收缩。这会导致植物上部枯萎、倒伏；较低处的叶子通常最先显现出症状。根部变黑并破损或腐烂。

病原：一系列通过土壤和水传播的真菌，在不卫生的条件下滋生。它们往往是通过未经消毒的堆肥和非自来水的使用产生的，并在土壤中增殖，特别是在敏感植物反复种植在同一地点的情况下。

防治方法：轮作敏感植物。保持严格的卫生条件并只使用新鲜、经过消毒的堆肥和自来水。清除受到影响的植物和其根部附近的土壤。

连翘瘿

受害植物：连翘。

主要症状：该灌木的茎上形成粗糙、木质化的圆形虫瘿。这些虫瘿年复一年地存在，但很少对植物产生不利的影响。

病原：不明；可能是细菌感染。

防治方法：严格来说没有哪项措施是必需的，但是带有不雅观虫瘿的茎也许应该被清除掉。

沫蝉

受害植物：乔木、灌木、宿根花卉、一年生植物等。

主要症状：初夏，茎和叶子上出现一些白色的泡沫小球，其内部包含一只昆虫。在这些昆虫取食处的植物顶端生长的芽可能会扭曲变形，但造成的损害很小。

病原：沫蝉[如长沫蝉（*Philaenus spumarius*）]的若虫，其奶油色的咀吸式口器能分泌一种防护性泡沫保护自己。成虫颜色略深，长达4毫米，在植物暴露在外的表面活动。

防治方法：如果必须处理的话，应手动清除害虫的幼虫，用水流冲刷，或者喷施准许使用的杀虫剂。

倒挂金钟属刺皮瘿螨

受害植物：倒挂金钟属。

主要症状：叶子和花朵严重扭曲，当茎尖变成波浪形扭曲、暗淡的黄绿色或红色的膨大组织时，植物的生长停止。

病原：一种微小的虫瘿，倒挂金钟属刺皮瘿螨（*Aculops fuchsiae*），它从顶芽和花芽的生长组织中吮吸汁液。化学物质被分泌到植物上致使其生长出现畸形。这种螨虫可以在蜜蜂采集花粉时通过它转移到新的植物上。

防治方法：对业余园丁来说，目前没有有效的农药，不过用于生物防治的捕食性螨类安氏钝绥螨（*Amblyseius andersonii*）可以提供一些保护。剪除受到感染的植物并处理掉剪枝，这可以刺激植物再生出健康的部分，但是植物可能很快会被再次感染。

真菌子实体

受害植物：主要是乔木，尤其是成年或衰老乔木，也有灌木和多年生木本植物。

主要症状：在根部有真菌的子实体，通常呈支架状，沿着根系的方向出现在

地面上；它们通过微小的菌丝黏附到根上。它们的外表通常根据天气条件发生变化。根部可能变得空洞并最终坏死，使得地面上的树体非常不稳定。在茎上，真菌的子实体通常出现在较低的树干上，但有时在树冠的上半部分接近树枝断口或其他伤口的地方也会出现。它们是短命或多年生的，但无论寿命长短，都会随着天气状况改变外表。受害的树体一般生长缓慢，并且可能会产生过多坏死的木头和稀疏的树冠。

病原：各种真菌，如亚灰树花菌属（*Meripilus*）或灵芝属（*Ganoderma*）。

防治方法：寻求专业建议，特别是当树构成潜在危险时。去除子实体并不能阻止进一步衰退，也不能减少向其他树木传播的机会。

真菌叶斑病

受害植物：乔木、灌木、宿根花卉、一年生植物、球根花卉、蔬菜和水果等，还包括许多室内植物。

主要症状：叶子上出现离散的、同心圆状分层的斑点；仔细检查能发现针孔大小的真菌子实体。斑点通常是褐色或瓦灰色的。在一些情况下，它们会合并。可能会导致过早落叶——如月季黑斑病——但在某些情况下不会对植物的整体活力造成危害或影响。

病原：广泛种类的真菌。

防治方法：清除植物上所有受影响部位，将落下叶片耙到一起并烧毁。如果问题持续存在，对月季喷施准许使用的杀菌剂，重新种植抗性更强的品种。一些杀菌剂还可以控制其他真菌叶斑病。

蕈蚊或尖眼蕈蚊

受害植物：保护设施中的植物。幼苗和插条比已经长成的植物更易受感染。

主要症状：幼苗和插条都无法生长；灰褐色成虫在基质表面或植物之间飞舞。还可能看到幼虫。

病原：蕈蚊或尖眼蕈蚊[如迟眼蕈蚊属物种（*Bradysia* spp.）]的幼虫主要以死亡的根部和叶子为食，但也会入侵幼根。幼虫为体形细长、白色、长约6毫

米的蛆虫，头部为黑色。其成虫也有类似的长度。它们对健康的成形植物不会造成任何的问题。

防治方法：保持温室清洁，清除土壤表面的枯叶和花以避免为害虫提供避难的场所。将黄色粘虫板挂在植物上方以捕捉成年的蝇虫。引入捕食性螨虫下盾螨属物种（*Hypoaspis miles*）捕食蕈蚊幼虫。避免过度浇水。

镰刀菌萎蔫病

受害植物：宿根花卉、一年生植物、蔬菜和水果。最常感染的是翠菊属（*Callistephus*）、石竹属（*Dianthus*）、香豌豆（*Lathyrus odoratus*）、豆类和豌豆等植物。

主要症状：茎和叶子上出现黑色的斑块；这些斑块有时被一个白色或粉色真菌菌落覆盖。根部变黑并坏死。植物枯萎，并且经常是突发性的。

病原：各种形态的微型真菌尖孢镰刀菌（*Fusarium oxysporum*），这种真菌存在于土壤或植物碎屑上，有时也通过种子传播；它们有时通过新生芽引入。当相同类型的植物年复一年地在土壤中生长时，这种真菌就会在土壤中站稳脚跟。

防治方法：目前没有治疗受害植物的方法。清除受到影响的植物及其附近的土壤，销毁植物。避免敏感的植物在该地区生长。扦插时只选用健康的芽；如果可能的话，种植抗性好的品种。

瘿蚊

受害植物：许多花园植物，特别是紫罗兰（*Viola*）、皂荚和黑醋栗等。

主要症状：紫罗兰的叶子变厚并且无法展开。皂荚的叶子膨大并褶皱形成荚状虫瘿。黑醋栗茎尖的叶子无法正常扩展，顶芽也可能坏死。

病原：橙白色、长达2毫米的蛆虫，其以虫瘿里的植物组织为食；一个夏季会经历三四个世代。这些幼虫属于3个瘿蚊类物种：紫罗兰瘿蚊（*Dasineura affinis*）、皂荚瘿蚊（*D. gleditchiae*）和黑醋栗叶瘿蚊（*D. tetensi*）。

防治方法：清除并销毁受到影响的叶子。幼虫在虫瘿内部保护得很好，所以几乎不可能用杀虫剂来控制它们。

瘿螨

受害植物：乔木和灌木，包括李树、梨树、核桃树、葡萄树、槭树（*Acer*）、椴树（*Tilia*）、榆树（*Ulmus*）、山楂（*Crataegus*）、花楸（*Sorbus aucuparia*）、金雀儿（*Cytisus*）、山毛榉（*Fagus*）和黑醋栗。

主要症状：根据螨虫种类的不同而变化，包括：叶子上出现的泛白绿色或红色丘疹或尖刺（枫树、榆树、椴树和李树）；叶子的上表面出现凸起的水泡状区域，下表面有灰白色绒毛（核桃和葡萄树）；厚的、发卷的叶缘（山毛榉和山楂树）；灰白色叶斑，之后转变为黑褐色（花楸和梨树）；叶子发育不良（金雀儿）。植物的活力不会受到影响。

病原：显微镜下可见的瘿螨，其分泌的化学物质引起植物异常生长。成虫体小、乳白色，身体呈管状，具两对足。

防治方法：如果需要的话，去除受到影响的叶子或芽。目前没有有效的化学控制手段。

瘿蜂

受害植物：栎属植物（*Quercus*）和蔷薇属植物。

主要症状：栎属植物的症状包括秋季树叶的下表面出现扁平的垫状物；春季芽上长出良性的、球形的木质增生（石瘿）或有髓的栎树虫瘿；柔荑花序上出现泛黄的绿色或红色成束红醋栗虫瘿；栎实上长出黄绿色黏稠虫瘿。在夏末时，蔷薇属物种的茎和杂种月季的萌蘖出现膨大结构，这些结构被黄粉色的苔藓状叶覆盖。对这些植物造成的损害是很小的。

病原：瘿蜂的幼虫；它们取食时，会分泌可导致虫瘿的化学物质。

防治方法：不需要进行任何处理。

灰霉病

受害植物：乔木、灌木、宿根花卉、一年生植物、球根花卉、蔬菜、水果和一些室内植物等。软叶植物在这种病害面前尤其脆弱，同样脆弱的还有薄皮水果，如葡萄、草莓、树莓、番茄等。

主要症状：茎和叶子上出现坏死、变色的斑块。状况可能迅速恶化，导致茎的上部死亡。真菌孢子在腐烂的植物材料上繁殖。在水果上，有绒毛的灰色菌落在软质褐色斑点上发展。伤害迅速扩散，可能让整个果实烂透。未熟的番茄可能会产生假斑点，一个暗淡的绿环出现在表皮上，但是剩下的水果颜色正常且不腐烂（未受影响的部分可以食用）。在开花植物和其他植物上，带有绒毛的灰色真菌菌落会出现在花和叶子的斑块上。真菌可能在后来被传播到植物茎上和枝叶上，并导致褪色和迅速恶化。

病原：雪花莲（*Galanthus*）上的葡萄孢菌（*Botrytis cinerea*）和灰霉菌（*B. galanthina*），喜潮湿、空气循环不畅条件。真菌孢子通过气流和飞溅的雨水传播；最容易受到感染的是受伤的植物。水果也可以通过接触患病个体而受到感染。硬质的黑色弹性菌核（真菌的子实体）在植物残骸上产生，落到地上并可能导致后续的感染。

防治方法：避免植物受到损伤，清除已经死亡或快死亡的植物材料，并提供良好的空气循环，确保在任何时候植物都享有足够的空间和良好的通风条件。及时清除并烧毁任何受到影响的区域（如果是雪花莲的话，则应清除整个株丛）。

灰松鼠

受害植物：幼龄的乔木、花蕾、水果和坚果等。

主要症状：树皮被啃坏。花蕾、成熟的果实以及坚果都被吃掉。

病原：灰松鼠。

防治方法：陷阱只有应用在更广大的区域才有效。

铁筷子黑死病

受害植物：铁筷子属的植物（*Helleborus* spp.）。特别是杂种铁筷子[*Helleborus* x *hybridus*，即东方铁筷子（*H. orientalis*）]。

主要症状：植物组织上有沿着叶脉或在叶脉之间的黑色斑纹和斑点。这些黑色的标记可能呈环状斑点图案，或是一条经植物叶柄到主干部分的直线。花朵也会受到影响。叶子和茎可能变得扭曲并且发育不良。

病原：铁筷子网状坏死病毒。

防治方法：这种疾病无法根除并且目前尚未得到充分的了解。受到影响的植物应该被挖出来并销毁，对其周围的植物应该喷施蚜虫杀虫剂，以降低铁筷子蚜虫传播这种病毒的风险。

铁筷子叶斑病

受害植物：铁筷子属的植物，但对尖叶铁筷子（*H. argutifolius*）坚硬叶片的破坏性不是很大。尼日尔铁筷子（*H. niger*）特别容易受到影响。

主要症状：形状不规则的黑褐色大斑点出现在叶子和茎上。这些斑点经常合并，导致叶子变黄和死亡。斑点也会出现，在花和较低的茎上，受到感染的茎在斑点的入侵下可能会枯萎，导致花蕾无法开放。

病原：一种叫铁筷子叶斑菌（*Coniothyrium hellebor*）的真菌。

防治方法：摘除并销毁所有影响的叶片和花。只使用健康材料进行繁殖。准许使用并在商品标签上注明可以控制其他一些观赏植物病害的花园杀菌剂，可能对铁筷子叶斑病有一定控制效果。

萱草瘿蚊

受害植物：萱草属（*Hemerocallis* spp.）。

主要症状：花蕾变得异常肿大并且无法开放。这个问题主要发生在春末和仲夏。

病原：萱草瘿蚊（*Contarinia quinquenotata*），一种微小的蝇虫，其将卵产在生长的花蕾中。受影响的花蕾包含白色的蛆虫，它们长达2毫米，在花瓣之间取食。

防治方法：摘去并烧毁长有虫瘿的花蕾。晚花的品种能够避免伤害。

高温和灼伤

受害植物：特别是拥有肉质叶片或花的植物，靠近玻璃的植物，以及幼苗；还有乔木、灌木、宿根花卉、一年生花卉、球根花卉、蔬菜、水果和室内植物等。也有柔软水果、乔木果树、番茄和苹果，特别是绿色果皮品种。

主要症状： 叶子枯萎、黄化或褐化、变得干枯和易碎，并且可能会死亡；尖端和边缘往往是最先受到影响的。在极端的情况下茎会萎缩。炙热的温度在植物的上部或暴露部位产生褐色的斑点；温室中的叶片容易受到影响。叶子可能会完全枯萎。焦灼的花瓣褐化并变得干枯易碎。月季可能无法开放因为外层的花瓣干枯并限制花蕾打开。水果的表皮出现变色的斑块，尤其是在最上面的或者暴露程度更高的果实。

病原： 在封闭环境（如温室）中出现非常高的温度或者波动很大的温度变化；灼伤是由明亮（但不一定炙热）阳光导致的。在户外，凉爽阴暗时期过后出现炎热、明亮的天气，会导致灼伤的发生。如果被太早摘下或者储存在通气不畅的地方，苹果会褪色。

防治方法： 尽可能使温室暗一点，提供足够的通风以使温度降低，并将植物从温室中任何可能发生危险的地方移开。不要在晴天喷施农药。收获成熟的苹果并将其储存在合适的条件下。

蜜环菌

受害植物： 乔木、灌木、攀缘植物和一些木质化宿根植物，尤其是紫藤、杜鹃花以及女贞。

主要症状： 树干或茎基部树皮上生长出乳白色的菌丝体，有时它也会向高处扩展；黑色根状菌索（真菌链）出现。在秋季子实体生长成簇并在第一次霜降的时候死亡。树胶或树脂从松柏树皮的裂缝中流淌出来。植物状况恶化并最终死亡；多花或多果可能会在死亡前短暂地发生。子实体有时也会在植物丛的地下根上生长。

病原： 蜜环菌属的真菌[主要是蜜环菌（*Armillaria mellea*)]，其通过根状菌索的移动或是通过根系的接触从受感染的植物或树桩开始传播。

防治方法： 挖出并烧毁受影响的植物、树桩和根系。如果必要的话，雇用承包商将树枝凿碎或挖出。避免种植易感植物；选择一些抗性强的种类，如欧洲红豆杉（*Taxus baccata*)、月桂属、木

瓜属和绣球属植物。

激素型除草剂造成的伤害

受害植物： 阔叶植物，主要是豆类、月季、葡萄、番茄等，以及松柏类。

主要症状： 叶子窄小，经常是增厚的，并且有突出的叶脉。叶片可能呈杯状，非常扭曲。叶柄也会变得扭曲。茎上可能会出现小疙瘩。对于番茄，尽管它们正常成熟后可以食用，但是其味道可能非常糟糕并且其是空心的。在污染发生之前形成的果实通常不会受到影响。

病原： 生长调节剂或激素类除草剂导致的污染，污染源往往来自一个相当远的地方；极少量的物质也可能造成广泛的伤害。问题的常见来源是喷雾偏差，受污染的喷雾器或喷壶，以及受污染的盆栽基质和肥料。

防治方法： 根据生产商提供的说明使用除草剂，在相邻的花园植物周围放置防护屏障以防止喷雾偏差。只用一个专门的喷雾器或喷壶喷洒除草剂。储藏除草剂时远离堆肥、化肥和植物。受影响的植物通常会随着生长摆脱上述症状（见"除草剂"，650~652页）。

七叶树伤流溃疡病

受害植物： 欧洲七叶树（*Aesculus hippocastanum*)、印度七叶树（*A. indica*)和红花七叶树（*A. x carnea*)是易感树种。

主要症状： 伤流溃疡，树皮的感染可能最终会导致整棵树长势的衰退。

病原： 传统上归结于疫霉菌，但是近几年出现的感染病案例是由名为丁香假单胞菌七叶树致病变种（*Pseudomonas syringae* pv *aesculi*）的细菌引起的。

防治方法： 目前没有办法控制这种感染，因为没有有效的抗菌化学物质。不推荐切除受到感染的枝条，因为这样做会为细菌制造新的进入点，并且有助于存在于植物体内接种细菌的传播。此外，受到影响的树是潜在的健康危害源，它们最好是单独栽种，并且如果其拥有茁壮树冠的话，它们也可能会恢复。

七叶树潜叶虫

受害植物： 七叶树属（*Aesculus* spp.)。

主要症状： 叶片被蛾子幼虫吃掉内部组织的地方会变色。长椭圆形的潜叶虫最初是白色的，有褐色斑点，后来会变成完全的褐色。大部分叶子可能会在夏末变成褐色并且过早地落叶。

病原： 体型微小的潜叶蛾类欧洲七叶树潜叶虫（*Cameraria ohridella*)的幼虫。春末至夏末经历三个世代。

防治方法： 没有有效的杀虫剂可供使用，而且七叶树往往太高而难以喷施。印度七叶树对这种蛾具有抗性。

杀虫剂/杀菌剂损伤

受害植物： 一些室内植物和花园植物。

主要症状： 离散的斑点或斑块，往往呈漂白或烧焦状，出现在叶片上，叶片可能会凋落；植物通常能够生存。

病原： 往往是在化学物质的使用频率或间隔时间上发生错误，或是在炎热、阳光明媚的天气下使用造成的。即便是正确使用，一些植物也会因为杀菌剂或杀虫剂而受损，这些易感物种会在包装上标明；在使用前仔细检查。

防治方法： 对于有特殊使用要求或者在产品标签上注明的植物，使用专用的化学药剂。总是按照生产商提供的说明使用。

内部锈斑病

受害植物： 马铃薯。

主要症状： 锈褐色斑点出现在整个果肉上。

病原： 是由在有机质含量低的沙质酸性土壤中、干燥天气下，或者总体营养含量低（特别是缺钾和磷）的土壤中耕作导致的。

防治方法： 在种植前向土壤中混入腐殖质并在春季进行常规性施肥。定期浇水。种植抗性强的品种，如'爱德华国王'（'King Edward'）。在六月浇灌含有硝酸钙的水。

鸢尾根腐病

受害植物： 鸢尾

主要症状： 边缘叶片的基部腐烂，然后腐烂传播至根状茎，最先感染最年轻的部分。受到感染的区域萎缩成一个恶臭的小块。

病原： 果胶杆菌（*Pectobacterium carotovorum*），这种细菌在渍水土壤中繁殖。细菌通过伤口或其他受损区域进入根状茎。

防治方法： 在种植之前检查所有的根状茎是否有任何形式的损伤，要特别小心以避免伤害它们。在优质的、排水良好的土壤上浅浅地种植根状茎。采取措施以确保蛞蝓（可能会对根状茎造成伤害）处于控制之下。迅速除去任何腐烂的组织可以帮助暂时性地解决问题，但是从长远来说，最好是将整个根状茎丢弃。

供水不规律

受害植物： 可能是所有的植物，尤其是那些容器种植的植物。

主要症状： 乔木茎干的外皮层或树皮可能会分离或裂开。叶子和花朵变得不平整、扭曲或是比一般情况下小。果实畸形并缩小，突然供水可能会导致它们的树皮和内部开裂，让它们变得容易感病，并导致腐烂。

病原： 不规律的供水，导致生长上的不规律和植物上部扭曲畸形。在气候导致的缺水或不稳定的灌溉导致的长期干旱之后突然灌水，会导致茎干破损和开裂。

防治方法： 提供定期和充足的水供应，特别是在炎热多风的天气中，并且要特别注意任何生长在容器里的植物。不要在干旱之后为了弥补严重缺乏的水分突然灌溉。在适合的地方尽可能在土壤上铺设护根以保存更多的水分。

棣棠枝叶疫病

受害植物： 棣棠。

主要症状： 叶片上出现斑点，落叶，茎上出现死亡部分，枯梢，最终导致植物死亡。

病原： 名为 *Blumeriella kerriae* 的真菌。

防治方法： 清除并销毁所有被感染的植物部位，用耙子收集已经脱落的叶片并销毁。一些经批准用于观赏植物

的杀菌剂也许能有一些控制效果，特别是如果将所有被感染部位剪下后再对植物喷施杀菌剂的话。

草坪蜂类

受害植物：草坪。

主要症状：草坪上出现小型的圆锥形土堆并且顶部有洞，特别是在夏季容易出现。小型蜂类从草坪上飞过并进出这样的锥形巢穴。

病原：独居蜂属（*Andrena*）的几个物种。每只雌蜂都会在土壤上挖掘自己的巢穴隧道并将挖掘的土壤运到草坪表面。当巢穴建造完成后，雌蜂收集花蜜并用作其幼虫的食物储备。这些独居蜂不具有攻击性，不会用刺攻击其他生物（除非是在被粗暴对待的情况下）。

防治方法：与其他蜂类一样，草坪蜂类是有益的授粉昆虫，所以应该容忍其存在。它们的巢穴隧道不会对草坪造成损坏。

叶芽线虫

受害植物：一年生植物和许多草本宿根植物。最经常被侵害的是钓钟柳、菊花和杂种银莲花（*Anemone x hybrida*）。

主要症状：棕黑色斑块像岛屿一样或呈楔形出现在叶子的叶脉之间。

病原：滑刃线虫属（*Aphelenchoides* spp.），它们大量存在于受到侵扰的叶子内部并以其为食。

防治方法：烧毁所有受到影响的叶子或一旦发现感染就销毁整个植物。对于菊花，将休眠芽浸泡在46℃的净水中5分钟以获得干净的插条。没有有效的农药可供业余园丁使用。

潜叶类害虫

受害植物：乔木、灌木、宿根花卉和蔬菜，如丁香、冬青、苹果、樱桃、芹菜和菊花。

主要症状：叶子上有白色或褐色区域，特定潜叶虫通常会产生特定形状，如线形、环形和不规则形。

病原：各种潜叶蝇的幼虫，如芹菜潜叶蝇（*Euleia heraclei*）和菊花潜叶蝇（*Chromatomyia syngenesiae*）；叶蛾，如桃潜叶蛾（*Lyonetia clerkella*）；叶甲，如山毛榉叶甲（*Rhynchaenus fagi*）；叶蜂，如桦树叶蜂（*Fenusa pusilla*）。

防治方法：轻度感染时去除和销毁受影响的叶子。使用准许使用的杀虫剂喷施植物。

切叶蜂

受害植物：主要是月季，也有乔木和其他灌木。

主要症状：菱形或圆形、大小一致的块状组织从叶片的叶缘被切除。

病原：切叶蜂（*Megachile* spp.），它们会用切下的叶片筑造巢穴。它们体长约1厘米，腹部下方有姜黄色的体毛。

防治方法：切叶蜂因为传播花粉而有一些益处，除非植物严重受损，否则没必要控制它们。如果它们造成了持久的伤害，则在它们回到叶片中时用力拍打叶片。

叶蝉

受害植物：乔木、灌木、宿根花卉、一年生植物、蔬菜和水果等。杜鹃、天竺葵、报春花、月季、番茄通常是最敏感的。

主要症状：粗糙、苍白的污点出现在叶片上表面，除了杜鹃。杜鹃的损伤只表现为杜鹃花芽枯萎的扩散。

病原：叶蝉，如蔷薇小叶蝉（*Edwardsiana rosae*）和温室叶蝉（*Hauptidia maroccana*），其为绿色或黄色的昆虫，长2~3毫米，在受到惊扰时会从植物上飞走。杜鹃叶蝉（*Graphocephala fennahi*）是蓝绿色和橙色相间的，长约6毫米，其乳白色若虫比较不活跃。

防治方法：当发现叶蜂的活动时，使用准许使用的杀虫剂喷施叶片背面。

叶瘿

受害植物：灌木、宿根植物和一年生植物，特别是大丽花、菊花以及天竺葵。

主要症状：茎上接近地面的位置长出微小、扭曲的芽和叶子。

病原：香豌豆束茎病菌（*Rhodococcus fascians*），一种土壤传播的细菌，通过细小的伤口进入寄主体内。容易通过工具或受到感染的植物繁殖材料进行传播。

防治方法：清除受到影响的植物并去除它们附近的土壤，处理之后用水清洗。保持严格的卫生，定期为工具、容器和温室消毒。不要使用任何被感染的植物进行繁殖。

大蚊幼虫

受害植物：幼龄的一年生植物、球根花卉、蔬菜、草坪和其他植草区域。

主要症状：根部被吃掉，茎在地面处被切断，植物变黄，并且可能最终死亡。草坪上会在春季和夏季出现褐色斑点，有时能够看见蛆虫。

病原：大蚊——又被称为"长脚叔叔"（daddy-long-legs）——的幼虫，以植物的根和茎为食。幼虫长约3.5厘米，身体灰褐色，呈管状，无足。

防治方法：在植物上看见损伤时，寻找并消灭大蚊幼虫，或者在温暖（12~20℃）、湿润的土壤上，在夏末的时候用夜蛾斯氏线虫（*Steinernema feltiae*）来进行生物防治。在草坪上，用水浸泡受影响的区域，用麻布袋或黑色塑料薄膜覆盖一天以将大蚊幼虫赶到其表面，并将它们消灭。另外在初秋的时候应用上述线虫进行生物防治。在潮湿的秋季过后问题会更加严重。大蚊幼虫的危害发生在新近投入栽培使用的土地上，所以这个问题会在几年之内逐步减少。

葱谷蛾

受害植物：韭葱、洋葱、青葱、蒜、香葱等。

主要症状：藏在叶子下面的小型幼虫，会导致产生白色斑块，而且会钻进茎和鳞茎里。虫蛹位于叶子或茎外部的网状丝质茧中。

病原：葱谷蛾（*Acrolepiopsis assectella*）的幼虫，长达10毫米，体乳白色，有暗褐色的头部。它们在早夏和夏末之间经历两个世代并有幼虫生长。

防治方法：没有有效的杀虫剂用于在花园中控制这种幼虫。在无纺布下养育植物，并在露地移栽后用细孔防虫网覆盖植物直到冬季，以防止害虫产卵。

闪电

受害植物：所有的高大乔木。

主要症状：树皮被剥去，在一个方向上可能会出现一条深沟，通常沿着植物的螺旋纹理分布。心材可能被粉碎，导致树体容易感病。树冠上产生死亡的树枝而且树冠的上部可能会死亡。

病原：闪电。

防治方法：在有价值的高大乔木旁安装避雷针，但是这个方法不是很可行。

百合病

受害植物：百合类，特别是白花百合（*L. candidum*）和棕黄百合（*L. x testaceum*）。

主要症状：深绿色水渍状斑点出现在叶子上，后来转变为暗褐色。之后叶子枯萎并保留在茎上。当病原体进入叶腋后，茎干也可能会腐烂。死亡的组织上会形成黑色的菌核（真菌的子实体）。

病原：名为百合灰霉病菌（*Botrytis elliptica*）的真菌，湿润的气候会促进其繁殖。叶片损伤处（或在春季的菌核上）会产生孢子，孢子会随着雨水飞溅或风力传播。

防治方法：在排水良好的地方种植；清理所有受到影响的植物碎屑。没有用于治疗百合病的化学药剂。

低温

受害植物：乔木、灌木、宿根花卉、一年生植物、球根花卉、水果、蔬菜和室内植物等。幼苗、年幼植物和各种盆栽植物是最脆弱的。

主要症状：叶子，尤其是幼苗的叶子，有时会变白，产生褐色、干燥的斑块；常绿树的叶子可能会变成褐色。霜害导致发皱、干枯或变色（通常是变黑）的叶子，叶子的下表面会隆起，看上去像镀了银一样。腐烂的斑块，表现为褐色或黑色且较干燥、柔软，常出现在花朵上，特别是在暴露的头状花序上。霜害可能导致花瓣枯萎或变色并使整个花死亡。褐色、干枯的斑块也会出现在茎上，特别是在槭树科植物上。茎干可能会变黑、衰弱并且破损或裂开，这就为各种会导致树木枯萎的生物提供了入侵的机会。如果水分在其中积累并冻结的话，裂缝会扩大，这样会引起整株植物的死亡。

病原：低温或者偶尔较大的温度波动。植物在暴露的位置上或在霜穴中容易受到影响。

防治方法：检查植物是否与场地相适应。对幼嫩、脆弱和没有遮蔽的植物提供越冬保护。对在保护下长大的植物进行炼苗，并用无纺布覆盖。

缺镁症

受害植物：乔木、灌木、球根花卉、多年生植物、一年生植物、蔬菜和水果等；同样还有许多室内植物。番茄、菊花和月季是最容易受到影响的。

主要症状：出现明显的变色区域，通常为黄色但偶尔为红色或是褐色，出现在叶脉之间（脉间萎黄病），受影响的叶子可能在早秋凋落。老叶会最先受到影响。

病原：酸性土壤、过多的浇水或降雨，这两种情况都会导致镁流失；过高的钾含量会导致镁元素不可用。用高钾肥促进开花或结果的植物（如番茄）容易染病。

防治方法：将210克硫酸镁加入10升水中并添加湿润剂如软皂，配制成液态肥料并喷洒在植物叶片上。如果症状再次出现，在冬季以每平方米25克的用量施加硫酸镁或硫酸镁石。

缺锰症/缺铁症

受害植物：乔木、灌木、宿根花卉、一年生花卉、球根花卉、蔬菜和水果以及室内植物。

主要症状：从叶子的边缘开始变黄或变褐并在叶脉之间延伸。整个叶子也开始变得更黄。嫩叶会因为缺铁最先受到影响。

病原：植物被种植在不适合的土壤或介质中；特别是喜酸性的植物，它们无法从碱性土壤中吸收足够的微量元素。长期浇灌硬水，被掩埋的废弃物（如建筑垃圾）、雨水从墙壁的砂浆里流过都可能是导致土壤局部pH值升高的原因。

防治方法：选择与土壤类型适合的植物并且清除区域内的建筑碎片。对易感植物使用雨水，而不是自来水。在种植之前或之后酸化土壤，并使用酸性护根。使用螯合铁产品，并在叶面喷洒硫酸锰溶液。

粉蚧类

受害植物：室内和温室植物，仙人掌和其他肉质植物、葡萄树、某些柔软水果等。

主要症状：叶子和茎腋处出现带绒毛的白色物质。植物可能黏着蜜露（排泄物）并因煤污病变黑。根部可能会受到影响。

病原：各种粉蚧，如粉蚧属（*Pseudococcus*）和臀纹粉蚧属（*Planococcus*）；其为软体、灰白色的无翅昆虫，长约5毫米，通常有白色、蜡质的细丝尾随着它们的身体。根部损伤是由于根粉蚧（*Rhizoecus* spp.）导致的。

防治方法：在夏季引进孟氏隐唇瓢虫（*Cryptolaemus montrouzieri*）来进行生物防治，或每周喷施数次准许使用的杀虫剂，如脂肪酸（肥皂）。

机械损伤

受害植物：所有植物都有可能。

主要症状：在茎或树皮上能够看见一个整齐的伤口。受伤区域的树汁可能发酵成黏性流液，病原菌进入伤口从而导致植物枯梢甚至死亡。伤口愈合后会留下一个凸起。

病原：园林器械和工具无意中的不当使用。

防治方法：清除严重受损的芽或茎。木本植物的伤口可置之不理。

紫菀螨

受害植物：紫菀属（*Aster*）和联毛紫菀属（*Symphyotrichum*）植物，特别是荷兰菊（*S. novi-belgii*）。

主要症状：植物开花不良；一些花会变成小叶片组成的莲座。灰褐色的疤痕出现在发育不良的茎上。

病原：紫菀螨（*Phytonemus pallidus*），一种微型螨虫，以花蕾和茎尖为食。

防治方法：丢弃受到感染的植物，使用不易感病的多年生紫菀，如美国紫菀（*S. novae-angliae*）或蓝菀（*A. amellus*）来取代它们。没有可供业余园丁使用的有效化学药剂。

多足类

受害植物：幼苗和其他柔弱组织、草莓果实和马铃薯块茎。

主要症状：幼苗和其他柔弱组织被吃掉；蛞蝓的损伤出现在鳞茎上，马铃薯的块茎肿大。损害非常严重。

病原：多足类，如千足虫属（*Blaniulus*）、*Brachydesmus*属和筒马陆属（*Cylindroiulus*），呈黑色、灰色、褐色或乳白色，是在地表或其下方土壤中觅食的生物。它们有坚硬、分段的身体，每段身体有两对足（蜈蚣，作为一种有益的捕食者，每段身体只有一对足）。斑点蛇千足虫（*Blaniulus guttulatus*）是一种最具破坏性的种类。其纤细、乳白色的身体长达2厘米，两侧各有一排红点。多足类喜欢在富含有机质的土壤中繁殖。

防治方法：彻底耕作土壤并保持良好的卫生。在多足类多发的区域使用无机肥取代有机肥，尤其是在马铃薯正在生长的时候。多足类是很难控制的，但是它们自身很少成为问题，控制蛞蝓的手段能够同时避免多足类问题。

鼹鼠

受害植物：草坪、幼苗和幼年植物。

主要症状：成堆的土壤（鼠丘）出现在草坪和种植区域。幼年植物和幼苗的根会受到侵扰。

病原：在土壤中挖掘的鼹鼠。

防治方法：控制鼹鼠最有效的方法是捕捉，不过有时也可以使用超声波设备赶走鼹鼠，虽然是暂时的，但至少能阻止它们继续对植物造成危害。

水仙基腐病

受害植物：水仙花。

主要症状：储存大约一个月之后，鳞茎的基板变得柔软、呈褐色，并且开始腐烂。病情恶化，逐渐扩散到内部，令鳞茎内部变成深褐色，并且可能有浅粉色、绒毛状的真菌菌落出现在基盘和鳞茎内部之间。鳞茎逐渐失水变得干瘪皱缩。在地下的鳞茎可能会受到感染，如果不被取出，会腐烂在土壤中。在某些情况下，叶子发黄和萎蔫的症状会最先发生。

病原：通过土壤传播的真菌尖孢镰刀菌水仙专化型（*Fusarium oxysporum* f. *narcissi*），通过基盘感染鳞茎；温度过高的土壤会促进这种真菌的滋生。如果受感染的鳞茎不被取出，它可能会感染相邻的鳞茎。储存受感染但无显色症状的鳞茎同样会成为种植时的感染源。

防治方法：生长季早期，在土壤温度上升之前挖出鳞茎。在储存和重新种植之前彻底检查鳞茎有无染病迹象。

水仙线虫

受害植物：水仙花、蓝铃花（*Hyacinthoides non-scripta*），以及雪花莲。

主要症状：鳞茎的横切断面有褐色同心圆。植物生长受抑制并且扭曲，受影响的鳞茎总是会腐烂。

病原：鳞球茎茎线虫（*Ditylenchus dipsaci*），一种微观的线虫，其以鳞茎和叶子为食。在鳞茎自然化种植的地方，感染的面积会因为害虫在土壤中传播而逐年增加。杂草也能为水仙线虫提供庇护。

防治方法：挖出并烧毁受到感染的植物以及它们附近1米内的任何植物。用44℃的水浸泡休眠的水仙鳞茎3小时，能够杀死线虫且不会伤害鳞茎，但是没有特殊的设备很难保持温度不变。至少两年内不要在受到影响的区域重复种植易感植物，保持杂草在控制内。目前没有可用的化学治理方法。

丛赤壳属真菌溃疡病

受害植物：木质化宿根植物、灌木、乔木，尤其是苹果属、多花海棠、苹果属（*Malus*）、山毛榉（*Fagus*）、杨属（*Populus*）、花楸属、桑属（*Morus*）植物以及山楂属。

主要症状：树皮上的小片区域（通常是接近芽或伤口的位置）变暗并且向内下陷；树皮的裂缝形成松散、片状的同心圆。变大的溃疡限制了养分和水的运输，并且导致茎和叶的退化。在极端情况下，整棵枝条会被溃疡环绕并枯梢。夏季会出现白色的脓疱，冬季则会是红色的。

病原：名为丛赤壳属溃疡菌（*Neonectria galligena*）的真菌的孢子，感染因修剪、落叶、不规律的生长、霜冻和棉蚜导致的伤口。

防治方法：修剪受影响的树枝或更大的枝干，清除整个溃疡区域。避免使用易感品种，如苹果品种'考克斯的橙色苹果'（'Cox's Orange Pippin'）、'伍斯特红苹果'（'Worcester Pearmain'）和'詹姆斯•格里夫'（'James Grieve'）。

缺氮症

受害植物：大多数户外植物和室内植物。

主要症状：植物长出淡绿色的叶子，有时会发展成黄色或粉红色。总生长量减少，整个植物最终可能会变得略微纤细。

病原：植物生长在贫瘠的疏松土壤中，或种在受到限制的环境（如悬挂的篮子、窗台上的花箱或其他容器）中。

防治方法：使用含氮量高的肥料，如蹄角粉或颗粒状禽粪肥。

栎属衰弱病

受害植物：慢性的栎属衰弱病主要影响夏栎（*Quercus robur*），急性的栎属衰弱病影响成年（超过50岁）夏栎、无梗花栎（*Quercus petraea*）和两者的杂种。

主要症状：慢性栎属衰弱病导致树冠症状的恶化是逐步加重的，持续许多年甚至几十年。与慢性的不同，急性栎属衰弱病导致树冠恶化的症状可能直到树死亡之前才会出现。一种深色的液体从树皮中的裂缝（5~10厘米）沿着树干滴下。其可能在每年固定的时间停止和干燥，并且会被大雨洗掉。从接近地面的高度到树冠高处可能存在多条伤流的斑块。一些树木会在感染后的四五年间里死亡。

病原：慢性栎属衰弱病被认为是由多种因素共同导致的，如害虫、疾病和环境条件等。急性栎属衰弱病是近几年刚被发现的，其被认为是由一种细菌病原体导致的。

防治方法：为植物提供一个合适场地（土壤条件、气候等），让其健康、蓬勃地生长。证据显示，当地起源的树种能够更好地适应当地的条件并且更容易抵御害虫和疾病的入侵。目前对急性栎属衰弱病的防治建议是让受影响的树木留在原地，除非其构成直接的安全隐患或对健康栎树传播病害。

栎属欧洲带蛾

受害植物：栎属（*Quercus* spp.）。

主要症状：在春末夏初，栎树的叶子被群居的毛虫吃掉。如果人类的皮肤接触到它们，会引起强烈的皮疹。

病原：欧洲带蛾（*Thaumetopoea processionea*）的幼虫，一种最近在英国定居的害虫。其长达25毫米，有黑白相间的体毛，夜晚觅食，白天群集在树皮上的丝网巢穴中。

防治方法：因为栎树太高而难以用喷剂进行控制。对较小的树，使用准许使用的杀虫剂。避免人体接触毛虫和它们的丝网。

瘤腺体

受害植物：可能是所有的植物，特别是天竺葵、茶花、桉树和多肉植物等。

主要症状：凸起的、瘤状的斑块出现在叶子上。它们一开始的颜色和叶子其余部分类似，但后来变为褐色。

病原：过高的湿度，无论是空气中还是土壤介质中，都会使得植物细胞的含水量异常高。这样就会导致植物局部细胞群膨胀，形成外部增生，并且会在后来破裂，导致叶子上出现褐色斑块。

防治方法：通过改善通风状况和小心控制种植间距来提高植物周围的空气流通。减少浇水的次数，尽可能改善排水条件。受这种状况影响的叶子在任何时候都不应该被摘下。

葱地种蝇

受害植物：主要是洋葱，有时也会对青葱、大蒜和韭葱造成影响。

主要症状：生长不良，外围的叶子变黄，鳞茎中可能会发现蛆虫。

病原：以根部和鳞茎为食的葱地种蝇（*Delia antiqua*）幼虫，其为白色的蛆虫，长达9毫米。

防治方法：仔细拔出并烧毁受到感染的植物。在园艺无纺布或防虫网覆盖下生长的洋葱能够避免雌蝇产卵。目前没有可供业余园丁使用的农药。

洋葱颈腐病

受害植物：洋葱和青葱。

主要症状：根颈部的鳞片变得柔软并变色；受影响的区域会出现一个浓密的绒毛状灰色真菌菌落；同时还可能会形成黑色的菌核（子实体）。在一些严重的情况下鳞茎最终会枯死。这些症状往往直到鳞茎被储存时才会出现。

病原：一种叫作葱腐葡萄孢菌（*Botrytis allii*）的真菌，主要通过种子上的真菌孢子和植物碎屑上存在的菌核传播。

防治方法：从有信誉的来源获得球茎和种子。促进硬实、成熟的洋葱的生长；不要在仲夏施肥，避免过高的氮肥水平，定期浇水。收获后，将洋葱的顶部尽快烘干。储存在凉爽、干燥的条件下并保证良好的空气流通，丢弃受损的鳞茎。避免种植更易染病的白色鳞茎洋葱。

洋葱白腐病

受害植物：洋葱、青葱、大蒜和韭菜等。

主要症状：鳞茎的基部和根部被一个毛茸茸的白色真菌菌落覆盖，其坚硬的黑色菌核（真菌子实体）会嵌入鳞茎内部。

病原：一种叫作白腐小核菌（*Sclerotium cepivorum*）的真菌。土壤中的菌核至少能够在7年内保持活性，当感受到新寄主植物的根部存在时，它们就会滋生，导致植物受到感染。

防治方法：尽早挖出并烧毁受到影响的植物。受害后至少8年内不再种植易感作物。

欧洲防风草溃疡

受害植物：欧洲防风草。

主要症状：受影响的欧洲防风草的肩部变色并且腐烂，叶子上可能出现一些斑点。这种情况主要发生在秋季和冬季。

病原：多个种类的真菌，主要是花枯锁霉菌（*Itersonilia perplexans*）。其中有些种类就生活在土壤中，其他种类产生的孢子通过病变叶片进入土壤。

防治方法：轮作。防止欧洲防风草的根部受伤，尤其是胡萝卜茎蝇幼虫造成的损害。推迟并密集播种以促使欧洲防风草产生小根，这样能够使其不易感病，在每一排起垄以制造屏障来防止病变的叶子携带的孢子进入。及时清除所有受到影响的植物。在碱性深壤土中种植欧洲防风草，并且选择抗性较强的品种，如'标枪'（'Javelin'）或'角斗士'（'Gladiator'）。

豌豆小卷蛾

受害植物：豌豆。

主要症状：豆荚中的豌豆被毛虫吃掉。

病原：豌豆小卷蛾（*Cydia nigricana*），其在仲夏的早期会在豌豆的花上产卵。幼虫体乳白色，头部褐色，长约1厘米。

防治方法：将较矮品种种在防虫网下。使用性激素陷阱捕捉雄性，以减少其与雌性成功交配的机会；花期过后立即对植物喷施准许使用的杀虫剂。提前或延迟播种的豌豆通常不受影响。

豌豆蓟马

受害植物：豌豆。

主要症状：豆荚变为银褐色并保持扁平或只在荚果果柄一端有少数种子。

病原：豌豆蓟马（*Kakothrips pisivorus*），其身体较窄，黑褐色，吸取汁液的昆虫长约2毫米。未成熟的幼虫外观与成虫相似，但为橙黄色。成虫和幼虫都以植物为食；喜干热的环境。

防治方法：当损害发生时，定期给植物浇水，对植物喷施准许使用的杀虫剂。

桃缩叶病

受害植物：桃、油桃、扁桃，以及近缘观赏物种（李属）。

主要症状：叶子变得扭曲、起泡并且有时水肿，后来转变为深红色；叶子表面后来会出现一个白色的菌落。叶子脱落，但是会在脱落后产生第二片扁平健康的叶子。

病原：一种叫作桃缩叶病菌（Taphrina deformans）的真菌，凉爽、潮湿的环境会促进其滋生。孢子是通过风或雨向嫩枝、芽鳞和树皮的裂缝间传播的，孢子以此来越冬。

防治方法：摘掉受影响的叶子。保护植物，令叶子在11月到来年5月中旬保持干燥；开放式的木质框架覆盖耐磨塑料布能够解决问题。种植有一定抗性的品种，如'阿瓦隆之光'（'Avalon Pride'）。

梨叶蜂

受害植物：梨树和李树；还有产果和观赏用的李属、木瓜属植物、山楂等。

主要症状：叶子上表面被幼虫啃食的地方出现发白的褐色斑块。

病原：梨粘叶蜂（Caliroa cerasi）——一种小型黑色叶蜂——的幼虫阶段。它长约10毫米，头部末端较宽。其身体被一种黑色黏稠的物质覆盖，因此看上去像蛞蝓。它们主要在叶片的上表面进食。初夏至初秋繁殖两三个世代。

防治方法：第一次发现幼虫时用准许使用的杀虫剂进行喷施。

梨瘿蚊

受害植物：梨树。

主要症状：果实从末端开始变为黑色，并从树上坠落。果实内部能发现小型的蛆虫。

病原：梨瘿蚊（Contarinia pyrivora）。其成虫在未开发的花蕾上产卵；这些卵会孵化成泛白的橙色蛆虫，长达2毫米，在果实内部摄食，使果实变黑、腐烂。

防治方法：在蛆虫落入土壤化蛹之前收集并烧毁受害果实。大型树木上的梨蚊防治是非常困难的。

芍药枯萎病

受害植物：芍药（芍药属）。

主要症状：受影响嫩枝的茎基部枯萎、衰弱并变为褐色。这种感染一般始于茎干的基部，被一个灰色绒毛状真菌菌落霉斑覆盖。受影响的茎的外部和内部都会产生小型的黑色菌核（真菌子实体）。

病原：一种叫作牡丹葡萄孢菌（Botrytis paeoniae）的真菌。菌核落入土壤中并保存到条件适宜时（尤其是在湿润的年份里）引起新的感染。

防治方法：在症状开始出现时，及时剪除草本芍药上受影响的嫩枝，一直剪到地下部分；疏减过于茂密的植物。

拟盘多毛叶枯病

受害植物：特别是松柏类植物，但同样也影响许多其他木本观赏植物（如山茶、杜鹃等）。

主要症状：叶子先变黄后变褐，通常是从枝条的茎尖处往回蔓延的。在受到影响的植物组织内部，会产生很多肉眼可见的针头大小的黑色子实体。

病原：拟盘多毛孢属（Pestalotiopsis）真菌（数个物种）。

防治方法：唯一的选择是除去死亡和濒死的叶子。剪除受到影响的枝条将减少能够引发新一轮感染的孢子的数量。确保所有健康植物都能在良好的条件下生长，将感染的可能性降到最小。

缺磷症

受害植物：可能是所有的植物；但是这种缺素症不太可能发生在大多数花园中。

主要症状：植物生长减缓，幼龄的叶子出现暗淡变黄的症状。

病原：土壤中硫酸盐的流失、地区多雨。植物如果生长在重黏土或深泥炭土中，或者铁板上方的土壤中，就最有可能面临缺磷的危险。

防治方法：施加磷肥，如骨粉。

疫霉根腐病

受害植物：乔木、灌木、多年生木本植物；槭树属、美国扁柏（Chamaecyparis lawsoniana）、苹果、欧洲红豆杉（Taxus baccata）、杜鹃、树莓和石南类植物是最常受到侵害的。

主要症状：会导致根部腐烂、溃疡伤流、小枝和叶子枯萎的症状。叶子褐化，病变传播通常是从叶柄、叶尖或叶缘处开始的。病变通常沿着叶脉（中脉）快速传播，呈V字形。红棕色的液体从树皮的裂缝中流出，干涸后变成一种深色的煤焦油材质。在感染区域的上部，叶子可能是苍白、稀疏的，并且枝条可能萎缩并最终死亡。坏死组织产生的斑块出现在茎干基部或树干上，植物组织下面有蓝黑色污点；叶片稀疏萎黄。植物会枯梢，甚至可能整体死亡。较大的根从茎或树干处开始萎缩，尽管较细的根系仍表现出完全健康的状态；受影响的根部会变为黑色。

病原：疫霉属（Phytophthora）的多种真菌，经常出现在湿润、渍水土壤中。根部被土壤和受感染植物残骸中积累的游动孢子入侵。一些种类具有高度专一性（如Phytophthora ilicis只感染冬青），而另一些病原有广泛的寄主范围，如樟疫霉菌（P. cinnamomi）、P. plurivora以及检疫病原体栎疫霉菌（P. ramorum）和P. kernoviae。

防治方法：避免过度灌溉，尽可能提高区域土壤的排水条件。只在信誉良好的来源处购买高质量的植物，选择耐性强或抗疫霉菌的品种，如异叶铁杉（Tsuga heterophylla）和杂扁柏（x Cuprocyparis leylandii）。目前没有可供业余园丁使用的有效的化学药剂控制方法。如果发现嫩枝和叶子有枯萎的症状，就剪除健康组织上受到感染的枝条，如果溃疡面积较小，可以通过剪除坏死的树皮来清除感染。另外，受影响的植物应该被移除，包括周围的土壤。疫霉菌可以在土壤中潜伏多年。改善排水并且保持受影响区域至少3年内没有木本植物。如果怀疑栎疫霉菌和P. kernoviae存在，不要试图自己去控制疾病，而应该将情况报告给与植物健康相关的权威部门来解决。

植原体

受害植物：乔木、灌木、宿根花卉、一年生植物、球根植物、蔬菜、水果（特别是草莓）以及室内植物。

主要症状：叶子可能小于一般尺寸，形状扭曲并被褪色的图案覆盖。花是绿色的、体积小并且可能是扭曲的。花色无法恢复到正常的颜色并且随后长出的果实也是绿色的。铁线莲上的症状类似于霜害，但是在生长季后期受霜害影响的花将被正常颜色的花朵取代。草莓类植物的这种情况会导致花瓣变成绿色，产生的嫩叶是黄色、体小、不规则的。此外，老叶在花期停止时会变为明显的红色。

病原：植原体，其被认为与细菌有关。植原体通过叶蝉在植物间传播，叶蝉通常是从被变叶病感染的三叶草属植物上沾染植原体的。

防治方法：清除所有受到影响的植物，只购买经过认证的水果品种，防控害虫，特别是有可能成为潜在的病原传播者的昆虫（叶蝉）。清除杂草，因为它们可能会藏匿这种疾病。

樟冠网蝽

受害植物：马醉木属植物和杜鹃。

主要症状：叶片上表面产生粗糙、苍白的斑点，背面会有锈褐色类便状斑点。成虫、幼虫和蜕下的皮都能在叶背面找到。

病原：名为樟冠网蝽（Stephanitis takeyai）的刺吸式害虫。其成虫体长约4毫米，体黑褐色。透明的翅膀平贴在成虫背部，翅膀上有一个独特的黑色X形标记。若虫没有翅膀，身体上有刺。

防治方法：在初夏的时候喷施准许使用的杀虫剂以消灭年幼若虫。

李小食心虫

受害植物：李树。

主要症状：果实早熟然后坠落。果实内能够发现粉色的毛虫及其产生的排泄物。

病原：李小食心虫（Gragholita funebrana），初夏时在果实上产卵。孵化出来的毛虫可以长到1厘米长。

防治方法：如果将性激素陷阱挂在树上以捕捉雄性李小食心虫，就能够降低雌性成功交配的概率，从而减少生虫的果实数量。像对付苹果小卷蛾（见663页）那样喷施农药。

油菜花露尾甲

受害植物：玫瑰、香豌豆（*Lathyrus odoratus*）、水仙、西葫芦、红花菜豆以及其他花园花卉。

主要症状：春季和仲夏至夏末，花朵中出现黑色的小甲虫。

病原：油菜花露尾甲（*Meligethes* spp.），其长约2毫米，体黑色。它们以花粉为食，但在其他方面不会对开花造成直接影响。

防治方法：油菜花露尾甲是不能被控制的，因为它会在油菜田里繁殖出数量巨大的群体并飞进花园中。使用杀虫剂是不明智的；杀虫剂会损伤花瓣并对有用的授粉者（如蜜蜂）造成伤害。对于切花，可以在白天将其放入棚屋或者车库中，保留一个光源（如开着的门），甲虫就会向光源飞去。

缺钾症

受害植物：食用和观赏用的结果植物，主要是黑醋栗、苹果和梨等。

主要症状：叶片变为蓝色、黄色或紫色，出现褐色污点，或者叶尖或叶缘变成褐色。一些叶子可能会向内卷；它们非常柔软，会遭到病原体的入侵。整株植物的开花、随后的结果以及整体生长量都会减少。

病原：在质地疏松或者白垩或泥炭含量高的土壤中种植植物。

防治方法：改善土壤结构。使用硫酸钾或有机高钾肥料进行表面施肥。

马铃薯囊肿线虫

受害植物：马铃薯和番茄。

主要症状：植物黄化死亡，从较低的叶子开始，马铃薯块茎增大受阻。被掘起的植物的根部显示出许多白色、黄色或褐色的囊肿，直径约1毫米。

病原：根寄生线虫，其会破坏水和营养物质的吸收。成熟的雌虫肿大，它们的身体（所谓的囊肿）会破坏根部细胞壁。囊肿包含多达600个卵；它们能够在多年之内保持活性。马铃薯金线虫（*Globodera rostochiensis*）的囊肿在成熟后由白色变为黄色再变为褐色；马铃薯白线虫（*G. pallida*）的囊肿直接从白色变为褐色。

防治方法：轮作，并栽培抗性品种，阻止病害在土壤中积累。一些马铃薯能够抵抗马铃薯金线虫，如'口音'（'Accent'）、'彭特兰标枪'（'Pentland Javelin'）、'火箭'（'Rocket'）、'斯威夫特'（'Swift'，早熟作物）、'卡拉'（'Cara'）、'马里斯派'（'Maris Piper'）、'毕加索'（'Picasso'）和'斯坦斯特'（'Stemster'，主要作物）；另一些品种，如'玛克辛'（'Maxine'）、'桑特'（'Sante'）和'英勇'（'Valor'）能够忍耐马铃薯白线虫。少数品种对两种线虫都有抗性，包括'欧洲之星'（'Eurostar'）和'阿森纳'（'Arsenal'）。目前没有可供业余爱好者使用的化学控制方法。

马铃薯块茎坏死

受害植物：马铃薯。

主要症状：褐色、弧形的褪色斑纹，有时一个木栓质结构在通常是畸形的块茎内部产生。只有马铃薯显示这些症状，但是这种病毒也能够感染烟草、翠菊（*Callistephus*）、剑兰、郁金香、风信子和辣椒等。

病原：大量的病毒，包括烟草脆裂病毒（tobacco rattle virus）以及一般不常见的马铃薯帚顶病毒（potato mop-top virus）；它们都是通过独立生存在土壤中的线虫传播的。

防治方法：在受过影响的土地上避免种植其他宿主植物，并且在之前没有使用过的土地上种植马铃薯。使用经过认证的无病毒的种子。

白粉病

受害植物：大多数户外植物和许多室内植物；大多数水果，通常为葡萄、桃和醋栗。

主要症状：真菌菌落，通常是白色和粉色的，出现在叶子上。通常出现在叶片上表面，不过也有可能出现在下表面或是两面都出现。也可能会出现紫色或黄色的斑点。叶子变黄并提前脱落。在水果表皮上出现发白的灰色真菌斑块，斑块成熟时往往变成褐色。葡萄的浆果变硬，大量破裂，并且无法完全长大；还会出现真菌的二次感染。开裂的醋栗是不常见的，并且表面的真菌菌落可以擦掉。

病原：各种真菌，包括单丝壳属（*Sphaerotheca*）、白粉菌属（*Erysiphe*）、新白粉菌属（*Neoerysiphe*）、叉丝单囊壳属（*Podosphaera*）、高氏白粉菌属（*Golovinomyces*）和布氏白粉菌属（*Blumeria*）的物种。一些真菌有严格的寄主范围；其他种类的入侵范围则较为广泛。孢子通过风和飞溅的雨水传播，真菌可能在宿主植物的表面越冬。

防治方法：避免在干燥的地方种植易感植物，灌溉和覆盖物是必要的。及时清除受到影响的区域。种植一些有抗性的醋栗，如'因难卡'（'Invicta'）和'金翅'（'Greenfinch'）。喷施特定的非农药霉菌抑制剂。

报春花腐锈病

受害植物：报春花属。

主要症状：根部腐烂，纵向开裂，露出褐色的内核；植株倒伏在地上，众多植株死亡。叶子变黄、枯萎、死亡，当根部从尖端开始往回腐烂时，植物会倒伏在地面上。花朵枯萎。

病原：一种叫报春花疫霉菌（*Phytophthora primulae*）的真菌，可以在土壤中存活多年并保持活性。

防治方法：挖出并烧毁所有受到影响的植物。在一个全新的场地种植新的报春花。

增生

受害植物：主要是蔷薇属，特别是老品种，但是偶尔也影响其他的观赏植物和生产果实的植物。

主要症状：花茎从现有花的中心生长出来，一朵新花在原有的花上方形成。在一些情况下，数个花蕾在一起形成，并被一组花瓣包围。

病原：花蕾生长点在早期被破坏，通常是因为受到了霜害或昆虫的攻击。当问题再次出现时，可能是由于病毒导致的。

防治方法：严重和反复受到影响的植物，可能是由于病毒感染造成的，在这种情况下，应该彻底销毁受害植物。在其他情况下，不需要进行处理。

兔子

受害植物：幼龄的小树；低矮的植物。

主要症状：树皮被啃食，特别是在寒冷的天气下。低矮的植物被吃掉，有时会一直被啃食到地下部分。

病原：兔子。

防治方法：用至少1米高并且埋入地下20厘米的铁丝网将花园保护起来以排除这种动物。另外，在敏感植物的周围放置一些不太复杂的栅栏。用铁丝网或螺旋树木防护项圈来保护树木基部。基于硫酸铵的驱赶剂只能提供有限的保护，特别是在潮湿的天气或植物快速生长的时期。

树莓小花甲

受害植物：主要是树莓，但也影响黑莓和杂种茎生水果。

主要症状：成熟的果实枯竭并在茎端褐化；果实内部能够发现昆虫的幼虫。

病原：树莓小花甲（*Byturus tomentosus*）。其雌虫会于初夏至仲夏在花朵上产卵。泛褐色的白色幼虫长约6毫米，在约2周后孵化。它们首先在果实的茎端取食，之后进入果实的内部。

防治方法：宿主植物气味（开洛蒙）水陷阱可以捕捉雄性和雌性甲虫，这将有助于降低虫害水平。在有必要的情况下，当第一个粉色果实出现时，对树莓喷施准许使用的杀虫剂。对于罗甘莓在80%的花瓣落下的时候喷施；对于黑莓，当第一朵花瓣开放的时候喷施。第二次喷雾可能需要在树莓和罗甘莓第一次使用喷雾的两周后进行。在黄昏进行喷雾以避免对蜜蜂造成伤害。

百合负泥虫

受害植物：球根百合以及贝母（*Fritillaria*）。

主要症状：叶子和花在早春和仲秋之间被吃掉。

病原：百合负泥虫（*Lilioceris lilii*）的成虫和幼虫。成虫长约8毫米，体为明亮的红色。幼虫呈红褐色，头部黑色，身体被湿润的黑色排泄物覆盖。

防治方法：在一个较长的产卵及发病期（仲春至仲夏）都很难防治。用手摘除，或者喷施准许使用的杀虫剂。

红蜘蛛

受害植物：乔木、灌木、宿根花卉、球根花卉、一年生植物、仙人掌、多肉植物、蔬菜以及水果。豆类、黄瓜、西瓜、苹果和李子等特别容易受到影响。

主要症状：叶子变得暗淡、枯黄，上表面出现微小的、苍白的斑点。叶子提前脱落，一个微小的丝织物可能会覆盖植物。

病原：红蜘蛛，有8条腿、体长小于1毫米。其身体呈黄绿色，有褐色斑纹，并且可能会在秋季变为橙黄色。红蜘蛛有若干物种，最常见的是二斑叶螨（*Tetranychus urticae*），又叫温室红蜘蛛，其在夏季会对花园和室内的植物造成影响。

防治方法：红蜘蛛繁殖迅速，并且有抗药性强的品系，这让防治非常困难。为了阻止其侵扰植物，在温室中需要对叶子下面喷水以保持较高的湿度，在玻璃上设一些遮挡以避免高温；如果在感染情况还没有变得非常严重的时候引入捕食性螨虫智利小植绥螨（*Phytoseiulus persimilis*），就能够提供针对红蜘蛛的有效生物防治。可以通过喷施植物油或脂肪酸（肥皂）三四次来控制红蜘蛛，每次喷施间隔5天。

红线病

受害植物：草坪草，尤其是那些细叶草，如羊茅等。

主要症状：微小的淡粉色至红色凝胶状线形分枝真菌在草坪上发展成直径约8厘米的小斑块，之后会褪色变白。草坪很少会被直接致死，但会被削弱并且其外观会遭到破坏。

病原：一种叫作黑麦草赤丝病菌（*Laetisaria fuciformis*）的真菌，它在大雨后十分常见。当土壤缺氮或者通气不良时，真菌的问题也会变得棘手。

防治方法：改善草坪的维护和排水，对土壤进行通气和翻松，并进行必要的施肥。

再植病害/土壤衰竭

受害植物：主要是蔷薇属，通常是那些以狗蔷薇为砧木的植物，以及果树。

主要症状：植物活力降低，生长和根发育受阻。

病原：可能有多个原因，包括寄居在土壤中的线虫及其传播的病毒、通过土壤传播的真菌，以及养分枯竭等。

防治方法：不在之前栽种过相同或相近物种的土地上种植替代植物。在至少45厘米深的范围内更换土壤，深度要大于根系生长的范围若干厘米。

杜鹃芽枯病

受害植物：杜鹃花属。

主要症状：芽形成但无法展开。芽变成褐色、干枯，有时产生一层银灰色的薄膜，并在春季被黑色的真菌刚毛覆盖。受到影响的芽不会脱落。

病原：一种叫作杜鹃芽枯病菌（*Pycnostysanus azaleae*）的真菌，通过杜鹃叶蝉（*Graphocephala fennahi*）造成的伤口进行感染。

防治方法：尽可能在仲夏前去除并销毁所有受到影响的芽，仲夏的时候叶蝉会变得非常普遍；也可以在夏末和早秋喷施针对叶蝉的农药。更多细节，见"叶蝉"，668页。

啮齿类

受害植物：灌木、幼龄乔木、番红花的球茎、豌豆和大豆的幼苗、种子、蔬菜以及储存中的水果。

主要症状：茎和根部的外层被啃食；树皮也会出现同样的症状。种子、幼苗、球茎、蔬菜和水果都会被吃掉。

病原：小鼠、大鼠和田鼠。

防治方法：小鼠或大鼠的捕鼠夹（配备防鸟设施）能够提供最安全的解决方案：只使用获准在户外使用的毒饵，并且只能放入结实的毒饵箱中使用。

根蚜虫

受害植物：莴苣、大豆、胡萝卜、欧洲防风草、菊芋、蔷薇属、石竹类植物等。

主要症状：植物生长缓慢，在仲夏至夏末的晴天有枯萎倾向。白色的蜡质粉末可能出现在根部及附近的土壤上。

病原：蚜虫，长达3毫米，一般为乳脂状褐色，以植物根部及茎基部为食。不同种类的蚜虫入侵不同种类的植物，如囊柄瘿棉蚜（*Pemphigus bursarius*）入侵莴苣，耳叶报春伪卷叶棉蚜（*Thecabius auriculae*）入侵耳叶报春。

防治方法：轮作蔬菜作物，种植抗根蚜虫的莴苣品种。为盆栽植物重新上盆之前先清洗根系。

根结线虫

受害植物：多种花园植物，包括暖季型果树、蔬菜和观赏植物。温室植物也是非常敏感的。

主要症状：根部或块茎上出现虫瘿或肿大。整体的生长受阻，植物枯萎、变黄，有时会彻底死亡。

病原：根结线虫（*Meloidogyne* spp.），其体形细长，呈透明状，仅0.5毫米长。幼虫会钻入根部。

防治方法：烧毁所有受到影响的植物。轮作蔬菜作物；选择抗性植物。目前没有可供业余园丁使用的化学防治方法。

根腐病

受害植物：一年生作物，包括蚕豆、四季豆、黄瓜、甜瓜、南瓜和豌豆。

主要症状：生长季中期枯萎，茎基部和根上部腐烂；受感染的组织形成病变并通常在腐烂前转变为红色。当水分供应受到限制时，叶片会出现萎黄；幼苗会出现猝倒病的迹象。

病原：各种形式以土壤传播的真菌，如茄病镰刀菌（*Fusarium solani*）、烟草根黑腐病菌（*Thielaviopsis basicola*）、瓜亡革菌（*Thanatephorus cucumis*）、疫霉属（*Phytophthora* spp.）和腐霉属（*Pythium* spp.）等。这种疾病由土壤和受影响的植物碎屑携带；种植在排水不良酸性土壤中的作物尤其危险。过高的土壤温度会促进豌豆根腐病菌（*Aphanomyces euteiches*）的发展。

防治方法：使用较长的周期轮作作物。如果可行的话，使用处理过的种子。若有可能，改善土壤的排水。

月季枯梢病

受害植物：月季。

主要症状：植物枯梢，同时可能会褪色。表面形成真菌菌落。症状会在某些情况下恶化。

病原：种植不当、维护不良或者环境不适宜。严重或反复受到霜冻、叶片染病或真菌也可能会造成这种病害。

防治方法：正确地种植玫瑰，定期施肥和浇水。修剪植物，并保持病害和虫害在控制范围内。清除所有死亡或者染病部位，修剪至健康木质部分。

月季卷叶叶蜂

受害植物：月季。

主要症状：月季的叶子边缘向下卷曲形成绷紧的管状，通常发生在春末和夏初。

病原：月季卷叶叶蜂（*Blennocampa phyllocolpa*）。雌虫在叶子上产卵，分泌化学物质并导致叶片卷曲。幼虫形似毛虫，浅绿色，会在卷曲的叶片内部取食。成年叶蜂是黑色的，长3~4毫米，有透明的翅膀。

防治方法：摘除并烧毁所有卷曲的叶子。另外，可喷施准许使用的杀虫剂。

迷迭香甲虫

受害植物：迷迭香、薰衣草、鼠尾草、百里香。

主要症状：叶片被吃掉，主要发生在夏末至秋季以及春季，甲虫及其幼虫都出现在植物上。

病原：迷迭香甲（*Chrysolina americana*）的成虫，其长约7毫米，沿着它们的翅膀基部和胸部分布有紫金色和绿色的条纹。幼虫身体柔软，呈灰白色，有深色条纹。成年甲虫夏季生活在植物上，但不会进食。

防治方法：在薰衣草和迷迭香的下面放置报纸，摇晃植物然后收集甲虫及其幼虫。严重感染时，用准许使用的杀虫剂喷洒植物。

锈病

受害植物：乔木、灌木、宿根花卉、蔬菜、水果和室内植物。薄荷属（*Mentha*）植物、月季、树莓和黑莓常易受到感染。

主要症状：小型的亮橘色或褐色孢子斑块在叶子的背面形成，每一个斑块都与叶片上表面的一个黄色斑点对应。孢子可能出现在同心环或脓疱上，有时呈苍白的浅褐色，如在菊花白锈病中的症状。有时也会产生冬孢子，呈深褐色或黑色。叶子也会在早期落下。茎干上的脓疱包含着形成中的呈亮橘色或深褐色的孢子，或者脓疱已经明显从内部破裂开。一些植物（如杜松）会产生凝胶状的物质。严重情况下，茎干大量扭曲并破裂。后续可能出现枯梢。

病原：真菌，最常见的是柄锈菌属（*Puccinia*）的物种，其通过飞溅的雨水和空气的流通传播，并在植物碎屑上越冬。一些锈病是系统性疾病。

防治方法：清除所有受到影响的区域。尽可能增加通风和植物种植间距以及避免植物过度繁密生长来改善空气流通。对于受到影响的植物，应该彻底喷施准许使用的杀菌剂。

叶蜂幼虫

受害植物：乔木、灌木、草本多年生植物和水果。尤其易受影响的是松柏类、柳树、假升麻、路边青属植物、耧斗菜、多花黄精、月季、鹅莓和醋栗。

主要症状：导致植物落叶。

病原：不同种类叶蜂[如松叶蜂属（*Diprion*）、丝角叶蜂属（*Nematus*）、锉叶蜂属（*Pristiphora*）]的幼虫；形似毛虫的幼虫长约3厘米，体一般为绿色，有时有黑色斑点。多花黄精叶蜂（*Phymatocera aterrima*）的幼虫颜色为灰白色。多数幼虫紧附在叶缘处，当它们受到惊吓时它们的身体会弯曲呈S形，但是路边青属或多花黄精叶蜂的幼虫不会有这种反应。

防治方法：可能的话手工摘除害虫。对严重受到感染的植物，喷施准许使用的杀虫剂。

疮痂病

受害植物：梨树、橄榄树、柳树、枇杷树、火棘属和苹果属植物（包括观赏物种和果树）。

主要症状：深色和绿褐色的斑块出现在叶子上，疮痂状或有时呈水泡状；所有受到影响的叶子都会提前凋落。黑褐色的疮痂状斑块出现在果皮上，严重的侵染会导致果实变小并且出现畸形，在某些情况下可能会出现裂缝，这可能会导致果实容易受到继发感染。

病原：一些真菌，如苹果黑星病菌（*Venturia inaequalis*）、梨黑星病菌（*Venturia pirina*）、柳黑星病菌（*Venturia saliciperda*）以及*Fusicladium oleagineum*。它们生长在潮湿的天气中，可能在受感染的叶子和树枝上越冬。

防治方法：让植物保持中心部向外散开的株型，并剪除任何受感染枝条和果实。把落下的叶子耙到一起并烧毁。用准许使用的杀菌剂喷施植物。在严重感染时，重新种植抗性强的品种。

蚧虫类

受害植物：乔木、灌木、仙人掌和其他多肉植物、水果、室内植物和温室植物。

主要症状：叶子可能黏附着蜜露（分泌物）并被乌黑的霉菌污染。受到严重感染的植物也可能表现为生长减缓。包含虫卵蜡质的白色沉积物也不时出现在茎上。

病原：蚧虫类，包括扁平球坚蚧（*Parthenolecanium corni*）、褐软蜡蚧（*Coccus hesperidum*）、榆蛎盾蚧（*Lepidosaphes ulmi*）以及七叶树蚧（*Pulvinaria regalis*）。它们通常是黄色、褐色、深灰色或白色的，长约6毫米，身体扁平或凸起，呈圆形、梨形或卵形。通常能在叶子下表面和茎干上发现它们。

防治方法：在冬季用植物油喷施落叶果树。在温室中使用赤黄阔柄跳小蜂（*Metaphycus helvolus*）对褐软蜡蚧进行生物防治，或者用夜蛾斯氏线虫进行控制。喷施准许使用的杀虫剂，包括基于植物油或脂肪酸的杀虫剂，喷药时间为新孵化的蚧虫幼虫刚出现时——对于温室植物而言是全年，对于室外植物来说则是初夏至仲夏。

菌核病

受害植物：多种蔬菜和观赏植物。

主要症状：突发性枯萎，叶基部泛黄，茎干上出现褐色的腐烂。这些症状伴随着白色霉斑，其内一般包含着硬质的黑色结构，称为菌核。受侵害的部位通常是茎基部，但是储存的球茎和胡萝卜以及欧洲防风草也会受到影响。

病原：一种叫作核盘菌（*Sclerotinia sclerotiorum*）的真菌。

防治方法：受到感染的植物材料应该销毁，特别是在菌核被释放进土壤之前。它们往往能够存活多年。这些材料不应该用来制作堆肥。该病害的寄主范围非常广，所以杂草也可能成为寄主，应当被除掉。如果受到感染的土壤不能更换，那么8年之内不应该再种植易感植物。目前没有可供业余园丁使用的化学控制方法。

立枯病

受害植物：多种生长在温暖气候中的蔬菜作物（在英国没有种植），包括豆类、豌豆、卷心菜、甘薯和番茄。

主要症状：幼苗显示出倒伏的症状。年老植物的根颈或茎在地面处腐烂，嫩枝泛黄，枯萎甚至死亡。

病原：白绢病真菌（*Athelia rolfsii* syn. *Corticium rolfsii*）通过基部入侵植物；线虫或昆虫造成的伤口会促进真菌的感染。种植在疏松沙质土上并且水分供应充足的植物最容易受到侵害。

防治方法：适当地养护作物，清除病变的植物和其碎屑，避免在污染的区域种植作物；烧毁受影响的残留物或将其深埋进土中。

五隔盘单毛孢属溃疡

受害植物：松柏类，主要是柏属（*Cupressus*），特别是大果柏木（*C. macrocarpa*）、意大利柏木（*C. sempervirens*）及杂扁柏（x *Cuprocyparis leylandii*）。

主要症状：一些分散的分枝长出暗淡的叶子，之后变黄、死亡，变为褐色并最终脱落。受影响的枝条产生溃疡，流出大量的树脂，并且被水泡状黑色子实体覆盖。当溃疡布满一个分枝或主干时，植物可能会死亡。

病原：五隔盘单毛孢属真菌（*Seiridium cardinale*）产生的孢子在空气中传播，入侵树木，其入侵途径通常是修剪分枝造成的端口、树皮上的细小缝隙、叶鳞和小枝分叉处。感染最容易发生在植物的休眠季节。

防治方法：剪除所有受到影响的分枝，严重时，要将整棵树都清除掉。目前没有可供使用的化学防治方法。

葡萄枯萎病

受害植物：葡萄（*Vitis vinifera*）。

主要症状：果柄枯萎。果实味道淡或带有酸味；黑色品种变为红色，白色品种变成透明状。果实保存在枝条上但是会枯萎并且容易患病，如灰霉病（666页）。

病原：修剪过重，浇水不足或过多，或者土壤条件不良。

防治方法：剪除枯萎果实，定期向叶面追肥。在几年内减少作物的种植量并尝试提升土壤整体条件。

蛀洞

受害植物：食用或观赏樱（李属）、桃、青梅、油桃、李和月桂樱（*Prunus laurocerasus*），以及其他乔木、灌木和木质化宿根植物。

主要症状：变色（通常为褐色）斑点出现在叶子上；坏死的叶片组织消失，留下空洞。情况严重时，叶片的大部分都会消失。

病原：丁香假单胞菌李死致病变种（*Pseudomonas syringae* pv. *morsprunorum*）和丁香假单胞菌丁香

致病变种（*Pseudomonas syringae* pv. *syringae*）会在李属植物上导致蛀孔，假单胞菌丁香致病变种也会在其他寄主植物上引起这种病症。小点霉属真菌（*Stigmina carpophila*）也会导致李属植物出现相似的症状。

防治方法：改善受害植物的总体生长环境和整体的健康状况。对于李和樱可以用含铜的杀菌剂进行喷雾。

银叶病

受害植物：阔叶乔木和灌木，特别是蔷薇科植物；李和樱最容易受到攻击。

主要症状：叶子上出现银色的变色斑块，通常开始于独立的分枝，最后会蔓延到整个树冠。树体萎缩；受影响的叶片中心有一个黑色的凹陷斑。

病原：真菌紫软韧革菌（*Chondrostereum purpureum*），其通常出现在被砍伐的原木和枯枝上。孢子是由黏附在树皮上的革质支架产生的。支架的上表面呈暗淡的灰色、稍带些毛，下表面则是紫色、光滑。孢子可能通过新鲜的伤口（不到一个月）入侵感染。银色叶片本身不会传染。

防治方法：避免伤害植物。在夏季对易感植物进行修剪，这个时候感染不容易发生。清除受影响的部分，修剪位置距离感染的部分15厘米左右。

黏液流/湿木

受害植物：乔木、灌木和木本多年生植物；铁线莲尤其容易受到影响。

主要症状：茎干萎缩并从基部流出粉红色、黄色或灰白色黏液。液体通常是黏稠的，有难闻的气味。

病原：在树液压强升高，即萌芽前期，茎干受到损伤（通常是霜冻或物理损伤）。树汁从伤口流出，液体含糖量很高并且包含了各种微生物，这些微生物会导致液体增稠和变色。

防治方法：避免茎干受到损伤，尤其是易感植物。及时清除受到影响的茎干，剪除的位置一定要在健康部分，必要时甚至可以剪到地下。给予植物足够的肥料和水分，植物在修剪后可以产生更多的新枝。

黏菌霉病

受害植物：常见的草类，偶尔会有一些其他植物。

主要症状：浅褐色、橙色或白色的成簇子实体会让个别草叶窒息，之后孢子会被释放出来，使黏菌的外表变成灰色；草地看起来很难看但不会受到损伤。这种情况在春季晚期很常见，并且早秋可能会再次出现。

病原：黏菌。它们常常会在下大雨的时候进入繁盛时期。

防治方法：灌溉受影响的区域。通过在秋季扎孔和翻松来促进根系生长。

蛞蝓和蜗牛

受害植物：非木质化植物，特别是幼龄植物；马铃薯。

主要症状：叶子上出现蛀孔，茎上的部分叶片可能被全部吃光；叶子和土壤表面会留下银色的痕迹。马铃薯块茎的外表面被钻出圆形的孔洞，在夏季其内部也会出现许多蛀孔。

病原：蛞蝓[如温室蛞蝓属物种（*Milax* spp.）、陆蛞蝓属物种（*Arion* spp.）、网纹野蛞蝓属（*Deroceras* spp.）]，以及蜗牛[如智利螺旋蜗牛（*Helix aspersa*）]。病原主要为黏滑的软体动物，主要在晚上或雨后取食。

防治方法：定期翻耕以使虫卵暴露在外。使用陷阱或障碍物（见"诱捕器、障碍物和驱赶设备"，646页），或手动清除。'茶隼'（'Kestrel'）和'桑特'（'Sante'）马铃薯是抗蛞蝓的。用致病线虫*Phasmarhabditis hermaphrodita*进行生物防治。将颗粒状除蛞蝓剂稀疏地分散到植物之间，也可以使用物理屏障。

煤污病

受害植物：金莲花、银莲花、紫罗兰、冬菟葵（*Eranthis hyemalis*）和玉米。

主要症状：圆形或椭圆形的凸起，通常呈暗绿色或灰白色，产生在叶子上。它们会破裂，并释放出大量粉末状的黑色孢子；严重感染时叶子会枯萎死亡。叶梗也会出现相似的症状。

病原：多种真菌，如条黑粉菌属（*Urocystis*）和黑粉菌属（*Ustilago*）；孢子通过飞溅的雨水和气流传播。

防治方法：销毁受影响的植物；即使这个问题似乎暂时得到了控制，之后感染仍可能再度发生。

雪腐镰刀菌病

受害植物：草坪，特别是那些包含高比例的一年生草地早熟禾（*Poa annua*）的草坪。

主要症状：草地上出现黄色坏死的斑块，并且它们经常会连成较大的面积。在潮湿的天气会形成白色的菌落，导致草坪粘在一起。这种病症容易在晚秋和冬季流行起来，特别是在那些当白雪覆盖的时候会被践踏的地区。

病原：主要是雪腐镰刀菌（*Monographella nivalis*，同*Fusarium nivale*），这种真菌会在通气不良和氮肥过多的条件下加快滋生。

防治方法：在易感区域加强维护，定期对土壤进行通气和翻松。避免在夏末与初秋间使用含氮量高的化肥。使用硫酸铁能有助于防治雪霉菌，或者施加准许使用的杀菌剂。

稻绿蝽

受害植物：豆类、番茄和树莓，以及多种观赏植物。

主要症状：成群的稻绿蝽幼虫从种穗和发育中的豆荚和果实中吸食汁液。受损的豆类和水果可能导致畸形和变色。

病原：成年的稻绿蝽（*Nezara viridula*），长约12毫米，其可能被人误认为是无害的红尾碧蝽（*Palomena prasina*）。后者的背部上表面有一个深褐色区域，而稻绿蝽全均匀的绿色。该害虫的幼虫体黑色或绿色，上表面有数排白色、粉色或黄色斑点。

防治方法：对害虫喷施准许使用的杀虫剂。

铃木氏果蝇

受害植物：各种野生植物以及观赏植物、蔬菜和水果作物（尤其是樱桃）成熟中的果实。

主要症状：成熟中的果实表面塌陷，果实上有穿刺小孔，果实内有小小的白色幼虫。

病原：铃木氏果蝇（*Drosophila suzukii*）。

防治方法：保持良好的卫生，清除并销毁过熟和受损的果实，并通过覆盖细网套来保护成熟中的果实。喷施准许使用的杀虫剂。

褐斑病/茎疫病

受害植物：树莓。也可能入侵罗甘莓。

主要症状：褐斑病，紫色区域会在夏末出现在分节处；不久后这些紫色区域会增大并且变为银灰色。许多产生孢子的小型褐色结构出现在每一个斑点的中心。芽会坏死，或是产生已经死亡的新枝。茎疫病，真菌通过损伤的点进入后，植物会从地上部分开始恶化，使得茎产生黑色的变色斑并且变得脆弱。叶枯萎。被削弱的植物比维护良好的强壮植物更容易再次感染这种病害。

病原：褐斑病的病原为悬钩子小双胞腔菌（*Didymella applanata*），茎疫病的病原为盾壳霉小球腔菌（*Leptosphaeria coniothyrium*）。

防治方法：良好地维护植物。在首次出现病害的症状时，剪除受到影响的茎条，对于茎疫病需要剪到地表之下。

供肥不足

受害植物：草坪和其他植草区域。

主要症状：草坪稀疏、参差不齐并且通常有些苍白；其可能被苔藓和杂草入侵或被病原体感染。植物生长减缓。

病原：施肥不足或使用的肥料不当。

防治方法：施肥的季节选择在春季，更理想的做法是在夏季和秋季也施肥，选择适宜在一年当中不同时间使用的肥料。在秋季通过对草坪扎孔和翻松来促进植物根系的生长。

储藏中的腐烂

受害植物：鳞茎和球茎，尤其是在受损或存储条件不佳时。

主要症状：变色并且有时凹陷的斑点出现在鳞茎的表面或者其外层鳞片或

表皮下方。斑点上可能会出现真菌菌落,并且在整个鳞茎组织上扩散。

病原:一系列的真菌和细菌。真菌腐烂的一般症状为变硬发干,并且最终鳞茎失水干瘪。但是如果细菌也同时存在,腐烂可能是软的并且带有恶臭。感染通常局限在小范围内,在距离非常近的鳞茎或球茎间传播,这种感染在土地中和储藏中都有可能出现。温度过低或过高以及潮湿的条件会促使这种病害产生。

防治方法:只储存和种植健康的鳞茎,并且避免使其受损。在合适的条件下存储,并确保鳞茎之间不接触以防止通过接触传播的储存疾病;及时清除任何有恶化迹象的个体。

刺吸式性害虫(木虱类)

受害植物:月桂(Laurus nobilis)、黄杨(Buxus)以及梨。

主要症状:月桂的叶缘泛黄、增厚并卷曲;黄杨的叶子发育受阻;梨树的叶子黏附着蜜露(排泄物)并且被黑霉菌污染。损伤春季发生在黄杨上,夏季发生在月桂和梨上。

病原:吸食性害虫[如月桂木虱(Trioza alacris)、黄杨木虱(Psylla buxi)、梨木虱(Psylla pyricola)],小型类蚜虫的有翅昆虫的扁平不成熟幼虫。幼虫长约2毫米,一般呈灰色或绿色。

防治方法:剪除严重受到影响的枝条并将其烧毁。用准许使用的杀虫剂对植物进行彻底喷施,时间为春季或损伤第一次发生时。

天幕毛虫

受害植物:许多落叶乔木,特别是李属和苹果属。

主要症状:在春季和早夏,枝杈处有大型白色丝质虫茧。幼虫在白天外出活动并啃食树叶,晚上返回。

病原:天幕毛虫是多种蛾类的幼虫,如黄褐天幕毛虫(Malacosoma neustria)和棕尾毒蛾幼虫(Euproctis chrysorrhoea)。两者的幼虫都是毛虫,前者的幼虫沿着身体有蓝色、白色和橘红色条纹。后者的幼虫体黑褐色有白色斑纹,尾端有一对红色斑点。

防治方法:在可能的情况下,将毛虫的巢穴销毁。避免接触棕尾毒蛾幼虫,因为它们的毛刺会引起皮疹。另外,对受影响的乔木和灌木喷施准许使用的杀虫剂。幼龄幼虫要比大龄幼虫对杀虫剂更加敏感(见"网蛾毛虫",678页)。

蓟马

受害植物:灌木、一年生植物、球根植物、蔬菜、水果和室内及温室植物。还影响宿根植物,常包括长筒花属(Achimenes)、鄂报春(Primula obconica)、大岩桐属(Sinningia)、旋果花属(Streptocarpus)、非洲紫罗兰、菊花、仙客来、月季、剑兰、天竺葵。

主要症状:银白色变色斑伴随着微小的黑点出现在叶子上表面。白色的斑点出现在花瓣上,色素的流失可能是非常严重的。严重感染会阻止花蕾开放。

病原:各种蓟马类缨翅目昆虫,如唐菖蒲简蓟马(Thrips simplex)、烟蓟马(T. tabaci)、西花蓟马(Frankliniella occidentalis)和豌豆蓟马(Kakothrips pisivorus),以及有月季蓟马(T. fuscipennis)。这些昆虫外表为黑褐色、长约2毫米,有时交叉着暗淡条纹。不成熟的幼虫呈暗淡的橘红色,但是其他的方面与成虫相似。成虫和幼虫都在叶子的上表面取食,或进入未开放的花蕾中并对其造成损伤。

防治方法:定期对植物进行灌溉,使用遮光网或增加通风以降低温室内的温度。在严重感染尚未发生时,使用钝绥螨属(Amblyseius)物种、下盾螨属(Hypoaspis)物种和巨铗螨(Macrocheles roibustulus)针对西花蓟马(Frankliniella occidentalis)进行生物防治。当发现损伤时,可对所有的蓟马喷施线虫制剂,其中含有夜蛾斯氏线虫(Steinernema feltiae)和小卷蛾斯氏线虫(S. carpocapsae)。准许使用的杀虫剂是受损严重的情况下最后的手段,但蓟马普遍存在对杀虫剂的抗药性。

崖柏疫病

受害植物:崖柏属(Thuja)物种,特别是北美乔柏(Thuja plicata)。

主要症状:个别鳞叶在春末和夏初时变黄,然后变褐。在死亡的叶片上可以看见黑色子实体状态的真菌,子实体随后脱落并留下一个蛀孔。死亡的叶片会在树上保存整个冬季。严重感染时会引起叶片大范围变褐,有时伴随着小枝萎缩。易感性随着植物年龄的增加而降低。

病原:雪松叶枯病菌(Didymascella thujina, syn. Keithia thujina)。

防治方法:清除所有受到金钟柏疫病感染而脱落的树枝。避免在空气流通不佳的地方种植幼苗或苗木。

毒菇

受害植物:草坪和其他植草区域。

主要症状:真菌,子实体生长期,有时会出现一个明显的环("蘑菇圈"),通常是在埋进土壤中的木质化材料上。多数情况下不会造成伤害,但是"蘑菇圈"是有害的并且会破坏观赏性。两个茂盛的青草环形成,其中一个在另一个的内部,有时直径达到几米,两个环之间的草相继死去;伞菌后来出现在中间地带的外部。白色真菌菌落在环的覆盖范围内渗入土壤中。

病原:多种真菌,包括鬼伞属(Coprinus)、小菇属(Mycena)以及会产生"蘑菇圈"的硬柄小皮伞(Marasmius oreades)。它们都有地下菌丝并通过以风传播的孢子扩散到新的区域。

防治方法:当鬼伞属和小菇属第一次出现时,在孢子产生前刷去它们。如果真菌生长在腐烂的木头上,将其清除。目前没有可以使用的化学控制方法。对草坪施肥以掩盖绿环。

番茄叶霉病

受害植物:几乎只有温室种植的番茄。

主要症状:灰紫色毛茸茸的真菌斑块出现在叶子的下表面,每一个斑块都对应着叶片上表面的一个泛黄色斑。叶子变黄、枯萎、死亡但不会落下。较低处的叶子最先受到影响。

病原:黄枝孢霉(Passalora fulva,同Cladosporium fulvum),这种真菌喜欢温暖潮湿的环境。其孢子通过昆虫、工具、触摸甚至空气流动来传播。它们在植物残体和温室建筑上越冬。

防治方法:清除受到影响的叶子,改善通风和空气流通。在此前出现过这种病害的地方,选择专门培育的抗病品种。然而,这种病害有5个生理小种,而抗病品种只能抵御其中的一部分;'潘诺威'('Pannovy')和'雪莉'('Shirley')据说对所有生理小种都有抗性。

番茄/马铃薯疫病

受害植物:番茄(露天,有时在温室中)、马铃薯。

主要症状:褐色的变色斑点发生在叶子的尖端和边缘处;在潮湿条件下,这些色斑可能被一个白色的真菌菌落填满。叶片组织死亡,当斑块汇合时,整片受到影响的叶子都会死亡。在番茄上,首先会出现一些褐色的色斑,然后果实开始收缩并腐烂。即使果实看起来是健康的,也可能在几天之内迅速恶化。在马铃薯上,深色的凹陷斑点开始时出现在表皮,之后下方的果肉也会出现红褐色的污点。其块茎开始出现一种干枯的腐烂,并且可能受到细菌的二次感染,令腐烂部位变软。

病原:致病疫霉(Phytophthora infestans),这种真菌喜欢温暖潮湿的环境。其孢子产生在番茄和马铃薯的叶子以及马铃薯的茎上,通过风和雨传播;它们可能被冲刷入土壤以感染马铃薯的块茎。

防治方法:避免过度浇水。在温室中种植番茄而不是露天栽培。将马铃薯深培土,从而为其块茎提供屏障,抵御落下的孢子。选择抗性强的马铃薯和番茄品种。

卷叶蛾幼虫

受害植物:乔木(观赏乔木和果树)、灌木、宿根花卉、一年生植物以及球根植物。

主要症状:两片叶子可能被光滑的丝线绑在一起,或者可能是一片叶子以类似的方式粘到果实上,或是叶子自身折叠起来。褐色的、干燥的、骨骼状的斑块出现在叶子上。

病原:卷叶蛾——如荷兰石竹卷叶蛾(Cacoecimorpha pronubana)——的幼虫。这种幼虫会啃食叶子的下表面。其长约2厘米，总体呈深绿色，头部褐色。幼虫在受到惊吓时会迅速向后蠕动。

防治方法：挤压绑在一起的叶片以碾压毛虫或蛹。用性激素陷阱能够针对荷兰石竹卷叶蛾进行防治；陷阱能够捕捉雄性并减少雌性成功交配的可能性。如果问题较为严重，用准许使用的杀虫剂彻底喷洒受害植物。

乔木锈病

受害植物：梨树锈病感染梨树并在刺柏属植物上交替感染。桦树锈病感染桦树并在落叶松属植物上交替感染。杨树锈病感染杨树并在葱属（*Allium*）、疆南星属（*Arum*）、山靛属（*Mercurialis*）、落叶松属或松属植物上交替。柳树锈病感染柳树并在葱属、卫矛属和落叶松属植物上交替。美国五针松锈病感染五针松并在醋栗和鹅莓上进行交替。

主要症状：锈病对成熟的树木（美国五针松疱锈病除外）来说是相对无害的。它们主要入侵叶子来产生灰黄色或橙色的脓疱，还有一些会感染树皮。美国五针松疱锈病感染松树的树皮，形成凸起，可能会围绕并杀死分枝。在黑醋栗上落叶会很严重，但这通常发生在生长季后期，所以不会对植物造成不利影响。

病原：一些真菌，这些真菌的种类随寄主而定。

防治方法：通常没有治理必要，不过准许使用的杀菌剂也许能帮助年幼乔木。

郁金香疫病

受害植物：郁金香。

主要症状：叶子被淡褐色的、生产孢子的斑点覆盖。叶子和嫩枝都会产生畸形并且生长受阻，之后被浓密的、灰色的、生产孢子的真菌菌落及黑色菌核（真菌子实体）覆盖。鳞茎产生凹陷的褐色病变和小型的黑色菌核。植物可能无法发育成熟。漂白的并且通常是细长的斑点出现在花瓣上；严重受到影响的花朵可能会枯萎。一些花蕾保持紧闭，并被密集的灰色真菌菌落覆盖。

病原：郁金香葡萄孢菌（*Botrytis tulipae*），这种真菌在潮湿的季节特别活跃；其孢子通过风和雨传播。菌核存在于受感染的鳞茎或土壤中，之后当郁金香再次被栽植在同一区域时就会萌动。

防治方法：及时清除并烧毁受到影响的叶片和嫩枝（最好是整株植物）。从初冬开始以较大的深度种植。

黄萎病

受害植物：多种花园和温室植物。

主要症状：茎和根的维管系统出现色斑，产生纵向的褐色斑纹（除去茎外部的树皮后显露出来）。木质化植物在几年内恶化，甚至可能死亡。

病原：真菌轮枝菌属（*Verticillium*）的数个物种，可能存在于土壤或植物残体中，或向新的植株中引入。

防治方法：清除任何受到影响的植物和根系附近的土壤。在对患病植物或疑似患病植物使用修剪工具后，彻底清洗工具（见"保养"，532页）。保持杂草在严格的控制下，不在受影响的区域种植易感植物。

榆蓝叶甲

受害植物：荚蒾属植物。

主要症状：叶子上被啃食出孔洞；这种症状是从夏季的早期开始的，当叶子被啃食到只剩下叶脉时，进一步的损害就会在夏末发生。

病原：榆蓝叶甲（*Pyrrhalta viburni*）。第一阶段的伤害发生在春末，是荚蒾甲虫乳白色的幼虫造成的，其体长约7毫米，身体上有黑色的斑纹。第二阶段的伤害发生在夏末，是成年甲虫造成的，其身体呈灰褐色。

防治方法：损伤很少致命，应尽可能容忍。在过去曾造成严重危害的地方，当幼虫首次出现时，喷施准许使用的杀虫剂。

葡萄黑耳喙象成虫

受害植物：灌木，主要是杜鹃、绣球花、卫矛和山茶花。还会影响草莓、葡萄和许多草本植物。

主要症状：植物叶缘出现刻痕，通常是在接近地面的地方，时间为春季中期到秋季中期。

病原：成年的葡萄黑耳喙象（*Otiorhynchus sulcatus*），其身体为灰黑色，约9毫米长，有一个短鼻子和一对弯曲的触角。其在晚上觅食，白天隐藏。

防治方法：损害的发生会持续一段较长的时期，防治是困难的，但是良好的卫生状况和清除植物残体能够减少害虫可以藏身的地方。使用生物防治的方法控制幼虫阶段，可在夏末用含有锯蜂斯氏线虫（*Steinernema kraussei*）的水灌溉基质。植物一旦形成，就可以忍受害虫对叶片的损害。

葡萄黑耳喙象幼虫

受害植物：灌木、宿根花卉、球根植物和室内植物；倒挂金钟属、秋海棠、仙客来、凤仙花、景天属、报春花属（包括九轮草群）和草莓是普遍受到影响的。容器种植的植物特别脆弱易感。

主要症状：植物生长缓慢、枯萎、衰弱并死亡。幼虫啃食根部并钻入仙客来和秋海棠的块茎。木质化植物的外部组织被从地下部分开始啃食。

病原：葡萄黑耳喙象（*Otiorhynchus sulcatus*）丰满白色的幼虫，其长达1厘米，略弯，头部褐色，无足。成虫在春季和秋季产卵，危害通常发生在秋季至次年春季。

防治方法：保持良好的卫生以避免为其提供庇护场所。也可以使用斯氏线虫进行生物防治；在夏末用水浇入盆栽用土中，这种方法可以杀死幼虫；湿润、排水良好、温度在5~21℃的土壤是必需的。

紫纹羽病

受害植物：蔬菜，主要是胡萝卜、欧洲防风草、芦笋、瑞典甘蓝、芜菁、马铃薯、芹菜。

主要症状：根、块茎和其他的地下部分，被一个密集的淡紫色真菌菌落覆盖，菌落黏附着一些土壤颗粒。植物的地上部分生长受阻并褪色。可能会发生继发腐烂。

病原：卷担子菌（*Helicobasidium brebissonii*），这种真菌隐藏在一些杂草中，喜酸性、浸水的土壤。

防治方法：及时烧毁受到影响的植物。避免在受到过感染的地方种植易感植物，重复种植至少间隔4年；清除种植区域内的杂草。

病毒病

受害植物：所有植物。

主要症状：叶子小、扭曲或集合成莲座状。常见泛黄纹路（花斑、环斑、斑点）。花小、扭曲、花中带有条纹或是花色被破坏。果实也会小于正常尺寸，并且扭曲、变色，呈莲座状聚集。黄瓜花叶病毒导致黄瓜、甜瓜和南瓜果实产生疙瘩并扭曲，其上有深绿色和黄色的斑点；梨石痘病病毒导致扭曲的、有凹痕的果实，表面有死亡石细胞造成的斑块。

病原：大量的病毒，其中一些对应着多种寄主。受感染植物的汁液中有亚微观的病毒颗粒，可能通过吸食树汁的蚜虫、寄居在土壤中的线虫、手工接触、修剪或繁殖工具甚至是通过种子转移到健康的组织上。

防治方法：可能的话购买经过认证的植物（脱毒苗）。将潜在的传播者（如蚜虫等）保持在可控的范围内，确保种植地点没有杂草，因为杂草有可能藏匿病毒。尽可能清除并烧毁受到影响的植物；在疑似染病的植物表现健康后也要做特殊处理，并且不要用它们来进行繁殖。在一个新的地点种植替代植物。

黄蜂

受害植物：乔木果树，如李树、梨树、苹果树、无花果树以及葡萄树等。

主要症状：在夏季晚期，成熟的果实上被吃出较大的孔洞；能观察到黄蜂在取食。

病原：黄蜂（*Vespula* spp.），它们会被一开始被鸟类破坏的果实吸引。

防治方法：在损害开始之前，使用支架上的棉布或尼龙袋子罩住并保护果实。找到并摧毁黄蜂的巢穴。陷阱不太可能显著减少黄蜂的数量。黄蜂在夏末之前是花园害虫的重要捕食者，所以最好尽可能容忍它们。

涝渍

受害植物：所有植物。

主要症状：叶子变黄，植物枯萎。树皮从分枝处剥落。根可能完全腐烂。剩下的部分开始变黑并且外表皮很容易剥离。

病原：土壤结构不良、过度压实、排水不良或浇水过多等因素，导致生长基质含水分过多。

防治方法：在可行的地方改善土壤结构和排水，建造抬升苗床；如果有必要的话，选择更有可能在潮湿的环境中生存的植物。检查容器种植的植物是否有足够的排水口，令水能够不受阻碍地排出；每两年移植一次。在生长季进行定期的叶面追肥有助于刺激植物生长，可使浸水的根被新生的取代。

网蛾幼虫

受害植物：多种乔木、宿根花卉、一年生植物，特别是果树、卫矛、柳树、刺柏属、山楂和栒子属植物。

主要症状：受影响的枝条上的叶子会脱落，被害虫啃食的区域覆盖着密集的灰白色丝质虫网。

病原：多种蛾类的幼虫，如棕尾毒蛾（Euproctis chrysorrhoea）、黄褐天幕毛虫（Malacosoma neustria）、巢蛾类（Yponomeuta spp.）、山楂网蛾（Scythropia crataegella）以及刺柏网蛾（Dichomeris marginella）。最后两种网蛾的幼虫一般不会超过2厘米；其余的幼虫长达5厘米，体表有毛。

防治方法：通过仔细修剪来清除小范围的感染。如果问题严重的话，对植物喷施准许使用的杀虫剂。

尾鞭病（缺钼症）

受害植物：所有的芸薹属植物，特别是花椰菜和青花菜。

主要症状：叶子生长异常并形成狭窄的带状，花椰菜和花茎甘蓝的花球很小，甚至根本就没有。

病原：钼元素的缺乏，最常发生在酸性土壤中。

防治方法：用石灰增加土壤的碱性。在播种或露地移栽易感作物之前，向土壤中添加钼元素。

白锈病

受害植物：十字花科植物，常见的芸薹属植物、银扇草、南芥属植物和香雪球。

主要症状：白色闪亮的真菌孢子群，通常集合成同心圆，在叶子下表面形成。受到严重影响的叶片以及芸薹属的花球，会变得扭曲。

病原：白锈病菌，这种真菌在密集种植的植物上最为麻烦。

防治方法：清除并烧毁受到感染的叶子。轮作植物，并增加种植间距。一些品种有抗性。

粉虱类

受害植物：室内和温室植物，一些蔬菜和水果。

主要症状：叶子被蜜露（粉虱类排泄物）和黑色的霉斑覆盖。小型的白色有翅昆虫在受到惊扰时会从植物上飞过。

病原：粉虱类，活跃的白色有翅昆虫，约2毫米长；未成熟的鳞片状幼虫固定不动，其身体呈白绿色（如果是寄生性的则呈黑色）、扁平或卵圆形。有若干个物种，最常见的是白粉虱（Trialeurodes vaporariorum）。在露天环境中，芸薹属植物会被甘蓝白粉虱（Aleyrodes proletella）攻击。

防治方法：寄生蜂温室粉虱恩蚜小蜂（Encarsia formosa）能够在温室中提供生物防治，时间为春季中期和秋季中期，在早期引入寄生蜂进行防治。温室和花园粉虱可以用准许使用的杀虫剂进行喷施处理，最好是基于脂肪酸或植物油的杀虫剂。可能存在抗药温室粉虱。

冬尺蠖蛾幼虫

受害植物：多种落叶乔木、果树以及月季。

主要症状：在开始萌芽到春末间，叶子被吃掉。花和果实也可能严重受损。

病原：冬尺蠖蛾（Operophtera brumata）的幼虫，其形态为浅绿色的毛虫，约2.5厘米长。

防治方法：仲秋在树的周围放置至少15厘米宽的黏性油脂条带，以防止无翅的雌蛾爬到树枝上产卵。在萌芽后喷施准许使用的杀虫剂。

金针虫

受害植物：马铃薯和其他根状茎类作物、种苗、宿根花卉、一年生植物以及球根植物。

主要症状：根状茎类作物上被钻出直径约3毫米的孔洞，表面上与蛞蝓造成的孔洞相似。其他植物的地下部分受到损伤。小型植物枯萎甚至死亡。

病原：细长的、身体僵硬的橘红色幼虫，其成虫为叩头虫（金针虫），如细胸金针虫属物种（Agriotes spp.）。幼虫以根和茎基部为食，其体长约2.5厘米，头部后方有3对足，臀部下方有1个钉状突起。这个问题主要发生在将草地引入栽培的时候。

病原：当损伤被发现后，寻找并消灭金针虫。块根植物成熟后就将其从土壤中取出。在土壤已经种植两三年后，土壤中该害虫的数量就会减少。当预计会受损时，在温暖的天气使用嗜菌异小杆线虫（Heterorhabditis bacteriophora）。

女巫扫帚

受害植物：乔木，主要是桦树属（Betula）和鹅耳枥属（Carpinus）植物；灌木；木质化宿根植物。

主要症状：密集的小枝丛出现在原本正常的分枝上。叶子在早期褪色并且较小；活力不受影响。

病原：真菌[特别是外囊菌属（Taphrina）]和螨虫[如瘿螨属（Eriophyes）]，这些病原会导致感染扩散。

防治方法：在低于感染区域的位置剪除树枝。

木虱

受害植物：幼苗和其他柔软的植物组织，包括草莓果实等。

主要症状：幼苗上或茎尖的叶子上出现孔洞，但木虱不是一般意义上的害虫；它们主要以腐烂的植物材料为食，常见于已经被其他虫害或病害损害的植物上。

病原：木虱，如潮虫属（Oniscus）、鼠妇（Armadillidium spp.），又称等足类甲壳动物（slaters）。它们呈灰色或灰褐色，有时有白色或黄色的斑点，长约1厘米，身体坚硬并且是分段的。它们在晚上觅食，白天藏在看不见的黑暗庇护所中。

防治方法：清除植物碎屑，保持温室整洁以减少木虱的藏身之处。给幼苗浇水以帮助它们度过这个脆弱的时期。

棉蚜

受害植物：苹果、栒子属和火棘属等。

主要症状：毛茸茸的白色霉斑一样的物质出现在春季的树皮上。一开始在较大的分枝上，在旧的修剪口附近或在树皮的裂缝中，之后会扩散到新的嫩枝上，产生软质的凸起。上面能看得见蚜虫。

病原：苹果棉蚜（Eriosoma lanigerum），其体形小，呈灰黑色，从树皮上吸食树汁并分泌白色的蜡线。

防治方法：当发现害虫时，对植物喷施准许使用的杀虫剂。

苛养木杆菌

受害植物：种类广泛的植物，包括樱、长阶花、薰衣草、栎树和迷迭香。在英国尚未发现，但已在南欧传播。

主要症状：叶片焦枯，以及植株死亡。症状与霜冻（或干旱）损伤或其他病害的症状相似。

病原：苛养木杆菌（Xylella fastidiosa），一种细菌。

防治方法：园丁不应试图控制。收集所有可以获得的详细信息，包括寄主植物名称、症状、来源和进口历史，并向相关部门报告。

基础植物学

掌握一些植物学的基础知识,对你理解如何保持植物健康以及许多其他园艺技术(如繁殖等)非常有帮助。例如,对植物内在结构(解剖学)和外部建成(形态学)的研究可以揭示如何进行嫁接或做出能够快速愈合的修剪切口。生理学(研究植物新陈代谢的学问)可以让我们理解植物对水和光照的需求,光合作用、蒸腾作用、呼吸作用的过程,以及各种养分起到的作用。对植物的鉴定和分类(分类学)能够揭示拥有相似栽培需求的属或物种之间存在的紧密联系。

植物的多样性

世界上有超过25万种结种子的植物,其中包括:在一年或更短时间内开花、结实和死亡的一年生植物;在第一年萌发生长,第二年开花、结实并死亡的二年生植物;可以连续生存多年的多年生植物(也包括木本植物)。一般来说,"多年生植物"(宿根植物)这个词指的是草本或花境植物,而乔木和灌木被称为木本植物。植物的根、茎、叶和花都可能为了特定的目的或适应特定的环境而产生各种变态。

根

它们将植物锚定在土壤中,并吸收水分和矿物质盐,植物利用这些成分制造出养料。肉质主根向下伸展,两侧长出分叉的水平细根。纤维状根从茎基部扩展形成极细的根系网络,而在某些植物中是从主根长出来的。根尖有纤弱的根毛,这些根毛与土壤颗粒紧密接触,并吸收水分和矿物质盐。根系有时会变态形成贮藏器官,如许多地生兰那样,还有胡萝卜等植物的膨大肉质主根以及大丽花等植物的块根。

茎

植物的茎提供了植物地上部分的框架,支撑着叶、花和果实。某些茎细胞得到特化,可以提供强壮的框架;某些细胞可以将水和矿物质盐(木质部)或叶片制造的养料(韧皮部)运输到植物的各个部位。茎常常变态并行使其他功能。球茎、根状茎以及许多块茎是地下的膨大茎,它们的变态是为了贮藏养料。在仙人掌植物中,茎常常膨大并包含贮藏水的组织。

叶

叶的形状非常丰富多样,并且有各种变态,如仙人掌的刺状叶和豌豆的卷须。无论形状如何,叶都是植物的制造中心。它们含有叶绿素,可以吸收阳光的能量,将来自空气的二氧化碳和来自土壤的水分转

植物的基本结构

- 进行光合作用和蒸腾作用的叶
- 生产种子的花
- 吸收水和养分的根
- 叶和花从极短的基部茎上长出

九轮草报春

根系

所有的根系都吸收水和矿物质,并将植物锚定在土壤中;有些根还能贮藏养料。

纤维状根

这些纤维状根是不定根,因为它们直接从根状茎(这里是具髯鸢尾)上长出,根状茎是一种特化的常常膨大的茎

茎的类型

草本茎
它们是一年生植物的茎干,在秋季枯死至根状茎处。草本茎[这里是长药八宝(*Sedum spectabile*)]通过支撑组织的加厚得到加固,支撑组织一般位于表皮层下。

茎干被细胞中的水分压力(膨压)支撑着

木质茎
木本植物(这里是槭树)的坚硬茎干和分枝框架是次生加粗形成的——这一过程会产生新的输导组织,其中的细胞含有木质素。

在表皮层会形成一层新的保护层——树皮

鳞茎
这种变态茎是一种生长于地下的养料贮藏器官,使植物(这里是水仙)可以在不良生长条件中保持休眠。鳞茎由基盘和肉质变态叶或鳞片形式的叶基构成。

外层覆盖物(被膜)包裹着鳞茎

膨大主根(这里是胡萝卜)是贮藏养料的器官

主根(这里是一棵栎树的幼苗)在分叉前深深地穿透土壤

主根　　膨大主根

叶的形状

- 线形叶（一年生早熟禾 Poa annua）
- 羽状复叶（刺槐 Robinia pseudoacacia）
- 鳞状叶（'矮金'日本扁柏 Chamaecyparis obtusa 'Nana Aurea'）
- 羽状裂的叶（龟背竹 Monstera deliciosa）
- 宽卵圆叶（山茶 Camellia japonica）
- 二回羽状复叶（欧洲鳞毛蕨 Dryopteris filix-mas）
- 掌状叶（欧洲七叶树 Aesculus hippocastanum）

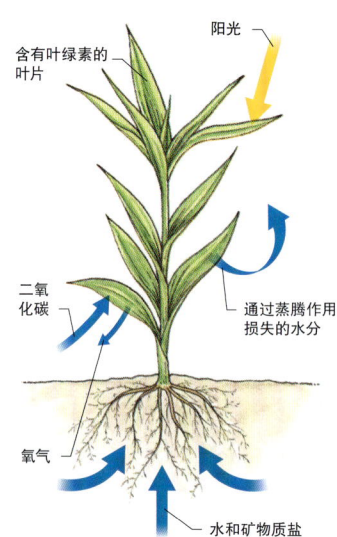

光合作用

植物叶片中的叶绿素捕捉阳光的能量，将水和二氧化碳转化为碳水化合物和氧气。

标注：阳光；含有叶绿素的叶片；二氧化碳；通过蒸腾作用损失的水分；氧气；水和矿物质盐

化成碳水化合物，这一过程称为光合作用。光合作用的副产物氧气，对于所有生命都至关重要。驱动植物新陈代谢的能量来源于呼吸作用，在这一过程中，植物将碳水化合物分解，释放出能量、二氧化碳和水。

叶的表面积相对较大，这可以让它们最大限度地吸收光线。它们很薄，可以让光线进入包含叶绿素的细胞，并能让气体在所有细胞之间迅速移动。它们的表面包含许多气孔，氧气和二氧化碳通过这些气孔出入叶片。通过蒸腾作用，气孔还能控制水分损失。在干旱条件下，植物叶片表面水分的大量蒸腾以及通过根系吸收的水分不足是导致它们萎蔫的原因。

虽然矿物质只占植物净重的1%，但它们是必不可少的。溶液中的矿物质直接关系到细胞的水分平衡，并有助于调控细胞之间的物质运输。它们维持着生化反应所需的合适pH值，还是叶绿素和各种酶的重要组成部分，后者是植物体内各种化学反应的生物催化剂。

果实和种子

种子是开花植物的繁殖方式之一。每个种子都是由一颗受精卵发育形成的，而一个果实中有一个或多个种子。果实有许多类型，并以多种方式散布它们的种子。某些种子不需要特殊处理就能迅速萌发；而有些种子在栽培中需要经过一定的处理才能较快地萌发（见"萌发"，603页）。

荚果和蓇葖果是裂果，它们会沿着一条或多条有规律的线开裂，将种子释放出来，就像耧斗菜那样。不开裂的果实（如榛子）不会开裂，它们坚硬的壳中包裹着一枚种子（果仁）。这些大型种子中水分和脂肪含量很高，除非储藏在凉爽湿润的环境下，否则会很快变质。在蔷薇属植物中，多个不开裂的小果，每个包含一粒种子，共同包裹在中空的花托中，称为蔷薇果。播种前，

需要将每粒种子（严格地说是果实）分离开。在肉质果实中，种子包被在果肉里，这类果实包括：浆果（如香蕉、番茄、葡萄等），它们有许多种子；核果（如李子、樱桃、桃等），一般只在果实中央有一粒坚硬的种子；梨果（如苹果、梨），是子房和花的其他部位一起发育形成的。在所有类型的果实中，种子都

蒸腾作用

叶片表面的水分蒸腾创造了将水分和矿物质从根系向上拉动至叶片的动力；这种水分流动被称为蒸腾流。

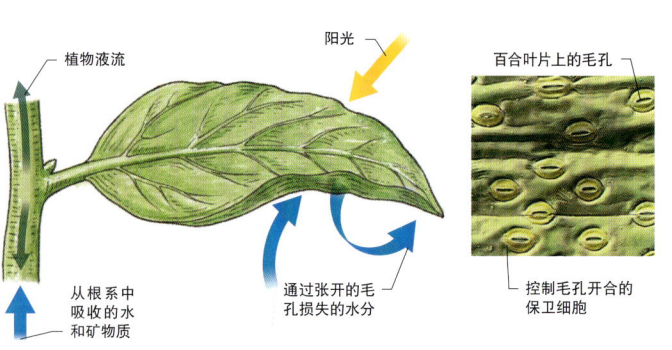

标注：植物液流；阳光；百合叶片上的毛孔；从根系中吸收的水和矿物质；通过张开的毛孔损失的水分；控制毛孔开合的保卫细胞

果实类型

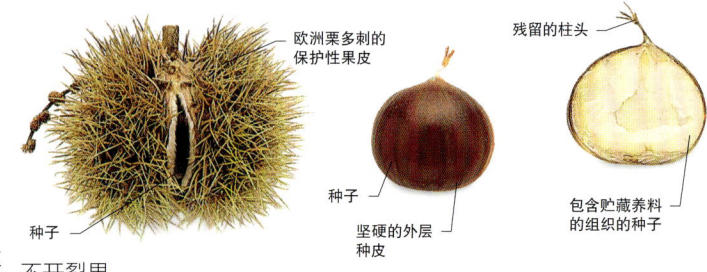

不开裂果

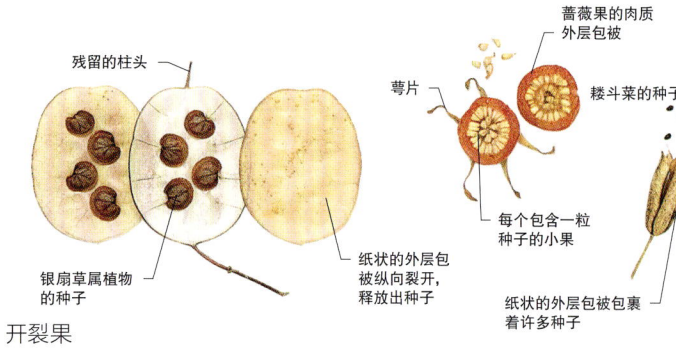

标注：欧洲栗多刺的保护性果皮；种子；坚硬的外层种皮；残留的柱头；包含贮藏养料的组织的种子

开裂果

标注：残留的柱头；银扇草属植物的种子；纸状的外层包被纵向裂开，释放出种子；蔷薇果的肉质外层包被；萼片；每个包含一粒种子的小果；耧斗菜的种子；纸状的外层包被包裹着许多种子

应该从果肉中分离并清洁后才能播种。

花

花是植物的第四个基本组成部分，它们在颜色、气味和形状上表现出非凡的多样性，并且为了完成繁殖功能，发展出了许多适应性特征。它们可能是光彩照人的单花（木槿、郁金香等），也可能是许多小花组成的尖状花序（火炬花）、总状花序（风信子）、圆锥花序（丝石竹）、伞状花序（百子莲），或者是由无数小花组成的头状花序（菊科植物如大丽花）。

一朵花有四个主要部分：花瓣或花被片、萼片、雄蕊，以及一个或多个心皮（合称雌蕊）。最醒目的是花瓣，着生在一轮（通常情况下）萼片上方。花粉粒中携带雄配子，而连接在雄蕊丝状体上的花药中包含花粉粒；雄蕊的数量差异很大，从番红花属植物的3枚至毛茛属植物的30枚或更多。心皮包裹着雌配子，有一个伸出的花柱，尖端是可以接受花粉的柱头。花粉粒在柱头上萌发，之后含有雄配子的花粉管会沿着柱头组织向下伸展，与雌配子融合（受精过程），最终形成种子。

许多植物在同一植株上开单独的雄花和雌花（单性花），如桦属和榛属植物。它们被称为雌雄同株植物。两性花植物，或称雌雄同体植物，每朵花都有雌性和雄性器官。有些物种同时开单性花和两性花，它们被称为杂性花植物。而在雌雄异株植物中，一棵植株上开出的所

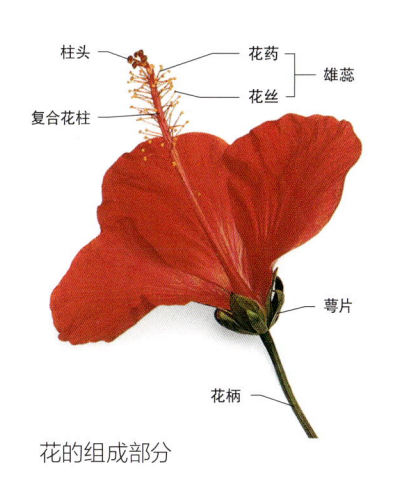

花的分类

开花植物可以分成两类：单子叶植物和双子叶植物。

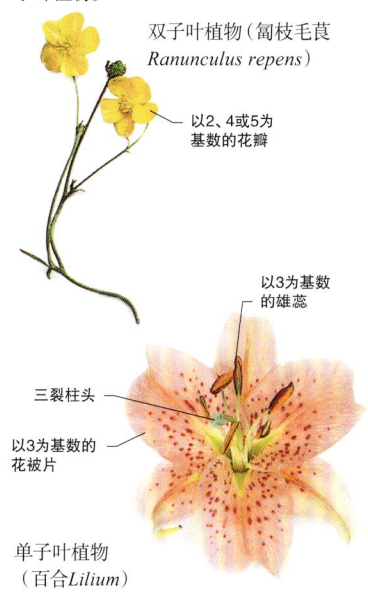

花的性别

雌雄异株植物需要两种性别的植株种植在一起才能结实。雌雄同株植物在同一棵植株上开雌花和雄花。两性花（雌雄同体）在同一朵花中既含有雄性器官（雄蕊），也含有雌性器官（心皮）。

有花都是一个性别的，例如冬青属（Ilex）、丝缨花属（Garrya）的许多物种以及茵芋属（Skimmia）的一些变种。必须将雄株和雌株种在一起才能结实，这一点对于拥有观赏性浆果的植物特别重要，如冬青属以及白珠树属（Gaultheria）的许多物种和品种。

不同的近缘物种一般无法杂交，因为它们常常出现在不同生境中，在不同时间开花，或者在花朵特征上有阻碍成功杂交的轻微差异。在栽培过程中，这些障碍有时候可以被克服，经过人为设计可以得到杂种（见"商业生产的杂种"，601页）。

被子植物和裸子植物

开花的被子植物产生的种子包被在子房中。裸子（字面上的意思是"裸露的种子"）植物包含不开花植物，它们产生的种子只有部分被母株组织包裹。松柏科（Coniferae）是裸子植物中最大的一个科，包含许多个属的常绿植物，如松属（Pinus）和雪松属（Cedrus），还有一些落叶植物，如落叶松属（Larix）、银杏（Ginkgo）和水杉（Metasequoia）。同样属于裸子植物的还有苏铁科植物，这是一类古老、生长缓慢的植物，拥有漂亮的常绿棕榈状叶片，如非洲苏铁属（Encephalartos）植物。

根据种子内子叶的数量，被子植物可以分为单子叶植物和双子叶植物。单子叶植物只有一片子叶，并且成熟叶片一般拥有平行叶脉，而且一般拥有相对柔软的非木质茎。它们的花器官数量是3或3的倍数，而且萼片和花瓣的形状常常非常相似。鸢尾、水仙，以及包括竹子在内的所有禾本科植物，还有棕榈，都是单子叶植物。双子叶植物的叶片拥有网状叶脉；花器官的数量为2、4或5（偶有7或更多）的倍数，而且萼片和花瓣一般在大小和颜色上有很大差异。双子叶植物的生长习性

突变

突变是植株内部发生的基因改变，可以在园艺上对其加以利用，通过繁殖突变部位得到新的品种。突变可以在植株的所有部位发生，但拥有园艺价值的主要是花色和重瓣突变，以及一般是绿色植物上的彩斑突变。

菊花品种经常发生突变，例如一个花序中的一朵花常常和其他花的颜色不同。

非常多样，既有阔叶灌木[如栎树（*Quercus*）]，又有草本植物[如芍药（*Paeonia*）]。

开花植物的生活史

被子植物（开花植物）的生活史有几个阶段，并且常受季节性因素的调节，例如水的可用性、气温和白昼时长。种子萌发后是一段生长期。然后成年植物开花并结出种子。对于一年生植物和二年生植物，这个周期只发生一次；对于大多数多年生植物，生长和开花将持续多年重复发生。

1. 萌发
在水的可用性、光照和温暖等因素的刺激下，种子开始萌发。

2. 生长
叶片迅速生长，为年幼植株打造养分储备。

3. 成年
随着植物花朵的发育，叶片生长常常变慢。

4. 开花
资源集中于开花和繁殖上。

5. 种子形成
受精的花发育成含有种子的果实，种子成熟后扩散。

植物名称

在本书中，提到植物时通常会使用它们的植物学学名。不过，对于某些植物，包括蔬菜、水果和香草，更常使用的是俗名。在查找这些植物的学名时，可以查询索引，其中包括本书涉及的全部植物的俗名和学名。植物的学名是根据植物学分类体系和林奈的双名命名法（由属名和种加词组合而成）命名的。

分类和命名

在植物学中，通常使用两个名字来指示一种植物，一般使用拉丁文。第一个名字一般首字母大写，指的是属名，第二个名字是种加词，如*Rosa canina*（狗蔷薇）。

在自然界中，一个物种之内常有微小的差别；它们会得到第三个名字，并且前面有"subsp."(subspecies, 亚种)、"var."(varietas, 变种)或"f."(forma, 变型)等前缀，例如，*Rhododendron rex* subsp. *fictolacteum*（假乳黄杜鹃）和*Daboecia cantabrica* f. *alba*（白花大宝石南）。植物学上不同的物种或属之间有性杂交得到的后代称为杂种，用乘号表示：如*Epimedium* × *rubrum*（红叶淫羊藿）。无性杂交——通过嫁接植物组织并融合——得到的植株称为嫁接杂种，用加号表示，例如+*Laburnocytisus* 'Adamii'（毒雀花），它是使用毒豆属（*Loburnum*）和山雀花属（*Chamaecytisus*）物种嫁接形成的杂种。

品种（或栽培变种）是已经被选择或从野外或花园中进行人工培育，并进行栽培生长，通过受控的繁殖方式保持其特征的植物。品种的名称需要使用正体印刷，首字母大写，并用单引号注明：如*Calluna vulgaris* 'Firefly'（'萤火虫'帚石南）。当育种者培育出新品种后，它会得到一个代号名称用于正式鉴定：它可能和该品种出售时的商品名并不一致。例如，以Queen Mother作为商品名出售的月季还有一个代号名称 'Korquemu'；在本书中将两个名字都列了出来，以如下形式表示：*Rosa* QUEEN MOTHER（'Korquemu'）（'太后'月季）。为保护品种的拥有权，育种者可以申请品种权（PBR），申请和批复都要使用代号名称。

科

由单一或更多的属组成的集合，所有成员共享一组基本特征。科的名称通常以-aceae结尾。科的界限往往是有争议的和不明确的。

属

由一种或多种植物组成的集合，其成员拥有广泛的共同特征。属的名称以斜体印刷，首字母大写。杂交属在属名前加乘号。

物种

能够一起繁殖并产生与自身相似后代的植物的集合。物种的名称由两部分组成，称为双名命名法，并以斜体印刷：第一部分是首字母大写的属名；第二部分是种加词，将该物种与同属其他物种区分开。

亚种

物种天然发生的独特变异，常常是一个独立种群。以正体印刷的"subsp."表示，后面紧跟着斜体印刷的亚种名称。

变种和变型

物种的次级细分，在植物学结构上略有不同。以正体印刷的"var."或"f."表示，后面紧跟着斜体印刷的变种或变型名称。

品种

物种、亚种、变种、变型或杂种经过选育或人工培育形成的独特变异。以单引号内正体印刷的品种俗名表示，例如*Calluna vulgaris* 'Madonna'（'圣母玛利亚'帚石南）。如果亲本不明或者很复杂，品种俗名可以直接跟在属名后面，例如*Rosa* 'Frühlingsduft'（'春香'月季）。

蔷薇科
— 蔷薇属
— 李属
— 锈红蔷薇
— 葡萄牙桂樱
— 亚速尔群岛葡萄牙桂樱
— 药用法国蔷薇
— '春香'月季

术语词汇表

这张术语词汇表解释了本书中用到的园艺术语。释义中的斜体字有单独词条。通过在索引中查询术语，可以在书中别的位置找到更全面的解释和插图。

Acid酸性（土壤） pH值小于7（见Alkaline; Neutral）。

Adventitious不定的 从一般不出现的地方生长出来。例如，不定根直接从茎上长出。

Adventitious bud 见Bud。

Aerate通气（土壤） 通过机械方式松动土壤，以便让空气（氧气和二氧化碳）进入。例如，使用带钉滚筒为草坪通气。

Aerial root气生根 生长在地面之上的根，用于锚定植物；在附生植物中，还可以用来吸收空气中的水分。

Air layering 见Layering。

Alkaline碱性（土壤） pH值大于7（见Acid; Neutral）。

Alpine高山植物 生长在山区林木线之上的植物；不严格地指可以在相对较低海拔生长的岩石园植物。

Alpine house高山植物温室 通风良好的不加温温室，用于栽培高山植物和球根植物。

Alternate互生（叶） 在茎的两侧交替连续地以不同高度生长（见Opposite）。

Anemone-centre托桂型（花） 中央花瓣或小花（变态雄蕊）形成垫状堆积、外层花瓣或小花平展的花型，如某些菊花。

Annual一年生植物 在一个生长季完成全部生命周期（萌发—开花—结实—死亡）的植物。

Anther花药 雄蕊的一部分，产生花粉；通常着生在花丝上。

Apical 见Terminal。

Apical bud 见Bud。

Apical-wedge grafting 见Grafting。

Approach grafting 见Grafting。

Aquatic水生植物 任何在水中生长的植物；它可以漂浮于水面上，或者完全沉入水中，或者在池塘底部生根，叶子和花露出水面。

Asexual reproduction无性繁殖 不涉及受精的繁殖方式，在繁殖中常常使用机械方法（见Vegetative propagation）。

Auxins植物生长激素 天然产生或人工合成的植物生长物质，控制枝条生长、根系形成，以及植物的其他生理过程。

Awn芒 一种尖端或刚毛，通常出现在禾本科植物花序的颖片上。

Axil腋 叶和茎之间、主干和分枝之间、茎和苞片之间的夹角（见Bud）。

Axillary bud 见Bud。

Back-bulb老假鳞茎（兰花） 没有叶片的老假鳞茎。

Ball 见Root ball。

Balled （1）形容已经挖出并带有根坨的乔木和灌木，根坨用麻布或其他材料包裹，以便在移植过程中保持完整。（2）形容还未完好地打开，在花蕾时开始腐烂的花朵。

Bare-root裸根 形容根系裸露出售、不带土壤的植物。

Bark-ringing环剥 将某些果树的树干或分枝剥去一圈树皮，抑制过于健壮的生长，促进结实。又称为girdling。

Basal plate基盘 压缩的茎，鳞茎的一部分。

Basal stem cutting 见Cutting。

Base-dressing施加基肥 播种或种植前将肥料或腐殖质（粪肥、堆肥等）施加到或掘入土壤中。

Bastard trenching 见Double digging。

Bed system苗床系统 一种将蔬菜紧密地排种植的方法，为便于出入，常常成块或成狭窄的苗床种植。

Bedding plants花坛植物 培育到几乎成熟并移栽的一二年生植物（或作一二年生栽培的植物），常大片种植用于临时性展示。

Biennial二年生植物 萌发后在第二个生长季开花并死亡的植物。

Blanch遮光黄化 隔绝正在发育的枝叶的光线照射，让植物组织保持柔软适口。

Bleed流液 通过切口或伤口损失树液。

Blind盲 形容开花失败的植物，或生长点被毁的茎。

Bloom （1）花或花序。（2）茎、叶或果实上被覆的白色或蓝白色蜡质。

Blown 形容已经过了完全成熟期，开始凋谢的花或结球蔬菜。

Bog plant沼泽植物 自然生境下土壤永久潮湿或能够在这样的条件下茂盛生长的植物。

Bole主干 从地面向上到第一个大分枝的乔木树干。

Bolt 过早开花结实。

Bract苞片 花或花序基部的变态叶，常常起到保护作用。苞片的形状可能像普通叶片，或者小并呈鳞片状，或者大且色彩鲜艳。

Branch分枝 从木本植物的主茎或树干上长出的枝条。

Brassica 芸薹属植物。

Break 腋芽长成的枝条。

Broadcasting撒播 将种子或肥料均匀地撒在地面上，而不是播种沟里。

Broadleaved阔叶 形容拥有宽阔平整叶片而不是针状叶的乔木或灌木。

Bromeliad凤梨 凤梨科植物。

Bud芽 初级或浓缩枝条，包括胚胎叶、叶簇或花。Adventitious bud不定芽：生长不正常的芽，如从茎上直接长出而不是从叶腋处长出的芽。Apical（or terminal）bud顶芽：茎顶端的芽。Axillary Bud腋芽：从叶腋处长出的芽。Crown bud冠芽：枝条尖端的花芽，旁边围绕着通常较小的其他花芽。Fruit bud结果芽：会长出叶子和花（然后是果实）的芽。Growth bud生长芽：只长出叶或枝条的芽。

Bud union芽接结合处 接穗芽与砧木结合的位置。

Budding芽接 一种嫁接方法。

Budding tape 见Grafting tape。

Bud-grafting 见Grafting。

Budwood芽条 从树上剪下，用于提供芽接接穗的枝条。

Bulb鳞茎 一种变态茎，起到贮藏养料的作用，主要由肉质鳞片叶（一种变态芽）以及极度缩短的茎（基盘）组成。

Bulb fibre球根基质 泥炭或泥炭替代物、牡蛎壳和木炭的混合物，常用于球根的盆栽，容器常常不设排水孔。

Bulbil珠芽 类似鳞茎的小器官，常常着生在叶腋处，偶尔生长在茎上或花中（见Bulblet）。

Bulblet小鳞茎 从成熟鳞茎基盘的被膜外部长出的正在发育的小型鳞茎（见Bulbil; Offset）。

Bush （1）矮灌木。（2）树干不高于90厘米的开心形果树。Bush fruit

灌木果树：生产柔软水果的矮灌木，如黑醋栗和鹅莓。

Cactus仙人掌 仙人掌科植物，茎和纹孔（特化的细胞群）含有贮水组织，纹孔上长出刺、花和枝条。

Calcicole钙生植物 喜石灰岩环境，在*碱性*土壤中茂盛生长的植物。

Calcifuge厌钙植物 不喜石灰岩环境，在*碱性*土壤中无法生长的植物。

Callus愈伤组织 植物在受损表面形成的保护性组织，特别是*木本植物*的插条基部。

Calyx（复数形式calyces）花萼 萼片的总称，包裹花蕾的外层绿色结构。

Cambium形成层 一层分生组织，可以产生新细胞，使茎和根加粗（见*Meristem*）。

Capillary matting毛细管垫 使用合成纤维制造的垫子，通过毛细管作用将水拉升以灌溉盆栽植物。

Capping结壳 压紧、大雨或灌溉破坏土壤结构后形成的硬壳（见*Pan*）。

Carpel心皮 开花植物的花的雌性器官，包含*胚珠*；一朵花中的数枚心皮合称雌蕊。

Carpet bedding地毯花坛 使用群体密集种植的低矮鲜艳花坛植物，创造出各种设计图案。

Catkin柔荑花序 一种总状花序（见*Raceme*），苞片明显，单花小，常常是单性的并且没有花瓣。

Central leader中央领导枝 乔木的中央直立枝条。

Certified stock认证植物 得到环境、食品和农村事务部以及苏格兰和北爱尔兰的下放行政机构（在美国是美国农业部）认证，没有特定病虫害的植株。

Chilling requirement需冷量 为打破休眠启动成花，植物所必需的在特定温度之下经历的一段时间。

Chinese layering中国压条 空中压条的别名；见*Layering*。

Chip-budding 见*Grafting*。

Chlorophyll叶绿素 绿色的植物色素，主要负责吸收光线，从而在植物体内进行光合作用。

Clamp堆放储藏 一种在室外储藏根状茎类作物的方法。将作物堆高，然后用秸秆和土壤覆盖抵御霜冻；填充秸秆的"烟囱"洞可以提供通风。

Climber攀缘植物 将其他植物或物体作为支撑，向上攀爬的植物。self-clinging climbers自我固定攀缘植物：使用有支撑作用的不定气生根或者有黏性的卷须末端来攀缘。tendril climbers卷须攀缘植物：通过卷曲它们的叶柄、叶卷须或变态茎尖枝条进行攀缘。twining climbers缠绕攀缘植物：通过卷曲它们的茎攀缘。Scandent, scrambling及trailing climbers蔓生攀缘植物：会产生长而柔软的茎，爬过其他植物或结构，它们只是松散地将自己靠在支撑物上。

Cloche钟形罩 一种小型通常可移动的结构，由透明塑料或玻璃制造，一般搭建在金属框架上；用于保护露地种植的早播作物，以及在种植前温暖土壤（见*Fleece*）。

Clone克隆 (1)使用营养繁殖或无性繁殖得到的一群基因完全相同的植物。(2)这样一群植物中的某一单株植物。

Cold frame冷床 镶嵌玻璃的不加温箱子状结构，使用砖块、木材或玻璃建造，有一个带铰链或可撤去的玻璃或透明塑料天窗，用来帮助植物抵御过度寒冷。

Collar (1)根颈 植物的根与茎相交的地方，又称为neck。(2)领环 主分枝与树干相交处（或次级分枝与主分枝相交处）。

Companion planting伴生种植 种植对附近植物有好处的植物种类，这些好处可能是驱赶病虫害或促进生长。

Compositae 菊科。

Compost (1)盆栽基质，含有壤土、沙子、泥炭、泥炭替代物、腐叶土或其他成分。(2)堆肥 一种有机材料，富含腐殖质，由分解的植物残骸和其他有机物质形成，用作土壤改良剂或护根。

Compound复合的 可以分成两个或更多次级部分，例如一枚复叶由两枚或更多小叶组成（见*Simple*）。

Cone球果 松柏植物和某些开花植物的浓密成簇苞片和花，常常长成结种子的木质结构，如常见的松球。

Conifer松柏植物 裸子植物，通常是常绿乔木或灌木，和被子植物的不同之处在于裸露的*胚珠*并不包裹在*子房*里，而是常常着生在球果中。

Contact action接触作用 杀虫剂或除草剂通过直接接触杀死害虫或杂草。

Coppicing平茬 每年将乔木或灌木修剪至接近地面，以产生健壮并常常美观的枝条。

Cordon壁篱式 一种经过修剪的植物(通常是果树)，一般通过重度修剪得到一个主干。单壁篱式（Single cordon）拥有一个主干，双重（double）或U形壁篱有两个主干，而多重壁篱（multiple cordon）有三个或更多主干。

Corm球茎 一种类似鳞茎的地下膨大茎或茎基，常常包裹着纸状被膜。老球茎每年会被顶芽或侧芽长出的新球茎代替。

Cormel新生小球茎 成熟球茎外围长出的小型球茎，一般位于被膜外部，如唐菖蒲。

Cormlet小球茎 成熟球茎基部长出的小型球茎（通常是旧被膜内部）（见*Offset*）。

Corolla花冠 花朵花被的内层，由数枚离生或合生的花瓣组成。

Cotyledon子叶 种子*萌发*后产生的第一片或第一批叶子。根据成熟种子内含有的子叶数量，开花植物（被子植物）分为*单子叶植物*和*双子叶植物*。在裸子植物（松柏植物）中，子叶常常是轮生的。

Cover crop覆盖作物 见*Green manure*。

Crocks瓦片 黏土花盆的碎片，用于覆盖花盆的排水孔，防止生长基质从排水孔流失。

Crop rotation轮作 以三四年为一个周期，在不同的菜畦中种植蔬菜作物，最大限度地减少土生病虫害的风险。

Cross-fertilization异花受精 *异花授粉*后导致花朵内的*胚珠*受精。

Cross-pollination异花授粉 来自某植株花朵*花药*上的花粉转移到另一植株花朵的*柱头*上；这一术语常常用来不严格地描述*异花受精*（见*Self-pollination*）。

Crown (1)根颈，草本植物的茎与根相交处，从那里长出新的枝条。(2)树冠，乔木主干上方长出的分枝部分。

Crown bud 见*Bud*。

Culm秆 禾本科草或竹子的茎，常中空。

Cultivar品种 "栽培变种"（cultivated variety）的简称（缩写为cv），一群（或这样一群中的某一个）拥有一个或更多特异性状的栽培植物，并通过有性繁殖或无性繁殖保持这些性状（见 *Variety*）。

Cutting插条 从植物体上切下来的一部分（叶、根、枝条或芽），用于繁殖。Basal stem cutting基部茎插条：当植物在春季开始生长时，从植物（通常是草本植物）基部采取的插条。Greenwood cutting绿枝插条：春季生长缓慢下来后，从幼嫩枝条的柔软尖端采取的插条；比嫩枝插条稍硬，木质化程度稍高。Hardwood cutting硬枝插条：在生长季结束时，从落叶或常绿植物的成熟枝条上取下的插条。Heel cutting带茬插条：基部带有一小段树皮或成熟木质的插条。Internodal cutting节间插条：基部切口在两个茎节或生长芽之间的插条。Leaf cutting叶插条：从分离的叶片上或叶片一部分上采取的插条。Leaf-bud cutting叶芽插条：由极短的一段茎以及单个或一对芽或叶片组成。Nodal cutting茎节插条：基部切口位于某生长芽或茎节下。Ripewood cutting熟枝插条：从成熟枝条上采取的插条，一般是常绿植物的，在生长期采取。Root cutting根插条：从半成熟或成熟的根上采取的插条。Semi-ripe cutting半硬枝插条：在生长季从半成熟枝条上采取的插条。Softwood cutting嫩枝插条：在生长期从年幼未成熟的枝条上采取的插条。Stem cutting茎插条：从植物茎的任何部位采取的插条。Stem tip cutting茎尖插条：从枝条尖端采取的任何插条；有时指的是嫩枝或绿枝插条。

Cyme聚伞花序 顶端通常较平的*有限花序*，中央或顶端小花首先开放。

Damping down洒水降温 用水洒湿温室地板和工作台以增加湿度，特别是在炎热的天气。

Deadheading摘除枯花 摘掉已经枯萎的花或头状花序。

Deciduous落叶植物 形容在生长季结束时落下叶片并在下一生长季开始时重新长出叶片的植物；半落叶植物只在生长季结束时落下部分叶片。

Degradable pot可降解花盆 使用可降解材料（如压缩椰壳纤维或纸）制造的花盆。

Dehiscence开裂 形容果实（通常是蒴果）和花药成熟时打开释放内容物的过程。

Dehiscent开裂的 形容沿着特定的线开裂，释放花粉或种子的花药或果实。

Determinate （1）有限的，形容中央或顶端小花首先开放的花序，于是主花轴不能进一步扩展（见 *Cyme*）。（2）形容灌木状或低矮的番茄（见 *Indeterminate; Semi-determinate*）。

Dibber戳孔器 用于在土壤或盆栽基质中戳孔的工具，之后可以在孔中插入幼苗或插条。

Dicotyledon双子叶植物 种子内拥有两片子叶的开花植物；叶脉通常呈网状，花瓣和萼片的基数为2、4或5，而且植物体有形成层（见 *Monocotyledon*）。

Dieback枯梢 受损或病害导致枝条尖端死亡。

Dioecious雌雄异株 在不同植株上分别生长雌性和雄性器官。

Disbudding除蕾 去除多余的蕾，促进优质花或果的发育。

Distal end远端（插条） 距离母株根颈处最远的一端（见 *Proximal end*）。

Division分株 一种繁殖方法，将植物分成数块，每块都有自己的根系以及一根或更多枝条（或休眠芽）。

Dormancy休眠 植物整体暂时停止生长，并且其他活动减缓的现象，通常发生在冬季；seed dormancy种子休眠：由于物理、化学或其他种子内在因素，即使在萌发适宜条件下种子也不萌发的现象。double (seed) dormancy双重休眠：因种子内存在两个休眠因素导致的不萌发。

Double重瓣（花） 见 *Flower*。

Double cordon 见 *Cordon*。

Double digging双层掘地法 一种将土壤挖掘至两锹深的耕作方法。又称*trench digging*或*bastard trenching*。

Drainage排水 多余水分流出土壤的过程；也用来指排出多余水分的排水系统。

Drill播种或种植沟 土壤中一条狭窄笔直的沟，用于播种或种植幼苗。

Drupes 见 *Stone fruits*。

Earthing up培土 在植物基部培高土壤，预防强风摇晃根系，为茎遮光，或促进茎生根。

Epicormic shoots徒长枝 从乔木或灌木树干上，由潜伏芽或不定芽生长而成的枝条（见 *Water shoots*）。

Epigeal子叶出土的 萌发时通过伸长*下胚轴*将种子推出土壤表面的种子类型（见 *Hypogeal*）。

Epiphyte附生植物 生长在别的植物上但不寄生的植物，从大气中获得水分和养分，不在土壤中生根。

Ericaceous （1）指杜鹃花科植物，它们通常是厌钙植物，并需要小于6.5的pH值。（2）形容pH值适合种植杜鹃花科植物的栽培基质。

Espalier树墙 一种植物整枝形式，主干垂直生长，三层（通常）或更多分枝在两侧水平生长，形成一个平面；常用于果树。

Evergreen常绿植物 形容可以保持叶片生长于一个生长季的植物；半常绿植物只能保持部分叶片生长超过一个生长季。

Eye （1）芽眼，休眠芽或潜伏芽，如马铃薯或大丽花块茎上的芽眼。（2）花心，花的中央位置，特别是如果它的颜色与花瓣不同的话。

F1 hybrids F1代杂种 使用两个纯种自交系作为亲本，杂交得到的第一代植株，产生整齐一致并高产的子代。F1代杂种结出的种子不能真实遗传。

F2 hybrids F2代杂种 F1代杂种自交或杂交得到的后代，它们的一致性不如亲本。

Falls垂瓣 鸢尾及其近缘植物的下垂或水平的萼片或花萼。

Family科 植物分类中的一个级别，将相关的属归为一个科，如蔷薇科（Rosaceae）中包括蔷薇属（*Rosa*）、花楸属（*Sorbus*）、悬钩子属（*Rubus*）、李属（*Prunus*）和火棘属（*Pyracantha*）。

Fastigiate帚状 分枝（通常是乔木和灌木）垂直向上生长，几乎与主干平行。

Feathered羽毛状苗 形容带有数个水平侧枝（"羽毛"）的一年生

苗木。

Fertile可育（植物） 能够产生有生活力的种子；开花枝条也称为可育枝，与不开花枝条（不育枝）相反。

Fertilization受精 花粉粒（雄性）与胚珠（雌性）融合形成可育种子的过程。

Fibrous （1）纤维状 形容细且常常分叉的根系。（2）形容含有死亡草根的壤土。

Filament花丝 雄蕊的柄，上面着生花药。

Fimbriate毛缘 植物的带毛边缘。

Flat平盘 描述浅种植箱和容器的美国术语。

Flat grafting 见Grafting。

Fleece无纺布，起绒织物 轻质片状材料，通常使用聚丙烯纤维织物制造，放置在作物上，随着植物的生长被抬起。它能提供一定的防冻保护，同时透水透光。还有使用聚乙烯织物制造的类似产品。又称漂浮钟形罩或漂浮护根（见Cloche）。

Floret小花 众多花组成的头状花序中的单朵小花。

Flower花 含有繁殖器官的植物组成部分，一般围绕着萼片和花瓣。基本花型有：single（单瓣型），一轮花瓣，四至六枚；semi-double（半重瓣型），花瓣数量是正常的两倍或三倍，通常为两轮或三轮；double（重瓣型），数轮花瓣，无雄蕊或极少雄蕊；fully double（完全重瓣型），花常常呈圆球形，花瓣密集，雄蕊隐藏或缺失（见Flowerhead）。

Flowerhead头状花序 众多小花密集地生长在一起，呈现单朵花的外形，如菊科植物的花。

Force促成栽培 通过控制环境（一般是升高温度）促进植物生长，通常是促进开花或结实。

Forma(f.)变型 物种内更低一级的分类单位，通常只有很小的特征变化。如大花绣球藤（Clematis montana f. grandiflora）是绣球藤（C. montana）的一个花朵更大、生长更健壮的变型。也常不严谨地指物种内的任何变型。

Formative pruning成形修剪 一种在年幼乔木和灌木上实施的修剪方法，用于得到想要的分枝结构。

Foundation planting基础种植 花园内乔灌木的基本种植，一般是结构性的永久种植。

Frame 见Cold frame。

Framework结构框架 乔木或灌木的永久分枝结构；主分枝决定它的最终形状。

Framework plants框架植物 在花园中构成设计基本结构的植物（见Foundation planting）。

Frame-working框架嫁接（果树） 将所有侧枝剪短至主结构框架，然后将不同品种的接穗嫁接在每根主框架分枝上。

French layering 见Layering。

Friable松散的（土壤） 质感良好，易碎；能够形成适宜种植的耕面。

Frond （1）蕨叶，蕨类植物类似叶片的器官。有些蕨类会产生不育蕨叶和可育蕨叶，后者生产孢子。（2）不严谨地泛指植物的大型复叶。

Frost hardy 见Hardy。

Frost pocket霜穴 冷空气聚集的低洼处，常常承受严重且漫长的霜冻。

Frost tender 见Tender。

Fruit果实 植物经过受精的成熟子房，包含一粒至多粒种子，例如浆果、蔷薇果、蒴果和坚果。这个单词也常常用来指可食用的水果。

Fruit bud 见Bud。

Fruit set坐果 授粉和受精后果实的成功发育。

Fully double 见Flower。

Fully reflexed 见Reflexed。

Fungicide杀菌剂 一类可以杀死真菌特别是导致病害的真菌的农药。

Genus属（复数形式genera） 植物分类中的一个分类级别，位于科和种之间。同属内是一群共有一系列特征的物种。例如，所有七叶树物种都属于七叶树属（Aesculus）。（见Cultivar；Family；Forma；Hybrid；Subspecies；Variety）。

Germination萌发 当种子开始生长并发育成植株时发生的物理化学变化。

Girdling环剥 （1）由于动物或机械损伤，茎或分枝一圈树皮脱落，阻止水和养分抵达植物的上半部分，最终导致环剥处以上的组织全部死亡。（2）见Bark-ringing。

Glaucous蓝灰色 有一层蓝绿色、蓝灰色、灰色或白色蜡质。

Graft嫁接 人为地将一个或多个植株的部分接到另一植株上。

Graft union嫁接结合处 砧木和接穗相结合的位置。

Grafting嫁接 一种繁殖方法，人为将一种植物的接穗接合到另一种植物砧木上，使二者在功能上融合为一棵植株。嫁接方法包括劈接、芽接（包括嵌芽接和T字形芽接）、平接、鞍接、侧接、嵌接、切接，以及舌接等。Approach grafting靠接：将两个独立生长的植物嫁接在一起。一旦愈合，就将砧木植物结合处以上的部分和接穗植物结合处以下的部分移去。

Grafting tape嫁接绑带 在愈合过程中保护嫁接结合处的带子。

Green manure绿肥 快速成熟的多叶作物，专门用于掘入土壤中以增加肥力。又称覆盖作物。

Greenwood cutting 见Cutting。

Grex [gx]群 用于描述兰属杂种，来源于拉丁文，意思是"一群"。

Ground colour背景色 花瓣的主要（背景）颜色。

Ground cover地被植物 能够迅速覆盖土壤表面从而抑制杂草的、常常很低矮的植物。

Growing media 见Potting compost。

Growth bud 见Bud。

gx Grex的缩写。

Half hardy半耐寒 指不能忍耐某一气候区霜冻的植物。该术语一般暗示植物可以忍耐不耐寒植物不能忍耐的低温。

Half standard半标准苗 地面和最低分枝之间的主干高度为1~1.5米的乔木或灌木。

Hardening off炼苗 使保护设施中培育的植物逐渐适应较寒冷的室外条件的过程。

Hardpan 见Pan。

Hardwood cutting 见Cutting。

Hardy耐寒 可以在不加保护的情况下耐受全年气候条件，包括霜冻。

Haulm茎干 马铃薯和豆类等植物的地上部分。

Head （1）乔木干净树干上方的树冠。（2）浓密的花序。

Head back重剪 将乔木和灌木的主分枝剪短一半或更长。

Heading 见Heart up。

Heart up结球 莴苣或卷心菜开始在内层形成紧密的球型叶片。

Heavy黏重（土壤） 拥有高比例的黏土含量。

Heel茬 插条从主干上拽下后基部带有的一小片树皮。

Heel cutting 见*Cutting*。

Heeling in假植 暂时性的种植，直到植物可以移栽到其固定位置。

Herb （1）香草，因其医学或调味功能或者叶片有香味而种植的植物。（2）植物学上指草本植物。

Herbaceous草本植物 非木本植物，地上部分在生长期结束时枯死至根颈处。它主要指多年生植物，不过在植物学上，它们也可以指一二年生植物。

Herbicide除草剂 用于控制或杀死杂草的农药。

Humus腐殖质 土壤中化学成分非常复杂的腐败植物残骸。也常常用来指部分腐败的物质，如腐叶土或堆肥。

Hybrid杂种 由两个不同分类单元植物（见*Taxon*）杂交得到的后代。同属不同物种之间杂交得到的杂种称为属内杂种。不同属物种之间杂交得到的杂种称为属间杂种（见*F1 hybrids*；*F2 hybrids*）。

Hybrid vigour杂种优势 某些杂种在生长势和产量上显示出的增强。

Hybridization杂交 形成杂种的过程。

Hydroculture溶液培养 将植物在富含养分的水中栽培，有时种植在消毒砾石中（见*Hydroponics*）。

Hydroponics水培 将植物种植在稀释营养液中。泛指任何形式的无土栽培。

Hypocotyl下胚轴 种子或幼苗的一部分，位于子叶下。

Hypogeal子叶 留土种子的一种*萌发*类型，种子和*子叶*保留在土壤中，而嫩茎（胚芽）伸出土壤。

Incurved内卷 指花和小花的花瓣向内弯曲，形成紧凑的圆形。

Indehiscent不裂 形容不开裂并散发种子的果实（见*Dehiscent*）。

Indeterminate无限 （1）指不限定于某一朵花的花序，随着下方花朵的开放，主花轴会继续生长（如翠雀的*总状花序*）。（2）形容高或壁篱状番茄，在合适的气候条件下，可以长到无限的高度（见*Determinate*；*Semi-determinate*）。

Inflorescence花序 在一个花轴上着生的一簇花；如总状花序、圆锥花序和聚伞花序。

Informal不规则 指的是菊花、大丽花以及其他花卉植物某些品种的不规则花型。

Inorganic非有机 不包含碳的化学物。非有机肥料指天然产生或人工制造的肥料（见*Organic*）。

Insecticide杀虫剂 一种用于控制或杀死昆虫的农药。

Intercropping 间作 将速成蔬菜和生长较慢的作物种植在一起，最大限度地利用空间。

Intergeneric hybrid 见*Hybrid*。

Intermediate中间型 （1）用于描述介于翻卷型和莲座型之间的菊花花型。（2）性状表现位于两亲本之间的杂种。

Internodal cutting 见*Cutting*。

Internode节间 茎上两个节之间的部分。

Interplanting间植 （1）在慢生植物之间种植速成植物，让它们一起达到观赏期。（2）将两种或更多植物种植在一起，表现不同的颜色或质感（如郁金香间植在桂竹香中）。常用在花坛中。

Interspecific hybrid 见*Hybrid*。

Irrigation灌溉 （1）浇水的统称。（2）使用管道或喷灌系统为植物提供受控制的灌溉。

John Innes compost约翰英纳斯基质 一种含壤土的基质，由英国的约翰英纳斯园艺研究所开发并制定标准配方。

Knot garden结节花园 使用低矮的树篱或修剪整齐的香草布置成规则并且常常复杂的图案。

Lateral侧枝或侧根 从根或枝条上长出的次级枝条或根。

Layer planting分层种植 一种间植方式，成群紧密种植在一起的植物连续开花。

Layering压条 通过诱导连接在母株上的枝条生根而起效的一种繁殖方法。其基本形式是某些植物中自然发生的自我压条。方法包括：空中压条（又称为中国式压条）、法式压条、直立压条、波状压条、简易压条、茎尖压条以及开沟压条。

Leaching淋失 表层土中的可溶性养分随着向下的排水而流失。

Leader领导枝 （1）植物的中央茎干。（2）主分枝的顶端枝条。

Leaf叶 一种植物器官，有各种形状和颜色，常呈扁平状和绿色，着生在茎上，进行光合作用、呼吸作用和蒸腾作用。

Leaf cutting 见*Cutting*。

Leafmould腐叶土 使用堆肥叶片制造的富含纤维的薄脆材料，可用作盆栽基质中的成分或土壤改良剂。

Leaf-bud cutting 见 *Cutting*。

Leaflet小叶 复叶的组成部分

Legume荚果 一室开裂果，成熟时开裂成两半，是豆科植物的果实。

Light （1）天窗，冷床的可移动盖子。（2）轻质，形容沙子比例高、黏土含量低的土壤。

Lime石灰 泛指众多含钙化合物，有时包含锰化合物；土壤中的石灰含量决定着它是*碱性*、*酸性*还是*中性*的。

Line out列植 将年幼植株或插条成排移植在育苗床或冷床中。

Lithophyte岩生植物 一种在岩石（或多石头的土壤）上自然生长的植物，通常从大气中吸收养分和水分。

Loam壤土 该术语用于描述中等质感的土壤，包含等量的沙子、粉砂和黏土，并且一般富含腐殖质。如果某种成分的含量较高，该术语又可调整为粉砂壤土、黏质壤土或沙质壤土。

Maiden 一年生嫁接乔木苗（见*Whip*）。

Maincrop主要作物（蔬菜） 这些品种可以在整个生长季产出作物，比早熟或晚熟品种的生产期都长。

Marginal water plant水边植物 生长在池塘或溪流边缘，半沉入浅水或在永久湿润土地上生长的植物。

Medium （1）基质，可以用于种植或繁殖植物的混合基质。（2）中度土壤 介于*黏重*和*疏松*土壤之间的中间类型（见*Loam*）。

Meristem分生组织 可以分裂形成新细胞的植物组织。茎尖和根尖包含分生组织，可用于*微体繁殖*。

Micronutrients微量元素 对植物非常重要，但需求量很小的化学元素，又称为*trace elements*（见*Nutrients*）。

Micropropagation微体繁殖 通过*组织培养*繁殖植物。

Midrib 叶中脉。

Module 穴盘 指各种类型的容器，特别是那些用于播种和移栽幼苗并有多个穴孔的类型。

Monocarpic一次结实 植物在死亡前只开一次花，结一次果；这样的植物需要数年才能长到开花大小。

Monocotyledon单子叶植物 种子中只有一片*子叶*的开花植物；它们还有叶脉平行的狭窄叶片、花器官的基数为3。

Monoecious雌雄同株 在同一株植物上开雄花和雌花。

Monopodial单轴的 从茎上的顶芽无限地生长下去（见*Sympodial*）。

Moss peat 见*Peat*。

Mound layering 见*Layering*。

Mulch护根 施加在土壤表面的一层材料，可以抑制杂草、保持湿度并维持相对凉爽均匀的根系温度。

Multiple cordon 见*Cordon*。

Mutation突变 受到诱导或自发产生的基因改变，常常导致枝叶出现彩斑或花朵出现与母株不同的颜色。又称sport。

Mycorrhizae根瘤菌 与植物根系互利共生的土壤真菌。

Naturalize自然式种植 就像在野外一样生长。

Neck 见*Collar*。

Nectar花蜜 植物蜜腺分泌出的甜味液体；常常可以吸引授粉昆虫。

Nectary蜜腺 常出现在花中的腺体组织，但有时也会出现在叶和茎上，分泌花蜜。

Neutral中性（土壤） pH值为7，既不呈*酸性*，也不呈*碱性*。

Nodal cutting 见*Cutting*。

Node节 茎上生长一个或更多叶、枝条、分枝或花的地方。

Non-remontant非一季多次开花 一次完成全部开花或结实的植物（见*Remontant*）。

Nursery bed育苗床 用于萌发种子和继续种植年幼植株的区域，之后植株被移栽到别的固定位置上。

Nut坚果 内含一粒种子的不开裂果实，有坚硬或木质外壳，如橡子。可泛指所有带木质或革质外壳的果实或种子。

Nutrients养分 用于生成蛋白质和其他植物生长必需物质的矿物质（矿物质离子）。

Offset吸芽 通过自然增殖方式出现的年幼植株，一般位于母株基部，在鳞茎中，吸芽先在*被膜*内形成，不过后来从中分离。又称为*offshoots*。

Offshoot 见*Offset*。

Open-pollination开放授粉 自然授粉（见*Pollination*）。

Opposite对生 描述两个叶片或其他植物器官在茎或轴上以相同高度生长在对侧（见*Alternate*）。

Organic有机 （1）在化学上，指的是来自分解的植物或动物体，含有碳的化合物。（2）泛指来自植物材料的护根、基质或相似材料。（3）还可以形容不使用人工合成或非有机材料进行的作物生产和园艺活动。

Ovary子房 花朵雌蕊的基部，包含一个或更多*胚珠*；受精后可以发育成果树（见*Carpel*）。

Ovule胚珠 子房的一部分，受精后发育成种子。

Oxygenator产氧植物 向水中释放氧气的沉水水生植物。

Pan （1）种植盘，陶制或塑料浅花盘，宽度比深度大得多。（2）硬质地层，一层不透水、不透气的土壤，阻碍根系生长和排水。某些硬质地层会在黏土或富铁土壤中自然发生。因为大雨、灌溉过量、连续使用耕作机械导致的土壤结壳（见*Capping*）也可称为硬质地层。

Panicle圆锥花序 一种无限有分枝的花序，常常由数个总状花序组成（见*Raceme*）。又泛指任何分枝的花序。

Parterre花坛花园 包含观赏花坛的平整区域，常常是低矮的植物被围合在低矮的树篱之中（见*Knot garden*）。

Parthenocarpic单性结实 不进行受精而生产果实。

Pathogens病原体 一类致病微生物。

Pathovar (pvar.) 致病变种 几种病菌物种的次级分类单位。

Peat泥炭 半腐败、富含腐殖质的植物材料，形成于沼泽土表面。从前在园艺中大量使用，如今对它的使用正在逐渐减少，以阻止它对环境的危害。Moss或sphagnum peat泥炭藓：大部分来自半腐败的泥炭藓，用于盆栽基质。Sedge peat莎草泥炭：来自莎草、泥炭藓以及石南属植物，比泥炭藓更粗糙，不太适合用于盆栽。

Peat bed泥炭苗床 使用泥炭块建造的苗床，其中填充泥炭含量很高的土壤；历史上用于种植喜酸植物。

Peat blocks 泥炭块 从自然泥炭沉积层中切割下来的块。

Peat-substitute泥炭替代物 描述许多不同有机材料，如椰壳纤维、树皮或木纤维的术语，这些材料可以代替泥炭用于盆栽基质和土壤改良剂。

Peduncle 花梗 单朵花的柄。

Peltate盾形（叶片） 叶柄一般连接在叶片背面中央的叶片；有时叶柄可能偏离中心，位于叶片边缘。

Perennial多年生 严格地指可以生长至少三个生长季的任何植物。一般用来指草本植物和木本植物（如乔木和灌木）。

Perianth花被 花萼和花冠的合称，特别是当它们非常小的时候，如在许多球根花卉中。

Perianth segment花被片 花被的一部分，形状通常像花被，有时称作*被片*。

Perlite珍珠岩 由膨胀火山矿物质组成的小型颗粒，加入生长基质以改善透气性。

Perpetual四季开花型 形容在整个生长季或很长一段时间内或多或少连续开花的植物。

Pesticide农药 一种化学物质，通常是人工生产的，包括杀虫剂、杀螨剂、杀线虫剂、杀菌剂、除草剂和软体动物杀灭剂，分别用于控制昆虫、螨虫、线虫、真菌病害、杂草，以及蛞蝓和蜗牛。

Petal花瓣 一种变态叶，常常有鲜艳的色彩；一般是双子叶植物花冠的一部分（见*Tepal*）。

Petiole叶柄。

pH 衡量酸碱度的方法，园艺上用于土壤。取值范围是1~14，pH值为7表示中性，7以上表示碱性，低于7表示酸性（见*Acid*; *Alkaline*; *Neutral*）。

Photosynthesis光合作用 在植物体内通过复杂的反应生产有机化合物的过程，需要叶绿素、光能、二氧化碳和水。

Picotee花边 形容拥有鲜艳颜色的狭窄边缘的花瓣。

Pinching out摘心 摘除植物的

茎尖生长点（使用大拇指和手指），促进侧枝生长和花蕾形成。又称为 *stopping*。

Pistil 见*Carpel*。

Pith髓（茎） 茎中央的柔软植物组织。

Pleaching编结 将种植成一排的树木的分枝编织并整形，形成一面墙或一顶华盖。

Plumule 见*Hypogeal*。

Plunge齐边埋 将花盆齐边埋入泥炭、沙子或土壤苗床中，保护植物的根系，或帮助植物抵御极端温度。

Pod荚果 这个术语定义并不明确，一般用来指任何干燥、开裂的果实；特别用于豌豆和豆类。

Pollarding截顶 将乔木的主分枝定期剪短至树干，或者剪至短分枝框架，高度通常为大约2米（见*Coppicing*）。

Pollen花粉 植物花药中形成的雄性细胞。

Pollination授粉 花粉从花药转移到柱头上（见*Cross-pollination*；*Open-pollination*；*Self-pollination*）。

Pollinator授粉者 （1）传播花粉的中介或方法（如昆虫、风等）。（2）在果树种植中，描述用来提供花粉以保证其他自交不育或半自交不育品种坐果的品种。

Polyembryonic多胚的 一个胚珠或一粒种子中含有不止一个胚。

Pome fruit梨果 通过子房和花托（花萼和花冠的融合基部）融合在一起发育而成的坚实肉质果实，如苹果或梨。

Pompon蜂窝型 几乎呈球状的小型头状花序，由大量小花组成。

Potting compost盆栽基质 壤土、泥炭替代物（或泥炭）、沙子以及养分以不同比例配制的混合物。无土基质不含壤土，主要成分是添加了养分的泥炭。又称*growing media*、*potting mix*或*potting medium*。

Potting on换盆 将某植株从一个花盆移栽到更大的花盆中。

Potting up上盆 将幼苗移栽到装有基质的独立花盆中。

Pricking out移栽幼苗 将幼苗从萌发的苗床或容器中移栽到有空间继续生长的地方。

Propagation繁殖 通过种子（通常是有性的）或营养（无性）方式增加植物数量。

Propagator增殖箱 一种为培育幼苗、插条生根或其他繁殖材料提供湿润空气的结构。

Proximal end近端（插条） 距离母株根颈处最近的一端（见*Distal end*）。

Pseudobulb假鳞茎 合轴兰花的（有时候很短的）根状茎上长出的加粗鳞茎状茎。

Quartered rosette四分莲座状 莲座型花，花瓣排列成四等分。

Raceme总状花序 一种无限不分枝花序，在一根长主轴上着生许多小花。

Radicle胚根 幼嫩的根。

Rain shadow雨影区 靠近墙壁或栅栏，不受盛行风影响，因此接受的降雨量比露地更少的区域。

Rambler蔓生攀缘植物。

Ray flower（或floret）舌状花（小花） 菊科头状花序最外层，拥有管状花冠的小花。

Recurved翻卷 形容向后弯曲的花朵或花序的花瓣。

Reflexed反卷 形容突然向后弯曲超过90°的花朵或花序的花瓣。它们有时被称作完全反卷。泛指任何花瓣或花被片翻卷的花朵。

Remontant一季开花多次 形容在生长季开不止一次花的植物（常用于月季和草莓）（见*Non-remontant*）。

Renewal pruning更新修剪 不断将侧枝剪短，刺激新长出的侧枝代替它们。

Respiration呼吸作用 通过化学变化，从复杂的有机分子中释放能量的过程。

Revert逆转 回到初始状态，例如彩叶植物长出普通绿色叶片。

Rhizome根状茎 一种特化的、常常水平匍匐生长的膨大或柔软地下茎，起到贮藏器官的作用，并长出气生根。

Rib肋枝 扇形整枝树木的辐射状分枝。

Rind外皮 灌木或乔木形成层外的外层树皮。

Ripewood cutting 见*Cutting*。

Root根 植物的一部分，一般位于地下，锚定植物并吸收水分和养分（见*Aerial root*）。

Root ball根坨 当植物从容器或露地挖出时的根系以及附带的土壤或基质。

Root cutting 见*Cutting*。

Root run根区 植物的根系可以扩展到的地方。

Root trainers 长而柔韧的无底花盆，在商业上用于种植深根性乔木幼苗。它们可以促进长的纤维状根生长，有助于帮助幼苗快速恢复。

Rooting生根 根系的产生，一般指的是插条。

Rooting hormone生根激素 一种粉末或液态化学物质，在低浓度下使用，促进根系生长。

Rootstock砧木 用于为嫁接植物提供根系的植物。

Rose花洒（洒水壶） 穿孔喷嘴，用于扩散和调节水流。

Rosette莲座 （1）从大约同一个位置辐射长出的簇生叶片，常常生长在极度短缩的茎上。（2）花瓣或多或少呈圆形排列。

Rotation 见*Crop rotation*。

Rounded球状 有规律地内卷。

Runner走茎 水平伸展、常常很柔软的茎，在地面横走，茎节处生根形成新的植株。常与*匍匐枝*混淆。

Saddle grafting 见*Grafting*。

Sap树液 植物细胞和维管组织中包含的汁液。

Sapling树苗 年幼乔木；木质部硬化之前的幼年苗木。

Scandent攀缘 攀爬或松散地攀缘（见*Climber*）。

Scarification （1）划伤种皮，对种皮进行机械摩擦或化学处理，以加快吸收水分并促进萌发。（2）翻松，使用松土机或耙子将苔藓或枯草层从草坪中清除出去。

Scion接穗 从一个植物上切下的枝条或芽，用于嫁接在另一个砧木植物上。

Scrambling climber 见*Climber*。

Scree岩屑堆 由风化岩壁形成的碎石坡；在花园中被模仿成岩屑床，其中可以种植需要顺畅排水的高山植物。

Sedge peat 见*Peat*。

Seed种子 成熟的受精胚珠，含有一个可以发育为成年植株的休眠芽。

Seed dormancy 见*Dormancy*。

Seed leaf 见*Cotyledon*。

Seedhead果实，果序，种子穗 任何包含成熟种子的果实。

Seedling实生苗 种子发育而成的年幼植株。

Selection选种 因特定性状被选择的植物，一般进行繁殖以维持该性状。

Self layering 见*Layering*。

Self-clinging climber 见*Climber*。

Self-fertile自交可育 使用自己的花粉受精后可以发育出有生活力种子的植物（见*Fertilization*；*Pollination*；*Self-pollination*；*Self-sterile*）。

Self-pollination自交授粉 花药上的花粉转移到同一朵花或同一植株不同花的柱头上（见*Cross-pollination*）。

Self-seed自播 在母株周围散播可育种子形成实生苗。

Self-sterile自交不育 无法通过自交授粉获得可育种子的植物，需要不同授粉者才能成功受精。又称self-incompatible（自交不相容）。

Semi-deciduous 见*Deciduous*。

Semi-determinate半有限型 形容高或壁篱式番茄，只能长到1~1.2米（见*Determinate*；*Indeterminate*）。

Semi-double 见*Flower*。

Semi-evergreen 见*Evergreen*。

Semi-ripe cutting 见*Cutting*。

Sepal萼片 花被的最外一轮，通常小且绿，不过有时候颜色鲜艳并像花瓣。

Serpentine layering 见*Layering*。

Set (1)经过挑选用于种植的小型洋葱、青葱鳞茎或马铃薯块茎。(2)形容已经成功受精并产生小果实的花朵。

Sexual reproduction有性生殖 一种需要受精的生殖方式，产生种子或孢子。

Sheet mulch薄膜护根 一种使用人工制造材料（如塑料）的护根。

Shoot 枝条 分枝、茎或小枝。

Shrub灌木 一种木质茎植物，通常从基部或近基部分枝，缺少主干。

Side grafting 见*Grafting*。

Sideshoot侧枝 从主枝两侧长出的枝条。

Side-wedge grafting 见*Grafting*。

Simple单（主要指叶） 不分裂的（见*Compound*）。

Simple layering 见*Layering*。

Single 见*Flower*。

Single cordon 见*Cordon*。

Single digging单层掘地 一种掘地方法，只将表层土翻至一锹深。

Snag残桩 修剪不当留下的短桩。

Softwood cutting 见*Cutting*。

Soil mark土壤标记 植物的茎上显示的挖出之前土壤表面的印记。

Species物种 植物分类的单位，位于属下，包括紧密相关、非常相似的个体。

Specimen plant标本植物 单株非常醒目的植物，通常是茂盛的乔木或灌木，种植在可以清晰地看到的地方。

Spent凋谢（花） 正在枯萎或死亡。

Spike穗状花序 一种总状花序（见*Raceme*），因此也是无限花序，沿着主轴着生小花，小花无柄。

Spikelet小穗状花序 小型穗状花序，构成复合花序的一部分；常见于禾本科植物。

Spit锹 铁锹铲面的深度，通常为25~30厘米。

Splice grafting 见*Grafting*。

Spliced side grafting 见*Grafting*。

Spliced side-veneer grafting 见*Grafting*。

Sporangium孢子囊 在蕨类植物上产生孢子的结构。

Spore孢子 不开花植物（如蕨类、真菌和苔藓）的微小生殖结构。

Sport 见*Mutation*。

Spray分枝 花梗上的一群花或头状花序，如菊花和康乃馨。

Spur (1)距，花瓣上的中空凸起，常常产生花蜜。(2)短枝，生长花芽的短小分枝，常见于果树。

Stalk梗 叶或花梗部的统称（如叶柄、花梗）。

Stamen雄蕊 植物的雄性生殖器官，由产生花粉的花药和支撑花药的花丝组成。

Standard (1)标准苗，第一分枝下的树干至少高两米的乔木（见*Half-standard*）。(2)经过整枝，在分枝下拥有一段干净树干（月季需要有1~1.2米高）的灌木。(3)旗瓣，鸢尾花被中三片位于内层且常常直立的花瓣。(4)旗瓣，豆科蝶形花亚科植物最大且常常位于顶端的花瓣。

Station sow定点播种 逐个播种种子，或者沿着一条线或*播种沟*按照固定间距小批播种。

Stem茎 植物的主轴，通常位于地面之上，并支撑叶、花和果实。

Stem cutting 见*Cutting*。

Stem tip cutting 见*Cutting*。

Sterile不育 (1)不开花或产生可育种子（见*Fertile*）。(2)形容没有功能健全的雄蕊和雌蕊的花（见*Carpel*）。

Stigma柱头 心皮的顶端结构，通常由花柱支撑，在受精前接受花粉。

Stock 见*Rootstock*。

Stock plant母株 用于获取繁殖材料的植物，无论是种子还是营养繁殖材料。

Stolon匍匐枝 一种水平伸展或拱形的茎，常常位于地面之上，在尖端生根产生新植株。常与走茎混淆。

Stone fruits核果 又称*drupes*，有一个或更多种子包裹在肉质、通常可食用的组织中。它们通常是李属植物（如杏、李、樱桃等）和其他植物（如朴果）的果实。

Stool新枝 从植物基部产生的大量多多或少少一致的枝条，例如某些经常剪短的灌木，用于产生繁殖材料，还有菊花等。

Stooling (1)培土压条法，见*Layering*。(2)通过平茬定期修剪木本植物。

Stopping 见*Pinching out*。

Strain品系 松散、定义不明的术语，有时指种子培育植株的种系；该术语不被国际栽培植物命名法规承认，因为它定义不明确。

Stratification层积 将种子储藏在温暖或寒冷条件下以克服休眠，并帮助萌发。

Stylar column复合花柱 多枚花柱融合在一起。

Style花柱 心皮拉伸延长的部分，位于子房和柱头之间，有时不存在。

Subfamily亚科 植物分类中的一个单位，科下的次级类群。

Sub-lateral次级侧枝 从侧枝或分枝上长出的侧枝。

Subshrub亚灌木 (1)完全木质化的低矮植物。(2)基部木质化，但上方枝条柔软通常呈草本状的植物。

Subsoil底层土 表层土下方的那层土壤；它们通常比较贫瘠，质地和结构也比表层土差。

Subspecies亚种 种下的分类单位，比变种或变型更高一级。

Succulent多肉（植物） 拥有肥厚肉质枝叶，可以储存水分的植物。所有仙人掌都是多肉植物。

Sucker萌蘖条 （1）从植物的根系或地下茎长出的枝条。（2）在嫁接植物中，萌蘖条指的是任何从嫁接结合处之下长出的枝条。

Sympodial合轴 枝条的有限生长，以花序结束；生长由侧芽继续（见Monopodial）。

Systemic内吸型 形容被植物吸收并分配到全株的杀虫剂或杀菌剂，一般施加在土壤或叶面上。

Tap root主根 植物向下垂直生长的主根系（特别是乔木）；泛指任何向下生长的强壮的根。

Taxon分类群（复数形式taxa） 处于任何一个分类级别的一群植物；用于形容共有某些特定性状的植物。

T-budding 见Grafting。

Tender不耐寒 容易被冻伤的植物。

Tendril卷须 一种变态叶、分枝或茎，通常呈丝状（长而柔软），并且能将自己连接在支撑结构上（见Climber）。

Tepal被片 单片花被，无法区分是花瓣还是萼片，就像番红花和百合一样（见Perianth segment）。

Terminal顶部的 位于茎或分枝的顶端；通常是芽或花朵。

Terminal bud 见Bud。

Terrarium玻璃容器 使用玻璃或塑料制造的密闭容器，在其中种植物。

Terrestrial地生 生长在土壤中；陆地植物（见Epiphyte；Aquatic）。

Thatch枯草层 草坪表面积累的一层死亡有机物质。

Thin轻薄（土壤） 泛指土壤贫瘠的土壤，主要原因是结壳和干旱。

Thinning疏减 去除部分幼苗、枝条、花或果蕾，以增强剩余部分的生长和品质。

Tilth细耕面 通过耕作创造出的细腻疏松土壤表面。

Tip layering 见Layering。

Tip prune茎尖修剪 剪短枝条的生长尖端，以促进侧枝生长或去除死亡部分。

Tissue culture组织培养（植物） 在人工基质中的无菌条件下生长植物组织。

Top-dressing表面覆盖 （1）将可溶性肥料、新鲜土壤或基质施加到植物周围的土壤或草坪表面，以补充营养。（2）施加在植物周围土壤表面的装饰性覆盖物。

Topiary树木造型 对乔灌木进行修剪和整枝，得到各种复杂几何或自由形状的艺术。

Topsoil表层土 最上层的土壤，通常最肥沃。

Trace element 见Micronutrients。

Trailing climber 见Climber。

Translocated转运型（可溶性营养元素或除草剂） 在植物的维管束系统（疏导组织）内移动。

Transpiration蒸腾作用 从植物的叶和茎处蒸发、损失水分。

Transplanting移植 将植物从一个位置转移到另外一个位置。

Tree乔木 木本多年生植物，通常有明确的主茎或树干，上方是分枝树冠。

Trench digging 见Double digging。

Trench layering 见Layering。

True真实遗传（育种） 自交授粉（见Self-pollination）后得到的后代与亲本相似的植物。

Trunk树干 乔木的加粗木质主干。

Truss 浓密紧凑的花序或果序。

Tuber块根或块茎 一种膨大的器官，通常位于地下，由茎或根发育而成，用于贮藏养料。

Tufa凝灰岩 多孔隙的凝灰岩，可以吸收并保持水分；传统上用于栽培难以在园土中生长的植物。

Tunic被膜 鳞茎或球茎的纤维状膜或纸状外皮。

Tunicate被膜的 包裹在被膜中。

Turion （1）膨胀芽，某些水生植物产生的从母株分离出去的越冬膨大芽。（2）根出条，有时可以描述不定枝条或萌蘖条。

Twining climber 见Climber。

"U" cordon双重壁篱式。

Underplanting下层种植 将低矮植物种植在较大植物下方。

Union 见Graft union。

Upright峭立 形容分枝垂直或半垂直生长的植物株型（见Fastigiate）。

Urn-shaped坛状（花） 球状至圆柱状，开口有些内收；U形。

Variable变异的 在性状上产生变化；特别是种子培育的植株在性状上与母株不同。

Variegated彩斑 拥有各种颜色的不规则图案；尤其用于形容带有白色或黄色色斑的叶，但不限于这些颜色。

Variety （1）变种，在植物学上，指野生物种自然产生的变种，介于亚种和变型之间。（2）还常用于（但并不精确）描述任何一种植物的变化类型（见Cultivar）。

Vegetative growth营养生长 不开花，通常只长叶片的生长。

Vegetative propagation营养繁殖 通过无性繁殖的方法增殖植物，通常会得到基因相同的植物。

Vermiculite蛭石 一种轻质云母状矿物，保水和透气性良好，常用于扦插基质和其他盆栽基质。

Water shoots徒长枝 一般形容的是常常出现在乔木树干或分枝修剪伤口附近生长的徒长枝。

Whip鞭状苗 没有侧枝的年幼实生苗或嫁接树苗。

Whip grafting 见Grafting。

Whip-and-tongue grafting 见Grafting。

Whorl轮生 三个或更多器官从同一个地点长出。

Widger小锄子 一种刮铲形状的工具，用于移植或移栽幼苗。

Windbreak风障 任何遮挡植物并过滤强风的结构，常常是树篱、栅栏或墙壁。

Wind-rock风撼 强风将植物根系吹得不牢靠。

Winter wet冬季潮湿 冬季土壤中积累过多水分。

Woody木本的 描述的是坚硬加粗而不是柔韧的茎干或树干（见Herbaceous）。

Wound伤口 植物被剪切或受损区域。

Wound paint伤口涂料 修剪后涂抹在伤口上的专用涂料。

索 引

粗体页码表示的是主要条目；*斜体*页码表示它们在插图中出现。

A

*Abelmoschus esculentus*秋葵**508**
*Abies*冷杉属93, 101
　　*A. grandis*北美冷杉94
　　A. lasiocarpa var. *arizonica* 'Compacta' '紧凑' 栓皮冷杉 *77*
*Abutilon*苘麻属124, 204, 380
*Acacia dealbata*银荆84, 94
*Acaena*猬莓属176
　　*A. caesiiglauca*天蓝猬莓79
　　*A. microphylla*小叶猬莓79, *180*
　　A. m. 'Kupferteppich' '古铜地毯' 小叶猬莓*181*
　　A. saccaticupula 'Blue Haze' '蓝雾' 囊杯猬莓79, *180*
*Acantholimon glumaceum*颖状彩花274
*Acanthus*老鼠簕属
　　*A. mollis*金蝉脱壳（茛力花）89, *183*
　　*A. spinosus*刺老鼠簕*181*
　　cuttings插条*620*, *620*
accent plants主景植物72
　　pruning修剪73
accents, garden, defining with containers 使用容器在花园中定义重点319
access and accessibility出入和可达性35, 48, 60~61
　　coping with limited access应对有限的入口67
　　disabled and elderly gardeners残疾和老年园丁284, 294, 386, 475, 577
　　greenhouses温室545
　　island beds岛式苗床*177*
　　lawns and草坪和出入244
　　people-orientated gardens以人为本的花园40, *41*
　　ponds池塘294
　　raised beds抬升苗床284, 386, 475, 577
acclimatization驯化642, *642*
*Acer*槭树属83, 85, 99, *679*
　　*A. campestre*栓皮槭93
　　*A. capillipes*细柄槭77, *85*
　　A. cappadocicum subsp. *lobelia*意大利青皮槭93
　　*A. davidii*青榨槭*83*
　　*A. griseum*血皮槭73, *85*
　　*A. japonicum*羽扇槭*123*
　　*A. negundo*梣叶槭93, 94
　　*A. palmatum*鸡爪槭*82~83*, 83, 114, *114*, 123, 318, 325, 326~27, 333

　　*A. pensylvanicum*宾州槭*85*
　　*A. platanoides*挪威槭93, 94
　　*A. pseudoplatanus*欧亚槭95
　　*A. rubrum*红槭24
　　A. r. 'Columnare' '柱冠' 红槭*83*
　　A. shirasawanum 'Aureum' 金叶白泽槭*72*
　　container gardening盆栽园艺318, 325, 326~27, 333
　　grafting嫁接636
acetamiprid啶虫脒648
acetic acid weedkillers乙酸除草剂652, 654
*Achillea*蓍属176, 206
　　*A. chrysocoma*金毛蓍草79
　　*A. clavennae*银叶蓍草*272*
　　*A. filipendulina*黄花蓍草*176*
　　*A. millefolium*蓍（欧蓍草）*653*
　　A. 'Moonshine' '月光' 蓍草*179*
　　planting种植*187*
acid cherries欧洲酸樱桃**434~435**
acid soils酸性土59
　　*Chrysanthemum*菊花*188*
　　climbers for适宜的攀缘植物143
　　ferns蕨类198
　　perennials for适宜的宿根植物187
　　rock plants for适宜的岩生植物276
　　roses月季164
　　shrubs for适宜的灌木 111, 119
　　trees for适宜的乔木93
aconite冬乌葵75
*Aconitum*乌头属31
　　*A. carmichaelii*乌头*180*
*Acorus calamus*菖蒲296, *631*
*Actinidia arguta*软枣猕猴桃444
　　*A. deliciosa*猕猴桃88, 146, *146*, **444~445**, 600
　　*A. kolomikta*狗枣猕猴桃137, 140
　　propagating繁殖146
adelgids球蚜**659**
　　visual guide to damage caused by损伤图示*658*
*Adenium obesum*天宝花（沙漠玫瑰）348
*Adiantum*铁线蕨属198
　　*A. capillus-veneris*铁线蕨*378*
　　*A. raddianum*楔叶铁线蕨*198*
　　A. r. 'Fritz Lüthi' '弗莱兹-卢西' 楔叶铁线蕨*199*
adventitious growths不定生长部分*374*, 375, 611
*Aechmea*尖萼凤梨属366, *367*
　　*A. fasciata*蜻蜓凤梨*366*
*Aegopodium podagraria*宽叶羊角芹593, 649, *651*
　　A. p. 'Variegatum' '花叶' 宽叶羊角

芹*182*
Aeonium 'Zwartkop' 紫叶莲花掌351
aeration通气性
　　aerating lawns为草坪通气254, 653
　　improving compost改善基质通气性333
aerators通气机257, 537, *537*
aerial roots, supports for plants气生根，植物的支撑结构368
*Aesculus*七叶树属85, 93, 99, 102, 121
　　*A. hippocastanum*欧洲七叶树*680*
　　*A. indica*印度七叶树31
African lily百子莲176
African violets非洲堇359, *376*, 618
　　propagating繁殖379
*Agapanthus*百子莲属*26*, 176
　　A. Headbourne Hybrids杂种百子莲221
*Agapetes*树萝卜属142, 380
*Agastache*藿香属319
　　*A. foeniculum*茴藿香31
*Agave*龙舌兰属350, 351
　　*A. americana*龙舌兰89, *350*
　　A. a. 'Marginata' '金边' 龙舌兰*349*
　　A. a. 'Mediopicta' '黄心' 龙舌兰*45*
　　*A. attenuata*翠绿龙舌兰*45*, *350*
　　*A. filifera*丝状龙舌兰（吹雪）*349*, 35
　　*A. parryi*巴利龙舌兰351
　　*A. victoriae-reginae*皇后龙舌兰*349*
*Ageratum*藿香蓟属202, 204
aggregate集料569, 572
*Agonis flexuosa*柳香桃94
*Agropyron cristatum*冰草246
*Agrostemma githago*麦仙翁202
*Agrostis*剪股颖属244
　　*A. canina*普通剪股颖245
　　*A. capillaris*丝状剪股颖245
　　*A. castellana*旱地剪股颖245, 246
　　*A. stolonifera*匍匐剪股颖245
　　*A. tenuis*细弱剪股颖245, 246
air-drying herbs晾干香草395, *395*
air layering 空中压条610, *610*
air quality and pollution空气质量和污染18, 78
　　house plants and室内植物与362
　　improving改善15
　　shrubs for适宜的灌木115
air temperature空气温度53, 54, 56
*Aira elegantissima*秀丽银须草206
Aizoaceae番杏科632
*Ajuga*属
　　A. 'Catlins Giant' '卡特林斯巨人' 筋骨草*183*
　　*A. reptans*匍匐筋骨草30, 79, 179, 262
　　dividing分株196
*Akebia*木通属142, 607
　　*A. quinate*木通140

Alba roses白蔷薇156, 158, 168, 171
*Alcea*蜀葵属202
　　cutting down砍倒217
　　supports for支撑物216
*Alchemilla alpina*高山羽衣草79
　　*A. mollis*柔软羽衣草75, 160, 177, 179, 181, *571*
　　growing with roses和月季一起种植160
alder桤木599
alder buckthorn欧鼠李30
alecost艾菊**391**, *391*
algae藻类296, 312, **659**
　　ponds池塘309, 311, 312, *312*
　　treating处理654
alkaline soil碱性土59
　　annuals and biennials for适宜的一二年生植物210
　　climbers for适宜的攀缘植物144
　　roses月季164
　　shrubs for适宜的灌木111, 119
　　trees for适宜的乔木93
allée步行道36
*Allium*葱属206, 277
　　*A. cepa*洋葱**513~514**, *514*
　　A. c. Aggregatum Group青葱*514*
　　*A. cristophii*纸花葱*220*
　　*A. fififistulosum*葱*514*, *514*
　　*A. giganteum*大花葱*220*
　　A. 'Gladiator' '角斗士' 葱*86*
　　*A. hollandicum*荷兰韭*222*
　　*A. porrum*韭葱**515**
　　*A. sativum*大蒜**515~516**
　　*A. schoenoprasum*香葱385, **387**, *387*, 392, 394, 395
　　*A. ursinum*熊韭266, 515
　　crop rotation轮作476
　　deadheading摘除枯花*236*
　　dividing bulbs鳞茎分株624
　　planting种植229
　　prairie planting北美草原式种植264
allium leaf miner葱属潜叶虫**659**
almonds巴旦木**467**
*Alnus*桤木属599
*Aloe*芦荟属348, 350, 351, 632
　　*A. arborescens*小木芦荟（木立芦荟）355
　　A. 'Black Gem' '黑宝石' 芦荟*354*
　　*A. ciliaris*缘毛芦荟*349*
　　*A. vera*芦荟*349*, 351
　　dividing分株632
*Aloysia*橙香木属124
　　*A. citrodora*柠檬马鞭草320, 386, **387**, *387*
alpine and rock gardens高山植物和岩石园42, **270~291**

aftercare后期养护280
annuals as fillers一年生植物作为填充205
bulbs for适宜的球根植物223, 225, 237
buying plants购买植物276~277, 276
choosing plants选择植物271~72
choosing stone选择石材277
and climate change和气候变化272
cobbles圆石281
constructing建造278~279, 279
drainage排水278~279
dwarf bulbs in其中的低矮球根植物237
dwarf conifers低矮松柏类90
gravel and pebbles沙砾和卵石280~281
orchids兰花372
planning规划271
planting bulbs in在其中种植球根植物223
planting and top-dressing种植和表面覆盖278, 279
raised beds抬升苗床273, 273, 284~85, 286
renovating alpine beds高山植物苗床的复壮288
scree formations岩屑堆272
siting选址276, 276, 277
soils and soil mixes土壤和土壤混合物278
top-dressing表面覆盖280~281, 285, 286, 286, 290
troughs, sinks, and other containers石槽和其他容器274, 274, 275, 281~283, 283, 286, 290
walls墙壁273~274, 283~84, 576
wildlife in其中的野生动物279~80
alpine houses高山植物温室43, 274, **289~291**, 546, *546*
bulbs for适宜的球根植物225
care of alpines高山植物的养护289
displaying the plants陈列植物289, 289
hygiene卫生291
orchids兰花372
planting in beds在苗床中种植290~291
routine maintenance日常维护291
siting选址289
temperature温度291
ventilation通风291
winter maintenance冬季维护291
alpine plants高山植物42, 43, 270
basal stem cuttings基生茎插条613
buying plants购买植物276~277, 276

choosing plants选择植物271~272, 274
collecting seeds采集种子601
compost基质290, 332, *333*
division分株629
Ericaceous plants喜酸植物273
exhibiting展览291, *291*
germination萌发603
indoor gardening室内园艺363
planter's guide to种植者指南275
planting bulbs with与球根植物一起种植222~223, 225
root cuttings根插条619
seeds to sow fresh新鲜时播种的种子601
selecting选择276~277
specialist alpines需求严苛的高山植物270
tapestry lawns织锦草坪266~267 338, 401, 446, **448**, *448*
true alpines真正的高山植物270
alpine strawberries野草莓183, 338, 401, 446, **448**, *448*
*Alstromeria*六出花属624
altitude海拔53
aluminium铝59
*Alyssum*庭荠属79, 603
amaranths苋属蔬菜**493**
*Amaranthus*苋属202, 203, **493**
*A. caudatus*尾穗苋204, 206, 493
*A. cruentus*红苋493
*A. tricolor*雁来红493
*Amaryllis*孤挺花属
*A. belladonna*孤挺花222
planting种植229
sowing seeds播种种子624
Amazon water lily王莲298
*Amelanchier*唐棣属117, 124, 602
American black walnut黑胡桃466
American grape美洲葡萄439
American Hosta Society美国玉簪学会192
ammonium氨591
Ampelopsis brevipedunculata var. *maximowiczii*光叶蛇葡萄139
amphibians两栖动物21, 22, 28, 40
attracting吸引两栖动物30
garden ponds花园池塘29, 306
habitats for栖息地28, 29
wetlands湿地25
*Ananas*凤梨属366, 367
A. bracteatus 'Tricolor' '三色'红凤梨366
*A. comosus*凤梨（菠萝）366, **457**
A. c. 'Variegatus' '花叶'凤梨359
*Anaphalis*香青属

A. nepalensis var. *monocephala*单头尼泊尔香青159
A. triplinervis 'Sommer schnee' '夏雪'三脉香青*183*
*Anchusa cespitosa*簇生牛舌草272
*Andromeda*倒壶花属119
*Androsace*点地梅属270, 278, 290
A. carnea subsp. *laggeri*粉花点地梅272
*A. chamaejasme*矮点地梅274
*Anemone*银莲花属
*A. blanda*希腊银莲花221, 222, *258*
*A. hupehensis*秋牡丹620
A. × *hybrida*日本秋牡丹620
*A. nemorosa*林荫银莲花181, 221, 228
*A. ranunculoides*毛茛状银莲花*228*
Japanese anemones日本秋牡丹76
in lawns在草坪上266
*Anethum graveolens*莳萝385, *387*, *387*
*Angelica*当归属23, 31, 176, 384, 394
*A. archangelica*欧白芷31, 319, **387**, *387*, 394
angel's trumpets木曼陀罗 88
angiosperms被子植物681, 682
animals动物
animal damage动物造成的破坏481~482
protecting against抵御动物402, *406*, 542
recognizing beneficial garden animals认识有益的花园动物645~646
又见deer; hedgehogs, rabbits等
aniseed茴芹**390**, *390*
annual meadow grass一年生早熟禾245, 650, 652, *680*
annuals 一年生植物27, **200~217**, 679
aftercare后期养护211~212
annual meadows一年生野花草地259~60, *261*
annual weeds一年生杂草262, 650
bedding plants花坛植物18, 213
borders花境202~204
climbers and trailers攀缘植物和蔓生植物140, *140*, 141, 205~206, 213
colour effects色彩效果202
container-grown盆栽*206*, *206*, 207, 212, 321, 323~24, 329, 337
for cutting and drying切花和干花40, 206, 207
deadheading摘除枯花217, *217*
feeding施肥216
as fillers作为填充204~205
flowers for children to grow适合儿童种植的花207

foliage plants观叶植物203
formal bedding schemes规则式花坛种植204
for the garden适宜花园的**202~207**
grasses禾草*202*, 203, 206
ground cover地被植物205, *205*
grouping丛植202~203
growing roses with和月季一起种植159
hardy and half-hardy annuals耐寒和半耐寒一年生植物203, 206, 210~211
introducing to lawns引入草坪258
marking out annual borders标记一年生植物花境*211*
*Pelargonium*天竺葵属植物**214~215**
pests and diseases病虫害660, 662, 664, 665, 666, 668, 669, 671, 673, 674, 676, 678
planter's guide种植者指南207
planting plans种植植物71
protecting and supporting保护和支撑211
rotation of轮作644
routine care日常养护**216~217**
saving seeds采集种子217
seasonal display季相203~204
seed germination种子萌发604
seeds to sow fresh趁新鲜播种的种子601
self-seeding自播211
sowing and planting播种和种植**210~213**, 601, 604
stopping and pinching out摘心212
supports for支撑物216~217, *216*
sweet peas香豌豆**208~209**
watering浇水216
weeds and weeding杂草和除草216, 649
又见各物种
*Antennaria dioica*蝶须79
A. d. 'Minima' '迷你'蝶须274
antheridium精子囊199
anthracnose炭疽病**659**
*Anthriscus cerefolium*雪维菜385, **387**, *387*, 392
*Anthurium*花烛15, 379
*Antirrhinum*金鱼草属202, 212
*A. majus*金鱼草202
clearing清除217
ants蚂蚁646, **659**
pesticides for农药648
in rock gardens在岩石园中287
anvil pruners铁砧长柄修枝剪532, *532*
anvil secateurs铁砧修枝剪532, *532*
aphids蚜虫21, 22, 31, 482, **659**

and annuals and biennials和一二年生植物217
and aquatic plants和水生植物313
as pathogen carrier携带病原643
and bamboo和竹子132
biological control of生物防治647
and bulbs和球根植物238
and *Clematis*和铁线莲属植物152
and container gardening和盆栽园艺343
controlling控制23
and *Dahlias*和大丽花属植物235
effect of global warming on全球变暖对蚜虫的影响53
and perennials和宿根植物196
pesticides农药648
and pinks and carnations与石竹和康乃馨191
predators on捕食者645, 646, *646*
resistant plants抗性植物644
and rock gardens和岩石园287
root aphids根蚜**673**
and roses和月季168
and shrubs和灌木121
and sweet peas和香豌豆208
and trees和乔木97
tristeza virus橘树根枯病459
visual guide to damage损害图示*658*
woolly aphids棉蚜**678**
and young plants和年幼植株642
apical-wedge grafting劈接121, 634, *634*, 637, 639
*Apium graveolens*芹菜**516**
A. g. var. *rapaceum*块根芹**517**
*Aponogeton*水蕹属296
*A. distachyos*长柄水蕹310, *311*
apple cucumber苹果黄瓜502
apple sawfly 苹果叶蜂*413*, **659**
visual guide to damage caused by损害图示*657*
apple sucker苹果木虱**659**
pesticides and农药和苹果木虱648
apples苹果30, 47, *47*, 328, *328*, **411~419**
biennial bearing and blossom-thinning大小年和疏花*412*, *412*
bushes灌木式苹果树415
cordons壁篱式苹果树416~417, *417*
cultural disorders栽培失调644
dwarf pyramids低矮金字塔式果树419
dwarfing rootstocks矮化砧木402
espaliers树墙式苹果树418~419, *418*
"family" trees "什锦" 树400
fan-training扇形整枝417
harvesting and storing收获和储藏410, 419, *419*

pests and diseases病虫害402, 405, 412, *643*, *646*, 659, 661, 662, 663, 665, 669, 672, 677, 678
pollination requirements授粉需求403
propagation繁殖419, 634
pruning修剪407, 412~419
renovating neglected apple trees复壮被荒弃的苹果树409, *409*
routine care日常养护411~413
seed germination种子萌发602
site and planting选址和种植411
spindlebush纺锤灌木式苹果树415~416, *416*
standard and half-standard标准苗和半标准苗415
storing apples储存苹果*410*
thinning疏花和疏果405, 412, *412*
training整枝*398*, 399, 400, 401, 412~419
varieties to try推荐种植品种412, 413
where to plant种植地点402
apricots杏328, **430~431**
harvesting and storing收获和储藏410, 431
pests and diseases病虫害664
pruning and training修剪和整枝407, 431
routine care日常养护431
site and planting 选址和种植430~431
aquatic containers水生植物容器309, *309*
aquatic life水生生物311
aquatic plants水生植物
compost基质333
division of分株299, *299*, **631**, 632
invasive species入侵物种310
pests and diseases病虫害313
planting种植309~410, 311
propagating from softwood cuttings 使用嫩枝插条繁殖614
selecting选择309
turions膨胀芽622, *622*
*Aquilegia*楼斗菜属38, 680, *680*
*A. chrysantha*黄花楼斗菜180
*A. flabellata*洋牡丹273
and slugs and snails与蛞蝓和蜗牛646
transplanting移栽187
*Arabis*南芥属279
clipping修剪287
*Arachis hypogaea*花生**508**
*Aralia*楤木属117, 121, 619
*A. elata*楤木72, 89
A. e. 'Variegata' '金边' 楤木89
*Araujia sericifera*白蛾藤140
arbours藤架

climbers on上面的攀缘植物138~139
roses and月季和藤架161, *161*, 163, 173
又见arches; pergolas
*Arbutus*莓果属84, 119
*A. menziesii*美国荔梅93
archegonium藏卵器199
arches拱门
assessing评估49
climbing plants on上面的攀缘植物138~139
grape vines葡萄藤401
growing fruit against支撑果树401, *401*
roses and月季和拱门*161*, 163, 173
architectural features富于建筑感的景致36, 77
formal gardens规则式花园68
又见arches; pergolas, *etc*
architectural plants主景植物34, 47, 72, 385
annuals一年生植物204
bulbs球根植物221, 225
indoor gardening室内园艺358, 359
ornamental trees观赏乔木83
palms and exotics棕榈类和异域风情植物88
perennials宿根植物181, 184
pruning修剪73
rock plants岩生植物270
shrubs灌木115
stylized gardens风格化花园45
*Archontophoenix alexandrae*假槟榔83
*Arctostaphylos*熊果属119, 273
areoles仙人掌纹孔348
*Argyranthemum*木茼蒿属180, 211, 320
*Argyroderma fissum*宝槌石633
*A. pearsonii*银皮玉633
*Armeria*海石竹属272
*A. maritima*海石竹79, *79*, 270
growing with roses和月季一起种植160
*Armoracia rusticana*山葵**387**, *387*
*Aronia*涩石楠属124, 628
*A. arbutifolia*红涩石楠117
arris rails三角栏杆580, *580*
*Artemisia*蒿属
*A. abrotanum*欧亚碱蒿384, **387**, *387*
*A. absinthium*中亚苦蒿384, **387**, *387*
*A. dracunculus*法国龙蒿387, **387**, 392
*A. frigida*冷蒿160
*A. glacialis*蒿属物种272
*A. ludoviciana*银叶艾蒿160
A. schmidtiana 'Nana' '矮生' 蕨叶蒿*79*
arum lily马蹄莲223

*Aruncus dioicus*普通假升麻31
*Arundo donax*芦竹89, 197
*Asarina procumbens*274
ash dieback disease白蜡枯梢病19, 647, **659**
Asian hornets虎头蜂19
Asian long-horn beetles光肩星天牛19
*Asparagus*天门冬属472, **517~518**, 622
A. densiflorus 'Sprengeri' '斯氏' 密花天冬*370*, *378*
*A. officinalis*芦笋**517~518**
*A. setaceus*文竹322
frost protection防冻保护599
pests and diseases病虫害**659**, 677
asparagus beetle天门冬甲**659**
visual guide to damage caused by损害图示*655*
asparagus fern文竹322
aspect朝向60
and growing vegetables和种植蔬菜473
and shrubs和灌木111
asphalt沥青571
*Asphodeline lutea*日光兰*39*
*Aspidistra*蜘蛛抱蛋属89, 359
*A. elatior*蜘蛛抱蛋89, 181
*Asplenium*铁角蕨属198
*A. bulbiferum*珠芽铁角蕨*198*, 199
*A. nidus*巢蕨198, *371*
*Astelia chathamica*银枪草89
*Aster*紫菀属31, 176, 177, 180, *318*
*A. divaricatus*叉枝紫菀181
*A. novi-belgii*荷兰菊76, 196
A. pilosus var. *pringlei* 'Monte Cassino' '卡西诺山' 紫菀178
planting种植*186*
staking立桩支撑195
stopping摘心194, *194*
*Astilbe*落新妇属45, *177*, 192, 296
*Astilboides tabularis*大叶子88
Astrantia seeds星芹属植物的种子601
*Astrophytum myriostigma*鸾凤玉349
*A. ornatum*般若349
*Athyrium*蹄盖蕨属198
A. niponicum var. *pictum*色叶华东蹄盖蕨192
atmospheric humidity空气湿度54
aubergines茄子24, 341, *341*, **506~507**
growing under cover在保护设施中种植483, 507
pests and diseases病虫害507, 663
propagating繁殖479
storing储存484, 507
*Aubrieta*南庭芥属79, 270, 279
*A. deltoidea*南庭芥31
clipping修剪287

Aucuba 桃叶珊瑚属117
   A. japonica 东瀛珊瑚119
auricula 耳叶报春 *42*, 181
Aurinia saxatilis 金庭芥79
   clipping 修剪287
Austen, David 大卫·奥斯丁157
autumn 秋季14
   colour in 色彩76
   global warming and 全球变暖和秋季53
   planting in 在秋季种植27
   seasonal interest 季相76~77
auxins 植物生长素611
avocado pear 鳄梨88, **463~464**
Axonopus 地毯草属244
Ayrshire rose 旋花蔷薇162
Azalea 杜鹃花121, *332*
   cuttings 插条611
   pests and diseases 病虫害**660**
Azalea gall 杜鹃花瘿**560**
   visual guide to damage caused by 损害图示656
Azolla 满江红属**654**
   A. filiculoides 细叶满江红310

B

"baby-leaf" salads "小苗菜" 493
baby's breath 丝石竹177
back-bulbs 无叶假鳞茎373
   propagating with 用无叶假鳞茎繁殖 *375*
bacteria 细菌20, 59
   soil bacteria 土壤细菌16, 21
bacterial diseases 细菌病害643
   bacterial canker 细菌性溃疡病*658*, **660**
   bacterial leaf spots and blotches 细菌性叶斑和斑点*655*, **660**
   bacterial rotting 细菌性腐烂*657*, **660**
bags 袋子540
Bahia grass 百喜草244
balconies 阳台23
   attracting wildlife to 吸引野生动物28
   container gardening 盆栽园艺**326~327**, 330
   growing vegetables on 种植蔬菜472
ballast 道砟569
Ballerina cultivars 芭蕾舞女型品种401
bamboo 竹类73, **132~133**, 197
   choosing 选择132
   clump-forming 丛生竹类133
   container-grown 盆栽竹类133, *133*, 329
   cultivation 栽培132, *132*
   division 分株*629*
   pests and diseases 病虫害132
   propagation 繁殖133
   pruning and crownlifting 修剪和提冠132~133
   restricting the spread of 限制蔓延132, *132*
   with striking canes 有醒目竹竿的竹类133
bamboo canes 竹竿335, 368, 542
bamboo spider mite 竹蜘蛛螨132
banks 堤岸
   building steps into a bank 在土堤上修建台阶*573*
   ground-cover shrubs 地被灌木113
   shrubs for 适宜的灌木116
Banksia serrata 锯叶班克木94
Barbarea verna 高地水芹**498**
bare-root plants 裸根植物
   climbers 攀缘植物143
   fruit trees 果树*403*, 404
   perennials 宿根植物185, 186, 187
   roses 月季164~165, *165*
   shrubs 灌木117~118
   trees 乔木91, 92, 93, 95, *403*, 404
bark 树皮369
   animal damage 动物损伤402
   as ground cover 作为地被116
   coarse mulch 粗护根592
   compost 基质372
   decorative bark 美观的树皮83, 85, 87
   fine bark 细树皮17, 332, *332*, 333
   growing orchids on bark 在树皮上种植兰花373
   mulching roses with 为月季覆盖护根167
   mulching shrubs with 为灌木覆盖护根120
   nitrogen levels 氮素水平273
   ornamental 观赏性*85*
   prairie planting 北美草原式种植265
   preventing damage from stakes 防止立桩造成损伤119
   weeds and 杂草和树皮650
barn cloches 谷仓式钟形罩*560*, 560
barriers, visual 视觉屏障72
basal cuttings 基部插条612, 613, *613*, 627, *627*
Basella alba 落葵**493**
   B. rubra 红落葵493
basil 罗勒**390**, *390*
   preserving 储存395
basin watering 盆地式灌溉*588*
basket-weave fencing 编篱栅栏*578*, 578
baskets, hanging 吊篮206, *316*, 322~323, 322, 331
annuals 一年生植物206
   cacti and succulents 仙人掌和其他多肉植物351, 352, 354, *354*
   choosing 选择362
   compost for 适宜的基质339
   fertilizers for 适宜的肥料339
   fruit 水果*328*
   indoor gardening 室内园艺359, 362, 377
   liners 衬垫材料339
   planting indoor hanging baskets 种植室内吊篮369~370, *369*
   planting outdoor hanging baskets 种植室外吊篮*309*, *309*, **339~340**
   securing 固定339
   styles 风格339
   watering 浇水339, 342, *342*, 596
Bassia scoparia f. *trichophylla* 蓬头草203
bat boxes 蝙蝠箱51
bathrooms, plants for 适宜浴室的植物359
bats 蝙蝠21, 22
   attracting 吸引30
   garden ponds and 花园池塘和蝙蝠29
   habitats for 适宜的栖息地29
   light pollution and 光污染和蝙蝠51
bay laurel 月桂36
bay trees 月桂*317*, *319*, 384, 386, *389*, **389**
   container gardening 盆栽园艺325
   topiary 树木造型130
bean seed fly 灰地种蝇**660**
beans 豆类21, 23, 27
   broad beans 蚕豆**512**
   climbing beans 攀缘豆类471
   crop rotation 轮作476
   dolichos beans 紫花扁豆**509**
   dwarf beans 低矮豆类483
   French beans 四季豆341, **510~511**
   lima beans 棉豆**510**
   nitrogen fixing 固氮作用476
   pests and diseases 病虫害**660**, 665, 667, 672, 675
   runner beans 红花菜豆341, **509~510**
   supports for 支撑物*509*, *510*
   watering 浇水480
bed benches 工作台苗床371
bedding mortar 垫层砂浆569
bedding plants 花坛植物17, 18, 213
   hanging baskets 吊篮322
   planting distance 种植间距71
   planting to a design 按照设计种植213, *213*
   seasonal interest 季相75
beds and borders 花坛和花境
annual borders 一年生植物花境202~204, *211*
   bulbs in 其中的球根植物236
   clearing beds 清理苗床217
   containers in 其中的盆栽植物320
   designing 设计177~180
   for Ericaceous plants 喜酸植物苗床285
   greenhouse beds 温室苗床224~225, 557
   herbs in 其中的香草385
   informal gardens 自然式花园38
   island beds 岛式苗床177, *178*
   outdoor nursery beds 室外育苗床*640*, *640*
   perennials 宿根植物177
   planning bed layouts 规划苗床的布局*211*, 475
   20th-century style 20世纪风格42
   types of beds 苗床475
   vegetable bed system 菜地苗床系统**474~477**
   vegetables in flower beds 花坛中的蔬菜472
   water gardens 水景园309
   weed control in 杂草控制650
   又见raised beds
bee hotels 独居蜂旅馆22, *22*, 29
bee pools 蜂池31, *31*
beech 山毛榉59, 84, 86, *86*, 92, 601
beefsteak tomatoes 牛排番茄505, 506
bees 蜂类22, *22*, 40
   attracting 吸引28, 29, *29*
   bumblebees 熊蜂24, 28, 645
   habitats for 适宜的栖息地29
   honey bees 蜜蜂645
   lawn bees 草坪蜂类**667~668**
   leaf-cutting bees 切叶蜂668
   water sources 水源31, *31*
beetles 甲虫28, 31, 40, 482, 646
   Colorado beetle 马铃薯叶甲647, **663**
   devil's coach-horse beetle 异味迅足甲59
   flea beetles 跳甲**665**
   ground beetles 步甲59
   pesticides 农药648
   pollen beetles 油菜花露尾甲**672**
   raspberry beetle 树莓小花甲**672~673**
   red lily beetle 百合负泥虫**673**
   rosemary beetle 迷迭香叶虫**674**
   strawberry beetles 草莓板步甲447
   Viburnum beetle 榆蓝叶甲**677**
   water beetles 水生甲虫22
beetroot 甜菜27, *27*, **520**
   feeding 施肥481, 520
   harvesting and storing 收获和储藏

484, 520
pests and diseases病虫害520, **661**
sowing播种479
watering浇水480, 520
*Begonia*秋海棠属204, *376*
*B. emeiensis*峨眉秋海棠89
*B. rex*蟆叶秋海棠359, 368
cuttings插条*619*
germination萌发603
leaf cuttings叶插条618
lifting挖出217
planting out移栽212
propagating繁殖379, *619*, 626, 627
seeds种子211
stem tubers块茎622
Belgian chicory比利时菊苣**495**
bell peppers甜椒500
*Bellis*雏菊属203
*B. perennis*雏菊181, 202, 257, 318, 323, 324, *324*
container gardening盆栽园艺318, 323, 324, *324*
in meadows在野花草地中260
bench beds工作台苗床371
bentgrass剪股颖属植物244~245
bentonite膨润土306, *306*
bents, pH levels剪股颖属植物, pH值247
*Berberis*小檗属117, 121, 602
*B. darwinii*达尔文小檗119, 127
*B. empetrifolia*岩高兰小檗117
cuttings插条611, 617
Berberis sawfly小檗叶蜂**660**
shrubs and灌木和小檗叶蜂121
bergamot美国薄荷385, *389*, 389, 394
*Bergenia*岩白菜属74, 179, 297
B. 'Abendglut' '晚辉' 岩白菜183
*B. cordifolia*心叶岩白菜183
*B. purpurascens*岩白菜79, 179, 182
container gardening盆栽园艺324
division分株629
*Bergera koenigii*咖喱树**388**, *388*
berms护堤25
Bermuda grasses狗牙根244
berries浆果
collecting seeds采集种子601
damage from pests, diseases and disorders病虫害和生长失调受损*657*
hybrid berries杂种莓**448~449**
removing seed from从浆果中分离种子*602*
shrubs灌木114
trees乔木84~85, 87
又见blackberries; raspberries, 等
*Beschorneria yuccoides*丝兰龙舌草89,

349, 350
*Beta vulgaris*甜菜**520**
B. v. 'Bright Lights' '亮光' 甜菜203
B. v. 'Bright Yellow' '亮黄' 甜菜203
B. v. 'Bulls Blood' '公牛血' 甜菜203
B. v. subsp. *cicla* var. *flavescens*瑞士甜菜和莙荙菜**494**
B. v. 'Ruby Chard' '红宝石' 甜菜203
*Betula*桦木属59, 73, 77, 99, 102
*B. albosinensis*红桦77
B. a. var. *septentrionalis*牛皮桦325
*B. papyrifera*美洲桦85
*B. pendula*垂枝桦83, 94, 95
*B. pubescens*欧洲桦24, 95
*B. utilis*糙皮桦83
B. utilis var. *jacquemontii*白糙皮桦77, 85, *85*
grafting嫁接637
woodland gardens林地花园181
biennials二年生植物**200~217**, 679
aftercare后期养护211
bedding plants花坛植物213
climbers and trailers攀缘植物和蔓生植物205~206
container-grown盆栽二年生植物206, 207, 321, 323~324, 329, 337
cut flowers切花40
deadheading摘除枯花217
feeding施肥216
as fillers作为填充204~205
for the garden适宜花园的**202~207**
ground cover地被205
hardy and half-hardy耐寒和半耐寒的210~211
*Pelargonium*天竺葵属植物**214~215**
planter's guide种者指南207
protecting and supporting保护和支撑211
routine care日常养护**216~217**
saving seeds采集种子217
seeds to sow fresh趁新鲜播种的种子601
self-seeding自播211
sowing and planting播种和种植**210~213**, 601, 604
supports for支撑物216~217
watering浇水216
weeds and weeding杂草和除草216, 650
big bud mites大芽螨452, **660**
*Bignonia capreolata*吊钟藤136
*Billardiera longiflora*长花藤海桐140
*Billbergia*水塔花属366
*B. nutans*俯垂水塔花*367*
bindweed, hedge篱打碗花*651*
biodegradable pots生物降解花盆17,

17, 543, *543*
biodiversity生物多样性40
definition of定义21
encouraging促进生物多样性**21~22**
green roofs and绿色屋顶和生物多样性78
habitats to encourage促进生物多样性的生境22
loss of损失14
meadow gardens野花草地花园259
native plants and本土植物和生物多样性30
reduction of减少17
supporting支持15, 16
utility lawns and实用草坪和生物多样性246
biological controls生物防治23, 561
greenhouse controls温室防治647
open-garden controls露天花园防治647
biostimulants生物刺激素648
birch 桦树59, 73, 77, 83, 102, 258
container gardening盆栽园艺325
grafting嫁接637
paper birch美洲桦85
pruning修剪99
woodland gardens林地花园181
bird baths鸟池28, 29, 51, *319*
bird boxes鸟箱29, 51
bird feeders喂食器40, 51
bird tables鸟食架40
birds鸟类21, 22, 645
attracting吸引鸟类22, 28, 30
bird deterrents驱鸟装置645
damage by造成的损害**660**
food sources食物来源28, 29, *29*, 34, 38, 40, 114, 176, 177
ground-nesting地栖鸟类262
nesting sites筑巢地点38, 262
ponds and池塘和鸟类29, 306
as predators作为捕食者645, *645*, 646
protection against抵御鸟类400, 405~406, *406*, 433, 481~482, 542, 644
rock gardens and岩石园和鸟类287
visual guide to damage caused by损害图示*657*
water supply水源供应40
wetlands湿地25
bird's-foot ivy '鸟足' 洋常春藤140
bird's nest fern巢蕨198
bisexual plants两性花植物681
bitter pit苦痘病*644*
visual guide to damage caused by损害图示*657*
black-eyed Susan翼叶山牵牛*140*, 206

black frost黑霜53
black rot黑腐病355
black sooty mould烟霉343
black spot黑斑病24
roses and月季和黑斑病165, 168
blackberries黑莓*401*, **448~449**
cuttings插条617
harvesting and storing收获和储藏410, 449
pests and diseases病虫害406, 449, 672, 673, 674
propagation繁殖449, *609*, 617
pruning and training修剪和整枝449, *449*
blackcurrants黑醋栗328, 398, **452~453**
pests and diseases病虫害406, 660, 666
pruning and training修剪和整枝407, 452
blackfly蚜虫21, *643*
visual guide to damage caused by损害图示655
blackleg黑腿病
on cuttings插条黑腿病**660**
on potatoes马铃薯黑腿病**660**
on pelargoniums在天竺葵植物上215
visual guide to damage caused by损害图示*658*
blackspot黑斑病648
blackthorn黑刺李258
blanching遮光黄化
celery芹菜516, *516*
chicory菊苣495, *495*
endives苦苣494~495, *494*
blanketweed水绵312, *312*
*Blechnum*乌毛蕨属198
*B. chilense*智利乌毛蕨89
bleeding heart荷包牡丹198
*Bletilla*白芨属372
blight疫病24, 25
box blight黄杨疫病130, 159
Pestalotiopsis leaf blight拟盘多毛叶枯病**671**
potato blight马铃薯疫病644, *657*, **676**
spur blight/cane blight茎疫病*658*, **675**
tomato blight番茄疫病*657*, **676**
visual guide to damage caused by损害图示*656*, *657*, *658*
blind bulbs '瞎子' 球根238
blind shoots盲枝168, *168*
blinds, greenhouses卷帘, 温室553
blister mites葡萄瘿螨439
blood, fifish and bone meals血鱼骨粉590
blossom end rot脐腐病*657*
blossom wilt花枯萎病**660~661**

visual guide to damage caused by损害图示*656*
blowers吹叶机**537**, *537*
blue fescue蓝羊茅*318*
blue grasses早熟禾244
blue mottling蓝斑*587*
bluebells蓝铃花83, *180*
   English bluebells 蓝铃花222
   as ground cover作为地被植物183
   pests and diseases病虫害669
   Spanish bluebells西班牙蓝铃花222
blueberries蓝莓*328, 328*, 398, 400, **456**
   compost基质333
   growing in containers在容器中种植 456
   pruning修剪456, *456*
   soil pH土壤pH值403
bog gardens沼泽园22, 25, 55, 295, **306~307**
   plants 植物296, 310
bokashi composters波卡西堆肥桶21
bolting过早抽薹482, 491
bone meal骨粉481
borage琉璃苣384, 385, **388**, *388*, 394
   green manures绿肥591, *591*
   sowing播种394
*Borago officinalis*琉璃苣31, 384, **388**, *388*, 394, 591
border carnations花境康乃馨190~191
border fork花境叉529, *529*
border spades花境锹529, *529*
boron (B) 硼590
   boron deficiency缺硼症*658*, **661**
botany植物学**679~682**
*Botrytis*灰霉病54, 233, 343, **666**
   *B. tulipae*郁金香葡萄孢菌337
   damage to flowers对花的损害*656*
   damage to fruit, berries, and seeds 对果实、浆果和种子的损害*657*
   damage to stems, branches, and leaf-bud对茎、分枝和叶芽的损害*658*
   humidity and湿度和灰霉病553
bottle gardens瓶子花园362, 371, *371*
   routine care日常养护378
bottom heat底部加温**641**, *641*
bougainvillea叶子花140, *142*
   climbing methods攀缘方法136
   pruning 修剪380, *380*
boundaries边界34, **49**, 61
   laws on草坪580
   measuring测量62
   又见fences; walls
Bourbon roses波邦蔷薇156, 161, 162, 168, 173
Boursault roses波尔索月季156, 173
bow saws弓锯*533*

bowl gardens盆钵花园351
   cacti and succulents for适宜的仙人掌和其他多肉植物352, *354*
box黄杨
   herb gardens香草花园385
   rose garden edging月季园镶边159
   topiary树木造型130, *130*, 131
box blight黄杨疫病130, 159, 385, **661**
   visual guide to damage caused by损害图示*656*
box caterpillar黄杨木蛾159
box tree moth黄杨绢野螟385, **661**
box-welded liners硬质衬垫302
boysenberries博伊增莓448
*Brachyscome*鹅河菊属340
bracken insulation欧洲蕨保温*598*, 599
brambles欧洲黑莓258, 649, *651*, 654
branches分枝83, 85, 87
   removing去除99
   visual guide to damage to受损图示 *658*
*Brassia*蜘蛛兰属372
*Brassica*芸薹属21
   *B. juncea*芥菜**491**
   *B. napus*欧洲油菜**498**
   B. n. Napobrassica Group瑞典甘蓝 **520~521**
   *B. oleracea*甘蓝202, 204
   B. o. Acephala Group羽衣甘蓝**485**
   B. o. Botrytis Group花椰菜**488~489**
   B. o. Capitata Group卷心菜**486~487**
   B. o. Gemmifera Group球芽甘蓝 **487~488**
   B. o. Gongylodes Group苤蓝**518**
   B. o. Italica Group青花椰菜，花茎甘蓝**489**, **490**
   *B. rapa*芜菁嫩叶和油菜**490**
   B. r. var. *alboglabra*芥蓝菜，小白菜 **492**
   B. r. var. *nipposinica*日本芜菁**492**
   B. r. var. *pekinensis*大白菜**492**
   B. r. var. *perviridis*小松菜**491**
   B. r. Rapifera Group芜菁**521**
   Brussels sprouts球芽甘蓝485, **487~488**
   cabbages卷心菜**486~487**
   Calabrese花茎甘蓝485, **490**
   catch crops填闲作物472
   cauliflowers花椰菜**488~489**
   Chinese broccoli芥蓝菜**492**
   Chinese cabbages大白菜**492**
   companion planting伴生种植646
   crop rotation轮作476
   diseases病害23, 59
   growing under cover在保护设施中种植483

   kales羽衣甘蓝**485**
   kohl rabi苤蓝**518**
   komatsuna小松菜**491**
   mizuna greens日本芜菁491, **492**
   Oriental brassicas东方芸薹属蔬菜 483, **491~492**
   Oriental mustards芥菜**491**
   ornamental brassicas观赏芸薹属植物204
   pak choi小白菜491, **492**
   pests and diseases病虫害476, 482, 645, **661~662**, 663, 664, 665, 678
   sprouting broccoli青花椰菜485, **489**
   storing储存484
   swedes瑞典甘蓝485, **520~521**
   temperature requirements温度需求 472
   turnip tops and broccoli raab芜菁嫩叶和油菜**490**
   turnips芜菁**521**
   watering浇水480
   western brassicas西方芸薹属蔬菜 **485~490**
   when to sow何时播种23
bricks砌17
   bonds砌砖样式575, *575*
   brick pathways砖砌通道571, *571*
   brick pits/boxes砖砌深坑437
   brick ponds 砖砌池塘302~303
   brick raised beds砖砌抬升苗春光 577, *577*
   bricks and pavers砖和铺装块 567~569, *567, 568*
   combination bricks组合砖575, *575*
   coping墙顶575~576, *576*
   cutting bricks and pavers切割砖和铺装块568
   edging lawns with用砖为草坪镶边 244
   masonry mortar for brickwork砖艺砂浆564
   patterns in砌砖图案567, *567*
   raised ponds抬升池塘302
   types of bricks砖的类型567, *567*
   walls墙壁574, *574*, 575
British Isles climate zone不列颠群岛气候区52
*Briza*凌风草属216
   *B. maxima*大凌风草197, 203, 206
broad beans蚕豆512
   pests and diseases病虫害512, 662
broadleaved plantain大车前653
*broccoletti*油菜490
broccoli西蓝花
   broccoli raab油菜**490**
   Calabrese花茎甘蓝**490**

   Chinese broccoli芥蓝菜**492**
   pests and diseases病虫害489, 490, 678
   selecting seed选择种子601
   sprouting broccoli青花椰菜**489**
*Brodiaea*花韭属225
*Bromelia balansae*红心凤梨366
bromeliads凤梨科植物364, **366~367**
   bromeliad trees凤梨树366
   foliage叶片358
   growing terrestrials种植地生凤梨 366~367
   offsets of terrestrials地生凤梨的吸芽367
   propagation繁殖367
   raising plants from seed用种子种植植物367
   routine care日常养护367
   watering浇水367
bronze fennel '紫叶' 茴香384
brooklime有柄水苦荬306
broom金雀花111, 113, 121, 611
Brown, Lancelot Capability万能布朗84
brown marmorated stink bug茶翅蝽 **661**
brown rot褐腐病24, *643*, **661**
   visual guide to damage caused by损害图示*657*
browntop bent高地剪股颖245, 246
*Brugmansia*木曼陀罗属88
   *B. suaveolens*大花曼陀罗89
*Brunfelsia*鸳鸯茉莉属364, 380
brushcutters灌木切割机**536**, *536*
Brussels sprouts球芽甘蓝**487~488**
   harvesting and storing收获和储藏 487~488
   pests and diseases病虫害488, **661~662**, 663
   selecting seed选择种子601
   sowing and planting播种和种植485, 487~488
brutting method折枝法467
bubble fountains泡泡喷泉294, *296*, **305**, *305*
bubble wrap, horticultural园艺气泡膜塑料包装551
buckwheat荞麦654
bud eelworms芽线虫**668**
bud-grafting fruit芽接果树406
budding芽接**634~439**
budding knife芽接刀*533*
*Buddleja*醉鱼草属
   *B. alternifolia*互叶醉鱼草125
   *B. crispa*皱叶醉鱼草113
   *B. davidii*大叶醉鱼草119, 124
   *B. globose*智利醉鱼草124, 128~129

pruning修剪124, 128~129
buds芽
  fruit buds and growth buds结果芽和生长芽413
  nicking and notching芽下和芽上切皮413, 413
  two-bud cuttings双芽插条444
bug sprays喷雾杀虫剂17
bugle匍匐筋骨草30, 262
buildings建筑
  assessing评估49
  building regulations建筑法规61
  climbers on攀缘植物136~138
  enhancing衬托34, 137
  material材料49
  secondary role of garden buildings花园建筑的次要用途49
  siting garden buildings花园建筑的位置49
  scale plans绘制测量图62
  tree roots and树根和建筑91, 96
bulb baskets球根篮543, 543
bulb flies球蝇**661**
bulb onions洋葱**513~514**, 514
bulb scale mite球茎狭跗线螨661
bulb and stem vegetables鳞茎和茎杆类蔬菜**513~519**
  又见各物种
bulbils珠芽622, 624
  lilies百合233
  propagation by用珠芽繁殖198, *198*, 199, 624, *625*
bulblets小鳞茎622
  dividing分株625
  lilies百合233
  propagating from用小鳞茎繁殖624, *624*
  scooping and scoring挖伤法和刻痕法627, *627*
bulbous plants 球根植物18, 24, 75, **218~239**, *679*
  alpines高山植物272
  borders and woodland花境和林地236
  bulb damage球根损伤**657**
  bulb fibre compost球根植物纤维状基质333
  bulb frames and raised beds球根植物冷床和抬升苗床225
  bulb planters球根种植器541, *541*
  bulbous plants to divide分株繁殖的球根植物625
  bulbs from seed种子繁殖的球根植物622~625
  bulbs for the garden花园中的球根植物**220~225**

bulbs in grass草地中的球根植物236
buying bulbs购买球根植物228
chipping切段622, 626, *627*
choosing选择228
compost for container-grown bulbs适宜盆栽球根植物的基质231, 232, 238
conservation of 资源保护228
container-grown bulbs盆栽球根植物223~224, 320, 321, 324, 329, 337~338
cut flowers切花222, 225
cutting into sections球根的切段繁殖626~627, *626*
cutting up bulbs that have growing points切割有生长点的球根626~627
Dahlia bulbs大丽花属球根植物**234~235**
deadheading摘除枯花236, *236*
different types of bulbous plant球根植物的不同类型221, *221*
dividing bulbs球根的分株624, 625
dormancy休眠56
early colour早春色彩74~75
fertilizing授精236, 238
forced bulbs促成开花225, 232, 238, 359
formal beds规则式苗床220~221
frames and covered raised beds遮盖冷床和抬升苗床237
in the green绿色球根植物228, 229~230, *229*
ground cover地被183
growing with roses和月季种植在一起160
growing under cover在保护设施中种植224
irises鸢尾**239**
lawns草坪243
lifting, drying, and storing挖出、干燥和储藏237, *237*
lilies百合**233**
mixed borders混合花境180
naturalizing自然式种植222, 230~231, *230*, 258, *258*
overcrowded过度拥挤的球根植物236~237, *237*, 238
palms and exotics棕榈类和异域风情植物89
pests and diseases病虫害238, 660, 664, 666, 668, 669, 671, 673, 674, 676, 677
photosynthesis光合作用236
planter's guide to种植者指南225
planting with alpines和高山植物一起种植222~223, 225
planting depths种植深度229, 230
planting in lawns在草坪中种植67
planting in ornamental containers在装饰性容器中种植232
planting under trees在树下种植266
pot-grown bulbs盆栽球根植物228, 230, 231~232, *232*
pots outdoors户外盆栽球根植物237
pots under cover保护设施中的盆栽球根植物238
potting up seedling bulbs球根植物幼苗的上盆623
problems with生长问题238
propagation繁殖238, *622*, **622~627**
dividing bulbs分球根624, 625
propagating from offsets用吸芽繁殖624
raised beds and rock gardens抬升苗床和岩石园237
repotting 重新上盆238, *238*
rotation of轮作644
routine care日常养护**236~238**
scaling分离鳞片625, *625*
scooping and scoring挖伤法和刻痕法627
seeds with erratic germination发芽不稳定的种子624
soil preparation and planting土壤准备和种植**228~232**
staking立桩236, *236*
storing储存484
successional interest连续的观赏性224
tender bulbs不耐寒球根植物624
tulips and daffodils郁金香和水仙**226~227**
twin-scaling分离双层鳞片626, *626*
using使用220~221
vegetables蔬菜479
where to grow种植地点220
"woodland" species "林地" 物种*623*, 624
又见各物种
bullaces布拉斯李**423~426**
bumblebees熊蜂24, 28, 645
burro's tail玉珠帘354
bush fruits灌木果树398
  planting种植404, *404*
bush trees灌木式乔木399, *399*
busy Lizzies利兹系列凤仙203, 205
  container gardening盆栽园艺327
  lifting挖出217
  pot-grow花盆种植*212*
  sowing播种211
*Butomus umbellatus*花蔺631

butter beans棉豆510
buttercup, creeping匍枝毛茛*651*
butterflies蝴蝶24, 30, 31, 482
  attracting吸引蝴蝶28, 29, *29*, 30
butterfly ferns耳状槐叶苹310
butterhead lettuces软叶莴苣496, 497
butyl rubber pond liners丁基橡胶池塘衬垫300, 302, 312
*Buxus*黄杨属119
  *B. sempervirens*锦熟黄杨130
  in herb gardens在香草花园中385
by-pass pruners, long-handled长柄弯口修枝剪532, *532*
by-pass secateurs弯口修枝剪532, *532*

C

cabbage caterpillars菜青虫**661~662**
  visual guide to damage by损害图示*655*
cabbage root fly甘蓝根花蝇482, **662**
  collaring seedlings为幼苗套颈圈*485*, 486
cabbages卷心菜**486~487**
  Chinese cabbages大白菜**492**
  collaring seedlings为幼苗套颈圈*485*, 486
  harvesting and storing收获和储藏487
  ornamental观赏卷心菜202
  pests and diseases病虫害482, *485*, 486, 487, **661~662**, 663
  sowing and planting播种和种植486~687
  storing储藏484
  types and varieties类型和品种486
cacti仙人掌19, *19*, 25, 26, 52, 56, **346~355**
  buying购买353, *353*
  characteristics of特征348
  choosing and siting plants植物的选择和选址351
  compost基质333
  desert gardens沙漠花园350
  dividing分株**632~633**
  feeding施肥355
  flowering开花349, *349*, 352
  form and habit形状和株型348~349
  grafting嫁接**639**
  handling操作351, *353*
  hardy and half-hardy耐寒和半耐寒349
  indoor gardening室内园艺351, 363, *364*
  light requirements光照需求368, 552
  mixed plantings混合种植350

outdoor displays户外陈设349~350	*C. leichtlinii*克美莲222	尔斯' 美人蕉89	*Carpinus*鹅耳枥属86, 103, 107
pests and diseases病虫害355, 663, 669, 673	in lawns在草坪上258	cantaloupe melons罗马甜瓜501	*C. betulus*欧洲鹅耳枥36, 93, 325
planter's guide to种植者指南352	planting种植229	Canterbury bells风铃草202, 211, *212*	*C. b.* 'Fastigiata' '塔形' 欧洲鹅耳枥*83*
propagation from cuttings使用插条繁殖*621*	cambial cells形成层细胞*634*, *638*	Cape pondeweed长柄水蕹310	*Carpobrotus edulis*莫邪菊349
repotting重新上盆355, *355*	cambium形成层611, 634, *634*, 635	capillary watering systems毛细管灌溉系统554, *554*	carrot fly胡萝卜茎蝇21, 23, 482, 522, *522*, **662**
routine care日常养护**355**	*Camellia*山茶属114, 119, 121, 127, 222, 320, 325	capillary matting毛细管垫345, *378*, 378, 554, *554*	visual guide to damage caused by损害图示*657*
soil preparation and planting土壤准备和种植353~354	*C. japonica*山茶*617*, *680*	capping结壳587	carrots胡萝卜*27*, 341, **522**, *679*
sowing seeds播种606	*C.* × *williamsii* 'Donation' '赠品' 威氏山茶*111*	*Capsella bursa-pastoris*荠菜247, 649, 650	harvesting and storing收获和储存484, *484*, 522, *522*
using cacti使用仙人掌348~352	compost基质333, 368	*Capsicum*辣椒属500	pests and diseases病虫害482, 522, *522*, **661**, **662**, 677
watering浇水355, 379	container gardening盆栽园艺344	*C. annuum* Grossum Group甜椒**500**	seeds种子478, 522, 601
xeriscaping旱生园艺24	scarification划破种皮602	*C. a.* Longum Group辣椒**500**	selecting seed选择种子601
Calabrese花茎甘蓝**490**	camellia gall山茶瘿**662**	*C. frutescens*小米椒**501**	sowing播种23, 478, 522
sowing and planting种植和播种485, 490	visual guide to problems caused by损害图示*656*	capsid bug盲蝽**662**	watering浇水480, 522
*Calamagrostis*拂子茅属197	*Campanula*风铃草属75, 279, 620	flower damage对花造成的损害*656*	*Carum carvi*葛缕子**388**, *388*, 394
C. × *acutiflora* 'Karl Foerster' '卡尔•弗斯特' 尖花拂子茅*179*	*C. cochleariifolia*岩芥叶风铃草272	leaf damage对叶造成的损害*655*	*Carya illinoinensis*美洲山核桃466
	C. dasyantha subsp.	pesticides农药648	*Caryopteris* × *clandonensis*克兰顿莸124, 160
calamondin四季橘460	*chamissonis*风铃草属植物*291*	*Caragana*锦鸡儿属121, 124, 637	
*Calandrinia*红娘花属206	*C. medium*风铃草202, 211	caraway葛缕子**388**, *388*, 394	casaba melons卡萨巴甜瓜501
*Calanthe*虾脊兰属224	*C. zoysii*瓶花风铃草274, 287	carbon dioxide (CO$_2$) 二氧化碳14, 15, *15*, 16, 551, 680	*Cassiope*岩须属273
*Calathea*肖竹芋属358	planting in walls在墙壁中种植*284*	carbon capture碳捕获15, 17, 19, 27	cast iron pots铸铁花盆331
calcicoles钙生植物59	campion剪秋罗196, 216	carbon footprint碳足迹13, 17, 18	*Castanea sativa*欧洲栗73, 94, **467**, *680*
calcifuges厌钙植物59	*Campsis*凌霄属607	climate-friendly gardens气候友好型花园22	*Castanospermum austral*栗豆树94
calcium (Ca) 钙59, 590	*C. radicans*厚萼凌霄140	digging and掘地和二氧化碳21	castor oil plant蓖麻202, 203
calcium deficiency缺钙症*644*, *657*, **662**	Canadian poplar加杨*83*	higher levels of更好的二氧化碳水平53	cat damage猫造成的损害*658*, **662**
calcium carbonate碳酸钙591	canals水渠305	moss lawns苔藓草坪266	*Catalpa bignonioides*美国梓树31, 85
calcium cyanamide石灰氮482	canary creeper五裂叶旱金莲205	release of释放27	*C. speciosa*黄金树24
calcium hydroxide氢氧化钙591	candytufts屈曲花属植物205	*Cardamine*碎米芥属	catch crops 填闲作物27, 472
calcium oxide氧化钙591	cane blight茎疫病**675**	*C. hirsuta*碎米芥菜277, *650*	caterpillars毛虫21, 22, 23, 24, 30, 31, 130, 482, **662**
*Calendula*金盏菊属646	visual guide to damage caused by损害图示*658*	*C. pratensis*草甸碎米芥262	and annuals and biennials和一二年生植物217
*C. officinalis*金盏菊31, 384, **388**, *388*	cane fruits茎生水果398, 446	cardamom小豆蔻386	box caterpillar黄杨木蛾159
	pests and diseases病虫害663	cardboard mulches纸板护根20, 587, 592	and cabbages和卷心菜*655*, **661**~**662**
self-sown seedlings自播幼苗217	planting种植404	*Cardiocrinum*大百合属622~623	codling moth caterpillars苹果小卷蛾幼虫*657*
*Calibrachoa*小花矮牵牛79, 206	training整枝401	*Carex*苔草属192, 197	
California poppies花菱草*180*, 205	又见各水果类型	*C. comans* 'Frosted Curls' '霜卷' 缨穗苔草176	leek moths葱谷蛾*656*
*Calla palustris*水芋631	canes竹竿132, *195*, *208*, 335, 368, 542, *542*	*Carica papaya*番木瓜**458**	moth caterpillars蛾类毛虫28
*Callistephus chinensis*翠菊206	bamboos with striking canes有醒目竹竿的竹类*133*	carnations康乃馨176, **190**~**191**	pea moth caterpillars豌豆小卷蛾幼虫*657*
*Calluna*帚石南属59, 90, 113, 119, 121, 126, 151	canker溃疡病	cultivation栽培190~191	pesticides农药648
*C. vulgaris*帚石南117, 325	apples苹果405	cuttings插条191, *191*	and pinks and carnations与石竹和康乃馨191
C. v. 'County Wicklow' '威克洛郡' 帚石南*111*	bacterial canker细菌性溃疡病**660**	disbudding除蕾190, *190*, 191	plum moth caterpillars李小食心虫**657**
dropping坑埋压条609	fruit trees果树409	indoor gardening室内园艺364	and shrubs和灌木121
in windowboxes 在窗槛花箱中224	horse chestnut bleeding canker七叶树伤流溃疡病**667**	Malmaison马尔迈松康乃馨190	tent caterpillars天幕毛虫*656*, **676**
callus愈伤组织611, 632, 634, 635, 641	nectria canker丛赤壳属真菌溃疡病405, 407, *658*, **669**	pests and diseases病虫害191	tortrix moth caterpillars卷叶蛾幼虫*656*
*Calochortus*蝴蝶百合属225, 624	parsnip canker欧洲防风草溃疡病**670**	propagation繁殖191	
*C. tolmiei*托米尔蝴蝶百合*623*	*Seiridium*五隔盘单毛孢属溃疡*658*	stopping摘心190, *190*	webber moth caterpillars网蛾幼虫**678**
*Caltha*驴蹄草属296, *310*	visual guide to damage caused by损害图示*657*, *658*	types of类型190	
*C. palustris*驴蹄草297, *309*	*Canna* 89, 180, 204, 224	carpel心皮681	winter moth caterpillars冬尺蠖蛾幼
*Calystygia sepium*篱打碗花651	*C.* 'Rosemond Coles' '罗斯蒙德•科	*Carpenteria californica*茶花常山113	
calyx bands花萼带191, *191*		carpet grass地毯草244	
*Camassia*克美莲属264			

虫656, **678**
catmint荆芥属植物159
catnip荆芥**390**, *390*
*Cattleya*卡特兰属372, 375
caudex茎基348
cauliflowers花椰菜**488~489**
 pests and diseases病虫害489, 661~662, 678
 protecting cauliflower curds保护花椰菜的花球*488*
 sowing and planting播种和种植488~489
 types and varieties类型和品种489
cavolo nero "黑甘蓝"（托斯卡纳羽衣甘蓝）*485*
cayenne peppers小米椒501
*Ceanothus*美洲茶属69, 73, 77, 113, 124
 *C.×delileanus*美洲茶124
 *C. thyrsiforus*聚花美洲茶117
 pruning修剪128, *128*
cedar, Japanese日本柳杉85
*Cedrus libani*黎巴嫩雪松93
celandine, lesser倭毛茛*651*
*Celastrus*南蛇藤属138, 600
 *C. orbiculatus*南蛇藤140
 propagating繁殖146
 root cuttings根插条619
celeriac块根芹517
celery芹菜516
 blanching遮光黄化516, *516*
 pests and diseases病虫害516, 661
*Celosia*青葙属
 C. argentea var. *cristata* Plumosa Group凤尾鸡冠花202
 *C. cristata*鸡冠花202
*Celtis australis*欧洲朴94
cement水泥569
*Centaurea*矢车菊属31
 *C. cyanus*矢车菊206, 259
 *C. nigra*黑矢车菊29, 262
Centifolia roses百叶蔷薇156, 168, 171
centipede grass假俭草244
centipedes蜈蚣28, *59*, 645~646, *645*
*Centradenia*距药花属380
*Cephalocereus*翁柱属351
 *C. senilis*翁柱*350*
ceramic pots陶瓷花盆330
*Cerastium fontanum*喜泉卷耳*653*
*Ceratophyllum demersum*金鱼藻307, 309
*Ceratostigma willmottianum*岷江蓝雪花124
*Cercidiphyllum japonicum*连香树93
*Cercis siliquastrum*南欧紫荆85, 93, 94
Cereus hildmannianus subsp. *uruguayanus*仙人柱*354*

*Ceropegia*吊灯花属
 C. linearis subsp. *woodii*吊金钱349
 *C. sandersonii*醉龙136
 dividing分株632, *632*
*Cestrum elegans*瓶儿花
 pruning修剪127, *128*
*Ceterach officinarum*药蕨198
Ceylon spinach落葵493
*Chaenomeles*木瓜属113, 125
 *C. japonica*日本木瓜110~111
 *C.×superba*华丽木瓜117
chafer grubs蛴螬**662**
 visual guide to damage caused by损害图示*657*
chain link fencing铁丝网围栏578, *578*
chainsaws电锯**534**, *534*
chalk rocks白垩岩277
chalky soils白垩土58, *58*
 chlorosis萎黄病403
 roses and月季和萎黄病164, 167
*Chamaecyparis*扁柏属274
 *C. lawsoniana*美国扁柏93
 C. l. 'Ellwoodii' '埃尔伍德'美国扁柏*325*
 C. obtusa 'Nana Aurea' '矮金'日本扁柏（日光柏）*680*
 C. o. 'Nana Lutea' '矮黄'日本扁柏*90*
 C. o. 'Nana Pyramidalis' '矮锥'日本扁柏272, *274*
*Chamaedorea*袖珍椰子属359
*Chamaemelum nobile*果香菊242, 384, **388**, *388*
 C. n. 'Treneague' '特纳盖'果香菊267, *267*, 385, 394
*Chamaerops*矮棕属119
 *C. humilis*矮棕88, *89*, 114
 C. h. var. *argentea*意大利矮棕*88*
 C. h. 'Vulcano' '火山岛'矮棕*88*
chamomile果香菊384, **388**, *388*
 chamomile lawns果香菊草坪242, 266, 267, *267*
 culinary and cosmetic uses烹调和化妆用途384
 lawn chamomile草坪果香菊385, 394
character, retaining保留个性47, *47*
charcoal木炭333
chard甜菜341
 Swiss chard瑞士甜菜**494**
 watering浇水480
Chelsea Chop切尔西削顶194
chemicals化学品34
 avoiding避免使用19, **23**
 chemical controls化学防治647~648
*Chenopodium album*藜247
cherries樱桃30, 47, 99, 328, *328*

acid cherries欧洲酸樱桃**434~435**
 bushes灌木式435, *435*
 fan-training扇形整枝*434*, 435
 pruning and training修剪和整枝434~435, *434*
 routine care日常养护434
 site and planting选址和种植434
Duke cherries公爵樱桃432, 434
harvesting and storing收获和储藏410
Japanese cherry日本樱桃100
ornamental cherries观赏樱83, 85, 86, 96, 222
pests and diseases病虫害660, 675, 678
pollination requirements授粉需求403, 404
pruning修剪102, 407
sweet cherries欧洲甜樱桃**432~433**
 harvesting and storing收获和储藏433
 pollination授粉432
 pruning修剪*432*, 433
 routine care日常养护432~433
 site and planting选址和种植432
 training整枝*432*, 433
training整枝399
where to plant种植地点402
Yoshino cherry东京樱花*83*
cherry plums樱桃李423
chervil茴香菜385, **387**, *387*, 392
Chewing's fescue细羊茅245, 246
*Chiastophyllum oppositifolium*对叶景天79
chicken鸡*41*
chicken manure鸡粪肥481, 590
chickweed繁缕649, *650*
 common mouse-ear喜泉卷耳*653*
chicory菊苣**495~496**
 Belgian chicory比利时菊苣495
 forcing and blanching促成栽培和遮光495, *495*
 red chicory红菊苣**495**
 sugar loaf chicory糖面包菊苣**496**
 Witloof chicory比利时菊苣**495**
children儿童
 flowers for children to grow适合儿童种植的花207
 gardens for children适合儿童的花园40
 play areas玩耍区域40, *41*
 ponds and池塘和儿童*41*
 water features and水景和儿童50, 294, *296*, 305, 307
Chilean glory flower智利悬果藤

205~206
chilli peppers辣椒**500**
 chilli 'Numex Twilight' '暮光'辣椒*341*
 chilli 'Prairie Fire' '燎原之火'辣椒*341*
 propagating繁殖479
chimney pots烟囱帽331
*Chimonanthus*蜡梅属124
 *C. praecox*蜡梅74, 180
China asters翠菊206
China roses中国月季156, 159, 168
 pruning修剪172
Chinese broccoli芥蓝菜**492**
Chinese cabbages大白菜**492**
Chinese dogwood四照花83
Chinese gardens中国花园36
Chinese gooseberries见kiwi fruits
Chinese kale芥蓝菜**492**
Chinese layering中国压条（空中压条）610
Chinese spinach雁来红493
*Chionochloa rubra*新西兰丛生草176
*Chionodoxa*雪百合属160
chip-budding嵌芽接634, *634*, 635~636, *635*
 double chip-budding双重嵌芽接422
chipping切段繁殖（鳞茎）622, 626, *627*
chitin甲壳素648
chitted seeds带芽种子478
chives香葱385, **387**, 392, *392*, 394, *387*
 harvesting收获395
 pests and diseases病虫害659
chlorophyll叶绿素680
*Chlorophytum*吊兰属359
chlorosis萎黄病403, 450
chocolate spot巧克力斑病**662**
*Choisya*墨西哥橘属337
 *C. ternata*墨西哥橘72, 119
 C. t. 'Sundance' '圣丹斯'墨西哥橘113
Christmas box美丽野扇花74
Christmas cactus绿蟹爪兰351, 362
*Chrysanthemum*菊属18, 53, 54, 180, **188~189**
 C. 'Alison Kirk' '爱丽森•柯克'菊花*188*
 C. 'Discovery' '发现'菊花*188*
 C. 'Muxton Plume' '穆克斯顿之羽'菊花*188*
 C. 'Pennine Alfie' '彭尼内铜色'菊花*188*
 C. 'Pennine Flute' '彭尼内粉红'菊花*188*
 C. 'Primrose West Bromwich' '西布罗米奇黄'菊花*188*

C. 'Sally Ball' '莎莉球' 菊花188
C. 'Salmon Fairie' '橙红仙女' 菊花188
C. 'Shamrock' '三叶草' 菊花188
C. 'Yvonne Arnaud' '伊冯·阿劳德' 菊花188
aftercare后期养护189
classifying分类188
disbudding除蕾188, 189, 189
early charms矮生早花类型189
early-flowering早花品种188~189
indoor gardening室内园艺359, 364
late-flowering晚花品种189
mutations突变681
overwintering越冬189
pests and diseases病虫害662, 664, 668
removing laterals去除侧枝189
routine care日常养护188~189
soil preparation and planting土壤准备和种植188
stopping摘心188, 189, 189
taking cuttings 采取插条189
types of flowerhead花序的花型188
Chrysanthemum petal blight菊花花瓣枯萎病662
visual guide to damage caused by损害图示656
Chusan palm棕榈88
Chusquea culeou朱丝贵竹132, 133
Cichorium endivia苦苣494~495
C. intybus菊苣263, 495~496
cime di rapa油菜490
Cirsium arvense加拿大蓟651
Cissus antarctica澳大利亚白粉藤359
Cistus岩蔷薇属42, 90, 116, 119
C. × cyprius艳斑岩蔷薇117
CITES (Convention on International Trade in Endangered Species) 濒危野生动植物物种国际贸易公约19
citrons香橼459
Citrullus lanatus西瓜501
citrus fruit柑橘类水果86, 328, 328, 458~460
container-grown盆栽的402, 406, 406, 459
Citrus spp.柑橘属物种458~460
C. × aurantifolia来檬459
C. × aurantium酸橙459
C. × a. Grapefruit Group葡萄柚459
C. × a. Sweet Orange Group甜橙460
C. × a. Tangelo Group橘柚460
C. japonica金柑460
C. j. × margarita长实金柑460
C. limon柠檬386, 459
C. medica香橼459

C. reticulata橘子460
cladding, types of盖板的类型583
Clarkia仙女扇属204, 264
C. unguiculata爪瓣仙女扇31
classical gardens古典花园36
classification分类682
clay pellets陶粒369
clay pots黏土花盆（陶制花盆）231, 290, 291, 330, 543, 554
clay soils黏土20, 58, 58, 59
climbers for适宜的攀缘植物143
effect of frost on霜冻的影响53
growing vegetables on种植蔬菜471
improving改良118, 185
improving drainage around shrubs 改善灌木周围的排水118
lawn drainage草坪排水247
no-dig techniques非掘地技术587
perennials for适宜的宿根植物186
puddled clay夯实黏土306
shrubs for适宜的灌木118
soil water土壤水分588
trees for适宜的乔木94
vegetable gardens蔬菜花园475
Claytonia春美草属499
C. perfoliata水马齿苋499
clearing a garden清理花园67
cleft chestnut paling fencing简易铁丝木栅栏578, 578
Cleistocactus管花柱属351
C. strausii吹雪柱348~349, 350
Clematis铁线莲属76, 84, 136, 142, 151~153
C. armandii山木通137, 151, 152
C. cirrhosa卷须铁线莲77, 138, 140, 151
C. 'Edith' '伊迪丝' 铁线莲151
C. 'Ernest Markham' '埃尔斯特·马克汉姆' 铁线莲139, 151
C. 'Étoile Violette' '紫星' 铁线莲28, 139~140
C. 'Frances Rivis' '弗朗西斯' 铁线莲325
C. 'Hagley Hybrid' '哈格利杂种' 铁线莲146
C. 'Henryi' '亨利' 铁线莲151
C. heracleifolia var. davidiana大卫铁线莲151
C. integrifolia全缘铁线莲151
C. 'Jackmanii' '杰克曼尼' 铁线莲139, 151, 151
C. × jouiniana朱恩铁线莲151
C. macropetala大瓣铁线莲140
C. 'Madame Julia Correvon' '朱丽亚·科内翁夫人' 铁线莲151
C. 'Miss Bateman' '贝特曼小姐' 铁线莲325
C. montana绣球藤138, 139, 611
C. m. var. rubens 'Elizabeth' '伊丽莎白' 红花绣球藤140
C. 'Nelly Moser' '内利·莫舍' 铁线莲151
C. orientalis东方铁线莲151, 152
C. 'The President' '总统' 铁线莲151
C. 'Proteus' 'Proteus' '普罗透斯' 铁线莲151
C. recta直立威灵仙151
C. rehderiana长花铁线莲151
C. tangutica唐古特铁线莲139, 151, 152
C. texensis德克萨斯铁线莲151
C. 'Venosa Violacea' '维尼莎' 铁线莲152
C. vitalba白藤铁线莲59, 146
C. viticella意大利铁线莲139, 142, 151, 180
C. 'Vyvyan Pennell' '维安·佩内尔' 铁线莲151
climbing methods攀缘方法142, 152
cuttings插条611
groups类群151, 153
growing in containers在容器中种植140, 318, 321
growing with heathers和石南类一起种植151, 153
growing with roses和月季一起种植161, 161
pests and diseases病虫害664
planting种植144
propagating繁殖146, 146, 152, 153, 608, 611
pruning and training修剪和整枝152~153, 336
routine care日常养护152
screening with用于遮蔽138
supports for支撑物137, 139, 195
where to grow种植地点151
Clematis wilt铁线莲枯萎病152, 662~663
Cleome醉蝶花属204
Cleopatra mandarin印度酸橘458
Clerodendrum bungei臭牡丹76
Clethra山柳属119, 124
C. alnifolia桤叶山柳117
climate气候
biodiversity and climate-friendly gardens生物多样性和气候友好型花园22
climate and plant hardiness气候和植物耐寒性56~57
climate zones气候区52
elements of气候要素53~55

and the garden和花园52~55
growing vegetables种植蔬菜472~473
influence on garden layout对花园布局的影响60
lawns and草坪和气候244~245
planting trees种植乔木91
climate change气候变化13, 14~15, 17, 18
biodiversity and生物多样性和气候变化22
cacti and succulents in仙人掌和其他多肉植物在气候变化中350
changing gardening practices改变园艺活动26~27
coping with excess rainfall应对过多雨水25
drought conditions干旱条件588
effect of on the gardening year一年当中对园艺的影响14
effect on wildlife对野生动物的影响28
gardening in a changing climate在变化的气候中开展园艺24~27
global warming全球变暖53
impact on gardens对花园的影响14
managing extreme conditions管理极端条件25~26
mitigating减缓16
planting for迎接气候变化的种植24
and rock gardens和岩石园272
tackling应对15
trees in a changing climate变化气候中的树木24
water conservation vs water features节约用水和水景295
water-saving methods节水方法27
weather天气20
xeriscaping旱生园艺24, 24, 25, 26
climbing beans, site and planting攀缘豆类, 选址和种植471
climbing plants攀缘植物34, 134~153
annuals一年生植物140, 140, 141, 205~206, 213
bare-root climbers裸根攀缘植物143
on buildings在建筑上60
buying购买143
clematis铁线莲151~155
climbers that flower on current season's growth在当季枝条上开花的攀缘植物148
climbers that flower on previous season's growth在上一年枝条上开花的攀缘植物148
climbers that may be cut to the base可以剪短至基部的攀缘植物149

climbing methods and supports攀缘方法和支撑物136, 142, *142*
climbing through other plants爬上其他植物的攀缘植物*138*, 139, 141
colour色彩139~140
container-grown climbers盆栽攀缘植物130, *140*, 141, 143, 318, 325, *325*, 329, 335, 336
deadheading摘除枯花145, *146*
fast-growing生长迅速141
fedges栅篱138
frost protection防冻保护598~599
in the garden在花园中**136~141**
as ground cover作为地被植物*138*, 139, 141
informal gardens自然式花园38
interest through the season季相变化140
layering压条607, 608
location位置55
on pergolas, pillars, obelisks, and arches在藤架、柱子、方尖碑=塔和拱门上*137*, 138~139, 143–44, 149
palms and exotics棕榈类和异域风情植物88
pests and diseases病虫害667
planter's guide to种者之指南141, 148
planting outdoors室外种植143
propagation繁殖146, 607, 614, 616, 618
 layering压条607, 608
 plants to propagate from hardwood cuttings使用硬枝插条繁殖的植物618
 plants to propagate from semi-ripe cuttings使用半硬枝插条繁殖的植物616
 propagation from softwood cuttings使用嫩枝插条繁殖614
 root cuttings根插条619
pruning and training修剪和整枝**147~150**, 172~173
root cuttings根插条619
roses月季157, 160, 161, 165~166, *166*, 169, 172~173
routine care日常养护**145~146**
scented有香味的140, 141
and security攀缘植物和安全35
seeds needing scarification需要划破种皮的种子602
selecting选择143
self-layering自压条攀缘植物608
shade providers提供阴凉26, 40
site and aspect位置和朝向136
soil preparation and planting土壤准备和种植**142~144**
standard specimens标准苗型植株336
supports for支撑结构38, 40, 335
to grow under cover在保护设施中种植380
vigorous长势苗壮的142
on walls, buildings, and fences在墙壁、建筑和栅栏上136~138, 141, 144
watering, feeding and mulching浇水、施肥和根144, 145
as wildlife habitats作为野生动物栖息地*28*, 29
as windbreaks作为风障25
又见各物种
*Clivia*君子兰属350
cloches钟形罩18, 23, 25, 26, 55, 483, *483*, 544, 559, **560**, 642, *642*
 as frost protection作为防冻保护599, *599*
 materials材料560
 rock gardens岩石园274, 285, 287
clopyralid二氯吡啶酸653~654
closeboard fencing密板栅栏578, *578*
clothing, protective护具528, *528*, 534
clover三叶草21, 27, 31, 59, 246, *246*
 common white clover白三叶653
 companion planting伴生种植646
 in lawns在草坪中253
clubroot根肿病23, 59, 476, 482, 588, 645, **663**
 visual guide to leaf damage叶片损伤图示*656*
 visual guide to root, tuber, bulb, corm,and rhizome damage根、块茎、鳞茎、球茎和根状茎损伤图示*657*
coal bunkers煤仓60
coastal gardens海滨花园25, 55, 60
 grasses to use适合使用的禾草244
 planting trees in在其中种植乔木91
 shrubs灌木111
*Cobaea*电灯花属146
 *C. scandens*电灯花205
cobbles圆石568, 569
 rock gardens岩石园281
cobnuts欧洲榛*467*, 628
cock's foot鸭茅30
cocoa shells, roses and可可壳、月季167
coconut fibre椰壳纤维273
coconut husks椰壳333
cocoyams芋头**521~522**
codling moth苹果小卷蛾**663**
 visual guide to damage caused by损害图示*657*
*Coelogyne*党参属372

coir椰壳纤维*332*, 333, 339, *339*, 369, *372*, 592
colander baskets滤锅吊篮*331*, 339
*Colchicum*秋水仙属76, 228
 when to mow何时割草236
cold frames冷床26, 544, **559~560**, *599*, 642
 glazing materials透光材料559~560
 how to use如何使用559
cold temperatures低温26
*Coleus*五彩苏属203, 211
 pinch-pruning摘心整形381, *381*
collaring seedlings为幼苗套颈圈485, 486
collections收藏
 collections with style有风格的植物收藏42, *42*, 43
 themed collections主题收藏42, *42*, 43
*Collinsia*锦龙花属216
*Colocasia esculenta*芋89, **521~522**
Colorado beetle马铃薯叶甲647, **663**
colour色彩
 annuals一年生植物202
 climbing plants攀缘植物139~140
 combining colours色彩组合73
 conifers松柏类90
 container gardening盆栽园艺318
 and distance和距离73, *76*
 influence of light光照的影响73
 intensification of in cold weather寒冷天气色彩加深74
 leaves叶片74
 perennials宿根植物179~180
 planting for为色彩种植**72~73**
 roses月季158
 for seasonal and year-round interest季相和全年观赏性**74~77**
 shrubs灌木113
 stylized gardens风格化花园44, *44*
*Colquhounia*火把花属124
coltsfoot款冬花652
columnar trees圆柱形果树*433*
combination hoe组合锄530
comfrey聚合草20, 591
 comfrey leafmould聚合草腐叶土333
 liquid feeds液态肥料342, 591
compaction, soil压紧, 土壤474, 587, 587, 652
companion planting伴生种植21, *21*, 23, 646, *646*
 *Clematis*铁线莲属151, *152*, 153
compost and composting基质和堆肥19, 20, *20*, 23, 51, 587, **593~595**
 additives添加剂593
 alpine plants高山植物283, 290
 cmposting process堆肥过程593~594

composting shrubs堆肥灌木129
composts under cover保护设施中使用的堆肥371
container gardening盆栽园艺**332~333**
 for container-grown bulbs适宜盆栽球根植物的基质231, 232, 238
 for epiphytic orchids适宜附生兰的基质*372*
 Ericaceous potting compost杜鹃花科植物盆栽基质333
 firming the compost紧实基质*640*
 garden compost园艺基质471, 593
 hanging baskets吊篮339
 indoor plants室内植物368
 John Innes composts约翰英纳斯基质332
 for large and long-term plants适宜大型长期植物的基质334
 modifying改良333
 multi-purpose compost多用途基质332, 333, 334
 municipal composting市政堆肥594~595
 mushroom compost蘑菇培养基质59, 591
 orchids兰花373
 organic gardens有机花园21
 peat-based含泥炭基质17, 23
 peat-free不含泥炭基质17
 plants with special soil requirements对土壤有特殊要求的植物335
 potting compost盆栽基质17, 21, *332*
 rock gardens岩石园283, 290
 slow composting缓慢的堆肥594
 standard cutting compost标准扦插基质543
 standard seed compost标准播种基质543
 top-dressing表面覆盖*592*
 weeds and杂草和堆肥650
 what not to compost不能用于堆肥的材料594, *594*
 worm compost蚯蚓堆肥595, *595*
compost heaps and bins堆肥堆和堆肥箱21, 22, 28, 61, 540, *593*
 aeration chimney通气烟囱*593*
 making a composting system from pallets使用货运托盘制造堆肥系统594
 positioning位置19, 51
 wildlife and野生动物40
concrete混凝土17, 564, 569
 adding texture to增添质感572
 concrete fencing混凝土栅栏578, *578*
 concrete paving slabs混凝土铺装板

572
concrete pond liners混凝土池塘衬垫302
concrete spurs混凝土支墩579
concrete wall footings混凝土墙壁基础574, 574
laying铺设混凝土564~565, 564
paths道路572
pots花盆317, 331
raised beds抬升苗床577
sheds棚屋583
walls墙壁574
conditioners, soil土壤调节剂20
coneflower紫松果菊180
cones球果601
conifers松柏类74, 84, 681
climbing annuals and攀缘一年生植物和松柏类205
container gardening盆栽园艺325, 327
dwarf conifers低矮松柏类82, 90, 114
grafting嫁接637
pests and diseases 病虫害667, 674
pruning修剪101, 106
root-balled trees坨根乔木92
semi-ripe cuttings半硬枝插条615
shrubs灌木118
topiary树木造型47
transportation shock运输冲击93
*Conophytum*肉锥花属632
conservation保护自然19
conservatory gardening保育温室园艺49, **362~363**, *363*, 546
biological controls生物防治647
cacti and succulents for适宜的仙人掌和其他多肉植物351
displaying plants in展示植物361
heating加温360~361
humidity湿度361
materials材料360
plant health植物健康361
shading遮阴360
siting and orientation位置和朝向360
ventilation通风360
watering浇水361
*Consolida*飞燕草属204, 210
*C. ambigua*飞燕草*211*
container gardening盆栽园艺**314~345**
adapting containers改造容器*318*, 331
alpine and rock gardens高山植物和岩石园274, *274*, 290
annuals一年生植物206, *206*, 207, 212, 216, 321, 323~324, 329, 337
arranging安置容器320~321
assessing containers评估容器50
balconies and roof gardens阳台和屋顶花园**326~327**, 300
bamboo in竹类133, *133*, 329
biennials二年生植物321, 323~324, 329, 337
bulbs球根植物223~224, 227, 228, 230, 231~232, *232*, 234, 237, 320, 321, 324, 329, 337
cacti and succulents仙人掌和其他多肉植物350~351, *350*, 352
choosing containers选择容器320, **330~331**, 334, 341
climbers攀缘植物140, *140*, 141, 143, 145, *145*, 318, 325, *325*, 329, 335, 336
colour themes色彩主题318
compost基质**332~333**
container ponds容器池塘22, 28, 29
containers in borders花境中的容器320
containers as focal points作为视线焦点的容器319
containers in paved gardens铺装花园中的容器320~321
deadheading摘除枯花343, *343*
defining accents with定义重点319
displaying展示*42*, *44*, *331*
drainage排水341
drought-tolerant耐旱性*23*, *23*
emphatic arrangements强调作用319~320
feeding施肥341
ferns蕨类329
fertilizers肥料333, 334, 342
formal plantings规则式种植36, 316
frostproof防冻86
fruit水果329, 338, 402, 403, *403*, 404, 405
grooming整饬342~343
grouping containers容器的聚集效果345, 596
growing single specimens in在容器中种植单株标本植物317~318
hanging baskets containers吊篮容器*316*, 322~323, **339~340**, 351
herbs香草329, 338, 385~386, 392, 394, *394*
holiday care假日养护344~345
indoor gardening室内园艺362
informal plantings自然式种植316
keeping clean保持洁净321
large containers大型容器77
materials and finishes材料和饰面316~317, 330~331, 543
mixed planting混合种植318, *337*
mixed summer container混合夏花容器*337*
palms and cycads棕榈类和苏铁类329
patio fruit盆栽水果**328**
perennials宿根植物182, 185, 186, 187, 196, 321, 324, 329
pests and diseases病虫害343, 665
plant collections植物收藏42, *43*
planter's guide to plants种植者指南323~324, 329
planting large and long-term plants种植大型长期植物**334~336**
plants with special soil requirements对土壤有特殊要求的植物335
pots and trays花盆和托盘**543**
pruning and training修剪和整枝336
raised containers抬升容器40
renewing container displays盆栽植物的更新*343*
roses月季161, 165, 166, 167, 325
rock gardens岩石园281~283, *283*, 286
routine care日常养护**342~345**
seasonal displays季相展示**337~338**, *337*
selecting containers选择容器316~317
selecting plants选择植物334
shrubs灌木114, 121, 321, 325, 329, 334, 336, 343~344, *344*
planting种植117, 118, 119
root pruning根系修剪129
routine care日常养护120
siting选址318~320
size, shape, and scale尺寸、形状和尺度26, *27*, 317
sowing seed in播种605~606
spring acclimatization春季适应345
stakes and supports立桩和支撑335
stands for containers摆放容器的花架321, *331*
succulents in多肉植物354
top-dressing更换表层基质344, *344*
trees乔木86, 87, *91*, 92, 94~95, 324~325, 329, 336, 343~344
planting种植94~95
pruning修剪101
routine care日常养护96
when to plant何时种植93
troughs石槽323
using containers使用容器316~318
vegetables蔬菜338, **341**, 472, *472*, 479, 481
water gardens水景园209, **308**, 309
watering浇水23, *23*, 26, *27*, 96, 318, 320, 341, 342, 481, 596
windowboxes窗槛花箱*338*
winter protection冬季保护345
又见pots
contract landscaping将景观工程承包出去67
contrast对比36
*Convallaria majalis*铃兰176, 181, 198, 222
*Convolvulus*旋花属
*C. arvensis*田旋花649, *651*
*C. cneorum*银毛旋花273
*C. tricolor*三色旋花205
cool-season grasses冷季型草244
coordinated designs协调的设计44
coping墙顶575~576, *576*
copper (Cu) 铜590
coppicing平茬73, 86
shrubs灌木126
trees乔木101, *101*
coral spot珊瑚斑病**663**
visual guide to damage caused by损害图示*658*
cordons, fruit壁篱式果树399, *399*, 400, 401
apples苹果树416~417, *417*
grapes葡萄属440~442, *440~441*
planting种植*404*
red-and whitecurrants红醋栗和白醋栗453~454, *454*
stepover cordons踏步壁篱式399, *399*, 400
training cordon tomatoes整枝壁篱式番茄505~506, *505*
*Cordyline*朱蕉属127, 319
*C. australis*新西兰朱蕉318
*Coreopsis*金鸡菊属27
*C. verticillata*轮叶金鸡菊179
coriander芫荽**388**, *388*, 392
*Coriandrum sativum*芫荽**388**, *388*, 392
coring取芯255~256
corky scab木栓质疮痂病**663**
visual guide to problems caused by损害图示*655*
cormels小球茎622, *622*
dividing分株625
corms球茎221, *221*, 324, 679
choosing选择228
pests and diseases病虫害*657*, 676
propagation繁殖622, **622~627**
vegetables蔬菜479
visual guide to problems caused by损害图示*657*
又见bulbous plants
corn cockle麦仙翁202
corn poppies虞美人204, 205
corn salad莴苣缬草**499**
cornfield annuals农田一年生植物259, 261
cornflowers矢车菊29, 206, 216, 259
*Cornus*梾木属72~73, 77, 111, 114

C. alba红瑞木40, 126, 609~610
C. a. 'Sibirica' '西伯利亚' 红瑞木 114, *114*, 117, 126
C. alternifolia 'Argentea' '银斑' 互叶梾木124
C. canadensis加拿大草茱萸119
C. controversa灯台树72
C. kousa var. chinensis四照花83
C. nuttallii太平洋四照花93
C. sericea偃伏梾木*126*, 610
C. s. 'Flaviramea' '黄枝' 偃伏梾木112
French layering法式压条609~610
pruning修剪126
stooling培土压条609
Corokia假醉鱼草属124
Cortaderia蒲苇属197
C. selloana 'Pumila' '普米拉' 蒲苇*182*
corten steel ponds考顿钢水池302, *302*
Corydalis紫堇属221
C. solida多花延胡索*228*
growing bulbs from seeds用种子种植球根植物623
planting种植229
Corylopsis蜡瓣花属119, 124, 221
Corylus榛属680
C. avellana欧榛30, **467**
C. a. 'Contorta' '扭枝' 欧榛102, 114
C. maxima大榛**467**
cos (romaine) lettuces直立莴苣（罗马莴苣）496, 497
Cosmos秋英属76, 204, 206, 264
Cotinus黄栌属117, 124
C. coggygria黄栌112, 610
C. c. 'Royal Purple' '品紫' 黄栌*180*
Cotoneaster栒子属15, 85, 90, 117, 119
C. conspicuous猩红果栒子116
C. 'Cornubia' '克鲁比亚' 栒子112
C. dammeri矮生栒子116
C. 'Rothschildianus' '罗斯奇丁' 栒子114
C. salicifolius 'Gnom' '侏儒' 柳叶栒子110
pruning修剪122, 126~127
stratification层积602
cottage gardens村舍花园38, *39*
informal planting自然式种植69
perennials宿根植物181
trees乔木83
cotton lavender圣麻126, 160, **391**, *391*
cotyledons子叶603, *603*, 681
couch grass匍匐披碱草246, 586, 593, *651*
courgettes小胡瓜341, **504**
hand-pollinating手工授粉504, *504*

pests and diseases病虫害504, 660
watering浇水480, 504
cover crops覆盖作物471~472
cowslips黄花九轮草262
crab apples海棠83, 84, 92, 325
collecting seeds采集种子601
Japanese crab apple多花海棠86
propagating繁殖635, *635*
cracks, weeds in裂缝中的杂草654
Crambe cordifolia心叶两节荠159, 179
Crassothonna capensis紫弦月354
Crassula青锁龙属349
C. arborescens花月*633*
C. ovata翡翠木351, *353*, *354*
C. perfoliata var. minor神刀351
C. perforata星乙女354
cuttings插条621
Crataegus山楂属85, 86
C. laevigata钝裂叶山楂25, 94
C.×lavalleei拉氏山楂95
C.×l. 'Carrierei' '卡里埃' 拉氏山楂85
C. monogyna单子山楂30, 31, 35, 95, 599
crazy paving不规则铺装566
laying铺设566
creeping bent西伯利亚剪股颖245
creeping buttercups匍枝毛茛196, *651*, 653
creeping red fescue匍匐紫羊茅245
creeping savory匍匐风轮草385
creeping thistle丝路蓟*651*
cress水芹**498**
crevice gardens岩缝园270~272, *270*, 280
choosing plants选择植物271~272, 274
constructing建造280
planning规划271
planter's guide to plants for种植者指南280
planting种植280, *284*
planting in vertical crevices在垂直岩缝中种植284
rock plants for适宜的岩生植物275
weeds杂草654
Crinum文殊兰属224, 624, *624*
C.×powellii鲍氏文殊兰221, 224
planting种植229
CRISP/Cas基因组编辑技术600
crisphead lettuces皱叶莴苣496, 497
crocks碎瓦片*333*, 335, 337
Crocosmia雄黄兰属76, 77, 222, 626
C. 'Lucifer' '魔鬼' 雄黄兰*74*, 181
Crocus番红花属42, 67, 75, 221
C. laevigatus平滑番红花272
C. tommasinianus托马西尼番紫花222

container gardening盆栽园艺324
as ground cover作为地被植物183
growing bulbs from seeds用种子种植球根植物623
in lawns在草坪上222, 243, 258, *258*
naturalizing bulbs自然式种植球根植物237
planting种植228, 229, 230, *230*
planting in grass在草地中种植222
in rock gardens在岩石园中279
watering浇水238
crops作物
catch crops填闲作物472
close cropping密集种植*475*
crop rotation轮作23, 472, 475, 476, 482, 587, 644
Genetically Modified Organisms (GMO) 转基因生物600
inspecting检查23
intercropping间作476
intersowing间隔播种472
priority crops主要作物50
successional crops连续作物479
cross-contamination, preventing防止交叉污染23
crown gall冠瘿病**663**
visual guide to damage caused by损害图示*657*
crown lifting提升树冠102
bamboo竹类132~133
crown rot冠腐病**663**
hostas玉簪类植物193
visual guide to damage caused by损害图示*658*
crown shoots, propagating from使用顶枝繁殖（菠萝）458, *458*
crowns, renovating trees树冠, 复壮乔木102, *102*
Cryptanthus姬凤梨属366
C. bivittatus绒叶小凤梨*366*
Cryptogramma珠蕨属198
Cryptomeria柳杉属93
C. japonica日本柳杉74, 85
C. j. 'Vilmoriniana' '矮球' 日本柳杉*90*
Ctenanthe amabilis可爱竹芋370
cuckoo spit沫蝉**665**
visual damage caused by损害图示*658*
cucumber mosaic virus黄瓜花叶病毒445
cucumbers黄瓜**502~503**
growing in containers在容器中种植341
growing under cover在保护设施中种植483, 503

pests and diseases病虫害503, 665
propagating繁殖479
sowing and planting播种和种植502
storing储藏484
watering浇水480, 503
Cucumis melo甜瓜**501~502**
C. sativus黄瓜和小黄瓜**502~503**
Cucurbita南瓜属206
C. maxima南瓜**503**
C. moschata冬倭瓜**503**
C. pepo西葫芦和小胡瓜**503**, 504
cucurbits葫芦科植物483
culms秆132, 133
cultivars品种682, *682*
cultivation tools栽培工具**529~531**
cultivators耕耘机
manual cultivators手动耕耘机531, *531*
powered cultivators机动耕耘机531, *531*
3-pronged三齿耕耘机286, *287*
cultural controls栽培控制措施645~647
cultural disorders and deficiencies, correcting纠正栽培失调和缺乏症644~645
cumin孜然**388**, *388*
Cuminum cyminum孜然**388**, *388*
Cupressus柏木属
C. arizonica var. glabra光皮柏木93, 94
C. sempervirens意大利柏木130
Curculigo capitulata大叶仙茅*681*
curly cress水芹498
curly waterweed大软骨草310, *310*
currant tomatoes醋栗番茄505
currants见blackcurrants; redcurrants; whitecurrants curry leaf**388**, *388*
curves, establishing irregular画出不规则曲线63
custard marrows西葫芦504
cut flowers切花18, *18*, 40
annuals一年生植物206, 207
bulbs球根植物222, 225
perennials宿根植物184
roses月季173
cut-and-come-again harvesting随割随长式收获484
cutting back剪短
perennials宿根植物195, *195*
trees乔木99
cutting tools修剪工具**532~534**
garden knives园艺刀533, *533*
garden shears园艺大剪刀**533**, *533*
long-handled pruners or loppers长柄修枝剪532, *532*

maintenance维护532
powered pruners and loppers机动修剪工具和长柄修枝剪**534**, *534*
pruning saws修剪锯**533**, *533*
secateurs and snips修枝剪和小剪**532**, *532*
tree pruners乔木修枝剪**533**, *533*
cuttings插条611~621
　basal cuttings基部插条612, 613, *613*, *627*, 627
　cacti and other succulents仙人掌和其他多肉植物**621**, *621*
　climbing plants攀缘植物146
　greenwood cuttings绿枝插条614~615, *615*
　hardwood cuttings硬枝插条617~618, *617*
　heel cuttings带茬插条615
　how roots form根系如何形成611
　leaf-bud cuttings叶芽插条615, 617, *617*
　leaf cuttings叶插条611, 618~619, 621, *621*
　mallet cuttings长踵插条615~616, *617*
　overwintering越冬345
　*Pelargonium*天竺葵属215, *215*
　pinks and carnations石竹和康乃馨191, *191*
　planting rooted *Dahlia* cuttings种植生根的大丽花插条234
　plants to propagate from softwood cuttings使用嫩枝插条繁殖的植物614
　potting up上盆615
　pre-rooted cuttings预生根插条613, *613*
　propagating water plants from softwood cuttings使用嫩枝插条繁殖水生植物614
　rock plants岩生植物288, *288*
　root cuttings根插条611, 619~620, *620*
　rooting softwood cuttings in water嫩枝插条的水中生根613~614, *613*
　semi-ripe cuttings半硬枝插条615~616, *615*
　shrubs灌木121
　softwood cuttings嫩枝插条612~614, *612*
　standard cutting compost标准扦插基质543
　stem cuttings茎插条**611~618**, 621, *621*
　stem-tip cuttings茎尖插条612
　transplanting移植616
　two-bud cuttings双芽插条*444*
　vegetables蔬菜479

cutworms地老虎482, **663**
　visual guide to damage caused by损害图示658
cycads, container gardening苏铁类, 盆栽园艺329
*Cycas*苏铁属89
*Cyclamen*仙客来属19, 76, 181, 221
　*C. coum*早花仙客来*74*, 75, 220, 222, *223*
　*C. hederifolium*地中海仙客来75, 222, 228, 272, 626, *626*
　*C. persicum*仙客来75, 358
　*C. rohlfsianum*天竺葵叶仙客来626
　buying购买228
　growing from seed播种种植623
　growing indoors室内种植358
　keeping from year to year年复一年地保存植物377, *377*
　planting种植229, 230
　planting in troughs在石槽中种植223
　seeds种植601
　watering浇水376
*Cydonia oblonga*榅桲**422**, *422*, 460
cylinder mowers滚筒式割草机535, *535*
*Cymbidium*兰属364, 372, 375
　C. Strath Kanaid gx '斯卡奈德' 兰*372*
　propagating繁殖375, *375*
*Cymbopogon citratus*柠檬草**388**, *388*
*Cynara scolymus*洋蓟**504~505**
cynipid wasps瘿蜂**666**
　visual guide to problems caused by损害图示656
*Cynodon*狗牙根属244
　*C. dactylon*狗牙根244
　C. incompletes var. *hirsutus*印茚狗牙根244
　C. × *magennisii*杂交狗牙根244
　*C. transvaalensis*非洲狗牙根244
*Cyperus*莎草属359
　C. papyrus 'Nanus' '矮生' 纸莎草631
cypress, Leyland杂扁柏105
*Cypripedium*杓兰属372
*Cyrtanthus*曲管花属350
*Cyrtomium*贯众属198
*Cytisus*金雀儿属90, 111, 113, 119, 602
　*C. scoparius*金雀儿117
　cuttings插条611

D

*Daboecia*大宝石南属59, 90, 113, 121, 126, 151
　dropping坑埋压条609
　in windowboxes在窗槛花箱中224
*Dactylorhiza*掌裂兰属221, 222
*Dactylis glomerata*鸭茅30

daffodils水仙83, 180, 205, 220, **226~227**
　bulb sizes球根大小228
　buying bulbs购买球根228
　container gardening盆栽园艺227, 320, 324, *324*, 337, *337*
　cultivation and propagation栽培和繁殖227
　as cut flowers作为切花222
　forcing催花232
　as ground cover作为地被植物183
　growing with roses和月季一起种植160
　in lawns在草坪上222, 243, 258, 266
　naturalizing bulbs自然式种植球根237
　pests and diseases病虫害238, 661, 669
　planting种植222, 230, 231, 232
　planting in grass种植在草地中222
　prairie planting北美草原式种植264
　propagating繁殖626, *626*
　repotting重新上盆238
　sowing播种623
　types of类型227, *227*
　when to mow何时割草236
*Dahlia*大丽花属18, 30, 42, 53, 76, 180, 221, **234~235**, *627*
　D. 'Bishop of Llandaff' '兰达夫主教' 大丽花235
　*D. coccinea*红大丽花89
　D. 'Comet' '彗星' 大丽花235
　D. 'Easter Sunday' '复活节' 大丽花235
　D. 'Frank Hornsey' '弗兰克·霍恩西' 大丽花235
　D. 'Giraffe' '长颈鹿' 大丽花235
　D. 'Harvest Inflammation' '丰收' 大丽花221
　D. 'Honka' '洪卡' 大丽花235
　*D. imperialis*树形大丽花89
　D. 'Lavender Athalie' '淡紫阿瑟利' 大丽花235
　*D. merckii*矮生大丽花235
　D. 'My Beverly' '我的比弗利' 大丽花235
　D. 'Small World' '小世界' 大丽花235
　D. 'So Dainty' '秀丽' 大丽花235
　D. 'Vicky Crutchfifield' '维姬·克拉奇菲尔德' 大丽花235
　D. 'Wootton Cupid' '伍顿·丘比特' 大丽花235
　D. 'Yellow Hammer' '黄链球' 大丽花235
　container gardening盆栽园艺340
　cultivation栽培234~235
　flower groups花的类群235, *235*

lifting and storing tubers挖出并储藏块茎235, *235*
　pests and diseases病虫害235, 664, 668
　planting种植234
　planting pot-grown dahlias种植盆栽大丽花234
　planting rooted cuttings种植生根插条234
　planting tubers种植块茎234
　propagation繁殖235
　showing dahlias展示大丽花235
　stopping and disbudding摘心和除蕾234
　summer feeding夏季施肥234~235
daikon萝卜524
daisies31, 181, 203, 246
　container gardening盆栽园艺318, 323, 324, *324*
　in lawns在草坪上257
　in meadows在草地中260
　mowing割草262
　weedkillers除草剂654
daisy grubbers掘根器531, *531*, 653
Damask roses大马士革蔷薇156, 159, 160, 168, 171
damp conditions, cacti and succulents for潮湿条件, 适宜的仙人掌和其他多肉植物352
damping down洒水降温361, *553*, 554
damping off猝倒病482, 640, *640*, **663~664**
　annuals and biennials一二年生植物217
　visual guide to damage caused by损害图示*657*, 658
damsons达姆森李子**423~426**
dandelions蒲公英23, 196, 247, 495, **499**, 649, *651*
　mowing割草262
*Daphne*瑞香74, 124
　D. × *burkwoodii* 'Somerset' '萨默塞特' 伯氏瑞香111
　*D. cneorum*欧洲瑞香279
　*D. collina*地中海瑞香279
　D. × *hendersonii*亨氏瑞香279
　*D. sericea*绢毛瑞香615
　seeds种子601
datum lines基准线62
　measuring from从基准线测量62, *62*
*Daucus carota*胡萝卜263, **522**
daughter bulbs "姊妹球根" 622
day lily萱草183
daylength白昼长度**54**
　growing vegetables种植蔬菜472
daylight白天54

dead nettle野芝麻181
deadheading摘除枯花*343*
　　annuals and biennials一二年生植物217, *217*
　　bulbous plants球根植物236
　　climbers攀缘植物145, *146*
　　container-grown plants盆栽植物343
　　herbs香草394
　　perennials宿根植物194~195
　　roses月季167
　　shrubs灌木120
deadnettle野芝麻31, 74
*Decaisnea*猫儿屎属124
deciduous plants落叶植物52
　　coppicing and pollarding平茬和截顶126
　　cuttings插条121
　　foliage叶片113
　　pruning修剪106, 122~126, *123, 125*, 129
　　screening with deciduous climbers用落叶攀缘植物遮蔽138
　　trees乔木99, 101
　　又见各物种
decks木板15, 569~570
　　applying stains使用染色剂570
　　maintenance维护570
　　parquet decking镶木铺装570
　　slatted decking木板铺装570
　　supports for支撑结构570
　　timber for木材570, *570*
deep-water plants深水植物296, 308, 311, *311*
deer鹿402, 481, **664**
degradable pots and pellets可降解花盆和小筒543, *543*
dehiscent fruit开裂果*680*
*Delosperma*露子花属632
　　*D. cooperi*丽晃350
　　*D. nubigenum*云雾露子花79
*Delphinium*翠雀属38, 75, 177, *178, 179*, 181, 603, 613
　　D. 'Blue Nile' '蓝色尼罗河' 翠雀180
　　cutting back剪短195, *195*
　　staking立桩支撑177, 195, *195*
deltamethrin溴氰菊酯648
*Dendrobium*石斛属372
　　D. Happiness '幸福' 石斛*373*
　　*D. nobile*石斛372
　　propagating繁殖374, *375*
depth, adding with colour用色彩增加深度73, 76
*Deschampsia*发草属25, 197
　　D. flexuosa 'Tatra Gold' '塔特拉黄金' 曲芒发草*197*
desert climates沙漠气候24, 52

desert gardens沙漠花园25, 350
　　planting cacti and succulents in种植仙人掌和其他多肉植物353
*Desfontainia spinosa*枸骨叶119
design设计
　　assessing the existing garden评估现有花园46~51
　　boundaries and structures边界和结构49
　　climate and the garden气候和花园52~55
　　design considerations设计上的考虑因素34~35
　　formal garden styles规则式花园风格36~37, 68~69, *68*
　　garden features花园景致50
　　importance of garden design花园设计的重要性34~35
　　informal garden styles自然式花园风格38~39, 68, *68*, 69
　　people-orientated gardens以人为本的花园40~41
　　plant-orientated gardens以植物为本的花园42~43
　　planting bedding plants to a design按照设计种植花坛植物213, *213*
　　putting plans into practice付诸实践66~67
　　remodelling in stages实施阶段的改动66~67
　　stylized gardens风格化花园44~45
　　surfaces, paths, and level changes表面、道路和水平变化48
　　sustainability by通过设计实现可持续性19, 51
*Deuterocohnia*德氏凤梨属366
*Deutzia*溲疏属76, 111, 117, 119, 125
　　pruning修剪*129*
devil's coach-horse beetle异味迅足甲59
*Dianthus*石竹属79, 176, 181, **190~191**, 270
　　*D. alpinus*高山石竹271~72, 273, 274
　　D. a. 'Joan's Blood' '琼之血' 高山石竹*272*
　　*D. barbatus*须苞石竹190
　　D. 'Bombardier' '军士' 石竹273
　　D. 'Cartouche' '花边' 石竹*190*
　　*D. chinensis*石竹190
　　D. 'Clara' '克莱拉' 石竹*190*
　　*D. deltoides*西洋石竹79, *79*, 274
　　D. 'Doris' '海牛' 石竹*190*
　　D. 'Grey Dove' '灰鸽子' 石竹*191*
　　*D. haematocalyx*红萼石竹*272*
　　D. 'Hannah Louise' '汉娜·路易丝' 石竹*191*
　　D. 'Mars' '火星' 石竹271~272

　　*D. microlepis*小苞石竹274
　　D. 'Musgrave's Pink' '马斯格拉夫' 石竹*190*
　　D. 'Pink Kisses' '粉色的吻' 康乃馨*190*
　　D. 'Souvenir de la Malmaison' '马尔迈松纪念' 石竹*190*
　　indoor gardening室内园艺364
　　supports 335
diaries, planting种植日记476
diascias双距76
dibbers戳孔器*541, 541*
dicamba麦草畏654
Dicentra spectabilis 'Alba' 白花荷包牡丹73
*Dichondra micrantha*马蹄金242, 266
*Dicksonia antarctica*澳大利亚蚌壳蕨88
dicotyledons双子叶植物681, *681, 682*
dieback枯梢病131
　　ash dieback disease白蜡枯梢病19, 647, **659**
　　fruit trees果树407
　　rose dieback月季枯梢病168, 169, 658, **673**
*Dierama pendulum*俯垂漏斗花223
digging掘地23, 27, 585, *585*, 586
　　digging correctly正确地挖掘528
　　double digging双层掘地586, *586*
　　improving soil fertility提升土壤肥力21
　　simple digging简单掘地585
　　single digging单层掘地585, 586
　　spades铁锹529, *529*
　　weeds and杂草和掘地475
　　when to dig何时掘地585
　　又见no-dig cultivation
digging hoe掘地锄530, *530*
*Digitalis*毛地黄属31, 59, 196
　　*D. purpurea*毛地黄30, *39*, 159, 202, 204, *204*
　　mixed borders混合花境204, *204*
　　self-sown seedlings自播幼苗217
　　transplanting移植187
dill莳萝385, **387**, *387*
dioecious plants雌雄异株植物458, 681
*Dionysia*垫报春属289
　　*D. aretioides*裂瓣垫报春*291*
*Diospyros*柿树属
　　*D. kaki*柿子**436**
　　*D. virginiana*君迁子（黑枣）436
*Dipelta*双盾木属125
*Diplotaxis tenuifolia*薄叶二行芥499
*Dipsacus fullonum*起绒草29
disabled gardeners残疾园丁
　　ponds池塘294

raised beds抬升苗床284, 386, 475, 577
disbudding除蕾
　　*Chrysanthemum*菊属188, 189, *189*
　　*Dahlia*大丽花属234, *234*
　　pinks and carnations石竹和康乃馨190, *190*, 191
*Disanthus*双花木属124
diseases病害19, **643~648**
　　annuals and biennials and一二年生植物和病害217
　　and apples和苹果树412
　　and bamboo和竹类132
　　biological control of生物防治647
　　and brassicas和芸薹属蔬菜476
　　and bulbs和球根植物238
　　climate change and气候变化和病害14, 24, 25
　　container gardening盆栽园艺343
　　controlling控制23
　　crop rotation and轮作和病害476
　　and dahlias和大丽花属植物235
　　definition of定义643
　　disease-resistant plants抗病植物25
　　effect of global warming on全球变暖的影响53
　　and fruit和果树406
　　fungal diseases真菌病害54
　　and grapes和葡萄439
　　greenhouses温室557, *557*
　　and hostas和玉簪属植物193
　　humidity and湿度和病害553
　　indoor gardening室内园艺378~379
　　awns草坪254, 257
　　and lilies和百合属植物233
　　non-pesticide controls无农药防治645~647
　　notifiable需申报的病害647
　　and onions和洋葱476, 513
　　and peaches和桃树428
　　and pears和梨树420
　　and perennials和宿根植物196
　　and pinks and carnations与石竹和康乃馨191
　　and plums和李树424
　　and potatoes和马铃薯526
　　prevention of problems预防问题出现23, 644
　　and raspberries和树莓451
　　resistant plants抗性植物644
　　and rock plants和岩生植物287
　　and roses和月季168
　　and shrubs和灌木121
　　sterilizing soil土壤消毒585
　　and strawberries和草莓446, 447 and
　　vegetables蔬菜481~482

and water gardens和水景园313
and waterlogged soil和涝渍土壤588
and wind和风54
又见各病害
*Disocactus flagelliformis*细柱孔雀351
disorders生长失调
　defifinition of定义643
　non-pesticide controls无农药防治645~647
　prevention of problems预防问题出现644
　又见各种生长失调
displaying plants展示植物
　alpines高山植物289, *289*
　containers容器42, 44, 331
　displaying plants in conservatories在保育温室中展示植物361
　displaying plants in greenhouses在温室中展示植物558, *558*
　displaying plants indoors室内展示植物*358~364*
　epiphytes附生植物366, *373*
　*Tillandsia*铁兰属366
distance, colour and距离，色彩和73, 76
ditches排水沟589
diversity, plant多样性，植物679
　preserving保护植物多样性19
division分株622, **628~630**
　cacti and succulents仙人掌和其他多肉植物*632~633*
　clump-forming offsets簇生吸芽632, *632*
　fibrous-rooted plants纤维状根植物629
　fleshy-rooted plants肉质根植物629~630
　hostas玉簪属植物193, *193*
　offset tubers吸芽块茎632, *633*
　orchids兰花375, *375*
　peonies芍药630, *630*
　perennials宿根植物177, 186, 628, 629
　plants with fibrous or creeping roots拥有纤维或匍匐状根的植物631
　propagating perennials by分株繁殖宿根植物*628*, 629
　replanting and aftercare重新栽植和后期养护630
　rhizomatous plants根状茎植物629, 631, *631*
　rhubarb大黄*519*
　rock plants岩生植物288
　rooted suckers生根萌蘖条628, *628*
　rootstock砧木632~633, *632, 633*
　roses月季630, *630*
　runners and plantlets走茎和小植株631

shrubs灌木121
turions膨胀芽631
water lilies睡莲299, *299*
water plants水生植物313, **631**
when to divide何时分株629
DNA, Genetically Modified Organisms (GMO) DNA, 转基因生物600
dock酸模23, 59, 247, 258, 649, *651*
dog damage狗造成的损害**662**
　visual guide to damage损害图示*658*
dog lichens地卷属**664**
dog's-tooth violet猪牙花181
dogwood梾木属40, 72~73, 77, 111, 114
　Chinese dogwood四照花83
　French layering法式压条609~610
　stooling培土压条609
dolichos beans紫花扁豆**509**
dollar spot币斑病*658*, **664**
dormancy休眠53, 56
　breaking seed dormancy打破种子休眠602
　double dormancy双重休眠603
*Doronicum*多榔菊属31, 180
　*D. orientale*东方多榔菊176, 183
dorotheanthus彩虹花206
double chip-budding双重嵌芽接422
double grafting双重嫁接422
double guyot双重居由式*442~443*, 444
doves鸽子30
downy mildew霜霉病24, **664**
　perennials and宿根植物和霜霉病196
*Dracaena*龙血树属15, *378*
　D. fragrans Demerensis Group 'Lemon Lime' 竹蕉群香龙血树'柠檬来檬' 369
　D. f. 'Warneckei' '沃尼克'香龙血树*377*
　*D. sanderiana*银纹龙血树*371*
　pruning修剪380
dragonflies蜻蜓40, 306, 307
drainage排水*16*, 54, 403, **588~589**
　container gardening盆栽园艺341, *341*
　improving改善排水59, 60, 589
　lawns草坪247
　patios and terraces露台和台地563, *563*
　poor drainage排水不良588
　rock gardens岩石园278~279
　soil types and土壤类型和排水58, 59, 60
　vegetable gardens蔬菜园472
drains排水系统589, *589*
　installing in a lawn在草坪中安装248, *248*
draw hoe薅锄530, *530*
annuals一年生植物206, 207
perennials宿根植物184

dried flowers干花
drills, sowing in条播478, *478*
drip feed water systems滴灌系统*539*, **539**, 596, *597*
drives车行道60
　asphalt沥青571
　concrete drive foundations混凝土基础564
　foundations基础563~564
　materials and designs材料和设计571
　permeable可渗的*16*
　resin-bound树脂黏合的571
drought干旱14, 18, 24, 25, **54**, 56, 588, **664**
　container gardening盆栽园艺323
　drought-resistant plants耐旱植物26, 27, 596
　drought-resistant shrubs耐旱灌木117
　drought-tolerant grasses耐旱禾草253
　drought-tolerant plants耐旱植物23, 24, 26, 194, 323
　effect on trees对乔木的影响24
　visual guide to flower damage caused by drought干旱对花的损害图示*656*
　visual guide to leaf damage caused by drought干旱对叶的损害图示*656*
　visual guide to plant damage caused by drought干旱对植株的损害图示*658*
　water features水景295
　watering浇水194
dry mortar干砂浆569
dry-stone walls干垒石墙274, *274*, 576
　building a dry-stone retaining wall建造干垒石墙284
　planting in在干旱条件下种植284, *284*
Dryas cuttings仙女木插条288, *288*
*Dryopteris*鳞毛蕨属198
　*D. filix-mas*欧洲鳞毛蕨680
duckweed浮萍309, 312, 654
Dutch elm disease荷兰榆树病**664**
　visual guide to damage caused by损害图示*658*
Dutch hoe荷兰锄530, *530*
dwarf beans低矮豆类483
dwarf conifers低矮松柏类90, 114
dwarf shrubs低矮灌木113
*Dyckia*雀舌兰属366

E

earthworms蚯蚓16, 20, 27, 28, 59, *59*, 471, **664**
　in lawns在草坪中253, 257
　in vegetable gardens在蔬菜园中471, 472
earwigs蠼螋646, **664**
　dahlias大丽花235
　earwig traps蠼螋陷阱*645*
　and hostas和玉簪属植物193
　visual guide to flower damage caused by对花的损害图示*656*
　visual guide to leaf problems caused by对叶的损害图示*655*
eating areas用餐区域40, *40, 41*
*Eccremocarpus scaber*智利悬果藤140, 205, 217
*Echeveria*拟石莲花属348, 350, 351
　cuttings插条621
*Echinacea*松果菊属27, 29, 31, 264
　*E. purpurea*紫松果菊180
*Echinocactus grusonii*金琥349
*Echinocereus*鹿角柱属350
　*E. viridiflorus*青花虾351
　planting种植354
*Echinops*蓝刺头属265
*Echinopsis*仙人球属
　*E. chamaecereus*白虾351, 639
　*E. spachiana*黄大文字*633*
　grafting嫁接639
*Echium*蓝蓟属
　*E. candicans*光亮蓝蓟89
　*E. pininana*牛舌草89
ecosystems生态系统13, 21, 22
　ecosystem engineers生态系统工程师30
　soil health土壤健康20
edelweiss高山火绒草270
edges边缘
　bricks and pavers砖和铺装块569
　crazy paving不规则铺装566
　cutting lawn edges切割草坪边缘250, 253, *253*
　edging paths道路的边缘控制573
　lawn edging草坪修边244, 250, 253, *253*, 257, 536
　pond edges池塘边缘303, *303*, 306
　repairing damaged lawn edges修补受损的草坪边缘257
edging tools修边工具253, *253*, **536**, *536*
edible landscaping可食地景472
eelworms线虫59, 458, 476, 482, **664**
　leaf and bud eelworms叶芽线虫668
　Narcissus eelworm水仙线虫**669**
　passion fruit西番莲445
　and phlox和福禄考619
　potato cyst eelworms马铃薯囊肿线虫**672**
　root-knot eelworms根结线虫459, **673**
　visual guide to problems caused by损害图示*655, 658*

eggplants (aubergines) 茄子506~507
Eichhornia crassipes 凤眼莲294, 310, 631
Elaeagnus pungens 'Maculata' 金心胡颓子74
elder 接骨木654
    common elder 西洋接骨木599, 649
elderly gardeners 老年园丁
    ponds 池塘294
    raised beds 抬升苗床284, 386, 475, 577
electric heaters 电加热器550, 551
electric tools, rechargeable 电动工具，充电式528
electrical safety 用电安全534
Elettaria cardamomum 小豆蔻386
elm, Dutch elm disease 榆树，荷兰榆树病664
Elymus 披碱草属
    E. repens 匍匐披碱草246, 247, 586, 593, *651*
    E. smithii 史密斯披碱草246
embedded seeds 包衣种子478
Embothrium coccineum 筒瓣花93
embryos 胚胎600
Encarsia formosa 温室粉虱恩蚜小蜂647, *647*
endangered species 濒危物种19, *19*
endives 苦苣494~495
    blanching 遮光黄化494~495, *494*
    forcing 促成栽培483
English ivy 洋常春藤15
English roses 英格兰月季157
    pruning 修剪172
Enkianthus 吊钟花属119, 124
entertaining 娱乐40, *40*
    people-orientated gardens 以人为本的花园40, *41*, 45
environment 环境
    enhancing 改善环境34
    environmental role of gardens 花园的环境作用14~16
epicormic shoots 徒长枝96, 101
Epidendrum 树兰属375
epigeal germination 子叶出土型萌发603, *603*
Epimedium 淫羊藿属74, 183
    E. × *youngianum* 'Niveum' 雪白淫羊藿*183*
Epiphyllum 昙花属351
    E. crenatum 圆齿昙花*348*
    cuttings 插条619, 621
    pests and diseases 病虫害663
epiphytes 附生植物355
    apical-wedge grafting 劈接639
    compost 基质373
    displaying 展示366, *373*
    offsets of 吸芽367
    orchids 兰花359, 372, *372*, 373, *373*
    as pot plants 作为盆栽植物366
    potting 上盆*373*
    watering 浇水367
Episcia 喜荫花属359, 379
equinoxes 春秋分74
equipment and tools 装备和工具**527~543**
    brushcutters 灌木切割机**536**, *536*
    bulb planters 球根种植器541
    buying and using 购买和使用**528**
    chainsaws 电锯**534**, *534*
    cleaning 清洁528
    compost bins and hot composters 堆肥箱和高温堆肥箱540
    cultivation tools 栽培工具**529~531**
    dibbers and widgers 戳孔器和小锄子541
    edging tools 修边工具**536**, *536*
    fertilizer spreaders 撒肥机**537**, *537*
    forks 叉子**529**, *529*
    garden knives 园艺刀**533**, *533*
    garden lines 园艺线**541**, *541*
    garden rollers 园艺滚筒536
    garden shears 园艺大剪刀**533**, 533
    garden sprinklers 园艺喷雾器**539**, *539*
    general garden equipment 常用园艺装备**540~543**
    gloves 手套**541**, *541*
    hand forks 手叉**530**, *530*
    hand-weeding tools 手动除草工具**531**, *531*
    handles and hilts 把手和手柄**529**, *529*
    hedgetrimmers 绿篱机**534**, *534*
    hiring 租用528
    hoes 锄子**530**, *530*
    hole borers 打孔机**578**
    hosepipes 软管**538**
    incinerators 焚化炉540
    kneelers and knee pads 跪垫和护膝**540**, *540*
    labels and markers 标签和标记**542**, *542*
    lawncare tools 草坪养护工具**536~537**
    lawnmowers 割草机**535**, *535*
    long-handled lawn shears 长柄草坪大剪刀**536**, *536*
    long-handled pruners or loppers 长柄修枝剪**532**, *532*
    manual cultivators 手动耕耘机**531**, *531*
    metal tools 金属工具529
    netting 网**542**, *542*
    nylon-line strimmers 尼龙线草坪修剪器**536**, *536*
    planting and sowing aids 种植和播种辅助工具**541**
    plastic bags 塑料袋540
    pots, trays, and growing media 花盆、托盘和生长基质**543**
    powered cultivators 机动耕耘机**531**, *531*
    powered pruners and loppers 机动修剪工具和长柄修枝剪**534**, *534*
    pruning and cutting tools 修剪和切割工具**532~534**
    pruning saws 修剪锯**533**, *533*
    rain gauges and weather stations 雨量计和气象站**541**, *541*
    rakes and aerators 耙子和通气机**530**, *530*, 537, *537*
    safe use of 安全使用**528**, *528*
    secateurs and snips 修枝剪和小剪**532**, *532*
    seed sowers and planters 播种工具541
    seep hoses 渗透软管**539**
    shafts and heads 杆和头530
    sheets and bags 席子和袋子540
    shredders 粉碎机**540**, *540*
    sieves 筛子**541**, *541*
    spades 铁锹**529**, *529*
    sprayers 喷雾器**538**, *538*
    sprinklers 喷灌器**539**, *539*
    strimmers 尼龙线草坪修剪器**536**, *536*
    sweepers and blowers 扫叶机和吹叶机**537**, *537*
    thermometers 温度计**541**, *541*
    ties and supports 绑结和支撑**542**
    tree pruners 乔木修枝剪**533**, *533*
    trickle/drip feed systems 滴灌系统**539**, *539*
    trowels and hand forks 小泥铲和手叉**530**, *530*
    water butts 集雨桶**538**
    watering aids 灌溉工具**538~539**
    watering cans 洒水壶**538**, *538*
    wheelbarrows 手推车**540**, *540*
Equisetum arvense 问荆650, *651*
Eranthis 菟葵属114
    E. hyemalis 冬菟葵75, 180, 182, 221
Eremochloa ophiuroides 假俭草244
Eremurus 独尾草属179
    prairie planting 北美草原式种植264
Erica 欧石南属59, 90, 113, 119, 121, 126, 151
    E. arborea 欧石南117
    E. carnea 春石南*116*
    E. cinerea 灰色石南117
    dropping 坑埋压条609
    in windowboxes 在窗槛花箱中224
Ericaceous compost 喜酸植物基质*332*, 333, 335
    perennials 宿根植物187
Ericaceous plants 喜酸植物273
    beds for 喜酸植物苗床285
    raised beds 抬升苗床577
Erigeron 飞蓬属180
Erinus alpinus 'Dr Hähnle' 黑恩莱博士'狐地黄273
Eriobotrya japonica 枇杷88, 460~461
Erodium cuttings 牻牛儿苗属植物插条288, *288*
erosion 土壤侵蚀20, 25, 27
Eruca vesicaria subsp. *sativa* 芝麻菜499
erugala 芝麻菜499
Eryngium 刺芹属179, *181*
    E. agavifolium 锯叶刺芹89
    E. yuccifolium 丝兰叶刺芹265
Erysimum 糖芥属203, 205, 221
    E. cheiri 桂竹香31, 324
    E. c. Fair Lady Series 美女系列桂竹香320
    clearing 清理217
    container gardening 盆栽园艺338
Erythronium 猪牙花属181, 223, 622
    E. oregonum 俄勒冈猪牙花228
    bulbs 球根228, 624
Escallonia 南鼠刺属111, 127, 599
Eschscholzia 花菱草属204, 205, *211*
    E. californica 花菱草*180*
    self-sown seedlings 自播幼苗216, *217*
espaliers 树墙99, 101, *398*, 399, *399*
    apples 苹果树418~419, *418*
ethics 环境伦理
    ethical materials 合乎环境伦理的材料17
    ethical plants 合乎环境伦理的植物18
etiolation 黄化609, **664**
Eucalyptus 桉属24, 84, 92
    E. dalrympleana 山桉*85*, 102
    E. ficifolia 美丽桉94
    E. globulus 蓝桉102
    E. gunnii 冈尼桉95, 102
    E. pauciflora 疏花桉95, 102
    E. p. subsp. *niphophila* 雪桉*85*
    roots 根系96
Eucomis 凤梨百合属89, 222, 225
Eucryphia 蜜藏花属124
    E. × *nymansensis* 灰岩蜜藏花*85*
Euonymus 卫矛属76, 119
    E. alatus 卫矛*72*, 112
    E. europaeus 欧洲卫矛30
    E. fortunei 扶芳藤113
    E. f. 'Emerald Gaiety' '丽翡翠'扶芳藤*120*, 325
    E. f. 'Emerald 'n' Gold' '金翡翠'扶芳藤*120*

索引

E. f. 'Silver Queen' '银后' 扶芳藤113
E. f. 'Sunspot' '金斑' 扶芳藤116
E. phellomanus 栓翅卫矛73
  pruning 修剪122
Eupatorium cannabinum 大麻叶泽兰30
Euphorbia 大戟属24, 44, 75, 348, 350
  E. amygdaloides 扁桃叶大戟181
  E. candelabrum 灯台大戟350
  E. characias 轮叶大戟77
  E. c. subsp. *wulfenii* 常绿大戟182
  E. cyparissias 'Fens Ruby' '芬斯·露比' 柏大戟183
  E. mellifera 蜜腺大戟113
  E. myrsinites 铁仔大戟183
  E. polychroma 金苞大戟31
  E. pulcherrima 一品红380
  cuttings 插条621
Euphrasia 小米草属260, 263
European continent 欧洲大陆52
European Welsh onions 葱**514**
evaporation 蒸发54
evergreen plants 常绿植物84
  climbers 攀缘植物141
    foliage 叶片140
    as ground cover 作为地被植物138
    planting outdoors 室外种植143
    pruning 修剪149
    screening with 用攀缘植物遮蔽138
    supports for 支撑物139
    wildlife 野生动物136
  container gardening 盆栽园艺323
  formal gardens 规则式花园36
  perennials 宿根植物182
  pruning 修剪99, 100, 101, 106
  root-balled trees 坨根乔木92
  shrubs 灌木
    container gardening 盆栽园艺114, 325
    cuttings 插条121
    as design features 作为设计特征111
    foliage 叶片113
    ground cover 地被植物116
    protecting 保护119
    pruning 修剪122, 126~127, *127*, 129
    semi-ripe cuttings 半硬枝插条615
    topiary 树木造型130
    transplanting 移植121
  topiary 树木造型72
  transportation shock 运输冲击93
  in winter 在冬季72
  又见各物种
excavations 挖掘67
exhibition plants 展览植物
  pinks and carnations 石竹和康乃馨191, *191*
  roses 月季173

sweet peas 香豌豆209
Exochorda 藻百年属125
exotic plants 异域风情植物35, 88~89
exposed sites 暴露位置
  annuals and biennials for 适宜的一二年生植物207
  bulbs for 适宜的球根植物225
  perennials for 适宜的宿根植物184
  rock plants for 适宜的岩生植物275
  shrubs for 适宜的灌木115
extinct species 灭绝物种19
extractor fans 排风扇552
eyebright 小米草260, 263
eyesores, disguising 难看景观, 遮掩72

F

F1 hybrids F1代杂种18, 478, 601
  Brussels sprouts 球芽甘蓝488, *488*
F2 hybrids F2代杂种601
Fagopyrum esculentum 荞麦654
Fagus 山毛榉属59, 84, 92, 601
  F. grandifolia 北美山毛榉93
  F. sylvatica 欧洲山毛榉93
  F. s. 'Purpurea Pendula' 紫叶垂枝欧洲山毛榉86
fairway crested wheatgrass 冰草246
fairy moss 细叶满江红310
Fallopia 何首乌属
  F. baldschuanica 巴尔德楚藤蓼138, 147
  F. japonica 虎杖651
  pruning 修剪147
family 科682
fan-training 扇形整枝
  acid cherries 欧洲酸樱桃*434*, 435
  apples 苹果树417
  apricots 杏树431
  figs 无花果树437, *438*
  fruit 果树399, *399*
  peaches 桃树*429*, 430, *430*
  plums 李树*425*, 426
  red-and whitecurrants 红醋栗和白醋栗454
  sweet cherries 欧洲甜樱桃432
  shrubs 灌木127, *127*
  trees 乔木101
fan ventilation systems 风扇通风系统551, 552
Fargesia 箭竹属133
  F. robusta 拐棍竹*132*, 133
  F. rufa 青川箭竹133
fasciation 扁化**665**
Fascicularia bicolor 束花凤梨366
fat-hen 藜247
Fatsia 八角金盘属

F. × *fatshedera* 88
F. japonica 八角金盘88, 89, 113, 321, 358, 359
F. j. 'Variegata' '白斑叶' 八角金盘116
F. polycarpa 多室八角金盘88
fatty acids, pesticides 脂肪酸, 农药648
fava beans 蚕豆512
feathered trees 羽毛状苗木93
  feathered maiden trees 一年龄羽毛状苗木404, 407
  pruning 修剪99, 100, *100*
  pruning to form 修剪成形408
features, garden 景致, 花园35, **50**
  accentuating 突出48
  Greek and Roman 古希腊和古罗马36
  highlighting 强调72
  repurposing 改变用途46, *46*
fedges 栅篱138
feeding 施肥
  annuals and biennials 一二年生植物216
  cacti and succulents 仙人掌和其他多肉植物355
  climbers 攀缘植物145
  container vegetables 盆栽蔬菜341
  dahlia 大丽花234~235
  hanging baskets 吊篮339
  orchids 兰花374
  organic and homemade liquid feds 有机液态肥料和自制液态肥料342
  patio fruit 盆栽水果328
  rock plants 岩生植物286
  roses 月季167
  shrubs 灌木120, 122
  water lilies 睡莲299
Felicia bergeriana 伯氏蓝菊327
fences 栅栏562, **578~581**
  animal-proofing 阻挡动物402
  assessing 评估49
  climbers on 攀缘植物136~138
  closeboard fencing 密板栅栏580
  cost of 成本49
  fence types 栅栏类型578, *578*
  frost pockets 霜穴53
  growing fruit against 依靠栅栏种植果树401, *401*
  height of 高度49
  hole borers 打孔机578
  laws on fences 相关法规580
  maintenance 维护580
  materials 材料49
  metal post supports 金属柱架579~580, *579*
  panel fences 嵌板栅栏578~579, *579*
  planting fruit trees near 在旁边种植

果树404, *404*
rain shadow 雨影区*54*, 143, 185, 320
sloping ground 坡地580, *580*
south-facing 朝南55
stepped fences 台阶式栅栏580, *580*
trellis 框格棚架142, 581, *581*
vertical gardening 垂直园艺15, 16, 79, *79*
  as windbreaks 作为风障55, *55*, 473, 578, *599*
  wood preservatives 木材防腐剂580
fennel 茴香21, 176, 179, 265, 384, **388**, *388*
  Florence fennel 意大利茴香472, **518~519**
ferns 蕨类*38*, *43*, *45*, 54, **198~199**, 221
  bird's nest fern 巢蕨198
  bog gardens 沼泽园310
  container gardening 盆栽园艺323, 329
  cultivation 栽培198
  fernery 蕨类植物区72
  frost protection 防冻保护599
  as ground cover 作为地被植物183
  hanging baskets 吊篮362
  hardy ferns 耐寒蕨类198
  indoor gardening 室内园艺359, 363, *371*, 552
  light requirements 光照需求552
  maidenhair ferns 铁线蕨198, *362*
  propagation by bulbils 用珠芽繁殖198, *198*, 199
  propagation by spores 用孢子繁殖199, *199*
  rabbit's foot fern 金水龙骨198
  royal fern 欧紫萁198
  shield ferns 耳蕨198
  shuttlecock fern 荚果蕨73
  tender tropical ferns 不耐寒的热带蕨类198
  woodland gardens 林地花园181
ferric phosphate 磷酸铁648
ferrous sulphate 硫酸铁654
fertilizers 肥料20, **590~591**
  applying 施加肥料591, *591*
  broadcast fertilization 撒肥591, *591*
  bulbous plants 球根植物236, 238
  bulky organic fertilizers 大块有机肥料590
  comparing fertilizers 比较肥料590
  concentrated organic fertilizers 浓缩有机肥料590
  container gardening 盆栽园艺333, 334, 342
  controlled-release fertilizers 缓释肥590~591, *591*

fertilizer placement肥料的放置591, *591*
fertilizer spreaders撒肥机537, **537**
fruit and水果和肥料405
green manures and绿肥和肥料591
hanging baskets and吊篮和肥料339
herbs and香草和肥料392
indoor gardening and室内园艺和肥料376
lawns and草坪和肥料242, 246, 248, 253~254
John Innes compost约翰英纳斯基质332
liming施加石灰591
liquid fertilizers液态肥料342, 591, *593*
nutrient content of养分含量590
organic and homemade liquid feeds有机液态肥料和自制液态肥料342
perennials and宿根植物和肥料194
pond algae and池塘藻类和肥料312
roses and月季和肥料167
for shrubs用于灌木120, 122
slow-release缓释肥*333*
soluble inorganic fertilizers可溶性无机肥料590
types of类型590~591
vegetables蔬菜481
fescues羊茅244, 245, 246
pH levels pH值247
*Festuca*羊茅属197, 244
　*F. arundinacea*苇状羊茅245
　*F. glauca*蓝羊茅79, 197, 318
　F. g. 'Elijah Blue' '青狐' 蓝羊茅77
　*F. ovina*羊茅245
　*F. rubra*紫羊茅245
　*F. r. commutata*细羊茅245
　*F. r. litoralis*细长匍匐紫羊茅245
　*F. r. rubra*匍匐紫羊茅245, 246
feverfew短舌菊蒿202, 385, **391**, *391*
fibreglass liners玻璃纤维衬垫301, 302
fibreglass pots玻璃纤维花盆331
fibrous-rooted plants, dividing纤维状根植物, 分株629
*Ficus*榕属362
　*F. benjamina*垂叶榕*368*, 380
　*F. carica*无花果86, **437**~**438**
　*F. deltoidea*圆叶榕362
　*F. elastica*印度橡胶树358, 376, *376*, *380*, 610
　*F. lyrata*琴叶榕362
　F. pumila 'Variegata' '斑纹' 薜荔 *370*, 378
　cuttings插条617
　cleaning plants清洁植株376, *376*
　pruning修剪380

field bindweed田旋花649, *651*
field plans测量图63
　transferring to squared paper转移到图纸上63
field poppy虞美人29
field woodrush地杨梅650, 652
figs无花果24, 86, 328, *328*, 398, **437**~**438**, 628
　bushes灌木式果树437, *437*
　common fig无花果398
　container-grown盆栽402
　fan-training扇形整枝437~438, *438*
　growing under cover在保护设施中种植437
　harvesting and storing收获和储藏410, 438
　pests and diseases病虫害677
　propagating繁殖406, 438
　pruning and training修剪和整枝437~438
　routine care日常养护437
　site and planting选址和种植437
figwort玄参属植物23, 31
filament花丝681
filberts大榛**467**, 628
*Filipendula*蚊子草属*177*
filler plant, annuals and biennials as 204~205一二年生植物作为填充植物
film mulches薄膜护根481, *481*
filtration, ponds过滤, 池塘304
finger-and-thumb pruning摘心整形381
fireblight火疫病627, **665**
　shrubs and灌木和火疫病121
　visual guide to damage caused by损害图示655
firethorn火棘35
fish鱼类297, 312
　pond maintenance池塘养护313
　stocking ponds with池塘养鱼296, 306, 311, *311*
fish, blood, and bone鱼血骨粉481
Fittonia albivenis Verschaffeltii Group 红网纹草378
flame creeper六裂叶旱金莲180
flat-tined lawn rake平齿草坪耙537, *537*
flea beetles跳甲482, **665**
　visual guide to damage caused by损害图示655
fleabane飞蓬植物180
fleece, horticultural绒毛织物（无纺布），园艺18, *18*, 23, 25, 26, 89, 345, *345*, 405, 599
fleece films无纺布薄膜483
fleshy-rooted plants, dividing肉质根植物, 分株629~630
floating cloches漂浮钟形罩560

floating mulches漂浮护根483, *483*, 592
floating pennywort天胡荽310
floating plants浮水植物308
　dividing分株631
flooding内涝14, 15, 16, *16*, 24, 25
　effect of on trees对乔木的影响24
　plants for适宜的植物25, *25*
　preventing防止22
　rain gardens雨水花园16, **25**, 25
Florence fennel意大利茴香472, **518**~**519**
floricanes花果枝448, 450
floss flower藿香蓟204
flowering and fruiting vegetables开花结果的蔬菜**500**~**507**
　aubergines茄子**506**~**507**
　chilli peppers辣椒500
　cucumbers and gherkins黄瓜和小黄瓜**502**~**503**
　globe artichokes洋蓟**504**~**505**
　hot peppers小米椒501
　marrows and courgettes西葫芦和小胡瓜504
　pumpkins and winter squashes南瓜和冬倭瓜503
　sweet corn甜玉米507
　sweet melons甜瓜**501**~**502**
　sweet peppers甜椒500
　tomatoes番茄**505**~**506**
　watermelons西瓜501
flowering knapweed黑矢车菊262
flowers花**681**
　annuals and biennials for提供花的一二年生植物207
　cacti and succulents仙人掌和其他多肉植物349, *349*, 352
　for children to grow适合儿童种植的花207
　Chrysanthemum flowerheads菊花花序*188*
　cut flowers切花18, *18*, 40
　　annuals一年生植物206, 207
　　bulbs球根植物222, 225
　　perennials宿根植物184
　　roses月季173
　decorative perennial装饰性宿根植物184
　dried flowers干花184, 206, 207
　　exhibiting pinks and carnations展览石竹和康乃馨191, *191*
　flower damage花受到的损伤**656**
　flower-rich lawns花朵繁茂的草坪258
　fragrant perennial芳香宿根植物184
　fragrant roses芳香月季158, 163
　grasses for欣赏花的观赏草*197*

herbs香草384
life cycle of a flowering plant开花植物的生活史682
lilies百合*233*
parts of花的部位681, *681*
pests and diseases病虫害666
prairie plantings北美草原式种植265
reproductive parts of花中的繁殖器官*600*
rose flower colour月季花色158
rose flower shapes月季花型156, *157*
shrubs灌木113~14, 115
trees乔木84
fluroxypyr氯氟吡氧乙酸654
focal points视线焦点*36*
　containers as容器319
　ornaments as花园装饰50
　palms and exotics棕榈类和异域风情植物88
*Foeniculum vulgare*茴香176, 179, **388**, *388*
　F. v. var. *dulce*意大利茴香**518**~**519**
　F. v. 'Purpureum' '紫叶' 茴香384
folding saw折叠锯*533*
foliage叶片
　adding texture with用叶片增添质感73
　annuals一年生植物203
　climbers攀缘植物140
　colour of色彩74
　golden金色87
　green绿色87
　indoor plants室内植物358
　monochrome planting design单色种植设计179
　roses月季158, 163
　shrubs灌木113, 115
　trees乔木87
foliar feeds叶面肥料167, 342, 591
food chains食物链22, 30
foot and root rot根腐病644, **665**
　root, tuber, bulb, corm, and rhizome damage根、块茎、鳞茎、球茎和根状茎损伤*657*
　stem, branch, and leaf-bud damage 茎、分枝和叶芽损伤*658*
forced bulbs已催花球根225, 232, 238
　care of养护238
　indoor gardening室内园艺359
forced fruit and vegetables促成栽培的水果和蔬菜
　chicory菊苣**495**, *495*
　rhubarb大黄519, *519*
Forestry Stewardship Council (FSC) FSC认证森林管理委员会17, 19
forget-me-nots勿忘我73, *180*, 203, 216,

221
  container gardening盆栽园艺318, 338
  cuttings插条614
  germinating萌发212
  self-sown seedlings自播幼苗217
  sowing播种211
  water gardens水景园297
forking用叉子掘地585, *585*, 650
forks叉子**529**, *529*, 586
  hand forks手叉**530**, *530*
form形态*43*
  annuals一年生植物202
  balance of平衡*45*
  indoor plants室内植物358
forma变型*682*
formal gardens and plantings规则式花园和种植
  annuals一年生植物204
  bulbs球根植物220~221
  canals and rills水渠和水沟305
  container gardening盆栽园艺316, 321
  formal garden styles规则式花园的风格**36~37, 68~69**, *68*
  hedges树篱104~105
  herbs香草386
  lawns草坪245, *245*
  modern interpretation of现代诠释*44*
  ponds池塘294
  rose gardens月季园159
  trees乔木83
*Forsythia*连翘属40, 76, 113, 117, 119, 124, 125, 221, 222
  *F. suspensa*连翘113
forsythia gall连翘瘿**665**
  visual guide to damage caused by损害图示*658*
fossil fuels化石燃料18
*Fothergilla*北美瓶刷树属119, 124
foundation planting, shrubs基础种植，灌木111
fountains喷泉294, 300
  installing kit-style cobblestone fountains安装套装式鹅卵石喷泉*305*
foxglove tree毛泡桐88
foxgloves毛地黄属植物30, *39*, 59, 159, 181, 196, 202
  mixed borders混合花境204, *204*
  self-sown seedlings自播幼苗216, 217
  transplanting移植187
foxtails粟203
*Fragaria*草莓属
  F. ×*ananassa*草莓**446~448**
  F. ×*a.* 'Pandora' '潘多拉'草莓446
  F. 'Baron Solemacher' '男爵'草莓338

*F. vesca*野草莓183
F. v. 'Semperflorens' 野草莓**448**
fragrance芳香
  annuals and biennials一二年生植物207
  climbers攀缘植物140, 141
  perennials宿根植物184
  roses月季158, 163
  shrubs灌木114, 115
frame-working框架嫁接419
frames冷床55, 544, **559~560**
  alpines高山植物**289~291**
  bulbs grown in在冷床中种植的球根植物237
  vegetables蔬菜483
frangipani鸡蛋花84
*Fraxinus*白蜡属94
  *F. excelsior*欧洲白蜡93, 95
  *F. ornus*花白蜡93
freeze-drying herbs冷冻干燥香草395
freezing冰冻53
  fruit水果410
  vegetables果用蔬菜484
French beans四季豆341, **510~511**
  pests and diseases病虫害660
  pre-germinating预萌发*510*
French drains盲沟589
French layering法式压条607, 609~610, *610*
French marigolds孔雀草204, 646, *646*
French tarragon法国龙蒿**387**, *387*, 392
frit flies瑞典麦秆蝇507
*Frithia*晃玉属632
*Fritillaria*贝母属221
  *F. imperialis*冠花贝母221
  F. i. 'Maxima Lutea' '鲁提亚极限'冠花贝母*73*
  *F. meleagris*雀斑贝母222, *222*, 258, *258*
  *F. michailovskyi*米氏贝母223
  *F. persica*波斯贝母221
  *F. raddeana*展瓣贝母*623*
  *F. recurva*曲瓣贝母238
  *F. thunbergii*浙贝母238
  *F. uva-vulpis*葡萄贝母*291*
  *F. whittallii*贝母属物种223
  growing from seed播种种植624
  planting种植229
  propagating繁殖625
  seeds种子*236*
  sowing播种623
frogbit地中海水鳖294, 306
froghoppers沫蝉**665**
  visual guide to damage caused by损害图示*658*
frogs青蛙51, 645, *645*, 646
  ponds池塘306, 307

frost霜冻24, 25, 26, 29, **53**
  container gardening盆栽园艺345
  container-grown bulbs and盆栽球根植物和霜冻232
  container-grown climbers盆栽攀缘植物145
  and cultivation和栽培53
  frost-hardy plants耐寒植物57
  frost pockets霜穴53, *53*, 55, 60
  frost protection防冻保护**598~599**
  fruit and水果和霜冻401, 405
  greenhouse plants温室植物378
  insulating against保温*598*, *599*
  mounding with mulches or soil用护根或土壤培土599
  protection against防冻保护605
  roses and月季和霜冻168, 169
  and shrubs和灌木119, 121
  and trees和乔木86, 96~97
frost alarms霜冻警报551, *551*
fruit水果，果实18, **396~467, 680~681**
  bare-root trees裸根果树*403*, 404
  bush fruits灌木果树120, 398
  buying plants and trees购买植物和树木403~404, *403*
  cane fruits茎生水果446
  changing weather patterns变化的天气模式26
  choosing fruit trees选择果树398
  choosing a site选址401~402
  climbers攀缘植物140
  collecting seeds采集种子601
  container gardening盆栽园艺328, 329, 338, 402, 403, *403*, 404, 405
  cultivars for containers盆栽品种328
  curbing excessive vigour抑制过度生长408
  "family" trees "什锦"树400, *400*, 401
  feeding施肥328
  fertilizing, mulching and watering施肥、护根和浇水405
  freezing冷冻410
  frost and wind霜冻和风401~402
  fruit cages水果笼406
  fruit in the small garden小型花园中的果树401, *401*
  fruit rots果腐病444
  fruit trees乔木水果84~85, 87, 398, **411~438**
    chip-budding嵌芽接635~636
    collections of收集42
    cultivated栽培的30
    mulching铺设护根96
    pesticides农药648
    pests and diseases病虫害678
    planting fruit trees种植乔木水果404

    selecting选择404
    trained整枝的55
  fruit types果实类型*680*
  growing under cover在保护设施中种植402
  harvesting收获410
  indoor gardening室内园艺406
  integrating fruits into the garden plan将果树融入花园设计400~401
  patio fruit盆栽水果**328**
  pests and diseases病虫害406, 660~661, 662, 663, 664, 665, 666, 669, 671, 673, 674, 676
  planning the fruit garden规划水果花园**398~402**
  planting cordons种植壁篱式果树*404*
  planting fruit bushes种植灌木果树404, *404*
  pollination授粉*400*
  preserving and bottling腌制和装瓶410
  propagation繁殖*406*
  protecting plants保护植物400, 405~406, *406*
  pruning fruit trees and bushes修剪乔木果树和灌木果树**407~409**
  renovating trees and bushes乔木和灌木果树的复壮408~409, *408, 409*
  routine care日常养护405~406
  site, soil preparation and planting现场、土壤的准备及种植**403~404**
  soft fruits柔软水果398, 403
  stakes and ties立桩和绑结405
  stone fruits核果398
  stooling培土压条609
  storing储藏410
  suckering fruit trees and shrubs萌蘖果树628
  supports for支撑物401, 403
  tender fruits热带水果398
  thinning疏果405, *405*
  training fruit trees and bushes乔木和灌木果树的整枝402, **407~409**
  underpruning and overpruning修剪不足和修剪过度407, *407, 409*
  unrestricted and trained forms自然样式和整枝样式398~400, *399*
  visual guide to damage受损图示*657*
  watering浇水328, 588, 596
  what to grow何时种植402
  又见apples; grapes, *etc*
fruiting and flowering vegetables果用蔬菜**500~507**
  aubergines茄子**506~507**
  chilli peppers辣椒**500**

cucumbers and gherkins黄瓜和小黄瓜502~503
globe artichokes洋蓟504~505
hot peppers小米椒**501**
marrows and courgettes西葫芦和小胡瓜504
pumpkins and winter squashes南瓜和冬倭瓜503
storing储存484
sweet corn甜玉米507
sweet melons甜瓜501~502
sweet peppers甜椒**500**
tomatoes番茄**505~506**
watermelons西瓜**501**
*Fuchsia*121, 124, 206
　F. 'Lady Thumb' '拇指姑娘' 倒挂金钟325
　*F. magellanica*短筒倒挂金钟31, 117
　container gardening盆栽园艺320
　hanging baskets吊篮362
　mixed plantings混合种植350
　pruning修剪128, 380, 381
　softwood cuttings嫩枝插条612
　standard specimens标准苗型植株336
　trailing蔓生206
fuchsia gall mite倒挂金钟属刺皮瘿螨**665**
Full Lorette System全洛雷特系统415
fungal diseases真菌病害24, 643
　alpine houses高山植物温室287
　aquatic plants水生植物313
　climate change and气候变化和真菌病害14
　container gardening盆栽园艺343, 345
　fungal brackets真菌子实体658, **665**
　fungal leaf diseases真菌性叶片病害473
　fungal leaf spots真菌性叶斑病191, *655*, **665**
　fungicides杀菌剂647
　humidity and空气湿度和真菌病害54
fungi真菌20, 28, *28*, 59
　fungicides杀菌剂648
　honey fungus蜜环菌97, 121, **667**
　soil土壤16
fungicides杀菌剂23, 647
　avoiding避免使用19
　damage caused by导致的损害*655*, **667**
　formulation of chemical preparations化学药剂的剂型648
　phytotoxicity植物毒性648
　systemic chemicals内吸型化学药剂648
　visual guide to damage caused by损害图示*655*
fungus gnats蕈蚊379, **665**

visual guide to damage caused by损害图示*658*
furniture, garden花园家具17
Fusarium patch雪腐镰刀菌病*675*
Fusarium wilt镰刀菌萎蔫病19, **665~666**

G

gages青李**423~426**
*Gaillardia*天人菊属202
*Galanthus*雪花莲属19, 73, 75, 114, 180, 220, 222
　*G. nivalis*雪花莲322
　G. n. 'Sam Arnott' '萨姆·阿诺特' 雪花莲*223*
　buying in the green购买绿色球根228
　growing with roses和月季种在一起160
　kokedama苔藓球322
　in lawns在草坪中266
　pests and diseases病虫害669
　planting种植229
　twin-scaling分离双层鳞片626
　woodland gardens林地花园181
*Galium*猪殃殃属
　*G. aparine*猪殃殃*650*
　*G. odoratum*香猪殃殃*388*, *388*, 392
　*G. verum*蓬子菜263
gall midges瘿蚊*656*, **666**
gall mites瘿螨*656*, **666**
gall wasps瘿蜂*656*, **666**
Gallica roses法国蔷薇156, 160, 168, 171
*Galtonia*夏风信子属221, 228
　planting种植229
　watering浇水238
games and sports areas游戏和运动区域246
garden centres, sustainable plants园艺中心,可持续植物18
garden cress水芹498
garden lines园艺线**541**, *541*
garden rake园艺耙530, *530*
garden rollers园艺滚筒536
garden shears园艺大剪刀**533**, *533*
gardens花园
　creating a garden创造花园**10~31**
　environmental role of花园的环境作用**14~16**
　measuring existing layout测量现有布局**62**
　planning and design规划和设计**32~79**
garlic大蒜**515~516**
　pests and diseases病虫害659
　storing储存484, 516

*Garrya*丝缨花属117
gas heaters天然气加热器551
*Gaultheria*白珠树属75, 119, 121, 337, 628
　*G. mucronate*短尖叶白珠树*111*
　G. m. 'Sea Shell' '海贝' 短尖叶白珠树114
　*G. shallon*柠檬叶白珠树*628*
*Gazania*勋章菊属206, 216, 225, 350
gelatinous lichens凝胶状地衣类*659*
gelatinous patch凝胶状斑块*658*
general-purpose garden knife通用园艺刀*533*
general-purpose pruning saw通用修剪锯*533*
Genetically Modified Organisms (GMO)转基因生物600
genetically modified plants转基因植物600
*Genista*小金雀属90, 111, 113
　*G. tinctoria*小金雀117
　cuttings插条611
*Gentiana*龙胆属606
　*G. verna*春龙胆271
gentians龙胆273, 606
genus属682
geotextile membranes土工布592
　geotextile matting土工织物垫306, *306*
　rock gardens岩石园*281*, 281, 285
*Geranium*老鹳草属76, 179, 180, 214
　*G. macrorrhizum*大根老鹳草183
　*G. phaeum*暗色老鹳草179, 181
　*G. pratense*草原老鹳草31
　G. 'Tiny Monster' '小怪兽' 老鹳草183
　hardy geraniums耐寒老鹳草159
　and slugs and snails与蛞蝓和蜗牛646
germander杂belong香科科386
germination萌发53, 54, 603~604, *682*
　breaking seed dormancy打破种子休眠602
　double dormancy双重休眠603
　epigeal germination子叶出土型萌发603
　light exposure光照603
　in plastic bags在塑料袋中624
　speed of germination萌发速度603~604
*Geum*路边青属31
gherkins小黄瓜**502~503**
*Gilia*吉莉草属216
ginger姜386, **391**, *391*
ginger lily姜花89
*Ginkgo*银杏属681
girasoles菊芋523
gladioli唐菖蒲221, 228

as cut flflowers作为切花222
*Gladiolus*唐菖蒲属225, 626
　*G. murielae*丽江唐菖蒲221
　planting种植229
　staking立桩支撑236
*Glaucium flavum*黄角海罂粟272
glazed ceramic pots上釉陶瓷花盆330
*Gleditsia*皂荚属86
　*G. triacanthos*美国皂荚94
　G. t. f. inermis 'Sunburst' '丽光' 无刺美国皂荚84
global warming全球变暖13, 14, 15, 53
globe artichokes洋蓟472, **504~505**
　pests and diseases病虫害505, *643*
*gloriosa*嘉兰224
gloves手套**541**, *541*
gloxinia大岩桐379, 618, 627
glyphosate草甘膦652
goji berries枸杞454, **454**
golden feverfew金叶短舌菊蒿203
golden marjoram '黄叶' 牛至386
golden willow红枝白柳85
golden yew '金叶' 欧洲红豆杉90
goldfish金鱼297
*Gomphrena*千日红属206
gooseberries鹅莓328, 398, 452, **455**
　pests and diseases病虫害455, 660
　pruning and training修剪和整枝407, 455, *455*
　training整枝399, 401
goosegrass猪殃殃*650*
gorse荆豆59
graft-hybrids嫁接杂种682
grafting嫁接98, **634~639**
　aftercare后期养护638
　apical-wedge grafting劈接*634*, 637, *639*
　cacti and succulents仙人掌和其他多肉植物**639**
　chip-budding嵌芽接*634*, *634*, 635~636, *635*
　double grafting双重嫁接422, 634
　flat grafting平接*639*, *639*
　hot-air grafts热空气嫁接641
　how to graft如何嫁接635
　saddle grafting鞍接*634*, 637, *637*
　shrubs灌木121
　side grafting侧接*639*, *639*
　side-wedge (inlay) grafting嵌接*634*, *634*, 637
　spliced side and side-veneer grafting切接和镶合腹接*634*, *634*, 636~637, *636*
　suckers萌蘗96
　T-buddingT字形芽接*634*, *634*
　tomatoes番茄506, *506*

top-grafting/top-working高接法100
vegetables蔬菜479
when to graft何时嫁接634
whip grafting镶接634, 638
whip-and-tongue舌接634, *634*, 638, *638*
grafting knife嫁接刀*533*
gramicides禾草除草剂262
granite setts花岗岩铺路石*568*
grape hyacinths葡萄风信子180, 222, *231*
container gardening盆栽园艺*330*
grapefruit葡萄柚**459**
grapes葡萄398, 401, **439~444**
dessert grapes甜点用葡萄**439~442**
growing under cover在保护设施中种植402, *402*, 406, 439~440
harvesting and storing收获和储藏410, *441*, 442, *444*
pests and diseases病虫害439, 440, 677
propagation繁殖444
pruning and training修剪和整枝440~442, *440~441*, 442~443, *443~444*
thinning疏果*439*
two-bud cuttings双芽插条*444*
varieties to try尝试种植的品种440, 442
wine grapes酿酒用葡萄**442~444**
grasses禾草72
annual grasses一年生禾草*202*, 203, 206
assessing grassed areas评估植草区域48
bulbs in grass草地中的球根植物236
container gardening盆栽园艺318, 329
cool-season grasses冷季型草244~245
creating lawns创建草坪**242~246**
drought-tolerant耐旱253
fake grass假草242
for flowers and foliage effects观赏花叶效果的*197*
grass clippings修剪草屑246, 253, 257, 593
informal gardens自然式花园39
living roofs绿色屋顶78
longer grass and grassland高草和草地242
meadows野花草地259~260
mixing long and short grass混合高草和短草242~243, *243*
naturalistic plantings自然主义种植181
ornamental观赏草24, 176, 179, **197**
paths道路475, 572
pests and diseases病虫害675

planter's guide to meadow plants野花草地植物种植者指南261
planting bulbs in在草地中种植球根植物222
prairie planting北美草原式种植177, 265
propagation繁殖197
rain gardens雨水花园25
seeding lawns播种营建草坪250~251, *251*
selecting the right grass选择合适的草245~246
soil fertility土壤肥力20
sowing grass seed播种草籽251
sowing rates播种密度251
structure of结构242
types of lawn grass草坪草的类型245
upcycling with wildflower turf使用野花草皮升级改造*260*
warm-season grasses暖季型草244
wildlife gardening野生动物园艺29, *29*, 30
又见lawns
grassing down, as weed control将杂草割短，作为控制手段650
gravel砾石*16*, 24, 27, 35, 44, 48
gravel beds and paving沙砾床和铺装272~273
gravel mulch砾石护根*26*, *26*, 333
gravel paths砾石道路572, *572*
informal gravel gardens自然式砾石花园*39*
parterres花坛花园36
planting up gravel gardens沙砾园的种植*281*
prairie planting北美草原式种植265
rock gardens岩石园280~281
steps台阶*573*
top-dressing表面覆盖592, *592*
Grecian saw希腊式锯*533*
Greece, ancient古希腊36
green manures绿肥20, *20*, 23, 27, *27*, 471~472, 591, *591*
sowing seeds播种604
green roofs绿色屋顶78
constructing and maintaining建设和维护78~79
green slime绿色粘液*658*
greenhouse gases温室气体14, 15, *15*, 17
greenhouses温室18, 49, 55, **544~558**
access出入545
alpine houses高山植物温室*43*, 225, 274, **289~291**, 372, 546, *546*
balancing the environment of a greenhouse平衡温室环境550
biological controls生物防治647

borders and growing bags边缘苗床和种植袋557, *557*
buying购买547, *547*
cacti and succulents for适宜的仙人掌和其他多肉植物351
choosing选择**546~548**
cleaning清洁561
cold greenhouses寒冷温室364, 365, 550
construction materials建筑材料547~548, *547*
conventional传统温室546
cool/frost-free greenhouses凉爽/无霜温室550
cool greenhouses凉爽温室364, 365
creating the right environment创造合适的环境**550~555**
erecting建造温室548~549
exterior maintenance外部维护561, *561*
fitting the staging安装工作台549
foundations and bases地基和基础548, *548*, 549
freestanding独立式温室545
frost protection防冻保护378
glazing镶嵌548, 549, *549*, 551, 561, *561*
greenhouse environment温室环境364
growing bulbs in greenhouse beds在温室苗床中种植球根植物224~225
growing fruit in在温室中种植水果402
growing plants in在温室中种植植物363
guttering and water storage排水槽和储藏水544, 561
heating加温364, 550, 551, 544
how a greenhouse works温室的工作原理550
humidity空气湿度378, 550, 553~554
insulation密封550, 551, *551*
interior care内部维护561
layouts布局363
lean-to greenhouses单坡面温室545, 546, *546*
lighting照明545, 550, 555
mains services水电管道545, 549
metal greenhouses金属温室547, 548, 549, 561
mini-greenhouses迷你温室546, *546*
ornamental greenhouses观赏温室363~364
pests害虫561
plant collections植物收藏*43*
plastic "polytunnel" greenhouses塑料大棚温室546, *546*

positioning位置19, 545
preparing the site准备场地548
propagation繁殖641
propagation aids繁殖设施555
raised beds抬升苗床556~557
routine maintenance日常养护**561**
shading遮阴550, 552~553, *553*, 641, 642
shelving and staging架子和工作台557~558, *557*, *558*
siting选址544~545, *545*
size尺寸546~547
specialist专用温室546
temperate greenhouses普通温室364, 365, 550
temperature温度378, 550, 552
unheated不加温温室544
using the space使用空间**556~558**
vegetables蔬菜483
ventilation通风549, 550, 551~552, *552*, 561, 641
warm greenhouses温暖温室364, 365, 550
watering浇水378, 550, 554~555
wooden greenhouses木结构温室547~549, 561
greening walls绿化墙*14*, 15
greenwood cuttings绿枝插条611, 614~615
grey mould灰霉病54, 233, **666**
container gardening盆栽园艺343
humidity and空气湿度和灰霉病553
visual guide to flower damage叶片损伤图示*656*
visual guide to fruit, berry, and seed damage果实、浆果和种子损伤图示*657*
visual guide to stem, branch, and leaf-bud damage茎、分枝和叶芽损伤图示*658*
grey water灰水18, 23, 27, 597, *597*
grit沙砾17, *332*, 333
top-dressing表面覆盖592, *592*
grooming containers整饬盆栽植物342~343
ground cover地被植物30
annuals and biennials for适宜的一二年生植物205, *205*
climbers as攀缘植物138, 139, 141
dwarf conifers低矮松柏类90
ground-cover roses地被月季**162~163**
hostas玉簪属植物192~193
ornamental ground-cover plants观赏地被植物183
perennials宿根植物**183**, 177
pruning修剪116
roses月季157, 159, 160, 318, 325

container gardening盆栽园艺206, 318, 321, 324, 325, 327, 337
cuttings插条611
as ground cover作为地被植物138
growing on buildings生长在建筑上137
growing on pergolas生长在藤架上138
indoor gardening室内园艺359
kokedama苔藓球322
ornamental观赏163
pruning修剪343
screening with用常春藤遮蔽138
site and aspect位置和朝向136
topiary树木造型130, 335
variegated彩斑140, 337
in windowboxes在窗槛花箱中224

J

*Jacaranda*蓝花楹属364
Jacob's rod日光兰39
Japanese anemones杂种银莲花76
Japanese banana芭蕉88
Japanese big-leaf magnolia日本厚朴84
Japanese bunching onions葱514
Japanese carpet grass沟叶结缕草244
Japanese cedar日本柳杉85
Japanese cherry日本樱花100
Japanese crab apple多花海棠86
Japanese gardens日式花园36, 45
Japanese holly齿叶冬青36
Japanese knotweed虎杖649, 651
Japanese lawn grass日本结缕草244
Japanese maple羽扇槭；鸡爪槭72, 83, 114, 114, 123
container gardening盆栽园艺318, 325, 326~327, 333
Japanese painted fern色叶华东蹄盖蕨192
Japanese plums中国李423
jasmine素馨属植物31, 140
growing on pergolas生长在藤架上138
pruning修剪128
scent香味140
winter jasmine迎春113, 136, 140
*Jasminum*素馨属
*J. beesianum*红素馨148
*J. humile*矮探春125
*J. nudiflorum*迎春113, 128, 136, 140
*J. officinale*素方花31, 138, 325, 368
*J. polyanthum*多花素馨140, 362
growing on pergolas生长在藤架上138
pruning修剪128
scent香味140
Jekyll, Gertrude格特鲁德·杰基尔179
Jerusalem artichokes菊芋**523**
John Innes composts约翰英纳斯基质332, 334
John Innes Horticultural Institute约翰英纳斯园艺研究所332
jostaberries杂交醋栗452
Judas tree南欧紫荆85
*Juglans*胡桃属99
*J. nigra*黑胡桃94, 466
*J. regia*核桃**466**
*Juncus*灯芯草属197
J. effusus f. *spiralis* '螺旋' 灯芯草318
*Juniperus*刺柏属93, 94, 274
J. communis 'Compressa' '津山桧' 欧洲刺柏90, 274
J. c. 'Sentinel' '哨兵' 欧洲刺柏321
*J. horizontalis*平枝圆柏90
J.×pfitzeriana 'Sulphur Spray' '洒硫金' 鹿角桧90
J. sabina 'Tamariscifolia' 叉子圆柏152
*J. scopulorum*洛基山桧24
J. s. 'Blue Arrow' '蓝箭' 洛基山桧90
J. squamata 'Blue Carpet' '蓝地毯' 高山柏111, 116, 116

K

*Kalanchoe*伽蓝菜属54, 351, 622
kales羽衣甘蓝**485**
ornamental观赏202
kalettes羽衣球芽甘蓝485, 485
*Kalmia*山月桂属119, 120
*K. latifolia*狭叶山月桂117
seeds种子601
keikis不定小植株（兰花）375
Kentucky bluegrass草地早熟禾245
*Kerria*棣棠属121, 125, 628
*K. japonica*棣棠126
kerria twig and leaf blight棣棠枝叶疫病**667**
keystones楔石279
kidney beans四季豆510~511
Kilmarnock willow '吉尔马诺克' 黄花柳83, 325
king palm假槟榔83
kingfisher daisy伯氏蓝菊327
*Kirengeshoma palmata*黄山梅181, 183
kitchen gardens厨房花园40, 44
assessing评估50
kitchen plants厨房植物359
kitchen waste厨房垃圾21
kiwi fruit猕猴桃88, 398, **444~445**
knapweed黑矢车菊29
*Knautia*蝉草属178
*K. arvensis*田野蝉草263
*K. macedonica*中欧蝉草73
kneelers and knee pads跪垫和护膝540, 540

*Kniphofifia*火炬花属180
*K. caulescens*具茎火炬花179
planting种植186
transplanting移植195
knives, garden园艺刀533, 533
knot gardens结节花园36, 69
annuals一年生植物204
knotweed, Japanese虎杖649, 651
kohl rabi茎蓝**518**
koi carp锦鲤297
kokedama苔藓球322, 322
kokuwa软枣猕猴桃444
*Kolkwitzia*125
komatsuna狸实属**491**
kumquat金橘类458, **460**

L

labels标签**542**, 542
lablab beans紫花扁豆509
*Lablab purpureus*紫花扁豆**509**
L. p. 'Ruby Moon' '露比月亮' 紫花扁豆206
*Laburnum*毒豆属85
lacewing草蛉22, 23, **645**, 646
larvae as biological control幼虫作为生物防治手段647
*Lactuca sativa*莴苣**496~497**
ladies' fingers秋葵508
ladybirds瓢虫22, 23, 29, 31, **645**, 645, 646
harlequin ladybird异色瓢虫19
lady's bedstraw蓬子菜263
lady's mantle柔软羽衣草75, 177, 179, 181
lady's smock草甸碎米芥262
*Laelia*蕾丽兰属372, 374
*Lagarosiphon major*大软骨草296, 310, 310, 311
*Lagenaria*葫芦属206
*Lagurus ovatus*兔尾草203, 216
Lambda-cyhalothrin高效氯氟氰菊酯648
lamb's lettuce莴苣缬草499
*Lamium*野芝麻属337
*L. album*短柄野芝麻31
*L. maculatum*紫花野芝麻31, 74, 181
L. m. 'Beacon Silver' '紫银叶' 紫野芝麻183, 183
*Lampranthus*日中花属349, 350
*Lamprocapnos spectabilis*荷包牡丹198
land cress高地水芹341, **498**
landscape fabric园艺织物163, 592, 592
Lantana camara 'Santana Gold' '桑塔纳金' 马缨丹323
*Lapageria*智利钟花属146

*L. rosea*智利钟花136
larch落叶松74, 681
*Lardizabala biternata*智利木通138
*Larix*落叶松属74, 681
*L. decidua*欧洲落叶松94
larkspur飞燕草204, 206, 210
supporting支撑211
lasagne planting分层种植224, 224
laterals侧枝407, 407
*Lathyrus*香豌豆属
*L. grandiflorus*大花山黧豆142
*L. latifolius*宽叶香豌豆142
*L. odoratus*香豌豆136, 137, 139, 143, 205, 206, **208~209**, 325
L. o. 'Pink Cupid' '粉红丘比特' 香豌豆208
climbing methods攀缘方法136
container gardening盆栽园艺325
growing on buildings生长在建筑上137
supports for支撑结构139, 143
lattice fencing格架栅栏578, 578
lattice pots格子花盆543, 543
laurel桂樱106, 112~113
*Laurus nobilis*月桂36, 130, 319, 386, **389**, 389
container gardening盆栽园艺325
*Lavandula*薰衣草属21, 24, 36, 73, 111, 116, 117, 159
*L. angustifolia*薰衣草**389**, 389
container gardening盆栽园艺323, 345
deadheading and pruning摘除枯花和修剪394
drought conditions干旱条件588
growing with roses和月季种在一起160
herb gardens香草花园385, 386
knots and parterres结节花园和花坛花园204
pruning修剪126
in rock gardens在岩石园中279
*Lavatera*花葵属76, 124
*L. olbia*奥尔比亚花葵31
lavender薰衣草21, 24, 36, 56, 73, 111, 116, 159, **389**, 389
container gardening盆栽园艺323, 345
deadheading and pruning摘除枯花和修剪394
drought conditions干旱条件588
growing with roses和月季种在一起160
herb gardens香草花园385, 386
knots and parterres结节花园和花坛花园204
pruning修剪126
in rock gardens在岩石园中279

semi-ripe cuttings半硬枝插条615
lawn bees草坪蜂类667~668
lawn mowers割草机242, 252
lawn rakes草坪耙537, *537*
lawn weeds草坪杂草652~654, *653*
   non-chemical removal of非化学法清除653
   preventing weeds and moss防止杂草和苔藓652~653
   removing清除653
   weedkillers除草剂653~654
lawncare tools草坪养护工具**536~537**
   edging tools修边工具**536**, *536*
lawnmowers割草机257, **535**, *535*
   manual lawnmowers手动割草机**535**, *535*
   mulching lawnmowers覆盖式割草机246, 252
   powered lawnmowers机动割草机**535**, *535*
   safety安全535
   selecting选择535
lawns草坪14, 24
   access to出入48
   aerating通气254, 255~256, *255*, 653
   annual maintenance年度养护254~255
   assessing评估48
   attracting pollinators吸引授粉者31
   bulbs in草坪上的球根植物243
   chamomile lawns果香菊草坪242, 266, 267, *267*
   clearing the site清理场地247
   climatic considerations气候上的考虑244~245
   clover三叶草246, *246*, 253
   cool-season grasses冷季型草244
   cool-season lawns冷季型草坪244~245
   creating lawns创造草坪**242~246**
   design functions设计功能243~244
   developing informal lawns开发自然式草坪**258~259**
   edging修边244, 250, 253, 253
   encouraging biodiversity促进生物多样性22
   establishing a lawn营建草坪**249~251**
   fake grass假草242
   fertilizing施肥242, 246, 248, 253~254
   firming and raking紧实土壤和耙地248
   flooding and内涝和草坪589
   games and sports areas游戏和运动区域246
   grass clippings割草草屑246, 253, 257
   heat damage损伤246, *246*
   high-quality lawns高质量草坪245, *245*
   informal gardens自然式花园38
   installing drains安装排水系统248, *248*
   lawn shape草坪形状243
   lawn weeds草坪杂草**652~654**
   leaves on草坪上的树叶21
   levelling the ground平整地面247~248, *247*, *257*, *257*
   longer grass and grassland高草和草地242
   mixing long and short grass混合高草和短草242~243, *243*
   moss lawns苔藓草坪242, 266, *266*
   moss in lawns草坪上的苔藓246, 255, *255*
   mowing割草26, 27, 251, 242, 252~253, 254, 596
   non-grass lawns非禾草草坪24, 242, **266~267**
   paths and access道路和出入244
   people-oriented gardens以人为本的花园40
   pests and diseases病虫害254, 257, *659*, 662, 664, 667~268, 669, 673, 675, 676
   planting bulbs in在草坪里种植球根植物222
   plastic lawns塑料草坪15
   play areas游戏区域*41*, 245
   position and form位置和形式243
   problems with lawns草坪的生长问题246, **658**
   renovating neglected lawns荒弃草坪的复壮256
   repairing lawn damage修补草坪损伤256~257, *256*
   role of作用48
   rolling碾压536
   routine care of lawns草坪的日常养护**252~257**
   seeding lawns播种250~251, *251*
   selecting the right grass选择合适的草245~246
   soil and site preparation土壤和现场准备**247~248**
   sowing lawn seeds播种草坪草种子604
   specimen trees in草坪上的园景树72, 243
   sports areas运动区域242
   storing turf储存草皮249~250
   tapestry lawns织锦草坪266~267
   tools工具253, *253*, 255, 257
   top-dressing表面覆盖250, *255*, 256, 653
   turfing a lawn铺设草皮249~250, *249*
   types of lawn grass草坪草的类型245
   utility lawns实用草坪242, 244, *245*, 246
   visual guide to lawn problems草坪生长问题图示659
   warm-season lawns暖季型草坪244
   watering浇水245, 253, 254, 588, 596
   weeds杂草254, 257
   wildflowers野花29
   wildlife and野生动物和草坪28
layered planting分层种植69
layering压条**607~610**
   air layering空中压条610, *610*
   climbing plants攀缘植物146
   dropping坑埋压条609
   French layering法式压条607, 609~610, *610*
   making the layer制作压条607
   mound layering直立压条609
   natural layering自然压条607, 608
   pinks and carnations石竹和康乃馨191
   self-layering climbers自压条攀缘植物608, *608*
   separating the rooted layer分离生根压条607
   serpentine layering波状压条607, 608
   shrubs灌木121
   simple layering简易压条607, *607*, 608
   soil preparation土壤准备607
   stooling培土压条609
   sweet peas香豌豆209, *209*
   tip layering茎尖压条607, 609
   trench layering开沟压条609, *609*
layouts, ordered有序的布局36
lead pots铅花盆331
leaders领导枝
   removing competing去除竞争领导枝101, *101*
   training new整枝新的领导枝101, *101*
leaf-cutting bees切叶蜂29, **668**
   visual guide to problems caused by损害图示655
leaf eelworms叶线虫668
   visual guide to damage caused by损害图示655
leaf miners潜叶类害虫668
   horse chestnut leaf miner七叶树潜叶虫**667**
   visual guide to damage caused by损害图示655
leaf spots叶斑病
   bacterial leaf spots/blotches细菌性叶斑和斑点660
   fungal leaf spots真菌叶斑病665
   hellebore leaf spot铁筷子叶斑病656, **666**
   visual guide to damage caused by损害图示655, *656*
leaf sweepers扫叶机537, *537*
leafhoppers叶蝉668
   pesticides农药648
   visual guide to damage caused by损害图示655
leafmould腐叶土20, 21, *21*, *332*, 333, 592, **593~595**
   planting bulbs in leafmould beds在腐叶土苗床中种植球根植物223
   top-dressing表面覆盖592
   weeds and杂草和腐叶土650
leafy gall叶瘿668
leafy and salad vegetables叶菜和沙拉用蔬菜**493~499**
   amaranths苋属蔬菜493
   chicory菊苣**495~496**
   corn salad莴苣缬草**499**
   cress水芹**498**
   dandelions蒲公英**499**
   endives苦苣**494~495**
   iceplants冰叶日中花**498~499**
   land cress高地水芹**498**
   lettuces莴苣**496~497**
   Malabar spinach落葵**493**
   mustard白芥**498**
   New Zealand spinach新西兰菠菜**497**
   salad rape欧洲油菜**498**
   salad rocket芝麻菜**499**
   spinach菠菜**497**
   storing储存484
   summer purslane马齿苋**499**
   Swiss chard and spinach beet瑞士甜菜和莙荙菜**494**
   watercress水田芥**499**
   watering浇水480
   winter purslane水马齿苋**499**
leatherjackets大蚊幼虫668
   visual guide to damage caused by损害图示657
leaves叶片22, **679~680**
   colour of颜色74
   decorative perennial装饰性的宿根植物叶片184
   environmental adaptations适应环境56
   leaf-bud cuttings叶芽插条615, 617, *617*
   leaf-bud damage叶芽受损658
   leaf cuttings叶插条611, **618~619**
   cacti and succulents仙人掌和其他多肉植物621, *621*
   propagating indoor plants繁殖室内植物619
   scored or cut leaves刻伤或切碎的

叶片618~619, 619
whole leaves全叶618
leaf forms叶片形状680
leaf litter落叶层28, 29, 30
leaf piles落叶堆22
leaf veins叶脉681
phytotoxicity植物毒性648
pollution and污染和叶片15, 16
removing from lawns清理草坪落叶253, 253, 266
soil fertility土壤肥力20, 21
trees乔木84
visual guide to leaf problems叶片问题图示655~656
又见leafmould
LED lamps LED补光灯555, 555
leek moths葱谷蛾668
visual guide to damage caused by caterpillars葱谷蛾幼虫损害图示656
leeks韭葱515
pests and diseases病虫害659, 668
selecting seed选择种子601
sowing播种479, 515
legumes豆类
crop rotation轮作476
scarification划伤种皮602
selecting seed选择种子601
又见各种豆类
Lemna浮萍属309
lemon balm香蜂草384, 385, 389, 389, 394
lemon cucumber柠檬黄瓜502
lemon grass柠檬草388, 388
lemon verbena柠檬马鞭草320, 386, 387, 387
lemons柠檬24, 386, 459, 458
Leontopodium alpinum高山火绒草270
Lepidium sativum水芹498
Leptinella squalida暗色异柱菊266
Leptosiphon福禄麻属216
lesser celandine倭毛茛651
lesser yellow trefoil钝叶车轴草653
lettuces莴苣27, 472, 496~697
baby lettuce leaves小生菜叶341
growing under cover在保护设施中种植483, 497
harvesting and storing收获和储藏484, 497
pest-resistant plants抗虫害植物644
pests and diseases病虫害661, 663
planting种植474
red lettuce红莴苣341
selecting seed选择种子601
sowing and planting播种和种植479, 496
storing seeds储存种子478

watering浇水480, 497
Leucanthemum vulgare滨菊29, 262, 263
Leucojum aestivum夏雪片莲222, 223
Leucobryum glaucum白发藓266
Leucothoë木藜芦属119
level changes水平变化48
Levisticum officinale圆叶当归389, 389
Lewisia露薇花属274, 351
L. cotyledon杂种露薇花271
L. 'George Henley' '乔治•亨利'露薇花274
Leycesteria鬼吹箫属124
Leyland cypress杂扁柏105
lichens地衣28
dog lichens地卷属664
gelatinous凝胶状地衣类659
living roofs绿色屋顶78
light and lighting光照和照明
artificial人造光源54
cacti and succulents仙人掌和其他多肉植物351, 368
cold frames冷床559
garden lighting花园照明40
germination萌发603
greenhouses温室545, 555
indoor gardening室内园艺359, 362, 365
influence of影响73
light pollution光污染51
security安全性35
light meters照度计555
lightning闪电668
Ligularia橐吾属296
Ligustrum女贞属106, 119
L. lucidum 'Excelsum Superbum' '金边'女贞84
L. ovalifolium卵叶女贞130
lilac丁香属植物113, 120, 609
division分株628
grafting嫁接637
pruning修剪125, 129
root cuttings根插条619
lilies百合18, 221, 222, 233
bulbils珠芽624
classification分类233
compost基质370
container gardening盆栽园艺224, 338
flowers花233
growing from seed播种种植623, 624
pests and diseases病虫害233, 673
planting and care种植和养护229, 233
propagating繁殖233, 625
repotting重新上盆237
staking立桩支撑236
where to grow在哪里种植百合233

Lilium百合属18, 221, 222, 233
L. auratum天香百合233
L. bulbiferum珠芽百合233
L. candidum白花百合181, 233
L. cernuum垂花百合233
L. chalcedonicum卡尔西登百合233
L. davidii川百合233
L. formosanum台湾百合233
L. hansonii竹叶百合233
L. henryi亨利氏百合233
L. humboldtii洪堡百合233
L. lancifolium卷丹233, 624
L. longiflorum麝香百合233, 624
L. martagon欧洲百合233
L. pardalinum豹斑百合233
L. parryi柠檬百合233
L. regale岷江百合159~160
L. superbum头巾百合233
bulbils珠芽624
classification分类233
compost基质370
container-grown lilies盆栽百合224, 338
flowers花233
growing from seed播种种植623, 624
pests and diseases病虫害233
planting种植229, 233
propagating繁殖233, 625
repotting重新上盆237
staking立桩支撑236
where to grow在哪里种植百合233
lily disease百合病668
visual guide to damage caused by损害图示655
lily-of-the-valley铃兰176, 181, 198, 222
lima beans棉豆510
lime石灰, 椴树73, 84, 86
adding to compost添加到基质中（石灰）593
applying to soil施加到土壤中（石灰）591
content in vegetable gardens蔬菜花园中的含量471, 482
John Innes compost约翰英纳斯基质332
liming施加石灰59, 591, 645
pleached编结椴树36, 37, 86, 86, 103
as a weedkiller作为除草剂（石灰）654
limes来檬459
limestone soils石灰岩土壤58, 277, 277
Limnanthes沼花属
L. douglasii沼花202, 210
controlling self-sown控制自播216
Limonium补血草属27, 206, 272
L. sinuatum深波叶补血草206

Lindera山胡椒属124
liners衬垫
bentonite膨润土306, 306
hanging baskets吊篮339, 339
pond池塘300~301, 302~303, 304~305, 306, 307
link stakes连接桩195, 195
Liriope muscari阔叶山麦冬176, 182
lithophytes岩生植物372, 373
Lithops生石花属348, 358
L. marmorata圣典玉349
little pickles紫弦月354
livestock牲畜41
living roofs and walls绿色屋顶和绿色墙面36, 78~79
constructing and maintaining建设和维护78~79
loam壤土20, 58, 59, 332, 332, 334, 339
soil water土壤水分588
Lobelia半边莲属177, 322
L. cardinalis红花半边莲186, 297
L. erinus南非半边莲205, 206
sowing播种211
Lobularia maritima香雪球31, 202, 205
self-sown seedlings自播幼苗217
log piles原木垛21, 22, 28, 28, 40, 60
loganberries罗甘莓448
logs原木
log piles原木垛51
sawn log raised beds粗锯原木抬升苗床577
Lolium perenne多年生黑麦草244, 245, 591
Lombardy poplar钻天杨86
London plane英国悬铃木86
London pride阴地虎耳草179
Long Tom长汤姆花盆543, 543
Lonicera忍冬属28, 29, 107, 117, 119, 615
L. × americana美国忍冬137
L. × purpusii桂香忍冬74, 180
L. fragrantissima郁香忍冬77
L. nitida光亮忍冬73, 106, 130, 131
L. periclymenum香忍冬30, 31, 136, 138
L. p. 'Graham Thomas' '托马斯'香忍冬138
L. p. 'Serotina' '晚花'香忍冬140
climbing methods攀缘方法136
pruning修剪150, 150
supports for支撑结构139
topiary树木造型130, 131
loose-leaf lettuces散叶莴苣496, 496, 497
loppers长柄修枝剪
long-handled loppers长柄修枝剪147, 532, 532
powered loppers机动长柄修枝剪

534, *534*
loquats枇杷88, **460~461**
*Lotus*百脉根属298, 308
   *L. corniculatus*百脉根654
lousewort马先蒿属植物260, 263
lovage圆叶当归**389**, *389*
*Lunaria*银扇草属212, 264, *680*
   *L. annua*银扇草31
     seeds种子217
lupins羽扇豆75, 177, 180, 181, 613
   cutting back剪短195
*Lupinus*羽扇豆属180, 181
   cutting back剪短195
luting封入256
*Luzula campestris*地杨梅650, 652
*Lychnis coronaria*毛剪秋罗179
*Lycium*枸杞属
   *L. barbarum*宁夏枸杞454
   *L. chinense*枸杞454
*Lysichiton*沼芋属296
*Lysimachia clethroides*珍珠菜183
*Lythrum salicaria*千屈菜307

M

mache莴苣缬草499
*Macleaya cordata*博落回72
macronutrients大量营养元素590
Madonna lilies白花百合181
magnesium(Mg) 镁590
   magnesium deficiency缺镁症656, **669**
*Magnolia*木兰属92, 124, 222
   *M. acuminata*尖叶木兰93
   *M. campbellii*滇藏木兰93
   *M. grandiflora*广玉兰47, 91, 615
   M. g. 'Victoria' '维多利亚' 广玉兰88
   *M. obovata*日本厚朴84
   M. 'Pinkie' '品奇' 木兰113
   *M.× soulangeana*二乔玉兰74
   *M. stellata*星花木兰222
   air layering空中压条610
   Japanese big-leaf magnolia日本厚朴84
   semi-ripe cuttings半硬枝插条615
*Mahonia*十大功劳属40, 121
   *M. japonica*日本十大功劳112
   *M.× media*间型十大功劳77, 111, 117
   *M. repens*匍匐十大功劳113
maiden trees一年生树苗399, 404, 407
   feathered maiden trees羽毛状一年生苗407, *408*
   forming a double cordon from整枝成双重壁篱式417, *417*
maidenhair ferns铁线蕨198, *362*
maidenhair tree银杏681

*Maihuenia poeppigii*笛吹349
maintenance, garden维护花园19, 35, **528~578**
maize, ornamental观赏玉米217
Malabar spinach落葵493
maleic hydrazide马来酰肼652
mallet cuttings长踵插条121, 615~616, *617*
mallow花葵76
*Malus*苹果属85, 92, 93, 94
   M. 'Arthur Turner' '阿瑟特纳' 苹果398
   M. 'Ashmead's Kernel' '阿什米德之核' 苹果398
   M. 'Bramley's Seedling' '布莱曼利幼苗' 苹果398
   *M. domestica*苹果**411~419**
   M. d. 'Katja' '卡佳' 苹果398
   *M. floribunda*多花海棠31, 86
   M. 'Golden Hornet' '金大黄蜂' 海棠84
   M. 'Liset' '丽丝' 海棠*84*
   *M.× magdeburgensis*马德格堡海棠83
   M. 'Red Jade' '红翡翠' 海棠325
   *M. tschonoskii*野木海棠83
   collecting seeds采集种子601
   pest and diseases病虫害676
   propagating繁殖635, *635*
*Malva moschata*麝香锦葵31
*Mamillopsis senilis*月宫殿633
mammals哺乳动物21, 22
   attracting吸引哺乳动物30
   food sources食物来源29
   garden ponds花园池塘 29
   habitats for栖息地28, 29
   nesting sites筑巢场所38
   ponds池塘306
   water supply水源供应40
   又见deer; hedgehogs, *etc*
*Mammillaria*乳突球属350, 351
   *M. hahniana*玉翁*349*
   M. laui f. *dasyacantha*乳突球属植物*349*
   *M. muehlenpfordtii*黄绫丸*354*
   *M. polythele*多粒丸*354*
   *M. spinosissima*多刺丸*349*
   dividing分株632
mandarins橘子*460*
*Manettia luteorubra*双色蔓炎花136
manganese (Mn) 锰590
   deficiencies缺锰症403, 590, **669**
mangetout嫩豌豆511
*Mangifera indica*杧果**461~462**
mangos杧果**461~462**
   harvesting and storing收获和储藏

410, 462
manhole covers窨井盖60, 62
manure粪肥20, 23, 471, 481, 590, 591
   green manures绿肥20, *20*, 23, 27, *27*, 471~472, 591, *591*, 604
   roses and月季和粪肥167
maples槭树76, 83, 85
   grafting嫁接636
   Japanese maple羽扇槭；鸡爪槭*72*, 83, 114, *114*, 123
   pruning修剪99
   red maple红枫*83*
marble pots大理石花盆331
marcottage空中压条610
marginal plants水边植物39, 296, 306, *306*, 308, 310~311, *311*
   repotting重新上盆313
marguerite木茼蒿340
marigolds金盏菊384, **388**, *388*
   growing with roses和月季种在一起164
   self-sown seedlings自播幼苗216, 217
marjoram牛至279, 386, **390**, *390*, 394
   golden marjoram '黄叶' 牛至386
markers标记**542**, *542*
marrows西葫芦504
   hand-pollinating手工授粉504, *504*
   harvesting and storing收获和储藏504, *504*
   storing储存484
marsh marigold驴蹄草297
*Marsilea quadrifolia*田字草310
Mascarene grass细叶结缕草244
masonry cement and motor砖艺水泥和砂浆564, 569
materials材料
   linking existing连接现有材料65
   reusing old materials重新利用旧材料67
   sustainable可持续材料17
mats, heating加温垫555
*Matteuccia struthiopteris*荚果蕨73, 297, 310
*Matthiola*紫罗兰属212
mattocks鹤嘴锄586
maypoling五月节花柱法405
Maypop肉色西番莲445
MCPA 2-甲-4-苯氧基乙酸654
meadow grass一年生早熟禾245, *650*, 652, *680*
meadow rue唐松草180
meadows野花草地29, 69
   annual meadows一年生野花草地259~260, 261
   autumn maintenance秋季养护263
   establishing a meadow营建野花草地259~261

maintaining a balance of plants维持植物的平衡263, *263*
Mediterranean-style meadow plants地中海风格野花草地植物265
mowing割草262, 263
perennial meadows宿根野花草地260
planter's guide to meadow plants野花草地植物的种植者指南261
preparing the ground准备场地260
routine care of meadows野花草地的日常养护**262~263**
sourcing seed采购种子260~261
South African meadow plants南非野花草地植物265
sowing seed播种261
spring maintenance春季维护262
summer maintenance夏季维护262~263
using plug plants使用穴盘苗261
using wildflower turf使用野花草皮261
weeds杂草262
wildflower meadows野花草地24, 242, 243
wildflowers and grasses野花与禾草259~260
mealy aphid粉蚜488
mealybugs粉蚧类**669**
   pesticides农药648
   visual guide to damage caused by损害图示655
*Meconopsis*绿绒蒿属601
   dividing分株629
mecoprop-p氯丙酸654
Mediterranean planting地中海式种植26
Mediterranean rocket芝麻菜499
Mediterranean-style grasses地中海风格的禾草264, 265
medlars欧楂**423**, *423*, 460
   pruning修剪407, 423
*Melia azedarach*楝94
*Melianthus major*蜜花39, 72, 182
*Melissa officinalis*香蜂草385, **389**, *389*, 394
melons瓜类
   growing under cover在保护设施中种植483, 502
   propagating繁殖479, 502
   sowing and planting outdoors室外播种和种植501
   sweet melons甜瓜**501~502**
   watermelons西瓜**501**
*Mentha*薄荷属394

M. aquatica 水薄荷 296, 614
M. spicata 留兰香 **389**, *389*
M. suaveolens 'Variegata' '花叶' 香薄荷 385
Mesembryanthemum 日中花属 206
M. crystallinum 冰叶日中花 **498~499**
mesh 网罩 142
 mesh shading 遮阴网 553, *553*
Mespilus spp. 欧楂属植物种 460
 M. germanica 欧楂 **423**, *423*
metal pots 金属花盆 317, *330*, 331
Metasequoia 水杉属 617
 M. glyptostroboides 水杉 94
meter inspection points 管道检查点 60
Mexican salvia 墨西哥鼠尾草 76
mice 老鼠 481
Michaelmas daisies 紫菀 76, *318*
Michaelmas daisy mite 紫菀螨 **669**
Michelia 含笑属 93
microbes 微生物 20, 27
microclimate 小气候 56, 60, 55
 shrubs and 灌木和小气候 111, 121
 vegetable gardens 蔬菜园 473
micronutrients 微量营养元素 590
microplastics 微塑料 17
micropropagation 微体繁殖 630
microwave drying herbs 微波干燥香草 395
midges 蠓虫 22, 29
mildew 霉病
 downy mildew 霜霉病 24, 196, **664**
 humidity and 湿度和霉病 553
 powdery mildew 白粉病 121, 152, 168, 196, 648, 655, 657, **672**
 roses and 月季和霉病 161, 165
miller 星轮耕耘机 531, *531*
millipedes 多足类 645~646, **669**
 visual guide to damage caused by 损害图示 655
Miltonia candida 白唇密尔顿兰 *372*
mind-your-own-business 金钱麻 267, *652*, 652
mineral soil 矿质土 58
miner's lettuce 水马齿苋 499
minimalist designs 极简主义设计 44
mint 薄荷 384, **389**, *389*, 394
 planting 种植 392, *392*
Miscanthus 芒属 25, 197
 M. sinensis 芒 72
 M. s. 'Grosse Fontäne' '格罗斯喷泉' 芒 *182*
 M. s. 'Malepartus' '马来帕图' 芒 *179*
 M. s. 'Morning Light' '晨光' 芒 *197*
mist units 喷雾单元 641
mites 螨虫 59
 big bud mites 大芽螨 452

blister mites 葡萄瘿螨 439
Michaelmas daisy mite 紫菀螨 669
pesticides 农药 648
red spider mites 红蜘蛛 191, 235, 238, 378, 440, 482, 673
Mitraria 吊钟苣苔属 142
mixed borders and planting 混合花境和种植 204
 bulbs 球根植物 221~222
 fruit 水果 401
 hostas and 玉簪和混合花境 *192*
 informal lawns 自然式草坪 258
 roses and 月季和混合花境 159, 163
 shrubs 灌木 112, *112*
mizuna greens 日本芜菁 *341*, 491, **492**
Modified Lorette System 改良洛雷特系统 414, *414*
module trays 穴盘 479, 543
 sowing seeds in 播种 605
moisture-loving plants 喜湿植物 296
moisture take-up 吸收水分 588
moles 鼹鼠 481, **669**
Molinia 蓝沼草属 197, *265*
 M. caerulea 蓝沼草 *264*
 M. c. subsp. *arundinacea* 'Karl Foerster' '卡尔·福斯特' 苇状蓝沼草 *182*
 M. c. subsp. *a.* 'Transparent' '透明' 苇状蓝 *178*
molluscicides 软体动物杀灭剂 647
Moluccella 贝壳花属 211
molybdenum (Mb) 钼 590
 deficiency in 缺钼症 **678**
Monarda 美国薄荷属 31
 M. didyma 美国薄荷 385, **389**, *389*, 394
monkeynuts 花生 508
monochrome planting design 单色种植设计 179
monocotyledons 单子叶植物 681~682, *681*
monoecious plants 雌雄同株植物 466, *681*
monopodial orchids 单轴兰花 *372*, 375
Monstera deliciosa 龟背竹 358, 362, *380*, *680*
mooli 白萝卜 524
Morisia monanthos 矮黄芥 288
morning glory 牵牛花 205
mortar 砂浆 569
Morus alba 桑 438
 M. 'Mojo Berry' '魔力浆果' 桑 438
 M. nigra 黑桑 93, **438**
mosaic virus 花叶病毒 233
mosquitoes 蚊子 22, 29
moss 苔藓 28, 54, *571*, 588
 killing 杀死苔藓 653
 in lawns 在草坪上 246, 255, *255*, 257,

652, *652*
 living roofs 绿色屋顶 78
 moss lawns 苔藓草坪 242, 266, *266*
 moss pillars 苔藓柱 368
 Moss roses 苔蔷薇 156, 171, 350
moth larvae, pesticides 蛾类幼虫, 农药 648
mother-in-law's tongue 虎尾兰 15
moths 蛾类 22, 29, 30, 31, 40, 482
 attracting 吸引蛾类 29
 box tree moth 黄杨绢野螟 **661**
 caterpillars 毛虫 28
 codling moth 苹果小卷蛾 **663**
 habitats for 栖息地 29
 leek moths 葱谷蛾 **668**
 oak processionary moth 栎属欧洲带蛾 **670**
 pea moth 豌豆小卷蛾 **670**
mould 霉病
 black sooty mould 煤污病 343
 damage caused by 损害图示 *656*, *657*, *658*
 grey mould 灰霉病 54, 233, 343, *656*, *657*, *658*, **666**
 slime moulds 黏菌霉病 **675**
 snow mould 雪腐镰刀菌病 **675**
 tomato leaf mould 番茄叶霉病 644, *656*
mouse-ear chickweed 绿毛山柳菊 *653*
mouse-ear hawkweed 喜泉卷耳 *653*
mowers 割草机 242, 252
 hiring 租用 257
 mulching mowers 覆盖式割草机 246
mowing 割草 26, 252~253, 254, 596
 frequency and height of cut 割草频率和高度 252, *252*
 lawn weeds and 草坪杂草和割草 652, 653
 meadows 野花草地 262, 263
 relaxed mowing 松弛的割草 258
 sports lawns 运动草坪 253
 stripes 252~253, *252*
mulberries 桑树 438, *438*
mulches and mulching 护根和覆盖护根 17, 19, 20, 22, 26, 44, 333, **592**
 bark chips 树皮屑 120, 167, 265, 592
 climbers and 攀缘植物和 144
 cocoa shells 可可壳 167
 drought and 干旱和 54
 film mulches 薄膜护根 481, *481*
 floating mulches 漂浮护根 483, *483*, 592
 frost protection 防冻保护 119, 599
 fruit 水果 405
 green manures 绿肥 20, *20*, 23, 27, *27*, 471~472, 591, *591*, 604
 ground cover 地被植物 116, *116*

herbs 香草 394
hostas 玉簪属植物 193
improving soil structure 改善土壤结构 587
inorganic 无机护根 24, 26, 27, 592
leafmould 腐叶土 21, *21*
loose mulches 松散护根 592
manure 粪肥 167
mulch materials 护根材料 650
no-digging cultivation 非掘地栽培 584, 587
organic matter 有机质 120, 185, 471, 480~481
organic mulches 有机护根 22, 23, 592
paths 道路 48
perennials 宿根植物 194, 196
roses 月季 167
sheet mulches 薄膜护根 475, 592
shrubs 灌木 120
strawberries 草莓 446, 447
and temperature variants 和温度变化 26
trees 乔木 24, 96
vegetables 蔬菜 471, 480~481, *481*
water-conserving techniques 节水技术 26, 27, 588
weed control and prevention 杂草控制和预防 649, 654
wood chips 木屑 265
mulching mowers 覆盖式割草机 246, 252
multi-purpose compost 多用途基质 332, 334
multi-purpose knife 多用途刀 533
Musa basjoo 芭蕉 88
Muscari 葡萄风信子属 180, 222
 M. armeniacum 亚美尼亚葡萄风信子 *224*
 container gardening 盆栽园艺 324, *330*
 planting 种植 229
 in rock gardens 在岩石园中 279
muscat grapes 麝香葡萄 439, 440
mushroom compost 蘑菇栽培基质 59, 591
musk melons 网纹甜瓜 501
mussel scale, pesticides 蚧虫类, 农药 648
mussels 贝类 311
mustards 白芥 *27*, *341*, **498**
 Oriental mustards 芥菜 491
mutation 突变 681
 shrubs 灌木 120
Mutisia 卷须菊属 146
mycorrhizal fungi 菌根真菌 21, 59
 and roses 和月季 165
Myosotis 勿忘草属 73, *180*, 203, 221
 M. alpestris 高山勿忘草 *272*

*M. scorpioides*勿忘草297, 614
*M. sylvatica*小花勿忘草318
   container gardening盆栽园艺318, 338
   controlling self-sown控制自播216
   cuttings插条614
   germinating萌发212
   self-sown seedlings自播幼苗217
   sowing播种211
*Myriophyllum*狐尾藻属296, 622
   *M. aquaticum*粉绿狐尾藻310
   *M. heterophyllum*异叶狐尾藻310
   M. 'Red Stem' '红茎' 狐尾藻*308*
   *M. spicatum*穗状狐尾藻310
   *M. verticillatum*轮叶狐尾藻310
myrobalan樱桃李423
*Myrrhis odorata*茉莉芹**389~390**, *389*
myrtle银香梅113, 320, 386
*Myrtus*银香梅属113
   *M. communis*银香梅320, 386

N

Nandina domestica 'Firepower' 火焰南天竹77
*Narcissus*水仙属19, 83, 75, *75*, 220, 679
   N. 'Ambergate' '琥珀门' 水仙*227*
   *N. asturiensis*斯图里拉水仙227
   *N. cantabricus*坎塔布连水仙224, 227
   *N. cyclamineus*仙客来水仙227
   N. 'Delnashaugh' '德尔纳肖' 水仙*227*
   N. 'Fortune' '好运' 水仙*227*
   N. 'Geranium' '天竺葵' 水仙*227*
   N. 'Hawera' '哈韦拉' 水仙*224*
   N. 'Irene Copeland' '爱琳·科普兰德' 水仙*227*
   *N. minor*小水仙227
   N. 'Paper White' 纸白水仙*232*
   *N. papyraceus*纸白水仙225
   N. 'Passionale' '热情' 水仙*227*
   *N. romieuxii*北非水仙227, *227*
   N. 'Tahiti' '塔希提' 水仙*227*
   N. 'Tête-à-Tête' '倾诉' 水仙224, 227
   *N. triandrus*三蕊水仙*227*
   N. 'Wheatear' '麦穗' 水仙*227*
   container gardening盆栽园艺337
   as cut flowers作为切花222
   in lawns 在草坪上258, 266
   pests and diseases病虫害**661**
   planting种植229
   when to mow何时割草236
Narcissus basal rot水仙基腐病**669**
   visual guide to damage caused by损害图示*657*
Narcissus bulb fly水仙球蝇238

Narcissus eelworm水仙线虫**669**
   visual guide to damage caused by损害图示*657*
*Nasturtium*旱金莲21, 23, 136, 206, *603*
   *N. officinale*水田芥499
native plants本土植物69
   growing to support wildlife种植本土植物以支持野生动物*30*
naturalistic gardens and自然主义花园和plantings种植29, 36, **69**
   grasses禾草197, *197*
   lawns草坪242
   maintaining schemes养护方案196
   perennials宿根植物180~181, 185
naturalizing bulbs自然式种植球根植物222, 230~231, *230*, 258, *258*
nature, conserving保护自然19
nectarines油桃328, 398, **427~430**
   growing under cover在保护设施中种植402
   pests and diseases病虫害**661**, 671, 675
   pruning修剪407
nectria canker丛赤壳属真菌溃疡病407, **669**
   and apples和苹果405
   visual guide to damage caused by损害图示*658*
neglected sites荒弃位置**654**
*Neillia*绣线梅属125
*Nelumbo*莲属308
   *N. nucifera*莲298
nematodes线虫23, 59, 164, 476, 482, 646
   as biological control作为生物防治手段647
   root-knot根结线虫646
*Nemesia*龙面花属216
*Neoregelia*彩叶凤梨属361, 366, 367
   N. carolinae 'Tricolor' 三色彩叶凤梨*366*
*Nepeta*荆芥31, 159
   *N. cataria*荆芥**390**, *390*
*Nephrolepis*肾蕨属198, 359
   *N. exaltata*高大肾蕨*376*
*Nerine*纳丽花属
   *N. bowdenii*宝典纳丽花221
   overcrowded bulbs过度拥挤的球根236, *237*
   planting种植229
*Nerium*夹竹桃属350
   *N. oleander*夹竹桃114, 119
nesting boxes巢箱22, 29
netting网罩23, 402, *433*, 481, 542, *542*, 644
   fruit trees果树*406*
   netting films细网罩483
   windbreaks风障599

nettles荨麻20, 59, 258, 649, *650*, *651*
   liquid fertilizers液态肥料342, 591
New Zealand cabbage palm新西兰朱蕉318
New Zealand spinach新西兰菠菜**497**
newspaper, as frost protection报纸，防冻保护599, *599*
nicking and notching芽下和芽上切皮413, *413*
*Nicotiana*烟草24, 76, 203, 206, 663, 664
   N. × *sanderae*红花烟草204
*Nidularium*鸟巢凤梨属366, 367
   *N. regelioides*微红鸟巢凤梨*366*
*Nigella*黑种草属39, 202
   *N. damascena*黑种草204
   N. orientalis 'Transformer' '变形' 东方黑种草206
   seeds种子217
night-scented flowers夜晚有香味的花31
nightingales夜莺30
nitrate of potash硝酸钾481
nitrogen (N) 氮20, 27, 53, 342, 590
   adding to lawns增添到草坪中253, 254, 255
   benefits of peas and beans豌豆和豆类的好处476, 511
   black rot and黑腐病和氮355
   in compost在基质中593
   green manures绿肥591
   levels in bark and coconut fibre树皮和椰壳纤维中的氮素水平273
   nitrogen deficiency缺氮症405, 590, *656*, **670**
   in waterlogged soil在涝渍土壤中588
   vegetables and蔬菜和氮481, 482
nitrous oxide (N_2O) 一氧化二氮15, *15*
no-dig cultivation非掘地栽培27, 471, 475, 584, *584*, 587, *587*
   no-dig beds非掘地苗床19, 21
   weed control by杂草控制649
nodal cuttings茎节插条611, *611*
noise pollution噪声污染34, 61, 78
   hedges and screens树篱和屏障104
Noisette roses诺瑟特蔷薇156
nomenclature命名682
non-grass lawns非禾草草坪266~267
*Nopalxochia*姬孔雀属351
North American continent北美洲52
North American grasses北美禾草264
north-facing slopes朝北斜坡53
*Nothofagus obliqua*毛背南水青冈87
*Notocactus magnificus*莺冠玉349
nurseries, responsible plant selling苗圃，负责任的植物销售19

nursery beds, outdoor育苗床，室外640, *640*
nutrient film technique (NFT) 营养膜技术379, *379*
nutrients, soil养分，土壤**590~591**
nuts坚果398, **466~467**
   pests and diseases病虫害666
nylon-line strimmers尼龙线草坪修剪器536, *536*
*Nymphaea*睡莲属296, **298~299**, 306
   *N. alba*白睡莲297
   N. 'American Star' '美洲星' 睡莲*298*
   N. 'Attraction' '诱惑' 睡莲*298*
   N. 'Blue Beauty' '蓝丽' 睡莲*298*
   N. 'Escarboucle' '红宝石' 睡莲*298*
   N. 'Fire Crest' '火冠' 睡莲*298*
   N. 'Froebelii' '费罗贝' 睡莲*294*
   N. 'Marliacea Carnea' '卡尔涅亚' 睡莲*298*
   N. 'Marliacea Chromatella' '克罗马蒂拉' 睡莲*298*
   N. 'Missouri' '密苏里' 睡莲*298*
   *N. odorata*香睡莲298, 299
   N. 'Paul Hariot' '保尔·哈利特' 睡莲*298*
   N. 'Perry's Baby Red' '婴儿红' 睡莲298
   N. 'Pygmaea Helvola' '海尔芙拉' 睡莲298, *298*
   N. 'Red Flare' '红焰' 睡莲*298*
   *N. tetragona*睡莲299
   *N. tuberosa*块茎睡莲298
   N. 'Virginia' '弗吉尼亚' 睡莲*298*
   planting种植310

O

oak栎树24, 30, 84, 682
   holm oak冬青栎36
   pests and diseases病虫害666, 670
   roots根系96
oak decline栎属衰弱病**670**
oak processionary moth栎属欧洲带蛾**670**
obelisks, climbing plants on方尖架，攀缘植物在上面137, 138~139
*Ocimum basilicum*罗勒**390**, *390*
   O. b. var. *purpurascens*紫叶罗勒385
*Odontoglossum*齿舌兰属372, 375
oedema瘤腺体**670**
   visual guide to damage caused by损害图示*656*
offices, plants for办公室，适宜的植物362
offsets吸芽622
   cacti and succulents divided by分吸芽繁殖的仙人掌和其他多肉植物*633*

clump-forming offsets簇生吸芽632, 632
offset tubers吸芽块茎632, 633
propagating from用吸芽繁殖367, 624, 624
vegetables蔬菜479
water plants to divide分吸芽繁殖的水生植物631
oil tanks油罐60
okra秋葵508
growing under cover在保护设施中种植483, 508
Old Man's Beard铁线莲属植物59
*Olea europaea*油橄榄**462**
*Olearia*橄叶菊属117
olives油橄榄86, **462**
growing under cover在保护设施中种植402, 462
*Oncidium*文心兰属372
onion fly葱地种蝇21, **670**
visual guide to damage caused by损害图示*657*
onion hoe洋葱锄*530*
onion neck rot洋葱颈腐病**670**
visual guide to damage caused by损害图示*657*
onion white rot洋葱白腐病**670**
visual guide to damage caused by损害图示 *657*
onions洋葱
bulb onions洋葱**513**~**514**, 514
daylength白昼长度472, 513
European Welsh onions葱**514**
harvesting and storing收获和储藏513
pests and diseases病虫害476, 513, *657*, *659*, 664, 668, 670
pickling onions腌制用洋葱**514**
sowing播种479, 513
spring onions小葱**514**
storing储存484, *484*, 513
watering浇水480, 513
*Onopordum acanthium*大翅蓟204
Ophiopogon planiscapus 'Nigrescens' 180
*Opuntia*仙人掌属349
*O. ficus-indica*梨果仙人掌**463**
*O. humifusa*匍地仙人掌349
*O. phaeacantha*荒戎团扇*633*
*O. polyacantha*银毛扇351
cuttings插条621
handling操作351, *353*
pests and diseases病虫害663
oranges橙子24
sour, Seville, or bitter酸橙**459**
sweet oranges甜橙**458**, *458*, **460**
trifoliate orange枳458

orchards果园242, 258
orchid cactus圆齿昙花348
orchids兰花19, 89, 221, 222, 322, **372~373**
choosing plants选择植物372
compost基质333, 373
cultivation栽培372~373
displaying epiphytic orchids展示附生兰373
encouraging to flower again刺激再次开花375
epiphytic orchids附生兰359, 372, *372*, 373
feeding施肥374
growing on bark在树皮上种植373
indoor gardening室内园艺*362*, 364
propagating繁殖374
recommended orchids推荐种植的兰花372
resting休眠374
routine care日常养护373~374
shading遮阴374
supports支撑物373
terrestrial orchids地生兰372
ventilation通风374
watering and humidity浇水和空气湿度373~374, 379
where to grow种植地点372
orfe圆腹雅罗鱼297
organic gardening有机园艺13, **20~23**, 26
avoiding harmful chemicals避免使用有害化学物质23
building and maintaining soil health打造和保持土壤健康**20~21**
creating habitats创造栖息地**22~23**
encouraging biodiversity促进生物多样性**21~22**
garden health and resources花园健康和资源23
organic matter有机质15, 20, *20*, 58, 185
breakdown of分解59
compost基质593
drainage and排水和有机质403, 588
improving soil structure改善土壤结构 587
mulching with用于护根120, 185, 471, 480~481
vegetable gardens蔬菜花园471, 475
watering and浇水和有机质480
organic pest controls有机害虫防治19
organic soils有机土壤58
organisms, soil土壤生物59, *59*
Oriental brassicas东方芸薹属蔬菜**491~492**
Oriental formality东方式的规则性36
Oriental gardens, trees东方花园, 乔木83
Oriental mustards芥菜*341*, **491**

Oriental poppies东方罂粟178, 180, 181, 320
Oriental radishes (Longipinnatus Group)东方萝卜(白萝卜) 524
orientation朝向55, 60
*Origanum*牛至属31
*O. amanum*心叶牛至279
O. 'Kent Beauty' '肯特丽' 牛至279
*O. vulgare*牛至**390**, *390*, 394
O. v. 'Aureum' '黄叶' 牛至386
O. v. 'Compactum' '紧实' 牛至386
ornamental borders, ground-cover plants观赏花境, 地被植物20
ornamental plants观赏植物
cherries樱花83, 85, 86, 96
grasses观赏草**197**
hedges树篱104
shrubs灌木**108~133**
trees乔木**80~107**
ornamentation装饰物36
assessing评估50
classical gardens古典花园36
*Ornithogalum umbellatum*伞花虎眼万年青54
*Orontium*水金杖属296
orris德国鸢尾**389**, *389*
oscillating hoe摆动锄*530*
oscillating sprinkler振荡式喷灌器539, *539*
*Osmanthus*木樨属
O. × *burkwoodii*中裂桂花325
*O. delavayi*山桂花130
*Osmunda*紫萁属198
*O. regalis*欧紫萁198
*Osteospermum*骨子菊属74, 180, 206, 211, 216, 225
*O. ecklonis*蓝目菊323
*Ostrya carpinifolia*鹅耳枥铁木93
outdoor rooms室外房间15, 40, *45*
outlooks, altering改变外观72
ovaries子房600, *600*, 601
overgrown gardens, clearing清理过度生长的花园584
ovules胚珠600
ox-eye daisies滨菊29, 262
*Oxalis*酢浆草属650, *651*
*O. corniculata*酢浆草*651*
*O. corymbosa*红花酢浆草650, *651*
*O. latifolia*阔叶酢浆草650, *651*
*Oxydendrum arboretum*酸木93
oxygen氧气15
oxygenating plants产氧植物296, 307, 308, 310, 311
buying买309
propagating water plants from softwood cuttings使用嫩枝插条

繁殖水生植物614
thinning out疏苗*313*
oyster plant婆罗门参525
*Ozothamnus*新蜡菊属117

P

*Paeonia*芍药属74, 181, 682
P. delavayi var. *delavayi* f. *lutea*, scarification黄牡丹, 划破种皮602, *602*
P. lactiflora 'Sarah Bernhardt' '莎拉·本哈特' 芍药182
*P. suffruticosa*牡丹113
sowing seeds播种606
staking立桩支撑195, *195*
transplanting移植195
pak choi小白菜491, **492**
palm-like shrubs, pruning棕榈状灌木, 修剪127
palmette trees棕叶式乔木399, *399*
palms棕榈类83, 114, 204, 358
Chusan palm棕榈88
container gardening盆栽园艺329
hardy palms耐寒棕榈类**88~89**
king palm假槟榔83
protecting over winter越冬保护89
pruning修剪101
root-balled trees坨根乔木92
pampas grass蒲苇197
panels嵌板142
Panicum virgatum 'Northwind' '北风' 柳枝稷77
pansies大花三色堇75, 181, 202, 203, 204, 205, 206
container gardening盆栽园艺320, *324*, 324, 327, 338
deadheading摘除枯花*217*
seeds种子211
transplanting移植217
in windowboxes在窗槛花箱中224
*Papaver*罂粟属385
*P. orientale*东方罂粟31, 320, 619
*P. rhoeas*虞美人202, 204, 205, 259
*P. somniferum*罂粟**204**, 206
self-seeding自播*216*
deadheading摘除枯花217
papaya番木瓜**458**
paper, recycled, linings再造纸, 衬垫339, *339*
paper birch美洲桦85
*Paphiopedilum*兜兰属372, 374
*P. callosum*硬皮兜兰*372*
paraffin heaters石蜡加热器551
parent rock母岩58, 59
*Parodia*锦绣玉属351

*Paronychia kapela*指甲草*288*
parquet decking镶木铺装570
parrot-beak secateurs鹦嘴修枝剪532, *532*
*Parrotia persica*波斯铁木76
parsley荷兰芹385, **390**, *390*, 392
 harvesting and preserving收获和储存395
parsnip canker欧洲防风草溃疡**670**
 visual guide to damage caused by损害图示*657*
parsnips欧洲防风草*27*, 472, **524**
 harvesting and storing收获和储藏484, 524
 pests and diseases病虫害661, 662, 677
 sowing播种478, 524
 watering浇水480, 524
parterres花坛花园36, 69
 annuals一年生植物204
parthenocarpic fruits单性果实420
*Parthenocissus*爬山虎属72, 136
 *P. quinquefolia*五叶地锦136
 *P. tricuspidata*爬山虎140
 climbing methods攀缘方法136
 as ground cover作为地被植物139
 site and aspect位置和朝向136
*Paspalum notatum*百喜草244
*Passiflora*西番莲属136, **445**
 *P. caerulea*西番莲136
 *P. edulis*紫果西番莲445
 *P. e. f. flavicarpa*黄果西番莲445
 *P. incarnata*肉色西番莲445
 climbing methods攀缘方法136, *142*
passion flower西番莲204
 site and aspect位置和朝向136
passion fruits西番莲398, **445**
passports, plant 植物护照18
*Pastinaca sativa*欧洲防风草**524**
paths道路15, 16, 26, *34*, *48*, 60, 562, **571~573**
 accessibility and出入和道路35
 asphalt沥青571
 assessing评估48
 bricks and pavers砖和铺装块571, *571*
 concrete混凝土22, 565, 572
 cottage gardens村舍花园38
 edging边缘控制573
 foundations基础563~564
 grass禾草475, 572
 gravel paths砾石道路572, *572*
 lawns and草坪和道路244
 leaves on道路上的落叶21
 materials and design材料和设计*48*, 571
 mown grass paths割草形成的道路242, *244*, 258

practical considerations实用因素571
preparing the sub-base for为道路准备底基层563
resin-bound树脂黏合的571
routes路径48
softening柔化39
stepping stones踏石*243*, 244, 571, *571*
vegetable gardens蔬菜花园475
weeds杂草654
width宽度48
patio weeders露台除草器531, *531*
patios露台15, 16, 22, 26, **563~569**
 aspect and positionning朝向和位置48
 assessing评估48
 bricks and pavers砖和铺装块567~569, *567*
 choosing a site选择地点563
 choosing a surface选择表面563
 concrete混凝土564~565, *565*
 container gardening盆栽园艺320
 crazy paving不规则铺装566, *566*
 foundations基础563~564
 herbs and香草和露台386
 laying concrete铺设混凝土564~565, *564*
 laying flexible paving铺设柔性铺装*568*
 laying paving slabs铺设铺装石565~566, *565*
 natural stone天然石材566~567
 preparing the sub-base for为露台准备底基层563
 rock gardens岩石园273, 274
 size大小563
 tile surfaces瓦片表面567
 water conservation节约用水596
*Paulownia tomentosa*毛泡桐88
paved gardens铺装花园
 containers in其中的容器320~321
 plants for适宜的植物320
pavers铺装块567~568, *568*
 bricks and paver paths砖和铺装块道路571
 laying铺设568
paving铺装15, 16, *16*, 17, 44, 48, 67
 accessibility and出入和铺装35
 bedding mortar垫层砂浆564
 bricks and pavers砖和铺装块567~569, *567*, *568*
 crazy paving不规则铺装566
 herbs and香草和铺装386
 laying flexible paving铺设柔性铺装*568*
 paving slabs and stones铺装石和石材565
  concrete混凝土572

 cutting切割566, *566*
 edging lawns with为草坪镶边244
 laying铺设565~566, *565*
 pond edging池塘镶边303, *303*
 styles风格565
poured concrete浇筑混凝土564
pre-cast concrete预制混凝土564
rock plants for适宜的岩生植物275
pea moth豌豆小卷蛾**670**
 visual guide to damage caused by损害图示*657*
pea shingle豆砾281
pea thrips豌豆蓟马**670**
 visual guide to damage caused by损害图示*657*
peace lily白鹤芋15
peach leaf curl桃缩叶病671
 visual guide to damage caused by损害图示*656*
peaches桃树328, *328*, 398, **427~430**
 bushes灌木式428, *428*, 430
 fan-training ornamental扇形整枝观赏桃树127, *429*, 430, *430*
 growing under cover在保护设施中种植402, 406, 428
 harvesting and storing收获和储藏430
 pests and diseases病虫害428, 661, 664, 671, 675
 pruning修剪407, 428~430
 routine care日常养护427~428
 site and planting选址和种植427
 thinning疏果427, *427*
 training整枝399, 428~430
 varieties to try推荐尝试的品种427
peanuts花生**508**
pear and cherry slugworms梨叶蜂655, **671**
pear midge梨瘿蚊**671**
pear rust 梨锈病*656*
pearlwort仰卧漆姑草277, *653*
pears梨树328, **420~422**
 bush pears灌木式梨树421
 double-working pear cultivars双重嫁接梨品种422
 "family" trees"什锦"树400
 harvesting and storing收获和储藏410, 422
 pests and diseases病虫害420, *643*, *646*, 660~661, 663, 665, 671, 672, 674, 676, 677
 pollination授粉403, 404, 420
 propagation繁殖422, 634
 pruning and training修剪和整枝399, 400, 401, 407, 420~422
 renovating overpruned trees复壮被过度修剪的果树409, *409*

 site and planting选址和种植420
 thinning疏果405, 420
 varieties to try推荐尝试的品种420, 421
 where to plant种植地点402, *402*
peas豌豆**511~512**
 early peas早熟豌豆472, 511
 nitrogen fixing固氮476, 511
 pests and diseases病虫害660, 665
 sowing播种478, 511
 supports支撑物511, 512, *512*
 watering浇水480, 512
peasticks豌豆支架208, 211, 216
peat泥炭**17**, 23, 273, 333
 John Innes compost约翰纳斯基质332
 peat-based compost含泥炭的基质17
 peat bogs泥炭沼泽17, *17*
 peat soil泥炭土58, *58*, 59
pebbles鹅卵石
 pebble beaches卵石滩306
 pebble fountains and pools鹅卵石喷泉和水池296, 305, *305*
 rock gardens岩石园280~281
pecan nuts美洲山核桃466
*Pedicularis*马先蒿属260
 *P. palustris*沼生马先蒿263
 *P. sylvatica*马先蒿263
pegging down roses月季的钉枝162
pelargonic acid weedkillers壬酸除草剂652, 654
*Pelargonium*天竺葵属79, 202, 204, 206, **214~215**
 P. 'Amethyst' ('Fisdel') '紫晶' 天竺葵214
 P. 'Copthorne' '科普索内' 天竺葵324
 P. 'Dolly Varden' '多利·瓦登' 天竺葵214
 *P. endlicherianum*天竺葵属物种215
 P. 'Frank Headley' '弗兰克·海德里' 天竺葵214
 P. 'Graveolens' '格拉维奥棱斯' 天竺葵386
 P. 'Lady Plymouth' '普利茅斯夫人' 天竺葵214, 324
 P. 'Mrs Quilter' '褶裥夫人' 天竺葵*214*
 P. 'Purple Emperor' '紫皇' 天竺葵*214*
 P. 'Royal Oak' '皇栎' 天竺葵*214*
 P. 'Timothy Clifford' '蒂莫西·克里福德' 天竺葵214
 container gardening盆栽园艺214, 319, *322*, 323, 324
 cultivation栽培214~215

dwarf and miniature zonal矮生和微型带纹型214, *214*
indoor gardening室内园艺359
ivy-leaved常春藤叶型*206*, 214, *214*, *215*, *324*, *327*
overwintering越冬215, *215*, 345
pests and diseases病虫害215, 660, 668, 670
propagation繁殖215, *215*
pruning修剪381
regal华丽型214, *214*
scented-leaved香叶型214, *214*, 324
seeds种子211
trailing蔓生的*206*, *206*
types of类型214
zonal带纹型214, *214*
pelleted seeds包衣种子478
*Pennisetum*狼尾草属197
　　*P. alopecuroides*狼尾草*182*
　　P. a. 'Hameln' '哈默尔恩' 狼尾草*197*
　　*P. setaceum*牧地狼尾草*206*
*Penstemon*钓钟柳属31, 76
　　P. newberryi f. *humilior*矮钓钟柳*274*
peonies芍药属植物38, 44, 74, 75, 181, 682
　　division分株630, *630*
　　double dormancy双重休眠603
　　pests and diseases病虫害671
　　scarification划破种皮602
　　sowing seeds播种606
　　staking立桩支撑195, *195*
　　transplanting移植195
peony wilt芍药枯萎病**671**
　　visual guide to damage caused by损害图示*658*
people-orientated gardens以人为本的花园**40~41**
*Peperomia*豆瓣绿属（椒草属）*619*
peppercress水芹498
peppermint胡椒薄荷384
peppers辣椒341
　　chilli peppers辣椒**500**
　　　propagating繁殖479
　　hot peppers小米椒**501**
　　sweet peppers甜椒**500**
　　　propagating繁殖479, 500
　　　storing储存484, 500
　　pests and diseases病虫害662, 663
　　temperature requirements温度需求473, 500
　　watering浇水480
perennials宿根植物27, **174~199**, 679
　　bare-root perennials裸根宿根植物185, 186
　　in borders在花境中177
　　choosing选择176~177, 185~186, *185*
colour blends and contrasts色彩的融合与对比179~180
container gardening盆栽园艺182, 185, 186, 187, 196, 321, 324, 329
cottage gardens村舍花园181
cut flowers切花40
cutting back剪短195, *195*
cutting down short-lived砍倒短命宿根植物217
deadheading摘除枯花194~195
designing beds and borders设计花坛和花境177~180
division分株177, 186, *628*, 629
ferns蕨类**198~199**
fertilizing授精194
forms and outlines 形态和轮廓179
from basal cuttings使用基部插条繁殖的612, *613*
from stem-tip cuttings使用茎尖插条繁殖的612
frost protection防冻保护599
for the garden适宜花园的**176~182**
for ground cover用作地被植物177, **183**
growing roses with和月季一起种植159
*Hostas*玉簪属植物**192~193**
improving flowering改善开花194~195, *195*
informal gardens自然式花园*39*
introducing to lawns引入草坪258
island beds岛式苗床177, *178*
lifting and dividing挖出和分株67, 196
mulching覆盖护根194, 196
naturalistic planting styles自然主义种植风格180~181, 196
ornamental grasses观赏草179, **197**
palms and exotics棕榈类和异域风情植物88~89
perennial meadows宿根野花草地260
pests and diseases病虫害196, 660, 662, 664, 665, 666, 668, 669, 671, 673, 674, 677, 678
planter's guide种植者指南184
planting bare-root perennials种植裸根宿根植物187
planting container-grown perennials种植盆栽宿根植物186, 187
planting depths种植深度186, *186*
planting in groups成团种植178~179
plants to propagate from root cuttings用根插条繁殖的植物620
for pollinators吸引授粉者的31
prairie planting北美草原式种植177
propagation繁殖196, *196*
raised beds抬升苗床187
root cuttings根插条619, *620*
routine care日常养护**194~196**
scale of planting种植尺度178
seasonal interest季相180
seeds needing scarification需要划伤种皮的种子602
seeds to sow fresh新鲜时播种的种子601
site and aspect位置和朝向185
soil fertility土壤肥力20
soil preparation and planting土壤准备和种植**185~187**
specimen planting孤植181
stakes and supports立桩和支撑195, *195*
stopping摘心194, *194*
storing储存196
texture质感179
thinning疏苗194, *194*
transplanting perennials移植宿根植物187, 195~196
transplanting self-sown seedlings移植自播幼苗187
varying plant height植物高度的变化178
vegetables蔬菜472, 476
watering浇水194
weeds and weeding杂草和除草185, 194, 196, 260, 278, 475, 587, 649, *651*, 652, 654
when to plant何时种植186
wildlife gardening野生动物园艺29
in woodland gardens在林地花园181
又见各物种
*Pereskia*木麒麟属621
pergolas 藤架40, 562, 581~582, 327
assessing评估49
climbing plants on上面的攀缘植物138~139, 149
constructing建造581
grape vines葡萄树401
growing fruit against依靠藤架种植果树401, *401*
joints and supports接缝和支撑581~582, *582*
roses and月季和藤架161, *161*, 163, 173
Perilla frutescens var. *crispa*茴茴苏**390**, *390*
periwinkles蔓长春花54, 83, 163, 198, *649*
perlite珍珠岩17, *332*, 333
*Perovskia*分药花属121, 124, 612
　　*P. atriplicifolia*滨藜分药花160
perpetual spinach莙荙菜**494**
*Persea americana*鳄梨88, **463~464**
*Persicaria*蓼属25
　　P. affinis 'Donald Lowndes' '唐纳德·朗兹' 密穗蓼271
　　*P. odorata*香辣蓼**390**, *390*
　　*P. polymorpha*多态蓼183
persimmons柿子**436**
perspective视角44
　　gaining观察全貌60
Pestalotiopsis leaf blight拟盘多毛叶枯病 **671**
pesticides农药17, 18, 28, 645, 647~648
avoiding避免使用19
examples of例子648
formulation of chemical preparations化学药剂的剂型648
phytotoxicity植物毒性648
regulation and approval process管理和准入流程648
synthetic合成农药23
using safely安全使用647
pests害虫19, **643~648**
A-Z of名录**659~678**
annuals and biennials and一二年生植物和害虫217
and apples和苹果412
attracting pest predators吸引害虫捕食者645
and bamboo和竹类132
benefits of encouraging biodiversity促进生物多样性的好处21
biological control生物防治647
and blackberries和黑莓406
and bulbs 和球根植物238
and cacti and succulents与仙人掌和其他多肉植物355
and carrots和胡萝卜522, *522*
chemical controls化学防治647~648
climate change and气候变化和害虫14, 24, 25
companion planting伴生种植21, *21*, 646
container gardening盆栽园艺343
controlling控制22, 23
crop rotation and轮作和害虫476
and *Dahlia*和大丽花属植物235
defifinition of定义643
effect of global warming on全球变暖对气候的影响53
floating mulches and漂浮护根和害虫483, *483*
and fruit和水果402, 406
and grapes和葡萄439
and *Hostas*和玉簪属植物193
indoor gardening室内园艺378~379
integrated pest management (IPM)

有害生物综合治理644
　　and lawns和草坪254, 257
　　and lilies和百合233
　　mixed plantings混合种植22
　　non-pesticide controls无农药防治23, 645~647
　　notifiable需申报的647
　　and peaches和桃树428
　　and pears和梨树420
　　and perennials和宿根植物196
　　pest-free greenhouses无害虫温室561
　　pesticide resistance农药抗性648
　　and pinks and carnations与石竹和康乃馨191
　　and plums和李子树424
　　and potatoes和马铃薯476, 526
　　prevention of problems预防问题出现644
　　and raspberries和树莓406, 451
　　recognizing beneficial garden animals认识有益的花园动物645~646
　　resistant plants抗性植物25, 644
　　and rock plants和岩生植物287
　　and roses和月季168
　　and shrubs和灌木121
　　and soft fruit和柔软水果405, 406
　　sterilizing soil 土壤消毒585
　　and strawberries和草莓405, 406, 446, 447
　　and tomatoes和番茄476, 506
　　traps, barriers, and repellets诱捕器、障碍物和驱赶设备473, 481~482
　　and water gardens和水景园313
　　and water lilies和睡莲299
　　又见各种害虫
petals花瓣600, 681
petis pois青豌豆511
*Petroselinum crispum*荷兰芹385, **390**, *390*, 392, 395
petunias矮牵牛79, 202, 203~204, *322*, 601
　　container gardening盆栽园艺*340*
　　hanging baskets吊篮206
pH levels pH值
　　adjusting for new lawns为新草坪调整pH值247
　　effect of影响59
　　fertilizers and肥料和pH值120
　　for fruit适合水果的403
　　optimum最佳59
　　raising 提高185
　　testing检测59
*Phacelia*种穗花属211, 654
*Phalaenopsis*蝴蝶兰属359, 372, 375
*Phaseolus coccineus*红花菜豆206, **509~510**

*P. lunatus*棉豆**510**
*P. vulgaris*四季豆**510~511**
pheromone traps信息素诱捕器646, *646*
*Philadelphus*山梅花属76, 111, 114, 117, 119, 125, *615*
　　pruning修剪*123*
*Philesia magellanica*金钟木119
*Phillyrea latifolia*总序桂93
*Philodendron*喜林芋属362
　　*P. hederaceum*攀缘喜林芋359, 368, 607
　　*P. scandens*心叶蔓绿绒15
*Phlebodium aureum*金囊水龙骨198
Phleum pratense subsp. *bertolonii*梯牧草246
phloem韧皮部679
*Phlomis*糙苏属117
　　*P. fruticosa*橙花糙苏119
　　drought conditions干旱条件588
*Phlox*福禄考属*178*, 180, 181, 270
　　*P. drummondii*福禄考202
　　*P. pilosa*毛福禄考265
　　cutting back剪短*195*
　　cuttings插条288, *288*, 613, 620
　　stopping摘心194, *194*
*Phoenix*刺葵属83, 84
　　*P. canariensis*长叶刺葵94
*Phormium*麻兰属89, 117, *182*, 273
　　*P. tenax*麻兰182
phosphate (Ph) 磷酸盐
　　applying施加591
　　deficiency缺乏590, *656*, **671**
　　visual guide to damage caused by deficiency in损害图示*656*
phosphorous (P) 磷253, 254, 342, 590
　　vegetables and蔬菜和磷481
*Photinia*石楠属119
　　*P. villosa*毛叶石楠125
photographs照片
　　using to plan garden designs用于规划花园设计47
　　using to test plans用于试验植物66
photosynthesis光合作用15, 53, 264, 680, *680*
　　aquatic plants水生植物310
　　bulbs and球根植物和光合作用236
*Phygelius*避日花属320
*Phyllostachys*刚竹属89, 133
　　*P. aurea*人面竹132
　　P. bambusoides 'Allgold' '全金' 刚竹*133*
　　P. b. 'Holochrysa' 黄金竹132
　　*P. nigra*紫竹132, *133*
　　*P. violascens*雷竹132, *133*
　　P. vivax f. *aureocallis*黄秆乌哺鸡竹132
*Phylloxera*根瘤蚜406, 439
physiological disorders生理失调**643~648**

prevention of problems预防问题出现644
*Phythium*腐霉属121
*Phytophthora*疫霉属53, 121, **671**
　　*P. cinnamoni*樟疫霉菌458, 463
　　*P. parasitica*寄生疫霉菌458
phytoplasmas植原体**671**
　　visual guide to damage caused by损害图示*656*
*Phytoseiulus persimilis*智利小植绥螨647
phytotoxicity植物毒性648, *648*
*Picea*云杉属93, 101
　　*P. abies*挪威云杉95
　　P. pungens 'Edith' '伊迪丝' 蓝粉云杉77
　　*P. sitchensis*北美云杉95
picket fencing尖桩栅栏578, *578*
pickling onions腌制用洋葱**514**
*Pieri*马醉木属113, 119, 121, 611
Pieris lacebug樟冠网蝽**671~672**
　　visual guide to damage caused by损害图示*656*
pigeons鸽子481
*Pilea*冷水花属359
　　*P. cadierei*花叶冷水花*376*
　　*P. involucrate*毛叶冷水花358
pillars柱子582
　　climbing plants on攀缘植物在上面138~139, 143~144
　　roses and月季和柱子163, 173
*Pilosella officinarum*细毛菊653
*Pimpinella anisum*茴芹**390**, *390*
pinch pruning摘心整形381
pinching out摘心380
　　annuals一年生植物212
　　sweet peas香豌豆208
pine松树681
pineapple菠萝366, **457**
pineapple mint '花叶' 香薄荷384
pineapple sage '红凤梨' 凤梨鼠尾草335
pines松树
　　collecting seeds采集种子601
　　pruning修剪101
　　scarification划破种皮602
pinks石竹176, 181, **190~191**
　　alpine or dwarf高山或矮生石竹271~272
　　cultivation栽培190~191
　　cuttings插条191, *191*
　　disbudding除蕾190, *190*, 191
　　pests and diseases病虫害 191
　　propagation繁殖191
　　stopping摘心190, *190*

supports支撑物335
types of类型190
*Pinus*松属101, 681
　　*P. contorta*旋叶松95
　　P. mugo 'Ophir' '俄斐' 矮赤松*90*
　　*P. nigra*欧洲黑松93, 95
　　*P. pinaster*海岸松94
　　*P. radiata*辐射松94, 95
　　*P. sylvestris*欧洲赤松95
pistils雌蕊600, 681
*Pisum sativum*豌豆**511~512**
*Pittosporum*海桐花属602
plane悬铃木73, 86
planning regulations规划法规61
plans平面图
　　adding more dimensions增添更多尺寸62~63
　　imposing the new design增加新设计64, *64*
　　making a scale plan绘制测量图**62~65**
　　planting plans种植平面图69~70
　　plotting positions定位62
　　putting into practice付诸实践66~67
　　rounding out the vision完成全景64
　　sketching out a plan画平面图**60~61**
　　transferring the field plan转移到图纸上63
plant foods植物养料20
Plant Health and Seeds Inspectorate (PHSI) 植物健康和种子监察处647
Plant Heritage "植物遗产" 19
plant oils植物油648
plant rings种植环542, *542*
plant tonics植物补剂648
*Plantago*车前属257
　　*P. major*大车前653
plantain车前257
　　weedkillers除草剂654
planting种植64
　　companion planting伴生种植21, *21*, 23
　　defining a style of planting定义种植风格68
　　density of密度29
　　design plans设计图63
　　formal garden styles规则式花园的风格**36~37**, 68~69, *68*, 83
　　grouping and spacing丛植和种植距离71, *71*
　　informal garden styles自然式花园的风格**38~39**, 68, *68*, 69
　　mixed plantings混合种植22
　　naturalistic plantings混合种植29
　　plant height植物高度30
　　planting aids种植辅助工具**541**
　　planting for climate change迎接气候

变化的种植24~25
planting plans种植平面图69~70
planting for texture, structure, and colour植物种植的质感、结构和色彩72~73
principles of种植原则68~71
scale of planting种植尺度178
for seasonal and year-round interest季节性和全年性观赏价值74~77
self-sown plantings自播种植39
stylized gardens风格化花园44
varying plant height植物高度的变化30
when to plant何时种植27
for wildlife为野生动物种植29
plantlets小植株
aquatic plants水生植物299, 313, 631
dividing分株631
water lilies睡莲299
plants植物
basic parts of基本部位679
climate and plant hardiness气候和植物的耐旱性56~57
companion planting伴生种植21
diversity of多样性679
dormancy休眠53, 56
effect of climate on气候对植物的影响53~55
effects of frost on霜冻对植物的影响53
environmental adaptations适应环境56
for formal gardens适用于规则性花园的植物36
and garden styles和花园风格35
grouping and spacing丛植和种植距离71, 71
growing a diverse range of种植种类多样的植物22
letting plants show their worth让植物展示它们的价值47
life cycle of a flowering plant开花植物的生活史682
making the most of充分利用植物70
mature spread of植物的成年冠幅71, 71
native本土植物31
plant names植物名称682
plant-orientated gardens以植物为本的花园42~43
plant problems植物生长问题643~678
for pollinating insects吸引授粉昆虫的植物31
responsible plant buying负责任的植物购买19
selecting for success成功选择植物68
sourcing locally本地采购19

sourcing sustainable可持续采购18
and sunlight和阳光54
using to improve soil health用于改善土壤健康20
又见各物种
plastic塑料23
plastic bags塑料袋540
plastic pots塑料花盆231, 290, 330~331, 543, 554
plastic waste塑料垃圾17
Platanus悬铃木属73, 86
P. × hispanica英国悬铃木86
play areas游戏区域41, 245
playhouses儿童游戏室40
pleached trees绳结乔木36, 37, 86, 103
annual maintenance年度维护103, 103
frameworks for框架103, 103
Pleione独蒜兰属372
plug plants穴盘苗
annuals and biennials一二年生植物210
bedding plants花坛植物213
pelargoniums天竺葵属植物214
wildflowers野花261
plugging穴盘苗法244
plum moth李小食心虫672
visual guide to damage caused by损害图示657
plum pox (sharka)李痘病毒424
Plumeria rubra f. acutifolia鸡蛋花84
plums李子30, 328, 328, 423~426
bushes灌木式果树424, 425
fan-training扇形整枝式果树425, 426
gumming结胶424
half-standard半标准苗式果树426
harvesting and storing收获和储藏426
pests and diseases病虫害424~425, 660, 661, 671, 672, 675, 677
propagation繁殖426
pruning and training修剪和整枝407, 424, 425~426, 425
pyramids金字塔式果树426, 426
routine care日常养护424
seed germination种子萌发602
site and planting选址和种植423~424
thinning疏果405, 424
varieties to try推荐尝试的品种424, 425
where to plant种植地点402
wild plum野生李子30
plunge beds埋盆苗床231, 232, 289, 291, 369, 554, 603
plungers播种器541
Poa早熟禾属244
P. annua一年生早熟禾245, 650, 652, 680
P. nemoralis林地早熟禾246

P. pratensis草地早熟禾245, 246
P. trivialis粗茎早熟禾245, 246
poached-egg flower沼沫花202
podded vegetables荚果蔬菜508~512
broad beans蚕豆512
crop rotation轮作476
dolichos beans紫花扁豆509
French beans四季豆510~511
lima beans棉豆510
okra秋葵508
peanuts花生508
peas豌豆511~512
runner beans红花菜豆509~510
pods, trees荚果，乔木84~85, 87
poinsettia一品红380
polar climates极地气候52
Polemonium花荵属31
pollarding截顶73, 86
shrubs灌木126
trees乔木101~102, 102
pollen花粉681
pollination授粉600~601
pollen beetles油菜花露尾甲672
flower damage对花的损害656
pollinating insects授粉昆虫645
attracting吸引授粉昆虫22, 22, 28, 29, 30, 31, 34, 40, 600
effect of climate change on气候变化对授粉昆虫的影响14, 24
feeding喂养31
insects昆虫645
perennials for吸引授粉昆虫的宿根植物31
supporting支持16
wind and风和授粉昆虫401
pollination授粉
boosting促进21, 21
cross-pollination杂交授粉403~404, 600
grouping trees群植果树400, 400
hand-pollination人工授粉427, 427, 439, 504
lack of缺少482
open pollination开放授粉600, 601
requirements for fruit果树的授粉需求400, 402, 403~404
self-pollination自交授粉600
pollution污染15, 16
air pollution空气污染18, 78, 115
avoiding pollution避免污染16
house plants and室内植物和污染362
noise pollution噪声污染78
polyanthus九轮草群报春花75, 203, 205, 206, 318, 679
container gardening盆栽园艺337
transplanting移植217

in windowboxes在窗槛花箱中224
polyembryonic seeds多胚种子459
polygamous plants杂性花植物681
Polygonatum黄精属181
planting种植186
Polypodium水龙骨属198
Polystichum耳蕨属198, 199
polythene pond liners聚乙烯池塘衬垫300
polytunnels塑料大棚483, 546, 546, 599, 641, 642
pomegranates石榴402, 465
ponds池塘15, 15, 16, 21, 22, 29, 40, 60
algae and duckweed藻类和浮萍296, 309, 311, 312
cleaning清洁312~313
concrete pools混凝土水池312
constructing建造300~303
container ponds容器池塘22, 28, 29
decking stepping stones木板踏石570
edging边缘303, 303, 306
fish鱼类296, 297, 306, 311, 311, 312, 313
flexible liners柔性衬垫300~301, 300, 312
on flooded land在水淹土地上296
freestanding rigid ponds独立式硬质池塘302
indoor ponds 室内池塘363
informal ponds自然式池塘38, 39, 294
liners衬垫300~301, 302~303, 304~305, 306, 306, 307
natural wildlife ponds自然野生动物池塘306~307
plant care and control植物养护和控制313
planting beds种植床303
preformed ponds预制池塘301~302, 301, 312
raised ponds抬升池塘302
routine care日常养护312~313
safety安全50
seasonal季节性池塘307
seating areas座位区域294, 303, 303
siting选址296
structural repairs结构性修补312
water quality水质312
water storage areas储水区域589
weed-infested杂草丛生的池塘654
wildlife野生动物28, 40, 258, 295~296
winter care冬季养护313
poplar杨树82, 92, 96
Canadian poplar加杨83
Lombardy poplar钻天杨86
roots根系96
poppies罂粟属植物204, 216, 385

California poppies花菱草180, 205
common poppy虞美人202
corn poppies虞美人205
deadheading摘除枯花217
field poppy虞美人29
Oriental poppies东方罂粟178, 180, 181
*Populus*杨属82, 92, 94, 96
　*P. alba*银白杨93
　P. × *canadensis* 'Aurea' '金叶' 加杨 102
　P. × *canadensis* 'Robusta' '强壮' 加杨 83
　P. × *jackii* 'Aurora' '极光' 杰氏杨102
　P. nigra 'Italica' 钻天杨86
*Portea*帝王花属366
Portland cement波特兰水泥569
Portland roses波特兰蔷薇156~157, 160
　pruning修剪172
Portugal laurel葡萄牙桂樱36
　mixed planting混合种植258
*Portulaca*马齿苋属205
　*P. grandiflora*大花马齿苋206, 350
　*P. oleracea*马齿苋**499**
post-and-chain fencing立柱链式栅栏 578, *578*
post-and-rail fencing立柱围栏栅栏578, *578*
pot-bound plants被花盆束缚的植物185
pot leeks盆栽韭葱515
pot marigolds金盏菊646
pot plants, annuals盆栽植物, 一年生207
potager gardening厨房园艺472
potagers小型厨房菜园44
*Potamogeton crispus*菹草*309*, 614
potassium (K) 钾253, 254, 342, 590
　potassium deficiency缺钾症590, *643*, *656*, **672**
　vegetables and蔬菜和钾481
potato blight马铃薯疫病24, 644, **676**
　leaf problems叶片生长问题656
　root, tuber, bulb, corm, and rhizome damage对根、块茎、鳞茎、球茎和根状茎的损伤657
potato cyst eelworms马铃薯囊肿线虫**672**
　visual guide to damage caused by损害图示658
potato fork马铃薯叉529, *529*
potato scab马铃薯疮痂病59, **663**
　visual guide to damage caused by损害图示*657*
potato spraing马铃薯块茎坏死**672**
　visual guide to damage caused by损害图示*657*
potato wart disease马铃薯癌肿病647
potatoes马铃薯341, **525~526**

blackleg马铃薯黑腿病658
　harvesting and storing收获和储藏 484, 526
　no-dig potatoes非掘地马铃薯475
　pests and diseases病虫害476, 482, 526, 660, 661, 663, 667, 669, 672, 676, 678
　planting种植483, 525~526, *526*
　watering浇水596
　weeds and杂草和马铃薯650, 654
*Potentilla*委陵菜属117, 119
　P. 'Elizabeth' '伊丽莎白' 金露梅 111
pots花盆19, 543
　biodegradable生物降解花盆17, *17*
　clay pots黏土花盆231, 290, 291, 330, 543, 554
　concrete pots混凝土花盆317
　glazed ceramic pots上釉陶瓷花盆330
　growing bulbs in在花盆里种植球根植物224
　materials材料543
　metal pots金属花盆317, *330*
　plastic pots塑料花盆231, 290, 330~331, 543, 554
　self-watering pots自灌溉花盆379
　single-use pots一次性花盆17
　stone and concrete石材和混凝土331
　terracotta pots赤陶花盆316~317, *318*, 320, 330
　wooden pots木花盆331
　又见container gardening
potting compost盆栽基质17, 21, **332~333**
　cacti and succulents仙人掌和其他多肉植物354, *354*
　Ericaceous potting compost喜酸植物基质333
　for large and long-term plants大型长期植物334
　indoor plants室内植物368
　ingredients成分*332*
　John Innes约翰英纳斯基质332
　modifying改进333
　multi-purpose compost多用途基质 332, 333
potting on上盆376
potting up cuttings插条的上盆615
powdery mildew白粉病121, **672**
　and *Clematis*和铁线莲属植物152
　fruit, berry, and seed damage对果实、浆果和种子的损伤657
　leaf damage对叶片的损伤655
　perennials and宿根植物和白粉病196
　pesticides农药648
　roses and月季和白粉病168
power lines输电线60
power tools机动工具17, 18, 528

prairie planting北美草原式种植24, 29, 242, 243, 246, 258, **264~265**
　annual maintenance年度养护265
　in autumn在秋季77, *77*
　designing schemes设计方案264~265
　perennials宿根植物177
　planter's guide to prairie plants北美草原植物的种植者指南264, 265
　planting and sowing种植和播种265
　soil preparation土壤准备265
　types of类型264
　watering浇水194
　and wildlife和野生动物29, 177, 264
pre-germinated seeds预先发芽种子478
predators捕食者22, 23
　attracting吸引捕食者21, 22, 29, 645
　nesting birds and筑巢鸟类和捕食者 51
pricking out移栽606, *606*
prickly pears梨果仙人掌**463**
primocanes一年龄新枝（悬钩子属水果）448, 450
primroses欧洲报春30, 83, 180, 203, 205, 206
　woodland gardens林地花园181
*Primula*报春花属31, *42*, 181, 211, *679*
　*P. auricula*耳叶报春181
　*P. denticulata*球序报春288, 620
　*P. florindae*巨伞钟报春296, 310
　*P. malacoides*报春花368
　*P. marginata*齿缘报春288
　P. Polyanthus Group九轮草群报春花75
　*P. scotica*苏格兰报春274
　*P. veris*黄花九轮草262
　*P. vulgaris*欧洲报春30, 83, 180, 181, 203, 205
　P. v. 'Double Sulphur' '重硫华' 欧洲报春 323
　P. v. 'Miss Indigo' '俏靛蓝' 欧洲报春323
　container gardening盆栽园艺318, 324
　dividing分株629
　in windowboxes在窗槛花箱中224
Primula brown core报春花腐锈病*657*, **672**
privacy私密性47, 61
privet女贞
　pruning修剪106
　topiary树木造型130
problems, plant生长问题，植物 **643~678**
productive gardens高产花园35
professional help专业人士的帮助67
Programme for the Endorsement of

Forest Certification (PEFC) PEFC森林认证体系认可计划17
proliferation增生**672**
　visual guide to damage caused by损害图示656
propagation繁殖**600~642**
　adventitious growths不定小植株 *374*, 375
　apples苹果419
　bamboo竹类133
　basal cuttings基部插条627, *627*
　bottom heat底部加温641, *641*
　bromeliads凤梨科植物367
　bulbs球根植物238
　by runners用走茎繁殖*448*
　cacti and succulents仙人掌和其他多肉植物355, **621**
　chipping切段繁殖（鳞茎）622, 626, *627*
　*Clematis*铁线莲属153
　climbers攀缘植物146
　cuttings扦插**611~621**
　*Dahlia*大丽花属235
　division分株**628~630**
　ferns蕨类198, *198*, 199
　fruit plants水果植物406
　grafting and budding嫁接和芽接 **634~639**
　grafting tomatoes嫁接番茄506, *506*
　grapes葡萄444
　growing the propagated plant繁殖植株的种植**640**
　herbs香草394
　*Hostas*玉簪属193
　indoor gardening室内园艺379
　layering压条**607~610**
　microproagation微体繁殖630
　orchids兰花*374*, 375, *375*
　pears梨422
　Pelargonium 天竺葵属215, *215*
　perennials宿根植物196, *196*
　pinks and carnations石竹和康乃馨 191 plums 426
　propagation aids繁殖设施555, *555*, 641, *641*
　propagation environment繁殖环境 641~642
　protecting leafy cuttings繁殖带叶插条641
　rock plants岩生植物287~288
　roses月季168
　scaling分离鳞片625, *625*
　scooping and scoring挖伤法和刻痕法627
　seeds种子**600~606**
　shrubs灌木121

stem cuttings茎插条*374*, 375
storage organs贮藏器官**622~627**
strawberries草莓448, *448*
temperature and温度和繁殖53
trees乔木98
twin-scaling分离双层鳞片*626*
vegetable蔬菜479
water plants水生植物313
watering propagated plants为繁殖植株浇水642
propagators增殖箱555, *555*, 603, 641, *641*
props, using to transfer designs使用代替物实施设计66, *66*
*Prostanthera*木薄荷属364
  *P. cuneata*楔叶木薄荷*117*
prothalli原叶体199
*Prunella*夏枯草属246
  *P. vulgaris*夏枯草79, *262*, 653
pruners修剪工具
  long-handled长柄修枝剪169, **532**, *532*
  powered机动修剪工具**534**, *534*
pruning修剪
  acid cherries欧洲酸樱桃434~435, *434*
  apples苹果树412~419
  apricots杏树431, *431*
  bad pruning修剪不当**660**
  bamboo竹类132~133
  blackberries黑莓449, *449*
  blackcurrants黑醋栗452
  brutting method折枝法467
  *Clematis*铁线莲属152~153, 336
  climbing plants攀缘植物**147~150**, 172~173
  composting clippings堆肥修剪碎屑593
  container gardening盆栽园艺101, 336
  container-grown trees盆栽乔木101
  coppicing and pollarding trees乔木的平茬和截顶101~102, *102*
  crown lifting提冠102
  deciduous shrubs落叶灌木123~126, *123*
  established deciduous trees成形落叶灌木101
  established evergreen trees成形落叶乔木101
  figs无花果437~438
  formative pruning整形修剪99~101, *106*, *122*, *123*, 127~128, 147
  fruit trees and bushes乔木和灌木果树**407~409**
  gooseberries鹅莓455, *455*
  grapes葡萄440~442, *440~441*, 442~443, 443~444
  ground-cover roses地被月季163
  hedges树篱106, *106*
  herbs香草394
  honeysuckle忍冬属植物150, *150*
  *Hydrangea*绣球属336
  peaches桃树428~430
  pears梨树420~422
  pinch pruning摘心整形**381**
  pinching out摘心380
  plant damage植物受损**658**
  plants grown under cover保护设施中的植物380
  plums李子树**424**, 425~426, *425*
  principles of pruning shrubs修剪灌木的原则122
  principles of pruning trees修剪乔木的原则99
  pruning to renovate通过修剪复壮380
  pruning to restrict growth修剪以限制生长380
  pruning into shapes修剪成形72~73
  pruning for wildlife为野生动物修剪122
  raspberries树莓450, 451, *451*
  redcurrants红醋栗453~454, *453*
  renovating old trees复壮老树102
  rock plants岩生植物286~287
  root pruning fruit trees果树的根系修剪408, *408*
  root pruning shrubs灌木的根系修剪129
  roses月季**169~173**, 336
  scrambling shrubs攀缘灌木128
  shrubs灌木122~129
  standard shrubs标准苗型灌木128~129
  suckering shrubs萌蘖灌木*125*, 126
  sweet cherries欧洲甜樱桃**432**, 433
  tools工具**532~534**
  topiary树木造型36, *37*, 47
  trees乔木**99~103**
  wall shrubs贴墙灌木127~128, *128*
  when to prune何时修剪26, 99
  when to prune trees何时修剪乔木99
  whitecurrants白醋栗453, *453*
  wisteria紫藤148, *148*
pruning knife修剪刀*533*
pruning saws修剪锯169
*Prunus*李属83, 85, 86, 96, 99, 100, 102, 106, 222
  *P. armeniaca*美洲李**430~431**
  *P. avium*欧洲甜樱桃**432~433**
  P. a. 'Plena' '重瓣' 欧洲甜樱桃93
  *P. cerasifera*樱桃李423
  P. cerasus 'Morello' '莫雷洛' 欧洲酸樱桃434, *434*
  *P. domestica*欧洲李30
  P. d. 'Victoria' '维多利亚' 欧洲李423
  *P. dulcis*巴旦木**467**
  *P. insititia*乌荆子李423
  P. 'Kanzan' '关山' 晚樱83
  *P. laurocerasus*桂樱129
  P. l. 'Otto Luyken' '密枝' 桂樱116
  P. l. 'Schipkaensis' '展枝' 桂樱*611*
  *P. lusitanica*葡萄牙桂樱36, *127*, 258, 615
  P. mume 'Beni-chidori' '红千鸟' 梅*127*
  *P. padus*稠李24
  *P. persica*桃**427~430**
  P. p. 'Klara Meyer' '克拉拉·迈尔' 桃127
  P. p. var. *nectarina*油桃**427~430**
  *P. salicina*中国李423
  *P. sargentii*大山樱93
  *P. serrula*细齿樱桃77, 85, *85*
  *P. spinosa*黑刺李31
  P. subhirtella 'Autumnalis' '十月' 日本早樱85
  *P. triloba*榆叶梅124~125
  P. virginiana 'Schubert'紫叶稠李84
  *P.×yedoensis*东京樱花*83*
  division分株628
  mixed planting混合种植258
  pests and diseases病虫害660~661, 671, 676
  semi-ripe cuttings半硬枝插条615
pseudobulbs假鳞茎372
*Pseudolarix amabilis*金钱松93
*Pseudotsuga*黄杉属93
*Psidium guajava*番石榴**464~465**
psyllids木虱类**676**
*Ptelea*榆橘属124
*Pterocarya fraxinifolia*枫叶枫杨94
*Pterostyrax*白辛树属124
puddled clay夯实黏土306
*Pueraria lobata*葛藤140
*Pulmonaria*肺草属31, 176, 180, 181
  P. angustifolia subsp. *azurea*蓝色狭叶肺草*183*
  P. 'Sissinghurst White' '白花' 肺草183
*Pulsatilla*白头翁属272
pulse-jet sprinkler脉冲喷射式喷灌器539, *539*
pumpkins南瓜472, **503**
pumps, ponds水泵, 池塘304
*Punica granatum*石榴**465**
purple lablab bean '露比月亮' 紫花扁豆206
purslane马齿苋属植物
  summer purslane马齿苋498, **499**
  winter purslane水马齿苋**499**
*Puschkinia*蚁播花属324
push pull hoe推拉锄*530*
*Puya*火星草属366
  *P. alpestris*亚高山火星草366
PVC pond liners PVC池塘衬垫300
*Pyracantha*火棘属31, 35, 113, 122, 117, *119*, 128
  P. 'Golden Dome' '金丘' 火棘 112
  pruning修剪**128**
pyramid trees金字塔式果树**399**, 400
  apples苹果树419
  pears梨树421, *421*
  plums李子树426
*Pyrethrum*除虫菊酯648
*Pyrus*梨属93
  P. calleryana 'Chanticleer' '公鸡' 豆梨94
  *P. communis*梨**420~422**
  P. salicifolia 'Pendula' '垂枝' 柳叶梨86

Q

quackgrass匍匐披碱草246, 247
quaking grass大凌风草203, 216
*Quercus*栎属24, 84, 666, 682
  *Q. ilex*冬青栎36, 94
  *Q. palustris*沼生栎94
  *Q. robur*夏栎30, 94, 95
  pests and disease病虫害670
quicklime生石灰591
quinces榅桲**422**, *422*, 460
  pruning修剪407, 422
*Quisqualis indica*使君子136

R

rabbit-eye blueberries兔眼蓝莓456
rabbits兔子402, 481, 542, **672**
  bamboo竹类132
  visual guide to damage caused by损害图示*658*
rabbit's foot fern金水龙骨198
radicles胚根603, *603*
radishes萝卜472, **524~525**
  pests and diseases病虫害524, 663, 665
ragwort新疆千里光650
railway sleepers铁轨枕木
  raised beds抬升苗床577, *577*
  raised ponds抬升池塘302, 303
rain gardens雨水花园16, 25
rain gauges雨量计**541**, *541*
rainfall降雨14, 16, 18, *18*, 23, 25, 26, **53~54**, 55

collecting rainwater收集雨水596~597
excessive过多24, 25, 53
greenhouses, guttering, and water storage温室、排水槽和储藏水544
growing vegetables种植蔬菜473
leaching of nutrients养分淋失20
rain shadow雨影区54, *54*, 91, 143~144, 185, 320, 342
trees and乔木和降雨91
watering with用降雨浇水27
raised beds抬升苗床40, *41*, 46, 225, 274, 275, **577**
  alpine and rock gardens高山植物和岩石园273
  cacti and succulents仙人掌和其他多肉植物353, *353*
  circular beds圆形苗床577
  conservatories保育温室361
  dwarf bulbs in其中的低矮球根植物237
  Ericaceous plants喜酸植物577
  greenhouses温室556~557
  herbs香草*385*, 386
  indoor gardening室内园艺363
  island beds岛式苗床177
  materials材料577, *577*
  planting perennials in在其中种植宿根植物187
  rectangular beds矩形苗床577
  rock gardens岩石园273, 275, 284~285, 286
  soils for适合的土壤285
  vegetable gardens蔬菜花园*471*, 474, 475
  watering浇水577
raised ponds抬升池塘302
rakes耙子530, *530*, 537, *537*
raking耙地*652*, 653
rambling roses蔓生月季161
Ramonda欧洲苣苔属274, 288, 290
  R. myconi欧洲苣苔287
ramshorn snails扁卷螺311
ranch-style fencing农场风格栅栏578, *578*
Ranunculus毛茛属
  R. aquatilis欧洲水毛茛*308*, 310
  R. ficaria倭毛茛651
  R. repens匍枝毛茛196, 651, 653
Raphanus sativus萝卜**524~525**
  R. s. Longipinnatus Group东方萝卜（白萝卜）**524~525**
rapini油菜490
raspberries树莓328, *328*, **450~451**, 451
  autumn-fruiting秋季结果**451**
  harvesting and storing收获和储藏410, 451

pests and diseases病虫害406, 451, 675
pruning and training修剪和整枝*450*, 451, *451*
site and planting选址和种植450~451
suckers萌蘖628
varieties to try推荐尝试的品种450
raspberry beetle树莓小花甲**672~673**
  visual guide to damage caused by损害图示*657*
Rebutia宝山属351, 353
  R. heliosa f. perplexa绿纱宝山633
  R. krainziana绯宝丸633
reclaimed materials再利用材料16, 17
recycling循环利用19
  recycled materials循环材料17
red chicory红菊苣**495**
red clover红车轴草29
red core红心根腐病447
red fescue紫羊茅245, 246
red hot poker火炬花180
red lily beetle百合负泥虫233, **673**
  visual guide to damage caused by损害图示*655*
red maple红叶鸡爪槭*83*
red mason bee红壁蜂29
red spider mites红蜘蛛23, 482, **673**
  and bamboo和竹类132
  and bulbs和球根植物238
  and dahlias和大丽花235
  and grapes和葡萄440
  and indoor plants和室内植物378
  pesticides农药648
  and pinks and carnations与石竹和康乃馨191
  and shrubs和灌木121
  and trees和乔木97
  visual guide to damage caused by损害图示*655*
red thread红线病**673**
  visual guide to damage caused by损害图示*658*
redcurrants红醋栗328, *328*, 398, 402, **453~454**
  pruning and training修剪和整枝399, 401, 407, 453~454, *453*
redwood红杉类82
regional climate地区气候52
regulated pruning管控修剪414, *414*
regulations, building and planning法规，建筑和规划61
Rehmannia地黄属350
Reinwardtia石海椒属380
renewal pruning更新修剪414, *414*
renovation复壮
  renovating hedges复壮树篱107, *107*
  renovating shrubs复壮灌木129, *129*

renovating trees复壮乔木102, *102*
replant disease再植病害**673**
  visual guide to damage caused by损害图示*658*
repotting重新上盆
  bulbs球根植物238, *238*
  cacti and succulents仙人掌和其他多肉植物355, *355*
  herbs香草394
  woody plants木本植物344
reptiles爬行动物21
  habitats for栖息地28
residual weedkillers残留除草剂652
resin-bound paths树脂黏合的道路571
resources, conserving保护资源18
respiration呼吸作用53
  respiratory conditions呼吸系统疾病15
resting indoor plants令室内植物恢复377
reusing materials再利用材料19
reversion virus逆转病毒120, *120*, 452
rewilding再野化30
Rhamnus鼠李属124
  R. frangula欧鼠李30
Rheum大黄属194
  R. × hybridum大黄519
  R. palmatum掌叶大黄89, 294
  R. p. 'Atrosanguineum' '深紫' 掌叶大黄179, 182
  dividing分株629
Rhinanthus minor小鼻花260, 262, *262*, 263, *263*
Rhipsalis仙人棒属349, 351
  planting种植354
rhizomatous plants根状茎植物
  dividing分株629, 631, *631*
rhizomes根状茎221, *221*, 324, 627, 679
  iris rhizome rot鸢尾根腐病**667**
  propagation繁殖**622~627**, *622*
  visual guide of damage caused by损害图示*657*
  weeds杂草649
  又见bulbous plants
Rhodochiton atrosanguineus缠柄花205, 325, 335
Rhododendron杜鹃花属59, 110, 111, *112~113*, 119
  R. 'Crete' '克里特岛' 杜鹃*111*
  R. 'Cunningham's White' '坎宁安白' 杜鹃637
  R. 'Hinodegiri' '伊诺德吉里' 杜鹃113
  R. ponticum彭土杜鹃637
  R. yakushimanum屋久杜鹃325
rhododendrons杜鹃属植物54, 114, 320
  air layering空中压条610

compost for适合的基质119, *332*, 333
container gardening盆栽园艺325, *344*, 344
cuttings插条611, *611*, 617
deadheading摘除枯花120, *120*
dropping坑埋压条609
layering压条121
pests and diseases病虫害660, 668, 671
plunge beds埋盆苗床*377*
propagation繁殖637, 638
pruning修剪127
seeds种子601
suckers萌蘖*120*
Rhododendron bud blast杜鹃芽枯病**673**
  visual guide of damage caused by损害图示*656*
Rhodohypoxis樱茅属223
Rhodoleia championii红苞木93
rhubarb大黄472, **519**
Rhus盐肤木属121, 628
  R. typhina火炬树86
Ribes茶藨子属455
  R. divaricatum伍斯特莓455
  R. nigrum黑醋栗**452~453**
  R. odoratum香茶藨子455
  R. rubrum红醋栗**453~454**
  R. sanguineum绯红茶藨子31, 125
  R. speciosum美丽茶藨子113
  R. uva-crispa鹅莓**455**
Ricinus蓖麻204
  R. communis蓖麻202, 203, 204
ride-on lawnmowers割草机535, *535*
rills水沟*294*, 305
rind grafting皮下嫁接419
ring stakes环形桩195, *195*
ringspots环斑655
ripewood cuttings熟枝插条611, 617
roadside trees行道树86
Robinia刺槐属86, 93
  R. pseudoacacia刺槐680
robins欧亚鸲30
robotic lawnmowers机器人割草机535, *535*
rock garden hoe岩石园锄*530*
rock gardens岩石园42, **270~291**
  aftercare后期养护280
  annuals as fillers作为填充的一年生植物205
  bulbs for适宜的球根植物225
  buying plants购买植物276~277, **276**
  choosing plants选择植物271~272
  choosing stone选择石材277
  and climate change和气候变化272
  cobbles and pebbles圆石和卵石281
  constructing建造278~279, *279*

drainage排水278~279
dwarf bulbs in其中的低矮球根植物237
dwarf conifers低矮松柏类90
gravel and pebbles砾石和卵石280~281
orchids兰花372
planning规划271
planting bulbs in在其中种植球根植物223
planting and top-dressing种植和表面覆盖278, 279
raised beds抬升苗床273, *273*, 284~285, 286
renovating alpine beds高山植物苗床的复壮*288*
scree formations岩屑堆270, 272, 275, 277, 280
siting选址276, *276*, 277
soils and soil mixes土壤和土壤混合物278
top-dressing表面覆盖280~281, 285, 286, *286*, 290
troughs, sinks, and other containers石槽、水槽和其他容器274, *274*, 275, 281~283, *283*, 286, 290
walls墙壁273~274, 283~284, *576*
wildlife in其中的野生动物279~280
rock hyssop芒尖神香草386
rock plants岩生植物270
division分株629, 630
easily grown alpines容易种植的高山植物270
encroaching plants侵入性植物287
feeding施肥286
pests and diseases病虫害287
planter's guide to种植者指南275
planting in beds在苗床中种植290~291
plants to propagate from root cuttings用根插条繁殖的植物620
plants to propagate from semi-ripe cuttings用半硬枝插条繁殖的植物616
propagating繁殖287~288
propagation from softwood cuttings用嫩枝插条繁殖614
removing dead flowers and foliage去除枯萎的花朵和枝叶287
repotting重新上盆290, *290*
routine care of日常养护286~**288**
seeds to sow fresh新鲜时播种的种子601
selecting选择276~277
trimming and pruning整枝和修剪286~287
watering浇水286, 291
weeding除草286

winter protection冬季保护287
rocket芝麻菜*341*
harvesting收获484
salad rocket芝麻菜**499**
wild rocket芝麻菜499
rocks, rock garden troughs岩石, 岩石园石槽283
rodents啮齿类动物**673**
visual guide to damage caused by损害图示657
*Rodgersia pinnata*羽叶鬼灯檠88
rolling lawns碾压草坪256
Romanesco cauliflower 罗马花椰菜488, *489*
Rome, ancient古罗马36
*Romneya*裂叶罂粟属620
*R. coulteri*裂叶罂粟44
*Romulea*乐母丽属221
roof gardens屋顶花园*69*
container gardening盆栽园艺**326~327**, 330
growing vegetables on在屋顶花园种植蔬菜472
living roofs绿色屋顶**78~79**
roof terraces屋顶台地
root aphids根蚜**673**
root-balled shrubs根坨灌木118, 121
root-balled trees坨根乔木*91*, 92, 95
planting种植95, *95*
transportation shock运输冲击93
root cuttings根插条121, 619~620, *620*
plants to propagate from用根插条繁殖的植物620
root and foot rots根腐病**673**
visual guide to damage caused by损害图示*665*, 658
root-knot eelworms根结线虫459, **673**
root-knot nematodes根结线虫*646*
root and tuberous vegetables根类和块茎类蔬菜**520~526**
root vegetables根类蔬菜
crop rotation轮作476
frost protection防冻保护599
harvesting and storing收获和储藏484, *484*
storing储存484
transplanting移植478, 479
watering浇水480
rooting hormone生根激素607
roots根系**679**
adventitious roots不定根611
aerial roots气生根142
drying干燥395
how roots form根系如何形成611
layering压条**607~610**
moisture take-up吸收水分588

pot-bound plants被花盆束缚的植物185
primary roots初生根603
propagation繁殖**622~627**, *622*
pruning tree roots修剪乔木根系101
root barriers根障91~92
root cuttings根插条611
root damage根系损伤**657**
root pruning fruit trees果树的根系修剪408, *408*
root pruning shrubs灌木的根系修剪129
root suckers根生萌蘖条96
root systems根系20, *679*
tree roots乔木根系91~92, 98
waterlogged soil涝渍土壤54, 588
rootstock根状茎, 砧木*403*
cacti and succulents divided by分根状茎繁殖的仙人掌和其他多肉植物*633*
dividing分株631, 632~633, *632*, *633*
dwarfing起矮化作用的砧木401, 402, 404
growing cycle生活史634
selecting选择404
stooling fruit tree rootstocks果树砧木的培土压条609
and tree size和乔木尺寸402
roquette芝麻菜499
*Rorippa nasturtium-aquaticum*水田芥**499**
*Rosa*蔷薇属**154~173**
R. 'Adelaide d'Orleans' '阿德莱德·奥尔良'月季163
R. ALEXANDER ('Harlex') '亚历山大'月季165
R. 'Aloha' '阿洛哈'月季161
R. 'Alpine Sunset' '高山日落'月季*157*
R. 'Anne Harkness' '安妮'月季161
R. 'Armada' '阿曼达'月季*160*
*R. arvensis*旋花蔷薇162
R. AVON ('Poulmuti') '雅芳'月季162
*R. blanda*光滑蔷薇168
R. 'Blue Parfum' '蓝色香水'月季158
R. 'Bobbie James' '博比'月季161
R. 'Bonica' '邦尼卡'蔷薇160
R. 'Buff Beauty' '丽黄'月季161
*R. californica*加州蔷薇168
*R. canina*狗蔷薇164, 168, 634, 673
R. 'Céline Forestier' '赛琳·福莱斯蒂耶'月季*138*
R. 'Charles de Mills' '查尔斯'蔷薇161
R. 'Chinatown' '中国城'月季160

*R. chinensis*月季花156
R. 'Complicata' '折叠'蔷薇160
R. 'Cramoisi Supérieur' '上品深红'月季*159*
R. 'Dream Time' '梦想时光'月季*173*
R. 'Fantin Latour' '范丁拉托'蔷薇*158*
R. 'Felicite Perpetue' '永福'蔷薇163
R. filipes 'Kiftsgate' '幸运'腺梗月季*139*
R. flower carpet ('Heidetraum') 花毯月季162
R. flower carpet gold ('Noalesa') 金花毯月季162
R. flower carpet white ('Noaschnee') 白花毯月季162
*R. foetida*黄蔷薇168
R. 'Frühlingsgold' '春之黄金'蔷薇160
R. 'The Generous Gardener' '慷慨的园丁'月季161
R. GERTRUDE JEKYLL ('Ausbord') '格特鲁德杰基尔'月季*173*
*R. glauca*紫叶蔷薇158, 168
R. 'Gloire de Dijon' '亮重台'月季*157*
R. 'Golden Showers' '金雨'月季*173*
R. 'Golden Wings' '金翼'月季165
R. GROUSE ('Korimro') '松鸡'月季162
R. HAMPSHIRE ('Korhamp') '汉普郡'月季162, *162*
R. HANNAH GORDON ('Korweiso') '汉娜·戈登'月季*173*
R. 'Harlow Carr' '哈洛卡尔'月季 160
R. 'Jacques Cartier' '雅克·卡地亚' *158*
R. 'Joseph's Coat' '约瑟夫外套'月季173
R. 'Just Joey' '正义'月季164
R. KENT ('Poulcov') '肯特'月季162, *162*
R. LAURA ASHLEY ('Chewharla') '劳拉·艾希莉'月季*162*
R. 'Laure Davoust' '劳拉·达沃斯特'月季*158*
R. 'Laxa' 疏花蔷薇164
R. LITTLE BO-PEEP (Poullen) '小波比'月季325
R. 'Madame Alfred Carrière' '卡里尔'月季*138*
R. MAGIC CARPET ('Jaclover') '魔毯'月季325
R. 'Max Graf' '马克斯·格拉芙'月季163
*R. moschata*麝香蔷薇156

R. moyesii 华西蔷薇 158
R. m. 'Geranium' '仙鹤'华西蔷薇 *157*
R. multiflora 野蔷薇 157, 634
R. 'Nevada' '内华达'月季 160
R. 'New Dawn' '新曙光'蔷薇 163
R. 'Nozomi' '岩蔷薇'月季 *162*
R. palustris 洛泽蔷薇 168
R. 'Paulii Rosea' '包利蔷薇'月季 163
R. 'Penelope' '佩内洛普'月季 165
R. PHEASANT ('Kordapt') '山鸡'月季 162, *162*
R. pimpinellifolia 茴芹叶蔷薇 164, 628, 630
R. PINK BELLS ('Poulbells') '粉钟'月季 *157*, 325
R. 'Port Sunlight' '港口阳光'月季 *172*
R. POUR TOI ('Para Ti') '只为你'月季 325
R. pretty polly ('Meitonje') '俏波莉'月季 325
R. 'Princess Alice' '爱丽丝公主'月季 *160*
R. 'Raubritter' '盗贼骑士'月季 163
R. 'Roseraie de l'Haÿ' '花坛'蔷薇 160
R. rubiginosa 锈红蔷薇 156, 171
R. rugosa 玫瑰 119, 157, 158, 161
　division 分株 630
　growing roses from seed 使用种子种植蔷薇属植物 605, *605*
　planting 种植 164
　rooted suckers 生根萌蘖条 628
　suckers 萌蘖 166, 167
　winter protection 冬季保护 168
R. r. 'Rosea' 粉红单瓣玫瑰 *157*
R. 'Sally Holmes' '莎莉·福尔摩斯'月季 160, 170
R. 'Scharlachglut' '鲜红'月季 160
R. sempervirens 常绿蔷薇 162
R. sericea subsp. *omeiensis* f. *pteracantha* 扁刺峨眉蔷薇 158
R. 'Silver Jubilee' '银色佳节'月季 *157*
R. 'Simba' '金饰'月季 *157*
R. SNOW CARPET ('Maccarpe') '雪地毯'月季 *162*
R. spinosissima 密刺蔷薇 156, 171
R. SUMA ('Harsuma') '萨玛'月季 162
R. SURREY ('Korlanum') '萨里郡'月季 *162*
R. SUSSEX ('Poulowe') '苏塞克斯'月季 162
R. SWEET DREANS ('Fryminicot') '美梦'月季 325
R. TOP MARKS ('Fryministar') '满分'月季 325
R. 'Tour de Malakoff' '旋瓣'蔷薇 *157*
R. virginiana 弗州蔷薇 158, 168
R. wichurana 小叶蔷薇 162, 163, 168
Rosaceae family 蔷薇科 85
rose dieback 月季枯梢病 168, 169, **673**
　visual guide to damage caused by 损害图示 *658*
rose leaf-rolling sawfly 月季卷叶叶蜂 **673~674**
　visual guide to damage caused by 损害图示 *656*
rose-scented geranium '格拉维奥棱斯'天竺葵 386
rosemary 迷迭香 36, 73, 116, 323, 345, 384, 386, **391**, *391*
　semi-ripe cuttings 半硬枝插条 615
rosemary beetle 迷迭香甲 **674**
roses 月季、蔷薇类 18, 28, 75, 84, **154~173**
　autumn cut-back 秋季修剪 168, *168*
　bare-root roses 裸根月季 164~165, *165*
　blind shoots 盲枝 168, *168*
　bush roses 灌木月季 160, 165, *167*, 169~170
　choosing 选择 156~159, 164, *164*, 165
　climbers 攀缘植物 136, 143, 157, 160, 161, 165~166, *166*, 169, 172~173
　colour 颜色 158
　container gardening 盆栽园艺 161, 165, 166, 167, 321, 325
　deadheading 摘除枯花 167, 168
　different rose types 不同的月季、蔷薇类群 156~157
　disbudding roses for cutting and exhibition 对切花和展览所用月季进行摘蕾 173, *173*
　disease-resistant plants 抗病植物 644
　division 分株 630, *630*
　feeding 施肥 120
　fertilizing 施肥 167
　Floribunda roses 丰花月季 156, 157, 159, 168, *168*, 169~170, *170*, 173, *173*
　flower shapes 花型 156, *157*
　foliage 叶片 158, 163
　formal rose gardens 规则式月季园 159
　fragrance 芳香 158, 163
　frost protection 防冻保护 599
　in the garden 在花园中 **156~163**
　ground-cover roses 地被月季 157, 159, 160, **162~163**, 318, 325
　growing from seed 用种子种植 605, *605*
　growing with *Clematis* 和铁线莲属植物的搭配 161, *161*
　growing with herbaceous plants 和草本植物的搭配 159~160
　growing with other shrubs 和其他灌木的搭配 160
　hedges and screens 树篱和屏障 161
　how to prune 如何修剪 169, *169*
　Hybrid Musk roses 杂交麝香月季 161
　Hybrid Tea roses 杂种香水月季 157, 159, 168, *168*, 169, *169*, 170, 173, *173*
　informal plantings 自然式种植 159~160
　miniature roses 微型月季 157, 159, 160, 166, 168, 170, *170*, 325
　modern garden roses 现代花园月季 157
　moving 转移 168
　mulching 覆盖护根 167
　old garden roses 古典花园月季 156, 171~172
　patio roses 盆栽月季 157, 166, 170, 325, *325*
　pegging down 钉枝 162
　pests and diseases 病虫害 161, 164, 165, 168, 648, 660, 663, 666, 667, 668, 672, 673~674, 678
　planter's guide 种植者指南 163
　Polyantha roses 多花小月季 157, 169~170, *170*
　propagation 繁殖 168
　pruning and training 修剪和整枝 122, 163, **169~173**, 336
　ramblers 蔓生月季 157, 158, 160, 161, 162, 165~166, 172~173, *172*
　reproductive parts of a rose flower 月季花朵中的繁殖器官 *600*
　rooted suckers 生根萌蘖条 628
　rose hips 蔷薇果 158, 163, 172, 605
　'rose-sick soil' 月季的连作问题 164
　routine care 日常养护 **167~168**
　seeds 种子 680, *680*
　shrub roses 灌丛月季 157, 160, 171~172, *171*
　site and aspect 位置和朝向 164
　soil preparation and planting 土壤准备和种植 **164~166**
　spacing bedding roses 花坛月季的间距 165
　spacing roses for a hedge 月季树篱的种植间距 165
　species roses 蔷薇属物种 156, 160, 168, 171~172
　specimen planting 孤植 160, 163
　standard roses 标准苗型月季 159, 166, *166*, 170, *170*
　suckers 萌蘖条 167, *167*
　T-budding T字形芽接 634
　terraces 台地 160
　underplanting rosebeds 月季花坛中的下层种植 160
　walls, arbours, and pergolas 161, *161*, 163, 173
　watering 浇水 166, 167
　weeping standard roses 垂枝形标准苗月季 160, 170
　when to plant 何时种植 165
　when to prune 何时修剪 169
　winter protection 冬季保护 168
roses (watering cans) 花洒（洒水壶）538, *538*
rosettes, scooping 挖去莲座丛 620
Rosularia aizoon 瓦莲属植物 79
rot 腐烂
　bacterial rot 细菌性腐烂 *657*, **660**
　brown rot 褐腐病 *643*, *657*, **661**
　foot and root rot 根腐病 644, *657*, *658*, **665**
　iris rhizome rot 鸢尾根腐病 **667**
　Narcissus basal rot 水仙基腐病 **669**
　onion neck rot 洋葱颈腐病 **670**
　onion white rot 洋葱白腐病 657
　root rot 根腐病 **673**
　storage rot 储藏中的腐烂 *657*, **676**
rotary mowers 旋转式割草机 535, *535*
rotating sprinkler 旋转式喷灌器 539, *539*
rotavators 旋耕机 27, 654
rotovation, weed control and 控制杂草和旋耕 649
rough-stalked meadow grass 普通早熟禾 245, 246
rowan 欧洲花楸 30, 83, 85, 324, 599
royal fern 欧紫萁 198
Royal Horticultural Society (RHS), 皇家园艺学会（RHS），H评级系统 H-rating system 56~57
Royal National Rose Society 英国皇家月季协会 156
rubber plant 印度橡胶树 380, 610
　foliage 叶片 358
Rubus 悬钩子属 121, **448~149**
R. biflorus 粉枝莓 114
R. deliciosus 美味树莓 125
R. fruticosus 欧洲黑莓 *401*, **448~449**, 649, 651
R. idaeus 树莓 **450~451**
R. i. var. *stigosus* 美国树莓 450
R. occidentalis 北美黑树莓 450
R. 'Tridel' '崔德尔'树莓 125
　climbing methods 攀缘方法 136
　tip layering 茎尖压条 609, *609*
rucola 芝麻菜 499
Rudbeckia 金光菊属 29, 31, 177, 180, 264
R. fulgida var. *deamii* 全缘金光菊 77

cutting back剪短195
stopping摘心194
rue芸香385, **390~391**, *390*
Rugosa roses皱叶月季158
*Rumex*酸模属247, *651*, 653
　　*R. acetosa*酸模**390**, *390*, 394
　　*R. acetosella*小酸模653
　　*R. obtusifolius*大羊蹄649
run-off径流15, 25, 48, 563, 588
runner beans红花菜豆53, 341, **509~510**
　　feeding施肥481
　　growing in containers在容器中种植341
　　pests and diseases病虫害510, 660
　　scarlet runner bean红花菜豆206
　　watering浇水*480*, 509~510
runners走茎
　　aquatic plants水生植物313
　　dividing分株631
　　propagating by用走茎繁殖*448*
*Ruschia*舟叶花属349
*Ruscus*假叶树属121, 628
rushes灯芯草属植物197, 588
Russian vine巴尔德楚藤蓼138
　　pruning修剪*147*
rust锈病24
　　internal rust spots内部锈斑病667
　　leaf problems叶片生长问题655
rustic work木杆结构581~582
rusts锈病**674**
　　annuals and biennials一二年生植物217
　　pinks and carnations石竹和康乃馨191
*Ruta graveolens*芸香385, **390~391**, *390*
ryegrass多年生黑麦草242, 244, 245, 246, 591
　　pH levels pH值247

S

Saddle grafting鞍接121, **634**, *634*, 637, *637*
safety安全性
　　balcony and roof gardens阳台和屋顶花园326
　　electrical用电534
　　lawnmowers割草机535
　　water features水景50
sage鼠尾草24, 160, 323, 385, **391**, *391*
　　hardiness耐寒性394
　　preserving保存395
　　propagation繁殖394
　　purple sage '紫芽' 药用鼠尾草386
*Sagina procumbens*仰卧漆姑草277, *653*
St Augustine grass 钝叶草244

*Saintpaulia*非洲堇属359, *371*, 376, 618
　　propagating繁殖379
salad and leafy vegetables沙拉用蔬菜和叶菜27, **493~499**
　　amaranths苋属蔬菜493
　　chicory菊苣495~496
　　corn salad莴苣缬草499
　　cress水芹498
　　dandelions蒲公英499
　　endives苦苣494~495
　　iceplants冰叶日中花498~499
　　intercropping间作476
　　land cress高地水芹498
　　lettuces莴苣496~497
　　Malabar spinach落葵493
　　mustard白芥498
　　New Zealand spinach新西兰菠菜497
　　salad rape欧洲油菜498
　　salad rocket芝麻菜499
　　spinach菠菜497
　　summer purslane马齿苋499
　　Swiss chard and spinach beet瑞士甜菜和莙荙菜494
　　watercress水田芥499
　　watering浇水480
　　winter purslane水马齿苋499
salad leaves沙拉用叶菜341
　　cut-and-come again随割随长型341, *341*, 484
　　salad rape欧洲油菜498
　　salad rocket芝麻菜484, 499
　　sowing播种479
salad onions小葱514
Salicine plums中国李423
*Salix*柳属54, 72~73, 86, 94, 111, 599
　　S. acutifolia 'Blue Streak' '蓝纹' 锐叶柳102
　　*S. alba*白柳24, 95, 107, *617*
　　S. a. var. *sericea*绢毛白柳102
　　S. a. var. *vitellina*红枝白柳85, 102, *102*
　　S. a. var. *vitellina* 'Britzensis' '布里茨' 红枝白柳85, 102, *126*
　　*S. babylonica*垂柳100
　　*S. caprea*黄花柳117
　　S. c. 'Kilmarnock' '吉尔马诺克' 黄花柳*83*, 325
　　S. daphnoides 'Aglaia' '灿烂' 瑞香柳102
　　S. 'Erythroflexuosa' 金卷柳102, 114
　　*S. fragilis*脆枝柳107
　　S. hastata 'Wehrhahnii' '韦氏' 戟叶柳111
　　*S. irrorata*露珠柳102, 114
　　S. × *sepulcralis* var. *chrysocoma*金垂柳*83*
　　cuttings插条611, 617

willow walls柳编墙107, *107*
*Salpiglossis*猴面花属216
salsify婆罗门参525
salvage yards废品回收场17
*Salvia*鼠尾草属24, 30, 31, 160, *178*, 613
　　S. elegans 'Scarlet Pineapple' '红凤梨' 凤梨鼠尾草335
　　*S. farinacea*蓝花鼠尾草206
　　*S. leucantha*墨西哥鼠尾草76
　　*S. officinalis*药用鼠尾草323, **391**, *391*, 394
　　S. o. 'Purpurascens' '紫芽' 药用鼠尾草385
　　*S. pratensis*草原鼠尾草263
　　*S. rosmarinus*迷迭香73, 116, 386, **391**, *391*, 394
　　S. sclarea var. *turkestanica*南欧丹参216
　　*S. splendens*一串红202, 204
　　hardiness耐寒性394
　　planting out露地移栽212
　　propagation繁殖394
*Salvinia auriculata*耳状槐叶苹310
*Sambucus*接骨木属121
　　*S. nigra*西洋接骨木649
　　*S. racemosa*欧洲接骨木117
　　S. r. 'Plumosa Aurea' '金羽' 欧洲接骨木126
　　cuttings插条611
sand沙子*332*, 333, 569
　　sand beds沙床640, *640*
　　top-dressing表面覆盖592
sandstone砂岩277, *277*
　　pots花盆331
sandy soils沙质土58, *58*, 59
　　annuals and biennials for适宜的一二年生植物210
　　climbers for适宜的攀缘植物143
　　erosion土壤侵蚀20, 54
　　growing vegetables on在沙质土上种植蔬菜471
　　improving drainage around shrubs改善灌木周围的排水118
　　perennials for适宜的宿根植物186
　　rock plants for适宜的岩生植物277
　　roses月季164
　　soil water土壤水分588
　　temperature温度53
　　trees for适宜的乔木94
*Sansevieria*虎尾兰属15, 359, 379
　　*S. trifasciata*虎尾兰632
　　S. t. 'Golden Hahnii' '金边短叶' 虎尾兰633
　　cuttings插条619
　　dividing分株632
*Santolina*圣麻属116, *116*

　　*S. chamaecyparissus*圣麻126, 160, **391**, *391*
*Saponaria ocymoides*岩生肥皂草274
*Sarcococca*野扇花属114, 121, 122, 628
　　*S. confusa*美丽野扇花74
　　*S. hookeriana*羽脉野扇花126
*Satureja*风轮草属
　　*S. montana*冬风轮草386, **391**, *391*
　　*S. spicigera*匍匐风轮草385
sawfly larvae叶蜂幼虫674
　　pesticides农药648
　　visual guide to damage caused by损害图示655
saws, pruning修剪锯**533**, *533*
*Saxifraga*虎耳草属270, 274
　　*S. callosa*硬皮虎耳草79
　　*S. cotyledon*少妇虎耳草79
　　*S. granulata*颗粒虎耳草622
　　*S. paniculata*长寿虎耳草79
　　S. 'Tumbling Waters' '瀑布' 虎耳草271
　　S. × *urbium*阴地虎耳草179
　　cuttings插条288, *288*
　　plunge beds埋盆苗床289
　　removing dead flowers去除枯花287, *287*
　　repotting重新上盆290
　　selecting选择276
　　soil mixes土壤混合物278
scab疮痂病**674**
　　visual guide to damage caused by损害图示655, 657
*Scabiosa caucasica*高加索蓝盆花186
*Scaevola*草海桐属202
scale尺度
　　garden plans花园平面图63
　　water features水景50
scale insects蚧虫类**674**
　　pesticides农药648
　　visual guide to damage caused by损害图示655, 658
scaling分离鳞片625~626, *625*
　　lilies百合233
　　twin-scaling分离双层鳞片626
scallions小葱514
Scandinavian system斯堪的纳维亚式系统450, *450*
scarification划破种皮602, *602*
scarifying翻松254, 255, *255*
scarifying rake翻松耙537, *537*
scarlet runner bean红花菜豆206
scarlet willow '布里茨' 红枝白柳85
scent气味
　　annuals and biennials for提供香味的一二年生植物207
　　climbers攀缘植物140, 141

perennials宿根植物184
roses月季158, 163
shrubs灌木114, 115
*Schefflera*鹅掌柴属
　　*S. delavayi*穗序鹅掌柴88
　　*S. taiwaniana*台湾鹅掌柴88
*Schinus molle*柔毛肖乳香94
*Schizanthus*蛾蝶花属212
*Schizophragma*钻地风属136
　　*S. hydrangeoides*绣球钻地风139
　　*S. integrifolium*钻地风137
*Schlumbergera*蟹爪兰属349, 351
　　*S.×buckleyi*绿蟹爪兰*349*, 351, 362
　　planting种植354
*Sciadopitys verticillata*日本金松93
sciarid flies尖眼蕈蚊**665**
*Scilla*绵枣儿属222
　　*S. bifolia*双叶绵枣儿*221*
　　container gardening盆栽园艺324
scions接穗*403*, *404*, 634
*Scirpus cernuus*虎须草*308*
sclerotinia diseases菌核病**674**
　　visual guide to damage caused by损害图示*658*
scooping挖伤法627
scorch枯萎，灼伤131, **666~667**
　　visual guide to damage caused by损害图示*656*, *657*
scoring刻痕法627
*Scorzonera*鸦葱属**525**
　　*S. hispanica*黑婆罗门参**525**
Scotch thistle大翅蓟204
scree beds and formations岩屑床和岩屑堆272, *272*
　　constructing建造280
　　gravel beds and paving沙砾床和铺装272~273
　　planting种植280
　　rock plants for适宜的岩生植物275
　　siting选址277
　　soils and soil mixes土壤和土壤混合物278
screens屏障47, **104~107**
　　balcony and roof gardens阳台和屋顶花园326, 327
　　bamboo竹类*132*
　　fruit cordons壁篱式果树401
　　living willow柳编墙107, *107*
　　protecting newly planted shrubs保护新种植的灌木119
　　rose screens月季屏障161
　　screen block walling屏障砌块墙575
　　screening with climbers用攀缘植物遮蔽138
　　stilted hedges高跷式树篱*37*
　　trees for适宜乔木86

as windbreaks作为风障55, *55*, 473
*Scrophularia*玄参属31
scrub灌木丛30
sculpture, trees and living乔木和活的雕塑82
sea holly刺芹属植物179
sea lavender补血草属植物272
sea levels, rising上升的海平面14
sea pinks海石竹272
seakale beet瑞士甜菜**494**
seasons季节
　　and climate change和气候变化14
　　monitoring gardens through the观察花园的四季变化47
　　planting for seasonal and year-round interest植物的季节性和全年性观赏价值**74~77**
　　shrubs for seasonal interest为季相种植的灌木115
　　trees for seasonal interest为季相种植的乔木87
seating areas座位区域*46*
　　around ponds池塘周围294, 303, *303*
　　people-orientated gardens以人为本的花园40, *41*
　　stylized gardens风格化花园*45*
seaweed海藻471, 590
　　garden compost花园基质593
　　seaweed extracts海藻提取物342
　　seaweed fertilizer海藻肥料355
secateurs修枝剪147, 169, 528, 532, *532*
security安全**35**, 61
sedges莎草192, 197, 588
sedimentary rock沉积岩277, *277*
*Sedum*景天属78~79, *78*, 274, 279, 348, 349, 350
　　*S. acre*苔景天79
　　S. a. 'Aureum' '黄金' 苔景天79
　　*S. album*白景天79
　　*S. cauticola*岩缝景天79
　　*S. morganianum*玉珠帘351, 354
　　S. 'Ruby Glow' '红宝石光辉' 景天79
　　S. spathulifolium 'Cape Blanco' '布朗角' 白霜景天79
　　*S. spectabile*长药八宝*679*
　　S. spurium 'Schorbuser Blut' '司库伯特' 大花费菜*183*
choosing and siting选择和选址351
container gardening盆栽园艺323
cuttings插条288, *288*
dividing分株632
matting垫状植被24
propagating繁殖288, *288*
tapestry lawns织锦草坪266~267
seed sowers播种工具541, *541*
seed trays播种盘19, 479, 543

seedheads种子穗22, *220*
　　decorative perennials 184
　　drying 206, 395, *395*
　　food sources for birds 176, 177
　　perennials宿根植物*181*
seedling blight **674**
seedlings幼苗
　　buying annuals and biennials购买一二年生植物210
　　collaring套颈圈*485*, 486
　　damping off猝倒病640, *640*
　　frost protection防冻保护605
　　growing indoors室内种植479, *479*
　　hardening off炼苗479, 483, 642
　　potting up seedling bulbs球根植物幼苗的上盆623
　　pricking out移栽606, *606*
　　protecting against slugs and snails抵御蛞蝓和蜗牛646
　　protecting and supporting保护和支撑211, 646
　　seedling growth幼苗生长*603*
　　temperature温度479
　　thinning疏苗605
　　transplanting移植187, 479, 605
　　trees乔木93
　　watering浇水480, 588
seeds种子**680~681**
　　annuals and biennials一二年生植物210, 217, 649
　　aquatic plants水生植物313
　　as bird food作为鸟类的食物29, *29*
　　breaking seed dormancy打破种子休眠602
　　bulbs from seed用种子种植的球根植物622~625
　　choosing vegetable seeds选择蔬菜种子478
　　cleaning flesh seed清洁黏附果肉的种子602
　　climbing plants攀缘植物146
　　cold stratification低温层积602~603
　　collecting采集种子18, 601, *601*
　　double dormancy双重休眠603
　　erratic germination发芽不稳定624
　　F1 and F2 hybrids F1代和F2代杂种601
　　garden-raised hybrids花园培育的杂种600~601
　　germinating萌发53, 54, 624
　　germinating in plastic bags在塑料袋中萌发624
　　growing from seeds播种种植18
　　heritage and heirloom seeds传统种子和古老种子601
　　how seeds develop种子是如何形成

的600
　　open-pollinated开放授粉种子600, 601
　　pelleted and primed seeds包衣种子和待发种子210
　　prairie plantings北美草原式种植264, 265
　　pre-germinated seeds预先发芽种子478
　　prepared seed预制种子478
　　propagation繁殖287, **600~606**
　　purchasing购买478
　　removing from berries从浆果中分离602
　　scarification划破种皮602, *602*
　　seed compost播种基质543
　　seed damage种子损伤**657**
　　seed sowers and planters播种工具541
　　seeds with special requirements有特殊需求的种子211
　　seeds to sow fresh新鲜时播种的种子601
　　selecting选择601
　　shrubs灌木121
　　soaking浸泡602
　　sowing播种604~606
　　sowing depths播种深度478
　　sowing in a drill条播478, *478*
　　sowing indoors室内播种479
　　sowing outdoors室外播种478~479
　　sowing seed in containers在容器中播种605~606
　　sowing seed that required chilling播种需要冷处理的种子*603*
　　sowing wildflower seed播种野花种子261
　　stale seedbeds陈旧育苗床480
　　storing储存601
　　warm stratification温暖层积602
　　water lilies睡莲299
　　watering浇水480, 588
　　wildflower seeds野花种子260~261
seep hoses渗透软管19, 475, 480, *480*, **539**, 544, 554, *554*, 597
Seiridium canker五隔盘单毛孢属溃疡**658**, **674**
*Selaginella*卷柏属
　　*S. kraussiana*小翠云*371*
　　S. k. 'Aurea' '金叶' 小翠云*370*
　　*S. martensii*珊瑚卷柏*370*
*Selenicereus*大轮柱属349, 351, 621
　　*S. grandifloras*大轮柱351
self-heal夏枯草246, 262, 653
self-sown plants自播植物39
　　annuals and biennials一二年生植物204, 211, 216, *216*

self-watering systems自灌溉系统554, *554*
　　self-watering pots自灌溉花盆378, *379*, *379*, 596
semi-ripe cuttings半硬枝插条611, 615~616, *615*
*Sempervivum*长生草属42, 78~79, 270, *270*, *273*, 274, 349
　　*S. arachnoideum*卷娟79, 274, *283*, *349*
　　S. a. 'Arctic White' 北极白 卷娟*283*
　　S. a. subsp. *tomentosum*蛛丝卷娟*283*
　　S. a. subsp. *t.* 'Stansfieldii' 紫牡丹长生草*283*
　　S. 'Gallivarda' '加利瓦尔达' 长生草*349*
　　S. 'Mrs Giuseppi' '朱赛皮夫人' 长生草*79*
　　S. 'Reinhard' '莱因哈特' 长生草*633*
　　*S. ruthenicum*南俄长生草*283*
　　*S. tectorum*长生花*79*
　　choosing and siting选择和选址351
　　container gardening盆栽园艺*319*, 323
　　planting in dry-stone walls在干垒石墙中种植*284*
　　planting in troughs在石槽中种植*283*
　　tapestry lawns织锦草坪266~267
*Senecio*千里光属119
　　*S. cineraria*银叶菊*203*
　　*S. jacobaea*新疆千里光*650*
　　*S. rowleyanus*翡翠珠322
　　*S. vulgaris*欧洲千里光*649*, *650*
sentimentality情感47
sepal萼片681
septic tanks化粪池60
*Sequoia*红杉属82
*Setaria italica*粟*203*
setts铺路石568, *569*
shade阴影15, 19, 25, 26, 34, 54
　　annuals and biennials一二年生植物207
　　bulbs球根植物225, 229
　　cacti and succulents仙人掌和其他多肉植物352
　　climbers攀缘植物40, 141
　　herbs that tolerate耐阴香草384
　　microclimate小气候55
　　perennials宿根植物184
　　rock plants岩生植物275
　　shrubs灌木115
　　sketching plans规划草图*61*
shading遮阴641, 642
　　conservatory gardening保育温室园艺360
　　orchids兰花374
shafts and heads杆和头530
shakers振动器541
shallots青葱*514*

pests and diseases病虫害659
　　storing储存484, 514
shanking of vines葡萄枯萎病**674**
　　visual guide to damage caused by损害图示*657*
shape, shrubs形状，灌木113
sharp sand尖砂333
shears大剪刀
　　edging shears修边大剪刀253, *253*
　　garden shears园艺大剪刀533, *533*
　　long-handled edging shears长柄修边大剪刀**536**, *536*
　　long-handled lawn shears长柄草坪大剪刀536, *536*
sheds棚屋17, 19, 40, 49, **583**
　　choosing选择583, *583*
　　designs设计583
　　location位置61
　　materials材料583
　　types of cladding盖板类型*583*
sheep droppings fertilizer羊粪肥料591
sheep's sorrel小酸模*653*
sheep's wool羊毛332
sheet mulches薄膜护根584, *584*, 592, *592*, 597, 650
sheets席子540
shelter庇护所16, *16*
　　hedges and screens树篱和屏障104
　　shelter belts防护带29, 86
　　shrubs for sheltered sites喜背风处的灌木115
　　vegetable gardens蔬菜花园470
shelving, greenhouses温室架子557, 558
shepherd's purse荠菜247, *649*, *650*
*Shibataea kumasaca*倭竹133
shield ferns耳蕨198
shingle fencing木瓦栅栏578, *578*
ship-lap cladding合槽板*583*
Shirley poppies虞美人259
shiso回回苏*390*, *390*
shoots, non-variegated无彩斑枝条*120*
shothole蛙洞**675**
　　visual guide to damage caused by损害图示*655*
shredders粉碎机528, 540, *540*
shredding vegetaion粉碎植被129
shrews鼩鼱645, *645*
shrubs灌木19, 24, 74
　　air layering空中压条610, *610*
　　for apical-wedge grafting劈接637
　　aspect and microclimate 朝向和小气候111
　　bare-root shrubs裸根灌木117~118
　　berries浆果114
　　bulbs in shrub borders灌木花境中的球根植物221~222

for chip-budding适合嵌芽接的灌木636
choosing选择110
container gardening盆栽园艺321, 325, 329, *334*, 336, 343~344, *344*
container-grown盆栽灌木114, 117, 118, 119, 120, 121
coppicing and pollarding平茬和截顶126
cut flowers切花40
deadheading摘除枯花120
as design features作为设计形体111
division分株38, 629
dwarf and ground cover shrubs低矮和地被灌木113
fan-training shrubs扇形整枝灌木127, *127*
feeding施肥120, 122
flowers花18, 111, 113~114, 115
foliage叶片113, 115
form and size形态和尺寸110~111
foundation planting基础种植111
frost protection防冻保护*598*, 599
greenwood cuttings绿枝插条614~615, *615*
for ground cover用作地被的灌木**116**
growing roses with和月季种在一起159, 160
hardwood cuttings硬枝插条617
how to plant如何种植118, *118*
informal gardens自然式花园38
knot gardens结节花园36
leafmould腐叶土595
for mounding or stooling适合直立压条或培土压条的灌木609
moving established成形灌木的移植121
mulching覆盖护根120
native species本土物种30
ornamental shrubs观赏灌木**108~133**
palms and exotics棕榈类和异域风情植物88
pests and diseases病虫害643, 660, 662, 663, 664, 665, 666, 667, 668, 669, 671, 673, 674, 675, 676, 677, 678
planter's guide to种植者指南115, 117, 119
planting bulbs around在周围种植球根植物222
planting roses with和月季搭配种植160
planting under trees在乔木下面种植69
problems with生长中的问题121
propagation繁殖121
　　air layering空中压条610, *610*

for apical-wedge grafting劈接637
for chip-budding适合嵌芽接的灌木636
greenwood cuttings绿枝插条614~615, *615*
hardwood cuttings硬枝插条617
plants to propagate from hardwood cuttings用硬枝插条繁殖的植物618
plants to propagate from semi-ripe cuttings用半硬枝插条繁殖的植物616
propagating by simple layering用简易压条法繁殖的植物608
propagation from softwood cuttings用嫩枝插条繁殖614
root cuttings根插条619
semi-ripe cuttings半硬枝插条615
protecting保护119
pruning and training修剪和整枝122~123
pruning suckering shrubs修剪萌蘖灌木*125*, 126
reducing削弱38
renovating复壮129, *129*
rock plants岩生植物275
root-ball shrubs根坨灌木118, 121
root cuttings根插条619
rooted suckers生根萌蘖条628
routine care日常养护**120~121**
scent香味114, 115
scrambling蔓生128
seeds needing stratification需要层积的种子602
selecting选择111, 117, *117*
semi-ripe cuttings半硬枝插条615
shrubs in the garden花园里的灌木**110~114**
soil fertility土壤肥力20
soil preparation and planting土壤准备和种植117~119
specimen shrubs园景灌木112~113
standard specimens标准苗型植株336, *336*
stems茎114
successional interest连续的观赏性111~112
suckering fruit trees and shrubs萌蘖果树628
transplanting移植*121*
wall shrubs贴墙灌木113
watering浇水*119*, 120
weeding除草120
when to plant何时种植118
shuttlecock fern荚果蕨73
shy-flowering bulbs不易开花的球根植

物238
Sidalcea锦葵属31
side-wedge (inlay) grafting嵌接634, *634*, 637
sieves筛子*541*, **541**
*Silene schafta*夏弗塔雪轮274
silty soils粉砂土58, *58*, 59
silver firs冷杉属植物101
silver leaf银叶病**675**
　　fruit trees乔木果树407
　　visual guide to damage caused by损害图示655
*Sinapis alba*白芥27, **498**
single-handed shears单手大剪刀533
sinks水槽316
　　covering glazed sinks覆盖上釉水槽282, *282*
　　rock gardens岩石园274, *274*, 281~283, *283*, 286
*Sinningia speciosa*大岩桐379, 618, 627
Sisyrinchium striatum 'Aunt May' '花叶' 条纹庭菖蒲186
Skimmia茵芋属75, 114, 324
　　*S. japonica*日本茵芋77, 111
　　in windowboxes在窗槛花箱中224
slaked lime熟石灰591
slate chippings板岩碎片48
slatted decking木板铺装570
slatted wooden box板条木盒369
sleepers, raised beds抬升苗床577, *577*
slender creeping red fescue细长匍匐紫羊茅245
slender speedwell丝状婆婆纳652, 653, *653*
slime flux黏液流**675**
　　visual guide to damage caused by损害图示658
slime moulds黏菌霉病**675**
　　visual guide to damage caused by损害图示658
slipper orchids兜兰372
slitting切缝255
slopes斜坡53, 62
　　assessing评估48
　　building steps into a bank在土堤上修建台阶573
　　creating创造248, *248*
　　fences on sloping ground斜坡上的栅栏*580*, 580
　　paths and steps道路和台阶571, *573*
　　vegetable gardens蔬菜花园470~471
slow worms蛇蜥28
slugs蛞蝓23, 24, 473, 482, **675**
　　and annuals and biennials和一二年生植物217
　　and Clematis和铁线莲属植物152
　　and container gardening和盆栽园艺343
　　controlling防治646
　　and hostas和玉簪属植物193
　　molluscicides软体动物杀灭剂647
　　organic ferric phosphate pellets有机磷酸铁颗粒648
　　and perennials和宿根植物196
　　pesticides农药648
　　predators捕食者645
　　preventing预防481
　　and rock gardens和岩石园287
　　visual guide to problems caused by损害图示655, *657*
small gardens小型花园23
　　fruit in其中的果树400, *401*, 401
　　prairie-style planting北美草原式种植264
　　raised beds抬升苗床273
　　trees for适宜的乔木83, 85~86, 87
　　water in其中的水294~295
smooth-stalked meadow grass草地早熟禾245, 246
smuts煤污病507, **675**
　　visual guide to damage caused by损害图示656
snails蜗牛23, 24, 473, 482, **675**
　　and annuals and biennials和一二年生植物217
　　and Clematis和铁线莲属植物152
　　and container gardening和盆栽园艺343
　　controlling防治646
　　and hostas和玉簪属植物193
　　molluscicides软体动物杀灭剂647
　　organic ferric phosphate pellets有机磷酸铁颗粒648
　　and perennials和宿根植物196
　　pesticides农药648
　　predators捕食者645
　　preventing预防481
　　ramshorn snails扁卷螺311
　　and rock gardens和岩石园287
　　visual guide to problems caused by损害图示655, *657*
snake-bark maples细蛇槭77
snake's head fritillary雀斑贝母222, 223
　　in lawns在草坪上258
snap beans四季豆510~511
snapdragons金鱼草202
snips小剪532, *532*
snow雪*52*, 53
　　shrub protection灌木保护119
　　snowdrifts风雪34
　　topiary树木造型131

snow mould雪腐病658, **675**
snowdrops雪花莲73, 75, 114, 180, 220, 222
　　buying in the green购买绿色球根228
　　container gardening盆栽园艺324
　　as ground cover作为地被植物183
　　growing with roses和月季种在一起160
　　kokedama苔藓球322
　　in lawns在草坪上243, 266
　　pests and diseases病虫害669
　　planting种植230
　　planting in troughs种在石槽中223
　　twin-scaling分离双层鳞片626
　　woodland gardens林地花园181
soakaways渗滤坑589
　　how to build如何建造589
soap sprays肥皂喷雾剂23
sodium bentonite钠基膨润土306
soft fruit柔软水果398, **446~456**
　　care of 405
　　hardwood cuttings硬枝插条617
　　harvesting and storing收获和储藏410
　　improving the soil改良土壤403
　　planting种植404
　　pollination requirements授粉需求403
　　propagating繁殖406
　　supports for支撑物401
　　training整枝402
　　又见各水果类型
soft landscaping柔软景观64
softwood cuttings嫩枝插条611, 612~614, *612*
　　*Pelargonium*天竺葵属215, *215*
　　plants to propagate from用嫩枝插条繁殖的植物614
　　propagating water plants from softwood cuttings使用嫩枝插条繁殖水生植物614
　　rooting in water水培生根613~614, *613*
　　stem-tip cuttings茎尖插条612
soil土壤
　　aerating通气255~256, *255*
　　assessing your soil type评估你的土壤类型60
　　bottom heat底部加温641, *641*
　　building and maintaining soil health打造和保持土壤健康**20~21**
　　cacti and succulents仙人掌和其他多肉植物**353~354**
　　carbon capture碳捕获15
　　characteristics特征58
　　clearing overgrown gardens清理过度生长的花园584
　　climate change and气候变化和土壤14

compaction压缩652
comparing soils比较土壤587
composts and leafmoulds基质和腐叶土**593~595**
cultivating栽培585~586, 588
digging掘地21, 23, 27, 585, *585*, 586
drainage排水403
drought干旱54, 588
erosion侵蚀25, 27, 54
fertility of肥力59, 471~472
forming a tilth形成细耕面586, *587*
frost霜冻53, 599
growing fruit种植水果403
and hard surfaces和硬质表面15~16
healthy soil健康土壤15
identifying your soil鉴定你的土壤59
improving drainage改善排水589
improving soil health提升土壤健康21, *27*, 27, 185, 403, 596
improving soil structure改善土壤结构587
indoor gardening室内园艺**368~371**
lawns草坪**247~248**
maintaining vegetable garden fertility保持菜园肥力471~472
moisture levels水分含量440
moisture take-up水分吸收588
no-dig cultivation非掘地栽培19, 21, 27, 471, 475, 584, *584*, 587, *587*, 649
nutrients and fertilizers养分和肥料**590~591**
organisms in土壤微生物59, *59*
pH levels pH值59, 591
poorly structured soil结构不良的土壤587
preparation of for layering为压条准备土壤607
preparation of for planting clematis为种植铁线莲准备土壤152
preparation of for planting climbers为种植攀缘植物准备土壤142~144
preparation of for planting hedges为种植树篱准备土壤105~106
preparation of for planting herbs为种植香草准备土壤392~393
preparation of for planting shrubs为种植灌木准备土壤111, 117~119
preparation of for planting trees为种植乔木准备土壤91, 93~94
preparation of for planting roses为种植月季准备土壤164~166
preparation of for planting under cover为保护设施中的种植准备土壤371
preparation of for prairie plantings为北美草原式种植准备土壤265

waterfalls瀑布294, 295
  circulating stream with循环带瀑布的溪流304, 304
  watering浇水17, **588~589**
  annuals and biennials一二年生植物216
  balconies and roof gardens阳台和屋顶花园327
  bromeliads凤梨科植物367
  cacti and succulents仙人掌和其他多肉植物355, 379
  climbers攀缘植物144, 145
  collecting water收集雨水596~597
  conservatory gardening保育温室园艺361
  container gardening盆栽园艺26, 27, 318, 320, 342, 481
  container vegetables盆栽蔬菜341
  effect on growth and plant health of irregular water supply供水不规律对植物生长和健康的影响656, 657, 658, **667**
  fruit水果405
  greenhouses温室378, 550, 554~555
  gutters排水槽544, 596
  hanging baskets吊篮339, 342
  holiday care假日养护344~345
  how to water如何浇水596
  hydroponic systems水培系统79, 379, 555
  indoor gardening室内园艺376
  irrigation systems灌溉系统474~475, 480, 480, 481
  lawns草坪245, 253, 254
  orchids 兰花373~374, 379
  patio fruit盆栽水果328
  perennials宿根植物194
  propagated plants繁殖植株642
  raised beds and抬升苗床和浇水577
  reducing water usage减少用水23, 23, 596
  responsible watering负责任的浇水539
  rock plants岩生植物286, 291
  roses月季166, 167
  self-watering pots自灌溉花盆378, 379
  shrubs灌木119, 120
  succulents多肉植物379
  techniques技术588, 588
  trees乔木91, 96
  vegetables蔬菜480, 480
  vertical gardening垂直园艺79
  water conservation and recycling节约用水和循环用水27, 588, **596~597**
watering aids灌溉工具480, **538~539**
watering cans洒水壶27, 480, **538**, 538, 554, 554
  herbicides and农药和洒水壶648
waterlogging涝渍25, 53, 54, 473, 588, **678**
  plant damage植株受到的损伤658
  root, tuber, bulb, corm, and rhizome damage根、块茎、鳞茎、球茎和根状茎受到的损伤657
watermelons西瓜501
Watsonia 沃森花属221, 224
wattle hurdle fencing编条篱笆栅栏578, 578
weather天气16
  climate change and气候变化和天气14
  extreme极端天气24
  mitigating impact of缓和天气冲击16, 16
  protecting against抵御34
  又见frost; wind, 等
weather stations气象站541, 541
weatherboard cladding挡雨盖板583
webber moth caterpillars网蛾幼虫**678**
weed-control membrane杂草控制薄膜23
  rock gardens岩石园281, 281
weedkiller除草剂17, 23, 538, 650, 652
  buying and applying购买和使用654
  contact weedkiller接触型除草剂650
  contact weedkiller damage接触型除草剂造成的伤害655, **663**
  hormone weedkiller damage激素型除草剂造成的伤害656, **667**
  lawns草坪257, 653~654
  range of chemicals化学除草剂的类型652
  systemic weedkillers内吸型除草剂650
  trees and乔木和除草剂96
weeds and weeding杂草和除草**649~654**
  annual weeds一年生杂草185, 216, 262, 649
  categorizing weeds杂草的分类649
  clearing from rock gardens清理岩石园的杂草278
  common annual and biennial weeds 常见一二年生杂草650
  composting堆肥593
  controlling控制22, 23, 23, 26, 480, 584~585, 649~652
  crop rotation and轮作和杂草476
  cutting down weeds剪短杂草654
  digging掘地475
  encouraging biodiversity促进生物多样性22
  eradicating from lawns从草坪上清除杂草247
  floating mulches and漂浮护根和杂草与除草483
  fruit and水果和杂草406
  hand weeding手工除草650, 650, 653
  hand-weeding tools手动除草工具531, 531
  herbicides农药647
  hoeing锄草585
  lawn weeds草坪杂草31, 254, 257, **652~654**
  meadows野花草地262
  minimizing weed growth减少杂草生长480
  neglected sites荒弃位置**654**
  no-digging cultivation非掘地栽培587
  perennial weeds宿根杂草185, 194, 196, 260, 278, 475, 587, 649, 651, 652, 654
  removing weeds清除杂草653
  rock plants岩生植物286
  shrubs灌木120
  and soil type和土壤类型59
  stale seedbed technique陈旧育苗床技术23, 586, 586
  suppressing抑制杂草20
  tools工具530
  trees乔木96
weeping fig垂叶榕380
weeping trees, pruning垂枝乔木, 修剪100, 100
weeping willow垂柳83, 100
*Weigela*锦带花属25, 117, 119, 125, 125
welded wire fencing焊接铁丝栅栏578, 578
Welsh onions葱514
Western brassicas西方芸薹属蔬菜**485~490**
Western wheatgrass史密斯披碱草246
wet wood湿木658, **675**
wetland habitats湿地生境17
Whalehide ring pot无底花盆543
wheelbarrows手推车540, 540
whips鞭状苗93
  pruning修剪99
  whip grafting镶接634, 638
  whip-and-tongue grafting舌接406, 634, 634, 638, 638
whiptail尾鞭病**678**
white blister白锈病**678**
  visual guide to damage caused by损害图示655
white fork moss白发藓266
white gardens白色花园179
white rot白腐病476
whitecurrants白醋栗398, 402, **453~454**
  pruning and training修剪和整枝399, 407, 453, 453
whiteflies粉虱类482, 646, **678**
  and bamboo和竹类132
  biological control of生物防治647, 647
  pesticides农药648
  visual guide to damage caused by损害图示655
wicking systems灯芯浇水系统345
widgers小锄子541, 541
wigwams拱顶208
wild gardens野生花园38, 83
wild garlic熊韭266, 515
wild landscapes荒野景观45
wild rocket芝麻菜499
wildfires篝火14
wildflowers野花18, 28, 29
  annuals一年生植物216
  cottage gardens村舍花园181
  introducing to lawns引入草坪258
  living roofs绿色屋顶78, 78
  meadows野花草地24, 242, 243, 259~260
  mowing割草263
  planter's guide to meadow plants野花草地植物的种植者指南261
  and soil type和土壤类型59
  sourcing and sowing seeds采购和播种种子260~261, 604
  uncultivated land闲置土地654
  upcycling with wildflower turf使用野花草皮升级改造260
  wildflower turf 野花草皮260, 261
wildlife gardening野生动物园艺15, **28~31**, 34
  assessing your garden评估你的花园51
  attracting pollinating insects吸引授粉昆虫31
  attracting wildlife to your garden将野生动物吸引到你的花园14
  benefits of prairie plantings北美草原式种植的益处264
  benefits of weeds to杂草对野生动物的益处649
  biodiversity生物多样性21
  climbing plants and攀缘植物和野生动物136
  encouraging biodiversity促进生物多样性21, 22
  fedges and栅篱和野生动物138
  growing nature plants种植本土植物**30**
  homes for野生动物的家园21
  informal lawns自然式草坪258
  making room for为野生动物创造空间40
  nature reserves自然保护区28
  perennials and宿根植物和野生动物184

planting for 为野生动物种植29, 51
ponds池塘50, 258, 295~296, **306~307**
prairie planting北美草原式种植177
pruning shrubs for为野生动物修剪灌木122
refuges and bridges for庇护所和桥梁28~29, 51
rewilding再野化30
in rock gardens在岩石园中279~280
supporting biodiversity支持生物多样性16
utility lawns and实用草坪和野生动物园艺 246
varying plant height植物高度的变化 **30**, *30*
wildflower meadows野花草地242, *243*, *259*, *260*
又见各物种
willow 柳树54, 72~73, 86, 111, 599
coppicing平茬101
cuttings插条611, 617
golden willow红枝白柳85
Kilmarnock willow '吉尔马诺克' 黄花柳*83*
roots根系*96*
scarlet willow '布里茨' 红枝白柳85
weeping willow垂柳*100*
willow obelisks柳枝方尖塔217
willow walls柳编墙107, *107*
willow herb柳叶菜属植物*651*
wilting萎蔫54
wind风16, 25, 54~55, *61*
balcony and roof gardens阳台和屋顶花园326, 327
effects of topography on地形对风的影响*55*
excessive过多的风24
fruit and水果和风401~402, 405
prevailing盛行风19
roses and根系和风168
and shrubs和灌木121
trees and乔木和风86, 96~97
trees for windy sites适合多风区域的乔木95
turbulence湍流*55*
wind damage风造成的损伤54~55
wind funnels风漏斗55, *55*
wind protection防风保护598, **599**, *599*
wind shelter风障55
又见windbreaks
windbreaks风障34, 55, *55*, 405, 473, *599*
bamboo竹类*132*
fences栅栏578
greenhouses and温室和风障545
hedges树篱16, 25, 470, 473, *599*
netting网罩599, *599*

terraces台地*40*
trees乔木25, 55, 95, 96~97, 470, 599
vegetable gardens蔬菜花园470, 480
windowboxes窗槛花箱206, *323*, *323*
annuals一年生植物206
growing bulbs in在窗槛花箱中种植224
inserting wedges on a sloping sill 在倾斜窗台上插入楔子*338*
planting种植*338*
securing固定338, *338*
watering浇水*342*
windowsill propagators窗台增殖箱555, *555*
winter冬季14, 24
perennials for winter interest冬季观赏的宿根植物184
protecting palms and exotics保护棕榈类和异域风情植物88, 89
roses in月季在冬季168
seasonal interest季相77, 87, 184
temperatures温度52, *52*
trees for winter interest冬季观赏的乔木87
winter aconites冬菟葵114, 180, 182, 221
winter jasmine迎春花136, 140
winter melons冬甜瓜501
winter moth caterpillars冬尺蠖蛾幼虫**678**
visual guide to damage caused by损害图示*656*
winter purslane水马齿苋**499**
winter radishes冬萝卜524, 525
winter savory冬风轮草386, **391**, *391*
winter squashes冬倭瓜**503**
wintersweet蜡梅74, 180
wire fences铁丝栅栏481
wire netting金属网*211*
wires金属丝142
for climbers供攀缘植物使用143
supporting fruit trees and bushes支撑乔木和灌木果树403
wireworms金针虫**678**
visual guide to damage caused by损害图示*657*
*Wisteria*紫藤属72, 138, 325, 336
*W. sinensis*紫藤136, *136*
W. s. 'Alba' '白花' 紫藤138
growing in containers在容器中种植140
planting种植144
propagating繁殖146
pruning修剪148, *148*
supporting支撑335
witch hazel金缕梅221
witches' brooms女巫扫帚**678**

Witloof chicory比利时菊苣483, **495**
Wollemi pine瓦勒密迈杉88, **88**
*Wollemia nobilis*瓦勒密迈杉88, *88*
wood木头17
wood chips木屑265
wood preservatives木材防腐剂580
wooden pots木花盆331
wood anemones林荫银莲花181
in lawns在草坪中243, 266
wood meadow grass林地早熟禾246
wood spurge扁桃叶大戟181
wooden raised ponds木质抬升苗床302, 303
woodland gardens林地花园38, 42, 69
bulbs球根植物222
perennials宿根植物181
woodlice木虱646, **678**
visual guide to damage caused by损害图示*655*
woodruff香猪殃殃**388**, *388*, 392
wool linings毛毡衬垫339, *339*
woolly aphids棉蚜**678**
visual guide to damage caused by损害图示*658*
Worcesterberry伍斯特莓455
work, schedule of工作计划表66
The World Federation of Rose Societies 世界月季联合会156
worms 蚯蚓16, 28, 59, 590, **664**
worm compost 蚯蚓堆肥333, 595, *595*
worm feeds蚯蚓肥料342
wormeries蚯蚓饲养箱21, 342, 595, *595*
又见earthworms; eelworms
wormwood中亚苦蒿384, **387**, *387*
wounds, mechanical机械损伤121, 122, **669**
woven hurdle windbreaks编条篱笆风障599
wrens鹪鹩30

X

xeriscaping旱生园艺**24**, *24*, 25, 26, 350
*Xerochrysum*麦秆菊属206
xerophytes旱生植物588
*Xylella*木杆菌19, **678**
xylem木质部679

Y

yarrow蓍*653*
yellow flag iris黄菖蒲*649*
yellow rattle小鼻花260, 262, *262*, *263*, *263*

yew红豆杉属植物36, 69, 73, 82, *106*, 107, 176
container gardening盆栽园艺319, 321
golden yew '金叶' 欧洲红豆杉90
mixed planting混合种植258
topiary树木造型130, 131, *131*
Yorkshire fog绒毛草30
Yoshino cherry东京樱花83
*Yucca*丝兰属26, 72, 88
*Y. aloifolia*芦荟叶丝兰119
*Y. elephantipes*象腿丝兰380
*Y. gloriosa*凤尾兰110, 117
container gardening盆栽园艺318
pruning修剪127
renovating复壮*380*

Z

*Zantedeschia aethiopica*马蹄莲89, 223
*Zauschneria*朱巧花属124
*Zea mays*玉米**507**
Z. m. 'Quadricolor' '海葵' 玉米203
seeds种子*217*
*Zenobia*白铃木属124
*Z. pulverulenta*白铃木119
*Zigadenus*棋盘花属225
zinc (Zn)锌590
*Zingiber officinale*姜386, **391**, *391*
zinnias百日草204, 206
*Zoysia*结缕草属244
*Z. japonica*日本结缕草244
*Z. matrella*沟叶结缕草244
*Z. tenuifolia*细叶结缕草244
*Zygopetalum mackaii*马氏轭瓣兰373

照片来源

出版者感谢以下人员和机构慷慨地同意复制他们的照片：

页面上的位置是先从顶端至底端，再从左至右列出的。植物图谱中的照片是先横排从左至右，然后从顶部排向下至底部排，有时会有标注。当图片出现在逐步展示中时，按照标注赋予序号。

第五版

（注释：a-上；b-下/底部；c-中；f-远；l-左；r-右；t-顶部）

2 Winwood: Mark Winwood/BH. **6 Winwood:** Mark Winwood/Belinda & Graham. **8 Winwood:** Mark Winwood/Belinda & Graham. **10-11 GAP Photos:** Nicola Stocken. **12 GAP Photos:** Mark Bolton. **14 GAP Photos:** Brent Wilson. **15 GAP Photos:** Ron Evans (t); Brian North (b). **16 GAP Photos:** Elke Borkowski - Design: Alex Bell (l); Leigh Clapp - Designer: Selina Botham (t); Annie Green-Armytage (b). **17 Alamy Stock Photo:** Chris Howes / Wild Places Photography (br). **GAP Photos:** Jonathan Buckley (bl) (tr). **18 GAP Photos:** Victoria Firmston (bl); Suzie Gibbons - Design Georgia Miles - The Sussex Flower School (t); Helen Harrison (bc); Gary Smith (br). **19 GAP Photos:** Brent Wilson. **20 GAP Photos:** Jonathan Buckley (b) (t). **21 GAP Photos:** Fiona Lea (b); Anna Omiotek-Tott (t). **22 GAP Photos:** Gary Smith (t); Friedrich Strauss (b). **23 GAP Photos:** Thomas Alamy (t); Nicola Stocken (b). **24 GAP Photos:** Richard Bloom - Design: Suzy Schaefer and Robert Dean. **25 Alamy Stock Photo:** Paul Christian Gordon (b). **GAP Photos:** Carole Drake (t). 26 Alamy **Stock Photo:** A Garden (tl). **GAP Photos:** Richard Bloom (b); Friedrich Strauss (tr). **27 GAP Photos:** Thomas Alamy (b); Torie Chugg (tl); Friedrich Strauss (tr). 28 Alamy Stock Photo: Victor Watts (bl). **GAP Photos:** Michael King (br). **29 Alamy Stock Photo:** Kathy deWitt (tl). **GAP Photos:** Christina Bollen (br); Neil Holmes - Design: Piet Oudolf (tr). **30 GAP Photos:** Joanna Kossak - Designer: Sarah Wilson. **31 Alamy Stock Photo:** Bettina Monique Chavez (tr). **GAP Photos:** Gary Smith (br). **32 GAP Photos:** Rob Whitworth - Design: Adam Frost. **34 Alamy Stock Photo:** Flowerphotos (t). **35 GAP Photos:** Neil Holmes (tr). **36 GAP Photos:** Christa Brand - Elke Zimmermann (bl); Marcus Harpur - White House Farm, Suffolk (tr). **37 GAP Photos:** Carole Drake (tr); Jerry Harpur - Design Martha Schwartz (tl); Marcus Harper (b). **38 GAP Photos:** Nicola Stocken. **39 GAP Photos:** Pernilla Bergdahl (tr); Elke Borkowski (cl); Carole Drake (br). **40 GAP Photos:** GAP Photos - Design Cube 1994. **41 GAP Photos:** Maxine Adcock (cr); Joanna Kossak - Designer: Tony Woods / Garden Club London (t) (cl); Nicola Stocken (c); Robert Mabic - Design: Marie-Lourie-Louise Agius, Balston Agius (b). **43 GAP Photos:** Suzie Gibbons (br); Ian Thwaites - Garden: Round Hill Garden (tl); Anna Omiotek-Tott - Designer: Chris Beardshaw - Sponsor: Morgan Stanley (tr); John Swithinbank (bl). **44 GAP Photos:** Anna Omiotek-Tott - Designer: Mark Draper, Graduate Gardeners Ltd (t). **45 GAP Photos:** Heather Edwards - Design: Noel Duffy (bl); Fiona Lea - Garden designed by Graham Hardman (tl); J S Sira (tr). **47 GAP Photos:** Paul Debois - Designer: Caro Garden Design (t); Howard Rice - Deisgn: Bob and Sue Foulser (b). **48 GAP Photos:** Mark Bolton (cr); Elke Borkowski - Design: Angus Thompson and Jane Brockbank (tr). **51 GAP Photos:** Paul Debois - Designer: Caro Garden Design (1/t/Left to right); Michael King (2/t/Left to right); Jenny Lilly - Designed by Debra Nixon. Funded by Mondelez International Foundation (3/t/Left to right) (4/t/Left to right). **52 GAP Photos:** Trevor Nicholson Christie. **67 GAP Photos:** GAP Photos - Global Stone Paving (bl); Fiona Lea (l). **68 GAP Photos:** Clive Nichols - Garden: Wollerton Old Hall (br). **69 GAP Photos:** Ian Thwaites - Garden Owner: Mary Putt. - Designer: Katrina Kieffer-Wells (br). **72 GAP Photos:** Jonathan Buckley - Design: John Massey, Ashwood Nurseries (bl). **75 GAP Photos:** Andrea Jones (bl). **77 GAP Photos:** Richard Bloom (r); Jonathan Buckley - Design: Carol Klein (l). **78 GAP Photos:** Maxine Adcock (br); Brent Wilson (tr); Robert Mabic - Designer - Jeni Cairns with Sophie Antonelli (bl). **80 GAP Photos:** Visions. **82 GAP Photos:** Christa Brand. **86 GAP Photos:** Carole Drake - Garden: Owner, Designer: Mrs Debbie Bell (b); Caroline Mardon - Garden design: Acres Wild (tl). **88 GAP Photos:** Jonathan Need (bl). **89 GAP Photos:** Nicola Stocken (bl). **90 GAP Photos:** Jonathan Buckley - Design: John Massey, Ashwood Nurseries (c/Conifer grid); Visions (bc/Conifer grid); Richard Wareham (br/Conifer grid); Nova Photo Graphik (bl/Conifer grid, tl/Conifer grid, tr/Conifer grid); Visions (tc/conifer grid). **104 GAP Photos:** Howard Rice (t). **108 GAP Photos:** Nicola Stocken. **110 GAP Photos:** Marcus Harpur - PRIORS OAK, SUFFOLK. **111 GAP Photos:** John Glover (l); Marcus Harpur - RHS Wisley, Surrey (cl); Sue Heath (cr); Martin Hughes-Jones (r). **114 GAP Photos:** Richard Bloom (l). **116 GAP Photos:** Nova Photo Graphik (tr). **132 GAP Photos:** Howard Rice (t). **133 GAP Photos:** Bjorn Hansson (bl); Martin Hughes-Jones (l); Howard Rice (t); Lucy McNulty (c); Andrea Jones (br). **134 GAP Photos:** Nicola Stocken. **136 GAP Photos:** Howard Rice. **138 GAP Photos:** Robert Mabic (r); Howard Rice - Rectory Farm, Orwell (l). **140 GAP Photos:** Friedrich Strauss (bc). **146 GAP Photos:** Maxine Adcock (tr); Elke Borkowski (tl); Nova Photo Graphik (tc); Jonathan Buckley (b). **154 GAP Photos:** . **156-157 GAP Photos:** Brigitte Welsch. **158 GAP Photos:** Nicola Stocken (t). **159 GAP Photos:** Juliette Wade. **162 GAP Photos:** Tim Gainey (bl); Charles Hawes (t); Jenny Lilly (bc); Rob Whitworth (tr). **172 GAP Photos:** Jonathan Buckley - Garden: Pettifers Garden, Oxfordshire (bl). **174 GAP Photos:** . **178 GAP Photos:** Joe Wainwright - Design: John and Lesley Jenkins Garden. **180 GAP Photos:** Nicola Stocken (br). **189 GAP Photos:** Visions (br). **190 GAP Photos:** Chris Burrows (tc). **191 GAP Photos:** Graham Strong (tr). **192 GAP Photos:** Marg Cousens (5/b/Hosta grid); Jason Smalley (5/t/Hosta grid); Nova Photo Graphik (4/b/Hosta grid). **199 GAP Photos:** Mark Bolton (bl). **200 GAP Photos:** Christa Brand - Weihenstephan Gardens, Germany. **202 GAP Photos:** Christa Brand (bl). **203 GAP Photos:** Fiona Lea. **206 GAP Photos:** Juliette Wade (bl). **216 GAP Photos:** Christa Brand (b). **217 GAP Photos:** (tl). **218 GAP Photos:** Heather Edwards. **220 GAP Photos:** Jonathan Buckley - Design: Christopher Lloyd (b). **223 GAP Photos:** Jonathan Buckley - Design: Julian and Isabel Bannerman. **224 GAP Photos:** (bl, bc, br). **226 GAP Photos:** Marcus Harpur - DESIGN CHARLES RUTHERFOORD, LONDON (tl). **227 Dorling Kindersley:** John Glover / Cambridge Botanic Gardens (tl/Grid); Mark Winwood / RHS Wisley (cr/Grid, tr/Grid, bl/Grid). **GAP Photos:** Howard Rice - Garden: Cambridge Botanic Gardens (t). **231 GAP Photos:** (t). **235 Dorling Kindersley:** Peter Anderson / National Dahlia Collection (5/b/Dahlia grid); Mark Winwood / RHS Chelsea Flower Show 2014 (3/b/Dahlia grid). **GAP Photos:** Paul Debois (2/b/Dahlia grid). **240 GAP Photos:** Robert Mabic. **242 GAP Photos:** GAP Photos - Design: Cube 1994 (tr). **243 GAP Photos:** Christa Brand (t); GAP Photos - Design: Cube 1994 (b). **244 GAP Photos:** Richard Bloom - Garden Designer: Craig Reynolds (b); Nicola Stocken (t). **245 GAP Photos:** Lee Avison (tl); Christa Brand (tr). **246 GAP Photos:** Tim Gainey (tr); J S Sira - Designer: Laurelie de la salle (bl). **250 GAP Photos:** (br). **256 GAP Photos:** John Swithinbank (bc). **258 GAP Photos:** Jonathan Buckley - Pettifers Garden, Oxfordshire (bl); Robert Mabic (tr). **259 GAP Photos:** Andrea Jones (tr); Abigail Rex - Garden: The Long House - Owners: Robin and Rosie Lloyd (b). **260 GAP Photos:** (1, 2, 3, 4, 5, 6, 7, 8, 9). **261 GAP Photos:** Mark Bolton. **262 GAP Photos:** Clive Nichols - Le Haut, Guernsey. **263 Alamy Stock Photo:** Wolstenholme Images (cr). **GAP Photos:** Jonathan Buckley (bc); Robert Mabic (t); Martin Hughes-Jones (bl); Robert Mabic (br). **264 GAP Photos:** Carole Drake - Garden: Cambo Gardens (bl); Nicola Stocken (tr). **265 Alamy Stock Photo:** Stephen Schaper (b). **GAP Photos:** Robert Mabic - Design: Tom de Witte (t). **266 Alamy Stock Photo:** Avalon.red. **267 GAP Photos:** Nicola Stocken - Clinton Lodge (c); Jo Whitworth (t). **268 GAP Photos:** J S Sira. **273 GAP Photos:** Carole Drake. **274 GAP Photos:** Graham Strong (br). **279 GAP Photos:** (tl, tc, tr, bl, br). **280 GAP Photos:** Carole Drake. **285 GAP Photos:** Stephen Studd - Designer: Darren Hawkes Landscapes Sponsor: Brewin Dolphin (t). **294 GAP Photos:** Jason Smalley (b). **302 GAP Photos:** Annie Green-Armytage - Designer: Sue Jollans. **306 GAP Photos:** Carole Drake (t). **307 GAP Photos:** Jason Smalley (t). **314 GAP Photos:** . **316 GAP Photos:** Nicola Stocken (b); Friedrich Strauss (t). **319 GAP Photos:** Mark Bolton (bl); Jonathan Buckley (br). **321 GAP Photos:** Fiona Lea. **322 GAP Photos:** Clive Nichols - Credit: Chelsea Physic Garden, London (r). **323 GAP Photos:** Joanna Kossak - Designer: Owen Morgan (l); Friedrich Strauss (r). **324 GAP Photos:** Robert Mabic. **326 GAP Photos:** Nicola Stocken (t). **327 GAP Photos:** Matteo Carassale - Designer: Vittoria Tamanini (tl); Friedrich Strauss (tr). **331 GAP Photos:** (tr); Highgrove - A. Butler (br). **332 GAP Photos:** Friedrich Strauss (t). **339 GAP Photos:** (br). **346 Shutterstock.com:** jeep2499. **349 Alamy Stock Photo:** adrian davies (bc/Top grid); Garey Lennox (cl/Bottom grid). **GAP Photos:** Thomas Alamy (br/Top grid); Jenny Lilly (tl/Top grid , tc/Top grid , c/Top grid); Paul Tomlins (tr/Top grid); Ian Thwaites (cl/Top grid); John Glover (cr/Top grid , br/Bottom grid); Christa Brand (bl/Top grid); Dave Zubraski (tl/Bottom grid); Charles Hawes (tc/Bottom grid); Neil Holmes (tr/Bottom grid); J S Sira (bl/Bottom grid); Ernie Janes (c/Bottom grid); Lee Avison (bc/Bottom grid). **354 GAP Photos:** (1/b) (2/b) (3/b) (4/b). **356 Shutterstock.com:** Tanya NZ. **358-359 GAP Photos:** Friedrich Strauss. **360 GAP Photos:** Marcus Harper (b). **371 GAP Photos:** John Glover (t). **375 GAP Photos:** Friedrich Strauss (tr). **379 Alamy Stock Photo:** Olga Vorobeva (b). **GAP Photos:** Sarah Cuttle (tr). **380 Alamy Stock Photo:** BIOSPHOTO (bc); BIOSPHOTO (br). **382 GAP Photos:** Sarah Cuttle - Designer: Alex Bell Garden Design. **384-385 GAP Photos:** Nicola Stocken (b). **387 Dorling Kindersley:** Dreamstime.com: Photographieundmehr (tl). **390 GAP Photos:** Nova Photo Graphik (3/c/From top). **396 GAP Photos:** Tim Gainey. **398 The Garden Collection:** Ellen Rooney (b). **400 GAP Photos:** Elke Borkowski (tr). **406 Alamy Stock Photo:** Gina Kelly (bl). **433 Alamy Stock Photo:** Alex Ramsay (tl); Zoonar GmbH (b). **GAP Photos:** Visions (tr). **434 GAP Photos:** Claire Higgins (t). **436 GAP Photos:** Charles Hawes (bl). **445 GAP Photos:** Tim Gainey (tc). **456 GAP Photos:** John Swithinbank (br). **468 GAP Photos:** Juliette Wade. **471 GAP Photos:** Robert Mabic. **472 GAP Photos:** Friedrich Strauss. **473 GAP Photos:** Robert Mabic. **474 GAP Photos:** Paul Debois (1, 2, 3, 4, 5, 6, 7, 8, 9, br). **475 GAP Photos:** Graham Strong (tr). **479 GAP Photos:** Friedrich Strauss (br). **484 GAP Photos:** (b). **485 GAP Photos:** John Glover (bl). **The Garden Collection:** Derek St. Romaine (br). **494 Alamy Stock Photo:** Avalon.red (br). **496 Getty Images / iStock:** Kwangmoozaa (cr). **504 GAP Photos:** Sarah Cuttle (br). **505 Dorling Kindersley:** Alamy: Design Pics Inc. (c). **511 GAP Photos:** Thomas Alamy (b); Lynn Keddie (tr). **512 GAP Photos:** Thomas Alamy (tr). **515 GAP Photos:** Dave Bevan (tl). **522 GAP Photos:** Gary Smith (tr). **527 GAP Photos:** S&O. **528 GAP Photos:** Robert Mabic (bl). **533 Alamy Stock Photo:** Olga Gillmeister (bc); David J. Green (ca). **534 Alamy Stock Photo:** LJSphotography (tc); Oleksiy Maksymenko (tr). **Shutterstock.com:** Siegi (b); Vlarvixof (tl). **535 Shutterstock.com:** astudio (tr); Ljupco Smokovski (bl); photostar72 (bc). **536 Alamy Stock Photo:** Oleksandr Lypa (tr); **541 Alamy Stock Photo:** Zoonar GmbH (l/Thermometers). **545 GAP Photos:** (b). **547 Alamy Stock Photo:** Andrey Bandurenko (br). **552 Alamy Stock Photo:** Stephen Barnes / Gardening (r); Moodboard Stock Photography (bl). **553 Alamy Stock Photo:** Bailey-Cooper Photography (tl). **GAP Photos:** Jonathan Buckley - Demonstrated by Alan Titchmarsh (br). **554 Alamy Stock Photo:** Finnbarr Webster (bl). **GAP Photos:** Michael King (tc); Mark Winwood (tr). **555 Alamy Stock Photo:** Dave Bevan (r); oxana medvedeva (t). **GAP Photos:** Gary Smith (bl). **557 GAP Photos:** Amy Vonheim (tr). **558 GAP Photos:** Carole Drake (t). **559 GAP Photos:** (br); Andrea Jones (bl). **Shutterstock.com:** L. Feddes (tr). **574 GAP Photos:** GAP Photos - Designer - Andrew Wilson and Gavin McWilliam. Sponsor - Darwin Property Investment Management (tr). **576 GAP Photos:** Ernie Janes (tr). **584 Alamy Stock Photo:** SJ Images (bl). **587 Alamy Stock Photo:** Craig Joiner Photography (tr). **Shutterstock.com:** Alexander Egizarov (tl); Maximillian cabinet (bl); JanyaSk (bc); Scrabooli-Studio (tc). **588 Shutterstock.com:** ppl (tr). **589 Alamy Stock Photo:** Saxon Holt (tr). **593 Alamy Stock Photo:** Biosphoto (bc); Photimageon (t); A Garden (cl); PhotoAlto (cr); SJ Images (br). **594 Alamy Stock Photo:** Skorzewiak (r). **GAP Photos:** (1) (2, 3, 4, 5, 6, 7). **595 Alamy Stock Photo:** Deborah Vernon (tl). **632 Dorling Kindersley:** Ruth Jenkinson and Dreamstime.com: Scorpion26 (tr). **633 Dorling Kindersley:** Dreamstime.com: Natador (3/c/Rootstock grid); Mark Winwood / RHS Wisley (br). **642 GAP Photos:** Friedrich Strauss (br). **645 GAP Photos:** Leigh Clapp - Location: Sparrowhatch garden (br). **646 GAP Photos:** Jonathan Buckley (bl). **648 Alamy Stock Photo:** Tomasz Klejdysz (bl); Deborah Vernon (cl). **652 GAP Photos:** Dave Bevan (tc); Martin Hughes-Jones (tr); Jonathan Buckley (br) (bc). **655 Alamy Stock Photo:** Art Directors & TRIP (5/4th row); Nature Picture Library (5/1st row); Denis Crawford (3/3rd row); Nigel Cattlin (7/4th row); Natalia Marshall (7/5th row); Joe (3/6th row); Nigel Cattlin (6/6th row). **656 Alamy Stock Photo:** Nigel Cattlin (5/3rd row); Carmen Hauser (2/3rd row); Dinesh kumar (4/5th row); Nigel Cattlin (5/5th row); Jeanette Teare Garden Images (2/6th row). **GAP Photos:** Martin Hughes-Jones (4/4th row); Peter Stanley (7/2nd row); Geoff Kidd (2/4th row). **657 Alamy Stock Photo:** agefotostock (2/6th row); Frank Hecker (4/2nd row); Graham Turner (6/2nd row); Avalon.red (7/2nd row); CHROMORANGE (1/4th row); Nigel Cattlin (2/4th row); Nigel Cattlin (5/3rd row, 3/4th row, 4/4th row, 3/5th row); Avalon.red (5/4th row); Pappypics / Stockimo (6/4th row); Martin Hughes-Jones (7/4th row); David Cole (2/5th row); chrisstockphotography (5/5th row); Nigel Cattlin (7/5th row); Deborah Vernon (1/6th row); Excitations (3/6th row); Nigel Cattlin (2/7th row); mediasculp (3/7th row). **GAP Photos:** Thomas Alamy (7/3rd row); Maddie Thornhill (1/5th row). **658 Alamy Stock Photo:** Art Directors & TRIP (5/8th row); Nigel Cattlin (1/3rd row)

封面图片

封面：**Ranunculus DK 01017208**

封底：**GAP Photos: Heather Edwards**

The RNLI Garden / Chris Beardshaw

第一版至第四版

viii Dorling Kindersley: Alan Buckingham (c). **4 D. Hurst/Alamy** (cr). **The Garden Collection:** Liz Eddison/Designer: Julian Dowle. RHS Chelsea Flower Show 2005 (b). **6 The Garden Collection:** Derek Harris (l). **7 GAP Photos Ltd:** Jo Whitworth/The Garden House, Devon (b). **8 Alamy Images:** Keith M Law (l). **15 Andrew Lawson** (t). **18 Andrew Lawson:** Ann and Charles Fraser. **19 Clive Nichols:** Jill Billington (tr). **20 Steve Wooster** (br). **Garden Picture Library:** Howard Rice (bl). **21 Andrew Lawson** (t) (cc) (br). **22 Jerry Harpur:** Jon Calderwood. **23 Andrew Lawson** (b). **Garden Picture Library:** Lorraine Pullin (cl); Brigitte Thomas (c). **Jerry Harpur:** Diana Ross (cr). **24 Andrew Lawson** (t). **25 Jerry Harpur** (tl); Xa Tollemache (bl); Wollerton Hall, Shropshire (tr). **26 Dorling Kindersley:** Peter Anderson (bl). **Jerry Harpur** (t); Arabella Lennox (bl). **27 Dorling Kindersley:** Peter Anderson (br). **Andrew Lawson:** G. Robb/Hampton Court Show 1999 (tr). **Jerry Harpur:** Terry Welch (tl). **28 Garden Picture Library:** Ron Sutherland (t). **Jerry Harpur:** Simon Fraser (br). **29 Andrew Lawson** (b). **Clive Nichols:** Architectural Plants, Sussex (tr). **31 Dorling Kindersley:** Peter Anderson(t r). **34 Garden Picture Library:** Brigitte Thomas (tc). **Jerry Harpur** (bl). **35 Garden Picture Library:** John Glover (bl); Zara McCallmont (br). **36 Clive Nichols. 40 Andrew Lawson:** Bosvigo House, Cornwall (t). **41 Andrew Lawson** (tc). **42 Garden Picture Library:** Clive Nichols (bl). **43 Garden Picture Library:** Steve Wooster (tr). **46 Garden Picture Library:** Georgia Glynn-Smith (r); J.S. Sira (l). **Andrew Lawson** (tl). **47 Jerry Harpur:** Old Rectory, Billingford (tc). **Andrew Lawson** (c) (tr), Wollerton Hall, Shropshire (tr). **48 Andrew Lawson** (bl). **Clive Nichols** (t). **49 Andrew Lawson** (tl) (tr) (bl) (br). **50 Dorling Kindersley:** Peter Anderson (b l). **54 GAP Photos:** Clive Nichols (cb). **55 Lauren Springer** (tr). **58 Elizabeth Whiting Associates** (bl). **60 Will Giles** (bl). **61 The Garden Collection:** Andrew Lawson (bc). **Garden Picture Library:** Tresco Abbey Gardens (tr). **83 Harry Smith Horticultural Photographic Collection. 92 Dorling Kindersley:** Peter Anderson (b r). **108 Dorling Kindersley:** Caroline Reed (bl) **109 Andrew Lawson** (tl) (tr). **138 Raymond Evison** (pb 7). **139 Raymond Evison** (bl). **143 Dorling Kindersley:** Elaine Hewson (br). **150 Gap Photos:** Juliette Wade (t). **154-155 Andrew Lawson** (t). **173 Garden Picture Library:** John Glover (b). **178-179 Clive Nichols:** The Old Vicarage, Norfolk (b). **180 Andrew Lawson** (tr). **182 Dorling Kindersley:** Elaine Hewson (tr), Caroline Reed（'乔治王'蓝莵），（'蓝色霍比特'扁叶刺芹），（马其顿川续断），（柳叶马鞭草），（'红辣椒'欧蓍草）. **189 John Galbally** (tc) (tr) (bla) (bfr). **202 Eric Crichton** (bl). Steve Wooster (t). **204-205 GAP Photos:** BBC Magazines Ltd. **212 Ted Andrews** (cl). **227 Eric Crichton** (box 2). **232 Eric Crichton** (tl) (tr), Gillian Beckett (pb 1, 8), **233 Eric Crichton** (tl) (tr). **243 Jerry Harpur** (b). **249 Horticulture Research International, Kirton** (ts 3). **250 Eric Crichton** (pb 2). **254 Garden Picture Library:** J.S. Sira. **261 Trevor Cole** (t). **263 Caryl Baron:** AGS/Pershore, Worcs. (tr), **Wiert Nieuman** (br). **290 Elizabeth Whiting Associates** (br). **312 Dorling Kindersley:** Emma Firth (tr). **316 Andrew Lawson** (t), **Jerry Harpur** (bl) (br). **317 Jerry Harpur** (tr), **S & O Mathews Photography:** Private Garden, Morrinsville, New Zealand (b). **318 Dorling Kindersley:** Alan Buckingham (Pears). **354-355 Harpur Garden Library:** Maggie Gundry, Jerry Harpur. **356 Marston & Langinger Ltd** (bc). **357 Marston & Langinger Ltd** (tc), **Will Giles** (br). **360 Andrew Lawson** (t). **387 Jerry Harpur** (tr). **401 Jerry Harpur** (tr). **436 Dorling Kindersley:** Alan Buckingham (bl). **445 Dorling Kindersley:** Alan Buckingham (cr).**455 Rosemary Calvert**/Photographers Choice RF © Getty (cr). **458 Elvin McDonald** (b). **461 Garden Picture Library:** J.S. Sira. **467 Prof. H.D. Tindall** (b). **471 Dorling Kindersley:** Alan Buckingham (tr). **478 Dorling Kindersley:** Alan Buckingham (bl).**479 Prof. Chin** (cr) (i) (bl). **480 Harry Smith Horticultural Photographic Collection** (t). **Prof. H.D. Tindall** (b). **482 Prof. H.D. Tindall** (t). **482 Birmingham Botanical Gardens** (l). **483 Prof. H.D. Tindall** (tr) (b). **Harry Smith Horticultural Photographic Collection** (tl), **Royal Botanic Gardens, Kew** (c). **484 A–Z Collection** (cl). **Harry Smith Horticultural Photographic Collection** (cr). **486 Prof. Chin** (b). **Prof. H.D. Tindall** (tl) (r). **487 Prof. Chin** (tl) (c) (bl). **488 A–Z Collection** (cr). **489 Harry Baker** (cl) (c). **Harry Smith Horticultural Photographic Collection** (bl). **492 Jerry Harpur** (tr). **496 Royal Horticultural Society, Wisley** (b), **497 Boys Syndication** (bl). **515 Prof. H.D. Tindall** (cl) (br). **522 Prof. Chin** (br). **523 Prof. Chin** (t), **Harry Smith Horticultural Photographic Collection** (cl). **530 Prof. Chin** (cl), (br) (i). **531 Elvin McDonald** (cl) (i). **532 Park Seeds** (bl) (r), **W. Atlee Burpee & Co.** (t). **543 Prof. H.D. Tindall** (b). **544 GAP Photos: Gary Smith** (fcra). **545 Prof. H.D. Tindall** (c). **553 BCS America** (c). **557 Allett Mowers. 566 John Glover. 567 John Glover** (t). **591 Silvia Martin** (b). **593 Jerry Harpur** (t), **Steve Wooster** (bl). **595 Steve Wooster** (bl). **598 Eric Crichton** (tr). **606 Dorling Kindersley:** Steven Wooster. **614 Michael Pollock:** RHS Wisley (tl). **615 Garden Picture Library:** Georgia Glynn-Smith (tc), Mel Watson (tr). **621 ADAS Crown** © (bl–6). **638 J. Nicholas** (bl). **640 Dorling Kindersley:** Alan Buckingham (br). **641 DorlingKindersley:** Alan Buckingham (tr) (br), Kim Taylor (Birds). **642 Dorling Kindersley:** Alan Buckingham (br). **650 ICI Agrochemicals**（番茄/马铃薯疫病），（根肿病）. **Alan Buckingham**（粉蚧类），（真菌叶斑病）. **Royal Horticultural Society, Wisley**（火疫病），（百合病）. **Holt Studios International**（杀虫剂/损伤），（高温和灼伤）. **Dorling Kindersley: Alan Buckingham**（天门冬甲）. **651 Alamy Images: Papilio**（天幕毛虫）. **Alan Buckingham**（梨锈病），（冬尺蠖蛾幼虫）（卷叶蛾幼虫），（花枯萎病）. **Royal Horticultural Society, Wisley**（杜鹃花瘿），（郁金香疫病），（植原体）; **Horticultural Science**（铁筷子黑死病）. **Holt Studios International**（缺氮症），（缺钾症），（缺磷症），（番茄叶霉病）. **Horticulture Research International, Kirton**（低温）. **Dorling Kindersley: Alan Buckingham**（缺镁症）. **Maff Crown ©**（菊花花瓣枯萎病）. **652 ADAS Crown**（猝倒病）. **B & B Photographs**（马铃薯疫病）. **Alan Buckingham**（灰霉病），（疮痂病）. **Holt Studios International**（高温和灼伤），（细菌性腐烂）. **Horticulture Research International, Kirton**（根腐病）. **Dorling Kindersley:** Alan Buckingham（褐腐病），（洋葱白腐病）. **Photos Horticultural**（涝渍），（冠腐病），（铁线莲枯萎病）. **Royal Horticultural Society, Wisley**（病毒病），（豌豆蓟马），（欧洲防风草溃疡），（啮齿动物），（内部锈斑病）（水仙线虫）（洋葱颈腐病）（葱地种蝇）. **653 Forestry Commission**（粘液流/湿木）. **Harry Smith Horticultural Photographic Collection**（猫和狗）. **Holt Studios International**（马铃薯黑腿病），（猝倒病），（马铃薯囊肿线虫），（币斑病），（红线病）. **Horticulture Research International, Kirton**（缺硼症）. **Oxford Scientific Films**（毒菇）. **Royal Horticultural Society, Wisley**（灰霉病），（兔子和野兔）. **Sports Turf Research Institute**（凝胶状斑块）.

致谢

第五版2022

Dorling Kindersley向下列人员和结构致谢:

顾问和撰稿人
Andrew Mikolajski, Kate Bradbury, Mike Grant

专家建议 Sarah Bell（葡萄）

图片研究 Jackie Swanson

摄影 Mark Winwood, Nigel Wright XAB Design

插图 Debbie Maizels

设计 Tom and Emma Forge

索引 Vanessa Bird

校对 Kathy Steer

DK印度 Nehal Verma, Ankita Gupta, Hina Jain, Neeraj Bhatia, Satish Chandra Gaur, Rajdeep Singh, Anurag Trivedi, Surya Sankash Sarangi, Aditya Katyal

额外协助
Minty Pender and the team at RHS Wisley, Andrew & Mandy Button, Belinda Holmes, Hy-Tex (UK) Ltd (Ecotex MulchMat), Paul Vercruyssen, Ian Wilson, Lizzie Winwood.

出镜
Guy Barker, Tino Clarke, Belinda Holmes, Sarah Maeva, Alanda Marchant, Neil Williams, Lizzie Winwood, Nigel Wright.

此前版本

专家意见
Mr Ted Andrews（香豌豆）; Peter and Fiona Bainbridge（园林设计和建设）; Harry Baker（果树）; Graham Davis（水资源法规咨询方案）; Dr Bob Ellis（蔬菜品种名单）; Dennis Gobbee（月季杂交）; Patrick Goldsworthy, British Agrochemical Association（化学防控）; Ken Grapes, Royal National Rose Society; Tony Hender（幼苗）; Peter Orme（岩石园设计和建设）; Terence and Judy Read（葡萄品种名单）; Prof. S. Sansavini（水果品种名单）; Pham van Tha（水果品种名单）; 以及在皇家园艺学会威斯利花园的许多工作人员，他们不吝耐心和时间，在本书编写期间提供了许多园艺技术上的建议。

提供拍照植物或地点
Mrs Joy Bishop; Brickwall House School, Northiam; Brinkman Brothers Ltd, Walton Farm Nurseries, Bosham; Denbies Wine Estate, Dorking; Mrs Donnithorne; Martin Double; J.W. Elliott & Sons (West End) Limited, Fenns Lane Nursery, Woking; Elsoms Seeds Ltd, Spalding; Mrs Randi Evans; Adrian Hall Ltd, Putney Garden Centre, London; Mr & Mrs R.D. Hendriksen, Hill Park Nurseries, Surbiton; The Herb and Heather Centre, West Haddlesey; Hilliers Nurseries (Winchester) Ltd, Romsey; Holly Gate International Ltd, Ashington; John Humphries, Sutton Place Foundation, Guildford; Iden Croft Herbs, Staplehurst; Mr de Jager; Nicolette John; David Knuckey, Burncoose Nursery; Mr & Mrs John Land; Sarah Martin; Frank P. Matthews Ltd, Tenbury Wells; Mr & Mrs Mead; Anthony Noel, Fulham Park Gardens, London; Andrew Norfield; Notcutts Garden Centre, Bagshot; Bridget Quest-Ritson; Royal Botanic Gardens, Kew; Royal Horticultural Society Enterprises; Lynn and Danny Reynolds, Surrey Water Gardens, West Clandon; Rolawn, Elvington; Mrs Rudd; Miss Skilton; Carole Starr; Mr & Mrs Wagstaff; Mrs Wye.

图片展示工具
Spear and Jackson Products Ltd, Wednesbury, West Midlands; Felco secateurs supplied by Burton McCall Group, Leicester.

供应工具
Agralan, Ashton Keynes; Bob Andrews Ltd, Bracknell; Black and Decker Europe, Slough; Blagdon Water Garden Products PLC, Highbridge; Bloomingdales Garden Centre, Laleham; Bulldog Tools Ltd, Wigan; Butterley Brick Ltd, London; CEKA Works Ltd, Pwllheli; Challenge Fencing, Cobham; J. B. Corrie & Co Ltd, Petersfield; Dalfords (London) Ltd, Staines; Diplex Ltd, Watford; Direct Wire Ties Ltd, Hull; Robert Dyas (Ltd), Guildford; Fishtique, Sunbury-on-Thames; Fluid Drilling Ltd, Stratford-upon-Avon; Gardena UK Ltd, Letchworth Garden City; Gloucesters Wholesales Ltd, Woking; Harcros, Walton-on-Thames; Haws Elliott Ltd, Warley; Honda UK Ltd, London; Hozelock Ltd, Birmingham; ICI Garden Products, Haslemere; LBS Polythene, Colne; Merck Ltd, Poole; Neal Street East, London; Parkers, Worcester Park; Pinks Hill Landscape Merchants Ltd, Guildford; Qualcast Garden Products, Stowmarket; Rapitest, Corwen; Seymours, Ewell; Shoosmith & Lee Ltd, Cobham; SISIS Equipment Ltd, Macclesfield; Thermoforce Ltd, Maldon.

额外协助
Jim Arbury, Sarah Ashun, Jennifer Bagg, Kathryn Bradley-Hole, Lynn Bresler, Diana Brinton, Kim Bryan, Susan Conder, Jeannette Cossar, Diana Craig, Penny David, Paul Docherty, Howard Farrell, Jim Gardiner, Andrew Halstead, Beatrice Henricot, Roseanne Hooper, David Joyce, Steve Knowlden, Mary Lambert, Claire Lebas, Margaret Little, Louise McConnell, Caroline Macy, Eunice Martins, Ruth Midgley, Peter Moloney, Sarah Moule, Fergus Muir, Chez Picthall, Sandra Schneider, Janet Smy, Mary Staples, Tina Tiffin, Roger Tritton, Anne de Verteuil, John Walker.

设计协助 Murdo Culver, Gadi Farfour, Alison Shackleton, Nicola Erdpresser, Rachael Smith, Aparna Sharma, Kavita Dutta, Elly King.

编辑协助 Fiona Wild, Aakriti Singhal, Jane Simmonds, Joanna Chisholm, Katie Dock.

图片研究 Mel Watson

关于英国皇家学会会员的更多信息，请访问网站www.rhs.org.uk。

缩写

C	摄氏
cf	相比
cm	厘米
cv(s)	品种
F	华氏
f.	变型
fl oz	液体盎司
ft	英尺
g	克
in	英尺
kg	千克
lb	磅
m	米
ml	毫升
mm	毫米
oz	盎司
p(p).	页
pl.	复数
pv.	致病变种
sp.	种
spp.	种（复数）
sq	平方
subsp.	亚种
syn.	同义
var.	varietas
yd	yard(s)

注：当植物的全名在一段文字或名单中出现后，它们的属名和种加词会缩写为首字母。

第一版1992

总编辑 Jane Aspden

美术总编辑 Ina Stradins

高级编辑 Kate Swainson

高级艺术编辑 Lynne Brown

编辑 Claire Calman, Alison Copland, Annelise Evans, Helen Partington, Jane Simmonds; Judith Chambers, Katie John, Teresa Pritlove; Jackie Bennett, Carolyn Burch, Joanna Chisholm, Allen Coombes, Heather Dewhurst, Angela Gair, Lin Hawthorne, Jonathan Hilton, Jane Mason, Ferdie McDonald, Andrew Mikolajski, Christine Murdock, Lesley Riley

设计师 Gillian Shaw, Gillian Andrews, Johnny Pau, Vicky Short, Chris Walker, Rhonda Fisher, Bob Gordon, Sally Powell, Steve Wooster

摄影 Peter Anderson (with Steve Gorton and Matthew Ward)

插图 Karen Cochrane, Simone End, Will Giles, Vanessa Luff, Sandra Pond, John Woodcock, Andrew Farmer, Aziz Khan, Liz Peperall, Barbara Walker, Ann Winterbothom

DK | Penguin Random House

Original Title: Encyclopedia of Gardening

Copyright © 1992, 2002, 2007, 2012, 2022 Dorling Kindersley Limited, London

A Penguin Random House Company

本书中文简体版专有出版权由 Dorling Kindersley Limited 授予电子工业出版社。未经许可，不得以任何方式复制或抄袭本书的任何部分。

版权贸易合同登记号　图字：01-2012-8639

图书在版编目（CIP）数据

DK 园艺百科全书：经典升级版 /（英）克里斯托夫·布里克尔（Christopher Brickell）主编；王晨，张超，付建新译 . —北京：电子工业出版社，2024.5
书名原文：Encyclopedia of Gardening
ISBN 978-7-121-47339-5

Ⅰ . ①D… Ⅱ . ①克… ②王… ③张… ④付… Ⅲ . ①观赏园艺－普及读物 Ⅳ . ① S68-49

中国国家版本馆 CIP 数据核字（2024）第 043494 号

审图号：GS 京（2023）2181 号
本书插图系原文插图。

责任编辑：周　林
文字编辑：刘　晓
印　　刷：鸿博昊天科技有限公司
装　　订：鸿博昊天科技有限公司
出版发行：电子工业出版社
　　　　　北京市海淀区万寿路 173 信箱　邮编：100036
开　　本：965×1270　1/16　印张：47　字数：2932.8 千字
版　　次：2014 年 8 月第 1 版
　　　　　2024 年 5 月第 3 版
印　　次：2024 年 5 月第 1 次印刷
定　　价：598.00 元

凡所购买电子工业出版社图书有缺损问题，请向购买书店调换。若书店售缺，请与本社发行部联系，联系及邮购电话：（010）88254888，88258888。

质量投诉请发邮件至 zlts@phei.com.cn，盗版侵权举报请发邮件至 dbqq@phei.com.cn。
本书咨询联系方式：zhoulin@phei.com.cn。

混合产品
纸张 | 支持负责任林业
FSC® C018179

www.dk.com